U0221713

气溶胶测量

原理、技术及应用

Aerosol Measurement:
Principles, Techniques, and Applications

（原著第三版）

(美) 普拉莫德·库尔卡尼（Pramod Kulkarni）
(美) 保罗·A. 巴伦（Paul A. Baron）　　等 编
(美) 克劳斯·维勒克（Klaus Willeke）

白志鹏　韩金保　张　灿　等 译

化学工业出版社

·北京·

《气溶胶测量原理、技术及应用》全面展示了气溶胶测量的基本理论、技术以及仪器设备和方法。该书分为三部分：原理、技术和应用。第一部分介绍了与气溶胶测量有关的基本概念，并让读者对各种类型的设备有大概认识。第二部分按照测量技术的原理分类，分章介绍一种或者一组设备。第三部分讨论第二部分介绍的仪器设备在不同领域的应用，涵盖从环境空气监测、工作场所大气监测、生物质气溶胶、飞行器测量、材料合成到约物气溶胶的各个领域。

本书既适合初学者阅读，又适合作为环境科研、环境监测、污染治理、大气科学、工业卫生等相关专业学者或工程师的参考资料，也可作为环境科学、环境监测、环境工程、大气科学等专业师生的教材。

Aerosol Measurement: Principles, Techniques, and Applications, Third edition/by Pramod Kulkarni, Paul A. Baron, Klaus Willeke

ISBN 978-0-470-38741-2

北京市版权局著作权合同登记号：01-2012-2908

图书在版编目（CIP）数据

气溶胶测量原理、技术及应用（原著第三版）/（美）普拉莫德·库尔卡尼（Pramod Kulkarni），（美）保罗·A. 巴伦（Paul A. Baron），（美）克劳斯·维勒克（Klaus Willeke）等编；白志鹏，韩金保，张灿等译. —北京：化学工业出版社，2020.1
书名原文：Aerosol Measurement: Principles, Techniques, and Applications
ISBN 978-7-122-28511-9

Ⅰ. ①气… Ⅱ. ①普… ②保… ③克… ④白… ⑤韩… ⑥张… Ⅲ. ①气溶胶-测量-研究 Ⅳ. ①X513

中国版本图书馆 CIP 数据核字（2016）第 274255 号

责任编辑：满悦芝　　　　文字编辑：王　琪
责任校对：宋　夏　　　　装帧设计：关　飞

出版发行：化学工业出版社（北京市东城区青年湖南街 13 号　邮政编码 100011）
印　　装：中煤（北京）印务有限公司
787mm×1092mm　1/16　印张 65¼　字数 1627 千字　2020 年 8 月北京第 1 版第 1 次印刷

购书咨询：010-64518888　　　　售后服务：010-64518899
网　　址：http://www.cip.com.cn
凡购买本书，如有缺损质量问题，本社销售中心负责调换。

定　　价：298.00 元

以此纪念

Paul A. Baron（1944—2009）

译者序

近10年来，我国秋冬季以细颗粒物为首要污染物的区域性重污染天气频发，引发社会各界的高度关注。向污染宣战、开展蓝天保卫战以来，在保持经济平稳快速发展的同时，我国进入了环境空气质量总体改善、重点区域明显好转的新阶段。由于气溶胶（颗粒物）的粒度分布广泛、成分组成复杂、界面-非均相反应广泛，且对温湿度敏感，致使大气气溶胶测量面临诸多挑战。环境空气质量监测和污染源监测离不开可靠、先进的现代化气溶胶测量技术和设备。同时，气溶胶测量在工业生产、气象、室内空气污染、职业健康、颗粒物基准研究等多个领域都存在广泛需求。

Aerosol Measurement: Principles, Techniques, and Applications 是国际上全面介绍气溶胶测量的原理、技术和应用的权威著作，展示了国际上气溶胶研究领域众多专家的最新研究成果。该书的作者是美国国家职业安全与卫生研究所疾病控制和预防中心的Pramod Kulkarni博士和Paul A. Baron博士（已故）以及辛辛那提大学环境健康学院的Klaus Willeke博士。该书各章节的作者均长期致力于气溶胶科学领域的相关研究，在气溶胶的基本理论、方法技术以及测量仪器设备的开发应用等相关方面均有很高的造诣。

本次译本的底本是2011年John Wiley&Sons公司出版发行的 *Aerosol Measurement: Principles, Techniques, and Applications* 第三版。在此之前，我们已出版了该书第二版的译本。第二版的译本为从事气溶胶监测和研究的工作人员以及在校学生提供了重要的参考书，为解决我国气溶胶科学问题提供了很好的支撑，得到了院士、同行专家和读者的一致好评。第三版是第二版的更新和提高，在第二版的基础上做了很多改变，包括删除、合并、增加了一些章节，并对所有章节进行了升级，以反映第二版出版以来气溶胶测量新技术的发展，其内容比第二版更加丰富和与时俱进。

在第三版的翻译过程中，我们对上一版本中有错误和某些有争议的地方进行了仔细斟酌和更为确切翻译，力求达到“信、达、雅”的效果。在翻译过程中，译者发现，由于原版各章节由不同人员编写，因此有部分重复内容，且部分术语前后不统一，但基于忠于原著的原则，译者未做更改。

本书的翻译团队由来自中国环境科学研究院、南开大学环境科学与工程学院、河北大学质量技术监督学院以及重庆市生态环境监测中心等单位的人员组成，具体名单和承担工作如下表所示。环境基准与风险评估国家重点实验室环境空气颗粒物健康基准研究团队白志鹏研究员组织全书翻译和全文审定。翻译团队感谢来自方方面面专家和学者对本书翻译工作的帮助。

章节	译者	章节	译者
1	张灿、韩金保、余浩	22	汪艺梅、张灿、丛晓春、王飞
2	韩金保、张灿	23	丛晓春、韩金保
3	张灿、韩金保	24	丛晓春、韩金保
4	张灿、韩金保	25	丛晓春、韩金保
5	张灿、韩金保	26	丛晓春、韩金保
6	张振江、赵若杰、韩金保	27	韩金保、郭婷、张楠
7	张楠、韩金保	28	王钊、郭婷、高爽
8	张楠、韩金保	29	王钊、杨小阳、王飞
9	高爽、韩金保	30	陈莉、古金霞
10	张文杰、韩金保、任丽红	31	徐义生、耿春梅、王飞
11	孙如峰、耿春梅	32	刘江海、王婉、王飞
12	王飞、王婉、王晓丽	33	王宝庆、王婉
13	许嘉、徐义生	34	王飞、王婉
14	曹文文、杨小阳	35	孙如峰、王飞、王宝庆
15	杨文、王晓丽、张灿	36	孙如峰、王宝庆、王静
16	杨文、张灿	37	孙如峰、许嘉
17	王飞、张灿	38	王宝庆、许嘉
18	王宝庆、张灿	39	王宝庆、许嘉
19	李红、张灿	附录	王钊、韩金保
20	邓建国、耿春梅	索引	张楠、耿春梅、韩金保
21	张灿、汪艺梅、丛晓春		

衷心感谢王文兴和魏复盛两位院士。在翻译第二版的时候，两位院士就高度评价原著，并对翻译工作提出了宝贵的指导意见。这次，两位院士再次对第三版做出了极高评价，他们认为，第三版是第二版的提高和升华，更贴合近年来气溶胶发展的实际需要，第三版译本的出版将为从事气溶胶监测、科研、研发等相关专业的人员提供更有价值的参考，也可作为环境空气、大气科学、粉体材料、测量仪器等专业研究生的教材。

在翻译此书的过程中，我们深感气溶胶科学是一门发展快、涵盖面广、应用性强的学科，翻译此书对我们来说也是一个学习的过程。尽管我们付出了辛劳，但由于本书涉及物理学、数学、流体力学、化学、气象学、生物学、医学等多门学科知识，专业性较强，加上译者水平有限，错误和不妥之处在所难免，敬请有关专家和各位读者批评指正。

白志鹏

2019 年 10 月 30 日

原著前言

谨将此书献给我们的同事和合编者，已故的 Paul Baron。经过与癌症病魔的长期斗争，Paul 于 2009 年 5 月 20 日离开了我们，直到他生命的最后几天，他还积极地参与到本书的编辑筹备工作中。在气溶胶科学领域，他是一名充满热情的斗士，他为气溶胶测量做出了突出的贡献，他的谦逊、活力和睿智激励着缅怀他的同事和朋友们继续前进。

近几十年，气溶胶测量科学发展迅速。从 20 世纪早期简单的大气尘重量测量到最先进的接近实时的粒径和组分测量，这些进步令人振奋，而且测量技术广泛应用于公众健康、环境保护、气候研究、医学和工业技术领域。20 世纪 80 年代末，由于需要评估颗粒物污染控制设备，并且需要找到更好的方法来监测“不良”室内和室外气溶胶，促使新的测量方法发展起来。随后几年，很多监测方法和设备开发出来，以应对新发布的环境和职业健康法规。最近，气溶胶测量仪器的发展推动了我们对大气气溶胶过程的了解，尤其是在大气和气候研究方面。在工业领域，监测“良性”气溶胶的测量技术也充分发展起来。随着纳米科技的到来，气溶胶测量技术不仅应用在功能性纳米材料生产领域中，而且在最小化环境和职业暴露风险中，也要用到气溶胶测量技术。在很多领域中，气溶胶测量都至关重要，包括工业卫生、空气污染、流行病学、大气科学、材料科学、粉末技术、纳米技术、过滤、颗粒毒理学和给药。因而，近年来选修气溶胶科学和测量课程的大学生和研究生明显增加。美国、欧洲和亚洲气溶胶研究学者的快速增多，也体现出这个领域的日益重要性。

本书全面展示了基本理论、技术以及气溶胶测量的仪器设备和方法。从发展历史来看，从公众健康和空气污染、气候研究，到工业技术的实际应用都促进了气溶胶测量技术的发展。反过来说，大多数测量技术源自物理科学中的各种原理，比如斯托克斯定律、米利肯实验或者布朗运动。因此，本书分为三部分：原理、技术和应用。本书的第一部分介绍了与气溶胶测量有关的基本物理概念，并让读者对各种类型的设备有大概认识。第二部分按照测量技术的原理分类，分章介绍一种或者一组设备。第三部分讨论第二部分介绍的仪器设备在不同领域的应用，从环境空气监测、工作场所大气监测、生物质气溶胶、飞行器测量、材料合成到药物气溶胶，每个领域都需要测量特定的气溶胶特征，因此要应用一种或一组测量技术。希望本书能成为气溶胶测量科学和应用之间的桥梁。

本书第三版在第二版的基础上做了很多改变，删除或合并了一些章节，增加了新的章节。删掉了“气溶胶测量的历史回顾”，因为大家都能找到此类资料。其余冗长的内容，包括无组织尘排放、矿井气溶胶测量和放射性氡，只将一些关键性的内容整合到相应的章节中。介绍光学设备的两个章节合并成了一个章节。有些章节介绍的设备已经不再使用或者已不再商业化，也进行了浓缩。所有章节都进行了升级，可以反映出第二版出版以来气溶胶测量的发展。增加了一些新的在其他地方没出现过的章节，包括电喷技术、气溶胶卫星测量技术、新粒子形成、5nm 以下气溶胶粒子测量、大粒子（$>10\mu m$）测量、电传感气溶胶测量设备，最后还介绍了可吸入粒子的健康效应。健康效应这一章，虽然和气溶胶测量没有直接关系，但是，可以为那些应用气溶胶测量来研究健康效应的科学家和工程师们提供更广阔的前景，对他们应该有所帮助。

对这类书来说，在有限的内容空间里，兼顾气溶胶测量理论和应用两方面内容的平衡不太容易。著者们在确保高质量章节的同时，为达到这一高难度的平衡而做出的尝试值得称赞。我们感谢他们在本次工作量极大、单调乏味的修订中表现出的耐心。在编辑过程中，我们力求本书的内容和表现形式能被更广泛的读者群接受，包括研究生、大学生、从事气溶胶测量工作的新成员，以及有经验的气溶胶科学家和工程师。我们还力求确保每个章节的术语和定义尽可能地保持一致。在每个章节的最后，列出了本章中出现的符号清单。很多章节中还列举了大量例子来解释主要的概念。

我们在章节间大量运用了前后对照，以便读者能在不同的章节中快速找到相关主题。书后的各个附录可以提供快速有用的参考。

我们要真心感谢许多来自气溶胶领域的同仁们，他们给予了本书大力支持。100 余名校对者帮助我们校对了每个章节，感谢他们为本书付出的时间和专业技能。感谢 Prasoon Diwakar、Chaolong Qi 和 Greg Deye 在最后的手稿准备阶段给予的帮助。还要感谢 John Wiley 出版社的 Bob Esposito、Michael Leventhal 和 Christine Punzo 在本书准备阶段给予的帮助。感谢 Mary Safford Curioli 优秀的编辑技术和 Nick Barber 的高效协调。P. K. 要感谢他的夫人 Debjani 在这个漫长的过程中给他的支持和鼓励。K. W. 自 2003 年从辛辛那提大学退休后，就居住在加利福尼亚州的奥林达，在此，他感谢夫人 Audrone 给予的支持。

Pramod Kulkarni
俄亥俄州　辛辛那提
Klaus Willeke
加利福尼亚州　奥林达

供稿者

Ian M. Anderson
国家标准与技术协会，马里兰州盖瑟斯堡市，美国

Paul A. Baron
国家职业安全与卫生研究所疾病控制和预防中心，俄亥俄州辛辛那提市，美国

Pratim Biswas
圣路易斯华盛顿大学环境与化学工程能源部，密苏里州圣路易斯市，美国

John E. Brockmann
桑迪亚国家实验室，新墨西哥州阿尔伯克基市，美国

Heinz Burtscher
应用科学大学阿尔皋高等学院，温迪施市，瑞士

Vincent Castranova
国家职业安全与卫生研究所，疾病控制和预防中心，西弗吉尼亚州摩根敦市，美国

Bean T. Chen
国家职业安全与卫生研究所，西弗吉尼亚州摩根敦市，美国

Yung-Sung Cheng
洛夫莱斯呼吸研究所，新墨西哥州阿尔伯克基市，美国

Judith C. Chow
内华达州高等教育系统沙漠研究所，内华达州里诺市，美国

E. James Davis
华盛顿大学化学工程系，华盛顿州西雅图市，美国

Weiwei Deng
中佛罗里达州大学机械与航天工程系，佛罗里达州奥兰多市，美国

Suresh Dhaniyala
克拉克森大学机械与航空研发部，纽约州波茨坦市，美国

Anne Marie Dixon
卡森城洁净室管理联合会，内华达州卡森城市，美国

Kensei Ehara
国家先进工业科学与技术研究所，筑波市，日本

Fred Eisele
国家大气研究中心大气化学研究室，科罗拉多州波尔得市，美国

David S. Ensor
三角科技园 RTI 国际公司北卡罗来纳州，美国

Martin Fierz
瑞士西北高等专业学院气溶胶与感应技术研究中心，温蒂斯基市，瑞士

Richard C. Flagan
加州理工大学，加利福尼亚州帕萨迪纳市，美国

Robert A. Fletcher
国家标准与技术协会，马里兰州盖瑟斯堡市，美国

Matthew P. Fraser
亚利桑那州立大学全球可持续发展研究所，亚利桑那州坦佩市，美国

Alessandro Gomez
耶鲁大学机械工程系康涅狄格州纽黑文市，美国

Sergey Grinshpun
辛辛那提大学环境健康学院，俄亥俄州辛辛那提市，美国

Martin Harper
国家职业安全与卫生研究所疾病控制和预防中心，西弗吉尼亚州摩根敦市，美国

Pierre Herckes
亚利桑那州立大学化学与生物化学系，亚利桑那州坦佩市，美国

Anthony J. Hickeys
北卡罗来纳大学埃谢尔曼药学学院，北卡罗来纳州教堂山，美国

William C. Hinds
加利福尼亚大学洛杉矶公共健康分校环境健康科学学院，加利福尼亚州洛杉矶市，美国

Mark D. Hoover
国家职业安全与卫生研究所疾病控制和预防中心，西弗吉尼亚州摩根敦市，美国

Christoph Hüglin
瑞士联邦材料科学与技术实验室（EMPA）空气污染与环境技术实验室，苏黎世市杜本道夫镇，瑞士

Rudolf B. Husar

圣路易斯华盛顿大学能源、环境与化学工程系，密苏里州圣路易斯市，美国

Walter John
粒子科学，加利福尼亚州沃尔纳特克里克市，美国

Murray V. Johnston
特拉华大学化学与生物化学学院，特拉华州纽瓦克市，美国

Haflidi Jonsson
海军研究所学校，加利福尼亚州马里纳市，美国

Jorma Keskinen
坦佩雷理工大学物理学院，坦佩雷市，芬兰

Toivo T. Kodas
卡伯特公司，马萨诸塞州波士顿市，美国

Chongai Kuang
布鲁克黑文国家实验室大气科学研究室，纽约州萨福尔克县，美国

Pramod Kulkarni
国家职业安全与健康研究所疾病控制与预防中心，俄亥俄州辛辛那提市，美国

David Leith
北卡罗来纳州大学教堂山分校公共健康学院环境科学与工程系，北卡罗来纳州教堂山市，美国

Arkadi Maisels
赢创德固赛股份有限公司，哈瑙市，德国

Marko Marjamaki
坦佩雷理工大学物理学院，坦佩雷市，芬兰

Virgil A. Marple
明尼苏达州机械工程系，明尼苏达州明尼阿波利斯市，美国

Andrew D. Maynard
密歇根大学公共卫生学院，密歇根州安阿伯市，美国

Malay K. Mazumder
波士顿大学电气与计算机工程系，马萨诸塞州波士顿市，美国

Peter H. McMurry
明尼苏达大学机械工程系颗粒物技术实验室，明尼苏达州明尼阿波利斯市，美国

Owen R. Moss
POK 研究所，北卡罗来纳州 APEX 镇，美国

Aino Nevalainen
国家公共健康研究所，库奥皮奥市，芬兰

Kenneth E. Noll
伊利诺伊理工大学土木与环境工程学院土木工程系，伊利诺伊州芝加哥市，美国

Bernard A. Olson
明尼苏达大学机械工程学院，明尼苏达州明尼阿波利斯市，美国

Thomas M. Peters
爱荷华大学职业与环境健康系，爱荷华市，美国

Sotiris E. Pratsinis
过程工程研究所，苏黎世市，瑞士

Gurumurthy Ramachandran
明尼苏达大学公共卫生学院环境健康科学系，明尼苏达州明尼阿波利斯市，美国

Peter C. Raynor
明尼苏达大学公共卫生学院，环境健康科学系，明尼苏达州明尼阿波里斯市，美国

Tiina Reponen
辛辛那提大学环境健康学院，俄亥俄州辛辛那提市，美国

Nicholas W. M. Ritchie
国家标准与技术协会，马里兰州盖瑟斯堡市，美国

Charles E. Rodes
三角科技园 RTI 国际公司气溶胶暴露，北卡罗来纳州，美国

George Skillas
赢创德固赛股份有限公司，哈瑙市，德国

John A. Small
国家标准与技术协会，马里兰州盖瑟斯堡市，美国

James N. Smith
国家大气研究中心大气化学研究室，科罗拉多波尔得市，美国

Paul A. Solomon
美国环境保护署国家暴露研究实验室研究与发展办公室，内华达州拉斯维加斯市，美国

Christopher M. Sorensen
堪萨斯州立大学物理学院，堪萨斯州曼哈顿市，美国

Elijah Thimsen
阿尔贡国家实验室，伊利诺伊州，美国

Dhesikan Venkatesan
伊利诺伊理工大学土木与环境工程学院土木工程系，伊利诺伊州芝加哥市，美国

Jon C. Volkwein
国家职业安全与卫生研究所疾病控制和预防中心，宾夕法尼亚州匹兹堡市，美国

John G. Watson
内华达州高等教育系统沙漠研究所，内华达州里诺市，美国

Ernest Weingartner
保罗谢尔研究所大气化学实验室，菲利根，瑞士

Anthony S. Wexler
加利福尼亚大学戴维斯分校空气质量研究中心，加利福尼亚州萨克拉门托市，美国

Klaus Willeke
辛辛那提大学环境健康学院，俄亥俄州辛辛那提市，美国

James C. Wilson
丹佛大学工程学院，科罗拉多州丹佛市，美国

Jun Zhao
国家大气研究中心大气化学研究室，科罗拉多州波尔得市，美国

K. W. Lee
光州科学技术学院环境科学与工程系，光州，韩国

R. Mukund
通用电气公司，俄亥俄州辛辛那提市，美国

Josef Gebhart
迪岑巴赫市（Dietzenbach），德国

Timothy J. O'Hern 和 Dariel J. Rader
桑迪亚国家实验室，新墨西哥州阿尔伯克基市，美国

Douglas W. Cooper
新泽西州拉姆西县（Ramsey），美国

David Swift
约翰·霍普金斯大学环境健康工程学院，马里兰州，巴尔的摩市，美国

目录

第一部分　基本理论

第二部分 技术

19 粒子的电动悬浮 …………… 476

20 锥-射流电喷雾原理 ……………… 499

21 气溶胶测量仪器的校准 ………… 516

第三部分　应用

第一部分

基本理论

1

气溶胶概论

Pramod Kulkarni 和 Paul A. Baron

国家职业安全与卫生研究所疾病控制和预防中心，俄亥俄州辛辛那提市，美国

Klaus Wtlleke

辛辛那提大学环境健康学院，俄亥俄州辛辛那提市，美国

1.1 引言

“气溶胶（aerosol）”指悬浮在气体介质中的液体或固体粒子。“气溶胶”一词来源于气相的“水溶胶”[悬浮在液体中的粒子，古希腊语中称为“水粒子（water particle）”]。气溶胶是两相体系，包括悬浮的固相或液相物质以及周围的气相物质。气溶胶是由气体转化为粒子而形成的，或者是由液体或固体分裂而形成的。气溶胶无处不在，土壤中的颗粒物、大气中的云粒子、焊接烟尘、电厂烟雾、火山爆发产生的粒子、香烟烟雾和来自海水飞沫形成的盐粒子等都是气溶胶。许多常见的词汇，例如粉尘（dust）、悬浮颗粒物（suspended particulate matters）、烟尘（fume）、烟（smoke）、霭（mist）、雾（fog）、霾（haze）、云（cloud）或者烟雾（smog）都用于描述气溶胶。

最近几十年，空气污染、公众健康、大气科学、纳米科技、化工制造、药品医学行业等各领域对气溶胶测量的需求都急剧增加。例如，为了确保公众和工人在有害气溶胶中的暴露不超过造成健康不良效应的限值浓度水平，环境工程师和工业卫生学者需要对气溶胶进行测量；为了研究气溶胶对气候变化的影响，大气科学家需要对气溶胶进行测量。减轻颗粒物污染的法规越来越复杂严格，促使气溶胶测量方法越来越精细，这就需要掌握更多的相关知识以更好地进行监测和结果解释。因此，制定一个切实有效的污染减排政策，就需要可靠地测量气溶胶的物理和化学特征。

虽然气溶胶会对人体健康和环境产生不良影响，但是越来越多的材料工程师和科学家利用气溶胶方法制造有益的专门材料。例如，气溶胶前体物质通过火焰、等离子体、激光或熔炉反应器可以形成具有特定化学和物理性质的气溶胶颗粒，通过这种方法可以大批量地生成粉末状物质和颜料。在这些技术应用中，气溶胶测量起着至关重要的作用。近年来，纳米技术的出现激发了人们对气溶胶测量的兴趣。一方面，越来越多的气溶胶方法应用于制作新功能纳米材料；另一方面，纳米材料在气溶胶化过程中会导致人体暴露，其产生的潜在健康风

险也日益受到关注，因此，表征纳米材料暴露特征的测量工具和方法成为新的研究热点。

人们对“不良”和“良性”气溶胶研究的关注，推动了复杂且灵敏的气溶胶测量仪器的快速发展。气溶胶测量技术的快速发展要求新、老从业者都能熟练掌握新技术和操作新仪器。因此，本书将从三部分进行介绍：第一部分为“基本理论”，主要介绍气溶胶动力学的基本原理，这些原理有助于解释气溶胶在空气中的行为特征。由于气溶胶粒子的大小为 $10^{-9}\sim10^{-4}$m（1nm～100μm），因此必须从微观的角度去理解单个气溶胶粒子的动力学行为。在这部分内容中，很多早期的基础物理理论，比如斯托克斯定律（Stokes law）、密立根电荷测量（Millikan’s measurements of the electronic charge）、爱因斯坦的布朗运动定律（Einstein’s theory of Brownian motion）以及 C. T. R. 威尔逊成核试验（C. R. T. Wilsion’s nucleation experiments）都是理解气溶胶粒子行为的基础理论。为深入了解本书中介绍的各种气溶胶测量仪器，本书的“基本理论”部分也包括一些与气溶胶测量不太相关的理论。“基本理论”部分的最后一章，将这些基本理论与实际测量情况相结合。实际测量中要考虑测量环境的特点、目标气溶胶的性质以及可用的测量技术。第二部分为“技术”，该部分主要按照仪器原理分类，每一章介绍一种或一组仪器。第三部分为“应用”，该部分首先介绍非球形粒子的测量，接着介绍第二部分“技术”中所提到的仪器在气溶胶测量中的应用。每种应用都要求测量气溶胶的特定属性，因此规定了可应用的测量技术或技术组类型。因此，本书将气溶胶测量的科学和应用结合起来。

目前有大量的辅助工具和资料可以帮助我们理解气溶胶测量的基本概念。科学文献中的信息为选择测量仪器和理解气溶胶性质提供了帮助。本章的最后列出了一些相关参考文献，包括图书、杂志和其他关键信息源。

1.2 单位和公式

本书中所有公式和计算式中的单位大多采用国际单位制（SI），需要用厘米-克-秒（cgs）单位制时会在后面的括号里说明。由于气溶胶粒子的粒径范围为 $10^{-9}\sim10^{-4}$m，所以在表示粒径时常用微米（μm，1μm=10^{-6}m）[术语“microm”常作为口语表示微米（micrometer），现在 SI 已不用这个词了]。更小的粒子常用纳米（nm，1nm=10^{-9}m）表示，尤其是直径在 0.001～0.1μm 范围的粒子。本书中除有特别说明外，粒径均指粒子直径。

气溶胶质量浓度是指单位气体体积中颗粒物的质量，其国际标准单位为 kg/m^3。由于气溶胶的浓度一般很小，所以常用 g/m^3、mg/m^3、$\mu g/m^3$ 或 ng/m^3 表示。粒子速度，例如在重力或电场作用下的运动速度，以 m/s（也可用 cm/s）为单位。粒子体积常以 L（1L=$10^{-3}m^3$）为单位。气溶胶数浓度以个/m^3（也可用个/cm^3）为单位。附录 B 给出了气溶胶研究中常用主要单位的转换因子。

压力的国际标准单位是帕斯卡（Pa，1Pa=1N/m^2）、大气压（atm，1atm=101kPa=$1.01\times10^6dyn/m^2$=14.7lbf/in^2=760mmHg=1040cmH_2O=408inH_2O）。气体和粒子的性质通常指的是常温常压下（NTP），即 101kPa 和 293K（1atm 和 20℃=68℉）时的性质，许多手册中列出的数据都是标准温度和压力（STP），即 101kPa 和 273K（1atm 和 0℃）下的数据。但这些数据用得较少，因为大多数环境气溶胶的测量都是在温度 293K（20℃）左右进行的。

计算时偶尔会对单位进行转换，因为每个单位体系都有其优点。在静电计算中使用国际标准单位“伏特”和“安培”，其优点就是人们对伏特和安培这两个单位都非常熟悉。基本电荷（元电荷）$1e=1.6\times10^{-19}$C，但使用cgs单位制更方便，因为它与库仑定律的比例常数一致。在这种体系中，所有电学单位都加前缀“stat（斯达）”。基本电荷 $1e=4.8\times10^{-10}$stat C。电场用statV/cm表示。1statV=300V。用cm/s表示粒子在电场中的运动速度。

1.3 术语

描述空气中颗粒物的术语各种各样。粒子（particle）指单位物质，一般来说其密度接近于大块物质（bulk material）的密度。单个粒子可能含有一种或多种化学成分，可能由液体或固体组成，也可兼而有之。粒子形状各式各样，有球形、圆柱体或立方体等非球形，还有复杂不规则的难以用欧几里得几何描述的形状。表1-1列出了气溶胶的常用术语。其中一些术语并不是严格的科学定义，一些术语来自表示粒子来源或现象（如烟、雾）的日常用语和口语。表1-2列出了描述粒子形状、结构、来源和其他特征的术语。附录A列出了气溶胶的其他术语及定义。

表1-1 气溶胶常用术语

术语	定义
生物气溶胶(bioaerosol)	来自于生物源的气溶胶，包括悬浮在空气中的病毒、花粉粒子、细菌和菌类孢子及其碎片
云(cloud)	悬浮在空气中的密集或浓缩的颗粒物，通常有明显的边界
粉尘(dust)	母体物质通过粉碎或其他机械碎裂方式而形成的固体粒子。通常，这些粒子具有不规则形状，粒径大于0.5μm
雾或霭(fog或mist)	液态气溶胶粒子。通常由过饱和蒸汽凝结而成，或通过雾化、喷雾或鼓泡作用而形成
烟尘(fume)	通常是由浓缩蒸汽凝结而成的粒子。固体烟尘粒子通常由一系列具有相似尺寸的亚微米级(通常<0.5μm)粒子构成。烟尘常常是在燃烧或高温过程中产生。注意：通常所说的烟尘也包括有害蒸汽成分
霾(haze)	一种降低能见度的气溶胶
纳米粒子(nanoparticle)	粒径为1～100nm的粒子
粒子(particle)	一种很小的分散物质
粒子状物质(particulate)	用来表述性质与粒子相似但称之为粒子又不恰当的物质，有时是表示粒子这个名词的不当应用
烟雾(smog)	一种由固体和液体粒子组成的气溶胶，至少一部分是由阳光作用于水蒸气而产生的。烟雾是“烟”和“雾”的组合，指的是所有烟、雾类污染物，包括气体组分
烟(smoke)	一种固体或液体气溶胶，由不完全燃烧所致或由过饱和蒸汽凝结而成。大多数烟粒子为亚微米级
飞沫(spray)	由液体被机械粉碎或静电粉碎而形成的气溶胶粒子

表1-2 气溶胶物理性状、结构和来源术语

术语	定义
凝聚体(agglomerate)	通过范德华力或表面张力而松散地聚集在一起的一组粒子。在气相中，粒子由于布朗运动、外力或者流场等作用发生碰撞而经常形成凝聚体
一次粒子(primary particle)	组成凝聚体的单个粒子
聚合体(aggregate)	紧密结合在一起的一组较小粒子，通常需要经过高温的烧结和凝聚过程。小粒子间较强的结合力使聚合体不易分开且很难区分出来单个粒子。聚合体有时也指结实的凝聚体

续表

絮凝物(flocculate)	松散地结合在一起的一组粒子,通常是由静电力结合。絮凝物容易被空气中的剪切力破坏
一次气溶胶(primary aerosol)	直接由源排入大气的粒了形成的气溶胶
二次粒子(secondary particle)	空气中的气体向粒子转变而形成的。有时用这个术语描述凝聚粒子或再分散粒子
单分散(monodisperse)	单分散气溶胶由相同粒径的粒子组成,经常用于仪器的校准
多分散(polydisperse)	多分散气溶胶由不同粒径的粒子组成

1.4 影响气溶胶行为的参数

1.4.1 粒径和粒子形状

粒径可能是决定粒子在空气中行为的最重要因素。粒子粒径不同其行为也不同，甚至遵循的物理定律也不同。比如在地球表面，只有比气体分子稍大的粒子才做布朗运动，而粒径为微米级的大粒子主要受重力和惯性力的影响。

球形粒子的直径是明确的、规范的、可以测量的。来自大气污染源的很多粒子是气体通过液相凝结生长而成的，类似球形。而如纤维和凝聚体等非球形粒子，确定其粒径比较困难。对这样的粒子，依据所用的测量技术或所涉及的粒子特性不同，粒径和形状的定义也不同。

气溶胶科学中常用“当量直径（equivalent diameter）”来表示粒径，用以代表粒子的某种性质或行为。粒子的当量直径是与之具有某种相同的物理性质的球形粒子直径（图 1-1）。例如，粒子的空气动力学（当量）直径（aerodynamic equivalent diameter，有时将当量一词去掉）是在重力作用下，与之具有相同自由沉降速度的单位密度（$1000kg/m^3$ 或 $1g/cm^3$）的球形粒子的直径。研究粒子（尤其是大于 0.3～0.5μm）在以惯性作用为主导作用的场合中，如呼吸道和工程设备（过滤器、旋风器、冲击器等）中的行为特征时，空气动力学直径是非常有用的一个参数。在典型大气条件下，纳米级粒子的运动更多受到布朗运动的影响而不是惯性的影响，这些粒子粒径与空气动力学不大相关，其粒径常用迁移率当量直径（mobility equivalent diameter）表示。迁移率当量直径是与粒子具有相同迁移率（单位外力作用下的粒子速度）的球形粒子的直径。

基于粒子质量、体积或表面积而定义的当量直径，可用于描述具有复杂形状、结构和内部空间的粒子。体积当量直径（volume equivalent diameter）是与目标粒子具有相同体积的球形粒子的直径。对于不规则粒子来说，体积当量直径是在保留其内部空间体积（即将粒子内部空间与周围的空气隔离），将粒子液化形成液滴后的球形直径。燃烧过程中产生的一些聚合体具有内部空间体积。质量当量直径（mass equivalent diameter）是与目标粒子具有相同质量的由目标粒子主要组成物质构成的无孔球体的直径。包络当量直径（envelope equivalent diameter）指由目标粒子主要组成物质（bulk particle material）组成，且与目标粒子具有相同质量和相同内部空间体积的球体的直径。与粒子横截面的平面投影面积相同的圆的直径叫做投影面积当量直径（projected area equivalent diameter）。在燃烧过程中作为燃料的气溶胶雾滴会在表面燃烧或发生反应，因此，为了掌握表面积的关键作用，要用到索特平均直径（Sauter mean diameter），定义为与粒子具有相同表面积-体积比的球形粒子的直径。除了以上提到的这些当量直径，粒子的其他性质，如在磁场或电场中的行为、外表面积、放射能、光学性质或化学浓度等，都能被用以定义当量直径。本书第 2 章和第 3 章会更详细地介绍这些定义。

多数描述气溶胶行为的理论都基于粒子是球形的假设。应用当量直径和其他修正因子可以将这些理论应用于非球形粒子。例如，动力学形状因子（dynamic shape factor）就是斯托克斯定律中的一个修正因子，通过这个因子斯托克斯定律就适用于非球形粒子。形状通常可以忽略，因为它对粒子性质的影响系数不大，除非要做近似分析。可以用理想化的几何形状如长圆柱体或扁长体或椭球体来研究具有高纵横比的粒子，例如细长纤维。形状复杂的凝聚体粒子，可以用分形几何学知识来形容。第 23 章会有更详细的介绍。

根据粒子性质或行为而定义的粒径见图 1-1。

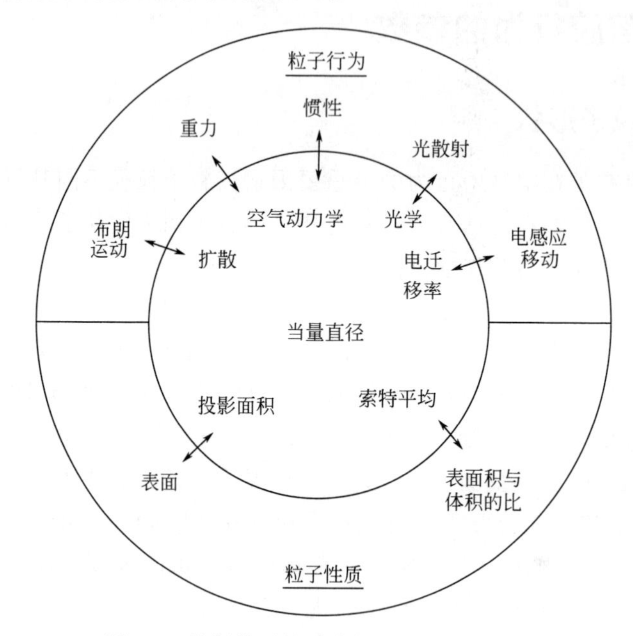

图 1-1 根据粒子性质或行为而定义的粒径

虽然空气由氮气、氧气和其他气体组成，但一般来说，在计算中将 3.7×10^{-10}m（0.37nm 或 0.00037μm）作为典型“空气分子”的平均直径。相比较而言，气溶胶粒子包括从 10^{-9}m（1nm）的分子簇到 100μm 的尘粒或云滴。大于 100μm 的粒子，由于沉降速度太快而在一定时间内不能形成稳定的悬浮体。由于分子（或原子）转化为气溶胶的过渡体的直径尚无法确定，因此气溶胶粒子的粒径下限尚无准确界定。习惯上将 1nm 作为下限，这一下限接近气溶胶测量仪器的最低检出限，如电迁移率分级器（第 15 章和第 32 章）或凝结粒子计数器（第 17 章和第 32 章）。

1.4.2 粒子浓度

粒子浓度用以描述气溶胶粒子的空间分布特征，定义为单位体积内悬浮的粒子。根据应用不同，描述浓度的方法也有多种。最常用的粒子浓度是数浓度、质量浓度、表面积浓度和体积浓度。粒子浓度用以表征洁净室内粒子和大气云凝结核。美国联邦空气污染和工作场所暴露标准中用的是质量浓度。在毒理学研究中，表面积浓度非常重要。在研究悬浮体整体黏性的工程应用中，要用到体积浓度，即单位体积气体中的粒子体积。

粒子数浓度的定义与气体密度相似，即单位体积气体内的粒子数量（个/cm^3）。城市污染大气中包括所有粒径的粒子数浓度大约是 10^5 个/cm^3 或更高。生产微电子组件的洁净室，是根据某个粒径范围内的粒子数浓度来鉴定级别的。例如，一等洁净室内，0.1μm 的粒子数浓度要小于 10^3 个/m^3（第 36 章）。粒径不同，测量粒子数浓度的仪器也不同，例如光学粒子计数器（第 13 章）和凝结核粒子计数器（第 17 章和第 23 章）。

粒子质量浓度常通过重量法获得。测量时段内粒子的平均质量浓度等于称量的粒子质量除以采样气体体积。常用的质量浓度单位是 $\mu g/cm^3$ 和 mg/m^3。大气气溶胶质量浓度范围从 $20\mu g/m^3$（未污染大气）到 $200\mu g/m^3$（污染大气），在污染的工业环境中，质量浓度可达到 mg/m^3 级，在工业气溶胶反应器中，质量浓度可以高达 g/m^3 级。

单分散气溶胶的一种浓度可以很容易地转换为另一种浓度，而多分散气溶胶要从一种浓度转换到另一种浓度，需要知道更多详细的特征才可以。

1.4.3 粒径分布

粒径分布是多分散气溶胶最重要的特征之一，它反映了粒子在一定粒径范围内的特定性质的分布。可以通过粒子数量、质量、表面积、体积或其他性质对粒径进行加权，从而构建粒径分布。不同的气溶胶设备，测量的粒径当量类型和加权方法均不同，因此不同设备方法得出的粒径分布也会不同，不同加权因子得到的粒径分布差别会很大。可以用一个杂货店的例子来说明这个问题。有人买了 10 个大苹果和 100 个葡萄干，那么总体的果品中值直径要取排序中间果品的直径，仅比葡萄干的平均直径稍大一点。这是因为中值直径把果品分成了相同数量的两部分，因此每一部分都包含了很多葡萄干。如果对每一个水果称重，用质量（相当于粒子质量）来计算中值粒径（该粒径左右两边质量相等），那么这个质量中值粒径要比数量中值粒径大得多。所以，对于一定数量的粒子来说，以质量加权的粒径分布中值要比以数量加权的大。因此，描述粒径分布时必须要说明其测量时的度量因子。

如果将一组气溶胶粒子分为独立连续的粒径段，以每个粒径段中粒子的数量作为 Y 轴、粒径作为 X 轴画图即可得到粒径分布图。为了得到有效的粒径谱图，仔细选择每一个粒径段的上限直径 d_u 和下限直径 d_l 很重要。每个粒径段中的粒子数量取决于粒径段的宽度（d_u-d_l）。为了消除段宽对粒子数量的影响，通常将每一粒径段的粒子数除以段宽。气溶胶粒径分布的特点详见第 4 章、第 5 章和第 22 章。

代表一组粒子直径的一般有平均直径（mean size，所有粒子粒径的算术平均值）、中值直径（median size，大于该粒径和小于该粒径的粒子数量相同时的粒径）或者众数（mode，出现频率最高的粒径）。粒径分布的分散程度用算术标准偏差或者几何（对数）标准偏差表示。把粒径分布划在对数轴上时，粒径分布通常是呈对数正态分布的，即粒子浓度与粒径的关系曲线是正态分布（也称为高斯曲线或钟形曲线）形式（第 5 章和第 22 章）。

通过想象连续截断一根粉笔，可以很好地理解为什么用对数或几何粒径坐标系。例如，一根 64mm 长的粉笔可以分成 32mm 的两段，然后再分成 16mm、8mm、4mm、2mm、1mm 等，可以一直分到分子级。这样，相邻粒径间的比例总是 2，那么在对数或几何粒径坐标系上显示出的就是相同的直线距离。因为在每一步破碎中，生成的粒子越来越多，粒径分布是偏的，以致小粒子的数量要远远多于大粒子数量。自然或工业系统中许多粒子的生成方式都类似于连续截断粉笔的例子。因此，气溶胶粒径分布图通常用对数坐标系。

大气或工业环境、工业进程中监测到的气溶胶大都是气溶胶混合物，因此在较宽的粒径范围内，通常不止一个众数。这就导致气溶胶粒径分布的分析和测量更加复杂。

1.4.4 粒子吸附和分离

下面主要介绍粒子与表面的吸附力和分离力，理解这两种力对于进行可靠的气溶胶测量非常重要。

1.4.4.1 吸附力

与气体分子不同，气溶胶粒子通常是相互黏附而形成凝聚体。这是气溶胶粒子区别于原子和分子的主要特征之一，也是气溶胶与毫米级的大个粒子区分的主要特征之一。如果一个粒子接触到表面，如滤膜或其他粒子收集装置，就会被吸附到表面。

相距很近的粒子之间存在伦敦-范德华力（London-van der Waals）。根据其基本原理，电中性物质中电子的随机运动会产生瞬间偶极子，引起相邻物质中的偶极子补充，从而使粒子表面相互吸引。

大多数 0.1μm 或更大的带电粒子对带相反电荷的粒子有吸引作用（Hinds，1999，143页）。两个带电粒子（点电荷）之间的库仑作用力与它们之间距离的平方成反比。当两个粒子表面由于上述一种或两种作用力而吸引到一起时，表面会随着时间发生变形，增加作用面积，减小相互距离，从而增大吸附力。在电中性表面附近的带电粒子也可以在表面诱导产生等量的相反电荷，从而产生在粒子与表面之间具有吸引力的静电力。

图 1-2（a）说明了空气湿度对粒子吸附的影响。当湿度很大时，液体分子被吸附在粒子表面，并充满作用点及其附近的毛细空间。液体层的表面张力增大了两个表面间的吸附力。

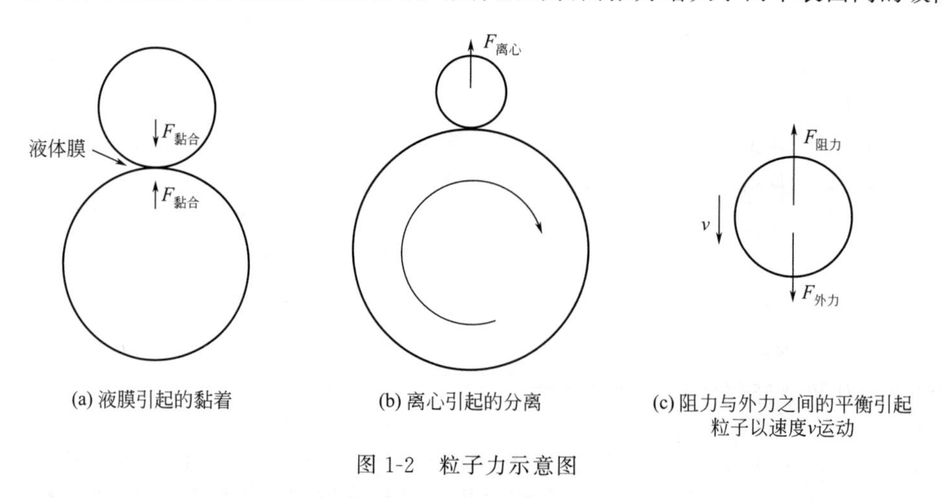

图 1-2 粒子力示意图

1.4.4.2 分离力及粒子反弹

图 1-2（b）为某粒子从旋转体上分离的例子。离心力与粒子质量或体积成正比，即与粒子直径的立方成正比。其他类型运动如振动引起的分离力也与直径的立方成正比，而气流引起的分离力与直径的平方成正比。相反，大部分吸附力与粒子直径呈线性相关。因此，大粒子比小粒子更易分离。而粒径小于 10μm 的单个粒子很难通过振动除去，但此类粒子容易形成大块物质（0.1～10mm）(Hinds，1999，144 页)，多数气溶胶仪器就是根据这个原理将粒子沉积在不同的区域进行测量，部分粒子会从沉积的仪器壁表面再悬浮进入气溶胶流中，从而干扰了测量。

如果气流和表面垂直（如在滤膜和冲击式采样器中），惯性会使粒子向表面移动，液体或黏性小粒子会沉积在表面上，固体粒子一旦与表面接触就可能发生形变。若反弹能大于吸附能，高速冲击可使固体粒子反弹，即与表面接触后分离。接触过程中，部分粒子或全部粒子的动能转化为热能，从而降低了反弹时的动能或加热了粒子-表面界面。表面的油脂一般能提高吸附性，但后来的粒子可能在先前沉积的粒子表面上发生反弹。在惯性采集器中，粒子吸附性是一个非常关键的因子，详细说明见第 8 章。

1.4.5 外加力

当粒子受到外加力作用时，如重力或电场力，粒子将在外力场中运动。外力场中迁移速度与粒径有关，很多气溶胶粒径谱仪区分粒径利用的就是这个原理。

当一个气溶胶粒子受到外力作用时，例如重力，就会在力的影响下迁移。反作用力就是空气动力学阻力，如图 1-2（c）所示。当这两种力平衡时（大多非常快，非常短暂的弛豫时间），粒子在力场以速率 v 运动。一对作用力与反作用力决定了运动速度。粒子速度是估计采样效率及粒径分级的一个非常重要的量。

在太空中，宇航员必须特别注意衣服和活动产生的粉尘粒子。否则，他们生活的空间将很快被气溶胶污染。在地球上，重力对生活环境和工业环境中的气溶胶起着主要的清洁作用。粒子越大，沉降越快。因此重力是确定空气动力学直径的基础，很多气溶胶监测设备正是利用了粒子的重力行为来测量其空气动力学粒径的（第 8 章）。惯性力通过改变悬浮气体的方向而作用于粒子。惯性效应与粒径有关，可以用于冲击式采样器、旋风器、加速喷嘴等设备中，用以分离、采集和测量粒子（第 8 章、第 11 章和第 14 章）。

我们都知道，棉绒粒子可以吸附在衣服上，这是因为棉绒与衣服的静电吸引。同样，带电气溶胶粒子能被带电表面或带电粒子吸引或排斥。源排放出来的新鲜粒子，特别是那些由机械摩擦或剪切产生的粒子，其携带的电荷量比已在空气中滞留数小时或更长时间的粒子要高得多。粒子的老化效应是由于自然辐射产生的带相反电荷的空气离子将粒子上的电荷中和而引起的。较小的气溶胶粒子带电量时的电场力可超过重力好几个数量级，电迁移率分析仪就是通过仔细控制粒子上的电场力和它的迁移来达到粒径分离和测量（第 15 章）。通过达到电力-重力的电动力平衡，电场力也可以将大粒子悬浮，详见第 19 章。相似的，气溶胶质量分析器，根据粒子的质荷比，利用电场力和离心力平衡来分离粒子，详见第 12 章。

如果空气中存在粒子浓度空间梯度，那么，布朗运动会使粒子从高浓度区域移向低浓度区域。布朗运动通常是粒径小于 0.2μm 的粒子运动的主要机制。扩散组采样器（diffusion battery）就是利用该机制来测量亚微米级粒子的。粒子扩散有助于我们了解粒子在人肺中的沉积特性。如果悬浮气体是各种气体的非均匀混合物，那么气体组分间的浓度差会产生扩散迁移力，粒子会因扩散迁移力而移动。

如果两个表面之间存在温度差，热表面的空气分子活性较高，会把粒子推向较冷的表面（热迁移力），热沉降器就是利用了这个性质将粒子采集到特定表面的（第 8 章）。一个特别的例子是光产生的热迁移，不过通常不应用于测量。照射粒子从而使照射面和附近的空气分子加热，可以将粒子推向粒子温度低的一侧。照射也可以产生辐射压，因此光子流对粒子也有一个作用力（光致迁移）。激光束就像光学“镊子”，可以移动液体中的小微粒，如细菌。

1.5 选用气溶胶测量设备的注意事项

气溶胶测量技术可以分为两种：第一种是把粒子采集到滤膜上，然后进行实验室分析，第二种是现场进行实时[1]测量。通常，采集完粒子再分析的方法应用广泛，因为这样可以应

[1]“实时（real-time）”一词在很多文献中出现，表示现场（in-situ）短时间测量，与采集气溶胶然后进行实验室分析，几个小时或者几天才能得到分析数据的方法相区分。但是，不同的应用场合，实时的意思也不同。“直读（direct-reading）”也指实时测量设备。实时用在本书中用来指可以用在现场，几秒到几分钟内产生测量数据的设备。半连续（semi-continous）指测量时间稍长的现场技术。

用众多功能强大的分析技术（第 7～10 章和第 12 章）。但这种方法的缺点是粒子会受到运输和采集过程的影响，测量结果是时间平均值，不能立即知道测量结果。实时测量可以在现场快速给出测量结果，但是给出的粒子特征信息有限（第 11～15 章、第 18 章）。

现场、实时测量技术又可进一步分为提取技术（extractive）和外部感应技术（external sensing），提取技术需要将气溶胶引入测量感应器，而外部感应技术可以在不干扰气溶胶的自然状态下对其进行测量。例如，第 13 章介绍了很多测量设备，有的测量设备是将粒子收集到设备中测量粒子散射光（如光学粒子计数器），有的光学系统是直接监测设备外面的粒子，而不需要采集任何样品（例如，前向散射光谱探针，forward scattering spectrometer probe）。

一般来说，只使用一台仪器得不到 0.001～100μm 范围内的粒子粒径的全部信息。在肉眼可见范围内，这就相当于用微刻度尺测量 1mm 距离，然后用同样的刻度尺去测量 1km（比 1mm 高 6 个数量级）的距离。使用可见光波长（400～700nm）的光学技术，不能用于观察比波长小的粒子。常温常压下，对于小于 0.5μm 的粒子来说，惯性技术已经无效。电子显微镜的探测工具是电子，其波长更小，可以观察到的粒子更小。因此，应该用不同的技术来测量不同的当量直径，以便得到更宽的粒径谱分布。

1.6 参考文献

Hinds, W.C. 1999. *Aerosol Technology*. New York: John Wiley & Sons.

一般的气溶胶相关词汇

Abraham, F.F. 1974. *Homogeneous Nucleation Theory: The Pretransition Theory of Vapor Condensation, Supplement I: Advances in Theoretical Chemistry*. New York: Academic.

Bailey, A.G. 1988. *Electrostatic Spraying of Liquids*. New York: John Wiley & Sons.

Beddow, J.K. 1980. *Particulate Science and Technology*. New York: Chemical Publishing.

Bohren, C.F., and D.R. Huffman. 1983. *Absorption and Scattering of Light by Small Particles*. New York: John Wiley & Sons.

Clift, R., J.R. Grace, and M.E. Weber. 1978. *Bubbles, Drops, and Particles*. Boston: Academic.

Colbeck, I. (ed.). 1997. *Physical and Chemical Properties of Aerosols*. Dordrecht, The Netherlands: Kluwer Academic.

Davies, C.N. (ed.). 1966. *Aerosol Science*. New York: John Wiley & Sons.

Dennis, R. 1976. *Handbook on Aerosols*. Publication TID-26608. Springfield, VA: National Technical Information Service, U.S. Department of Commerce.

Einstein, A. 1956. *Investigations on the Theory of Brownian Motion*. New York: Dover.

Friedlander, S.K. 2000. *Smoke, Dust, and Haze: Fundamentals of Aerosol Dynamics*, 2 ed, New York: Oxford University Press.

Fuchs, N.A. 1989. *The Mechanics of Aerosols*. New York: John Wiley & Sons.

Fuchs, N.A., and A.G. Sutugin. 1970. *Highly Dispersed Aerosols*. Ann Arbor, MI: Ann Arbor Science Publishers.

Green, H.L., and W.R. Lane. 1964. *Particulate Clouds, Dust, Smokes and Mists*, 2 ed. Princeton, NJ: Van Nostrand.

Happel, J., and H. Brenner. 1973. *Low Reynolds Number Hydrodynamics with Special Applications to Particulate Media*, 2 rev. ed. Leyden: Noordhoff International.

Hesketh, H.E. 1977. *Fine Particles in Gaseous Media*. Ann Arbor, MI: Ann Arbor Science Publishers.

Hidy, G.M. 1972. *Aerosols and Atmospheric Chemistry*. New York: Academic.

Hidy, G.M., and J.R. Brock. 1970. *The Dynamics of Aerocolloidal Systems*. New York: Pergamon.

Hidy, G.M., and J.R. Brock (eds.). 1971. *Topics in Recent Aerosol Research*, Part 1. New York: Pergamon.

Hidy, G.M., and J.R. Brock (eds.). 1972. *Topics in Current Aerosol Research*, Part 2. New York: Pergamon.

Hinds, W.C. 1999. *Aerosol Technology*. New York: John Wiley & Sons.

Kerker, M. 1969. *The Scattering of Light and Other Electromagnetic Radiation*. New York: Academic.

Lefebvre, A.H. 1989. *Atomization and Sprays*. New York: Hemisphere.

Liu, B.Y.H. (ed.). 1976. *Fine Particles*. New York: Academic.

Marlow, W.H. (ed.). 1982. *Aerosol Microphysics I, Chemical Physics of Microparticles*. Berlin: Springer-Verlag.

Marlow, W.H. (ed.). 1982. *Aerosol Microphysics II, Chemical Physics of Microparticles*. Berlin: Springer-Verlag.

Mason, B.J. 1971. *The Physics of Clouds*. Oxford: Clarendon.

McCrone, W.C., et al. 1980. *The Particle Atlas*, vols. I–VII. Ann Arbor, MI: Ann Arbor Science Publishers.

Mednikov, E.P. 1980. *Turbulent Transport of Aerosols* [in Russian]. Moscow: Science Publishers.

Orr, C., Jr. 1966. *Particulate Technology*. New York: Macmillan.

Reist, P.C. 1984. *Aerosol Science and Technology*. New York: McGraw-Hill.

Ruzer, L.S., and N.H. Harley. 2004. *Aerosols Handbook: Measurement, Dosimetry, and Health Effects*. Boca Raton, FL: CRC.

Seinfeld, J.H., and S.N. Pandis. 2006. *Atmospheric Chemistry and Physics: From Air Pollution To Climate Change*. New York: John Wiley & Sons.

Sanders, P.A. 1979. *Handbook of Aerosol Technology*. Melbourne, FL: Krieger.

Sedunov, Y.S. 1974. *Physics of Drop Formation in the Atmosphere* [translated from Russian]. New York: John Wiley & Sons.

Twomey, S. 1977. *Atmospheric Aerosols*. Amsterdam: Elsevier Science.

Van de Hulst, H.C. 1957. *Light Scattering by Small Particles*. New York: John Wiley & Sons. Republished unabridged and corrected. 1981. New York: Dover.

Vohnsen, M.A. 1982. *Aerosol Handbook*, 2 ed. Mendham, NJ: Dorland Publishing.

Wen, C.S. 1996. *The Fundamentals of Aerosol Dynamics*. Hackensack, NJ: World Scientific.

Whytlaw-Grey, R.W., and H.S. Patterson. 1932. *Smoke: A Study of Aerial Disperse Systems*. London: E. Arnold.

Withers, R.S. 1979. *Transport of Charged Aerosols*. New York: Garland.

Willeke, K. (ed.). 1980. *Generation of Aerosols and Facilities for Exposure Experiments*. Ann Arbor, MI: Ann Arbor Science Publishers.

Williams, M.M.R., and S.K. Loyalka. 1991. *Aerosol Science Theory and Practice: With Special Application to the Nuclear Industry*. Oxford: Pergamon.

Yoshida, T., Y. Kousaka, and K. Okuyama. 1979. *Aerosol Science for Engineers*. Tokyo: Tokyo Power Company.

Zimon, A.D. 1969. *Adhesion of Dust and Powders*, 2 ed. New York: Plenum.

Zimon, A.D. 1976. *Adhesion of Dust and Powders*, 2 ed. [in Russian]. Moscow: Khimia.

测量技术

Allen, T. 1968. *Particle Size Measurement*. London: Chapman and Hall.

Allen, T. 1981. *Particle Size Measurement*, 3 ed. New York: Methuen.

Barth, H.G. (ed.). 1984. *Modern Methods of Particle Size Analysis*. New York: John Wiley & Sons.

Beddow, J.K. 1980. *Testing and Characterization of Powders and Fine Particles*. New York: John Wiley & Sons.

Beddow, J.K. 1984. *Particle Characterization in Technology*. Boca Raton, FL: CRC.

Cadle, R.D. 1965. *Particle Size: Theory and Industrial Applications*. New York: Reinhold.

Cadle, R.D. 1975. *The Measurement of Airborne Particles*. New York: John Wiley & Sons.

Cheremisinoff, P.N. (ed.). 1981. *Air Particulate Instrumentation and Analysis*. Ann Arbor, MI: Ann Arbor Science Publishers.

Dallavalle, J.M. 1948. *Micromeritics*, 2 ed. New York: Pitman.

Dzubay, T.G. 1977. *X-Ray Fluorescence Analysis of Environmental Samples*. Ann Arbor, MI: Ann Arbor Science Publishers.

Herdan, G. 1953. *Small Particle Statistics*. New York: Elsevier Science.

Jelinek, Z.K. [translated by W. A. Bryce]. 1974. *Particle Size Analysis*. New York: Halstead.

Lodge, J.P., Jr., and T.L. Chan (eds.). 1986. *Cascade Impactor, Sampling and Data Analysis*. Akron, OH: American Industrial Hygiene Association.

Malissa, H. (ed.). 1978. *Analysis of Airborne Particles by Physical Methods*. Boca Raton, FL: CRC.

Nichols, A.L. 1998. *Aerosol Particle Size Analysis: Good Calibration Practices*. Cambridge: Royal Society of Chemistry.

Orr, C., and J.M. Dallavalle. 1959. *Fine Particle Measurement*. New York: Macmillan.

Rahjans, G.S., and J. Sullivan. 1981. *Asbestos Sampling and Analysis*. Ann Arbor, MI: Ann Arbor Science Publishers.

Silverman, L., C. Billings, and M. First. 1971. *Particle Size Analysis in Industrial Hygiene*. New York: Academic.

Stockham, J.D., and E.G. Fochtman. 1977. *Particle Size Analysis*. Ann Arbor, MI: Ann Arbor Science Publishers.

Vincent, J.H. (ed.). 1998. *Particle Size: Selective Sampling for Particulate Air Contaminants*, Cincinnati, OH: American Conference of Governmental Industrial Hyienists.

Vincent, J.H. 2007. *Aerosol Sampling: Science, Standards, Instrumentation, and Applications*. New York: John Wiley & Sons.

气体净化

Clayton, P. 1981. *The Filtration Efficiency of a Range of Filter Media for Submicrometer Aerosols*. New York: State Mutual Book and Periodical Service.

Davies, C.N. 1973. *Air Filtration*. London: Academic.

Dorman, R.G. 1974. *Dust Control and Air Cleaning*. New York: Pergamon.

Mednikov, E.P. 1965. *Acoustic Coagulation and Precipitation of Aerosols*. New York: Consultants Bureau.

Ogawa, A. 1984. *Separation of Particles from Air and Gases*, vols. I and II. Boca Raton, FL: CRC.

Spurny, K. 1998. *Advances in Aerosol Filtration*. Boca Raton, FL: Lewis.

White, H.J. 1963. *Industrial Electrostatic Precipitation*. Reading, MA: Addison-Wesley.

环境气溶胶/健康相关方向

American Conference of Governmental Industrial Hygienists. 2001. *Air Sampling Instruments*, 9 ed. Cincinnati, OH: Author.

Brenchly, D.L., C.D. Turley, and R.F. Yarmae. 1973. *Industrial Source Sampling*. Ann Arbor, MI: Ann Arbor Science Publishers.

Cadle, R.D. 1966. *Particles in the Atmosphere and Space*. New York: Reinhold.

Cox, C.S., and C.M. Wathes. 1995. *Bioaerosols Handbook*. Boca Raton: David Lewis Publishing.

Drinker, P., and T. Hatch. 1954. *Industrial Dust*. New York: McGraw-Hill.

Flagan, R.C., and J.H. Seinfeld. 1988. *Fundamentals of Air Pollution Engineering*. New York: Prentice Hall.

Hickey, A. J. 1996. *Inhalation Aerosols*. New York: Marcel Dekker.

Hidy, G.M. 1972. *Aerosols and Atmospheric Chemistry*. New York: Academic.

Junge, C. 1963. *Air Chemistry and Radioactivity*. New York: Academic.

Lighthart, B., and A.J. Mohr. 1994. *Atmospheric Microbial Aerosols: Theory and Applications*. London: Chapman and Hall.

McCartney, E.J. 1976. *Optics of the Atmosphere*. New York: John Wiley & Sons.

Mercer, T.T. 1973. *Aerosol Technology in Hazard Evaluation*. New York: Academic.

Middleton, W.E.K. 1952. *Vision Through the Atmosphere*. Toronto: University of Toronto Press.

Moren, F., M.B. Dolovich, M.T. Newhouse, and S.P. Newman. 1993. *Aerosols in Medicine: Principles, Diagnosis, and*

Therapy. Amsterdam: Elsevier Science.

Muir, D.C.F. (ed.). 1972. *Clinical Aspects of Inhaled Particles*. London: Heinemann.

National Research Council, Subcommittee on Airborne Particles. 1979. *Airborne Particles*. Baltimore, MD: University Park Press.

National Research Council. 1996. *A Plan for a Research Program on Aerosol Radiative Forcing and Climate Changes*. Washington, D.C.: National Academy Press.

Perera, F., and A.K. Ahmen. 1979. *Respirable Particles: Impact of Airborne Fine Particles on Health and Environment*. Cambridge, MA: Ballinger.

Seinfeld, J.H., and Pandis, S. 1998. *Atmospheric Chemistry and Physics*. New York: John Wiley & Sons.

Spurny, K. 1999. *Aerosol Chemical Processes in Polluted Atmospheres*. Boca Raton, FL: Lewis.

Spurny, K. 1999. *Analytical Chemistry of Aerosols*. Boca Raton, FL: Lewis.

Vincent, J.H. 1995. *Aerosol Science for Industrial Hygienists*. Tarrytown, NY: Elsevier.

Whitten, R.C. (ed.). 1982. *The Stratospheric Aerosol Layer*. Berlin: Springer-Verlag.

工业应用和过程

Andonyev, S., and O. Filipyev. 1977. *Dust and Fume Generation in the Iron and Steel Industry*. Chicago: Imported Publications.

Austin, P.R., and S.W. Timmerman. 1965. *Design and Operation of Clean Rooms*. Detroit, MI: Business News Publishing.

Boothroyd, R.G. 1971. *Flowing Gas-Solids Suspensions*. London: Chapman and Hall.

Donnet, J.B., and A. Voet. 1976. *Carbon Black*. New York: Marcel Dekker.

Kodas, T.T., and M.J. Hampden-Smith. 1999. *Aerosol Processing of Materials*. New York: John Wiley & Sons.

Marshall, W.R., Jr. 1954. *Atomization and Spray Drying*. Chemical Engineering Progress Monograph Series, vol. 50, no. 23. New York: American Institute of Chemical Engineers.

会议论文集

Advances in Air Sampling. 1988. Papers from the American Conference of Governmental Industrial Hygienists Symposium. Ann Arbor, MI: Lewis.

American Society for Testing Materials. 1959. *ASTM Symposium on Particle Size Measurement*. ASTM Special Technical Publication No. 234. Philadelphia, PA: Author.

Barber, D.W., and R.K. Chang. 1988. *Optical Effects Associated with Small Particles*. Singapore: World Scientific.

Beard, M.E., and H.L. Rook (eds.). 2000. *Advances in Environmental Measurement Methods for Asbestos*. Special Technical Publication No. 1342. Philadelphia: American Society for Testing Materials.

Beddow, J.K., and T.P. Meloy (eds.). 1980. *Advanced Particulate Morphology*. Boca Raton, FL: CRC.

Davies, C.N. 1964. *Recent Advances in Aerosol Research*. New York: Macmillan.

Dodgson, J., R.I. McCallum, M.R. Bailey, and D.R. Fisher (eds.). 1989. *Inhaled Particles VI*. Oxford: Pergamon.

Fedoseev, V.A. 1971. *Advances in Aerosol Physics* [translation of *Fizika Aerodispersnykh Sistem*]. New York: Halsted.

Gerber, H.E., and E.E. Hindman (eds.). 1982. *Light Absorption by Aerosol Particles*. Hampton, VA: Spectrum.

Hobbs, P. V. 1993. *Aerosol-Cloud-Climate Interactions*. New York: Academic Press.

Israel, G. 1986. *Aerosol Formation and Reactivity. Proceedings of the Second International Aerosol Conference, 22–26 September 1986, Berlin (West)*. Oxford: Pergamon.

Kuhn, W.E., H. Lamprey, and C. Sheer (eds.). 1963. *Ultrafine Particles*. New York: John Wiley & Sons.

Lee, S.D., T. Schneider, L.D. Grant, and P.J. Verkerk (eds.). 1986. *Aerosols: Research, Risk Assessment and Control Strategies*. Proceedings of the Second U.S. – Dutch International Symposium, Williamsburg, Virginia May 19–25, 1985. Chelsea, MI: Lewis Publishers.

Liu, B.Y.H., D.Y.H. Pui, and H.J. Fissan. 1984. *Aerosols: Science, Technology and Industrial Applications of Airborne Particles*. 300 Extended Abstracts from the First International Aerosol Conference, Minneapolis, Minnesota, September 17–21, 1984. New York: Elsevier Science.

Lundgren, D.A., Harris, F.S., Marlow, W.H., Lippmann, M., Clark, W.E. and Durham, M.D. (eds.). 1979. *Aerosol Measurement*. Gainesville, FL: University Press of Florida.

Marple, V.A., and B.H.Y. Liu (eds.). 1983. *Aerosols in the Mining and Industrial Work Environments*. Ann Arbor, MI: Ann Arbor Science Publishers.

Mathai, C.V. (ed.). 1989. *Visibility and Fine Particles*. Proceedings of the 1989 AWMA/EPA International Specialty Conference. Pittsburgh, PA: Air and Waste Management Association.

Mercer, T.T., P.E. Morrow, and W. Stober (eds.). 1972. *Assessment of Airborne Particles*. Springfield, IL: C.C. Thomas.

Mittal, K.L. (ed.). 1988. *Particles on Surfaces 1: Detection, Adhesion, and Removal*. Proceedings of a Symposium held at the Seventeenth Annual Meeting of the Fine Particle Society, July 28–August 2, 1986. New York: Plenum.

Mittal, K.L. (ed.). 1990. *Particles on Surfaces 2: Detection, Adhesion, and Removal*. Proceedings of a Symposium held at the Seventeenth Annual Meeting of the Fine Particle Society, July 28–August 2, 1986. New York: Plenum.

Preining, O., and E.J. Davis (eds.). 2000. History of Aerosol Science. Proceedings of the History of Aerosol Science, August 31–September 2, 1999. Vienna: Austrian Academy of Science.

Richardson, E.G. (ed.). 1960. *Aerodynamic Capture of Particles*. New York: Pergamon.

Shaw, D.T. (ed.). 1978. *Fundamentals of Aerosol Science*. New York: John Wiley & Sons.

Shaw, D.T. (ed.). 1978. *Recent Developments in Aerosol Technology*. New York: John Wiley & Sons.

Siegla, P.C., and G.W. Smith (eds.). 1981. *Particle Carbon: Formation During Combustion*. New York: Plenum.

Spurny, K. 1965. *Aerosols: Physical Chemistry and Applications*. Proceedings of the First National Conference on Aerosols, October 8–13, 1962. Prague: Publishing House of the Czechoslovak Academy of Sciences.

Walton, W.H. (ed.). 1971. *Inhaled Particles III*. Surrey: Unwin Brothers.

Walton, W.H. (ed.). 1977. *Inhaled Particles IV*. Oxford: Pergamon.

Walton, W.H. (ed.). 1982. *Inhaled Particles V*. Oxford: Pergamon Press.

气溶胶科学和应用部分杂志

Aerosol Science and Technology

American Industrial Hygiene Association Journal

Annals of Occupational Hygiene

Atomization and Sprays
Atmospheric Environment
Environmental Science and Technology
International Journal of Multiphase Flow
Journal of Aerosol Medicine
Journal of Aerosol Research, Japan
Journal of Aerosol Science
Journal of the Air and Waste Management Association (formerly *Journal of the Air Pollution Control Association*)
Journal of Colloid and Interface Science
Journal of Geophysical Research-Atmospheres
Journal of Nanoparticle Research
Langmuir
Particle & Particle Systems Characterization
Particulate Science and Technology
Powder Technology

2 单粒子传输基本原理

Pramod Kulkarni 和 Paul A. Baron
国家职业安全与卫生研究所疾病控制和预防中心[1]，俄亥俄州辛辛那提市，美国
Klaus Willeke
辛辛那提大学环境健康学院，俄亥俄州辛辛那提市，美国

2.1 引言

理解气溶胶传输，即气溶胶粒子在空间中的运动，是设计所有气溶胶测量仪器和设备的基础。本书中介绍的每种测量技术都是基于气溶胶的某种传输特性改变粒子行为以达到测量目的。气溶胶包括两部分：粒子及其悬浮所在的气体（常为空气）。一方面，在微观水平下，每个粒子的物理特征可以改变其周边气流和通过它的气流，进而影响气流对粒子的曳力。另一方面，在宏观水平下，气流特征可能决定粒子如何在两点间传输以及如何发生沉降。为了了解气溶胶传输，有必要了解粒子悬浮所在流体流动的基本物理特征、粒子与周围气体之间的相互作用以及粒子对各种作用于它的外力的反应。本章将介绍气体和粒子运动的基本知识。

2.2 连续流

粒子悬浮所在的气体由分子组成，这些分子会相互碰撞或与临近物体碰撞。流体的连续性（本章中气体和流体可互换）不再将流体看成是由离散的分子组成的，而是认为流体是由大量的连续质点（无限小的点）组成的，质点之间没有间隙。

纳维叶-斯托克斯方程（Navier-Stokes equation）是描述黏性不可压缩流体动量守恒的一个重要的运动方程，由牛顿第二定律推导出来，表达如下：

$$\underbrace{\rho_{\mathrm{g}}\left[\frac{\partial \boldsymbol{u}}{\partial t}+\boldsymbol{u}\,\nabla \boldsymbol{u}\right]}_{\text{惯性力}}=\underbrace{-\nabla p}_{\text{压力梯度产生的作用力}}+\underbrace{\eta\,\nabla^{2}\boldsymbol{u}}_{\text{黏性剪切力}} \tag{2-1}$$

$$\nabla\cdot\boldsymbol{u}=0 \tag{2-2}$$

[1] 本章中的研究结果和结论都是作者本人观点，不一定代表疾病控制和预防中心的意见。

式中，$\boldsymbol{u}$ 为局部流速矢量；ρ_g 为气体密度；p 为压力；η 为气体动力学黏度。用不同的参考量将式（2-1）无量纲化可以得到：

$$Re\left[\frac{1}{Str}\frac{\partial \boldsymbol{u}^*}{\partial t^*}+\boldsymbol{u}^*\cdot\nabla'\boldsymbol{u}^*\right]=-\nabla' p^*+\nabla'^2\boldsymbol{u}^* \tag{2-3}$$

式中，$\boldsymbol{u}^*=\boldsymbol{u}/U$、$p^*=p/(\eta U/l_c)$、$t^*=t/t_c$、$\nabla'=l_c\nabla$是无量纲参数；$U$、$l_c$、$t_c$ 是有量纲参数，分别代表速度、长度和时间；Str 是无量纲的斯特劳哈尔数（Strouhal number，$Str=t_cU/l_c$）；Re 是雷诺数（无量纲），定义为：

$$Re=\frac{\rho_g Ud}{\eta}=\frac{Ud}{\nu} \tag{2-4}$$

式中，U 为气体速度；η 为气体动力学黏度；ν 为运动黏度（kinematic viscosity$=\eta/\rho_g$）；d 为物体的特征尺度，如粒子直径。式（2-3）显示，对稳定流体来说，雷诺数决定了左边加速度项以及右边黏度和压力梯度项的相对增加幅度。

2.2.1 雷诺数

式（2-4）给出的雷诺数，即流体惯性力与黏性力比值的量度，是一个无量纲数，常用以描述气溶胶系统中的流体状态。流体类型是“光滑”还是湍流，都取决于雷诺数。因为雷诺数表示的是气流，所以它取决于气体密度 ρ_g，而不是粒子密度。在标准大气压和温度下，即293K（20℃）、101kPa（1atm）时，$\rho_g=1.192\text{kg/m}^3$（$1.192\times10^{-3}\text{g/cm}^3$），$\eta=1.833\times10^{-5}\text{Pa}\cdot\text{s}$（$1.833\times10^{-4}\text{dyn/cm}^3$），代入式（2-4）得：

$$Re=65000Ud\ (U\text{ 的单位为 m/s},d\text{ 的单位为 m})$$

$$\text{或 } Re=6.5Ud\ (U\text{ 的单位为 cm/s},d\text{ 的单位为 cm}) \tag{2-5}$$

式中，特征尺度 d 取决于目标流体的类型。例如，气溶胶流在圆形管中流动，如果目标是管中的流体，则管的横截面直径即为特征尺度用于计算流体雷诺数 Re_f；如果目标是管内粒子周围的流体，则粒子直径和粒子的相对速度即为特征尺度用于计算粒子雷诺数 Re_p。必须正确区分流体雷诺数 Re_f 和粒子雷诺数 Re_p。

2.2.2 流线

式（2-1）和式（2-2）的 Navier-Stokes 方程给出了三维空间内的速度矢量场。流线就是用以描述流体矢量场的一条空间曲线。在某一时刻，曲线上所有质点的速度矢量均与这条曲线相切。因此，流线是一种用肉眼观察流体性质的途径，就像用看得见的示踪剂来观察烟尘一样。通过定义可知，在稳定流中，流线不相互交叉，因为一个粒子在同一点不可能有两个不同的方向。流线常用来反映气溶胶设备和采样器中的流体场。

2.2.3 马赫数

式（2-1）和式（2-2）适用于不能压缩的流体，即流体密度 ρ_f 在空间和时间上是恒定的。但当气体速度 U 接近声速 U_{sonic} 时，气体就变为可压缩的。压缩程度取决于马赫数 Ma：

$$Ma=\frac{U}{U_{sonic}} \tag{2-6}$$

当马赫数$\ll1$时，流体可看作是不可压缩的。大多数气溶胶设备和采样器中的流体都是不可压缩的。在环境温度下，声音在空气中的速度为 340m/s（约 1100ft/s）。

2.2.4 层流和湍流

连续气体流是层流还是湍流，取决于起主导作用的是黏性力还是惯性力。当摩擦力起主导作用、雷诺数较小时，流体是层流，是“光滑”的。气体在平行层中流动，层之间没有相互混合或干扰。随着雷诺数增大，惯性力逐渐起主导作用，流线开始回转，流体开始变混乱或者动荡。动荡导致产生很多不同大小的旋涡，产生动荡时雷诺数的实际大小取决于流体受到何种限制。例如，在圆管中，当雷诺数小于 2000 时，产生层流；当雷诺数大于 4000 时，产生湍流；在中间范围内，称为“过渡流”，过渡流极易受到先前运动状态的影响。例如，如果气体速度缓慢增加到中间范围，气流将保持层流状态。当气体经过悬浮物（如球体）时，如果粒子的雷诺数小于 0.1，那么气流是层流。雷诺数非常小时（$\ll 1$）的层流为蠕动流，通常含有大量的气溶胶粒子。

对收集和测试系统进行全规模、原地试验非常昂贵而且困难，因此，可在与待测系统相同的雷诺数下，对小规模的水模型（或其他液体）进行试验，是一种非常有效的方法。在流体中注入染料可以观察到流线。这样的模型可以在较小的范围内进行操作，而且响应时间较慢，所以便于观察到流型随时间的演变。用同样的方法可以模拟粒子运动。

【例 2-1】 直径为 0.3m 的通风除尘器，以 20m/s 的速度去除 10μm 的氧化硅粉尘。假设粒子的重力沉降速度为 1cm/s（0.01m/s），计算 298K（20℃）下的流体和粒子雷诺数。

解：计算流体雷诺数的相关参数为除尘器直径和气体流速，由式（2-5）得：

$$Re_{\mathrm{f}}=65000Vd=65000\times 20\mathrm{m/s}\times 0.30\mathrm{m}=3.90\times 10^{5}$$

计算粒子雷诺数的相关参数为粉尘粒径和垂直于气流的重力沉降速度。

$$Re_{\mathrm{p}}=65000Vd=65000\times 0.01\mathrm{m/s}\times 10\times 10^{-6}\mathrm{m}=6.5\times 10^{-3}$$

流体雷诺数大于 4000，说明通风除尘器中的气流为湍流。粒子雷诺数小于 1，说明粒子周围的气流是层流。然而因为气流是湍流，所以粒子周围的气流实际上并不是层流。

2.2.5 边界层

边界层为靠近边界的区域，通常是一个流体黏度起重要作用的固体表面。边界层本身的流体黏度必须是 0。当流体开始在表面运动时，边界层仅由表面的空气组成，表面上的相对黏度是 0。雷诺数较低时，边界层不断增大，直到达到稳定状态。例如上面提到过的圆形管，边界层增大成为抛物线截面，占据整个圆柱管。雷诺数较高时（在湍流区）或流体状态突然变化时，边界层可以与表面分开。边界层的发展及其与整个流体的关系，取决于浸在流体中的物质。在这方面有很多优秀的测试试验（Schlicting，1979；White，1986）。

2.2.6 滞流

当流体全部动能转化为静压时，停滞发生，停滞点的流体速度为 0，此处静压最高。流体经过非流线形物体时通常发生这种情况，例如通过切割器。停滞发生在物体表面流线与物体相交处。在描述采样器或气溶胶采样口附近的流体时，这是一个非常重要的概念。

2.2.7 泊肃叶流

很多气溶胶设备使用的是圆柱形输送管道。预测粒子在管道内的损失以及粒子在管道内的分布，都需要了解管道内的流体类型。如果气体在圆形管道内运行，气体与管壁之间的摩擦会导致管壁处的气体速度比管道中间的气体速度低。在低雷诺数下，由于摩擦力的影响，会形成层流抛物线形剖面。管道中心泊肃叶流（Poiseuille flow）中气体的速度是管道中气体平均速度的 2 倍。泊肃叶流并不能立即形成，通常认为流体要运行 10 个直径的长度后才能形成这种平衡流。

2.2.8 经过弯管、紧缩、扩张处的流体

目前的经验方法或实验已经验证了各种流体状态的存在。例如，当气流在层流情况下通过圆柱形管道中的 90°弯头时，气流的流体类型将由圆柱对称降为平面对称，因而气流的对称性减弱。在弯管平面的每一侧形成一个环形流，有时被称为二次流，以便把它和沿着管道轴的初级流分开，如图 2-1 所示。二次流引起气体混合并增加悬浮粒子的惯性力（Tsai 和 Pui，1990）。在输送粒子的管道中，一般不希望有弯管，因为这会加大粒子损失。

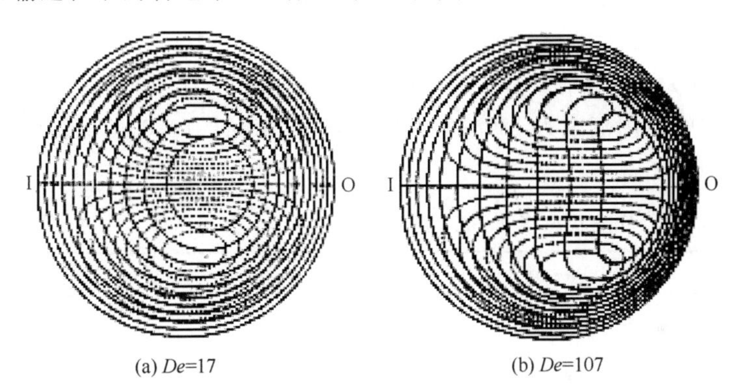

(a) De=17　　(b) De=107

图 2-1　管道中，离 90°弯管出口面不远距离处的二次流（虚线）和初级流（实线）的流线。I 和 O 分别代表弯管的进口端和出口端。根据两个 Dean 数计算流量：$De=Re/\sqrt{弯管半径/管道半径}$

（引自 McConalogue 和 Srivastasval，1968，经过皇家协会的允许）

由于各种原因，输送气体的管道总是存在使流量扩张或收缩的部件。收缩使气体流速增加并集中于管道中心。在收缩区或叫“缩流断面”之后，气流最终又充满整个管道并再次达到平衡状态。这些干扰也会增加粒子的沉积量。

当气流从初始直径管道进入渐扩管或排放到自由空间时，在以后一定距离（管道直径的几倍长）内，气流都会保持原来的运动状态。如果管道直径的增大不明显，气流不会与管壁分离，流型将平缓地扩大，直到充满增大的管道直径。管壁与管轴的角度一般应该小于 7°，以防止气流与管壁分离。

2.2.9 气体密度

气体密度 ρ_g 与其温度 T、压强 P 有关，根据状态方程：

$$P=\rho_g \frac{R_u}{M}T=\rho_g RT \tag{2-7}$$

式中，ρ_g 为气体密度［标准状态下空气密度为 1.192kg/m^3（1.192×10^{-3}g/cm^3）］；T 为气体热力学温度，K；M 为摩尔质量，kg/mol；R_u 为通用气体常数，等于 8.31Pa·m^3/(mol·K)［8.31×10^7dyn·cm/(mol·K)］。在空气中，分子的有效摩尔质量为 0.0289kg/mol（28.9g/mol），因此空气的特征气体常数为 $R=288$Pa·m^3/(kg·K)［2.88×10^6dyn·cm/(g·K)］，1atm=101kPa，1Pa=1N/m^2=10dyn/cm^2。

2.2.10 黏度

产生气体黏度的主要原因是分子碰撞过程中发生的动量传递。频繁而快速的碰撞可以减小气体间的运动差异，同时也阻碍了粒子相对于气体的净运动。因此，通过气体黏性作用在粒子上的曳力，决定了粒子在力场中的迁移。用雷诺数表示的流体动力学模型取决于气体的黏滞系数 η。因此在研究气溶胶粒子时，气体黏度理论非常重要。黏滞系数与参考黏度 η_r 及参考温度 T_r 联系起来，关系如下：

$$\eta=\eta_r\left(\frac{T_r+Su}{T+Su}\right)\left(\frac{T}{T_r}\right)^{3/2} \tag{2-8}$$

式中，Su 为苏斯兰德内插常数（Schlichting，1979）。注意，黏度与压力无关。

在国际单位制中，黏度的单位为 Pa·s，在 cgs 单位制中，黏度单位为 dyn·s/cm^2，也称作泊（poise 或 P）。空气在 293K 时的黏度为 1.833×10^{-5}Pa·s（183.3μP），$Su=110.4$K。内插公式的适用范围为 180～2000K（Schlichting，1979）。其他气体的参考黏度和苏斯兰德常数见表 2-1。

表 2-1 标准状态下（293.15K，101.325kPa）几种气体的特征常数

气体	$\eta/(10^{-6}$Pa·s)	Su/K	ρ_g/(kg/m^3)	λ/μm
空气	18.203	110.4	1.205	0.0665
Ar	22.292	141.4	1.662	0.0694
He	19.571	73.8	0.167	0.192
H_2	8.799	66.7	0.835	0.123
CH_4	10.977	173.7	0.668	0.0537
C_2H_6	9.249	223.2	1.264	0.0328
i-C_4H_{10}	7.433	255.0	2.431	0.0190
N_2O	14.646	241.0	1.837	0.0433
CO_2	14.673	220.5	1.842	0.0432

注：引自 Rader，1990。

2.3 滑移流区

如前面所述，当描述连续流及其对粒子的影响时，忽略了流体由离散的分子组成这个事实。气溶胶粒子，无论大小，都会被大量气体分子从各个方向撞击。分子间的平均距离称为平均自由程，当粒子粒径远远大于周围空气中两个气体分子的平均自由程时，流体可以称为连续流。当粒子粒径小于分子间的平均距离时，粒子在与气体分子碰撞前，可以从分子间的空白地带滑出去，这叫做滑移流区。处在大气压下的小粒子气溶胶系统或者处在明显小于大气压的局部静压下的大粒子气溶胶系统，都有滑移流区。用来描述连续流和滑移流区的无量纲参数是克努森数（Knudsen number），其定义见下文。

2.3.1 空气平均自由程

分子平均速度 V 是摩尔质量 M 和气体温度 T 的函数，在标准大气压（NTP：20℃，1atm）下，空气（$M_{air}=0.0289$kg/mol）分子的平均速度为 463m/s。以空气值为参考，可以估算其他气体及温度下的分子平均速度：

$$\overline{V}=\overline{V}_r\left(\frac{T}{T_r}\right)^{1/2}\left(\frac{M_r}{M}\right)^{1/2} \tag{2-9}$$

平均自由程 λ 指一个分子与其他分子碰撞之前的平均前进距离。298K、1atm 下的空气，λ_r 为 0.0664μm。平均自由程是从动力学理论模型中得来的，并与黏滞系数有关。通过这些参数，可以估算其他压力及温度下的 λ（Willeke，1976）：

$$\lambda=\lambda_r\left(\frac{101}{P}\right)\left(\frac{T}{293}\right)\left(\frac{1+110/293}{1+110/T}\right) \tag{2-10}$$

式中，P 的单位为 kPa；T 的单位为 K。如果压力单位为 atm，则用 1 代替式（2-10）中的因子 101。因子 110（K）是苏斯兰德常数，其数值随气体的不同而异。平均自由程和分子平均速度常用以判断气体特性，如热导率、扩散性及黏性。表 2-1 列出了其他气体的平均自由程。

2.3.2 克努森数

克努森数 Kn 是气体分子平均自由程与粒子尺寸（常使用粒子半径 r_p 表示）之比。

$$Kn=\frac{\lambda}{r_p}=\frac{2\lambda}{d_p} \tag{2-11}$$

式中，d_p 为粒子直径，克努森数与粒径成反比。$Kn \ll 1$ 时为连续流，$Kn \gg 1$ 时为自由分子流。中间范围 $Kn=0.4 \sim 20$，通常称为过渡流或滑移流。

2.4 曳力和迁移率

2.4.1 连续流

曳力，有时又叫做空气阻力，指粒子在空气中做相对运动时，空气对粒子的作用力。曳力是由于粒子运动而产生的，是粒子相对于周围空气运动速度的函数。

使用适当的边界条件，可利用纳维叶-斯托克斯（Navier-Stokes）方程得到粒子在空气中运动的阻力［式（2-1）和式（2-2）］。斯托克斯假设式［式（2-1）］中左边的惯性力项可以忽略［即式（2-3）中 $Re \ll 1$］。在 1851 年解出了上面一系列公式，得到了下面的表达式，即著名的斯托克斯定律：

$$F_{drag}=3\pi\eta V d_p \tag{2-12}$$

式中，V 为粒子相对于空气的运动速度；d_p 为粒径。作用在气溶胶粒子上的外力方向是与曳力相反的，并且很快与曳力达到平衡。如高空跳伞，促使跳伞员向地面运动的重力最终被空气阻力平衡，跳伞员最终的下落速度约为 63m/s（140mile/h）。

式（2-12）假设粒子是球体。非球形粒子的曳力很难从理论上进行预测。因此，针对其他形状的粒子，需要引入一个动力学形状因子 χ，从而将目标粒子与球形粒子联系起来：

$$F_{drag}=3\pi\eta V\chi d_v \tag{2-13}$$

式中，d_v 为体积当量直径，指与粒子具有相同材质和质量的实心球体直径。形状因子有时与质量当量直径 d_m 有关，质量当量直径是与粒子具有相同质量的球体直径。如果其组成材料和实心球体的一样，则 $d_v=d_m$；如果材料有空隙，则 $d_v>d_m$。如果能够确定待测粒子的形状因子和当量直径，则可以预测出粒子在多种力场（重力场或静电力场）作用下的运动行为。

2.4.2 滑移流

式（2-12）给出的是连续流中（$Kn\ll1$）的粒子曳力（F_{drag}）。但是，在滑移流区（$Kn\gg1$），粒子在与气体分子碰撞前，可以滑出分子间的空白地带，这使粒子速度明显增大，从而使曳力小于按照斯托克斯定律预测的曳力。为了调整这种误差，引入滑流修正因子 C_c。下面给出的是空气中粒子的滑流修正因子经验式（Allen 和 Raabe，1985）：

$$C_c=1+Kn\left[\alpha+\beta\exp(-\gamma/Kn)\right] \tag{2-14}$$

文献已报道出了大量的 α、β、γ 值。然而，主要还是使用平均自由程以确定这些常数。式（2-11）中的 λ 也应当与推导出的滑流修正因子相对应。以下是标准状态下与 $\lambda_r=0.0664\mu m$ 相对应的常数：固体粒子的 $\alpha=1.142$，$\beta=0.558$，$\gamma=0.999$（Allen 和 Raabe，1985）；油滴的 $\alpha=1.207$，$\beta=0.440$，$\gamma=0.596$（Rader，1990）。滑流修正因子和黏滞系数比气体的其他参数更好确定，因此其报道值的精密度也更高。

由于气压取决于 Kn 中的平均自由程，当大气压不是标准大气压时，滑流修正因子会发生变化。下式适用于固体粒子：

$$C_c=1+\frac{1}{Pd_p}\left[15.6+7.00\exp(-0.059Pd_p)\right] \tag{2-15}$$

式中，P 为绝对压强，kPa；d_p 为粒子直径，μm（Hinds，1999）。

连续流中的 C_c 为 1；过渡流中，随粒径减小，C_c 大于 1。如 $10\mu m$ 粒子的 $C_c=1.02$，$1\mu m$ 粒子的 $C_c=1.15$，$0.1\mu m$ 粒子的 $C_c=2.9$。注意，公式中使用的形状因子和滑流修正因子必须与同一公式中使用的当量直径相对应（Brockmann 和 Rader，1990）。第 23 章将进一步讨论形状因子。

引入滑动修正因子，滑移流区的粒子曳力则可以表示为：

$$F_{drag}=\frac{3\pi\eta V\chi d_v}{C_c} \tag{2-16}$$

2.4.3 曳力系数

式（2-12）中，斯托克斯定律给出的曳力适用于 $Re_p<0.1$，即斯托克斯区。Re_p 较高时，惯性力起到主导作用，实际曳力要比斯托克斯计算出来的曳力大。斯托克斯曳力的修正表达式为：

$$F_{drag}=\frac{\pi}{8}C_d\rho_g V^2 d_p^2 \tag{2-17}$$

式中，C_d 为曳力系数，通过该系数，可以将曳力与速度压力联系起来：

$$C_d=\frac{F_{drag}/\text{横截面积}}{\frac{1}{2}\rho_g V^2} \tag{2-18}$$

球形粒子的曳力系数 C_d 是空气动力学曳力（曳力/横截面积）产生的静压力与流体通过球体时产生的速度压力（取决于粒子与周围气体之间的相对速度）的比值。当可以把气体推到旁边的惯性力远小于黏性阻力时，即 $Re_p<0.1$，曳力系数 C_d 可用气流参数表示：

$$C_d=\frac{24}{Re_p} \qquad Re_p<0.1 \tag{2-19}$$

在 $Re_p<0.1$ 范围内，关系式的准确度在 1%以内。当可接受的准确度为 10%时，式（2-19）的计算范围可以扩大到 $Re_p<1.0$。

已有针对较大 Re_p 的 C_d 经验关系式，从而扩大了斯托克斯定律的应用范围。图 2-2 显示了在较宽的雷诺数范围内，曳力系数与粒子雷诺数的关系。

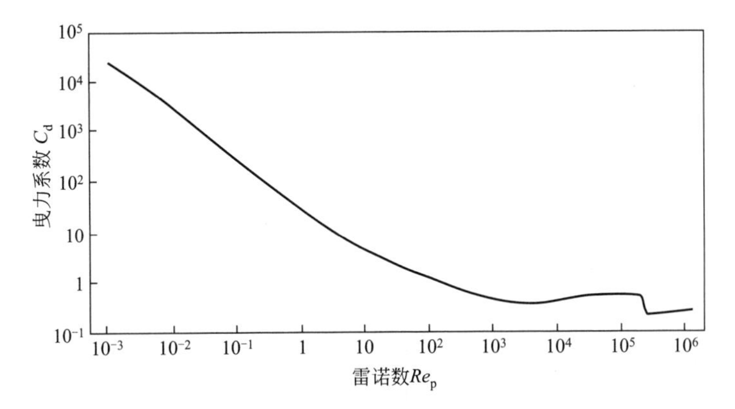

图 2-2 球形粒子的曳力系数与雷诺数的关系图

对于大于 0.1 的 Re_p，Sartor 和 Abbott（1975）得出以下的经验公式：

$$C_d=\frac{24}{Re_p}(1+0.0196Re_p) \qquad 0.1\leqslant Re_p<5 \tag{2-20}$$

Serafini（Friedlander，1977，105 页）得出以下公式：

$$C_d=\frac{24}{Re_p}(1+0.158Re_p^{2/3}) \qquad 5\leqslant Re_p<1000 \tag{2-21}$$

注意，这些公式是基于光滑球体的数据推导出来的。人们还在一些粒子，如液滴、固体球形、圆盘形、圆柱形粒子上获得了类似的关系式，并得到验证（Clift 等，1978，142 页）。Re_p 的计算通常基于圆盘形或球形粒子的当量直径或圆柱体的柱体直径。特殊形状的粒子具有明显不同的曳力系数。例如，当用纤维直径作为雷诺数表达式［式（2-4）］中的有效直径时，其 C_d 是 $Re_p<100$ 的球体的 1/16。

因此，运用恰当的曳力系数表达式［式（2-19）、式（2-20）或式（2-21）］及形状因子、滑流修正因子，可以计算出较大范围内和各种情况下的粒子空气动力学曳力：

$$F_{drag}=\frac{\pi C_d \rho_g V^2 \chi^2 d_v^2}{8C_c} \tag{2-22}$$

2.4.4 机械迁移率

另外一个常用以描述粒子运动量的是机械迁移率 B，其定义为作用在粒子上的单位力产生的速度，数学表达式为：

$$B=\frac{C_c}{3\pi\eta d_p} \tag{2-23}$$

式中，B 的单位是 m/(N·s)[cm/(dyn·s)]。B 是一种常用的气溶胶特性，它将粒径与悬浮气体的特性联系起来。文献中也会用到迁移率 B 的倒数 f，称为摩擦系数，注意不要将摩擦系数 f 与前面提到的曳力系数 C_d 混淆。

2.5 布朗扩散

当存在浓度梯度时，气体分子的不规则运动会引起气体和粒子扩散。例如，在扩散溶蚀器中，因为 SO_2 分子的扩散率较大，所以它将向吸收表面扩散。硫酸盐粒子较大，扩散率较小，所以大部分会通过溶蚀器。因此，SO_2 气体分子与硫酸盐粒子分离。

2.5.1 气体扩散

扩散通常是由高浓度向低浓度运动。J 是气体分子向低浓度流动的净通量。因此，在简单的一维扩散中：

$$J=-D\frac{\partial C_g}{\partial x} \tag{2-24}$$

式中，x 为扩散方向；C_g 为浓度；D 为比例常数，称作气体扩散系数。摩尔质量为 M 的气体的扩散系数为（Hinds，1999）：

$$D=\left(\frac{3\sqrt{2}\pi}{64C_g d_{molec}^2}\right)\left(\frac{RT}{M}\right)^{1/2} \tag{2-25}$$

式中，C_g 为气体分子的数浓度，个/m^3；d_{molec} 为分子碰撞直径（空气分子的碰撞直径为 3.7×10^{-10}m）。空气分子在 293K 下的扩散系数为 $1.8\times10^{-5}m^2/s$。该公式计算出的扩散系数比正确值约小 10%（Hinds，1999，27 页）。

2.5.2 粒子扩散

小粒子的扩散运动与气体分子非常相似，不同之处仅在于粒径和形状。由于质量较大的粒子，惯性和表面积较大，因此较大粒子的扩散比小粒子慢。气体中粒子的扩散系数或扩散率 D 可以用下面的公式计算：

$$D=\frac{kTC_c}{3\pi\eta d_p}=kTB \tag{2-26}$$

式中，k 为玻耳兹曼常数（Boltzmann constant），1.38×10^{-23}N·m/K（1.38×10^{-16}dyn·cm/K）；B 为机械迁移率。

粒子扩散也称为布朗运动，产生扩散的原因是小粒子的运动速度相对较大。布朗运动对于估算粒子给定时间内的平均移动距离非常有用。t 时间内粒子运动的均方根距离 x_{rms} 为：

$$x_{rms}=\sqrt{2Dt} \tag{2-27}$$

【例 2-2】 0.01μm 的烟尘被吸入工人的肺部，肺泡为直径大约 0.2mm 的球体，估计憋气 4s，粒子是否会沉积到肺内。假定体温为 330K（37℃）。

解：应注意，计算 x_{rms}［式（2-27）］需要用到扩散系数，扩散系数又与滑流修正因子及黏度有关。为了简化计算，假设扩散发生在室温下，因此空气黏滞系数为 183μP，平均自由程为 0.0665μm［为了更确切地估计在体温下的各参数，分别用式（2-8）、式（2-10）］。

将固体粒子常数代入式（2-14）可以计算滑流修正因子：

$$C_c=1+Kn\left[1.142+0.558\exp(-0.999/Kn)\right]$$

$$C_c=1+\frac{2\times0.0665}{0.01}\left[1.142+0.558\exp\left(-0.999\times\frac{0.01}{2\times0.0665}\right)\right]=23.1$$

用式（2-26）计算扩散系数，即：

$$D=\frac{kTC_c}{3\pi\eta d_p}$$

$$D=\frac{\left(1.38\times10^{-23}\frac{\text{N}\cdot\text{m}}{\text{K}}\right)\times293\text{K}\times23.1}{3\times3.14\times(1.83\times10^{-5}\text{Pa}\cdot\text{s})\left(0.01\mu\text{m}\times10^{-6}\frac{\text{m}}{\mu\text{m}}\right)}=5.42\times10^{-8}\frac{\text{m}^2}{\text{s}}$$

$$\left[D=\frac{\left(1.38\times10^{-23}\frac{\text{dyn}\cdot\text{cm}}{\text{K}}\right)\times293\text{K}\times23.1}{3\times3.14\times(1.83\times10^{-4}\text{poise})\left(0.01\mu\text{m}\times10^{-4}\frac{\text{cm}}{\mu\text{m}}\right)}=5.42\times10^{-4}\frac{\text{cm}^2}{\text{s}}\right]$$

最后用式（2-27）计算均方根位移：

$$x_{rms}=\sqrt{2Dt}=\sqrt{2\left(5.42\times10^{-8}\frac{\text{m}^2}{\text{s}}\right)\times4\text{s}}$$

$$=6.60\times10^{-4}\text{m}(0.0660\text{cm})=0.660\text{mm}$$

从中可以发现，室温下扩散引起的均方根位移要比肺泡的尺寸大。肺部温度（37℃）比室温高，粒子的运动更快、扩散距离更远。如果在计算扩散系数时，使用这个作为空气温度，则 x_{rms} 为 0.675mm。因此可知大多数粒子可能被肺泡收集。如果考虑到诸如肺泡的球形几何尺寸、粒子在肺泡中的分布、空气温度等因素，则可以进行更准确的分析。

计算黏滞系数和平均自由程时，如果同时考虑气温的影响，则均方根位移的计算结果将是 0.661mm。

表 2-2 列出了不同粒径的粒子在 10s 后的均方根距离 x_{rms}。

表 2-2 标准状态下单位密度粒子的粒子参数

粒径 d_p/μm	滑流修正因子 C_c	沉降速度 V_{grav} /(m/s)	弛豫时间 t /s	制动距离 S (V_0=10m/s) /m	迁移率 B /[m/(N·s)]	扩散系数 D/(m²/s)	10s 后的均方根布朗迁移 /m
0.00037[①]			2.6×10^{-10}	2.5×10^{-9}	9.7×10^{15}	1.8×10^{-5}[②]	2.8×10^{-2}
0.01	23.04	6.95×10^{-8}	7.1×10^{-9}	7.1×10^{-8}	1.4×10^{13}	5.5×10^{-8}	1.0×10^{-3}
0.1	2.866	8.65×10^{-7}	8.8×10^{-8}	8.8×10^{-7}	1.7×10^{11}	6.8×10^{-10}	1.2×10^{-4}
1	1.152	3.48×10^{-5}	3.5×10^{-6}	3.5×10^{-5}	6.8×10^{9}	2.7×10^{-11}	2.3×10^{-5}
10	1.015	3.06×10^{-3}	2.3×10^{-4}	2.3×10^{-3}	6.0×10^{8}	2.4×10^{-12}	7.0×10^{-6}
100	1.002	2.61×10^{-1}	1.3×10^{-2}	0.13	5.9×10^{7}	2.4×10^{-13}	2.2×10^{-6}

① 空气中分子的平均直径。

② 式（2-25）的计算值。

2.5.3 贝克来数

粒子朝向目标的逆流输送量与扩散输送有关，用无量纲的贝克来数（Péclet number）

表示，即：

$$Pe=\frac{Ud_{c}}{D} \tag{2-28}$$

式中，d_c 为粒子收集表面的有效尺寸；U 为面向表面的逆流气体速度。Pe 值越大，扩散作用越不明显（Licht，1988，226 页）。Pe 通常用来描述滤膜上的扩散沉积，有关扩散的进一步讨论参见第 6 章、第 7 章、第 15 章、第 16 章和第 32 章。

2.5.4 施密特数

式（2-28）中的贝克来数与式（2-4）中的雷诺数的比值称为施密特数（Schmidt number，Sc），它表示运动黏度与扩散系数的比值，即：

$$Sc=\frac{\eta_{g}}{\rho_{g}D}=\frac{v}{D} \tag{2-29}$$

施密特数增加时，与粒子布朗扩散相对的对流传质就增加。施密特数可以描述流体中的扩散输送（对流扩散），特别是可以用在过滤理论的发展中（Friedlander，1977）。接近标态时，Sc 与温度及气压无关。

2.6 粒子在外力场中的运动

2.6.1 粒子在重力场中的运动

重力 F_{grav} 与粒子质量 m_p 和重力加速度 g 成正比：

$$F_{grav}=m_{p}g=(\rho_{p}-\rho_{g})v_{p}g\approx\rho_{p}v_{p}g \tag{2-30}$$

式中，ρ_p 为气体密度。地球引力取决于粒子密度与周围介质密度的差值。对于水中的粒子，浮力作用比较显著，而对于空气中的粒子来说，浮力作用可以忽略不计，因为空气中紧实粒子的密度一般大于气体密度。如果粒子是球体，其体积 v_p 可用 $\pi d_p{}^3/6$ 代替，即：

$$F_{grav}=\frac{\pi}{6}d_{p}^{3}\rho_{g}g \tag{2-31}$$

前面章节已经提到过地球的重力场，重力场对粒子施加引力使之沉降。随着粒子开始移动，粒子周围的气体对其产生反方向的曳力，经过短时间的加速后，曳力与重力相等，粒子达到最终沉降速度。根据式（2-17）中的曳力（附加上滑流修正因子 C_c）等于式（2-31）中的重力，并代入式（2-19）中的 C_d 和式（2-4）中的 Re_p，即可得到斯托克斯区内球形粒子的沉降速度 V_{grav} 的计算公式：

$$V_{grav}=V_{ts}=\frac{\rho_{p}d_{p}^{2}gC_{c}}{18\eta}\qquad Re_{p}<0.1 \tag{2-32}$$

为了反映出两个相反作用力之间达到平衡，该速度 V_{grav} 也称为最终沉降速度 V_{ts}。在标准温度和压力下，对于 $C_c=1$、$1<d_p<100$ 的球形粒子，公式可简化为：

$$V_{grav}\approx3\times10^{-8}\rho_{p}d_{p}^{2}$$

$$(V_{grav}\approx0.003\rho_{p}d_{p}^{2}) \tag{2-33}$$

式中，ρ_p 的单位为 kg/m^3（g/cm^3）；d_p 的单位为 μm。球形粒子例如液滴，普遍存在于自然界中，它们的运动可以用数学方法进行描述。所以，一般通过对比非球形粒子和球形粒子在重力场下的行为，以球形粒子作为参照来描述非球形粒子的行为。

【例 2-3】 敞开式盒式过滤器以 2L/min [$3.33\times10^{-5}m^3/s$ ($33.3cm^3/s$)] 的流量采样，其采样口直径为 35mm。如果盒子反过来放置，直径 25μm、密度 $3000kg/m^3$ 的粒子能否逆流而上到达盒式过滤器的出口处？

解：该盒式过滤器以流量 Q 通过横截面 A 来采样。空气速度 U 为：

$$U=\frac{Q}{A}=\frac{3.33\times10^{-5}m^3/s}{\pi\left(\frac{0.035m}{2}\right)^2}=0.0346m/s(3.46cm/s)$$

25μm 的粒子的重力沉降速度由式 (2-33) 得出：

$$V_{grav}=3\times10^{-8}\rho_p d_p^2=3\times10^{-8}\left(3000\ \frac{kg}{m^3}\right)\left(25\mu m\times10^{-6}\ \frac{m}{\mu m}\right)^2$$

$$\left[V_{grav}=0.003\rho_p d_p^2=0.003\left(3\ \frac{g}{cm^3}\right)(0.0025cm)^2\right]$$

$$=0.0563m/s(5.63cm/s)>0.0346m/s(3.46cm/s)$$

粒子不能逆流向上到达采样器。

这也是颗粒物垂直沉降筛选器的原理，即阻止大于某一粒径的粒子通过该装置。然而，在设备（如棉尘淘析器）运行时，入口效应会使其渗透效率复杂化。

许多设备，如颗粒物水平沉降筛选器（elutriators）和颗粒物垂直沉降筛选器（第 6 章和第 8 章）等装置，利用沉降速度分离不同粒径的粒子。例如，直径为 d_p 的气溶胶粒子通过一个高为 H_c 的静态矩形室或空间，最后以恒定速度 V_{grav} 沉降，经过时间 t 后沉降室内粒子浓度 $N(t)$ 为：

$$N(t)=N_0\left(1-\frac{V_{grav}t}{H_c}\right) \tag{2-34}$$

式中，N_0 为沉降室内粒子的初始浓度。经过时间 t 后，垂直距离 $V_{grav}t$ 内的粒子被清除。气流通过沉降室（颗粒物水平沉降筛选器）时，决定矩形管道中粒子浓度的关系式也是此式。距入口（气溶胶浓度为 N_0）下游的一定距离处，浓度为 $N(t)$，t 为经过这段距离所需的时间。

上面所讨论的粒子沉降是粒子在静止空气中的行为，这种情况在环境中，甚至在实验室中都是不常见的。当容器里的气体进行连续不规则运动时，如在房间内随机设置几个吹风机，则粒子进行紊动沉降。在这种条件下，t 时刻浓度 $N(t)$ 由粒子初始浓度 N_0、静止空气中重力沉降速度 V_{grav} 和容器高度 H_c 表示：

$$N(t)=N_0\exp\left(\frac{-V_{grav}t}{H_c}\right) \tag{2-35}$$

该公式适用于各种具有水平底面和垂直壁面的容器。这表明不管在微动或是紊动的条件下，大粒子仍然比小粒子的沉降速度快，由于速度呈指数式衰减，所以某些大粒子在空气中保持运动状态的时间更长，即便是这样，大粒子也比小粒子的沉降速度快。式 (2-34) 和式 (2-35) 很相似，仅有一点不同，即式 (2-35) 涉及在沉降过程中发生紊动时的指数衰减。在所有这样的非均匀紊动沉降中，都存在相似形式的表达式。

2.6.1.1　空气动力学直径和斯托克斯直径

粒子的空气动力学直径 d_a 是与粒子具有相同沉降速度、具有标准密度（$\rho_0=1000kg/m^3$）的球体的直径，通过下式求得：

$$d_a=d_p\left(\frac{\rho_p}{\rho_0}\right)^{\frac{1}{2}} \tag{2-36}$$

空气动力学直径将气溶胶粒子的形状（球形的）和密度（标准密度）标准化，从而可以用同一种测量方法对不同形状和密度的粒子的沉降行为进行比较。空气动力学直径是最常用的一种直径，尤其是研究颗粒物在呼吸系统中的沉积时。

另一个常用的直径是斯托克斯直径 d_s，是与粒子同密度、同沉降速度的球体粒子的直径。沉降速度公式可以把空气动力学直径与斯托克斯直径关联起来，关系如下：

$$\rho_p d_s^2=\rho_0 d_a^2 \tag{2-37}$$

【例 2-4】 直径为 3μm、密度为 $4000kg/m^3$ 的球形粒子的空气动力学直径是多少？忽略形状修正因子。

解：由式（2-36）可得：

$$d_a=d_p\left(\frac{\rho_p}{\rho_0}\right)^{1/2}=3\mu m\left(\frac{4000}{1000}\right)^{1/2}=6\mu m$$

这表明 6μm 的标准密度粒子与 3μm 的密度较大的粒子具有相同的重力沉降速度。

2.6.1.2　弛豫时间和制动距离

根据斯托克斯沉降速度的关系式［式（2-32）］，可以定义几个粒子参数。第一个是粒子弛豫时间：

$$\tau=\frac{\rho_p d_p^2 C_c}{18\eta} \tag{2-38}$$

弛豫时间为粒子在重力场下达到（1－1/e）或者 0.63 倍的最终沉降速度时所需的时间。弛豫时间反映了粒子适应过渡状态的快慢，其单位是时间单位。弛豫时间一般都比较短，如表 2-2 所列。利用弛豫时间这个参数可以将重力沉降速度简化为：

$$V_{grav}=\tau g \tag{2-39}$$

通常，粒子在重力场中不是从静止开始运动的，而是以初速度 V_0 进入空气。例如，粒子可能从旋转的砂轮中发射出来。弛豫时间与粒子初始速度的乘积称为制动距离 S：

$$S=V_0\tau \tag{2-40}$$

式中，S 的单位是距离单位。表 2-2 列出了初速度为 10m/s 时的 S 值。制动距离这个参数非常有用，例如在冲击式采样器中，当气流产生直角弯曲时，可以利用制动距离估计出粒子穿过气体流线的运动距离。

由于式（2-32）只适用于斯托克斯区的粒子，雷诺数较大时，可以利用下面的经验关系式计算制动距离（Mercer，1973，41 页）：

$$S=\frac{\rho_p d_p}{\rho_g}\left[Re_0^{1/3}-\sqrt{6}\arctan\left(\frac{Re_0^{2/3}}{\sqrt{6}}\right)\right] \quad 1<Re_p<400 \tag{2-41}$$

式中，Re_0 为初始速度时的粒子雷诺数。

【例 2-5】 捣碎机砂轮会产生很多砂轮粒子和加工材料粒子，并在接触点处将粒子射向通风系统的排气罩。某粒径和密度的粒子会被射出 1cm 远，那么，粒径为其 2 倍的粒子能射多远？当砂轮速度加倍时，计算粒子的射出距离。

解：射出距离和沉降距离成比例。由式（2-38）和式（2-40）得：

$$S=V_0\tau\propto V_0\rho_p d_p^2$$

此沉降距离取决于粒子直径的平方，所以 2 倍大的粒子能射出 4 倍的距离，即 4cm。在砂轮速度为原来的 2 倍时，射出粒子的初速度大约也是原来的 2 倍，所以射出距离就是 2 倍的距离，为 2cm。

上面的沉降距离公式是假设粒子在斯托克斯区。如果粒子直径和速度是在雷诺数大于 0.1 的情况下，那么，由于非斯托克斯区的曳力随直径的增加而增加得更快（图 2-2），所以大粒子的制动距离将小于原来距离的 4 倍。同样，增加初速度也会提高雷诺数，导致制动距离也会小于原来距离的 2 倍。

2.6.1.3 斯托克斯数

当气流条件突然改变，如在冲击式采样器的粒子收集表面，则制动距离与特征尺寸 d 的比值定义为斯托克斯数 Stk：

$$Stk=\frac{S}{d} \tag{2-42}$$

式中的特征尺寸根据实际情况而定，如在纤维滤膜中，特征尺寸为纤维直径；在冲击式采样器的轴对称冲击气流中，特征尺寸则为喷嘴的半径或直径。一定的粒子移动百分比对应于一定的斯托克斯值。例如，带有一个或多个相同喷嘴的冲击式采样器的斯托克斯数为：

$$Stk=\frac{\rho_p d_p^2 V C_c}{9\eta d_j} \tag{2-43}$$

式中，d_j 为冲击式采样器的喷嘴直径，m；V 为粒子在喷嘴中的速度，一般假定 V 等于喷嘴中的空气速度。有关惯性装置的进一步讨论请参见第 6～8 章、第 12 章和第 14 章。

2.6.2 粒子在电场中的运动

静电场对亚微米级粒子的作用力非常明显，这是由于亚微米级粒子的重力与 d_p^3 有关［式(2-31)］，从而导致其重力非常小。利用静电去除气溶胶，广泛用于静电除尘器（也称电子过滤器）中。气溶胶采样及测量仪器也可利用静电力使全部粒子或某粒径的粒子沉积或改变方向。

在场强为 E 的电场中，带电量为 n 倍元电荷 e 电量的粒子，所受的静电力 F_{elec} 为：

$$F_{elec}=neE \tag{2-44}$$

【例 2-6】 一个直径为 0.5μm 的粒子，通过扩散带电带上 18 个元电荷的电量，计算粒子通过两个平行极板（如静电除尘器）时的静电场力，极板电压为 5000V，板间距为 0.02m，并比较静电场力与重力。

解：极板间场强为：

$$E=\frac{5000\text{V}}{0.02\text{m}}=2.5\times10^5\ \text{V/m}$$

$$\left[E=\left(\frac{5000\text{V}}{2\text{cm}}\right)\left(\frac{1\text{statV}}{300\text{statV}}\right)=8.33\text{statV/cm}\right]$$

用式（2-44）得：

$$F_{elec}=neE=18(1.6\times10^{-19}\mathrm{C})(2.5\times10^{5}\mathrm{V/m})=7.2\times10^{-13}\mathrm{N}$$

$$[F_{elec}=neE=18(4.8\times10^{-10}\mathrm{statC})(8.33\mathrm{statV/cm})=7.2\times10^{-8}\mathrm{dyn}]$$

国际单位制中 1N 等于 cgs 单位制中的 10^5dyn。用式（2-31）得：

$$F_{grav}=\frac{\pi}{6}d_p^3\rho_p g=\frac{\pi}{6}(0.5\times10^{-6}\mathrm{m})^3(1000\mathrm{kg/m^3})(9.80\mathrm{m/s^2})$$

$$\left[F_{grav}=\frac{\pi}{6}(0.5\times10^{-4}\mathrm{cm})^3(1\mathrm{g/cm^3})(980\mathrm{cm/s^2})\right]=6.41\times10^{-16}\mathrm{N}(6.41\times10^{-11}\mathrm{dyn})$$

两个力之比为：

$$\frac{F_{elec}}{F_{grav}}=\frac{7.2\times10^{-13}\mathrm{N}}{6.41\times10^{-16}\mathrm{N}}\approx1123$$

静电场力比重力大 1000 多倍。

静电力可以影响粒子运动，在一定程度上也可以影响气体的运动。这些力在粒子的产生、输送及测量中都非常重要。静电场力取决于粒子的带电量和周围的场强，因此，粒子的静电场力可以为从 0 到最大值（可以比这里讨论的任何力都大）。如果粒子处于式（2-44）所描述的电场中，当其电场力与阻力平衡时，粒子达到最终速度 V_{elec}：

$$V_{elec}=\frac{neEC_c}{3\pi\eta d_p} \tag{2-45}$$

元电荷电量 e 为 1.602×10^{-19}C（4.803×10^{-10}statC）。最终速度或漂移速度也可以用粒子的迁移率 B 表示：

$$V_{elec}=neEB \tag{2-46}$$

或用粒子的电迁移率 $Z=neB$ 表示：

$$V_{elec}=ZE \tag{2-47}$$

式中，Z 的单位为“速度/电场”单位或 $\mathrm{m^2/(V\cdot s)}$ [$\mathrm{cm^2/(statV\cdot s)}$]（即单位电迁移率是指在场强为 1V/m 的静电场中迁移速度为 1m/s）。1statV（cgs 单位制）等于 300V。

最简单的静电场是匀强场，如两个平行极板之间的电场：

$$E=\frac{\Delta V}{x} \tag{2-48}$$

式中，x 为极板之间的距离（单位为国际单位制）；ΔV 为极板间的电压差（V）。两个同心圆柱之间或圆柱与其中心处的电线之间的电场可用于静电除尘。在这种情况下，静电场场强取决于距轴线的距离 r：

$$E=\frac{\Delta V}{r\ln(r_o/r_i)} \tag{2-49}$$

式中，ΔV 为半径分别为 r_o、r_i 的外侧圆管与内侧圆管（或电线）之间的电压。

在国际单位制中，荷电量分别为 n_1、n_2 个元电荷的两粒子间的静电场力（N）由库仑定律计算：

$$F_{elec}=\frac{n_1n_2e^2}{4\pi\varepsilon_0r^2}=K_E\frac{n_1n_2e^2}{r^2} \tag{2-50}$$

式中，r 为粒子间距，m；K_E 为比例常数，取决于所用的单位制，在国际单位制中 $K_E=8.988\times10^{-9}$。严格来说，该公式仅适用于点电荷。可以用该公式近似计算出两粒子间的静电力，或近似计算出带电体（如样品）与粒子（粒子与带电体之间要有一段距离）之间的静电力。该式表明随着距离的增加，静电力迅速减弱。气溶胶粒子的表面积较小，因此带电量有限，只有当它们与另一个带电粒子或带电体接近时才会产生静电力作用。

在 cgs 单位制中，式（2-50）可以换算得到以达因（dyn）为单位的力：

$$F_{elec}=K_E\frac{n_1n_2e^2}{r^2} \tag{2-51}$$

式中，r 的单位为 cm；电荷量为 4.80×10^{-10}statC；比例常数 K_E 不变。关于带电粒子的进一步讨论参见第 15 章、第 18～20 章和第 32 章。

【例 2-7】 用静电除尘器将铸造业产生的气溶胶收集在电子显微镜网格中。供应电力的是一个极板间距 H 为 0.01m、电压为 5000V 的电容器。气体以恒定速度 0.02m/s 通过电容器，粒子的电迁移率为 $3.33\times10^{-9}\text{m}^2/(\text{V}\cdot\text{s})$。求：将这些粒子全部沉积所需要的极板最短长度。

解：电场电位为 5000V，沉积时间 t_e 为：

$$t_e=\frac{H}{V_{elec}}=\frac{H}{ZE}=\frac{0.01\text{m}}{\left(3.33\times10^{-9}\ \frac{\text{m}^2}{\text{V}\cdot\text{s}}\right)\left(\frac{5000\text{V}}{0.01\text{m}}\right)}=6\text{s}$$

在 cgs 单位制中，电迁移率为 $0.01\text{cm}^2/(\text{statV}\cdot\text{s})$，间距为 1cm。

$$\left[t_e=\frac{1\text{cm}}{\left(0.01\ \frac{\text{cm}^2}{\text{statV}\cdot\text{s}}\right)\left(\frac{16.7\text{statV}}{1\text{cm}}\right)}=6\text{s}\right]$$

粒子在气流速度为 U 的空气中的运动时间 t_t 必须大于等于时间 t_e。

$$t_t=\frac{L}{U}\geqslant t_e$$

$$L\geqslant 6\text{s}\times0.02\text{m/s}=0.12\text{m}(12\text{cm})$$

2.6.3 粒子在其他外力场中的运动

粒子运动受其他各种力的影响。较小粒子的运动接近于悬浮气体分子的运动（即它们易于扩散且惯性较小），它们可能受光压、声压及热压影响。与重力和静电场力相似，其他力也可以引起粒子运动并进行粒径选择。同样，这些力也可以使粒子在采样器的入口或测量仪器的表面快速沉积。本章没有提到的一些力对粒子也有同样的影响，只是对粒子的作用较弱。例如，磁力一般比静电场力小好几个数量级，但已经用于纤维对齐中（第 23 章）。

2.6.3.1 热迁移

在温度梯度中的粒子，由于受热一侧的气体分子的撞击更加剧烈而被从热源中推出。热表面侧较为干净，而相对较冷的一面容易沉积粒子，此过程称为热迁移/热泳，来自希腊语“热传导”。粒子直径小于平均自由程（λ）时，其热迁移速度 V_{th}（Waldmann 和 Schmitt，1966）与粒径无关。

$$V_{th}=\frac{0.55\eta}{\rho_g}\nabla T \qquad d_p<\lambda \tag{2-52}$$

式中，∇T 为温度梯度，K/m。表面粗糙的粒子的热迁移速度比球形固体或小液滴的速度稍大（约大 3%）。

大于 λ 的粒子的热迁移速度取决于气体热导率与粒子热导率的比值以及粒径，具有热导率的较大气溶胶粒子的热迁移速度可能是绝热的较小粒子的 20%。为了计算热迁移速度，需要用到分子调节系数（H）：

$$H\approx\left(\frac{1}{1+6\lambda/d_p}\right)\left(\frac{k_g/k_p+4.4\lambda/d_p}{1+2k_g/k_p+8.8\lambda/d_p}\right) \tag{2-53}$$

式中，k_g 和 k_p 分别为气体和粒子的热导率。空气的热导率为 0.026W/(m·K) [5.6×10^{-5}cal/(cm·s·K)]，粒子的热导率范围从金属（铁）的 66.9W/(m·K) 到绝缘体（石棉）的 0.079W/(m·K)(Mercer，1973，166 页)。粒子的热迁移速度变为（Waldmann 和 Schmidt，1966)：

$$V_{th}=\frac{-3\eta C_c H}{2\rho_g T}\nabla T \qquad d_p>\lambda \tag{2-54}$$

热迁移在很大范围内与粒径无关，用于收集小样品，例如，把样品收集在热沉降器中，以便用电子显微镜分析。由于温度梯度较难保持，因此这些仪器的采样速率很低，所以人们没有开发大流量的热沉降器（第 8 章)。

2.6.3.2 光迁移

光迁移与热迁移相似，都是由粒子表面的温度梯度引起的粒子运动，只不过光迁移中的受热是由于粒子对光的吸收，而不是外源加热。靠近光源的粒子侧先吸收照射在粒子上的光，或在某些弱吸收和聚光的情况下，粒子背光一侧先吸收光。因此，前一种情况，粒子将被光源排斥，后一种情况，粒子将被光源吸引，称作反光迁移。

2.6.3.3 电磁辐射压

电磁辐射通过把动量转移给粒子而直接影响粒子的运动。光照射在粒子上可能被反射、折射或吸收。从光束转移到粒子上的动量部分取决于粒子的几何横截面积和散射光的平均方向。如前所述，如果大部分光线都被粒子吸收，那么光迁移对粒子运动的影响更大。辐射压已用于追踪激光束中的粒子，并控制粒子用以进一步研究。

2.6.3.4 声压

无论是在共振箱中的固定波，还是在自由空间传播的声波，都可以被粒子反射、衍射或吸收。粒子在声场中的运动包括由气体运动引起的振动、在声场中的循环运动及在某一方向上的净漂移。这些声波可以增强粒子的凝结或凝聚。共振系统通过测量粒子随空气运动而振动的能力，可以得到粒子的空气动力学直径（Mazumder 等，1979；第 14 章)。

2.6.3.5 扩散迁移和斯蒂芬流

当悬浮气体在空间内的组分浓度不同时，就会发生气体扩散。这种气体扩散可以导致悬浮粒子获得净速度，即扩散迁移现象。粒子被推向较大的分子流方向，其推力是摩尔质量及扩散气体的扩散系数的函数，与粒径无关。

在蒸发或凝结表面上发生的是一种典型的扩散迁移现象。脱离蒸发表面的气体-蒸汽混合气形成净流，并对粒子产生曳力。相反的情况发生在凝结表面（即气体和粒子向表面流动)。气体-蒸汽混合物的这种净运动叫斯蒂芬流(Stephan,也可以拼作 Stefan),它可以引起这些表面附近的粒子运动(Fuchs,1964,67 页)。斯蒂芬流会影响工业洗涤除尘器中的粒子收集,并通过不断增长的云滴来净化环境。为了增加斯蒂芬流对粒子的收集,蒸汽必须过饱和。小粒子的扩散迁移速度一般比较明显,例如,直径为 0.005～0.05μm 的粒子向凝结水蒸气的表面作扩散迁移(Goldsmith 和 May,1966)的净沉积速度 V_{diff} 为:

$$V_{diff}=1.9\times10^{-3}\frac{dp}{dx} \tag{2-55}$$

式中,沉积速度的单位为 m/s;dp/dx 为扩散蒸汽的压力梯度,Pa/m。注意,在液滴的蒸发和凝结中,热迁移效应也非常重要。

2.7 符号列表

C_c 滑流修正因子
B 机械迁移率
C_d 曳力系数
C_g 气体浓度,每立方米气体中的分子数
d 特征尺寸
D 扩散系数或扩散率
d_a 空气动力学直径
d_c 粒子收集表面的有效面积
d_j 碰撞器喷嘴直径
d_m 质量当量直径
d_{molec} 分子撞击直径(空气是 3.7×10^{-10}m)
d_p 粒子的物理直径
d_s 斯托克斯直径
d_v 体积当量直径
E 电场强度
e 元电荷
F_{drag} 曳力
F_{elec} 静电场力
F_{grav} 重力
H_c 容器高度[式(2-35)]
H 分子调节系数[式(2-53)]
J 气体分子净通量
k 玻耳兹曼常数
K_E 库仑定律中的比例常数
k_g 空气的热导率
Kn 克努森数
k_p 粒子的热导率
l_c 长度的维度特征量

M 摩尔质量
Ma 马赫数
N 粒子浓度
$N(t)$ 时间 t 时的粒子浓度
N_0 粒子初始浓度
n 元电荷个数
P, p 气体压力
Pe 贝克来数
r 轴的径向距离 [式 (2-49)]
r 库仑定律中的两粒子间距 [式 (2-50)]
r_p 粒子半径 [式 (2-11)]
r_i 内管半径
r_o 外管半径
R_u 通用气体常数
Re 雷诺数
Re_f 流体雷诺数
Re_0 初始速度下的雷诺数
Re_p 粒子雷诺数
Su 苏斯兰德内插常数
S 制动距离
Sc 施密特数
Stk 斯托克斯数
Str 斯特劳哈尔数
T 气体热力学温度
∇T 热梯度
t_c 时间的维度特征量
T_r 参考温度
U 速度的维度特征量
$\boldsymbol{u}$ 局部速度矢量
U_{sonic} 声速
$\overline{V}$ 分子的平均速度
V 喷嘴处粒子速度
V_0 初始速度
V_{diff} 扩散沉降速度
V_{elec} 电场中的迁移速度
V_{grav} 粒子在重力场中的沉降速度
V_{th} 热迁移速度
V_{ts} 最终沉降速度
ΔV 电压差
x 平板间距，国际单位 [式 (2-48)]

x_{rms} 均方根（rms）距离

Z 粒子的电迁移率

η 气体动力学黏度

η_r 基准黏度

λ 气体平均自由程

ν 气体的运动黏度

ρ_g 气体密度

τ 粒子弛豫时间

χ 动力学形状因子

2.8 参考文献

Allen, M. D., and O. G. Raabe. 1985. Slip correction measurements of spherical solid aerosol particles in an improved Millikan apparatus. *Aerosol Sci. Tech.* 4: 269–286.

Clift, R., J. R. Grace, and M. E. Weber. 1978. *Bubbles, Drops, and Particles*. New York: Academic.

Fuchs, N. 1964. *The Mechanics of Aerosols*. Oxford: Pergamon. Reprinted 1989. Mineola, NY: Dover.

Goldsmith, P., and F. G. May. 1966. In *Aerosol Science*. C. N. Davies (ed.) London: Academic.

Friedlander, S. K. 1977. *Smoke, Dust and Haze*. New York: John Wiley and Sons.

Hesketh, H. E. 1977. *Fine Particles in Viscous Media*. Ann Arbor, MI: Ann Arbor Science Publishers.

Hinds, W. C. 1999. *Aerosol Technology*. New York: John Wiley and Sons.

Licht, W. 1988. *Air Pollution Control Engineering: Basic Calculations for Particulate Collection*. New York: Marcel Dekker.

Mazumder, M. K., R. E. Ware, J. D. Wilson, R. G. Renninger, F. C. Hiller, P. C. McLeod, R. W. Raible, and M. K. Testerman. 1979. SPART analyzer: Its application to aerodynamic size measurement. *J. Aerosol Sci.* 10: 561–569.

McConalogue, D. J., and R. S. Srivastava. 1968. Motion of a fluid in a curved tube. *Proc. Roy. Soc. A.* 307: 37–53.

Mercer, T. T. 1973. *Aerosol Technology in Hazard Evaluation*. New York: Academic.

Rader, D. J. 1990. Momentum slip correction factor for small particles in nine common gases. *J. Aerosol Sci.* 21: 161–168.

Sartor, J. D., and C. E. Abbott. 1975. Prediction and measurement of the accelerated motion of water drops in air. *J. Appl. Meteor.* 14(2): 232–239.

Schlichting, H. 1979. *Boundary-Layer Theory*. New York: McGraw Hill.

Tsai, C. J., and D. Y. H. Pui. 1990. Numerical study of particle deposition in bends of a circular cross-section–laminar flow regime. *Aerosol Sci. Technol.* 12: 813–831.

Waldmann, L., and K. H. Schmitt. 1966. Thermophoresis and diffusiophoresis of aerosols. In *Aerosol Science*. C. N. Davies (ed.). London: Academic.

White, F. M. 1986. *Fluid Mechanics*. New York: McGraw-Hill.

Willeke, K. 1976. Temperature dependence of particle slip in a gaseous medium. *J. Aerosol Sci.* 7: 381–387.

3

气溶胶系统中的物理化学过程

William C. Hinds

加利福尼亚大学洛杉矶公共健康分校环境健康科学学院加利福尼亚州洛杉矶市，美国

3.1 引言

气溶胶在某种程度上是不稳定的，其密度和粒子特性随时间而变化。这些变化可由外力引起，如通过重力沉降可以收集较大粒子；也可由物理和化学作用引起，物理和化学作用主要改变粒子的大小或组分。本章主要讨论由于物理和化学作用而引起的变化过程，这些过程都涉及粒子的质量传递，可能是粒子与周围气体间的分子传递，如凝结、蒸发、成核现象、吸附、吸收和化学反应，也可能是粒子相互间的质量传递，如凝聚。

引起粒子物理或化学变化的过程几乎可以影响所有气溶胶的粒径分布。这些过程是推动地球水文循环的基本途径。光化学烟雾的形成包含这些过程并对大气气溶胶粒径分布起着关键作用。这些过程在工业气溶胶暴露以及凝结核计数器（详见第 17 章和第 32 章）的运行中也起着重要作用，并且是工业气溶胶和实验气溶胶形成的核心部分。

凝结、热凝聚和吸附过程与分子或粒子扩散到粒子表面有关，蒸发是凝结的反向过程，二者的原理相同。非生长过程的反应可以改变气溶胶粒子的组分和浓度，不会改变其粒径。因为本章讨论的过程都是相关的且可能会同时发生，因此，要了解所发生的变化就要单独研究每个过程。这些过程与粒径的关系复杂，需要用到第 2 章中提到的平均自由程和扩散系数的概念。

3.1.1 定义

气体分压是表示混合气体中气体浓度的一种方式，指的是当气体混合物中的某一种组分在相同的温度下占据与气体混合物相同的体积时，该组分所形成的压强。这个压力表示为大气压的分数，也是气体的浓度分数。空气温度为 293K（20℃或 68℉）、相对湿度为 50％时，水蒸气的分压为 1.17kPa（8.8mmHg），即空气与水蒸气的体积比为 1.17/101(＝8.8/760)＝1.2％的水蒸气。

蒸气压或饱和蒸气压是任何液体在给定温度下的独有特征，它反映了液体的蒸气在气-液界面不蒸发而必须达到的最小分压。这是一种质量平衡状态，在液体表面没有净分子转

移，即没有净凝结或蒸发。这里定义的蒸气压是平坦液面的蒸气压，如果要在气溶胶粒子表面达到质量平衡就需要较大的分压。装有液体的封闭容器里的蒸气分压最终将达到液体在容器温度下的蒸气压力。

在温度 T 下，水的蒸气压为（单位为 kPa 和 mmHg）：

$$p_s=\exp\left(16.7-\frac{4060}{T-37}\right)\text{kPa}=\exp\left(18.72-\frac{4060}{T-37}\right)\text{mmHg} \tag{3-1}$$

式中，T 为 273～373K。

气溶胶凝结和蒸发过程中的重要参数是蒸气分压与饱和蒸气压的比值，称为饱和度 S_R。S_R 等于 1，混合物饱和；S_R 大于 1，混合物超饱和；S_R 小于 1，混合物不饱和。

成核现象或核凝结指从蒸气形成粒子的初始过程，这过程通常是由被称为凝结核的小粒子的存在促成的，它们作为凝结的位点。

吸附是蒸气分子附着到固体表面的过程。多孔固体因表面积较大而有利于吸附，如活性炭。吸收是指蒸气分子从气相转移到液相。

对气溶胶来说，当到达粒子表面的蒸气分子多于离开的分子时，就发生凝结并导致粒子的净增长。蒸发与凝结相反，它引起分子的净损失和粒子缩小。

【例 3-1】 来自于海洋的 293K（20℃）的饱和气体被气流带到海拔 1km 的山上。假设绝热膨胀到压力 89kPa（670mmHg），如果没有发生凝结，则该气团的饱和度是多少？

解：饱和气体发生绝热膨胀，压力从 p_1 到 p_2，气团的热力学温度为：

$$T_2=T_1\left(\frac{p_2}{p_1}\right)^{0.28}=293\left(\frac{89.0}{101}\right)^{0.28}=293\left(\frac{670}{760}\right)^{0.28}=283(\text{K})$$

在 283K 时，由式（3-1）得到水的饱和蒸气压：

$$p_s=\exp\left(16.7-\frac{4060}{283-37}\right)=1.22(\text{kPa})=9.1(\text{mmHg})$$

饱和度就是实际蒸气压 2.34kPa（17.6mmHg）［由式（3-1）得出，在 293K 下］与环境温度下的饱和蒸气压 1.22kPa（9.1mmHg）的比值，即：

$$S_R=\frac{2.34}{1.22}=\frac{17.6}{9.1}=1.92$$

3.1.2 开尔文效应

蒸气压是指在平坦液体表面上，质量达到平衡（没有净蒸发或凝结）时所需要的分压。因为液体气溶胶粒子有急剧弯曲的表面，因此在给定温度下液滴要保持质量平衡，所需分压就要大于平坦液面所需的分压。质量平衡要求的这个蒸气分压增加，会随粒径减小而加大，这种效应称为开尔文效应（Kelvin effect）。直径为 d_p 的液滴达到质量平衡（没有净蒸发或凝结）时，饱和度用开尔文公式表示为：

$$S_R=\exp\left(\frac{4\gamma M}{\rho_p RTd_p}\right) \tag{3-2}$$

式中，γ 为表面张力；M 为摩尔质量；ρ_p 为液体密度；R 为气体常数。因此，如果不发生蒸发，直径为 0.1μm 和 0.01μm 的水滴所在的环境饱和度分别至少为 1.022 和 1.24。如果饱和度小于式（3-2）的计算值，即使饱和度大于 1，也会发生蒸发现象。同样，如果饱和度大于开尔文公式［式（3-2）］的计算值则会发生凝结。对于过饱和体，防止蒸发需要的最小液滴直径称为这种状态下的开尔文直径。图 3-1 的“纯水”图说明了开尔文效应。

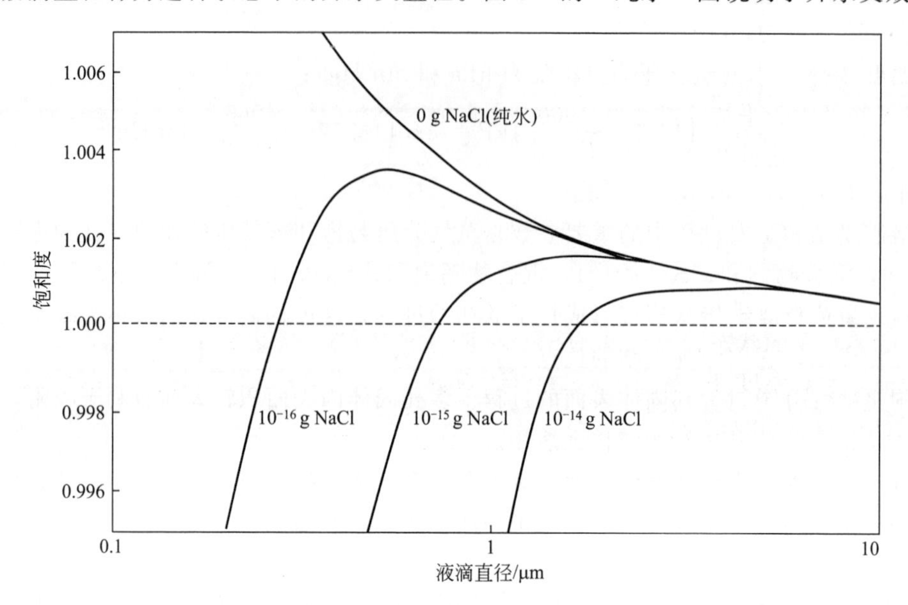

图 3-1 293K（20℃）下，纯水以及含有指示质量的 NaCl 液滴大小与饱和度的关系图（引自 Hinds，1999）

【例 3-2】 防止 0.05μm 的纯净水滴凝结或蒸发的饱和度应为多少？

解：利用开尔文公式［式（3-2）］：

$$S_R=\exp\left(\frac{4\gamma M}{\rho_p RTd_p}\right)$$

将 $\gamma=0.0727\text{N/m}$，$M=0.018\text{kg/m}^3$，$R=8.31\text{J/(K·mol)}$，$T=293\text{K}$，$d_p=5\times10^{-8}\text{m}$ 代入得：

$$S_R=\exp\left(\frac{4\times0.0727\times0.018}{1000\times8.31\times293\times5\times10^{-8}}\right)=\exp(0.043)=1.044$$

3.2 凝结

3.2.1 生长率

当纯净水滴处于过饱和环境下时，即其饱和度大于开尔文公式的计算值，蒸气将凝结在液滴表面，使液滴增大。增长率取决于饱和度和粒径，并受到蒸气分子到达液滴表面的速率的影响。最初，液滴通常小于周围气体的平均自由程 λ（标准状态下为 0.066μm，第 2 章），且分子的到达速率由气体动力学决定。Hinds（1999）给出了液滴直径增长率的公式：

$$\frac{d(d_p)}{dt}=\frac{2\alpha_c(p_\infty-p_d)}{\rho_p\sqrt{2\pi RT/M}}\qquad d_p<\lambda \tag{3-3}$$

式中，α_c 为凝结系数，到达分子的比例大约为 0.04（Barrett 和 Clement，1988）；p_∞ 为液滴

周围的蒸气分压；p_d 为液滴表面的蒸气分压。式（3-3）中生长率的单位为 m/s（cm/s），压力单位为 Pa（dyn/cm^2）（$mmHg \times 1330 = dyn/cm^2$），液体密度单位为 kg/m^3（g/cm^3），温度单位为 K，摩尔质量单位为 kg/mol（g/mol）。气体常数 R 为 8.31J/(K·mol) [8.31×10^7 dyn·cm/(K·mol)]。

当粒子直径大于平均自由程时，蒸气分子到达液滴表面的速率就会受分子向液滴表面扩散速率的影响。在这种情况下，液滴直径增长率为：

$$\frac{d(d_p)}{dt}=\frac{4D_vM}{\rho_p d_p R}\left(\frac{p_\infty}{T_\infty}-\frac{p_d}{T_d}\right)\varphi \qquad d_p>\lambda \tag{3-4}$$

式中，D_v 为蒸气分子的扩散系数，在 293K（20℃）时为 $2.4\times10^{-5}m^2/s$（$0.24cm^2/s$）；下标∞表示远离粒子的状态；下标 d 表示在粒子表面的状态。在快速凝结中（$S_R>1.05$），由于汽化放热，水滴温度 T_d 将高于周围空气的温度。通过凝结升温或蒸发降温的水滴温度可表示为（Hinds，1999）：

$$T_d=T_\infty+\frac{(6.65+0.345T_\infty+0.0031T_\infty{}^2)(S_R-1)}{1+(0.082+0.00782T_\infty)S_R} \tag{3-5}$$

式中，T_d 和 T_∞ 的单位为℃。式（3-3）和式（3-4）中的 P_d 的值可用式（3-1）在 T_d 温度下算出。

式（3-4）的最后一个参数 φ 用来修正粒子表面一个平均自由程内的扩散造成的质量转移，这种修正称为 Fuchs 修正。Davies（1978）将 Fuchs 修正系数 φ 表示为：

$$\varphi=\frac{2\lambda+d_p}{d_p+5.35(\lambda^2/d_p)+3.42\lambda} \tag{3-6}$$

对于正在生长或蒸发的大于 2μm 的液滴，可以忽略该参数。

式（3-3）～式（3-5）仅适用于纯净物质，即没有溶解任何盐类或杂质的单一成分的液体。

【例 3-3】 在饱和度 1.04、温度 293K（20℃）时，5μm 的水滴的凝结生长速率是多少？

解：因为 5μm 大于平均自由程（0.0666μm），所以用式（3-4）计算，这里的 $d_p>$ 2μm，所以 φ 可以忽略。

$$\frac{d(d_p)}{dt}=\frac{4D_vM}{\rho_p d_p R}\left(\frac{p_\infty}{T_\infty}-\frac{p_d}{T_d}\right)\varphi$$

式中，$D_v=2.4\times10^{-5}m^2/s$（$0.24cm^2/s$）。因为 $S_R<1.05$，所以在 293K 时，$T_d\approx T_\infty=293K$，$p_d\approx p_s$。饱和蒸气压 p_∞ 用式（3-1）计算，其中 $T=273+20=293$（K）：

$$p_s=\exp\left(16.7-\frac{4060}{293-37}\right)=2.318(kPa)=2318(Pa)$$

$$p_\infty=1.04\times p_s=1.04\times2.318=2.411(kPa)=2411(Pa)$$

代入得：

$$\frac{d(dp)}{dt}=\frac{4(2.4\times10^{-5})0.018}{1000(8.31)5\times10^{-6}}\left(\frac{2411}{293}-\frac{2318}{293}\right)$$

$$=4.159\times10^{-5}\times0.317=1.32\times10^{-5}(m/s)=13.2(\mu m/s)$$

3.2.2 生长所需时间

对式（3-4）中的粒径求积分，得出液滴从 d_1 长到 d_2 所需要的时间：

$$t=\frac{\rho_p R(d_2^2-d_1^2)}{8D_v M\left(\frac{p_\infty}{T_\infty}-\frac{p_d}{T_d}\right)} \qquad d_p \gg \lambda \tag{3-7}$$

3.3 成核现象

3.3.1 均相成核

前一节描述了液滴从蒸气到液滴的最初形成过程是一个更复杂的过程。没有凝结核也可以形成液滴，但这个过程叫均相成核（homogenous nucleation）或叫自成核（self-nucleation）。均相成核要求更高的饱和度，通常所需的饱和度范围为 2～10，只有在专业实验室或化学过程中才会出现这么高的饱和度。在 293K（20℃）、饱和度大于或等于 3.5 时，纯净水蒸气会通过均相成核自动形成液滴，这相当于 0.0017μm 的开尔文直径，这个过程需要大约 90 个分子的分子簇。Seinfeld 和 Pandis（1998）详细介绍了均相成核。

3.3.2 异相成核

最常见的形成机制是核凝结（nuleated condentsation）或异相成核（heterogenouse nucleation）。这个过程需要亚微米级粒子，这些粒子被称为凝结核，即凝结点。每立方厘米空气中包含数以千计的凝结核。在超饱和状态下，凝结始于不溶解的凝结核。在超饱和状态下，表面潮湿的固体凝结核表面将成为水蒸气分子的吸附层。一定超饱和状态下，如果凝结核直径大于开尔文直径，水蒸气将凝结在凝结核表面，凝结核“恰似”一个围绕有水蒸气分子的液滴。一旦凝结开始，液滴就会像式（3-3）、式（3-4）所描述的那样继续生长。

可溶性凝结核的情况要更复杂、更重要。正常空气中含有大量的可溶性凝结核，它们是由含有可溶性物质的水滴蒸发后留下的残余物质形成的，其中很多是来自海水液滴中的 NaCl 凝结核，这些液滴由海洋中的海浪活动和起泡作用形成。这些可溶性凝结核具有很强的亲水性。亲水性有助于液滴形成并使液滴在低饱和度下也能生长，而不溶性凝结核则不能。

可溶性盐会对液滴生长率产生复杂影响，因此不能用式（3-3）和式（3-4）计算含有可溶性盐的液滴生长速率。Ferron 和 Soderholm（1990）描述了含有盐的液滴的稳定时间。总之，与纯净液体相比，可溶性盐提高了生长速率，降低了蒸发速率。随着小液滴增加，水蒸气的浓度增加，盐的浓度越来越被稀释。液滴中盐的总量在蒸发和凝结过程中恒定不变，因此用盐的质量而不用浓度可以很容易地表示出来。盐的质量也等于吸附液滴的原始盐核的质量。

当液滴中存在可溶性盐时，随着液滴蒸发或生长，有两种相反的效应在起作用。随着液滴蒸发，因为只有水流失，所以盐的浓度增加，这就使液滴中盐的锁水能力增强。另一种效应是开尔文效应，该效应会导致平衡蒸气压提高，因为随着液滴变小，需要提高蒸气压。图 3-1 通过三条曲线表示了含有可溶性盐液滴的饱和度与粒径之间的关系，即柯勒曲线，并标出了可溶性盐的质量。

3.3.3 平衡状态

对于纯净物，图 3-1 中曲线的上方区域表示生长区，下方区域表示蒸发区。因此，如果饱和度大于 1.002，虽然增长速率会随液滴增大而降低［式（3-4）］，但任何含有大于 10^{-15}g NaCl 的液滴（或凝结核）都能生长为更大的液滴。当环境条件和粒径同时位于图 3-1 中曲线的下方时，液滴会蒸发直至各指标到达曲线位置。当环境条件和粒子粒径位于图 3-1 中曲线的下方时，粒子会缩小，直到达到曲线。如果在曲线的上方，但在峰的左侧且低于峰值时，液滴会生长直至到达曲线。因此，峰的左侧曲线代表了真正的平衡区域，只要环境条件恒定，液滴大小会保持不变。即使饱和度小于 1.0 也同样成立。因此，在大气中会有大量粒子的粒径随相对湿度的增加而增大，随相对湿度的降低而减小。纯净水的线图没有这种平衡区域，它仅仅反映了生长（上部）和蒸发（下部）区域的分界线。随着液滴继续增大，可溶性盐的浓度降低，最终到达某一点，这时液滴的性质与纯净水相同，在图 3-1 中，它们的曲线将与纯净水的曲线融合。

3.4 蒸发

3.4.1 蒸发速率

纯净液滴（没有溶解盐类）的蒸发过程与生长过程很相似，只是其发展方向与生长方向相反。当环境蒸气分压小于饱和蒸气压时（$p_\infty < p_s$），液滴蒸发，蒸发造成的粒子缩小率可以用式（3-4）计算。在蒸发过程中，式中括号里面的各项都是负值，因为增长率是负的，它表示因蒸发而造成的粒子缩小。

对于挥发性粒子如水或酒精，应在温度较低的条件下计算液滴表面的 p_d，温度 T_d 由式（3-5）算出。

对于粒径大于 50μm 的液滴粒子，液滴沉降，会导致水蒸气从液滴表面扩散过程中受到扰动，因此，应该对此种情况进行校正。这种作用可以使 50μm 粒子和 100μm 粒子的蒸发率提高 10%和 31%。Davies（1978）和 Fuchs（1959）对此效应做了更详细的描述。

3.4.2 干燥时间

图 3-2 给出了 3 种相对湿度下液滴的寿命或干燥时间，即纯净水滴从初始直径蒸发到直径为 0 的时间。曲线图是由式（3-4）从 0 到初始直径做数值积分得到的。对于标准状态下初始直径大于 2μm 的粒子，式（3-4）中的 φ 可以忽略，积分得到液滴寿命：

$$t=\frac{R\rho_p d_p^2}{8D_v M\left(\frac{p_d}{T_d}-\frac{p_\infty}{T_\infty}\right)} \qquad \text{初始 } d_p > 2\mu\text{m} \tag{3-8}$$

【例 3-4】 直径为 60μm 的水滴，在 293K（20℃）时喷到相对湿度 50%的空气中，多长时间完全蒸发？

解：利用式（3-8）：

$$t=\frac{R\rho_p d_p^2}{8D_v M\left(\frac{p_d}{T_d}-\frac{p_\infty}{T_\infty}\right)}$$

式中，$R=8.31\text{J}/(\text{K}\cdot\text{mol})$；$\rho_p=1000\text{kg/m}^3$；$d=6\times10^{-5}\text{m}$；$D_v=2.4\times10^{-5}\text{m}^2/\text{s}$；$T_\infty=293\text{K}$（20℃）；$p_\infty=0.5\times2.34\text{kPa}=1.17\text{kPa}=1170\text{Pa}$；$T_d=286.4\text{K}$［由式（3-5）得出，$T_\infty=20℃$］；$p_d$ 由式（3-1）在温度 286.4K 下得出。

将这些代入式（3-8）得：

$$t=\frac{8.31\times1000\times(6\times10^{-5})^2}{8\times(2.4\times10^{-5})\times0.018\left(\frac{1523}{286.4}-\frac{1170}{293}\right)}=6.5(\text{s})$$

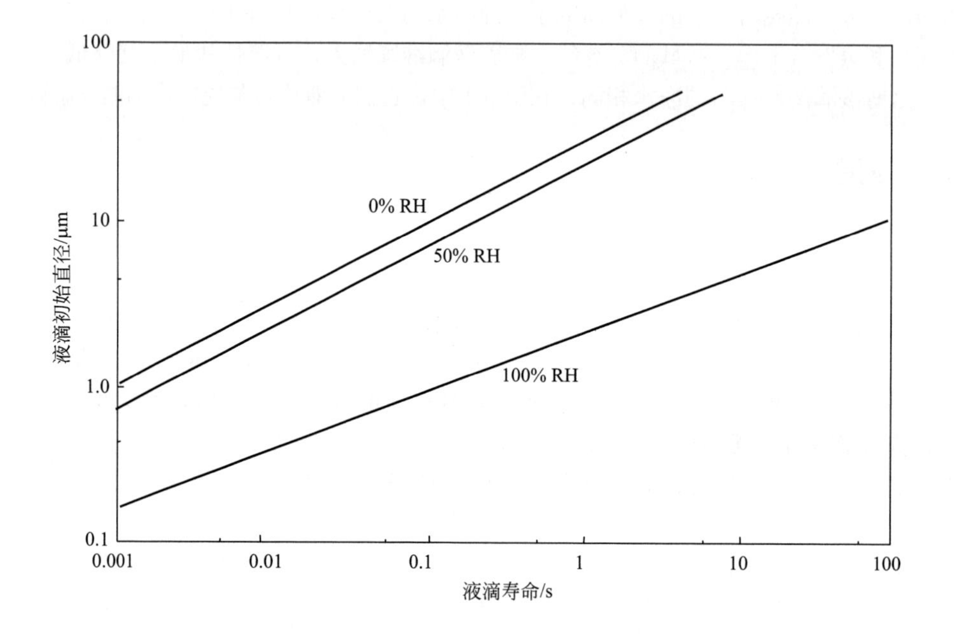

图 3-2 293K（20℃）下，纯水液滴的干燥时间，RH 为相对湿度

（引自 Hinds，1999）

表 3-1 列出了标准状态下 4 种物质的液滴寿命，这说明不同物质的液滴寿命的范围很广。物质特征对液滴寿命的影响与 $\rho_p/(D_vM)$ 成正比。

表 3-1 一些物质的液滴寿命①

初始液滴直径/μm	液滴寿命/s			
	普通酒精	水	水银	邻苯二甲酸二辛酯
0.01	4×10^{-7}	2×10^{-6}	0.005	1.8
0.1	9×10^{-6}	3×10^{-5}	0.3	740
1	3×10^{-4}	0.001	1.4	3×10^{4}
10	0.03	0.08	1200	2×10^{6}
40	0.4	1.3	2×10^{4}	4×10^{7}

① 由式（3-4）计算，在温度 293K（20℃）条件下。

注：引自 Hinds，1999。

3.5 凝聚

凝聚（coagulation）是气溶胶粒子相互碰撞而引起的气溶胶生长过程。布朗运动造成的碰撞，称为热凝聚（thermal coagulation）；外力引起的运动碰撞，则称为动力凝聚（kinematic coagulation）。热凝聚与凝结在生长方式上有些相似，不同的是，热凝聚是其他粒子扩散到粒子表面而不是分子扩散到粒子表面。热凝聚与凝结的不同之处在于它不需要超饱和度，且是一个单向过程，没有像蒸发一样的等效过程。粒子间大量碰撞的结果是：粒径增大，气溶胶数浓度降低。因为没有任何损失或转移机制，因此凝聚不会改变质量浓度。

为了理解这个过程，首先看一种简单凝聚，称为简单单分散凝聚（simple monodisperse coagulation）或 Smoluchowski 凝聚。Smoluchowski 凝聚是以 1917 年该理论创始人的名字命名的。这种方法很好地说明了这个过程，有助于分析很多情况，是进一步改进和完善的基础。

3.5.1 简单单分散凝聚

简单单分散凝聚理论基于三个假设：粒子是单分散性的；这些粒子一旦接触则会相互黏附；这些粒子生长得很慢。后两个假设适用于多数气溶胶粒子和多数情况。气溶胶做布朗运动并像气体分子一样扩散，但是这些粒子的扩散空间很小，因此气溶胶粒子的扩散系数是气体分子的扩散系数的一百万分之一。

Smoluchowski 理论推导的基础是：其他粒子可以扩散到每个粒子的表面（Hinds，1999）。此推导给出了气溶胶数浓度（降低）的变化率：

$$\frac{\mathrm{d}N}{\mathrm{d}t}=-KN^2 \tag{3-9}$$

式中，N 为粒子数浓度（简称数浓度）；K 为凝聚系数。对于直径大于气体平均自由程的粒子，K 的表达式为：

$$K=4\pi d_{\mathrm{p}}D=\frac{4kTC_{\mathrm{c}}}{3\eta} \qquad d_{\mathrm{p}}>\lambda \tag{3-10}$$

式中，D 为粒子扩散系数，$\mathrm{m^2/s}$（$\mathrm{cm^2/s}$）；η 为气体黏度 Pa·s [g/(cm·s)]；k 为玻耳兹曼常数，值为 1.38×10^{-23} J/K（1.38×10^{-16} dyn·cm/K）。

如果凝聚系数的单位为 $\mathrm{m^3/s}$（$\mathrm{cm^3/s}$），则粒子数浓度对应的单位为个/$\mathrm{m^3}$（个/$\mathrm{cm^3}$）。凝聚系数对与滑流修正系数 C_{c} 成正比的粒径的依赖性很小。表 3-2 列出了标准状态下不同粒径粒子的凝聚系数。在常态下，粒径的增加范围受到限制，凝聚系数可以看作是常数，凝聚速度仅与数浓度的平方成正比。因此，数浓度高时，凝聚是一个快速过程，数浓度低时是一个慢速过程。

表 3-2 在温度 293K（20℃）下，不同粒径粒子的凝聚系数①

粒子直径/μm	凝聚系数/($\mathrm{m^3/s}$)	粒子直径/μm	凝聚系数/($\mathrm{m^3/s}$)
0.05	9.9×10^{-16}②	1	3.4×10^{-16}
0.1	7.2×10^{-16}②	5	3.0×10^{-16}
0.5	5.8×10^{-16}②		

① 凝聚系数的单位为 $\mathrm{cm^3/s}$ 时，表中的值乘以 10^6。

② 包括附加的校正系数；见 Hinds（1999）。

注：引自 Hinds，1999。

粒子在一定时间内的凝聚净效应值比凝聚速度更有用。通过积分式（3-9），可以得出时间 t 内粒子数浓度的变化：

$$N(t)=\frac{N_0}{1+N_0Kt} \tag{3-11}$$

式中，$N(t)$ 为 t 时刻时的数浓度；N_0 为初始数浓度；K 的单位为 m^3/s，数浓度的单位是个/m^3（K 的单位为 cm^3/s 时，数浓度单位则为个/cm^3）。

随着数浓度的降低，粒子粒径增大。然而，在没有损失的封闭系统内，粒子质量将保持恒定。如果数浓度降低到原来的1/2，那么相同的质量（体积）就只包含之前粒子数的一半，所以每个粒子的质量（体积）将是原来的2倍。对于液体粒子，粒径与粒子体积的立方根成正比，因此也与数浓度的1/3次方成正比。

$$d(t)=d_0\left[\frac{N_0}{N(t)}\right]^{1/3} \tag{3-12}$$

因此，粒子数浓度降为原来的1/8时，粒子粒径将加倍。式（3-11）与式（3-12）相结合，可以更直接地表示出 t 时间内凝聚引起的粒径变化：

$$d(t)=d_0(1+N_0Kt)^{1/3} \tag{3-13}$$

式（3-12）和式（3-13）适用于液滴，也大体适用于形成紧实聚合物的固体粒子。表3-3列出了不同初始数浓度减半时所需的时间以及粒径加倍所需的时间。从表3-3可以明显看出，凝聚是否可以忽略取决于数浓度和时间尺度。因此，如果数浓度超过 10^{12} 个/m^3，则在几分钟内凝聚非常显著。

表3-3 凝聚过程所需要的时间①

初始数浓度/(个/m^3)	数浓度减半所用的时间/s	粒径加倍所用的时间/s
10^{18}	0.002	0.014
10^{16}	0.2	1.4
10^{14}	20	140
10^{12}	2000(33min)	14000(4h)
10^{10}	200000(55h)	1400000(16d)

① 假设为简单单分散凝聚，$K=5\times10^{-16}m^3/s$（$5\times10^{-10}cm^3/s$）。

注：引自 Hinds，1999。

3.5.2 多分散凝聚

只要假设气溶胶为单分散性，前面介绍的凝聚在多种情况下都是精确的。然而，现实中的气溶胶是多分散性的，情况也更复杂。因为凝聚进程由粒子到每个粒子表面的扩散系数控制，所以，当具有高扩散系数的小粒子向大粒子的表面扩散时，凝聚进程会加速。粒径相差10倍的粒子，凝聚速度相差3倍；粒径相差100倍时，凝聚速度相差25倍以上。用式（3-11）或式（3-13）计算多分散性气溶胶时，需要用数值法，因为凝聚的每个粒子的 K 值不同，应分别计算（Zebel，1996）。Lee 和 Chen（1984）提出了粒径呈正态分布的气溶胶的平均凝聚系数 $\overline{K}$ 的计算公式，该公式中包括了计数中值直径（count median diameter，CMD）和几何标准偏差 σ_g：

$$\overline{K}=\frac{2kT}{3\eta}\left\{1+\exp(\ln^2\sigma_g)+\frac{2.49\lambda}{\text{CMD}}\times[\exp(0.5\ln^2\sigma_g)+\exp(2.5\ln^2\sigma_g)]\right\} \tag{3-14}$$

只有 CMD 变化适度时，才可以用 $\overline{K}$ 值代替式（3-11）中的 K 来预测 t 时间内数浓度的变化。将 $\overline{K}$ 用于式（3-13）中，可以预测一段时间内 CMD 的增量，在这段时间内，$\overline{K}$ 约为常数。对于这类计算，可以假设在粒径的适度变化中 σ_g 保持恒定。计算粒径变化比较大的情况，可以分几个步骤，每一步的 $\overline{K}$ 值都是一个常量，但每一步的 $\overline{K}$ 值都不同。图 3-3 表明了初始条件下多分散凝聚对数浓度和中值粒径的影响。

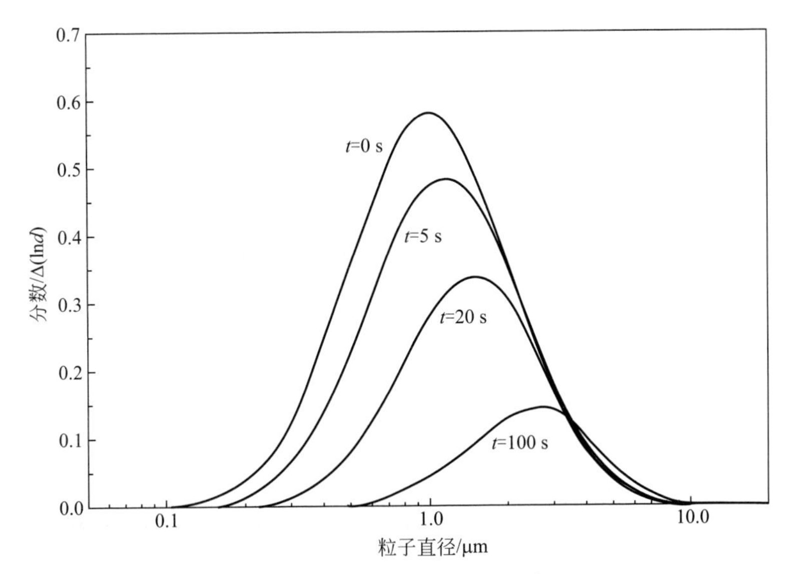

图 3-3 凝聚效应对粒径分布的影响。$N_0=10^{14}$ 个/m^3，初始中值直径为 1.0μm，初始几何标准偏差为 2.0

（引自 Hinds，1999）

3.5.3 动力凝聚

动力凝聚是指由外力而非布朗运动引起粒子相对运动发生凝聚的过程。下面介绍几种动力学凝聚机制。所有情况下都是粒子的数浓度越大，凝聚速度越快。没有简单的公式可以完整地描述这些过程。Fuchs（1964）和 Hinds（1999）在这方面做了较为详细的研究。

因为不同粒径粒子的沉降速率不同，所以在不同粒径的沉降粒子间存在相对运动。碰撞过程的空气动力学原理很复杂，且除很大粒子外，其他粒子的碰撞效率都很低。大粒子如雨滴，可以通过碰撞微米级粒子或更大的气溶胶粒子而沉降。

当粒子高速通过气溶胶时，会发生相同的碰撞过程。这是湿式除尘器中液体喷射液（用以清洁空气）捕获粒子的主要机制。

粒子在具有梯度的流速中运动时，会发生梯度凝聚（gradient coagulation）或剪切凝聚（shear coagulation）。在梯度流速中，不同流线上的粒子速度不同，速度较大的粒子最终将超过速度较小的粒子。如果粒子足够大，则可以通过拦截实现粒子间的碰撞。

在湍流中，流体的流速梯度较大，粒子的运动路径复杂。大的流速梯度及粒子的运动惯性会加强粒子间的相对运动，此过程引起的凝聚称为湍流凝聚（turbulent coagulation）。当湍流旋涡大小与粒子制动距离的数量级相同时，湍流凝聚最有效。湍流凝聚只对直径大于 1μm 的粒子有效。总之，湍流越急，湍流凝聚越多。

最后，用强声波引起粒子间的相对运动就产生声凝聚（acoustic coagulation）。粒径不同的粒子对高强声波的反应不同，大粒子可能不受影响，而小粒子会与声波一起振荡，相对运动引起碰撞从而发生声凝聚。一般来说，声压水平超过 120dB 才能产生明显的凝聚。

【例 3-5】 A：氧化铁气体初始数浓度为 10^{13} 个/m^3。假设是直径为 0.2μm 的单分散性气溶胶，2min 后，数浓度是多少？假设在标准状态下。

B：条件同上，多分散性气溶胶，CMD 为 0.2μm，σ_g 为 2.0。假设 σ_g 保持恒定。

解：A 用式（3-11）：

$$N(t)=\frac{N_0}{1+N_0Kt}$$

式中，$N_0=10^{13}$ 个/m^3。

$$K=\frac{4kTC_c}{3\eta}=\frac{4\times1.38\times10^{-23}\times293\times1.88}{3\times1.81\times10^{-5}}=5.6\times10^{-16}(\mathrm{m^3/s})$$

将 $t=120$s 代入得：

$$N(t)=\frac{10^{13}}{1+10^{13}\times5.6\times10^{-16}\times120}=5.98\times10^{12}(个/\mathrm{m^3})$$

用式（3-12）或式（3-13）计算直径的变化：

$$d(t)=d_0\left[\frac{N_0}{N(t)}\right]^{1/3}=0.2\left(\frac{10^{13}}{5.98\times10^{12}}\right)^{1/3}=0.24(\mu\mathrm{m})$$

B 用式（3-14）求 $\overline{K}$：

$$\overline{K}=\frac{2kT}{3\eta}\left\{1+\exp(\ln^2\sigma_g)+\frac{2.49\lambda}{\mathrm{CMD}}\left[\exp(0.5\ln^2\sigma_g)+\exp(2.5\ln^2\sigma_g)\right]\right\}$$

$$\overline{K}=\frac{2\times1.38\times10^{-23}\times293}{3\times1.81\times10^{-5}}\times\left\{1+\exp(\ln^2 2.0)+\frac{2.49\times0.066}{0.2}\right.$$

$$\left.\times\left[\exp(0.5\ln^2 2.0)+\exp(2.5\ln^2 2.0)\right]\right\}$$

$$=1.489\times10^{-16}\times6.986=1.04\times10^{-15}(\mathrm{m^3/s})$$

代入式（3-11）用 $\overline{K}$ 代替 K：

$$N(t)=\frac{N_0}{1+N_0\overline{K}t}=\frac{10^{13}}{1+10^{13}\times1.04\times10^{-15}\times120}=4.45\times10^{12}(个/\mathrm{m^3})$$

$$\mathrm{CMD}_2=0.2\left(\frac{10^{13}}{4.45\times10^{12}}\right)^{1/3}=0.26(\mu\mathrm{m})$$

3.6 反应

与多数物质相比，气溶胶粒子具有较大的表面积质量比。例如，1g 标准浓度的物质（1000kg/m^3），当把它分成 0.1μm 的粒子时，表面积就为 60m^2。由于气溶胶粒子的表面积大，所以气溶胶粒子在液体粒子或固体粒子与气体分子的各种相互作用中表现得很活跃。粒子可以发生三种反应：粒子各组分间的反应；不同化学组成的粒子间的反应；粒子与周围气体相中的一种或更多成分的反应。第一种反应由一般的化学动力学控制；第二种反应在很大程度上由其他粒子的到达速率控制，一旦不同的粒子相互接触，化学动力学就会促使反应进行；第三种反应由气体分子到达粒子表面的速率控制。本章在凝结生长公式中讲了气体分了的到达速率。吸收和吸附是相关过程，这两个过程中的必要步骤就是气体分了到达粒子表面。

反应过程可看作三步连续的质量转移步骤，每一步都由速率控制。首先是某气体分子扩散到粒子表面；然后通过接触面转移或在接触面发生反应；最后是气体分子扩散进入固体或液体粒子。

3.6.1 反应

在悬浮气体与粒子间的化学反应中，上面给出的三步中的任何一步都可能控制反应速率。对于固体粒子来说，即使相关距离很小，气体分子扩散到其内部的速率也较慢；扩散到液体粒子内部的速率较快，并可能通过内部循环而增大。如果反应由气体分子到达粒子表面的速率控制，那么最大反应速率为：

$$R_R=\frac{2\pi d_p D_v p}{kT} \qquad d_p>\lambda \tag{3-15}$$

式中，R_R 为反应速率，个/s。在相同的温度条件下，这与凝结过程相同（Hinds，1999），这种情况称为扩散控制反应。这个过程可以一直持续到粒子的全部分子完成反应才结束。

3.6.2 吸收

气体分子溶于液滴中的过程称为吸收。吸收过程中，接触面上的转移不是控制过程，但在气相或液相中的扩散可能是控制过程。直到气体在该液体中的溶解度达到极值，过程结束。溶解度极值随着温度而变化，存在其他溶解性成分时也会改变溶解度极值。

3.6.3 吸附

吸附是指气体分子从周围空气中转移到固体表面。发生在固体粒子表面的吸附类型有两种，即物理吸附或物理吸着以及化学吸附或化学吸着。物理吸附是一个物理过程，该过程是气体通过范德华力附着在粒子表面。当周围环境温度低于临界温度时，所有气体都会发生物理吸附。这是一个快速而可逆的的过程。其吸附过程很快，所以气体分子到达粒子表面的扩散是限速步骤。给定温度下，吸附气体的数量与气体分压或蒸气分压之间的关系叫做吸附等温线。如果饱和度小于 0.05，物理吸附通常不显著，但是当饱和度等于或大于 0.8 时，可以形成几个分子厚的吸附层。如果粒子处于吸附平衡状态，减小蒸气压将导致吸附的蒸气分子从粒子表面解吸下来。

吸附过程与凝结过程相似。高度多孔物质，如活性炭，拥有巨大的表面积且有很多小孔和毛细管，有助于表面凝结并抑制蒸发。高度多孔物质的等温线与光滑固体的等温线差别很大。

化学吸附与物理吸附相似，不同的是，化学吸附是利用化学键将气体分子结合在粒子表面。周围空气温度高于或低于气体的临界温度时，都会发生化学吸附。在化学吸附中，只形成一个单层。不同于物理吸附，化学吸附是不可逆过程，因为化学键比范德华力强得多。气相扩散速率或反应速率都能控制化学吸附的速度。随着完整单层的形成，吸附速度会变慢。在一些情况下，首先通过物理吸附将分子吸到固体表面，然后通过缓慢反应进行化学吸附。在另外一些情况下，首先通过化学吸附形成化学吸附层，之后在其上可能再形成一个物理吸附层。

3.7 参考文献

Barrett, J.C., and Clement, C.F. 1988. Growth rates for liquid drops. *J. Aerosol Sci.* 9: 223–242.

Davies, C.N. 1978. Evaporation of airborne droplets. In *Fundamentals of Aerosol Science*, D.T. Shaw (ed.). New York: John Wiley and Sons. pp. 135–164.

Ferron, G.A., and Soderholm, S.C. 1990. Estimation of the times for evaporation of pure water droplets and for stabilization of salt solution particles. *J. Aerosol Sci.* 21: 415–429.

Fuchs, N.A. 1959. *Evaporation and Droplet Growth in Gaseous Media*. Oxford: Pergamon.

Fuchs, N.A. 1964. *The Mechanics of Aerosols*. Oxford: Pergamon.

Hinds, W.C. 1999. *Aerosol Technology*, 2nd ed. New York: John Wiley and Sons.

Lee, K.W., and Chen, H. 1984. Coagulation rate of polydisperse particles. *Aerosol Sci. Tech.* 3: 327–334.

Sienfeld, J.H., and Pandis, S.N. 1998. *Atmospheric Chemistry and Physics*. New York: John Wiley and Sons.

Zebel, G. (1966). Coagulation of aerosols. In *Aerosol Science*, C.N. Davies (ed.). London: Academic. pp. 31–58.

4 气溶胶的粒径分布特征

Walter John
粒子科学，加利福尼亚州沃尔纳特克里克市，美国

4.1 粒径和粒径分布的基本概念

4.1.1 粒径定义

粒径是描述气溶胶粒子的最基本参数。只有悬浮在气体中的粒子才能被称为气溶胶。粒子必须足够小才能在一定时间内悬浮在空气中。通常认为气溶胶粒子的粒径上限约为100μm，此粒径的粒子沉降速度为0.25m/s，由于受曳力的影响，此速度与斯托克斯定律计算出的速度稍有偏差。气溶胶粒子的粒径下限可达纳米级，相当于分子簇的大小。气溶胶粒子的粒径范围跨越5个数量级，不同粒径范围的气溶胶性质和行为有很大差异。

单位密度的球形粒子，其粒径可以简单地用几何直径表示。其他形状和密度的粒子，可以用当量直径表示。人们把与不规则粒子有着相同沉降速率的单位密度球形粒子的直径定义为空气动力学直径。空气动力学直径常用于大于0.5μm的粒子，这类粒子惯性特征较明显。0.5μm以下的粒子做布朗运动，常用扩散直径表示。扩散直径为与目标粒子有着相同扩散速率的单位密度的球形粒子的直径；斯托克斯直径是与目标粒子有着相同密度和沉降速率的球形粒子的直径；光学直径是与目标粒子有着相同的仪器检测响应信号的校准粒子的直径，这些仪器是通过粒子与光的相互反应而检测粒子的。

表示粒子直径的定义还有很多。不同的粒径定义用于不同的测定方法。例如，旋风器、级联冲击式采样器或空气动力学粒径谱仪（aerodynamic particle sizer，APS）测量的数据用空气动力学直径表示；扩散组采样器（diffusion battery）[1]的测量结果用扩散直径表示；差分电迁移率分析仪（differential mobility analyzer）的测量结果用斯托克斯直径表示；光学粒子计数器的结果用光学直径表示。

4.1.2 粒径分布

相同粒径的气溶胶粒子很少。具有相同粒径的粒子为单分散粒子。单分散性程度最高的

[1] 扩散组采样器（diffusion battery）(用于粒径分级的一种设备）对小于0.2μm的气溶胶粒子进行分级。分级原理是根据粒子扩散率不同以及它们在平行或圆形长管道中的沉积不同。管道由相同的间隔圆盘、细孔平行管束或是一组不锈钢网筛组成。

气溶胶只有在实验室中产生，其直径分散范围在百分之几以内（一般用几何标准偏差可以更准确地表示出粒径的分散程度）。通常，粒径分散范围小于10%～20%（即几何标准偏差为1.1～1.2）的气溶胶都认为是单分散性的。粒径变化范围较广的气溶胶是多分散性的。多分散性气溶胶和单分散性气溶胶共同组成了整个粒径分布。为了定量分析粒子，就要对这些粒径分布进行数学描述。

最简单的粒径分布是用柱状图表示出连续粒径间隔内的粒子数量。该柱状图中的数据来自级联冲击式采样器采集的样品，在显微镜下记录每级内的粒子数量。粒径间隔由每级内的已知切割点所确定。APS等仪器可以提供很好的粒径间隔。当间隔足够小时，粒径分布为微分粒径分布（differential size distribution）。由于因变量，即分布图的纵坐标表示的是粒子数量，所以这种分布也叫数量分布（number distribution）。如果 $\mathrm{d}N$ 是粒径从 d_p 到 $d_\mathrm{p}+\mathrm{d}d_\mathrm{p}$ 之间的粒子数量，d_p 为粒子直径，则数量分布表示为：

$$\mathrm{d}N=n(d_\mathrm{p})\mathrm{d}d_\mathrm{p} \tag{4-1}$$

因为粒子直径跨越几个数量级，为了方便起见，用 $\mathrm{dln}d_\mathrm{p}$ 表示粒径间隔，则数量分布可表示为：

$$\mathrm{d}N=n(\ln d_\mathrm{p})\mathrm{dln}d_\mathrm{p} \tag{4-2}$$

同样，以 $\mathrm{d}S$ 表示在相同粒径间隔内的粒子总表面积，那么表面积粒径分布可以表示为：

$$\mathrm{d}S=s(\ln d_\mathrm{p})\mathrm{dln}d_\mathrm{p} \tag{4-3}$$

其他常用的粒径分布公式是体积分布和质量分布公式：

$$\mathrm{d}V=v(\ln d_\mathrm{p})\mathrm{dln}d_\mathrm{p} \tag{4-4}$$

$$\mathrm{d}M=m(\ln d_\mathrm{p})\mathrm{dln}d_\mathrm{p} \tag{4-5}$$

上述分布的数据可以从合适的粒子采样器中直接获得，例如，可以通过称量级联冲击式采样器每级所沉积粒子的质量获取质量分布的数据。数量分布可以直接通过诸如光学粒子计数器或APS等仪器获取。还可以通过下面公式将数量分布转化为表面积分布：

$$S(d_\mathrm{p})=n(d_\mathrm{p})\pi d_\mathrm{p}^2 \tag{4-6}$$

同样的，可以通过以下公式获得体积分布和质量分布：

$$v(d_\mathrm{p})=n(d_\mathrm{p})\frac{\pi d_\mathrm{p}^3}{6} \tag{4-7}$$

$$m(d_\mathrm{p})=v(d_\mathrm{p})\rho \tag{4-8}$$

式中，ρ 为粒子的密度。

如果粒子的粒径分布可以用图表形式简单表示，则也可以用只有几个参数的函数来描述该分布。类似的函数公式有许多。数量分布通常是幂律分布，质量分布通常符合对数正态分布。对数正态分布是在标准函数中使用对数变量而得到的。这个对数正态分布包含有峰、峰宽，它最显著的特征是有一个尾巴，表征的是一个自变量（这个例子中是粒子直径）的一些大值。多种气溶胶的粒径分布都可以用对数正态分布表示。数量对数正态分布如下：

$$n(\ln d_\mathrm{p})=\frac{N_\mathrm{T}}{\sqrt{2\pi}\ln\sigma_\mathrm{g}}\exp\left[\frac{-(\ln d_\mathrm{p}-\ln\mathrm{CMD})^2}{2(\ln\sigma_\mathrm{g})^2}\right] \tag{4-9}$$

式中，N_T 为粒子的总数量；CMD为计数（数量）中值直径（count/number median diameter）；σ_g 为几何标准偏差，其值如下：

$$\ln\sigma_\mathrm{g}=\left[\frac{\int_0^{\infty}(\ln d_\mathrm{p}-\ln d_\mathrm{g})^2\mathrm{d}n}{N_\mathrm{T}-1}\right]^{\frac{1}{2}} \tag{4-10}$$

式中，σ_g 为峰宽的度量，如果 $d_{84\%}$、$d_{16\%}$ 分别表示累积到粒子总数的 84%和 16%时的粒子直径，则：

$$\sigma_g = \left(\frac{d_{84\%}}{d_{16\%}}\right)^{1/2} \tag{4-11}$$

在式（4-10）中，d_g 为几何平均直径，其定义是：

$$\ln d_g = \frac{1}{N_T}\int_0^{\infty}(\ln d_p)\,dn \tag{4-12}$$

对数正态分布中的计数中值直径 CMD 与 d_g 相等。对数正态函数有许多显著的特征。如果粒子数量是对数正态分布，那么表面积分布和体积分布也将是对数正态分布，只要用 S 或 V 替代式（4-9）中的 N，用表面积中值直径（SMD）和体积中值直径（VMD）代替 CMD，即可分别表示表面积分布和体积分布。中值直径有下列关系：

$$\text{SMD} = \text{CMD}\exp(2\ln^2\sigma_g) \tag{4-13}$$

$$\text{VMD} = \text{CMD}\exp(3\ln^2\sigma_g) \tag{4-14}$$

与对数正态分布的最高峰相对应的直径被称为模态直径，其值如下：

$$d_{\text{mode}} = \text{CMD}\exp(-\ln^2\sigma_g) \tag{4-15}$$

例如，如果发现气溶胶质量分布的实验数据是符合对数正态分布的，那么这个分布就可以完全用模态直径（或用质量中值直径）、几何标准偏差及总质量（微分质量分布的积分或曲线下面积的积分）表示。通常，粒径分布可能符合几种分布状态，尤其当气溶胶的排放源不止一个时，这个分布就符合对数正态函数的加和。

气溶胶浓度是粒子粒径的函数，其数值也可用上述方法分析。可用气溶胶元素或化学组成对粒子粒径作出粒径分布图，即横坐标为粒径，纵坐标为气溶胶元素或化学组分浓度。

要更全面地了解粒径分布的分析方法，可以参见第 22 章，或者参考 Hinds（1999）和 Friedlander（1997）的文章。

4.1.3 粒径分布函数的应用

粒子粒径分布中应用最广的是对数正态分布。虽然没有理论论证，但人们已经获得了各种经验数据的合理配置。环境粒子的粒径分布可用对数正态和数学方法进行半定量描述。

大气气溶胶分布中还用到修正后的 γ 分布（Pruppacher 和 Klett，1980）。Brown 和 Wohletz（1995）的研究表明，威布尔（Weibull）分布在一定程度上比对数分布更适合描述气溶胶碎片的分布。Rosin-Rammler（1933）分布与威布尔分布有关。模拟气溶胶演变过程的难点在于气溶胶的凝聚和凝结过程，因为凝聚和凝结过程要用数字来表示，而并不是简单地通过分析粒径分布来处理。

4.2 大气气溶胶

4.2.1 引言

所有粒径的粒子都可以在环境大气中找到。粒径的大小取决于粒子形成过程以及大气中的物理化学作用。粒径是环境气溶胶迁移和沉积的重要参数，也是决定气溶胶不良影响包括呼吸健康危害、降低能见度以及表面沉降等的主要因素。因此，要想综合理解环境气溶胶的来源和影响，就必须测量和描述粒子的粒径分布。

最早广泛使用的环境气溶胶粒径分布来自 Junge（1963）。他用幂律函数表示出了粒子数浓度对数与粒子半径对数的关系。之后，Whitby（1978）用环境气溶胶的体积分布替代数量分布，发现了三种明显的粒径模态（峰），分别为核模（nuclei mode）、积聚模（accumulation mode）和粗粒子模（coarse mode）(图 4-1)。最重要的是，他指出不同的粒子形成过程会生成不同的模态，从而出现不同的粒子特征。该模态理论成为理解环境气溶胶性质的基础。环境气溶胶的性质与位置、气候条件、时间、来源等因素有关。因此，Whitby 三模态模型是非常简化且有用的模型。

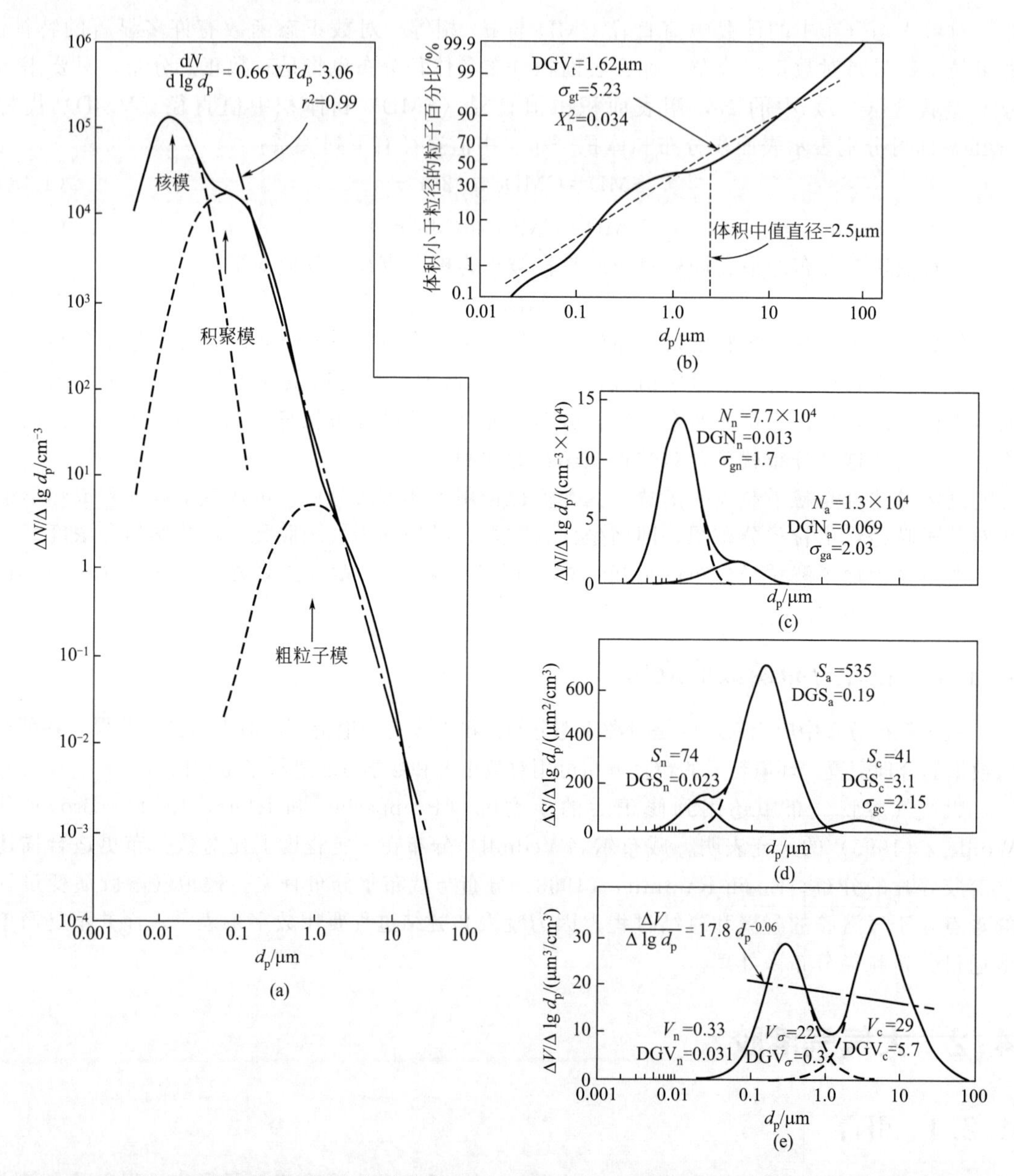

图 4-1 （a）城市气溶胶模型的平均数浓度分布图，该图是三种对数正态分布的总和，符合幂律分布；（b）符合单一对数正态分布函数的累积图；（c）符合单独对数正态分布的数量分布图；（d）符合单独对数正态分布的表面积分布图；（e）符合单独对数正态分布的体积分布图

（引自 Whitby 和 Sverdrup，经 G. M. Hidy 许可）

本节主要讨论Whitby模型、每种模态所包含的粒径范围以及最新的研究发现。尽管气溶胶研究已有几十年的历史，但人们对环境粒子粒径分布的了解仍不全面。气溶胶测量和建模时，需要掌握不同时空的粒子粒径和化学组分特征，然而，大气过程的复杂性给这项工作带来很大挑战。

4.2.2 Whitby模型

Whitby（1978）描述了一个三模态分布（图4-2），其中包括0.005～0.1μm的核模、0.1～2μm的积聚模及大于2μm的粗粒子模。每一个模态都符合对数正态函数。表4-1列出了八种不同大气的模态参数（Whitby和Sverdrup，1980）。

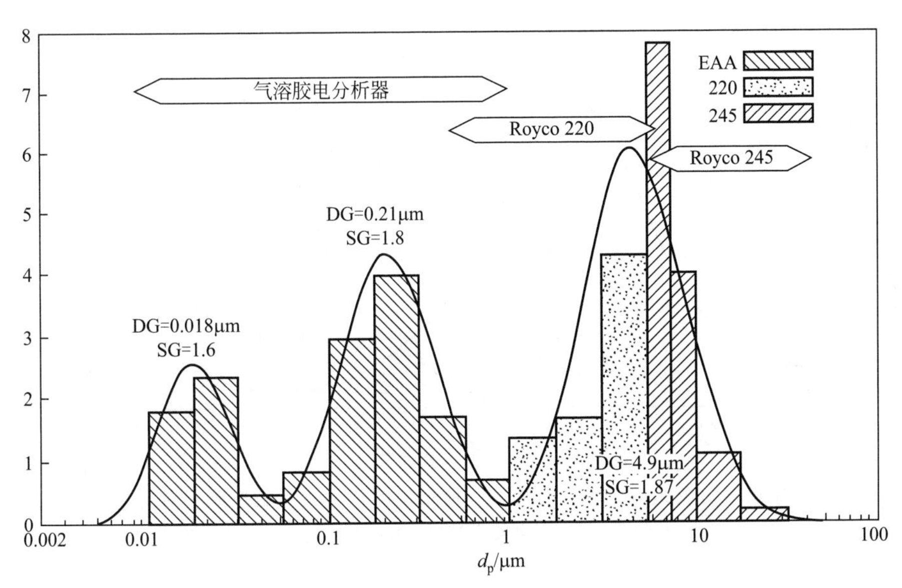

图4-2 1975年10月29日在通用汽车公司米尔福得试验场进行的三模态粒子体积分布的测量结果图。图中显示出每一个仪器所测量的粒径范围。Royco表示光学粒子计数器；EAA表示气溶胶电分析器；DG表示粒子几何中值直径；SG表示几何标准偏差

（引自Whitby，1978，经Elsevier Science许可）

表4-1 八种典型的大气粒子粒径分布的模型参数

大气粒子	核模			积聚模			粗粒子模		
	d_g/μm	σ_g	V①/($\mu m^3/cm^3$)	d_g/μm	σ_g	V/($\mu m^3/cm^3$)	d_g/μm	σ_g	V/($\mu m^3/cm^3$)
水表面	0.019	1.6②	0.0005	0.3	2②	0.10	12	2.7	12
干净陆地背景	0.03	1.6	0.006	0.35	2.1	1.5	6	2.2	5
平均背景	0.034	1.7	0.037	0.32	2.0	4.45	6.04	2.16	25.9
背景与老化的城区烟羽	0.028	1.6	0.029	0.36	1.84	44	4.51	2.12	27.4
背景与本地源	0.021	1.7	0.62	0.25	2.11	3.02	5.6	2.09	39.1
城市平均值	0.038	1.8	0.63	0.32	2.16	38.4	5.7	2.21	30.8
城市与高速公路	0.032	1.74	9.2	0.25	1.98	37.5	6.0	2.13	42.7
拉巴迪火电厂	0.015	1.5	0.1	0.18	1.96	12	5.5	2.524	24
平均值	0.029	1.66	0.26③	0.29	2.02	21.5④	6.3	2.26	25.9
标准偏差	±0.007	±0.1	±0.33	±0.06	±0.1	±20	±2.3	±0.22	±13

① 单位体积空气内的粒子体积。
② 假定值。
③ 该平均值不包括海洋、城市和高速公路以及拉巴迪的数据。
④ 该平均值不包括海洋粒子的数据。
注：引自Whitby和Sverdrup，1980，经过G. M. Hidy的允许。

在积聚模态与粗粒子模态之间（在 2μm 处），环境粒子粒径分布的浓度最小。因此，Whitby 把粒子分成两个主要部分，即直径在 2μm 以下的细粒子与直径大于 2μm 的粗粒子。这两部分的主要区别在于来源及物理化学性质的差别（图 4-3）。细粒子主要来源于燃烧，而粗粒子则主要由机械过程产生。细粒子包括核模和积聚模，核模态是通过凝结和凝聚而形成的短寿命粒子。核模态粒子会很快增长成积聚模态。根据 Whitby 的研究，积聚模态粒子也包含由气体凝结转变成蒸汽所形成的液滴。粗粒子主要包含扬尘、海水飞沫和植物粒子。

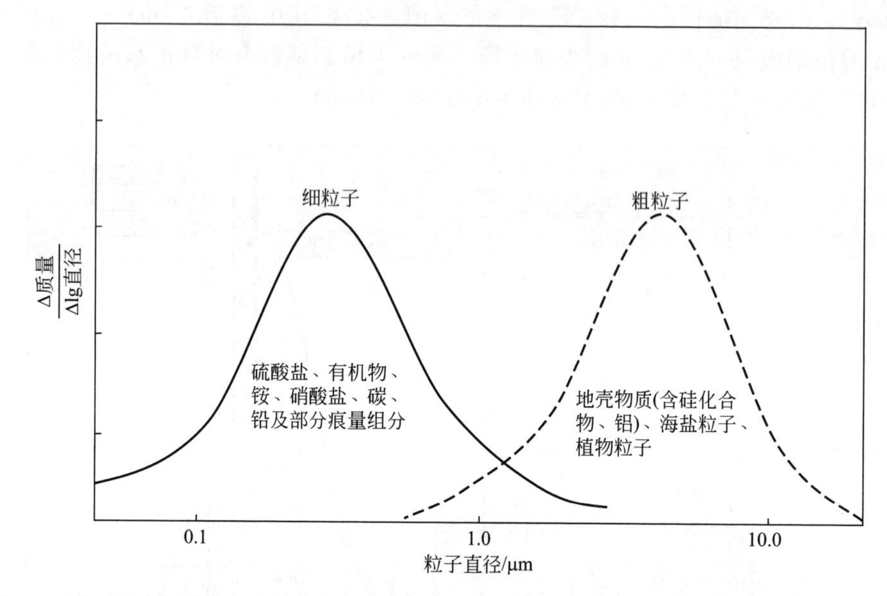

图 4-3 典型城市气溶胶组分的粒径分布图。所列出的化学物质是按照相对质量贡献排序的（引自美国 EPA，1982）

4.2.3 核模态，粒径范围 0.005～0.1μm

不论在粒子粒径还是在质量浓度上，气溶胶中的最小模态都是核模，但是它仍包含大量粒子。Whitby 及其实验室所建的数据库仍是核模态的最大数据库之一。通过分析不同地方的气溶胶数据，如体积对数正态分布数据，得到了模态的参数，这些参数包括粒子的几何平均直径 0.015～0.038μm 和模态的几何标准偏差 1.7（表 4-1）。模态直径随时间而变大，这是因为核模态粒子与处于凝结模态（定义见下文）下的粒子的凝聚速度要比其与核模态下的其他粒子的凝聚速度快。Reischl、Winklmayr 和 John（1993）利用电迁移率分析器在南加利福尼亚州空气质量研究（SCAQS）中所进行的大量实验表明，核模态的粒径与 Whitby 在城市进行的实验得出的核模态粒径平均值 0.038μm 一致。近期的研究数据表明，在核模态粒径范围内有两种模态存在。

Whitby（1978）讨论了硫在成核和核模态粒子增长过程中所起的主导作用。核模态是由大气中气体的光化学反应和燃烧形成的。光电学的显著特征是，在黎明时核模态快速出现并增长。核模态的短暂性使它仅明显存在于源的附近，如高速公路上。

目前，人们对“超细粒子”相当关注，人们的兴趣源于这些粒子可能会渗透到肺部组织而使人体健康受损（38 章），超细粒子是与核模态粒子有着相同粒径的粒子，但超细粒子更多的是处于核模态粒径的最末端。

4.2.4 积聚模态，粒径范围 0.1～2μm

这个粒径范围包含大部分的细粒子质量。环境粒子的粒径分布最低点接近 2.5μm，积聚模态粒子主要是燃烧产物，也就是人为排放，基于上述两点，美国环境保护署（EPA，1997）制定了 $PM_{2.5}$（空气动力学直径小于 2.5μm 的粒子）标准。同时，EPA 认为 $PM_{2.5}$ 会危害呼吸健康。应注意，2.5μm 比美国政府工业卫生学者会议制定的可吸入性气溶胶标准切割粒径 4μm 低，这是为了排除粗粒子的影响。

化石燃料燃烧产生的气体包含硫、氮和有机化合物。大气中的复杂反应使硫和氮发生氧化，从而产生含有诸如硫酸铵、硝酸铵等无机物的积聚模态粒子。积聚模态粒子也包含一些有机碳和元素碳粒子。这些化学物质有的是外部结合（分布在不同粒子上），有的是内部混合（分布在同一个粒子上）。因为内部混合的化合物的浓度随着粒子粒径的变化而变化，化合物的模态直径可能与粒子的模态直径不同。有时候，从粒径分布可以间接推断出一个化合物是内部混合还是外部结合，但最好的方法还是通过单粒子分析法，如显微镜法和显微探针分析法（第 10 章）或实时质谱法（第 11 章；Prather 等，1994）进行直接确定。

Whitby 描述的单一积聚模态的质量中值直径约为 0.3μm。Hering 和 Friedlander（1982）研究了洛杉矶地区的含硫气溶胶，结果发现，不同日期的积聚模态粒子可分成两种不同的类型，这主要取决于大气状况，即清洁干燥的空气或污染潮湿的空气。在 SCAQS 中，John 等（1990，图 4-4）发现，积聚模态的无机离子有两种粒径分布模态：一种称为凝结模态（condensation mode），其平均空气动力学直径为 0.2μm；另一种称为微滴模态（droplet mode），其平均空气动力学直径为 0.7μm。这两种模态都含有硫酸盐、硝酸盐和铵离子（表 4-2）。Eldering 和 Cass（1994）通过差分电迁移率分析器和光学计数器测量得到的粒径分布也显示了相似的模态结构。

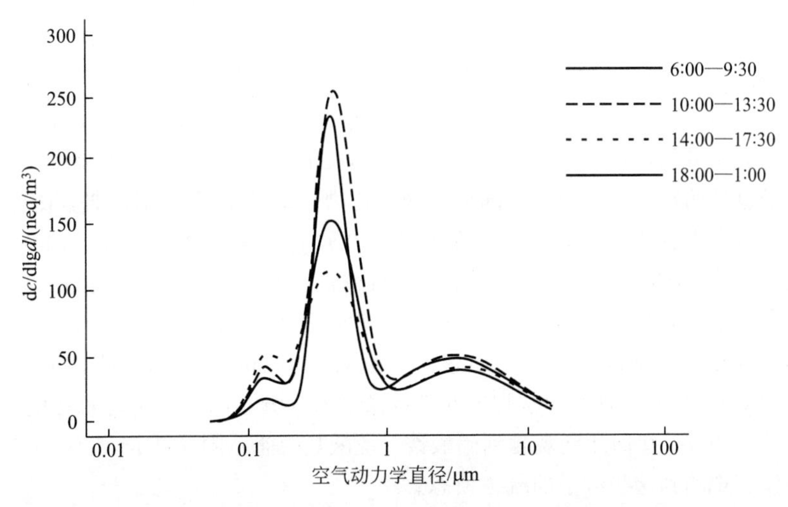

图 4-4 利用 Bemer 级联冲击式采样器测量的环境中硫酸盐粒子粒径分布。硫酸根离子的浓度单位以 neq/m^3（空气）表示

（引自 John 等，1990，经 Elsevier Science 的许可）

表 4-2 1987 年，南加利福尼亚州空气质量研究中测得的大气无机气溶胶的平均模态参数

项目	模态		
	凝结①	微滴①	粗粒子①
夏季			
空气动力学直径/μm	0.2±0.1	0.7±0.2	4.4±1.2
σ_g	1.5±0.2	1.7±0.2	1.9±0.3
平均浓度/(μm/m³)	5±5	26±21	13±7
秋季			
空气动力学直径/μm	0.2±0.1	0.7±0.3	5.5±0.7
σ_g	1.5±0.2	1.9±0.5	1.8±0.4
平均浓度/(μg/m³)	9±8	40±29	5±4

① 平均值和标准偏差。

注：引自 John 等，1990，经 Elsevier Science 许可。

凝结模态一词，反映了该模态粒子是通过气体直接或间接与核模态粒子凝聚进而凝结而形成并增长的。在凝结模态下，粒子增长速率随粒径的增加而减小。因此，在大气中典型的粒子停留时间内，凝结模态不可能增长到远大于 0.2μm。

John 等观测到的其他细粒子模态被命名为微滴模态，是因为此模态的粒子沉积物有潮湿的迹象。微滴模态的平均直径为 0.7μm，其直径范围可从接近 0.2μm 的凝结模态到 1μm。微滴模态的离子总质量约为凝结模态的 6.5 倍。McMurry 和 Wilson（1983）以及 Hering 和 Friedlander（1982）指出，要形成与微滴模态中粒子一样大小的粒子需要进行硫的液相反应。Meng 和 Seinfeld（1994）发现了一种可能的微滴模态的形成机制，首先凝结模态粒子活动形成云或雾；之后与环境中的二氧化硫发生水相反应；最后，雾水蒸发剩下微滴。

除凝结模态和微滴模态之外，John 等（1990）还观测到一种粗离子模态，因为几何标准偏差变化不是很大（表 4-2），所以该模态可以用模态直径和浓度表示出来。图 4-5 是包含大量数据集的模态直径-模态浓度图。从图 4-5（a）可看出，硫酸盐数据集中成 3 簇，且 1987 年的整个夏季洛杉矶空气中的硫酸盐数据都保持这个状态。然而图 4-5（c）显示该地区硝酸盐的变化相当大。盛行的西风把污染物从其源头沿海地区带到东部，在这里氨与硝酸结合生成硝酸铵，结果导致洛杉矶东部空气中的硝酸盐浓度较高。

除了微滴模态直径发生变化之外，在凝结和微滴模态之间还能够观察到粒径重叠。因此，提出细粒子范围内的质量平均直径是一种误导，因为细粒子中混合了这两种模态。即使这两种模态是重叠的，粒子也是两种不同来源、不同组分的混合物。微滴模态下的硫酸盐浓度随着模态直径增加而增加。其他人观测到硫酸盐粒径分布的顶峰在 0.7μm 处或更大一些。McMurry 和 Wilson（1983）公布了俄亥俄州的一个发电厂烟羽中硫酸盐粒子可达 3μm。Georgi 等（1986）观测到德国 Hanover 的硫酸盐的最高值仅为 1μm，但当东风吹来时，会扩大到 10μm。Kasahara 等（1994）报道了奥地利的硫分布，在维也纳，硫的质量平均直径为 0.66μm，而在 Marchegg 则为 0.65μm。Koutrakis 和 Kelly（1993）发现宾夕法尼亚州的硫酸盐粒径分布的几何平均直径的峰值在 0.75μm 处。Meszaros 等（1997）在匈牙利观测到硝酸铵、硫酸盐模态范围在 0.5～1.0μm，与微滴模态相一致，但是并没有观测到这些粒子的凝结模态。

在许多地方 0.7μm 都是典型的模态直径，但是这个模态直径取决于环境条件而且有相当大的变化，此模态直径随滞留时间的增加而增加，甚至能超过积聚模态的最大粒径范围。微滴模态的粒径与大气能见度有很重要的关系（John，1993）。如果相对密度为 1.5，则

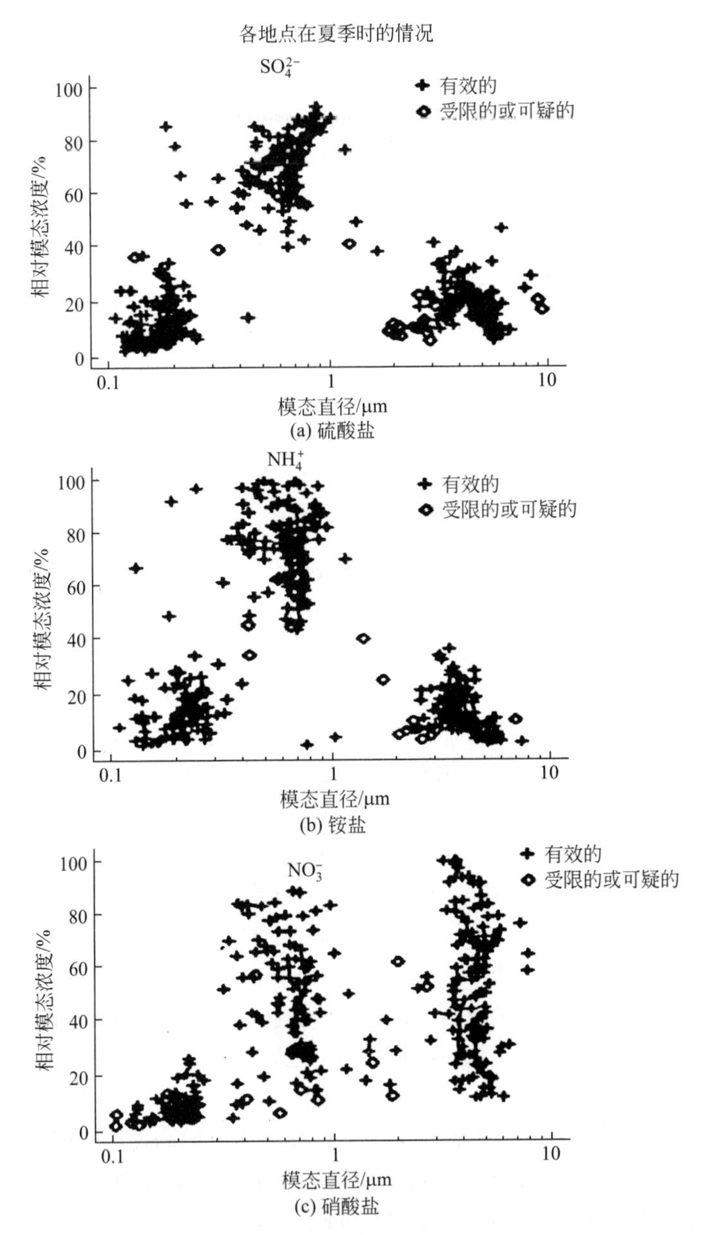

图 4-5　SCAQS研究中夏季所有采样点和采样时期的模态浓度-模态直径关系图

（引自 John 等，1990，经 Elsevier Science 许可）

0.7μm 的模态动力学直径对应的几何直径为 0.57μm，该粒径值几乎是太阳光散射曲线的顶点。因此，微滴模态会引起能见度下降，其下降程度随着元素碳粒子的消失而减小。Sloan 等（1991）在研究丹佛的能见度时，在硫酸盐和硝酸盐粒径分布上，观察到两种模态，其粒径与凝结模态和微滴模态相一致。

Koutrakis 和 Kelly（1993）发现宾夕法尼亚州的硫酸盐粒子的粒径与相对湿度（RH）和酸含量有关。他们的数据资料表明，RH 对硫酸氢铵粒子的影响最明显。宾夕法尼亚州环境气溶胶含有很少的硝酸盐，大部分硝酸盐以气态硝酸的形式存在。SCAQS 研究中，铵根离子使硝酸根离子和硫酸根离子几乎平衡，这种情况在加利福尼亚州的气溶胶（接近中性）中尤其显著。这和美国东部的酸性气溶胶完全不同。

积聚模态粒径范围中也包括元素碳和有机碳粒子。由于有机物的复杂性，相关的实验困难，一般而言碳数据比无机物的数据更不确定。McMurry（1989）在SCAQS中进行的测量表明，在该粒径范围内有双峰分布，其中一个峰在凝结模态，而另一个在比无机微滴模态稍小的模态。Venkataraman和Friedlander（1994）测量了多环芳烃（PAHs）和元素碳的粒径分布，结果表明，它们的峰值大约在0.1μm和0.7μm处。相似的粒径分布也存在于脂肪碳、羰基碳（Pickle等，1990）和有机硝酸盐（Mylonas等，1991）中。Meszaros等（1997）发现PAHs的浓度峰值出现在积聚模态粒径范围内。

Milford和Davidson（1985）总结了粒子上38种微量元素的粒径分布，大部分样品都是用级联冲击式采样器得到的。大部分微量元素在积聚模态粒径范围内都有一个主峰及一个在3～5μm处的较小峰。

4.2.5 粗粒子模态，粒径范围大于2μm

相比细粒子模态，人们对环境中粗粒子模态的粒子研究较少，这是因为人们关心细粒子模态的粒子对人体呼吸系统的健康影响。采集细粒子的困难在于细粒子具有挥发性，化学成分复杂，采集粗粒子的困难在于它们的惯性。

Whitby和Sverdrup（1980）报道了利用光学计数器测量的多个地点粗粒子模态的平均直径为（6.3±2.3）μm，而且，他们也观察到了其他模态，有些比6μm大得多。我们将空气中悬浮的最大粒子的粒径模态称为巨大粗粒子模态（giant coarse mode），以区别于之后讨论到的较小粗粒子模态。这些巨大粗粒子只能通过原位技术进行观察或通过专门的采样器，如Noll旋转冲击式采样器（NRI）、入口非常大的宽粒径气溶胶分级器（WRAC）进行收集。Noll等（1985）测量得到粗粒子模态的质量中值直径为16～30μm，平均模态直径为20μm，标准偏差为2.0（第34章图34-6）。Lundgren等（1984）的测量结果与之大致相同。粗粒子由来自土壤的矿物粒子、生物粒子和海盐粒子等组成。

Bagnold（1941）、Gillette等（1972，1974）的经典研究解释了扬尘的产生机理。土壤粒子的直接气动夹带相对不明显。被称为跳跃的过程包含湍流脉冲（turbulent bursts），脉冲可将地面上直径约为100μm的粒子喷起，随后，这些粒子与地面发生碰撞，从而除去较小的粒子。Noll和Fang（1989）解释了大气湍流对巨大粗粒子模态范围内粒子的选择性悬浮：太大的粒子将在重力的作用下迅速下沉，惯性小的粒子不需要从风中得到任何向上的净速度，就可以随涡旋运动。这样就存在一个中间粒径，这个粒径可以使粒子获得向上的速度，还有足够的惯性维持向上的动量。Noll和Fang用收集板采集样品对这一解释进行了佐证。

生物粒子通常由花粉组成，其单分散程度高，直径一般为20μm或大于20μm。大的植物碎片也出现在粗粒子模态中。第24章将讨论生物气溶胶的采集。市区内汽车所激起的道路尘是巨大粗粒子模态，包含矿物的橡胶粒子以及在沿海城市发现的粗糙海盐粒子都是粗粒子模态。

利用级联冲击式采样器测量时发现，粗粒子模态的直径一般为5～10μm。这些仪器不能采集巨大的粗粒子，但可以有效地收集到较小的粗粒子。粗粒子模态包括巨大粗粒子模态和较小的粗粒子模态，数据表明较小的粗粒子模态的粒径比巨大粗粒子模态的粒径小。以后所说的粗粒子模态均指较小的粗粒子模态，第34章会对粗粒子模态进行详细介绍。

Gillette等（1974）发现，土壤气溶胶的粒径分布与分散悬浮在水溶液中的土壤粒子的粒径分布相似。当土壤粒子分散在含有清洁剂的水中时，小于5μm的粒子要比气溶胶中的多，这就表示产生气溶胶的力不足以使土壤粒子完全分散开。他们同样观测到，气溶胶粒径分布的形状不受风力条件的影响，这表明空气动力悬浮在这里不起作用。通过在地面以上的不同高度采样，Gillette 等（1972）测量到垂直气流中的气溶胶粒径分布。通过把数量分布转变成体积分布，可以确定土壤气溶胶的质量中值直径（MMD）大约为 9μm，依此可以证明土壤是粗粒子（比巨人粒子模态小）的一种来源。因为土壤中黏土与泥沙的比率随着粒径的变化而变化，所以粗粒子模态与巨大粗粒子模态的气溶胶成分不同。

众所周知，在沿海地区的粗粒子中发现了硝酸盐，这是硝酸与海盐作用的结果（Savoie 和 Prospero，1982；Harrison 和 Pio，1983；Bruynseels 和 Van Grieken，1985；Wall 等，1988）。在 SCAQS 的夏季研究中，风主要来自太平洋。John 等（1993）观测到粗离子模态中含有硝酸盐、硫酸盐、氯化物、钠、铵、镁及钙，平均模态直径为 4.4μm，几何标准偏差为 1.9，这种模态可称为粗离子模态（coarse ion mode）。Wall 等（1988）指出，小的 NaCl 粒子将会完全转变成 $NaNO_3$，但是大个的 NaCl 粒子仅能部分转变。因此，直径小于 NaCl 模态直径的粒子，其硝酸盐质量分布的形状与 NaCl 质量分布的形状相同，但对于较大的颗粒，相对于 NaCl 质量分布的形状被截去了。

内陆空气中也能看到粗的硝酸盐粒子，这是由硝酸盐和碱性土壤粒子反应而形成的，在晚上可能是 N_2O_2 与土壤粒子反应（Wolff，1984）而形成。土壤粒子上的硝酸盐与铵盐不相关。

Venkataraman 等（1999）测量了印度的 PAHs 的粒径分布，发现不挥发的 PAHs 在积聚模态达到峰值，平均有 32%在粗粒子模态范围；半挥发性的 PAHs 在粗粒子模态中占优势，平均达到 60%。Venkataraman 等讨论了核模态或积聚模态下的一次粒子的挥发性以及粗模态粒子对有机化合物的吸附。粗粒子模态中存在的 PAHs 和硝酸盐说明了环境气溶胶组分的复杂性，因为大气气溶胶中有很多物质是半挥发性的。

4.3 室内气溶胶

室内气溶胶通常指住宅内和办公室里的气溶胶，是与工业车间相区别的。人们越来越重视室内气溶胶，因为人们平均 80%到 90%的时间都在室内活动（Spengler 和 Sexton，1983）。近几年来进行的 3 个主要研究为哈佛大学的 6 城市研究（Six City Study）（Spengler 等，1981）、纽约国家能源研究与发展管理局（ERDA）的研究（Sheldon 等，1989）、EPA 粒子总暴露评价方法（PTEAM）研究（Pellizzari 等，1992）。一些室内气溶胶来源于大气气溶胶的渗入。在 PTEAM 研究中，室内 $PM_{2.5}$ 与 PM_{10} 的比率约为 0.5。

在吸烟者的家中，烟草烟雾是室内气溶胶中最主要的成分。烟草烟雾释放之后，几分钟之内就迅速凝结成粒子，直径逐渐变大。烟草烟雾的数量分布顶峰在积聚模态粒径范围内。图 4-6 比较了两种计算结果，一个是 Keith 和 Derrick（1960）测量的数量分布结果，另一个是以自保留粒径谱理论（self-preserving size spectrum theory）为基础的理论计算结果（Friedlander 和 Hidy，1969）。Chung 和 Dunn-Rankin（1996）利用光散射进行的测量结果表明，没有过滤嘴的香烟产生的主流烟草烟雾的 CMD（数量中值直径）为 0.14μm，有过滤嘴的香烟产生的主流烟草烟雾的 CMD 为 0.17μm，其 GSD 分别为 2.1μm 和 2.0μm。相应的 MMD（质量中值直径）为 0.71μm 和 0.66μm。从香烟燃烧端飘出的未经过处理的烟，其 CMD 为 0.27μm。Morawska 和 Jamriska（1997）利用扫描迁移率粒径仪测量了“典型的环境烟草烟雾”，得出其粒径分布是对数正态分布的形状，峰值约在 0.12μm 处。在人体呼吸道中，香烟粒子通过吸湿而增大（Robinson 和 Yu，1998）。

室内气溶胶的第二个主要来源是烹饪烟雾。表 4-3 列出了烹调油、烤肠和木材燃烧所排放的烟雾粒子的粒径分布参数，这些粒子均在积聚模态粒径范围内。表 4-3 还列出了烟雾粒子中的可溶部分，烹饪油和烤肠产生的烟雾粒子的可溶成分低，而木材燃烧产生的烟雾粒子

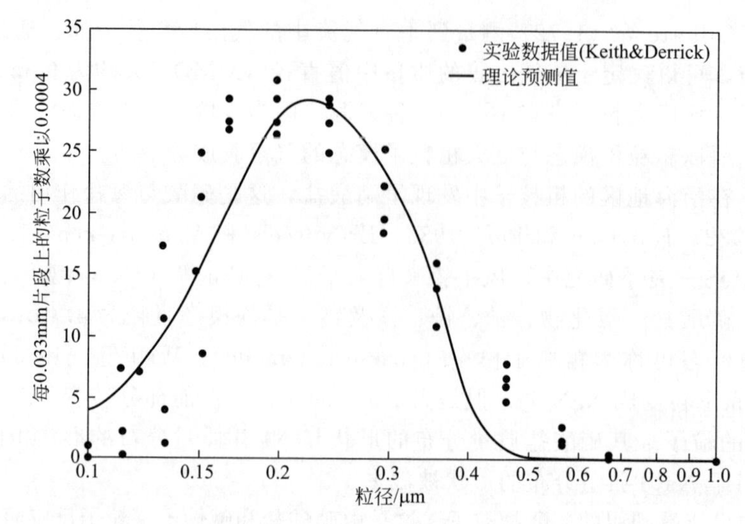

图 4-6 实验获得的和以自保留粒径谱理论为基础计算得到的烟草烟雾粒径分布对比图

（引自 Friendlander，1977，经 S. K. Friendlander 许可）

的可溶成分高。相应地，来自油和烤肠的烟雾粒子没有吸湿增长，而来自于木材燃烧的烟雾粒子有吸湿增长（Dua 和 Hopke，1996）。

表 4-3 室内烟雾气溶胶的粒径分布参数及可溶组分比例

产 物	CMD①/nm	GSD①	可溶部分②
好莱坞®花生油	199.1	1.62	0.076±0.026
Mazola®玉米油	173.6	1.58	0.164±0.008
Wesson®油菜籽油	238.9	1.61	0.203±0.045
Wesson 植物油	168.3	1.68	0.128±0.033
意大利甜香肠	73.8	1.55	0.456±0.087
有火焰的木材燃烧	80.3	1.90	0.714±0.022
无火焰的木材燃烧	55.1	1.31	0.924±0.098
起居室的粒子(壁炉里的木材燃烧)	96.7	1.81	

① CMD 为计数中值直径；GSD 为几何标准偏差。

② 平均值和标准偏差。

注：引自 Dua 和 Hopke，1996。

煤油加热器也是室内气溶胶的来源。室内气溶胶中的细粒子（$PM_{2.5}$）包括土壤粒子、木材燃烧排放的烟雾粒子、铁粒子和钢粒子以及与机动车有关的源和含硫源释放出来的粒子（Spengler 等，1981）。室内空气中的生物粒子包括头皮屑、真菌、细菌、花粉、孢子和病毒。墙、地板和天花板可释放玻璃纤维、石棉纤维、矿渣绒和金属微粒。使用雾化器喷雾可以产生气溶胶。纸产品是纤维素纤维的来源，衣服是天然的和合成的有机纤维的来源。

在有氡气存在的房间里，氡附着在悬浮粒子上会形成放射性气溶胶。活性中值直径（AMD）小到纳米级的放射性粒子，也可以增长变大（Tu 等，1991）。Morawski 和 Jamriska（1997）讨论了测量氡衰变产物的困难性，并给出了大量参考文献。放射性气溶胶的相关讨论详见第 28 章。

Owen 等测量了办公室的颗粒物粒径分布以研究室外空气对室内空气的影响以及职业暴露水平（Owen 等，1990）。

室内气溶胶和暴露评价详见第 27 章。

4.4 工业气溶胶

工业产生的气溶胶的特性由工厂类型、产品性质、工厂运作情况决定。人们已经对基础工业的排放物进行了详细论述（Stern，1968）。基础工业包括石油精炼厂、非金属矿物生产厂、黑色金属冶金工业、有色金属冶金工业、无机化学工业、纸浆与造纸工业、食品与饲料工业。例如，发电厂和垃圾焚烧场就是固定的燃烧源。工业排放到大气中的气溶胶的性质取决于燃烧物质、燃烧条件以及烟囱的除尘器类型。

工业生产中，气溶胶是在加工处理活动中产生的。例如，焊接产生的浓烈烟雾就是细粒子的链状凝聚体，研磨等机械操作会产生粗粒子。Sioutas（1999）测量了汽车加工设备产生的粒子粒径分布，结果表明焊接和热处理过程会产生细粒子，细粒子是由热蒸汽凝结形成的，而加工和研磨过程则通过固体的碎裂产生相对较大的粒子。喷漆产生的液滴的粒径也在气溶胶范围内。运输和处理粉末物质时会产生粉尘气溶胶。矿物堆、煤堆和泥浆堆也是扬尘排放源。

车间操作会产生含有大粒子的气溶胶，这些气溶胶很难监控或采集，却可以危害人体呼吸系统。ACGIH（1999）按照可吸入性粒子质量标准（IPM）推荐了此类粗粒子的采样方法，其有效采集的粒子可达到 100μm。例如能够引起鼻癌的木材尘气溶胶（Hinds，1998）。有关工作场所气溶胶测量详见第 25 章。

人们很早就开始研究矿井中的气溶胶，因为这种气溶胶可导致呼吸系统疾病，包括肺纤维化、肺尘埃沉着病、肺癌。事实上，对矿井气溶胶已经提供了很多现有的采样技术以及有害气溶胶采样的标准方法（Mercer，1973）。矿井中机械操作产生的粗气溶胶的质量分布顶峰约在 7μm 处。然而，如果采矿中使用了柴油机，质量分布就会出现双峰，第二个峰大约在 0.2μm 处（Cantrell 和 Rubow，1990）。Cavallo（1998）对使用柴油机的两个铀矿中放射性粒子的粒径分布进行了测量，发现其 AMD（活性中值粒径）在 0.1～0.2μm 之间。

4.5 粒径分布中的模态广义模型

在前几节中，我们讨论了大气气溶胶粒径、室内气溶胶和工业气溶胶粒子粒度分布的特征。模态粒径分布图上每个模态（峰）的粒径范围都很宽，且在范围内的较大粒径处有个长的尾巴，即模态粒径范围内较大粒径的粒子占比较小。Whitby 模型将环境气溶胶分为 3 种模态，每种模态的形成过程都不同。最近的数据表明，除了 Whitby 模型里的模态外，环境大气中还存在液滴模态和另外的粗粒子模态。室内和工业气溶胶模态粒子的粒径取决于产生气溶胶的物质和气溶胶产生过程。

通常，气溶胶产生的过程非常复杂。粒子产生的瞬间，可能包括凝聚、与气体或其他粒子的反应、蒸发、光化学反应和输送。因而产生的粒径分布也不断发生时空变化。一个粒径分布以模态的形式存在并在较宽的粒径范围内变化。模态可以解释为由复杂过程产生的可能性最大的粒径。相反地，观察粒径分布中的模态，可代表不同的粒子产生机制。

【例 4-1】 气溶胶的数量分布符合以下关系式：

$$n(\ln d_{\mathrm{p}})=\frac{N_{\mathrm{T}}}{\sqrt{2\pi}\ln\sigma_{\mathrm{g}}}\exp\left[\frac{-(\ln d_{\mathrm{p}}-\ln\mathrm{CMD})^{2}}{2(\ln\sigma_{\mathrm{g}})^{2}}\right]$$

式中，$\sigma_g=1.7$；CMD＝0.3μm；N_T 是粒子总数，个/cm^3；CMD 是数量中值直径；σ_g 是几何标准偏差。

（a）体积中值直径为多少？

（b）如果 σ_g 增大 20%，VMD 会增大多少？

解：（a）该数量分布为正态分布，所以体积中值直径 VMD 可以用 σ_g 和 CMD 通过下式计算出来：

$$\text{VMD}=\text{CMD}\exp(3\ln^2\sigma_g)=0.7(\mu m)$$

（b）$\sigma_g=2.04$，VMD＝1.38μm，几乎是原来的 2 倍。这表明了当从数量加权参数转换为体积加权参数时，数据对误差的敏感性增强。

4.6 符号列表

CMD	计数（数量）中值直径
d_{mode}	模态直径
d_g	几何平均直径
d_p	粒子直径
$m(d_p)$	质量分布
$n(d_p)$	数量分布
$s(d_p)$	表面积粒径分布
$v(d_p)$	体积分布
N_T	粒子总数
$PM_{2.5}$	空气动力学直径小于 2.5μm 的粒子
SMD	表面积中值直径
VMD	体积中值直径
P	粒子密度
σ_g	几何标准偏差

4.7 参考文献

American Conference of Governmental Industrial Hygienists (ACGIH). 1999. *TLVs and BEIs*, app. D: Particle size-selective sampling criteria for airborne particulate matter. Cincinnati, OH: ACGIH.

Bagnold, R. A. 1941. *The Physics of Blown Sand and Desert Dunes*. London: Methuen.

Brown, W. K., and K. H. Wohletz. 1995. Derivation of the Weibull distribution based on physical principles and its connection to the Rosin-Rammler and lognormal distributions. *J. Appl. Phys.* 78:2758–2763.

Bruynseels, F., and R. Van Grieken. 1985. Direct detection of sulfate and nitrate layers on sampled marine aerosol by laser microprobe mass analysis. *Atmos. Environ.* 19:1969–1970.

Cantrell, B. K., and K. L. Rubow. 1990. Mineral dust and diesel exhaust aerosol measurements in underground metal and nonmetal mines. In *Proceedings of the VIIth International Pneumoconiosis Conference*, NIOSH Publication No. 90-108. Washington, DC: NIOSH, pp. 651–655.

Cavallo, A. J. 1998. Reanalysis of 1973 activity-weighted particle size distribution measurements in active U.S. uranium mines. *Aerosol Sci. Technol.* 29:31–38.

Chung, I.-P., and D. Dunn-Rankin. 1996. *In situ* light scattering measurements of mainstream and sidestream cigarette smoke. *Aerosol Sci. Technol.* 24:85–101.

Dua, S. K., and P. K. Hopke. 1996. Hygroscopic growth of assorted indoor aerosols. *Aerosol Sci. Technol.* 24:151–160.

Eldering, A., and G. R. Cass. 1994. An air monitoring network using continuous particle size distribution monitors: Connecting pollutant properties to visibility via Mie scattering calculations. *Atmos. Environ.* 28:2733–2749.

Friedlander, S. K. 1977. *Smoke, Dust, and Haze*. New York: John Wiley & Sons.

Friedlander, S. K., and G. M. Hidy. 1969. New concepts in aerosol size spectrum theory. In *Proceedings of the 7th International Conference on Condensation and Ice Nuclei*, J. Pkodzimek (ed.). Prague: Academia.

Georgi, B., K. P. Giesen, and W. J. Muller. 1986. Measurements of airborne particles in Hannover. In *Aerosols, Formation and Reactivity*, Proceedings of the Second International Aerosol Conference, 22–26 September 1986, Berlin (West). Oxford: Pergamon Press.

Gillette, D. A., I. H. Blifford, Jr., and C. R. Fenster. 1972. Measurements of aerosol size distributions and vertical fluxes of aerosols on land subject to wind erosion. *J. Appl. Meteor.* 11:977–987.

Gillette, D. A. 1974. On the production of wind erosion aerosols having the potential for long range transport. *J. de Recherches Atmospheriques*. 8:735–744.

Gillette, D. A., I. H. Blifford, Jr., and D. W. Fryrear. 1974. The influence of wind velocity on the size distributions of aerosols generated by the wind erosion of soils. *J. Geophys. Res.* 79:4068–4075.

Harrison, R. M., and C. A. Pio. 1983. Size differentiated composition of inorganic atmospheric aerosols of both marine and polluted continental origin. *Atmos. Environ.* 17:1733–1738.

Hering, S. V., and S. K. Friedlander. 1982. Origins of aerosol sulfur size distributions in the Los Angeles basin. *Atmos. Environ.* 16: 2647–2656.

Hinds, W. C. 1999. *Aerosol Technology*, 2 ed. New York: John Wiley & Sons.

Hinds, W. C. 1988. Basis for particle size-selective sampling for wood dust. *Appl. Ind. Hyg.* 3:67–72.

John, W. 1993. Multimodal size distributions of inorganic aerosol during SCAQS. In *Southern California Air Quality Study, Data Analysis*, Proceedings of an International Specialty Conference, July 1992, Los Angeles, CA. Pittsburgh, PA: Air & Waste Management Association, p. 167.

John, W., S. M. Wall, J. L. Ondo, and W. Winklmayr. 1990. Modes in the size distributions of atmospheric inorganic aerosol. *Atmos. Environ.* 24A:2349–2359.

Junge, C. E. 1963. *Air Chemistry and Radioactivity*. New York: Academic Press.

Kasahara, M., Takahashi, K., Berner, A. and O. Preining. 1994. Characteristics of Vienna aerosols sampled using rotating cascade impactor. *J. Aerosol Sci.* 25S1:S53–S54.

Keith, C. H., and Derrick, J. E. 1960. Measurement of the particle size distribution and concentration of cigarette smoke by the "conifuge". *J. Colloid Sci.* 15:340–356.

Koutrakis, P., and B. P. Kelly. 1993. Equilibrium size of atmospheric aerosol sulfates as a function of particle acidity and ambient relative humidity. *J. Geophys. Res.* 98:7141–7147.

Lundgren, D. A., B. J. Hausknecht, and R. M. Burton. 1984. Large particle size distribution in five U.S. cities and the effect on the new ambient particulate matter standard (PM_{10}). *Aerosol Sci. Technol.* 7:467–473.

Mercer, T. T. 1973. *Aerosol Technology in Hazard Evaluation*. New York: Academic.

Meszaros, E., T. Barcza, A. Gelencser, J. Hlavay, G. Kiss, Z. Krivacsy, A. Molnar, and K. Polyak. 1997. Size distributions of inorganic and organic species in the atmospheric aerosol in Hungary. *J. Aerosol Sci.* 28:1163–1175.

McMurry, P. H. 1989. Organic and elemental carbon size distributions of Los Angeles aerosols measured during SCAQS. Final report to Coordinating Research Council, project SCAQS-6-1. Particle Technology Laboratory Report No. 713.

McMurry, P. H., and J. C. Wilson. 1983. Droplet phase (heterogeneous) and gas phase (homogeneous) contributions to secondary ambient aerosol formation as functions of relative humidity. *J. Geophys. Res.* 88:5101–5108.

Meng, Z., and J. H. Seinfeld. 1994. On the source of the submicrometer droplet mode of urban and regional aerosols. *Aerosol Sci. Technol.* 20:253–265.

Milford, J. B., and C. I. Davidson. 1985. The sizes of particulate trace elements in the atmosphere—A review. *APCA J.* 33:1249–1260.

Morawska, L., and M. Jamriska. 1997. Determination of the activity size distribution of radon progeny. *Aerosol Sci. Technol.* 26:459–468.

Mylonas, D. T., D. T. Allen, S. H. Ehrman, and S. E. Pratsinis. 1991. The sources and size distributions of organonitrates in Los Angeles aerosol. *Atmos. Environ.* 25A:2855–2861.

Noll, K. E., A. Pontius, R. Frey, and M. Gould. 1985. Comparison of atmospheric coarse particles at an urban and non-urban site. *Atmos. Environ.* 19:1931–1943.

Noll, K. E., and K. Y. P. Fang. 1989. Development of a dry deposition model for atmospheric coarse particles. *Atmos. Environ.* 23:585–594.

Owen, M. K., D. S. Ensor, L. S. Hovis, W. G. Tucker, and L. E. Sparks. 1990. Particle size distribution for an office aerosol. *Aerosol Sci. Technol.* 13:486–492.

Pellizzari, E. D., K. W. Thomas, C. A. Clayton, R. C. Whitmore, H., Shores, S. Zelon, and R. Peritt. 1992. Particle total exposure assessment methodology (PTEAM): Riverside, California pilot study, vol. I (final report). EPA Report No. EPA/600/SR-93/050. Research Triangle Park, NC: U.S. Environmental Protection Agency, Atmospheric Research and Exposure Assessment Laboratory. Available from NTIS, Springfield, VA, PB93-166957/XAB.

Pickle, T., D. T. Allen, and S. E. Pratsinis. 1990. The sources and size distributions of aliphatic and carbonyl carbon in Los Angeles aerosol. *Atmos. Environ.* 24A:2221–2228.

Prather, K. A., T. Nordmeyer, and K. Salt. 1994. *Anal. Chem.* 66:1403–1407.

Pruppacher, H. R., and J. D. Klett. 1980. *Microphysics of Clouds and Precipitation*. Boston: Reidel.

Robinson, R. J., and C. P. Yu. 1998. Theoretical analysis of hygroscopic growth rate of mainstream and sidestream cigarette smoke particles in the human respiratory tract. *Aerosol Sci. Technol.* 28:21–32.

Rosin, P., and E. Rammler. 1933. The laws governing the fineness of powdered coal. *J. Inst. Fuel* 7: 29–36.

Savoie, D. L., and J. M. Prospero. 1982. Particle size distribution of nitrate and sulfate in the marine atmosphere. *Geophys. Res. Lett.* 9:1207–1210.

Sheldon, L. S., T. D. Hartwell, B. G. Cox, J. E. Sickles II, E. D. Pellizari, M. L. Smith, R. L. Perritt, and S. M. Jones. 1989. An investigation of infiltration and indoor air quality (final report). Contract No. 736-CON-BCS-85. Albany, NY: New York State Energy Research and Development Authority.

Sioutas, C. 1999. A pilot study to characterize fine particles in the environment of an automotive machining facility. *Appl. Occup. Environ. Hyg.* 14:246–254.

Sloan, C. S., J. Watson, J. Chow, L. Pritchett, and L. W. Richards. 1991. Size-segregated fine particle measurements by chemical species and their impact on visibility impairment in Denver. *Atmos. Environ.* 25A:1013–1024.

Spengler, J. D., D. W. Dockery, W. A. Turner, J. M. Wolfson, and B. G. Ferris, Jr. 1981. Long-term measurements of sulfates and particles inside and outside homes. *Atmos. Environ.* 15:23–30.

Spengler, J. D., and K. Sexton. 1983. Indoor air pollution: A public health perspective. *Science* 221:9–17.

Stern, A. C. (ed.). 1968.*Air Pollution*, vol. 111, *Sources of Air Pollution and Their Control*, 2 ed. New York: Academic.

Tu, K. W., E. O. Knutson, and A. C. George. 1991. Indoor radon progeny aerosol size measurements in urban, suburban, and rural regions. *Aerosol Sci. Technol.* 15:170–178.

U.S. Environmental Protection Agency. 1982. Air quality criteria for particulate matter and sulfur. EPA-600/882-029b, December 1982.

U.S. Environmental Protection Agency. 1997. National Ambient Air Quality Standards for Particulate Matter. Fed. Regist. 62 (138), July 18, 1997.

Venkataraman, C., and S. K. Friedlander. 1994. Size distributions of polycyclic aromatic hydrocarbons and elemental carbon. 2. Ambient measurements and effects of atmospheric processes. *Environ. Sci. Technol.* 28:563–572.

Venkataraman, C., S. Thomas, and P. Kulkarni. 1999. Size distributions of polycyclic aromatic hydrocarbons–gas/particle partitioning to urban aerosols. *J. Aerosol Sci.* 30:759–770.

Wall, S. M., W. John, and J. L. Ondo. 1988. Measurement of aerosol size distributions for nitrate and major ionic species. *Atmos. Environ.* 22:1649–1656.

Whitby, K. T. 1978. The physical characteristics of sulfur aerosols. *Atmos. Environ.* 12:135–159.

Whitby, K. T., and G. M. Sverdrup. 1980. California aerosols: Their physical and chemical characteristics. In *The Character and Origins of Smog Aerosols*, G. M. Hidy, P. K. Mueller, D. Grosjean, B. R. Appel, and J. J. Wesolowski (eds.). New York: John Wiley & Sons, p. 477.

Wolff, G. T. 1984. On the nature of nitrate in coarse continental aerosols. *Atmos. Environ.* 18:977–981.

5 气溶胶测量方法

Pramod Kulkarni 和 Paul A. Baron
国家职业安全与卫生研究所疾病控制和预防中心[1]，俄亥俄州辛辛那提市，美国

5.1 引言

如今科学家和工程师们已经发明了多种气溶胶测量仪器，包括为后续分析而设计的样品收集滤膜，及实时检测气溶胶粒子并显示出其粒径分布和化学数据的直读仪器。通常情况下，气溶胶测量仪器仅可间接测量所需信息。例如，用光学粒子计数器测量“光学粒径”时，就必须利用粒子的相关性质将其转化为物理粒径或者空气动力学粒径。大部分仪器所测量的粒子也只是有限的粒径范围，如需测量较大粒径范围内的粒子，通常需要联用两个或多个不同检测原理的仪器。因此，为实现特定的目标，气溶胶研究人员必须对不同测量方法所得数据的可用性进行分析和评价。任何仪器都存在测量误差，只是较精密的测量仪器所得数据的误差较小。更好地认识误差将有助于理解测量结果。在合理的计划下进行气溶胶测量，可以减少测量结果的误差。

5.2 质量保证：测量计划

在气溶胶测量实践中，使用何种测量方法是由合适的测量仪器（符合要求的精度、准确度以及粒径范围等）及测量策略决定的。因此，气溶胶测量中不常使用，但在实验室分析中经常用到的质量保证方法。多数研究者更愿意用较为特别的研究方法解决问题。然而，效率和精度较高的测量方法通常都包含质量保证。质量保证方法已经发展了许多年，世界上多数分析实验室都应用这些方法以得到可靠的测量结果。众所周知，实验室应用质量保证得到的数据更可靠。为了提高测量结果的质量和可信度，美国环境保护署（USEPA，2008）提出了一套质量保证方法。该方法包括以下步骤：①明确问题；②制定目标；③输入明确信息；④确定研究范围；⑤建立分析方法；⑥明确验收标准；⑦制定数据获得计划。该方法是个循环过程，即这些过程需要一直重复，直到找到最理想的测量方法。

[1] 本章的结果和结论是相关作者的观点，并不代表疾病控制和预防中心的观点。

虽然正式的质量保证过程可能更适合于法规性测量，而并非存在于每次气溶胶测量中（特别是应用研究），但是掌握质保方案的方法可以避免在设计实验方法时出现错误。环境测量的质保方案可以参考 EPA 网站上关于质量控制的内容（USEPA，2008）。

5.3 测量准确度

“如果测量过程既要满足于人的实际需要，又要服务于新的科技知识的发展，那么它们就必须具备足够的准确度……先决条件是把不精确性和偏差控制在可接受范围内；但是，也必须考虑科学规范和科技手段”（Currie，1992）。虽然术语对测量的准确度（accuracy）和精度（precision）这些术语进行了定义，方便了交流，但确定测量的准确性范围还是来自于实验、假设和科学知识。

下面将讨论在气溶胶测量过程中影响测量准确度和精度的各种问题。本书“技术”部分的章节会介绍许多测量技术，因此，从大量技术中选择出适合研究所用的技术比较棘手。但是，通过考虑目标气溶胶的性质、时间分辨率、仪器大小、资源限制以及所需的准确度等因素，就可以将选择范围缩小为一两种方法。“技术”部分的前几章介绍离线技术，包括粒子收集和后续的实验室分析（第 7～10 章以及第 12 章），后几章介绍实时测量仪器（第 11 章以及第 13～18 章）。最后两章介绍仪器校准（第 21 章）以及数据反演（原位和近实时）、统计分析和报告（第 22 章）。

5.4 粒径范围

选择气溶胶测量仪器时，考虑的首要因素之一是气溶胶的粒径范围。第 4 章介绍了大气和工业环境中各种气溶胶的典型粒径分布特征，这应该有助于确定相似环境中的大概的合理的粒径范围。十分微小的气溶胶粒子能通过化学或光化学反应凝结成核生长以及凝聚形成并成长；大粒子可通过机械作用如磨损和破碎形成；而液滴可通过喷雾和起泡形成。气溶胶小粒子与大粒子间的典型分隔线大约是 1μm，前者很少能生长到超过几微米，而后者很少低于 0.5μm。气溶胶的来源特征有助于分析其粒径范围。例如，熔炼类的热加工过程容易产生亚微米级的烟气粒子；钻孔之类的机械加工过程容易产生较大的尘粒子；焊接、研磨之类的过程易于产生粒径范围更广的多峰分布的粒子。本章所介绍的大量气溶胶测量仪器，只粗略描述它们的检测机制和性能，更详细的介绍请参阅有关这些仪器或技术的相关章节。

在过去的 40 年里，人们积极研究气溶胶的测量方法，包括不同的检测、分级和分析技术。其中一些技术已经成功转变为商业仪器，而其他技术则由于各种原因一直饱受争议。这些原因包括不准确、灵敏度不够、缺乏合适的应用条件、使用困难、成本高或是存在更有竞争力的技术等。制造能够在较宽的粒径范围内测量一种或多种气溶胶性质的仪器，还需要人们不断努力。在大部分情况下需要采用折中方案，选择能够测量与想要得到的气溶胶性质相近的性质的仪器。一般而言，所用的假设条件、校正系数或经验系数越少，测量就越可靠，越有代表性。这在某种程度上，仪器选择变得很重要。普遍使用的两种气溶胶测量方法是：离线测量（滤膜采集后实验室分析）和原位实时测量。离线测量的资金投入较少，但耗费时间较长且只反映一段时间内的样品。原位实时测量方法虽然资金投入大，但通常能给出粒径分布信息且测量结果近于瞬时结果，但一般不会提供选择性测量（如与采样相比）。图 5-1 为几种常用仪器类型的测量粒径范围。

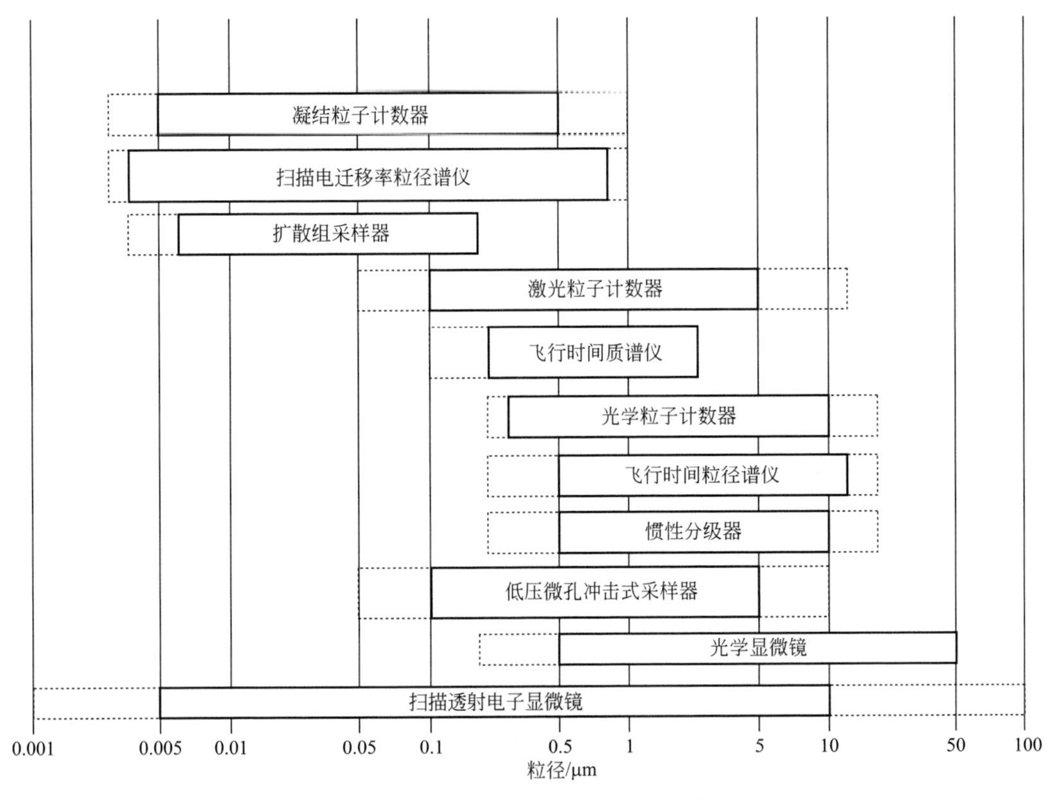

图 5-1 基本气溶胶设备的粒径测量范围

5.5 离线测量

离线测量是按现场采样和实验室分析顺序进行。最常用的气溶胶采样技术是用滤膜收集空气中的粒子。目前所用的大多数采样滤膜可收集空气中所有粒径的粒子，其收集效率接近100%（第 7 章）。滤膜放在滤膜托上，其大小视具体应用而定。如果采集环境粒子的采样设备是单机设备，则该设备的外壳和入口就要设计恰当，以便得到准确的采样效率。第 6 章讨论了各种设备的吸入效率及内部损失。不同应用（例如大气或工作场所气溶胶测量、航空测量）的采样装置设计不同，详见“应用”部分。

除对所有进入采样设备的粒子进行收集外，还有可以将粒子分级成两个或更多粒径段的设备。最常用的是惯性分级装置，例如旋风器和冲击式采样器。旋风器靠气旋引起空气涡流运动，产生的离心运动使较大的粒子沉积到表面；冲击式采样器引起的气流方向变化更急剧，同样可使较大的粒子沉积到表面或者基底上（第 8 章）。旋风器或冲击式采样器通常在滤膜之前（作为“预分级器”）以模仿粒子在上呼吸道系统的去除，因此滤膜收集到的粒子代表到达肺泡的粒子（第 25～27 章）。

分析收集在滤膜上的粒子有多种方法。整个滤膜上的样品可用于重量分析、化学分析、生物分析或放射性分析（第 9 章、第 12 章、第 24 章和第 28 章），而滤膜上的单个粒子可用于各种形式的显微分析、光谱分析或者形态分析（第 10 章和第 23 章）。

可以把几台分级器串联起来作为“级联”设备用以将气溶胶或测量粒径分布分级。通常，每一级都比后续级收集到的粒子粒径大。分级器由于分级机制不同，其名称也不同。例如级联冲击采样器、级联向心采样器、级联旋风采样器和扩散组采样器，前 3 个是惯性分级器，而最后一个利用的是扩散机制。惯性分级器首先使气流中的较大粒子移动沉积在收集面或滤膜上，收集面或滤膜是清洁的或者涂有油脂的。每一级收集到的粒子数量都可以用来分析计算粒径分布（第 4 章和第 22 章）。一般情况下，经过一系列的分级器就可以完成粒径分级，从一级到下一级，切割粒径变小，减少的倍数为 1.5～2。

扩散组采样器可用于分级亚微米范围内的粒子。扩散组采样器由几个筛子或准直孔结构组成，可使粒子扩散到表面（第 16 章）。筛子或孔结构上收集的粒子可用于分析（如放射性分析或化学成分分析），扩散组采样器的粒径分辨率一般远低于其他冲击式采样器（第 16 章、第 22 章）或电迁移率分级器（第 15 章），但是它们价格相对便宜。

5.6　实时测量

5.6.1　滤膜采集粒子的测量

粒子样品的检测和分析中需要用到大量的物理和化学原理，其中一些方法促进了直读仪器的出现。但由于种种原因，市场上很少有这些仪器销售。第 12 章介绍了几种直读仪器技术。最常见的气溶胶的分析是气溶胶组分的质量测量。

测量粒子总质量最直接的方法是让粒子沉积到振动表面，以测量共振频率的变化。有两类截然不同的仪器都是利用这种方法。第一类使用压电晶体作为收集表面，这是一种灵敏度和准确度都很高的质量测量方法，但是仅适用于相对较小的粒子和黏性粒子，而且仅发生在晶体的有限区域内，大粒子（几微米）不能很好地结合在振动表面，检测效果差。这种晶体表面上有振动结点，粒子必须精确地沉积到恰当的结点上，才能得到一致的响应值。相关知识参见第 12 章和 Williams 等的著作（1993）。另一类振动感应器是锥形元件微量振荡天平（tapered element oscillating microbalance，R&P[1]）。收集基底（滤膜或冲击面）放置在锥形振荡管的末端。基底收集到的粒子质量与振荡管的共振频率下降有关。这种方法受人为影响较少，但温度、湿度、压力以及外部振动会影响测量的准确性（第 12 章）。

另一种测量质量的方法是 β 射线法（第 12 章）。检测时把样品放在 β 射线源和检测器之间。样品原子周围的电子云使射线发生散射，这样就削弱了到达感应器的辐射。衰减量与物质质量大致成正比，但原子序数小的物质（如氢）的散射效率低而不能检出。因此，碳氢化合物的校准方法与其他物质不同。

Dekati 质量监测仪（DMM，DEK；第 12 章）用于测量机动车排放物的质量浓度，也可实时测量粒子质量浓度。DMM 是通过将电迁移和冲击技术相结合来测量质量浓度的，它是以 Dekati 电低压冲击式采样器（electrical low pressure impactor）（ELPI，DEK；第 18 章）为基础的。

5.6.2　单粒子实时测量

5.6.2.1　粒子检测器

大多数实时光谱仪都需要一个对每个粒子都能迅速、高效地做出响应的检测器或传感

[1] 厂商编码和地址参见附录Ⅰ。

器。最常用的传感器是光学粒子计数器（OPC，第 13 章）。OPC 使用宽带（白光）或单色（激光或发光二极管）光源照射感应区，粒子要通过这个感应区。如果仪器用的是激光，那么就称为激光粒子计数器（LPC）。在一定的角度范围内，它可以检测到每个粒子的散射光，并将其转变成电脉冲信号。电脉冲是粒径的复合函数，一般是递增的。光散射为粒子检测提供了一种成本较低的、非破坏性的、高速的技术。OPC 不仅可以获得单个粒子的信息，还可测定粒子总浓度，例如在洁净室内（第 13 章和第 36 章）。应用适当的光学原理或元件，可以把 OPC 的感应区设计在仪器外部，这样就能测量极端环境中的粒子，如处于大气层的飞行器外部（第 29 章）、高温烟囱或反应舱（第 35 章）。

光学粒子计数器被认为是粒子检测和分级的理想仪器。然而，每个粒子对光的散射与光源、检测角度的范围、粒径、形状以及粒子的折射率都有关系。在实际操作中，很难预测或补偿粒子形状和折射率带来的影响，因此 OPC 测量出的粒径通常只是近似值。

OPC 对小粒子的检测灵敏度低，在最佳条件下的最低检出限为 50nm。为了检测到粒径小于 50nm 的粒子，需要使用凝结粒子计数器（condensation particle counters，CPC），CPC 也称为凝结核计数器（condensation nucleus counter ，CNC）（第 17 章和第 32 章）。在 CPC 中，粒子被暴露在过饱和蒸汽中，蒸汽在粒子上凝结。所有粒子生长到大约相同的粒径（μm 数量级），然后通过光散射检测出。CPC 能够检测出 1nm 的微粒（第 32 章）。

气溶胶静电计是测量气溶胶粒子带电量的检测仪，也可用以粒子计数（第 18 章）。这些检测仪要求粒子带电。当带电粒子以足够快的速度通过放置于法拉第笼中的颗粒过滤器时，将产生电流，之后电流信号被放大并通过静电计测量出来。不同于 CPC 的一个粒子一个粒子的测量，静电计可以进行总体测量，测量精度取决于粒子上的电荷分布、流速、静电计特征如噪声等。第 18 章将介绍这些检测仪器。

5.6.2.2 测量亚微米粒子的光谱仪

有几种形式的电迁移率分级器可以分离亚微米级的粒子，这些设备通过检测已知电场中粒子的速度进行测量。在电场中达到特定速度（即具有特定的电迁移率）的粒子通过分级器并被 CPC 检测到。其中几种设备已开发并商业化，每一个都针对特定的粒径范围（第 15 章和第 32 章）。根据样品流速和其他运行条件，这些设备可以在几分钟内测量出亚微米范围内的粒径分布。但不能准确测量较大的粒子，因为大粒子很可能带有多重电荷。同时对较小粒子（小于几纳米）的分辨率也不高，因为小粒子的布朗扩散率较大。当电分级和电检测一起使用时，才能实现高时间分辨率测量。虽然粒径分辨率不高，但这些电迁移率光谱仪的时间分辨率可达到 100ms（第 18 章）。人们还研制出对 3nm 以下粒子进行高分辨率测量的电迁移率分级器，但其测量的粒径范围有限（第 32 章）。

扩散组采样器（diffusion batteries）也可以作为直读仪器，它检测经过 CPC 扩散收集组件的粒子。然而，由于粒径分离组件的固有分辨率较低，扩散组采样器比其他电分级器的分辨率要低得多。粒径分布必须从扩散组采样器的原始渗透数据中逆推算（deconvoluted），逆推算后的粒径分布谱易受明显错误的影响（第 16 章和第 22 章）。虽然这些仪器比电迁移器便宜，但是不常作为直读仪器使用，而如上所述，主要是作为集成采样仪器。

5.6.2.3 测量大粒子的光谱仪

测量粒径分布最常用的仪器是 OPC 和 LPC，这两种仪器的浓度和粒径测量范围较广。LPC 通常在感光管中产生高强光束，因而对小粒子的灵敏度高。波长较短的固态激光可以用来检测更小的粒子。这些仪器读数迅速、粒径分辨率适度。如上所述，这些仪器易受复杂分级误差的影响，分级误差是粒子参数的函数，但该仪器在很多应用中的费用都较低。对待测气溶胶进行适当的校准，可以降低粒径分级中的一些误差（第 13 章）。

在第 14 章会介绍飞行时间粒径谱仪如空气动力学粒径谱仪，通过喷嘴采集气溶胶，喷嘴可使粒子加速，从而使其在感应区的速度是其空气动力学直径的函数。根据测量粒子通过感应区的“飞行时间”可以得到粒子速度。通过喷嘴的加速，液体粒子的形状发生变化，从而导致粒径分级过程中出现非斯托克斯效应，通常要对此进行校正以便得到准确的空气动力学直径。但是，这种校正，尤其是对已知密度和黏度气体的校正，可以通过理论进行准确预测和应用。这些光谱仪在不到 1min 之内就能提供高分辨率的粒子谱，给出相当准确的结果。因为这些仪器相对复杂，所以尽管粒径分级误差和浓度误差不大，但却很隐蔽且难以校正（第 14 章）。

近年来，可对粒子进行近乎全面分析的气溶胶质谱仪发展迅速（第 11 章）。这些设备可以提供实时的数量加权空气动力学粒径分布数据以及基于粒径的化学组分数据。但是，这些设备体积大、昂贵、操作复杂且可以测量的粒径范围和浓度有限，但它能够获得其他方法得不到的信息。

5.7 气溶胶测量误差

图 5-2 总结了气溶胶测量过程中误差的主要来源。未采集的原始气溶胶的粒径范围为 0.001～100μm，用某种测量方法可能不易检测到这个范围内的不同部分。粒径小于可见光波长（0.4～0.7μm）20%的粒子通常不能被光学方法检测到。根据测量目的和存在的气溶

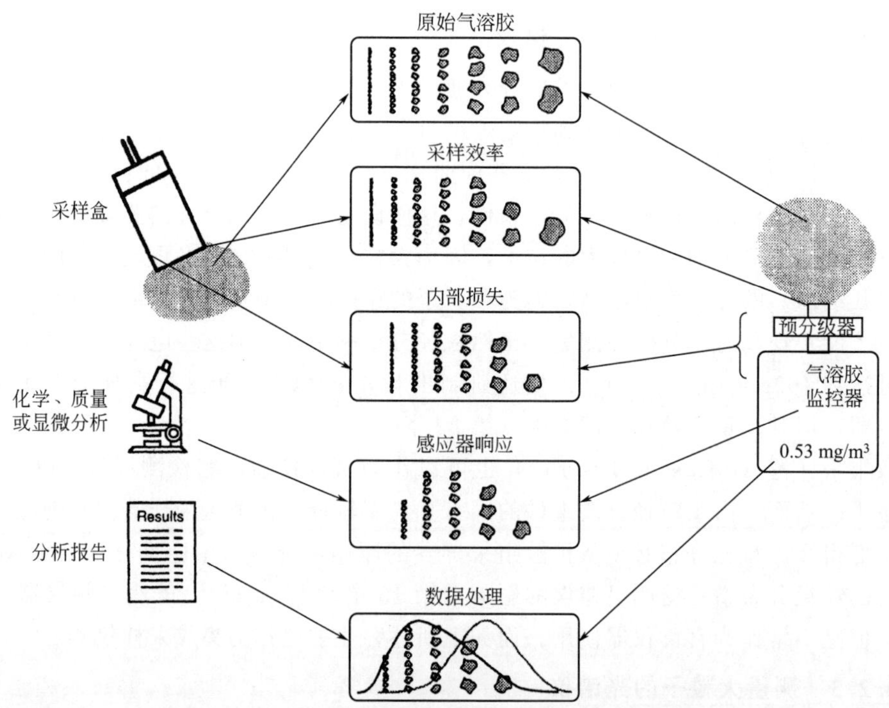

图 5-2 气溶胶测量过程中产生误差的一些主要来源

（引自 Willeke 和 Baron，1991）

胶类型，人们感兴趣的是 0.001～100μm 粒径范围内不同部分的粒子。例如，对人体健康而言，小于 10μm 的粒子非常重要，因为这个范围内的气溶胶粒子会沉积在人体呼吸系统的敏感区。在下面的讨论中，将列举出这些气溶胶测量方法的应用实例。

5.7.1 采样和传输

当气溶胶进入气溶胶测量装置的采样口，环境空气速度与采样速度之比、空气湍流以及粒径、粒子形状和采样口方向都会影响采样效率（第 6 章；Vincent，2007；Okazaki 等，1987a，b）。一般情况下，正如图 5-2 所示，较大的粒子进入的效率低，这是因为其性质造成了惯性损失和粒子沉降。不同种类的粒径预分离器，例如旋风分离器或颗粒物沉降筛选器，都是利用这些性质确定采集粒子的粒径。在这些装置中，只允许一部分粒子通过检测器。人们把能到达与健康相关的特定部位（如肺泡和气体交换区）的气溶胶粒子定义为可吸入性气溶胶（respirable aerosol）。通常情况下，旋风式采样器可测量美国政府工业卫生协会（ACGIH）定义的可吸入性气溶胶，而颗粒物水平沉降筛选器用以测量英国医学研究委员会（BMRC）定义的可吸入性气溶胶（Vincent，1999）。

采样口与收集装置（如滤膜）或感应器（如光度计的检测区）的管路或传输线连接部分，通常认为与测量装置的气溶胶入口相分离。例如在石棉采样中，与滤膜收集面积的直径相等的一段管被称为通风帽（Baron，1994），它连接采样口与收集滤膜。在直读测量仪中，气溶胶通常经由一个管子或通道从采样口输送到感应器。在这些管道中会发生粒子损失，主要是由静电引力、冲击或重力沉淀以及气溶胶进一步浓缩等原因造成的，某粒径范围内较大粒径的粒子常发生粒子损失。主要的是用导电材料制作这些管道和运输线路，以减少静电带来的损失，输送长度也必须减到最短，从而降低其他因素造成的损失。对于采集亚微米级粒子的小口装置来说，扩散也可能极大地影响粒子损失。第 6 章讨论了如何评估采样管道和入口处各种机制造成的损失。

开放和封闭 37mm 盒式滤膜（Buchan 等，1986）广泛应用于工业和卫生领域的滤膜采样中，采样效率由粒径决定，开放和封闭的 37mm 盒式滤膜的采样效率是由原始气溶胶的粒径分布乘以相应的数值得到的，原始气溶胶的粒径分布为对数正态分布，其中值直径 d_{50} $=5.0\mu m$，几何标准偏差 $\sigma_g=2.5$（图 5-3）。这些采样器用以测量各类气溶胶，其中一些小直径的盒式滤膜可用于测量石棉暴露（Taylor 等，1984）。图 5-3 中两条曲线是开放式和封闭式采样器的采样效率曲线，采样器位于采样口以下，采样口与速度为 100cm/s 的水平气流垂直；第三条曲线测定的是相同风力条件下，迎风放置的人体模型上的采样器的采样效率，这条曲线与封闭和开放盒式滤膜的曲线大致相同，因此可以画出一条平均曲线。采样口附近的空气流动情况可显著地影响采样器的收集效率，而这种非流线型的人体模型可以减少采样口风速的影响。当采样口附近的空气流动速率和方向与周围空气相同时，采样效率最高。在图 5-3 中，不同采样位置的粒子实际浓度不同，而粒子浓度的测量值要小于相应的真实浓度，该减小值取决于粒径。

采样器入口和管壁上的静电引力造成了滤膜收集的粒子损失，尤其是非导电材料制成的采样器（Baron 和 Deye，1990）。损失随着粒子和采样器电荷的增多而加大，随着采样速率的增加而减小。气溶胶粒子上的电荷数取决于粒子的产生过程、空气湿度或释放粒子过程中粒子表面的水分以及粒子在空气中的传播时间等（第 18 章）。直读气溶胶测量仪有相似的采样损失和输送损失，其损失量取决于入口及通向感应器的元件的设计（Liu 等，1985）。

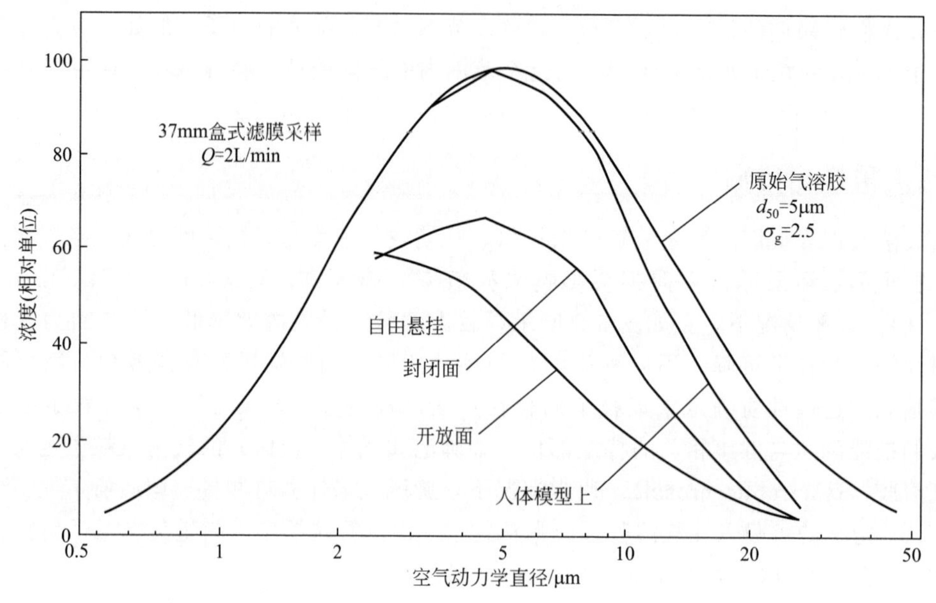

图 5-3 几个不同的盒式滤膜的采样偏差和输送偏差。采样效率数据来自 Buchan 等（1986）并已经过加工。悬挂在非流线体（如人体模型）上的盒式滤膜比自由悬挂的盒式滤膜的偏差小（引自 Willeke 和 Baron，1991）

5.7.2 检测器响应与灵敏度

用光学显微镜分析滤膜收集的粒子时，分析人员通常会忽略一些小粒子，而粒径小于 0.3μm 的粒子完全检测不出，因此显微镜分析得出的结果不包括 0.3μm 以下的粒子，从而造成了一定的偏差。气溶胶实时监测仪器都存在这样的偏差。

图 5-4 显示了空气动力学粒径谱仪的检测误差（APS，TSI），APS 是一种利用光散射

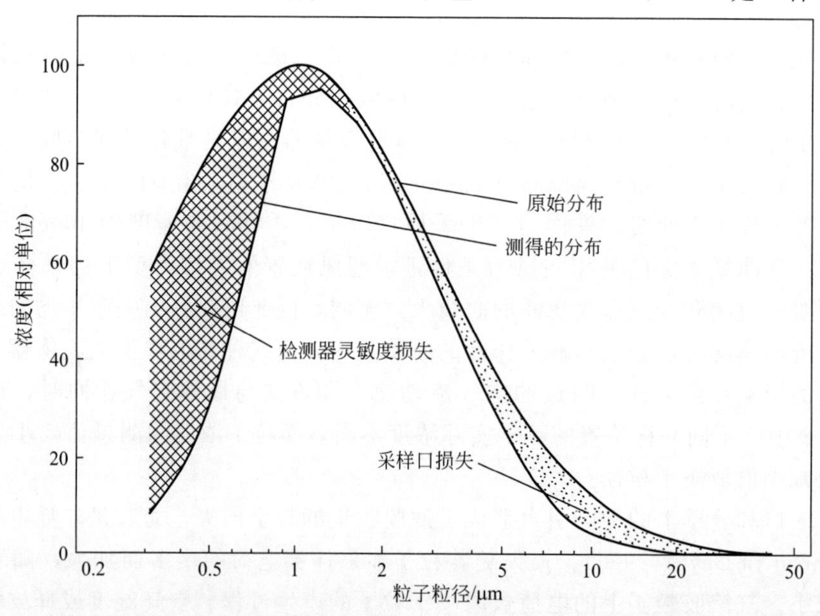

图 5-4 空气动力学粒径谱仪（APS3300）感应器的偏差

[来自 Blackford 等，1988（引自 Willeke 和 Baron，1991）]

检测粒子的飞行时间的气溶胶光谱仪（第14章）。用质量中值空气动力学直径 $d_{50}=1\mu m$、标准偏差 $\sigma_g=2.5$ 的对数正态分布的粒径分布曲线来检测测量的气溶胶（图5-4），Blackford等（1998）测得的效率曲线在小粒径处和大粒径处都需要修正，即在小粒径处和大粒径处的测量结果与实际存在偏差。在小粒径处这种偏差是由于检测器对小粒径粒子的响应低造成的；在大粒径处这种偏差是由于仪器入口处的粒子损失造成的。需要注意的是，这些损失不会随着粒径的变化而迅速改变，因此得到的测量结果为近似对数正态分布。对测得的分布形状的曲解会导致不能准确描述出原始气溶胶分布。

多数检测仪在一定的粒径范围内或操作参数内都有不理想的响应，在对粒径分布测量进行因子修正时，必须考虑这一因素。

5.7.3 检测器的重合误差

如果检测感应器是光学原理，且每次可接收通过该感应器观察区的一个粒子产生的光散射信号，那么粒子的重合（例如，在观察区内同时存在两个或更多的粒子）可能导致检测结果仅是一个粒径较大的粒子，从而使粒径分布向较大粒径区发生微小偏移，同时也减少了在该粒径范围内的粒子观察数。重叠效应随粒子数浓度的增大而增大。多数检测仪例如OPC和CPC都考虑了高浓度时的重合误差，从而通过一些系数进行校正。

飞行时间仪器，如APS或气溶胶粒径分级器（第14章），通过测定加速粒子在两束激光间的连通路径中的飞行时间来间接测量其空气动力学直径。这些仪器与其他光学粒子计数器一样，都存在重合粒子损失。由于在感应区同时出现的粒子不止一个，除了粒子计数损失外，还会出现虚假背景计数或虚幻计数，从而使粒径范围末端粒子的测量值偏大（Heitbrink、Baron和Willeke，1991）。在将粒径分布转变为质量分布（一些较大的虚幻粒子的质量可能比分布图中其余粒子的总质量还大）或是将测量的数据用于比较分析（例如计算旋风冲击式采样器的上游浓度与下游浓度之比）时，虚幻计数误差尤为突出（Wake，1989）。

5.7.4 密度和其他物理性质的校正

当使用两种或两种以上测量技术进行监测时，不论粒径测量范围是否相同，都必须考虑仪器测量的当量直径的差异。要使用密度、形状、光学特征、电荷水平以及其他修正参数以保持数据一致。

同一当量直径如粒子的空气动力学粒径（d_a）可用不同类型的气溶胶仪器进行测量，这样可对测量中的一些偏差进行分析。然而，当使用不同测量技术的仪器对粒径进行测量时，其结果可能差异较大。图5-5是不同测量技术测量砂轮产生的气溶胶空气动力学直径的结果比较（O'Brien等，1986）。滤膜样品用扫描电镜（SEM）分析，并且进行实时测量。实时测量由两种光学粒子计数器（Model CI-108，CLI；Model ASAS-X，PMS）、一个石英晶体微天平级联冲击式采样器［Model PC-2（此类型仪器已停产），加利福尼亚州伯克利］和一个APS进行。因为光学计数器测量的是光学当量直径，SEM测量的是物理直径，因此需要用适当的校正法将这些当量直径转化为空气动力学直径。有了SEM和光学粒子计数器，基于假设的平均粒子形状、密度和折射率的相对较大的修正因子，可以修正到满意的结果。由于存在大量性质完全不同的物质，砂轮产生的气溶胶比较复杂，因此很难进行对比。

用密度进行适当的修正可以将空气动力学直径转化为物理粒径，反之亦然。图5-6中的曲线A是一条气溶胶粒径分布图，其空气动力学中值直径为 $5\mu m$，$\sigma_g=2$。将粒子的空气动力学直径除以粒子密度的平方根（第2章）就可将空气动力学直径转化为物理直径。在转化

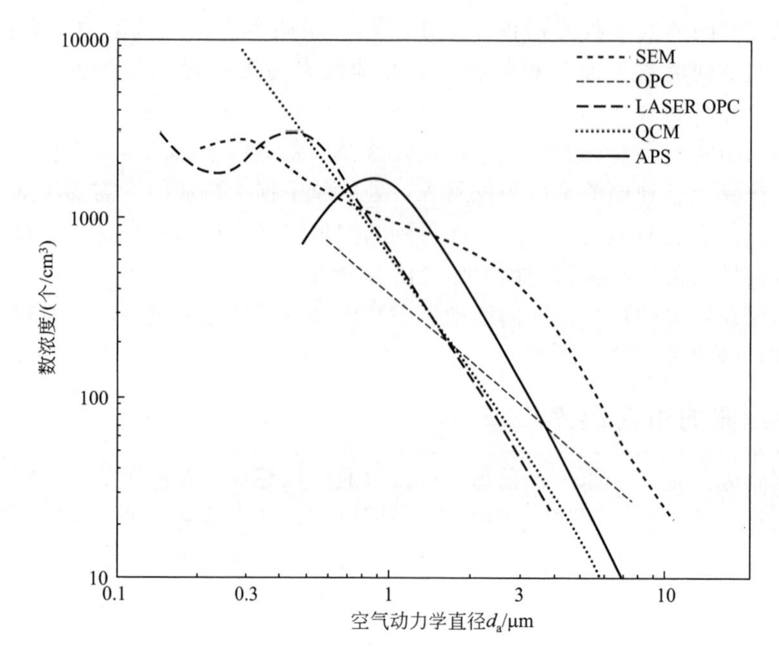

图 5-5 五种不同测量技术对砂轮产生的气溶胶的测量结果。五种测量技术包括扫描电镜（SEM）、两种光学粒子计数器（OPC）、石英晶体微天平级联冲击式采样器（QCM）及 APS3300

（引自 O'Brien 等，1986）

中也要考虑非球状粒子的形状因素。对于密度 $\rho_p \approx 1.45 g/cm^3$ 的煤烟尘来说，其物理粒径(图 5-6 中的曲线 B）小于其空气动力学直径。图 5-6 中的曲线 C 为 OPC 测量的粒径分布结果，所测量粒子的实际粒径分布是曲线 A。测得的光学粒径分布既与物理粒径分布不同，也与空气动力学粒径分布有较大差别。

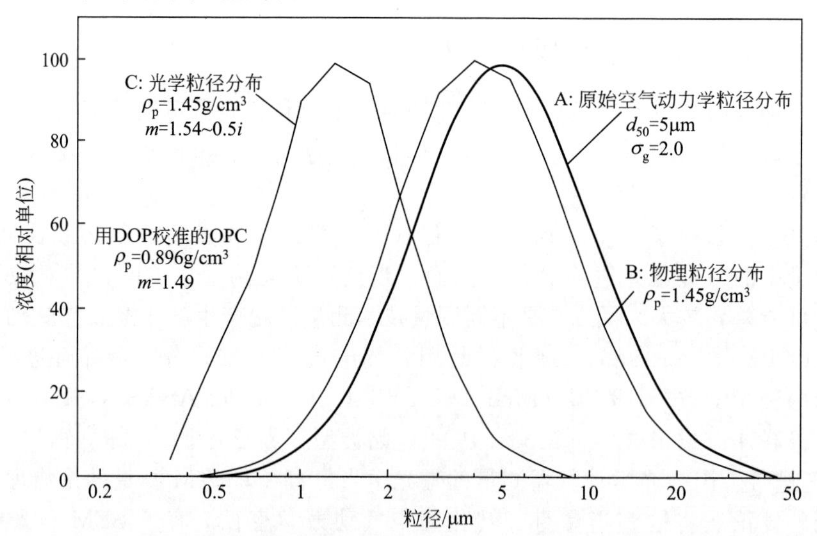

图 5-6 利用煤烟尘粒子的不同性质参数（密度 ρ_p，折射率 m）得到的不同粒径分布。曲线 A 为煤烟尘粒子原始的空气动力学粒径分布；曲线 B 为煤烟尘的物理粒径分布（密度校正）；曲线 C 为光学粒子计数器（OPC）测得的煤烟尘的粒径分布，用单分散性邻苯二甲酸二辛酯（DOP）粒子进行校准（Liu 等，1974）

（引自 Willeke 和 Baron，1991）

通常，利用球形不吸光气溶胶校准 OPC 和光度计，一般是邻苯二甲酸二辛酯（DOP）或聚苯乙烯橡胶（PSL）球形粒子。DOP 的折射率 $m=1.49$（没有吸光性成分），到达这些校准粒子的所有光都会被散射。如果粒子是吸光性的，如煤烟尘（$m=1.54\sim0.5i$，0.5 代表吸光组分的折射率），那么其光散射就会较弱。因此，煤烟尘粒子的光散射较弱且明显小于同粒径的校准粒子，从而导致了图 5-6 曲线 C 中的偏差（Liu 等，1974）。另外，对于吸光性粒子如煤烟尘，其粒径校正受粒子粒径影响较大，这将进一步加大粒径分布测量的偏差。尽管煤烟尘粒径分布的偏差是典型极端情况，但一些相关的假设（如球形、折射率和密度）会使利用光学原理测得的粒径分布与实际分布存在一定偏差。

5.7.5 气溶胶采样统计

泊松统计中计数的不确定性，即标准偏差，常用计数的平方根表示。因此，为了降低实时监测测量的不确定性，主要方法之一就是采集大量的粒子（例如，为了达到 1%的不确定性，至少要采集 10000 个粒子）。但是，多数采样技术和设备的应用范围有限，仅能采集某一粒径范围内的粒子。因此，要建立代表性的粒径谱，必须确保采集到足够多的粒子，这也是测量方法可靠的保证。

图 5-7 显示的两种模拟情况说明了采样统计的重要性。一种情况是粒子总计数为 10^6，

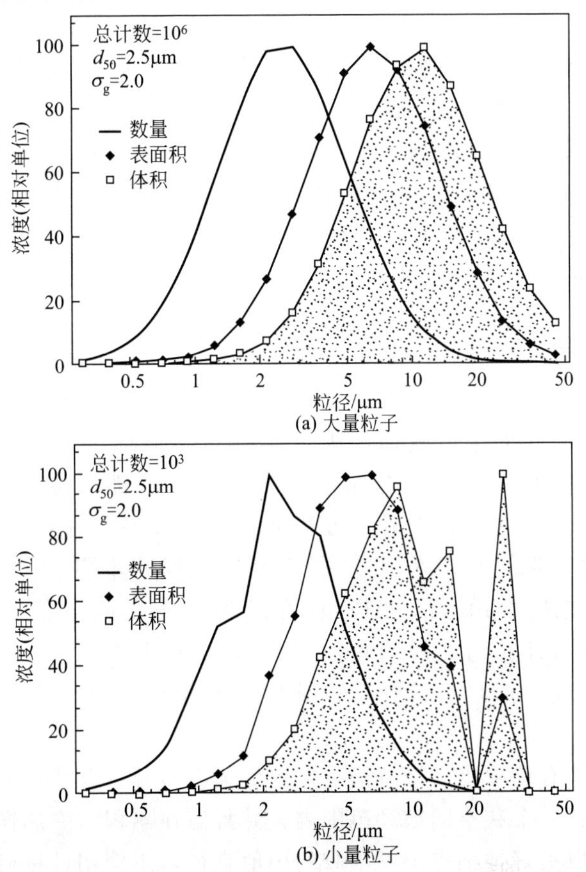

图 5-7 测量中体积或质量的变化。由大量粒子和小量粒子的数浓度分布计算得到的表面积和体积分布，曲线被标准化到同一高度。体积分布中大粒子的高不确定度是由其数量较少引起的（引自 Willeke 和 Baron，1991）

另一种为10^3。图 5-7（a）中的气溶胶粒径分布为正态分布，其数量中值直径为 2.5μm，几何标准偏差为 2.0。将 0.2～45μm 之间的约 100 万个粒子划分为 19 个粒径段。假设粒子为球形和单位密度，可根据数量分布计算出表面积分布和体积分布。因为测量的粒子数量足够多，因此这三种气溶胶粒径分布（数量、表面积或体积）均是平滑曲线。

当测量的粒子总数为 1000 时［图 5-7（b)］，虽然由于数量减少其不确定性明显增加，但是数量分布曲线仍近似为对数正态分布。然而，粒径较大的粒子对表面积分布影响较大，而大粒径粒子的数量较少，因此表面积分布中大粒子计数的不确定性较高。大粒子对体积（或质量）分布（阴影部分）的影响更大，其不确定性更高，分布曲线不理想。因此，如果粒子总数较少，将粒子的数量分布转化为体积或质量分布时可能会产生很大偏差。由图 5-7（b）可看出，有必要对目标粒径范围内的大量粒子进行测量。一些现代化的气溶胶实时监测仪都可以通过电脑完成数量、体积、质量等几种分布的简单转化。这种转化可能让使用者不易发现数据本身存在的偏差和较高的变异。需要注意的是，不仅实时监测仪器存在由于样品中大粒子数量较少而造成的质量偏差，当样品较少时，重量分析同样存在这种问题。

5.8 粒径分布的表示方法

表示粒径分布的方法有好几种，它们各有利弊（第 22 章）。假设空气中有两种气溶胶，气溶胶 1 和气溶胶 2 的几何平均直径分别为 1.5μm 和 10μm，几何标准偏差都是 2.0。人们用实时气溶胶粒径谱仪对模拟的气溶胶进行测量，获得了双峰粒径分布，见图 5-8（a)。

如果将测量结果用累积图表示，纵坐标为小于某粒径的粒子数量，如图 5-8（b）所示。从较小粒子开始，曲线随粒径增长而以 S 形增加。当略大于气溶胶 1 的平均粒径时，曲线变得平坦，然后随着越来越接近气溶胶 2 的平均粒径，曲线斜率逐渐增加。低分辨率的仪器，如级联冲击式采样器，其测量结果大都是这种形式。

如果不知道存在两种气溶胶模态，可以试着画出一条通过累积图的直线，即图 5-8（b）所示的加粗直线，通常的做法是将数据偏差从直线分配到实验变化性来进行调整。因此，用图估计得到的几何中值直径约为 3.4μm，几何标准偏差为 3.5。此结果表明，单一气溶胶分布要比原始双峰模态分布中的每一个模态都要宽。多重模态通常表明了不同的气溶胶来源，因此这种数据表示方法会丢失一些潜在的有价值信息。

一些统计测试也表明，图 5-8（b）中的累积数据并不符合单一分布。例如，Kolmogorov-Smirnov 测试法（Gibson，1971）可以判断分布测量值是否符合单一模式分布，用残差（测量值与计算值之间的差异）绘成的图可以定性表示出曲线中的相邻测量值是否为校正值，或数据是否符合单一对数正态分布模型。第 22 章将详细介绍这些内容。

这两种表示方法都有优缺点。微分图可以更好地表示分布形状：模态直接呈现，偏差产生的任何影响只限制在一个狭窄的粒径范围内，并且像在累积图中那样，不会继续影响整个粒径分布。累积图可以更好地估计出气溶胶的中值直径，不使用计算机就可以对数据进行较简单的绘图描述。通过多种方法对研究数据进行展示分析，可以更全面地理解数据的物理意义。

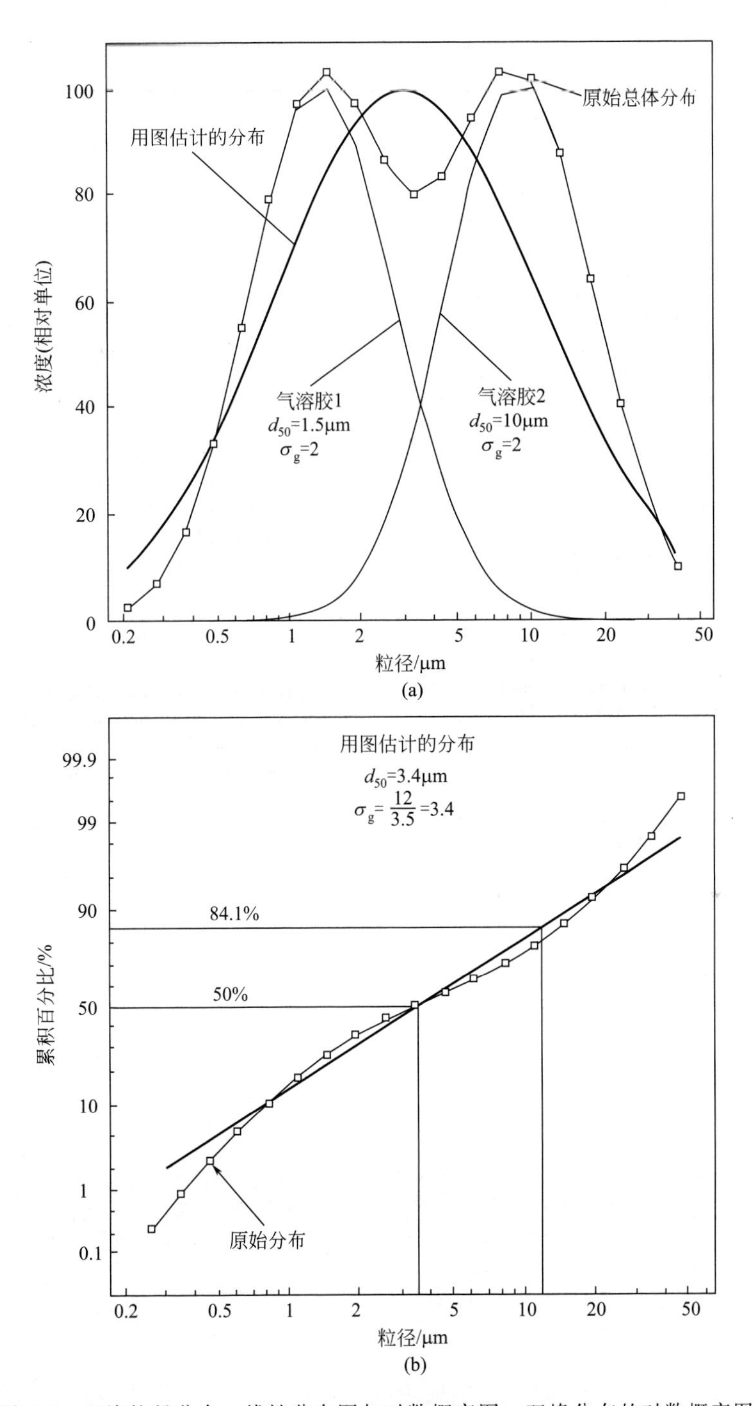

图 5-8 双峰粒径分布：线性分布图与对数概率图。双峰分布的对数概率图很可能被误解为来自单一模态

（引自 Willeke 和 Baron，1991）

5.9 参考文献

Baron, P. A. 1994. Asbestos and other fibers by PCM, Method 7400, Issue 2: 9/15/94. In *NIOSH Manual of Analytical Methods*, 3 ed., P. M. Eller (ed.). (NIOSH) Pub. 84-100. Cincinnati, OH: National Institute for Occupational Safety and Health.

Baron, P. A., and G. J. Deye. 1990. Electrostatic effects in asbestos sampling I: Experimental measurements. *Am. Ind. Hyg. Assoc. J.* 51: 51–62.

Baron, P. A., and K. Willeke. 1986. Respirable droplets from whirlpools: Measurements of size distribution and estimation of disease potential. *Environ. Res.* 39: 8–18.

Blackford, D., A. E. Hansen, D. Y. H. Pui, P. Kinney, and G. P. Ananth. 1988. Details of recent work towards improving the performance of the TSI Aerodynamic Particle Sizer. In *Proceedings of the 2nd Annual Meeting of the Aerosol Society*, March 22–24, Bournemouth, UK.

Buchan, R. M., S. C. Soderholm, and M. J. Tillery. 1986. Aerosol sampling efficiency of 37 mm filter cassettes. *Am. Ind. Hyg. Assoc. J.* 47: 825–831.

Currie, L. A. 1992. In pursuit of accuracy: nomenclature, assumptions and standards. *Pure Appl. Chem.* 64(4): 455–472.

Gibson, J. D. 1971. *Nonparametric Statistical Inference*. New York: McGraw-Hill.

Heitbrink, W. A., P. A. Baron, and K. Willeke. 1991. Coincidence in time-of-flight aerosol spectrometers - phantom particle creation. *Aerosol Science and Technology* 14: 112–126.

Keith, L., W. Crummett, J. Deegan, R. Libby, J. Taylor, and G. Wentler. 1983. Principles of environmental analysis. *Anal. Chem.* 55: 2210–2218.

Liu, B. Y. H., V. A. Marple, K. T. Whitby, and N. J. Barsic. 1974. Size distribution measurement of airborne coal dust by optical particle counters. *Am. Ind. Hyg. Assoc. J.* 8: 443–451.

Liu, B. Y. H., D. Y. H. Pui, and W. Szymanski. 1985. Effects of electric charge on sampling and filtration of aerosols. *Ann. Occup. Hyg.* 29: 251–269.

O'Brien, D. M., P. A. Baron, and K. Willeke. 1986. Size and concentration measurement of an industrial aerosol. *Am. Ind. Hyg. Assoc. J.* 47: 386–392.

Okazaki, K., R. W. Wiener, and K. Willeke. 1987a. Isoaxial aerosol sampling: Non-dimensional representation of overall sampling efficiency. *Environ. Sci. Technol.* 21: 178–182.

Okazaki, K., R. W. Wiener, and K. Willeke. 1987b. Non-isoaxial aerosol sampling: Mechanisms controlling the overall sampling efficiency. *Environ. Sci. Technol.* 21: 183–187.

Taylor, D. G., P. A. Baron, S. A. Shulman, and J. W. Carter. 1984. Identification and counting of asbestos fibers. *Am. Ind. Hyg. Assoc. J.* 45: 84–88.

U.S. Environmental Protection Agency. 2008. Quality Management Tools – Overview. http://www.epa.gov/quality/qatools.html (accessed: March 2011).

Vincent, J. H. (ed.). 1999. *Particle Size-Selective Sampling of Particulate Air Contaminants*. Cincinnati, OH: American Conference of Governmental Industrial Hygienists.

Vincent, J. H. 2007. *Aerosol Sampling: Science, Standards, Instrumentation, and Applications*. New York: John Wiley & Sons.

Wake, D. 1989. Anomalous effects in filter penetration measurements using the aerodynamic particle sizer (APS 3300). *J. Aerosol Sci.* 20: 1–7.

Willeke, K., and P. A. Baron. 1991. Sampling and interpretation errors in aerosol sampling. *Am. Ind. Hyg. Assoc. J.* 51: 160–168.

Williams, K., C. Fairchild, and J. Jaklevic. 1993. Dynamic mass measurement techniques. In *Aerosol Measurement*, K. Willeke and P. Baron (eds.). New York: Van Nostrand Reinhold.

第二部分

技术

6 气溶胶在采样入口和管路中的输送

John E. Brockmann
桑迪亚国家实验室，新墨西哥州阿尔伯克基市，美国

6.1 引言

气溶胶样品只有输送到测量设备中才能被测量。这种运输方式是通过从环境中取出样本，并通过管路将其传输到检测设备完成的。环境气溶胶样品先被储存在仓中或样品袋中，然后再测量也是常见的。典型的气溶胶采样系统包括以下几个部分。

① 采样口：环境中的气溶胶通过采样口被采集（采样口的形状和几何特征各不相同，本章主要介绍薄壁管采样口）。

② 样品输送系统：此系统包含将气溶胶样品送入测量设备或储存室的管道装置（组件，或流通要素，包括直管、弯管和收缩段等组件）。

③ 样品储存区：样品储存区是可选的，由需求决定。储存区与测量装置之间有另一个采样入口和输送系统连接到测量仪器上（储存区通常是一个充气式袋子，气溶胶样品在气袋中的时间小于样品的测量时间）。

图 6-1 为气溶胶采样系统示意图，该系统从环境中采集到气溶胶样品，然后通过采样管路将其送入检测仪器。经采样头进入采样管路的环境气溶胶粒子的比例，称为入口效率(inlet efficiency)。从气流中采集样品，自由气流流速为 U_0，采样口处气流的平均速度（也是样品的吸入速度或采集速度）为 U，小粒子将随气流运动并被全部吸入采样头。粒径大的粒子因受到惯性作用而对气流的变化并不敏感。当气流流速和采样速度在同一方向时，大粒径粒子将以自由气流的速度进入采样头，进入的效率为 U_0/U，该效率称为吸入效率（aspiration efficiency）。如果要采集代表性的样品，就应把自由气体速度与采集速度的比例设置为接近 1，即使吸入效率能达到 100%，入口处仍会有大粒子损失。一般来说，吸入效率越小，大粒子在入口处的损失量越大。

人们希望采集到的是原始环境中具有代表性且不被采样过程影响的气溶胶样品，这就要求所采样品从采集到测量的过程中，气溶胶粒子的性质如质量、数浓度及粒径分布等保持不变。但是，由于惯性作用，粒子并不能完全进入采样口，它们通常会吸附在采样系统的内壁上而损失。因此，要想在样品的采集和输送过程中避免粒子性质发生变化十分困难。在各种

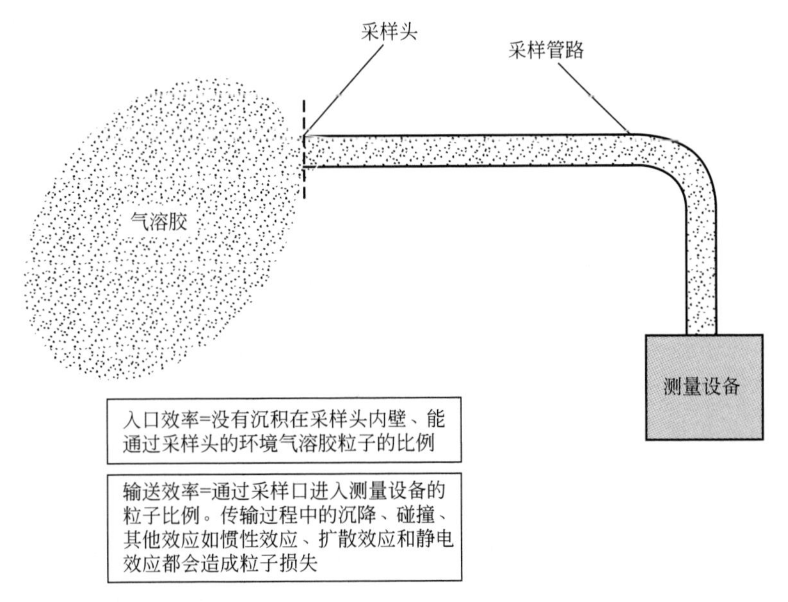

图 6-1 要得到准确的测量结果，采集具有代表性的气溶胶样品非常重要。该图展示了两个重要的气溶胶采样效率：①入口效率，即经采样头进入采样管路的环境气溶胶粒子的比例；②输送效率，即气溶胶通过采样管路（可能包括暂时储存区）到达设备的粒子比例

损失机制中，惯性、重力及扩散机制会使粒子向内壁方向运动。应该对所有损失进行定量评估以便对测量值进行校正。采样过程中应避免不必要的损失。

限制代表性采样的许多机制都与气溶胶粒径有关，因此，特定的采样系统只能在特定的粒径范围内进行代表性采样，大于或小于这个范围，采集的粒子就不具代表性。一般来说，较大粒子更易受重力和惯性作用影响而较难进行代表性样品采集。扩散系数较大的小粒径粒子由于扩散作用而更易吸附在采样器壁上，从而造成样品损失。若所采集的粒子带电，这些粒子将与采样口附近或内部的电场发生相互作用。为了降低电荷对粒子采集的影响，可以采用导电性的采样口、样品输送管道和储存设备。采样过程中影响代表性气溶胶样品采集的潜在因素有：

① 采样过程中采样口的吸入效率及沉积。

② 样品输送过程或储存中的粒子沉积。

③ 环境气溶胶浓度的极端性（极高或极低）或多样性（非均质性）。

④ 样品输送过程中粒子的聚集。

⑤ 样品输送过程中粒子的蒸发和（或）凝结。

⑥ 已沉积气溶胶粒子又重新进入样品流。

⑦ 局部高度沉积造成的气流阻塞。

⑧ 采样口及输送管路中粒子浓度的非均匀性。

以上因素将会在本章进行一一介绍。前两条主要在 6.2 节和 6.3 节中介绍，③、④和⑤条在 6.4.1 中介绍，⑥、⑦和⑧条在 6.4 节中介绍。本章的主要目的是介绍与输送效率相关的有用信息，以便使采样系统的设计和评价更加简单和直接。气流中粒子传输和沉降的流体动力学计算方法可参见 Guha（2008）的文献。

采集和输送样品过程中的粒子损失和沉积影响了样品的代表性。粒子的损失和沉积主要由重力、惯性和扩散作用造成。空气动力学直径在重力或惯性作用造成的沉积中起主要作用[式(2-36)]。描述这种沉积的关系式通常与粒子终极沉降速度 V_{ts}、粒子的斯托克斯数和气流的雷诺数有关：

$$V_{ts}=\tau g \tag{6-1}$$

$$Stk=\frac{\tau U}{d} \tag{6-2}$$

$$Re_{f}=\frac{\rho_{g}Ud}{\eta} \tag{6-3}$$

式中，τ 为粒子弛豫时间[式(2-38)]；g 为重力加速度；U 为特征气流速度；d 为系统的特征尺寸；ρ_g 为气体密度；η 为气体绝对黏度。

迁移率当量或扩散当量直径在扩散造成的沉积中起主要作用。粒子的扩散沉积是粒子扩散系数 D 的函数，即：

$$D=kTB \tag{6-4}$$

式中，k 为玻耳兹曼常数；T 为气体的热力学温度；B 为粒子动力学迁移率[式(2-23)]。

斯托克斯数是粒子的制动距离（stopping distance)(表征粒子多长时间可以达到气流的运动速度）与流体的特征尺寸的比值。斯托克斯数表征粒子的惯性行为特征，制动距离大的粒子惯性较大，斯托克斯数也较大。因为大粒子的惯性较大，不易受采样气流的影响，因此对大粒子进行代表性样品采集和输送更加困难。

6.1.1 校准

为保证气溶胶采样及输送过程中的效率，应该在目标流量和粒径范围内对采样系统进行校准。理想的情况是应该在将要应用采样系统的环境中对组装好的系统进行整体校准。经常的，在应用环境中对系统的组成部分进行校准即可。当不在应用环境中进行校准时，需要用合理的方法（如文献中的模型和相关关系）进行校准并对应用环境中采样系统的仪器性能进行预测。

当使用者没有气溶胶校准方法时，可以采用专门的采样标准，或使用文献中提到的商业采样器的校准数据或采样系统某个部件的校准数据，即可保证采样效率达到要求。此种情况下，至少应该对流量进行校准。

如果可以从文献中查到采样系统中组件的最佳特征效率值和模型，就能得到该系统的采样效率，本章将介绍几种这样的模型。此种情况下，如果所用的估计采样效率偏离100%太多，则会增加采样系统实际采样效率的不确定性。

6.1.2 样品提取

气溶胶样品采集就是通过采样口将气溶胶从环境中分离出来，通过输送管道将其送入测量设备。通过采样口将代表性的气溶胶从环境中分离出来并不容易，因为环境气流的速度和方向、气溶胶采样探头的方位、采样口的大小和几何形状、采样气流的速度及粒径都是影响样品代表性的重要因素。在样品采集过程中，粒子必须在气流的作用下完全进入并通过采样口，而不是沉积在采样口。粒子的惯性和重力作用是样品提取过程中的两个重要障碍。空气动力学直径大的粒子样品更难提取。

某粒径粒子的吸入效率 η_{asp} 定义为：进入采样口的该粒径的粒子浓度与目标环境中该

粒径的粒子浓度之比。某粒径粒子的传输效率（transmission efficiency）η_{trans} 定义为：能通过采样头进入采样系统其他部分的该粒径粒子浓度与进入采样口的该粒径粒子浓度之比。入口效率 η_{inlet} 是吸入效率与传输效率之积，即通过采样头的粒子浓度与目标环境中该粒径粒子浓度之比：

$$\eta_{inlet}=\eta_{asp}\eta_{trans} \tag{6-5}$$

6.1.3 样品输送

气溶胶样品从采样口通过采样管路直接输送进入测量仪器或进入储存区保存以便后续分析。样品输送管路包括弯管、斜管、变径及其他气流组件，管路中的气流可能是层流或湍流。粒子在储存和输送过程中的沉积会使进入测量仪器的气溶胶性质不同于原始气溶胶性质。造成样品流中气溶胶性质发生变化的其他因素有：聚集或凝结引起的粒子生长、粒子蒸发、已沉积粒子再悬浮进入样品流。这些因素将在后面讨论，气溶胶的沉积将在 6.3 节中介绍。

造成粒子沉积的机制很多，且发生在采样系统中各个部分。沉积机制与气流流态（层流或湍流）、流速、管道大小及朝向、温度变化梯度、系统壁上的蒸汽凝结以及粒子粒径有关。沉积机制取决于粒子的不同当量直径。沉淀和惯性沉积取决于粒子的空气动力学直径，扩散沉积主要取决于粒子的扩散直径或迁移率直径。某粒径粒子在某沉积机制下，通过某气流组件的输送效率 $\eta_{flow\ element.\ mechanism}$ 可定义为进入该组件且在其中运行时没有因该沉积机制而损失的粒子比例。某组件在某沉积机制下的输送效率是粒径的函数。某粒径粒子的总输送效率 $\eta_{transport}$ 是该粒径粒子在采样系统各气流组件、各沉积机制下的输送效率之积：

$$\eta_{transport}=\prod_{\substack{flow\\ elements}}\ \prod_{mechanisms}\eta_{flow\ element.\ mechanism} \tag{6-6}$$

采样效率 η_{sample} 为入口效率与总输送效率之积：

$$\eta_{sample}=\eta_{inlet}\eta_{transport} \tag{6-7}$$

本章将介绍气流组件中不同运行机制下的输送效率，以便读者可以估算采样系统的总输送效率。

6.1.4 其他采样问题

所采样品的浓度（质量浓度或数浓度）可能高出测量仪器的测量范围若干倍。在这种情况下，需要使用清洁空气对样品进行稀释，从而使稀释后的样品浓度在仪器的测量范围内。稀释和采样流的不确定性会造成浓度计算值的不确定性。数浓度较大的气溶胶常快速凝聚，从而使粒径分布发生改变、数浓度降低、粒子平均粒径增加。稀释样品可以抑制凝聚过程，从而样品更具代表性。

目标气溶胶有时可能位于凝结或蒸发环境中。气溶胶粒子发生凝结或蒸发会改变粒子粒径及气溶胶总质量。凝结环境里一些物质（如水蒸气）会凝结在粒子上，此种环境下，应对样品进行稀释或加热以得到代表性的样品。蒸发环境下粒子上的物质易蒸发，在这种环境中采集代表性样品较困难，只有通过缩短采样与测量之间的时间以将蒸发作用降到最低。

从环境大气、房间、烟道中采集样品时，必须注意所采集气溶胶的均质性。要得到代表性样品，需要选择多个不同的采样点以便能准确覆盖目标区域（Fissan 和 Schwientek，1987)。美国国家标准化组织（ANSI）NI3.1 标准（ANSI，1969）规定了烟道内代表性采样中采样点的选择标准。室内空气的对流严重影响室内气溶胶样品的采集，特别是在低浓度环境（如洁净室）中采样时，其影响更大，为保证获得有统计意义的粒子样品数据，采样时间应适当延长（Fissan 和 Schwientek，1987）。这种条件下，放置采样器前要用气流模型进行模拟或用烟雾示踪器定位。在第 27 章中将进一步讨论采样器的放置和样品非均质性。在试图获得具有代表性的样本时，让读者认识到气溶胶的不均匀性的缺陷，如果这个问题已经受到重现，现在的注意力就可集中在一个单一的采样点上。

6.1.5 小结

后面部分将介绍描述吸入效率（aspiration efficiency）、传输效率（transmission efficiency）和输送效率（transport efficiency）的关系式。通过这些关系式可以评价采样系统的性能或设计采样系统。这些关系式是在假设或实验的基础上得到的，所以可能与实际应用情况不完全相同，且这些关系式不适用于偏离 1 太多的计算效率。因为这些效率都与粒径有关，所以，利用这些关系式可以在合理的置信度内计算出代表性样品（采样效率接近 1）的粒径范围。设计采样系统的过程中，使用这些关系式可以对气流、管路大小、朝向及长度等参数进行调整，从而在一定粒径范围内实现代表性采样。当然，条件允许时应对采样系统进行实验评估。在介绍完每种效率的关系式后，会对影响效率的有关参数进行讨论，也会对需要避免的采样情况及相关的避免方法进行讨论。

本章的主要目的是给读者提供一些背景信息，如怎样准确评价并合理设计气溶胶采样，如何避免采样过程中可能遇到的问题。有关气溶胶的其他信息，请参阅 Fuchs 所著的关于气溶胶采样的评论（1975）、Fissan 和 Schwientek 所著的有关气溶胶采样和输送的评论（1987）及 Vincent 所著的有关气溶胶采样的书籍（1989）。

6.2 样品提取

气溶胶采样缘于一系列需要：

① 监测环境空气的污染情况；

② 监测工作环境空气中的有害物质；

③ 监测污染控制设备排放的废气；

④ 监测洁净室内的特殊污染；

⑤ 监测生产或工业制造过程；

⑥ 为实验研究而监测。

在所有这些应用中，获得样品的第一步都是样品提取。气溶胶采样有两种基本情况：

① 从静止环境中采集粒子；

② 从携带粒子的气流中采集样品。

环境空气采样包含上述两种情况。采样通常使用内置有粒径切割器的采样口进行。在一定的外界风速范围内，低于某粒径的代表性粒子可以进入采样口，其中约 50%的粒子可以通过内置的粒径切割器。环境空气采样常用的采样器包括采样口和粒径切割器，切割器后面通常紧连滤膜或冲击器，这样可以使气溶胶样品的转移距离缩短从而降低粒子的损失量。Liu 和 Pui（1981）及 Armbruster 和 Zebel（1985）讨论了环境空气采样器的采样口设计及性能，并在风洞中测试了采样口的采样效率，发现采样效率是粒径和风速的函数。1987 年，美国环境保护署制定了空气颗粒物 PM_{10} 的相关标准。PM_{10} 标准要求采样器采集空气动力学直径为 10μm 的粒子的效率达到 50%。为达到这一要求，可以使用入口效率较高的采样口和允许 50%的 PM_{10} 通过的切割器。PM_{10} 标准要求采样器必须通过官方认可的风洞专业性能测试，目的是保证采样器稳定性的同时允许采样设计具有一定的灵活性。

尽管采样口可能会达到要求，但采样器的内部组件，特别是粒径切割器可能会使采样器产生与性能测试时不同的结果。John、Winklmayr 和 Wang（1991）及 John 和 Wang（1991）对 Sierra-Andersen 321A 型 PM_{10} 采样器和 Wedding 大流量 PM_{10} 采样器进行了对比，研究发现采样器的负载、切割器是否上油，都会对采样效率产生极大影响。由采集样品粒子的冲击引起的已收集粒子的解聚集和再分散，可使 Sierra-Andersen 采样器产生异常的结果。PM_{10} 采样中的这些困难实际上反映了采样器的设计缺陷。

如果在烟道中采样或在房间中进行多点采样，PM_{10} 采样口就显得体积太大，这种情况下需用其他采样口。其中一种采样口称为钝形采样器。它包括一系列采样器入口，入口规格从厚壁喷嘴到一种相对采样器来说较小的入口。Vincent、Hutson 和 Mark（1982）认为钝形采样器与入口结构对气流形成了物理障碍。这种采样喷嘴可以设计成在中心有一个采样孔的圆盘（如 Vincent，Emmett 和 Mark，1985）。此外，采样孔可以位于球面或其他中间形状体上（Vincent，1984；Vincent 和 Gibson，1981）。粒子在钝形采样器的表面或边缘发生沉积、粒子在入口处发生弹跳、粒子再悬浮进入采样口，这些都使钝形采样器很难采集到较大的粒子，也很难获得较大粒子的代表性样品。另外一种采样口是薄壁采样口，这是一种理想的采样喷嘴，它不会对环境气流造成扰动，在采样口边缘也不会有粒子反弹进入喷嘴。相比钝形采样器或厚壁喷嘴，人们对薄壁喷嘴采样的研究更加深入。在实际应用中，若喷嘴的外径与内径之比小于 1.1，则可被称为“薄壁”（Belyaev 和 Levin，1972）。本章主要介绍利用薄壁喷嘴的采样。

采样过程中的一个问题是采样流速的变化。一般来说，采样速度是固定不变的。采样流速的变化会引起采样管路中传输效率的改变，从而导致非代表性采样。实际上，大多数仪器都会对流速有测量响应（measurement response），从而使仪器最终在固定流速下运行，进行累计收集的设备除外，如过滤器。这些设备紧挨采样口，从而可以减少输送距离和采样损失，并能降低采样流速对它们的影响。此种情况下仍然需要测量采样流量变化下的累计流量。

采样器的启动和关闭也会引起采样流速的变化。如果采样器工作时的采样流速恒定，且与样品气流在采样口和采样管路中的停留时间相比，采样器的开启时间又长（至少 10 倍），那么关闭采样器后存留在采样口以及采样管路中的气体死体积相对于所采集气样的总体积来说可以忽略不计。基于此，恒速采样的假设是成立的。

由于采样管路中的气流会发生变化，所以无法控制环境自由流的气体流速，这种情况十分常见。这种情况下，可以在一定范围的自由流条件下以某一恒定流速采样，并且记录下来可采集到的代表性样品的最大粒径值。用这种采样系统进行测量，因为不知道该系统的采样效率，因此需要忽略比所记录最大粒径值大的粒子。这种方法与环境空气采样方法很相似，但是并不适合采集大粒子。为了优化在环境自由流速范围内对大粒子的采样效率，可以设计与环境空气采样器管路相连的采样口。McFarland 等（1988）已经做了这样的设计，他们设计的套管气溶胶采样探头，在管道流速 2～4m/s 时，能采集 PM_{10} 的代表性样品。

另外一种解决自由气流变化的方法是改变采样气流，这样，在一定的自由气流速度变化范围内依然可以保证采样的代表性。这种方法涉及采样气流的变化，只有在采样气流对采样管路中粒子损失和仪器响应影响不大的情况下才能使用。在喷嘴内外气压平衡型（Null-type）喷嘴中，会对喷嘴内外的气流进行压力测量，从而使喷嘴内外的气压达到平衡，即零状态（null condition），这样，采样流速与自由空气速度达到一致，可以得到代表性样品（Paulus 和 Thron，1976；Orr 和 Keng，1976）。这是一个灵活的系统，在这个体系里，可以调整采样气流以达到一种零状态。由于气流中的局部湍流，零状态下采样速度和自由气流的速度不一定完全一致。Kurz 和 Ramey（1988）设计了一种灵活的采样嘴，此采样嘴使用一个气流感应器和气流控制器，在一定管道速度范围内采集代表性样品。

当需要验证采样数据是否符合标准时，可以使用 EPA 对烟道气中粒子源采样（美国环境保护署，1974）的具体规定，其中包括采样要求及采样流程。读者可以参阅 EPA 的文献来了解这一类型的采样。

本章重点介绍薄壁采样嘴气溶胶采样和气溶胶样品采样后的输送。

6.2.1 效率

从环境中提取气溶胶样品进入采样系统就是将粒子带入采样口并且将其传送到系统的输送部分，与此相关的效率称为入口效率。与入口效率有关的两个参数是式（6-5）中的 η_{asp} 和 η_{trans}，这些效率取决于外界大气速度 U_0、入口的几何形状、大小和位置、采样气流速度 U 及粒子的空气动力学直径 d_a。

为了有效地提取样品，采样气流速度应当足够低，以使采集的粒子能在一段距离（大约是入口直径）内适应气流，这是惯性条件。采样气流速度也必须高于某一数值，以使粒子不会在采样过程中发生凝固或沉降，这是重力沉降条件（Davies，1968）。

用采样嘴在流动气体中采样时，通常认为气体流速大于气溶胶的沉降速度（例如达到了重力沉降的条件）。Grinshpun（1990）等认为在低速采样过程中，吸入效率取决于沉降速度和外界气流速度的比值。这一比值对目标粒径的粒子非常重要，因此需要慎重考虑这一比值以确保达到重力沉降条件。

由于重力作用和外界大气气流方向的作用，用采样嘴从静止空气或流动气体中采样时的方向不同。采样嘴应面向与采样气流方向相反的方向。因此，采样嘴向上时，采样气流就向下，采样嘴面向大气气流方向时，采样气流就和大气气流方向一致。当大气气流方向与采样气流方向在一条直线上时，进行同轴采样。当大气气流与采样气流不平行时，就进行非同轴采样。

当入口处的平均采样流速等于气流速度并是同轴采样时，此时的采样称为等速采样。严格来说，“等速”一词只用于外界气流中的层流区。更广泛的词“等-平均-速度”可以用于自由气流中的层流和湍流状态。但人们习惯用“等速”描述两种气流区。本章采用习惯的定义，但读者应该明确这两个定义上的区别。当采样速度不等于气流速度时就是非等速（非等-平均-速度）采样，当采样速度高于气流速度时，采样是超等速采样（超-等-平均-速度），当采样速度低于气流速度时，采样是亚等速采样（亚-等-平均-速度）。

图 6-2 显示了用薄壁采样嘴在等速（$U_0=U$）、亚等速（$U_0>U$）和超等速（$U_0<U$）的气流状态的同轴采样。边界线之间的范围表示气体可以进入采样嘴。通常可以采集到气体的代表性样品，也可以采集到不偏离气流线的粒子的代表性样品。较大的惯性作用使得粒子偏离气流路线，这样会影响样品的代表性。严格地说，这些图形表示的是外界大气流中的层流，这种现象并不常见。外界大气中的湍流在气体流速中引入了侧向分力，从而影响了粒子

的运动。尽管如此，这些图形只是定性描述了在层流和湍流状态下气体和粒子进入和通过采样口的过程。

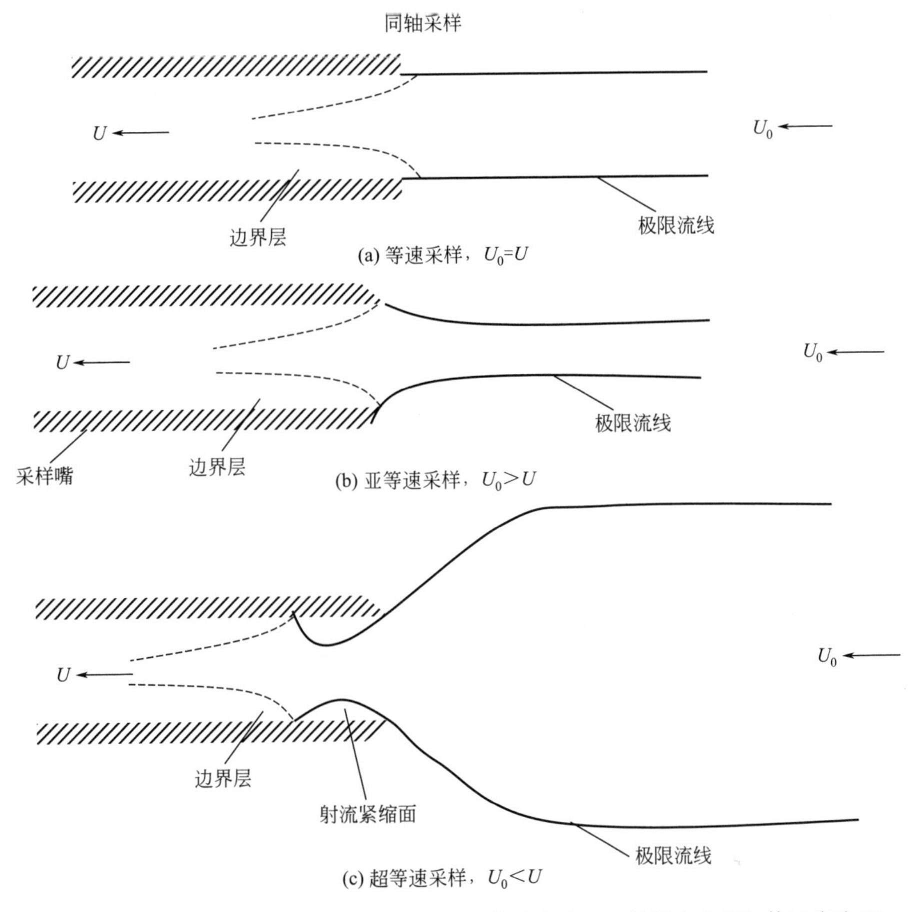

图 6-2 薄壁采样嘴等轴采样示意图，采样气体速度为 U、外界自由流气体速度为 U_0

图 6-2（a）表现的是等速采样。等速采样时极限流线位于采样嘴的上下边缘，与采样嘴没有偏差。在这种情况下，吸入效率为 1（100%）。粒子在采样嘴内部的重力沉降造成了输送中的粒子损失（Okazaki，Wiener 和 Willeke，1987b）。采样嘴处自由气流的湍流情况同样会造成粒子损失（Wiener，Okazaki 和 Willeke，1988），因为湍流造成粒子的侧向运动使粒子吸附在入口的内壁上。

图 6-2（b）表示的是亚等速采样。亚等速采样时，极限流线在采样嘴处与外界自由气流发生分离。在极限流线外惯性足够大的粒子可以越过极限流线被吸入采样嘴。在这种情况下，对所有粒子的吸入效率为 1（100%）或更大，对较大粒子的吸入效率范围为 $1 \sim U_0/U$。造成传输过程中粒子损失的是采样嘴处粒子的重力沉降（Okazaki 等，1987b）、自由气流的湍流作用（Wiener 等，1988）、运动方向朝向采样嘴壁的粒子在采样嘴内壁的惯性碰撞作用，碰撞作用是由流线扩张造成的（Liu 等，1989）。

图 6-2（c）表示的是超等速采样。超等速采样时，极限流线从外界自由气流到达采样嘴时发生汇聚。惯性足够大的粒子可以超越极限流线而不被吸入。在这种情况下，对全部粒子的吸入效率是 1 或更小，对较大粒子的吸入效率范围是 $1 \sim U_0/U$。传输过程中的损失主要是采样嘴处的重力沉降作用（Okazaki 等，1987b）、自由气流的湍流作用（Wiener 等，

1988）以及超等速采样中形成的湍流沉积（Hangal 和 Willeke，1990b）。

图 6-3 表示的是非同轴采样中可能遇到的 $U_0=U$、$U_0<U$、$U_0>U$ 三种气流情况，θ 角表示外界气流速度方向和采样气流速度方向之间的夹角。惯性足够大的粒子越过极限流线被吸收，吸入效率与 1 相差很远。传输损失仍然来自于采样嘴处的重力沉降作用、自由气流的湍流作用和大管道交汇处的损失（Hangal 和 Willeke，1990b）。其他的传输损失来自于粒子在面对自由气流方向的采样嘴内部边缘的碰撞作用（Hangal 和 Willeke，1990b）。

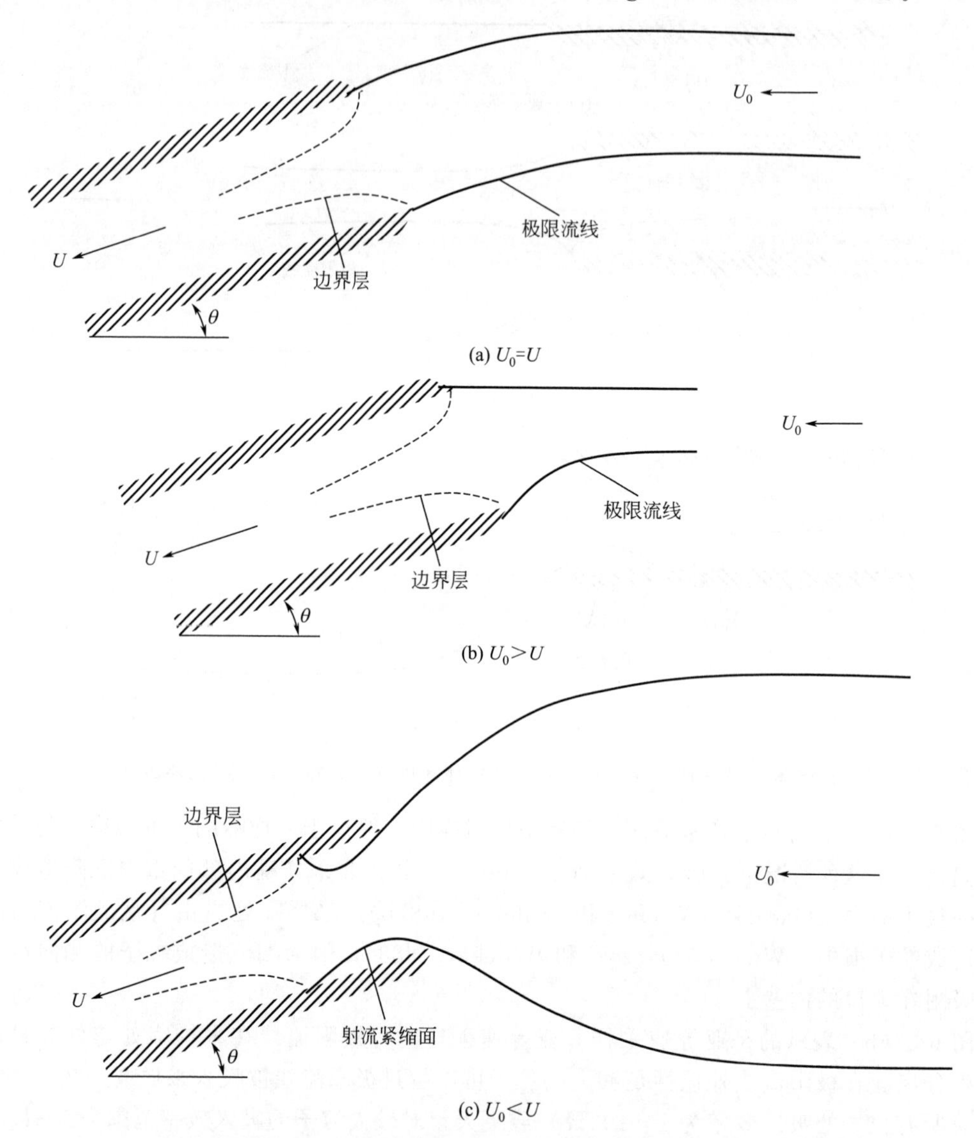

图 6-3 薄壁采样嘴非等轴采样示意图。采样气体速度为 U、采样方向与自由流外界气体速度方向所成的倾斜角为 θ、自由流外界气体速度为 U_0

6.2.2 用薄壁采样嘴在流动气体中采样

吸入效率和传输效率的相关关系如下，同时附上它们的公式编号以及适用条件：

η_{asp}，同轴采样的吸入效率［式（6-8）］。在 0°～60°之间非同轴采样［式（6-21）］以及 45°～90°之间非同轴采样［式（6-23）］。

$\eta_{trans,inert}$，传输效率，有惯性沉积的次等速同轴采样［式（6-17）］、超等速采样［式（6-19）］以及非同轴采样［式（6-26）］。

$\eta_{trans,grav}$，采样嘴内部发生重力沉降的传输效率［式（6-24）］。

薄壁采样嘴的入口效率是吸入效率和传输效率之积，同轴等速采样是一种理想的采样状态，而且能以近100%的效率吸入所有粒径的粒子，与此情况不同的非同轴非等速采样采集的样品不具代表性，而且大粒子的吸入效率远远偏离100%。粒子直径越大，差别也越大。同轴等速采样中的传输损失，原则上只来源于水平气流的重力沉降作用和自由气流的湍流作用。若气流方向为向下或者向上，那么由于重力沉降作用引起的传输损失可以忽略不计。当然，采样速度需要比粒子的重力沉降速度大很多。若气流既不是同轴的，也不是等速的，就会产生由惯性作用引起的损失，进入采样嘴时气流方向会发生变化，没有沿气流方向运动的较大的粒子将会沉积在管壁上。

一些研究人员分别从理论上和实际应用上研究了用薄壁采样嘴从气流中采样。其中有等速和非等速的同轴采样（Belyaev 和 Levin，1972，1974；Jayasekera 和 Davies，1980；Davies 和 Subari，1982；Lipatov 等，1986；Stevens，1986；Vincent，1987；Okazaki 等，1987a，b；Rader 和 Marple，1988；Liu，Zhang 和 Kuehn，1989；Zhang 和 Liu，1989；Hangal 和 Willeke，1990a，b），等速和非等速的非同轴采样（Lundgren 等，1978；Durham 和 Lundgren，1980；Okazaki 等，1987c；Davies 和 Subari，1982；Lipatov 等，1986，1988；Vincent 等，1986；Grinshpun 等，1990；Hangal 和 Willeke，1990a，b）。Rader 和 Marple（1988）对同轴采样进行了总结。Hangal 和 Willeke（1990a，b）对同轴和非同轴薄壁采样嘴采样的相关关系进行了总结，并进一步明确了每种情况下的相关关系。

在采样过程中，为了较好地利用相关关系，外界自由气流速度和采样气流速度需要在采样期间保持稳定。应当注意，只有在气流速度稳定的条件下才可以应用以下的相关关系。在这一部分，所介绍的相关关系的使用条件是：采样速度相对于粒子的沉积速度应当非常大（例如，重力作用可以忽略）。当遇到沉积速度和重力效应不能被忽略的情况，应参阅6.2.5和6.2.6两部分。

6.2.3 同轴采样

在外界气流速度为U_0、采样速度为U的同轴采样中，Belyaev 和 Levin（1972，1974）关系式已证明吸入效率η_{asp}的准确度在10%以内：

$$\eta_{asp}=1+\left(\frac{U_0}{U}-1\right)\left(1-\frac{1}{1+kStk}\right) \tag{6-8}$$

式中，$0.18\leqslant Stk\leqslant 2.03$；$0.17\leqslant U_0/U\leqslant 5.6$。

$$Stk=\frac{\tau U_0}{d} \tag{6-9}$$

$$k=2+0.617\left(\frac{U_0}{U}\right)^{-1} \tag{6-10}$$

Stevens（1986）对 Belyaev 和 Levin（1972，1974）、Jayasekera 和 Davies（1980）以及 Davies 和 Subari（1982）的数据进行了总结，得出了与 Belyaev 和 Levin 一致的相关关系，并将应用范围降至斯托克斯数为0.05。在速度比$U_0/U\leqslant 0.2$（超等速采样）时，Davies 和 Subari（1982）的数据与 Belyaev 和 Levin 关系式就产生了矛盾。Lipatov 等（1986）报道了

$U_0/U<0.029$（超高等速采样）的实验数据，这与Belyaev和Levin关系式的结果一致。Lipatov等（1986，1988）认为这些数据的差异主要源于采样嘴外表面粒子的反弹和二次进入，他们的数据最小化了反弹效应，而Davies和Subari（1982）的数据则没有。结果显示，Belyaev和Levin（1974）的数据适用于$U_0/U<0.029$时的吸入效率，而当$U_0/U<0.2$时，就需要考虑粒子与采样嘴壁间的相互作用。在斯托克斯数范围为0.005～10、$0.2\leqslant U_0/U\leqslant 5$时，Belyaev和Levin（1974）关系式的准确度在10％以内，Rader和Marple（1988）的推理结果也为其应用提供了支持。图6-4为Belyaev和Levin关系式（1974）计算出的吸入口效率与斯托克斯数的函数。斯托克斯数较小时，吸入效率接近于1。斯托克斯数较大时，吸入效率更接近于极限值U_0/U。

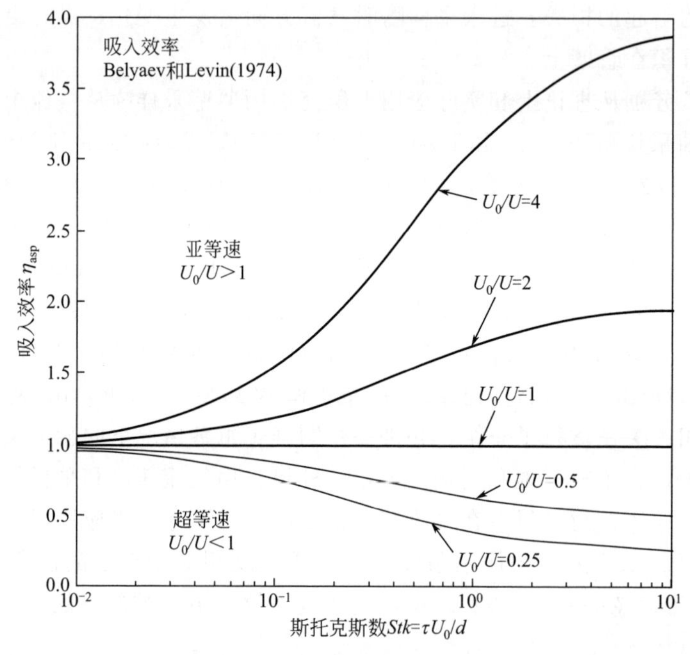

图6-4 不同U_0/U下，薄壁采样嘴的吸入效率与斯托克斯数的函数关系图（U_0为空气流速，d为采样嘴直径，U为采样速度）。由Belyaev和Levin（1974）的关系式所得

Rader和Marple（1988）给出了同轴吸入效率的关系式，包括采样嘴边缘处的拦截作用：

$$\eta_{asp}=1+\left(\frac{U_0}{U}-1\right)\left(1-\frac{1}{1+3.77Stk^{0.883}}\right) \tag{6-11}$$

式中，$0.005\leqslant Stk\leqslant 10$；$0.2\leqslant U_0/U\leqslant 5$。

建立在大量数据的基础上，Liu、Zhang和Kuehn（1989）以及Zhang和Liu（1989）给出了同轴吸入效率的关系式：

$$\eta_{asp}=1+\frac{\frac{U_0}{U}-1}{1+\frac{0.418}{Stk}} \qquad \frac{U_0}{U}>1 \tag{6-12}$$

$$\eta_{asp}=1+\frac{\frac{U_0}{U}-1}{1+\frac{0.506\sqrt{U_0/U}}{Stk}} \qquad \frac{U_0}{U}<1 \tag{6-13}$$

式中，$0.01 \leqslant Stk \leqslant 100$；$0.1 \leqslant U_0/U \leqslant 10$。这些关系式与 Belyaev 和 Levin 的关系式（1974）非常接近，因此可以相互通用。

由于重力作用和惯性作用，粒子在采样嘴内部发生沉积，传输效率需要考虑到粒子的损失。

Okazaki、Wiener 和 Willeke（1987a，b）假设已经穿过入口的边界层的粒子会在入口的内壁产生重力沉积，边界层的厚度由雷诺数表征，$Re=Ud/\nu$（Schlichting，1968）。穿透进入边界层的粒子比例由与外界气流速度有关的斯托克斯数表示，$Stk=\tau U_0/d$，入口处边界层的重力沉降将由重力沉积参数 Z 表征：

$$Z=\frac{L}{d}\times\frac{V_{ts}}{U} \tag{6-14}$$

式中，L 为入口区域的长度。

重力沉降参数是粒子进入采样口过程的沉积距离 LV_{ts}/U 与入口直径 d 的比值。Okazaki 等（1987a，b）用实验研究了不同粒径粒子、不同速度比和不同直径采样嘴的入口处沉降，假设入口内部的沉积与 Z、Re 和 Stk 有关系。这种相关关系的结果用重力沉降传输效率 $\eta_{trans,grav}$ 表示，对于水平同轴采样：

$$\eta_{trans,grav}=\exp(-4.7K^{0.75}) \tag{6-15}$$

$$K=Z^{1/2}Stk^{1/2}Re^{-1/4} \tag{6-16}$$

入口直径范围在 0.32～1.59cm 之间，但所有试验中的入口长度均为 20cm，Yamano 和 Broclmann（1989）指出建立这些分析的条件是：入口处边界层内是层流。当湍流发生时，这或许就不适用了。甚至，如果整个管道内部仍然充斥着层流，沉积则不再视为入口效应的一部分，应该视为管道流中的沉降。在数据中使用单一入口长度可能会掩盖掉这种效应，单一入口长度包括在重力沉降的关系式中。比较式（6-15）得到的结果和层流、湍流条件下的重力沉降关系式得到的结果可知，一般情况下用式（6-15）计算出的传输效率结果较低。因此，应该对入口处重力沉降下的传输效率进行评估。

Liu 等（1989）以及 Hangal 和 Willeke（1990b）曾估算过惯性损失。

在 $U_0/U>1$ 情况下（亚等速采样），速度方向朝向管壁的一些粒子会发生沉降，此时的传输效率就会小于 1（Liu 等，1989）。Liu 等（1989）提出了惯性传输效率 $\eta_{trans,inert}$，对于亚等速同轴采样来说为：

$$\eta_{trans,inert}=\frac{1+\left(\frac{U_0}{U}-1\right)/\left(1+\frac{2.66}{Stk^{2/3}}\right)}{1+\left(\frac{U_0}{U}-1\right)/\left(1+\frac{0.418}{Stk}\right)} \tag{6-17}$$

式中，$0.01 \leqslant Stk \leqslant 100$；$1 \leqslant U_0/U \leqslant 10$。Hangal 和 Willeke（1990b）假定在次等速同轴采样中，没有惯性传输损失。

Liu 等（1989）认为在 $U_0/U<1$ 时（超等速采样），粒子速度方向不朝向采样壁，因此不会有粒子沉降。那么，超等速采样的惯性传输效率就是：

$$\eta_{trans,inert}=1.0 \tag{6-18}$$

式中，$0.01 \leqslant Stk \leqslant 100$；$0.01 \leqslant U_0/U \leqslant 1.0$。

尽管如此，Hangal 和 Willeke（1990b）坚持认为在超等速同轴采样中，在采样嘴处会形成一个射流紧缩区，该区域内的湍流可使里面的粒子发生沉降，他们给出了一个超等速同轴采样的惯性传输效率：

$$\eta_{\text{trans,inert}}=\exp(-75I_{\text{v}}^{2}) \tag{6-19}$$

$$I_{\text{v}}=0.09\left(Stk\ \frac{U-U_0}{U_0}\right)^{0.3} \tag{6-20}$$

式中，$0.02\leqslant Stk\leqslant 4$；$0.25\leqslant U_0/U\leqslant 1.0$；$I_{\text{v}}$ 为射流紧缩区域内惯性损失的参数。

图 6-5 是传输效率与斯托克斯数的关系图，是利用 Liu 等（1988）的亚等速采样关系式以及 Hangal 和 Willeke（1990b）的超等速采样关系式计算的结果。图 6-5 中未包括重力沉降损失。

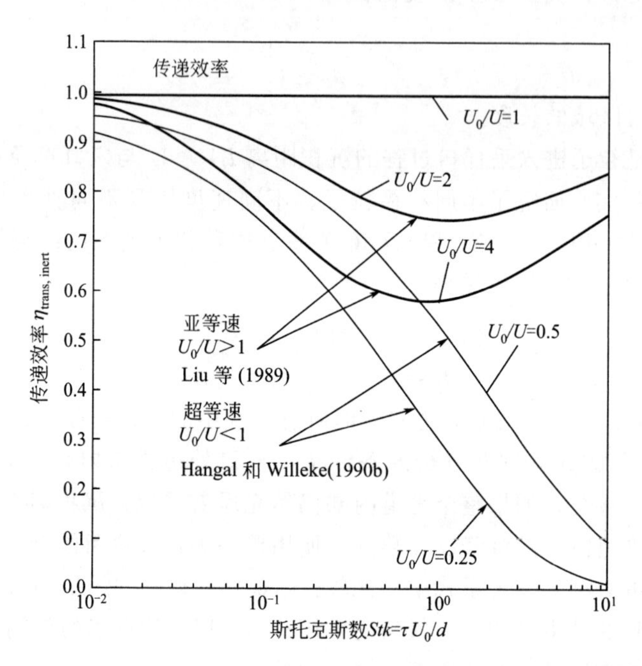

图 6-5 不同 U_0/U 下，薄壁采样嘴传输效率 $\eta_{\text{trans,inert}}$ 与斯托克斯数的函数关系图（U_0 为空气流速，d 为采样嘴直径，U 为采样速度），结果符合 Liu 等（1989）给出的亚等速采样的惯性沉积关系式以及 Hangal 和 Willeke（1990b）给出的超等速采样的关系式。此图不涉及重力沉积

同轴采样的入口效率是吸入效率和所有可应用的传输效率之积。图 6-6 表示出了入口效率与斯托克斯数的关系，这些结果是通过 Belyaer 和 Levin（1974）的吸入效率关系式和图 6-5 的传输效率计算得到的。

6.2.3.1 非同轴采样

Hangal 和 Willeke（1990a，b）在研究了有关非同轴采样的文献后建立了非同轴采样的数据库。他们明确了非同轴采样的应用范围及关系式。正如在 6.2.3 中所讨论的那样，粒子在入口时由于重力作用和射流紧缩而引起沉降，非同轴采样中还有一个特别的沉降机制，Hangal 和 Willeke（1990b）称为垂壁冲击。垂壁冲击发生在入口内壁的自由气流中，当粒子的惯性足够大，就足以冲破极限流线而冲击采样器内壁，这和 Liu 等（1989）所说的入口惯性沉降是相似的，虽然 Liu 等（1989）的研究仅限于同轴采样。

Hangal 和 Willeke（1990a，b）的非同轴数据是从水平自由气流中采样得到的，考虑到气流方向水平，所以采样口向上或向下倾斜，与水平气流方向相同。他们规定采样口向下时与水平方向形成一个负角，这时样品气流的方向是向上的，这种情况被称为上向采样（up-

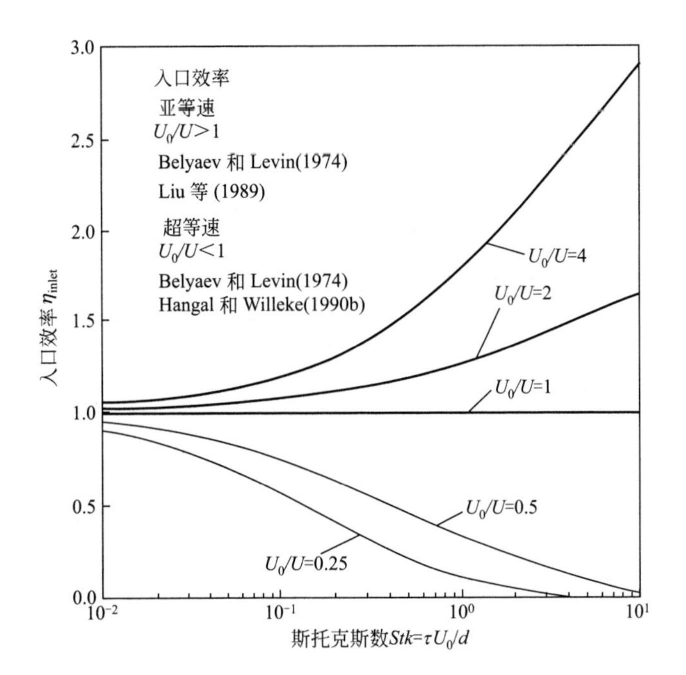

图 6-6 不同 U_0/U 下，薄壁嘴入口效率 η_{inlet} 与斯托克斯数的函数关系图（U_0 为空气流速，d 为采样嘴直径，U 为采样速度），结果符合 Belyaev 和 Levin 等（1974）给出的关系式以及 Liu 等（1989）给出的亚等速采样的惯性沉积关系式及 Hangal 和 Willeke（1990b）给出的超等速采样关系式。此图不涉及重力沉积

ward sampling)。同样，当采样口向上时与水平气流形成正角，采样气流向下，这种现象称为下向采样（downward sampling)。这些相关关系中，Hangal 和 Willeke（1990a，b）用了不同度数的角。向上采样和向下采样唯一不同的关系式就是入口表面冲击损失的关系式。

Hangal 和 Willeke（1990b）发现，在采样角度 0°～60°时，Durham 和 Lundgren（1980）给出的吸入效率与他们的数据较为符合，这时的表达式为：

$$\eta_{asp}=1+\left(\frac{U_0}{U}\cos\theta-1\right)\frac{1-[1+(2+0.617U/U_0)Stk']^{-1}}{1-(1+2.617Stk')^{-1}}$$
$$\times\{1-[1+0.55Stk'\exp(0.25Stk')]^{-1}\} \tag{6-21}$$

$$Stk'=Stk\exp(0.022\theta) \tag{6-22}$$

式中，$0.02\leqslant Stk\leqslant 4$；$0.5\leqslant U_0/U\leqslant 2$；$0°\leqslant\theta\leqslant 60°$。他们扩展了 Laktionov 关系式（1973)，这个公式最初用于采样角为 90°的计算，采样角在 45°～90°之间时，吸入效率的关系式是：

$$\eta_{asp}=1+\left(\frac{U_0}{U}\cos\theta-1\right)(3Stk^{\sqrt{\frac{U}{U_0}}}) \tag{6-23}$$

式中，$0.02\leqslant Stk\leqslant 4$；$0.5\leqslant U_0/U\leqslant 2$；$45°\leqslant\theta\leqslant 90°$。

如图 6-7 所示的 U_0/U 范围内，吸入效率可以视为采样角度在 0°、45°、90°下的斯托克斯数的函数。用式（6-21）可以计算 0°和 45°采样角的吸入效率，式（6-23）可以计算 90°采样角的吸入效率。0°曲线是 Belyaev 和 Levin（1974）关系式的基准线，从此图可以看出非同轴采样极大地偏离了代表性采样。

Hangal 和 Willeke（1990b）修正了 Okazaki、Wiener 和 Willeke（1987b）的重力沉降

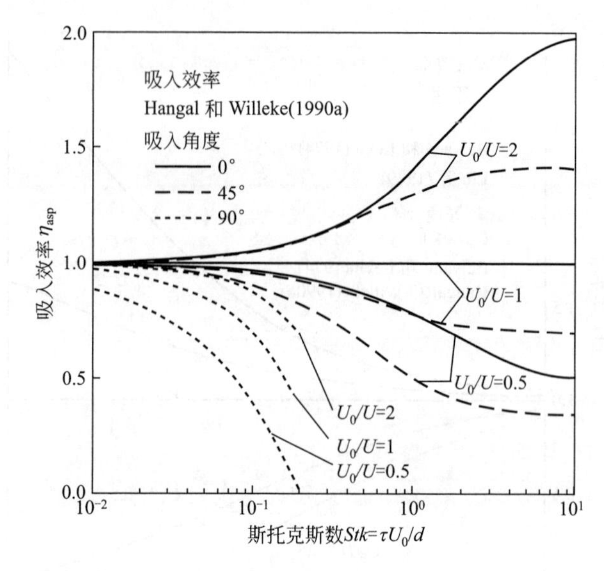

图 6-7 不同 U_0/U 值下，采样角在 0°、45°和 90°时，薄壁采样嘴吸入效率 η_{asp} 与斯托克斯数的函数关系图（U_0 是空气流速，U 为采样速度，d 为采样嘴直径）。结果符合 Hangal 和 Willeke（1990a）给出的关系式

（入口处）表达式，用以解决采样口倾斜度的问题。重力沉降造成的传输效率表达式为：

$$\eta_{trans,grav}=\exp(-4.7K_{\theta}^{0.75}) \tag{6-24}$$

$$K_{\theta}=Z^{1/2}Stk^{1/2}Re^{-1/4}\cos\theta=K\cos\theta \tag{6-25}$$

可以看出，在一定的自由气流速度下做水平方向的采样时，采样口角度 $\theta=0°$，K_{θ} 就相当于式（6-16）中的 K，式（6-24）就可以简化为式（6-15）；在垂直采样时（$\theta=90°$）$K_{\theta}=0$，这时就没有重力损失。重力沉降传输效率仅仅与重力方向有关，与是否同轴无关。

Hangal 和 Willeke（1990b）给出了惯性传输效率，这个传输效率包括射流紧缩处的损失，用参数 I_v 表述，粒子直接碰撞冲击式采样嘴内壁时引起的损失，用参数 I_w 表示。在惯性传输效率的关系式中，将射流紧缩处沉降造成的惯性损失及采样嘴内壁碰撞造成的惯性损失结合起来得到：

$$\eta_{trans,inert}=\exp[-75(I_v+I_w)^2] \tag{6-26}$$

$$0.02\leqslant Stk\leqslant 4, 0.25\leqslant U_0/U<4$$

射流紧缩处的损失参数定义：

$$I_v=0.09\left(Stk\cos\theta\,\frac{U-U_0}{U_0}\right)^{0.3} \tag{6-27}$$

式中，$0.25\leqslant U_0/U\leqslant 1.0$；$I_v=0$。

直接碰撞引起的损失只取决于采样嘴向下还是向上。在下向采样中，采样口向上，重力作用使粒子运动离开器壁，从而减小对壁的碰撞，用采样角 θ 减去一个量 α 调节即可。同样，在上向采样时，采样口向下，重力作用使粒子向壁的方向运动，碰撞造成的损失变大。在这种情况下，采样角 θ 应该加上一个量 α，在计算过程中 θ 是一个正值。在这种特殊的情况下，自由气流的速度是水平的，与采样角度 θ 是垂直的量。垂直碰撞损失参数可以作如下定义。

对于下向采样（采样口面向上）：

$$I_w=Stk\sqrt{U_0/U}\sin(\theta-\alpha)\sin\left(\frac{\theta-\alpha}{2}\right) \tag{6-28}$$

对于上向采样（采样口面向下）：

$$I_{\mathrm{w}}=Stk\sqrt{U_0/U}\sin(\theta+\alpha)\sin\left(\frac{\theta+\alpha}{2}\right) \tag{6-29}$$

$$\alpha=12\left[\left(1-\frac{\theta}{90}\right)-\exp(-\theta)\right] \tag{6-30}$$

图 6-8 为不同的 U_0/U 值下，惯性传输效率与斯托克斯数在采样角度为 0°、45°和 90°时的关系图。在 $\theta=0°$时，$U_0/U=2$ 这条曲线来自于 Liu 等的文献中（1989），其他的曲线则是来自 Hangal 和 Willeke（1990b）。图 6-9 是入口效率，条件与图 6-7 和图 6-8 相同。可以看出，同轴采样的样品代表性要优于非同轴采样。

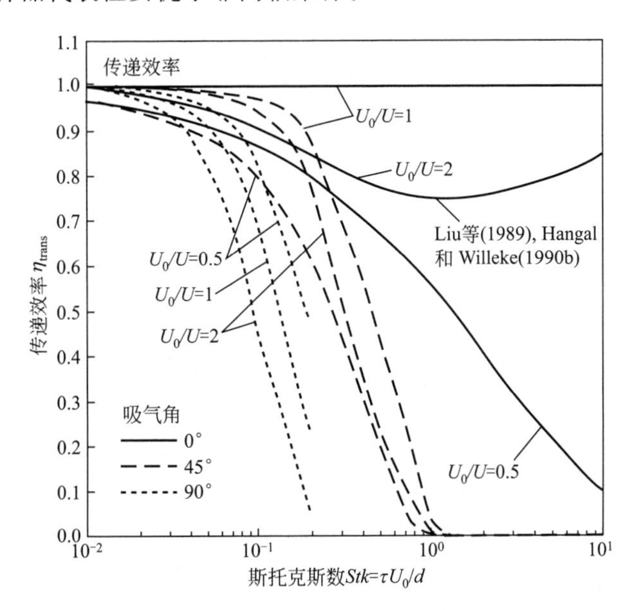

图 6-8 不同 U_0/U 下，采样角在 0°、45°和 90°时，薄壁采样嘴传输效率 η_{trans} 与斯托克斯数的函数关系图（U_0 为空气流速，U 为采样速度，d 为采样嘴直径）。结果符合 Liu 等（1989）给出的惯性沉积关系式（以 0°时的亚等速采样）以及 Hangal 和 Willeke（1990b）给出的惯性沉积关系式。此图不涉及重力沉积

6.2.3.2 自由气流湍流作用

人们对于薄壁采样嘴在采样中的湍流作用研究得很少，这说明薄壁采样嘴的湍流作用对同轴采样的吸入效率影响很小（Rader 和 Marple，1988；Vincent 等，1985）。Wiener 等（1988）指出，湍流作用虽然对吸入效率的影响很小，但是它可以通过增强或者减弱入口处的沉降作用而给传输效率带来影响，此影响是可测的。较大的入口（直径大于 1cm）对这种影响并不敏感。他们发现，在斯托克斯数小于 1、湍流强度小于 7.5%的情况下，由湍流作用引起的采样效率的变化量小于 15%。这是采样效率关系式中的一个不确定性因素。在后面的 6.4.4 里，会讨论这种由湍流引起的浓度差异。

6.2.3.3 总结

传输效率 η_{trans} 是重力传输效率和惯性传输效率的乘积，入口效率 η_{inlet} 是吸入效率 η_{asp} 和传输效率的乘积，见式（6-5）。

$$\eta_{\mathrm{trans}}=\eta_{\mathrm{trans,grav}}\,\eta_{\mathrm{trans,inert}} \tag{6-31}$$

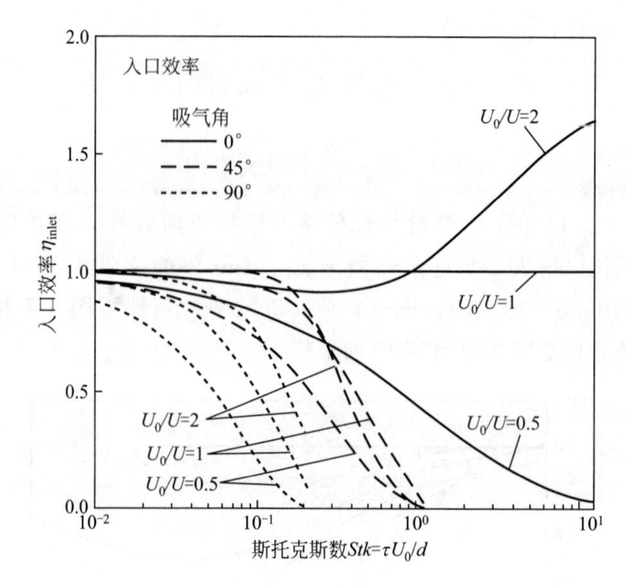

图 6-9 不同 U_0/U 下，采样角在 0°、45°和 90°时，薄壁采样嘴入口效率 η_{inlet} 与斯托克斯数的函数关系图（U_0 为空气流速，U 为采样速度，d 为采样嘴直径）。结果符合 Hangal 和 Willeke（1990b）给出的吸入效率关系式以及 Liu 等（1989）给出的惯性沉积关系式（以 0°时的亚等速采样）与 Hangal 和 Willeke（1990b）给出的惯性沉积关系式。此图不涉及重力沉积

【例 6-1】 动力学直径为 15μm 的粒子在 1.013×10^5Pa、293K 的情况下，进入直径为 0.0127m、长为 0.10m 的水平同轴薄壁采样口。求吸入效率、传递效率和入口效率分别是多少？若采样口相对于水平方向向下倾斜 30°（上向采样），效率又是多少？

解：对于同轴采样，吸入效率用 Belyaev 和 Levin 的关系式来计算［式（6-8）］，重力沉降引起的损失的传递效率用 Okazaki 等的公式计算［式（6-15）］，惯性沉降损失的传递效率用 Liu 等的关系式计算［式（6-17）］。入口效率是三者之积。由题意条件可知，$\tau=6.8\times10^{-4}$s，$Stk=0.161$，$Re=1230$，$Z=0.035$，$U_0/U=2$，可得：

吸入效率＝1.27

由重力沉降的传递效率＝0.84

由惯性沉降的传递效率＝0.86

入口效率＝0.92

对于非同轴采样，效率用 Hangal 和 Willeke（1990a，b）给出的关系式计算，吸入效率用式（6-21）计算，重力沉降引起的传递效率用式（6-24）计算，惯性沉降引起的传递效率用式（6-26）计算。入口效率是三者之积。根据以上条件可知，$\tau=6.8\times10^{-4}$s，$Stk=0.161$，$Stk'=0.31$，$Re=1230$，$Z\cos\theta=0.030$，$U_0/U=2$，$\alpha=8°$。则有如下结果：

吸入效率＝1.11

重力沉降的传递效率＝0.85

惯性沉降的传递效率＝0.86

入口效率＝0.81

薄壁采样嘴采样的入口效率取决于斯托克斯数、外界大气速度和采样气体速度的比值以及采样角度。斯托克斯数取决于外界大气速度和采样嘴直径。为了能够得到具有代表性的样品，应该进行等速（等-平均-速度）同轴采样，并且斯托克斯数（$\tau U_0/d$）应该保持较小值。与粒子沉降速度相比，外界自由气流和采样气流速度应该是比较大的。入口直径较大（1cm 级别的）的采样嘴，则不易受到自由气流湍流作用的影响。

6.2.4 用钝形采样器在流动气体中采样

与薄壁采样嘴不同的采样口是钝形采样器，这种采样口包括一系列规格的厚壁采样嘴。Vincent 等（1982）认为钝形采样器及其入口是一个阻碍气流的物理屏障。Vincent 等（1985）给出了这种采样嘴的例子：40mm 直径的平板，中间有一个 4mm 直径的采样孔，采样孔不必是一个平面的，可以是球形或一些中间形状（Vincent 和 Gibson，1981；Vincent，1984）。钝形采样器和厚壁采样嘴的缺点是：粒子沉积在采样器表面或入口之后会再次进入入口，难以表征粒子的反弹，难以获得较大粒子的代表性样品。Vincent（1989）在其书中介绍了钝形采样器的理论定义和实际应用，有兴趣的读者可以翻阅。

钝形采样器的操作理论并不像薄壁采样器那样完备。Vincent（1989）指出，钝形采样器存在着复杂的空气学机制和动力学问题，这些问题并没有出现在等速同轴薄壁采样嘴的采样中。下面给出圆盘形钝形采样器入口处的关系式。这种采样器是一个轴对称的直径为 D_s 的圆盘，中间有一个直径为 d 的孔，从这个孔中采集样品，其中 $d \ll D_s$。

6.2.4.1 同轴采样

Vincent（1989）提出一系列的公式模拟较大圆盘中心有孔的钝形采样器的运行。这种模拟考虑到进入采样器的空气气流情况更为复杂（与薄壁采样系统相比）。当气流接近采样器时，速度变得很慢，会产生分岔现象，当部分样品进入采样器后气流又会汇合。惯性模型把这种情况分为两个区域，粒子可以通过这两区域间的流线。每个区域的吸入效率可以单独运用公式计算，总的吸入效率是每个吸入效率之积。下面是呼吸效率的表达式：

$$\eta_{asp}=\left[1+\alpha_1\left(\frac{1}{\psi}-1\right)\right]\left[1+\alpha_2\left(\frac{U_0}{U}\psi-1\right)\right] \tag{6-32}$$

$$\psi=\frac{1}{B^2}\left(\frac{d^2}{D_s^2}\times\frac{U}{U_0}\right)^{1/3} \tag{6-33}$$

$$\alpha_1=1-\frac{1}{1+G_1 Stk\sqrt{\psi\dfrac{U_0}{U}}} \tag{6-34}$$

$$\alpha_2=1-\frac{1}{1+G_2 Stk\psi} \tag{6-35}$$

式中，Stk 为式（6-9）所定义的斯托克斯数；B 为颗粒物动态流动的延迟系数，对于 $d \ll D_s$ 的圆盘，它的值接近于 1；G_1、G_2 为常数，取决于采样器的构造，$0.16 \leqslant U_0/U \leqslant 20$ 条件下实验确定的 $G_1=0.25$ 和 $G_2=6.0$。$U_0/U>1$ 时 $Stk<0.3$；$U_0/U<1$ 时 $Stk<5$（Vincent，Emmett 和 Mark，1985；Chung 和 Ogden，1986）。

式（6-32）表示的是斯托克斯数较大时，吸入效率接近于 U_0/U，近似于 Belyaev 和 Levin（1972）在式（6-8）中的表述。Vincent（1989）讨论了其他钝形采样器的结构，同时给出了与钝形圆盘采样器相同形式的模型。薄壁采样口的 D_s 和 d 的值近似相等，钝形圆盘采样器的 D_s 和 d 的值更接近于 Belyaev 和 Levin（1972）关系式所算出的结果。图 6-10 绘出了 Vincent（1989）的关系式，即上面讨论的钝形圆盘采样器的吸入效率的关系式，并且与 Belyaev 和 Levin 的薄壁采样嘴的关系式进行了对比。

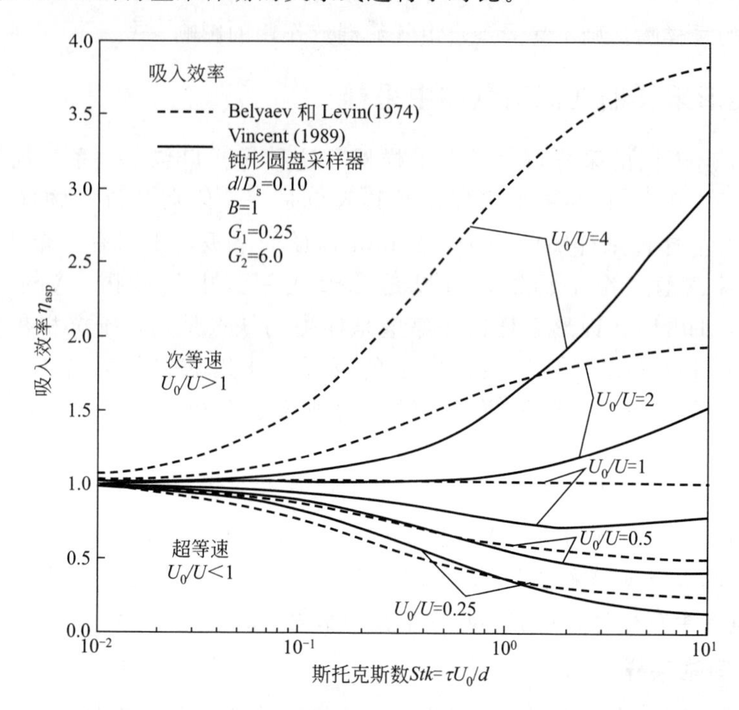

图 6-10 不同 U_0/U 下，钝形圆盘采样器的吸入效率 η_{asp} 与斯托克斯数的函数关系图（U_0 为空气流速，U 为采样速度，d 为采样嘴直径）。结果符合 Vincent（1989）给出的关系式。另外，还画出了 Belyaev 和 Levin（1974）关系式的结果图以作比较

Vincent（1989）也讨论了钝形采样器的机身对理想吸入效率的影响。钝形主体采样器可以通过上风面的碰撞从自由气流中收集粒子。吸附作用力使粒子附着在表面，空气动力则使粒子离开。对于钝形圆盘采样器来说，采样孔周围有两个同心圆区域，采样孔处的移除力大于吸附力，所以采样器表面是清洁的。这两个区域是环绕入口的区域和圆盘外边缘的环状区域，在这些区域内，物质被气流吹走。采样器外表面的物质被吹走使得采样口吸入样品的总量发生变化。可以假定恰好冲击到采样器表面“吹走区”的粒子被采样嘴吸入而被采集到。试验结果（Vincent，1989）表明，总采集量是原始吸入效率的 1.5 倍。

6.2.4.2 非同轴采样

用薄壁采样嘴进行非同轴采样时，引入一个吸入角 θ，钝形因子 B 与 θ 存在一定的相关性，但这个关系还不明确。可以用函数 $f(\theta)$ 表示这种相关性，但是 $f(\theta)$ 并不好确定，通常假设它是一个统一体。同时假设 G_1 和 G_2 也是固定不变的。式（6-36）～式（6-38）与式（6-32）～式（6-34）相比，有微小的变化，主要是反映了角度的变化。当角度 θ 为 0°时，就可得到同轴采样时的关系。

$$\eta_{asp}=\left[1+\alpha_1\left(\frac{\cos\theta}{\psi}-1\right)\right]\left[1+\alpha_2\left(\frac{U_0}{U}\psi-1\right)\right] \tag{6-36}$$

$$\psi=\frac{1}{B^2 f(\theta)^2}\left(\frac{d^2}{D_s^2}\times\frac{U}{U_0}\right)^{1/3} \tag{6-37}$$

$$\alpha_1=1-\frac{1}{1+G_1 Stk\sqrt{\frac{U_0}{U}}(\sqrt{\psi}\cos\theta+4\sqrt{\sin\theta})} \tag{6-38}$$

当斯托克斯值较大时，式（6-36）中的吸入效率接近于 $\cos(U_0/U)$，这与式（6-21）（Durham 和 Lundgren，1980）、式（6-23）（Hangal 和 Willeke）中的结果相同。

6.2.5 静止空气中的采样

Davies（1968）指出，用小采样探头在静止空气中采样时，要采到代表性样品必须满足两个条件。第一是惯性条件，保证粒子进入采样嘴，表示为：

$$Stk_i \leqslant 0.016 \tag{6-39}$$

这里的斯托克斯数 Stk_i 与平均采样速度 U 和入口直径 d 有关。

第二是粒子沉降速度，要保证采样嘴的方向不会影响采样，这可以由沉降速度与采样速度的比值表示：

$$\frac{V_{ts}}{U}\leqslant 0.04 \tag{6-40}$$

这两个条件就构成了在任意方向通过管道进行代表性采样的 Davies 标准，它们是取得代表性样品的充要条件。

Agarwal 和 Liu（1980）建立了在某种意义上比 Davies 更广泛的标准，他们根据 Navier-Stokes 公式的计算结果（Navier-Stokes 公式用于采样嘴向上的气流采样）以及对粒子轨道和采样效率的计算，建立了一套预测理论，他们的预测建立在大量研究人员的试验结果基础上。用向上采样口进行准确采样（采样效率是 90%或更高）的 Agarwal 和 Liu 标准是：

$$Stk_i\frac{V_{ts}}{U}=\frac{\tau V_{ts}}{d}\leqslant 0.05 \tag{6-41}$$

这个标准只取决于粒子弛豫时间 τ、粒子沉降速度 V_{ts} 和入口直径 d，而不取决于采样气流速。Grinshpun 等（1990）重复了静止空气中的采样工作，在 $V_s'\geqslant 0.005$ 和 $Stk\geqslant 2.5$ 时，他们得到的效率比 Agarwal 和 Liu（1980）得到的效率低。Grinshpun 等（1990）表示，虽然 Agarwal 和 Liu（1980）的试验数据在定性上是正确的，但只是第一位近似值。Agarwal 和 Liu（1980）的试验数据范围是 $V_s'<10^{-3}$、斯托克斯数<1000，而这些数据范围不在 Grinshpun 等（1990）的试验范围内。这同样表明，Agarwal 和 Liu 标准在$V_s'>10^{-3}$、斯托克斯数>1 时也是不适用的。

Grinshpun 等（1993，1994）给出了一个计算采样效率的经验公式。这个采样效率需要满足条件：入口周围是尖锐的，入口轴方向与重力方向的夹角为 φ（$\varphi=0°$是向上，$\varphi=90°$是水平）。

$$\eta_{asp,calm\ air}=\frac{V_{ts}}{U}\cos(\varphi)+\exp\left(-\frac{4Stk_i^{1+\sqrt{\frac{V_{ts}}{U}}}}{1+2Stk_i}\right) \tag{6-42}$$

$$0°\leqslant\varphi\leqslant 90°, 10^{-3}\leqslant V_{ts}/U\leqslant 1, 10^{-3}\leqslant Stk\leqslant 100$$

右边第一项表示粒子由于重力沉降进入采样口。对于垂直采样，$\varphi=0°$，这就增加了沉降到向上采样口中的粒子数量。对于水平采样，$\varphi=90°$，这种沉降就消失了。公式右边第二项表示了惯性和重力作用，它们与方向无关。

我们可以建立一个与入口尺寸和气流有关的采样效率>95%的垂直采样标准。

$$\sqrt{\frac{U^2}{gd}}=\frac{4Q}{\pi d^{2.5}\sqrt{g}}\leqslant 1 \tag{6-43}$$

式中，Q 为样品流量；d 为入口直径；g 为重力加速度。

Su 和 Vincent（2004，2005）研究了一种半经验的模型，应用于带有锋利边缘的薄壁喷嘴在垂直向上或者向下方向以及考虑重力时水平方向上的采样。

$$\eta_{\text{asp,calm air}}=1-0.8\left[4Stk_{\text{i}}\left(\frac{V_{\text{ts}}}{U}\right)^{\frac{3}{2}}\right]+0.08\left[4Stk_{\text{i}}\left(\frac{V_{\text{ts}}}{U}\right)^{\frac{3}{2}}\right]^2-\alpha(\varphi)\left[0.5\left(\frac{V_{\text{ts}}}{U}\right)^{\frac{1}{2}}\right]$$
$$-\beta(\varphi)\left\{0.12\left(\frac{V_{\text{ts}}}{U}\right)^{-0.4}\times\left\{\exp\left[-2.2Stk_{\text{i}}\left(\frac{V_{\text{ts}}}{U}\right)^{1.3}\right]-\exp\left[-75Stk_{\text{i}}\left(\frac{V_{\text{ts}}}{U}\right)^{1.7}\right]\right\}\right\} \tag{6-44}$$

式中，面向上时 $\varphi=0°$，$\alpha(\varphi)=0$，$\beta(\varphi)=1$；面向下时，$\varphi=180°$，$\alpha(\varphi)=1$，$\beta(\varphi)=0$；水平方向时，$\varphi=90°$，$\alpha(\varphi)=0.8$，$\beta(\varphi)=0.2$。

$0.001<V_{\text{ts}}/U<0.1, 0.5<Stk_{\text{i}}<50, 4Stk_{\text{i}}\times(V_{\text{ts}}/U)^{3/2}\ll 1$。

上述表达式适用于吸入效率远大于75%的情况，并且给出了比 Grinspum 等（1993，1994）的表达式［式（6-42）］更高的吸入效率，对于面向上喷嘴中吸入效率超过1的大颗粒来说，式（6-42）使用了更高的 V_{ts}/U 值。

在入口气流速度是50～800cm/s，入口直径是0.625cm，并且颗粒直径是40～120μm时 Dunnett 和 Wen（2002）已经计算了面向下喷嘴在静止空气中采样的问题，下面是用参数 $Stk_{\text{i}}^{1/3}$ $(V_{\text{ts}}/U)^{2/3}$ 简化他们的结果之后的关系式：

$$\eta_{\text{asp,calm air}}=1.1579\times\left\{1+\exp\left[\frac{Stk_{\text{i}}^{\frac{1}{3}}\left(\frac{V_{\text{ts}}}{U}\right)^{\frac{2}{3}}-0.3149}{0.1037}\right]\right\}^{-1}-0.0876 \tag{6-45}$$

式中，$0.03<Stk_{\text{i}}^{1/3}(V_{\text{ts}}/U)^{2/3}<0.574$（当参数小于0.03时吸入效率等于1，当参数大于0.574时吸入效率等于0），且 $0.006\leqslant V_{\text{ts}}/U\leqslant 0.29$，$0.38\leqslant Stk_{\text{i}}\leqslant 55$。

图6-11是 Davies 标准以及 Agarwal 和 Liu（1980）标准下的代表性采样区域图。该图同时展现了 Grinshpun 等（1993，1994）预测的采样效率为95%时的 Stk_{i} 和 V_{ts}/V 的区域。图中也展示了采样嘴向下时，具有95%采样效率的采样区，这与 Dunnett 和 Wen（2002）所预料的一致。这些曲线下方的区域表示效率满足或超出了关系式所计算的效率。横轴表示相对沉降速度 $V_{\text{s}}'=V_{\text{ts}}/U$，纵轴表示斯托克斯数 Stk。

Davies 标准的条件较为严格，入口在任何方向都可以应用此标准。Agarwal 和 Liu 的标准较为宽松，支持的条件是 $V_{\text{ts}}/U<10^{-3}$、$Stk_{\text{i}}<1000$，尽管如此，它仅适用于向上的入口，其他入口方向不适用。Grinshpun 等（1993）的条件是 $10^{-3}\leqslant V_{\text{ts}}/U\leqslant 1$、$10^{-3}\leqslant Stk\leqslant 100$，应用于采样入口方向向上或水平的情况。Grinshpun 等的标准比依据大量的计算而得的 Agarwal 和 Liu 标准严格。推荐大家使用式（6-43）所表示的标准。

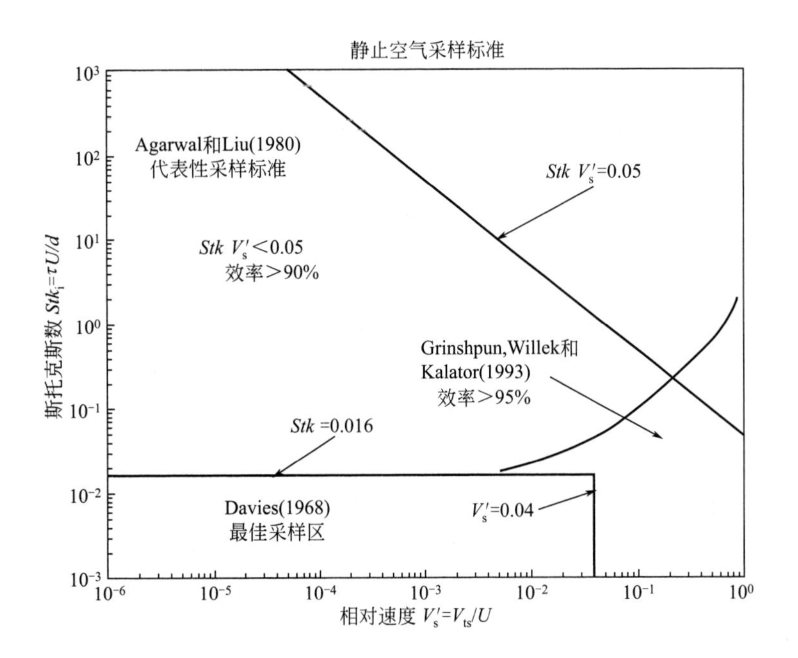

图 6-11 斯托克斯数（U_0 为空气流速，d 为采样嘴直径）与相对速度 V'_s（粒子沉降速度与入口速度 U 的比值）的函数关系图，该图表示出了按 Davies（1968）、Agarwal 和 Liu（1980）以及 Grinshpun 等（1993）给出的采样标准用管道从静止空气中进行代表性采样采样区以及 Dunnett 和 Wen（2002）计算的采样嘴向下时的最佳采样区

【例 6-2】 要在 1.013×10^5Pa、293K 环境静止空气中，用采样速度为 $8.3\times10^{-5}\text{m}^3/\text{s}$ 的设备采集典型的空气动力学直径为 15μm 的颗粒物样品，为了满足 Davies 标准、Agarwal 和 Liu 标准以及式（6-43）的标准，入口直径应该是多少？

解：Davies 标准包括惯性条件和重力沉降条件［式（6-40）］，可以用体积流量表示，入口直径要满足以下条件：

$$d\geqslant\left(\frac{4Q\tau}{0.016\pi}\right)^{1/3} \qquad \text{惯性条件}$$

$$d\leqslant\left(\frac{0.16Q}{\pi V_{ts}}\right)^{1/2} \qquad \text{重力沉降条件}$$

在题目中所给出的条件下，$\tau=6.8\times10^{-4}$s，$V_{ts}=0.0067$m/s（0.67cm/s），$Q=8.3\times10^{-5}\text{m}^3/\text{s}$（5L/min）。这也就是说入口直径应满足 $0.0165\text{m}\leqslant d\leqslant0.025\text{m}$，这样就能满足 Davies 关于采集典型样品的要求。

Agarwal 和 Liu 标准是一个单项条件，它与入口尺寸、颗粒物弛豫时间以及沉积速度有关［式（6-41）］。入口直径的条件应符合：

$$d\geqslant\frac{\tau V_{ts}}{0.05}$$

因此，$d\geqslant9.0\times10^{-5}$m（0.009cm）时，采样可以满足 Agarwal 和 Liu 标准。

对于流量 $Q=8.3\times10^{-5}\text{m}^3/\text{s}$（5L/min），可以用式（6-43）直接确定入口直径：

$$d \geqslant \left(\frac{4Q}{\pi\sqrt{g}}\right)^{2/5}$$

为了满足式（6-43）的标准，此方程的入口直径 $d \geqslant 1.63 \times 10^{-2}$ m（1.63cm）。这是一个合理的入口直径，此标准适用于所有的粒径。利用式（6-42）可以计算实际采样效率。

6.2.6 低速气流中的采样

前面所讨论的采样是流动空气中的采样和静止空气中的采样，在流动空气中，气体流速比粒子沉降速度大；在静止空气中，粒子沉降速度和重力沉降作用显著。这一部分要讨论的是低速空气中的采样，在低速空气中，粒子的沉降速度会影响尖锐采样嘴的吸入效率。Grinshpun 等（1993，1994）查阅了相关文献，提出了用于修正粒子沉降对吸收效率影响的修正系数，该修正系数可以用于下面的吸入效率关系式中。他们也提供了将用于自由气流流速下的修正吸入效率应用于静止空气的插值法。这就将 Hangal 和 Willeke（1990a，b）的尖锐入口的吸入效率公式延伸到了静止大气采样中。整体吸入效率是静止空气吸入效率和运动空气吸入效率之和：

$$\eta_{\text{asp,overall}} = \eta_{\text{asp}}(1+\delta)^{1/2} f_{\text{moving}} + \eta_{\text{asp,calm air}} f_{\text{calm}} \tag{6-46}$$

η_{asp} 用 6.2.2 中的关系式计算。

重力沉降的修正系数是$(1+\delta)^{1/2}$，δ 定义为：

$$\delta = \frac{V_{\text{ts}}}{U_0}\left[\frac{V_{\text{ts}}}{U_0} + 2\cos(\theta+\varphi)\right] \tag{6-47}$$

式中，θ 为吸入角，定义为从采样气流矢量方向到自由气流矢量方向之间的夹角；φ 为一个垂直方向上的倾角，定义为从重力矢量方向到采样气流矢量方向之间的夹角。一般对角的定义是：逆时针方向为正，顺时针方向为负。在这种情况下，角在同一个平面，并且可以用于式（6-47）。角度 φ 的取值范围是 $-90° \leqslant \varphi \leqslant 90°$，也就是说，采样气流的方向可以从垂直方向（$\varphi = 0°$）到水平方向（$\varphi = \pm 90°$），角 θ 的取值范围为 $-90° \leqslant \theta \leqslant 90°$，也就是说，采样气流速度和自由气流速度可以同轴（$\theta = 0°$）或垂直（$\theta = \pm 90°$）。

加权系数是：

$$f_{\text{moving}} = \exp\left(-\frac{V_{\text{s}}}{U_0}\right) \tag{6-48}$$

$$f_{\text{calm}} = 1 - \exp\left(-\frac{V_{\text{s}}}{U_0}\right) \tag{6-49}$$

式（6-42）用于计算 $\eta_{\text{asp,calm air}}$。式（6-8）(Belyaev 和 Levin，1974，1974）用于计算同轴采样，$\theta = 0°$。式（6-21）(Durham 和 Lundgren，1980；Hangal 和 Willeke，1990b）适用于 $0° < \theta \leqslant 60°$，式（6-23）(Laktionov，1973；Hangal 和 Willeke，1990b）适用于 $60° < \theta \leqslant 90°$。参数值的选择应保证斯托克斯数以及速度比值在一定的范围内。一系列的试验结果表明，这些公式能与试验数据很好地吻合。这些公式的应用条件是：$0° \leqslant \theta \leqslant 90°$；$0° \leqslant \varphi \leqslant 90°$；$0 \leqslant U_0/U \leqslant 10$；$10^{-3} \leqslant Stk_{\text{i}} \leqslant 10^2$；$10^{-3} \leqslant V_{\text{s}}/U \leqslant 1$，并规定式（6-46）中所用到的每种关系式都不得超过其应用范围。

应注意，Grinshpun 等（1993，1994）没有考虑下向采样，主要是由于缺少在静止空气条件下的数据。Chen 和 Baron（1996）发现，在很多情况下，石棉采样口（直径 25mm，长 50mm）的吸入效率与公式的计算值吻合较好。尽管如此，在 $\varphi=60°$、$U_0/U=15$（超出了建议的范围）时，公式计算出的吸入效率要比试验值高 4 倍多，在这种条件下，Durham 和 Lundgren（1980）的公式［式（6-21）］与试验值很好地吻合。

6.3 样品输送

样品的输送系统由必需的管道装置组成，这些装置将气溶胶样品输送到测量仪器或储存器内。系统由管道、弯管和流量压缩元件（constrictions）组成。输送系统设计的原则是使粒子的损失最小化，要达到这个目的常见的方法是缩短传输距离和传输时间。在一系列装备中，样品储存器（如袋子和箱子）在许多采样中都是很有必要的。例如，进行环境空气采样时，采样必须在短时间内完成，这样就没有时间完成仪器分析。样品在短时间内被吸入袋子中，然后再从袋子中取出样品进行测量；另一个例子就是测试高效过滤器，当过滤器内的气溶胶浓度很低时，通过滤膜的气流速度相对于测量仪器的样品气流速度是很高的。这种情况下，低浓度的气溶胶就需要长时间的采样，而采样时间过长是不切实际的。

在粒子的输送和停留时间内，各种沉积机制可以使粒子损失。原因通常有如下几个：

① 重力沉降；

② 扩散沉积；

③ 湍流惯性沉积；

④ 弯管处的惯性沉积；

⑤ 气流阻塞器处的惯性沉积；

⑥ 静电沉积；

⑦ 热传导沉积；

⑧ 扩散传导沉积。

以上许多机制的关系式在湍流和层流中都存在。然而，这些关系式不适用于气流过渡区。在采样管路中需要谨慎避免这些气流过渡区。在下面讨论输送过程中粒子的沉积时，假定采样线路是直的或者是圆环形的，全程输送效率 $\eta_{\text{transport}}$ 是每个气流元素在每个机制作用下的输送效率之积。$\eta_{\text{flow element},\text{mechanism}}$ 见式（6-6）。

下面列出了采样过程中的各种机制以及气流元素（相关内容见 6.3 节），并附有相应的公式编号。

$\eta_{\text{tube,grav}}$　层流［式（6-52）］和湍流［式（6-56）］采样管路中的重力沉降

$\eta_{\text{tube,diff}}$　层流［式（6-57）和式 6-58］和湍流［式（6-57）和式（6-60）］采样管路中的扩散沉降

$\eta_{\text{tube,turb inert}}$　湍流采样管路中的惯性沉积［式（6-62）］

$\eta_{\text{bend,inert}}$　层流［式（6-68）］和湍流［式（6-69）］的采样管路弯管处的惯性沉积

$\eta_{\text{cont,inert}}$　层流中气流突然收缩时的惯性沉积［式（6-72）］

$\eta_{\text{tube,th}}$　湍流采样管路中的热传导沉积［式（6-73）］

$\eta_{\text{tube,dph}}$　湍流采样管路中的扩散传导沉积［式（6-78）］

$\eta_{\text{bag,grav diff}}$　充分混合的储存仓内的重力沉积和扩散沉积的综合作用［式（6-79）］

这不是一个完整的列表，但是它包括了气溶胶采样中常常会遇到的情况。

6.3.1 采样管路中的重力沉降

在运输过程中，颗粒物由于重力作用而下沉，继而沉积到采样系统的非垂直管路中较低的壁面上。重力沉降、不同方位管道的沉积以及不同气流状态下的沉积关系式都能查到。

在横截面是圆形的水平管道层流中，Fuch（1964）和 Thomas（1958）通过假设抛物线形的气流分布，从而独立解决了有关重力沉降所带来的问题。圆形水平管道中层流的重力沉降输送效率 $\eta_{tube,grav}$ 为：

$$\eta_{tube,grav}=1-\frac{2}{\pi}\left[2\varepsilon\sqrt{1-\varepsilon^{2/3}}-\varepsilon^{1/3}\sqrt{1-\varepsilon^{2/3}}+\arcsin(\varepsilon^{1/3})\right] \tag{6-50}$$

$$\varepsilon=\frac{3}{4}Z=\frac{3}{4}\times\frac{L}{d}\times\frac{V_{ts}}{U} \tag{6-51}$$

式中，Z 为重力沉降参数；L 为管道长度；d 为管道内径。

Pich（1972）认为，式（6-50）可以应用于椭圆形管道中的层流，这需要用椭圆的短轴长 ε 替换式（6-51）中的管道直径 d。不论是长轴水平还是短轴水平，这个关系式都适用。

在一个相对于水平面的倾角为 θ 的圆形管道中，粒子垂直于管壁的沉积速度为 $V_{ts}\cos\theta$。Heyder 和 Gebhart（1977）修改了式（6-50），得到倾斜的圆形管道层流中重力沉降的关系式，该关系式与试验结果吻合得很好，可以作为输送效率 $\eta_{tube,grav}$ 的一般关系式。对于圆形管道中层流的重力沉降来说：

$$\eta_{tube,grav}=1-\frac{2}{\pi}\left[2K\sqrt{1-K^{2/3}}-K^{1/3}\sqrt{1-K^{2/3}}+\arcsin(K^{1/3})\right] \tag{6-52}$$

$$K=\varepsilon\cos\theta=\frac{3}{4}\times\frac{L}{d}\times\frac{V_{ts}}{U}\cos\theta \tag{6-53}$$

$$\frac{V_{ts}\sin\theta}{U}\ll 1 \tag{6-54}$$

式（6-54）表明，粒子沉降速度在轴方向上的分量应该比在管道中的平均流速小。对于水平气流（$\theta=0°$），式（6-52）可简化为式（6-50）。

Wang（1975）从理论上推导出了倾斜管道中层流重力沉降的公式，该公式表明沉积速度取决于管道内气流的方向，上向气流的沉积不同于下向气流的沉积。当不满足式（6-54）的条件时，就可以利用 Wang 的公式。Heyder 和 Gebhart（1977）表示，当满足式（6-54）的条件时，Wang 的公式就可以简化成为式（6-52）。

用式（6-52）计算的垂直管道层流中重力沉降引起的输送效率是 1（100%）。垂直管道中没有水平区域，因此不会有粒子沉积。应当记住式（6-54）的条件，以避免在采样中出现这种情况：采样气流速度不够大，从而不能确保粒子通过垂直采样管路。

在垂直管道的层流中，另外一个需要考虑的因素是 Saffman 作用力。该作用力使下向气流中的粒子向壁面的方向运动，上向气流中的粒子向远离壁面的方向运动（Saffman，1965，1968）。Saffman 力来自于边界层的速度梯度对球形粒子产生的托举力，这种力可以使粒子穿过流线。Lipatov 等（1989，1990）讨论过这种作用力，该作用力对 15μm 左右的粒子有显著的作用，且该作用力随着速度梯度和粒子粒径的增大而增强。

在水平管道中的湍流，假定充分混合的气体通过边界层时产生重力沉降损失，输送效率 $\eta_{tube,grav}$ 为（Schwendiman 等，1975）：

$$\eta_{\text{tube,grav}}=\exp\left(-\frac{4Z}{\pi}\right)=\exp\left(-\frac{dLV_{\text{ts}}}{Q}\right) \tag{6-55}$$

式中，Q 是指通过管道的气体的流量。

当管道倾斜或者垂直时，层流中重力沉降的修正也可以用于湍流的修正中。湍流中，粒子在重力沉降作用下的输送效率是：

$$\eta_{\text{tube,grav}}=\exp\left(-\frac{4Z\cos\theta}{\pi}\right)=\exp\left(-\frac{dLV_{\text{ts}}\cos\theta}{Q}\right) \tag{6-56}$$

像层流的情况一样，式（6-54）的标准也适用于湍流情况。层流中关于垂直流速的注意事项也适用于湍流情况。

图 6-12 显示了倾斜角为 θ 的管道在层流和湍流中重力沉降的输送效率，分别用式（6-52）和式（6-56）计算。当输送效率大于 0.5 时，两种气流模式的结果大致相同，这表明当管道的直径和长度一定时，气流速度越大，重力沉降损失越小。在湍流和层流两种不同的情况下，重力沉降都取决于参数 $Z\cos\theta=V_{\text{ts}}L/Ud\cos\theta=\pi dV_{\text{ts}}L/4Q\cos\theta$。减小 Z 可以提高输送效率。减小输送距离 L、提高气流量 Q、在气体流量一定的情况下减小管道直径或减小管道倾斜角 θ 都可以减少 Z。

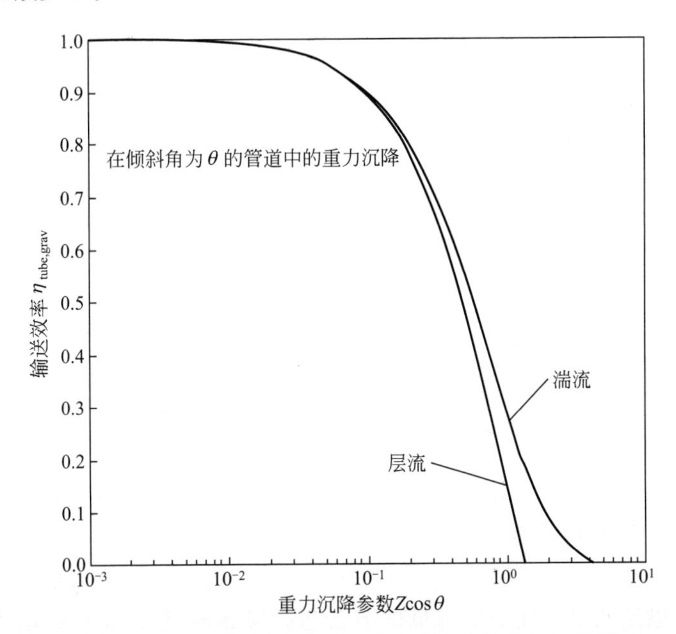

图 6-12 受到重力沉降的粒子流经倾斜角为 θ（与水平方向的夹角）的管道时，其输送效率 $\eta_{\text{tube,grav}}$ 与重力沉降参数 Z 的函数关系图。该图同时给出了层流关系式和湍流关系式

Yamano 和 Brockmann（1989）指出，当一个弯曲管道中的气流为湍流时，它的重力损失输送效率与具有相同直径、长度与投影长度的水平管道的重力损失输送效率相同。当弯管中的气流为层流时，它的速度剖面图就不同于直管的速度剖面图，输送效率也不同于投影长度相同的水平管道的输送效率。

6.3.2 采样管路中的扩散

由于布朗运动，颗粒物可以从浓度高的地方扩散至浓度低的地方。管壁可作为扩散颗粒物收集器且壁上颗粒物浓度可视为零，颗粒物会向管壁扩散并沉积在管壁上。在管道气流中，伴有颗粒物扩散损失的输送效率 $\eta_{tube,diff}$ 一般表示为：

$$\eta_{tube,diff}=\exp\left(-\frac{\pi dLV_{diff}}{Q}\right)=\exp(-\xi Sh) \tag{6-57}$$

式中，V_{diff} 为颗粒物扩散至管壁的沉积速度；Sh 为舍伍德数。

V_{diff} 为扩散沉积速度，也称质量传递系数，该系数由已知的热传递和质量传递的关系式决定。舍伍德数（Sherwood number，$Sh=V_{diff}d/D$）是无量纲的质量传递系数。在层流和湍流两种状态下舍伍德数都与雷诺数（Reynolds number，$Re_f=\rho_f Ud/\eta$）和施密特数（Schmidt number，$Sc=\eta/\rho_f D$）有关。对于层流，Holman（1972）得出下列公式：

$$Sh=3.66+\frac{0.0668\frac{d}{L}Re_f Sc}{1+0.04\left(\frac{d}{L}Re_f Sc\right)^{2/3}}=3.66+\frac{0.2672}{\xi+0.10079\xi^{1/3}} \tag{6-58}$$

$$\xi=\frac{\pi DL}{Q} \tag{6-59}$$

式中，D 为粒子扩散系数；L 为管道长度；Q 为通过管道的流量。

对于湍流，Friedlarder（1977）给出：

$$Sh=0.0118Re_f^{7/8}Sc^{1/3} \tag{6-60}$$

从上面选择合适的公式就可以确定扩散沉积速度，并应用式（6-57）来计算颗粒物在管道中发生扩散沉积时的传输效率。

层流表达式的计算结果与 Gormley 和 Kennedy（1949）的层流管道扩散沉积试验的分析结果吻合。Gormley 和 Kennedy（1949）给出了层流扩散沉积中输送效率的著名公式：

$$\eta_{tube,diff}=1-2.56\xi^{2/3}+1.2\xi+0.177\xi^{4/3}(\xi<0.02) \tag{6-61}$$

$$\eta_{tube,diff}=0.819\exp(-3.657\xi)+0.097\exp(-22.3\xi)+0.032\exp(-57\xi)(\xi>0.02) \tag{6-62}$$

Gormley 和 Kennedy（1949）同样给出了两个平行板间的层流扩散沉积的输送效率表达式。

由式（6-58）和式（6-57）计算的结果与 Gormley 和 Kennedy（1949）的式（6-61）和式（6-62）计算的结果差别甚微。

在层流的扩散沉积中，输送效率只是 $\xi=\pi DL/Q$ 的函数，与管道直径无关。通过保持较低的 ξ 值可以提高输送效率。使 ξ 值降低的方法包括减少输送距离 L 和增大流量 Q。图 6-14 表明了发生扩散沉积的颗粒物的输送效率与颗粒物直径的关系。层流（图的上半部分）和湍流（下半部分）的结果是在 101kPa、20℃时，直径为 12.7mm、长度为 200cm 管道中的测量值。从图中的层流部分可以看到，Q 的增大引起雷诺数的增大和小粒径颗粒物输送效率的提高。

Brockmann 等（1982）的研究证明了应用式（6-60）和式（6-57）计算湍流管道中颗粒物扩散沉积的可行性。式（6-57）中的层流项 ξSh 表明，湍流中的输送效率并不十分取决于流量 Q，这可从图 6-13 看出。降低输送距离 L 或提高管道直径 d 均可提高输送效率。

Lee 和 Gieseke（1994）研究了采样管道中同时发生的湍流扩散和惯性沉积（下一节会介绍湍流惯性沉积），数据表明，湍流中粒径较大的扩散颗粒物的相互作用会大大增强粒子的沉积，这种现象无法用下面即将讨论的扩散关系式和湍流惯性沉积关系式给出合理的解释。这里应该有一个基于雷诺数的最小沉积速度，该现象将在下一节介绍。

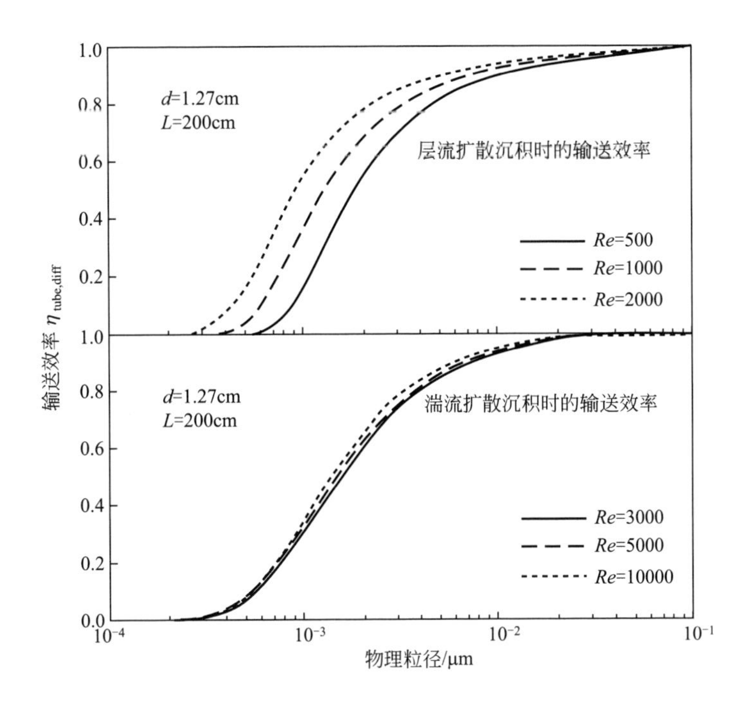

图 6-13 在 101kPa、20℃下，层流（上图）和湍流（下图）情况下，在管道中发生扩散沉积时粒子的输送效率 $\eta_{\mathrm{tube,diff}}$ 与粒径的函数关系图。其中，管道直径为 12.7mm、长度为 200cm

【例 6-3】 设计一个稀释器，以测量通过毛细气流计的气溶胶流量。在 1.013×10^5 Pa、20℃条件下，样品流量为 $5\times10^{-6}\mathrm{m^3/s}$，通过直径为 0.00181m、长度为 0.05m 的毛细管。假设不存在粒径小于 0.1μm 的颗粒物，请分别计算直径为 0.1μm、0.01μm、0.001μm 的颗粒物通过毛细采样管的输送效率。

解：在上面条件下，雷诺数为 510 且为层流。粒径为 0.1μm 的颗粒物的重力沉降参数 Z 为 3.9×10^{-6}，重力沉积可以忽略。损失只来自于层流中的扩散沉积［式（6-57）和式（6-58）］。直径为 0.1μm、0.01μm、0.001μm 的粒子的输送效率分别为 1.0、0.96、0.45。

6.3.3 采样管路中的湍流惯性沉积或涡流

在管道湍流中可观测到 3 个沉积区域（Guha，1997）。第一个区域是湍流扩散区，在该区域内，湍流影响中心混合，粒子通过布朗运动由层流下层转移到管壁中，该区域适合于小粒子，这在前一节介绍过；第二个区域是湍流扩散-旋涡碰撞区，它适合于较大粒子，在该区域内，惯性起主要作用，粒子沉积速度随其粒径的增大而增大；第三个区域是粒子惯性-稳定区域，适合更大的粒子。在该区域内，粒子惯性很大以至于运动轨迹不受湍流的影响，湍流惯性沉积随粒径增大而稍微减少。Guha（1997）提出了一个描述三种区域的水平对流-扩散理论。他使用质量和粒子动量的欧拉方程来得到这个理论。该理论包括布朗和湍流扩散、热迁移、托举力、电力和重力，结果产生了涡流，该一般理论适用于数解，并且可编入计算流体动力学语言中。

后两个区涉及湍流惯性沉积或涡轮电泳，本部分将加以介绍。

通过试验可以观察到湍流中粒子沉积的增强状况（Friedlander 和 Johnstone，1957；Liu 和 Agarwal，1974；Lee 和 Gieseke，1994；Muyshondt 等，1996）。这里有几个湍流中粒子惯性沉积的模型。一个基本概念就是自由飞行停止距离（free flight stopping distance）。这一概念可以表示位于管道气流中心区域的湍流推动粒子从湍流边界层进入层流下层。如果粒子的惯性足够大，那么粒子可以完全穿过层流下层然后被吸附到管壁上。其他模型的成立均基于粒子的运动轨迹（Reynolds，1999；Chen 和 Ahmadi，1996）和托举力（Ziskind 等，1998）。

湍流惯性沉积中粒子的输送效率 $\eta_{\text{tube,turb inert}}$ 可以用湍流惯性沉积速度 V_t 来表达：

$$\eta_{\text{tube,turb inert}}=\exp\left(-\frac{\pi dLV_t}{Q}\right) \tag{6-63}$$

Liu 和 Agarwal（1974）发现无量纲湍流沉积速度 V_+ 随无量纲的粒子弛豫时间 τ_+ 的增加而快速增加，当 τ_+ 值接近 30 时，V_+ 达到峰值 0.14，这就是湍流扩散-旋涡碰撞区域（约为 $0.3<\tau_+<10$）。当 τ_+ 值大于 10 时，V_+ 随 τ_+ 的变化而缓慢变化，在 $\tau_+=1000$ 时降低至 0.085，这是粒子惯性稳定区域。在 $\tau_+<12.9$ 区域中，Liu 和 Agarwal（1974）发现了 V_+ 和 τ_+ 之间的关系式，在 Lee 和 Gieseke（1994）研究结果的基础上，人们对该关系式做了一些改动（见下）。

Lee 和 Gieseke（1994）进一步研究了湍流中由湍流惯性沉积和布朗扩散同时作用引起的粒子沉积的数据资料，他们的结果并不是由两种机制的联合关系式预测出来的。试验得到的无量纲的粒子沉积速度，要比通过两种机制的联合关系式得到的预测值高。这些数据表明，基于雷诺数的最小无量纲沉积速度，可以加到由湍流惯性沉积关系式预测出的无量纲沉积速度中。另外一个量是 $2\times10^{-8}Re$。这可以提高受到湍流惯性沉积和布朗扩散影响的粒子的沉积速度。

$$V_+=6\times10^{-4}\tau_+^2+2\times10^{-8}Re_f \tag{6-64}$$

$$V_+=5.03\frac{V_t}{U}Re_f^{1/8} \tag{6-65}$$

$$\tau_+=0.0395StkRe_f^{3/4} \tag{6-66}$$

式中，V_+ 为沉积速度（无量纲）；τ_+ 为粒子弛豫时间（无量纲）；V_t 为湍流惯性沉积中的沉积速度；Stk 为与管道直径和管道内部气流速度相关的斯托克斯数。

Liu 和 Agarwal 的试验结果表明，当 τ_+ 大于 12.9 时，V_+ 可以视为常数。

$$V_+=0.1 \quad 其中\ \tau_+>12.9$$

Reeks 和 Skyrme（1976）认为输送粒子到达边界层的湍流对粒子的影响随粒径减小而降低，从而解释了惯性稳定区域内的粒子沉降速度随粒径减小而减小的原因，即表现为 V_+ 的减小。与较小粒子相比，较大粒子更不易受湍流影响。他们给出一个模型用以解释 τ_+ 值较大时 V_+ 降低的原因。Im 和 Ahluwalia（1989）同样给出一个模型以解释 V_+ 降低的原因，这种模型既适用于粗糙表面也适用于光滑表面。这两种模型都包括一些相似的公式，且与 Liu 和 Agarwal（1974）的结果相差不大。

Guha（1997）提出了一个关于湍流中颗粒物水平对流和扩散的联合理论，可应用于计算流体动力学。

Muyshondt 等（1996）给出了较大粒子的无量纲沉积速度，这些速度高于 Liu 和

Agarwal的关系式的计算值。Muyshondt等的数据的涵盖范围是：粒径大于1μm，管道直径为0.5～4ft（1ft＝0.3048m），雷诺数为2500～50000，无量纲粒子弛豫时间为0.5～30。他们的关系式中包含了一个关于较大粒径粒子的雷诺数，并认为此雷诺数反映了湍流扩散效应，而无量纲弛豫时间的公式内没有包括这种效应。Muyshondt等的关系式与Liu和Agarwal（1997）及Lee和Gieseke（1994）的关系式不相符，同样与上述Liu和Agarwal的修正关系式不相符。当雷诺数较大时，他们得到的粒子沉降速度比Liu和Agarwal（1997）得到的值要高。

图6-14为在湍流惯性沉积作用下，不同流量和直径的状态下粒子的输送效率与空气动力学直径的关系图。前面提到，Lee和Gieseke（1994）修正了Liu和Agarwal的关系式，注意在图6-14的条件下，该修正减小了输送效率，但是减少量在2%以内。通过增加管径d、减少体积流量Q或减小输送距离L都可以提高输送效率。

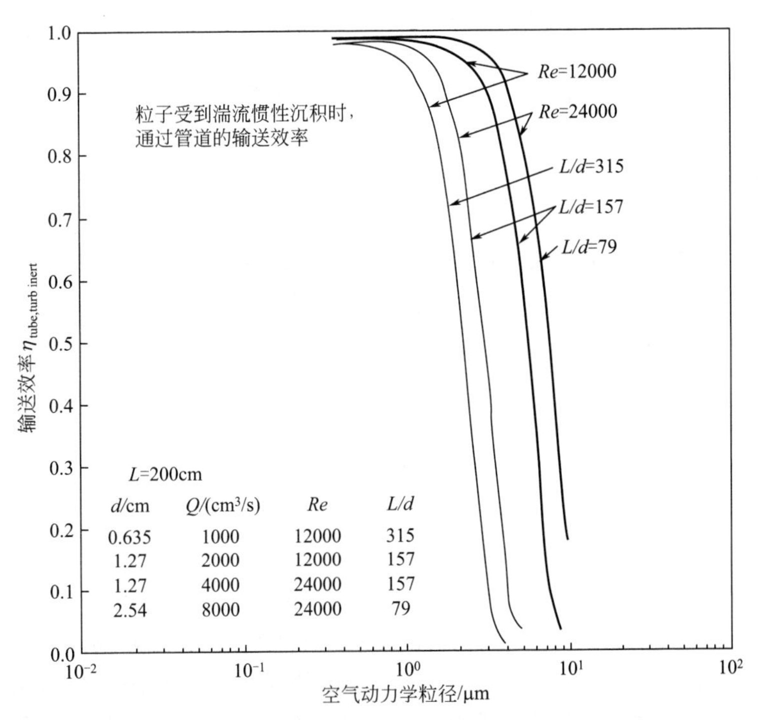

图6-14 在1atm、20℃条件下，湍流惯性沉积的粒子分别以流量$1\times10^{-3}m^3/s$、$2\times10^{-3}m^3/s$、$4\times10^{-3}m^3/s$和$8\times10^{-3}m^3/s$通过长度为2m，直径分别为6.35mm、12.7mm、12.7mm和25.4mm的管道，其输送效率$\eta_{tube,turb\ inert}$与空气动力学粒径的函数关系图

【例6-4】 在1.013×10^5Pa、20℃条件下，空气动力学直径为15μm的粒子通过直径为0.0127m、长度为1.0m的与水平方向倾角为45°的管道。计算以$8.3\times10^{-5}m^3/s$和$8.3\times10^{-4}m^3/s$的流量通过管道的总输送效率。

解：重力沉降、扩散和湍流惯性沉积都可能导致颗粒物沉积发生。在上述情况下，$8.3\times10^{-5}m^3/s$的雷诺数是540（湍流），$8.3\times10^{-4}m^3/s$的雷诺数是5400（湍流）。15μm粒子的扩散系数是$1.6\times10^{-12}m^3/s$，这两种情况下的扩散沉积都可以忽略。

在 $8.3\times10^{-5}m^3/s$ 情况下，气流为层流，主要沉积源于重力沉降［式（6-52)］。在上述情况下，$K=0.42$，传递效率为 0.42。在 $8.3\times10^{-4}m^3/s$ 情况下，气流中的湍流沉积来自于重力沉降［式（6-56)］和湍流惯性沉积［式（6-62)］。在上述情况下，$Z\cos\theta=0.056$，重力沉降引起的输送效率是 0.93，斯托克斯数是 0.35，湍流惯性沉积引起的输送效率是 0.37。这样总输送效率为 0.34。

6.3.4 弯管内的惯性沉积

采样气流到达弯管时方向会发生变化，由于惯性作用，气流中的粒子会从气流中冲出而沉积在弯管壁上。在层流中，二次循环的气流运动模式会促使轴部气流中心向弯管外移动，从而影响弯管内外的粒子沉积。这些循环气流影响了粒子沉积，同时这些循环气流又受到雷诺数和弯管的弯曲半径的影响。穿过弯管的层流要比穿过直管的层流稳定。当雷诺数接近于 5000 时，仍可将气流视为层流。表示弯管层流中气流沉积的有关参数有曲率 R_0、气流雷诺数（$Re=\rho dU/\eta$）以及斯托克斯数与管道直径和平均气流速度组成的公式（$Stk=\tau U/d$），其中曲率 R_0 是弯管半径与管道半径之比。

Crane 和 Evans（1977）给出了计算样品输送效率的经验公式 $\eta_{bend,inert}$，该公式可以明确表示出粒子在 90°弯管层流惯性沉积情况下的输送效率，同时可以扩展到其他角度。

$$\eta_{bend,inert}=1-Stk\varphi \tag{6-67}$$

式中，φ 为弯管的弧度数。

这种关系式是经验值的近似值（Crane 和 Evans，1977），该公式假设只有在斯托克斯数为零时沉积才为零。弯管层流中粒子沉积速度的计算结果（Chengs 和 Wang，1981）及 Pui 等（1987）的研究表明，当斯托克斯数较小时（$Stk<0.05\sim0.1$，取决于雷诺数），在弯管中不会发生惯性沉积作用。如果弯管层流中的斯托克斯数一直低于该值，那么就不会发生沉积。

Chengs 和 Wang（1981）给出了雷诺数在 100～1000 的计算结果。Pui 等（1987）发现 Chengs 和 Wang（1981）的计算结果在雷诺数为 1000 时与试验结果吻合，而在 100 时则不吻合。产生不吻合是因为：假设流与实际流当雷诺数很小时有差别。当雷诺数为 1000 时，曲率 R_0 在 4～30 范围内的试验结果符合 Cheng 和 Wang（1981）的模型。虽然没有给出相关关系式，但在 $Re=1000$、$R_0=8$ 时，层流通过 90°弯管时 $Stk\approx0.05$ 的输送效率是 1；$Stk\approx0.16$ 的输送效率是 0.5；$Stk\approx0.32$ 的输送效率是 0.1。这些结果为估计传输效率提供了参考。

Pui 等（1987）给出了当雷诺数为 1000、曲度为 5.6～5.7、弯管内径为 4～8.5mm 的粒子沉积的数据。这些数据产生了一个关系式，这个关系式比 Crane 和 Evans（1977）的关系式更令人满意：

$$\eta_{bend,inert}=\left[1+\left(\frac{Stk}{0.171}\right)^{0.452\frac{Stk}{0.171}+2.242}\right]^{-\frac{2}{\pi}\varphi} \tag{6-68}$$

Pui 等（1987）同样给出一个与雷诺数无关的弯管内湍流沉积的表达式。分析结果表明粒子从混合良好的中心区通过边界层后，以恒定的速度沉积，沉积数量与气溶胶通过的角度成比例。这种分析与数据较吻合。以数据为基础的弯管湍流输送效率关系式是：

$$\eta_{bend,inert}=\exp(-2.823Stk\varphi) \tag{6-69}$$

图 6-15 是粒子在湍流或层流的惯性沉积作用下，弯角为 90°时斯托克斯数与输送效率的关系图。上面的这些关系式都能在文献中找到。上面 Cheng 和 Wang（1981）提到的 $Re=1000$ 和 $R_0=8$ 时的数据及 Pui 等（1987）在湍流或者层流状态下的数据都有 3 个值。

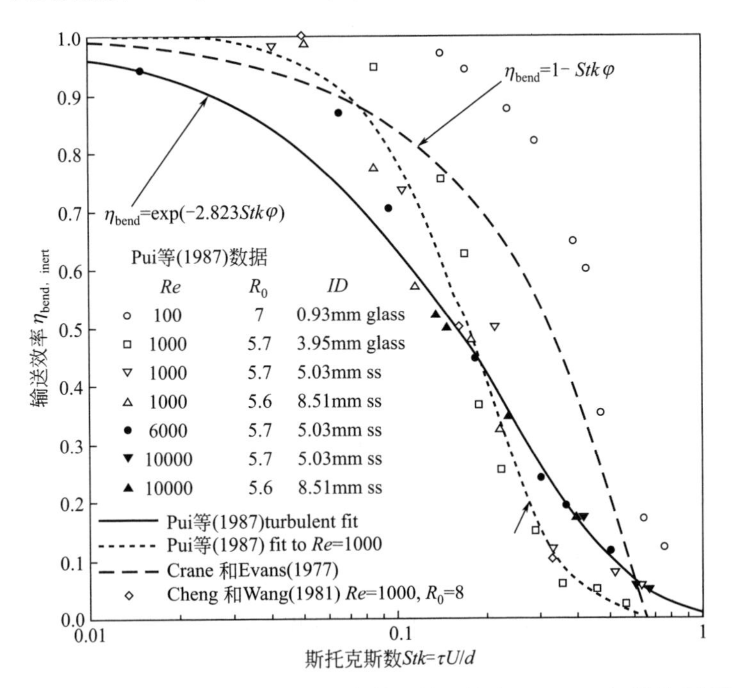

图 6-15 惯性沉积作用下，粒子通过弯管的输送效率 $\eta_{bend,inert}$ 与斯托克斯数的函数关系图。通过弯管的气体平均速度为 U，管径为 d

如果采样管路需要一个弯道，那么弯管的曲率应该大于或等于 4。为了提高弯管的输送效率，斯托克斯数必须保持很小的值。假如层流中斯托克斯数可以保持在 0.05 以下，那么弯管惯性沉积引起的损失将达到最小。如果气流是湍流，用式（6-69）可以计算损失量。

6.3.5 采样管路中气流压缩元件的惯性沉积

采样管路中应尽量不使用气流压缩元件（flow constriction），因为使用气流压缩元件后造成的损失难以估计。以下情况会导致气体压缩：气流通过管阀（尽管球形阀比一般的管道接口对气流的扰动小）；气流通过内嵌孔；气流通过曲率接近于 1 的直角弯管、T 形弯管和交叉弯管时气流方向突然变化；管道直径由大变小。如果一个采样系统具备上述的一种或几种条件，就应该对粒子的输送进行试验验证以确定其适用范围。同样，气流的瞬间膨胀也会产生旋涡，这时的粒子沉积也很难估计，所以应该避免这些旋涡产生。

在一些情况下可以估计粒子通过气流压缩元件的输送效率。例如，前面介绍的弯角为 90°时的输送效率关系式可以计算球形、交叉形或直角形弯管的传输效率。在这种情况下计算要用最大速度值。

Ye 和 Pui（1990）提出了瞬间收缩的管道层流中的粒子惯性沉积关系式，并通过大量计算证明了这些关系式，同时也与文献中的试验数据相符。该关系式可以应用在横截面由大到小均匀减小的一系列同轴环状管道中。较大直径的管道是收缩的入口（直径为 d_i），较小直径的管道是出口（直径为 d_o），这种几何设计在一般管道中很常见。从大径管道到小径管道的输送可用收缩角的一半来表示。钝形收缩的角度是 90°，逐渐过渡到小于 90°的收缩角，Muyshondt 等（1996）以及 Chen 和 Pui（1995）已经报道了一些数据。我们将在斯托克斯数和经过压缩元件的渗透部分条件下陈述这些数据。Chen 和 Pui（1995）的数据是在直径比为 2，收缩角为 75°、45°和 15°的条件下取得的。上向气流中的雷诺数为 1000。Muyshondt 等（1996）的数据是在直径比为 4.02、2.15 和 1.323，收缩角为 90°、45°和 12°的条件下获得的，这些数据作为与 $Stk[1-(d_o/d_i)^2]$ 相关的渗透被报道。Muyshondt 等（1996）关系式中的雷诺数是湍流区中的雷诺数。

Ye 和 Pui（1990）给出了关于颗粒物在 90°收缩条件下经过惯性沉积的传输效率 $\eta_{cont,inert}$。该传输效率是管径比（d_o/d_i）和斯托克斯数的方程式，而斯托克斯数基于小管的直径和较大管的平均速度 $Stk=TU_0/d_o$。Chen 和 Pui（1995）给出了具有相同参数的关系式。在层流中，管道中心颗粒物的流量较大，由此我们得到了层流中大斯托克斯数时的最小穿透值：

$$\eta_{cont,inert,laminar\ min}=1-\left[1-\left(\frac{d_o}{d_i}\right)^2\right]^2 \tag{6-70}$$

假定湍流的速度剖面图是平的，这样通过管路横截面的粒子就是一致的。该假设给出在湍流中大斯托克斯数时的最小穿透值：

$$\eta_{cont,inert,turbulent\ min}=\left(\frac{d_o}{d_i}\right)^2 \tag{6-71}$$

Muyshondt 等（1996）把数据与穿透函数联系起来：

$$\eta_{cont,inert}=1-\frac{1}{1+\left\{\dfrac{2Stk\left[1-\left(\dfrac{d_o}{d_i}\right)^2\right]}{3.14\exp(-0.0185\theta)}\right\}^{-1.24}} \tag{6-72}$$

式中，θ 是收缩角的度数。

这个关系式与数据吻合得很好，且比 Ye 和 Pui（1990）及 Chen 和 Pui（1995）给出的关系式方便计算。

图 6-16 是当收缩角度为 12°～90°时，粒子输送效率与 $Stk[1-(d_o/d_i)^2]$ 的关系图，数据来源于 Chen 和 Pui（1995）及 Muyshondt 等（1996）。同时也给出了三个收缩角度下 Muyshondt 等（1996）的关系式。当公式计算出的渗透值较低时，应该再把渗透考虑到上述限制条件中，保持较小的斯托克斯值可以获得较大的输送效率。

6.3.6 采样管路中的静电沉积

在输送过程中，采样管路内的带电粒子可以因静电作用而沉积。即使是中性气溶胶，其中一些粒子也会带电。带电是由于离子扩散到粒子而产生的。在射线的作用下，环境中会不断产生离子。离子浓度一定时，电荷可在气溶胶粒子上平衡分配。粒子同样会因它们的产生机制而带电。采样管路内部的静电荷或外加的电场都可以造成粒子沉积。因为粒子上的电荷分配及采样路线中外加电场对电荷的影响机制不明确，所以很难描述采样管路中粒子的静电沉积。当粒子不带电或采样管路中不存在电场时，静电作用通常可以忽略，另一方面，在不导电管道中输送较高的带电粒子时，静电作用力会比前面讨论的其他作用力更大。

静电沉积在很大程度上可以避免，使用金属管道或其他导电管道来避免电场产生，这样

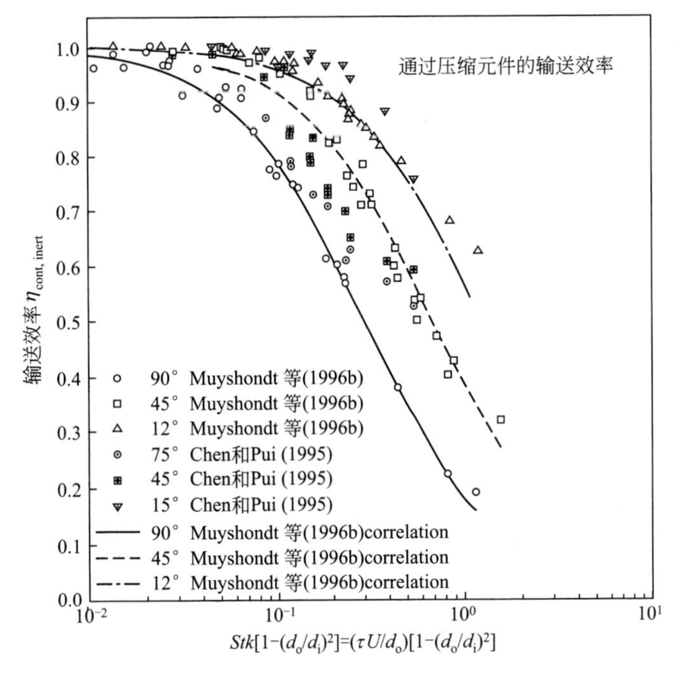

图 6-16 通过瞬间压缩元件（压缩比是 0.9、0.5 和 1）的粒子输送效率 $\eta_{cont, inert}$ 与斯托克斯数的函数关系图（大管道中的气体速度为 U，小管的直径为 d_o）

就没有电绝缘物质，因此可以减轻沉积问题。如果没有金属管道，也可以用聚乙烯代替（Liu 等，1985）。在粒子输送过程中，应该避免使用 Teflon™ 和 Polyflo™ 这种聚四氟乙烯材质（Liu 等，1985）。

6.3.7 采样管路中热迁移沉积

气体的温度梯度将悬浮粒子从高温处输送到低温处，这种由于热力学梯度导致的粒子运动称为热迁移。热迁移速度 V_{th} 是粒子热迁移力与阻力平衡的结果。热迁移速度由温度梯度决定。但温度梯度对粒径远大于气体分子平均自由程（粒子连续区）的粒子，以及粒径远小于气体分子平均自由程的粒子（自由分子区）影响不大。湍流中热迁移沉积下的输送效率为：

$$\eta_{tube,th}=\exp\left(-\frac{\pi dLV_{th}}{Q}\right) \tag{6-73}$$

层流中，要考虑气流和温度梯度条件。但没有人给出层流中输送效率的表达式。

粒子在粒子连续区中的热迁移速度表达式为（Friedlander，1977）：

$$V_{th}=\frac{2\left(\frac{k_g}{k_p}\right)k_g\,\nabla T}{5P\left(1+\frac{2k_g}{k_p}\right)} \tag{6-74}$$

在自由分子区的大粒子的热迁移速度表达式为（Friedlander，1977）：

$$V_{th}=\frac{3\nu\,\nabla T}{4\left(1+\frac{0.9}{8}\pi\right)T} \tag{6-75}$$

式中，V_{th} 为热迁移速度；k_g 为气体热传导率；k_p 为粒子的热传导率；∇T 为气体温度梯度；P 为压强；T 为气体温度；ν 为气体的运动黏度。

Talbot 等（1980）提出了热迁移速度的公式，此公式适用的条件是：粒径介于自由分子区与粒子连续区之间。

$$V_{th}=\frac{2C_s\nu\left(\frac{k_g}{k_p}+C_tKn\right)C(Kn)}{(1+3C_mKn)\left(1+\frac{2k_g}{k_p}+2C_tKn\right)}\frac{\nabla T}{T} \tag{6-76}$$

式中，$C_s=1.13$；$C_t=2.63$；$C_m=1.14$；Kn 为粒子克努森数，为 2 倍的气体分子平均自由程除以粒子的直径 D_p；$C(Kn)$ 为滑流修正系数。

预测采样管路中的热迁移沉积并不容易，因为温度梯度不容易确定。由于气体的热容相对较低，气体温度会迅速达到管壁温度，导致温度梯度改变。单一粒子的热传导率不可知，粒子凝聚体的热传导率与单一粒子的热传导率也不相同，因为凝聚体有空隙。

降低管道内气体温度或升高管道温度可以避免管道内的热迁移沉积。

6.3.8 采样管路中的扩散迁移沉积

非均质气体混合物中的粒子沿气体分子的扩散方向运动，这些分子的扩散是由于浓度梯度产生的。这种作用力称为扩散迁移力，该力产生于对高浓度粒子一侧较重分子的不平等的动量传输。这个力的方向就是大分子的扩散方向。这种作用力下的粒子运动速度被称为扩散迁移速度 V_{dph}。应该区分这种现象与粒子的布朗扩散。扩散是由气体分子的浓度差产生的。在冷凝或蒸发表面附近，另外一种作用可以影响作用在粒子上的力。在其表面附近，冷凝或蒸发的蒸汽具有浓度梯度，这个浓度梯度促使蒸汽通过气体扩散，从而影响蒸汽的冷凝或蒸发。为了保持气压恒定，气体必须具有与蒸汽大小相等方向相反的浓度梯度。如果蒸汽蒸发，气体的浓度梯度就会促使气体向表面扩散；如果蒸汽冷凝，气体的浓度梯度就会促使气体远离表面。由于表面不是气体的源或汇，因此产生了一个空气动力学气流，也叫斯蒂芬气流（Stephan flow），此气流使气体远离蒸发表面而靠近冷凝表面以抵消气体的扩散转移。除了方向与大分子扩散方向相同的扩散迁移力外，Stephan 气流也对粒子产生一个与气流方向一致的作用力（Fuchs，1964；Hinds，1982）。Waldman 和 Schmitt（1966）以及 Goldsmith 和 May（1966）给出了在扩散迁移力和 Stephan 气流作用下的扩散迁移速度表达式：

$$V_{dph}=\frac{-\sqrt{m_1}}{\gamma_1\sqrt{m_1}+\gamma_2\sqrt{m_2}}\frac{D}{\gamma_2}\nabla\gamma_1 \tag{6-77}$$

式中，m_1 为扩散物质的分子量；m_2 为静止物质的分子量；γ_1 为扩散物质的物质的量；γ_2 为静止物质的物质的量；$\nabla\gamma_1$ 为扩散物质的物质的量梯度。

若是水蒸气或者空气，则粒子远离蒸发面或靠近冷凝面。但是，对于湍流管道中气流浓缩引起的扩散迁移，粒子的输送效率 $\eta_{tube,dph}$ 为：

$$\eta_{tube,dph}=\exp\left(\frac{-\pi dLV_{dph}}{Q}\right) \tag{6-78}$$

Whitmore 和 Meisen（1978）研究了大量气体中的冷凝氨在湍流中的扩散迁移沉积，并得到大量数据。数据表明，输送效率与非冷凝气体的物质的量成正比。如果 10% 的气体在输送过程中冷凝了，那么就相当于10%的粒子发生了沉积。依据气体中非冷凝气体物质的量，可以利用Whitmore和Meisen（1978）的结果，大概估算出扩散迁移沉积作用下的粒子输送效率。

应该通过加热或稀释来避免采样管路中发生冷凝，这样就不会发生扩散迁移沉积了。

6.3.9 储存舱与储存袋内的沉积

当气溶胶样品需要暂时储存时会出现沉积。当样品采集速率超过仪器测量速率时，就需要将样品暂时储存。例如使用飞行器采样时，采样时间只有几秒钟，但仪器不可能在如此短的时间内对样品进行测量。这时就可以使用储存舱或袋子将样品暂时储存起来，然后慢慢分析样品。另一个例子是研究气溶胶由气体向粒子转化和凝聚过程中的粒径分布，这也需要暂时储存样品。粒子在储存舱停留时间内的沉积会对测量产生影响。当气溶胶样品的测量时间与舱内储存时间相近时，那么就应考虑沉积效应。

通常应考虑两种不同的沉积机制——重力沉降和扩散。Crump和Seinfeld（1981）及Crump等（1983）建立了在扰动管道内的重力和扩散沉积的模型。应尽量避免不易表述的沉积机制的产生。利用采样技术可以避免扩散迁移和热迁移沉积，也就是说，避免舱壁上产生温度梯度和冷凝。采用导电材料作舱壁材料可以避免静电沉积，例如利用铝化聚酯薄膜或不易受静电沉降影响的物质。应该避免使用聚四氟乙烯，上面静电沉积部分已经说明了原因。McMurry和Rader（1985）及McMurry和Grosjean（1985）给出的试验数据表明，在聚四氟乙烯薄膜的舱内粒子损失会增加，并建立了一个与这些数据吻合的模型以说明舱内粒子的静电沉积。

对于特定形状的管道，有一种模型同时考虑到了其中的重力沉降和扩散沉积两种作用（Crump和Seinfeld，1981）。对于球形管道，Crump和Seinfeld提出了壁面损失系数β：

$$\eta_{\text{bag,grav diff}}=\exp\left(-\int_0^t \beta \mathrm{d}t\right) \tag{6-79}$$

$$\beta=\frac{12k_{\mathrm{e}}D}{\pi^2 RV_{\mathrm{ts}}}\int_0^{\frac{\pi V_{\mathrm{ts}}}{2\sqrt{k_{\mathrm{e}}D}}}\frac{x}{\mathrm{e}^x-1}\mathrm{d}x+\frac{3V_{\mathrm{ts}}}{4R} \tag{6-80}$$

式中，R为管道直径；k_{e}为涡流扩散系数。

式（6-80）的第一项表示扩散损失，包括接近管壁处的衰减涡流扩散（混合水平）的影响；式（6-80）的第二项表示重力沉降的贡献值，它等于沉降速度乘以储存仓沉降面积与舱内体积的比值，重力沉降区域是指水平板上的投影区。这一定义适用于各种形状的管道中的扰动沉降。

涡流扩散系数反映了舱内气体的混合程度。数值越大表明涡流扩散越强，引起的损失就越大。一个体积流量恒定的舱，进入舱内气体的动能使得舱内气体的混合程度保持恒定。若舱是一次性充满气体然后保持封闭，那么，气体混合程度就随时间变化变小。由于涡流扩散系数k_{e}随时间变化而变化，所以式（6-79）包含了与时间相关的积分。式（6-80）中的k_{e}是未知量，必须由实验或推导获得。Crump等（1983）提出k_{e}与湍流能量耗散和气体动力学黏度的比值的平方根成正比。公式如下：

$$k_{\mathrm{e}}=\frac{CQ^{3/2}}{\sqrt{A^2 v V_{\mathrm{c}}}} \tag{6-81}$$

式中，C为比例常数；Q为进入袋中的气流流量；A为气流入口面积；V_{c}为舱的体积。

他们实验用的是体积为 118L 的球形管道。

$$k_e = 1.35 \times 10^5 \times Q^{3/2} \tag{6-82}$$

式中，k_e 的单位为 s^{-1}；Q 的单位为 m^3/s。没有足够的信息来估计式（6-81）中的比例常数。Crump 等（1983）给出的 k_e 的范围为 0.028～0.068s^{-1}，McMurry 和 Rader（1985）给出的范围是 0.0064～0.12s^{-1}。利用较大的 k_e 值可以预测舱内或袋内的扩散损失。由沉降引起的损失更为明显。

图 6-17 是在 20℃、101kPa 条件下，半径为 0.50m 的球形舱充气 600s 后的粒子粒径与气溶胶初始浓度比例的关系图。在上述条件下，给出了 3 个 k_e 值的计算结果。同时假设在 600s 时间内 k_e 值保持恒定。重力沉降只取决于舱的大小，使用较大的舱可以减少重力沉降。k_e 值越大，扩散损失越大；袋子越大，扩散损失越小。

如果袋子形状可改变，那么充气时袋子内壁就会产生一种机械力，这种机械力会使内壁上的粒子再次悬浮。一般情况下，较大的粒子更易于再次悬浮，所以在选择袋子时要考虑到袋内粒子的再次悬浮。

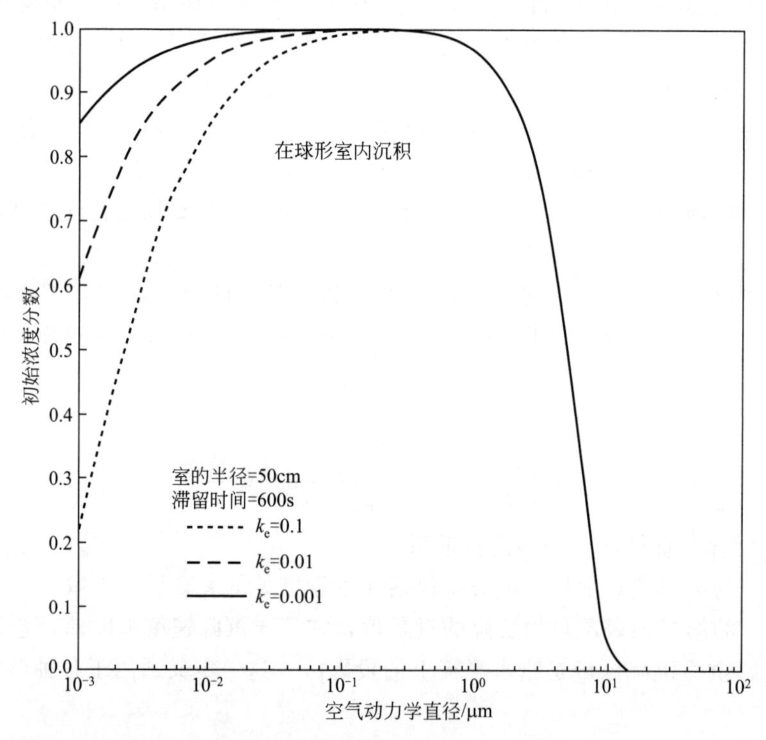

图 6-17 在 20℃、101kPa 的不同的涡流扩散系数 k_e 条件下，在半径为 0.50m、停留时间为 600s 的球形室内，受到扩散沉积和重力沉积的粒子的输送效率 $\eta_{bag,grav\ diff}$ 与空气动力学直径的函数关系图

6.4 其他采样问题

6.4.1 稀释状况下的采样

经常有必要通过稀释降低气溶胶样品的采样浓度。如果需要将样品浓度控制在仪器可以测量的范围内，并抑制化学反应、凝固，降低气体的温度，就需要稀释。在设计或选择稀释

剂的时候，应考虑的因素包括从提取样品到稀释所需要的时间（对于发生凝聚或化学反应的气溶胶来说，这段时间应该尽量短）、稀释速率、稀释中的粒子损失以及气流速度。Brockmann 等（1984）简要讨论了一系列稀释剂，并介绍了一种专门的稀释剂，这种稀释剂可以用于高度稀释以及超细凝固气溶胶的传送过程。第 29 章和第 33 章中也介绍了稀释剂。

选择稀释剂时，要考虑的一个重要因素就是已知稀释比例的不确定度。在稀释样品过程中，稀释气体气流 Q_d 与样品气流 Q_s 混合。从稀释剂出来的总气流 Q_t 是稀释气体和样品气体的总和。稀释速率 DR 是总气流与样品气流之商，可以由这两种气流表示：

$$\mathrm{DR}=\frac{Q_t}{Q_s}=\frac{Q_d+Q_s}{Q_s}=\frac{Q_t}{Q_t-Q_d} \tag{6-83}$$

测量出两个气流值可以得到稀释速率，这当中会产生不确定度差异。当测出 Q_s 和 Q_t 后，稀释速率中的不确定度 $U(\mathrm{DR})$ 就与气流中的不确定度 $U(Q_s)$ 和 $U(Q_t)$ 有关（参考第 22 章有关传播误差的讨论）：

$$U(\mathrm{DR})=[U(Q_s)^2+U(Q_t)^2]^{1/2} \tag{6-84}$$

当 Q_s 和 Q_d 已知，并接近于 DR 值较大时的 Q_s 和 Q_t，此时的不确定度差别很小：

$$U(\mathrm{DR})=\left(1-\frac{1}{\mathrm{DR}}\right)[U(Q_s)^2+U(Q_d)^2]^{1/2} \tag{6-85}$$

当样品气流是已测气流之一时，稀释速率的不确定度只比气流测量的不确定度稍高。当 Q_d 和 Q_t 已测知时，样品气体流速主要由已测数值之间的差异决定。当差别于已测量气流的不确定度时，稀释速率的不确定度就要大于已测知气流的不确定度：

$$U(\mathrm{DR})=(\mathrm{DR}-1)[U(Q_t)^2+U(Q_d)^2]^{1/2} \tag{6-86}$$

在这种情况下，稀释速率中的不确定度随稀释速率的增加而增加。若气流的不确定度为 ±3%，稀释速率为 10，那么由式（6-84）、式（6-86）计算得到的 DR 中的不确定度分别为 ±4.2%、±3.8%。对于较高的稀释，如果需要知道稀释速率，应该测量样品流量。

使采样气体通过层流中的毛细管，这种方法可以测量气溶胶的采样流量（Fuchs 和 Sutugin，1965；Delattre 和 Friedlander，1978；Brockmann 等，1984）。这个系统设计得很好，可以计算粒子损失并提高稀释率，尽管如此，也必须小心以避免毛细管受到阻塞。

稀释气体可以通过管壁上的小孔或多孔的管壁进入气流（Ranade 等，1976），稀释气体还可以在采样气流周围被同轴引入。必须避免不均匀气流的产生，因为不均匀气流会导致未被稀释的样品气流在采样系统中发生碰撞，从而引起不必要的沉积，而且这种沉积不易描述。

稀释气体必须与样品气体充分混合。输送线路中的湍流作用可以使二者充分混合，而且通过混合采样嘴也可以进行充分混合（Brockmann 等，1984）。为了避免气流收缩引起的粒子沉积，在管口分叉处要用清洁空气与样品气体混合或是将样品气流引入管口喉部。混合一般发生在管口的分岔处。

6.4.2 采样管路与入口处的阻塞

据观察，气溶胶气流通过密闭系统中的裂痕或者泄漏处时，会沉积在气流通道中并阻塞通道。当大量气溶胶通过管道时，也可以观察到这种现象（Morewitz，1982）。已经有人建立了气溶胶阻塞采样通道的简单模型（Vaughn，1978；Morewitz，1982），此模型中，发生阻塞前通过管道的气溶胶总质量 m 与管道直径 d 有关。表达式如下：

$$m=Kd^3 \tag{6-87}$$

式中，m 为阻塞产生前通过管道的气溶胶的总质量，g；K 为比例常数，在 10～50g/m^3 之间；d 为管道直径，m。

式（6-87）被认为是“气溶胶阻塞的 Morewitz 标准”（Novick，1994）。这是一个非常普遍的关系式，与气溶胶的浓度、粒子粒径以及气流速率无关。

有些情况虽然符合 Morewitz 标准，但未发生阻塞，Novick（1994）对此现象进行了研究。Novick（1994）对包括 Morewitz 数据在内的数据进行了检验，发现式（6-87）是阻塞现象的一个必要但非充分条件。他提出了可以应用于阻塞标准的第二个条件，该条件违背了式（6-39）给出的代表性样品的 Davis 惯性标准，在式（6-39）中，斯托克斯数取决于管道直径和管道内的平均气流速度。还应当注意，在 6.3.5 讨论的气流收缩也可以使气溶胶发生阻塞。

还没有人进一步研究这些阻塞标准，这些阻塞标准同样为读者提供了一种方法以识别可能发生阻塞或者较大粒子沉积的情况。

6.4.3 沉积物的再悬浮现象

Fromentin（1988）总结了研究现状，并给出沉积的粒子再悬浮的模型。Wen 和 Kaper（1989）指出，稳定气流不会产生大强度的再悬浮现象，但不稳定气流会产生大强度的再悬浮现象。在湍流中，气流起始或者结束时旋涡冲击管壁，会发生再悬浮现象。Ziskind 等（1998）模拟了表面剪切作用以及这种作用对粒子再悬浮的影响。再悬浮过程不容易表征，但可以通过以下方法避免：使用清洁的采样管路和采样袋；使沉积最小化；减少机械振动以及机械振动与采样系统的共振；减少采样系统中气流瞬间变化和振动。

6.4.4 入口和传送管道中粒子浓度的不均一性

假设在所选的测量点处可以观察到到达该点的所有粒子，在以前的很多讨论中都可以认为吸入效率和输送效率是一样的。一些仪器或测量技术要么只测量气溶胶气流内的某一部分，要么假设气溶胶气流是均一的。例如，空气动力学粒径选择器（TSI）只采集进入仪器入口的气流的 20%作为样品；石棉采样器只把与入口有相同直径的纤维采集到过滤区，而最后的测量是用显微镜分析滤膜内的一小部分纤维。在采样系统的采集和输送过程中，有很多力作用于粒子上。另外，气流也是很复杂的，当气流方向发生变化时，经常会产生二次气流旋涡。静电作用力经常会使粒子偏向或者偏离入口和内表面，尤其是在管壁为绝缘体的时候。较大粒子的重力沉降降低了水平输送管上部的样品浓度，尤其是在层流状态下。当气流方向发生变化时，粒子的惯性作用会产生非均一的气溶胶气流。所有这些作用力都与流场相互影响。Pui 等（1987）研究了直角弯管的流场，并发现两个逆行旋转的二次气流引起气流混合和弯管外部的惯性沉积。Baron 等（1994）以及 Chen 和 Baron（1996）观察了石棉采样口上的粒子沉积，并证实了由于静电、重力沉降和惯性作用而产生非均一的气溶胶气流。图 6-18 显示的是采样系统的入口速度为 0.14m/s、采样口与风向（垂直向下）的夹角为 120°，几种风速情况下滤膜上的沉积物。图 6-18 的黑色区域是采集到的亚甲基蓝粒子沉积物。白色区域没有采集到粒子，粒子受惯性沉积和重力沉降作用而沉积在入口外侧壁上，而且，气溶胶进入入口时产生旋涡，粒子在旋涡的作用下得到混合。虽然总体采样效率相对较高，但是如果对进入入口横截面上固定点处的气溶胶进行测量，其结果有显著偏差。在湍流情况下，惯性作用可以引起气溶胶的局部分层（Squires 和 Eaton，1991）。

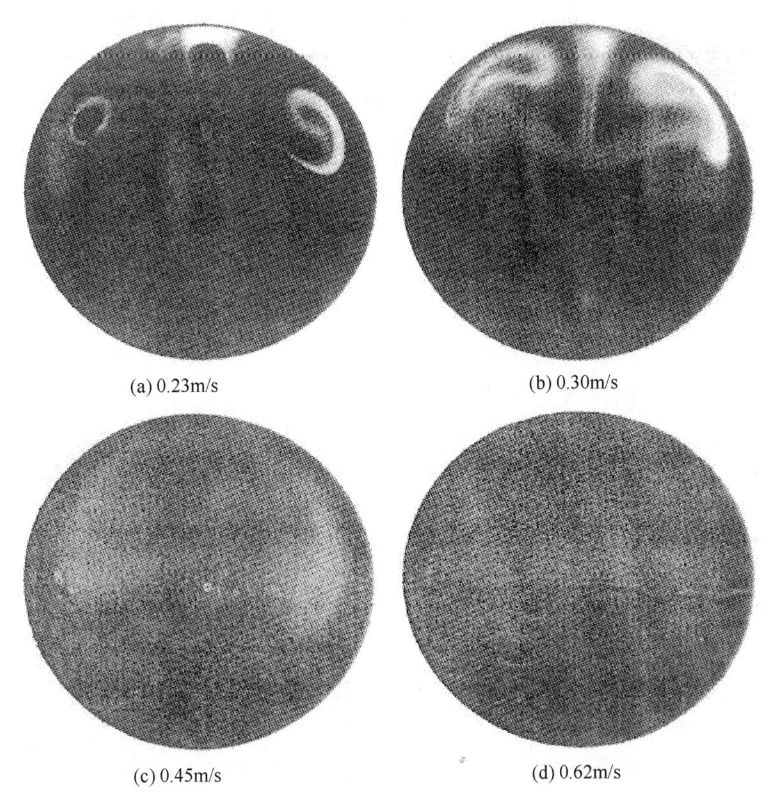

图 6-18 同轴采样流示意图。亚甲基蓝粒子沉积在滤膜上，滤膜位于入口底部，入口的直径为 0.025m、长度为 0.05m、倾斜角为 120°（采样时与空气速度的夹角，空气速度为 0.32m/s）。在风速为 0.23m/s、0.30m/s、0.45m/s 以及 0.62m/s 下，采得 4 个样品。入口外的自由粒子区以及入口内流场的修饰产生了每个滤膜上的白色部分

6.5 结论

本章介绍了用薄壁采样嘴在流动气体中采样的吸入效率关系式与传输效率关系式，这些效率的乘积就是入口效率。入口效率取决于斯托克斯数、外界气流速度与采样气流速度之比及采样角度。为了采集到代表性样品，建议如下：

① 应尽量采用等速采样（采样速度同外界气流速度相同的同轴采样）；

② 与粒子沉积速度相比，气流速度应该很大；

③ 入口直径应为厘米级，以减少自由气流湍流引起的沉积；

④ 斯托克斯数应尽量小；

⑤ 静电作用应降到最低。

本章还给出了在静止空气中采集代表性样品的标准。

本章讨论了采样管路中以及储存袋停留时间内的输送效率。列出了一些曾在文献中报道过的沉积关系式，如重力沉降、扩散沉积、湍流惯性沉积、弯管中的惯性沉积、突然收缩时的沉积以及舱内分散和沉淀引起的沉积等。本章介绍了各个公式中的相关参数。讨论了静电

力、热迁移力和扩散迁移力引起的沉积，同时给出了避免这些沉积机制的方法。讨论了沉积物质的二次悬浮。稀释可以满足采样条件，本章介绍了样品稀释过程中的不确定性。本章列出了很多关系式，利用这些关系式读者可以评价采样系统的工作情况并改进采样系统。这些关系式不可能涵盖每种情况，也不可能涵盖每种沉积机制，建议利用这些关系式来设计和评价采样系统，并通过实验来验证这些采样系统的标准。

6.6 符号列表

A	气流入口面积［式（6-81）］
B	颗粒物动态流动的延迟系数［式（6-33）］
C	比例常数［式（6-81）］
d	管径
d	系统的特征尺寸［式（6-2）］
d	管路直径［式（6-33）］
D	扩散系数［式（6-4）］
D_s	平面轴对称圆盘直径［式（6-33）］
DR	稀释速率［式（6-83）］
f_{moving}，f_{calm}	加权系数［式（6-48）、式（6-49）］
g	重力加速度
G_1，G_2	常数，取决于采样器的结构［式（6-34）、式（6-35）］
I_v	射流紧缩的损失参数［式（6-27）］
I_w	垂直碰撞损失参数［式（6-28）］
k_e	涡流扩散系数［式（6-80）］
k_g	气体的热导率
k_p	颗粒物的热导率
K	比例常数，在 10000～50000kg/m^3 之间
k	玻耳兹曼常数
Kn	颗粒物克努森数，为颗粒物平均自由程除以颗粒物直径的 2 倍
L	入口区长度
m	阻塞产生前通过管道的气溶胶的总质量［式（6-87）］
m_1	扩散物质的分子量［式（6-77）］
m_2	静止物质的分子量［式（6-77）］
P	压力
Q	样品流量
Q	进入袋中的气体流量［式（6-81）］
Q_d	稀释气体流量［式（6-83）］
Q_s	样品气体流量［式（6-83）］
Q_t	从稀释剂出来的总气体流量［式（6-83）］
R	管道直径［式（6-80）］
R_0	曲率，定义为曲线的半径除以管的半径

Re_f	雷诺数［式（6-3）］
Sc	施密特数［式（6-60）］
Sh	舍伍德数［式（6-57）］
Stk	斯托克斯数［式（6-2）］
Stk_i	基于平均入口速率的斯托克斯数
T	气体热力学温度
∇T	气体温度梯度
U	吸气或采样速率
U	特征气流速度［式（6-2）、式（6-3）］
U_0	自由气体流速
V_+	沉积速度（无量纲）
V_t	湍流惯性沉积中的沉积速度［式（6-65）］
V_c	储存舱的体积［式（6-81）］
V_{diff}	粒子扩散到管壁的沉积速度［式（6-57）］
V_{dph}	扩散迁移速度［式（6-77）］
V_{th}	热迁移速度［式（6-75）］
V_{ts}	终极沉降速度［式（6-1）］
Z	重力沉降参数［式（6-51）］
α	角参数［式（6-30）］
α	上向和下向采样的角度调整［式（6-28）、式（6-29）］
β	壁面损失系数［式（6-80）］
γ_1	扩散物质的物质的量［式（6-77）］
γ_2	静止物质的物质的量［式（6-77）］
$\nabla\gamma_1$	扩散物质的物质的量梯度
δ	修正系数［式（6-47）］
η	气体绝对黏度
η_{asp}	吸尘效率
$\eta_{bag,grav\ diff}$	混合良好的储存仓内的重力沉降和扩散沉积的综合作用［式（6-79）］
$\eta_{bend,inert}$	管道中由于层流［式（6-68）］和湍流［式（6-69）］弯曲时的惯性沉积效率
$\eta_{cont,inert}$	层流中气流突然收缩时的惯性沉积［式（6-72）］
$\eta_{flow\ element,mechanism}$	进入该部件且在其中运行时没有因该沉积机制而损失的粒子比例
η_{inlet}	入口效率
η_{sample}	采样效率
η_{trans}	传输效率
$\eta_{trans,grav}$	采样嘴内部发生重力沉降的传输效率［式（6-24）］
$\eta_{trans,grav}$	重力沉降迁移效率
$\eta_{trans,inert}$	亚等速同轴采样［式（6-17）］、超等速同轴采样［式（6-19）］、非同轴采样［式（6-26）］的惯性沉积效率
$\eta_{transport}$	总传输效率

$\eta_{trans,inert}$ 惯性传输效率

$\eta_{tube,diff}$ 采样管中层流［式（6-57）、式（6-58）］和湍流［式（6-57）、式（6-60）］中的扩散沉积效率

$\eta_{tube,dph}$ 湍流采样管路中的粒子的输送效率［式（6-78）］

$\eta_{tube,grav}$ 管路中层流［式（6-52）］和湍流［式（6-56）］重力沉降的输送效率

$\eta_{tube,turb\ inert}$ 湍流惯性沉积中粒子的输送效率［式（6-63）］

$\eta_{tube,th}$ 湍流中热迁移沉积下的输送效率［式（6-73）］

θ 收缩角度数［式（6-72）］

ν 气体运动黏度

τ 颗粒物弛豫时间

τ_+ 粒子弛豫时间（无量纲）［式（6-66）］

ρ_g 气体密度

φ 入口轴方向与重力方向夹角

φ 弯曲的弧度

6.7 参考文献

American National Standards Institute. 1969. *Guide To Sampling Airborne Radioactive Materials In Nuclear Facilities*, ANSI N13.1-1969. New York: Author.

Agarwal, J., and B. Y. H. Liu. 1980. A criterion for accurate aerosol sampling in calm air. *Am. Ind. Hyg. Assoc. J.* 41:191–197.

Armbruster, L., and G. Zebel. 1985. Theoretical and experimental studies for determining the aerosol sampling efficiency of annular slots. *J. Aerosol Sci.* 16(4):335–341.

Baron, P. A., C. C. Chen, D. R. Hemenway, and P. O'Shaughnessey. 1994. Non-uniform air flow in inlets: the effect on filter deposits in the fiber sampling cassette. *Am. Ind. Hyg. Assoc. J.* 55(8): 722–732.

Belyaev, S. P., and L. M. Levin. 1972. Investigation of aerosol aspiration by photographing particle tracks under flash illumination. *J. Aerosol Sci.* 3:127–140

Belyaev, S. P., and L. M. Levin. 1974. Techniques for collection of representative aerosol samples. *J. Aerosol Sci.* 5:325–338.

Brockmann, J. E., B. Y. H. Liu, and P. H. McMurry. 1984. A sample extraction diluter for ultrafine aerosol sampling. *Aerosol Sci. Technol.* 4:441–451.

Brockmann, J. E., P. H. McMurry, and B. Y. H. Liu. 1982. Experimental study of simultaneous coagulation and diffusional loss of free molecule aerosols in turbulent pipe flow. *J. Colloid Interface Sci.* 88(2):522–529.

Chen, C.-C., and P. A. Baron. 1996. Aspiration efficiency and wall deposition in the fiber sampling cassette. *Am. Ind. Hyg. Assoc. J.* 52(2):142–152.

Chen, D.-R., and D. Y. H. Pui. 1995. Numerical and experimental studies of particle deposition in a tube with conical contraction—laminar flow regime. *J. Aerosol Sci.* 26(4):563–574.

Chen, Q., and G. Ahmadi. 1997. Deposition of particles in turbulent pipe flow. *J. Aerosol Sci.* 28(5):789–796.

Cheng, Y. S., and C. S. Wang. 1981. Motion of particles in bends of circular pipes. *Atmos. Environ.* 15:301–306.

Chung, K. Y. K., and T. L. Ogden. 1986. Some entry efficiencies of disk-like samplers facing the wind. *Aerosol Sci. Technol.* 5:81–91.

Crane, R. I., and R. L. Evans. 1977. Inertial deposition of particles in a bent pipe. *J. Aerosol Sci.* 8:161–170

Crump, J. G., R. C. Flagan, and J. H. Seinfeld. 1983. Particle wall loss rates in vessels. *Aerosol Sci. Technol.* 3:303–309.

Crump, J. G., and J. H. Seinfeld. 1981. Turbulent deposition and gravitational sedimentation of an aerosol in a vessel of arbitrary shape. *J. Aerosol Sci.* 12(5):405–415.

Davies, C. N. 1968. The entry of aerosols into sampling tubes and heads. *Br. J. Appl. Phys. (J. Phys. D) Ser. 2* 1:921–932.

Davies, C. N., and M. Subari. 1982. Aspiration above wind velocity of aerosols with thin-walled nozzles facing and at right angles to the wind direction. *J. Aerosol Sci.* 13:59–71.

Delattre, P., and S. K. Friedlander. 1978. Aerosol coagulation and diffusion in a turbulent jet. *Ind. Engng. Chem. Funds.* 17:189–194.

Dunnett, J. S., and X. Wen. 2002. A numerical study of the sampling efficiency of a tube sampler operating in calm air facing both vertically upwards and downwards. *J. Aerosol Sci.* 33: 1633–1665.

Durham, M. D., and D. A. Lundgren. 1980. Evaluation of aerosol aspiration efficiency as a function of Stokes number, velocity ratio and nozzle angle. *J. Aerosol Sci.* 11:179–188.

Fissan, H., and G. Schwientek. 1987. Sampling and transport of aerosols. *TSI J. Part. Instrum.* 2(2):3–10.

Friedlander, S. K. 1977. *Smoke, Dust, and Haze*. New York: John Wiley & Sons.

Friedlander, S. K., and H. F. Johnstone. 1957. Deposition of suspended particles from turbulent gas stream. *Ind. Eng. Chem.* 49:1151–1156.

Fromentin, A. 1989. *Particle Resuspension From A Multilayer*

Deposit By Turbulent Flow, PSI Bericht No. 38. Switzerland: Paul Scherrer Institute.

Fuchs, N. A. 1964. *The Mechanics of Aerosols*. Oxford: Pergamon.

Fuchs, N. A. 1975. Sampling of aerosols. *Atmos. Environ.* 9:697–707.

Fuchs, N. A., and A. G. Sutugin. 1965. Coagulation rate of highly dispersed aerosols. *J. Colloid Sci.* 20:492–500.

Goldsmith, P., and F. G. May. 1966. Diffusiophoresis and thermophoresis in water vapor systems. In *Aerosol Science*, C. N. Davies (ed.). New York: Academic, pp. 163–194.

Gormley, P. G., and M. Kennedy. 1949. Diffusion from a stream flowing through a cylindrical tube. *Proc. Royal Irish Academy* 52A:163–169.

Grinshpun, S. A., G. N. Lipatov, and A. G. Sutugin. 1990. Sampling errors in cylindrical nozzles. *Aerosol Sci. Technol.* 12:716–740.

Grinshpun, S., K. Willeke, and S. Kalatoors. 1993. A general equation for aerosol aspiration by thin-walled sampling probes in calm and moving air. *Atmos. Environ.* 27A(9):1459–1470.

Grinshpun, S., K. Willeke, and S. Kalatoors. 1994. Corrigendum: A general equation for aerosol aspiration by thin-walled sampling probes in calm and moving air. *Atm. Environ.* 28(2):375.

Guha, A. 1997. A unified Eulerian theory of turbulent deposition to smooth and rough surfaces. *J. Aerosol Sci.* 28(8):1517–1537.

Guha, A. 2008. Transport and deposition of particles in turbulent and laminar flow. *Annu. Rev. Fluid Mech.* 40:311–341.

Hangal, S., and K. Willeke. 1990a. Aspiration efficiency: Unified model for all forward sampling angles. *Environ. Sci. Technol.* 24:688–691.

Hangal, S., and K. Willeke. 1990b. Overall efficiency of tubular inlets sampling at 0–90 degrees from horizontal aerosol flows. *Atmos. Environ.* 24A(9):2379–2386.

Heyder, J., and J. Gebhart. 1977. Gravitational deposition of particles from laminar aerosol flow through inclined circular tubes. *J. Aerosol Sci.* 8:289–295.

Hinds, W. C. 1982. *Aerosol Technology*. New York: John Wiley & Sons.

Holman, J. P. 1972. *Heat Transfer*. New York: McGraw-Hill.

Im, K. H., and R. K. Ahluwalia. 1989. Turbulent eddy deposition of particles on smooth and rough surfaces. *J. Aerosol Sci.* 20(4):431–436.

Jayasekera, P. N., and C. N. Davies. 1980. Aspiration below wind velocity of aerosols with sharp edged nozzles facing the wind. *J. Aerosol Sci.* 11:535–547.

John, W., and H. C. Wang. 1991. Laboratory testing methods for PM-10 samplers: lowered effectiveness from particle loading. *Aerosol Sci. Technol.* 14:93–101.

John, W., W. Winklmayr, and H. C. Wang. 1991. Particle deagglomeration and re-entrainment in a PM-10 sampler. *Aerosol Sci. Technol.* 14:165–176.

Kurz, J. L., and T. C. Ramey. 1988. The development, performance, and application of an advanced isokinetic stack sampling system. In *Proceedings of the 20th DOE/NRC Nuclear Air Cleaning Conference*, NUREG/CP0098, Conf-880822, NTIS Springfield, VA, pp. 847–856.

Laktionov, A. B. 1973. Aspiration of an aerosol into a vertical tube from a flow transverse to it. *Fizika Aerozoley* 7:83–87. [Translation from Russian AD760 947, Foreign Technology Division, Wright-Patterson AFB, Dayton, OH.]

Lee, K. W., and J. A. Gieseke. 1994. Deposition of particles in turbulent pipe flows. *J. Aerosol Sci.* 25(4):699–709

Lipatov, G. N., S. A. Grinshpun, and T. I. Semenyuk. 1989. Properties of crosswise migration of particles in ducts and inner aerosol deposition. *J. Aerosol Sci.* 20(8):935–938.

Lipatov, G. N., S. A. Grinshpun, T. I. Semenyuk, and A. G. Sutugin. 1988. Secondary aspiration of aerosol particles into thin-walled nozzles facing the wind. *Atmos. Environ.* 22(8):1724–1727.

Lipatov, G. N., S. A. Grinshpun, G. L. Shingaryov, and A. G. Sutugin. 1986. Aspiration of coarse aerosol by a thin-walled sampler. *J. Aerosol Sci.* 17(5):763–769.

Lipatov, G. N., T. I. Semenyuk, and S. A. Grinshpun. 1990. Aerosol migration in laminar and transition flows. *J. Aerosol Sci.* 21(Suppl. 1):S93–96.

Liu, B. Y. H., and J. K. Agarwal. 1974. Experimental observation of aerosol deposition in turbulent flow. *J. Aerosol Sci.* 5:145–155.

Liu, B. Y. H., and D. Y. H. Pui. 1981. Aerosol sampling inlets and inhalable particles. *Atmos. Environ.* 15:589–600.

Liu, B. H. Y., D. Y. H. Pui, K. L. Rubow, and W. W. Szymanski. 1985. Electrostatic effects in aerosol sampling and filtration. *Ann. Occup., Hyg.* 29(2):251–269.

Liu, B. Y. H., Z. Q. Zhang, and T. H. Kuehn. 1989. A numerical study of inertial errors in anisokinetic sampling. *J. Aerosol Sci.* 20(3):367–380.

Lundgren, D. A., M. D. Durham, and K. W. Mason. 1978. Sampling of tangential flow streams. *Am. Ind. Hyg. Assoc. J.* 39:640–644.

McFarland, A. R., N. K. Anand, C. A. Ortiz, M. E. Moore, S. H. Kim, R. E. DeOtte Jr., and S. Somasundaram. 1988. Continuous air sampling for radioactive aerosol. In *Proceedings of the 20th DOE/NRC Nuclear Air Cleaning Conference*, NUREG/CP–0098, Conf-880822, NTIS Springfield, VA, pp. 834–846.

McMurry, P. H., and D. Grosjean. 1985. Gas and aerosol wall losses in Teflon film smog chambers. *Environ. Sci. Technol.* 19(12):1176–1182.

McMurry, P. H., and D. J. Rader. 1985. Aerosol wall losses in electrically charged chambers. *Aerosol Sci. Technol.* 4:249–268.

Morewitz, H. A. 1982. Leakage of aerosols from containment buildings. *Health Phys.* 42(2):195–207.

Muyshondt, A., N. K. Anand, and A. R. McFarland. 1996. Turbulent deposition of aerosol particles in large transport tubes. *Aerosol Sci. Technol.* 24:107–116.

Muyshondt, A., A. R. McFarland, and N. K. Anand. 1996. Deposition of aerosol particles in contraction fittings. *Aerosol Sci. Technol.* 24:205–216.

Novick, V. J. 1994. Plugging passages with particles: Refining the Morewitz criteria. *Aerosol Sci. Technol.* 21(3):219–222.

Okazaki, K., R. W. Wiener, and K. Willeke. 1987a. The combined effect of aspiration and transmission on aerosol sampling accuracy for horizontal isoaxial sampling. *Atmos. Environ.* 21(5):1181–1185.

Okazaki, K., R. W. Wiener, and K. Willeke. 1987b. Isoaxial aerosol sampling: nondimensional representation of overall sampling efficiency. *Environ. Sci. Technol.* 21(2):178–182.

Okazaki, K., R. W. Wiener, and K. Willeke. 1987c. Non-isoaxial aerosol sampling: mechanisms controlling the overall sampling efficiency. *Environ. Sci. Technol.* 21(2):183–187.

Orr, C. Jr., and E. Y. H. Keng. 1976. Sampling and, particle-size measurements. In *Handbook on Aerosols*, R. Dennis (ed.). TID–26608, Technical Information Center, U.S. Department of Energy, Oak Ridge, TN.

Paulus, H. J., and R. W. Thron. 1976. Stack sampling. In *Air Pollution, Vol. 3, Measuring, Monitoring, and Surveillance of Air Pollution*, 3 ed., A. C. Stern (ed.). New York: Academic, pp. 525–587.

Pich, J. 1972. Theory of gravitational deposition of particles from laminar flows in channels. *J. Aerosol Sci.* 3:351–361.

Pui, D. Y. H., F. Romay-Novas, and B. Y. H. Liu. 1987 Experimental study of particle deposition in bends o circular cross section. *Aerosol Sci. Technol.* 7:301–315.

Rader, D. J., and V. A. Marple. 1988. A study of the effect of anisokinetic sampling. *Aerosol Sci. Technol.* 8(3):283–299.

Ranade, M. B., D. K. Werle, and D. T. Wasan. 1976 Aerosol transport through a porous sampling probe with transpiration air flow. *J. Colloid Interface Sci.* 56(1):42–52.

Reeks, M. W., and G. Skyrme. 1976. The dependence of particle deposition velocity on particle inertia in turbulent pipe flow. *J. Aerosol Sci.* 7:485–495.

Reynolds, A. M. 1999. A Lagrangian stochastic model for heavy particle deposition. *J. Coll. Inter. Sci.* 215:85–91.

Saffman, P. G. 1965. The lift on a small sphere in slow shear flow. *J. Fluid Mech.* 22:385–400.

Saffman, P. G. 1968. Corrigendum. *J. Fluid Mech.* 31:624

Schlichting, H. 1968. *Boundary Layer Theory*, 6 ed. New York: McGraw-Hill.

Schwendiman, L. C., G. E. Stegen, and J. A. Glissmeyer 1975. *Report BNWL-SA-5138*, Battelle Pacific Northwest Laboratory, Richland, WA.

Stevens, D. C. 1986. Review of aspiration coefficients of thin-walled sampling nozzle. *J. Aerosol Sci.* 17(4):729–743.

Squires, K. D., and J. K. Eaton. 1991. Preferential concentration of particles by turbulence. *Physics of Fluids A—Fluid Dynamics.* 3(5):1169–1179.

Su, W. C., and Vincent, J. H. 2004. Towards a general semi-empirical model for the aspiration efficiencies of aerosol samplers in perfectly calm air. *J. Aerosol Sci.* 35:1119–1134.

Su, W. C., and Vincent, J. H. 2005. Corrigendum to "Towards a general semi-empirical model for the aspiration efficiencies of aerosol samplers in perfectly calm air" [*Journal of Aerosol Science* 35(9) (2004) 1119–1134]. *J. Aerosol Sci.* 36:1468.

Talbot, L., R. K. Cheng, R. W. Schefer, and D. R. Willis. 1980. Thermophoresis of particles in a heated boundary layer. *J. Fluid Mech.* 101(4):737–758.

Thomas, J. W. 1958. Gravity settling of particles in a horizontal tube. *J. Air Pollut. Control Assoc.* 8:32.

U.S. Environmental Protection Agency. 1974. *Administrative and Technical Aspects of Source Sampling for Particulates*, EPA-450/3-74-047. Cincinnati, OH: National Service Center for Environmental Publications.

U.S. Environmental Protection Agency (US EPA). 1987. Revisions to the national ambient air quality standards for particulate matter. *Federal Register* 52:24634–24669.

Vaughn, E. U. 1978. Simple model for plugging of duct, by aerosol deposits. *ANS Trans.* 28:507–508.

Vincent, J. H. 1984. A comparison between models for predicting the performances of blunt dust samplers. *Atmos. Environ.* 187(5):1033–1035.

Vincent, J. H. 1987. Recent advances in aspiration theory for thin-walled and blunt aerosol sampling probes *J. Aerosol Sci.* 18:487–498.

Vincent, J. H. 1989. *Aerosol Sampling: Science and Practice.* New York: John Wiley & Sons.

Vincent, J. H., and H. Gibson. 1981. Sampling errors in blunt dust samplers arising from external wall loss effects. *Atmos. Environ.* 15(5):703–712.

Vincent, J. H., P. C. Emmett, and D. Mark. 1985. The effects of turbulence on the entry of airborne particles into a blunt dust sampler. *Aerosol Sci. Technol.* 4:17–29.

Vincent, J. H., D. Hutson, and D. Mark. 1982. The nature of air flow near the inlets of blunt dust sampling probes. *Atmos. Environ.* 16(5):1243–1249.

Vincent, J. H., D. C. Stevens, D. Mark, M. Marshall, and T. A. Smith. 1986. On the aspiration characteristics of large-diameter thin-walled aerosol sampling probes at yaw orientations with respect to the wind. *J. Aerosol Sci.* 17(2):211–224.

Waldmann, L., and K. H. Schmitt. 1966. Thermophoresis and diffusiophoresis of aerosols. In *Aerosol Science*, C. N. Davies (ed.). New York: Academic pp. 137–162.

Wang, C. S. 1975. Gravitational deposition of particles from laminar flows in inclined channels. *J. Aerosol Sci.* 6:191–204.

Wen, H. Y., and G. Kasper. 1989. On the kinetics of particle re-entrainment from surfaces. *J. Aerosol Sci.* 20(4):483–498.

Whitmore, P. J., and A. Meisen. 1978. Diffusiophoretic particle collection under turbulent conditions. *J. Aerosol Sci.* 9:135–145.

Wiener, R. K., K. Okazaki, and K. Willeke. 1988. Influence of turbulence on aerosol sampling efficiency. *Atmos. Environ.* 22(5):917–928.

Yamano, N., and J. E. Brockmann. 1989. *Aerosol Sampling and Transport Efficiency Calculation (ASTEC) and Application to Surtsey/DCH Aerosol Sampling System*, NUREG/CR-525. SAND88-1447. Albuquerque, NM: Sandia National Laboratories.

Ye, Y., and D. Y. H. Pui. 1990. Particle deposition in a tube with an abrupt contraction. *J. Aerosol Sci.* 21(1):29–40.

Zhang, Z. Q., and B. Y. H. Liu. 1989. On the empirical fitting equations for aspiration coefficients for thin-walled sampling probes. *J. Aerosol Sci.* 20(6):713–720.

Ziskind, G., M. Fichman, and C. Gutfinger. 1998. Effects of shear on particle motion near a surface—application to resuspension. *J. Aerosol Sci.* 29(3):323–338.

7

滤膜采样和分析

Peter C. Raynor
明尼苏达大学公共健康学院环境健康科学系，明尼苏达州明尼阿波里斯市，美国
David Leith
北卡罗来纳州大学教堂山分校公共健康学院环境科学与工程系，北卡罗来纳州教堂山市，美国
K. W. Lee❶
光州科学技术学院环境科学与工程系，光州，韩国
R. Mukund
通用电气公司，俄亥俄州辛辛那提市，美国

7.1 引言

由于操作相对简单、灵活且经济，过滤技术已成为应用最广泛的去除气溶胶粒子的技术。本章将介绍气溶胶测量中滤膜使用的相关知识，这些知识有助于研究者采集代表性样品并进行分析，同时也避免测量误差。人们最感兴趣的气溶胶粒子的特性包括粒子浓度、粒径分布及粒子组分等。

7.1.1 过滤技术的应用

过滤技术的应用范围很广泛。例如，过滤技术可用于去除燃烧烟气等气体中的高浓度粒子，以防止工业排放污染环境；过滤技术可以使制药和微电子等需要极其洁净空气的行业环境保持洁净；空气过滤器可以保护并延长仪器设备的使用寿命，保护机动车引擎，保持光学仪器玻璃表面的洁净；过滤技术也可以用来去除环境空气中的粒子以提高空气洁净度，从而保护人体健康；办公室和住所内空气通风系统中使用的过滤装置不但可以去除令人讨厌的灰尘，还能去除致病的花粉、孢子和其他微生物；在污染地区工作的人们可以通过佩戴具有滤膜的防毒面具来去除有害粒子从而保护健康。大多数研究都是在这些应用的背景下进行的，以了解过滤和提高过滤性能。

❶ 已故。

7.1.2 气溶胶测量

基于过滤技术的气溶胶测量方法包括两步：第一步是收集气溶胶粒子的代表性样品。这一过程将粒子由空气中的分散状态转换成滤膜上的紧密状态以便储存和运输。第二步是使用重力分析技术、显微分析技术、微量化学及其他分析技术对采集到的样品进行分析。

选择气溶胶过滤收集法的要求是要保证采集到的代表性粒子样品适于后续分析。本章主要是帮助读者选择符合分析目的和要求的过滤方法。下面将介绍过滤采样的原理、影响过滤效率和压降的机理、滤膜采样后的测量分析误差以及滤膜分析方法的要求。

有关气溶胶过滤的文献很多，但是比较分散，其中有些评述精准且全面，例如 Davies (1973)、Brown (1993)、Spurny (1998) 和 Lippmann (2001) 的评述。本书后续章节，尤其是第 9 章和第 10 章以及应用部分会提供以过滤为基础的测量技术的实例。在选择和设计新的采样和分析系统之前，气溶胶测量从业者应当参阅相关文献。

7.2 过滤采集的原理

图 7-1 显示了气溶胶测量中过滤采样系统的主要部件。一般情况下，携带粒子的空气通过采样探头（用于等速采样）进入带有合适滤膜的滤膜托中，之后粒子留在滤膜上从而与气体分离。粒子与气体的分离取决于滤膜的特性、通过滤膜的空气速度以及滤膜的粒子负载等因素。通过滤膜的空气经过流量测量装置，例如转子流量计、质量流量计、干式检测仪，进入流量控制装置，如孔口或阀门，最终到达泵。选择合适的部件并将其按最优排序，对于采集代表性样品至关重要。

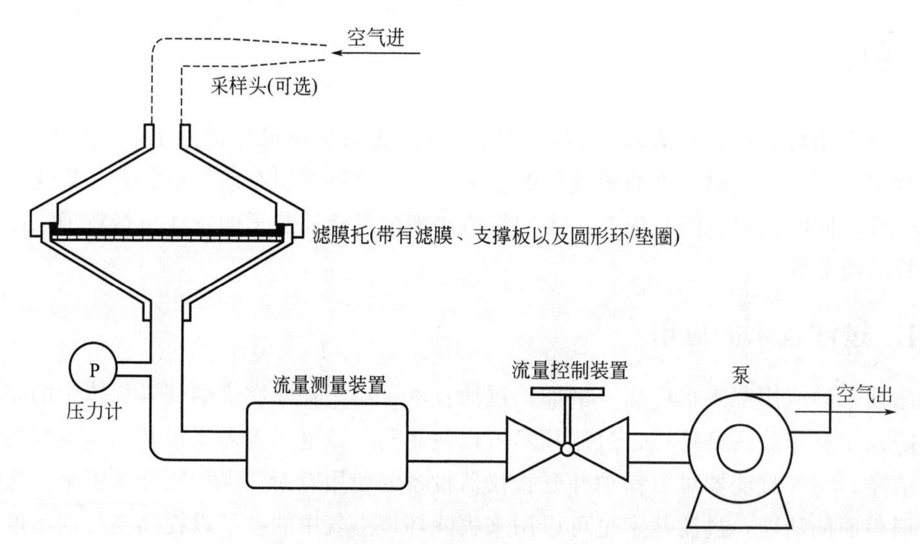

图 7-1 气溶胶测量的常用设备——滤膜采样系统示意图

在流动空气中采样时，采样头要在滤膜托的前面。单位采样速率和采样头喷嘴的横截面积决定了通过喷嘴的气流速度。要保证等速采样，空气进入采样口的速率应等于采样口附近的空气流速，采样头的方向也应与空气流平行。等速采样的重要性见第 6 章。

采样头从流动气流中采集气溶胶的效率被称作“吸入效率”。吸入效率可定义为进入采样口的粒子浓度与采样外界环境中的粒子浓度之比。吸入效率随着粒子粒径的不同而变化。

Davies（1968）介绍了对影响吸入效率的因素的处理方法。Vincent（1989，86～137 页）对薄壁采样器和钝形采样器在流动空气流中的吸入效率进行了详细讨论。使用采样头在静止空气中采样会导致潜在的采样误差，Davies（1968）、Agarwal 和 Liu（1980）以及 Vincent（1989，144～164 页）对此进行了讨论。关于这些问题详见第 6 章。

气溶胶从入口到滤膜托的这一过程用输送效率表示，该过程易受到重力沉降、扩散沉积、惯性沉降以及温度梯度和静电作用等因素的影响而造成粒子损失。第 6 章对这些因素进行了讨论。滤膜采集系统在每次使用时都需要对其吸入效率和输送效率进行评估，以便有效描述所采集粒子的粒径分布和浓度的误差。要将这些效率最大化并不容易，因为这些效率与粒子的粒径相关。在滤膜上游不使用采样头或者管道进行采样，可以将样品损失降到最小。如果一定要用采样头，采样头和滤膜托之间的采样管道要尽量短以减少管道损失。如果存在粒径大于 10μm 的粒子，应当将采样管道垂直以避免重力沉降。造成采样损失后再进行校正通常是不可能的。

图 7-2 展示的是内嵌式、敞口式以及密闭式滤膜托。敞口式滤膜托可使滤膜直接暴露于气溶胶，从而消除采样头和采样管道造成的损失（因为并未使用采样头和管道），并使粒子相对均匀地分散在滤膜上。密闭式滤膜托一般与上游的管道相连接。工业卫生场所中经常用到的盒式滤膜托就属于密闭式的。用采样头进行采样必须使用密闭式滤膜托，以保护滤膜不受损害。如果只对一张滤膜的部分进行分析，则必须保证粒子在滤膜上的分布是均匀的。因此，内嵌式和密闭式滤膜托通常使用从采样口渐进扩张以确保粒子在滤膜上的均匀分布。

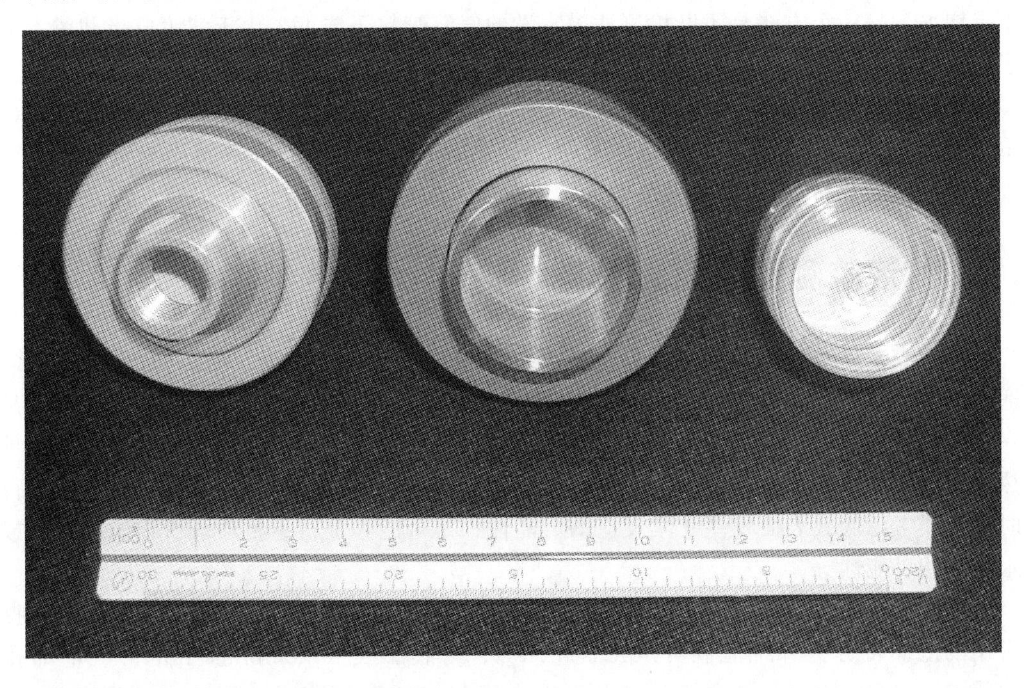

图 7-2 市场上销售的几种滤膜托。从左到右：内嵌式，GEL，47mm；敞口式，MIL，47mm；密闭式，GEL，25mm（也可以作为敞口式使用）(照片由光州科技协会的 H. T. Kim 提供)

静电力和扩散可使粒子吸附在滤膜托上。在极端情况下，热迁移作用也可造成粒子吸附在滤膜托上。使用金属材料或其他导电性材料制造滤膜托能够将静电效应降到最低。比气体温度低许多的滤膜托会通过热迁移作用将粒子吸附在滤膜托上。滤膜托和气体之间的任何极端温度差都会造成冷凝或汽化效应，从而导致粒子粒径的变化。使用绝缘滤膜托或将滤膜托放置于温控箱中可以使温度梯度引起的采样误差最小化。

滤膜托中用于支撑滤膜的通常是粗金属网或支撑介质。滤膜周边一般会被密封在膜托上以便使采样泵抽取的气体全部通过滤膜。直径在13～47mm范围内的滤膜托以及用于室外空气大流量采集的0.2m×0.25m（8in×10in）的滤膜托都已经商品化。Lippmann（2001）对大部分商品化的滤膜托的参数进行了汇总。

滤膜托最主要的功能是确保滤膜和周围环境隔离，这通常是通过使用O形环或垫圈进行密封实现的。O形环或垫圈通常是由不损害滤膜的材料制成的。Teflon®垫圈由于不易黏附在滤膜表面而广泛应用。密封不严会造成空气从滤膜边缘通过，这是引起采样误差最常见的原因。

为确保所有样品气体全部通过滤膜，必须进行密封性测试。密封性测试有许多方法，其中一个行之有效的方法是封堵进入滤膜的入口，使通过采样系统的气流降至零。这项测试可以保证滤膜系统最初是不泄漏的。如果条件允许的话，密封性测试需要经常进行。密封性测试过程中产生的真空必须逐渐释放并保持所有空气都通过进气口进入。使空气倒流通过滤膜的方式释放真空，可能导致滤膜破裂。

泄漏偶尔会在采样过程中发生。可通过几种方法检测是否发生泄漏。一种方法是在采样过程中监测滤膜下游的真空。通常，下游真空是稳定不变的或是逐渐加大的，下游真空逐渐加大是为了使气流在滤膜负载有粒子时依然保持恒定。泄漏或滤膜破损时可检测到真空减少而不是增加。另一个方法是不断检测滤膜下游的气溶胶粒子浓度。由于滤膜应当截留大部分粒子，下游浓度的增长表明滤膜破损或泄漏。

由于在计算气溶胶浓度时要用到通过滤膜的累积流量，测量和控制通过滤膜的气流也十分重要。Monteith和Rubow（2001）对泵、空气输送装置以及气流控制和测量装置进行了详细讨论。Cheng和Chen（2001）提供了这些装置的校准步骤。

7.3 气溶胶测量所用滤膜

供气溶胶采样和分析使用的滤膜类型很多，它们的材质、孔径、收集特性及形状多样，以适应通用的滤膜托。对滤膜进行选择需要满足多种要求，包括所选滤膜在采样过程中是否能一直维持高效；其压降是否低到足以保障所需气流；能否达到后续分析的要求；能否承受过热或侵蚀性气溶胶；机械强度、成本、尺寸、实用性以及是否便于携带等。对滤膜进行选择时也必须考虑滤膜表面发生化学反应的可能性；是否能够进行重量法分析；滤膜吸收或解吸水蒸气的可能性等。

对气溶胶测量所用的滤膜进行分类的比较合理的依据是其特征结构。采集气溶胶粒子常用的滤膜可分为纤维滤膜（fibrous filters）、薄膜滤膜（membrane filters）、毛细孔滤膜（capillary pore filters），在特殊情况下也会用到烧结金属滤膜和颗粒床滤膜。第25章将讨论一些采样过程，其中包括选择合适尺寸的微孔泡沫滤膜作为预分离器以符合国际标准化组织（ISO）、美国政府工业卫生学家协会（ACGIH）和欧洲标准协会（CEN）的采样惯例。

纤维滤膜、薄膜滤膜和毛细孔滤膜的主要特征见表7-1，后续也会对这些特征进行补充性讨论。这些气溶胶采样滤膜多数都已商品化。

表 7-1 气溶胶测量中经常使用的各种类型滤膜的主要特点

滤膜类型	特　点
纤维滤膜	• 由直径为 0.1～100μm 的纤维组成 • 包括纤维素或木(纸)纤维滤膜、玻璃纤维滤膜、石英纤维滤膜和聚合物纤维滤膜 • 孔隙率为 60%～99%，厚度为 0.15～0.5mm • 通过拦截、冲击及扩散作用将粒子收集在滤膜的各个部位 • 高粒子收集效率、所需空气流速较低 • 同等条件下，纤维滤膜的压降是所有滤膜中最低的
薄膜滤膜	• 膜上有许多弯曲的微孔 • 主要包括多聚物微孔滤膜、烧结金属微孔滤膜及陶瓷微孔滤膜 • 孔隙大小(由液体过滤量判定)为 0.02～10μm • 孔隙率小于 85%，厚度为 0.05～0.2mm • 通过吸附作业将粒子收集在滤膜的微结构上 • 收集效率高，但是压降是所有滤膜中最高的
毛细孔滤膜	• 具有垂直于膜表面的圆柱形毛细孔的聚碳酸酯薄膜(10μm)，孔隙直径为 0.1～8μm • 孔隙率较低，仅为 5%～10% • 通过冲击和拦截作用将粒子收集在毛细孔周围，通过扩散作用将粒子收集在孔壁上 • 收集效率处于纤维滤膜与薄膜滤膜之间 • 在相同的收集效率下，其压降明显高于纤维滤膜，并与微孔滤膜相当或略高

7.3.1 纤维滤膜

纤维滤膜由一簇单个纤维构成，这些纤维在垂直于气流的二维空间中随机排列。纤维滤膜的孔隙率通常较大，范围在 60%～99%。孔隙率低于 60%的纤维滤膜很少，因为很难把纤维组分压缩成相对较小的薄层。纤维大小从 1μm 到几百微米不等。尽管有些纤维滤膜是由统一尺寸的纤维构成，但大部分纤维滤膜的组成纤维的直径范围通常比较宽泛。有时使用黏合材料将纤维结合在一起编织成滤膜，黏合材料的质量可以达到滤膜材料的 10%。因为有机黏合材料会对测量造成干扰、产生误差，所以气溶胶测量通常选用不加黏合材料的纤维滤膜。用于纤维滤膜的材料包括纤维素纤维、玻璃纤维、石英纤维和塑料纤维。图 7-3 为玻璃纤维滤膜的微结构，从中可以看出滤膜的材质特征。

纤维素纤维（纸）滤膜曾一度广泛应用于一般目的的空气采样，最具代表性的是 Whatman（WHA）[1] 滤膜。此类滤膜价格低廉、规格多样、机械张力大、压降低。纤维素纤维滤膜的不足之处在于其对湿度敏感，对亚微米级粒子的过滤效率相对较低。

玻璃纤维滤膜比纤维素纤维滤膜的压降高，对所有粒子的过滤效率都大于 99%。尽管玻璃纤维滤膜比纤维素纤维滤膜价格高，但是由于其不易受湿度干扰，因此是大体积采样中的标准滤膜。含聚四氟乙烯涂层的玻璃纤维滤膜不易发生化学催化转化，对湿度的灵敏度也小，从而克服了玻璃纤维的部分内在不足。

石英纤维滤膜由于具有较低的痕量污染而常用于后续需要进行诸如分子吸收、离子色谱和碳分析等化学分析的大流量气体采样中。该类型滤膜具有惰性强、可在高温下去除痕量有机污染物的特点。

聚苯乙烯纤维滤膜使用范围有限，其滤膜强度较小。纤维滤膜中使用的其他塑料纤维材

[1] 三个字母缩写的公司全名及地址见附录Ⅰ。

图 7-3 玻璃纤维滤膜的电子显微图。显示了其典型的微结构（GEL Type A/E），显微图片上有刻度线

料包括聚氯乙烯和涤纶织物。特殊环境下的采样，例如在高温和腐蚀性环境，可以使用不锈钢纤维滤膜。表 7-2 对各种纤维滤膜的特性、相对价格及制造商进行了总结。

表 7-2 气溶胶测量所用纤维滤膜的特性、生产商以及相对费用

滤膜材料	特性	生产商①	相对费用②
纤维素纤维滤膜	孔隙可大、中、小	FSI, WHA, MSI, MFS	低
硼硅酸盐玻璃纤维滤膜	含有有机黏合剂 不含有机黏合剂 含有聚四氟乙烯涂层 含有纤维素成分	FSI, WHA MSA GEL MIL,PAL,MFS, MSI	低
石英纤维滤膜	纯品 含有少量硼硅酸盐玻璃	WHA,FSI MFS,GEL	中
聚合物纤维滤膜	聚丙烯，孔径大小一致，可为 0.45μm、0.8μm、1.2μm	MSI	低

① 三个字母缩写表示生产商，见附录 I。

② 费用范围（直径 47mm 滤膜的价格）：低，每 100 张滤膜的价格低于 50 美元；中，每 100 张滤膜的价格在 50～200 美元之间；高，每 100 张滤膜的价格高于 200 美元。

7.3.2 薄膜滤膜

由纤维酯、聚氯乙烯、聚四氟乙烯制成的薄膜滤膜已经商业化。薄膜滤膜是由胶体溶液形成的凝胶，其微结构复杂但相对均匀，空气可通过其间的弯曲孔径。这些弯曲孔径促使粒子吸附在滤膜表面。图 7-4 为微孔薄膜滤膜的微结构。薄膜滤膜由许多层构成，不同层的形成过程不同，这取决于生产技术。通常，生产商提供的滤膜孔径大小与滤膜的实际结构特征和孔径大小并不完全一致。孔径大小通常是由液体过滤决定的。一般来说，薄膜滤膜的压降和粒子收集效率较高，即使是对明显小于特征孔径的粒子也是如此。聚四氟乙烯薄膜滤膜由于基本不吸收水蒸气且污染背景小而常用于质量分析和元素分析。表 7-3 展示了各种薄膜滤膜的特性、生产商和相对费用。

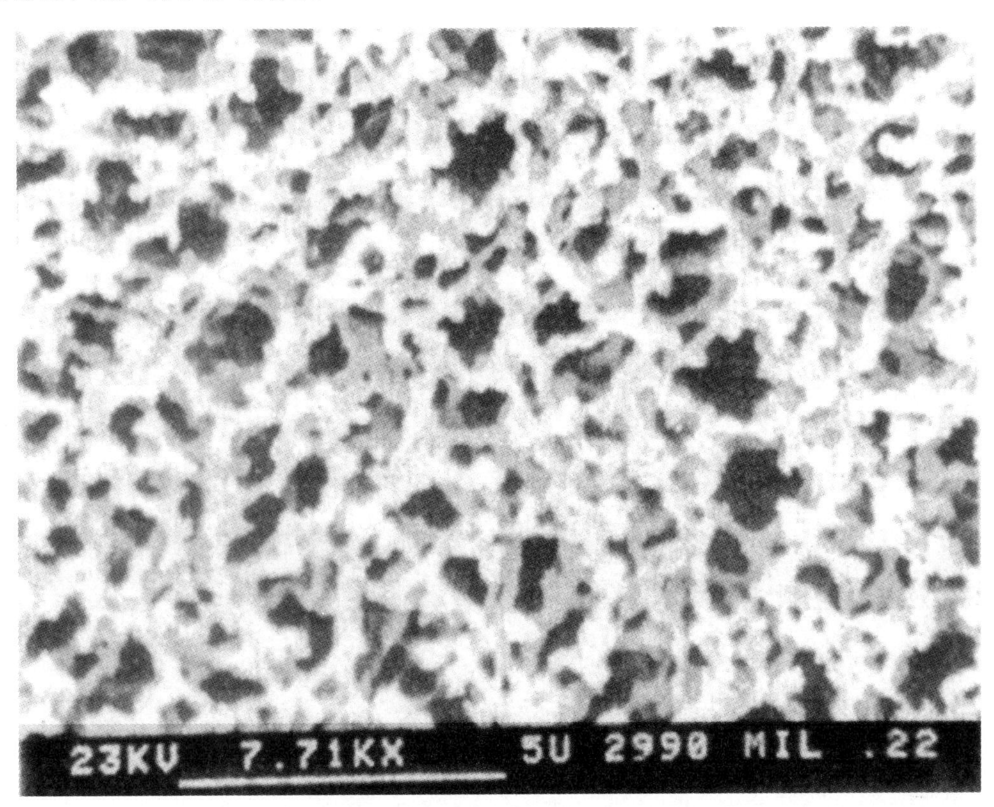

图 7-4 薄膜滤膜的电子显微图（MIL，孔径为 0.22μm），
图中显示了滤膜结构及弯曲的气流路径。显微图片上显示了比例

表 7-3 薄膜滤膜的生产商及费用范围

滤膜材料	特性	生产商①	费用范围②
纤维膜	硝酸纤维 混合酯类 醋酸纤维素类 孔径为 0.02～8μm	MIL，FSI GEL MFS，MSI S&S，WHA	中
特氟龙/聚四氟乙烯(PTFE)膜	纯品 聚丙烯强化，孔径为 0.02～1.0μm	同上	高
聚酯/聚碳酸酯/聚丙烯膜	孔径为 0.02～15μm	同上	中
银膜	纯金属银，孔径为 0.2～5μm	OSM，FSI，MIL	高
尼龙膜	纯尼龙 用聚丙烯涂抹或浸泡用于支持膜，孔径为 0.1～20μm	GEL，FSI，MSI	中
聚氯乙烯膜	纯 PVC 含丙烯腈的 PVC，孔径为 0.45μm、0.8μm、5.0μm	GEL，FSL	中

① 三个字母缩写表示生产商，见附录Ⅰ。

② 费用范围（直径 47mm 滤膜的价格）：低，每 100 张滤膜的价格低于 50 美元；中，每 100 张滤膜的价格在 50～200 美元之间；高，每 100 张滤膜的价格高于 200 美元。

7.3.3 毛细孔滤膜

毛细孔滤膜通常是由聚碳酸酯构成的多孔薄膜，膜面上孔隙大小一致。因为它的第一个生产商是Nuclepore®公司，因此毛细孔滤膜通常也被称为核孔膜。当然，现在其他公司也在生产这种滤膜。此类滤膜的生产过程是：用中子轰击聚碳酸酯膜，再通过蚀刻形成大小统一的孔径。孔的数量取决于轰击时间，孔径大小则取决于蚀刻时间。毛细孔滤膜是透明的，如图7-5所示，这种膜有相对平滑的表面，且表面上有统一孔径的毛细孔。此类滤膜通常用于对粒子表面进行光学和电子显微镜分析。表7-4展示了毛细孔滤膜的特性、生产商及相对费用。

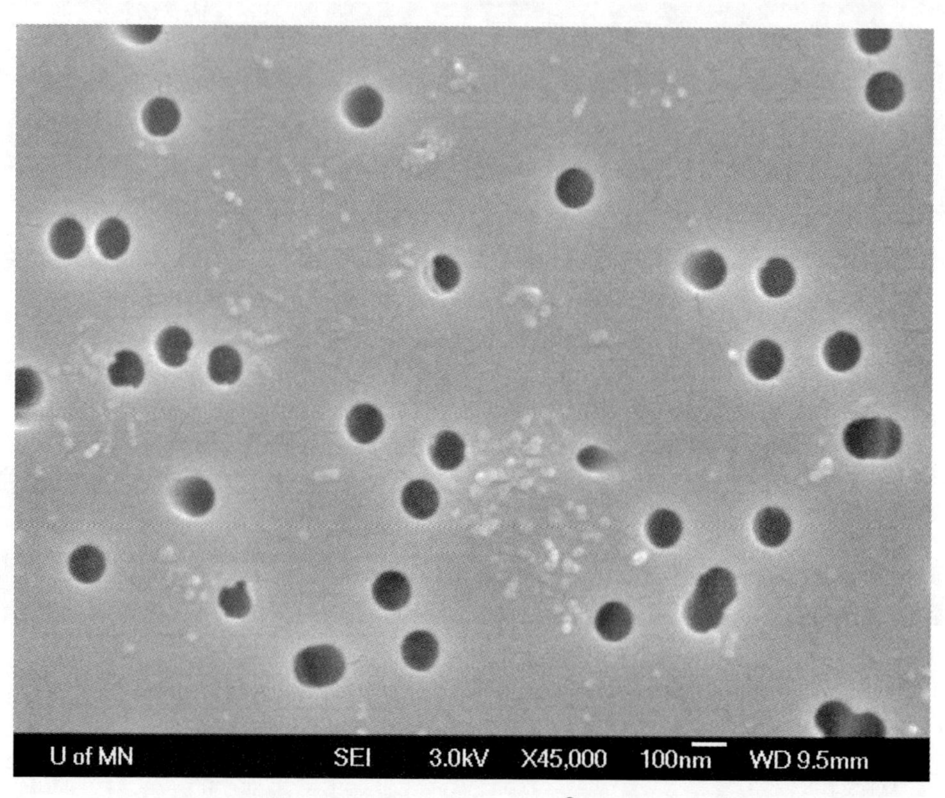

图7-5 毛细孔滤膜的电子显微图（MIL Isopore® 聚碳酸酯，孔径为0.1μm），图中显示出滤膜相对光滑的表面和统一的孔径。显微图上有刻度线

表7-4 毛细孔滤膜的生产商和费用范围

滤膜材料	特性	生产商①	费用范围②
聚碳酸酯	0.01～14μm孔径(一致性±15%) 6～10μm厚度,孔隙率5%～10%	WHA,FSI OSM,STR,SPI	中
聚酯	孔径为0.1～12.0μm	FSI,STR	中

① 三个字母缩写表示生产商，见附录Ⅰ。

② 费用范围（直径47mm滤膜的价格）：低，每100张滤膜的价格低于50美元；中，每100张滤膜的价格在50～200美元之间；高，每100张滤膜的价格高于200美元。

7.3.4 其他滤膜

烧结金属滤膜是通过将统一直径的球形金属颗粒进行碾压并高温加热直到烧结而制成的

(Heikkinen 和 Harley，2000)，使用的金属通常是不锈钢。烧结金属滤膜可用于采集高温气溶胶，如果使用不锈钢制成的滤膜，也可采集腐蚀性环境样品。烧结金属滤膜的孔径大小、厚度及表面直径多种多样，可以满足各种应用需求，这使得烧结金属滤膜生产广泛(Rubow 和 Davis，1991)。

当气溶胶穿过粒子床时，其中的粒子被粒子床滤膜收集，然后通过冲刷、溶解、蒸发的方式将收集到的粒子还原。用粒子床滤膜采集气溶胶的主要优点在于可通过选择合适的粒子床介质同时收集颗粒物和气体污染物（Kogan 等，1993)，其缺点在于对小粒子的收集效率较低。粒子床滤膜和烧结金属滤膜一样，可以在高温高压的环境中使用。活性炭、XAD-2®、Florisil®、Tenax®、糖、萘、玻璃、沙、石英和金属等材料都可以用作吸附颗粒。吸附颗粒尺寸从 200μm 至几毫米都有，较小的吸附粒子可以用来高效地收集小粒子。

现在人们可以通过简洁、方便、经济的方法制出与 ISO/ACGIH/CEN 采样协议中要求的颗粒大小相匹配的多孔泡沫滤膜（Aitken 等，1993；Chen 等，1998；Page 等，2000)。多孔泡沫滤膜的结构如图 7-6 所示。这种滤膜常由网状的聚氨酯或聚乙烯构成，其结构主要为泡沫基体，这些泡沫在连接点相互贯穿形成开放的三维格子，和三角横截面相似。孔隙度可以高达 0.97，且孔径多在 10～50μm 的范围内。此类滤膜的性能可以与任何采样协议相匹配。

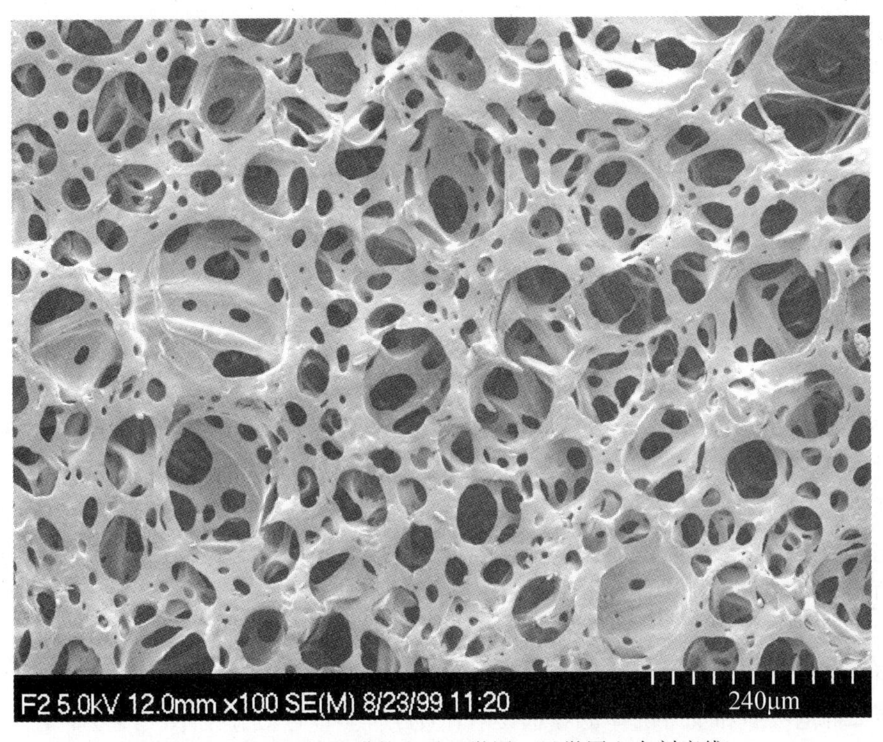

图 7-6 多孔泡沫滤膜的电子显微图（显微图上有刻度线）

7.4 过滤原理

研究者对空气颗粒物进行实验研究时，颗粒物样品多数都是使用纤维滤膜进行过滤收集获得的，而使用薄膜滤膜和毛细孔滤膜进行过滤收集的较少。在这部分，我们将讨论过滤机理，并介绍一些实用的预测公式，这些公式可用于计算过滤效率和通过滤膜的压降，也可用来了解不同的滤膜如何高效收集不同粒径的粒子。

7.4.1 纤维滤膜原理

表征纤维过滤，首先要考虑单个纤维对粒子的捕获。单个纤维的效率 E_F，定义为撞击纤维的粒子数与纤维附近无气流时可能撞击纤维的粒子数的比值。如图 7-7 所示，如果直径为 d_f 的纤维捕获了厚度为 Y 的层面的所有粒子，那么 E_F 定义为 $Y/(d_f/2)$ 或 $2Y/d_f$。

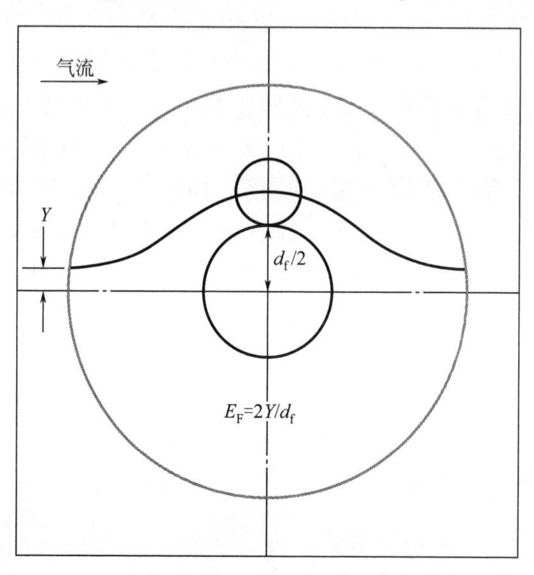

图 7-7 单纤维效率定义示意图。所有从距中心线小于或等于 Y 的距离接近滤膜的粒子会被滤膜捕获；而从大于 Y 的距离接近滤膜的粒子不会被捕获

由多个纤维组成的滤膜的总效率：

$$E_T = 1 - \exp\left(\frac{-4E_F \alpha L}{\pi d_f}\right) \tag{7-1}$$

式中，α 为滤膜（1 减去孔隙度）的密实度或组装密度；L 为滤膜深度或厚度。当 E_F 可估算时，此公式可用来预测 E_T；当 E_F 可测时，此公式可推断 E_T。

单纤维理论的优势在于滤膜的厚度是个独立变量。E_F 可用来比较不同厚度滤膜的性能。在比较滤膜的总效率时考虑到这一点很重要，因为虽然单个纤维的效率较低，但多个纤维组成的滤膜厚度增加，其总效率会变高。

气溶胶通过滤膜时，多种过滤机制可以使粒子的轨迹偏离气流主线，导致粒子与纤维表面碰撞而沉降到纤维表面。引起粒子沉降的主要机制包括扩散作用、拦截力和惯性碰撞。其他机理诸如静电吸引和重力沉降也对总效率有贡献。可以近似假设单纤维效率 E_F 为扩散效率 E_D、拦截效率 E_R 和惯性碰撞效率 E_I 的算术和：

$$E_F = E_D + E_R + E_I \tag{7-2}$$

必要的时候，式（7-2）可包括静电效应和重力沉降效应。下面将分别讨论不同的过滤机制。

7.4.1.1 扩散效率

气溶胶粒子会发生布朗运动。粒子，特别是小粒子，不随气流前进，而是不断从气流中分散出来。粒子一旦被滤膜收集，就会通过范德华力吸附在上面。滤膜表面的粒子浓度可以认为是零，表面产生的浓度梯度可认为是粒子向滤膜扩散的驱动力。由于布朗运动随着粒径的降低而增加，因此粒子的扩散沉积随粒径的减小而增强，见图 7-8。低速粒子在滤膜表面停留的时间较长，同样提高了扩散力的收集作用。描述这一过程的对流扩散公式中，有一个无量纲参数，即贝克来数 Pe，可以定义为：

$$Pe=\frac{d_{\mathrm{f}}U}{D} \tag{7-3}$$

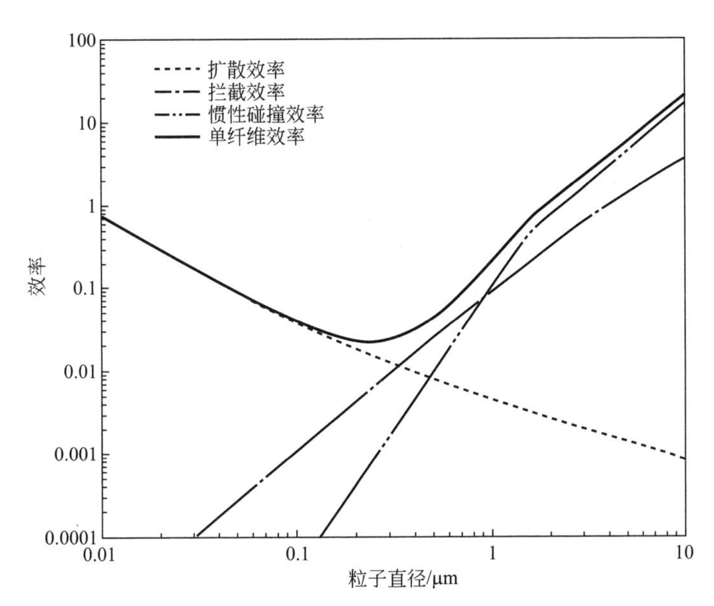

图 7-8 使用单纤维效率理论计算的纤维直径为 4μm、密实度为 0.1 的纤维滤膜在流速为 0.15m/s 时扩散、拦截、惯性碰撞和单纤维效率图。粒子密度为 $1000\mathrm{kg/m^3}$

式中，U 为滤膜表面的迎面速度；D 为粒子扩散系数。

$$D=kTC_{\mathrm{c}}/(3\pi\eta d_{\mathrm{p}}) \tag{7-4}$$

式中，k 为玻耳兹曼常数；T 为热力学温度；η 为空气黏度；d_{p} 为粒子直径；C_{c} 为坎宁安滑动修正系数，可由下式计算：

$$C_{\mathrm{c}}=1+\frac{\lambda}{d_{\mathrm{p}}}\left[2.33+0.966\exp\left(-0.499\frac{d_{\mathrm{p}}}{\lambda}\right)\right] \tag{7-5}$$

式中，λ 为气体分子的平均自由程。

Friedlander（1957）、Natanson（1957）、Lee 和 Liu（1982）提出的量化 E_{D} 的方法可以用来解决热传递和质量传递分析中普遍产生的边界层问题。在 Friedlander 和 Natanson 早期提出的模型中，使用了单圆筒模型的流场。近期的许多研究，例如 Lee 和 Liu 提出的，使用了多圆筒模型，该模型考虑了临近纤维对气流的影响。Brown（1993，93～101 页）提出了从多项研究中总结的公式：

$$E_{\mathrm{D}}=2.9Ku^{-1/3}Pe^{-2/3} \tag{7-6}$$

式中，Ku 为流体动力学系数，或库韦巴拉数（Kuwabara，1959）。

$$Ku=-0.5\ln\alpha-0.75+\alpha-0.25\alpha^{2} \tag{7-7}$$

库韦巴拉数源于理论速率领域，该领域主要研究预测通过垂直于气流的圆筒床的黏性流。

7.4.1.2 拦截效率

即使粒子的运动轨迹不偏离气流流线，当粒子与纤维表面的距离小于一个粒子半径时，仍会被收集。对于小粒子，即使没有布朗运动和惯性碰撞，仍会被收集到滤膜表面。对比与气流流速相关的扩散和惯性碰撞，拦截作用与气流速度无关。用于描述拦截效率的无量纲参数 R 定义为粒子直径与纤维直径的比值：

$$R=\frac{d_{\mathrm{p}}}{d_{\mathrm{f}}} \tag{7-8}$$

如果使用Kuwabara理论，可以得到拦截效率的分析表达式：

$$E_{\mathrm{R}}=\frac{1+R}{2Ku}\left[2\ln(1+R)-1+\alpha+\left(\frac{1}{1+R}\right)^{2}\times\left(1-\frac{1}{2}\alpha\right)-\frac{\alpha}{2}(1+R)^{2}\right] \tag{7-9}$$

如图7-8所示，拦截效率随粒径增加而增加。

7.4.1.3 惯性碰撞效率

纤维附近的流体运动流线是曲折的。由于惯性作用，具有一定质量的随气流运动的粒子可能不会沿着流线运动。当气流流线的曲率足够大且粒子质量也足够大时，粒子会脱离气流而撞击到纤维表面。

惯性碰撞机理可以用无量纲的斯托克斯数 Stk 来计算：

$$Stk=\frac{\rho_{\mathrm{p}}d_{\mathrm{p}}^{2}C_{\mathrm{c}}U}{18\eta d_{\mathrm{f}}} \tag{7-10}$$

式中，ρ_{p} 为粒子的密度。斯托克斯数是描述滤膜惯性碰撞机理的基本参数，斯托克斯数大就表示碰撞收集的概率大。Stechkina等（1969）使用Kuwabara流动场计算了 E_{I}：

$$E_{\mathrm{I}}=\frac{Stk}{(2Ku)^{2}}\left[(29.6-28\alpha^{0.62})R^{2}-27.5R^{2.8}\right] \tag{7-11}$$

式（7-11）广泛用于计算惯性机制对收集效率的贡献，限定 R 的范围是 $0.01\leqslant R\leqslant 0.4$。

如图7-8所示，粒径和流速的增加都会导致惯性碰撞的增加。因此，增加空气流速对惯性碰撞效率的影响和对扩散效率的影响是相反的。

【例7-1】 在293K（20℃）、101.3kPa（1atm）下，计算0.5μm直径的粒子因①布朗扩散、②拦截、③惯性撞击而引起的单纤维效率，纤维直径为4μm，密实度为0.1，空气流速为0.15m/s（15cm/s）。假设粒子密度为1000kg/m³（1g/cm³）。

解：① 布朗扩散效率

使用式（7-4），扩散系数计算为：

$$D=\frac{1.38\times10^{-23}\mathrm{N\cdot m/K}\times293\mathrm{K}\times1.31}{3\pi\times1.807\times10^{-5}\mathrm{Pa\cdot s}\times0.5\times10^{-6}\mathrm{m}}=6.22\times10^{-11}\mathrm{m^{2}/s}$$

式中的 C_{c} 通过式（7-5）计算：

$$C_{\mathrm{c}}=1+\left(\frac{0.0653\mu\mathrm{m}}{0.5\mu\mathrm{m}}\right)\times\left[2.33+0.966\exp\left(-0.499\,\frac{0.5\mu\mathrm{m}}{0.0653\mu\mathrm{m}}\right)\right]=1.31$$

根据式（7-3），贝克来数为：

$$Pe=\frac{4\times10^{-6}\text{m}\times0.15\text{m/s}}{6.22\times10^{-11}\text{m}^2/\text{s}}=9.65\times10^3$$

根据式（7-7），库韦巴拉数为：

$$Ku=-0.5\ln0.1-0.75+0.1-0.25\times0.1^2=0.499$$

使用式（7-6），单纤维效率 E_D 为：

$$E_D=2.9\times0.499^{-1/3}(9.65\times10^3)^{-2/3}=0.00807$$

② 拦截效率

根据式（7-8）：

$$R=\frac{d_p}{d_f}=\frac{0.5\mu\text{m}}{4\mu\text{m}}=0.125$$

因此，根据式（7-9）：

$$E_R=\frac{1+0.125}{2\times0.499}\left[2\ln(1+0.125)-1+0.1+\left(\frac{1}{1+0.125}\right)^2\times\left(1-\frac{0.1}{2}\right)-\frac{0.1}{2}(1+0.125)^2\right]$$
$$=0.0258$$

③ 惯性碰撞效率

斯托克斯数根据式（7-10）得：

$$Stk=\frac{1000\text{kg/m}^3\times(0.5\times10^{-6}\text{m})^2\times1.31\times0.15\text{m/s}}{18\times1.807\times10^{-5}\text{Pa}\cdot\text{s}\times4\times10^{-6}\text{m}}=3.78\times10^{-2}$$

由于惯性撞击产生的单纤维效率，根据式（7-11）得：

$$E_I=\frac{3.78\times10^{-2}}{(2\times0.499)^2}[(29.6-28\times0.1^{0.62})\times0.125^2-27.5\times0.125^{2.8}]=0.0105$$

由此可见，扩散力和惯性碰撞对粒径为 0.5μm 的粒子的收集效率贡献相当，拦截力的贡献较大。

7.4.1.4 静电作用

式（7-2）～式（7-11）忽略了过滤介质与收集的粒子之间的静电吸引力或静电排斥力。然而，如果滤膜或粒子上存在电荷，其对粒子收集效率有显著的影响。空气中的粒子或中性粒子上的电荷通常服从玻耳兹曼分布（第 15 章），其平均电荷通常为中性。然而，新生成的粒子可能会带有较高电荷（Mainelis 等，2002）。另外，滤膜生产商通常人为地使其生产的滤膜带有永恒电荷（Brown，1998），使用可摩擦生电的多种材质制造滤膜，或通过电晕充电，或对电喷射技术生产的滤膜进行感应充电（Brown 1998）时，都会造成滤膜静电量增加。人为使用高电荷滤膜的原因在于它们可以不通过提高压降而提高过滤效率。

带电滤膜和粒子的收集涉及几种机制：①滤膜上的永恒电荷与粒子上的电荷通过库仑力相互作用提高过滤效率；②滤膜纤维上的永恒电荷通过诱导通过的粒子产生偶极来提高效率；③带电粒子在通过时诱导中性滤膜产生电像力（image force），可以提高效率。这三种机理同时存在时，第一个机理最为重要。与静电效力相关的单纤维效率的估计是非常复杂的。Brown（1993，139～177 页）对这些预测公式做了最好的总结。

7.4.1.5 重力沉降

具有一定流速的粒子会在重力作用下沉降。当沉降速度足够大时，粒子会脱离气流。在向下的过滤条件下，这一机制会通过重力作用来提高收集效率。当气流是向上时，这一机理会使粒子离开收集器，对过滤产生副作用。由于重力作用仅对慢速大粒子作用显著，因此这一机制对过滤采集过程并不重要。Davies（1973，77～79页）详细描述了重力沉降。

7.4.1.6 纳米粒子和热反弹潜能

纳米粒子，即空气动力学直径小于100nm的粒子，通常以扩散机制而被高效地捕集在滤膜上。然而，Wang和Kasper（1991）认为，小直径纳米粒子的热速度太快以至于粒子在纤维表面会反弹而不是被收集，他们预测直径小于10nm的粒子会出现热反弹。

充分的实验表示热反弹仅对直径小于2nm的粒子有显著作用，对于直径大于2～3nm的粒子，Heim等（2005）和Kim等（2007）得到的过滤效率接近于通过标准过滤理论预测的效率。Kim等（2006）观测到相对于直径接近2nm的粒子，直径在1～2nm的粒子的收集效率有所下降，这暗示着热反弹对于直径小于2nm的粒子非常重要。

由于直径小于2nm的粒子会迅速凝聚成大粒子，使得后续分析变得复杂，对如此小的粒子进行过滤采样并不常见，因此，对于多数过滤采样并不需要考虑热反弹作用。

7.4.1.7 最大穿透粒径

如上所述，粒径增加，拦截阻力和惯性碰撞机制引起的过滤效率将会增强，而粒径减小时，布朗扩散机制引起的收集作用会增强。因此，存在一个中间粒径区，在此区中，两种或多种机制同时作用但均不占据主导地位。如图7-8和图7-9所示，单纤维过滤效率和总过滤效率在此区中都存在最小值。出现最小效率的粒子直径就被称为最大穿透粒径。

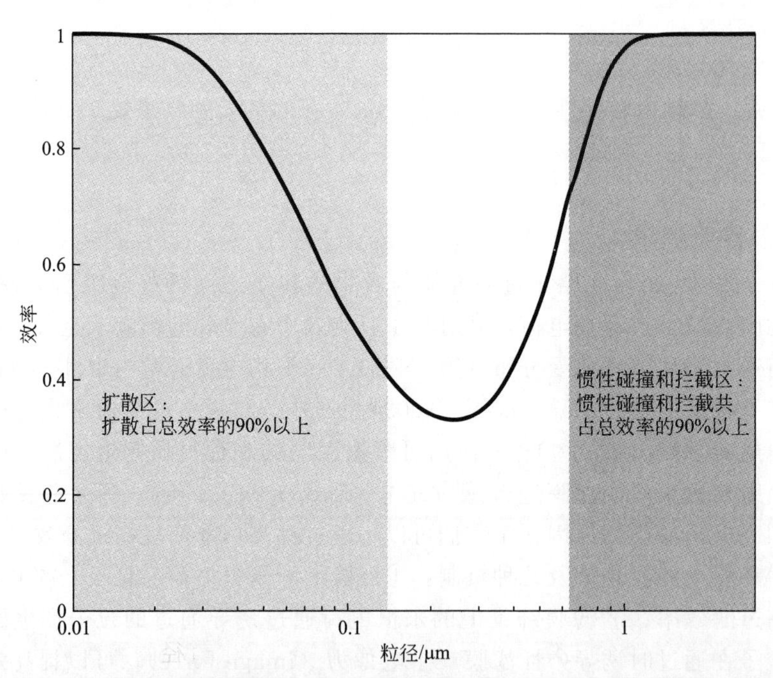

图7-9 空气流速为0.15m/s、纤维滤膜为4μm均一孔径、密实度为0.1的条件下，由单纤维过滤效率理论计算出的总过滤效率与粒子直径关系图。粒子密度为1000kg/m³。图中展现了扩散和惯性碰撞/拦截过滤区域

一般认为最大穿透粒径大约为 0.3μm，这是基于高效粒子空气过滤器（HEPA）应用 DOP（二甲酸）测试方法得到的结果。然而，随着纤维过滤理论不断完善，已经观察到最大穿透粒径和对应的最小效率会随着滤膜类型和过滤速度的变化而不断变化。考虑到扩散作用和拦截作用，Lee 和 Liu（1980）推出了如下公式来计算最大穿透粒径 d_{mpps}：

$$d_{mpps}=0.885\left(\frac{Ku}{1-\alpha}\times\frac{\sqrt{\lambda}kT}{\eta}\times\frac{d_f^2}{U}\right)^{2/9} \tag{7-12}$$

图 7-10 比较了式（7-12）的预测数据和实验数据。提高流速和滤膜密实度可以降低 d_{mpps}。d_{mpps} 会随着滤膜直径增加而增加。

如果考虑静电作用，d_{mpps} 比式（7-12）计算出来的值要小。实验（Emi 等，1987；Kanaoka 等，1987；Martin 和 Moyer，2000）发现对于多数带电滤膜来说，最大穿透粒径小于 0.1μm。

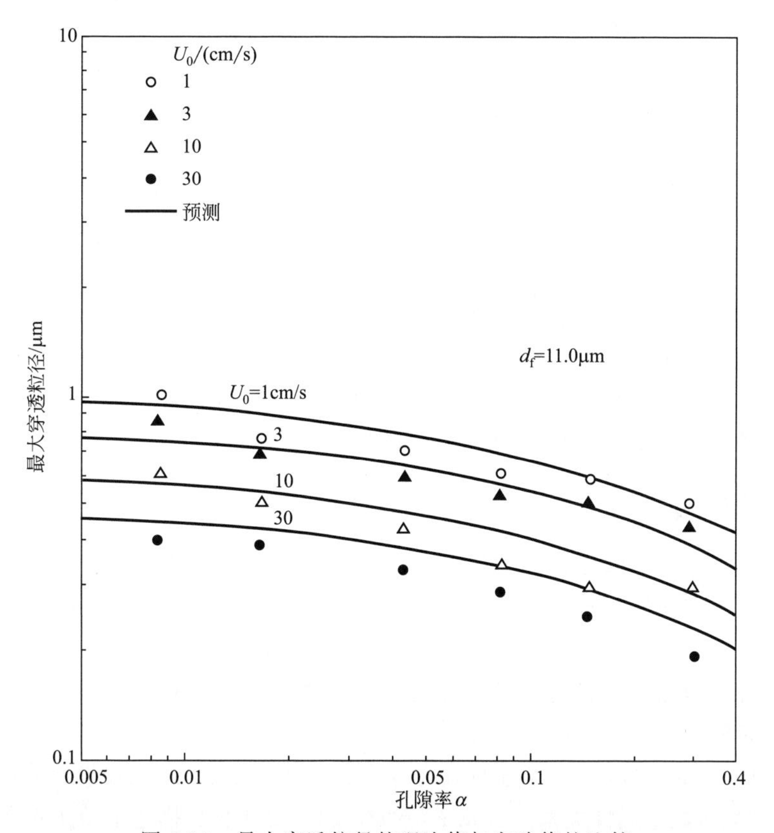

图 7-10 最大穿透粒径的理论值与实验值的比较

7.4.2 薄膜滤膜和毛细孔滤膜过滤效率

研究表明薄膜滤膜的过滤机制和纤维滤膜的过滤机制是相同的（Rubow，1981）。而且，纤维滤膜的单纤维效率理论同样适用于具有一定厚度、密实度和迎面风速的薄膜滤膜，唯一需要修正的是使用有效纤维直径来表示薄膜滤膜的膜结构。一种估计有效纤维直径的方法是：通过测量经过滤膜的压降，从压降是纤维滤膜中纤维直径的函数来计算得到。

毛细孔滤膜的粒子收集理论包括：用于毛细孔壁处粒子扩散收集的管道扩散理论；用于毛细孔入口表面附近粒子收集的碰撞和拦截理论（Spurny 等，1969）。测量显示，对于粒径大于孔径的粒子，这些滤膜的收集效率接近 100%；对于粒径小于孔径的粒子，其收集效率很小（Liu 和

Lee，1976；John 等，1983)。孔径下降，其最小收集效率将增加 (Liu 和 Lee，1976)。

考虑到毛细孔滤膜具有唯一性，类似冲击式采样器的特性、粒径依赖的过滤特性，它将在利用不同孔径大小滤膜进行顺序采样时作为粒径选择气溶胶采样器使用 (Cahill 等，1977；Parker 等，1977)。Heidam (1981) 指出在这些应用过程中，需要考虑粒子反弹问题。

7.4.3 压降

随着空气通过滤膜，滤膜对气流产生了阻力，这个力反映了滤膜前后的压力损失。滤膜的压降 ΔP 是必须考虑的，因为它对采样产生反压力，以致必须使用泵抽气来采样。过滤效率高、压降低的滤膜正是我们需要的。压降可通过多种压力计来测量。一个意外的过低的压降可能表明气流通过滤膜周边，是滤膜托内未密封好的信号。

使用库韦巴拉流力场 (Kuwabara，1959)，可以以滤膜纤维的累积阻力为基础计算纤维滤膜的理论压降 ΔP_{th}：

$$\Delta P_{th}=\frac{16\alpha\eta UL}{d_f^2 Ku} \tag{7-13}$$

在滤膜参数和压力降测量值的经验拟合基础上，Davies (1973) 推出如下公式来表达通过纤维滤膜的压降：

$$\Delta P=\frac{\eta UL}{d_f^2}\left[64\alpha^{1.5}(1+56\alpha^3)\right] \tag{7-14}$$

由于滤膜固有的非均匀性，式 (7-14) 计算出的压降低于式 (7-13) 的计算值。式 (7-13) 和式 (7-14) 均表明压降随滤膜厚度、密实度和迎面风速的增加而增大；当滤膜密实度为常数时，压降又随滤膜纤维直径的增大而减小。

7.4.4 负载作用

当固态粒子的过滤时间较长，它们在过滤介质表面上的沉积不均匀。纤维滤膜上沉积的粒子常常会在纤维表面形成粒子枝状结晶 (Tien，1998)，即从纤维表面伸出的粒子链。枝状结晶不断地长出分支，构成树状结构，当它们变大后，最终会瓦解而落在纤维表面。枝状结晶的存在显著地增强了滤膜对粒子的收集，但同时也增加了气流阻力。因此，如果收集固态粒子过滤时间较长，粒子的收集率和压降均会增加。

Emi 等 (1987) 的实验表明，当坐标轴为对数刻度时，反映单纤维收集效率和压降增加的函数与滤膜质量负载函数呈线性关系。Brown (1993，201～239 页) 描述了预测收集效率随固态粒子负载而变化的理论和实验方法。Hinds 和 Kadrichu (1997) 的研究表明，假设枝状结晶是滤膜结构中增加的短纤维，使用单纤维理论可以计算出粒子收集效率和压降的增加。随着时间的推移，粒子将会堵塞滤膜，从而导致压降的增加而不能使足够的空气通过滤膜。

与固态粒子不同，液态粒子的沉积会导致纤维滤膜的收集效率降低 (Payer 等，1992；Raynor 和 Leith，2000)。Mullins 等 (2004) 的研究表明，液体粒子会在纤维表面融合成液滴，且会随粒子组成和纤维材料的不同而变化。液体的存在使扩散效率降低，从而导致滤膜过滤速率增大，进而使粒子收集率降低。同收集固态粒子一样，纤维滤膜收集液态粒子时压降会逐渐增加。但是，由于收集的液体会被通过滤膜的气流带到滤膜的后表面而排出或成为从滤膜排出的空气中的水滴，因此，收集纯液态粒子的滤膜不可能完全被堵塞 (Raynor 和 Leith，2000)。同时收集固态和液态粒子的滤膜和仅收集固态粒子的滤膜一样容易堵塞 (Rosati 等，1999)。

即使收集很少量的液态或固态粒子，通过静电吸引收集粒子的带电纤维滤膜的收集效率也会降为其原始值的一半（Schürmann 和 Fissan，1984；Brown 等，1988；Tennal 等，1991；Raynor 和 Chae，2004）。收集效率降低可能是由于收集的粒子阻碍了滤膜上的电荷对其他粒子起作用。

7.5 滤膜误差

粒子的物理化学性质、气流、滤膜组分以及它们之间的相互作用均可导致粒子采样过程不精确，即滤膜误差。这些误差包括滤膜或先前收集的物质对水汽的吸附与解吸，对气流中气体和蒸汽的吸收，滤膜收集的挥发性或半挥发性物质的蒸发，与滤膜接触后的粒子反弹。下面将分别讨论这几种。

7.5.1 湿度效应

水蒸气可在采样的前、中、后期从滤膜中吸附或解吸。Charell 和 Hawley（1981）的研究表明，进行重量分析时，在一定范围的大气相对湿度中进行平衡，混合纤维素酯（MCE）滤膜的空白滤膜质量的变化比聚氯乙烯（PVC）滤膜或聚碳酸酯毛细孔滤膜的空白滤膜质量变化大。如表 7-5 所示，Tsai 等（2002）的研究表明，当称量室处于可控或不可控条件时，重量分析中大多数 MCE 滤膜不如玻璃纤维滤膜稳定。相应的，在同等的不受控条件下，玻璃纤维滤膜远不如聚四氟乙烯（PTFE）和 PVC 滤膜稳定。PVC 滤膜，尤其是 PTFE 滤膜在可控或不可控环境中称量时均极其稳定。如果称量室的环境条件可控，MCE 和玻璃纤维滤膜的质量稳定性大大提升。

表 7-5 温度、湿度受控和不受控条件下采样滤膜的质量的平均值（A_{vg}①）、标准差（SD）以及变异系数（CV）

滤膜类型	温度、湿度不受控②	温度、湿度受控②
玻璃纤维滤膜	A_{vg}=87.933mg SD=0.0628mg CV=0.0714%	A_{vg}=87.844mg SD=0.0118mg CV=0.0134%
聚四氟乙烯薄膜	A_{vg}=244.371mg SD=0.0047mg CV=0.0019%	A_{vg}=244.370mg SD=0.0049mg CV=0.0020%
PVC 薄膜	A_{vg}=13.259mg SD=0.0021mg CV=0.0160%	A_{vg}=13.257mg SD=0.0023mg CV=0.0174%
MCE 薄膜	A_{vg}=41.528mg SD=0.1132mg CV=0.2722%	A_{vg}=41.435mg SD=0.0431mg CV=0.1040%

① 受控和不受控环境中，对每种类型的膜称取 4 张。

② 称重前，滤膜在相对湿度 40%～45%环境下平衡 24h。

注：从 Tsai 等（2002）授权复制。

数据表明，当相对湿度变化时，PTFE 和 PVC 滤膜的重量分析结果比玻璃纤维滤膜或 MCE 滤膜更稳定。当滤膜称量时的环境稳定性成为考虑因素时，这一优势对 PTFE 和 PVC

滤膜非常重要。所有滤膜在称重前，都应在称量室平衡足够的时间。此外，称量室放置的空白膜，即所谓的"实验室空白"可以用来跟踪称量室环境变化对膜质量称量的影响。

【例 7-2】 (a) 例题 7-1 中给出的孔径为 0.5μm、厚度为 0.5mm 的滤膜，其过滤效率为多少？(b) 直径为 0.02μm、0.03μm、0.05μm、0.07μm、0.1μm、0.15μm、0.2μm、0.3μm、0.5μm、0.7μm、1μm、1.5μm、2μm 的粒子的过滤效率为多少？(c) 滤膜的最大穿透粒径为多少？(d) 滤膜的压降为多少？

解：(a) 假设单个机制相互独立并可以叠加，单个纤维效率见式 (7-2)：

$$E_F = 0.00807 + 0.0258 + 0.0105 = 0.0444$$

用式 (7-1) 计算滤膜效率：

$$E_T = 1 - \exp\left[\frac{-4 \times 0.0444 \times 0.1 \times 0.0005\text{m}}{\pi(4 \times 10^{-6}\text{m})}\right] = 0.507 = 50.7\%$$

(b) 式 (7-1)～式 (7-11) 可同样用于其他粒径来估算其效率。这些公式录入到电子表格中，结果展示在下图的表格中。由于式 (7-11) 对于 $R > 0.4$ 是无效的，在此公式中当 $R > 0.4$ 时，R 取 0.4。

粒子直径 /μm	扩散效率 E_D	拦截效率 E_R	碰撞效率 E_I	单纤维效率 E_F	滤膜总效率 E_T
0.02	0.290	0.0000	0.0000	0.290	0.994
0.03	0.172	0.0001	0.0000	0.172	0.952
0.05	0.0903	0.0003	0.0000	0.0906	0.799
0.07	0.0598	0.0005	0.0000	0.0604	0.656
0.1	0.0393	0.0011	0.0000	0.0404	0.511
0.15	0.0250	0.0025	0.0002	0.0277	0.387
0.2	0.0186	0.0044	0.0004	0.0234	0.338
0.3	0.0126	0.0096	0.0017	0.0239	0.345
0.5	0.0081	0.0258	0.0105	0.0444	0.507
0.7	0.0061	0.0490	0.0340	0.0891	0.793
1	0.0047	0.0954	0.115	0.215	0.978
1.5	0.0035	0.200	0.417	0.620	1.000
2	0.0028	0.332	0.772	1.106	1.000

这些数据还会在图 7-9 中深入阐明。一个有趣的结果是粒径为 2μm 的粒子的 E_F 大于 1。对于定义的单纤维效率，这个结果是可能的。在这些计算中，总效率是不会大于 1 的。

(c) 尽管 0.2μm、0.3μm 计算出来的值是近似的，(b) 部分中计算出来的最大穿透粒径是 0.2μm，其可用式 (7-12) 来计算：

$$d_{mpps} = 0.885\left[\frac{0.499}{1-0.1} \times \frac{\sqrt{6.53 \times 10^{-8}\text{m}} \times 1.38 \times 10^{-23}\text{kg}\cdot\text{m}^2/(\text{s}^2\cdot\text{K}) \times 293\text{K}}{1.807 \times 10^{-5}\text{Pa}\cdot\text{s}} \times \frac{(4 \times 10^{-6}\text{m})^2}{0.15\text{m/s}}\right]^{2/9} = 2.50 \times 10^{-7}\text{m} = 0.25\mu\text{m}$$

(d) 利用式 (7-14) 可以得到压降：

$$\Delta P = \frac{1.807 \times 10^{-5}\text{Pa}\cdot\text{s} \times 0.15\text{m/s} \times 0.0005\text{m}}{(4 \times 10^{-6}\text{m})^2} \times [64 \times 0.1^{1.5}(1 + 56 \times 0.1^3)] = 181\text{Pa}$$

7.5.2 非水蒸气吸收产生的误差

除了水蒸气，滤膜在采集粒子之前，其材质或纤维元素也可以吸收其他蒸气。这些误差主要出现在大气采样中。由于蒸气/气溶胶采样常用于半挥发化合物，这些误差使得颗粒相浓度偏大，气体相浓度偏小。需考虑蒸气吸附误差的化合物包括硫酸盐、硝酸盐和半挥发有机物。

Lipfert（1994）总结了相关研究发现：滤膜采样对二氧化硫的吸收会使粒子上硫酸盐的测量结果产生明显偏差。他同时指出，一些研究显示有特氟龙包裹的玻璃纤维滤膜比玻璃纤维滤膜对二氧化硫的吸收要小。Appel 等（1979）注意到滤膜采样对氮氧化物和硝酸的吸收会对粒子上硝酸盐的测量结果产生明显偏差。Chow 和 Watson（1998）发现这些误差可以通过使用碱性低于 25μeq/g 的滤膜消除。特氟龙滤膜和石英纤维滤膜符合这一要求。

在大气采样中，滤膜可以吸收很多种有机化合物。McDow 和 Huntzcker（1990）指出，石英纤维滤膜收集的粒子有机碳水平受通过滤膜的气体速度的影响较大。通过他们的研究发现，受流速影响的有机蒸气的吸收可能是产生他们研究结果的原因。Turpin 等（1994）发现蒸气吸收是滤膜采集有机气溶胶误差产生的主要原因。气溶胶的构成影响了误差的大小，长期采集可以减少这一误差。长期采样可以减小误差是因为，在采样过程早期，滤膜表面已经被吸附的分子填满。Mader 和 Pankow（2001）提出了估测特氟龙滤膜和石英纤维滤膜采集多环芳烃（PAH）、多氯代二苯并呋喃、多氯二苯并二噁英时的吸收误差的公式。总的来说，蒸气压较低的化合物比蒸气压高的化合物更容易被吸收。特氟龙滤膜对 PAHs 的吸收小于石英纤维滤膜。Turpin 等（1994）和 Kirchstetter 等（2001）指出，石英纤维滤膜吸收误差最初可由其下放置另一张特氟龙滤膜或石英滤膜上的蒸气吸收量来估测。

7.5.3 滤膜采集样品的挥发

滤膜收集的粒子或液滴含有挥发或半挥发物质时，这些物质可能蒸发进入通过滤膜的气流。根据亨利定律（Henry's law）或霍华德定律（Raoult's law），粒子表面气相可挥发组分或者聚集的微滴的分压常和粒子组分或微滴成分有关。如果表面的可挥发化合物的分压大于通过滤膜的气流中的化合物的压力，蒸气分子就容易扩散离开粒子表面。这种向外扩散导致了挥发损失，从而造成粒子浓度偏低。

挥发损失在多种大气或环境采样应用中都存在。在大气采样过程中，硝酸盐（Cheng 和 Tsai，1997）、硫酸盐（Eatough 等，1995）、烷烃（Van Vaeck 等，1984）和 PAHs（Rounds 等，1993）都存在挥发损失。与车间环境相关的研究显示，采集加工过程中的金属加工液雾时会有挥发损失（Volckens 等，1999；Simpson 等，2000）。Volckens 等（1999）测量过高达 50%的挥发损失，使用 PTFE 滤膜的挥发损失比 PVC 和石英滤膜要小。环境烟草烟雾、杀虫剂以及沥青烟雾的测量中，挥发损失也不容忽视。

预测滤膜挥发损失的理论已有所发展，对于液体沉积物，Zhang 和 McMurry（1987）提出了预测液体通过滤膜时的蒸气损失的一系列模型，这些模型假设通过滤膜的气体最初包含饱和的挥发化合物。随着滤膜内压力损失造成的挥发化合物分压的下降可以预测挥发损失。Raynor 和 Leith（1999）补充了针对多成分液体的模型，这一模型允许进入的气流携带任何的原始组分。在许多情况下，离开滤膜的气流对于留在滤膜上的液体中的化合物是饱和的。Cheng 和 Tsai（1997）通过解答经过粒子床（粒子层）的对流扩散方程，得到了滤膜表面收集的固态粒子挥发损失。

7.5.4 粒子反弹

如同第 8 章指出的，粒子反弹是造成冲击式采样器采集误差的一个重要因素。当气流快速通过滤膜时，其中的粒子与滤膜纤维、膜元件、毛细孔滤膜接触时，也会发生粒子反弹，从而影响采样。粒子反弹是粒子对滤膜的撞击能力与粒子对滤膜的吸附能力之间的复杂的相互作用过程（Brown，1993，178～200 页）。即使是对粒径很小且流速低至 10cm/s 的粒子来说，粒子反弹也会影响对过滤效率的估算。

Hiller 和 Loffler（1980）认为固态粒子的黏着能力会随着气流速度的降低而降低，但是降低的量取决于粒子的种类和大小以及滤膜纤维的类型和大小。Ellenbecker 等（1980）指出黏着效率的降低与进入粒子动能的增加有很好的相关性。他们的研究指出，黏着效率的降低引起斯托克斯数大于 1 的固态粒子单纤维效率的显著下降，而液态 DOP 粒子却无变化。Mullins 等（2003）指出当纤维滤膜潮湿时，粒子反弹会显著减少。Rembor 等（1999）发现理论计算的黏着效率小于实验观测的黏着效率。粒子反弹还需要从理论上进行进一步的研究和解释。在采样过程中，避免由于粒子反弹造成的粒子损失的最好方法是避免超出采样标准中规定的流速。

7.6 滤膜选择

滤膜收集的粒子的分析技术和方法会影响滤膜介质的选择。主要的分析方法大致可以分为四类：重量分析，显微分析，微量化学分析，微生物分析。下面将对这些分析技术进行总结，阐述影响滤膜选择的主要因素、可能产生的误差以及对误差的校正方法。

表 7-6～表 7-8 对所讨论滤膜的一般应用、优缺点及使用范围进行了总结。

表 7-6 各类纤维采样滤膜的应用和优缺点汇总

滤膜类型	典型应用	优点	缺点
纤维滤膜(通用)	空气质量采样	高采样流量下的压降小;运行费用低;粒子负载能力强	对亚微米级小粒子的采集效率低;采集的粒子贯穿整个滤膜
纤维素滤膜	空气质量采样中的限制性/定性应用	价格低;粒子易于萃取	对湿度较敏感;温度耐受范围小;粒子采集效率低
硼硅酸盐玻璃纤维滤膜	在空气质量采样中应用广泛,不含有机黏合剂	可抵抗高达 500℃ 的高温;有一定程度的化学抵抗性	由于纤维的碱性而形成硫酸盐;易吸收水蒸气,必须进行适当平衡
特氟龙包裹的玻璃纤维滤膜	广泛用于空气采样中——排放分析、重量分析、生物和突变因子分析	吸湿性低;化学转化形成的误差小	形成硝酸盐
石英纤维滤膜	用于粒子化学分析——离子色谱、原子吸收、碳分析、多环芳烃分析等	吸湿性低;在 800℃ 下仍旧稳定;痕量污染水平低;在采样前可以通过焙烧消除痕量有机物质;形成二次物质的概率较低	易碎;已观察到硝酸盐的形成

表 7-7 各类薄膜滤膜的应用、优缺点汇总

滤膜类型	典型应用	优 点	缺 点
薄膜滤膜(通用,适合下述滤膜)	空气采样、表面分析技术、亚微米级小粒子采集	粒子采集效率高;机械强度高	压降高;粒子负载能力低;容易阻塞;温度耐受范围低
纤维素(混合酯、硝酸酯或醋酸酯等)滤膜、PVC膜	NIOSH标准方法中用于金属、棉尘、石棉等的采样	在各种薄膜滤膜中价格低;化学抗性低	易吸收水蒸气;运行温度限制在75～130℃之间;PVC膜易积累静电荷
特氟龙滤膜	重量分析、中子活化分析、XRF、XRD	不受化学转化的影响;湿度灵敏度低;低痕量/背景浓度;具有化学抗性	硝酸盐易损失;支持膜的温度限制在150℃左右,而纯PTFE膜在260℃

表 7-8 毛细孔滤膜的应用、优缺点汇总

滤膜类型	典型应用	优 点	缺 点
聚碳酸酯滤膜	用于表面分析技术的理想滤膜,如显微镜、PIXE	平整;表面均匀;不吸湿;低背景/空白浓度;表面捕集;半透明表面	压降高;粒子负载能力低;对某些粒径范围内的粒子收集效率低;易于积累静电荷

7.6.1 称重分析

测量气溶胶质量浓度最常用的方法是用滤膜采样前后的质量差除以采样体积。这一方法要求滤膜对所有粒径粒子的收集效率接近100%。而且，质量增量必须是由收集到的粒子引起的；同时保证在采样前、采样时、采样后，质量的增加都与温度和湿度无关。

之前提到过，湿度对滤膜质量的影响很大，这一影响随着滤膜或粒子本身对水蒸气的吸收或释放而增加。减小湿度影响的标准方法是采样前后将滤膜在恒温恒湿条件下平衡24h，通常是20℃，相对湿度为50%。克服粒子上有机化合物的挥发比较困难，唯一的方法是不同湿度下使用控制样品对粒子质量的变化进行校准。

滤膜上的静电荷会使滤膜发生卷曲从而使其处理起来很困难。另外，静电荷也会在采样过程中影响粒子的收集，见7.4节。电荷还会通过干扰电平衡而造成称量误差（Engelbrecht 等，1980）。聚碳酸酯滤膜或PVC等塑料材质的绝缘滤膜会很容易带电，特别是在湿度较低时。将滤膜从塑料材质的绝缘滤膜托上取下时会导致电荷在滤膜托和滤膜之间转移。减小这一问题常用的方法是每次称重前将滤膜暴露在双极离子条件下，或者转移滤膜前将滤膜和滤膜托暴露在双极离子条件下，以 ^{210}Po 或 ^{241}Am 产生双极离子的抗静电条板都已商品化。使用接地的、可导电的滤膜托同样可以减少静电的影响。

【例 7-3】 在环境空气中采样，并要求在滤膜上至少采集10mg样品用于重量分析。流速为0.305m/s（1ft/s）的气体适合选用0.20m×0.25m（8in×10in）的石英滤膜，其有效过滤面积为0.18m×0.230m（0.0414m^2）。假设粒子收集效率为100%，计算最小采样时间。环境平均粒子浓度为20μg/m^3。

解：通过滤膜的流量为：

$$0.0414\text{m}^2 \times 0.305\text{m/s} = 0.0126\text{m}^3/\text{s}$$

在此速率下单位时间收集到的粒子质量为：

$$20\mu g/m^3 \times 0.0126m^3/s = 0.252\mu g/s$$

收集到 10mg 所要求的采样时间为：

$$10000\mu g/(0.252\mu g/s) = 39683s \approx 11.0h$$

7.6.2 显微分析

光学显微镜或电子显微镜分析常用来获得粒子粒径、形态、浓度、成分等方面的信息。显微分析要求粒子收集在平整的或尽量接近平整的滤膜表面，如毛细孔滤膜。聚碳酸酯毛细孔滤膜的表面平整光滑，符合显微分析的要求。

X 射线荧光（XRF）、X 射线衍射（XRD）和质子诱导 X 射线发射（PIXE）技术可与电子显微技术同时使用。这些技术可以鉴定滤膜上粒子的化学元素和种类。滤膜面积应当减小以浓缩样品，与分析粒子的信号响应相比，滤膜材料的背景响应信号必须较低。

微孔滤膜和毛细孔滤膜能很好地满足以上这些要求和其他分析技术的要求。特氟龙滤膜由于其惰性且背景值小常用于 XRF 分析（Chow 等，1990），当采样量较低时，滤膜质量大小也很重要（Davis 和 Johnson，1982）。金属银制成的滤膜在衍射光谱的石英区域内的干扰性低，因此常用于 XRD 技术分析结晶二氧化硅。使用 α 射线或 β 射线检测器对气溶胶进行放射性分析通常需要高流速、高收集效率，粒子要收集在滤膜表面从而将放射吸收最小化。孔径在 0.45～0.8μm 的微孔纤维酯滤膜可以满足这些要求。Busigin 等（1980）总结了对氡衰变放射气溶胶进行收集和分析的各种滤膜特征。

7.6.3 微量化学分析

选择用于微量化学分析的滤膜介质需要考虑的主要因素有：①分析要求的颗粒物的量；②空白滤膜的最小背景值；③采样过程中及采样后化学转移过程中产生的误差。通常情况下，不可能同时满足敏感性好、干扰最小且滤膜误差小等条件。尽管如此，还是可以选择适合的滤膜介质。

纤维素滤膜、玻璃纤维滤膜、特氟龙滤膜、石英纤维滤膜常用于微量化学分析，但是收集的粒子含量必须尽量多。它们的低压降允许高速采样，这也可以提高粒子的收集效率。纤维素滤膜在粒子负载较低时，其收集效率较低，玻璃纤维、特氟龙滤膜、石英纤维滤膜收集效率都较高，但是都需要酸溶解进行粒子回收和提取。玻璃纤维滤膜略显碱性，可以导致二氧化硫向颗粒态硫酸盐转化，从而产生正误差，这个正误差会影响浓度测量（Coutant，1977；Rodes 和 Evans，1977；Stevens 等，1978）。玻璃纤维滤膜也可使气态硝酸转化成颗粒态硝酸盐（Appel 和 Tokiwa，1981）。空白滤膜背景浓度的大小和变化是决定分析技术检出限的重要因素。Maenhaut（1989）总结了测量室外气溶胶痕量元素的方法，并讨论了不同类型空白滤膜上这些元素的浓度范围。

石英纤维滤膜具有低蒸气吸附性和低背景元素浓度，因此，常用于微量化学分析。另外，石英纤维滤膜在室外采样过程中没有显著的硫酸盐误差（Pierson 等，1980）。石英纤维滤膜常用于诸如氯离子、硝酸盐离子、硫酸盐离子、钾离子和铵根离子的离子色谱分析（Chow 等，1990）。石英纤维滤膜可在高温下加热来降低其有机物的背景浓度，因此可用于有机物的提取和分析（Lioy 和 Daisey，1983）。石英纤维滤膜也用于有机碳和元素碳的分析。这些滤膜可以快速加热，使得碳化合物转变成 CO_2，然后可用来进行碳分析（Tanner 等，1982）。

薄膜滤膜可用于微量化学分析，但负载量有限且在操作和运输过程中有粗粒子损失（Dzubay 和 Barbour，1983）。特氟龙滤膜背景值低，且由于其化学惰性，不易造成硫酸盐误差。然而铵盐和硝酸会通过挥发（Rodes 和 Evans，1977）或与特氟龙滤膜上酸性物质发生反应（Harker 等，1977）而造成损失，尽管可能会产生硫酸盐误差，尼龙薄膜滤膜可作为硝酸盐收集的选择之一。

7.6.4 微生物分析

尽管滤膜常用于评价空气传播的微生物，例如病毒、微生物、真菌的总浓度，但滤膜选择也需要考虑滤膜收集的活体微生物或菌落形成单位（CFU）的计数要求（Willeke 和 Macher，1999）。在这些应用中，一些活体微生物被滤膜收集后会由于干燥而损失。例如，Wang 等（2001）发现采集空气中真菌和细菌的生物效率取决于其种类、采样时间和相对湿度。因此用滤膜进行生物气溶胶采集仅限于耐旱微生物，这些耐旱微生物可以抵抗干燥环境。如果需要持续培养，这些微生物还可以被转移到适宜的生长介质中进行培养。如果不需要持续培养，可以将微生物从滤膜上洗提出来，之后用诸如聚合酶链式反应（PCR）或反转录 PCR（PT-PCR）技术将其扩增并查明特殊的微生物。空气中生物有机体的采集将在第 24 章进行深入讨论，Macher 和 Burge（2001）也对此进行了深入讨论。

7.7 符号列表

C_c	坎宁安滑动修正系数
d_f	滤膜纤维的直径
d_{mpps}	最大穿透粒径
d_p	粒子直径
D	粒子扩散效率
E_D	单纤维扩散效率
E_F	单纤维效率
E_I	单纤维撞击效率
E_R	单纤维拦截效率
E_T	总滤膜效率
k	玻耳兹曼常数
Ku	库韦巴拉数
L	滤膜厚度
Pe	贝克来数
R	拦截参数
Stk	斯托克斯数
T	热力学温度
U	滤膜迎面速度
Y	能被单纤维收集到的粒子的层宽

ΔP 压降
ΔP_{th} 理论压降
α 滤膜密实度
λ 气体分子的平均自由程
η 空气黏度
ρ_p 粒子密度

7.8 参考文献

Agarwal, J. K., and B. Y. H. Liu. 1980. A criterion for accurate aerosol sampling in calm air. *Am. Ind. Hyg. Assoc. J.* 41: 191–197.

Aitken, R. J., J. H. Vincent, and D. Mark. 1993. Application of porous foams as size selectors for biologically relevant samplers. *Appl. Occup. Environ. Hyg.* 8: 363–369.

Appel, B. R., and Y. Tokiwa. 1981. Atmospheric particulate nitrate sampling errors due to reactions with particulate and gaseous strong acids. *Atmos. Environ.* 15: 1087–1089.

Appel, B. R., S. M. Wall, Y. Tokiwa, and M. Haik. 1979. Interference effects in sampling particulate nitrate in ambient air. *Atmos. Environ.* 13: 319–325.

Brown, R. C. 1993. *Air Filtration*. Oxford: Pergamon Press.

Brown, R. C. 1998. Nature, stability and effectiveness of electric charges in fibers. In *Advances in Aerosol Filtration*, K. R. Spurny (ed.). Boca Raton, FL: Lewis Publishers, pp. 219–240.

Brown, R. C., D. Wake, R. Gray, D. B. Blackford, and G. J. Bostock. 1988. Effect of industrial aerosols on the performance of electrically charged filter material. *Ann. Occup. Hyg.* 32: 271–294.

Busigin, A., A. W. Van der Vooren, and C. R. Phillips. 1980. Collection of radon daughters on filter media. *Environ. Sci. Technol.* 14: 533–536.

Cahill, T. A., L. L. Ashbauch, and J. B. Barone. 1977. Analysis of respirable fractions of atmospheric particulates via sequential filtration. *J. Air Pollut. Control Assoc.* 27: 675–678.

Chan, W. H., D. B. Orr, and D. H. S. Chung. 1986. An evaluation of artifact SO_4 formation on nylon filters under field conditions. *Atmos. Environ.* 20: 2397–2401.

Charell, P. R., and R. G. Hawley. 1981. Characteristics of water adsorption on air sampling filters. *Am. Ind. Hyg. Assoc. J.* 42: 353–360.

Chen, C. C., C. Y. Lai, T. S. Shih, and W. Y. Yeh. 1998. Development of respirable aerosol samplers using porous foams. *Am. Ind. Hyg. Assoc. J.* 59: 766–773.

Cheng, Y. H., and C. J. Tsai. 1997. Evaporation loss of ammonium nitrate particles during filter sampling. *J. Aerosol Sci.* 28: 1553–1567.

Cheng, Y. S., and B. T. Chen. 2001. Aerosol Sampler Calibration. In *Air Sampling Instruments*, 9 ed. Cincinnati, OH: American Conference of Governmental Industrial Hygienists, pp. 177–199.

Chow, J. C., and J. G. Watson. 1998. *Guideline on Speciated Particulate Monitoring*. Reno, NV: Desert Research Institute.

Chow, J. C., J. G. Watson, R. T. Egami, C. A. Frazier, Z. Lu, A. Goodrich, and A. Bird. 1990. Evaluation of regenerative-air vacuum street sweeping on geological contributions to PM_{10}. *J. Air Waste Manag. Assoc.* 40: 1134–1142.

Coutant, R. W. 1977. Effect of environmental variables on collection of atmospheric sulfate. *Environ. Sci. Technol.* 11: 873–878.

Davies, C. N. 1968. The entry of aerosols into sampling tubes and heads. *J. Phys. D: Appl. Phys.* 1: 921–932.

Davies, C. N. 1973. *Air Filtration*. London: Academic.

Davis, B. L., and L. R. Johnson. 1982. On the use of various filter substrates for quantitative particulate analysis by X-ray diffraction. *Atmos. Environ.* 16: 273–282.

Dzubay, T. G., and R. K. Baybour. 1983. A method to improve adhesion of aerosol particles on Teflon filters. *J. Air Pollut. Control Assoc.* 33: 692–695.

Eatough, D. J., L. J. Lewis, M. Eatough, and E. A. Lewis. 1995. Sampling artifacts in the determination of particulate sulfate and $SO_2(g)$ in the desert Southwest using filter pack samplers. *Environ. Sci. Tech.* 29: 787–791.

Ellenbecker, M. J., D. Leith, and J. M. Price. 1980. Impaction and particle bounce at high Stokes numbers. *J. Air Pollut. Control Assoc.* 30: 1224–1227.

Emi, H., C. S. Wang, and C. Tien. 1982. Transient behavior of aerosol filtration in model filters. *AIChE J.* 28: 397–405.

Emi, H., C. Kanaoka, Y. Otani, and T. Ishiguro. 1987. Collection mechanisms of electret filter. *Partic. Sci. Tech.* 5: 161–171.

Engelbrecht, D. R., T. A. Cahill, and P. J. Feeney. 1980. Electrostatic effects on gravimetric analysis of membrane filters. *J. Air Pollut. Control Assoc.* 30: 391–392.

Friedlander, S. K. 1957. Mass and heat transfer to single spheres and cylinders at low Reynolds numbers. *AIChE J.* 3: 43–48.

Grosjean, D. 1982. Quantitative collection of total inorganic atmospheric nitrate on nylon filters. *Anal. Lett.* 15(A9): 785–796.

Harker, A., L. Richards, and W. Clark. 1977. Effect of atmospheric SO_2 photochemistry upon observed nitrate concentrations. *Atmos. Environ.* 11: 87–91.

Heidam, N. Z. 1981. Review: Aerosol fractionation by sequential filtration with Nuclepore filters. *Atmos. Environ.* 15: 891–904.

Heikkinen, M. S. A., and N. H. Harley. 2000. Experimental investigation of sintered porous metal filters. *J. Aerosol Sci.* 31: 721–738.

Heim, M., B. J. Mullins, M. Wild, J. Meyer, and G. Kasper. 2005. Filtration efficiency of aerosol particles below 20 nanometers. *Aerosol Sci. Tech.* 39: 782–789.

Hiller, R., and F. Löffler. 1980. Influence of particle impact and adhesion on the collection efficiency of fibre filters. *Ger. Chem. Eng.* 3: 327–332.

Hinds, W. C., and N. P. Kadrichu. 1997. The effect of dust loading on penetration and resistance of glass fiber filters. *Aerosol Sci. Tech.* 27: 162–173.

International Standards Organization. 1995. *Air Quality—Particle Size Fraction Definitions for Health-Related Sampling*, ISO Standard 7708. Geneva: Author.

John, W., S. Hering, G. Reischl, and G. Sasaki. 1983. Characteristics of Nucleopore filters with large pore size—II. Filtration properties. *Atmos. Environ.* 17: 373–382.

Kanaoka, C., H. Emi, Y. Otani, and T. Iliyama. 1987. Effect of charging state of particles on electret filtration. *Aerosol Sci. Tech.* 7: 1–13.

Kim, C. S., L. Bao, K. Okuyama, M. Shimada, and H. Niinuma. 2006. Filtration efficiency of a fibrous filter for nanoparticles. *J. Nanoparticle Res.* 8: 215–221.

Kim, J. H., G. W. Mulholland, S. R. Kukuck, and D. Y. H. Pui. 2005. Slip correction measurements of certified PSL nanoparticles using a nanometer differential mobility analyzer (nano-DMA) for Knudsen number from 0.5 to 83. *J. Res. Natl. Inst. Stand. Technol.* 110: 31–54.

Kim, S. C., M. S. Harrington, and D. Y. H. Pui. 2007. Experimental study of nanoparticles penetration through commercial filter media. *J. Nanoparticle Res.* 9: 117–125.

Kirchstetter, T. W., C. E. Corrigan, and T. Novakov. 2001. Laboratory and field investigation of the adsorption of gaseous organic compounds onto quartz filters. *Atmos. Environ.* 35: 1663–1671.

Kogan, V., M. R. Kuhlman, R. W. Coutant, and R. G. Lewis, 1993. Aerosol filtration by sorbent beds. *J. Air Waste Manage.* 43: 1367–1373.

Kuwabara, S. 1959. The forces experienced by randomly distributed parallel circular cylinders or spheres in a viscous flow at small Reynolds numbers. *J. Phys. Soc. Japan* 14: 527–532.

Lee, K. W., and B. Y. H. Liu. 1980. On the minimum efficiency and the most penetrating particle size for fibrous filters. *J. Air Pollut. Control Assoc.* 30: 377–381.

Lee, K. W., and B. Y. H. Liu. 1982. Theoretical study of aerosol filtration by fibrous filters. *Aerosol Sci. Technol.* 1: 147–161.

Lioy, P. J., and J. M. Daisey. 1983. The New Jersey project on airborne toxic elements and organic substances (ATEOS): A summary of the 1981 summer and 1981 winter studies. *J. Air Pollut. Control Assoc.* 33: 649–657.

Lipfert, F. W. 1994. Filter artifacts associated with particulate measurements: Recent evidence and effects on statistical relationships. *Atmos. Environ.* 28: 3233–3249.

Lippmann, M. 2001. Filters and filter holders. In *Air Sampling Instruments for Evaluation of Atmospheric Contaminants*, 9th ed., B. S. Cohen and C. S. McCammon, Jr. (eds.). Cincinnati, OH: American Conference of Governmental Industrial Hygienists, pp. 281–314.

Liu, B. Y. H., and K. W. Lee. 1976. Efficiency of membrane and Nuclepore filters for submicrometer aerosols. *Environ. Sci. Technol.* 10: 345–350.

Macher, J. M., and H. A. Burge. 2001. Sampling biological aerosols. In *Air Sampling Instruments*, 9 ed. Cincinnati, OH: American Conference of Governmental Industrial Hygienists, pp. 661–702.

Mader, B. T., and J. F. Pankow. 2001. Gas/solid partitioning of semivolatile organic compounds (SOCs) to air filters. 3. An analysis of gas adsorption artifacts in measurements of atmospheric SOCs and organic carbon (OC) when using Teflon membrane filters and quartz fiber filters. *Environ. Sci. Technol.* 35: 3422–3432.

Maenhaut, W. 1989. Analytical techniques for atmospheric trace elements. In *Control and Fate of Atmospheric Trace Metals*, J. M. Pacyna and B. Ottar (eds.). Dordrecht: Kluwer, pp. 259–301.

Mainelis, G., K. Willeke, P. Baron, S. A. Grinshpun, and T. Reponen. 2002. Induction charging and electrostatic classification of micrometer-size particles for investigating the electrobiological properties of airborne microorganisms. *Aerosol Sci. Technol.* 36: 479–491.

Martin, S. B., and E. S. Moyer. 2000. Electrostatic respirator filter media: Filter efficiency and most penetrating particle size effects. *Appl. Occup. Environ. Hyg.* 15: 609–617.

McDow, S. R., and J. J. Huntzicker. 1990. Vapor adsorption artifact in the sampling of organic aerosol: Face velocity effects. *Atmos. Environ.* 24A: 2563–2571.

Monteith, L., and K. L. Rubow. 2001. Air movers and samplers. In *Air Sampling Instruments for Evaluation of Atmospheric Contaminants*, 9th ed., B. S. Cohen and C. S. McCammon, Jr. (eds.). Cincinnati, OH: American Conference of Governmental Industrial Hygienists. pp. 233–280.

Mullins, B. J., I. E. Agranovski, and R. D. Braddock. 2003. Particle bounce during filtration of particles on wet and dry filters. *Aerosol Sci. Technol.* 37: 587–600.

Mullins, B. J., R. D. Braddock, and I. E. Agranovski. 2004. Particle capture processes and evaporation on a microscopic scale in wet filters. *J. Colloid Interf. Sci.* 279: 213–227.

Natanson, G. L. 1957. Diffusion precipitation of aerosols on a streamlined cylinder with a small capture coefficient (English Translation). *Proc. Acad. Sci. USSR. Phys. Chem.* 112: 21–25.

Page, S. J., J. C. Volkwein, P. A. Baron, and G. J. Deye. 2000. Particulate penetration of porous foam used as a low flow rate respirable dust size classifier. *Appl. Occup. Environ. Hyg.* 15: 561–568.

Parker, R. D., G. H. Buzzard, T. G. Dzubay, and J. P. Bell. 1977. A two stage respirable aerosol sampler using Nuclepore filters in series. *Atmos. Environ.* 11: 617–621.

Payet, S., D. Boulard, G. Madelaine, and A. Renoux. 1992. Penetration and pressure drop of a HEPA filter during loading with submicron liquid particles. *J. Aerosol Sci.* 23: 723–735.

Pierson, W. R., W. W. Brachaczek, T. J. Korniski, T. J. Truer, and J. W. Butler. 1980. Artifact formation of sulfate, nitrate and hydrogen ion on backup filters: Allegheny mountain experiment. *J. Air Pollut. Control Assoc.* 30: 30–34.

Raynor, P. C., and S. J. Chae. 2004. The long-term performance of electrically charged filters in a ventilation system. *J. Occup. Environ. Hyg.* 1: 463–471.

Raynor, P. C., and D. Leith. 1999. Evaporation of accumulated multicomponent liquids from fibrous filters. *Ann. Occup. Hyg.* 43: 181–192.

Raynor, P. C., and D. Leith. 2000. The influence of accumulated liquid on fibrous filter performance. *J. Aerosol Sci.*, 31: 19–34.

Rembor, H. J., R. Maus, and H. Umhauer. 1999. Measurements of single fibre efficiencies at critical values of the Stokes number. *Part. Part. Syst. Charact.* 16: 54–59.

Rodes, C. E., and G. F. Evans. 1977. *Summary of LACS Integrated Measurements*, EPA-600/4-77-034. Research Triangle Park, NC: U.S. Environmental Protection Agency.

Rosati, J., D. Leith, and P. C. Raynor. 1999. Determinants of filter lifetime. *Filtr. Separat.* 36: 30–32.

Rounds, S. A., B. A. Tiffany, and J. F. Pankow. 1993. Description of gas/particle sorption kinetics with an intraparticle diffusion model: Desorption experiments. *Environ. Sci. Technol.* 27: 366–377.

Rubow, K. L. 1981. Submicrometer aerosol filtration characteristics of membrane filters. Doctoral thesis, University of Minnesota, Minneapolis, MN.

Rubow, K. L., and C. B. Davis. 1991. Particle penetration characteristics of porous metal filter media for high purity gas filtration. *Proc. 37th Annual Technical Meeting of the Institute of Environmental Sciences*, San Diego, CA, May 6-10, pp. 834–840.

Schürmann, G., and H. J. Fissan. 1984. Fractional efficiencies of an electrostatically spun polymer fiber filter. *J. Aerosol Sci.* 15:

317–320.

Simpson, A. T., J. A. Groves, J. Unwin, and M. Piney. 2000. Mineral oil metal working fluids (MWFs)—Development of practical criteria for mist sampling. *Ann. Occup. Hyg.* 44: 165–172.

Spicer, C. W., and P. M. Schumacher. 1979. Particulate nitrate: Laboratory and field studies of major sampling interferences. *Atmos. Environ.* 13: 543–552.

Spurny, K. R. 1998. *Advances in Aerosol Filtration.* Boca Raton, FL: Lewis Publishers.

Spurny, K. R., J. P. Lodge, Jr., E. R. Frank, and D. C. Sheesley. 1969. Aerosol filtration by means of Nuclepore filters: Structural and filtration properties. *Environ. Sci. Technol.* 3: 453–468.

Stechkina, I. B., A. A. Kirsch, and N. A. Fuchs. 1969. Studies in fibrous aerosol filters-IV. Calculation of aerosol deposition in model filters in the range of maximum penetration. *Ann. Occup. Hyg.* 12: 1–8.

Stevens, R. K., T. G. Dzubay, G. Russwurm, and D. Rickel. 1978. Sampling and analysis of atmospheric sulfates and related species. In *Sulfur in the Atmosphere*, Proceedings of an International Symposium, 7–14 September 1977, United Nations, Dubrovnik, Yugoslavia, *Atmos. Environ.* 12: 55.

Tanner, R. L., T. S. Gaffney, and M. F. Phillips. 1982. Determination of organic and elemental carbon in atmospheric aerosol samples by thermal evolution. *Anal. Chem.* 54: 1627–1630.

Tennal, K. B., M. K. Mazumder, A. Siag, and R. N. Reddy. 1991. Effect of loading with an oil aerosol on the collection efficiency of an electret filter. *Particulate Sci. Technol.* 9: 19–29.

Tien, C. 1998. Effect of deposition on aerosol filtration. In *Advances in Aerosol Filtration*, K. R. Spurny (ed.). Boca Raton, FL: Lewis Publishers, pp. 301–322.

Tsai, C. J., C. T. Chang, B. H. Shih, S. G. Aggarwal, S. N. Li, H. M. Chein, and T. S. Shih. 2002. The effect of environmental conditions and electrical charge on the weighing accuracy of different filter materials. *Sci. Total Environ.* 293: 201–206.

Turpin, B. J., J. J. Huntzicker, and S. V. Hering. 1994. Investigation of organic aerosol sampling artifacts in the Los Angeles basin. *Atmos. Environ.* 28: 3061–3071.

Van Vaeck, L., K. Van Cauwenberghe, and J. Janssens. 1984. The gas-particle distribution of organic aerosol constituents: Measurement of the volatilisation artifact in Hi-Vol cascade impactor sampling. *Atmos. Environ.* 18: 417–430.

Vincent, J. H. 1989. *Aerosol Sampling: Science and Practice.* New York: John Wiley & Sons.

Volckens, J., M. Boundy, D. Leith, and D. Hands. 1999. Oil mist concentration: A comparison of sampling methods. *Am. Ind. Hyg. Assoc. J.* 60: 684–689.

Wang, H. C., and G. Kasper. 1991. Filtration efficiency of nanometer-size aerosol particles. *J. Aerosol Sci.* 22: 31–41.

Wang, Z., T. Reponen, S. A. Grinshpun, R. L. Górny, and K. Willeke. 2001. Effect of sampling time and air humidity on the bioefficiency of filter samplers for bioaerosol collection. *J. Aerosol Sci.* 32: 661–674.

Willeke, K., and J. Macher. 1999. Air sampling. In *Bioaerosols Assessment and Control*, J. Macher (ed.). Cincinnati, OH: American Conference of Governmental Industrial Hygienists, pp. 11-1–11-25.

Zhang, X. Q., and P. H. McMurry. 1987. Theoretical analysis of evaporative losses from impactor and filter deposits. *Atmos. Environ.* 21: 1779–1789.

8 惯性、重力、离心和热收集技术

Virgil A. Marple 和 Bernard A. Olson
明尼苏达大学机械工程系，明尼苏达州明尼阿波利斯市，美国

8.1 引言

惯性分离、重力沉降、离心过滤和热沉降是粒子收集技术，所收集的粒子可用于随后的成分分析及分类。粒子采样中常用的惯性分离器（inertial classifier）包括冲击式采样器（impactor）、虚拟冲击式采样器（virtual impactor）和旋风器（cyclone）。沉降室（settling chamber）包括离心机（centrifuge）和重力沉降装置，但并不常用，热沉降器（thermal precipitator）几乎不用。

使用最广泛的是冲击式采样器，理论和实验都已证实冲击式采样器是测量气溶胶粒径分布的首选仪器。自 1860 年第一台冲击式采样器（Marple，2004）问世以来，市场上已有很多型号的冲击式采样器，而且还有更多的采样器处于设计、制造和试用阶段。

虚拟冲击式采样器是近期发展的一种惯性分离器，其具有传统惯性分离器所不具备的特点，即粒子在分级之后仍然可以悬浮在空气中，而传统冲击式采样器是将粒子采集在固体表面上。这一特性对于将粒子传送到其他分析仪器或者滤膜上，以及在气流中将粒径大于切割半径的粒子富集起来非常重要。

旋风器也是一种广泛使用的粒子采样器，但是理论分析比较困难。一般来讲，旋风器对粒子的分离不像冲击式采样器那么明显，但足以满足其作为分离器的要求。旋风器与冲击式采样器的主要区别在于其能收集更多的粒子。

沉降室是直接测量粒子最终沉降速度的装置，因此仅限于沉降速度明显的大粒子。离心机可以通过对粒子施加离心力来增加沉降力，常用于小粒子。

热沉降器也可以收集粒子，但是相比惯性分离器或离心分离器，此类分离器并不常用，因为它不是根据粒径分离粒子。热沉降器可以有效地收集粒径范围很大的粒子，这些粒子之后可以用显微镜进行分选。热沉降器的优点是：可以收集小粒子、压降低，因而只需要小泵即可带动。

下面将讨论这些分离器。由于惯性分离器（特别是冲击式采样器）是应用最广泛的分离器，本章将重点介绍惯性分离器。

8.2 惯性分离器

人们已经设计出很多惯性分离器，文献中也都有报道，其中很多可以在市场上看到。表8-1～表8-3根据型号和制造商列出了市场上大多数的冲击式采样器和旋风器。下面将讨论这些分离器的总体特征，并对特殊仪器的特性进行描述。

表 8-1 市场上的冲击式采样器

制造商[①]	采样器名称	流量/(L/min)	级数	切割点(范围)/μm	注释
		在环境大气中采样的级联冲击式采样器			
COP,NSE,TFS,TIS,WES	8级Non-Viable级联冲击式采样器	28	8	0.4～10	
DEK	电子低压冲击式采样器	10,30	13	0.03～10	1
DEK	低压冲击式采样器	10,30	13	0.03～10	
DEK	PM_{10} 冲击式采样器	10,30	3	10,2.5,1.0	
HAU	低压冲击式采样器	25,30,80	6～12	0.0085～16	
INT	Mercer式(02-001～02-011)	0.5,1,2,5	7	0.35～12	2
INT	多喷射式(02-012～02-021)	10,15,20,25,28	7	0.3～12	
MSP	MOUDI(微孔冲击式采样器100)	30	8	0.18～10	
MSP	MOUDI(微孔冲击式采样器110)	30	10	0.056～10	3
MSP	Nano-MOUDI(115型号)	10	3	0.01～0.032	3
MSP	Nano-MOUDI Ⅱ(125型号)	10	13	0.01～10	3
MSP	Nano-MOUDI Ⅱ(122型号)	30	13	0.01～10	3
MSP	洁净室级联冲击式采样器	3	6	0.05～10	
MSP	高速级联冲击式采样器	100	6	0.25～10	
CMI	QCM实时冲击式采样器,PC-2	0.25	10	0.05～25	4
CMI	QCM实时冲击式采样器,PC-2H	2	10	0.05～10	4
CMI	QCM实时冲击式采样器,PC-6H	2	6	0.05～6.0	4
ZAA	空气-O-穴冲击器	15	1	1.0	5
SKC	IMPACT采样器	10	1	2.5或10	
		药用级联冲击式采样器			
COP,TFS,WES	8级Non-Viable级联冲击式采样器	28	8	0.4～10	
COP	多级流体冲击式采样器	30	4	1.7～13	
ITP	多喷射式药用冲击采样器	28	7	0.55～11	
MSP	Marple-Miller药用冲击式采样器	4.9,12,30或60	5	0.63～10	
MSP	第二代药用冲击式采样器	30～100	7	0.23～11	
		环境高通量冲击式采样器			
NSI,TFS,TIS	高速采样冲击式采样器,230系列	1130	4	0.49～7.2	6
NSI,TFS,TIS	高速采样冲击式采样器,230系列	565	6	0.41～10	6

续表

制造商[①]	采样器名称	流量 /(L/min)	级数	切割点 (范围)/μm	注释
环境空气中所用的单级冲击式采样器					
ADE	MS&T 区域采样器	23	1	1.0	7
ADE	MS&T 区域采样器	4,10 或 20	1	2.5	7
ADE	MS&T 区域采样器	4,10 或 20	1	10	7
MSP	微环境监控器	10	1	2.5 或 10	
URG	便携式粒径选择性冲击式采样器	4	1	2.5	
个体采样器					
NSI	Marple 个体采样器(型号 290)	2	8	0.5～20	8
MSP	个体环境监控器	2,4 或 10	1	2.5 或 10	
MSP	Marple 个体采样器Ⅱ	2	6,8,10,13	0.01～10	
SKC	平行颗粒物采样器	2	1	可呼吸	
SKC	个体标准冲击式采样器	3	1	2.5 或 10	
SKC	Sioutas 级联冲击式采样器	9	4	0.25～2.5	
URG	个体 PUF 农药采样器	4	1	1,2.5 或 10	
URG	个体冲击式采样器滤膜组	4	1	1,2.5 或 10	
URG	个体冲击式采样器滤膜组	2	1	2.5	
源监测冲击式采样器					
NSI,TFS	烟道气采样器(220 系列)	7	9	0.16～18	
NSI,TFS	烟道气采样头(MarkⅢ,Ⅳ)	3～21	8	0.4～11	
NSI,TFS	冲击式采样器预分离器	1	21	10	1
DEK	Dekati 重力冲击式采样器	70	4	0.2～2.5	
DEK	Dekati 质量检测器	10	6	0.3～1.2	
ITP	高温高压冲击式采样器	16	7	0.62～8.8	
PCS	超声波Ⅴ号级联冲击式采样器	28	13	0.2～20	
PCS	超声波Ⅲ号级联冲击式采样器	2.8	7	0.2～20	
PCS	8 号高颗粒负载冲击式采样器	28	3	1.5～10.8	
PCS	超声波低压源检测冲击式采样器	28	14	0.05～20	
PM 采样口					
NSI,TFS,TIS	高流量 PM_{10} 采样口	1130	1	10	
NSI,TFS,TIS	中流量 PM_{10} 采样口	112	1	10	
NSI,TFS,TIS	双通道采样口	16.7	1	10	
BGI	低流量 PM_{10}、$PM_{2.5}$ 采样口	16.7	1	2.5 或 10	
NSI,TFS,TIS	低流量 PM_{10} 采样口	16.7 或 32	1	10	

续表

制造商①	采样器名称	流量/(L/min)	级数	切割点(范围)/μm	注释
生物冲击式采样器					
NSI,TFS,TIS	单级生物气溶胶采样器	28	1	0.65	9
NSI,TFS,TIS	微生物气体采样器	28	2	0.65,3.5	9
NSI,TFS,TIS	粒子分级采样器	28	6	0.65～7	9
SKC	1级生物气溶胶冲击式采样器	28.3	1	没规定	
SKC	生物采样器	12.5	1	没规定	
SAS	SAS便携式采样器	90,180	1	没规定	

① 所有用三个字母表示的制造商的详细地址见附录I。

注：1.每个冲击级都使用静电计，以实时计算粒子上的电荷。

2.每级一个圆形喷嘴。

3.在底层冲击级上有一个微孔盘，其上有2000个喷嘴（122型为6000个喷嘴)。

4.用振动式石英晶体收集表面作为变频器以进行实时测量。

5.塑料矩形狭缝级联冲击式采样器。

6.适用于真高空轨道的矩形喷射。

7.也被称为“Harvard”冲击式采样器。

8.适用于真高空轨道的圆形喷射。

9.直接采集在琼脂盘上。

表8-2 市场上存在的一些虚拟冲击式采样器

制造商①	采样器名称	流量/(L/min)	级数	切割点(范围)/μm
TFS	双通道采样器	16.7	1	2.5
BGI,INT	串级向心器	30	3	1.2,4,14
INT	虚拟冲击式采样器	1～5	2	0.5～10
MSP	高流量虚拟冲击式采样器	1130	1	1.0,2.5
MSP	通用空气采样器	300	2	10,1.0或2.5
MSP	生物集中器	330	3	10,2.0,2.0
MSP	气溶胶集中器	275	3	10,1.0,1.0
URG	VAPS	32	2	10,2.5

① 所有用三个字母表示的制造商的详细地址见附录I。

表8-3 市场上存在的一些旋风器

制造商	旋风采样器名称	流量范围/(L/min)	D_{50}范围/μm
BGI	Sharp Cut旋风器	16.7	2.5
INT	SRIV	7～28	0.3～2.0
INT	SRVIV	7～28	0.5～3.0
INT	SRVIII	14～28	1.4～2.4
—	AIHL	8～27	2.0～7.0
INT	SRVII	14～28	2.1～3.5
INT	SRVI	14～28	5.4～8.4
BGI	可呼吸性粒子旋风器	2.2,4.2	4.0
BGI	$PM_{1.0}$Sharp Cut	16.7	1.0
BGI	$PM_{2.5}$Sharp Cut	16.7	2.5
BGI	GK2.05(KTL)	4.0	2.5
BGI	三重旋风器	3.5,1.5,1.05	1.0,1.5,4.0
BGI	Aerotec2	350～500	2.5～4.0

续表

制造商	旋风采样器名称	流量范围/(L/min)	D_{50} 范围/μm
—	Aerotec3/4	22～55	1.0～5.0
DEK	Dekati 旋风器	10	10
DEK	Dekati 小旋风器	5.4～8.8	2.5～5.0
BGI,MSA,SEN,SKC	10mm 旋风器	0.9～5	1.8～7.0
ITP	STR	1～60	0.3～10
SEN	1/2″HASL	8～10	2～5
SEN	1″HASL	65～350	4.0～5.0
—	BK-76	400～1100	1.0～3.0
—	BK-152	1150～2700	2.0～5.0
SKC	可导塑料旋风器	1.9～2.2	4.0～5.0
SKC	GS-3	2.75～3.7	3.5～4.0
SKC	GS-1	1.7～3	2.0～4.0
URG	Sharp Cut-point	16.7	1.0
URG	Sharp Cut-point	3,10,16.7	2.5
URG	Sharp Cut-point	28	3.5
URG	Sharp Cut-point	16.7,28.3	10

注：1.所有用三个字母表示的制造商的详细地址见附录I。

2.资料来源：从 Hering（1995）调整。

8.2.1 惯性分离器的原理

粒子惯性分离器的原理相当简单，即利用粒子的惯性将其分离。使用惯性分离器时，通过改变气流实现分离，如果粒子的惯性大到足以使其穿过气流流线并逃离气流，那么粒子将被捕获，而惯性较小的粒子将留在气流中。

最简单的一类惯性分离器是机体收集器（body collector），即一个机体（通常是圆柱体或带状物）穿过充满粒子的气体。当机体在气体中移动时，机体周围的气体就会产生偏转。大粒子的惯性大，偏转幅度不像小粒子那样大，因而会撞到机体表面上。

机体分离器的最好例子是汽车。当汽车穿过空气的时候，空气中的大粒子将撞击汽车，坐在合适位置的乘客可以清楚地观察到挡风玻璃上的粒子撞击，最佳的观察效果或许是在暴风雪天气，这时可以看出雪花的轨迹。如果汽车行驶比较慢，雪花会靠近汽车并飞过挡风玻璃而不发生撞击。如果汽车加速，雪花会撞在挡风玻璃上。决定雪花是否会撞在挡风玻璃上的两个因素是汽车速度和单个雪花的大小。

在汽车遭遇飞行昆虫时，可以观察到类似现象。大昆虫的运动轨迹不受汽车周围气流的影响，它们会很容易地撞在挡风玻璃上。小昆虫会随着气流运动而不会撞击挡风玻璃。然而，如果机体小的话，小昆虫也会撞击机体。在横断面面积较小的物体上可以观察到这种现象，比如无线电天线。在天线上观察到的昆虫比在汽车挡风玻璃上观察到的昆虫小。

上面的例子表明，机体是否能收集到粒子的3个重要的决定因素是机体对空气的相对速率(U)、粒子的粒径（d_p）及机体大小（d_b）。无量纲的斯托克斯数是粒子的制动距离与收集器的几何尺寸的比值，它可以决定粒子是否能撞击到机体上。斯托克斯数（Stk）定义为：

$$Stk=\frac{\rho_p C_c d_p^2 U}{18\eta d_b} \tag{8-1}$$

式中，ρ_p 为粒子密度；C_c 为滑动修正系数；U 为机体对空气（或气体）的相对速率；

d_p 为粒子直径；η 为空气（或气体）的黏度；d_b 为机体直径。

如果斯托克斯数大于 1，该粒子将撞击在机体上。

注意，斯托克斯数的计算式中包含了上面讨论的 3 个参数（U、d_p 和 d_b）以及气体和粒子的特性参数（η、C_c 和 ρ_p）。斯托克斯数不仅对机体采集器重要，它对所有的惯性采样器都很重要。对于常规冲击式采样器或虚拟冲击式采样器来讲，斯托克斯数是制动距离与环形喷嘴半径或矩形喷嘴半宽度的比值：

$$Stk=\frac{\rho_p C_c d_p^2 U}{9\eta W} \tag{8-2}$$

式中，U 为在喷嘴出口处空气（或气体）的平均速率，$U=Q/[\pi(W/2)^2]$（对于环形喷嘴冲击式采样器），$U=Q/(LW)$（矩形喷嘴冲击式采样器）；W 为喷嘴直径（圆形冲击式采样器）或喷嘴宽度（矩形冲击式采样器）；Q 为通过喷嘴的流量；L 为矩形喷嘴长度。

斯托克斯数是无量纲参数，它可以决定粒子是否会撞击机体、冲击板或虚拟冲击式采样器的探头，或者粒子是否会随气流流线离开撞击区并留在空气中。实际上，常用到的是斯托克斯数的平方根$\sqrt{Stk}$，因为它相当于一个无量纲的粒径。经常用于描述惯性分离器特征的是$\sqrt{Stk}$的一个临界值$\sqrt{Stk_{50}}$，$\sqrt{Stk_{50}}$是对应于 d_{50} 的$\sqrt{Stk}$值，d_{50} 是指收集效率为 50% 时的 d_p 值。因此，如果已知$\sqrt{Stk_{50}}$的值，可以从下面的公式得到 d_{50} 的值，d_{50} 就相当于冲击式采样器的切割粒径。

对于机体冲击式采样器：

$$d_{50}=\sqrt{\frac{18\eta d_b}{\rho_p C_c U}}\sqrt{Stk_{50}} \tag{8-3}$$

对于常规冲击式采样器和虚拟冲击式采样器：

$$d_{50}=\sqrt{\frac{9\eta W}{\rho_p C_c U}}\sqrt{Stk_{50}} \tag{8-4}$$

8.2.2 概述

惯性分离器已广泛用于根据空气动力学直径进行的粒子分级中。空气动力学直径定义为与该粒子具有相同重力沉降速度的标准密度（$1g/cm^3$）的球体直径。如图 8-1 所示，一般使用的 4 种惯性分离器是：机体冲击式采样器、常规冲击式采样器、虚拟冲击式采样器和旋风分离器。机体冲击式采样器最简单，它只包括一个用于气流中粒子冲击的机体。其他 3 个惯性分离器都包括一个喷嘴，该喷嘴射出的气流冲击目标物。

最简单的常规冲击式采样器包括一个喷嘴和一个冲击板，载带粒子的气体通过喷嘴撞击在冲击板上。这种冲击式采样器还包括圆形或矩形喷嘴冲击式采样器、单喷嘴或多喷嘴冲击式采样器以及平面或圆柱形冲击板。

在虚拟冲击式采样器中，探头代替了冲击板，探头比喷嘴稍大以使待分离的粒子能进入探头。通过探头的一小部分气流将待分离的粒子运送到探头末端。气流的其他部分，即主流部分，在探头处反向运动并从上边缘排出。

在旋风采样器中，采样器将气流吸进入口并切向冲击到圆柱体的内表面，以螺旋形式在圆柱体和锥形内壁流动，然后改变方向，绕着圆柱体的轴线螺旋上升，并通过圆柱体上部中间的管子离开。惯性力将粒子收集在圆柱体和锥形壁上。一簇冲击到壁上的粒子凝集成簇从

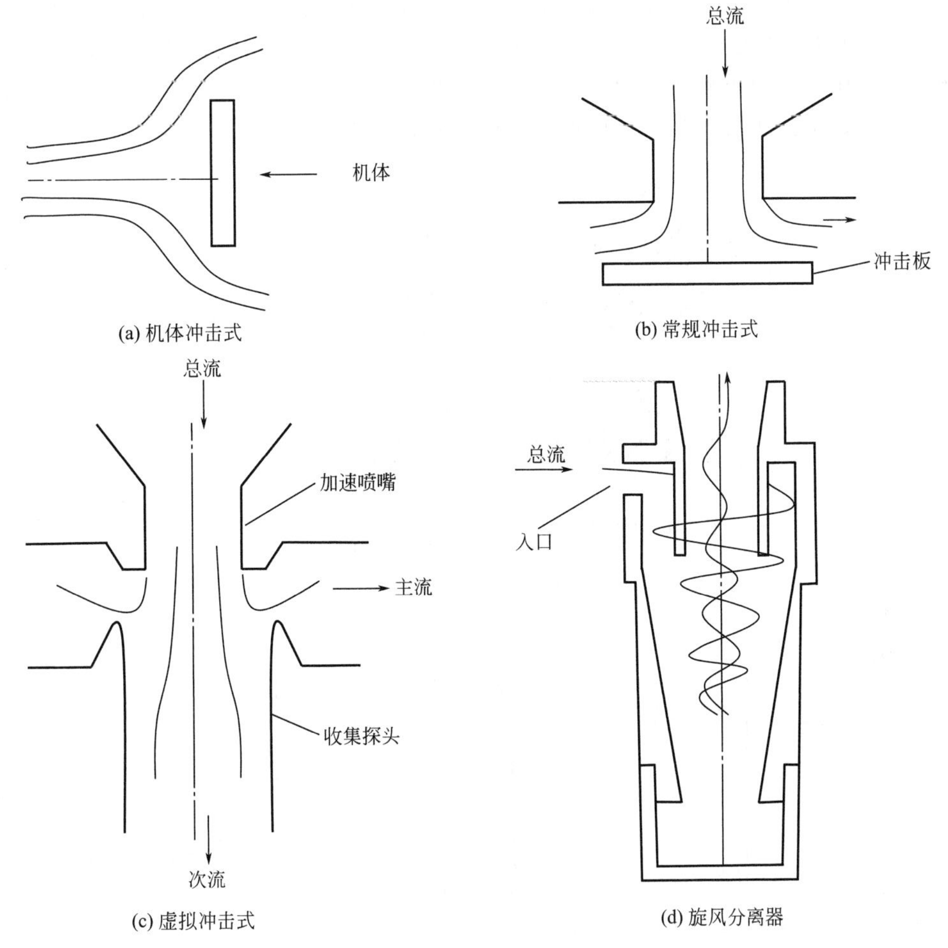

(a) 机体冲击式　(b) 常规冲击式　(c) 虚拟冲击式　(d) 旋风分离器

图 8-1　四种惯性分离器

旋风器壁上脱离，之后落入圆锥体的尖端并被收集进一个被称为防尘盖或沉沙罐的杯子里。

另一种惯性设备是空气动力学聚焦透镜，它包括一系列同轴的边缘锋利的小孔（Wang 等，2005；de Juan 和 Fernandez de la Mora，1998；Liu 等，1995a，b；Fernandez de la Mora 和 Riesco-Chueca，1988）。聚焦透镜的工作原理是：当空气接近入口时，气流流线呈放射状进入边缘锋利的小孔。粒子的惯性可使其穿过流线，在气流离开小孔时，粒子会比刚进入小孔时更靠近气流中心线。气流在通过一系列逐渐变小的孔隙后，粒子离开透镜而聚集在气流中心线附近。有关聚焦透镜的详细内容见第 11 章。

聚焦透镜的使用也是三级串联粒子分离器的原理（Hounman 和 Sherwood，1965）。每一级都由一个聚焦透镜和一个放置在透镜下端中心线的锥形粒子收集器构成。靠近透镜中心线的气流和聚集的粒子，从尖端进入锥体，收集在锥体支撑的滤膜上。聚焦粒子的大小取决于流量和透镜的直径。第一级的透镜直径最大，收集的粒子直径也最大，此后每一级透镜直径和收集的粒子直径都依次变小。

8.2.2.1　常规冲击式采样器

最常用的冲击式采样器是一个单喷嘴，它使带有粒子的气体（气溶胶）喷射撞击到冲击板上，如图 8-2 所示。粒径大于冲击式采样器切割粒径的粒子可以摆脱气流而撞在冲击板上，而小粒子将随着气流的流线运动而不被收集。冲击式采样器最重要的特性是收集效率曲线，如图 8-2 所示。收集效率（是粒径的函数）定义为通过喷嘴并被收集在冲击板上的粒子占全部粒子的比例。理想的冲击式采样器有一个完美的效率曲线，亦即所有大于冲击式采样器切割粒径的粒子都能被收集在平板上，而所有小粒子则随气流离开冲击区。

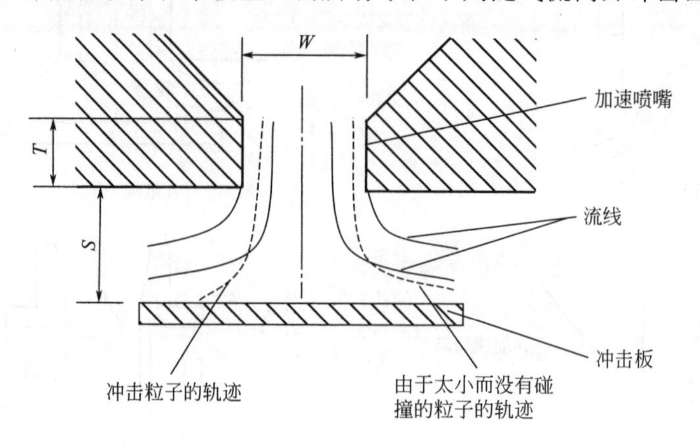

(a) 常规冲击式采样器示意图

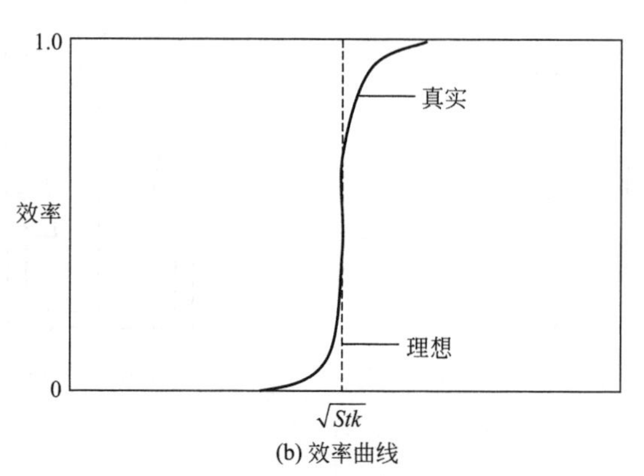

(b) 效率曲线

图 8-2 常规冲击式采样器示意图以及它所对应的粒子采集效率曲线

单级冲击式采样器由一个喷嘴和一个冲击板组成，它可以根据粒径把粒子有效地分为两部分。例如，分析粒径小于 10μm（PM_{10}）或小于 2.5μm（$PM_{2.5}$）的粒子（第 26 章）。在此类冲击式采样器中，气流中粒径大于切割粒径的粒子从空气中除去，而较小粒子通过冲击器阶段被收集在滤膜上以进行分析（比如质量浓度或元素组成），或进入其他仪器以进行质量浓度或数浓度的实时测量。

通常情况下，人们希望确定气溶胶的整个粒径分布，而不仅仅是小于特定粒径的粒子数量。在这种情况下，应使用级联式冲击器，使气流从一级到另一级，从而在不连续的粒径范围内去除粒子（Lodge 和 Chan，1986）。这种级联冲击式采样器的结构如图 8-3 所示，它已广泛用于确定气溶胶粒径分布的应用中。

粒子收集受斯托克斯数的影响，而级联冲击式采样器正是利用了这个特点。带有粒子的气流在通过连续级板过程中速度逐渐提高，导致在随后的级中收集到的粒子越来越小。例如，如果一个 4 级冲击式采样器的切割粒径是 10μm、5μm、2.5μm 和 1.25μm，第 1 级收集大于 10μm 的粒子，第 2 级收集 5～10μm 的粒子，第 3 级收集 2.5～5μm 的粒子，而第 4 级收集 1.25～2.5μm 的粒子。小于 1.25μm 的粒子穿过最后一级收集在后置滤膜上。

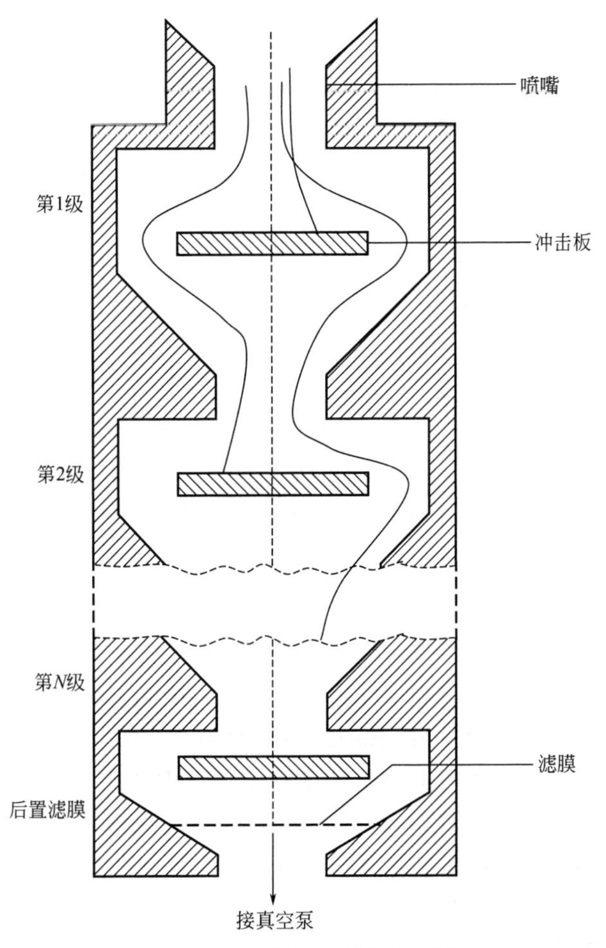

图 8-3 级联冲击式采样器示意图

评估冲击板上的沉积粒子的方法有很多。最常用的几种方法是：①将粒子收集在玻璃板、滤膜或金属薄片上，然后用显微镜观察或计数；②将粒子收集在金属薄片上，称重金属薄片以确定每级收集到的粒子质量；③将粒子收集在石英晶体上，根据晶体自然频率的变化而确定粒子质量（Fairchild 和 Wheat，1984）；④在粒子通过冲击式采样器之前，对粒子充电，并测量每个冲击板的电流强度以确定收集到的粒子数量（第 18 章；Keskinen 等，1992）。前两个方法提供的是时间段内的粒径分布数据，而后两种方法则提供了接近实时的粒径分布数据。

粒径分布的不确定性出现在第 1 级收集的最大的粒子粒径和后置滤膜上收集的最小的粒子粒径。较好的解决方法是使用级数足够多的冲击式采样器，这样可以使整个粒径分布得更细，从而使收集在第 1 级和后置滤膜上的质量最小化。

人们提出了很多级联冲击式采样器的设计方案并对其进行了测试。因为设计参数的不同（如喷嘴直径、喷嘴数量、采样流量）以及收集粒子时边界条件的影响，没有哪两种设计的效率曲线完全一致。图 8-4 为一组典型冲击式采样器的效率曲线。一些冲击式采样器的切割特性可能比较明显而另一些不是那么明显，但大致形状非常相似。

式（8-4）表明，增加滑动修正系数 C_c（在冲击式采样器中使用低压）或者减小喷嘴直径 W 可以减小冲击式采样器的切割粒径，使用这些技术的冲击式采样器称为低压冲击式采

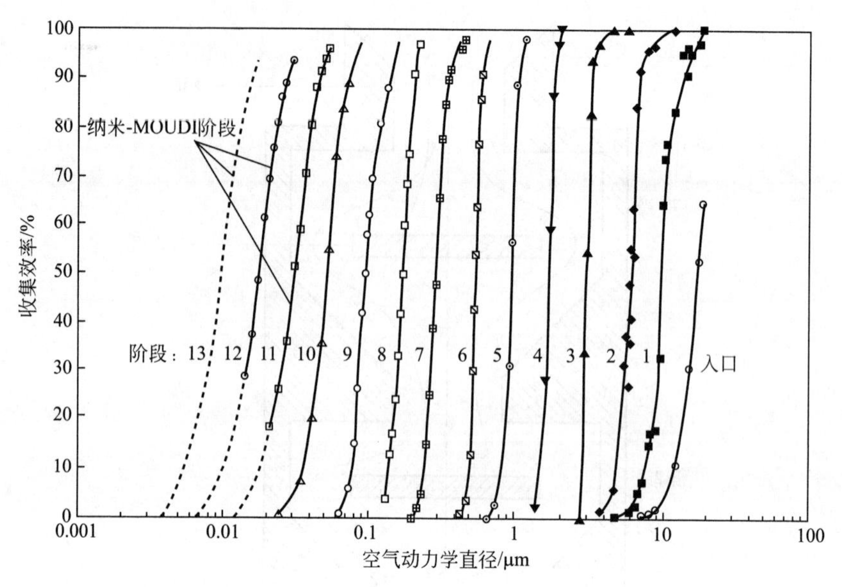

图 8-4 微孔均匀沉积冲击式采样器（MOUDI）的粒子收集效率曲线，包括纳米-MOUDI 阶段

样器或小孔冲击式采样器。人们已经研发出了这两种冲击式采样器，并成功地用于采集直径小至约 0.05μm 的粒子（Hering 和 Marple，1986；Hering 等，1978，1979；Berner 等，1979；Hillamo 和 Kauppinen，1991；Marple 等，1991）。

在选择低压或小孔冲击式采样器采集粒子时应当考虑到几点差异。在压力低至 3039Pa（0.03atm）时，用低压冲击式采样器要通过提高滑动修正系数来收集粒子。这就意味着将气流吸入冲击式采样器的真空泵必须足够大，或者气流流量足够小。另外，在低压下收集易挥发的粒子会造成粒子粒径的减小（Biswas 等，1987）。然而，低压冲击式采样器的制作比较简单，因为它的喷嘴直径与常规冲击式采样器的喷嘴直径相近。

用小孔冲击式采样器采样时，所需压力比低压冲击式采样器的压力大得多，使用一般的真空泵即可获得所需的流量（Marple 等，1991）。这种冲击式采样器更易收集易挥发的粒子，因为整个冲击式采样器的压降只有约 40520Pa（0.4atm）(Fang 等，1991)。小孔冲击式采样器的制造比较复杂，因为它的喷嘴直径非常小（最后一级喷嘴的直径大约为 50μm），而且达到需要流量所需的喷嘴数量较多（最后一级需要 6000 个）。但这些都是制造上的问题而不是使用上的问题。

一种特殊的冲击式采样器是同时利用了低压和小孔，使用这种采样器可以获得比单独使用低压或小孔采样器更小的切割粒径。例如，使用小孔冲击式采样器时，切割粒径的下限大约已达 0.05μm。然而，同时使用小孔和低压时，可以获得的切割粒径会更小。图 8-4 中较低的 3 条效率曲线来自于 3 级这种冲击式采样器（Marple 和 Olson，1999）。

级联冲击式采样器的冲击板不是在内部就是在外部，冲击板在内部的更为常见（图 8-3）。冲击式采样器中，冲击板必须可以从级联冲击式采样器中移除从而使串联级可以拆卸。通过调整喷嘴和冲击板的位置，可以将冲击板调至采样器外部，例如健康安全实验室（HASL）级联冲击式采样器（Lippman，1961）和 Marple-Miller 冲击式采样器（Marple 等，1995）。在下一代药用冲击式采样器（Pharmaceutical Impactor™）的设计中（Marple 等，2003），所有冲击板的放置位置都较低，这种设计的目的是为了可以将所有冲击板放在同一个托盘中，从而能够一次性将所有冲击板移出级联冲击式采样器。

设计冲击式采样器时，应使其具有明显的切割特性（陡峭的效率曲线）。但是，在有些情况下，人们希望冲击式采样器的切割曲线不是陡峭的，而是有一个滞留区（retention curve）。例如，设计渗透曲线符合美国政府工业卫生学家协会（ACGIH）或英国医学研究委员会（BMRC）或国际标准化组织（ISO）的可吸入性标准曲线的冲击式采样器时，其切割曲线就需要有一个滞留区（Lippman，1989）。人们已设计出一种特殊的冲击式采样器——可吸入性冲击式采样器，它用来模拟与这些可吸入性曲线相似的渗透特性（Marple，1978；Marple 和 McCormack，1983）。这种采样器是具有多个不同直径喷嘴的单级冲击式采样器。通过一定的步骤后，就可接近可吸入性渗透曲线，通过的步骤数和冲击器中使用的喷嘴数一样多。通过每一级的气流量与同一直径的喷嘴的总横截面积成正比。应用这种技术就有可能设计出适合任何流量的冲击式采样器，并使采样器的渗透特征接近任何递减的渗透曲线。

惯性冲击式采样器的应用范围广泛，人们已经设计出切割粒径从 0.005μm（Fernandez 和 Mora 等，1990）到大约 50μm（Vanderpool 等，1987）、流量从每分钟几立方厘米到每分钟几千立方米的惯性冲击式采样器。然而，使用时仍存在限制性，主要考虑三个方面的问题：粒子在采集面的反弹；冲击板（收集沉积粒子）的超负载以及各级间的损失（粒子沉积在冲击式采样器的内表面而不是冲击板上）。

在这三个问题中，人们最关注的是粒子反弹，因为从一个冲击板上反弹出的粒子将会由切割粒径更小的后一级收集或被后置滤膜收集，从而改变粒径分布。解决粒子反弹问题的最合理方法就是在冲击板上使用黏性表面，很多研究者都使用过这种技术。选择黏性表面时，要考虑它的质量稳定性、化学组成、纯度以及稳定性。各种油脂和油类，包括凡士林、Apiezon® 润滑油（API）和硅油及喷剂，都可以涂在冲击板上，但必须正确使用这些涂层才能达到理想效果（Tuner 和 Hering，1987；Rao 和 Whitby，1978a，b）。如果冲击板只有一层黏性表面，一旦表面上收集满了粒子，后来的粒子就会冲击在已收集的粒子表面，就可能发生粒子反弹。因此，如果要收集大量粒子，该黏性表面可能就不够用了。因此对黏性物质的要求是：它能够通过毛细作用渗透到沉积的粒子上，继续为后进入的粒子提供黏性表面。8.2.5.1 将对此进行介绍。

选择碰撞表面时必须考虑将要用到的粒子分析技术。如果要丢弃收集在冲击板上的粒子，那么碰撞表面可以使用轻油浸透的多孔材料（Reischl 和 John，1978）。这种油可以浸透已沉积的粒子并继续为后来进入的粒子提供黏性冲击表面。因为这些粒子都要被丢弃，所以油类的质量稳定性并不太重要。

如果需要测量级联冲击式采样器收集到的固体粒子的质量分布，那么在选择黏性冲击板时就要十分注意。因为要称量沉积物，所以要把粒子收集基底（如金属片、塑料薄膜或者滤膜）放置在冲击板上，这样才能很容易地把粒子拿去称重。收集基底上应涂上油脂、油类或其他黏性物质。黏性物质必须具有质量稳定性，因为采样前、后需要称量涂有涂层的基底质量。大多数情况下，会把黏性物质溶解到一种溶剂中，然后在底层上涂薄薄的一层。涂上涂层后，把基底放在烤箱中烘烤以去除蒸发性物质以使黏性物质恒重。

冲击板上粒子超负载沉积的问题更容易解决，因为收集到的粒子数量是采样时间的函数。为获得初始的粒径分布需采样几分钟到几小时，然后观察冲击板上的沉积物，如果有哪一级过量采集了，下一次就缩短采样时间。相反，如果沉积物太少就需要延长采样时间。确定合适的采样时间的主要困难是：无法确定冲击板上能收集多少粒子而不发生过量采集。每个冲击式采样器能负载的粒子数量不同，只能根据经验获得或从制造商那里获得。

最后一个问题是：粒子沉积在表面上而不是冲击板上。这些粒子沉降在冲击式采样器的内表面（级间损失），并且与粒径有关，因此会造成粒径分布误差。在冲击式采样器的前级阶段，收集到的粒子比较大，粒子会因为冲击或湍流沉积而损失。然而，因为每一级收集的都是粒径大于此级切割粒径的粒子，因此，随着粒子通过前级阶段，级间损失会迅速降低。在后级阶段，粒子可能因扩散而损失（只有很小的粒子才存在此问题）。大多数扩散损失发生在最后一级，这一级的喷嘴很小而粒子能够扩散到喷嘴壁上。

设计合理的能收集大范围粒径粒子的级联冲击式采样器，级间损失主要发生在第一级和最后一级（如果切割粒径小于 0.1μm），中间级的级间损失最小。通常，粒子的损失量不同，但入口和第一级处的大粒子损失可高达 30%～40%，中间级的损失小到百分之几。

如果用实验确定粒径与级间损失之间的函数关系，就可以修正冲击式采样器的粒径分布数据。估计这种修正程度的难点是：这些损失与粒子属性有关，所以它是变化的。例如，如果粒子是液态或者黏性的，它们会与任何相接触面黏结，而干燥粒子可能在冲击面反弹并在到达下一个级之前保持悬浮状态。因此，对于容易反弹的粒子来说，级间损失要小于黏性粒子。

总之，冲击式采样器存在 3 个主要问题，即粒子反弹、过量采集和级间损失，这些都与粒子性质和冲击式采样器有关。如果粒子是黏性的，那么粒子反弹就是最小的，级间损失量是最大的，而且可以不用考虑过量采集问题。如果粒子是固态的，且容易反弹，那么粒子反弹就是主要的问题，级间损失变小，而且需要考虑过量采集问题。

人们通常使用多级冲击式采样器确定粒子粒径分布。已经研制的惯性分光计（INSPEC）和大流量分光计（LASPEC）(Prodi 等，1984)，可以得到一级的粒子粒径分布信息（Prodi 等，1979，1983，1984；Belosi 和 Prodi，1987）。气溶胶样品流量在 INSPEC 和 LASPEC 中分别高达 0.2L/min 和 10L/min。如图 8-5 所示，这些装置使用了矩形滤膜而不是冲击板，粒子通过

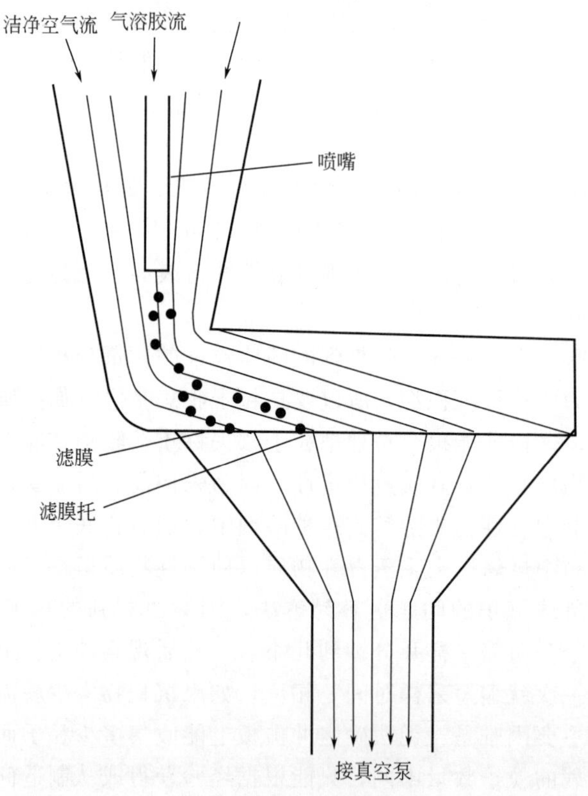

图 8-5 惯性分光计示意图

喷嘴到达滤膜。粒子被引到喷嘴中央，喷嘴外面套有外壳，喷嘴与外壳之间是洁净空气。粒子的惯性使得粒子分布在洁净空气中的不同距离处，这些距离是粒子空气动力学直径的函数。随后，当粒子从气流中移出到滤膜和冲击板的组合体上时，每个粒子在滤膜中的位置是粒子空气动力学直径的函数。这种惯性分离器能提供滤膜上的整个粒径分布。

此外，还可以设计一种喷嘴位于圆形滤膜中央的分光计。粒子在滤膜上的辐射沉降是粒子粒径的函数，即大粒子比小粒子沉降在离中心更近的地方。利用这一点，人们已研制出一种个体采样器，叫个体惯性分光计（PERSPEC）(Prodi 等，1988)，其工作流量为 2L/min (Prodi 等，1988)。

8.2.2.2 虚拟冲击式采样器

虚拟冲击式采样器是一种与常规惯性冲击式采样器非常相似的粒子惯性分离装置，两者之间的主要区别在于常规冲击式采样器中的冲击板被虚拟冲击式采样器的探头代替，如图 8-6 所示。

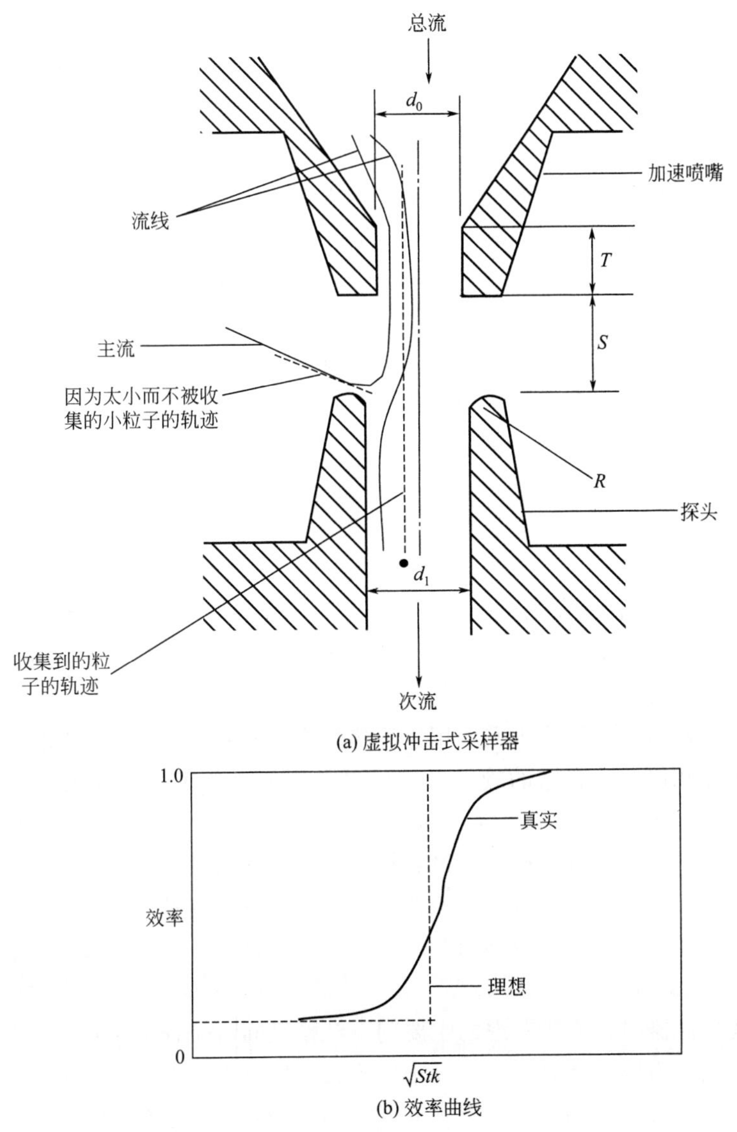

图 8-6 虚拟冲击式采样器示意图及其对应的粒子收集效率曲线图

带有粒子的喷射气流通过喷嘴进入收集探头并发生分离。大粒子比小粒子在探头中穿入更远。小部分气流，即次气流，能够带着粒径大于虚拟冲击式采样器切割粒径的粒子穿过探头。大部分气流，即主气流，在探头中改变运动方向，并带着粒径小于切割粒径的粒子从探头顶部离开。这两部分气流可被引入收集滤膜，或被引入另一个惯性分离装置，或被引入冲击式采样器的另一级，或被引入自动测量气体中粒子浓度的仪器中。Conner（1966）介绍了第一台将虚拟冲击式采样器与受控次气流组合起来的装置。

虚拟冲击式采样器的粒子收集效率曲线与传统冲击式采样器一样，也是十分陡峭的，这与 Marple 和 Chien（1980）的理论研究一致。虚拟和常规冲击式采样器的效率曲线的主要区别是：在虚拟冲击式采样器中，小于其切割粒径的粒子同时存在于主气流和次气流之中。因此，收集探头的粒子收集效率曲线近似等于穿过收集探头的总气流的百分数。例如，如果次气流占总气流的 10%，那么，小于切割粒径的粒子中将有 10%留在次气流中并“污染”影响大粒子组分。

一种去除大粒子组分中小粒子的方法是，在虚拟采样器的喷嘴中心充入洁净的过滤空气（Chen 等，1986；Masuda 等，1978），因为喷嘴中央的气体是组成次气流的气体，充入洁净空气后，小粒子就不会存在于次气流中。该方法的主要困难是：由于增加了洁净空气流而使虚拟冲击式采样器变得更复杂。如果不用考虑大粒子组分中的一些小粒子，那么把次气流降到最低值就可以将这种“污染”影响最小化，某些情况下，这样可以使通过收集探头的气流减少至总气流的 0.1%（Xu，1991）。

另一种定量确定小粒子造成“污染”的方法是直接测量。方法是：在同样的流量下从主气流和次气流中各提取一个样品（Marple 和 Olson，1995），用同样的方法分析它们，并将次气流样品的结果减去主气流样品的结果。通过这种方式，次气流中小粒子污染的贡献率就得到量化。例如，如果通过滤膜分析得到了次气流中粒子的质量，那么在相同流量下，用同样的滤膜从主气流中提取的粒子的质量就反映出次气流滤膜中造成污染的小粒子质量。

除了作为惯性分离器，虚拟冲击式采样器还可以作为粒径大于切割粒径的粒子的集中器。当要采集的粒子浓度很低时，或仪器分析要求的粒子浓度较高时，集中器就非常有用（Keskinen 等，1987；Marple 等，1989；Liebhaber 等，1991；Wu 等，1989；Romay 等，2002；Haglund 和 McFarland，2004；Bergman 等，2005）。因为粒径大于冲击式采样器切割粒径的粒子被浓缩到了次气流中，所以浓缩因子等于总气流流量与次气流流量的比值。例如，如果次气流是总气流的 5%，那么浓缩因子就是 20。

虚拟冲击式采样器也在暴露研究中用于采集环境粒子。有一种用于暴露研究的虚拟采样器使用矩形喷嘴和几何形状合适的管子，它可以在总入口流量为 5000L/min 时，采集粒径范围为 0.15～2.5μm 的粒子，浓缩因子约为 25（Sioutas 等，1997）。为了设计一种能采集更小粒径粒子的集中器，可以在粒子通过虚拟冲击式采样器之前将粒子变大，变大的方法是在粒子上冷凝蒸汽。在虚拟冲击之后，液体从粒子上蒸发，使粒子恢复到起始的粒径。人们已用这种方法采集了超细粒子，采集时入口流量为 106L/min，浓缩因子约为 25（Sioutas 等，1999）。

虚拟冲击式采样器中，需要考虑的主要问题就是级间粒子损失。这些损失通常发生在收集探头的上边缘或喷嘴板的背面。粒径等于冲击式采样器切割点的粒子的损失量最大，如果虚拟冲击式采样器设计不精确或使用不正确，这些损失可高达 60%（Marple 和 Chien，1980）。影响这些损失的主要因素包括探头直径与喷嘴直径的比值、探头形状、喷嘴轴线与探头轴线的对准、伸出喷嘴板的喷嘴形状、喷射流的雷诺数及次气流的比例。一些研究人员已经研究过这些参数，而这些参数的最优值仍在不断改进中（Jaenicke 和 Blifford，1974；McFarland 等，1978；Loo，1981；Chen 等，1985，1986；Chen 和 Yeh，1987；Loo 和 Cork，1988；Xu，1991）。通常情况下，喷嘴和探头的轴线必须对准，探头直径应比喷嘴直径大 30%～40%，喷嘴的进口应该平滑，而喷嘴应当伸出喷嘴板 2～3 个喷嘴直径，次气流应占总气流的 5%～15%。尽管许多虚拟冲击式采样器使用圆形喷嘴和收集探头，但使用矩形喷嘴和探头的虚拟冲击式采样器的采样效率和使用圆形喷嘴和探头的采样效率一样（Sioutas 等，1994；Ding 和 Koutrakis，2000；Hari 等，2006）。

人们将大多数虚拟冲击式采样器设计成单级构造，包括一个喷嘴和一个探头。但是还有一些虚拟冲击式采样器是包括多个喷嘴和探头的单级构造，这种设计的目的是缩小采样器的体积并降低通过采样器的压力（Szymanski 和 Liu，1989；Marple 等，1990；Romay 等，2002）。

8.2.2.3 机体冲击式采样器

设计分离大粒子的常规冲击式采样器时，遇到的主要问题是如何使大粒子进入采样器入口。而机体冲击式采样器是通过惯性分离大粒子，因此就不必使粒子进入入口。如图 8-7 所示，机体采样器通过使冲击表面（机体）通过空气或使空气通过机体而工作。通过这种工作方式，大粒子采样出现的问题得到缓解。

机体冲击式采样器的收集效率可定义为冲击在机体上的粒子与通过机体的总粒子的比例（图 8-7）。图 8-7 为粒子在带状、球状和圆柱体上沉降的收集曲线。Golovin 和 Putnam（1962）以及 May 和 Clifford（1967）总结了粒子在不同形状机体上的冲击。切割粒径是机体大小（通常是指气流方向的大小）与空气和机体之间相对速率的函数。切割粒径由斯托克斯数公式［式（8-1）］决定，这时的 d_b 是机体大小，而 U 则是空气与机体之间的相对速率。

已研究成功的两类机体采样器是旋转棒采样器和 Noll 冲击式采样器。旋转棒采样器（SDI）采集大于 15μm 的粒子，最常用于采集室外空气中花粉级别的粒子。Noll 冲击式采样器采集环境中的粗粒子。该采样器有 4 个旋转的不同尺寸的盘子用以收集 6～29μm 的粒子（Noll，1970；Noll 等，1985）。

8.2.2.4 旋风采样器

在旋风采样器中，喷射的空气自由地冲击在圆柱体内表面，然后在圆柱体中以旋风的形式向下运动并进入一个圆锥区。在圆锥区中，空气改变方向并围绕旋风器的轴呈螺旋状上升并在圆柱体的上边缘脱离管道。大于切割粒径的粒子可以沉降在圆柱体的内表面和圆锥区。粒子降落到圆锥的顶点并进入集尘罐。

不同大小的旋风器已广泛用于收集工业生产线上的粉尘。这些仪器的体积通常都很大，且流量很高。旋风器也广泛用于采集气溶胶。采集可吸入性粉尘的旋风采样器有很多，但在美国使用最广泛的旋风器是 10mm 尼龙旋风器，该旋风器具有符合 ACGIH 呼吸质量标准的穿透特性（Lippmann，1995）。

旋风器的切割粒径由流量、入口和出口大小及圆柱体的大小决定（如 Hering，1995）。旋风器的精密理论分析要比冲击式采样器困难得多，因为旋风器的气流是三维的，必须用三维的数字程序来分析（Ma 等，2000；Hu 和 McFarland，2007）。虽然已有人做了一些数字

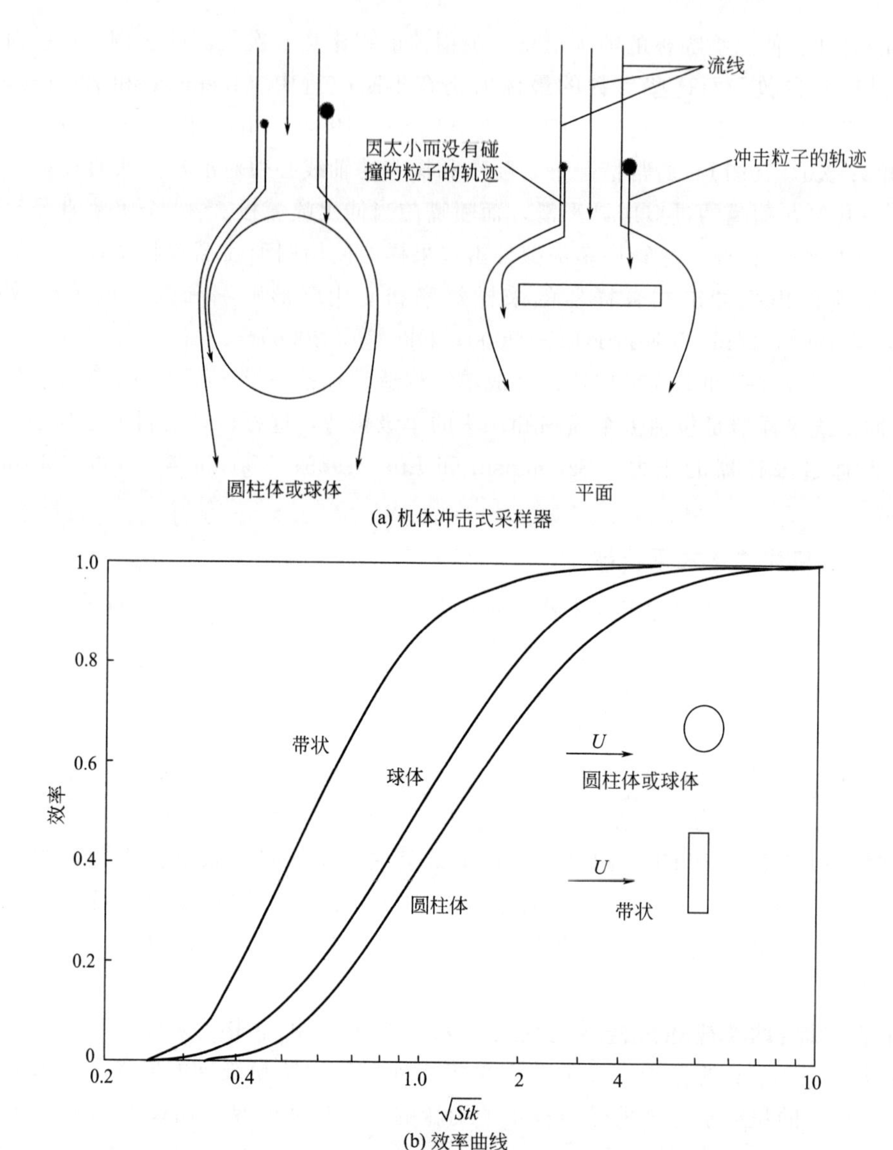

图 8-7 机体冲击式采样器示意图及其对应的粒子收集效率曲线

（引自 Golovin 和 Putnam，1962）

上的工作，但是尚未将这项技术应用于旋风器的设计中。

大多数旋风器是单级的，但也有些型号是串级式的（Smith 等，1979；Liu 和 Rubow，1984）。Smith 等（1979）为烟道采样研制的旋风器包括 5 级，在采样流量为 28.3L/min 时，其切割粒径范围为 0.32～5.4μm（表 8-3 中的 SRI V 旋风器）。

旋风器中粒子的沉降是由圆柱体中流体的旋风作用而产生的。大多数旋风器利用这种旋风作用将气体自由地喷射到圆柱体内表面上。通过调节管道入口的叶片可以得到螺旋状的旋风气流。人们已经研制出了一种串级式的此类旋风器，用于收集粒径范围为 1～12μm 的粉尘粒子（Liu 和 Rubow，1984）。虽然这种旋风器的制造比传统的旋风器要复杂，但它的确是一种紧凑小巧的串级式结构。在传统旋风器中，空气自由进入并顺着轴线离开，这使设计一种紧凑的串级式旋风采样器变得困难。

8.2.3 测量对策

在选择惯性分离器之前，首先必须明确收集粒子的目的。如果是为了确定与粒径有关的气溶胶特性，例如要得到粒子的质量粒径分布或不同粒径气溶胶的化学组成，那么就应使用级联采样器。如果只需要得到小于特定粒径的粒子数量，例如达标采样，通常就需要使用两级采样器，该采样器由一个惯性分离器和后面的过滤阶段组成。

此外，还要确定采样是否受时间限制或者是否是完整采样。一般情况下，惯性分离器可以在采样期内连续采样。一些冲击式采样器可以进行非连续采样，且不同时间采集的样品可以在旋转冲击板上表现出来，如 Lundgren 级联采样器（Lundgren，1971）和戴维斯转筒式全粒径切割（DRUM）冲击式采样器（Rabbe 等，1988）。

另一个需要考虑的重要因素是待采集粒子的粒径范围。虽然惯性分离器能够分离出粒径范围为 0.005～50μm 的粒子，但是，要选择到最适合的装置，必须知道更精确的粒径范围。某些情况下，只有获取了第一份样品后才知道气溶胶的粒径分布。如果在第一次采样之前不知道其粒径分布，就可以使用采集大范围粒径的级联采样器以提供最多的信息。

最后，选择采样器时还应考虑粒子的分析技术。例如，如果使用重量分析确定收集到的粒子的质量粒径分布，那么就可以使用基底涂有黏性物质的冲击式采样器。但是，基底和黏性表面必须具有良好的质量稳定性。如果使用扫描电镜（SEM）分析粒子，必须在干燥表面上收集粒子，因此就不需要使用黏性表面。如果不能使用黏性表面来减弱粒子的反弹，串联式冲击式采样器的各个切割粒径就要尽可能地接近，以使冲击在冲击板上的粒子惯性尽可能小。研究发现亚微米粒子不像超微米粒子那样容易反弹。因此，如果不能使用黏性表面，那么在未加润滑脂的 1μm 切割级之后就应该加一个加润滑脂的 1μm 切割级，以收集任何可能反弹的超微米粒子。因此，穿过 1μm 切割级的粒子（亚微米粒子）中将不会混有从上一级反弹出来的超微米粒子。

8.2.4 设计仪器时的注意事项

在前面所讨论的各种惯性分离器中，冲击式采样器可算是最具专业用途的仪器。前文已经介绍了其他惯性采样器的基本设计原理。有些情况下，可能找不到符合采样标准的冲击式采样器，比如在尺寸、外形、级数或切割粒径方面不满足条件。鉴于这种情况，就需要按照一些简单的指导方针设计并制造一种用于研究的冲击式采样器（Marple 和 Rubow，1986）。

用数值分析对惯性冲击式采样器进行理论研究的报道很多（Marple，1970；Marple 和 Liu，1974；Rader 和 Marple，1985），这些研究计算出了许多粒子采集效率曲线。大多数情况下，理论和实验结果非常吻合。尽管大多数情况下，理论分析得到的冲击式采样器的效率曲线和实验校准得来的一样准确，但对于新制造的冲击式采样器，最好能通过仔细的校准来确定其采样级的切割粒径以及采集效率曲线的形状。这对于有多喷嘴的采样级特别重要。

要想正确地操作，就必须遵循两个设计指导原则。这两个指导原则涉及两个无量纲参数：喷嘴到冲击板的距离除以喷嘴直径（S/W）和雷诺数（Re_j）（Marple，1970；Marple 和 Liu，1974；Marple 和 Willeke，1976a，b；Rader 和 Marple，1985）。这些指导原则是从纳维-斯托克斯（Navier-Stokes）公式的理论、数值分析中得出的，它们能确定流场以及随后的粒子轨道的数值积分，这些过程用于确定获得陡峭的收集效率曲线所必需的指导原则。这些理论指导原则已经应用于冲击式采样器的设计中，并得到了具有陡峭收集效率曲线的冲击式采样器（Marple 等，1988）。

图 8-8 为理论效率曲线，它是 S/W 与 Re_j 的函数。这两个参数都会影响效率曲线和冲击式采样器的 50%的切割点。例如，效率曲线的位置由 S/W 值决定，当 S/W 值较小时，效率曲线较敏感。当圆形和矩形冲击式采样器的 S/W 值分别大于 0.5 和 1.0 时，Stk_{50} 值相对恒定。因为 S 值的微小变动都会改变冲击式采样器的切割粒径，因此 S/W 值不能低于这个值。为了更加保险，建议圆形冲击式采样器的 S/W 值应大于 1.0，矩形冲击式采样器的 S/W 值应大于 1.5。目前还不知道冲击式采样器 S/W 的上限值，但是，在 S/W 值为 5～10 时，冲击式采样器能很好地运行。如果 S/W 值更高，就需要校准以保证喷射流到达冲击板前不会散失。

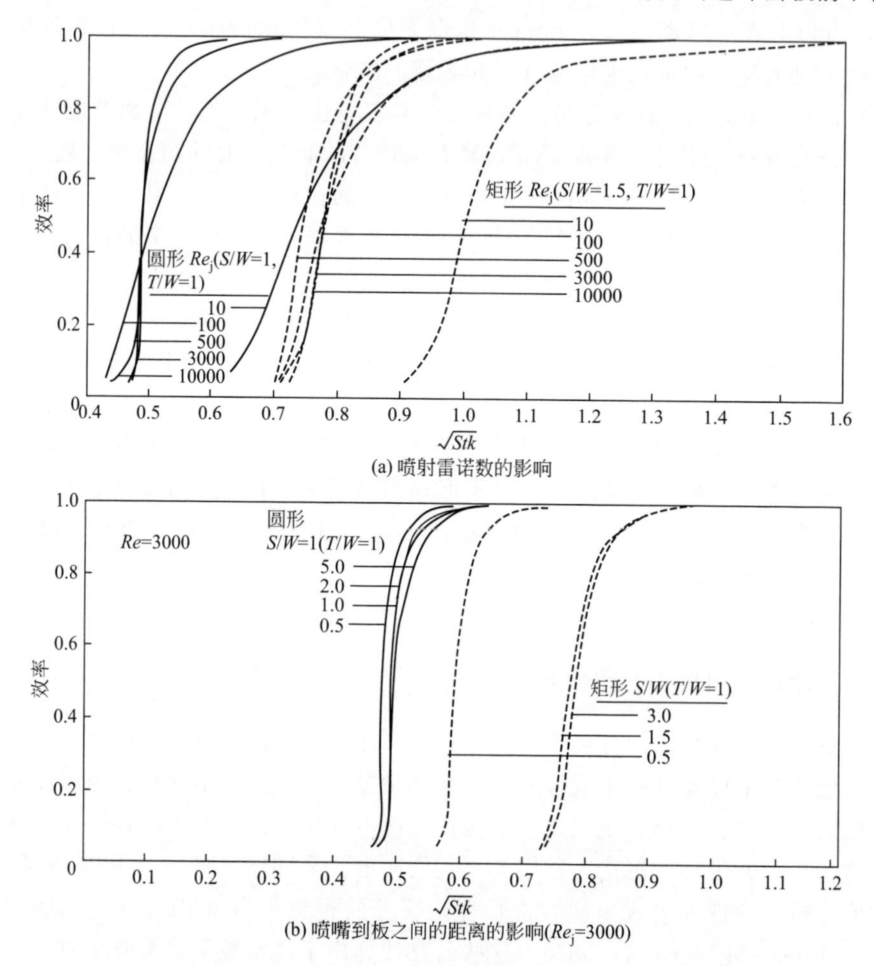

图 8-8 矩形和圆形喷嘴冲击式采样器的理论碰撞效率曲线图，该图表明了喷嘴到板之间的距离比（S/W）及喷射雷诺数（Re_j）对收集效率的影响

（引自 Rader 和 Marple，1985）

与冲击式采样器的切割粒径相比，喷射流的雷诺数与切割锐度的关系更密切。如果雷诺数偏小，气体黏度则偏大，那么喷嘴出口的速度分布和快到达冲击板的空气喷射流的速度分布就会呈抛物线状，这会使中心线附近收集的粒子量增加（中心线附近采集的是最小粒子）。喷嘴壁附近的气流速度低，比较大的粒子会在此沉积。所以，在低雷诺数下运行的冲击式采样器的收集效率曲线并不陡峭。经过理论分析和实验验证，人们发现雷诺数保持在 500～3000 时，圆形和矩形冲击式采样器的效率曲线最明显。Re_j 表示为：

$$Re_j=\frac{\rho_g WU}{\eta} \quad （圆形） \tag{8-5}$$

$$Re_j=\frac{2\rho_g WU}{\eta} \quad （正方形） \tag{8-6}$$

式中，ρ_g 为气体密度。例 8-1 展示了冲击式采样器喷嘴直径和雷诺数的计算。

【例 8-1】 计算切割点为 10μm 的冲击式采样器的喷嘴直径（W）和喷流雷诺数 Re_j。此冲击式采样器为圆形喷嘴，流量为 $5\times10^{-4}m^3/s$（30L/min）。假设在常温常压下。

解：第一步应确定 10μm 切割点所需的喷嘴直径，用流量代替平均喷流速度。

$$U=\frac{4Q}{\pi W^2}$$

代入圆形喷嘴冲击式采样器的斯托克斯公式［式（8-1）］得：

$$Stk=\frac{4\rho_g C_c d_p^2 Q}{9\pi\eta W^3}$$

式中，ρ_g 为粒子密度，$1000kg/m^3$；d_p 为切割粒子直径，$10\times10^{-6}m$；Q 为体积流量，m^3/s；C_c 为坎宁安滑动修正因子，大约为 1。

解喷嘴直径的斯托克斯公式得：

$$W=\sqrt[3]{\frac{4\rho_g C_c d_p^2 Q}{9\pi\eta Stk}}$$

相当于 50%采集效率（$\sqrt{Stk_{50}}$）的斯托克斯数平方根（$\sqrt{Stk}$）可以从图 8-8 中估读出。图 8-8 为不同喷流雷诺数所对应的冲击式采样器理论效率曲线。假设喷流雷诺数为 3000，则对应的$\sqrt{Stk_{50}}$为 0.47，而：

$$W=\sqrt[3]{\frac{4\times1000\times1\times(10\times10^{-6})^2\times(5\times10^{-4})}{9\pi\times(1.81\times10^{-5})\times(0.47)^2}}=1.2\times10^{-2}(m)$$

$$\left[W=\sqrt[3]{\frac{4\times1\times1\times(10\times10^{-4})^2\times500}{9\pi\times(1.81\times10^{-4})\times(0.47)^2}}=1.2(cm)\right]$$

知道了喷嘴直径，就可由式（8-5）求出喷流雷诺数，用流量代替喷流速度：

$$Re_j=\frac{4\rho_g Q}{\pi W\eta}=\frac{4\times(1.205)\times(5\times10^{-4})}{\pi\times1.2\times(1.81\times10^{-5})}$$

$$\left[Re_j=\frac{4\times(1.205\times10^{-3})\times500}{\pi\times1.2\times(1.81\times10^{-4})}\right]$$

$$=3500$$

这个喷流雷诺数不在推荐范围 500～3000 内，但是很接近，因此能提供明显的切割性能。

8.2.5 冲击式采样器应用实例

冲击式采样器已广泛用于各种气溶胶采集。尽管冲击式采样器常规用于采集液滴或结节状固体粒子，它们也可用于测量高度不规则粒子的空气动力学直径，例如纤维（Collazo 等，

2002）。然而，由于冲击式采样器并不适用于所有情况，因此后面几节将主要介绍常规冲击式采样器的使用。在每一小节，都将对所介绍的操作如何应用到用冲击式采样器进行常规气溶胶采样中进行评论。同时，本部分也举例说明使用冲击式采样器所必须进行的计算类型。

本例是确定工业环境中粉尘粒子的粒径分布和质量浓度。采样前，假设粒子的粒径分布小至 0.1μm。冲击式采样器最上一级的切割粒径应当足够大，以便能包括可吸入性粒子的粒径范围。因此，第一级的最小切割点至少为 10μm。

本次分析选择的冲击式采样器有 9 级及一个后置滤膜。这些级的切割粒径已知，见表 8-4。通过冲击式采样器的流量为 $5\times10^4 m^3/s$（30L/min）。

8.2.5.1 准备基底

采集粒子的目的是为了确定质量粒径分布，基底的质量必须稳定，因此选择铝箔作为基底。尽管一些滤膜材料的质量会受湿度的影响，但人们还是采用滤膜材料。另外，由于粉尘粒子是固体，因此有必要使用黏性物质作基底以减少粒子的反弹。同时，用作基底的材料必须是不透油的，这样，油就不会通过基底而粘到基底托上，也就不会产生油损失。本次选用的黏性物质是硅油。在透亮的塑料片上掏一个洞，这个洞的大小应足以容纳沉积的粒子，这样就得到一个框，把这个框放在箔片上并涂上油层，然后把基底置于烘箱中，在 65℃下烘 90min 以除去挥发性组分。在微量天平上称量基底，然后放入冲击板上用于采样。

8.2.5.2 估计采样时间

要确定合适的采样时间就应当估计气溶胶质量浓度，以防止超载采样及基底上的反弹。气溶胶的粒径分布未知，所以假定它们在冲击式采样器的各级中均匀分布。在这种工作环境下，规定粒子的质量浓度限值为 $2mg/m^3$，因此假定粒子质量浓度不超过此值。9 级冲击式采样器所覆盖的粒径范围为 0.1～18μm，假定每级能容纳的质量为 1mg。在采样流量为 $5\times10^4 m^3/s$（30L/min）下，估计采样时间大约为 2.5h。样品采集完毕后，应当把基底带回实验室分析。此例中，应分析其质量浓度和粒径分布。

分析基底的方法有好几种，如用 X 射线衍射分析元素组成，用光学显微镜观察沉积物，用 SEM（扫描电镜）检测单粒子的形状和元素组成。由于存在黏性油面，因此用 SEM 分析这些样品存在一定难度，没有涂油层的级可以用 SEM 分析。如果粒子反弹过于严重，就得不到准确结果。如果需要涂油层，就需要用溶剂把粒子从基底上洗下来，再用过滤的方法将粒子与溶剂分离，然后就可以用 SEM 分析这些粒子。

一个采样周期的质量浓度为 $2.0mg/m^3$（例 8-2），粒径分布结果见表 8-4。

表 8-4 样品粒径分布数据

冲击式采样器切割点/μm	$\Delta m/\mu g$	小于指示粒径的累积质量分数	$\Delta m/\Delta \lg d_a$
18	10	99.9	—
10	100	98.9	392
5.6	590	93.0	2340
3.2	1800	75.0	7410
1.8	3100	44.0	12400
1.0	2810	15.9	11000
0.56	1240	3.50	4920
0.32	305	0.45	1250
0.18	42	0.03	168
滤膜	3	0.00	—

【例 8-2】 9 级级联冲击式采样器以 $5\times10^{-4}m^3/s$（30L/min）的流量连续 167min 采集气溶胶。表 8 4 列出了重量分析结果。根据表 8-4 确定总的质量浓度。在半对数图纸上绘出相对质量（即 $\Delta m/\Delta \lg d_a$）与空气动力学直径的柱状关系图。在对数正态概率图纸上绘制累积质量与空气动力学直径的关系图。确定质量中值粒径和几何标准差（σ_g）。

解：用表 8-4 中 Δm 列的各项和除以流量和采样时间的乘积，就是总的质量浓度。采集的总质量是 10.0mg，因此：

$$总质量浓度=\frac{10.0mg}{5\times10^{-4}m^3/s\times60\times167s\times1m^3}$$

$$=\frac{10.0mg}{30L/min\times167min\times1m^3/1000L}$$

$$=2.00mg/m^3$$

图 8-9 是相对质量柱状图，从柱状图上的曲线可以看出质量分布呈对数分布。图 8-10 是累积质量与空气动力学直径的函数曲线图。根据此图，可以得到粒子中值直径（MMD）和几何标准偏差。MMD 就是质量收集到 50%时的粒子直径，在图 8-10 中，MMD 为 2.0μg。几何标准偏差如下：

$$\sigma_g=\frac{d_{84.1}}{d_{50}}=\frac{4.0}{2.0}=2.0$$

$$\sigma_g=\frac{d_{50}}{d_{15.9}}=\frac{2.0}{1.0}=2.0$$

$$\sigma_g=\sqrt{\frac{d_{84.1}}{d_{15.9}}}=\sqrt{\frac{4.0}{1.0}}=2.0$$

8.2.6 粒径分布数据分析

粒子的粒径分布数据通常用数量、表面积或体积（质量）粒径分布的柱状图或累积曲线形式表示。因为冲击式采样器收集到的粒子用天平称量就可以得到一定粒径范围内粒子的质量，因此，质量分布是表示冲击式采样器数据的最常用方法。前面例子中的数据见表 8-4，表示的是冲击式采样器每级所采集的粒子质量。假设粒子是球形粒子，就可以估算出每一粒径级的粒子表面积和粒子数。为了消除粒径级的宽度带来的偏差，粒子质量应用分级宽度来划分。同时，粒子粒径通常在对数坐标轴中表示，因此最好用 $\Delta m/\Delta \lg d_a$ 作为柱状图的高。当作出如图 8-9 所示的柱状图时，曲线所围成的面积就表示在这个范围内的粒子的质量分数。图 8-9 正是例 8-2 的质量粒径分布的结果。

累积分布也可以计算，见表 8-4 和图 8-10。因为粒子的粒径分布呈现明显的对数正态分布，因此，在累积分布图上，数据形成一条直线。

上面的分析中假设冲击式采样器在 50%切割点处具有理想的锋利切割。因为实际效率曲线很可能是一条陡峭的 S 形曲线，因此可以假设一个采样级收集了上一级的一些粒子，而一些粒子又会在下一级中被收集。在相当宽的分布范围内，这两个误差可以彼此消除，那么数据就可以很好地表示出实际粒径分布。然而，有些技术可以把效率曲线的实际形状与数据分析结合起来，更精确地描述粒径分布。近些年发展了大量的这种数据转换技术（如

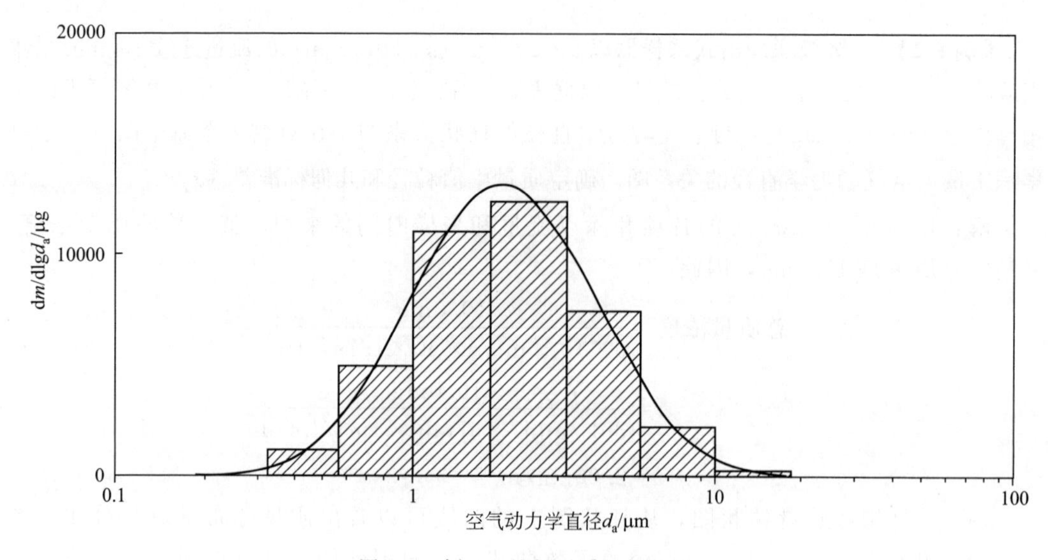

图 8-9 例 8-2 的相对质量柱状图

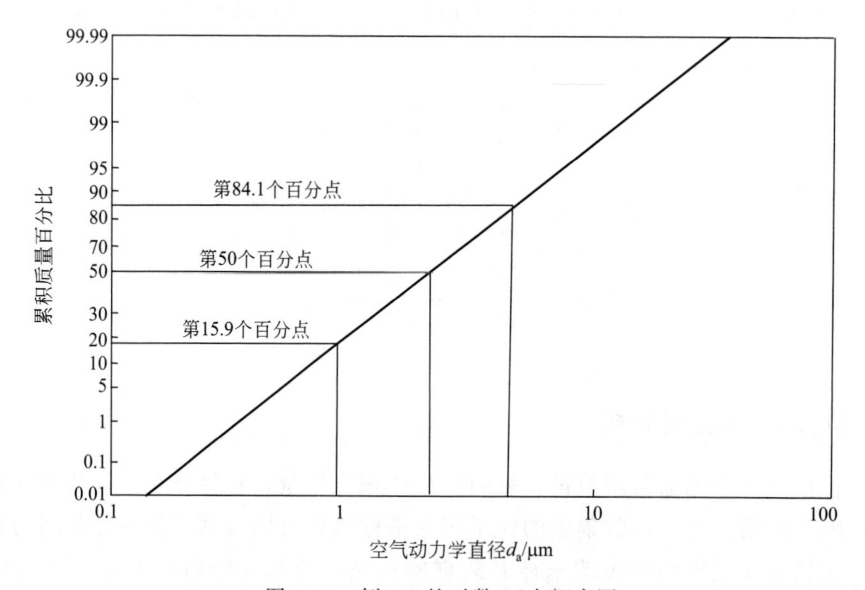

图 8-10 例 8-2 的对数-正态概率图

Crump 和 Seinfeld，1982；Markowski，1987；Rade 等，1991；Wolfenbarger 和 Seinfeld，1990)。有关数据分析的其他内容见第 22 章。

8.3 沉降装置和离心机

粒子空气动力学直径的定义是与之有相同沉降速度的、具有单位密度的实心球体的直径。因此，测量粒子空气动力学直径时，无疑就要选择直接测量沉降速度的装置，如沉降室。

因为小粒子的沉降速度低，沉降室不适合小粒子（如 1μm 微粒的沉降速度是 0.0035cm/s)，另外，布朗运动也会影响小于 0.6μm 的细小粒子的沉降（Orr 和 Keng，1976)。但沉降室可以用于大粒子（10μm 粒子的沉降速度是 0.305cm/s)。此外，因为小粒子的沉降速度低，必须小心防止沉降室内产生空气对流。

John 和 Wall（1983）设计了一种装置，可以测量粒径 10～20μm 粒子的沉降速度。该装置用激光束照射管中沉降的粒子，并测量粒子在一段预先指定的距离内沉降所需的时间。

颗粒物水平沉降筛选器是一种特殊的沉降室，在这里，粒子缓慢通过一个水平通道，粒子沉降在通道的底部，沉降距离由粒子粒径、密度和通道高度决定。空气动力学直径大的粒子将落在接近入口的地方，而空气动力学直径小的粒子则会落在靠近出口的地方。利用这种技术进行粒径分级的两种装置是颗粒物水平沉降筛选器（采集可吸入性粉尘）和 Timbrell 气溶胶光谱仪。

在 2 级冲击式采样器中使用颗粒物水平沉降筛选器可以测量可吸入性粉尘。不可吸入性粒子落在颗粒物水平沉降筛选器的水平盘上，而可吸入性粒子则穿过颗粒物水平沉降筛选器，或被收集以进行后续的重量分析，或进入检测器，如分光计。理想颗粒物水平沉降筛选器的粒子渗透特性等于 BMRC 可吸入性粒子标准。矿业研究企业（MRE）重力分析粉尘采样器适用于测量可吸入性粉尘（Wright，1954；Dunmore 等，1964）。

Timbrell（1954，1972）详细说明了 Timbrell 气溶胶光谱仪的设计和操作。该光谱仪可以准确地进行粒径分级，其过程是：用稳定的洁净空气将粒子吹起来，粒子沉降在沉降室的底部，沉降位置由其空气动力学直径决定。沉降室是一个楔形通道，在其水平底部凹进去一个显微镜载玻片。在 $1.7\times10^{-6}m^3/s$ 的气流流量吹动下，可以将空气动力学直径为 1.5～25μm 的粒子分级。用已知密度的球形粒子的空气动力学直径来校准这个设备。这种分光计可以用于分级球形粒子、不规则粒子、纤维和聚合物的空气动力学粒径（Griffiths 和 Vaughan，1986）。

使用颗粒物水平沉降筛选器或沉降室的困难在于作用在粒子上的力太小。使用离心机可以极大地提高作用力和沉降速度。在离心机中，空气和微粒高速旋转，离心力将微粒沉积在气溶胶室的外缘。

虽然人们已研发出了几种离心机，但应用最广泛且目前仍在使用的是螺旋离心机（Hoover 等，1983；Stober，1976；Kotrappa 和 Light，1972；Stober 和 Flachsbart，1969）。市场上出售的离心机是 Lovelace 气溶胶粒径分离器（LAPS，INT），粒子随气流进入螺旋通道的内壁，螺旋通道以高速旋转（图 8-11）。在螺旋通道的入口，粒子紧靠内壁，而清洁空气则紧靠外壁。随着粒子沿着通道流动，它们受到离心力的作用而最终沉降在螺旋

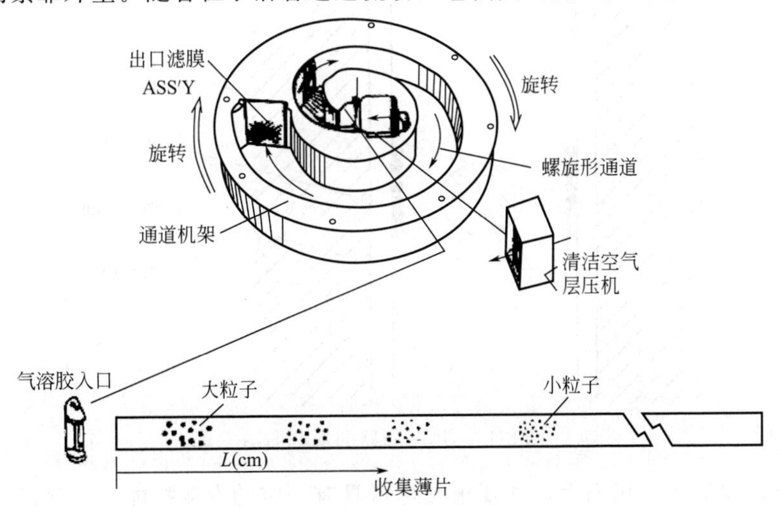

图 8-11 离心机的结构示意图

（引自 Cheng 等，1988）

通道的外缘。作用在较大粒子上的作用力较大，它们沉降在离入口较近的地方，因此沿着螺旋通道沉降的粒子的粒径逐渐降低。采样前，把一个箔片放在螺旋通道的外缘，采样后拿走并进行粒子分析。用已知粒径和密度的粒子校准离心机，这样就可以知道粒子的空气动力学直径与其距入口距离的函数关系。校准完毕后，就可以用离心机得到不规则粒子、聚合物和纤维的空气动力学直径（如 Martonen 和 Johnson，1990）。

8.4 热力沉降

热沉降器是一种利用热迁移力把粒子收集在采样表面的仪器。在英国和南非，就是用热沉降器采集矿井里的可吸入性粉尘。

该仪器的原理简单（Waldmann 和 Achmitt，1966）。当粒子通过空气中的温度梯度时，粒子较热一边的空气分子以比较冷一边的空气分子更高的能量冲击粒子，这样就产生了使粒子向着较冷一边移动的净动力。

日常生活中，常遇到这种现象。例如，当热水散热器或蒸气散热器靠近一面墙时，散热器后的墙会变干。还有，在较冷的天气，汽车的玻璃内表面常常会有一层污染物。这两个现象都是因为当表面附近存在温度差时，粒子会移向较冷的表面。

利用热扩散力就可以设计热沉降器，所要做的就是在较冷的表面附近放一个热丝或电丝，让粒子在细丝和表面之间移动。粒子会移向较冷表面，表面常配置显微镜载玻片，接着就可以在显微镜下分析了。

热沉降器的特点是流量很低（大约每分钟几立方厘米），可以高效收集亚微米级粒子（即小于 0.01μm 的粒子）。用这种方法收集的粒子粒径上限为 5～10μm。因为热沉降器对这个范围内粒子的收集效率高，因此该技术已广泛用于采集工业特别是采矿业环境大气中的可吸入性粒子。图 8-12 是热沉降器的结构图，它包括电热丝及带有显微镜载玻片的冷表面。

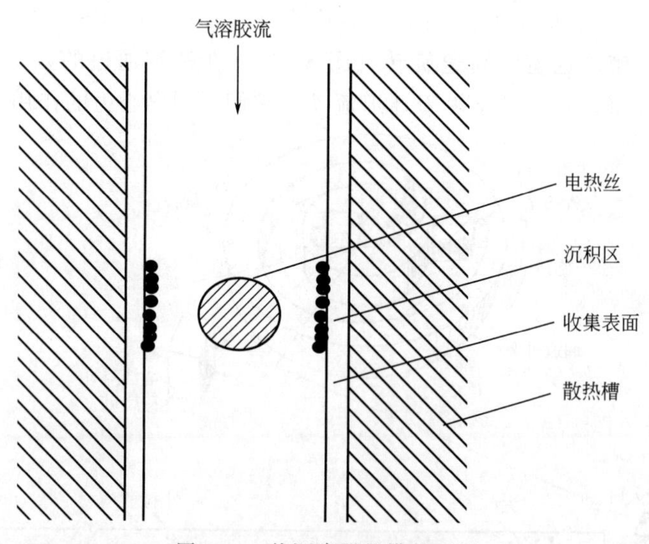

图 8-12 热沉降器的横截面图

标准热沉降器的体积相当大，并要求操作者具有一定的专业技能，在显微镜下数出样品粒子个数是一项劳动密集型的工作。20 世纪 50 年代早期，Kitto 等改进了这个设备，用光电检测器取代了光学显微镜来计数粒子（Kitto 和 Beadle，1952；Beadle，1954）。改进后的

热沉降器在 $10cm^3/s$ 下每次收集 1～10min，在其入口处有一个颗粒物水平沉降筛选器用以清除不可吸入性粒子。随着研究的发展，一个载玻片上可以收集 11 个样品。接着，把载有样品的载玻片放在干燥器中使其保持良好状态，并放入光电评估器，光电评估器用于比较穿过沉积物的光量与穿过载玻片清洁部分的光量。光量由光电室测量并用无量纲的光电读数表示出来，该读数与收集到的粒子质量相关。

8.5 符号列表

C_c	坎宁安滑动修正系数
d_{50}	颗粒物收集效率为 50%时的粒子直径
d_b	机体直径
d_p	颗粒物直径
L	矩形喷嘴的长度
Q	流经喷嘴的气体体积
Re_j	雷诺数
Stk	斯托克斯数
Stk_{50}	颗粒物收集效率为 50%时的斯托克斯数
U	机体对气流的相对速率［式（8-1)］
U	喷嘴出口处的气体平均速率［式（8-2)］
W	喷嘴直径
η	空气黏度
ρ_g	气体密度
ρ_p	颗粒物密度

8.6 参考文献

Belosi, F., and V. Prodi. 1987. Particle deposition within the inertial spectrometer. *J. Aerosol Sci.* 18:37–42.

Beadle, D.G. 1954. A photo-electric apparatus for assessing dust samples. *J. Chem. Met. Min. Soc. SA* 55:30–39.

Bergman, W., J. Shinn, R. Lochner, S. Sawyer, F. Milanovich, and R. Mariella Jr. 2005. High air flow, low pressure drop, bioaerosol collector using a multi-slit virtual impactor. *J. Aerosol Sci.* 36:619–638.

Berner, A., C. Lürzer, F. Pohl, O. Preining, and P. Wagner. 1979. The size distribution of the urban aerosol in Vienna. *Sci. Tot. Envir.* 13:245–261.

Biswas, P., C.L. Jones, and R.C. Flagan. 1987. Distortion of size distributions by condensation and evaporation in aerosol instruments. *Aerosol Sci. Technol.* 7:231–246.

Chen, B.T., and H.C. Yeh. 1987. An improved virtual impactor: Design and performance. *J. Aerosol Sci.* 18:203–214.

Chen, B.T., H.C. Yeh, and Y.S. Cheng. 1985. A novel virtual impactor: Calibration and use. *J. Aerosol Sci.* 16:343–354.

Chen, B.T., H.C. Yeh, and Y.S. Cheng. 1986. Performance of a modified virtual impactor. *Aerosol Sci. Technol.* 5:369–376.

Cheng, Y.S., H.C. Yeh, and M.D. Allen. 1988. Dynamic shape factor of a plate-like particle. *Aerosol Sci. Technol.* 8:109–123.

Collazo, H., W.A. Crow, L. Gardner, B.L. Phillips, V.A. Marple, and B.A. Olson. 2002. Inertial impactors: Development for measurement of large man-made organic fiber aerodynamic diameters. *Aerosol Sci. Technol.* 36:166–177.

Conner, W.D. 1966. An inertial-type particle separator for collecting large samples. *J. Air Pollution Control Assoc.* 16:35–38.

Crump, J.G., and J.H. Seinfeld. 1982. Further results of inversion on aerosol size distribution data: Higher-order Sobolev spaces and constraints. *Aerosol Sci. Technol.* 1:363–369.

de Juan, L., and J. Fernandez de la Mora. 1998. Sizing nanoparticles with a focusing impactor: Effect of the collector size. *J. Aerosol Sci.* 29:589–599.

Ding, Y., and P. Koutrakis. 2000. Development of a dichotomous slit nozzle virtual impactor. *J. Aerosol Sci.* 31:1421–1431.

Dunmore, J.H., R.J. Hamilton, and D.S.G. Smith. 1964. An instrument for the sampling of respirable dust for subsequent gravimetric assessment. *J. Sci. Instrum.* 41:669–672.

Fairchild, C.I., and L.D. Wheat. 1984. Calibration and evaluation of a real-time cascade impactor. *Am. Ind. Hyg. Assoc. J.* 45:205–211.

Fang, C.P., P.H. McMurry, V.A. Marple, and K.L. Rubow. 1991. Effect of flow-induced relative humidity changes on size cuts for sulfuric acid droplets in the MOUDI. *Aerosol Sci. Technol.* 14:266–277.

Fernandez de la Mora, J., S.V. Hering, N. Rao, and P.H. McMurry. 1990. Hypersonic impaction of ultrafine particles. *J. Aerosol Sci.* 21:169–187.

Fernandez de la Mora, J., and P. Riesco-Chueca. 1988. Aerodynamic focusing of particles in a carrier gas. *J. Fluid Mech.* 195:1–21.

Golovin, M.N., and A.A. Putnam. 1962. Inertial impaction on single elements. *Ind. Engng. Chem.–Fundls.* 1:264–273.

Griffiths, W.D., and N.P. Vaughan. 1986. The aerodynamic behaviour of cylindrical and spheroidal particles when settling under gravity. *J. Aerosol Sci.* 17:53–65.

Hari, S., Y.A. Hassan, and A.R. McFarland. 2006. Optimization studies on a slit virtual impactor. *Particulate Sci. Technol.* 24:105–136.

Hering, S. 1995. Impactors, cyclones, and other inertial and gravitational collectors. In *Air Sampling Instruments*, 8 ed. Beverly S. Cohen and Susanne V. Hering (eds.). Cincinnati, OH: American Conference of Governmental Industrial Hygienists, pp. 279–321.

Hering, S.V., R.C. Flagan, and S.K. Friedlander. 1978. Design and evaluation of a new low pressure impactor, 1. *Environ. Sci. Technol.* 12:667–673.

Hering, S.V., S.K. Friedlander, J.J. Collins, and L.W. Richards. 1979. Design and evaluation of a new low pressure impactor, 2. *Environ. Sci. Technol.* 13:184–188.

Hering, S.V., and V.A. Marple. 1986. Low pressure and micro-orifice impactors. In *Cascade Impactors: Sampling & Data Analysis*, James P. Lodge and Tai L. Chan (eds.). Akron, OH: American Industrial Hygiene Association, pp. 103–127.

Hillamo, R.E., and E.I. Kauppinen. 1991. On the performance of the Berner low pressure impactor. *Aerosol Sci. Technol.* 14: 33–47.

Hoover, M.D., G. Morawietz, and W. Stöber. 1983. Optimizing resolution and sampling rate in spinning duct aerosol centrifuges. *Am. Ind. Hyg. Assoc. J.* 44:131–134.

Hu, S., and A.R. McFarland. 2007. Numerical performance simulation of a wetted wall bioaerosol sampling cyclone. *Aerosol Sci. Technol.* 41:160–168.

Hounam, R.F., and R.J. Sherwood. 1965. The Cascade Centripeter: A Device for Determining the Concentration and Size Distribution of Aerosols. *Am. Ind. Hyg. Asoc. J.* 26:122.

Jaenicki, R., and I.H. Blifford. 1974. Virtual impactors: A theoretical study. *Environ. Sci. Technol.* 8:648–654.

John, W., and S.M. Wall. 1983. Aerosol testing techniques for size-selective samplers. *J. Aerosol Sci.* 14:713–727.

Keskinen, J., K. Janka, and M. Lehtimäki. 1987. Virtual impactor as an accessory to optical particle counters. *Aerosol Sci. Technol.* 6:79–83.

Keskinen, J., K. Pietarinen, and M. Lehtimäki. 1992. Electrical low pressure impactor. *J. Aerosol Sci.* 23:353–360.

Kitto, P.H., and D.G. Beadle. 1952. A modified form of thermal precipitator. *J. Chem. Met. Min. Soc. SA* 52:284–306.

Kotrappa, P., and M.E. Light. 1972. Design and performance of the Lovelace aerosol particle separator. *Rev. Sci. Instru.* 43: 1106–1112.

Liebhaber, F.B., M. Lehtimaki, and K. Willeke. 1991. Low-cost virtual impactor for large-particle amplification in optical particle counters. *Aerosol Sci. Technol.* 15:208–213.

Lippman, M. 1961. A compact cascade impactor for field survey sampling. *American Industrial Hygiene Journal* 22: 344–353.

Lippman, M. 1995. Size-selective health hazard sampling. In *Air Sampling Instruments*, 8 ed., Beverly S. Cohen and Susanne V. Hering (eds.). Cincinnati, OH: American Conference of Governmental Industrial Hygienists, pp. 81–119.

Liu, B.Y.H., and K.L. Rubow. 1984. A new axial flow cascade cyclone for size classification of airborne particulate matter. In *Aerosols: Science, Technology, and Industrial Applications of Airborne Particles*, B.Y.H. Liu, D.Y.H. Pui, and H. Fissan (eds.). New York: Elsevier, pp. 115–118.

Liu, P., P.J. Ziemann, D.B. Kittelson, and P.H. McMurry. 1995a. Generating particle beams of controlled dimensions and divergence: I. Theory of particle motion in aerodynamic lenses and nozzle expansions. *Aerosol Sci. Technol.* 22:293–313.

Liu, P., P.J. Ziemann, D.B. Kittelson, and P.H. McMurry. 1995b. Generating particle beams of controlled dimensions and divergence: II. Experimental evaluation of particle motion in aerodynamic lenses and nozzle expansions. *Aerosol Sci. Technol.* 22:314–324.

Lodge, James P., and Tai L. Chan. 1986. *Cascade Impactors: Sampling and Data Analysis*. Akron, OH: American Industrial Hygiene Association.

Loo, B.W. 1981. High efficiency virtual impactor. United States Patent No. 4,301,002.

Loo, B.W., and C.C. Cork. 1988. Development of high efficiency virtual impactors. *Aerosol Sci. Technol.* 9:167–176.

Lundgren, D.A. 1971. Determination of particle composition and size distribution changes with time. *Atmos. Envir.* 5: 645–651.

Markowski, G.R. 1987. Improving Twomey's algorithm for inversion of aerosol measurement data. *Aerosol Sci. Technol.* 7:127–141.

Ma, L., D.B. Ingham, and X. Wen. 2000. Numerical modelling of the fluid and particle penetration through small sampling cyclones. *J. Aerosol Sci.* 31:1097–1119.

Marple, V.A. 1970. *A Fundamental Study of Inertial Impactors*. Doctoral thesis, University of Minnesota, Minneapolis, MN.

Marple, V.A. 1978. Simulation of respirable penetration characteristics by inertial impaction. *J. Aerosol Sci.* 9:125–134.

Marple, V.A. 2004. History of impactors—The first 110 years. *Aerosol Sci. Technol.* 38:247–292.

Marple, V.A., and C.M. Chien. 1980. Virtual impactors: A theoretical study. *Environ. Sci. Technol.* 14:976–985.

Marple, V.A. and B.Y.H. Liu. 1974. Characteristics of laminar jet impactors. *Environ. Sci. Technol.* 8:648–654.

Marple, V.A., B.Y.H. Liu, and R.M. Burton. 1990. High-volume impactor for sampling fine and coarse particles. *J. Air Waste Manage. Assoc.* 40:762–767.

Marple, V.A., and J.E. McCormack. 1983. Personal sampling impactor with respirable aerosol penetration characteristics. *Am. Ind. Hyg. Assoc. J.* 44:916–922.

Marple, V.A., and B.A. Olson. 1999. *A Micro-Orifice Impactor with Cut Sizes Down to 10 Nanometers for Diesel Exhaust Sampling*, Final Report for Generic Technology Center for Respirable Dust, State College, PX.

Marple, V.A., and B.A. Olson. 1995. A high volume PM10/2.5/1.0 trichotomous sampler. In *Particulate Matter: Health and Regulatory Issues*, VIP-49, Air and Waste Management Association International Specialty Conference, Pittsburgh, PA, pp. 237–261.

Marple, V.A., B.A. Olson, and N.C. Miller. 1995. A low-loss cascade impactor with stage collection cups: calibration and pharmaceutical inhaler applications. *Aerosol Sci. Technol.* 22: 124–134.

Marple, V.A., D.L. Roberts, F.J. Romay, N.C. Miller, K.G. Truman, M. Van Oort, B. Olsson, M.J. Holroyd, J.P. Mitchell, and D. Hochrainer. 2003. Next generation pharmaceutical impactor (a new impactor for pharmeceutical inhaler testing)—Part I: Design. *J. Aerosol Med.* 16:283–299.

Marple, V.A., and K.L. Rubow. 1986. Theory and design guidelines. In *Cascade Impactors: Sampling & Data Analysis*, James P. Lodge and Tai L. Chan (eds.). Akron, OH: American Industrial Hygiene Association, pp. 79–101.

Marple, V.A., K.L. Rubow, and S.M. Behm. 1991. A micro-orifice uniform deposit impactor (MOUDI). *Aerosol Sci. Technol.* 14: 434–446.

Marple, V.A., K.L. Rubow, W. Turner, and J.D. Spengler. 1988. Low flow rate sharp cut impactors for indoor air sampling: Design and calibration. *J. Air Poll. Control Assoc.* 37: 1303–1307.

Marple, V.A., and K. Willeke. 1976a. Impactor design. *Atmos. Envir.* 12:891–896.

Marple, V.A., and K. Willeke. 1976b. Inertial impactors: Theory, design and use. In *Fine Particles*, Benjamin Y.H. Liu (ed.). New York: Academic, pp. 411–466.

Martonen, T.B., and D.L. Johnson. 1990. Aerodynamic classification of fibers with aerosol centrifuges. *Particulate Sci. Technol.* 8:37–63.

Masuda, H., D. Hochrainer, and W. Stöber. 1978. An improved virtual impactor for particle classification and generation of test aerosols with narrow size distributions. *J. Aerosol Sci.* 10: 275–287.

May, K.R., and R. Clifford. 1967. The impaction of aerosol particles on cylinder, spheres, ribbons and discs. *Ann. Occup. Hyg.* 10:83–95.

McFarland, A.R., C.A. Ortiz, and R.W. Bertch. 1978. Particle collection characteristics of a single-stage dichotomous sampler. *Environ. Sci Technol.* 12:679–682.

Noll, K.E. 1970. A rotary inertial impactor for sampling giant particles in the atmosphere. *Atmos. Environ.* 4:9–19.

Noll, K.E., A. Pontius, R. Frey, and M. Gould. 1985. Comparison of atmospheric coarse particles at an urban and non-urban site. *Atmos. Environ.* 19:1931–1943.

Orr, C., and E.Y.H. Keng. 1976. Sampling and particle-size measurement. In *Handbook on Aerosols*, Richard Dennis (ed.). NTIS publ. No. TID-26608. Washington, DC: U.S. Energy Research and Development Administration, pp. 93–117.

Prodi, V., F. Belosi, and A. Mularoni. 1984. A high flow inertial spectrometer. In *Aerosols: Science, Technology, and Industrial Applications of Airborne Particles*, Benjamin Y.H. Liu, David Y.H. Pui, and Heinz J. Fissan (eds.). New York: Elsevier, pp. 131–134.

Prodi, V., F. Belosi, A. Mularoni, and P. Lucialli. 1988. PERSPEC: A personal sampler with size characterization capabilities. *Am. Ind. Hyg. Assoc. J.* 49:75–80.

Prodi, V., T. De Zaiacomo, C. Melandri, G. Tarroni, M. Formignani, P. Olivieri, L. Barilli, and G. Oberdoerster. 1983. Description and application of the inertial spectrometer. In *Aerosols in Mining and Industrial Work Environments*, vol. 3, Virgil A. Marple and Benjamin Y.H. Liu (eds.). Ann Arbor: Ann Arbor Science Publications, pp. 931–949.

Prodi, V., C. Melandri, G. Tarroni, T. De Zaiacomo, M. Formignani, and D. Hochrainer. 1979. An inertial spectrometer for aerosol particles. *J. Aerosol Sci.* 10:411–419.

Raabe, O.G., D.A. Braaten, R.L. Axelbaum, S.V. Teague, and T.A. Cahill. 1988. Calibration studies of the drum impactor. *J. Aerosol Sci.* 19(2):183–195.

Rader, D.J., and V.A. Marple. 1985. Effect of ultra-Stokesian drag and particle interception on impaction characteristics. *Aerosol Sci. Technol.* 4:141–156.

Rader, D.J., L.A. Mondy, J.E. Brockmann, D.A. Lucero, and K.L. Rubow. 1991. Stage response calibration of the mark III and Marple personal cascade impactors. *Aerosol Sci. Technol.* 14:365–379.

Rao, A.K., and K.T. Whitby. 1978a. Non-ideal collection characteristics of inertial impactors—Single stage impactors and solid particles. *J. Aerosol Sci.* 9:77–86.

Rao, A.K., and K.T. Whitby. 1978b. Non-ideal collection characteristics of inertial impactors— Cascade impactors. *J. Aerosol Sci.* 9:87–100.

Reischl, G.P., and W. John. 1978. The collection efficiency of impaction surfaces: A new impaction surface. *Staub-Reinhalt. Luft* 38:55.

Romay, F.J., D.L. Roberts, V.A. Marple, B.Y.H. Liu, and B.A. Olson. 2002. A high performance aerosol concentrator for bioaerosol agent detection. *Aerosol Sci. Technol.* 36:217–226.

Smith, W.R., R.R. Wilson, and D.B. Harris. 1979. A five stage cyclone system for in situ sampling. *Envir. Sci. Technol.* 13:1387–1392.

Sioutas, C. S. Kim, and M. Chang. 1999. Development and evaluation of a prototype ultrafine particle concentrator. *J. Aerosol Sci.* 8:1001–1017.

Sioutas, C., P. Koutrakis, J.J. Godleski, S.T. Ferguson, C.S. Kim, and B.M. Burton. 1997. Fine particle concentrators for inhalation exposures-effect of particle size and composition. *J. Aerosol Sci.* 6:1057–1071.

Sioutas, C., P. Koutrakis, and R.M. Burton. 1994. Development of a low cutpoint slit virtual impactor. *J. Aerosol Sci.* 25: 1321–1330.

Stöber, W. 1976. Design performance and applications of spiral duct aerosol centrifuges. In *Fine Particles, Aerosol Generation, Measurement Sampling and Analysis*, Benjamin Y.H. Liu (ed.). New York: Academic, pp. 351–398.

Stöber, W., and H. Flachsbart. 1969. Size-separating precipitation of aerosols in a spinning spiral duct. *Environ. Sci. Technol.* 3:1280–1296.

Szymanski, W.S., and B.Y.H. Liu. 1989. An airborne particle sampler for the space shuttle. *J. Aerosol Sci.* 20:1569–1572.

Timbrell, V. 1954. The terminal velocity and size of airborne dust particles. *Brit J. Appl. Phys.* 5:S86.

Timbrell, V. 1972. An aerosol spectrometer and its application. In *Assessment of Airborne Particles*, Thomas T. Mercer, Paul E. Morrow, and Werner Stöber (eds.). Springfield: Charles C. Thomas, pp. 290–330.

Turner, J.R., and S.V. Hering. 1987. Greased and oiled substrates as bounce-free impaction surfaces, *J. Aerosol Sci.* 18: 215–224.

Vanderpool, R.W., D.A. Lundgren, V.A. Marple, and K.L. Rubow. 1987. Cocalibration of four large-particle impactors. *Aerosol Sci. Technol.* 7:177–185.

Waldmann, L., and K.H. Schmitt. 1966. Thermophoresis and diffusiophoresis of aerosols. In *Aerosol Science*, C. Norman Davies (ed.). New York: Academic, pp. 137–162.

Wang, X., F.E. Kruis, and P.H. McMurry. 2005. Aerodynamic focusing of nanoparticles: I. Guidelines for designing aerodynamic lenses for nanoparticles. *Aerosol Sci. Technol.* 39: 611–623.

Wang, X., A. Gidwani, S.L. Girshick, and P.H. McMurry. 2005. Aerodynamic focusing of nanoparticles: II Numerical simulation of particle motion through aerodynamic lenses. *Aerosol Sci. Technol.* 39:624–636.

Wolfenbarger, J.K., and J.H. Seinfeld. 1990. Inversion of aerosol size distribution data. *J. Aerosol Sci.* 21:227–247.

Wright, B.M. 1954. A size-selecting sampler for airborne dust. *Br. J. Ind. Med.* 11:284.

Wu, J.J., D.W. Cooper, and R.J. Miller. 1989. Virtual impactor aerosol concentrator for cleanroom monitoring. *J. Environ. Sci.* 5:52–56.

Xu, X. 1991. *A Study of Virtual Impactor.* Doctoral thesis, University of Minnesota, Minneapolis, MN.

9 大气气溶胶的化学分析方法

Paul A. Solomon
美国环境保护署国家暴露研究实验室研究与发展办公室，内华达州拉斯维加斯市，美国
Matthew P. Fraser
亚利桑那州立大学全球可持续发展研究所，亚利桑那州坦佩市，美国
Pierre Herckes
亚利桑那州立大学化学与生物化学系，亚利桑那州坦佩市，美国

9.1 引言

一直以来通过滤膜或其他基质采集大气颗粒物，采集周期一般是24h，之后在实验室进行分析以获得颗粒物的化学组分。采集过程和分析过程是完全分开的。颗粒物采集的过程以及其后续的实验室分析的方法合称为“基于滤膜的方法”。而“实验室方法”仅是指实验室里的分析过程。颗粒物的大小对化学分析方法的选择影响不大，但有一些特例，比如后文要提到的X射线荧光光谱仪（XRF）。美国环境保护署（USEPA）国家环境空气质量标准（NAAQS）指出，两种粒径范围的颗粒物对健康和福利有着至关重要的影响（USEPA，2006）。这两种颗粒物的粒径大小范围包括：空气动力学直径（d_a）小于2.5μm的粒子（$PM_{2.5}$或细颗粒物）和空气动力学直径小于10 μm的粒子（PM_{10}或可吸入颗粒物；USEPA，2006）。如今，粗粒子，即空气动力学直径在2.5～10 μm之间的颗粒物也因其对健康的影响引起广泛关注（PMc；USEPA，2006）。除特殊说明外，用于化学组分分析的连续采样器都配备$PM_{2.5}$采样口以移除粒径大于2.5μm的粒子，且收集效率为50%。

通过滤膜采集空气颗粒物，随后在实验室分析其化学组分的方法，已成为一种惯例并被大多数实验室所采用［例如，USEPA $PM_{2.5}$国家化学组分网（CSN）的测量和分析；Solomon等，2001；Flanagan等，2006；USEPA，2009］。在过去10年里，使用这种外场采样和化学分析结合的方法确定颗粒物的化学组分已经取得了一系列成功，外场采样和化学分析已经实现连续进行，分析和数据报告几乎是实时的，这些方法通常是指连续或半连续方法，在本章我们将其叫做连续方法（Sullivan和Prather，2005；Chow等，2008；Solomon和Sioutas，2008；Wexler和Johnston，2008）。如今，分析颗粒物中主要化学组分［例如，硫酸盐、硝酸盐、离子、有机碳（OC）、元素碳（EC）、黑炭（BC）、微量元素］使用最广泛

的连续方法多数是在 1h 或者更短的时间内进行的。

与基于滤膜的分析方法相比，连续方法有很多优点，例如由于颗粒物收集时间的缩短以及省去了滤膜的运输和储存甚至某些情况下淘汰了滤膜等而减少了采样误差和人工污染（Solomon 和 Sioutas，2008）。基于滤膜的采样方法目前只能采集大气的部分样品，并且经常错过重要的与大气污染相关的事件。而连续方法避免了这些情况。高时间分辨率的数据也使人们更加了解大气化学过程、源和受体的相互关系，从而完善排放管理策略以降低颗粒物水平使其达到 NAAQS 标准（USEPA，2006），同时也有助于进一步了解健康效应和颗粒物特殊组分及来源之间的关系。Wexler 和 Johnston（2008）描述了使用连续方法所获得的大气科学的相关进展。通过连续方法获得的近乎实时的数据使实时空气质量预报成为可能，通过空气质量指数（Air Quality Index，AQI）预测和警示大气污染状况。

颗粒物质谱仪可提供单个粒子或不同粒径颗粒物的化学组分，在此只做简单的介绍，详细论述见第 11 章。连续方法也适用于测量颗粒物的一些物理特性，例如质量（第 12 章）、密度、光散射等（第 13 章、第 14 章、第 17 章、第 18 章），这些不在本章进行讨论。许多总结性的文章也对这些方法进行了详细的介绍（Mc Murry，2000；Fehsenfeld 等，2004；Solomon 和 Sioutas，2008）。

在连续方法应用于日常监测网络（例如 CSN）前，需要对其进行进一步的评估，因此基于滤膜的采样方法仍然很重要（Solomon 和 Sioutas，2008）。即使这些连续方法已经应用于颗粒物监测网，也需要不间断地比较连续方法和基于滤膜的“参考”方法。基于滤膜的“参考”方法以最小的误差（例如，使用溶蚀器和经过特殊处理的抗电滤膜）收集化学组分，从而可较为准确地测定颗粒物的主要的和微量的化学组分。这种比较包括当连续方法测得的数据和基于滤膜的数据有很高的相关性时，连续方法和基于滤膜的方法之间会存在浓度偏差，使用滤膜数据来校准连续数据可以使连续方法发挥其高时间分辨率的优势（Wittig 等，2004；Harrison 等，2004；Solomon 和 Sioutas，2008）。现在，测量微量元素和有机物质的连续方法刚刚出现，所以对这两者的分析还离不开基于滤膜的方法。因此，本章讲述的基于滤膜的方法主要集中在实验室定量分析微量元素和有机物质的方法。

9.2 范围和目的

如前所述，这一章的内容主要包括：①多数情况下能在外场提供持续的、近乎实时的数据的颗粒物组分的化学分析方法；②用于分析微量元素和有机物质的实验室化学分析方法，特别是用于分析微量元素的电感耦合等离子质谱法（ICP-MS）。常用的实验室化学分析方法见表 9-1，本章我们对这些方法不做详细的论述。表 9-1 也总结了本章提到的连续方法。常规实验室方法的具体信息可以参考表 9-1 中的引用文献以及其他文献（例如，Chow，1995；Solomon 等，2001；Fehsenfeld 等，2004；Chow 等，2008）。使用滤膜收集颗粒物的方法见第 26 章，使用滤膜现场采样的方法见第 6 章和第 8 章，第 11 章论述了颗粒物质谱仪（Middlebrook 等，2003；Sullivan 和 Prather，2005；Canagaratna 等，2007），该质谱仪用来持续测量单个粒子的化学组分（单颗粒质谱）或一定粒径范围内的化学组分［气溶胶质谱仪（AMS）］。虽然使用颗粒物 MS（尤其是单颗粒质谱）定量测定绝对浓度时，需要付出很多努力且需要许多的辅助测量，尤其对单颗粒质谱但其测量结果会使我们更加了解大气化学过程、源和受体浓度之间的关系，进而了解颗粒物暴露的健康效应（Sullivan 和 Prather，2005；Canagaratna 等，2007；Solomon 等，2008）。

表 9-1 测定大气颗粒物化学组分常用的实验室方法和连续现场分析方法[①]

所测组分	方法[②]	样品准备	注释
阴离子和阳离子物质	离子色谱法[②]	在水中或其他液态溶剂中进行湿法萃取	$PM_{2.5}$ 化学形态网中测定阴离子和阳离子的 EPA 方法(Mulik 等,1979;USEPA,1999b)
	离子选择电极法	在水中进行湿法萃取	常用于测定 NH_4^+,也用于测定硫酸盐和硝酸盐(Lodge,1989)
	比色法	在水中进行湿法萃取	主要用于 NH_4^+(Lodge,1989)
	X 射线荧光法	无	(Chow,1995)
	傅里叶变换红外光谱法	无	半定量(Allen 等,1994)
	离子色谱法(PILS-IC、MARGA、GP-IC、AIM)(SCM)[③]	气溶胶在冷凝蒸汽和液滴的影响下增长	阳离子和阴离子的测量在离子色谱的 2 个单元中同时进行(Weber 等,2001;Grover 等,2006;Slanina 等,2001;Simon 和 Dasgupta,1995;Weber 等,2003;Solomon 和 Sioutas,2008)
	热还原法-用气体分析仪检测(SCM)	气溶胶在催化剂存在条件下加热将离子成分(硫酸盐、硝酸盐)转化为气态物质而用气体分析仪测量(NO/NO_2、SO_2)	(Edgerton 等,2006;Allen 等,2001;Weber 等,2003;Solomon 和 Sioutas,2008)
颗粒物碳组分:有机碳(OC)、元素碳(EC)、碳酸盐碳(CC)、总碳(TC)、黑炭(BC)、水溶性有机碳(WSOC)	热光反射法(TOR)(2007 年 7 月建立的 IMPROVE[②]法)	在高于 773K 的温度下,烘烤石英纤维滤膜几小时,或在 1173K 下烘烤 3h	OC、EC、CC、TC 使用 TOR 法及 IMPROVE 的温度程序。氦气阶段最高温度是 823K(Chow 等,2001)
	热光透射法(TOT[②])(改良的 NIOSH 法 5040)	在高于 773K 的温度下,烘烤石英滤膜几小时或者在 1173K 下烘烤 3h	OC、EC、CC、TC 使用 TOT 法和 CSN 的温度程序。氦气阶段最高温度约为 1173K(Birch 和 Cary,1996;Chow 等,2001)
	程序升温挥发(TPV)	在高于 773K 的温度下,烘烤石英滤膜几小时或在 1173K 下烘烤 3h	可测定石英纤维膜上的 OC、EC、TC 和碳浸渍滤膜上的 OC(Eatough 等,1995)
	Sunset 实验室连续碳分析仪(SCM)	无	OC、EC、CC、TC 使用 TOR 或 TOT 法、IMPROVE 或 CSN 的温度程序(SCM;Turpin 等,1990;Chow 等,2001)。使用 CIF 溶蚀器以减少采样误差(Eatough 等,1999;Suvramanian 等,2004)
	黑炭仪(SCM)	无	元素碳和 LAC 可吸收光。基于比尔定律,用吸收系数计算环境浓度(Hansen 等,1984;Hansen 和 Novakov,1990)
	光声光谱仪 PAS(SCM)	无	光吸收碳的测定基于用一定的光源对气溶胶进行加热,检测其产生的声波,浓度和声音强度成比例(Arnott 等,1999,2000)
	多角度吸收光度计 MAAP(SCM)	无	从多角度测量负载颗粒物的滤膜反射的后散射光(Petzold 等,2002,2005)
	水溶性有机碳 WSOC(SCM)	与气体样品液化器(PILS)一样	WSOC 的测定是用 TOC 分析仪分析 PILS 出来的液体。使用 XAD-8 离子交换柱溶蚀器测量亲水性和疏水性物质,并可单独测量酸性、中性和碱性物质(Sullivan 等,2004;Sullivan 和 Weber,2006a,b)

续表

所测组分	方法②	样品准备	注释
有机气溶胶	GC-MS②	在高于 773K 的温度下，烘烤石英纤维滤膜几小时或在 1173K 下烘烤 3h，之后用溶剂进行提取	可测定许多非极性有机物和少量极性有机物组分（Rogge 等，1993；Schauer 等，1996；Schauer 和 Cass，2000）
	高效液相色谱和检测系统（例如，质谱仪、UV、荧光）	使用水或有机溶液萃取特氟龙膜	用来分析气溶胶中极性较大的组分或大分子成分（Glasius 等，1999；Graham 等，2002）
	热解吸-GC-MS（基于滤膜和 SCM）	无	用来快速测定非极性颗粒物有机物质，而不需要溶液萃取（Lavrich 和 Hayes，2007；Chow 等，2007）
元素-非破坏性技术	X 射线荧光光谱法②（主要为实验室分析方法，但是也发展出了 SCM）	无	主要测定颗粒物中的地壳元素（例如 Si、Ca、Fe）和 S、Zn、Pb。对其他元素的敏感性较低（Watson 等，1999；Lodge，1989；Yanca 等，2006）
	质子诱导 X 射线法（PIXE），质子弹性散射分析法（PESA）	无	与 XRF 的区别仅是产生荧光的方法不同，也就是说，一个是高能质子，一个是 X 射线（美国 EPA 方法 IO-3.6）（Zeng 等，1993；Salma 等，1997；USEPA，1999a）
	中子活性的分析仪器（INAA）	把滤膜折叠起来或者做成小球状，并且密封在聚丙烯袋子或者小瓶内	除 C、Si、Ni、Sn 和 Pb 外，INAA 可以定量分析气溶胶中的多数微量元素（Lodge，1989；Dams 等，1970）
元素-破坏性技术	感应耦合等离子体质谱法（ICP-MS）	在水或酸性溶液中进行湿法萃取	ICP-MS 法对大约 65 种元素的检出限为兆分之一到兆分之一百，其线性动力学范围超过 8 个数量级，并且可以测定同位素（Nelms，2005；Geagea 等，2008）
	电感耦合等离子体原子发射光谱法（ICP-AES）	在水或酸性溶液中进行湿法萃取	与 ICP-MS 有类似的样品准备过程，但灵敏度较低，更容易受到干扰，检测的元素较少，且不能测定同位素（Karar 等，2006；Park 和 Kim，2005）
	电热蒸发原子吸收光谱法（ETV-AAS）	在水或酸性溶液中进行湿法萃取	不需要完全消解，可以直接对浆液进行分析（Pancras 等，2005）
	半连续气溶胶采样器（SEAS）	用蒸汽浓缩法/虚拟冲击式采样器/冲击式采样器收集气溶胶	样品收集的时间分辨率较高，但需要后续的实验室分析，包括 GFAAS、ETV-AAS。现在在实验室分析中可同时测定多达 12 种元素（Kidwell 和 Ondov，2001，2004；Pancras 等，2005，2006）
	Davis 旋转鼓全尺寸切割监测器（DRUM）	无	在滤膜带上收集多达八个粒径段的颗粒物，然后用 PIXE、PESA、STIM、SXRF 或其他方法进行分析（Bench 等，2002；Shuttanandan 等，2002；Pere-Trepat 等，2007）
颗粒物结合水（PBW）	干燥的环境气溶胶粒径谱仪 DAASS（SCM）	无	粒径范围为 3nm 到 2.5μm 的颗粒物结合水的量，单位为 $\mu g/m^3$（Stanier 等，2004；Khlystov 等，2004）

① 缩写的定义见正文或本章的结尾。

② 指美国环境保护署国家 $PM_{2.5}$ 化学形态网所用的方法。

③ SCM：半连续方法，连续方法。

注：来自在前一版本基础上的补充更新（Solomon 等，2001）。

9.3 连续方法

9.3.1 阴阳离子分析方法

9.3.1.1 综述

过去10年里，已经发展出多种方法可以在1h或者更短时间内来测量环境空气粒子中的阴阳离子浓度（Solomon 和 Sioutas，2008）。不同连续性方法得出的结果具有很好的一致性，但仅受限于测量时的实验条件（例如，Solomon 和 Sioutas，2008；Chow 等，2008）。虽然连续方法在时间分辨率方面拥有优势，但该方法要求操作者具有一定的校准和操作技能。尽管能够通过减少实验室分析成本或不需要购买滤膜来降低资本投入，但连续方法仍然需要高的初始资金投入。

对一些连续离子分析系统来说，离子在化学分析前必须先溶解，而另外一些离子分析系统可以对颗粒物组分挥发后的气体阶段进行测量（例如，测量 NO/NO_2 而不是测量硝酸盐）。在所有情况下，要准确测量颗粒态物质，必须首先去除气态干扰物质（例如，当测定硝酸盐时要去除 HNO_3 的干扰）。一些连续系统也可以单独采集和分析气态物质，并同时提供颗粒态和相关的气态数据（例如，NH_4NO_3 和 HNO_3 和/或 NH_3）。

9.3.1.2 基于离子色谱的方法

基于离子色谱（IC）的连续方法，要求离子在注入离子色谱前先溶解。溶解后，可以应用很多分析方法，但是本节我们主要关注的是通过离子色谱（IC）对阴阳离子进行连续、实时的测量。在仪器的典型分析状态下，多数离子可以通过IC检测出来（Simon 和 Dasgupta，1995；Weber 等，2001，2003；Grover 等，2006；Slanina 等，2001）。我们通常检测的在细颗粒物里含量比较多的阴离子包括硫酸盐、硝酸盐和氯化物。其他无机阴离子和有机酸也可以用同样的方法测量出来。通常检测的阳离子包括 NH_4^+、K^+、Na^+ 和水溶性金属，例如可溶性 Fe（Fe^{2+}、Fe^{3+}）。

将颗粒物收集进溶液中最常见的方法包括冲击收集后的凝结增长（见 Solomon 和 Sioutas，2008）。在样品进入凝结系统前，溶蚀器移除了气态干扰组分，溶液自动注入离子色谱中。目前有许多商业化的系统，这些系统使用不同类型的溶蚀器和不同的方法使颗粒物增长到可供有效收集的大小。可用的商业化系统包括 PILS-IC 连用系统（Particle-Into-Liquid Sampler with IC，AAP[1]）、MARGA（Monitor for AeRosols and Gases in Air，APP）、AIM（Ambient Ion Monitor，URG，DIO，TFS）和 GP-IC（the Gas Particle with IC，DIO，TFS）。PILS-IC 和 GP-IC 可以持续测量颗粒物中的阴阳离子，MARGA 和 AIM 可检测颗粒物及与其相关的气态物质（如 HNO_3、HNO_2、HCl、NH_3）。这些系统涉及了4种常用的溶蚀器和浓缩颗粒物收集器方法，每种方法都不同。这些系统最初是在1999年Atlanta Supersite 项目中得到了检测（Weber 等，2003；Solomon 等，2003）。通过这个项目检测的许多基于IC的方法都表现出了与基于滤膜的分析方法很好的一致性（Solomon 和 Sioutas，2008；Solomon 等，2008；Chow 等，2008）。

PILS-IC（Weber 等，2001；Orsini 等，2003）配备了2个串联的环状溶蚀器，一个用来

---

[1] 制造商全名及地址参考附录Ⅰ。

移除酸性气体（含2%碳酸钠的去离子水/甘油/甲醇），另外一个用来移除碱性气体（含2%磷酸的去离子水/甘油/甲醇）。PILS-IC也可配备一个多通道活性炭溶蚀器（Monolith，MCL）用于移除HNO_2和减少来自NO_2^-的干扰（Orsini等，2003）。通过溶蚀器的载带颗粒物的空气样品随后进入浓缩室，在浓缩室中环境空气与蒸汽（1级超纯水、电阻18.2MΩ）充分混合。颗粒物在浓缩室中长到至少1μm大小。原始粒径为30nm的颗粒物收集在撞击板上，收集效率大于97%；撞击板持续被清洗，并持续收集样品，从而在离子色谱中形成样品环，之后进行离子分析。颗粒物中9种主要的无机离子（SO_4^{2-}、NO_3^-、Cl^-、NO_2^-、NH_4^+、Na^+、K^+、Ca^{2+}、Mg^{2+}）在4min之内可检测出来，而醋酸盐、甲酸盐、草酸盐要分析15min左右。分析时间短到1min左右的设备被应用在飞行器中（Peltier等，2007；van Donkelaar等，2008）。分析时间限制了环境测量的时间分辨率，检出限在ng/m^3的范围内，只有气溶胶状态的组分才可被PILS-IC的方法检测出来。

GP-IC系统采用了一个平行板湿溶蚀器（PPD），使用0.5mmol/L过氧化氢作为淋洗液以去除相关的气体，主要是二氧化硫、硝酸和氨气（Al-Horr等，2003；Grover等，2006）。与其他用蒸汽来使颗粒物增长的系统不同，当样品穿过浓缩室时，GP-IC使用去离子水雾使颗粒物增长。水滴粘在颗粒物上，润湿的颗粒物或水滴附着在孔径为0.5μm的聚四氟乙烯（PTFE）滤膜上。水在PTFE滤膜上形成薄薄的一层，颗粒物也被收集在这层薄水膜上。系统内的空气流通促使膜表面的液体穿过滤膜，并被输送到离子色谱中进行分析。系统可以收集原始粒径为100nm的颗粒物。系统的时间分辨率为15min，在流量为5L/min的情况下，铵的检出限为$8ng/m^3$，硫酸盐、硝酸盐和草酸盐的检出限不高于$0.1ng/m^3$（Al-Horr等，2003）。Grover等（2006）实地检测了商业仪器，发现其可以和高效收集挥发性和半挥发性组分（例如，硝酸铵）的杨百翰大学有机采样系统-颗粒物浓缩器（Particle Concentrator-Brigham Young University Organic Sampling System，PC-BOSS）相媲美。

在MARGA系统中，气相组分可以率先被高效（99.7%）地收集在湿润的旋转溶蚀器（WRD）的壁上，所以气体不会干扰颗粒物的收集。颗粒物通过溶蚀器后，在蒸汽喷射气溶胶收集器（SJAC）内冷凝并增长到2μm大小，随后被带有2μm切割头的旋风分离器收集到小瓶中（Slanina等，2001），来自WRD的气流被分别收集。被去除气体后的液体转入离子色谱中进行一系列的离子分析，进而提供气相组分和颗粒相组分的数据。气相和颗粒相组分的时间分辨率为15～200min，取决于分析的组分及所需的灵敏度。大多数组分的检出限为$50\sim100ng/m^3$，分析准确度（accuracy）低于7%，精密度（precision）低于5%（Applikon，2009），报道的环境浓度的不确定性（uncertainty）低于15%（Trebs等，2004）。

AIM使用PPD收集相关气相组分，将其从颗粒物气流中去除。离开溶蚀器的颗粒物在气溶胶过饱和室中利用蒸汽凝结生长，随后被冲击式采样器收集，最后被直接导入两个离子色谱单元，一个单元用于分析阴离子，一个单元用于分析阳离子（Wu和Wang，2007）。PPD上的物质也被分析以提供空气中气相酸和碱的浓度。这种组合可以对SO_4^{2-}、NO_3^-、Cl^-、NO_2^-、PO_4^{3-}、NH_4^+、Na^+、K^+、Ca^{2+}、Mg^{2+}、HCl、HNO_3、SO_2和NH_3进行分析，后4种物质在溶蚀器溶液中呈离子状态。时间分辨率大约是15min，根据测量组分的不同检出限为$50\sim100ng/m^3$（URG，2009）。

9.3.1.3 热降解-气体分析仪联用（TR-GA）

相对于基于滤膜的分析方法，基于热降解并使用气体分析器进行测量会将目标物质的环境浓度低估40%左右（Solomon和Sioutas，2008），这种测量结果也会在相关环境浓度范围内呈现非线性的关系（Weber等，2003；Solomon等，2008；Solomon和Sioutas，2008；Chow等，2008）。因为TR-GA已经应用于现在的研究中（Solomon和Sioutas，2008；Solomon，2008），因此，在此节我们对两种TR-GA进行讨论。这两种TR-GA包括连续硫酸盐监测器（CSM，TFS）和大气研究与分析（ARA）系统。CSM只能测量硫酸盐，而ARA系统可以测量硫酸盐和氨的环境浓度。

ARA系统是通过一个三通道、连续不同的方法来测量 NO_3^- 和 NH_4^+ 的（Edgerton等，2006）。干扰气体首先被顺序连接的溶蚀器移除，这些溶蚀器包括一个涂有碳酸钠的环形溶蚀器、一个涂有柠檬酸的环形溶蚀器（URG）和两个碳蜂巢溶蚀器（Monolith，MCL），这种组合可以移除大量的干扰物质。碳溶蚀器可移除大部分的 NO_y，因此，可减少系统中的短期变异，通过高的时间分辨率解决通道间的微小差别（50×10^{-12}）。通过溶蚀器之后，载带颗粒物的气流分别进入3个通道。在通道1（CH1），颗粒物被收集在被氯化钾浸透的纤维素滤膜上，在滤膜之后有Mo催化网，该网被加热到350℃，以使 NO_3^-、NO_2 和残余的 NO_y 转化为NO。通道1可测量仪器的暗电流（dark current）和残留的气相 NO_y。通道1是仪器的基线。通道2（CH2）和通道1一样，但是没有氯化钾浸透的滤膜。通道2测量 NO_3^- 和基线。通道3（CH3）也和通道1一样，但氯化钾滤膜被含有铂线的陶瓷管所取代。陶瓷管被加热到600℃使 NH_4^+ 定量氧化为NO和 NO_2。每个转化器产生的 NO/NO_2 比用NO-臭氧化合光检测器定量测定。通过1min的差异计算硝酸盐（CH2-CH1）和铵（CH3-CH1）。尽管CH1可以去除大部分干扰物质，但是没有被溶蚀器完全移除的氮化物仍然在系统中可以被转化和测量，因此物质的检出限要通过实际测量来决定。报道的硝酸盐和氨的最低检出限分别为 $0.25\mu g/m^3$ 和 $0.07\mu g/m^3$（Edgerton等，2006）。亚特兰大实验场地的实验结果表明持续监测结果的一致性为30%（Weber等，2003）。Edgerton等（2006）认为ARA系统和基于滤膜的采样分析方法的相关性很好，但该方法无法进行定量分析。将基于滤膜的分析方法所得的日数据进行校准，可以获得校准的相对小时数据。

CSC（Model 5020硫酸盐颗粒物监测器，TFS）是单通道，可以将环境颗粒物中的硫酸盐转化为 SO_2，随后用气体检测器检测 SO_2（Allen等，2001；Schwab等，2006；Edgerton等，2006）。干扰气体先后被涂抹碳酸盐的环状溶蚀器和蜂巢状的碳溶蚀器移除。通过溶蚀器后，样品在含有不锈钢杆的石英管中被加热到1000℃以把硫酸盐定量催化为 SO_2，SO_2 被高灵敏脉冲荧光 SO_2 分析器定量分析（Model 43S，TFS）。时间分辨率约为15min，24h平均检出限为 $0.3\mu g/m^3$，15min平均检出限为 $0.5\mu g/m^3$（Schwab等，2006）。实验室评估表明钙、钠、钾酸盐的转化效率很低（4%～63%），即在硫酸铵不是主要的硫酸盐的地区可能存在较低的偏差（例如，接近海洋的地区或者矿物尘很高的地区）(Schwab等，2006)。尽管在某些情况下，观察到20%的低偏差，经外场实验仍然表明该方法与基于滤膜的分析方法有很好的相关性（Solomon和Sioutas，2008）。

9.3.2 粒子中的碳

大气颗粒物中的碳包括成百上千的化学和物理性质各不相同的有机物质（Seinfeld和

Pandis，1998；Hamilton 等，2004)。碳是 $PM_{2.5}$ 的主要组分，在美国东部和西部采集的样品中，碳的含量占 $PM_{2.5}$ 总质量的 25%～50%（USEPA，2006）。近期在美国东部进行的研究结果显示，有机碳在冬季 $PM_{2.5}$ 中的比例已经超过了 70%（Tolocka 等，2001；Solomon 等，2008)。颗粒物中的碳可分为元素碳（EC）或黑炭（BC)、有机碳（OC）和碳酸盐碳（CC)。总碳（TC）为 EC、OC 和 CC 之和。EC 主要来自人为排放源，例如柴油机动车排放，尤其是在城市区域，由不完全燃烧产生。OC 来自人为排放源和自然排放源，可以是直接被排放到大气中（一次气溶胶)，也可以由气态前体物在大气中形成（二次气溶胶)。CC 主要和土壤排放源有关（Appel 等，1983)，通常占 TC 的比例不到 5%（Chow 等，1993)。

测量滤膜采集的颗粒物中碳含量的技术很多（Watson 等，2005)。除利用激光发射或激光吸收对黑炭进行间接测量外，其他的碳分析技术都是破坏性的（Novakov，1982；Chow，1995)。对采集到气溶胶的滤膜进行加热并测量从粒子中析出的碳量即为碳的直接测量。通过酸化样品可以测定 CC 的量（Chow 等，1993)。酸化过程中，需要在酸化前、后分别对两份相同的样品进行分析，两次分析得到的 TC 值之差即为 CC 估计值。另外也可以在 820℃的温度下对碳酸盐峰进行积分而得出 CC 估计值（Birch 和 Cary，1996)。但是这种方法只有当碳酸盐在氦气第四个温度阶段中作为单峰被移除时（如碳酸钙）才可以使用。在样品加热过程中，一些 OC 被高温分解转化为 EC 而通过光吸收被监测并被适当调整。一般我们将用于高温分解的热分析和光学校正结合的方法称为热光吸收（Thermal-Optical Absorption，TOA）法，这种方法可以同时测量 OC、EC、CC 和 TC（Chow 等，2001；Birch 和 Cary，1996)。

不同碳分析方法的区别在于其使用的是碳的直接测量还是间接测量、加热温度的多少、每个温度下分析时间的长短、温度增高的速率、用于氧化有机化合物的气体以及调整高温分解的方法（如光透射或光反射)（Hering 等，1990；Cadle 和 Groblicki，1982；Birch 和 Cary，1996；Chow 等，1993；Watson 等，2005)。各种碳的直接测量方法测得的总碳量相似。然而，各个方法在操作上的差异导致了测得的 EC 和 OC 浓度的差异及相当大的不确定性（Chow，1995；Schmid 等，2001)。另外，这些方法只是测量气溶胶中的碳含量（没有测量氧、氮、硫或氢)，因为其他元素与碳有关，因此用所测得的碳乘以一个系数就得到有机物的含量（Turpin 和 Lim，2001)。这个系数的范围为 1.2～2.2，这些系数对颗粒物中含碳物质测量的不确定性影响很大。

也有测量单个有机物质的方法，但这种方法常规只测量有机物的一小部分（10%～20%)(Schauer 和 Cass，2000)，如果算上高分子量组分如腐殖质类物质（HULIS）或其他低聚物或高聚化合物的话，这个比例可达到 50%（Havers 等，1998；Kunit 和 Puxbaum，1996；Kalberer 等，2004)。有机物质的实验室方法在本章的后面会有所介绍。

用于测量含碳物质的一些实验室方法已经转变成连续方法用于环境空气测量，我们将对这些方法进行总结。

9.3.2.1 有机碳-元素碳-碳酸盐碳

目前商业化的 OC-EC-CC 连续测量仪器只有一种（SUN)。它基于 Turpin 等（1990）的连续方法并采用了 TOA。我们通常不测定碳酸盐碳，是因为其低于 TOA 对 $PM_{2.5}$ 样品的检出限（Chow 等，1993)。在这种方法中，载带细颗粒物和潜在干扰气体的空气通过平行板碳浸渍滤膜（CIF）溶蚀器（Eatough 等，1995，1999）以去除可被石英滤膜吸收的气相有机组分。CIF 溶蚀器在很大程度上减少了采样误差（Subramanian 等，2004）。通过溶蚀器后颗粒物被收集在仪器内的石英膜上，采样的时间由使用者自己设置（通常为 45～60min）。随后，使用修正的美国国家职业安全与卫生研究所（NIOSH）/CSN-EPA 和保护视觉环境跨部门监测项目（Interagency Monitoring of Protected Visual Environments，IMPROVE）热温度法和光学校准法进行分析（Birch 和 Cary，1996；Eldred 等，1998；Chow 等，2001；Schmid 等，2001）。在这两个协议中，石英膜和样品首先在氦气中加热到所有有机碳从石英膜上消失为止；将石英膜和样品冷却后，在 2%氧气/氦气混合气体环境下加热，此阶段元素碳被除去。在连续的方法中，去除 OC 和 EC 分别只有 2 个温度阶段。而在实验室的方法中，去除 OC 和 EC 分别需要 4 或者 3 个温度阶段。光学测量被用于校正分析过程中有机质的高温分解或炭化。分析最多需要 15min，随后仪器就会在相同的膜上开始一个新的采样循环，这个滤膜被分析过程所清洗了。2 个并列运行的单元可以收集每小时的连续数据（Bae 等，2004b）。检出限低于 0.5$\mu g/m^3$，OC 和 TC 的精度在 10%以内，EC 的精度在 20%以内（Bae 等，2004a；Arhami 等，2006）。连续分析方法和基于滤膜的实验室方法的一致性水平在 5%～25%，一致性程度和测定物质及其浓度水平有关（Park 等，2005；Bae 等，2004b）。

9.3.2.2 黑炭

黑炭（BC）的测量，实际上是测量空气中深色粒子的光吸收（例如，主要为碳组分中的无机部分，不包括 CC），一直以来被用来取代 EC 的测量。然而，必须认识到 BC 和 EC 并不是完全一样的，这种认识已经在学术界和 BC 研究中越来越清晰（Fehsenfeld 等，2004；Bond 和 Bergstrom，2006）。事实上，针对气候模型，Bond 和 Bergstrom（2006）把 BC 简单地称为“光吸收碳”（LAC），因为他们认为没有更合适的其他定义了。然而，当描述空气颗粒物中碳组分以及将其环境浓度和源联系的时候，仍然将 EC 和 BC 认为是同一物质，因此，我们在这里还是将 EC 和 BC 视为同一物质。

通过热分析可以得到元素碳，而 BC 的分析主要基于空气中深色粒子对光的吸收（Fehsenfeld 等，2004；Bond 和 Bergstrom，2006）。应用比尔定律（Beer's law）可将黑炭的光吸收（B_{abs}）转化为环境浓度，其浓度单位为 $\mu g/m^3$。比尔定律用经验得到的吸收系数（m^2/g）将光的吸收（M/m）转变为环境浓度（$\mu g/m^3$）。经验获得的吸收系数依赖于波长，由气溶胶的物理和化学特性以及用于校准光学法的 EC 热分析方法决定（Solomon 和 Sioutas，2008；Chow 等，2008）。已报道的吸收系数的范围为 2～20m^2/g。Bond 和 Bergstrom（2006）全面介绍了颗粒物光吸收的相关内容。本节主要介绍目前用于估算 BC 的 3 种连续方法：黑炭仪、光声光谱仪（PAS）、多角度吸收光度计（MAAP）。其他方法及对比可参考其他文献（例如，Watson 等，2005；Chow 等，2008；Solomon 和 Sioutas，2008；及这些文献中的参考文献）。

黑炭仪（MAG）在一定波长下（目前有单波段、双波段、七波段系统），连续测量石英膜条带收集到的颗粒物的光吸收（Hansen 等，1984；Hansen 和 Novakov，1990；Solomon 和 Sioutas，2008；Chow 等，2008；及这些文献中的参考文献）。当透过率达到预先设定的水平时，条带前进，新的滤膜成为下一次测量的原始空白。尽管吸收系数随地区的不同而有所差异，但用于商业黑炭仪的吸收系数默认值是 16.6m^2/g（Chow 等，2008）。影响黑炭仪测量的因子包括膜纤维的光散射率和随着粒子在膜上的负载而导致的光路变长。光路变长可导致颗粒物对光的额外吸收（Weingartner 等，2003）。黑炭仪测定的 BC 与 EC 常有很好的相关性，但是与 TOA 方法进行对比时，所测得的绝对值是不同的（Solomon 和 Sioutas，2008）。黑炭仪的时间分辨率约为 5min，收集精密度为 5%～10%，检出限为 0.1μg/m³（Chow 等，2008）。在亚特兰大和弗雷斯诺地区，黑炭仪和基于滤膜的分析方法及其他连续的 EC 或 BC 分析方法的一致性在 25%以内（Lim 等，2003；Watson 和 Chow，2002）。

光声光谱仪可直接实现对颗粒物或 BC 的 B_{abs} 的连续测量（Arnott 等，1999）。去除吸收光的 NO_2 后，气溶胶被吸进一个声学小室，在小室中气溶胶受到强度可调制的单色光的照射。BC 粒子吸收的电磁能可按照光的调制频率周期性地加热载气，从而使气体产生周期性的压力波动。光源常为一定波长的激光，例如 532nm 的激光，选择的激光必须不能被其他气相物质（例如氧气和水）吸收。对颗粒物进行可调制的加热和冷却从而导致压力的变化，进而造成小室内的压力变化，这种压力变化被有效地转化成声波，从而被扩音器所测量。所产生的声波与小室中 BC 的浓度是成比例的。吸收系数通过与基于质量测量（如 TOA）的 EC 进行比较而获得。因为这是现场测量，就避免了使用石英膜而产生的相关干扰。更重要的是，这种方法可用 NO_2 或来自于煤油的烟尘进行校准（Arnott 等，2000），这是其他方法无法实现的。与光吸收相对应的最小可检测信号是 0.4M/m（532nm 处的 10min 平均），所对应的环境空气中 BC 的有效检出限为 40ng/m³（Chow 等，2008）。虽然黑炭仪和光声光谱仪有很好的相关性（$R^2>0.85$）时，回归线的斜率却不同，这表明 BC 的绝对值随因子的不同而有所差异（Solomon 和 Sioutas，2008）。光声光谱仪的时间分辨率可达 5s，这就使得其可以测量环境中瞬息变化的 BC 浓度，例如通过道路的柴油卡车。

多角度吸收光度计能从多个检测角度测量负载颗粒物的滤膜的后散射光（Petzold 等，2002）。最近，这种方法还可以在多个检测角度同时测量负载颗粒物的滤膜的光透射和光散射（Petzold 等，2005）。在这两种情况下，通过辐射传输模型计算 B_{abs}，从而按上述介绍的方法计算 BC。该仪器的时间分辨率为 1min，收集精密度为 12%，10min 平均检出限为 0.05μg/m³，30min 平均检出限为 0.02μg/m³（Petzold 等，2002）。该方法和基于滤膜的综合分析方法的一致性在 40%以内（Park 等，2006）。

9.3.2.3 水溶性有机碳

一般来说，用石英滤膜采集环境空气中的颗粒物，使用去离子水在超声波条件下，将颗粒物中的水溶性有机碳（water soluble organic carbon，WSOC）提取出来，使待测物质溶于去离子水中。提取液用 TOA 进行分析或通过总有机碳（total organic carbon，TOC）分析仪直接测定其中的水溶性有机碳含量（Yang 等，2003）。用在线 TOC 分析仪［800 型（现在是 900 系列）在线涡轮总有机碳分析仪，GEA］取代上面提到的 PILS-IC 中的离子色谱就成了连续 WSOC 分析仪（Sullivan 等，2004；Sullivan 和 Weber，2006a，b；Sullivan 等，2006；Peltier 等，2007）。TOC 分析仪将含水颗粒物样品收集进入燃烧管中，然后在有催化剂存在条件下对样品进行加热，使有机碳在水中氧化成为 CO_2，再通过一种选择性的电导检测器测量 CO_2。该方法可以对 WSOC 进行连续 6min 的测量，其检出限为 0.1μg/m³。通过在系统中添加一个 XAD-8 树脂柱可获得疏水和亲水部分以及酸性、中性和碱性部分（Sillivan 和 Weber，2006a，b）。对 PILS-TOC 方法和 TOA 分析 12h 膜样品的提取液的方法进行比较，其一致性在 12%内（Miyazaki 等，2006）。

9.3.2.4 有机物质

热解吸-气相色谱-质谱联用（TD-GC-MS）是将颗粒物上有机物质的热挥发与气相色

谱联合使用以分离单个有机物质，并用质谱对这些物质进行识别和定量分析（Ho 和 Yu，2004a；Chow 等，2007，2008；及这些文献中的参考文献）。TD 方法用热梯度取代了 GC-MS 分析前的有机物提取的耗时过程。9.4.1.2 将详细介绍 TD 方法，这里我们主要关注其作为在高时间分辨率下测定空气 OC 的连续方法的应用（Chow 等，2007）。TD-GC-MS 方法和对颗粒物加热直接进行质谱分析的方法相似，包括美国气象学会（AMS）或国家大气研究中心（NCAR）的热解吸化学电离质谱（TD-CIMS），这些方法在第 11 章还会再讨论。

最近，Kreisberg 等（2009）介绍了一个可每小时测量环境颗粒物中有机物质的 TD-GC-MS 系统，用认证标准进行仪器校准，使用国家标准与技术研究院（NIST）的标准物质进行系统验证，并测量了这些仪器的外场性能。这些基于早期的仪器开发研究（Williams 等，2006）的结果表明使用连续的仪器对单个有机组分进行定量分析是可能的。使用连续分析仪器可以分析的化合物包括正烷烃、多环芳烃（PAHs）以及其他非极性烃类。

仪器响应发生的偏离可以被监测和修正。当使用 NIST 参考材料（NIST RM8785）表现出其与气溶胶沉积中的不完全热挥发部分一致性的时候，或仅有轻微偏差的时候，连续性仪器的响应的验证即可实现。除了通过挥发进行不完全修复，所有的热脱附方法都会破坏不稳定化合物，以及由于注射器表面的吸附而造成的极性物质损失（Chow 等，2008）。

9.3.3 微量元素

9.3.3.1 综述

颗粒物质谱仪（AMS 和单颗粒质谱仪）和基于 XRF 的系统可以用于检测空气颗粒物中的微量元素。2 种方法可以在短时间（1h 或更少）内将样品收集在旋转滤带上［Davis 旋转鼓全尺寸切割监测（DRUM）冲击器；Shutthanandan 等，2002；Pere-Trepat 等，2007］或吸收液里［半连续气溶胶采样器（SEAS，OEI）；Kidwell 和 Ondov，2001，2004；Pancras 等，2006］，随后在实验室进行分析。在第 11 章论述颗粒物质谱方法，本章不讨论收集的方法（DRUM 和 SEAS）。

9.3.3.2 X 射线荧光

连续的 XRF 仪器已经商业化（环境金属监测器，AMM，Xact 620，COO）。尽管 Xact 系列仅被用于监测排放量并确定排放量是否符合限值要求，但此种方法与其他方法有很好的一致性（Yanca 等，2006；Cooper，2009）。监测器采用一种卷盘到卷盘式的设计使滤膜带在收集/分析区域移动，以使沉积的颗粒物能被 XRF 连续分析。根据制造商的说明书，该种方法能同时检测多达 20 种元素，而 4h 采样时间的检出限可达到 10pg/m^3。较短的采样时间（15min）的检出限更高，这个系统可以满足特殊的需要，但需要进一步评估。在大型采样网络应用时，费用也许是一个需要考虑的问题。

9.3.4 粒子结合水

粒子结合水（PBW）是指空气粒子载带的水量。过去使用了很多的方法，而应用最广泛的是 Stanier 等（2004）总结的方法。连续的 PBW 测定方法无法将特定粒径的粒子划分为低吸湿性和高吸湿性，吸湿性的确定基于吸湿串联差分电迁移率分析仪（DMA）（H-TDMA）的测定和增长因子的估计（Crocker 等，2001），但不能评估 PBW 的环境浓度

($\mu g/m^3$),因为只测量了部分粒径的颗粒物。如下所述,测量 $PM_{2.5}$ 和 PM_{10} 中的 PBW ($\mu g/m^3$),可以降低质量平衡评估和源解析结果的不确定性(Stanier 等,2004;Rees 等,2004)。源解析结果可以说明相对较大比例(0~50%)的颗粒物质量是由 PBM 贡献的。

干燥环境气溶胶粒径谱仪(DAASS)是估计 3nm~10μm 粒径范围内颗粒物 PBW 环境浓度($\mu g/m^3$)的连续测量方法,也可以估计吸湿性的增长(Stanier 等,2004;Khlystov 等,2004)。纳米扫描电迁移率粒径谱仪(SMPS)和气溶胶空气动力学粒径谱仪(APS)平行操作可以测量粒径在 3nm~10μm 之间重叠的粒径分布。这个系统交替采集环境空气和干燥空气(30% RH),交替周期为 7min。环境空气和干燥空气粒径分布的差异以及相应的整体体积可用来估计生长因子(环境空气和干燥空气体积之比)或粒子结合水的绝对量,这种估计可每 15min 进行一次。用粒子结合水的绝对量除以样品体积,即可得单位体积环境空气的水含量($\mu g/m^3$)。在匹兹堡使用 DAASS 进行监测时,即使湿度低于 30%,气溶胶结合水含量也高于预期值(Khlystov 等,2005),这表明 FRM 平衡过程可能不足以干燥夏季的气溶胶(Solomon 等,2008 的参考文献)。Rees 等(2004)使用 DAASS 的 PBW 估计数据以及其他物质的连续监测数据将 $PM_{2.5}$ 质量平衡减小到小时尺度的测量误差范围内。

9.4 实验室方法

在 9.2 节已经提到,基于颗粒物膜采样的实验室化学分析方法中,我们主要探讨有机物分析方法以及测量微量元素的 ICP-MS 法。表 9-1 总结了之前版本和现版本中介绍的方法及相关参考文献。

9.4.1 有机物质

测量颗粒物中的有机物质可用于:①颗粒物源解析(Schaue 等,1996;Watson 等,2008);②研究大气化学的化学机制(Yu 等,1999;Jang 和 Kamens,1999);③追踪气溶胶的远距离输送和转化(Simoneit,1986;Fraser 和 Lakshmanan,2000);④评估有机物质在颗粒物毒性效应中起的作用(Zielinska 和 Samy,2006)。有机碳为大气颗粒物的重要组成部分,它包括很多化学和物理特性各异的物质(Seinfield 和 Pandis,1998)。因此,大量的分析技术就发展起来以更全面地了解颗粒物有机物质的特性,从而帮助我们更好地了解颗粒物的大气化学、源影响和健康效应。Chow 等(2008,图 1)用图总结了滤膜收集的颗粒物中的有机物种类以及分析方法。

9.4.1.1 提取和分析方法

为了获得足够的样品用于提取和后续的有机物分析,用大容量采样器对颗粒物进行滤膜采集时,通常需要延长采样时间,或者将几天的采样滤膜进行混合。将样品收集在滤膜或者其他基底上,本身就有挑战性,因为正的或负的采样误差会使收集到的颗粒物组成与空气中的不同(Subramaniam 等,2004)。

对单个有机成分进行定量分析的实验室方法有许多种,方法的选择部分取决于要分析的物质(例如极性、非极性或者大分子物质)。许多液体提取方法使用有机溶剂或者水来去除滤膜上颗粒物中的有机物质,所用提取液根据分析物的极性进行调整以便确保有效去除特定组分。随后将提取液进行浓缩，通过采用分离分析方法将组分互相分离，分离方法有气相色谱（GC）或者液相色谱（LC），随后这些组分被检测、定性且定量。另外，有机成分也可以从颗粒物样品中挥发出来，不经溶剂提取而用热溶蚀器进行分析（Chow 等，2007；Lavrich 和 Hays，2007）。这些提取和热分析方法将分开介绍。而且，因为非极性和极性有机物质以及大分子物质的提取和定量方法有所不同，我们也分开论述。

在滤膜准备过程、采样以及随后对有机成分进行定性和定量分析过程中都需要进行严格的清洁步骤（见第 7 章滤膜的准备细节）。采样介质包括石英膜（Graham 等，2002）、玻璃纤维膜（Cheng 和 Li，2005）、特氟龙包裹的玻璃纤维膜（Marr 等，2006）和特氟龙膜（Gao 等，2006）。石英纤维膜经常在高温下（大于 773K）加热几个小时来降低新膜的空白值（Mazurek 等，1989）。样品处理、运输和环境采样仪器所使用的材料必须不含有机物质和可塑成分，以避免直接接触或这些材料所含有机物质的挥发对样品造成的污染。通常在运输和场地采样过程中使用预先处理的铝箔作为传输媒介，金属钳作为采样处理媒介，预先处理的玻璃瓶和特氟龙密封带以及盖子衬垫以减少潜在的样品污染。除此之外，还必须严格评估分析技术以使样品在提取容器、溶剂、反应物和分析仪器之间产生的污染最小化。有关合理控制污染方法的文献较少，但特定污染源对样品造成污染的影响已有所记载。这些包括：采样媒介对有机物的吸收（Turpin 等，1994；Mader 和 Pankow，2001），撞击板上润滑剂产生的污染（Mazurek 等，1991），不正确的样品处理（Simoneit，2002a），采样器燃油产生的污染（McDow 等，2008）。当设计的场地实验涉及收集和分析有机成分时，必须考虑以上提到的污染源并将其降到最低以获得准确的结果。

（1）非极性组分　从滤膜上去除非极性有机成分主要依赖于有机溶剂提取和加压流体萃取（Bamford 等，2003）。有机溶剂提取主要用超声波（Mazured 等，1998）或索氏提取器（Marr 等，2006）进行。可用的溶剂有许多种，所选择溶剂需能对所研究物质进行最优化提取。常用的溶剂包括正己烷加上苯和异丙醇的混合物（比例为 2∶1）（Hildemann 等，1991），甲醇和二氯甲烷的混合物（Lough 等，2006），二氯甲烷和正己烷的混合物（Zielinska 等，2008）。大多数情况下，通过旋转蒸发浓缩提取液，当持续对样品进行混合时，用高纯度的惰性气体，比如 N_2 和 Ar 将溶剂蒸发。浓缩步骤提高了分析的环境灵敏度。在进行提取前，通常对样品进行同位素加标回收以监测目标物在提取和浓缩过程中的损失。提取的非极性化合物的分离是通过 GC-MS（Zheng 等，2006）或 LC 和荧光检测法来完成的，LC 只检测多环芳烃（PAHs）成分（Miguel 等，2004）。大部分研究通过质谱方法对特定有机物质进行定性和定量分析，质谱法依赖于电子碰撞产生的电离效应（Schauer 等，1999），也有部分研究使用负化学电离（Albinet 等，2006）或正化学电离（Walser 等，2008；Barreto 等，2007）进行定性和定量研究。

许多研究对非极性有机成分的分析方法进行了比较，主要关注的有机成分为 PAHs，主要研究内容是比较采样技术，包括膜介质的比较（Grosjean，1983）、溶蚀器比较、膜采样技术比较（Lewtas 等，2001；Goriaux 等，2006）、提取技术的评估（Pineiro-Iglesias 等，2002）以及比较 PAHs 的基于膜的分析方法和颗粒物表面 PAHs 的气溶胶光化电离检测（Niessner，1990；Hart 等，1993）。另外还比较了 GC-MS 和 LC 技术（Peltonen 和 Kuljukka，1995）。美国国家标准与技术研究所（NIST）空气颗粒物 $PM_{2.5}$ 中有机物质形成的相互比较项目的一部分研究内容是对一系列有机物质进行比较评估（Schantz 等，2005；Wise 等，2006）。对许多非极性组分进行的比较包括 PAHs、多氯联苯、农药、硝化 PAHs，这些比较依赖于许多涉及大气颗粒物的标准参考物质，包括 NIST 标准参考物质 SRM 1649a（城市扬尘）和 SRM 1650b（柴油颗粒物）。Chow 等（2008，表 4 和表 5）总结了不同研究的分析规范。针对不同的物质，分析准确度经常高于±10%，精密度高于±30%。尽管实际空气检出限是空气采样体积和分析前最终提取液容积的函数，其检出限范围从微微克到毫微克。注意，准确性是基于分析方法的，精确度和给定的检出限通常需参考滤膜空白和场地空白浓度。

（2）极性组分　分析大气颗粒物中的极性有机成分有很多目的，包括：测量气相光化学反应的高极性氧化物（Hoffmann 等，1998；Kroll 和 Seinfeld，2008），追踪包含极性有机成分的主要颗粒物源（Simoneit 等，1999；Hays 等，2005），评估水溶性成分对气溶胶颗粒物转化为云滴的影响（Kiss 等，2005；Svenningsson 等，2006）。

分析极性有机成分需要调整分析提取过程以适应分析物的极性。定量分析极性有机物质的分析技术可分为两类：有机溶剂提取（Simoneit，2002b）和水提取（Saxena 和 Hildemann，1996）。因为 GC 固定相会和极性官能团结合，因此大多数 GC 方法都不适于分析有机溶剂或水提取出的极性有机成分。为了克服这个缺点，可以将特定极性官能团衍生成为它们的非极性类似物。这一步可以通过与重氮甲烷反应将脂肪酸转化成甲基酯（Kawamura 和 Gagosian，1988；Simoneit 和 Mazurek，1989），与双（三甲基甲硅烷基）三氟乙酰胺（BSTFA）反应将有机酸和醇变为三甲基硅酯（Graham 等，2002；Simoneit，2002b），与乙酸酐在三乙胺中进行反应使酚类化合物转化为相应的乙酸衍生物（Simpson 等，2005）而实现。脂肪酸到甲基酯的反应是永久性反应，但三甲基硅酯易水解，因此需要在衍生之后尽快分析。除 GC 方法外，还可以使用极性毛细管柱来定量测量颗粒物中的有机酸，这种方法不需要衍生化过程和 GC-MS 分析的极性化合物衍生物之后的水提过程（Graham 等，2002）。

用于分析颗粒物的水提取物的方法有许多，包括 IC 法（Karthikeyan 和 Balasubramanian，2005）、电泳法（Dabek-Zlotorzynska 等，2005；Garcia 等，2005）、阴离子交换色谱法（Engling 等，2006；Caseiro 等，2007）和传统高效液相色谱法（HPLC）。从有机溶液（Gao 等，2006；Warnke 等，2006）或水溶液（Schkolnik 等，2005）中提取的有机成分可以用 HPLC 定量分析。一些应用已对传统的 LC 技术进行了改良［例如，离子排阻色谱法（Schkolnik 等，2005）］。不同的检测器可与 LC 联用以定量分析颗粒物中的有机物质，这些检测器包括 MS（Hoffmann 等，1998；Dye 和 Yttri，2005）、荧光检测（Kishikawa 等，2006）、电化学检测（Pio 等，2008）和气溶胶电荷检测（Dixon 和 Peterson，2002）。在一些情况下，原提取物需要用固相萃取进行预处理以去除可能造成干扰的无机离子（Gao 等，2006），在其他情况下，提取物不需要预处理即可进行分析（Warnke 等，2006）。

目前，只有少量研究对极性有机物定量方法进行比较。Schantz 等（2005）用 NIST 参考物质比较了固醇、羰基化合物（醛和酮）、酸（烷和树脂）、苯酚和糖的分析方法和实验；Larsen 等（2006）用各种 NIST 参考物质对左旋葡聚糖进行定量分析；Ward 等（2006）比较了用 GC-MS 和 HPLC 测量的颗粒物样品中的左旋葡聚糖和其他物质。尽管这两种方法的检出限不一样（每份样品中，GC-MS 的 DL=10ng，HPLC 的 DL=170ng），但两者测量的左旋葡聚糖有很好的一致性，这和 Schkolnik 等（2005）的结果一样。所报道的精确度范围为 6%～10%。Chow 等（2008，表 4、表 5）总结了不同研究的分析规范。

（3）大分子物质 大分子物质包括低聚物、较大的聚合物、腐殖酸类物质（后者在文献中也叫 HULIS；Graber 和 Rudich，2006）。例如，测量环境样品中的纤维素（Puxbaum 和 Tenze-Kunit，2003）。多年来，一直可在大气气溶胶、云和雾水中检测出腐殖酸类物质（Simoneit，1980；Mukai 和 Ambe，1986）。大气中 HULIS 和其他的大分子物质主要来源于陆地和海洋生物源（Simoneit，1980；Cavalli 等，2004）、生物质燃烧（Mukai 和 Ambe，1986；Graham 等，2002）和二次有机气溶胶的形成（Jang 等，2002；Tolocka 等，2004）。大分子物质对细有机气溶胶质量贡献很大（Krivacsy 等，2001；Mayol-Bracero 等，2002），它们的物理特性对大气颗粒物液滴的活性影响较大（Gysel 等，2004；Dinar 等，2006）。

腐殖酸类物质的种类很多，依据提取技术的不同可对其进行分类。一些研究在酸沉淀后使用基础的萃取方法（Simoneit，1980；Mukai 和 Ambe，1986），现在针对大气大分子物质的研究已经集中在水溶性部分（Gysel 等，2004；Dinar 等，2006）。当样品被提取出来后，可以使用许多分析方法，包括紫外线/可见光光谱法（Kiss 等，2002）、荧光光谱法（Krivacsy 等，2001）、红外线光谱法（Havers 等，1998）、质子和^{13}C 核磁共振光谱法（Decesari 等，2000；Duart 等，2005）。非光谱技术包括毛细电泳（Krivacsy 等，2000）、热分析和气相色谱（Gelencser 等，2000）、元素分析法（Kiss 等，2002）、尺寸排阻（分子体积排除）色谱法（Mukai 和 Ambe，1986）。Chow 等（2008）报道的精度是±30%，检出限是 0.083ng/m^3。分离效率是最主要的干扰因素。

9.4.1.2 热解吸方法

如前所述，TD-GC-MS 法将颗粒物有机物的热挥发和可分离出单个有机物的 GC 系统以及识别和定量有机物的 MS 系统进行组合。TD 方法在很多文献中都能看到（Chow 等，2007；Lavrich 和 Hays，2007）。

TD-GC-MS 方法的主要优点包括减少分析过程中的实验室影响、提高检出限，因为整个样品可以在单次 GC 分析中挥发。大多数使用热方法的分析方法主要用于定量分析颗粒物的非极性化合物，包括 PAHs、烷烃（Ho 等，2008）、半挥发有机成分（Falkovich 和 Rudich，2001），以及极性较大的化合物，包括醇、酮、醛和有机酸（Ho 和 Yu，2004b）。在热解吸前，极性材料需要进行衍生化（Blazso 等，2003）。但是，极性较大的物质的挥发并不简单，并且避免有机物质在极性较大的母体中的热转换已成为极性化合物回收的限制因素（Hays 等，2003，2004）。改进的传统 GC-MS 法也可用于与 TD 法联合，这些改良方法包括二维 GC 法，该方法可以进一步分离未被分离的复杂混合物（Schnelle-Kreis 等，2005；Goldstein 等，2008）。

TD 的评估包括分析已知样品从而定量单个化合物的回收率，比较 TD 和传统的提取分析技术。Waterman 等（2000）发现用 NIST SRM 测量的 PAHs 化合物的回收率在 95%置信区间内，与传统的提取技术相比，检出限更低。Ho 和 Yu（2004b）发现用 TD 分析羰基化合物时其检出限也提高了，并且热提取和传统的提取并用 HPLC 分析方法间没有系统偏差。在比较 132 种有机化合物的热解吸方法时，Ho 等（2008）发现所有重复样品的相关标准偏差小于 10%，用 NIST 参考物质测定的 15 种 PAHs 的准确度在 5%置信值以内。Chow 等（2008，表 5）总结对比了 TD-GC-MS 和提取方法。这些对比包括分析的准确性、精确度、检出限、干扰以及相似性。大多数列出的碳氢化合物的 R^2＞90%～95%，含氧物质的相关性却很低（$R^2=0.73$）。精确度在5%～30%之间，且TD的精确度比提取方法的精确度要高。根据所测物质的不同，检出限的范围为1pg/m³～10ng/m³。

9.4.2 微量元素分析

除了上面提到的连续XRF方法和颗粒物质谱方法（第11章），当样品被收集在滤膜上或浆液里（例如在SEAS里）后，微量元素的分析也可以在实验室进行。近些年，大量的光学和质谱方法已经用于颗粒物中微量元素的定量分析（表9-1）。目前最常见的方法是基于X射线和质谱的方法。IMPROVE（Eldred等，1998）和USEPA物种形成网络（USEPA，1999a；Franagan等，2006）现在使用的都是XRF法。然而，最近几年，ICP-MS也成为一种流行方法。用于微量元素分析的质谱方法，例如ICP-MS是破坏性的方法，该方法需要将样品从膜上移去随后进行分析。质子诱导的X射线发射法（PIXE）、XRF法和仪器中子活性分析法（INAA）是非破坏性的方法，即直接在膜上对样品进行分析，允许膜样品几乎完整无缺地保留。然而，这些方法仍然可能造成样品的损失，例如半挥发性化合物的损失（Van Meel等，2008），因此应尽量避免对样品的半挥发性化合物进行更深的分析，比如氨氮。

电热蒸发原子吸收光谱法（ETV-AAS）、ICP-MS或电感耦合等离子体原子发射光谱法（ICP-AES）都是破坏性的方法，但是它们和非破坏性的方法相比，有更低的检出限，能检测更多的元素（表9-2）。但是对许多元素来讲，包括S和Si，其ICP-MS的灵敏度和检出限则更高，需要做更多的样品准备工作，更容易受潜在源的污染。虽然XRF不需要做特定的样品准备工作，但是，XRF受膜上样品沉积厚度的影响，通过沉积样品的X射线和荧光会减弱（Gutknecht等，2010）。对于大粒径的颗粒物来说，其分析不确定性很高（如PMc）。

表9-2 INAA、PIXE、XRF和ICP-MS对大气主要示踪物和颗粒物上的潜在毒性微量元素的检出限 单位：ng/cm²

元素	方法			
	INAA①	PIXE①	XRF②	ICP-MS③
Al	2.6	9.1	18	—
As	0.04	0.24	0.8	0.009
Ba	2.1	—		0.07
Br	62	3.2	0.6	—
Ca	—	3.6	1.5	1.2
Cd	—	—	22	0.02
Cr	6.4	4.0	3	0.08
Cu	2.4	0.39	0.7	0.03
Fe	53	2.2	0.7	11
Hg	—	—	1.5	—
Mg	53	36	3.2	0.1
Mn	0.06	0.48	0.8	0.08
Nd	—	—	—	—
Ni	2.5	0.39	0.6	0.06
Pb	—	—	1.5	0.007
S	—	—	2.6	—

续表

元素	方法			
	INAA①	PIXE①	XRF②	ICP-MS③
Sb	—	—	31	0.021
Se	0.48	0.26	0.7	0.12
Sr	9.6	0.48	1.1	0.008
Ti	10	1.2	16	0.11
V	0.03	0.76	5.3	0.04
Zn	2.6	0.29	1	0.08

① 按照 Salma 等（1997）的方法计算。

② 数据来自 USEPA，1999a。

③ 数据来自 Pekney 和 Davidson，2005。

已经有很多研究对分析方法进行了比较，得到的结论通常是：对于在上述提到的方法检出限之上的大多数元素来说，这些方法提供的结果相似（Mori 等，2008）。但是，每一种方法都有优缺点，例如费用、灵敏度、仪器可利用性等（Wilson 等，2002；Chow，1995）。经认证的参考物质的使用使比较不同的实验室分析方法的分析能力（例如准确度、精确度、干扰以及检出限）成为可能。

相比其他分析方法（如 X 射线光谱法、AAS），由于电感耦合等离子体质谱法（ICP-MS）对多数元素的灵敏度较高，且仪器使用范围较广，其已成为分析大气颗粒物微量元素的常用方法。Nelms（2005）全面总结了 ICP-MS 的基本原理。下面将讨论现在 ICP-MS 在气溶胶分析方面的应用。ICP-MS 法对大约 65 种元素的检出限为兆分之一到兆分之一百，其线性动力学范围超过 8 个数量级。另外，ICP-MS 法可以测定同位素，这对标识物以及源解析研究非常有用（Geagea 等，2008）。

在 ICP-MS 法中，样品通常被消化为液态，雾化器吸入样品并将其喷射出来，形成雾状液滴并进入氩气射频等离子体中。在等离子体内，自由电子轰击液滴，导致溶剂迁移，分子破裂成原子，然后原子电离产生电荷，这样就可以通过质谱方法识别出原子。使用一系列静电离子透镜使离子通过差分抽吸真空界面（differentially pumped vacuum interface）而将它们从等离子体中提取出来，静电离子透镜排斥阴性离子而把阳性离子引入质谱仪（如四极质谱、扇形磁场或时间飞行质谱）中。高分辨率的 ICP-MS 仪器通常是双焦仪器，该仪器可以通过使用静电分析器和扇形磁场将离子依照其质荷比（m/z）进行汇集而提高仪器的分辨率和灵敏度。依据此技术发展的多接收仪器（multiple-collector）用 9 个法拉第探测器（Faraday detector）同时测量多种同位素，这种高分辨率的同位素分析法可以用于源解析研究中（Geagea 等，2008）。

在 ICP-MS 方法中，造成不确定性的主要因素有：基体效应和光谱干扰。基体效应是离子通过质谱仪的非线性传输所引起的谱外干扰（Douglas 和 Tanner，1998），可用内部标准补偿。光谱干扰包括同等质量但不同元素的同位素的干扰（同重元素干扰，例如，^{40}Ca 与 ^{40}Ar），与目标原子离子质荷比相同的多原子物质的干扰（如 ^{56}Fe 与 $^{40}Ar^{16}O$），以及多电荷粒子干扰（$^{56}Fe^{+}$ $m/z=56$ 与 $^{56}Fe^{2+}$ $m/z=28$），这样的话目标元素就不能被完全测量。大多数同重元素干扰已知，并可以通过仪器自带的软件自动修正。多原子物质干扰主要由样品母体、反应物、环境气体和等离子气体等在等离子体的前体物中产生，因此不能被仪器软件修正（Douglas 和 Tanner，1998）。May 和 Wiedmeyer（1998）对多原子干扰进行了综述。

要解决这些问题，就需要尽量减少分子离子的形成（冷等离子体，Vanhaecke 和 Moens，1999）或者在分子离子形成之后尽可能地将其降低或消除（碰撞和动力反应室）。碰撞和动力反应室是目前比较流行的技术。该方法使用碰撞气体，如氦气、氨气或氢气，利用电荷迁移/碰撞诱导以及化学分离来减少干扰离子。这些技术常被用于分析气溶胶样品的微量金属，进而提高其对 As、Ni、Fe、Se 等元素的检出限（Lamaison 等，2009；Upadhyay 等，2009）。

ICP-MS 要求样品必须在溶液中，这样就可以被吸进雾化器然后喷到氩气等离子体中。从收集底板上将颗粒物移除的方法主要有 2 种：①在滤膜上将样品进行消化；②将滤膜和样品一起进行消化。当收集底板是纤维素材料、聚氨酯泡沫（PUF）、石英纤维、玻璃纤维膜时，不常用第二种方法。将颗粒物样品从滤膜上完全移除对定量颗粒物浓度非常重要。因此，研究者对如何将气溶胶中微量元素的消化和提取最优化进行了许多研究（Swami 等，2001；Pekney 和 Davidson，2005）。在消化过程中，有机物质首先通过过氧化氢或硝酸被去除，而耐溶的无机化合物在强酸混合物中才能溶解。通常情况下，可以通过加热或微波促进化学溶解过程（Swami 等，2001；Pekney 和 Davidson，2005）。

由于仪器灵敏度的提高，限制环境检出限的因素就是实验室空白和场地空白，而不是所用仪器。基于仪器检出限计算得来的理论环境检出限通常比从实际环境样品得来的检出限（表 9-2）要低几个数量级。表 9-2 比较了 INAA、PIXE、XRF 和 ICP-MS 对主要的大气示踪物和颗粒物上的潜在毒性微量元素的检出限，单位是 ng/cm^2，此单位是基于原有文献中的信息。单位膜表面积的质量使对不同研究进行比较成为可能。同时，也要考虑所使用的方法和仪器，表中仅仅是列出了过去的部分研究结果。此外，需要认识到实际的大气检出限根据采集的空气流量、膜的大小、破坏性技术以及溶解样品的溶剂的量而有很大不同。

为了尽可能地降低污染，并减少实验室空白和场地空白，研究人员必须按照特定的方法把样品处置过程中所有环节造成的污染降到最低，这些环节包括样品采集、运输、保存、清洗和提取过程（Swami 等，2001；Pekney 和 Davidson，2005）。用于 ICP-MS 分析的样品经常是收集在高纯度的特氟龙膜上（例如，WHA 或 GEL）。也可以考虑其他材质的滤膜，比如 PUF（Dillner 等，2007）、聚丙烯膜、纤维素膜和石英膜（Upadhyay 等，2009）。滤膜通常需要用稀释的酸进行提前清洗降低其空白水平（Dillner 等，2007）。样品的提取和消化通常使用不含金属的酸，在一些情况下，需要现场再蒸馏来减少污染。经过酸洗的特氟龙和高密度聚乙烯实验室器皿可以降低实验室污染。清洁的操作环境也可以进一步减少环境空气的污染，这一点很重要，尤其是实验室位于相对污染较为严重的城市地区。

ICP-MS 和 XRF 相比，有更为繁杂的样品准备步骤，这使得 ICP-MS 分析更耗时而且费用高昂。但是，ICP-MS 的高灵敏度以及消化高负荷样品和化合物的能力，使其可以检测出更多的目标分析物，这一点对于源解析研究和颗粒物成分毒性研究来说是很重要的。Chow 等（2008，补充材料，表 4）比较了 XRF、ICP-MS、AAS、PIXE 等分析方法，这些方法的准确度在±(2%～5%）之间，精密度为 10%，检出限低于纳克级或在几个纳克级，这根据所测物质以及采用方法的不同而有差异。

最近，人们开始尝试直接进行膜分析以避免样品提取过程并减少污染。其中一种方法是激光消解电感耦合等离子体质谱（LA-ICP-MS)(Okuda 等，2004）。目前，该方法还只能给出定性的结果，这是因为缺少分析校准标准，这和其他光束方法（例如 XRF 法）相似，因为光束只能检测一部分滤膜，所以需要样品均匀地、薄薄地负载在滤膜上。

9.5 总结

本章总结了一些分析环境颗粒物中化学成分的化学分析方法的最新进展，主要分为两部分。第一部分：连续方法。该方法可以在现场将收集和分析过程在一个仪器中进行。该方法可以测量离子、PBW、主要碳组分、有机物质以及微量元素。第二部分：有机物质和微量元素的实验室分析方法。微量元素的确定主要使用ICP-MS方法，有机物质的分析需要对样品进行提取、热解吸，随后进行GC-MS分析。表9-1列出了一些分析基于滤膜收集的颗粒物的常规方法。应用这些方法已经并继续会提高我们对大气过程，城市、区域以及全球颗粒物的积累，源-受体-暴露关系，颗粒物和健康的关系的了解（Wexler和Johnston，2008；Solomon等，2008）。

9.6 符号和缩写列表

d_a	空气动力学直径
AAS	原子吸收光谱
AIM	环境离子监测器
AMM	环境金属检测器
AMS	气溶胶质谱仪
APS	空气动力学粒径谱仪
ARA	大气研究与分析
B_{abs}	光吸收
BC	黑炭
BSTFA	双（三甲基甲硅烷基）三氟乙酰胺
CC	碳酸盐碳
CIF	碳浸渍滤膜
CSM	连续硫酸盐监测器
CSN	国家$PM_{2.5}$化学形态网
DAASS	干燥的环境气溶胶粒径仪
DL	检出限
DRUM Davis	旋转鼓全尺寸切割监测器
EC	元素碳
ETV-AAS	电热蒸发原子吸收光谱
FTIR	傅氏转换红外线光谱分析仪
GFAAS	石墨炉原子吸收法
GC	气相色谱
GP-IC	气态粒子-离子色谱
HPLC	高效液相色谱
H-TDMA	串联差分电迁移率分析仪

HULIS	腐殖质类物质
IC	离子色谱
ICP-AES	电感耦合等离子体原子发射光谱
ICP-MS	电感耦合等离子体质谱
IMPROVE	保护能见度的多部门监测计划
INAA	中子活性的分析仪器
LAC	光吸收碳
LA-ICP-MS	激光消解电感耦合等离子体质谱
LC	液相色谱
m/z	质量/电荷比
MAAP	多角度光散射黑炭气溶胶分析仪
MS	质谱
NAAQS	美国国家环境空气质量标准
NCAR	美国国家大气研究中心
NIOSH	美国国家职业安全与卫生研究所
NIST	美国国家标准与技术研究院
NO_y	总反应性奇氮化合物
OC	有机碳
PAHs	多环芳烃
PAS	光声光谱仪
PC-BOSS	杨百翰大学有机采样系统-颗粒物浓缩器
PESA	质子弹性散射分析
PILS-IC	气体样品液化器-离子色谱
PIXE	质子诱导 X 射线发射
PM	大气颗粒物
PM_{10}	粒径小于 10μm 的颗粒物或细颗粒物
$PM_{2.5}$	粒径小于 2.5μm 的颗粒物或细颗粒物
PM_c	粒径在 2.5～10μm 之间的颗粒物
PPD	平行板湿溶蚀器
PTFE	聚四氟乙烯
PUF	聚氨酯泡沫
SEAS	半连续气溶胶采样器
SJAC	蒸汽喷射气溶胶收集器
SMPS	扫描电迁移率粒径谱仪
SRM	标准参考物质
STIM	扫描透射离子显微镜
SXRF	同步加速器-X 射线荧光光谱仪
TC	总碳
TD-CIMS	热解吸-化学电离质谱
TD-GC-MS	热解吸-气相色谱-质谱法联用

TOA	热光分析法
TOC	总有机碳
TPV	程序升温挥发
TR-GA	热降解和气体分析仪联用
USEPA	美国环境保护署
WRD	湿润的旋转溶蚀器
WSOC	水溶性有机碳
XRF	X 射线荧光光谱仪

9.7 参考文献

Albinet, A., E. Leoz-Garziandia, H. Budzinski, and E. Villenave. 2006. Simultaneous analysis of oxygenated and nitrated polycyclic aromatic hydrocarbons on standard reference material 1649a (urban dust) and on natural ambient air samples by gas chromatography-mass spectrometry with negative ion chemical ionization. *J. Chromat. A* 1121:106–113.

Al-Horr, R., G. Samantha, and P.K. Dasgupta. 2003. A continuous analyzer for soluble anionic constituents and ammonium in atmospheric particulate matter. *Environ. Sci. Technol.* 37:5711–5720.

Allen, D.T., E. Palen, J. Haimov, I.H. Mitchell, S.V. Hering, and J.R. Young. 1994. Fourier Transform Infrared Spectroscopy of aerosol collected in a low pressure impactor (LPI/FTIR): Method development and field calibration. *Aerosol Sci. Technol.* 21:325–342.

Allen, G.A., D. Harrison, and P. Koutrakis. A new method for continuous measurement of sulfate in the ambient atmosphere. 2001. Presented at the American Association for Aerosol Research 20th Annual Conference, October 15–19, Portland, OR, Paper 12D1. Mt. Laurel, NJ: American Association for Aerosol Research.

Appel, B.R., Y. Tokiwa, J. Hsu, E.L. Kothny, E. Hahn, and J.J. Wesolowski. 1983. *Visibility Reduction as Related to Aerosol Constituents*, Final Report to the California Air Resources Board, Agreement No. A1081–32, NTIS Report PB 84 243617. Sacramento, CA: California Air Resources Board.

Applikon, 2009. http://www.applikon-analyzers.com/cgi-bin/applikonanalyzer/MARGA, accessed 2009.

Arhami, M., T. Kuhn, P.M. Fine, R.J. Delfino, and C. Sioutas. 2006. Effects of sampling artifacts and operating parameters on the performance of a semicontinuous particulate elemental carbon/organic carbon monitor. *Environ. Sci. Technol.* 40(3):945–954.

Arnott, W.P., H. Moosmuller, C.F. Rogers, T. Jin, and R. Bruch. 1999. Photoacoustic spectrometer for measuring light absorption by aerosol: Instrument description. *Atmos. Environ.* 33:2845–2852.

Arnott, W.P., H. Moosmuller, and J.W. Walker. 2000. Nitrogen dioxide and kerosene-flame soot calibration of photoacoustic instruments for measurement of light absorption by aerosols. *Rev. Sci. Instrum.* 71:4545–4552.

Bae, M.S., J.J. Schauer, J.T. Deminter, and J.R. Turner. 2004a. Hourly and daily patterns of particle phase organic and elemental carbon concentrations in the urban atmosphere. *J. Air Waste Manage. Assoc.* 54:823–833.

Bae, M.S., J.J. Schauer, J.T. Deminter, J.R. Turner, D. Smith, and R.A. Cary. 2004b. Validation of a semi-continuous instrument for elemental carbon and organic carbon using a thermal-optical method. *Atmos. Environ.* 38:2885–2893.

Bamford, H.A., D.Z. Bezabeh, M.M. Schantz, S.A. Wise, and J.E. Baker. 2003. Determination and comparison of nitrated-polycyclic aromatic hydrocarbons measured in air and diesel particulate reference materials. *Chemosphere* 50:575–587.

Barreto, R.P., F.C. Albuquerque, and A.D.P. Netto. 2007. Optimization of an improved analytical method for the determination of 1-nitropyrene in milligram diesel soot samples by high-performance liquid chromatography-mass spectrometry. *J. Chromat. A* 1163:219–227.

Bench, G., P.G. Grant, D. Ueda, S.S. Cliff, K.D. Perry, and T.A. Cahill. 2002. The Use of STIM and PESA to measure profiles of aerosol mass and hydrogen content, respectively, across mylar rotating drums impactors samples. *Aerosol Sci. Technol.* 36:642–651.

Birch, M.E., and R.A. Cary. 1996. Elemental carbon-based method for monitoring occupational exposures to particulate diesel exhaust. *Aerosol Sci. Technol.* 25:221–241.

Blazso, M., S. Janitsek, A. Gelencser, P. Artaxo, B. Graham, and M.O. Andreae. 2003. Study of tropical organic aerosol by thermally assisted alkylation-gas chromatography mass spectrometry. *J. Anal. Appl. Pyrolysis* 68:351–369.

Bond, T.C., and R.W. Bergstrom. 2006. Light absorption by carbonaceous particles: An investigative review. *Aerosol Sci. Technol.* 40:27–67.

Cadle, S.H., and P.J. Groblicki. 1982. An evaluation of methods for the determination of organic and elemental carbon in particulate samples. In *Particulate Carbon: Atmospheric Life Cycle*; G.T. Wolff and R.L. Klimisch (eds.). New York, NY: Plenum, pp. 89–109.

Canagaratna, M.R., J.T. Jayne, J.L. Jimenez, J.D. Allan, M.R. Alfarra, Q. Zhang, T.B. Onasch, F. Drewnick, H. Coe, A. Middlebrook, A. Delia, L.R. Williams, A.M. Trimborn, M.J. Northway, P.F. DeCarlo, C.E. Kolb, P. Davidovits, and D.R. Worsnop. 2007. Chemical and chemical and microphysical characterization of ambient aerosols with the Aerodyne Aerosol Mass Spectrometer. *Mass Spec. Rev.* 26:185–222.

Caseiro, A., I.L. Marr, M. Claeys, A. Kasper-Giebl, H. Puxbaum, and C.A. Pio. 2007. Determination of saccharides in atmospheric aerosol using anion-exchange high-performance liquid chromatography and pulsed-amperometric detection. *J. Chromat. A* 1171:37–45.

Cavalli, F., M.C. Facchini, S. Decesari, M. Mircea, L. Emblico, S. Fuzzi, D. Ceburnis, Y.J. Yoon, C.D. O'Dowd, J.P. Putaud, and A. Dell'Acqua. 2004. Advances in characterization of size-resolved organic matter in marine aerosol over the North Atlantic. *J. Geophys. Res.* 109(D24215): doi:10.1029/2004JD005137.

Cheng, Y., and S.M. Li. 2005. Nonderivatization analytical method of fatty acids and cis-pinonic acid and its application in ambient PM2.5 aerosols in the greater Vancouver area in Canada. *Environ. Sci. Technol.* 39:2239–2246.

Chow, J.C. 1995. Measurement methods to determine compliance with ambient air quality standards for suspended particles. *J. Air Waste Manage. Assoc.* 45:320–382.

Chow, J.C., J.G. Watson, L.C. Pritchett, W.R. Pierson, C.A. Frazier, and R.C. Purcell. 1993. The DRI thermal/optical reflectance carbon analysis system: Description, evaluation and application species in U.S. air quality studies. *Atmos. Environ.* 8:1185–1201.

Chow, J.C., J.G. Watson, D. Crow, D.H. Lowenthal, and T.M. Merrifield. 2001. Comparison of IMPROVE and NIOSH carbon measurements. *Aerosol Sci. Technol.* 34:23–34.

Chow, J.C., J.Y. Yu, J.G. Watson, S.S.H. Ho, T.L. Bohannan, M.D. Hays, and F.K. Fung. 2007. The application of thermal methods for determining chemical composition of carbonaceous aerosols: A review. *J. Environ. Sci. Heath A* 42:1521–1541.

Chow, J.C., P. Doraiswamy, J.G. Watson, L.W. Chen, S.S.H. Ho, and D.A. Sodeman. 2008. Advances in integrated and continuous measurements for particle mass and chemical composition. *J. Air Waste Manage. Assoc.* 58:141–163.

Cooper, J. 2009. Personal communication, Cooper Environmental Services. http://www.cooperenvironmental.com/xactatm.html, accessed 2009.

Crocker, D.R. III, N.E. Whitlock, R.C. Flagan, and J.H. Seinfeld. 2001. Hygroscopic properties of Pasadena, California aerosol. *Aerosol Sci. Technol.* 35:637–647.

Dabek-Zlotorzynska, E., R. Aranda-Rodriguez, and L. Graham. 2005. Capillary electrophoresis determinative and GC-MS confirmatory method for water-soluble organic acids in airborne particulate matter and vehicle emission. *J. Sep. Sci.* 28:1520–1528.

Dams, R., J.A. Robbins, K.A. Rahn, and J.W. Winchester. 1970. Nondestructive neutron activation analysis of air pollution particulates. *Anal. Chem.* 42:861–867.

Decesari, S., M.C. Facchini, S. Fuzzi, and E. Tagliavini. 2000. Characterization of water-soluble organic compounds in the atmosphere – a new approach. *J. Geophys. Res.* 105:1481–1489.

Dillner, A., M. Shafer, and J.J. Schauer. 2007. A novel method using polyurethane foam plugs (PUF) substrates to determine trace element concentrations in size-segregated atmospheric particulate matter on short time scales. *Aerosol Sci. Technol.* 41:75–85.

Dinar, E., I. Taraniuk, E.R. Graber, S. Katsman, T. Moise, T. Anttila, T.F. Mentel, and Y. Rudich. 2006. Cloud condensation nuclei properties of model and atmospheric HULIS. *Atmos. Chem. Phys.* 6:2465–2481.

Dixon, R.W., and D.S. Peterson. 2002. Development and testing of a detection method for liquid chromatography based on aerosol charging. *Anal. Chem.* 74:2930–2937.

Douglas, D.J., and S.D. Tanner. 1998. Fundamental considerations in ICPMS. In *Inductively Coupled Plasma Mass Spectrometry*, A. Montessori (ed.). New York, NY: Wiley-VCH, pp. 615–677.

Duarte, R.M.B.O., C.A. Pio, and A.C. Duarte. 2005. Spectroscopic study of the water-soluble organic matter isolated from atmospheric aerosols collected under different atmospheric conditions. *Anal. Chim. Acta* 530:7–14.

Dye, C., and K.E. Yttri. 2005. Determination of monosaccharide anhydrides in atmospheric aerosols by use of high-performance liquid chromatography combined with high-resolution mass spectrometry. *Anal. Chem.* 77:1853–1858.

Eatough, D.J., H. Tang, T.W. Cui, and J. Machir. 1995. Determination of the size distribution and chemical composition of fine particulate semi-volatile organic material in urban environments using diffusion denuder technology. *Inhal. Toxicol.* 7:691–710.

Eatough, D.J., F. Obeidi, Y.B. Pang, Y.M. Ding, N.L. Eatough, and W.E. Wilson. 1999. Integrated and real-time diffusion denuder sampler for PM2.5. *Atmos. Environ.* 33:2835–2844.

Edgerton, E.S., B.E. Hartsell, R.D. Saylor, J.J. Jansen, D.A. Hansen, and G.M. Hidy. 2006. The Southeastern Aerosol Research and Characterization Study: Three continuous measurements of PM2.5 mass and composition. *J. Air Waste Manage. Assoc.* 56:1325–1341.

Eldred, R.A., P.J. Feeny, P.K. Wakabayashi, J.C. Chow, and E. Hardison. 1998. Methodology for chemical speciation measurements in the IMPROVE network. In *Proceedings of an International Specialty Conference–$PM_{2.5}$: A Fine Particle Standard,* Jan. 28–30, Long Beach, CA. Pittsburgh, PA: Air & Waste Management Association, pp. 352–364.

Engling, G., C.M. Carrico, S.M. Kreidenweis, J.L. Collett, D.E. Day, W.C. Malm, E. Lincoln, W.M. Hao, Y. Iinuma, and H. Herrmann. 2006. Determination of levoglucosan in biomass combustion aerosol by high-performance anion-exchange chromatography with pulsed amperometric detection. *Atmos. Environ.* 40:S299–S311.

Falkovich, A.H., and Y. Rudich. 2001. Analysis of semivolatile organic compounds in atmospheric aerosols by direct sample introduction thermal desorption GC/MS. *Environ. Sci. Technol.* 35:2326–2333.

Fehsenfeld, F., D. Hastie, J. Chow, and P. Solomon. 2004. Aerosol and gas measurements. In *Particulate Matter Science for Policy Makers: a NARSTO Assessment*; P. McMurry, M. Shepherd, and J. Vickery (eds.). Cambridge, UK: Cambridge University Press, pp. 159–189.

Flanagan, J.B., R.K.M. Jayanty, E.E. Rickman Jr., and M.R. Peterson. 2006. PM2.5 Speciation trends network: Evaluation of whole-system uncertainties using data from sites with collocated samplers. *J. Air Waste Manage. Assoc.* 56:492–499.

Fraser, M.P., and K. Lakshmanan. 2000. Using levoglucosan as a molecular marker for the long-range transport of biomass combustion aerosols. *Environ. Sci. Technol.* 34:4560–4564.

Gao, S., J.D. Surratt, E.M. Knipping, E.S. Edgerton, M. Shahgholi, and J.H. Seinfeld. 2006. Characterization of polar organic components in fine aerosols in the southeastern United States: Identity, origin, and evolution. *J. Geophys. Res.* 111(D14314): doi:10.1029/2005JD006601.

Garcia, C.D., G. Engling, P. Herckes, C.L. Collett, and C.S. Henry. 2005. Determination of levoglucosan from smoke samples using microchip capillary electrophoresis with pulsed amperometric detection. *Environ. Sci. Technol.* 39:618–623.

Geagea, M.L., P. Stille, F. Gauthier-Lafaye, and M. Millet. 2008. Tracing of industrial aerosol sources in an urban environment using Pb, Sr, and Nd isotopes. *Environ. Sci. Technol.* 42:692–698.

Gelencser, A., T.M. Meszaros, M. Blazso, G. Kiss, Z. Krivacsy, A. Molnar, and E. Meszaros. 2000. Structural characterization of organic matter in fine tropospheric aerosol by pyrolysis-gas chromatography-mass spectrometry. *J. Atmos. Chem.* 37:173–183.

Glasius, M., M. Duane, and B.R. Larsen. 1999. Determination of polar terpene oxidation products in aerosols by liquid chromatography-ion trap mass spectrometry. *J. Chromat. A* 833:121–135.

Goldstein, A.H., D.R. Worton, B.J. Williams, S.V. Hering, N.M. Kreisberg, O. Panic, and T. Gorecki. 2008. Thermal desorption comprehensive two-dimensional gas chromatography for in-situ measurements of organic aerosols. *J. Chromat. A* 1186:340–347.

Goriaux, M., B. Jourdain, B. Temime, J.L. Besombes, N. Marchand, A. Albinet, E. Leoz-Garziandia, and H. Wortham. 2006. Field comparison of particulate PAH measurements using a low-flow denuder device and conventional sampling systems. *Environ. Sci. Technol.* 40:6398–6404.

Graber, E.R., and Y. Rudich. 2006. Atmospheric HULIS: How humic-like are they? A comprehensive and critical review. *Atmos. Chem. Phys.* 6:729–753.

Graham, B., O.L. Mayol-Bracero, P. Guyon, G.C. Roberts, S. Decesari, M.C. Facchini, P. Artaxo, W. Maenhaut, P. Koll, and M.O. Andreae. 2002. Water-soluble organic compounds in biomass burning aerosols over Amazonia–1. Characterization by NMR and GC-MS. *J. Geophys. Res.* 107(D8047): doi:10.1029/2001JD000336.

Grosjean, D. 1983. Polycyclic aromatic hydrocarbons in Los Angeles air from samples collected on Teflon, glass, and quartz filters. *Atmos. Environ.* 17:2565–2573.

Grover, B.D., N.L. Eatough, D.J. Eatough, J.C. Chow, J.G. Watson, J.L. Ambs, M.B. Meyer, P.K. Hopke, R. Al-Horr, D.W. Later, and W.E. Wilson. 2006. Measurement of both nonvolatile and semi-volatile fractions of fine particulate matter in Fresno, CA. *Aerosol Sci. Technol.* 40:811–826.

Gutknecht, W., J. Flanagan, A. McWilliams, R.K.M. Jayanty, R. Kellogg, J. Rice, P. Duda, and R.H. Sarver. 2010. Harmonization of uncertainties of X-ray fluorescense data for PM2.5 air filter analysis. *J. Air Waste Manage. Assoc.* 60:184–194.

Gysel, M., E. Weingartner, S. Nyeki, D. Paulsen, U. Baltensperger, I. Galambos, and G. Kiss. 2004. Hygroscopic properties of water-soluble matter and humic-like organics in atmospheric fine aerosol. *Atmos. Chem. Phys.* 4:35–50.

Hamilton, J.F., P.J. Webb, A.C. Lewis, J.R. Hopkins, S. Smith, and P. Davy. 2004. Partially oxidized organic components in urban aerosol using GCXGC-TOF/MS. *Atmos. Chem. Phys.* 4:1279–1290.

Hansen, A.D.A., and T. Novakov. 1990. Real-time measurement of aerosol black carbon during the carbonaceous species methods comparison study. *Aerosol Sci. Technol.* 122:194–199.

Hansen, A.D.A., H. Rosen, and T. Novakov. 1984. The Aethalometer—An Instrument for the real-time measurement of optical-absorption by aerosol-particles. *Sci. Total Environ.* 36:191–196.

Harrison, D., S.S. Park, J. Ondov, T. Buckley, S.R. Kim, and R.K.M. Jayanty. 2004. Highly time resolved fine particle nitrate measurements at the Baltimore Supersite. *Atmos. Environ.* 38(S1):5321–5332.

Hart, K.M., S.R. McDow, W. Giger, D. Steiner, and H. Burtscher. 1993. The correlation between in-situ, real-time aerosol photoemission intensity and particulate polycyclic aromatic hydrocarbon concentrations. *Water Air Soil Pollut.* 68:75–90.

Havers, N., P. Burba, J. Lambert, and D. Klockow. 1998. Spectroscopic characterization of humic-like substances in airborne particulate matter. *J. Atmos. Chem.* 29:45–54.

Hays, M.D., N.D. Smith, J. Kinsey, Y.J. Dong, and P. Kariher. 2003. Polycyclic aromatic hydrocarbon size distributions in aerosols from appliances of residential wood combustion as determined by direct thermal desorption–GC/MS. *J. Aerosol Sci.* 8:1061–1084.

Hays, M.D., N.D. Smith, and Y.J. Dong. 2004. Nature of unresolved complex mixture in size-distributed emissions from residential wood combustion as measured by thermal desorption-gas chromatography-mass spectrometry. *J. Geophys. Res.* 109(D16S04): doi:10.1029/2003JD004051.

Hays, M.D., P.M. Fine, C.D. Geron, M.J. Kleeman, and B.K. Gullett. 2005. Open burning of agricultural biomass: Physical and chemical properties of particle-phase emissions. *Atmos. Environ.* 39:6747–6764.

Hering, S.V., B.R. Appel, W. Cheng, F. Salaymeh, S.H. Cadle, P.A. Mulawa, T.A. Cahill, R.A. Eldred, M. Surovik, D. Fitz, J.E. Howes, K.T. Knapp, L. Stockburger, B.J. Turpin, J.J. Huntzicker, X. Zang, and P.H. McMurry. 1990. Comparison of sampling methods for carbonaceous aerosols in ambient air. *Aerosol Sci. Technol.* 12:200–213.

Hildemann, L.M., M.A. Mazurek, G.R. Cass, and B.R.T. Simoneit. 1991. Quantitative characterization of urban sources of organic aerosol by high-resolution gas chromatography. *Environ. Sci. Technol.* 25:1311–1325.

Ho, S.S.H., and J.Z. Yu. 2004a. Determination of airborne carbonyls: Comparison of a thermal desorption/GC method with the standard DNPH/HPLC method. *Environ. Sci. Technol.* 38:862–870.

Ho, S.S.H., and J.Z. Yu. 2004b. In-injection port thermal desorption and subsequent gas chromatography-mass spectrometric analysis of polycyclic aromatic hydrocarbons and n-alkanes in atmospheric aerosol samples. *J. Chromat. A* 1059:121–129.

Ho, S.S.H., J.Z. Yu, J.C. Chow, B. Zielinska, J.G. Watson, E.H.L. Sit, and J.J. Schauer. 2008. Evaluation of an in-injection port thermal desorption-gas chromatography/mass spectrometry method for analysis of non-polar organic compounds in ambient aerosol samples. *J. Chromat. A* 1200:217–227.

Hoffmann, T., R. Bandur, U. Marggraf, and M. Linscheid. 1998. Molecular composition of organic aerosols formed in the alpha-pinene/O_3 reaction: Implications for new particle formation processes. *J. Geophys. Res.* 103:25569–25578.

Jang, M., and R.M. Kamens. 1999. Newly characterized products and composition of secondary aerosols from the reaction of alpha-pinene with ozone. *Atmos. Environ.* 33:459–474.

Jang, M.S., N.M. Czoschke, S. Lee, and R.M. Kamens. 2002. Heterogeneous atmospheric aerosol production by acid-catalyzed particle-phase reactions. *Science* 298:814–817.

Johnson, K.S., A. Laskin, J.L. Jimenez, V. Shutthanandan, L.T. Molina, D. Salcedo, K. Dzepina, and M.J. Molina. 2008. Comparative analysis of urban atmospheric aerosol by Particle-Induced X-ray Emission (PIXE), Proton Elastic Scattering Analysis (PESA), and Aerosol Mass Spectrometry (AMS). *Environ. Sci. Technol.* 42:6619–6624.

Kalberer, M., D. Paulsen, M. Sax, M. Steinbacher, J. Dommen, A.S.H. Prevot, R. Fisseha, E. Weingartner, V. Frankevich, R. Zenobi, and U. Baltensperger. 2004. Identification of polymers as major components of atmospheric organic. *Aerosol Sci.* 303:1659–1662.

Karar, K., A.K. Gupta, A. Kumar, and A.K. Biswas. 2006. Characterization and identification of the sources of chromium, zinc, lead, cadmium, nickel, manganese, and iron in PM10 particulates at the two sites of Kolkata, India. *Environ. Monit. Assess.* 120:347–360.

Karthikeyan, S., and R. Balasubramanian. 2005. Rapid extraction of water soluble organic compounds from airborne particulate matter. *Anal. Sci.* 21:1505–1508.

Kawamura, K., and R.B. Gagosian. 1988. Identification of isomeric hydroxyl fatty acids in aerosol samples by capillary gas chromatography-mass spectrometry. *J. Chromat. A* 438:309–317.

Khlystov, A., C.O. Stanier, and S.N. Pandis. 2004. An algorithm for combining electrical mobility and aerodynamic size distributions when measuring ambient aerosol. *Aerosol Sci. Technol.* 38(S1):229–238.

Khlystov, A., C.O. Stanier, S. Takahama, and S.N. Pandis. 2005. Water content of ambient aerosol during the Pittsburgh Air Quality Study. *J. Geophys. Res.* 110(D07S10): doi:10.1029/

2004JD004651.

Kidwell, C.B., and J.M. Ondov. 2001. Development and evaluation of a prototype system for collecting sub-hourly ambient aerosol for chemical analysis. *Aerosol Sci. Technol.* 35:596–601.

Kidwell, C.B., and Ondov, J.M. 2004. Elemental analysis of sub-hourly ambient aerosol collections. *Aerosol Sci. Technol.* 38:205–218.

Kishikawa, N., M. Nakao, Y. Ohba, K. Nakashima, and N. Kuroda. 2006. Concentration and trend of 9,10-phenanthrenequinone in airborne particulates colected in Nagasaki city, Japan. *Chemosphere* 64:834–838.

Kiss, G., B. Varga, I. Galambos, and I. Ganszky. 2002. Characterization of water-oluble organic matter isolated from atmospheric fine aeroso. *J. Geophys. Res.* 107(D8339): doi:10.1029/2001JD000603.

Kiss, G., E. Tombacz, and H.C. Hansson. 2005. Surface tension effects of humic-like substances in the aqueous extract of tropospheric fine aerosol. *J. Atmos. Chem.* 50:279–294.

Kreisberg, N.M., S.V. Hering, B.J. Williams, D.R. Worton, and A.H. Goldstein. 2009. Quantification of hourly speciated organic compounds in atmospheric aerosols, measured by an in-situ thermal desorption gas chromatograph (TAG). *Aerosol Sci. Technol.* 43:38–52.

Krivacsy, Z., G. Kiss, B. Varga, I. Galambos, Z. Sarvari, A. Gelencser, A. Molnar, S. Fuzzi, M.C. Facchini, S. Zappoli, A. Andracchio, T. Alsberg, H.C. Hansson, and L. Persson. 2000. Study of humic-like substances in fog and interstitial aerosol by size-exclusion chromatography and capillary electrophoresis. *Atmos. Environ.* 34:4273–4281.

Krivacsy, Z., A. Hoffer, Z. Sarvari, D. Temesi, U. Baltensperger, S. Nyeki, E. Weingartner, S. Kleefeld, and S. G. Jennings. 2001. Role of organic and black carbon in the chemical composition of atmospheric aerosol at European background sites. *Atmos. Environ.* 36:6231–6244.

Kroll, J.H., and J. H. Seinfeld. 2008. Chemistry of secondary organic aerosol: Formation and evolution of low-volatility organics in the atmosphere. *Atmos. Environ.* 42:3593–3624.

Kunit, M., and H. Puxbaum. 1996. Enzymatic determination of the cellulose content of atmospheric aerosols. *Atmos. Environ.* 30:1233–1236.

Lamaison, L., L.Y. Alleman, A. Robache, and J.C. Galloo. 2009. Quantification of trace metalloids and metals in airborne particles applying dynamic reaction cell inductively coupled plasma mass spectrometry. *Appl. Spectrosc.* 63:87–91.

Larsen, R.K., M.M. Schantz, and S.A. Wise. 2006. Determination of levoglucosan in particulate matter reference materials. *Aerosol Sci. Technol.* 40:781–787.

Lavrich, R.J., and M.D. Hays. 2007. Developments in direct thermal extraction gas chromatography-mass spectrometry of fine aerosols. *Trends Anal. Chem.* 26:88–102.

Lewtas, J., Y. Pang, D. Booth, S. Reimer, D.J. Eatough, and L.A. Gundel. 2001. Comparison of sampling methods for semi-volatile organic carbon associated with PM2.5. *Aerosol Sci. Technol.* 34:9–22.

Lim, H.J., B.J. Turpin, E. Edgerton, S.V. Hering, G. Allen, H. Maring, and P.A. Solomon. 2003. Semicontinuous aerosol carbon measurements: Comparison of Atlanta Supersite measurements. *J. Geophys. Res.* 108 (D7):SOS 7-1–SOS 7-12.

Lodge, Jr., J.P. (ed.). 1989. *Methods of Air Sampling and Analysis*, 3rd ed. Chelsea, MI: Lewis.

Lough, G.C., J.J. Schauer, and D.R. Lawson. 2006. Day-of-week trends in carbonaceous aerosol composition in the urban atmosphere. *Atmos. Environ.* 40:4137–4149.

Mader, B.T., and J.F. Pankow. 2001. Gas/solid partitioning of semivolatile organic compounds (SOCs) to air filters. 3. An analysis of gas adsorption artifacts in measurements of atmospheric SOCs and organic carbon (OC) when using Teflon membrane filters and quartz-fiber filters. *Environ. Sci. Technol.* 35:3422–3432.

Malm, W.C., J.F. Sisler, D. Huffman, R.A. Eldred, and T.A. Cahill. 1994. Spatial and seasonal trends in particle concentration and optical extinction in the United States. *J. Geophys. Res.* 99:1347–1370.

Marr, L.C., K. Dzepina, J.L. Jimenez, F. Reisen, H.L. Bethel, J. Arey, J.S. Gaffney, N.A. Marley, L.T. Molina, and M.J. Molina. 2006. Sources and transformations of particle-bound polycyclic aromatic hydrocarbons in Mexico City. *Atmos. Chem. Phys.* 6:1733–1745.

May, T.W., and R.H. Wiedmeyer. 1998. A table of polyatomic interferences in ICP-MS. *Atom. Spectrosc.* 19:150–155.

Mayol-Bracero, O.L., P. Guyon, B. Graham, G. Roberts, M.O. Andreae, S. Decesari, M.C. Facchini, S. Fuzzi, and P. Artaxo. 2002. Water-soluble organic compounds in biomass burning aerosols over Amazonia—2. Apportionment of the chemical composition and importance of the polyacidic fraction. *J. Geophys. Res.* 107(D8091): doi:10.1029/2001JD000522.

Mazurek, M.A., B.R.T. Simoneit, G.R. Cass, and H.A. Gray. 1989. Quantitative high-resolution gas chromatography and high-resolution gas chromatography/mass spectroscopy analysis of carbonaceous fine aerosol particles. *Int. J. Environ. Anal. Chem.* 29:119–139.

Mazurek, M.A., G.R. Cass, and B.R.T. Simoneit. 1991. Biological input to visibility reducing aerosol particles in the remote southwestern United States. *Environ. Sci. Technol.* 25:684–694.

McDow, S.R., M.A. Mazurek, M. Li, L. Alter, J. Graham, H.D. Felton, T. McKenna, C. Pietarinen, A. Leston, S. Bailey, and S.W.T. Argao. 2008. Speciation and atmospheric abundance of organic compounds in PM2.5 from the New York City area. I. Sampling network, sampler evaluation, molecular level blank evaluation. *Aerosol Sci. Technol.* 42:50–63.

McMurry, P.H. 2000. A review of atmospheric aerosol measurements. *Atmos. Environ.* 34:1959–1999.

Middlebrook, A.M., D.M. Murphy, S.H. Lee, D.S. Thomson, K.A. Prather, R.J. Wenzel, D.Y. Liu, D.J. Phares, K.P. Rhoads, A.S. Wexler, M.V. Johnston, J.L. Jimenez, T.J. Jayne, D.R. Worsnop, I. Yourshaw, J.H. Seinfeld, and R.C. Flagan. 2003. A Comparison of particle mass spectrometers during the 1999 Atlanta Supersites Project. *J. Geophys. Res.* 108(8424): doi:10.1029/2001JD000660.

Miguel, A.H., A. Eiguren-Fernandez, P.A. Jaques, J.R. Froines, B.L. Grant, P.R. Mayo, and C. Sioutas. 2004. Seasonal variation of the particle size distribution of polycyclic aromatic hydrocarbons and of major aerosol species in Claremont, California. *Atmos. Environ.* 38:3241–3251.

Miyazaki, Y., Y. Kondo, N. Takegawa, Y. Komazaki, M. Fukuda, K. Kawamura, M. Mochida, K. Okuzawa, and R.J. Weber. 2006. Time-resolved measurements of water-soluble organic carbon in Tokyo. *J. Geophys. Res.* 111(D23206): doi:10.1029/2006JD00712.

Mori, I., Z. Sun, M. Ukachi, K. Nagano, C.W. McLeod, A.G. Cox, and M. Nishikawa. 2008. Development and certification of the new NIES CRM 28: Urban aerosols for the determination of multielements. *Anal. Bioanal. Chem.* 391:1997–2003.

Mukai, H., and Y. Ambe. 1986. Characterization of a humic acid like brown substance in airborne particulate matter and tentative identification of its origin. *Atmos. Environ.* 20:813–819.

Mulik, J., and E. Sawicki, (eds.). 1979. *Ion Chromatographic Analysis of Environmental Pollutants*, vols. I and II, Dionex Corp. Ann Arbor, MI: Ann Arbor Science Publishers.

Nelms, S. 2005. *Inductively Coupled Plasma Mass Spectrometry*

Handbook; S. Nelms (ed.). Oxford, UK: Blackwell.

Niessner, R. 1990. Aerosol photoemission for quantification of polycyclic aromatic hydrocarbons in simple mixtures adsorbed on carbonaceous and sodium chloride aerosols. *Anal. Chem.* 62:2071–2074.

Novakov, T. 1982. Soot in the atmosphere. In *Particulate Carbon: Atmospheric Life Cycle*; G.T. Wolff and R.L. Klimisch (eds.). New York, NY: Plenum, pp. 19–41.

Okuda, T., J. Kato, J. Mori, M. Tenmoku, Y. Suda, S. Tanaka, K. He, Y. Ma, F. Yang, X. Yu, F. Duan, and Y. Lei. 2004. Daily concentrations of trace metals in aerosols in Beijing, China, determined by using inductively coupled plasma mass spectrometry equipped with laser ablation analysis, and source identification of aerosols. *Sci. Total Environ.* 330:145–158.

Orsini, D.A., Y.L. Ma, A. Sullivan, B. Sierau, K. Baumann, and R.J. Weber. 2003. Refinements to the Particle-into-Liquid Sampler (PILS) for ground and airborne measurements of water soluble aerosol composition. *Atmos. Environ.* 37:1243–1259.

Pancras, J.P., J.M. Ondov, and R. Zeisler. 2005. Multi-element electrothermal AAS determination of 11 marker elements in fine ambient aerosol slurry samples collected with SEAS-II. *Anal. Chim. Acta* 538:303–312.

Pancras, J.P., J.M. Ondov, and N. Poor. 2006. Identification of sources and estimation of emission profiles from highly time-resolved measurements in Tampa FL. *Atmos. Environ.* 40(S2):S467–S481.

Park, S.S., and Y.J. Kim. 2005. Source contributions to fine particulate matter in an urban atmosphere. *Chemosphere* 59:217–226.

Park, S.S., D. Harrison, J.P. Pancras, and J.M. Ondov. 2005. Highly time-resolved organic and elemental carbon measurements at the Baltimore Supersite in 2002. *J. Geophys. Res.* 110(D07S07): doi:1029/2004JD004610.

Park, K., J.C. Chow, J.G. Watson, D.L. Trimble, P. Doraiswamy, W.P. Arnott, K.R. Stroud, K. Bowers, R. Bode, A. Petzold, and A.D.A. Hansen. 2006. Comparison of continuous and filter-based carbon measurements at the Fresno Supersite. *J. Air Waste Manage. Assoc.* 56:474–491.

Pekney, N.J., and C.I. Davidson. 2005. Determination of trace elements in ambient aerosol samples. *Anal. Chim. Acta* 540:269–277.

Peltier, R.E., A.P. Sullivan, R.J. Weber, C.A. Brock, A.G. Wollny, J.S. Holloway, J.A. De Gouw, and C. Warneke. 2007. Fine aerosol bulk composition measured on WP-3D research aircraft in vicinity of the Northeastern United States—Results from NEAQS. *Atmos. Chem. Phys.* 7:3231–3247, http://www.atmos-chem-phys.net/7/3231/2007/.

Peltonen, K., and T. Kuljukka. 1995. Air sampling and analysis of polycyclic aromatic hydrocarbons. *J. Chromat. A* 710:93–108.

Peré-Trepat, E., E. Kim, P. Paatero, and P.K. Hopke. 2007. Source apportionment of time and size resolved ambient particulate matter measured with a Rotating DRUM Impactor. *Atmos. Environ.* 41(28):5921–5933.

Petzold, A., H. Kramer, and M. Schonlinner. 2002. Continuous measurement of atmospheric black carbon using a Multi-Angle Absorption Photometer. *Environ. Sci. Poll. Res.* 4:78–82.

Petzold, A., H. Schloesser, P.J. Sheridan, W.P. Arnott, J.A. Ofren, and A. Virkkula. 2005. Evaluation of multiangle absorption photometry for measuring aerosol light absorption. *Aerosol Sci. Technol.* 39(1):40–51.

Pineiro-Iglesias, M., P. Lopez-Mahia, C. Vazquez-Blanco, S. Muniategui-Lorenzo, and D. Prada-Rodriguez. 2002. Problems in the extraction of polycyclic aromatic hydrocarbons from diesel particulate matter. *Polycyclic Aromatic Compounds* 22:129–146.

Pio, C.A., M. Legrand, C.A. Alves, T. Oliveira, J. Afonso, A. Caseiro, H. Puxbaum, A. Sanchez-Ochoa, and A. Gelencser. 2008. Chemical composition of atmospheric aerosols during the 2003 summer intense forest fire period. *Atmos. Environ.* 42:7530–7543.

Puxbaum, H., and M. Tenze-Kunit. 2003. Size distribution and seasonal variation of atmospheric cellulose. *Atmos. Environ.* 37:3693–3699.

Raman, R.S., and P.K. Hopke. 2006. An ion chromatographic analysis of water-soluble, short-chain organic acids in ambient particulate matter. *Intl. J. Environ. Anal. Chem.* 86:767–777.

Rees, S.L., A.L. Robinson, A. Khlystov, C.O. Stanier, and S.N. Pandis. 2004. Mass balance closure and the Federal Reference Method for PM2.5 in Pittsburgh, Pennsylvania. *Atmos. Environ.* 38:3305–3318.

Rogge, W.F., M.A. Mazurek, L.M. Hildemann, G.R. Cass, and B.R.T. Simoneit. 1993. Quantification of urban organic aerosols at a molecular level: Identification, abundance and seasonal variation. *Atmos. Environ.* 27:1309–1330.

Salma, I., W. Maenhaut, H.J. Annegarn, M.O. Andreae, F.X. Meixner, and M. Garstang. 1997. Combined application of INAA and PIXE for studying the regional aerosol composition in Southern Africa. *J. Radioanal. Nucl. Chem.* 216:143–148.

Saxena, P., and L.M. Hildemann. 1996. Water-soluble organics in atmospheric particles: A critical review of the literature and application of thermodynamics to identify candidate compounds. *J. Atmos. Chem.* 24:57–109.

Schantz, M.M., S.A. Wise, and J. Lewtas. 2005. *Intercomparison Program for Organic Speciation of PM2.5 Air Particulate Matter: Description and Results for Trials I and II*, Report NISTIR 7229. Gathersberg, MD: National Institute of Standards and Technology.

Schauer, J.J., and G.R. Cass. 2000. Source apportionment of wintertime gas-phase and particle-phase air pollutants using organic compounds as tracers. *Environ. Sci. Technol.* 34:1821–1832.

Schauer, J.J., W.F. Rogge, L.M. Hildemann, M.A. Mazurek, G.R. Cass, and B.R.T. Simoneit. 1996. Source apportionment of airborne particulate matter using organic compounds as tracers. *Atmos. Environ.* 30:3837–3855.

Schauer, J.J., M.J. Kleeman, G.R. Cass, and B.R.T. Simoneit. 1999. Measurement of emissions from air pollution sources. 2. C-1 through C-30 organic compounds from medium duty diesel trucks. *Environ. Sci. Technol.* 33:1578–1587.

Schkolnik, G., A.H. Falkovich, Y. Rudich, W. Maenhaut, and P. Artaxo. 2005. New analytical method for the determination of levoglucosan, polyhydroxy compounds, and 2-methylerythritol and its application to smoke and rainwater samples. *Environ. Sci. Technol.* 39: 2744–2752.

Schmid, H.P., L. Laskus, H.J. Abraham, U. Baltensperger, V.M.H. Lavanchy, M. Bizjak, P. Burba, H. Cachier, D.J. Crow, J.C. Chow, T. Gnauk, A. Even, H.M. ten Brink, K.P. Giesen, R. Hitzenberger, C. Hueglin, W. Maenhaut, C.A. Pio, J. Puttock, J.P. Putaud, D. Toom-Sauntry, and H. Puxbaum. 2001. Results of the Carbon Conference International Aerosol Carbon Round Robin Test: Stage 1. *Atmos. Environ.* 35:2111–2121.

Schnelle-Kreis, J., W. Welthagen, M. Sklorz, and R. Zimmermann. 2005. Application of direct thermal desorption gas chromatography and comprehensive two-dimensional gas chromatography coupled to time of flight mass spectrometry for analysis of organic compounds in ambient aerosol particles. *J. Sep. Sci.* 28:1648–1657.

Schwab, J.J., O. Hogrefe, K.L. Demerjian, V.A. Dutkiewicz, L. Husain, O.V. Rattigan, and H.D. Felton. 2006. Field and laboratory evaluation of the Thermo Electron 5020 Sulfate Particulate Analyzer. *Aerosol Sci. Technol.* 40:744–752.

Seinfeld, J.H., and S.N. Pandis. 1998. *Atmospheric Chemistry and Physics*. New York, NY: John Wiley and Sons.

Shutthanandan, V., S. Thevuthasan, R. Disselkamp, A. Stroud, A. Cavanagh, E.M. Adams, D.R. Baer, L. Barrie, S.S. Cliff, M. Jimenez-Cruz, and T.A. Cahill. 2002. Development of PIXE, PESA and transmission ion microscopy capability to measure aerosols by size and time. *Nuclear Instruments and Methods in Physics Research Section B: Beam Interactions with Materials and Atoms* 189(1-4):284–288.

Simon, P.K., and P.K. Dasgupta. 1995. Continuous automated measurement of the soluble fraction of atmospheric particulate matter. *Anal. Chem.* 67:71–78.

Simoneit, B.R.T. 1980. Eolian particulates from oceanic and rural areas—Their lipids, fulvic and humic acids and residual carbon. In *Advances in Organic Geochemistry*; A.G. Douglasand J.R. Maxwell (eds.). Oxford, UK: Pergamon, pp. 343–352.

Simoneit, B.R.T. 1986. Characterization of organic constituents in aerosols in relation to their origin and transport—A review. *Intl. J. Environ. Anal. Chem.* 23:207–237.

Simoneit, B.R.T. 2002a. Chemical characterization of sub-micron organic aerosols in the tropical trade winds of the Caribbean using gas chromatography-mass spectrometry. *Atmos. Environ.* 36:5259–5263.

Simoneit, B.R.T. 2002b. Biomass burning—A review of organic tracers for smoke from incomplete combustion. *Appl. Geochem.* 17:129–162.

Simoneit, B.R.T., and M.A. Mazurek. 1989. Organic tracers in ambient aerosols and rain. *Aerosol Sci. Technol.* 10:267–291.

Simoneit, B.R.T., J.J. Schauer, C.G. Nolte, D.R. Oros, V.O. Elias, M.P. Fraser, W.F. Rogge, and G.R. Cass. 1999. Levoglucosan, a tracer for cellulose in biomass burning and atmospheric particles. *Atmos. Environ.* 33:173–182.

Simpson, C.D., M. Paulsen, R.L. Dills, L.J.S. Liu, and D.A. Kalman. 2005. Determination of methoxyphenols in ambient atmospheric particulate matter: Tracers for wood combustion. *Environ. Sci. Technol.* 39:631–637.

Slanina, J., H. Ten Brink, R. Otjes, A. Even, P. Jongejan, A. Khlystov, A. Waijers-Ijpelaan, and M. Hu. 2001. The continuous analysis of nitrate and ammonium in aerosols by the Steam Jet Aerosol Collector (SJAC): Extension and validation of the methodology. *Atmos. Environ.* 35:2319–2330.

Solomon, P.A., and C. Sioutas. 2008. Continuous and semicontinuous monitoring techniques for particulate matter mass and chemical components: A synthesis of findings from EPA's Particulate Matter Supersites Program and related studies. *J. Air Waste Manage. Assoc.* 58:164–195.

Solomon, P.A., M.P. Tolocka, G. Norris, and M. Landis. 2001. Chemical analysis methods for atmospheric aerosol components. In *Aerosol Measurement: Principles, Techniques, and Application*, 2 ed., P. Barron and K. Willeke (eds.). New York, NY: John Wiley & Sons, pp. 261–293.

Solomon, P.A., W. Chameides, R. Weber, A. Middlebrook, C.S. Kiang, A.G. Russell, A. Butler, B. Turpin, D. Mikel, R. Scheffe, E. Cowling, E. Edgerton, J. St John, J. Jansen, P. McMurry, S. Hering, and T. Bahadori. 2003. Overview of the 1999 Atlanta Supersite Project. *J. Geophys. Res.* 108(D7)(8413): doi:10.1029/2001JD001458.

Solomon, P.A., P.K. Hopke, J. Froines, and R. Scheffe. 2008. Key scientific findings and policy- and health-relevant insights from the U.S. Environmental Protection Agency's Particulate Matter Supersites Program and related studies: An integration and synthesis of results. *J. Air Waste Manage. Assoc.* 58(13):S3–S92.

Stanier, C.O., A.Y. Khlystov, W.R. Chan, M. Mandiro, and S.N. Pandis. 2004. A method for the in-situ measurement of fine aerosol water content of ambient aerosols: The Dry-Ambient Aerosol Size Spectrometer (DAASS). *Aerosol Sci. Technol.* 38:215–228.

Subramanian, R., A.Y. Khlystov, J.C. Cabada, and A.L. Robinson. 2004. Positive and negative artifacts in particulate organic carbon measurements with denuded and undenuded sampler configurations. *Aerosol Sci. Technol.* 38(S1):27–48.

Sullivan, R.C., and K.A. Prather, 2005. Recent advances in our understanding of atmospheric chemistry and climate made possible by on-line aerosol analysis instrumentation. *Anal. Chem.* 77:3861–3886.

Sullivan, A.P., and R.J. Weber. 2006a. Chemical characterization of the ambient organic aerosol soluble in water: 1. Isolation of hydrophobic and hydrophilic fractions with a XAD-8 resin. *J. Geophys. Res.* 111(D05314): doi:10.1029/2005JD006485.

Sullivan, A.P., and R.J. Weber. 2006b. Chemical characterization of the ambient organic aerosol soluble in water: 2. Isolation of acid, neutral, and basic fractions by modified size-exclusion chromatography. *J. Geophys. Res.* 111(D05315): doi:10.1029/2005JD006486.

Sullivan, A.P., R.J. Weber, A.L. Clements, J.R. Turner, M.S. Bae, and J.J. Schauer. 2004. A method for on-line measurement of water-soluble organic carbon in ambient aerosol particles: Results from an urban site. *Geophys. Res. Lett.* 31(L13105): doi:10.1029/2004GL019681.

Sullivan, A.P., R.E. Peltier, C.A. Brock, J.A. de Gouw, J.S. Holloway, C. Warneke, A.G. Wollny, and R.J. Weber. 2006. Airborne measurements of carbonaceous aerosol soluble in water over northeastern United States: Method development and an investigation into water-soluble organic carbon sources. *J. Geophys. Res.* 111(D23): ISI:000242176500001.

Svenningsson, B., J. Rissler, E. Swietlicki, M. Mircea, M. Bilde, M.C. Facchini, S. Decesari, S. Fuzzi, J. Zhou, J. Monster, and T. Rosenorn. 2006. Hygroscopic growth and critical supersaturations for mixed aerosol particles of inorganic and organic compounds of atmospheric relevance. *Atmos. Chem. Phys.* 6:1937–1952.

Swami, K., C.D. Judd, J. Orsini, K.X. Yang, and L. Husain. 2001. Microwave assisted digestion of atmospheric aerosol samples followed by inductively coupled plasma mass spectrometry determination of trace elements. *Freseniuś J. Anal. Chem.* 369:63–70.

Tolocka, M.P., P.A. Solomon, W. Mitchell, G.A. Norris, D.B. Gimmill, W. Wiener, R.W. Vanderpool, J.B. Homolya, and J. Rice. 2001. East versus West in the U.S.: Chemical characteristics of PM2.5 during the winter of 1999. *Aerosol Sci. Technol.* 34:88–96.

Tolocka, M.P., M. Jang, J.M. Ginter, F.J. Cox, R.M. Kamens, and M.V. Johnston. 2004. Formation of oligomers in secondary organic aerosol. *Environ. Sci. Technol.* 38:1428–1434.

Trebs, I., F.X. Meixner, J. Slanina, R. Otjes, P. Jongejan, and M.O. Andreae. 2004. Real-time measurements of ammonia, acidic trace gases, and water-soluble inorganic aerosol species at a rural site in the Amazon Basin. *Atmos. Chem. Phys.* 4:967–987.

Turpin, B.J., and H.J. Lim. 2001. Species contributions to PM2.5 concentrations: revisiting common assumptions for estimating organic mass. *Aerosol. Sci. Technol.* 35, 602–610.

Turpin, B., R. Cary, and J. Huntzicker. 1990. An in-situ, time resolved analyzer for aerosol organic and elemental carbon. *Aerosol Sci. Technol.* 12:161–171.

Turpin, B.J., J.J. Huntzicker, and S.V. Hering. 1994. Investigation of organic aerosol sampling artifacts in the Los Angeles Basin. *Atmos. Environ.* 19:3061–3071.

Upadhyay, N., B.J. Majestic, P. Prapaipong, and P. Herckes. 2009. Evaluation of polyurethane foam, polypropylene, quartz fiber, and cellulose substrates for multi-element analysis of atmospheric particulate matter by ICP-MS. *Anal. Bioanal. Chem.* 394:1618-2642.

URG Corporation. 2009. http://www.urgcorp.com/systems/pdf/9000.pdf, accessed 2009.

USEPA. 1999a. *Determination of Metals in Ambient Particulate Matter Using X-Ray Fluorescence (XRF) Spectroscopy, Compendium Method IO-3.3.* Cincinnati, OH: Office of Research and Development, USEPA.

USEPA. 1999b. *Particulate Matter ($PM_{2.5}$) Speciation Guidance.* Research Triangle Park, NC: Office of Air Quality Planning and Standards, USEPA.

USEPA. 2006. *National Ambient Air Quality Standards for Particulate Matter: Final Rule. 40 CFR Parts 50, 53, and 58.* Fed. Regist. 2006, 62 (138). Research Triangle Park, NC: Office of Air Quality Planning and Standards, USEPA. Part 50 available at http://www.epa.gov/ttn/amtic/40cfr50.html; Parts 53 and 58 available at http://www.epa.gov/ttn/amtic/40cfr53.html (accessed 2008).

USEPA, 2009. http://www.epa.gov/ttn/amtic/speciepg.html

van Donkelaar, A., R.V. Martin, R.W. Leaitch, A.M. Macdonald, T.W. Walker, D.G. Streets, E. Dunlea, J.L. Jimenez, J.E. Dibb, G. Huey, R. Weber, and M.O. Andreae. 2008. Analysis of aircraft and satellite measurements from the Intercontinental Chemical Transport Experiment (INTEX-B) to quantify long-range transport of East Asian sulfur to Canada. *Atmos. Chem. Phys.* 8:2999–3014.

Vanhaecke, F., and L. Moens. 1999. Recent trends in trace element determination and speciation using inductively coupled plasma mass spectrometry. *Fresenius' J. Anal. Chem.* 364:440–451.

Van Meel, K., A. Worobiec, M. Stranger, and R. Van Grieken. 2008. Sample damage during X-ray fluorescence analysis—case study on ammonium-salts in atmospheric aerosols. *J. Environ. Monitoring* 10:989–992.

Walser, M.L., Y. Desyaterik, J. Laskin, A. Laskin, and S.A. Nizkorodov. 2008. High-resolution mass spectrometric analysis of secondary organic aerosol produced by ozonation of limonene. *Phys. Chem. Chem. Phys.* 10:1009–1022.

Ward, T.J., R.F. Hamilton, R.W. Dixon, M. Paulsen, and C.D. Simpson. 2006. Characterization and evaluation of smoke tracers in PM: Results from the 2003 Montana wildfire season. *Atmos. Environ.* 40:7005–7017.

Warnke, J., R. Bandur, and T. Hoffmann. 2006. Capillary-HPLC-ESI-MS/MS method for the determination of acidic products from the oxidation of monoterpenes in atmospheric aerosol samples. *Anal. Bioanal. Chem.* 385:34–45.

Waterman, D., B. Horsfield, F. Leistner, K. Hall, and S. Smith. 2000. Quantification of polycyclic aromatic hydrocarbons in the NIST standard reference material (SRM1649A) urban dust using thermal desorption GC/MS. *Anal. Chem.* 72:3563–3567.

Watson, J.G., and J.C. Chow. 2002. Comparison and evaluation of in-situ and filter carbon measurements at the Fresno Supersite. *J. Geophys. Res.* 107(D21): ICC 3-1-ICC 3-15.

Watson, J.G., J.C. Chow, and C.A. Frazier. 1999. X-ray fluorescence analysis of ambient air samples. In *Elemental Analysis of Airborne Particles*, S. Landsberger and M. Creatchman (eds.). Amsterdam: Gordon and Breach, pp. 67–96.

Watson, J.G., L.W.A. Chen, J.C. Chow, P. Doraiswamy, and D.H. Lowenthal. 2008. Source apportionment: Findings from the U.S. Supersites program. *J. Air Waste Manage. Assoc.* 58:265–288.

Watson, J.G., J. Chow, and L.-W.A. Chen. 2005. Summary of organic and elemental carbon/black carbon methods and intercomparisons. *Aerosol and Air Quality Res.* 5:65–102.

Weber, R.J., D. Orsini, Y. Daun, Y.N. Lee, P.J. Klotz, and F. Brechtel. 2001. A Particle-into-Liquid Collector for rapid measurement of aerosol bulk chemical composition. *Aerosol Sci. Technol.* 35:718–727.

Weber, R., D. Orsini, Y. Duan, K. Baumann, C.S. Kiang, W. Chameides, Y.N. Lee, F. Brechtel, P. Klotz, P. Jongejan, H. ten Brink, J. Slanina, P. Dasgupta, S. Hering, M. Stolzenburg, E. Edgerton, B. Harstell, P. Solomon, and R. Tanner. 2003. Intercomparison of near real-time monitors of PM2.5 nitrate and sulfate at the U.S. Environmental Protection Agency Atlanta Supersite. *J. Geophys. Res.* 108(8421): doi:10.1029/2001JD001220.

Weingartner, E., H. Saatho, M. Schnaiterb, N. Streita, B. Bitnarc, and U. Baltenspergera. 2003. Absorption of light by soot particles: Determination of the absorption coefficient by means of Aethalometers. *J. Aerosol Sci.* 34:1445–1463.

Wexler, A., and Johnston, M. 2008. What have we learned from highly time resolved measurements during EPA's Supersites Program and related studies? *J. Air Waste Manage. Assoc.* 58:303–319.

Williams, B.J., A.H. Goldstein, N.M. Kreisberg, and S.V. Hering. 2006. An in-situ instrument for speciated organic composition of atmospheric aerosols: Thermal Desorption Aerosol GC/MS-FID (TAG). *Aerosol Sci. Technol.* 40:627–638.

Wilson, W.E., J.C. Chow, C. Claiborn, W. Fusheng, and J.G. Watson. 2002. Monitoring of particulate matter outdoors. *Chemosphere* 45:1009–1043.

Wise, S.A., D.L. Poster, J.R. Kucklick, J.M. Keller, S.S. Vanderpol, L.C. Sander, and M.M. Schantz. 2006. Standard reference materials (SRMs) for determination of organic contaminants in environmental samples. *Anal Bioanal. Chem.* 386: 1153–1190.

Wittig, A.E., S. Takahama, A.K. Khlystov, S.N. Pandis, and S.V. Hering. 2004. Measurements during the Pittsburgh Air Quality Study. *Atmos. Environ.* 38:3201–3213.

Wu, W.S., and T. Wang. 2007. On the performance of a semi-continuous PM2.5 sulphate and nitrate instrument under high loadings of particulate and sulphur dioxide. *Atmos. Environ.* 41:5442–5451.

Yanca, C.A., D.C. Barth, K.A. Petterson, M.P. Nakanishi, J.A. Cooper, B.E. Johnsen, R.H. Lambert, and D.G. Bivins. 2006. Validation of three new methods for determination of metal emissions using a modified Environmental Protection Agency Method 301. *J. Air Waste Manage. Assoc.* 56:1733–1742.

Yang, H., Q.F. Li, and J.Z. Yu. 2003. Comparison of two methods for the determination of water-soluble organic carbon in atmospheric particles. *Atmos. Environ.* 37:865–870.

Yu, J.Z., D.R. Cocker, R.J. Griffin, R.C. Flagan, and J.H. Seinfeld. 1999. Gas-phase ozone oxidation of monoterpenes: Gaseous and particulate products. *J. Atmos. Chem.* 34:207–258.

Zeng, X., X. Wu, H. Yao, F. Yang, and T.A. Cahill. 1993. PIXE-induced XRF with transmission geometry. *Nuclear Instruments and Methods in Physics Research Section B: Beam Interactions with Materials and Atoms.* 75:99–104.

Zheng, M., L. Ke, E.S. Edgerton, J.J. Schauer, M.Y. Dong, and A.G. Russell. 2006. Spatial distribution of carbonaceous aerosol in the southeastern United States using molecular markers and carbon isotope data. *J. Geophys. Res.* 111(D10S06) doi:10.1029/2005JD006777.

Zielinska, B., and S. Samy. 2006. Analysis of nitrated polycyclic aromatic hydrocarbons. *Anal. Bioanal. Chem.* 386:883–890.

Zielinska, B., D. Campbell, D.R. Lawson, G.R. Ireson, C.S. Weaver, T.W. Hesterberg, T. Larson, M. Davey, and L.-J. Sally Liu. 2008. Detailed characterization and profiles of crankcase and diesel particulate matter exhaust emissions using speciated organics. *Environ. Sci. Technol.* 42:5661–5666.

10

单粒子的显微技术微量分析

Robert A. Fletcher，Nicholas W. M. Ritchie，Ian M. Anderson，and John A. Small
国家标准与技术协会，马里兰州盖瑟斯堡市，美国

10.1 引言

根据单粒子的形态学特征及其化学组分，可以得到关于气溶胶的重要信息。粒子的化学组成、形态、相位和晶体学数据，对于研究气溶胶的形成机制及大气粒子来源等问题十分重要。单粒子分析的应用领域包括清洁室技术、微电子学、室内外空气污染、法医学以及许多与微污染相关的问题。所采用的分析仪器和技术必须能得到单粒子水平上的成分信息。数字图像处理可以获得粒子微结构形态特性和化学成分等方面的新信息，其作用日益重要。这里定义的单粒子分析指的是分析所采集的横（侧）向粒径（lateral dimension）为纳米至毫米级的单个粒子。单粒子分析所得到的信息包括粒子的化学组成、形态（大小、形状）、物理和光学特性。单粒子分析必须满足下面两个条件：分析技术必须具有足够高的空间分辨率以从背景基底和邻近粒子中区分出单粒子；必须具有足够高的灵敏度以至少能识别出粒子的主要成分（对微米级单位密度粒子的检出限应是皮克级）。借助于显微镜和微探针的微量分析通常能满足以上要求。随着光学显微镜的出现，显微镜才开始用到微量分析中，而首次应用微探针进行分析则起源于电子微探针的发明（Castaing 和 Guinier，1950）。人们需要得到微观等级上的图像、元素和分子（成分）信息，正是这种需求推动了微量分析的发展。在微量分析中，用一束激发射线（可能是光子、电子、质子、中子或离子）轰击样品，激发束与样品作用，释放出的放射物由分光计分离并由检测器收集，如图 10-1 所示。微探针的激发束对粒子的空间分辨率在亚纳米到纳米再到微米之间。为了产生图像，要么粒子把激发束分成光栅，要么粒子在激发束中转化。样品和激发射线通常是一起进入显微镜视野，但要通过对二次放射物聚焦以形成图像。用显微镜进行空间分辨分析，可以通过屏蔽（细缝）部分二次放射物完成，也可以使用空间灵敏性检测器完成。

应用电子束激发技术的专门仪器有电子微探针、电子扫描电镜和电子分析显微镜等。可检测的放射物（例如反向散射电子、透射电子或 X 射线等）可用于单粒子分析。应用光子

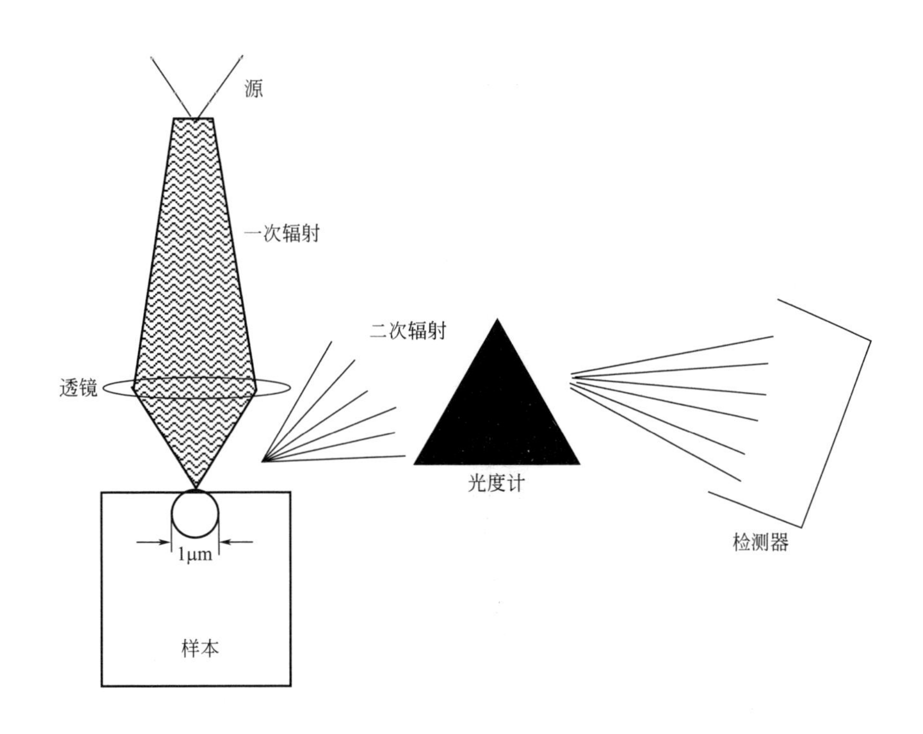

图 10-1　普通微分析示意图，该图显示了激发和辐射线。入射射线可能是电子、光子或离子。放射物是红外线、紫外线或可见光中的光子、离子或 X 射线

激发的有拉曼微探针（micro-Raman），其检测束是高频移动的光子；激光微探针，用飞行时间质谱探测离子；傅里叶转换红外显微镜，利用光子吸收完成分析。应用离子束激发的仪器有离子微探针和基于二次离子质谱（SIMS）的微探针。SIMS 用离子束轰击样品，然后用飞行时间质谱或磁分析仪或四极杆质谱检测反应过程中产生的二次离子。可以在分析仪器中安装某些特殊设施。扫描传输 X 射线显微镜（STXM）通过安装同步辐射 X 射线源，能够映射与化学灵敏度能级一致的单一 X 射线的吸收。粒子诱导 X 射线发射（PIXE）通过添加离子加速器映射离子诱导 X 射线发射。

为了更全面地分析单粒子的特征（相态、化学和形态学特征），常将两种或两种以上的分析仪器联用（Steel 等，1984；Fletcher 等，1990）。

基于实验室的仪器有光学显微镜，电子显微镜（扫描和转化），扫描探针，电子、激光、光线和离子微探针，本章将介绍它们的工作原理和仪器性能。还会简单介绍一下基于大型设备（facility-based）的仪器，如扫描传输 X 射线显微镜和粒子诱导 X 射线发射。本章内容还包括一些基本的样品预处理方法。需要了解更多的具体内容，请参考其他资料（Spurny，1986；Heirich，1980；Newbury，1990；Grasserbauer，1978）。Brundle 和 Uritsky（2001）研究了针对微电子工业的单粒子表征技术。表 10-1 对各种单粒子的微量分析技术进行了比较。

表 10-1 典型微光束分析仪的性能比较

分析方法	SEM	TEM	EPMA	LMMS	SIMS	Micro-Raman	LM	FTIR	AFM
探针	电子	电子	电子	光子[1]	离子	光子	光子	光子	NA
一次信号	SE/BSE	各种[2]	NA	NA	NA	非弹性散射光子	图像	光子	近端力
二次信号	X 射线	X 射线	X 射线	离子	离子	NA	光子	NA	NA
定量测量	电子,X 射线	电子,X 射线	X 射线	m/z	m/z	变频	光强	给定波长强度	远程力
横向分辨率	5nm	0.2nm	0.05μm	1μm	1μm,0.1μm	2μm	0.5μm	10～50μm	
可测元素	>铍	全部	>铍	全部	全部	NA	NA	NA	NA
同位素检测	无	无	无	有	有	NA	NA	NA	NA
能检测到的分子或化合物	无	无机物	无	有机物 无机物	有机物 无机物	有机物 无机物	无机物	有机物 无机物	NA
绝对检测敏感度	10^{-16}g	单原子[2]	10^{-16}g	10^{-20}～10^{-18}g	10^{-16}g	10^{-16}g	NA	5×10^{-12}g	NA
相对敏感度	0.1%	0.1%	0.1%	(1～100)×10^{-6}	(1～1000)×10^{-6}	1%	NA	1%	NA
真空采样	是	是	是	是	是	否	否	否	否
破坏性方法	否	否	否	是	是	否	否	否	否
表面敏感性	否	否	否	未知	是	否	否	否	是
成像能力	有	有	有	已证明,但不常见	有	有	有	有	有
自动证明	是	是	是	否	否	是	是	是	是
定量化	是	是	是	否	否	否	否	不确定	NA

① 紫外线与红外线之间的光子。

② 见表 10-4 中技术断开部分。

注：引自 Wieser 等，1980。

10.2 光学显微镜

10.2.1 基本原理

光学显微镜（LM）是微分析中最常用的技术之一，其基本原理已为众人熟知。简单地说，光学显微镜是利用通过透镜的光反射，形成放大的图像，该图像聚焦到检测器上，用肉眼或相机即可观察。物体必须吸收近0.3%的入射光才能用肉眼观察到（Dovichi和Burgi，1987）。

10.2.2 仪器介绍

光学显微镜示意图见图10-2，其主要组成部分是光源、物镜、目镜。光源用以照明样品，可以是漫射光或亮光。透过样品的光或从样品表面反射的光被物镜收集，在目镜附近形成放大图像。目镜把物镜的反应图像放大，便于肉眼观察。通常看到的虚拟图像在载物台下面。为了更好地表征样品，还需要大量其他光学部件，这些部件的功能将在下面讨论。

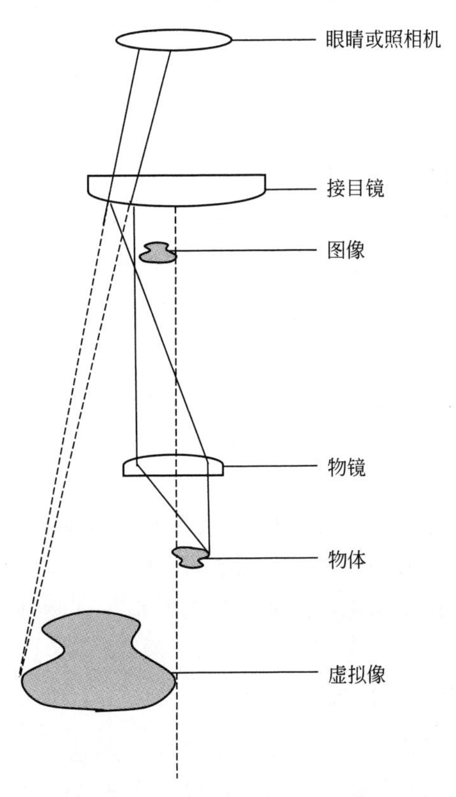

图10-2 光学显微镜示意图。光透过样品并被物镜聚集，随后，中间图像被放大并传入眼睛或检测器（引自McCrone和Delly，1973）

LM中需要考虑的问题有：景深，指焦距内的物体与焦点之间的距离；放大率，图像的放大倍数；数值光圈（numerical aperture），指显微镜物镜的最大采光能力；分辨力，指可以区分的最小粒径。表10-2列出了普通显微镜的几种不同表征参数（Steel，1980）。

表 10-2 光学显微镜常见的一些物镜的性质

放大率	数值光圈	景深/μm	视场直径[①]/mm	分辨力[②]/μm
3×	0.08	50	9	5
10×	0.25	8	2	1.3
50×	0.85	1	0.5	0.4
100×	1.3	0.4	0.4	0.25

① 有×10 目镜时的近似值。目前，视场都很宽，直径可能要大 1.5～2 倍。

② 在绿光下的分辨率。

注：引自 Steel，1980。

10.2.3 性能和应用

LM 不具破坏性，因此是样品微量分析的首选仪器。LM 作为一种相对简单的成图工具而应用于多种情况中，但它很难根据光学特征确认物质。熟练的操作员可以根据粒子的物理或光学特征（大小、形状、表面组织、颜色、折射率、晶体学特征、双折射）识别粒子及其来源（Grasserbauer，1978）。有关用 LM 分析粒子的文章可以参考 Steel（1980）和 Fredrichs（1986）。有关 LM 更详细的内容可以参考 Chamot 和 Mson（1958）。*The Particle Atlas*（McCron 和 Delly，1973）已被公认为是 LM 鉴别粒子的主要参考资料。

10.2.3.1 形状和粒径分析

单粒子分析的第一步通常是分析粒径和形状。有时根据形状能得知粒子的种类信息，进而得知粒子的形成机制。例如，飞灰在显微镜下通常呈球状；而暗的碎片结构（复杂支链）通常来自燃烧源；纤维可能来自石棉或玻璃物质，也可能来自各种自然或人为源。可以把样品粒子图像与 *The Particle Atlas*（McCron 和 Delly，1973，2009）上的标准显微照片做对比。虽然可以对粒子进行分解以观察到 0.25～0.5μm 水平上的粒子，但用显微镜测量粒径和形状还是对粒径大于几微米的粒子更可靠（Steel，1980），纤维是个特例，即使只有 0.5μm，其形状和粒径也能确定。

由于所使用的光的波长有限（散射限制），光学显微镜对粒子形状的放大率也是有限的。工作惯例是：光学显微镜的放大率是物镜镜径的 1000 倍（McCron 和 Delly，1973，2009）。虽然形状和粒径有助于识别粒子来源，然而，根据其他一些物理特征可得到更加准确的粒子组成信息。

10.2.3.2 利用光学显微镜识别

利用粒子的物理特征（形状、粒径）及光学特性（颜色、折射率、双折射）可以确定未知粒子的浓度。光学表征中通常要求粒子的横向粒径大于 5～10μm（Steel，1980）。

最容易识别的是折射率与背景物质不同的粒子。用 LM 观察目标物时，背景与粒子之间的对比度最重要，可以通过一系列技术提高对比度。图 10-3 中（a）～（d）部分为大气粒子样品在不同对比度下的图像。

滤膜材料是纤维素混合酯，用丙酮对样品进行预处理后滤膜就变透明了（Baron 和 Pickford，1991）。纤维照片是在透射光下照的。图 10-3（a）显示了直接（肉眼）透射观察滤膜时的问题，显微照片中心的两个大物体在这种情况下是看不到的。采用相位对比显微镜

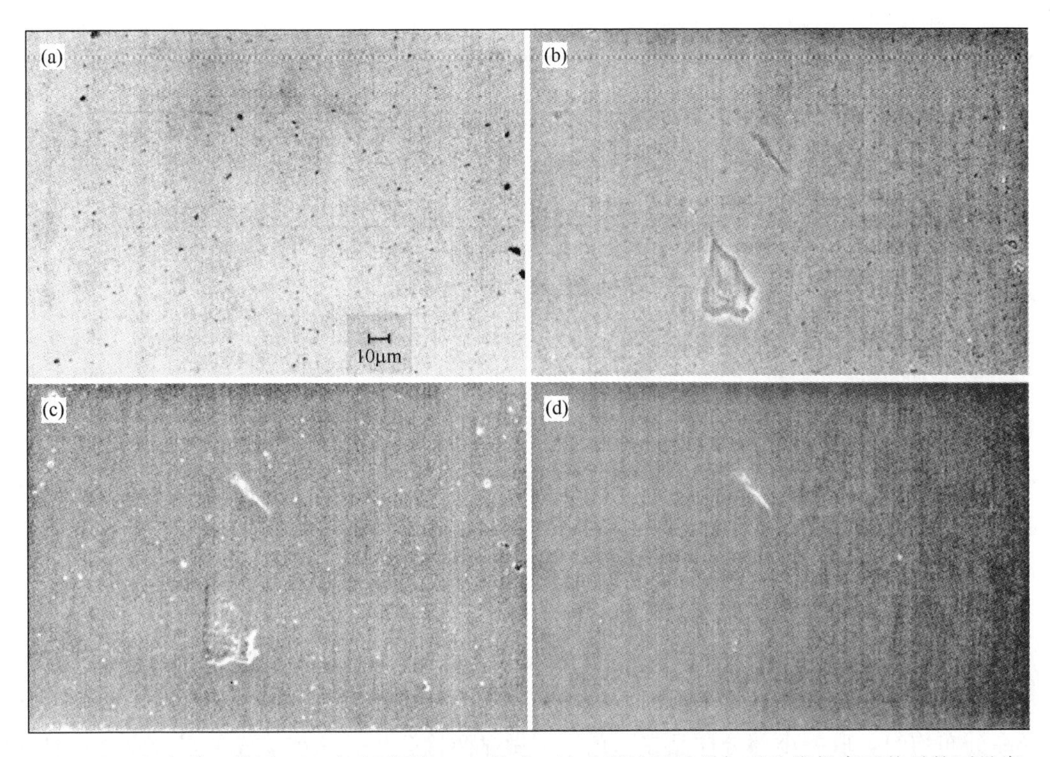

图 10-3　4 组光学显微图，显示了不同的 LM 技术，这些图片通过增加对比度提高了粒子的可见度，在最后一个图（d）中，还可以鉴别出样品中的双折射材料。(a) 直透射光；(b) 利用相位对比的透射光；(c) 差分干涉；(d) 细微非交叉偏光器效应。最后一个图（d）中出现了样品中的双折射材料，即图中的透明光亮物体
（经由 E. Steel 允许，NIST）

后，粒子就变得相当清晰了［图 10-3（b)］，利用透过粒子的光线的相位移动可以提高对比度。另一种提高粒子可见度的方法是利用差分干涉比［图 10-3（c)］，此技术可认为是相位对比的补充技术，此技术可以使物体呈现三维结构。图 10-3（d）为细微非交叉偏光器（slightly uncrossed polarizers）的效果图，其优点是可以看见视野内最大范围的粒子，且使非均质材料粒子突出显示。交叉偏光器可以使所有均质材料（玻璃或无定形塑料）“不可见”，而只让旋转偏振光的粒子可见（作为发亮物体）。这里不再赘述，详见参考文献（McCron 和 Delly，1973，2009）。

某些技术同 LM 结合起来使用也很有效。一些显微镜配备有能激发荧光的单频或类单频光源。在紫外线范围内激发的荧光通常可以提供鉴别粒子成分的信息。识别粒子的另一个重要参数是折射率，折射率的值可以测定出来。利用折射率鉴别粒子的方法是：把粒子浸入一系列折射率不同的液体中，找到使粒子“消失”的适配折射率，其误差为 0.1%（Grasserbauer，1978）。微量化学反应也有助于识别粒子成分（Chamot 和 Mason，1940；Seeley，1952），要想利用上述分析方法识别粒子成分必须具备丰富的相关经验。

10.2.3.3　纤维分析

Baron（1993）综合讨论了纤维的微量分析。下面关于纤维的内容都摘选自 Baron 的文

章。相位对比显微镜（PCM）是一种干涉技术，它可以观测到低对比度的粒子（透明粒子）。透过物体的光的相位与只透过基底的光的相位相比发生了移动，相位移动用肉眼观察不到，但可以通过光强差识别，即把相位移动的光和未移动的光形成干涉图，用 PCM 将相位差转化为光强差。PCM 主要用于纤维计数，纤维数量反映了石棉工作场的石棉纤维暴露指标。PCM 对小于 0.25μm 的纤维检测不到。尽管 PCM 可以根据形态学特征鉴别出纤维种类，但它不能保证绝对准确地区分石棉和其他类型的纤维。PCM 还可以检测人造矿物纤维（MMMF），如矿石绒和玻璃纤维（NIOSH，1977）。PCM 可以与其他分析技术联用，如偏振光显微镜（PLM）、扫描电镜和电子透射显微镜（TEM）。

10.2.3.4 PCM 的测量准确度

对不同纤维计数技术进行比较发现，个别技术的准确度很低。本章中，对测量准确度和精密度简单定义如下：准确度表示测量值和真值之间的接近程度，精密度只表征测量值之间的接近程度（Eisenhart，1969）。如 NIOSH 规定：《人工分析方法》中大多数方法的总不确定度（包含变异和偏差）不能超过 10%（NIOSH，1984）。人们认为最佳检测条件下（样品保存一致、无背景粉尘干扰、最优负载）的相对标准偏差为 0.10（或 10%）。因此，准确度（包括偏差和可变性）不能高于此值。

事实上，还有其他因素可影响分析的准确度。有些是由于测量中的样品粒径很小造成的，例如，惯性、静电或其他采样因素的影响。一些纤维样品呈现不均匀分布，而分析时假定样品分布均匀，取一小部分样品在滤色镜上做显微镜分析，这就造成了测量值同真实值之间的很大差别。此外，不同操作员对纤维粒子计数也会引入偏差，当对每组操作员的测量结果进行比较时，这些偏差会增加总结果的可变性。

纤维计数分析之前非常重要的一点就是确定好分析程序，这是保证各实验室数据可比性的唯一可靠方法。实验操作的 3 大重要原则是：培训显微镜操作员、安装合适的设备、确定质量控制程序。为了保证这些分析程序操作的一致性，有必要在实验室内部和实验室之间进行样品交换（Abell 等，1989；Ogden 等，1986）。确定偏差的常用方法是将测量值与参照值比较，但此方法并不实用，因为在所有的测量方法中，能够测出纤维“真实”浓度的测量技术并不存在。因此，检验纤维计数准确度的最终方法是：将测量值同一组权威实验室的测量值相比较。

PCM 的样品交换程序已正式建立，包括美国工业卫生协会（AIHA）的《分析检测程序（PAT）》（Groff 等，1991）、英国的《实验室间计数互换标准程序（RICE）》（Crawford 和 Cowie，1992）及国际上的《石棉纤维标准计量交换安排程序（AFRICA）》（Institute of Occupational Medicine，Edinburgh）。从事 PCM 工作的实验室，必须遵守美国职业安全与卫生管理局（OSHA）制定的石棉纤维暴露水平规则，且要与其他实验室按规定的方式交换样品。

在单粒子研究中，如果测量纤维浓度是为了进行比较，那么就不需要进行全部的质量保证步骤。例如，如果研究只要求得出相对纤维浓度来表明纤维浓度随时间或地点的变化，那么就不需要做实验室间的样品交换。如要建立合理的置信度，必须应用权威的计数和采样准备程序以及盲法重复分析。

基于物理和光学特性鉴别粒子的参考书是 *The Particle Atlas*。此书包括来自各种源类、已知成分的粒子的600多张彩色显微图片（McCron和Delly，1973，2009）和电子扫描照片。该书将粒子分为4类：①被风吹起的粒子，如纤维和矿物质；②工业粒子，如研磨物、聚合物、化肥、清洁剂；③燃烧粒子，如机动车排放物、燃煤、油类燃烧尘；④混合粒子。作者介绍了将粒子进行归类的步骤。

10.2.3.5　样品准备和实际应用

光学显微镜可以采用透射光或反射光。采用透射光时，粒子放置在玻璃或光滑石英片上，将样品油浸以提高其在透射光下的观察效果。事先需要对粒子样品进行检测以确保它和浸油之间不发生反应或不被浸油溶解。但使用这种方法时，粒子会被油污染，以至于不易采用其他技术对粒子进行后续的显微分析。反射光用以检测收集在气溶胶过滤表面上的粒子，但粒径必须大于1μm，该方法很容易分辨出不透明粒子和折射率大的粒子。为了克服粒径限制，可以把一些滤膜制成透明滤膜或完全用透射光观测。Friedrichs（1986）提出了3种改变滤膜的方法，这些方法各有利弊。第一种方法是用折射率适配液（index matching fluid）处理滤膜，粒子仍在滤膜上，但液态粒子或/和可溶性粒子会被去除或溶解，而且也很难观察到与适配液折射率（指数）相近的粒子，表10-3列出了一些滤膜清洁剂（LeGuen和Galvin，1981；Baron和Pickford，1986；Friedrichs，1986）；第二种方法是溶解，用适当的溶剂溶解滤膜（如聚碳酸酯膜溶于氯仿）；第三种方法是将滤膜灰化，留下难熔粒子。在后两种方法中，粒子没有滤膜支持，必须将其重新置于透明基底上。

表10-3　用于光学显微镜观察的滤膜清洁剂

滤膜类型	清洁剂	折射率
纤维素混合酯	1. 丙酮蒸气/乙酸甘油酯(AIA方法) 2. 二甲基甲酰胺/优派若方法 3. 丙酮蒸气/优派若方法	1.44～1.18 1.48 1.48
聚碳酸酯	油浸 氯仿溶解物	1.584或1.625

注：引自Friedrichs，1986；LeGuen和Galvin，1981；Baron和Pickford，1986。

可以确定收集到基底上的粒子数目，粒子数目与气溶胶中的粒子浓度有关。通常是先确定每个观察区内的粒子数量，当把大量随机选定的区域内的粒子数目加和后，就可以估计出整个滤膜表面的粒子数目。这个估计值与大气中粒子的数浓度有关（基于空气样品体积），石棉浓度测定也是如此（国际石棉组织，1979；Carter等，1989）。光学显微镜被用来确定在大气中经常被发现的5种矿物颗粒气溶胶的冰核化条件（温度、相对湿度、接触角）（Eastwood等，2008）。Knopf和Koop（2006）研究了覆盖和不覆盖硫酸两种情况下，美国亚利桑那州道路尘的冰核化情况。

图10-4（a）、（b）的一系列图片展示了粒子计数与景深的相关性。在这些显微照片中，一些粒子清晰可见并在焦距内，而另一些则很难看清。图10-4是应用LM的典型例子，气溶胶科学家可以用此图来测定滤膜表面的反射系数。

图10-4的粒子收集在纤维素混合酯滤膜上。由于空气流过滤膜盒，导致滤膜中心有轻微弯曲，此弯曲造成显微镜的平坦表面变形，加上焦距有限，因此导致分辨率下降。在图

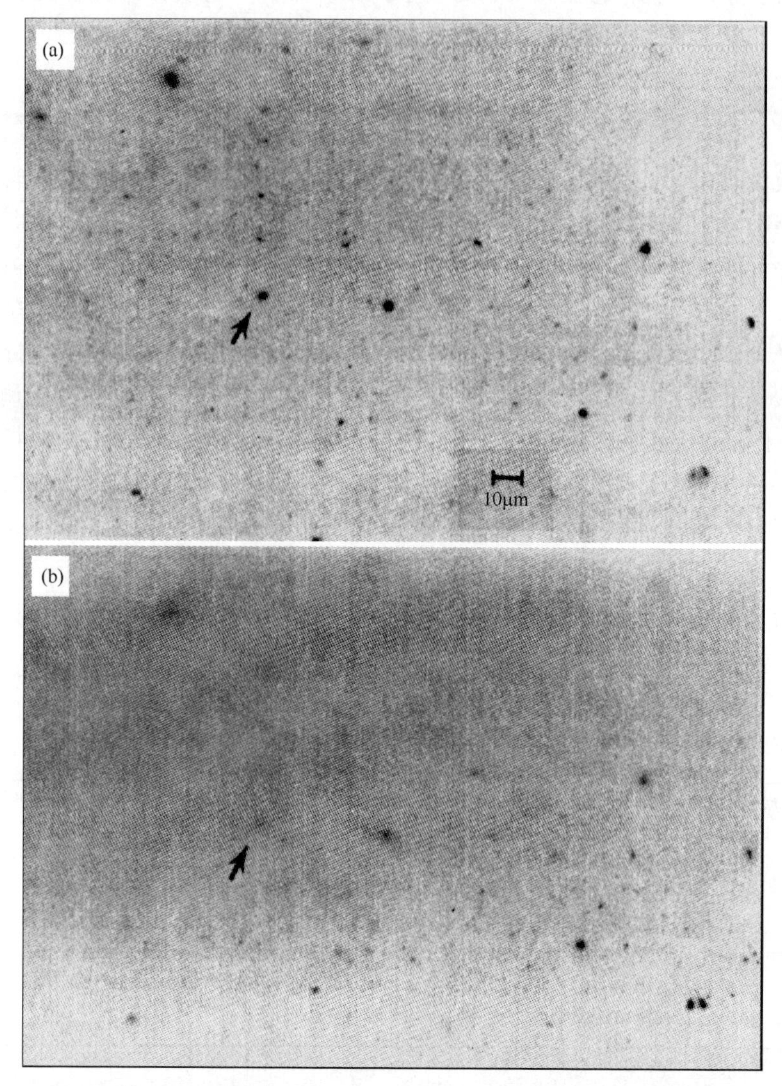

图 10-4 未经处理的合成纤维素酯滤膜的光学显微照片，该滤膜上收集有气溶胶粒子。放大 620 倍。通过选择一定的滤膜区使之位于焦距内，而剩下的载带粒子的滤膜区位于焦距外，如此，这组图反映了景深对观察区的影响。箭头表示的是出现在两张图中的同一个粒子。聚焦区从左上角（a）到右下角（b）逐渐模糊

（经由 E. Steel 允许，NIST）

10-4（a）中，视野左上方的图像在焦距内，右下方则在焦距外。随着显微镜焦距的改变，使右下方的图像变清晰［图 10-4（b）］，而左上方逐渐变模糊以致不可分辨。很明显，浅景深会产生问题。最新开发的共焦显微镜可以把图像严格地限制在景深内。通过改变物镜与样品的距离，可以得到三维物体的一系列“光学截面”图像。

LM 中的景深通常没有 SEM 中的大。图 10-5 为两张相同视场内的铁石棉图，上面是光学显微镜图片，下面是电子显微镜图片，它们的放大率几乎相同。很明显，在光学显微镜中，只有一部分石棉纤维在焦距内，而在电子显微镜图中，石棉纤维全部在焦距内。

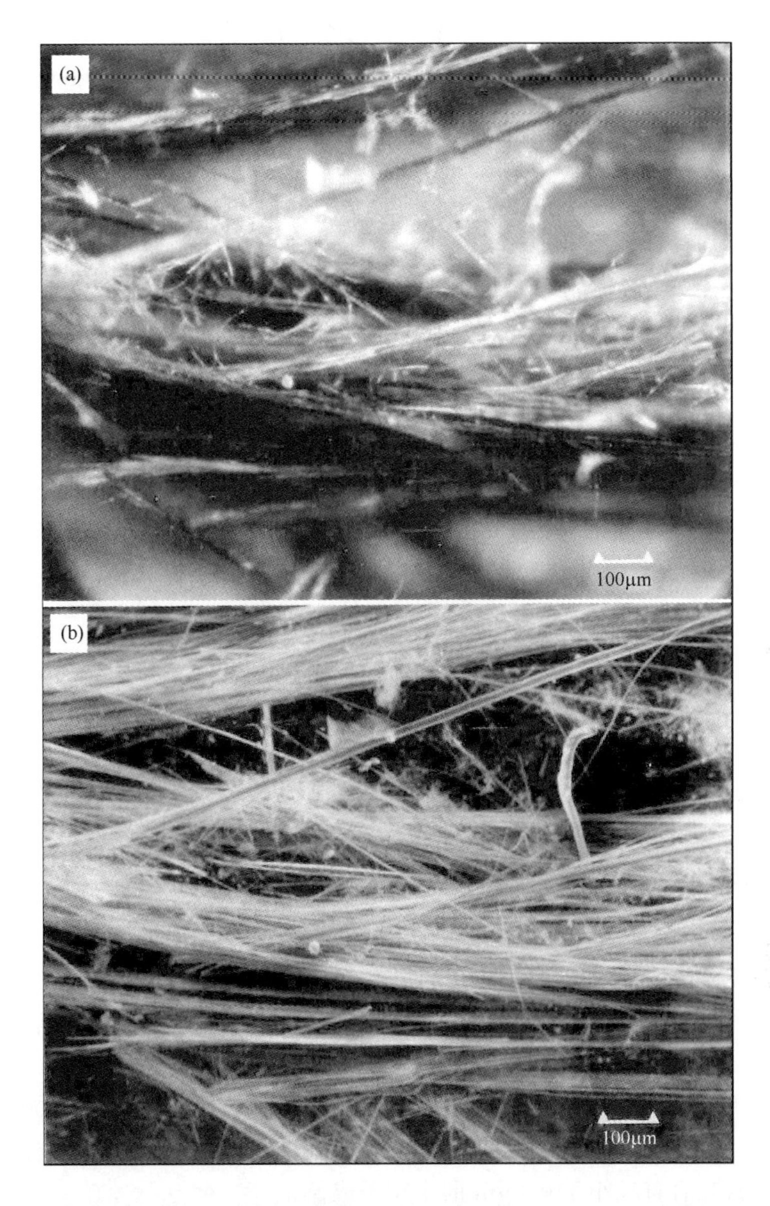

图 10-5 观察铁石棉样品中的同一区域所得到的显微照片。(a) 光学显微镜照片的景深有限；(b) 扫描电镜所得到的电子显微照片的景深说明使用 SEM 的优越性

10.3 用电子束分析粒子

10.3.1 电子束发射原理

典型的电子束设备及其部分分析功能见图 10-6。电子束源是一个发射器，如加热的细头钨丝。从钨丝发射出的电子形成电子束，并通过离子透镜系统聚集到样品上。电子束与样品相互反应从而使电子束发生散射，而样品发射出电子和 X 射线光子。

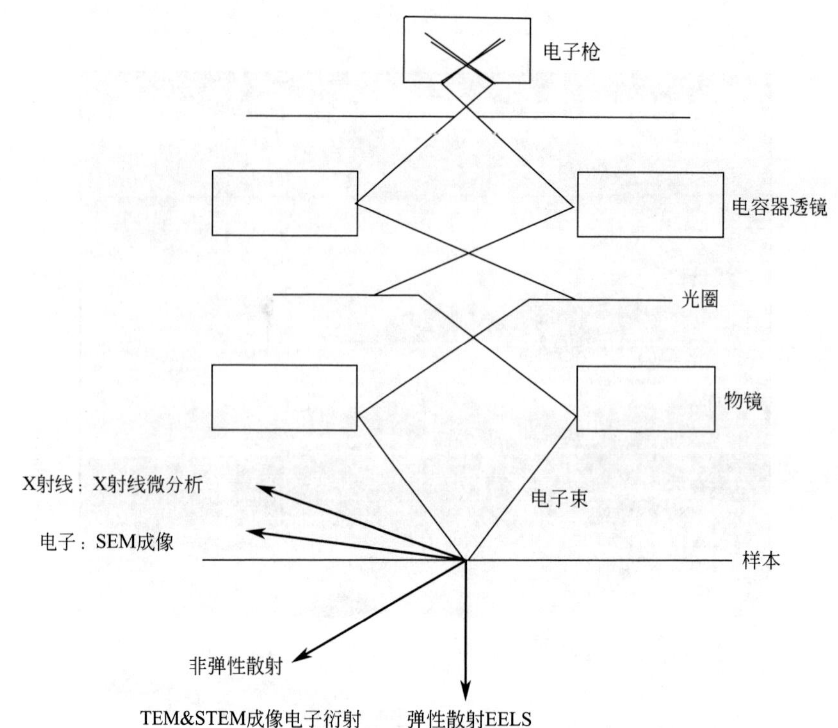

图 10-6 典型电子束设备示意图，该图展示了分析粒子时所用的电子源和几种不同分析信号
（引自 Goldstein 等，1975）

10.3.2 性能

10.3.2.1 电子图片

电子图片可以为分析者提供粒子粒径和形态信息，得到电子图片的方法有两种，一种方法是利用常用的电子透射显微镜（CTEM 或者 TEM）。图 10-7 是含碳气溶胶粒子的 TEM 图像，该图是在磷光屏上观察的，在胶片上或 CCD 检测器上记录的，目前 CCD 检测器比较普遍。该图与透射光学显微镜下的图形非常像。电子透射显微镜用高能（100～400keV）固定电子束照射样品，形成 1000～1000000 倍的放大图。由于图像是由穿过样品的电子形成的，所以 TEM 最适合直径小于 0.5μm 的小粒子成像。

其他类型的电子成像出现在常规的电子扫描电镜（SEM）和电子探针分析（EPMA）系统中，见图 10-8。这种成像系统采用高度聚焦的电子束，它们在样品上方区域形成光栅。电子束在样品内部发生弹性和非弹性散射，由此产生的电子可被观测到，这些电子信号被放大并且形成电子图像，该电子图像用与电子束扫描方式相适配的扫描方式记录。在 SEM 和 EPMA 中，电子检测器放置在样品台上方，这种结构可以把样品放大 10～100000 倍进行观测，电子图可以提供形态学信息。在 TEM 中，电子束也可以被分成光栅，而且检测器位于样品下方，这种结构用在放大率达 1000000 倍或者更高的扫描透射电镜（STEM）中。

10.3.2.2 环境扫描电镜

在常规 SEM 和 EPMA 中，样品室的压力约小于 1×10^{-4} Pa，这就需要在绝缘样品上涂一层导电薄膜如碳以防样品带电。1978 年，Danilatos 发明了环境扫描电子显微镜（ES-

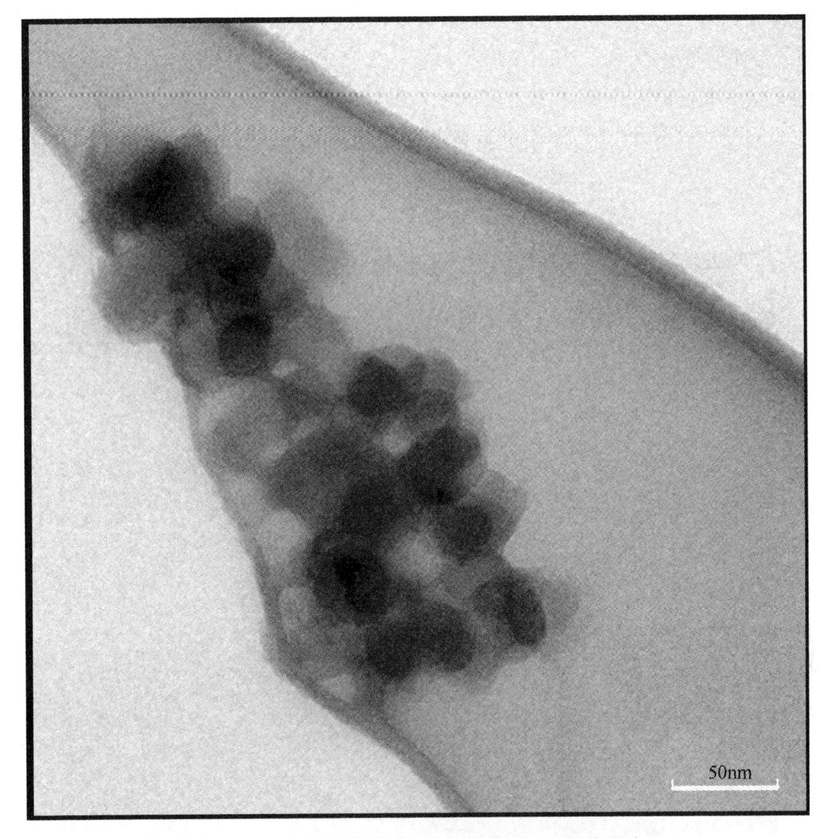

图 10-7 含碳气溶胶粒子的透射电子图像举例

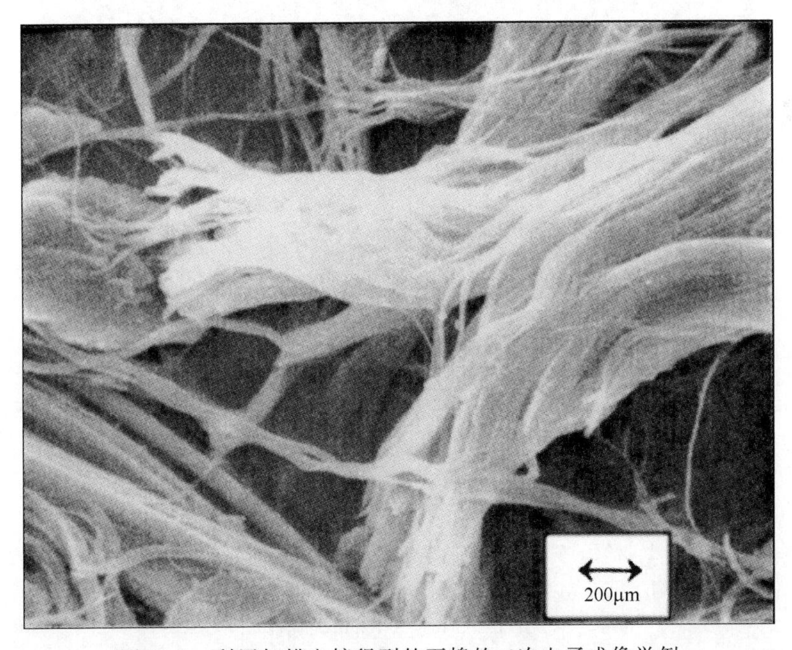

图 10-8 利用扫描电镜得到的石棉的二次电子成像举例

EM)，其样品室内的压强可以达 $1.3\times10^{-4}\sim1.3\times10^{3}$ Pa（Danilatos，1978）。在大于100Pa 的高压区，ESEM 可以显示包括绝缘材料样品在内的多种样品的图像，并且不需要像常规仪器那样在样品上涂导电层，这种功能对于分析收集在绝缘基底（如薄膜滤膜或纤维素滤膜）上的粒子样品非常有利。图 10-9 为收集在聚碳酸酯滤膜上的矿物粒子的两张图片。滤膜的左边涂上碳，使样品具有导电性。图 10-9（a）为常规 SEM 图像，样品室内的压强约 1×10^{-4}Pa；图 10-9（b）为 ESEM 图像，样品室内的压强为 800Pa。常规 SEM 图右侧有明显的带电现象，未涂层的一方无法看清图像。相比之下，同一区域的 ESEM 图像无带电现象。

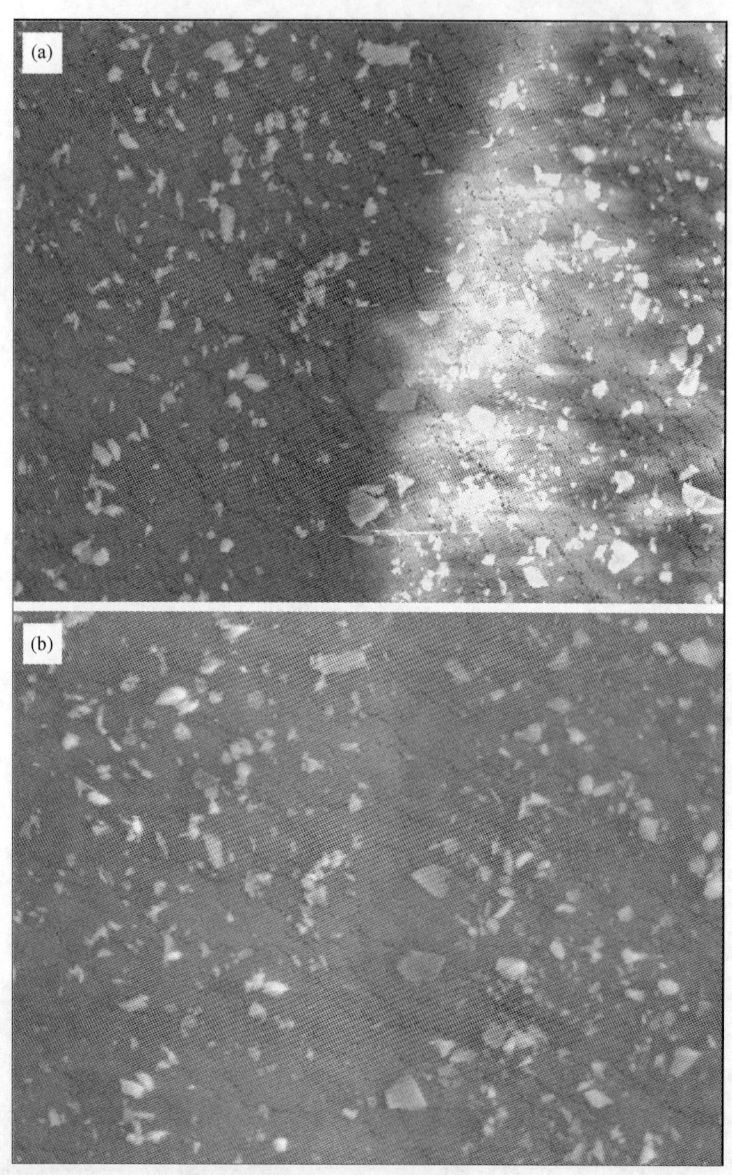

图 10-9 聚碳酸酯滤膜上收集的矿物粒子的二次电子成像。(a) 常规 SEM 得到的图像表明，右面的粒子带电显著；(b) ESEM 观察到的滤膜的同一区域，从该图中看不出样品带电的迹象

（引自 Courtesy S. Wight，NIST）

与常规 SEM 不同，ESEM 采用一系列限压孔将真空系统分成 5 部分，压力范围在 1.3×10^{-5}Pa（电子枪室）～1.3×10^{3}Pa（样品室）之间。除了有差分抽吸系统外，ESEM 还采用了独特的电子成像检测器，如图 10-10 所示，在该检测器中，高压样品室中的气体分

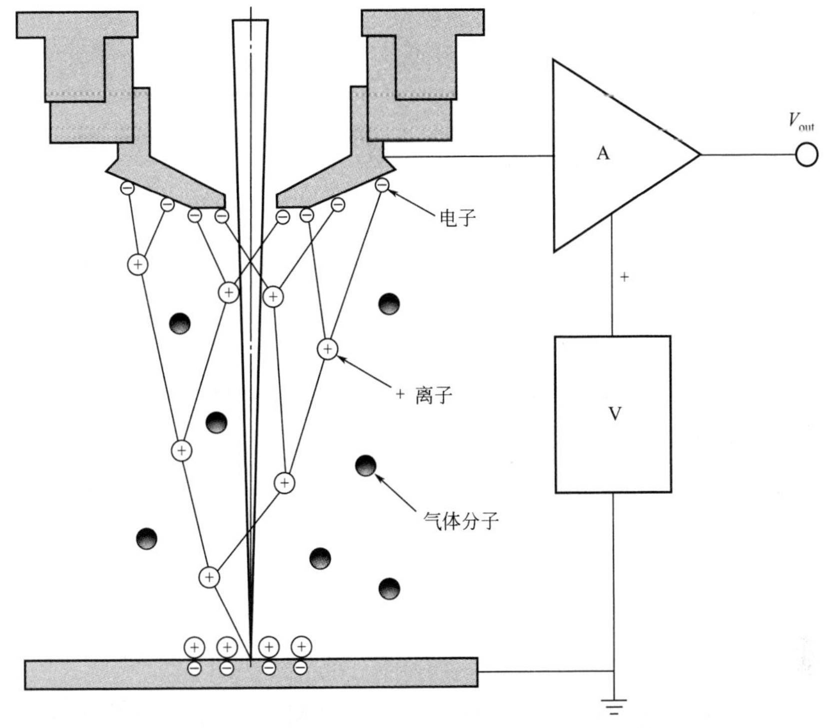

图 10-10　环境二次检测器及电荷消除装置示意图

（引自 Philips 电子光学，1996）

子用于增强二次电子信号，气体分子通过多级碰撞而产生阳离子，离子束碰撞样品表面而消耗表面上的电荷，因此增强二次电子信号。虽然 ESEM 具有上述优点，但是与能量色散 X 射线（EDX）分析相比，其图像质量和检测限灵敏度通常还是较低。

Zimmermann 等（2008）报道了安装有冷却系统的 ESEM 和 EDX 联用的应用，主要用于检测 9 种常见的风起沙尘矿物粒子的冰核活化点，该研究主要利用 ESEM 二次电子成像观察箱体中不同温度和相对湿度下的沙尘粒子的成核情况。

10.3.2.3　单粒子的 X 射线微量分析

X 射线微量分析的基本原理是：用电子束轰击原子，原子的内层电子被击出，所产生的空隙被外层轨道电子跃迁填充，随即发出特征 X 射线光子。由于电子迁移是发生在严格限定的能级之间，并且不同元素的特征 X 射线不同，因此根据 X 射线可以定量和定性分析元素。除了 X 射线分析外，粒径小于 0.1μm 的粒子还可以用分析电镜分析，此分析利用的是电子衍射和电子能量损失光谱（Cowley，1979；Joy，1979）。用 X 射线对无机物进行微量分析时，它对多数无机物都没有破坏性，分析过程中样品不发生改变。然而，分析人员必须知道，在接近真空的情况下，样品中的任何挥发性组分都会损失。一些研究者已经详细讨论了 EPMA 的具体内容及原理（Heirich，1981；Newbury 等，1986）。

因为电子束与样品原子作用时会发生散射，而且发射的 X 射线的吸收路径比电子的要长很多，所以 X 射线的空间分布及分辨率总是比电子探针的直径大。一般来讲，电子束微量分析技术的分辨率范围为 20nm～2μm，这与所选的分析仪器、粒径及其他实验因素有关。该技术可以检测原子序数为 6（C）及以上的元素，而且质量检测限较低，大约为 0.1%，对粒子来说大约为 10^{-16}g。分析结果常用质量分数表示。用 X 射线微量分析检测平坦、光滑的样品时，浓度测量值的准确度为2%，精密度为0.1%（Newbury等，1986）。精密度和准确度很大程度上取决于粒子的形状、粒径和成分。总之，当质量浓度测量值的准确度为10%～20%，精密度为5%时，可做定量分析。

10.3.3 分析时需要考虑的事项

通常，待测粒子的粒径决定了样品准备、仪器选择乃至分析方案。为了便于讨论单粒子分析，大致将粒子分为3类（图10-11）。选择特定电子光束法时，可以大致参考这个粒径范围。分析直径小于0.5μm的粒子，最适合的设备是电子束加速电压在80keV以上的电子或扫描显微镜。薄膜法是定量分析微小粒子的最准确方法，当粒径大于0.1μm时，准确度下降。分析大于0.1μm的粒子时，需要对X射线吸收、原子序数、荧光辐射进行修正，这一点很重要，并且需要与薄膜法联用，下面将讨论该法。

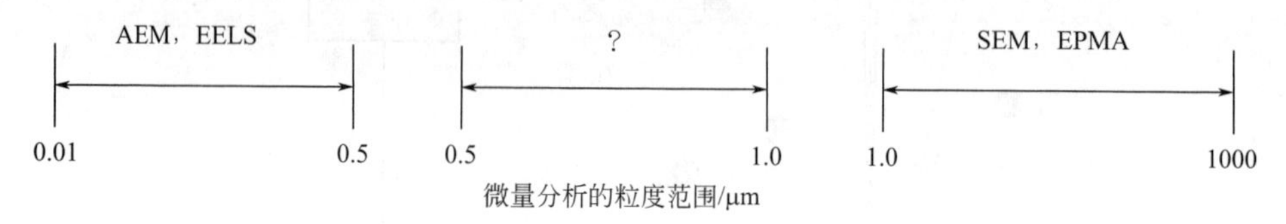

图10-11 用电子束设备分析的粒径范围，此图展示了三种分析方法的粒径范围

粒径谱图的另一端是直径大于1μm的粒子，用EPMA和SEM在加速电压小于50keV下分析最好。普通电子探针法能最准确地定量分析大粒子，一般是直径大于10μm的粒子，因为这样目标比较大。定量分析小于10μm的粒子时，其准确度随粒径变小而下降，为了弥补粒子之间的差异，在分析过程中要进行修正。

定量分析0.1～2μm粒径范围的粒子很难，但可以通过两个方法实现，可以用分析电镜（AEM，这时，可认为粒子是薄膜分析法中较大粒径的粒子），也可以用EPMA或SEM（这时，可以认为粒子是大量样品中粒径较小的粒子）。下面将着重讨论这两种粒子分析方法。

10.3.4 采用分析电子显微镜分析超细粒子

分析电子显微镜（AEM）广义上指应用透射电子显微镜（TEM）分析电子通透性样品的结构或者组成。AEM的设计通常是TEM仪器的应用，其重点在于分析的多功能性而非最终的空间分辨率。它可以通过将样品进行大角度旋转而实现晶体成像和衍射分析，还可以通过配备X射线能谱仪（XEDS）和/或电子能量损失谱仪（EELS）或者影像过滤器而实现组分测量。

AEM主要用于表征粒径小于光学显微技术分辨率限值的粒子（约0.3μm），在典型的AEM操作电压80～300keV下对电子是透明的，该操作电压比SEM大一个数量级。虽然基于不同的分析技术，厚度约为100nm及以下的样品更常用于定量分析，但在这种高操作电压下，粒径达到约1μm的粒子对电子也呈通透性。因此AEM适合于表征超细气溶胶粒子的特性，这是传统的表征技术无法做到的。

现代AEM可在传统模式（CTEM）或者扫描模式（STEM）下进行仪器操作，根据分析需求不同，可选择不同的模式。在CTEM模式下，样品先通过宽束电子照射，然后通过一系列透镜以使样品成像，类似于传统的LM。在STEM模式下，仪器操作与SEM类似，电子探针扫描样品并通过一级或多级检测器输出，通过同步光栅完成样品成像。在CTEM

中，成像像素并联，而 STEM 中像素串联。因此，考虑到可用不同检测器如 XEDS 和 EELS 同时获得衍射模式下不同成像点的谱图，CTEM 模式在成像应用方面具有效率优势，而 STEM 模式则在显微或者衍射技术方面更有优势。

虽然传统的亮场 TEM 成像技术已经在气溶胶表征中应用多年，过去十几年关于气溶胶的研究已促使在材料科学中常规应用的 AEM 的多种技术应用到气溶胶研究中。通过插图、成像和衍射模式，Ulsunomiya 等（2004）和 Chen 等（2006）的研究成果（图 10-12～图 10-14）证明使用 AEM 可以得到有价值的信息。不同 AEM 技术的特征列于表 10-4，类似于表 10-1。

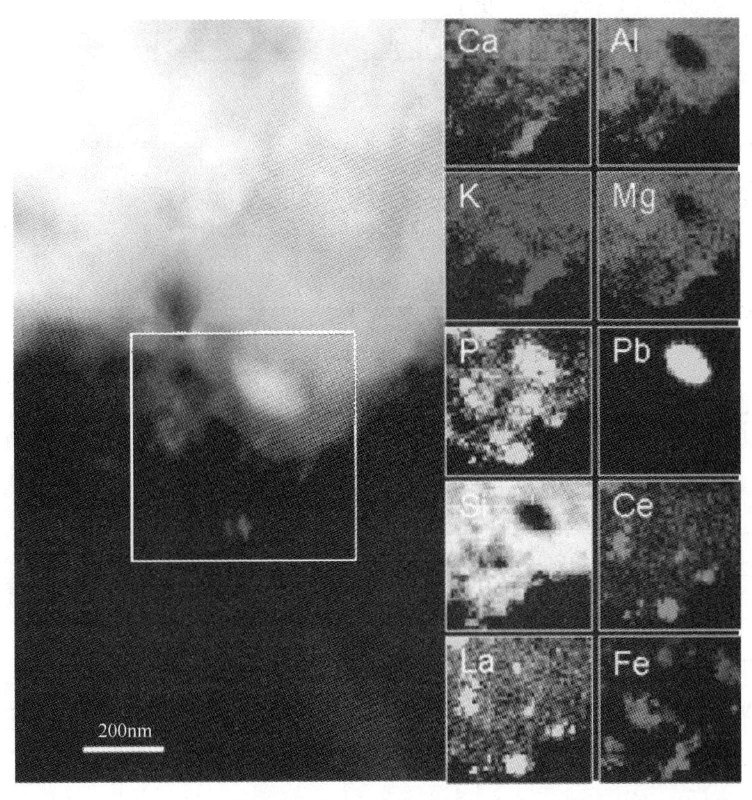

图 10-12 AEM 中 STEM 模式下，XEDS 谱图的 Z-对比图像和元素图形

（经由 Utsunomiya 等允许，2004）

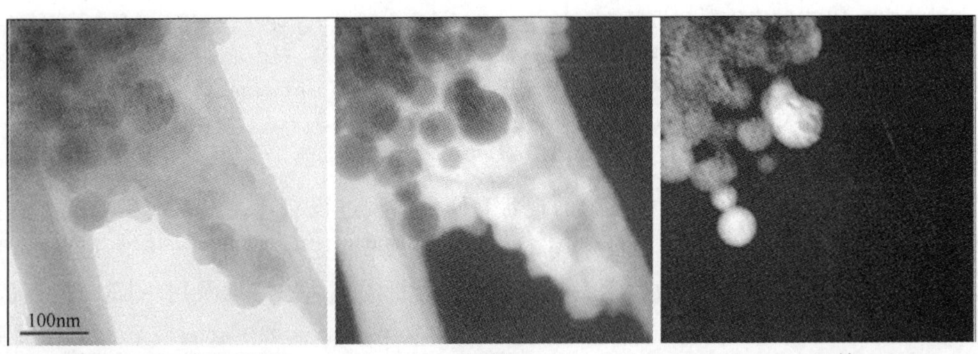

图 10-13 应用 EFTEM 得到的混合粒子图像，该技术主要在 CTEM 模式下应用 EELS 谱图成像技术得到

（引自 Chen 等，2006，并获允许）

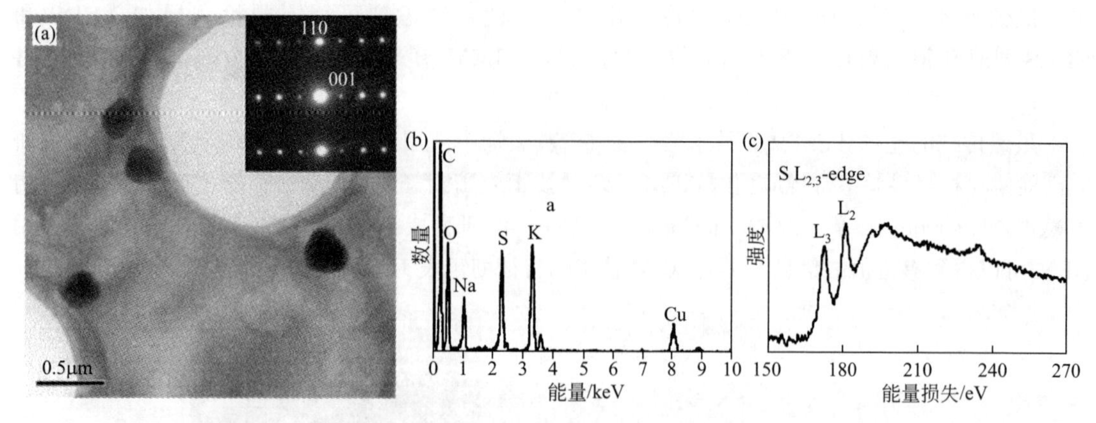

图 10-14 $K_3Na(SO_4)_2$ 的混合结构和化学组成的 AEM 图：粒子形态和晶体结构来自 CTEM BF 成像和 SAED；粒子组成来自 XEDS 光谱，而 EELS 的 S 边显示了一种 S^{6+} 价态

（引自 Chen 等，2006，并获允许）

表 10-4 AEM 应用

AEM 技术①	SEAD②	CBED	CTEM-BF/DF	EFTEM	HR-TEM	STEM Z-对比	STEM-EELS	STEM-XEDS
探针信号	电子	电子	电子	电子	电子	电子	电子	电子
分布测量	弹性② 角	弹性② 角	弹性② 空间	无弹性② 空间	弹性② 空间	漫散射② 空间	无弹性② 光谱	X 射线② 光谱
横向空间分辨率	10～1000nm	1nm	0.5～2nm	0.5～1nm	0.05～0.2nm	0.05～0.2nm	0.2～1nm	2～5nm
高光谱分辨率	1mrad	0.1mrad	NA	1～10eV	NA	NA	0.1～1eV	130eV
可测元素	NA	NA	NA	全部	NA	NA	全部	＞铍
化学状态测量	NA	NA	NA	是	NA	NA	是	否
最低可测质量	NA	NA	NA	10^{-20}g	NA	NA	10^{-22}～10^{-20}g	10^{-20}g
最小质量分数	NA	NA	NA	1%～10%	NA	NA	1%～10%	0.1%～0.5%

① AEM 技术的首字母缩写词：AEM，分析电子显微镜（analytical electron microscopy）；BF，明场（bright-field）；CBED，聚焦束电子衍射（convergent beam electron diffraction）；CTEM，传统投射电子显微镜（conventional transmission electron microscopy）；DF，暗场（dark-field）；EELS，电子能量损失谱（electron energy-loss spectroscopy）；EFTEM，能量过滤投射电镜（energy-filtered transmission electron microscopy）；HAADF，高角度环形暗场（high-angle annular dark field）；HREM，高分辨率电子显微镜（high resolution electron microscopy）；SAED，选区电子衍射（selected area electron diffraction）；SBDF，强束暗场（strong-beam dark-field）；STEM，扫描透射电子显微镜（scanning transmission electron microscopy）；TEM，透射电子显微镜（transmission electron microscopy）；WBDF，弱束暗场（weak-beam dark-field）；XEDS，X 射线能量色散谱（X-ray energy dispersive spectroscopy）。

② 信号为初级传送电子。

本部分将对单粒子 AEM 分析技术的现状和研究前景进行综述。本章前面的章节只针对一种特别的技术进行深度研究，与此不同，本章后面章节仅是一个调查，因为 AEM 可以进行的分析很广泛。本调查主要为初学者提供 AEM 分析的整体思路以及用 AEM 进行气溶胶分析的相关参考文献。关于 AEM 的应用，可以参考 Williams 和 Carter（2009）主要针对 AEM 的应用，Fultz 和 Howe（2008）的研究主要针对于 AEM 和衍射方法。

10.3.4.1 结构分析

用 AEM 可以对气溶胶粒子进行多尺度结构分析，包括粒子的粒径和形状、积聚程度、粒子构成相分布、不同空隙的属性和分布特性以及原子排列顺序。虽然无定形粒子的结构特性通常与粒子方向无关，反映了其缺乏有序的排列，为了获得晶体相对称点的衍射形式或者能展示晶体面/粒子的单原子平面或列的图像，晶体颗粒物的结构特征通常依赖于入射电子束对称轴方向。

结构分析方法通常使用弹性散射的初级电子，这些电子包括了大多数发射电子，因此可以提供高信号和信噪比水平，只使用适量的入射电子剂量即可很快表征。这些方法对粒子结构不会造成无可挽回的改变，因此非常适合于气溶胶粒子的分析，特别是那些不能受强烈电子束长时间照射的粒子。

电子衍射可以直接测定小粒子的晶体结构，包括用于相位确认的晶体参数和点对称。可通过晶体相的衍射方式直接将其识别出来，这为工程纳米粒子或功能性纳米粒子的气溶胶合成提供了强大的诊断技术。与结构表征的成像技术相比较，衍射技术的剂量-效应通常会更明显，因此更适合作为光束敏感粒子结构分析的首选方法。

衍射模式表现出了相应入射光束方向的中心特征，其形状依赖于所使用的衍射技术：对于传统的选区电子衍射（selected-area electron diffraction，SAED），入射光束大约呈平面波形且在中心形成最大强斑；对于汇聚束电子衍射法（convergent beam electron diffraction，CBED），其中心最大光束呈圆盘形，因此入射光束方向呈与聚光镜孔径同样的照明范围。中心特征被具有相似几何形状的大体呈对称模式的特征斑点或圆盘所包围而成为最大。模式的类型主要依赖于入射光束所收集的粒子的结构：无定形粒子表现出同心漫射晕系列，多向晶体粒子表现出同心离散环系列；单晶粒子呈现出一种自体一致的模式，这种自体一致的模式依赖于晶体结构和相对于晶体方向的入射电子束方向。

不同的衍射方法适用于不同种类粒子的分析。传统 SAED 适用于用于统计分析的粒子的衍射分析，其模式可以用类似粉末 X 射线衍射模式加以解释，通常代表了随机大量采集的粒子的方向。相反的，CBED 适用于单个粒子采样或者粒子间的单相测定。CBED 入射光束方向的范围（通常达到 0.5°）使随入射光束方向变化的衍射强度（the“rocking curve”，岩石曲线）的变化很容易被监测到。考虑到探针相空间群的测定，CBED 模式的对称性标志着晶格的点对称。

衍射对比成像（Diffraction Contrast Imaging）应用衍射模式特征形成随粒子衍射特征强度变化的图像。亮场（BF）成像通过选择入射光束的中央衍射特征成像，这种成像方式是视场中不同相位比较常见的；暗场（DF）成像通过选择非中央衍射特征成像，其常用于表征单晶粒子。入射光束方向与选定衍射特征方向的旋进（锥形暗场成像，“conical dark-field” imaging）可用于不同晶体方向的常见晶体结构的粒子成像。

亮场成像是 AEM 技术中最简单也是最昂贵的成像技术，可作为分化不同相粒子的有效方法，或者通过粒子典型的内部空隙结构对粒子进行分类。非晶体相在 BF 影像中比较一致且无特色，表明缺乏长范围的秩序。相反的，晶体相依赖于其晶体结构和其相对于入射光束的方向。晶格参数较大的低对称性晶体比非晶体相暗，且方向呈现微妙的变化；具有简单结构的高对称性晶体相平均比非晶体相要亮，且其样本方向变化较大。通过将粒子相对于入射光束方向倾斜，BF 对比成像的变化可用于快速确认各种组成相。

暗场成像可用于选择性地突出粒子的独特纹理，或者反映空隙结构。由于热漫散射，暗场成像在非衍射特征中呈现弱的质量-厚度差异，这使得即使粒子的微结构特征没有一个在强衍射环境，也能将粒子从其支持薄膜中区分出来。如果样本方向接近衍射特征直接通过光圈的平面 Bragg 状态，即形成高对比度强光暗场图像（SBDF）。强衍射相呈现亮状态，从而弱化了粒子其他部分的漫散射强度。相反的，弱光暗场图像（WBDF）通过晶体相空隙形成，晶体相空隙的组分与选定散射特征平行，空隙展示了晶体对称的置换。获得的图像为空隙与扩散背景相叠加的低对比度图像。

高分辨率（晶格）成像［high-resolution（lattice）imaging］是样品晶格沿晶体的高对称性方向的实时空间成像，且原子沿线排列。晶格成像可以在 CTEM 或者 STEM 操作模式下进行，在 CTEM 模式下的晶格成像是传统的相对比成像，也称为高分辨率电子显微镜（HREM）；而 STEM 模式下的晶格成像是传统的放大对比成像，也称为高角度环形暗场（HAADF）或者 Z-对比成像。

在 CTEM 操作模式下，目标光圈的大小比用于衍射对比成像的目标光圈大，以便于中央束和一些低指数衍射光束能够通过目标光圈。不同的光束形成一个干涉图案以构成样品的晶格图像。相对比成像（phase contrast imaging）呈现出高的对比度和信噪比以及对轻元素的高灵敏度，但是对比需保持一致并需要通过图像模拟以确保正确解释。

相比 HREM，STEM 模式下的 Z-对比成像提供了一个易于解释的“不连续”成像（亮斑为原子柱的位置），但是其信噪比比相对比成像低。Z-对比成像的原子序数灵敏度比较高，接近于卢瑟福截面（与 Z^2 成正比）。

10.3.4.2 成分分析

成分分析通常需要检测原子内壳层电子电离所产生的特征光谱信号。如前所述，Z-对比成像提供了具有不同原子序数的相（或原子柱）的成分对比信息，与 SEM 中反向散射电子成像方式类似。然而，为了准确区分不同阶段的不同成分，必须使用光谱信号。

相对较低的内壳层电离截面使得这些光谱技术比一般结构分析方法所需要的剂量和时间效应低。虽然可以在几秒内获得样本的高质量 Z-对比图像，其中包含了可以确定原子列的百万像素和足够信号，但是获得同等质量的 STEM-XEDS 或-EELS 光谱图像则需要几个小时。因此在应用中，光谱图像需要在空间（较低像素）或者光谱（数量有限的能源片）维度进行足够的压缩。然而，对于光敏感样品，包括一些气溶胶粒子，其内壳层电离截面较低，造成光谱特征在射束损伤前变得复杂。

随着数据获取效率与分析效率的提高，传统的点光谱分析正逐渐被光谱成像方法所替代。光谱成像需要视野内每个像素的全谱图。AEM 或者 XEDS 或者 EELS 的操作软件具有综合的光谱成像采集和分析能力。因此，用 AEM 进行成分成像正逐渐成为标准的成像模式。

① 电子能量损失光谱分析（electron energy-loss spectroscopy）。电子能量损失光谱（EELS）包括样品发射的初级电子光谱特征。在商业 EELS 光谱仪中，电子通过一个或多个 90°的扇形磁场。那些在传输过程中将能量释放给样品的电子通过磁场后偏离的程度比无弹性散射电子偏离的程度强，从而分散成光谱。虽然概念简单，但是光谱还是有点复杂，因此 EELS 最好由技术熟练的人员操作。

电子能量损失光谱适于分析厚度小于非弹性平均自由程（约等于 100nm）的样品。谱峰包括一个强的“弹性”电子尖峰（损失能量可以忽略），一个宽的最大能量损失范围在 5～25eV 之间的等离子体激发强度峰，以及一个表示原子内壳层电子电离能特征的延伸的强度尾峰。这些基本的特征峰包含了组分成像的信息。电子能量损失光谱的背景值较高，使得对少数元素组分或者那些具有发散性（而非尖锐性）特征边缘的峰进行解析变得复杂。

EELS 光谱强度随能量损失的增加而迅速降低，因此光谱的动力学范围较大，从弹性高峰到边缘的变化有时可达 5 个数量级，其能量损失降低约 1000eV 及以上，这些包含了有用的光谱范围。

电子能量损失光谱及其成像可以在 CTEM 或者 STEM 操作模式下进行。能够在每个像素获得 EELS 光谱图的扫描透射电镜-电子能量损失光谱成像，可以同时进行 STEM-XEDS 谱图成像和 Z-对比成像。但是，谱图较大的动力学范围通常意味着每次只能得到一部分有用的图谱。EELS 成像的 CTEM 变体也称为能量过滤透射电镜（EFTEM），将一狭缝置于分光仪的能量分散平面，用于选择窄的能量带，然后用一系列后分光计透镜来形成样品图像。在高能量损失情况下，可以通过忽略 CCD 探测器的像素调整频谱的动力学范围，从而提高计数统计。通常，CTEM 模式下的光谱数据（更少、更宽的能量片）和 STEM 模式下的空间数据（像素较少）更易压缩。EFTEM 具有如下相对优势：可以并行得到多个像素，百万像素的元素谱图可以在几分钟之内获得。

② X 射线能量散射光谱（X-ray energy-dispersive spectroscopy）。EELS 组分成像由初级电子能量损失形成，而 X 射线光谱成像可以通过初级电子返回基态时造成的内壳层电离所产生的 X 射线形成。由于 X 射线光谱具有较高的收集效率，且可以平行得到全谱，因此 AEM 中的 X 射线微量分析几乎全部都是使用 X 射线能量散射光谱（XEDS）进行的。

XEDS 谱图特征高斯峰位于低且平滑变化的背景曲线中，其对元素周期表中 $Z>4$ 的所有元素都具有较好的灵敏度。虽然由于小元素的 X 射线特征谱线与大元素的特征峰会发生重叠而降低检测限，但是一般质量分数大于等于 1%的元素均可以检测出。由于 XEDS 检测器的像素必须是连续获取的，因此 X 射线微分析只能在 AEM 中的 STEM 模式下进行。

借助于一些必需的前处理方式，AEM 获得的 XEDS 谱图可以用于定性和定量分析。对于定性分析来讲，AEM-XEDS 可以粗略估计分析柱中元素的相对浓度，当结合衍射数据进行分析时，可以识别 robust 相。对于定量分析来讲，需要有一个合适的已知组分作为标准以确定敏感因子，此敏感因子可以将谱图中 X 射线强度比值与取样器里的质量分数比值结合起来。而且，样本几何形状对定量的影响，包括使特征 X 射线的差分吸收发生变化，可能比较重要，尤其对于颗粒物而言。光谱成像可能有助于将这些几何形状造成的影响从真正的组分不同产生的影响区分出来，也可以将由初级 X 射线、快速二次电子及反向散射电子二次激发产生的影响区分出来。不过，对于超细粒子来讲，这些二次激发产生的影响可以忽略不计，这是因为超细粒子广泛分布在低 Z-基板，例如无定形碳膜。

AEM 中，XEDS 和 EELS 对于成分分析可以优势互补，EELS 对轻原子（如碳、氢和氧）更为敏感，这些轻原子对 X 射线辐射具有较低的荧光产量，且在它们穿过电子透明样品到探测器的过程中具有强的吸收。EELS 可以通过化学位移和特征边缘近边缘区的精细结构检测某些元素的化学状态（图 10-14），也可以通过光谱低损耗区检测相位的电子结构（electronic structure of the phase）。XEDS 对低浓度元素以及在 EELS 中存在弥散特征边缘的元素更为敏感。一些应用主要单独使用 XEDS 技术，另一些应用主要单独使用 EELS 技术，当将这两种组分成像分析方法结合使用时，其应用范围更广且更强大。

10.3.4.3 超微粒子分析中分析电镜的发展趋势

前面已经介绍了发展成熟且广泛使用的 AEM 方法。随着纳米技术商业化应用的发展，一些用于解决气溶胶科学领域基础问题的专业仪器和技术也已经得到了应用或可能得到应用，尤其是对粒径在几纳米到几十纳米的超细粒子。本部分将简单介绍这些专业仪器及其对于气溶胶科学的可能贡献。

过去10年中，AEM技术的一个主要突破就是像差校正电子光学（aberration-corrected electron optics）的发展，这一发展大大提高了电子显微镜的空间分辨率。这项新技术将空间分辨率提高了2倍之多（小于100pm，100pm＝1Å）。提高的空间分辨率使CTEM模式或STEM模式下的晶格成像在低对称性投射下也能进行，且其灵敏度和信噪比也较高。过去几年中像差校正仪器数量大大增加，为合作解决关键的科学应用提供了许多机会。

单色仪是另一个专门的光学器件，它通过将AEM场发射电子源的能量范围降低多达一个数量级以提高EELS的光谱分辨率。这种新技术最近被用于从单个“棕色”碳气溶胶的可见光谱中提取复合介电函数（光学响应）。Alexander等（2008）分析了EELS谱图的低能量损失（0～10eV）区域，结果表明这些粒子在“黑色”元素碳和“透明”有机碳之间还存在一种光吸收中间体。这种“棕色”碳粒子的光学特性直接影响了大气碳气溶胶通过辐射强迫对气候产生的影响。

相干纳米衍射也可进行高分辨率结构成像，这一技术是通过在AEM中配备一个高度一致的场发射电子源而实现的。这种技术可用于定量提取衍射强度分布，在合适的条件和大量计算的情况下，所提取的衍射强度分布可用于形成纳米级别粒子的原子分辨率图像。虽然目前衍射技术的发展仍然处于初级阶段，但是该技术在对超细粒子进行原子空间分辨率的自动分析领域具有广泛的应用前景。

XEDS检测器电子学和计算机自动化的发展会显著提高粒子光谱分析效率。新一代的XEDS检测器，也称为硅漂移检测器，其输入端计数率比传统的单片式低温冷却探测器高出几个数量级。XEDS采集软件的新版本能够区分目标粒子、非目标粒子及支持膜的X射线信号，从而最大限度地对目标粒子进行数据收集。

美国能源部资助的一个工作组认为AEM在两个领域中受到重视，并将对气溶胶科学的发展有重要的作用（Miller，2007）。这两个领域分别是动力学测量中的时间分辨成像及其操作环境中的微小结构研究。Wise等（2008）使用配备了环境单元的TEM，也称为环境TEM（ETEM），对单个超细盐粒子的吸水性进行了研究，这是ETEM在气溶胶科学进行应用的很好的实例。这些具有广阔前景的新功能，使对气溶胶（气体介质中的凝聚态颗粒）进行原位研究成为可能，省去了分析前对粒子进行提取的步骤。

10.3.5 用于大粒子分析的电子探针和扫描电镜

在传统的电子探针分析中，样品和标准品必须有平整的表面，且厚度要大于电子束的渗入程度。利用简单的几何关系就可以对作用在样品上电子束及随后发射出的X射线进行校正。如果在分析中未考虑粒子的几何形状的影响，那么随后的分析结果只是定性的，并且只能用于元素鉴定，组分分析的误差可能会达到百分之几百。因此，校正粒子形状对X射线数据的影响非常重要。

粒子定量分析中，样品的形状和厚度是不可控制的，且在大多数情况下是不可测的。对粒子或粗糙表面进行定量分析的困难源自3种不同的效应，并将影响样品中X射线的产生和测定（Small，1981）。

第一种效应源于样品大小（质量）的有限性。质量效应同电子的弹性散射有关，并受样品平均原子数的影响极大。粒子厚度比初级电子束范围小时，质量效应的影响很重要，因为一部分电子束还未激发X射线就会离开样品。随着粒子粒径的减小，释放X射线的样品质量也变小，从而导致所释放的 X 射线强度比具有相同组分的大体积样品要小。证明质量效应的方法是：将大体积样品释放出的 X 射线与具有相同组分的粒子释放出的 X 射线进行对比。图 10-15 为粒子释放的 Ba Lα X 射线的强度（标准化成具有相同组分的大体积材料的强度）与粒径的函数关系图。Ba Lα X 射线的能量为 4.47 keV，如此高的电压足够将吸收效应降到最小，曲面斜度反映了质量效应。与大体积物质相比，粒径小于 3μm 的粒子释放的 Ba Lα X 射线的强度下降，说明了质量效应的存在。如果不对质量效应进行校正，那么得到的粒子元素组分的结果会偏低（假使结果没有标准化）。

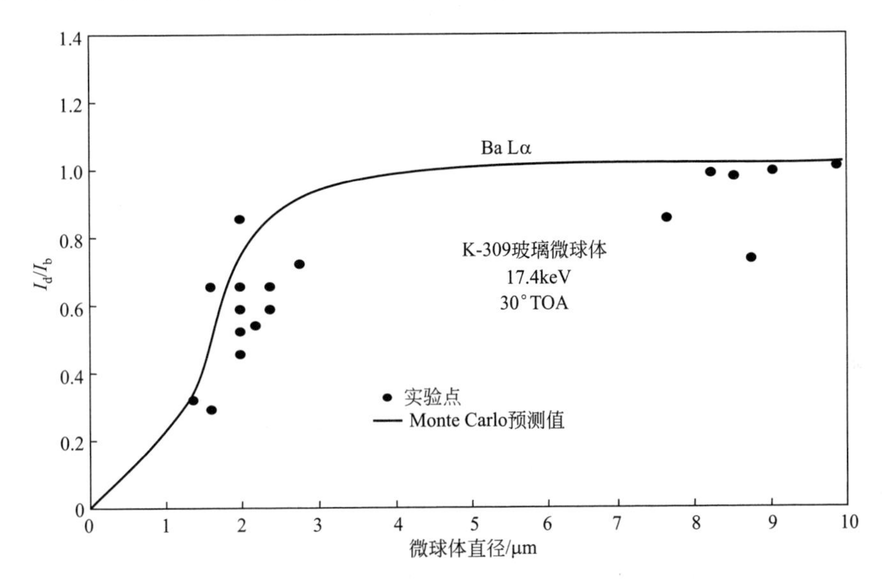

图 10-15 粒子的 Ba Lα X 射线强度与粒径的关系图，其中 X 射线强度用大体积目标物的强度进行了标准化。此图表明，与大体积靶物相比，粒子的 X 射线强度降低，这是因为它们的质量减少了（引自 Small 等，1978）

第二种效应源于粒子的 X 射线吸收与大体积标准品的 X 射线吸收不同。在粒子分析中，不能像光滑样品中那样精确计量 X 射线入射角（吸收路径长度）。如图 10-16 所示，从粒子中发射的 X 射线，沿 A-B 路径的光强比沿 C-D 路径的要大，这是由于前者吸收路径短，在离开粒子前，射线穿越的质量小。从短路径中测量的成分浓度比真实值偏高，从长路径中测量的成分浓度比真实值偏低。这个效应的影响在高吸收情况时将达到最大，如典型的 Al 或 Si 释放出的弱 X 射线，它们的能量还不到 2keV。粒子吸收路径的长度与光滑的大体积样品不同，所以产生的 X 射线强度也有很大不同。图 10-17 是各种吸收路径长度下 Si Kα X 射线强度随粒径的变化情况。

第三种效应源于目标特征 X 射线的二次激发，该二次射线是由电子激发的初级 X 射线激发而产生的。由于固体中的 X 射线吸收系数相比电子衰减要小些，因此，二次 X 射线荧光的范围（几十微米）要比电子激发的初级 X 射线的范围（μm）大很多。在大体积样品和标准品中，大多数电子激发的初级 X 射线留在靶物上，这是由于样品比 X 射线的范围要大得多。然而在粒子中，粒子体积可能只是 X 射线范围的一小部分，因此，电子激发的大多数 X 射线会在产生二次 X 射线之前离开粒子。对于二次荧光效应很重要的样品来说，粒子行为与大体积标准品行为有很大不同。图 10-18 是 Ni-Fe 合金中 Fe Kα X 射线被 Ni Kα X 射线激发的荧光范围。

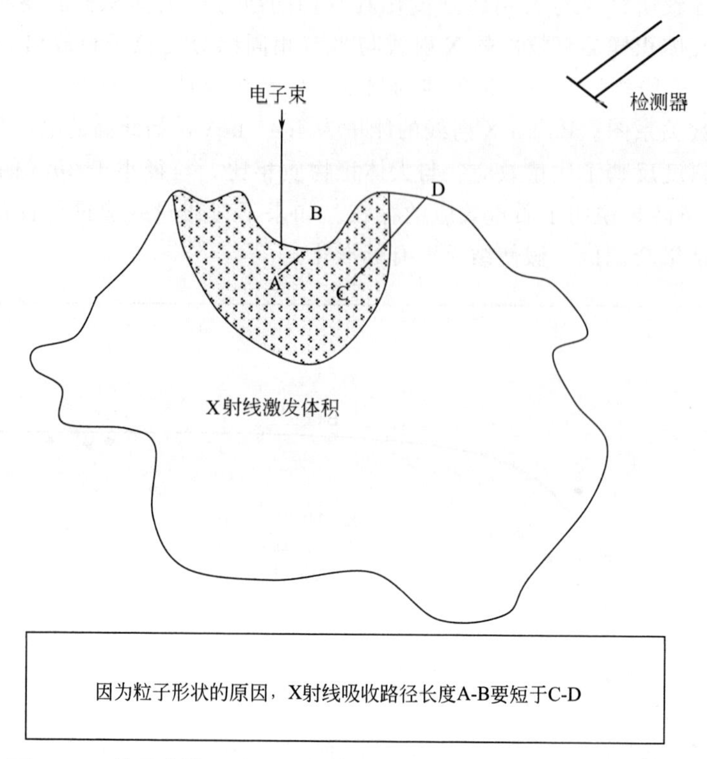

图 10-16 该示意图显示了不规则粒子中的任意 X 射线吸收路径长度

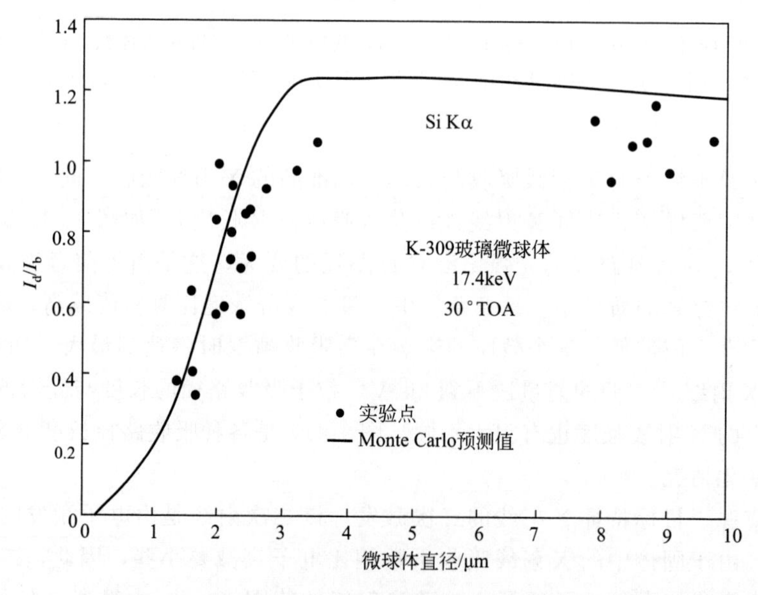

图 10-17 粒子的 Si Kα X 射线强度与粒径的关系图，其中 X 射线强度用大体积目标物的强度进行了标准化。此图表明，与大体积靶物相比，较小粒子的 X 射线强度较高，这是因为 X 射线吸收路径的长度降低了

（引自 Small 等，1978）

在粒子分析中，如果没用大体积标准品对二次激发 X 射线进行校正，就可能产生以下影响：

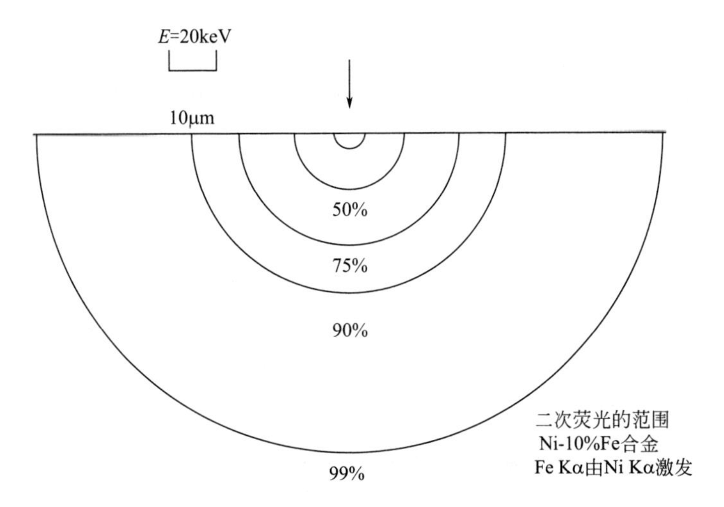

图 10-18 Fe Kα X 射线被 Ni Kα X 射线激发出的荧光范围图，单位为 μm。此图表明，Fe X 射线可被 Ni X 射线激发出荧光的距离要比微小粒子的粒径大得多
（引自 Small，1981）

① 那些与其他特征 X 射线激发的元素特征线（characteristic lines）有关的元素浓度将被低估。这是因为，二次激发 X 射线强度的计算值会降低粒子释放的 X 射线强度的测量值。

② 在连续荧光辐射中，所有元素的浓度都会被低估，尤其是那些具有高能特征线（由高能、大范围连续激发产生）的元素。

10.3.5.1 标准化

定量分析粒子的最简单方法是将结果标准化成百分（%）制（Wright 等，1963）。选用这种校正方法的前提是要假定粒子的 X 射线吸收和荧光辐射与大体积样品一样，且所有元素的质量效应一致。实际上，将结果标准化可以有效地校正质量效应。由图 10-19 可见，小于 2μm 的粒子的不同元素曲线交汇在一起。由于标准化并不能准确地弥补吸收和荧光效应，

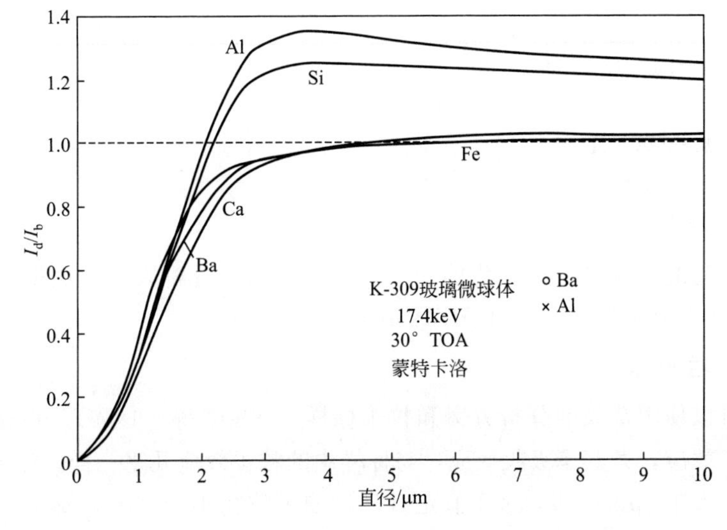

图 10-19 计算得到的 K-309 玻璃微球体的 X 射线强度蒙特卡洛曲线与粒径的关系图，通过大粒子进行了标准化处理。该图表明：粒径小于 2μm 的不同元素的曲线会重合

因此，要得到精确的结果，粒子系统必须满足以下条件：

① 系统中所有元素的分析线均要高于 4keV，此处吸收效应最小。

② 分析线能量低于 4keV 的粒子系统，所有元素的分析线能量要尽可能靠拢，以使各种情况下的基底吸收大致相同。

③ 粒子系统无明显的二次荧光效应。

表 10-5 为铅硅玻璃粒子的分析结果。第一组数据是分析 2.3keV 下的 Pb Mα 线得到的，其能量同 1.74keV 下的 Si Kα 线相近，因为这两条线的吸收和质量校正相似，所以，铅和硅的浓度与真实值吻合较好。第二组数据是分析 10.6keV 下的 Pb Kα 线得到的，此种情况下，这两条分析线在能量上悬殊较大，而且粒子吸收效应的程度也不同。与预期一样，Pb Kα 分析的误差比 Pb Mα 分析的误差大很多。

表 10-5 将定量结果标准化的铅硅玻璃 K-229① 的分析结果

分析	Sim_f③/%	误差/%	Pbm_f③/%	误差/%
Pb Mα 线②分析				
1	0.155	+10.7	0.620	−4.6
2	0.144	+2.9	0.643	−1.0
3	0.136	−2.7	0.658	+1.2
4	0.138	−1.1	0.653	+0.5
5	0.127	−9.0	0.675	+3.8
6	0.170	+22	0.588	−9.5
7	1.137	−2.5	0.657	+1.1
Pb Lα 线④分析				
1	0.134	−4.5	0.663	+1.9
2	0.177	+26.3	0.578	−11.0
3	0.159	+14.0	0.612	−5.8
4	0.166	+18.0	0.602	−7.4
5	0.017	+88.0	0.894	+37.0
6	0.100	−29.0	0.731	+12.4
7	0.157	−12.3	0.616	−5.2

① 成分名称：Si=0.140；Pb=0.650。

② 满足条件。

③ 元素以质量分数表示（m_f）。

④ 不满足条件。

注：引自 Small，1981。

用大体积样品的分析进行标准化的一个主要缺点是，分析人员无法根据检出结果小于 100%而判定存在未分析元素（如原子序数小于 6 的元素）。

10.3.5.2 粒子标准

分析人员可以使用常规的分析方案和粒子标样（White 等，1966）。在这个过程中，假定样品中的粒子效应，尤其是吸收效应，与标样中的粒子效应几乎一样。如果样品和标样的成分类似且粒径大于 2μm，那么这个假定合理。如果粒径小于 2μm，那么样品与标样之间在粒径和形状上的任何差异都很关键，因为有效直径的微小变化就会引起 X 射线强度的很大变化。

10.3.5.3 粒子形状的几何模型

Armstrong 和 Buseck（1975）提出了粒子形状的几何模型。其原理是用简单的几何形状或复合形状来划定粒子的边界，如正方形、金字塔形等，根据选定的粒子几何图形，从而计算出各个粒子效应。造成粒子 X 射线损失的不同效应的修正如下。

① 电子透射：电子穿透粒子时造成的 X 射线强度损失可以用一个公式的修正式计算，该公式是 Reuter（1972）为了计算薄膜中 X 射线的相对产生量而提出的。在此修正式中，X 射线的产生量是射线在粒子内的位置的函数。

② 电子反向散射：Duncumb 和 Reed（1968）的公式可以计算由电子反向散射造成的 X 射线损失。

③ 电子偏向散射：将电子偏向散射造成的初级 X 射线损失最小化的方法是使用小于 1.5keV 的超电压，将电子束在整个粒子面积上分散成光栅或散焦。

④ X 射线吸收：X 射线吸收的修正将吸收路径长度的积分限值设定为几何形状或整个粒子形状的限值。该程序中所指的形状包括直角棱镜、四棱柱、正三角锥、正方棱锥、半球、球体。

为了计算粒子内某处产生二次荧光辐射的概率，Armstrong 和 Buseck（1977）调整了整合限值，并计算出了特征 X 射线的二次荧光辐射产生的 X 射线强度。

表 10-6 为该法计算的钙长石（硅酸铝钙）、蔷薇辉石（硅酸锰）和黄铁矿（硫化铁）的结果（Armstrong，1978）。所有例子中，分析结果与真实结果非常吻合，且分析结果的标准偏差小于 6%。如果需要得到更准确的浓度，必须特别注意用以划定粒子边界的形状和尺寸。

表 10-6 用几何建模方法分析矿物粒子的结果

氧化物	真实组分测定	
	质量分数/%	质量分数/%
122 次分析平均值		
钙长石		
CaO	18.9	19.0±0.8
Al_2O_3	35.7	35.6±1.2
SiO_2	44.3	44.4±1.0
100 次分析平均值		
蔷薇辉石		
MnO	35.5	35.5±1.1
FeO	13.0	
CaO	4.1	4.0±0.2
SiO_2	46.9	46.8±0.8
元素	真实组分测定	
	质量分数/%	质量分数/%
140 次分析平均值		
黄铁矿		
FeS	46.6	46.4±1.0
S	53.4	53.6±1.0

注：引自 Armstrong，1978。

10.3.5.4 峰-背景比

Small 等（1978）及 Statham 和 Pawley（1978）提出了粒子定量分析的第四种方法。该方法是对 Hall（1968）提出的生物样品方法的扩充，它基于以下观测结果——两个强度比近似相等，即平坦无限厚的目标物的特征 X 射线强度与能量相同的连续光谱强度之比等于同组分粒子或不光滑表面的 X 射线强度与连续光谱能量之比。

用公式表示为：

$$(I/I_{con})_{particle}=(I/I_{con})_{bulk} \tag{10-1}$$

式中，I 为背景-校正峰强度；I_{con} 为与该峰具有同等能量的连续光谱强度。这里假设激发的特征 X 射线的空间分布与激发的连续 X 射线的空间分布一致。因此，粒径、粒子形状对两个射线强度的影响是一致的。通过将这两个强度相比，就抵消了粒子的质量和吸收影响。

10.3.6 蒙特卡洛分析

蒙特卡洛模拟是粒子定性分析技术中最有发展前景的技术之一（Green，1963）。EPMA 的蒙特卡洛技术对样品材料和模型检测器中的电子和 X 射线之间的相互作用进行了模拟。对于几何形状已知的样品来讲，模拟的准确度仅取决于我们对于弹性和非弹性散射、电子碰撞和原子光电离、X 射线发射和吸收等基础物理现象的理解。许多高质量的蒙特卡洛模拟程序（Ro 等，2003；Llovet 等，2005；Ritchie 等，2009）可以检测复杂几何形状样品，包括粒子样品中产生的 X 射线和光谱。

图 10-20（a）比较了铜基板上的 3.3μm NIST SRM 2066 K-411 玻璃小球在 25keV 下的 X 射线光谱的测量图像和模拟图像。模拟技术能够捕获许多微妙的相互作用模式，这些模式是大多数分析模型忽略的。例如，Cu K 成像可以表现出粒子（电解铜）产生的 Cu X 射线。这些 X 射线是由粒子发散出的电子与铜基板相互作用产生的。而且，Cu L 成像表明了粒子遮蔽铜基板对于检测器（挂载在左边）的影响。O K 成像表明了粒子左侧和右侧的差分吸收影响。图 10-20（b）表明模拟与测量的一致性并不仅限于定性分析。

应用蒙特卡洛模拟进行定量校正是可行的（Osan 等，2000）。一种技术是模拟标准样品的 X 射线生成，然后通过迭代提炼过程，比较模拟的 k 比值与测量的 k 比值，完成对未知组分的估计。过程比较费时，但是相对于其他假定粒子几何形状已知的校正方法，该方法更为准确。

对真正几何的认识是粒子 EPMA 定量分析的薄弱点。粒子区域的投射比较容易测量，但是粒子的深度表征比较困难。如果时间比较充裕，分析员可以对粒子进行旋转以决定第三维度。对于快速的粗略分析，只需要进行合理的估计即可。不管怎样，如果没有真实粒子形态学的知识，构建好的模型是不可能的；如果没有好的模型，即使是蒙特卡洛模拟，其应用也是非常有限的。

应用蒙特卡洛模拟计算二次荧光比简单计算原子序数和有关吸收效应要花费更多的计算成本。幸运的是由于粒子的维度通常远小于 X 射线的特征范围，从而很少需要进行二次荧光计算。如果所选择的基底不好的话，基底产生的一次荧光可能被粒子吸收，因此需要校正。

蒙特卡洛模拟非常适合用多个处理单元同时计算多个电子轨迹的平行处理方式。一些有广泛应用前景的技术，包括分布式"云"计算、图形处理器（CDUA 和 OpenCL）和多核处理器，通过这些技术及单处理器速度的提高，蒙特卡洛模拟很有可能成为分析各种复杂几何形状样品的 EPMA 的常规方法。

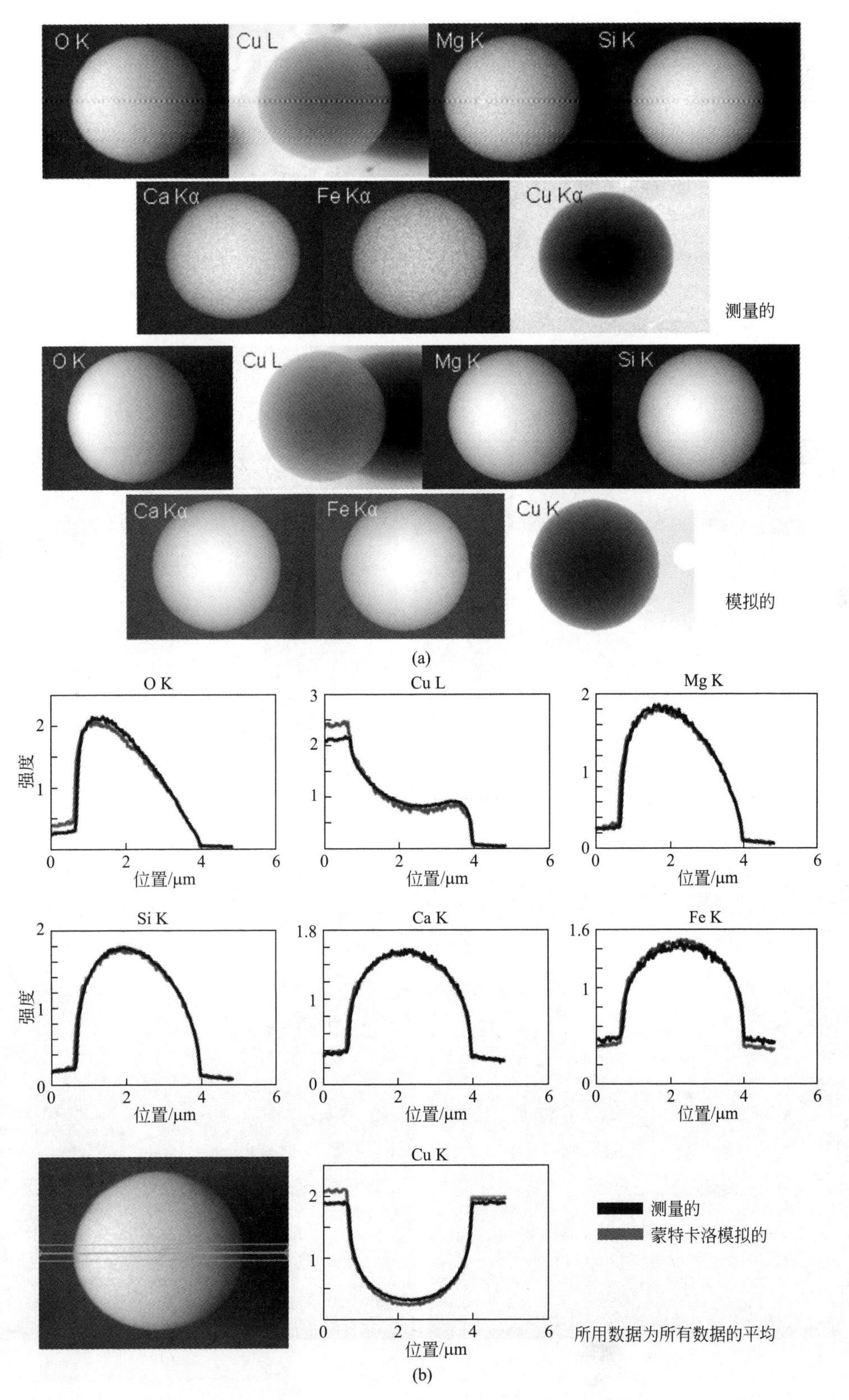

图 10-20 框架（a）比较了 3.3μm 的 NIST SRM 2066 K-411 玻璃小球在 25keV 下的 X 射线光谱的测量图像和模拟图像，该模拟使用 DTSA-Ⅱ进行。框架（b）为左下角图像展示的像素条的强度。对于每种 X 射线过渡家族来说，这些强度的测量值和模拟值是吻合的。作为水平位置的函数，这些强度是可比的

10.3.7 低电压分析法

最近几年，人们对电子光束仪和 X 射线探测器做了一系列改进，显著地提高了电子探针和电子扫描显微镜对单粒子定量分析结果的质量。这些先进仪器包括场枪扫描电镜（field-emission gun scanning electron microscopes，FEG-SEMs）和高分辨率能量散射 X 射线分光计，前者具有高亮度的电子枪并在低加速电压下（$E_0 \leqslant 10\text{keV}$）运行良好；后者与 NIST 微热量检测器类似，具有高分辨率（<10eV）和平行 X 射线收集功能（Newbury 等，1999）。将这些先进技术组合应用于粒子分析中，采用低能电子束激发特征 X 射线（能量<5keV），可以降低 X 射线微量分析单粒子的不确定度。

粒子低电压分析的原理是降低粒子的质量效应和吸收效应，由此使粒子发射的 X 射线与光滑大体积目标物发射的 X 射线类似。如果达到了这个要求，就可以用常规的电子探针

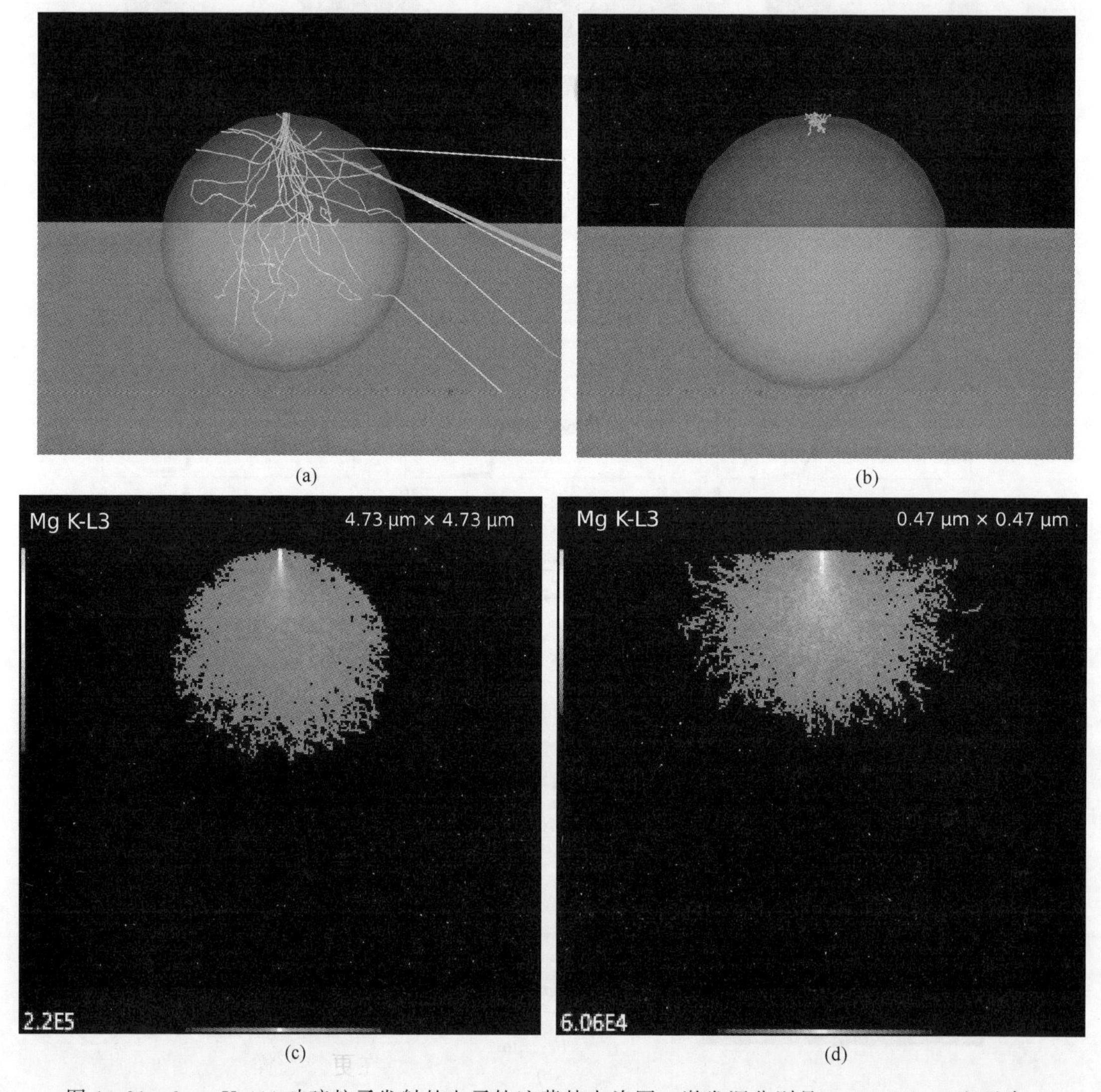

图 10-21 2μm K-411 玻璃粒子发射的电子轨迹蒙特卡洛图，激发源分别是：(a) 20keV 电子束，(b) 5keV 电子束。2μm K-411 玻璃粒子产生的 X 射线量的蒙特卡洛图，包括 1.25keV Mg K X 射线的吸收，激发源分别是：(c) 20keV 电子束，(d) 5keV 电子束，该图即为粒子

分析。由于粒子的质量效应，降低电子束的加速电压会减小电子束在粒子中的作用范围，乃至减小散射到粒子范围外、未产生X射线的电子数。图10-21为在高、低电压下粒子质量效应的比较，是2μm NIST标准参照物SRM 2066K-411的玻璃粒子（表10-7）分别在20keV［图10-21（a）］和5keV［图10-21（b）］电子光束下的电子轨迹的蒙特卡洛图。在图10-21（a）中，可以明显地看到，一部分20keV电子束渗透或散射到粒子外，然而在5keV电子束中，没有电子离开粒子［图10-21（b）］。这说明在20keV电子束下分析2μm粒子时，会产生明显的质量效应，而且会使所有组分分析结果偏低，在5keV下由于所有电子仍在粒子上，产生的X射线实质上同大体积物质一样多，且质量效应最小。

表10-7　K-411无机玻璃小球SRM 2066的组分

元素	质量分数
Si	0.2538
Fe	0.1126
Mg	0.0884
Ca	0.1105
O	0.4238

降低电子束电压的同时，使用低于5keV的低能X射线可以缩小X射线放射空间从而缩短X射线吸收路径，这样就能使粒子的几何效应降到最低，见图10-21。图10-21（c）是2μm K-411粒子在20keV电子束的激发下，产生的1.25keV Mg Kα X射线的蒙特卡洛图。由图明显可见，一部分Mg X射线从粒子几微米深处产生，因此Mg Kα X射线的吸收非常显著，并可能受粒子形状的影响（图10-16）。图10-21（d）是2μm粒子在5keV下激发出的Mg Kα X射线的蒙特卡洛图，在这里Mg X射线的产生位置更加接近粒子表面及电子束入射点，因此，粒子的吸收效应很低，且粒子的几何效应也最低。

为了研究降低加速电压对粒子分析的影响，Small和Armstrong（1996）对比分析了由K-411玻璃制造的（Marienko，1982）SRM 2066微型小球释放的X射线强度与K-411大体积玻璃样品的射线强度。被分析的小球粒径范围为0.5～24μm；分析电子束能量为10～25keV。

图10-22显示了降低加速电压对粒子质量修正量的影响，图中绘出了粒子X射线强度与大体积玻璃X射线强度（3.7keV Ca Kα线和6.4keV Fe Kα线）的比值与直径的关系。这些X射线的能量足够大，所以对粒子吸收的修正最小，且粒子质量修正决定各种图的形状。图10-22（a）表明，25keV电压下，粒径大于5μm时的射线强度比值接近1。小于该粒径时质量效应起主导作用，因为电子从粒子底部或边缘散射出去，并导致2μm球形粒子的X射线强度损失50%，最小粒径（约1μm）的粒子损失75%。将该电压降至10keV时［图10-22（b）］，可以明显地降低粒子的质量修正量。10keV电压下，所有测定粒子的X射线强度损失不超过12%。与25keV图不同，10keV图中，分析范围内的所有粒子（0.9～18μm）的Fe、Ca的比值仍接近1，即使是在更小的粒子中，也未观察到明显的减小。

降低电子束能量也能降低粒子的吸收效应修正量。在低电子束能量下，X射线产生区变小，粒子或标准样品中的X射线吸收路径变短，由于X射线在更接近样品表面的地方产生，所以低能X射线还可以将粒子形态的影响降至最低。除了降低所有粒子的吸收效应修正量外，降低电子束能量也会降低粒径近似为大体积物质的粒子的粒径。图10-19中，对于17keV的电子束来说，在Al和Si释放的X射线强度达到大体积样品的X射线强度之前，

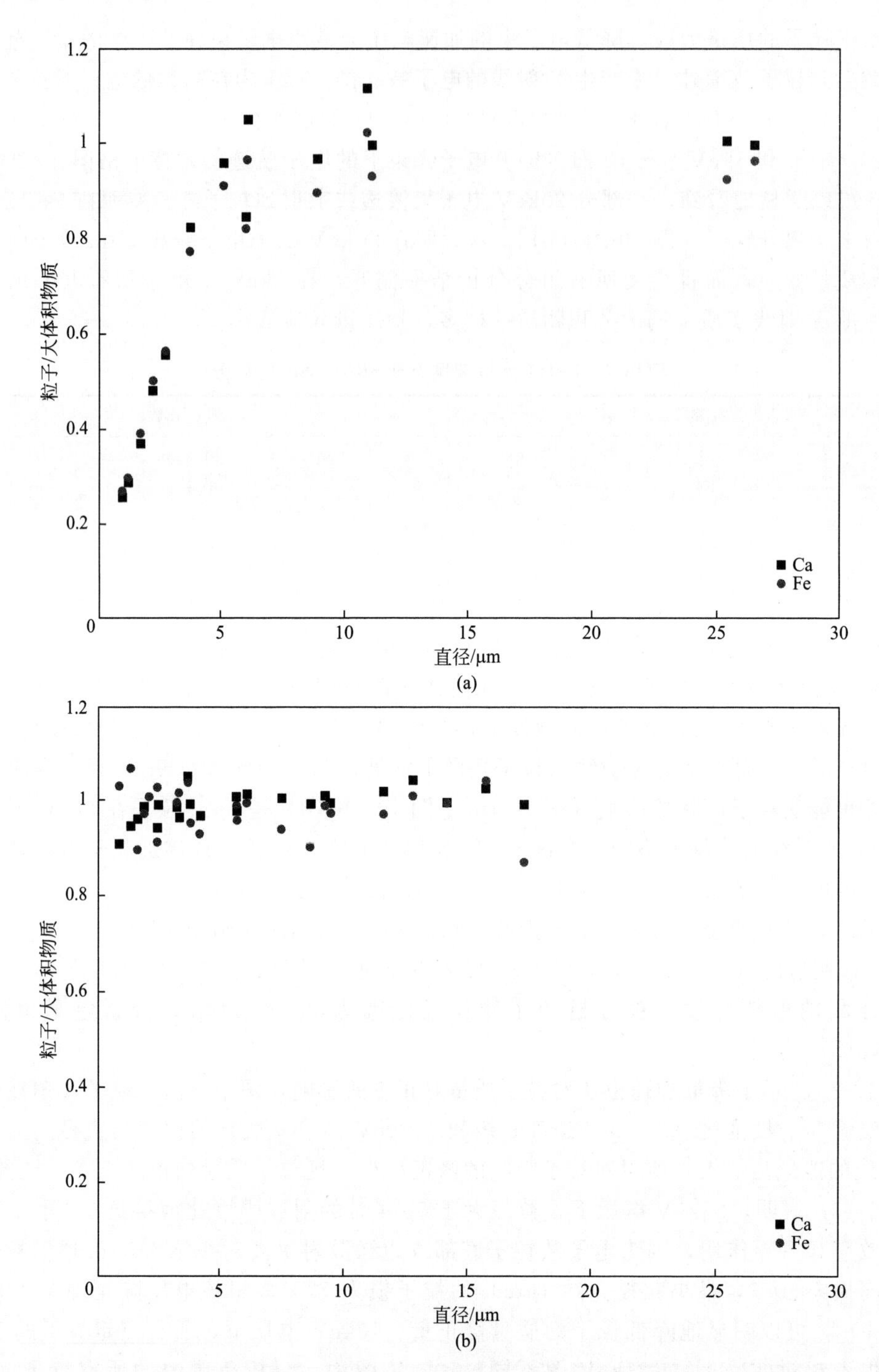

图 10-22 25keV（a）和 10keV（b）下，Ca 和 Fe 粒子/大体积物质的比率数据图。测量的不确定度是 1%，相对较小图中无法显示

粒子形态对其影响可以延伸到 10μm 处，而且粒子形态对 Al 和 Si 的粒子/大体积样品（P/B）比值的影响是最小的。降低电子束电压至 15keV 以下会减小 X 射线的激发和产生区，这意味着小于 10μm 的粒子将接近大体积样品的情况。

图 10-23 显示了降低加速电压对粒子吸收效应的影响，并给出了 Si（1.74keV）和 Mg

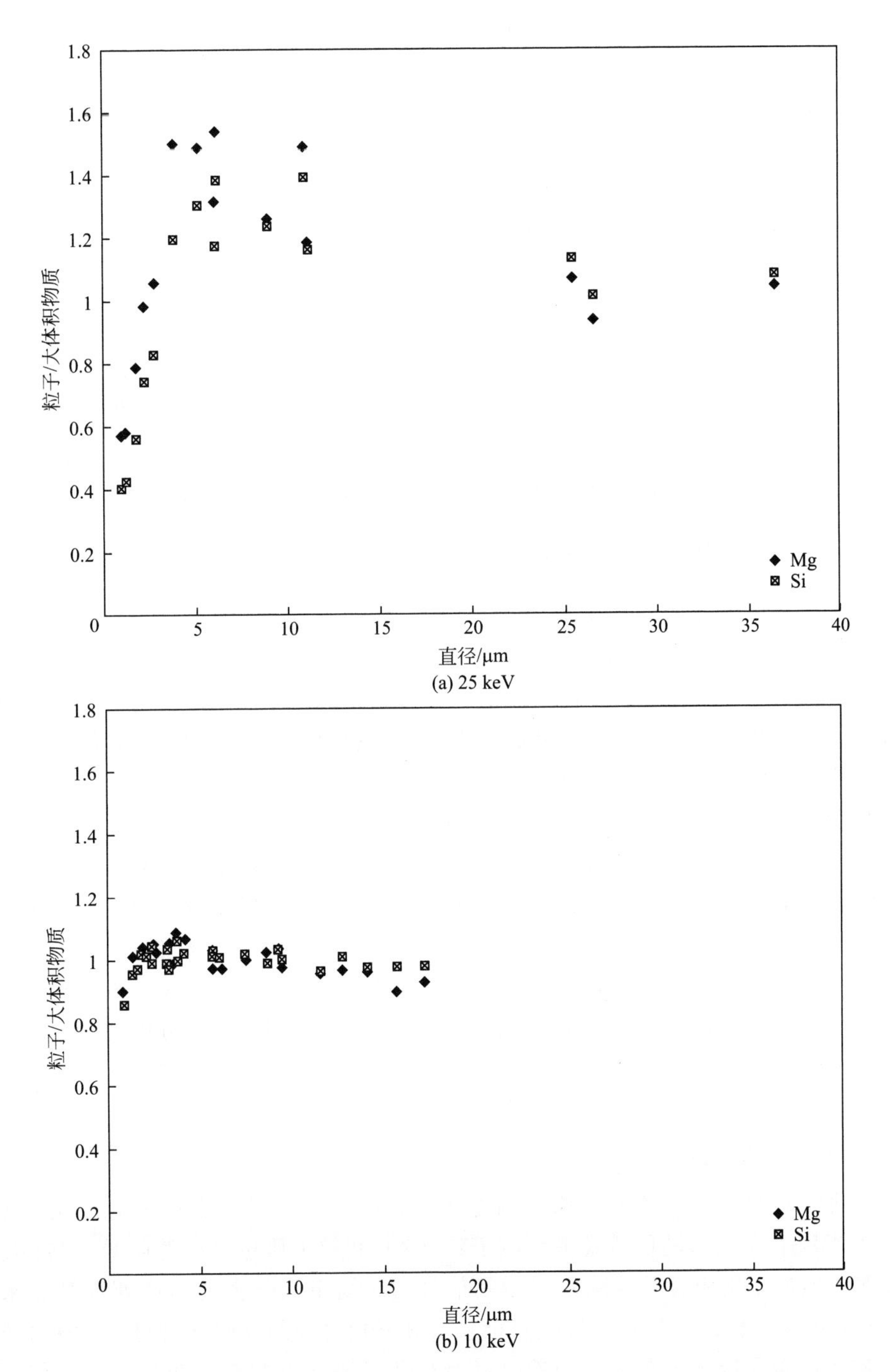

图 10-23 25keV（a）和 10keV（b）电压下，Mg 和 Si 粒子/大体积物质的比率数据图。测量不确定度是 1%，不确定度太小无法在图中显示

(1.24keV) Kα X 射线的 P/B 值。这些 X 射线的能量很低，所以 X 射线吸收显著，对于粒径大于 3～4μm 的微型球体粒子来说，其 X 射线吸收效应起着主导作用。

在 25keV 电压［图 10-23（a）］下，所有大于 3μm 的粒子的 Mg P/B 值大于 1.0，5μm 的球体达到最大值 1.6。即使是粒径接近 10μm、P/B 大于 1 的大粒子，其 X 射线吸收效应也非常显著。Si 的 P/B 值与 Mg 类似，在 6μm 球体粒子中达到最大值 1.4，最大粒子的比值降到接近1。粒子对Si释放的射线的吸收效应比Mg稍低，这是由于Si Kα X射线比Mg Kα的能量高。对于小粒子（粒径小于3μm），质量效应仍起主导作用，从Mg和Si的P/B值小于1可以看出这一点。

同质量效应相似，在10keV电压下［图10-23（b）］粒子吸收效应也大大降低。P/B值除了在最小粒子（0.93μm）处由于质量效应而降低外，所有粒子的Si和Mg的P/B曲线都比25keV下的平坦。除此之外，2～10μm之间的粒子的P/B值（10keV下）并未呈现出明显大于1的趋势，而这在25keV的P/B图中却很明显。在10keV电压下，所有大于1.4μm的粒子的Mg和Si的P/B值均在0.9～1.1之间。

这些结果表明，即使是适度地减小加速电压，从25keV减到10keV，都能在很大程度上降低粒子的质量吸收效应。如果在更小的电压（5～10keV）下进行分析，可能使低压分析粒子的准确度达到接近光滑大体积样品的水平，即相对偏差为±5%。当分析过渡金属元素的L线时，可进一步降低电子束电压，使粒子质量效应达到不明显水平。

10.3.8 应用扫描电镜对粒子进行自动化分析

传统扫描电子显微镜的粒子分析主要集中于提供单粒子的最佳成分表征（Heinrich，1980）。但是，20世纪70年代后期，随着计算机的发展，研究者开始探索新方法，以便于将查找和分析粒子的烦琐过程从分析员逐渐转移到计算机，即实现分析的自动化。分析员可能每小时只能分析几十种粒子且持续分析几小时后注意力就会不集中，而计算机则每小时能够分析几百至几千个粒子且可以无限地持续分析。

由于数据组包含了几千至几万个粒子信息，因此包括了关于样品特征的很多信息。此前，一个有经验的分析员可以根据快速调查和测量少数“特征粒子”而对样品进行表征。如果所获得的数据组包括几千个粒子，则对全部粒子进行统计分析或对少数粒子样本（≪1%）进行分析以进行比较都是合理的。对于许多样品类型，可以以其中某些粒子作为该类型样品的代表，且可以根据光谱和形态学数据对这些粒子进行分类。对于较大的数据集，一个比较重要的挑战是如何缩减数据。对于几十个需要手动分析的数据粒子，可以对每个光谱图进行审查并进行定性和定量分析。但是，对于几千个粒子，是不可能对其进行详尽的审查的，分析员必须依靠强大的自动算法来进行计算。

10.3.8.1 样品准备

多数自动分析方法应用的是反向散射电子（BSE）检测器而非常用的二次原子（SE）检测器。来自BSE检测器的信号是平均原子数（$\overline{Z}$）和粒子质量厚度的函数。与SE成像相比，BSE对于地形变化相对不敏感，因此其信号对于简单而强大的图像处理算法来说更易控制。因此，准备的样品应该可以提供目标粒子和基板之间的反向散射对比。这种方法通常是将高$\overline{Z}$粒子放置在低$\overline{Z}$基板上，当然也可能有高$\overline{Z}$基板上配有较低$\overline{Z}$粒子。但是后者通常效果不好，因为低$\overline{Z}$粒子通常对光束更为透明，高$\overline{Z}$基板通常会引入不希望的特征X射线。常见的低$\overline{Z}$基板包括碳（热解碳、无定形碳或者碳胶带）、铍和硼。粒子可以用通用溶剂进行分散，包括乙醇、甲醇、庚烷、乙酸戊酯或水，或商业溶剂如Vertrel®或者Dow™ 2000。另外，也可以在针式SEM底座上安装双面碳胶带直接从表面收集粒子（通常称为枪击残留物“GSR准备”）。样品准备中最具有挑战性的方面是确保不会在准备中造成粒径或者化学统计方面的偏差。其中分散最难控制，因为粒径、强度和化学成分都会影响粒子从溶液中分离出来。而且，溶剂的选择也会影响粒子的聚合，准备工作通常是为了将聚合程度最小化。气溶胶样品通常使用空气过滤装置进行采集。通过选择合适的过滤介质，可对滤膜上采集到的粒子直接进行分析。聚碳酸酯滤膜及其他非导电性滤膜介质可能需要涂导电层，以消除电荷影响。气溶胶粒子可以用溶剂进行萃取之后被分散在一个合适的导电基板上。

10.3.8.2 基于帧的和动态的图像处理

多数自动化是通过在通用 SEM 中添加第三方自动化软件或带有综合自动化软件包的特殊用途的 SEM 而实现的。第三方软件作为一个定量分析软件包的组合部分或补充部分，通常由 X 射线能量散射光谱仪（XEDS）供应商提供。

按照图像的处理方式，自动软件包可以分为两类。第一类是多数第三方软件包都会使用的，即收集全帧图像数据，然后应用传统的基于帧的图像处理方法确定粒子的位置、形状和大小。基于帧的图像处理是一个已定的目标场，其寻找和表征粒子的算法比较复杂。而且，已有的算法还能够区分聚合粒子，确定纤维，或执行其他的图像分析任务。完成粒子的确认、计量和汇总后，软件包就会重复分析列表，并收集每个粒子的光谱。如果目标场中含多个粒子，在粒子位置确认后，可能需要几十分钟进行光谱收集。随着时间的推移，基于帧的系统容易受到系统漂移（机械的和目标场的）的影响，粒子越小，这个问题越突出。

第二类是自动化系统通过分析获得的像素数据的序列性质，动态调节探头光栅。与 CCD 或者所有平行收集像素的相机不同，扫描光束仪一个像素一个像素、一行一行动态地收集数据。而且，它可以改变步长和扫描光束的方向。在查找粒子时，这些动态系统可以使用大步长的光栅，在测量粒子时，这些动态系统就使用小步长的光栅。步长的调节能够优化搜索速度和测量精度。而且，一旦查找到粒子，也可以立刻中止搜索过程，立刻确认粒子大小并收集谱图。旋转弦算法（图 10-24）是由 Lamont Scientific（Lee 和 Kelly，1980）发明，能对中低纵横比的粒子进行分级的一种快速有效的技术。这种算法寻找粒子的近似中心，然后将越过弦中心的光束分成光栅，这些弦是从中心发射到边缘的，该弦可以测量粒子的形状和粒径。由于光束可以达到最小步长光栅，因此旋转弦算法可以得到非常精确的测量。混合算法也能够将基于帧的处理方法和动态处理方法的优势相结合（见表 10-8 中每种图像处理方案的优点和缺点总结）。

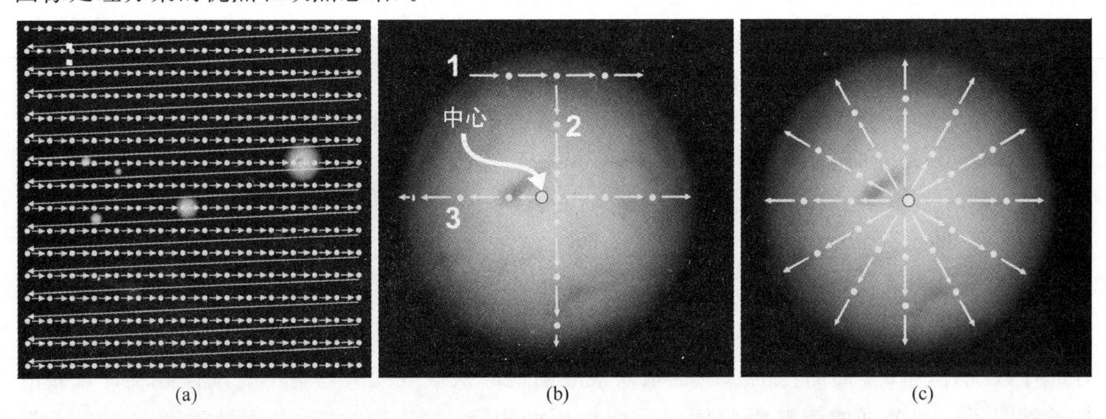

图 10-24 三幅图分别为旋转弦算法中的搜索、中心和度量尺寸三个步骤的示意图。图（a）为搜索步骤，显示了搜索分析区域粒子时，使用的是大步长光栅。图（b）和（c）代表了图（a）中右边的粒子。图（b）展示的是当光栅寻找到粒子时，光栅步长降低，利用平分弦算法来估计粒子中心。图（c）为测量粒子粒径的步骤。弦是从粒子中心到粒子边缘的辐射状光栅。利用弦的长度和端点来估计粒子的大小、周长、面积

表 10-8 基于帧的光束和动态光束两种粒子搜索和分级方法的比较

项目	基于帧的方法	动态方法
速度/精度	速度和精度只能选择一个	双模式方法可同时兼顾速度和精度
光束漂移敏感性	高——尤其对于含粒子多的分析区域	低
区分聚合粒子的能力	中到高——取决于图像处理算法的复杂性	除使用混合算法外，低
图像边缘粒子	必须使用统计方法进行说明	通过将视场外光束分成光栅从而可以处理
小粒子检测	受限于成像分辨率	受限于搜索分辨率
大粒子检测	受限于图像边缘粒子	受限于将视场外光束分成光栅的能力

大多数自动化软件包也能够进行分阶段分析。分析员确定一个分析区域，软件就用一定大小的选择块将这一区域覆盖，选择块的大小由所需的图像放大率决定，软件提供的选择块形状有圆形、矩形和多边形。软件可以顺序或随机通过该区域，随机搜索顺序不太可能产生有偏见的结果。

10.3.8.3 形态学参数

通常，形状测量的结果是粒子的各种形态指标（平均直径、最大直径、最小直径、垂直于最长轴的直径、费雷特直径）、面积、周长、矩心、边缘粗糙度、周长分形维数、视频水平统计（均值、标准偏差）以及二级指标（如当量小球粒子直径和长宽比）。这些数据绘制成表，每行为一个粒子样品。电子探针仪器并不擅长测量平行于光束的维数，因此对体积或形状的估计必须基于对未测量维数的假设。

10.3.8.4 光谱收集及定量

粒子被定位和测量后，就可以收集 X 射线光谱图。光谱图收集之后，光束可能进入矩心，通过粒子区域的光束、含粒子的矩形区域的光束或者从矩心辐射出来的弦的光束被分成光栅。通常将光束分成光栅比较好，这样可以确保光谱对探头位置的选择及材料的不均匀性不会过于敏感。

光谱收集时间通常比经典大体积样品微分析时间要短，然而，这不能满足对于高质量谱图有较高预期的分析员的要求，这也反映了经典微分析和快速粒子分析的研究目的不同。如果是为了进行大量统计确认，则通常要求分析的粒子数量要多但精度不用很高。如果 3s 的谱图已足以在适当的不确定度下对目标粒子类型进行区分，则花费更多的时间只会增加分析成本和降低统计分析质量（图 10-25）。应用现代带有数字脉冲处理器的 Si（Li）检测器，通常可以在 3s 左右的时间内确定主要元素组分（>10%）和次要元素组分（>1%）的存在。当样品与高探头电流兼容时，应用 Si 漂移检测器可以将采集时间降低至 1s。如果应用合适的软件对大密度样品以每个粒子不到 1s 的速度进行测量，则在 1h 内可以测量几千个粒子。

采集到的谱图必须转化成元素组分信息，多数自动分析包会提供标准的或者无标准的定量机制。分析的挑战是如何确认每个谱图代表哪种元素。即使是用大体积样品的谱图且有良好的计数统计，许多商品化的系统也难以很准确地确认代表元素，更不要说计数统计较差的粒子谱图了。一个好的策略是应用多元线性回归模型（MLLSQ），将测量的谱图与参考谱图进行比较，由此产生的协方差矩阵为确定光谱图中真正存在哪些元素提供了最好的证据。MLLSQ 的自然输出为 k 比值，即在相似收集条件下，测量的 X 射线强度与纯元素的平整标准样品强度的比值。由于粒子不可能产生与大体积物质相同数量的 X 射线，因此即使大体积样品的组成相似，其 k 比值也会不同。由于产生 X 射线的生成点与探测器之间的吸收路径长度很难预测，因此难以校正 X 射线的吸收效应。因此，应用 ZAF（原子序数、吸收或者荧光）或者 $\varphi(\rho_z)$ 对粒子数据进行校正并不是个好的方法。ZAF 或者 $\varphi(\rho_z)$ 校正主要用于补偿平均原子序数、X 射线吸收和二次荧光的差异，但主要是基于平整的标准样品的假设。如果粒子不满足这些假设，测得的粒子样品的结果也会不可靠，但阿姆斯特朗粒子 CITZAF（Armstrong's particle）是个例外（Armstrong，1991）。然而，即使这样也难以应用到自动化的方式中，因为它需要洞察到粒子的几何形状。相反的，最好是将 k 比值简单地归一化为 100%，然后报道每种元素的归一化 k 比值。归一化的 k 比值代表初级近似的成分，因为该比值未考虑成分浓度，所以其结果值得推敲。另一方面，ZAF 或者 $\varphi(\rho_z)$ 校正 k 比值可能是最准确的，因为它们给出了较为准确的组分浓度。

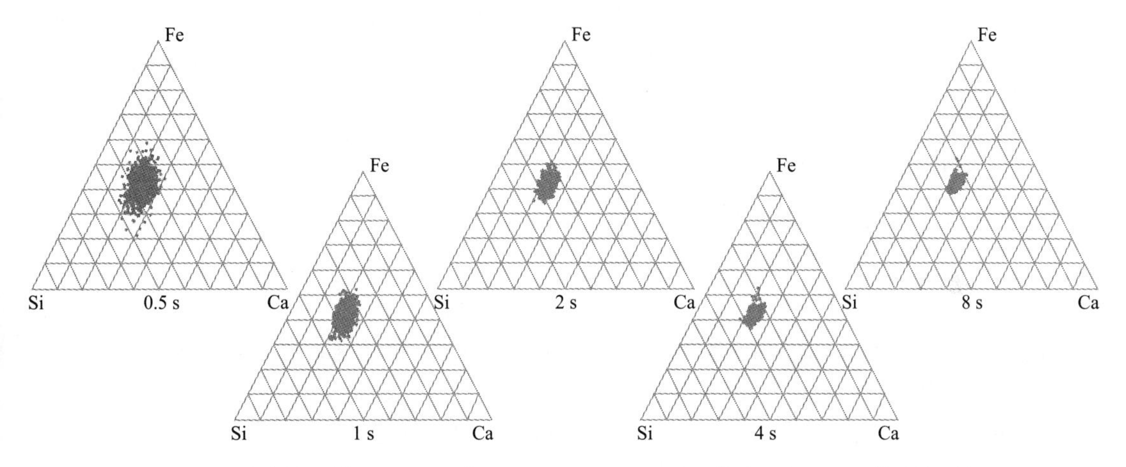

图 10-25 玻璃粒子样品 K-3189 的 Fe、Si 和 Ca 三元图，代表了 0.5～8s 的收集时间。由于数据收集时间的增加，数据方差开始随着计数统计的提高而快速降低，但是随着粒子间的变化变成主要的误差来源而饱和

这个看似比较随意的定量准确性可能是从大体积样品的微分析经验中来的。但是，问题的本质是不同的。对于大体积样品的分析来说，问题是“样品的成分是什么?”在自动粒子分析中，基本问题通常涉及相似粒子群。亚群可以通过标准化 k 比值来确认。如果期望的结果是成分测量值，那么同类粒子可以通过标准化的 k 比值确认。由于大小的原因，一种或多种粒子更适合用于准确定量分析，且这些粒子可以通过校正程序仔细测量和严格处理。

光谱定量分析的结果通常被绘制成表，其中每一行是一个粒子的数据，包括形态学和操作记录数据，有时还有图像和光谱。

10.3.8.5 分类

为使用人口统计工具，必须根据测量参数（形态数据和/或元素数据），将粒子清晰地分成亚群和类。通常可以将存在的分类技术分为手动法和自动法。手动法要求分析员对粒子微量分析以及应用相关的样品数据对粒子进行分类等方面的知识非常了解。可以根据一些规则对粒子进行分类，这些规则可以不断完善以决定哪些粒子可以分到已识别的类型中去。这些类型可能代表或不代表某些成分相似的粒子类型。例如，有时只需将粒子归为“钢”类就已经足够了。有时则要求将“钢”粒子再进一步细分为不同的亚类或者亚型。这些规则的特性依赖于不同的目的，并且，还要考虑测量技术的局限性。可以为每个不同的不锈钢商品等级编写分类规则，但是，希望通过单粒子（不考虑数据收集期限和校正协议）的微量分析能够正确区分相似不锈钢的类型是不太现实的。

另外，可以应用自动数据挖掘算法来查找数据以区分不同粒子类型。有大量的数据挖掘算法可以深度挖掘粒子数据库。这些挖掘算法大都依赖于某些度量功能，这些度量功能可以测量单粒子和已有明确特征的粒子类型之间的相似度。依靠这些度量尺度，一些算法会将粒子分配到最适合它的粒子类型中。而其他算法提供的是一种相似模糊度，这个模糊度用于估计一个粒子划归为各个粒子类型的可能性大小。

自动颗粒分析的两个长期存在且相关的问题是粒子的不均匀和粒子的聚合。在上述两种情况中，测量光谱代表的是多种材料，分级是错误的。可以通过仔细处理谱图再将不均匀粒子进行细分，不过除最简单的情况外，很难通过强大的自动化的方式实现不均匀粒子的细分。聚合粒子最好通过可能的样品处理过程而消除。要将粒子分成完全同质化的最终类型，在这两种情况下，数据挖掘都很复杂。

10.3.9 用电子显微镜分析纤维

10.3.9.1 扫描电镜分析纤维

SEM 的分析效果介于 LM 和 TEM 之间，它可用于元素分析，而且能提供比 LM 分辨率更高的图像。用 SEM 分析纤维，其有效性还存在分歧。对于常规的纤维计数（如快速扫描和直接观察扫描图），用 SEM 通常观察不到小于 0.1μm 的纤维，更观察不到纤维的内部结构。此外，用 SEM 电子衍射通常也不能准确确定纤维类型（Middleton，1982；Steen 等，1983）。然而，在“摄影模式”（如长时间扫描和摄像或数字记录）中，高质量的 SEM 可以非常有效地分辨小的纤维物质。根据照片可以测定出纤维的粒径分布（Platek 等，1985）。

由于温石棉纤维的对比度差（信噪比低）(Small，1987)，不能被电子衍射明确地识别出来，加上缺少仪器标准，所以 SEM 尚未广泛用于测定石棉，尤其是在个体环境中测定石棉。然而，SEM 确实可以保证：①分辨率、灵敏度比 LM 高；②从元素分析中得到纤维类型的定量信息；③与 TEM 相比，减少了样品的制备和分析成本。研究已知类型的纤维时再不需要考虑分析时间，可以通过分析 SEM 图片获得纤维的粒径分布（包括所有的纤维粒径）(Plaetk 等，1985)。由于 SEM 的视场比 TEM 宽阔，因此，测定长纤维的大小时，前者更精确。

10.3.9.2 透射电镜分析纤维

TEM 可以得到单个纤维的最权威分析结果：可以观察和测定粒子的形状、由 XEDS 测定元素成分、由电子衍射模式推断出晶体结构（Langer 等，1974）。TEM 具有足够高的分辨率和灵敏度，所以能测定最小的纤维，然而，由于设备复杂、成本高，操作要求高，样品制备复杂，它又是本章中介绍的最昂贵的分析方法。Steel 和 Small（1985）详细研究了影响 TEM 分析准确度的参数，发现在石棉分析中，如果控制不好，设备性能包括机械平台、成像和对比及散射等都能产生数量级误差。此外，定量测量纤维浓度的再现性很差（美国环境保护署，1985）。

样品准备方法一般有两种：直接转移（粒子在碳膜上的位置和方向，与其先前在滤膜或基底的沉积位置和方向相同）及间接转移（将采集的粒子分散悬浮在液体中，然后重新沉积在滤膜上以用于网格制备）(美国环境保护署，1989)。下面很多步骤都出现在美国环境保护署（1987）的石棉危害应急反应法规（AHERA）中。

检测石棉纤丝（纤维的单个晶体）时，放大率要达到10000～20000倍。在TEM分析中，被粒子散射而离开接收物镜的电子束要比被支撑碳膜散射而离开的多，并且在亮背景下以暗黑物体的形式出现。

粒子形状通常是纤维种类或来源的重要标志。通常可以根据结构将较大的石棉纤维区分开来，尤其是根据纤维易于张开的末端。

除了观察粒子形状，TEM还可以利用电子衍射观察晶体结构，利用XEDS得到粒子的元素成分。人们可以用标准样品的衍射和元素成分来确认是否存在某种纤维。有时纤维的衍射方式和/或元素谱也不能完整地测定出来，或它们会随纤维长度而改变，这可能是由纤维厚度、干扰物质、纤维成分多变性或晶轴沿纤维长度盘旋而造成的，因此不可能完全正确地鉴定所有纤维。

10.3.9.3 纤维分析中的不确定性

Steel和Small（1985）详细研究了影响TEM分析准确度的参数，他们发现，如果设备的机械平台、成像和对比度及散射没达到石棉分析要求，就会产生数量级的误差。人们利用核对分析（verified analysis）技术仔细比较几组分析者与显微镜，发现细心且有经验的操作人员在检测样品中的石棉纤维数量时，准确度能达到90%。在核对分析中，两个分析者分别分析TEM网格的一个网格，这个网格记下了每个纤维的简图和尺寸。当石棉纤维长度小于1μm时，准确度急剧下降至50%，小于0.5μm的准确度更低。Turner和Steel（1991）对制备的网格样品进行实验室间的比较发现实验室报道的平均结果是NIST核对值的0.67。小于1μm的纤维数量丢失了40%，大于1μm的丢失了20%。

一名实验员对实验室制备的镁绿泥石纤维样品进行了重复计数，结果表明，相对标准偏差为0.27（Taylor等，1984）。实验室间对同一样品的重复计数的相对偏差接近1.0（美国环境保护署，1985）。

美国国家自愿性实验室认证体系（NVLAP）下的美国国家标准和技术协会（NIST）建立了实验室认证项目（Turner等，1995）。Turner和Steel（1994）也提出了检验TEM纤维分析的标准方案。实验室认证项目的相关实验数据还没有出版，但可以获得相关的报道（Turner等，1991，1995；Turnor，Doom等，1994；Turner，Steel等，1994a，b）。NIST 1876b标准参考物质温石棉（NIST，1992）可以用来评价分析方法和进行质量控制（Turner等，1992）。此项目还包括了实验室质量保证准则（Burner等，1990；Turner等，1995）。

10.4 激光微探针质谱分析

10.4.1 基本原理

激光微探针质谱分析（laser microprobe mass spectrometry，LMMS）是一项质谱技术，它采用聚焦的脉冲激光束通过激光消融/电离技术产生离子，其过程见图10-26。通常用的激光束具有较短的脉冲长度（十亿分之几十秒）和聚焦高辐照度（10^6～10^9 W/cm^2）。样品物质吸收激光，在短时间内被加热，并蒸发扩散到真空中。对于辐照度低端区（10^6～10^9 W/cm^2），物质频繁地以一种“温和”方式从样品中移出，称为激光解吸附作用。在高辐照度下，可能会发生剧烈的加热现象，形成等离子体。大多数样品成分可以还原成元素、小碎片和集团。在两个能量区中，除了典型吸收外，还可能产生非线性光学效应。

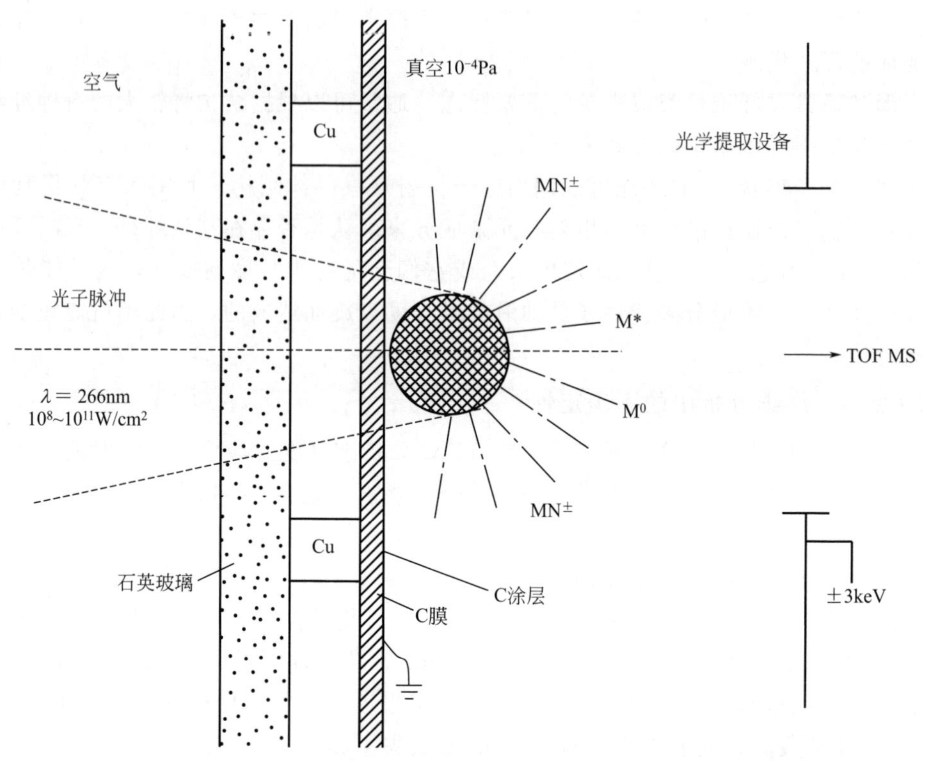

图 10-26 LMMS 中的激光消融示意图。一束聚焦的 UV 10ns 脉冲激光束与粒子相互作用，导致固体分解并形成离子、中子以及亚稳物质
（引自 Simons，1984）

质谱仪只能检测离子，电离效率很低，为 1/1000。尽管知道有离子存在，但还没有弄清解吸附中的电离机理。在高辐照模式中，人们认为电离是由等离子区的加热和碰撞过程引起的。

目前，已有大量出版物综合介绍了激光和质谱分析的基本原理及应用（Vertes 等，1993；Van Vaeck 等，1994a，b）。De Bock 和 Van Grieken（1999）综述了 1990—1998 年间激光和质谱分析在环境气溶胶方面的应用情况。

10.4.2 相关仪器

激光微探针（laser microprobe）是一个双重激光系统，该系统通过光学显微镜和质谱仪相连。样品可以由人眼观察，用并排的激光导向射束点（Co-aligned pilot laser beam spot）（常源于 He Ne 激光）照射粒子以选出需要分析的粒子。电离激光是一种高能脉冲激光，通常是 Nd:YAG 激光。四倍的 Nd:YAG 辐射通常可以提供紫外脉冲辐射（266nm）。Nd:YAG 辐射可以通过光学显微镜的物镜或其他透镜系统聚焦在样品上，产生的所有离子被加速到相同的平动能，并根据质量用飞行时间（TOF）质谱（MS）将这些离子分离。在 TOF-MS 分析中，离子在漂移管中的飞行时间与荷质比的平方根成正比。离子到达漂移管末端的时间由二次离子倍增检测器测定。

Denoyer等（1982）、Hercules等（1982）、Simons等（1988）全面描述了LMMS。Kaufmann（1986）、De Waele和Adams（1986）及Wieser和Wurster（1986）讨论了单粒子分析。Wieser等（1981）介绍了早期的气溶胶应用研究工作。

第12章介绍的原位激光TOF-MS仪器，在分析环境粒子时，这种仪器通常比实验室的装备优越，如激光微探针质量分析仪。这些仪器可以一次完成样品采集和质量分析。然而，对于不能进行实时测定的情况，就需要离线测定，这种情况可能发生在遥远或荒凉的地带，如南极的气溶胶（Hara等，1996），也可能是采样被动、耗时很长的地方，如冰核中的粒子（Biegalski等，1998）。激光显微镜的出现先于激光气溶胶TOF-MS仪，且这两个设备分析出的成分谱信息密切相关。

Ma等（1995）发明了一种新型激光微探针。该微探针利用施瓦兹希尔（Schwarzschild）光学原理，能观察到粒子并能引导和聚焦激光束来消融粒子。其空间分辨率大约是直径为1μm的斑点的大小。用染料激光束对准中性熔融烟羽就可以完成共振电离。该仪器还可以对陨石上采集的标准直径为2μm的粒子做Ti同位素分析。该仪器的空间分辨率足以分析粒子，并能像SIMS微探针一样进行化学成像（Savina和Lykke，1997）。

Van Vaeck等（1994a）讨论了傅里叶转换激光微探针质谱（FT-LMMS），并与时间飞行激光微探针质谱（TOF-LMMS）做了比较。它们都能做单粒子分析，但对同样成分给出的分析结果通常却不同。FT-LMMS的空间分辨率通常为直径是5μm的激光斑点的大小，质量分辨能力（10^4～10^6）也比TOF-LMMS强得多，且理论上的质量误差为1/1000000。

10.4.3 分析能力

LMMS仪器的一些重要指标是：微米级空间分辨率、高检测灵敏度及对激光电离产生的阴、阳离子的高检测能力。除此之外，它还能检测粒子的元素、同位素甚至是分子组分。该技术是电子显微镜（Flecher等，1990）和微拉曼分光计（Steel等，1984）的补充技术。即使对主要的组分，LMMS通常也不能进行定量分析（除分析同位素含量外）。激光束-样品的相互作用中，样品的基体效应（matrix effect）是定量的最大障碍。LMMS的主要优点是快速进行定性分析。

10.4.3.1 元素分析

LMMS的一个重要特点是：所有元素通常都是由一个单激光脉冲电离并由一个单质量扫描检测的。TOF-MS固有的单一、全质量扫描功能使LMMS设备很适合分析粒子。如图10-27所示，LMMS光谱中显示了NIST SRM 610玻璃中的44种痕量元素及其氧化物（Simons，1984）。玻璃中的这些元素大多数都是痕量水平（约500μg/g）。

这些元素的检出限各不相同。在大多数样品基体中，碱金属最容易检测，其检出限为10^{-19}g（Kaufmann，1986）。其他元素的检出限大多数为10^{-19}～10^{-17}g，因此可以检测出皮克质量的微米级单个粒子中的微量元素甚至痕量元素。在大量样品的痕量分析中，浓度为1～100μg/g的元素才能被检测出来。

由于质量分辨率低而造成的同位素干扰（同质量、不同组成）可能影响LMMS光谱的解释，但许多情况下，可以通过观察光谱中的同位素峰或其他特征峰的出现来解决这一问题。例如，C_5^-和CO_3^-的m/z值都是60，如果它们在光谱中的峰重叠，则很难区别。但是，C_5^-常伴随C集团（C_2^-、C_3^-、C_4^-……）的出现而出现。

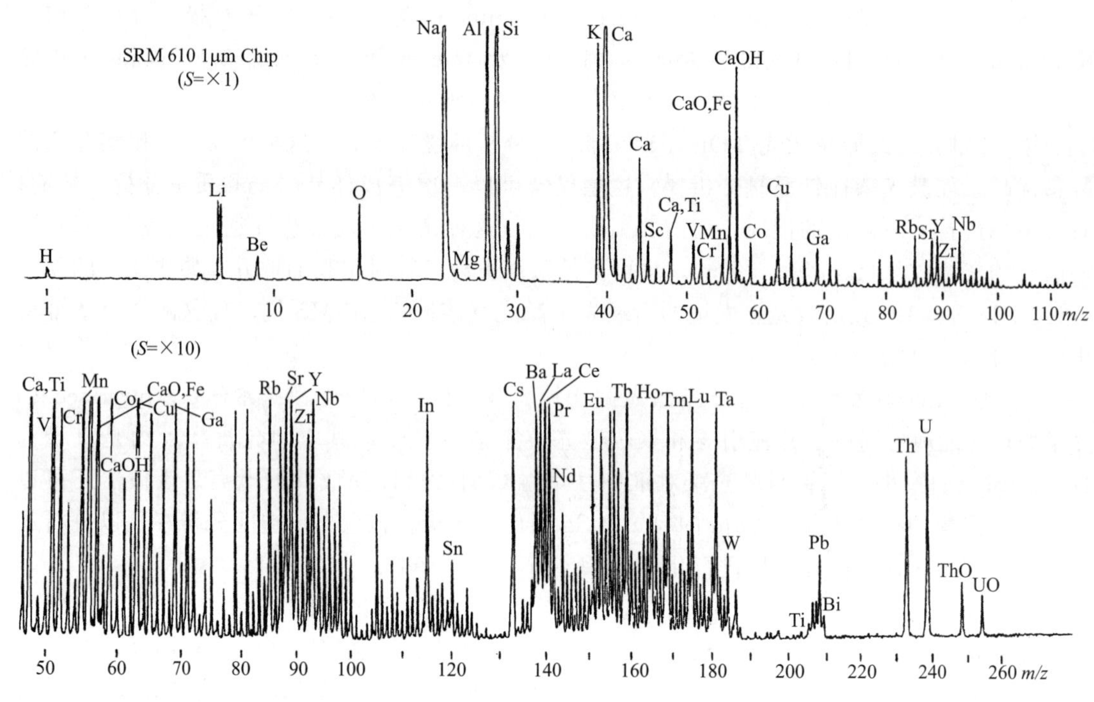

图 10-27 用透射设备获得的 NIST SRM 610 玻璃片的 LMMS 光谱图。从图中可以看出 44 种元素及其氧化物。痕量元素（例如 U）的浓度在 400～500μg/g。TOF 质谱图的特征是：一次扫描可以得出所有物质

（引自 Simons，1984）

定量分析中，仪器性能指标包括分析的灵敏度、速度、简易程度。但是，不同基体材料的电离效率不同，也会给定量分析带来问题（Kaufmann，1986）。Musselman 等（1988）利用同种玻璃（已知元素成分）制作的薄膜、微米级球形粒子及碎片，说明了定量分析中所涉及的这些问题。他们比较了同种玻璃制作的薄膜、粒子、碎片的 Mg、Si、Ca、Cr、Fe、Zn、Ba 和 Pb 的相对敏感因子（RSF）。元素 j 的 RSF 为：

$$\mathrm{RSF_j}=\frac{I_\mathrm{j}}{I_\mathrm{r}}\times\frac{C_\mathrm{r}}{C_\mathrm{j}}\times\frac{f_\mathrm{r}}{f_\mathrm{j}}\cdots \tag{10-2}$$

式中，C_r 为参考元素的浓度；C_j 为目标元素 j 的浓度；I_r 和 I_j 分别为参考元素和目标元素各自的离子强度测量值。

在式（10-2）中，f 对应的是同位素分数。用 Ba 作为参考元素，就可以确定 7 种元素中每种元素的最大 RSF 值与最小 RSF 值之比。薄膜、球体和碎片中 7 种元素的最大 RSF 值与最小 RSF 值之比从 Ca 元素的 1.63 到 Si 元素的 5.17 不等。结果表明，在激光束-固体相互作用中，尽管这 3 种不同几何形状玻璃的组成元素相同，但它们的元素电离效率不同。当 Musselman 等把这 3 种玻璃的大小限定为 1μm 时，RSF 的最大值与最小值之比就急剧下降，从 Ca 元素的 1.17 到 Fe 元素的 2.57。Musselman 等推断，激光聚焦对粒子的电离效率起了一定作用。因此，进行定量工作之前，应采用几何形状、大小、成分与目标物相同的标准物，以使工作有意义。

质谱分析的一项重要功能就是能得到所有元素的同位素含量信息，这是对不能确定同位素的电子微探针的性能补充。同位素的仔细测定可以提供定量信息，这是由于同位素有同样

的基体效应和电离特性。Lindner 等（1986）测量铼/锇的薄膜样品以确定^{187}Re 的半衰期，得到了高准确度（<4%）的相对同位素比。Simons（1983）详细介绍了获得此准确度和精密度结果的必要措施。Schroder 和 Fain（1984）用 LMMS 进行了大量的同位素研究，主要是研究 Ca（用^{44}Ca）从感光体的孔中释放。

10.4.3.2 分子分析

分子分析是应用低辐射（$10^6 \sim 10^8$ W/cm^2）直接作用于样品。LMMS 光谱能识别大气粒子中的一些常见阴离子，如 NO_3^-、SO_4^{2-}、HSO_4^-、PO_x^- 和 CO_3^{2-}。通常，这些阴离子都是单价带电，而与其自然化合价无关。有机化合物通常以分子离子形式或加合物的形式被检测出，分子离子是在激光解吸过程中形成的，加合物是氢或碱金属（尤其是 K、Na）与分子结合形成的。当激光辐射充足时，就能产生包含分子结构信息的特征片段离子。值得一提的是，质谱分析探测到的最大分子 m/z 约为 250000，是由 LMMS 的扩展技术测定的，即基体辅助的激光解吸/电离技术（matrix-assisted laser desorption/ionization）（Hillenkamp 和 Karas，1989）。尽管 LMMS 中的质谱是特有技术，但仍与电子冲击（EI）及化学电离质谱相似。某些化合物能以分子离子的形式被检测出，如大气中重要的多环芳烃（PAHs）（Mauney，1984）。相反，一些有机化合物如烷烃，只形成极少的分子离子或不形成分子离子。通常，粒子在低辐射下不能完全消融，有时甚至看不到粒子被破坏（用 LM 的时候）。Van Vaeck 等（1990）讨论了有机化合物的分析。

激光电离质谱分析得到的质谱很复杂。分析质谱的方法有两种：直接识别法和“指纹”识别法。识别特殊化合物时，通常需要分析标准纯化合物，并将其与未知物进行比较。应当指出，对于有机混合物，如大气样品，由于质谱的复杂性，对其进行直接识别很困难，这时“指纹”识别就是唯一的办法。“指纹”识别是将样品粒子的质量峰图与已知源粒子的峰图进行比较，而不需要专门识别峰。“指纹”识别涉及模式识别技术，如主成分分析（Wiseser 和 Wurster，1986；Fletcher 和 Currie，1987；Linder 和 Seydel，1989；Ro 等，1989；Odom 等，1989）。

10.4.3.3 在粒子分析中的应用

LMMS 常用于获取环境中的粒子信息。Wieser 等（1980）用 LMMS 研究了实验室产生的气溶胶和大气气溶胶。虽然混合物粒子和合成物粒子的光谱很难解释，但这些光谱通常包含了粒子的来源或形成信息，如粒子上共存有 Pb 和 C，则说明它是机动车尾气尘。Kolaitis 等（1989）将 Battle 型冲击式采样器最后级收集的二甲基磺酸粒子从非海洋粒子中区分开。Kolaitis 等报道了硝酸盐（自然源产生的）在海盐晶体周围的形成过程。

为了从样品中获得更多信息，分析电镜（AEM）可与 LMMS 联用。LMMS 与 AEM 联用可以识别低原子量的元素、微量元素和分子化合物。Sheridan 和 Musselman（1985）用 AEM 识别了北极霾气溶胶的主要化学成分和表面形态，并用 LMMS 识别了低原子量（<Na）的元素成分，他们发现了主要是硫酸盐粒子。AEM 可以检测出粒子中的硫酸盐，LMMS 质谱表明：特征硫酸盐离子的 m/z 为 96，特征重硫酸盐离子的 m/z 为 97。Bruynseels 等（1988）也将电子显微镜和 LMMS 联用检测了北海气溶胶的化学成分。Bruynseels 等报道，从煤的飞灰粒子中检测出了硝酸盐、硫酸盐、海盐以及 PAHs。Denoyer 等（1983）和 Yokozawa 等（1987）表征了燃煤飞灰中的元素成分。Surkyn 等（1983）用 LMMS 找到了能识别单粒子来源的特征元素。

分析单粒子或类单粒子（约 pg 级）上的炭黑（carbon soot)(固体粒子）和有机碳非常困难。有时采集到的碳的质量很小而不能采用常规的分析技术。人们已用 LMMS 鉴别出各种可控燃烧源如木材燃烧、聚氨酯燃烧和庚烷燃烧及大气源中的烟灰（Currie 等，1997；Fletcher 和 Currie，1988)。木材烟灰在含有碳的同时还含有大量的钾，在单粒子分析中，这是它区别于其他源的独有特征。曾经有人试图将低质荷比碳簇（carbon cluster）峰面积比值（C_4^-/C_2^-）修正为样品中存在的碳量（Currie 等，1989)。收集炭黑的基底和方法另有说明（Dobbins 和 Megaridis，1987；Fletcher，1989；Cleary 等，1992；Dobbins 等，1998)。该方法非常适用于测定痕量 PAHs，且已有人将该方法应用于烟尘形成的基本研究中（Dobbins 等，1995，1998，2006；Fletcher 等，1998；Blevins 等，2002，2003；Kim 等，2005；Dobbins，2007)。图 10-28 中给出了用冲击式采样器采集到的柴油车烟尘中的 PAHs 的直接分析结果。

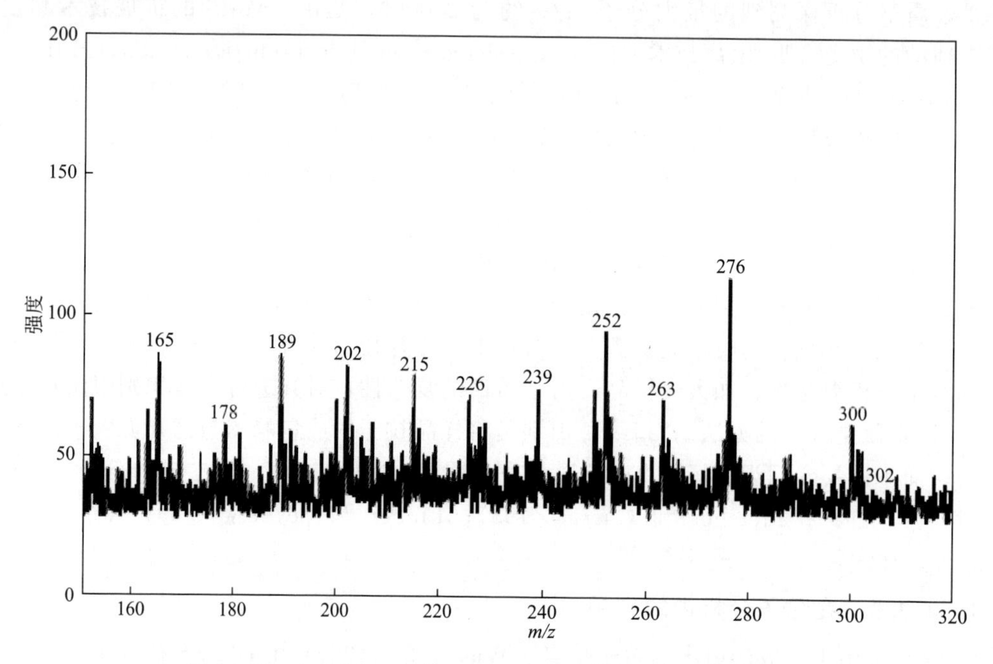

图 10-28 在 Baltimore 的 Fort Mchenry 烟道中收集的柴油车烟尘的 LMMS 谱图。列出了确认的主要的 PAHs 种类

Hachimi 等（1996）应用两种微探针技术 LAMMA500 和 FTMS 及总分析技术——气相色谱-串联质谱法（GC-MS-MS)，分析了从钢铸造厂采集的硝化 PAHs 气溶胶。Hachimi 等用以上 3 种技术成功地识别了 PAHs 及其衍生物，他们建议先用双微探针技术作为快速有效地分析出 PAHs 类化合物存在与否的定性分析指示器，然后再用 GC-MS 进行定量分析。

LMMS 已用以识别停留在生物组织内部的粒子（Hachimi 等，1998)。Tsugoshi 等（1998）分析了暴露在空气污染物中的石头表面。他们使用相同的分析方案和检测频率（发生率)，对硝酸盐和硫酸盐进行了半定量分析，发现用 LMMS 和能量散射 X 射线分析的结果十分吻合。

Chemett 等（1993）分析了高空采集的平流层中的 2～50μm 的粒子，他们主要关注的是某种宇宙粉尘粒子的化学组成。如果由其他微分析手段确定单粒子为地球外粒子，那么，分析这些粒子时，就需要采用包含有一套双激光系统和质谱的微探针设备。该设备用直径为40μm 的脉冲红外激光束对化合物进行加热并将其气化，随后，紫外激光束将化合态化合物电离。这是一项分析单粒子中 PAHs 和烷基的灵敏技术。人们将这种双激光法推广到测定200μm 的含碳粒子，这些粒子被认为是从南极收集的微小陨石（Clemett 等，1998）。Clemett 等从这些相对大的粒子中检测出很多 PAHs 化合物。Spencer 等（2008）综述了用激光质谱分析高海拔地区捕获的特殊气溶胶。

10.5 次级离子质谱分析

10.5.1 基本原理

次级离子质谱分析（secondary ion mass spectrometry，SIMS）基于离子束溅射。当一束离子与固体表面作用时会有一小部分离子从表面发射出去，但绝大多数离子进入固体物质中，并将部分动能转移到碰撞叠层（collisional cascade）。碰撞叠层中的一部分动能传到表面原子或分子上，这些表面原子或分子得到足够动能后逃离表层。用离子或中子束技术将物质从表层移走的过程称为溅射（sputtering）。尽管初级离子可能渗入到样品表面几十纳米以下，但大多数离子和中子都能从样品表面释放。溅射的原子可能是中性的、带电的，也可能是亚稳态的。溅射出的物质除了原子和分子外，还有电子和光子（Berhrisch，1983）。

图 10-29 为初级离子束与样品表面作用产生二次离子的过程。初级离子束通常包含以下成分：氧、氩、铯或镓离子。根据质荷比，对这些二次离子进行质量分离，并用质量分析仪检测。在此过程中，样品表面会受到破坏。

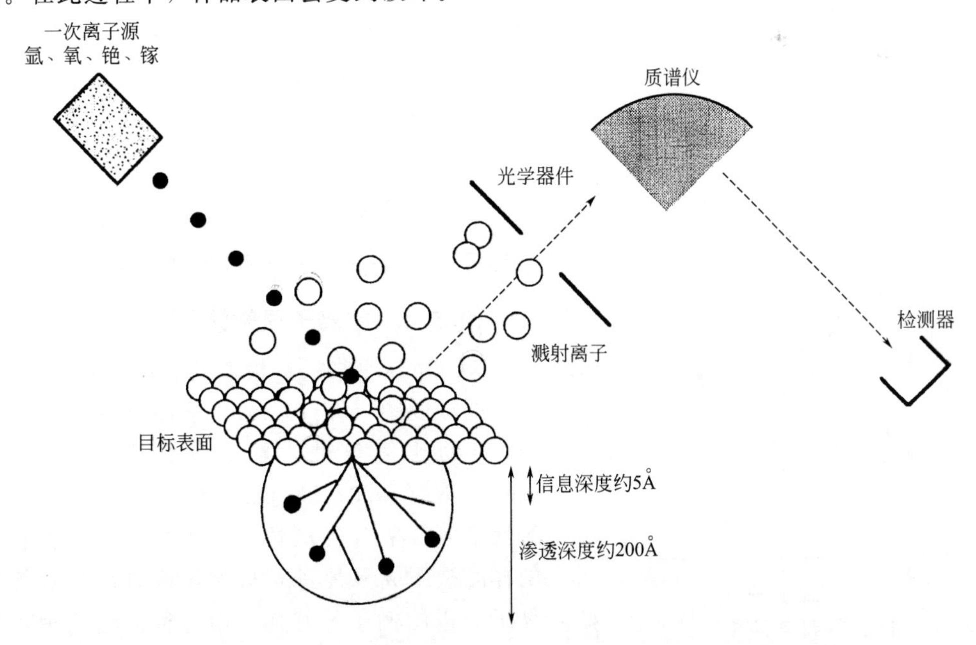

图 10-29 SIMS 中离子束轰击样品示意图，此图展示了离子与样品表面相互作用的近似深度

（经由 G. Gillen 允许，NIST）

10.5.2 相关仪器

SIMS 仪有两种：离子显微镜和离子微探针，前者利用散焦光束和专门的离子光学设备形成样品的表面图像；后者利用初级聚焦光束照射样品，随后聚焦光束被分成光栅，依此而产生离子图像。商业生产的显微镜大多采用高聚焦的流态金属离子源。与离子显微镜相比，微探针仪器的空间分辨率更高（约 0.1μm），所以它可以利用 TOF-MS 得到空间分辨率较高的离子图像及较高的离子传输率。

离子的识别可以使用不同的质谱仪，最常用的是磁质谱和四极杆质谱，而 TOF 也开始应用于离子微探针。

10.5.3 分析能力

SIMS 微分析的优点有：灵敏度高、空间分辨率高、能分析元素和同位素、提供分子信息、深度剖析及离子成像。所有元素都可以用这两种设备测定。元素和分子的成像可以达到 1μm 水平。SIMS 的动态检测范围很大，因此可用于痕量分析。SIMS 的检出限可以与现有的任何技术相媲美，有时甚至会超越它们。假定粒子完全被消耗，电离效率为 0.1%，且二次离子的收集效率为 10%，Garvrilovic（1984）判定，在一个直径为 0.1μm 的粒子中有 10^4 个可见离子，这足以用来分析主要成分。SIMS 的不足之处在于元素溅射和离子产生效率二者的联合效应的变化量超过 5 个数量级（Storm 等，1977）。如果采用同样材料的标准样，则可以进行定量分析。

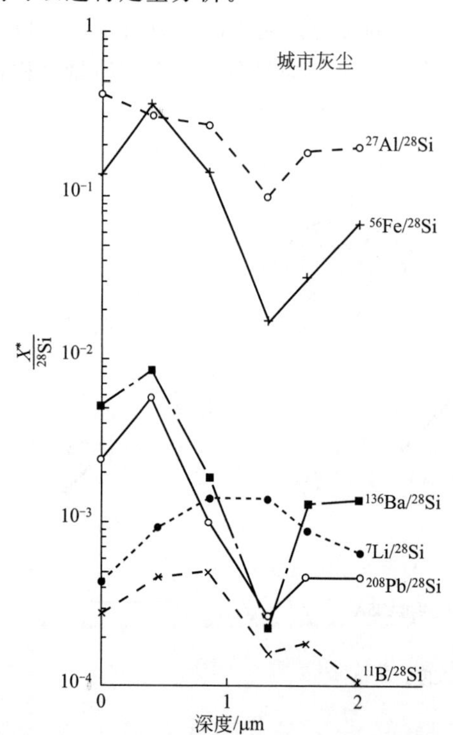

图 10-30 用 SIMS 得到的 10μm 基准单粒子的深度图。表面层连续溅射产生离子，这些离子在质谱仪中被分离。各元素与 ^{28}Si 相比（引自 Newbury，1980）

与 LMMS 相似，SIMS 也有两种运行方式：高能初级电子束（10^{-3} A/cm^2），称为动态 SIMS；低能初级电子束（10^{-9} A/cm^2），称为静态 SIMS。动态 SIMS 的破坏性强，可用于对元素进行深度剖析（elemental depth profiling）；而静态 SIMS 则可以为使用者提供分子成分信息。在静态 SIMS 中，离子量很小，以至于每个初级离子都有可能与未被破坏的表面起作用。

10.5.4 在粒子分析中的应用

10.5.4.1 离子显微镜

Newbury（1980）报道了 10μm 城市粉尘的单粒子的深度图（图 10-30）。该图显示了不同元素与 ^{28}Si 的比值与进入粒子的深度之间的关系。Linton 等（1976）通过深度图指出，As、Pb、Ca 等元素可能来自飞灰粒子的表层。由于含有飞灰的样品被压成薄片进行分析，所以它不能算是单粒子分析的例子。然而，用这种方法的确可以得到粒子表层的一些独有信息。对大气粒子的分析通常是定性的，而不是定量分析。Klaus（1984）用 SIMS 分析了采集到低压冲击式采样器铝箔上的气溶胶粒子。尽管 Klaus 指出，由于箔片所含的污染物少，可以作为最佳的基底材料使用，但金（gold）元素的质荷比更高，而且纯度也特别高。Klaus 在一些欧洲大陆气溶胶羽状物中，发现了各种元素的氧化物、某些阴离子（如 NO_3^-、SO_4^{2-} 和 Cl^-）及游离碳和有机碳。有人对机动车尾气进行了类似研究（Klaus，1985）。有文章报道了用粒子表面分析法得出的初级元素成分，但没有发现有机分子。Klaus 的一篇文章中包含了很多关于 SIMS 粒子分析的参考资料（1986）。

最近，人们已将 SIMS 用在离子图像模式中以区分采集的粒子样品成分，并用于锕类粒子的同位素分析中。SIMS 可以通过离子成像而对粒子定位，见图 10-31。该图显示了含有某种元素的飞灰粒子的相对位置。这只是元素成分成像的例子，该仪器还可以进行分子成像。如果需要从大量粒子中识别出某种痕量粒子，而此粒子又具有一种特征化学成分，那么成像法将是一种很有用的技术。

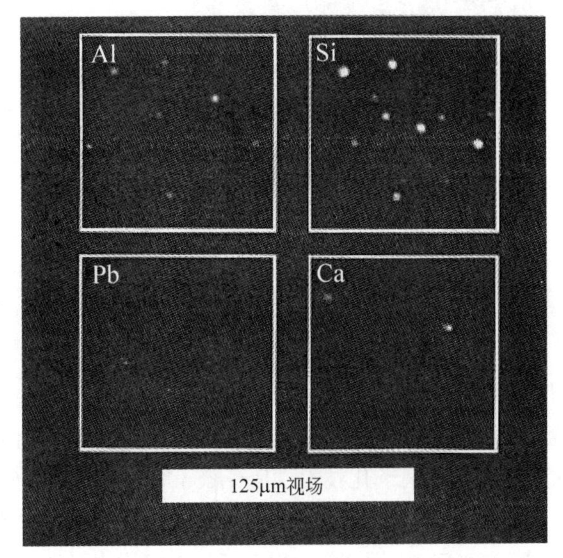

图 10-31 飞灰粒子的 SIMS 离子图像，该图表明飞灰粒子的表层中含有 Al、Si、Pb 和 Ca 元素
（经由 S. Wight 和 G. Gillen 允许，NIST）

Simons（1986）和 Stoffel 等（1994）证明了铀单粒子的同位素分析，以及与验证新标准有关的同位素分析。其他粒子标准也已报道（Simons，1991）。有一种自动 SIMS 分析方法可以从一些随机定向粒子中（有时含铀）获得同位素信息，该方法已被证实（Simons 等，1997）。这种自动分析可以在 8h 内得到 1000 张微米级的离子图，即这个系统可以在 8h 内处理 10000 个粒子（每个像场内有 10 个粒子）。SIMS 的优点是能从大量粒子中找出同位素富集的粒子或区分两种粒子群。有人用 SIMS 对核物质进行了单粒子分析（Tamborini 等，1998）。由于两种同位素的电离效率基本一致，那么，要从自然铀元素中识别出富集铀同位素，方法就是测出每种同位素之间的相对量（235/238），近而可以作为法医学分析方法（Betti 等，1999），据报道，检出限为 ng/g～pg/g 级，同位素成分测定值的准确度和精密度为 0.5%。Simons 在同一文献中还报道了对钚的研究。图 10-32 为 SIMS 得到的一组粒子中的 ^{238}U 和 ^{235}U 的离子图像，这些粒子的粒径控制在 1～4μm。在左边的图像中，灰色表示同位素成分，白色的地方代表最高浓度。通过对两种同位素的对比测定，得到如右图所示的同位素比值。

10.5.4.2 离子微探针

Bennett 和 Simons（1991）确定了同种玻璃制成的 20nm 玻璃薄膜及微米级玻璃碎片的相对灵敏度因子。薄膜和碎片的 RSF 值相差 3～4 倍。

Owari 等（1989）应用高度聚焦的亚微米级（约 0.1μm）液态金属离子源，通过二次电子成像或直接元素二次离子成像，得到了结构成像。Owari 等描述了固定在涂有传导性银质层的金属基底上的飞灰和 NaCl 混合粒子形成的图像。根据 NBS SRM 309 玻璃微球体（NBS/NIST 玻璃）的相对灵敏度因子，Owari 等给出了定量结果。二次粒子质谱用于研究气溶胶粒子的表面组成，并确认不同来源和区域的气溶胶分子种类。Peterson 和 Tyler（2002，2003）研究发现，SIMS 可

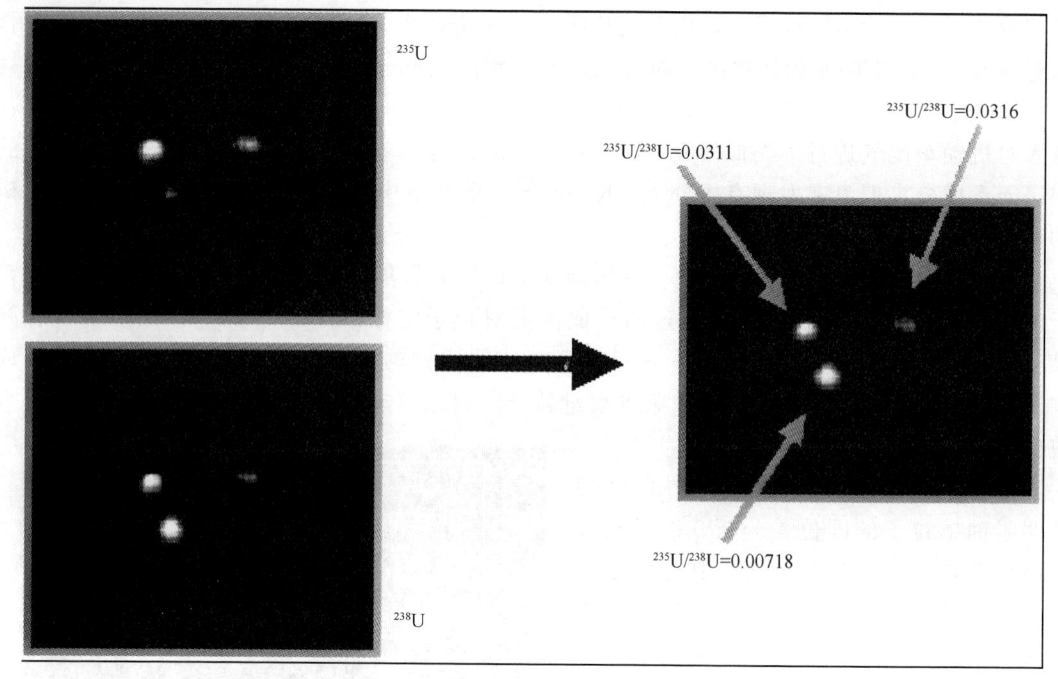

图 10-32 在 3 种测试粒子上测得的同位素分布的 SIMS 图像。左边的图表示同位素浓度，右边的图表示这些粒子上的 235/238 比率

（经由 G. Gillen 允许，NIST）

用于分析不同气溶胶粒子的表面层，并报道了某些气溶胶来源的有机脂肪烃组成，研究者给出了盐粒子的离子成像，用于揭示有机化合物位置。用 TOF-SIMS 和 UV 激光进行后离子化是一种二次中性粒子的离子化技术。Peterson 等（2006）给出了城市环境气溶胶中 Al^{+}、NO^{+} 和 PAHs 的离子成像。Hopkins 等（2008）应用包括 SIMS 的系列技术验证了含有硫酸盐的海盐气溶胶。Palma 等（2007）应用 TOF-SIMS 和 SEM 分析了实验室生成的几种气溶胶种类，给出了 NaCl 和 $(NH_4)_2SO_4$ 的离子图像。Van Ham 等（2006）应用 TOF-SIMS 对冲击式采样器收集到的大气气溶胶粒子进行了离子和电子成像研究。

飞行时间二次离子质谱正成为单粒子化学分析的有效工具。尤其可以给出表面层的分析，这对于化学反应、人体健康及粒子生长的研究具有尤为重要的意义。

10.6 拉曼微探针

10.6.1 振动光谱的基本原理

分子中的振动和旋转过程能产生拉曼散射和红外吸收，人们用经典和定量机械模型描述了分子非弹性散射或光吸收的机理。经典模型描述的是原子（质点）通过化学键（弹力）结合的分子。质量-弹力系统可以将弹性系数与共振频率联系起来。定量机械模型描述的是在振动光谱中呈现窄光谱带的振动模式。

在拉曼光谱（Raman spectrometry）中，发射物是可见光频率范围内的非弹性散射光子。如果能量为 $h\nu$（普朗克常量乘以频率）的入射光子束直接作用于振动模式为 ν_m 的分子物质，那么振动过程中一些散射光子会损失能量并获得新的能量 $h(\nu-\nu_m)$。此外，如果入射光子遇到和上面振动模式一样的振动分子，那么有些光子会获得 h（$\nu+\nu_m$）的能量。如果发射物的频率低于入射物的频率就称为斯托克斯频移，如果高于入射物的频率就称为非斯托克斯频移。大多数光子都会发生频率不变的弹性散射（瑞利散射）。发生非弹性散射并具有上述特征频移的分子只占 $1/10^6$。

能使入射光束产生瞬间偶极子的分子通常是强拉曼散射分子。一般用高分子极化率表示强拉曼活性分子的特征。含有诸如碘、硫原子的分子具有拉曼活性。Schrader 讨论了许多决定散射效率的因子（1986）。

10.6.2 相关仪器

拉曼和红外光谱技术的杰出奠基者是 Coats（1998）。目前的设备（图 10-33）设计都采用新技术以消除瑞利线、分散，并检测拉曼信号。现代拉曼设备一般分为两类：色散型和干涉型（RT-拉曼）。目前，色散型设备采用全息陷波滤光片完成机械单色计量，并用一个固定光栅来分散拉曼信号。通过电荷耦合检测器（CCD）阵列进行检测。拉曼显微镜设备中无可移动部分，包括该仪器的频率和波长测量部分，该仪器的技术发展使其能够成为稳定的高精度光学系统（Coates，1998）。

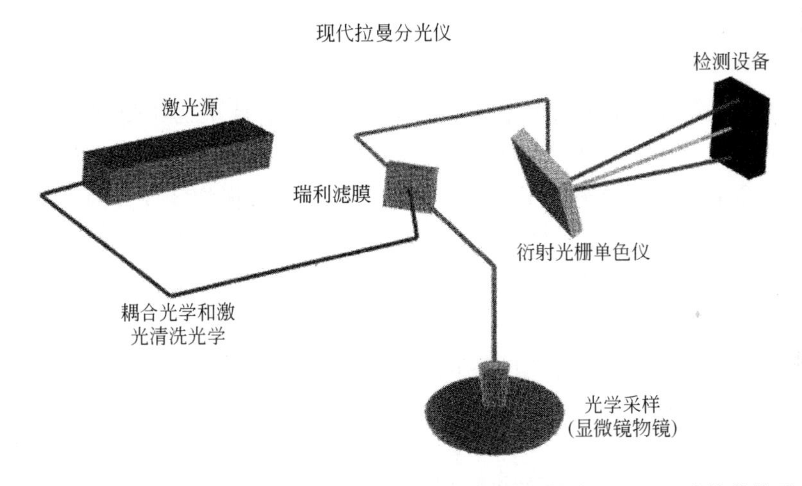

图 10-33 微拉曼设备示意图，该图显示的是 Ar 离子激光的激发射线，通过显微镜物镜聚焦到样品上，光束可以通过归一化的显微镜技术直接得到。来自样品的拉曼-频移（laman shift）光被显微镜的物镜收集，波长被全息陷波滤光片分割。拉曼-频移光子进入单色仪并被增强的 CCD 装置检测到

（Fran Adar 提供，J. Y. Horiba 允许）

傅里叶-转换（FT）拉曼通常用红外激发光源和干涉来分离拉曼频移信号的频率。拉曼光谱法的一个主要缺点即是多种化合物都会产生宽波段荧光辐射，尤其是有机化合物，这会覆盖散射信号从而影响拉曼测量。FT-拉曼克服了拉曼光谱法的这一缺点。用近红外 1064nm Nd:YAG 激光束激发，荧光辐射急剧减少，然而由于波长过长，散射效率也会下降（Coates，1998）。在这些设备中使用了全息陷波滤光片和近红外单频检测器。通常可把 FT-拉曼显微镜附加到 FT 红外设备中。

10.6.3 分析能力

Etz（1979）及 Etz 和 Blaha（1980）在文献中详细介绍了微型-拉曼技术的性能和作用。

拉曼微探针可以直接分析1μm或更大的单粒子的分子和结构信息，其灵敏度为pg水平。与红外吸收光谱法一样，利用拉曼技术也很容易得到晶体物质、透明物质及非晶体物质的综合信息，而且拉曼光谱法还可以得到特定的晶体信息。这些技术基本上不具破坏性，然而，如果化合物对辐射很敏感，那么高辐射度的聚焦发射光可导致样品发生热分解和光分解。该技术的潜在干扰是样品荧光效应（内在的或源于杂质），但它仍为红外吸收光谱的补充技术。

Schrader（1986）指出，拉曼频移的强度与化合物浓度成正比，并可以定量分析多种化合物。很难定量分析固相材料，但人们已经试图定量分析粉末和单粒子，并采用近似匹配材料作为校准标准（Grynpas等，1982）。

人们已经证实，分析大体积物质得到的参考谱（Etz和Blaha，1980）与同样成分的离散微米级粒子的谱图十分吻合。因此，可以用大体积物质的图谱库区分混合粒子。

Relhaye和Dhamelincourt（1990）综述了拉曼微探针的发展史，内容涵盖了其过去和目前的发展情况。其他较好的参考文献有Rosasco等（1975）、Delhaye和Dhamelincourt（1988）、Rosasco（1980）以及Adar（1988）。拉曼光谱法用于化学分析时涉及一系列问题：样品制备、生物样品、有机和无机化合物等，Grasselei等（1981）对此进行了论述。

10.6.4 在粒子分析中的应用

10.6.4.1 粒子的采集和预处理

收集粒子的基底需要有相对高的热传导性，且不干扰/低干扰拉曼波段。任何不干扰拉曼波段的材料都可作为基底，如Al_2O_3基底，它具有热传导性，可以作为吸热装置将激光产生的热量从样品中吸走。使用低压级联冲击式采样器可以把粒径分散的大气粒子直接采集到Al_2O_3圆片或玻璃/石英片上（Etz和Blaha，1980）。微型拉曼光谱法有一个优点，即在采集过程中不使用润滑油，因为润滑油会干扰光谱的形成。同样，由于薄膜滤膜会干涉拉曼波段从而掩盖粒子信号，所以通常不直接使用。玻璃或石英纤维滤膜也可以采集粒子。另一种较好的拉曼光谱基底是LiF，因其不存在拉曼活性振动模式（Raman-active vibrational modes）。LiF的缺点是具有吸湿性。微型拉曼分析通常在常温常压下进行，因此，在真空中容易蒸发的许多样品粒子都可以用微型拉曼分析进行检测。

10.6.4.2 粒子分析

粒子分析的应用包括：识别来自固定源（Etz等，1978b）、城市粉尘样品及燃油电厂的大气粒子（Etz等，1978a）；城市粒子中的石墨碳的测定（Balaha等，1978）、识别硫酸盐/硫酸（Etz等，1977）及标准纯多环芳烃（Etz等，1979）的测定。用微型拉曼可以获得的单粒子的信息，请参见St. Louis城市尘（收集在LiF基底上）的测量示例（Blaha，1979），其拉曼光谱见图10-34。由拉曼波段1432cm^{-1}、1088cm^{-1}、714cm^{-1}、283cm^{-1}及156cm^{-1}可以判定粒子为$CaCO_3$，由1018cm^{-1}处的弱波段可以识别出$CaSO_4$。在1350cm^{-1}和1600cm^{-1}处有宽驼峰，这说明有石墨碳，因为粒子内或表面上有含碳物质。分析者认为$CaSO_4$是H_2SO_4与$CaCO_3$反应产生的。

Sobanska等（1999）用拉曼光谱法分析了铅冶炼厂烟囱排出的单粒子，并从单粒子的光谱图上识别出混合化合物。人们用拉曼和微拉曼技术研究了加热和冷却条件下的炭黑结构性质（Zerda等，1998），两种分析得出了的非晶体碳和游离碳的光谱信息相同，这表明炭黑有一个从非晶体向晶体转化的过程。Potgieter-Vermaak和van Grieken（2006）给出了收

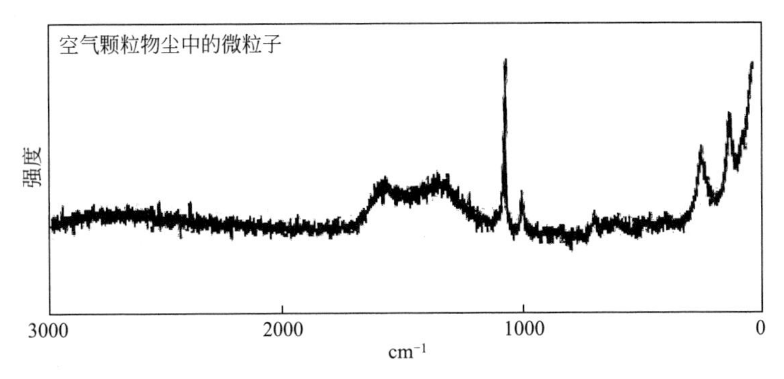

图 10-34　城市大气中 10μm 粉尘粒子的微拉曼光谱图，从 $1423cm^{-1}$、$1088cm^{-1}$、$714cm^{-1}$、$283cm^{-1}$ 和 $156cm^{-1}$ 处的拉曼活性带可以看出这些尘粒子的主要成分是 $CaCO_3$。$1081cm^{-1}$ 处的活性带表明存在 $CaSO_4$，这是 H_2SO_4 与粒子中的 $CaCO_3$ 反应而致

（引自 Blaha 等，1979）

集到的环境气溶胶粒子的微拉曼谱图，发现了可能的几种无机化合物的确认方法，但是分析用基板的选择仍需注意。应用微拉曼光谱来表征各种源的煤烟尘及相应含碳物质（Sadezky 等，2005）。人们也努力研究含碳结构顺序的确定和确认方法，Rosch 等（2006）应用微拉曼方法表征收集到的生物气溶胶粒子。

10.7　红外显微镜法

10.7.1　基本原理

红外吸收光谱法用于测定分子中 10～10000cm^{-1}（1000～1μm）范围内发生的振动跃迁。振动光谱可以表征分子化合物中的官能团（McMillan 和 Hofmeister，1988）。

IR 吸收光谱技术中振动模式的过程，在 10.6 节的拉曼微探针中已提到。在红外吸收光谱法中，位于光谱中 IR 区的光子被分子振动跃迁吸收。拥有强偶极子的分子通常是强 IR 吸收体。

10.7.2　相关仪器

IR 显微镜包括 IR 发射源、辐射转换光学装置、分光计（用于分离来自或穿过样品的光线）和 IR 检测器。IR 显微镜是一种光学显微镜，通常用中范围 IR 放射线 4000～400cm^{-1}（2.5～25μm）检测样品。入射光线从黑体放射源中发出，通常是球状或丝状的硅碳化钙。用透镜或反射光学器件将入射光线汇集而照射样品。在现代 IR 显微镜中，能量分离由干涉仪完成，信号经过傅里叶转换器转换（Katon 等，1990；McMillan 和 Hofmeister，1988）。红外-活性分子键所对应的吸收波段，在 IR 光谱中通常表示为分子信号强度。检测中间波段的典型 IR 检测器是 MCT（Hg、Cd、Te）液态氮冷却探测器。

10.7.3　分析能力

傅里叶转换红外光谱（FTIR）是一种识别和表征分子化合物的分析方法。报道的 FT-IR 应用实例大多不是分析微米级单粒子，但这些报道确实给出了微量样品的重要分子组分信息。人们已经证明该技术可以对官能团（如与羰基或氨基化合键结合）进行定性分析，但直接识别大气样品中的复杂混合物仍很困难。Dangler 等（1987）指出，该技术为人们识别气溶胶来源提供了“指纹”信息。

如可见光显微镜一样，IR 显微镜的不足之处在于，其空间分辨率取决于所使用的放射线波长的衍射极限。为了得到单粒子的光谱，粒子与周围粒子的距离必须大约为 50μm，否则，由于粒子的边缘散射会产生信号混合（Katon 等，1990）。通过在图像平面打孔（多数 FTIR 显微镜的常用设计）来限定样品区，就可以得到 5μm 单粒子的光谱（Messerschmidt 和 Reffner，1988）。

用 FTIR 显微镜进行透射测量还是反射测量取决于待测样品。放在 IR-透明物质如 ZnSe 上的样品，可以进行透射测量。放在金属表面上的样品，则可以进行 IR 反射测量。这两种方法的另一替换法是，将采集到的代表性粒子转移到一个小室内进行反射测量。

FTIR 有很多优点，如样品采集和预处理可以一步完成；在反射模式中，粒子直接沉积到 ZnSe 圆片上并置于显微镜下进行观察（Dangler 等，1987）。FTIR 的另一优点是不必在真空中测定样品，因此在高、低压下都可以进行测定。

如果将大量 IR 参考图谱及一些多变量分析的新技术应用到 FTIR 中，那么 FTIR 就可以提供粒子样品尤其是含有机物的化合物的化学特征。

10.7.4 在粒子分析中的应用

有报道称，FTIR 已用于分析低压冲击式采样器采集的大气中的机动车尾气粒子（Dangler 等，1987；Pickle 等，1990；Brown 等，1990），作者报道了样品中无机和有机分子种类。利用傅里叶变换衰减全反射红外光谱法（attenuated total reflection，FTIR-ATR）研究了 NaCl、$NaNO_3$ 和 $NaClO_4$ 的潮解点（Lu 等，2008）。把颗粒物暴露在水蒸气（比例略低于潮解点）中几个小时。这样处理过的颗粒物会比未处理过的颗粒物有稍高的潮解点。Allen 和 Palen（1989）综述了 IR 光谱在粒子分析中的应用情况。

10.8 扫描探针显微镜法

10.8.1 操作原理

扫描探针显微镜（scanning probe microscopy，SPM）利用一系列技术表征物质的表面特征，它的分析水平从近原子级到微米级。应用最广泛的探针设备有扫描隧道显微镜（scanning tunneling microscope，STM）、原子力显微镜（atomic force microscope，AFM）以及该技术的改进设备（带有一些感应器），如磁力显微镜、静电力显微镜、扫描电容显微镜、热扫描显微镜及扫描近场光学显微镜（NSOM）。图 10-35 是一个普通的扫描探针显微镜示意图，一个小感应探针（1μm～100nm）放在接近样品表面的地方，通常用 x-y 扫描器和压电晶体对探针下的样品进行光栅扫描，有些设备（如 AFM）能测出样品上方的探针的顶端偏转或顶端力。通常有一个反馈装置将探针顶端重新放置到 z 方向（高度）。在其他设备中，如 STM 和某种 NSOM 装置中，还可以测定隧道电子或光子。AFM 的探针顶端力源自位于顶端的原子或分子与样品表面的原子引力与斥力（范德华力）。当顶端离样品表面较远时会产生吸引力；随着顶端接近表面，斥力就会变得显著。探针顶端

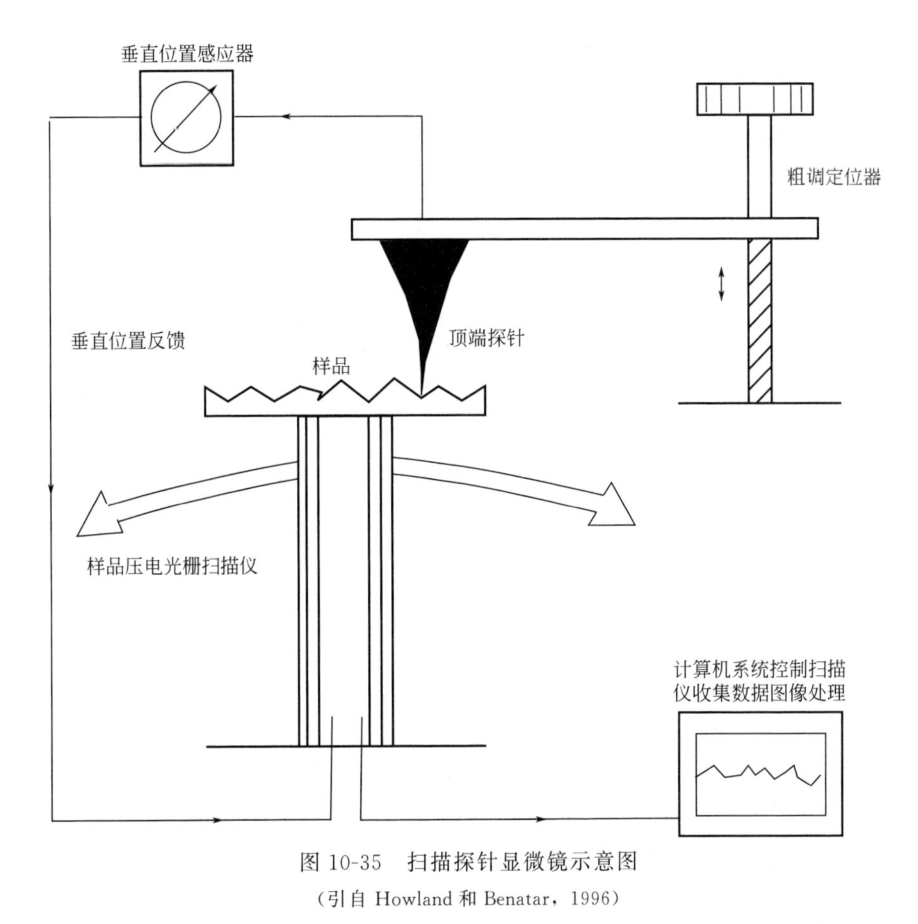

图 10-35 扫描探针显微镜示意图

（引自 Howland 和 Benatar，1996）

固定在一个小悬臂上，该悬臂随施加力而弯曲或变形。通过测量悬臂背面的反射角可以检测出探针的位置。

10.8.2 分析能力

STM 只能分析导体或半导体材料的粒子，所以它的应用范围很窄。STM 图是样品电子特性及形态学特征与顶端电子特征及形态学的推算（McCarty 和 Weiss，1999）。AFM 的分析误差较小，但也存在某些问题。该技术可以在真空或常压下测定纳米级粒子。因 AFM 能测定探针在 x-y 位置的高度，所以可获得粒子的体积（三维信息）和微结构。AFM 可测的粒子范围为 10nm 至几微米。探针的放置方式有好几种，探针的顶端可以离粒子或近或远，在接近或"接触"的放置形式中，需要考虑粒子的接触和移动。粒子必须和下方的光滑基底紧密接触。使用成像软件可以得到粒子图像和粒径分布情况（Kollensperger 等，1999a，b）。粒径分级的准确度备受关注。测量结果是粒子大小、形状和探针（所有这些都是未知的）的推算函数（McCarty 和 Veiss，1999）。造成不确定性的其他原因有：探针顶端和样品表面的水分、扫描器的非线性移动和滞后作用及热效应导致的漂移（Gonda 等，1999）。在某些测定中，大气粒子测量值的不确定度在 10%左右（Kollensperger 等，1997）。Gonda 等（1999）用干涉仪精确测定了 AFM 探针的三维位置。Gonda 等报道，探针距离标准样品 180nm 时的标准偏差为 0.4nm（$n=80$），3μm 时的标准偏差为 10nm。这些只反映了统计学方法计算出的 A 型不确定性。Sobchenko 等（2007）比较了用 TEM、SEM 和 AFM 对控制基板形状的无机纳米粒子的长度测量，发现其一致性低于约15%。用SEM和AFM测量冲击式采样器采集到的大气气溶胶，其粒径结果与从冲击器预测的粒径结果并未呈现较好的一致性。研究者认为这种一致性的缺乏是由气溶胶中的挥发性组分所致。

Doxson等（1999，2000）和Villarrubia等（1999）已将AFM测量的不确定度问题提交给国际标准和技术协会，这些研究者应用的是改进版的商业AFM，该AFM的x、y、z测定结果可以通过可见光波长干涉测量法转变为国际米制单位。人们已做了大量研究以确定垂直间隙测量（pitch measurement，一个目标到另一个目标的长度，如线与线之间）、目标物宽度（线性宽度）和高度的不确定度。人们认为粒子分析中目标物的宽度和高度是最相关的。目标物宽度的不确定性主要源于探针顶端形状的影响及探针（未变形）不能探测出目标物的真实边缘。为提高测量能力，人们已经对探针顶端形状进行了测量和建模。扩展不确定度（expanded uncertainty）($k=2$) 包括了多种因素对目标物宽度的影响（Taylor和Kuyatt，1994），Villarrubia等发现，线宽449nm的扩展不确定度为±11nm（Villarrubia等，1999；Villarrubia，2000），他们还使用SEM和电子临界维度（electrical critical dimension，ECD）对线宽的测量结果进行了比较并表示出电临界尺寸。高度测量中的总不确定性包括目标物高度、每次测量的再现程度（基本<1nm）及操作误差等。一个100nm高的球体的标准不确定度接近±0.3nm。这只限于硬度大的物质，对诸如珠状聚合物等“软”物体进行测量时，就会产生错误结果。

某些AFM操作模式可以识别粒子内的不同相和不同成分。尽管NSOM目前还处于研究阶段，但它是一项很有前途的技术，它可以用化学法表征纳米粒子。IR和拉曼振动光谱都已经用在NSOM中（Stranic，1998；Jordan等，1999）。

10.8.3 应用

仅用SPM分析纳米级粒子是不够的，因为在图像解释中存在难点（McCarty和Weiss，1999）。气溶胶粒子图像是用AFM（Friedbacher等，1995）得到的。使用11级低压冲击式采样器收集城市环境中的气溶胶，粒子直接沉积到采样器的光滑基底上。图10-36为AFM得到的粒子图像，这与Friedbacher等报道的图像十分相像。这是灰度色标图像，亮图区域对应于高度为20nm的粒子，暗灰色区域代表高度为零的粒子或滤膜背景。基底上方的高度轮廓形成粒子图像。图10-36（a）是在冲击式采样器的单个层级内采集的、平均空气动力学粒径为21nm的粒子图像，图10-36（b）是不同层级内平均空气动力学粒径为170nm的粒子图像。Friedbacher等（1995）和Kollensperger等（1997）利用软件得到了20～125nm范围内的粒径分布情况。基底粗糙程度的均方根（rms）由AFM确定，并应将其从粒子的AFM图像中扣除。有趣的是，据报道高宽比约为0.5的粒子，即不规则小粒子，大都处在其最稳定的方位上。Friedbacher等推断，用这种方法测定的粒径，其不确定度约为10%，影响因素有粒径范围和探针顶端对表面的作用。实验室用AFM识别暴露在受控的湿度和空气浓度下的硫酸铵和含碳凝聚体的大小变化（Kollensperger等，1999b）。Kollensperger等还论述了用AFM确定粒径分布的优越性（1999a），他们认为，AFM技术不受粒子电导性的影响。测出粒子体积就能得出粒径，而不像电子显微镜那样，需要用粒子的二维投影面积计算获得粒径。在常态环境下就能进行测量，而不像很多技术那样要在真空条件下进行，在真空条件下测量会导致一些物质挥发，改变粒子的形状和粒径。

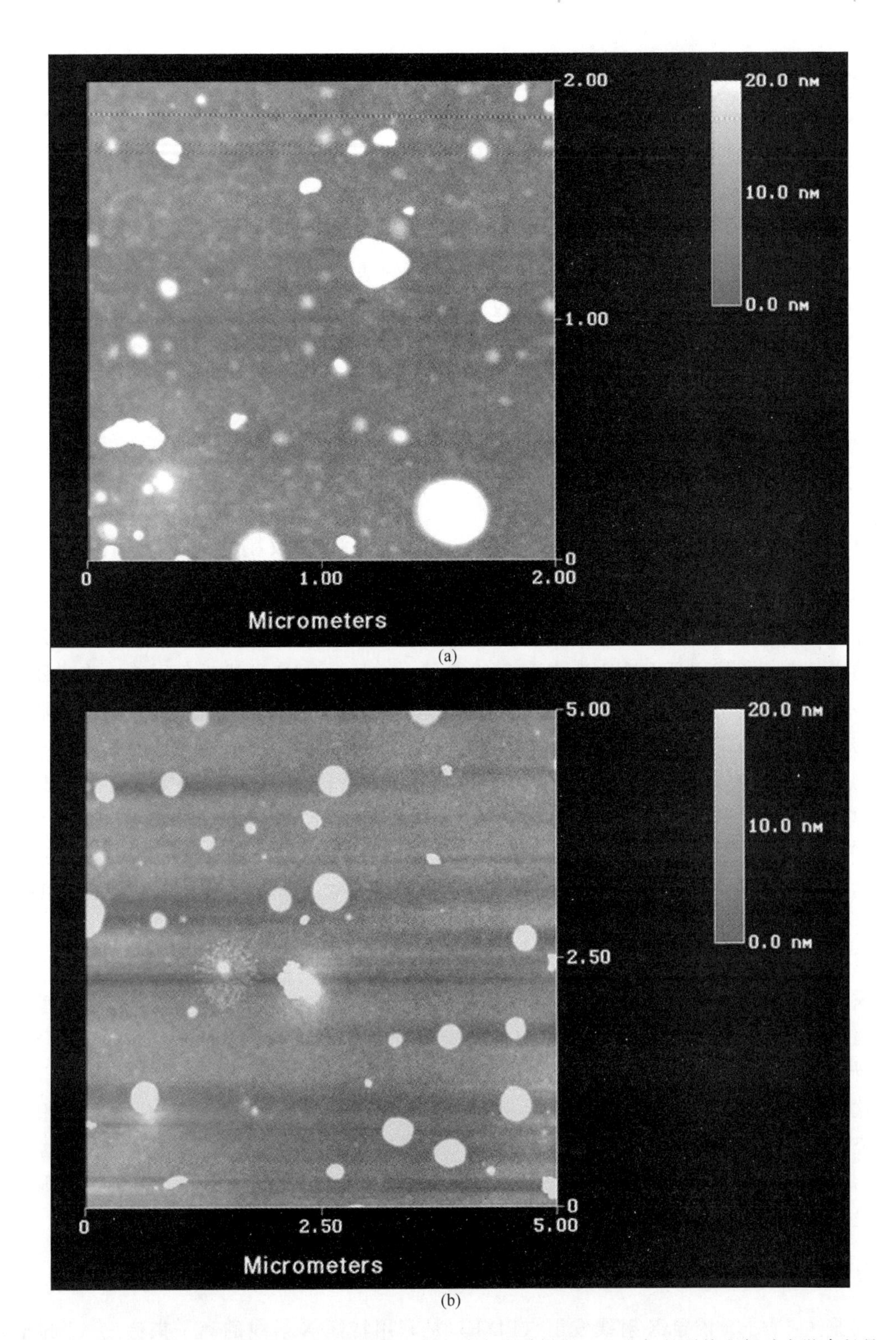

图 10-36　大气粒子的灰度图像，这些粒子收集在冲击式采样器上，它们的平均空气动力学直径是（a）21nm 及（b）170nm。灰度范围从白到灰，灰度对应于粒子高度（在基底之上 0～20nm）（经由 G. Friedbacher 允许）

10.9 基于大型设备的仪器与技术

几种大型设施对粒子有显著的表征能力，如果不提到这些设备，那么对于单气溶胶粒子表征的概述就是不完全的。一些被详细描述的仪器和方法可以很好地应用于各实验室。然而，一些仪器最好或者只能在较大的设施上应用，需要配备足够专业的知识基础。明显的例子是合成X射线或者中子散射设施，其探针辐射源比迄今为止最昂贵的基于实验室的仪器贵几个数量级。当然，前面的章节中描述的仪器包含这一类尖端仪器技术的原型，这目前可能不适合在各个实验室使用，因为其价格和运行费用都很昂贵，但可能在未来成为市售实验室仪器。很多这些基于大型设备的仪器都由政府资助应用，只要使用者的研究适合在公开刊物上发表，就会为其提供免费的设备使用权和技术指导（BES用户设施，2009；OBER用户设施，2009）。

本部分不提供前面章节所描述的各种设施、仪器或技术的细节方面的说明，而是对单气溶胶粒子表征的特定技术及其作用进行了表述。

10.9.1 扫描透射X射线显微光谱/近边X射线吸收精细结构光谱

扫描透射X射线显微光谱（STXM）是基于不均匀样品的X射线的差分吸收。通常，用菲涅尔区板光学器件将单色和准直入射X射线光束聚焦到一个直径为50nm的对X射线透明的样品上，扫描样品以建立选定X射线能量（波长）的X射线吸收图像。光谱图像是在许多能量的条件下通过多次重复此过程形成的，这些能量通常是在化学敏感元素吸收边缘附近的连续能量范围，因此映射出近边X射线吸收的精细结构。STXM近边X射线吸收精细结构谱图（NEXAFS）与AEM中的STEM-EELS谱图成像类似。该技术是在同步X射线光源下进行，尤其适用于化学敏感的软X射线边缘，包括那些轻元素B、C、N和O。它已被广泛应用于材料科学以表征聚合物的微观结构，通过表征碳的K壳层吸收边的近边精细结构来识别各种化学键，这允许电子从被占领的1s轨道转移到空置轨道（Ade和Hitchcock，2008）。

近期，发现STXM/NEXAFS技术非常适合应用于气溶胶粒子尤其是含碳气溶胶粒子。假设横向空间分辨率约为50nm，该技术非常适合对细粒子成像（Yoon等，2006）或者对单个超微粒子进行微量分析以区分其类型和来源（Braun，2005）。来自世界各地的气溶胶粒子研究已经表明，同一地区的有机颗粒物类型有许多种，不同地区的有机颗粒物类型相同，这表明颗粒物的产生和转化模式是共有的（Takahama等，2007）。人为源燃烧和生物质燃烧大气气溶胶可以通过其C（1s）NEXAFS标志加以区分，这些标志既包括化学键也包括结构排序。人为源气溶胶呈现较高的结构排序和显著的芳香烃示踪信息，而生物质燃烧粒子呈现较低的结构排序和碳-氧键的化学示踪信息（Hopkins等，2007）。

10.9.2 质子诱导X射线发射

粒子（或质子）诱导X射线发射（PIXE）是利用特征X射线的离子束激发（Johansson等，1995），入射辐射是典型的质子光束，其能量为几兆电子伏；传统的XEDS检测器用于进行光谱分析。粒子诱导X射线发射与SEM中的XEDS类似，来自Bremsstrahlung激发的连续X射线生产被抑制，从而使信噪比显著提升，且检测限也提高，这是其相对于电子诱导X射线发射的优势。在有利条件下可得到的最小质量分数为10^{-6}（也即$\mu g/g$）；大体积物质分析的最

低检出质量为 10^{-12} g，当光束聚焦直径为微米级别（micro-PIXE）时，其最低检出限为 $10^{-16}\sim10^{-15}$ g。入射辐射源为离子加速器，这个加速器主要实施一些补充的技术，包括 PIXE、质子弹性散射分析（PESA）、卢瑟福反向散射光谱（RBS）、扫描透射离子显微镜（STIM）。

Cahill（1995）给出了 PIXE 在大气气溶胶中的应用程序的详细说明，包括样品采集方法。近期大气气溶胶的研究表明 PIXE 在微探针和光谱模式下都具有有效性。Johnson 等（2006）给出了墨西哥城中心区域收集到的单粒子的定量元素分析结果，确认了来自工业过程、风蚀沙尘及生物质燃烧的不同来源气溶胶粒子。Kertész 等（2009）曾在扫描光束模式下，使用 PIXE 绘制了气溶胶单粒子的元素图。

10.10 对微量分析仪器性能的补充说明

在分析时，经常会使用多种仪器协同分析。用几个仪器分析样品通常比用单个仪器得到更多的信息。粒子的化学成分信息经常会增强对粒子粒径和形态等物理性质（用光学显微镜和电子显微镜表征）方面的表征。完整的化学特征包括元素成分（包括大量、少量、微量元素及同位素含量）及化合物组分。例如，利用电子束仪器进行元素分析时，通常都需要补充同位素含量、痕量元素含量（用质谱仪测量）及分子成分（用微型-拉曼、FTIR、SIMS 和 LMMS 等技术分析）等信息。SIMS 和 LMMS 可以将测量范围拓宽到原子序数较小的元素（H-F），从而进一步补充了元素成分信息。

Steel 等（1984）举了两种仪器联用的例子，他们将 AFM 和 LMMS 联合用于分析中。在此过程中，AEM 用于成像和识别粒子表面形态，并分析薄膜碳基底上亚微米级锆石的主要和次要元素成分。AEM 可以得出亚微米粒子在碳基底上的位置，接着用 LMMS 进行后续分析，顺序得到痕量元素成分、低原子序数元素成分及同位素含量。Steel 等认为，这两种仪器联用可以得到小到 0.1μm 粒子的全面特征。

Hachimi 等（1998）论证了微型-拉曼和 LMMS 联用分析铬氧化物的实用性。De Bock 和 Van Grieken（1999）发现，微量分析是对粒子样品大批量化学分析的补充。另外一个例子是，Gieray 等（1997）用大批量化学分析和激光微探针法研究了云层粒子的化学成分。

Batonneau 等（2006）应用冲击式采样器收集了法国北部铅/锌冶炼厂下风向的气溶胶粒子，应用 ESEM-XEDS 和计算机-自动拉曼微探针技术进行分析，并列出了两种仪器方法得到的粒子谱图。由于 ESEM 分析时粒子不需要涂层，因此可以进行随后的拉曼光谱分析。

实验设计各种仪器联用时，是串联分析还是平行分析取决于几个因素。显然，非破坏性分析技术应当用在那些分析过程中会破坏部分或全部粒子的技术之前（如质谱分析中）。当样品中只有少量粒子，或用几种技术分析单粒子时，应首先考虑这一问题。

在非破坏性技术中，样品中的粒径决定了是否用 LM、SEM 或 AEM 来分析形态、粒径、颜色、晶体学特征和表面特性。LM 通常能提供样品中粒子的第一手信息，人们常用这一信息来决定下面的分析过程。只有得到了粒子的表面形态、相态和晶体学特征，分析才能继续进行下去。举一个简单例子，小液滴通常不能在真空中生存，而大多数仪器都是在真空环境中进行分析，所以应该使用能在常压下分析的分光计来分析小液滴。粒径大于 0.5μm 的粒子一般可以用 LM 和 SEM 分析，小于 0.1μm 的粒子最好用 AEM 分析。需要考虑的其他问题如电子显微镜的导电涂层、样品中材料总量、样品成分及其他所需信息。例如，首先用光学显微镜得到样品的粒径、形状以及＞1μm 粒径范围内的不同光学信息，然后，如果需要主要元素的信息，则可以用 SEM 和 EDS 分析，这样就得到了更大范围的形态图像。微型-拉曼和 FTIR 可以将振动光谱与化学键联系起来，或与有机分子的官能团联系起来以得到分子成分信息。在质谱分析中，通常可以得到分子量（通过分子离子鉴别），从而增加了振动波带信息，还能分析到碎片离子，从而增加了化学/结构信息。LMMS 或 SIMS 除了能分析同位素含量外，还能分析含量接近 10μg/g 的痕量元素，根据痕量成分和同位素信息即可分析出粒子来源。

利用多种仪器对收集粒子进行微量分析，为气溶胶、环境学、大气学科学家提供了一种获得粒子物理、化学综合信息的手段。

10.11 致谢

作者衷心感谢国家标准与技术协会的 R. Dixson、E. Etz、G. Gillen、S. Hoeft、D. Newbury、D. Simons、E. Steel、M. Walker 和 S. Wight 为本章节做出的杰出贡献。同时也感谢 G. Friedbacher 教授提供了未出版的原子力显微镜图像。

10.12 符号列表

Z	原子序数
I	背景校正的峰值强度
I_{con}	连续光谱强度
$\overline{Z}$	平均原子序数
RSF_j	元素 j 的相对灵敏度因子
C_r	参考元素的浓度
C_j	元素 j 的浓度
I_r	参考元素的测量离子强度
I_j	元素 j 的测量离子强度
f	同位素
h	普朗克常数
ν	频率
ν_m	振动模式的频率

10.13 参考文献

Abell, M. T., S. A. Shulman, and P. A. Baron. 1989. The quality of fiber count data. *Applied Ind. Hyg.* 4(11): 273–285.

Adar, F. 1988. Developments of the Raman microprobe—Instrument and applications. *Microchem J.* 38: 50–79.

Ade, H., and A. P. Hitchcock. 2008. NEXAFS microscopy and resonant scattering: Composition and orientation probed in real and reciprocal space. *Polymer* 49: 643–675.

Alexander, D. T. L., P. A. Crozier, and J. R. Anderson. 2008. Brown carbon spheres in east Asian outflow and their optical properties. *Science* 321: 833–836.

Allen, D. T., and E. Palen. 1989. Recent advances in aerosol analysis by infrared spectroscopy. *J. Aerosol Sci.* 20(4): 441–455.

Armstrong, J. T. 1991. Quantitative elemental analysis of individual microparticles with electron beam instruments. In *Electron Probe Quantitation*, K. F. J. Heinrich and D. E. Newbury (eds.). New York: Plenum. pp. 261–315.

Armstrong, J. T. 1978. Methods of quantitative analysis of individual microparticles using electron instruments. In *Scanning Electron Microscopy/1978*, part I, O. Johari (ed.). AMF O'Hare, IL: SEM, Inc., pp. 455–467.

Armstrong, J. T., and P. R. Buseck. 1977. Development of a characteristic fluorescence correction for thin films and particles. In *Proceedings of the 12th Annual Conference of the Microbeam Analytical Society*, Boston, MA, August 18–24, 1977 pp 42A–42F.

Armstrong, J. T., and P. R. Buseck. 1975. Methods of quantitative analysis of individual microparticles using electron microprobe: Theoretical. *Anal. Chem.* 47: 2178–2192.

Asbestos International Association. 1979. *Reference Method for Determination of Airborne Asbestos Fibre Concentration by Light Microscopy*, Recommended Technical Method No. 1 (RTM 1), AIA Health and Safety Publication. London: Asbestos International Association.

Baron, P. A. 1993. Measurements of asbestos and other fibers. In *Aerosol Measurement Principles Techniques and Applications*, K. Willeke and P. A. Baron (eds.). New York: Van Nostrand Reinhold, Chap. 25.

Baron, P. A., and G. C. Pickford. 1986. An asbestos sampling filter clearing procedure. *Appl. Ind. Hyg.* 4(1): 169–171.

Batonneau, Y., S. Sobanska, J. Laureyns, and C. Bremard. 2006. Confocal microprobe Raman imaging of urban tropospheric aerosol particles. *Environ. Sci. Technol.* 40: 1300–1306.

Behrisch, R. 1983. Introduction and overview. In *Sputtering by Particle Bombardment II*, Topics in Applied Physics, Vol. 52, R. Behrisch (ed.). New York: Springer-Verlag, pp. 1–8.

Bennett, J., and D. Simons. 1991. Relative sensitivity factors and useful yields for microfocused Ga ion beam and TOF-SIMS system. *J. Amer. Vac. Soc.* A9(3): 1379–1384.

Berner, T., E. Chatfield, J. Chesson, and J. Rench. 1990. *Transmission Electron Microscopy Asbestos Laboratories: Quality Assurance Guidelines*, EPA 560/5-90-002. Washington, DC: Environmental Protection Agency.

BES User Facilities. 2011. http://www.sc.doe.gov/production/bes/suf/user_facilities.html (accessed 14 Jan 2011).

Betti, M., G. Tamborini, and L. Koch. 1999. Use of secondary ion mass spectrometry in nuclear forensic analysis for the characterization of plutonium and highly enriched uranium particles. *Anal. Chem.* 71: 14, 2616–2622.

Biegalski, S. R., L. A. Currie, R. A. Fletcher, G. A. Klouda, and R. Weissenbok. 1998. Analysis of combustion particles contained in environmental ice and snow samples using sublimation in conjunction with accelerator mass spectrometry and laser microprobe mass analysis. *Radiocarbon* 40: 1, 3–10.

Blaha, J. J., G. J. Rosaco, and E. S. Etz. 1978. Raman microprobe characterization of residual carbonaceous materials associated with urban airborne particulates. *Appl. Spectrosc.* 32(3): 292–297.

Blaha, J. J., E. S. Etz, and W. C. Cunningham. 1979. Molecular analysis of microscopic samples with a Raman microprobe: Applications to particle characterization. In *Scanning Electron Microscopy/1979*, part I, O. Johari (ed.). AMF O'Hare, IL: SEM, Inc., pp. 93–102.

Blevins, L. G., R. A. Fletcher, B. A. Benner, Jr., E. B. Steel, and G. W. Mulholland. 2002. The existence of young soot in the exhaust of inverse diffusion flames. *Proceedings of the Combustion Institute* 29: 2325–2333.

Blevins, L. G., K. A. Jensen, R. A. Ristau, N. Y. C. Yang, C. W. Frayne, R. C. Striebich, M. J. DeWitt, S. D. Stouffer, E. J. Lee, R. A. Fletcher, J. M. Oran, J. M. Conny, and G. W. Mulholland. 2003. Soot inception in a well stirred reactor. *Proceedings of the 3rd Joint Meeting of the U.S. Sections of the Combustion Institute*, Chicago, IL, March 16–19, 2003. Pittsburgh, PA: The Combustion Institute.

Braun, A. 2005. Carbon speciation in airborne particulate matter with C (1s) NEXAFS spectroscopy. *J. Environ. Monit.* 7: 1059–1065.

Brown, S., M. C. Dangler, S. R. Burke, S. V. Hering, and D. T. Allen. 1990. Direct Fourier transform infrared analysis of size-segregated aerosols: results from the carbonaceous species methods intercomparison study. *Aerosol Sci. Technol.* 12: 172–181.

Brundle, C. R., and Y. S. Uritsky. 2001. Particle and defect characterization. In *Handbook of Silicon Semiconductor Metrology*, A. C. Diebold (ed.). New York: Marcel Dekker, pp. 547–582.

Bruynseels, F., H. Storm, R. Van Grieken, and L. V. Auwera. 1988. Characterization of north sea aerosols by individual particle analysis. *Atmos. Environ.* 22(1): 2593–2602.

Cahill, T. A. 1995. Compositional analysis of atmospheric aerosols. In *Particle-Induced X-ray Emission Spectrometry (PIXE)*, S. A. E. Johansson, J. L. Campbell, and K. G. Malmqvist (eds.). New York: John Wiley and Sons, pp. 237–311.

Carter, J., D. Taylor, and P. A. Baron. 1989. Fibers, Method 7400 revision #3: 5/15/89. *NIOSH Manual of Analytical Methods*. Cincinnati, OH: Department of Health and Human Services, National Institute for Occupational Safety and Health.

Castaing, R., and A. Guinier. 1950. Proceedings of the 1st International Conference on Electron Microscopy, 1949, Delft, The Netherlands, p. 60.

Chamot, E. M., and C. W. Mason. 1958. *Handbook of Chemical Microscopy*, 3rd edition, Vol. 1. New York: John Wiley and Sons.

Chamot, E. M. and C. W. Mason. 1940. *Handbook of Chemical Microscopy*, 2nd edition, Vol. 2. New York: John Wiley and Sons.

Chen, Y., N. Shah, F. E. Huggins, and G. P. Huffman. 2006. Microanalysis of ambient particles from Lexington, KY, by electron microscopy. *Atmos. Environ.* 40: 651–663.

Cleary, T. G., G. W. Mulholland, L. K. Ives, R. A. Fletcher, and J. W. Gentry. 1992. Ultrafine combustion aerosol generator. *Aerosol Sci. Technol.* 16: 3, 166.

Clemett, J. S., D. F. Chiller, S. Gillette, R. N. Zare, M. Marrette, C. Engrand, and G. Kurat. 1998. Observations of indigenous polycyclic aromatic hydrocarbons in "giant" carbonaceous antarctic micrometeorites. *Origins of Life and Evolution of the Biosphere* 28: 425–448.

Clemett, J. S., C. R. Maechling, R. N. Zare, P. D. Swan, and R. M. Walker. 1993. Identification of complex aromatic molecules in individual interplanetary dust particles. *Science* 262: 721–725.

Coates, J. 1998. Vibrational spectroscopy: Instruments for infrared and Raman spectroscopy. *Applied Spectroscopy Reviews* 33: 4, 267–425.

Cowley, J. 1979. Principles of image formation. In *Introduction to Analytical Electron Microscopy*, J. J. Hren, J. I. Goldstein, and D. C. Joy (eds.). New York: Plenum, pp. 83–117.

Crawford, N. P., and A. J. Cowie. 1984. Quality control of asbestos fibre counts in the United Kingdom—The present position. *Ann. Occup. Hyg.* 28: 391–398.

Currie, L. A., R. A. Fletcher, and G. A. Klouda. 1987. On the identification of carbonaceous aerosol via ^{14}C accelerator mass spectrometry and laser microprobe mass spectrometry. *Nucl. Instrum. Methods* B29: 346–354.

Currie, L. A., R. A. Fletcher, and G. A. Klouda. 1989. Source apportionment of individual carbonaceous particles using ^{14}C and laser microprobe mass spectrometry. *Aerosol Sci. Technol.* 10(2): 370–378.

Dangler, M., S. Burke, S. V. Hering, and D. T. Allen. 1987. A direct FTIR method for identifying functional groups, in size segregated atmospheric aerosols. *Atmos. Environ.* 21(4): 1001–1004.

Danilatos, G. D. 1978. Foundations of environmental scanning electron microscopy. *Advances in Electrons and Electron Physics* 71: 102–250.

De Bock, L. A., and R. E. Van Grieken 1999. Single particle analysis techniques. In *Analytical Chemistry of Aerosols*, K. R. Spurny (ed.). New York: Lewis Publishers, pp. 243–275.

De Waele, J. K. E., and F. C. Adams. 1986. Laser-microprobe mass analysis of fibrous dusts. In *Physical and Chemical Characterization of Individual Airborne Particles*, K. R. Spurny (ed.). New York: John Wiley and Sons, pp. 271–297.

Delhaye, M., and P. Dhamelincourt. 1990. A perspective of the historical developments and future trends in Raman microprobe spectroscopy. In *Microbeam Analysis—1990*, J. R. Michael and P. Ingram (eds.). San Francisco: San Francisco Press, pp. 220–227.

Delhaye, M., and P. Dhamelincourt. 1975. Raman microprobe and microscope with laser excitation. *J. Raman Spectrosc.* 3: 33–43.

Denoyer, E. R., Van Grieken, F. Adams, and D. F. S. Natusch. 1982. Laser microprobe mass spectrometry 1: Basic principles and performance characteristics. *Anal. Chem.* 54(1): 26A–41A.

Denoyer, E., D. F. S. Natusch, P. Surkyn, and F. Adams. 1983. Laser microprobe mass analysis (LAMMA) as a tool for particle characterization: a study of coal fly ash. *Environ. Sci. Technol.* 17: 457–462.

Dixson, R., R. Koning, J. Fu, T. V. Vorburger, and B. Renegar. 2000. Dimensional metrology with atomic force microscopy. In *Metrology, Inspection, and Process Control for Microlithography XIV*, N. T. Sullvan (ed.). Proceedings of SPIE 3998: 362–368.

Dixson, R., R. Koning, V. W. Tsai, J. Fu, and T. V. Vorburger. 1999. Dimensional metrology with the NIST calibrated atomic force microscope. In *Metrology, Inspection and Process Control for Microlithography XIII*. B. Singh (ed.). Proceedings of SPIE 3677: 20–34.

Dobbins, R. A. 2007. Hydrocarbon nanoparticles formed in flames and diesel engines. *Aerosol Sci. Technol.* 41(5): 485–496.

Dobbins, R. A., R. A. Fletcher, B. A. Benner, and S. Hoeft. 2006. Polycyclic aromatic hydrocarbons in flames, in diesel fuels, and in diesel emissions. *Combustion and Flame* 144(4): 773–781.

Dobbins, R. A., R. A. Fletcher, and H.-C. Chang. 1998. The evolution of soot precursor particles in a diffusion flame. *Combustion and Flame* 115: 285–298.

Dobbins, R. A., R. A. Fletcher, and W. Lu. 1995. Laser microprobe analysis of soot precursor particles and carbonaceous soot. *Combustion and Flame* 100(1–2): 301–309 JAN 1995.

Dobbins, R. A., and C. M. Megaridis. 1987. Morphology of flame-generated soot as determined by thermophoretic sampling. *Langmuir* 3: 254–259.

Dovichi, N. J., and D. S. Burgi. 1987. Photothermal microscope. In *Microbeam Analysis—1987*, R. H. Geiss (ed.). San Francisco: San Francisco Press, pp. 155–157.

Duncumb, P., and S. J. B. Reed. 1968. The calculation of stopping power and backscatter effects in electron probe microanalysis. In *Quantitative Electron-Probe Microanalysis*, NBS Special Pub. 298, K. F. J. Heinrich (ed.). Washington, DC: U.S. Department of Commerce/National Institute of Standards and Technology, pp. 133–154.

Eastwood, M. L., S. Cremel, C. Gehrke, E. Girard, and A. K. Bertram. 2008. Ice nucleation on mineral dust particles: Onset conditions, nucleation rates and contact angles. *J. Geophys. Res.* 113. D22203: doi: 10.1029/2008JD010639.

Eisenhart, C. 1969. Realistic evaluation of the precision and accuracy of instrument calibration systems. In *Precision Measurement and Calibration Statistical Concepts and Procedures*, Special Publication 300, Vol. 1. Washington, DC: U.S. Department of Commerce, National Institute of Standards and Technology, pp. 21–47 to 21–187.

U.S. Environmental Protection Agency. 1985. *Measuring Airborne Asbestos Following an Abatement Action.* EPA 600/4-85-049.

U.S. Environmental Protection Agency. 1987. Asbestos-Containing Materials in Schools. *Federal Register.* 40 CFR Part 763. Washington DC: Government Printing Office.

U.S. Environmental Protection Agency. 1989. *Comparison of airborne asbestos levels determined by transmission electron microscopy (TEM) using direct and indirect transfer techniques.* EPA 560/5-89-004.

Etz, E. S. 1979. Raman microprobe analysis: Principles and applications. In *Scanning Electron Microscopy/1979*, part I, O. Johari (ed.). AMF O'Hare, IL: SEM, Inc., pp. 67–92.

Etz, E. S., and J. Blaha. 1980. Scope and limitations of single particle analysis by Raman microprobe spectroscopy. In *Characterization of Particles*, NBS Special Publication 553, K. F. J. Heinrich (ed.). Washington, DC: U.S. Department of Commerce/National Institute of Standards and Technology, pp. 153–197.

Etz, E. S., G. J. Rosasco, and J. J. Blaha. 1978. Observation of the Raman effect from small, single particles: Its use in chemical identification of airborne particulates. In *Environmental Pollutants*, T. Y. Toribara, J. R. Coleman, B. E. Dahneke, and I. Feldman (eds.). New York: Plenum, pp. 413–456.

Etz, E. S., G. J. Rosasco, and K. F. J. Heinrich. 1978. Chemical analysis of stationary source particulate pollutants by micro-Raman spectroscopy, EPA Report, EPA-600/2-78-193. Research Triangle Park, NC: USEPA, pp. 1–37.

Etz, E. S., G. J. Rosasco, and W. C. Cunningham. 1977. The chemical identification of airborne particles by laser raman spectroscopy. *Environmental Analysis*. New York: Academic, pp. 295–340.

Etz, E., S. A. Wise, and K. F. J. Heinrich. 1979. On the analytical potential of micro-Raman spectroscopy in the trace characterization of polynuclear aromatic hydrocarbons. In *Trace Organic Analysis: A New Frontier in Analytical Chemistry*, NBS Special Publication 519. Washington, DC: U.S. Department of Commerce/National Institute of Standards and Technology, pp. 723–729.

Fletcher, R. A. 1989. A new way to mount particulate material for laser microprobe mass analysis. *Anal. Chem.* 61(8): 914–917.

Fletcher, R. A., R. A. Dobbins, and H. C. Chang. 1998. Mass spectrometry of particles formed in a deuterated ethene diffusion flame. *Anal. Chem.* 70(13): 2745–2749.

Fletcher, R. A., and L. A. Currie. 1987. Observations derived from the application of principal-component analysis to laser microprobe mass spectrometry. In *Microbeam Analysis—1987*, R. H. Geiss (ed.). San Francisco: San Francisco Press, pp. 369–371.

Fletcher, R. A., and L. A. Currie. 1988. Pattern differences in laser microprobe mass spectra of negative ion carbon clusters. In *Microbeam Analysis—1988*, D. E. Newbury (ed.). San Francisco: San Francisco Press, pp. 367–370.

Fletcher, R. A., E. S. Etz, and S. Hoeft. 1990. Complementary molecular information on phthalocyanine compounds derived from laser microprobe mass spectrometry and micro-Raman spectroscopy. In *Microbeam Analysis—1990*, J. R. Michael and P. Ingram (eds.). San Francisco: San Francisco Press, pp. 89–92.

Friedbacher, G., M. Grasserbauer, Y. Meslmani, N. Klaus, and M. Higatsberger. 1995. Investigation of environmental aerosol by atomic force microscopy. *Anal. Chem.* 67(10): 1749–1754.

Friedrichs, K. H. 1986. Particle analysis by light microscopy. In *Physical and Chemical Characterization of Individual Airborne Particles*, K. R. Spurny (ed.). New York: John Wiley and Sons, pp. 161–172.

Fultz, B. and J. M. Howe. 2008. *Transmission Electron Microscopy and Diffractometry of Materials*, 3rd edition. Springer, New York.

Gavrilovic, J. 1984. Surface analysis of small individual particles by secondary ion mass spectroscopy, In *Particle Characterization in Technology, Vol. 1: Applications and Microanalysis*, J. K. Beddow (ed.). Boca Raton, FL: CRC Press, Inc., pp. 3–19.

Gieray, R., P. Wieser, T. Engelhardt, E. Swietlicki, H.-C. Hansson, B. Mentes, D. Orsini, B. Martinsson, B. Svenningsson, K. J. Noone, and J. Heintzenberg. 1997. Phase partitioning of aerosol constituents in cloud based on single-particle and bulk analysis. *Atmospheric Environ.* 31: 16, 2491–2502.

Goldstein, J. I., H. Yakowitz, D. E. Newbury, J. W. Colby, and J. R. Coleman. 1975. *Practical Scanning Electron Microscopy*. New York: Plenum, p. 32.

Gonda, S., T. Doi, T. Kurosawa, Y. Tanimura, N. Hisata, T. Yamagishi, H. Fujimoto, and H. Yukawa. 1999. Real-time interferometrically measuring atomic force microscope for direct calibration of standards. *Rev. Sci. Instrum.* 70: 8, 3362–3368.

Grasselli, J. G., M. K. Snavely, and B. J. Bulkin. 1981. *Chemical Applications of Raman Spectroscopy*. New York: John Wiley & Sons.

Grasserbauer, M. 1978. Characterization of individual airborne particles by light microscopy, electron and ion probe microanalysis, and electron microscopy. In *Analysis of Airborne Particles by Physical Methods*, H. Malissa (ed.). West Palm Beach, Fl.: CRC, pp. 125–178.

Green, M. 1963. A Monte Carlo calculation of spatial distribution of characteristic x-ray production in a solid target. *Proc. Phys. Soc.* 82(526): 204–215.

Groff, J. H., P. C. Schlecht, and S. Shulman. 1991. *Laboratory Reports and Rating Criteria for the Proficiency Analytical Testing (PAT) Program*, DHHS (NIOSH) Publication No. 91-102. Cincinnati, OH: NIOSH.

Grynpas, M. D., E. S. Etz, and W. J. Landis. 1982. Studies of calcified tissues by Raman microprobe analysis. In *Microbeam Analysis—1982*, K. F. J. Heinrich (ed.). San Francisco: San Francisco Press, pp. 333–337.

Gwaze, P., H. J. Annegarn, J. Huth, and G. Helas. 2007. Comparison of particle sizes determined with impactor, AFM and SEM. *Atmos. Res.* 86(2): 93–104.

Hachimi, A., G. Krier, E. Poitevin, M. Schweigert, S. Peter, and J. Muller. 1996. Characterization of nitro-PAH adsorbed on environmental micro particles: A comparison of LAMMA, fourier transform mass spectrometry laser microprobes and gas chromatography-tandem mass spectrometry. *Intern. J. Environ. Anal. Chem.* 62: 219–230.

Hachimi, A., L. Van Vaeck, K. Poels, F. Adams, and J. F. Muller. 1998. Speciation of chromium, lead and nickel compounds by laser microprobe mass spectrometry and application to environmental and biological samples. *Spectrochimica Acta B* 53: 347–365.

Hall, T. A. 1968. Some aspects of the microprobe analysis of biological specimens. In *Quantitative Electron-Probe Microanalysis*, NBS Special Pub. 298, K. F. J. Heinrich (ed.). Washington, DC: U.S. Department of Commerce/National Institute of Standards and Technology, pp. 269–299.

Hara, K., T. Kikuchi, K. Furuya, M. Hayashi, and Y. Fujii. 1996. Characterization of antarctic aerosol particles using laser microprobe mass spectrometry. *Environ. Sci. Technol.* 30: 2, 385–391.

Heinrich, K. F. J. 1981. *Electron Beam X-ray Microanalysis*. New York: Van Nostrand Reinhold.

Heinrich, K. F. J. (ed.). 1980. *Characterization of Particles*, NBS Special Publication 553. Washington, DC: US Department of Commerce/National Institute of Standards and Technology.

Hercules, D. M., R. Day, K. Balasanmugam, T. A. Dang, and C. P. Li. 1982. Laser microprobe mass spectrometry 2. Applications to structural analysis. *Anal. Chem.* 54(2): 208A–305A.

Hillenkamp, F., and M. Karas. 1989. *Proceedings of the 37th ASMS Conference on Mass Spectrometry and Allied Topics*. Miami Beach, FL, May 21–26, p. 1168.

Hopkins, R. J., Y. Desyaterik, A. V. Tivanski, R. A. Zaveri, C. M. Berkowitz, T. Tyliszczak, M. K. Gilles, and A. Laskin. 2008. Chemical speciation of sulfur in marine cloud droplets and particles: Analysis of individual particles from the marine boundary layer over the California current. *J. Geo. Res. Atmos.* 113(D4): art. no. D04209.

Hopkins, R. J., A. V. Tivanski, B. D. Marten, and M. K. Gilles. 2007. Chemical bonding and structure of black carbon reference materials and individual carbonaceous atmospheric aerosols. *Aerosol Science* 38: 573–591.

Howland, R., and L. Benatar. 1996. *A Practical Guide to Scanning Probe Microscopy*. Sunnyvale, CA: Park Scientific Instruments.

Johansson, S. A. E., J. L. Campbell, and K. G. Malmqvist (eds.). 1995. *Particle-Induced X-ray Emission Spectrometry (PIXE)*. New York: John Wiley and Sons.

Johnson, K. S., B. de Foy, B. Zuberi, L. T. Molina, M. J. Molina, Y. Xie, A. Laskin, and V. Shutthanandan. 2006. Aerosol composition and source apportionment in the Mexico City Metropolitan Area with PIXE/PESA/STIM and multivariate analysis. *Atmos. Chem. Phys.* 6: 4591–4600.

Jordan, C. J., Stranick, S. J., L. J. Richter, R. R. Cavanagh, and D. B. Chase. 1999. Near-field scanning optical microscopy incorporating Raman scattering for vibrational mode contrast. *Surf. Sci.* 433, 48–52.

Joy, D. 1979. The basic principles of electron energy loss spectroscopy. In *Introduction to Analytical Electron Microscopy*, J. J. Hren, J. I. Goldstein, and D. C. Joy (eds.). New York: Plenum, pp. 83–117.

Katon, J. E., A. J. Sommer, and P. L. Lang. 1990. Infrared microspectroscopy. *Appl. Spectros. Reviews* 25(3&4): 173–211.

Kaufmann, R. 1986. Laser-microprobe mass spectroscopy (LAMMA) of particulate matter. In *Physical and Chemical Characterization of Individual Airborne Particles*, K. R. Spurny (ed.). New York: John Wiley and Sons, pp. 226–250.

Kertész, Z., Z. Szikszai, Z. Szoboszlai, A. Simon, R. Huszank, and I. Uzonyi. 2009. Study of individual aerosol particles at the Debrecen ion microprobe. *Nucl. Inst. Meth. Phys. Res.* B 267: 2236–2240.

Kim S. H., R. A. Fletcher, and M. R. Zachariah. 2005. Understanding the difference in oxidative properties between flame and diesel soot nanoparticles: The role of metals. *Environ. Sci. Technol.* 39(11): 4021–4026.

Klaus, N. 1986. Aerosol analysis by secondary-ion mass-spectrometry. In *Physical and Chemical Characterization of Individual Airborne Particles*, K. R. Spurny (ed.). New York: John Wiley and Sons, pp. 331–339.

Klaus, N. 1985. SIMS analysis of motor vehicle flue gas aerosols. *Sci. Total Environ.* 44: 81–87.

Klaus, N. 1984. The effect of the substrate material on SIMS analysis of aerosols. *Sci. Total Environ.* 35: 1–12.

Knopf, D. A., and T. Koop. 2006. Heterogeneous nucleation of ice on surrogates of mineral dust. *J. Geophys. Res.* 111: D12201, doi: 10.1029/2005JD006894.

Kolaitis, L. N., F. J. Bruynseels, R. E. Van Grieken, and M. O. Andreae. 1989. Determination of methanesulfonic acid and non-sea-salt in single marine aerosol particles. *Environ. Sci. Technol.* 23: 236–240.

Kollensperger, G., G. Friedbacher, M. Grasserbauer, and L. Dorffner. 1997. Investigation of aerosol particles by atomic microscopy. *Fresenius J. Anal. Chem.* 358: 268–273.

Kollensperger, G., G. Friedbacher, A. Krammer, and M. Grasserbauer. 1999a. Application of atomic force microscopy to particle sizing. *Fresenius J. Anal. Chem.* 363: 323–332.

Kollensperger, G., G. Friedbacher, A. Krammer R. Kotzick, R. Niessner, and M. Grasserbauer. 1999b. Application of atomic force microscopy to particle sizing. *Fresenius J. Anal. Chem.* 364: 294–304.

Kollensperger, G., G. Friedbacher, A. Krammer, and M. Grasserbauer. 1998. In-situ investigation of aerosol particles by atomic force microscopy. *Fresenius J. Anal. Chem.* 361: 716–721.

Langer, A. M., A. D. Mackler, and F. D. Pooley. 1974. Electron microscopical investigation of asbestos fibers. *Environ. Health Perspectives.* 9: 63–80.

Lee, R. J. and J. F. Kelly. 1980. Applications of sem-based automatic image analysis. In *Microbeam Analysis—1980*. D. B. Wittry (ed.). San Franscisco: San Francisco Press, pp. 13–16.

Le Guen, J. M. M., and S. Galvin. 1981. Clearing and mounting techniques for the evaluation of asbestos fibres by membrane filter method. *Ann. Occup. Hyg.* 24(3): 273–80.

Linder, B., and U. Seydel. 1989. Pattern recognition as a complementary tool for the evaluation of complex LAMMS data. In *Microbeam Analysis—1989*, P. E. Russell (ed.). San Francisco: San Francisco Press, pp. 286–292.

Lindner, M., D. A. Leich, R. J. Borg, G. P. Russ, J. M. Bazan, D. S. Simons, and A. R. Date. 1986. Direct laboratory determination of the ^{187}Re half-life. *Nature* 320: 246–248.

Linton, R. W., A. Loh, D. F. S. Natusch, C. A. Evans, and P. Williams. 1976. Surface predominance of trace elements in airborne particles. *Science* 191: 852–854.

Llovet, X., J. M. Fernandez-Varea, J. Sempau, and F. Salvat. 2005. Monte Carlo simulation of X-ray emission using the general-purpose code PENELOPE. *Surf. & Int. Anal.* 37(11): 1054–1058.

Lu, P.-D., T. He, and Y.-H. Zhang. 2008. Relative humidity anneal effect on hygroscopicity of aerosol particles studied by rapid-scan FTIR-ATR spectroscopy. *Geophys. Res. Lett.* 35, L20812, doi: 10.1029/2008GL035302.

Ma, Z., R. N. Thompson, K. R. Lykke, M. J. Pellin, and A. M. Davis. 1995. New instrument for microbeam analysis incorporating submicron imaging and resonance ionization mass spectrometry. *Rev. Sci. Instrum.* 66: 3168–3176.

Marinenko, R. B. 1982. *Preparation and Characterization of K-411 and K-412 Mineral Glasses for Microanalysis: SRM 470*, NBS Special Publication, 260–274. Washington, DC: National Bureau of Standards.

Mauney, T. 1984. Instrumental effects in LAMMA, ion kinetic energy distributions, and analysis of soot particles. Doctoral thesis, Colorado State University, Fort Collins, CO, pp. 155–169.

McCarty, G. S., and P. S. Weiss. 1999. Scanning probe studies of single nanostructures. *Chem. Rev.* 99: 1983–1990.

McCrone, W. C., and J. G. Delly. 1973. *The Particle Atlas*, 2 ed., Vols. 1–4. Ann Arbor, MI: Ann Arbor Science. http://www.mccroneatlas.com (accessed 2009).

McMillan, P. F., and A. M. Hofmeister. 1988. Infrared and Raman spectroscopy. In *Reviews in Mineralogy*, Vol. 18, *Spectroscopic Methods in Mineralogy and Geology*, F. C. Hawthorne (ed.). Chelsea, MI: BookCrafters, pp. 99–159.

Messerschmidt, R., and J. A. Reffner. 1988. FT-IR microscopy of biological samples: A new technique for probing cells. In *Microbeam Analysis—1988*, D. E. Newbury (ed.). San Francisco: San Francisco Press, pp. 215–218.

Messerschmidt, R., and M. Harthcock (eds.). 1988. *Infrared Microspectroscopy: Theory and Applications*. New York: Marcel Dekker.

Middleton, A. P. 1982. Visibility of fine fibres of asbestos during routine electron microscopical analysis. *Ann. Occup. Hyg.* 25(1): 53–62.

Miller, D. J., D. B. Williams, I. M. Anderson, A. K. Schmid, and N. J. Zaluzec. 2007. Future Science Needs and Opportunities for Electron Scattering. http://www.sc.doe.gov/bes/reports/abstracts.html#ES (accessed 14 Jan 2011).

Musselman, I. H., D. S. Simons, and R. W. Linton. 1988. Effects of sample geometry on interelement quantitation in laser microprobe mass spectrometry. In *Microbeam Analysis—1988*, D. E. Newbury (ed.). San Francisco: San Francisco Press, pp. 356–366.

Newbury, D. E. 1990. Microanalysis to nanoanalysis: Measuring composition at high spatial resolution. *Nanotechnology* 1: 103–130.

Newbury, D. E. 1980. Secondary ion mass spectrometry for the analysis of single particles. In *Characterization of Particles*, NBS Special Publication 553, K. F. J. Heinrich (ed.). Washington, DC: U.S. Department of Commerce/National Institute of Standards and Technology, pp. 139–152.

Newbury, D. E., D. C. Joy, P. Echlin, C. E. Fiori, and J. I. Goldstein. 1986. *Advanced Scanning Electron Microscopy and X-ray Microanalysis*. New York: Plenum.

Newbury, D., D. Wollman, K. Irwin, G. Hilton, and J. Martinis. 1999. Lowering the limit of detection in high spatial resolution electron beam microanalysis with the microcalorimeter energy dispersive X-ray spectrometer. *Ultramicroscopy* 78: [1–4], 73–88.

NIOSH. 1977. *Criteria for a Recommended Standard: Occupational Exposure to Fibrous Glass*, DHEW (NIOSH) Publication No. 77-152. Washington DC: U.S. Government Printing Office.

NIOSH. 1984. *NIOSH Manual of Analytical Methods*, 3 ed., DHHS (NIOSH) Publication No. 84-100. Cincinnati, OH: National Institute for Occupational Safety and Health.

NIST. 1992. *Certificate for Standard Reference Material* 1876b. Gaithersburg, MD: Standard Reference Materials Program, National Institute of Standards and Technology, http://www.nist.gov/srm (accessed 14 Jan 2011).

Palma, C. F., G. J. Evans, and R. N. S. Sodhi. 2007. Imaging of aerosols using time of flight secondary ion mass spectrometry. *Appl. Surf. Sci.* 253(14): 5951–5956.

OBER. User Facilities. 2009. http://www.er.doe.gov/OBER/facilities.html (accessed 14 Jan 2011).

Odom, R. W., F. Radicati di Brozolo, P. B. Harrington, and K. J. Voorhees. 1989. LAMMS: pattern recognition and cluster ions. In *Microbeam Analysis—1989*, P. E. Russell (ed.). San Francisco: San Francisco Press, pp. 283–285.

Ogden, T. L., T. Shenton-Taylor, J. W. Cherrie, N. P. Crawford, S. Moorcroft, M. J. Duggan, P. A. Jackson, and R. D. Treble. 1986. Within-laboratory quality control of asbestos counting. *Ann. Occup. Hyg.* 30(4): 411–425.

Osan J, I. Szaloki, C. U. Ro, and R. Van Grieken. 2000. Light element analysis of individual microparticles using thin-window EPMA. *Microch. Acta.* 132(2-4): 349-355.

Owari, M., H. Satoh, N. Hutigami, M. Kudo, and Y. Nihei. 1989. Secondary ion mass spectrometry using a liquid metal ion source. *J. Trace and Microprobe Tech.* 7(1&2): 59-85.

Peterson, R. E., A. Nair, S. Dambach, H. F. Arlinghaus, and B. J. Tyler. 2006. Characterization of individual atmospheric aerosol particles with SIMS and laser-SNMS. *Appl. Surf. Sci.* 252(19): 7006-7009.

Peterson, R. E., and B. J. Tyler. 2002. Analysis of organic and inorganic species on the surface of atmospheric aerosol using time-of-flight secondary ion mass spectrometry (TOF-SIMS). *Atmos. Environ.* 36(39-40): 6041-6049.

Peterson, R. E., and B. J. Tyler. 2003. Surface composition of atmospheric aerosol: Individual particle characterization by TOF-SIMS. *Appl. Surf. Sci.* 203: 751-756.

Philips Electron. 1996. *Optics Manual: Environmental Scanning Electron Microscopy. An Introduction to ESEM.* El Dorado, CA: Robert Johnson Associates, p. 25.

Pickle, T., D. T. Allen, and S. E. Pratsinis. 1990. The source and size distributions of aliphatic and carbonyl carbon in Los Angeles aerosol. *Atmos. Environ.* 24A(8): 2221-2228.

Platek, S. F., D. H. Groth, C. E. Ulrich, L. E. Stettler, M. S. Finnell, and M. Stoll. 1985. Chronic inhalation of short asbestos fibers. *Fund. Applied Tox.* 5: 327-340.

Potgieter-Vermaak, S. S., and R. van Grieken. 2006. Preliminary evaluation of micro-Raman spectrometry for the characterization of individual aerosol particles *Appl. Spectr.* 60(1): 39-47.

Reuter, W. 1972. The ionization function and its application to the electron probe analysis of thin films. *Proceedings of the 6th International Conerence on X-ray Optics and Microanalysis*, G. Shinoda, K. Kohra, and T. Ichinokawa (eds.). Tokyo: University of Tokyo Press, pp. 121-130.

Ritchie, N. W. M. 2009. Spectrum simulation in DTSA-II. *Microsc. Microanal.* 15: 454-468.

Ro, C. U., I. Musselman, and R. Linton. 1989. Molecular speciation of micro-particle: application of pattern-recognition techniques to laser microprobe mass spectrometry. In *Microbeam Analysis—1989*, P. E. Russell (ed.). San Francisco: San Francisco Press, pp. 293-296.

Ro, C. U., J. Osan, I. Szaloki, J. de Hoog, A. Worobiec, and R. Van Grieken. 2003. A Monte Carlo program for quantitative electron-induced X-ray analysis of individual particles. *Anal. Chem.* 75(4): 851-859.

Rosasco, G. J., E. S. Etz, and W. A. Cassatt. 1975. The analysis of discrete fine particles by Raman spectroscopy. *Appl. Spectrosc.* 29(5): 396-404.

Rosasco, G. J. 1980. Raman microprobe spectroscopy. In *Advances in Infrared and Raman Spectroscopy*, Vol. 7, R. J. H. Clark and R. E. Hester (eds.). London: Heyden & Son, pp. 223-282.

Rosch, P., M. Harz, K.-D. Peschke, O. Ronneberger, H. Burkhardt, A. Schulle, G. Schmauz, M. Lankers, S. Hofer, H. Thiele, H.-W. Motzkus, and J. Popp. 2006. On-line monitoring and identification of bioaerosols. *Anal. Chem.* 78: 2163-2170.

Sadezky, A., H. Muckenhuber, H. Grothe, R. Niessner, and U. Poschl. 2005. Raman microscopy of soot and related carbonaceous materials: Spectral analysis and structural information. *Carbon* 43: 1731-1742.

Savina, M. R., and K. R. Lykke. 1997. Microscopic chemical imaging with laser desorption mass spectrometry. *Anal. Chem.* 69: 3741-3746.

Schrader, B. 1986. Micro Raman, fluorescence and scattering spectroscopy of single particle. In *Physical and Chemical Characterization of Individual Airborne Particles*, K. R. Spurny (ed.). New York: John Wiley and Sons, pp. 358-379.

Schroder, W. H., and G. L. Fain. 1984. Light-dependent calcium release from photoreceptors measured by laser micro-mass analysis. *Nature* 309(5965): 268-270.

Seeley, B. K. 1952. Detection of micron and submicron chloride particles. *Anal. Chem.* 24(3): 576-579.

Sheridan, P., and I. Musselman. 1985. Characterization of aircraft-collected particles present in arctic aerosol; Alaskan artic, spring 1983. *Atmos. Environ.* 19(12): 2159-2166.

Simons, D. S. 1988. Laser microprobe mass spectrometry: Description and selected applications. *Appl. Surf. Sci.* 31: 103-117.

Simons, D. S. 1984. Laser microprobe mass spectrometry. In *Secondary Ion Mass Spectrometry SIMS IV*, A. Benninghoven, J. Okano, R. Shimizu, and H. W. Werner (eds.). Berlin: Springer-Verlag, p. 158.

Simons, D. S. 1983. Isotopic analysis with the laser microprobe mass analyzer. *Int. J. Mass Spectrom.* 55: 15-30.

Simons, D. S. 1986. Single particle standards for isotopic measurements of uranium by secondary ion mass spectrometry. *J. Trace and Microprobe Techniques* 4: 185-195.

Simons, D. S. 1991. SIMS analysis of fused clay microspheres containing plutonium. In *Proceedings of the Eighth International Conference on Secondary Ion Mass Spectrometry (SIMS VIII)*, A. Benninghoven, K. T. F. Janssen, J. Tümpner, and H. W. Werner (eds.). New York: John Wiley and Sons, pp. 715-718.

Simons, D. S., G. Gillen, C. J. Zeissler, R. H. Fleming, and P. J. McNitt. 1997. Automated SIMS for determining isotopic distributions in particle populations. In *Proceedings of the Eleventh International Conference on Secondary Ion Mass Spectrometry (SIMS XI)*, G. Gillen, R. Lareau, J. Bennett, and F. Stevie (eds.). New York: John Wiley and Sons, pp. 59-62.

Small, J. A. 1987. Visibility of chrysotile asbestos in the scanning electron microscope. In *Proceedings of the Workshop on Asbestos Fibre Measurements in Building Atmospheres.* Toronto, ONT: pp. 69-86.

Small, J. A. 1981. Particle analysis in electron beam instruments. In *Scanning Electron Microscopy/1981, part I*, O. Johari (ed.). AMF O'Hare, IL: SEM, Inc., pp. 447-461.

Small, J. A., and J. T. Armstrong. 1996. Quantitative particle analysis: Fact or fiction. In *Microscopy and Microanalysis*, Bailey, Corbeth, Dimlich, Michael, and Zaluzec (eds.). San Francisco CA: San Francisco Press, pp. 496-497.

Small, J. A., K. F. J. Heinrich, C. E. Fiori, R. L. Myklebust, D. E. Newbury, and M. F. Dilmore. 1978. The production and characterization of glass fibers and spheres for microanalysis. In *Scanning Electron Microscopy/1978, part I*, O. Johari (ed.). AMF O'Hare, IL: SEM, Inc., pp. 445-454.

Sobanska, S., N. R. Laboudigue, R. Guillermo, C. Bremard, J. Laureyns, J. C. Merlin, and J. P. Wignacourt. 1999. Microchemical investigations of dust emitted by a lead smelter. *Environ. Sci. Technol.* 33: 1334-1339.

Sobchenko, I., J. Pesicka, and D. Baither. 2007. Atomic force microscopy (AFM), transmission electron microscopy (TEM) and scanning electron microscopy (SEM) of nanoscale plate-shaped second phase particles. *Philosophical Magazine* 87(16-17): 2427-2460.

Spencer, M. K., M. R. Hammond, and R. N. Zare. 2008. Laser mass spectrometric detection of extraterrestrial aromatic molecules: Mini-review and examination of pulsed heating effects. Publication of the National Academy of Sciences of the United States. www.pnas.org/cgi/doi/10.1073/pnas.0801860105 (accessed 14 Jan 2011).

Spurny, K. R. 1986. In *Physical and Chemical Characterization of Individual Airborne Particles*, K. R. Spurny (ed.). New York: John Wiley and Sons.

Statham, P. J., and J. B. Pawley. 1978. A new method for particle X-ray micro-analysis based on peak to background measurements. *Scanning Electron Microscopy/1978, part I*, O. Johari (ed.). AMF O'Hare, IL: SEM, Inc., pp. 469–478.

Steel, E. B. 1980. Optical microscopy of particles. *Characterization of Particles*, K. F. J. Heinrich (ed.). NBS Special Publication 553. Washington, DC: U.S. Department of Commerce/National Institute of Standards and Technology, pp. 5–11.

Steel, E. B., D. S. Simons, J. A. Small, and D. E. Newbury. 1984. Analysis of submicrometer particles by sequential AEM and LAMMA. *Microbeam Analysis—1984*, A. D. Romig, Jr., and J. I. Goldstein (eds.). San Francisco: San Francisco Press, pp. 27–29.

Steel, E. B., and J. A. Small. 1985. Accuracy of transmission electron microscopy for the analysis of asbestos in ambient environments. *Anal. Chem.* 57: 209–213.

Steen, D., M. P. Guillemin, P. Buffat, and G. Litzistorf. 1983. Determination of asbestos fibres in air: Transmission electron microscopy as a reference method. *Atmospheric Environ.* 17(11): 2285–2297.

Stoffels, J. J., J. K. Briant, and D. S. Simons. 1994. A particle isotopic standard of uranium and plutonium in an aluminosilicate matrix. *J. Amer. Soc. Mass Spectrom.* 5: 852–858.

Storms, H. A., K. F. Brown, and J. D. Stein. 1977. Evaluation of cesium positive ion source for secondary ion mass spectrometry. *Anal. Chem.* 49(13): 2023–2030.

Stranick, S. J., L. J. Rickter, and R. R. Cavanagh. 1998. High efficiency, dual collection mode near-field scanning optical microscope *J. Vac. Sci. Technol. B* 16: 1948–1952.

Surkyn, P., J. De Waele, and F. Adams. 1983. Laser microprobe mass analysis for source identification of air particulate matter. *Int. J. Environ. Anal. Chem.* 13: 257–274.

Takahama, S, S. Giardoni, L. M. Russell, and A. L. D. Kilcoyne. 2007. Classification of multiple types of organic carbon composition in atmospheric particles by scanning transmission X-ray microscopy analysis. *Atmos. Environ.* 41: 9435–9451.

Tamborini, G., M. Betti, V. Forcina, T. Hiernaut, B. Giovannone, and L. Koch. 1998. Application of secondary ion mass spectrometry of the identification of single particles of uranium and their isotopic measurement. *Spectrochimica Acta Part B* 53: 1289–1302.

Taylor, D. G., P. A. Baron, S. A. Shulman, and J. W. Carter. 1984. Identification and counting of asbestos fibers. *Am. Ind. Hyg. Assoc. J.* 45: 84–88.

Taylor, B. N., and C. E. Kuyatt. 1994. *Guidelines for Evaluating and Expressing the Uncertainty of NIST Measurement Results*, NIST Technical Note 1297. US Department of Commerce, Technology Administration, National Institute of Standards and Technology.

Tsugoshi, T., H. Chiba, T. Yokoyama, K. Furuya, and T. Kikuchi. 1998. Semi-quantitative analysis of heterogeneous samples using laser microprobe mass spectrometry, and application to environmental monitoring. *J. Trace and Microprobe Techniques* 16(1): 47–57.

Turner, S., S. S. Doorn, E. B. Steel, J. M. Phelps, E. S. Windsor, and K. K. Starner. 1994. *Proficiency Test for NIST Airborne Asbestos Program—1990*, NISTIR 5431. US Department of Commerce, Technology Administration, National Institute of Standards and Technology.

Turner, S., and E. B. Steel. 1991. Accuracy of transmission electron microscopy analysis of asbestos on filters: Interlaboratory study. *Anal. Chem.* 63: 868–872.

Turner, S., and E. B. Steel. 1994. *Airborne Asbestos Methods: Standard Test Methods for Verified Analysis of Asbestos by Transmission Electron Microscopy*, version 2.0, NISTIR 5351. US Department of Commerce, Technology Administration, National Institute of Standards and Technology.

Turner, S., E. B. Steel, and D. F. Alderman. 1995. *Airborne Asbestos Analysis*, NIST Handbook 150-13. US Department of Commerce, Technology Administration, National Institute of Standards and Technology.

Turner, S., E. B. Steel, O. S. Crankshaw, S. Silberstein, and H. M. Richmond. 1995. *Proficiency Test for NIST Airborne Asbestos Program—1993*, NISTIR 5680. U.S. Department of Commerce, Technology Administration, National Institute of Standards and Technology.

Turner, S., E. B. Steel, S. S. Doorn, and S. B. Burris. 1994a. *Proficiency Test for NIST Airborne Asbestos Program—1991*, NISTIR 5432. U.S. Department of Commerce, Technology Administration, National Institute of Standards and Technology.

Turner, S., E. B. Steel, S. S. Doorn, and S. B. Burris. 1994b. *Proficiency Test for NIST Airborne Asbestos Program—1992*, NISTIR 5433. U.S. Department of Commerce, Technology Administration, National Institute of Standards and Technology.

Turner, S., S. S. Doorn, J. M. Phelps, E. S. Windsor, E. B. Steel, and M. E. Beard. 1991. *Proceedings of the 49th Annual Meeting of the Electron Microscopy Society of America*. San Francisco, CA: San Francisco Press, pp. 974–975.

Turner, S., E. B. Steel, J. M. Phelps, E. S. Windsor, S. S. Doorn, and S. D. Leigh. 1992. *Proceedings of the 50th Annual Meeting of the Electron Microscopy Society of America*. San Francisco, CA: San Francisco Press, pp. 1706–1707.

Utsunomiya, S., K. A. Jensen, G. J. Keeler, and R. C. Ewing. 2004. Direct identification of trace metals in fine and ultrafine particles in the Detroit urban atmosphere. *Environ. Sci. Technol.* 38: 2289–2297.

Van Ham, R., A. Adriaens, L. Van Vaeck, and F. Adams. 2006. The use of time-of-flight static secondary ion mass spectrometry imaging for the molecular characterization of single aerosol surfaces. *Anal. Chimica Acta.* 558(1–2): 115–124.

Van Vaeck, L., J. Bennett, W. Lauwers, A. Vertes, and R. Gijbels. 1990. Laser microprobe mass spectrometry: Possibilities and limitations. *Mikrochim. Acta* III: 283–303.

Van Vaeck, L., H. Struyf, W. Van Roy, and F. Adams. 1994a. Organic and inorganic analysis with laser microprobe mass spectrometry, Part I: Instrumentation and methodology. *Mass Spectrom. Rev.* 13: 189–208.

Van Vaeck, L., H. Struyf, W. Van Roy, and F. Adams. 1994b. Organic and inorganic analysis with laser microprobe mass spectrometry, Part II: Applications. *Mass Spectrom. Rev.* 13: 209–232.

Vertes, A., R. Gijbels, and F. Adams. 1993. *Laser Ionization Mass Analysis*. New York: John Wiley and Sons.

Villarrubia, J. S., R. Dixson, S. Jones, J. R. Lowney, M. T. Postek, R. A. Allen, and M. W. Cresswell. 1999. Intercomparison of SEM, AFM and Electrical Linewidths. *SPIE Conference on Metrology, Inspection and Process Control for Microlithography* XIII. *SPIE* 3677: 587–598.

White, E. W., P. J. Denny, and S. M. Irving. 1966. Quantitative microprobe analysis of microcrystalline powders. In *The Electron Microprobe*, T. D. McKinley, K. F. J. Heinrich, and D. B. Wittry (eds.). New York: John Wiley and Sons, pp. 791–804.

Wieser, P., R. Wurster, and U. Haas. 1981. Applications of LAMMA in aerosol research. *Fresenius Z. Anal. Chem.* 308: 260–269.

Wieser, P., R. Wurster, and H. Seiler. 1980. Identification of airborne particles by laser induced mass spectroscopy. *Atmos.*

Environ. 14: 485–494.

Wieser, P., and R. Wurster. 1986. Application of laser-microprobe mass analysis to particle collections. In *Physical and Chemical Characterization of Individual Airborne Particles*, K. R. Spurny (ed.). New York: John Wiley and Sons, pp. 251–270.

Williams, D. B., and Carter, C. B. 2009. *Transmission Electron Microscopy: A Textbook for Materials Science*. 2nd ed. New York: Springer.

Wise, M. E., S. T. Martin, L. M. Russell, and P. R. Buseck. 2008. Water uptake by NaCl particles prior to deliquescence and the phase rule. *Aerosol Sci. Technol.* 42: 281–294.

Wright, F. W., P. W. Hodge, and C. G. Langway. 1963. Studies of particles for extraterrestrial origin: 1. Chemical analysis of 118 particles. *J. Geophys. Res.* 68: 5575–5587.

Yokozawa, H. T., Kikuchi, K. Furuya, S. Ando, and K. Hoshino. 1987. Characterization of coal fly-ash particles by laser microprobe mass spectrometry. *Anal. Chim. Acta.* 195: 73–80.

Yoon, T. H., K. Benzerara, S. Ahn, R. G. Luthy, T. Tyliszczak, and G. E. Brown, Jr. 2006. Nanometer-scale chemical heterogeneities of black carbon materials and their impacts on PCB sorption properties: Soft X-ray spectromicroscopy study. *Environ. Sci. Technol.* 40: 5923–5929.

Zimmermann, F., S. Weinbruch, L. Shultz, H. Hofmann, M. Ebert, K. Kandler, and A. Worringer. 2008. Ice nucleation properties of the most abundant mineral dust phases. *J. Geophys. Res.* 113, D23204, doi: 10.1029/2008JD010655.

11

质谱仪实时颗粒物分析

Anthony S. Wexler
加利福尼亚大学戴维斯分校空气质量研究中心，加利福尼亚州萨克拉门托市，美国
Murray V. Johnston
特拉华大学化学与生物化学学院，特拉华州纽瓦克市，美国

11.1 引言

理想气溶胶仪器的定义为：能计数每一个粒子并迅速测量其粒径、化学成分（Fried Lander，1997；Flagan，1993）及形态的仪器。第 10 章讨论了离线单粒子分析技术。离线技术就是把粒子沉积在基底上，然后对这些粒子进行分析。本章介绍的仪器可以进行单颗粒或者小团颗粒的实时化学分析，具有第 10 章讨论的仪器的许多优点，并且具有高时间分辨率。这种仪器在全世界已经大量使用，ARI❶ 生产线有一些产品，TSI 公司也有相关产品，不断研发新的产品并稳步升级。

如本书其他章节所述，颗粒物收集技术颇多，但能用于单粒子分析的技术却非常少。较传统的技术包括：分级或不分级地收集大量颗粒物样品，然后对这些样品进行传统的化学分析。如果颗粒物成分较复杂，那么颗粒物混合在一起就会影响对其外混特征的认识。气团通常包括不同来源的颗粒物，这些源排放的颗粒物有其各自独特的单颗粒质谱，但是在几分钟的过程后，典型气团在某一时刻只含有很少来源的气溶胶。单颗粒物技术并不把颗粒物混合在一起，因此对化学成分的源贡献分析比使用滤膜或者冲击器简单。

单颗粒物分析的优点在于对小颗粒团的快速分析，因为在短暂时间间隔内通常只有很少的一些颗粒物类型被观测到。例如，Aerodyne（ARI）公司开发的一组仪器叫做气溶胶质谱仪（AMS），测量颗粒物团的粒径并且分析它们的非分解成分。分析颗粒物团对于小于几十纳米的颗粒物分析也很重要。这些颗粒物的分析物数量太少，经常会出现化学分析中质量不足的情况。有很多这样的仪器已经被研发出来。这些仪器虽然不能用于单颗粒物分析，但是它们具有单颗粒物分析仪器的很多特点，在本章也将会被提及。

由于最近 20～25 年还缺少很多必要技术，所以在线单粒子分析发展得相对较晚。模数

---

❶ 参照附录 I 制造商列表。

转换器和相关的笔记本电脑变得更加快速而廉价，这使飞行时间质谱技术（time-of-flight mass spectrometry）成为可能的选择。同样，由于反光镜、透镜、晶体和电极等技术的提高，紧凑型高通量紫外激光器（compact high-flux ultraviolet laser）现在可以实现了。

无论单颗粒物或者颗粒团粒径分析还是化学分析，本章讨论的大多数仪器都具有以下功能和结构（图 11-1）。

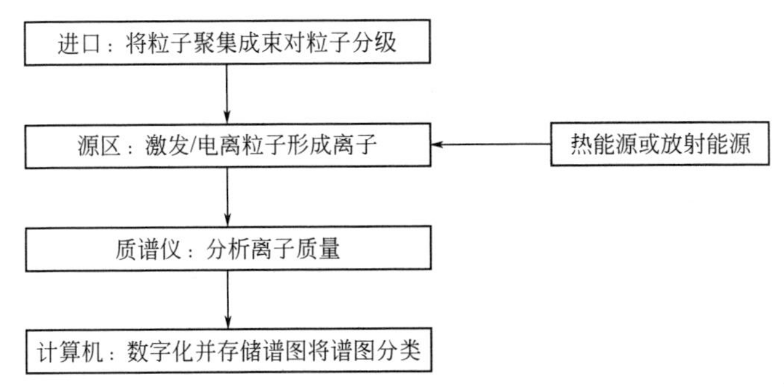

图 11-1 在线单粒子分析设备的一般构成的结构图

第一，气溶胶通过入口，气体在这里被除去而形成粒子束。

第二，入口的一部分通过空气动力学或者光散射强度将粒子分级。

第三，粒子被一个或者多个能量源气化电离。这些能量源通常决定了能够被分析的化合物的类型。

第四，用质谱仪分析离子质量并存储图谱。

第五，图谱通过一种或者多种算法分类，通常会得到几千幅图谱，因此手工处理通常是不实际的。

近来的文献中有关于实时单颗粒物质谱仪的一些综述（Suess 和 Prather，1999；Noble 和 Prather，2000；Nash 等，2006；Canagaratna 等，2007；Hinz 和 Spengler，2007；Murphy，2007），并有一些期刊出版了关于单颗粒谱仪的专刊（Mass Spectrom. Rev.，2007，26 卷，第 2 期；International J. Mass Spectrom.，2006，258 卷；Aerosol Sci. Technol，2000，33 卷，1～2 期）。本章特别专门介绍质谱仪。光学分光镜方法虽然没有质谱范围广泛，但是也为实时颗粒物分析做出了贡献。例如单颗粒荧光（Kaye 等，2000）和激光诱导解离光谱学（Lee 等，2004，见 IIC 部分气溶胶应用综述）。

11.2 入口设计

11.2.1 粒束形成

在线单粒子分析仪的入口有两个功能：形成粒束以及把压力从接近大气压降到质谱运转所需要的气压（mPa）——压降低大约 8 个数量级。设计良好进口的目的在于尽可能多地把粒子输送到源区域，实现这一目标的方式就是尽可能多地处理气体。实际能处理的气体量受真空泵的成本控制——负载气体越多，能量消耗也就越大，泵也会越重越大。

如图 11-2（a）、（b）所示，大多数入口由多个减压级（pressure reduction stage）构成。最开始由一个初级孔或毛细管限制气流，然后是一个或多个“分离级（skimmer stage）”用于减压。分离级由一系列的小孔组成，用于使粒子束通过进入质谱仪而将气体去除。真空泵在初级孔和第一级分离器之间以及接下来的每两个分离级之间去除气体并降低压力。每个级的各个小孔应该尽可能地小，以使最少量气体达到下一个阶段，但也不能太小，否则会阻碍粒子通过及进入质谱的源区域。同时，孔必须精确对准以使粒子束通过——孔越小，对准的难度越大。

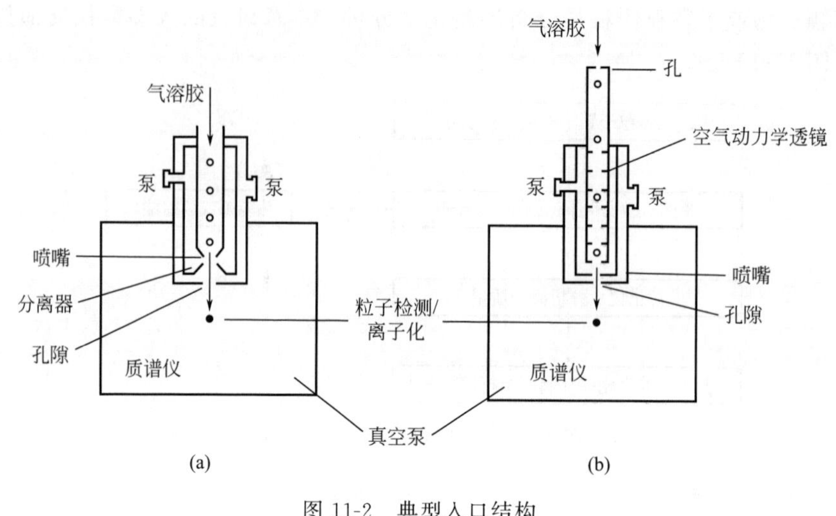

图 11-2 典型入口结构

（引自 Hinz 和 Spengler，2007）

11.2.2 设计进口时要考虑粒子束传输

采样入口的压降较大，不利于粒子束的形成及传输。粒子传输的目标包括使阻塞最小化并且能对粒子进行准确分级，二者都必须在移除载气的同时完成。一些入口在设计时不太关注空气动力学粒径。由于少了这一考虑，使得设计简化，但后续就要使用较低精度的粒径测量技术，例如光散射度（第 13 章）。颗粒物的光散射是光的波长、颗粒物的粒径、形状和组成的函数，但是只对粒径等于 100nm 或大于该量级的颗粒物检测有效。利用常见的光强检测，颗粒物的形态和组成干扰了对颗粒物粒径的精确测量。在单颗粒物分析中，颗粒物的组成是可以得到的，因此如果同时测定颗粒物组成信息，仅通过光散射就可以精确地对单颗粒粒径进行测量。目前散射光学直径已经被用于一些仪器来获得颗粒物粒径（如 Murphy 和 Thomson，1995）。

空气动力学粒径分级的精确度较高，但是对入口设计有要求。进口的空气动力学粒径测量有两种方法：①传输较宽粒径范围的粒子，并使粒子获得与其粒径相关的速度；②传输一个能够调整的较窄粒径范围的粒子，这样可以传输已知粒径的粒子。

11.2.2.1 用空气动力学透镜序列传输宽粒径范围的粒子

有两种技术用于传输宽粒径范围的粒子——毛细管和空气动力学透镜序列。毛细管是很长很薄的管子，可以有效形成粒子束。空气动力学透镜是空气收缩原件，可以聚焦粒径范围。一系列透镜串联能使宽粒径范围内的粒径集中（Liu 等，1995a，b）。早期入口通常采用毛细管，但目前已不常用，因为相比空气动力学透镜序列，毛细管有两个缺点——阻力大并且赋予传输粒子相同速度而对空气动力学分级不利。因此，如图 11-2（b）所示，本节集中介绍空气动力学透镜序列。

一个空气动力学透镜通常由一个阻挡气流的平板组成，平板中心有一个小孔，很多时候

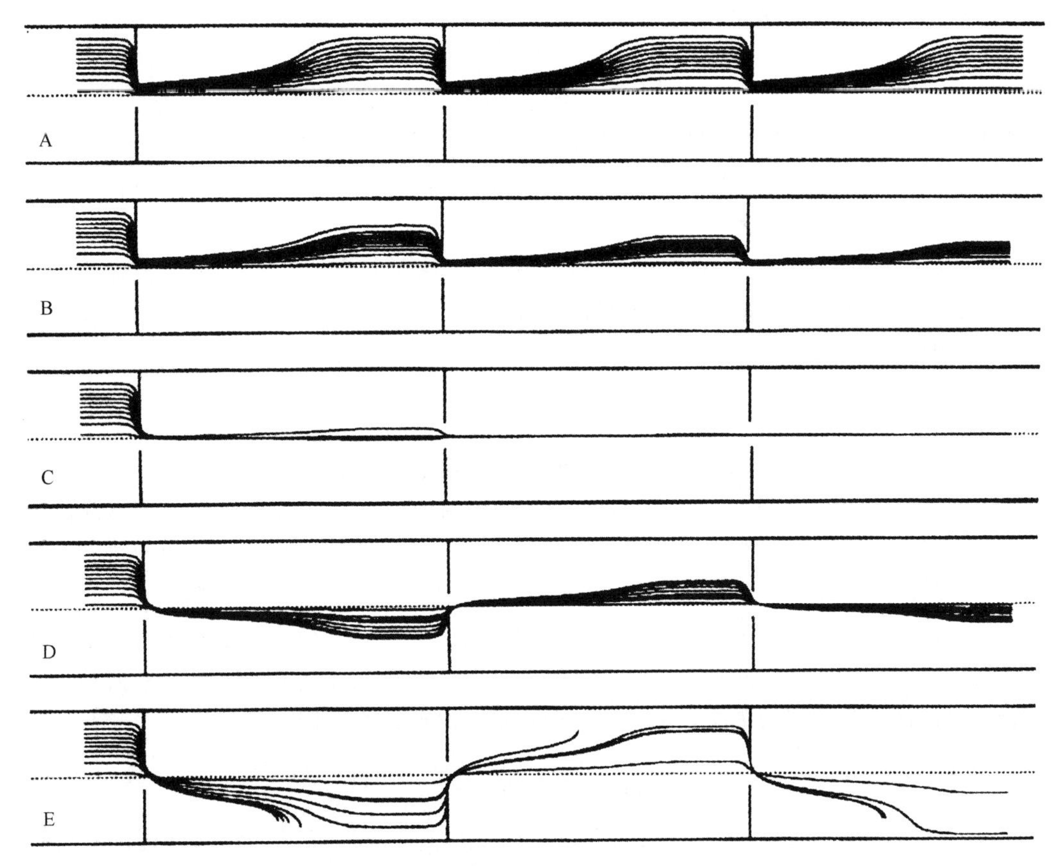

图 11-3 聚集一定粒径范围颗粒物的空气动力学透镜序列。转自可控粒径和发散度的粒子束生成：I. 粒子在空气动力学透镜和扩张喷嘴中的运动理论。气溶胶科学和技术，22：293～313。1995 年出版，美国新泽西州

可以看成一个短的毛细管。空气动力学透镜关注斯托克斯数接近 1 的粒子。如图 11-3C 所示，考虑到颗粒物在透镜前后的径向位置，粒子最佳的斯托克斯数大约为 1，这样的粒子能够被带到气流中心线附近。如图 11-3B 和 D 所示，斯托克斯数小于最佳值的粒子也会比较接近中心线，但并不如那些具有最佳斯托克斯数的粒子接近。斯托克斯数大于最佳值的粒子会穿过中心线，如果斯托克斯数太大就不会发生聚集，那就是说，颗粒物从中心线到轴线位置的距离将会比通过透镜之前更远，如图 11-3E 所示。

单个透镜只能聚集很窄粒径范围的颗粒物，因此要用一系列适合的透镜聚集宽粒径范围的颗粒物。图 11-3A 展示了气流流线型通过透镜序列，图 11-3B～E 是斯托克斯数逐渐增大的颗粒物的轨迹。根据 Wang 和 McMurry 2006 年的研究，透镜序列设计受到颗粒物动力学和流体机械原理限制，包括以下几个方面。

① 尖锐扁平的孔能够聚集斯托克斯数接近 1 的颗粒物。这种巧妙的结构在一定程度上能够降低斯托克斯数，这一点在后面会被提及，但是这种结构并不适合透镜序列。随着孔板变厚（不那么尖锐），斯托克斯数会在一定程度上增加，这产生阻塞的问题。斯托克斯数取决于马赫数（*Ma*）、雷诺数（*Re*）以及限流率（constriction ratio，管径和孔径的比率）。这些参数在一定范围内不会对斯托克斯数造成太大的影响，但是要控制参数在范围内也是一件奢侈的事情。因此，透镜序列的设计是很复杂的。对于透镜序列中的任何一个孔径为 D_0 的

小孔，可以聚焦的颗粒物粒径 D_p 为：

$$D_0=\left(\frac{2\rho_p D_p^2 C_c \dot{m}}{9\pi\rho_g \mu Stk}\right)^{1/3} \tag{11-1}$$

式中，ρ_p 和 ρ_g 分别为颗粒物和上游气体的密度；C_c 为斜率校正因子，可以用公式 $C_c=1+1.66(2\lambda/D_p)$（Mallina 等，1999）估算；$\dot{m}$ 为通过序列的气体质量流速；μ 为气体黏度。

② 雷诺数必须足够小，以保证气流经过透镜后再次附着不会变成湍流。湍流会使颗粒物从粒束进入到气流的其他部分，与透镜的目标相悖。对于 Re 的最大值，不同的文献尚有争论，但是通常小于几百：

$$Re=\frac{\dot{m}}{\pi\mu D_0}<200 \tag{11-2}$$

③ 除了湍流，Re 值在考虑透镜设计其他方面也很重要，例如通过透镜的压降和透镜之间的间隔。随着 Re 值的增加，在气流能够吸附颗粒物并再次建立起来之前，需要透镜之间有更长的管路。如果气流不能在到达下一透镜前再次附着在一起，气流的径向加速度将大幅度降低，以及由此造成颗粒物大幅度减少，导致下游透镜的效率降低。当流线汇聚到小孔时，透镜上游一定距离的气流也会受到干扰。透镜之间的空间至少应该是再次附着距离和上游湍流距离之和，并且应该另包括一段距离以建立一个完全发展起来的气流。根据 Wang 和 McMurry（2006）文献中的关系，$Re<200$ 时，透镜之间最小空间（l）是：

$$l=(D_t-D_0)\left[1.0+4.2\left(\frac{Re}{100}\right)+1.6\left(\frac{Re}{100}\right)^2-0.51\left(\frac{Re}{100}\right)^3\right]+6D_t\left(\frac{Re}{100}\right) \tag{11-3}$$

式中，D_t 为管路直径。除去这些因素，透镜之间的距离应该尽可能短，这样序列便于使用和精确建造。除此之外，布朗运动能够使粒束中最小的粒子不能聚集，限制了最小粒子的有效聚焦。因此颗粒物的逗留时间必须很小，使得布朗运动不能破坏透镜序列完成的聚焦工作。这就要求透镜序列设计时小孔之间必须用最小的距离，从而有最少的逗留时间。

④ 通过透镜的压降能影响下游孔的性能，这是由于它可以改变平均自由程，而平均自由程可以通过滑动修正系数影响聚集粒子的粒径。由于通过孔的质量流速是恒定的，压力的改变也会影响密度因此影响到流量。根据 Wang 和 McMurry（2006），通过孔的压力由以下公式给出：

$$\sqrt{\frac{\Delta p}{p_u}}\left(1-\frac{0.41}{\gamma}\times\frac{\Delta p}{p_u}\right)=\frac{4\dot{m}}{\pi D_0^2 C_d p_u}\sqrt{\frac{RT_u}{2M}} \tag{11-4}$$

式中，Δp 为上游和下游的压差，$\Delta p=p_u-p_d$；γ 为气体绝热指数；M 为气体的摩尔质量；T_u 为透镜上游气体温度；C_d 为孔的流量系数，当 $Re<12$ 时，$C_d=0.1375\sqrt{Re}$，当 $12<Re<5000$ 时，$C_d=1.118-0.8873X+0.3953X^2-0.0708X^3$，其中 $X=\ln Re$。

⑤ 孔或者管径必须足够大，这样可以在当前机械设备允许条件下生产。虽然钻小孔并不难，但是调整这些小孔形成透镜序列很有挑战性。错位甚至会导致粒束偏离轴线可能不能形成粒束。实际上，最小的孔径约为 1mm。机械加工能力也限制了实际中串接孔的数量。

⑥ 通过透镜序列的空气质量流速越大越好，但是受到抽气成本的限制。这样或者增大了光谱仪的采样速率，或者减少了它的工作周期（质谱仪运行的那部分时间），因为光谱仪在使用的许多情况下只需要获得统计学上足够的样品即可。

值得注意的是，在颗粒物粒径范围跨度在一个数量级时，这些要求可以同时实现。序列中的第一个透镜聚集希望得到的粒径范围内的最大的颗粒物。一旦这些颗粒物靠近中心线，它们就会保持在中心线穿过后续透镜序列。第二个透镜聚集的颗粒物比第一个透镜小，以此类推，直到覆盖整个粒径范围。运用这些原理，已经制造出很多透镜序列，这些透镜序列可以在载气中聚集一定粒径范围、形状和组成的粒子（许多相关设计见 Wang 和 McMurry，2006）。Wang 和 McMurry 在软件中总结出了控制透镜序列的原理和公式以辅助透镜序列设计。

一旦颗粒物被聚集到中心线，它们就会通过有阻力的（气流是声速的）孔（序列的最后一个透镜），然后穿过分离器。由于颗粒物靠近中心线，通过分离器很少有颗粒物偏离，但是通过序列最后一个有阻力的透镜时由于具有加速度而获得了一系列的速度，从而利用该速度估计颗粒物的粒径。这一点接下来将会详细讨论。

11.2.2.2 使用单空气动力学透镜传输窄粒径范围的颗粒物

毛细管和透镜序列能传输一定范围的粒径，而单尖孔可以用来传输窄粒径范围的颗粒物。如我们已经讨论过的，气溶胶通过一个尖锐的有阻力的孔就可以聚集一定的颗粒物（Dahneke 等，1982；Fernandez de la Mora 和 Riessco-Chueca，1998，及其中的参考文献）。聚集粒子的斯托克斯数接近于 1，其确切值取决于喷嘴的几何值及从喷嘴到聚集点的距离。此原则仅用于聚集窄范围的粒子，相对于传输宽粒径范围粒子的透镜序列，优缺点参半。主要的缺点就是仪器必须运行扫描模式。这就是说，如果要分析一定粒径范围的粒子，必须调整运行条件以聚集不同粒径的粒子，每次只能测定一个粒径范围的粒子。由于入口只能选择窄粒径范围的粒子，这就限制了颗粒物采样速率。最主要的优点在于可以检测粒径很小的粒子——10nm 或者更小。

孔聚集窄粒径范围进入质谱源区域，但调整喷嘴上游的压力，可以选择粒径范围。如定义聚集斯托克斯数为 Stk，滑动修正系数约为 $C_c=1+1.66(2\lambda/D_p)$（Mallina 等，1999），则得到：

$$D_p=[(1.66\lambda)^2+D_{p,max}^2]^{\frac{1}{2}}-1.66\lambda \tag{11-5}$$

式中，D_p 为汇集粒子的直径；λ 为气体平均自由程；$D_{p,max}$ 为孔可以聚集的最大粒径，$D_{p,max}=(18\mu D_0 Stk/\rho_p U_{sonic})^{1/2}$；$\rho_p$ 为粒子密度；U_{sonic} 为颗粒物通过孔的浓度，由于孔是有阻力的，所以是声速；μ 为空气的黏度；D_0 为孔直径。

在孔中有阻力压力和温度条件下估算出平均自由程和黏度，此时气体的压力为 $0.53p$，温度为 $0.83T$，p、T 分别为上游的压力和温度。

因此，通过改变 $D_{p,max}$ 或 λ 可以调整聚集的粒径。构成 $D_{p,max}$ 的大部分参数不能调整，比如黏度、空气中的声速及粒子密度。聚集的斯托克斯数 Stk，可以通过改变孔的几何形状和聚集点到孔的距离进行微调，但完全偏离 $Stk=1$ 是很难达到的。孔径可以改变，因为较小的孔引起较小的 $D_{p,max}$，随后产生较小的 D_p。但较小的 D_0 也表示通过孔的空气体积比较小。$D_{p,max}$ 随 $D_0^{1/2}$ 呈线性改变，但是流量随着 D_0^2 而改变。因此，减小孔径能采集到更小的粒子，但流量会大大降低。剩下唯一能调整的参数是气体的平均自由程，适当调整上游压力 p 就能使平均自由程改变多个数量级（详见第 2 章）。

通常与透镜序列一样，单个聚集透镜也是平板上的洞。复杂的几何形状可以大幅度降低斯托克斯数，通过恒定的孔径而减小聚集颗粒物的粒径或者通过保持颗粒物的粒径不变而增加孔径（因此也增加了质量流速）都可以做到这一点。在更复杂的几何结构中，颗粒物因为暴露在交叉流加速较长时间，其斯托克斯数被降低，这样颗粒物就有足够的时间移动到中心线。通常在透镜之前要安装一个帽子使颗粒物径向接近孔而不是轴向接近。这类几何形状之一如图 11-4 所示，根据使用尺寸，*Stk* 值可以小到 0.2（Tafreshi 等，2002；Middha 和 Wexler，2003）。

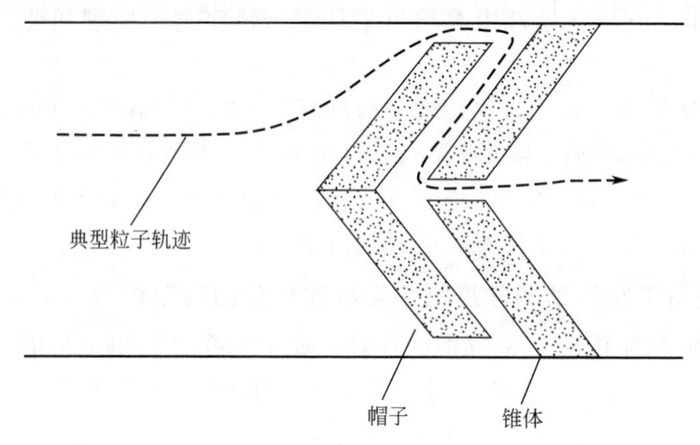

图 11-4 聚集某一粒径粒子的空气动力学透镜

11.2.3 粒子检测

粒子通过入口进入质谱仪进行化学分析。对于连续操作的离子化方法，并不要求同步性（11.4.1 和 11.7.3）。但是，对于脉冲电离方法如激光，开启时间非常短暂，如果粒子到达与激光启动之间达不到同步，那么大多数粒子会在激光关闭和没有谱图检测的情况下通过质谱仪。在第 13～18 章介绍了很多技术用于颗粒物检测，连续激光束的光散射是最常用的一种。通过诸如光散射这样与化学分析无关的方法检测粒子，具有在粒子化学分析之前进行分级的优点（详见 11.3 节）。光散射的主要缺点是很难检测到小于光波波长的粒子，所以，利用光散射检测粒子的仪器只适用于直径大于几百纳米的粒子。

一种原理不同的粒子检测方法是仅使用化学分析步骤作为粒子检测方法。粒子解吸和电离时，在很短时间内就会产生大量离子。如果离子信号上升到背景值或临界水平以上，则能检测到质谱，因此也就检测到粒子。谱图检测方法有其优点，它能够分析小到 10μm 甚至更小的单个粒子（Reents 等，1995），但也有其潜在缺点，即检测到小粒子的概率与粒子粒径和组分有关（Kane 和 Johnson，2000）。这就是说，含有易电离成分的粒子比含有难电离成分的粒子释放出更强的离子信号，因而更容易被检测到。

颗粒的另一个检测方法可以避免使粒子带电，然后在有交叉激光束的小范围空间内用静电力捕获它们。在这方法中，无论颗粒物何时到达，一旦颗粒物到达就会被一个特定的位置捕捉直到开始分析［例如，激光消融（ablation）］。如下所述，粒子捕获步骤也可以用于选择颗粒物粒径（Wang 和 Johnston，2006）。第 2 章、第 15 章、第 18 章讨论颗粒物载电方法。

11.3 粒子分级

与粒子检测一样，其他仪器中也使用相似的分级技术。第 13 章将介绍利用散射光的强度分级粒子。粒子散射光的量可能取决于其形状、与组成相关的折射性质。传统仪器中得不到这个信息，因此存在分级的潜在不确定性。在单粒子分析仪器中，组分已知，根据组分通常可以推断出粒子形态特征，因此，根据组分并利用散射光强度能估算得到更准确的粒径。

空气动力学分级仪器将在第14章介绍。一些单粒子分析仪器在进口处将粒子加速，所获得的速度与空气动力学直径有关，并使用一束或两束激光实现检测和分级。在单粒子分析中，多数设计都必须采用这项技术。如果粒子不能迅速加速，则会获得相似速度，所以将很难区分开粒径。速度上的微小差别可由两个在空间上彼此分离的检测激光束进行确定，然后准确计量两个散射光信号到达的时间。但是，由于粒束总是有偏离，因此检测到的大部分粒子都无法分析。TSI空气动力学粒径谱仪和气溶胶粒径分级器可以迅速地加速粒子，以使这些粒子获得一个较宽的速度范围，然而其两束激光可以靠得很近。这些仪器不需要形成聚焦良好的粒束，因为检测的地方非常靠近喷嘴，有时候因为有分离器的干涉，在入口的地方是无法检测粒径分布的。

经过空气动力学聚焦并分级后的已知粒径粒子进入质谱的源区域，这已经在11.2.2.2讨论过。空气动力学聚焦能够对宽粒径范围内的粒子分级，但受到仪器检测聚焦粒子能力（通常是图谱检测能力）的限制。空气动力学颗粒的选择也要求仪器在扫描模式下运行，在这种情况下，必须顺次分析粒径。

单粒子分析的另一个分级技术是粒束截流（particle beam chopping）（Jayne等，2000）。粒子被空气动力学加速至与粒径相关的速度并形成粒束，然后通过截流器（chopper），该截流器只能实时通过窄范围的粒子。随后用连续离子化方法分析这些粒子，根据粒束截流与离子检测之间的时间延迟可以推测与粒径相关的颗粒物的组成。与之相似的是可以使用两个截流器仅传输给定速度的粒子以做后续分析。

电子动力学捕获是另一种用于颗粒物的空气动力学分级的分离方法。带电粒子根据质荷比（mass-to-charge ratio）在四极离子阱中被筛选捕获（Wang和Johnston，2006）。被捕获的m/z的范围由四极离子阱中心电极正弦电压的频率和振幅决定。颗粒物捕获详见第19章，颗粒物带电方法详见第2章、第15章、第18章。也可以用差分电迁移率分析仪在进入质谱仪之前对颗粒物进行部分粒子的分级（详见第15章）。

由于不同的分级方法是基于不同物理性质的测量，所以颗粒物粒径分级或者粒径选择的方法也是不同的。表11-1给出了体积当量直径（volume equivalent diameter，第4章）、电迁移直径（mobility diameter，第15章）、真空空气动力学直径（vacuum aerodynamic diameter，DeCarlo等，2004）和质量归一化直径（mass normalized diameter，Wang和Johnston，2006）的相关关系。计算直径之间的等式关系需要知道颗粒物的密度和形状因素。也就是说，测量同一颗粒物的两种粒径（例如流动性粒径和真空空气动力学粒径）能帮助获得颗粒物的密度和形状因子（Zelenyuk等，2008）。

表11-1　粒径之间的关系

符号	名字	定义	关系
d_{va}	空气动力学直径	与实际粒子具有同样的沉降速度，且密度为1g/cm^{3}的球形颗粒的直径；用于自由分子的粒径评估	$d_{va}=\frac{\rho_p}{\rho_0\chi_v}d_{ve}$
d_m	电迁移直径	与实际粒子具有相同电迁移率（在电场中的迁移率）的球形颗粒的直径	$d_m=\frac{C_c(d_m)}{C_c(d_{ve})}=\chi_v d_{ve}$
d_{mm}	质量归一化直径	与实际的粒子具有同样质量且密度为1g/cm^{3}的球形颗粒的直径	$d_{mn}=\frac{\rho_p^{1/3}}{\rho_0^{1/3}}d_{ve}$

注：式中，ρ_p为颗粒物密度；$C_c(d)$为某一粒径的滑动修正因子；χ_v为动力学形状因子。

11.4 粒子蒸发和电离

化学分析是通过蒸发粒子及电离原子和分子产物而进行的。蒸发和电离可以同时一步进行，或顺次两步进行，可以以连续方式或间歇方式进行。

11.4.1 连续电离方法

连续电离方法是把粒束引至加热表面（细丝），并在这里蒸发原子和分子。对于单粒子来说，细丝被加热到足够高的温度（通常是600～1500℃，这取决于组成），以便在很短的时间内将粒子蒸发（Stoffels和Allen，1986）。如果把细丝的温度设置得太低，则蒸发时间延长，而使多个粒子的信号重叠。电离过程能够通过在细丝上表面电离实现，或者通过后续过程电离，描述如下。在表面电离模式下，可以检测到粒子在细丝上蒸发而直接形成的离子。电离效率由细丝表面的功函（work function）与粒子蒸发出的原子或分子的电离能之间的差异决定。通常，只有原子和分子的电离能小于8eV，才能有效电离。基于这一原因，表面电离大多用于检测粒子中的碱金属（Svane等，2004）。

另一种情况，粒子蒸发产生的中性物质也能用电子束进行电离。电子电离的应用更为广泛，因为大多数化学组分能够以可行的效率电离出来。例如，铵盐能电离出离子如NH_2^+、NH_3^+；硫酸盐能电离出离子如S^+、SO^+等。有机分子能给出带正电的分子离子（原始分子去掉一个电子）和碎片离子。通常使用70eV进行电离，这是由于这种情况下得到的颗粒物质谱可以与相关的数据库例如美国国家标准技术研究院（NIST）网页（webbook. nist. gov）进行对比。由于样品的电离环境不同，气溶胶的质谱并不能与NISTWebBook完全一致。在电子电离质谱中，分子离子能直接测量出分子质量，而根据碎片离子则可以得出分子结构。当同一粒子中存在多种化学组分时，单个组分的质谱会重叠，因而很难解读整个粒子质谱。在这些情况下，会使用一种软电离方法取代电子电离，如化学电离（Lazar等，2000）或光电离（Zelenyuk等，1999）。软电离方法（soft ionization）减少了分子离子的碎片，使谱图更容易解读。

热蒸发-电子电离方法的优点是能够完全蒸发并分析单粒子的非分解成分。因此，根据离子信号绝对强度可以给出粒子质量，粒子的表面和内部化学成分都可以被检测。表面电离和热解析电子电离，经加热蒸发的物质会产生很强的离子信号。难分解化合物和其他非挥发性物质的蒸发量很少或根本不蒸发，因此发出的信号很弱。有文献综述了粒子分析的连续电离方法（Stoffels和Allen，1986；Canagaratna，2007）及电子电离后的有机分子特征（Mclafferty和Turecek，1993）。

11.4.2 单步激光消融和电离

粒子到达质谱仪是一个不连续过程，脉冲电离方法能够产生比连续方法更强的单粒子离子信号。但是，脉冲方法必须与粒子的到达同步，以实现粒子的高效分析。脉冲电离可以一步实现，在这个步骤里，单束激光熔融粒子并电离蒸发物；也可以两步实现，一束激光消融粒子，另一束激光电离蒸发物。人们研究了纳秒级脉冲幅度、波长范围从红外到真空紫外的激光以用于单步烧蚀和电离（Thomson和Murphy，1993；Thomson等，1997）。电离产物的阈值（最大）辐照度（threshold irradiance）很大程度上取决于激光波长。用红外辐射分析微米级和亚微米级单粒子时，阈值辐照度可能会高。使用紫外辐射，用单激光脉冲烧蚀单粒子就能获得很强的离子信号。电离产物的阈值辐照度取决于其化学组分，如在通常情况下，含水粒子的阈值辐照度要比干粒子高得多（Neubauer 等，1998）。

单步激光消融和电离产生的离子与化学组分相关，这与激光微探针质谱仪的方式相似（详见第 12 章；Kaufmann，1986；Wieser 和 Wurster，1986）。激光消融是一种很有前景的电离方法。它可以从多种材料中得到非常强的离子信号，这些材料包括难熔和半挥发物质、有机和无机物质。离线和在线激光消融的主要区别在于：在线分析能够检测半挥发组分。在激光微探针试验中，半挥发组分从基底上的粒子中蒸发，然后进入质谱仪。在实时质谱分析中，粒子在通过进口时，经过一个温度和压力迅速变化的环境。如果进口处包括用于空气动力学聚焦的低于大气压力的区域，那么挥发组分例如水颗粒将会迅速蒸发。如果进口只是一个从大气压力迅速到真空状态的扩张区域，其净效应通常是由于进口处气体膨胀而引起的凝结效应（Mallina 等，1997）。尽管在进口的真空下游能实现再蒸发，但膨胀导致温度降低且与分析之间的过渡时间较短，这些都将抑制蒸发损失量。

经过几十年的激光微探针研究，人们已对用于实时分析的激光消融质谱的特征有了总的认识。第一，正离子谱图能给出阳离子物质和有机化合物的信息，而阴离子谱图能给出阴离子物质的信息；第二，检测金属通常具有高灵敏度，检测非金属通常具有低灵敏度；第三，绝对信号强度不能再现，并随着脉冲的变化有很大改变；第四，由于通常产生大量的碎片，单独的有机化合物很难分辨；第五，由于粒子核不完全烧蚀（Weiss 等，1997），在激光消融质谱中，位于大于微米级粒子表面或表面附近的化学成分易显示出较强的强度（Carson 等，1997）。

因为从一个激光点到另一个激光点的激光光束和脉冲能量的变化，即使粒子组成成分不变，一个粒子到另一个粒子的质谱也会发生变化。最近的研究表明，这种变化是系统性的，能量优先离子（电离能最低、电子亲和能最高）相互间是正相关的，而与次优能离子是负相关的（Reinard 和 Johnston，2008）。当粒子烧蚀的方式为多次频繁碰撞时，优能离子和次优能离子在质谱中占主导地位。当粒子烧蚀的方式为较少碰撞的方式时，次优能离子能够存活而优能离子构成占总离子信号的较小部分。这些系统性的粒子-粒子变化通常导致拥有相同成分的粒子产生不同的质谱。由于解吸和电离步骤是分开的，两步激光消融和电离方法可能不那么容易受到这些步骤的影响。

11.4.3 两步激光消融和电离

使用两束独立激光可以克服单步激光消融电离方法的部分不足，但不能解决全部问题（Morrical 等，1998；Zelenyuk 等，1999）。为了形成离子，通常用一束低于阈值辐照度的红外激光完成蒸发，然后启动第二束激光以使蒸发物光致电离。第二束激光通常在紫外区，分子物质在吸收 2～3 个光子后电离。使用连续真空紫外辐射也可以使分子物质在一个光子的作用下发生光致电离（Zelenyuk，1999）。单个光子电离既可以电离脂肪类化合物，又可以电离芳香族化合物，而多光子电离仅限于电离芳香族化合物（Oktem 等，2004）。

单粒子的单步和两步电离法的直接比较结果表明：当使用紫外激光时，后一种方法对芳香烃分子离子的检测能力提高（Morrical 等，1998）。此外，红外辐射的光穿透深度大，能够完全熔融微米级粒子，这样能降低化学组分不均一性的影响（Zelenyuk 等，1999）。在有机分子离子的最优形成条件下，两步法不能使众多无机物产生很强的离子信号，这一事实弱化了以上的优点。两步法中维持光学准直也较困难。

11.5 质量分析

目前，用于获得单粒子质谱的质量分析仪有 4 种：扇形磁场、四极杆、飞行时间以及四极杆离子阱。扇形磁场仪器的使用较少，这里不再讨论。

11.5.1 四极杆质量分析仪

早期的单粒子分析中，几乎都是用四极杆仪器。该分析仪包括进孔、4 个双曲线管或者圆柱杆（cylindrical rods）和出孔（March，1989）。正如其名称一样，随时间而变化（射频）且稳定的电压组合在一起并应用在管路上，产生四极杆电场。设定射频振幅及稳定电压值，使得在某个时刻只允许一个 m/z 通过出孔。质谱是通过不断变化射频振幅及稳定电压值以使不同荷质比的离子顺次通过出孔并撞击到检测器而获得的。四极杆质量分析仪稳定、价格低廉、易于操作，是很多测量领域的理想选择。用于实时颗粒物分析时，四级杆质谱仪具有局限性，这是因为单颗粒物产生离子的时间小于 1ms，但是分析仪需要几百毫秒来扫描颗粒物。如果需要进行单粒子分析，那么就必须调整分析仪使其能传输一个特定的质荷比并且每次只能分析一种化学组分。由于这个限制，在单粒子分析中其他类型的分析仪更有优势。

分析小团颗粒物，四级杆质量分析器更常用：随着每一个颗粒物团分析，四级杆可以扫描不同 m/z 值。瞬时的、一个接一个的颗粒物有相似的复合成分，因此使用这项技术损失的信息很少。

11.5.2 飞行时间质量分析仪

目前应用最普遍的单粒子仪器是飞行时间质量分析仪（time-of-flight mass analyzer），这是因为其价格低、稳定、易于在室内操作（Cotter，1997）。由于该仪器在谱图获得方面存在限制，早期的实时单粒子分析中没有使用飞行时间分析仪。现代高速数字化及电脑技术的发展，使很多仪器选择这种分析仪。

图 11-5 为线性飞行时间分析仪的简单结构。分析仪器由源区域、二级加速区域、自由漂移区域以及微孔盘状检测器（microchannel plate detector）构成。某点处实时产生的离子从源区域中抽出并进入自由漂移区，在这里根据飞行时间将其区分。由于所有的离子加速到

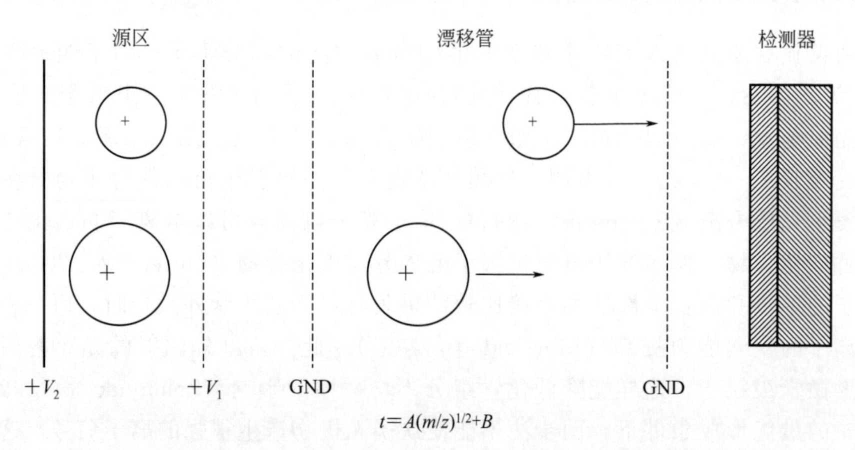

图 11-5 典型飞行时间质谱仪中的离子路径

相同表面动能，不同质荷比的离子会达到不同速度，并在不同的时间到达检测器。低质荷比离子可获得最高速度并首先撞击检测器。高质荷比的离子可获得最低速度并最后撞击检测器。将检测器的离子信号与激光脉冲后的时间建立简单的函数关系并数字化，由此记录质谱。

实际上，具有某质荷比的所有离子并不具有相同的初始位置和相同的动能，因此撞击检测器的时间略有不同，这可使谱峰变宽。也就是说，初始位置和动能的不同使质谱峰变宽。减少谱峰变宽的有效方法就是在飞行路径中加入反射场（图 11-6）。在反射器中，离子被减速并返回其来的方向。动能大的离子与动能较小的离子相比，在反射场能够渗透更远的距离。高动能离子在反射场所用的额外时间补偿了它们在自由区中的较短时间，通过这种方式，不管动能如何，所有给定质荷比的离子几乎都能同时撞击检测器。高分辨率的质谱适合分辨表观上质量数相同的分子式（例如 $C_3H_7^+$ 和 $C_2H_3O^+$，m/z 为 43），这样的质谱仪具有垂直的抽取装置，粒子在这里加热后进入与飞行区正交的源区（DeCarlo 等，2006）。

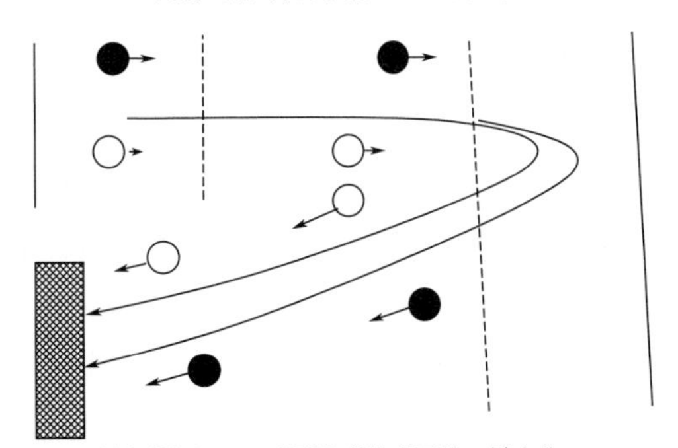

图 11-6　反射飞行时间质谱仪中的离子路径

进行实时单粒子分析时，粒束垂直穿过源区进入漂移管，通过脉冲激光实现电离，粒子的到达时间与开启数字化器的时间同步。该方法分析单粒子有 3 个重要优点：第一，飞行时间分析仪在设计上相对简单，对于特定的仪器配置也易于内部搭建；第二，飞行时间分析仪能够分离和检测到单粒子产生的所有质荷比的离子，因此，能够同时检测到质谱范围内的所有化学成分；第三，在源区域的两侧放置双漂移管，则可以分析出单粒子产生的所有阴阳离子。阳离子在一个管中加速，阴离子在另外一个相反的管中加速。对每个粒子来说，这样的设置能产生两个独立光谱，因此可以分析出更多化学成分（Hinz 等，1996）。

飞行时间质谱分析的主要问题在于动力学范围。数字化板和示波器能够以 500MHz 的频率和高于 8bit 的分辨率将微孔板电流（microchannel plate current）数字化。但实际上仅仅能达到 6bit 或 7bit 的准确度（1/128～1/64），结果使小信号的数字化误差在整体误差中十分显著。为了在一定程度上解决这个问题，可以在微孔板与数字化器之间放置一个对数放大器。对数放大器可以给出较高的动力学范围，并在该范围上均匀传输误差（Murphy 和 Thomson，1995）。对于激光熔融形成的离子来说，这个优点十分明显，因为粒子与粒子之间的绝对信号强度可能相差一个或几个数量级。另一种解决方法就是使用两个或者两个以上的 A/D 转换器分别把动力学范围低的部分和高的部分数字化，这样就需要一种算法把信号结合起来同时最大化信噪比。

离子飞行时间和它们质荷比（m/z）的基本关系是：

$$t=a+b(m/z)^{1/2} \tag{11-6}$$

式中，a、b 是常数，主要取决于电场分布和在飞行管中的距离。如上所述，本式实际上会更复杂一些，因为公式的一些基本的假设并没有考虑到以下两点：

① 颗粒物或者颗粒物团的初始位置可能并不能准确知道。

② 离子可能具有基本的初始动能分布。

因此，峰可能很宽（在时间和 m/z 的坐标上），也可能并不一定符合这个关系式。当峰不在 m/z 接近整数值时，这一关系式的偏差很明显，可以通过以下方法之一解决：①在进一步分析中舍弃这些谱图；②对每一个谱图，使用一种算法确定式（11-6）中 a 和 b 的最佳值（Haas 和 Kalcher，1996；Christian 等；2000；Bocker 和 Makinen，2008）。

11.5.3 离子阱质量分析仪

另外一种能够获得单粒子完全质谱的方法是四极杆离子阱（March，1989）。与飞行时间质量分析仪一样，四极杆离子阱能够从单粒子产生的大量离子中获得一个完全的质量图谱。分析仪包括 3 个双曲线电极、2 个节流阀端盖（end cap）和 1 个环形电极。在环形电极上使用正弦电压，能够形成可以捕获离子的势阱。不同质荷比的离子被捕获后，通过在节流阀端盖上施加二次正弦电压能使每一个质荷比不同的离子相继从离子阱中发射而出进入检测器。四极杆离子阱分析仪紧凑、稳定并适合野外测量。由于其不易在仪器内部安装（市场上已有供应商）以及难以同时检测阴阳离子，所以四极杆离子阱不如飞行时间分析仪使用普遍。

四极杆离子阱明显优于飞行时间分析器的地方在于它能进行串联质谱分析，这种性能有助于鉴别复杂样品中的有机分子。通过施加不同共振频率可以使离子阱中其他 m/z 粒子排出，从而分离出选定 m/z 的离子，一旦分离，在节流阀端盖施加低振幅电压就可以分离出具有该 m/z 的离子。由于振幅太低，不能从离子阱中逐出离子，但是可以提高离子的动能。离子与离子阱中的背景空气分子碰撞而获得内能，并最终分离出去。分离后，离子仍处于势阱中，随后利用共振弹射（resonant ejection）来分析。Gieray 等（1997）的工作证明了该方法的优势，他们使用激光消融串联质谱，实时分析了细菌样品；Kuten 等（2007）把离子肼和气溶胶质谱耦合在一起。

11.6 质谱图分类方法

质谱仪对气溶胶分析不可避免会产生成千上万的质谱图，这些质谱图需要处理和解析。由于数据数量可能很大，手工方法是不切实际的。本部分介绍一些可用于解析质谱图的自动方法。

11.6.1 单颗粒质谱图的聚类算法

由于单颗粒物质谱的巨大分析能力，每天数以千计的颗粒物得到分析，环境研究可能产生 1 万～100 万张单独的质谱图。解析这么大量的数据集需要把类似的质谱图归类。由于颗粒物的组成和分析过程的变化，单个质谱图本身都是不同的，严格的分类可能很少甚至没有减少数据量。这就意味着没有质谱图足够相似而可以被归到一类。随着归类标准变得不太严格，越来越多的质谱图被归类到一起，直到所有的质谱图归成一个集合。因此使用者要选择分类标准使之对特定的应用最有意义。通常，选择标准能产生几十到几百个集合。

在单颗粒质谱中有很多算法，ART2a（Song 等，1999）最为常用。为了理解这种算法的几何意义，把质谱图看成代表矢量，寻找指向类似方向的矢量。若质谱图首先标准化，所有峰高的平方和等于 1，如果谱图类似则两个谱图的点积（dot product）将等于 1，两个光谱差距越大则该值将越小。警戒因子（vigilance factor）的值用来确定质谱图是否足够相似可以被划为一类。例如，警戒因子 0.9 得到很多集合，在每一集合中都有很相似的谱图，但是警戒因子 0.6 与之相比得到较少集合，每个集合内质谱图彼此之间更加偏离。

ART2a 使用未修订欧几里得几何距离来分类质谱，所以它获得球面几何（质谱图的高维空间）组群（spherical grouping）。但是真正的组群可能含有很多不同的形状。一种并不假定组群形状的相关算法是 NBSCAN，它关注质谱图的密度并在接近密度最小值处进行分离（Zhao 等，2008）。

ADAMS 使用谱峰关联性来分类，即质谱中许多谱峰来自相同的母体化合物。例如，金属的质谱图可能产生其主要的同位素原子峰，但同时产生一个或多个氧峰。与之类似，峰型经常能独特地识别不同来源。这些峰型形成可以辨认的信号用于分类化合物（Tan 等，2002）。

一些分类算法也在使用，如 CART（Neubauer 等，1996）和 SpectraMiner（Zelenyuk 等，2006）。这些算法找到能够把谱图彼此区分开来的峰，然后使用这些峰将总的谱图分类为更小的子集。

虽然这些方法有一些相同的属性，但是它们的区别在于一些是进行创建，其他的是进行拆分。就是说，ART2a、DBSCAN 和 ADAMS 寻找类似的质谱，因而创建组群。CART 更关注谱图的不同，因此把所有谱图拆分成集合和子集。SpectraMiner 使用建设性的方法来进行分组并使用拆分方法来理解集合之间的关系。

颗粒物质谱图的峰经常有一个很大的动力学范围，即最大的峰比最小的峰大很多倍。大多数分类方法更注重较大的峰，但是这可能并不能解析希望得到的颗粒物群体的属性。当较大的峰掩盖了较小的峰包含的有价值的信息时，可以用峰转换来平衡。一种可能是在标准化和分类之前对所有的峰取对数。由于没有定义对数的零值，可以使用能够很好输入零值的广义对数，例如如果 I 是谱峰离子强度，广义对数是 $\mathrm{glg}I=\lg(I+e)$，e 是一个可调的正数，用于加强或减弱较大峰与较小峰。

11.6.2 颗粒物团的质谱图分类

单颗粒物聚类的内在假设是，单独的粒子有特定的组成信息，这些信息与它的来源或大气转化有关，这一假设对于获得或者记录大量颗粒物的质谱图是无效的。因此，解析已分类颗粒物的质谱的算法与源解析策略是类似的，通常源解析策略用于识别和定量单一源对总的化学组成数据的贡献。受体基础模型，例如正定矩阵因子分析模型（PMF）经常被用来识别源成分谱并定量其对获得的图谱贡献（Paatero，2007）。经常选择 PMF 作为颗粒物集合的谱图解释的方法是由于以下原因：①模型具有约束条件，使得各种源的贡献不可能是负值；②模型考虑了质谱测量的不确定性。Reff 等（2007）对 PMF 方法学进行了综述，并给出环境数据准备记录、模型的使用和结果解析的推荐程序。受体模型的一个重要应用是从 AMS 数据（Zhang 等，2005）分辨烃类和氧化有机气溶胶（分别是 HOA 和 OOA）。

11.6.3 质谱仪数据和其他数据的结合

由于质谱仪数据是实时采集的，而且每一谱图都有对应时间，这样就可以将与之同时采集同样气溶胶流体的其他仪器的补充数据与质谱仪数据结合，扩大数据范围。例如，采用能够准确测量颗粒物粒径分布的仪器可以帮助改善质谱数据半定量的性质（Bin 等，2006）。在大气中，高时间分辨率的质谱仪数据可以与补充的高时间分辨率的气象以及气态和颗粒态化学组成的测量相结合，以获得大的点源排放特征（Wexler 和 Johnston，2008）。Wexler 和 Johnston 总结了研究人员用这种方法对点源的位置、强度以及组成成分的研究成果。例如，谱图的集经常是来自相同或者相似的来源，主要谱图集和风向之间的关系通常暗示着污染源的方向。图 11-7 显示了在宾夕法尼亚州匹兹堡含铁颗粒物的源的方向（Bin 等，2005）。

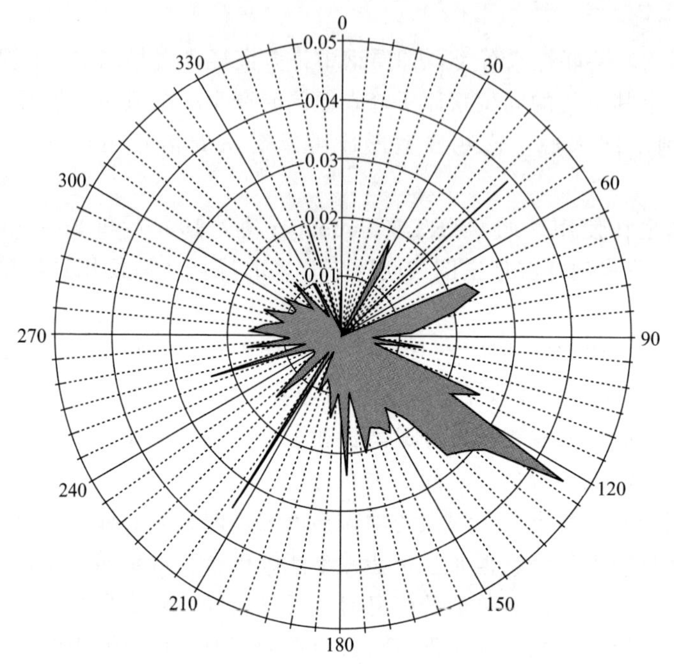

图 11-7 宾西法尼亚州匹兹堡含铁谱图的风玫瑰图

（获得 Bein 等允许，2005）

11.7 综合考虑-选择仪器

如上所述，在粒子检测、分级、解吸/蒸发、电离和质量分析中存在着很多可能性。仪器设计中采用哪种特定技术取决于应用时所需的最重要特征。基于这个原因，开发出很多仪器，这些仪器有不同的优缺点。表 11-2 列出了多种仪器，给出了仪器的名字、主要性能和技术以及仪器设计的相关介绍。

表 11-2 实时颗粒物质谱仪和其主要特点列表

名字①	检测②	分级③	粒径范围④	蒸发⑤	电离⑥	质量分析⑦	单颗粒物/颗粒物团⑧	参考文献
PLAMS	LS	MS	Fine	LA	1LI	TOF	Single	Murphy 和 Thomson(1995)
Particle Blaster	SD	SS	UF	LA	1LI	TOF	Single	Reents 等(1995)
RTAMS	LS	VA	Fine	LA	1LI	IT	Single	Yang 等(1996)
ATOFMS	LS	VA	Fine	LA	1LI	TOF	Single	Gard(1997)
RSMS	SD	VA	UF	LA	1LI	TOF	Single	Mallina 等(2000)

续表

名字[①]	检测[②]	分级[③]	粒径范围[④]	蒸发[⑤]	电离[⑥]	质量分析[⑦]	单颗粒物/颗粒物团[⑧]	参考文献
LAMPAN	LS	VA	Fine	LA	1LI	TOF	Single	Trimborn 等(2000)
None	LS	VA	Fine	LA	1LI	TOF	Single	Weiss 等(1997)
None	LS	VA	Fine	LA	2LI	TOF	Single	Zelenyuk 等(1997)
LAMS	LS	VA	Fine	LA	1LI	TOF	Single	Owega 等(2002)
SPMS	SD	SS	UF	LA	1LI	TOF	Single	Mahadevan 等(2002)
None	SD	None	Fine,UF	TV	SI	Quad	Single	Svane 等(2004)
SPASS	LS	VA	Fine,UF	LA	1LI	TOF	Single	Erdmann 等(2005)
SPLAT	LS	VA	Fine	LA	1LI	TOF	Single	Zelenyuk 和 Imre(2005)
BAMS	LS	VA	Fine	LA	1LI	TOF	Single	Fergenson 等(2004)
TOF-AMS	SD	VA	Fine,UF	TV	EI	TOF	Single,Group	DeCarlo 等(2006)
TDPBMS	None	None	UF	TV	EI	Quad	Group	Tobias 等(2000)
Q-AMS	SD	VA	Fine,UF	TV	EI	Quad	Group	Jayne 等(2000)
PERCI-AMS	None	None	Fine,UF	TV	EA	TOF	Group	LaFranchise 等(2004)
PIAMS	None	None	UF	LA,TV	2LI	TOF	Group	Oktem 等(2004)
TDCIMS	None	None	Nano	TV	CI	TOF	Group	Smith 等(2004)
NAMS	SD	IT	Nano	LA	1LI	TOF	Group	Wang 和 Johnston(2006)
IT-AMS	SD	VA	Fine,UF	TV	EI	IT	Group	Kruten 等(2007)
AerosolCIMS	None	None	Fine	TV	CI	Quad	Group	Hearn 和 Smith(2004)

① 名字：通常用仪器首字母缩写。

② 检测：LS，光散射；SD，谱图检测。

③ 粒径：MS，米氏散射；VA，真空空气动力学；SS，光谱信号；IT，粒子离子捕获。

④ 粒径范围：细粒子，100nm 到微米；超细粒子，10～100nm；纳米粒子，<10nm。

⑤ 蒸发：LA，激光消融；TV，热蒸发。

⑥ 电离：1LI，用一个 LA 脉冲（激光消融和电离）激光电离；2LI，LA/TV 和电离步骤分离；LI，激光电离；EI，电子电离；CI，化学电离；EA，电子附着；SI，表面电离。

⑦ 质谱分析：TOF，飞行时间；IT，离子捕获；Quad，四极杆。

⑧ 单颗粒物/颗粒物团：Single，单颗粒物分析；Group，多颗粒物分析。

表 11-2 中的仪器使用不同的方法测定对颗粒物分级并分析它们的化学组成。其中一些仪器测定单颗粒物，其他一些仪器测定颗粒物团。一些仪器能够测定每一个颗粒物的粒径，另外一些仪器允许一个小范围粒径的粒子进入并通过扫描测定颗粒物粒径，还有一些可以允许一个较大范围粒径的颗粒物通过但是不再进一步测定颗粒物的粒径。表 11-3 根据测定粒径的能力以及仪器用于测定单颗粒物还是颗粒物团对仪器进行了分类。每类仪器与其他类仪器相比都有各自的优缺点，这些仪器设计会优化或实现某些性能，与设计者追求的性能一致，或适用于特殊的用途。有些情况下，一种特定的仪器可能升级为不同的版本，这些仪器可以分类到表 11-3 中的不同类别，对于这种情况，表格列出了目前仪器使用最为广泛的分类。

表 11-3 实时颗粒物质谱分类

项目	A. 单颗粒物	B. 颗粒物团
1. 测量每一个颗粒物粒径	ATOFMS，PALMS，SPLAT，RTAMS(Zelenyuk 等，1999)，SPSS，BAMS，Particle Blaster，SMPS，LAMS	
2. 扫描粒级	RSMS，LAMPAS(Weiss 等，1997)，NAMS	Q-AMS，TOF-AMS
3. 分析颗粒物粒级范围		TDPBMS，PERCI-AMS，PI-AMS，Aerosol，CIMS，TDCIMS

一方面，单颗粒物分析具有能够阐明气溶胶的外部混合特征的优点，但是气溶胶团分析做不到这一点。另一方面，单颗粒物只有少量的分析物，这就造成了仪器对单颗粒物比颗粒物团的化学分析更难。对于内混的离子流的测定应用，单颗粒物分析也不能比颗粒物团分析给出更多的信息。因此，两种分析方法各有优缺点。

这里讨论的仪器采用了很多有用的方法来检测颗粒物的粒级。最常见的就是结合真空空气动力学粒径分级来赋予颗粒物与粒径相关的速率，然后通过光散射测定颗粒物的速率（单元格 A1）。光散射方法对类似或大于散射光波长的粒子有效，这限制了基于光散射的技术只能测定几百纳米以上的粒子。因此，一些仪器把谱图用于：

① 表明颗粒物存在。

a. 扫描颗粒物范围（单元格 A2）。

b. 筛选颗粒物的粒径用于分析（单元格 B2）。

c. 分析颗粒物粒径范围（单元格 B3）。

② 把颗粒物的粒径和组成结合起来（单元格 B1）。

当颗粒物只包含很少的目标分析物或者分析物很难分析（例如大气有机物）时，分析一定粒径范围的颗粒物通常是一种更有利的方法，这样可以增加进入仪器的分析物流量而保持合适的时间分辨率。由于表格中不可能介绍所有的仪器，下面将会把几种功能相同的颗粒物放在一起介绍。

11.7.1 单颗粒物分析：所有颗粒物分级

图 11-8 是 PALMS 示意图，这是第一台用于分析空气颗粒物的单颗粒物质谱仪。如表 11-3 中 A1 所有的仪器，PALMS 通过光散射检测颗粒物，所以吸收/电离激光脉冲可以与散射光同时到达。PALMS 通过记录散射光信号强度测量每一个颗粒物的粒径。表 11-3 中 A1 部分的其他检测仪器（图 11-9，ATOFMS）通过将颗粒物加速到一定的速度进入源区来检测空气动力学粒径，所能达到的速度与颗粒物的粒径和质量相关。由于较大的颗粒物惯性大，获得的速度比粒径较小的颗粒物小，粒径较小的颗粒物获得的速度接近气体。两束相距已知距离激光的光散射给出颗粒物速度的一个估计值，该速度也用于延迟吸收/电离激光至颗粒物进入质谱仪源区后再发射。大多数这类仪器用一个椭圆透镜把各个立体角的散射光聚焦到检测器上，以使光线收集最大化，这对于检测粒径小于散射光波长的颗粒物是极其重要的。大多数情况下，这类仪器可以很好地检出小到几百纳米的颗粒物，再小的颗粒物通过光散射就不能检测了。在粒径谱图的另一端，如果入口空气动力学经过优化有高透过率，这类仪器就很容易分析出粗颗粒物的特点。许多仪器（Particle Blaster 和 SMPS）基于激光诱导等离子体发生的粒子强度来检测粒径在 10～300nm 的颗粒物。

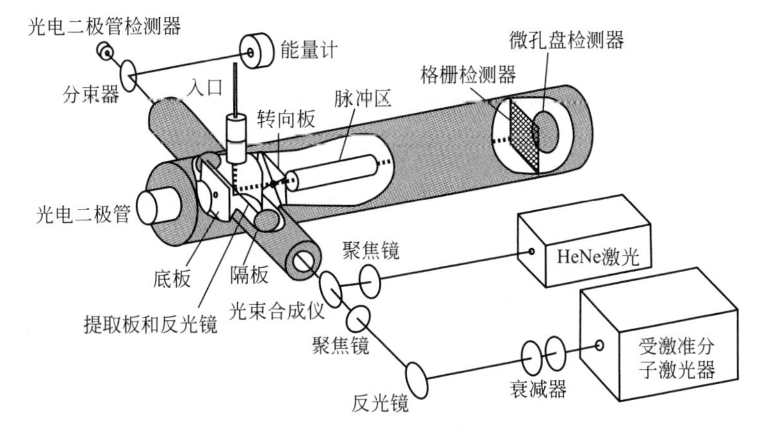

图 11-8 激光质谱仪颗粒物分析（PALMS）
（引自 Murphy 和 Thomson，1997）

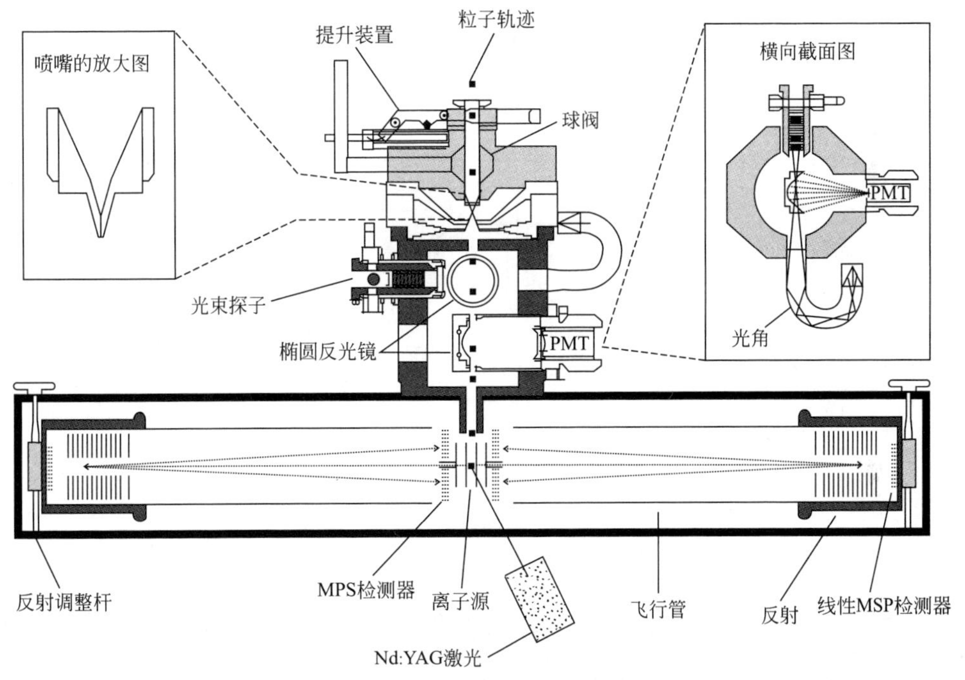

图 11-9 气溶胶飞行时间质谱仪（ATOFMS）
（获得 Gard 等允许，1997）

11.7.2 单颗粒物分析：扫描颗粒物粒径测试

通过光散射检测颗粒物的仪器很难检测粒径小于散射光波长的颗粒物，这就限制了小粒径颗粒物的检测。图 11-10 展示了 RSMS，该仪器只允许很窄粒径范围的粒子进入质谱仪，并通过其质谱图检测其存在。通过高频率的自由烧蚀激光激发提高颗粒物的打击效率，使颗粒物流和烧蚀激光线共线，并通过反向扩散使它们重叠最大化，用质谱仪分析一定距离范围内的离子，在该距离内两条流线重叠，且激光频率足够高以实现激光消融和电离（LDI）。然而，RSMS 比使用光散射检测颗粒物的仪器打击速率小得多，而且它们必须在一定粒径范围内扫描，这就需要花费大量的时间。RSMS 的优点是避免了光散射法的粒径限制，基于颗粒物化学组成的不同，可检测小到几十纳米的颗粒物。作为一种颗粒物粒径的测试方法，其限制在于入口空气动力和通过激光电离

(1LI) 形成的离子并不理想，这也使得 RSMS 分析纳米级粒子很难甚至不可能。由于这个原因，发展了替代的方法。图 11-11 展示了 NAMS，这台仪器可以用于纳米颗粒物分析，颗粒物通过空气动力学和电动力学聚焦到离子肼上而被捕获。捕获粒子的过程是根据粒径的选择性捕获，通过改变施加到离子阱上的随时间而变化的电压频率，直径 10～30nm 的颗粒物可以被扫描到。通过高能量脉冲激光束产生激光诱导等离子体对捕获的给定粒径颗粒物进行辐射。等离子体只产生带正电的原子离子，其相对强度用于元素组成的定量分析。

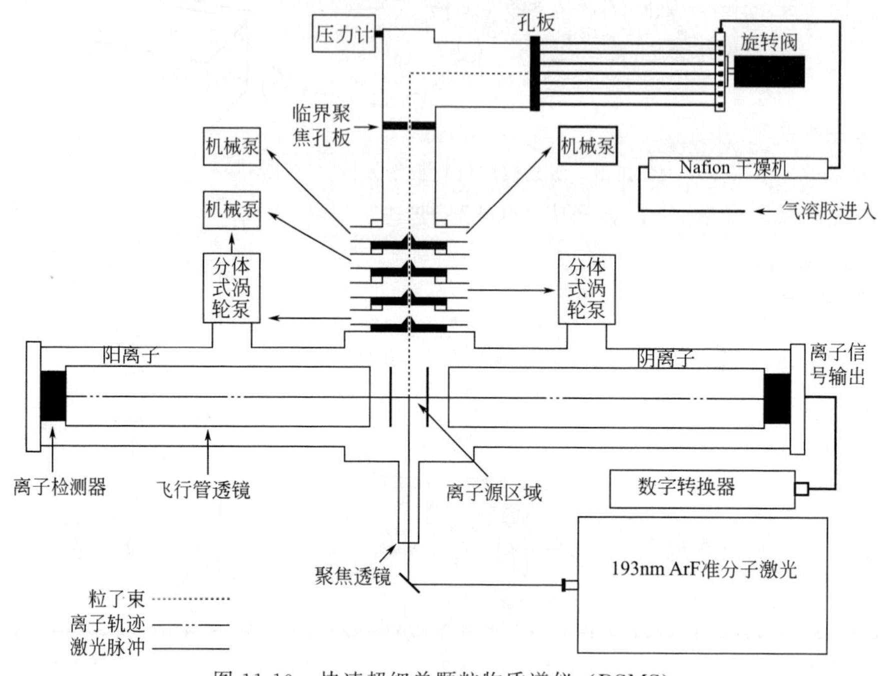

图 11-10 快速超细单颗粒物质谱仪（RSMS）

（获得 Bein 等允许，2005）

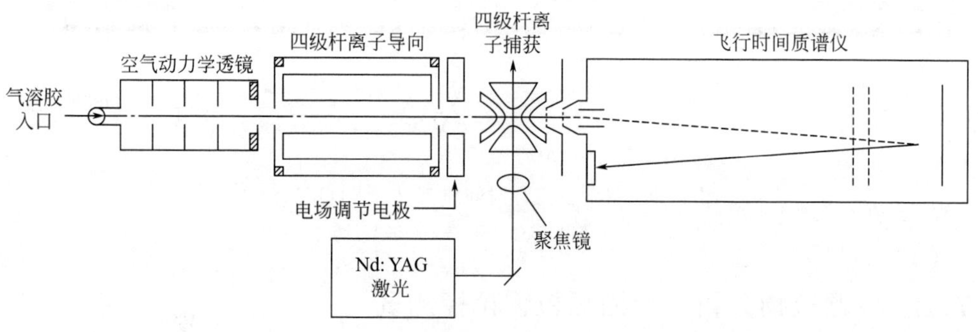

图 11-11 纳米气溶胶质谱仪（NAMS）

（获得 Wang 等允许，2006）

11.7.3 颗粒物团分析：AMS 系列仪器

应用广泛的 AMS 系列仪器克服了光散射通过光谱检测颗粒物粒径的固有限制。空气动力学透镜序列把一定粒径范围的颗粒物传送到质谱仪内，使颗粒物获得与它们粒径相关的速率。斩波器（chopper）传送很少的一部分颗粒物通过，颗粒物在飞向分析器空间的过程中分散开来，最小的颗粒物具有较高的速度而最先到达分析仪。颗粒物撞击到热丝，不耐热化合物在热丝上蒸发并通过电子撞击电离。Q-AMS包括一个四极杆，一次可以分析一个离子质量；用四极杆扫描多个颗粒物团可以得到选定 m/z 的颗粒物粒径分布。然后把四极杆分析仪设置到另一个 m/z 重复上述过程。最后获得粒子信号强度与 m/z 以及颗粒物粒径的全部数据集。如果需要更快的时间分辨率，就要截取数据集，或者获得信号强度与 m/z，或者在某一个 m/z 下获得信号强度与颗粒物粒径。在环境测量中，仪器通常在这两种模式下转化以保证高的分辨率。TOF-AMS（如图11-12高分辨率飞行时间质谱仪）采用了飞行时间质谱仪同时分析所有离子质量，因此容易快速获得三维数据集。时间飞行分析仪还有高时间分辨率，因此能够分析 m/z 值相同但是分子式不同的离子。由于AMS仪器持续（或者近乎持续）分析粒子流，时间分辨率在几秒的范围内，很适合用于化学组成经常变化的情况，例如飞行器飞过烟羽的情况。由于AMS分析的是颗粒物团，能够引入更多的离子进入质谱仪降低了对颗粒物粒径的限制，这一限制在单颗粒物仪器中是经常遇到的，这种仪器的缺点就是不能分析耐热物质并且分析有机分子离子的能力有限。

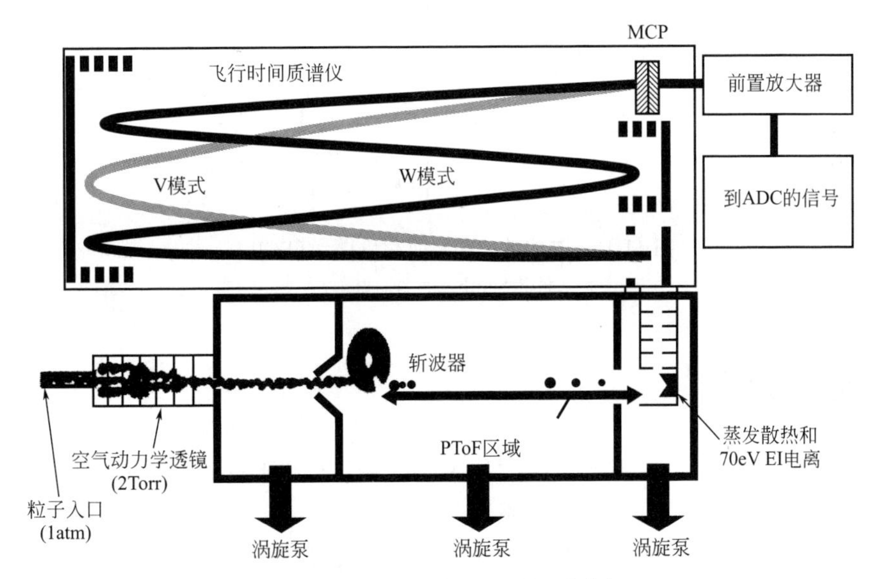

图 11-12 高分辨率飞行时间质谱仪

（引自 DeCarlo 等，2006）

11.7.4 颗粒物团分析：有机分子分析

由于在单颗粒物和颗粒物团分析中使用的技术能够使有机化合物变成碎片，因此分析有机化合物比较难。而且，大气颗粒物（到目前为止这些仪器的主要应用）包括数以千计的有机化合物，单颗粒物上的每一种有机物浓度可能少到无法检测。虽然通常可以用金属作为特定污染源示踪物，但是这些化合物不可能分辨出所有的污染源。当金属不足以分辨污染源时可以使用有机化合物。为提供足够多的样品进行分析，一些仪器在质谱仪源区内将颗粒物收集到表面。很多仪器把蒸发过程和电离过程分开以避免产生太多目标有机化合物的碎片。TDPBMS分析仪通过电子电离收集颗粒物。虽然并没有实现软电离，但是可以通过随时间缓慢加热探针来分辨分子种类。相反，PIAMS用红外激光脉冲一次蒸发所有的有机物，单个分子用真空紫外光子实现软电离。如果把PIAMS和颗粒物浓缩器结合起来，就可以在时间分辨率小于4min下分析环境气溶胶的有机组成变化。其他的用于有机物软电离的方法还有电子附着（PERCI-MS）和化学电离。TDCIMS（图 11-13）使粒子带电，然后用差分电迁移率分析仪（使用详见第 31 章）选择粒径。带电粒子被收集到探针上，探针被偏置为高电压以提高收集效率。在环境条件下经过大约 10min 收集，探针插入化学离子化质谱仪并加热使非耐热物质蒸发。有机物（胺、含氧有机物等）和无机物（氨、硝酸盐、硫酸盐）都可以定量分析。

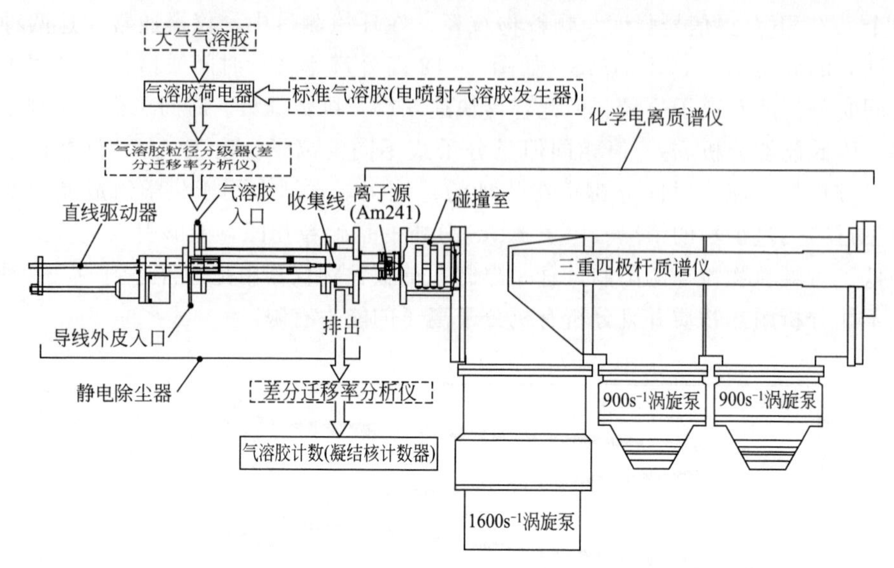

图 11-13 热吸收化学离子化质谱（TECIMS）

（获得 Smith 等允许，2004）

11.8 符号列表

a，b	常数，主要取决于电场分布和飞行管内距离
C_c	滑动修正系数
C_c（d）	给定粒径颗粒物的坎宁安滑动修正系数
C_d	孔口流量系数
d_m	电迁移直径
d_{mm}	标准化质量直径
d_{va}	真空空气动力学直径
D_0	孔直径
D_p	颗粒物直径
$D_{p,max}$	孔可以聚焦的最大颗粒物的直径
D_t	管直径
l	透镜间的最小空间
m	通过序列的气体质量流速
M	气体摩尔质量
Ma	马赫数
m/z	质荷比
p	上游气压

$\Delta p = p_u - p_d$	上游和下游的压差
Re	雷诺数
Stk	聚焦斯托克斯数
t	离子飞行时间
T	上游温度
T_u	透镜上游气体温度
U_{sonic}	通过孔的声速
γ	气体的比热容
λ	气体平均自由程
μ	空气中气体的黏度
p_p	粒子气体密度/粒子密度/团物质密度
ρ_g	上游气体密度
X_v	动力形状因子

11.9 参考文献

Bein, K.J., Y. Zhao, A.S. Wexler, and M.V. Johnston. 2005. Speciation of size-resolved individual ultrafine particles in Pittsburgh, Pennsylvania. *J. Geophys. Res.* 110, D07S05, doi: 10.1029/2004JD004708.

Bein, K.J., Y. Zhao, N.J. Pekney, C.I. Davidson, M.V. Johnston, and A.S. Wexler. 2006. Identification of sources of atmospheric PM at the Pittsburgh Supersite. Part II: Quantitative comparisons of single particle, particle number, and particle mass measurements. *Atmos. Environ.* 40(Suppl. 2):424–444.

Bocker, S. and V. Makinen. 2008. Combinatorial approaches for mass spectra recalibration. *IEEE/ACM Trans. on Comp. Biology & Bioinformatics* 5:91–100.

Carson, P.G., M.V. Johnston, and A.S. Wexler. 1997. Real-time monitoring of the surface and total composition of aerosol particles. *Aerosol Sci. Technol.* 26:291–300.

Canagaratna, M.R., J.T. Jayne, J.L. Jimenez, J.D. Allan, M.R. Alfarra, Q. Zhang, T.B. Onasch, F. Drewnick, H. Coe, A. Middlebrook, A. Delia, L.R. Williams, A.M. Trimborn, M.J. Northway, P.F. DeCarlo, C.E. Kolb, P. Davidovits, and D.R. Worsnop. 2007. Chemical and microphysical characterization of ambient aerosols with the aerodyne aerosol mass spectrometer. *Mass Spectrom. Rev.* 26:185–222.

Christian, N.P., R.J. Arnold, and J.P. Reilly. 2000. Improved calibration of time-of-flight mass spectra by simplex optimization of electrostatic ion calculations. *Anal. Chem.* 72: 3327–3337.

Cotter, R.J. 2007. *Time-of-Flight Mass Spectrometry: Instrumentation and Applications in Biological Research.* American Chemical Society, Washington, DC.

Dahneke, B., J. Hoover, and Y.S. Cheng. 1982. Similarity theory for aerosol beams. *J. Colloid Interface Sci.* 87:167–179.

DeCarlo, P.F., J.G. Slowik, D.R. Worsnop, P. Davidovits, and J.L. Jimenez. 2004. Particle morphology and density characterization by combined mobility and aerodynamic diameter measurements. Part 1: Theory. *Aerosol Sci. Technol.* 38:1185–1205.

DeCarlo, P.F., J.R. Kimmel, A. Trimborn, M.J. Northway, J.T. Jayne, A.C. Aiken, M. Gonin, K. Fuhrer, T. Horvath, K.S. Docherty, D.R. Worsnop, and J.L. Jimenez. 2006. Field-deployable, high-resolution, time-of-flight aerosol mass spectrometer. *Anal. Chem.* 78:8281–8289.

Erdmann, N., A. Dell'Acqua, P. Cavalli, C. Grüning, N. Omenetto, J.-P. Putaud, F. Raes, and R. Dingenen. 2005. Instrument characterization and first application of the single particle analysis and sizing system (SPASS) for atmospheric aerosols. *Aerosol Sci. Technol.* 39:377–393.

Fergenson, D.P., M.E. Pitesky, H.J. Tobias, P.T. Steele, G.A. Czerwieniec, S.C. Russell, C.B. Lebrilla, J.M. Horn, K.R. Coffee, A. Srivastava, S.P. Pillai, M.-T.P. Shih, H.L. Hall, A.J. Ramponi, J.T. Chang, R.G. Langlois, P.L. Estacio, R.T. Hadley, M. Frank, and E.E. Gard. 2004. Reagentless detection and classification of individual bioaerosol particles in seconds. *Anal. Chem.* 76:373–378.

Fernandez De La Mora, J. and P. Riesco-Chueca. 1988. Aerodynamic focusing of particles in a carrier gas. *J. Fluid Mech.* 195:1–21.

Flagan, R. 1993. Probing the chemical dynamics of aerosols. In *Measurement Challenges in Atmospheric Chemistry*, L. Newman (ed.). American Chemical Society, Washington, DC.

Friedlander, S.K. 1971. The characterization of aerosols distributed with respect to size and chemical composition—II. Classification and design of aerosol measuring devices. *J. Aerosol Sci.* 2:331–340.

Gard, E., J.E. Mayer, B.D. Morrical, T. Dienes, D.P. Fergenson, and K.A. Prather. 1997. Real-time analysis of individual atmospheric aerosol particles: Design and performance of a portable ATOFMS. *Anal. Chem.* 69:4083–4091.

Gieray, R.A., P.T.A. Reilly, M. Yang, W.B. Whitten, and J.M. Ramsey. 1997. Real-time detection of individual airborne bacteria. *J. Microbiol. Methods* 29:191–199.

Haas, G.J.R. and K. Kalcher. 1996. Fast recording software with automatic mass calibration for the laser-microprobe-mass-analyzer LAMMA 500. *Computer Chem.* 20:341–352.

Hearn, J.D. and G.D. Smith. 2004. A chemical ionization mass spectrometry method for the online analysis of organic aerosols. *Anal. Chem.* 76:2820–2826.

Hinz, K.-P. and B. Spengler. 2007. Instrumentation, data evaluation and quantification in on-line aerosol mass spectrometry. *J. Mass Spectrom.* 42:843–860.

Hinz, K.-P., R. Kaufmann, and B. Spengler. 1996. Simultaneous detection of positive and negative ions from single airborne particles by real-time laser mass spectrometry. *Aerosol Sci. Technol.* 24:233–242.

Hunt, A.L. and G.A. Petrucci. 2002. Analysis of ultrafine and organic particles by aerosol mass spectrometry. *Trends Anal. Chem.* 21:74–81.

Jayne, J.T., D.C. Leard, X. Zhang, P. Davidovits, K.A. Smith, C. Kolb, and D.R. Worsnop. 2000. Development of an aerosol mass spectrometer for size and composition analysis of submicron particles. *Aerosol Sci. Technol.* 33:49–77.

Johnston, M.V. 2000. Sampling and analysis of individual particles by aerosol mass spectrometry. *J. Mass Spectrom.* 35:585–595.

Kane, D.B. and M.V. Johnston. 2000. Size and composition biases on the detection of individual ultrafine particles by aerosol mass spectrometry. *Environ. Sci. Technol.* 34:4887–4893.

Kaufmann, R.L. 1986. Laser-microprobe mass spectroscopy of particulate matter. In *Physical and Chemical Characterization of Individual Airborne Particles*, K.R. Spurny (ed.). John Wiley and Sons, New York, Chap. 12.

Kaye, P.H., J.E. Barton, E. Hirst, and J.M. Clark. 2000. Simultaneous light scattering and intrinsic fluorescence measurement for the classification of airborne particles. *Appl. Opt.* 39:3738–3745.

Kurten, A., J. Curtius, F. Helleis, E.R. Lovejoy, and S. Borrmann. 2007. Development and characterization of an ion trap mass spectrometer for the on-line chemical analysis of atmospheric aerosol particles. *Int. J. Mass Spectrom.* 265:30–39.

LaFranchi, B.W., J. Zahardis, and G.A. Petrucci. 2004. Photoelectron resonance capture ionization mass spectrometry: A soft ionization source for mass spectrometry of particle-phase organic compounds. *Rapid Commun. Mass Spectrom.* 18:2517–2521.

Lazar, A.C., P.T.A. Reilly, W.B. Whitten, and J.M. Ramsey. 2000. Laser desorption/in situ chemical ionization aerosol mass spectrometry for monitoring tributyl phosphate on the surface of environmental particles. *Anal. Chem.* 72:2142–2147.

Lee, W.-B., J. Wu, Y.I. Lee, and J. Sneddon. 2004. Recent applications of laser-induced breakdown spectrometry: A review of material approaches. *Appl. Spectros. Rev.* 39:27–97.

Liu, P., P.J. Ziemann, D.B. Kittleson, and P.H. McMurry. 1995a. Generating particle beams of controlled dimensions and divergence: I. Theory of particle motion in aerodynamic lenses and nozzle expansions. *Aerosol Sci. Technol.* 22:293–313.

Liu, P., P.J. Ziemann, D.B. Kittleson, and P.H. McMurry. 1995b. Generating particle beams of controlled dimensions and divergence: II. Experimental evaluation of particle motion in aerodynamic lenses and nozzle expansions. *Aerosol Sci. Technol.* 22:314–324.

Mahadevan, R., D. Lee, H. Sakurai, and M.R. Zachariah. 2002. Measurement of condensed-phase reaction linetics in the aerosol phase using single particle mass spectrometry. *J. Phys. Chem. A* 106:11083–11092.

Mallina, R.V., A.S. Wexler, and M.V. Johnston. 1997. Particle growth in high-speed particle beam inlets. *J. Aerosol Sci.* 28:223–238.

Mallina, R.V., A.S. Wexler, and M.V. Johnston. 1999. High-speed particle beam generation: Simple focusing mechanisms. *J. Aerosol Sci.* 30:719–738.

Mallina, R.V., A.S. Wexler, K. Rhoads, and M.V. Johnston. 2000. High speed particle beam generation: A dynamic focusing mechanism for selecting ultrafine particles. *Aerosol Sci. Technol.* 33:87–104.

March, R.E. 1989. *Quadrupole Storage Mass Spectrometry*. John Wiley & Sons, New York.

McLafferty, F.W. and F. Turecek. 1993. *Interpretation of Mass Spectra*, 4 ed. University Science Books, Mill Valley, CA.

Middha, P. and A.S. Wexler. 2003. Particle focusing characteristics of sonic jets. *Aerosol Sci. Technol.* 37:907–915.

Morrical, B.D., D.P. Fergenson, and K.A. Prather. 1998. Coupling two-step laser desorption/ionization with aerosol time-of-flight mass spectrometry for the analysis of individual organic particles. *J. Am. Soc. Mass Spectrom.* 9:1068–1073.

Murphy, D.M. 2007. The design of single particle laser mass spectrometers. *Mass Spectrom. Rev.* 26:150–165.

Murphy, D.M. and D.S. Thomson. 1995. Laser ionization mass spectroscopy of single aerosol particles. *Aerosol Sci. Technol.* 22:237–249.

Murphy, D.M. and D.S. Thomson. 1997. Chemical composition of single aerosol particles at Idaho Hill: Negative ion measurements. *J. Geophys. Res.* 102(D5):6252–6368.

Nash, D.G., T. Baer, and M.V. Johnston. 2006. Aerosol mass spectrometry: An introductory review. *Int. J. Mass Spectrom.* 258:2–12.

Neubauer, K.R., S.T. Sum, M.V. Johnston, and A.S. Wexler, 1996. Sulfur speciation in individual aerosol particles. *J. Geophys. Res.* 101:18,701–18,707.

Neubauer, K.R., M.V. Johnston, and A.S. Wexler. 1998. Humidity effects on the mass spectra of single aerosol particles. *Atmos. Environ.* 32:2521–2529.

Noble, C. and K.A. Prather. 2000. Real-time single particle mass spectrometry: A historical review of a quarter century of the chemical analysis of aerosols. *Mass Spectrom. Rev.* 19:248–274.

Oktem, B., M.P. Tolocka, and M.V. Johnston. 2004. On-line analysis of organic components in fine and ultrafine particles by photoionization aerosol mass spectrometry. *Anal. Chem.* 76:253–261.

Owega, S., G.J. Evans, R.E. Jervis, J. Tsai, E. Kremer, and P.V. Tan. 2002. Comparison between urban Toronto PM and selected materials: Aerosol characterization using laser ablation/ionization mass spectrometry (LAMS). *Environ. Pollut.* 120:125–135.

Paatero, P. 2007. *User's Guide for Positive Matrix Factorization Programs PMF2 and PMF3, Parts 1 and 2*. Department of Physics University of Helsinki.

Reents, Jr. W.D., S.W. Downey, A.B. Emerson, A.M. Mujsce, A.J. Muller, D.J. Siconolfi, J.D. Sinclair, and A.G. Swanson. 1995. Single particle characterization by time-of-flight mass spectrometry. *Aerosol Sci. Technol.* 23:263–270.

Reff, A., S.I. Eberly, and P.V. Bhave. 2007. Receptor modeling of ambient particulate matter data using positive matrix factorization: Review of existing methods. *J. Air Waste Manag. Assoc.* 57:146–154.

Reinard, M.S. and M.V. Johnston. 2008. Ion formation mechanism in laser desorption ionization of individual nanoparticles. *J. Am. Soc Mass Spectrom.* 19:389–399.

Seuss, D.T. and K.A. Prather. 1999. Mass spectrometry of aerosols. *Chem. Rev.* 99:3007–3035.

Smith, J.N., K.F. Moore, P.H. McMurry, and F.L. Eisele. 2004. Atmospheric measurements of sub-20 nm diameter particle chemical composition by thermal desorption chemical ionization mass spectrometry. *Aerosol Sci. Technol.* 38:100–110.

Song, X.-H., P.K. Hopke, D.P. Fergenson, and K.A. Prather. 1999. Classification of single particles analyzed by ATOFMS using an artificial neural network, ART-2A. *Anal. Chem.* 71:860–865.

Stoffels, J.J. and J. Allen. 1986. Mass spectrometry of single particles *in situ*. In *Physical and Chemical Characterization of Individual Airborne Particles*, K.R. Spurny (ed.). John Wiley and Sons, New York, Chap. 20.

Svane, M., M. Hagstrom, and J.B.C. Pettersson. 2004. Chemical analysis of individual alkali-containing particles: Design and performance of a surface ionization particle beam mass spectrometer. *Aerosol Sci. Technol.* 38:655–663.

Tafreshi, H.V., G. Benedek, P. Piseri, S. Vinati, E. Barborini, and P. Milani. 2002. A simple nozzle configuration for the production of low divergence supersonic cluster beam by aerodynamic focusing. *Aerosol Sci. Technol.* 36:593–606.

Tan, P.V., O. Malpica, G.J. Evans, S. Owega, and M.S. Fila. 2002. Chemically-assigned classification of aerosol mass spectra. *J. Am. Soc. Mass Spectrom.* 13:826–838.

Thomson, D.S. and D.M. Murphy. 1993. Laser-induced ion formation threshold of aerosol particles in a vacuum. *Appl. Opt.* 32:6818–6826.

Thomson, D.S., A.M. Middlebrook, and D.M. Murphy. 1997. Threshold for laser-induced ion formation from aerosols in a vacuum using ultraviolet and vacuum-ultraviolet laser wavelengths. *Aerosol Sci. Technol.* 26:544–559.

Tobias, H.J., P.M. Kooiman, K.S. Docherty, and P.J. Ziemann. 2000. Real-time chemical analysis of organic aerosols using a thermal desorption particle beam mass Spectrometer. *Aerosol Sci. Technol.* 33:170–190.

Trimborn, A., K.-P. Hinz, and B. Spengler. 2000. On-line analysis of atmospheric particles with a transportable laser mass spectrometer. *Aerosol Sci. Technol.* 33:191–201.

Wang, S. and M.V. Johnston. 2006. Airborne nanoparticle characterization with a digital ion trap–reflectron time of flight mass spectrometer. *Intl J. Mass Spectr.* 258:50–57.

Wang, X. and P.H. McMurry. 2006. A design tool for aerodynamic lens systems. *Aerosol Sci. Technol.* 40:320–334.

Wang, S., C.A. Zordan, and M.V. Johnston. 2006. Chemical characterization of individual, airborne sub-10 nm particles and molecules. *Anal. Chem.* 78:1750–1754.

Weiss, M., P.J.T. Verheijen, J.C.M. Marijnissen, and B. Scarlett. 1997. On the performance of an on-line time-of-flight mass spectrometer for aerosols. *J. Aerosol Sci.* 28:159–171.

Wexler, A.S. and M.V. Johnston. 2008. What have we learned from highly time-resolved measurements during EPA's supersite program and related studies? *J. Air Waste Manage. Assoc.* 58:303–319.

Wieser, P. and R. Wurster. 1986. Application of laser-microprobe mass analysis to particle collections. In *Physical and Chemical Characterization of Individual Airborne Particles*, K.R. Spurny (ed.). John Wiley and Sons, New York, Chap. 14.

Yang, M., P.T.A. Reilly, K.B. Boraas, W.B. Whitten, and J.M. Ramsey. 1996. Real-time chemical analysis of aerosol particles using an ion trap mass spectrometer. *Rapid Commun. in Mass Spectrom.* 10:347–351.

Zelenyuk, A. and D. Imre. 2005. Single particle laser ablation time-of-flight mass spectrometer: An introduction to SPLAT. *Aerosol Sci. Technol.* 39:554–568.

Zelenyuk, A., J. Cabalo, T. Baer, and R.E. Miller. 1999. Mass spectrometry of liquid aniline aerosol particles by IR/UV laser irradiation. *Anal. Chem.* 71:1802–1808.

Zelenyuk, A., D. Imre, and L.A. Cuadra-Rodriguez. 2006. Evaporation of water from particles in the aerodynamic lens inlet: An experimental study. *Anal. Chem.* 78:6942–6947.

Zelenyuk, A., D. Imre, Y. Cai, K. Mueller, Y. Han, and P. Imrich. 2006. Spectraminer, an interactive data mining and visualization software for single particle mass spectroscopy: A laboratory test case. *Int. J. Mass Spectrom.* 258:58–73.

Zelenyuk, A., J. Yang, C. Song, R. Zaveria, and D. Imre. 2008. A new real-time method for determining particles' sphericity and density: Application to secondary organic aerosol formed by ozonolysis of α-pinene. *Environ. Sci. Technol.* 42:8033–8038.

Zhang, Q., M.R. Alfarra, D.R. Worsnop, J.D. Allan, H. Coe, M.R. Canagaratna, and J.-L. Jimenez. 2005. Deconvolution and quantification of hydrocarbon-line and oxygenated organic aerosols based on aerosol mass spectrometry. *Environ. Sci. Technol.* 39:4938–4952.

Zhao, W., P.K. Hopke, and K.A. Prather. 2008. Comparison of two cluster analysis methods using single particle mass spectra. *Atmos. Environ.* 42:881–892.

12 半连续质量测量

Ernest Weingartner
保罗谢尔研究所大气化学实验室，菲利根市，瑞士
Heinz Burtscher
应用科学大学阿尔皋高等学院，温迪施市，瑞士
Christoph Hüglin
瑞士联邦材料科学与技术实验室（EMPA）空气污染与环境技术实验室，瑞士
Kensei Ehara
国家先进工业科学与技术研究所，筑波市，日本

12.1 引言

本章主要介绍了几种近乎实时的气溶胶质量浓度测量技术。对于总颗粒物质量水平的测定，β衰减监测仪（beta attenuation monitor，BAM）以及锥形元件微量振荡天平（tapered-element osillating microbalance，TEOM）都是较为成熟的技术，它们还可以与旋风分级器联用测量环境中 PM_{10}、$PM_{2.5}$ 或 PM_1 的质量浓度（第 26 章），BAM 和 TEOM 已广泛用于空气质量监测网络的长期监测。本章还简单介绍了其他一些仪器，比如气溶胶粒子质量分析仪（APM）、石英晶体微量天平（QCM）、Dekati 质量监测仪（DMM）以及基于对滤膜前后压降测定的方法［连续环境质量监测仪（CAMM）］等，表 12-1 对一些连续质量监测的仪器进行了一些说明。对于这些技术和仪器使用的更多信息都可以在前文中找到（McMurry，2000）。Chow 等（2008）以及 Solomon 和 Sioutas（2008）对测量大气颗粒物质量浓度（以及化学组成）的一系列技术进行了对比。Mohr 等（2005）用这些技术对柴油机的排放物进行了测量和对比。

表 12-1 本章所述连续质量监测仪的详细说明

仪器	平均时间	最小检出限①/(μg/m³)	测量范围①/(μg/m³)	问题、误差、偏差
BAM	1～24h	1h 平均值，约为 2	0～10000	-需要仔细校准 -易产生正向(例如有机碳吸收)和负向(例如硝酸盐挥发)采样偏差

续表

仪器	平均时间	最小检出限[①]/(μg/m³)	测量范围[①]/(μg/m³)	问题、误差、偏差
TEOM	10min 到 24h	1h 平均值,约为 2	0～5×10⁶	测量前需要中和静电电荷 -易产生正向和负向采样偏差[②]
APM[③]	2min[④]	2min 平均值,约为 0.01	0～10000	-由于 DMA 测量粒径范围限制,粒径大于 0.5μm 的颗粒物检测不到
QCM	<10min 到 1h	1min 平均值,约为 10	1～1000	-振荡盘与采集颗粒物结合较差
DMM	几分钟	<1min 平均值,约为 1		-间接质量测量,由迁移率测量演变而来,需要规定颗粒物有效密度
CAMM	1～24h	1h 平均值,约为 5		-间接的,半经验质量测量

① 具体技术参数由厂商说明。

② 这种采样偏差在较新版本设备中会减小（如 FDMS TEOM)。

③ 在 DMA-APM-CPC 系统中工作。

④ 对于一个固定的迁移直径，平均颗粒物质量是迁移率的函数，典型的需要 1h。

12.2 β 衰减监测仪

12.2.1 测量原理

β衰减监测仪（beta attenuation monitor，BAM）测量质量的依据是：随着沉积厚度的增加，穿过样品的β粒子（或电子）数目以近似指数的方式减少。β粒子由同位素放射源连续放射，其强度由特定的电子计数器计量。该方法的优点是仪器简单且适用于大规模的自动监测。在环境气溶胶的监测中，其空气动力学直径和检测限是非常符合监测需求的。但是，为了保证仪器设备中的光学设备正常工作并得到准确的结果，我们需要深刻理解其中的参数，从而降低对测量产生的影响。

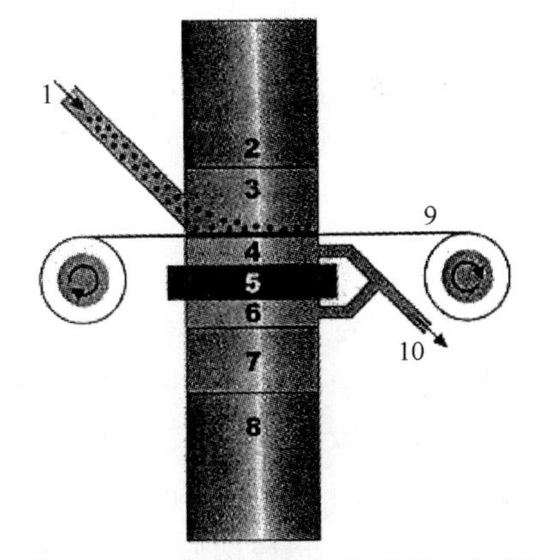

图 12-1 β衰减监测仪示意图。气溶胶从位置 1 进入设备并流入室（3）内，粒子沉积在滤膜（9）上。β源（5）被真空室（4、6）环绕，真空室上接有流量控制器和真空泵（10）。该装置有两个β检测器（2、8），这就保证了测量的高度稳定性，检测器可以检测信号（4、3、2）和基准光束（6、7、8）以补偿温度和压力带来的波动

图 12-1 为双光束补偿法β衰减监测仪示意图。其主要由放射源、两个检测器和颗粒物样品 3 部分组成。同位素放射源发射的连续β粒子光谱的总流量以及发射后穿过样品的流量都在一个基准区域（reference section）测定，这种结构提高了仪器（TFS）测量的灵敏度。正常实验条件下，透射流量与样品质量有如下关系：

$$I = I_0 e^{-\mu x} \tag{12-1}$$

式中，I_0 为基准区域测得的入射流量；μ 为β辐射的质量吸收效率，cm²/g；x 为样品的质量厚度，g/cm²。

质量吸收效率可以通过一个校准程序确定，即测量一系列覆盖了待测质量范围的已知标准物而得

到（Jaklevic 等，1981）。

12.2.2 仪器设计

光源和检测器的选择取决于多方面因素。放射性同位素源（典型的是^{14}C和^{85}Kr同位素）必须以发射β粒子作为主要衰变方式且半衰期要足够长，以避免测量时间的衰变校正及频繁更换放射源。在检测器“速度处理”能力的范围内，源强应足够强，从而能使计数统计量达到足够的精密度。而且，要选择合适的β能量谱，以生成与待测厚度相适配的吸收系数（见下）。

检测器在一定的能量范围内，必须对β粒子（即电子）十分敏感，而且计数速度要足够快，以在所需的时间内完成测量。

12.2.3 理论因素

放射源发射出β粒子的过程中可产生连续电子能量流，能量分布从最低能量延伸到最大端点能量E_{max}，E_{max}为放射衰变过程中的总能量。可检测到的能量最小值由检测器中的电子鉴别器决定，并可由 BAM（E_{disc}）测得。样品从源到检测器的过程中，入射的β粒子由于与样品原子中的电子撞击而失去能量。随着样品厚度的增加，β源的能谱不是均匀衰减，而是经历向较低能量的转移，伴随着具有最低能量的β粒子运动的完全停止（Jaklevic 等，1981）。因此，测量过程中所记录的β粒子数应该是能量大于E_{disc}的粒子数。

放射源的选择是由所测量的质量厚度范围所决定的。对于一定的样品，如果E_{max}值相对能量损失的值较小，则透过样品的电子数将会过少，式（12-1）不再适用。同样，如果E_{max}值相对能量损失的值较大，则β粒子原始的能量分布效应便会变小，对于测量不够敏感。

由于β射线粒子能量损失主要是原子电子的散射造成的，而并非原子核，所以，质量吸收系数会取决于样品的平均原子序数。很多人研究了这一问题，并得到经验关系式（Klein 等，1984）：

$$\mu(\mathrm{cm^2/g})=0.016(Z/A)^{4/3}E_{max}^{-1.37} \tag{12-2}$$

式中，Z为原子序数；A为原子量。然而，该关系式的正确性取决于 BAM（β射线衰减监测仪）的特征几何形状。Jaklevic 等（1981）发现Z/A对衰减的影响并不那么显著，这种结果归因于研究中使用的特殊源检测器装置中的粒子角度分布会产生重要影响。无论函数相关性的具体情况如何，需要注意的是，除了氢外，所有元素的Z/A范围都很小，因此，由此影响引起的变化通常均可接受。

表 12-2 为环境气溶胶中监测到的化合物的Z/A值。根据 Jaklevic 等（1981）观察到的Z/A的值以及式（12-2）的计算结果可以计算出质量吸收系数。

表 12-2 一些化合物的质量与原子序数相关度的影响

化合物	Z/A	$\mu/(\mathrm{cm^2/mg})$①	$\mu/(\mathrm{cm^2/mg})$②
$(NH_4)_2SO_4$	0.530	0.153	0.166
NH_4HSO_4	0.521	0.152	0.163
$CaSO_4\cdot 2H_2O$	0.511	0.152	0.159
SiO_2	0.499	0.154	0.154

续表

化合物	Z/A	$\mu/(cm^2/mg)$[①]	$\mu/(cm^2/mg)$[②]
$CaCO_3$	0.500	0.154	0.154
碳	0.500	0.154	0.154
Fe_2O_3	0.476	0.163	0.144
NaCl	0.478	0.172	0.145
$PbSO_4$	0.429	0.193	0.126
$PbCl_2$	0.417	0.204	0.121
PbBrCl	0.415	0.206	0.120

① 引自 Jaklevic 等，1981。

② 式（12-2）的计算值。计算值标准化成 0.154 以用碳来解释仪器的差别。

12.2.4 潜在偏差

12.2.4.1 校准问题

原子序数可以影响质量吸收系数，因此在选择标准校准和解释离散污染源产生的结果时，应事先采取一定的防范措施。混合化合物的质量吸收系数等于各个吸收系数之和。显然，不恰当的校准箔片（calibration foils）的选择，如果在数据分析时没有校正，会影响测量值的准确性。尽管需事先知道样品的成分才能进行全面校正，但一些可能出现的误差，可通过表 12-2 列出的化合物 μ 值范围和式（12-1）的误差分析进行估算。应当指出，与 Z/A 变化有关的误差，影响测量的准确度而不是精密度，因此基本不会影响 BAM 的检出限。

这些理论上的考虑在实际应用中表现出的结果为：质量分析过程中，每种特殊装置都需要根据已知的重量分析标准值进行校准。另外一种可能为：将 BAM 测量与美国和欧洲标准手工重量测量相结合。需要指出的是：重量测量和 β 衰减的测量结果之间存在着系统误差。例如，重量测量法中用到的滤膜在采样前后都需要处理，因此测得的 PM 浓度更接近于环境的值，而 BAM 测得的浓度为一定相对湿度下的外界环境浓度值（在采得的气溶胶没有经过处理的情况下）。

12.2.4.2 测量误差的来源

当气溶胶浓度很低时，系统误差的来源问题就变得十分重要了，它们包括：大气压的波动；实验室温度和相对湿度的变化（如果基底具有吸湿性会影响它的质量）；机械设计中的不稳定性；以及仪器中样品摆放位置变化（Courtney 等，1982）。测量误差的另外一个来源是：检测器响应值和模拟脉冲处理电子长时间或短时间的漂移。因为这类误差来源很难控制，所以对于所有的 BAM 测量计划，在一系列测量开始前，都需要对仪器进行再校准，同时对相同样品作为未知成分同时进行重复分析，从而得到测量的偏倚和错误。

像其他基于滤膜的颗粒物收集方法一样，BAM 测量法会存在正向采样误差（采样颗粒物和滤膜基质中气态化合物的吸附和解吸）和负向采样误差（采样过程中半挥发物质的损失）。根据报道，BAM 的测量值一般会高于重量法的测量值，因为吸湿性气溶胶会吸附一部分水（Chang 等，2001）。利用进样口加热器（Chang 和 Tsai，2003）可以控制相对湿度，从而减少水的吸附，但这同时也会导致半挥发物质的损失。还有报道显示：负向采样误差的原因为硝酸铵和半挥发性有机物的损失（Hauck 等，2004；Takahashi 等，2008）。BAM 测得的颗粒物质量的负偏倚在寒季达到最大值，此时，在很多环境中，这些成分构成了大气颗粒物的重要部分。

12.2.5 结果与应用

表 12-3 列出了几种 β 衰减监测仪的商业来源及规格说明。通过利用双光束补偿法可以补偿温度、压力、供电压等带来的偏差，近年来，β 衰减监测仪已经实现了对低浓度水平气溶胶的监测。制造商称，利用这些仪器，在瞬时分辨率为 30min 和 24h 下，其相应的检出限可分别降至 3μg/m^3 和约 1μg/m^3。除了精密度和个性化设计之外，还有许多基准需要根据特定的程序进行评估。这些包括时间分辨率、便利性、成本、操作环境及自动化操作等。

表 12-3 市场上销售的 β 衰减监测仪的规格一览表

生产公司	设备名称	来源	检出限/(μg/m^3)	样式
TFS	FH 62 C14	^{14}C	<4(1h);<1(24h)	连续
TFS	SHARP 5030	^{14}C	2(1h)	连续
KIM	SPM-611	^{147}Pm		连续
DKK	FPM-222/223	^{147}Pm		连续
PAW	GBAM-1020	^{14}C		分步
MET	BAM 1020	^{14}C	5(1h);1(24h)	分步
HOR	APDA-371	^{14}C	5(1h);1(24h)	分步
ENV	MP101M	^{14}C	<1(24h)	分步
OPS	SM 200	^{14}C	0.5(24h)	分步
VER	F 701-20	^{14}C		分步

BAM 的另一种变式 SM 200（OPS），可以把大气粒子收集在 47mm 的标准膜上，并用 β 射线衰减法确定采集的粒子质量（分步模式，时间分辨率为 24h）。采样过程中，每小时质量浓度值通过滤膜两侧压降的变化得到。该仪器可自动完成近 40 个无人值守的连续测量。然后，就可以测量负载滤膜上采集的样品质量并进行后续的化学分析。流动空气的温度应尽量与环境温度（没有加热）接近，以减小挥发性有机物损失对测量结果产生的影响。

很多外场和实验室都研究用 BAMS 对气溶胶的质量浓度进行测量。Speer 等（1997）用 β 衰减法测定了聚四氟乙烯（PTFE）薄膜上气溶胶粒子中的液态水含量，并将其作为相对湿度的函数。Chakrabarti 等（2004）用 0.15μm 的切割冲击器和 BAM 结合，以高时间分辨率测得了准超细粒子（如 PM0.15）的质量浓度。

许多研究对 β 射线衰减监测仪（BAM）、锥形元件微量振荡天平测量法（TEOM，12.3 节）和重量测量法在不同环境和条件下的测量值进行了对比（Wasten 等，2000；Chung 等，2001；Hauck 等，2004；Chow 等，2006，2008；Schwab 等，2006；Zhu 等，2007）。Schwab 等（2006）曾报道，当在加热条件下维持相对湿度在 45%以下时，配备有滤膜动态测量系统（FDMS）的 TEOM 和 BAM 的测量值是基本一致的，然而这两者设备测得的质量浓度值较重量标准方法都高出 25%。一般来说，不同方法在可比的条件下运行的结果是合理的一致。遇到的偏倚归因于前面描述的采样误差。

12.3 锥形元件微量振荡天平测量法

12.3.1 测量原理

在锥形元件微量振荡天平（TEOM）装置中，气溶胶被收集到振动的收集基底上，随着颗粒物的积累，振动频率发生变化，根据振动频率的变化便可测量气溶胶的质量浓度。

TEOM 技术始于 20 世纪 60 年代的达德利天文台（纽约斯克内克塔迪），主要用于微小陨石的研究（Patashnick 和 Hemenway，1969）。那时候，微量天平中含有一个薄的石英纤维，主要用于 10^{-11}～10^{-5}g 范围内颗粒物质量的测量。后来，它的发明者对石英纤维方法进行了许多方面的改进（Patashnick 和 Rupprecht，1991），成立了 Rupprecht & Patashnick 公司，销售这种仪器。在 2005 年，Rupprecht & Patashnick 公司被赛默飞世尔科技（Thermo Fisher Scientific）收购，现在，TFS 是 TEOM 仪器唯一的制造和销售商。

图 12-2 为典型的 TEOM 仪器。任何 TEOM 系统的有效部件都是一个由橡胶、类玻璃物质制成的空心管。管的宽端牢牢地连接在一个相对较大的基座上方。窄端支撑着一个可替换的收集介质，如滤膜或冲击板，并使其振荡。当载带粒子的气流透过收集介质，粒子会沉积到介质上。过滤后的气体从空心管中排出，通常由质量流量控制器来控制。

电子反馈系统激发并保持锥形元件的振荡。1983 年，美国矿业管理局（BOM）和 NIOSH 投资开发了一种典型的用于采矿业的 TEOM 粉尘监测器（Patashnick 和 Rupprecht，1983）。在该装置中，“发光二极管（LED）-光电晶体管对”用以检测振荡频率，且与振荡锥形元件的平面相垂直。振荡元件（位于光电晶体管与 LED 之间）的“遮光效应”调制光电晶体管的输出信号，之后信号被放大。放大后的信号会作用于锥形元件的外部导电涂层上，由于在平板之间存在恒定电场的情况下，该信号提供足够的动力足以使锥形元件保持振荡。换言之，来自“LED-光电晶体管对”中的放大信号用于电流反馈回路中，以克服锥形元件的振荡衰减，“LED-光电晶体管对”的信号被传到计数器和数据处理部分，在此计算并存储锥形元件的振荡频率。

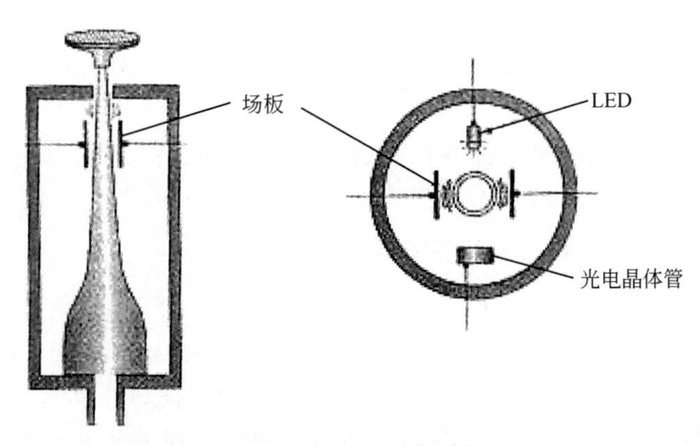

图 12-2 TEOM 的典型结构

下面的公式描述了 TEOM 系统的特征，该公式是从简谐振荡器的运动公式中得来的：

$$\Delta m = K_0\left(\frac{1}{f_b^{\,2}} - \frac{1}{f_a^{\,2}}\right) \tag{12-3}$$

式中，Δm 为采集的样品质量；f_b 为样品收集后锥形元件的振荡频率；f_a 为样品收集前锥形元件的振荡频率；K_0 为每个锥形元件独有的常数（弹性常数）。

随着气溶胶在收集介质上不断积累，样品质量增加，振动频率就会下降，仅通过测定频率的变化就可以得出收集到介质上的气溶胶质量。尽管 Δm 的公式是非线性的，但该公式是无变化的（单值），与 m 无关且只取决于常数 K_0。接下来的测量中，f_b 变成 f_a，即一个反应系统总质量的新的初始频率。采样后，由于质量增加了一个新的 Δm，新的 f_b 将不同于原来的 f_a。

12.3.2 锥形元件微量振荡天平的类型

原始的 TEOM 的过滤器需要在 50℃条件下工作。因为锥形元件必须保持在恒定温度下以减小热膨胀（因此 K_0 是温度的函数），而且还要避免湿气的冷凝，所以滤膜必须加热到外界空气温度以上。如上所述，滤膜的加热会造成收集颗粒物中半挥发成分的损失，这种不利影响激发了研究机构和制造商不断地改进 TEOM，从而改进质量测量的解决方案。以下是一个简短的最初 TEOM 修改汇编，TEOM 通常的操作温度为 50℃（另请参阅，例如，Solomon 和 Sioutas，2008）。

12.3.2.1 实时空气质量采样器

非商业化的实时大气质量采样器（RAMS；Eatough 等，2001）尝试通过各个部件的复杂装置去除了气态化合物，进而消除滤膜的正负误差，另外，为防止 TEOM 滤膜中半挥发性物质的损失，人们还设计出了一种夹层结构的采样滤膜。在美国犹他州普洛佛、宾夕法尼亚州费城进行的外场研究中，50℃下，TEOM 能测量到 $PM_{2.5}$ 总质量只是 RAMS $PM_{2.5}$ 测量值的 50%～85%（Eatough 等，2001）。

12.3.2.2 装备样品除湿系统的锥形元件微量振荡天平

为了减少挥发损失，装备除湿系统的锥形元件微量振荡天平（SES TEOM）滤膜的操作温度降低到了 30℃。但在一些特定环境中，此温度会造成湿气的冷凝，为了避免这种结果，人们发明了一种扩散干燥器（全氟磺酸干燥器），放置于 TEOM 之前。Lee 等（2005a）在美国东部城市采用一台 SES TEOM、一台 RAMS、联邦参考重量法（FRM）及手工方法、大气质量连续监测仪（CAMM）开展了一项 $PM_{2.5}$ 对比研究。对于 RAMS 的仪器描述详见下文。Lee 等（2005a）发现，在所有考虑到的连续监测仪器中，TEOM 与 FRM 具有最好的一致性，说明两种仪器中半挥发性化合物的损失也是一致的。相反，RAMS 却能够测量包括半挥发性物质在内的总 $PM_{2.5}$ 值。

12.3.2.3 差分锥形元件微量振荡天平

差分锥形元件微量振荡天平采用了一个静电沉淀器（ESP）来修正滤膜误差。Parashnik 等（2001）提出了这种仪器的概念和第一个原型，Jaques 等（2004）对其进行了改进。差分 TEOM 能够进行自我校准，它包括一个粒径切割的进样口，其后连接扩散干燥器、一个静电沉淀器、在较低温度下工作的 TEOM 质量感应器（如 30℃）和 ESP 交替开关（开关时间相同，如 5min）。在 ESP 工作期间，样品流中的气溶胶被去除，此时，样品没有收集到 TEOM 的采样滤膜上，但是样品滤膜的质量会由于之前收集到的颗粒物的挥发和对气态成分的吸收而发生变化。因此，ESP 打开时的测量结果可以用于之前 ESP 关闭时测得的 PM 质量校正。差分锥形元件微量振荡天平用于一些实验室和外场观测的测试研究（Jaques

等，2004；Hering 等，2004）。

12.3.2.4 配备滤膜动态测量系统的锥形元件微量振荡天平

配备滤膜动态测量系统的锥形元件微量振荡天平（TEOM FDMS）是差分 TEOM 的深度发展，外界大气首先在扩散干燥器中进行初步处理。不同的是，在到达 TEOM 质量监测通道之前，它会经过一个保持在 4℃下的冷过滤器，与原来的静电沉淀器的作用相似，它能预先去除掉颗粒物。开关阀门每 6min 变换一次，环境大气样品（基流）与经过净化采样滤膜的不含颗粒物的空气流（参比流）轮流进入。显然，由于滤膜上半挥发性成分的损失，参考流通入过程中质量测量通常会出现一个负向误差。在参考流中遇到的质量损失，被加入前面的基流中以获得校准的 PM 质量。与差分 TEOM 类似，TEOM FDMS 装置是一种自参比仪器，它可以用于半连续大气颗粒物质量浓度测量。目前，TEOM FDMS 装置由 TFS 公司生产和销售。

12.3.3 潜在偏倚

12.3.3.1 校准

校准 TEOM 仪器即确定弹性常数 K_0。由于 K_0 要通过锥形元件的物理特性来确定，因此，校准后在一段时间内不需要重复校准。尽管制造商提供了 K_0 值，但实际上，使用者用一种简单方法就能验证 K_0，其方法是：在锥形元件中加上一个已知质量的附件，然后测定振荡频率的变化，再用式（12-3）确定 K_0。Shore 和 Cuthbertson（1985）通过这种方法发现，在实验室允许误差范围内，制造商提供的 K_0 值通常是正确的。

12.3.3.2 黏附效应

振荡频率较高时，收集介质（一般为滤膜）与凝聚体之间就会出现“结合问题”，由于 TEOM 的振荡频率通常在几百赫兹，而且收集介质通常为滤膜，与石英晶体微量天平不同，后者的频率会更高（12.5 节有讨论）。TEOM 的较低频率有利于颗粒物和滤膜的结合。理论上说，如果 TEOM 膜上收集了过量的粒子，粒子会开始脱落。实际上滤膜负载达到一定程度后便会发生阻塞，并导致粒子脱落。鉴于此，TEOM 仪器会测量滤膜两侧的压降，在高负载时，便会提醒更换滤膜。

12.3.3.3 过载

如果收集滤膜过载，增加的质量将会抑制振荡，即便是反馈系统也无法维持原来的振荡，这种情况称为饱和，它能引发一系列误差。虽然之前会有饱和状态存在，但是 TEOM 仪器的有效动力范围可达到几个数量级。如前所述，滤膜在粒子负载达到饱和之前，仪器会提醒使用者更换滤膜。

12.3.3.4 静电效应

带电的气溶胶颗粒物可能会影响 TEOM 的质量测量。Meyer 等（2009）发现，当烟气样品中含有带电颗粒物时，TEOM 表示的质量浓度会偏高。这主要是由于 TEOM 滤膜上的电荷的累积，会导致锥形元件的振荡频率下降。在 TEOM 之前使用放射性双电极可显著降低此效应。

12.3.3.5 挥发损失

如上所述，传统的加热式 TEOM 以及 TEOM SES 在一定程度上会遭遇像 BAM 一样的情况，损失掉一些包括硝铵、特定有机物在内的半挥发性化合物。差分 TEOM、RAMS、商业化的 TEOM FDMS 会补偿挥发带来的损失。

12.3.4 结果和应用

图 12-3 表示的是在瑞士一个郊区用 TEOM FDMS 和 BAM 同时测得的 PM_{10} 在冬季和夏季的质量浓度图，将两个质量监测仪与采用集成的大体积采样器收集的手工滤膜样品应用重量分析方法进行对比。冬季，BAM 与 TEOM FDMS 之间的差异为显著的负值（威尔科克森符号秩检验，95%置信区间），与 TEOM FDMS 的参比流的质量信号基本一致。这说明 BAM 和 TEOM FDMS 的基流一样，都会有半挥发性物质的损失。夏季，BAM 和 TEOM FDMS 的差异很小，统计学意义上的差异不显著。冬季，当 PM_{10} 浓度较低时，TEOM FDMS 与重量法测得的结果具有很好的一致性，但浓度较高时（50μg/m^3 以上），可能是由于整个滤膜样品的挥发损失，重量法得到的值会显著偏低。夏季，TEOM FDMS 与重量法测得的值具有高度相关性（$r^2=0.98$），线性回归分析的结果是：截距为负值［－(1.36±1.14) μg/m^3］，斜率为 1.12±0.07，说明 PM_{10} 浓度较高时，TEOM FDMS 的读数整体偏高。

上述的 TEOM FDMS 和重量法测量值的差异性与美国仪器评估的结果一致（Grover 等，2005；Schwab 等，2006；Zhu 等，2007）。例如，Grover 等（2005）报道的在犹他州的林敦、加利福尼亚州的 Rubidoux 进行的 $PM_{2.5}$ 外场测量中，他们同时操作了 TEOM FDMS、差分 TEOM、RAMS 和传统加热式 TEOM 监测器（50℃），结果显示，TEOM

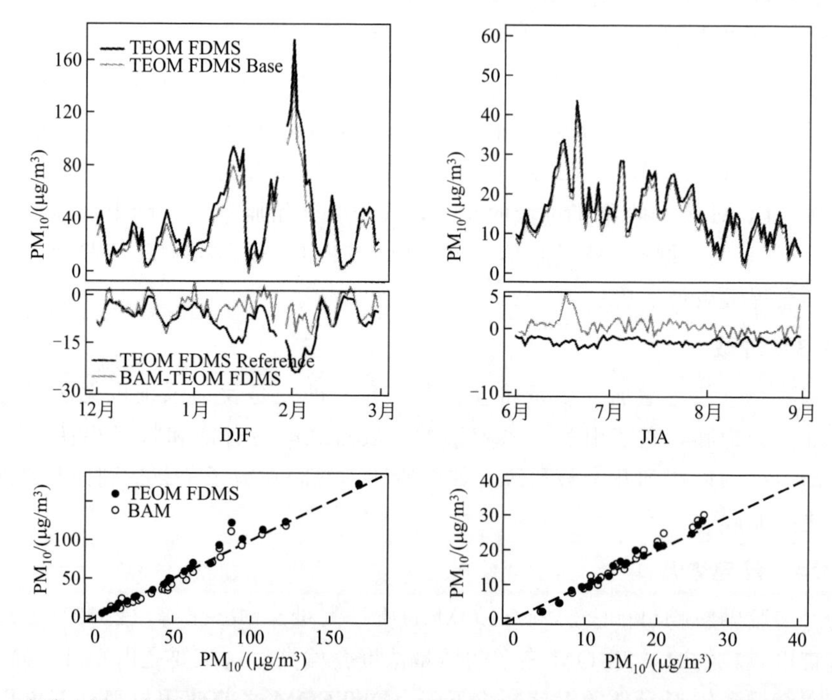

图 12-3 在瑞士的一个郊区用 TEOM FDMS 和 BAM（入口温度控制在 35℃）同时测得的 PM_{10} 的冬季（DJF，左上图）和夏季（JJA，右上图）的浓度图。包括 TEOM FDMS 信号、基线、TEOM FDMS 的参比信号以及 BAM 和 TEOM FDMS 的差值。在寒季，TEOM FDMS 的参比信号在大多数时间里都表现出强烈的负向性，反映了滤膜上半挥发性物质的显著损失

FDMS、TEOM、RAMS测得的是包括半挥发性铵和有机物在内的总细颗粒物。加热式TEOM（以及重量法FRM测量$PM_{2.5}$）不能测量出半挥发性物质；TEOM FDMS和加热式TEOM的观测值的区别主要是由于硝酸铵和半挥发性有机物的存在，它们可以由化学成分监测器测得。在处理半挥发性物质上，50℃条件下操作的传统TEOM和TEOM FDMS是不同的，在很多研究中，人们同时使用这两种TEOM设备进行半挥发成分的估算（Fravez等，2007；Sciare等，2007；Grover等，2008）。Chow等（2008）给出了过去近10年内，美国超级测站项目中不同TEOM用于$PM_{2.5}$监测的表现综述。

如本章开始所述，BAM、传统加热式TEOM和TEOM FDMS被广泛用于大气质量的在线监测。需要注意的是，TEOM FDMS设备要比BAM和传统TEOM监测仪复杂得多。因此，来自TEOM FDMS仪器的潜在测量误差风险（例如，泄漏引起的问题）是不可低估的。这些误差风险可能很难被注意到，特别是在没有其他质量监测仪同时平行监测的时候。在长期用TEOM FDMS仪器进行大气质量在线监测的过程中，人们发现，FDMS部分的扩散干燥器是至关重要的部件，低效率的干燥器将会导致不正确的测量结果。因此，在操作TEOM FDMS的过程中，应该特别重视适当的质量保证和质量控制过程。尤其是在连续测定中，应根据干燥器的入口和出口处的温度和相对湿度来评估其效率。虽然不大容易来确定一个干预阈值，但是在效率很低时，必须更换扩散干燥器和/或真空泵。

12.4 气溶胶颗粒物质量分析仪

12.4.1 测量原理

气溶胶颗粒物质量分析仪（APM）根据颗粒物的质荷比对其进行分级（Ehara等，1996）。APM的使用原理如图12-4所示。气溶胶颗粒物首先通过一个双级充电器，实现电荷分布的平衡，然后进入两个旋转同轴圆柱电极之间的一个环形区域，内外圆柱电极的半径分别为r_1和r_2。内外电极以同样的角速度ω绕圆柱轴旋转。在离心力和静电力的作用下，颗粒物在环形区域内传输。只有作用于颗粒物上的这两个力平衡的时候，粒子才能穿越这个电极的长度范围，最后离开环形区域。

假设颗粒物的带电量是已知的（q），那么APM就可以作为颗粒物质量m的分级器。由于APM两电极之间的环形区域的宽度是有限的，所以只有绕行半径与中心半径在[r_c=

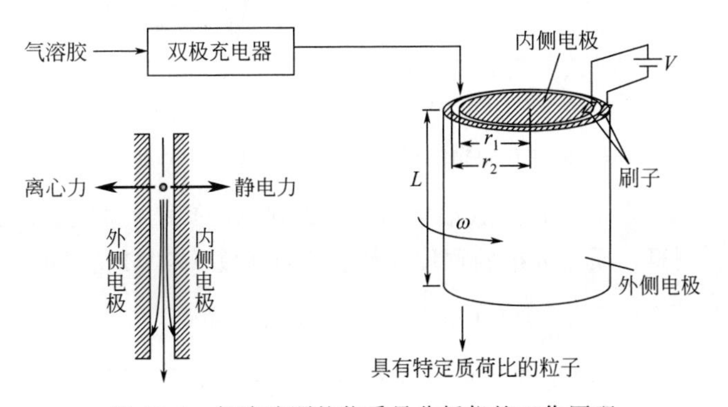

图12-4 气溶胶颗粒物质量分析仪的工作原理

$(r_1+r_2)/2]$ 范围内的粒子才能通过 APM，进而导致分过级粒子的质量分布在一定范围内。中心质量 m_c 可以由力的平衡得到：

$$m_c=\frac{qV}{r_c^2\omega^2\ln(r_2/r_1)} \tag{12-4}$$

式中，V 为使用电压。

APM-3600 是由一家日本公司 Kanomax（Kanomax Japan，Inc. KAN）开发和销售的一种商业化的仪器。此型号仪器电极的大小为：$r_1=50$mm，$r_2=52$mm，长为 250mm，包括粒径分级范围为 0.01～100nm 的细粒子。对于密度为 $1g/m^3$、带单电荷的球形颗粒物，对应的直径范围为 30～580nm。为了提高分级的分辨率，人们提出了另一种类型的 APM（Olfert 等，2006）。

APM 的性能和响应的特点是一个传递函数 $\Omega(m)$，可以将它定义为：对于质量为 m 的颗粒物，APM 出口数通量与入口数通量的比值。假设环形区域内，对于相同粒径 r，气流的速度 $v(r)$ 是相同的，那么，理论传递函数可以近似用一个等腰梯形 $\Omega_u(m)$ 来表示，如图 12-5 所示。在图中，$\delta=(r_2-r_1)/2$，λ_c 是一个无纲量参数，定义为：

$$\lambda_c=2m_cB\omega^2L/\bar{v} \tag{12-5}$$

这里，B 是颗粒物的机械迁移率（等于电迁移率除以 q）；L 是电极长度；$\bar{v}$ 是环形区域内气流的平均速度。随着 λ_c 的增加，传递函数的相对宽度下降，渐渐接近 $2\delta/r_c$。除了在这个高分辨率的区域，传递函数的宽度还是 B 的函数。因此，在实际应用中，在 APM 的前面通常连接扩散迁移率分析仪（DMA），所以，进入 APM 的颗粒物的迁移率都是特定的。接下来，我们简单地假设 DMA 应用于此种方式，且 DMA 中的颗粒物都是带单电荷的。

电极间的实际气流速度侧面图可以近似用抛物线函数表示：$v(r)$ 在 $r=r_1$ 和 $r=r_2$ 处为 0，在 $r=r_c$ 处达到最大值。对于抛物线气流，理论的传递函数 $\Omega_p(m)$ 可以计算得到，结果如图 12-5 所示。

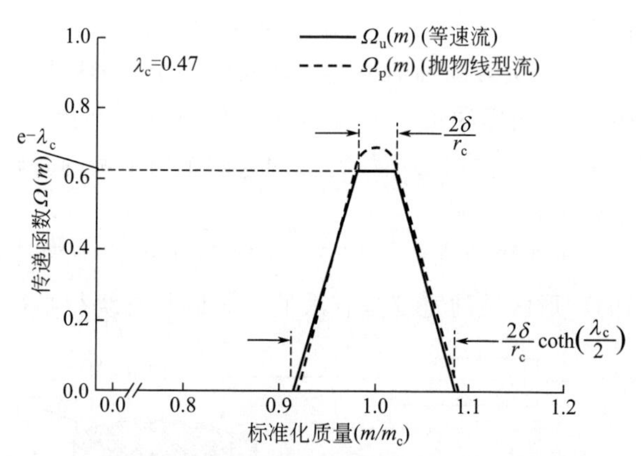

图 12-5 标准和抛物线式空气流速分布的 APM 传递函数

对于质量分级的颗粒物，可以由数浓度的结果得到 APM 的质量图谱，数浓度一般用冷凝粒子计数器（CPC）测得，质量分级的颗粒物是电压的函数。APM 记录的质谱表达方式如下：

$$n(V)=\int f(m)\Omega(m,V)\mathrm{d}m \tag{12-6}$$

式中，$f(m)$ 为样品气溶胶的质量分布；电压变量的传递函数 V 被明确指出。为了确定 $f(m)$，式（12-6）需要逆运算。为定量分析 APM 图谱，可以近似地使用 $\Omega_p(m)$。另一方面，$\Omega_u(m)$ 足以对 APM 的运行进行定量预测。通过在测量中改变 ω 而不是 V，也可以获得实验中 APM 谱作为 ω 的函数。

12.4.2 应用

用 APM 测定气溶胶颗粒物质量浓度的方法是由 Park 等（2003a）提出的。具有特定流动当量直径的颗粒物的平均质量 $m(d_p)$，可以由 DMA-APM-CPC 联用测得。另一方面，流动当量直径的数量分布 $N(d_p)$，可以由 DMA-CPC 联用测得。这里，$N(d_p)\mathrm{d}d_p$ 表示在区间 $[d_p,\ d_p+\mathrm{d}d_p]$ 颗粒物的数浓度。根据 $m(d_p)$ 和 $N(d_p)$，大气颗粒物质量浓度积分可以按下式计算：

$$m_{\text{int}}=\int m(d_p)N(d_p)\mathrm{d}d_p \tag{12-7}$$

$m(d_p)$ 的测量是非常耗时的，一般需要几十分钟的时间。但是，对于气溶胶 $m(d_p)$ 是已知的，只需要几分钟便可以测量出 $N(d_p)$，进而得到 m_{int}。由于 DMA 测量上限的限制，这套装置只能测量 $d_p<0.5\mu m$ 的颗粒物质量。与传统滤膜重量法相比，这种方法的优点是测量时不会受滤膜介质的挥发和吸收的影响，即使对于浓度低到 $10\mu g/m^3$ 的颗粒物，它的时间分辨率也仅为几分钟（Park 等，2003a；Saito 等，2008）。

APM 还可以用在下列工作中：如有效密度和碎片大小的测定（McMurry 等，2002；Park 等，2003b；Ku 等，2006），材质密度（Park 等，2004；Kim 等，2009；Moteki 等，2009），取决于特定表面积的粒径（Maynard 等，2007），一次气溶胶颗粒物积聚的粒子数（Lall 等，2008）。

12.5 石英晶体微量天平

石英晶体微量天平（QCM）技术在 20 世纪 70—80 年代应用十分广泛，现在仍在某些地区使用。在该仪器中，粒子通过惯性撞击作用或静电力作用，沉积到振动压电式石英晶体盘表面，其直径一般为几毫米到 20mm。电极连接在两面都是晶体的中心处，粒子沉积在其中一个电极上。随着粒子质量的增加，晶体盘的自然共振频率降低。载样晶体盘的频率变化与洁净的参比晶体的电信号相比，产生一个与采集到的颗粒物质量呈正比例关系的信号。图 12-6 为典型的石英晶体微量天平示意图。石英晶体的灵敏度为每微克几百赫兹，因此，这种灵敏度使得在不到 1min 的时间内能够测量质量浓度约 10 $\mu g/m^3$（Olin 和 Sem，1971）。然而，晶体表面上各点的灵敏度是不一样的，这取决于晶体的激发方式，电极中心的灵敏度最高。每个收集装置都需要进行校准以弥补粒子质量沉积方式的不一致性和晶体灵敏度的差异。通常用一个标准晶体来校准温度和湿度的偏差，收集电极表面通常需要涂上润滑油以增强粒子同石英晶体表面的结合。

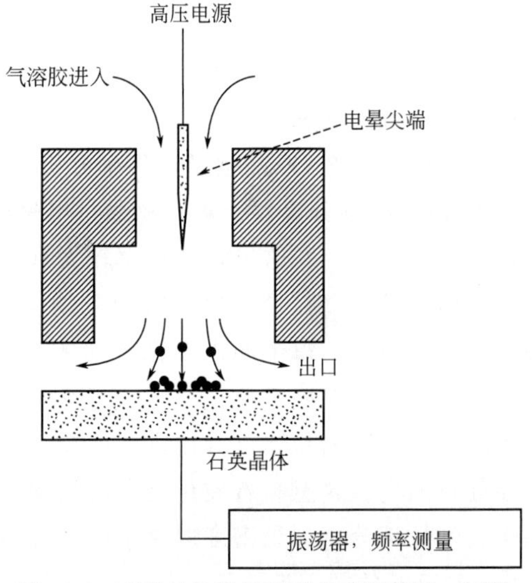

图 12-6 石英晶体微量天平的典型构造：颗粒物首先被电晕放电产生的粒子充电，然后在电晕电极产生的电场作用下，沉降在振荡石英上

此技术的优点是能直接、灵敏地测定质量，而且在合适的条件下其准确度很高。主要缺点是电极表面的相对高频（5～10MHz）会导致振动板与采集到的颗粒物之间的粘连减弱，从而引起灵敏度下降，并且在测量积聚颗粒、纤维和致密的颗粒物时灵敏度显著下降。随着颗粒物粒径增加，由耦合引起的灵敏度下降会增强，而且在较低的沉积质量下就会达到饱和。饱和就意味着再多的颗粒物也不会引起共振频率的适当变化。这种情况尤其发生在颗粒物之间以及颗粒物和石英晶体之间耦合不紧密时，因为此时颗粒物都是松散的积聚物，这就需要经常对收集表面进行清洁并再涂油脂。有人用串联冲击式微量天平分析了可吸入药物颗粒物的粒径分布，结果表明：在每次测量前必须清洁和润滑基底晶体，才能避免因粒子反弹而改变粒径分布（Tzou，1999）。Khalek（2005）发现，在用 QCM 测量柴油车尾气时，QCM 的信号对样品气流温度、压力、相对湿度都有很强的依赖性。另外，该研究中饱和水平被证明是非常低的。另一方面，Baumann 等（2008）采用 QCM 成功地监测了纳米颗粒的沉积。

好几家制造商都销售单独的石英晶体微量天平（如 SIG）。从 20 世纪 70 年代开始，一种便携式独立的可吸入气溶胶质量监测仪出现在市场上（Model 3511，KAN），它可用于设定为 24s 或者 120s 的采样周期后测量。手动操作的清洗系统的出现缓解了晶体过载的问题。在加利福尼亚测量中心（CMI），QCM 还被用作级联冲击式采样器的检测器。一种低流量型［PC-2，$4\times10^{-6}m^3/s$（0.24L/min）］的采样器可用于监测高浓度的气溶胶，包括药用气雾剂及暴露监测；另外两种高流量型，用于测量低浓度气溶胶，如室内和环境气溶胶［PC-2H 和 PC-6H，$3.3\times10^{-5}m^3/s$（0.2L/min）］。Fairchild 等（1980）评估过这种仪器的早期版本。这些仪器后来有了一些新的改进：减小感应室的死体积，以减少内部损失和响应时间；入口处采用等速采样使得高浓度的测量更加准确。

12.6 Dekati 质量监测仪

Dekati 质量监测仪（DMM）由 Dekati 公司开发，主要作为在线监测内燃机在瞬态运行过程中排放物的工具。它需要 1s 左右的时间分辨率。DMM 需要在测量前稀释，以避免挥发成分的冷凝和饱和。

DMM（图 12-7）是基于迁移率分析仪和冲击器的组合而开发的。入口处有一个切割直径为 1.3μm 的预分离器。颗粒物通过电晕电极带电。下一步是一个一级的流动分析仪，在固定电压下工作。在这里，迁移率较大（粒径较小）的颗粒物沉淀到一个连接静电计的电极上。迁移率较小（粒径较大）的颗粒物会离开，并进入一个六级电子冲击器（与 ELPI 相似，见第 18 章），每个冲击器都连接着一个静电计。切割直径的范围在 30～530nm 之间。由冲击器数据可以确定粒径分布，将这些粒径分布（基于空气动力学直径）与迁移率分析仪得到的不同级别的粒子百分比进行比较，便可以计算出颗粒物的密度。总质量可以由密度和粒径分布测定。这意味着质量测定是间接的。迁移率分析只适用于小颗粒部分，而冲击器只用于大颗粒部分，如果密度取决于粒径分布，测量便会产生偏差，这只会发生在部分粒子测量中。DMM 的数据反演算法假设粒径为对称的单峰分布。DMM 已经应用于很多源排放质量浓度的对比测试来评估此仪器。虽然人们已经发现了它与基于滤膜采样的颗粒物质量浓度方法之间的合理关系，但是在大多数试验中 DMM 都会高估样品质量。Mamakos 等（2006）

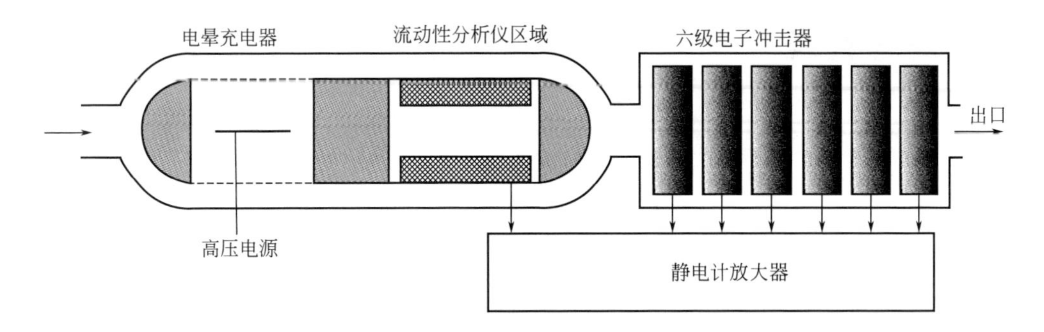

图 12-7 在 Dekati 质量监测仪中，颗粒物首先通过电晕电极带电，然后通过一个单极迁移率分析仪，在这里最小的颗粒物会沉淀下来，分析仪在单个固定的电压下工作，在此由颗粒物沉淀产生的电流通过一个静电计放大器测得。后面的部分由六个冲击级组成，每一个也都连接着静电计放大器来测量沉淀颗粒物产生的电流

发现 DMM 测量值会高出 39%，Lehmann 等（2004）估计高出 20%。根据 Khalek（2006）所说，DMM 的数据与重量法数据有很好的相关性，一些研究发现此线性相关系数的平方（R^2）可达 0.95；然而，在该研究中，DMM 的测量结果比重量法低 20%。根据 Mohr 和 Lehmann（2003）对于一系列仪器的比较研究发现，DMM 的表现良好。Mohr 等（2005）总结了这项研究的成果。

12.7 连续环境空气质量监测仪

随着颗粒物沉积在滤膜上，滤膜上的压降会增加，因此，压降可以作为沉积在滤膜上颗粒物质量的一个测量方法。基于这个原理，哈佛大学公共卫生学院开发了连续环境空气质量监测仪（CAMM）(Babich 等，2000；Lee 等，2005a，b，c)。CAMM 采用了一个滤膜（Fluoropore）、预冲击器（$PM_{2.5}$）以及一个全氟磺酸扩散干燥器，使得水分沉降到滤膜之前被除去。这样，相对湿度在 40%以下，减小了滤膜吸收水分带来的偏差。在采样流量为 $5\times10^{-6}m^3/s$(0.3L/min)，采样时间为 1h 时，CAMM 的检出限约为 $5\mu g/m^3$，条带式滤膜的使用使得每小时的值都更加精确。

滤膜上下的压降不仅由滤膜的荷载决定，还与颗粒物的粒径和它们的形态有关。较大颗粒物导致单位质量沉积的压降更小。为了补偿粒径依赖性，CAMM 采用了一种两级虚拟冲击器，气流经过滤膜上行，这样就收集了较大部分的质量。通过这种补偿，对于粒径 1μm 以下的粒子，压降-质量的关系就与颗粒物的粒径无关了（Babich 等，2000）。在很多地方，不同的气溶胶和环境空气质量的测量中都发现了压降和质量之间有很好的相关性（Babich 等，2000）。Lee 等（2005a，b，c）调查发现，尽管如此，CAMM 在处理一些半挥发性物质（硝酸铵、有机物）时仍然存在一些问题。

现阶段最具前景的技术应用可能是测量柴油机尾气中的颗粒物质量流量，通过测量载有颗粒物的滤膜压降而得出的。这个压力还可用来测量采样条带的负荷（例如，Barris 和 Wagner，1991）。

12.8 符号列表

A	原子量
B	颗粒物机械迁移率
d	颗粒物直径，m，μm，nm
E	能量
$f(m)$	质量分布
f	频率，Hz，s^{-1}
K	弹性系数
I	辐射强度
L	长度，m，μm，nm
m	颗粒物质量，kg，g，μg，ng
n	颗粒物数目
$N(d_p)$	颗粒物数目的粒径分布
q	颗粒物的荷载量，C
r	放射距离，m
R	相关系数
v	速度，m/s
x	样品的质量厚度，g/cm^2
V	电势
Z	原子序数
μ	质量吸收系数，cm^2/g
ω	角速度，rad/s
Ω	传递函数

12.9 参考文献

Babich, P., P. Wang, G. Allen, C. Sioutas, and P. Koutrakis. 2000. Development and evaluation of a continuous ambient PM mass monitor. *Aerosol Sci. Technol.* 32:309–324.

Barris, M.A., and W.M. Wagner. 1991. Engine exhaust particle trap captured mass sensor. US Patent 4986069.

Baumann, W., H.-R. Paur, and H. Seifert. 2008. Measurement of the charge distribution of nano-particles in flames and plasmas with a particle mass spectrometer. Paper presented at the European Aerosol Conference 2008, Thessaloniki, Abstract T01A045P.

Chakrabarti, B., M. Singh, and C. Sioutas. 2004. Development of a near-continuous monitor for measurement of the sub-150 nm PM mass concentration. *Aerosol Sci. Technol.* 38(S1):239–252.

Chang, C.T., and C.J. Tsai. 2003. A model for the relative humidity effect on the readings of the PM10 beta-gauge monitor. *J. Aerosol Sci.* 34:1685–1697.

Chang, C.T., C.J. Tsai, C.T. Lee, S.Y. Chang, M.T. Cheng, and H.M. Chein. 2001. Differences in PM-10 concentrations measured by beta-gauge monitor and hi-vol sampler. *Atmos. Environ.* 35:5741–5748.

Chow, J.C., J.G. Watson, D.H. Lowenthal, L.W.A. Chen, R.J. Tropp, K. Park, and K.A. Magliano. 2006. PM2.5 and PM10 mass measurements in California's San Joaquin Valley. *Aerosol Sci. Technol.* 40:796–810.

Chow, J.C., P. Doraiswamy, J.G. Watson, L.W.A. Chen, S. Ho, and D.A. Sodeman. 2008. Advances in integrated and continuous measurements for particle mass and chemical composition. *J. Air Waste Manage. Assoc.* 58:141–163.

Courtney, W.J., R.W. Shaw, and T.C. Dzubay. 1982. Precision and accuracy of beta gauge for aerosol mass determinations. *Environ. Sci. Technol.* 16:236–239.

Chung, A., D.P.Y. Chang, M.J. Kleeman, K.D. Perry, T.A. Cahill, D. Dutcher, E.M. McDougall, and K. Stroud. 2001. Comparison of real-time instruments used to monitor airborne particulate matter. *J. Air Waste Manage. Assoc.* 51:109–120.

Eatough, D.J., N.L. Eatough, F. Obeidi, Y. Pang, W. Modey, and R. Long. 2001. Continuous determination of PM2.5, including semi-volatile species. *Aerosol Sci. Technol.* 34:1–8.

Ehara, K., R.C. Hagwood, and K.J. Coakley. 1996. Novel method to classify aerosol particles according to their mass-to-charge ratio:

aerosol particle mass analyser. *J. Aerosol Sci.* 27:217–234.

Evans, R.D. 1955. *The Atomic Nucleus*. New York: McGraw-Hill.

Fairchild, C.I., M.I. Tillery, and H.J. Ettinger. 1980. An Evaluation of Fast Response Aerosol Mass Monitors, Report LA-8220. Los Alamos, NM: Los Alamos National Laboratory.

Favez, O., H. Cachier, J. Sciare, and Y. Le Moullec. 2007. Characterization and contribution to PM2.5 of semi-volatile aerosols in Paris (France). *Atmos. Environ.* 41:7969–7976.

Grover, B.D., M. Kleinman, N.L. Eatough, D.J. Eatough, P.K. Hopke, R.W. Long, W.E. Wilson, M.B. Meyer, and J. L. Ambs. 2005. Measurement of total PM2.5 mass (nonvolatile plus semi-volatile) with the filter dynamic measurement system tapered element oscillating microbalance monitor. *J. Geophys. Res.* 110: D07S03, doi: 10.1029/2004JD004995. http://europa.agu.org/?view=article&uri=/journals/jd/jd0507/2004JD004995/2004JD004995.xml&t=/2004JD004995

Grover, B.D., N.L. Eatough, W.R. Woolwine, J.P. Cannon, D.J. Eatough, and R.W. Long. 2008. Semi-continuous mass closure of the major components of fine particulate matter in Riverside, CA. *Atmos. Environ.* 42:250–260.

Hauck, H., A. Berner, B. Gomiscek, S. Stopper, H. Puxbaum, M. Kundi, and O. Preining. 2004. On the equivalence of gravimetric PM data with TEOM and beta-attenuation measurements. *J. Aerosol Sci.* 35:1135–1149.

Hering, S., P.M. Fine, C. Sioutas, P.A. Jaques, J.L. Ambs, O. Hogrefe, and K.L. Demerjian. 2004. Field assessment of the dynamics of particulate nitrate vaporization using differential TEOM and automated nitrate monitors. *Atmos. Environ.* 38:5183–5192.

Jaklevic, J.M., R.C. Gatti, F.S. Goulding, and B.W. Loo. 1981. A beta gauge method applied to aerosol samples. *Environ. Sci. Tech.* 15:680–686.

Jaques, P.A., J.L. Ambs, W.L. Grant, and C. Sioutas. 2004. Field evaluation of the differential TEOM monitor for continuous PM2.5 mass concentrations. *Aerosol Sci. Technol.* 38:49–59.

Khalek, I. 2005. *Diesel Particulate Measurement Research*, Final Report, Project CRC-E66 Phase 1. http://www.crcao.org/reports/recentstudies2005/Final%20Rport-10415-Project%20E-66-Phase%201–R3.pdf, Southwest Research Institute, San Antonio, Texas.

Kim, S.H., G.W. Mulholland, and M.R. Zachariah. 2009. Density measurement of size selected multiwalled carbon nanotubes by mobility-mass characterization. *Carbon* doi: 10.1016/j.carbon.2009.01.011.

Klein, F., C. Ranty, and L. Sowa. 1984. New examinations of the validity of the principle of beta radiation absorption for determinations of ambient air dust concentrations. *J. Aerosol Sci.* 15:391–395.

Ku, B.K., M.S. Emery, A.D. Maynard, M.R. Stolzenburg, and P.H. McMurry. 2006. In situ structure characterization of airborne carbon nanofibres by a tandem mobility–mass analysis. *Nanotechnology* 17:3613–3621.

Lall, A.A., W. Rong, L. Madler, and S.K. Friedlander. 2008. Nanoparticle aggregate volume determination by electrical mobility analysis: Test of idealized aggregate theory using aerosol particle mass analyzer measurements. *J. Aerosol Sci.* 39:403–417.

Lee, J.H., P.K. Hopke, T.M. Holsen, A.V. Polissar, D.W. Lee, E.S. Edgerton, J.M. Ondov, and G. Allen. 2005a. Measurements of fine particle mass concentrations using continuous and integrated monitors in eastern US cities. *Aerosol Sci. Technol.* 39:261–275.

Lee, J.H., P.K. Hopke, T.M. Holsen, and A.V. Polissar. 2005b. Evaluation of continuous and filter based methods for measuring PM2.5 mass concentration. *Aerosol Sci. Technol.* 39:290–303.

Lee, J.H., P.K. Hopke, T.M. Holsen, D.W. Lee, P.A. Jaques, C. Sioutas, and J.L. Ambs. 2005c. Performance evaluation of continuous PM2.5 mass concentration monitors. *J. Aerosol Sci.* 36:95–109.

Lehmann, U., V. Niemelä, and M. Mohr. 2004. New method for time resolved diesel engine exhaust particle mass measurement. *Environ. Sci. Technol.* 38:5704–5711.

Mamakos, A., L. Ntziachristos, and Z. Samaras. 2006. Evaluation of the Dekati Mass Monitor for the measurement of exhaust particle mass emissions. *Environ. Sci. Technol.* 40:4739–4745.

Maynard, A.D., B.K. Ku, M.S. Emery, M.R. Stolzenburg, and P.H. McMurry. 2007. Measuring particle size-dependent physicochemical structure in airborne single walled carbon nanotube agglomerates. *J. Nanoparticle Res.* 9:85–92.

McMurry, P. 2000. A review of atmospheric aerosol measurements. *Atmos. Environ.* 34:1959–1999.

McMurry, P.H., X. Wang, K. Park, and K. Ehara. 2002. The relationship between mass and mobility for atmospheric particles: a new technique for measuring particle density. *Aerosol Sci. Technol.* 36:227–238.

Meyer, N.K., A. Lauber, T. Nussbaumer, and H. Burtscher. 2009. Influence of particle charging on TEOM measurements in the presence of an electrostatic precipitator. *Atmos. Meas. Tech.* 2:81–85.

Mohr, M., and U. Lehmann. 2003. *Comparison Study of Measurement Systems for Future Type Approval Application*, Swiss PMP Phase 2 report. http//www.empa.ch/plugin/template/empa/*/20987 report length: 156 pages.

Mohr, M., U. Lehmann, and J. Rutter. 2005. Comparison of mass based and non-mass-based particle measurement systems for ultra-low emissions from automotive sources. *Environ. Sci. Technol.* 39:2229–2238.

Moteki, N., Y. Kondo, N. Takegawa, and S. Nakamura. 2009. Directional dependence of thermal emission from nonspherical carbon particles, *J. Aerosol Sci.* 40:790–801.

Olfert, J.S., St.K.J. Reavell, M.G. Rushton, and N. Collings. 2006. The experimental transfer function of the Couette centrifugal particle mass analyzer. *J. Aerosol Sci.* 37:1840–1852.

Olin, J.G., and G.J. Sem. 1971. Piezoelectric microbalance for monitoring the mass concentration of suspended particles. *Atmos. Environ.* 5:653–668.

Park, K.D., B. Kittelson, and P.H. McMurry. 2003a. A closure study of aerosol mass concentration measurements: Comparison of values obtained with filters and by direct measurements of mass distributions. *Atmos. Environ.* 37:1223–1230.

Park, K., F. Cao, D.B. Kittelson, and P.H. McMurry. 2003b. Relationship between particle mass and mobility for diesel exhaust particles. *Environ. Sci. Technol.* 37:577–583.

Park, K., D.B. Kittelson, M.R. Zachariah, and P.H. McMurry. 2004. Measurement of inherent material density of nanoparticle agglomerates. *J. Nanoparticle Res.* 6:267–272.

Patashnick, H., and C.L. Hemenway. 1969. Oscillating fiber microbalance. *Rev. Sci. Instrum.* 40:1008–1011.

Patashnick, H., and G. Rupprecht. 1983. Personal dust exposure monitor based on the tapered element oscillating microbalance. *BuMines* OFR 56-84, NTIS PB 84-173749. United States Bureau of Mines, Washington D.C., USA.

Patashnick, H., and G. Rupprecht. 1991. Continuous PM-10 measurements using the tapered element oscillating microbalance. *J. Air Waste Manage. Assoc.* 41:1079–1083.

Patashnick, H., G. Rupprecht, J.L. Ambs, and M.B. Meyer. 2001. Development of a reference standard for particulate matter mass in ambient air. *Aerosol Sci. Technol.* 34:42–45.

Saito, K., O. Shinozaki, A. Yabe, T. Seto, H. Sakurai, and K. Ehara. 2008. Measuring mass emissions of diesel particulate matter by the DMA-APM method (second report): Comparison with filter method. *Rev. Automotive Eng.* 29:639–645.

Schwab, J.J., H.D. Felton, O.V. Rattigan, and K.L. Demerjian. 2006. New York State urban and rural measurements of continuous PM2.5 Mass by FDMS, TEOM, and BAM; *J. Air Waste Manage. Assoc.* 56:372–383.

Sciare, J., H. Cachier, R. Sarda-Estéve, T. Yu, and X. Wang. 2007. Semi-volatile aerosols in Beijing (R.P. China): Characterization and influence on various PM2.5 measurements. *J. Geophys. Res.* 112, D18202, doi: 10.1029/2006JD007448.

Solomon, P.A., and C. Sioutas. 2008. Continuous and semicontinuous monitoring techniques for particulate matter mass and chemical components: A synthesis of findings from EPA's particulate matter supersites program and related studies. *J. Air Waste Manage. Assoc.* 58:164–195.

Shore, P.R., and R.D. Cuthbertson. 1985. *Application of a Tapered Element Oscillating Microbalance to Continuous Diesel Particulate Measurement*, Society of Automotive Engineers Report 850. Warrendale, PA: Society of Automotive Engineers, p. 405.

Speer, R.E., H.M. Barnes, and R. Brown. 1997. An instrument for measuring the liquid water content of aerosols. *Aerosol Sci. Technol.* 27:50–61.

Takahashi, K., H. Minoura, and K. Sakamoto. 2008. Examination of discrepancies between beta-attenuation and gravimetric methods for the monitoring of particulate matter. *Atmos. Environ.* 42:5232–5240.

Tzou, T.-Z. 1999. Aerodynamic particle size of metered-dose inhalers determined by the quartz crystal microbalance and Andersen cascade impactor. *Int. J. Pharmacol.* 186: 71–79.

Watson, J.G., J.C. Chow, J.L. Bowen, D.H. Lowenthal, S. Hering, P. Ouchida, and W. Oslund. 2000. Air quality measurements from the Fresno Supersite. *J. Air Waste Manage. Assoc.* 50:1321–1334.

Zhu, K., J.F. Zhang, and P.J. Lioy. 2007. Evaluation and comparison of continuous fine particulate matter monitors for measurement of ambient aerosols. *J. Air Waste Manage. Assoc.* 57:1499–1506.

13

光学测量技术：基本理论及应用

Christopher M. Sorensen
堪萨斯州立大学物理学院，堪萨斯州曼哈顿市，美国
Josef Gebhart
迪岑巴赫市（Dietzenbach），德国
Timothy J. O'Hern 和 Dariel J. Rader
桑迪亚国家实验室，新墨西哥州阿尔伯克基市，美国

13.1 引言

通过光散射，我们能够看到周围的宇宙万物，这是事实，但除了世界上的一些发光体外，例如太阳或其他能够自身发光的各种光源，其他的像蓝天白云、朋友的笑脸和此页书，都可以通过散射光被眼睛捕捉到。通过对散射光这一物质系统的探究，科学家可以利用光散射作为研究手段来系统定量地研究材料的性质。我们在此关注的主要是气溶胶系统和人们对光散射的重要性和潜在用途的认识，当提到“气溶胶”一词，我们脑海中则呈现的是一团由颗粒物组成的云彩。

气溶胶科学中的光散射法可以探究不易观测到的颗粒物，可以实时测定构成颗粒的粒径、形态和浓度，及这些颗粒在动力学上的运动、聚集和消散。此外，我们周围环境中的颗粒可以通过对光的散射和吸收，进而影响能见度和地球环境。

本章将描述与颗粒物的光散射和吸收相关的气溶胶科学，并介绍光散射和吸收在多种测量技术中的应用。这些测量技术旨在通过颗粒物在气溶胶系统中的浓度和粒径分布来获得信息。本章包括两部分主要内容：第一部分对现代光散射和消光理论进行概述；第二部分中，Gebhart（2001）、Rader 和 O'Hern（2001）对光散射理论在气溶胶系统的非原位和原位测量气溶胶系统设备和技术的应用进行了很好的综述。

13.2 光散射和消光理论

本节重点介绍静态光散射，涉及角散射模式、全散射和吸收。这里介绍的进展包括所有零散的进展并用非常规的方式将它们整合在一起。Mie 理论是对单一球面散射的总体描述，它是由单独依靠波衍射理论的简单散射模型发展而来的模式。这种模式使大部分复杂情况的

结论和物理意识变得有条理。不管是怎样创新的方法，结果是一样的。要想更加深入地了解静态光散射的方法，读者可以阅读一些静态光散射学科的经典书籍（Kerker，1969；van de Hulst，1981；Bohren 和 Huffman，1983；Mishchenko 等，2002）。这些书籍中还有关于动态光散射的简要介绍。动态光散射利用与颗粒物扩散相关的散射光时间波动性，而颗粒物扩散与其粒径有关。更多关于动态光散射的方法在 Berne 和 Pecora（1976）的研究中有介绍。

13.2.1 截面

13.2.1.1 微分截面

微分散射截面 $\mathrm{d}C_{sca}/\mathrm{d}\Omega$，描述了散射功率 P_{sca} 在每立体角度单位 Ω（W/sr）下的入射光强 I_0（$\mathrm{W/m^2}$）[1]。

$$\frac{P_{sca}}{\Omega}=\frac{\mathrm{d}C_{sca}}{\mathrm{d}\Omega}I_0 \tag{13-1}$$

因此，$\mathrm{d}C_{sca}/\mathrm{d}\Omega$ 的单位是 $\mathrm{m^2/sr}$。

入射光强是指入射方向每单位面积的入射功率。

$$I_{sca}=P_{sca}/A \tag{13-2}$$

距离散射体为 r 的检测器的立体角度为：

$$\Omega=A/r^2 \tag{13-3}$$

因此，由式（13-2）和式（13-3）可以得到：

$$I_{sca}=I_0\frac{\mathrm{d}C_{sca}}{\mathrm{d}\Omega}\times\frac{1}{r^2} \tag{13-4}$$

此式中有人们熟知的 $1/r^2$，基于空间的 3D 几何。注意散射光强与微分截面是直接成比例的。因此，在提及这两个概念时，所表示的意义相同。

13.2.1.2 全散射截面

全散射截面由全部立体角中不同界面综合得到：

$$C_{sca}=\int_{4\pi}\frac{\mathrm{d}C_{sca}}{\mathrm{d}\Omega}\mathrm{d}\Omega \tag{13-5}$$

这个积分必须包括下面描述的极化效应，在三维欧几里得空间中，不同要素 $\mathrm{d}\Omega$ 可以表示为：

$$\mathrm{d}\Omega=\mathrm{d}\theta\mathrm{d}(\cos\varphi) \tag{13-6}$$

见图 13-1 中关于极坐标 θ 和 φ 的说明。

13.2.1.3 效率

散射或吸收的效率 Q 是任一全散射截面和散射体平面入射方向投影的比值，为无量纲。

$$Q_{\text{sca or abs}}=\frac{C_{\text{sca or abs}}}{A_{\text{proj}}} \tag{13-7}$$

对于一个半径为 a 的球体：

$$A_{\text{proj}}=\pi a^2 \tag{13-8}$$

效率在物理上是直观的，因为它们比较了光学截面和几何截面。如果光没有波动性，也就是说，仅仅是一个粒子，其散射和吸收效率的总和与粒子的大小无关。

---

[1] 准确地说，$\mathrm{W/m^2}$ 是一个辐照度，W/sr 是一个光强，但通常用 $\mathrm{W/m^2}$ 表示光强。

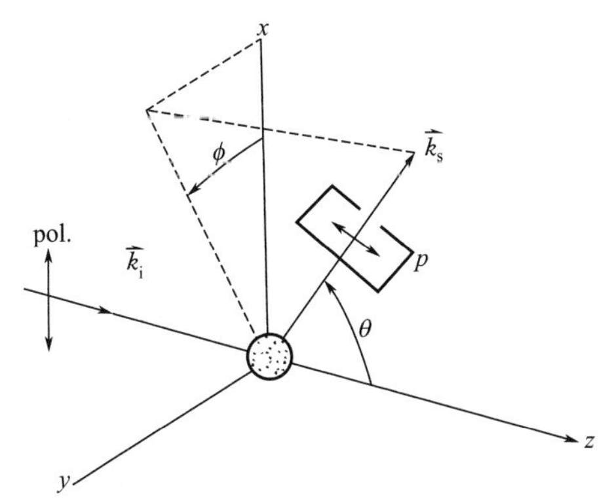

图 13-1 入射光波散射的几何示意图，将入射光波矢量$\vec{k}_i$ 的传播方向定义为 z 轴正向，偏振（pol.）的垂直方向定义为 x。光经小球面粒子散射后，沿散射光矢量 $\vec{k}_s$ 的方向进入探测器。散射光偏振将发生在平面 p 上的散射体的入射偏振投影方向上，平面 p 与$\vec{k}_s$ 的方向相互垂直

13. 2. 1. 4 消光和反射率

光线通过颗粒物体系后强度减弱叫做消光。光穿过介质时，光强呈指数形式衰减，其衰减规律按照朗伯-比尔定律：

$$I_{trans}=I_0 e^{-\tau x} \tag{13-9}$$

这里，τ 是介质的浊度，浊度与颗粒物的数浓度 n 及其消光截面 C_{ext} 有关：

$$\tau=nC_{ext} \tag{13-10}$$

消光是由于散射和吸收而形成的，其中散射偏离入射路径的方向，吸收将光转化成其他形式的能量（如热）。

$$C_{ext}=C_{abs}+C_{sca} \tag{13-11}$$

反射率 ω 是散射与消光的比值：

$$\omega=C_{sca}/C_{ext} \tag{13-12}$$

一个相关参数是瑞利比率，对于一个粒子系统来说，瑞利比率等于散射截面，无论是差分瑞利比率还是总瑞利比率，都是颗粒物数浓度的倍数，因此，瑞利比率的单位既可以是 $(m\cdot sr)^{-1}$，也可以是 m^{-1}。瑞利比率常用于描述气体和液体中的光散射和衰减（Kerker，1969）。

13. 2. 1. 5 偏振

光偏振方向与电场矢量相互平行，并与光的传播方向相垂直，因此有两个独立偏振。来自于太阳的自然光，及家庭和工业上所用的光源如灯泡和荧光灯等都有随机偏振波。光的偏振可以被分解为等量的两个相互独立的偏振。有时，光被认为是非偏振，这种说法是不严谨的，更合理的说法是光有随机偏振特性。现代科学研究中，通常激光作为光源，但激光并不是经常具有偏振性。一个典型实验装置下，激光发出的光在水平方向，同时在垂直方向有偏振。这种结构可以用来观测散射。基于该散射原理，在其他结构设计和自然条件下，可以容易地观察到非偏振光。

图 13-1 中光波沿 z 轴正向入射，遇到原点的粒子后发生偏转，将传播方向描述为入射波矢量 $\vec{k}_i$，其大小 $|\vec{k}_i|=2\pi/\lambda$，这里 λ 是光在介质中的波长。入射光的偏振在 x 轴的垂直方向。y-z 平面是水平面，叫做“散射面”。光散射后的方向是散射波矢量 $\vec{k}_s$ 的方向。这里只考虑弹性散射，因此：

$$|\vec{k}_s| = |\vec{k}_i| \tag{13-13}$$

因为入射光和散射光的能量大小相等，这里将二者简单地表示为 $k=2\pi/\lambda$。

对于粒径小于光波的小颗粒，散射光的偏振在入射光偏振的投影方向，是在粒子所在 $\vec{k}_s$ 的垂直平面上。在矢量标记上，这与二重交叉积相等，$(\hat{k}_s \times \hat{x}) \times \hat{k}_s$，这里 $\hat{k}_s$ 是散射方向的单位向量，即 $\hat{k}_s = \vec{k}_s / |\vec{k}_s|$。任一方法得到的散射光强都符合一定比例：

$$I_{sca} \propto 1 - \cos^2\varphi \sin^2\theta \tag{13-14}$$

大多数实验局限于散射平面，因此 $\varphi=90°$，如图 13-2 所示。于是，图 13-1 中偏振投影完全在平面 p 上，无任何角度关系。θ 角是散射角，$\theta=0°$时是前散射。目前认为入射光有垂直方向 V 和水平方向 H 两个偏振，入射光可以通过偏振装置在 V 或 H 方向探测到。因此，可以通过四种散射区来描述散射光强：

$$I_{VV}, I_{VH}, I_{HV}, I_{HH}$$

这里，第一个下标描述的是入射偏振，第二个为探测到的散射光的偏振，I_{VV} 是最常用的散射区。

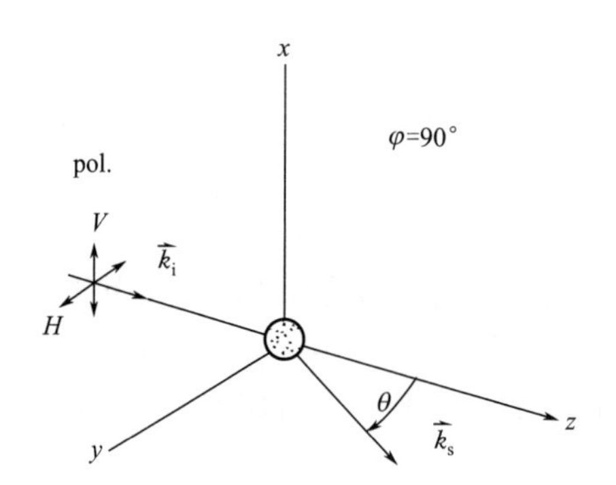

图 13-2 光散射典型示意图。其中光线沿 z 轴入射，在水平方向或垂直方向上发生偏振。在水平散射面，即 yz 面上可以检测到散射光，其散射平面的散射角为 θ

对于波长小于光波的小颗粒物而言，这四种光强仅简单地依赖于 θ。较大颗粒物产生更复杂的功能，但带有这些简单功能的印记。上面提到的偏振规律和式（13-14）中体现的投影的概念可以用来推断四种光强。最常用的散射区是 I_{VV}，与 θ 无关，故与散射面各向同性。式（13-14）的投影原则应用了 $I_{VH}=I_{HV}=0$ 和 $I_{HH} \propto \cos^2\theta$。

非偏振光是两个等偏振组分的不连贯加和，两组分的偏振方向间相差 90°。为确定非偏振入射光束光散射的偏振状态，只需要应用以上规律，即偏振光的两偏振组分在线性方向的组合，如图 13-3 所示。

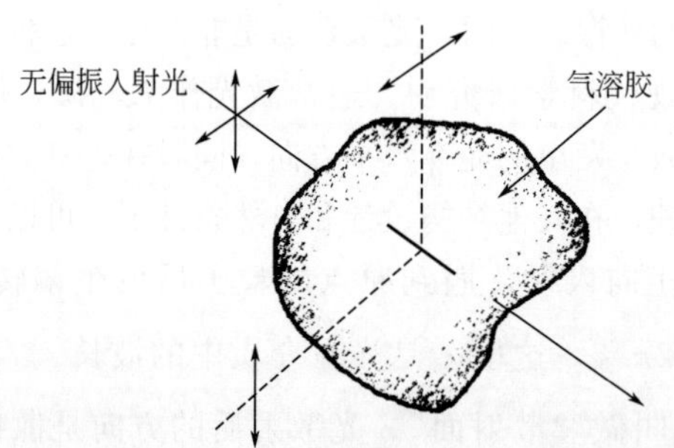

图 13-3 非偏振入射光在一个气溶胶粒子散射后，得到文中指出的偏振散射光

13.2.2 小颗粒：瑞利散射

13.2.2.1 绪论

若小粒子的所有尺寸均小于光波长 λ，此小粒子上发生的散射称为瑞利散射。瑞利散射中，长度函数有两个维数，可以用一个简单的维数参数来表示。由于粒子尺寸远小于光的波长，因此通过整个小粒子体积的入射光相位是均匀的。若将粒子细分为无穷小的子体积，所有子体积具有相同相位。此外，由于粒子相对较小，光从所有粒子的子体积散射后至探测器的距离实际上是相等的。这就是说，无相对相位在传播过程中的累积。源于此，粒子的每一个子体积发出的光在探测器上都有相同相位。探测器上的总散射场与子体积数量直接成正比，子体积又与粒子体积 V_{part} 成正比。光强是场振幅的平方，故：

$$I \propto V_{\mathrm{part}}^2 \tag{13-15}$$

横截面是一个有效面积，因此其单位为长度的平方。至此，式（13-15）中 V_{part}^2 是长度的六次方。因此，缺少长度的倒四次方的因子。这个问题中只有两个长度尺度：粒径和光波长 λ。粒径已经在 V_{part}^2 中使用。因此，为使横截面有合适的单位，必须包含因子 λ^{-4} 以得到具有合适单位的横截面，故：

$$I \propto \lambda^{-4} V_{\mathrm{part}}^2 \tag{13-16}$$

派生出的简单部分不依赖于粒子的形状，故结果与形状无关。这一部分与散射角度也无关，故散射与散射角度无关，也就是说，散射是同向性的（若忽略可能的偏振效应，请参照13.2.1.4）。

13.2.2.2 瑞利微分截面

对于半径为 a 的球形粒子这一最简单情况，电磁理论可用瑞利散射理论准确表达式，可以定义粒径参数为：

$$\alpha = 2\pi a/\lambda \tag{13-17}$$

此式包含两个长度尺度的无量纲比值，瑞利散射的条件包括：

$$\alpha \ll 1 \tag{13-18}$$

$$m\alpha \ll 1 \tag{13-19}$$

式中，m 是粒子折射角的相对指数。

$$m = n_{\mathrm{particulate}} / n_{\mathrm{medium}} \tag{13-20}$$

微分截面是：

$$\frac{\mathrm{d}C_{\mathrm{sca}}}{\mathrm{d}\Omega} = k^4 a^6 \left| \frac{m^2-1}{m^2+2} \right|^2 \tag{13-21}$$

$$= \frac{16\pi^4 a^6}{\lambda^4} \left| \frac{m^2-1}{m^2+2} \right|^2 \tag{13-22}$$

代入式（13-4）：

$$I_{VV} = \frac{k^4 a^6}{r^2} \left| \frac{m^2-1}{m^2+2} \right|^2 I_0 \tag{13-23}$$

如果入射光为非偏振光，这个表达式改写为：

$$I = \frac{k^4 a^6}{2r^2} \left| \frac{m^2-1}{m^2+2} \right|^2 (1+\cos\theta) I_0 \tag{13-24}$$

此处，$k=\frac{2\pi}{\lambda}$。通常涉及折射率术语，即洛伦兹（Lorentz），可缩略为 $F(m)=|(m^2-1)/(m^2+2)|^2$。这就使式（13-21）简化为：

$$\frac{dC_{sca}}{d\Omega}=k^4a^6F(m) \tag{13-25}$$

瑞利散射有一些重要特征：

① 同向性、均质性。I_{VV} 与散射平面的 θ 角无关。$I_{VH}=I_{HV}=0$ 和 $I_{HH}=I_{VV}\cos^2\theta$。

② λ^{-4} 相关性。蓝光散射多于红光，这与蓝天的蓝和落日的红有关（Minneart，1993；Pesic，2005），但也包含其他（或较少）因素。在极好的清洁空气条件下（无颗粒物），分子散射的发生源于空气中小的热力学波动。由于此波动与波长相比更小，故瑞利 λ^{-4} 与波动相关。

③ 丁达尔（Tyndall）效应。粒径强烈依赖于 $V_{part}^2\sim a^6$，导致粗粒子体系中散射的增加。为了解这一点，假设单位体积中 n 个粒子的瑞利散射与颗粒系统中的全散射是成比例的：

$$I_{sca}\propto nV_{part}^2 \tag{13-26}$$

若系统中唯一的增长过程是凝聚过程，总颗粒物质量是守恒的。故 nV_{part} 始终不变，另一方面，V_{part} 由于凝聚而增大。式（13-26）重被写为：

$$I_{sca}\propto nV_{part}\cdot V_{part} \tag{13-27}$$

这表明随着系统的聚集，散射强度与 V_{part} 成比例增加，这就是丁达尔（Tyndall）效应。注意反向的丁达尔（Tyndall）效应，对于一定量的物质而言，其分得越细，散射越少。

13.2.2.3 瑞利全截面

全部 4π 立体角微分截面的集合产生全截面。图 13-1 中的散射排列，入射光在垂直方向偏振，可以看出：

$$\begin{aligned}C_{sca}&=\int\frac{dC_{sca}}{d\Omega}d\Omega\\&=\frac{dC_{sca}}{d\Omega}\int_0^{2\pi}\int_{-1}^{1}(1-\cos^2\varphi\sin^2\theta)d(\cos\theta)d\varphi\\&=\frac{8\pi}{3}\frac{dC_{sca}}{d\Omega}\end{aligned} \tag{13-28}$$

由于微分截面与角度无关，可以看出因子 $8\pi/3$ 来自于偏振的积分。由式（13-21）和式（13-28）可以得到：

$$C_{sca}=\frac{8\pi}{3}k^4a^6F(m) \tag{13-29}$$

因此，散射效率 $Q=C_{sca}/(\pi a^2)$ 为：

$$Q_{sca}=\frac{8}{3}\alpha^4F(m) \tag{13-30}$$

对于瑞利散射而言，尺寸参数 $\alpha\ll1$，故式（13-30）说明瑞利散射体不是特别有效，也就是说，它们的散射比几何横截面所表示的要小得多。

13.2.2.4 瑞利吸收截面

瑞利吸收截面用下列公式表示为：

$$C_{abs}=\frac{8\pi^2 a^3}{\lambda}\mathrm{Im}\left(\frac{m^2-1}{m^2+2}\right) \tag{13-31}$$

式中，Im 指的是虚部，应用负数 $m=n+ik$ 和 $\mathrm{Im}[(m^2-1)/(m^2+2)]=E(m)$。吸收效率可简化为：

$$Q_{abs}=4\alpha E(m) \tag{13-32}$$

至于散射，可以对吸收截面进行简单的维度论证。由于粒子非常小，光波可以完全透过粒子，因此，粒子的全部子体积的吸收量与应用 $C_{abs}\propto V_{part}$ 是相等的。为使单位与系统中划分的唯一长度尺度相匹配，得到 $C_{abs}\propto\lambda^{-1}V_{part}$，这与散射完全不同。

13.2.2.5 瑞利消光截面

消光是散射与吸收的总和，若粒子的折射率完全是实部的，没有吸收，则消光等于散射。如果粒子的折射率存在虚部，通常瑞利法则中吸收将支配散射，这里尺寸参数 α 很小，因此散射存在一个额外因子 α^3［对比式（13-29）和式（13-31）］，远小于瑞利粒子的整体。

这些事实的存在使得对小粒子的粒径和数浓度的光散射测量成为可能。任意角度的散射光强与截面和粒数浓度 n 成比例，故由式（13-25），得到 $I_{sca}\sim na^6F(m)$。

通常，通过对已知散射体如一种已知瑞利比例系数气体或液体的校准，可以进行这些测量。由式（13-9），同步进行浊度测量。由式（13-10）可知，浊度与数浓度和消光截面有关，这里限定消光截面与吸收截面相等。然后使用式（13-31），应用 $\tau\sim na^3E(m)$，现在有两个公式可以确定的两个未知数 n 和 a。

13.2.3 “软”颗粒：Rayleigh-Debye-Gans 散射

若散射粒子和介质的折射率差别较小，就是说 m 非常接近统一，那么将出现 Rayleigh-Debye-Gans 散射这一有趣的情况。Rayleigh-Debye-Gans 散射的散射条件如下：

$$|m-1|\ll 1 \tag{13-33}$$

$$\rho=2\alpha|m-1|\ll 1 \tag{13-34}$$

注意式（13-33）和式（13-34），适用于任意尺寸的“软”颗粒，$m\rightarrow 1$。式（13-34）中参数 ρ 被称为相移参数，代表光波传播时直接越过粒子直径通过粒子和在介质中穿越相同距离时波的相位差别。

我们注意到对于 X 射线，折射率接近于一致，故 Rayleigh-Debye-Gans 极限适用于这种辐射。的确，多数随后发展的有关情景是为了试图理解和描述小角度 X 射线散射（SAXS）和小角度中子散射（SANS）。这里，应用这一重要的相关性作为理解任意折射率粒子光散射的基础。

对于半径为 a 的球体，垂直的偏振光散射平面上的 Rayleigh-Debye-Gans 微分散射截面（图 13-2）为：

$$\frac{\mathrm{d}C_{sca}}{\mathrm{d}\Omega_{RDG}}=\frac{\mathrm{d}C_{sca}}{\mathrm{d}\Omega_{R}}\left[\frac{3}{u^3}(\sin u-u\cos u)\right]^2 \tag{13-35}$$

这里

$$u=2\alpha\sin(\theta/2) \tag{13-36}$$

或者

$$u=qa \tag{13-37}$$

式（13-35）中，下标 RDG 和 R 分别代表 Rayleigh-Debye-Gans 散射和瑞利散射。式（13-37）中，q 是散射波向量，在下式中给出：

$$q=(4\pi/\lambda)\sin(\theta/2) \tag{13-38}$$

散射波向量 q 是一个非常重要的变量，和 SAXS 以及 SANS 具有相同的谱系。q 的单位是长度单位的倒数，因此，q^{-1} 是散射实验中的长度尺度。这意味着当实验员调整散射角确定一个 q 的时候，散射系统中的散射就是在感知长度 q^{-1}。将这一概念应用于任意半径 a 的粒子散射意味着如果 q 变化，但 qa 始终小于单位量，将对 q 没有依赖性，就是说与散射角无关。这种情况发生在散射长度值 $q^{-1}>a$ 的时候，因此这种情况下不能解析样本。这是任意尺寸粒子的各向同性前向散射法则。只有当 $q^{-1}<a$ 时散射能够解析样本，散射光强展示出一个角度下对 q 的依赖性。而且，散射从 $qa\approx1$ 开始，这个关系式可以用来确定粒子粒径。

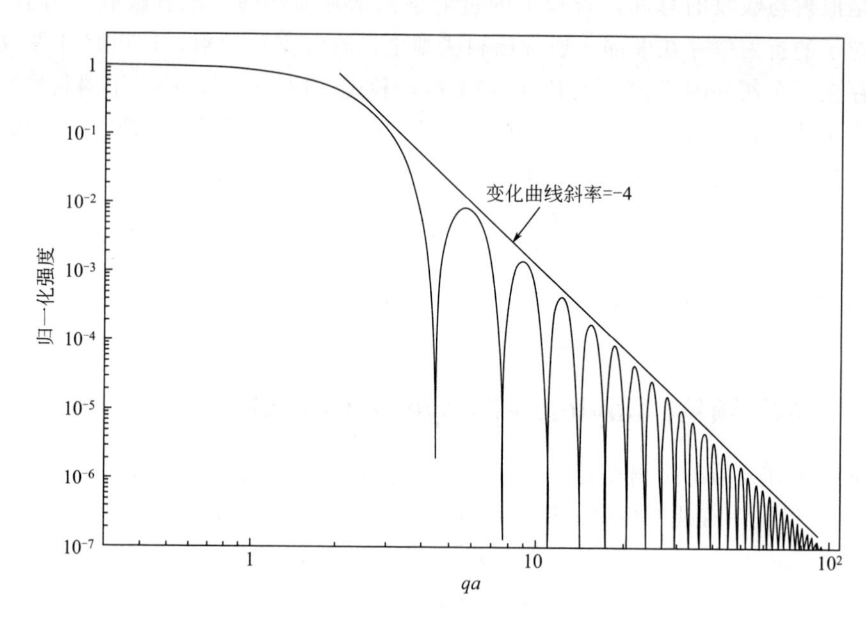

图 13-4 标准 Rayleigh-Debye-Gans 散射强度（无量纲 $u=qa$）

Rayleigh-Debye-Gans 散射是散射的衍射极限；当 $m\rightarrow1$ 时，电磁性质被抑制。式（13-35）括号中的项是球体傅里叶变换，故它代表球体的衍射。这与著名的单缝 Fraunhofer（弗劳恩霍费尔）衍射完全类似。因此，RDG 是球体和表面积的简单傅里叶变换。在量子力学中，这种相似是与弱散射潜势的第一玻恩近似。

Rayleigh-Debye-Gans 散射不只仅限于球体。与式（13-35）类似，任意形状颗粒的散射都是傅里叶变换的平方乘以瑞利散射截面积。

图 13-4 表示 RDG 的双对数与 qa 值散射图。由图可知，当 $qa<1$ 时，散射光强始终与 q 保持一致，故与散射角保持一致，这被称为“前向散射波瓣”。前向散射波瓣从 $qa=1$ 开始，相当于小角度的 $\theta=\lambda/(2\pi a)$（即 $\sin\theta/2\approx\theta/2$）。这里散射大小等于式（13-21）中的瑞利结果。当 $qa>1$ 时出现干扰波纹，间距为 $\Delta u=\pi$，对应于 $\Delta q=\pi/a$ 和 $\Delta\theta=\pi/a$，且 θ 非常小，由此使人回想起单缝衍射现象。图中状态下的外缘直线的斜率是 -4，表示幂定律 $(pa)^{-4}$，这就是所谓的 Porod 状态。实际上，-4 等于 $-(d+1)$，这里 d 代表球体的维度，等于 3。在某种程度上，所有这些是对任意物体散射的普遍情况坚持进行有价值的观察而得到的。

【例 13-1】 在黑夜中行走时，你发现薄云层中的月亮笼罩在由云散射出的发光圆盘中，这个发光圆盘的直径约为月亮的 4 倍。请估算一下云中水滴的半径。

解：由式（13-4）得到，当 $qa \approx 1$ 时，前向散射叶开始降低。由式（13-38）可以得到：

$$qa \approx (4\pi a/\lambda)\sin(\theta/2) \approx 2\pi a\theta/\lambda \approx 1$$

$$a \approx \lambda/2\pi\theta$$

由于月亮的角度是 0.5°≈0.5/60＝1/120rad，前向散射叶的角度大小是 $\theta=4/120=1/30\text{rad}$，$\lambda \approx 0.5\mu\text{m}$，可以得到：

$$\alpha \approx 0.5\mu\text{m}/[2\pi(1/30)] \approx 2.5\mu\text{m}$$

13.2.4 任意尺寸球体与折射率：米散射理论

有关散射和吸收的瑞利理论与 Rayleigh-Debye-Gans 理论是求解麦克斯韦方程的代表性理论，由于尺寸小和折光率小，在方程中应用了近似解。对任意粒子而言，麦克斯韦方程的解必须是精确的。Mie 首先对均相球体这一最简单的事例应用此解法，“米散射”这一概念经常应用于这种事例中。然而，此方程应用起来不是特别简单或不能简单地得到物理意义。下面基于 RDG 散射得到的经验，利用散射波向量 q（无量纲 qa 更好）绘制米散射微分界面。然后其物理模式（Scoresen 和 Fischbach，2000；Sorensen 和 Shi，2000，2002；Berg 等）为任意球体散射提供规范的描述方法。

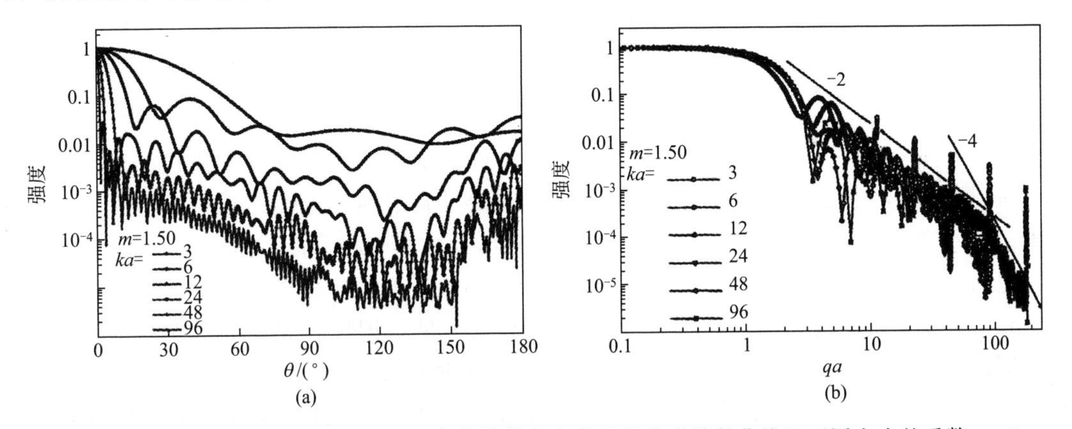

图 13-5 (a) 反射率 $m=1.50$ 时，符合球体散射角方程的标准米散射曲线和不同大小的系数 $\alpha=ka$；(b) 与 (a) 相同，但自变量是 qa，图中所示直线的斜率是 −2 和 −4

13.2.4.1 米微分截面

图 13-5（a）是折射率 $m=1.50$ 和尺寸为 α 的不同球体的米散射 I_{VV} 的一个例子。绘制出归一化光强 $I(\theta)/I(0)$ 和 θ。能够看到一系列周期性的跳跃和摆动出现，但并不连贯。即使散射角 θ 可以在实验室测量得到，但仍不是绘制出散射光强的最佳参数。图 13-5（b）中是同一光强在不同的无量纲 qa 下的关系曲线，现在这些数据用幂定律的形式来表示。

图 13-5（b）表明 qa 较小时，得到一个近似普遍性的“前向散射波瓣”。$qa \approx 1$ 时光强的近似值可以由 Guinier 方程表示。$I(q)/I(0)=1-q^2a^2/5$（请参照下面公式）。$m=1.50$ 时增强的后向散射“glory”没有显示出明显变化趋势，在大部分 qa 中是不同粒径参数在

$2ka$ 下的多个压缩后的脉冲。图中曲线的主要特征是斜率为－2 和－4。图 13-5（b）描绘出这些曲线。

图 13-6（a）是校准后的瑞利米散射光强 I_{VV}，通过瑞利微分截面来描述，如式（13-21）所示。计算中对粒径分布进行小幅平均化，以消除波动。上述的许多特征包含在上图中。可以看到斜率为 0、－2、－4 幂定律方式。图 13-6（a）中的一个重要特征是证明了米散射在相移参数为 ρ 时的相似性［式（13-34）］。由每个相移参数的大小可看出，m 值和 $\alpha=ka$ 变化量很大。尽管存在这些变化，相同 ρ 下的曲线变化趋势相近，故曲线在 ρ 下具有普遍性。但这种普遍性并不完美，相同 ρ 下有系数为 3 的变化。所以应用概念“类似-普遍性”来描述 ρ 的泛函性。

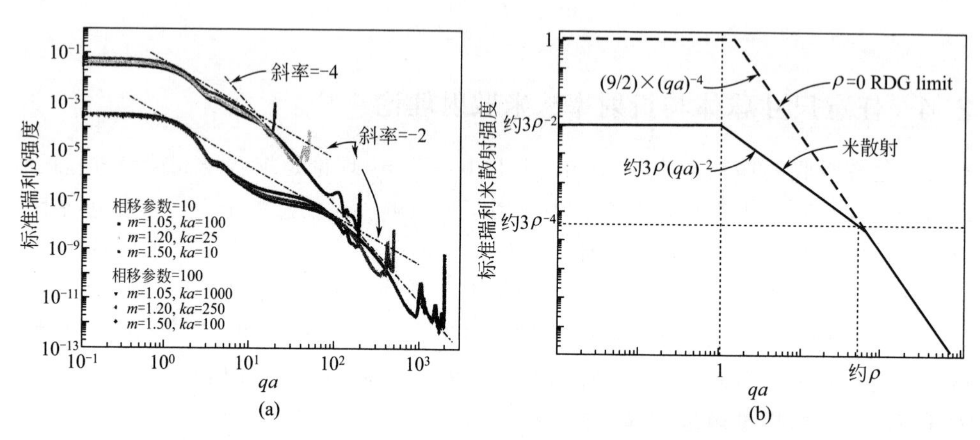

图 13-6 （a）图中描绘的是两组米光强曲线。每组包含三条相同 ρ 值但是粒径系数 $\alpha=ka$ 和反射率 m 不同的曲线。（b）统一的任意粒径的绝缘球体和 ρ 代表真实折射率的平均标准瑞利米散射模式图谱，用粗实线表示。本例中 $\rho\approx55$，虚线是 $\rho\rightarrow0$ 时的 RDG 极限值

图 13-6（b）对任意尺寸球体的光散射、真实折射率和米散射进行了描述。米散射模式在 RDG 限值下，由 $\rho=0$ 开始。$qa<1$ 时 RDG 曲线是扁平的，也就是说 $(qa)^0$ 等价于瑞利散射。若 $qa>1$，减少至－4 的幂定律，Porod 限值，大小为瑞利散射截面的 $(9/2)(qa)^{-4}$ 倍。包括 $\lambda\gg a$ 的瑞利散射，因为 $qa\ll1$ 时只能得到散射方程的扁平部分。

$\rho>1$ 时，瑞利散射与真实值相比较小。相对减少量（记住，非标准散射增加 ρ）与 ρ^2 成比例，如图 13-6（b）中所示。$qa>1$ 时，散射减少量大约为 $(qa)^{-2}$，直到 $qa\approx\rho qa$ 时函数穿过 RDG 曲线。对于所有 a 和 m，在 $qa>\rho$ 时，散射与 RDG 散射相同，降至 $(qa)^{-4}$。$\rho>1$ 时，在 $qa=1$ 和 ρ 之间的函数 $(qa)^{-2}$ 在此限值下是准确的，平均米散射曲线低于直线 $(qa)^{-2}$。这个下落是所有米曲线在 $qa\approx3.5$ 出现的第一个最小干扰，并且是所有最小值中最强的。

综上，如果忽略波纹和曲线突出部分，米散射展现出三种近似幂定律的表达形式：

$$\text{当 } qa<1 \text{ 时}, I\propto(qa)^0 \tag{13-39}$$

$$\text{当 } 1<qa<\rho \text{ 时}, I\propto(qa)^{-2} \tag{13-40}$$

$$\text{当 } qa<\rho \text{ 时}, I\propto(qa)^{-4} \tag{13-41}$$

13.2.4.2 Mi Guinier 状态

各向同性前向散射波瓣结束时，在 qa 约为 1 时，RGD 和米散射状态都叫做 Mi Guinier 状态。这种状态十分重要，因为它提供了一个简单而方便的途径来测量颗粒，只需要少量或

者不需要知道反光指数。这也是式（13-39）和式（13-40）中函数的截面状态。当 $\rho \to 0$ 时，表述为：

$$I(q)=I(0)\left(1-\frac{1}{3}q^2R_g^2\right) \tag{13-42}$$

式中，R_g 是任意形状散射体的回转半径。若其是球体，$R_g=\sqrt{3/5a}$。对于球体而言，式（13-42）必须经过修正（Sorensen 和 Shi，2002），当 $\rho>1$ 时：

$$I(q)=\left(1-\frac{1}{3}q^2R_{g,G}^2\right) \tag{13-43}$$

式中，$R_{g,G}$ 决定回转半径的 Mi Guinier 状态，此时 $\rho=0$，$R_{g,G}=R_g$。除此之外，根据 Sorensen 和 Shi（2000）描述，比值 $R_{g,G}/R_g$ 遵循一个关于 ρ 的相似性的摆动行为，存在弗劳恩霍费尔（Fraunhofer）衍射限值，即 $\rho\to\infty$，$R_{g,G}=1.12R_g$。重要的一点，是在式（13-43）中应用 Mi Guinier 分析后，容许对粒子 R_g 有一个简化但准确的实验测量。

13.2.4.3 米氏波动

上面的分析中，由于只考虑信号外缘（envelope），忽略波动结构，将有 20%或更多几何宽度粒径的多分散中等粒径的波动结构在实验中被淘汰（wash out）（Rieker 等，1999）。但是，这种波动结构包含着有用信息。当绘制 Δu-u（$u=qa$）以及 $\Delta\theta$-θ 图时，我们用符号 Δu 来表示连续波动间的间隔（Sorensen 和 Shi，2000）。

$$\Delta u=\pi \qquad \text{for}\rho\leqslant 5 \tag{13-44}$$

$$\Delta u=\pi\cos\theta \qquad \text{for}\rho\geqslant 5 \tag{13-45}$$

式（13-45）等价于：

$$\Delta\theta=\pi/\alpha=\lambda/2a \qquad \text{for}\rho\geqslant 5 \tag{13-46}$$

式（13-46）与宽度为 $2a$ 的单缝弗劳恩霍费尔衍射的角边缘空隙完全相同，式（13-46）表明在高分散系统中，能够得到好的波动可见性，波动间隙的测量能够得到粒径（Maron 和 Elder，1963；Pierce 和 Maron，1964；Kerker 等，1964）。

13.2.4.4 米氏散射总截面

图 13-7 表示对不同折射率 m 的球体，C_{sca} 与粒径参数 $\alpha=ka=2\pi a/\lambda$ 之间的函数关系。$ka<1$ 范围内，不同 m 的曲线对于 m 表示出清晰的独立性，这可以由式（13-21）中 m 的泛函性来解释。当 a 增大到 $\rho>3$ 时，a^6 通过波动结构独立交叉直到几何 a^2，即球体的几何截面与大的 ρ 值和 ka 值相关。不同 m 曲线在瑞利状态开始消失时分离。当 a 持续增加，所有曲线收敛至两倍的球体几何截面 $2\pi a^2$，m 无独立性并且波动结构衰减消失。这是从一个独立于折射率 m 的光学实体到一个非独立 m 的相对“非光学”实体的明显转变，剩余的泛函性显著，表明散射截面的几何限值是几何截面的 2 倍。一个大物体的散射如何成为其影子的 2 倍？例如一个橄榄球，这一被称作消光悖论的事实，Berg（2008a，b）给出了最好的解释。

【例 13-2】 评价一个球体水滴的全散射截面。水滴直径为 3.0μm，折射率为 1.33，光波长是 0.488μm。

解：粒子的 ρ 值是 $\rho=4\pi$（3.0μm/2）(1.33−1)/(0.488μm) =12.7

全截面大约为 $C_{sca}=2\pi a^2=6.28\ (1.5\times10^{-4}\text{cm})^2=14\times10^{-8}\text{cm}^2$

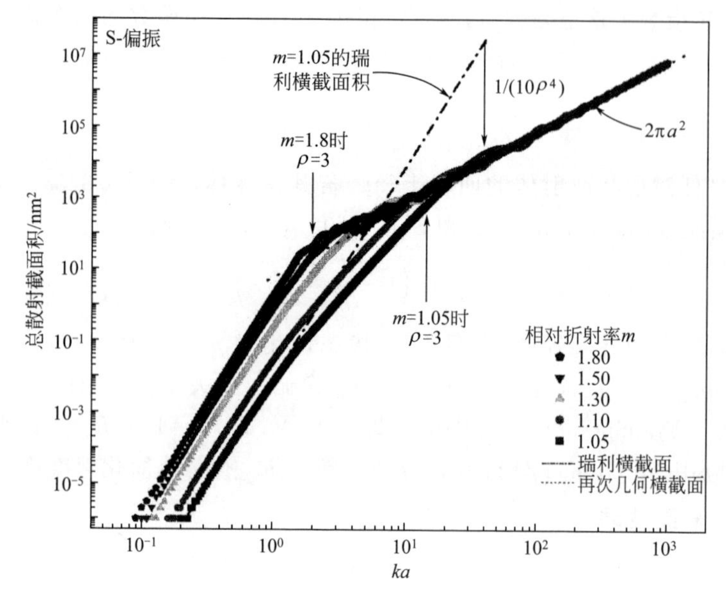

图 13-7 不同 m 和 $\lambda=200\pi$nm 的 V 偏振入射光米氏截面 C_{sca} 与粒径参数 $\alpha=ka=2\pi a/\lambda$。图中点曲线表示多个 ρ 所对应的 $C_{sca}\approx 2\pi a^2$；瑞利横截面由图中 $m=1.05$ 的点虚线表示。垂直箭头表示 $\rho>1$ 时因子 $1/(c^2p^4)$，此时 $c\approx\sqrt{10}$，该因子将 $m=1.05$ 的瑞利截面和米氏截面联系起来。为更清晰，图例展示的数据集顺序和图中数据集图形出现的顺序相同

13.2.5 Rayleigh-Debye-Gans 分形聚集散射

13.2.5.1 分形聚集

过去 25 年中，对自然形成的一些聚集现象进行定量描述的分形概念不断得到发展（Forrest 和 Witten，1979；Mandelbrot，1983；Jullien 和 Botet，1987）。分形是一个物体表现出的尺度不变对称性，即物体在不同尺度下看起来一样。现实中任意一个分形物体在一套有限的尺度中都具有此尺度不变性。尺度不变性的结果符合质量和幂定律的线性尺度，这个指数叫做分形维数 D。对于一个不定边界的聚集体，旋转半径 R_g 可以很好地描述其线性尺寸。N 单体的分形聚集体或一次粒子遵循：

$$N=k_0(R_g/a)^D \tag{13-47}$$

式中，k_0 是阶数统一的前因子；a 是一次粒子的半径。或许最普遍的聚集过程是有限扩散团簇凝聚（diffusion-limited cluster aggregation，DLCA），在 $D=1.75\sim1.80$ 时得到簇。在烟尘聚集体的实验中发现 $k_0=1.19\pm0.1$（Sorensen 和 Roberts，1997）和 1.30 ± 0.07（Oh 和 Sorensen，1997）。Lattuada 等（2003）对 DLCA 模拟中发现 $D=1.82$ 和 $k_0=1.19$。

13.2.5.2 分形聚集体的散射和吸收

分形聚集体在 Rayleigh-Debye-Gans 近似下的散射和吸收叫做 RDGFA 理论，是一个相当著名的理论（Sorensen，2001）。Rayleigh-Debye-Gans 近似假设簇间的多重散射可以忽略不计。此假设在 $D<2$ 时十分适用，$D>2$ 时则存在疑问，因为此类簇不是“几何透明的”，也就是说，它们的投影在二维平面上将填满此平面。导致多重散射效应的其他因素是大分子单体 a（也可以说是粒径参数 α）、N 和 m。根据 Farias 等（1996）的分析和我们自己的实验测试（Wand 和 Sorensen，2002），我们得到的结论（Sorensen，2001）是团簇聚集体的

相移参数 ρ^c 可以定义为：

$$\rho^c = 2kR_g |m-1| \tag{13-48}$$

当其约小于 3 时，RDGFA 是有效的。$D<2$ 时存在争议，N 更大时 RDGFA 则更有效。然而，这个问题并未得到解决，是一个饶有兴趣的研究领域。

在 RDGFA 下，半径为 a 的 N 个单体的分形聚集体的散射和吸收截面可简单地与单体截面相关（Sorensen，2001），如下所示：

$$C_{abs}^c = NC_{abs}^m \tag{13-49}$$

$$\frac{dC_{sca}}{d\Omega} = N^2 \frac{dC_{sca}^m}{d\Omega} S(q) \tag{13-50}$$

式中，上标 c 和 m 分别表示簇和单体。$S(q)$ 是簇的静态结构因子，簇密度函数平方的傅里叶变换，故其包括分子簇结构的相关信息。下方所示的结构因子包括渐进形式 $S(0)=1$ 和 $q \gg R_g^{-1}$ 时，$S(q)=q^{-D}$。

式（13-49）的简化形式和式（13-50）具有物理解释。式（13-49）意味着吸收独立于聚集状态，单体吸收具有独立性。式（13-50）意味着在 q 较小时，N 单体的散射同样独立于聚集状态。N 散射场增加，得到 N^2 的独立性。

结构因子存在多种变化形式（Sorensen，2001）。最好的描述可以简化为：

$$\text{当 } qR_g < 1 \text{ 时}, S(q)=1 \tag{13-51}$$

$$\text{当 } qR_g \approx 1 \text{ 时}, S(q)=(1-q^2R_g^2/3)^{-1} \tag{13-52}$$

$$\text{当 } qR_g > 5 \text{ 时}, S(q)=C(qR_g)^{-D} \tag{13-53}$$

式中，系数 $C=1.0 \pm 0.1$。

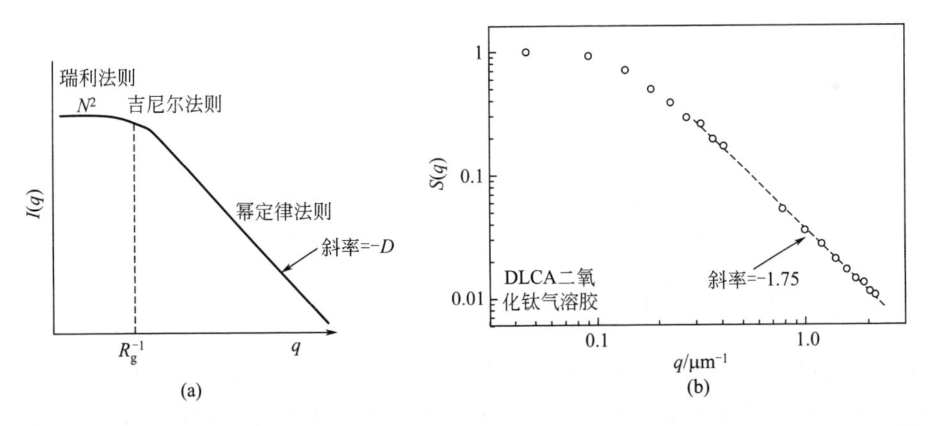

图 13-8 （a）N 个聚合分形尺寸 D 的一次粒子的单一分形聚合体结构因子的主要行为图谱，回转半径为 R_g，单体半径为 a。（b）二氧化钛气溶胶的光散射结构因子

图 13-8（a）中展示出 $I(q)$ 的普遍行为。与上面描述的非簇散射中有一些共同特征。q 较小时，散射角独立于波瓣、瑞利散射，此处的截面是单体瑞利散射截面的 N^2 倍［式（13-15）］。接下来其符合吉尼尔法则 $qR_g=1$，这可以用来测量 R_g。当 q 较大时，其符合幂定律法则，此时 $S(q)=q^{-D}$，可以用来测量 D。最终，当 q 非常大时，通常无法实现光散射，但可以观察到 SAXS，此时符合 $q>a^{-1}$（未绘制出），此时 a 是一次粒子的长度尺寸。在此状态下，可以看到所谓的初级形状因子。这主要是单一密度粒子的散射，例如上面描述的米散射。图 13-8（b）展示出二氧化钛气溶胶的散射例子。

【例 13-3】 对于图 13-8（b）中的气溶胶，(a) 聚集体的近似平均粒径是多少？(b) 聚集体的平均分形尺寸是多少？

解：比较图 13-8（a）和图 13-8（b），可以得到吉尼尔状态约为 $0.1\mu m^{-1}$，等于 R_g^{-1}，故 $R_g = 10\mu m$。

比较图 13-8（a）和图 13-8（b），可以得到幂指数变化的斜率是-1.75，故 $D_f = -1.75$。

13.2.6 多重散射

多重散射最容易与光子概念联系在一起。可以认为这些小“子弹”首先在此处散射，然后到监测器之前的彼处。如果任意气溶胶粒子的光散射只有一次，那么整体全散射可以简单解释为单一散射的均值。但是，达到监测器的散射光总有一个包含多于一个粒子的连续散射的机会。

假设光子的行为与经典粒子相似，并且它们的散射是一个泊松分布描述的高斯随机过程。我们发现，当通过含有非吸光粒子的媒介其消光性遵循经典的式（13-9）所示（Mokhtari 等，2005）的朗伯-比尔定律。此外，浊度与光子在散射中的平均自由程 l 相反，即：

$$l = \tau^{-1} = (C_{sca} n)^{-1} \tag{13-54}$$

光子散射的平均数量是光子平均自由程与散射体积长度的比值：

$$\langle s \rangle = x / l \tag{13-55}$$

然后一个给定光子的 s 散射的概率符合泊松分布：

$$P(s) = \exp(-\langle s \rangle) \frac{\langle s \rangle^{-s}}{s!} \tag{13-56}$$

因此较小的 $\langle s \rangle$ 意味着多于一个散射的概率即多重散射较少。幸好 $\langle s \rangle$ 值可以简单通过式（13-54）的计算或测量得到。测量尤其简单，因为由式（13-54）和式（13-55）可以得到 $\langle s \rangle = x\tau$，并且 τ 由式（13-9）通过测量得到。

一个避免多重散射的常用方法是简单地稀释样品，有时不改变体系就无法实现这个方法。另一个方法是使散射长度 x 小于光子的平均自由程，这可以由减小样品粒径实现。然后由式（13-55），可以使散射 $\langle s \rangle$ 的平均数量远远小于 1。

13.2.7 粒子的整体散射

对于气溶胶中随机分布的粒子而言，多数情况下，总散射强度可以简单地通过发光散射体中每一个粒子的散射强度加和来实现。通常粒子整体是单位体积中的粒径分布数量 $n(a)$ 的多分散体系。

$$I(q) = \int I(a, q) n(a) \mathrm{d}a \tag{13-57}$$

光散射的一个重要方面是大粒子散射比小粒子散射多，因此总散射有利于分布中的大粒子。当散射增至 a^6 时在瑞利散射体系中尤甚。例如，若粒径分布是 40nm 和 80nm 粒子的双分散体系，80nm 粒子散射 64 倍的光，在散射中占主导地位，而小粒子无法有效探测到。

吉尼尔分析能够得到易于散射的粒径的平均尺寸。此处散射强度是关于粒径的一个复杂函数，重量测试与复杂的粒径法则相关。但是对于小粒子而言，瑞利或 RDG 法则的函数十分简单，即 $I \approx a^6$。式（13-57）计算简便。一个常用方法是定义一个 z 的平均旋转半径，吉尼尔公式写为：

$$I(q)=I(0)(1-q^2R_{g,z}^2/3) \tag{13-58}$$

这对粒径为 N 的一次粒子聚集体的散射尤其有用，此处 RDG 近似为：

$$R_{g,z}^2=\int R_g^2(N)N^2n(N)dN/\int N^2n(N)dN \tag{13-59}$$

式中，$n(N)$ 是单位体积粒径为 N 的聚集体数量，即聚集粒径分布。

吉尼尔方程，如式（13-58），意味着反向 $I(0)/I(q)$ 与 q^2 的图形是斜率为 $R_{g,z}$ 的直线。此图形与 Zimm 生物物理学图形相似（Zimm，1948；Tanford，1961；Kerker，1969）。

13.2.8 非球形颗粒

在过去 20 年里，解决关于任意形状粒子的光散射问题尽管相当难，但也取得了重要进展。一个方法是把粒子分成若干个亚体积，它们的行为与偶极子相似，但在散射区域中相互影响。这种方法叫做偶极-偶极近似（DDA；Drained，1998；Draine 和 Flatau，1994）。另一个成功的方法是 T-矩阵形式，也相当复杂（Mackowski，1991，1994；Mackowski 和 Mischenko，1996）。这两种方法超出了本篇综述的范围。

有一些证据表明，上面讨论并在式（13-39）～式（13-41）中描述的球体米散射形式在密度不对称粒子中同样存在（Hubbard 等，2008）。当然，吉尼尔状态能够得到半定量的粒径信息。

13.3 动态光散射

动态光散射（DLS）也被称作准弹性光散射（QELS）、光子相关光谱（PCS）和光拍光谱学，是一种依靠总颗粒物散射光的时空表达来决定其行为的技术。通常，这些行为是随机布朗扩散，由尺寸效应的扩散系数定量。DLS 方法测量散射光随时间波动的衰减，与离子扩散相关，相应地与粒径相关，因此可以实现对粒径的测量。应用 DLS 研究气溶胶可以追溯至 Hinds 和 Reist（1972）；应用于燃烧气溶胶可以追溯到 King 等（1982）和 Flower（1983）。这里所做的讨论强调对 DLS 的使用，若期望更深入的处理可参考 Berne、Pecora（1976）与 Dahneke 的文章。

动态光散射能够通过测量粒子的扩散常数，得到一个有效的迁移尺寸（半径）。迁移与粒径和形状有关，但同样与粒子所处的环境状况相关，故 DLS 与静态光散射相比，不那么直接针对粒径和形状。另一方面，DLS 能够得到半径小于 50 nm 粒子的粒径信息，此时静态方法则由于缺乏角散射模式的不对称性而无法实现。

13.3.1 DLS 实验

DLS 需要连续光源，激光作为光源的出现，使这项技术在 20 世纪 60 年代得以实现。实验室最常用的激光如氦氖激光、氩离子激光以及 Nd:YAG 激光等都具有足够的连续性，这对 DLS 非常有用。

DLS 实验需要的第二个条件是相关器。相关器在商业（MAL、BEC、BRK、WYA）上得到有效应用，计算散射光的光强-光强时间相关函数。若光散射颗粒物移动，光会存在波动。若这种移动包含随机布朗分力（经常发生），光波动是随机的。为定量这些光波动，光强-光强时间相关函数可以表述为：

$$\begin{aligned}g^{(2)}(t)&=\langle I(\tau+t)I^*(\tau)\rangle\\&=B+A\exp(-2Dq^2t)\end{aligned} \tag{13-60}$$

式中，星号表示复共轭；括号〈...〉表示一个整体或时间均值（假设遍历性）。做出合理假设：均值只依赖于不同时间差 t（一个已知的假设是平稳性）。

式（13-60）中右侧较远端的代数式代表“实验”部分。A 是信号强度，B 是背景。粒径信息包含在扩散系数 D 中。在 Cunningham 校正-斯托克斯-爱因斯坦的关系式中给出：

$$D=(kT/6\pi\eta a)C_c(Kn) \tag{13-61}$$

式中，k 为玻耳兹曼常数；T 为热力学温度；η 为悬浮介质的剪切黏度；a 为假设球体的粒子半径；$C_c(Kn)$ 为 Cunningham 因子，是克努森数 Kn 的函数。

相关函数随特征时间呈指数衰减，特征时间叫做相关时间，是 DLS 测量的主要参数。由式（13-60），符合相关时间的公式如下：

$$\tau_c=1/(2Dq^2) \tag{13-62}$$

值得注意的是 q^2 的依赖性。这可以用来把相关时间调整到一个简单、可测的范围内，它同样是一个好的一致性检验，任意实验可以展现出 q^2 的依赖性或其他错误的方面。

【例 13-4】 考虑 STP 下空气中直径 1.0μm 的粒子，空气黏度是 180μP，使用一个波长为 514.5nm、散射角度为 90°的 Ar^+ 激光能得到什么相关时间？

解：使用 cgs 单位。

$$D=[(1.38\times10^{-16}\text{erg/K})\times273\text{K}]/[6\times3.14\times1.8\times10^{-4}\text{g/(cm}\cdot\text{s)}\times5\times10^{-5}\text{cm}]$$
$$=2.22\times10^{-7}\text{cm}^2/\text{s}$$
$$q=[4\times3.14/(5.15\times10^{-5}\text{cm})]\sin45°$$
$$=1.72\times10^5\text{cm}^{-1}$$
$$q^2=2.96\times10^{10}\text{cm}^{-2}$$
$$\tau_c=1/(2Dq^2)=1/[2(2.22\times10^{-7}\text{cm}^2/\text{s})(2.96\times10^{10}\text{cm}^{-2})]$$
$$=7.6\times10^{-5}\text{s}$$

当连续性降低时，信噪比 A/B 也降低。连续性是一个复杂的话题，这里不再讨论。可以查阅 Hecht（1987）或 Born 和 Wolf（1975）的标准文本。与光的频谱带宽相关的纵向连续性与横向连续性是十分必要且有用的。前者由所使用的激光决定，代表性很好。后者同样是激光的一个重要功能，但能够通过对光束方向的空间滤波横向性来得到改善。因此激光以 TEM00 模式运行时能够得到好的横向连续性。这种模式的特征是高斯束流剖面。TEM01 圆环剖面同样可以工作，但会伴随部分信号丢失成噪声信号。

一旦光通过媒介散射，实验员需对横向连续性进行控制并设法改进。这个概念是基于 van Cittert-Zernike 定理（Born 和 Wolf，1975），定理中表述由非相干光源发出光的横向连续性有一个 $\theta\approx\lambda/d$ 的角度尺寸，此处 λ 是光波长，d 是源的空间范围。此处为衍射角，对 DLS 而言，意味着需要一个散射源和一个发光散射体积。这个体积较小，故在合理距离内，θ 足以覆盖探测器的光敏面。这也意味着我们需要一个小型探测器。

例如，假设有一个阴极直径 2.5mm 的光电倍增管，放置于距散射体积 500mm 处。然后有一个角度 $\theta_{det}=2.5/500=5\text{mrad}$。根据 van Cittert-Zernike 定理，若应用一个未聚焦的直径 1mm 的激光束，连贯角度是 $\theta_{coh}=0.5\mu\text{m}/1\text{mm}=0.5\text{mrad}$。这比探测器的角度小一些，故噪声信号将衰弱。但是，如果入射光束集中于 0.1mm 直径，则可以得到 $\theta_{coh}=5\text{mrad}$ 和清晰的噪声信号。注意这个简单例子仅考虑垂直方向存在衍射，因为水平方向传播的光束受到垂直方向直径的限制。水平方向同样起作用，因此需要限制散射体中的光波来过滤掉水平方向的光。设想一小块正方形散射体，最终希望在光敏区域获得最佳信噪比的相干面积。

商用数字相关器能有效用于计算强度相关函数 $g^{(2)}(t)$。顾名思义，这类装置是数字化的，并依赖单光子脉冲信号的探测，故别名为光子相关光谱学，时间尺度是 0.1μs～1s 或更多，因此相关探测器和电子学也将与此时间尺度一样快。

仅散射光监测的清理会导致一种称为零差探测的情况。如式（13-60），有时入射光一部分通过非移动物体上分散的散射光找到到达探测器的路径，例如细胞壁、窗户或透镜。这些光与粒子的散射光混合后撞击在粒子上，叫做局部振荡，然后进入外差动态。若局部振荡强度高于期望的散射光强度至少 30 倍，可以检测到场相关函数。这归结为式（13-58）中无指数因子 2 的实验形式，即零差探测的相关时间是 $\tau_c=1/(Dq^2)$。有时在实验条件下，无法避免一些杂散光，因此会探测到外差和零差的混合体。这些中间情况无法分析。巧妙的调整能够使大部分本机零差比散射大 30 倍，外差动态得到解决。

一个有限的粒径分布能够得到一个平均强度相关方程：

$$\langle g^{(2)}(t)\rangle=\int g^{(2)}[t,\tau_c(a)]I(a)n(a)\mathrm{d}a\Big/\int I(a)n(a)\mathrm{d}a \tag{13-63}$$

式（13-63）是一个粒径分布 $n(a)$ 和散射强度 $I(a)$ 的复杂加权。一些商业化设备声称解决了这些复杂性，但这些解释的正确性是值得注意的，即使精确地推演，也要注意平均值是倾向于对大粒子的散射加权得到的。关于此问题 Taylor 等（1985）和 Scrivner 等（1986）讨论过。

非球形粒子扩散产生的相关方程有一个有效的迁移半径，可以取代方程中的扩散系数。与形状和尺寸相关的迁移半径的方法在本书其他地方（第 23 章）讨论。

13.3.2 流动系统

很多气溶胶由于像布朗运动的流动而存在运动，例如烟熏火焰。这种流动有其特征时间尺度，并引起更多的“光束迁移”项。一个关于光束迁移的潜在问题在于它比扩散项是否衰减得更快（例如，若光束迁移比扩散快），光束迁移将切掉扩散项，故其不能用于粒径测量。Chowdhury 等（1984）与 Taylor 和 Sorensen（1986）讨论过解决这个问题的方法细节。

13.4 实验室试验方法

有多少位科学家，就可能有多少种试验方法。这部分描述了一些实验室设备，科研工作者成功应用这些设备指导气溶胶体系的光散射研究。

图 13-9 描述了一个探测设备视图，使科研工作者能够看到光探测器是如何探测的。此图中，激光经管中流出的气溶胶发生散射，被成像透镜收集。当激光束通过且经气溶胶散射到一个可调节狭缝或可变虹膜光圈（狭缝更好，因为虹膜光圈不易闭合至 1mm 以下）时，此透镜形成了一个激光束的真实影像。用这种方法，狭缝和虹膜光圈能过滤空间中的光，由此选择达到探测器的部分散射光束。通常激光光束是水平的，狭缝是垂直的，因而散射体积的结果被限定在这两个方向。观察者可以通过调整为 45°反光镜的短距离望远镜看到通过狭缝或虹膜光圈成像。通过这种方法，观察者能准确知道当反射镜低于光通过路径时，哪一部分气溶胶散射能够达到探测器。对 DLS 而言，光束可以通过聚焦透镜变窄成为入射光束，并且狭缝可以变窄直到探测器达到好的连贯性。设备的全部探测部分可置于光学轨道上，旋

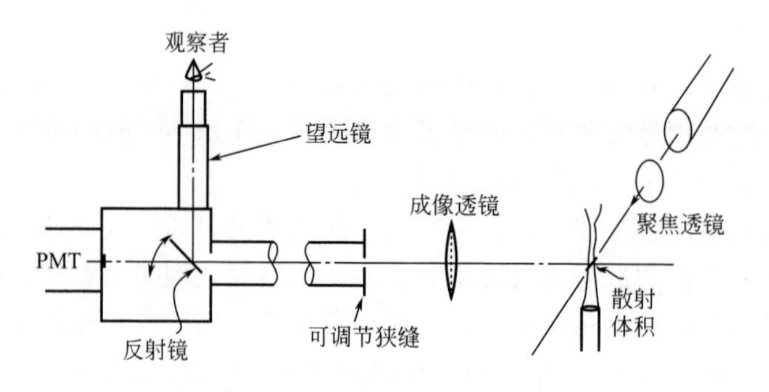

图 13-9 可调节狭缝和望远镜反射观测的散射装置

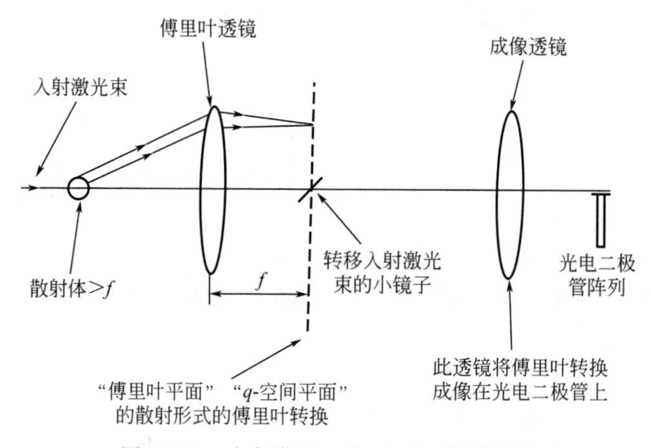

图 13-10 小角度（0.1°～15°）散射装置

转探测到不同的散射角度，故有不同的 q 值。图 13-8（b）中的数据由此装置获得。

我们实验室目前致力于大气溶胶聚集的小角度探测。小角度装置如图 13-10 所示，在 Ferri（1997）的描述后开始流行。由气溶胶散射的激光，第一个透镜"傅里叶透镜"比沿一个确定方向气溶胶散射的焦距稍远。这一透镜下的焦距，散射光线相互平行并且有相同的散射角度，因此有相同 q 且焦距离开轴线达到透镜的傅里叶平面。这里发生散射形式的 q-空间傅里叶转换，正是我们想要的。轴线上是一个小镜子，用于消除明亮的激光光束。第二个透镜"物镜"将傅里叶平面成像于一个小线性光电二极管阵列。每一光电二极管单元接收一给定角度 q 的光线，因此得到 $I(q)$。Sorensen 等（2003）和 Kim 等（2004，2006）称，这类复杂数据的范例可以通过小角度装置得到。

13.5 光学测量技术：非原位遥感

13.5.1 引言

悬浮于气体中小粒子的光散射和消光被广泛应用于粒子浓度和粒径分布数据的获取。基于此原理的设备结合原位测量，对粒子在空气中的状态进行高自动化测量。在实际应用中，出现两类设备：单粒子的光散射和消光；聚集态粒子的光散射和消光。基于光散射的单粒子技术，包括 70nm～100μm 以上的粒径范围，能够测量浓度为 10^3 个/m^3（洁净室监测）～10^9 个/m^3（气溶胶研究）浓度。光的全散射应用于大气颗粒物的浓度测量，从几微克每立方米到几百毫克每立方米。

13.5.2 是单粒子技术部分，被称为光粒子计数器（optical particle counter，OPC）。在一个光粒子计数器中，气溶胶被吸入并通过单粒子散射后被光电探测器捕捉。粒数浓度由光电脉冲的计数率确定，粒径通过脉冲幅度确定。光粒子计数器广泛应用于气溶胶基础研究、大气污染研究和洁净室监测。由于不同的应用需要不同规格的设备仪器，OPC 可测量范围的特征，比如粒数浓度、灵敏度、采样流量、精确分类和粒径分辨率，以实验结果为基础进行讨论。

气溶胶光度计适用于工业卫生学中的实时粉尘监测，用于大气气溶胶浓度测量和气溶胶吸入研究。光强与气溶胶浓度的线性分布受高浓度中多重散射和低浓度中杂散光的限制。敏感仪器的干扰水平由空气分子的瑞利散射决定。

13.5.2 单粒子光学计数器

13.5.2.1 总论

借助于单粒子光散射，可用一个光粒子计数器（OPC）测量有限粒径范围的气溶胶粒子粒径和数浓度。为达到此目的，连续的气溶胶通过聚焦镜吸入。由单粒子散射的闪光被光电探测器捕捉，转变为电子脉冲。由脉冲的计数率、数浓度和脉冲幅度，可以得到粒径。一个粒子散射的光功率是一个与粒径、折射率和形状有关的函数。基于此原理来获得粒径的方法已使用超过 50 年。与此同时，技术稳步发展，应用白光照明的 OPC 已经商业运作了 40 年（Lieberman，1986）。激光的发明使其成功取代白光照明，得到连续的单色激光。一台 OPC 的重要特征是其对数浓度的可测定范围、其采样流量、其灵敏度（更低的检出限）和其粒径测量的准确性。需要对 OPC 改变以适应各种应用，因此一台仪器的详细说明书需要针对测量中的具体问题进行调整。光学粒子计数器提供多种应用，例如 CLI、PAC 和 PMS。紧跟发展趋势，依靠电池运行以激光二极管为光源的计数器应运而生。

13.5.2.2 校准步骤

近几十年，已经公开发表了许多商用 OPC 理论上的响应函数。同时，个人电脑的菜单驱动程序能够用来进行球体粒子的光散射计算（Reist，1990）。尽管是理论计算，OPC 经常用已知粒径和折射率的单分散气溶胶进行测试校准。Whitby 和 Vomela（1976）、Liu 等（1974a，b）、Willeke 和 Liu（1976）以及 Fissan 等（1984）对使用白炽灯做粒子照明的仪器进行校准，Gebhart 等（1983）、Chen 等（1984）和 Liu 等（1985）应用多种测试气溶胶对白光和激光计数器进行试验校准。近期 Liu 和 Szymanski（1986）、Plomb 等（1986）以及 Szymanski 和 Liu（1986）发表的多篇论文报道了激光粒子计数器的实验工作。

为了产生单分散测试气溶胶可以使用几代技术。如果对水悬浮液聚苯乙烯乳胶（PSL）进行雾化、干燥并通过 OPC，可以得到高精度单分散气溶胶（Gebhart 等，1980）。另一项技术是振荡孔发生器，它能够测量粒子直径，精度为发生器运行参数的 1%（Berglund 和 Liu，1973）。通过改变振荡频率、通过孔引入液体和挥发性溶剂中气溶胶物质的浓度，可以产生直径在 0.3～30μm 范围内的单分散气溶胶用于达到校准目的。为产生标准亚微米气溶胶，可使用静电分类原理（Liu 和 Pui，1974）。气溶胶物质既可溶于液体中，也可以呈胶状悬浮，然后通过雾化器雾化。雾化干燥后，得到的是由固态粒子或低挥发性液滴组成的多分散气溶胶，然后通过差分电迁移率分析仪（DMA），依据多分散气溶胶的电子迁移率的不同，可筛选出较窄粒径范围的粒子。更详细的仪器校准技术在第 21 章进行介绍。

当应用实验校准过的 OPC 对未知气溶胶进行测量时，必须牢记光散射信号，通常用于测试气溶胶的光学特性。为克服这些问题，建议对 OPC 直接进行现场校准。借助于惯性冲击器，Marple 和 Rubow（1976）进行了 OPC 的直接空气动力学粒径校准。为获得一个信号校准点，OPC 需要运行两次。第一次运行，冲击器连接在 OPC 入口，第二次运行，去除冲击器。两次运行的数据分析得到校准点，与冲击器的 50%切割点粒径相符。改变冲击器喷嘴的尺寸，得到不同校准点。相似的空气动力学校准步骤应用在 Buttner（1983）的一个旋风式采样的白光 90°计数器，和 Heidenreich（1999）使用的一个空气动力学粒径谱仪（TSI）。

13.5.2.3 光学系统

下面的讨论中，介绍在实验室和商用 OPC 中使用的典型光学装置。

前向散射装置的光学结构是有一个用于照明的白炽灯光源和一个同轴收集孔，如图 13-11 所示。例如，此构造应用于前面的模型 PC 215、PC 245、PC 247 和 PC 2102（HIA），是典型的应用前向散射的光学装置。白炽灯发出的光通过一个冷凝器透镜集中于感应空间，形成一个 5°的半角光照锥。通过感应空间后，主要光束被 16°的半角同心光阱吸收。单粒子光散射被一个 25°半角的同轴孔收集，直接到光电倍增管的阴极。对光照锥而言，10°～30°范围的散射光被该系统收集。

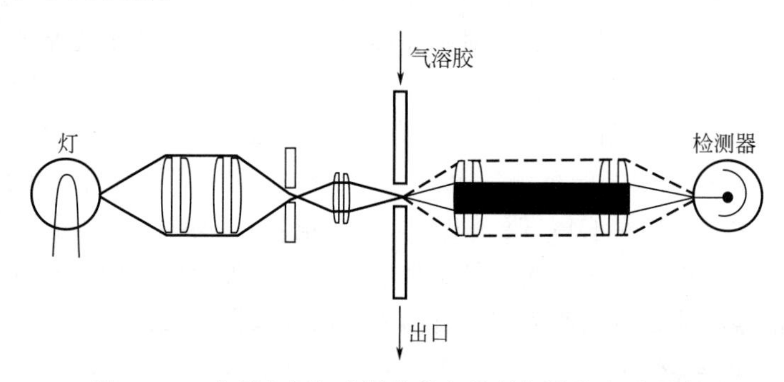

图 13-11 应用白炽灯光源的前向散射仪器的光学系统

Willeke 和 Liu（1976）报道过用 PC 215 和 PC 245（HIA）型实验响应曲线测量 PSL 球体和邻苯二甲酸二辛酯（DOP）液滴。前向散射感应器的一个特征是响应曲线在 0.7～1.2μm 之间存在多值区。

CI-208（CLI）型计数器在其光学系统中使用了一个椭圆镜，如图 13-12 所示。在这个探测器中，粒子遥感区域位于椭圆镜的第一焦点上。来自石英卤素灯的高强度光集中于遥感区域中，并在此处照亮每一个穿过的粒子。

角度范围在 15°～105°之间每个粒子的光散射被收集并直接进入位于椭圆体二级焦点的光电探测器。空气样品被干净的过滤过的鞘气包围，使粒子精确定位在一级焦点上。生产商引述样品流量为 $1.2\times10^{-4}\,m^3/s$（7L/min）、粒径灵敏度为 0.3μm。Clark 和 Avol（1979）、Akynendeng（1982）和 Chen 等（1984）进行了 Climet 仪器的实验校对，在 0.3～10μm 整个粒径范围内找到 PSL 和 DOP 气溶胶的一个单调增加响应函数。

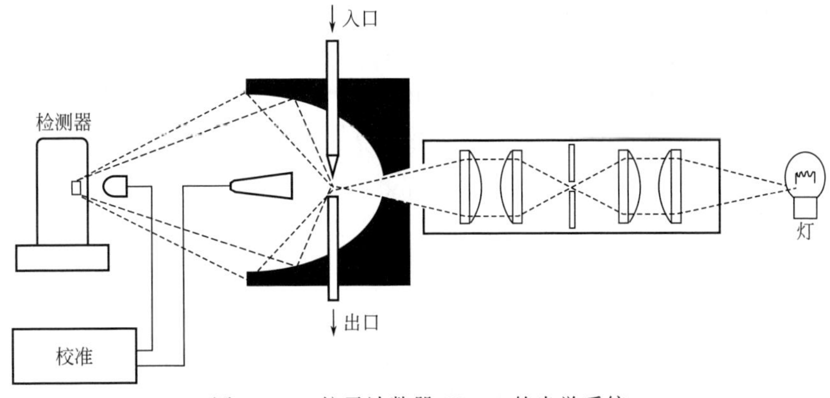

图 13-12 粒子计数器 CI-208 的光学系统

（引自 Gebhart，1991）

应用激光灯照明，可以从感应空间获得高于白炽灯几个数量级强度的光源。此外，平行激光束需要更少的光学元素，例如光阑和透镜，在箱体中大大减少了散射光背景。激光存在三种粒子照明：①激光输出可以像一个普通的白炽灯一样集中于感应空间；②根据 Knollenberg 和 Luehr（1976），若感应空间位于激光谐振腔（主动散射），可以达到低功率激光的高照明强度；③在无源腔系统中，原激光输出功率经成倍反射创造出高强度照明。

Roth 和 Gebhart（1978）发明了一个用于实验室的高分辨率激光气溶胶光谱仪，粒径范围是 0.06～0.6μm。氩离子激光（$\lambda=0.5145\mu m$）的输出功率是 2W，充当外部光源的作用。激光通过透镜散光系统聚焦进入感应空间。粒子散射光被显微镜物镜收集，平均散射角为 40°。

图 13-13 展示了一个有源腔传感器的例子，它包含 LAS-X、MS-LAS、LPC 101 和微型 LPC0710(PMS) 以及 226/236(HIA) 仪器中。此传感器使用高 Q 激光腔以获得一个高照明

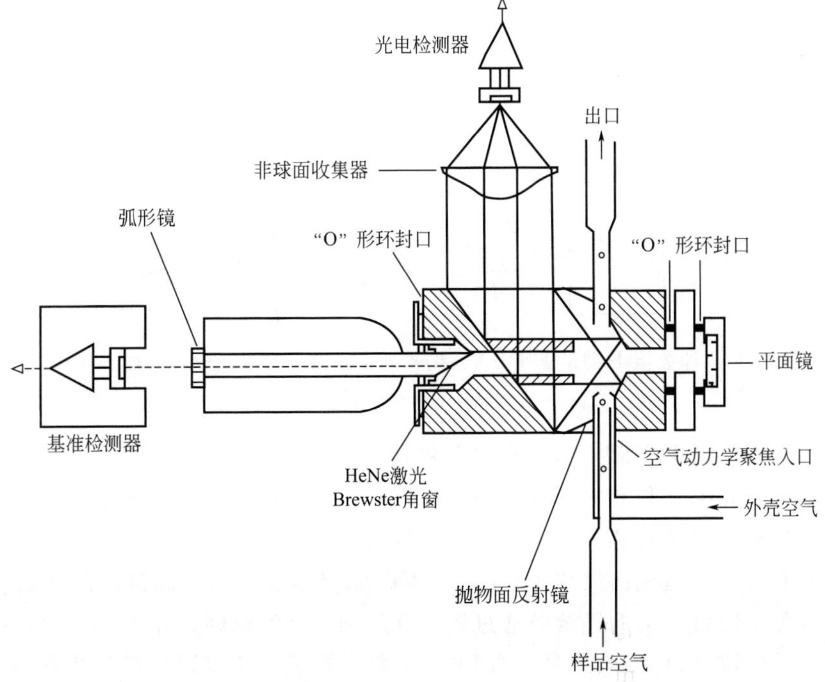

图 13-13 应用于 PMS 结构的 LAS-X、MS-LAS、LPC 101 型号及 HIA 结构的 226/236 型号的主动散射激光光谱设置

（引自 Gebhart，1991）

强度（大约 500W/cm^2）。

散射光的一级收集器是一个抛物面反射器。样品流中的粒子贯穿腔中的激光束，聚焦在抛物面，即将散射光聚焦在 45°角的平面镜。光从镜子反射后通过一个非球面透镜再次聚焦在光电探测器上。整个系统收集 35°～120°的散射光，提供一个球面度为 2.2sr 的球面立体角。气溶胶流在空气动力学意义上被聚焦。Hinds 和 Kraske（1986）公开发表了此传感器的理论响应函数，Szymanski 和 Liu（1986）报道了实验校准数据。

LASAIR 系列（PMS）是一类无源腔设计的仪器。它们应用的最小粒径阈值为 0.1μm、0.2μm、0.3μm 和 0.5μm，样品流量为 9.44×10^{-7}～4.72×10^{-4} m^3/s（0.002～1ft^3/min）。

大部分 OPC 应用一个气溶胶喷嘴使粒子穿过照明光束。此种情况下，感应空间受气溶胶流横截面和光束宽度的限制。应用气溶胶喷嘴的优点是，在稳定的流量状态下，感应空间和采样流量范围明确。大部分仪器，气溶胶流被洁净的鞘气包围，在测量室出口建立了一个稳定的流量，因此避免了光学系统中的杂散粒子。洁净鞘气还能够应用于聚焦空气动力学意义上气溶胶流低至 0.1 mm 直径的长丝。与气溶胶喷嘴相关的问题就是一个代表全部粒径分布的样品必须从样品气溶胶中取出，因此，已开发的系统能直接计算气溶胶主流中的单个气溶胶粒子。

例如，这个仪器是 HC15 型（PLY）粒子计数器，只通过光学方式形成其感应空间（Umhauer，1980）。图 13-14 绘制的示意图中，光学系统由两个光通道组成，一个用于照明，一个用于收集散射光。

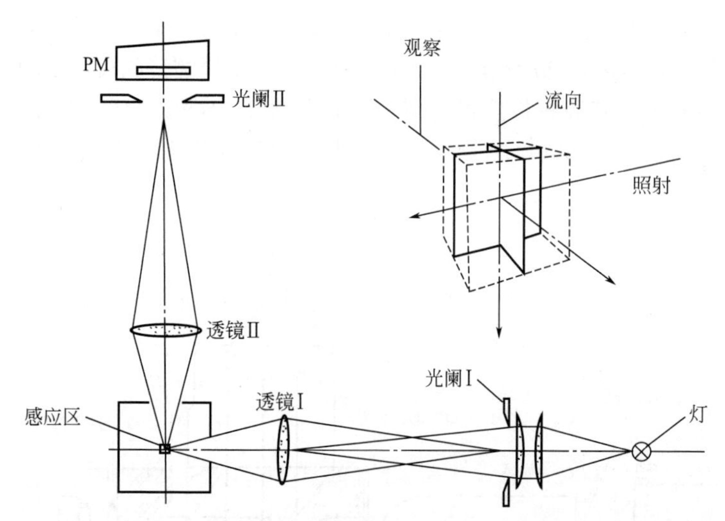

图 13-14 计数器 HC15 型（PLY）的排列，组成只具有光学意义的感应空间
（引自 Gebhart，1991）

透镜Ⅰ和Ⅱ投射出正方形掩面（光阑Ⅰ和Ⅱ）的小型图像至测量室，测量室里两个光轴以垂直角度交叉。光阑Ⅰ和Ⅱ的图像与两坐标轴的交叉点相一致，组成了感应空间。用白炽灯照明粒子通过光学定义的感应区，收集平均散射角为 90°的单个粒子散射光。由于光学定义的感应空间非常小（横截面大约 100μm），因此此仪器可以测量高浓度的气溶胶。这个系统的优点是避免了所有采集的气溶胶通过进气气路和小型喷嘴时的难点。然而，在精确确定传感体积以及采样流量时会存在一定的问题。大粒子在成像边缘可提高计数脉冲数，而小粒子只有通过停留中心时才被计数。由于这些脉冲比粒子通过探测体积中心时小，而被误认为来自于更小的粒子。因此，有效采样流量取决于粒径。粒子越大，外周探测对测量的累积粒

数分布的贡献就越大，这在 Helsper 和 Fissan（1980）的 HC15 型计数器的实验分析部分有过描述。作者用单分散的 9μm 液滴穿越感应空间时发现大约 50%的计数脉冲衰弱，并且模拟的小液滴检出限减小到 0.3μm。

Knollenberg 和 Luehr（1976）以及 Umhauer（1983）报道了一种消除边缘效应的粒径分布测量方法，操作原理见图 13-15。

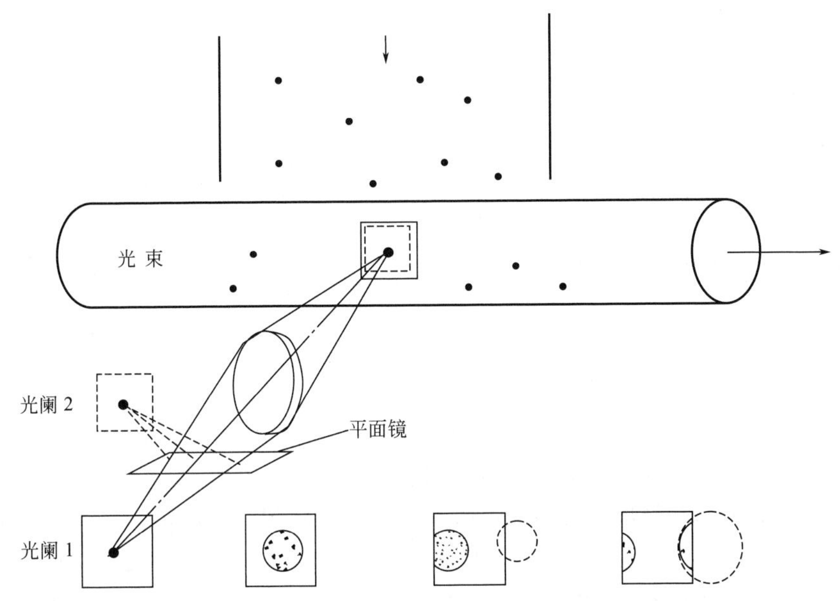

图 13-15 穿越双光束系统和标记孔径的感应空间外围被淘汰的粒子

采集光片后面的分束器引导散射光通过两个独立探测器的遮蔽孔径。由两个探测器发出的信号，连同双脉冲高度分析，被导入能够确定粒子位置的系统，并排除所有边缘粒子的计数。HP-LPC 型（PMS）包含一个此类探测器，能够直接安装在气体管道，尽管此型仪器的感应区域只覆盖了管道横截面的 1%。在此检出限上，可以得到全部粒径下粒子的计数率和计数量的唯一线性关系。Umhauer（1983）为 HC15 型（PLY）仪器构建了两个独立的矩形收集器和检测器，收集器和检测器在感应区重叠，区别是掩面的大小不同。两个不同的掩面连同双脉冲分析能够鉴别和去除通过感应区边缘的粒子。Sachweh 等研究了该双通道检测改进后的设备，该仪器的改进型已投入商业应用。

13.5.2.4 脉冲处理

感应空间中来源于单粒子的闪光转化成光电脉冲。由于大部分光电探测器具有高时间分辨率，脉冲形状随感应空间中光照强度剖面的变化而改变。根据 OPC 的应用，强度剖面近似于一个高斯图，得到几微秒到约 40μs 的脉冲宽度。光电探测器的输出脉冲常提供一个电流电压转换器，它的主要部分由高频放大器组成。然后需要决定脉冲振幅或其所有电荷面积是否全部用于测量散射光。电荷积分方法大幅度提高了 OPC 的分辨率和灵敏度，为所有粒子提供高连续脉冲宽度。洁净空气外壳连同空气动力学聚焦的气溶胶流，形成电荷积分所必需的连续脉冲宽度。为读出信号强度，多通道分析器一般需要持续几微秒时间的连续脉冲幅度。因此，在脉冲转换器中，放大器输出信号必须延长，这个信号可以和振幅或原始脉冲区成比例。脉冲延长会导致电流停滞，这个时间中不处理多余信号，此外，转换器能去除低频部分和输入信号的直流偏移。

如果经电流-电压变换器后，光电倍增器的信号直接被数字化，可以进一步提高信号的估值（Sachweh 等，1989，1998）。通过这一步骤，包含电噪波边缘的原始信号几乎被转换成方波，它的基线由粒子通过感应区域的过渡时间给出。

大部分 OPC 有一个可以直接连接示波器的模拟输出。观察脉冲形状表明一些仪器中很多杂散粒子经过感应空间，产生的脉冲达到正常情况的 10 倍。由于这种长度的脉冲倍数超过了电子学恢复时间，多重计数可能源于单个杂散粒子并被归类于小粒子（Gebhart 等，1983）。自身存在的杂散粒子可以由不稳定的流动条件来解释，这种条件阻止粒子在最初通过光束后在测量室内被完全去除。

13.5.2.5 数浓度范围

气溶胶的数浓度 c_0、样品流量 Q 和颗粒物计数器的计数速率 $\mathrm{d}N_\mathrm{p}/\mathrm{d}t$ 的相互关系如下式：

$$\mathrm{d}N_\mathrm{p}/\mathrm{d}t=c_0Q \tag{13-64}$$

式中假定了包含在样品流中的每个粒子产生单一计数。但在实际中，会同时存在相应的计数损失发生。颗粒物中低于 10%的损失满足近似要求（van de Meulen 等，1980）：

$$c/c_0=\exp(-c_{\max}Qt_\mathrm{r})\geqslant 0.9 \tag{13-65}$$

式中，t_r 是连续计数事件间的电子学恢复时间，包括颗粒物通过光束的传播时间和多波段分析器的脉冲处理时间。从式（13-65）可以看出，对于既定的恢复时间 t_r，高计数浓度测量仅在降低样品流量 Q 的情况下才可能实现，反之亦然。表 13-1 中列出了对于典型恢复时间 $t_\mathrm{r}=20\mu\mathrm{s}$，从式（13-65）得出的最大允许数浓度范围。正如表中所示，$c_{\max}$ 从不低于 $3.5\times10^6\mathrm{m}^{-3}$，它与 ISO 14644-1（第 36 章）中定义的 ISO 8 级（每立方米颗粒物大于 0.5μm）是一致的。但是，如果 OPC 应用于实验室或环境中的气溶胶，重合误差是需要注意的。

表 13-1 一定流量下 OPC 的最大允许数浓度①

$Q/(\mathrm{m}^3/\mathrm{s})$	4.72×10^{-4}	4.72×10^{-5}	4.72×10^{-6}	4.72×10^{-7}	4.72×10^{-8}
$c_{\max}/\mathrm{m}^{-3}$	1.1×10^7	1.1×10^8	1.1×10^9	1.1×10^{10}	1.1×10^{11}

① 根据式（13-29）计算而得，电子恢复时间是 20μs。

【例 13-5】 用 OPC 检查一台对 0.5μm 颗粒物有预期 0.01 穿透率的过滤器。OPC 采样气溶胶的流量是 $47.16\times10^{-6}\mathrm{m}^3/\mathrm{s}$（2.83L/min），光电恢复时间是 12μs。用实际浓度为 $c_0=4\times10^8\mathrm{m}^{-3}$ 的 0.5μm 的单分散颗粒物作为测试所用的气溶胶，计算在没有使用稀释步骤条件下符合的实验误差。

解：实验渗透是 c_2/c_1，其中 c_1 和 c_2 是滤波器气流上部和下部的测量浓度。使用等式（13-65），由于一致性的计算损失是：

$$\frac{c_1}{c_0}=\exp(-c_0Qt_\mathrm{r})=\exp[(-4\times10^8\mathrm{m}^{-3})\times(47.1\times10^{-6}\mathrm{m}^3/\mathrm{s})\times(12\times10^{-6}\mathrm{s})]=0.797$$

$$\frac{c_2}{c_0}=\exp(-0.01c_0t_\mathrm{r})=\exp[(-4\times10^6\mathrm{m}^{-3})\times(47.16\times10^{-6}\mathrm{m}^3/\mathrm{s})\times(12\times10^{-6}\mathrm{s})]\approx1$$

误差是：

$$\Delta\frac{c_2}{c_0}=\frac{c_2}{c_1}-\frac{c_2}{c_0}=\frac{c_2}{c_0}\left(\frac{1}{0.797}-1\right)=0.25\frac{c_2}{c_0}$$

可探测数浓度下限 $c_{\min}$ 取决于背景噪声，根据：

$$c_{\min}>c_{ns}=(dN_p/dt)_{ns}/Q \tag{13-66}$$

式（13-66）中，$(dN_p/dt)_{ns}$ 为噪声脉冲率；c_{ns} 为由噪声产生的表观数浓度。计数噪声来自于内部粒子源、电子学、电离辐射和供电的不稳定性。用 OPC 测量的可靠浓度开始应该仅高于背景值一个数量级的水平，即 $c_{\min}>10c_{ns}$，这已达成普遍共识。为了确定 OPC 的噪声水平，过滤空气被抽进仪器几个小时。Gebhart 和 Roth（1986）、Wen 和 Kasper（1986）、Liu 和 Szymanski（1987）、Gebhart（1989a）已经报道了这种测量方法。表 13-2 显示了背景噪声的一些结果。

表 13-2　所选几种商业化光学计数器的说明和计数干扰

光源	型号	光学接收器	$Q/(m^3/s)$	每立方米噪声计数	
				泵开	泵关
白炽光	HIAC/Royco 4102	10°～30°	4.72×10^{-5}	530>21	淘汰
	HIAC/Royco 5000	50°范围	1.67×10^{-5}	84.8	约 0
	CLIMET CI 8060	15°～150°	4.72×10^{-4}	0.95	约 0
激光	PMS LAS-X	35°～120°	5.00×10^{-6}	10,840>210	淘汰
	PMS LPC-110	35°～120°	4.72×10^{-5}	<17.6	约 0
	HIAC/Royco 5100	60°～120°	4.72×10^{-4}	4236>28	淘汰
	TSI 3755	15°～88°	4.72×10^{-5}	<35.3	
	CLIMET C1 6300	45°～135°	4.72×10^{-4}	<70.6	

多数情况下，源于内部流动系统的颗粒物，被认为是形成计数噪声的原因。这可以从仪器的清洗作用和在“泵开”和“泵关”位置上的不同行为来得出结论。清洗在这里的意思是当提供给仪器无颗粒物的空气时，噪声计数速率随时间降低。当暴露于环境气溶胶后，仪器需要 15h 才得到低水平的稳定计数速率。

一般，白炽灯光源的 OPC 有较低的噪声水平。在清洗完成之后，大多数灵敏度为 0.5μm 的仪器用于 ISO 的 4 级或 3 级监测（表 36-5）。例如，对于 ISO 的 3 级探测，灵敏度为 0.5μm 的仪器必须低于每立方米 3.5 噪声计数。而灵敏度为 0.5μm 的激光仪器需要的背景水平小于每立方米 100 个（第 36 章）。在第一条通道中（0.1～0.3μm），噪声计数速率随操作时间而增加，这表明操作过程中的加热可能已经影响电子噪声。另一台仪器中，高背景值由外罩上的漏洞引起，并且当仪器放入一个薄片组成的滤波流动盒中，高背景值消失了。从这些实验结果看出，某特定型号仪器并不能保证低噪声水平。用个别设备和它的应用历史（暴露于高浓度气溶胶）情况来决定背景噪声更适合。因此，用于监测 100 级或更低的干净空间仪器，在实施测量前应仔细检查。

13.5.2.6 灵敏度和采样流量

制造商通常用一台 OPC 可测的最小粒径 $d_{\min}$ 来表示仪器的灵敏度。但是，根据德国标准制定组织的惯例［Verien Deutscher Ingenieure（VDI）3491，number 3］，灵敏度应与计数效率有关，并用 50%颗粒物粒径的计数效率作为最低检出限 $d_{\min}$，确定在最低检出限附近的计数效率 η，测量浓度 c 必须与参照方法获得的浓度 c_0 联系起来，根据：

$$\eta=\frac{c}{c_0} \tag{13-67}$$

实验中，同时用来自于与参比仪器有相同放置位置的单分散测试气溶胶进样检查。通过这个步骤，van der Meulen 等（1980）、Gebhart 等（1983）、Gebhart 和 Roth（1986）、Wen 和 Kasper（1986）、Liu 和 Szymanski（1987）以及 Gebhart（1989a）测量了 OPC 的计数效率。

c 和 c_0 间的区别源于以下几方面：①系统误差；②有误的采样流量 Q；③仪器灵敏度的降低。这些参数对计数效率的作用可借助于仪器的符合曲线区分开来。此处用比率 c/c_0 与参比浓度 c_0 作图。图 13-16 和图 13-17 给出了 Gebhart（1989a）测量的两种仪器的符合曲线。一开始，测试气溶胶的浓度远高于阈值，在半对数绘图中，可以得到所有粒径的单一曲线。如果这条曲线外延至浓度 0 而偏离 1，则仪器的采样流量是不正确的。颗粒物粒径偏离这条曲线接近于最低检出限表明仪器灵敏度的降低。如果计数效率通过外推测量浓度比率 c_0/c 回到浓度 0 来估算，可以消除系统误差，计数效率反映了仪器的特性。表 13-3 总结了通过这种外延技术得到的不同 OPC 的计数效率（Gebhart，1989a）。

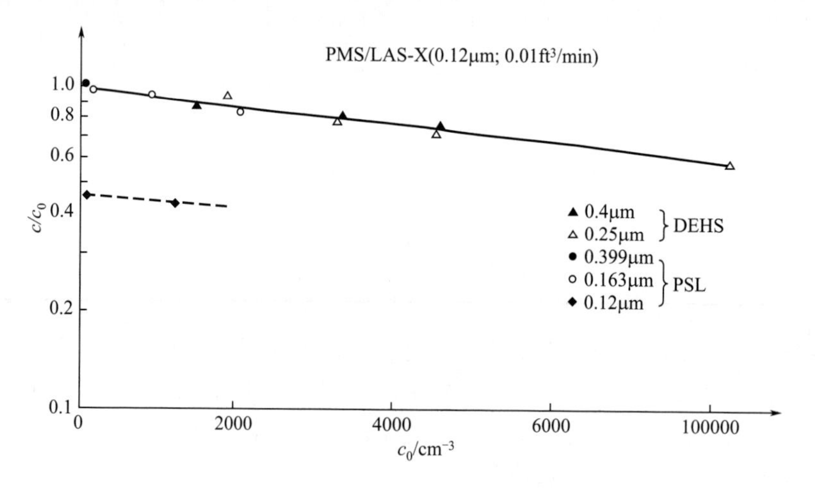

图 13-16 激光光谱 LAS-X（PMS）的实验性符合曲线

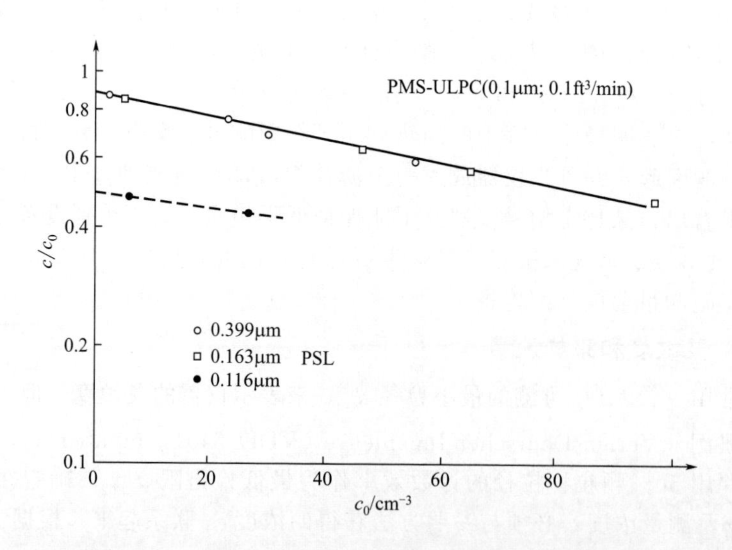

图 13-17 激光光谱 ULPC（PMS）的实验性符合曲线

表 13-3 商业化 OPC 选择性的说明和计数效率①

白炽光型号	$d_{min}/\mu m$	$Q/(m^3/s)$	对直径为 $d_p(\mu m)$ 的粒子的计数效率						
			0.163	0.22	0.32	0.47	0.72	0.95	2.02
Model									
HIAC/Royco227	0.3	4.72×10^{-6}			0.12	0.92		1.05	
HIAC/Royco4102	0.3	4.72×10^{-5}			0.18	1.01		0.98	
HIAC/Royco 5000	0.3	1.67×10^{-5}			0.18	0.89	0.91		
CLIMET CI 8060	0.3	4.72×10^{-4}			0.15	1.02	0.98		
激光型号	$d_{min}/\mu m$	$Q/(m^3/s)$	对直径为 $d_p(\mu m)$ 的粒子的计数效率						
			0.068	0.082	0.109	0.12	0.163	0.22	0.32
Model									
PMS LAS-X	0.12	5.00×10^{-6}				0.46	0.98		1.02
PMS LAS-X	0.9	1.00×10^{-6}			0.98	0.98	0.99		
PMS LPC-110	0.1	4.72×10^{-4}				0.47	0.98	1.0	
PMS MS-LAS	0.065	5.00×10^{-6}	0.27	1.03	0.97		1.04		
HIAC/ROYCO 5120	0.2	4.72×10^{-4}			0.24	0.94	0.99	1.0	
HIAC/ROYCO 236	0.12	5.00×10^{-6}					1.03	0.99	1.0

① 来自 Gebhart 和 Roth，1986；Gebhart，1989a。

在亚微米粒径范围中，计数效率随颗粒粒径的减小而降低，这样较低检出限可能逐步过渡而不是突然改变。van der Meulen 等（1980）和 Gebhart 等（1983）通过数据确定了之前的发现，使用白炽光作光源的仪器计数 0.32μm 的粒子，效率低于 20%。另一方面，大多数激光仪器对 0.1μm 粒径颗粒物可达到接近 100%的计数效率。使用高灵敏度型号仪器，在降低采样流量到 $300cm^3/min$ 时，即使对 0.07μm 颗粒物的计数效率也可以达到约 30%。

【例 13-6】 激光粒子计数器的灵敏度已经由最小粒径为 0.1μm 的 PSL 球体确定。现在可用二（2-乙基己基）癸二酸酯（DEHS）液滴测定 LPC 的灵敏度。计算用 DEHS 液滴测定时 LPC 的灵敏度变化。

解：必须计算出 DEHS 液滴的直径，液滴与直径为 0.1μm 的 PSL 小球散射相同光通量。在 0.1μm 的尺寸范围内，可以应用式（13-21）和式（13-29）的瑞利近似值，它将同样的光学装置简化到：

$$d_{PSL}^6\left|\frac{m^2-1}{m^2+2}\right|_{PSL}^2=d_{DEHS}^6\left|\frac{m^2-1}{m^2+2}\right|_{DEHS}^2$$

PSL：$m=1.59$，$d=0.1\mu m$

DEHS：$m=1.45$

$$d_{DEHS}=d_{PSL}\left[\frac{\left|\frac{m^2-1}{m^2+2}\right|_{PSL}^2}{\left|\frac{m^2-1}{m^2+2}\right|_{DEHS}^2}\right]^{1/6}=d_{PSL}\left[\frac{\left|\frac{2.528-1}{2.528+2}\right|_{PSL}^2}{\left|\frac{2.103-1}{2.103+2}\right|_{DEHS}^2}\right]^{1/6}$$

$=0.108(\mu m)$，变化较小

在超微米粒径范围内，得到了令人满意的结果。但是，对于直径大于 2μm 的颗粒物，采样系统的入口损失可能仍然影响计数效率，尤其是使用塑料管连接的低速采样器。Willeke 和 Liu（1976）研究了 Royco245 颗粒物计算器的采样效率。Tufto 和 Willeke（1982）、Okazaki 和 Willeke（1987）已经开展了对入口特性及它们对光学传感器计数效率影响的全面研究。Fissan 和 Schwientek（1987）进行了气溶胶采样和运输的综述。第 6 章给出了更多采样效率和气溶胶传输的信息。

表 13-3 表明 OPC 的灵敏度可以通过使用激光照射来增强。另一方面，从这个表可以看出，激光颗粒物计数器的采样流量 Q 和它的最小监测颗粒物粒径 $d_{\min}$ 之间存在紧密联系。采样流量越低，仪器越灵敏。这是因为高于一定的照射强度，检测区域内空气分子的光散射变成灵敏度的限定因子。在这种情况下，只能通过减少进入检测器的散射光的分子数来提高 OPC 的信噪比；换言之，只能靠减小检测区域，继而减小采样流量才有可能提高灵敏度。$1mm^3$ 的空气与折射率为 $m=1.5$ 的一个 0.22μm 颗粒物散射相同数量的光。不管照射的光源种类和强度如何，OPC 灵敏度仍然是主要限制因素。因此，无尘室内可供选择的技术似乎是，或者使用高敏感度（粒径 0.1μm）但低采样流量的仪器，或者使用高采样速率 [$4.72\times10^{-4}m^3/s$(28.3L/min)] 但低敏感度的设备。

如今颗粒物测量系统的发展中，为克服气体分子的瑞利散射问题，已经做了成功的尝试。在这些型号中，一个延长的检测区域被想象成由独立元素组成的光电探测器阵列。由于检测器件的多面体结构，每个元素仅观察到样品流的部分气体分子，但记录了单个飞越粒子产生的所有光散射通量。用这种分割技术，可以构造激光粒子计数器，它将高灵敏度（0.1μm）和高采样流量 28.3L/min 结合起来。例如，在表 13-3 中，LPC110（PMS）型仪器是基于这一技术发展的。

13.5.2.7 粒径精确度和分辨率

OPC 的粒径精确度描述了通过将粒子的光电脉冲高度分类成特定粒径间隔的通道来测量气溶胶粒子几何直径的能力。为了估算粒径的精确度，将具有良好特性的检测气溶胶的累积粒径分布与 OPC（Gebhart 等，1983；Liu 等，1985；Szymanski 和 Liu，1986）测量的粒径分布进行比较。源于测量光谱的中值粒径计数与测试气溶胶的真实粒径相比较，来提供测量粒径的精确度。图 13-18 展示了 Gebhart 等（1983）用不同 OPC 测量积累粒径光谱的实例。用电子显微镜法已经分析了 PSL 测试气溶胶。

关于粒径的精确度，必须区别开可避免与不可避免误差。可避免误差是粒径刻度上的系统变化，它们可以通过改变电子的线性放大系数来进行纠正。只要校准曲线有不明确的部分或校准标准在折射率上与所研究的气溶胶不同，不可避免会存在误差。因为在前端散射传感器的响应函数中存在多值部分，直径为 0.95μm 的 PSL 球体被归类为 0.77μm 的粒子（图 13-18）。一个受到折射率影响的极端例子是在一个 OPC 中测量不透明的颗粒物（粉煤灰、印度墨水），该 OPC 应用前端散射，并已用透明球体校准（Whitby 和 Vomela，1967；Willeke 和 Liu，1976）。在这种情况下，几何粒径相同的粒子的散射光通量变化了大约一个数量级，这将会使测量颗粒物粒径减少至约 1/3。

OPC 的分辨率反映了其区别不同均匀粒径的两种单分散气溶胶的能力。它取决于校准曲线的斜率和 OPC 对单分散气溶胶产生均衡脉冲的能力。影响分辨率的主要因素是感应区域中光照的均匀性和光电噪声。

由于光学元件的对齐方式直接影响照明的均匀性，并且存在正常的制造公差，同一型号

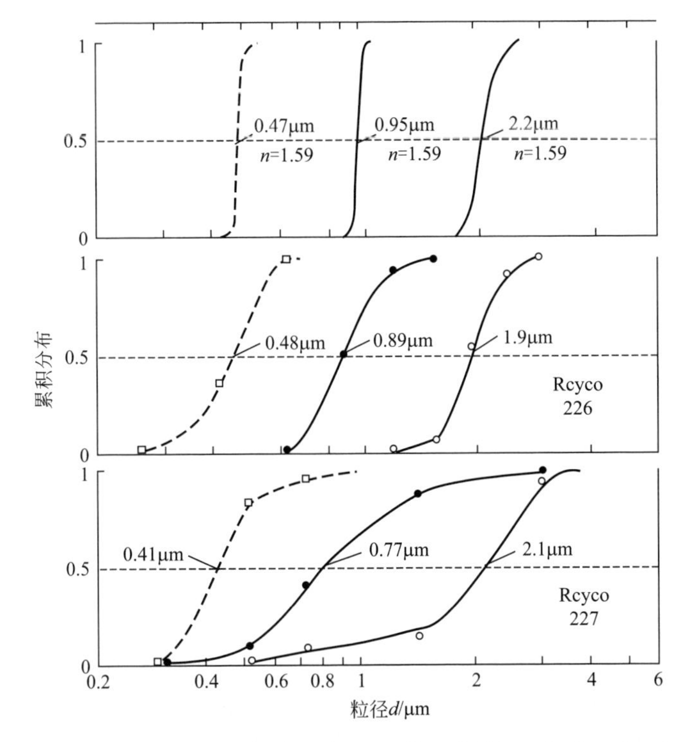

图 13-18　不同 PSL 测试气溶胶在 OPC 的比较测量中的累积粒径分布

（改编自 Gebhart 等，1983）

的仪器可能存在不同的分辨率。要测量分辨率，应用 OPC 对已知粒径和标准差的单分散气溶胶进行采样，并确定仪器扩展的粒径分布。这可以通过直接记录微分光谱（Liu 等，1974a；Roth 和 Gebhart，1978）或估算粒径分布曲线的斜率（图 13-18）来完成。

颗粒物非均匀照射的一个典型证据是，记录的光谱对于较大的颗粒物，是尖锐的切割，对于较小粒子则是逐渐切割。OPC 分辨率的光电子效应，仅在低于颗粒物粒径检测阈值附近变得重要，这里噪声波瓣与粒子信号具有可比性。通过量子统计学处理，在光电探测器中，调谐颗粒物信号很大程度上减小了阈值的分辨率，但对散射光脉冲中包含充足光子的较大粒子无影响（Liu 等，1974a）。对于有光学定义感应区域的仪器，边界区域的作用进一步减小了分辨率（Helsper 和 Fissan，1980）。

使用设计良好的激光气溶胶分光计，可以达到电子显微镜的粒径分辨率，尤其是低于光波长的粒径范围（Roth 和 Gebhart，1978；Knollemberg，1989）。

13.5.3　多重粒子光学技术

13.5.3.1　总则

若满足特定需求，基于光散射强度的多重粒子探测器能够应用于气溶胶浓度测量，例如光度计或浊度计。为确定浓度比率或相对浓度，气溶胶的组成（颗粒物的粒径分布、折射率）在一系列实验中必须保持不变。对质量浓度的绝对测量，光度计必须用所研究的气溶胶进行校准。这两种情况下，仪器必须在其线性范围内运行，这里感应区域内颗粒物数量与光度计信号呈线性相关。线性范围在高浓度区受多重散射的限制，而在低浓度区受室内杂散光背景的限制。

杂散光产生于光学要素，如透镜、玻璃窗和光阑。设计良好的仪器受到空气分子瑞利散射的限制，产生接近稳态的噪声水平。用已知散射性质的气体代替空气，可以按照散射截面，实现对光度计的校准。杂散光背景值的测定是在无颗粒物空气条件下的光度计响应。只有背景值 R_{ns} 的贡献可以忽略或减去光度计读数，由光度计响应值 R_i 估算的浓度比率才能准确测量。

$$\frac{c_1}{c_2}=\frac{R_1-R_{ns}}{R_2-R_{ns}} \tag{13-68}$$

在所有相似信号经过电子数据处理的情况下，光度计才被校正到空气中无颗粒物条件下的 0 点响应值。

从最低检出限到多重散射开始，典型光度计的线性范围，数浓度可以跨越至少 3 个数量级。结合惰性气溶胶的气溶胶光度计，当前已用于过滤测试和药物气溶胶中。在工业卫生中，它们用于实时粉尘监测器（第 25 章）和对大气中气溶胶浓度的连续记录（第 26 章和第 27 章）。通常，基于光散射的仪器比消光系统更加灵敏。

13.5.3.2 应用

（1）气溶胶吸入研究　从 Alstshuler 等（1957）的开创性研究开始，与单分散测试气溶胶结合的光度计已经用于气溶胶研究，用来测量气溶胶粒子在人类呼吸道中的总沉积量和研究气体的混合过程及其在内部气道中的沉淀机制（Gebhart 等，1988；Gebhart，1989b）。图 13-19 展示了一台用于气溶胶吸入研究的积分光度计。

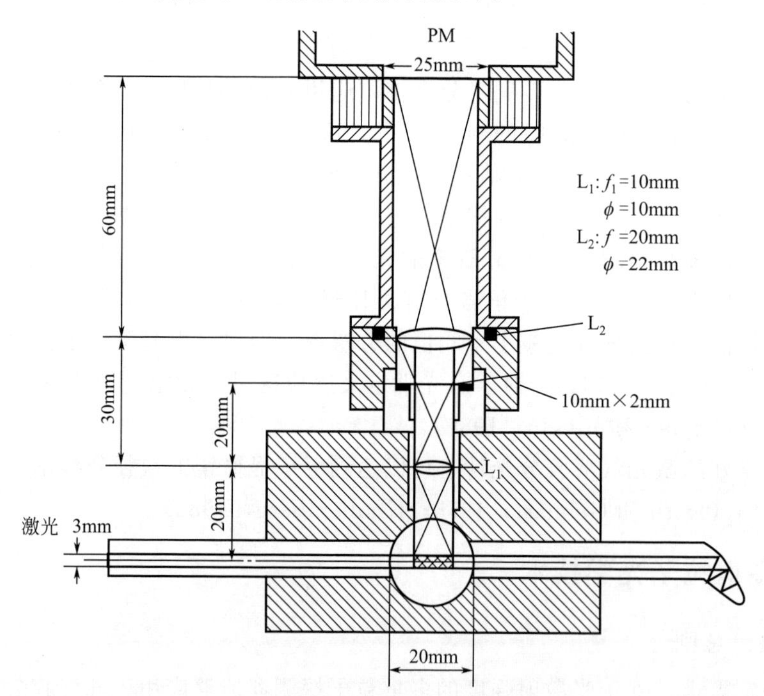

图 13-19　用于气溶胶吸收研究的积分光度计

仪器的圆柱形气溶胶通道可以使通过的样品流量达到 $1m^3/min$。HeNe 激光扩大的平行光束 3mm 直径横穿控光装置系统，穿过气溶胶通道，并由光阱吸收。透镜 L_1 收集在 90°±14°角度范围内经颗粒物散射的光，将被照射的颗粒物映射到一个光阑缝隙上。光阑缝隙限定感应区域为 $100mm^3$，并且阻止杂散光到达光电倍增器。另一个透镜 L_2 将透镜 L_1 的光圈映射到光电倍增器的阴极。气溶胶的瞬时浓度由光电倍增器的阳极电流表示出来，经放大后，可用于数据处理。在呼吸循环的整个过程中，光度计技术允许连续记录接近口腔处的气溶胶浓度。通过这种记录以及同时测量呼吸体积和流速，可以估算在吸气和呼气的连续过程中气溶胶的量。这类数据为肺功能测试提供了新的可能性（Gebhart 等，1988；Heyder，1994）。

这种吸入测量技术的一个改进版本是气溶胶呼吸探测器（PAR）。此仪器中，在呼吸道入口处同时测量气溶胶数浓度和呼吸流速的模拟信号，输入电脑后自动收集和处理数据（Westenberger 等，1992）。在光度计单元中，3mW 的激光二极管光束用于照射椭圆形呼吸道的大约 70%横截面。收集在 90°± 32°角度范围内吸入颗粒物的散射光，并投射到小型光电倍增器上。光度计的呼吸通道直接连接在吹口上，并通过一套转换气阀来提供干净的空气或气溶胶。气溶胶可用于连续气流或体积小至 2×10^4 mm^3（$20cm^3$）的断续流中。用呼吸速率计测量呼吸流速，积分后能得到吸入空气的体积。

（2）工业和环境卫生学　TM 数字化 μP(HUN) 是一个能瞬时读出可吸入粉尘的光度计，它是专为测量车间中浓度水平而设计的。便携、电池供电的仪器测量均匀散射角为 70°、由空气传播粉尘散射的红外线（0.94μm）。对日光不敏感的开放式测量室被自然对流空气所充满，并包含粗的颗粒物（总粉尘）。但是，光度计的读数是对照借助重力呼吸粉尘采样器得到的吸入粉尘的质量浓度来校准的（第 25 章）。Armbruster 等（1984）使用单分散测试气溶胶和工业粉尘进行实验，证实了仪器的原理。只要排除极度粗糙的颗粒物，工业粉尘中得到的光度计值可以线性地转化成可吸入粉尘的质量值。

可吸入气溶胶监测器（RAM；MIE）可以实时估算可吸入粉尘，它是通过在气旋中部分经空气动力学分离后的粉尘光散射进行实时评估来实现的。一台小型的实时气溶胶监测器包括一个脉冲近红外线发散二极管、一个硅片探测器和可以收集范围为 45°～95°散射光的各种校准滤光器。仪器周围的空气能自由地通过它的开放式检测室，它的质量浓度测量范围为 $0.01\sim100mg/m^3$。实时气溶胶监测器的进一步发展是个人化/数据可吸入气溶胶检测器（MIE）。这个仪器同样可以应用在一个型号的仪器中（pDR-1200，MIE），它通过一台粒径筛选装置使用活性气溶胶样品，来检测环境气溶胶中可吸入的、到达胸部的和 $PM_{2.5}$ 部分的气溶胶监测（第 25 章、第 27 章和第 29 章）。

借助散射在颗粒物集合上的光，通过测量过滤器上下流动均匀测试气溶胶的浓度，可以在光度计的线性范围内检测过滤器的效率。但是，对于高效过滤器，积分光度测定需要过滤器有一个浓度相对较高的流入气流。所以，使用 OPC 和 DMA 更合理。

（3）大气气溶胶测量　工作场所内可吸入粉尘和总粉尘的一般质量浓度水平在 $0.1\sim100mg/m^3$ 范围内，但大气中典型气溶胶的质量浓度范围是 $10\sim200\mu g/m^3$（Charlson 等，1976）。因此，大气中颗粒物污染监测需要高灵敏度的浊度计。为了研究空气污染和能见度，Charlson（1976）修正了积分浊度计。浊度计的主要部分是一个直径 0.5m、长 2m 的管子，包含所有光学和采样元素。光源是一个安装在管壁上的氙灯，并供以 1.2 闪/s 的动力。灯泡前的乳色玻璃提供给光源一个余弦特性。在管的一端，光电倍增器严格地装在一系列校准圆盘之后。另一端作为光阱（light trap），它也是由校准圆盘构造的。采样气体以约 1.7×10^{-3} m^3/s（100L/min）的流量抽进中心室。从光电器输出一个约 20μs 脉冲，随时间推移被放大和平均化。这个装置有足够的灵敏度来辨别瑞利散射的气体，故不同无粒子气体能够用来按照散射截面校准仪器。结果表明，对于老化气溶胶（积聚模式），光散射与悬浮颗粒物的质量浓度成比例（Charlson 等，1967）。

如 Charlson 等（1967）所述的相同原理，TSI 开发出新一代积分浊度计。3551 型是一台高灵敏度、单波长（$\lambda = 0.55\mu m$）的仪器，能确定大气气溶胶粒子的散射系数 σ_s：

$$\sigma_s = \int n(a) C_{sca}(a) da \tag{13-69}$$

由于其高灵敏度，浊度计可以测量低至 $2\times10^{-7}m^{-1}$ 的散射系数。除了 3551 型外，TSI 提供了另一个型号（3563 型），它使用 3 个波长和 1 个反向散射选择器。它为短期和长期测量大气气溶胶的光散射系数 σ_s 而设计，包括能见度和空气质量研究。

13.6 光学测量技术：原位传感

13.6.1 引言

从广泛意义上讲，用于表征颗粒物的仪器可以分成两类：引流 [extractive，故为非原位测量（ex situ）] 和原位测量（in situ）。引流进样是从环境中采集载带粒子的气体，并将其输送到分离的粒子测量区。正如前面章节所述，一般气溶胶的测量技术都按照此模式操作，因为它可以精确控制测量条件。引流技术的成功之处在于：采集和输送粒子过程中，不会改变粒子的相关性质。但这种条件有时很难达到，例如入口效率差、壁损失及快速的气溶胶动力学变化（蒸发、凝结、合并），这些物理过程会改变粒子的粒径分布。在恶劣环境中，如极端气压和温度、腐蚀性环境等条件下测量时，引流技术也可能失败。原位测量技术（非侵入技术，noninvasive）可以克服许多局限性，在不适合应用引流技术的条件下检测粒子性质。

目前，大多数原位气溶胶测量技术是以光学为基础的，如光学成像和激光照射的结合提供了很多测量的可能性。事实上，可应用的原位光学技术如此之多，当前的综述有必要限制篇幅，以三种方式呈现。第一，我们限定讨论商业化仪器。由于新的非破坏性的颗粒物表征技术的实验室开发是一个活跃的研究领域，所以这是一个相当严格的限制。这个决定动机是期望从以下技术层面得到提升：①读者易于应用（在硬件或时间上不需要过度的投入）；②合理并可行。即使使用商业技术，研究者将发现这些系统一般来说是昂贵的并且需要投入大量时间进行培训。由于很多气溶胶测量必须现场进行，可携带型是我们所期望的。至于第二个限制，我们一般只考虑实时和直接读取设备。因为多数原位技术自身就可实现在线分析和展示，因此这不算是严格意义上的限制。当然，需要注意的是，后续的（更精密）数据分析对保证数据的完整性是必不可少的。全息技术是一个例外，虽然应首先开发全息图，随后为分析而重建，自动技术开始出现，因此这一强有力的技术也包括在内。第三，我们限定讨论测量粒径分布的技术，而仅提供颗粒物云部分信息的技术则被本限制排除在外。例如视距测量计，因为它可以测量粒子体积浓度或 Sauter 中值粒径（Holve 和 Slef，1980）。

简而言之，本章回顾商业化应用、直读、基于光学的原位气溶胶测量仪器。这些仪器当中，对单个粒子粒径的测量范围在 0.1 ～1000μm 之间，粒子浓度可高达 10^6 个/cm^3，速度范围是 km/s。集成技术可测量平均直径低至 1nm。原位仪器克服了引流技术方法中遇到的很多限制，但也面临很多新的限制（一类或个别）。为描述这些限制，以下部分将介绍原位光学颗粒物分级系统的概述。这部分将继续回顾当前已商业化应用的仪器。个别回顾有必要简短，但充足的参考文献能够帮助读者进一步探索每种方法。尽管我们想尽力包括所有仪器，还是有可能忽视一些厂商。本章最后总结了仪器性能验证的关键性问题，包括标准问题、校准发生器和仪器比较等。

13.6.2 概述

光学方法原位测量粒子已成为研究热点，因此，有关这个话题有许多优秀的综述（Hirleman，1983，1984，1988；Hovenac，1987；Lefebvre，1989；Tayali 和 Bates，1990；Black 等，1996；Koo 和 Hirleman，1996）。几套会议论文集包含原位技术的当前应用和讨论（Gouesbet 和 Grehan，1988；Hirleman，1990；HIrleman 等，1990；Kuo，1996）。

基于光学原位技术是分析单个粒子还是云聚集体性质，可将原位技术分成常见的两类。粒子通过一个有限的（通常是小空间）高光强（通常是激光）空间时会发生散射，单粒子计数器（SPC）通过分析一个粒子的散射行为来确定其粒径。散射光的光强、相位或成像信息全部用来确定颗粒物粒径分级。为确保统计精确度，需对大量粒子进行粒径分级，得到粒径分布。除测量区域位于仪器外部以外，此类仪器的原理类似于前面章节提到的光学引流技术。单粒子计数器一般能够提供大量已被计数粒子的信息，如粒径、速度和到达时间等粒子性质间的相关性，以及描述粒子场的空间特性。但在颗粒物数浓度较高的地方，单粒子计数技术会产生偶然误差，当不止一个粒子同时占据感应空间时，会发生此种情况。

第二类原位系统统称为集成技术（ensemble techniques），其操作原理是照射含有大量粒子的空间并分析全体散射。集成技术的一个示例是摄影快照（三维全息影像），其可以捕捉粒子的瞬时分布状态。摄影系统的缺点是难以获取实时读数，利用实时集成技术可以弥补此缺憾，但需要对数据进行数学转换以确定粒径分布。集成技术适合测量高浓度粒子，而在低浓度情况下无法发挥作用。通常，集成技术不像单粒子计数器那样提供粒子的详细信息，这是由于单个粒子的信息在平均化过程中消失。实时集成技术在粒子场的空间分辨率方面发挥的作用有限。

通常，集成技术测量粒子浓度（数浓度/体积浓度），而 SPC 系统测量粒子通量（数量、空间、时间）（Hirleman，1988），也就是说，集成技术描述在测量时间（空间平均）内在采样空间出现的粒子数量（和粒径）。为得到气溶胶浓度，SPC 需要更多粒子速度方面的信息。正如 Hirleman（1988）指出，若粒子粒径与速度之间存在系统相关性，所以根据浓度或利用通量技术测量粒径分布会产生差别。

集成粒径分级技术都有不同的优缺点，故理想仪器就是在特定环境中对特定气溶胶的特定性质进行测定。Hovenac（1987）和 Hirleman（1988a）按照仪器操作范围，描述了一种原位光学测量的方法。选择仪器的核心思想按照两个步骤：第一，识别要测量粒子的性质和条件；第二，在仪器操作范围建立测量条件。最后一步很关键。如 Hirleman（1988a）所指出的，很多仪器会继续“愉快地报出错误数据，但不提示用户”。仪器操作范围是指在适当范围内，仪器测量所需粒子性质的能力以达到可接受的准确度。Hirleman（1988）把组成操作范围的参数分为三类：粒子、仪器和环境特性。根据 Hirleman 的分类，下面对原位方法的操作范围进行概述。

13.6.2.1 颗粒物特性

我们对一系列粒子特性感兴趣，包括粒径、形状、浓度、速度和折射率等。这些性质的每一种都在粒子中体现，这样就变成了测量相关分布问题。就非球形粒子而言，若选择一个维数来表征粒径，会产生歧义。另外，大部分测量技术都是根据一些所测粒子的性质（设定速率、光散射强度等）来间接推断粒径。因此必须用当量直径来描述粒径分布，广泛报道的一般是光学、空气动力学、流体力学或电迁移率当量直径。即使在光学技术之间比较也必须小心，因此相同粒子的散射行为将很大程度上取决于它的测量技术的细节。除粒径外，粒子浓度（单位体积气体中的粒子数量、表面积和质量）也很重要。由于所有粒子特性能显示出时间和空间变化，情况变得更加复杂。

测量粒子的粒径分布时，要求精确完成粒径分级和计数两部分。当粒径分布本身具有重要基础意义时，需要高分辨率光谱。例如，要准确描述粒径分布，理解和预测物理过程或识别源与形成机制是必不可少的。但在某些情况下，精确度可能没有可重复性重要，重点关心的是粒径分布的平均粒径、扩散和形状。理想仪器的测量范围应适当地跨越真实粒径范围。如果粒径范围超过一个数量级，则很难用一台仪器全部涵盖进去，确定这种宽泛的分布更加复杂。由粒径分布转换的其他特征很重要，尤其是从频率分布转变成质量分布的时候。

另一个常用的特征是粒子浓度：单位体积气体的气溶胶质量、面积和数量，在一定程度上受到重视。粒子测量中的浓度变化范围十分惊人，从超洁净空间中每立方米几个粒子到某些工业设备中每立方米万亿个粒子。显然，不能指望一种仪器测量整个粒径分布范围。多数情况下，描述每一个粒子的特征是不实际的（不可能的）。因此，有必要从某些子集测量中推断真实的气溶胶性质，只有当粒子数量很少时，主要是较大粒子或在洁净空气中，测量才会出现困难。在这种情况下，仪器噪声（instrument noise）（虚幻计数）变得显著，必须努力确保统计学意义。高浓度时仪器局限性变得明显，在 13.6.2.2 将做介绍。当用测量的频率分布来推导体积和质量分布时，将放大浓度测量误差。

粒子速度分布对理解粒子分散、输送或通量方面是重要的。在某些应用中，需要知道粒子粒径与速度间的关系。即使当粒子速度本身并不重要时，其也可能成为系统性能的限制因素。例如，粒子的高速运动可能对 SPC 的信号处理和响应时间造成困难。若电子速度不够快，来自高速粒子的信号将变宽，且其峰强将消失，结果会导致粒子的粒径被低估。粒径-速度相关性也可能对系统运行产生负面影响。SPC 一般提供粒子的速度信息，而集成系统却不能（值得注意的特例是脉冲摄影或全息影像）。对 SPC 而言，用速度测量值从粒径分布测量值中推导出粒子浓度，否则，以通量为基础的测量会优先计算速度更快的粒子。Hovenac（1987）讨论了 SPC 的粒子速度最低检出限，典型最高检出限是 300m/s，但一些系统可以在 km/s 范围内运行。

对研究者而言，一般不关心粒子的形状和折射率，而是重视其在确定粒子散射特征中发挥的作用。某些成像系统能够记录粒子形状，下面将进行讨论。

13.6.2.2 仪器特性

要得到准确的粒径分布，应要求仪器测量的颗粒物粒径和数量都准确。Hovenac（1987）叙述了对 SPC 粒径和计数测量有负面作用的因素。尽管粒径和计数的灵敏度对整体技术也很关键，测量值内在的平均化使得讨论变得复杂化。下面集中讨论几种仪器特点在测量上的局限性。

也许，进行精确原位测量中最难的方面是定义采样空间，这是由于在采样器中无法控制粒子的速度和路径（Holve，1980）。集成技术和 SPC 技术都存在这种困难，并可能导致粒径测量和计数误差。大多数原位系统的采样区由照射光束的光强剖面和受光器（空隙、光阑、透镜、滤镜等）的几何形状和特点决定。激光强度在采样空间（轴方向或半径方向）的分布不均会导致单分散粒子依赖于飞行路径的散射强度剖面。一般具有高斯强度剖面的激光束，经过激光束轴的粒子比经过激光束边缘的粒子散射更多的光。因此，一个经过激光束轴的小粒子和经过激光束边缘的大粒子可能产生相同的散射振幅（“轨迹模糊”，Grehan 和 Gouesbet，1986）。对基于光强的 SPC 技术而言，这种多值响应降低了仪器的准确性。此外，非均匀光束剖面与光电检测器的灵敏度结合将产生这样的情况：有效采样空间依赖于粒径，例如，小粒子仅通过光束的中心区域时才能被检测到，而大粒子能在更大的横截面上被检测到。集成和 SPC 原位技术都存在这种计数偏差，所有 SPC 需要对采样空间进行某种形式的校正（例如，Holve 和 Self，1979a，b；Holve，1980）。

粒径是一个关键参数，用原位技术进行颗粒物分级时会产生一些问题：精密度（重现性）、精确度（分辨率）、灵敏度（最低检测粒径）和动力学范畴。精确分级需要单调响应曲线（光强-粒径或光强-相位）。遗憾的是，由于洛伦兹-米散射的影响（13.6.3.1），光散射技术经常产生多值。粒子形状和折射率的变化大大影响响应曲线的形状，并限制了系统的准确性，除非用相同粒子进行校准和计算。很多原位光学系统基于近前方散射技术，它能够减小（但不能消除）形状和折射率效应。上面讨论的轨道模糊也会降低基于光强技术的准确性。所有光学原位技术都要求激光束中间的最细部分比最大粒子的粒径大 4～5 倍，以确保粒子表面的均匀照射（Holve，1980）。例如，Hovenac（1987）已证明，SPC 可能把小光束中的单粒子当作两个小粒子进行计算。测量体积的线性维数大于最大粒子粒径，这样也可以减少受边缘效应影响的粒子数量（Holve 和 Self，1979a）。需要注意，扩大测量空间可能增加重合误差，所以必须进行权衡。

透镜不理想、安装错误、光电检测器的非线性和其他不理想的情况将显著降低系统各方面的性能（Holve 和 Davis，1985）。光束强度波动和系统瞬态出错，能损害仪器精度和准确性。根据经验，光学和信号处理局限性对所测量动力学粒径范围（一台环境中使用的仪器）的限制约为 30 倍。仪器干扰通常会限制动力学范围的确定，可能影响精密度、准确度和灵敏度。

提高仪器的灵敏度总是有必要的。原位 SPC 典型最低检出限约为 0.3μm，尽管现在采样型 SPC 能检测到直径约 0.05μm 的粒子。Knollenberg（1985）描述了 SPC 的理论检出限，并表明检出限由采样空间内的杂散光或气体分子的背景散射控制。有趣的是，在真空中操作 SPC 可将其灵敏度提高 2～6 倍（Knollenberg，1985）。总之，Knollenberg 认为，在空气和真空中操作 SPC 的理论检出限约为 0.02μm。一些集成技术的检出限更低，如动态光散射技术的检出限为 0.01μm。

高浓度粒子也可能限制系统性能。例如，SPC 中，高浓度粒子可能导致偶然误差、死时间（dead time，即无信号时间）和强度衰减误差。当两个粒子同时占据测量空间时，会被当作一个大粒子计数，这将引起粒径测量误差和计数误差，导致粒径分布发生偏移，比实际偏大，此时存在偶然误差现象。偶然误差决定数浓度的上限，即仪器在无明显干扰情况下测得的数浓度。已证明此上限值与干扰率成正比，而与有效测量体积成反比（Holve，1980）。当一个结果还在分析，另一个结果已产生时，电子还没有准备好，此时就是死时间。死时间效应可能减少或偏移粒径分布测量值。采样空间和光学接收器之间的粒子浓度高会降低粒子的光散射强度。在基于光强的技术中，误差产生的结果是低估所有粒子的速度。在集成系统中，多重粒子散射发生在高浓度粒子中，这种情况下，粒径分布测量值取决于浓度。

可以从硬件或软件方面对偶然误差、死时间或多重散射进行修正。

此概述中所有讨论都要求有精准数据分析，且大部分需要提取或反演得到粒径或粒数分布。实时集成技术极好地证明了这一点，反演一组有限的测量响应来推断未知分布（Hirleman，1988a）。Holve（1980）提出，在基于光强的SPC技术中，由于轨迹的不确定性，需要对光强结果柱状图进行逆推算。使用相位多普勒技术可将光强度变化对粒径测量的影响降到最低，但需要校正粒径-速度关系和依赖于粒径的采样空间。数据分析和装置的重要性此处不再赘述，第22章中描述了数据分析和转置中的一些问题和缺陷。

13.6.2.3 环境特性

沿光学路径的折射率梯度可引起光束转向，导致光收集角的变化。光路径的长度、传输介质温度和压力梯度决定了光束转向的程度。气体条件（温度、压力、成分）也会影响气体折射率。激光系统易于适应高温环境，因为其可以减弱高强度热辐射背景的影响。有一些实际问题如光纤接入窗片污染也必须予以考虑。同样，在高强度光水平的环境中应用光学技术也将导致测量失真，除非适当对光进行过滤。

13.6.3 基于光强的单粒子计数器

当粒子经过一个光照进样空间时，第一类仪器分级并计数单个粒子。粒子经过此区域时，粒子散射光通过固定角度收集，光学接收并聚集在光电探测器上（图13-20），散射光的峰强确定粒子的粒径。目前，各种各样的此类技术已得到应用，同时有不少关于此主题的论述可供借鉴（Knollenberg，1979，1981；Holve等，1981；Hovenac，1987；Tayali和Bates，1990；Black等，1996；Koo和Hirleman，1996）。论述中对SPC的报道都关注应用此类技术的所有局限性和顾虑，包括低浓度下的计数统计和高浓度下的偶然误差及死时间的

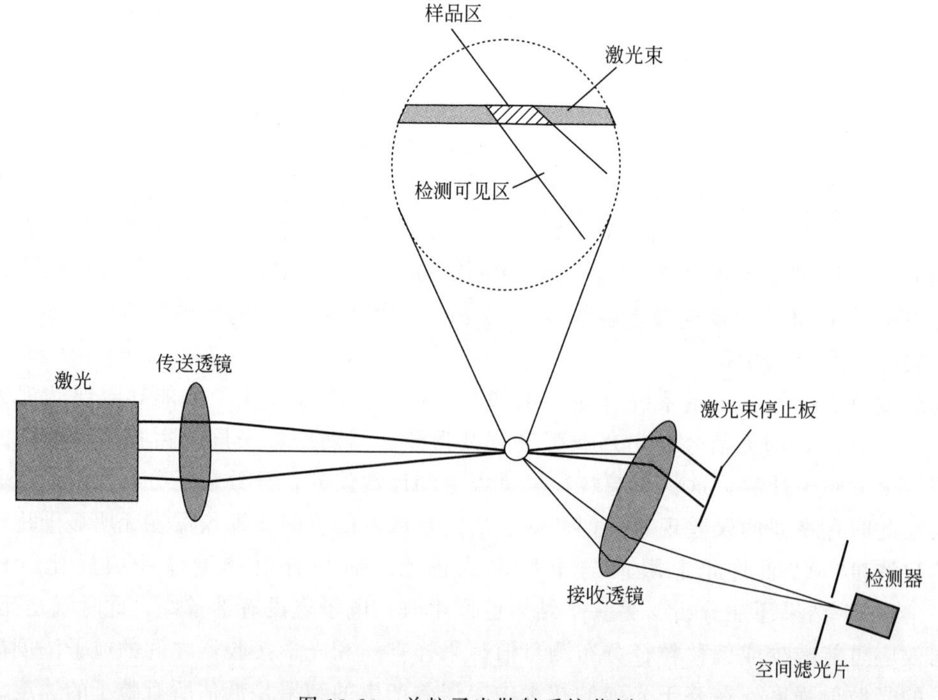

图13-20 单粒子光散射系统范例

影响。特别是照射光束的非均匀性可导致这类设备的分级和计数误差，所以某些形式的校正是有必要的（硬件或解析反演）。基于光强的技术对环境特征尤其敏感，这些特征可以改变照射光束强度或散射光强度，如窗片污染或样品区域与光学收集器之间的粒子密度过高。

13.6.3.1 前向散射仪探测器

PMS型前向散射仪探测器（forward-scattering spectrometer probe，FSSP）模型（PMS）是地基或装在飞行器上的探测器。该探测器是基于粒子通过激光照射感应区的前向光散射强度来对颗粒物进行分级。新型的FSSP-300与机械原理相同的FSSP-100（15个通道包括几个粒径范围，如0.5～8.0μm和5.0～95μm）相比，在测量范围内（0.3～20μm），有更好的灵敏度（降低到0.3μm）和更高的分辨率（31个通道）。这些仪器的速度操作范围为10～125m/s。典型构造的FSSP并不测量粒子的速度分布，但可以把连续的平均粒子传输时间（测量目的是修正边缘效应）转变成平均速度。此系统已广泛应用于大气气溶胶研究（如Konllenberg，1981）。

Knollenberg（1981）和Baumgardner等（1992）分别描述了FSSP-100、FSSP-300的操作原理。专利技术双探测器装置（dual-detector arrangement）仅被用来分级那些通过进样区域的粒子。简而言之，一个探测器发射HeNe激光，照射两探测器间的采样空间，另一探测器的光学仪器收集采样空间内粒子的散射光。当主光束路径被阻碍时，前向散射光进入光束分离棱镜，聚集在两个光电探测器上。信号光探测器不被遮蔽，并记录下分级粒子所需的最大光强。此时环探测器被遮挡，用于消除来自焦点对准的中心粒子的光。每个粒子两个信号间的比较作为一个可接受的标准：进入环探测器的散射光大部分是远离焦平面粒子的散射光，应当被去掉。执行传送时间测试来排除横穿边缘光束的粒子。这项测试会使粒径分布发生偏移，如果粒子速度分布较广，则其粒径分布受到的影响更大（Baumgarder等，1990）。

几位作者已综述了FSSP技术的光学和电学局限性（Baumgarder等，1990，1992；Wendisch等，1996），强调的问题包括采样体积、粒径分级和计数不准确性。尽管应用校正算法能改进精确度（Baumgardner等，1990），浓度测量的不确定性仍很大（＞50%；如Knollenberg，1981）。应用乳胶和玻璃球体（Pinnick等，1981）以及水滴（Wendisch等，1996）进行粒径校正研究已有报道。之后，Hovenac和Hirleman（1991）设计了旋转针孔校准器，应用在FSSP中。一些研究者表示，如果考虑到粒子折射率、形状（Jaenicke和Hanusch，1993）和光束的非均匀性（Hovenac和Lock，1993），实验FSSP校准曲线与Mie计算值是一致、合理的。

13.6.3.2 90°白光散射分析器

Umhauer（1983）介绍了基于白光照射并以90°散射角监测的原位单颗粒计数器（SPC）。选择白光照射是为使“散射光强-直径”响应曲线的单调性最大化，并减小（但不是消除）折射率的影响。这些白光系统很适合测试过滤效率，尤其在高压或高温情况下，也广泛应用于制药喷雾的分级。尽管并不测量粒子速度，典型的速度操作范围是0.1～10m/s。基于Umhauer设计的商业系统，HC系列粒径分级器已由PLY推向市场（目前已停止出售），PCS-2000型系列由PAS出售。两个商家生产几种型号的仪器，在光学几何结构上存在差异，其粒径和浓度范围也有所不同。

已停产的HC系列（PLY）所测量的粒径范围，从0.4～22μm（H-2015型）到1.5～100μm（H-2470型）。HC-2470型所需的测量空间更大，使其更易受偶然误差的影响，但不易受边缘误差的影响（Borho，1970）。HC 系列可测得的最大粒子浓度是 10^5 个/cm^3。几个校准研究已经对 HC 系列的性能进行了探讨：Mitchell 等（1989，根据英国标准 BS 3406），Fissan 和 Helsper（1981），Sachweh 等（1998），Friehmelt 和 Heidenreich（1999，非球形粒子）。尽管观察到强折射率的强烈影响，这些作者一般报道的都是平滑单调的仪器响应函数，与球体的 Lorenz-Mie 计算很相符。Sachweh 等（1998）修正了一个 Umhauer 类型的系统，得到一个更小的光学测量空间，使粒子浓度测量高达 10^7 个/cm^3，粒径最低检出限约为 0.2μm。

根据 PC-2000 系统（PAL）的构造，其粒径选择范围是 0.15～100μm，粒子浓度高达 10^6 个/cm^3。PC-2000 系统提供两个独立的光电倍增器，可以减小边缘区误差（如轨道的不确定性）。文献中关于 PCS-2000 系统的文章很少。Stier 和 Quinten（1998）报道了折射率的修正，Maus 和 Umhauer（1996）在过滤研究中应用类似于 PCS 的仪器。PCS-2000 系统的性能与 HC 系列（PLY）相类似，因为有共同的前身（Umhauer，1983）。

13.6.3.3 粒子计数分级测速仪（PCSV）

PCSV 系统（PRM）是一个单粒子计数器，它根据 HeNe 激光向前散射的峰强度来测量粒径（Holve 和 Self，1979a，b；图 13-20）。应用前向散射（主要是衍射）光来减少粒子形状和折射率的影响。因此，仪器响应主要依据粒子穿过的横截面区域。根据散射光脉冲的宽度来确定粒子速度（Holve，1982）。尽管数据集记录了整个速度分布，但只能给出平均速度。根据特定的系统构造，生产商给出了仪器的操作范围（operating envelope）：粒径在 0.2～100μm 范围内，亚微米级粒子的粒数浓度达到 10^7 个/cm^3，超微米级粒子的体积浓度达到 1.0×10^{-5}，粒子速度在 0.1～400m/s 范围内。系统的最大粒子计数率是 500kHz。为了覆盖这个较宽的粒径测量范围，该系统采用两束分离激光形成两个独立的测量空间，较细的光束（直径约为 200μm）用于测量小粒子粒径，而较宽的光束（直径为 200μm）用于分级较大粒子。Process Metrix（PRM）称其测量粒径的精确度为±5%、准确度为±3%。台式光纤耦合模型（PCSV-E）和探测器光纤耦合模型（PCSV-P）都采用该系统。冷却水探测器是为在恶劣的环境（温度达到 1400℃、压力从真空到 10atm）中操作而设计的，该探测器可以净化气体以减小窗体污染。台式光纤耦合模型由两个相距 1m 的塔组成，中间由一个常见的桥支撑，测量空间位于中间。两个系统都包括原位调整系统，用来校正恶劣环境中的光束控制（Holve 和 Annen，1983）。Holve 和 Davis（1985）探索性地分析了灵敏度。

PCSV 系统的主要特点是，对所测量的散射强度柱状图逆推算，推断出粒径分布（Holve 和 Self，1979a，b；Holve 和 Annen，1984；Holve 和 Davis，1985）。之所以要进行逆推算是因为轨道的不确定性。广义的 Lorenz-Mie 散射理论用于为要求的几何形状预测散射响应函数（散射强度对粒径），并已经过实验验证（Holve 和 Self，1979b）。尽管早期工作实验性表征了采样空间强度剖面（Holve，1980），当前技术依赖于分析性描述（Holve 和 Davis，1985）生成强度剖面，并利用单点校准使仪器相应的预测值和观察值保持一致。用单分散性乳胶球体检测采样空间分析模型的有效性（Holve 和 Davis，1985），并利用单分散性油酸液滴的混合物建立逆推算运算法则的精确度（Holve 和 Self，1979b）。PRM 通过在玻璃参比刻线上提供旋转铬片为测量粒径范围为 2～80μm 的仪器进行校准。

PCSV 系统已经用于测量各种燃烧环境中粒子的粒径分布（Holve，1980；Holve 和 Annen，1984；Bonin 和 Queiroz，1996，1991）。用 PCSV 测量冷、热流体中的苏打-酸橙玻璃珠的粒径分布（Holve和Self，1979b）得出前后一致的结果，表明PCSV能在高温1600K的火焰中对粒子进行分级。最近，PCSV已用于电镀过程的研究（Bonin等，1995）。

13.6.3.4 双光束和平顶光束系统（dual-beam and top-hat beam system）

几种已开发的技术试图解决基于光强的粒径分级，这些技术脱离了通过光束的粒子轨迹，因此避免了逆推算运算法则。为减少轨迹的不确定性，研究者应用双光束系统或尝试对单一入射光的强度剖面进行修正。

双重光束、双色光束或指示光束技术主要采用一条具有相对较宽直径的光束，和另一条与较宽光束同轴，在中部聚焦的重合光束。来自较小（指示）光束的光散射信号用来激发较大光束的测量光强用于粒径分级。例如，Hess（1984）使用不同波长的高斯激光束内的小指示光，描述和证明了双色光系统的测量过程。指示光束规定了大的高斯光束中的相对均匀的部分。仅对指示光束中被探测到的粒子进行测量，明确这些粒子位于外部光束的均匀部分中，因此散射基础强度能够被记录下来，并且粒径测量不受轨道影响。MetroLaser PAS-100和PAS-200（MEL）仪器使用一种相似技术，为LVD、粒度分级和浓度测量的组合体系提供均匀的测量区域。若在处理原始数据前收集粒子散射集群，粒子形状或折射率未知，并且在设计运行中没有死时间的情况下，系统可被构造成收集衍射光。厂商声明的操作范围包括一个0.4～6000μm的直径范围、2%的典型分辨率和30∶1的动力学范围，以及高达1000m/s的速度范围。测量数据的粒子速度高达3×10^{6}个/s。

Grehan和Gouesbet（1986）描述了一个实验系统，该系统使用高斯吸收滤光器把粒径分级激光修正为有均匀（平顶）剖面的光束。平顶光束的概念是通过创造一个大部分波束宽度中有近乎恒定激光强度截面的光束，来减少轨道的不确定性。当然，大部分光束宽度内，平顶光束的实际光强分布并不均匀，但可以将其描述为：中心区域光强恒定，光束边缘类似于高斯（光强衰弱）尾部的光强分布。因此，由于末端效应，仍将出现轨道不确定性。Black等（1996）对平顶光束做了更多讨论。

13.6.3.5 单颗粒计数器：基于可见度的激光多普勒测速仪

激光多普勒测速仪（LDV）是一种业已成熟并有大量文献记载的测量粒子速度的非扩散性技术，该技术通过单粒子穿过激光束限定的测量区域时形成光散射的多普勒变频得到粒子速度（Durst等，1981）。最常用的LVD构造使用交叉激光束来限定测量空间，其典型数量级尺寸为1mm或更小。粒子通过测量空间的散射光时，其多普勒相位与粒子速度成比例。使用常规电子检测设备可以测量高达几百米每秒的速度。由于照射光束呈高斯强度分布，来自每一个粒子通道（多普勒突发脉冲）的光散射强度信号由一个高频多普勒组分叠加到低频“基底”组分组成。当过滤掉低频基底后，剩下的组分（图13-21）就是多普勒频率，其与粒子速度直接成比例。多普勒信号的调谐范围（多普勒信号与基底强度之比）被称为信号“可见度”。

在基底强度或LVD信号可见度基础上，已研发出大量粒子测量技术。Jackson（1990）综述了基于干涉的液滴分级测量技术，包括轴上LVD可见度测量（衍射占优势）、离轴LVD可见度测量（折射占优势）和相位多普勒技术。这种技术颇具吸引力，因为它们可以同时测量单粒子的粒径和速度。理想情况下，多普勒突发脉冲的峰强与粒子粒径直接相关。但由于轨迹模糊，照射光束的高斯性质使情况变得复杂。

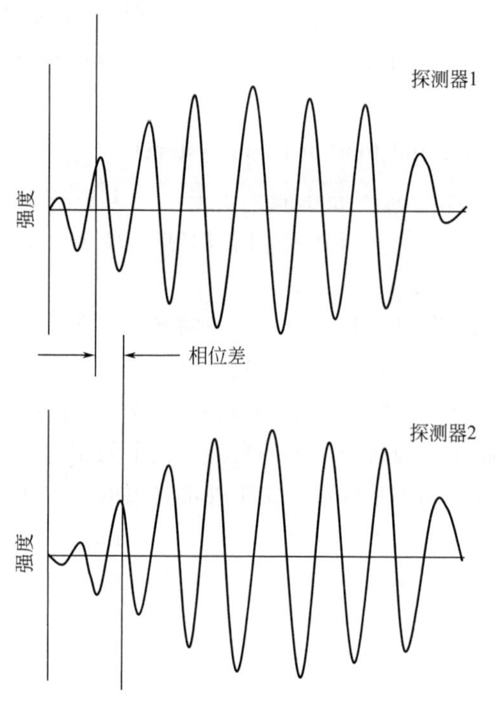

图 13-21 多普勒突发脉冲信号特征

Farmer（1972）从理论上建立了基于信号可见度的粒子粒径确定方法，由于粒子的粒径测量与其穿过光束的轨迹无关，这项技术很具吸引力。最近可以看到对此方法的评论（Jones，1999；Black 等，1996）。此项技术的缺点是较大粒子的粒径与可见度间的关系变得不稳定，因此限制了有效的动力学范围（Bachalo，1980；Durst 等，1981；Takeo 和 Hattori，1990）。例如，Jackson 和 Samuelsen（1987）比较了喷雾系统中的多普勒相位和基于可见度的干涉计，发现基于相位的系统提供了更广泛的粒径和速度测量范围，结果基于相位的干涉仪比基于可见度的系统有更广泛的应用，作者们认为可见度系统无商业应用价值。

13.6.3.6 单粒子计数器：基于相位

相位多普勒技术以 LVD 为基础，可同时测量单粒子的粒径和速度（见 Hirleman，1996 中的历史回顾）。该技术并不像以前的 SPC 技术集合那样依赖于光强，因此可以通过减少诸如光束衰减或窗片污染影响来提高性能。在相位多普勒系统中，粒子通过激光束截面测量空间散射时，发生多普勒频移，相位多普勒系统测量此频移光的空间和时间频率。相位多普勒系统使用多重光电探测器，收集单粒子散射光空间部分的细微差别。图 13-21 为两个此类探测器测量高通滤波器过滤后的多普勒叠加脉冲。两信号间的相移是散射光空间频率的调节，这直接与粒子直径、折射率和接收器形状相关。由洛伦兹-米理论（Saffman 等，1984）、几何光学（Bachalo 和 Houser，1984）和 GLMT（Grehan 等，1994）可以展现散射光空间频率和固定折射率的粒子直径间的线性关系及接收器形状。粒子速率与时间频率间的关系，与常规的 LVD 中的情况相同。图 13-22 是一般相位多普勒系统的示意图。

由于需要计算每条折射线的相移，或者是穿过已知稳定折射率的球体粒子抑或是由粒子表面折射出的相移，所以要求粒子是球体。下面介绍测量非球体粒子的准备工作。

由于在足够大的离轴角（主要是 30°或更大）上收集散射光，大部分多普勒相移的理论分析应用几何光学近似，忽略散射。相位多普勒分析的主要假设之一是散射的单一组分占主导，要么是折射，要么是反射。一些作者证明了此假设受到轨迹不明确干扰时的影响，也就是说，在一开始当粒子的外部平面进入激光束时，反射占主导，然后当粒子穿过光束中心时，折射占主导（例如，Qiu 等，2000；Strakey 等，1998；Hardalupas 和 Liu 等，1997），这些研究者和其他人已建议并测试了几个轨迹后处理校正程序。

13.6.3.7 相位多普勒粒子分析仪

Bachalo 和 Houser（1984）介绍了相位多普勒粒子分析仪（PDPA）的基本原理。PDPA（AER；TSI）由激光器、光学传输器件、光学接收器组合、信号处理器和数据收集及分析软件组成，包括全部操作方法、数据收集和计算机控制分析。TSI 系统除粒子粒径外，

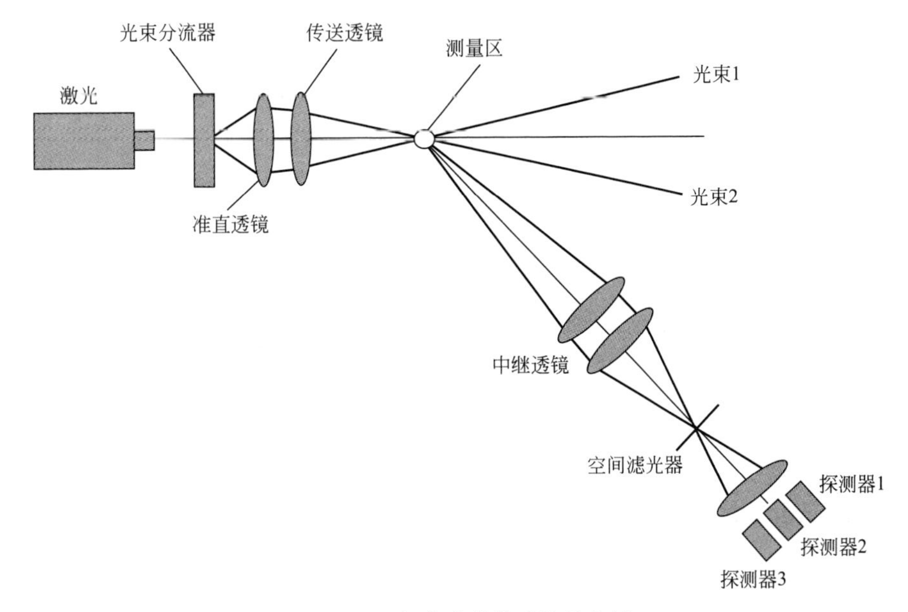

图 13-22 相位多普勒系统的布局

能够测量一个、两个或三个速度组分。厂商描述的操作范围包括：直径测量范围为 0.5～10000μm 且准确度为 1%；动力学测量范围是 50∶1；速度测量范围超过 500m/s 且精确度达到 0.2%。

根据已知测量空间的粒子数量，当粒子通过基于粒径计算的测量空间（用以修正轨迹不确定性的影响）时，系统还能够计算数量密度。其可测量的最大数浓度是 10^6 个/cm^3。

13.6.3.8 粒子动力学分析仪

Soffman（1987）从理论上介绍了粒子动力学分析器（PDA；DAN），Saffman 等（1984）进行了实际应用。这个系统类似于 TSI/Aerometrics 公司的 PDPA，不同之处在于信号相的测量使用交叉相关技术（cross-correlation technique）替代傅里叶变换技术（Fourier transform technique）。厂商描述的 PDA 系统操作范围包括：0.5～10000μm 的粒径测量范围，精确度为 1%；动力学测量范围是 40∶1；速度测量范围超过 500m/s 且精确度达到 1%。数浓度在很大程度上取决于实际应用过程，建议消费者对有关特定浓度和质量通量的应用局限性参考公开发表的文献。DAN 可提供一个双 PDA 系统，该系统可在垂直平面上同时进行两次粒子测量，以尽量减少轨迹模糊和狭缝效应的影响（Xu 和 Tropea，1994）所产生的误差（见下一节）。

13.6.3.9 相位多普勒的性能和应用

近年来进行了大量关于此仪器的性能特点及其在工业和研究领域中的应用工作。应当注意的是，早期的仪器有很多性能问题，但仍然用于常规的工业和研究中。新一代的商业化仪器已发展起来并能够解决这些问题（如变频技术、光电倍增器最优化）。Jackson（1990）概述了早期 AEM PDPA 仪器并讨论旋转衍射光栅（最初用作复合分光器和变频器，被后期的分光器和布拉格电池变频器所取代）对 PDPA 浓度和速度测量的影响。Dodge 等（1987）用 PDPA 测量了喷雾中的液滴，发现其对光学定向（optical alighment）十分敏感。McDonell 和 Samccelsen（1990）评估了 PDPA 对操作员输入参数的敏感度，特别是光电倍增管（PMT）的增益电压和移频水平。他们发现平均速度值对 PMT 电压和移频不敏感，但由于旋转衍射光栅的不稳定性，速度波动在很大程度上取决于PMT电压，也在某种程度上取决于移频的影响。引起体积通量测量误差的原因有：探测器空间大小不一致、粒子粒径分级受PMT电压的强烈影响及移频的微弱影响。他们得出结论，必须按照标准操作规程来操作PDPA，这就需要参照校准标准来指导操作员选择PDPA仪器的操作参数。Caman (1990)、Bever和Hovenac (1999) 已设计出两种不同的标准校准装置（见13.7节中性能检验的讨论）。

Dressler和Kraemer (1990) 用多孔喷雾液滴发生器校准了一台早期的PDPA，发现PDPA测量的准确度为5%。此外，高到5%的测量误差可能由透镜像差所致。他们总结出，应该对每个不同的光束重新调整焦距以减小透镜球面的像差误差。他们还发现，测量过程对PMT增益电压十分敏感，因为50V增益电压的差异将导致数据失真和人为扩大粒径分布，因此测量中应使用最低的增益设备。在测量未知粒子的瞬时分布时，确定这个值有难度。

Ceman (1990, 1993) 报道了使用一个振动微孔气溶胶发生器和几个不同的PDPA接收器排列，研究了PDPA对2.3～25μm范围内的油酸液滴分级性能的详细研究过程。他发现，低于某些临界直径的粒子在PDPA测量中是非线性的。这与使用洛伦兹-米理论和几何光学的早期试验（O'Hern等，1989；Geman等，1990）与计算结果（Al-Chalabi等，1988）相一致。Saffman等 (1984) 发现，大的接收透镜收集角可以抑制这种非线性。Sankar等 (1990) 指出，来自液滴表面的反射对较小直径区的相位-直径曲线间的摆动有贡献。他们的研究认为，通过收集靠近液滴布鲁斯特角（Brewster angle）处的光，可以使反射最小化并得到线性分布。但是，Ceman的结果表明，使用较大的收集立体角（接收器透镜的焦距更短），能够使液滴分级中的波动大大减小，但是有关在液滴布鲁斯特角附近的工作几乎没有更多的改进。Gobel等 (1998) 检验了相位多普勒技术对1μm及更小粒子粒径测量的精确度，并得出当可用的粒子信息足够充分时，不确定性仍然存在，但可以对其进行解释。

Alexander等 (1985) 用PDPA测量了振动孔气溶胶发生器产生的非球形甲醇液滴。液滴的平均直径为98μm，宽高比在0.7～1.4范围内。PDPA的直径测量对宽高比非常敏感，与PDPA测量区内水平边缘定向垂直的拉长椭圆形球体有最大误差（超差裕度45%）。Brena de la Rose等 (1989) 已证明，通过分别测量气泡的大小直径，PDPA可以监测水中非球体大气泡的形状（直径为1200～1800μm）。该技术可能扩展到测量小粒子，尽管这种扩展对于表面粗糙或有尖角的粒子不可能直接实现。Damaschke等 (1998) 利用相位多普勒技术对非球体粒子相位测量的影响做了实验分析和数学证明，非球体液滴可能是一个重要的误差来源，尤其对于标准的三探测器（standard three-deector）系统而言。

PDPA已得到广泛应用。Strakey等 (1998) 用PDPA测量了高压注射器制造的喷雾，此项研究包括详细分析比液滴直径小的探测空间尺寸，结果表明即使对浓密的喷雾，这样一台仪器的性能仍然良好，只要提供了相位和光强的有效性及运用探测空间校准法则。Van Den Moortel等 (1997) 应用PDPA检测循环流化床中的湍流气-固流体，并设计了后处理方法以校正测量中多普勒脉冲爆发导致的人为高计数率。Hardalupas等 (1988) 应用AEM和定制的相位多普勒仪器测量了气-固粉尘喷流中输送的固体粒子，发现流体中作为“种”粒子（seed particle）的玻璃珠的非球面性限制了测量的精确度。Bachalo等 (1990) 描述了PDPA的操作细节，包括数据处理方法，并应用PDPA在冷区和燃烧区中测量液态喷雾液滴。多普勒速率时间记录显示，强喷射波动导致液滴束的形成。

13.6.4　单粒子计数器：成像

早期粒子测量技术通过直接成像来确定粒子性质，如光学显微镜（和后来的电子显微镜）。这些技术的一个显著优点是避免了由于单粒子光散射测量而导致形状更加复杂和折射率问题。事实上，成像技术是研究粒子形状的多种途径之一。菲涅耳衍射（Fresnel diffraction）和景深效应（depth-of-field effects）限制了单粒子成像系统的准确性（Hovenac，1987）。菲涅耳衍射使图像边缘变得模糊，并使粒径分级更加复杂。由于景深效应的出现依赖于粒子大小，其结果是，相对于小粒子而言，大粒子在较大的轴向距离内保持聚焦。

Knollenberg（1970，1979，1981）设计了一个自动、原位、单粒子光学成像系统，这是一个商业化的光学阵列成像探测器（OAP；PMS）。此类探测器中，一束平行光束限定的测量空间位于两个从系统主体向前延伸的感应端之间。接收光学系统指引光束照射线形排列的光电二极管。一个粒子穿越探测空间时，在阵列上投影，使位于投影中的某元素产生一个降低信号。有三种方法用来分析阵列中产生的数据：一维、二维和灰度级处理。在一维 OAP 系统中，粒子通过时，阵列元素仅以粒子粒径信息的方式被读出和理解。在标准二维 OAP 系统中，全部二维粒子图像储存在高速存储器中，并作为粒子运行过程中的一系列“快照”。每次成像时，光电二极管阵列中的 32 个元素中的每一个元素的状态被记为 1 bit，表明该元素是否被投影遮蔽。在测量非球体粒子时，二维粒子成像呈现出其巨大优势。在灰度探测二维 OAP 系统中，使用 64 元素阵列，每个元素描述 1/4 个投影水平。更加复杂的灰度探测器的分辨率是标准二维系统的 2 倍（所含元素也是 2 倍），景深信息亦如此。

所有成像系统中，分辨率和粒径范围全部取决于阵列元素的物理间距、放大率和粒子速度。因此，使用者必须辨别预期速率范围以适当配置系统。OAP 探测器同样受到景深效应的限制，导致错误地解释焦距外（模糊）的粒子图像。为描述 OAP 性能，Hovenac 和 Hirleman（1991）、Reuter 和 Bakan（1998）使用旋转标线校准器，后一篇文献的作者建议对景深进行校正，以准确地对 50～500μm 粒子的粒径进行测量（RMS 不确定性小于 6%）。此外，OAP 探测器检测不到那些在任何阵列边缘投影元素的粒子（导致计数偏差），因为无法探测落在阵列外面的粒子，所以有碍于粒径测量的正确性。

一维、二维或灰度探测 OAP 构造设备安装在高塔上或山上，全部应用于测量云滴或降水。颗粒物分级范围和分辨率依赖于特殊模型，其所使用的阵列元素数量和光学结构不同。云滴模型适用于较小粒子的测量，测量范围是 10～620μm（10μm 分辨率）或 200～6000μm（200μm 分辨率）。降水模型适用于较大粒子的测量，测量范围是 50～3100μm（50μm 分辨率）或 150～9300μm（150μm 分辨率）。上面给出的分辨极限假定设备在飞行速度（100m/s）下运行；在低速率下，仪器分辨率显著提高。OAP 粒径测量的下限［根据 Knollenberg（1979），某处在 1～10μm 之间］是由此粒径下趋于零的小景深造成的。这里并没有明确测量出粒子速率，但应用已知的成像频率分析成像序列能够得到粒子速率。地基降水 OAP 也得到应用。此类系统带有抵抗气候变化的外包装，并有两个感应端伸向仪器上方。探头感应末端的距离是 50cm，为自由降落的液滴提供了很大的采样空间。

13.7 结论

从前面讨论的内容容易看到，有很多种类的光学原位技术用于测量粒子的粒径分布。测量技术的多样性使研究者可以找到至少一种测量仪器，但使用哪种仪器需要仔细选择。特别需要注意的是，为寻找最适合应用的仪器，需要确定与测量要求相关的仪器操作范围。表13-4中是各种商业化仪器。我们试图将所有经销商和仪器列于表中，但该领域涵盖范围广，发展迅速，我们对任何疏漏表示歉意。

表13-4 光学、原位粒径测量系统和特性列表

方法	销售商	测量速度	注释
SPC 光强	MEL	LDV	PAS
SPC 光强	PAL	N	PCS-2000
SPC 光强	PMS	Y	FSSP,平均速率选择
SPC 光强	PRM	Y	PCSV(探测器和台架)
SPC 相位	TSI	LDV	PDPA
SPC 相位	DAN	LDV	PDA
SPC 成像	PMS	Y	OAP
集成成像	MEL	Y	定制的全息图
集成衍射	CIL	N	PSA(粒径分析仪)
集成衍射	MAL	N	Spraytec 和 EPCS
集成衍射	MCR	N	Microtrac SRA,X-100
集成衍射	SYM	N	HELOS
集成 PCS	BRK	N	
集成 PCS	BEC	N	
集成 PCS	MAL	N	
集成 PCS	PSS	N	
集成 PCS	WAY	N	
校准	BAN	—	标准参考粒子
校准	DUK	—	标准参考粒子
校准	SRD	—	标准参考粒子
校准	TSI	—	单孔喷射液滴发生器(single-jet droplet generator)

13.8 符号列表

a	粒子半径
c_0	气溶胶数浓度［式（13-65）］
c_{min}	数浓度探测下限［式（13-66）］
C_{abs}	吸收横截面［式（13-11）］

C_{ext}	消光截面［式（13-11）］
C_{sca}	散射截面［式（13-5）］
$C_{\text{c}}(Kn)$	Cunningham 相关系数
$\mathrm{d}C_{\text{sca}}/\mathrm{d}\Omega$	散射截面微分［式（13-1）］
D	扩散系数
D	分形维数［式（13-47）］
$E(m)$	吸收项［式（13-32）］
$F(m)$	Lorentz 项［式（13-25）］
$g^{(2)}(t)$	光强自相关函数［式（13-60）］
I_{sca}	散射强度［式（13-2）］
$I(q)$	散射强度，作为 q 的函数
k	Boltzmann 常数；光波向量
k_0	聚集前因子［式（13-47）］
Kn	克努森数
l	光子平均自由程［式（13-54）］
m	相关折射率［式（13-20）］
n	相关折射率［式（13-20）］；数密度
$n(a)$	数量加权粒径分布［式（13-69）］
N	聚集体中单体数量［式（13-43）］
N_{P}	OPC 中粒子计数量［式（13-66）］
q	散射波向量［式（13-38）］
Q	样品流量［式（13-65）］
$Q_{\text{sca or abs}}$	吸收或散射效率［式（13-7）］
P_{sca}	散射功率［式（13-2）］
R_{g}	回转半径
$R_{\text{g,z}}$	Z 平均回转半径［式（13-59）］
s	散射中的光子数量［式（13-56）］
$S(q)$	结构因子［式（13-53）］
t_{r}	成功计数间的电子学恢复时间［式（13-65）］
u	无量纲尺寸，$u=qa$［式（13-36）］
α	尺寸参数［式（13-18）］
η	剪切黏度
θ 和 ϕ	极坐标
ρ	相移参数［式（13-34）］
λ	波长
σ_{s}	散射系数［式（13-69）］
τ	浊度［式（13-10）］
τ_{c}	相关时间［式（13-62）］
ω	反照率［式（13-12）］
Ω	固体角

13.9 参考文献

Al-Chalabi, S.A.M., Hardalupas, Y., Jones, A.R., and Taylor, A.M.K.P. 1988. Calculation of calibration curves for the phase doppler technique: comparison between Mie theory and geometrical optics. In *Optical Particle Sizing*, eds. G. Gouesbet and G. Grehan, Plenum Press, New York, pp. 107–120.

Alexander, D.R., Wiles, K.J., Schaub, S.A., and Seeman, M.P. 1985. Effects of non-spherical drops on a phase doppler spray analyzer. In *Particle Sizing and Spray Analysis, SPIE Volume 573*, eds. N. Chigier and G.W. Stewart, SPIE, Bellingham, Washington, pp. 67–72.

Altshuler, B., Yarmus, L., Palmes, E.d., and Nelson, N. 1957. Aerosol deposition in the human respiratory tract. *AMA Arch. Ind. Health* 15: 293–303.

Armbruster, L., Breuer, H., Gebhart, J., and Neulinger, G. 1984. Photometric determination of respirable dust concentration without elutriation of coarse particles. *Part. Charact.* 1: 96–101.

Bachalo, W.D. 1980. Method for measuring the size and velocity of spheres by dual-beam light-scatter interferometry. *Appl. Optics.* 19(3): 363–370.

Bachalo, W.D., and Houser, M.J. 1984. Phase doppler spray analyzer for simultaneous measurements of drop size and velocity distributions. *Opt. Eng.* 23: 583–590.

Bachalo, W.D., Rudoff, R.C., and Sankar, S.V. 1990. Time-resolved measurements of spray drop size and velocity. In *Liquid Particle Size Measurement Techniques*, 2 ed., ASTM STP 1083, eds. E.D. Hirleman, W.D. Bachalo, and P.G. Felton, American Society for Testing and Materials, Philadelphia, pp. 209–224.

Baumgardner, D., Cooper, W.A., and Dye, J.E. 1990. Optical and electronic limitations of the forward-scattering spectrometer probe. In *Liquid Particle Size Measurement Techniques*, 2 ed., ASTM STP 1083, eds. E.D. Hirleman, W.D. Bachalo, and P.G. Felton, American Society for Testing and Materials, Philadelphia, pp. 115–127.

Baumgardner, D., Dye, J.E., Gandrud, B.W., and Knollenberg, R.G. 1992. Interpretation of measurements made by the forward scattering spectrometer probe (FSSP-300) during the airborne arctic stratospheric expedition. *J. Geophys. Res.* 97(D8): 8035–8046.

Berg, M.J., Sorensen, C.M., and Chakrabarti, A. 2005. Patterns in Mie scattering: Evolution when normalized by the Rayleigh cross section. *Applied Optics* 44: 7487–7493.

Berg, M.J., Sorensen, C.M., and Chakrabarti, A. 2008a. Extinction and the optical theorem. Part I. Multiple particles. *J. Opt. Soc. Am. A* 25: 1504–1513.

Berg, M.J., Sorensen, C.M., and Chakrabarti, A. 2008b. Extinction and the optical theorem. Part II. Single particles. *J. Opt. Soc. Am. A* 25: 1514–1520.

Berglund, R.N., and Liu, B.Y.H. 1973. Generation of monodisperse aerosol standards. *Environ. Sci. Technol.* 7: 147–153.

Berne, B., and Pecora, R. 1976. *Dynamic Light Scattering*. John Wiley and Sons, New York.

Bever, S.J., and Hovenac, E.A. 1999. Reticle for verification of the correct operation of the phase Doppler particle analyzer. *Opt. Eng.* 38(10): 1730–1734.

Black, D.L., McQuay, M.Q., and Bonin, M.P. 1996. Laser-based techniques for particle-size measurement: A review of sizing methods and their industrial applications. *Prog. Energy Combust. Sci.* 22: 267–306.

Bohren, C.F., and Huffman, D.R. 1983. *Absorption and Scattering of Light by Small Particles*, John Wiley and Sons, New York.

Bonin, M.P., Flower, W.L., Renzi, R.F., and Peng, L.W. 1995. Size and concentration measurements of particles produced in commercial chromium plating processes. *J. Air Waste Management.* 45: 902–907.

Bonin, M.P., and Queiroz, M. 1991. Local particle velocity, size, and concentration measurements in an industrial-scale pulverized coal-fired boiler. *Combust. Flame* 85: 121–133.

Bonin, M.P., and Queiroz, M. 1996. A parametric evaluation of particle-phase dynamics in an industrial pulverized-coal-fired boiler. *Fuel* 75(2): 195–206.

Borho, K. 1970. A scattered-light measuring instrument for high dust concentrations. *Staub Reinhalt. Luft.* 30: 45–49.

Born, M., and Wolf, E. 1975. *Principles of Optics*, Pergamon Press, Oxford.

Breña de la Rosa, A., Sankar, S.V., Weber, B.J., Wang, G., and Bachalo, W.D. 1989. A theoretical and experimental study of the characterization of bubbles using light scattering interferometry. In *ASME International Symposium on Cavitation Inception—1989*, eds. W.B. Morgan and B.R. Parkin, American Society of Mechanical Engineers, New York, pp. 63–72.

Büttner, H. 1983. Kalibrierung einer Streulichtmesseinrichtung zur Partikelgrossenanalyse mit Impaktoren. *Chemie Ing. Technol.* 55: 65–76.

Cai, J., Lu, N., and Sorensen, C.M. 1995. Analysis of fractal cluster morphology parameters: structural coefficient and density autocorrelation function cutoff. *J. Colloid Interface Sci.* 171: 470–473.

Ceman, D.L. 1990. Phase Doppler technique: Factors affecting instrument response and novel calibration system. Master of Science thesis, The University of New Mexico, Albuquerque.

Ceman, D.L., O'Hern, T.J., and Rader, D.J. 1990. Phase Doppler droplet sizing—Scattering angle effects. In *ASME Fluid Measurements and Instrumentation Forum*, eds. E.P. Rood and C.J. Blechinger, American Society of Mechanical Engineers, New York, pp. 61–63.

Ceman, D.L., Rader, D.J., and O'Hern, T.J. 1993. Calibration of the phase Doppler particle analyzer with monodisperse droplets. *Aerosol Sci. Technol.* 18: 346–358.

Charlson, R.J., Horvath, H., and Pueschel, R.F. 1967. The direct measurement of atmospheric light scattering coefficient for studies of visibility and pollution. *Atmos. Environ.* 1: 469–478.

Chen, B.T., Cheng, Y.S., and Yeh, H.C. 1984. Experimental response of two optical particle counters. *J. Aerosol Sci.* 15: 457–464.

Chowdhury, D., Taylor, T., Sorensen, C.M., Merklin, J.F., and Lester, T.W. 1984. Application of photon correlation spectroscopy to flowing Brownian motion systems. *Appl. Optics* 23: 4149–4154.

Clark, W.E., and Avol, E.L. 1979. An evaluation of the Climet 208 and Royco 220 light-scattering optical particle counters. In *Aerosol Measurement*, eds. D.A. Lundgren, F.S. Harris, W.H. Marlow, M. Lippmann, W.E. Clark, and M.D. Durham, University Press of Florida, Gainesville, FL, p. 219.

Dahneke, B.E. 1983. *Measurement of Suspended Particles by Quasi-Elastic Light Scattering*, John Wiley and Sons, New York.

Damaschke, N., Gouesbet, G., Grehan, G., Mignon, H., and Tropea, C. 1998. Response of phase Doppler anemometer systems to nonspherical droplets. *Appl. Optics.* 37(10): 1752–1761.

Dodge, L.G., Rhodes, D.J., and Reitz, R.D. 1987. Drop-size measurement techniques for sprays: Comparison of Malvern laser-diffraction and Aerometrics phase/Doppler. *Appl. Optics.* 26: 2144–2154.

Draine, B.T. 1988. The discrete-dipole approximation and its application to interstellar graphite grains. *Astrophys.* 333: 848–872.

Draine, B.T., and Flatau, P.J. 1994. Discrete-dipole approximation for scattering calculations. *J. Opt. Soc. Am. A.* 11: 1491–1499.

Dressler, J.L., and Kraemer, G.O. 1990. A multiple drop-size drop generator for calibration of a phase-Doppler particle analyzer. In *Liquid Particle Size Measurement Techniques*, 2 ed., ASTM STP 1083, eds. E.D. Hirleman, W.D. Bachalo, and P.G. Felton, American Society for Testing and Materials, Philadelphia, pp. 30–44.

Durst, F., Melling, A., and Whitelaw, J.H. 1981. *Principles and Practice of Laser-Doppler Anemometry*, Academic, London.

Farias, T.L., Koylu, U.O., and Carvalho, M.G. 1996. Range of validity of the Rayleigh-Debye-Gans theory for optics of fractal aggregates. *Appl. Opt.* 35: 6560–6567.

Farmer, W.M. 1972. Measurement of particle size, number density, and velocity using a laser interferometer. *Appl. Opt.* 11: 2603–2612.

Ferri, F. 1997. Use of a charge couple device camera for low-angle elastic light scattering. *Rev. Sci. Instr.* 68: 2265–2274.

Fissan, H.J., and Helsper, C. 1981. Calibration of the Polytec CH-15 and HC-70 optical particle counters. In *Aerosols in the Mining and Industrial Work Environments*, vol. 3, eds. V.A. Marple and B.Y.H. Liu, Ann Arbor Science, Ann Arbor, MI, pp. 825–831.

Fissan, H., Helsper, C., and Kasper, W. 1984. Calibration of optical particle counters with respect to particle size. *Part. Charact.* 1: 108–111.

Fissan, H., and Schwientek, G. 1987. Sampling and transport of aerosols. *TSI J. Part. Instrum.* 2(2): 3–10.

Flower, W.L. 1983. Optical measurements of soot formation in premixed plames. *Combust. Sci. Technol.* 33: 17–33.

Forrest, S.R., and Witten, T.A. 1979. Long-range correlations in smoke-particle aggregates. *J. Phys. A* 12: L109–L117.

Friehmelt, R., and Heidenreich, S. 1999. Calibration of a white light/90° optical particle counter for aerodynamic size measurements. *J. Aerosol Sci.* 30: 1271–1279.

Gebhart, J. 1989a. Funktionsweise und Eigenschaften Optischer Partikelzahler. *Technisches Messen im* 56: 192–203.

Gebhart, J. 1989b. Dosimetry of inhaled particles by means of light scattering. In *Extrapolation of Dosimetric Relationships for Inhaled Particles and Gases*, eds. J. Crapo, F.J. Miller, J.A. Graham, and A.W. Hayes, Academic New York, pp. 235–245.

Gebhart, J. 1991. Response of single-particle optical counters to particles of irregular shape. *Part. Syst. Charact.*, 8: 40–47.

Gebhart, J., Heyder, J., Roth, C., and Stahlhofen, W. 1980. Herstellung und Eigenschaften von Latex-Aerosolen. *Staub-Reinhalt. Luft.* 40: 1–8.

Gebhart, J., Blankenberg, P., Bormann, S., and Roth, C. 1983. Vergleichsmessungen an optischen Partikelzahlern. *Staub-Reinhalt Luft.* 43: 439–447.

Gebhart, J., and Roth, C. 1986. Background noise and counting efficiency of single optical particle counters. In *Aerosols, Formation and Reactivity, Proceedings of the 2nd International Aerosol Conference*, 22–26 September, Berlin. Pergamon, New York.

Gebhart, J., Heigwer, G., Heyder, J., Roth, C., and Stahlhofen, W. 1988. The use of light scattering photometry in aerosol medicine. *J. Aerosol Med.* 1: 89–112.

Gebhart, J. 2001. Optical direct-reading techniques: Light intensity systems. In *Aerosol Measurement. Principles, Techniques, and Application*, eds. P.A. Baron and K. Willeke, Wiley-Interscience, New York, pp. 419–454.

Gobel, G., Wriedt, T., and Bauckhage, K., 1998. Micron and sub-micron aerosol sizing with a standard phase-Doppler anemometer. *J. Aerosol Sci.* 29(9): 1063–1073.

Gouesbet, G., and Grehan, G. (eds.) 1988. *Optical Particle Sizing*, Plenum Press, New York.

Grehan, G., and Gouesbet, G. 1986. Simultaneous measurements of velocities and sizes of particles in flows using a combined system incorporating a top-hat beam technique. *Appl. Optics.* 25: 3527–3538.

Grehan, G., Gouesbet, G., Naqwi, A., and Durst, F. 1994. Trajectory ambiguities in phase Doppler systems: Study of a near-forward and a near-backward geometry. *Part. Part. Syst. Charact.* 11(12): 133–144.

Hardalupas, Y., and Liu, C.H. 1997. Implications of the Gaussian intensity distribution of laser beams on the performance of the phase Doppler technique sizing uncertainties. *Prog. Energy Combust. Sci.* 23: 41–63.

Hardalupas, Y., Taylor, A.M.K.P., and Whitelaw, J.H. 1988. Measurements in heavily-laden dusty jets with phase-Doppler anemometry. In *Transport Phenomena in Turbulent Flows: Theory, Experiment, and Numerical Simulation*, eds. M. Hirata and N. Kasagi, Hemisphere, New York, pp. 821–835.

Hecht, E. 1987. *Optics*. Addison-Wesley, Reading, MA.

Helsper, C., and Fissan, H.J. 1980. Response characteristics of a Polytec HC-15 optical particle counter. 8th Annual Meeting Gesellschaft f. Aerosolforschung, Schmallenberg, Germany.

Hess, C.F. 1984. Nonintrusive optical single particle counter for measuring the size and velocity of droplets in a spray. *Appl. Optics.* 23: 4375–4382.

Heyder, J. 1994. Biomedical aerosol research. In *Proceedings of the 4th International Aerosol Conference*, 29 August–2 September, Los Angeles, California.

Hinds, W., and Reist, P.C. 1972. Aerosol measurement by laser Droppler spectroscopy. *Aerosol Sci.* 3: 501–514.

Hinds, W.C., and Kraske, G. 1986. Performance of PMS model LAS-X optical particle counter. *J. Aerosol Sci.* 17: 67–72.

Hirleman, E.D. 1983. Nonintrusive laser-based particle diagnostics. Progress in Astronautics and Aeronautics vol. 92, pp. 177–207.

Hirleman, E.D. 1984. Particle sizing by optical, nonimaging techniques. In *Liquid Particle Size Measurement Techniques*, ASTM STP 848, eds. J.M. Tishkoff, R.D. Ingebo, and J.B. Kennedy, American Society for Testing and Materials, Philadelphia, pp. 35–60.

Hirleman, E.D. 1988. Optical techniques for particle size analysis. *Laser Topics* 10: 7–10.

Hirleman, E.D. (ed.) 1990. *Proceedings of the Second International Congress on Optical Particle Sizing*, Arizona State University Printing Services, Tempe, AZ.

Hirleman, E.D. 1996. History of development of the phase-Doppler particle-sizing velocimeter. *Part. Part. Syst. Charact.* 13: 59–67.

Hirleman, E.D., W.D. Bachalo, and P.G. Felton (eds.). 1990. *Liquid Particle Size Measurement Techniques*: 2 ed., ASTM STP 1083, American Society for Testing and Materials, Philadelphia.

Holve, D.J. 1980. *In situ* optical particle sizing technique. *J. Energy* 4(4): 176–183.

Holve, D.J., and Annen, K.D. 1984. Optical particle counting, sizing, and velocimetry using intensity deconvolution. *Opt. Eng.* 23: 591–603.

Holve, D.J., and Davis, G.W. 1985. Sample volume and alignment analysis for an optical particle counter sizer, and other applications. *Appl. Optics.* 24: 998–1005.

Holve, D.J., and Self, S.A. 1979a. Optical particle sizing for *in situ* measurements. Part 1. *Appl. Optics.* 18: 1632–1645.

Holve, D.J., and Self, S.A. 1979b. Optical particle sizing for *in situ* measurements. Part 2. *Appl. Optics.* 18: 1646–1652.

Holve, D., and Self, S.A. 1980. Optical measurements of mean particle size in coal-fired MHD flows. *Combustion and Flame* 37: 211–214.

Holve, D.J., Tichenor, D., Wang, J.C.F., and Hardesty, D.R. 1981. Design criteria and recent developments of optical single particle counters for fossil fuel systems. *Opt. Eng.* 20: 529–539.

Holve, D.J. 1982. Transit Timing Velocimetry (TTV) for Two-Phase Reacting Flows. *Combustion and Flame* 48: 105–108.

Hovenac, E.A. 1987. *Performance and Operating Envelope of Imaging and Scattering Particle Sizing Instruments*, NASA CR-180859, National Aeronautics and Space Administration, Lewis Research Center, Cleveland, OH.

Hovenac, E.A., and Hirleman, E.D. 1991. Use of rotating pinholes and reticles for calibration of cloud droplet instrumentation. *J. Atmos. Oceanic Technol.* 8: 166–171.

Hovenac, E.A., and Lock, J.A. 1993. Calibration of the FSSP: Modeling scattering from a multimode laser beam. *J. Atmos. Oceanic Technol.* 10: 518–525.

Hubbard, J., Eckles, J., and Sorensen, C.M. 2008. Q-space analysis applied to polydisperse, dense random aggregates. *Particle & Particle Systems Characterization* 25: 68–73.

Jackson, T.A. 1990. Droplet sizing interferometry. In *Liquid Particle Size Measurement Techniques*, 2 ed., ASTM STP 1083, eds. E.D. Hirleman, W.D. Bachalo, and P.G. Felton, American Society for Testing and Materials, Philadelphia, pp. 151–169.

Jackson, T.A., and Samuelsen, G.S. 1987. Droplet sizing interferometry: A comparison of the visibility and phase/Doppler techniques. *Appl. Optics* 26: 2137–2143.

Jaenicke, R., and Hanusch, T. 1993. Simulation of the optical particle counter forward scattering spectrometer probe 100 (FSSP-100). *Aerosol Sci. Technol.* 18: 309–322.

Jones, A.R. 1999. Light scattering for particle characterization. *Progr. Energy Combust. Sci.* 25: 1–53.

Jullien, R., and Botet, R. 1987. *Aggregation and Fractal Aggregates*, World Scientific, Singapore.

Kerker, M., Smith, L.B., Matijeric, E., and Farone, W.A. 1964. Determination of particle size by the minima and maxima in the angular dependence of the scattered light. Range of validity of the method. *J. Colloid Sci.* 19: 193–200.

Kerker, M. 1969. *The Scattering of Light and Other Electromagnetic Radiation*, Academic, New York.

Kim, W., Sorensen, C.M., and Chakrabarti, A. 2004. Universal occurrence of soot aggregates with a fractal dimension of 2.6 in heavily sooting laminar diffusion flames. *Langmuir* 20: 3969–3973.

Kim, W., Sorensen, C.M., Fry, D., and Chakrabarti, A. 2006. Soot Aggregates, Superaggregates and Gel-Like Networks in Laminar Diffusion Flames. *J. Aerosol Sci.* 37: 386–401.

King, G., Sorensen, C.M., Lester, T.W., and Merklin, J.F. 1982. Photon correlation spectroscopy used as a particle size diagnostic in sooting flames. *Appl. Optics* 21: 976–978.

Knollenberg, R.G. 1970. The optical array: An alternative to scattering or extinction for airborne particle size determination. *J. Appl. Meteor.* 9: 86–103.

Knollenberg, R.G. 1979. Single particle light scattering spectrometers. In *Aerosol Measurement*, eds. D.A. Lundgren, F.S. Harris, W.H. Marlow, M. Lippmann, W.E. Clark, and M.D. Durham, University Press of Florida, Gainesville, FL, pp. 271–293.

Knollenberg, R.G. 1981. Techniques for probing cloud microstructure. In *Clouds: Their Formation, Optical Properties, and Effects*, eds. P.V. Hobbs and A. Deepak, Academic, New York, pp. 15–89.

Knollenberg, R.G. 1985. The measurement of particle sizes below 0.1 micrometers. *J. Environ. Sci.* 28: 32–47.

Knollenberg, R.G. 1989. The measurement of latex particle sizes using scattering ratios in the Rayleigh scattering size range. *J. Aerosol Sci.* 20: 331–345.

Knollenberg, R.G., and Luehr, R. 1976. Open cavity laser active scattering particle spectrometry from 0.05 to 5 microns. In *Fine Particles*, ed. B.Y.H. Liu, Academic Press, New York, pp. 669–696.

Koo, J.H., and Hirleman, E.D. 1996. Review of principles of optical techniques for particle size measurements. In *Recent Advances in Spray Combustion: Spray Atomization and Drop Burning Phenomena*, vol. 1, ed. K.K. Kuo, American Institute of Aeronautics and Astronautics, Reston, VA, pp. 3–32.

Koylu, U.O., and Faeth, G.M. 1994a. Optical properties of overfire soot in buoyant turbulent diffusion flames at long residence times. *Journal of Heat Transfer* 116: 152–159.

Koylu, U.O., and Faeth, G.M. 1994b. Optical properties of soot in buoyant laminar diffusion flames. *Journal of Heat Transfer* 116: 971–979.

Kuo, K.K. (ed.) 1996. *Recent Advances in Spray Combustion: Spray Atomization and Drop Burning Phenomena*, vol.1, American Institute of Aeronautics and Astronautics, Reston, VA.

Lattuada, M., Wu, H., and Morbidelli, M. 2003. A simple model for the structure of fractal aggregates, *Jour. Coll. and Interface Sci.* 268: 106–120.

Lefebvre, A.H. 1989. *Atomization and Sprays*, Hemisphere, New York, pp. 367–409.

Lieberman, A. 1986. Evolution of optical airborne particle counters in the U.S.A. In *Aerosols: Formation and Reactivity, Proceedings of the 2nd International Aerosol Conference*, 22–26, September, Berlin, Pergamon, New York, pp. 590–593.

Lilienfeld, P. 1983. Current mine dust monitoring developments. In *Aerosols in the Mining and Industrial Work Environments*, eds. V.A. Marple and B.Y.H. Liu, Ann Arbor Science Publishers, Ann Arbor, MI, pp. 733–757.

Liu, B.Y.H., Berglund, R.N., and Agarwal, J.K. 1974. Experimental studies of optical particle counters. *Atmos. Environ.* 8: 717–732.

Liu, B.Y.H., Marple, V.A., Whitby, K.T., and Barsic, N.J. 1974a. Size distribution measurement of airborne coal dust by optical particle counters. *Am. Ind. Hyg. Assoc. J.* 8: 443–451.

Liu, B.Y.H., and Pui, D.Y.H. 1974b. A submicron aerosol standard and the primary absolute calibration of the condensation nucleus counter. J. *Colloid Interf. Sci.* 47: 155–171.

Liu, B.Y.H., and Szymanski, W.W. 1986. On sizing accuracy, counting efficiency and noise level of optical particle counters. In *Aerosols, Formation and Reactivity. Proceedings of the 2nd International Aerosol Conference*, 22–26, September, Berlin, Pergamon, New York, pp. 603–606.

Liu, B.Y.H., and Szymanski, W.W. 1987. Counting efficiency, lower detection limit and noise level of optical particle counters. In *Proceedings of the 33rd Annual Meeting of IES*, San Jose, CA.

Liu, B.Y.H., Szymanski, W.W., and Ahn, K.H. 1985. On aerosol size distribution measurements by laser and white light optical particle counters. *J. Environ. Sci.* 28: 19–24.

Mackowski, D.W. 1991. Analysis of radiative scattering for multiple sphere configurations. *Proc. R. Soc. Lond. A. Mat.* 433: 599–614.

Mackowski, D.W. 1994. Calculation of total cross sections of multiple-sphere clusters. *J. Opt. Soc. Am. A.* 11: 2851–2861.

Mackowski, D.W., and Mishchenko, M.I. 1996. Calculation of the T matrix and the scattering matrix for ensembles of spheres. *J. Opt Soc. Am. A.* 13: 2266–2278.

Mäkynen, J., Hakulinen, J., Kivistö, T., and Lektimäki, M. 1982. Optical particle counters: Response, resolution and counting efficiency. *J. Aerosol Sci.* 13: 529–535.

Mandelbrot, B. 1983. *The Fractal Geometry of Nature*, Freeman, San Francisco, CA.

Maron, S.H., and Elder, M.E. 1963. Determination of latex particle size by light scattering I. Minimum intensity method. *J. Colloid Sci.* 18: 107–118.

Marple, V.A., and Rubow, K.L. 1976. Aerodynamic particle size calibration of optical particle counters. *J. Aerosol Sci.* 7: 425–433.

Maus, R., and Umhauer, H. 1996. Determination of the fractional efficiencies of fibrous filter media by optical in situ measurements. *Aerosol Sci. Technol.* 24: 161–173.

McDonell, V.G., and Samuelsen, G.S. 1990. Sensitivity assessment of a phase-Doppler interferometer to user-controlled settings. In *Liquid Particle Size Measurement Techniques:* 2 ed., ASTM STP 1083, eds. E.D. Hirleman, W.D. Bachalo, and P.G. Felton, American Society for Testing and Materials, Philadelphia, pp. 170–189.

Minneart, M.G.J. 1993. *Light and Color in the Outdoors*, Springer-Verlag, New York.

Mitchell, J.P., Nichols, A.L., and van Santen, A. 1989. The characterization of water-droplet aerosols by Polytec optical particle analysers. *Part. Part. Syst. Charact.* 6: 119–123.

Mishchenko, M.I., Travis, L.D., and Lacis, A.A. 2002. *Scattering, Absorption and Emission of Light by Small Particles*, Cambridge University Press, Cambridge.

Mokhtari, T., Sorensen, C.M., and Chakrabarti, A. 2005. Multiple scattering effects on optical structure factor measurements. *Appl. Opt.* 44: 7858–7861.

Oh, C., and Sorensen, C.M. 1997. The effect of monomer overlap on the morphology of fractal aggregates. *J. Colloid Interface Sci.* 193: 17–25.

O'Hern, T.J., Rader, D.J., and Ceman, D.L. 1989. Droplet sizing calibration of the phase Doppler particle analyzer. In *ASME Fluid Measurements and Instrumentation Forum*, eds. E.P. Rood and C.J. Blechinger, American Society of Mechanical Engineers, New York, pp. 49–51.

Okazaki, K., and Willeke, K. 1987. Transmission and deposition behaviour of aerosols in sampling inlets. *Aerosol Sci. Technol.* 7: 275–83.

Pesic, P. 2005. *Sky in a Bottle*, MIT Press, Cambridge, MA.

Pierce, P.E., and Maron, S.H. 1964. Prediction of minima and maxima in intensities of scattered light and of higher order Tyndall spectra. *J. Colloid Sci.* 19: 658–672.

Pinnick, R.G., Garvey, D.M., and Duncan, L.D. 1981. Calibration of Knollenberg FSSP light-scattering counters for measurement of cloud droplets. *J. Appl. Meteor.* 20: 1049–1057.

Plomb, A., Alderliesten, P.T., and Galjee, F.W. 1986. On calibration and performance of laser optical particle counters. In *Aerosols, Formation and Reactivity, Proceedings of the 2nd International Aerosol Conference*, 22–26, September, Berlin, Pergamon, New York, pp. 594–598.

Qiu, H.-H., Hsu, C.T., and Sommerfeld, M. 2000. High accuracy optical particle sizing in phase-doppler anemeometry. *Meas. Sci. Technol.* 11: 142–151.

Rader, D.J., and O'Hern, T.J. 2001. Optical direct-reading techniques: In situ sensing. In *Aerosol Measurement. Principles, Techniques, and Application*, eds. P.A. Baron and K. Willeke, Wiley-Interscience, New York, 455–494.

Reist, P. 1990. Mie theory calculations for your PC. Order: R. Enterprises, 205 Glenhill Lane, Chapel Hill, NC 27514, USA.

Reuter, A., and Bakan, S. 1998. Improvements of cloud particle sizing with a 2D-grey probe. *J. Atmos. Oceanic Technol.* 15: 1196–1203.

Rieker, T.P. Hanprasopwattana, A., Datye, A., and Hubbard, P. 1999. Particle size distribution inferred from small-angle x-ray scattering and transmission electron microscopy. *Langmuir* 15: 638–641.

Roth, C., and Gebhart, J. 1978. Rapid particle size analysis with an ultra-microscope. *Microscopica Acta* 81: 119–129.

Sachweh, B., Büttner, H., and Ebert, F. 1989. Improvement of the resolution and the counting accuracy of an optical particle counter by fast digital signal recording. *J. Aerosol Sci.* 20: 1541–1544.

Sachweh, B., Umhauer, H., Ebert, F., Büttner, H., and Friehmelt, R. 1998. In situ optical particle counter with improved coincidence error correction for number concentrations up to 10^7 particles cm^{-3}. *J. Aerosol Sci.* 29: 1075–1086.

Saffman, M. 1987. Optical particle sizing using the phase of LDA signals. *Dantec Information, Measurement and Analysis* 5: 8–13.

Saffman, M., Buchave, P., and Tanger, H. 1984. Simultaneous measurement of size, concentration and velocity of spherical particles by a laser doppler method. In *Second International Symposium on Applications of Laser Anemometry to Fluid Mechanics*, eds. R.J. Adrian, D.F.G. Durão, F. Durst, H. Mishina, and J.H. Whitelaw, Ladoan, Lisbon, pp. 85–103.

Sankar, S.V., Weber, B.J., Kamemoto, D.Y., and Bachalo, W.D. 1990. Sizing fine particles with the phase Doppler interferometric technique. In *Proceedings of the Second International Congress on Optical Particle Sizing*, ed. E.D. Hirleman, Arizona State University Printing Services, Tempe, AZ, pp. 277–287.

Scrivner, S.M., Taylor, T.W., Sorensen, C.M., and Merklin, J.F. 1986. Soot particle size distribution measurements in a premixed flame using photon correlation spectroscopy. *Appl. Optics* 25: 291–297.

Sorensen, C.M., and Feke, G.D. 1996. The morphology of macroscopic soot. *Aerosol Sci. Tech.* 25: 328–337.

Sorensen, CM., and Roberts, G. 1997. The prefactor of fractal aggregates. *J. Colloid Interface Sci.* 186: 447–452.

Sorensen, C.M., and Fischbach, D.E. 2000. Patterns in Mie scattering. *Opt. Commun.* 173: 145–153.

Sorensen, C.M., and Shi, D. 2000. Guinier analysis for homogeneous dielectric spheres of arbitrary size. *Opt. Commun.* 178: 31–36.

Sorensen, C.M., and Shi, D. 2002. Patterns in the ripple structure in Mie scattering. *JOSA* 19: 122–125.

Sorensen, C.M. 2001. Light scattering from fractal aggregates. A review. *Aerosol Sci. Tech.* 35: 2648–2687.

Sorensen, C.M., Kim, W., Fry, D., and Chakrabarti, A. 2003. Observation of soot superaggregates with a fractal dimension of 2.6 in laminar acetylene/air diffusion flames. *Langmuir* 19: 7560–7563.

Stier, J. and Quinten, M. 1998. Simple refractive index correction for the optical particle counter PCS 2000 by Palas. *J. Aerosol Sci.* 29: 223–225.

Strakey, P.A., Talley, D.G., Sankar, S.V., and Bachalo, W.D. 1998. The use of small probe volumes with phase Doppler interferometry. *Proceedings of ILASS Americas '98*, Sacramento, CA, May 17–20, 1998.

Szymanski, W.W., and Liu, B.Y.H. 1986. On the sizing accuracy of laser optical particle counters. *Part. Charact.* 3: 1–7.

Takeo, T., and Hattori, H. 1990. Visibility analysis of laser Doppler anemometry for spherical particles smaller than several light wavelengths. *Jpn. J. Appl. Phys.* 29: 419–426.

Tanford, C. 1961. *Physical Chemistry of Macromolecules*, John Wiley and Sons, New York.

Tayali, N.E., and Bates, C.J. 1990. Particle sizing techniques in multiphase flows: A review. *Flow Meas. Instrum.* 1: 77–105.

Taylor, T., Scrivner, C., Sorensen, C.M., and Merklin, J.F. 1985. Determination of the relative number distribution of particle sizes using photon correlation spectroscopy. *Appl. Optics* 24: 3713–3717.

Taylor, T.W. and Sorensen, C.M. 1986. Gaussian beam effects on the photon correlation spectrum from a flowing brownian motion system. *Appl. Optics* 25: 2421–2426.

Tufto, P.A., and Willeke, K. 1982. Dependence of particulate sampling efficiency on inlet orientation and flow velocities. *Am. Ind. Hyg. Assoc. J.* 43: 436–443.

Umhauer, H. 1980. Partikelgrossenbestimmung in Suspensionen mit Hilfe eines Streulichtzahlverfahrens. *Chemie Ing. Technol.* 52: 55–63.

Umhauer, H. 1983. Particle size distribution analysis by scattered light measurements using an optically defined measuring volume. *J. Aerosol Sci.* 14: 765–770.

Vandehulst, H.C. 1981. *Light Scattering by Small Particles*, Dover, New York.

Vanden Moortel, T., Santini, R., Tadrist, L., and Pantaloni, J. 1997. Experimental study of the particle flow in a circulating fluidized bed using a phase Doppler particle analyser: A new post-processing data algorithm. *Int. J. Multiphase Flow* 23(6): 1189–1209.

Vander Meulen, A., Plomp, A., Oeseburg, F., Buringh, E., van Aalst, R.M., and Hoevers, W. 1980. Intercomparison of optical particle counters under conditions of normal operation. *Atmos. Environ.* 14: 495–499.

Wang, G.M., and Sorensen, C.M. 2002. Experimental Test of the Rayleigh-Debye-Gans theory for light scattering by fractal aggregates. *Applied Optics* 41: 4645–4651.

Wen, H.Y., and Kasper, G. 1986. Counting efficiencies of six commercial particle counters. *J. Aerosol Sci.* 17: 947–961.

Wendisch, M., Keil, A., and Korolev, A.V. 1996. FSSP Characterization with monodisperse water droplets. *J. Atmos. Oceanic Technol.* 13: 1152–1165.

Westenberger, S., Gebhart, J., Jaser, S., Koch, M., and Köstler, R. 1992. A novel device for the generation and recording of aerosol micro-pulses in lung diagnostics. *J. Aerosol Sci.* 23(Suppl. 1): 449–452.

Whitby, K.T., and Vomela, R.A. 1967. Response of single particle optical counters to nonideal particles. *Environ. Sci. Technol.* 1: 801–814.

Willeke, K.T., and Liu, B.Y.H. 1976. Single particle optical counter: Principle and application. In *Fine Particles*, ed. B.Y.H. Liu, Academic, New York, pp. 697–729.

Xu, T.-H., and Tropea, C. 1994. Improving the performance of two-component phase Doppler anemometers. *Meas. Sci. Technol.* 5: 969–975.

Zimm, B.H. 1948. Apparatus and methods for measurement and interpretation of the angular variation of light scattering. *J. Chem. Phys.* 16: 1009–1116.

14 空气动力学粒径测量实时技术

Paul A. Baron

国家职业安全与卫生研究所疾病控制和预防中心，俄亥俄州辛辛那提市，美国

Malay K. Mazumder

波士顿大学电气与计算机工程系，马萨诸塞州波士顿市，美国

Yung-Sung Cheng

洛夫莱斯呼吸研究所，新墨西哥州阿尔伯克基市，美国

Thomas M. Peters

爱荷华大学职业与环境健康系，爱荷华市，美国

14.1 引言

如前一章所述，基于光散射的光学粒子计数技术具有快速、连续和非破坏性粒子检测的优点。然而，光散射量与特定性质如空气动力学直径并不直接相关。将光学检测的优点与控制粒子运动的操作相结合，人们已经开发出了几种仪器检测空气动力学粒径更多的特殊性质，例如气溶胶的空气动力学直径。粒子的空气动力学直径用于来描述粒子在重力沉降、过滤、呼吸沉积、采样及其他气溶胶体系中的行为。

测量空气动力学粒径一度仅通过人工观测单个粒子的沉降速度来实现。后来，可以用冲击式采样器测定粒径分布，但重力分析和化学分析仍需在实验室进行。随着新技术（激光和微型计算机）的出现，实时测定成为可能。人们已经研制出几种仪器，可以快速准确地测定粒子空气动力学粒径，其中包括电学-单粒子空气动力学弛豫时间分析器（electric-single particle aerodynamic relaxation time analyzer）（E-SPART；HOS）、空气动力学粒径谱仪（aerodynamic particle sizer）（APS；TSI）和气溶胶粒径分级器（aerosizer）（TSI），后两种仪器可以快速测定粒径分布以及大大超出斯托克斯体质以外的粒子的行为，并修正记录的粒径以得到单个粒子准确的空气动力学粒径。

空气动力学直径（AD）描述的是粒子的惯性属性，而静电荷影响粒子在输送过程中的电动力学行为。在许多电动力学过程中，都需要测定空气动力学直径和静电荷，例如电子摄影和激光打印、静电粉末涂料、静电沉降、静电加强的纤维过滤以及静电选矿、选煤等。E-SPART 分析器能够测定粒子电荷和空气动力学直径。

这些精密仪器提供了关于气溶胶更具体的数据，但是，由于它们的测定和分析系统的复杂性，它们可能在解释数据方面有各种限制和微妙的问题。下面将分别讨论这些仪器。

14.2 电学-单粒子空气动力学弛豫时间分析器

14.2.1 操作原理

14.2.1.1 粒子大小和电荷测量

E-SPART 分析仪是基于当颗粒物受到外部振荡作用场时悬浮在气体介质中的颗粒物的运动，这些外部场包括声场、电场、磁场或者三者相结合的环境，能够使悬浮颗粒物振荡。E-SPART 分析器利用激光多普勒测速仪（LDV）测定粒子在振动激发场的运动（第 13 章）。LDV 允许场中的粒子以非接触方式进行测量。粒子粒径和电荷测量来自于它们在气态传输介质中的相对运动，这是基于粒子运动在斯托克斯体系内的假设，但是只有粒子运动的雷诺数小于 0.1 时才是有效的。斯托克斯定律认为，悬浮在气态媒介中的振荡粒子在外部声场的影响下受到一个与粒子直径成正比的拉力（Fuchs，1964；Hinds，1999）。对球形粒子的拉力 F_D：

$$F_D=-3\pi\eta d_p(V_p-U_g)/C_c \tag{14-1}$$

式中，η 为气体黏度；V_p 为粒子速度；U_g 为流体速度；d_p 为粒子的粒径；C_c 为坎宁安滑动校正系数（参考第 2 章）。

Stokes 公式假定在球体表面的气体相对速度为 0，但是直径小于 1μm 粒子的下沉速度比 Stokes 定律预测的下沉速度快。当分子滑动是主要影响因素时，此条件下细颗粒物的运动是不连续的。滑动校正系数用来补偿小粒子的分子滑动。在大气条件下，当 $d_p \geqslant 2.0\mu m$ 时，$C_c \approx 1.0$。一个粒子受到外力的一维运动公式为：

$$m_p\frac{dV_p(t)}{dt}+\frac{3\pi\eta v_p}{C_c}[V_p(t)-U_g(t)]=F(t) \tag{14-2}$$

式中，m_p 为粒子的质量；t 为时间；$F(t)$ 为外力。

整理上述公式为：

$$\tau_p\frac{dV_p(t)}{dt}+[V_p(t)-U_g(t)]=BF(t) \tag{14-3}$$

式中，$\tau_p=\frac{m_pC_c}{3\pi\eta d_p}$，为粒子的弛豫时间；$B=\frac{C_c}{3\pi\eta d_p}$，为粒子的机械迁移率。当粒子受到一系列力的作用时，这些粒子达到终端速度的 66.7% 所需要的时间被称为弛豫时间。当包含任意形状的颗粒物时，使用等效空气动力学直径（Hinds，1999），这将在以后的章节中讨论。密度为 ρ_p 的球形粒子，粒子的几何直径和等效空气动力学直径之间的关系用如下公式表示：

$$d_a=d_p(\rho_p/\rho_0)^{1/2} \tag{14-4}$$

式中，ρ_p 为粒子的密度；ρ_0 为单位密度，$1g/cm^3$（$1000kg/m^3$）。弛豫时间与空气动力学直径和气态介质的黏度有关。

$$\tau_p=\frac{m_pC_c}{3\pi\eta d_p}=\frac{\rho_0 d_a{}^2C_c}{18\eta} \tag{14-5}$$

当粒子受到正弦声场或电场力时，外部重力忽略不计，粒子速度的稳态响应情况如图14-1所示。

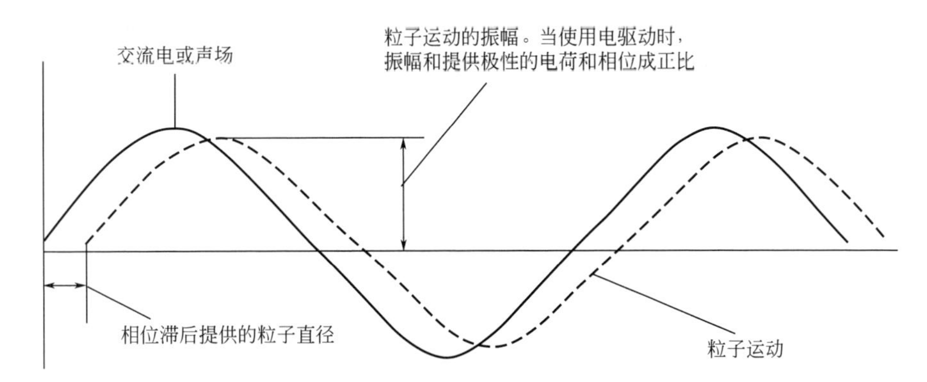

图14-1 悬浮粒子受到外部正弦电场/声场驱动（本图中交流电场中粒子电位为负）

14.2.1.2 粒子在声场中的运动

正弦声场导致的流体介质的振动可以表示为：

$$U_g(t)=U_g\sin\omega t$$

$F(t)=0$，公式可以简化为：

$$\tau_p\frac{\mathrm{d}V_{p(a)}}{\mathrm{d}t}+V_{p(a)}(t)=U_g\sin\omega t \tag{14-6}$$

式中，V_p 为粒子受到声场的速度振幅。公式如下：

$$V_{p(a)}(t)=\frac{U_g}{\sqrt{1+\omega^2\tau_p^2}}\sin(\omega t-\phi) \tag{14-7}$$

式中，ϕ 为感应音量中粒子所在位置的激发声场。$U_g\sin\omega t$ 和粒子速度 $V_{p(a)}(t)$ 之间的相位滞后，可表示为：

$$\phi=\tan^{-1}\omega\tau_p \tag{14-8}$$

图14-2表示激发频率、ω 弧度/s 函数条件下粒子的相位滞后 ϕ 与粒子空气动力学直径 d_a 之间的关系，在这种声场激发情况下，主要有两种力作用在引力场边的粒子上：①黏滞力；②粒子所处介质中压力梯度引起的力。前者是由于介质黏度引起的流体阻力，后者是由于惯性阻力引起的力。有效的流体阻力依赖于 $\omega\tau_p$。对于乘积小的数值，流体阻力主要是黏度，而乘积较大的值则主要是惯性阻力。对于空气动力学直径分级，依据空气动力学直径 d_a 和 ω，$\omega\tau_p$ 的乘积在0.01～100之间变化。当 $\omega\tau_p$ 在0.01～2范围内，流体阻力可以近似为黏性阻力，当 $\omega\tau_p>2$ 时，黏性阻力和惯性阻力都应该被考虑。式（14-8）对于 $\phi\leqslant63.5°$ 的粒子运动在振荡声场中是有效的。对于大粒子的测量，当 $\omega\tau_p>2$ 时，对于式（14-1），黏性阻力和惯性阻力需要一个适度的修正（Fuchs，1964）。然而，如果激发频率减少以至于相应的相位滞后 $\phi\leqslant63.5°$，则修正项可以不考虑。另外，用粒子速度的振幅比声场驱动的振幅 $[V_{p(a)}/U_g]$，如图14-3所示，可用来确定 τ_p 和 d_a（Kirsch 和 Mazumder，1975）。当振幅比值如式（14-9）所表达的那样用于颗粒物分级，修正项可以忽略不计。

当电场被用在振荡粒子时，式（14-8）对于整个范围内相位延迟的幅度是有效的。在声场中，粒子运动是由粒子周围的气体压力梯度所驱动的，然而在电场中，静电作用的驱动力

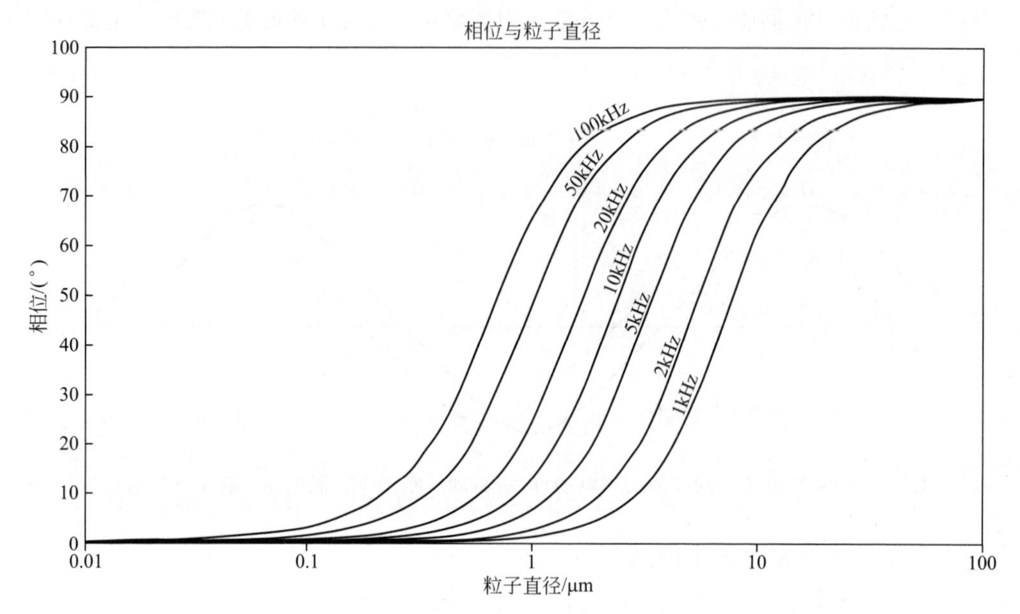

图 14-2 在不同激发频率下，粒子的相位滞后和空气动力学直径的关系。在不同频率下相图在整个交流电场范围内都是有效的。对于声场来说，当 $\phi>63.5°$时，需要一个修正系数

直接应用于带电粒子。在两种情况下，当空气动力学直径≤100μm 时，粒子的雷诺数 Re_p 小于 0.1。

粒子速度振幅与流体速度振幅（图 14-3）的比值可以用稳态（$t>\tau_p$）方程表示［式(14-6)］：

$$\frac{V_{p(a)}}{U_g}=\frac{1}{\sqrt{1+\omega^2\tau_p{}^2}} \tag{14-9}$$

如上所述，用式（14-8）或者式（14-9）可以确定弛豫时间，并可以计算出空气动力学直径。

为了计算比率［$V_{p(a)}/U_g$］，必须同时测量粒子的运动振幅以及声场的振幅，除非 U_g 是恒定值。一个小麦克风就可以用来测量靠近感应区的声场。如图 14-3 所示，对于较大粒子，在一个相对低的声场激发频率中测量粒子的振幅比率，能够为 τ_p 和 d_a 提供一个相对准确的值，因为在整个 $\omega\tau_p$ 的乘积范围内，修正项是可以忽略的。

电学-单粒子空气动力学弛豫时间分析器（Mazumder 和 Kirsh，1977；Mazumder 和 Ware，1987；Mazumder 等，1991；Ali 等，2008）用相位滞后 ϕ 可以确定弛豫时间，因为不需要测量声场的振幅，而声场可随时间发生变化。相位滞后与声场振幅波动无关。

粒子空气动力学直径公式为：

$$d_a=\left(\frac{18\eta\tau_p}{\rho_0 C_c}\right)^{1/2} \tag{14-10}$$

式（14-10）表示空气动力学直径和弛豫时间之间的关系。由 τ_p 来计算空气动力学直径，需要知道气体介质的黏度以及滑动修正因子（$d_a\leqslant 2.0\mu m$ 时）。在正常大气条件下应用电学-单粒子空气动力学弛豫时间分析器，20℃时空气的黏度（η）为 1.8134×10^{-5} Pa·s，这个数值在一般情况下可以看成一个恒定值，除非在另一种大气情况下应用时为变化值。当计算空气动力学直径 $d_a<2.0\mu m$ 时，用滑动校正系数 C_c（$C_c\geqslant 1$）。当计算的空气动力学直径

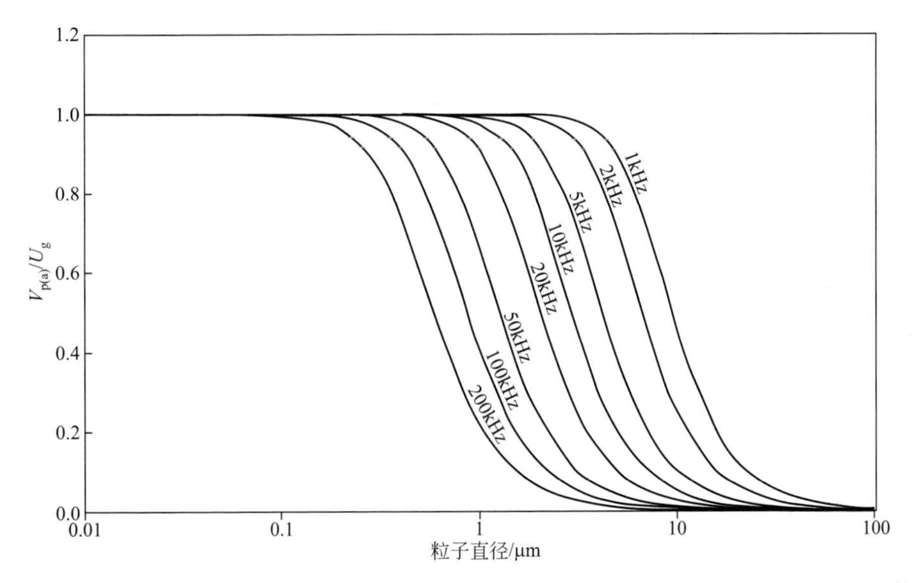

图 14-3 在几种激发频率下，粒子在声场、电场中的速度振幅比与空气动力学直径之间的函数关系

$d_a<2.0\mu m$ 并且粒子的特定相对密度 $\rho_p \approx 1$ 时，滑动校正系数近似于：

$$C_c = 1 + 2.52\Delta / d_a \tag{14-11}$$

式中，Δ 为粒子悬浮在气体介质中的平均自由程；d_a 为空气动力学直径。

在正常大气条件下，空气的平均自由程接近 $0.066\mu m$。E-SPART 软件开始计算 d_a 时，假定 $C_c=1.0$。如果计算值 $d_a<2.0\mu m$，用式（14-11）重新计算 d_a 的值，一直用迭代的方式计算，直到收敛到一个预先设定的精确度水平。

当使用不同的气体介质并且 ρ_p 不接近于 1（因为 C_c 取决于空气动力学直径）时，需要确定介质的黏度、颗粒物的密度以及平均自由程来计算粒径为函数的滑动校正系数。由于空气动力学直径是悬浮在流体介质中进行测量的，粒径分布测量与重力沉降速度和粒子在介质中的流体动力有直接关系。电学-单粒子空气动力学弛豫时间分析器可被应用于火星大气中尘埃粒子的监测（Sriama 等，2007；Sharmadeng，2008），观察到气压、温度和气体介质成分的变化导致滑动校正系数、弛豫时间、雷诺数以及作为粒子粒径的函数产生的相位滞后发生显著变化。

14.2.1.3 粒子在电场中的运动

当粒子受到正弦电场来代替声场的作用时，能够用类似声场的方式分析粒子的运动。在这种情况下，$E=E_0\sin\omega t$，$F(t)=qE$，$U_g=0$。

式（14-3）可以改写为：

$$\tau_p = \frac{dV_{p(e)}(t)}{dt} + V_{p(e)}(t) = ZE_0\sin\omega t \tag{14-12}$$

式中，$Z=qB$，表示粒子的电迁移；q 为粒子的电荷；$V_{p(e)}$ 为电场影响下的粒子速度。

求解式（14-12）：

$$V_{p(e)}(t) = \frac{ZE_0\sin(\omega t - \phi)}{\sqrt{1+\omega^2\tau_p{}^2}} \tag{14-13}$$

此处

$$\phi = \tan^{-1}\omega\tau_p \tag{14-14}$$

按照式（14-3）中的 q 和 d_a 来代替 Z 和 B，振幅比的稳态解（$t \gg \tau_p$）为：

$$\frac{V_{p(e)}}{E_0}=\frac{qC_c}{3\pi\eta d_a\sqrt{1+\omega^2\tau_p^{\ 2}}} \tag{14-15}$$

由式（14-14）和式（14-15），可以得出空气动力学直径 d_a 和粒了的电荷量 q（Renningerd 等，1980）。

$$d_a=\left(\frac{18\eta\tau_p}{\rho_0C_c}\right)^{1/2} \tag{14-16}$$

$$q=\frac{V_{p(e)}}{E_0}\times\frac{3\pi\eta d_a\sqrt{1+\omega^2\tau_p^{\ 2}}}{C_c} \tag{14-17}$$

为了确定粒子的电荷 q，要测量粒子速度振幅与电场振幅的比。图 14-1 表示由交流电场或声场引起的粒子运动，以及振荡激发场中粒子运动的相对滞后和振幅。图 14-2 表示相位滞后和不同激发电场频率下粒径之间的关系。通过改变激发频率，粒径测量的范围和分辨率是可以变化的。

当使用电力传动时，相位滞后在 0°～90°整个范围内，图 14-2 是有效的。图 14-3 表示将粒子振荡［$V_{p(e)}$］的比率振幅变化和电场振幅（E_0）的比值作为粒子粒径变化的函数。如果从 ϕ 确定 d_a 的值，那么通过测量比率振幅则可以提供测量电荷的大小，从而能够通过粒子在外部电场的运动方向以及粒子的运动轨迹来确定粒子电荷的极性。在交流电场中，如果粒子朝着正极运动，那么粒子带负电。粒子速度的波形变化如图 14-1 表示，波形变化公式为 $V_{p(e)}\sin(\omega t-\phi)$。带有正电荷的粒子与在交流电场中带负电荷粒子电迁移速度的相位差为 180°。因此，如果带正电荷的粒子朝着负电场运动，那么它们的运动波变化公式为 $V_{p(e)}\sin(\omega t-\phi)$。

14.2.1.4 粒子在直流电场中的运动

处于场强为 E_0 的直流电场中，粒子受到的静电力为 $F_e=qE_0$，q 是粒子所带电荷量。一个带有 n 个元电荷、直径为 d_a 的粒子的移动速度为：

$$V_{p(e)}=qE_0C_c/(3\pi\eta d_a) \tag{14-18}$$

在某些 E-SPART 分析器中，直流电场 E_0 应用于叠加的电场 $U_g\sin(\omega t-\phi)$。此时粒子的运动可以表示为 $V_{p(a)}\sin(\omega t-\phi)\pm V_{p(e)}$。$V_{p(e)}$ 代表带负电荷的粒子向正电极的移动，可通过粒子经过的电场除以它们之间的距离来计算直流电场 E_0。在 E-SPART 分析器中，直流电场叠加在声场上，$V_{p(e)}$ 的测量可用来计算 q，或者 n 个元电荷，而粒子的空气动力学直径 d_a 则是通过相位滞后的测量决定的。软件读出整个电极的电压，计算出了整个电场的 E_0，并且能够确定粒子的电荷大小。因此，通过 V_e 的方向和振幅，以及外加直流电场的 E_0，软件记录了包括粒子的电荷极性和振幅。

$$q=V_{p(e)}3\pi\eta d_a/(E_0C_c) \tag{14-19}$$

在不存在高电荷的粒子的情况下，这个方法是有效的。当粒子达到 LDV 感应区时，引起了样品量的亏损，直流电场会使粒子产生偏移。如果直流电场强度降低以使采样损耗最小化，则电荷测量的分辨率就会受到影响。

对于悬浮在声场中的直流场的 E-SPART 分析器，如果没有降低分辨率，那么就必须减少样品的抽样量。为了完成这个操作，通常用以下几种模式来操作 E-SPART 分析器：①用声场来测量带电和不带电粒子；②用交流电场来测量带电粒子的大小和电荷分布；③每个驱动力短时间（5min）内交替使用声场和交流电场，分别提供不带电粒子的粒径大小以及交流电场中带电粒子的粒径大小和电荷分布；④同时使用声场和交流电场连续提供采样粒子的电荷分布和粒径分布。

14.2.1.5 颗粒运动的直读分析

激光多普勒测速仪（Mazumder，1970；Drain，1980；Durst 等，1981）频繁地用于流体流动、湍流特征和颗粒动力学的非侵入性测量。在 E-SPART 分析器中，使用 LDV 或者图像分析的非接触方式对声场或者电场里的颗粒运动进行分析。E-SPART 分析器使用 LDV 测量小颗粒（$d_a < 50\mu m$），使用图像分析（Mu，1994）测量较大颗粒（$20\mu m < d_a < 100\mu m$），现在通常使用的是 LDV 测量。E-SPART 分析器使用两束低频相干激光束来实时测量颗粒速度（Mazumder 等，1979，1991）。

当来自同一发射器的两种激光束相互交叉时，会形成如图 14-4 所示的干涉条纹图样。由两光束的交叉点形成传感区，这也是 LDV 接收光学器件的焦点区。当颗粒通过传感区时，它的散射光被收集到光检测器中，例如光电倍增管（PMT）、雪崩光电探测器，或者如图 14-4 所示的前分散模式以及后分散模式。检测器的输出代表每个颗粒通过传感区所产生的多普勒信号，散射光的强度不能用于粒径或者电荷量大小的测量。E-SPART 分析器测量根据的是频率范围中的多普勒频移，这也适用于外部驱动的颗粒运动分析。

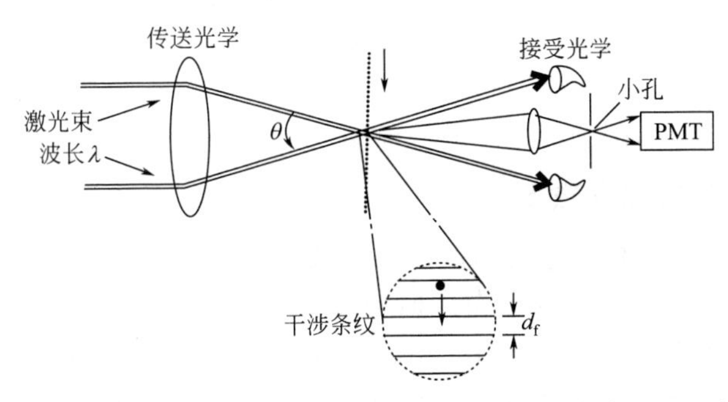

图 14-4 激光束交叉形成的干涉条纹和用光电倍增管检测的组成图解

图 14-4 和图 14-5 为 E-SPART 分析器中双光束频率偏差 LDV 的光学几何图。图 14-5 所示的 E-SPART 分析器包括小型化的 LDV、颗粒采样室、声电驱动传感器、电子信号和数据处理软件和以电脑为基础的数字数据采集分析系统（DiVito，1998）。颗粒通过 LDV 的传感区时所测量的颗粒速度是关于时间的函数，传感区位于采样室内并在两块传感器和电极之间，其中一个是声驱动，而另一个是交流电场驱动。当颗粒通过传感区时，它由一个声场

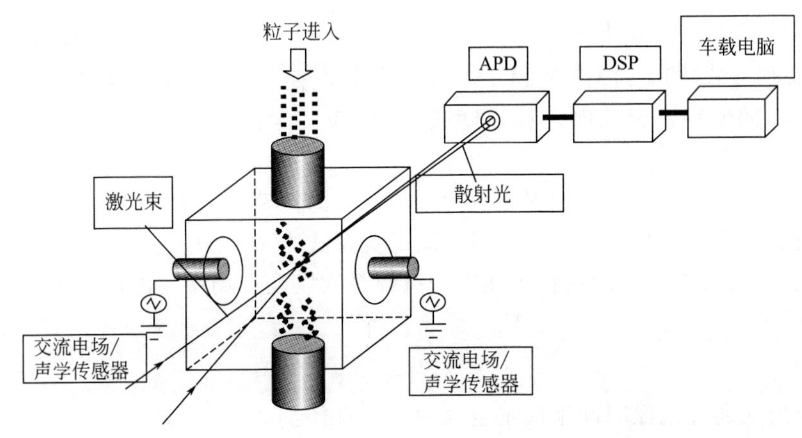

图 14-5 E-SPART 分析器的三维视图，展示了使用激光多普勒测速仪测量无触点颗粒的大小、电荷和颗粒采样室，以及计算颗粒大小和电荷的来自每个颗粒的分散多普勒电信号的处理过程

或电激发磁场来驱动。

市场上销售的E-SPART分析器（HOS）把直流电场（E_0）加载到声场上，使得$U_g \sin\omega t$带有2.0kHz的激励电压，给定频率的激励电场使得颗粒进行正弦振动，当直流电场加载声场时，带电颗粒的运动速率会把一个振动分量添加到它的电迁移速率$V_{p(e)}$［式(14-18)］上，表示为：

$$V_{p(m)}=V_{p(a)}\sin(\omega t-\phi)+V_{p(e)} \tag{14-20}$$

当声电场和交流电场同时应用时：

$$V_{p(m)}=V_{p(a)}\sin(\omega t-\phi)\pm V_{p(e)}\sin(\omega t-\phi) \tag{14-21}$$

当q为负（负电荷向正极移动）时，式中为正号，而q为正时，式中为负号。

当一个颗粒沿着包括两束激光束的平面的法线方向通过传感截面时，颗粒经过一个声场或者电场，LDV仅能检测颗粒的水平速度分量，不能检测垂直向下的采样速度。然而，LDV信号的持续性依赖颗粒在传感截面内的保留时间，其与采样速度成反比，且保留时间必须足够长，其目的是为了测量ϕ，而ϕ则可用于计算颗粒动力学直径d_a和用于求颗粒电荷q的振幅比（Kirsch和Mazumder，1975）。电荷q的极性是检测出来的，如果颗粒电迁移速度是正的，则q为负，否则为正，这种情况下颗粒大小和静电电荷（大小和极性）都是在单个颗粒基础上决定的，分布情况被保存在计算机中。市场上销售的仪器主要用于分析激光打印机和复印机中使用的碳粉的电子照排性能。

14.2.1.6 声场与电激发磁场

声场驱动中颗粒运动的相位滞后和振幅比提供了相同的粒径信息。不管颗粒是否带电，声场驱动模式都能提供颗粒的粒径分布。但是只有当颗粒带电时，交流电驱动模式才会工作，并且能提供带电颗粒的粒径和电荷大小。每一台E-SPART分析器都能在声场驱动或者电场驱动下运行。如前所述，通过短暂时间内（如5s）改变分析器的声电场驱动能够测量带电样品颗粒的粒径和电荷分布。如果在测量时间内颗粒的粒径和电荷分布是固定的，那么通过这样的连续操作就可以检测气溶胶的特性。E-SPART分析器也能在声场和交流电同时驱动下运行［式(14-21)］。实验思路是利用声场、交流电或同时使用交流电和声场驱动E-SPART分析器，用以测定粒径和电荷分布，如图14-6所示。

14.2.2 同时采用声场和电场驱动的E-SPART分析器

由声场驱动引起的质量速度分量$V_{p(a)}\sin(\omega t-\phi)$与负电荷粒子的电迁移速度$V_{p(e)}\sin(\omega t-\phi)$同相叠加［式(14-21)、图14-7］。对于带正电荷的粒子，两个组件和电迁移速率之间的相位有180°的偏移，因此电迁移速度表示为$-V_{p(a)}\sin(\omega t-\phi)$，而电迁移速度的振幅为$V_{p(e)}$［式(14-18)］。

在上一章节中，我们已经证明对正弦力来说粒子的振荡和激发力之间的相位滞后和弛豫时间以及激发频率有关。相位滞后和弛豫时间的关系式为$\phi=\tan^{-1}\omega\tau_p$。

弛豫时间τ_p也可以通过测量粒子速度的振幅系数以及声场激发的振幅来决定。

$$\frac{V_{p(a)}}{U_g}=\frac{1}{\sqrt{1+\omega^2\tau_p{}^2}} \tag{14-22}$$

采用如下公式通过弛豫时间来确定空气动力学直径：

$$d_a=\left(\frac{18\eta\tau_p}{\rho_0 C_c}\right)^{1/2} \tag{14-23}$$

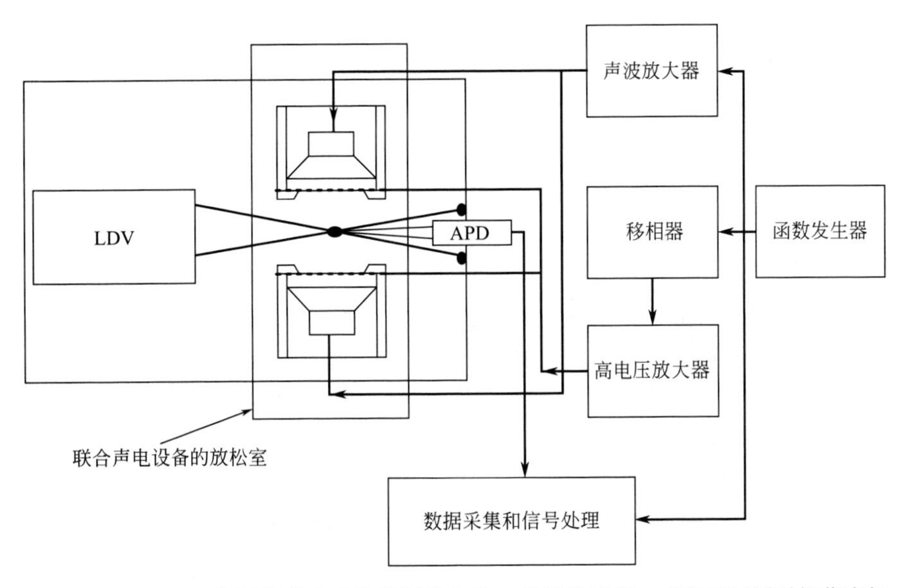

图 14-6 E-SPART 分析器的实验装置以及电场、声场的操作，或者通过同时操作声场、电场来确定粒子的大小和电荷量

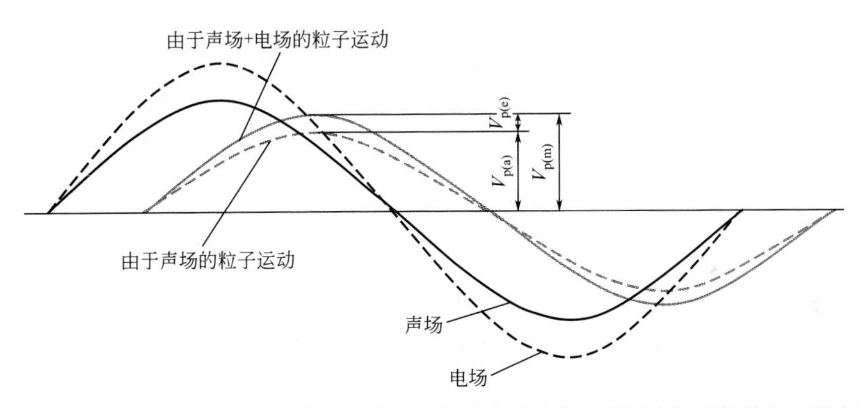

图 14-7 粒子同时在声场和电场中的运动，当粒子的速度振幅是两个振幅的总和，那么两个场叠加的粒子相位滞后相同，当 $V_{p(t)}$ 为正时，粒子带负电荷

如果粒子的电荷量为 q，那么粒子的速度振幅与交流电场之比可由以下公式求得：

$$\frac{V_{p(e)}}{E_0}=\frac{qC_c}{3\pi\eta d_a\sqrt{1+\omega^2\tau_p^2}} \tag{14-24}$$

当声场和电场同时叠加时，粒子的运动 $V_{p(m)}$ 是两个速度分量的矢量和。当两个场同时应用时，两种速度的分量波形相互叠加，如图 14-7 所示。测量的粒子的速度振幅 $V_{p(m)}$，是两个叠加的粒子速度振幅的总和 $[V_{p(a)}+V_{p(e)}]$，如果 $V_{p(a)}$ 已知，那么可以通过确定 $V_{p(e)}$ 来计算粒子的电荷量 q。

$$q=\frac{V_{p(e)}3\pi\eta d_a\sqrt{1+\omega^2\tau_p^2}}{E_0C_c} \tag{14-25}$$

$$V_{p(e)}=V_{p(m)}-V_{p(a)} \tag{14-26}$$

通过以下公式可以将粒子速度振幅 $V_{p(a)}$ 从相位滞后（ϕ）中剥离出来。

$$V_{p(a)}=\frac{U_g}{\sqrt{1+\omega^2\tau_p^2}}=\frac{U_g}{\sqrt{1+(\tan\phi)^2}} \tag{14-27}$$

$$\phi=\tan^{-1}\omega\tau_p \tag{14-28}$$

式中，η 为介质的黏度系数；C_c 为坎宁安滑动修正系数；ω 为激发频率；U_g 为应用声场的振幅。如图 14-7 所示，声场（实线）和电场（虚线）同时作用于仪器感应区的粒子上。由于两个场的应用而使粒子产生的振动用实线表示。粒子的振动用一个探测器监测，结果作为粒子速度的时间函数。对于给定频率，粒子运动产生的相位滞后 ϕ 是由于声场和电场的相互作用产生的，声场速度的振幅 U_g 决定粒子速度振幅的范围，那么可以只依据声场的驱动速度来对粒子的速度进行推断。图 14-7 所示的粒子响应曲线的虚线说明依据声场的驱动来计算粒子的运动速度变化图。因为粒子的监测速度超出计算的速度范围 $V_{p(a)}$，因此粒子电荷的极性为负［式 (14-20)］。如图 14-8 所示，激发电场和图 14-7 一样，但是只在声场激发条件下粒子的速度范围（实线所示）才能够低于计算的粒子速度范围。所以，此时粒子电荷的极性为正［式 (14-21)］。

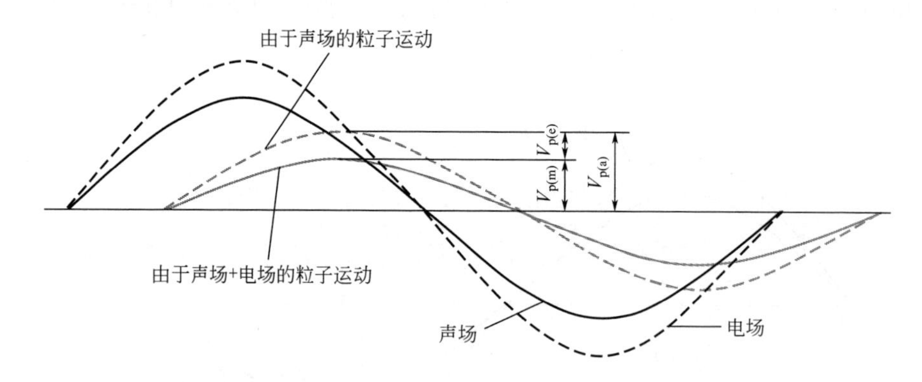

图 14-8 粒子同时在声场和电场中的运动，当粒子的速度振幅为在两个场的振幅之和时，两个场叠加的粒子相位滞后相同，当 $V_{p(t)}$ 为负时，粒子带正电荷

如果声场驱动波幅 U_g 是一个恒定值或者可以用一个扩音器测量，那么用式 (14-27) 根据 τ_p 确定 $V_{p(a)}$。用测量的 ϕ 值和确定的空气动力学直径通过 E-SPART 软件首次计算 τ_p，然后计算出 $V_{p(a)}$。用式 (14-26) 推断出 $V_{p(e)}$ 以及通过式 (14-25) 确定出电荷量。

由于扩音器的位置可以干扰电场和声场，因此用扩音器来确定 U_g 则要求扩音器安放位置非常接近传感器的位置。可以通过在一定频率下用非侵入性的方式来测量 U_g 从而用 E-SPART LDV 测量已知粒子大小。如图 14-3 所示，例如在已知声场的频率为 1kHz，单分散的粒子的直径在 1～2μm，所监测的 $V_{p(a)}$ 将达到 U_g 理论计算值［式 (14-9)］的 99.98%～99.66%。如果把扩音器放置在一个接近传感器的位置，那么在声场驱动的频率不变的情况下，传感器的输出量可以用 LDV 测得的 U_g 来校准。当 E-SPART 分析器在相同频率下运行，而且扩音器的输出保持不变，那么 U_g 可以认为是恒定值。如果改变频率，那么就需要重新校准。

同时用声场和电场测量带电和不带电粒子的步骤可以概括如下。

① U_g 的测量：用粒径在 1～2μm 范围内的聚苯乙烯乳胶球的单分散粒子，这只适用于声场的驱动。在声场驱动的特定频率下，$V_{p(a)}$ 的测量值用来确定声场的驱动振幅 U_g。在接

近 LDV 的感应器的位置（没有声场和电场的干扰）安放一个小的扩音器，同时需要对在不同频率下（>1.0kHz）的扩音器的输出进行校准。

② 测量 $V_{p(m)}$、ϕ、d_a、$V_{p(a)}$：在声场和电场的同步作用下，如图 14-7 所示，当粒子穿越感应区时确定每个粒子的相位滞后。通过 ϕ 来计算空气动力学直径 d_a。此时读取扩音器的输出信息，如果没有变化，则可以认为声速的振幅范围 U_g 是恒定值，从而可以计算粒子的速度幅度。通过 $V_{p(m)}$ 与 $V_{p(a)}$ 相比来确定 q 值。

③ 粒子电荷 q 的测量：当测量的速度的变化范围 $V_{p(m)}[V_{p(a)} \pm V_{p(e)}]$ 大于受声场速度 $V_{p(a)}$ 作用的粒子速度范围，那么 $V_{p(e)}$（由于电场作用）的值是正的。粒子的电荷的极性是负的，粒子的大小可运用式（14-24）第一次从 $V_{p(m)}$ 中减去 $V_{p(a)}$，并计算粒子的电荷量 q 后得出，如图 14-7 所示，在这种情况下，粒子带负电荷。

粒子所带的电荷是正电荷时，$V_{p(a)}$ 的测量值大于其计算值，这种情况下：

$$V_{p(m)} = V_{p(a)} - V_{p(e)} \tag{14-29}$$

通过 $V_{p(a)}$ 减去 $V_{p(e)}$ 得到 $V_{p(m)}$，如果粒子的速度为负，如式（14-26）所示，说明粒子所带的是正电荷。

当 $V_{p(a)}$ 的计算值和测量值相近，说明粒子带的电荷是中性的，或者粒子带的电荷是 0，因为这种情况下电场不能影响粒子的运动。

$$V_{p(m)} = V_{p(a)} - V_{p(e)} = 0, q = 0 \tag{14-30}$$

对于任何一个粒子的粒径和电荷量同步测量，两个驱动器被调整为 $V_{p(a)} \gg V_{p(e)}$。理想状态下，两个驱动场不会对彼此造成影响（当 q 为正），在某种程度上造成 $V_{p(m)} = 0$。式（14-24）表示，如果 $V_{p(a)} = V_{p(e)}$，$V_{p(m)}(t) = 0$，粒子将不会有振荡运动。当粒子速度范围 $V_{p(m)}$ 接近 0，相位滞后测量将变得越来越难，$V_{p(m)} \to 0$，将不能使用仪器测量粒子的大小和电荷量。为精确测量粒子的大小和电荷量，需要一个较大的粒子速度波幅值。这是通过不牺牲粒子电荷测量范围和分辨率的前提下，应用足够强的声驱动达到 $V_{p(a)} \gg V_{p(e)}$。

14.2.3 电学-单粒子空气动力学弛豫时间分析器

14.2.3.1 液态和固态颗粒物的动力学粒径分布测量：目前性能

E-SPART 分析器测量固态和液态颗粒物的动力学粒径分布。动力学直径为 d_a，即与单位密度的颗粒物有相同的沉降速度的颗粒物直径。在研究颗粒物的流体力学或动力学性质时，动力学直径是应用最广泛的参数。该研究的例子是：重力沉降下的空气颗粒物沉积、吸入的气溶胶颗粒物的肺部沉积、复印机的颗粒物运动、静电粉末喷涂、药粉的混合和扩散。动力学直径考虑几何直径、形状、颗粒物密度和表面特征，它独立于与粒径无关的性质，像受化学组分影响的光学分散和吸收性质。E-SPART 分析器可应用于固态和液态颗粒物（Mazumder 等，1983，1999；Ali 等，2008）及现场实时测量。

14.2.3.2 电学-单粒子空气动力学弛豫时间分析器与光学粒子计数器：校准和重合

根据被测粒子的光散射特性，另一种常用的等效粒子直径是光学直径。当需要测量光分散性质，比如可见性和光吸收测量时，光学直径是相关的。光学粒子计数器（OPC）广泛应用于颗粒物的快速和远程的粒径分布测量。然而，由于颗粒物的分散性质依赖于物理直径、化学成分、颜色和表面性质，故每个设备都需要进行校准。当用同样的设备测量具有不同光学性质的粒子时，就很难得到精确的粒径分布信息。OPC 还存在重合误差，因为颗粒物粒径是通过散射光的强度推算出来的，而散射光是从传感区的颗粒物收集而来。当感应区内存在多个粒子时，OPC 把它们识别为一个大颗粒物来收集，从而可能出现错误的粒径信息。

像 OPC 一样，E-SPART 分析器也是单粒子非接触直径测量仪器。在 E-SPART 分析器中，只要散射光的强度足够高，能够提供良好的信噪比，就可以测量频率的多普勒频移。光的实际强度是不测量的。当多于一个颗粒物在传感区内出现时，多普勒信号的信噪比会变得很差，这是因为不同颗粒物之间出现了信号干扰，从而使得信号被拒绝了。虽然这样一来损失了粒径信息，但没给出错误的结果。为了降低颗粒物浓度测量的损失的概率，E-SPART 分析器的传感区体积非常小，级数为 $10^{-12}m^3$，这对大多数设备来说，重合误差很小。如上讨论，E-SPART 分析器测量基于下面的法则：单个粒子的动力学直径的测量可以忽略化学组分、颗粒物密度、颜色和表面特征。如果所有的参数和环境状况已知则不需要校准。然而，为了方便起见，仪器与颗粒物或已知粒径粒子需一起校准，一旦调谐，仪器就不需要为不同颗粒物再分别进行校准了。

14.2.3.3 精密度和准确度

如果能够准确地知道实验装置和环境状况所涉及的物理参数，应用于 E-SPART 分析器的基本原理，可提供颗粒物粒径和电荷的绝对准确测量。举例来说，动力学直径依赖于颗粒物在其中悬浮的气体黏度。因为黏度在较大范围内与压力无关，因此可在不同压力的环境下测量颗粒物的粒径。然而，如果温度或气体的组分发生了较大的变化，E-SPART 分析器将会测量空气动力学直径，该直径与颗粒物所悬浮的气体黏度有关。E-SPART 分析器能在现场测量是其优势之一，当环境状况或仪器参数与先前校准不同时，二次校准就显得很有必要。

E-SPART 分析器测量的准确度依赖于仪器参数的改变和漂移的最小化，该参数包括 LDV 几何光学、基于 LDV 的频率、信号处理电路的性质和影响相位滞后或振幅比的环境状况。可在仪器测量和评估阶段调整 E-SPART 分析器的设计参数及环境状况。如果在信号处理电路中出现了仪器的相位滞后，那么在实时修正的软件中会采用合适的抵消值，并在已知粒径的粒子仪器校准中测量该相位抵消值。

当仪器在相对较高的声频下运行时（>20kHz），在弛豫室内保持恒定的温度是很重要的，因为在恒定的温度下，相位抵消值不会改变。当 E-SPART 分析器的声驱动在较低范围内，或者只使用交流激发时，温度的限制就不那么重要了。

测量的准确度十分依赖于多普勒信号的信噪比、传感区内粒子的停留时间、信号处理和数据接收系统的性能。

14.2.3.4 激发的频率：分辨率和粒子计数率

E-SPART 分析器使用两类不同的激励频率，在动力学直径为 0.3～75μm 的范围内工作。为了覆盖这个粒径范围，有必要交替运行分析器，在 20min 的气溶胶气流采样过程中每 5min 在两类不同的激励频率（20kHz 和 0.5kHz）下转换。

图 14-2 是颗粒物相位滞后与声、电驱动频率及空气动力学直径的关系。激发场（声或电）的频率选择依赖于粒径范围和所使用的仪器类型。举例来说，为了测量 1～20μm 范围内的颗粒物粒径（比如复印机和打印机使用的墨粉），选择的驱动频率为 2.0kHz。为了测量动力学直径范围为 0.5～10μm 的经呼吸道给药的气溶胶的粒子粒径和电荷分布，仪器应

在 20.0kHz 条件下运行。在下列四个频率条件下运行仪器会提供一个较宽的操作粒径范围。

① 直径 10.0μm$<d_a<$100μm：频率 500Hz。

② 直径 1.0μm$<d_a<$20.0μm：频率 2.0kHz。

③ 直径 0.5μm$<d_a<$10.0μm：频率 20kHz。

④ 直径 0.05μm$<d_a<$1.0μm：频率 40kHz。

工作频率的选择依赖于颗粒物粒径测量的所需的分辨率，讨论如下。

如图 14-2 所示，就动力学直径来说相位转移的变化 $d\phi/d(d_a)$依赖于操作频率。为了获得最大的粒径分辨率，$d\phi/d(d_a)$应最大化，当相位滞后 $\phi=30°$或 $\omega\tau_p=1/\sqrt{3}$这种情况出现时才会发生（Mazumder 等，1979）。为了精确测量颗粒物粒径和电荷，应当保证传感区内的单个粒子的停留时间够长，停留时间至少为驱动激发的 2 个周期。举例来说，如果激励频率为 2.0kHz，每个粒子在传感区内至少有一个迁移时间，最小为 2 个周期。时间周期需要接近 1.0ms，用软件可以计算粒子的粒径和电荷。因此，在这种情况下每个粒子计数需要 2.0ms 来处理。当多普勒信号的信噪比较高时，最大计数频率受到限制并低于 500 个/s。当激励频率高于 2.0kHz 时，最大计数频率依赖于实时粒径和电荷分析的信号及数据处理电路的最小时间。

14.2.3.5 静电电荷的测量范围

E-SPART 分析器可测量每个粒子的电荷，范围从零价到它正极和负极的饱和价。粒子的最大或饱和价受周围介质的击穿电场的限制，该介质是由粒子表面的电荷创造出来的。举例来说，干燥空气的击穿电场（E_{BD}）为 3.0×10^6 V/m。

绝缘固体颗粒物的饱和电荷-质量比随着直径的增大而减小。q/m 对直径的实验数据显示了充电粉末和载珠之间的关系是一致的。可测量的最小电荷取决于振幅比测量的灵敏度。电荷测量的准确性取决于进行电荷测量的周期。如果使用 0.8μm 直径的 PLS 球体和 8 周期停留时间，E-SPART 分析器测量可以通过 2 个电子电荷来解析电荷，这些电荷是根据电迁移率分析测量的（Mazumder 等，1991）。

14.2.3.6 运输

对于每个电荷，空气动力学直径（d_a）及电荷（q）由 E-SPART 分析器和计算的电荷/质量比（q/m）的平均值所决定。对于球形粒子的直径 d_a 和特定重力 ρ_p，可以写出近似关系式：

$$d^2\rho_p=d_a^2\rho_o \tag{14-31}$$

如果颗粒物的实际密度 ρ_p 已知，那么通过下列方程，颗粒物质量 m_p 可从 d_a 的测量值计算出来：

$$m_p=\pi\rho_o^{3/2}d_a^3/(6\rho^{1/2}) \tag{14-32}$$

对于每个粒径通道 $(d_a)_i$，从 $i=1$ 到 $i=32$，颗粒物数量以 n_i 储存起来，每个通道 m_p 接近于 $\pi n_i\rho_o^{3/2}d_a^3/(6\rho^{1/2})$。颗粒物样品总质量由 i 个通道加和而成：

$$m=\sum(m_p)_i=\frac{\pi\rho_o^{3/2}}{6\rho_p^{1/2}}\sum n_i(d_a)_i^3 \tag{14-33}$$

对于每个粒径通道 $(d_a)_i$，总数量 n_i 也储存在通道宽度里。颗粒物的总数量 $n_i=n^0+n_i^++n_i^-$，n^0、n_i^+ 和 n_i^- 代表零价、正价和负价电荷的数量，其直径都为 $(d_a)_i$。软件会进行计算并绘制所有通道 $(d_a)_{i\text{-}n}$ 的 n^0、n_i^+ 和 n_i^- 的电荷/质量（q/m）的对比图。分析器提供带有正电荷和负电荷的颗粒物的 q/m 比值，以及带有正电荷和负电荷的粒子数量和质量，同时也提供所有采样颗粒物的电荷/质量 $(q/m)_{net}$ 比值。一个关于颗粒物数量、电荷/质量比值及 d_a 的三维图像也是可用的。

14.2.4 在不同的气象状况下测量：应用于火星和纳米粒子的测量

E-SPART 分析器也可以测量不同气象条件下的颗粒物粒径和电荷分布。通过确定式(14-5) 中 $\tau_p=[\rho_p d_p{}^2/(18\eta)]C_c$ 的气象参数 τ_p 可以确定停留时间。

例如某台可以应用于火星气象的测量的仪器（Srirama 等，2007）。火星表面的环境状况是：平均温度 227K；大气基本组分为 CO_2；火星尘土颗粒物密度为 2500kg/m^3；环境气压范围为 500～1000Pa。基于环境状况，$\eta=1.147\times10^{-5}$ Pa·s。相位滞后与激发频率和停留时间有关，其中 $\phi=\tan^{-1}\omega\tau_p$。

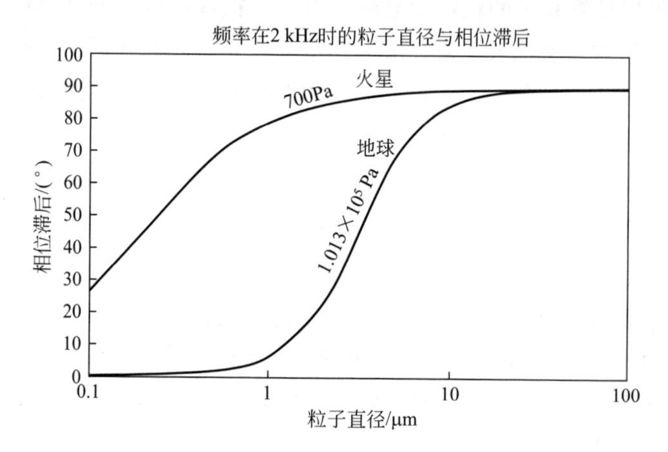

图 14-9 粒子在火星（700Pa）和地球常压下频率在 2kHz 时空气动力学直径与相位滞后的函数关系

图 14-9 表明了相位滞后与动力学直径的关系，该结果是在火星气体状况下、激发频率 2.0kHz 的条件下测出的（Srirama 等，2007；Sharma 等，2008）。由于相位转移关系在地球和火星大气条件下显著不同，因此有必要说明的是，火星的相位滞后在低气压（700Pa）下比大气压为 1.013×10^5 Pa 的地球要高。

在相对较低的声或电荷驱动频率下小颗粒物相位滞后值较高，可以以更高准确度来测量纳米颗粒物的粒径和电荷分布。在地球的大气状况下，纳米粒子的性质可在 1000Pa 的低气压的真空容器里研究出来。相对于在正常大气压状况下进行的测量，小颗粒在相对较低的声波或电驱动频率下具有较高的相位滞后值，将使测量小颗粒的粒径和电荷具有更高的精度。

14.3 空气动力学粒径谱仪

14.3.1 测量原则

空气动力学粒径谱仪（APS）通过在加速气流内测量粒子速度相对于空气的速度来分拣粒子。通过使一个气溶胶粒子穿越喷嘴来产生加速气流场。喷嘴里的气体速度 U_g 可利用可压缩流的伯努利方程来计算。

$$U_g=\left[\frac{2RT}{M}\ln\left(\frac{P}{P-\Delta P}\right)\right]^{1/2} \tag{14-34}$$

式中，R 为理想气体常数；T 为热力学温度；M 是气体分子质量；P 是大气压；ΔP 是通过喷嘴的压降。粒子速率 V_p 可从下列公式推导出来：

$$V_p=\frac{U_g t_{min}}{t} \tag{14-35}$$

式中，t 为粒子迁移时间亦即飞行时间（TOF）；t_{min} 为小粒子在喷嘴的固定长度气流中的最小迁移时间。飞行时间为粒子穿过两束光时发出的两束脉冲之间的时间间隔。对于逐渐变大的粒子，TOF 会变得更长，因为气流里的粒子速率滞后到了一定程度。TOF 数据以二进制的形式储存在加速器里，代表着时间间隔。一个校准曲线把粒子粒径和加速器 TOF 光谱联系起来。该曲线基于根据斯托克斯数的方程得出的 V_p/U_g 比对于不同的加速喷嘴和光检测装置不同这一原理得出。

不同粒径粒子的数浓度直接来自于收集器的粒径段数据。然而，粒子速率只是层流（在斯托克斯区域内，$Re_p<0.1$）下动力学直径 d_a 的方程。当 Re_p 变大时，粒子粒径变成了粒子密度、形状和直径的方程。喷嘴速率较大时，粒子运动变得更加非斯托克斯化（动力学粒径更不精确），可以检测出更小的粒子，筛选速度更快。空气动力学分布测量值会有误差，因为用于检测颗粒物的光散射会导致不完全探测或粒子重叠。液滴会变小，是因为它们变得扁平，并且获得了比加速气流场中的球形固体粒子更大的速度。

14.3.2　典型的空气动力学粒径谱仪类型

14.3.2.1　标准飞行时间空气动力学粒径谱仪

APS 的设计是基于由 Wilson 和 Liu（1980）建造的粒子加速喷嘴和激光多普勒检测系统。TSI 在 30 年内提供了一些 APS 型号（前三个型号现在已经停产）。

Model 3300——基于原型设计；使用苹果二代进行计算机数据分析；HeNe 激发光源；带有质量流量计的阀控制监测（Agarwal 和 Ramiarz，1981）。

Model 3310——更新至 IBM PC-兼容计算机，可用于数据处理；先进软件粒子光谱分析包（1988）。

Model 3320——采用固态激光二极管更新探测器光学（双峰值信号）和信号处理电路；重新设计更小的整体包装集成粒子谱读数和微电路控制体积流量；提供更小尺寸分辨率但有比 3310 更好的重合拒绝技术；可用光散射强度数据（Caldow 等，1997；Stein 等，2002）。

Model 3321——检测器区域重新设计的气溶胶出口喷嘴（Stein 等，2003）。

所有的型号使用相同的流线把气溶胶传送到检测区域（图 14-10）。气溶胶以流量 5L/min 引入到喷嘴。在气流里，4L/min 的流量被去除掉了，通过一个过滤器，重新把加速喷嘴的上流作为鞘流。保留的 1L/min 气溶胶流横穿到内部管，由内部或者聚焦喷嘴（与气流方向呈 60°夹角）加速，然后重新与干净的、有自由粒子的鞘流重合。然后重合的气溶胶和鞘流穿过最后的外部喷嘴到达检测区域。空气速度在加速喷嘴的出口处达到了 150m/s。

在最新的 APS 型号 3321 和 3320 中的流量控制比先前的型号有了显著的提高。在早先的型号中，入口处的压力的降低减小了穿过加速喷嘴的速度，并且使校准曲线转移到更大的粒径。由于亚微米粒子对校准的微小变化尤为灵敏，因此该效果对亚微米粒子存在较大问

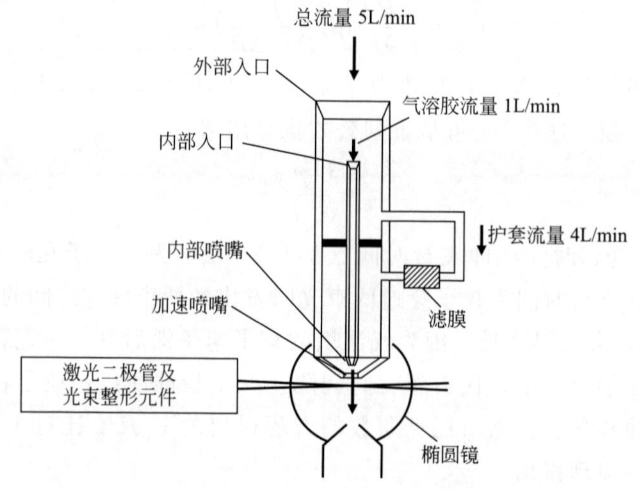

图 14-10 空气动力学粒径仪原理图

题。并且当比较在 APS 入口处增加压力降的分级器（旋风或冲击）的上游和下游的粒度分布时，这个问题尤其明显。在较新的型号里流量控制的改进包括二级泵可以调控鞘流，以较小的入口压降改变来降低标定偏移的可能性。

新的 APS 型号改进了颗粒 TOF 检测装置。在型号 3321 和 3320 中，加速喷嘴下游粒子的光照导致了光脉冲的重叠，亦即双峰值信号［图 14-11(a)］。对脉冲形状进行微分，每个峰的拐点定义为中心点或峰模态。TOF 为每个脉冲的时间间隔。APS 也记录散射光强度，该强度记录为散射光光谱或与每个 TOF 测量互相关联。信号的处理方式便于颗粒物重合的检测——多个粒子同时出现在检测区域——这些在 14.3.2.4 已经讲述了。

在老的型号（APS 3300 和 3310）中，粒子穿过喷嘴下游两个快速集中的 200～500μm 的光束时，产生了两个离散信号［图 14-11(b)］。尽管它比更新的型号潜在地产生了更好的挑拣分辨率，但是这个装置导致了大量的和复杂的重合问题（Heitbrink 和 Baron，1991)。相关的读物见 Heitbrink 和 Baron（1991)，他们经过了一场对老的 APS 型号中信号处理的充分讨论。颗粒物重合曾导致错误的“幻影计数”（大颗粒物不明显地存在于气溶胶中，但在 d_a>10μm 的粒子光谱中找到了)。一度被认为是粒子重合的结果。

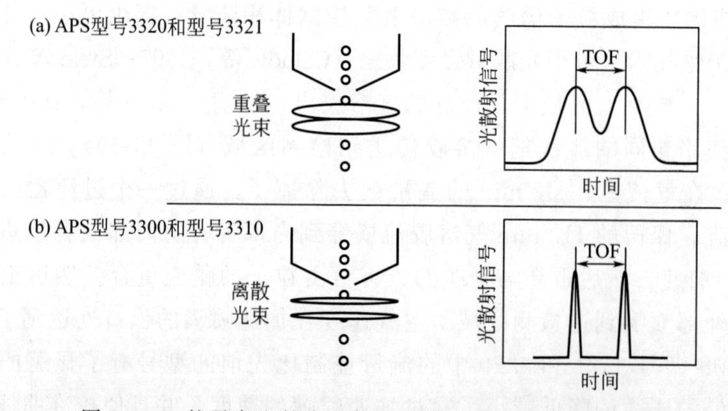

图 14-11 粒子产生的光学信号通过 APS 探测区域示意图

APS 型号 3321 引入改进的出流路径解决了一个关键性的问题，即再循环粒子不能正常从老 APS 型号排出的问题（Peters 和 Leith，2003；Reid 和 Peters，2007）。这些再循环粒子可以带入到气溶胶流线中，进入检测区域。它们并没有适当的加速，因为它们没有穿过加速喷嘴并且随后再次被筛选（$d_a>10\mu m$）。Stein 等（2002）称这些颗粒物“不适合”把源和重合产生幻影计数的距离区分开来。目前，APS 型号 3300 和 3310 的 $d_a>10\mu m$ 的粒径光谱里的假计数产生的重合和再循环的相对值尚不明确。

14.3.2.2 紫外空气动力学粒径谱仪

紫外空气动力学粒径谱仪（UV-APS；TSI），也指的是荧光 APS 或 FLAPS，专门设计来检测生物性气溶胶。现在可利用型号 UV-APS 3314 测量单个空气颗粒物的密度、空气动力学直径和散射光强度。它使用了相同的流线和型号 APS 3321 里的双峰光系统。粒子荧光由脉冲-紫外线激光激发，并由光电倍增管实时收集。型号 UV-APS 3312 是基于型号 APS 3320 早期的版本。

14.3.2.3 飞行时间校准

一个校准曲线把粒子 TOF 和动力学直径联系了起来。使用单分散乳胶球组成的气溶胶可以绘出曲线。球体$<5\mu m$ 的气溶胶可由喷洒球状水悬浮液产生。尽管乳胶球异丙醇悬浮液比水更容易产生和干燥，但是乙醇可以缓慢地溶解乳胶球并且导致它们膨胀到较大的粒径。较大的校准粒子可以从表面通过抽吸来产生，如小刻度粉末粒径仪（Model 3433；TSI），或者通过从清洁表面轻轻擦洗获得，比如玻璃载片。其他像振动孔单分散气溶胶发生器（VOMAG；TSI）产生的单分散粒子也可以用于校准。然而，石油液滴扭曲成扁球是由于高加速（14.3.3.2），从而比一个球体展现出了更小的动力学直径（Baron，1986）。这样，应当只有固体粒子可以被用于 APS 校准，除非它和特定液体一起使用，而这些可由校准曲线描绘出。

一个完整的校准曲线可由拟合多条曲线或多项式方程来分散校准点，校准点由多重单分散气溶胶获得。该曲线依赖于粒子速度，而粒子速度又受激光束到加速喷嘴间距离的影响。在较新的 APS 型号 3321 和 3320 中，激光束到喷嘴的距离和梁间距在制造过程中受到严密的控制，并且可以不经过大量的再校准而得到重置。传感器区域因此定位更精确，仪器到仪器间的校准也应更连贯。在老的 APS 型号 3300 和 3310 中，喷嘴大小、间隔和光束难以定位，都会导致每个仪器校准结果的不同。

一旦 APS 在大气压下得到了校准，那么其他气体黏度和压力的校准也可以实现，见 Rader 等（1990）的描述。Tsai 等（2004）提出了一个通用校准曲线，以在不同的温度、压力和粒子及气体性质条件下来精确地测定粒子空气动力学直径。他们概述的校准过程可以用来解释 14.3.3.1 讨论的非斯托克斯粒径分级问题。

14.3.2.4 粒子计数效率

APS 必须正确地对粒子进行计数和分选，以精确地测量粒子粒径分布。在随后的章节讨论粒径精度。APS 整体计数效率是样品抽吸 η_a、传输 η_t 以及检测效率 η_d 三者的乘积：

$$\eta_{overall}=\eta_a\eta_t\eta_d \tag{14-36}$$

气溶胶的抽吸和传输都要经过加速喷嘴，这在不同的型号中是相似的，因为喷嘴的几何形状和流量是不会改变的。再循环小粒子的传输速率随着型号 3321 的引进而降低了。当在新的型号中引进了新的光学和信号处理电路时，监测算法有了些改进。

14.3.2.5 吸入

APS的气溶胶采样把气体吸入到仪器（外部入口）和内部喷嘴（图14-10）。吸入到2cm直径外进气道的粒子数目受仪器外部因素的影响（Chen等，1998）。仪器顶端外进口的位置通常需要气溶胶通过外部管道导入APS。流动气流管路中颗粒物损失和非等采样导致的偏倚，可用本书第7章中概述的方法解释。

通常只有20%的气溶胶能够进入到内部喷嘴并被测量。因此，当APS上游组件（如管路或旋风中的弯曲）可能造成颗粒物浓度不均匀时，需要特别注意该区域产生充分混合的气溶胶。在实测气流入口处的气体速度高于APS入口处的气流速度，即超等速采样（Kinney和Pui，1995）。该采样装置通过针对一些较大颗粒物的过度采样仪来补充内部喷嘴管产生的损失。制造商绘制了校准曲线，并将其作为电脑软件的一部分来补偿采样的损失。

在市场上可以买到作为APS的可选设备的样品稀释系统（型号3022A；TSI）。在APS软件里，使用者可以应用制造商提供的渗透曲线来修正稀释器内发生的粒子损失的测量粒径分布。然而，15μm粒子的损失接近于50%，并且随着d_a的提高而快速增加。这种程度的修正对APS最大粒径通道的数据带来显著不确定性。

14.3.2.6 传输

如图14-12所示，液滴颗粒物可能会在内部喷嘴处碰撞并聚集，而大多数固态粒子会在系统内弹跳，总计数效率接近100%（Volckens和Peters，2005）。观测结果表明，固体粒子会从内部喷嘴表面反弹，并且重新进入到气流中。对于10μm单分散油酸液滴，Volckens和Peters（2005）发现有3%沉降在内部喷嘴里，4%沉降在内部管道里，41%沉降在内部喷嘴的顶端里，26%由探测器正确计数。然而，他们不可能计算所有的液滴，并且认为最终在加速喷嘴处可能发生更大的损失。同时，Baron等使用计算流体动力学（CFD）模型可以获得相似的结果（Baron等，2008）。此外，使用带有更小的喷嘴角度的入口可以降低内部喷嘴的损失，并且降低APS的分辨率（Kinney和Pui，1995）。

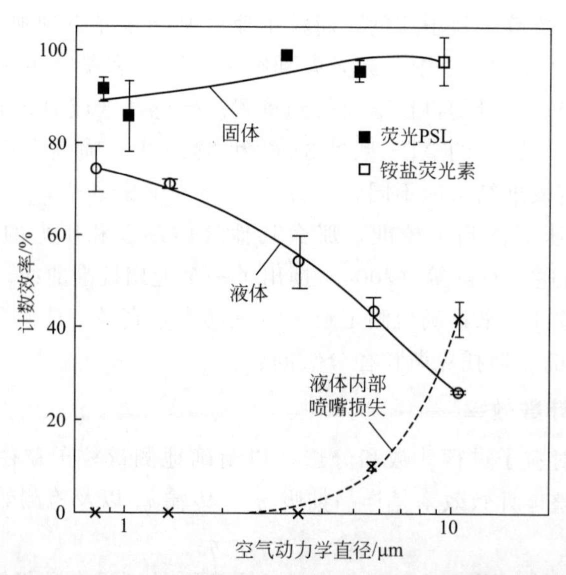

图14-12 APS的计数效率以及对于空气动力学直径的内喷管内的液体损失

（转自Volkchens和Peter，2005）

14.3.2.7 探测

在更新的型号（APS 3320 和 3331），采用带有两对相对较宽的可见光束（680nm）的激光二极管照射粒子，从而可以通过固态雪崩光电探测器进行两个重叠的脉冲光的监测。由此产生的连续信号把粒子分成四个事件（图 14-13）。

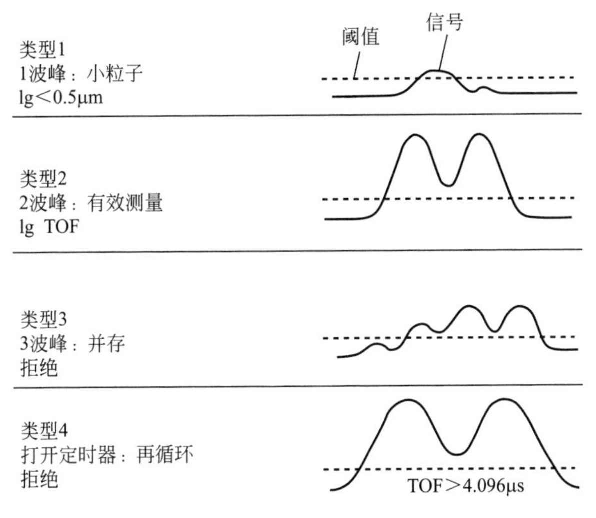

图 14-13 APS 中的信号处理（APS 3320 和 3321）

类型 1：小颗粒只产生一个高于阈值的波峰信号，在 0.5μm 累加器通道内计算粒子累计浓度。

类型 2：当两个信号峰值高于阈值和 TOF 时，记录有效的粒子测量值，以便相应地累加进行浓度计算。

类型 3：在探测区多粒子的重合，将会产生高于阈值的三个信号波峰，可用来记录事件的发生，但不用于计算粒子的浓度。

类型 4：循环粒子会产生两个高于阈值的波峰，但是 TOF>4.096μm 时仅记录事件的发生，而不计算粒子的浓度。

更新的检测电路有利于在传感区域中的重合粒子的识别。因为重合的粒子没有记录在 TOF 数据上，所以重合的粒子可能会使测量的粒径分布发生偏差。然而，相对于有效的类型 2 计数数量，类型 3 检测的数量能提供重合事件重要性的估计。需要进一步的研究来定量估计由于粒子重合而导致的测量对分布的变化。

粒子导致的光散射，可以作为一个单独的频谱或者飞行数据。虽然由于粒子的折射率和粒子形状导致的散射在 APS 的发展中被证明是有用的，APS 使用相关信息从 APS 3320 确定了颗粒的光散射的强度，但结果显示颗粒物的空气动力学直径低于所测量的空气动力学直径（图 14-14）。Stein 等通过 CFD 模型认为这些发现是由于粒子没有被正确地推出探测区。因为粒子在内部喷嘴中，它们没有受到足够大的加速力，所以粒子再循环回传感区，导致粒径的测量数据过大。这将导致必须重新设计 APS3321 的喷嘴出口，从而可以大大减少或消除粒子的回流（Peters 和 Leith，2003；Stein 等，2003）。

14.3.2.8 整体计算效率

如图 14-12 显示，对于固体颗粒的 APS 型号 3321 的整体计算效率达 85%～99%。对于

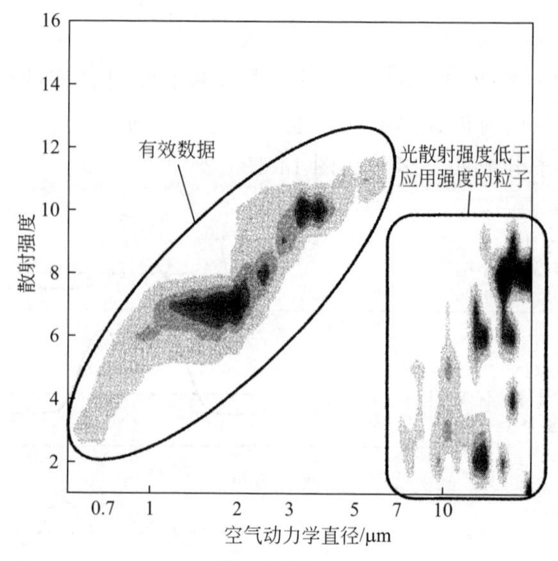

图 14-14 APS 3320 测量光散射强度和空气动力学直径

（引自 Stein 等，2002）

液滴的整体计算效率从 0.8μm 的 74%逐步下降到 10μm 的 26%。当浓度恰好最小时，Volcken 和 Peter 采用 APS 型号 3321 和 3310 测量固体单分散乳胶球粒子的总体计数效率。用级联冲击式采样器和 APS 型号 3321 测量质量分布的一致性（Steinetae，2003）来支持固体气溶胶接近 100%的总体计数效率。

14.3.3 颗粒物大小

14.3.3.1 非斯托克斯校准

因为喷嘴内存在加速运动，所以雷诺数不在斯托克斯区内，如表 14-1 所示，除了空气动力学直径，粒子测量还可以依据其他因素，包括气体密度、气体黏度、粒子的密度以及粒子形状（Wang 和 John，1987；Ananth 和 Wilson，1988）。如果这些因素可知，那么可以对下列公式进行迭代，估算粒子的真实的空气动力学直径（Rader 等，1990）。

$$\sqrt{Stk_2}=\sqrt{Stk_1}\left(\frac{6+R_2^{2/3}}{6+R_1^{2/3}}\right)^{1/2} \tag{14-37}$$

$$R_1=\xi_i^{3/2}\sqrt{Stk_i}\,|U_g-V_p| \tag{14-38}$$

$$\xi_i=\left(\frac{18\rho_{gi}^2 S}{\rho_{pi}\mu_i U_g}\right) \tag{14-39}$$

式中，下标 1 表示使用单位密度球形粒子的校准条件；下标 2 表示测定条件；Stk 为斯托克斯值；$S=U_g t_{min}$，为激光束间的距离。

表 14-1 APS 喷管口中粒子属性

粒径/μm	相对速度/(cm/s)	粒子雷诺数	韦伯数(油滴)①
0.5	40	0.013	2.9×10^{-6}
1.0	1750	1.16	0.0113
3.0	6490	12.9	0.468

续表

粒径/μm	相对速度/(cm/s)	粒子雷诺数	韦伯数(油滴)[①]
10.0	10600	69.6	4.13
15.0	11500	114.0	7.36
20.0	12300	163.0	11.2

① 这些表示油酸或邻苯二甲酸二辛酯，它们的表面张力大约为 0.033N/m（33dyn/cm）。

注：引自 Baron，1986。

在氩和 N_2O 中进行测定，目的是确保该方法能提高气溶胶粒径测量的准确度（Lee 等，1990；Rader 等，1990）。由于喷嘴内压力下降，所以必须修正上述公式中的滑动修正系数。APS 软件中计算机代码可以作为斯托克斯修正算法，这对于执行这些修正值是有用的（Wang 和 John，1989）。

非球形粒子的运动会导致粒子粒径测量的估计值变小。Cheng 等（1990）发现，在上述迭代校正程序中包括了粒子的形状。但更极端的粒子形状（纤维）则不适合使用这种迭代方法。

APS 对相同直径但长度不同的纤维提供相同的动力学直径。纤维以及其他非球形粒子的最大截面倾向于垂直气流方向（Clift 等，1978）。然而，较大的纤维（直径的数量级在 10μm）在气流场中没有充足的时间定向，一些粒子的方向可能位于平行和垂直方向之间。这样，加速过程中的粒子的最初状态（如在流场中的方向、位置）就会影响空气动力学直径的测定值。

14.3.3.2　液滴变形

在加速过程中，液滴变成椭球形，此时椭球体的最大横截面与运动方向垂直，这样可以增大拉力，从而可以将椭球体作为小粒子记录下来（图 14-15）。感应区内的液滴变形取决于液滴粒径、液体表面张力和黏度。韦伯数 $We = u^2 \rho d_p / \gamma$ 表示空气压力与表面张力的比

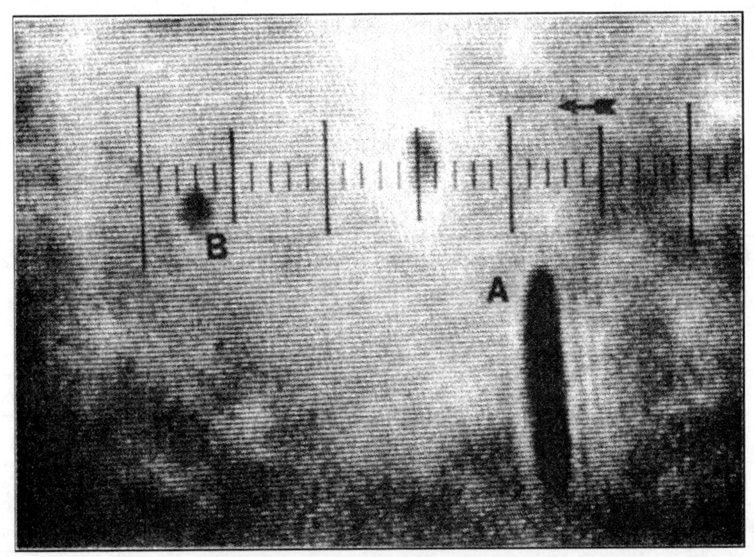

图 14-15　位于高速空气喷射中的粒子的照片，空气喷射恰好位于带有激光系统的 APS 喷嘴旁边，从照片中可看出液滴被拉平。喷嘴顶端位于液滴 A 的右边，空气和液滴向左运动。每格的刻度大约是 5μm。较大液滴 A 的最大球体形状为 10μm×60μm，而较小液滴 B 大约为 10μm×60μm，它只被轻微拉平

值，式中，u 为粒子与空气的相对运动速度；γ 为液滴表面张力。当韦伯数为 12～20 时，液滴最终分裂。液滴的压力随着液滴直径的增大而增强，因此变形程度也随着液滴直径增大而增大。当韦伯数达到液滴所能承受的最大变形程度时，液滴的变形程度就由液滴黏度决定。APS 喷嘴将液滴快速加速，因此液滴不会在到达感应区之前分裂。由于加速度很大，因此黏度是许多液体变形的控制因素（Griffiths 等，1986）。

人们已经计算出了与实验结果吻合的几种不同黏度液滴的变形程度（Bartley 等，2000；Baron 等，2008）。水滴的黏度小而表面张力相对较大，在加速场中变形较小（Baron，1986；Bartley 等，2000）。除此之外，变形程度取决于其"加速历史"，因此仪器之间的变形程度不同。Baron 等（2008）用经验公式解释了粒径的变化——实际与 APS 测量的液滴直径的差异：

$$\Delta=-\frac{(2.723\times10^{-4})d^2}{\eta^{0.6486}\gamma^{0.3864}} \tag{14-40}$$

如图 14-16 所示，此公式使得较大范围的黏度都很好地拟合了实验数据，尽管它仅在小范围表面张力的情况下生效。表 14-2 显示了油的表面张力和黏度的关系。

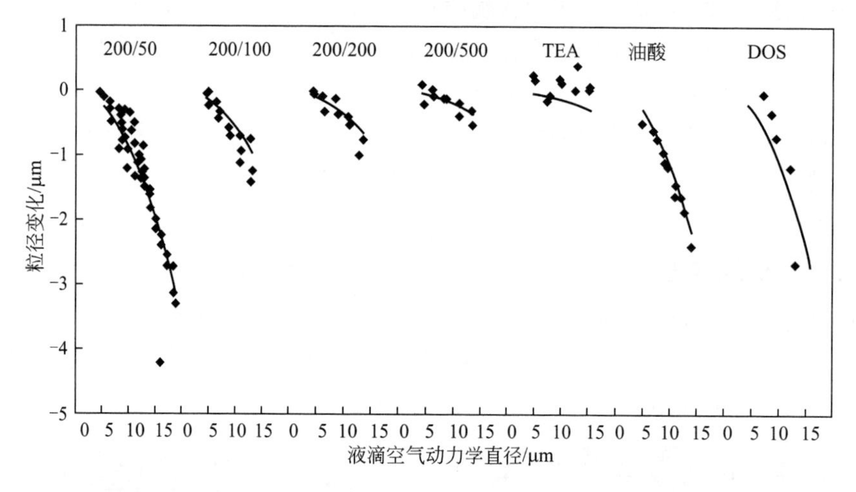

图 14-16 APS 的粒径变化数据和使用式（14-34）的最小二乘法。不同油类的表面张力和黏度见表 14-1。Dow 200/50 的最大粒径变化值被视为异常值

（得到了 Baron 等的许可，2008）

表 14-2 油的表面张力和黏度的关系①

油种类	表面张力/(N/m)	黏度/(Pa·s)
200/50②	0.0208	0.048
200/100②	0.0209	0.0964
200/200②	0.021	0.1934
200/500②	0.0211	0.4845
三乙醇胺(TEA)	0.0489	0.59
油酸	0.032	0.0256
癸二酸二辛酯(DOS)③	0.0322	0.027

① 见图 14-16。

② Dow Corning 聚二甲基硅氧烷油类名称。

③ 也写作 bis-2-ethyl hexyl sebacate。

聚集在内部喷嘴末端的液体会使喷嘴收缩，增加监测区域的流速，甚至改变 APS 检测直径至较小的粒径（Baron 等，2008）。Baron 等（2008）测量得到，使用干净的喷嘴比装有液体的喷嘴的这种改变要小，他们发现这种变化仅在低浓度下（1000 个/L）沉积 0.5μL 液体之后的 1～10min 内发生，并且在液态气溶胶采样停止时消失，因此式（14-40）最好应用在此开始阶段之后。

14.3.4 应用

APS 已被应用于测定多种情况下的粒径分布。APS 和级联冲击式采样器间良好的相关性使其运用在实验室（Peters 等，1993）和药用气溶胶（Stein 等，2003）的测量方面。人们已将这些仪器与电分级仪器相结合（第 18 章）以测量较大范围的粒径分布（0.02～30μm)(Sioutas 等，1999)。这些类型仪器间的测量原理的差异可被用于评估气溶胶粒子的密度和形状因子（Chen 等，1990；DeCarlo 等，2004；Stanier 等，2004）。APS 已被用于测量环境粗颗粒物的粒径分布（Reid 等，2003）。评估来自 APS 的粗颗粒物的质量浓度已被证明在某些情况下使用的标准采样存在很好的相关性（Peters，2006）。

APS 已被用于测定生物气溶胶（Baron 和 Willeke，1986）。生物相关颗粒物的特殊检测使用 UV-APS 3314 加强，将荧光信号和空气动力学直径相结合，可用来观测生物气溶胶特征粒径分布（Kanaani 等，2008）。使用 UV-APS 测量出的荧光强度呈现出从单一类型细菌细胞到特定空气浓度的线性关系（Agranovski 和 Ristovski，2005）。不同有机体在其荧光中显示出明显的区别，可能使该仪器数据的解释复杂化（Brosseau 等，2000）。

APS 还被应用于测定几类空气动力学分级设备的渗透曲线。例如，冲击式采样器(Jones 等，1983；Misra 等，2002；Lee 等，2006)、旋风器（Kenny 和 Gussman，1977；Chen 等，1999；Maynard，1999)、采样口（Kenny 等，2004）以及开气孔泡沫（Lee 等，2005）。

14.3.5 空气动力学粒径谱仪性能简介

APS 一般可以用来测量空气动力学直径范围在 0.5～20μm(52 通道/几何尺度）的空气粒子。它是最常用的按空气动力学直径筛分粒子的实时粒子计数器。对于不同的粒径范围，粒径划分精度及内部损失问题非常复杂。粒径划分分辨率在全粒径范围内是好的。粒子重合是粒径和粒径分布的函数，随着粒径的增加而显著增长。仪器显示这种重合的存在可能会是一个问题。对于任意复杂仪器，经常性的校正可以进一步提高测量结果的精确性（第 21 章）。

不同粒径范围的 APS 的性能如下。

0.5～1μm：粒径分辨率对于小颗粒物有所下降，因为它们会加速至载气流速。计数效率会下降。因为根据组成，小颗粒物散发的光线可能不足以被检测到（如黑色颗粒）。内部粒子传输损失最低。

1～5μm：分辨率会受到粒子密度和形状因子影响（non-Stokesian 影响）。尽管粒子密度和形状因子会相互补偿，密度大于 $1g/cm^3$ 会导致过高估计粒径（如对于密度为 $2g/cm^3$ 的 5μm 球形粒子，粒径将会过高估计 8%）。计数效率对于固体粒子接近 100%，对于液体粒子较低一些。内部粒子传输损失最低。

5～20μm：分辨率受 non-Stokesian 影响，伴随着粒子粒径的增大而增加。液滴不活跃，并且可能使测量值偏小，这取决于液滴的性质。沉降的液滴也可能使加速喷嘴收缩引起结果偏小。固体粒子可能击打到内部喷嘴的底部并弹起进入探测区。这个现象可能会对粒径和计数的影响最小，但确实会在较大粒子上发生，且发生率高达 80%。在此范围内的损失使得检测未知组分气溶胶的粒径分布变得不可靠。然而，通过对照试验（如检测冲击式采样器粒径范围内的切割点）可以达到检测目的。

14.4 气溶胶粒径分级器

14.4.1 测定原理

气溶胶粒径分级器（TSI）的基础是粒子加速和 TOF 原理，其粒子加速要高于 E-SPART 和 APS。Dahneke 等（Dahneke，1973；Dahneke 和 Padliya，1977；Cheng 和 Dahneke，1979；Dahneke 和 Cheng，1979）最早提出了在声扩气流（sonic expansion flow）中加速粒子并测定其最终速度，并在实验室气溶胶粒径分级器原型设备中进行了演示。图 14-17 为气溶胶粒径分级器的粒子检测部分示意图。气溶胶进入内层毛细管，外部管与毛细管之间是自由粒子流。空气和粒子通过半角为 15°的汇聚喷嘴（直径为 0.75mm）时被加速，并被输送到一个部分抽空的室内。抽空室的内部压力与周围大气压力的比值远小于 0.53，因此，出口处的空气速度 V_g 可达到声速：

$$V_g = \sqrt{\frac{\gamma RT}{M}} \tag{14-41}$$

式中，γ 为特定热容率（空气为 1.4）；R 为气体常数；T 为热力学温度，K；M 为分子量（空气为 28.96）。空气在超声速自由喷射流下继续膨胀。Dahneke 和 Cheng（1973）已描述了汇聚喷嘴处的流场以及超声速膨胀的情况。大量计算得出，粒子在离开喷嘴后将达到极限速度（Dahneke 和 Cheng，1979）。距喷嘴下游 5 个喷嘴直径处的轴向速度值大约为距

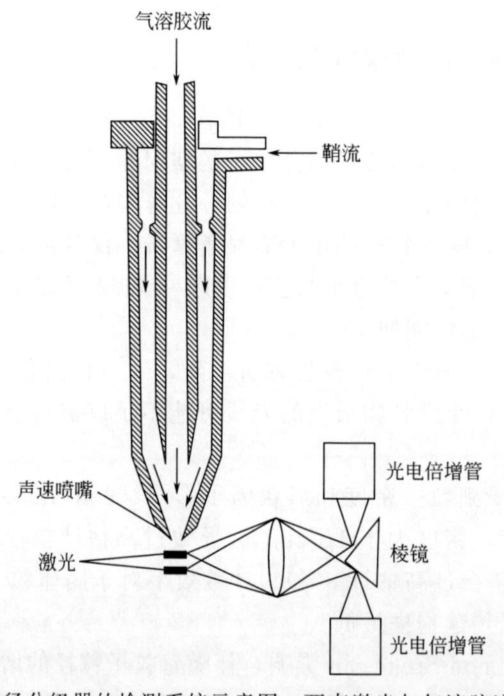

图 14-17 气溶胶粒径分级器的检测系统示意图。两束激光与气溶胶流和检测方向都垂直

50 个喷嘴直径处的 2%。

测定粒子的 TOF，要用到位于喷管附近的两个激光束。

随着粒子通过激光束，两个光电倍增管（PMT）可以检测到粒子的散射光并将其转化成电信号。两个光束间的距离大约为 1mm，每个光束宽度为 20～30μm。一个 PMT 检测粒子流经第一个光束时的散射光，而另一个 PMT 检测粒子流经第二个光束的散射光，测定并记录下两次检测的时间间隔，其准确度可在±25ns 内。每个 PMT 将散射光转变成电脉冲并传送到数据收集系统。低 PMT 阈值可以检测到小粒子产生的弱脉冲。然而，在低 PMT 阈值时，大粒子可使 PMT 产生电振荡，进而从真实单脉冲中产生多个检测脉冲，这种行为称为激荡（ringing）(Thomburg 等，1999)。因此，要根据初始脉冲高度选择几个 PMT 阈值，这样，就不会出现大粒子信号激荡所引起的假触发了。

API 已经生产了几种类型的气溶胶粒径分级器，包括初级气溶胶粒度分级器、LD 型气溶胶粒径分级器和 DSP 型气溶胶粒径分级器。1999 年 TSI 收购了 Amherst Process Instruments，将 DSP 设计为型号 3220（TSI）。这些仪器中最基本的改进，即 LD 型气溶胶粒径分级器使用 LD 光源替代了氖氦激光束，而 DSP 通过改进信号处理器减少了干扰噪声和大粒子信号激荡所引起的假触发。目前，3220 型号已停止生产不再供应。

14.4.2 用球形粒子校准

最终速度和 TOF 是粒子直径、密度、形状和大气压力的函数。制造商提供的校正曲线(图 14-18)，是根据固体球形粒子的理论计算值和实验数据而绘制的。制造商还对校正曲线进行了实验验证，使用的是有限数量的单分散性聚苯乙烯乳胶（PSL）和玻璃球粒子。要更全面地校准仪器，就要用到粒径范围为 0.5～150μm 的 PSL［密度为 1050kg/m^3（1.05g/cm^3)］和玻璃［密度为 2450kg/m^3（2.45g/cm^3)］粒子，这些粒子可在大气压力 0.82～1atm 下得到，校准数据见图 14-19（Cheng 等，1993)。粒子密度的校准曲线是使用插值法从气溶胶粒径分级器校准表中计算出的，并与图 14-19 中的测定数据一起标绘。当压力为 101.3kPa (1atm) 时，粒径为 2～10μm 范围的 PSL 粒子的 TOF 值之间非常吻合。当压力下降到 0.82atm 时，几何直径为 0.4～150μm 范围的 PSL 和玻璃粒子的 TOF 值稍高于校准曲线所

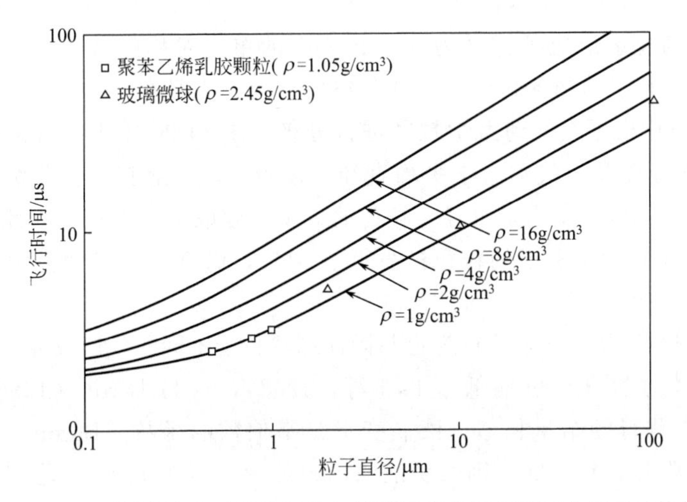

图 14-18 不同密度的球形粒子的气溶胶粒径分级器校正曲线的计算值

(引自 Cheng 等，1993)

预测的 TOF 值。然而，校准表是在正常环境条件下绘制的，在较低环境压力时 TOF 的理论预测值较高（Dahneke 和 Cheng，1979；Oskouie 等，1998；Tsai 等，1998），因此测定数据与校准曲线间就存在了不一致性。气溶胶粒径分级器对粒径的过量估计，可以用气溶胶粒径分级器所测的几何直径与用显微镜测定的真实几何直径的比值（D_{API}/D_g）表示。PSL 粒子和玻璃珠的比值取值范围为 1.08～1.27。

Tsai 等（1998）假设气溶胶粒径分级器喷嘴内为可压缩气流，用相应的阻力系数公式计算了粒子轨迹，此公式适用于这个范围内的马赫数（Mach number）和雷诺数，也适用于该仪器的运行环境。Tsai 等计算的 TOF 与在 83.1kPa（0.82atm）条件下的实验值相吻合（图 14-19）。与图 14-18 的校准曲线相比，10μm 粒子的计算结果存在着误差，而导致这一误差的原因是：图 14-18 假定的是一维流场，而且阻力系数公式不同。

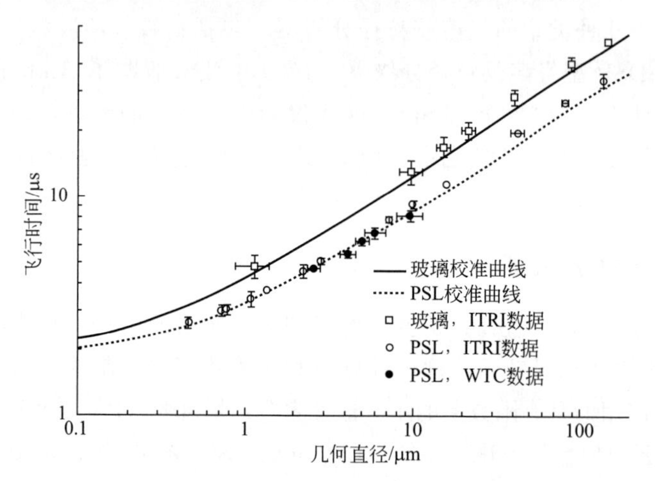

图 14-19 乳胶颗粒［密度为 1050kg/m^3(1.05g/cm^3)］和玻璃珠［密度为 2450kg/m^3(2.45g/cm^3)］在气溶胶粒径分级器中的校准数据

14.4.3 非球形粒子和液滴的仪器响应

人们测定了气溶胶粒径分级器对非球状 $NaFe_3(SO_4)_2(OH)_6$ 粒子的响应（Cheng 等，1993），粒径均一的粒子形成了密度为 3.11g/cm^3 的单一对称的截角立方体，Marshall 等（1991）描述了这些粒子的制备和特征。准备空气动力学直径在 7.3～18.8μm 之间的粒子，在 Timbrell 光谱仪中根据空气动力学粒径进行分级。图 14-20 绘出了气溶胶粒径分级器测得的空气动力学直径以及空气动力学平均直径。很明显，气溶胶粒径分级器低估了 $NaFe_3(SO_4)_2(OH)_6$ 粒子的空气动力学直径。粒径的减少程度取决于粒径，因此，真实空气动力学直径接近 18.8μm 的最大粒子的粒径被少算了 51%，而真实空气动力学直径接近 7.3μm 的最小粒子的粒径被少算了 21%。

液滴在气溶胶粒径分级器中的行为也与固体球状粒子不同。气溶胶粒径分级器所测得的油酸液滴的空气动力学直径也偏低（Tsai 等，1998），这与 Baron（1986）和 Bartley 等（2000）在 APS 中测得的结果相似。液滴变形是韦伯数的函数（Baron，1986；Lefebvre，1989）。如果韦伯数大于 12～20，则表明液滴已经分裂，而在 12～20 范围内的韦伯数表明液滴可能已经变形（Lefebvre，1989）。直径 1～5μm 的油滴的韦伯数计算值表明，大于 5μm 的粒子的韦伯数在 12～20 这一范围内，并且在测量区内就可能会出现变形（Thorn-

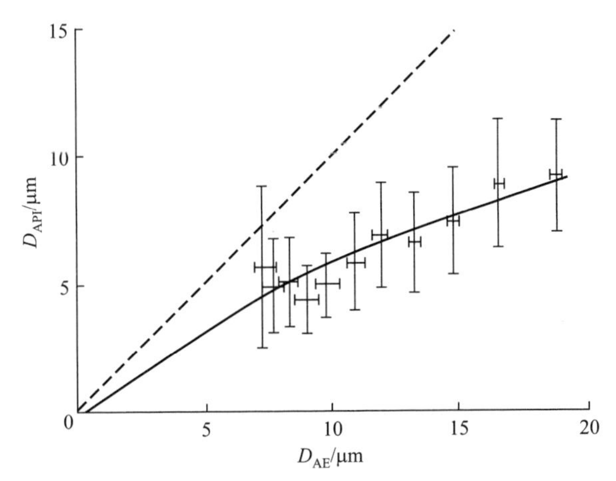

图 14-20 常压下［100kPa（750mmHg）］，Timbrell 分光计和气溶胶粒径分级器所测得的铁矾的空气动力学直径的对比图

（引自 Cheng 等，1993）

burg 等，1999）。这些结果都与实验结果相吻合，实验结果表明大于 7μm 的油酸粒子会发生变形（Baron 等，1996；Tsai 等，1998）。由于液滴在气溶胶粒径分级器中的加速度大，所以液滴在气溶胶粒径分级器内的变形程度要高于 APS。

14.4.4 气溶胶粒径分级器与 APS 的对比

气溶胶粒径分级器和 APS 确定粒径的基础都是粒子在气溶胶束中的加速以及测定 TOF。这两种仪器的设计和运行上的细节差异很大，APS 是亚声速流，大约 13.3kPa（100mmHg）的环境空气和感应区之间压差（Chen 等，1985），而气溶胶粒径分级器是在超声速条件下运行具有更高的压降（在 101.3kPa 大气压下，大于 100kPa 压降）。因此，气溶胶粒径分级器需要功率更大的真空泵，而 APS 使用较小的泵。喷嘴是气溶胶粒径分级器的关键口，它控制着流量。然而，APS 需要一个更加精密的流量控制系统，以保持恒定的采样速率。气溶胶粒径分级器的气流速度和粒子流速比 APS 的高。例如，10μm 的 PSL 粒子在气溶胶粒径分级器中的速度可达到 100m/s，而在 APS 中的速度仅为 38m/s，由于粒子在气溶胶粒径分级器中的速度较高，因此雷诺数较高，粒子受到的阻力比斯托克斯区（$Re<0.1$）中的高。因此，粒子密度和形状对气溶胶粒径分级器的影响要高于 APS。

气溶胶粒径分级器和 APS 的另一个主要区别是测定 TOF 的方法不同，气溶胶粒径分级器使用 4 个定时器测定 TOF，而 APS 只使用 1 个。这种区别可以反映在噪声等级（noise level）上，当 PMT 产生一个与粒子无关的信号时，两种仪器都会产生噪声，当粒子通过感应区时就可以检测到这个无关信号。由错误信号计算出的粒径取决于实际粒子浓度以及这个错误信号的持续时间。APS 中，趋向于小粒子的噪声信号更多，而气溶胶粒径分级器中，整个粒径范围内的噪声级一致。两种仪器都具备减少或校正背景噪声级的内在机制。然而，它们并不能完全消除错误信号，这仍会影响粒径分布的准确性。假定粒子是球形的，气溶胶粒径分级器和 APS 都可以测量粒径数量分布，也可以计算表面积分布和体积分布。修正噪声后，错误信号对数量分布的影响就不大了。然而，当将粒径分布转化成体积分布时，大粒子的错误信号将增强。因此，噪声更偏向于影响大粒子的粒径分布，尤其是在气溶胶粒径分级器中更为显著。

气溶胶粒径分级器与APS的第三个区别是数据表达方式不同。两种仪器都能把测得的粒径分布以数量分布、表面积分布和体积分布的形式表达出来。APS数据使用的是绝对单位，如数量/cm^3、表面积/cm^3、体积/cm^3，而气溶胶粒径分级器数据为峰值浓度的标准化数据。气溶胶粒径分级器计算出的分布，通过调整能够得到真实浓度，但也可能产生误差，误差是由于从TOF谱中扣除背景值而造成的。

14.5 符号列表

C_c	坎宁安滑动修正系数
d	液滴直径
d_a	空气动力学直径
d_p	粒子直径
D_{API}	气溶胶粒径分级器测量的几何直径
D_g	显微镜观测的真实几何直径
F_D	曳力、阻力
M	气体分子质量
m_p	粒子质量
ΔP	通过喷嘴的压降
P	大气压力、环境压力
q	静电电荷
R	气体常数
S	激光束之间的传输时间；激光束间的距离
Stk	斯托克斯数
T	热力学温度
t	传输时间
t_{min}	最小传输时间；对于小颗粒物在固定距离喷嘴气流的最小传输时间
U	粒子相对于空气的流速
U_g	气体流速；喷嘴内气体流速
V_g	喷嘴出口空气流速
V_p	粒子流速
$V_{p(a)}$	根据声场的粒子流速
$V_{p(e)}$	根据电场的粒子流速
$V_{p(m)}$	测量的粒子流速
We	韦伯数
Δ	气体分子的平均自由程
γ	液滴表面张力；比热容［式（14-41）］
η	气体黏度
η_a	样品期望
η_d	检测效率
$\eta_{overall}$	总体计数效率；总体传输效率

η_t 传输效率
μ 气体动力学流速
ω 角速度
φ 粒子运动的滞后相位
τ_p 弛豫时间
ρ_g 气体密度
ρ_p 粒子密度

14.6 参考文献

Agarwal, A. R., and R. J. Ramiarz (1981). *Development of an Aerodynamic Particle Size Analyzer.* Cincinnati, OH, USDHEW-NIOSH.

Agranovski, V., and Z. D. Ristovski (2005). Real-time monitoring of viable bioaerosols: Capability of the UVAPS to predict the amount of individual microorganisms in aerosol particles. *J. Aerosol Sci.* 36(5–6): 665-676.

Ali, M., R. N. Reddy, and M. K. Mazumder (2008). Simultaneous characterization of aerodynamic size and electrostatic charge characterization of inhaled dry powder inhaler aerosol. *Curr. Resp. Med. Rev.* 4: 2-5.

Ananth, G., and J. C. Wilson (1988). Theoretical-analysis of the performance of the TSI aerodynamic particle sizer—The effect of density on response. *Aerosol Sci. Technol.* 9(3): 189-199.

Baron, P. A. (1986). Calibration and use of the aerodynamic particle sizer (APS 3300). *Aerosol Sci. Technol.* 5(1): 55-67.

Baron, P. A., and K. Willeke (1986). Respirable droplets from whirlpools—Measurements of size distribution and estimation of disease potential. *Environ. Res.* 39(1): 8-18.

Baron, P. A., J. M. Yacher, and W. A. Heitbrink (1996). Some observations on the response of the Aerosizer to droplets in the 4–18 μm range. Presented at the American Asssication for Aerosol Research Annual Conference, October, Orlando FL.

Baron, P., G. J. Deye, A. B. Martinez, E. N. Jones, and J. S. Bennett (2008). Size shifts in measurements of droplets with the aerodynamic particle sizer and the aerosizer. *Aerosol Sci. Technol.* 42(3): 201-209.

Bartley, D. L., P. A. Baron, A. B. Martinez, D. R. Secker, and E. Hirsch (2000). Droplet distortion in accelerating flow. *J. Aerosol Sci.* 31: 1447-1460.

Blackford, D., A. E. Hanson, D. Y. H. Pui, P. D. Kinney, and G. P. Ananth (1988). Details of recent work towards improving the performance of the TSI aerodynamic particle sizer. Second Annual Meeting of the Aerosol Society, Bournemouth, UK March 22-24.

Brosseau, L. M., D. Vesley, N. Rice, K. Goodell, M. Nellis, and P. Hairston (2000). Differences in detected fluorescence among several bacterial species measured with a direct-reading particle sizer and fluorescence detector. *Aerosol Sci. Technol.* 32(6): 545-558.

Caldow, R., F. R. Quant, R. L. Holm, and P. P. Hairston (1997). Design of a next-generation aerodynamic particle sizing time-of-flight spectrometer. Sixteenth Annual American Association for Aerosol Research Meeting, October, Denver, CO.

Chen, B. T., Y. S. Cheng, and H. C. Yeh (1985). Performance of a TSI aerodynamic particle sizer. *Aerosol Sci. Technol.* 4, 89–97.

Chen, B. T., Y. S. Cheng, and H. C. Yeh (1990). A study of density effect and droplet deformation in the TSI aerodynamic particle sizer. *Aerosol Sci. Technol.* 12: 278-285.

Chen, Y., E. M. Barber, and Y. Zhang (1998). Sampling efficiency of the TSI aerodynamic particle sizer. *Instrum. Sci. Technol.* 26(4): 363-373.

Chen, C. C., and S. H. Huang (1999). Shift of aerosol penetration in respirable cyclone samplers. *American Industrial Hygiene Association Journal* 60: 720-729.

Cheng, Y. S., and B. E. Dahneke (1979). Properties of continuum source particle beams. II. beams generated in capillary expansions. *J. Aerosol Sci.* 10: 363-368.

Cheng, Y. S., B. T. Chen, and H. C. Yeh (1990). Behaviour of isometric nonspherical aerosol particles in the aerodynamic particle sizer. *J. Aerosol Sci.* 21(5): 701-710.

Cheng, Y. S., E. B. Barr, I. A. Marshall, and J. P Mitchell (1993). Calibration and performance of an API Aerosizer. *J. Aerosol Sci.* 24: 501-514.

Clift, R., J. R. Grace, and M. E. Weber (1978). *Bubbles, Drops and Particles.* New York, Academic.

Dahneke, B. 1973. Aerosol beam spectrometry. *Nature Phys. Sci.* 244: 54-55.

Dahneke, B. E., and Y. S. Cheng (1979). Properties of continuum source particle beams I. calculation methods and results. *J. Aerosol Sci.* 10:257-274.

Dahneke, B., and D. Padliya (1977). Nozzle-inlet design for aerosol beam. *Instruments in Rarefied Gas Dynamics*, 51, Part II, pp. 1163-1172.

DeCarlo, P. F., J. G. Slowik, D. R. Worsnop, P. Davidovits, and J. L. Jimenez (2004). Particle morphology and density characterization by combined mobility and aerodynamic diameter measurements. Part 1: Theory. *Aerosol Sci. Technol.* 38(12): 1185-1205.

DiVito, W. J. (1998). Digital Acquisition and Demodulation of LDV Signal Bursts to Obtain Particle Size and Charge Data, PhD Dissertation, University of Arkansas at Little Rock, Little Rock, AR.

Drain, L. E. (1980). *The Laser Doppler Technique.* New York, John Wiley and Sons.

Durst, F., A. Melling, and J. H. Whitelaw (1981). *Principles and Practice of Laser-Doppler Anemometry.* New York, Academic.

Fuchs, N. A. (1964). *Mechanics of Aerosols.* New York, Pergamon.

Griffiths, W. D., P. J. Iles, and N. P. Vaughan (1986). The behavior of liquid droplet aerosols in an Aps-3300. *J. Aerosol Sci.* 17(6): 921-930.

Heitbrink, W. A., and P. A. Baron (1991). Coincidence in time-of-flight aerosol spectrometers: Phantom particle creation. *Aerosol Sci. Technol.* 53: 427-531.

Hinds, W. C. (1999). *Aerosol Technology: Properties, Behavior, and Measurement of Airborne Particles*, 2 ed. New York, Wiley-Interscience.

Jones, W., J. Jankovic, and P. A. Baron (1983). Design, Construction and Evaluation of a Multistage Cassette Impactor. *Am. Indust. Hyg. Assoc. J.* 44(6): 409-418.

Kanaani, H., M. Hargreaves, J. Smith, Z. Ristovski, V. Agranovski, and L. Morawska (2008). Performance of UVAPS with respect to detection of airborne fungi. *J. Aerosol Sci.* 39(2): 175-189.

Kenny, L. C., and R. A. Gussman (2000). A direct approach to the design of cyclones for aerosol-monitoring applications. *Journal of Aerosol Science* 31(12): 1407-1420.

Kenny, L. C., T. Merrifield, D. Mark, R. Gussman, and A. Thorpe (2004). The development and designation testing of a new USEPA-approved fine particle inlet: A study of the USEPA designation process. *Aerosol Science and Technology* 38: 15-22.

Kinney, P. D., and D. Y. H. Pui (1995). Inlet efficiency study for the TSI aerodynamic particle sizer. *Part. Part. Syst. Char.* 12: 188-193.

Kirsch, K. J., and Mazumder, M. K. (1975). Aerosol size spectrum analysis using relaxation time analyzer. *Appl. Phys. Lett.* 26(4): 193-195.

Lee, K. W., J. C. Kim, and D. S. Han (1990). Effects of gas-density and viscosity on response of aerodynamic particle sizer. *Aerosol Sci. Technol.* 13(2): 203-212.

Lee, S. J., P. Demokritou, and P. Koutrakis (2005). Performance evaluation of commonly used impaction substrates under various loading conditions. *Journal of Aerosol Science* 36(7): 881-895.

Lee, S. J., P. Demokritou, and P. Koutrakis (2006). Development and evaluation of personal respirable particulate sampler (PRPS). *Atmos. Environ.* 40(2): 212-224.

Lefebvre, A. H. (1989). *Atomization and Sprays.* Bristol, PA, Taylor and Francis.

Marshall, I. A., J. P. Mitchell, and W. D. Griffiths (1991). The behaviour of regular-shaped non-spherical particles in a TSI aerodynamic particle sizer. *J. Aerosol Sci.* 22(1): 73-89.

Maynard, A. D., L. C. Kenny, and P. E. J. Baldwin (1999). Development of a system to rapidly measure sampler penetration up to 20 μm aerodynamic diameter in calm air, using the aerodynamic particle sizer. *J. Aerosol Sci.* 30(9): 1215-1226.

Mazumder, M. K. (1970). Laser Doppler velocity measurement without directional ambiguity by using frequency shifted incident beams. *Appl. Phys. Lett.* 16(11): 462-464.

Mazumder, M. K., and K. J. Kirsch (1977). Single particle aerodynamic relaxation time analyzer. *Rev. Sci. Instrum.* 48(4): 622.

Mazumder, M. K., and Ware, R. E. (1987). Aerosol Particle Charge and Size Analyzer, US Patent 4633714.

Mazumder, M. K., R. E. Ware, J. D. Wilson, R. G. Renninger, F. C. Hiller, P. C. McLeod, R. W. Raible, and M. K. Testerman (1979). SPART analyzer: its application to aerodynamic size distribution measurements. *J. Aerosol Sci.* 10: 561-569.

Mazumder, M. K., R. E. Ware, and W. G. Hood (1983). Simultaneous measurements of aerodynamic diameter and electrostatic charge on single-particle basis. In *Measurements of Suspended Particles by Quasi-Elastic Light Scattering*, B. Dahneke (ed.). New York, John Wiley and Sons.

Mazumder, M. K., R. E. Ware, T. Yokoyama, B. J. Rubin, and D. Kamp (1991). Measurement of particle size and electrostatic charge distributions on toners using ESPART analyzer. *IEEE Trans. Ind. Appl.* 27(4): 611-619.

Mazumder, M. K., N. Grable, Y. Tang, S. O'Connor, and R. A. Sims (1999). Real-time particle size and electrostatic charge distribution analysis and its applications to electrostatic processes. *Inst. Phys. Conf. No. 163.* pp. 335-347.

Misra, C., M. Singh, S. Shen, C. Sioutas, and P. A. Hall (2002). Development and evaluation of a personal cascade impactor sampler (PCIS). *J. Aerosol Sci.* 33(7): 1027-1047.

Mu, Q. (1994). In-situ Measurements of Aerodynamic Size and Electrostatic Charge Distributions of Particles on a Powder Cloud by Image Analysis, PhD Dissertation, University of Arkansas at Little Rock, Little Rock, AR.

Oskouie, A. K., H.-C. Wang, R. Mavliev, and K. E. Noll (1998). Calculated calibration curves for particle size determination based on time-of-flight (TOF). *Aerosol Sci. Technol.* 29(5): 433-441.

Peters, T. M. (2006). Use of the Aerodynamic Particle Sizer to measure ambient PM10-2.5: the coarse fraction of PM10. *J. Air Waste Manag. Assoc.* 56: 411-416.

Peters, T. M., and D. Leith (2003). Concentration measurement and counting efficiency of the aerodynamic particle sizer 3321. *J. Aerosol Sci.* 34(5): 627-634.

Peters, T. M., H. M. Chein, D. A. Lundgren, and P. B. Keady (1993). Comparison and combination of aerosol size distributions measured with a low pressure impactor, differential mobility particle sizer, electrical aerosol analyzer, and aerodynamic particle sizer. *Aerosol Sci. Technol.* 19: 396-405.

Rader, D. J., J. E. Brockmann, D. L. Ceman, and D. A. Lucero (1990). A method to employ the aerodynamic particle sizer factory calibration under different operating-conditions. *Aerosol Sci. Technol.* 13(4): 514-521.

Reid, J. S., and T. M. Peters (2007). Update to "Reconciliation of coarse mode sea-salt aerosol particle size measurements and parameterizations at a subtropical ocean receptor site" regarding the use of aerodynamic particle sizers in marine environments. *J. Geophys. Res.-Atmos.* 112, D04202 http://www.agu.org/journals/jd/jd0704/2006JD007501/2006JD007501.pdf

Reid, J. S., H. H. Jonsson, H. B. Maring, A. Smirnov, D. L. Savoie, S. S. Cliff, E. A. Reid, J. M. Livingston, M. M. Meier, O. Dubovik, and S. C. Tsay (2003). Comparison of size and morphological measurements of coarse mode dust particles from Africa. *J. Geophys. Res.-Atmos.* 108(D19): p–.

Sharma, R., D. W. Clark, P. K. Srirama, and M. K. Mazumder (2008). Contact charging of Martian dust simulant. *IEEE Trans. Indust. Applic.* 44(1): 32-39.

Sioutas, C., and E. Abt, J. M. Wolfson, and P. Koutrakis (1999). Evaluation of the measurement performance of the scanning mobility particle sizer and aerodynamic particle sizer. *Aerosol Sci. Technol.* 30: 84-92.

Slowik, J. G., K. Stainken, P. Davidovits, L. R. Williams, J. T. Jayne, C. E. Kolb, D. R. Worsnop, Y. Rudich, P. F. DeCarlo, and J. L. Jimenez (2004). Particle morphology and density characterization by combined mobility and aerodynamic diameter measurements. Part 2: Application to combustion-generated soot aerosols as a function of fuel equivalence ratio. *Aerosol Sci. Technol.* 38(12): 1206-1222.

Srirama, P. K., J. Zhang, J. D. Wilson, and M. K. Mazumder (2007). Mars dust: real time and in-situ measurements of size and charge distributions. Proceedings of the ESA Annual Meeting on Electrostatics, Purdue University, West Lafayette, IN, pp. 184-19.

Stanier, C. O., A. Y. Khlystov, S. N. Pandis, and N. Spyros (2004). Ambient aerosol size distributions and number concentrations measured during the Pittsburgh Air Quality Study (PAQS). *Atmos. Environ.* 38(20): 3275.

Stein, S., G. Gabrio, D. Oberreit, P. P. Hairston, P. B. Myrdal, and T. J. Beck (2002). An evaluation of mass-weighted size distribution measurements with the model 3320 aerodynamic particle sizer. *Aerosol Sci. Technol.* 36: 845-854.

Stein, S. W., P. B. Myrdal, B. J. Gabrio, D. Obereit, and T. J. Beck (2003). Evaluation of a new Aerodynamic Particle Sizer (R) spectrometer for size distribution measurements of solution metered dose inhalers. *Journal of Aerosol Medicine-Deposition Clearance and Effects in the Lung* 16(2): 107-119.

Thornburg, S., J. Cooper, and D. Leith (1999). Counting efficiency of the API Aerosizer. *J. Aerosol Sci.* 30: 479-488.

Tsai, C. J., H. M. Chein, S. T. Chang, and J. Y. Kuo (1998). Performance evaluation of an API Aerosizer. *J. Aerosol Sci.* 29: 839-853.

Tsai, C. J., S. C. Chen, C. H. Huang, and D. R. Chen (2004). A universal calibration curve for the TSI aerodynamic particle sizer. *Aerosol Sci. Technol.* 38(5): 467-474.

Volckens, J., and T. M. Peters (2005). Counting and particle transmission efficiency of the aerodynamic particle sizer. *J. Aerosol Sci.* 36: 1400-1408.

Wang, H.-C., and W. John (1987). Particle density correction for the aerodynamic particle sizer. *Aerosol Sci. Technol.* 6: 191-198.

Wang, H.-C., and W. John (1989). A simple iteration procedure to correct for the density effect in the aerodynamic particle sizer. *Aerosol Sci. Technol.* 10: 501-505.

Wilson, J. C., and B. Y. H. Liu (1980). Aerodynamic particle size measurement by laser-Doppler velocimetry. *J. Aerosol Sci.* 11: 139-150.

15

电迁移率方法表征亚微米颗粒

Richard C. Flagan

加州理工大学，加利福尼亚州帕萨迪纳市，美国

15.1 引言

超细粒子的直径约在 0.1μm 以下，远小于可见光波长。散射光很弱，所以很难用光学方法进行测量。只有在压力远小于大气压力的情况下，才能依靠惯性或重力实现粒子分离，或者利用极小的分离流进行分离，如微孔均匀沉淀冲击器中的径射流。尽管分离和直接测定超细粒子有困难，但是它们可以具有更高的分辨率并且比较大的粒子更具效率。区分超细粒子的主要方法就是将静电力作用在这些粒子上。当带电粒子处于电场中，会以一定的速度迁移，该速度取决于静电力和阻碍粒子运动的空气阻力之间的平衡。这个迁移速度称为粒子的电迁移率（Z），表示每单位电场强度粒子的迁移速度。

通过各种放电机制和气体离子吸附，很容易使气溶胶粒子带电。较大粒子通常获得较多的电量，但是随着粒径的减小，粒子带电的概率也随之减小。对于足够小的粒子来说，大多数仅能携带一个基元电荷，还有很多不能带电。如果一个所带电荷为 $q=\pm e$ 的粒子被放在一个已知的电场中，它的迁移速率仅取决于它的大小和形态。如果对粒子的形状做一个假定，假定粒子是球状的，那么粒子的大小就很容易确定了。虽然这些粒子有较高的扩散系数，但是施加的电场力可以大到足以压倒扩散效应，从而使高分辨率分级成为可能。

在施加的电场中，通过带电粒子的移动可推断粒子的大小。如果利用这种方法测得粒径分布，还需要知道气溶胶粒子的电荷分布，也就是标准粒径 d_p 的粒子所带的电量 i。电迁移率取决于粒子大小和电场强度，$Z=Z(d_p, i)$，由于只有极小的一部分超微粒子可以带电，因此只要在这个范围内测出一个带电粒子就可以表明气溶胶样本中存在大量的粒子。因此，用电迁移技术定量测定粒径的方法需要了解粒子尺寸和带电量。

采样系统及其他一些气溶胶特征测量技术、粒子磁悬浮装置中也会利用静电力，这样可以避免粒子受到采样基质的干扰而有利于后续研究。在第 18 章中将介绍这类技术。本章重点介绍静电力在颗粒采样和测定气溶胶粒子中发挥的作用。

15.2 带电粒子的运动规律

带电量为 q 的粒子在强度为 E 的电场中受力为 $F=qE$。由于在室温下的气体粒子密度低、电荷转移慢，气溶胶粒子通常只能携带少部分电荷。带电量简单表示为 $q=ie$，这里的 e 是单位电荷，大小是 1.609×10^{-19}C，i 是粒子所带电荷数（$i<0$ 表示负电荷粒子，$i>0$ 表示正电荷粒子）。通过多次与空气弛豫时间对比得到 B，m_p 是粒子质量，B 是粒子的机械迁移率。带电粒子会以一个稳定的速度 v_e 迁移，这个速度与气体运动速度 u 有关。

$$v_e=v-u=ieBE=ZE \tag{15-1}$$

直径为 d_p 的球形微粒运动方式遵从斯托克斯定律，迁移率 E 为：

$$Z=\frac{ieC_c(Kn)}{3\pi\eta d_p} \tag{15-2}$$

式中，η 为气体黏度；C_c 为非连续效应中滑移的修正系数，非连续效应即粒子的大小相当于或小于气体分子的平均自由程 λ 时，或者是无量纲项 Knudsen 数变大时。

$$Kn=\frac{2\lambda}{d_p} \tag{15-3}$$

滑移修正系数由下式给出：

$$C_c=1+Kn\left[\alpha+\beta\exp\left(-\frac{\gamma}{Kn}\right)\right] \tag{15-4}$$

式中，$\alpha=1.142$；$\beta=0.558$；$\gamma=0.999$（Allen 等，1985）。

【例 15-1】 计算标准状态下（25℃，1atm），带电微粒在电场中的迁移速度。1 单位带电粒子的直径为 1μm，它在强度为 $E=10^6$V/m 的电场中的迁移速度是多少？用式(15-2) 计算电子的迁动速率。需知道滑动修正系数。标准状态下空气的平均自由程 $\lambda\approx65$nm。

解：粒子的 Knudsen 数是：

$$Kn=\frac{2\lambda}{d_p}=\frac{2\times6.5\times10^{-8}\text{m}}{1\times10^{-6}\text{m}}=0.130$$

相关滑动修正系数是：

$$C_c=1+Kn\left[1.142+0.558\exp\left(-\frac{0.999}{Kn}\right)\right]=1.16$$

环境条件下空气黏度 $\mu=1.81\times10^{-5}$kg/(m・s)，电子电荷 $e=1.609\times10^{-19}$C，颗粒的迁移率是：

$$Z_p=\frac{1\times1.609\times10^{-19}\times1.16}{3\pi\times1.81\times10^{-5}\text{kg/(cm}\cdot\text{s)}\times10^{-6}\text{m}}=1.09\times10^{-9}\text{m}^2/(\text{V}\cdot\text{s})$$

电迁移速度是由粒子的流动性和电场强度决定的，迁移速度 $v_{mig}=1.095\times10^{-9}\text{m}^2/(\text{V}\cdot\text{s})\times10^6\text{V/m}=1.09\times10^{-3}$m/s。

图 15-1 显示了在正常大气环境下，携带不同电量的粒子，电迁移率随粒子直径大小变化的情况。一个给定电荷的粒子在给定的连续区间内，即 $Z\propto d_p^{-1}$，自由分子区间内，即

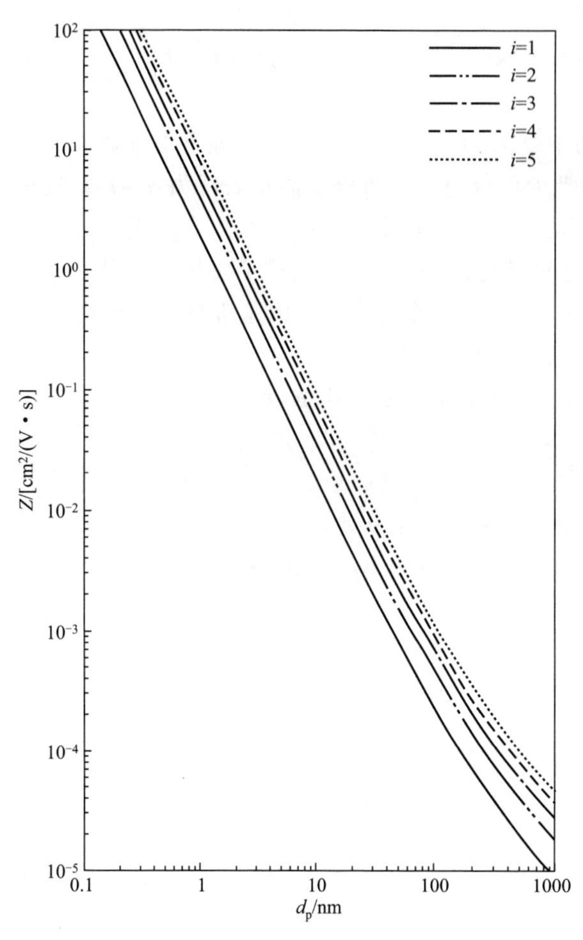

图 15-1 粒子迁移率随粒径的变化

$Z \propto d_p^{-2}$。由于粒径对迁移率影响很大，又需要有能区分亚微米级别粒子的电场强度，具备恒定流速的单一仪器不能满足要求。

15.2.1 迁移和扩散的关系

迁移技术常用于在电场中高速移动的微小粒子，这些粒子的扩散速度很快。为了比较这两种效应，在一个强度为 E 的电场上施加一个强度为 V 的电压，这样可以使一个粒子迁移的距离为 b。迁移所需要的时间为 $\tau = b/(ZE)^2$。粒子扩散率和爱因斯坦公式相关，$D = BkT$，式中，k 是玻耳兹曼常数，T 是温度。在扩散时间内，由于布朗运动，粒子的迁移距离与位移的均方根之比表示为：

$$\frac{b}{\langle x^2 \rangle^{\frac{1}{2}}} = \sqrt{\frac{ieV}{2kT}} \tag{15-5}$$

这种以迁移原理为基础，测量出的分辨率与粒子在电场中的电势能与它的热能之比的平方根成正比。对于充电电压，迁移是起作用的，但是对于较小的施加电压，扩散就和粒子的迁移率不相符了。在环境温度下 $kT/e \approx 26\text{mV}$。测量所需的电压由迁移率和粒径确定。设备的静电击穿电压在最大操作电压之内，因此限制了最大操作电压。

15.3 粒子采样

在强电场中，带电气溶胶的漂移速度高，因此静电除尘器的效果要优于重力或惯性分离，特别是对于超微粒子。此外，根据电泳迁移原理而精心设计的测量系统可用来测量气溶胶微粒的大小和带电量。

15.3.1 静电除尘

静电除尘器（ESP）用于收集气溶胶微粒样本的历史比较久（Tolman 等，1919）。静电除尘的两个步骤是：①使粒子荷电；②施加强电场使粒子迁移并吸附到基板上以便后续分析。Tolman 收集气溶胶粒子来确定烟尘的质量和化学成分，不过这个过程在今天已被过滤器取代。目前，静电除尘器收集的样本普遍用于显微镜分析。利用电场使粒子快速荷电，电晕放电产生的高浓度单极粒子和高压电场可使带电状态达到饱和（Flagan 和 Seinfeld，1988）。

点-面 ESP 广泛用于将气溶胶微粒沉积到电子显微镜的网格或基板上。图 15-2 是点-面 ESP 示意图（Morrow 和 Mercer，1964）。在电晕放电针与接地水平基板之间产生电晕和电场。标准的离子流是几微安。气溶胶粒子在穿过极针和基板的过程中被充电，然后沉积在基板上。

由于粒子的迁移率是粒径的函数，图 15-2 所示的短时间粒子采集器的采集效率可能是粒径的函数，但存在一定的偏差（Cheng 等，1983）。Liu 等制定了两个步骤，来最大限度地减少脉冲静电除尘器在收集气溶胶样本过程中的偏差。先使粒子带电，再加入到脉冲电场中，脉冲电场的频率为 1.5s 加电、3s 断电。由于只有在电极加压时通过的粒子才被收集，因此沉积比较均匀。

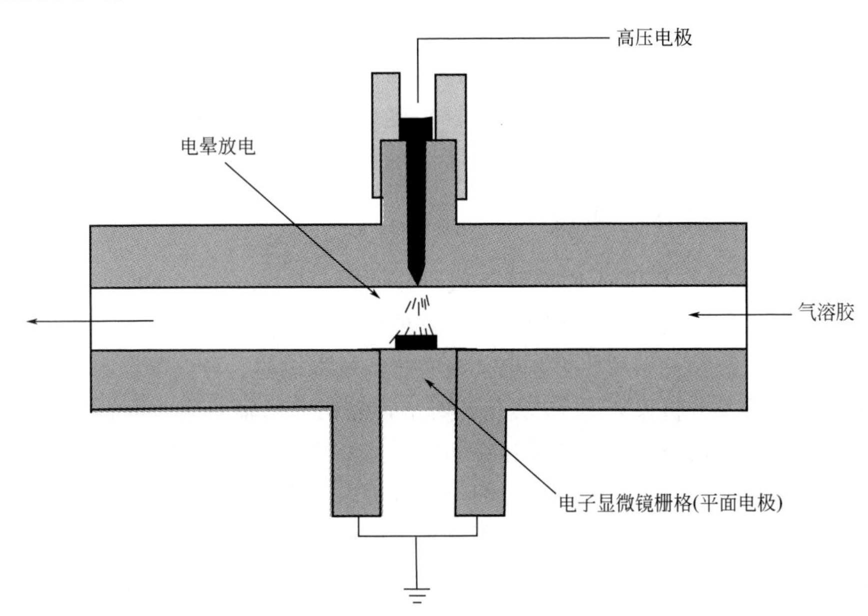

图 15-2　点-面静电除尘器，可将气溶胶微粒沉积到电子显微镜栅格上
（引自 Flagan，2001）

最新研究发现，采用流体力学的方法设计可以最大限度地减少样品粒径大小的计算偏差。Dixkens 和 Fissan 在 1999 年发现，电子显微镜基板上沉淀的带电粒子中，直径在 10～200nm 的带电粒子沉积效率接近 100%。当在采样器中加入一个扩散充电器，可高效采集到直径为 2μm 的颗粒。目前人们已经设计出其他的静电沉积采样器，用于收集样品的离线分析，如盘形个体采样器（Ivanenko 等，2005；Qi 等，2008）、大流量平行板采样器（Sharma 等，2007）以及平板生物质气溶胶采样器（Mainelis 等，2002）等。

15.4　粒径分布测量

早在 1902 年，Langevin 在研究大气中“大型离子”的试验中，用一个简单的同轴圆筒型离子冷凝器测出了电漂移的粒子分布。这些离子有移动性，并且比处于积聚模态下的气溶胶微粒中的气体离子还要小，是其 1/3000。该测量是将含有离子和充电微粒的气体通过环形电极。将气体流置于电极中间，对外侧的极板施加一个电压，这种方法测量出的带电粒子迁移率远大于阈值。这种技术在随后的几十年里被广泛应用（Flagan，1998）。虽然电容式分析仪已被更高分辨率的仪器所取代，但是它还是在测量微粒和当量直径小于 2nm 的气体离子中扮演着重要的角色（Tammet，2004；Fews 等，2005；Tammet，2011）。

早在 Langevin 发现分段中心电极法之前，科学家们就为改善粒子分布测量做出了许多努力，其中最突出的就是 Erikson（1921）的微分迁移分离器测量气体离子，Rohmann（1923）用此仪器测量了微粒。尽管几十年来实用价值不大，这个仪器还是在相关文献中多次提到，并介绍了一系列的创新，在随后的几年内投入使用。

电迁移法在 20 世纪 60—70 年代之前并没有显示出它的有效性，直到 TSI 商业仪器的产生。第一个名为 Whitby 气溶胶分析器（WAA）的仪器，通过引入靠近外侧电极的气溶胶和电极间的自由微粒的方法改进了传统的电容式分析仪。在 WAA 中，电势加在内侧电极，同时测量从电容末端流出的电流。不同的电流表示了作用电压的变化，而电压则能导致粒径分布的变化。Liu 等（1974）引进了像电子气溶胶分析仪（EAA）这样更加完善的仪器并且由 TSI 公司商业化，使得世界各国的研究人员可以广泛应用这项技术。但这种仪器已经被 Erikson（1921）、Rohrmann（1923）和 Hewitt（1957）同期生产的商业版的差分电迁移率粒径谱仪（DEMC）所代替。

15.4.1 差分电迁移率分析仪

DEMC 通常被称为差分电迁移率分析仪（DMA），由 Kuntson 和 Whitby（1975）推广，用来获得单分散的亚微米颗粒，用以校准其他仪器。虽然 Kuntson 和 Whitby 知道他们的仪器有测量气溶胶粒径分布的能力，但是没有合适的探测器，导致仪器很难被使用。

柱形差分电迁移率分析仪如图 15-3（a）所示，是一个同轴的流式电容器，气溶胶颗粒通过外部电极的一个狭槽进入。一个无颗粒的鞘层流将它们与带有高电压的内侧电极分离。流体经过狭槽，被分级的样本在内侧电极的一端被提取出来。随着微粒流过电极间隙，它们沿着分级区被传送到提取出口。只有小范围迁移率内的微粒才能完全通过极板，达到样品分类出口。较高移动率的微粒更早通过，并附着在中心电极上，位于样品分离出口的上部。迁

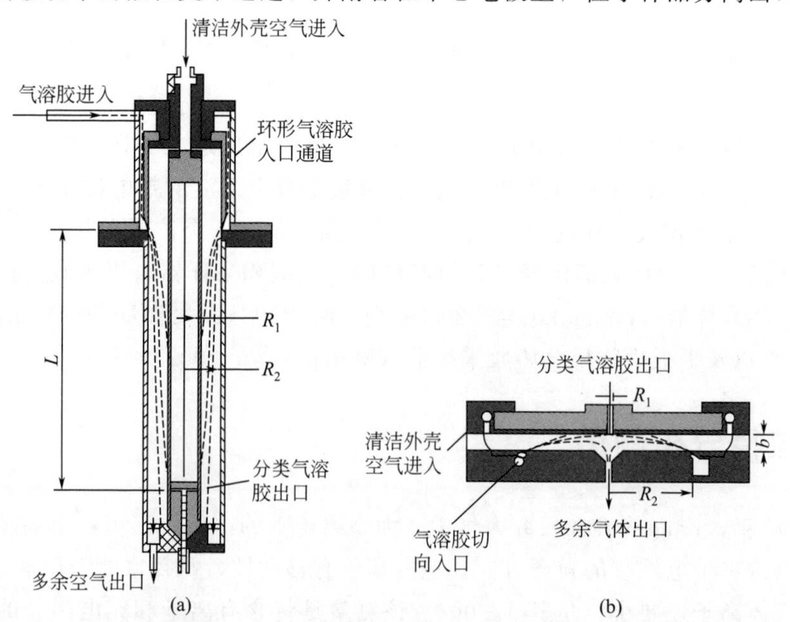

图 15-3 (a) Knutson 和 Whitby（1975）设计的圆柱形 DMA 示意图；(b) Zhang 等（1995）设计的径向 DMA 示意图。图中显示了移动率 $Z \approx Z^*$ 的粒子轨迹以及更高和更低移动率的粒子轨迹（引自 Flagan，2001）

移率太小的微粒则沉积到下游更远处或随着过量的鞘流排出。

为了确定通过 DMA 的微粒大小，我们设定一个 DMA 的理想模型，假定它与更复杂的模型能产生同样的效果。我们先讨论微粒在没有扩散情况下的分级。一般圆柱形 DMA（CDMA）的电场是：

$$E=\frac{V}{\gamma\ln\frac{R_2}{R_1}} \tag{15-6}$$

式中，V 为内侧电极的电压；R_1 和 R_2 分别为内侧和外侧电极的半径。微粒沿径向以一定速度移动，$Z\approx Z^*$，同时它们以气体的流速 $u(r,x)$ 沿轴向运动。假设气流平行于电极，则 $u=u(r)$。粒子的轨迹是：

$$\frac{\mathrm{d}r}{\mathrm{d}x}=\frac{\mathrm{d}r/\mathrm{d}t}{\mathrm{d}x/\mathrm{d}t}=\frac{ZV}{ru(r)\ln\frac{R_2}{R_1}} \tag{15-7}$$

两边同乘以 2π，整理后得到：

$$\int_{R_{\mathrm{in}}}^{R_{\mathrm{out}}}2\pi ru(r)\mathrm{d}r=Q_{\mathrm{out}}-Q_{\mathrm{in}}=\frac{2\pi ZVL}{\ln\frac{R_2}{R_1}} \tag{15-8}$$

在给定流量和电压的情况下，粒子的表征迁移率 Z^* 与微粒进入的平均流量有关，$Q_{\mathrm{in}}=Q_{\mathrm{sh}}+Q_{\mathrm{a}}/2=(Q_{\mathrm{e}}+Q_{\mathrm{sh}}+Q_{\mathrm{s}})/2$，也与平均流出量有关，$Q_{\mathrm{out}}=Q_{\mathrm{s}}/2$。因此，表征迁移率为：

$$Z^*=\frac{(Q_{\mathrm{sh}}+Q_{\mathrm{e}})\ln\frac{R_2}{R_1}}{4\pi VL} \tag{15-9}$$

同理推导出：

$$Z^*=\frac{b(Q_{\mathrm{sh}}+Q_{\mathrm{e}})}{2\pi V(R_2^2-R_1^2)} \tag{15-10}$$

对于极板间距为 b 的径流 DMA［RDMA，图 15-3（b）］，微粒进入径向位置 R_2 处并向径向位置 R_1 方向迁移。如果粒子足够大（即电压足够高），大到扩散效应可以忽略，粒子的迁移范围会变成：$Z^*-\Delta Z\leqslant Z\leqslant Z^*+\Delta Z$。

式中

$$\Delta Z=Z^*\beta \tag{15-11}$$

$$\beta=(Q_{\mathrm{a}}+Q_{\mathrm{c}})/(Q_{\mathrm{sh}}+Q_{\mathrm{e}}) \tag{15-12}$$

当流量和电压适合表征迁移率 Z^* 为 $\Omega(Z,Z^*)$ 时，迁移率为 Z 的粒子有可能进入 DMA 分级区，这称作分级传输函数。Knutson 和 Whitby（1975）推导出了粒子在没有扩散的情况下的传输函数表达式。许多差分电迁移率分析仪可测量极小粒子，这时扩散效应不能忽略。一些科学家用传输函数模拟了扩散效应。Stolzenburg（1988）推导出了柱形 DMA 扩散传输函数，可以表示为：

$$\Omega(Z)=\frac{\sigma}{\sqrt{2}\beta(1-\delta)}\left[\varepsilon\left(\frac{Z-(1+\beta)}{\sqrt{2}\sigma}\right)+\varepsilon\left(\frac{Z-(1-\beta)}{\sqrt{2}\sigma}\right)-\varepsilon\left(\frac{Z-(1+\delta\beta)}{\sqrt{2}\sigma}\right)-\varepsilon\left(\frac{Z-(1-\delta\beta)}{\sqrt{2}\sigma}\right)\right] \tag{15-13}$$

式（15-13）中

$$\varepsilon(y)=y\mathrm{erf}(y)+\frac{1}{\sqrt{\pi}}\mathrm{e}^{y^2} \tag{15-14}$$

$y\mathrm{erf}(y)$ 是误差函数。

$$\delta=\frac{Q_c-Q_a}{Q_s+Q_a} \tag{15-15}$$

$$\sigma^2=\frac{G}{Pe_{mig}}\times\frac{Z}{Z^*} \tag{15-16}$$

粒子通过极板的 Péclet（贝克来）数为：

$$Pe_{mig}=\frac{ZEb}{D}=\frac{qV}{kT}f(\text{geometry}) \tag{15-17}$$

式中，G 是一个与 DMA 形状和流量比 β 相关的参数。这个结果既适用于径向 DMA，也适用于圆柱 DMA。系数 f(geomrtry) 在电场中的迁移路径上各点的值不同。但是 RDMA 中的电场是一致的，$g_{RDMA}=1$。CDMA 中 $fg_{RDMA}=(R_2-R_1)/\left(R_2\ln\frac{R_2}{R_1}\right)$。

差分电迁移率分析仪的分辨率可以简单地表示为 Z^* 和传输粒子的迁移率之比。根据光谱学的方法，我们用全幅 DMA 的传输函数对应的迁移率范围，估算出传递效率是最大值 ΔZ_{fwhm} 的 1/2。分辨率和流量 β 相关，在没有扩散效果的平行流中，$Q_a=Q_s$。

$$R_{nd}=\frac{Z^*}{\Delta Z_{fwhm}}=\beta^{-1} \tag{15-18}$$

在低贝克来数中，扩散效应起主要作用，分辨率变为：

$$R_{diff}=0.425\left(\frac{Pe_{mig}^*}{G}\right)=2.66\left(\frac{gV}{G}\right)^{\frac{1}{2}} \tag{15-19}$$

图 15-4 表示了几个流量比 $\beta=0.1$ 的 DMA，以及 β 为部分值的一些商用圆柱形 DMA 的分辨率变化情况。在 DMA 的平衡流中 $\delta=0$，两个公式组合：

$$V=V_{diff}=\frac{0.141G}{\beta^2 g} \tag{15-20}$$

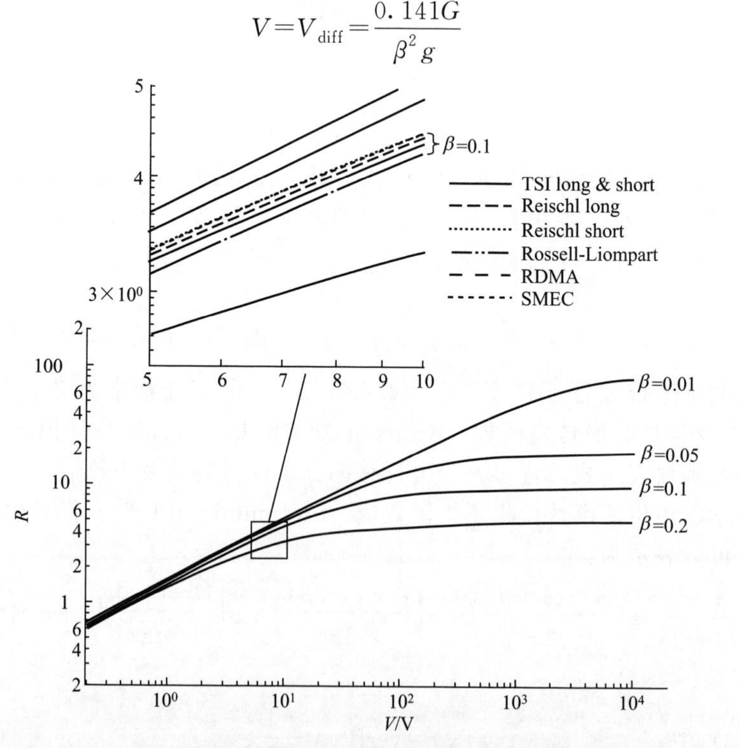

图 15-4 几种 DMA 的理想分辨率与应用电压、流量的函数关系图

（引自 Flagan，1999）

式（15-20）显示了从理想状态到实际状态的转化，理想状态下扩散仪作为一个参考，而实际情况低电压区的分辨率只有 $V^{1/2}$。根据干燥气体在大气中的击穿电压，所有 DMA 的最大电压被限定在 10kV/cm，粒子迁移率范围可用分辨率来分析，分辨率由流量比 β 的减少量决定。许多仪器的电极间隔约为 1cm，这个电压大概在 10kV，间距越大，电压就越大。过大的间隔很难保持层流状态。低压或者高湿度会降低击穿电压，大大限制工作能力。

Marlo Carlo 在 DMA 中模拟扩散效应时，证实了 Stolzenburg 转移函数的有效性（Hagwood 等，1999），同时详尽地概括了运算中的差别（Mamakos 等，2007）。Stolzenburg 模型建立了一个简单、持续的分析公式，它直接联系了粒子扩散的物理量，并让操作者能预测到传输函数开始偏离理想的动力学三角函数的情况。传输函数还有一些其他的理论来源，但是这些理论和转移函数的表达式关联不大。DMA 传输函数的这些理论可作为评估真实仪器的基准。比如广义上的三角传输函数（Birmili 等，1997）。虽然这些形式可以用于经验性的判断和 DMA 工作性能的对比，但它们不能预测扩散效应的作用。同时由于受理论的限制，也不能估计一些特殊仪器的分辨率。

【例 15-2】 圆柱形 DMA 用于测量直径 1μm 的粒子，流量比为 $\beta=(Q_a+Q_s)/(Q_{sh}+Q_e)=0.1$，平衡流为 $Q_a=Q_s$。图 15-1 表示了 DMA 下降到理想值的一半（10V）时的分辨率 $\beta^{-1}=10$。最大操作电压在 10000V，击穿电压则更高。在合理的分辨率下，可算出的流量和最小微粒直径是多少？（DMA 的尺寸是 $R_1=9.38\text{mm}$，$R_2=19.58\text{mm}$，$L=444\text{mm}$）

解：

1. 计算流量需要在 10000V 电压下分离 1μm 微粒。如例 18-1，一个 1μm 的带电粒子 $Z_p=1.09\times10^{-9}\text{m}^2/(\text{V}\cdot\text{s})$。注意 $Q_{sh}+Q_a=Q_e+Q_s$ 且平衡流 $Q_{sh}=Q_e$，根据式（15-9）：

$$Q_{sh}=\frac{2\pi Z^* VL}{\ln\frac{R_2}{R_1}}=\frac{2\pi\times10^4\times1.09\times10^{-9}\times0.444}{\ln\frac{0.01958}{0.00938}}=4.13\times10^{-5}(\text{m}^3/\text{s})=2.48(\text{L/min})$$

2. 在 10V 电压、合理分辨率下，粒子的最大迁移率为：

$$Z^*_{max}=Z^*_{min}\frac{V_{max}}{V_{min}}=1.09\times10^{-9}\text{m}^2/(\text{V}\cdot\text{s})\times\frac{10000\text{V}}{10\text{V}}=1.09\times10^{-6}\text{m}^2/(\text{V}\cdot\text{s})$$

从图 15-1 中显而易见，这相当于 15nm 的粒径。因此，在给定流量下可以分离的粒径范围可达到直径 65 倍以上。

3. 当流量增加，更小的粒子也可被分级，同时粒子大小上限也减小。图 15-1 表示了微小粒子的大小范围可以由合理的分辨率分级。

4. DMA 的测量范围可根据流量的改变而改变，或在高迁移端施以较低的分辨率。Collins 等在 2004 年已经测出，范围可达直径的 4 倍以上，同时最大限度地提高整个尺寸范围内的颗粒大小的分辨率。

15.4.1.1 差分电迁移率分析仪的设计

在 20 世纪 90 年代中期之前，大量的 DMA 测量值是由 Knutson 和 Whitby（1975）商业版的柱形 DMA（KW-CDMA）测出的。图 15-3 是这个仪器的示意图。同轴圆柱设备对直径

1～10μm 的颗粒作用效果更好。一个简化版的仪器用来测量小粒子，但是由于顶部的环形进入区太窄，极小的粒子损失量太高。

维也纳大学的 Reischl 等发明了新型的 DMA，由 HAU 制造，更适合测量纳米级微粒。切线气溶胶入口可减少粒子损失。该仪器内置了一个高敏感静电计，将测量范围扩展到 2.5μm，这种设计成了其他后续产品的基础。Rosell-Llompart 等（1996）发明了一个维也纳版本的 DMA，这个 DMA 的分析区域很窄，从而优化了对纳米级粒子的测量。

DMA 技术发展很快，Zhang 等（1995）使用了切线入口，从而研制了新型 DMA，在这种 DMA 中，粒子的分级发生在平行圆盘电极之间的内向径流中（图 15-3）。该仪器被称作径向 DMA（RDMA），Pourprix 和 Coworkers（Fissan 等，1996）发明了一种类似的仪器，命名为 SMEC。RDMA 用来测量 5～200nm 的微粒，尽管传输函数有较大的扩散增宽，但也被应用于分级 1.8nm 直径的微粒。SMEC 设计用来测量大粒子（Lebronec 等，1996；Fissan 等，1996）。通过连续操作一对 SMEC，其中一个 SMEC 上口流出，另一个 SMEC 下口流出，得出这样的结论：沉降速度与电泳迁移无关。这个结论促成了首次粒子密度的直接测量，而不依赖于空气阻力和电子迁移模型。

柱形 DMA 也在发展中。KW-CDWA 是由 Pui 等改进的，将其功能延伸到纳米级别。该仪器被称作纳米 DMA，大量的悬浮气体流通过环形 KW 入口区，减少了损失。一小部分气流将微粒传入 DMA 分级区，剩余的被排出。进入分级区的气溶胶流量 Q_a 与进入的大量气流及环形中被排出的气流流量都不相同。

DMA 的理想性能取决于它的形状。表 15-1 概括了几种 DMA 的几何参数。用 Stolzenburg 传输函数对比几种不同的 DMA 理论性能，预想的结果并没有随着 DMA 形状的变化而改变。不同仪器的性能体现在低电压造成的扩散效应之间的区别。不同 DMA（假设没有影响仪器性能的缺陷）分辨能力的差别很小。这种比较是基于仪器在相同的电压下进行操作以及在相同的贝克来数上进行操作，并且每种仪器都在其设计的测量粒径范围内操作。用固定大小的粒子来比较不同的仪器常常会忽略扩散效应，而扩散效应往往是决定 DMA 性能的关键。

表 15-1 $\delta=0.0$①的几种 DMA 的几何参数

圆柱形 DMA	R_1/mm	R_2/mm	L/mm	β	G	f
TSI 长	9.37	19.58	444.4	0.01	1.87	0.707
TSI 长	9.37	19.58	444.4	0.05	1.99	0.707
TSI 长	9.37	19.58	444.4	0.1	2.14	0.707
TSI 长	9.37	19.58	444.4	0.2	2.42	0.707
TSI 短	9.37	19.58	111.1	0.1	2.15	0.707
Vienna 短②	25.0	33.0	110	0.1	2.48	0.837
Vienna 长②	29.0	37.0	600	0.1	2.51	0.867
Rossell-blompart②	25.0	33.0	16	0.1	2.80	0.867
GRI L-DMA	13	20	350	0.1	2.34	0.812
GRI M-DMA	13	20	80	0.1	1.90	0.812

续表

径向 DMA③	R_1/mm	R_2/mm	b/mm	β	G	f
Caltech						
RDMA③	24	50.4	10	0.1	2.92	1.0
nRDMA	2.4	7.5	10	0.1	2.21	1.0
SMEC③	～5	65	4	0.1	2.81	1.0

① 几何参数的计算假定仪器分区中有充分发展的层流。

② 维也纳大学的 DMA（Hauke 制造）和它的短圆柱纳米板分别被 Winklmayr 等（1991）和 Rosell-Llompart 等（1996）描述。

③ RDMA 和 SMEC 分别被 Zhang 等（1995）和 Fissan 等（1996）描述。

通过式（15-5）可知，同一 DMA，其在低于扩散增宽起始电压下工作时的分辨能力要低于其在较高电压下工作时的分辨能力。只有当带电粒子的电势能比其热能大许多时，才可能实现高分辨率。

实际中的仪器正在接近于理想化。制作过程中的不完善会导致仪器工作性能下降，轴向分级器周围的粒子或鞘层流分布不均，流量和电压控制不准确。在高电压下测量，扩散效应被忽略，测量结果并不理想。但是利用已知迁移率的粒子来校准始终是检验某仪器的重要指标，如单分散聚苯乙烯、单迁移率气体离子或已经被基准 DMA 分级的粒子。

虽然高电压可以提高分辨率，但是 DMA 的操作电压是有上限的。当 DMA 的场强超过 10^6V/m 时极容易出现电击穿。如果 DMA 在高压、低压或者高湿度的情况下工作，就会出现电弧效应。火花不仅产生粒子，影响测量结果，更容易破坏 DMA 仪器。目前，许多 DMA 的电极间距是 10mm，峰值电压控制在 10kV。扩散效应的出现取决于分辨率的动力学极限 $V_{\mathrm{diff}} \propto R_{\mathrm{nd}}^2 \propto \beta^{-2}$。迁移率范围可以由目标分辨率分级，随着目标分辨率的降低而迅速降低。如图 15-4 所示，当分辨率接近 $R_{\mathrm{nd}}=100$ 时，测量结果的动力学范围变得很小。在连续流区域，操作电压对应的动力学范围，粒子的直径超过 100nm。自由分子的迁移率极限为 $Z \propto d_{\mathrm{p}}^{-2}$，所以可探测到的小粒子的粒径范围会明显降低。

$$\frac{Z_{\max}}{Z_{\min}} \sim \frac{V_{\mathrm{diff}}}{V_{\mathrm{breakdown}}} \tag{15-21}$$

选择 DMA 是为了精细测量，因此一切取决于被测微粒的性质。如果想要得到较高的分辨率来研究光学作用，那么就要选择光学性能好的仪器，也就是 $d_{\mathrm{p}}>300$nm 的仪器。许多仪器在对这种大粒子进行分级时，往往需要相对于电极间距来说很长的分级区。另一方面，测量新生成的有核粒子或纳米粒子（$d_{\mathrm{p}}<100$nm 或更小）需要专门为较小粒径范围设计的仪器。短圆柱形 DMA 或径向 DMA 在这个范围内表现较为突出。另外，良好的设计和精细的构造可以使仪器在高电压条件下更接近理论值，但是当电压低于临界值、扩散效应占主导地位的时候，仪器的分辨率就会下降。

15.4.1.2 差分电迁移率分析仪的操作

DMA 分级气溶胶需要精确地控制四种气流：进入的气溶胶流量 Q_{a} 和鞘层流量 Q_{sh}，流出的被分级的气溶胶流量 Q_{c} 和排出流量 Q_{e}，如图 15-5 所示，鞘层流量和排出流量比气溶胶流量和分级流量大得多。这些气流在分级区混合，从平衡流的角度看可认为是没有压力的充实空间。要精确控制这四种流体非常难，如果要使两股气溶胶流的粒子损失达到最小，就必须在低压降下控制和测量流体。

DMA 可以在真空（图 15-5）或高压下运行。在真空条件下运行时，泵把流体送入 DMA。如果在高于环境压强的条件下运行，压力就能使流体通过 DMA，产生高压操作模式。在任意一种情况下，平衡流量都很重要。通过移除鞘层流中粒子的滤膜时产生的压降，比样品流中的压降大得多，并且在适当直径的小口径管道处会对样品流产生额外的压降，有助于平衡流体。如果压降不平衡，就很难保证流体通过 DMA，使粒径分级出现偏差。

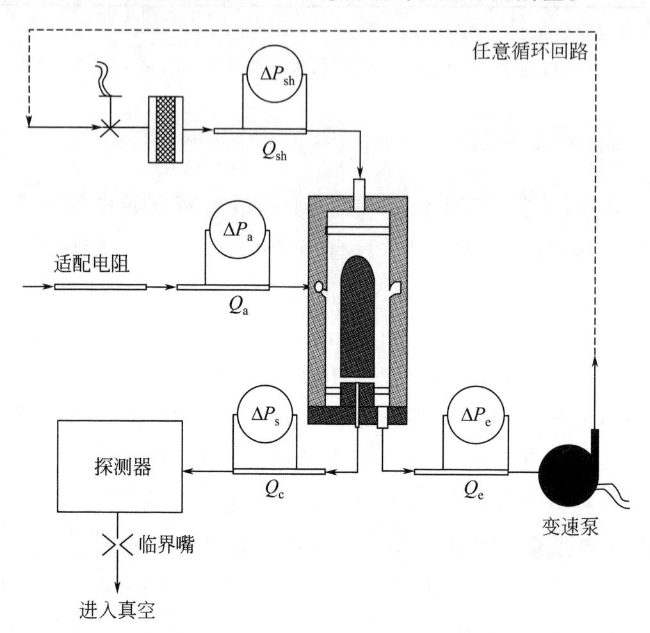

图 15-5 差分电迁移率分析仪的流量控制系统示意图。这个系统可以测量 4 个 DMA 流。使用变速泵可以排出过剩流或使其循环，如虚线所示。这里的 DMA 是 Winklmayr 等设计的（1991）

第一代商业化的 DMA 使用了很多流量计和人工控制阀来计量气溶胶流量、鞘层流量和排出流量。我们不希望任何一条气溶胶流量通过阀门，因为粒子在阀门处的损失随着阀门的装配而变化。提高控制流速率的精确度的一个方法就是过滤和循环使用排出流（Rogak 等，1991），使气溶胶和分级样品流容易匹配且在粒子探测系统的下游测量，如图 15-5 虚线所示。值得注意的是，循环系统中少量的泄漏就会导致大量误差。隔膜泵可以减少这种泄漏，但不能消除。此外，压力脉冲可能会影响到测量结果，这些可通过满流量出入循环泵来最大限度地减小。也可以用旋转鼓风机和泵，但是要特别小心，保证泄漏不会影响测量结果。循环系统会加热鞘层流，所以蒸发也会使粒子的数量减少。

理论上讲，每条流体都应该控制和测量。用层流压降元件和高敏性电压力传感器代替大型流量计可以使粒子损失减少。这些计量仪可以检测到图 15-5 所示的四种流体。结合主动控制鞘层流量和排出流量，也可以实现高度稳定的流量控制（Russell 等，1996）。主动控制临界流量可以使 DMA 的运作更加精确，即使在压力变化的环境中，如需要航空测量时，也能做到准确。

15.4.2 差分电迁移率粒径谱仪

EAA 利用法拉第杯静电计测量了在分级圆筒内没有被收集的粒子所携带的电流，EAA 改善了基于迁移率的粒径分布测量。单极扩散充电应用于这种仪器中，使充电能力大幅度提高，环境中的粒子能够带上小于皮安培的电流。在这种模式中多重充电对于直径约为 50nm 的粒子显得非常重要。

Knutson 和 Whitby（1975）认为，差分电迁移率分析仪测量粒径分布很有潜力，但是必须等到合适的检测工具能证明它的有效性。尽管 Winklmayr 等（1991）最终制造了以静电计为基础的粒径分布测量系统，但充电水平低增加了静电计在环境中使用的难度。连续流单个粒子测量的凝结核粒子计数器（CPC；Agarwal 和 Sem，1978）的引入，首次实现了 DMA 的常规粒子分布测量。随着计算机控制 DMA 电压，TSI 3020 CPC 发挥了 DMA 的分辨率在测量粒子分布时的优势（Fissan 等，1983；The Brink，1983）。TSI 公司随后生产了计算机化的粒径测量系统作为差分电迁移率粒径谱仪（DMPS）。这个智能化的 DMA 系统马上代替了 EAA 成为粒子迁移率分级测量的首选，因为新的技术可以测量很小迁移率范围内的粒子浓度，而不是测量迁移率小于一定阈值的所有粒子。在 DMPS 测量中，分级电压为阶梯形，经过一个延迟使气溶胶信号达到稳定状态后，测出粒子浓度。然后电压再次延迟，重复多次。在计算机控制下可以迅速给仪器加入需要测量的任意电压，对于用来研究快速变化的粒子来说，10min 以上的测量时间对 DMPS 来说很长，却提供了测量的新方法。

尽管很多用户已不再使用 DMPS 进行迁移率测量，但阶梯模式仍在使用。有些情况下，分步测量与下述更先进的仪器配合使用，可以避免误差和错误。一些用户会选择使用阶梯模式，因为其数据分析简便，粒子在同一条件下通过仪器而被计数。目前为止，至少有一家公司还在使用阶梯模式，就是 GRI 公司生产的连续粒子电迁移率分级器（SMPS+C）。该仪器在快速阶梯模式下运行，相应减慢了检测器的反应时间（凝结核粒子检测器），使数据的分析复杂化。

15.4.3 扫描电迁移率粒径谱仪

虽然 DMA 比以往仪器的分辨率更高，但是测量时间太长。Wang 和 Flagan（1990）发现，迁移率测量的关键就在于微粒迁移率取决于电场强度所产生的粒子迁移速度，如果电场持续增强可能会实现分离，而微粒数量也被不断地记录在时间段里。此外，他们表示，在无扩散的条件下，假设在数据分析中使用粒子迁移时间内的平均场强，则在他们所称的扫描电迁移率光度计（SEMS）中，会达到与 DMPS 同样的转移函数。使用 SEMA，DMA 的粒子差分电迁移率分析时间减少到 1min 以内。随后 TSI 公司生产了 DMA 扫描模式，称为粒子扫描电迁移率粒径谱仪（SMPS）。

为了确定一个时间段内的粒子计数与粒子迁移率的关系，需将 DMA 中出来的粒子转移到检测器里计数。Wang 和 Flagan（1990）考虑到了时间补偿，因为粒子在管道和检测器中都有停留时间。Russell 等（1995）随后表示这种固定时间补偿模型过于简单。SMES 系统需要一段时间响应，因为可用的探测器（CPC 或静电计）还没有设计出来。在 CPC 流道内混合，产生滞后时间分布，干扰了 SEMS 的响应功能，粒子计数开始的时间段比预定的要晚，所以 Russell 等（1995）通过导出基于 DMA 的出口作为栓塞流区串联一个完全混合的体积流量的模型的传输函数，把这个滞后时间和失真考虑在内。随后，Collins 等（2002）发明了一个更简便的方法，即一种逆运算方法，可以有效防止粒子光谱“被干扰”。快速阶梯模型反推出的合理数据，如 GRI SMPS+C，需要相似的数据分析方法。数据分析方法在 15.6 节介绍，在此之前要先介绍另一个要点，即粒子带电。

15.5 气溶胶的带电条件

气溶胶通常包含大量的带电粒子。Langevin（1903）发现的积聚模态的带电气溶胶粒子最初称为“大离子”。气溶胶的迁移特性需要已知分级粒子的充电量，理想条件下是一个元电荷。已知分级粒子的带电量，可通过测量电迁移率来准确判断粒子的大小。测量粒径分布同样需要一部分给定大小的粒子的带电量。因此，气溶胶电迁移特征的一个关键方面就是产生已知的电荷分布。

许多方法可使气溶胶微粒带电：静态充电、光电效应、热电子放射、小型气体离子充电、放射性气溶胶自身充电。静态充电是颗粒从物体上分离时电荷传导到颗粒上。这种机制使粒子得到电荷，因为它们从大块物质上产生，当粒子撞击或从表面回弹时，有助于带电。一些物理机制也有助于这种带电方式，主要包括：①粒子和接触面存在电化学势能差，导致接触带电；②在电场作用下粒子从表面离开时发生电荷转移；③液体表面破坏产生的喷射带电（常与感应带电结合）；④高绝缘液体从固体表面分离产生的电解带电。

此外，放射性粒子会因失去 α 或 β 粒子而带电。在价电子丢失或释放 α、β、γ 射线带电片段时，也会发生自身充电（Yeh，1976；Yeh 等，1978）。粒子在静电充电过程中得到多少电荷很难预测，因此在粒径分布测量时很难使用。

当表面被加热到相当高的温度时，粒子会产生热离子喷射。这种机制使粒子在燃烧或高温系统中得到相似的电荷，即在高温下的均为正电荷，在火焰的不同区域，可能导致电荷极性的不同。在较高温度下气体离子浓度通常很高，随着粒子离开高温区离子-粒子反应会导致电荷快速地重新分布。

虽然上述机制都可以使一些气溶胶粒子带电，但是都不能定量测量粒径分布。样品气溶胶必须在一个已知的带电状态，这样直径为 d_p 的粒子带上 i 的电荷的概率 $P(d_p, i)$ 才能定量计算出来。这需要使气溶胶通过一个充电器，既可以是一个单极充电器，使所有粒子都带同种电荷（正或负），也可以是两极扩散充电器，使气溶胶同时带有正负两种电荷。由于处理过的气溶胶总体上呈电中性，所以也可以笼统地称为气溶胶中和器，常用于消除以上机制产生的电荷偏移。

首先讨论两极扩散带电使气溶胶带电。在理想系统中，我们想寻找一个平衡电荷分布，尽管分布是由热力学条件决定的。为了达到这一条件，将气溶胶暴露在电中性的离子云下。如下所示，虽然这种方法可产生一个较好表征的电荷分布，但其结果并不是预期的热平衡分布。由于平衡的建立，电荷转移反应应该是可逆的，这种“反应”是电荷转移逆反应，涉及气体离子，也涉及从粒子到中性气体分子的电荷转移，以产生与原反应相同的离子物种。尽管平衡分布不适用于气溶胶的电迁移率测量，并会导致一些带电小微粒的测量值偏小，但是早期的文章中还是广泛使用了这种方法，甚至还被现在的一些文章错误地引用。出于这个原因，我们简要地介绍平衡电荷分布，并将对其与稳态模型预测的电荷分布进行对比。

15.5.1 平衡电荷分布

虽然理论上气溶胶微粒的最小电荷是 0，但是由于宇宙射线和气体分子的放射衰减产生的高核能粒子发生碰撞产生正负离子，而气体中的离子往往会附着在一些微粒上，导致这种现象很难出现。环境离子数浓度大概在 1.0×10^3 个/cm^3，但气体离子在气溶胶粒子表面损失，并且经历离子间的再结合反应，因此这个数值会发生显著的变化。

假设长期暴露在两极离子混合物中，粒子和离子经常性地碰撞，导致粒了与离子之间达到电平衡状态。在这种平衡状态下，直径大小为 d_p 的粒子携带 i 的电荷服从玻耳兹曼分布：

$$p(d_p,i)=\frac{\exp\left(-\dfrac{i^2}{2\sigma^2}\right)}{\sum_{k=-\infty}^{\infty}\exp\left(-\dfrac{k^2}{2\sigma^2}\right)} \tag{15-22}$$

$$\sigma^2=\frac{d_p kT}{2e^2} \tag{15-23}$$

虽然这种分布应用较为简便，并且一些研究指出测量出的电荷分布具有合理性（Liu 和 Pui，1974d），但是当电荷分离的速度很快时，这种使用方法就要做严格的调整（Fuchs，1963）。粒子和离子之间的作用力很强，离子的释放在环境温度下不能自发地发生，除非粒子的总电量极高。在高温和火焰条件下，通过估算热离子发射速度认为可能出现电平衡。

尽管如此，测出的电荷分布也与玻耳兹曼分布相似，这些相似性是由于粒子和正负离子在两极粒子混合流中相互反应形成的。带有同极电荷的离子和粒子，要比带有相反电荷的离子与粒子之间更容易发生反应。当暴露于两极混合离子流中时，气溶胶电荷分布渐渐趋于稳定状态。

因为正负离子的不同性质，稳定电荷分布通常是不对称的。当正负离子的浓度出现差异时，这种差异就会增大，所以并没有真正意义上的稳定状态。单极带电的极限发生在气溶胶暴露在单极离子中时。为了得到真实的电荷分布，必须从动力学上检验气溶胶微粒的带电。

15.5.2 扩散带电：电荷转移动力学

在缺少外加电场的情况下，离子-粒子的吸附率取决于离子扩散和离子自身电荷产生的电场迁移。库仑力在很远的距离也可以产生拉力和斥力，很小的微粒也可以产生拉力。对流扩散方程给出了离子抵达粒子表面的概率，粒子上的电荷和布朗扩散产生的电场也会使小粒子迁移，这一点也要考虑在内。Fuchs（1963）发现了一个相似的模型来预测直径为 d_p 的微粒能获得的电量，条件是气溶胶暴露在已知气体离子中。Hoppel 和 Frick（1986）完善了 Fuchs 模型，修正了 Fuchs 的一个微小错误，并增加了三体捕获，提高了带电概率。

15.5.2.1 两极扩散带电

正负离子混合时，气溶胶两极扩散带电。在这个过程中，粒子带电量由于不断附着同极电荷而增大，或因附着相反的电荷而减小。如果离子数最开始是平衡的，即 $n^+(t=0)=n^-(t=0)$，气溶胶带电最终会达到准稳定状态，正离子附着率与负离子附着率平衡。假如正负离子的浓度比是固定的，气溶胶平衡方程将不再与离子平衡方程相符。

由于分子量不同，气体离子的迁移率也不同，在大气测量中，不同类型离子周围形成蒸汽的倾向也不同。Lee 等（2005）测得水蒸气对气溶胶带电的影响。正离子迁移率的峰值是固定的，但负离子的峰值随着水蒸气的变化而变化。Hoppel 和 Frick（1986）预测，$M^+=150$amu，$M^-=90$amu，$Z_i^+=1.20cm^2/(V\cdot s)$，$Z_i^-=1.35cm^2/(V\cdot s)$。气溶胶的带电状态有正负之分，并且由于离子迁移率不同，导致离子附着率的差别，从而达不到完美的平衡。图 15-6 表示了不同粒径携带电荷的变化情况。计算值显示的是玻耳兹曼电荷分布（点线），未校正的 Fuchs 模型（虚线）以及 Hoppel&Frick 模型，包括离子吸附反应的三体稳定性（实线）。从图中可看出一些特征：①在粒径谱的微末端，尽管比平衡时的预期值要大，但是带电的概率却非常小；②直径 100μm 的粒子可能获得超过 1 个电荷的电量；③200nm 以上的粒子会出现多种带电状态。微小粒子的低带电率导致了其迁移率难以测量。大粒子的多重带电导致不同大小的粒子显示出同样的迁移率，降低了仪器的分辨率，也使数据分析更加困难。

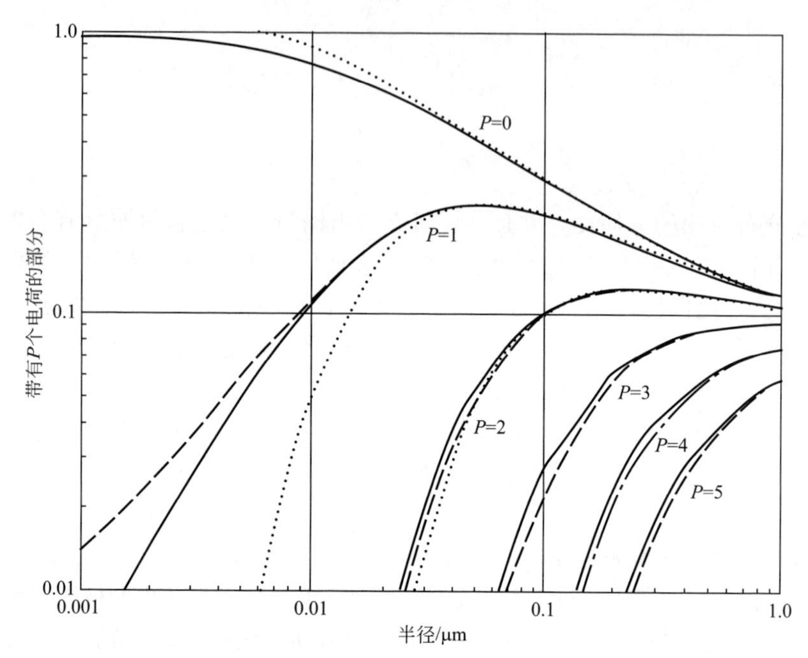

图 15-6 恒稳态电荷随粒径的变化图（Hoppel 和 Frick，1996）。实线表示的是修正的 Fuchs 模型的预测值。虚线是未经修正的 Fuchs 模型的预测值。圆点表示的是玻耳兹曼电荷分布

（引自 Hoppel 和 Frick，1986）

用修正过的 Fuchs 模型计算稳定状态下的两极电荷分布是很合适的。Wiedensohler（1988）提出了一个与修正的 Fuchs 电荷分布很相似的表达式，得到了更广泛的应用。粒子带有 i 电量的概率是：

$$P(d_{\mathrm{nm}},i)=\frac{n_{\mathrm{i}}}{n_{\mathrm{tot}}}=10^{\left(\sum_{j=0}^{5}a_{j,i}\lg d_{\mathrm{nm}}\right)} \tag{15-24}$$

式中，d_{nm} 是粒子直径，为纳米级，表 15-2 给出了系数 $a_{j,i}$ 的值。

表 15-2 修正的 Fuchs 电荷分布的 Wiedensohler 近似值的系数 $a_{j,i}$①

i	−2	−1	0	1	2
$a_{0,i}$	−26.3328	−2.3197	−0.0003	−2.3484	−44.4756
$a_{1,i}$	35.9044	0.6175	−0.1014	0.6044	79.3772
$a_{2,i}$	−21.4608	0.6201	0.3073	0.4800	−62.8900
$a_{3,i}$	7.0867	−0.1105	−0.3372	0.0013	26.4492
$a_{4,i}$	−1.3088	−0.1260	0.1023	−0.1553	−5.7480
$a_{5,i}$	0.1051	0.0297	−0.0105	0.0320	0.5049

① 数据来自 Wiedensohler，1988。

注：系数 $a_{4,1}$ 和 $a_{5,2}$ 与原版中的数值不同。原著中为 $a_{i,k}$，为了与式（15-24）对应，此处改为 $a_{j,i}$。

分布的稳定性和流速参数的稳定性使该模型非常适合测量基于迁移率的粒径分布，但不是所有两极扩散充电器都能实现如此理想的分布。Hoppel 和 Frick（1990）证明了由于离子向气溶胶颗粒和器壁扩散的不均等，离子浓度的不衡使得离子比率被放大，因为离子重新组合会迅速地、均等地消耗两极。电荷分布由稳态变化而来，稳态可能（也可能不）存在于发生离子生成的区域，以响应不断变化的环境。

最后，重要的是注意到气体离子的大分子量和低迁移率，反映了由围绕分子核心离子的分子簇组成的离子。在大气测量中，由于水汽的丰富性和高极性，主要聚类物质在水汽中。观察到这类簇群使我们想到了最早的气体离子的测量方法（Nolan，1926），离子性质和大气参数的关系研究得还不是很透彻，如相对湿度。许多研究采用了已经发表的离子特征值，而并没有考虑可能发生变化。

15.5.2.2 单极扩散带电

单极扩散带电发生于只存在单一极性离子的情况。当电荷积累于粒子上时，排斥力引起充电速度减慢。由于积累的电荷不会通过相反极性的离子的附着而被中和，所以与两极扩散充电相比，可以获得较大粒子上的较高电荷水平以及较小的充电概率。单极扩散带电应用于电气溶胶分析器（首个应用于气溶胶粒子的商业化迁移率粒径仪），可使粒子获得更高的带电能力来测量直径约 50nm 的微粒的浓度。

目前，关于单极扩散带电的理论及实验研究有许多，如 Arendz 和 Kallman（1926）、Fuchs（1947）、White（1951）、Liu 和 Pui（1977）、Marlow 和 Brock（1975）、Davidson 和 Gentry（1985）、Pui 和 Liu（1988）。Pui（1988）的研究表示，Marlow 和 Brock（1975）的理论很好地表示出微小粒子的带电性，而 Fuchs 和 Bricard 的研究适合于较大粒子的带电。Hoppel 和 Frick（1986）的研究拓展了 Fuchs（1963）的动力学理论，使其适合于单极带电，虽然还没有得到最终方法并且需要数值积分。评估平均电荷数量的数量级 $\langle i\rangle$，可由粒径 d_p 得到，根据 White 方程：

$$\langle i\rangle=\frac{2\pi\varepsilon_0 d_p kT}{e^2}\ln\left(1+\frac{\bar{c}_i d_p e^2 N_i t}{8\pi\varepsilon_0 kT}\right) \tag{15-25}$$

式中，t 为充电时间，s（Flagan 和 Seinfeld，1988）。需注意，White 方程只表示了平均充电状态；粒径大小、$N_i t$ 不同，会有不同的带电分布。对于较大的 $N_i t$，带电分布随粒径的变化表示为 $\langle i\rangle\propto d_p^2$。在连续边界，粒子的电迁移率变化表现为 $Z=\langle i\rangle e/3\pi\mu d_p\propto d_p$。因此，大粒子在高 $N_i t$ 值时，粒子迁移率随粒径直线上升（假设粒子为球形）。Mirme（1994）利用这种变化，通过使用迁移率分析器来测量远超出上限的粒径分布。即使在单极扩散带电中，某些粒径的粒子也只能带一个电荷，所以使得迁移率随着粒子大小变化 $Z\propto d_p^{-2}$。因此，能获得电荷的粒子迁移率最小值。为了修改小粒子对大粒子分布的影响，Mirme 同时采用双极扩散充电器测量了小粒子的粒径分布，然后他在大粒子测量过程中除去了小粒子表现出的信号。

15.5.3 场带电

当一个直径为 d_p、携带 q 电荷的非电导性粒子，置于场强为 E 的均匀电场中，粒子导致的电场偏移使离子沿电场线向粒子移动，引起电荷增加。

$$q=\frac{q_s eZ_i N_{i\infty} t}{eZ_i N_{i\infty} t+4\varepsilon_0} \tag{15-26}$$

$$q_s=\pi\varepsilon_0\left(\frac{3k}{k+2}\right)E_\infty {d_p}^2 \tag{15-27}$$

式中，q_s 为电荷饱和度；k 为粒子的电介质常数。达到电荷饱和的时间通常很短，所以饱和电量可以用来合理地估算场带电情况下的电荷水平。当场带电和扩散带电同时发生时，饱和电荷可为扩散带电过程提供最初的电荷状态。场带电通常不用于迁移率粒径分布测量，但可能在一些静电气溶胶颗粒收集系统中发挥着重要的作用。

15.5.4 离子的产生

控制粒子带电在电迁移率粒子分布测量中非常重要。从上述带电机制的讨论中可以看出，只要气体所含的离子已知，就可以得到明确的电荷分布。气体离子可以在环境温度下通过高压电晕放电（White，1951）、放射衰变（Liu 和 Pui，1974）、光电子发射（Schmidt-Ott 和 Federer，1981）、电场中的小滴形成等过程得到。小滴带电的一个极端形式——电喷射已经用于从雾化溶液的分子中产生特殊离子，结合 DMA 分析溶液中大分子的特征（Gamero-Castano 和 de la Mora，2000）。其他一些方法也用于气溶胶粒子带电来做迁移率研究。

气体中通常包括一些自由电子和一定数量的正离子。在足够强的电场中，自由电子可以被高电压加速，它们和气体分子碰撞可产生更多的附加电子，这种现象叫做电子雪崩，可以导致电晕并产生大量的正离子和自由电子。电晕可以用保持在高正电位的放电电极（针或金属丝）来操作，在这种情况下，自由电子被吸引到金属丝处，或放电电极处于负电位以排斥电子。负电晕往往比正电晕稳定，但是需要气体有效地吸收自由电子。此外，它还产生臭氧。正电晕不需要气体吸收电子，常用于使气溶胶微粒带电以便测量，并用在众多的静电除尘器和最初的电气溶胶分析仪充电器中，如图 15-7 所示。在该充电器中，电晕在中心线圈和同轴网筛之间具有电位。气溶胶通过保持在较小正电压的网筛和同轴电极之间，以便充电

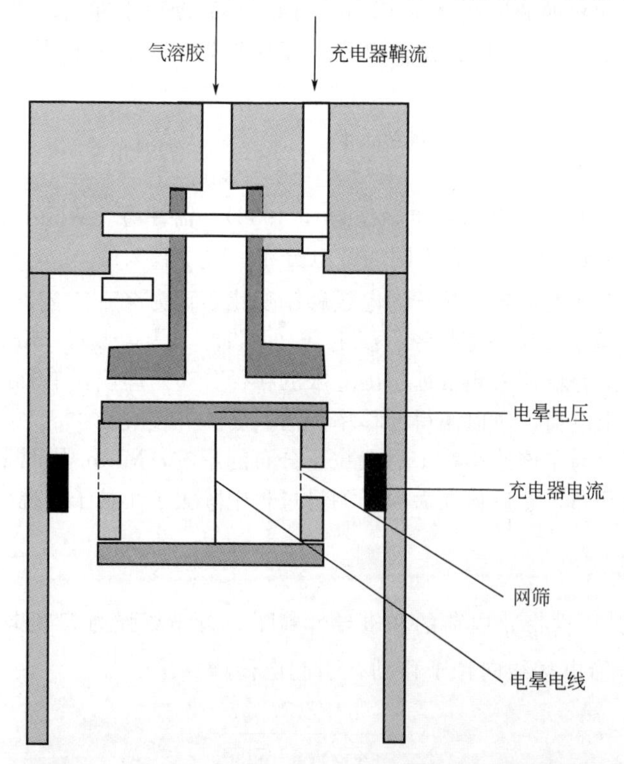

图 15-7 用在 TSI 气溶胶电分析器中的单极扩散充电器

（引自 Flagan，2001）

发生在弱电场区域且使被充电粒子由于迁移到仪器壁而产生的损失最小化。通过监视和控制离子流到达外侧电极，可测量产生的 $N_i t$。在这种充电器的早期版本中，Hewitt（1957）在外侧区域中引入交互电压来防止带电粒子的迁移，减少沉积。近来已经采用这种方法来提高在低纳米尺寸范围内的单极带电效率（Buscher 等，1994）。

最早应用于 DMA 和气溶胶中和器中的充电器原理是基于放射性衰变产生离子。在典型的气溶胶装置中，气体流经一个包含放射源的小室，如图 15-8 所示。充电器的设计既要安全，具备一定的屏蔽作用并防止视线接触到放射性物质，还要保证充电效果，重点在于持续时间和气流的几何学设计。大量的不同同位素被运用于气溶胶充电器和中和器中，表 15-3 总结了它们的性能。

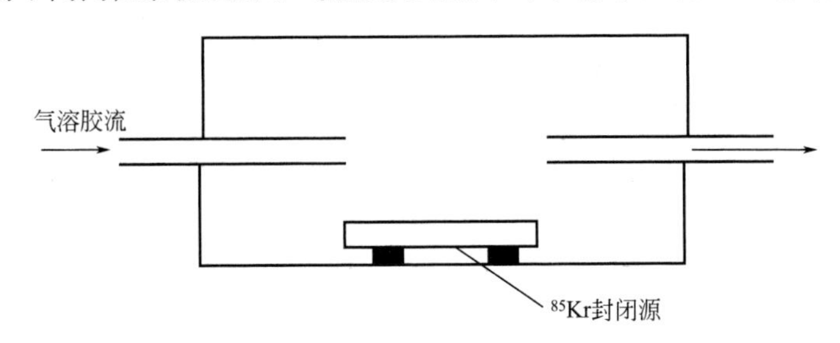

图 15-8 基于封闭 ^{85}Kr β 粒子源的单极扩散充电器

（引自 Flagan，2001）

表 15-3 产生气体离子采用的射线的性能

来源	$\tau_{1/2}$	放射性种类	能量/MeV	R_{air}/cm	μ/cm^{-1}	K/(离子对/cm)
^{63}Ni	100a	β	0.065	—	0.449	—
^{90}Sr	27.7a	β	0.546(max)	—	0.044	230
^{90}Y	2.7d	β	2.18(max)	—	0.0089	196
^{85}Kr	10.76a	β	0.67(max)	—	0.035	220
		γ	0.514(0.41%)	—	—	—
^{241}Am	458.6a	α	5.49(85%)	4.0	—	—
			5.44(13%)	4.0	—	—
^{210}Pb	138.4d	α	5.30(100%)	3.8	—	—

Cooper 和 Reist（1973）详细讨论了放射性衰变如何充电。重 α 粒子（He 核子）在空气中的短直轨迹是 $R_a=0.56E$（cm），其中 E 是射出粒子的能量（MeV）。离子产生的速度大概为 1 离子对/35.5eV，随着离子速度减慢，在轨迹末端发生电离，离子产生速度稍有提高。轻 β 粒子（电子）产生长的不规则路径，这些粒子发射一个连续谱。能量通量随着距离衰减，即：

$$I_{(x)}[\mathrm{MeV}/(\mathrm{cm}^2 \cdot \mathrm{s})]=I_0 e^{-\mu x} \tag{15-28}$$

能量衰减率公式 $\mu=17\rho E_{max}^{-1.14}$。β 粒子产生离子对的速度大概是 1 离子对/34eV。Cooper 和 Reist 分析了离子产生的几何学条件，为气溶胶充电器和中和器的设计提供了指导，这就是众所周知的离子密度，从而实现了粒子带电的重复性。

15.5.5 光电子发射带电

光电子发射是一种研究浓缩物质的著名方法。Schmidt-Ott 等得出了一个结论：当能量高于材料的固有光子阈值 ϕ_i 的光子照射后，气溶胶颗粒就会释放出光电子。库仑吸引力可增强光电子释放，导致光子能量 $h\nu$ 小于 ϕ 时，释放的光电子将被重新捕获。

$$\phi=\phi_{\mathrm{i}}+\frac{e^{2}(i+1)}{2\pi\varepsilon_{0}d_{\mathrm{p}}} \tag{15-29}$$

式中，i 为粒子的带电数。由此，对于给定的光子能量 $h\nu$，可获得光电效应的最大电荷数为：

$$i_{\max}=(h\nu-\phi_{\mathrm{i}})\frac{2\pi\varepsilon_{0}d_{\mathrm{p}}}{e^{2}} \tag{15-30}$$

因为光电效应取决于物质材料属性，光电效应充放电过程可为人们研究气溶胶颗粒成分提供信息，至少是其表层信息。由于光电效应而带电的粒子可以通过分析其电子迁移率而直接测量。Matter 等（1995）已经证明，通过光电效应产生的负电荷可以被低强度电场移除，因此正电荷粒子所携带的电流可利用法拉第杯气溶胶静电计测量。

15.5.6 纳米粒子带电

在双极扩散带电产生的稳定状态电荷分布中，只有低于纳米级的粒子不带电，那些带电的粒子也只是带有一个单元电荷。由于扩散损失大，将导致迁移率分析对纳米级粒子的灵敏度下降。纳米级粒子带电装置的研究正在进行。单极扩散充电器，如早期的电气溶胶分析器，可以提高带电水平，尽管带电粒子迁移会产生损失。然而，随着超微粒子的带电效率增加，获得多重带电的粒子粒径逐渐减小。调整充电区域的电场可以减小迁移带来的损失（Hewitt，1957；Buccher 等，1994）。但如果电场加在气流方向上，带电粒子会随气流方向移动（Fomichev 等，1997；Yun 等，1997），带电粒子的损失和粒子多重带电的可能性会由此而减少，并使直径为 3nm 的小粒子的充电效率在 20％～30％之间（Chen 和 Pui，1999）。

15.6 数据分析和反演

在自动化设备发展之前，人们就致力于从 DMA 数据中推算粒径分布。快速反应装置（如 SEMS）使原本就很困难的问题变得更加复杂，所以数据分析应该从较简单、阶梯模式的设备开始，每个步骤缓慢进行，以确保粒径测量值的真实、稳定。我们甚至可以认为，气溶胶粒子性质发生任何改变的时间，都比整个粒径测量的时间长很多。

DMA 稳定运行时的粒子浓度信号就是在整个迁移率范围内传输的粒子的积分，即：

$$S(V_{j})=S_{j}=Q_{\mathrm{c}}\int_{0}^{\infty}\sum_{i=-\infty}^{\infty}n(d_{\mathrm{p}})\eta_{\mathrm{trans}}(d_{\mathrm{p}})s_{\mathrm{count}}(d_{\mathrm{p}},i)\phi(d_{\mathrm{p}},i)\times\Omega[Z(d_{\mathrm{p}},i),Z_{j}^{*}]\mathrm{d}d_{\mathrm{p}} \tag{15-31}$$

式中，$\eta_{\mathrm{trans}}(d_{\mathrm{p}})$ 是直径为 d_{p}、电量为 i 的粒子的传输速率；$s_{\mathrm{count}}(d_{\mathrm{p}},\ i)$ 为检测器对直径为 d_{p}、电量为 i 的粒子产生影响时所产生的平均信号；$\phi(d_{\mathrm{p}},\ i)$ 为直径为 d_{p}、携带电量 i 的可能性；Ω 是直径为 d_{p}、电量为 i 的粒子的传输函数，$Z_{j}^{*}(V,\ \beta,\ \delta)$ 为粒子迁移率与通道 j 的标准分级迁移率的差别，Ω 与 $Z_{j}^{*}(V,\ \beta,\ \delta)$ 有关。对于单一带电的粒子：

$$S(V_{j})=S_{j}=Q_{\mathrm{c}}\int_{0}^{\infty}n(d_{\mathrm{p}})\eta_{\mathrm{trans}}(d_{\mathrm{p}})s_{\mathrm{count}}(d_{\mathrm{p}},1)\phi(d_{\mathrm{p}},1)\times\Omega[Z(d_{\mathrm{p}},1),Z_{j}^{*}]\mathrm{d}d_{\mathrm{p}} \tag{15-32}$$

假设迁移率间隔内的粒径分布 $n(d_{\mathrm{p}})$ 变化不大，即 $n(d_{\mathrm{p}})\approx n(d_{\mathrm{p}},\ j)$，传输效率、检测

器的响应函数以及带电概率都是 d_p 的函数，且随 d_p 的变化很慢，粒径分布就变为：

$$n(d_{p,j})=\frac{S_j\left.\frac{dZ}{dd_p}\right|_{d_p=d_{p,j}}}{Q_c\eta_{trans}(d_{p,j})s_{count}(d_{p,j})\phi(d_{p,j},1)\int_0^{\infty}\Omega(Z,Z^*)dZ_p} \tag{15-33}$$

当使用非扩散传输函数评估 DMA 时，式（15-33）表示的是粒径分布的零阶近似值。在这个条件下，对平衡流（$\delta=0$）来说 $\int_0^{\infty}\Omega(Z,\ Z^*)dZ=\Delta Z=\beta Z^*(d_p,\ 1)$。通常，扩散传输函数必须在数据反演中。

大量的数据反演法则用于推断粒径分布，如非负性最小二乘矩阵反演（Lawson 和 Hanson，1974）和约束正规化（Wolfenbarger 和 Seinfeld，1990）。最常用的反演方法是 Twomey（1975）提出的“非常简单”算法。在这种方法中，仪器响应的 Fredholm 积分公式（15-31）可以大致表示成一个总和：

$$S_j=\sum_{k=1}^{m}K_{j,k}n(d_k)\Delta d_k=\sum_{k=1}^{m}K_{j,k}N_k \tag{15-34}$$

式（15-34）表示的是 m 个粒径的总和，m 个粒径就代表了粒径分布 $n(d_k)\Delta d_k=N_k$。

$$K_{j,k}=\int_0^{\infty}\sum_{i=-\infty}^{\infty}\eta_{trans}(d_p)s_{count}(d_p,i)\phi(d_p,i)\Omega[Z(d_p,i),Z_j^*]dd_p \tag{15-35}$$

假设从一个合理的粒径分布 N_k^0 开始，$k=1$，$2\cdots m$，通过迭代求出。在任何一次迭代 l 中，新的迭代公式为：

$$N^{l+1}(d_k)=[1+(X_{j,k}^l-1)K_{j,k}]N^l(d_k) \tag{15-36}$$

式中，$X_{j,k}^l=S_j/\sum_{i=1}^{m}K_{j,k}N_k{}^l$ 是仪器的实际响应值与计算值的比率。在某次迭代 l 中，每个区间 j 计算一次。用式（15-36）表示出粒径 k 的每个测量区间 j 的解，这样就产生了一个 $m\times n$ 次的迭代循环。重复这个过程直到足够收敛。

在一次运行中，可以完成整个数据反演，虽然为了计算各个迁移率所对应的计量数，部分反演通常发生在用以研究分级器响应函数反演的前面。这种逐步反演可能涉及时间逆推算，这是为了修正粒子计数时混合所引起的分布延迟，紧接着是对多重带电进行迭代修正。下面将介绍完成这些部分反演的方法。

15.6.1　扫描和快速电迁移率分析中的瞬时效应

用于快速迁移率分析法的理想探测器，应该能实时探测和记录下每个离开 DMA 分级区的粒子，真实探测器的响应要比理想情况下慢得多。这既适用于法拉第杯静电计，也适用于粒子凝结核粒子计数器。粒子计数出现在 DMA 电压被扫描的速度或者阶梯升高的速度比粒子探测器的响应速度更快的情况下，这偏离了推断的粒径分布函数。Collins 等（2002）提出了一种简单有效的逆推算计算，可以修正这种偏离。

对于静电计来说，由于电子时间恒量，t 时间进入探测器的粒子发出的信号随时间而分布。$\tau_{FCE}=1/RC$，这里的 R 和 C 是有效电阻和探测器的电容。同样，由于在检测器的流体通道内混合，CPC 在计数时间间隔内也会出现拖尾计数。混合的特征时间与混合发生部件的体积 V 以及通过部件的流量 Q 有关，即 $\tau_{mix}=V/Q$。因为粒子从 DMA 的入口进入探测器需要时间，所以流体通道将增加额外的延迟。

近似认为，在时间间隔 t' 到 $t'+dt'$ 的时间段内，离开 DMA 的粒子、在时间段 t 到 $t+dt$

内被检测到的粒子部分，可以用固定的流体通道延迟时间 τ_p 加上指数延迟函数，表示为：

$$E(t-t')=\frac{1}{\tau_s}e^{-\frac{t-\tau_p-t'}{\tau_s}}dt' \tag{15-37}$$

式中，τ_s 为电子回路（即 $\tau_s=\tau_{FCE}$）或混合效应（即 $\tau_s=\tau_{mix}$）导致的拖尾时间。表15-4总结了众多CPC的拖尾时间。值得注意的是，拖尾时间比计数间隔要长得多。由式（15-37）估算出，一个仪器只能在几个 τ_s 变化时间内检测到信号。即使仪器在很短的时间内报出了数字，这个数字也可能是有偏差的。

表 15-4 报道的 CPC 特征响应时间[①]

CPC	τ_1/s	α	τ_2/s	t_{90}/s	参考文献
商业仪器					
TSI 3010 型	0.95	1	—	2.19	Quant 等(1992)
	0.83	1	—	1.92	Buzorius(2001)
	1.35±0.05	1	—	3.11	Wang 等(2002)
	0.76	0.929	2.61	2.00	Heim 等(2006)
TSI 3022 型	0.71	0.859	7.32	3.22	Heim 等(2006)
TSI 3025 型	0.174±0.005	1	—	0.400	Wang 等(2002)
	0.14	1	—	0.329	Buzorius(2001)
	0.10	1	—	0.241	Quant 等(1992)
TSI 3785 型水基 CPC	0.35	1	—	0.806	Hering 等(2005)
Grimm5.403	0.97	0.861	5.72	3.47	Heim 等(2006)
发展中的仪器					
Caltech 快速混合 CPC	0.055			0.146	Wang 等(2002)
UCRiverside 快速混合 CPC	0.0104			0.090	Shah 和 Cocker(2005)

① 引自 Flagan，2008。

根据 Collins 等（2002）的分析，计数发生在时间段 m 内，因为粒子离开 DMA 与更早的计数时间段 n 有关，可表示为：

$$C_m=\sum_{n=0}^{m}R_n\theta_{(m-n)} \tag{15-38}$$

根据延迟时间的指数分布，没有拖尾时间的预计仪器响应可回归计算：

$$R_n=\frac{C_n-F_n}{1-\frac{u-1}{u\ln u}} \tag{15-39}$$

式中，$u=e^{t_c/\tau}$，$F_n=R_{n-1}\frac{(u-1)^2}{u\ln u}+F_{n-1}$，要算出前一个时间段的 F_{n-1} 值。

$$F_{n-1}=\sum_{k=-\infty}^{n-2}\left[R_k\frac{(u-1)^2}{u\ln u}\times\frac{1}{u^{n-k}}\right] \tag{15-40}$$

对于连续的数据流，瞬间启动后就可以直接用式（15-39）来计算。这种回归关系可以实时地显示出DMA粒径分布，而且已经校正了可能出现的任何拖尾。这种计算把粒子计数量分配到合适的时间段内，在修正多重带电和进行转置之前，就要进行这种计算。

15.6.2 增电压扫描和减电压扫描的区别

在增电压扫描或减电压扫描过程中，粒子通过 DMA 的不同轨迹是另一个难题。Collins 等（2004）通过详尽的数值模拟，反映了上下扫描过程中计数不同的原因，用实验观察证实了其设想。Mamakos 等（2008）提出了 SEMS 测量中粒子轨迹的精确公式，SEMS 测量中，电压是以指数的方式进行扫描的。Mamakos 的结论可以用作一个改进的 SEMS 转移函数，用于上述数据转置计算。

15.6.3 飞行时间迁移率分析仪

通过测定带电粒子在电场中的飞行时间也可以分析迁移率，这种方法称为离子迁移率光学法（IMS；Karasek，1970；Eiceman 和 Karpas，1994），很适合测定高迁移率的粒子或离子，图 15-9 为典型的离子迁移率分光仪。带电粒子的脉冲通过一个封闭的格栅而进入漂移区。位于漂移区反向末端的集电电极上所带的电流，决定了在传输时间内传递的粒子数目。通常漂移时间为 10～50ms，漂移区的长度为几厘米。离子迁移率分光计对迁移率的分辨率由传输时间与封闭栅格的开启时间的比值决定。离子迁移率分光计内的布朗扩散通常较弱，这是由于迁移贝克来数 $Pe_{\mathrm{mig}}=eV/(k_{\mathrm{B}}T)$ 较高。尽管如此，出入口处的扩散损失还是会很高。

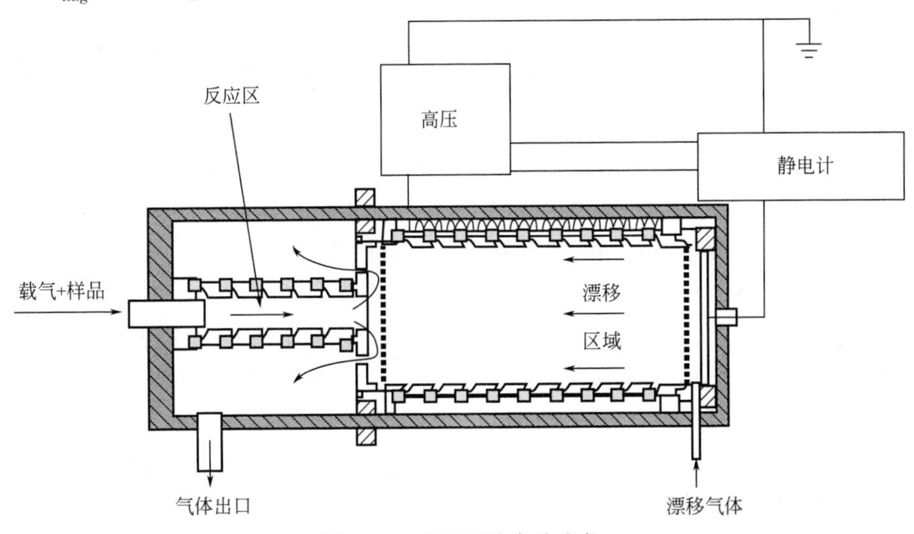

图 15-9 离子迁移率分光仪

（引自 Flagan，2001）

15.7 交替迁移率分析仪设计

DMA 设计和操作上的进步，使其在粒径分布的测量范围和分辨率上都有所提高。尽管有如此的改进，DMA 系统还是很庞大、昂贵，并且在很多应用中，由于其响应速度慢而不能解决气溶胶的时间变化或者在空气环境中测量的气溶胶空间变化。因此，人们努力设计可替代该设备的仪器，用来解决亚微米和超细气溶胶测量中的这些问题。

15.7.1 并行粒径分析

人们为了克服 DMA 响应过慢的问题做了很多研究，其中有一种方法是进行多种粒径级别的同时测量。以最简单的方式，通过操作多个平行的DMA得出不同的粒子迁移率/粒径而实现。Flagan等（1991）同时操作两个TSI DMA/CPC系统和两个Vienna DMA/FCE（法拉第杯静电计）进行了一系列室内试验，在光催化氧化二甲基硫化物中得到了新的粒子形态。这种仪器结合的方式，可使瞬时现象持续1min或更短，但是由于检测的粒径少，不能看出整个粒径分布的发展情况。

一些早期的电容式分析仪结合分段电极同时探测多种粒径。随着电气溶胶分光仪（EAS）的发展，Tammet等（2002）将这项技术提高了一个新的层次。EAS是一种类似DMA的仪器，其中一个电极被分成好几个部分（最初的仪器有26个），每个部分都与一个独立的高感应静电计相连（噪声级为2.5×10^{-16}A）。此仪器的独到之处在于，将两个迁移率分光计结合在一起，平行操作，其中一个装有双极扩散充电器，而另一个装有单极扩散充电器。前一个仪器探测直径1nm以下粒子的粒径分布情况，后一个测量单极充电器的饱和电荷分布。如此确保了较大粒子获得多重充电并得到比小粒子更高的迁移率。通过这种结合，就可以探测10nm～10μm的粒径范围。虽然这种仪器的分辨率较DMA偏低，但粒子尺寸的覆盖范围则是DMA所不具备的。虽然有数据表明，EAS静电计保守的平均反应时间是4s，但报告中并没有提到其特征反应时间。Biskos等（2005）报道了一种可以精确测量粒径分布的单一分段分级器。基于以上技术的发展，现有两家公司生产分段迁移率分析仪，分别是TSI和CAM。尽管流量大、静电探测器灵敏，允许其进行大气环境测量，但由于这些仪器都是基于静电计测量，所以最初都是用于源类测量，如发动机排气特征。

另一个并行测量方法是DMA结合多重分级样品出口（Seol等，2002；Chen等，2007）。这些仪器需要单一的DMA分级柱分出多个气流出口，因此使气流控制变得更加复杂。但是通过限制每个分级器必须扫描的粒径范围而加快了测量速度。

Kulkami和Wang（2006）发明的快速集成迁移率分光仪是DMA历史上的一个革命性设计。如图15-10所示，这台仪器应用矩形分级通道，让粒子在其中移动，不被提取，而是在原地进行测量。分级的鞘层气体被饱和蒸汽所填充。下游分级区的热电制冷器造成了这种过饱和，产生了原位冷凝粒子计数器（CPC）。电荷耦合器CCD检测出饱和粒子的位置，从而可以推出粒子的迁移率。这种设备为高分辨率测量粒径分布带来了一线曙光。此外，由于粒子在分级器的层流部分被检测出来，消除了减缓传统CPC响应的混合效应，从而在超过1Hz的情况下也可以进行测量。

15.7.2 新型迁移率分析仪设计

现今的迁移率分析仪规模庞大、设备沉重、花费过多、操作复杂，满足不了大量科研工作的需要，包括监测超微气溶胶中的人体暴露，配置传感器阵列用来观察城市环境中几百米范围内的空间变化，或在小型飞机上配置仪器。目前，许多研究人员开发了一些关于迁移率测量的新方法。

Flagan（2004）阐述了一个新的迁移率分析仪的设计理念，就是用多孔电极代替DMA中的固体电极，气溶胶充满两极之间。DMA鞘层流由交叉流代替，可以准确地计量目标粒子的电迁移情况。迁移率过高或过低的粒子吸附在电极上，而目标粒子则直接通过分级通道。这个名为反向迁移气溶胶分级器（OMAC）的基本原理与DMA有所不同。由于迁移率高或低的粒子从流体中分离，沉积在多孔电极上，它们不会扩散到分级的气溶胶流中而减小

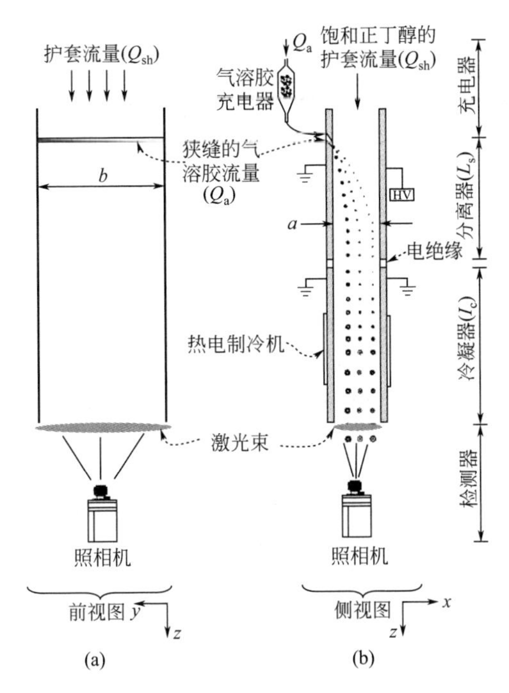

图 15-10 Kulkami 和 Wang（2007）设计的快速集成迁移率分光仪

（引自 Kulkami 和 Wang，2007）

分辨率。$\beta=1$ 时，这种方法将分级器转移函数的扩散加宽延迟到 1V 电压，远远低于 DMA 的 30V 电压。低扩散初始电压为分级器的设计提供了思路，OMCA 有望降低迁移率分析仪的设计成本。

另一项研究则吸收了更多传统方法，Zhang 和 Wexler（2006）发明了交叉流离子迁移率分光计测量气体离子，在间隔仅有 1mm 的平行绝缘板之间有一个矩形通道。与 DMA 一样，粒子穿过一个位于流体通道边缘、平行于电极的鞘层流，分段电极排列可以同时测量一系列粒子迁移通道。这个仪器很适合测量高迁移率气体粒子或纳米粒子，条件是浓度要比静电计的高。

Ranjan 和 Dhaniyala（2007，2008）发明了一个微型电迁移率分光计。他们用一个平行板静电除尘器，使气溶胶进入的距离与收集电极阵列分开，可以在分级区恒量应用电压的作用下不断变化。从而实现用一个仪器就可以测量大范围的迁移率，并且不用降低电压而影响分辨率。另外一些新的设计也被公布出来（如 Song 和 Dhaniyala，2007）。

在过去 40 年，气溶胶电测量在测量亚微米气溶胶中扮演了重要的角色。现今的主要仪器是一些不同种类的迁移率分析器，而更多的新方法也在快速地衍生出来。这些新方法都沿用了 DMA 的特性——带电微粒在电场中迁移，精确地控制流速，快速的响应时间，考虑到分级器设计和运行中的扩散效应，对不理想的测量结果进行数据反演。

15.8 符号列表

$a_{k,i}$	携带基本电荷量为 i 的粒子的 Wiedensohler 相关系数
b	距离

$B=\frac{C_c(Kn)}{3\pi\mu d_p}$	粒子的机械迁移率（单位主体力量的迁移速度）
C_i	气体离子的平均热力学速度
C_m	在第 m 个时间段的粒子数量
D	扩散速率
D_{mn}	纳米粒子直径
d_p	粒子直径
e	基本单位电荷
$E_{(t)}$	停留时间分布
E	电场矢量
E_∞	由一个粒子无限延伸的电场范围
$\varepsilon(y)=y\mathrm{erf}(y)+\frac{1}{\sqrt{y}}e^{y^2}$	Stolzenburg 模式的 DMA 的特征函数
f	在一个 DMA（差分电迁移率分析仪）中涉及不均匀电场的几何因子
F	作用力
F_n	递归函数
g	在 DMA 作用区域内非均匀性几何因子
G	用于计算 DMA 传递函数的扩散范围的参数
$h\nu$	光子能量
i	粒子携带的电量
I	离子辐射能量通量
k	玻耳兹曼常数
$K_{j,k}$	仪器响应系数
Kn	$\frac{2\lambda}{d_p}$，克努森数
L	长度
M^+	正电荷气体离子的分子质量
M^-	负电荷气体离子的分子质量
m_p	粒子质量
$n(d_p)$	粒子尺寸分布
N_i	气体离子的浓度
$N_{i,\infty}$	距离粒子表面较远的气体离子浓度
q	一个粒子的荷电量
q_s	一个粒子的饱和荷电量
Q_a	进入 DMA 中的气溶胶的流量
Q_c	离开 DMA 中分级处理后的气溶胶流量
Q_e	离开 DMA 中的过量空气的流量
Q_{sh}	进入DMA 中鞘内的空气流量
$P(d_p, i)$	直径为 d_p 粒子能够荷电 i 的可能性

$Pe_{\mathrm{mig}}=\dfrac{ZEb}{D}$	离子迁移贝克来数
r	径向距离
R_{α}	空气中 α 粒子的渗透范围
R_1	柱形 DMA 的内径
R_2	柱形 DMA 的外径
R_{n}	由时间卷积分估计的浓度
R_{diff}	在 MDA 中扩散占主导的分辨率
R_{nd}	在 DMA 中的非扩散（动力学）分辨率
S	信号
$s_{\mathrm{count}(d_{\mathrm{p}},i)}$	对粒径 d_{p} 和电荷量 i 有响应的检测器所产生的平均信号
t	时间
T	温度
u	气体速度
v	粒子速度矢量
V	电压
$V_{\mathrm{breakdown}}$	静电力衰减时的电压
V_{diff}	在 DMA 中从动力学控制分级过渡到扩散控制分级的电压
v_{e}	终端（稳态）迁移速度矢量
x	在 x 轴上的距离
Z	电迁移率
Z^{*}	DMA 运行的粒子表征迁移率
$Z_i^{\pm}$	极性气体离子的电迁移率
$Z_{\max}$	DMA 运行操作参数的设置能够指示的最大迁移率
$Z_{\min}$	DMA 运行操作参数的设置能够指示的最小迁移率
$\tilde{z}$	无量纲移动率
α	用于计算斜率参数的常量
β	式（15-4）中用于计算斜率参数的常量
$\beta=\dfrac{Q_{\mathrm{a}}+Q_{\mathrm{c}}}{Q_{\mathrm{sh}}+Q_{\mathrm{c}}}$	式（15-11）中 DMA 操作过程动力学极限的流量比率
$\delta=\dfrac{Q_{\mathrm{c}}-Q_{\mathrm{a}}}{Q_{\mathrm{c}}+Q_{\mathrm{a}}}$	DMA 流量的不对称参数
ε	介电常数
ε_0	自由空间的电容率
η	气体黏度
η_{trans}	传输效率
γ	用于斜率因子计算的常数
k	介电常数
λ	气体分子的平均自由程

μ	能量衰减速率
ϕ	光电效应阈值
Ω	DMA 传输函数
ρ	气体密度
σ	标准偏差
$\widetilde{\sigma}$	在 DMA 传输函数中无量纲拓宽参数
τ	时间量程
τ_a	空气动力学弛豫时间
τ_p	管道延迟时间
τ_s	拖尾时间

15.9 参考文献

Agarwal, J. K., and Sem, G. J. (1978). Generating submicron monodisperse aerosol for instrument calibration. *TSI Quarterly*, pp. 3–8.

Allen, M., and Raabe, O. (1985). Slip correction measurements of spherical solid aerosol particles in an improved Millikan apparatus. *Aerosol Sci. Technol.* 4(3):269–286.

Arendt, P., and Kallmann, H. (1926). The mechanism of charging dust particles. *Z. Physik* 35:421–441.

Birmili, W., Stratmann, F., Wiedensohler, A., Covert, D., Russell, L., and Berg, O. (1997). Determination of differential mobility analyzer transfer functions using identical instruments in series. *Aerosol Sci. and Technol.* 27:215–223.

Biskos, G., Reavell, K., and Collings, N. (2005). Unipolar diffusion charging of aerosol particles in the transition regime. *J. Aerosol Sci.* 36:247–265.

Buscher, P., Schmidt-Ott, A., and Wiedensohler, A. (1994). Performance of a unipolar square-wave diffusion charger with variable nt product. *J. Aerosol Sci.* 25(4):651–663.

Buzorius, G. (2001). Cut-off sizes and time constants of the CPC TSI 3010 operating at 1-3 lpm flow rates. *Aerosol Sci. Technol.* 35:577–585.

Camata, R., Atwater, H., Vahala, K., and Flagan, R. (1996). Size classification of silicon nanocrystals. *App. Phy. Lett.* 68:3162–3164.

Chen, D. D., and Pui, D. Y. H. (1999). A high efficiency, high throughput unipolar aerosol charger for nanoparticles. *J. Nanopart. Res.* 1:115–126.

Chen, D., Pui, D., Hummes, D., Fissan, H., Quant, F., and Sem, G. (1998). Design and evaluation of a nanometer aerosol differential mobility analyzer (nano-DMA). *J. Aerosol Sci.* 29(5–6):497–509.

Chen, D., Li, W., and Cheng, M. (2007). Development of a multiple-stage differential mobility analyzer (MDMA). *Aerosol Sci. Technol.* 41:217–230.

Cheng, Y., Yeh, H., and Kanapilly, G. (1983). Collection efficiencies of a point-to-plane electrostatic precipitator. *AIHAJ* 42:605–610.

Collins, D., Flagan, R., and Seinfeld, J. (2002). Improved inversion of scanning DMA data. *Aerosol Sci. and Technol.* 36(1):1–9.

Collins, D., Cocker, D., Flagan, R., and Seinfeld, J. (2004). The scanning DMA transfer function. *Aerosol Sci. and Technol.* 38(8):833–850.

Cooper, D., and Reist, P. (1973). Neutralizing charged aerosols wtih radioactive sources. *J. Coll. Interface Sci.* 45:17–26.

Davidson, S. W., and Gentry, J. W. (1985). Differences in diffusion charging of dielectric and conducting ultrafine aerosols. *Aerosol Sci. Technol.* 4:157–163.

Dixkens, J., and Fissan, H. (1999). Development of an electrostatic precipitator for off-line particle analysis. *Aerosol Sci. Technol.* 30(5):438–453.

Eiceman, G. A., and Karpas, Z. (1994). *Ion Mobility Spectrometry*. CRC, Boca Raton, FL.

Erikson, H. A. (1921). The change of mobility of the positive ions in air with age. *Phys. Rev.* 18:100–101.

Fews, A., Holden, N., Keitch, P., and Henshaw, D. (2005). A novel high-resolution small ion spectrometer to study ion nucleation of aerosols in ambient indoor and outdoor air. *Atmos. Res.* 76(1-4): 29–48.

Fissan, H. J., Helsper, C., and Thielsen, H. J. (1983). Determination of particle size distributions by means of an electrostatic classifier. *J. Aerosol Sci.* 14:354–357.

Fissan, H., Hummes, D., Stratmann, F., Buscher, P., Neumann, S., Pui, D. Y. H., and Chen, D. (1996). Experimental comparison of four differential mobility analyzers for nanometer aerosol measurements. *Aerosol Sci. Technol.* 24:1–13.

Flagan, R. C., and Seinfeld, J. H. (1988). *Fundamentals of Air Pollutions Engineering*, Prentice Hall, Englewood Cliffs, NJ.

Flagan, R. C., Wang, S. C., Yin, F., Seinfeld, J. H., Reischl, G., Winklmayr, W., and Karsch, R. (1991). Electrical mobility measurements of fine particle formation during chamber studies of atmospheric photochemical reactions. *Environ. Sci. Technol.* 25:883–890.

Flagan, R. C. (1998). History of electrical aerosol measurements. *Aerosol Sci. Technol.* 28:301–380.

Flagan, R. C. (1999). On differential mobility analyzer resolution. *Aerosol Sci. Technol.* 30:556–570.

Flagan, R. C. (2001). Electrical techniques. In P. A. Baron, and K. Willeke (eds.), *Chapter 18 in Aerosol Measurements, Principles, Techniques, and Applications*. Wiley Interscience, NY, pp. 537–568.

Flagan, R. C. (2004). Opposed migration aerosol classifier. *Aerosol Sci. Technol.* 38:890–899.

Fomichev, S., Trotsenko, N., and Zagnitko, A. (1997). Aerosol chargers using ionizing radiation and electric field collinear to flow: Simulation and experiment for fine particle charging in electronegative air and electropositive nitrogen. *Aerosol Sci. Technol.* 26(1):21–42.

Fuchs, N. A. (1947). *Investiya Acad. Nauk USSR, Ser. Geogr. Geophys.* 2:341.

Fuchs, N. A. (1963). On the stationary charge distribution on aerosol particles in a bipolar ionic atmosphere. *Geofis. Pura Appl.* 56:185–193.

Gamero-Castano, M., and de la Mora, J. (2000). Kinetics of small ion evaporation from the charge and mass distribution of multiply charged clusters in electrosprays. *J. Mass Spectrom.* 35(7):790–803.

Hagwood, C., Sivathanu, Y., and Mulholland, G. (1999). The DMA transfer function with Brownian motion—A trajectory/Monte Carlo approach. *Aerosol Sci. Technol.* 30:40–61.

Heim, M., Kasper, G., Reischl, G. P., and Gerhart, C. (2006). Performance of a new electrical mobility spectrometer. *Aerosol Sci. Technol.* 38:3–14.

Hering, S., Stolzenburg, M., Quant, F. R., Oberreit, D., and Keady, P. B. (2005). A laminar-flow, water-based condensation particle counter (WCPC). *Aerosol Sci. Technol.* 39:659–672.

Hewitt, G. W. (1957). The charging of small particles for electrostatic precipitation. *Trans. Amer. Inst. Elect. Engr.* 76:300–306.

Hoppel, W., and Frick, G. (1986). Ion attachment coefficients and the steady-state charge distribution on aerosols in a bipolar ion environment. *Aerosol Sci. Technol.* 5(1):1–21.

Hoppel, W., and Frick, G. (1990). The nonequilibrium character of the aerosol charge-distributions produced by neutralizers. *Aerosol Sci. Technol.* 12(3):471–496.

Ivanenko, A., Ivanenko, N., Kuzmenkov, M., Jakovleva, E., Skudra, A., Slyadnev, M., and Ganeev, A. (2005). Direct and rapid analysis of ambient air and exhaled air via electrostatic precipitation of aerosols in an atomizer furnace and Zeeman spectrometry. *Analyt. Bioanalyt. Chem.* 381(3):713–720.

Karasek, F. W. (1970). The plasma chromatograph. *Res. Dev.* 21:34.

Knutson, E. O., and Whitby, K. T. (1975). Aerosol classification by electric mobility: Apparatus, theory, and applications. *J. Aerosol Sci.* 6:443–451.

Kulkarni, P., and Wang, J. (2006). New fast integrated mobility spectrometer for real-time measurement of aerosol size distribution: II design, calibration, and performance characterization. *J. Aerosol Sci.* 37:1326–1339.

Langevin, P. (1903). L'ionization des gaz. *Ann. Chim. Phys.* 28:289–384.

Lawson, C., and Hansen, R. (1974). *Solving Least-Squares Problems.* Prentice-Hall, Englewood Cliffs, NJ.

Le Bronec, E., Renoux, E., Bouland, D., and Pourprix, M. (1999). Effect of gravity in differential mobility analysers. A new method to determine the density and mass of aerosol particles. *J. Aerosol Sci.* 30:89–103.

Lee, H. M., Kim, C. S., Shimada, M., and Okuyama, K. (2005). Effects of mobility changes and distribution of bipolar ions on aerosol nanoparticle diffusion charging. *J. Chem. Eng. Jpn.* 38:486–496.

Liu, B. Y. H., and Pui, D. Y. H. (1974). Equilibrium bipolar charge distribution of aerosols. *J. Coll. Interface Sci.* 49: 305–312.

Liu, B. Y. H., and Pui, D. Y. H. (1977). On unipolar diffusion charging of aerosols in the continuum regime. *J. Coll. Interface Sci.* 58:142–149.

Liu, B., Whitby, K., and Yu, H. (1967). Electrostatic sampler for light and electron microscopy. *Rev. Sci. Instrum.* 38:100–102.

Liu, B. Y. H., Whitby, K. T., and Pui, D. Y. H. (1974). A portable electrical analyzer for size distribution measurement of submicron aerosols. *APCAJ* 24:1067–1072.

Mainelis, G., Kdhikari, A., Willeke, K., Lee, S., Reponen, T., and Grinshpun, S. (2002). Collection of airborne microorganisms by a new electrostatic precipitator. *J. Aerosol Sci.* 33:1417–1432.

Mamakos, A., Ntziachristos, L., and Sarnaras, Z. (2007). Diffusion broadening of DMA transfer functions. Numerical validation of Stolzenburg model. *J. Aerosol Sci.* 38:747–763.

Mamakos, A., Ntziachristos, L., and Samaras, Z. (2008). Differential mobility analyser transfer functions in scanning mode. *J. Aerosol Sci.* 39(3):227–243.

Markowski, G. (1987). Improving Twomey algorithm for inversion of aerosol measurement data. *Aerosol Sci. Technol.* 7(2):127–141.

Marlow, W. H., and Brock, J. R. (1975). Unipolar charging of small aerosol particles. *J. Coll. Interface Sci.* 50:32–38.

Matter, D., Mohr, M., Fendel, W., Schmidt-Ott, A., and Burtscher, H. (1995). Multiple wavelength aerosol photoemission by excimer lamps. *J. Aerosol Sci.* 26(7):1101–1115.

Mirme, A. (1994).Electrical Aerosol Spectrometry. PhD thesis, Universitatis Tartuensis, Tartu, Eotonia.

Nolan, J. J. (1926). The character of the ionization produced by spraying water. *Phil. Mag.* 1:417–428.

Pui, D. Y. H., Fruin, S., and McMurry, P. H. (1988). Unipolar diffusion charging of ultrafine aerosols. *Aerosol Sci. Technol.* 8:173–187.

Pui, D. Y. H., and Liu, B. Y. H. (1988). Advances in instrumentation for atmospheric aerosol measurement. *Physica Scripta* 37:252–269.

Qi, C., Chen, D., and Greenberg, G. (2008). Fundamental study of a miniaturized disk-type electrostatic aerosol precipitator for a personal nanoparticle sizer. *Aerosol Sci. Technol.* 42(7):505–512.

Quant, F. R., Caldow, R., Sem, G. J., and Addison, T. J. (1992). Performance of condensation particle counters with three continuous-flow designs. *J. Aerosol Sci.* 23:5405–5408.

Ranjan, M., and Dhaniyala, S. (2007). Theory and design of a new miniature electrical mobility aerosol spectrometer. *J. Aerosol Sci.* 38:950–963.

Ranjan, M., and Dhaniyala, S. (2008). A new miniature electrical aerosol spectrometer (MEAS): Experimental characterization. *J. Aerosol Sci.* 39:710–722.

Rogak, S., Baltensperger, U., and Flagan, R. (1991). Measurement of mass transfer to agglomerate aerosols. *Aerosol Sci. Technol.* 14(4):447–458.

Rohmann, H. (1923). Methode sur Messung der Grosse von Schwebeteilchen. *Z. Phys.* 17:253–265.

Rosell-Llompart, J., Loscertales, I. G., Bingham, D., and de la Mora, J. F. (1996). Sizing nanoparticles and ions with a short differential mobility analyzer. *J. Aerosol Sci.* 27:695–719.

Russell, L. M., Flagan, R. C., and Seinfeld, J. H. (1995). Assymmetric instrument response resulting from mixing effects in accelerated DMA-CPC measurements. *Aerosol Sci. Technol.* 23:491–509.

Russell, L. M., Stolzenburg, M. R., Zhang, S. H., Caldow, R., Flagan, R. C., and Seinfeld, J. H. (1996). Radially classified aerosol detector for aircraft based submicron aerosol measurements. *J. Atmos. Oceanic Technol.* 13:598–609.

Schmidt-Ott, A., Schurtenberger, P., and Siegmann, H. C. (1980). Enormous yield of photoelectrons from small particles. *Phys. Rev. Lett.* 45:1284–1287.

Schmidt-Ott, A., and Federer, B. (1981). Photoelectron emission from small particles in a gas. *Surface Sci.* 106:538–543.

Seol, K., Yabumoto, J., and Takeuchi, K. (2002). A differential mobility analyzer with adjustable column length for wide particle-size-range measurements. *J. Aerosol Sci.* 33:1481–1492.

Shah, S., and Cocker, D. (2005). A fast scanning mobility particle spectrometer for monitoring transient particle size distributions. *Aerosol Sci. and Technol.* 39:519–526.

Sharma, A. K., Wallin, H., and Jensen, K. A. (2007). High volume electrostatic field-sampler for collection of fine particle bulk samples. *Atmos. Environ.* 41(2):369–381.

Song, D. K., and Dhaniyala, S. (2007). Nanoparticle cross-flow differential mobility analyzer (ncdma): Theory and design. *J. Aerosol Sci.* 38:964–979.

Stolzenburg, M. R. (1988). *An Ultrafine Aerosol Size Measuring System*. Ph.D. Thesis. University of Minnesota, Minneapolis, MN.

Tammet, H. (2011). Symmetric inclined grid mobility analyzer for the measurement of charged clusters and fine nanoparticles in atmospheric air. *Aerosol Sci. Technol.* 45:468–479.

Tammet, H. (2004). Balanced scanning mobility analyzer BSMA. In M. Kasahara, and M., Kulmala (eds.), *Nucleation and Atmospheric Aerosols 2004: 16th International Conference*, pp. 1–21.

Tammet, H., Mirme, A., and Tamm, E. (2002). Electrical aerosol spectrometer of Tartu University. *Atmos. Res.* 62: 314–324.

Ten Brink, H. M., Plomp, A., Spoelstra, H., and van de Vate, J. F. (1983). A high resolution electrical mobility aerosol spectrometer (MAS). *J. Aerosol Sci.* 14:589–597.

Tolman, R. C., Reyerson, L. H., Brooks, A. P., and Smith, H. D. (1919). An electrical precipitator for analyzing smokes. *J. Amer. Chem. Soc.* 41:587–589.

Twomey, S. (1975). Comparison of constrained linear inversion and an iterative nonlinear algorithm applied to the indirect estimation of particle size distributions. *J. Comput. Phys.* 18:188–200.

Wang, S. C., and Flagan, R. C. (1990). Scanning electrical mobility spectrometer. *Aerosol Sci. Technol.* 13:230–240.

Wang, J., McNeill, V. F., Collins, D. R., and Flagan, R. C. (2002). Fast mixing condensation nucleus counter: Application to rapid scanning differential mobility analyzer measurements. *Aerosol Sci. Technol.* 36(6):678–689.

Whitby, K. T., and Clark, W. E. (1966). Electrical aerosol particle counting and size distribution measuring system for the 0.015 to 1 μ size range. *Tellus* 18:573–586.

White, H. J. (1951). *AIEE Trans.* 70:1186–1191.

Wiedensohler, A. (1988). An approximation of the bipolar charge distribution for particles in the submicron size range. *J. Aerosol Sci.* 19:387–389.

Winklmayr, W., Reischl, G. P., Lindner, A. O., and Berner, A. (1991). A new electromobility spectrometer for the measurement of aerosol size distributions in the size range from 1 to 1000 nm. *J. Aerosol Sci.* 22:289–296.

Wolfenbarger, J., and Seinfeld, J. (1990). Inversion of aerosol size distribution data. *J. Aerosol Sci.* 21:227–247.

Yeh, H. (1976). A theoretical study of electrical discharging of self-charging aerosols. *J. Aerosol Sci.* 7:343–349.

Yeh, H. C., Newton, G. J., and Teague, S. V. (1978). Charge distribution on plutonium-containing aerosol produced in mixed oxide reactor fuel fabrication and the laboratory. *Health Phys.* 35:500–503.

Yun, C., Otani, Y., and Emi, H. (1997). Development of unipolar ion generator-separation of ions in axial direction of flow. *Aerosol Sci. Technol.* 26(5):389–397.

Zhang, M., and Wexler, A. (2006). Cross flow ion mobility spectrometry: Theory and initial prototype testing. *Int. J. Mass Spectrom.* 258:13–20.

Zhang, S. H., Akutsu, Y., Russell, L. M., and Flagan, R. C. (1995). Radial differential mobility analyzer. *Aerosol Sci. Technol.* 23:357–372.

Zhang, S. H., and Flagan, R. C. (1996). Resolution of the radial differential mobility analyzer for ultrafine particles. *J. Aerosol Sci.* 27:1179–1200.

16

扩散分离采样技术及设备

Yung-Sung Cheng
洛夫莱斯呼吸研究所，新墨西哥州阿尔伯克基市，美国

16.1 引言

扩散技术用于采集超细粒子和水蒸气，并以此确定超细粒子的粒径分布。人们发现，管道中的大气核的损失与它们的扩散系数有关，之后才开始研究扩散技术（Nolan 和 Guerrini，1935）。随后，还推导出了矩形或圆形管道中扩散损失的数学公式（Nolan，1938；Gormley 和 Kennedy，1949）。通过测量穿过管道的粒子，就能确定扩散系数和亚微米粒子的粒径。

扩散采样器利用各种粒子或水蒸气的扩散迁移率的差异进行分离。在空气采样中，常见的有两种扩散采样器：一种是扩散组采样器，它能够测量亚微米粒子的粒径分布；另一种是扩散溶蚀器，它可以将气体或水蒸气与气溶胶粒子分离并采集。扩散组采样器可以由不同形状的管道组成，或者由几层细孔塞组成。一些扩散溶蚀器也可以确定扩散系数以及空气分子或水蒸气分子的粒径。

扩散和凝结装置都能测量气溶胶细粒子。采样中常用扩散组采样器结合凝结核粒子计数器（CPC）来确定粒子浓度和粒径分布。本章将介绍扩散组采样器和扩散溶蚀器的操作原理、理论、设计和应用。

16.2 扩散测量技术理论

数学表达式（16-1）～式（16-14）反映了通过圆形、矩形管道和网筛的水蒸气和粒子的收集和渗透。用扩散采样器收集粒子，进行实验测量后可以用这些表达式计算扩散系数和粒径。

这些数学表达式由对流扩散公式（16-1）推导，该公式反映不同几何形状和流量剖面中的浓度：

$$\frac{D}{r}\times\frac{\partial}{\partial r}\left(r\frac{\partial c}{\partial r}\right)=u(r)\frac{\partial c}{\partial z} \tag{16-1}$$

式中，D 为粒子扩散系数；r 为辐射方向；z 为轴线方向；$u(r)$ 为沿轴线方向的速度

分量。式（16-1）成立有以下几种条件：①浓度是稳定状态下的粒子浓度；②气流速度仅是径向位置 r 的函数；③忽略气流方向上的扩散效应；④装置中的气体或气溶胶粒子不发生化学反应；⑤气体或粒子在采集表面（壁或筛）上的黏度系数为 100%。扩散设备分为管道类和筛子类，每一类的流量剖面不同。下面总结了不同类型扩散采样器的式（16-1）的解。

16.2.1 管道类型

在不同几何形状的管道中（包括圆形、矩形、圆盘形、环形），扩散机制引起的气体粒子的渗透率（P）可由公式计算出来，式（16-2）的通解可以表示为一系列指数函数的和：

$$P=\sum_{n=1}^{\infty}A_n\exp(-\beta_n\mu) \tag{16-2}$$

式中，μ 为与扩散系数、管道长度以及流动速率有关的无量纲的函数自变量；β_n 为特征值。

式（16-2）的收敛性取决于 μ 的大小。当 μ 较大（低渗透）时，收敛仅需要少数几项；当 μ 较小（高渗透）时，收敛需要很多项。对于高渗透，不同情况公式不同。每一种管道类型都有专门的计算公式。

16.2.1.1 圆柱形管道

在流量 Q 下，扩散系数为 D 的粒子透过圆形管道（图 16-1）。几位研究者建立了 Q、D 与 μ 的函数公式（Gormley 和 Kennedy，1949；Sideman 等，1965；Davis 和 Parkins，1970；Lekhtmakher，1971；Bowen 等，1976）：

$$\mu=\frac{\pi DL}{Q} \tag{16-3}$$

Bowen 等（1976）得出了此公式的数学解，μ 在 $1\times10^{-7}\sim1$ 之间是最准确的。Davis 和 Parkins、Tan 和 Hsu 以及 Sideman 等获得的结果与 Bowen 等获得的结果一致。在 μ 的所有范围内与 Bowen 的结果相比，下面的分析结果的精密度可以达到 4 位有效数字。

当 $\mu>0.02$ 时

$$\begin{aligned}P=&0.81905\exp(-3.6568\mu)+0.09753\exp(-22.305\mu)\\&+0.0325\exp(-56.961\mu)+0.01544\exp(-107.62\mu)\end{aligned} \tag{16-4}$$

当 $\mu\leqslant0.02$ 时

$$P=1.0-2.5638\mu^{\frac{2}{3}}+1.2\mu+0.1767\mu^{\frac{4}{3}} \tag{16-5}$$

式（16-5）由 Gormley 和 Kennedy（1949）、Newman 和 Ingham（1975）提出。

16.2.1.2 矩形管道和平行圆形板

粒子渗透过狭窄的水平矩形管（图 16-1），矩形宽为 W，间隙为 H，且 $H\ll W$，它们是 μ 的函数，即 $\mu=\dfrac{8DLW}{3QH}$（Nolan，1938；DeMarcus 和 Thomas，1970；Tan 和 Thomas，1972；Bowen 等，1976）。平行圆形板（图 16-1）的渗透率也可以用同样的公式计算，即扩散参数 $\mu=\dfrac{8\pi D(r_2^2-r_1^2)}{3QH}$，式中 r_1 和 r_2 分别为盘的内半径和外半径（Mercer 和 Mercer，1970）。Tan 和 Tomas（1972）以及 Bowen 等（1976）给出一个最准确的解，与其他研究者的结果基本相同。与 Bowen 等的数学解相比，使用 Tan 和 Thomas 给出的解的前 4 项，渗

透值的精密度就能达到 4 位有效数字：

当 $\mu > 0.005$ 时

$$P=0.9104\exp(-2.8278\mu)+0.0531\exp(-32.147\mu)+0.01528\exp(-93.475\mu)+0.00681(-186.805\mu) \tag{16-6}$$

当 $\mu \leqslant 0.05$ 时

$$P=1-1.526\mu^{\frac{2}{3}}+0.15\mu+0.0342\mu^{\frac{4}{3}} \tag{16-7}$$

式（16-7）由 Ingham（1976）提出。Kennedy（1953）得出了不同系数的近似公式，但是结果仅相差 1%。

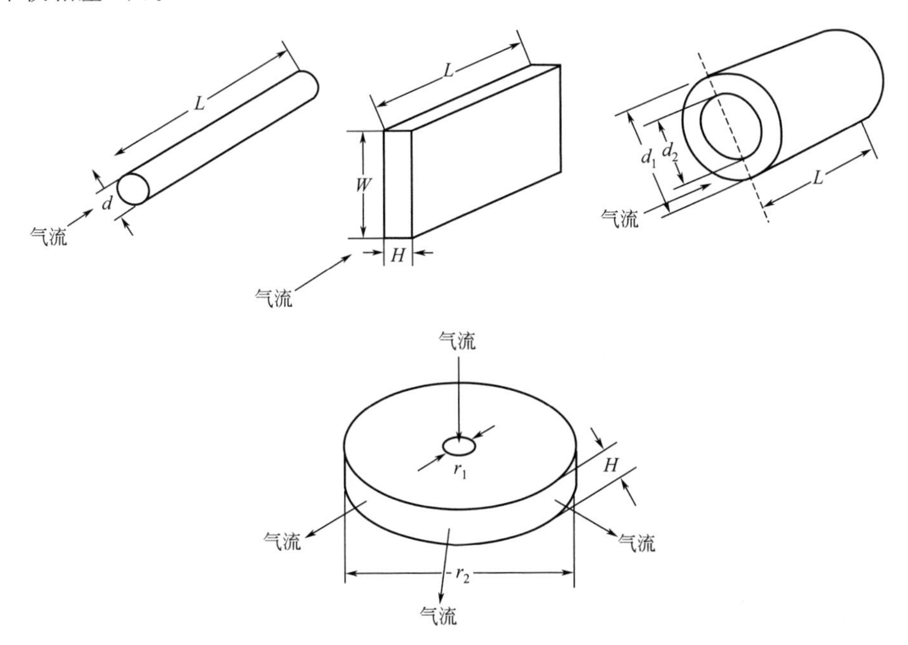

图 16-1 不同形状管道示意图

16.2.1.3 环形管道

在环形管（图 16-2）中，扩散损失的理论计算可以通过环形管中充分流求解式（16-1）得到（Winiwarter，1989；Kerouanton 等，1996）。渗透率是采样器内、外径之比 k 以及扩散参数 μ 的函数：

$$P=A_0(k)\exp[-\beta_0^2(k)\mu]+A_1(k)\exp[-\beta_1^2(k)\mu]+A_2(k)\exp[-\beta_2^2(k)\mu]+A_3(k)\exp[-\beta_3{}^2(k)\mu] \tag{16-8}$$

式中，$\mu=\dfrac{\pi DL(d_2+d_1)}{2Q(d_2-d_1)}$，$d_2$ 和 d_1 分别为外径和内径。$A_n(k)$ 和 $\beta_n(k)$ 中的 k 值由图 16-1 选出。当 $k=0$（圆柱管）和 $k=1$（平行板）时，式（16-4）和式（16-6）是渐近解（Kerouanton 等，1996）。环形管扩散公式的大多数解都是由速度分布图确定的，而不是用整流来解（Fan 等，1996）。根据数学解，符合要求的公式是：

$$P=1-\exp[-0.03711(1-k)^{1.317}Pe^{0.678}] \tag{16-9}$$

式中，$Pe=\dfrac{u_m d_2^2}{4DL}$是贝克来数；$u_m$ 为平均速度。这些公式与实验数据大体上一致（Possanzini 等，1983）。

16.2.2 网筛类型

气溶胶粒子可以穿透一组细孔网筛，这些网筛的圆形纤维直径均一、排列均匀（Cheng 和 Yeh，1980；Cheng 等，1980；Yeh 等，1982；Cheng 等，1990）。依照流动阻力和气溶胶沉降的特点，细孔筛近似于一个鼓风机模式过滤器（Cheng 等，1985）。根据鼓风机模式过滤器对气溶胶粒子的过滤，得到理论穿透率：

$$P=\exp\left[-B_{f}n\left(2.7Pe^{-\frac{2}{3}}+\frac{1}{k}R^{2}+\frac{1.24}{k^{\frac{1}{2}}}Pe^{-\frac{1}{2}}R^{\frac{2}{3}}\right)\right] \tag{16-10}$$

$$B_{f}=\frac{4\alpha h}{\pi(1-\alpha)d_{f}} \tag{16-11}$$

式中，n 为网筛数；d_{f} 为纤维直径；h 为单个网筛的厚度；α 为网筛的固相体积分数；k 为网筛的流体动力学因子。

$$k=-0.5\ln\frac{2\alpha}{\pi}+\frac{2\alpha}{\pi}-0.75-0.25\left(\frac{2\alpha}{\pi}\right)^{2} \tag{16-12}$$

式中，$R=\frac{d_{p}}{d_{f}}$是拦截参数；Pe 为贝克来数。

$$Pe=\frac{Ud_{f}}{D} \tag{16-13}$$

式中，U 为进入网筛的速度。式（16-10）包括气溶胶在网筛上的扩散损失和拦截损失，此公式仅对 1μm 左右的粒子有效（Cheng 等，1985）。对于大于 1μm 的粒子，惯性成为主要的影响因素，式（16-10）就不适用了。对于较小的粒子（$d_{p}<0.01\mu$m），扩散沉积是主要因素。此时，式（16-10）可以被简化为：

$$P=\exp(-2.7B_{f}Pe^{-\frac{2}{3}}) \tag{16-14}$$

此式对雷诺数小于 1 的粒子有效（Cheng 等，1992）。

16.3 扩散溶蚀器

气体或水蒸气分子可以快速扩散到扩散溶蚀器的器壁，然后吸附到涂有特殊材料（为了收集气体）的器壁上。人们用扩散管测量了空气中几种气体的扩散系数（Thomas，1955；Fish 和 Durham，1971；Ferm，1979；Durham 等，1987）。从 1980 年以来，研制了带有过滤部件的扩散溶蚀器，用以采集含有硝酸蒸气和硝酸盐粒子的气溶胶样品。使用这种扩散溶蚀器差分法的采样器，可以分离气流中的气态粒子，如 HNO_3 和 NH_3 与硝酸盐粒子分离，从而将这些物质对采样的影响降到最低（Stevens 等，1978；Appel 等，1981；Shaw 等，1982；Forrest 等，1982；Ferm，1986；Stevens，1986）。扩散溶蚀器还可以用于气态污染物的监测，如周围环境或工作环境中的甲醛、氯化有机物和四烃化铅等（Johnson 等，1985；Cecchini 等，1985；Febo 等，1986）。此外还开发了一些个体采样器用于工业卫生方面的研究（DeSantis 和 Perrino，1986；Gunderson 和 Anderson，1987）。

16.3.1 扩散溶蚀器的描述

16.3.1.1 圆柱形溶蚀器

在圆柱形溶蚀器中，通常用玻璃圆柱管或特氟龙（聚四氟乙烯）管采集气体或者蒸气。管的直径、长度以及采样流量的设计要求是使收集效率超过99%。例如，内径（ID）3mm、长0.35m的管，在$5\times10^{-5}m^3/s$（3L/min）的速率下，采集氨气的效率大于99%（Ferm，1979）。采样流量较高时，人们设计了平行管装配（Stevens等，1978；Forret等，1982），这种装配由16个内径5mm、长0.30m的玻璃管组成。采样速率为$8.33\times10^{-4}m^3/s$时，对氨气的采集效率大于99%（Stevens等，1978）。两阶扩散溶蚀器由212个蜂窝状的玻璃管组成，每个管内径为2mm、高度为25.4mm，可以用这个采样器除去气体，收集环境粒子（Sioutas等，1994）。

管形溶蚀器的渗透，可以用式（16-4）中的第一项计算：

$$P=0.819\exp(-3.66\mu) \tag{16-15}$$

在μ值较高（>0.4）、渗透率较低（<0.190）时，这个简化公式是准确的。上式对渗透估算的误差随着μ的降低而增加（对于$\mu=0.2$、$P=0.395$时，误差为0.25%；$\mu=0.1$、$P=0.579$时，误差为−1.8%）。式（16-15）适用于管内的层流区。对层流来说，管内流体的雷诺数应该小于2300：

$$Re_f=\frac{4\rho_f Q}{\eta\pi d}<2300 \tag{16-16}$$

在管道的入口，流体处于从栓塞流到层流的过渡状态。入口长度L_e由式（16-17）确定，并且应当将入口长度最小化。

$$L_e=0.035dRe_f \tag{16-17}$$

16.3.1.2 环形溶蚀器

Posssanzini（1983）设计了一种由两个不同圆轴柱组成的，内部圆柱、两端封闭的环形溶蚀器，这样空气才能从环状空隙通过（图16-2）。该环形溶蚀器对气体和蒸气的采集效率可以通过式（16-8）的首项估算得到。

$$P=A_0(k)\exp[-\beta_0^2(k)\mu] \tag{16-18}$$

该式在$\mu>0.05$（渗透率<0.5）时，误差小于1%。当$k>0.75$时，式（16-18）可以被进一步简化成式（16-19）。

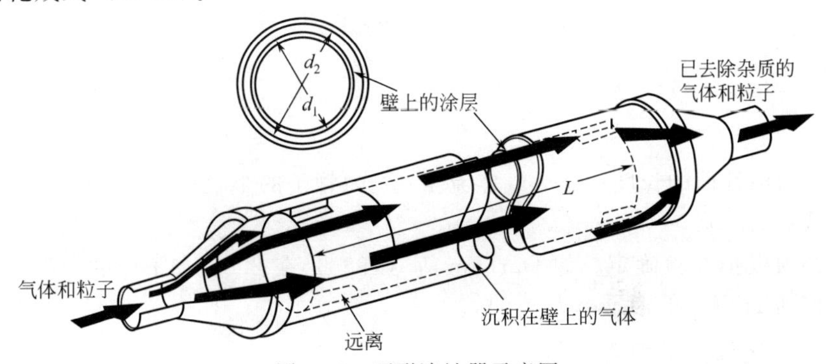

图16-2 环形溶蚀器示意图

（引自Stevens，1986）

$$P=0.91\exp(-15.06\mu) \tag{16-19}$$

人们已对多管道环形扩散溶蚀器进行了测试，并用它采集环境空气样品（Johnson 等，1985）。无论是单管道还是多管道溶蚀器都有广泛的商业前景。

16.3.1.3 紧凑盘管溶蚀器

Pui 等（1990）设计了紧凑盘管溶蚀器。该溶蚀器由一个内径 10mm、长 0.95m 的玻璃管组成，玻璃管弯成 3 个直径为 0.1m 的螺旋圈（图 16-3）。相同条件下，弯曲管管壁上的热质传导速率要高于玻璃管（Mori 和 Nakayama，1967a，b)。这种溶蚀器在速率为 1.67×10^{-4} m/s、雷诺数为 1400 的条件下运行。通过溶蚀器的渗透率可以用式（16-20）表示（Pui 等，1990）：

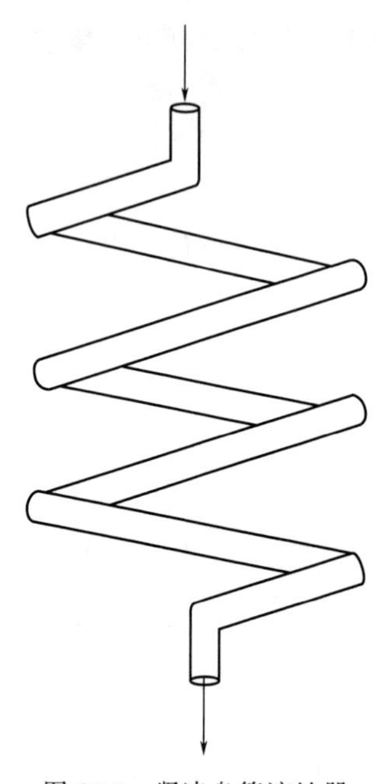

图 16-3 紧凑盘管溶蚀器

$$P=0.82\left(-\frac{\pi LD}{Q}Sh\right) \tag{16-20}$$

$$Sh=\frac{0.864}{\sigma}De^{\frac{1}{2}}(1+2.35De^{-\frac{1}{2}}) \tag{16-21}$$

式中，Sh 是舍伍德（Sherwood）数；De 是 Dean 数，即流体雷诺数除以曲率的平方根；δ 为集中边界层与动力边界层的厚度比率。等式只在 $\frac{LD}{Q}>0.07$ 时才成立。这个公式被用来估算纳米级粒子、气体粒子和烟气粒子的渗透率，但是不能估算大型粒子的损失。此系统对 SO_2 有 99.3% 的采集效率，0.015～2.5μm 的粒子损失率小于 6%。此装置结构简单且易于操作。

16.3.1.4 不稳定流溶蚀器

圆形和环形溶蚀器都是在层流条件下运行，且能从气溶胶蒸气中除去需要除去的气体。粒子通过这类溶蚀器时，可能蒸发或分解，因此增加了某些气体的浓度，尤其是在 NH_4NO_3 分解成 HNO_3 和 NH_3 的情况下。避免由粒子蒸发引起的采样偏差的方法是在溶蚀器中仅采集一种已知体积分数的气体，然后计算这种气体的浓度。

Durham 等（1986）设计了采样流量较高的不稳定流溶蚀器。这种圆形溶蚀器内径为 9.5mm，第一个活性面位于 60mm 处，这样才能形成稳定流形式。溶蚀器里有一个长 32mm 的尼龙薄片。假设气体在活性部分完全混合，其渗透率能用式（16-22）表达：

$$P=\exp\left(-\frac{2\pi\alpha L}{Q}\right) \tag{16-22}$$

$$\alpha=\frac{rD_a}{\delta} \tag{16-23}$$

式中，L 为活性面的长度；Q 为气体流量；r 为管子的半径；δ 表示边界厚度（是流体雷诺数的函数)。

渗透率必须根据经验确定。如 Durham 等（1986）在 2.68×10^{-4} m^3/s($Re=2500$）运行溶蚀器，得到 HNO_3 的渗透率为 0.911。

16.3.1.5 洗涤型扩散溶蚀器

大多数的扩散溶蚀器的器壁上都有一层用来采集气态物质的固体涂层，采集分析后再将涂层物质洗涤掉。为了连续分析，就要使用扩散洗涤器，吸收剂或溶剂以流体的形式沿着管壁连续流动，用以实现实时分析。在玻璃管中插入隔膜管，用以在玻璃管壁和隔膜之间形成夹套，这样就形成了管状洗涤器（图 16-4）。多孔膜，例如聚四氟乙烯和聚丙烯，可以使气体透过并溶解在连续流过夹套的液体中，而不允许粒子透过。扩散洗涤型采样器的特点应该和管状扩散溶蚀器相似。近来，Tank euchi 和 Ruiz 设计利用平行盘格来对气体进行快速检测（Tankeuchi 等，2004；Ruiz 等，2006）。

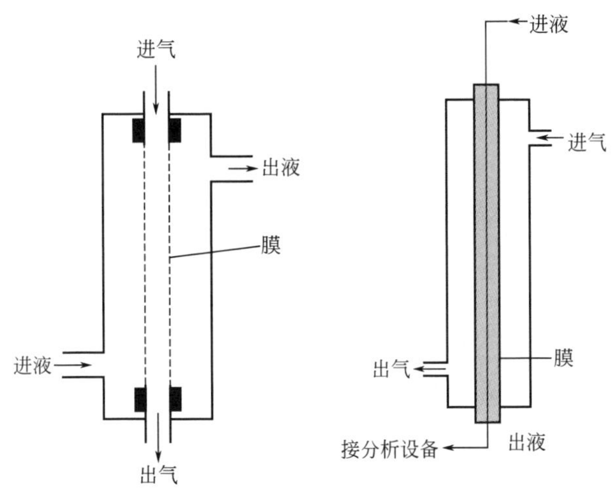

图 16-4 扩散洗涤器示意图

16.3.2 涂层材料

吸收性材料涂在溶蚀器的器壁上，可以从空气蒸气中收集需要的气体。表 16-1 列出了文献中报道的一些去除气体的基底。有些材料不止吸收一种气体，例如碳酸钠能吸收周围环境中的酸性气体，包括 HCl、HNO_2、HNO_3 和 SO_2。如何将材料与管壁结合，这在很大程度上取决于材料的属性。大部分材料都是先溶解，然后再涂到管壁上。溶剂蒸发后，溶质就留在管壁上。一般玻璃采样器器壁是磨砂表面，以加强器壁固定化学基底的能力（Possanzini 等，1983）。浸透了液体或溶液基底（如油酸）的吸收纸，可以放在容器壁内部（Thomas，1995）。尼龙薄片也可以用在溶蚀器器壁内部（Durham 等，1986）。人们发现，阳极氧化铝表面可以有效地吸收硝酸。Tenax 粉或硅胶粉末很难黏附在器壁上，把这些材料黏附在涂有硅润滑剂油的玻璃器壁上，就可以很好地吸收气体（Johnson 等，1985；Gunderson 和 Anderson，1987）。

表 16-1 在扩散溶蚀器里吸收气体的材料

材　料	被吸收的气体	参　考
草酸	NH_3	Ferm (1979),DeSantis 和 Perrino(1986)
油酸	SO_3	Thomas(1955)
H_3PO_3	NH_3	Stevens 等(1978)
K_2CO_3	SO_2,H_2S	Durham 等(1978)
Na_2CO_3	SO_2,HCl,HNO_3,HNO_2	Forrest 等(1982)
$CuSO_4$	NH_3	Thomas(1955)

续表

材 料	被吸收的气体	参 考
PbO_2	SO_2,H_2S	Durham 等(1978)
WO_3	NH_3,HNO_3	Braman 等(1982)
MgO	HNO_3	Stevens 等(1978)
NaF	HNO_3	Slanina 等(1981)
NaOH 和邻甲氧基苯酚	NO_2	Buttini 等(1987)
三乙醇胺亚硫酸盐	甲醛	Cecchini 等(1985)
尼龙薄片	SO_2,HNO_3	Durham 等(1986)
Tenax 粉	有机氯	Johnson 等(1985)
硅胶	苯胺	Gunderson 和 Anderson(1987)
ICI	四烷基铅	Febo 等(1986)

16.3.3 取样阵列

在周围环境大气或工作环境大气中采样时，有时需要分别采集某种气体和粒子。在这种情况下，就要使用“取样阵列”，它由扩散溶蚀器和滤膜组组成。此系统（图 16-5）包括旋风分级器、2 个碳酸钠涂层环形溶蚀器及滤膜组，滤膜组有一个聚四氟乙烯滤膜和一个尼龙滤膜，这个系统用来收集从硝酸盐和硫酸盐粒子中分离出的酸性气体（HNO_3、HNO_2、SO_2 和 HCl)(Stevens，1986)。假设粒子在每个溶蚀器器壁上的沉积都是相同的（Febo 等，1986)。第一个溶蚀器定量除去气体，第二个溶蚀器则可以反映沉积在器壁上的粒子量。两个溶蚀器竖直放置，是为了避免粒子因重力作用而沉积在器壁上。扩散洗涤器能够与离子色

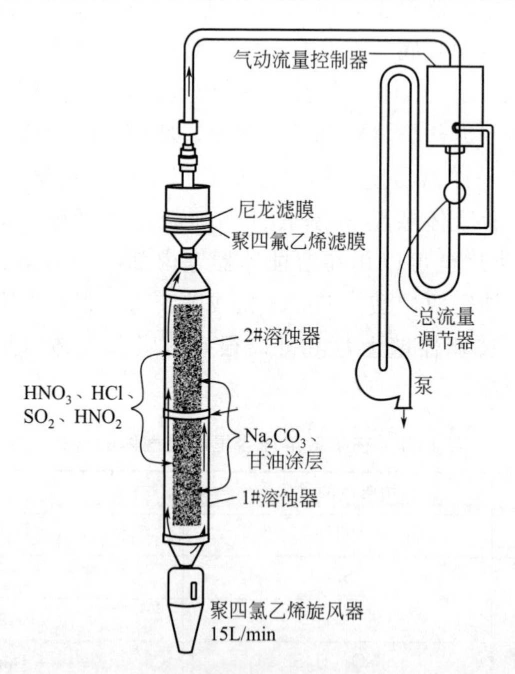

图 16-5 酸性气溶胶采样器，该采样器由预切割器、2 个环形溶蚀器以及滤膜组构成

(引自 Stevens，1986)

谱仪或其他分析装置联用，用于实时分析气态物质（Dasgupta 等，1988；Lindgren 和 Dasgupta，1988；Takeuchi 等，2004）。单个采样器可以选择入口为 2.5μm 的溶蚀器，该种溶蚀器由碳浸渍泡沫和纤维构成。该仪器能够在半挥发性有机物存在的条件下准确地测量室内暴露的 $PM_{2.5}$（Pang 等，2002）。同时，Fitz 和 Motallebi 在利用涂料纤维修饰溶蚀器中的基底，收集空气中的硝酸之后，再进入聚四氟乙烯过滤器，进行后续处理（Fitz 和 Motallebi，2000）。

16.4 扩散组采样器种类

开发扩散组采样器的最初目的，是为了测量直径小于 0.1μm 的粒子的扩散系数，以及用于确定粒径分布。这种方法是把扩散系数转化为粒径。测量 0.8nm～0.1μm 的超细粒子（相当于分子筛的大小）的设备不多，而扩散组采样器可以测定纳米级超细粒子。本部分将讨论各种不同装置的设计、粒子监测以及数据分析方法。

16.4.1 扩散组采样器的描述

人们已经设计出了几类扩散组采样器。基于矩形管道和平行圆盘的是单级扩散组采样器。圆形管道和筛子类扩散组采样器通常可分为不同的等级。

16.4.1.1 矩形管道扩散组采样器

矩形管道扩散组采样器常由许多矩形板形成等宽的平行管道。这些板被隔开并粘到一个密封的容器中。例如，Thomas（1955）设计的扩散组采样器（长 0.473m，宽 0.1mm，高 0.127m）有 19 个平行管道，这些管道由石墨板隔开，采样流动速度为 $1.67\times10^{-5}m^3/s$。其他装置由金属铝板或玻璃板制成，都具有相同的结构（Nolan 和 Nolan，1938；Nolan 和 Doherty，1950；Pollak 等，1956；Megaw 和 Wiffen，1963；Rich，1966）。每一个管道都应该是平行的并且有相同的宽度。如果管道宽度不相同，那么经过每个管道的流量就不一致，从而由式（16-6）与式（16-7）计算出的渗透理论预测值就会产生偏差。Pollak 和 Metnieks（1958）设计了一个由 10 个单独的管道组成的扩散组采样器，每组单独密封。

单级扩散组采样器能够测量一定速度下的单分散性气溶胶的扩散系数。当用它测量多分散性气溶胶时，如周围环境中的气溶胶，必须在不同的流量下进行多次测量才能确定扩散系数分布。

16.4.1.2 平行圆盘扩散组采样器

Kotrappa 等（1975）设计了一种扩散溶蚀器，这种装置的原理为：放射状流体从两个同轴、平行或圆形盘之间流过时会产生粒子扩散损失，最初提出这一点的是 Mercer（1970）。采样基底是一些不锈钢圆盘（直径 37.7mm），上面的不锈钢圆盘中间有一个直径为 2mm 的孔，圆盘之间的间隔为 2.25mm。用滤膜来收集通过装置的物质。这个采样器可以确定氡衰变物的扩散系数，其扩散系数一般为 $5\times10^{-6}m^2/s$。此外，还可以确定圆盘和滤膜中收集到的放射能量，并用式（16-6）的一个项计算扩散系数：

$$P=0.9104\exp\left[-2.8278\frac{8\pi D(r_2^2-r_1^2)}{3QH}\right] \tag{16-24}$$

16.4.1.3 圆柱形管扩散组采样器

圆柱形管做成的管型扩散组采样器，通常由一系列内径小于 1mm 的薄壁管组成。测量粒径时，因为粒子的扩散系数比气体分子的扩散系数小，需要计算管的等效长度（实际长度×管的数量）。Sinclair（1969）、Breslin 等（1971）以及 Scheibel 和 Porstendorfer（1984）设计了几个聚管型扩散组采样器。Scheibel 和 Porstendorfer（1984）设计的一种扩散组采样器主要由 3 个扩散组采样器组成，管数分别为 100、484 和 1000，其长度分别为 0.05m、0.093m、0.3903m。制造管型扩散组采样器要比平行圆盘扩散组采样器容易，而且所用的材料都能在市场上买到。常用的是轻质材料（如铝），但是，这类扩散组采样器仍然存在质量较重、体积较大且价格昂贵的缺点。虽然已经出现了 8 级扩散组采样器（Sinclair，1969），但大多数的聚管型扩散组采样器还是 1～3 级（Breslin 等，1971；Scheibel 和 Porstendorfer，1984）。

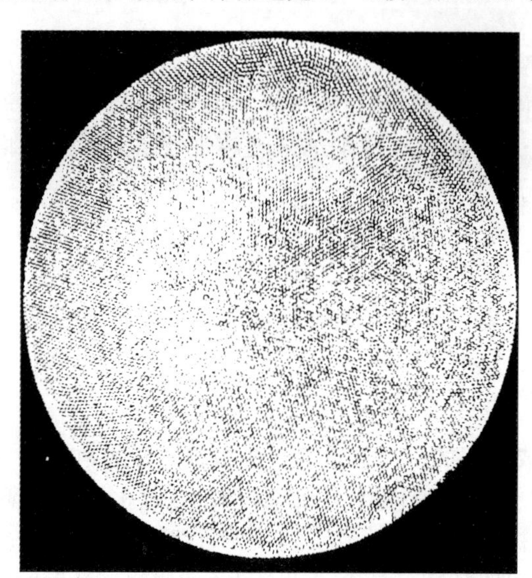

图 16-6 准直孔结构的不锈钢圆盘

有研究人员使用准直孔结构（CHS）设计出了多级的紧凑型扩散组采样器。CHS 是一些圆盘，圆盘上有大量的近似于圆形的孔。图 16-6 为直径为 44.5mm 的 CHS 不锈钢圆盘，盘上有 14500 个直径为 0.23mm 的孔（Brunswick Co，Chicago，IL），厚度为 3.2～25.4mm，等效长度为 46～369mm。人们用 CHS 设计了一种便携式 11 级扩散组采样器（Sinclair，1972），总长度为 0.60m，等效长度为 5094m。图 16-7 为 CHS 做成的 5 级扩散组采样器。测定多分散性气溶胶的粒径分布时，要用多级扩散组采样器。多级 CHS 扩散组采样器可以测量亚微米级气溶胶。还有一些用玻璃毛细管做成的 CHS 圆盘，其直径为 25mm 或 50mm，厚为 0.5～2.0mm（GLL），用这种圆盘还设计出了 6 级 CHS 扩散组采样器（Brown 等，1984）。

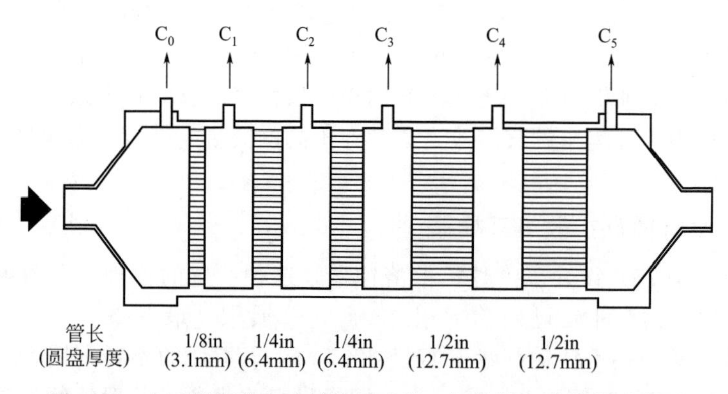

图 16-7 由不锈钢准直孔结构组成的 5 级扩散组采样器示意图

16.4.1.4 网筛型扩散组采样器

Sinclair 和 Hinchliffe（1972）以及 Twomey 和 Zalabsky（1981）曾经使用过以滤膜为材料的扩散组采样器，这种材料质轻、便宜。然而，市场上的纤维滤膜或薄膜滤膜因为纤维的直径不均一，并不是理想的材料。透过滤膜的气溶胶不是连续的，不能用过滤理论精确预测。Sinclair 和 Hoopes（1975）设计了一种 10 级扩散组采样器，该扩散组采样器用 635 个

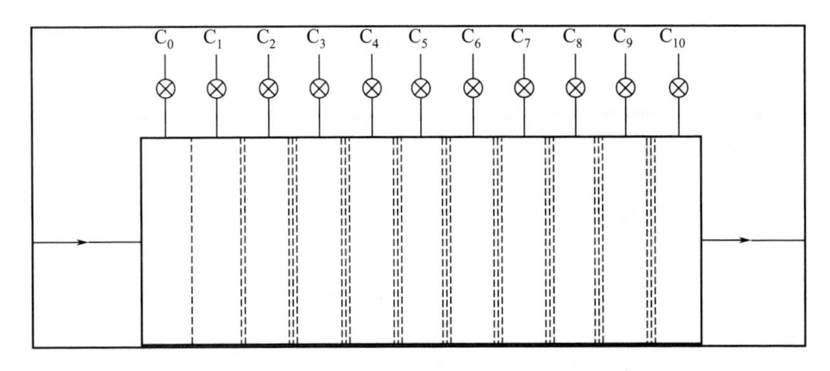

图 16-8 10 级网筛型扩散组采样器示意图

相同直径、开放度和厚度的不锈钢网口筛组成（图 16-8)。流量的设计值为（6.66～10)×$10^{-5}m^3/s$。这些筛子在几何形状和流动阻力方面（Cheng 等，1985）都与风扇相似，人们可以用风扇模型过滤理论预测通过筛子的气溶胶渗透率［式（16-10)；Cheng 和 Yeh，1980；Cheng 等，1980］。这种筛子目前已在市场上出售（Model3040，TSI)。人们还测试了其他类型的筛子，并发现过滤效果比较好（Yeh 等，1982；Cheng 等，1985)。表 16-2 列出了图 16-9 中不同类型的筛子的特点。网筛型扩散组采样器大小紧凑，易于组建。当筛子被污染或破掉后，易于清洗和替换。

表 16-2 网筛型扩散组采样器中各种筛子的特征尺寸和特征常量

项目	正方形 145	正方形 200	正方形 400	斜纹 400	斜纹 635
筛子直径/mm	55.9	40.6	25.4	25.4	20
筛子厚度/mm	122	96.3	57.1	63.5	50
固体体积比例	0.244	0.230	0.292	0.313	0.345
B_f	0.8969	0.9021	0.1180	1.450	1.677
k	0.330	0.352	0.269	0.246	0.216

多级扩散组采样器都是串联的，所以在穿过扩散组采样器时，气溶胶的浓度逐渐减小。气溶胶的渗透率常用 CPC 检测。根据平行流和大体积采样的原则，Cheng 等（1984）设计出了平行流扩散组采样器（PFDB)，该扩散组采样器通过质量或放射性来测量渗透率，而没有使用粒子检测部件，该扩散组采样器更适合检测不稳定气溶胶的粒径和浓度。图 16-10 为 PFDB 的示意图，PFDB 由圆锥盖子和收集部分组成，收集部分包括 7 个扩散室。每一个扩散室中，200 目不锈钢筛子的数量都不同，筛子后面是一个 25mm 的 Zefluor 滤膜（GEL)。这 7 个扩散室一般包含 0～35 个筛子。临界口可以为每个扩散室提供 3.33×$10^{-5}m^3/s$ 的流量，总流量为 2.33×$10^{-4}m^3/s$。用重量分析法测出每个扩散室中滤膜上采集到的样品质量，这些质量是筛子数目的函数，依此可以确定气溶胶的粒径分布，因此消除了从数量到质量转化的偶然误差。

16.4.1.5 其他扩散组采样器

网筛型扩散组采样器是确定氡衰变产物的放射性粒径分布的常规仪器。人们曾用单个筛子和滤膜来估计未结合态份额。常使用 4～10nm 的筛子以及渗透率为 50%的流速。假定筛子上放射性物质是氡的衰变产物，就可以计算出筛子和滤膜上收集到的放射能。氡的衰变产物的粒径分布可以用分级扩散组采样器（Holub 等，1988；Cheng 等，1992；Knutson 等，

图 16-9 不锈钢网筛的显微照片

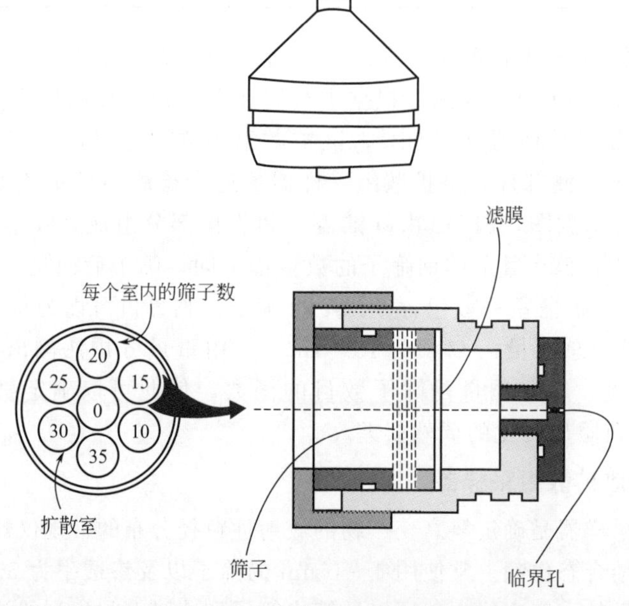

图 16-10 平行流扩散组采样器示意图

1997）或 PFDB（Reineking 和 Porstendorfer，1986；Strong，1988；Ramamurthi 和 Hopke，1991；Wasiolek 和 Cheng，1995）测量。分级扩散组采样器（GDB）包括多级，每级有不同类型的筛子。细目筛子收集纳米级粒子，粗目筛子收集更大的粒子。图 16-11 为含有 5 级筛子和一个辅助滤膜的 GDB（Cheng 等，1992）。在较短的采样时间内（5～10min），直接计算出筛子和滤膜放射能。因为筛子具有几何形状，因此 α 的计数效率不是 100%，对于低计数效率的筛子应该做修正（Solomon 和 Ren，1992）。高流量（大约 $5.0\times10^{-4}m^3/s$）的 PFDB 可以用于收集室内低浓度的氡的衰变产物。通常用装在 PFDB 的每级辅助滤膜后面的检测器测量放射能。因此，这种方法消除了由于 α 射线衰减而造成的误差，可以实时测量放射性物质的粒径分布。

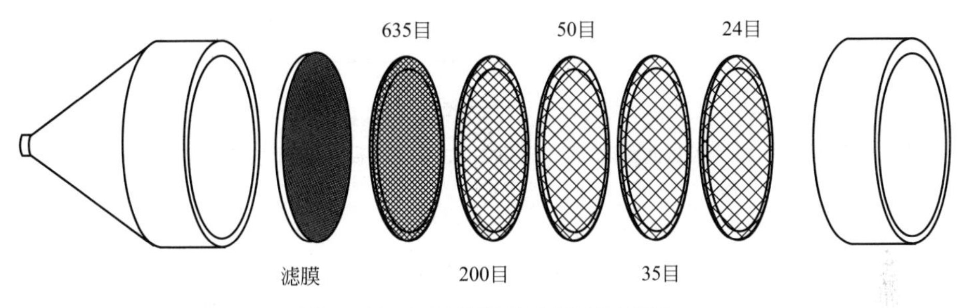

图 16-11　5 级扩散组采样器示意图

铁丝网筛扩散组采样器是测量放射性物质粒径分布的常用装置。Holub 和 Knutson（1987）设计了由 4 个直径相同、间隔均匀的平行铁丝网筛以及一个滤膜组成的平行铁丝网 GDB。对于平行错列排列的圆柱形过滤模式，已有理论公式可以用于其数据计算（Cheng 等，2000）。Sinclair（1986）设计了由网状玻璃碳材料制成的 PFDB，网状玻璃碳即为碳化的开放孔泡沫材料。Boulaud 和 Diouri（1988）报道了带有不同大小玻璃珠的 5 级 PFDB。最近出现了一种新型扩散溶蚀器，该仪器是一个内圆筒内带有固态 α 跟踪检测器的环形管，用于监测室内氡（Tymen 等，1999）。测量放射性物质 ^{218}Po 的粒径分布时，需要较长的采样时间（几个小时）。

16.4.2　颗粒检测

通过扩散组采样器测量得到的气溶胶渗透率，可为确定颗粒粒径分布提供数据。通过测量在每个扩散室进出口的粒子数量、质量或者放射浓度，得到通过扩散室的气溶胶渗透率。CPC 仪器通常用来测量数浓度。图 16-12 为一个包含扩散组采样器、自动开关阀门和 CPC 的示意图。有了自动取样系统，它可以 3min 内完成 11 个通道的测量。

对于放射性气溶胶颗粒，可以通过收集扩散室中或者扩散室尾部的备用滤膜上的颗粒样本，来得到基于放射性的渗透率。单级平行圆盘扩散采样器（Kotrappa 等，1975）和网筛扩散组采样器也可以做此类测量。网筛可以像前面描述的一样，直接测定放射能。同时，也可以利用平行气流扩散组采样器来测量基于质量的渗透率。

16.4.3　数据分析

16.4.3.1　单分散性气溶胶

利用扩散组采样器测量的渗透数据可以计算出粒径分布。单分散性气溶胶的扩散系数 D_p 能直接用式（16-4）～式（16-9）计算。粒径能从下面的关系得出：

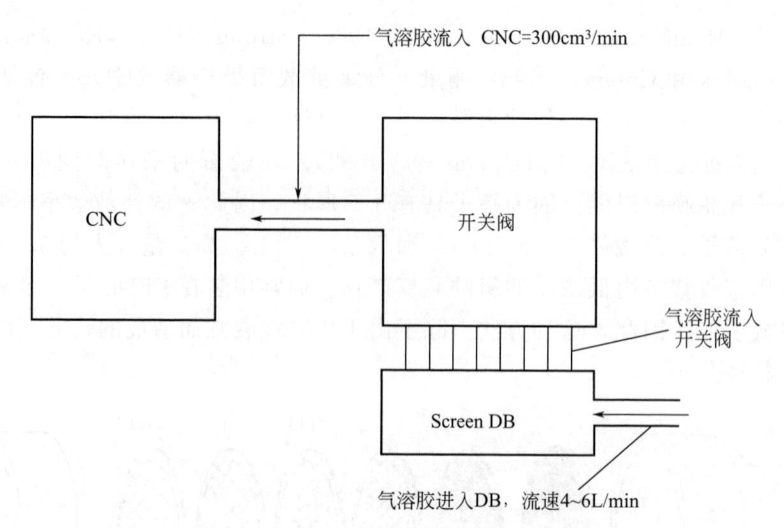

图 16-12 扩散组采样器、自动开关阀以及凝结核计数器示意图

$$D_{\mathrm{p}}=\frac{kTC_{\mathrm{c}}(d_{\mathrm{p}})}{3\pi\eta d_{\mathrm{p}}} \tag{16-25}$$

$$C_{\mathrm{c}}(d_{\mathrm{p}})=1+\frac{2\lambda}{d_{\mathrm{p}}}\left[1.142+0.558\exp\left(-0.999\frac{d_{\mathrm{p}}}{2\lambda}\right)\right] \tag{16-26}$$

式中，k 为玻耳兹曼常数，1.38×10^{-23}J/K；T 为热力学温度，K；C_{c} 为坎宁安滑动修正系数；λ 为空气平均自由程，在 293K 和 101.3kPa 下为 0.0673μm。对于单分散性气溶胶，用单级扩散组采样器测量就足够了，用多级扩散组采样器测量可以提高准确度。

【例 16-1】 在环境压力为 101.3kPa、温度为 23℃时，求直径 0.01μm 的粒子通过单级管扩散组采样器（长 0.10μm，100 个管，流量为 $6.67\times10^{-5}\mathrm{m^3/s}$）时的渗透率是多少?

解：首先计算滑动修正因子 C_{c}［式（16-26）］，再由式（16-25）计算环境条件下的扩散系数：

$$C_{\mathrm{c}}=1+\frac{2\times0.0673}{0.01}\left[1.142+0.558\exp\left(-0.999\times\frac{0.01}{2\times0.0673}\right)\right]=23.3$$

$$D_{\mathrm{p}}=\frac{1.38\times10^{-23}\times296.2\times23.3}{3\times3.14\times1.81\times10^{-5}\times0.01\times10^{-6}}=5.58\times10^{-8}(\mathrm{m^2/s})$$

由式（16-3）和式（16-4）计算通过环形管的渗透率：

$$\mu=\frac{3.14\times5.58\times10^{-8}\mathrm{m^2/s}\times0.1\mathrm{m}}{0.04\times6.67\times10^{-5}\mathrm{m^3/s}}=0.0263$$

$$P=0.819\exp(-3.65\times0.0263)+0.0975\exp(-22.3\times0.0263)$$
$$+0.0325\exp(-57.0\times0.0263)+0.01544\exp(-107\times0.0263)=0.806$$

16.4.3.2 多分散性气溶胶

周围环境和工作场所中，大多数气溶胶的粒径分布呈多分散性，所以，上述方法有些不适用了。确定粒径分布时，最少需要 3 个渗透数据。数据越多，粒径测量值的准确度越高。利用渗透数据确定粒径分布的绘图和数值反演法也已发展起来。

Fuchs 等（1962）作出了矩形管扩散组采样器的一套渗透曲线，其中假定气溶胶粒径呈对数正态分布。Mercer 和 Greene（1974）提供了圆柱形和矩形管中的气溶胶渗透曲线，这些曲线是扩散参数 μ 的函数，几何标准偏差为 1～5。如果数据符合其中的一条曲线，那么就能粗略估算出扩散系数的均值和几何标准偏差。也可以得到筛子型扩散组采样器的一套渗透曲线（Lee 等，1981）。粒径不符合对数正态分布的气溶胶不能用这种方法。

Sinclair（1969）使用绘图“剥离”法，根据多级圆柱形扩散组采样器测量的渗透数据评估粒径分布。人们已经计算出了同一粒径范围内的单分散性粒子的一套渗透曲线。将实验得到的渗透数据在相同刻度的不同纸上绘成曲线图，实验曲线与理论曲线相比较，把实验曲线中右边吻合最好的一条除去（即此处渗透最小），留下一条新的实验曲线。重复这种方法直到完全除去原来的实验曲线。根据实验曲线适配的理论曲线以及曲线在图上的纵坐标截距，可以表示出原始气溶胶的粒径和每种粒径所占的比例。网筛型扩散组采样器的数据也能用相同的方法分析（Sinclair 等，1979）。这种方法没有假定某种粒径分布，因而更具有实用性。但是，这两种绘图方法的结果都取决于怎么确定适配曲线。

使用数值反演法可以得到更好的结果。在扩散组采样器中，气溶胶渗透过第 i 级，P_i 能用单分散气溶胶的渗透公式 $P_i(x)$ 的积分表示：

$$P_i = \int_0^{\infty} P_i(x) f(x) \mathrm{d}x \tag{16-27}$$

式中，$f(x)$ 为粒径分布；$P_i(x)$ 是在第 i 阶中粒径为 x 的气溶胶的渗透。1～n 级的渗透都能用式（16-27）表示。目前已有几种计算气溶胶粒径分布 $f(x)$ 的数值反演法。假设 $f(x)$ 为对数正态分布的条件下，Raabe（1978）用非线性最小二乘回归方法来解式（16-27）。Soderholm（1979）也使用相似的方法分析了扩散组采样器的数据。Twomey（1975）提出了非线性迭代方法，Knutson 和 Sinclair（1979）把这一方法应用到扩散组采样器。有人用修正过的 Twomey 方法分析了网筛型扩散组采样器的数据（Kapadia，1980；Cheng 和 Yeh，1984）。其他的数值反演法包括单纯形法（Nelder 和 Mead，1965）和最大期望值法，这些方法都已经应用到了网筛型扩散组采样器的数据分析中（Maher 和 Laird，1985）。Knutson（1999）总结了另外的计算方法。Wu 等（1989）的实验说明，用单纯形法和最大值期望法可以得到令人满意的数据分析结果。数值反演技术的进一步讨论见第 22 章。

16.5 结论

扩散溶蚀器可以分离和收集粒子及气态物质，扩散组采样器可以用来测量超细粒子的粒径分布。这些仪器的采样原理和数学公式相似，在研究纳米级粒子、气体、蒸气和分子簇中起到了重要的作用，这些粒子的粒径一般在气体和气溶胶粒子的粒径范围内。

16.6 符号列表

C_c	滑动修正系数
D	颗粒的扩散系数，m^2/s
D_f	纤维直径，m，μm
H	平行板底间距离，m，μm

h	单网筛厚度，m，μm[式（16-11）]
k	玻耳兹曼常数（1.38×10^{-23}J/K）
P	经过管和屏幕的粒子渗透
Pe	贝克来数
Q	流量
R	拦截参数［式（16-10）］
Re_f	流动雷诺数
Sh	舍伍德数
α	滤膜或网筛的固相体积分数
β_n	特征值［式（16-2）］
δ	边界厚度［式（16-23）］
λ	平均自由程（m，μm）
μ	扩散参数［式（16-3）］
k	内外径之比［式（16-8）］
k	网筛的流体动力学因子［式（16-10）］

16.7 参考文献

Appel, B. R., Y. Tokiwa, and M. Haik. 1981. Sampling of nitrates in ambient air. *Atmos. Environ.* 15: 283–289.

Boulaud, D., and M. Diouri. 1988. A new inertial and diffusional device (SDI 2000). *J. Aerosol Sci.* 19: 927–930.

Bowen, B. D., S. Levine, and N. Epstein. 1976. Fine particle deposition in laminar flow through parallel-plate and cylindrical channels. *J. Colloid Interf. Sci.* 54: 375–390.

Braman, R. S., T. Shelley, and W. A. McClenny. 1982. Tungstic acid for preconcentration and determination of gaseous and particulate ammonia and nitric acid in ambient air. *Anal. Chem.* 54: 358–364.

Breslin, A. J., S. F. Guggenheim, and A. C. George. 1971. Compact high efficiency diffusion batteries. *Staub-Rein. Luft* 31(8): 1–5.

Brown, K. E., J. Beyer, and J. W. Gentry. 1984. Calibration and design of diffusion batteries for ultrafine aerosols. *J. Aerosol Sci.* 15: 133–145.

Buttini, P., V. Di Palo, and M. Possanzini. 1987. Coupling of denuder and ion chromatographic techniques for NO_2 trace level determination in air. *Sci. Total Environ.* 61: 59–72.

Cecchini, F., A. Febo, and M. Possanzini. 1985. High efficiency annular denuder for formaldehyde monitoring. *Anal. Lett.* 18: 681–693.

Cheng, Y. S., and H. C. Yeh. 1980. Theory of a screen-type diffusion battery. *J. Aerosol Sci.* 11: 313–320.

Cheng, Y. S., and H. C. Yeh. 1984. Analysis of screen diffusion battery data. *Am. Ind. Hyg. Assoc. J.* 45: 556–561.

Cheng, Y. S., J. A. Keating, and G. M. Kanapilly. 1980. Theory and calibration of a screen-type diffusion battery. *J. Aerosol Sci.* 11: 549–556.

Cheng, Y. S., H. C. Yeh, J. L. Mauderly, and B. V. Mokler. 1984. Characterization of diesel exhaust in a chronic inhalation study. *Am. Ind. Hyg. Assoc. J.* 45: 547–555.

Cheng, Y. S., H. C. Yeh, and K. J. Brinsko. 1985. Use of wire screens as a fan model filter. *Aerosol Sci. Technol.* 4: 165–174.

Cheng, Y. S., Y. Yamada, and H. C. Yeh. 1990. Diffusion deposition on model fibrous filters with intermediate porosity. *Aerosol Sci. Technol.* 12: 286–299.

Cheng, Y. S., Y. F. Su, G. J. Newton, and H. C. Yeh. 1992. Use of a graded diffusion battery in measuring the radon activity size distribution. *J. Aerosol Sci.* 23: 361–372.

Cheng, Y. S., T. R. Chen, J. Bigu, R. F. Holub, K. W. Tu, E. O. Knutson, and R. Falk. 2000. Intercomparison of activity size distribution of thoron progeny and a mixture of radon and thoron progeny. *J. Environ. Radioact.* 51: 59–78.

Dasgupta, P. K. 1984. A diffusion scrubber for the collection of atmospheric gases. *Atmos. Environ.* 18: 1593–1599.

Dasgupta, P. K., S. Dong, H. Hwang, H. C. Yang, and G. Zhang. 1988. Continuous liquid-phase fluorometry coupled to a diffusion scrubber for the real-time determination of atmospheric formaldehyde hydrogen peroxide and sulfur dioxide. *Atmos. Environ.* 22: 946–963.

Davis, H. R., and G. V. Parkins. 1970. Mass transfer from small capillaries with wall resistance in the laminar flow regime. *Appl. Sci. Res.* 22: 20–30.

DeMarcus, W., and J. W. Thomas. 1952. *Theory of a Diffusion Battery*, ORNL-1413 Report. Oak Ridge National Laboratory, Oak Ridge, TN.

DeSantis, F., and C. Perrino. 1986. Personal sampling of aniline in working site by using high efficiency annular denuders. *Ann. Chimica* 76: 355–364.

Durham, J. L., W. E. Wilson, and E. B. Bailey. 1978. Application of an SO_2 denuder for continuous measurement of sulfur in submicrometric aerosols. *Atmos. Environ.* 12: 883–886.

Durham, J. L., T. G. Ellestad, L. Stockburger, K. T. Knapp, and L. L. Spiller. 1986. A transition-flow reactor tube for measuring trace gas concentrations. *JAPCA* 36: 1228–1232.

Durham, J. L., L. L. Spiller, and T. G. Ellestad. 1987. Nitric acid-nitrate aerosol measurements by a diffusion denuder, a performance evaluation. *Atmos. Environ.* 21: 589–598.

Fan, B. J., Y. S. Cheng, and H. C. Yeh. 1996. Gas collection efficiency and entrance flow effect of an annular diffusion denuder. *Aerosol Sci. Technol.* 25: 113–120.

Febo, A., V. DiPalo, and M. Possanzini. 1986. The determination of tetraalkyl lead air by a denuder diffusion technique. *Sci. Total Environ.* 48: 187–194.

Ferm, M. 1979. Method for determination of atmospheric ammonia. *Atmos. Environ.* 13: 1385–1393.

Ferm, M. 1986. A Na_2CO_3-coated denuder and filter for determination of gaseous HNO_3 and particulate NO in the atmosphere. *Atmos. Environ.* 20: 1193–1201.

Fish, B. R., and J. L. Durham. 1971. Diffusion coefficient of SO_2 in air. *Environ. Lett.* 2: 13–21.

Fitz, D. R., and N. Motallebi. 2000. A fabric denuder for sampling semi-volatile species. *J. Air Waste Manage. Assoc.* 50: 981–992.

Forrest, J., D. J. Spandau, R. L. Tanner, and L. Newman. 1982. Determination of atmospheric nitrate and nitric acid employing a diffusion denuder with a filter pack. *Atmos. Environ.* 16: 1473–1485.

Fuchs, N. A., I. B. Stechkina, and V. I. Starosselskii. 1962. On the determination of particle size distribution in polydisperse aerosols by the diffusion method. *Br. J. Appl. Phys.* 13: 280–281.

Gormley, P. G., and M. Kennedy. 1949. Diffusion from a stream flowing through a cylindrical tube. *Proc. R. Ir. Acad.* A52: 163–169.

Gunderson, E. C., and C. C. Anderson. 1987. Collection device for separating airborne vapor and particulates. *Am. Ind. Hyg. Assoc. J.* 48: 634–638.

Holub, R. F., and E. O. Knutson. 1987. Measuring polonium—218 diffusion coefficient spectra using multiple wire screens. In *Radon and Its Decay Products*, P. K. Hopke, ed., American Chemical Society, Washington, DC, pp. 357–364.

Holub, R. F., E. O. Knutson, and S. Solomon. 1988. Tests of the graded wire screen technique for measuring the amount and size distribution of unattached radon progeny. *Radiat. Prot. Dosim.* 24: 265–268.

Ingham, D. B. 1975. Diffusion of disintegration products of radioactive gases in circular and flat channels. *J. Aerosol Sci.* 6: 395–402.

Ingham, D. B. 1976. Simultaneous diffusion and sedimentation of aerosol particles in rectangular tubes. *J. Aerosol Sci.* 7: 373–380.

Johnson, N. D., S. C. Barton, G. H. S. Thomas, D. A. Lane, and W. H. Schroeder. 1985. Development of gas/particle fractionating sampler of chlorinated organics. Seventy-eighth Annual Meeting of Air Pollution Control Association, June 16–21, Detroit, MI.

Kapadia, A. 1980. Data reduction techniques for aerosol size distribution measurement instruments. PhD Thesis, University of Minnesota, Minneapolis, MN.

Kerouanton, D., G. Tymen, and D. Boulaud. 1996. Small particle diffusion penetration of an annular duct compared to other geometries. *J. Aerosol Sci.* 27: 345–349.

Kirsch, A. A., and N. A. Fuchs. 1968. Studies of fibrous aerosol filters-III. Diffusional deposition of aerosols in fibrous filters. *Ann. Occup. Hyg.* 11: 299–304.

Kirsch, A. A., and I. B. Stechkina. 1978. The theory of aerosol filtration with fibrous filter. In *Fundamentals of Aerosol Science*, D. T. Shaw, ed., New York, John Wiley and Sons, pp. 165–156.

Knutson, E. O. 1999. Diffusion battery history. *Aerosol Sci. Technol.* 31: 83–128.

Knutson, E. O., and D. Sinclair. 1979. Experience in sampling urban aerosols with the Sinclair diffusion battery and nucleus counter. In *Proceedings: Advances in Particle Sampling and Measurement*, EPA 600/7-79-065, W. B. Smith, ed., pp. 98–120.

Knutson, E. O., A. C. George, and K. W. Tu. 1997. The graded screen technique for measuring the diffusion coefficient of radon decay products. *Aerosol Sci. Technol.* 27: 604–624.

Kotrappa, K., D. P. Bhanti, and R. Dhandayutham. 1975. Diffusion sampler useful for measuring diffusion coefficients and unattached fraction of radon and thoron decay products. *Health Phys.* 29: 155–162.

Lee, K. W., P. A. Connick, and J. A. Gieseke. 1981. Extension of the screen-type diffusion battery. *J. Aerosol Sci.* 12: 385–386.

Lekhtmakher, S. O. 1971. Effect of Peclet number on the precipitation of particles from a laminar flow. *J. Eng. Phys.* 20: 400–402.

Lindgren, P. F., and P. K. Dasgupta. 1988. Measurement of atmospheric sulfur dioxide by diffusion scrubber coupled ion chromatography. *Anal. Chem.* 61: 19–24.

Maher, E. F., and N. M. Laird. 1985. EM algorithm reconstruction of particle size distributions from diffusion battery data. *J. Aerosol Sci.* 16: 557–70.

Megaw, W. J., and R. D. Wiffen. 1963. Measurement of the diffusion coefficient of homogeneous and other nuclei. *J. Rech. Atm.* 1: 113–25.

Mercer, T. T., and T. D. Greene. 1974. Interpretation of diffusion battery data. *J. Aerosol Sci.* 5: 251–255.

Mercer, T. T., and R. L. Mercer. 1970. Diffusional deposition from a fluid flowing radially between concentric, parallel, circular plates. *J. Aerosol Sci.* 1: 279–285.

Mori, Y., and W. Nakayama. 1967a. Study on forced convective heat transfer in curved pipes. *Int. J. Heat Mass Transfer.* 10: 37–59.

Mori, Y., and W. Nakayama. 1967b. Study on forced convective heat transfer in curved pipes. *Int. J. Heat Mass Transfer.* 10: 681–95.

Nelder, J. A., and R. Mead. 1965. Simplex method for function minimization. *Computer J.* 7: 308–313.

Newman, J. 1969. Extension of the Levesque solution. *J. Heat Transfer.* 91: 177–178.

Nolan, J. J., and V. H. Guerrini. 1935. The diffusion coefficient of condensation nuclei and velocity of fall in air of atmospheric nuclei. *Proc. R. Ir. Acad.* 43: 5–24.

Nolan, P. J., and D. J. Doherty. 1950. Size and charge distribution of atmospheric condensation nuclei. *Proc. R. Ir. Acad.* 53A: 163–179.

Nolan, J. J., and P. J. Nolan. 1938. Diffusion and fall of atmospheric condensation nuclei. *Proc. R. Ir. Acad.* A45: 47–63.

Nolan, P. J., and P. J. Kennedy. 1953. Anomalous loss of condensation nuclei in rubber tubing. *J. Atmos. Terrestrial Phys.* 3: 181–185.

Pang, Y., L. A. Gundel, T. Larson, D. Finn, L. J. S. Liu, and C. S. Claiborn. 2002. Development and evaluation of a personal particulate organic and mass sampler. *Environ. Sci. Technol.* 36: 5205–5210.

Pollak, L. W., and A. L. Metnieks. 1958. New calibration of photoelectric nucleus counters. *Geofis. Pura Applicata.* 41: 201–210.

Pollak, L. W., T. C. O'Conner, and A. L. Metnieks. 1956. On the determination of the diffusion coefficient of condensation nuclei using the static and dynamic methods. *Geofis. Pura Applicata.* 34: 177–94.

Possanzini, M., A. Febo, and A. Aliberti. 1983. New design of a high-performance denuder for the sampling of atmospheric pollutants. *Atmos. Environ.* 17: 2605–2610.

Pui, D. Y. H., C. W. Lewis, C. J. Tsai, and B. Y. H. Liu. 1990. A compact coiled denuder for atmospheric sampling. *Environ. Sci. Technol.* 24: 307–312.

Raabe, O. G. 1978. A general method for fitting size distributions to multi-component aerosol data using weighted least-squares. *Environ. Sci. Technol.* 12: 1162–1167.

Ramamurthi, M., and P. K. Hopke. 1991. An automated, semicontinuous system for measuring indoor radon progeny activity-weighted size distributions, dp: 0.5-500 nm. *Aerosol Sci. Technol.* 14: 82–92.

Reineking, A., and J. Porstendörfer. 1986. High-volume screen diffusion batteries and α-spectroscopy for measurement of the radon daughter activity size distributions in the environment. *J. Aerosol Sci.* 17: 873–880.

Rich, T. A. 1966. Apparatus and method for measuring the size of aerosols. *J. Rech. Atm.* 2: 79–85.

Ruiz, P. A., J. E. Lawrence, S. T. Ferguson, J. M. Wolfson, and P. Koutrakis. 2006. A counter-current parallel-plate membrane denuder for the non-specific removal of trace gases. *Environ. Sci. Technol.* 40: 5058–5063.

Scheibel, H. G., and J. Porstendörfer. 1984. Penetration measurements for tube and screen-type diffusion batteries in the ultrafine particle size range. *J. Aerosol Sci.* 15: 673–682.

Sideman, S., D. Luss, and R. E. Peck. 1965. Heat transfer in laminar flow in circular and flat conduits with (constant) surface resistance. *Appl. Sci. Res.* A14: 157–171.

Sinclair, D. 1969. Measurement and production of submicron aerosols. In *Proceedings of the 7th International Conference on Condensation and Ice Nuclei*, J. Podzimek, ed., New York, NY, US Atomic Energy Commission, pp. 132–137.

Sinclair, D. 1972. A portable diffusion battery. *Am. Ind. Hyg. Assoc. J.* 33: 729–735.

Sinclair, D. 1986. Measurement of nanometer aerosols. *Aerosol Sci. Technol.* 5: 187–204.

Sinclair, D., and L. Hinchliffe. 1972. Production and measurement of submicron aerosols. In *Assessment of Airborne Particles*, T. T. Mercer et al. eds., Springfield, IL, Thomas, pp. 182–199.

Sinclair, D., and G. S. Hoopes. 1975. A novel form of diffusion battery. *Am. Ind. Hyg. Assoc. J.* 36: 39–42.

Sinclair, D., R. J. Countess, B. Y. H. Liu, and D. Y. H. Pui. 1979. Automatic analysis of submicron aerosols. In *Aerosol Measurement*, W. E. Clark and M. D. Durham, eds., Gainesville, FL, University Press of Florida, pp. 544–563.

Sioutas, C., P. Koutrakis, and J. M. Wolfson. 1994. Particle losses in glass honeycomb denuder sampler. *Aerosol Sci. Technol.* 21: 137–148.

Slanina, J., L. V. Lamoen-Doornebal, W. A. Lingerak, and W. Meilof. 1981. Application of a thermo-denuder analyzer to the determination of H_2SO_4, HNO_3 and NH_3 in air. *Int. J. Environ. Anal. Chem.* 9: 59–70.

Soderholm, S. C. 1979. Analysis of diffusion battery data. *J. Aerosol Sci.* 10: 163–175.

Solomon, S. B., and T. Ren. 1992. Counting efficiencies for alpha particles emitted from wire screens. *Aerosol Sci. Technol.* 17: 69–83.

Stevens, R. K. 1986. Modern methods to measure air pollutants. In: *Aerosols: Research, Risk Assessment and Control Strategies*, S. D. Lee, ed., Boca Raton, FL, Lewis, pp. 69–95.

Stevens, R. K., T. G. Dzubay, G. Russwurm, and D. Rickel. 1978. Sampling and analysis of atmospheric sulfates and related species. *Atmos. Environ.* 12: 55–68.

Strong, J. C. 1988. The size of attached and unattached radon daughters in room air. *J. Aerosol Sci.* 19: 1327–1330.

Takeuchi, M., J. Li, K. J. Morris, and P. K. Dasgupta. 2004. Membrane-based parallel plate denuder for the collection and removal of soluble atmospheric gases. *Anal. Chem.* 76: 1204–1210.

Tan, C. W., and C. J. Hsu. 1971. Diffusion of aerosols in laminar flow in a cylindrical tube. *J. Aerosol Sci.* 2: 117–124.

Tan, C. W., and J. W. Thomas. 1972. Aerosol penetration through a parallel-plate diffusion battery. *J. Aerosol Sci.* 3: 39–43.

Thomas, J. W. 1955. The diffusion battery method for aerosol particle size determination. *J. Colloid Sci.* 10: 246–255.

Twomey, S. 1975. Comparison of constrained linear inversion and an alternative nonlinear algorithm applied to the indirect estimation of particle size distribution. *J. Comput. Phys.* 18: 188–200.

Twomey, S. A., and R. A. Zalabsky. 1981. Multifilter technique for examination of the size distribution of the natural aerosol in the submicrometer size range. *Environ. Sci. Technol.* 15: 177–184.

Tymen, G., D. Kerouanton, C. Huet, and D. Boulaud. 1999. An annular diffusion channel equipped with a track detector film for long-term measurements of activity concentration and size distribution of nanometer ^{218}Po particles. *J. Aerosol Sci.* 30: 205–216.

Wasiolek, P. T., and Y. S. Cheng. 1995. Measurement of the activity-weight size distributions of radon decay products outdoors in central New Mexico with parallel and serial screen diffusion batteries. *Aerosol Sci. Technol.* 23: 401–410.

Winiwarter, W. 1989. A calculation procedure for the determination of the efficiency in annular denuders. *Atm. Environ.* 23: 1997–2002.

Wu, J. J., D. W. Cooper, and R. J. Miller. 1989. Evaluation of aerosol deconvolution algorithms for determining submicron particle size distributions with diffusion battery and condensation nucleus counter. *J. Aerosol Sci.* 20: 477–482.

Yeh, H. C., Y. S. Cheng, and M. M. Orman. 1982. Evaluation of various types of wire screens as diffusion battery cells. *J. Colloid Interf. Sci.* 86: 12–16.

17 凝结核粒子计数器

Yung-Sung Cheng
洛夫莱斯呼吸研究所，新墨西哥州阿尔伯克基市，美国

17.1 引言

凝结技术是指将小颗粒物的粒径在原位增长到一定大小，使其能用光学显微镜测量。从John Aitken（1888）时代开始，凝结技术就已用于大气气溶胶的研究，因此，大小为0.02～0.20μm的颗粒物被称为Aitken核。为了测量粒径大于0.02μm粒子的数浓度，Aitken发明了一种冷凝装置，光学显微镜观察不到的粒子，通过水蒸气冷凝来增大其粒径，然后冷却空气产生凝结，当粒径大于1μm时就能在放大镜下计数了。这些早期技术衍生出三类装置：①凝结核粒子计数器（CPC），也称为凝结核计数器（CNC），用以确定超细粒子的浓度；②云凝结核计数器，用来测量在大气环境中形成云水滴的凝结核粒子的数浓度；③云室，用以测量原子和亚原子级的高能带电粒子。本章主要介绍CPC。20世纪以来，人们就不断改进CPC的设计，如今已发明了多种CPC(McMurry，2000)。人们发展了达到过饱和/冷凝过程的三种基础技术：①绝热膨胀；②热扩散；③冷热蒸气混合。基于以上三种技术的装置非常实用，例如新型大气颗粒物的形成（第31章），室内氡子体的测定（第28章），清洁室的控制（第36章），以及亚微米气溶胶粒径的测定等。CPC是少有的几种能够测量超细粒子和纳米级粒子，即直径小于100nm粒子的仪器。后来的应用中，CPC经常与差分电迁移率分析仪或者扩散组采样器联用，作为气溶胶粒径分级的检测器（第15章和第16章）。新型改进的CPC主要用于测定纳米级颗粒物。本章将介绍CPC测量粒径大于3nm的颗粒物的原理、理论、设计及应用。CPC测量粒径小于3nm的颗粒物详见第32章。

17.2 凝结理论

CPC是检测超细粒子的装置。凝结技术的原理基于以下3个过程：①水或其他工作流体的过饱和；②水蒸气凝结后，粒子生长；③粒子检测。

17.2.1 过(度)饱和

因为光学显微镜的检出限是0.1μm，包括Aitken核在内的超细粒子因为粒径太小而不

能被光学显微镜观察到。CPC中存在一个过饱和区域，颗粒物在这里冷凝生长。虽然吸湿性颗粒物在相对湿度小于100%环境下也可能吸湿，但通常情况下，为了使颗粒物冷凝增长，这些小颗粒物需要暴露在过饱和的环境中。这是由于表面能与液滴表面弯曲程度有关，是颗粒物粒径的函数。对于大多数液体，饱和状态或平衡状态下的蒸气压（p_s，单位为Pa）是温度（开尔文温度，T）的函数：

$$\lg p_s = a - \frac{b}{T-c} \tag{17-1}$$

混合物的公式需稍做调整，如式（17-2）：

$$\lg p_s = \frac{-52.3b}{T} + c \tag{17-2}$$

表17-1列出了CPC中使用的一些工作流体常数（a、b、c），其中包括水和酒精。饱和蒸气压（p_s）的定义为，平坦液面的平衡蒸气分压。对气溶胶系统中的液滴来说，要保持平衡，分压应大于平坦液面的分压，这就是开尔文（Kelvin）效应。液滴表面的饱和蒸气压（p_d）与粒子直径（d_p）的关系，表示为：

$$\frac{p_d}{p_s} = \exp\left(\frac{4v\gamma}{RTd_p}\right) \tag{17-3}$$

式中，γ为表面张力；v为液体的摩尔体积；R为气体常数。

表17-1 CPC工作流体蒸气压

流体	公式	a	b	c
水	式(17-1)	10.23	1750	38
甲醇	式(17-1)	10.00	1233	45
乙醇	式(17-1)	10.16	1554	50.2
正丁醇	式(17-2)		46.78	11.26
邻苯二甲酸二丁酯	式(17-1)	18.39	5099	109

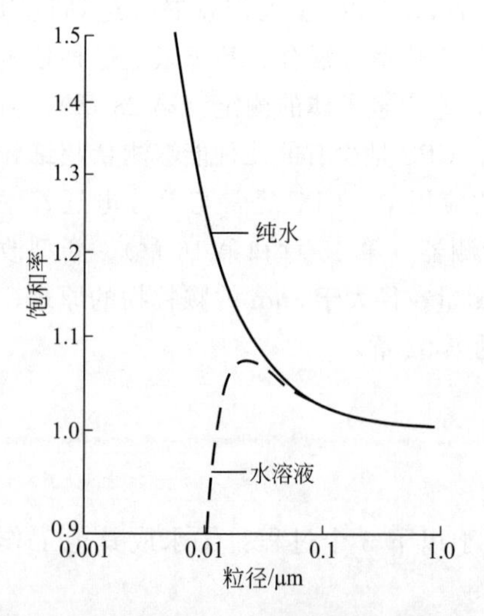

图17-1 在293K下，水的饱和率与液滴粒径的函数关系图。实线代表纯水液滴，虚线代表溶液粒子

图17-1是平衡时（$S_R = p_d/p_s$）饱和率与水滴粒子粒径的函数关系。随着颗粒物粒径的减小，引发凝结所需要的饱和率随之增大。在CPC中，在一定的饱和率水平（S_R为1.5～3）下，开尔文直径d^*［即式（17-3）中设$d^* = d_p$］是引发凝结的最小粒径，比开尔文直径大的粒子可以生长，而那些比开尔文直径小的粒子，因为太小而不能凝结水蒸气。应当注意，在式（17-3）中的水蒸气应该凝结在与其成分相同的液滴上，或者凝结在表面被工作流体湿润的非溶性粒子上。表面不可浸润的颗粒物的开尔文直径较大。

对于由不易挥发的溶质粒子和易挥发的溶剂组成的气溶胶系统，例如吸湿粒子和水蒸气共存时，气溶胶系统表层中的溶剂分子比纯溶剂系统表层的少，因此饱和蒸气压力较低。对于理想的溶液，蒸气压力的降低应该与溶液浓度成正比（Raoult 定律）。溶液液滴中，蒸气压的表达形式和开尔文公式［式（17-3）］相似（Tang，1976；Friedlander，1977）：

$$\frac{p_d}{p_s}=\delta m_f \exp\left(\frac{4\gamma v_1}{RTd_p}\right) \tag{17-4}$$

式中，δ、v_1 和 m_f 分别为活度系数、溶剂的分摩尔体积和溶质的摩尔分数。于是，溶液液滴上就存在两个竞争效应：开尔文效应趋向于增加蒸气压，而溶质效应趋向于降低蒸气压。对于理想溶液（$\delta=1$），式（17-4）能够近似表示为（Friedlander，1977）：

$$\frac{p_d}{p_s}=\exp\left(\frac{4\gamma v_1}{RTd_p}-\frac{6n_2 v_1}{\pi d_p^{\ 3}}\right) \tag{17-5}$$

式中，n_2 为溶质的物质的量。图 17-1 比较了纯净水液滴的蒸气压和溶液粒子的蒸气压，结果表明，即使在低于饱和状态的蒸气压下，溶液粒子也是稳定的。CPC 的工作流体是水，由于吸湿粒子（如氯化钠和其他盐类）易溶于水，故检出限可能较低。

如果粒子带电，表面蒸气压可降低，引发凝结的饱和率也会降低（Scheibel 和 Porstendorfer，1986）。

$$\frac{p_d}{p_s}=\exp\left\{\frac{4v}{RT}\left[\frac{\sigma}{d_p}-\frac{q^2\left(1-\frac{1}{\varepsilon}\right)}{2\pi d_p^4}\right]\right\} \tag{17-6}$$

式中，q 为所带静电荷量；ε 为液滴的介电常数。

17.2.2 液滴的生长

液滴因凝结而生长，可用式（17-7）表示：

$$d_p\frac{\mathrm{d}}{\mathrm{d}t}(d_p)=\frac{4Dv}{R}\left(\frac{p}{T}-\frac{p_d}{T_d}\right)f(Kn) \tag{17-7}$$

式中，D 为凝结蒸气的扩散系数；p 为远离粒子的周围环境的蒸气压；T 为远离粒子的周围环境的温度；v 为摩尔体积。

对于小于 0.1μm 的粒子，用 $f(Kn)$ 做 Fuchs 修正是十分重要的：

$$f(Kn)=\frac{1+Kn}{1+1.71Kn+1.333Kn^2} \tag{17-8}$$

式中，$Kn(=2\lambda/d_p)$ 为克努森数（Knudsen number）；λ 为气体介质的平均自由程；p_d 为表面蒸气压。

对于开尔文效应，p_d 能用式（17-3）计算。液滴表面的温度 T_d 包括凝结放热增加的液滴温度，能用式（17-9）预测（Hinds，1999）：

$$T_d=T+\frac{LMD}{k_v R}\left(\frac{p_\infty}{T_\infty}-\frac{p_d}{T_d}\right) \tag{17-9}$$

式中，L 为工作流体的潜热；M 为蒸气的摩尔质量；k_v 为载气的热传导率；p_∞、T_∞ 分别为远离液滴处的蒸气压和温度。

式（17-7）表示均匀液滴的生长或表面湿润的不溶性粒子的生长。Friedlander（1977）描述了可溶性粒子的生长。

17.2.3 液滴的检测

在 CPC 里，粒子生长到 2～15μm 的统一粒径时，用光学方法就能检测到。Aitken

(1888) 用光学显微镜数载玻片上的粒子数目以确定其浓度。后来，Pollak 等 (Junge，1935；Pollak 和 Daly，1958；Jaenicke 和 Kanter，1976) 在 CPC 上安装一个照相机对粒子拍照。因为数浓度是通过直接计数确定的，所以 Aitken CPC 和照相 CPC 有时是指绝对的 CPC，然而这些 CPC 需手动操作，主要用于校准利用光电方法检测粒子的新型 CPC。

Vonnegut (1949) 表示：冷凝设备中，各个水滴的最终粒径是相近的。液滴的粒径主要由系统的配置、操作条件和颗粒物的数密度决定，与颗粒物的原始粒径分布无关。这样，测量液滴形成的云的光学特征可以代替单个粒子的直接计数。早期的光电 CPC 使用的是消光方法，如 Pollak 计数器 (Pollak 和 Metnieks，1958)，而新型 CPC 使用的是光散射技术。检测系统由光源和光电探测器组成。在消光设备里，检测的是透射光；而在新型 CPC 里，光电探测器检测的是气溶胶的散射光。设备可以识别和计数单粒子的信号，散射光的强度可以用于度量粒子浓度。

17.3 凝结核粒子计数器

根据引发凝结和粒子生长的技术不同，或检测气溶胶粒子的方法不同，可以将 CPC 分类。引发过饱和状态的三种技术分别为：①绝热膨胀；②热扩散；③热蒸气和冷蒸气相混合。气溶胶检测系统包括 17.2 节提到的照相、消光和光散射三种。照相和消光方法专门用在带有膨胀（云雾）室的 CPC 中，而光散射检测方法目前用于 CPC 中——利用热系统引发凝结。本部分将介绍利用过饱和技术而设计的 CPC，重点介绍市场上已有的设备（表 17-2）。

表 17-2 市场上的冷凝颗粒物计数器

公司①	型号	类型	工作流体	检出限/nm
KAN	3885	混合型	丙二醇	10
GRI	5.401	传导制冷型	丁醇	4.5
TSI	3007	传导制冷型	丁醇	10
TSI	3772	传导制冷型	丁醇	10
TSI	3775	传导制冷型	丁醇	4
TSI	3776(UCPC)	传导制冷型	丁醇	2.5
TSI	3785	差分扩散	水	5
TSI	3786(UCPC)	差分扩散	水	2.5

① 指附录 I 中完整列出了三个字母代码所指的生产厂商的地址索引。

17.3.1 凝结核粒子计数器介绍

这里介绍四种 CPC，引发过饱和状态的方法描述如下。

17.3.1.1 膨胀型凝结核粒子计数器

膨胀型 CPC 由湿度调节器、膨胀室和检测器组成，其工作流体是水。首先在室温下增加气溶胶系统的湿度，直到水蒸气饱和，然后通过体积膨胀或者压力释放的方法快速冷却膨胀室内的气溶胶。在较低温度下，膨胀室内的气溶胶变成过饱和状态，接着水蒸气凝结在粒子上。膨胀型 CPC 最初是由 Aitken 设计的（1888），后来其他人又做了改进。在 19 世纪 50—60 年代，人们在这些改进的基础上开发了一些商用设备，包括 Pollak 计数器（Pollak 和 Metnieks，1958）、Rich 计数器（Rich，1955，1961）、Environment One 和 Gardner 计数器（Hogan 和 Gardner，1968）以及 GE 计数器（Skala，1963；Haberl，1979）。

最初的 Aitken 计数器使用活塞引起空气体积膨胀，其他类型的计数器通过降低膨胀室内压力而引起膨胀。在超压系统里，使用手压泵将空气推进膨胀室里以增加压力（Pollak 计数器；Pollak 和 Metnieks，1958），然后打开阀门把压力释放到环境压力值。Environment One 200 型 CPC（Rich，1961；Skala，1963）使用真空系统将膨胀室里的常压空气释放到排泄室里。体积或压力膨胀率由膨胀室的几何大小确定，由式（17-10）、式（17-11）定义：

$$\text{压力膨胀率}=\frac{p_i}{p_f} \tag{17-10}$$

$$\text{体积膨胀率}=\frac{v_f}{v_i} \tag{17-11}$$

式中，p_i 和 p_f 分别为膨胀阶段开始与结束时的压力；v_f 和 v_i 分别为膨胀阶段开始与结束时的体积。CPC 里的膨胀率决定水蒸气的过饱和率。通常，假定理想气体的干绝热膨胀仅限于空气和水蒸气的膨胀，因为它们在短期膨胀中不产生热传导。在这些假定下，两个膨胀率有下面的关系：

$$\frac{p_i}{p_f}=\left(\frac{v_f}{v_i}\right)^{\gamma} \tag{17-12}$$

式中，γ 为绝热指数，空气的绝热指数是 1.4。因为两个膨胀率都大于 1，式（17-12）表明，压力膨胀率比体积膨胀率大。CPC 的压力膨胀率的范围为 1.1～1.5（Miller 和 Bodhaine，1982）。

膨胀之后、凝结开始时的膨胀室温度（T_f）与膨胀前的初始温度（T_i）以及膨胀系数的关系如下：

$$\frac{T_f}{T_i}=\left(\frac{p_f}{p_i}\right)^{\frac{\gamma-1}{\gamma}}=\left(\frac{v_i}{v_f}\right)^{\gamma-1} \tag{17-13}$$

这时，系统中的水蒸气成为过饱和状态，饱和率定义为水的分压 $p(T_f)$ 与饱和水压力 $p_s(T_f)$ 的比率：

$$S_R=\frac{p(T_f)}{p_s(T_f)} \tag{17-14}$$

假如空气先用水饱和，与式（17-12）类似，膨胀之后水的分压为：

$$\frac{p(T_f)}{p_s(T_i)}=\left(\frac{v_i}{v_f}\right)^{\gamma}=\frac{P_f}{P_i} \tag{17-15}$$

将式（17-15）代入式（17-14），可以得到用饱和蒸气压和压力膨胀率表示的饱和率：

$$S_R=\frac{p(T_f)}{p_s(T_f)}\times\frac{P_f}{P_i} \tag{17-16}$$

通常，膨胀型 CPC 是循环工作模式。先在膨胀室内充满气溶胶和水蒸气，然后发生膨胀，气溶胶得到生长，并确定浓度。在照相 CPC（Pollak 和 Daly，1985；Jaenicke 和 Kanter，1976；Scheibel 和 Porstendörfer，1986）中，附加了照相和计数程序来测量气溶胶浓度。一些早期的 CPC，包括 Pollak 计数器和其他的照相 CPC，使用的是慢速手动超压系统，它们是其他 CPC 的基本标准，因为人们认为，直接测量粒子浓度的方法就是计数。Environment One 和 Gardner CPC（Skala，1963）使用的是真空系统，并用回转阀控制膨胀循环。在连续操作的情况下，采样速度为每秒 1～5 个循环。Kurten 等（2005）描述过一种以 10s 一个循环的准连续膨胀 CPC。根据水滴生长过程中检测到的信号，利用 Mie 理论，可以得出颗粒物的数浓度。它的最小检出直径为 3.5nm。

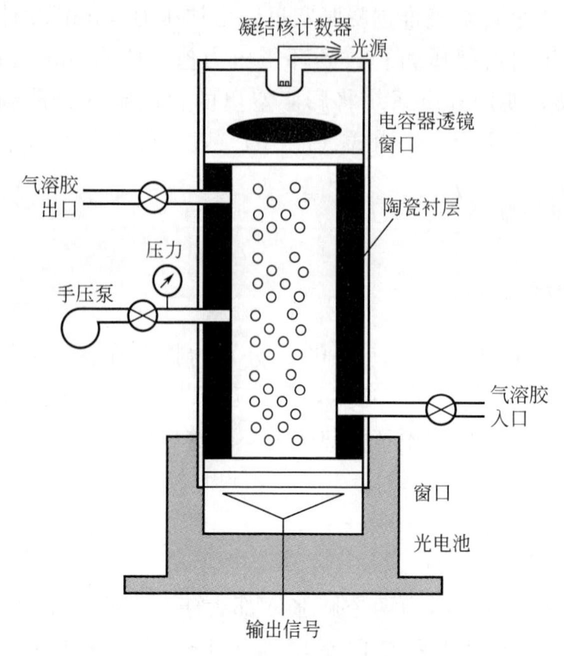

图 17-2　Pollak 计数器原理图

图 17-2 为 Pollak 计数器的原理图（Pollak 和 Metnieks，1958）。计数器包括垂直膨胀室或带有水饱和陶瓷内衬的烟雾管（内径 0.025m，长度 0.60m），上方是光源，底部是光电探测器以及手压泵。烟雾管具有吸湿和膨胀两项功能，同时为光电探测器提供了光路。首先将膨胀室充满气溶胶，然后关闭膨胀室的出口、入口。接着，操作手压泵对烟雾管加压，使它的压力超出环境压力 21.3kPa（160mmHg）。延时片刻以使空气饱和，测量初始光强度。然后，打开膨胀阀门使空气膨胀到环境压力。第二次读数、最终读数与初始读数的比率就反映了光的透射。针对照相 CPC 测得的气溶胶的浓度，Pollak 和 Metnieks 制作了校正表格（1958）。后来，Liu 和 Sindair 利用气溶胶分析器产生的单分散性气溶胶验证了这些表格数据的正确性（Liu 等，1975；Sinclair，1984）。

17.3.1.2　传导冷却型凝结核计数器

膨胀型 CPC 的主要缺点是气流是循环的，当用 CPC 测量扩散组采样器和电迁移率分析器中的浓度时，要求流量稳定，因此，膨胀型 CPC 的循环气流不符合要求。连续流 CPC 的原理是，热冷却可以诱发系统中稳定流工作流体的超饱和。Sinclair 和 Hoopes（1975b）、Bricard 等（1976）以及 Agarwal 和 Sem（1980）最早设计了传导冷却型 CPC。如图 17-3 所示，传导冷却型 CPC 由饱和器、冷凝器和粒子检测器组成。气溶胶先通过温度不断升高的酒精储备槽，在设定温度下，工作流体使气溶胶达到饱和，然后进入冷凝管。通过冷凝管的内壁使其一直保持较低的温度。在冷凝管里，传导制冷代替了气体制冷，这样，冷却的气溶胶蒸气就达到过饱和状态。工作流体为乙醇或者丁醇，因为它们的分子相对较大，随着气流的冷却，蒸气仍能保持较高浓度，主要由于少量的冷凝液扩散迁移到冷凝管壁上。这样就在冷凝管内形成了一个过饱和区域，促进了颗粒物的冷凝生长，最终形成液滴。酒精蒸气的浓度和温度与其在冷凝管中的位置有关，并且可以由热质传导公式解出（Ahn 和 Liu，1990；Zhang 和 Liu，1990；Stolzenburg 和 McMurry，1991）。

图 17-3 为 Agarwal 和 Sem（1980）介绍的连续流 CPC（型号 3022，TSI[❶]）。充满丁

❶ 三个字母缩写表示的公司名称及地址见附录Ⅰ。

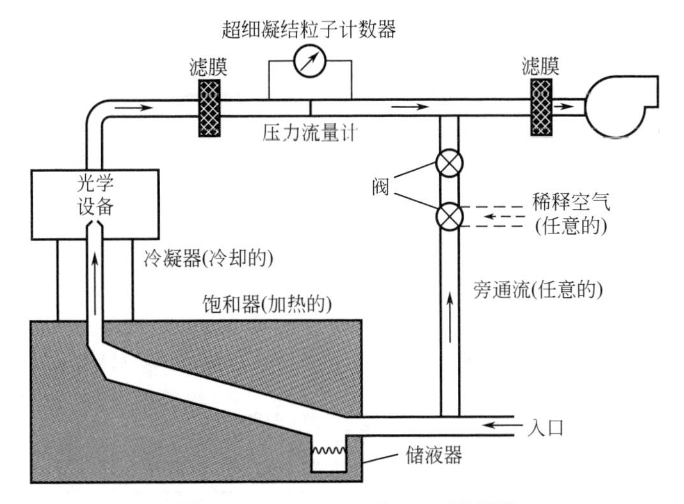

图 17-3 TSI 3022 型 CPC 原理图

醇的饱和器的温度保持在 35℃，冷凝管的温度保持在 10℃。气溶胶的流量为 $5\times10^{-6}m^3/s$（300mL/min）。在标准大气压状态下，由于气溶胶温度下降的速度要比蒸汽浓度损耗的速度快，所以可以达到过饱和（Zhang 和 Liu，1990）。冷凝管的下行气流中，最高饱和率主要出现在管道中部，因为管道中部的水蒸气浓度较高，而在管壁附近则较低。由于水蒸气的浓度分布不均匀，所以并不是所有的粒子都能生长，这就降低了小于 10nm 的粒子的计数效率（Su 等，1990；McDermott 等，1991；Kesten 等，1991；Sem，2002）。光散射系统能检测到粒径约为 12μm 的粒子。浓度低于 10^9 个$/m^3$ 时，粒子检测器作为单粒子计数器使用；在浓度较高的地方，粒子检测器作为光度计使用。造成纳米级粒子的计数效率降低的原因是粒子在流动通道中的扩散以及不完全生长，造成不完全生长的原因是冷凝器里的水蒸气浓度不同（Egilmez 和 Davies，1984）。为了提高纳米级粒子的计数效率，Wilson 等（1983）改进了冷凝管。这样，用低压 CPC 测量气溶胶时，气溶胶进入冷凝管中部，其周围围绕有洁净的酒精饱和保护气。基于相同原理，Stolzenburg 和 McMurry（1991）设计了最低检出限（70%的粒子大于 3nm）的连续流 CPC（TSI），将其称为超细粒子凝结核计数器（UCPC），如图 17-4 所示。

17.3.1.3 差分扩散凝结核粒子计数器

在一些连续流气溶胶计数器装置中（如扩散组采样器和扫描迁移率分析仪），连续流 CPC 或者 CPC 起到重要作用。在许多装置中，可以用水作为工作流体的连续流 CPC，因为它避免了办公室和其他室内环境下酒精挥发和意外洒出带来的问题。但是，当用水作为冷凝蒸汽时，上述的扩散冷却型 CPC 并不能很好地工作，因为水蒸气的质量扩散率很大。例如，20℃下水蒸气的质量扩散率为 $2.4\times10^{-5}m^2/s$，比空气的热力学扩散率（$2.0\times10^{-5}m^2/s$）要大。因此，在热力扩散冷却型 CPC 中，水蒸气扩散到冷凝壁的速度要比气流的冷却速度快。这会使得水蒸气大量减少，从而导致其过饱和度低于冷热饱和气流简单混合的过饱和度（Hering 和 Stolzenburg，2005）。

另一方面，当冷空气流进入具有湿热壁的增长管时，水蒸气从管壁扩散到管中心的速度要快于气溶胶的加热速度，这会导致过饱和度高于简单混合的过饱和度（Hering 和 Stolzenburg，2005）。Hering 和 Stolzenburg 曾报道，流线型水蒸气过饱和区域的形成不是依赖于

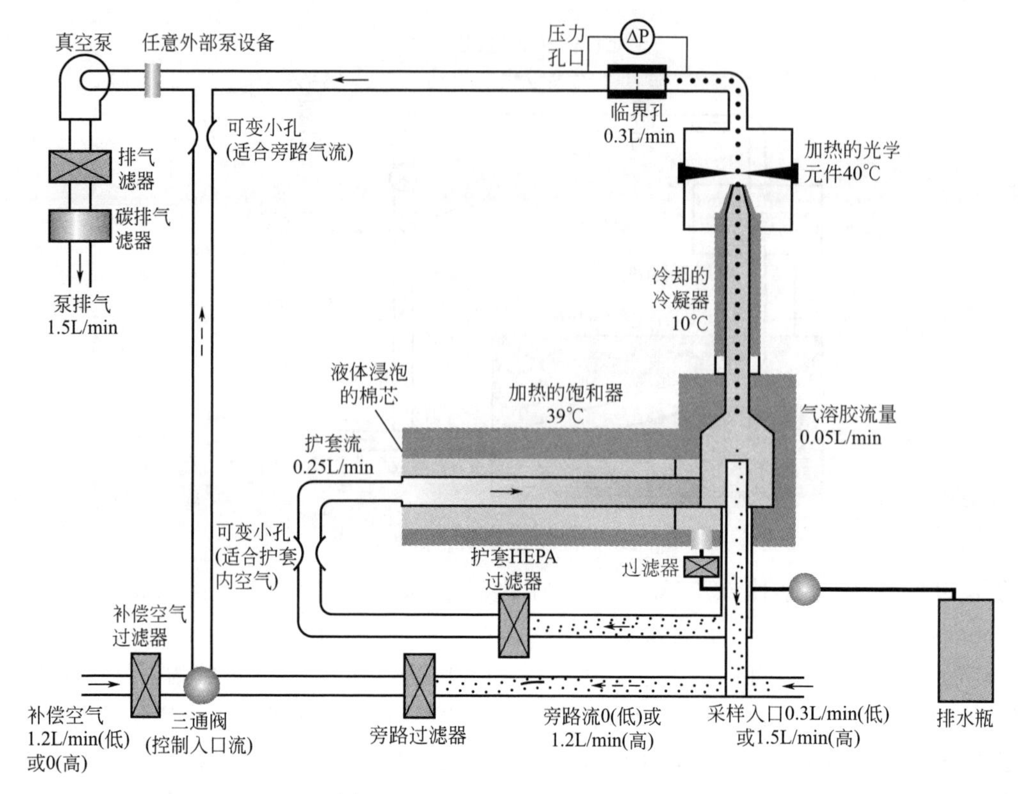

图 17-4 TSI 3025 型 CPC 原理图

冷凝管壁温度的降低，而主要是由于冷凝管内热量和质量迁移速度差异的大小，而它反过来又依赖于载气（空气）热力学扩散率和凝结气（水蒸气）质量扩散率的相对大小。一些作者称这种具有湿热壁的系统为“增长管（growth tube）”。这种增长管方法对水蒸气是有效的，但是对于丁醇，由于它的扩散率较小，所以这种方法并不适用。

基于增长管的原理，人们发明了几种水基凝结颗粒物计数器（WCPC）。第一台型号为 TSI 3785 的 WCPC 的示意图如图 17-5 所示。样气进入一个具有湿壁的管道内，前半部分保持在 20℃，作为预调节；后半部分加热到 60℃，作为凝结或增长的区域（Hering 等，2005；Liu 等，2006）。这种 WCPC 采集气溶胶的速率为 1L/min，发生凝结的活性粒径最小时可接近 5nm（Petaja 等，2006）。另外一种具有保护气的 WCPC，气溶胶的采集速率为 0.3L/min，由等量的颗粒物自由气流包围着，它预调节的温度为 12℃，增长管内的温度为 75℃，最小检出粒径接近 2.5nm（Iida 等，2008；Kulmala 等，2007），如图 17-6 所示。目前还有一种很常见的便携式低流量 WCPC，主要用于微环境的监测。

每一种装置中，气溶胶流都是先通过一个湿冷的预调节器，从而进行温度平衡，并得到饱和水蒸气。然后进入具有湿热壁的增长管冷却饱和的气流。水蒸气以比传输到管壁的热量更快的速度进入气溶胶流的中心。这主要是因为水蒸气的质量扩散率比空气的热力学扩散率要大。通过这种设计，在气流的中部达到最大程度的过饱和。在这个区域内，水蒸气达到过饱和，并凝结在所有粒径大于最小成核直径的颗粒物上。增大后的液滴离开喷嘴，通过聚焦后的激光束，得到逐个计数。有些 WCPC 与光度计联用，可用于测量高浓度颗粒物。

17.3.1.4 混合型 CPC

混合型 CPC（MCPC）结合了不同温度下的两种蒸气。两种气流都可以使气溶胶气流饱

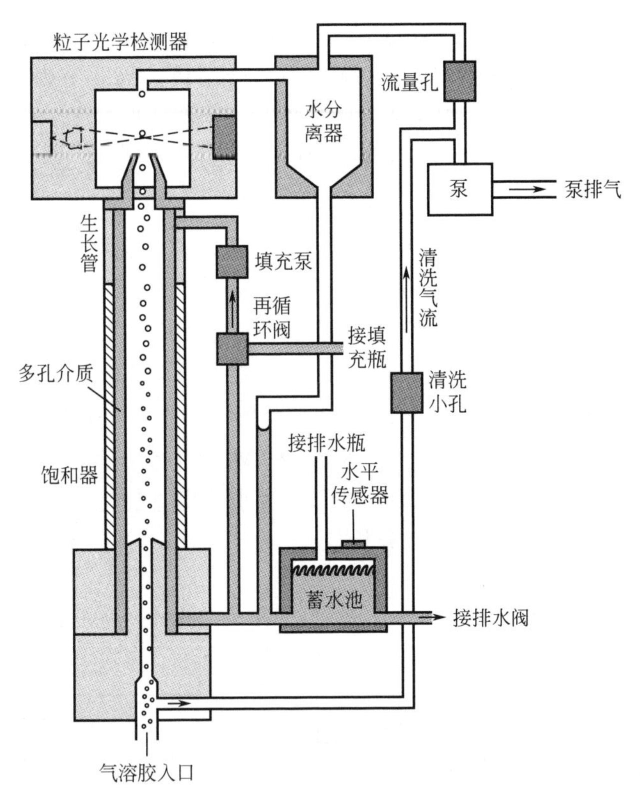

图 17-5 TSI 3785 型 WCPC 原理图

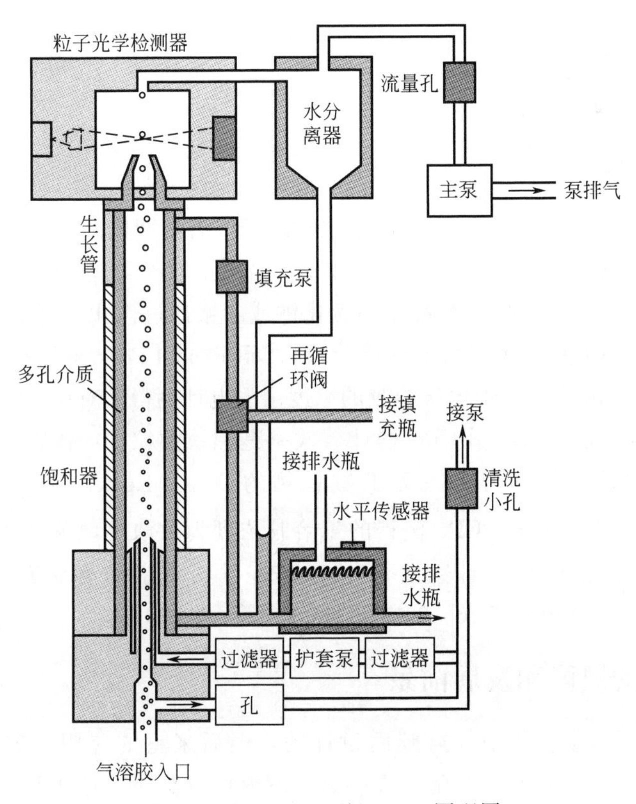

图 17-6 TSI 3786 型 WCPC 原理图

和。其中，热蒸气是高沸点的邻苯二甲酸二丁酯饱和蒸气或癸二酸二辛酯饱和蒸气。这种CPC包括带有工作流体储存槽的饱和器、混合器和粒子检测器。气溶胶流和热蒸气流在喷嘴里快速混合成混合气体，混合气体在绝热环境下被冷却。然后，根据两种蒸气的初始温度和流动速度，计算出温度和蒸气浓度。在稳定的连续流状态下，水蒸气凝结在粒子上。根据操作条件和数浓度，可以计算出粒径（Okuyama 等，1984）。这种装置最初在苏联使用（Sutugin 和 Fuchs，1965），主要用作超细粒子产生器，称作粒径放大器。该设备与粒子检测系统结合后，就作为 CPC 使用（Okuyama 等，1984）。与热冷却型 CPC 相比，这类 CPC 有两个优点：①响应速度快；②气溶胶扩散损失最小，原因是气溶胶流不通过饱和器，因而气溶胶的传输距离短。在商业应用中，混合型 CPC 在流量 $4.7\times10^{-5}m^3/s$ 下操作，工作流体为丙二醇（型号为 3885，KAN）。Wang 等（2002）介绍了一种快速型 MCPC，工作流体为丁醇，流量为 $1.08\times10^{-4}m^3/s$（图 17-7）。这种 MCPC 将总的响应时间缩短到 0.45s，小于 TSI UCPC（型号为 3025）2.7s 的反应时间。最小检出直径为 5nm。由于响应时间较短，它可以应用在快速扫描的差分电迁移率分析仪中。

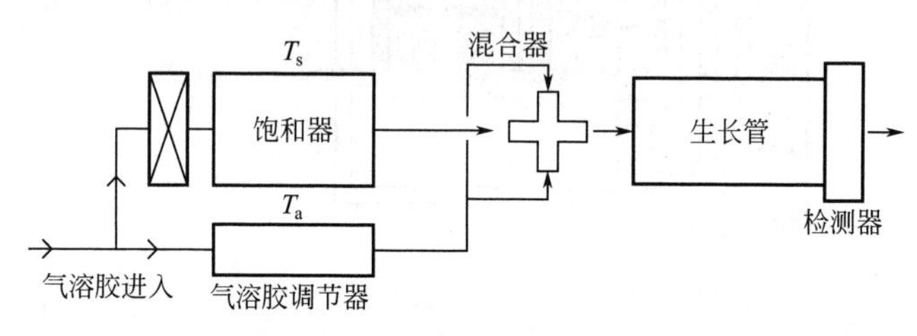

图 17-7 混合型 CPC 原理图

17.4 CPC 性能

17.4.1 校准和评估

CPC 显示的浓度值必须经过校准。光电膨胀型 CPC 的早期校准是把照相 CPC 或者 Aitken CPC 的值作为标准值进行校准。随着连续流 CPC 的发展，CPC 的校准（包括计数效率）成为颗粒物粒径的函数（Sem，2002）。校准采用氯化钠或者银通过汽化/冷凝产生带正电的单分散气溶胶颗粒物，在静电分级器中进行电迁移分级（Scheibel 和 Porstendorfer，1983）。测试气溶胶粒径分布在 2～200nm 之间。带电气溶胶的浓度由静电计测得。对比 CPC 的读数和静电计指示的带电气溶胶的浓度，结果显示 CPC 的计数效率是颗粒物粒径的函数。从计数效率曲线中可以估算出 d_{50}，即计数效率为 50% 处的颗粒物的直径（Kesten 等，1991；Zhang 和 Liu，1990），通常被称作最小检出限。CPC 测得的气溶胶浓度为数浓度，单位通常为个/cm^3。现在已有很多实验室将不同类型 CPC 计数效率进行比较，其中包括许多研究机构在内（Bartz 等，1985；Wisdensohler 等，1997；Sem，2002；Ankilov 等，2002）。

17.4.2 CPC 的缺陷和发展前景

CPC 最初是为了测量大气中气溶胶而设计的，但后来它的应用扩展到很多研究和工业领域，包括大气中新粒子生成的研究、清洁室和室内环境监测、过滤和呼吸装置的测试、纳米颗粒物的检测和粒径测量。随着新应用的产生，人们正在探索 CPC 的效用和缺陷，已经有新的设计来提高它的效用。现在市售 CPC 的主要缺陷包括响应时间、最小检出限和小颗粒的扩散损失。

Russell 等（1995）将 CPC 内的气流模拟成一个与混合区域相连的塞子状气流。冷凝颗粒计数器的响应时间包括将所有颗粒物都固定的通过塞子区域的管道时间、随机离开混合区域的特征混合时间。Quant 等（1992）测试了几个 TSI CPC 的响应时间。TSI 3010 CPC 的管道内时间为 1.2s，混合时间为 0.9s。作为对比，低流量操作模式下，TSI 3025 UCPC 管道内时间为 1.7s，混合时间为 1s。当把 CPC 用作扫描电迁移率粒径谱仪时，CPC 的响应时间将限制粒径分布的测量时间（Wang 等，2002）。Wang 与其他人一起发明了一种反应迅速的混合式 CPC，将在管内的时间和混合的时间分别减少了 0.38s 和 0.058s。他们指出，当这种混合式 CPC 用于扫描电迁移率粒径谱仪时，可以实现快速的 3s 扫描，省略了大量数据的处理。

随着颗粒物粒径的减小，CPC 的扩散损失会增加，从而导致 10nm 以下颗粒物的计数效率降低。当颗粒物直径接近开尔文直径［能够冷凝的最小直径，式（17-3）］时，计数效率也会降低。颗粒物在冷凝水蒸气中的可溶性、颗粒物表面的湿度以及带电状态等都会影响它们的最小检出直径［式（17-5）、式（17-6）；Iida 等，2009］。目前市售 UCPC 的最小检出限一般在 2.5～3nm，正努力将最小检出直径减小到 2nm 左右（第 32 章）。Kim 等（2003）描述了一种乙二醇 MCPC，它可以检测到流动直径为 1.6nm 的氯化钠颗粒物，检测效率达到 100%。同时，Iida 等（2009）曾报道，TSI 3025 UCPC 中，活化直径是工作流体的函数，工作流体包括乙二醇、二甘醇、丙二醇、油酸和 DOS。用二甘醇和油酸作为工作流体时，对于带负电荷的颗粒物，氯化钠、硫酸铵和银在 50%活化效率下的直径可分别达到 1.2nm 以下、1.4～15nm、1.9～2.0nm。对于 50%活化效率下的离子直径，阴离子直径要比阳离子的小。

【例 17-1】 膨胀型 CPC，工作流体是水，压力膨胀率为 1.12。假设这个 CPC 在室温 293K（20℃）和 98.6kPa 压力下操作，求在此 CPC 里能够生长的最小粒子直径是多少？

解：解答步骤如下。

1. 由式（17-13）算出膨胀后的温度 T_f：

$$T_f = T_i\left(\frac{p_f}{P_i}\right)^{\frac{\gamma-1}{\gamma}} = 293.2\left(\frac{1}{1.21}\right)^{\frac{0.4}{1.4}} = 277.7\mathrm{K} = 4.5℃$$

2. 由式（17-1）计算饱和水压力 $p_s(T_i)$ 和 $p_s(T_f)$：

$$p_s(T_i) = 10^{\left(10.23 - \frac{1750}{293.1-38}\right)} = 2.36\mathrm{kPa}$$

同理：

$$p_s(T_f) = 850\mathrm{Pa}$$

3. 由式（17-16）估计超饱和率：

$$S_R = \frac{2360}{850} \times \frac{1}{1.21} = 2.30$$

4. 用式（17-3）和表面张力计算开尔文直径：

$$d^* = \frac{4\times 0.075\mathrm{N/m}\times 1.8\times 10^{-5}\mathrm{m^3/Gmol}}{8.31\mathrm{N/(m\cdot Gmol\cdot K)}\times 277.7\mathrm{K}\times \ln 2.30}$$
$$= 2.81\times 10^{-9}\mathrm{m} = 2.81\mathrm{nm}$$

17.5 符号列表

D	颗粒物的扩散系数，m^2/s
Kn	克努森数，$Kn=2\lambda/d_p$
k_v	载气的热传导率，[式（17-9）]
L	潜热，[式（17-9）]
M	摩尔质量
m_f	溶质的摩尔分数
p	蒸气压，N/m^2，Pa，atm
p_s	饱和蒸汽压，N/m^2，Pa，atm
q	荷电量
R	特定气体常数
S_R	压力扩张率 [式（17-14）]
T	温度，K,℃
γ	表面张力，N/m；绝热指数 [式（17-12）]
δ	活度系数 [式（17-4）]
ε	介电常数
λ	平均自由程，m，μm
v	液体的摩尔体积

17.6 参考文献

Agarwal, J. K., and G. J. Sem. 1980. Continuous flow, single-particle-counting condensation nucleus counter. *J. Aerosol Sci.* 11: 343–357.

Ahn, K. H., and B. Y. H. Liu. 1990. Particle activation and droplet growth processes in condensation nucleus counter—I. theoretical background. *J. Aerosol Sci.* 21: 263–276.

Aitken, J. 1888. On the number of dust particles in the atmosphere. *Proc. R. Soc. Edin.* 35: 1–19.

Ankilov, A., A. Baklanov, M. Colhoun, K.-H. Enderle, J. Gras, Yu. Julanov, D. Killer, A. Lindner, A. A. Lushnikov, R. Mavliev, F. McGovern, A. Mirme, T. C. O'Connor, J. Podzimek, O. Preining, G. P. Reischl, R. Rudolf, G. J. Sem, W. W. Szymanski, E. Tamm, A. Vrtala, P. E. Wagner, W. Winklmayr, and V. Zagaynov. 2002. Intercomparison of number concentration measurements by various aerosol particle counters. *Atm. Res.* 62: 177–207.

Bartz, H., H. Fissan, C. Helsper, Y. Kousaka, K. Okuyama, N. Fukushima, P. B. Keady, S. Kerrigan, S. A. Fruin, P. H. McMurry, D. Y. H. Pui, and M. R. Stolzenburg. 1985. Response characteristics for four different condensation nucleus counters to particles in the 3–50 nm diameter range. *J. Aerosol Sci.* 5: 443–456.

Bricard, J., P. Delattre, G. Madelaine, and M. Pourprix. 1976. Detection of ultra-fine particles by means of a continuous flux condensation nuclei counter. In *Fine Particles*, B. Y. H. Liu (ed.). New York: Academic, pp. 566–80.

Egilmez, N., and C. N. Davies. 1984. An investigation into the loss of particles by diffusion in the Nolan-Pollack condensation nucleus counter. *J. Aerosol Sci.* 15: 177–181.

Friedlander, S. K. 1977. *Smoke, Dust and Haze*. New York: John Wiley and Sons.

Haberl, J. B. 1979. General Electric condensation nuclei counters. In *Aerosol Measurement*, D. A. Lundgren, F. S. Harris, W. H. Marlow, M. Lippmann, W. E. Clark, and M. D. Durham (eds.). Gainesville, FL: University Press of Florida, pp. 568–73.

Hering, S. V., and M. R. Stolzenburg. 2005. A method for particle size amplification by water condensation in a laminar thermally diffusive flow. *Aerosol Sci. Technol.* 39: 428–436.

Hering, S. V., M. R. Stolzenburg, F. R. Quant, D. R. Oberreit, and P. B. Keady. 2005. A laminar-flow water-based condensation particle counter (WCPC). *Aerosol Sci. Technol.* 39: 659–672.

Hinds, W. C. 1999. *Aerosol Technology: Properties, Behavior, and Measurement of Airborne Particles*. New York: John Wiley and Sons.

Hogan, A. W., and G. Gardner. 1968. A nucleus counter of increased sensitivity. *J. Rech. Atm.* 3: 59–61.

Iida, K., M. R. Stolzenburg, and P. H. McMurry. 2009. Effect of working fluid on sub-2 nm particles detection with a laminar flow ultrafine condensation particle counter. *Aerosol Sci. Technol.* 43: 81–96.

Jaenicke, R. K., and H. J. Kanter. 1976. Direct condensation nuclei counter with automatic photographic recording, and general problems of absolute counters. *J. Appl. Meteorol.* 15: 620–632.

Junge, C. 1935. Neuere Untersuchungen an der Grossen Atmospharischen Kondensationskerne. *Meteorol. Z.* 52: 467–470.

Kesten, J., A. Reineking, and J. Porstendörfer. 1991. Calibration of a TSI model 3025 ultrafine condensation nucleus counter.

Aerosol. Sci. Technol. 15: 107–111.

Kim, C. S., K. Okujama, and J. Fernandez de la Mora. 2003. Performance evaluation of an improved particle size magnifier (PSM) for single nanoparticle detection. *Aerosol Sci. Technol.* 37: 791–803.

Kulmala, M., G. Mordas, T. Petaja, T. Gronholm, P. P. Aalto, H. Vehkamaki, A. I. Hienola, E. Herrmann, M. Sipila, I. Riipinen, H. Manninen, K. Hameri, F. Stratmann, M. Bilde, P. M. Winkler, W. Birmili, and P. E. Wagner. 2007. The condensation particle counter battery (CPCB): a new tool to investigate the activation properties of nanoparticles. *J. Aerosol Sci.* 38: 289–304.

Kurten, A., J. Curtius, B. Nillius, and S. Borrmann. 2005. Characterization of an automated water-based expansion condensation nucleus counter for ultrafine particles. *Aerosol Sci. Technol.* 39: 1174–1183.

Liu, W., S. L. Kaufman, B. L. Osmondson, G. J. Sem, F. R. Quant, and D. R. Oberreit. 2006. Water-based condensation particle counters for environmental monitoring of ultrafine particles. *J. Air Waste Manage. Assoc.* 56: 444–455.

Liu, B. Y. H., D. Y. H. Pui, A. W. Hogan, and T. A. Rich. 1975. Calibration of the Pollak counter with monodisperse aerosols. *J. Appl. Meteorol.* 14: 46–51.

McDermott, W. T., R. C. Ockovic, and M. R. Stolzenburg. 1991. Counting efficiency of an improved 30-A condensation nucleus counter. *Aerosol Sci. Technol.* 14: 278–287.

McMurry, P. H. 2000. The history of condensation nucleus counters. *Aerosol Sci. Technol.* 33: 297–322.

Miller, S. W., and B. A. Bodhaine. 1982. Supersaturation and expansion ratios in condensation nuclei counters: An historical perspective. *J. Aerosol Sci.* 13: 481–490.

Okuyama, K., Y. Kousaka, and T. Motouchi. 1984. Condensational growth of ultrafine aerosol particles in a new particle size magnifier. *Aerosol Sci. Technol.* 3: 353–366.

Petaja, T., H. Manninen, K. Hameri, P. P. Aalto, and M. Kulmala. 2006. Detection efficiency of a water-based TSI condensation particle counter 3785. *Aerosol Sci. Technol.* 40: 1090–1097.

Pollak, L. M., and J. Daly. 1958. An improved model of the condensation nucleus counter with stereo-photomicrographic recording. *Geofis. Pura Applicata.* 41: 211–216.

Pollak, L. W., and A. L. Metnieks. 1958. New calibration of photoelectric nucleus counters. *Geofis. Pura Applicata.* 41: 201–210.

Quant, F. R., R. Caldow, G. J. Sem, and T. J. Addison. 1992. Performance of condensation particle counters with three continuous-flow designs. *J. Aerosol Sci.* 23: S405–S408.

Rich, T. A. 1955. A photo-electric nucleus counter with size discrimination. *Geofis. Pura Applicata.* 31: 60–65.

Rich, T. A. 1961. A continuous recorder for condensation nuclei. *Geofis. Pura Applicata.* 50: 46–52.

Russell, L. M., R. C. Flagan, and J. H. Seinfeld. 1995. Asymmetric instrument response resulting from mixing effects in accelerated DMA-CPC measurements. *Aerosol Sci. Technol.* 23: 491–509.

Scheibel, H. G., and J. Porstendörfer. 1983. Generation of monodisperse Ag and NaCl—aerosols with particle diameters between 2 and 300 nm. *J. Aerosol Sci.* 14: 113–126.

Scheibel, H. G., and J. Porstendörfer. 1986. Counting efficiency and detection limit of condensation nuclei counters for submicrometer aerosols. I. Theoretical evaluation of the influence of heterogeneous nucleation and wall losses. *J. Colloid Interf. Sci.* 109: 261–274.

Sem, G. J. 2002. Design and performance characteristics of three continuous-flow condensation particle counters: A summary. *Atm. Res.* 62: 267–294.

Sinclair, D. 1984. Intrinsic calibration of the Pollak Counter—A revision. *Aerosol Sci. Technol.* 3: 125–134.

Sinclair, D., and G. S. Hoopes. 1975. A continuous flow condensation nucleus counter. *J. Aerosol Sci.* 6: 1–7.

Skala, G. F. 1963. A new instrument for the continuous measurement of condensation nuclei. *Anal. Chem.* 35: 702–706.

Stolzenburg, M. R., and P. H. McMurry. 1991. An ultrafine aerosol condensation nucleus counter. *Aerosol Sci. Technol.* 14: 48–65.

Su, Y. F., Y. S. Cheng, G. J. Newton, and H. C. Yeh. 1990. Counting efficiency of the TSI model 3020 condensation nucleus counter. *Aerosol Sci. Technol.* 12: 1050–1054.

Sutugin, A. G., and N. A. Fuchs. 1965. Coagulation rate of highly dispersed aerosols. *J. Colloid Sci.* 20: 492–500.

Tang, I. K. 1976. Phase transformation and growth of aerosol particles composed of mixed salts. *J. Aerosol Sci.* 7: 361–372.

Vonnegut, B. 1949. A continuous recording condensation nuclei meter. First National Air Pollution Symposium, Los Angeles, CA. pp. 36–44.

Wang, J., V. F. McNeill, D. R. Collins, and R. C. Flagan. 2002. Fast mixing condensation nucleus counter: application to rapid scanning differential mobility analyzer measurements. *Aerosol Sci. Technol.* 36: 678–689.

Wiedensohler, A., D. Orsini, D. S. Covert, D. Coffmann, W. Cantrell, M. Havlicek, F. J. Brechtel, L. M. Russell, R. J. Weber, J. Gras, J. G. Hudson, and M. Litchy. 1997. Intercomparison study of the size-dependent counting efficiency of 26 condensation particle counters. *Aerosol Sci. Technol.* 27: 224–242.

Wilson, J. C., J. H. Hyun, and E. D. Blackshear. 1983. The function and response of an improved stratospheric condensation nucleus counter. *J. Geophys. Res.* 88: 6781–6785.

Zhang, Z. Q., and B. Y. H. Liu. 1990. Dependence of the performance of TSI 3020 condensation nucleus counter on pressure, flow rate and temperature. *Aerosol Sci. Technol.* 13: 493–504.

18 基于电学的气溶胶检测仪器

Suresh Dhaniyala
克拉克森大学机械与航空研发部，纽约州波茨坦市，美国
Martin Fierz
瑞士西北高等专业学院气溶胶与感应技术研究中心，温蒂斯基市，瑞士
Jorma Keskinen，Marko Marjamaki
坦佩雷理工大学物理学院，坦佩雷市，芬兰

18.1 引言

这章讨论几种基于电学的气溶胶实时检测仪器的设计和操作。带电粒子检测和测量技术的发展有很长的历史，早在19世纪末至20世纪初就利用该技术对大气中离子迁移率进行了测量（Flagan，1998）。最初气溶胶电测量技术主要反映了离子迁移谱技术的发展。在早期气溶胶电设备中，大气中的粒子被采集到金属电极上，用静电计来测量流动的带电粒子形成的电流（可以放大较小的电流）。这些检测基于采样粒子的天然带电，因此仅对带电量大和数量大的粒子比较敏感。

为推断出用电学检测气溶胶的更多定量信息，有必要首先知道粒子所带的电荷，这促进了可以提供持续的和高充电效率的外部气溶胶充电器的发展，并对气溶胶电检测设备的广泛应用起到重要作用。最早的气溶胶电检测设备是EAA（电气溶胶分析仪；Liu和Pui，1975）。在CPC（凝结核粒子计数器；第17章）之前，EAA广泛用于粒径分布的检测。CPC具备单粒子计数功能，使气溶胶电检测设备整体得到大幅度的改进，与差分电迁移率分析仪（DMA）联用，就能极大提高气溶胶粒径分布检测的准确性和可靠性。这一发展最终导致了EAA的淘汰。

然而，最近，电感应设备成了热点，因为：

① 提高了特殊应用的荷电的实用性。为适应一些特殊的应用，许多荷电依据气溶胶粒径的变化都进行了改进，以减小单个粒子上带多电荷水平的概率。新的电感应设备的开发，使气溶胶测量技术更为可靠（体表、肺沉积表面等）。

② 高灵敏度静电计的实用性。电学方面的显著进步，使得静电计相比之前有更低的检出限。目前商业化的静电计可以检测低于1fA（$1fA=10^{-15}A$）的电流（例如，Keithley

6430仪器在1min采样期间有0.4fA的峰间值噪声)，相比20世纪50年代而言，这是一个很大的进步。静电计灵敏度的提高加快了电感应设备的发展，使得在典型大气条件下气溶胶的测量成为可能。

③ 极短时间内(＜1s)测量气溶胶粒径分布的需要。许多应用(例如，柴油机排放特性研究)需要抓住气溶胶瞬时的动力学特征。快速粒径分布测量需要一系列探测器做连续的测量。与CPC相比，一系列持续监测的探测器成本更低，同时它们可完整构成电感应迁移率光谱仪(EMS)。

④ 简易、低成本微型仪器的发展。许多工作环境中的纳米微粒和细颗粒物的测量和遥感勘测气溶胶需要小型、简易的低成本的感应器。电子检测器是典型的低成本设备，不需要特殊的工作液体，体积小，这些特点使其成为各类测量应用的理想选择。

现在有很多基于电检测的设备得到了广泛的应用，如从柴油机排气管或燃烧废气到工作地点气溶胶的检测。这些设备的设计一般都包括以下几部分：荷电条件(通常使用单极扩散荷电)，其后是光学迁移率分级部分，最后是电检测。本章讨论了这些技术的操作原理及相应设备的应用实例。首先介绍单级荷电(18.2节)，它对这些设备的成功检测极为关键，其后是法拉第笼检测静电计(18.3节)，接下来是对气溶胶电检测仪器原理和操作的概述。这些仪器分为两类，一类是提供完整粒径性质检测的便携式仪器和检测器(18.4节)，另一类则是测量迁移率直径或空气动力学直径的粒径分布检测设备(18.6节)。

18.2 单极扩散荷电

要理解基于电晕荷电的设备，首先需要对电晕荷电有基本的了解。最常见的被广泛用来描述单极荷电的理论是Hoppel和Frick(1986)对Fuchs(1963)的极限球体方法的修正理论。它可以较好地预判不同种类扩散荷电实验数据(Adachi等，1985；Romay和Pui，1992；Chen和Pui，1999；Han等，2003；Biskos等，2005；Pui等，1998；Qi等，2007)。Fuchs理论不在本章介绍(关于充电原理更进一步的讨论见第15章)，这里总结了三个重要结论。

18.2.1 每个粒子的平均电荷

扩散荷电根据粒子的直径 d_p 给予其平均电荷 $\bar{q}$。平均电荷是充电器中离子浓度 N_i 和停留时间 t 的乘积，被称为 N_it 乘积，幂律可以把平均电荷和粒子直径联系起来(即 $\bar{q} \sim d_p^x$)，指数 x 依赖于 N_it 乘积和粒径范围。图18-1给出了 N_it 乘积为 $10^{11}m^{-3} \cdot s$、$10^{12}m^{-3} \cdot s$、$10^{13}m^{-3} \cdot s$ 时用Fuchs理论计算出的 $\bar{q}$。幂律有效的粒径范围在10～300nm之间。N_it 乘积和粒径范围较小时，指数值较大。

18.2.2 影响荷电的其他因素

与 N_it 乘积相比，粒子形态(不能仅限于用球形粒子的Fuchs理论来描述)、离子性质、粒子介电常数、气压和温度对荷电状况的影响较小。表18-1给出了文献中找到的影响离子性质的一些指标。表18-1列出的五种离子性质中，仅有两个与其他几个无关。通常，离子质量和迁移率被视为是独立因素。离子性质与气体成分有关，比如，酒精蒸气(Liu和

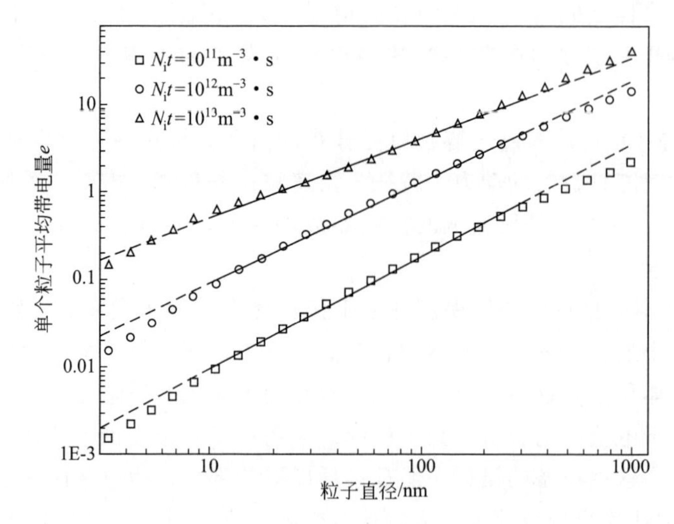

图 18-1 金属粒子和三种不同的 N_it 乘积在标准温度和压强下的荷电水平和幂律的拟合。拟合指数分别是 1.28、1.16 和 0.91，相应的 N_it 乘积分别为 $10^{11}m^{-3}\cdot s$、$10^{12}m^{-3}\cdot s$、$10^{13}m^{-3}\cdot s$

Pui，1975）或水蒸气（Griffiths 和 Awbery，1928；Davison 和 Gentry，1984；Jung 和 Kittelson，2005）接触离子，会导致离子迁移率减弱和质量增加。这也说明了为什么文献中对于离子性质的指标没有一致的看法了。

表 18-1 不同文献中的粒子特征

文献来源	质量/amu	迁移率/[m^2/(V·s)]	平均自由程/nm	分散系数/(m^2/s)	离子热力速度/(m/s)
Fuchs(1963)	29	0.21×10^{-4}	13	4×10^{-6}	462.5
Pui(1976)	109	1.4×10^{-4}	14.5	3.57×10^{-6}	239
Hoppel 和 Frick(1986)	150	1.2×10^{-4}	22.1	3.25×10^{-6}	204
Han 等(2003)	130	1.1×10^{-4}	12.9	2.78×10^{-6}	219

注:Fuchs 最原始的数据与上表不相同。大部分实验者用的是 Pui(1976)的数据。

温度和压力都会影响离子性质。温度高时，离子运动速度加快，可以更容易地突破电场的库仑阻力，导致大粒子所带电荷增加。而且，高温时离子簇可能分开，使离子迁移率增加且质量减少（Eiceman 和 Karpas，2005），这会使离子上的电荷更多。低压时，离子迁移率增加，粒子所获得的平均电荷也增加。由于电像力（image force）作用，粒子平均电荷也依赖于粒子的介电常数（Pui 等，1988）。电像力作用主要针对导电性粒子，会导致这些粒子比同样条件下的绝缘粒子的平均电荷要大。总结这些效应，我们计算金属粒子在标准状态下［T=293K，p=1013mbar，离子性质由 Pui（1976）在表 18-1 中给出］和其他四种情况下（不同的电介质、离子性质、温度和压力）两个不同的 N_it 乘积值（$10^{12}m^{-3}\cdot s$ 和 $10^{13}m^{-3}\cdot s$）的粒子的平均电荷。图 18-2 列出相应粒子所得到的电荷与标准案例的比较。标准案例中最大的偏差来源于聚苯乙烯乳胶（PSL）粒子，其荷电程度明显减小。低迁移率对荷电程度也有明显的影响，而温度和压力的影响则相对小一些。

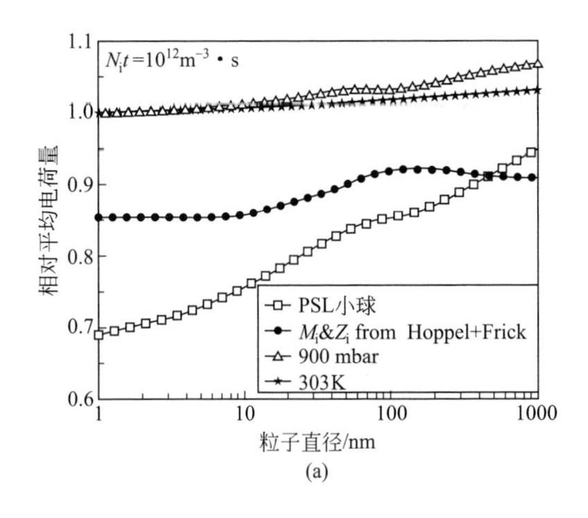

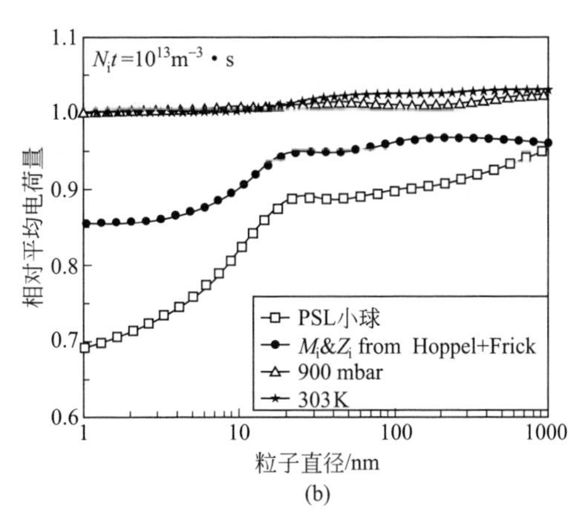

图 18-2 相比于金属粒子在标准温度和压力下，N_it 乘积值为（a）$10^{12}m^{-3}\cdot s$ 和（b）$10^{13}m^{-3}\cdot s$ 时，不同情况下所需相对电荷量：①粒子绝缘常数 2.6（聚苯乙烯橡胶）替代∞（金属）。②Hoppel 和 Frick（1986）给定离子质量（M_i）和离子迁移率（Z_i）数值代替 Pui（1976）给定的数值（表 18-1）。③大气压为 900mbar，与平均海平面上海拔 1000m 一致。④温度设定为 303K，代替 293K

18.2.3 混合电场和扩散荷电

Fuchs 理论仅仅涉及纯粹的扩散荷电，并不考虑外部电场的作用。最近，Marquard（2007）拓展了 Fuchs 理论，使其包含了电场充电：扩散荷电每个粒子的平均电荷用 d_p^1 表示，混合电场和强电场中平均电荷用 $d_p^{1.2}$ 表示，在 30～100nm 粒径范围内，扩散荷电具有很强的电场（E 约为 10kV/cm）。

18.2.4 荷电设计考虑因素

由于电场的出现改变了充电过程，可以根据电场强弱将单极荷电分为三种：电场不存在（$E=0$），电场较弱（$E\leqslant 1$kV/cm），电场强度接近于空气的击穿场强（1kV/cm$<E<$10kV/cm，混合电场和扩散荷电）。

在所有商业和几乎全部试验用的充电器中，通常使用的是正电离子而不是负电离子。负电晕通常产生更多臭氧，而且不够稳定。因此，尽管 N_it 值（Smith 等，1978）相同时正电离子的平均电荷要小，但人们还是选择正电离子。为获得稳定、连续的荷电状态，需要控制电晕放电。最简单的控制方法是给电晕尖端或电晕线提供一个持续的高压。然而，在使用过程中，电晕尖端或电晕线会生成二氧化硅覆盖层，这会逐渐减小特定电压下的电晕电流（Davidson 和 McKinney，1998）。因此，更合适的方法是控制充电区域离子的数量，保持 N_it 乘积为常数。对三种不同的荷电类型，人们使用了不同的控制方法。图 18-3 为三种常见的荷电及其主要特点的示意图。

18.2.5 实验荷电结果

基于 Fuchs 理论的计算描述了理想荷电中每个粒子所获得的电荷，并没有考虑扩散和电泳的损失。测量每个粒子荷电的实验性方法则考虑到了充电器内部的粒子损失。进入充电器中每个中性粒子所获得的电荷量定义为：

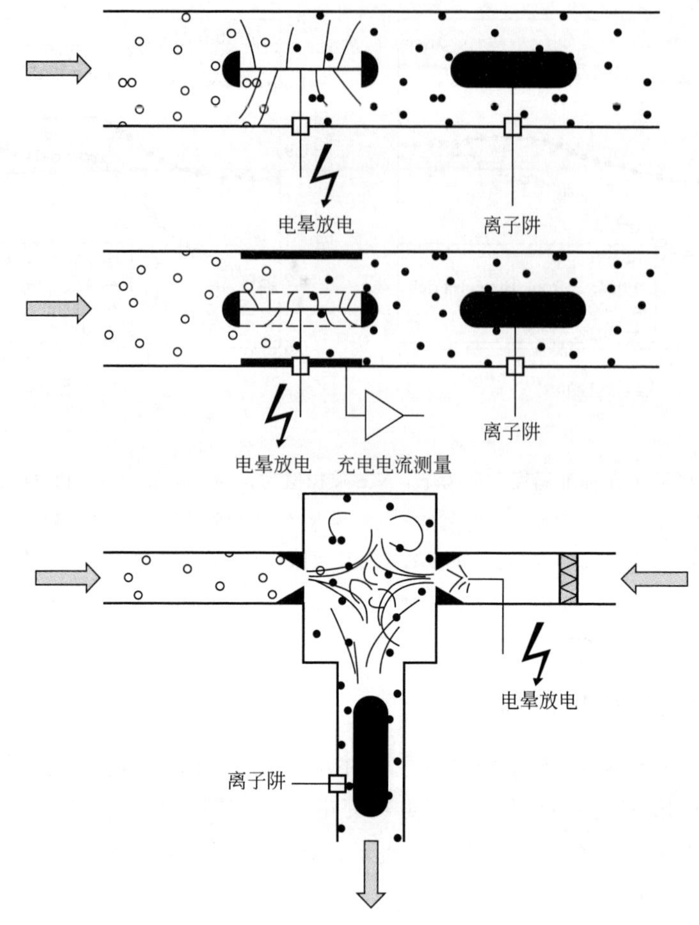

图 18-3 三种常见荷电的原理示意图

$$\bar{q}=I/(NQ) \tag{18-1}$$

式中，I 为充电后粒子所形成的电流，A；N 为仪器入口处粒子的浓度，个/cm^3；Q 为气流流量，cm^3/s。如图 18-2 所示，理论上每个粒子的所带平均电荷是与 $d_p^{0.91}-d_p^{1.28}$ 成比例的，由于充电器内部粒子损失，实验观察到的每个粒子带电都比理论值要小。随着粒径减小，扩散和电泳损失会增加，因此实验数据的幂律指数比理论值要大。表 18-2 是对实验中充电器特点的概述。

表 18-2 不同的单极荷电的实验结果

文献出处	充电器类型	响应直径	粒径范围/nm	应用和气溶胶测试
Ntziachristos 等(2004)	直接	$d_p^{1.64}$ $d_p^{1.32}$	8～23 23～700	DEK ELPI;Ag/DOS 气溶胶
Park 等(2007)	直接	$d_p^{1.41}$ $d_p^{1.91}$	30～460 30～112	煤烟气溶胶 食盐/DOS 气溶胶
Liu 和 Pui(1975)	间接	$d_p^{1.27}$ $d_p^{1.12}$	112～700 20～700	TSI EAA;食盐/DOP 气溶胶
Fierz 等(2007)	间接	$d_p^{1.11}$	20～240	MAT D_iSC;食盐气溶胶

续表

文献出处	充电器类型	响应直径	粒径范围/nm	应用和气溶胶测试
Jung 和 Kittelson(2005)	间接	$d_p^{1.36}$	30～150	MAT LQ1-DC;食盐/柴油机气溶胶
Jung 和 Kittelson(2005)	湍流喷射	$d_p^{1.13}$	30～150	TSI EAD;食盐/柴油机气溶胶
Fissan 等(2006)	湍流喷射	$d_p^{1.13}$	6～100	TSI EAD;银气溶胶
Park 等(2007)	湍流喷射	$d_p^{1.17}$	30～700	NaCl/DOS 气溶胶

注：附录Ⅰ中有详细的三个字母缩写厂商的介绍。

从表 18-2 可以看出，与预期的一样，直接充电普遍对较大指数的 d_p 的响应（即充电器外带电粒子的流动引起的总电流）成比例变化。由于直接充电中粒子损失较高，对较小粒子的响应曲线的斜率更大。在间接和喷射充电器中，几乎所有的响应函数都与理论预期一致，接近于 d_p^1。唯一的例外是第一个商用扩散充电器 MAT LQ1-DC，它的充电效率斜率明显比理论值要大。与其他充电器相比，部分原因是其 $N_i t$ 值较低，约为 $10^{12}/(m^3 \cdot s)$（Jung 和 Kittelson，2005）。

18.2.6 电晕荷电的潜在偏差

除了已经提到的湿度、压力、温度和粒子介电常数等因素，还必须考虑其他一些因素对单极扩散充电器及仪器的影响。

粒子进入充电器之前所带的电荷会影响最终的荷电状况。如果粒子最初携带的电荷与充电器所给予的电荷相反，那么这种影响可以忽略。如果粒子所带电荷与充电器所给予电荷极性相同，那么带电粒子的充电程度比不带电粒子的要高 30%（Qi 等，2009）。

如果充电区域的离子浓度 N_i 远大于粒子浓度 N，粒子对离子的吸附不会损耗离子浓度，粒子的平均电荷就与离子浓度无关。倘若不能满足 $N_i \geqslant N$，离子浓度的损耗就会导致粒子的充电程度降低。

双极扩散荷电（Rogak 和 Flagan，1992）中，同样迁移率直径的粒子，团聚或分散的粒子比压实粒子获得的电荷更多。在 TSI EAD 和 MAT LQ1-DC 中，迁移率直径在 30～150nm（Jung 和 Kittelson 等，2005）范围内的单分散的烟尘颗粒比压实的食盐粒子得到的电荷多 15%。在 TSI NASM 中，迁移率直径在 100nm 以下的银凝结物比食盐粒子得到的电荷多 12%（Shin 等，2007）。直接充电器中，烟尘气溶胶比银的充电效率更高，DOS 气溶胶则用来做校准，这种差别随粒径增加而增加，粒径 100nm 时，差别为 30%，粒径 400nm 时，差别为 50%（Ntziachristos 等，2004）。在对 CAM DMS 500（Symonds 和 Reavell，2007）的校准中，也有这种与粒子大小有关的充电效率提高的现象。对于 TiO_2 粒子，当粒径范围在 50～200nm 范围内时，未烧结的凝结粒子比烧结的球形粒子的充电程度高 30%（Oh 等，2004）。这一相关现象可以和 DMA 及单极充电器联用，用以检测粒子形态（Wang 等，2010）。依据带电量是粒径的函数而设计良好的充电器，可以测量得出同样迁移率直径的压实和不规则粒子的不同粒径。

18.3 法拉第笼静电计检测

这章介绍的具有灵敏的电流放大设备的仪器称为静电计，用于检测和测量带电粒子。最简单的带电粒子检测仪是法拉第笼气溶胶静电计（图 18-4）。在气溶胶静电计中，带电粒子

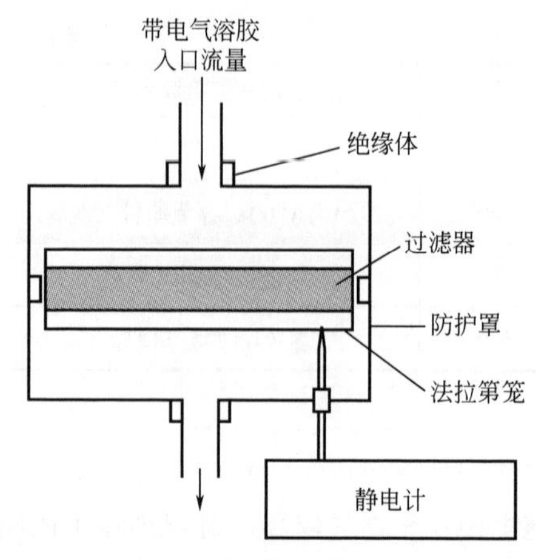

图 18-4 法拉第笼静电计（FCE）示意图

穿过金属防护罩进入一个有过滤器的盒子内，过滤器周围有作为法拉第笼的导电外壳。法拉第笼允许粒子通过，但会感应产生与进入粒子所带电荷等量的电荷，用来隔绝内部电场。通过式（18-1）给出的关系，连接在法拉第笼上的静电计就会检测出与总粒子数浓度（N）相关的最终电流（I）。静电计主要用在粒子分级器或沉淀器下方，检测迁移率范围较窄的带电粒子（例如，一个 DMA）。

气溶胶电子检测的灵敏度特性（通常远低于100fA）要求静电计的维护和测量必须很小心。为了达到最好的测量效果，静电计不能暴露于波动的电场中，或受到湿度、光线或间隔性的无线电等环境因素的影响。而且，机械振动也会降低静电计的性能。

对电检测仪器来说，最高检测速度和最低检测浓度由仪器所用的静电计的特点决定。检测低电流时，敏感的静电计有较大的反馈电阻，使其得到的电流和信噪比最大。信号与反馈电阻成比例增加，而反馈电阻的噪声（Johnson 噪声）与电阻的平方根成正比（Horowitz 和 Hill，1989）。反馈电阻（R）的 Johnson 电流噪声（I_{noise}）由式（18-2）计算：

$$I_{\text{noise}}=\sqrt{\frac{4kTB}{R}} \tag{18-2}$$

式中，T 为热力学温度；k 为玻耳兹曼常数；B 为噪声带宽，B 可以由式（18-3）计算：

$$B=\frac{1}{4R_{\text{eff}}C_{\text{in}}} \tag{18-3}$$

式中，R_{eff} 为与测量装置的输入电阻并联的有效电源电阻；C_{in} 为并联电容（如输入电容、电缆电容）的总和。因此，信噪比与电阻的平方根成正比，表明大电阻的噪声水平比较好。

如式（18-2）和式（18-3）所示，电路电容也会影响静电计的电流噪声水平，电容较大就会减小检测噪声，但会增长反应时间。图 18-5 是噪声检测和上升时间对反馈电阻的依赖关系。而且，图 18-5 还列出两种静电计单元——Keithley 6514 和 Clarkson 静电计（He 等，2007）（理论期望值相关，$10^{12}\Omega$）的噪声峰值（计算时按 rms 噪声的 5 倍，如 $5\times I_{\text{noise}}$）和上升时间（10%～90%）。与理论值相比，由于电路中的附加损失，实际上仪器单元的噪声更大，反应时间更长。而且，长时间用于检测低电流的静电计需要注意到基准信号的波动。静电计基准是关闭仪器不同部分（充电器、采样泵、分级电压等）后的电流读数。为使静电仪器的检测更为准确，每隔一段时间就需要校准基准，而检测频率同时也受到静电计稳定性的影响。

18.4 基于荷电的扩散感应器

基于扩散荷电的最简单的仪器是扩散荷电感应器（DCS）。在 DCS 内部，气溶胶与附着在气溶胶粒子上的单极离子相混合（图 18-6）。多余的离子随后被离子阱（可以去除离子但不能去除粒子的电场）去除。最后，气溶胶上的电荷用上面所介绍的法拉第笼静电计检测。

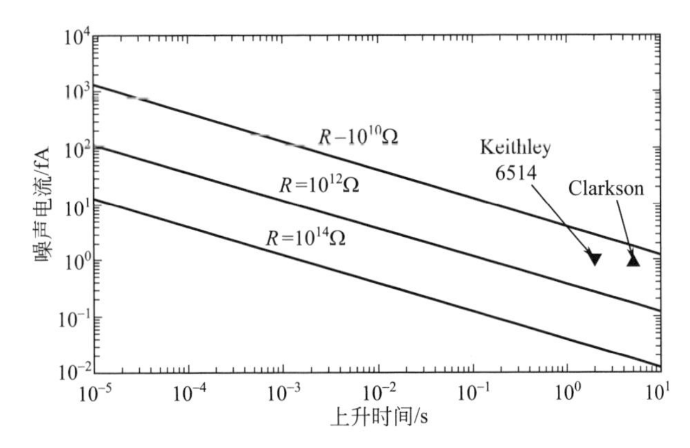

图 18-5 电路反馈电阻在不同值下的静电计噪声与上升时间的函数

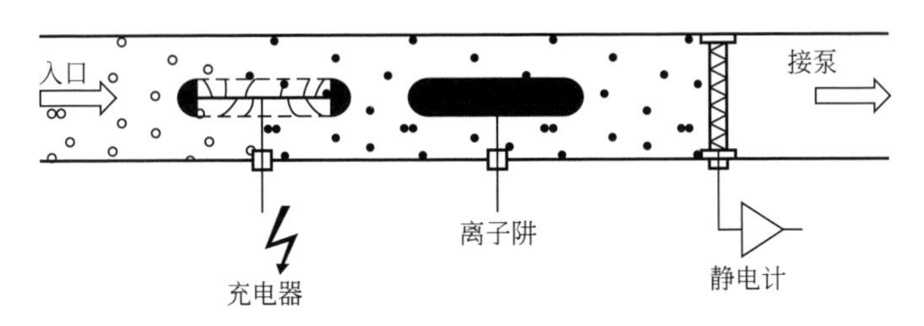

图 18-6 扩散荷电感应器示意图。单极离子在电晕放电中产生，然后依附在气溶胶粒子上。多余的离子在离子阱中被去除，气溶胶充电用静电计进行测量

DCS 产生与粒子直径和数浓度成比例的粒子大小-数量的综合响应。它无需使用流体和放射性源就可以对亚微米级气溶胶粒子进行简单实时测量。

商业化的 DCS 仪器是 MAT 1990 年研制的 LQ1-DC。TSI 也研制了类似的设备（EAD/NASM）。过去用于在粒径测量前调节气溶胶的单极扩散荷电也被用于诸如 EAA、EEPS、FMPS 和 UFP（都属于 TSI）、DEK 的电低压冲击式采样器（ELPI）和质量监测仪（DMM）、CAM DMS 50/500 等仪器中，本章随后就会介绍这些仪器。

气溶胶可以通过多种方式荷电（第 15 章）：可以使用电场荷电代替扩散荷电，离子也可通过放射性或软 X 射线源产生，这样两种极性的离子都可以产生，其中一种必须被选择性地除去，以实现单极荷电。或者，可以使用 UV 光线直接离子化气溶胶粒子。由于软 X 射线源很昂贵，放射源的管理条例比较严格，所以商业设备通常使用电晕荷电。紫外线荷电效率与材料紧密相关，光电气溶胶感应器（PAS）可利用对 UV 荷电的响应来区分不同的粒子类型（Burtscher，1992）。PAS 仅对功函小于 UV 光子能量的粒子起作用，尤其是对未完全燃烧形成的多环芳烃（PAH）粒子有效。因此，尽管其他材料也有很强的光电效应，但通常认为 PAS 是一种 PAH 感应器。商业化的 PAS 仪器有 ECO（PAS，2000）和 GRI（多环芳烃感应器 130）。

18.4.1 TSI 电气溶胶检测仪、纳米粒子表面监测仪及便携式激光粒子计数器

TSI 的 3070A 型电气溶胶探测器（EAD）、3550 型纳米粒子表面监测仪（NASM）及 Aerotrak^{TM} 9000 都是基于喷射的 DCSs 设备，它们的设计稍微不同，主要的应用领域也不同。这三种设备中，流量为 2.5L/min 的气流通过直径为 1μm 的选择性旋风器进入仪器。气流被分开，流量较小的（1L/min）气流通过活性炭过滤器和 HEPA（高效粒子空气过滤

器）之后进入离子发生器，然后产生正电离子。电晕电流维持在 1μA。气溶胶流和离子化电流在喷射室重新混合，然后直接通过离子阱进入法拉第笼静电计，在那里粒子被吸附到导电过滤器上，测量总电流。

EAD 在静电计中输出检测电流，或称为“总气溶胶长度”（mm/cm^3），1fA 相当于 $0.01mm/cm^3$。仪器响应近似与 d_p^1 成比例，与总的气溶胶直径浓度成比例，与此相似，粒子数浓度与 d_p^0 响应成比例，质量或体积浓度与 d_p^3 成比例。

NASM 和 Aerotrak 9000（加强版，电池供电版的 NSAM 的内存用于数据记录）与 EAD 相似，但其离子阱使用的电压更高，使小粒子（$d_p<50nm$）电泳损失更大。这些设备的响应与 EAD 相似。无论是对气管支气管（TB）还是人类肺部肺泡区（A）来说，输出数据都是“肺沉积表面”（S_{LD}）粒子数量（以 $\mu m^2/cm^3$ 为单位）。S_{LD} 的定义是每单位气体体积的粒子几何表面积与气管支气管或肺部肺泡区的沉积概率的乘积：

$$S_{LD}=\int\frac{dN(d_p)}{d\lg d_p}\pi d_p^2\eta(d_p)dd_p \tag{18-4}$$

式中，沉积概率 $\eta(d_p)$ 是根据国际放射性辐射防护委员会（ICRP，1994）66 号报告计算的。NASM 和 Aerotrak 输出的数据是静电计检测电流与校正因子的乘积。Fissan 等（2006）给出以下关系式：

$$S_A(\mu m^2/cm^3)=413\times I(pA) \tag{18-5}$$

$$S_{TB}(\mu m^2/cm^3)=88.4\times I(pA) \tag{18-6}$$

作为静电计信号的 S_{LD} 定义为（Asbach 等，2008）：根据 ICRP 沉积模式，肺泡粒子沉积［粒子大小范围 20～500nm（A）和气管支气管部分小粒子大小范围 20～200nm（TB)］以 d_p^{-1} 变化。如果假设表面积与 d_p^2 成比例，那么 S_{LD} 与 $d_p^2\times\eta(d_p)\approx d_p^2\times d_p^{-1}=d_p^1$ 成比例。因此，对于 20～200nm 范围的粒子，任何与 d_p^1 大体成比例的仪器都会输出与 S_{LD} 成比例的信号，并能进行校正。在 20nm 以下，与 d_p^1 对应的 S_{LD} 会被高估，NASM 和 Aerotrak 9000 离子阱部分会使用更高的电压以沉降更多的小粒子，使其更加匹配 S_{LD}。d_p 小于 20nm 的粒子通常对 DCS 的响应贡献很小，因此这种变化并不重要。分别大于 200nm 或 500nm 时，S_{TB} 和 S_A 会被 d_p^1 响应低估。

一些毒理学证据表明，与质量或大小相比，粒子表面积对健康的影响更大（Oberdorster，1996），因此，需要有特殊的设备来检测气溶胶粒子的表面积。然而，对于 DCS 和 S_{LD} 检测的准确性和精密性并没有系统性的研究，另外，也没有其他可以检测气溶胶表面积的仪器。

Kaufman 等（2002）使用 EAD 以 6s 间隔采样时，噪声水平设定为 0.68fA，相应的检出限约为 2fA。制造商给出了一个检出上限：250pA。对 50nm 的粒子来说，所有仪器检测范围均为 $2\times10^2\sim2.5\times10^7$ 个$/cm^3$。动力学范围如此宽，因此仪器几乎在所有环境下都能使用。制造商将 NASM/Aerotrak 仪器对 20～200nm 范围内粒子的 S_{LD} 检测精度定为 ±20%，产生误差主要是因为 $\eta(d_p)$ 受粒径的影响，通过式（18-5）和式（18-6）中的常量校准因子并不能获得 $\eta(d_p)$。三种仪器的响应时间大约为 1s。

18.4.2 扩散粒径分级器和纳米气溶胶监测仪

扩散粒径分级器（DiSC，MAT；Fierz 等，2007）及 NanoCheck™ 1.320（GRI）是标准 DCS 的加强版。近期，有人推出了与纳米检查（Nano Check）具有同样操作原理的便携式设备（Marra 等，2010）。当粒径范围在 20～300nm 时，两种设备都选用较小的粒子作为沉积粒子，以确定粒径分布的数量加权几何平均粒径以及 20～300nm 粒径范围内的粒子数浓度。大粒子的粒径分级和计数并不准确，因此，如果大粒子较多的话，就需要前置一个冲击式采样器或旋风采样器去除较大的粒子。由于对粒子粒径分布的形状（具有特定的几何标准偏差 σ 的正态分布）只做出假设，所以两种设备都不够精确。然而，由于具备成本低、便携、操作简单等特点，它们比高准确度和高精确度的仪器更受欢迎。

DiSC 由电池供电，是第一款商用 DCS 设备 LQ1-DC（MAT）的后继者。它利用筛式扩散阶段对粒子进行分级。气溶胶通过一个间接电晕充电器进入一个两阶静电计。第一阶段包括一系列不锈钢网，第二阶段包括一个 HEPA 过滤器。由于小粒子扩散系数较大，所以在扩散阶段优先沉积，而大粒子通过扩散阶段后在过滤阶段被检测。因此，过滤阶段电流 F 与扩散阶段电流 D 之比 R 与粒径有关。R 和粒子直径的准确关系由仪器的校准来决定。DiSC 的安装是模块化的：移除扩散阶段可变为标准 DCS，也可以加上具有不同穿透性特点的扩散阶段成为电子扩散电池，用于测量粒径分布，而不仅仅是测量平均粒径（MAT，EDB；Fierz 等，2009）。

纳米检查使用可变离子阱电压来获得粒径信息：每 3s 切换高、低电压测量静电计的电流。低电压时，离子阱仅移除多余的离子，高电压时，也会移除带电粒子。由于通过单极充电器后，小粒子的平均电迁移率较大，所以被优先去除。离子阱电压低时，静电计记录总的电流 I（对应于标准 DCS 信号），离子阱电压高时，记录较小的电流 I_{on}。差值 $\Delta I = I - I_{on}$ 对应于离子阱中粒子的损失。从比值 $R = I/\Delta I$ 可以得出粒径平均大小。如 DiSC 一样，可通过仪器校准得到纳米检查中 R 和粒子直径的准确关系。

DiSC 和纳米检查都可以通过测量单分散粒子的 $R(d_p)$ 和 $\bar{q}(d_p)$ 来校准。该数据用于计算正态粒径分布和具有确定几何标准偏差 σ 的多分散性气溶胶的仪器响应。例如，对于排放测量，$\sigma = 1.7$ 就比较合理（Harri 和 Maricp，2001）。

当未知气溶胶进入仪器后，它的平均直径由 R 计算得来，数浓度由直径和仪器响应（对 DiSC 是 $F+D$，对纳米检查是 I）计算得来。如果被测气溶胶粒径分布的几何标准偏差大于校准仪器所用的气溶胶标准偏差，那么测得的粒径将偏大，如果粒径分布范围较小，那么测得粒径就会偏小。比如，如果用于校准的气溶胶 $\sigma = 1.7$，对粒径正态分布的平均几何直径为 100nm 的气溶胶，使其几何标准偏差分别是 2.5、2.1 和 1.1 时，DiSC 的数值将是 74nm、87nm 和 116nm。

18.4.2.1 检出限

DiSC 可以检测的粒子大小范围是 10～200nm，粒子数浓度范围是 $10^{13} \sim 5\times10^{15}$ 个/cm^3（Fierz 等，2007）。对粒子数量和平均直径测量的准确度在±30%，这种不确定性主要来源于未知的粒子粒径分布的宽度。DiSC 的时间分辨率为 1s。

制造商称，纳米检查可以检测粒径范围在 25～300nm 的粒子。可检测的数浓度是 500～500000 个/cm^3。

18.4.2.2 潜在偏差

除了假设的粒径分布形状导致的误差，大粒子也会引起设备的误差。在 DiSC 内，对直径小于 400nm 的粒子来说，扩散阶段的沉积量随粒子直径的加大而减少，当粒径大于 400nm 时，沉积量又会因为碰撞作用而增加。因此，对于给定的 R，总对应有两种粒径大小的粒子（一种大于 400nm，一种小于 400nm）。对典型的大气气溶胶，粒径大于 400nm 的粒子对信号的影响可以忽略不计，因此，在数据反演中 DiSC 软件选用较小的值。然而，如果是较大粒子控制信号，那么 DiSC 所给出的数量和粒径数值都不准确（如一个 2μm 的粒子会被错误地认为是 20 个 100nm 的粒子）。在这种情况下，DiSC 必须配备冲击式采样器或旋风采样器来去除大于 0.5μm 的粒子。

在纳米检查中，经过单极扩散充电器的 $d_p>300$nm 的粒子的迁移率基本是常数，因为每个粒子的电荷与 d_p 成正比，机械迁移率与 d_p^{-1} 成正比。因此，在纳米检查中，大于 300nm 的粒子会全部产生相同的 R，而被分级为 $d_p\approx300$nm。如果在一次测量所需的 6s 时间内，平均粒子大小或浓度发生变化，I 或 I_{on} 就不会对应相同的气溶胶，这就导致了粒子数量和平均直径的随机误差。

18.5 电检测迁移率光谱仪

前面介绍的是能够同时测量气溶胶粒径和数量的简单仪器。然而，更详细的粒子信息，比如粒径的数量分布，在很多应用中都很关键。最常见的用于获取亚微米级气溶胶数量的粒径分布数据的仪器是 SEMS（扫描电迁移率粒径谱仪，第 15 章）。在 SEMS 中，分级电压将迁移率范围很窄的粒子选择出来，然后在短时间间隔内测量选出的粒子。通过持续改变 SEMS 的分级电压以选择不同平均迁移率的粒子，进而获得粒径分布。使用 SEMS 设备，可以在 1～2min 内测量典型气溶胶环境下较大粒径范围的粒径分布。在其他条件下，则需要将测量时间减少至 1～2min 以下，因为在其他条件下仪器的响应函数会发生偏差，导致粒径分布计算复杂化（Russell 等，1995；Collins 等，2002；Dubey 和 Dhaniyala，2008）。

对于其他涉及瞬时气溶胶动力学性质的应用，如柴油机废气排放特性研究、结核速率检测、燃烧废气研究等，通常需要在小于 1s 的短时间间隔内测量出粒径分布。为了这些应用，人们开发出了 EMS（电检测迁移率光谱仪）。EMS 可同步测量不同电迁移率的粒子，使得其粒径检测速率比 SEMS 快很多。EMS 设备在几毫秒到几秒内就能检测出粒径分布，并主要适用于检测亚微米级及高浓度粒子。

EMS 的工作原理与 DMA（细节请参考第 15 章和第 32 章）相似。气溶胶流与外壳流平行引入，不同电迁移率的粒子以不同的速率（与其电迁移率和电场有关）在外壳层表面迁移。EMS 和 DMA 仪器的主要区别在于对分级粒子的检测和测量。DMA 内，分级迁移率范围内的粒子被选择出来在下游测量。然而，在 EMS 内，分级粒子被直接收集到电极板或电极环上，如图 18-7 所示。这些电极板（矩形的）和电极环（柱状的）与灵敏的静电计组相连，以检测电极上沉积的带电粒子形成的电流。由于检测范围内的所有粒子都是同步分级和收集的，所以该技术可以近似实时地检测粒径分布。

18.5.1 电感应迁移率光谱仪的商业化和发展

最早的 EMS 仪器之一——EAS（电气溶胶光谱仪），是由爱沙尼亚 Tartu 大学的 Tammet 等研制的（Tammet 等，2002）。该仪器是 TSI（Johnson 等，2004）所研制的两种商业仪器的基础：EEPS（发动机尾气颗粒分级器）和 FMPS（快速迁移粒子分级器）。在这些仪器中，粒子首先通过一个负电晕扩散充电器，之后再通过一个正电晕扩散充电

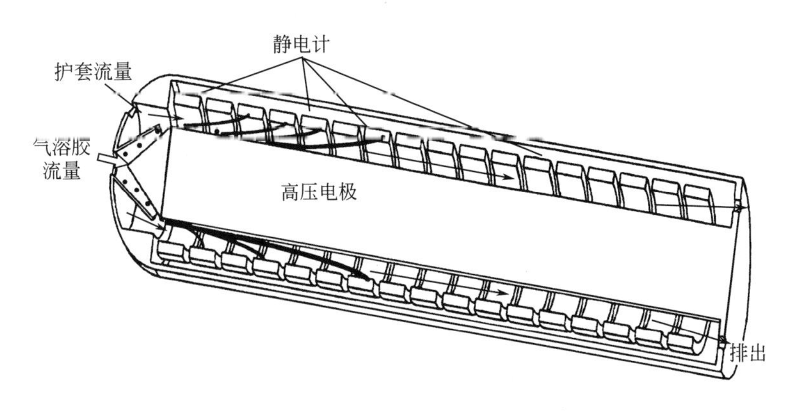

图 18-7 典型 EMS 仪器的剖面示意图

器。负充电器将粒子携带大量正电荷的可能性降到最低，正充电器使正电荷粒子处于可控制水平。之后，粒子进入紧靠内圆柱的径向位置的圆柱形分级区，如图 18-8 所示。不同电迁移率的粒子进入电分级器内的不同轨道，并被收集在与静电计组相连的收集环上(通常是 22 个)。沿着分级器长度方向的三个不同区域保持着不同的分级电压，以便收集到更大迁移率范围的粒子。根据静电计信号、转换函数以及静电计的图像电荷效应来计算粒径分布。

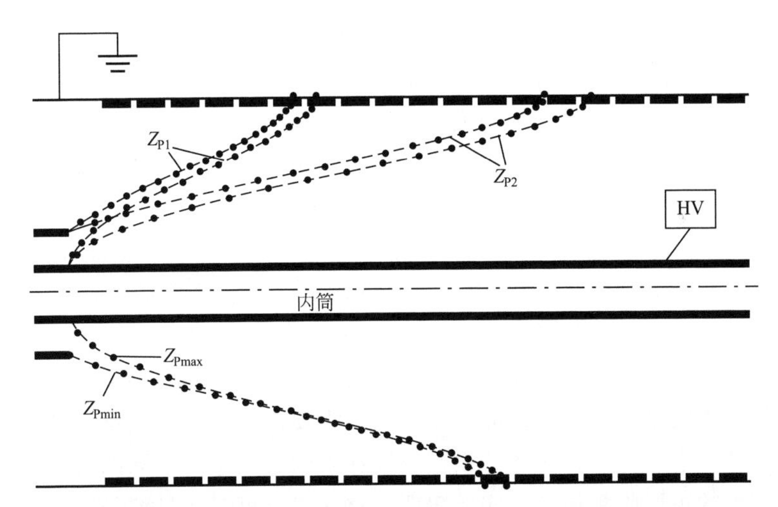

图 18-8 在圆柱电迁移率光谱仪中的两种电子动力轨道（$Z_{P_2}<Z_{P_1}$）示意图（如上半图所示）。一定迁移率范围内的颗粒物粒子（$Z_{Pmin}<Z_P<Z_{Pmax}$）被收集在电极上（如下半图所示）。这里所示的颗粒物粒子轨道与理想电场下的状况一致，并在分级器部分成为活塞流

EEPS 和 FMPS 的设计、操作相似，但测量速度不同。EEPS 比 FMPS 的最低检测浓度要高，速度更快。表 18-3 列出了 EEPS 和 FMPS（及其他 EMS 仪器）的特点对比。从 FMPS 和现有的 SEMS 系统（TSI SMPS）对粒径分布测量的对比可以看出，它们的测量结果并不吻合（Jeong 和 Evans，2009）。产生这种区别的原因可能是各种 EMS 仪器对各种电荷分布认识不同及随后数据反演的误差。

表 18-3 EMS 和 SMPS 不同仪器之间设计特征和使用局限的对比

特征	仪器			
	SMPS	FMPS(和 EEPS)	DMS500	MEAS
来自	TSI	TSI	CAM	Ranjja 和 Dhaniyala(2008)
粒径范围/nm	3～700	5.6～560	5～1000	10～200
测量时间/s	约 120	1(0.1)	0.1	约 1
充电方式	BP①	UP①	UP①	BP①
颗粒检测器	CPC	EMA①	EMA①	EMA①
粒径通道	64	16	16	6～10
气溶胶流量/(L/min)	0.3～1	10	8	1
鞘空气流量/(L/min)	3～10	40	约 35	<10
仪器质量/kg	23.2	32	NA	<5

① BP 为双极充电；UP 为单极分散充电；EMA 为静电计系列。

与 EEPS 和 FMPS 相似，差分电迁移率光谱仪（DMS 500，CAM）是一种实时粒径分布测量仪器，可对粒径范围在 5～1000nm（低速度下最高检测上限是 2.5μm）内的粒子进行测量。DMS 500 由一个扩散充电器、一个分级柱及一组检测静电计组成。已分级的带电粒子被收集到与静电计相连的 22 个收集环上。为提高较大迁移率下的分辨率，前面的八个电极环比后面的宽度要小。在收集电极上安置一个空间电子保护装置或一个导电网套之后，图像电荷效应对静电计信号的影响会降低。在低于大气压（250mbar）条件下操作，DMS 的测量范围比 EEPS 或 FMPS 要大。压力小时粒子迁移率就会增加，小粒子比大粒子增加得更多。迁移率的增加使粒径分布计算与测量范围变大。与 FMPS 相似，粒径分布可以用不同的时间间隔来测量，最快的测量频率是 10Hz（比如以 100ms 测试某种粒径分布）。

最近，Ranjan 和 Dhaniyala（2007，2008）开发出一种叫做微型电气溶胶谱仪（MEAS）的 EMS 仪器。MEAS 是一种比商业仪器更简单、便捷的仪器。在该仪器中，粒子先被充电，之后进入静电沉积区（ESP），然后是迁移率分级区（图 18-9）。ESP 区域有一系列平行板通道，可静电过滤所有通道内的带电粒子。进入通道内的气流形成带电气溶胶流，而周围其他通道则是外壳流。因此，该仪器只需要用一个泵来驱动一条气流，使其更适合远程使用且便捷。进入分级区的粒子根据电迁移率的不同进入不同的轨道，并被收集到一系列与静电计相连的矩形收集板上。实验表明，这一工具可以测量粒径范围在 5～200nm 内较高浓度（数浓度>10^5 个/cm^3）粒子的粒径分布。大部分 EMS 仪器使用单极扩散充电器，大粒子多重带电，导致静电计测量数据反演中粒径分布的计算复杂化。MEAS 使用双

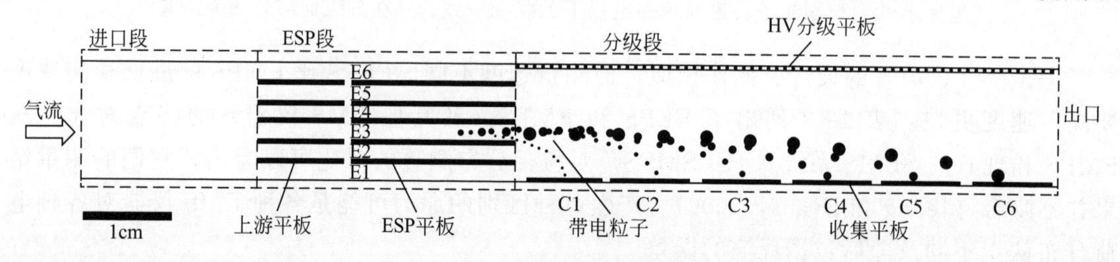

图 18-9 MEAS 仪器示意图

（引自 Ranjan 和 Dhaniyala，2007，2008）

极充电器，减少了多重带电，提高了粒径分布计算的准确性。然而，双极充电器会导致部分最低测量浓度的升高。其他特点，包括它的矩形性、几何可测量性，可改变进入通道和提高粒径测量范围的能力。在 MEAS 的基础上，研发出另一种简洁型仪器，叫做定制电极浓度感应器（TECS；Ranjan 和 Dhaniyala，2009），该仪器可以把粒子收集到电极上测量总的气溶胶数浓度，在选择的粒径范围内［如 Ranjan 和 Dhaniyala 的文献中为 32～90nm（2009）］，静电计总信号与总数浓度成比例。

18.5.2 电感应迁移率光谱仪的理论

与传统的 DMA 仪器不同，在柱形 EMS 内，粒子首先进入接近于中轴的分级区，然后带电粒子径向移动直到被收集到外部圆柱上。这种布局可使外部圆柱收集环上的粒子方便地进入外部的静电计。图 18-7 和图 18-8 列出了典型的电迁移率光谱仪的几何形状和工作原理。

对具有圆柱形分级区的 EMS 仪器，收集到收集环上的粒子的平均迁移率为 Z_p^*，粒子进入分级区的距离为 L：

$$Z_p^* = \frac{\left(Q_{sh} + \frac{Q_a}{2}\right)\ln\frac{r_2}{r_1}}{2\pi L V} \tag{18-7}$$

式中，r_1 和 r_2 分别为圆柱形分级区的内径和外径；V 为整个环形方向的电势差；Q_{sh} 和 Q_a 分别为进入分级通道的鞘层流和气溶胶流。与 DMA 相似，不同迁移率的粒子被收集到收集板上。在距离分级区起点为 L、宽度为 w 的第 i 个收集电极上，迁移率为 Z_p 的粒子收集效率 Ω 可由式（18-8）表达：

$$\Omega = \max\left\{0, \min\left[1, \frac{2\overline{Z_p}\delta}{\beta}, \frac{\overline{Z_p}(1+\delta)}{\beta} - \frac{(1-\beta/2)}{\beta}, \frac{(1+\beta/2)}{\beta} - \frac{\overline{Z_p}(1-\delta)}{\beta}\right]\right\} \tag{18-8}$$

Ω 也可是收集电极的转化函数（Ranjan 和 Dhaniyala，2007）。式（18-8）中无量纲化的电迁移率 $\overline{Z_p}$ 可由式（18-9）给出：

$$\overline{Z_p} = \frac{Z_p}{Z_p^*} \tag{18-9}$$

气流比 β：

$$\beta = \frac{Q_a}{Q_{sh} + \frac{Q_a}{2}} \tag{18-10}$$

式中，Q_{sh} 和 Q_a 分别为鞘层流量和气溶胶流量；δ 为收集板宽度的一半与其距分级区起点距离之比，即：

$$\delta = \frac{w}{2L} \tag{18-11}$$

具有较高迁移率的粒子被捕获在靠近气溶胶入口处的收集环上，迁移率较低的粒子被捕获在下游的收集环上。而且，与低迁移率粒子相比，高迁移率的粒子被捕获的区域更窄。图 18-10（a）是收集环宽度相同、通道数不同的 EMS 设备在气溶胶流与鞘层流分别为 10L/min 和 45L/min 时的转化函数。图中，圆柱形 DMA（TSI，3080L 模型）的非扩散型转化函数作为参照，其气溶胶流与鞘层流之比为 1∶10。这两种仪器的气溶胶流与鞘层流之比是这些设备的典型值。典型的 DMA 仪器中气溶胶流与鞘层流之比较高，导致其分辨率比典型的

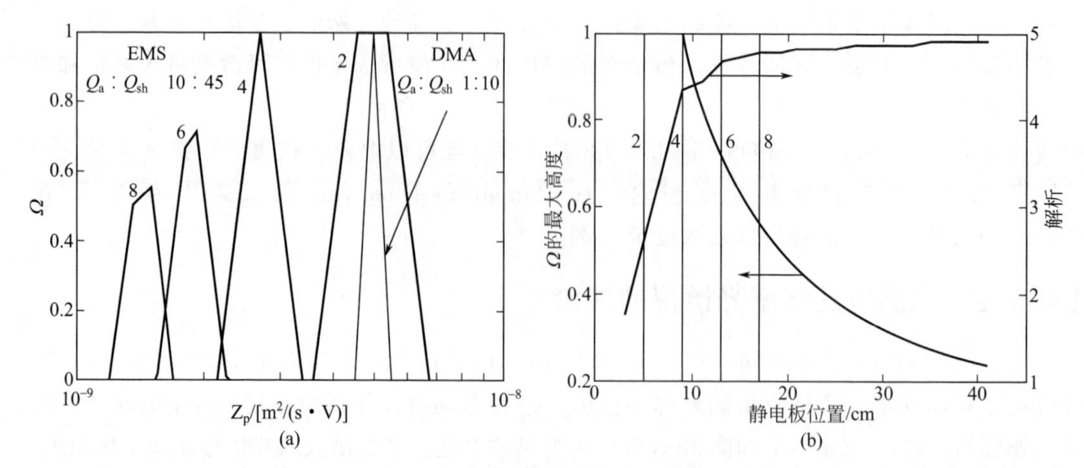

图 18-10 (a) 一个 EMS 20 个收集环中选定的收集环（第 2、第 4、第 6、第 8 个），在气溶胶流和鞘层流分别为 10L/min 和 45L/min，分离器电压为 5000V 的条件下的样品转化函数。EMS 尺寸分别为：内径 1cm；外径 2.5cm；收集环宽度 2cm；第一个环到气溶胶入口的距离 1cm。作为对比的 DMA 转化函数，其仪器为 TSI Long DMA（3080L），气溶胶流量和鞘层流流量都是 10L/min，分级电压为 10000V。(b) 转化函数的分辨率和高度是收集环位置的函数。(a) 中所示 DMA 转化函数的分辨率为 10，最大转化函数高度为 1

EMS 仪器高。

图 18-10（b）显示了不同收集环的捕获特点，即以转化函数的最大峰值与分辨率作为收集环位置的函数。所选择电极的最大转化函数高度对应于所收集粒子的迁移率范围内的最大收集效率。转化函数分辨率被定义为峰值迁移率（即对应于最大转化函数高度的迁移率）与最大高度为一半时转化函数的宽度之比，迁移率较高，表明收集环上收集到的粒子迁移率范围较窄（第 15 章对分辨率有更详细的介绍）。EMS 仪器内，距离入口较远的收集环上的捕获效率（或转化函数高度）更低，捕获的粒子有更大的粒径或者迁移分辨率。

通道分辨率和转化函数高度均影响 EMS 仪器内的粒径分布的准确计算。低分辨率下，有两个效应导致粒径分布计算的准确性变得复杂：一是来自一个通道的静电计信号对应的收集粒子的迁移率范围较宽；另一个是同样粒径的粒子被捕获到不同的收集环上。这样导致静电计信号对应于多个通道。最终导致不同通道内粒径分布与电信号的关系不对应，准确计算样品气溶胶粒径分布变得困难（在 18.5.4 中进一步讨论）。

18.5.3 电感应迁移率光谱仪的检出限和动力学范围

EMS 仪器的上下检出限和动力学范围主要取决于仪器充电器中粒子的充电特征。如 18.2.1 中提到的，EMS 仪器使用单极充电器，粒子所得的平均电荷随粒径 d_p 增加而增加，而粒径分布的范围也随粒径增大而变大。因此，根据按迁移率分级收集在 EMS 仪器通道内的气溶胶包含有多重迁移率当量，随着粒子电荷 n、直径 d_p 的多种组合而变化。EMS 通道信号对粒子大小的多重值的依赖使得粒径分布的计算复杂化。为使粒径分布计算的错误最小化，有必要限制样品粒子的最大直径，这样可以避免大于某一粒径的粒子对较小粒子的粒径分布计算带来不确定性。这一分割粒径决定了大部分 EMS 仪器的测量上限，一般为 500～1000nm，并且还与 EMS 仪器的几何特性和流量有关。EMS 仪器的检测下限一般由小粒子

（5～10nm）在静电计中满足有效检测而进行的高效率充电的难度决定。

EMS仪器的检测浓度范围受粒子充电效率、气溶胶流量和静电计噪声水平的影响。收集环上所收集的带电粒子的电信号 E 可由式（18-12）计算（Ranjan 和 Dhaniyala，2009）：

$$E=\sum_{n=1}^{\infty} neQ\int_{0}^{\infty} \frac{\mathrm{d}N}{\mathrm{dlg}d_{\mathrm{p}}}\alpha_{\mathrm{p}}(d_{\mathrm{p}})\Omega(Z_{\mathrm{p}})\mathrm{dlg}d_{\mathrm{p}} \tag{18-12}$$

式中，n 为直径为 d_p 的粒子所带电荷数量；e 为库仑电荷；Q 为通过仪器的气溶胶流量；$\mathrm{d}N/\mathrm{dlg}d_p$ 为样品粒子的粒径分布；α_p 为与粒径大小相关的荷电特征；Z_p 为粒子电子迁移率；Ω 为某一收集环的转化函数或收集效率。对于一定数浓度的粒子，如果带电粒子数增加与（或）每个粒子所带电荷数增加，电信号就会增加。对小于10nm的粒子，充电效率很低，并导致其检测效率很低。图18-11是典型的EMS仪器内与粒径大小相关的最低检测浓度图。

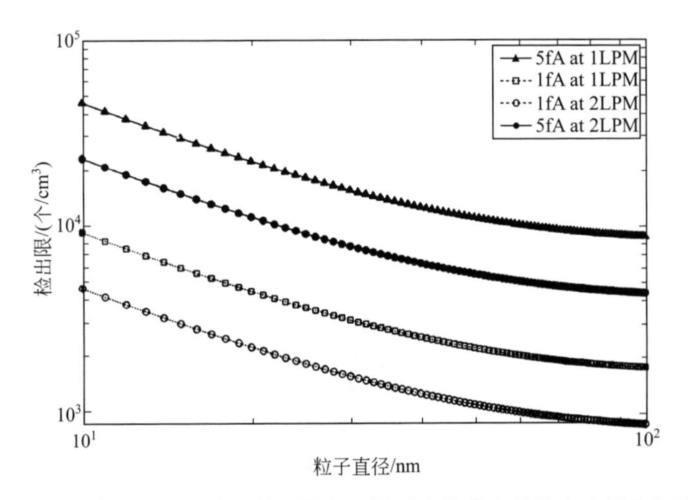

图18-11 EMS仪器的低检测范围取决于粒子粒径，同时也是静电计噪声水平和气溶胶流量的函数。低检测范围与粒子粒径的函数在MEAS（Ranjan 和 Dhaniyala，2008）中显示出来。其他仪器的浓度检测范围可以通过上图浓度测量范围的点获得，这些点是以气溶胶流量、充电效率和静电计噪声水平为基础的

EMS仪器可以得到检测范围内的瞬时（1～10Hz）粒径分布。仪器的时间分辨率所受到的限制主要来源于静电计的时间常数（或响应时间，即静电计对刺激信号做出反应，由最大值的10％增加到90％所需的时间）。典型商业静电计的时间常数为0.5～1s（更灵敏的静电计的响应时间更短，见图18-5），但有关静电计响应时间的数据也很有限。EMS仪器计算的粒径分布通常不考虑残余电流对下一步的干扰，这可能会导致短间隔（如0.1s）后粒径分布计算不准确。

18.5.4 电感应迁移率光谱仪中迁移率分布的反演

EMS测量的粒径分布需要利用式（18-12）来计算，其形式为第一类弗雷德霍姆积分（第22章和第15章；Polyanin 和 Manzhirov，2008）。EMS仪器的静电计通道数量有限，因此这一积分公式［式（18-12）］需要被其等值离散形式所替代。静电计信号（用 E 表示；$n\times1$ 矩阵，n 是静电计通道数量）与和粒径相关的数浓度（N；$m\times1$ 矩阵，m 是理想的粒径通道数量）的关系可用式（18-13）表示：

$$E=KN \tag{18-13}$$

式中，K 是核心矩阵（大小是 $n \times m$），包含仪器转化函数、粒子充电效率等；粒径分布 N 可以由核心矩阵直接转置得到，但该方法得到的值的分辨率准确性很大程度上取决于矩阵的条件数❶。只有当矩阵的条件数小的时候，才能直接对上述方程转置，分辨率对于核心矩阵和测量信号的变化极为敏感。对于 EMS 仪器，由于转化函数的分辨率很小，所以矩阵的条件数通常很大［图 18-10（a）］。因此，如果使用直接转置的方法，仪器中任何的噪声都会对粒径分布的计算产生很大影响。

对于条件数较高的矩阵的转置，有几种不同的解决方法：最小二乘法（Twomey，1963）、正规化法（Tikhonov 和 Arsenin，1977；Talukdar 和 Swihart，2003）和单一法（Nelder 和 Mead，1965）。这几种方法中，正规化法被广泛用于气溶胶粒径分布的计算，包括 EMS 仪器（Tammet 等，2002）。正规化转置法的关键是假设粒径分布的形状是平滑的，然而这种限制可产生理论的粒径分布，对实际的计算并不准确，比如对于不同来源的气溶胶混合物的计算。图 18-12 给出了转置的粒径分布的准确性与矩阵条件数的关系。条件数小（约为 1；对应于高分辨率仪器，典型 DMA 仪器；有 64 通道）时，即使分布曲线不平滑也能准确计算粒径分布。条件数中等时（比如 100；对应于低分辨率仪器，如典型的具有 22 通道的 EMS 仪器），由 EMS 仪器计算的多种形式的粒径分布可能不准确。迁移率分布向粒径

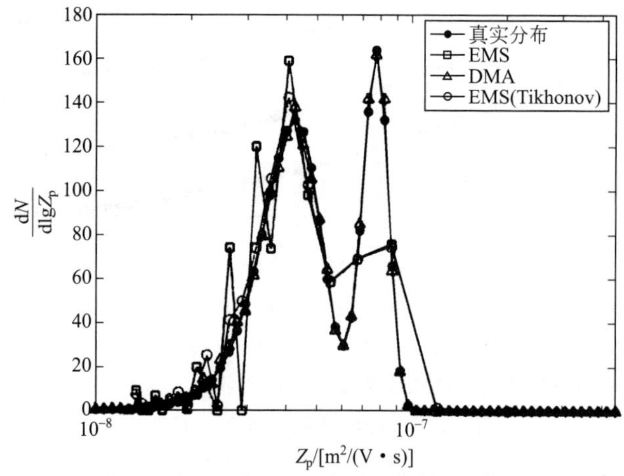

图 18-12 考虑到多重模式原始粒径分布的核心矩阵条件数对转置粒径分布的决定性，并给出高条件数和低条件数下的例子。在本例中考虑到了一个 DMA 仪器有 64 个粒径分类通道，一个 EMS 仪器有 22 个静电计（粒径）通道（与这些仪器典型操作一致）。DMA 和 EMS 对应的条件数分别为 1 和 84，与正常操作下的数值一样。图 18-10（a）给出的是 DMA 理论上的不扩散转化函数和 EMS 的转化函数。仪器的转化函数与它们在转置中用到的核心矩阵不一致。最初的粒径分布（也就是实际分布）假设用于两种仪器预期响应信号的计算［对于 DMA，100%计数效率的冷凝粒子计数器（CPC）被用作探测器］。仪器信号之后在考虑泊松类型计数噪声的情况下进行修改，用来计算 EMS 中的噪声或者 DMA 中的 CPC 计数统计（Ranjan 和 Dhaniyala，2008）。仪器信号之后在仪器核心矩阵里进行转置，为了避免在 EMS 仪器中与粒子充电分布有关的复杂情况，转置结果以粒子迁移率的形式输出，而不是直径。EMS 仪器中，条件数越高，仪器在将噪声转为信号时越敏感，同时也会用正规化的条件来使粒径分布曲线更加平滑（如 Tikhonov）。总粒子数浓度高的情况下转置的误差会小一些

❶ 对于本例，给定了静电计信号的相对误差，则矩阵的条件数决定了计算出的粒径分布的最大相对误差。通常认为条件数大于 10^3 为过高，矩阵直接转置将会放大小误差或使静电计信号的波动变大，导致各个通道计算出的粒径分布值剧烈变动。

分布的转化也造成EMS仪器计算的复杂性。计算粒径分布需要考虑由于使用单极充电器造成的充电粒子范围广以及与形态相关的粒子充电效率等相关的问题。对于EMS仪器的粒径分布的计算需要认识到数据转置带来的问题。

18.5.5 电感应迁移率光谱仪的应用

EMS仪器主要用于变化速率比0.1Hz快的粒子的粒径分布，一般是极小的和亚微米的粒径变化。例如，EMS仪器主要应用于以下研究：柴油机排放烟气特性（如Kittelson等，2006；Symonds等，2007），路面和交通产生的气溶胶监测（如Weimer等，2009；McAuley等，2010），飞机排气研究（Herndon等，2008；Hagen等，2009）。移动平台（如Weimer等，2009）监测是在空气质量变化速率很快的情况下进行采样，多用于EMS仪器。

18.6 电低压冲击式采样器

18.6.1 测量原理

上面介绍的EMS仪器用于提供迁移率当量粒径分布数据。对于那些涉及健康风险评价的气溶胶检测设备来说，更需要检测粒子的空气动力学直径。就惯性粒径分级能力来说，电子低压冲击器（ELPI）与传统的级联冲击采样器（第8章）相似，使用电检测并提供气溶胶数量-质量空气动力学粒径分布的实时数据。ELPI由坦派勒技术大学（TUT-ELPI）于20世纪90年代早期研发出来（Keskinen等，1992）。Dekati有限公司（DEK）改进了TUT-ELPI，并于1995年将其投入商业生产（型号ELPI 95和97）。

该仪器包括粒子荷电，进入低压级联冲击式采样器，随后测量进入采样器的粒子形成的电流。通过测量几秒响应时间内的电流即可以完成实时操作。图18-13是ELPI的示意图，包括3个主要元件：级联冲击式采样器、单级二极管充电器和多通道静电计。

18.6.2 仪器设计

ELPI™有10L/min和30L/min两个流量类型，还有一种30L/min的仪器用于户外监测（室外空气，ELPI™），它适用于远郊或城市空气监测点的自动化监测。这些仪器具有12个通道的静电计。ELPI™是配有经改造的冲击器的14通道的静电计，其采样速度更快。除非特别说明，以下讨论的都是12通道。

12通道仪器可以有两种配置。最初的一种是12个通道与12个冲击级相连。最低级的最小切割直径是30nm，最高级的最大切割直径是10μm（Marjamaki等，2000）。另一种配置中，最低级冲击器后跟一个与最低静电计通道相连的过滤器收集级（Marjamaki等，2002）。

冲击器的每级中心周围的环上对称地分布着多喷射（喷射口）低压冲击式采样器（第8章有更多关于传统冲击器的详细介绍），喷射速度较高、各级之间的压力比较高，则可以获得更好的粒径分辨率。最低级（第1级）是临界孔，用来控制流经冲击式采样器的流量。外部阀用来控制冲击式采样器的出口压力。冲击式采样器的收集板由不锈钢制成，并能固定收集基底。烧结的金属收集板作为配件。

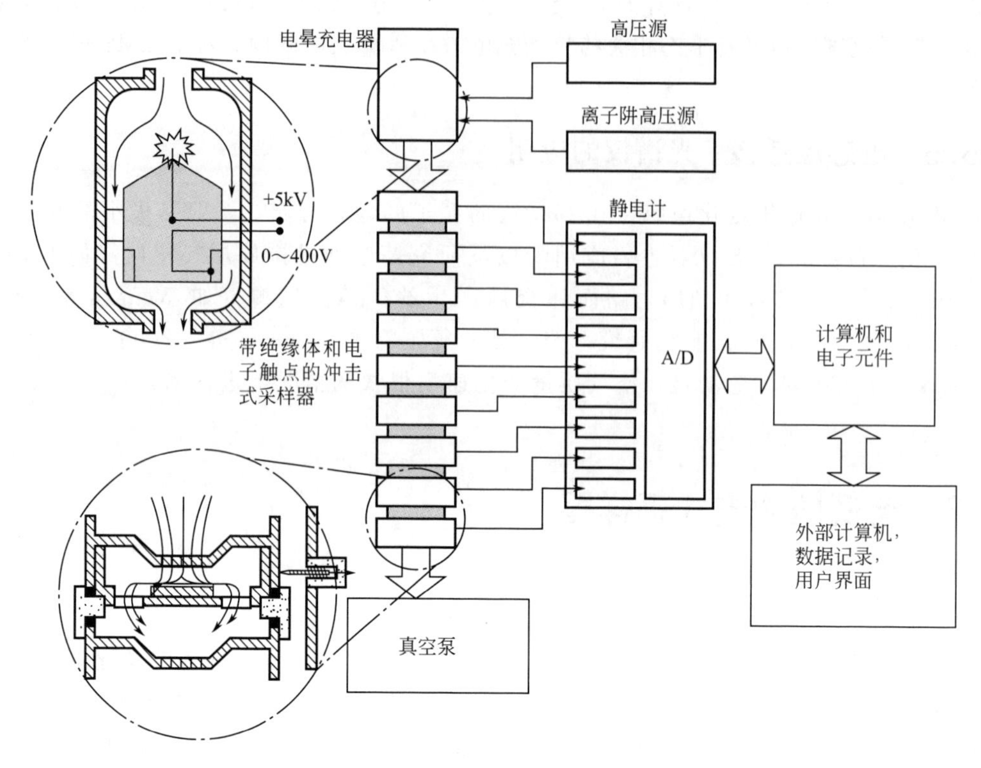

图 18-13 电子低压撞击器示意图

ELPI 使用的是简单的点-柱几何式的电晕充电器（图 18-13），在柱形管中央的电晕电极上加一个高的正电压（约 5kV），然后粒子垂直进入电场。当仪器没有配置最后的过滤级时，带电粒子将暴露于增强的电场中，电量小于仪器测量范围内的带电粒子将被去除。该充电器的优点在于结构简单、充电效率高，主要缺点是充电器中粒子损失相对较高。

18.6.3 理论考虑因素和校准

可以用式（18-14）把测量的电流信号转化为数浓度 N，且式（18-1）为粒子数浓度 N（个/m^3）的函数：

$$N=\frac{I}{\bar{q}Q}=\frac{I}{PneQ}=\frac{I}{E_{ch}(d_p)} \tag{18-14}$$

式中，I 为测得的电流，A；平均带电量 $\bar{q}=Pne$；P 为通过充电器的粒子比例；n 为穿透充电器的每个粒子的平均电荷数量；e 为电子电量，1.602×10^{-19}C。充电效率函数 E_{ch}(d_p) 及其影响因素需要由实验确定。Marjamaki 等（2000，2002）公布了 Pn 的实验值，其是与粒子直径相关的函数的一部分。用这些公式可以计算 10L/min 流量时的充电效率（Marjamaki 等，2000，2002）。制造商给出了不同 ELPI 配置时与计算充电效率 $E_{ch}(d_p)$ 类似的函数。

ELPI 的总响应函数是充电器效率函数与冲击式采样器中相应级的收集效率函数的乘积。理想冲击式采样器收集所有大于切割直径的粒子，而使小粒子通过。实际上，采样器的 S 形收集曲线尾端为小粒子。ELPI 采样器的收集效率可以通过电流检测系统实验确定（Keskinen 等，1999；Marjamaki 等，2000，2002）。对于标准 10L/min 来说，当采样效率为

50%时，Stokes 指数的平方根的平均值为 0.456，标准偏差为 0.017。一些其他因素也会增加粒径小于切割直径的小粒子的沉积量（如 de Juan 等，1997；Virtanen 等，2001）。气溶胶浓度低时，主要的沉积原理是由于电像力引起的扩散和沉积。气溶胶浓度高时，主要原理是空间电荷沉积。当烧结多孔性的基底被使用时，收集效率曲线就会有很大变化。因此，不同的切割直径应该与这些基底一起使用。Marjamaki 等（2005）提出一个基于收集效率测量值的参数化法，可以用来构建收集效率曲线和预测这些因素所引起的沉积。图 18-14 是不同配置的 ELPI 的响应函数。

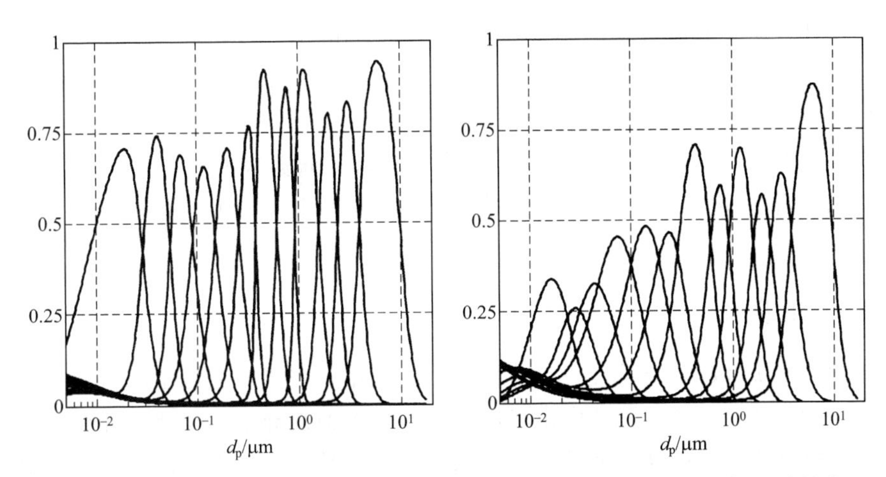

图 18-14　10L/min ELPI 冲击器的响应函数。普通收集板和收集级如左图所示，烧结收集板和收集级如右图所示
（数据来自 Marjamaki 等，2005）

喷嘴尺寸有微小差别都会导致切割值的变化，不可能生产出完全一致的喷流冲击式采样器。因此，原则上应当对每个仪器分别进行校准，但实际上没有必要这样做，因为可以用 Hillamo 和 Kauppinen（1991）所描述的方法。利用上面介绍的 Stokes 数量及采样器的喷嘴尺寸、流量、操作压力来计算冲击式采样器切割值。

浓度的测量受到带电效率测量值的精密度、冲击式采样器的收集特征、流量及电流测量值的影响。仪器流量的校准比较简单，可以按照第 21 章讨论的准则进行。电流测量值还受到整个“放大-A/D 转换”序列的影响，可以用电流标准对该序列进行校准。

18.6.4　数据反演

数据处理主要利用切割直径的概念。在这个概念中，冲击式采样器的响应函数接近理想矩形函数。这时，通道响应函数就等于第 i 级几何中点直径处的充电效率函数，该处定义为 $(d_i d_k)^{1/2}$，d_i 是该级的切割直径，d_k 是下一级切割直径。在过滤阶段，上限是最后一个冲击级的切割直径，下限是充电效率几乎可忽略时的切割直径。

冲击式采样器根据粒子的空气动力学直径 d_{ai}（切割直径和中点直径）将粒子分级。另一方面，粒子的荷电依赖于粒子的荷电当量直径。荷电主要是由迁移率直径 d_b 控制的。因此，为了估计数浓度需要以迁移率直径计算中点直径（Ahlvik 等，1998；Moisio 等，1999）。为此还需知道粒子的有效密度 ρ_e。中点迁移率直径 d_{bi} 可由标准浓度 ρ_0 通过式（18-15）计算：

$$d_{bi}=\sqrt{\frac{\rho_0 C_c(d_{ai})}{\rho_e C_c(d_{bi})}}d_{ai} \tag{18-15}$$

式中，第 i 级通道中的数浓度可由第 i 级中所测得电流 I_i、式（18-4）中的充电器效率及中点迁移率直径 d_{bi} 得到。

如前面介绍，有些小于切割直径的粒子也会在各级沉积下来。各级小粒子所带的电流信号比冲击到各级上的粒子产生的电信号显著得多，为了校正这一影响，人们采用了一种简单的、不需要迭代的计算法则来解决这一片面的交互相关问题（Moisio 等，1999）。由于收集效率可知，并具有建立响应方程的参数化方法（Marjamaki 等，2005），因此可利用更先进的转置方法来简化数据。Dong 等（2004）使用一种转置技术将测得的质量分布转化为连续的质量分布。然而，在转置中并没有使用电学数据。Lemmetty 等（2005）研究了 ELPI 响应函数的数学性质，得出的结论是，ELPI 对电流测量值向数浓度分布的转化应该与常规冲击式采样器的质量转化一样，他们对于电学数据还使用了一种贝叶斯（Bayesian）转化算法。

18.6.5 潜在偏差

综上所述，为获得数量或质量粒径分布或浓度数据，需要知道粒子的有效浓度。Moisio（1999）计算出了 TUT 原型 ELPI 中由于不准确的密度值而导致的误差。计算较大粒子的质量浓度时，这种误差变大；计算细粒子的数浓度时，这种误差最小。低有效密度值的烟灰凝结物的测量实例（van Gulijk 等，2004）就属于后一种情况。如下面所介绍的，后一种情况可以使用 ELPI 和差分电迁移率分析仪（DMA）联用来测量粒子的有效密度。

对粒子的质量浓度测量来说，前几级对细粒子的收集是最可能的误差来源。该影响在仪器响应函数中得到证明，并包含在计算过程中。然而，如果细粒子比较大粒子的相对浓度要高，这种误差就不能被纠正。尽管使用校正算法，前几个通道中的质量读数也会错误地偏大（Maricq 等，2000）。这也是质量分布的转化比数量分布转化难的原因（Lemmetty 等，2005）。对数浓度测量来说，过滤阶段测量范围较大（7～30nm）也会产生不确定性。简单的切割直径的计算导致数浓度偏大（Marjamaki，2005）。简单的切割直径概念算法过高地估计了数浓度（Marjamaki，2003）。Held（2008）报道过，在实际测量不同种类气溶胶时，出现了此种误差。

ELPI 基于冲击，因此存在一些与冲击式采样器测量相关的问题，最重要的影响是粒子反弹（第 8 章）。由于粒子反弹过程中可能发生接触带电，会使 ELPI 复杂化。Ristumaki 等（2002）报道了固体 NaCl 和锌粒子反弹和电荷转移的问题，他们使用经油浸润的烧结金属板来测量锌粒子。另一种潜在误差是由 Gulijk 等（2001）使用 ELPI 测量干燥柴油机烟尘凝结物时发现的。尽管采样器阶段的烟尘凝结物负荷量很小，但也改变了小粒子的吸收效率曲线，增加了小粒子在前面阶段的沉积。研究者还发现，可以使用烧结的吸收板来解决这一问题（van Gulijk 等，2003）。

18.6.6 应用

最受欢迎的设备应该是那些响应时间快、测量粒子范围大的设备。由于响应时间快、结构稳固，ELPI 常被用于燃烧气溶胶（Latva Somppi，1998；Moisio，1999）的研究和生物质燃烧（Hays 等，2003；Johansson 等，2003；Lillieblad 等，2004）的研究。相关的应用包括测量和检测电沉积器的收集效率（Ferge 等，2004）。ELPI 还用来测定柴油和汽油发动机的排放粒子（Ahlvik 等，1998；Klein 等，1998；Pattas 等，1998；Maricq 等，1998，1999）。Zervas 和 Dorlhene（2006）比较了 ELPI、CPC 及 EEPS 的数浓度读数。Maricq 等（2006）和 Zervas 等（2006）报道了 ELPI 测得的排放粒子质量与过滤器收集粒子的测量值之间的关系。

ELPI 的另一个重要应用是测量城市大气粒径分布及浓度（Temesi 等，2001；Chamaillard 等，2003；Gouriou 等，2004；Pirjola 等，2006；Saarikoski 等，2005；Virtanen 等，2008；Held 等，2008）。Held 等（2007）使用 ELPI 测量了地表和大气之间的分离涡度协方差（DEC）气溶胶通量。最近，该设备也用于测量药用气溶胶（Crampton 等，2004；Glover 和 Chan，2004；Hickey 等，2007），比较特别的是，用于检测粒子静电电荷（如 Glover 和 Chan，2004；Telko 等，2007；Kwok 和 Chan，2008）。

由式（18-5）可知，可以使用两种仪器来检测计算粒子有效浓度，一种根据迁移率直径对粒子进行分级，另一种根据动力学直径分级。由于适用粒子范围广，响应速度快，ELPI 被作为动力学设备广泛使用。Ahlvik 等（1998）最先建议其与 SMPS（或 DMPS）联用。Ristimaki 等（2002）用公式证明了在计算中使用该仪器响应函数是最优的计算过程。图 18-15 是不同种类的气溶胶粒子实验所测得的有效浓度值。Keskinen 等（2007）在工程纳米粒子成分的有关研究中使用了这一技术，该方法也拓展到研究不规则凝结块粒子（Virtanen 等，2004）、多模态城市（Virtanen 等，2008）和背景气溶胶（Kannosoto 等，2008）。DMA 和 ELPI 的设备联用也得到了应用（如 Maricq 等，2000）。最近，Rostedt 等（2009）使用简易迁移率分析仪代替前面几级的冲击式采样器，实时测量了粒子有效浓度。

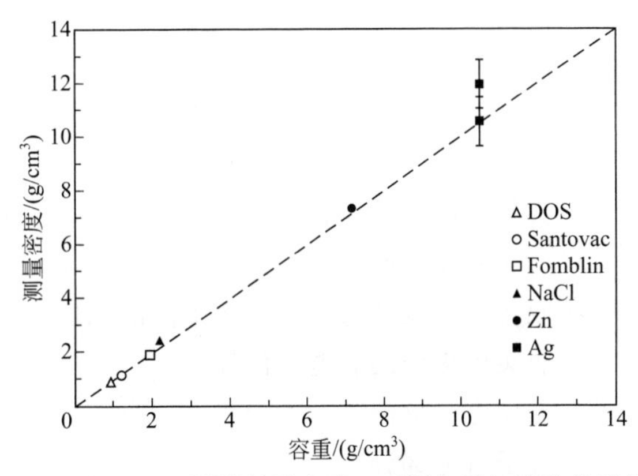

图 18-15 用 ELPI 和 SMPS 测量粒子密度：不同物质气溶胶粒子的有效密度值

（数据来自 Ristimaki 等，2002）

18.7 符号列表

$\overline{q}$	粒子平均电荷
d_{p}	粒子直径
N_{i}	离子密度

t	充电器中粒子存在时间
x	与离子密度相关的幂指数
T	热力学温度
I	收集的充电粒子的电流
N	粒子粒径浓度
Q	气流流量
I_{noise}	RMS 静电计 Johnson 流噪声
R	静电计电阻
k	玻耳兹曼常数
B	静电计噪声频宽
R_{eff}	有效静电计电阻
C_{in}	静电计中分流电容
S_{LD}	肺沉积表面区
S_{A}	肺泡沉积表面区
S_{TB}	支气管沉积表面区
R	过滤器阶段气流 F 与分散器阶段气流 D 之比
$\eta(d_p)$	直径为 d_p 的粒子沉积概率
I_{on}	离子阱加压的纳米检查仪器测得的电流
σ	气溶胶粒径分布的几何标准方差
Z_p^*	在距离为 L 处捕捉到收集环上的粒子平均迁移率
r_1	环形分级器的内径
r_2	环形分级器的外径
V	通过圆柱分级器环形部分的电子潜在偏差
Q_{sh}	进入分级器通道的鞘层流量
Q_a	进入分级器通道的气溶胶流量
$\overline{Z_p}$	无量纲的电子迁移率
β	气溶胶流与鞘层流的比值
δ	收集板半宽处与分级器区距离的比值
E	收集电极处的静电计信号
e	单位电子电荷
α_p	粒子带电部分
$\mathbf{E}$	静电计信号矩阵
$\mathbf{N}$	数浓度矩阵
$\mathbf{K}$	仪器核心矩阵
P	充电器粒子穿透部分
n	带电粒子数量
$E_{ch}(d_p)$	ELPI 整体充电效率函数
ρ_e	有效粒径密度

18.8 参考文献

Adachi M., Kousaka Y., and Okuyama K. 1985. Unipolar and bipolar diffusion charging of ultrafine aerosol particles. *J. Aerosol Sci.* 16:109–123.

Ahlvik P., Ntziachristos L., Keskinen J., and Virtanen A. 1998. *Real Time Measurements of Diesel Particle Size Distribution with an Electrical Low Pressure Impactor*, SAE Technical Paper Ser. No 980410. Warren, PA: Society of Automotive Engineers.

Asbach C., Fissan H., Stahlmecke B., Kuhlbusch T.A.J., and Pui D.Y.H. 2008. Conceptual limitations and extensions of lung-deposited Nanoparticle Surface Area Monitor (NSAM). *J. Nanopart Res.* 11:101–109.

Biskos G., Reavell K., and Collings N. 2005. Unipolar diffusion charging of aerosol particles in the transition regime. *J. Aerosol. Sci.* 36:247–265.

Burtscher H. 1992. Measurements and characteristics of combustion aerosols with special consideration of photoelectric charging and charging by flame ions. *J. Aerosol. Sci.* 23:549–595.

Chamaillard K., Jenning S.G., Kleefeld C., Ceburnis D., and Yoon Y.J. 2003. Light backscattering and scattering by nonspherical sea-salt aerosols. *J. Quant. Spectrosc. Radiat. Transfer* 79–80: 577–597.

Chen D.-R., and Pui D.Y.H. 1999. A high efficiency, high throughput unipolar aerosol charger for nanoparticles. *J. Nanopart Res.* 1:115–126.

Collins D.R., Flagan R.C., and Seinfeld J.H. 2002. Improved inversion of scanning DMA data. *Aerosol Sci. Technol.* 36:1–9.

Crampton M., Kinnersley R., and Ayres J. 2004. Sub-micrometer particle production by pressurized metered dose inhalers. *J. Aerosol Med.* 17:33–42.

Davidson J.H., and McKinney P.J. 1998. Chemical vapor deposition in the corona discharge of electrostatic air cleaners. *Aerosol Sci. Technol.* 29:102–110.

Davison S.W., and Gentry J.W. 1984. Modeling of ion mass effects on the diffusion charging process. *J. Aerosol Sci.* 15:262–270.

Dong Y., Hays M.D., Smith N.D., and Kinsey J.S. 2004. Inverting cascade impactor data for size-resolved characterization of fine particulate source emissions. *J. Aerosol Sci.* 35:1497–1512.

Dubey P., and Dhaniyala S. 2008. Analysis of scanning DMA transfer functions. *Aerosol Sci. Technol.* 42:7, 544–555,

Eiceman G.A., and Karpas Z. 2005. *Ion Mobility Spectrometry.* Oxford, UK: Taylor and Francis.

Ferge T., Maguhn J., Felber H., and Zimmermann R. 2004. Particle collection efficiency and particle re-entrainment of an electrostatic precipitator in a sewage sludge incineration plant. *Environ. Sci. & Technol.* 38:1545–1553.

Fierz M., Weimer S., and Burtscher H. 2009. Design and performance of an optimized electrical diffusion battery. *J. Aerosol Sci.* 40:152–163.

Fierz M., Burtscher H., Steigmeier P., and Kasper M. 2007. *Field Measurement of Particle Size and Number Concentration with the Diffusion Size Classifier (Disc)*, SAE Technical Paper Ser. No 2008-01-1179. Warren, PA: Society of Automotive Engineers.

Fissan H., Neumann S., Trampe A., Pui D.Y.H., and Shin W.G. 2006. Rationale and principle of an instrument measuring lung deposited nanoparticle surface area. *J. Nanopart Res.* 9:53–59.

Flagan R.C. 1998. History of electrical aerosol measurements. *Aerosol Sci. Technol.* 28:301–380.

Fuchs N.A. 1963. On the stationary charge distribution on aerosol particles in a bipolar ionic atmosphere. *Geofis. Pura Appl.* 56: 185–193.

Glover W., and Chan H.-K. 2004. Electrostatic charge characterization of pharmaceutical aerosols using electrical low-pressure impaction (ELPI). *J. Aerosol Sci.* 35:755–764.

Gouriou F., Morin J.P., and Weill M.E. 2004. On-road measurements of particle number concentrations and size distributions in urban and tunnel environments. *Atmos. Environ.* 38: 2831–2840.

Griffiths E., and Awbery J.H. 1928. The dependence of the mobility of ions in air on the relative humidity. *Proc. Phys. Soc.* 41: 240–247.

Gulijk C. van, Schouten H., Marijnissen J., Makkee M., and Moulijn J.A. 2001. Restriction for the ELPI for diesel soot measurements. *J. Aerosol Sci.* 32:1117–1130.

Gulijk C. van, Marijnissen J., Makkee M., and Moulijn J. 2003. Oil-soaked sintered impactors for the ELPI in diesel particulate measurements. *J. Aerosol Sci.* 32:635–640.

Gulijk C. van, Marijnissen J., Makkee M., Moulijn J., and Schmidt-Ott A. 2004. Measuring diesel soot with a scanning mobility particle sizer and an electrical low-pressure impactor: performance assessment with a model for fractal-like agglomerates. *J. Aerosol Sci.* 35:633–655.

Hagen D.E., Lobo P., Whitefield P.D., Trueblood M.B., Alofs D.J., and Schmid O. 2009. Performance evaluation of a fast mobility-based particle spectrometer for aircraft exhaust. *J. Propulsion and Power* 25(3):628–634.

Han B., Shimada M., Choi M., and Okuyama K. 2003. Unipolar charging of nanosized aerosol particles using soft x-ray photoionization. *Aerosol Sci. Technol.* 37(4): 330–341.

Harris S.J., and Maricq M.M. 2001. Signature size distributions for diesel and gasoline engine exhaust particulate matter. *Aerosol Sci. Technol.* 32:749–764.

Hays M.D., Smith N.D., Kinsey J., Dong Y., and Kariher P. 2003. Polycyclic aromatic hydrocarbon size distributions in aerosols from appliances of residential wood combustion as determined by direct thermal desorption–GC/MS. *J. Aerosol Sci.* 34:1061–1084.

He M., Marzocca P., and Dhaniyala S. 2007. A new high performance battery-operated electrometer. *Rev. Sci. Instrum.* 78: 105103.

Held A., Niessner R., Bosveld F., Wrzesinsky T., and Klemm O. 2007. Evaluation and application of an electrical low pressure impactor in disjunct eddy covariance aerosol flux measurements. *Aerosol Sci. Technol.* 41:510–519.

Held A., Zerrath A., McKeon U., Fehrenbach T., Niessner R., Plass-Dulmer C., Kaminski U., Berresheim H., and Pöschl U. 2008. Aerosol size distributions measured in urban, rural and high-alpine air with an electrical low pressure impactor (ELPI). *Atmos. Environ.* 42:8502–8512.

Herndon S.C., Jayne J.T., Lobo P., Onasch T.B., Fleming G.G., Hagen D.E., Whitefield P.D., and Miake-Lye R.C. 2008. Commercial aircraft engine emissions characterization of in-use aircraft at Hartsfield-Jackson Atlanta International Airport, *Environ. Sci. Technol.* 42:1877–1883.

Hickey A., Mansour H.M., Telko M.J., Xu Z., Smyth H.D.C., Mulder T., Mclean R., Langridge J., and Papadopoulos D. 2007. Physical characterization of component particles included in dry powder inhalers. II. Dynamic characteristics. *J. Pharm.*

Sci. 96:1302–1319.

Hillamo R.E., and Kauppinen E.I. 1991. On the performance of the Berner low pressure impactor. *Aerosol Sci. Technol.* 14:33–47.

Hoppel W.A., and Frick G.M. 1986. Ion-aerosol attachment coefficients and the steady-state charge distribution on aerosols in a bipolar ion environment. *Aerosol Sci. Technol* 5:1–21.

Horowitz P., and Hill W. 1989. *The Art of Electronics*. New York: Cambridge University Press.

International Commission on Radiological Protection. 1994. *Human Respiratory Tract Model for Radiological Protection*, Publication 66. Oxford: Pergamon.

Jeong C.H., and Evans G. 2009. Inter-comparison of a fast mobility particle sizer and a scanning mobility particle sizer incorporating an ultrafine water-based condensation particle counter, *Aerosol Sci. Technol.* 43(4):364–373.

Johansson L.S., Tullin C., Leckner B., and Sjövall P. 2003. Particle emissions from biomass combustion in small combustors. *Biomass Bioenergy* 25:435–446.

Johnson T., Caldow R., Pocher A., Mirme A., and Kittelson D. 2004. *An Engine Exhaust Particle Sizer Spectrometer for Transient Emission Particle Measurements*, SAE Technical Paper No. 2004-01-1341. Warren, PA: Society for Automotive Engineers.

Juan L. de, Brown S., Serageldin N., Rosell J., Lazcano J., and Fernández de la Mora J. 1997. Electrostatic effects in inertial impactors. *J. Aerosol Sci.* 28:1029–1048.

Jung H., and Kittelson D.B. 2005. Characterization of aerosol surface instruments in transition regime. *Aerosol Sci. Technol.* 39:902–911.

Kannosto J., Virtanen A., Lemmetty M., Mäkelä J.M., Keskinen J., Junninen H., Hussein T., Aalto P., and Kulmala M. 2008. Mode resolved density of atmospheric aerosol particles. *Atmos. Chem. Phys.* 8:5327–5337.

Kaufman S.L., Medved A., Pöcher A., Hill N., Caldow R., and Quant F.R. 2002. An Electrical Aerosol Detector Based on the Corona-Jet Charger. Twenty-First AAAR Conference, October 7–11, Paper no. P12-07, Charlotte, NC.

Keskinen J. 1992a. *Experimental Study of Real-Time Aerosol Measurement Techniques*. PhD Thesis, Publication 94, Tampere University of Technology, Tampere, Finland.

Keskinen J., Pietarinen K., and Lehtimäki M. 1992b. Electrical low pressure impactor. *J. Aerosol Sci.* 23:353–360.

Keskinen J., Marjamäki M., Virtanen A., Mäkelä T., and Hillamo R. 1999. Electrical calibration method for cascade impactors. *J. Aerosol Sci.* 30:111–116.

Keskinen H., Mäkelä J.M., Aromaa M., Ristimäki J., Kanerva T., Levänen E., Mäntylä T., and Keskinen J. 2007. Effect of silver addition on the formation and deposition of titania nanoparticles produced by Liquid Flame Spray. *J. Nanopart. Res.* 9:569–588.

Kittelson D.B., Watts W.F., and Johnson J.P. 2006. On-road and laboratory evaluation of combustion aerosols—Part 1: Summary of diesel engine results. *J. Aerosol Sci.* 37(8):913–930.

Klein H., Lox E., Kreuzer T., Kawanami M., Ried T., and Bächmann K. 1998. *Diesel Particulate Emissions of Passenger Cars—New Insights into Structural Changes During the Process of Exhaust Aftertreatment Using Diesel Oxidation Catalyst*, SAE Technical Paper Ser. No. 980196. Warren, PA: Society of Automotive Engineers.

Kwok P.C.L., and Chan H.-K. 2008. Effect of relative humidity on the electrostatic charge properties of dry powder inhaler aerosols. *Pharm. Res.* 25:277–288

Latva-Somppi J., Moisio M., Kauppinen E.I., Valmari T., Ahonen P., Tapper U., and Keskinen J. 1998. Ash formation during fluidized bed incineration of paper mill waste sludge. *J. Aerosol Sci.* 29:461–480.

Lemmetty M., Marjamäki M., and Keskinen J. 2005. The ELPI response and data handling II: Properties of kernels and data inversion. *Aerosol Sci. Technol.* 39:583–595.

Lillieblad L., Szpila A., Strand M., Pagels J., Rupas-Gadd K., Gudmundsson A., Swietlicki E., Bohrgard M., and Sananti M. 2004. Boiler operation influence on the emissions of submicrometer-sized particles and polycyclic aromatic hydrocarbons from biomass-fired grate boilers. *Energy Fuels* 18:410–417.

Liu B.Y.H., and Pui D.Y.H. 1975. On the performance of the electrical aerosol analyzer. *J. Aerosol Sci.* 6:249–264.

Maricq M.M., Podsiadlik D.H., and Chase R.E. 1999. Examination of the size-resolved and transient nature of motor vehicle particle emissions. *Environ. Sci. Technol.* 33:1618–1626.

Maricq M., Podsiadlik D., and Chase R. 2000. Size distributions of motor vehicle exhaust PM: A comparison between ELPI and SMPS measurements. *Aerosol Sci. Technol.* 33:239–260.

Maricq M., Xu N., and Chase R.E. 2006. Measuring particulate mass emissions with the electrical low pressure impactor. *Aerosol Sci. Technol.* 40:68–79.

Marjamäki M. 2003. *Electrical Low Pressure Impactor: Modifications and Particle Collection Characteristics*. PhD Thesis, Publication 449. Tampere University of Technology, Tampere, Finland.

Marjamäki M., Keskinen J., Chen D.-R., and Pui D.Y.H. 2000. Performance evaluation of the electrical low pressure impactor (ELPI). *J Aerosol Sci.* 31:249–261.

Marjamäki M., Ntziachristos L., Virtanen A., Ristimäki J., Keskinen J., Moisio M., Palonen M., and Lappi M. 2002. *Electrical Filter Stage for the ELPI*, SAE 2002-01-0055. Warren, PA: Society of Automotive Engineers.

Marjamäki M., Lemmetty M., and Keskinen J. 2005. ELPI response and data reduction. I: response functions. *Aerosol Sci. Technol.* 39:575–582.

Marquard A. 2007. Unipolar field and diffusion charging in the transition regime—Part I: A 2-D limiting-sphere model. *Aerosol Sci. Technol.* 41:597–610.

Marra J., Voetz M., and Kiesling H.J. 2010. Monitor for detecting and assessing exposure to airborne nanoparticles. *J. Nanopart. Res.* 12:21–37.

McAuley T.R., Fisher R., Zhou X., Jaques P.A., and Ferro A.R. 2010. Relationships of outdoor and indoor ultrafine particles at residences downwind of a major international border crossing in Buffalo, NY. doi: 10.1111/j.1600-0668.2010.00654.x.

Moisio, M. 1999. *Real-Time Size Distribution Measurement of Combustion Aerosols*. PhD Thesis, Publication 279. Tampere University of Technology, Tampere, Finland.

Nelder A., and Mead R. 1965. A simplex method for function minimization. *Comput. J.* 7:308–312.

Ntziachristos N., Giechaskiel B., Ristimäki J., and Keskinen J. 2004. Use of a corona charger for the characterisation of automotive exhaust aerosol. *J. Aerosol Sci.* 35:943–963.

Oberdörster G. 1996. Significance of particle parameters in the evaluation of exposure-dose-response relationships of inhaled particles. *Part Sci Technol.* 14:135–151.

Oh H., Park H., and Sangsoo K. 2004. Effects of particle shape on the unipolar diffusion charging of nonspherical particles. *Aerosol Sci. Technol.* 38:1045–1053.

Park D., Kim S., An M., and Hwang J. 2007. Real-time measurement of submicron aerosol particles having a log-normal size distribution by simultaneously using unipolar diffusion charger and unipolar field charger. *J. Aerosol Sci.* 38:1240–1245.

Pattas K., Kyriakis N., Samaras Z., Pistikopoulos P., and Ntziachristos L. 1998. *Effect of DPF on Particulate Size*

Distribution Using an Electrical Low Pressure Impactor, SAE Technical Paper Ser. No 980544. Warren, PA: Society of Automotive Engineers.

Pirjola L., Paasonen P., Pfeiffer D., Hussein T., Hameri K., Koskentalo T., Virtanen A., Rönkkö T., Keskinen J., Pakkanen T.A., and Hillamo R.E. 2006. Dispersion of particles and trace gases nearby a city highway: Mobile laboratory measurements in Finland. *Atmos. Environ.* 40:867–879.

Polyanin A.D., and Manzhirov A.V. 2008. *Handbook of Integral Equations*, 2 ed. Boca Raton, FL: Chapman & Hall/CRC Press.

Pui D.Y.H. 1976. Experimental study of diffusion charging of aerosols, PhD Thesis, Minneapolis: University of Minnesota.

Pui D.Y.H., Fruin S., and McMurry P.H. 1988. Unipolar diffusion charging of ultrafine aerosols. *Aerosol Sci. Technol.* 8:173–187.

Qi C., Chen D.-R., and Pui D.Y.H. 2007. Experimental study of a new corona-based unipolar charger. *J. Aerosol Sci.* 38:775–792.

Qi C., Asbach C., Shin W.G., Fissan H., and Pui D.Y.H. 2009. The effect of particle pre-existing charge on unipolar charging and its implication on electrical aerosol measurements. *Aerosol Sci. Technol.* 43:3, 232–240.

Ranjan M., and Dhaniyala S. 2007. Theory and design of a new miniature electrical-mobility aerosol spectrometer, *J. Aerosol Sci.* doi: 10.1016/j.jaerosci.2007.07.005.

Ranjan M., and Dhaniyala S. 2008. A new miniature electrical aerosol spectrometer: Experimental characterization. *J. Aerosol Sci.* doi: 10.1016/j.jaerosci.2008.04.005.

Ranjan M., and Dhaniyala S. 2009. A novel electrical-mobility-based instrument for total number concentration measurements of ultrafine particles. *J. Aerosol Sci.* doi: 10.1016/j.jaerosci.2009.01.007.

Ristimäki J., Virtanen A., Marjamäki M., Rostedt A., and Keskinen J. 2002. On-line measurement of size distribution and effective density of submicron aerosol particles. *J. Aerosol Sci.* 33: 1823–1839.

Rogak S.N., and Flagan R.C. 1992. Bipolar diffusion charging of spheres and agglomerate aerosol particles. *J. Aerosol Sci.* 23:693–710.

Romay F.T., and Pui D.Y.H.1992. On the combination coefficient of positive ions with ultrafine neutral particles in the transition and free-molecule regimes. *Aerosol Sci. Technol.* 17:134–147.

Rostedt A., Marjamäki M., and Keskinen J. 2009. Modification of the ELPI to measure mean particle effective density in real-time. *J. Aerosol Sci.* 40:823–831.

Russell L.M., Flagan R.C., and Seinfeld J.H. 1995. Asymmetric instrument response resulting from mixing effects in accelerated DMA-CPC measurements. *Aerosol Sci. Technol.* 23:491–509.

Saarikoski S., Mäkelä T., Hillamo R., Aalto P., Kerminen V.-M., and Kulmala M. 2005. Physico-chemical characterization and mass closure of size-segregated atmospheric aerosols in Hyytiälä, Finland. *Boreal Environ. Res.* 10:385–400.

Shin W.G., Pui D.Q.H., Fissan H., Neumann S., and Trampe A. 2007. Calibration and numerical simulation of Nanoparticle Surface Area Monitor (TSI Model 3550 NSAM). *J. Nanoparticle Research* 9:61–69.

Smith W.B., Felix L.G., Hussey D.H., and Pontius D.H. 1978. Experimental investigations of fine particle charging by unipolar ions—A review. *J. Aerosol Sci.* 9:101–124.

Symonds J.P.R., and Reavell K.S.J. 2007. Calibration of a differential mobility spectrometer. European Aerosol Conference, Salzburg, Austria. Abstract T02A034.

Symonds J.P.R., Reavell J.S., Olfert J.S., Campbell B.W., and Swift S.J. 2007. Diesel soot mass calculation in real-time with a differential mobility spectrometer. *J. Aerosol Sci.* 38:52–68.

Talukdar S., and Swihart M. 2003. An improved data inversion program for obtaining aerosol size distributions from scanning differential mobility analyzer data. *Aerosol Sci. Technol.*, 37: 145–161.

Tammet H., Mirme A., and Tamm E. 2002. Electrical aerosol spectrometer of Tartu University. *Atmos. Res.* 62(3–4):315–324. doi: 10.1016/S0169-8095(02)00017-0.

Telko M.J., Kujanpää J., and Hickey A. 2007. Investigation of triboelectric charging in dry powder inhalers using electrical low pressure impactor (ELPI™). *Int. J. Pharm.* 226:352–360.

Temesi D., Molnár A., Mészáros E., Feczkó T., Gelencsér A., Kiss G., and Kriváсsy Z. 2001. Size resolved chemical mass balance of aerosol particles over rural Hungary. *Atmos. Environ.* 35:4347–4355.

Tikhonov A.N., and Arsenin V.A. 1977. *Solutions of Ill-posed Problems*. Washington, DC: Winston & Sons.

Twomey S. 1963. On the numerical solution of Fredholm integral equations of the first kind by the inversion of the linear system produced by quadrature. *J. Assoc. Comput. Mach.* 10:97–101.

Twomey S. 1975. Comparison of constrained linear inversion and iterative nonlinear algorithms applied to the indirect estimation of particle size distributions. *J. Comp. Phys.* 18:188–200.

Virtanen A., Marjamäki M., Ristimäki J., and Keskinen J. 2001. Fine particle losses in Electrical Low Pressure Impactor. *J. Aerosol Sci.* 32:389–401.

Virtanen A., Ristimäki J., and Keskinen J. 2004. Method for measurement of effective density and fractal dimension of aerosol agglomerates. *Aerosol Sci. Technol*, 38:437–446.

Virtanen A., Rönkkö T., Kannosto J., Ristimäki J., Mäkelä J., Keskinen J., Pakkanen T., Hillamo R., Pirjola L., and Hämeri K. 2008. Winter and summer time size distributions and densities of traffic-related aerosol particles at a busy highway in Helsinki. *Atmos. Chem. Phys.* 6:2411–2421.

Wang J., Shin W.G., Mertler M., Sachweh B., Fissan H., and Pui D.Y.H. 2010. Measurement of nanoparticle agglomerates by combined measurement of electrical mobility and unipolar charging properties. *Aerosol Sci. Technol.* 44:97–108.

Weimer S., Mohr C., Richter R., Keller J., Mohr M., Prévôt A.S.H., and Baltensperger U. 2009. Mobile measurements of aerosol number and volume size distributions in an Alpine valley: Influence of traffic versus wood burning, *Atmos. Environ.* 43: 624–630.

19 粒子的电动悬浮

E. James Davis
华盛顿大学化学工程学院，华盛顿州西雅图市，美国

19.1 引言

利用交流（AC）和直流（DC）电场将粒子固定在某一空间，使其悬浮在一束或多束激光束中，用这种测量方法可以测定单个气溶胶粒子的大量特性。这个由安装在一个封闭仓上的交流和直流电极组成的装置称作电动力天平（EDB）。将反应性气体通入密封仓，还可以研究气-粒化学反应。利用光散射测量可以测定球形微粒子和液滴的粒径、折射率和化学性质。将测定的弹性光散射强度与Mie理论相比，可以得到粒子的光学性质；利用光度计记录拉曼光谱和荧光光谱，即可获得粒子的化学信息。从Bohren和Huffman（1983）发表的专著的附录等文件中，可以获得Mie理论计算的计算机代码，因此在这里不再提供这方面的详细信息。弹性散射是指散射光与入射光具有相同的波长（或频率）。激光与粒子化学键的相互作用可以使波长（或频率）发生位移，这就是所谓的非弹性散射或拉曼散射，是化学分析的基础。此外，用液滴蒸发测量法可以测定蒸气压（Ray等，1979）、蒸发系数（Tang和Munkelwitz，1991）、气相扩散系数（Davis和Ray，1977）、液滴带电量极限（Taflin等，1988；Bridges，1990；Li等，2005）、水活度（Peng等，2000）和多组分体系活度系数（Allen等，1990a）等性质。

由于容器壁上的液滴可以分离出来，因此可利用电动悬浮法研究高浓度盐溶液异相成核的热力学性质，同时还能避免沉降现象的发生。Richardson和Spann（1984）、Kurtz和Richardson（1984）、Richardson和Kurtz（1984）、Tang等（1986）、Cohen等（1987a，b）、Chan等（1992，1997）、Kim等（1994）、Tang和Munkelwitz（1994）、Liang和Chan（1997）等先后使用电动悬浮测定了不同浓度盐溶液的水活度。

19.2 电动力天平的结构

电动悬浮以Paul和Steinwedel（1953，1956）的四极滤质器（quadrupole mass filter）或四极质谱仪（quadrupole mass spectrometer）为基础，是Millikan（1994）著名的经典油滴实验的产物。最初的四极滤质器如图19-1所示。利用电极的交流和直流电场捕获带电粒

子（或离子）。所需的交流频率［$f=\omega/(2\pi)$］取决于捕获离子的迁移率。捕获离子所需的频率为射频；捕获粒径为 1～100μm 粒子所需的频率通常为 15～1000Hz。捕获纳米级粒子需要量级为 1.0MHz 的频率以及大小可以忽略不计的直流电压，但是检测和测量粒子的大小尚存在一定的困难。

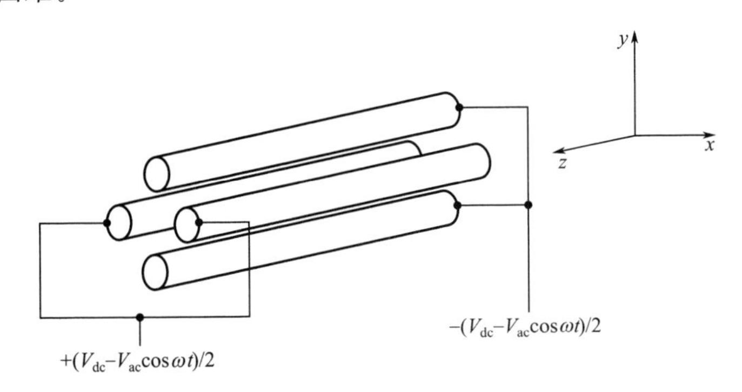

图 19-1 Paul 和 Steinwedel（1953）的四极滤质器

1959 年，Wuerker 等提出了用于现代离子阱中使用的双曲面电极结构；Straubel（1959）开发了非常简单的结构，即在直流电极间增加了一个环形交流电极。去掉中间电极，Straubel 开发的结构即 Millikan 冷凝器。

双曲面结构是大多数研究人员使用的经典电动力天平（EDB）的结构。图 19-2 给出了上述电极结构以及 Maloney 等（1995）用于测量单一粒子的粒子轨道和阻力特征的经典 EDB 改良版本。研究人员使用的电极还包括其他多种结构，Hartung 和 Avedisian（1992）以及 Davis（1997）对其中的部分结构进行了讨论。Davis 等（1990）分析并认为双环结构是一种非常简单有效的结构。这一结构将交流和直流电压加到电极上，以形成捕获粒子所需的交流和直流电场；或者在直流圆盘电极间放置两个交流环形电极，以达到捕获粒子的目

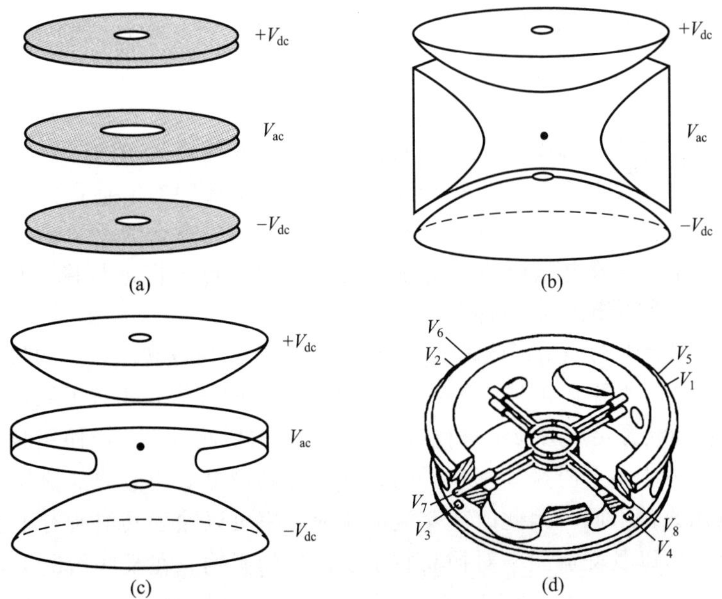

图 19-2 四种 EDB 电极结构图：(a) Straubel（1959）的三片式结构；(b) Wuerker 等（1959）的双曲面结构；(c) Maloney 等（1995）的改良双曲面结构；(d) Zheng 等（2001）的八极电动力天平

的。Dhariwal 等（1993）曾利用两组环形电极使集滴器液滴流中的液滴悬浮；Tu 和 Ray（2001）也曾在扩散云室（diffusion cloud chamber）中安装这一设备研究液滴的蒸发现象。

当粒子带负电荷时，一般将电压 $+V_{dc}$ 连接天平的上电极、将电压 $-V_{dc}$ 连接天平的下电极 [图 19-2（a）、(b）和（c）]。将交流电极安放在中央（$z=0$ 处），则直流电极间的距离为 $2z_0$。交流或直流电场取决于电极的结构。理论上，根据 Frickel 等（1978）与 Hartung 和 Avedisian（1992）的计算，通过解 Laplace 公式可以计算电场相关的数值。电场受观测口及密封仓的变化等因素的影响。

为实现对粒子的三维控制，Zheng 等（2001）对双环设备进行了改良 [图 19-2（d）]。将各环分开，分成 8 个部分，将各部分连接不同的直流电压和相同的交流电压。

19.3 天平操作方法

大多数研究中，EDB 用于测量粒径为 1～100μm 的粒子。典型的交流电压为 2000V，交流电极间距数量级为 1cm。如下文所述，其设计希望能够改变交流频率和峰值的电压（peak-to-peak voltage）。代表性频率为 100Hz。

研究人员提出了许多将液滴注入密封仓的方法。其中最简单的方法是利用平尖注射针注入液滴（如 Davis 和 Ravindran，1982；Li 等，2005）。将液体导入细毛细管中。在注射针上施加数量级为 10kV 的直流脉冲，使注射针排出的液滴带电。利用该方法，通常可以形成一个主液滴和许多微液滴。通过改变交流电压和/或交流频率，使不需要的液滴与电极碰撞，进而将其排出密封仓。Arnold 和 Folan（1986）提出了一种液滴注入方法可以更好地控制液滴性质。将压电带（piezoelectric strip）施加在不锈钢管上，使液滴从玻璃喷孔排出，然后利用吸液管下游的电极对液滴进行感应充电。这一设备即纽约 Uni-Photon 公司销售的 Model 201 设备，受到多数研究人员青睐，其中包括中国香港的 Chan 集团（如 Peng 等，2000）。

Aardahl 等（1998）利用带感应充电板（与 Arnold 和 Folan 所用方式相似）的振动孔单分散气溶胶发生器（vibrating orifice aerosol generator，VOAG）将盐溶液液滴注入 EDB 中。盐溶液液滴中的水分蒸发后即可形成固体粒子。Laucks 等（2000）将花粉颗粒附着在小金属棒上，然后将金属棒与交流电极接触，使花粉带电，进而脱离金属棒，使其进入双环 EDB 中。还可以在金属棒上施加 10kV 的直流脉冲，将花粉注入 EDB 中。

带电粒子进入天平密封仓后，将以交流频率或 1/2 交流频率沿垂直方向振动，振幅取决于交流电压。在交流电场过大的情况下，振动将使粒子消失在仓壁上。在交流电压不大的情况下（19.4 节），在将直流电压调节至与垂直力平衡前，粒子将进行稳定的振动。平衡后，振幅将趋于无穷小，粒子被稳定地捕获。

利用安装在密封仓上的显微镜或带变焦镜头的视频系统可以观测粒子的移动和位置。通过这些方法放大粒子，调节直流电压，使粒子垂直摆动的振幅降低到相对于粒径而言可以忽略不计的程度。利用普通光源足以对粒子进行观测，但在光散射测量中，应使用激光束作为光源。

当捕获粒子数大于 1 个时，某一粒子的移动会受到带电量相似的其他粒子的影响。由于不同粒子的荷质比通常不同，因此改变交流电压或频率可以除去其他所有干扰粒子。下文将介绍交流和直流电压以及交流频率对捕获粒子稳定性的影响。在某些情况下，还可以捕获多组粒子。Verhring 等（1997）利用带充电板的振动孔单分散气溶胶发生器，生成了荷质比相同的 $NaNO_3$ 水溶液液滴。然后将液滴通入干燥管，再注入 EDB 中。通过改变交流电场，可以捕获 1～26 个 $NaNO_3$ 粒子。

19.4 悬浮原理及其应用

EDB的许多应用都基于捕获粒子的稳定性，下文将介绍其实验方法的理论知识。由于无论使用何种结构的电极，交流电场的垂直分力都比径向分力大，因此可以只考虑粒子的垂向运动。

在各种电极结构中，交流电场施加周期性的径向力和垂向力，接近天平中心处力的大小与该点和零点（中心）的距离成正比，在零点处消失，这些振动力可以捕获粒子。当粒子所受重力及其他垂向力的合力与直流电场产生的力抵消时，交流电场不再对粒子施加时间-平均作用力。

在无垂直气流流过密封仓时，EDB的垂直运动公式为（Zheng，2000）：

$$m\frac{d^2z}{dt^2}=-3\pi kd_p\mu\frac{dz}{dt}+F_z-mg-qC_0\frac{V_{dc}}{z_0}-\left(2qC_1\frac{V_{ac}}{z_0}\cos\omega t\right)z \tag{19-1}$$

式中，m 为粒子质量；z 为距天平中点的垂直距离；t 为时间；d_p 为非球形粒子的当量直径；k 为非球形粒子的斯托克斯定律的修正系数；μ 为气体黏度。通过纳入坎宁安修正系数，阻力系数 k 还可以考虑与连续介质理论的误差。F_z 为外力，包括激光束的辐射压力或热泳力等。mg 为重力。交流和直流电场形成的力与库仑电荷（q）、直流电压（V_{dc}）、交流电压（V_{ac}）、交流圆周频率（ω）和几何常数（z_0、C_0 和 C_1）有关。直流平衡常数 C_0 为Millikan电容器电极无穷大时的常数，其数值取决于EDB电极的结构（一般情况下 $C_0<1$）。交流常数 C_1 也取决于EDB电极的结构。交流频率［$f=\omega/(2\pi)$］为变量，其数值取决于粒子的迁移率。

在式（19-1）中，阻力的方向与粒子的运动方向相反；外力 F_z 的方向沿 z 轴正方向。如果粒子带负电，那么 C_0V_{dc}/z_0 为正值。

一般情况下，根据式（19-1），粒子会产生振动。但是如果调节直流电压使直流电压产生的力与重力和外力 F_z 相抵消，粒子将达到稳定状态。达到这一稳定状态需要：

$$F_z-mg=qC_0\frac{V_{dc}^*}{z_0} \tag{19-2}$$

如果粒子所受外力仅为重力（$F_z=0$），那么式（19-2）简化为：

$$mg=-qC_0\frac{V_{dc,0}}{z_0} \tag{19-3}$$

由于 $V_{dc,0}$ 与粒子质量成比例，因此可利用EDB进行重量分析。值得注意的是，纳米级粒子的质量极小，其所需的直流悬浮电压也非常小。因此，用电压方法测量纳米级粒子的质量存在一定困难。

19.4.1 重量分析

Chen等（2004）将单个 $Ca(OH)_2$ 粒子悬浮在 CO_2 和潮湿空气的混合气中，并利用重量分析［图19-2（d）所示的EDB］和拉曼分光镜研究了 $Ca(OH)_2$ 吸收 CO_2 的反应过程。反应式为：

$$Ca(OH)_2(s)+CO_2(g)\longrightarrow CaCO_3(s)+H_2O \tag{19-4}$$

反应开始时，生成的水会被吸收；随着反应的进行，这些水会被释放出来。研究人员发现，相对湿度（RH）较低时，不会发生反应。不同相对湿度下，绝对悬浮电压与时间的函数关系如图 19-3 所示。从图中可以看出，当相对湿度大于 70%时，电压随碳酸钙和水的生成而升高。在水分蒸发的作用下，电压（和质量）达到峰值后开始降低。

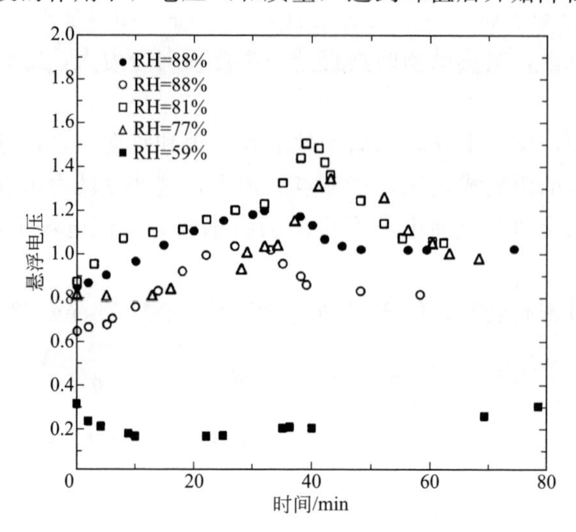

图 19-3 不同相对湿度下 $Ca(OH)_2$ 粒子吸收 CO_2 时悬浮电压-时间函数图

（经 Chen 等允许，2004）

【例 19-1】 利用图 19-3 中的数据，可以估算反应（或转化）的程度。假设实验相对湿度为 88%，已知直流电压的起始值 $V_{dc,0}$、最大值 $V_{dc,max}$ 和最终值 $V_{dc,final}$ 分别为 0.843V、1.187V 和 1.007V。$Ca(OH)_2$、CO_2、$CaCO_3$ 和 H_2O 的分子量分别为 74.09、44.01、100.09 和 18.015。试计算转化为 $CaCO_3$ 的 $Ca(OH)_2$ 的百分比。

解：假设 V_{max} 对应所有 $Ca(OH)_2$ 均转化为 $CaCO_3$ 和 H_2O 的情况，那么根据化学计算可以得出 $V_{dc,max}/V_{dc,0}=(100.09+18.015)/74.09=1.594$。而观测到的比率为 $1.187/0.843=1.408$。这表明 $Ca(OH)_2$ 并没有完全转化为 $CaCO_3$。此外，如果最终质量中包含蒸发所形成的微量的水，且反应完全，$V_{dc,final}/V_{dc,0}=100.09/74.09=1.351$。而观测到的比率为 $1.007/0.843=1.195$。这表明转化率为 56%。假设 x 为转化为 $CaCO_3$ 的 $Ca(OH)_2$ 的比率，最终质量与初始质量的比值为：

$$\frac{(1-x)74.09+100.09x}{74.09}=1.195$$

得出 $x=0.56$。

19.4.2 作用力测量

除空气动力学阻力和重力外，施加在气溶胶粒子上的力还包括辐射压力、热泳力、光泳力和电场力，此外，还可能有磁场力。当环境温度不均匀时，粒子受到的热泳力就会增加。与来自温度较低区域的粒子相比，分子与来自温度较高区域的粒子碰撞，会传递更多的动量。电磁加热时，粒子内部产生温度梯度，进而发生光泳现象。当粒子处于存在蒸气浓度梯度的气-蒸气态混合物中时，就会发生扩散泳现象。

式（19-2）和式（19-3）为作用力的测量提供了依据。作用力的测量分为两步。首先利用式（19-3），在确定 qC_0/z_0 所需的作用力未知的情况下，测量悬浮电压，得出：

$$\frac{qC_0}{z_0}=-\frac{mg}{V_{\mathrm{dc},0}} \tag{19-5}$$

将上述结果代入式（19-2），得出未知作用力为：

$$F_z=-mg\left(\frac{V_{\mathrm{dc}}}{V_{\mathrm{dc},0}}-1\right) \tag{19-6}$$

因此，在上述两个电压测量值且粒子重量已知的情况下，可以计算得出 F_z。请注意，mg 的方向为沿 z 轴负方向。

Davis 等（1987）利用这一方法测量了直径为 1～150μm 的固体微粒（硅酸盐）和液滴所受到的阻力。将粒子悬浮在改良双曲面 EDB 中，通过底部电极注入气体层流，以对粒子产生阻力。调节层流系统，以根据气流速度 u_∞ 测定粒子的速度。利用光散射角度测量方法测量液滴的大小（例 19-2）。气流速度不同，对应的阻力也不同。根据式（19-6）可以计算阻力值。

【例 19-2】 Davis 等研究得出了油酸甲酯液滴悬浮在温度为 295K、标准大气压下气流中所受到的阻力的下列相关数据。在无气流通过的情况下，悬浮电压 $V_{\mathrm{dc},0}$ 为 −20.0V。当空气速度 u_∞ 为 14m/s 时，悬浮电压为 31.0V。根据光散射数据得出 a = 24.0μm。油酸甲酯浓度为 873.9kg/m³，空气性质中 μ 为 1.831×10^{-5}kg/(m·s)、ρ 为 1.197kg/m³。试计算液滴所受的阻力，并将阻力值与 Oseen 公式进行对比：

$$F_{\mathrm{D}}=6\pi a\mu u_\infty\left(1+\frac{3}{16}Re\right) \tag{19-7}$$

式中，Re 为气体的雷诺数。

$$Re=2au_\infty\rho/\mu \tag{19-8}$$

解：根据式（19-6），阻力与液滴重量的比值为：

$$\frac{F_z}{mg}=-\left(\frac{31.0}{-20.0}-1\right)=2.55$$

液滴重量为：

$$mg=\frac{4}{3}\pi(24.0\times10^{-6}\,\mathrm{m})^3\left(873.9\,\frac{\mathrm{kg}}{\mathrm{m}^3}\right)\left(9.807\,\frac{\mathrm{m}}{\mathrm{s}^2}\right)=4.960\times10^{-10}\,\mathrm{N}$$

因此，阻力为：

$$F_{\mathrm{D}}=2.55(4.960\times10^{-10}\,\mathrm{N})=1.265\times10^{-9}\,\mathrm{N}$$

气体雷诺数为：

$$Re=\frac{2(24.0\times10^{-6}\,\mathrm{m})\left(1.197\,\frac{\mathrm{kg}}{\mathrm{m}^3}\right)\left(0.14\,\frac{\mathrm{m}}{\mathrm{s}}\right)}{1.831\times10^{-5}\,\frac{\mathrm{kg}}{\mathrm{m\cdot s}}}=0.439$$

利用 Oseen 公式计算得出阻力为：

$$\begin{aligned}F_{\mathrm{D}}&=6\pi(24.0\times10^{-6}\,\mathrm{m})\left(1.831\times10^{-5}\,\frac{\mathrm{kg}}{\mathrm{m\cdot s}}\right)\times\left(0.14\,\frac{\mathrm{m}}{\mathrm{s}}\right)\left[1+\frac{3}{16}(0.439)\right]\\&=1.255\times10^{-9}\,\mathrm{N}\end{aligned}$$

阻力测量值与计算值具有良好的一致性。

19.5 热迁移

Li 和 Davis（1995）以及 Zheng 和 Davis（2001）利用双电压法测量了克努森区域各种离子和气体对粒子的热泳力。他们在电子天平内安装了两个热交换器，以便在气相中形成温度梯度。通过抽出天平仓内的空气可以改变气体分子的平均自由程 l（mean free path），进而改变克努森数（$Kn=l/a$，式中 a 为粒子半径）。

利用类似的方法，Lin 和 Campillo（1985）测量了硫酸铵晶体粒子受到的光泳力，Allen 等（1990b）测定了微球体受到的辐射压力。

研究人员对过渡区域（或克努森区域）的热泳力开展了大量的研究。人们将无量纲热泳力定义为：

$$f_{\mathrm{T}}=F_{\mathrm{T}}\left(\frac{a^2k_2}{\sqrt{2k_{\mathrm{B}}T_0/m}}\nabla T_{\infty}\right)^{-1}=F_{\mathrm{T}}\left(\frac{a^2k_2}{\sqrt{2RT_0/M}}\nabla T_{\infty}\right)^{-1} \tag{19-9}$$

式中，F_{T} 为热泳力；k_2 为气相热导率（thermal conductivity）；k_{B} 为玻耳兹曼常数；T_0 为气体平均温度；m 为气体分子的摩尔量；∇T_{∞} 为粒子周围的温度梯度；R 为理想气体常数；M 为分子量。

Yamamoto 和 Ishihara（1988）的求解方法是典型的热泳力求解方法。该方法以玻耳兹曼公式的 BGK 模型的解为基础。通过求解得出热泳力为：

$$f_{\mathrm{T}}=\frac{16\pi}{5}\left[A_{\mathrm{w}}H_0-A_0\left(H_{\mathrm{w}}+\frac{5\sqrt{\pi}}{4}\times\frac{Kn}{k_{21}}\right)\right]\times\left(H_{\mathrm{w}}+\frac{5\sqrt{\pi}}{4}\times\frac{Kn}{k_{21}}\right)^{-1} \tag{19-10}$$

式中，A_{w}、A_0、H_{w}、H_0 为基于克努森数的常数，由研究人员提供；参数 k_{21} 为气体与粒子热导率的比值。

不同研究人员对平均自由程的定义不同。Zheng（2000）对平均自由程的定义为：

$$l=\frac{4}{5}\times\frac{k_2}{p}\sqrt{\frac{mT_0}{2k_{\mathrm{B}}}} \tag{19-11}$$

式中，p 为系统压力。Yamamoto 和 Ishihara 对平均自由程的定义为：

$$l=\frac{4}{5}\times\frac{k_2}{p}\sqrt{\frac{2mT_0}{\pi k_{\mathrm{B}}}} \tag{19-12}$$

得出的平均自由程数值比利用式（19-11）求得的值大 12.8%。

【例 19-3】 聚苯乙烯乳胶球的半径为 11.8μm，密度为 1050kg/m^3，热导率为 0.122W/(m·K)。氦气的热导率为 0.150W/(m·K)。EDB 所在环境压强为 2370Pa，气体平均温度为 298.7K。采用的温度梯度为 2744K/m。在上述情况下，悬浮电压 $V_{\mathrm{dc},0}$ 和 V_{dc} 分别为 2.368V 和 5.000V。试比较 Zheng（2000）得出的聚苯乙烯乳胶（polystyrene latex，PSL）微球体在氦气中受到的热泳力与 Yamamoto 和 Ishihara（1988）的理论值。

解：热泳力为：

$$\begin{aligned}F_{\mathrm{z}}&=mg\left(\frac{V_{\mathrm{dc}}}{V_{\mathrm{dc},0}}-1\right)\\&=\frac{4}{3}\pi(11.8\times10^{-6}\mathrm{m})^3\times1050\ \frac{\mathrm{kg}}{\mathrm{m}^3}\times9.807\ \frac{\mathrm{m}}{\mathrm{s}^2}\left(\frac{5.000\mathrm{V}}{2.368\mathrm{V}}-1\right)\\&=7.88\times10^{-11}\mathrm{N}\end{aligned}$$

代入式（19-9）得：

$$f_T=7.88\times10^{-11}\text{N}\left[\frac{(11.8\times10^{-6}\text{m})^2\left(0.150\ \frac{\text{W}}{\text{m}\cdot\text{K}}\right)}{\sqrt{2\left(8314\ \frac{\text{J}}{\text{kmol}\cdot\text{K}}\right)\frac{298.7\text{K}}{4.003\ \frac{\text{kg}}{\text{kmol}}}}}\times2774\ \frac{\text{K}}{\text{m}}\right]^{-1}=1.53$$

克努森数为：

$$Kn=\frac{1}{a}=\frac{4}{5}\times\frac{\left(0.150\ \frac{\text{W}}{\text{m}\cdot\text{K}}\right)}{(11.8\times10^{-6}\text{m})(2370\text{Pa})}\times\sqrt{\frac{\left(4.003\ \frac{\text{kg}}{\text{kmol}}\right)(298.7\text{K})}{2\left(8314\ \frac{\text{J}}{\text{kmol}\cdot\text{K}}\right)}}=1.15$$

得出的克努森数与 Yamamoto 和 Ishihara 得出的 $Kn=1.30$ 相一致。因此，代入 Yamamoto 和 Ishihara 的公式（$k_{21}=0.150/0.122=1.22$）得：

$$f_T=\frac{16\pi}{5}\left[0.1178+0.09843\left(0.8728+\frac{5\sqrt{\pi}}{4}\times\frac{1.30}{1.22}\right)\right]\times\left(0.8728+\frac{5\sqrt{\pi}}{4}\times\frac{1.30}{1.22}\right)^{-1}$$

$$=1.36$$

热泳力理论值比试验测得值小 11%。

19.6 粒子动力学

引入无量纲变量 $Z(Z=z/z_0)$ 和 $\tau(\tau=\omega t/2)$，可将运动公式式（19-1）简化为无量纲运动公式：

$$\frac{\mathrm{d}^2Z}{\mathrm{d}\tau^2}+\delta\frac{\mathrm{d}Z}{\mathrm{d}\tau}+2\beta Z\cos2\tau=\sigma \tag{19-13}$$

式中，δ 为阻力参数；β 为交流电场强度参数；σ 为直流电场补偿参数。

$$\delta=\frac{6\pi\mu d_p k}{m\omega},\quad \beta=\frac{4g}{\omega^2 b}\left(\frac{V_{ac}}{V_{dc}^*}\right),\quad \sigma=\frac{4g}{\omega^2 z_0}\left(\frac{V_{ac}}{V_{dc}^*}-1\right) \tag{19-14}$$

式中，V_{dc}^* 满足式（19-2），且 $b=z_0C_0/C_1$；$V_{dc,0}$ 满足式（19-3）。粒子的稳定性取决于三个无量纲参数（δ、β、σ）。

当直流电压调节到与垂直方向外力平衡时，$V_{dc}^*=V_{dc}$，$\sigma=0$。这种情况下，如果 β 不太大，粒子将在零点稳定平衡。通过增大 V_{ac} 或减小 ω 来增大 β 时，就会出现剧烈摆动的点，这就是所谓的“跳跃点”。在跳跃点上方，由于振动幅度较大，可导致粒子损失。如果 β 维持在跳跃点以下且 $\sigma\neq0$，那么，粒子在驱动频率下的振幅就取决于 σ 的大小，其振动中心位于天平中段平面。利用光电二极管阵列、线性扫描相机或摄像系统可以观测粒子的位置。

Frickel 等（1978）、Davis（1985）和其他研究人员仔细研究了运动公式的解，发现了一些不稳定区。图 19-4 为 $\sigma=0$ 时的 β-δ 的曲线图。“临界稳定曲线”或最低不稳定区的跳跃点是研究的重要点。Müller（1960）推导这个曲线的近似解，为：

$$\beta_{crit}^2=\left(\frac{99+3\delta^2}{2}\right)-\sqrt{\left(\frac{99+3\delta^2}{2}\right)^2-(1+\delta^2)(81+9\delta^2)} \tag{19-15}$$

式（19-15）中的数据如图 19-4 所示，与 $\delta<3$ 时的精确分析结果相一致。

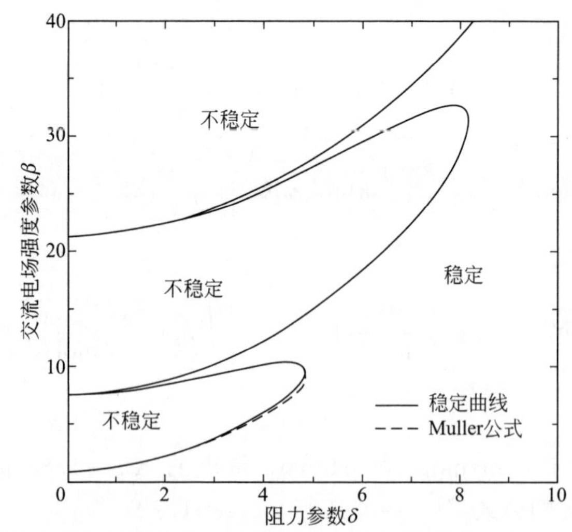

图 19-4 低稳定性与最低跳跃点处的 Müller 近似值［式（19-15）］的对比图

如果参数 b 中的 β 已知，可以根据跳跃点对已知密度的粒子进行分级。通过测量已知粒径和密度的球形粒子的跳跃点，可以得到几何参数 b，然后用光散射技术或其他方法可以测定粒子的粒径。校准方法是：使 β-δ 稳定图中稳定区内的球形粒子带电，并将其捕获，然后通过增大 V_{ac} 或减小 ω 使球形粒子过渡到不稳定区。在跳跃点，可测得 V_{dc}、V_{ac} 和 $f=\omega/(2\pi)$。根据气体黏度、粒径、粒子质量和交流频率算出阻力参数 δ，然后可根据图或式（19-15）计算出与这个 δ 值对应的跳跃点或 β 的临界值。

【例 19-4】 利用 23V 的直流电压，使直径为 20μm、密度为 2200kg/m^3（2.2g/cm^3）的玻璃球形粒子在 300K［$\mu=1.846\times10^{-5}$kg/(m·s)］的空气中悬浮。在 100Hz 的频率下，通过把交流电压增加到 1500V，达到了跳跃点。试确定这个 EDB 的几何常数 b。

解：利用 β 和 δ 的定义以及跳跃点的数据，可以得到：

$$\beta_{crit}=\frac{4gV_{ac}}{(2\pi f)^2V_{dc,0}b}=\frac{2\left(9.807\ \frac{m}{s^2}\right)(1500V)}{(2\pi\times100s^{-1})^2(23V)b}=4.05\times10^{-4}/b$$

以及：

$$\delta=\frac{6\pi\mu d_p}{m\omega}=\frac{6\pi\mu d_p}{(\rho\pi d_p^3/6)\ (2\pi f)}=\frac{18\mu}{\rho d_p^2\pi f}$$

$$=\frac{18\times\left(1.846\times10^{-5}\ \frac{kg}{m\cdot s}\right)}{\left(2200\ \frac{g}{m^3}\right)\ (20\times10^{-6}m)^2\pi\ (100s^{-1})}=1.202$$

因为 $\delta<3$，可以用 Müller 公式将 δ 和 β_{crit} 结合起来，这样，利用式（19-15），可得：

$$\beta_{crit}^2=\left[\frac{99+3(1.202)^2}{2}\right]-\sqrt{\left[\frac{99+3(1.202)^2}{2}\right]^2-[1+(1.202)^2][81+9(1.202)^2]}$$
$$=2.274$$

即 $\beta_{crit}=1.508$。该值与上面根据跳跃点数据得到的 β_{crit} 值相等，所以 $b=2.69\times10^{-4}$m。得出 b 值后，就能根据跳跃点的数据对已知密度的球形粒子进行分级。

式（19-13）不仅是跳跃点测量法的基础，也是与粒子动力学有关的另外三种方法的基础。当直流电场力与其他垂向力不平衡时，即 $\sigma \neq 0$，在交流频率下振荡的粒子通常超出交流电源的相位。Göbel 等（1997）用相位滞后测量法对四环 EDB 内的液滴进行了粒径分级。Frickel 等（1978）认为，通过测量粒子振动的振幅或振动中心偏离零点的距离可以测定粒子粒径。Zheng 等（2000）用双环 EDB［图 19-2（d）］探讨了上述方法。他们在天平仓的端口上放置了一个二维 CD 阵列，并用安装有 Labview 软件的计算机记录粒子的振动图像。

19.7 粒子分级

有多种辅助技术可以通过测定跳跃点确定粒子粒径。有些技术是以粒子在电子天平中的运动为基础的。利用光散射技术可以非常精确地测量球形粒子的粒径。

19.7.1 光散射

19 世纪，Rayleigh 得出了远小于光波长的球形粒子的光散射强度。20 世纪初，Mie（1908）应用电磁理论分析了各种粒径的球体粒子的光散射。Van de Hulst（1957）、Kerker（1969）、Bohren 和 Huffman（1983）等的论著中经常引用与 Mie 理论相关的文献。

散射光辐射度（强度）取决于入射光的辐射度、偏振和波长、检测器的位置、散射体的大小、散射体的折射率 N_1 和周围介质的折射率 N_2。一般情况下，将散射平面视为水平面。在水平面上距散射体 r 位置处安装检测器，入射电磁辐射的散射角为 θ。

对于垂直于散射平面的极化入射光，其散射辐射度为：

$$I_{\perp}=\frac{1}{k^2 r^2}|S_1|^2 I_{\text{inc}} \tag{19-16}$$

对于平行于散射平面的极化入射光，其散射辐射度为：

$$I_{\parallel}=\frac{1}{k^2 r^2}|S_2|^2 I_{\text{inc}} \tag{19-17}$$

式中，散射公式 S_1 和 S_2 的定义为：

$$S_1(\theta)=\sum_{n=1}^{\infty}\frac{2n+1}{n(n+1)}[a_n\pi_n(\cos\theta)+b_n\tau_n(\cos\theta)] \tag{19-18}$$

$$S_2(\theta)=\sum_{n=1}^{\infty}\frac{2n+1}{n(n+1)}[b_n\pi_n(\cos\theta)+a_n\tau_n(\cos\theta)] \tag{19-19}$$

式中，$\pi_n(\cos\theta)$ 和 τ_n（$\cos\theta$）与 Legendre 公式 p_n^1（$\cos\theta$）有关：

$$\pi_n(\cos\theta)=\frac{1}{\sin\theta}p_n^1(\cos\theta),\tau_n(\cos\theta)=\frac{\mathrm{d}}{\mathrm{d}\theta}p_n^1(\cos\theta) \tag{19-20}$$

式中，θ 为散射角，散射系数 a_n 和 b_n 分别为：

$$a_n=\frac{\varphi_n'(m_{12}x)\varphi_n(x)-m_{12}\varphi_n(m_{12}x)\varphi_n'(x)}{\varphi_n'(m_{12}x)\zeta^n(x)-m_{12}\varphi_n(m_{12}x)\zeta_n'(x)} \tag{19-21}$$

$$b_n=\frac{m_{12}\varphi_n'(m_{12}x)\varphi^n(x)-\varphi^n(m_{12}x)\varphi_n'(x)}{m_{12}\varphi_n'(m_{12}x)\zeta^n(x)-\varphi^n(m_{12}x)\zeta_n'(x)} \tag{19-22}$$

式中，φ_n 和 ζ_n 为 Riccati-Bessel 函数（参见 Van de Hulst、Kerker 或 Bohren 和 Huffman 的论著），主要反映与变量的主要差异。无量纲光散射的大小定义为：

$$x = ka = 2\pi a/\lambda \tag{19-23}$$

式中，λ 为入射光的波长；a 为球形粒子的半径。参数 m_{12} 为球形粒子与周围介质的折射率之比，即 $m_{12} = N_1/N_2$。

散射辐射度的角度和散射系数的性质，对球形粒子的分级及其光学性质的确定非常重要。小球形粒子的研究中广泛应用了 Mie 理论的两个特征。散射辐射度与散射角 θ 的关系图称为相位函数。图 19-5 为一种相位函数测量技术，该技术使用由步进电机驱动的可旋转式潜望镜/光电倍增管（PMT），检测通过 EDB 窗口的粒子散射光。Ray 等（1991）应用这类设备分析了邻苯二甲酸二辛酯（DOP）悬浮液滴，分析结果如图 19-6 所示。从图中可以看出，分析结果与 Mie 理论十分吻合。理论值和实验值能很好吻合时，光散射为 $x = 95.13 \pm 0.02$。

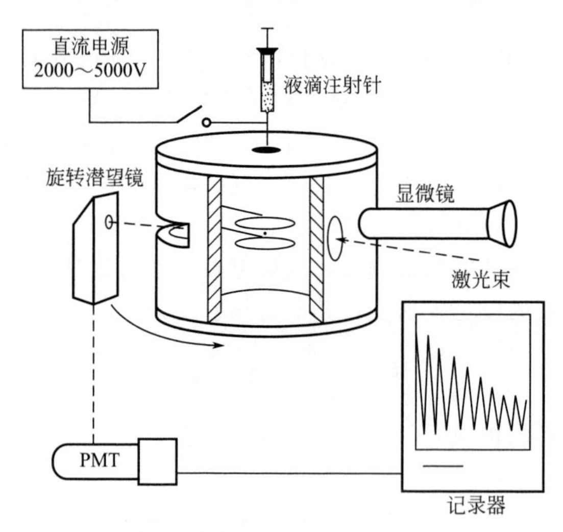

图 19-5 装配有光散射外部设备的双环 EDB（用于测量相位函数）

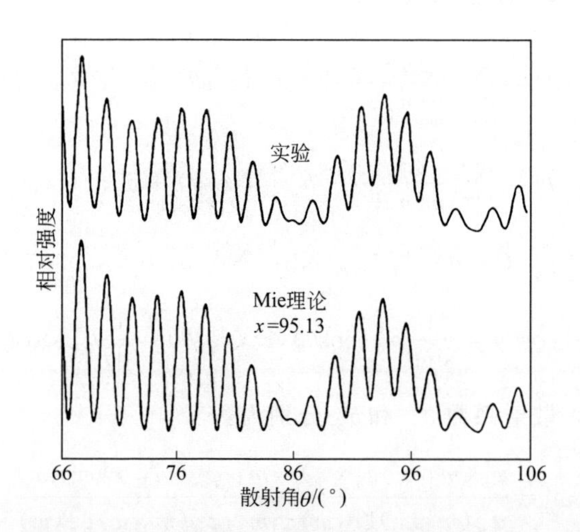

图 19-6 邻苯二甲酸二辛酯粒子相位函数的理论值与实验值的对比图

（引自 Ray 等，1991）

Davis（1987）在实验室里使用仓壁上装有线性光电二极管阵列的 EDB 测量了角度光散射。这一方法可以快速得到相位函数，特别适用于研究液滴的蒸发和浓缩。图 19-7 比较了 Davis 得到的十六烷液滴蒸发相位函数与计算得出的相位函数。其中两个特征具有显著相关性：一定散射角内的峰数量随粒径的降低而减少；散射光的角平均强度随粒径的降低而降低。虽然相位函数的精细结构式取决于粒子的折射率和粒径，但可以根据一定散射角度内条纹（峰）的数量估算光散射值。因此，如果 N_p 是单位角度内的峰数量，则以 Mie 理论为基础的光散射近似值为：

$$x=192N_p \tag{19-24}$$

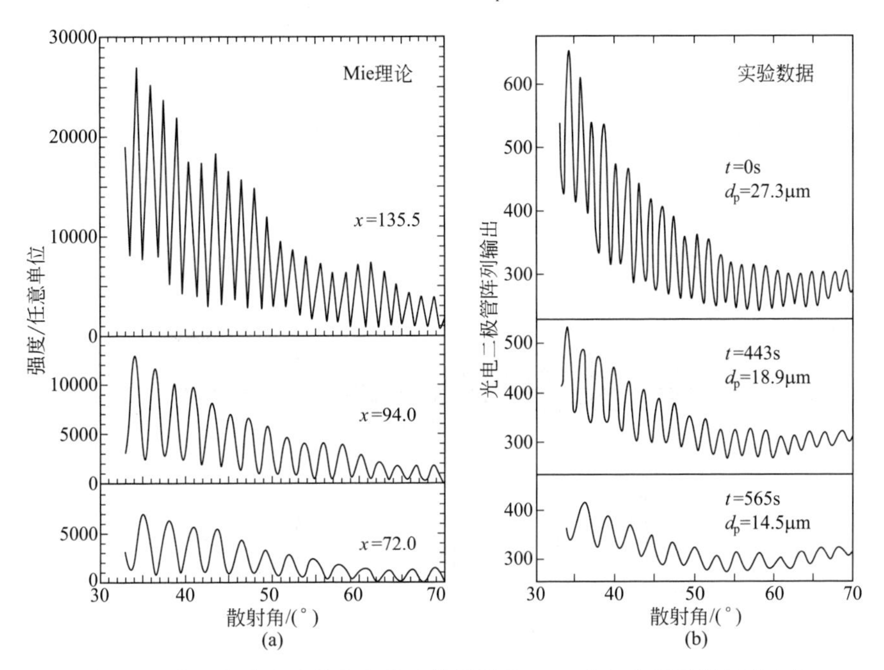

图 19-7 十六烷蒸发液滴的相位函数计算值（a）和相位函数测量值（b）

Ragucci 等（1990）利用已校准的液滴发生器（Berglund 和 Liu，1973）产生粒径均一的液滴，验证了 x 和 N_p 之间的线性关系，并用一束 $\lambda=532\text{nm}$ 的垂直极化脉冲 Nd-YAG 激光得到了相位函数。常数为 197 时，Ragucci 等得出的结果与式（19-24）一致。结果还表明，水平极化入射光和垂直极化入射光在单位角度内的条纹数量相同。

【例 19-5】 估算邻苯二甲酸二辛酯液滴的粒径，其相位函数（峰数）如图 19-7 所示。

解：图 19-7 中的角度范围为 $\Delta\theta=40°$。从左边最远处的峰作为第一个峰开始算起，包括 86°处的小峰在内，共得到 19.5 个峰。根据式（19-24），无量纲粒径为：

$$x=192\times\frac{19.5}{40}=93.6$$

把这个值与用 Mie 理论得到的值（$x=95.13$）相比，两者之间的差别小于 2%。

对于波长为 632.8nm 的 He-Ne 激光源，其粒径为：

$$d_p=(0.6328\mu\text{m})(93.6)/\pi=18.9\mu\text{m}$$

19.8 形态依赖性共振

球形粒子和球状体具有独一无二的光散射特征，利用这些特征可以测定粒子的粒径，这就是形态依赖性共振（morphology-dependent resonances，MDR），相当于式（19-21）和式（19-22）中散射参数 a_n 和 b_n 分母为 0 的情况。由于形态依赖性共振与半球形结构（如佛罗伦萨大教堂的圆屋顶）的声波模式相同，因此也称为“回音廊模式”。形态依赖性共振非常灵敏，能精确地测定粒子粒径。

Chylek（1990）认为阶次 n 相同的相邻共振间距约为：

$$\Delta x=\frac{x}{n}\times\frac{\arctan[(m_{12}x/n)^2-1]}{\sqrt{(m_{12}x/n)^2-1}} \tag{19-25}$$

如果系统地改变粒子的粒径（或折射率或波长），且仅测量一个角度处的散射光强度，那么强度-时间曲线图即共振谱图。Taflin 等（1988）得出了十二烷醇在氮气中蒸发的共振谱图，如图 19-8 所示。激光波长为 632.8nm。

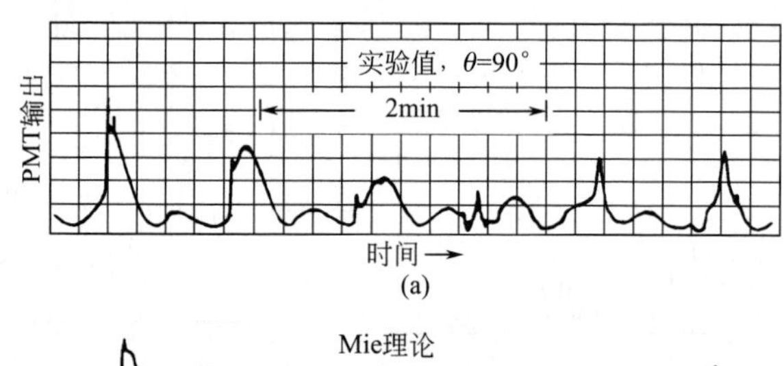

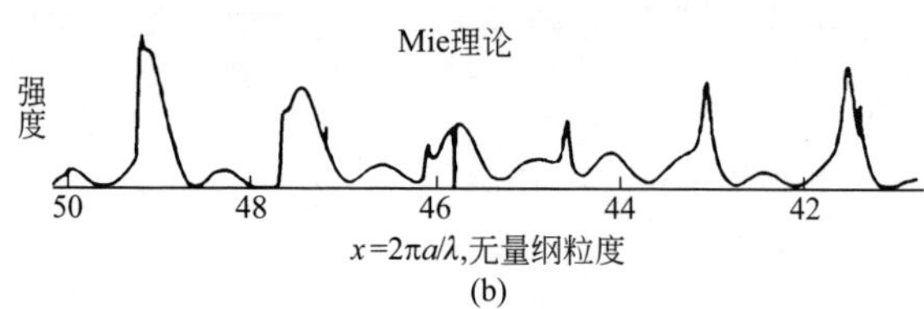

图 19-8 1-十二烷醇蒸发液滴的实验共振光谱（a）和理论共振光谱（b）
（引自 Taflin 等，1988）

分析气体环境中低挥发性液滴准稳态蒸发引发的粒径变化得出：

$$\frac{\mathrm{d}a}{\mathrm{d}t}=-\frac{D_{ij}p_i^0(T_a)M_i}{a\rho_iRT_a} \tag{19-26}$$

式中，D_{ij} 为气体 j 中蒸发物质 i 的二元散射系数；$p_i^0(T_a)$ 为界面温度为 T_a 时物质 i 的蒸气压；M_i 为物质 i 的摩尔质量；ρ_i 为液体 i 的密度；R 为气体常数。对于低挥发性物质而言，界面温度与周围气体的温度相差甚微。

对于等温蒸发，由式（19-26）可得：

$$a^2=a_0-\frac{2D_{ij}p_i^0(T_a)M_i}{a\rho_iRT_a}(t-t_0) \tag{19-27}$$

式中，a_0 为时间 t_0 时对应的半径。由此可得 a^2-t 曲线斜率 $S_{ij}=-2D_{ij}p_i^0(T_a)M_i/(\rho_iRT_a)$。在液滴蒸气压已知的情况下，可通过式（19-26）或式（19-27）计算散射系数。

表 19-1 1-十二烷醇蒸发液滴光散射大小对应时间

x	290.67	285.28	279.88	272.93	266.0	259.04	252.11
t/min	48.84	52.72	56.56	61.37	66.08	70.67	75.12

【例 19-6】 根据图 19-8 中给出的光学共振数据，估算氮气中 1-十二烷醇的散射系数。并将结果与根据 Fuller 等（1966）的经验公式计算的结果相对比。经验公式为：

$$D_{ij}=\frac{1.00\times 10^{-7}T^{1.75}\sqrt{1/M_i+1/M_j}}{p[(v_i)^{1/3}+(v_j)^{1/3}]^2}(D_{ij}\text{ 单位为 m}^2/\text{s}) \tag{19-28}$$

式中，M_i 和 M_j 分别为蒸发物质和周围气体的摩尔质量；T 为开氏温度；p 为环境压强；v_i 和 v_j 分别为分子扩散体积，可根据 Fuller 等提供的表格计算。由计算得出，1-十二烷醇的 v_i 和 v_j 分别为 254.96 和 17.9。

1-十二烷醇蒸发的部分结果如表 19-1 所示。Smith 和 Srivasta（1980）利用内推法得出温度为 300K 时，十二烷醇的蒸气压约为 0.143Pa，密度为 830kg/m^3，分子量为 186.34。

解：将无量纲光散射大小转化为实际半径，得到 $a=(632.8\times 10^{-9}\text{m})x/(2\pi)=100.71\times 10^{-9}x$；将时间由分钟换算成秒，所得结果如图 19-9 所示。数据斜率为 $-1.346\times 10^{-13}\text{m}^2/\text{s}$。根据式（19-27），可得：

$$D_{ij}=-\frac{S_{ij}\rho_i RT_a}{ap_i^0 M_i}$$

$$=\frac{\left(-1.346\times 10^{-13}\frac{\text{m}^2}{\text{s}}\right)\left(830\frac{\text{kg}}{\text{m}^3}\right)\left(8314\frac{\text{J}}{\text{K}\cdot\text{kmol}}\right)(300\text{K})}{2(0.143\text{Pa})\left(186.34\frac{\text{kg}}{\text{kmol}}\right)}$$

$$=5.23\times 10^{-6}\text{m}^2/\text{s}$$

根据 Fuller 等的公式得到的经验值为：

$$D_{ij}=\frac{1.00\times 10^{-7}\times 300^{1.75}\sqrt{1/28.013+1/186.34}}{1.0[(17.9)^{1/3}+(254.34)^{1/3}]^2}=5.46\times 10^{-6}(\text{m}^2/\text{s})$$

计算值与经验值相吻合，但蒸气压存在相当大的不确定性。

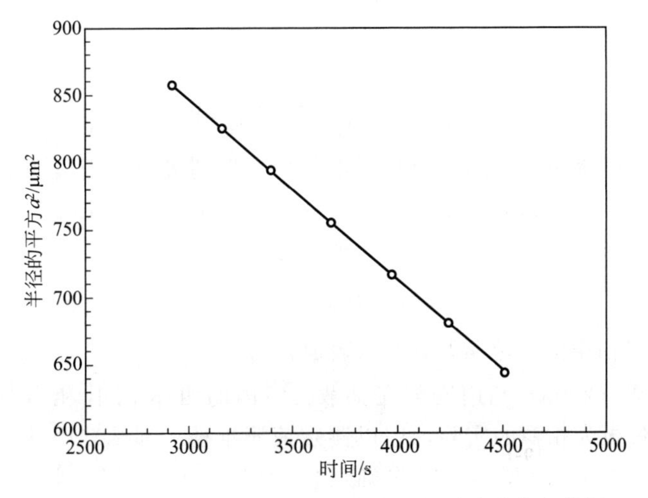

图 19-9　Taflin 等通过实验得出的十二烷醇液滴蒸发数据。数据呈线性，斜率为 $-1.346\times 10^{-9}\text{m}^2/\text{s}$

19.9 质量与电荷测量

虽然利用上述方法测量直径可以确定密度已知的球形粒子的质量，但是对于不规则形状或密度未知的粒子，必须采用其他方法。Arnold（1979）提出使用光电效应改变固定质量粒子上带电的方法。电离辐射可产生电荷损失（Ward 和 Hessel，1989），紫外（UV）辐射可产生光电效应（Arnold 和 Hessel，1985），在温度升高的情况下可释放出热离子（Bar-Ziv 等，1989）。

Arnold 方法是每次改变一个电子的电荷量。式（19-3）将直流电压与电荷 q 联系在一起。

设电荷 $q_n=ne$，$V_{\mathrm{dc},n}$ 则为悬浮电压，n 为粒子上的基元电荷数，e 为电子电量（$e=1.6022\times10^{-19}\mathrm{C}$）。粒子释放出一个电子后，电荷变为 q_{n-1}，那么电子损失前、后的直流悬浮电压与式（19-29）有关：

$$q_n-q_{n-1}=e=-\frac{mgz_0}{C_0}\left(\frac{1}{V_{\mathrm{dc},n}}-\frac{1}{V_{\mathrm{dc},n-1}}\right)=-\frac{mgz_0}{C_0}\times\frac{V_{\mathrm{dc},n-1}-V_{\mathrm{dc},n}}{V_{\mathrm{dc},n}V_{\mathrm{dc},n-1}} \tag{19-29}$$

因此，测得这两个电压，就可得到绝对质量。绘制悬浮电压与紫外光暴露时间的关系图时，Arnold 重复应用这一方法得到了一系列步骤。用这种方式，一个步骤能清楚区分单个电子释放和多个电子释放。而且，质量测定后，利用式（19-3）可得粒子的带电量。

【例 19-7】 通过单电子释放法，利用 $z_0=6\mathrm{mm}$，$C_0=0.80$ 的 EDB 测量绝对质量。如果紫外光源照射前的直流电压是 9.850V，一段时间后，电压变为 9.796V，试求粒子的质量、最初带电量以及最初所带的元电荷数量。

解：根据式（19-3），可得：

$$m=\frac{C_0eV_{n-1}V_n}{gz_0(V_n-V_{n-1})}=\frac{(0.80)(-1.6022\times10^{-19}\mathrm{C})(9.796\mathrm{V})(9.850\mathrm{V})}{\left(9.807\ \frac{\mathrm{m}}{\mathrm{s}^2}\right)(0.006\mathrm{m})(9.850\mathrm{V}-9.796\mathrm{V})}=3.11\times10^{-15}\mathrm{kg}$$

根据式（19-3），最初的电荷量为：

$$q_n=-\frac{mgz_0}{V_nC_0}=-\frac{(3.11\times10^{-15}\mathrm{kg})\left(9.807\ \frac{\mathrm{m}}{\mathrm{s}^2}\right)(0.006\mathrm{m})}{(9.850\mathrm{V})(0.80)}=-2.32\times10^{-17}\mathrm{C}$$

元电荷数为：

$$n=-\frac{|q_n|}{e}=-\frac{2.32\times10^{-17}\mathrm{C}}{1.6022\times10^{-19}\mathrm{C}}=145$$

将液滴悬浮在气流中可以测量液滴所带电荷的瑞利极限。当液滴的表面张力与表面的电荷排斥力相平衡时，液滴会破裂。Taflin 等（1989）和 Bridges（1990）使液滴蒸发，直到表面电荷强度达到破裂点。瑞利极限为：

$$q_{\mathrm{R}}=8\pi\sqrt{\varepsilon_0\gamma a^3} \tag{19-30}$$

式中，ε_0 为自由空间介电常数；γ 为表面张力。

近年来，Li 等（2005）利用安装在扩散云室内的四环 EDB 和形态依赖性共振方法开展了与上述测量极为相似的实验，用以测定液滴半径。邻苯二甲酸二乙酯（DEP）蒸发液滴破裂结果如图 19-10 所示。Li 等确定 $2z_0=15\mathrm{mm}$，并用上文所述的跳跃点方法测定直流天平常数，得出 $C_0=0.70\pm0.06$。

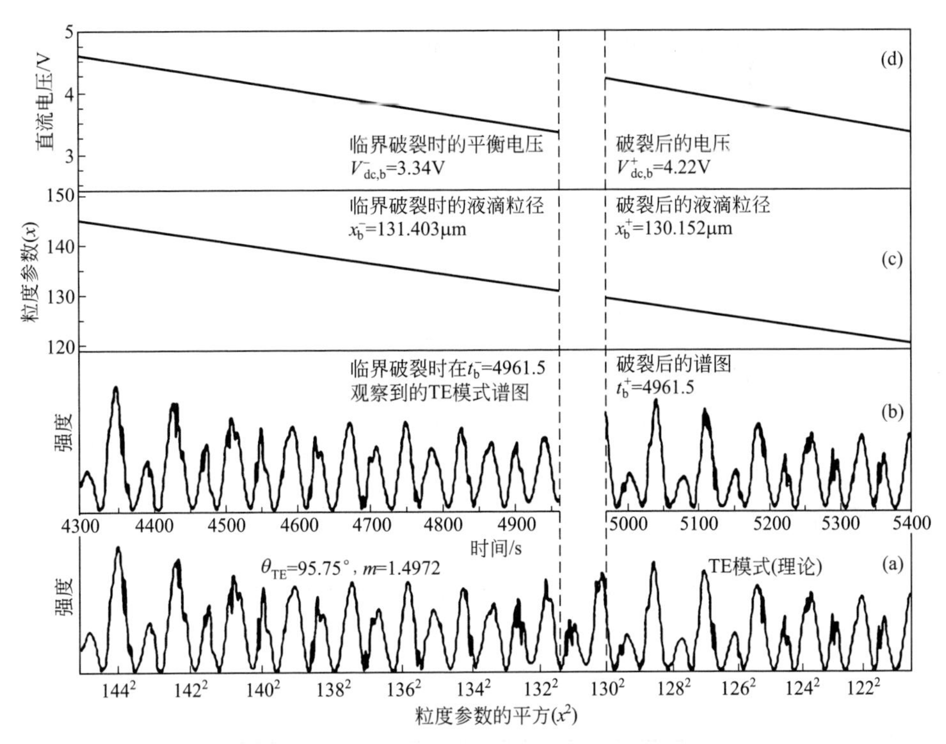

图 19-10 Li 等（2005）得出的液滴蒸发数据和邻苯二甲酸二乙酯液滴破裂数据：TE 模式计算强度（a）、TE 模式经验强度（b）、无量纲液滴粒径（c）和直流平衡电压（d）

（引自 Li 等，2005）

【例 19-8】 利用图 19-10 中所示的数据，测定邻苯二甲酸二乙酯液滴破裂时质量的变化分数和电荷变化分数。将破裂时的电荷数与瑞利极限对比。已知邻苯二甲酸二乙酯的密度为 1117.5kg/m^3，表面张力为 0.0375N/m，实验所用光的波长为 632.8nm。

解：根据式（19-3）可得，液滴质量与悬浮电压成比例。由图 19-11 可知，临界破裂和破裂时液滴的无量纲大小分别为 $x_b^-=131.403$ 和 $x_b^+=130.152$。对应的半径分别为：

$$a_b^-=\frac{\lambda x_b^-}{2\pi}=\frac{(632.8\times10^{-9}\,\text{m})(131.403)}{2\pi}=13.234\times10^{-6}\,\text{m}=13.234\mu\text{m}$$

$$a_b^+=\frac{\lambda x_b^+}{2\pi}=\frac{(632.8\times10^{-9}\,\text{m})(130.152)}{2\pi}=13.108\times10^{-6}\,\text{m}=13.108\mu\text{m}$$

对应的质量为：

$$m_b^-=\frac{4}{3}\pi\rho(a_b^-)^3=\frac{4}{3}\pi\left(1117.5\,\frac{\text{kg}}{\text{m}^3}\right)(13.234\times10^{-6}\,\text{m})^3=1.08495\times10^{-11}\,\text{kg}$$

$$m_b^+=\frac{4}{3}\pi\rho(a_b^+)^3=\frac{4}{3}\pi\left(1117.5\,\frac{\text{kg}}{\text{m}^3}\right)(13.108\times10^{-6}\,\text{m})^3=1.05425\times10^{-11}\,\text{kg}$$

质量变化分数为：

$$\frac{m_b^+-m_b^-}{m_b^-}=\frac{1.05425\times10^{-11}\,\text{kg}-1.08495\times10^{-11}\,\text{kg}}{1.08495\times10^{-11}\,\text{kg}}=-0.0282=-2.82\%$$

Li 等认为，直流电极间的电势差大于上电极与零点间的电势差，因此将式（19-3）中的 z_0 用 $2z_0$ 代替，得出破裂前后的电荷数。电荷的绝对值为：

$$|q_b^-|=\frac{m_b^- g2z_0}{C_0V_{dc,b}^-}=\frac{(1.08495\times10^{-11}\text{kg})\left(9.807\ \frac{\text{m}}{\text{s}^2}\right)(15\times10^{-3}\text{m})}{(0.70)(3.34\text{V})}=6.825\times10^{-13}\text{C}$$

$$|q_b^+|=\frac{m_b^+ g2z_0}{C_0V_{dc,b}^+}=\frac{(1.05425\times10^{-11}\text{kg})\left(9.807\ \frac{\text{m}}{\text{s}^2}\right)(15\times10^{-3}\text{m})}{(0.70)(4.22\text{V})}=5.249\times10^{-13}\text{C}$$

因此，电荷数变化分数为：

$$\frac{|q_b^+|-|q_b^-|}{|q_b^-|}=\frac{5.249\times10^{-13}\text{C}-6.825\times10^{-13}\text{C}}{6.825\times10^{-13}\text{C}}=-0.231=-23.1\%$$

瑞利极限为：

$$q_R=8\pi\sqrt{\varepsilon_0\gamma(a_b^-)^3}=8\pi\sqrt{\left(8.854188\times10^{-12}\ \frac{\text{F}}{\text{m}}\right)\left(0.0375\ \frac{\text{N}}{\text{m}}\right)(13.234\times10^{-6}\text{m})^3}$$
$$=6.972\times10^{-13}\text{C}$$

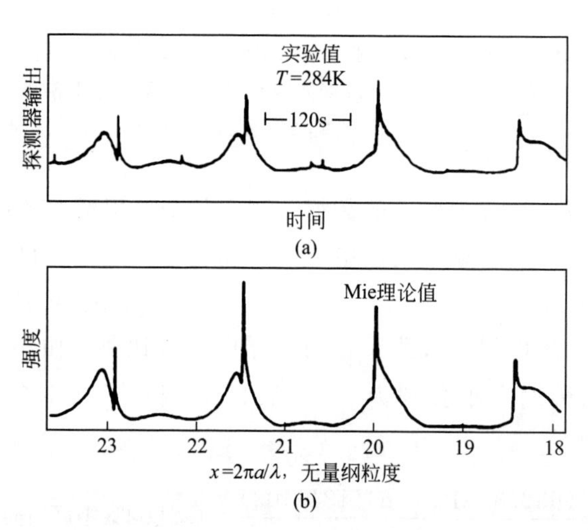

图 19-11 硫酸蒸发液滴的实验共振谱图（a）和理论共振谱图（b）

（引自 Richardson 等，1986）

19.10 克努森区蒸发

例 19-5 中蒸发率数据分析以连续区域内的扩散传输为基础。与液滴半径相比，在平均自由程 l 不小的情况下，即克努森数（$Kn=l/a$）大于 1 时，传输区域为不连续区域。当 $Kn\gg1$ 时，自由分子区域内的质量传输和气体运动理论的质量通量为：

$$j_{i,\text{fm}}=\frac{1}{4}c_im_in_i=\frac{1}{4}c_iM_i\frac{p_i}{RT} \tag{19-31}$$

式中，m_i 为分子量；n_i 为分子计数浓度；p_i 为气体分压；c_i 为平均分子速度。

$$c_i=\sqrt{\frac{8k_BT}{\pi m_i}}=\sqrt{\frac{8RT}{\pi M_i}} \tag{19-32}$$

式中，k_B 为玻耳兹曼常数。

式（19-31）假设平衡气体分子呈麦克斯韦-玻耳兹曼速度分布。根据平衡状态推导时通常引入蒸发系数 ε。

自由分子区域等温蒸发的时间依赖性半径（time-dependent radius）为：

$$a-a_0=-\varepsilon\frac{c_i}{4}\times\frac{M_ip_i^0(T_a)}{\rho_pRT_a}(t-t_0) \tag{19-33}$$

【例 19-9】 Tang 和 Munkelwitz（1991）通过蒸发实验研究了连续区域和自由分子区域（$Kn\gg1$）的蒸气压。Richardson 等（1986）研究了自由分子区域的硫酸蒸发率数据（图 19-11）。Richardson 等（1986）得出的蒸气压结果符合式（19-34）：

$$\ln p_i^0=20.70-\frac{9360}{T}\qquad p_i^0\text{ 的单位为 Torr} \tag{19-34}$$

硫酸的分子量为 98.08，密度为 1834kg/m^3，Richardson 等所用的 He-Ne 激光的波长 λ 为 632.8nm。试利用图 19-11 中的数据，估算 284K 时硫酸的蒸发系数。

解：共振峰 $x_0=22.8$ 与 $x_1=18.37$ 之间的时间是 560s，对应的液滴半径分别为：

$$a_0=(22.88)(632.8\times10^{-9}\text{m})/(2\pi)=2.304\times10^{-6}\text{m}$$

$a_1=(18.37)(632.8\times10^{-9}\text{m})/(2\pi)=1.850\times10^{-6}\text{m}$。分子平均速度为：

$$c_i=\sqrt{\frac{8\times[8314.4\text{Pa}\cdot\text{m}^3/(\text{kmol}\cdot\text{K})]\times284\text{K}}{(98.08\text{kg/kmol})\pi}}=247.6\text{m/s}=24760\text{cm/s}$$

284K 下的蒸气压为：

$$p_i^0=\exp(20.70-9360/T)=\exp(20.70-9360/284)=4.748\times10^{-6}(\text{Torr})=6.33\times10^{-4}(\text{Pa})$$

根据式（19-33）可得：

$$\varepsilon=\frac{(a_1-a_0)4\rho_pRT_a}{(t_1-t_0)c_iMap_i^0}$$

$$=\frac{[(1.850-2.304)(10^{-6}\text{m})]\times4\times\left(1834\frac{\text{kg}}{\text{m}^3}\right)\left(8314\frac{\text{Pa}\cdot\text{m}^3}{\text{kmol}\cdot\text{K}}\right)(284\text{K})}{(560\text{s})\left(247.6\frac{\text{m}}{\text{s}}\right)\left(98.08\frac{\text{kg}}{\text{kmol}}\right)(6.33\times10^{-4}\text{Pa})}$$

$$=0.914$$

19.11 非弹性光散射

用激光束照射化学物质时，大部分光会发生弹性散射，但也有一小部分入射光因为与化学键（偶极）发生反应而发生频率位移。非弹性散射是拉曼和荧光光谱仪的基础。频率（或波长）位移的量取决于参与反应的化学键。

研究人员利用带光谱仪的偶合 EDB 测量了微粒子的拉曼散射和荧光散射。Chen 等

(2004) 研究了氢氧化钙 [$Ca(OH)_2$] 粒子吸收二氧化碳的实验系统，如图 19-12 所示。上文讨论了其化学反应过程，如式 (19-4) 所示。Chen 等在电子天平中捕获 $Ca(OH)_2$ 微粒，使其达到稳定状态，并在天平仓内通入含 CO_2 的上升湿气流。微粒粒径约为 20μm。在与激光束垂直的方向收集拉曼散射光。

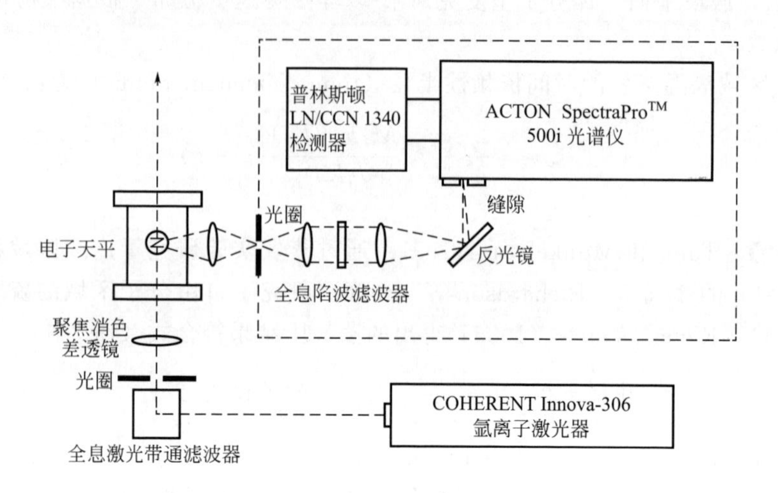

图 19-12 Chen 等 (2004) 研究 $Ca(OH)_2$ 粒子吸收二氧化碳时所用的 EDB 和拉曼系统图

(引自 Chen 等，2004)

O—H 键引发的波数位移为 $3620cm^{-1}$ 时，氢氧化钙对应较大峰值。产物 $CaCO_3$ 在 $281cm^{-1}$、$711cm^{-1}$、$1085cm^{-1}$、$1434cm^{-1}$ 和 $1748cm^{-1}$ 处达到峰值，且 $1085cm^{-1}$ 处的峰值最显著。因此，随着化学反应的进行，峰值在 $3620cm^{-1}$ 处降低，在 $1085cm^{-1}$ 处升高，如图 19-13 所示。

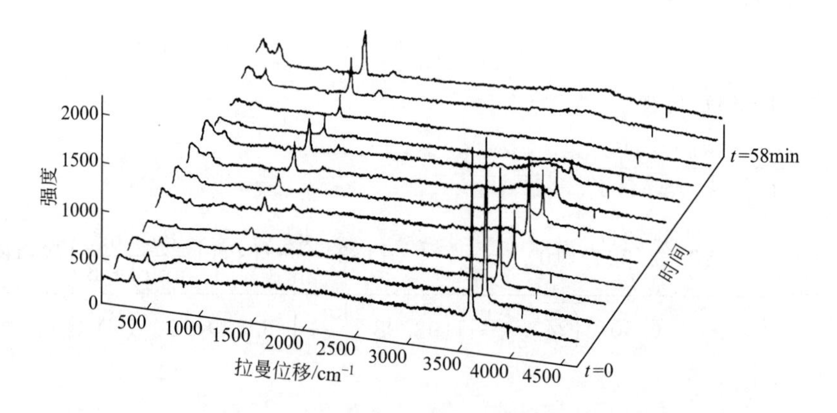

图 19-13 Chen 等 (2004) 研究 $Ca(OH)_2$ 粒子与二氧化碳反应时得到的拉曼光谱谱图

(引自 Chen 等，2004)

19.12 结语

电动悬浮有多种应用，本章仅介绍了其中的一部分。更多应用参见 Davis 和 Schweiger (2002) 的论著，许多文献也在该方法的其他方面应用做出详细描述。

19.13 符号列表

a	球形粒子半径
A_0, A_w	常数[式(19-10)]
a_n, b_n	散射系数[式(19-21)和式(19-22)]
$b=z_0C_0/C_1$	复合平衡常数
c_1	分子平均速度
C_0, C_1	直流和交流平衡常数
D_{ij}	气相扩散系数
D_p	粒子直径
f	交流频率
f_T	无量纲热泳力[式(19-9)]
f_D	阻力
F_T	热泳力
F_z	垂向力
g	重力加速度常数
H_o, H_w	常数[式(19-10)]
I	辐射度
j_i	物质 i 的质量通量
k_B	玻耳兹曼常数
$k=2\pi/\lambda$	光散射参数
$Kn=l/a$	克努森数
l	平均自由程
$m_{12}=N_1/N_2$	折射率比
m_p	粒子质量
M	分子量
N_1, N_2	粒子及其周围气体对应的折射率
N_p	相位函数图中每度对应的峰数
p	压力
p_i^0	物质 i 的蒸汽压
p_n^1	Legendre 函数
q	库仑电荷
q_R	电荷的瑞利极限[式(19-30)]
r	粒子与光散射检测器间的距离
R	气体常数
Re	雷诺数
S_1, S_2	式(19-18)和式(19-19)中定义的散射函数
S_{ij}	a^2-t 图中直线的斜率
t	时间

T	温度
u_∞	气流速度
v_i，v_j	分子扩散体积[式(19-28)]
V_{ac}	交流电压
V_{dc}	直流电压
$x=2\pi a/\lambda$	无量纲光散射大小
z_0	直流电极间距离的一半
$Z=z/z_0$	无量纲轴位置
β	交流电场强度参数[式(19-13)]
γ	表面张力
δ	阻力参数[式(19-13)]
ε	蒸发系数[式(19-33)]
ε_0	自由空间介电常数
ζ_n	Riccati-Bessel 函数
θ	光散射角
k	斯托克斯定律修正因子[式(19-1)]
k_2	气体热导率
$k_{21}=k_2/k_1$	气体/粒子热导率比
λ	光波波长
μ	气相黏度
π_n	光散射函数[式(19-20)]
ρ	粒子密度
σ	直流位移参数[式(19-13)]
$\tau=\omega t/2$	无量纲时间[式(19-13)]
τ_n	光散射函数[式(19-20)]
χ	转化
φ_n	Riccati-Bessel 函数
$\omega=2\pi f$	交流频率

19.14 参考文献

Aardahl, C.L., J.F. Widmann, and E.J. Davis. 1998. Raman analysis of chemical reactions resulting from the collision of micrometer-sized particles. *Appl. Spectrosc.* 52:47–53.

Allen, T.M., D.C. Taflin, and E.J. Davis. 1990a. Determination of activity coefficients via microdroplet evaporation experiments. *Ind. Eng. Chem. Res.* 29:682–690.

Allen, T.M., M.F. Buehler, and E.J. Davis. 1990b. Radiometric effects on absorbing microspheres. *J. Colloid Interface Sci.* 145:343–356.

Arnold, S. 1979. Determination of particle mass and charge by one electron differentials. *J. Aerosol Sci.* 10:49–53.

Arnold, S., and M.L. Folan. 1986. Fluorescent spectrometer for a single electrodynamically levitated microparticle. *Rev. Sci. Instrum.* 57:2250–2253.

Arnold, S., and N. Hessel. 1985. Photoemission from single electrodynamically levitated microparticles. *Rev. Sci. Instrum.* 56:2066–2069.

Bar-Ziv, E., D.B. Jones, R.E. Spjut, D.R. Dudek, A.F. Sarofim, and J.P. Longwell. 1989. Measurement of combustion kinetics of a single char particle in an electrodynamic thermogravimetric analyzer. *Combustiøn Flame* 75:81–106.

Berglund, R.N., and B.Y.H. Liu. 1973. Generation of monodisperse aerosol standards. *Environ. Sci. Technol.* 7:147–153.

Bohren, C.F., and D.R. Huffman. 1983. *Absorption and Scattering of Light by Small Particles*. John Wiley and Sons, New York.

Bridges, M.A. 1990. *Measurement of Surface Tension Using an Electrodynamic Balance*. MS Thesis, University of Washington. Seattle, WA.

Chan, C.K., R.C. Flagan, and J.H. Seinfeld. 1992. Water activities of $NH_4NO_3/(NH_4)_2SO_4$ solutions. *Atmos. Environ.* 26A:1661–1673.

Chan, C.K., Z. Liang, J. Zheng, S.L. Clegg, and P. Brimblecombe. 1997. Thermodynamic properties of aqueous aerosols to high supersaturation: I—Measurements of water activity of the system Na^+-Cl^--NO_3^--SO_4^{2-}-H_2O at ~298.15 K. *Aerosol Sci. Technol.* 27:324–344.

Chen, B., M.L. Laucks, and E.J. Davis. 2004. Carbon dioxide uptake by hydrated lime aerosol particles. *Aerosol Sci. Technol.* 38:588–597.

Chylek, P. 1990. Resonance structure of Mie scattering: distance between resonances. *J. Opt. Soc. Am. A.* 7:1609–1613.

Cohen, M.D., R.C. Flagan, and J.H. Seinfeld. 1987a. Studies of concentrated electrolyte solutions using the electrodynamic balance. 1. Water activities for single-electrolyte solutions. *J. Phys. Chem.* 91:4563–4574.

Cohen, M.D., R.C. Flagan, and J.H. Seinfeld. 1987b. Studies of concentrated electrolyte solutions using the electrodynamic balance. 2. Water activities for mixed-electrolyte solutions. *J. Phys. Chem.* 91:4575–4582.

Davis, E.J. 1985. Electrodynamic balance stability characteristics and applications to the study of aerocolloidal particles. *Langmuir* 1:379–387.

Davis, E.J. 1987. The picobalance for single microparticle measurements. *ISA Trans.* 26:1–5.

Davis, E.J. 1997. A history of single aerosol particle levitation. *Aerosol Sci. Technol.* 26:212–254.

Davis, E.J., and A.K. Ray. 1977. Determination of diffusion coefficients by submicron droplet evaporation. *J. Chem. Phys.* 67:414–419.

Davis, E.J., and P. Ravindran. 1982. Single particle light scattering measurements using the electrodynamic balance. *Aerosol Sci. Technol.* 1:337–350.

Davis, E.J., and G. Schweiger. 2002. *The Airborne Microparticle: Its Physics, Chemistry, Optics, and Transport Phenomena*. Springer, Heidelberg.

Davis, E.J., S.H. Zhang, J.H. Fulton, and R. Periasamy. 1987. Measurement of the aerodynamic drag force on single aerosol particles. *Aerosol Sci. Technol.* 6:273–287.

Davis, E.J., M.F. Buehler, and T.L. Ward. 1990. The double-ring electrodynamic balance for microparticle characterization. *Rev. Sci. Instrum.* 61:1281–1288.

Dhariwal, V., P.G. Hall, and A.K. Ray. 1993. Measurements of collection efficiency of single charged droplets suspended in a stream of submicron particles with an electrodynamic balance. *J. Aerosol Sci.* 24:197–209.

Frickel, R.H., R.E. Shaffer, and J.B. Stamatoff. 1978. Report No. ARCSL-TR-77041, Chemical Systems Laboratory, Aberdeen Proving Ground, MD.

Göbel, G., T. Wriedt, and K. Bauckhage. 1997. Periodic drag force and particle size measurement in a double ring electrodynamic trap. *Rev. Sci. Instrum.* 68:3046–3052.

Hartung, W.H., and C.T. Avedisian. 1992. On the electrodynamic balance. *Proc. Roy. Soc. London A* 437:237–266.

Kerker, M. 1969. *The Scattering of Light and Other Electromagnetic Radiation*. Academic Press, London.

Kim, Y.P., B. Pun, C.K. Chan, R.C. Flagan, and J.H. Seinfeld. 1994. Determination of water activity in ammonium sulfate and sulfuric acid mixtures using levitated single particles. *Aerosol Sci. Technol.* 20:275–284.

Kurtz, C.A., and C.B. Richardson. 1984. Measurement of phase changes in a microscopic lithium iodide particle levitated in water vapor. *Chem. Phys. Lett.* 109:190–194.

Laucks, M.L., G. Roll, G. Schweiger, and E.J. Davis. 2000. Physical and chemical (Raman) characterization of bioaerosols—Pollen. *J. Aerosol Sci.* 31:307–319.

Li, W., and E.J. Davis. 1995. Measurement of the thermophoretic force by electrodynamic levitation: microspheres in air. *J. Aerosol Sci.* 26:1063–1083.

Li, K.-Y., H. Tu, and A.K. Ray. 2005. Charge limits on droplets during evaporation. *Langmuir* 21:3786–3794.

Liang, Z., and C.K. Chan. 1997. A fast technique for measuring water activity of atmospheric aerosols. *Aerosol Sci. Technol.* 26:255–268.

Lin, H.-B., and A.J. Campillo. 1985. Photothermal aerosol absorption spectroscopy. *Appl. Opt.* 24:422–433.

Maloney, D.J., L.O. Lawson, G.E. Fasching, and E.R. Monazam. 1995. Measurement and dynamic simulation of particle trajectories in an electrodynamic balance: Characterization of particle drag force coefficient/mass ratios. *Rev. Sci. Instrum.* 66:3615–3622.

Mie, G. 1908. Beitrage zur Optik trüber Medien speziell kolloidaler Metallösungen. *Ann. Phys.* 25:77–445.

Millikan, R.A. 1911. The isolation of an ion, a precision measurement of its charge, and the correction of Stokes's law. *Phys. Rev.* 32:349–397.

Müller, A. 1960. Theoretische Untersuchungen über das Verhalten geladener Teilchen in Sattelpunkten electrischer Wechselfelder. *Ann. Phys.* 6:206–220.

Paul, W., and H. Steinwedel. 1953. Quadrupole mass filter. *Z. Naturforsch.* A8:448–452.

Paul, W., and H. Steinwedel. 1956. Quadrupole mass spectrometer. German Patent 944 900 (1956). US Patent 2 939 952, June, 1960.

Peng, C., A.H.L. Chow, and C.K. Chan. 2000. Study of hygroscopic properties of selected pharmaceutical aerosols using single particle levitation. *Pharm. Res.* 17:1104–1109.

Ragucci, R., A. Cavaliere, and P. Massoli. 1990. Drop sizing by laser light scattering exploiting intensity angular oscillation in the Mie regime. *Part. Part. Syst. Charact.* 7:221–225.

Ray, A.K., E.J. Davis, and P. Ravindran. 1979. Determination of ultra-low vapor pressures by submicron droplet evaporation. *J. Chem. Phys.* 71:582–587.

Ray, A.K., A. Souryi, E.J. Davis, and T.M. Allen. 1991. The precision of light scattering techniques for measuring optical parameters of microspheres. *Appl. Opt.* 30:3974–3983.

Richardson, C.B., and C.A. Kurtz. 1984. A novel isopiestic measurement of water activity in concentrated and supersaturated lithium halide solutions. *J. Am. Chem. Soc.* 106:6615–6618.

Richardson, C.B., and J.F. Spann. 1984. Measurement of the water cycle in a levitated ammonium sulfate particle. *J. Aerosol Sci.* 15:563–571.

Richardson, C.B., R.L. Hightower, and A.L. Pigg. 1986. Optical measurement of the evaporation of sulfuric acid droplets. *Appl. Opt.* 25:1226–1229.

Smith, B.D., and R. Srivasta. 1980. *Thermodynamic Data for Pure Compounds. Part 3. Halogenated Hydrocarbons and Alcohols.* Elsevier, New York.

Straubel, H. 1959. Verdampfunsgeschwindigkeit und Ladungsänderung von Flüssigkeitstropfen. *DECHEMA-Monograph.* 32:153–159.

Taflin, D.C., S.H. Zhang, T. Allen, and E.J. Davis. 1988. Measurement of droplet interfacial phenomena by light-scattering techniques. *AIChE J.* 34:1310–1320.

Taflin, D.C., T.L. Ward, and E.J. Davis. 1989. Electrified droplet fission and the Rayleigh limit. *Langmuir* 5:376–384.

Tang, I.N., and H.R. Munkelwitz. 1991. Determination of vapor pressure from droplet evaporation kinetics. *J. Colloid Interface Sci.* 141:109–118.

Tang, I.N., and H.R. Munkelwitz. 1994. Water activities, densities, and refractive indices of aqueous sulphates and sodium nitrate droplets of atmospheric importance. *J. Geophys. Res.* 99:18801–18808.

Tang, I.N., H.R. Munkelwitz, and N. Wang. 1986. Water activity measurements with single suspended droplets: The NaCl-H_2O and KCl-H_2O systems. *J. Colloid Interface Sci.* 114:409–415.

Tu, H., and A.K. Ray. 2001. Analysis of time-dependent scattering spectra for studying processes associated with microdroplets. *Appl. Opt.* 40:2522–2534.

Van de Hulst, H.C. 1957. *Light Scattering by Small Particles*. John Wiley and Sons, New York.

Vehring, R., C.L. Aardahl, E.J. Davis, G. Schweiger, and D.S. Covert. 1997. Electrodynamic trapping and manipulation of particle clouds. *Rev. Sci. Instrum.* 68:70–78.

Ward, T.L., and E.J. Davis. 1989. Electrodynamic radioactivity detector for microparticles. *Rev. Sci. Instrum.* 60:414–421.

Wuerker, R.F., H. Shelton, and R.V. Langmuir. 1959. Electrodynamic containment of charged particles. *J. Appl. Phys.* 30:342–349.

Yamamoto, K., and Y. Ishihara. 1988. Thermophoresis of a spherical particle in a rarefied gas of a transition regime. *Phys. Fluids* 31:3618–3624.

Zheng, F., M.L. Laucks, and E.J. Davis. 2000. Aerodynamic particle size measurement by electrodynamic oscillation techniques. *J. Aerosol Sci.* 31:1173–1185.

Zheng, F. 2000. *Thermophoretic Force Measurements of Spherical and Non-Spherical Particles*. PhD Dissertation, University of Washington. Seattle, WA.

Zheng, F., and E.J. Davis. 2001. Thermophoretic force measurements for aggregates of micro-spheres. *J. Aerosol Sci.* 32:1421–1435.

Zheng, F., X. Qu, and E.J. Davis. 2001. An octopole electrodynamic balance for three-dimensional microparticle control. *Rev. Sci. Instrum.* 72:3380–3385.

20

锥-射流电喷雾原理

Alessandro Gomez
耶鲁大学机械工程系，康乃狄格州纽黑文市，美国
Weiwei Deng
中佛罗里达州大学机械与航天工程系，佛罗里达州奥兰多市，美国

20.1 引言

本章所关注的是静电雾化器，通常也被称为电喷雾（ES），是依靠静电力使液体破碎成带电小液滴的仪器，因此，喷雾与气体流动过程并不需要匹配。本章将主要关注可以严格控制发生的气溶胶粒径分布的雾化器类型。该类系统结构非常简单，由两个电极构成，一个电极为接有几千伏高压电的毛细金属管，另一个为接地极，二者相距几厘米。向金属毛细管中通入具有一定电导率和表面张力的液体，在电场力作用下，液体在毛细管出口处形成一个锥状凸起，在锥顶产生一股非常细的射流，在下游区进一步破碎为带电的小液滴，从而形成喷雾。由于液体的锥状凸起，这种喷雾过程被称为锥-射流模式。除此之外，其他模式的静电喷雾也是可行的，如 Zeleny（1917）第一次系统研究了该设备，在 Cloupeau 和 Prunet-Foch（1990）的综合现象学研究中也有介绍。相比之下，锥-射流模式通过简单调节和控制射流破碎就可发生很稳定的单分散气溶胶，不会产生其他模式经常遇到的紊流（Fernandez de la Mora 等，1990；Tang 和 Gomez，1994；Chen 等，1995）。因此，锥-射流静电喷雾是一种非常有用的气溶胶发生方法，值得对其进行系统研究。

锥-射流电喷雾引起了气溶胶科学家的广泛关注，可能主要因为该技术通过调节液体的电导性和流量可产生粒径从几纳米到几百微米的气溶胶。从实用的角度来讲，产生颗粒物的毛细管内径相对较大（通常为 100μm），在发生气溶胶时一般不会堵。因此，锥-射流电喷雾产生的单分散气溶胶（尤其是纳米气溶胶）具有其他气溶胶产生方法不可比拟的优点。静电喷雾较其他喷雾技术的一个优势在于产生的气溶胶带电，外加电场可以准确地控制气溶胶的运动轨迹并将其收集起来用于不同目的，如 20.3 节所介绍。带电的气溶胶之间存在库仑排斥力，阻止了聚合的发生，有助于气溶胶分散。下文将介绍二次雾化，即随着液滴的蒸发，带电液滴将进一步破碎为更小的液滴，最终产生任意小的液滴甚至分子、离子。

图 20-1 为典型的电喷雾系统示意图，照片显示了对多个短激光脉冲照射的喷雾进行长时间曝光的图像。两个电极之间的区域按顺序可分为三个区域，这三个区域在液体从毛细管中流出时依次出现：锥-射流区、破碎区、雾化区。下文将依次进行讨论。原理方面包括：通过对锥-射流截面的物理分析，使近似标度律合理化，控制液滴粒径和带电量的参数；射流破碎成单分散和双分散液滴现象学；可能发生全裂变的雾化区的结构。目前，电喷雾在电喷离子质谱、气溶胶推进器、电喷涂以及微燃烧等领域都有应用。阻碍电喷雾广泛使用的主要因素是液体流量低，以及受到液体的物理特性（如电导率）的限制，这些问题的解决办法将在下文进行介绍。

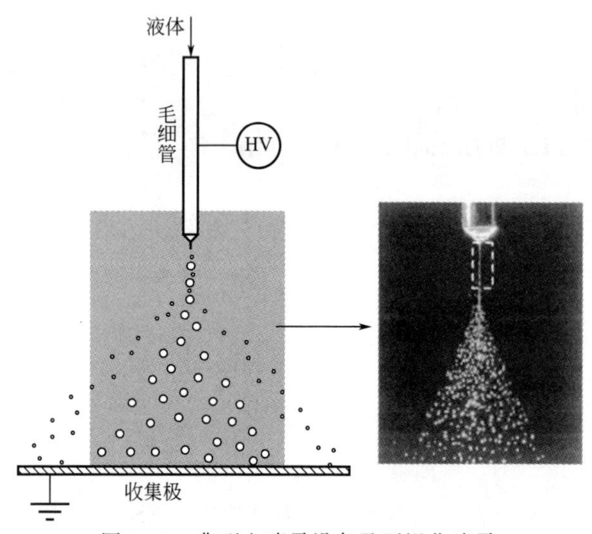

图 20-1 典型电喷雾设备及可视化喷雾

Q—液体流量；d_n—毛细管直径；d_j—喷嘴直径；V—外加电压

20.2 基本原理

20.2.1 实验概述与实际因素

一个典型的电喷雾由一个带有几千伏高压的金属毛细管电极和另一个相距几厘米的接地电极构成；或者也可以用绝缘的毛细管，其电荷通过电极与液体相连。液体可用微量泵或具有一定压力的气体注入毛细管。操作电压在千伏量级，由于高电压可能存在危险，往往使潜在用户打消了使用的念头。实际上这种担心没有必要，因为电流一般不会很大，所需电源的功率也不是很大，使用电池产生的高压电源就可以了。一般来讲，高压电源功率为 10mW，最大电流 1μA 量级，最高电压 10kV 量级就足够了。

当用表面张力很大的液体如水、甘油进行电喷雾时，需要外加更高的电压才能形成喷雾。但这样又会超过空气的击穿电压导致电晕放电，电晕放电会使得电喷雾很不稳定。在这种情况下只有在毛细管出口使用 CO_2 等高击穿电压的气体，毛细管出口的电压是最高的。此时，甚至水都能形成很好的喷雾（Gomez 和 Tang，1994）。要形成良好稳定的喷雾，需要避免尖锐的边缘，对于金属毛细管需要抛光，去除毛刺和不完整边缘，否则会导致局部强电场，使喷雾向某一方向弯曲或形成多股射流，有时是不可控的。同样也需要用液体超声波去除会导致喷雾不稳定的液体中的气泡，这对于结果的可重复性至关重要。

检测气溶胶的设备有很多，主要取决于发生气溶胶的粒径大小。对于超微米粒子，相位多普勒测量系统（phase Doppler anemometry，PDA）是很好的选择，利用激光技术进行表征，可以原位且无干扰地测量粒子的粒径和速度分布（Tang 和 Gomez，1994）。通过由安装在显微镜上的摄影系统，包括脉冲闪光源（在“冻住”液滴移动的过程中具有足够短的脉冲）和照相机，可以观察射流破碎和雾化的详细过程。由于光学显微镜精度的限制，这种光学测量设置只能定量确定不小于 10μm 的粒子。对于亚微米粒子/液滴，由于对可见光的散射强度很弱，只能在雾化区进行采样才能确定粒径大小。测量粒径大小的一种方法是，如第15 章所讨论的样品流被部分中和并送入差分电迁移率分析仪（DMA）。另外，气溶胶也可以直接进入 DMA，筛分出具有确定电迁移率的粒子后，再用冲击器（Fernandez de la Mora 等，1990）或者空气动力学粒径谱仪（Rosell-Llompart 和 Fernandez de la Mora 等，1994）进行测定。

20.2.2 标度定律、所需的液滴物理性质及操作域

1964 年 Taylor 指出当电压达到一定值后，导电液体会在毛细管出口形成圆弯月形锥状凸起，此时液柱所受的电场力与表面张力平衡。所加电压与液体表面张力有如下关系式：$V \sim (\gamma d_n/\varepsilon_0)^{1/2}$，式中 γ 为液体表面张力，d_n 为毛细管内径，ε_0 为真空电容率（没有流动和液滴扩散）。Jone 和 Thong（1971）以及 Smith（1986）在上式中引入了两电极间距的对数，进一步完善了关系式，后来的研究发现即使形成喷雾，此关系式同样适用（Fernandez de la Mora 和 Loscertales，1994）。这一包含了液滴粒径和荷电的关系式是根据因次分析、理论分析（Fernandez de la Mora 和 Loscertales，1994；Ganan-Calvo 等，1997）、数值渐近分析（Higuera，2003）得出的。近年来，Fernandez de la Mora（2007）又精辟地概述了该领域的相关研究。本文只讨论一些重要的结果以及关系式的缺陷。弯液面内电流 I 主要通过电导传输，在射流内主要通过对流传输，当在相对弯液面较小的区域内，电流传输在两种电子传输模式间转换时，电流遵循广泛接受的标度定律（scaling law）。此时，电流大小可表达为：

$$I = f(\varepsilon)(\gamma k_e Q/\varepsilon)^{1/2} \tag{20-1}$$

式中，k_e 为电导率；ε 为介电常数；γ 为表面张力；Q 为液体流量，也是其中唯一的变量；$f(\varepsilon)$ 为统一量级的无量纲函数。图 20-2 为根据关系式式（20-1）获得的各种液体 ES 电流值散点图，结果呈现非常好的规律性。但此关系式只适用于电导率足够大（$k_e \geqslant 10\mu\Omega^{-1} \cdot cm^{-1}$）的液体，且所应用的电压必须是独立的电极配置，即保证 $d_j \ll d_n$。弯月形锥状凸起最终形成一个等势面，在锥顶由于流体流动速度快，电荷不能及时地从内部传导到顶部，导致锥顶所受电场力与表面张力的平衡（Taylor 平衡）被打破，最后形成射流。射流破碎为带电小液滴，液滴的粒径可表达为如下关系式：

$$d = G(\varepsilon)(Q\varepsilon\varepsilon_0/k_e)^{1/3} = G(\varepsilon)(Q\tau_e)^{1/3} \tag{20-2}$$

式中，τ_e 为荷电弛豫时间，即电荷从液体内部传导到表面所需要的时间，包含电容率和液体电导率。与荷电弛豫时间相对的还有荷电弛豫距离，可表达为 $l_e = (\gamma\tau_e^2/\rho)^{1/3}$，式中 ρ 为液体的密度。相对于其他特征时间和距离，荷电弛豫时间和距离是描述锥-射流现象的关键特征量。另外，对于式（20-2）中 $G(\varepsilon)$ 的函数形式目前仍无定论（Chen 和 Pui，1997），本文在此不做进一步讨论。

式（20-2）给出了液滴粒径与液体流量及其他参数的关系式，实验室中用各种液体做实验均服从此关系式［液体物理性质范围包括：k_e 为 8～700$\mu\Omega^{-1} \cdot cm^{-1}$；$\varepsilon$ 为 12～80；μ

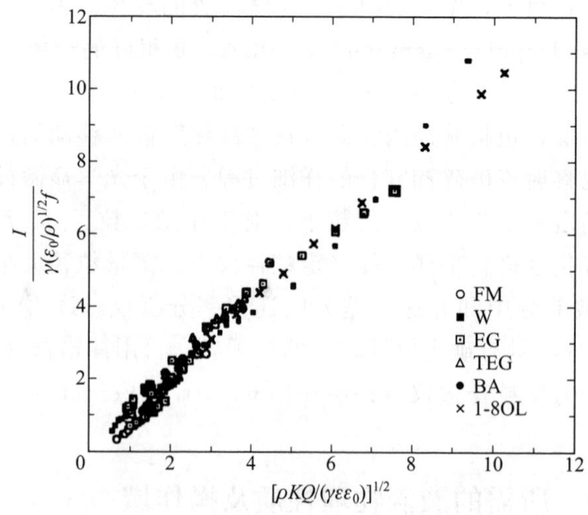

图 20-2 高导电液体的电流标度定律［甲酰胺（FM），水（W），苯甲醇（BA），乙二醇（EG），三甘醇（TEG），1-辛醇（1-8OL）］

（引自 Fernandez de la Mora 和 Loscertales，1994）

为 0.89～18cP；γ 为 21～80dyn/cm］。式（20-2）表明，对于一种特定的液体，可以改变毛细管中液体的流量，进而调节产生的液滴的粒径大小。1994 年，Tang 和 Gomez 用去离子水做实验，得流量从初始流量一直增加到 8 倍的初始流量，发现产生的液滴粒径大小与液体流量的幂函数的指数并不是式（20-2）所示的 1/3，而是 0.46，但是测量的电流值却符合式(20-1)。这种不一致说明上述等式仍有一定局限性。虽然式（20-2）对于产生确定粒径和电荷的气溶胶非常有用，但是也只能用作估算，且在使用时需特别小心，不能超出等式所要求的液体物理性质。

对具有中等导电性能的液体，如含有烷烃的溶液，在流量足够小时，$d_j \ll d_n$ 的条件仍然成立。所加电压也不会明显影响产生的液滴的粒径大小。然而，电流关系式式（20-1）和液滴粒径关系式式（20-2）却不同。Ganan-Calvo（1997）等研究表明电流关系式中指数应为 0.4，液滴粒径关系式中指数应为 0.5。图 20-3 显示了具有不同电导性能的烷烃液体的液滴粒径与流量的关系，横纵坐标分别为标准化后的值。事实上，Tang 和 Gomez 得出的实验值与该图中的值不完全贴合。在流量足够大时，所加电压超出锥-射流模式要求的电压，液滴的粒径减少 50%以上。在这种大流量条件下，$d_j \ll d_n$ 已不成立，因此应该使用其他关系式（Higuera，2004）。

对于给定流量的液体和电极，只会在一定的电压区间形成电喷雾。低于电压下限时，形成的弯液面物质射流是脉冲的、间断不连续的；高于电压上限时，形成的弯液面物质射流弯曲且方向不定，或者形成多路射流。无论哪种情况都将导致液滴的粒径分布变宽。因此只有在上下限范围内，锥-射流模式才能产生稳定且单分散的液滴。Cloupeau 和 Prunet-Foch (1989) 最早通过寻找不同流量对应的电压区间构成稳定的锥-射流区域。图 20-4 显示了关于二氧杂环己烷和甲酰胺溶液的稳定区域，即图中曲线 a 和 b 之间的区域。但是这个区域也不固定，因为形成锥-射流模式需要一定的电场强度，而要达到这样的电场强度，其不同的电极所加的电压不同，因而图 20-4 中的曲线会明显地上下移动。通常形成稳定的喷雾所加电压为几百伏到几千伏，在 1～15kV 范围内。

稳定区域除了有电压边界外还有流量边界。不少研究确定了最小流量应满足一定的关系

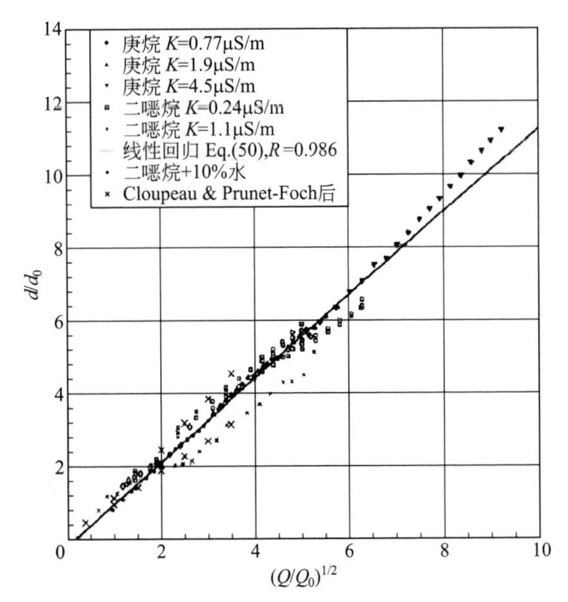

图 20-3 含有不同电导率的碳氢化合物的液滴粒径/液体流量关系式。Q_0 和 d_0 分别代表一定的参考流量和相应的液滴粒径

（引自 Ganan-Calvo 等，1997）

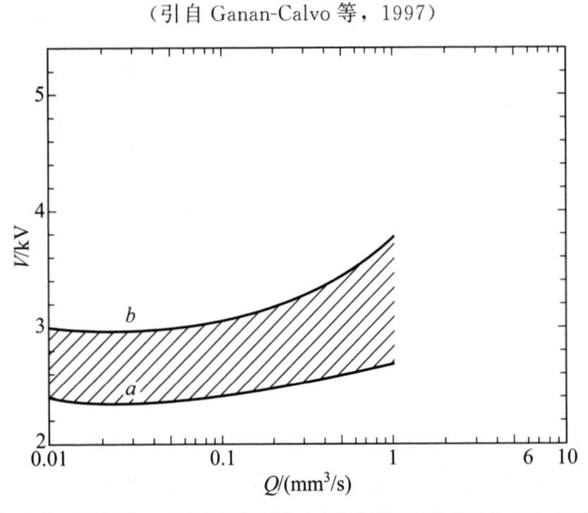

图 20-4 固定电极配置的二氧杂环丙烷＋甲酰胺的稳定域（电压及液体流量）。域图中曲线 a 和 b 之间的阴影部分即形成的锥-射流稳定区

（引自 Cloupeau 和 Prunet-Foch，1989）

式，但所得实验结果却不一致，特别是在比较宽的介电常数范围内（Chen 和 Pui，1997）。对最大流量的要求的研究报道很少，只有 Chen 和 Pui（1997）发现 $k_e Q_{max}$ 近似是一个常数。一般来说，增加液体电导可降低最大流量上限，使喷雾更加稳定，产生更小的液滴（Cloupeau 和 Prunet-Foch，1989）。因此，对于具有良好导电性的液体，可以确定最大流量上限。

当存在温和的电晕放电时，也会出现一个稳定的区域（Tang 和 Gomez，1995）。尽管理论上讲，该稳定区域可在非常宽的流量范围内产生近似单分散的液滴，但通常电压范围比较窄，很容易错过。所以电晕辅助锥-射流没有被广泛利用，但如 Fernandez de la Mora（2007）所述，该方法不失为克服流量下限的一种方法，如电喷雾电离质谱要求的超低流量。

液体的黏度是阻止射流破碎的主要不稳定因素，会影响液滴粒径与射流直径，但不会明显影响电流值。一般像水、低分子量醇和烷烃，黏度影响可忽略不计（Fernandez de la Mora 和 Loscertales，1994）。液体的表面张力不影响产生液滴的粒径。但上文提到，如果液体表面张力大，就要施加较高的电压才能形成喷雾，较高的电压又会引起电晕放电，从而影响喷雾的稳定性。因此，表面张力大的液体需要使用特殊气体作为同向流气体。

计算流体力学（CFD）是研究电喷雾的一种好方法，它可以消除偏差，并准确定量。最近的模拟研究已用于直接数值模拟泰勒锥-射流、雾化的瞬变过程，这一过程的时长可横跨几个数量级。与目前取得的成果相比，有望提出定量的且适用于更广泛条件的标度律（Collins 等，2008）。

20.2.3 液体破裂、液滴分散以及单分散性

通过研究锥-射流建立标度定律后，接下来要讨论的是下一级液滴破裂区域。如图 20-1 所示，在锥顶是一个放大的矩形，更近距离的视图见图 20-5，显示了液滴破裂过程（Tang 和 Gomez，1994）。图中显示的是庚烷电喷雾产生 40μm 液滴的过程。这个形成均匀液滴粒径的过程（从左到右）是在很宽范围操作条件下观测获得的。首先，电荷从液体内部传导到锥表面，在电场力和表面张力作用下，锥顶喷射液体形成非常细的液丝［图 20-5（a）］。然后，液丝破裂成液滴，液滴呈双模分布，主要为大液滴，其余为小液滴［图 20-5（b）、（c）］。荷电液滴继续向接地极运动，小液滴在电场作用下渐渐远离中心［图 20-5（c）］，最后只留下了准单分散的大液滴。液滴一边向接地极移动一边径向扩散，用光照可以记录液滴的“波浪”运动轨迹［图 20-5（d）］，最后电喷雾在适度扩散下呈扇形分布。

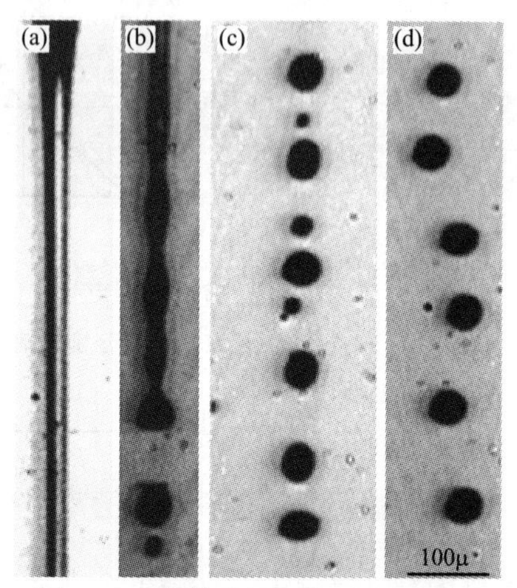

图 20-5 破裂过程细节（图 20-1 中矩形部分的特写）

图 20-5(b) 清楚地显示，在破裂成液滴之前，由于存在自然的扰动，有轴对称的脉动波在液丝上传播，波动导致沿液丝的压力以及伴随的表面张力分布发生变化，结果使液体脱离液丝，最终连续的液丝缩聚成离散的液滴。此时大液滴的直径约是液丝直径的 1.9 倍（Jones 和 Thong，1971；Mutoh 等，1979）。这个结果表明关于不带电毛细管射流稳定性的 Rayleigh 理论很大程度上适用于带电毛细管射流，不会产生明显的偏差。液滴的粒径间接地由形成过程和液丝的直径控制。而液丝的直径远小于毛细管内径，因此毛细管可以由相对较大的喷嘴产生亚微米的液滴而不会堵，甚至液体悬浮液的分散也是可以实现的。这是电喷雾相比于其他雾化器的优点。

液滴间的库仑排斥，即空间电荷效应，对于液滴喷雾至关重要。如果没有空间电荷效应，在仅有外部电场作用下，液滴只会轴向运动。聚在一起的带电液滴由于彼此间存在库仑排斥而很不稳定，这些液滴的任何径向运动都将产生径向静电排斥分量，并向外侧所有相邻液滴逐级传递。该效应以及毛细管到接地极间的外加电场电场线（diverging line）的发散最终导致喷雾的分散，从液滴破裂时产生的“波浪”形状可见［图 20-5（d）］，该形状并不是液滴的轨迹。图 20-5（d）和图 20-1 喷雾示意图中显示了卫星液滴即小液滴飞离雾化核心的过程，因为小液滴具有相对较小的惯性和较高的荷质比，空间电荷间的库仑排斥力和外加电场力对小液滴具有更强的作用力（Tang 和 Gomez，1994）。通过静电/惯性分离机制从总液体流中分离到达壳层

的小液滴只占少部分，大部分单分散的大液滴留在核心，径向扩散相对标准偏差约为 0.1（Tang 和 Gomez，1994；Chen 等，1995）。对于有一定挥发性的小液滴（如 $d<10\mu m$），当蒸发明显时，内部核心和外部壳层间的区分不是很明显。在这种情况下，由于蒸发速率与液滴直径 d 的平方相关（Rosner，1986），靠近喷雾外部边缘的较小液滴比喷雾轴心区域的液滴蒸发速率更快。因此，随着液滴离开破裂区域越远，其粒径分布范围也会更宽。

20.2.4 雾化区、库仑破裂

一旦液滴形成并随着喷雾扩散，液滴在电场力作用下向接地极运动。用激光可以无干扰地检测雾化结构，不过这只限于超微米粒子。在本领域的综合研究中，Tang 和 Gomez（1994）研究发现就雾化液滴的浓度和速度的空间分布来说，喷雾具有自相似性（self-similar nature）。他们将空间电荷效应与外加电场分开处理，认为液滴的轴向运动主要由外电场驱动，而径向运动以及最终的侧向扩散主要由空间电荷的电场控制。

电喷雾产生的液滴的另外一个显著特征就是表面带有净电荷。就像粒径分布一样，带电量分布也非常窄（Tang 和 Gomez，1994；Smith 等，2002）。液滴带电量分布通过相位多普勒测量系统（PDA）测量液滴速度间接得到，其分布较窄。

如果液滴在向接地极运动的过程中蒸发明显，那么将发生另外一个非常有趣的现象。蒸发仅导致液滴质量损失，而电荷不会因蒸发损失（Taflin 等，1989），结果液滴的电荷密度将越来越高。当达到一定临界值时，液滴变得不稳定并“炸裂”成很多粒径更小的带电液滴。这个现象与瑞利极限很相似（1882），是由于电荷之间的库仑排斥力足以克服使液滴凝聚的表面张力所致。极限带电量可表达为如下关系式：

$$q_R=\pi(8\gamma\varepsilon_0 d^3)^{1/2} \tag{20-3}$$

实验测量表明液滴带电量达到±20%瑞利极限时就会变得不稳定（Taflin 等，1989；Smith 等，2002；Li 等，2005）。图 20-6（Tang 和 Gomez，1994）显示了液滴破裂的两种情况：左边的图是在离毛细管不远处拍的，此处液滴之间的距离较小，空间电荷效应影响液滴破裂，导致液滴也形成一个锥形，然后产生粒径比原液滴至少小一个数量级的液滴。右边的图是在下游拍的，此处空间电荷效应不明显，液滴或多或少的对称变形形成两个锥形，Duft 等（2003）的清晰的照片同样证明这种情况的存在。

很多研究报道库仑破碎有这样一个特征，质量损失较小，不到 2%，而电荷损失较大，在 15%～41%之间（Li 等，2005；Smith 等，2002）。这种情况可破碎成几个液滴，或破碎成一群粒径远小于原液滴的液滴。Fernandez de la Mora（1995）研究了一个带电量接近瑞利极限的液滴趋向于形成更细的射流，而不直接破裂为几个相似液滴的原因，他认为类似于在毛细管端口形成稳定的锥-射流，破裂液滴形成更细的射流也一定是趋向于准稳定状态。当液滴粒径 d 远大于荷电弛豫长度（l_e）时，就会形成更细的射流。即使在作者设定的条件下，也不满足模型的前提条件（$d \ll l_e$），但 Li 等仍支持液滴破碎时的质量损失和电荷损失的重要性。

除非液滴不带电，否则在蒸发的条件下液滴破碎就是不可避免的。如图 20-7 所示，比较液滴平均电荷密度与瑞利极限可以预测库仑破碎什么时候开始（Gomez 和 Tang，1994）。电荷密度随着液滴粒径的增大而变小，而电荷密度小的大液滴更接近瑞利极限（图中实线），因此也更不稳定，其他研究也发现了这个现象（Cloupeau 和 Prunet-Foch，1989）。为了观察图 20-6 中的现象，作者有意加大液体流量。作为辅助的证据，用扫描电镜（SEM）分析利用电喷雾发生的聚合物颗粒物，发现流量越大时拉长型颗粒物就越多（Almeria 等，

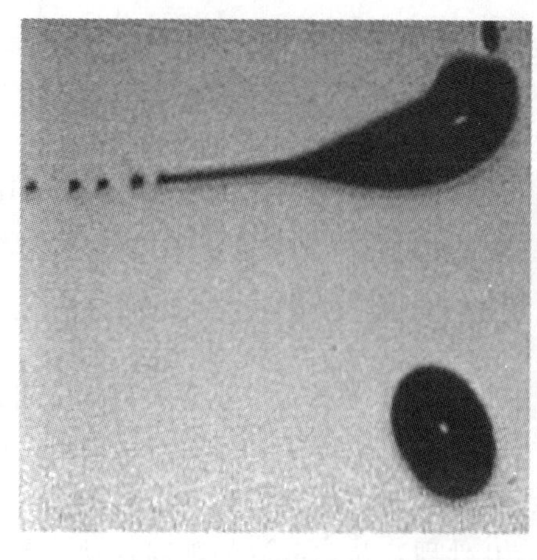
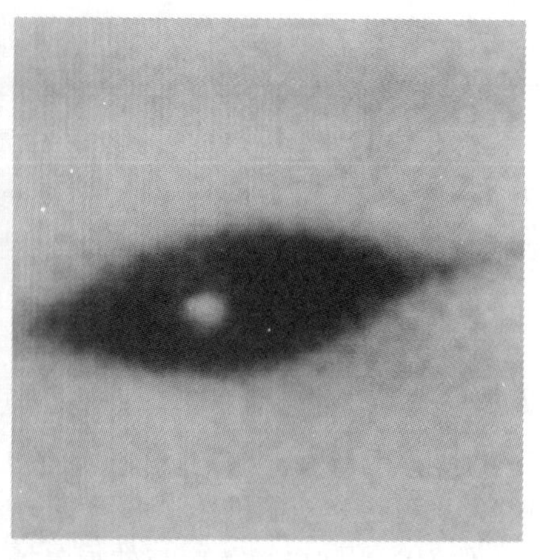

图 20-6 接近瑞利极限的液滴的库仑破碎
（引自 Gomez 和 Tang，1994）

2010）。这类结构代表着破碎时的形状，在快速的溶剂蒸发过程中聚合物的浓度越来越大，一旦聚合物浓度足够大，将克服表面张力而球形化。Juan 和 Fernandez de la Mora（1997）认为基于平均电荷密度（I/Q）的结论可能引起误导，因为这些结论都基于一个不明确且没有被证明的假设：一次液滴与二次液滴之间的电流和流量分配不随流量的变化而变化。在用 DMA 和动力学粒径谱仪独立测量液滴的质量和荷电量时，得出了相反的结论，较大流量发生的液滴与瑞利极限相去甚远。相同的结论也见于 Smith 等（2002）的研究。他们还发现液滴破碎后电荷分布变宽了，比 Tang 和 Gomez（1994）及 Smith 等（2002）所报道的宽。因此，需要进一步研究来消除这些偏差，这些偏差有可能与具体的液体有关。

20.2.5 锥-射流模式的局限以及可能的改进

可以产生单一粒径>10μm 液滴的其他雾化技术还有振动孔单分散气溶胶发生器（Berglund 和 Liu，1973），该技术不依赖于液体的物理化学特性，也不需要高压电。但在产生单分散纳米级颗粒物方面，电喷雾几乎比其他所有气溶胶技术都具有明显的优势，而且一台仪器就可以有效地产生 1nm～100μm 横跨几个数量级的颗粒物，这也是非常实用的特征。下文将探讨阻碍电喷雾在相关领域应用的关键因素，但一个领域除外，那就是电喷雾质谱(ESI-MS；Fenn 等，1989)。

首要的也是最重要的限制因素是低流量，能够建立起锥-射流模式的低流量甚至明显限制了在高附加值领域的应用，如药物分散。如果要求初始液滴粒径很小，那么这个限制就更加严格了，如合成纳米颗粒物。当溶剂蒸发后，需要使留下的纳米颗粒不纯度最小化。对于高电导的液体（$k_e \geqslant 1\mu\Omega^{-1} \cdot cm^{-1}$），根据式（20-1），液体流量是影响液滴粒径大小的主要参数。如果需要产生粒径小的液滴，产生量也将极小（Gomez，2002）。为了满足生物测量、制药或者其他高附加值领域的应用，必须具有足够的产生量，这样多路喷雾是必不可少的方法。

应用电喷雾的另一个限制因素是液体导电性。一些液体导电性差，不能形成喷雾，除非添加其他导电试剂，但在某些应用场合又不允许这样做。根据式（20-1），要产生纳米颗粒物，工作液体导电性必须很高，但生物医药的应用要求液滴 pH 是中性的，这就与高导电性相矛盾。在其他一些用有机或者电导性差的液体的领域，电喷雾同样也受限制，因为电导性差使液体不能荷电，从而不能形成电喷雾。

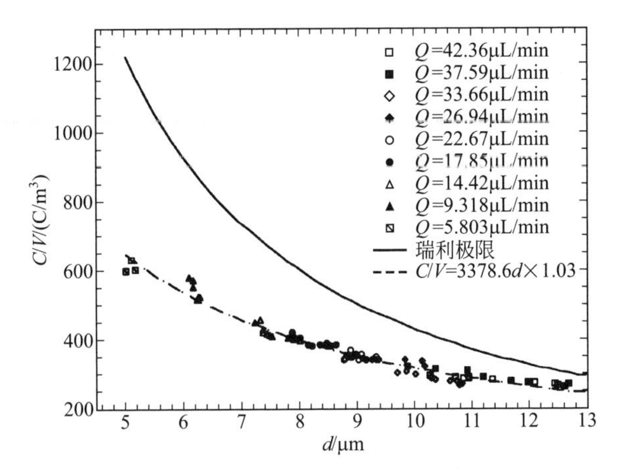

图 20-7 每单位体积液滴平均电荷密度与去离子水不同流量的液滴平均粒径。实线在瑞利极限内。C/V 表示每单位体积的电荷

除了电喷雾质谱（ESI-MS）在分析化学工业中的广泛使用外，电喷雾因上述两个限制，尤其是第一个限制，仅限于科学研究和个别概念证明。近期的一些发展将使最终用户可以逐步克服这些困难。

20.2.5.1 提高流量的多路电喷雾

（1）线性阵列 多路电喷雾（MES）就是通过“强力”（Rulison 和 Flagan，1993）、刻蚀熔硅玻璃［图 20-8（a）；Kelly 等，2007］、光刻聚二甲基硅氧烷（PDMS）（Kim 和 Knapp，2001）或硅结构构件（Kim 等，2007）将多根毛细管并联运行即可。虽然这样的线性阵列理论上可以很密集，如每厘米 1000 路喷雾，但是实际中一般包括有限的喷雾源（最多 20 个），这是由传统两个电极的结构所决定的，接地极与线性阵列间距离一定，就要求空间电荷效应不明显，否则将导致喷雾不稳定，其原因下面将有所表述。

（2）多路射流 多路射流就是在一根毛细管出口周围形成多路射流，液体在管内输送。这种方式看上去是线性阵列的一种变形，只是阵列分布在大的毛细管周围。但实际上这两者是有本质区别的，因为这是基于多路射流机制。从前文的分析可知，当毛细管端口电场很强时，单路射流容易分裂为两路或多路射流（Cloupeau 和 Prunet-Foch，1990）。Duby 等（2006）提出了一种新的多路喷雾方法，这种机制迄今为止还不清楚。一般来说，这种方法非常不稳定且能获得明显多路射流的流量也较小。Duby 等通过在喷头出口上加工非常尖的刻槽，成功地增强了周围每个独立槽点的电场强度。然后多路射流就会在这些刻槽上形成，射流在几百伏电压和比较宽的流量范围内都稳定。最重要的是只要保证刻槽之间距离一致（这很好实现，如通过电火花线切割技术 EDM），每个刻槽射流雾化形成液滴的粒径就相近，不会发生较大变化。这种简单、结实、廉价、多功能的多路喷雾技术很适合要求几十路射流的喷雾，目前该技术已成功用于微火电系统的燃料雾化（Gomez 等，2006）。

（3）平面阵列的多路喷雾技术 用激光刻蚀（Tang 等，2001）或者传统的打孔（Bocanegra 等，2005）就可实现平面阵列多路喷雾，喷雾孔密度可达≤100 个/cm^2，孔数<40 个。由于液体润湿或不润湿外表面，这种多孔面阵列的使用只限于对某些液体-表面匹配或者做特殊的表面处理。只有不润湿才能保证液体通过这些孔后只聚集在孔口，然后在电场力作用下形成锥-射流，而不是在整个平面内延伸。明显地，高密度多路射流与结实可靠的性

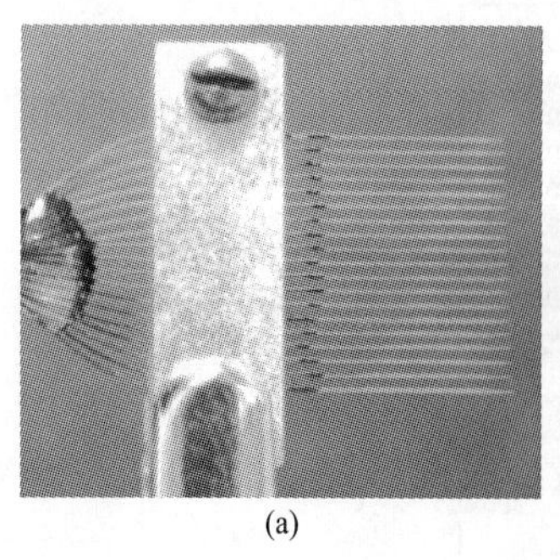
(a)

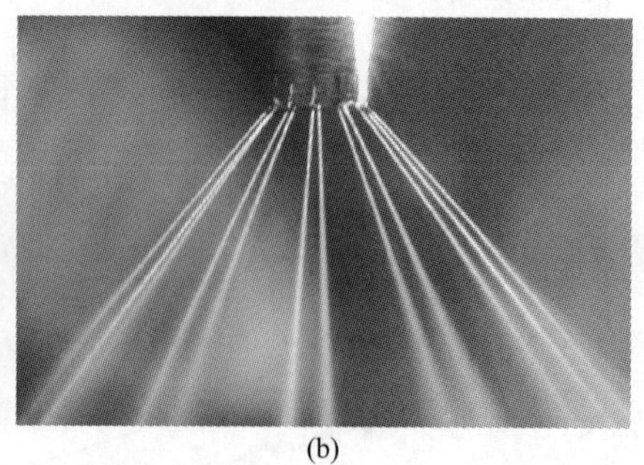
(b)

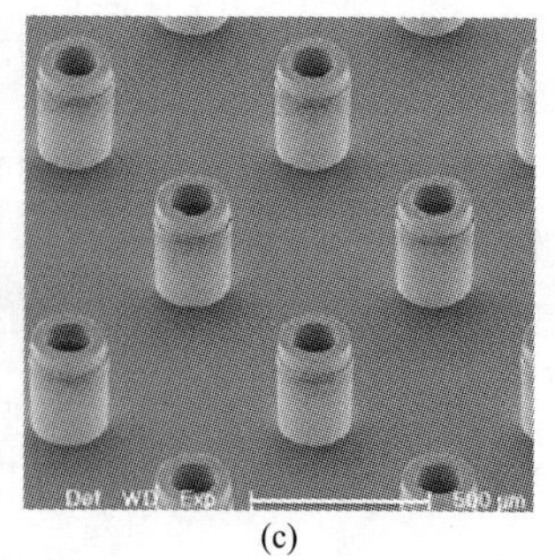

(c)

图 20-8 多路电喷雾（MES）技术的三个例子：(a) 带 19 个喷嘴的线性硅针序列（引自 Kelly 等，2007）；(b) 带 24 个喷嘴的稳定锥槽的多喷嘴模型中的单喷嘴（引自 Duby 等，2006）；(c) 微型硅喷嘴的平面阵列（引自 Deng，2006）

能都是我们所希望获得的，但两者又是相互对立的，除非采用硅基材料微细加工，孔径约 10μm，精度 1μm。Deng 等（2006，2007）研究表明一个微细加工阵列可实现 331 个喷孔，孔密度为 250 个/cm^2 [图 20-8（c）]。Velásquez-García 等（2006）也报道过多路喷雾，具有 1024 个喷孔阵列雾化离子液体，孔密度达 2500 个/cm^2，液体中添加了改变表面张力的物质。相比于传统单路毛细管喷射，平面阵列多路喷雾暴露在外界的液体表面积更大，蒸发速率也更快。因此这种方法不适合高挥发性液体，也不能准确控制液体流量。近年来，Deng 等（2009）又将孔密度提高到 1.1×10^4 个/cm^2，由此外推可知在一个 10cm 直径的硅片上，理论上可实现百万路射流喷雾。即使考虑到结构和提取极的硬度会减少射流路数，十万级多路射流喷雾是非常有可能实现的。

（4）多路电喷雾系统的限制和解决方法 一个理想的多路电喷雾系统中每路的雾化应该完全相同。实际上，当喷雾口聚集在一起时，彼此在静电和流体力学两个方面相互干扰，需要一种成功的设计考虑到上述两个方面并使其干扰最小化。Deng 等（2006，2007）经过系统的研究后提出了较好的解决办法。首先，为了减少各个喷嘴处电场强度的不同，必须在两极之间加一个云提取极，提取极距喷嘴的距离应与喷嘴直径、喷嘴长度相对应 [图 20-9（a)]。提取极不仅局域化电场，而且会屏蔽雾化后荷电液滴群对锥的影响，因此这种电极设置是非常必要的。其次，提取极不能完全消除电场的不一致性，特别是处于喷嘴阵列边缘。这种电场的不一致性导致液体流动不一致，最终导致流量分布不统一，大流量和大粒径的液滴通常出现在阵列的边缘。这种电场力与毛细管力处于同一数量级。解决这个问题的办法就是使黏性液体直接从一个喷嘴到另一个喷嘴，且在滴落的过程中保持一致，这通过对每个喷嘴内径进行适当的分类就可以很容易地实现。第三，多路电喷雾失败经常是由于系统非常强的空间电荷效应所致（Deng 和 Gomez，2007）。当空间电荷效应增强时，雾化液滴将排斥从提取极出来的液滴，导致这些液滴逆行，聚集在提取极上，淹没提取极，导致喷雾终止。由于小液滴具有较大的荷质比，进而形成较大的静电力/惯性力比率，对空间电荷效应更敏感。对小液滴捕集现象说明静电因素会限制多路电喷雾的使用。为了避免小液滴被捕集，在提取极和收集极之间加一个驱动场强 E_d 以使电喷雾液滴分散，驱动场强保持在一定临界值之上，但明显低于空气击穿电场。这个最小的临界值主要取决于一次液滴在提取极和收集极之间的停留时间 τ_r、单位面积上的电流 I/A、电喷雾喷嘴数量（N）的量级约为 10^{-1} 的无量纲系数 $C_e(N)$。因此：

$$E_{bd}<E_d<\tau_e(I/A)C_e(N) \tag{20-4}$$

通过调节其中两个因子就可满足这个不等式，可以改变液体流量和电导、喷嘴长度来改变 I/A；也可以改变提取极和接地极之间的距离、改变液滴所受静电力和/或空气动力来改变液滴速度进而改变 τ_e。最小驱动场强可用一个简单但有效的“电荷线”模型模拟（Deng 和 Gomez，2007）。

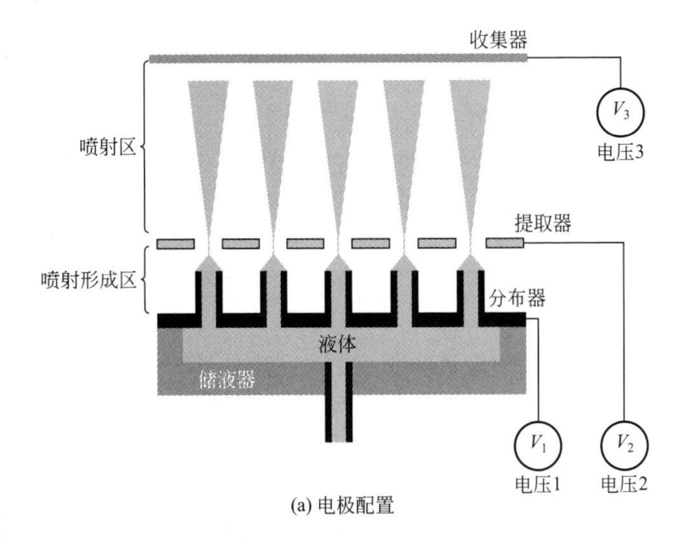

(a) 电极配置

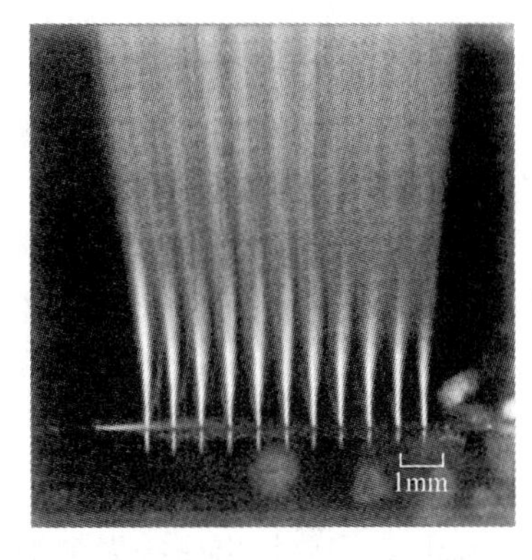

(b) 有91个喷嘴且密度为250个/cm²的多路电喷雾系统的喷射状态

图 20-9 高性能的平面多路电喷雾系统

在某些条件下，空间电荷效应可能会更严重，必须降低或全部屏蔽。例如对于纳米粒子的合成，流量必须严格控制以形成非常小的液滴，这通常要求液体具有高电导性。该限制导致很大的电流并限制 MES 喷嘴密度，以与式（20-4）一致。为了实现雾化量大且喷嘴少的多路电喷雾，必须减少空间电荷效应，可以在雾化下游安装一个可发射电子的电极，部分中和带正电的液滴，为了液滴碰并和有效沉积，需使液滴仍带部分正电荷。早期电喷雾在药物吸入领域也用过同样的方法来中和电荷（Tang 和 Gomez，1995；Gomez，2002）。不过，到目前为止，还没有实验研究评价这种方法对于大电流和多个喷嘴的有效性。

总之，上述设计标准和式（20-4）的关系式可帮助最终用户评估多路电喷雾获得均匀特定粒径颗粒的最大孔密度，所用给定液体具有已知物理性质。因而，可避免传统实验反复试错，这在多路电喷雾最初设计阶段具有明显降低成本的优势。

20.2.5.2 双流电喷雾去除液体物理性质限制

为避免液体物理特性限制，可以用 Smith 等（1988）首先提出的双流法，即形成同轴双液体射流。最初，该方法是在电喷雾电离中用来雾化一些不能形成喷雾的溶液，就是将这些溶液掺入到可形成电喷雾的液体如乙醇中。之后，西班牙的一个研究小组用类似的方法合成微球和单或双乳状液（Loscertales 等，2002；Gomez-Marin 等，2007）。图 20-10 就是一张典型的双流电喷雾图，其中内层流是油，外层流是水，雾化发生在电绝缘的油浴中。虽然双流电喷雾的名称更贴切，但这种电喷雾技术已经被称为复合电喷雾（compound ES）或同轴电喷雾（coaxial ES），因为该技术很早就在雾化工业中广泛使用（Lefevbre，1989）。在电场剪切力作用下，双流体形成两个锥-射流，在锥顶喷出很细的液丝，其中导电和半导电的液体被称为驱动液体，另一种液体是在驱动液体黏滞力的拖动下运动。

很多学者在实验室里对双流体电喷雾进行了研究，对其所涉及的参数也有了一定的理解（Loscertales 等，2002；Lopez-Herrera 等，2003；Diaz Gomez 等，2006；Gomez-Marin 等，2007）。电流和粒径关系式应用于驱动液体，与传统的单流体电喷雾相比，此关系式没有明显偏差。Higuera（2007）等给出了详细的数值模拟过程。

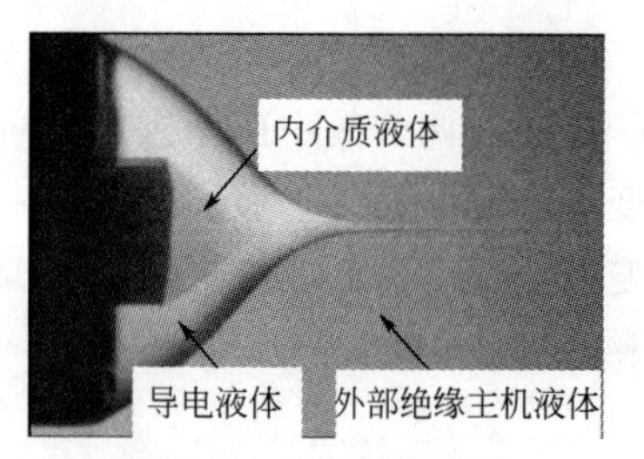

图 20-10 双流电喷雾
（引自 Gomez-Marin 等，2007）

双流电喷雾的导电液体作为内层流，绝缘液滴作为外层流，二者的流量是有很大区别的。导电液体产生的液滴可迁移到外层流液体表面形成锥-射流，就像传统的单流电喷雾（C. Larriba-Andaluz 和 J. Fernandez de la Mora，2010）。离子液体和纯烃类化合物的实验是具有前景的，但导电液体的微小流量的控制问题仍需要解决。

目前，所有双流体射流的研究仅限于少数可形成微球、乳液的合成，用于胶囊生产，其为克服所需液体物理特性的限制是不同的。假设驱动液体在喷雾过程中蒸发完，或者驱动液体的存在不影响实际应用，在这种情况下就不需要用电流和粒径关系式来估计其对液体组合是否可行以及该技术是否适用于更多液体组合，只需要研究两根同轴毛细管的几何结构、尺寸、相对位置对多对液体射流稳定性的影响。建立射流稳定区域（如锥-射流的电压和流量稳定图），需要找出一些无量纲数以及这些无量纲数是如何影响射流稳定性的。为此需要开展系统研究，分别通过添加电导增强剂、表面活性剂、高黏性的液体以及改变流量来改变液体的电导、表面张力、黏性和流量。

在本综述领域以外，还有一种方法可以解决在需要分散非导电液体时限制液体雾化的物理特性。如果不能使用电导增强剂，可以尝试电场放电的电喷雾，需要使用离子使液体带电，而离子来自高强度电场下超细放射电极产生的。具体的技术细节为：在毛细管口附近安装一个浸入绝缘液体的很尖的电极，液体从毛细管中泵出，并在电极上加很高的电压。在我们的实验中，电极尖端受到污染时，电场强度受损而产生荷电减少的现象。因此，稳定的电喷雾不能持续很长时间。为克服这个困难，开展了许多实验。稳定的锥-射流电喷雾都只能持续很短的时间，不超过半小时，这是因为电极尖端由于电化学腐蚀很容易被污染，电场强度下降，不能使液体有效荷电，电喷雾终止。使用钨电极或者更惰性的铂电极也是类似的结果。若使用交变电压虽能改善电极的寿命，但仍不满足实际应用需求（Lozano 和 Martinez-Sanchez，2004）。我们的研究结果可与 Berkland 等（2004）的报道结果进行对比。

20.3 电喷雾的应用

近年来一些关于电喷雾的综述文章列了很多参考文献，让读者对各种电喷雾的应用有所了解（Jaworek，2007，2008）。下文的讨论只限于锥-射流方面的研究报道。部分由于篇幅的限制，只限于已经商业化和有望商业化的电喷雾技术应用，因为电喷雾技术展示了优于其他竞争技术的优势。首先讨论最主要的应用——电喷雾质谱（ESI-MS），然后讨论雾化液滴的大小及其他一些应用（图 20-11）。最重要的应用是在纳米范围的中间尺度，电喷雾具有极大前景，因为还没有其他技术能像电喷雾一样产生粒径可控的、均匀的纳米颗粒物。

尽管可以实现高密度多路电喷雾，如上文讨论，电喷雾还不会用于生产原材料粉末，如染料业中成吨的 TiO_2 粉末。目前，它更适合用在一些高附加值领域，如医药工业、电子工业和技术空缺市场，像离子推进器、微燃烧工业等相关工业。例如现在单路电喷雾产生胰岛素和聚乳酸-羟基乙酸共聚纳米颗粒物的速率约为 0.1 mg/h（Gomez 等，1998）。如果再将速率提高 2～3 个数量级，那么就可能实现生产生物医药纳米颗粒物，上文讨论的多路电喷雾则非常有可能实现在该领域的应用。

20.3.1 电喷雾质谱

电喷雾离子质谱（ESI-MS）是一种软电离技术，该技术最先由耶鲁大学化工系的 John B. Fenn 于 20 世纪 80 年代开发，他也由此获得了 2002 年的诺贝尔化学奖。Fenn 和他的搭档（1989）用电喷雾将来自溶液的带多个电荷的巨离子引入气相中，然后用质谱进行分析。经过电场雾化，溶液中溶解的巨分子以带多个电荷的离子形式存在于气相中。由于所带电荷多，用 2000Da 的中等质谱就可分析，甚至当这些离子超过百万道尔顿也能很好地进行分析（Nohmi 和 Fenn，1992）。几乎 90％关于电喷雾的论文都是关于电喷雾质谱分析小的和大的生物分子的，在这个领域中气溶胶科学家也可大有作为。更多内容读者请参考 Griffiths 等（2001）综述文章。

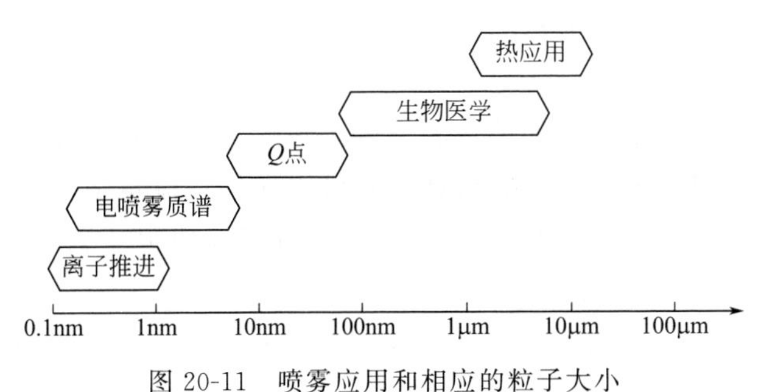

图 20-11 喷雾应用和相应的粒子大小

20.3.2 胶体和离子推进器

通过加速带电的甘油液滴（Krohn，1961；Huberman 和 Rosen，1974）或者熔融金属离子（Swatick 和 Hendricks，1968）为飞行器提供推力是电喷雾一个早期应用。随着小卫星的发展和对控制精度要求的提高，推力要求在 10^{-5}N 数量级，胶体推进器的研究重新活跃起来（Gamero-Castano 和 Hruby，2001）。室温熔融盐，即离子液体，如 EMI-BF_4（3-乙基-1-甲基咪唑四氟硼酸盐）将会得到发展，为电喷雾在该领域的应用提供了更多的可能性，因为离子液体有如下优点：与多种中性溶剂互溶、分子量和离子组成多样、可在负极使用（不同于液体金属）、低腐蚀性和高导电性（Gamero-Castano 和 Hruby，2001；Lozano 和 Martinez-Sanchez，2004；Romero-Sanz 等，2005；Guerrero 等，2007）。在这个领域中必须使用多路电喷雾，目前只有初步的研究，主要关于表面润湿（Valasquez-Garcia 等，2006）和毛细喷嘴（Krpoun 和 Shea，2007；Lenguito 等，2010）。

20.3.3 颗粒物合成

电喷雾技术可产生单分散颗粒物，尤其是纳米级的颗粒物，这是其他气溶胶发生技术不可比拟的。液滴粒径关系式表明用高电导性的液体可直接合成几纳米粒径的液滴（Loscertales 等，1993；Chen 等，1995）。通常应用更多的是，通过在可雾化的溶剂中添加非挥发性的溶质可将纳米颗粒物粒径谱分布控制在比较窄的范围内。仍需考虑的是，当会发生化学反应或温度很高的时候，需要使雾化干燥简单化或与溶液蒸发和喷雾热解同步进行。纳米颗粒物合成在生物医药中的应用包括：通过电喷雾干燥合成单分散的具有生物活性的胰岛素颗粒物（Gomez 等，1998）；分散活细胞而不损害其活性（Jayasinghe 和 Townsend-Nicholson，2006；Odenwälder 等，2007）；吸入型药物的投送（Tang 和 Gomez，1994）以使大于 85%的药物可到达肺泡（Gomez，2002）；药物的可控释放（Hong 等，2008；Xie 等，2006）；为胶囊和缓释药合成可生物降解的聚合物颗粒物（Hogan 等，2007；Shenoy 等，2005）；控制颗粒物的形状（Almeria 等，2010）。电喷雾热解技术还被成功用于合成金属氧化物颗粒如 ZnO（Mädler 等，2002）；混合氧化物通过热力学途径克服挥发性有机物的类似于气相的反应（Kodas 和 Hamden-Smith，1998）；超导体（Zachariah 和 Huzarewicz，1991）；量子点，如 ZnS、GaAs、CdS 等（Lenggoro，等，2000；Salata，2005）。上述很多应用要求小的干颗粒物，且需要小的初始粒径和液体流量来减少由于液体不纯所带来的污染，多路电喷雾将是必要的。

20.3.4 微燃烧

液体烃的能量密度比普通电池高两个数量级，这是微燃烧研究的动机（例如一个典型的烃类 42MJ/kg，一个锂电池 0.6MJ/kg）。微燃烧室体积小，要求液体蒸发和燃料/氧化剂混合要很快，将燃料雾化成很细且均匀的液滴就可达到微燃烧要求，因为液滴的蒸发时间与粒径的平方成反比。多路电喷雾是理想的选择，它可以在任意流量下产生粒径 $d \leqslant 10\mu m$ 的液滴，唯一的要求就是燃料有一定的电导，可以在燃料中添加 100μg/g 防静电添加剂来增加电导。微燃烧系统规模小、流量适中，完全可以满足添加要求。一个小型的 60W 陶瓷燃烧器有约 $0.22cm^3$ 的燃烧量，将释放 $270mW/m^3$ 的非常大的热功率，这可与传统的燃气涡轮机相比。

20.4 致谢

第一作者（AG）感谢他以前的学生和博士后（Keqi Tang、Gang Chen、Donald Bingham、Dimitrios Kyritsis、Bruno Coriton 和 Begona Almeria）为本章节所做的贡献。作者感谢 de la Mora 教授对部分稿件的审阅。作者也十分感谢美国陆军 No. W911NF-05-2-0015（项目主持人 C. M. Waits 博士）和国家自然科学基金会 DMR-0907368（项目主持人 David Brant 博士）的项目支持。

20.5 符号列表

C_e　无量纲系数
d　雾滴直径
d_j　喷射直径
d_n　喷嘴直径
E_d　萃取级和收集级之间的驱动场
f　无量纲函数
G　无量纲函数

q 雾滴上的电荷
q_R 瑞利限值上雾滴的电荷
I 电喷射所带的电流
I/A 单位面积释放的电流
k_e 液体的电导率
l_e 电荷弛豫长度
N 多路电喷雾系统中电喷射数目
V 电压
Q 液体体积流量
ε 液体的介电常数
ε_0 真空介电常数
γ 液体表面张力
ρ 液体质量密度
τ_e 电荷弛豫时间
τ_r 一次雾滴在萃取级和收集级之间的停留时间

20.6 参考文献

Almería, B., Deng, W., Fahmy, T., Gomez, A. 2010. Controlling the morphology of electrospray-generated PLGA microparticle for drug delivery. *J. Coll. Interface Sci.* 343:125–133.

Berkland, C., Pack, D.W., Kim, K. 2004. Controlling surface nanostructure using flow-limited field-injection electrostatic spraying (FFESS) of PLGA. *Biomaterials* 25:5649–6558.

Bocanegra, R., Galán, D., Márquez, M., Loscertales, I.G., Barrero, A. 2005. Multiple electrosprays emitted from an array of holes. *J. Aerosol Sci.* 36:1387–1399.

Chen, D., Pui, D.Y.H. 1997. Experimental investigation of scaling laws for electrospraying: dielectric constant effects. *Aerosol Sci. Tech.* 27:367–380.

Chen, D., Pui, D.Y.H., Kaufman, S.L. 1995. Electrospraying of conducting liquids for monodisperse aerosol generation in the 4 nm to 1.8 μm diameter range. *J. Aerosol Sci.* 26:963–977.

Cloupeau, M., Prunet-Foch, B. 1989. Electrostatic spraying of liquids in cone-jet mode, *J. Electr.* 22:135–159.

Cloupeau, M., Prunet-Foch, B. 1990. Electrostatic spraying of liquids: Main functioning modes. *J. Electrostatics* 25(2): 165–184.

Collins, R.T., Jones, J.J., Harris, M.T., Basaran, O.A. 2008. Electrohydrodynamic tip streaming and emission of charged drops from liquid cones. *Nature Physics* 4(2):149–154.

Deng, W., Gomez, A. 2007. Influence of space charge on the scale-up of multiplexed electrosprays. *J. Aerosol Sci.* 38:1062–1078.

Deng, W., Klemic, J.F., Li, X., Reed, M., Gomez, A. 2006. Increase of electrospray throughput using multiplexed microfabricated sources for the scalable generation of monodisperse droplets. *J. Aerosol Sci.* 37:696–714.

Deng, W., Klemic, J.F., Li, X., Reed, M., Gomez, A. 2007. Liquid fuel combustor miniaturization via microfabrication. *Proceedings of the Combustion Institute* 31:2239–2246.

Deng, W., Waits, C.M., Morgan, B., Gomez, A. 2009. Compact multiplexing of monodisperse electrosprays. *J. Aerosol Sci.* 40:907–918.

Diaz Gomez, J.E., Gomez-Marin, A., Marquez, M., Barrero, A., Loscertales, I.G. 2006. Encapsulation and suspension of hydrophobic liquids via electro-hydrodynamics. *Biotechnol. J.* 1:963–968.

Duby, M.-H., Deng, W., Kim, K., Gomez, T., Gomez, A. 2006. Stabilization of monodisperse, electrosprays in the multi-jet mode via electric field enhancement. *J. Aerosol Sci.* 37: 306–322.

Duft, D., Achtzehn, T., Müller, R., Huber, B.A., Leisner, T. 2003. Coulomb fission: Rayleigh jets from levitated microdroplets. *Nature* 421(6919):128.

Fenn, J.B., Mann, M., Meng, C.K., Wong, S.F., Whitehouse, C.M. 1989. Electrospray ionization for mass spectrometry of large biomolecules. *Science* 246:64.

Fernández de la Mora, J. 1995. On the outcome of the Coulombic fission of a charged isolated drop. *J. Coll. Interface Sci.* 178:209–218.

Fernández de la Mora, J. 2007. The fluid dynamics of Taylor cones. *Ann. Rev. Fluid Mech.* 39:217–243.

Fernández de la Mora, J., Loscertales, I.G. 1994. The current emitted by highly conducting Taylor cones. *J. Fluid Mech.* 260:155–184.

Fernández de la Mora, J., Navascues, J., Fernandez, F., Rosell Llompart, J. 1990. Generation of submicron monodisperse aerosols by electrosprays. *J. Aerosol Sci.* 21(S1):S673–S676.

Gamero-Castaño, M., Hruby, V. 2001. Electrospray as a source of nanoparticles for efficient colloid thrusters. *J. Propulsion Power* 17(5):977–987.

Ganan-Calvo, A.M., Davila, J., Barrero, A. 1997. Current and droplet size in the electrospraying of liquids: Scaling laws. *J. Aerosol Sci.* 28(2):249–275.

Gomez, A. 2002. The electrospray and its application to targeted drug inhalation. *Respiratory Cares* 47:1419.

Gomez, A., Tang, K. 1994. Charge and fission of droplets in electrostatic sprays. *Phys. Fluids* 6(1):404–414.

Gomez, A., Bingham, D., De Juan, L., Tang, K. 1998. Production of protein nanoparticles by electrospray drying. *J. Aerosol Sci.* 29:5–6, 561–574.

Gomez, A., Berry, J.J., Roychoudhury, S., Coriton, S., Huth, J. 2006. From jet fuel to electric power using a mesoscale, efficient, Stirling system. *Proceedings of the Combustion Institute* 31:3251–3259.

Gomez-Marin, A., Loscertales, I.G., Marquez, M., Barrero, A. 2007. Simple and double emissions via coaxial jet electrosprays. *Phys. Rev. Lett.* 98:014502.

Griffiths, W.J., Jonsson, A.P., Liu, S., Rai, D.K., Wang, Y. 2001. Electrospray and tandem mass spectrometry in biochemistry. *Biochem. J.* 355:545–561.

Guerrero, I., Bocanegra, R., Higuera, F.J., Fernandez de la Mora, J. 2007. Ion evaporation from Taylor cones of propylene carbonate mixed with ionic liquids. *J. Fluid Mech.* 591: 437–459.

Higuera, F.J. 2003. Flow rate and electric current emitted by a Taylor cone. *J. Fluid Mech.* 484:303–327.

Higuera, F.J. 2004. Current/flow-rate characteristic of an electrospray with a small meniscus. *J. Fluid Mech.* 513:239–246.

Higuera, F.J. 2007. Stationally coaxial electrified jet of a dielectric liquid surrounded by a conductive liquid. *Phys. Fluids* 19: 012102.

Hogan, C.J. Jr., Yun, K.M., Chen, D.-R., Lenggoro, I.W., Biswas, P., Okuyama, K. 2007. Controlled size polymer particle production via electrohydrodynamic atomization. *Colloids and Surfaces A: Physicochemical and Engineering Aspects* 311(1–3):67–76.

Hong, Y., Li, Y., Yin, Y., Li, D., Zou, G. 2008. Electrohydrodynamic atomization of quasi-monodisperse drug-loaded spherical/wrinkled microparticles. *J. Aerosol Sci.* 39(6):525–536.

Huberman, M.N., Rosen, S.G. 1974. NCED High-thrust colloid sources. *J. Spacecraft and Rockets* 11(7):475–480.

Jaworek, A. 2007. Electrospray droplet sources for thin film deposition, *J. Mater. Sci.* 42:266–297.

Jaworek, A. 2008. Electrostatic micro- and nanoencapsulation and electroemulsification: A brief review. *J. Microencapsulation* 25(7):443–468.

Jayasinghe, S.N., Townsend-Nicholson, A. 2006. Stable electric-field driven cone-jetting of concentrated biosuspensions. *Lab on a Chip* 6:1086–1090.

Jones, A.R., Thong, K.C. 1971. The production of charged monodisperse fuel droplets by electrical dispersion. *J. Phys. D: Appl. Phys.* 4:1159–1166.

Juan, L. de, Fernández de la Mora, J. 1997. Charge and size distribution of electrospray drops. *J. Coll. Interface Sci.* 186:280–293.

Kelly, R.T., Page, J.S., Tang, K., Smith, R.D. 2007. Array of chemically etched fused silica emitters for improving the sensitivity and quantitation of electrospray ionization mass spectrometry. *Anal. Chem.* 79(11):4192–4198.

Kim, J.S., Knapp, D.R. 2001. Miniaturized multichannel electrospray ionization emitters on poly(dimethylsiloxane) microfluidic devices. *Electrophoresis* 22:3993–3999.

Kim, W., Guo, M., Yang, P., Wang, D. 2007. Microfabricated monolithic multinozzle emitters for nanoelectrospray mass spectrometry. *Anal. Chem.* 79:3703–3707.

Kodas, T.T., Hamden-Smith, M. 1998. *Aerosol Processing of Materials*. New York: John Wiley–VCH.

Krohn, V.E. 1961. Liquid metal droplets for heavy particle propulsion. In *Progress in Astronautics and Rocketry*, vol. 5, pp. 73–80, New York: Academic.

Krpoun, R., Shea, H.R. 2007. Micromachined electric propulsion using ionic liquids as fuel. *Proceedings of the 14th International Workshop on the Physics of Semiconductor Devices, 16–20 December 2007*, IWPSD, art.no. 4472610:652–655.

Larriba-Andaluz, C., Fernández de la Mora, J.. 2010. Electrospraying insulating liquids via charged nanodrop injection from the Taylor cone of an ionic liquid, *Phys. Fluids 22, 072002*.

Lenggoro, I.W., Okuyama, K., Fernández de la Mora, J., Tohge, N. 2000. Preparation of ZnS nanoparticles by electrospray pyrolysis. *J. Aerosol Sci.* 31:121–136.

Lenguito, G., Fernandez de la Mora, J., Gomez, A. 2010. Multiplexed electrospray for space propulsion applications, *46th AIAA Joint Propulsion Conference*, AIAA-2010-6521.

Li, K.-Y., Tu, H., Ray, A.K. 2005. Charge limits on droplets during evaporation. *Langmuir* 21:3786–3794.

Lopez-Herrera, J.M., Barrero, A., Lopez, A., Loscertales, I.G., Marquez, M. 2003. Coaxial jets generated from electrified Taylor cones. Scaling laws. *J. Aerosol Sci.* 34:535–552.

Loscertales, I.G., Rosell-Llompart, J., Fernández de la Mora, J. 1993. Generation of monodisperse nanoparticles in electrosprays. *J. Aerosol Sci.* 24(S1):S25–S26.

Loscertales, I.G., Barrero, A., Guerrero, I., Cortijo, R., Marquez, M., Gañán-Calvo, A.M. 2002. Micro/nano encapsulation via electrified coaxial liquid jets. *Science* 295:1695–1698.

Lozano, P., Martinez-Sanchez, M. 2004. Ionic liquid ion sources: suppression of electrochemical reactions using voltage alternation, *J. Coll. Interface Sci.* 280:149–154.

Mädler, L., Stark, W.J., Pratsinis, S.E. 2002. Rapid synthesis of stable ZnO quantum dots. *J. Appl. Phys.* 92:6538–6540.

Mutoh, M., Kaieda, S., Kamimura, K. 1979. Convergence and disintegration of liquid jets induced by an electrostatic field. *J. Appl. Phys.* 50:3174–3179.

Nohmi, T., Fenn, J.B. 1992. Electrospray Mass spectrometry of poly(ethylene glycols) with molecular weights up to five million. *J. Am. Chem. Soc.* 114:3241–3246.

Neukermans, A. 1973. Stability criteria of an electrified liquid jet. *J. Appl. Phys.* 44:4769–4770.

Odenwälder, P.K., Irvine, S., McEwan, J.R., Jayasinghe, S.N. 2007. Pressure-assisted cell spinning: a direct protocol for spinning biologically viable cell-bearing fibres and scaffolds. *Biotechnol. J.* 2:622–630.

Rayleigh, L. 1882. On the equilibrium of liquid conducting masses charged with electricity. *Philos. Mag.* 14:184–186.

Rayleigh, L. 1945. *The Theory of Sound*, vol. II, chap. XX. New York: Dover.

Romero-Sanz, I., de Carcer, I.A., Fernández de la Mora, J. 2005. Ionic propulsion based on heated Taylor cones of ionic liquids. *J. Propulsion and Power* 21(2):239–242.

Rosell-Llompart, J., Fernandez de la Mora, J. 1994. Generation of monodisperse droplets 0.3 to 4 μm in diameter from electrified cone-jets of highly conducting and viscous liquids. *J. Aerosol Sci.* 25:1093–1119.

Rosner, D.E. 1986. *Transport Processes in Chemically Reacting Flow Systems*. Woburn, MA: Butterworth-Heinemann.

Rulison, A., Flagan, R.C. 1993. Scale up of electrospray atomization using linear arrays of Taylor cones. *Rev. Sci. Inst.* 64:683–686.

Salata, O.V. 2005. Tools of nanotechnology: Electrospray. *Current Nanosci.* 1:25–33.

Schneider, J.M., Lindblad, N.R., Hendricks, C.D., Crowley, J.M. 1967. Stability of an electrified liquid jet. *J. Appl. Phys.* 38:2599–2605.

Shenoy, S.L., Bates, W.D., Frisch, H.L., Wnek, G.E. 2005. Role of chain entanglement on fiber formation during electrospinning of polymer solutions. *Polymer* 46:3372–3384.

Smith, D.P.H. 1986. The electrohydrodynamic atomization of liquid. *IEEE Trans. on Industry Appl. IA* 22(3):527–535.

Smith, J.N., Flagan, R.C., Beauchamp, J.L. 2002. Droplet evaporation and discharge dynamics in electrospray ionization *J. Phys. Chem. A* 106(42):9957–9967.

Smith, R.D., Barinaga, C.J. Udseth, H.R. 1988. Improved electrospray ionization interface for capillary zone electrophoresis-mass spectrometry. *Anal. Chem.* 60:1948–1952.

Swatik, D.S., Hendricks, C.D. 1968. Production of ions by EHD spraying techniques. *AIAA*, 6:1596–1597.

Taflin, D.C., Ward, T.L., Davis, E.J. 1989. Electrified droplet fission and their Rayleigh limit. *Langmuir* 4:376–384.

Tang, K., Gomez, A. 1994. On the structure of an electrostatic spray of monodisperse droplets. *Phys. Fluids A* 6(7):2317–2332.

Tang, K., Gomez, A. 1995. Generation of monodisperse water droplets from electrosprays in a corona-assisted cone-jet mode. *J. Coll. Interface Sci.* 175:326.

Tang, K., Gomez, A. 1996. Monodisperse electrosprays of low electric conductivity liquids in the cone-jet mode. *J. Coll. Interface Sci.* 184:500–511.

Tang, K., Lin, Y., Matson, D.W., Kim, T., Smith, R.D. 2001. Generation of multiple electrosprays using microfabricated emitter arrays for improved mass spectrometric sensitivity. *Anal. Chem.* 73:1658–1663.

Taylor, G. 1964. Disintegration of water drops in an electric field. *Proc. Royal Soc. London* 280(1382):383–397.

Velásquez-García, L.F., Akinwande, A.I., Martínez-Sánchez, M. 2006. A planar array of micro-fabricated electrospray emitters for thruster applications. *J. Microelectromechanical Syst.* 15:1272–1280.

Xie, J., Lim, L.K., Phua, Y., Wang, C.-H. 2006. Electrohydrodynamic atomization (EHDA) for biodegradable polymeric particle production. *J. Coll. Interface Sci.* 302:103–112.

Zachariah, M.R., Huzarewicz, S. 1991. Flame synthesis of high-Tc superconductors. *Combustion and Flame* 87:100–103.

Zeleny, J. 1917. Instability of electrified liquid surfaces. *Phys. Rev.* 10:1–6.

21 气溶胶测量仪器的校准

Bean T. Chen[1]

国家职业安全与卫生研究所，西弗吉尼亚州摩根敦市，美国

Robert A. Fletcher[1]

国家标准与技术协会，马里兰州盖瑟斯堡市，美国

Yung-Sung Cheng[1]

洛夫莱斯呼吸研究所，新墨西哥州阿尔伯克基市，美国

21.1 引言

借助仪器，可获得大量关于气溶胶特征的知识。这些仪器可分为以下两类：①捕集装置，如级联冲击式采样器、虚拟冲击式采样器、艾特肯型凝结核计数器、过滤采样器等，其设计目的是为了从气流中获得粒子以便于分析；②实时直读设备，如光学计数器、凝结粒子（光电核子）计数器、气溶胶静电计、光度计等。理想状态下，用前面几章介绍的理论和方法可以计算出仪器响应。但是，仪器的设计却往往要考虑一些实际问题，如仪器的可操作性、易携带性。因此，在理想状态下进行的仪器响应计算往往不能完全实现。例如，虽然可以计算出级联冲击式采样器的50%有效切割粒径以及收集效率，但粒子的反弹、再夹带粒子静电影响及壁损失的影响会改变其性能（Rao 和 Whitby，1978；Cheng 和 Yeh，1979）。因此，实验校准非常必要。

仪器在被正式投入使用前，先由工厂或发明者进行校准和评估。对于采样器，在校准时要确定其收集效率和壁损失。校准实时监测仪器时，必须确定仪器的响应（如电子信号或频道数）与粒子特征值（如粒径、数浓度、质量浓度）之间的关系。但是，由于校准时的工作条件和参数与实际运行时往往有较大差异，不能直接使用原始的校准数据，实际操作者必须重新校准仪器以便使运行可信。一般而言，要保证校准的可靠、准确，需注意以下几点：①充分了解仪器的功能和局限；②充分了解仪器的工作环境；③选择

---

[1] 报告中所有结果和结论仅为作者观点，不代表 NIOSH、美国国家标准与技术研究所（NIST）和洛夫莱斯呼吸研究所（LRRI）的观点。为了充分详细地说明实验程序，报告中的商业设备、仪器、物质和软件均已确定，但这并不意味着它们被三个机构所推荐和认可，也不代表它们为最佳选择。

合适的测试工具；④正确收集需要检测的气溶胶；⑤全面研究相关参数；⑥全过程的质量控制。

在最近30年中，随着气溶胶发生器、分级器的发展以及电子显微镜、图像分析、检测技术的进步，仪器的校准工作变得更简单，其结果也更具代表性。本章内容主要是关于气溶胶检测设备的校准技术，涉及粒径分级器、凝结核粒子计数器、质量监控器。重点强调标准试验气溶胶的产生方法及仪器校准中的重要参数，同时还回顾了在气溶胶采集和仪器校准工作中发挥重要作用的流量监测设备的使用和校准。

21.2 测量方法和校准标准

根据粒子特性（惯性、重力、光学、散射、热学、电学）或监测技术（实时或捕集采样、个体或区域、被动或主动）可以对气溶胶仪器进行分类。度量参数通常为粒子粒径、数浓度或质量浓度以及这些参数的分布。气溶胶仪器的校准意味着要把仪器响应和标准粒子联系起来，如对于粒子粒径分级，合适的标准粒子就是经过一般实验室标准分级后的乳胶粒子。对于浓度，需要知道采样体积，因此要对仪器的流量进行校准，校准工具是已经依据相关标准所标定好的一系列流量计。

一些气溶胶参数完全可以在实验室测量，也就是说，通过测量粒子长度、质量和时间的组合（LMT）来确定粒子参数。例如，通过测量粒子沉降一定距离所需要的时间，可以衡量较大粒子的空气动力学直径（Wall 等，1985）。我们可以认为，由振动孔气溶胶发生器的操作参数计算的粒子直径是绝对标准的，因为所有相关的量都可以换算成LMT（21.5.1.2），用电子显微镜可以测出粒子的几何粒径，但是必须考虑到电子束加热和真空装置的影响。有时，可将液体粒子沉积在沉降盘上，再用光学显微镜观察粒径，但需要修正液滴的失真（Liu 等，1982b；John 和 Wall，1983；Cheng 等，1986）。采用手动操作显微镜可能会造成准确度不足，因为样品的径度很小，这时可以利用计算机进行图像分析。运用静电分级器可以得到单分散性、已知粒径的亚微米粒子。静电分级器是根据粒子的电学运动特征来收集粒子的（Liu 和 Pui，1974；Mulholland 等，1999）。

校准滤膜采样器时，用微量天平称重滤膜，可以直接得到其收集到的气溶胶质量浓度。其他一些质量采样器可以通过与滤膜采样器比较得以校准。由气体流量和采样时间可以得到空气体积，流量可以用各种流量计来进行校准。使用气泡计时，可以测量给定时间内气泡膨胀的体积。

仪器的校准很费时间，所以现在的发展趋势是采用已经校准好的、实时监测、能够直接读数的实验室仪器检测气溶胶。实验室仪器必须严格按照说明书进行操作。

21.3 总则

在采样环境下，要想成功获得气溶胶特征，必须校准仪器。在校准开始前，必须知道为什么需要校准，校准后仪器用在哪里，要测量什么样的气溶胶和相关参数，所需校准的程序或水平（与校准的动机有关），需要做什么样的努力，怎样才能完成校准以及怎样处理数据。数据分析和实验设计的各相关因素决定了测量的不确定性。实验人员根据掌握的知识及技术经验正确做出决定，简化校正过程并得出令人信服的结果起着至关重要的作用。

21.3.1 仪器校准的基本原理

为了得到高质量、可靠的数据，必须校准采样仪器。在一些应用场合，仪器操作必须遵守不同组织的推荐标准，如国际标准化组织（ISO）、美国国家职业安全与卫生研究所（NIOSH）、美国工业卫生协会（AIHA）、美国政府工业卫生学家协会（ACGIH）、美国国家标准化组织（ANSI）、欧洲标准化委员会（CEN），或遵守一些政府机构的规定，如美国职业安全与卫生管理局（OSHA）、美国矿业安全与卫生管理局（MSHA）、美国环境保护署（USEPA）。在过去几年，由于法律要求及其他原因，遵守推荐方法的校准工作已开始显得重要。一个相关的例子就是ISO标准草案ISO/WD 27891：2008“气溶胶数浓度测量仪器——由装有法拉第杯静电计的凝结核粒子计数器校准”（2008），为有气溶胶静电计（AE）的凝结核粒子（核子）计数器（CPC或者CNC）的校准工作提供了方法。欧洲柴油机尾气类型的认证要求、使用CPC的半导体洁净室监测、室外环境监测、过滤器效率检测和呼吸器的健康测试等需要可追溯的浓度校准方法，推动了ISO 27891的产生。与气溶胶相关的另外一个ISO文件为ISO 15900：2009：“粒子粒径分布的确定——气溶胶粒子电迁移率差分分析方法”（2009）。

表21-1归纳了现行的一些气溶胶采样器标准。举一个例子，根据CFR的第53章环境空气标准监测方法（Ambient Air Monitoring Reference and Equivalent Methods）（Federal Register，1987），PM_{10} 采样器的校准方法是在环境气体流速分别为2km/h、8km/h、24km/h（0.56m/s、2.2m/s以及6.7m/s）时，用粒径范围在3～25μm的10种不同粒径的液体或固体粒子进行校准。

表21-1 气溶胶采样器的运行标准

仪器类型	运行标准/指导	规定机构或组织
PM_{10} 采样器	采样效率，50%切割点，精确，流量稳定	EPA
车间采样器	可呼吸性部分、可吸入性部分、胸腔性部分，采样效率，50%切割粒径，精确	ACGIH，ISO，CEN
便携采样器	便携，可靠，标定，干扰等	NIOSH
呼吸采样器	入口效率，渗透效率，采样效率	ISO，CEN
个体采样泵	干扰	OSHA，ANSI

注：引自Kenoyer and Leong，1995。

21.3.2 监测环境

要根据采集气溶胶的环境来选择气溶胶测量仪器及其校准方式。例如，气溶胶采样器可能会在不同的风况下运行，因此其校准工作应在风洞里进行。根据环境中的风速，采样可以分为静止空气中采样和流动空气中采样（Vincent，1995，2007；Hinds，1999）。静止空气中采样通常指风速低于0.5m/s时，适合在室内，如住宅、办公室、学校以及工厂中的采样。流动气流中采样是指在风速较大的环境中采样，适合野外、室内通风处。静止空气条件下，适合在气流均匀、流量低的沉降室中校准仪器（Kenny等，1999）；流动气流下，适合在风洞中校准仪器。在校准工作前还应考虑温度、压力和相对湿度等其他环境参数，因为这些参数可能会影响仪器的运行。

21.3.3 选择研究参数

在仪器校准中，有必要根据仪器类型和采样环境下气溶胶的重要特征选择一系列参数并进行研究，如气流流量、压降以及光强都是操作参数，而粒径、粒子成分以及悬浮气体的性质都是气溶胶参数。针对不同仪器，选择的参数也不同。校准空气动力学粒径分级设备时，粒子密度、速度以及环境压力是非常重要的参数，而校准光学计数器（OPC）时，粒子的折射率、光源波长以及散射光的收集角是重要参数。

21.3.4 设计校准程序

校准的水平和程度决定了最终检测结果。为了全方位地检测整个运行过程中的仪器响应，就需要精心安排实验装置，并协调时间和人力。为了保证仪器的校准曲线的可信性，必须做一或两点校准。但是，同一仪器的不同部件可以分开进行校准。如为了研究大流量采样系统的采样口（入口效率）、输送线路（输送损失）、检测部位（计数效率）以及收集部位(收集效率)，那么就必须对每一部分进行一系列的校准（Chen 等，1999)。研究不同部位，应该选择不同参数，因此，在校准不同部位的过程中，需要选择不同的实验装置和试验气溶胶。相反，有时会将几个仪器校准安排成一个单元来进行，如常常将两级旋风采样器与电子分级器组成一个单元进行研究（Chen 等，1996)。

21.3.5 选择试验气溶胶

校准仪器时，选择合适的试验气溶胶很有必要。大部分仪器的响应和气溶胶的物理、化学特征密切相关，仪器的校准曲线只适用于试验气溶胶。如果气溶胶的物理、化学特征与试验气溶胶有很大差异，那么校准曲线就会产生误导作用（Willeke 和 Baron 等，1990)。如用聚苯乙烯乳胶粒子做试验得出的 OPC 校正曲线，使用这个校正曲线就会低估炭黑粒子的粒径分布，因为炭黑不如聚苯乙烯乳胶粒子反射的光线多。理想状态下，应该选择和实际气溶胶具有相似的物理、化学特征（粒径、形状、密度、折射率、介电常数、热导性）的气溶胶进行校准。例如，Marple 和 Rubow（1976）用冲击式采样器的一级来校准 OPC 测量的空气动力学直径，Hering 和 McMurry（1991）用微分迁移率分析仪（DMA）捕获的单分散性气溶胶粒子校准了一台 OPC。

采样器的性能由试验气溶胶进行测试。可以用液体粒子模拟黏性粒子的壁损失，用固体、弹性粒子测试粒子的反弹或积尘再分散。

21.3.6 分析数据

校准曲线反映了仪器响应与被测气溶胶的某一特征值之间的关系，通常代表了校准气溶胶的性质。对于直接读数的仪器，校准曲线提供的特征值是一个调整值（校准因子)。另外，还应该检测、分析仪器的分辨率和灵敏度。在得到校准数据后，最好能够用数学公式来表达仪器与相应某一参数的关系（Chen 等，1985；Zhang 和 Liu，1990)，还应确定校准仪器引起的不确定性。

对于数据分析，仪器公司常常提供一套内置的运算法则，但是这套运算法则的特征、精度和局限并不为用户所知。所以，用户根据原始校准数据做分析就可以了，而不必按照他们的运算法则。

21.3.7 溯源性

由于国际贸易市场和法律因素的原因，有时候需要将校准追溯至一级标准或全球约定一致的国际单位制（SI）。“溯源性”的一个广泛接受的定义（Ehrlich 和 Rasberry，1998）为“国际通用计量学基本术语”（ISO 1993）中的定义：“测量结果或标准值可通过不间断的、具有指明不确定度的比较链来指明它与（通常是国家的或国际的）参考标准的关系。”更新的定义为国际计量学词汇——基础通用的概念和相关术语（ISO 2007）中的定义：“溯源性为测量结果的特性，测量结果可以由此通过一条不间断的、引起测量结果中不确定度的校准链与参考对象相关联。”溯源性不能保证测量值是否为“真实”或者正确，而是一个更高标准以说明测量的参考对象（Larrabee 和 Postek，1993）。某个值若被某一技术领域内大量使用者认可接受而不一定正确，则这个值可以作为“协商一致的标准”。准确度是一个非常理想的测量目标，它可以通过对一个准确的参考标准（定义为真值）进行校准而获得，参考标准、校准过程和测量过程中的不确定度都可以确定。一个被广泛接受的参考标准的可溯源性允许同行用户之间测量进行对比。它也为重复实验（或产品）提供了一个基准，并满足审计或法律的要求或为产品提供一个度量标准。

21.3.8 安全措施

当有气溶胶产生时，会危害呼吸健康。首先要考虑的就是将气溶胶隔离和减少暴露，适宜的做法是把气溶胶发生器放在通风的化学通风橱内。即使气溶胶发生器的废气被排出，通常情况下仪器操作中也可能有泄漏。一个步入式通风厨对于放置辅助设备会特别便利。如果仪器没有加通风厨，那么仪器出口应该是通风口或过滤的。至于危险物质则需要更严格的隔离防范措施。

在选择气溶胶材料时要小心谨慎。如以前常选择邻苯二甲酸二辛酯（DOP）作为测试气溶胶，因为它密度均匀、挥发性低，但是，动物实验却表明，邻苯二甲酸二辛酯是致癌物质。油酸是一种较好的替代材料，也是一种低挥发性的油，有的还可以食用。油酸可以溶解用于荧光示踪器的荧光素，而邻苯二甲酸二辛酯则不能溶解荧光素。这就意味着荧光素可以均匀分散于油酸液滴中。通常，荧光素用于示踪水环境，且被认为是无害的。但是，即便气溶胶材料被认为是安全的，也应该避免暴露。

另一种危险是：用放射性源来“中和”生产过程中产生的气溶胶上的电荷。放射性源中常用的是^{85}Kr、α、β（高能电子）发射器，强度可达到 3.7×10^{8}Bq（10mCi）。但不幸的是^{85}Kr 也可发出 γ 射线。尽管 β 射线可以被容器器壁吸收，但 γ 射线却能穿透器壁。建议请有资质的物理实验室来检测放射水平，以确保有足够的防护。^{210}Po 产生的 α 射线也能对人体产生危害，所以应该小心。

21.3.9 校准的不确定性

测量科学是一门为属性、对象或事件赋予数值的科学，校准是它的一种形式（Eisenhart，1969）。校准后，仪器的测量值最好与校准标准提供的量值一致，也就是说，除了测量过程本身的不确定性外，仪器的响应值还包含了校准过程的不确定性。所以校准的不确定性可能与实验结果的总不确定性相关。通过与其他仪器、测量工具、含量已高度确定的标准物质的测量值进行对比，可完成校准。测量值的不确定性可能与多种原因有关，如相比较的标准、环境状况、测量过程的自然变异（随机性）等。

剖析和定义测量不确定性有多种方法。两个易混淆的概念为准确度和精确度。Eisenhart（1969）对测量过程的不确定性进行了哲学和应用的描述，他用一句话对准确度和精确度做出了定义："简单来说，准确度与'与真实值的距离大小'有关，精确度与测量值的聚集程度有关"。如何获得和建立真实值是准确度的一个难点。其中一个关于真实值的定义是，专家或者国家/国际鉴定机构所接受的值。另一方面，精确度描述测量值间的不精确性，通常以标准偏差的形式表示。

在国际计量委员会（CIPM）政策的基础上，Taylor 和 Kuyatt（1994）推荐了描述不确定性的方法。不确定性可以分为"A 型"和"B 型"。"A 型"不确定性可用统计方法（标准偏差或方差）进行描述，与重复测量有关，在本质上具有随机性；"B 型"不确定性不能通过统计学方法得到，如用标准物质进行校准得到不确定性 [如，指定 PSL 球的直径为（5.06±0.10）μm]。还有一种以制造商制定的规范为基础的不确定性（如指定压力传感器在测量值的±5%范围内）。参考值中同样也有指定不确定性。"B 型"不确定性中有时包含了部分系统性成分。Taylor 和 Kuyatt（1994，5.2 节）认为，应以修正因子对已确认的系统因素进行补偿。修正本身也有一个不确定性，这个不确定性既可为"A 型"也可为"B 型"。

Taylor 和 Kuyatt（1994）建议分析者通过"不确定性传播定律"（或者平方和的平方根）将不确定性结合起来 。对于一个物理量，结合的不确定性 u_c 由 x_1，x_2，…，x_n 决定，其表达方式为：

$$u_c(y)=\sum_{i=1}^{n}\left(\frac{\partial y}{\partial x_i}\right)^2 u^2(x_i)+2\sum_{i=1}^{n-1}\sum_{j=i+1}^{n}\left(\frac{\partial y}{\partial x_i}\right)\left(\frac{\partial y}{\partial x_j}\right)u(x_i,x_j) \tag{21-1}$$

式中，$u(x_i)$ 为 x_i 引起的不确定性；$u(x_i, x_j)$ 为 x_i 和 x_j 的协方差估计值。如果各影响量相互独立，则没有协方差项（Ku，1966）。

测量通常在一定范围内进行且建立校准曲线。Natrella（1963）制定了一个计算校准曲线置信区间的方法，可以通过校准曲线读取数据的不确定性。此方法的描述虽然烦琐，但是对于从校准曲线推导不确定性是很有用的。

21.4 校准设备和程序

图 21-1（a）是气溶胶仪器的典型校准设备。它包括气溶胶发生器、气溶胶处理装置（如扩散干燥机、电荷中和器、气溶胶分级器、气溶胶集中器、空气供应器）、混合仓、压力和气流控制设备、需要校准的仪器以及校准标准。气溶胶发生器产生的气溶胶可能是单分散性或多分散性、固体或液体、湿或干、带电或不带电、球形或非球形的（21.5 节）。一般而言，气溶胶在使用前要经过处理。对于含有水蒸气的气溶胶，则要用装有干燥剂和活性炭的干燥器进行干燥。有时需要使用高温炉进行加热（Kanapilly 等，1970；Chen 等，1990）。加热能够融化或烧结粒子，使粒子变成合适的形态和化学组成，或者蒸发粒子的水分随即冷凝，使粒子成为单分散性粒子。由于气溶胶在形成阶段常常会产生静电，所以电荷中和器包含一个双极离子源（如 ^{63}Ni、^{85}Kr、^{241}Am）以中和电荷，这就减少了粒子上的电荷数量，并使气溶胶带电平衡（John，1980）。粒径分级器是将粒子按粒径进行分级（Liu 和 Pui，1974；Chen 等，1988；Romay-Novas 和 Pui，1988）。气溶胶集中器或稀释器常用于调整气溶胶浓度（Barr 等，1983；Yeh 和 Carpenter，1983）。

试验气溶胶校准仪器的方式有好几种。最简单的方式如图 21-1(a) 所示，将气溶胶引入混合仓，气溶胶在仓内均匀分布，并用待校准仪器和校准标准装置进行采样，调节仓内压力和通过仪器的流量。常用采样装置，如滤膜采样器或静电沉积器，收集参考/标准样品。为了确保校准装置和待校准仪器能得到相似的气溶胶样品，常用气溶胶分配器作为公共采样端口对质量监测仪进行校准（Marple 和 Rubow，1978）。在气溶胶分配器中，气流被等动力地分为两股：一股直接进入待校准仪器，另一股进入校准标准器［图 21-1(a)］。混合仓的安装成本不高，使用简单，需要的工作空间小。在仪器校准中，广泛运用的是粒径小于 5μm 的粒子，如获得 OPC 的响应曲线或冲击式采样器的收集效率时所用的粒子。有些校正需要用粒径大于 5μm 或 10μm 的粒子，对于这些校准来说，要得到高浓度的稳定气溶胶比较困难。因为仪器放置在混合仓的外面，所以如果需要测试仪器入口处的吸入效率，只安装混合仓是不够的。

另一种校准仪器的方法是将气溶胶粒子引入气溶胶测试仓［图 21-1(b)］，气溶胶测试仓中包含待测仪器和标准仪器（Marple 和 Rubow，1983；Chen 等，1999）。气溶胶测试仓有一个很大的测试区，可以提供稳定的环境，这样整个仪器都能暴露于气溶胶中，就模拟了真实的采样环境。试验气溶胶从仓顶部进入，均匀分布到一个部件中，仪器就位于这个部件的旋转平台上。旋转是为了减少气溶胶浓度在空间上的不均匀性。测试仓可以为仪器校准提供 90μm 的均匀粒子（Maynard 和 Kenny，1995；Aitken 等，1999；Kenny 等，1999）。可以把几种仪器并排安放在仓内进行比较，包括采样口。仓内的流量和湍流强度较低，主要是为了模拟静止空气采样。但是要注意，空气最终将被排出（也就是说空气并不是完全静止）。因为对流是难以避免的，所以不推荐使用静止空气测试仓。

当在低速或静止空气中进行仪器校准时，需要混合仓和气溶胶测试仓。当评估采样器在流动空气中的性能时，则需要风洞装置［图 21-1(c)］（Prandtl，1952）。采样器在风洞中所占面积不能超过风洞面积的 10%～15%以避免堵塞效应。个体采样器通常被放置在位于风洞测试区的人体模型的上部（Vincent 和 Mark，1982；Kenny 等，1997）。风洞能提供的风速范围很广（0.5～10m/s），用以模拟不同的空气条件。用气流调控装置调节风速、流动均匀性以及湍流度（21.6 节）。在校准测试采样器的时候，常使用等速采样器来采集（标准/参考）样品。常使用的风洞有两种：一种是开路风洞（Vincent 和 Mark，1982）；另一种是闭路风洞（Ranade 等，1990）。开路风洞将滤净的空气送入系统，然后在测试区的下风处将气流抽出。闭路风洞的气流是循环的。这两种风洞各有利弊。开路风洞所占空间较小、安装成本低，而闭路风洞则噪声小、能量消耗小。

在进行校准前，要先制定标准的操作规程。首先，应该仔细阅读待校准仪器的操作手册，了解仪器的操作原则、结构和操作程序。但是，手册也不可能包括所有方面。例如，当粒子粒径大于激光波长时，OPC 易于产生振荡响应，而制造商提供的校准曲线不会表明上述现象（Chen 等，1984）。

在校准前，应检查仪器的状态。流量系统的完整性可以量化，方法是：先把封闭系统的压力调至稍高或稍低于大气压，然后对该系统进行一系列的压力测试（Mokler 和 White，1983）。泄漏能够通过多种手段发现。最简单的是给系统加微压，然后将肥皂水涂于系统上以检查泄漏。可以向系统中注入示踪气体来检测泄漏部位。建议通过观察示波器上的信号来检查电子设备，特别是当仪器输出的信号被其他仪器处理时。

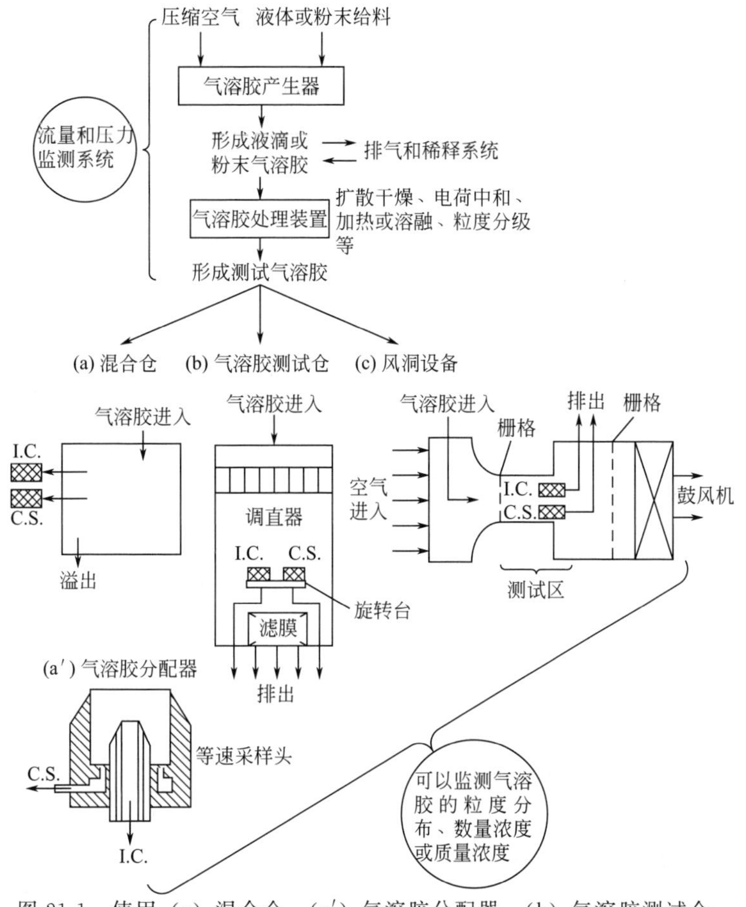

图 21-1 使用（a）混合仓、(a′) 气溶胶分配器、(b) 气溶胶测试仓、(c) 风洞设备建立起来的设备校准示意图

I. C. —要校准的设备；C. S. —校准标准装置

21.4.1 仪器校准的一般通用方法

根据试验气溶胶是单分散性还是多分散性以及气溶胶的测量方法，可以对校准方法进行分类。单分散性气溶胶直接由粒子发生器产生，或由粒子发生器产生后通过分级得到（如经过电迁移率分级器或虚拟冲击式分级器后进行雾化)。多分散性气溶胶是空气中存在的或采样得到的。一种校准方法是分析收集或沉积在仪器、采样器上的粒子；另一种方法是测定进入和离开采样器的气溶胶，这不需要使用滤膜。

校准方法的选择取决于待校准仪器的类型、需要的信息类别以及可利用的资源，每种校准方法都有其利弊。使用单分散性气溶胶则必须对不同粒径的粒子做重复实验，但有时会出现含糊的信息，如 20μm 的粒子是否能穿过 PM_{10} 粒径的选择器。同样，测定沉积粒子时，会涉及长时间的萃取以及定量化，但也可能需要确定壁损失发生的位置。在能产生实时粒径分布的粒径分级仪器中，使用多分散性气溶胶可以很快地完成校准测量（John 和 Kreisberg，1999)。

21.5 试验气溶胶发生器

试验气溶胶为单分散性或多分散性、球形或非球形、固体或液体粒子（Mercer，1973；

Raabe，1976；Hinds，1999；Cheng 和 Chen，1995）。理想的气溶胶发生器能够连续产生稳定的气溶胶粒子，而且可以很容易地控制粒子的粒径和浓度。一般的仪器校准用的试验气溶胶通常包括单分散性、球形粒子。表 21-2 列举了仪器校准中常用的试验气溶胶。其中，单分散性、球形粒子是最常用的，非球形粒子有时也用于校准，以研究粒子形状对仪器响应的影响。多分散性粒子也用于校准中。实际气溶胶一般都是不同粒径的非球形粒子。

试验气溶胶的粒径分布和浓度主要受气溶胶发生器的性能和气溶胶材料的影响。本部分内容主要介绍如何选择合适的气溶胶发生器。气溶胶的实际粒径分布应该用合适的仪器进行直接测定。

表 21-2 用于仪器校准的试验气溶胶及产生方法

试验气溶胶①	粒子形态	粒径范围②		密度/(kg/m³)	折射率	产生方法	输出/(个/m³)
		VMD/μm	σ_g				
PSL(PVT)	球形,固体	0.02～>100	≤1.02③	1050(1027)	1.59	雾化	<10^{10}
荧光 PSL	球形,固体	6～>100④	1.08～1.17	1050	1.59	干粉散布	—⑤
硼硅酸盐	球形,固体	1.1～>100	1.07～1.3	2460(2500～2550)	1.51(1.56)	干粉散布	—⑤
油酸	球形,液体	0.5～40	≤1.1	890	1.46	振动雾化	<10^{11}
铵荧光素	球形,固体	0.5～50	≤1.1	1350	—	振动雾化	<10^{11}
熔融氧化铁	球形,固体	0.2～10	≤1.1	2300	—	旋转雾化	<10^{13}
熔融铝硅酸盐	球形,固体	0.2～10	≤1.1	3500	—	旋转雾化	<10^{13}
熔融氧化铈	球形,固体	0.2～10	≤1.1	4330	—	旋转雾化	<10^{13}
氯化钠	不规则,固体	0.002～0.3	≤1.2	2170	1.54	蒸发/凝结	<10^{12}
银	不规则,固体	0.002～0.3	≤1.2	10500	0.54	蒸发/凝结	<10^{12}
煤尘	不规则,固体	约 3.3	约 3.2	1450	1.54～0.5i⑥	干粉散布	<30mg/m³
道路尘	不规则,固体	约 3.8	约 3.0	2610	—	干粉散布	<30mg/m³

① 标准粒子，如 BAN、DUK、IDC 和 POL 生产的 PSL、荧光 PSL、玻璃球和道路尘。

② 一般需要烘干、电荷中和以及分级。

③ 对于 VMD 小于 0.1μm 时，σ_g 在 1.3～1.4 之间。

④ 对于荧光粒子的尺寸是指干粉状态。

⑤ 对于干燥粒子的输出取决于粒径、粒子的体积浓度、生成参数。一般而言，大粒径粒子的浓度较小。

⑥ i 表示入射角。

21.5.1 球形单分散性气溶胶

Fuchs 和 Sutugin（1966）、Mercer（1973）、Raabe（1976）总结了产生球形单分散性气溶胶的方法。这些方法包括：雾化单分散性气溶胶悬浮液；利用涡流盘或周期振动来分散液体喷流而形成均匀液滴；通过凝结而生长成均一的粒子或液滴。

21.5.1.1 雾化单分散性气溶胶悬浮液

产生单分散性气溶胶最常用的方法就是雾化含有聚苯乙烯（PSL）或聚甲基苯乙烯（PVT）乳胶粒子的稀释悬浮液，粒径为 0.02～100μm 的这类粒子在市场上有售（BAN、DUK、DYN、JSR、MMM、POL、SER❶）。目前，气溶胶中可以产生不同粒径的 PSL 粒子，

❶ 三个字母缩写的厂家名称及地址见附录I。

这样，在实验过程中就能得到更多的数据点。当需要定量说明荧光和放射性时，常用含有荧光染料和放射性同位素的单分散性粒子校准仪器（Newton 等，1980；Chen 等，1999）。

产生乳胶粒子的过程有两个问题：形成凝聚体及存在残留粒子。当雾化液滴中的粒子超过一个时，就可以形成凝聚体，通过稀释可以减少粒子凝结。假设雾化粒子的数量符合泊松统计，那么粒子粒径分布近似符合对数正态分布，Raabe（1968）得到了式（21-2）计算稀释因子 Y，并给出比值 R，R 为含有单粒子的液滴数量与含有粒子的液滴总数的比值。

$$Y=F(\mathrm{VMD})^3\exp(4.51\ln^2\sigma_g)[1-0.5\exp(\ln^2\sigma_g)]/[(1-R)d_p^3] \tag{21-2}$$

式中，F 为直径为 d_p 的粒子在原始乳胶悬浮体中的体积分数；VMD 为液滴粒径分布的中值粒径；σ_g 为液滴粒径分布的几何标准偏差。

常用的气压雾化器（air-blast atomizers）的 VMD 和 σ_g 见表 21-3，式（21-2）的限制条件是 $R>0.9$、$\sigma_g<2.1$。

产生第二个问题的原因是，在悬浮液中常使用表面活性剂防止凝结，因此，气溶胶中就残留了非乳胶粒子。因为大部分雾化液滴中都不含有乳胶粒子，因而非乳胶粒子构成小粒子的背景，如果这种背景值干扰了测量，那么在使用前应该稀释、离心、弃上清液。近年来，已经出现了不含表面活性剂的乳胶粒子。保持悬浮液稳定的方法就是在表面涂上功能团（IDC）。

【例 21-1】 一瓶含有 10%固体的 1μm PSL 用于产生粒子，要求至少有 95%是单粒子。如果在 $20\mathrm{lbf/in}^2$ 下进行 Retex X-70/N 雾化，则稀释因子是多少？

解：运用式（21-2）得到：

$$Y=F(\mathrm{VMD})^3\exp(4.51\ln^2\sigma_g)[1-0.5\exp(\ln^2\sigma_g)]/[(1-R)d_p^3]$$

$F=10\%=0.1$

$R=95\%=0.95$

$d_p=1\mu m$

根据表 21-3 的粒径分布数据：

VMD=5.7μm，$\sigma_g=1.8$

$$Y=(0.1)(5.7)^3\exp[4.5\ln^2(1.8)](1-0.5\exp[\ln^2(1.8)])/[(1-0.95)(1)^3]$$
$$=514.9$$

表 21-3 气压雾化器和超声雾化器的操作参数

雾化器	操作条件				输出 /(μL/L)	液滴粒径分布		销售商
	孔径 /mm	压力 /kPa[psi]	频率 /mHz	流量[①] /(10^{-5}m³/s) [L/min]		VMD /μm	σ_g	
气压型								
Collison	0.35	100[15] 170[25]		3.3[2.0] 4.5[2.7]	8.8 7.7	2.5～3.0 1.9～2.0	3.0 2.0	BGI
Devilbiss[②] D-40	0.84	100[15] 200[30]		20.7[12.4] 34.8[20.9]	15.5 12.1	4.2 2.8	1.8 1.9	DEV

续表

雾化器	操作条件				输出 /(μL/L)	液滴粒径分布		销售商
	孔径 /mm	压力 /kPa[psi]	频率 /mHz	流量① /($10^{-5}m^3$/s) [L/min]		VMD /μm	σ_g	
气压型								
Devilbiss D-45	0.76	100[15] 200[30]		15.7[9.4] 24.2[14.5]	23.2 22.9	4.0 3.4	— —	DEV
Lovelace	0.26	140[20] 350[50]		2.5[1.5] 3.8[2.3]	40 27	5.8 2.6	1.8 2.3	INT
Retec X-70/N	0.46	140[20] 350[50]		8.3[5.0] 16.2[9.7]	46 47	5.7 3.2	1.8 2.2	INT
超声型								
DeVibiss(2)③ 880(4)③			1.35 1.35	68.3[41.0] 68.3[41.0]	54 150	5.7 6.9	1.5 1.6	DEV
Sono-Tek			0.025～0.12	10^{-6}～0.73 [10^{-6}～0.44]	—	18～80	—	SON

① 每个孔输出量。

② 通风口关闭。

③ 动力调整。

21.5.1.2 振动孔与旋转平盘气溶胶发生器

振动孔气溶胶发生器能够产生粒径为0.5～50μm的单分散性气溶胶（Fulwyler等，1969；Raabe和Newton，1970；Berglund和Liu，1973）。根据发生器的操作参数，可以得到粒径，因而产生的气溶胶被认为是初级粒径标准（primary particle size standard）。气溶胶浓度也很稳定。在振动孔发生器（图21-2）中，液体从小孔中压出，并产生液体喷流，用恒定频率扰动喷流，使之分解成均匀液滴，液滴直径d_d由式（21-3）可得：

$$d_d=10^6[6Q_L/(\pi f)]^{1/3} \tag{21-3}$$

式中，Q_L为液体速率，m^3/s；f为振动频率，Hz。液滴直径为几十微米。把非挥发性溶质溶解在挥发性溶剂中，可以产生更小的粒子。在溶剂蒸发后，得到粒径与溶剂体积浓度C_v的关系：

$$d_p=C_v^{1/3}d_d \tag{21-4}$$

从油酸异丙醇溶液中可以获得液体粒子，从水溶液中可以得到氯化钠固体粒子。实际上，所能获得的最小粒径取决于溶剂的纯度。而最大粒径难以确定，因为当粒径大于20μm时，粒径越大，粒子就越难产生，而且输送中的粒子损失也更难避免。因此，当粒径大于50μm时，就需要特殊对待了。

【例21-2】 体积浓度为1.48×10^{-2}的酸异丙醇溶液，经过振动孔雾化器产生油酸气溶胶。液体进料速度为$3\times10^{-9}m^3/s$（$0.18cm^3/min$），振动频率为5.5×10^4Hz，稀释空气流量为$3.3\times10^{-4}m^3/s$（20L/min），求液滴和油酸粒子的直径是多少？粒子的数量浓度是多少？

解：运用式（21-3）和式（21-4）得到：

$d_d = 10^6 \ [6Q_L/(\pi f)]^{1/3}$

$d_p = C^{1/3} d_d$

代入数值得：$d_d = 47.1\mu m$，$d_p = 11.6\mu m$。

粒子的生成速度与振动频率相同（5.5×10^4 个/s），除以稀释空气的流量，即得到粒子的数浓度为 1.7×10^8 个/m^3。

如图 21-2 所示，注油泵把溶液压入小孔。信号发生器产生交流电压传输给压电晶体，然后压电晶体振动小孔托板。小孔上面有个盖子，盖子上的孔可以喷出湍流气体，在液滴凝结前，湍流气体可以吹散液滴。引入洁净、干燥的空气流吹干液滴，并将其送出发生器。

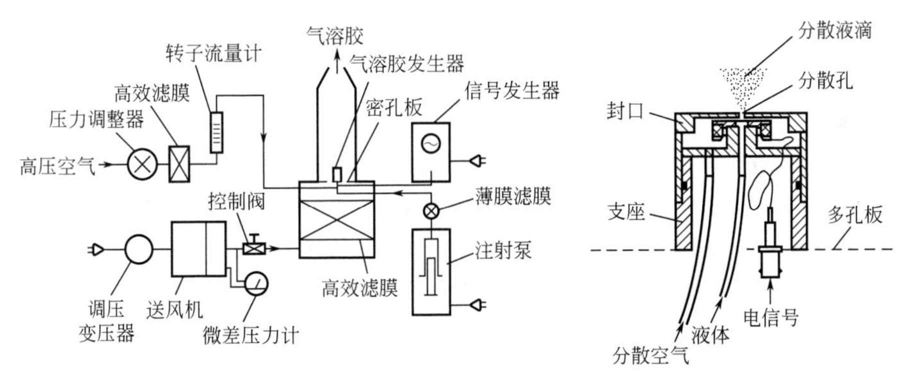

图 21-2 Berglund-Liu 设计的振动孔气溶胶发生器示意图

在一定的频率范围内才能产生均匀液滴。在此频率范围内，有的频率能产生附属液滴（即产生粒径小于主要液滴的小液滴）。通过调节振动频率可以去除附属液滴，另外，有时会产生多种粒径的粒子，主要是由不能完全消除液滴凝结而造成的。实际上，调整操作条件可以最大限度地减少多种粒径，必要时需要对气溶胶数据进行修正。

振动孔产生的粒子一般带有几千个基本电荷。高量电荷会影响气溶胶的后续步骤。一般情况下，要用放射源照射气溶胶，以便“中和”电荷。放射源产生带电离子，降低粒子的电荷分布达到玻耳兹曼平衡。放射源通常用 β 射线发射器，如 ^{85}Kr 或氚，以及 α 射线发射器，如 ^{210}Po、^{241}Am。

总体来说，干燥固体粒子时可产生空隙，因而粒子密度小于其大块形态的密度。改变溶剂的挥发性可以在一定程度上控制干燥过程，如改变水和酒精的比例以及控制稀释空气的量。如果干燥过程过快，粒子将会有更多的空隙。粒子的平均密度如式（21-5）所示：

$$\rho_{p,av} = (d_d/d_g)^3 C_m \tag{21-5}$$

式中，$\rho_{p,av}$ 为粒子的平均密度，kg/m^3；d_g 为显微镜确定的粒子几何直径，μm；C_m 为溶质的质量浓度，g/L（John 和 Wall，1983）。

这里要特别提到一种固体粒子气溶胶——铵荧光素，因为它的特性非常有用，而且它的生成程序很特殊。铵荧光素粒子十分平滑而且密度大［$1350kg/m^3$（$1.35g/cm^3$）］，其材料的吸水性较低，而且荧光可用于高敏感度测试。铵荧光素粒子可用以校准采样器，以及测试粒子的反弹。溶液是溶解了荧光素的氢氧化铵，这里发生取代反应，铵离子取代了荧光素分子中的氢原子，因此分子质量增加了 5%，这样，12.8g/L 的荧光素溶液中，荧光素的体积浓度就是 1%。当产生大于 10μm 的铵荧光素粒子时，液滴会快速干燥。为了得到平滑的粒子，就需要加湿稀释空气以减慢干燥速度。用这种方法，可以得到 70μm 的铵荧光素粒子（Vanderpool 和 Rubow，1988）。

振动孔气溶胶发生器能够产生均匀电荷、单分散性的气溶胶（Reischl 等，1977）。隔离小孔上面的盖子，在盖子上加直流电压，电荷富集到喷流顶部，当液滴从喷流中分离时，电荷黏附在液滴上，单分散性粒子因此均匀带电。运用±10V 的适度电压可以产生带有$\pm 10^4$个基本电荷的粒子。Reischl 等（1977）介绍了这种理论和方法，这有助于人们使用带电气溶胶进行实验。

另一种产生单分散性液滴的方法是使用涡流盘，液体喷流以恒速流到匀速旋转的盘中央。液体散布在旋转盘的表面，形成薄层，液体将聚集在盘的边缘，直到离心力大于将其聚拢的毛细管力，随后液滴被甩落，液滴直径 d_d 取决于盘的直径 d_s（μm）以及旋转速度 ω_s（r/min），公式如下：

$$d_d = [W\gamma_L/(\rho_L \omega_s{}^2 d_s)]^{1/2} \tag{21-6}$$

式中，γ_L 为液体的表面张力；ρ_L 为液体密度；W 为常数。

Walton 和 Prewett（1949）、May（1949）用一个压缩空气推动的陀螺研究了涡流盘，Whitby 等（1965）、Lippmann 和 Albert（1967）研究了电动机驱动的涡流盘。与振动孔雾化器不同，旋涡盘可以使用水悬浮液和溶液。相比于振动孔雾化器，涡流盘产生的气溶胶浓度更大，但是，其单分散性并不高。振动孔和涡流盘的 σ_g 分别为 1.02 和 1.1。涡流盘的缺点是能产生附属液滴，必须将附属液滴从有用的气溶胶中除去。另外，常数 W 随仪器和送料的不同而变化，因此，涡流盘产生的粒子直径不容易计算。

21.5.1.3 可控凝结技术

凝结也是一种产生用以校准仪器的单分散性气溶胶的方法。在这种方法中，物质的加热蒸气与凝结核混合在一起，随后以层流的方式通过冷却区，蒸气冷凝在凝结核上。如果用扩散控制凝结过程，液滴表面积将以恒定的速度增长，计算公式如下：

$$d_t^2 = d_0^2 + bt \tag{21-7}$$

式中，d_t 为时间 t 时的粒子粒径；d_0 为核子初始直径；b 为与浓度、蒸气扩散率以及温度有关的常数。

如果所有粒子的 bt 都一样，并远大于 d_0^2，那么就会产生含有单分散性粒子的气溶胶。实际操作中的关键因素是：均衡的温度曲线、足够的蒸气浓度以及在凝结区内足够的停留时间，恒定的凝结核浓度可以提供恒定的气溶胶浓度（Sinclair 和 LaMer，1949；Rapaport 和 Weinstock，1955；Prodi，1972；Liu 和 Lee，1975；Tu，1982）。通过这种方法，会产生粒径为 0.03～2μm、σ_g 为 1.2～1.3 的粒子，数浓度可高达 10^{13} 个/m^3（10^7 个/cm^3）。凝结气溶胶发生器见图 21-3。

21.5.1.4 电喷雾技术

产生单分散性气溶胶的另一种方法是使用静电雾化器或电喷雾设备（第 20 章；Hayati 等，1987a，b；Fernandez de la Mora 等，1990；Meesters 等，1992；Grace 和 Marijnissen，1994）。电喷雾技术是指将半导性液体通入毛细管，并施加电场而产生液滴。液体分解成液

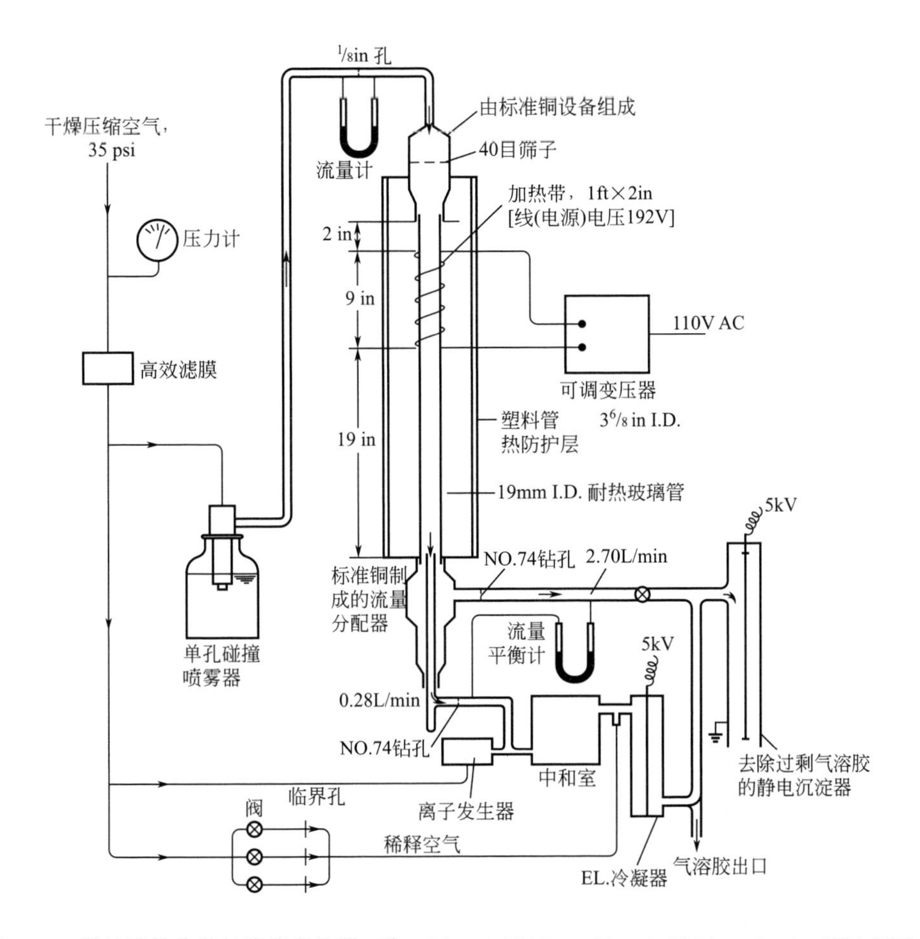

图 21-3 凝结型单分散气溶胶发生器（注：1ft=0.3048m，1in=0.0254m，1psi=6894.76Pa）
[经由 Pergamon 出版社的同意，再版 Tomaides、Liu 和 Whitby（1971）的作品]

滴的方式有好几种，这主要取决于流量、电场强度和其他参数。在一定条件下，当场强足够大时，在毛细管出口处的液体弯月面将形成锥形体，在这个锥形体顶端形成一个锥形的细小液体喷流（Cloupeau 和 Prunet-Foch，1989，1994）。细小喷流被螺旋波破碎成带电液滴，这些液滴的直径大约是喷流直径的两倍，但比毛细管的直径要小得多（Rosell-Llompart 和 Fernandez de la Mora，1994；Tang 和 Gomez，1994）。运用这种技术的系统能够产生非常小的液滴，并且不会像小孔那样发生堵塞现象。通常，液滴的平均直径范围为 0.3～0.5μm，有时还会小到 10nm。电喷雾技术产生的液滴粒径是喷嘴直径、液体进样速度、场强以及液体特性（包括表面张力、电导率以及黏性）的函数（Smith，1986）。由于液滴带电，所以会彼此排斥，直到其电性中和。

Tang 和 Gomez（1994）介绍了一种能够产生粒径为 2～12μm 的单分散性粒子的发生器系统，在它产生的粒子中，小粒子的 σ_g 为 1.15，大粒子的 σ_g 为 1.05。粒径为 0.3～4μm、σ_g 为 1.1 的单分散性粒子也可产生（Rosell-Liompart 和 Fernandez de la Mora，1994）。使用挥发性溶剂，就可以产生纳米级的粒子。最近，人们研发出一种运用电喷雾技术的系统，它可以产生粒径为 4nm～1.8μm、σ_g 为 1.1 的单分散性粒子。已经确定了重要参数的运行范围，如液体进样速度、电导率和溶液的浓度（D. R. Chen 等，1995）。但是会产生粒径为主要粒子8倍的附属粒子，因此，在某些应用中，需要利用分级器将附属粒子去除。

电喷雾技术产生粒子的单分散性以及浓度比振动孔发生器产生的低。但是，对于亚微米级粒子，特别是纳米级粒子，电喷雾技术有其独特的优势。

21.5.2 单分散性非球形粒子

粒子形状对仪器，尤其是粒径分级仪器响应的影响是非常重要的。在校准时，使用单分散性非球形粒子研究粒子形状对仪器响应的影响。生成单分散性非球形粒子的一种方法是雾化含有单分散性非球形粒子的液体。人们用了很多技术来产生粒径、形状高度均一的单分散性粒子。Matjevic（1985）通过化学反应生成了立方体形、纺锤形、菱形的无机粒子和胶体聚合粒子。人们还用不同的方法生成了粒径范围较窄的类纤维状粒子（Esmen等，1980；Loo等，1982；Vaughan，1990；Hoover等，1990；Baron等，1994；Chen等，1996；Deye等，1999）。振动孔和旋转平盘气溶胶发生器也能够产生非球形粒子，如氯化钠晶体。尽管发生器产生的是球形液滴，但是，固体粒子的晶体形态决定了液体干燥后气溶胶的最终形状。

另外，一些自然界中存在的物质，如真菌孢子、花粉、细菌以及多重态球体，都可以作为非球形试验气溶胶（Corn和Esmen，1976；Adams等，1985）。真菌孢子、花粉和细菌气溶胶既可以由湿分散技术产生，也可以由干分散技术产生（21.5.4）。要根据需要选择生物源试验粒子，而且还应考虑其生存适应能力（Henningson和Ahlberg，1994；Griffiths等，1996；Reponen等，1996；Ulevicius等，1997）。仪器校准的细节，如微生物和其他生物气溶胶的产生、收集和化验方法在第24章介绍。

21.5.3 多分散性气溶胶的粒径分级

多分散性气溶胶通过径度分级器，可以得到径度范围较窄的气溶胶。对于粒径小于0.1μm的粒子，Liu和Pui（1974）开发了一种差分电迁移率分析仪（differential electrical mobility analyzer），它可以把电迁移率相同的粒子分到一起。分级后大部分粒子是单电荷的，产生的气溶胶大部分是单分散性的，但是也存在一小部分粒子，带有双电荷、具有相同电迁移率而粒径不同。这种分级技术已用于产生超微米气溶胶以校准CNCs（或CPCs）、扩散组采样器以及确定人体口、鼻所吸附的粒子（Liu等，1975；Scheibel和Porstendorfer，1984；Cheng等，1990）。大于1μm的粒子，常利用其惯性进行分级。可以将两个旋风采样器串联起来，以从输入的气溶胶中分离出所需部分用以仪器校准（Chen等，1988；Pilacinski等，1990）。将迁移率分析器与单级微孔采样器联用可分离出0.1～1μm范围内的粒子（Romay-Novas和Pui，1988）。上述技术也用于减少不需要的粒子，如空气雾化器中产生的PSL凝聚体以及涡流盘发生器产生的附属粒子。

上面谈到的所有技术设备，都是对空气中的气溶胶粒子分级。其他仪器，如颗粒物沉降筛选器、分光计、级联冲击式采样器和多级旋风器，常用于对收集底层上的已分级粒子进行分级，这些粒子可以再次悬浮。例如，螺旋离心分离机把已进行过空气动力学分级的粒子收集在铝箔上，铝箔上捕获的粒子再次悬浮，可以产生单分散性气溶胶（Kotrappa和Moss，1971）。大多数分级技术的缺点在于其产生的粒子数量太少。

21.5.4　多分散性气溶胶

当与辅助分级仪器连用时，多分散性气溶胶可作为试验气溶胶用来校准仪器和采样器。这项技术可以在 1min 内得到整个粒径分布，所以它具有显著的优势。一些多分散性气溶胶，如氧化铝、煤灰、道路尘，常常用于校准尘埃监测器。通常，产生多分散性气溶胶的方法两种：液滴分散和干粉分散。

21.5.4.1　湿分散

得到液滴气溶胶最简单的方法是雾化。常用的雾化器有气压雾化器和超声雾化器两种。气压雾化器（Mercer 等，1968）使用压缩空气［（1.03～3.44）$\times 10^5$Pa（15～50psi）］从储液器中抽取液体（伯努利效应的结果），用高速气流将液体流击碎成小液滴，然后将液滴悬浮起来形成气溶胶（图 21-4），这种方法产生液滴的 VMD 为 1～10μm，σ_g 为 1.4～2.5（表 21-3）。通过调整压缩空气的压力或溶液的稀释比，可以调节粒子的粒径分布。当液体流中含有可挥发性溶剂时，液滴形成后，溶剂会快速蒸发，溶剂的持续挥发，将增加储液器中溶质的浓度，造成粒径随时间逐渐增大。解决这个问题的方法有将储液器中的溶液进行循环（DeFord 等，1981）、以恒定速度添加溶液（Liu 和 Lee，1975）、预饱和供给空气并冷却雾化器。

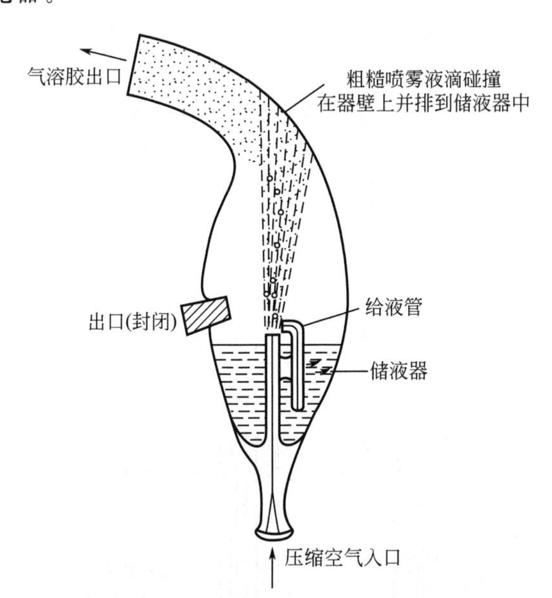

图 21-4　DeVilbiss 型号 40 玻璃雾化器

［经由 John Wiley&Sons 公司的允许，再版 Hinds（1999）的作品］

在超声雾化器中，雾化气溶胶的机械能来自一个压电晶体，压电晶体在交变电场的影响下振动。振动通过耦合流体传输到杯形容器中，其中含有要被烟雾化的溶液。在一定频率下（1.3～2.5MHz），在容器的液面上会形成厚雾。组成厚雾的液滴的直径（d_v）与毛细波的波长有关，毛细波波长随声波振动频率（f）的增加而减小，同时也与液体表面张力（σ_L）、液体密度（ρ_L）有关，具体如下：

$$d_v = k_p[\sigma_L/(\rho_L f^2)]^{1/3} \tag{21-8}$$

式中，k_p 为公式的比例关系，将频率范围控制在 12kHz～3MHz（Mercer，1973；

Hinds，1999）。一般情况下，d_v 形成的液滴为 5～10μm，σ_g 为 1.4～2.0（表 21-3）。

在湿分散中，通过利用合适的气相反应，如聚合或氧化，能够产生不同于液体给料化学性质的液滴。Kanapilly 等（1970）和 Newton 等（1980）介绍了用放射性核制备不溶性球形氧化物粒子以及铝硅酸盐粒子的方法。

21.5.4.2 干分散

粉末的干分散可以产生与仪器（处于校准状态）将要采集的气溶胶具有相同或相似物理、化学性质的气溶胶。Hinds（1980）介绍了许多关于尘和纤维粒子（表 21-4）的干分散技术。这些技术可以分为两个步骤：①干粉以恒定速度送入分散器；②分散干粉形成气溶胶。干粉的分散度主要取决于干粉材料、粒径、粒子形状以及水分含量。两种最常用的方法是 Wright 粉尘进样技术（Wright Dust Feed）（图 21-5）和流化床技术（图 21-6）。

以流化床技术作为分散机制的气溶胶发生器，可以分散粉末样品。当配置了适合的尘送样装置后，流化床能够稳定地运转很长时间。流化床法能够产生粒径分布范围很广的粒子，产生的气溶胶浓度可以从每立方米几毫克到几十克。

流化床由较大的床体粒子组成，一般可达 100μm。床底是多孔渗水材料，如筛子或滤膜，它滞留床体粒子而能使气流通过。在操作中，流化床像沸腾的液体，但是流化的最优指示物是穿过流化床的压降。当向上的气流从零逐渐增加时，压降随着气流流量呈线性上升。最后，空气对粒子的拉力等于床体重量，达到这一状态时，压降曲线将达到平稳。曲线的开

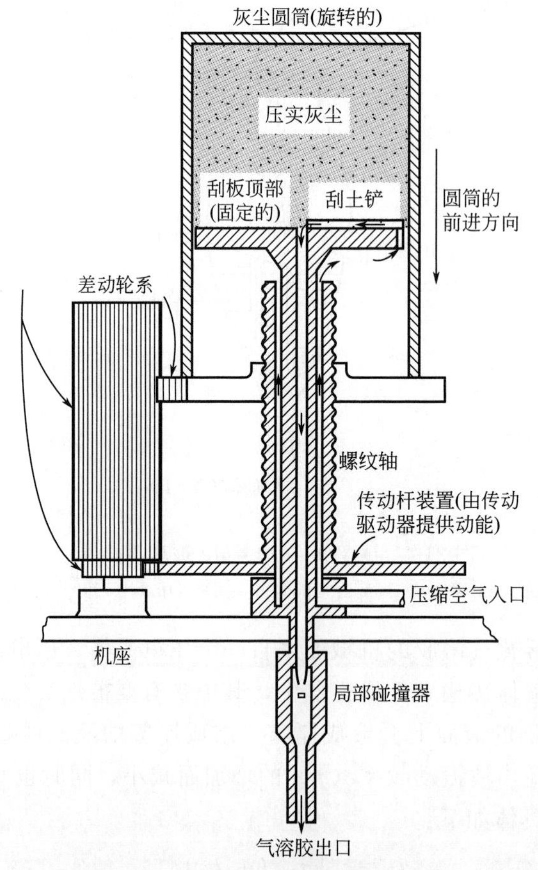

图 21-5 Wright 粉尘进样系统

［经由 John Wiley&Sons 公司的允许，再版 Hinds（1999）的作品］

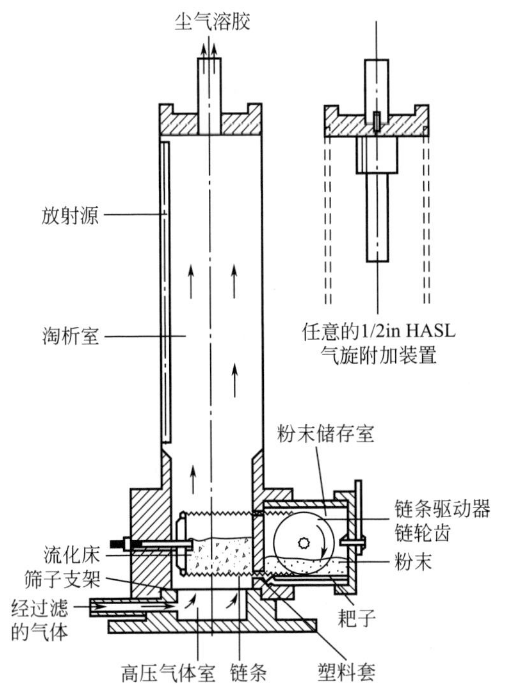

图 21-6 分体流化床气溶胶发生器

[经由美国工业卫生协会的允许，再版 Marple、Liu 和 Rubow（1978）的作品]

表 21-4 干粉分散的操作参数

项目	Wright 尘进样系统	流化床	NBS Ⅱ尘发生器	小型干粉分散器	Jet-O-Mizer 型号 00
操作类型	用空气吹散	将粉末送到床体，气流将其流化	转动装置将粉末送入，空气将粒子分散	旋转盘送料，文丘里管进行分散	用文丘里管送料，由离心力击碎凝聚体，分散粉末
气体流量 /(10^{-5} m^3/s)[L/min]	14～67[8.5～40]	8～33[5～20]	8～140[50～85]	20～35[12～21]	23～188[14～113]
送样速度 /(mm^3/min)	0.24～210	1.2～36	1200～50000	0.9～2.5	2000～30000
输出质量浓度 /(g/m^3)(ρ=1000kg/m^3)	0.012～11.5	0.13～4.0	15～100	0.0003～0.04	10～1500
推荐粒径范围 /μm	0.2～100	0.5～100	1～100	1～50	0.2～30
销售商	BGI	TSI	BGI	TSI	FLU

始点所对应的流速是最小流化速度（MFV）（Carpenter 和 Yerkes，1980），MFV 和床体粒子雷诺数是相关联的。典型流化床气溶胶发生器的 MFV 为 10cm/s。

Guichard（1976）第一个介绍了分体流化床（two-component fluidized），该流化床把相对较小的粉末（要进行烟雾化）引入含有较大粒子的流化床，足以使床体流化的气流速度超过粒子的淘析速度（elutriation velocity）。雾化过程的具体细节尚不可知，一种假想是在床体粒子间的碰撞过程中，床体粒子上黏附的粉末或尘粒子分散出来。床体的恒定运行，促使床体表面均匀地覆盖一层尘粒子，这就说明了为什么能观察到凝聚体分散的现象。由于床体中的摩擦作用，常形成新的表面。推荐使用干空气，因为湿度可以加速粒子的氧化。由于接触和摩擦会产生较高的电量，所以，在使用前必须对气溶胶进行中和。一些流化床常和强声源或振动源联合使用。振动可以从几方面改善流化床的性能。一方面床体有出现沟槽的倾向，那是因为某个区域的气流速度大。振动可以抑制沟槽的形成，保证气流稳定、均匀。另一方面尘会聚集到床体上面的壁面上，这些尘定期松动，可造成浓度的突然增加。振动可以抑制尘的聚集，并且能改善尘的进样。

由于以上原因，生成干尘通常推荐使用干燥空气，但是当空气的相对湿度上升达一定水平（10%～30%）时，尘的生成效率更高。较高的相对湿度水平可降低生成的石棉粒子的荷电水平，从而可降低气溶胶产生的系统损失（Baron 和 Deye，1990）。这些都表明干燥空气常常会导致其他气溶胶（特别是诸如橡胶类的绝缘离子）荷电过高而不易离开发生器（P. A. Baron，个人交流，2008）。

分体流化床（Marple 等，1978）见图 21-6。流化床是由 100μm 的铜珠形成的 1.4cm 厚（也经常用不锈钢）、直径为 5.1cm 的空间。市场上可以买到这种发生器（Model 3400，TSI）。这样的发生器用途很广，但要注意，当床体用的是新的金属粒子时，床体粒子本身就会产生气溶胶。最初的粒子来源就是床体粒子中的小粒子部分。如果刚开始的流速高于正常气流速度，那么这些小粒子很快就被清除。但即使小粒子被除去了，因为床体粒子的强烈摩擦作用，在较长时间内依然存在细小气溶胶。玻璃流化床中不会出现这种背景值，因为其更加平滑，碰撞较少。在操作结束后，流化床并不能有效地清洗。如果需要同样类型的气溶胶，床体应该被倒空，材料保留待以后使用。

在床体金属粒子较大的发生器里，一些气溶胶的特征可以发生改变。如铝会变平滑、氧化铝会破碎。粒子特征的改变可能对后续的使用产生重要影响。当使用小粒子的床体或低密度床体粒子时，能缓解这种问题。

John 和 Wall（1983）开发了一种声速流化床，它避免了一些大流化床中的问题。这种流化床的主要特征在于它的尺寸小，只有 25mm，需要不到 1g 的床体粒子。床体是漏斗形的，以便于流化床流速高于出口速度。床体粒子由 200μm 的玻璃珠构成，这些玻璃珠是高度均匀、洁净的。因为需要的玻璃珠数量很少，所以当需要的尘样品改变时，可以随时更换玻璃珠。其精巧之处是在床体上添加了声音能量。声速流化床（图 21-7）是由价格并不昂贵的压电晶体来振动的，频率大约是 9kHz，驱动压电晶体的是电振荡器。由于床体缺少送样系统，所以只能使用一次，它可以有效地产生玻璃气溶胶、A/C 试验尘、测试采样器的土样。土样经过粗筛，送入不含床体粒子的床体，最粗糙的土样粒子即可作为床体粒子。

Sussman 等（1985）设计了流化床发生器的送样系统，它可以长时间、稳定地控制输出量。粉末和床体粒子混合，并放在储料器（漏斗形容器）中，由空气作用将少量粒子在一定时间内送入流化床。流化床设有溢流室以保证床体的高度恒定。

Spurny 等（1975）开发了能产生石棉纤维气溶胶的流化床，这种发生器有一个特殊性能，即它有一个可调整振幅和频率的振荡器，通过调整振荡器参数可以改变气溶胶的浓度、纤维直径、纤维长度。人们发现，调整振荡器的参数可以在一定程度上调控气溶胶的性质。这种发生器可以产生非常有用的石棉气溶胶。依据这种原理，Weyel 等（1984）用低频率声速流化床产生了棉花纤维气溶胶。

除了 Wright 尘进样技术和流化床法以外，还有几种干粉发生器也经常使用（表 21-4）。TSI 小型干粉分散器常用于产生少量的干粉气溶胶，主要用于实验室检测（B. T. Chen 等，

1995)，而 Jet-O-Mizer™ 可产生大量干粉气溶胶，用于呼吸研究（Cheng 等，1985)。

产生乳胶气溶胶粒子最简单的方法是，将少量悬浮液放在玻璃板或其他洁净表面上，让悬浮液自然风干，并轻轻地把粒子从表面刷到要校准的仪器的入口。粒径在 2～20μm 的范围内，这种方法适用于校准高分辨率的仪器。按照这种方法产生的粒子很有可能是凝聚体，特别是在粒径范围的下限处。第 23 章将介绍产生纤维气溶胶的一些技术。

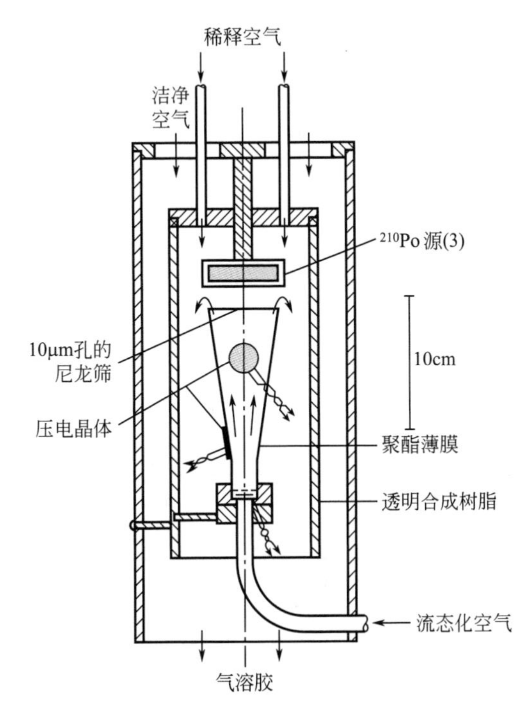

图 21-7　声速流化床气溶胶发生器

[经由 Pergamon 出版公司的允许，再版 John 和 Wall (1983) 的作品]

21.5.5　用标识材料测试气溶胶

在粒子的产生过程中，有时将荧光素或放射性同位素加到粒子中，这就方便了粒子检测。荧光标示材料，如荧光素，可以在溶液中分析，其分析敏感度达到纳克级。有色物质，如亚甲基蓝的分析灵敏度达到微克级。可以从滤膜或是沉积面上提取标识性气溶胶，用来量化出采样器内的收集效率和壁损失。放射性同位素示踪技术用于检测浓度极低的气溶胶(Newton 等，1980)。

21.6　流量、压力和流速校准

准确测量气流流量、压力和速度是仪器校准的一部分（Mercer，1973；Lippmann，1995；Hinds，1999)。本部分将介绍测量这些参数的仪器和技术（表 21-5)。

21.6.1　流量测量

考虑到流量和其他实际因素，可以选择各类流量计测量气溶胶系统的流量，如变压表

(如孔板表或文丘里表)、变容表可变面积流量计(如转子流量计或皂膜流量计)和其他(表21-5)。一般情况下,流量计有一个流量限值,随着气体流速和动量的增加,其势能(即静压)下降。知道了压降、上游横截面积、气体密度以及流量系数,就可以计算出流量。考虑到气体压缩和摩擦,流量系数就是实际流量与理想流量的比值,其值取决于流量限值。

表 21-5 测量气体流量、体积、压力和速度的仪器①

测量值	仪器	范围	标准③
体积	肺活量计	1L～$1m^3$	流量校准的一级标准
	皂膜流量计	$1cm^3$～10L	
	可换活塞流量计②	$1cm^3$～12L	
	干式气表	无限④	流量校准的二级标准
	湿式气表	无限⑤	
体积流量	文丘里流量计⑤	0.001～$100m^3/s$	
	孔板流量计⑤	10^{-6}～$100m^3/s$	
	转子流量计	10^{-8}～$0.05m^3/s$	
压差	压力计	0～2atm	校准标准
	压力计⑤	0～20atm	
	压力传感器⑤	0～220atm	
速度	皮托管	＞5m/s	校准标准
	热丝风速计⑤	5～40m/s	

① Lippmann(1995)的文章中,列出了生产这些仪器的商家。

② 汞封。

③ 校准流量范围 5～150L/min。

④ 校准流量范围 0.5～230L/min。

⑤ 需要重复校准。

变压表通过测量流量中校准阻力的压力差来决定平均流量。文丘里流量计具有一个流线形收缩喉管,它位于气流中,其作用是将能量损失降到最小。此类仪表的流量系数略小于理想值1。一种简单的变压表是孔板流量计,它在气流中央有一个带有锐利圆形孔的薄板。尽管孔板流量计中的能量损失较大,但由于其安装方便、成本低,依然得到了广泛应用。孔变压表的流量系数取决于孔的设计,数值远小于1(约0.61,见Mercer,1973)。在滤膜采样中,可以用临界孔板流量计控制流量而使流量恒定。标准孔板流量计的孔很小,所以其下游压力可小于上游压力的0.53,此时压缩气流速度达到声速,进一步降低下游压力就不能再增加速度了。对于临界孔板流量计而言,流量Q [m^3/s (cm^3/s)] 与压力 [Pa (dyn/cm^2)]、上游空气的密度ρ_1 [kg/m^3 (g/cm^3)] 存在以下关系:

$$Q=0.58k\gamma^{1/2}(A_0/\rho_a)(\rho_1 P_1)^{\frac{1}{2}} \tag{21-9}$$

式中,k为流量系数;γ为热容比,空气为1.4;A_0为孔面积,m^2 (cm^2);ρ_a为周边空气密度,kg/m^3 (g/cm^3)。在采样中,不要使滤膜过载,因为这将明显降低压力P_1,如果在采样中监控压力,而且采样后能算出合适的流量修正系数,则可以过载。Kotrappa等(1977)提出,临界孔是2mm长的皮下注射器针头时,其平均流量系数为0.7,直径为0.25(第26号针)～1.23(第16号针)mm时无系统波动。

与变压表不同，变容表（可变面积流量计）随气流变化而改变孔口面积以保持恒定的压降。最常见的一种变容表是转子流量计［图 21-8(a)］。转子流量计里有一个“浮子”，浮子在一个竖直锥形管（顶宽底窄）内上下移动。气流向上运动，造成浮子上升，直至浮子与管壁之间的环形区的压降使之达到平衡。浮子的高度就是流量指示值。在环境压力 $P_{a,c}$ 状态下标定的转子流量计，在不同环境压力 $P_{a,i}$ 状态下工作时，真实流量 Q_i 表示如下：

$$Q_i=Q_c(P_{a,c}/P_{a,i})^{\frac{1}{2}} \tag{21-10}$$

式中，Q_c 为流量指示值（Mercer，1973）。如果标定转子流量计时的环境压力与工作时的相同，流量取决于管内气体密度 ρ_g（压力 P_g）。例如，如果标定流量计时的管内气体密度与工作状态时的不同，则真实流量表达如下：

$$Q_i=Q_c(\rho_{g,i}/\rho_{g,c})^{\frac{1}{2}}=Q_c(P_{g,i}/P_{g,c})^{\frac{1}{2}} \tag{21-11}$$

式中，下标 i 和 c 分别表示流量计的工作状态和标定状态。通常，$P_{g,c}$ 为环境压力 P_a，$P_{g,i}=P_a-\Delta P$，ΔP 是采样器下游的压力。

【例 21-3】 变压表安装在滤膜上方，其标准孔为 4×10^{-3}m（0.4mm），经测定，其流量为 $1.67\times10^{-5}m^3/s$（1L/min），当上游压力接近于大气压时［1.01×10^5Pa（760mmHg），20℃］：

1. 如果采样流量为 $3.33\times10^{-5}m^3/s$，孔径为多少？（设定下游压力小于上游压力的 0.53）

2. 当在阿尔伯克基（美国新墨西哥州中部大城）［8.33×10^4Pa（625mmHg）］使用该变压表，采样流量为多少？

3. 位于孔上游的压力表读数为−980Pa（$-10cmH_2O$）时，采样流量为多少？

解：利用式（21-9）：$Q\propto A_0(\rho_1P_1)^{1/2}/\rho_a$

1. $Q\propto A_0$

如果流量增加一倍，孔径将为原孔径的 $(2)^{1/2}$ 倍，所以孔径为 5.66×10^{-3}m（0.57mm）。

2. $Q\propto(\rho_1P_1)^{1/2}/\rho_a$

因为 $\rho_1=\rho_a$，且 $P_1\propto\rho_1$，流量不变，所以流量为 $1.67\times10^{-5}m^3/s$（1L/min）。

3. $Q\propto(\rho_1P_1)^{1/2}\propto P$

因为 $\rho_1=\rho_a$，所以流量为 $1.67\times10^{-5}(1.01\times10^5-980)/1.01\times10^5=1.65\times10^{-5}$（$m^3/s$）（0.99L/min）。

通常使用已经标定好的干式气表、膜片流量计或钟形流量校准器标定转子流量计。钟形检定器通常被称为肺活量计［图 21-8(b)］，因为它是由用于测量呼吸功能的小型钟形检定器发展而来的。当被测空气进入容器后，用肺活量计测量容器内被取代的油的体积，体积可高达 $1m^3$。对于小流量，优先选用皂膜流量计［图 21-8(c)］。皂膜在一个管子里产生，管子放在肥皂水储存器中，气流通过管时，皂膜就相当于一个无摩擦的活塞。常用皂膜距管底的高度以及管的横截面面积计算流量。一些自动化皂膜设备与皂膜传感器、自动定时器以及流量读数器合并使用，这样的设备通常是流量高达 $6.7\times10^{-4}m^3/s$（40L/min）的转子流量计的校准标准，并在市场上都有出售（BUC，GIL）。

另外，在流量标定设备中，还常使用固体石墨活塞（BII）代替人造皂膜，因为固体石墨活塞能消除皂膜存在的一些问题，已经成为一种流行的流量标准仪。但是，固体石墨活塞与内壁面之间会出现空气泄漏或不必要的摩擦，因此要进行定期检查。同时，由于阀门系统的影响，用这种标定设备测量质量流控制器的流量时会产生百分之几的误差。

干式气表常用于标定转子流量计和孔流量计，但首先要用一级标准标定它，如肺活量计。干式气表有两个交替充、放计量空气的风箱。风箱的运动控制着机械阀门的运动，阀门推动气流并操纵着旋转计数器记录下通过干式气表的气体总体积。在工作时，干式气表的入口通常是连通环境气压的，因为其不能承受太大的压降。另外，为了排除非线性斯托克斯的干扰，每一次测量至少要旋转 10 次。在湿式气表中，气流进入与旋转计数器相连的旋转室，旋转室的水封面充当阀门的角色，以使气流准确地进入旋转室。这种仪表测量的体积必须进行修正，因为里面含有水蒸气成分，但是，该仪表对测量的气体总量没有限制。

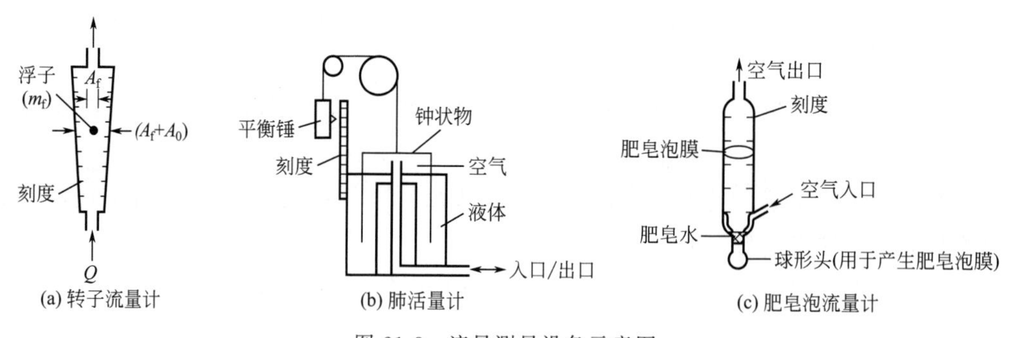

图 21-8 流量测量设备示意图

21.6.2 压力测量

三类压力测量器——压力计、机械压力表和压力传感器，常用于测定系统中不同点之间的压力差或压力（表 21-5）。充满液体的压力计［图 21-9(a)］由一个玻璃管或塑料管组成，通过液面的高度来平衡外来压力，不同的液柱高度反映不同的压力。压力计可以分为 3 类：U 形、直形和倾斜形。一般情况下，压力计不需要标定，只要知道液体的重量，就可将其作为标准的压力测量设备。

在实验室和野外，常用机械压力表［图 21-9(b)］作为气溶胶系统的压力感应器。机械压力表通常是一个含有隔膜集合的金属或塑料容器，压力差使隔膜产生运动并传输到千分表装置。压力表可以提供准确的读数（占压力表总量程的百分比）。最普通的机械压力表是 Magnehelic（DWY），测量范围在 2.49Pa（$0.01inH_2O$）～6.87×10^5Pa（$100lbf/in^2$）。为了保证其准确性和敏感性，该设备的隔膜利用磁链将压力效应传输到指示器，而没有直接的接触。

压力传感器是将压力转变为电压。压力传感器常用于测量孔板流量计上的压力差，并提供压力实时数字读数。

【例 21-4】 在标准状态下［1.01×10^5Pa（760mmHg）］标定转子流量计，并在新墨西哥州阿尔伯克基市［8.33×10^4Pa（625mmHg）］使用。使用时如果没有再次标定，则它测量的流量误差百分比是多少？假定进行了再次标定，并位于采样器的下游来测定采样流量，如果流量指示值为 $8.33\times10^{-5}\text{m}^3/\text{s}$（5L/min），压降为 2.49×10^3Pa（$10\text{inH}_2\text{O}$），实际流量为多少？

解：用式（21-10）：

$$Q_i=Q_c(P_{a,c}/P_{a,i})^{1/2}$$

$$P_{a,c}=1.01\times10^5\text{Pa},P_{a,i}=8.33\times10^4\text{Pa}$$

$$Q_c/Q_i=(8.33/10.1)^{1/2}=0.907$$

流量误差百分比＝［（Q_i-Q_c）/Q_i］×100%＝9.3%

运用式（21-11）：

$$Q_i=Q_c(p_{g,i}/p_{g,c})^{\frac{1}{2}}$$

$$P_{g,i}=P_a-\Delta P=8.33\times10^4-2.49\times10^3=8.08\times10^4(\text{Pa})(606\text{mmHg})$$

$$P_{g,c}=P_a=8.33\times10^4\text{Pa}(625\text{mmHg})$$

$$Q_c=8.33\times10^{-5}\text{m}^3/\text{s}$$

实际流量：

$$Q_i=8.33\times10^{-5}(8.08/8.33)^{1/2}=8.20\times10^{-5}(\text{m}^3/\text{s})(4.92\text{L/min})$$

21.6.3 速度测量

等速采样及校准流量设备时，常常需要测量管道内的局部气体速度。常用的速度测量设备是皮托管，它可以直接测得流动气体中的速度压力。一般情况下，皮托管被认为是气流速度测量的标定标准。

热丝风速仪测量气体速度的方法是：当气体流过热丝时，会产生对流热损失，通过感应这个热损失来测定气体速度。热丝是用电加热的，热量损失后使热丝温度改变，导致电阻的改变，电流感应到电阻的变化然后将其转化为速度。热丝风速仪测量的是质量流量，为获得速度，就要知道气体的温度和压力。为保证读数的准确性则需要定期校准（Chen，1993）。

气流中的粒子速度可以用激光多普勒风速计［或速度计，LDV，图 21-9（c）］测量。激光多普勒风速计既可以测量小粒子（1μm 级）的速度，也可以测量大粒子的速度，由于

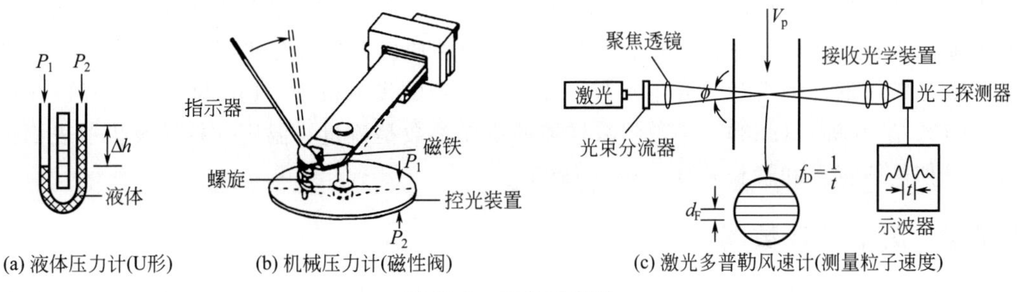

(a) 液体压力计(U形)　(b) 机械压力计(磁性阀)　(c) 激光多普勒风速计(测量粒子速度)

图 21-9　设备示意图

惯性和重力效应，这些大粒子的速度各不相同。这种设备不需要安装感应器，它使用两束激光来产生干涉波，当粒子经过干涉波时，检测到的粒子的散射光频率就会改变，这种现象称为多普勒效应。另一种设备——粒子成像测速仪（PIV）使用粒子的两个激光图像，测量两个图像的时间间隔，得到气流速度。在激光照射面和探测器观察区的交界区内，可以接近实时地测量粒子速度。LDV 测量点速度，PIV 用于测量选定区域的速度。目前有几家公司生产这类仪器（DAN，TSI，OXF）。

21.7 校准仪器

本部分将介绍几种测定粒子粒径、数浓度以及质量浓度的气溶胶仪器。其校准标准和重要参数总结在表 21-6 中。

21.7.1 粒径分级仪器

大多数分析粒径的仪器测量的是粒子的一些物理性质，而不仅仅是简单地测量其线性粒径。粒子的粒径与和其具有相同物理性质、数量的球形粒子有关，这些物理性质可能是粒子的空气动力学、光学、电学或扩散性质（Chen 等，1989）。

空气动力学粒径分级仪器，包括收集-分析设备（级联冲击式采样器、气溶胶离心器以及级联旋风器）和实时分析器，其检测粒径的范围为 0.2～25μm。微孔沉降冲击式采样器和电低压冲击式采样器等现代冲击式采样器可以将粒子分级至纳米级，这些收集-分析设备在不同的场力作用下，根据粒子的空气动力学特征将其分离，进而称重（第 8 章）。实时分析器可以测得通过感应区的粒子的速度，感应区可以是多普勒干扰带或两束激光干涉波（第 14 章）。粒径、气体流速、密度以及气体性质等参数都能影响收集效率或仪器响应（Stober，1976；Marple 和 Willeke，1976；Chen 等，1985；Baron，1986；Hering，1995；Marple 等，2003）。另外，还应全面测量仪器的负载能力和壁损失，以避免出现不正确的数据。

光学粒子计数器（OPC）是一种实时测量仪器，它利用单粒子光散射技术来测量气溶胶粒径分布（0.1～20μm）和数浓度（第 13 章）。影响仪器响应的重要参数有粒子粒径、形状、方向、气溶胶粒子的折射率、光源波长、散射角范围以及光电探测器的灵敏度。在 OPC 的校准中，粒径和折射率是两个最重要的变量。常用 Mie 散射公式从理论上推导 OPC 的响应值，用试验气溶胶校准 OPC（Hodkinson，1966；Willeke 和 Liu，1976；Gebhart 等，1976；Chen 等，1989）。感应区内的粒子太多就会产生较大误差，所以应该控制感应区内的粒子浓度以把误差降到最低，通过泊松统计学可以计算出重合误差。

电迁移率分析仪（Electrical mobility analyzers）（第 15 章）和扩散组采样器（第 16 章）是基于亚微米粒子（<0.5μm）的电学性质和扩散性质而开发的分级仪器。电迁移分析器的重要参数是粒子的几何直径、介电常数、流量及仪器的带电机理（Liu 和 Pui，1974；Pui 和 Liu，1979；Yeh 等，1983）。扩散组采样器的重要参数是流量、温度、粒径及扩散表面的几何大小（如网线直径和管长）（Cheng，1995）。

21.7.2 凝结核计数器

用光学或电子显微镜对高效滤膜采集到的粒子进行计数，可以得到粒子数浓度，但这非

表 21-6 仪器优先标准和校准要考虑的重要参数

仪器	工作原理	测量值	主要的气溶胶参数	主要的仪器参数	粒径范围/μm	直接校准标准	一级校准标准	主要优点	主要缺点
粒径测量									
级联冲击式采样器	粒子惯性碰撞	质量	粒径、形状、密度	流量、气体介质、物理尺寸	0.05～30	已知粒径和密度的单分散性球形粒子	—	基于质量浓度的空气动力学粒径分布	内部损失、粒子反弹和再悬浮
空气动力学粒径分级器	减速时粒子的运动时间	速度	粒径、形状、密度、硬度	流量、压力、气体介质	0.5～20	已知粒径、形状、密度的单分散性球形粒子	—	高灵敏度高分辨率的实时监测仪器	重合性、密度、形状影响
光学计数器	粒子和光的相互作用	单粒子的光散射强度	粒径、形状、折射率	光源波长、折射角范围、检测器的灵敏度	0.3～15	已知粒径、折射率的单分散性球形粒子	—	不扩散、实时、原地测量仪器，也适用于测量数浓度	校准随材料有所变化
电迁移分析器	依据电迁移率进行分级	电荷或粒子个数	粒径、形状、介电常数、湿度	流量、带电机制、电场强度	0.001～0.1	已知粒径、介电常数的单分散性①球形粒子	—	适合小于0.1μm的粒子	粒子上有多重电荷
扩散组采样器	粒子的扩散沉降	粒子个数或质量	粒径、形状、数浓度	流量、温度、沉积表面	0.001～0.1	已知粒径的单分散性①球形粒子	—	适合小于0.1μm的粒子	不适合大粒子或纵横比大的粒子
数浓度测量									
凝结核计数器	蒸气凝结在粒子上，以使粒子被检测到	粒子个数	粒径、数浓度、湿度	流量、饱和度、温度梯度	0.001～0.5	用显微镜测量的艾特肯计数器	Pallak 计数器、照相计数器或电分级单分散性气溶胶	适合于测量亚微米级粒子的浓度	粒径依赖于计数效率
质量浓度测量									
光度计	粒子和光的交互作用	在敏感区所有粒子的光散射	粒径、形状、折射率、密度	光源波长、折射角范围、监视器灵敏度	0.3～1.5	滤膜样品的重量测量	—	实时、持续读数	校准随材料有所变化
β衰变监测器	依据β射线的吸收得到质量	质量	粒径、元素组成	粒子沉积均匀性	1～15	滤膜样品的重量测量	—	实时监测	低灵敏度
水晶振子天平	依据石英的共振频率	质量	径度	传感器灵敏度、质量负荷	0.02～10	滤膜样品的重量测量	—	实时监测	经常清洗传感器

① 对于粒径小于0.01μm的粒子，其校准标准是电分级单分散性气溶胶。

常费时。Liu 和 Pui（1974）报道了一种利用一个带电气溶胶、一个 DMA 和一个气溶胶静电计（AE）校正 CPC（CNC）的方法。气溶胶静电计校正法已广泛应用于 CPC（CNC）的校准（Liu 等，1975；Liu 等，1982a；TSI 3022 指南；第 17 章）。

在 Liu 和 Pui（1974）的工作基础上，目前建立了两种方法。日本国家先进工业科学和技术研究所（AIST）（H. K. Sakurai，K. Saito 和 K. Ehara，个人交流，2008）发明了一种 CPC 校准标准测试设备，该设备可以对 CPC 和 AE 进行认证校准。这个方法利用了一个法拉第杯静电计、一个 OPC 和一个精确的流速控制器。美国国家标准技术局（NIST）采用了一个独立的方法来证明一个可追溯到 NIST 的校准方法（Fletcher 等，2009）。这个工作将三种独立的气溶胶浓度测量方法的结果进行了比较：连续气流 CPC、气溶胶静电计和显微镜计数而得的气溶胶浓度（图 21-10）。

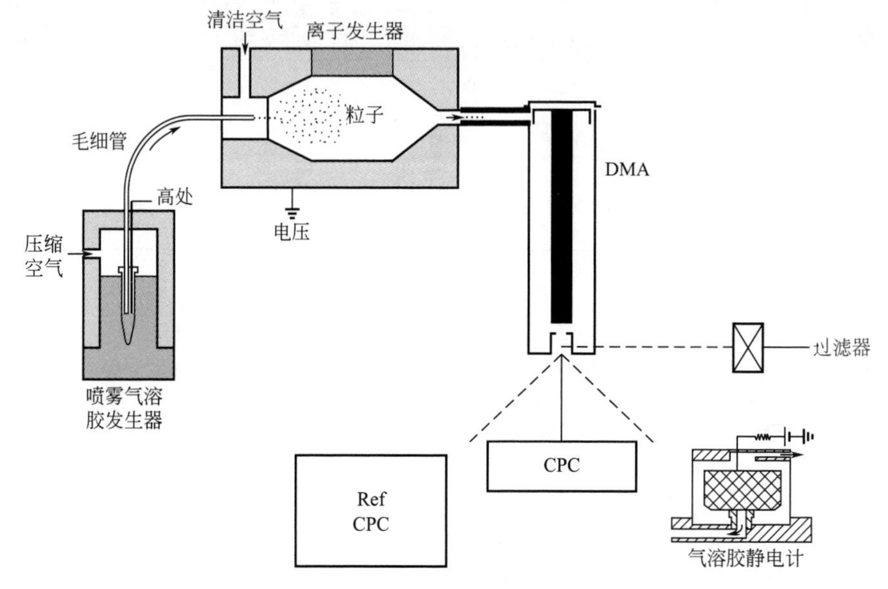

图 21-10 对 CPC 和 AE 对比测试的试验台原理图。实验中使用低采样流量的参比 CPC，滤膜收集一定量的气溶胶
（电喷雾示意图改编自 TSI 手册）

NIST 方法概括如下：DMA 产生近似单分散性、带单电荷、80nm 的 PSL 测试气溶胶，这些气溶胶通过 CPC 和 AE，被过滤器收集并用电子显微镜分析。由于测试气溶胶离开 DMA 时流速较低，气溶胶测量依次按顺序进行，因此测试台的设计采用了一个连续的小采样体积的 CPC 气溶胶浓度监测仪来校正气溶胶的稳定性。也就是说，首先进行 AE 测量，DMA 输出管切换至 CPC，在少数情况下，输出管接入过滤收集设备以进行 1h 的收集。

在恒定的采样气流下，CPC 通过单粒子计数测量粒子浓度。AE 已经校准到 NIST 可追溯的电流标准。带电气溶胶以恒流速通过检测器，通过检测其产生的电流信号实现气溶胶浓度的连续测量。NIST 可追溯性适用于各种测量方法的各种流量，有将 AE 校准为 NIST 可追溯的电气标准的方法。该方法提供了气溶胶衍生电流测量中不确定性的校准和确定。电喷雾发生器能产生数浓度为 100～15000 个/cm^3 的气溶胶，其中夹带少量的二聚体颗粒（≈1%）。定量采集小孔过滤材料上的 PSL 球样品，用电子显微镜确定采集颗粒物的数量，获得一种独立的气溶胶浓度测量方法。

21.7.3 质量浓度监测仪

最常见方法是根据滤膜上的粒子质量和采样流量来确定气溶胶质量浓度（第 7 章）。直接测量方法是用收集效率高的滤膜，如玻璃纤维滤膜或薄膜滤膜（Liu 等，1983）。人们已开发出几种实时监测器：β 衰变质量监测器、锥形元件振荡微量天平（TEOM，第 12 章）及光度计（第 25 章）。利用合适的粒子粒径筛选设备，这些仪器既可以测得总质量浓度，也可以测得所需要部分的质量浓度，如可呼吸性粉尘、可吸入性粉尘、可入肺粉尘、$PM_{2.5}$、PM_{10} 的质量浓度。

β 衰变质量监测器，通过测量来自放射源的 β 粒子的衰变，可以得到滤膜上的气溶胶浓度。在 TEOM 中，粒子被采集到振荡器支撑的滤膜上，粒子质量的增加可改变振动频率。除了这 3 类收集-分析仪器，实时光度计也可以测量气溶胶的质量浓度。光度计感应区内的大量粒子的整体光散射（消光）信号与气溶胶的质量浓度有关，因此必须校准仪器。Kuusisto（1983），Marple 和 Rubow（1984），Smith 等（1987），Baron（1988）已经对上述仪器进行了校准和对比。实时质量监测仪得到的滤膜平行样品可以校准累计的质量响应，但要在较短时间内校准实时监测仪比较困难。

21.8 校准过程总结

测量直接决定气溶胶数据的准确性，所以校准仪器时应该小心谨慎，几点注意事项归纳如下：

① 定期检查气溶胶仪器和采样器，确保它们处于良好的工作状态。使用前，应该进行校准。

② 当仪器更换、修理、误操作或损坏时应校准仪器，一旦影响了仪器准确度，就要进行校准。

③ 新仪器应进行校准。如果使用者使用仪器时的状态和工厂校准仪器时的状态有差异（压力、温度、风速），那么，就不能直接使用工厂所提供的数据。

④ 在校准新仪器时，首先应该研究它的原理和构造。查阅仪器的操作手册，了解厂家推荐的操作步骤，必须保证仪器处于正常的工作状态。

⑤ 选择与实际气溶胶具有相似物理、化学性质的试验气溶胶来校准仪器。在校准过程中，应该监测试验气溶胶以确保粒径和粒子浓度的一致性。

⑥ 精心设计校准程序。例如，如果一个仪器需要稀释或增加气流，则要在不改变粒径分布的前提下完成此项操作，这也是仪器校准中最难做到的。

⑦ 用足够的时间预热仪器、平衡流量、稳定运行状态。

⑧ 校准前后应该检查流量。

⑨ 获得足够多的数据以绘制可靠的校准曲线，每一个校准点都应该有足够的数据以保证可靠的测量统计，应分多次进行校准。

⑩ 长期保存校准步骤、数据和结果。

⑪ 标明校准曲线和校准因素，包括校准的条件、日期、所用到的设备、操作人员，都应该有所说明，在仪器上贴上标签，这样，就可知道原始数据的来源。

21.9 参考文献

Adams, A. J., D. E. Wennerstrom, and M. K. Mazumder. 1985. Use of bacteria as model nonspherical aerosol particles. *J. Aerosol Sci.* 16:193–200.

Aitken, R. J., P. E. J. Baldwin, G. C. Beaumont, L. C. Kenny, and A. D. Maynard. 1999. Aerosol inhalability in low air movement environments. *J. Aerosol Sci.* 30:613–626.

Baron, P. A. 1986. Calibration and use of the aerodynamic particle sizer (APS 3300). *Aerosol Sci. Technol.* 5:55–67.

Baron, P. A. 1988. Modern real-time aerosol samplers. *Appl. Ind. Hyg.* 3:97–103.

Baron, P. A., and G. J. Deye. 1990. Electrostatic effects in asbestos sampling I: Experimental measurements. *Am. Ind. Hyg. Assoc. J.* 51(2):51–62.

Baron, P. A., G. J. Deye, and J. Fernback. 1994. Length separation of fibers. *Aerosol Sci. Technol.* 21:179–192.

Barr, E. B., M. D. Hoover, G. M. Kanapilly, H. C. Yeh, and S. J. Rothenberg. 1983. Aerosol concentrator: Design, construction, calibration, and use. *Aerosol Sci. Technol.* 2:437–442.

Berglund, R. N., and B. Y. H. Liu. 1973. Generation of monodisperse aerosol standards. *Environ. Sci. Technol.* 7:147–153.

Carpenter, R. L., and K. Yerkes. 1980. Relationship between fluid bed aerosol generator operation and the aerosol produced. *Am. Ind. Hyg. Assoc. J.* 41:888–894.

Chen, B. T. 1993. Instrument calibration. In *Aerosol Measurement: Principles, Techniques and Applications*, K. Willeke and P. A. Baron (eds.). New York: Van Nostrand Reinhold, pp. 493–520.

Chen, B. T., Y. S. Cheng, and H. C. Yeh. 1984. Experimental responses of two optical particle counters. *J. Aerosol Sci.* 15:457–464.

Chen, B. T., Y. S. Cheng, and H. C. Yeh. 1985. Performance of a TSI aerodynamic particle sizer. *Aerosol Sci. Technol.* 4:89–97.

Chen, B. T., Y. S. Cheng, and H. C. Yeh. 1990. A study of density effect and droplet deformation in the TSI aerodynamic particle sizer. *Aerosol Sci. Technol.* 12:278–285.

Chen, B. T., H. C. Yeh, and M. A. Rivero. 1988. Use of two virtual impactors in series as an aerosol generator. *J. Aerosol Sci.* 19:137–146.

Chen, B. T., H. C. Yeh, Y. S. Cheng, and G. J. Newton. 1989. Particle size analyzer for air quality studies. In *Encyclopedia of Environmental Control Technology*, vol. II, P. N. Cheremisinoff (ed.). Houston TX: Gulf, pp. 453–514.

Chen, B. T., H. C. Yeh, and B. J. Fan. 1995. Evaluation of the TSI small-scale powder disperser. *J. Aerosol Sci.* 26:1303–1313.

Chen, B. T., H. C. Yeh, and N. F. Johnson. 1996. Design and use of a virtual impactor and an electrical classifier for generation of test fiber aerosols with narrow size. *J. Aerosol Sci.* 27:83–94.

Chen, B. T., M. D. Hoover, G. J. Newton, S. J. Montano, and D. S. Gregory. 1999. Performance evaluation of the sampling head and annular kinetic impactor in the Savannah River Site alpha continuous air monitor. *Aerosol Sci. Technol.* 31:24–38.

Chen, D. R., D. Y. H. Pui, and S. L. Kaufman. 1995. Electrospraying of conducting liquids for monodisperse aerosol generation in the 4 nm to 1.8 mm diameter range. *J. Aerosol Sci.* 26:963–977.

Cheng, Y. S. 1995. Denuder systems and diffusion batteries. In *Air Sampling Instruments*, B. S. Cohen and S. V. Hering (eds.). Cincinnati OH: ACGIH, pp. 511–525.

Cheng, Y. S., and B. T. Chen. 1995. Aerosol sampler calibration. In *Air Sampling Instruments*, B. S. Cohen and S. V. Hering (eds.). Cincinnati OH: ACGIH, pp. 165–186.

Cheng, Y. S. and H. C. Yeh. 1979. Particle bounce in cascade impactors. *Environ. Sci. Technol.* 13:1392–1396.

Cheng, Y. S., T. C. Marshall, R. F. Henderson, and G. J. Newton. 1985. Use of a jet mill for dispensing dry powder for inhalation studies. *Am. Ind. Hyg. Assoc. J.* 46:449–454.

Cheng, Y. S., B. T. Chen, and H. C. Yeh. 1986. Size measurement of liquid aerosols. *J. Aerosol Sci.* 17:803–809.

Cheng, Y. S., Y. Yamada, H. C. Yeh, and D. L. Swift. 1990. Deposition of ultrafine aerosols in a human oral cast. *Aerosol Sci. Technol.* 12:1075–1081.

Cloupeau, M., and B. Prunet-Foch. 1989. Electrostatic spraying of liquid in cone-jet mode. *J. Electrostatics* 22:135–159.

Cloupeau, M., and B. Prunet-Foch. 1994. Electrohydrodynamic spraying functioning modes: a critical review. *J. Aerosol Sci.* 25:1021–1036.

Corn, M., and N. A. Esmen. 1976. Aerosol generation. In *Handbook on Aerosols*, Publ. TID-26608, R. Dennis (ed.). Springfield, VA: National Technical Information Service, U.S. Department of Commerce, pp. 9–39.

DeFord, H. S., M. L. Clark, and O. R. Moss. 1981. A stabilized aerosol generator. *Am. Ind. Hyg. Assoc. J.* 42:602–604.

Deye, G. J., P. Gao, P. A. Baron, and J. Fernback. 1999. Performance evaluation of a fiber length classifier. *Aerosol Sci. Technol.* 30:420–437.

Ehrlich, C. D., and S. D. Rasberry. 1998. Metrological timelines in traceability. *J. Res. of the Natl. Inst. of Stand. and Technol.* 103: 93.

Eisenhart, C. 1969. Realistic evaluation of the precision and accuracy of instrument calibration systems. In *Precision Measurement and Calibration Statistical Concepts and Procedures*, Special Publication 300, vol. 1. Washington, D.C.: National Institute of Standards and Technology, U.S. Department of Commerce, pp. 21–161 to 21–187.

Esmen, N. A., R. A. Kahn, D. LaPietra, and E. D. McGovern. 1980. Generation of monodisperse fibrous glass aerosols. *Am. Ind. Hyg. Assoc. J.* 41:175–179.

Federal Register. 1987. Ambient air monitoring reference and equivalent methods: 40 CFR Part 53. *Federal Register* 52: 24724.

Fernandez de la Mora, J., J. Navascues, F. Fernandez, and J. Rosell-Llompart. 1990. Generation of submicron monodisperse aerosols in electrosprays. *J. Aerosol Sci.* 21:S673–674.

Fletcher, R. A., G. W. Mulholland, M. R. Winchester, R. L. King, and D. B. Klinedinst. 2009. Calibration of a condensation particle counter using a NIST traceable method. *Aerosol Sci. Technol.* 43:425–441.

Fuchs, N. A., and A. G. Sutugin. 1966. Generation and use of monodisperse aerosols. In *Aerosol Science*, C. N. Davies (ed.). New York: Academic, pp. 1–30.

Fulwyler, M. J., R. B. Glascock, and R. D. Hiebert. 1969. Device which separates minute particles according to electronically sensed volume. *Rev. Sci. Instrum.* 40:42–48.

Gebhart, J., J. Heyder, C. Roth, and W. Stahlhofen. 1976. Optical aerosol size spectrometry below and above the wavelength of light—A comparison. In *Fine Particles: Aerosol Generation, Measurement, Sampling, and Analysis*, B. Y. H. Liu (ed.). New York: Academic, pp. 793–815.

Grace, J. M. and Marijnissen, J. C. M. 1994. A review of liquid atomization by electrical means. *J. Aerosol Sci.* 25:1005–1019.

Griffiths, W. D., I. W. Stewart, A. R. Reading, and S. J. Futter. 1996. Effect of aerosolization, growth phase and residence time in spray and collection fluids on the culturability of cells and spores. *J. Aerosol Sci.* 27:803–820.

Guichard, J. C. 1976. Aerosol generation using fluidized beds. In *Fine Particles: Aerosol Generation, Measurement, Sampling, and Analysis*, B. Y. H. Liu (ed.). New York: Academic, pp. 173–193.

Hayati, I., A. Bailey, and T. F. Tadros. 1987a. Investigations into the mechanism of electrohydrodynamic spraying of liquids, I. *J. Colloid Interf. Sci.* 117:205.

Hayati, I., A. Bailey, and T. F. Tadros. 1987b. Investigations into the mechanism of electrohydrodynamic spraying of liquids, II. *J. Colloid Interf. Sci.* 117:222.

Henningson, E. W., and M. S. Ahlberg. 1994. Evaluation of microbiological aerosol samplers: a review. *J. Aerosol Sci.* 25:1459–1492.

Hering, S. V. 1995. Impactors, cyclones, and other inertial and gravitational collectors. In *Air Sampling Instruments*, B. S. Cohen and S. V. Hering (eds.). Cincinnati OH: ACGIH, pp. 279–321.

Hering, S. V., and P. H. McMurry. 1991. Response of a PMS LAS-X laser optical counter to monodisperse atmospheric aerosols. *Atmos. Environ.* 25A:463–468.

Hinds, W. 1980. Dry dispersion aerosol generator. In *Generation of Aerosols and Facilities for Exposure Experiments*, K. Willeke (ed.). Ann Arbor, MI: Ann Arbor Science, pp. 171–188.

Hinds, W. 1999. *Aerosol Technology*. New York: John Wiley and Sons.

Hodkinson, J. R. 1966. The optical measurement of aerosols. In *Aerosol Science*, C. N. Davies (ed.). New York: Academic, pp. 287–357.

Hoover, M. D., S. A. Casalnuovo, P. J. Lipowicz, H. C. Yeh, R. W. Hanson, and A. J. Hurd. 1990. A method for producing non-spherical monodisperse particles using integrated circuit fabrication techniques. *J. Aerosol Sci.* 21:569–575.

ISO 15900:2009. 2009. Determination of particle size distribution—Differential electrical mobility analysis for aerosol particles. International Organization for Standardization, Geneva, Switzerland.

ISO/WD 27891:2008. 2008. Calibration of aerosol particle number concentration measuring instruments—Calibration of condensation particle counters with Faraday cup aerosol electrometers. International Organization for Standardization, Geneva, Switzerland.

International Vocabulary of Basic and General Terms in Metrology. 1993. Second edition, BIPM, IEC, IFCC, ISO, IUPAC, IUPAP and OIML. International Organization for Standardization, Geneva, Switzerland.

International Vocabulary of Metrology—Basic and General Concepts and Associated Terms (VIM). 2007. First edition, ISO/IEC GUIDE 99:2007(E/F), BIPM, IEC, IFCC, ISO, IUPAC, IUPAP, OIML and ILAC. International Organization for Standardization, Geneva, Switzerland.

John, W. 1980. Particle charge effects. In *Generation of Aerosols and Facilities for Exposure Experiments*, K. Willeke (ed.). Ann Arbor, MI: Ann Arbor Science, pp. 141–151.

John, W., and S. M. Wall. 1983. Aerosol testing techniques for size-selective samplers. *J. Aerosol Sci.* 14:713–727.

John, W., and N. Kreisberg. 1999. Calibration and testing of samplers with dry, polydisperse latex. *Aerosol Sci. Technol.* 31:221–225.

Kanapilly, G. M., O. G. Raabe, and G. J. Newton. 1970. A new method for the generation of aerosols of insoluble particles. *J. Aerosol Sci.* 1:313–323.

Kenny, L. C., R. J. Aitken, C. Chalmers, J. F. Fabries, E. Gonzalez-Fernandez, H. Kromhout, G. Liden, D. Mark, G. Riediger, and V. Prodi. 1997. A collaborative European study of personal inhalable aerosol sampler performance. *Ann. Occup. Hyg.* 41:135–153.

Kenny, L. C., R. J. Aitken, P. E. J. Baldwin, G. C. Beaumont, and A. D. Maynard. 1999. The sampling efficiency of personal inhalable aerosol samplers in low air movement environments. *J. Aerosol Sci.* 30:627–638.

Kenoyer, J., and D. Leong. 1995. Performance testing criteria for air sampling instrumentation. In *Air Sampling Instruments*, B. S. Cohen and S. V. Hering (eds.). Cincinnati OH: ACGIH, pp. 195–201.

Knutson, E. O., and K. T. Whitby. 1975. Aerosol classification by electrical mobility: Apparatus, theory, and applications. *J. Aerosol Sci.* 6:443–451.

Kotrappa, P., and O. R. Moss. 1971. Production of relatively monodisperse aerosols for inhalation experiments by aerosol centrifugation. *Health Phys.* 21:531–535.

Kotrappa, P., N. S. Pimpale, P. S. S. Subrahmanyam, and P. P. Joshi. 1977. Evaluation of critical orifices made from sections of hypodermic needles. *Ann. Occup. Hyg.* 20:189–194.

Ku, H. 1966. Notes on the use of propagation of error formulaes. *J. Research of National Bureau of Standards–C. Engineering and Instrumentation.* 70C(4):263–273.

Kuusisto, P. 1983. Evaluation of the direct reading instruments for the measurement of aerosols. *Am. Ind. Hyg. Assoc. J.* 44:863–874.

Larrabee, R. D., and M. T. Postek. 1993. Precision, accuracy, uncertainty and traceability and their application to submicrometer dimensional metrology. *Solid-State Electronic* 36(5):673–843.

Lippmann, M. 1995. Airflow calibration. In *Air Sampling Instruments*, B. S. Cohen and S. V. Hering (eds.). Cincinnati, OH: ACGIH, pp. 139–150.

Lippmann, M., and R. E. Albert. 1967. A compact electric-motor driven spinning disc aerosol generator. *Am. Ind. Hyg. Assoc. J.* 28:501–506.

Liu, B. Y. H. 1974. Laboratory generation of particulates with emphasis on submicron aerosols. *JAPCA*. 24:1170–1172.

Liu, B. Y. H., and K. W. Lee. 1975. An aerosol generator of high stability. *Am. Ind. Hyg. Assoc. J.* 36:861–865.

Liu, B. Y. H., and D. Y. H. Pui. 1974. A submicron aerosol standard and the primary, absolute calibration of the condensation nuclei counter. *J. Colloid Interf. Sci.* 47:155–171.

Liu, B. Y. H., D. Y. H. Pui, A. W. Hogan, and T. A. Rich. 1975. Calibration of the Pollak counter with monodisperse aerosols. *J. Appl. Meteor.* 14:46–51.

Liu, B. Y. H., D. Y. H. Pui, R. L. McKenzie, J. K. Agarwal, R. Jaenicke, F. G. Pohl, O. Prening, G. Reischl, W. Szymanski, and P. E. Wagner. 1982a. Intercomparison of different absolute instruments for measurement of aerosol number concentration. *J. Aerosol Sci.* 13:429–450.

Liu, B. Y. H., D. Y. H. Pui, and X. Q. Wang. 1982b. Drop size measurement of liquid aerosols. *Atmos. Environ.* 16:563–567.

Liu, B. Y. H., D. Y. H. Pui, and K. L. Rubow. 1983. Characteristics of air sampling filter media. In *Aerosols in the Mining and Industrial Work Environments*, B. Y. H. Liu and V. A. Marple (eds.). Ann Arbor, MI: Ann Arbor Science, pp. 989–1038.

Loo, B. W., C. P. Cork, and N. W. Madden. 1982. A laser-based monodisperse carbon fiber generator. *J. Aerosol Sci.*

13:241–248.

Marple, V. A., and K. L. Rubow. 1976. Aerodynamic particle size calibration of optical particle counters. *J. Aerosol Sci.* 7:425–438.

Marple, V. A., and K. L. Rubow. 1978. An evaluation of the GCA respirable dust monitor 101-1. *Am. Ind. Hyg. Assoc. J.* 39:17–25.

Marple, V. A., and K. L. Rubow. 1983. An aerosol chamber for instrument evaluation and calibration. *Am. Ind. Hyg. Assoc. J.* 44:361–367.

Marple, V. A., and K. L. Rubow. 1984. *Respirable Dust Measurement.* Mining Research Contract Report, Bureau of Mines, OFR92-85, NTIS PB85-245843. Washington, D.C.: U.S. Dept. of the Interior.

Marple, V. A., and K. Willeke. 1976. Inertial impactors: Theory, design, and use. In *Fine Particles: Aerosol Generation, Measurement, Sampling, and Analysis*, B. Y. H. Liu (ed.). New York: Academic, pp. 411–446.

Marple, V. A., B. Y. H. Liu, and K. L. Rubow. 1978. A dust generator for laboratory use. *Am. Ind. Hyg. Assoc. J.* 39:26–32.

Marple, V. A., B. A. Olson, K. Santhanakrishnan and J. P. Mitchell. 2003. Next generation pharmaceutical impactor (a new impactor for pharmaceutical inhaler testing)—Part II: Archival calibration. *J. Aerosol Med.* 16:301–324.

Matijevic, E. 1985. Production of monodisperse colloidal particles. *Ann. Rev. Mater. Sci.* 15:483–516.

May, K. R. 1949. An improved spinning top homogeneous spray apparatus. *J. Appl. Phys.* 20:932–938.

Maynard, A. D., and L. C. Kenny. 1995. Sampling efficiency determination for three models of personal cyclones. *J. Aerosol Sci.* 26:671–684.

Meesters, G. M. H., P. H. W. Versoulen, J. C. M. Marijnissen, and B. Scarlett. 1992. Generation of micron-sized droplets from the Taylor cone. *J. Aerosol Sci.* 23:37–49.

Mercer, T. T. 1973. *Aerosol Technology in Hazard Evaluation.* New York: Academic Press.

Mercer, T. T., M. I. Tillery, and H. Y. Chow. 1968. Operating characteristics of some compressed-air nebulizers. *Am. Ind. Hyg. Assoc. J.* 29:66–78.

Mokler, B. V., and R. K. White. 1983. Quantitative standard for exposure chamber integrity. *Am. Ind. Hyg. Assoc. J.* 44:292–295.

Mulholland, G. W., N. P. Bryner, and C. Croarkin. 1999. Measurement of the 100 nm NIST SRM 1963 by differential mobility analysis. *J. Aerosol Sci.* 31:39–55.

Natrella, M. G. 1963. *Experimental Statistics.* NBS Handbook 91. U.S. Department of Commerce. Washington, DC, pp. 5–3 to 5–46.

Newton, G. J., G. M. Kanapilly, B. B. Boecker, and O. G. Raabe. 1980. Radioactive labeling of aerosols: Generation methods and characteristics. In *Generation of Aerosols and Facilities for Exposure Experiments*, K. Willeke (ed.). Ann Arbor, MI: Ann Arbor Science, pp. 399–425.

Pilacinski, W., J. Ruuskanen, C. C. Chen, M. J. Pan, and K. Willeke. 1990. Size-fractionating aerosol generator. *Aerosol Sci. Technol.* 13:450–458.

Prandtl, L. 1952. *Essentials of Fluid Dynamics*. London: Blackie & Son, pp. 247–249, 306–311.

Prodi, V. 1972. A condensation aerosol generator for solid monodisperse particles. In *Assessment of Airborne Particles*, T. T. Mercer, P. E. Morrow, and W. Stöber (eds.). Springfield, IL: C. C. Thomas, pp. 169–181.

Pui, D. Y. H., and B. Y. H. Liu. 1979. Electrical aerosol analyzer: Calibration and performance. In *Aerosol Measurement*, D. A. Lundgren et al. (eds.). Gainesville, FL: University Press of Florida, pp. 384–399.

Raabe, O. G. 1968. The dilution of monodisperse suspensions for aerosolization. *Am. Ind. Hyg. Assoc. J.* 29:439–443.

Raabe, O. G. 1976. The generation of fine particles. In *Fine Particles: Aerosol Generation, Measurement, Sampling, and Analysis*, B. Y. H. Liu (ed.). New York: Academic, pp. 57–110.

Raabe, O. G. and Newton, G. L. 1970. Development of techniques for generating monodisperse aerosols with the Fulwyler droplet generator. In *Fission Product Inhalation Program Annual Report* (LF-43), Albuquerque, NM: Lovelace Foundation for Medical Research and Education, pp. 13–17.

Ranade, M. B., M. C. Wood, F. L. Chen, L. J. Purdue, and K. A. Rehme. 1990. Wind tunnel evaluation of PM_{10} samplers. *Aerosol Sci. Technol.* 13:54–71.

Rao, A. K., and K. T. Whitby. 1978. Non-ideal collection characteristics of inertial impactors—II. Cascade impactors. *J. Aerosol Sci.* 9:87–100.

Rapaport, E., and S. E. Weinstock. 1955. A generator for homogeneous aerosols. *Experientia* 11:363–364.

Reischl, G., W. John, and W. Devor. 1977. Uniform electrical charging of monodisperse aerosols. *J. Aerosol Sci.* 8:55–65.

Reponen, T., K. Willeke, V. Ulevicius, and S. A. Grinshpun. 1996. Effect of relative humidity on the aerodynamic diameter and respiratory deposition of fungal spores. *Atmos. Environ.* 30:3967–3974.

Romay-Novas, F. J., and D. Y. H. Pui. 1988. Generation of monodisperse aerosols in the 0.1–1.0 μm diameter range using a mobility classification-inertial impaction technique. *Aerosol Sci. Technol.* 9:123–131.

Rosell-Llompart, J., and J. Fernandez de la Mora. 1994. Generation of monodisperse droplets 0.3 to 4 μm in diameter from electrified cone-jets of highly conducting and viscous liquid. *J. Aerosol Sci.* 25:1093–1119.

Scheibel, H. G., and J. Porstendörfer. 1984. Penetration measurements for tube and screen-type diffusion batteries in the ultrafine particle size range. *J. Aerosol Sci.* 15:673–682.

Sinclair, D., and V. K. LaMer. 1949. Light scattering as a measure of particle size in aerosols. *Chem. Rev.* 44:245–267.

Smith, D. P. H. 1986. The electrohydrodynamic atomization of liquids. *IEEE Trans. Ind. Appl.* 1A–22:527–535.

Smith, J. P., Baron, P. A., and Murdock, D. J. 1987. Response characteristics of scattered light aerosol sensors used for control monitoring. *Am. Ind. Hyg. Assoc. J.* 48:219–229.

Spurny, K., C. Boose, and D. Hochrainer. 1975. On the pulverization of asbestos fibers in a fluidized-bed aerosol generator. *Staub-Reinhalt. Luft* 35:440–445.

Stöber, W. 1976. Design, performance and applications of spiral duct aerosol centrifuges. In *Fine Particles: Aerosol Generation, Measurement, Sampling, and Analysis*, B. Y. H. Liu (ed.). New York: Academic, pp. 351–397.

Sussman, R. G., J. M. Gearhart, and M. Lippmann. 1985. A variable feed rate mechanism for fluidized bed asbestos generators. *Am. Ind. Hyg. Assoc. J.* 46:24–27.

Tang, K., and A. Gomez. 1994. Generation by electrospray of monodisperse water droplets for targeted drug delivery by inhalation. *J. Aerosol Sci.* 25:1237–1249.

Taylor, B. N., and C. E. Kuyatt, 1994. *Guidelines for Evaluating and Expressing the Uncertainty of the NIST Measurement Results.* NIST Technical Note 1297. U.S. Government Printing Office. Washington, DC.

Tomaides, M., B. Y. H. Liu, and K. T. Whitby. 1971. Evaluation of the condensation aerosol generator for producing monodisperse aerosols. *J. Aerosol Sci.* 2:39–46.

Tu, K. W. 1982. A condensation aerosol generator system for monodisperse aerosols of different physicochemical properties. *J. Aerosol Sci.* 13:363–371.

Ulevicius, V., K. Willeke, S. A. Grinshpun, J. Donnelly, X. Lin, and G. Mainelis. 1997. Aerosolization of particles from a bubbling liquid: characteristics and generator development. *Aerosol Sci. Technol.* 26:175–190.

Vanderpool, R. W., and K. L. Rubow. 1988. Generation of large, solid monodisperse calibration aerosols. *Aerosol Sci. Technol.* 9:65–69.

Vaughan, N. P. 1990. The generation of monodisperse fibers of caffeine. *J. Aerosol Sci.* 21:453–462.

Vincent, J. H. 1995. *Aerosol Science for Industrial Hygienists.* New York: Elsevier Science, pp. 238–303.

Vincent, J. H. 2007. *Aerosol Sampling: Science, Standards, Instrumentation and Applications.* New York: John Wiley and Sons.

Vincent, J. H., and D. Mark. 1982. Applications of blunt sampler theory to the definition and measurement of inhalable dust. *Ann. Occup. Hyg.* 26:3–19.

Wall, S., W. John, and D. Rodgers. 1985. Laser settling velocimeter: aerodynamic size measurements on large particles. *Aerosol Sci. Technol.* 4:81–87.

Walton, W. H., and W. C. Prewett. 1949. The production of sprays and mists of uniform drop size by means of spinning disc type sprayers. *Proc. Phys. Soc.* B62:341–350.

Weyel, D. A., M. Ellakani, Y. Alari, and M. Karol. 1984. An aerosol generator for the resuspension of cotton dust. *Toxic. Appl. Pharmacol.* 76:544–547.

Whitby, K. T., Lundgren, D. A., and C. M. Peterson. 1965. Homogeneous aerosol generator. *Int. J. Air Water Poll.* 9:263–277.

Willeke, K., and P. A. Baron. 1990. Sampling and interpretation errors in aerosol monitoring. *Am. Ind. Hyg. Assoc. J.* 51:160–168.

Willeke, K., and B. Y. H. Liu. 1976. Single particle optical counter: principle and application. In *Fine Particles: Aerosol Generation, Measurement, Sampling, and Analysis*, B. Y. H. Liu (ed.). New York: Academic, pp. 697–729.

Yeh, H. C., and R. L. Carpenter. 1983. Evaluation of an in-line dilutor for submicron aerosols. *Am. Ind. Hyg. Assoc. J.* 44:358–360.

Yeh, H. C., Y. S. Cheng, and G. M. Kanapilly. 1983. Use of the electrical aerosol analyzer at reduced pressure. In *Aerosols in the Mining and Industrial Work Environments*, V. A. Marple and B. Y. H. Liu (eds.). Ann Arbor, MI: Ann Arbor Science, pp. 1117–1133.

Zhang, Z. Q., and B. Y. H. Liu. 1990. Dependence of the performance of TSI 3020 condensation nucleus counter on pressure, flow rate, and temperature. *Aerosol Sci. Technol.* 13:493–504.

22 粒径分布的数据分析和表达方法

Gurumurthy Ramachandran
明尼苏达大学公共卫生学院环境健康科学系，明尼苏达州明尼阿波利斯市，美国
Douglas W. Cooper
新泽西州拉姆西县（Ramsey），美国

22.1 引言

气溶胶粒子的运动与其自身的粒径有很大关系。由于来源不同，气溶胶粒径的变化范围很大：从约为分子水平到超微米水平。重力、扩散、惯性和静电机制造成的粒子沉积和传输都与粒径有关。气溶胶的一些效应，如光的散射效应以及对健康的影响也因粒径的变化而异。在选择降低空气或其他气体中粒子浓度的仪器和材料时，要考虑到所关心的粒径大小。选用采集不同气溶胶的采样器时，如冲击式采样器、沉降器和滤膜等装置，必须考虑粒径，甚至商业用气溶胶（材料制造、医用凝胶）的效用大小也由气溶胶粒径决定。

确定粒径分布需要分离出某一样本，以粒径为基础划分粒子，量化（如计数、称重）每个粒径区间内的粒子。4 种常用的气溶胶粒度分布测量方法是：①采样后用光学粒子计数器照射并检测样本，统计出每个光学当量直径区间内的粒子数量（第 13 章）；②采样后，过滤样本使之沉积，然后用光学显微镜或电子显微镜技术测定粒子的粒径和数量（第 10 章）；③用层叠的冲击式采样器取样，统计出每个空气动力学直径区间内的粒子质量（第 8 章）；④粒子加速通过感应区，根据粒子在区域内的运动状况确定粒径（第 14 章），例如在飞行时间仪器中采用此方法。在污染控制工作中，光学粒子计数器和表面分析测量方法是非常重要的，因为粒子引起的污染通常与它们的数浓度和粒径有关。在健康评价中，冲击式采样器测量法是很有用的，因为气溶胶粒子带来的风险通常与其质量和空气动力学直径有关。

有关气溶胶的大多数文章都涉及粒径和粒径分布，因为它们是非常重要的研究课题，在本书第 4 章中有介绍。此外 Knutson 和 Lioy（1995）也对此做过详细介绍。

22.2 粒径类型

描述非球形粒子的几何粒径有很多种。非球形粒子的粒径可能是它的最长尺度、最短尺度或

二者的结合形式。有时，用与该粒子等体积、等表面积或其他相关特征量的球体的直径来表示。当测量技术不能得到球形或非球形粒子的几何粒径时，经常用其他的“等效”直径来表示，如空气动力学直径、光学直径、扩散直径、电迁移当量直径等。本书的多个章节中都有对此介绍。

22.3 粒子形状

粒子形状也非常重要，即便“当量粒径”相同，不同形状的粒子也会表现出完全不同的运动状态。目前，已有大量文献关注粒子形状，其中很多文献是 J. K. Beddow 及其助手们的成果。这个领域的重要起点是 Beddow 的著作《粒子科学与技术》(1980)，而且在第二个版本（Beddow，1997）中有更多这方面的内容。Jain 等（1997）对喷雾-高温分解粒子形态学进行了深入论述，粒子形状与粒子测量有关，关于粒子形状的更多内容请见第 23 章。

22.4 粒径分布

在大多数职业和环境中，气溶胶是由很多粒径不同的颗粒组成的，也称为多分散性气溶胶。因此，用统计学术语来描述总体粒子粒径分布特征是很有用的。

颗粒物粒径数据简化的第一步为：将其分成数量相对较少的几个粒径区间或通道，表 22-1 为颗粒物粒径区间分类的一个例子。

22.4.1 平均值、中值和标准偏差

我们可以计算颗粒物的一些总体统计特征，如平均值、中值直径、粒子数分布的标准偏差等。其中算术平均直径 $\bar{d}$ 计算方法如下：

$$\bar{d} = \frac{\sum_{i=1}^{N} n_i d_i}{\sum_{i=1}^{N} n_i} \tag{22-1}$$

式中，N 为样品中颗粒物总数；n 为直径为 d_i 的颗粒物数。表 22-1 的例子中，$\bar{d} = \frac{1181.1}{832} = 1.42\ (\mu m)$。

计数中值粒径为有一半粒子粒径大于它而有一半粒子粒径小于它的粒径，表 22-1 的例子中，粒子总数为 832，第 416 个粒子的直径即为中值直径，介于 0.5～0.8μm 之间。

表 22-1 不同粒径范围的颗粒物计数

颗粒物粒径区间/μm	颗粒物计数 n_i	粒径区间中位值 d_i/μm	$n_i \times d_i$	$n_i \times (d_i - \bar{d})^2$
0.1～0.5	120	0.3	36	150.4
0.5～0.8	380	0.65	247	225.1
0.8～1.4	146	1.1	160.6	14.9
1.4～2.7	96	2.05	196.8	38.2
2.7～5.6	53	4.15	219.95	395.1

续表

颗粒物粒径区间/μm	颗粒物计数 n_i	粒径区间中位值 d_i/μm	$n_i \times d_i$	$n_i \times (d_i - \bar{d})^2$
5.6～8.9	22	7.25	159.5	747.9
8.9～12.6	15	10.75	161.25	1305.8
	$\sum n_i = 832$		$\sum n_i d_i = 1181.1$	$\sum n_i (d_i - \bar{d})^2 = 2877.4$

计数众数直径为样品中频率最高的直径。例子中，众数直径介于0.5～0.8μm之间。

标准偏差σ计算公式如下：

$$\sigma = \sqrt{\frac{\sum_{i=1}^{N} n_i (d_i - \bar{d})^2}{\sum_{i=1}^{N} n_i - 1}} \tag{22-2}$$

式中，$\bar{d}$为平均直径，由式（22-1）计算所得，利用表22-1中的计算值计算得$\sigma = \sqrt{\frac{2877.4}{832-1}} = 1.86$（μm）。

22.4.2 柱状图

表22-2中包含的数据与表22-1一致。对表22-2的前两列进行简单绘图可得图22-1。但是，这种图有一个固有的缺陷，直方图的形状与我们选择的粒径区间有非常大的关系。例如，我们可以将1.4～2.7μm与2.7～5.6μm两个粒径区间合并，组成一个新的1.4～5.6μm区间，该区间的粒子数为96+53=149（个），区间高度增加。为了防止这类问题的发生，我们可以将每微米粒径的粒子数即$n_i/\Delta d$（表22-2第4列）绘制成一个柱状图（图22-2），这种柱状图的优势在于柱子的高度不依赖于粒径区间大小。在柱状图中，每个柱子的高度为$n_i/\Delta d$，柱子的宽度为区间跨度Δd，每个柱子的面积即为粒子的数量n_i。因此，柱状图中柱子的总面积为样品颗粒物总数$\sum n_i$。

表22-2 不同粒径范围的颗粒物计数

颗粒物粒径区间/μm	颗粒物计数 n_i	粒径区间中位值 d_i/μm	$ni/\Delta d$/μm^{-1}	$\left(\frac{ni}{\sum ni}\right)/\Delta d$/μm^{-1}
0.1～0.5	120	0.3	300	0.3636
0.5～0.8	380	0.65	约1267	1.5357
0.8～1.4	146	1.1	约244	0.2957
1.4～2.7	96	2.05	约74	0.0896
2.7～5.6	53	4.15	约18	0.0218
5.6～8.9	22	7.25	约7	0.0085
8.9～12.6	15	10.75	约5	0.0060
		$\sum n_i = 832$		

图22-2仍有一个缺点，柱子高度仍然依赖于粒子数量。为了回避这个问题，我们以粒径区间内“每微米粒径的粒子百分数”代替“粒子数”来绘制柱状图。换句话说，我们绘制

$\left(\frac{n_i}{\sum n_i}\right)/\Delta d$ （图 22-3）。图 22-3 中，每个柱子的面积等于该粒径区间的粒子数比例，因此，所有柱子的总面积为 1.0。

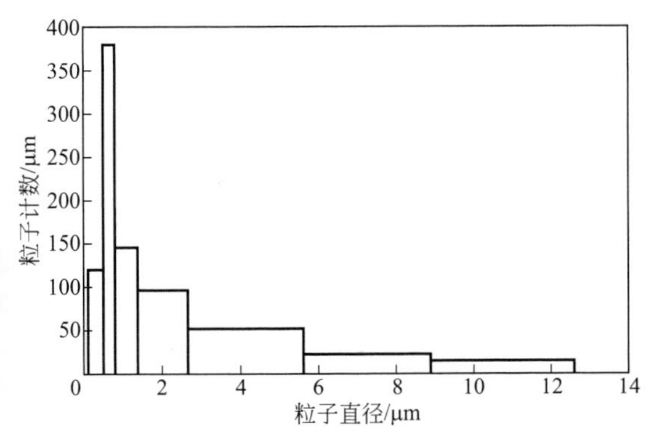

图 22-1　颗粒物粒径-粒子数柱状图

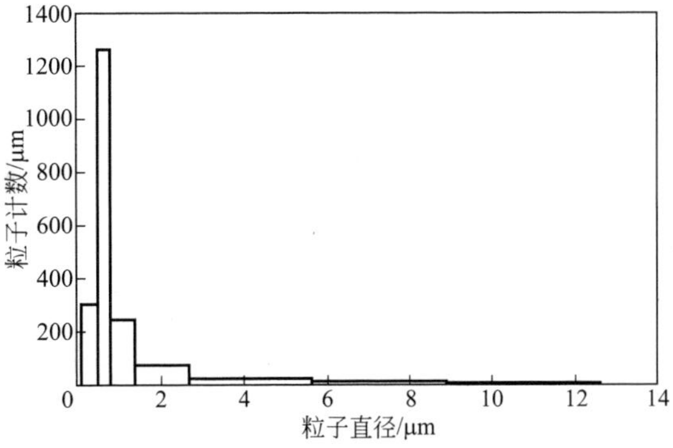

图 22-2　颗粒物粒径-每微米粒径的粒子数柱状图

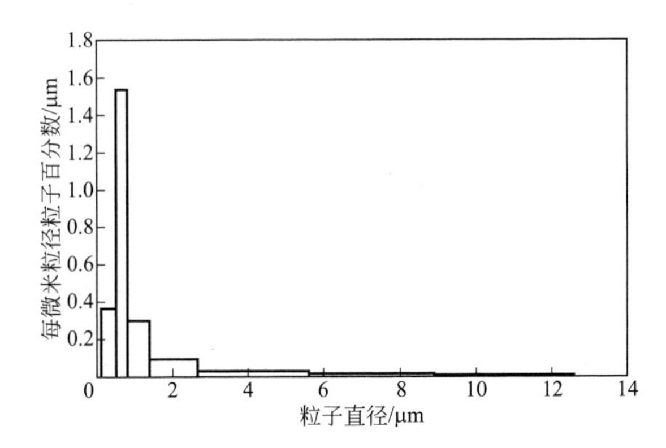

图 22-3　颗粒物粒径-每微米粒径的粒子百分数柱状图

然后，画一条平滑的曲线通过每个矩形块顶的中点，就得到了一个颗粒物粒径分布曲线（图 22-4）。当柱宽接近 0 时，柱状图就变为连续平滑的曲线。它可用函数 $n(d)$ 表示，它代表了柱状图中每微米粒径中粒子的比例，每个 $d \sim d+\mathrm{d}d$ 的微小区间内的比例为 $f(x)\mathrm{d}d$（如图 22-5 所示的阴影部分）。$n(d)$ 是概率密度函数或颗粒物粒径分布函数。就像图 22-4 柱状图所有柱子的总面积为 1 一样，曲线 $n(d)$ 下总面积也为 1。

$$\int_0^{\infty} n(d)\mathrm{d}d = 1 \tag{22-3}$$

直径范围为（a，b）时，曲线下对应的阴影面积同样可以由 $n(d)$ 的定积分得出：

$$\int_a^b n(d)\mathrm{d}d = \text{直径在 } a\text{、}b \text{ 之间的颗粒物组分} \tag{22-4}$$

累积概率分布为另一个表示颗粒物粒径信息的方式。累积粒径分布 $C(a)$ 定义为：所有直径小于 a 的颗粒物的比例，表示如下：

$$C(a) = \int_0^a n(d)\mathrm{d}d = \text{直径小于 } a \text{ 的颗粒物组分} \tag{22-5}$$

频率分布图 22-4 中的数据可以绘制成累积分布图。表 22-3 第三列显示了每个粒径范围的粒子数比例：0.1～0.5μm 为 14.4%，0.5～0.8μm 为 45.7%等。表 22-3 第四列显示了累积比例。图 22-6 为累积比例散点图，每个点代表了表 22-3 第四列中与各粒径范围上限相对应的累积比例。因此，14.4%的颗粒物粒径小于 5μm，60.1%的颗粒物粒径小于 0.8μm，100%的颗粒物粒径小于 12.6μm。如图 22-6 所示，通过这些点可以绘制一条平滑曲线。

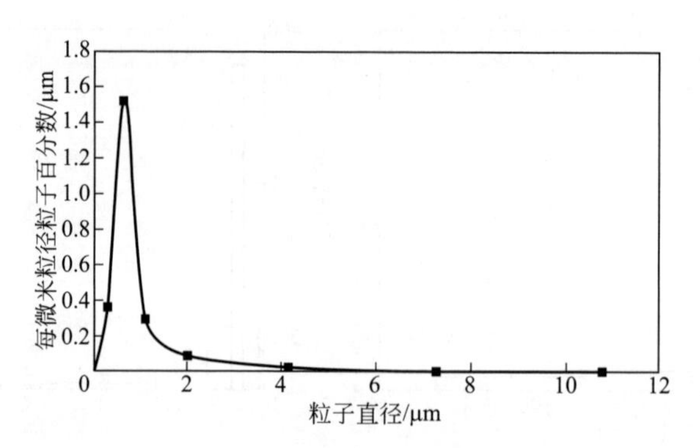

图 22-4 颗粒物粒径分布曲线

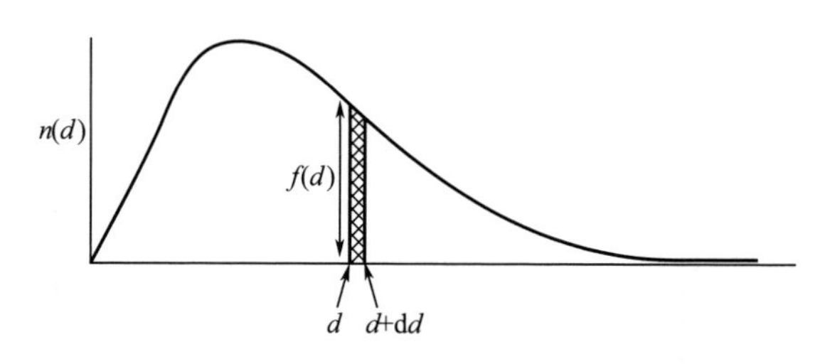

图 22-5 颗粒物粒径分布函数 $n(d)$。阴影部分是 $d \sim d+\mathrm{d}d$ 区间内的粒子比例 $n(d)\mathrm{d}d$

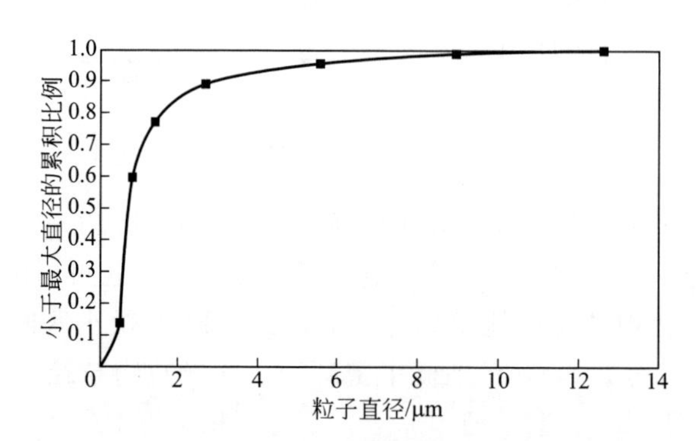

图 22-6 表 22-3 第四列的累积分布比例图

将图 22-4 中直径为 $0 \sim a$ 所对应的曲线下的面积绘图，得到图 22-6。式（22-5）证明，在连续分布中也有这一关系。因为累积分布是概率密度函数的定积分，也可以反过来说，概率密度函数（颗粒物粒径分布）是累积分布函数的微分。

表 22-3 从颗粒物计数数据获得累积粒径分布

颗粒物粒径区间/μm	颗粒物计数 n_i	颗粒物所占比例 $\frac{n_i}{\sum n_i}$	小于最大直径的累积比例 C_i
0.1～0.5	120	120/832=0.144	0.144
0.5～0.8	380	380/832=0.457	0.601
0.8～1.4	146	146/832=0.176	0.777

续表

颗粒物粒径区间/μm	颗粒物计数 n_i	颗粒物所占比例$\frac{n_i}{\sum n_i}$	小于最大直径的累积比例 C_i
1.4～2.7	96	96/832=0.115	0.892
2.7～5.6	53	53/832=0.064	0.956
5.6～8.9	22	22/832=0.026	0.982
8.9～12.6	15	15/832=0.018	1.000
	$\sum n_i=832$	$\sum\frac{n_i}{\sum n_i}=1.000$	

累积分布可以转化为频率分布，最常用的办法是，用某一直径的累积分布值 $C(d_2)$ 减去较小直径的累积分布 $C(d_1)$，然后除以两个直径的差：

$$n(d)\approx[C(d_2)-C(d_1)]/(d_2-d_1) \tag{22-6}$$

$f(d)$ 中的 d 值通常取 d_1 和 d_2 的平均值，即：

$$d=(d_2+d_1)/2 \tag{22-7}$$

22.4.3 连续分布

当柱状图柱宽接近于 0 时，柱状图变成一条光滑连续的曲线，定义为 $f(d)$。当颗粒物数量无限多时，任何 $d\sim d+\mathrm{d}d$ 这一微小区间的颗粒物比例为 $f(d)\mathrm{d}d$。

同样，当测量值无限多时，$d=a$ 和 $d=b$ 之间的观测值的比例为阴影面积，也等于 $f(d)$ 的定积分，即：

$$\int_a^b f(d)\mathrm{d}d=a\text{ 和 }b\text{ 之间的颗粒物}$$

式中，$f(d)\mathrm{d}d$ 为单个离子粒径介于 $d\sim d+\mathrm{d}d$ 之间的概率；$f(d)$ 为概率密度函数；定积分 $\int_a^b f(d)\mathrm{d}d$ 则为某个测量值介于 $a\sim b$ 之间的概率。

利用概率密度函数可以计算 $\bar{d}$：

$$\bar{d}=\int d f(d)\mathrm{d}d \tag{22-8}$$

也可以计算一系列观测值的标准偏差：

$$\sigma_{\mathrm{d}}=\sqrt{\int(d-\bar{d})^2 f(d)\mathrm{d}d} \tag{22-9}$$

22.4.4 正态（高斯）分布

测量值不确定度在某中心值附近对称分布，且有正值和负值，适合用对称正态分布。用 μ 表示测量值 x 的真值，测量值 x 受很多小的随机性误差影响，系统性误差忽略不计。这种情况下，测量值的分布将是一个对称的“钟形曲线”，其中心为真值 μ，描述这个曲线的数学函数就称为正态分布或高斯分布。用中值或平均值（μ）以及标准偏差（σ）两个参数来描述正态分布。对于呈高斯分布的颗粒物粒径，平均值是粒径总和除以粒子总数，它可以度量粒径的集中趋势。标准偏差是粒径平方与平均粒径平方之差的平均值的平方根，表示粒径的分散程度。

$$G_{\mu,\sigma}(x)=\frac{1}{\sigma\sqrt{2\pi}}\mathrm{e}^{-\frac{(x-\mu)^2}{2\sigma^2}} \tag{22-10}$$

式（22-11）中的定积分给出了测量值在（$\mu-Z\sigma$，$\mu+Z\sigma$）范围内的概率，用标准函数 $G_{\mu,\sigma}(x)$ 可以计算出测量值在均值 μ 附近的 Z 倍标准偏差（$Z\sigma$）内的概率，表达如下：

$$\text{可能性(测量值在 } \mu\pm Z\sigma \text{ 内)}=\int_{\mu-Z\sigma}^{\mu+Z\sigma}G_{\mu,\ \sigma}(x)\mathrm{d}x=\frac{1}{\sigma\sqrt{2\pi}}\int_{\mu-Z\sigma}^{\mu+Z\sigma}\mathrm{e}^{-\frac{(x-u)^2}{2\sigma^2}}\mathrm{d}x \tag{22-11}$$

通过大多数基础统计学书籍里的表格，可以计算出这个积分，其值大小等于积分上限和下限之间曲线所包含的面积。图 22-7 形象地展示了这一概念，同时也展示了变量 Z 的一些积分值表格。

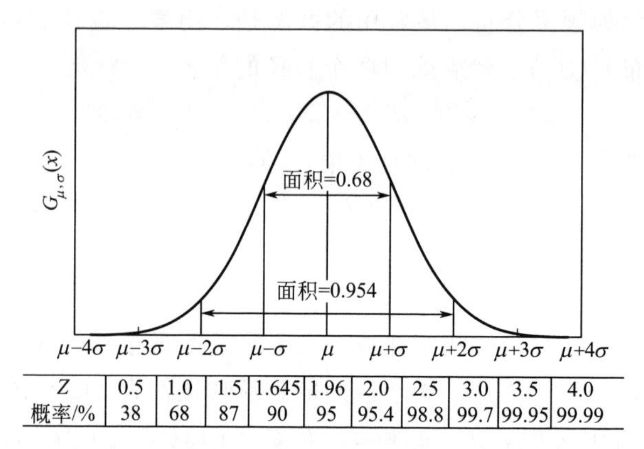

Z	0.5	1.0	1.5	1.645	1.96	2.0	2.5	3.0	3.5	4.0
概率/%	38	68	87	90	95	95.4	98.8	99.7	99.95	99.99

图 22-7 平均值为 μ、标准差为 σ 的正态分布/高斯分布。表中展示了 $\mu\pm Z\sigma$ 区间曲线下的面积，也是在 Z 平均值标准差内的测量值的概率

当有大量的附加小因子影响一个变量时就会出现正态分布，否则，这个变量就只有一个值。在气溶胶科学中，当粒子粒径接近统一、分布接近单分散性时，能出现正态分布，例如，用以校准颗粒物测量仪器的聚苯乙烯乳胶球粒子，或振动孔口发生器或转盘发生器中产生的液滴。

22.4.5 对数正态分布

在气溶胶科学和技术中，对数粒径分布比正态分布更常见。与粒径平均值相比，粒径分布的标准偏差的值较大，在非负正态分布中不会出现这种情况。这种分布在数学上通常用对数正态分布表示。当大量因子（大于或小于 1 均可）乘上一个变量时就会得出对数正态分布。

符合高斯（“正态”）分布的 lg$x$ 就是对数正态分布（Aitchison 和 Brown，1957；Fuchs，1964；Hinds，1999；Crow 和 Shimizu，1988；Heintzenberg，1994）。对数正态分布来自于：大物体等比例分裂成小物体（Kolmogorov，1941；Epstein，1947），或某种小物体凝聚成大块物体（Friendlander，1977）。当生长常数 $k(i)$ 是正态分布时，聚集或分裂过程 $\mathrm{d}x(i)/\mathrm{d}t=k(i)\ x(i)$ 就是对数正态分布。变量 $x(i)$ 与物体尺寸 i 有关，尤其与物体体积有关。许多气溶胶粒子的粒径分布都近似符合对数正态分布。Gentry（1977）分析了用简化测量方法得到的参数。

人们发现，纤维的长度分布和长度-重量直径分布也近似符合对数正态分布（Fogel 等，1999）。Christensen 等（1993）提出一些反例。Myojo（1999）利用一个假设——长度符合对数正态分布，以及蒙特卡罗模型——纤维与矩形滤膜栅格的作用模型（Cooper 等，1978），他指出，纤维通过栅格的透过率取决于它的长度与栅格宽度的比值，此外，还列出了纤维气溶胶的参考数据清单。

因此，气溶胶的粒径分布很少是对称的，多为典型的偏态分布，右边拖尾长。虽然颗粒物的粒径分布通常为偏态分布，但其对数常常为对称分布，用正态分布可以很好地描述其分布形式。因此，颗粒物粒径分布也通常称为对数标准分布。

如同用均值和标准差来描述正态分布一样，我们用几何平均值和几何标准差来描述对数正态分布。几何平均直径 d_g 的计算公式为：

$$\lg d_g=\frac{\sum_{i=1}^{N} n_i \lg d_i}{\sum_{i=1}^{N} n_i} \tag{22-12}$$

几何标准差的计算公式为：

$$\lg\sigma_g=\sqrt{\frac{\sum_{i=1}^{N} n_i(\lg d_i-\lg d_g)^2}{\sum_{i=1}^{N} n_i-1}}=\sqrt{\frac{\sum_{i=1}^{N} n_i\left(\lg\frac{d_i}{d_g}\right)^2}{\sum_{i=1}^{N} n_i-1}} \tag{22-13}$$

式（22-12）、式（22-13）与式（22-1）、式（22-2）相似，只是将直径变成了对数形式。表 22-1 中的数据可以用来证明表 22-4 中几何平均值和几何标准差。

$$\lg d_g=\frac{\sum n_i \lg d_i}{\sum n_i}=\frac{-30.67}{832}=-0.036 \tag{22-14}$$

$$d_g=10^{-0.036}=0.921(\mu m) \tag{22-15}$$

$$\lg\sigma_g=\sqrt{\frac{107.04}{831}}=0.36 \tag{22-16}$$

$$\sigma_g=10^{0.36}=2.29 \tag{22-17}$$

几何标准差由直径比值计算而来，因此是无量纲的，如式（22-16）所示。上述计算过程采用的是以 10 为底的对数，然后计算 10 的指数，若采用自然对数（也就是以 e 为底的对数）计算，其结果不变。

表 22-4 几何平均值和几何标准差的计算

颗粒物计数 n_i	粒径区间中位值 d_i/μm	$\lg d_i$	$n_i\lg d_i$	$n_i(\lg d_i-\lg d_g)^2$
120	0.3	−0.52	−62.7	28.45
380	0.65	−0.19	−71.1	8.67
146	1.1	0.04	6.04	0.87
96	2.05	0.31	29.93	11.61
53	4.15	0.62	32.76	22.67
22	7.25	0.86	18.93	17.68
15	10.75	1.03	15.47	17.09
	$\sum n_i=832$		$\sum n_i\lg d_i=-30.67$	$\sum n_i(\lg d_i-\lg d_g)^2=107.04$

对数正态分布可用正态分布相似的形式表达：

$$L(d)=\frac{1}{d\ln(\sigma_g)\sqrt{2\pi}}e^{-\frac{(\ln d-\ln d_g)^2}{2\ln^2\sigma_g}} \tag{22-18}$$

图 22-8 为一对数正态分布的粒子，对 X 轴进行对数转换，函数分布即转变成正态函数（如高斯函数），转换后适用正态分布的性质，如 68%的粒子的粒径在 $\exp(\ln d_g \pm \ln\sigma_g)$ 范围内，中值是第 50 百分位处的粒径，并等于正态分布的几何平均值。常见的中值有数量中值、面积中值、放射性（放射能）中值、体积中值和质量中值。对数正态分布的几何标准偏差 σ_g 是第 84 百分位与第 50 百分位的粒径之比，并且还等于第 50 百分位与第 16 百分位的粒径之比，即：

$$\ln\sigma_g=\ln d_{84}-\ln d_{50}=\ln\frac{d_{84}}{d_{50}}=\ln\frac{d_{50}}{d_{16}} \tag{22-19}$$

或者

$$\sigma_g=\frac{d_{84}}{d_{50}}=\frac{d_{50}}{d_{16}} \tag{22-20}$$

由此可以看出，单分散性气溶胶（所有粒子粒径相同）的几何标准差为 1.0。利用表 22-1～表 22-4 里的数据制图，可以得到一条与图 22-4 类似的曲线，除了 X 轴表示颗粒物粒径对数值，Y 轴表示粒径对数值对应的粒子比例，计算结果如表 22-5 所示，所得图形见图 22-9。如表 22-5 中第三列所示，某粒径范围内所有粒子的粒径假设都等于粒径区间的中值，那么每一粒径区间的数量比例应该除以区间中最大粒径对数和最小粒径对数的差值。比较图 22-4 与图 22-9 可以看出，对数转换后粒径分布更对称且更接近正态分布。

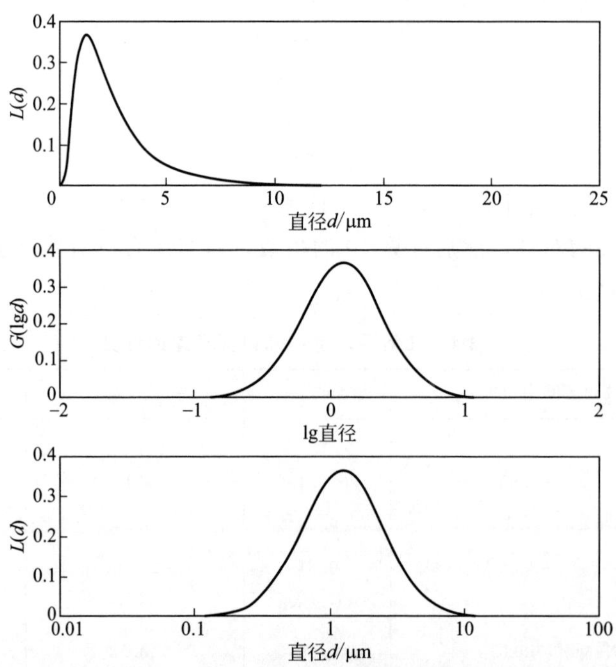

图 22-8 上图：不对称分布的粒子直径的对数正态概率密度函数（$d_g=2\mu m$；$\sigma_g=2$）；中图：对粒子直径进行对数转换的对数正态概率密度函数，转换使分布对称；下图：和中图一样，只是将 X 轴变成了 lg 值的轴

表 22-5 粒径对数值和每个粒径对数值的比例的计算

颗粒物粒径区间 /μm	颗粒物计数 n_i	粒径区间中位值 d_i /μm	$\lg d_i$	$\Delta\lg d = \lg d_2 - \lg d_1$	$\left(\frac{n_i}{\sum n_i}\right)/\Delta\lg d$
0.1～0.5	120	0.3	−0.52	0.70	0.21
0.5～0.8	380	0.65	−0.19	0.20	2.24
0.8～1.4	146	1.1	0.04	0.24	0.72
1.4～2.7	96	2.05	0.31	0.29	0.40
2.7～5.6	53	4.15	0.62	0.32	0.20
5.6～8.9	22	7.25	0.86	0.20	0.13
8.9～12.6	15	10.75	1.03	0.15	0.12
$\sum n_i = 832$					

利用以上数据，我们也可以绘制出一条与累积数量分布曲线（图 22-6）类似的累积质量分布曲线。然而对于对数正态分布，绘制概率图的数据在分析过程中要经过大量简化，将在 22.6.5 中介绍。

表 22-6 中列出了不同粒径区间曲线下的面积，粒径是依照不同正态统计 Z 值的几何平均值和几何标准差而分的。

表 22-6 不同 Z① 值的粒径 $\frac{d_{50}}{\sigma_g^Z} \sim d_{50} \times \sigma_g^Z$ 之间的曲线下的面积

粒径区间 $\frac{d_{50}}{\sigma_g^Z} \sim d_{50} \times \sigma_g^Z$	粒径区间曲线下的面积	粒径区间 $\frac{d_{50}}{\sigma_g^Z} \sim d_{50} \times \sigma_g^Z$	粒径区间曲线下的面积
$Z=1$	0.68	$Z=2$	0.954
$Z=1.645$	0.90	$Z=3$	0.997
$Z=1.96$	0.95		

①中值为 d_{50}，几何标准差是 σ_g。

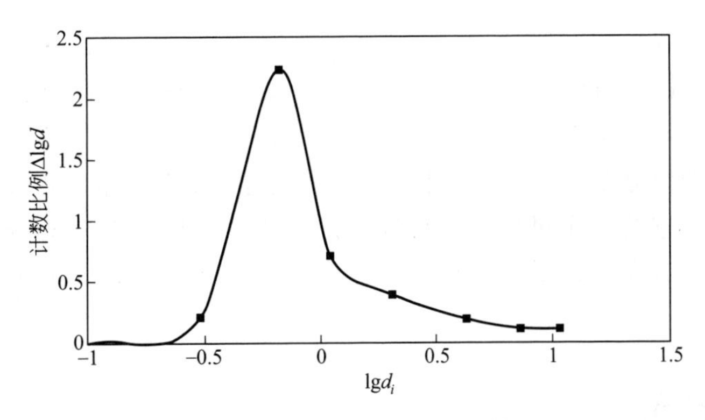

图 22-9 根据表 22-5 中数据绘制的图

22.4.6 幂律分布

幂律频数分布的定义为：

$$f(d) = ad^b \tag{22-21}$$

b 是某个小于 0 的幂。累积幂率分布是：

$$F(d)=\left(\frac{a}{b+1}\right)d^{b+1} \tag{22-22}$$

在大气科学中，为了纪念这个领域的重要贡献者 C. Junge，常把幂率分布称为“Junge”分布。累积粒径分布与粒径的立方的倒数近似成比例，这时 $b=-4$。

幂律频数分布只是一个有用的近似分布。根据这个分布，人们能很容易地预测出整个气溶胶粒子而不仅是单个粒子的运动状态。例如，气溶胶的沉积速率近似于幂律分布，那么，流量（沉积速率乘以浓度）分布亦为幂律函数。

材料细分的过程可以产生幂律分布。过程中破碎速度与材料大小成比例关系。这个机理可以解释为什么磨损过程产生的气溶胶可以很好地符合幂律分布。幂律分布对研究凝聚形成的不规则分形材料也很有用，而且凝聚速度与粒径的幂也成比例关系。Mandelbrot 详细调查了分形的几何学性质（1977）。Kaye（1989）在文章中举出了许多分形粒子的图例，并且其中有一部分专门论述了“分形几何学和气溶胶物理学”。在 Fayed 和 Otten（1997）的粉尘手册中，Faye 还写了关于粒径和形状特征的两个章节。分形维数可以从粒子图像中识别出来。

应用“多分形”分析的方法，本质上是将直线拟合到 Richardson lg［P（周长）］和 lg［L（步长）］散点图中。Ramachandran 和 Reist（1995）利用分形描述技术，研究了凝聚/蒸发对凝聚体形状的影响。在 Richardson 图形中，斜率变化处的粒径是凝聚体中主要粒子的粒径。测量了重要的工业粉尘的氮吸附等温线后，用表面分形维数（surface fractal dimension）描述这些粉尘，尽管其分辨率相对较低，但事实证明这是一种好方法（Wu，1996）。多重分形分析也用于分析粒子浓度测量中的时序数据，以得到分形的时间“长度”。关于分形粒子，第 23 章有更多的讨论。

22.4.7 其他分布

不同环境中还存在其他分布：如适用于粗糙粉尘和喷雾的 Rosin-Rammler 分布（Lefebvre，1989）、适用于粉尘的指数分布、适用于喷雾的 Nukiyama-Tanasawa 分布、适用于某些粉尘的指数分布、适用于云滴的 Khrgian-Mazin 分布等。更多的信息可参考 Fuchs（1964）和 Hinds 等（1999）的文章。McCartney（1976）详细描述了反映大气气溶胶（“霾”）的光散射效应的修正 γ 函数，它是粒径的幂次方乘以粒径的负指数，这个函数带有 4 个可调的常量。有些情况下，要应用 Christiansen 和 Hartmann 在 Syvitski（1991）提出的 4 个参数的双曲线分布——此分布中的特殊形式包括正态分布、对数正态分布、拉普拉斯分布和指数分布，它的 4 个可变参数可以灵活地适应各种数据。Bunz 等（1987）用 lgβ 分布表示气溶胶粒子分布。这里提到的分布都是单峰分布，但多峰分布可由单峰分布叠加而得。

22.5 浓度分布

不管是自然环境中还是诸如车间之类的室内环境中，气溶胶浓度不是恒定不变的。人们发现了浓度值的分布规律，浓度变化取决于随时间变化的数据收集方式，收集方式的变化可增加粒径分布的误差。通常分析浓度分布的方法与粒径分布是相同的，如样本粒径、样本数量的平均值和标准偏差。后面将介绍正态分布、对数正态分布、泊松分布。

22.5.1 正态分布

浓度的正态分布并不常见。如上所述，正态分布是由大量个例（正或负）叠加效应产生的。有时，仪器自身有很多可变因素，在用它的结果表示气溶胶浓度的一个相对常量时，其数据结果近似符合正态分布。

22.5.2 对数正态分布

浓度的对数正态分布在室内和车间环境中比较常见。对数正态分布由大量个例乘法效应得到，它也可以通过速度公式（速度为变量）计算得到。浓度的几何平均值和标准偏差完全可以描述浓度的对数正态分布。

22.5.3 泊松分布

泊松分布是非常有用的近似分布，它描述平均数浓度稳定的气溶胶粒子的计数数据。尽管浓度稳定，但粒子进入采样器是存在一定概率性的，这会使得数浓度产生一些变化。

第 i 个时间区间内的粒子数记作 $n(i)$。样本区间内粒子的计数平均值记作 μ，标准偏差记作 σ。泊松分布的平均值等于方差，即 $\mu=\sigma^2$，因而计数的标准偏差可以由计数平均值的平方根获得。

把许多区间内的粒子数累积起来可得到一个长的持续时间的样本，而这个持续样本的估算标准偏差等于总计数（total counts）的平方根。这个总计数是总样品计数平均值的最佳估算方式。标准偏差和平均值的比值与总计数的平方根成反比。这表明，总计数的不确定度百分比随总计数平方根的减少而增加。

对于泊松分布，在一个样本区间内，从一个均值为 μ 的样本中获得一个计数为 n 的个例的概率为：

$$P(n|\mu)=\frac{\mu^n\exp(-\mu)}{n!} \tag{22-23}$$

这种分布适用于以下情况：用光学粒子计数器分析浓度稳定的气溶胶的各个时间区间内的粒子数量，或检测在相同时间内持续暴露于恒定浓度气溶胶中的相同表面积。

泊松分布的一个简单的应用是，当时间区间内没有粒子时，估计出实际粒子计数量的上限，即：

$$P(0|\mu)=\frac{\mu^0\exp(-\mu)}{0!} \tag{22-24}$$

$$P(0|\mu)=\exp(-\mu) \tag{22-25}$$

注意，如果 $\mu=2.3$，概率则只有 10%，$P(0\mid 2.3)=0.1$，$n=0$ 的粒子会被发现。假设 $\mu=4.6$，概率则为 1%的可能性，$n=0$ 的粒子会被发现，以此类推。即区间内的真实平均计数区间小于等于 2.3μm 时，置信度为 90%，$\mu\leqslant4.6$ 时，置信度为 99%。

验证稳定、统一的计数浓度分布时，可将泊松分布作为期望分布或假想分布，验证方法采用 χ^2 检验法，后面 22.8.3 中将讨论。

泊松分布的另外一个应用是模拟两个或多个粒子（或它们的信号）在某区间（时间或空间）内的同时出现，后面（22.9 节）将讨论。

平均值如果远大于 10，泊松分布将非常近似于正态分布（只代入整数进行计算）。把总计数的平方根作为变量，可以使泊松分布变得更接近于正态分布（取整数）（Box 等，1978）。

将计数数据开平方，不仅可以使泊松分布的标准偏差更加稳定（趋近于 0.5），而且方便作计数图，计数量可以是包括 0 在内的一个大范围。如果用对数转化，作图将很困难。通过开方，0～10000 与不开方时 0～100 表示相同的刻度范围。

22.5.4 Hatch-Choate 关系

几何平均值（对数正态分布的几何平均值等于中值）和几何标准偏差可以总体上描述对数正态分布。这两个参数通常由数量或质量分布得到，对应的直径中值就叫做“数量中值直径”和“质量中值直径”。有时用表面或动力学中值直径。中值直径的定义是：比中值直径小的粒子占了一半的（50%）数量、质量、表面或活度。当然，偶尔也用其他百分位数（如 90%）描述直径。对数正态分布的几何标准偏差与所测得直径的幂无关，因此，无论是粒子数量分布还是质量分布，σ_g 都不变。

对数正态分布的各个直径之间是相关联的。Hinds（1999）提出了对数正态分布中，各个平均数之间以及各个中值之间的“Hatch-Choate”关系，由此可得出下面的公式，其中 MMD 为直径中值质量，SMD 为表面积中值直径，LMD 为长度中值直径，CMD 为数量中值直径：

$$\text{MMD}=\text{CMD}\exp[3(\ln\sigma_g)^2] \tag{22-26}$$

$$\text{SMD}=\text{CMD}\exp[2(\ln\sigma_g)^2] \tag{22-27}$$

$$\text{LMD}=\text{CMD}\exp[1(\ln\sigma_g)^2] \tag{22-28}$$

$$\text{模态直径(modal diameter)}=\text{CMD}\exp[-1(\ln\sigma_g)^2] \tag{22-29}$$

$$\text{质量平均直径}=\text{CMD}\exp[3.5(\ln\sigma_g)^2] \tag{22-30}$$

通常，MMD 远大于 CMD。例如，如 $\sigma_g=2$，那么 $\text{MMD/CMD}=\exp[3\ln(2)^2]=4.23$。$\sigma_g=2$ 是多分散性气溶胶的典型的几何标准偏差。如 $\sigma_g=3$，那么 MMD/CMD 则为 37.4。图 22-10 为假设的颗粒物数量的对数正态分布曲线，同时也标出了数量中值、数量模态、表面积中值和质量中值直径。以上这些关系可以在一些标准气溶胶试验中找到（如 Hinds，1999）。关于对数正态分布中“Hatch-Choate”关系的另一本参考书是 Reist（1984）的专著。Heintzenberg（1994）不仅给出了对数正态分布中常见的关系，还给出了含对数正态函数的积分公式。

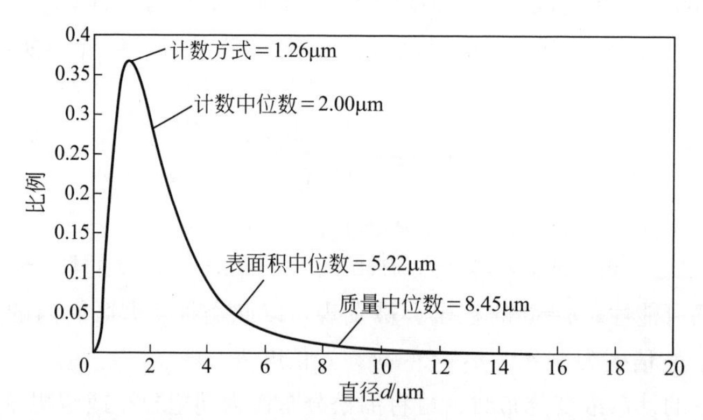

图 22-10 中位数为 2μm、几何标准差为 2.0 的对数正态分布曲线，显示了表面积中位值和质量中位值直径

然而，很少有气溶胶会如此符合对数正态分布。因此，除接近于单分散性的气溶胶（$\sigma_g=1$）

外，数量中值直径和几何标准偏差不一定能准确地估算质量中值直径，反之亦然。这样，从冲击式采样器得到的质量数据，就不能保证数量中值直径估算值的准确性，而且，从光学粒子计数器得到的数据也不能保证质量中值直径估算值的准确性，除非是接近单分散性的气溶胶。无论是用Hatch-Choate关系进行估算，还是用本章前面提到的表格计算方法进行估算，都是如此。

对数正态分布的另一个好处是，它可以简化粒径分布分析。这样，当对数正态分布的气溶胶以S形穿透曲线穿过装置后，就可以近似用累积对数正态函数表示。穿过装置的气溶胶的粒径分布本身近似于对数正态分布。因此，可以很容易地从采样口分布和穿透函数中推导出它的参数(Cooper，1982)，穿透分数也很容易确定。

22.5.5 幂律分布的首要问题——线性回归

对 $x(i)$、$y(i)$ 数组集合应用最小二乘法得到线性方程 $y=mx+b$，这种方法叫线性回归，直线的斜率 dy/dx 为 m，截距为 b($x=0$ 时的 y 值)。最小二乘法可以估算出最小 $\sum(y[i]-mx[i]-b)^2$ 值的 m 和 b。大多数统计学文章中都给出了 m 和 b 的估算公式，如 Hays 和 Winkler (1971) 或 Draper 和 Smith (1981) 的文章，这些公式是各种计算机程序的基础，也就是现在用的回归分析。

计算机程序不仅能算出 m 和 b 的最优估计值，还能算出估计值的不确定性，即 m 和 b 的标准误差 SE(m) 和 SE(b)。这些标准误差类似于变量 x 的平均标准误差。如果数据符合线性回归的假设，那么置信区间 $m\pm1.0\text{SE}(m)$ 内有真实斜率的置信概率为 68%，$m\pm1.96\text{SE}(m)$ 的置信区间内有真实斜率的置信概率为 95%，置信区间 $b\pm\text{SE}(b)$ 和 $b\pm1.96\text{SE}(b)$ 与真实截距之间的关系也是同样道理。

数据越多，数据中的误差就越小，斜率和截距的置信区间就越窄。线性回归下的假设很少完全成立，这些假设是：①y 与 x 是完全线性相关；②测定的自变量 $x(i)$ 没有误差；③因变量 $y(i)$ 的值仅有一个符合高斯分布且均值为 0 的附加误差，且其标准偏差恒定。因为这些假设很少完全成立，所以与置信区间相关的概率最多只是近似值。如果自变量 x 确实含有一个误差，那么斜率就会错误地偏向于零。这种情况下，截距也会偏离。

如果对一个幂律分布取对数，那么这种幂律关系就会变成线性关系：

$$f(d)=ad^b \tag{22-31}$$

$$\lg f(d)=\lg a+b\lg d \tag{22-32}$$

$$F(d)=[a/(b+1)]d^{b+1} \tag{22-33}$$

$$\lg F(d)=\lg[a/(b+1)]+(b+1)\lg d \tag{22-34}$$

为了保证当 d 趋近于无穷时，累积分布函数趋近于 1，应当设定一个最小直径。累积粒径分布的对数与粒径对数之间的关系，可以很容易地用线性回归来表示。可以在双对数坐标轴上简单地绘出 $\lg F(d)$-$\lg d$ 关系曲线或 $F(d)$-d 关系曲线，并根据数据画出最合适的直线。利用线性回归组是更好的选择，与其说是提高准确度（注意，回归假设很少完全成立），不如说是客观服从主观，并且这样还可以由其他方法进行复验。因此，基于正态分布的置信区间可以构建 b 和 a 表征，此后的目标就是拟合模型：$f(d)=ad^b\varepsilon$。其中，$\ln(\varepsilon)$为正态分布。

图 22-11 (a) 是线性回归得出的假设数据和最优直线。注意，y 的标准偏差与 x 无关的假设明显不可靠，因为当 y 减小时 y 值的分散度增大。最好把 y 转化成 $\lg y$ 或 $y^{0.5}$ 后再尝试用回归分析。也可以试着表示一下 $\lg y$-$\lg x$ 关系。图 22-11 (b) 中，为 $\lg y$ 和 $\lg x$ 的拟合关系，此时 $\lg y$ 标准偏差与 $\lg x$ 无关。

常用相关系数（$-1<r<1$）表示 y 与 x 的线性相关程度，但这可能是误导。与 y 在 x 范围内的变化相比，y 的误差越小，相关系数就越好，关系线与数据拟合得也就越好。注意，如果从一个大范围内选取 y，则会有较大的误差（y 的误差），但相关系数仍较大（$|r|$ 接近于1）。同样，如果样本数量很少，即使变量之间不存在潜在关系，从中得到的相关系数也会很高。

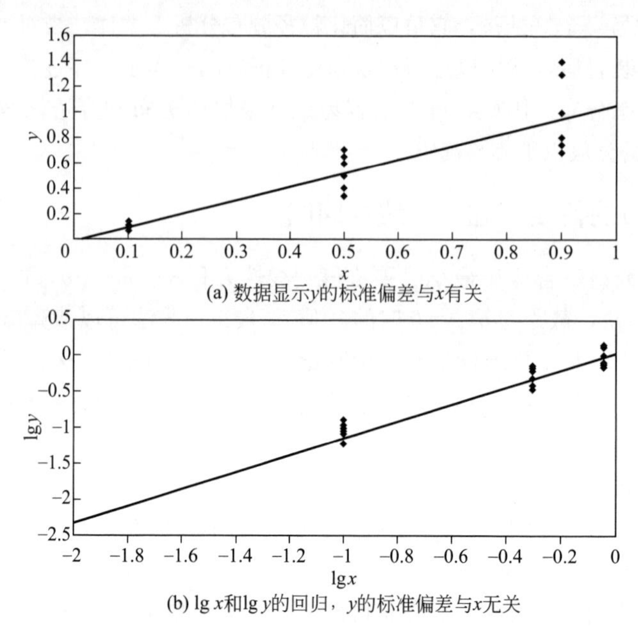

图 22-11 用最优线性最小二乘回归线拟合得出数据的例子

22.6 粒径分布绘图摘要

Cleveland（1985）提出一些制图建议：

① 选择合适的图例，使得图形更全面、更简洁。

② 选择易识别的数据符号。

③ 仔细检查图标、刻度线、说明、数据等没有问题。

④ 确保数据元素充足且清楚，以保证数据再现和粒径分布的任何变化。

⑤ 突出数据。

⑥ 仅保留必需的数据元素。

⑦ 在图的周围标上刻度线，在矩形“数据区”外标上核对符号。

⑧ 尽可能把数据标志、标题等放在数据区以外。

⑨ 解释所有误差线（例如标准偏差、标准误差）。

⑩ 选择合适的坐标轴刻度以减少空白空间（例如，不一定总是标出零点）。

⑪ 选择合适的坐标轴刻度以有助于读者做出结论（例如，研究幂律分布 $y=ax^b$ 时用双对数坐标）。再补充一点，即在比较两个或多个图形时，坐标轴应尽量一致。

22.6.1 累积分布与频数分布的表达方法

人们所熟悉的正态频数分布的钟形曲线，很容易地表示出了这种分布的位置和宽度。多个分布叠加构成的分布，也能用这种频数分布方便、清楚地表达出来，如不止有一个局部峰值多峰分布。如果频数分布的组分不止一个，它就可能变成一个形状不易用肉眼识别的累积分布。如要确定两个粒径之间的分布的百分比，用频数分布的形式就很难办到，因为必须求出曲线下的面积积分。改变区间的宽度或把自变量从线性级数变成对数级数，可以使频数分布的形状产生很大变化。

累积分布形式与频数分布所含信息相同。从中值（第 50 百分位处）可以推出分布的中央位置，从两个百分位之间的差异可以估计出分散度。如第 16 与第 84 百分位或第 25 与第 75 百分位，称为四分位区间（inter-quartile range）。累积分布相减，就能很容易地得到两个粒径间的百分数，而不需要用对频数分布进行积分（面积的估计值）这种烦琐的方法。通过转换，可以把一些累积分布变成简单合适的直线。

绘图的另一个好处是可以判定分布假设是否有效以及数据中是否存在异常点。这样看来，累积粒径分布似乎要优于频数粒径分布。

22.6.2 绘图数据与合适的曲线

绘制一个或几个分布图时，把数据和最适曲线在同一个图中表示出来才完全清晰。每条曲线都有助于人们进行总结分析，而且，图上显示的数据也有助于其他人了解曲线的作用，或有助于他们进行进一步分析。也可以把数据列成表格。绘制最适曲线的最简单方法是使用能把累积分布关系转变成直线的坐标轴。

22.6.3 在线性轴上绘图

粒径数据指每个粒径区间内的粒子数（质量）。用数据除以总计数量（质量）可得到累积分布在 $d(i)$ 区间内的微分 $dF[d(i)]$。将 dF 积分，就可以得到累积分布函数 $F(d)$。

如果用线性坐标轴绘制 $F(d)$-d 的关系线得出一个非常对称的 S 形曲线，那么此分布很可能是正态分布或近似正态分布；如果曲线有些像 S 形，但大直径部分比小直径部分的延伸范围广，那么这个分布很可能是对数分布或近似对数分布；如果 $F(d)$ 曲线是一条直线或只有一个弯曲而不是两个，那么很可能是幂律分布。这些绘图方法后面都将提到。

22.6.4 在变换轴上绘图

累积正态粒径分布可在坐标轴上以直线表示，纵坐标上的百分位是等间隔的多元概率比（probit）（正规偏差值），横坐标单位是 μm（或其他长度单位）。多元概率比反映的是在真实的正态分布中，百分位数值偏离平均值多少个标准偏差。第 50 百分位的多元概率比为 0，第 16 和第 84 百分位的正规偏差值分别为－1 和 1 等。表 22-4 给出 17 对百分位数值与对应的多元概率比，可以从大多数的统计学课本和便携式计算器或电脑程序中查到更多的对应值。

表 22-7 百分位数值与对应的多元概率比

百分位数/%	多元概率比	百分位数/%	多元概率比
00.003	－4.0	00.621	－2.5
00.023	－3.5	02.275	－2.0
00.135	－3.0	06.681	－1.5

续表

百分位数/%	多元概率比	百分位数/%	多元概率比
15.866	−1.0	97.725	+2.0
30.854	−0.5	99.379	+2.5
50.00	+0.0	99.865	+3.0
69.146	+0.5	99.977	+3.5
84.134	+1.0	99.997	+4.0
93.319	+1.5		

这个范围内的其他多元概率比可由近似公式得出：

$$多元概率比=4.9[F^{0.14}-(1-F)^{0.14}] \tag{22-35}$$

多元概率比-线性轴组成一个坐标系，把累积正态分布的数据及粒径绘在坐标系内，就可得到一条直线。然而，数据很少是完全正态的，所以需要预测直线的标准偏差。在绘制近似正态分布数据的最适直线时，最好直接利用上面的公式计算平均值 M 和标准偏差 s，而不要利用线性回归求曲线的斜率和截距。在累积正态概率曲线上的点的多元概率比是：

$$多元概率比=(d-M)/s \tag{22-36}$$

对数分布的自变量一般是粒径的对数。因为对数是无量纲参数，变量就是 $\lg(d/d_0)$（d_0 常以微米计）。

最后，可以较容易地绘出幂律气溶胶的累积分布，在线性轴上绘出 $\lg F$-$\lg(d/d_0)$ 或在对数轴上绘出 F-d/d_0。

22.6.5 绘制对数概率曲线

分析累积对数正态分布数据的简便方法是绘制对数概率图，X 轴为小于各粒径区间最大粒径值的颗粒物累积百分数（数量、质量或其他任意指标），Y 轴为粒径区间的上限。X 轴上的概率刻度在50%处压缩而在尾巴附近伸展。对数概率图有一个方便之处是呈对数正态分布的数据累积分布图为一直线。表 22-8 列出了几个粒径范围的质量数据。第三列为小于相应粒径区间上限的颗粒物累积质量，第四列为相应的百分比。图 22-12 为相应的对数概率图，这些数据可以拟合成一条直线。图 22-12 中，我们只是用折线将数据点连起来，可以将除最后一点外的所有点拟合成一条直线。如果拟合的直线是合理的，那么我们可以假设颗粒物的粒径分布为对数正态分布，50%处对应的拟合直线上的值即为质量中值直径 MMD，利用 d_{84}/d_{50} 就可以得到几何标准偏差 GSD。对于图 22-12 中的数据，MMD 大约为 7.0μm，GSD 为 15/7=2.14。

表 22-8 对数-概率轴上的累积质量分布的计算

粒径区间/μm	质量 m_i/μg	累积质量/μg	累积百分数/%
0.0～1.0	4	4	3.31
1.0～1.5	5	9	7.44
1.5～3.0	21	30	24.79
3.0～5.0	18	48	39.67
5.0～7.0	30	78	64.46

续表

粒径区间/μm	质量 m_i/μg	累积质量/μg	累积百分数/%
7.0～11.0	7	85	70.25
11.0～15.0	18	103	85.12
15.0～20.0	6	109	90.08
20.0～30.0	12	121	100.00
	$\sum m_i=121$		

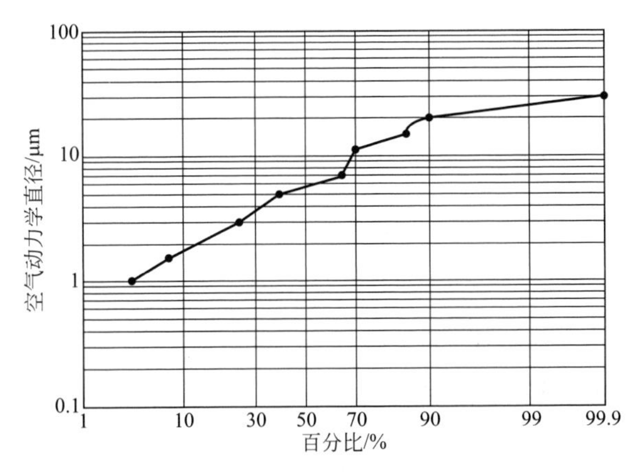

图 22-12 表 22-8 中数据的对数概率图

最后一个点对应的粒径为 30μm，没有落在拟合直线上，因此通过其余点拟合的直线在顶端附近出现弯曲。通常，最后一个数据不作在图上，因为粒径大于 30μm 的颗粒物不能进入产生这组数据的仪器。因此，仪器仅采集了气溶胶粒径分布中的一部分粒子。

22.7 置信区间和误差分析

完成测量后，常要估计测量的精确度，评估这种测量方法的适用性。也可以根据测量值计算平均值，比较样本估算平均值与真实值（未知）的精确度。把测量值代入其他公式得到导出值，还需要知道这些导出值的精确度。本部分将讨论这些内容。

22.7.1 置信区间

这里提到的置信区间有以下几种类型：如果数据只有近似符合正态分布、标准偏差为 σ 的随机误差，则可以用样本标准偏差 s 估计出 σ，并估计出一个置信区间，在这个置信区间内，将来进行同类测量的置信概率为 P(%)。也可以估计出测量平均值 M 的置信区间，进行同类测量包含真实平均值 μ 的置信概率为 P(%)。

22.7.1.1 个别读数的置信区间

如果在一个近似正态的分布中，d 估计值的数量较多，$N>30$，那么则可以计算样本平均值和样本标准偏差，并估计以这个平均值和标准偏差构成的分布读数。这样，95%的置信区间就是测量平均值加减两倍的标准偏差，即（$M\pm 2s$）。下一个测量值在（$M\pm 2s$）以内的概率就为 95%。从表 22-7 的百分位数和多元概率比列表，可看出（$M\pm3s$）（−3 倍多元概率比～3 倍多元概率比）的概率为（99.865−0.135）×100%=99.73%等。

当读数较少时，平均值和标准偏差的估计值的不确定性较高，也就很难预测读数。

图 22-13 表示 100 个模拟观察值，它们是从平均值=10、标准偏差=1 的正态分布中随机抽取的。在（平均值±3 倍标准偏差）位置上画出两条直线。约 68%的读数在 1 倍标准偏差范围内；约 95%的读数在 2 倍标准偏差范围内；3 倍标准偏差范围以外没有读数。这类图表是"控制图表"，它可以识别在 3 倍标准偏差范围以外是否有异常读数出现。人们常绘出许多读数的平均值而不是单个读数，其界限与标准误差有关。

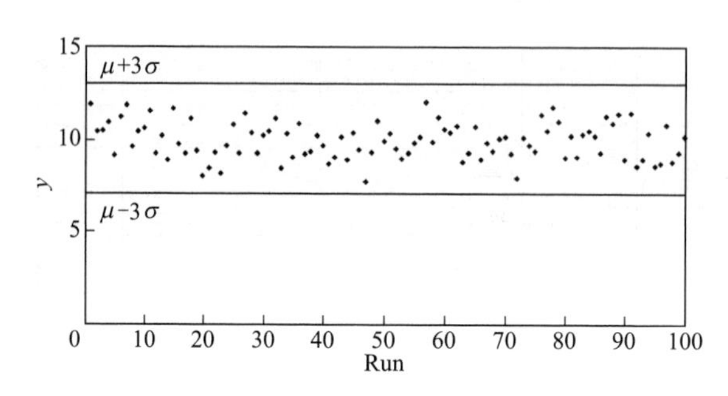

图 22-13 从高斯（正态）分布得到的"数据"：$\mu=10$，$\sigma=1$，两条线之间是离平均值 3 个标准偏差的范围（$\mu\pm3\sigma$）

当没有长期记录用于设置控制图表的界限时，可以用 χ^2 法将一个区间内的计数与另一个区间内的计数相比较，χ^2 法采用的是用于测试浓度稳定性的泊松统计（Box 等，1978）。

在某个区间内的数量可与另一个用假设的泊松分布进行比较，检验浓度的稳定性（Box 等，1978）。泊松分布中数量的统计量为：

$$u=(x-y)/\sqrt{x+y} \tag{22-37}$$

该统计量本身是一个平均值 $E(u)=0$、标准偏差为 1 的正态分布。这可以检验一个计数区间内的计数量 x 是否可能与另一个计数区间内的计数量 y 来自同一浓度。如果 $|u|>2$，则可充分（95%的置信概率）证明两者浓度是不同的。

22.7.1.2 平均值的置信区间

如果测量符合正态分布，那么测量平均值也符合正态分布，并且这个分布的标准偏差等于单个读数标准偏差的 $1/\sqrt{N}$ 倍。N 是用来计算个别平均值读数的个数。尽管测量值不完全符合正态分布，平均值仍近似符合 t 分布（通常叫做 student's-t 检验，来自发现者的笔名）。

对于正态分布的样本，真实平均值 μ 的置信区间可由下式表示：

$$M-t(N-1,\alpha/2)s/\sqrt{N}<\mu\leqslant M+t(N-1,\alpha/2)s/\sqrt{N} \tag{22-38}$$

式中，$t(N-1,\ \alpha/2)$ 由 t 分布表得出，统计学课本里都有 t 分布表。在微软 Excel 表中函数 tinv（0.05，df）给出了 $t(\mathrm{d}f,\ \alpha/2)$。$N-1$ 是"自由度"的数值。$\alpha/2$ 是在置信区间外的百分数的一半。如果一个置信区间是 90%，则 $\alpha/2$ 为 5%。也能得到不对称的置信区间，如：

$$\mu\leqslant M-t(N-1,0.05)s/\sqrt{N} \tag{22-39}$$

这个区间将覆盖95%的情况。

尽管 t 分布比正态分布更复杂，但其值广泛用于制表。此外，随着 N 变大，t 分布也变得越来越接近于正态分布，并且 t 值变成相应的多元概率比。例如，对于足够大的 N 值，有：

$$M-2.0s/\sqrt{N}<\mu\leqslant M+2.0s/\sqrt{N} \tag{22-40}$$

平均值的置信区间将为95%。

很明显，多重测量（N 值较大）可以减少平均值的不确定性（提高精确性）。不管读数来自何种分布，N 个读数的平均值都能构成一个分布，并且标准偏差（"平均值的标准误差"）是单个读数标准偏差的 $1/\sqrt{N}$ 倍。$1/\sqrt{N}$ 的相关性意味着，平均值的不确定性从 $N=1\sim4$ 或由 $N=4\sim16$ 或由 $N=16\sim64$ 会减半，随着 N 增加，不确定性的增长逐渐降低。

22.7.1.3 标准偏差和方差的置信区间

用类似的方法可以得出标准偏差及其平方——方差的置信区间，但不用 t 分布而是用 χ^2 分布（Crow 等，1960）。

22.7.2 误差分析：误差传递

"误差传递"涉及测量中的误差如何影响那些测量的计算值。使用方差 s^2 比用标准偏差更方便分析。

误差传递的一般公式用偏导数表示：一个或多个变量 $x(i)$ 的函数 $g[x(i)]$的方差，是 g 对 $x(i)$的偏导的平方与 $x(i)$方差的平方的乘积。通常，只用粒径 d 作为变量，所以 $x(i)=d$，并计算函数 $g(d)$的方差。

$g(d)$的方差 $s(g)^2$ 是由 d 的方差 $s(d)^2$ 得来的：

$$s(g)^2=[\mathrm{d}g(d)/\mathrm{d}d]^2s(d)^2 \tag{22-41}$$

如果 $g(d)=ad$，则 $s(g)^2=a^2s(d)^2$，这是一个简单的结果。如果 $g(d)=ad^b$，则步骤就会变得有些复杂，但可以用下面的方法简化：

$$s(ad^b)^2/(ad^b)^2\approx b^2s(d)^2/d^2 \tag{22-42}$$

$$s(ad^b)/(ad^b)\approx bs(d)/d \tag{22-43}$$

这里用到的 d 值是平均值。如果体积由直径决定，则体积的相对标准偏差［近似等于 $s(d)/M(d)$］是 $b=3$ 乘以直径的相对标准偏差。如果需要得到平均体积的标准误差，则把直径的标准误差代入公式中，而不是代入标准偏差。很明显，从直径到体积，这时 $b=3$ 不确定性增加；相反，从体积到直径，这时 $b=1/3$，不确定性减少。

Evans 等（1984）举出了应用误差传递来分析实验测定质量浓度的实例。

22.8 粒径分布验证假设

通常人们需要将已知的气溶胶粒径分布与另一个粒径分布或理论分布进行比较。人们需要客观的统计学方法识别不同的分布以解决各类问题：这些气溶胶的来源是否相同？两个不同分布的测量有无变化？用两种仪器检测同一种气溶胶是否有完全相同的结果？不同的条件是否产生不同的粒径分布？

22.8.1 正态分布数据的分析：student's-*t* 检验

如果使用粒子计数器，那么一个分布的粒径平均值 M_1 可以与一个假设平均值 M 比较，比较方法是 student's-*t* 检验，统计数：

$$t=(M_1-M)/(s_1/\sqrt{N_1}) \tag{22-44}$$

式中，s_1 为样本标准偏差；N_1 为被测粒子数。t 值与很高或很低百分位处的 t 临界值进行比较，如1%、5%、10%、90%和 99%等。如果平均值之间没有差别，那么就要看这个粒径处出现 t 值的概率。例如，当验证 $M_1=M$ 是否成立时，如果出现一个罕见的负 t 值（如 $t\ll-1$）或一个罕见的正 t 值（如 $t\gg+1$），那么完全可以证明假设是不成立的。大多数统计学课本中都有不同 N 对应的 t 的临界值表。

当 $N\gg10$ 时，可以由正态分布估计 t 的统计量，$t<0$ 的概率为 50%，$t<1$ 的概率为 84%，$t<2$ 的概率为 97.7%等。通常 $|t|>2$，可以有力地（置信区间为 95%）证明 M_1 不等于 M。

如果第一个分布的平均值 M_1 不是与理论平均值 μ 比较，而是与测量平均值 M_2 比较，那么就可以用其他公式进行 student's-*t* 检验。在某些文献（如 Hays 和 Winkler，1970）中能找到这些公式。必须决定是否应当假设各个真实的基础分布的标准偏差相等。如果假设在 N_1、N_2 测量中的总体标准偏差相等（方差相等），则可以得到：

$$t=(M_1-M_2)/\sqrt{s^2/N_1+s^2/N_2} \tag{22-45}$$

$$s^2=[(N_1-1){s_1}^2+(N_2-1){s_2}^2]/(N_1+N_2-2) \tag{22-46}$$

式（22-46）是“合并方差的估计值”。s^2 表达式的分母（N_1+N_2-2）是自由度。如果分母远大于 10，如上所述，t 可由累积正态分布得出；如果分母不大于 10，那么就参看 student's-*t* 分布表选择合适的自由度。

如果比较分析两种不同条件下的观察值，则可以分析差值 $z_i=x_i-y_i$。z 的平均值与 0 比较可反映出某些特征。大多数情况下，首选成对比较，因为一个值可“控制”另一个值。

22.8.2 相关性和回归

求相关性的常用方法有 3 种：①最常见的是 Pearson 积矩相关系数；②Spearman 秩相关系数；③Kendall τau 系数。每种方法都存在不同的假设（Hays 和 Winkler，1970）。

22.8.3 计数量分布的 χ^2 检验

比较计数量分布比比较质量分布简单，因为常把计数量的不确定性即标准偏差，假定为数量的平方根（泊松统计）。由于计数量的平方根是因变量，所以泊松分布可以转变为更近似的正态分布。而且，这个平方根的转变使泊松统计的方差近似于常数（0.25），且有助于满足线性回归中的假设（Box 等，1978）。

不用对粒径分布做出假设，把计数数据分配到对应的粒径区间后，可以用 χ^2 分析。χ^2 是在第 i 个区间内的计数量 $C(i)$ 与计数量期望值 $E(i)$ 之差的平方和，除以计数量期望值 $E(i)$：

$$\chi^2=\sum[C(i)-E(i)]^2/E(i) \tag{22-47}$$

计数量期望值来自正在验证的假设，自由度为 1。

把 χ^2 值与 χ^2 分布表中相应自由度下的百分位值进行比较。细节请参考标准统计学课本。

χ^2 与粒径分布相比较的应用实例是，检验污染表面的一个粒径分布与另一个粒径分布是否相同。数据（样本 A 和样本 B）为计数数据，细分到粒径大于或小于 5μm 的粒子数。用分总计数量除以总计数量可得到期望值，把期望值按比例分配到 4 个格中，左上方的小格的期望数量 $E(i)=(445)(265/445)(235/445)=140.0$ 等。这里的 χ^2 值为 15，如果两个样本是从同一个样品中抽取的，那么期望值为 15 的可能性小于 1%。样本 A 中大于 5μm 的粒子比例大于样本 B，这个差值在统计学中很重要。

χ^2 常用于分析假设分布之间的“适配度”，其中，期望值来自假设分布。

项目	样本 A	样本 B	总计数量
$d>5\mu m$	160	105	265
$d<5\mu m$	75	105	180
总计数量	235	210	445

22.8.4 数量或质量分布的 Kolmogorov-Smirnov 检验

如果数据可以放入大量范围相同的区间内（一般 $N\gg10$），则用 Kolmogorov-Smirnov（K-S）检验就会很有效。尽管许多气溶胶粒径分级设备没有大量的粒径分级道，但 Heitbrink 等发现，空气动力学粒径分级器（TSI）有许多粒径分级通道，他们利用 K-S 检测法，成功分析了这台仪器中的粒子计数数据。有时，要对大量粒子（$N\gg10$）进行精确分级，在这种情况下，可以选择粒径区间进行分析，根据所选的两个粒径分布的区间端点，可以得到大量的共同边界，并进行比较。

K-S 检测涉及：比较每个区间共同端点处的累积分布；计算两端点间差值的极大绝对值，并将这个最大差值与各种统计显著水平的图表值及各个检测区间的差值进行比较；90%或更高的统计显著性对应的最大差值与 $1/\sqrt{N}$ 的数量级相同。更多信息见标准统计学课本，如 Hays 和 Winkler（1970）。

22.9 重合误差

当仪器的感应区内同时出现两个或更多的粒子时，根据仪器的不同，它们可被计数为 1 个粒子（1 类重合），这些粒子大小可以不同，或是 0 个粒子（0 类重合）。重合类似“饱和度”，即来自感应区的脉冲发射得太快以致电子设备无法将它们分开。总之，重合会导致粒子数目损失、浓度估计值偏小、粒径分布变成更大粒径的粒径分布。

很多专家都讨论过重合，包括 Jaenicke（1972）、Baker 等（1972）、Julanov 等（1984，1986）、Raasch 和 Umhauer（1984）以及 Cooper 和 Miller（1987）。针对这个课题，Knapp 和 Abramson（1994，1996）以及 Knapp 等（1994）发表了一系列重要文章。当粒子随机进入区域，用泊松分布可以表示出区域中有 n 个粒子的概率。区域中为空的概率为 $\exp(-cV)$，式中 c 为浓度（每单位的粒子数），V 为区域计量单位（体积、面积、时间等），平均计数为 cV，表观浓度（apparent concentration）（假设为 0 类重合）为 $(c)\exp(-cV)$。当 $cV<1$ 时，表观浓度近似等于 c；$cV=1$ 时，达到最大值；如果 $cV>1$，表观浓度明显下降。如果重合发生在一个大粒径区间内，则 1 类重合造成的计数损失会降低，会影响大粒子的计数，进而影响粒径分布（Raasch 和 Umhauer，1984）。对于 1 类重合，计数效率变为 $[1-\exp(-cV)]/(cV)$。可以用这些公式校正重合造成的计数损失。

Julanov 等（1984，1986）写了有关重合统计和到达时间的一些文章，其中提出了利用大量粒子几乎同时到达时的行为特征来估算浓度的方法。

Pecen 等（1987）对扫描光束类型分析了各类表面扫描仪的计数误差，Cooper 和 Miller（1987）与 Cooper 和 Rottmann（1988）对基于维管的像素类型仪器进行了计数误差分析。同一个粒子可能被多次扫描，因此，设计和数据分析时必须特别注意，以避免扫描仪对表面粒子重复计数。这样的表面监测器可以用模式化的表面进行校准，这个表面有已知数量的粒子；或者对表面有相同大小但数量未知的粒子进行重复计数（Cooper 和 Neukermans，1991）。

更复杂的粒子计数仪器，如空气动力学粒径分级器和气溶胶粒径分级器等，其重合效应更复杂（Heitbrink 等，1991；更多的内容参见第 14 章）。

Knapp 和 Abrahamson（1996）编写的手册全面介绍了液体中的粒子以及表面粒子的测量方法，并给出了利用流体中粒子的光散射（“准弹性光散射”）推断随时间变化的关系。

22.10 粒径区间划分的选择

测定气溶胶粒径分布的仪器可以称为“气溶胶光谱仪”，在测量颗粒物粒径的基础上，这些光谱仪将所有颗粒物按粒径分别进入不同的通道。理想情况下，仪器通道和粒径分类应该为一一对应关系，也就是说，一定粒径范围的颗粒物应该全部进入一个通道内，相邻粒径范围的颗粒物则进入相邻的通道内，没有交叠。但是，还没有能如此理想化运行的气溶胶光谱仪。粒径分级技术把粒子分到粒径区间内，粒径区间之间的边界不是尖锐的阶梯形，而一般为 S 形（图 22-14）。

例如，区间内含有 1 个粒子，仪器的检测概率为 0，随着粒径增加（还是一个粒子），仪器的检测概率可以从 0 变为 1（其他分级没有粒子）。区间端点的特征粒径（“切割粒径”）即为检测概率为 0.5 时的粒径，这是确定切割粒径的常用方法，更精确的说法是，把响应函数划分成高低值各一半时的粒径（Cooper 和 Guttrich，1981）。

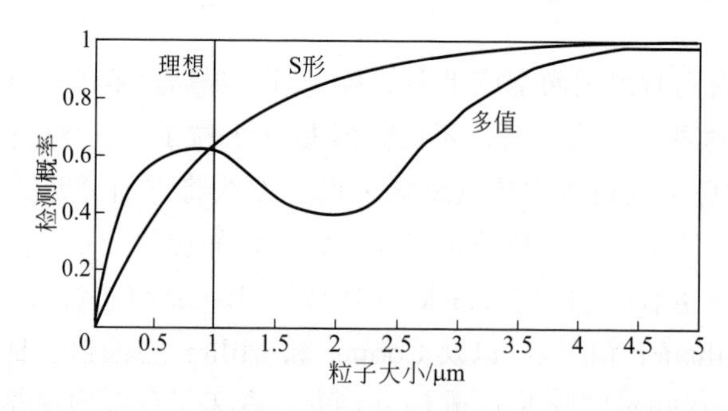

图 22-14 粒径分离设备的一些假设响应函数：阶梯形函数、S 形函数以及多值函数

Lu 等（1993）等模拟了多级分级器的校准，校准考虑到了各级响应函数之间的相互作用，Lu 等（1995）用实验做了验证，早期的研究可作为参考。

如果这种切割粒径近似值的精确度不够，可以通过数据转置技术来提高精确度［有时叫做逆推算（deconvolution）或展开（unfolding）］。

22.11 数据反演

在典型的气溶胶光谱仪中，一个特定的通道将从多个尺寸范围收集粒子。由此，在测量中引入了一定程度的不确定性，因此，必须从一组离散的测量值来估计一个连续的尺寸分布，每个离散的测量值，都受未知分布的所有值的影响。如果得不到准确的测量数据，还可以根据测量仪器的工作原理修正这些数据，这就是气溶胶科学技术文献和许多其他领域文献中提出的各种数据反演方法所要解决的问题。一些早期的实例（Cooper 和 Davis，1972；Cooper，1976；Yu，1983；Yu 和 Gentry，1984）被引用，甚至还有一本《反演问题》杂志专门讨论这个问题。但目前还没有一种明确的最佳决方法用于分析粒径分布数据。

输入值产生输出值，实际上，输入值的“精确”解并不存在，这归咎于数据、仪器种类或问题定义中的小误差。各种数据处理方法、设备或未知量表达方法都可得到更现实的结果（如平滑的或非负的解），但这样会降低与测量值的一致性。这应该是那些希望用数学魔术来拯救模糊数据的人的一个警告。

理想的仪器应该是：对粒径分级区间边界内的粒子的检测概率是 1，而对粒径区间边界外的粒子的检测概率是 0。图 22-14 是仪器的某个区间内的粒径边界的假设反响函数。理想的仪器应该有一个阶跃函数响应，典型的边界为 S 形。在某些情况下，边界是多值的而不是单值的，进而增加了图形的复杂性。仪器由一系列响应函数构成区间响应。理想仪器得到的数据不需要进行数据反演。对仪器得到的数据进行反演是很有益的，这取决于：①区间宽度；②响应概率从趋近 0 到趋近 1 的粒径区间；③粒径分布稍有变化的粒径区间。有多值响应的仪器不适于进行数据反演，除非粒径区间可以把截然不同的多值区域完全分开。

本部分的主题是数据反演并密切遵循着 Kandlikar 和 Ramachandran（1999）的处理方法。如上所述，人们对这个课题进行了大量研究。Tikhnov 和 Arsenin（1977）总结了解决这些不确定问题的难点：“当数据量很大时，解会变得不稳定；解不是唯一的；准确解通常不存在”。由于数据的微小变化或误差，所以不确定的或“病态的”问题中的推导解会有很大变化。

在讨论数据反演之前，先要强调一下 Noble（1969）的建议：降低公式或数据结果不确定性、易变化性的最好方法是选择合适的测量仪器和仪器条件以避免它们对结果的影响。大约 20 年后，Copper 和 Wu（1990）也认同了这个建议。

22.11.1 问题：积分公式

假设一个多通道仪器得到了每个通道内（n 个通道）的气溶胶数据（通常是数量或质量）。离散的测量集 g_i（$i=1, 2, \cdots, n$）与未知尺寸分布函数 $f(d)$ 有关：

$$g_i = \int_a^b K_i(d) f(d) \mathrm{d}d + \varepsilon_i \qquad i = 1, 2, \cdots, n \tag{22-48}$$

式中，d 是一个尺寸参数；$K_i(d)$ 为第 i 个仪器通道的内核函数，描述一个粒子以概率大小 d 将在仪器第 i 个通道被计数（或称量）：a 和 b 为尺寸分布的下限和上限；ε_i 为 i 通道仪表误差；K_i 描述了第 i 通道对不同粒度粒子的仪器响应，数值根据理论或设计和校准数据确定。

N 通道仪器，$i=1 \sim n$，给出 n 个数据点，据此可以推出连续函数 $f(d)$。最希望得到 $f(d)$ 的 n 个信息元素。“元素”是不定的。一种元素是整个仪器范围内有 n 个 $d(i)$ 值时的

$f(d)$ 值；另一种元素是$f(d)$分布的前 n 个量——平均粒径、粒径平方的平均数、粒径立方的平均数，或平均值、方差、峰度等；第三种元素是多项式展开 $f(d)=k(0)+k(1)d^1+k(2)d^2+\cdots$中的 $k(i)$系数；还有一种元素是傅里叶展开式系数。名录有很多。最普通的方法是得到 n 或少于 n 个 d 值时的 $f(d)$或 $F(d)$的估计值。仅有 n 个测量值，至多仅能确定 $f(d)$(或其他参数) 的 n 个值。而且，根据有限个点可以绘出无限多个不同的曲线。所以，仅靠数据不能完全确定未知函数。

22.11.2 转换成一组线性方程来解决问题

式 (22-48)，第一类的弗雷德霍姆积分方程近似等于数值积分法求积分，即：

$$g_i \approx \sum_{j=1}^{m} A_i(d_j) f(d_j) + \varepsilon_i \qquad i=1,2,\dots,N \tag{22-49}$$

式中，区间 $[a, b]$ 被分成 m 个子区间，并且 $A_i(d_j) = K_i(d_j)\Delta d_j$ 。因此，我们得到了含有 m 个未知数的 N 个公式，这些未知数是 f 在 m 子区间内的中点值。式 (22-49) 是一组线性方程。解决线性方程组的常用方法看似可以用来解决此问题。然而，问题并不那么简单。

“约等于号”强调，不仅数据本身有误差，而且积分公式向线性公式组的转换过程中也有误差。对于有 m 个未知数的 n 个公式：①如果公式的个数与未知数的个数相等，即 $m=n$，有唯一解；②如果公式的个数少于未知数的个数，即 $n<m$，无解；③如果公式的个数多于未知数的个数，即 $n>m$，有多组可能解。这里的 $n>m$，即公式个数多于未知数个数，则要选出一组可能解，一般方法是检验所选的解是否符合另一个约束条件：如选择最平滑的解，或是符合最小二乘的解。

用矩阵表示，式 (22-47) 可写作 $\boldsymbol{g}=\boldsymbol{A}\boldsymbol{f}-\boldsymbol{e}$，式中 $\boldsymbol{g}$ 和 $\boldsymbol{e}$ 是 $N\times 1$ 向量，$\boldsymbol{f}$ 是 $m\times 1$ 向量，$\boldsymbol{A}$ 是 N×m 矩阵。一个简单的矩阵转置（忽略误差）可得到 $\boldsymbol{f}$ 的估计值：

$$\hat{\boldsymbol{f}}=\boldsymbol{A}^{-1}\boldsymbol{g} \tag{22-50}$$

对于简单的反演过程，式 (22-49) 中的线性方程必须相互独立。如果式 (22-49) 中任意特征变量是由其他变量决定的，也就是说其中的一个等式与其他等式线性相关，矩阵 $\boldsymbol{A}$ 为特异矩阵，不存在转置矩阵。对于许多在气溶胶科学和其他领域中的多种间接测量，等式间是类相关的，因此矩阵接近特异矩阵，$\boldsymbol{A}$ 变得很复杂。这种类相关的出现是由于研究范围内的核心重合度很高（例如，图 22-15 显示了个体级联冲击器的核心功能）。这些重合反映出特定尺寸的粒子可被计数沉积在不止一个通道内，于是每个附加测量包含的新信息逐步减少，甚至有些是多余的。

如果存在测量误差，则需要在公式 $f(x)$ 中转换成不确定度。公式中的误差可表示为：

$$(f-\hat{f})=\boldsymbol{A}^{-1}\boldsymbol{g}-\boldsymbol{A}^{-1}(\boldsymbol{g}-\boldsymbol{e})=\boldsymbol{A}^{-1}\boldsymbol{e} \tag{22-51}$$

在测量误差很小的时候也会由于 $\boldsymbol{A}^{-1}$ 过大而造成很大的计算误差。公式的不稳定性是这些问题的基本特征。

另外，由于测量误差造成的公式不确定度，在绝大多数气溶胶科学应用中还存在另外一个问题：当测量量小于未知数，即 $N<m$ 时，式 (22-49) 中的方程组会有低估。这种情况下，即使不存在测量误差也没有唯一解。同一组测量有很多解。因此，没有足够的信息来得到定解。

为了在大量解中选择一个特定解，需要向系统增加额外的信息。这是以对解的先验约束完成的。在一定范围内，这些约束是随意确定的，因此需要确保这些约束是有物理意义的。

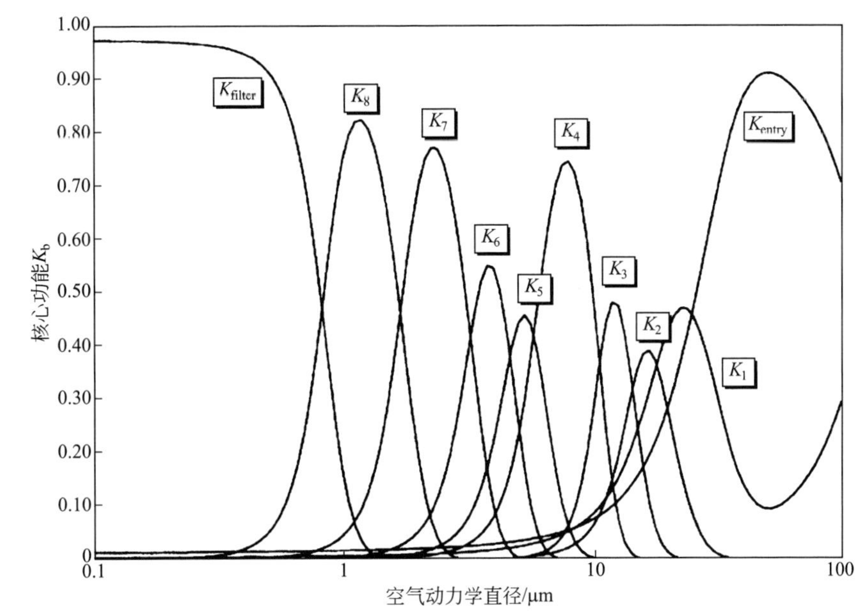

图 22-15 个体级联冲击器的核心功能显示了很高的重合度。这些重合代表了特定尺寸的粒子会在多个通道内沉降

可用不同的方法解决问题。方法包括线性方法，如最小二乘法、正规化和使用基函数分解法、使用梯度搜索的非线性方法、极值估计法和贝叶斯法。总而言之，任何解决问题的方法将会提供一个解决方案：

① 需要从众多可能的解中选出一个“特定解”；

② 误差扩大最小化；

③ 选出的特定解与数据拟合度良好。

22.11.3 公式个数（N）多于未知数个数（m）时的公式解法

22.11.3.1 最小二乘法

一个解决问题的简单方法是使未知量数量小于测量使用的波长数量，可以代替未知参量，例如含有 5 个未知参量的双峰对数常态分布。相反，当从一组消光系数测量值中得到粒径分布时，测量使用的波长数量，要增加到多于粒度分布函数要确定的粒径数量。这种情况下可用“最小二乘法”来最小化残差 $(\mathbf{A}\boldsymbol{f}-\boldsymbol{g})^T(\mathbf{A}\boldsymbol{f}-\boldsymbol{g})$。

$$\boldsymbol{f}_{\text{l-s}}=(\mathbf{A}^{\mathrm{T}}\mathbf{A})^{-1}\mathbf{A}^{\mathrm{T}}\boldsymbol{g}=\mathbf{A}^{+}\boldsymbol{g} \tag{22-52}$$

但是 $\mathbf{A}^{+}$ 还是很大，这是由于“灾难性错误放大”（Enting 和 Newsam，1990）。

在式（22-51）中误差是完全相同的。此外，最小化过程结果的最初猜想往往决定了最终结果，因此最小二乘法在解决不合理的问题中显示不出任何优势。在这点上，Gonda（1984）指出：为未知分布提出一个假设参数形式（如单峰对数正态分布），在连续迭代达到收敛时，可以轻易得到一个唯一解。因此，他提议的这种方法提供了更多的信息，超过了最小二乘法公式的限制。

过去也提出了很多候选方法，比如：①可以只选那些统计显著性不为零的 $x(i)$（用 student's-t 分布检验回归系数）；②可以使用逐步回归，该回归是只保留统计显著性最大的成分，或只舍去统计显著性最小的成分；③对于回归公式，可以把置信区间加到系数 $x(i)$

的真实平均值上或个别值上。例如，Liley（1992）用广义线性模型（GLM）模拟了光学粒子计数器的数据，并假定粒径分布符合对数、幂律（Junge）和改进的伽玛形式，以此来得出分析粒子数量数据的合适方法。Liley 还说明了对数量值开方的好处，因为这使得变量与粒径几乎无关，能更好地符合本次回归的条件。

测量中，推导解对误差的灵敏度用制约/条件数（condition number）表示（Forsythe 和 Moller，1967）。在不好的情况下，这个数应乘以误差 $\boldsymbol{e}$。制约数 cond（$\boldsymbol{A}$）的定义说明，制约数可以和 $\boldsymbol{A}$ 矩阵的最大元素除以 $\boldsymbol{A}^{-1}$ 矩阵的最小元素的结果一样大。制约数的数量级可以大于 1。大多数多次线性回归不会表明 cond（$\boldsymbol{A}$）的大小。为了估计误差放大，仅需对每个区间内的数据一个接一个地稍做改动，然后再看 $\boldsymbol{f}$ 计算结果的变化。

可以设计实验用于解决数据反演中的问题。其方法是：计算各种条件的制约数（Cooper，1974；Jochum 等，1981；Yu，1983；Farzanah 等，1985；Kaplan 和 Gentry，1987），或检测系数特别大的转置矩阵 $(\boldsymbol{A}^{\mathrm{T}}\boldsymbol{A})^{-1}\boldsymbol{A}^{\mathrm{T}}$（Cooper 和 Wu，1990）。

即使不用计算逆矩阵，也可以检验原矩阵。那些最接近于单位矩阵 $\boldsymbol{I}$ 的矩阵，最适合转换。在单位矩阵中，从左上角到右下角这条对角线上的数为 1，其余全为 0。

22.11.3.2 约束最小二乘法

此方法公式化最早是由 Philips（1962）和稍晚一些的 Twomey（1963）提出的。由于有大量等价有效解可以符合最小二乘法的约束，此形式的附加条件，增加了平滑解，因而选出的解是最平滑的，同时仍受残差限制。第二差分表达式 $\sum_{j=1}^{m}(f_{j-1}-2f_j+f_{j+1})^2$ 被选作平滑解，因此最平滑解即是其最小值。第二差分表达式最小值成为最常用的平滑准则，但它并不总是最适合的解。比如，如果一个解有几个锐峰，第二差分准则可能会将它们在一起消除，在这种情况下，将会用到第一差分表达式，例如 $\sum_{j=1}^{m}(f_{j-1}-f_j)^2$ 或实验偏差 p_j，$\sum_{j=1}^{m}(f_j-p_j)^2$。不考虑平滑准则，所有均可表达为 $\boldsymbol{f}^{\mathrm{T}}\boldsymbol{H}\boldsymbol{f}$，一个 $\boldsymbol{f}$ 的二次方程。因此，问题可通过求解 $\boldsymbol{f}^{\mathrm{T}}\boldsymbol{H}\boldsymbol{f}$ 的最小值解决（从最初猜想开始），$(\boldsymbol{A}\boldsymbol{f}-\boldsymbol{g})^{\mathrm{T}}(\boldsymbol{A}\boldsymbol{f}-\boldsymbol{g})$ 恒为常数，也就是求 $(\boldsymbol{A}\boldsymbol{f}-\boldsymbol{g})^{\mathrm{T}}(\boldsymbol{A}\boldsymbol{f}-\boldsymbol{g})+\gamma\boldsymbol{f}^{\mathrm{T}}\boldsymbol{H}\boldsymbol{f}$ 的最小值。Twomey（1977）给出了不同约束下的数字矩阵 $\boldsymbol{H}$。如果 γ 值选为 0，这与近特异矩阵在一些很小特征值下的反演是相等的。随着 γ 增加，最小特征值会被过滤掉，若方程组增加条件，只可选择一种解法。

Rizzi 等（1982）使用这个方法重新从波长范围 0.37～2.2μm 的模拟光谱光学厚度中得到气溶胶尺寸谱。γ 值在 10^{-4}～0.05 之间得到最优解，此时保留了真实解的形状信息，即使重新得到的结果并不是很好（例如，气溶胶可能得到负值）。γ 值越高计算结果越好。然而，在此情况下，初始猜想会对最终结果有很大影响。他们也决定了测量中技术允许下最大相对误差不能超过 5%。

22.11.4 吉洪诺夫修正

上一部分提到的修匀过程是修正的一个例子。修正是一种解决“病态性”问题的方法，使用近似恰当的问题来替换之。这些问题的解决方法近似于所需要的实际解法，但是能得到比简单最小二乘法更满意的结果。这里分析人员提供了两个附加信息：一个是平滑标准 J，另一个是修正参数 λ，所以修正参数控制所需要的平滑度，因此，就控制了解决方案中减少“噪声”的过滤水平。最有名的修正方法是 Tikhonov 和 Arsenin（1977）提出的，他们找到了解决最小化问题的方法：

$$\sum_{i=1}^{N}\left[\frac{g_i-\int_a^b K_i(x)f(x)\mathrm{d}x}{E(\varepsilon_i)}\right]+\lambda J=R(\lambda)+\lambda J(\lambda) \tag{22-53}$$

式中，第一项 R 为检验结果与测量数据一致性的残差；J 是修正项；λ 是修正参数；$E(\varepsilon_i)$是第 i 次实验中误差的期望值。R 和 J 是λ 的函数，修正参数决定了平滑度和实验的一致性。根据 Hansen（1992）及 Hansen、O'Leary（1993），$J(\lambda)$有多种选择方式：(a) J 可等于未知函数本身的算数值 $J=\int_a^b[f(x)]^2\mathrm{d}x$；(b) J 可等于未知函数的倒数或二阶导数的算数值 $J=\int_a^b[f'(x)]^2\mathrm{d}x$；(c) 根据最大熵法，$J$ 等于 Shannon-Jaynes 熵值，这个方法被广泛接受（Shannon 和 Weaver，1962)，$J=\int_a^b f(x)\lg[f(x)]\mathrm{d}x$。$J$ 中 (a) 和 (b) 的选择不能保证粒径分布的非负性，需要增加另一个独立的非负性约束。然而，(c) 可以得出固有的真实粒径分布。Yee（1989）使用此方法从一系列实验中重新建立了粒径分布，并发现此方法甚至可以在锐峰重建粒径分布，这就是 Dirac Δ 函数。

很多方法可以用来确定 λ 值。

(1) 零阶修正　这种方法也叫做差异原则。仅用预期的实验误差来矫正测量以提供解法。Ramachandran 等（Ramachandran 等，1996；Ramachandran 和 Vincent，1997）只用此方法作为悬挂个体级联冲击式采样器数据的根据，令：

$$\sum_{i=1}^{N}\left[\frac{g_i-\int_a^b K_i(x)f(x)\mathrm{d}x}{E(\varepsilon_i)}\right]=N \tag{22-54}$$

式中，N 为实验数（各阶段级联冲击式采样器的个数），这些报告中，在一个级联冲击式采样器实验中（拥有五个以上阶段），使用重现五个双峰分布参数的方法（两个模型中的质量中值直径和几何标准偏差，以及每个模型中相关物质的数量）做了说明。计算方式简单可行，节省时间，但过于平滑的结果导致 J 值过大是它的缺点。

(2) 广义交叉验证（GCV）　Wahba（1977）和 Golub 等（1979）提出了此方法，之后应用于气溶胶反演问题中（Crump 和 Seinfeld，1982)。交叉验证的想法如下：如果任何实验 g_i 被漏掉，并且 $f(x,\lambda)$ 通过式（22-53）计算，并且选用 $\hat{\lambda}$ 作为λ 值，则比起其他 λ 值，$\int_a^b K_i(x)f(x,\hat{\lambda})\mathrm{d}x$ 更接近 g_i。

(3) L 曲线方法　L 曲线是 $J(\lambda)$ 关于 $R(\lambda)$ 的曲线，如图 22-16 所示。$R(\lambda)$为解与测量值的一致性。当 $R(\lambda)$取最小值时，一致性最好，但结果不稳定。$J(\lambda)$是稳定函数，衡量独立于真实数据的解的平滑性。二者间存在权衡，这条曲线（λ 值从左向右增大）在很多情况下会形成 L 形。当 λ 值很小，曲线几乎是垂直的，解是不稳定的，因为它们几乎与数据完全吻合，实验误差被放大。当 λ 值很大时，曲线几乎是水平的，解过于平滑，因此当实验误差的影响被过滤掉时，还存在一些约束形成条件。最佳解集中在 L 曲线转角处。在这区域内，平滑性和准确性之间存在平衡。

一种特殊的限制方法是从数据中选出适合预选函数的数据，如一组正态分布（Jaenicke，1972）或一个或者更多的对数分布（Kubie，1971；Puttock，1981）。该方法可以得到非常合理的解。有时可能产生超出范围的数据而引起误导。Chang 等（1995）假设组分为对数正态分布，用光散射和消光数据确定多组分气溶胶中的粒径分布。Morawska 和 Jamriska（1997）利用对数假设，用金属丝网筛扩散组采样器进行测量，得到了氡的衍生物的参数，他们认为这个方法优于 Twomey（1975）的逆推算运算法则。

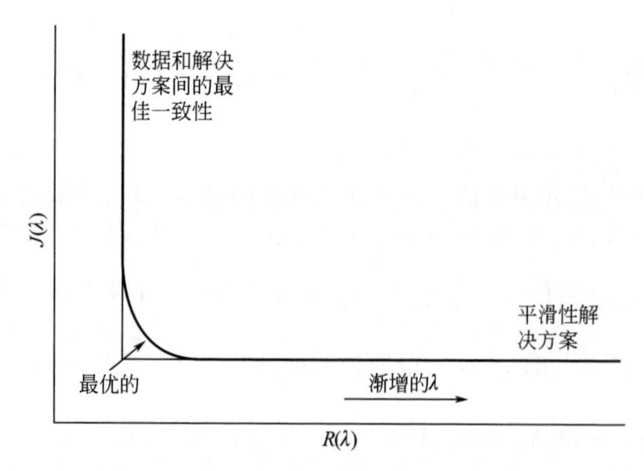

图 22-16 L 曲线，显示出平滑性与一致性间的权衡。最佳解在 L 曲线转角附近

22.11.5 基函数合成补偿

绝大多数线性方法涉及建立 **A** 的近似逆 **B**，因此逆问题的解可用式(22-55) 表示：

$$\boldsymbol{f}=\boldsymbol{B}\boldsymbol{g} \tag{22-55}$$

很多分解方法可用来建立近似逆 **B**，使那些权衡得以实现。两种最重要的方法是特征值分解法和奇异值分解法。有兴趣的读者可以参考 Jackson (1972) 关于其他方法的论述。特征值分解法是将 **A** 的线性相关行转换成相互正交系。从本质上看，这相当于通过基函数加权线性组合的重叠重复核转换为非重复核。特征值提供相对权重。奇异值分解法 (SVD) 提供了一个更常用的方法解线性方程，计算近似逆 (Strange，1988)。

很多人将这些方法延伸用到没有要求明确离散的情况 (Twomey，1963，1977；Capps 等，1982)。取而代之，颗粒物尺寸分布用核函数加权扩张记录，反演过程决定权重，以提供实际测量和误差放大之间的恰当的权衡。最有效的方法就是使用分解法。

很多作者阐述使用不同单一函数扩张途径分解法的效用。在 Twomey (1963，1977) 的创新研究中，解释了特征值法如何用于选择那些只包含独立消息片段的测量。Capps 等 (1982) 指出，只有在空间中被核跨越的那一部分粒径分布可通过反演重现。他们将 Twomey 的方法应用在 Fredholm 方程来分析反演。这种方法允许测量值的选择和内核的选择，很好地解释了使用已知粒径分布的多分散 Mie 气溶胶的测试案例。

Nguyen 和 Cox (1989) 提出了一种方法，正交函数中线性相关的粒径分布的二阶导数值最小，结果平滑且正确。他们还使用交叉验证函数——一种验证与数据拟合度的函数——来确定包含在最小化过程中的独立测量。Ramachandran 和 Leith (1992) 修改了 Nguyen 和 Cox 算法，使其可应用于改变粒径上下检出限并使测量和期望值间的差异最小化的情况。这允许粒径分布可回收部分最大化。此分析用于在多光谱消光数据中提取气溶胶粒径分布，并且在累加态气溶胶 ($300\text{nm}<d_{50}<2500\text{nm}$) 中在 340～940nm 波长范围内工作良好。此算法也可用于重建中度多分散气溶胶 ($1.2<\sigma_g<2.0$)。他们的方法在 10% 的噪声值下都适用。他们增加了实验次数，发现更多的实验并不能让结果更好。

22.11.6 其他方法

近年来又提出了很多其他方法。Kandlikar 和 Ramachandran (1999) 发表了一篇引用了 50 篇以上参考文献的深入讨论文章，他们在其中写到了各种问题、各种环境背景以及多种解决方法。提供了一个很实用的列表，包括根据技术所采用的方法、参考文献、约束、所需先验条件、相关计算结果以及评估。另外，根据上面提到的线性方法，他们还介绍了：

（1）非线性

① Chahine 法（Chahine，1968）。

② Twomey 法（1975）。

（2）极值估计 Paatero（1991）。

（3）贝叶斯 Ramachandran 和 Kandlikar（1996）。

Kandlikar 和 Ramachandran（1999）总结道："没有一种算法比其他算法都好……"。Bottiger（1985）在模拟角光散射的各种实验（存在随机实验误差）中用了很多算法（如约束特征展开、非线性回归、约束线性反演和 B-曲线），他发现，各种算法均产生了与数据匹配的相当好的解，但这些解彼此不同。结论是对数据的匹配良好的算法各不相同，不同之处取决于反演所选择的角散射测量数据组。于是，在某一种情况下一种算法表现良好，在其他情况下可能就不好。因此，应该进行算法比较。

22.12 符号列表

$\overline{d}$	算术平均直径
N	样品中粒子总数
n_i	直径为 d_i 的粒子数
σ	标准偏差
$C(a)$	累积尺寸分布
μ	中心值或平均值
$G_{\mu,\sigma}$	正态分布或高斯分布
d_g	几何平均直径
σ_g	几何标准偏差
$L(d)$	对数正态分布
$f(d)$	指数频率分布
$F(d)$	累积指数分布
$P(n \mid \mu)$	泊松分布
N	计算个体平均数的读数个数［式（22-38)］
s^2	方差
(χ^2)	卡方
$C(i)$	第 i 次间隔或种类数
$E(i)$	期望数
c	浓度
V	区范围
$K_i(d)$	第 i 仪器频率的核函数
R	测量结果和实验数据一致性的剩余量
J	修正项
λ	修正参数
$E(\varepsilon_i)$	第 i 次实验中误差期望值

22.13 参考文献

Aitchison, J., and J. A. C. Brown. 1957. *The Lognormal Distribution*. Cambridge: Cambridge University Press.

Baker, H., M. R. Gordon, and O. B. Brown. 1972. Theory of coincidence and simple practical methods of coincidence count correction for optical and resistive pulse particle counters. *Rev. Sci. Instr.* 43: 1407–1412.

Beddow, J. K. 1980. *Particulate Science and Technology*. New York: Chemical Publishing.

Beddow, J. K. 1997. *Image Analysis Sourcebook*. Santa Barbara, CA: American University of Science and Technology Press.

Bottiger, J. R. 1985. Progress of inversion technique evaluation. In *Proceedings of Chemical Research and Development Center's 1984 Scientific Conference on Obscuration and Aerosol Research*, CRDC-SP-85007, pp. 129–140.

Box, G. E. P., W. G. Hunter, and J. S. Hunter. 1978. *Statistics for Experimenters*. New York: John Wiley and Sons.

Bunz, H., W. Schock, M. Koyro, J. W. Gentry, S. Plunkett, M. Runyan, C. Pearson, and C. Wang 1987. Application of the log beta distribution to aerosol size distributions. *J. Aerosol Sci.* 18: 663–666.

Capps, C. D., R. L. Henning, and G. M. Hess. 1982. Analytic inversion of remote sensing data. *Appl. Opt.* 21: 3581–3587.

Chahine, M. T. 1968. Determination of the temperature profile in an atmosphere from its outgoing radiance. *J. Opt. Soc. Am.* 58: 1634–1637.

Chang, H., W. Y. Lin, and P. Biswas. 1995. An inversion technique to determine the aerosol size distribution in multicomponent systems from in situ light scattering measurements. *Aerosol Sci. Technol.* 22: 24–32.

Cleveland, W. S. 1985. *The Elements of Graphing Data*. Monterey, CA: Wadsworth Advanced Books.

Christensen V. R., W. Eastes, R. D. Hamilton, and A. W. Struss 1993. Fiber diameter distributions in typical MMVF wool insulation products. *Amer. Ind. Hyg. Assoc. J.* 54: 232–238.

Cooper, D. W. 1974. The variable-slit impactor and aerosol size distribution analysis. Ph.D. Dissertation, Harvard Division of Engineering and Applied Physics, Cambridge, MA.

Cooper, D. W. 1976. Data inversion method and error estimate for cascade centripeters, *Amer. Ind. Hyg. Assoc. J.* 37: 622–627.

Cooper, D. W. 1982. On the products of lognormal and cumulative lognormal particle size distributions. *J. Aerosol Sci.* 13: 111–120.

Cooper, D. W. 1991a. Applying a simple statistical test to compare two different particle counts. *J. Aerosol Sci.* 22: 773–777.

Cooper, D. W. 1991b. Comparing three environmental particle size distributions: Power law (FED-STD-209D), lognormal, approximate lognormal (MIL-STD-1246B). *J. Inst. Environ. Sci.* 5: 21–24.

Cooper, D. W., and J. W. Davis. 1972. Cascade impactors for aerosols: Improved data analysis. *Amer. Ind. Hyg. Assoc. J.* 33: 79–89.

Cooper, D. W., and G. L. Guttrich. 1981. A study of the cut diameter concept for interpreting particle sizing data. *Atmos. Environ.* 15: 1699–1707.

Cooper, D. W., and R. J. Miller. 1987. Analysis of coincidence losses for a monitor of particle contamination on surfaces. *J. Electrochem. Soc.* 134: 2871–2875.

Cooper, D. W., and A. Neukermans. 1991. Estimating an instrument's counting efficiency by repeated counts on one sample. *J. Colloid Interf. Sci.* 147: 98–102.

Cooper, D. W., and H. R. Rottmann. 1988. Particle sizing from disk images by counting contiguous grid squares or vidicon pixels. *J. Colloid Interf. Sci.* 126: 251–259.

Cooper, D. W., and L. A. Spielman. 1976. Data inversion using nonlinear programming with physical constraints: aerosol size distribution measurement by impactors. *Atmos. Environ.* 10: 723–729.

Cooper, D. W., and J. J. Wu. 1990. The inversion matrix and error estimation in data inversion: Application to diffusion battery measurements. *J. Aerosol Sci.* 21: 217–226.

Cooper, D. W., H. A. Feldman, and G. R. Chase 1978. Fiber counting: A source of error corrected. *Amer. Ind. Hyg. Assoc. J.* 39: 362–367.

Crow, E. L., and K. Shimizu. 1988. *Lognormal Distributions*. New York: Marcel Dekker.

Crow, E. L., F. A. Davis, and M. W. Maxfield. 1960. *Statistics Manual*. New York: Dover.

Crump, J. G., and J. H. Seinfeld. 1982. A new algorithm for inversion of aerosol size distribution data. *Aerosol Sci. Technol.* 1: 15–34.

Dahneke, B. 1983. *Measurement of Suspended Particles by Quasi-Elastic Light Scattering*. New York: John Wiley and Sons.

Draper, N. R., and H. Smith. 1981. *Applied Regression Analysis*, 2 ed. New York: John Wiley and Sons.

Epstein, B. 1947. The mathematical description of certain breakage mechanisms leading to the logarithmic-normal distribution. *J. Franklin Inst.* 244: 471–477.

Enting, I. G., and G. N. Newsam. 1990. Atmospheric constituent inverse problems: Implications for baseline monitoring. *J. Atmos. Chem.* 11: 69–87.

Evans, J. S., D. W. Cooper, and P. Kinney. 1984. On the propagation of error in air pollution measurements. *Environ. Mon. Assess.* 4: 1322–1353.

Farzanah, F. F., C. R. Kaplan, P. Y. Yu, J. Hong, and J. W. Gentry. 1985. Condition numbers as criteria for evaluation of atmospheric aerosol measurement techniques. *Environ. Sci. Technol.* 19: 121–126.

Fayed, M. E., and L. Otten (eds.). 1997. *Handbook of Powder Science & Technology*. New York: Chapman & Hall.

Fogel, P., D. Y. Hanton, A. DeMeringo, and C. Morscheidt 1999. The reliability of the dimensional measurements of man-made vitreous fibers used for biopersistence assays: a statistical approach. *Aerosol Sci. Technol.* 30: 571–581.

Forsythe, G. E., and C. B. Moeller. 1967. *Computer Solution of Linear Algebraic Systems*. Englewood Cliffs, NJ: Prentice-Hall.

Friedlander, S. K. 1977. *Smoke, Dust and Haze*. New York: John Wiley and Sons.

Fuchs, N. A. 1964. *Mechanics of Aerosols*. New York: Pergamon.

Gentry, J. W. 1977. Estimation of parameters for a log-normal distribution with truncated measurements. *J. Powder Technol.* 18: 225–229.

Golub, G. H., M. Heath, and G. Wahba. 1979. Generalized cross-validation as a method for choosing a good ridge parameter. *Technometrics.* 21: 215–223.

Gonda, I. 1984. On inversion of aerosol size distribution data. Letter to the editor. *Aerosol Sci. Technol.* 3: 345–346.

Hansen, P. C. 1992. Analysis of discrete ill-posed problems by means of the L-curve. *SIAM Rev.* 34: 561–580.

Hansen, P. C., and D. O. O'Leary. 1993. The use of the L-curve in the regularization of discrete ill-posed problems. *SIAM J. Sci.*

Comput. 14: 1487–1503.

Hays, W. L., and Winkler, R. L. 1970. *Statistics*. New York: Holt, Rinehart and Winston.

Heintzenberg, J. 1994. Properties of the log-normal particle size distribution. *Aerosol Sci. Technol.* 21: 4–48.

Heitbrink, W., P. A. Baron, and K. Willeke. 1991. Coincidence in time-of-flight aerosol spectrometers: Phantom particle creation. *Aerosol Sci. Technol.* 14: 112–126.

Hinds, W. C. 1999. *Aerosol Technology. Properties, Behavior, and Measurement of Airborne Particles*, 2 ed. wc. New York: John Wiley and Sons.

Jackson, D. D. 1972. Interpretation of inaccurate, insufficient, and inconsistent data. *Geophys. J. Roy. Astron. Soc.* 28: 97–109.

Jaenicke, R. 1972. The optical particle counter: Cross-sensitivity and coincidence. *J. Aerosol Sci.* 3: 95–111.

Jain, S., D. J. Skamser, and T. T. Kodas. 1997. Morphology of single–component particles produced by spray pyrolysis. *Aerosol Sci. Technol.* 27: 575–590.

Jochum, C., P. Jochum, and B. R. Kowalski. 1981. Error propagation and optimal performance in multicomponent analysis. *Anal. Chem.* 53: 85–92.

Julanov, Yu. V., A. A. Lushnikov, and I. A. Nevskii. 1984. Statistics of multiple counting in aerosol counters. *J. Aerosol Sci.* 15: 622–679.

Julanov, Yu. V., A. A. Lushnikov, and I. A. Nevskii. 1986. Statistics of multiple counting in aerosol counters—II. *J. Aerosol Sci.* 17: 87–93.

Kandlikar, M., and G. Ramachandran 1999. Inverse methods for analyzing aerosol spectrometer measurements: a critical review. *J. Aerosol Sci.* 30: 413–437

Kaplan, C., and J. W. Gentry 1987. Use of condition numbers for short-cut experimental design. *Am. Inst. Chem. Eng. J.* 33: 681–685.

Kaye, B. H. 1989. *A Random Walk Through Fractal Dimensions*. New York: VCH.

Knapp, J. Z., and L. R. Abramson 1994. A new coincidence model for single particle counters, Part I: Theory and experimental verification. *PDA J. Pharma. Sci. & Technol.* 48: 110–134.

Knapp, J. Z. and L. R. Abramson 1996. A new coincidence model for single particle counters, Part III: Realization of single particle counting accuracy. *PDA J. Pharma. Sci. & Technol.* 50: 99–122.

Knapp, J. Z., A. Lieberman, and L. R. Abramson 1994. A new coincidence model for single particle counters, Part II: Advances and applications. *PDA J. Pharma. Sci. & Technol.* 48: 255–292

Knapp, J. Z., T. A. Barber, and A. Lieberman (eds.). 1994. *Liquid and Surface Borne Particle Measurement Handbook*. New York: Marcel Dekker.

Knutson, E. O., and P. J. Lioy. 1995. Measurement and presentation of aerosol size distributions. In *Air Sampling Instruments*. Cincinnati OH: American Conference of Governmental Industrial Hygienists, pp. 121–138.

Kolmogorov, A. N. 1941. Über das logarithmisch normale Verteilungsgesetz der Dimensionen der Teilchen bei Zerstuckelung. *C.R. Acad. Sci. (Doklady) URSS* XXXI: 922–101.

Kubie, G. 1971. A note on the treatment of impactor data for some aerosols. *J. Aerosol Sci.* 2: 23–30.

Lefebvre, A. H. 1989. *Atomization and Sprays*. Bristol, PA: Taylor & Francis.

Liley, J. B. 1992. Fitting size distributions to optical particle counter data. *Aerosol Sci. Technol.* 17: 84–92.

Lu, Z., A. Li, and D. W. Cooper. 1993. Correcting particle size distribution data for the differences between single-stage and multi-stage collection of counting efficiencies. *Part. Sci. Technol.* 11: 49–55.

Lu, Z., A. Li, and C. Fu. 1995. Experimental verification of using cumulative efficiency curves for determining stage constants of a cascade impactor. *Aerosol Sci. Technol.* 23: 253–256.

Mandelbrot, B. 1977. *The Fractal Geometry of Nature*. New York: Freeman.

McCartney, E. J. 1976. *Optics of the Atmosphere*. New York: John Wiley and Sons.

Morawska, L., and M. Jamriska. 1997. Determination of the activity size distribution of radon progeny. *Aerosol Sci. Technol.* 26: 459–468.

Myojo, T. 1999. A simple method to determine the length distribution of fibrous aerosols. *Aerosol Sci. Technol.* 30: 30–39.

Nguyen, T., and K. Cox. 1989. Abstracts. American Association for Aerosol Research Annual Meeting, pp. 330.

Noble, B. 1969. *Applied Linear Algebra*. Englewood Cliffs, NJ: Prentice-Hall.

Paatero, P. 1991. Extreme value estimation, a method for regularizing ill-posed inversion problems. In *Ill-posed Problems in Natural Sciences. Proceedings of an International Conference, Moscow*. Utrecht, The Netherlands: VSP.

Pecen, J., A. Neukermans, G. Kren, and L. Galbraith. 1987. Counting errors in particulate detection on unpatterned wafers. *Solid State Technol.* 30: 1422–1454.

Phillips, D. L. 1962. A technique for the numerical solution of certain integral equations of the first kind. *J. Assoc. Comput. Mach.* 9: 84–97.

Puttock, J. S. 1981. Data inversion for cascade impactors: Fitting sums of lognormal distributions. *Atmos. Environ.* 15: 1710–1716.

Raasch, J., and H. Umhauer. 1984. Error in the determination of particle size distributions caused by coincidences in optical particle counters. *Part. Charact.* 1: 53–58.

Ramachandran, G., and M. Kandlikar. 1996. Bayesian analysis for inversion of aerosol size distribution data. *J. Aerosol Sci.* 27: 1099–1112.

Ramachandran, G., and D. Leith. 1992. Extraction of aerosol size distributions from multispectral light extinction data. *Aerosol Sci. Technol.* 17: 303–325.

Ramachandran, G., and P. C. Reist. 1995. Characterization of morphological changes in agglomerates subject to condensation and evaporation using multiple fractal dimensions. *Aerosol Sci. Technol.* 23: 431–442.

Ramachandran, G., and J. H. Vincent. 1997. Evaluation of two inversion techniques for retrieving health-related aerosol fractions from personal cascade impactor measurements. *Amer. Ind. Hyg. Assoc. J.* 58: 15–22.

Ramachandran, G., E. W. Johnson, and J. H. Vincent. 1996. Inversion techniques for personal cascade impactor data. *J. Aerosol Sci.* 27: 1083–1097.

Reist, P. C. 1984. *Introduction to Aerosol Science*. New York: Macmillan.

Rizzi, R., R. Guzzi, and R. Legnani. 1982. Aerosol size spectra from spectral extinction data: the use of a linear inversion method. *Appl. Opt.* 21: 1578–1587.

Shannon, C. E., and W. Weaver. 1962. *The Mathematical Theory of Communication*. Urbana, IL: University of Illinois Press.

Shen, A.-T., and T. A. Ring. 1986. Distinguishing between two aerosol size distributions. *Aerosol Sci. Technol.* 5: 477–482.

Strang, G. 1988. *Linear Algebra and Its Applications*. New York: Harcourt Brace Jovanovich.

Syvitski, J. P. M. (ed.). 1991. *Principles, Methods and Application of Particle Size Analysis*, Cambridge: Cambridge University.

Tikhonov, A. N., and V. Y. Arsenin. 1977. *Solutions of Ill Posed Problems*. Washington, DC: V. H. Winston and Sons.

Twomey, S. 1963. On the numerical solution of Fredholm integral equations of the first kind by the inversion of the linear system produced by quadrature. *J. Assoc. Comput. Mach.* 10: 97–101.

Twomey, S. 1975. Comparison of constrained linear inversion and an iterative nonlinear algorithm applied to the indirect estimation of particle size distributions. *J. Comput. Phys.* 18: 188–200.

Twomey, S. 1977. *Introduction to the Mathematics of Inversion in Remote Sensing and Indirect Measurements*. New York: Elsevier.

Wahba, G. 1977. Practical approximate solutions to linear operator equations when the data are noisy. *SIAM J. Numer. Anal.* 14: 645–667.

Wolfenbarger, J. K., and J. H. Seinfeld. 1990. Inversion of aerosol size distribution data. *J. Aerosol Sci.* 21: 227–247.

Wu, M. K. 1996. The roughness of aerosol particles: Surface fractal dimension measured using nitrogen adsorption. *Aerosol Sci. Technol.* 25: 392–398.

Yee, E. 1989. On the interpretation of diffusion battery data. *J. Aerosol Sci.* 20: 797–811.

Yu, P. Y. 1983. The Simulation and Experimental Determination of Size and Charge Distributions of Fibrous Particles from Penetration Measurements. Ph.D. Dissertation, University of Maryland, College Park, MD.

Yu, P. Y., and J. W. Gentry. 1984. A critical comparison of three size distribution analysis methods: apparent size, non-linear inversion, and linear inversion with cross validation. *J. Aerosol Sci.* 15: 407–411.

Yu, P. Y., J. San, and J. W. Gentry. 1983. Application of the apparent diameter method for inversion of penetration: Isometric particles. In V. A. Marple and B. Y. H. Liu, *Aerosols in the Mining and Industrial Work Environments, Vol. 1: Fundamentals and Status*. Ann Arbor, Chap 24.

第三部分

应　用

23

非球形粒子测量：形状因子、分形和纤维

Pramod Kulkarni 和 Paul A. Baron❶
国家职业安全与卫生研究所疾病控制和预防中心，俄亥俄州辛辛那提市，美国
Christopher M. Sorensen
堪萨斯州立大学物理学院，堪萨斯州曼哈顿市，美国
Martin Harper❶
国家职业安全与卫生研究所疾病控制和预防中心，西弗吉尼亚州摩根敦市，美国

23.1 引言

许多气溶胶测量方法都是基于标准气溶胶粒子的行为特征，即密度接近 $1000kg/m^3$ ($1g/cm^3$) 的球形粒子。而实际存在的粒子大多数都是非球形的。在很多情况下，可以用修正系数对标准粒子的行为进行修正，从而来描述非标准粒子的行为，这个修正系数一般称为形状因子。文献中经常涉及的两类粒子是凝聚体（或粒子簇）和纤维，本章将对这两类粒子进行更详细的讨论。

23.2 非球形粒子动力学形状因子

23.2.1 物理变量

“物理尺寸（physical size）”在很大程度上决定球形粒子的行为特征，但是这一参数很难用来描述形状复杂、不符合欧几里得几何学的不规则非球形粒子。我们用当量直径（equivalent diameter）来解释它们在给定系统中的输送。一般来说，在给定系统中获取非球形粒子的完全的动力学性质，需要多个当量直径。属性当量直径（property-equivalent diameter）就是在理想条件下，与目标非球形粒子具有相同属性的球形粒子的直径。

---

❶ 报告中所有结果和结论仅为作者本人观点，不代表疾病预防和控制中心的观点。

体积当量直径（volume equivalent diameter）d_v，是与目标非球形粒子具有相同体积的球形粒子的直径。对于不规则粒子，d_v 是假设将目标粒子液化后，保留目标粒子全部内部孔隙体积（内部孔隙与包围该粒子的外部气体隔离）形成的球状液滴的直径。燃烧过程产生的聚合体有内部孔隙体积（Kasper，1982）。对于球形粒子，d_v 和其物理尺寸 d_p 相同。

粒子的质量当量直径（mass equivalent diameter）d_m，是与目标粒子具有相同质量的无孔球体直径。另一个常用直径是外壳当量直径（envelope equivalent diameter）d_e，是与目标粒子具有相同内部孔隙体积和相同质量的有孔球体直径，这时，$d_e=d_v$。当粒子是实心且没有孔隙时，$d_m=d_e=d_v$。当体积当量直径和质量当量直径之比是 δ 时（即 $d_e=d_v=\delta d_m$），粒子的孔隙率为（$1-1/\delta^3$），因子 δ 可以表示粒子的多孔性（porosity）。

按照所定义的体积和质量，非球形粒子的密度可以有不同的类型。材料密度（material density）ρ_m 为粒子固体（或液体）材料的平均密度，用粒子质量 m_p 和质量当量直径来表达：

$$\rho_m=\frac{m_p}{\frac{\pi}{6}d_m^B} \tag{23-1}$$

同样，用说明内部孔隙体积的体积当量直径表示粒子密度（particle density）ρ_p：

$$\rho_p=\frac{m_p}{\frac{\pi}{6}d_v^B} \tag{23-2}$$

ρ_m 和 ρ_p 这两个密度的关系为：

$$\rho_m=\delta^3\rho_p \tag{23-3}$$

另一个用到的密度为有效密度（effective density）ρ_e，定义为：

$$\rho_e=\frac{m_p}{\frac{\pi}{6}d_B^3} \tag{23-4}$$

式中，d_B 为粒子的电迁移率直径（electric mobility diameter），其定义见下面的章节。

23.2.2 动力学形状因子

用于移动粒子阻力的斯托克斯定律的前提是假设粒子为球状。对于非球状粒子，其阻力是由其形状和其在流场中的方向决定的。为了说明非球形粒子偏离球形的程度，引进了一个阻力修正系数——动力学形状因子（χ，dynamic shape factor）。它是指当非球形粒子和其体积当量球体以同一相对速度 V 运动时（图 23-1），非球形粒子所受阻力（F_D）与体积当量球体粒子所受阻力（F_{Dve}）之比：

$$\chi=\frac{F_D}{F_{Dve}} \tag{23-5}$$

利用上式，用斯托克斯定律来表示非球形粒子的阻力：

$$F_D=\frac{3\pi\mu d_v\chi V}{C(d_v)} \tag{23-6}$$

式中，μ 为气体的绝对黏度；V 为粒子相对于周围气体的速度；d_v 为粒子的当量体积直径；$C(d_v)$ 为体积当量直径的滑流修正系数；动力学形状因子是克努森数 Kn（气体平均自由程与粒子半径之比）的函数，且其在自由分子区、过渡区和连续区的值不同。

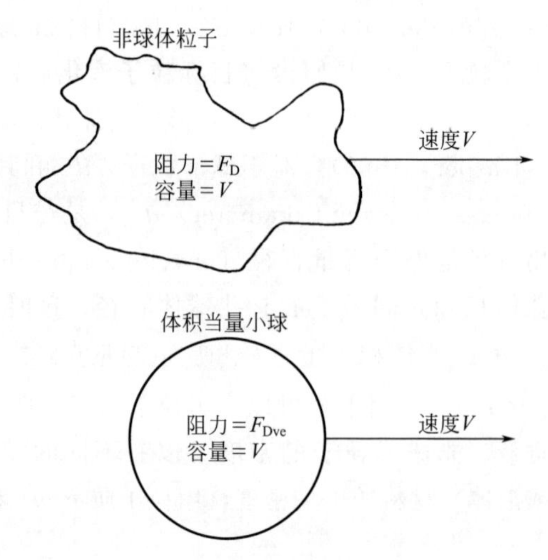

图 23-1 非球形粒子和它的体积当量球形粒子。当两粒子以相同的相对速度 V 运动时，动力学形状因子等于 F_D/F_{Dve}

动力学形状因子反映粒子形状偏离球形的程度，球形的形状因子是 1。形状因子大于 1，表明相较于体积当量球形，该非球形粒子在空气中沉降缓慢。对于大多数的非球形粒子，动力学形状因子接近 1 或者大于 1。一些流线型物体的形状因子可能会小于 1（Fuchs，1964）。对于纵横比较大的细长粒子，动力学形状因子主要受粒子对流场的相对方位的影响。无规取向的粒子，特别是在低雷诺数下，其动力学形状因子为：

$$\frac{1}{\chi_{\text{ran}}}=\frac{1}{3}\left(\frac{1}{\chi_{\parallel}}-\frac{1}{\chi_{\perp}}\right) \tag{23-7}$$

式中，$\chi_{\parallel}$ 为粒子的对称轴与气流方向平行时的形状因子；$\chi_{\perp}$ 为粒子的对称轴与气流方向垂直时的形状因子；χ_{ran} 为平均形状因子。表 23-1 给出了一些简单规律形状及其组合的动力学形状因子。

表 23-1 简单形状的动力学形状因子

粒子形状	动力学形状因子 χ
球形	1
立方体	1.08
圆柱形纤维，$\theta^a=0°$和 90°	
($l/d_f=2$)	1.01，1.14
($l/d_f=5$)	1.06，1.34
($l/d_f=10$)	1.50，1.58
小球聚合体	1.15（三联体）
	1.17（四联体）

注：1. θ^a 为粒子对称轴与气流方向的夹角；l 为纤维的长度；d_f 为圆柱形纤维的直径。
2. 引自 Hinds，1999。

形状因子也可以用质量当量直径表示：

$$F_D=\frac{3\pi\mu d_m\chi^m V}{C(d_m)} \tag{23-8}$$

式中，χ^{m} 为 d_{m} 的形状因子。χ^{m} 与 χ 的关系为：

$$\chi^{m}=\chi\frac{\delta C(d_{m})}{C(\delta d_{m})} \tag{23-9}$$

式中，δ 为之前介绍的多孔性系数。在有内部孔隙的聚合体和凝聚体中，χ^{m} 方程式特别重要。对于这些粒子来说，当 $d_{m}<d_{v}$ 时就表明 $\rho_{m}>\rho_{p}$ 且 $\chi^{m}<\chi$。在式(23-9) 中，χ 代表外部形状对阻力的影响，而δ 代表孔隙度。因此，χ^{m} 值偏离 1 并不一定表示该粒子形状偏离球形。对于无孔隙粒子（没有内部孔隙，$\delta=0$），$\chi^{m}=\chi$。图 23-2 给出了不同粒子形态下，这两种定义下的动力学形状因子的关系。要注意区分这两种形状因子公式中的参数以及与之相关的一系列参数，包括体积、密度和属性当量直径。

根据已有数据（Kops 等，1975；Van de Vate 等，1980；Allen 和 Briant，1978；Allen 等，1978，1979；Kasper 和 Shaw，1983；Stöber 等，1970），可将凝聚体粒子的形态特征分为两组：①链状结构［图 23-2(a)中的凝聚体］；②外壳形状更容易分辨的紧实凝聚体［图 23-2(c)中的凝聚体］。这两种形态的动力学形状因子也是不同的。链状凝聚体的动力学形状因子随着凝聚体中基础球体的增加而增加，并与基础粒子总数的立方根成比例（Stöber，1972；Kops 等，1975；Allen 和 Bryant，1978；Allen 等，1978）。这与粒子形状决定其动力学形状因子 χ^{m} 的原则一致［图 23-2(a)］。内部有孔隙的紧实凝聚体，孔隙度 δ 决定动力学形状因子 χ^{m}。对紧实凝聚体而言，形状因子与主要粒子数量无关，而是与凝聚体中主要粒子的填料密度有关（Kops 等，1975；van de Vate 等，1980）。这种特点与凝聚体孔隙度决定其动力学状态因子 χ^{m} 一致［图 23-2(c)］。

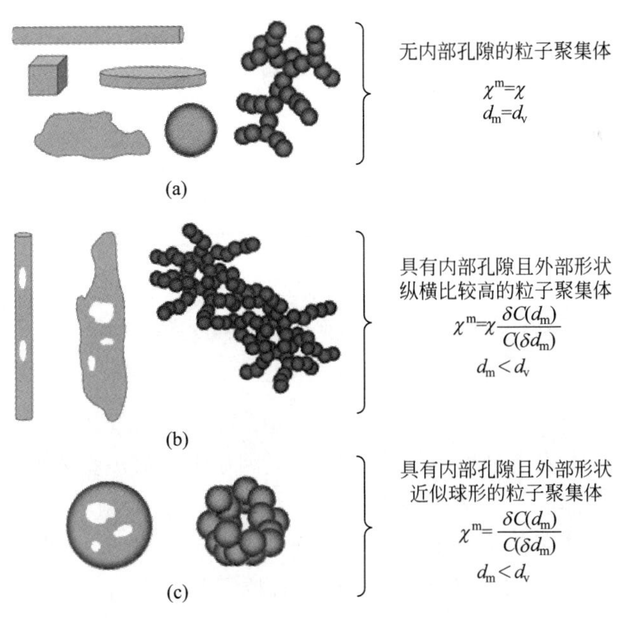

图 23-2 不同形态粒子的 χ 与 χ^{m} 的关系

23.2.3 滑流修正系数

滑流修正系数与动力学形状因子很难区别，因此很难通过实验数据获得非球形粒子的滑流修正系数（Allen 和 Raba，1985）。式（23-6）利用当量体积小球计算滑流修正系数。这种方法，叫做当量小球法（ESA）(Dahneke，1973a，b，c)，它适应于大多数横纵比较小的非球形粒子滑流修正系数的计算。在过渡区，该法也使形状因子在一定程度上取决于粒子粒径。对于又薄又长的粒子，如针状和薄盘状的粒子来说，ESA 法没有考虑粒子方位对滑流修正系数的影响。为了解释这些影响，Dahneke（1973a，b，c）提出了校准小球法(ASA)，该方法对全部克努森数范围都适用。ASA 方法包括对校准小球粒径的计算，该粒径的滑流修正系数与自由分子区的非球形粒子粒径的滑流修正系数相同，其所受的阻力为：

$$F_D=\frac{3\pi\mu d_v \chi_c V}{C(d_{adj})} \tag{23-10}$$

式中，χ_c 为连续区的动力学形状因子；d_{adj} 为校准小球直径。因为当 $Kn\to 0$ 时，滑流修正系数总是很统一，因此不论 $Kn>10$ 或者 $Kn\to 0$，校准直径都能提供准确的滑流修正因子。过渡区的形状因子 $\chi=\chi_c[C(d_v)/C(d_{adj})]$。这种方法能够计算过渡区的滑流修正系数(Dahneke，1973a，b，c；Cheng 等，1988a，b)。ASA 方法适用于规则形状（如圆柱体、椭圆和锥形体等）的粒子，可计算其在自由分子区和连续区的阻力。Chen 等（1993）也认为合适的形状和形态对确定校准小球的粒径非常重要。表 23-2 给出了用这两种方法得到的纤维粒子的滑流修正因子。当考虑横纵比粒子方位的影响时，两种方法的滑流修正差异比较明显。

表 23-2 ESA① 和 ASA② 方法分别计算的纵横比为 20 的纤维③ 的滑流修正因子

Kn	方位 θ④	$C(d_v)$	$C(d_{adj})$
0.5	0°	1.23	1.33
0.5	90°	1.23	1.2
0.5	随机	1.23	1.26
1	0°	1.47	1.69
1	90°	1.47	1.41
1	随机	1.47	1.53
2	0°	2.00	2.49
2	90°	2.00	1.87
2	随机	2.00	2.13

① 使用当量体积直径 d_v。

② 使用校准小球直径 d_{adj}。

③ 基于扁长球体的计算，假设其代表圆柱形粒子，长轴与短轴之比为 20。

④ 对称轴与气流动方向的夹角。

注：数据来自 Dahneke，1973c。

用式（23-2）中的体积当量小球计算滑流修正因子时，Kn 受 χ 影响。对简单形状（如圆柱体、链球体、锥形体和立方体）粒子的计算数据和实验数据表明，滑流修正因子值为 2 左右时，自由分子区的粒子动力学形状因子和连续区的动力学形状因子几乎相等；值大于 2 时，连续区的粒子形状因子要大于自由分子区的粒子形状因子（DeCarlo 等，2004；Zelenyuk 等，2006）。

23.2.4 动力学形状因子的测量

23.2.4.1 非球形粒子的属性当量直径

除上边所定义的属性当量直径外，粒子还有其他的当量直径。一般来说，获取动力学形状因子需要测量多个属性当量直径。

粒子的电迁移率直径 d_B，是在同等条件下与粒子具有相同电迁移率和电荷的球体的直径。扩散当量直径（diffusion equivalent diameter），是在同等条件下与粒子具有相同扩散速率的球体的直径，当粒子的电荷已知时，可以由电迁移率直径获得其扩散当量直径。空气动力学直径或动力学直径 d_a，是与不规则粒子有着相同沉降速度的单位密度球形粒子的直径。严格来说，由于这些直径都取决于滑流修正因子，因此它们都是克努森数的函数。电迁移率分析仪在过渡区（$0.1<Kn<10$）的测量（第 15 章）就是典型的例子。根据粒子的粒径范围和所使用的技术，可以测量连续区（沉降或 Millikan 细胞）、过渡区（惯性冲击器）或者自由分子区（单粒子质量光谱仪）中的空气动力学直径。这些当量直径可以通过动力学形状因子 χ、粒子密度 ρ_p 与标准浓度 $\rho_0=1000\text{kg/m}^3$（1g/cm^3）或有效密度 ρ_e 联系起来。

动力学直径与体积当量直径（d_v）的关系为：

$$d_a=d_v\sqrt{\frac{\overline{\rho}_p C(d_v)}{\chi C(d_a)}} \tag{23-11}$$

式中，$\overline{\rho}_p$ 为被标准密度（ρ_0）标准化了的粒子密度（ρ_p）；$C(d_v)$、$C(d_a)$ 分别为直径 d_v 和 d_a 的滑流修正因子；χ 为过渡区的粒子动力学形状因子。

过渡区的粒子阻力用迁移率直径表示等于 $3\pi\mu d_B V/C(d_B)$，用 χ 和体积当量直径 d_v 表示等于 $3\pi\mu d_v \chi V/C(d_v)$，将两者相等，从而得到过渡区的动力学形状因子表达式：

$$\chi=\frac{d_B}{d_v}\frac{C(d_v)}{C(d_B)} \tag{23-12}$$

利用式（23-11）和式（23-12），得 d_v：

$$d_v=\left[\frac{d_a^2 d_B}{\overline{\rho}_p}\frac{C(d_a)}{C_c(d_B)}\right]^{\frac{1}{3}} \tag{23-13}$$

因此，只要已知空气动力学直径、迁移率当量直径和粒子密度，就能根据式（23-13）计算体积当量直径，进而利用式（23-12）计算得到动力学形状因子。

粒子质量 m_p 为：

$$m_p=\frac{\pi}{6}d_a^2 d_B\frac{C(d_a)}{C(d_B)}\rho_0 \tag{23-14}$$

有效密度 ρ_e 为：

$$\rho_e=\frac{d_a^2}{d_B^2}\frac{C(d_a)}{C(d_B)}\rho_0 \tag{23-15}$$

当空气动力学直径、迁移率当量直径和粒子浓度已知时，利用式(23-11)～式(23-15)就能计算出不同的参数值。m_p 和 ρ_e 可以从测量的 d_a 和 d_B 直接得出，而要获得 χ 和 d_v 还必须知道粒子密度 ρ_p。

23.2.4.2 实验技术

早期动力学形状因子的测量是利用 Millikan 实验仪（Fuchs，1964；Chen 等，1993），一个气溶胶离心机和显微镜的结合（Stöber，1972；Kasper，1977），或者是沉降仪，以及质量和数浓度的测量（Wu 和 Colbeck，1996）来实现的。因为这些技术是费时费力的，因此，很大一部分已经被实时测量技术代替。实时测量技术可以“原位”地、近乎实时地测量粒子属性，特别是亚微米粒径范围的粒子。通常使用的串联测量技术，是先用差分电迁移率分析仪（differential mobility analyzer，DMA；第 15 章）对粒子进行粒径选择（分级），之后再对所选粒径（已分级）气溶胶进行属性测量（Park 等，2008）。该串联技术利用了前边所提到的不同属性当量直径之间的关系。如前所述，d_a、d_B、m_p、χ 和 d_v 这 5 个参数中，知道其中任意的三个就可以通过式(23-11)～式(23-15)计算出其他两个。迁移率直径、空气动力学直径和粒子质量 m_p 可以用仪器直接测量得到。用差分电迁移率分析仪（DMA）进行分类后（为了获得已知 d_B 的气溶胶），能够用冲击式采样器（Kelly 和 McMurry，1992；Hering 和 Stolzenberg，1995；de la Mora 等，2003）、空气动力学粒径分级器（Kasper 和 Wen，1984；Brockmann 和 Rader，1990）、单粒子气溶胶质谱仪（Slowik 等，2004；Zelenyuk 等，2006；Schneider，2006）或者电低压冲击式采样器（electrical low pressure impactors）(Maricq 等，2000；Van Gulijk 等，2004）测得 d_a；用气溶胶粒子质量分析仪（aerosol particle mass analyzers in tandem）(McMurry 等，2002；Park 等，2003）或者平行操作的锥形元件振荡微天平（Morawska 等，1999；Pitz 等，2003）测得粒子质量 m_p。体积当量直径可以用显微镜（Kasper，1997；Park 等，2004）或质量和数浓度结合测量获得（Wu 和 Colbeck，1996）。

串联测量技术的研究主要集中在测量粒子有效密度 ρ_e（Kelly 和 McMurry，1992；Karg，2000；McMurry 等，2002；Park 等，2003；Khlystov 等，2004；Slowik 等，2004）。有效密度综合描述了粒子密度及其形状对粒子输送的影响，很容易仅用 d_B 和 d_a 两个参数确定。确定动力学形状因子就必须额外测量粒子质量（m_p）和粒子密度（ρ_p）。在许多情况下，能够估计出粒子密度，因此，动力学形状因子的测量也仅需要两个测量参数 d_B、d_a。

利用串联测量技术测量形状因子会产生许多误差，这主要取决于所使用的仪器。在分析数据时必须考虑 DMA 中非球形粒子，特别是纵横比较高的非球形粒子在高电场中的最佳方位。在场强小于 1 kV/cm 时，粗纤维（$>0.1\mu m$）能够按照和电场平行的方位进行排列（Lilienfeld，1985）。链状球形粒子聚集体（Kousaka 等，1996；Zelenyuk 和 Imre，2007）和纳米线（Kim 等，2007；Kim 和 Zachariah，2005）在差分电迁移率分析仪中也会进行相似的排列。分析 χ 值时必须认真考虑方位的影响。另外，用于串联测量技术的大多数仪器都可以测量属性的分布，这些仪器有不同的准确度、精密度和动力学范围。在计算测量不确定度时，必须考虑这些因素。在差分电迁移率分析仪中，大粒子的多电荷是个问题，因为它可以在气溶胶分级时造成不同扩散当量直径的亚颗粒物群，从而使之后的测量产生明显的偏差。因为 d_a、d_B 和 χ 取决于克努森数，因此也必须考虑不同仪器气流流动区域的不同。

23.3 分形粒子

23.3.1 概述

能用分形几何描述的非球形粒子叫做分形粒子（fractal particle）。分形粒子的比例不变，即它们具有膨胀对称性，也就是说，它们在任何比例下看起来都是一样的。有几个数学例子，如凸起迭代的 Koch 曲线、具有一系列递减孔的 Sierpinski 垫圈以及图 23-3 中描述的与凝聚体有一些相似性的“dog chow”符号。数学模型中的分形结构在任何缩放比例下其比例都是不变的，但自然界中的分形结构的缩放比例有限。例如，大比例尺时，海岸线只显示港口与半岛（如大不列颠岛的西海岸线），较小比例尺时，海岸线显示隆起和曲线（如几英里海岸线的当地地图）。简单几何体不存在这种比例不变性。因此，改变圆的比例能使它变得更平或更圆，同样，对正方形进行缩放，其四角会变得更远或更近。另外，分形物体和几何物体的另一个重要不同之处在于它们的维数，维数是可以量化的参数。几何物体有整数维数，而分形物体有非整数的分形维数 D_f。Family（1991）对分形进行了非常好的描述。

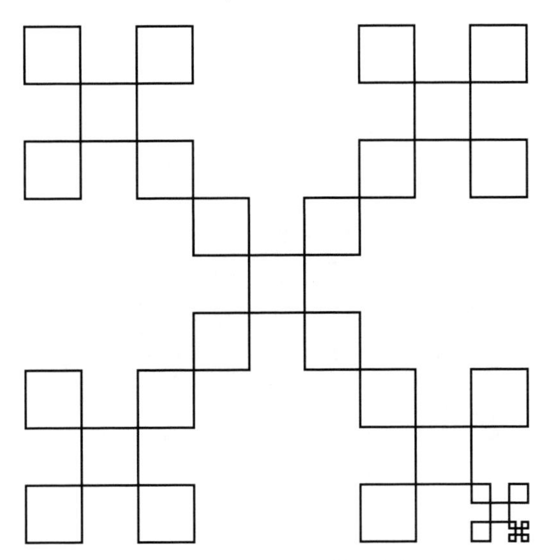

图 23-3 $D_f = \ln5/\ln3 = 1.465$ 的“dog chow”分形体。该模式为：一个大箱里有五个小箱，大箱的每边长是其最右下角小箱边长的三倍，如此类推，依次缩放

Mandelbrot（1997，1983）研究了分形结构的数学背景以及其与自然存在物体的关系，Forrest 和 Witten（1979）利用 Mandelbrot 的结论，根据实验得出：在一定比例范围内，金属烟粒子的随机凝聚体都是具有非整数维数的分形体。这一结论引起了很大反响，随后人们开始集中研究凝聚体，包括对凝聚机制的模拟以及对胶体和气溶胶凝聚的实验研究。本章的目的是介绍一些测量分形凝聚体（例如，由简单粒子组成的具有分形形态的凝聚体）粒径和形态参数的方法。

23.3.2 分形凝聚体

分形凝聚体就是在长度尺度上从初始粒径或单粒子粒径到凝聚体总粒径都显示出分形特征的粒子凝聚体或粒子簇。胶体和气溶胶中的分形凝聚体是任意凝聚的结果。图 23-4 和图 23-5 为烟灰和二氧化钛的分形凝聚体。分形凝聚体可能是通过扩散运动、弹道运动（直线）或两者结合的运动形式形成的，因此其粒径范围介于单体粒径和整个凝聚体的粒径之间。因为凝聚体很容易用计算机进行模拟，计算机模拟和实验都可以帮助人们了解分形凝聚体（Family 和 Landau，1984；Meakin，1988；Viscek，1992）。图 23-6 为计算机模拟出的分形凝聚体，而图 23-4 和图 23-5 是现实世界中的分形凝聚体。凝聚体的类型有以下两种。

① 粒-簇凝聚体或有限扩散凝聚体（diffusion-limited aggregation，DLA）。当单体扩散并粘到固定的、增长的簇上，就产生粒-簇凝聚体（Witten 和 Sander，1981）。在三维中，簇的分形维数 $D_f = 2.5$。最新研究表明，在其整个长度刻度内，这些凝聚体不是分形的（Oh 和 Sorensen，1998）。

② 簇-簇凝聚体或称有限扩散簇凝聚体（DLCA 或 DLCCA）。当所有的簇随意运动时，它们扩散并黏合在一起，就产生簇-簇凝聚体（Kolb 等，1983；Meakin，1983）。在三维中，

当凝聚体做扩散运动时，其分形维数 $D_f=1.75$。布朗运动引起的 $D_f=1.9$（Meakin，1984）。如果黏附概率明显小于1，反应限制的簇凝聚体的 $D_f=2.15$，这是很多胶体的重要状态（Lin 等，1990）。现在，随着 DLA 形态学在其他领域的发展应用，人们发现胶体和气溶胶内只存在簇-簇凝聚。

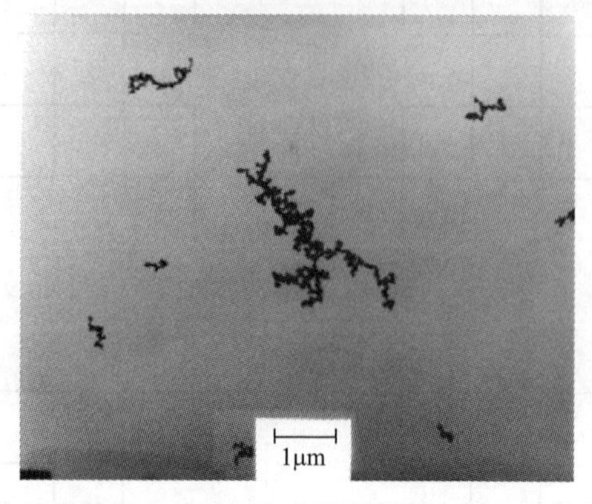

图 23-4 混合甲烷燃烧产生的烟灰分形凝聚体，其分形维数为 $D_f\approx1.8$

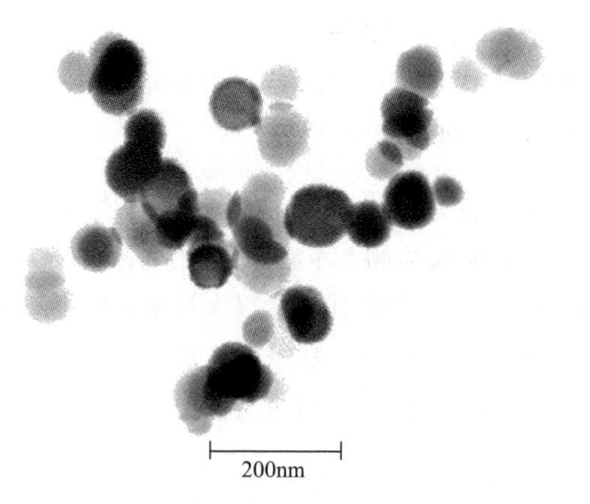

图 23-5 对异丙氧化钛高温分解产生的二氧化钛分形凝聚体的 TEM 图，其分形维数 $D_f\approx1.8$

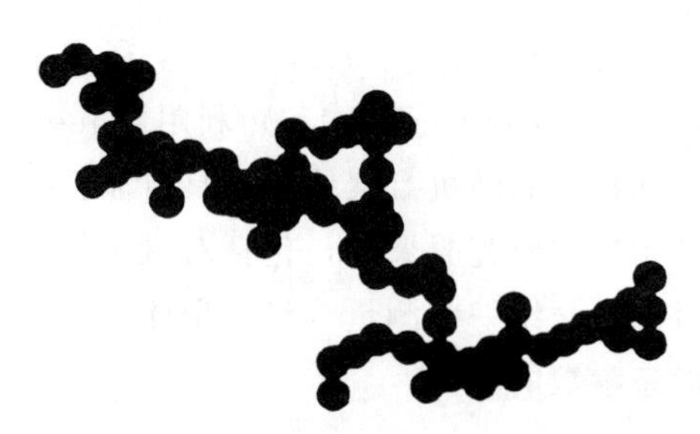

图 23-6 计算机模拟的 DLCA 凝聚体，其分形维数 $D_f\approx1.79$

分形维数的意义在于线性长度大小和体积大小的关系，体积大小与每个凝聚体内的初级粒子的质量或数量 N 呈线性相关。如果 R 为凝聚体的线性长度大小，那么 $N\propto R^{D_f}$，即“质量” N 的大小与分形维数 D_f 呈线性相关。线性长度大小是一个几何大小，即只和它的几何形状有关。因此，R 可以是半径、直径、长度、宽度或回转半径。严格来讲，它不能是迁移率半径（$=d_B/2$），迁移率半径不仅与线性几何尺寸有关，而且和气流情况也有关。几何物体的大小是随其线性长度尺寸变化的，例如，当球的直径变为两倍时，因为它的分形维数为3，所以其体积增加8倍。其他的密实物体也呈现同样的缩放比例。例如，如果一个人的身高变为原来的两倍，那么按照这个比例，体重就会是原来的8倍（表面积是原来的4倍）。与“普通”几何相比，分形几何的维数 D_f 有时会是非整数，且小于嵌入空间维数 d（embedding spatial dimention），即 $D_f<d$。

分形维数的优点在于它能定量描述任意形态凝聚体的开阔程度或分支程度。D_f 越小于空间维数 d，则随着 R 的增加凝聚体填充空间的速度越快。分形维数是决定凝聚体密度、光学特性、分散方式以及进一步增长的动力学特性的重要参数。

能用 3 种方式定量分形凝聚体的“质量”和线性大小之间的关系，这 3 种方式的基础都是测量 D_f（测量 D_f 见 23.3.3）。A 为单体（初级粒子）的半径，R_g 为凝聚体的回转半径[半径的均方根，如式(23-19)]，那么：

$$N=k_o(R_g/a)^{D_f} \tag{23-16}$$

式中，k_o 为常数（Wu 和 Frienlander，1993），k_o 的理想值为 1.3～1.4（Cai 等，1995a；Oh 和 Sorensen，1997；Sorensen 和 Roberts，1997）。Köylü 等（1992）也得出上述两值，这可能是对分形凝聚体关系最重要的实际描述。另一个重要关系是密度 $g(r)$ 的空间相关函数：

$$g(r)\approx r^{D_f-d}h(r/\xi) \tag{23-17}$$

式中，$g(r)$为与距离为 r 的两点的平均密度相关的条件概率；$h(x)$为幂律的定点函数(cut-off function)，$h(x<1)\approx 1$，但 $x>1$ 时，$h(x)$比任何幂律函数减少得都要快。这表明长度 ξ 与凝聚体的大小相当。对于 DLCA，高斯 $h(x)\approx \exp(-x^2)$ 相当精确（Sorensen 等，1992a；Cai 等，1995a；Sorensen 和 Wang，1999）。第 3 种关系是距离凝聚体中心 s 之内的物质数量。对于分形粒子：

$$N\approx s^{D_f} \tag{23-18}$$

这三种关系都可用于下面所讨论的粒子分析中。

23.3.3 真实空间分析

收集方法有以下几种。

23.3.3.1 热传导收集

气溶胶经常是热的，例如火焰中的烟灰或来自反应堆的金属氧化物，插入冷探测器将引起热气溶胶粒子的热迁移，使其按照热梯度迁移到冷探测器。热迁移的最大益处是所有的粒子以相同的速度移动，因此可以实现无偏差采样（Rosner 等，1991），至少对于亚微米粒子是这样，见 Sorensen 和 Feke（1996）。

Dobbins 和 Megaridis（1987）介绍了一个“蛙舌（frog tongue）”探针设备，此设备成功用于采集烟灰、二氧化钛和二氧化硅气溶胶（Cai 等，1993）。这个设备是在改良的硬盘驱动器（modified disk hard drive）和碳箭轴（carbon arrow shaft）的基础上建立的。其特点是把探针快速插入气溶胶，停留时间由操作者决定，然后快速将探针移出。这个设备可以在 3ms 内将探针移动 5cm，可以选择的停留时间为 15～150ms。

探测器的“蛙舌”部分是一个薄的金属刀片。透射电镜（TEM）铜栅格由聚苯乙烯黏合剂固定在刀片上。这个黏合剂很容易被破坏，所以栅格可以被移除。栅格由铜网组成，铜网由碳或 Formvar®（聚乙烯醇缩甲醛和氯醋聚乙烯醇三元共聚物的一系列产品）涂层包裹。刀片插入时其平面应与气溶胶流向平行，以避免搅动气流或造成粒子压缩。

23.3.3.2 冲击式（碰撞）收集

放置一个采样头，使其表面垂直于气溶胶流，这样可以使凝聚体冲击进采样头。此方法常用于收集 1μm 或者更大的烟尘粒子（Sorensen 和 Feke，1996；Sorensen 等，1998）。收集主要依赖于粒子惯性，因此这种方法易于收集较大的凝聚体。斯托克斯数可以量化收集概率，这在第 2 章、第 8 章中已讨论。

23.3.3.3 沉降收集

气溶胶经常以粉末的形式沉淀于房间、集装箱、卧室、气溶胶研究场所的底部或角落。把这些粉末仔细地收集起来并使其再分散，以用于显微分析。收集样品时应非常小心，因为这些分形凝聚体很脆弱且容易破碎。人们对分形凝聚体的脆弱度还知之甚少。有人做过这样的实验：将凝聚体拉伸，然后它能很快恢复原形（Friedlander 等，1998）。这说明凝聚体具有弹性。尽管如此，操作时还是需要十分小心。

使用挥发性液体可以实现再分散，挥发性液体可以用表面活性剂，然后将其烘干。水、乙醇和丙酮常用于研究含碳烟灰和二氧化钛。水的表面压力大，随着变干，凝聚体有被压碎的趋势。尽管人们还没有确定单粒子是否能够保持其原始结构，气溶胶方法已被用于烟灰的再分散（Prenni 等，2000）。每类物质都有它自己的特性，因此能保证实验的顺利进行。

在所有情况下，显微镜基底的收集密度不宜过大，凝聚体应只占空间的 10%以下（Cai 等，1993），必须避免“无用”凝聚体对基底的影响。如果两个凝聚体在基底上重叠，就无法区别它们了。

23.3.4 投射图像分析

对于几乎所有的分形凝聚体的研究，电子显微镜是必需的，因为初级粒子（单体）的粒径小于光学波长所能看到的粒径（大粒子不易黏在一起）。标准碳涂层或 Formvar 涂层的铜栅格足以固定样品。放大倍数应该足够大，以便能够精确测量单体。例如，烟灰是由半径 $a \approx 10\text{nm}$ 的单体组成的凝聚体，需要放大 100000 倍才能得到 1mm 的烟灰图像。

用数字扫描仪能将照片数字化用于计算机分析。图像数据是二维阵列形式，且在特定像素下不同灰度用不同的量值表示。计算机分析程序能识别出经数字化的单个粒子簇，或者操作者通过监测仪将可看见的图像挑选出来，然后把它们作为独立的灰度陈列而储存，每个簇对应一个阵列。通常要从簇的灰度中减去背景值。背景值是粒子簇周围像素灰度的平均。减去了背景值之后，所有的非凝聚体的像素变为零（空白）。一旦完成簇的灰度排列，就可以开始分析形态参数。

粒子簇形态分析中的主要问题是：由于显微照相的原因，三维结构变成二维投影图而被观察。解决方法是至少观察粒子簇的两个不同方向的投影，并使其重现三维立体结构（Sampson 等，1987；Köylü 等，1995）。人们以前用过这种方法，但是这种方法需要耗费许多不必要的精力。如果仅分析一个投影，或根据投影密度就能得出关于粒子簇在这个投影方向上的总质量的精确信息，那么就可以分析得到三维形态特征。然而，由于产生投影图的电子的衰减与电子穿过的材料的总质量并不呈线性关系，所以很难得到这种“质量-保存”信息图。而且，胶卷（拍摄图像）响应仅在短期内（在它达到饱和、对粒子簇失去感应前）与它上面的粒子簇质量呈线性关系。在以前研究小烟灰簇的工作中，人们成功获得了一部分“质量-保存”投影图，这很大程度上是因为粒子簇小到足以保持灰度与投影质量之间的关系呈近似线性。然而，一般来说，“质量-保存”投影图是不确定的，因此，我们把粒子簇以二进制格式投影在二维平面上，即影像，在影像中，粒子簇任何部位的灰度都是一致的，背景是白色的。这种方法的好处在于它消除了探测器的响应。转换为二进制格式，不仅实用，而且更加可信和精确。通过定量方法将二维信息转换为三维信息很有必要，这种定量方法会在下面部分进行阐述。讨论的主体是典型的 DLCA 凝聚体，其分形维数 $D_f \approx 1.75$。当 $D_f > 2$ 时，不需要测定凝聚体的尺寸参数，但是建议给出大概的方向。

23.3.5 二元投影分析

23.3.5.1 回转半径（radius of gyration）

三维物体的回转半径 R_g 为：

$$R_g{}^2=\frac{\int r^2\rho(r)\mathrm{d}^3r}{\int\rho(r)\mathrm{d}^3r} \tag{23-19}$$

式中，$\rho(r)$ 为密度。前提条件是假设从一个方向观察 TEM 格栅中的粒子簇集合为球形对称。因为 $r^2=x^2+y^2+z^2$，且二维平面上的投影减去一个维数，由式（23-19）(Cai 等，1993）得：

$$R_{g,3}=\sqrt{3/2}R_{g,proj} \tag{23-20}$$

式中，$R_{g,3}$ 为真实簇的三维回转半径；$R_{g,proj}$ 为观察到的“质量-保存”投影图的回转半径；3/2 为三维变二维的参数。此外，需要强调的是式（23-20）应用于“质量-保存”投影图。Köylü 等（1995）用计算机模拟验证了式（23-20），并发现两个半径的经验因子为 (1.24 ± 0.01)，与 $\sqrt{3/2}=1.225$ 相当一致。

以上讨论表明，要得到精确的“质量-保存”投影图很困难，因此式（23-20）虽然能提供很多信息，但其有效性也受到质疑。这里需要说明的是：用表示出粒子簇的二维二元数据，可以实现更好的测量。如果在投影时凝聚体的两个部分重叠在一起，则得到的投影不是“质量-保存”的，这是由于二进制格式，这两个部分形成的二维图像的暗区与它们单独形成的一样。$d=3$ 的 DLCA 粒子簇的分形维数 $D_f<2$，典型的 D_f 为 1.7～1.8 之间。因此，人们期望以二进制格式投影在平面内的粒子簇图像时，“质量-保护”即单体间不会出现屏蔽和重叠。这就表明凝聚体的单体数应该和簇的投影区面积成正比（$N\propto A_c$）。必须强调的是，只有当粒子簇趋向于无穷大（$N\rightarrow\infty$）时，这种期望才正确。然而，对于有限的粒子簇，会出现屏蔽，经验发现：

$$N=A_c^a \tag{23-21}$$

式中，$a=1.1$（参考和全部的讨论见 23.3.5.2）。因此，二元投影的二维平面中的有效分形维数应该不同于三维真实粒子簇的分形维数。在下面的讨论中，二维和三维的分形维数分别为 $D_{f,2}$ 和 $D_{f,3}$。

考虑如何把三维粒子簇投影到二维平面上。对于球形或圆形对称体，我们假定三维分形簇的密度或它的投影的密度为：

$$\rho(r)\propto r^{D_f-d} \quad 当\ r\leqslant R_p \tag{23-22}$$

$$\rho(r)=0 \quad 当\ r>R_p \tag{23-23}$$

式中，R_p 为周长半径，$D_f=D_{f,2}$ 或 $D_{f,3}$，取决于是二元投影的空间维数 $d=2$ 还是真实簇的空间维数 $d=3$。然后根据式（23-19）得：

$$R_{g,3}^2=\frac{D_{f,3}}{D_{f,3}+2}R_p^2 \tag{23-24}$$

$$R_{g,binary}^2=\frac{D_{f,2}}{D_{f,2}+2}R_p^2 \tag{23-25}$$

因此，如果已知 $D_{f,3}$ 和 $D_{f,2}$ 之间的关系，便可确定真实回转半径 $R_{g,3}$ 与二元投影回转半径 $R_{g,proj}$ 测量值之间的关系。

为了确定 $D_{f,3}$ 和 $D_{f,2}$ 之间的关系，假设式（23-21）的经验值 $N_3 \approx A_c^a$，把每个簇中的单体数用下标 3 表示，这表示三维空间内的数目（即真实数）。也可以用式（23-16）表示关系式 $N_3 \approx R_{g,3}^{D_{f,3}}$。二元投影有相似的相关性 $N_2 \approx R_{g,binary}^{D_{f,2}}$，因此可以确定 $D_{f,2}$，关键是 $N_2 \approx A_c$。由式（23-24）和式（23-25）得：$R_{g,3} \approx R_{g,binary}$。由上述关系可得：

$$D_{f,2} = D_{f,3}/a \tag{23-26}$$

这与从三维和投影两个方面测量粒子簇的分形维数的研究结果一致。研究表明根据投影测量得到的分形维数通常比三维测得的分形维数小 10%（Sampson 等，1987；Zhang 等，1988；Cai 等，1993）。Jullien 等（1994）通过模拟也发现投影的分形维数大约比未被投影的粒子簇的分形维数小 10%，与该结果相同。因为 $\alpha \approx 1.1$，所以认为式(23-26）符合以前的观测结果。最后联立式(23-24）和式(23-26）得：

$$R_{g,3} = \left(\frac{D_{f,3} + 2a}{D_{f,3} + 2}\right)^{1/2} R_{g,binary} \tag{23-27}$$

若 $R_g \equiv R_{g,3}$，$D_f \equiv D_{f,3}$，对于典型值 $D_f = 1.8$，$a \approx 1.1$，其修正参数为 1.026。因此，如以往预测和定量说明的那样（Cai 等，1993），根据二元投影可以精确地测量真实的三维回转半径。

计算机分析粒子簇，始于分析其总灰度，总灰度定义为：

$$G_{tot} = \sum_{x,y} G(x,y) \tag{23-28}$$

式中，$G(x, y)=0$ 或 1，是在（x，y）位置的像素的灰度水平。因为 $G(x, y)$是二元的，则 G_{tot} 代表粒子簇的像素总数。为确定粒子簇的回转半径 R_g，首先需要计算粒子簇的质量中心：

$$\vec{r}_{cm} = G_{tot}^{-1} \sum_{x,y} G(x,y) \vec{r}(x,y) \tag{23-29}$$

则回转半径：

$$R_{g,binary}^2 = G_{tot}^{-1} \sum G(x,y) \left[\vec{r}(x,y) - \vec{r}_{cm}\right]^2 \tag{23-30}$$

用式(23-27）修正得 $R_g/R_{g,3}$，但是因为修正量仅约为 2%，其他的实验误差可能会更大，所以很难保证修正的有效性。另一个有效的、相对简单的方法是利用粒子簇的最大投影长度确定 R_g。计算机模拟结果表明：这个长度的一半（半径）R_2 与 R_g 的比值是常数，且与 N 值无关。图 23-7 揭示了这一点。结果为：

$$R_g/R_2 = 0.69 \pm 0.03 \tag{23-31}$$

Köylü（1995）和 Brasil 等（1999）已经发现相同的值。前者发现当 $N>100$ 时，该值为 0.67（没有误差的引入）；后者发现当 $500>N>10$ 时，该值为（0.667 ± 0.02）。

与根据灰度计算 R_g 值的方法［式(23-30)］相比，这种方法比较简单，但它是以 $D_f \approx 1.79$ 的 DLCA 粒子簇为依据的（相当于图 23-7 中的模拟值）。

23.3.5.2 N 值的确定

对于 DLCA($D_f \approx 1.75$)，利用粒子簇的投影区确定每个凝聚体中的单体数 N 的研究已经有很长历史，而且取得了一定成果（Medalia，1967；Medalia 和 Heckman，1969；Mandelbrot，1977；Sampson，Mulholland 和 Gentry，1987；Megaridis 和 Dobbins，1990；Köylü 和 Faeth，1992；Cai 等，1993；Köylü 等，1995；Brasil 等，1999）。人们发现：

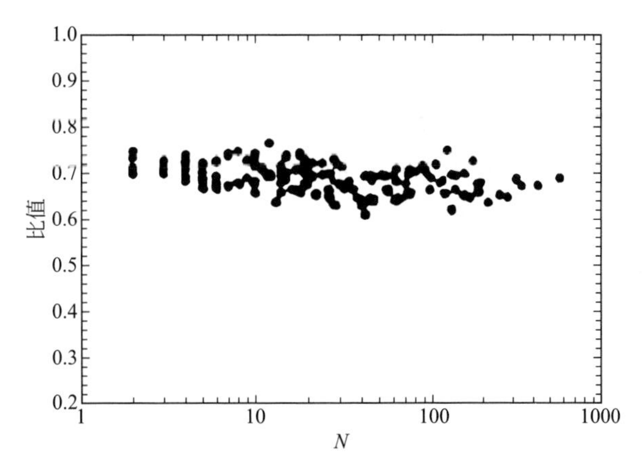

图 23-7 凝聚体回转半径 R_g（在 $d=3$ 的空间内），R_2 为粒子簇投射到 $d=2$ 的平面上的最大长度值的一半，该图为模拟的 DLCA 凝聚体（$D_f \approx 1.79$）的 R_g/R_2 与 N 的函数关系图

$$N = k_a (A_c/A_p)^a \tag{23-32}$$

式中，k_a 和 a 为接近于 1 的常数；A_c 和 A_p 分别为粒子簇（凝聚体）和初级粒子（单体）的投影面积。

Medalia（1967；Medalia 和 Heckman，1969）首先使用了式(23-32)，并发现经验值 $k_a=1.0$，$a=1.1$。随后，很多研究者确定了 a 值。Oh 和 Sorensen（1997）发现，$D_f \approx 1.75$ 的烟灰分形簇服从式（23-32），其中 $a=1.09$。Köylü 等（1995）通过分析计算机模拟的烟灰簇和真实烟灰簇发现 $k_a=1.15 \sim 1.16$，$a=1.09 \sim 1.10$。值得注意的是因为 k_a 值不统一，所以诸如 $N \to 1$ 这样的极限就没有保存。Meakin 等（1989）创建了 $D_f=1.8$、N 值达到 10^4 的 DLCA 粒子簇，该 N 值比其他任何关于 N 值与投影面积关系研究中的 N 都大，粒子簇的数据满足：

$$A_c/A_p = 0.4784N + 0.5218N^{0.7689} \tag{23-33}$$

这个结果相当于式(23-32)中 $N=1 \sim 100$、$k_a=1.00$、$a=1.10$；$N=1 \sim 1000$、$k_a=1.00$、$a=1.084$；$N=10 \sim 100$、$k_a=1.075$、$a=1.083$；$N=10 \sim 1000$、$k_a=1.106$、$a=1.069$ 时的各计算结果。$\lg N$-$\lg(A_c/A_p)$ 关系图的斜率为 a，式(23-33)表明随着 N 值的增加 a 值缓慢下降，这与下面的结论相一致：对于 $D_f<2$ 的粒子簇，随着 $N \to \infty$，N 应该和 A_c 呈线性关系，也就是说，因为粒子簇的维数小于投影平面的维数，所以 a 近似接近于 1.00。

Brasil 等（1999）为了找到用图像表征类分形凝聚体的有效方法，专门研究了该问题。他们发现对于类 DLCA 凝聚体，当它们随机投影时 $k_a=1.10$，$a=1.11$，当凝聚体依靠三个连接点投影在投影面上时 $k_a=0.97$，$a=1.11$。当凝聚体收集在显微镜格子中时，后一种投影对于估计真实凝聚体更合理。Pierce 等（2006）发现，指数大约为 1.08，与凝聚体是扩散还是冲击有一定关系。

总之，所有这些结果都相当一致，典型差异极少，但是，当 $N=10 \sim 1000$ 时，这种差异增大到 10%。我们推荐 $k_a=1.09$，$a=1.08$，此时，面积比值产生的 N 与前边讨论的值有很好的一致性，为 5%。

23.3.5.3 分形维数

有 3 种有用的方法确定分形维数 D_f。其中两种方法分析单一粒子簇，它们是嵌套圆环法或嵌套方格法以及密度相关函数（density correlation function）分析法。第三种方法需要用到凝聚体集合并通过式(23-16)将 N 与 R_g（或凝聚体线性大小的任何测量值）进行对比。下面依次讨论这些方法。

23.3.5.3.1 嵌套圆环或嵌套方格法

在这个方法中，计算机用半径不断增加的圆环或边长 s，不断增加的方格表示位于凝聚体质心的凝聚体。计算出圆环或方格内的二元黑区或灰区面积 G，并作出它与 s 的关系图。由式（23-18）得：

$$G \approx s^{D_{f,2}} \tag{23-34}$$

对上式 D 和 s 求对数作关系图，$D_{f,2}$ 为斜率。需用式(23-26) 和 α 把 $D_{f,2}$ 转变成三维分形维数。

某些粒子簇通常产生非线性的、形状奇特的 N-s 图。必须记住“分形”是一个统计学概念，并不是所有的粒子簇都是相似的，因此要检查粒子簇系列。很多粒子簇会显示出分形行为，即 $\lg G$-$\lg s$ 图呈线性关系，但偶尔也会出现“奇特”粒子簇。Zhang 等（1988）给出了簇-簇间变化的例子，见图 23-8。与单个粒子簇的灰区面积相比，式(23-34)更适合表示图中 3 个粒子簇的灰区面积总和。另一方面，如果存在比“分形”更“奇特”的粒子簇，那么此系统将不再是分形系统。

23.3.5.3.2 密度相关法

密度相关函数是一个条件概率，对于某一点的给定材料，确定出其他点具有该材料的可能性。用 $g(r)$表示如下：

$$g(r) = \langle \rho(R+r)\rho(R) \rangle \tag{23-35}$$

式中，$\rho(R)$为点 R 处的密度，方括号表示在所有 R 处的平均。

人们可以用数字化的二维图像计算 $g(r)$。因为密度与图像的灰度成正比，我们可以根据式（23-28）将式（23-35）写成：

$$g(r) = \sum_{u}^{N_u} \sum_{v}^{N_v} D(u+x)D(v+y)/(N_u N_v) \tag{23-36}$$

$$r = \sqrt{x^2 + y^2} \tag{23-37}$$

在使用式（23-36）计算时，应该把 u 和 v 限制在凝聚体内的点上（像素）。否则 $G=0$，得到不需要的计算结果。注意，式(23-36)也应限制在 u 或 v 的平均值上，以分别计算出 $g(x)$和 $g(y)$。如果这些不一致，将导致非均质性。很多不同的 x 和 y 值可得到相同的 r，因此要取 $r \sim r+\mathrm{d}r$ 范围内的平均值以计算最终的 $g(r)$值。

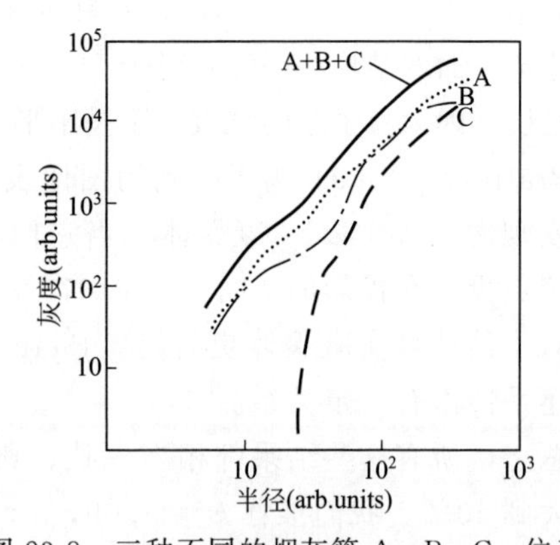

图 23-8 三种不同的烟灰簇 A、B、C，位于凝聚体中心的一系列嵌套圆环的总灰度（G_{tot}）。此图从它们的二元投影图中得到的。曲线 A+B+C 是总和，此曲线是线性的，它表明平均 $D_f = 1.72 \pm 0.10$

一旦计算出密度相关函数，可以作出它的对数图来表示其幂律特征，如式（23-17）所示。如果已经把投影图以二进制形式储存在计算机内，则投影图就仅有灰度 $G=0$ 或 1 时的像素，并且有效空间维数为用在式（23-17）中的 $d=2$。对于二进制形式，分形维数为 D_f

$=D_{f,3}/\alpha$，即式（23-26）的修正量必须计算出来。这里人们期望再次看到簇-簇间的变化，但通常不如“嵌套”法中所期望的高。图 23-9 为烟灰分形凝聚体的例子。

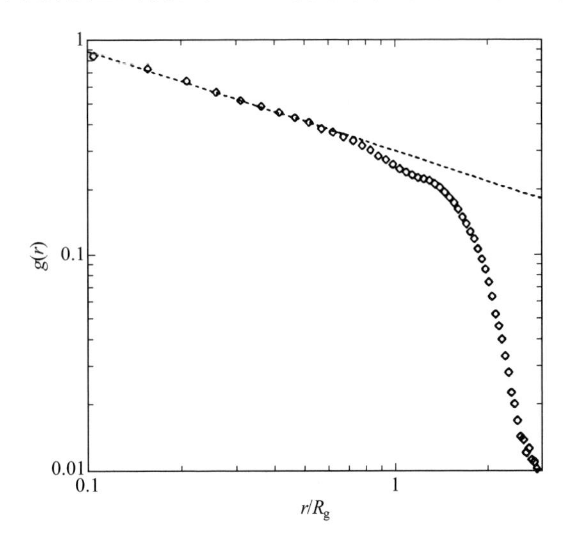

图 23-9 混合的 CH_4/O_2 燃烧产生的烟灰簇的密度相关函数［虚线适合幂律函数 $g(r)\sim r^{3-D}$ 的前 13 个点，之后是切割函数 $h(x)$］

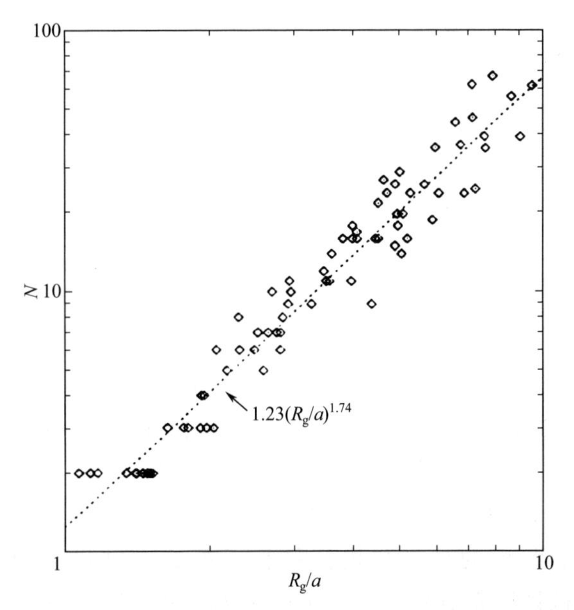

图 23-10 混合的 CH_4/O_2 燃烧产生的烟灰凝聚体中的单体总数与回转半径除以单体半径的关系图。这个双对数坐标图的斜率表明了式（23-16）的幂律关系，而且得到分形维数 $D_f=1.74\pm0.04$。截距 $k_o=1.23\pm0.07$

23.3.5.3.3 集合方法

从分形凝聚体的二元图像中可以得出 N 和 R_g。有了这些参数，从式（23-16）可以看出，凝聚体的多分散性集合的对数图，其斜率是 D_f，截距是 k_o。这种例子在文章中多次出现，如图 23-10 所示。注意，该分析可得 $D_f\equiv D_{f,3}$。

如果不需要 k_o，就可以简化该分析，方法是作出凝聚体的二元投射图像的总灰度与任意凝聚体长度（例如最长的长度，即 $2d$ 投影长度）的关系图，其斜率为 $D_{f,2}$，此方法常可得到很好的结果。

23.3.6 $D_f>2$ 的凝聚体

Jullien 等（1994）在计算机上模拟了在 $1\leqslant D_f\leqslant 2.5$ 间的 $d=3$ 的任意分形凝聚体，然后研究了其在平面上的投影。图 23-11 是 Jullien 等著作中的图 23-2(a)的复制，这个图很有帮助，该图显示的是：N 为 16～8192 时的各种大小的凝聚体，其二元投影分形维数 $D_{f,2}$ 与 $d=3$ 时凝聚体分形维数 D_f 的关系图。其中，直线表示的是 $a=1.08$ 时的式(23-26)。$D_f<2$ 时，符合直线，这更加支持了上面的分析结果。

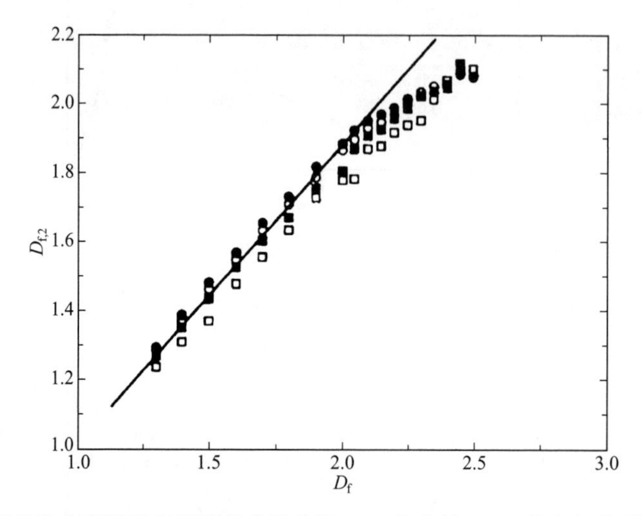

图 23-11 计算机模拟的分形凝聚体投影的分形维数 $D_{f,2}$ 与它的 $d=3$ 的空间分形维数 D_f 的关系图，$N=16$（开口圆）、128（实心圆）、1024（开口正方形）、8192（实心正方形）。线代表 $\alpha=1.08$ 时的式（23-26）[在 Jullien 等（1994）之后]

$D_f>2$ 时不符合直线，随着 D_f 增大，偏离直线的程度也越大。Jullien 等（1994）也发现在计算机模拟的大型凝聚体的渐近极限时，能很好地定义其周边分形维数 D_p，且 D_p 随着三维凝聚体质量分形维数而连续变化。近似计算该变化的方程如下：

$$D_f=D_p \qquad D_f<2 \tag{23-38}$$

$$D_f=3-(D_p-1)^{2/3} \qquad D_f\geqslant 2 \tag{23-39}$$

通过测量已知分形维数的计算机模拟的粒子簇的二维投影的 D_p（Dhaubhadel 等，2006），这些公式已经被证明是有效的。为了确定 D_p 大小为 L 的方形网格的数量 $N(L)$，当在一个网格中观察分形凝聚体的数字化图像时，都需要确定每一个都包含至少一个分形凝聚体周长的像素。$N(L)$ 和 L 通过 D_p 相联系：

$$N(L)=CL^{D_p} \tag{23-40}$$

式中，C 为一个比例常数。$N(L)\sim L$ 的双对数回归线的斜率是 D_p（图 23-12）。Dhaubhadel 等（2006）发现对于任意凝聚体的分形维数，不管是 $D<2$ 还是 $D>2$，都可以通过结构因子分析得到。分形凝聚体的结构因子 $S(q)$为：

$$S(q)=1 \qquad qR_g<1 \tag{23-41}$$

$$S(q)=C(qR_g)^{-D} \qquad qR_g>1 \tag{23-42}$$

式中，q 为散射波向量；R_g 为一个凝聚体的回转半径；C 为一个大体上等于 1 的比例常数。可以用式(23-43)计算可以利用烟灰簇数字图像的 $S(q)$：

$$S(q)=N_{\text{pix}}^{-2}\left|\sum_{i=1}^{N_{\text{pix}}}e^{i\vec{q}\vec{r}_i}\right|^2 \tag{23-43}$$

式中，N_{pix} 为图片中黑像素点的总数；$\vec{r}_i$ 为第 i 个黑像素的位置向量。Dhaubhasel 等(2006) 认为 $S(q)$有很多相当随机的“干涉”摇摆，但如式（23-42）所描述的那样，对于较大的 qR_g，$S(q)$是一个幂函数。图 23-12 说明对于一个较大的 $D_f=2.46\pm0.04$ 的分形凝聚体，结构因子分析和周长分析的结果相一致。

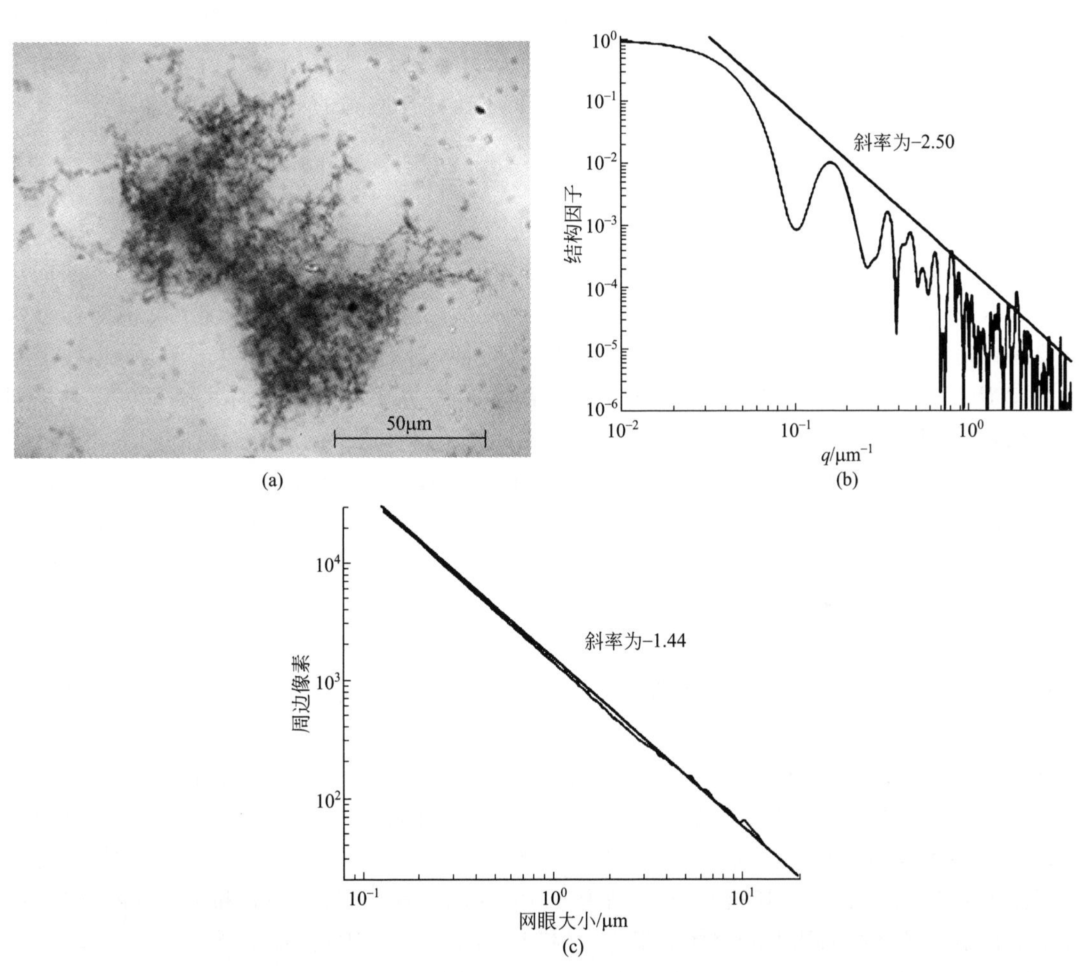

图 23-12 (a) 大型烟灰簇（注意比例尺）的透射式电子显微镜图片；(b) 结构因子和 (c) 部分 (a) 的周长分析。分形维数与结构因子分析中的斜率相等。周长分析斜率产生周边分形维数 1.44。通过式（23-39）计算的质量分形维数为 2.42

23.3.7 分形凝聚体的迁移性和动力学形状因子

因为几乎所有涉及迁移性的研究都集中在这些普通凝聚体，因此这部分我们主要讨论分形维数约为 1.78 的有限扩散簇凝聚体 DLCA。也有气溶胶文献研究较大分形维数的凝聚体，其分形维数范围为 2.1～2.4。然而，这些值可能错误地解释了质量和迁移性大小的比例关系，不能认为是真实的分形维数。当然，这些凝聚体与 DLCA 非常相像。在下边讨论小 N

极限时会对其进行一些评论。

Sorensen 等（Cai 和 Sorensen，1994；Wang 和 Sorensen，1999）曾利用光散射研究分形凝聚体的扩散率。这与迁移性和动力学形状因子有关。因为扩散系数 D 与 $F=fV$（V 为粒子速度）中的拉力系数 f 符合 Einstein 关系：

$$D=kT/f \tag{23-44}$$

式中，k 为玻耳兹曼常数；T 为温度。他们的方法是利用静态光散射测量凝聚体的回转半径 R_g 以及分形维数 D_f，并利用动态光散射测量扩散系数。分形凝聚体是预先混合的甲烷/氧气火焰中的烟灰以及在室温、1/15～1atm 下空气中的二氧化钛凝聚体。Wang 和 Sorensen（1999）重新解释了 Schmidt-Ott（1988）和 Rogak 等（1993）的气溶胶迁移性数据以及 Wiltzius（1987）的胶体数据，并结合他们自己的实验数据，得到在所有克努森数值下的分形凝聚体的迁移性图。随后，有关分形凝聚体迁移性问题的其他研究陆续展开，成果如下。

有四种描述分形凝聚体迁移性标准的方法。这四种方法是结合以下两种尺寸分类产生的。

① 凝聚体迁移半径 R_{mob}（$=d_B/2$），此参数对于初级粒子数或单体数（N）有不同的功能，这取决于 N 与一个确定的标准数 N_c 的大小关系。这个分类结果来自于凝聚体迁移性需要有合适的小 N 行为且限制在 $N\to1$，其中，R_{mob} 必须等于初级粒子半径 a。

② R_{mob} 对 N 有不同的功能，取决于克努森数 Kn。分形维数凝聚体的 Kn 可以利用回转半径 R_g、迁移半径 R_{mob} 或其他的线性测量值计算获得。这个问题仍然没有解决。

当考虑到连续区中的经验结果（Wiltzius，1987；Wang 和 Sorensen，1999）和理论结果（Kirkwood 和 Riseman，1948；Meakin 等，1985）时，就需要 $N\to1$ 限值情况下合适的 R_{mob} 行为。对于大型分形凝聚体（$N\gg1$），有人发现 $R_{mob}=\beta R_g$，$\beta=0.75\pm0.05$。然而，需要注意的是，对于 $N=1$、$R_g=\sqrt{\frac{3}{5}}R$ 的球形初级粒子来说，因为球形的 $R=R_{mob}$，那么在 $N=1$ 时，$\beta=1.29$。这就说明在大 N 的情况下，$\beta=R_{mob}/R_g=0.75$ 一定是在某个点上，该点叫做“交叉 N”，即 N_c，在 $N=1$ 时，随着粒子大小改变不变性，并随着 N 的减小从 0.75 增长到 1.29。这个行为是 Wang 和 Sorensen 用 6.7～22 的克努森数重新分析 Cai 和 Sorensen（1994）的数据，1.3～7 的克努森数重新分析 Schmidt-Ott（1988）的数据和 0.1～2 的克努森数分析 Rogak 等（1993）的数据观察到的。当 $N\to1$ 时，这三个数据集服从幂律函数 $R_{mob}=aN^x$，其指数 x 分别为 0.43、0.46 和 0.45。Chan 和 Dahneke（1981）计算出自由分子区中的线性凝聚体的阻力。对于较小的 N 它们的结果为 $N\to1$，当 $N=1$～10 时，呈现指数为 0.45 的相同幂次定律。在这些数据和结论的基础上，Wang 和 Sorensen 提出当 $N\to1$ 时，考虑克努森数的迁移半径为：

$$R_{mob}=aN^{0.45} \qquad N<N_c \tag{23-45}$$

最近，Cho 等（2007）报道了 $N=3$、4 和 5，克努森数范围为 0.3～0.7 的凝聚体的测量值。我们对他们的数据进行分析发现与指数 $x=0.44$ 的方程（23-45）相一致。同样，Shin 等（2009，2010）最近的数据报告也与我们的分析一致。而且，有许多报告涉及“分形维数”为 2.1～2.4 的凝聚体的质量是如何随 R_{mob} 变化的。在这些报告中，凝聚体非常小，$N<N_c$。真实分形维数大约为 1.8，被观察的函数是式（23-45）的交叉函数，与分形维数为 0.48～0.42 的相反数一致。

23.3.7.1 在连续区中的分形凝聚体的迁移性

实验（Wiltzius，1987；Wang 和 Sorensen，1999；Gwaze 等，2006）和理论（Kirkwood 和 Riseman，1948；Meakin 等，1985）对 $N<N_c$ 时的连续极限图像的结果是一致的：

$$R_{mob}=\beta R_g \tag{23-46}$$

$$\beta=0.75\pm0.05 \tag{23-47}$$

由式（23-16）得：

$$R_{mob}=a\beta k_o^{(-1/D_f)}N_f^{(1/D_f)} \tag{23-48}$$

式（23-48）中由于其参数的不确定性导致结果是不确定的。我们认为这些参数的最佳值为：$\beta=0.75$，$k_o=1.4$，$D_f=1.78$。即：

$$R_{mob}=0.62aN^{0.56} \tag{23-49}$$

23.3.7.2 自由分子区中的分形凝聚体的迁移性

大量对自由分子区中的分形凝聚体迁移性的研究结果一致。Wang 和 Sorensen 对其进行总结得出自由分子区的 $R_{mob}=aN^{0.46}$。人们期望阻力与凝聚体的有效投影面积成比例，以解释投影期间一个单体被其他单体覆盖的情况。因此，Wang 和 Sorensen（1999）对 Meakin 等（1989）的结果进行总结得出 $R_{mob}=aN^{0.46}$（见上面的讨论）。Pierce 等（2006）最近的模拟结果产生相同的结果。最近，Mackowski（2006）完成了解决这个问题的最终模拟，发现 $R_{mob}=0.9aN^{0.47}$。

根据上述所有结果得：

$$R_{mob}=aN^{0.46} \qquad N>N_c \tag{23-50}$$

这与 $N<N_c$ 的结果非常接近且没有交叉。这样的结论是有误导性的，因为这两个区的物理性质是不同的。

从连续区的结果［式(23-46) 和式(23-48)］中得 N_c 值：

$$N_c=(\beta/k_o)_f^{1/(Dx-1)} \tag{23-51}$$

N_c 值由于其参数的不确定性变化范围很广。我们认为这些参数的最佳值为：$\beta=0.75$、$k_o=1.4$、$D_f=1.78$ 和 $x=0.45$，由此得：

$$N_c=70 \tag{23-52}$$

总之，$D_f=1.78$ 的 DLCA 分形凝聚体的迁移半径利用下面的半径给出：

DLCA 分形凝聚体的迁移性半径，R_{mob}

流态	$N<N_c$	$N>N_c$
连续	$aN^{0.45}$	$0.62aN^{0.56}$
自由分子	$aN^{0.45}$	$aN^{0.46}$

为了把迁移半径的结果改写成动力学形状因子，根据式（23-5）得连续区为：

$$\chi=R_{mob}/R_v \tag{23-53}$$

自由区为：

$$\chi=(R_{mob}/R_v)^2 \tag{23-54}$$

式中，R_v 为体积当量半径（$=d_v/2$）。$R_v=aN^{1/3}$。然后，可以将迁移半径矩阵变为动力学形状因子矩阵：

DLCA 分形凝聚体的动力学形状因子 x

流态	$N<N_c$	$N>N_c$
连续	$N^{0.12}$	$0.62N^{0.23}$
自由分子	$N^{0.24}$	$N^{0.26}$

23.4 纤维

23.4.1 引言

“纤维（fibers）”这个词已被广泛应用于非球形粒子中，用于表示各种具有延伸外形的粒子（即粒子的某一维明显长于其他两维）。空气中飘浮的纤维一般都是显微镜可见尺寸的，典型地，它们的最长尺寸小于 100μm，最短的尺寸小于 10μm。空气中飘浮的纤维也可能是较细的纤维管管束。除某些工程纳米材料［如碳“纳米管（nanotubes）”、纳米纤维］外，大多数显微镜可见尺寸的纤维多是制作和生产肉眼可见纤维组成的材料的副产物。当某些不含纤维的材料受到压力时也可以生成纤维。某些纤维可能会有一些独特的性质，使它们从商业角度来说是有价值的。比如石棉包含 6 种商业纤维状矿物，因而具有张力强、耐腐蚀、耐热性好和隔声等特性。这些性质使石棉在大量的产品中得到应用，包括摩擦材料、高温绝热材料、消防用品和地板砖等。自然界中除了石棉还存在其他的矿物纤维。许多物质，包括玻璃和矿渣，通过熔化都能再造成纤维。同样，陶瓷材料也可以通过化学生成和蒸气结晶化变成纤维。碳纤维和石墨纤维的生产已经进入商业化，并被制成高强度产品。有机纤维，如棉花、木材和其他纤维质材料在环境中广泛存在，既有用于商用产品的人造材料来源，也有天然来源。碳“纳米管”是 C“巴克球（Buckyballs）”（C_{60}）的管状形式，它是具有高强度和高电导率的纯碳分子结构（Ren 等，1998）。这些纳米管正处于商业化阶段已应用到许多领域。除了高强度的圆柱形粒子外，粒子链也可以像纤维一样活动，并且能够作为人们研究纤维某些空气动力学性质的模型。一些有机材料能结晶成逼真的纤维状外形，用来验证纤维的空气动力学行为。

石棉纤维气溶胶与一些呼吸道疾病紧密相关（美国国际职业安全与健康协会，1976）。因此，能进入呼吸系统的纤维受到人们的高度重视。正是这些疾病的严重性促进了检测技术的发展（灵敏度提高到最大以及最大精密度地测量石棉气溶胶）。其他在空气中飘浮的纤维，可能具有一种或更多的与石棉气溶胶相同的物理和化学性质。人类暴露和/或动物研究表明纤维是疾病的潜在威胁。因此，人们认为，影响健康的除了石棉纤维外还有其他纤维。

气溶胶中纤维的大小范围较广。石棉中包含由 0.025μm 的独立小纤维构成的物质（Langer 等，1974）。空中漂浮的纤维可以是单独的纤维或一定直径范围内的多种尺寸的纤维管束，而且长度范围可以是从小于 0.5μm 到几百微米，这取决于纤维的类型，即这些纤维是如何从散装物质中粉碎得来的。不同纤维长度和直径的数量级不等，这使得很难精确测出粒径分布。人们已经制定了一些协议，用各种类型的显微镜检测纤维分布。其他类型的仪器主要是运用光散射特性来表征纤维，然而这些仪器通常只能近似地表征纤维大小。

需要注意的是，下述讨论，除非有特别说明外，将主要涉及气溶胶化纤维的测量，一般仅指用显微镜可以看到的，并非是测量纤维状材料的宏观性质。因为石棉纤维是研究最多的纤维类型，很多评论都涉及该物质。Walton（1982）、Langer（1974）和 Dement（1990）在其综述中已讨论过许多有关石棉的矿物学、健康影响和检测技术。Selikoff 和 Hammond

(1979)、Rajhans 和 Sullivan (1981)、Michaels 和 Chisscik (1979)、Chissick 和 Derricott (1983) 及 Holt (1987) 等在书中补充介绍了另外一些研究课题，人们对纤维也做了类似的研究 [美国国家职业安全与健康协会，1976，1977；国际癌症研究机构 (International Agency for Research on Cancer，IARC，1988]。

23.4.2 纤维形状

空气中悬浮的纤维的行为特征是纤维大小的函数。假定纤维形状为圆柱或扁长椭圆形，它们的大小可以用两个参数描述——长度和直径，通常引入第三个参数 β_α 来表示纵横比（即长度和直径的比)。然而大多数情况下，实际纤维并非恰好为假设的圆柱形或扁长椭圆形。玻璃和矿物纤维近似于圆柱形，但是它们在长度方向上也会有弯曲部分，且端点通常是球根状或锯齿状的。石棉纤维在独特的透明环境中形成，在这种环境中，大体积矿物在两个方向都具有光滑平面，而很少在第三个方向上有。因此，可以将其纵向切开分成更细的纤维，最终直径能达到 0.02～0.05μm。因此，一些石棉纤维能呈现出近似于理想的圆柱形，而其他石棉纤维则呈现出不同程度的终端扁平、弯曲、劈开、不圆的圆周等。如图 23-13 所示的磁力排列的温石棉纤维，显示了许多这样的特征。尽管形状变化存在各种各样的可能性，但通常仍只用长度和直径表征纤维。

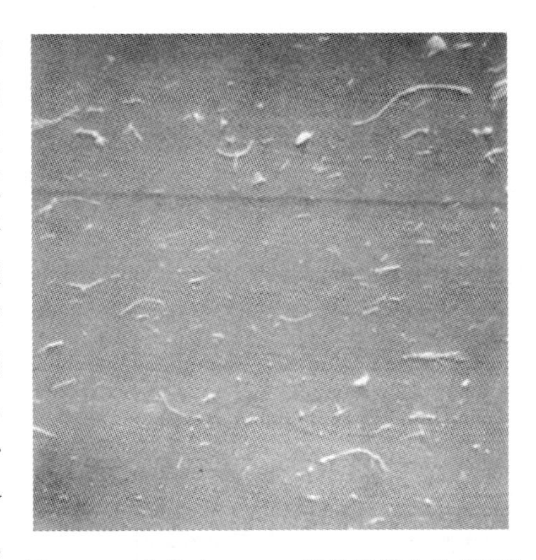

图 23-13 收集在 0.1μm 孔的滤膜上的 UICC 加拿大温石棉在磁场中排列的水样扫描电子显微照片（×1500）

（引自 Timbrell，1973）

天然纤维的直径分布很少是单分散性的，长度是单分散性的则更少。这使得很难对纤维测量仪器进行充分的校准，也很难测量纤维的毒性（纤维毒性是纤维大小的函数)。通常能用两个参数（长度 l 和直径 d_f）的对数正态分布描述纤维分布 (Schneider 等，1983；Cheng，1986)，即 $\ln l$ 和 $\ln d_f$ 都是正态分布的，其概率密度函数如下：

$$f(l,d_f)=\frac{1}{2ld_f\pi\sigma_{d_f}\sigma_l\sqrt{1-\tau^2}}\exp\left[-\frac{A^2+B^2-2\tau AB}{2(1-\tau^2)}\right] \tag{23-55}$$

式中，$A=(\ln d_f-\mu_{d_f})/\sigma_{d_f}$；$B=(\ln l-\mu_l)/\sigma_l$；$\mu_i$ 和 σ_i^2 分别为 l 和 d_f 的自然对数的平均值和方差；τ 为 $\ln l$ 和 $\ln d_f$ 之间的相关性，需要 5 个参数 μ_l、μ_{d_f}、σ_l，σ_{d_f} 和 τ 完整地描述一个二维粒径分布。这个二维粒径分布的特征是：其边际分布和条件分布都是对数正态的 (Holst 和 Schneider，1985)。前一个特征表明，长度和直径分布都是单独对数正态的；后一个特征表明，长度和直径的函数形式是 $kd_f^p l^q$，式中，k、p 和 q 都是常数，并且也是对数正态的。这些函数包括纵横比、表面积、体积和空气动力学直径。产生正态偏差的原因是由于采样和分析时的人为因素的影响或气溶胶来源多样性的影响。

文献报道的许多纤维分布包括长度和直径的平均值和方差，但不包括 τ。然而，如果报道了长度和直径函数的原始数据，则可以估算出相关信息 (Cheng，1986)。大多纤维的分布具有一个正值 τ，这说明直径常常随着长度的增加而增加。

人们已经检测到各种石棉纤维，一部分已在表 23-3 中列出。其中有些材料用于毒性研究，有些是在环境研究中检测的，而另外一些则是作为校准材料。当比较不同分析方法得到的纤维粒径分布时，需要小心谨慎操作。对光学显微镜和电子显微镜测量的长度>5μm 的石棉纤维的浓度进行比较（Dement 和 Wallingford，1990）发现，两者表现出很好的相关性（$R^2=0.87$），但是电子显微镜下观察的数量较多，且有偏差（斜率为 1.07）。这个偏差认为是由于细纤维（厚度小于大约 0.2μm）的分辨率不同造成的。光学相差显微镜通过目标和周围介质中的不同折射率来分辨纤维。用合适的显微镜对纤维进行计数，在以 Euparal™ 为背景、折射率为 1.48 的绿光下，能观察到宽度低至 0.15μm 的温石棉纤维（Rooker 等，1982）。较小直径的闪石纤维比温石棉的折射率高，应该是可见的，特别是在折射率为 1.43 的 Triacetin™ 背景下。闪石石棉纤维通常比温石棉纤维宽，因此，相较于电子显微镜，用光学显微镜对温石棉进行计数时会低估，而用光学显微镜对棉闪石棉纤维进行计数则会得到接近真实数目的结果。

表 23-3 测得的纤维粒径分布

材料	直径/μm	σ_g	长度/μm	σ_g	MMAD /μm	σ_g	测量技术
Chromoglycic 酸①	0.205	1.58	2.09	1.83	0.65	1.88	SEM 级联冲击式采样器
甘蔗硅酸盐②	0.3～1.5⑩		3.5～6.5⑩				TEM
咖啡因③	1.13	1.08	5.55	1.12			SEM
					2.1	1.1	沉降
陶瓷纤维④							
样品 a	0.5		10.1				TEM
样品 b	0.66		8.3				TEM
样品 c	0.98		22.8				TEM
温石棉⑤							
Preform ring	0.13	2.15	1.6	2.7			TEM
毛线衣	0.08	1.92	1.0	2.4			TEM
Cure press	0.13	1.94	1.5	2.2			TEM
青石棉⑥							
矿井/磨坊⑦	0.08～0.10	1.86～2.08	0.98～1.25	2.30～2.55			TEM
制造厂	0.04	1.58	0.54	2.32			TEM
玻璃纤维⑧							
编码 100	0.12	1.8⑪	2.7	2.2⑪			TEM
编码 110	1.8	1.7⑪	26	2.0⑪			TEM
铁矿石链 (Iron Qxides Chains)⑨	0.059	1.1	1⑫	2.0	0.32	1.11	TEM 离心机

① 数据来自 Chan 和 Gonda，1989。

② 数据来自 Boeniger 等，1988。

③ 数据来自 Vaughan，1990。

④ 数据来自 Rood，1988。

⑤ 数据来自 Pinkerton 等，1983。

⑥ 数据来自 Hwang 和 Gibbs，1981。

⑦ 这些值代表的是产生相似结果的几种测量方法的范围。

⑧ 数据来自 Timbrell，1974。

⑨ 数据来自 Kaspar 和 Shaw，1983。

⑩ 这些值表示的是粒径范围，而不是中位直径范围。

⑪ 从参考资料中得到的估计值。

⑫ 从 22 个初级粒子的平均链长得到的估计值。

Dement 和 Wallingford 也提到空气中漂浮的纤维大部分长度小于 5μm。用光学显微镜和电子显微镜测定的全部纤维的浓度有较大变化。最近研究也表明短于 2～3μm 的纤维通常不能在光学显微镜中被分辨（Harper 等，2008）。此外，电子显微镜的小视野也对这种变化有影响。通过电子显微镜的观察测量石棉纤维的“光学当量”分布是通常达不到目标的，这也是 NIOSH 7402 法（NIOSH，1994b）只利用光学当量（PCM-当量，或 PCMe）计数来计算石棉纤维百分比的原因，然后这个百分比被用于单独的 PCM 计数。最后，应该注意的是，大多数的显微镜技术没有给出第三个方向的信息（尽管在某些情况下，倾斜平台或实验阴影也许可能）。这样，当一些扁平状材料（如云母）直立时可能被误观察为纤维。

23.4.3 纤维行为特征

23.4.3.1 平移运动

如前边所述，纤维的不同行为取决于其主轴方向是与周围气体运动方向平行还是垂直[图 23-14(a)，(b)]。当垂直于气流方向时，纤维受到的拉力最大。纤维的行为通常可以用两个方向结合的形式描绘出。当两个方向的拉力差异为 15%～30%时，在实验系统中很难测出每个方向的贡献。在低雷诺数 Re_p 下，纤维的方向是稳定的（忽略布朗转动），而且不会因为平移运动而改变，如自由落体运动（Gallily，1971）。另外，纤维在静止空气中下落并非恰好沿重力方向，而且由于方位的原因而有所漂移（Weiss 等，1978）。雷诺数大于 0.01 的较大纤维会以其主轴方向垂直于运动方向的方式下沉［图 23-14(a)］。随着雷诺数增加（$Re_p>100$），较长的纤维（$\beta>20$）在垂直方位上仍然是稳定的，但是有向不稳定性发展的趋势（Clift 等，1978）。

扁平椭圆形纤维的空气动力学直径用下式计算：

$$d_a=d_f\sqrt{\frac{\rho_f\beta_\alpha}{\rho_o\chi}} \tag{23-56}$$

式中，d_f 为纤维的物理直径；ρ_f 为纤维密度；ρ_o 为标准密度。具有同样长度和直径的圆柱体的体积和质量是扁平椭圆体的 3/2 倍。因此，对于轴向尺寸相同的圆柱体，式（23-56）的右边要相应地除以 $(3/2)^{1/3}$ 或 $(3/2)^{1/2}$ 以获得当量体积直径和当量质量直径（Griffiths 和 Vaughan，1986）。对于平行和垂直于纤维主轴的运动，Fuchs（1964）给出了其各自的形状因子 $\chi_\parallel$ 和 $\chi_\perp$：

$$\chi_\parallel=\frac{4(\beta_\alpha{}^2-1)}{3}\Big/\left[\beta^{1/3}\frac{2\beta_\alpha{}^2-1}{\sqrt{\beta_\alpha{}^2-1}}\ln(\beta_\alpha+\sqrt{\beta_\alpha{}^2-1})-\beta_\alpha^{4/3}\right] \tag{23-57}$$

$$\chi_\perp=\frac{8(\beta_\alpha{}^2-1)}{3}\Big/\left[\beta^{1/3}\frac{2\beta_\alpha{}^2-3}{\sqrt{\beta_\alpha{}^2-1}}\ln(\beta_\alpha+\sqrt{\beta_\alpha{}^2-1})+\beta_\alpha^{4/3}\right] \tag{23-58}$$

直接计算圆柱形空气动力学直径的另一种方法（Cox，1970）得出了类似的结果：

$$d_{a,\parallel}=d_f\sqrt{\frac{9\rho_f}{4\rho_0}[\ln(2\beta_\alpha)-0.807]} \tag{23-59}$$

$$d_{a,\perp}=d_f\sqrt{\frac{9\rho_f}{8\rho_0}[\ln(2\beta_\alpha)+0.193]} \tag{23-60}$$

如果纤维没有受到拉力或其他力，那么它的方向几乎是任意的。于是单一、平均方向的动力学形状因子能用式（23-7）计算得出。

由于存在空气梯度，纤维受到一个扭矩直到它平行于剪切力［图 23-14(c)］。因此，如果纤维在水平层流中沉降，那么它的方位将趋向平行（即平行于剪切力）。然而，纤维要经历一个周期的不稳定并表演一个“空翻”，这个不稳定是纤维粒径和流体梯度的函数。在这些情况下，空气动力学粒径并非粒子的一个严格意义上固定性质，而是取决于检测的试验条件（Gallily 和 Eisner，1979）。

惯性分离常用于粒子的分离和粒径分级（如在冲击式采样器和旋风分级器中）。在这些流体条件变化迅速的系统中，纤维除了受到一般参数（观察球形粒子所得到的）的控制外，还受到原始方位和流体缓冲时间的控制（Gallily 等，1986）。例如，旋转惯性大的纤维（特别是长纤维）在通过采样口时可能不完全改变方向，也可能会完全翻转。在这种情况下，纤维的运动只能近似地用斯托克斯数或其他的无量纲参数表示。

人们已在洗脱颗粒物分离器（Gallily 和 Eisner，1979；Griffiths 和 Vaughan，1986；Iles，1990）、离心器（Stöber 等，1970；Martonen 和 Johnson，1990；Asgharian 和 Godo，1999）、冲击式采样器（Burker 和 Esmen，1978；Prodi 等，1982；Asgharian 等，1997）和旋风分离器（Fairchild 等，1976；Iles，1990）等仪器中试验了各种纤维类型的沉积。

与紧凑粒子相比，外形较长的纤维的延伸外形也意味着其在平移运动中的拦截作用对纤维沉降的影响较大。然而，通过剪切流进行排列的纤维，其长度对拦截作用的影响会减弱。

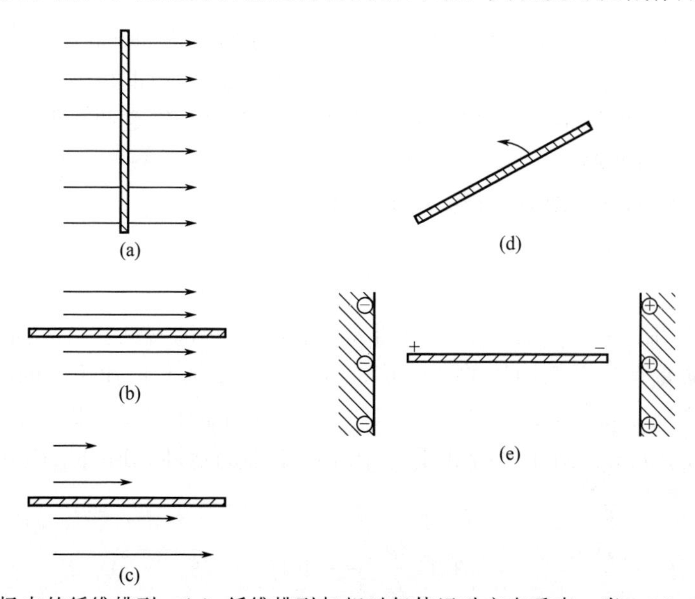

图 23-14 各种力场中的纤维排列。(a) 纤维排列与相对气体运动方向垂直。当 $0.01<Re<100$ 且无其他作用力存在的情况下，这是重力沉降和加速时最合适的方位。(b) 纤维与相对气体运动方向平行。纤维的运动通常认为是情况 (a) 和情况 (b) 的组合。(c) 纤维很容易与悬浮介质中的剪切流方向平行，或是形成一定的夹角。(d) 由扩散力控制的小纤维可能以任意方向存在。(e) 导电纤维与电场方向平行。很多纤维也可以在磁场中排列，通常平行于场线方向，但有时有些物质与场线方向垂直或成一定的夹角

23.4.3.2 旋转运动

纵横比高的椭圆纤维的旋转迁移率 B_r 可以近似地用式(23-61) 计算（Lilienfeld，1985）：

$$B_r=\frac{3[2\ln(2\beta_\alpha-1)]}{2\pi\mu L^3} \tag{23-61}$$

式中，μ 为气体黏度。注意旋转迁移率是纤维长度的反函数，旋转扩散系数 D_r 也是纤维长度的反函数：

$$D_r = \frac{3kT}{\pi\mu\beta L^3}(\ln 2\beta_\alpha - \delta) \tag{23-62}$$

式中，k 为玻耳兹曼（Boltzmann）常数；T 为温度。当纵横比 β 大于 10 时，δ 为 1.4。通过测定去除静电力后的缓冲速度，可以估算出旋转迁移率（Cheng 等，1991）。

23.4.3.3 过渡区中的运动

在分子轰击下，纤维既有旋转扩散又有平移扩散。这些纤维的方向可能是随意的［图 23-14(d)］。至于在斯托克斯区的纤维，为了方便，可以把其平移运动分解为沿主轴的平行运动及垂直运动。用纤维的扩散系数 D_{fib}（m^2/s）来描绘纤维的扩散：

$$D_{fib} = BkT = \frac{kT}{f} = \frac{kTC_{fib}}{f^\circ} \tag{23-63}$$

式中，B 为纤维的迁移率，dyn・cm/s；f° 为连续场中纤维单位速率的拉力；f 为经过滑流修正因子 C_{fib} 修正的纤维单位速率的拉力，能用前面介绍的非球状粒子的滑流修正因子计算得到（Dahneke，1973a，b，c）。

纤维的扩散运动常被看做是用粒子形状因子对球状扩散的修正（Asgharian 和 Yu，1988）。这个方法与用平均直径在 0.24～0.38μm 之间的纤维进行试验检测所得到的扩散系数的结果吻合。更小的纤维的扩散系数也已检测到（Gentry 等，1988），结果显示扩散系数高于期望值。

当连续场的气流静止时，纤维的方向是随意的，除非受到剪切流或其他力的影响。另外，纤维越长，其方向越容易受到这些力的影响。

有人研究了各种沉积机制（扩散、冲击、拦截）的影响，用于测定滤膜（Fu 等，1990）和肺呼吸道中（Asgharian 和 Yu，1989；Balásházy 等，1990；Asgharian 等，1997）的总粒子沉积。

23.4.3.4 充电

充电包括纤维的单极扩散充电（Laframboise 和 Chang，1977）和双极扩散充电（Wen 等，1984）。尽管细长纤维的电迁移率随横纵比的变化而更加缓慢（Yu 等，1987），但是单极扩散能使得细长纤维的带电量显著增加。利用迁移率随横纵比的变化可以实现不同长度纤维的分离。

23.4.3.5 电场效应

纤维在电场中会产生偶极子而被排列。这就需要对分离的纤维进行充电，从而使其极性与附近的电场相反，如图 23-14(e)所示。传导产生的电荷分离要强于材料极化产生的电荷分离。要产生电荷分离，纤维必须具有足够的传导性，这样才能使电荷在合理的时间内沿纤维的长度转移。气溶胶粒子，即使是那些由非传导性物质组成的粒子，由于其电容低、粒子小，也认为是传导性的（Fuchs，1964；Lilienfeld；1985）。表面的杂质有利于提高粒子的传导性。另外，纤维表面吸水（例如玻璃纤维具有接近 50%的相对含湿量）可以增加传导性并能使纤维在电场中排列。因此，足够强的电场（1×10^5～5×10^5V/m）能克服纤维扩散的随意性和剪切力而对大多数类型的纤维进行排列，也包括传导性极差的纤维。例如，静电排列的氧化锌纤维可用来调节微波辐射（Tolles 等，1974）。

在同等条件下对具有相同空气动力学直径的纤维和紧实粒子（compact particle）进行充电，纤维比紧实粒子的迁移率高。对工作环境的电场进行研究表明，纤维的带电量与纤维长度成正比（Johnston 等，1985）。其他研究显示，根据纵横比可以分离单极带电的粒子(Griffiths 等，1985；Yu 等，1987)。

有人观察到静电可以增加肺部（导电性管道）的纤维沉积量（Jones 等，1983），计算结果也证明了这种现象（Chen 和 Yu，1990）。

23.4.3.6 双向电泳

分离悬浮在液体中的不同长度的铝丝时，需要观察双向电泳（Lipowicz 和 Yeh，1989）。Baron 等（1994）证明可以在 0.76m 长的分类器中实现对短至 4μm 的纤维进行长度分类。人们已经用这项技术生产少量的分类纤维用于离体细胞检测研究和纤维粒径测量（Baron 等，1998；Ye 等，1999）。

23.4.3.7 磁场效应

当液体或气体中悬浮的纤维受到磁场作用时，具有足够磁化系数的纤维将与磁场成一定角度排列，这个角度通常为 0°或 90°，一些闪石石棉纤维可以同时以 0°和 90°两个角度排列。Timbrell（1975）通过将悬浮在 0.5%火棉胶/乙酸戊酯中的纤维在 5～10000G($1G=10^{-4}$T）的磁场中干燥，从而发展了一项制备排列形式不变样品的技术。Timbrell（1972，1973）已经排列了许多类型的纤维，包括碳纤维和各种类型的石棉纤维。但碳化硅纤维、氮化硅纤维、钨芯硼在类似的磁场中不能排列。

图 23-15～图 23-17 是受磁力而排列在光滑表面上的纤维图像，以及受磁力而排列的悬浮在液体中的同类纤维的光散射图像。图中显示了磁场的方向。光散射图案中央有一个主要的激光束，与激光束相反的方向是光散射辐射平面。在图 23-15 中，单分散直径的碳纤维都与磁场方向平行排列，从而产生了一个垂直于磁场的清晰的光散射图案。图 23-16 中的青石棉以同样的方式排列，但不具有分散性。图 23-17 中，纤维与磁场垂直或既有垂直也有平行，后者产生两个光散射平面。可以观察到，人造荧光闪石的排列方向与磁场方向成±65°角。排列角度和方向还不能完全解释清楚，但看起来它们更多地与材料的矿物来源有关，而与初级晶体结构无关。因此，人们观察到乌干达（东非）的透闪石垂直于磁场排列，而祖鲁兰（南非）的透闪石则平行于磁场方向（Timbrell，1973）。

23.4.3.8 光散射

用闪光束照在玻璃棒上，使光束垂直于棒轴，折射光和散射光就会分散地进入垂直于棒轴的平面。用显微镜看见的纤维的散射光和反射光产生类似的特征图样。图 23-15～图 23-17 为磁场中排列的悬浮在水中的纤维的光散射图样。如果纤维不垂直于光束，光散射图样则不形成一个平面，而是变成一个圆锥形。无限长圆柱体、圆锥体和其他一些规则的伸延形状的光散射图样可以用 Mic 理论进行详细描述（Van de Hulst，1957；Kerker，1969）。如同球形和紧实粒子的散射光，直径大于光波长的纤维的散射集中在正向。小直径纤维的散射在数量上较少，但是在纤维主轴周围的各个方向上更一致。另外，散射光易于在纤维主轴的平行方向上偏振。

这种直角照明得到的独特的、平面的光散射图样，是一些纤维检测技术的基础。如上所述，纤维必须垂直于光束轴才能获得特征纤维图样。收集在玻璃等光滑表面上的纤维一般平行于光滑表面，因此，使光束垂直于光滑表面即可获得单纤维的狭窄的、平面的光散射图

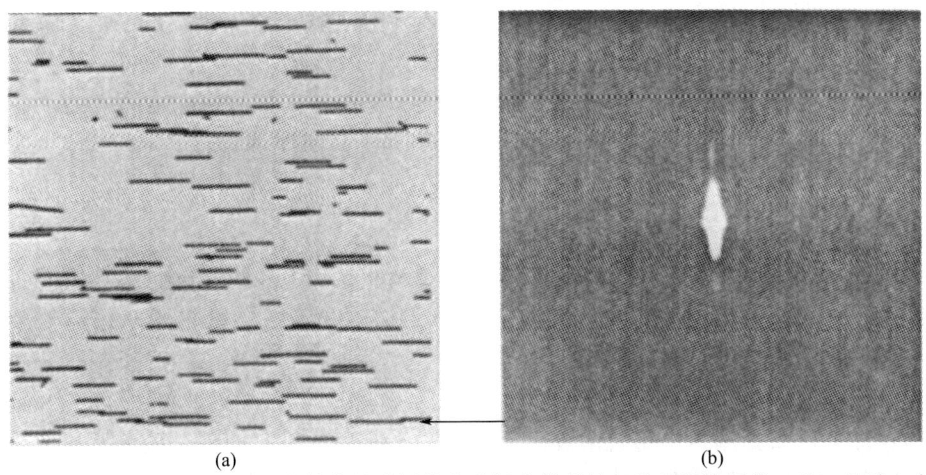

图 23-15 (a) 玻璃片上悬浮在火棉中的碳纤维在磁场中排列的相差显微镜图像；(b) 悬浮在水中的碳纤维的光散射图案。箭头表示磁场方向。注意，纤维的单分散直径清晰地反映在散射图案中

(引自 Timbrell，1973)

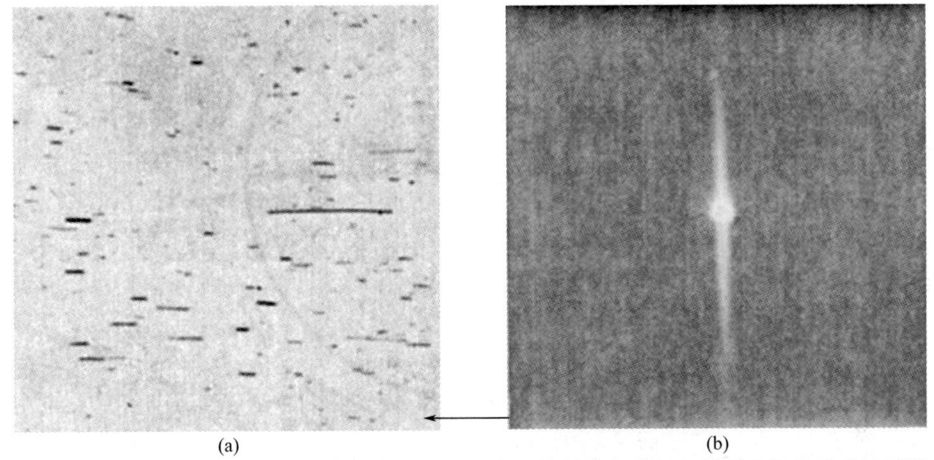

图 23-16 (a) 玻璃片上悬浮在火棉中的 UICC 青石棉纤维在磁场中排列的相差显微镜图像；(b) 悬浮在水中的 UICC 青石棉纤维的光散射图案。箭头表示磁场方向

(引自 Timbrell，1973)

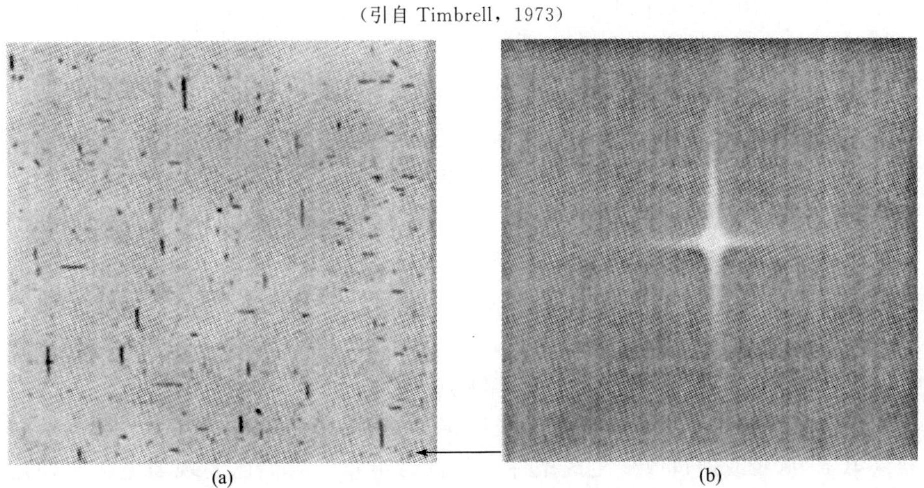

图 23-17 (a) 玻璃片上悬浮在的火棉中的 UICC 铁石棉纤维在磁场中排列的相差显微镜图像；(b) 悬浮在水中的 UICC 铁石棉纤维的光散射图案。箭头表示磁场方向

(引自 Timbrell，1973)

样。如果获得一组纤维的特征光散射图样，就必须施加一些力（如磁、电、剪切流）使纤维排列整齐。

图 23-15～图 23-17 为几类纤维的光散射图样。注意，单分散碳纤维的光散射图样比较清晰（图 23-15），而直径分布较广泛的其他类型的纤维的图样更弥散。

23.4.4 在实验室内合成纤维

纤维在互相接触时会有交缠的趋势，因此比紧实粒子更难生成。这种交缠的趋势是制造某些纤维产品的依据（比如制造绳索与毛毯）。人们可以生产各类纤维用在仪器校准、分析方法校准以及质量认证和毒理学研究等不同领域中，多种生成机理已经用于制造分散性良好的纤维。

纤维样品的准备是制造有用气溶胶的重要一步。某些纤维可能完全是粉末状的，而有些则需要用搅拌机和研磨机将其粉碎、切割或缩减粒径。淘选气体或液体悬浮物可以大大减少纤维的直径范围。某些制造玻璃纤维的方法使用了压缩技术，在一个 5～20μm 的模具里控制纤维的长度，减少粉碎过程中产生短小碎块的相对数量（Hanton 等，1998）。

在低浓度状态下，将悬液雾化可以得到相对短小的纤维。直径大于雾化液滴的纤维的生成率不高，而且，如果浓度太高，将不止出现一种纤维，还能导致纤维凝聚。

一些研究人员使用填充纤维塞的高速斩波。Timbrell 等使用家用咖啡研磨机发展了这种方法（Timbrell 等，1968）。一种特殊的地壳标识性材料——国际抗癌联合会（UICC）石棉（Timbrell 等，1968）被均匀地填入注射器的腔体内，并缓缓推射到研磨机的旋转叶轮上。虽然并非所有的石棉都以气溶胶形式产生，其消耗速率仍能达到 0.6～1.0g/h。虽然不知道纤维的粒径分布，但这种分散主要出现在凝块和絮凝物含量相对较少的单纤维中。人们使用更耐用的材料，包括碳化钨叶轮和不锈钢壳体，制造出了一种与上述工作原理和尺寸相似的纤维发生器（Fairchild 等，1976），这种装置可以生成玻璃纤维和温石棉。虽然凝块和絮凝物在数量上相对较少，但凝块中的物质所占的质量比例最大。虽然测试过程中的给料速率会降至原来的 1/4 或增至原来的 10 倍，但其产物在空气中的浓度仍达到 6～8mg/m^3。这种装置更适用于生成玻璃纤维气溶胶（Fairchild 等，1978）。

流化床发生器（fluidized bed generator）也已用于生产纤维状气溶胶。流化床通常包含两相：一种是含有一种或多种成分的粉末相；另一种是通过粉末的气相。通过将速度足够大的气体通过粉末，或施加振动能或声能可以使粉末“流化”。流化床可能仅由将要气溶胶化的粉末组成，也可能包括因太大而不能被气流带走的链珠、小球或粒子，这些较大的球体或粒子有助于将粉尘各自分散开来，并有助于凝聚体的离散。

在玻璃纤维（Carpenter 等，1983）和青石棉（Griffis 等，1983）的吸入暴露实验中，人们使用一种分体式流化床。此流化床由不锈钢粉末和纤维的混合物组成，纤维以浆的初始状态存在，随后被干燥。穿行而过的空气使床“沸腾”从而释放出纤维，气流初始速度很高，随后以指数级下降。一种类似的空气流化床采用青铜粉末作为流化粉末，用于生产质量保证项目的复杂温石棉滤膜样品（Baron 和 Deye，1987）。

对于生成的气溶胶，必须降低其带电量以实现均匀的空气浓度和一致的测量，可通过双极充电器（第 15 章）或通过改变生成条件来降低带电量。人们已发现当流化床使用干空气时能产生高度带电的纤维，当空气相对湿度上升 15%时，电荷水平下降约 10%（Baron 和 Deye，1990）。

目前已研制了一种能产生稳定浓度的分体流化床发生器，它采用螺旋推进式给料系统，可以使用预先混合的粉末持续更新流化床（Tanaka 和 Akiyama，1984）。这种发生器使用玻璃珠作为大粒子流化成分，并能在一周内产生浓度稳定在 $6mg/m^3$ 的玻璃纤维（来自某种玻璃纤维滤膜）(Tanaka 和 Akiyama，1987)。Sussman 等（1985）也发明了一种使用不锈钢珠和石棉纤维的类似系统。

人们已发明了一种能生成纤维素、陶瓷纤维和玻璃纤维的声学流化床（Weyel 等，1984；Frazer 等，1986；Craig 等，1991；Blake 等，1997）。这种设计能很快地将大量粉末状纤维导入反应器，而且能在较长时间内保持合适恒定的产出浓度。

Spurny（1976）发明了单体流化床，他采用振动能以促进流化（Spurny，1980）。这种流化床对几种石棉的输出量不随时间变化，而且，纤维粒径在某种程度上由振动频率和振幅控制。这种利用机械振动的流化床发生器（PAL）已经在市场上出现。

23.4.5 纤维对健康的影响

虽然石棉纤维有许多商业用途，但也有不少人已关注到它的致病能力。石棉纤维的暴露导致了 3 种主要疾病：石棉沉着病（asbetosis）(肺组织的纤维化)、间皮瘤（mesothelioma）(一种胸膜或腹膜的癌症）和肺癌。石棉暴露也与胃肠癌有关（Morgan 等，1985），这导致了对饮用水中石棉的健康危害的担忧。然而，这种严重健康危害的情况还没有被普遍接受(Edelman，1988)，美国环境保护署（USEPA）根据增加的良性肠息肉的发展制定了饮用水的石棉纤维标准：每升饮用水中长度$>10\mu m$ 石棉纤维不得大于 7×10^6 个（US EPA)。最近的一些研究（Reid 等，2004；Browne 等，2005）已经确认了此标准避免胃肠癌风险的可能性，但是，对于其他的癌症还没有发现（Kjaerheim 等，2005）。尽管对石棉纤维致病机理已经进行了大量研究，但这类疾病的原因还没有完全弄清楚。虽然纤维的化学组成及其在体液中的溶解性对于纤维的危害影响很大，但是纤维的形状也起着主要作用。见第 38 章吸入纤维粒子的肺部反应的进一步讨论，该章也讨论了一些暴露纤维粒子（碳纳米管）对健康的影响。

由于纤维在呼吸系统中的沉积主要取决于纤维的空气动力学性质，因此，纤维直径在致病原因中起着重要作用（Timbrell，1982）。一般来说，矿物纤维直径要小于 $2\sim3\mu m$ 才能到达胸部，更细的纤维才能到达呼吸系统的空气交换区（Stöber 等，1970）。有人曾提出假想：短纤维的致病威胁要比长纤维小得多，这是因为肺部的巨噬细胞能比较容易地吞噬短纤维并将其从肺部驱走。长纤维不能被细胞完全吞噬，因此在肺部停留时间更久（Holt，1987）。Timbrell（1982）发现，长达 $17\mu m$ 的纤维能被清除，$17\mu m$ 相当于人类巨噬细胞的直径。用双电泳法对纤维进行长度分级，再与巨噬细胞检验相结合，事实证明巨噬细胞可以被直径比它稍大的纤维破坏甚至消灭。在巨噬细胞死亡期间，会发生“氧化爆炸（oxidative burst）”，并使这些巨噬细胞产生一系列因子，这些因子可导致肺炎和最终的肺部纤维化(Blake 等，1997；Ye 等，1999)。纤维尺寸主要决定其毒性的观点一般被称为“斯坦顿假说”(Stanton 等，1981)。然而，应该注意的是，石棉暴露会产生许多疾病，每种疾病的风险也许会包含不同的参数，包括那些与几何尺寸没有必要联系的参数（Dodson 等，2003)。对于空气传播的石棉纤维，多数长度小于 $5\mu m$，而长度大于 $10\mu m$ 的纤维相当少（Harper 等，2008；Dement 等，2008）。最近，在美国南卡罗来纳州（Stayner 等，2008）和北卡罗来纳州（Loomis 等，2010）石棉工厂对纤维长度与死亡率的相关性进行了重新评估，并将其结果与利用 TEM 和 PCM 进行的暴露估计进行了对比。以 TEM 为基础的暴露估计累积能很好地预测了南卡罗来纳州工厂的石棉肺和肺癌死亡率，而对于北卡罗来纳州工厂，基于 PCM 的数据更符合肺癌预测模型。在南卡罗来纳州工厂，基于单个的明确纤维粒径的累积暴露量能很好地预测肺癌和石棉沉着病。肺癌和石棉沉着病都与细纤维（$<0.25\mu m$）暴露有很大的关系。长纤维（$>10\mu m$）能很好地预测肺癌的发生，但是对于石棉沉着病，预测其发生的纤维长度不一致。在这个人群中，累积暴露与所有纤维粒径种类都有很高的相关性，这使得研究结果的解释变得复杂。在北卡罗来纳州工厂的纤维暴露要比在南卡罗来纳州工厂的暴露程度高很多，纤维长度和直径作为指示器与肺癌的危害成正显著相关，更长时间暴露于更细的纤维趋向于与危害的联系更大。同样，在这个研究中，累积暴露与所有纤维粒径种类也都有很高的相关性，这就阻止了多重纤维指示物模型的建立，该模型用于寻找具有独立健康效应的特定纤维粒径范围。

除了形状之外，纤维的化学性质也对其健康效应起着作用。人们已发现，有些纤维特别是玻璃纤维在肺组织内的溶解时间相当长，这就减少了纤维的潜在危险性（Johnson 等，1984；Law 等，1990）。人们发现，长度大于 $5\mu m$ 的温石棉纤维大量存在于肺组织中，这明显是由于纤维的纵向分裂造成的（Bellmann 等，1986）。体外研究表明，纤维的表面性质也能影响细胞毒性（Light 和 Wei，1977）。

从以上这些性质可以推断：长的（特别是$>17\mu m$ 的）、微小的（$<3\mu m$ 的）、不溶的纤维有明显的致病能力。例如，一些研究人员估算出了导致不同疾病的明确的纤维粒径范围（Pott，1978；Lippmann，1988；Timbrell，1989）。

23.4.6 纤维的控制管理

暴露在空气中的石棉纤维对健康的潜在危害促使许多管理机构和健康研究机构发布了空气中石棉纤维浓度的控制条例。因为基于健康的数据表明：在目前空气暴露浓度下发生的疾病主要与纤维的数目有关，许多空气浓度测量规则根据的都是空气中石棉纤维的数浓度而不是质量浓度。例如，美国职业安全与卫生管理局（OSHA）对工厂和其他工作环境中危险物质的暴露进行了规定。OSHA 条例要求：使用滤膜收集/相差显微镜（PCM）方法进行测量，工人工作环境空气中纤维浓度的 8h 平均值要低于 1×10^5 个/m^3（0.1 个石棉纤维/cm^3），或 30min 内的纤维浓度要低于 1×10^6 个/m^3（1.0 个纤维/cm^3）(美国职业安全与卫生管理局，1986)。美国矿业安全与卫生管理局（MSHA）对矿区和工厂中的纤维暴露浓度限值进行了规定，即 8h 平均值不得超过 1×10^5 个/m^3（0.1 个纤维/cm^3），30min 浓度值不得超过 1×10^6 个/m^3（1 个纤维/cm^3）(美国矿业安全与卫生管理局，2008)。

USEPA 规定了污染物在空气中的水平。除了限制明显的排放物，USEPA 没有限制环境中的石棉浓度。但是，为了防止学校中的儿童暴露于纤维中，USEPA 规定了去除和检测校园中石棉的方法（美国环境保护署，1987）。USEPA 规定石棉含量超过 1%的材料为含石棉材料（asbestos containing material，ACM），用偏振光显微镜检测。USEPA 要求，去除学校里的含石棉材料后，清洁区空气中石棉的浓度不能高于清洁区外的浓度，其检测方法是采集 5 个清洁区的空气样与 5 个清洁区外的空气样进行对比。要求用 TEM 分析监控所有的石棉去除操作，如果去除的只是少量的石棉，则可使用 PCM。指导文件中叙述了控制建筑物中石棉含量的方法（美国环境保护署，1985，1990），并提供了去除石棉后的检测方法（美国环境保护署，1985）。

由于陶瓷纤维已成为一种重要的商品原料，USEPA 要求陶瓷纤维工厂保持工作环境中纤维浓度低于 1×10^6 个/m^3（1.0 个纤维/cm^3）。

美国消费品安全委员会（Consumer Product Safety Commission，CPSC）负责就有关产品的材料成分及潜在危害性向生产商进行指导，如染发剂和干发剂（Geraci 等，1979）。地方制定的规定常常比国家环保局严格（Abbott，1990）。

在 NIOSH 向 OSHA 和 MSHA 推荐的健康标准中：NIOSH 主张去除空气中的石棉纤维或将其含量尽可能地降低到最低水平。由于 PCM 检测法的实际限制，NIOSH 推荐空气中纤维浓度指标为 0.1 个纤维/cm^3（NIOSH，1990）。

控制其他纤维（如玻璃纤维和矿物棉）的方法通常是把它们当作公害粉尘材料处理掉。但这种方法需要改变，因为人们已经证明，除了石棉外，其他纤维也可能使人类和动物患病。例如，有人患的间皮瘤与毛沸石（一种纤维状沸石）有关（Baris，1980），动物暴露实验发现，一些人造纤维可以使动物患病（Pott 等，1987；Smith 等，1987），耐火陶瓷纤维可使动物患上间皮瘤，尼龙可使老鼠（Porter 等，1999）和人（Jones 等，1998）染上急性肺炎。

23.4.7 检测技术

纤维检测的方法主要有两种：单纤维的显微镜观察法和光散射仪器法。本书介绍的其他仪器也可以用于纤维检测，但由于不是专门针对纤维检测的，故在此不作讨论。

23.4.7.1 显微技术

显微技术要求收集的样品（大部分是收集在滤膜上）带回实验室后，要由使用显微镜的技术人员做预处理和分析。采样时通常使用直径为 25mm 的导电塑料盒，并带有 50mm 的入口以防止在滤膜表面造成直接沉淀和污染。该采样器可以对收集到的纤维进行分级，收集到的纤维随采样速度和环境条件的不同而变化（Chen 和 Baron，1996）。利用这种具有分级功能的入口进行过滤采集可以去除那些不能沉积在肺部的纤维和其他粒子（Baron，1996）。粒径选择采样器已在实验室和现场进行了评估（Maynard，2002；Jones 等，2005；Lee 等，2008）。因为纤维的空气动力学性质主要依据它们的直径，一个选择性策略是完全忽略长度大于 3μm 的纤维，这在一些计数规则中也有用到（World Health Organization，1997）。

用于纤维检测分析的显微镜根据原理可分为 4 种：相差光显微镜（PCM）、偏振光显微镜（PLM）、扫描电镜（SEM）和透射电镜（TEM）。Chatfield（1986）总结了在工作场所和环境中检测石棉的各种显微技术。粒子图集（particle atlas）的第 7 卷中介绍了各种光电显微技术，其中也给出了许多不同种类纤维和粒子的图片（McCrone 和 Delly，1973）。第 10 章中提到的其他方法也可用于分析纤维。

样品分析的复杂性水平各异，例如，计算一定粒径范围内的纤维总数、确定纤维的粒径分布以及测量整个纤维分布和定性分析单纤维。前者一般是为了达标，可能需要一些定性分析和简单计算，后者通常是在不知道纤维来源的情况下进行研究或者进行环境评估。

在纤维分析中，样品准备是非常重要的一步，因为纤维和其他粒子的观察视野主要是二维的，所以真正观察到的只是一小部分。因此，粒子必须要浓度合适地均匀地分布或负载在样品表面，负载太高，纤维和粒子将会重叠而难以分析，反之，则找不到有效的纤维数目（Peck 等，1986；IARC，1988）。因为纤维在清晰背景下更加突出，所以，如果滤膜负载较低，则会导致对纤维浓度的高估（Cherrie 等，1986）。

（1）相差光显微镜 相差光显微镜（PCM）是检测石棉及工作环境中其他纤维空气浓度的最常用方法，具有速度快、廉价的优点。PCM 主要用于纤维计数，它是一种干涉测量技术，能观测到低对比度的粒子。相对于通过基底的光，通过物体的光发生了相位移动。这个相位移动是肉眼观察不到的，但是可以检测强度的变化。PCM 利用相位-迁移光和不迁移光形成干涉模型，之后用此干涉模型将相位的变化转化成强度的变化。分辨率界限是显微光学器件、光的波长以及物体和周围介质的折射率的差异的函数。含纤维素的滤膜用于收集纤维，然后在玻璃片上进行化学处理。在 PCM 下放大将近 450 倍，数出视场内的纤维数量，记录下有统计意义的纤维数目，视场由如图 23-18 所示的显微镜计数线划分，场中正常的具有统计意义的纤维数目一般为 20～100 个（美国国家职业安全与卫生研究所，1994a）。

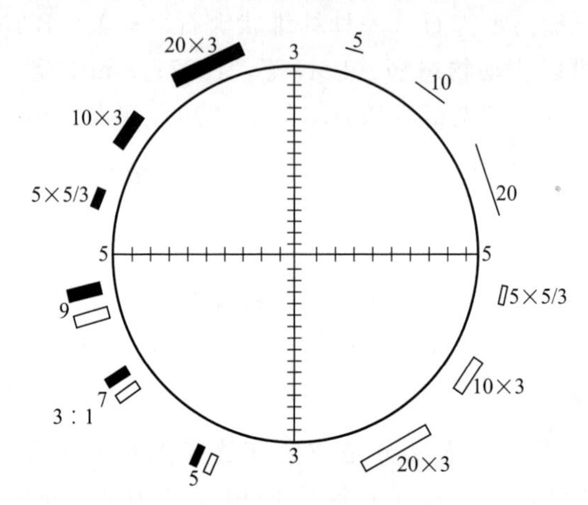

图 23-18 相差显微镜中用于规定计数场的记数线。圈外的规定目标是帮助测定目标纤维的纵横比和粒径

纤维计数技术的准确性并没有仪器分析方法的准确性好。例如，NIOSH 分析方法手册中的大多数分析方法的总不确定性（联合的多样性和偏差）都高于 10%（NIOSH，1984）。在最佳分析条件下（样品均匀沉淀，没有背景尘粒的干涉，最佳负载），纤维计数的相对偏差标准为 0.1（或 10%）。因此，准确性（包括偏差和多样性）不会高于这个水平。多样性和偏差还有其他来源（如小样品粒径和显微镜使用人员的偏差）。多样性和偏差的最大来源在于显微镜使用者观察微小纤维（如温石棉）的失败。一些显微镜使用者几乎没观察到所有能被其他仪器检测到的温石棉纤维（Pang，2007；Pang 和 Harper，2008；Harper 等，2009）。

USEPA（1989）对石棉样品的准备技术进行过评估。纤维气溶胶样品的分析大都在滤膜上进行，滤膜样品的准备过程中并没有改变纤维在滤膜表面的位置（直接转移样品准备）。由于石棉纤维在液体中悬浮时会发生分解（特别是有超声波作用时）而增加其数目，因此可以采用这种方法。当采集不会分解的纤维或要稀释收集样品时，就需要液体悬浮液并将纤维进行再悬浮（间接转移样品准备）。间接样品准备可以得到更均匀的沉淀样品，还能去除某些干扰粒子。

（2）偏振光显微镜 偏振光显微镜（PLM）用于检测粒子和它们的前体物质，以找到气溶胶的潜在来源（OSHA，1992）。它也用来确定材料是否包含石棉。

光是以传播方向、电场方向、磁场方向两两相互垂直为特征的电磁能。光的电矢量指向同一个方向时为平面偏振。线性偏振元素或偏振镜允许具有特定电振动方向的光通过，而将其他光全部排除在外。这就是偏振或优先方向。光首先与电振动方向上的物质相互作用。当光穿过物质时，它会和物质相互作用从而使其传播速度 v 小于真空中的光速 c。这两个速度的比值为“折射率”或“n”：

$$n=\frac{c}{v} \tag{23-64}$$

光通过物质的实际传播速度是光波长的函数，这就是色散。一些波长比其他的波长传播得慢，这取决于光与物质相互作用的强度。通常，n 特指在 589nm 波长时的折射率，该波长为金属钠 D 放射线的波长。通常，白色光源可以在 PLM 下进行粒子分析。白光由所有波长的可见光组成。色散的一个结果是不同的波长因折射不同而被分离（如棱镜）。

一个被称为“分散着色”的技术利用不同波长光的色散性质来确定可透射粒子的折射率。当粒子放置在与该粒子有相近折射率的浸镜油中时，样品利用白光分析，当光穿过粒子和浸镜油时，会发生色散，因此粒子就会出现颜色。这个颜色叫做色散颜色，通常通过与安放在浸镜油中已知折射率的玻璃粒子的颜色进行对比，确定该粒子的折射率。

一些分析家更偏向于使用传统的标准匹配技术，该技术是将粒子浸在一系列连续的标准油或温度变化的油中来确定折射率（Kerr，1959）。看到的对比度最低的油的折射率就是粒子的折射率。这个技术很受矿物学家的欢迎，但是气溶胶分析家不怎么使用。当操作恰当时这两种技术都比较准确。

粒子可能是均质的也可能是非均质的。均质材料通常是无规则形状的，但是也可能是晶体形状。不管从哪个方向穿过均质材料，光表现出来的行为是一样的。无应力的玻璃纤维或陶瓷纤维就是均质粒子。非均质材料可能是晶体形状，也可能当光线穿过它们时呈现不同的方向性。当光穿过非均质材料时，它们会有两个或三个不同的空间方向，每个方向都有特有的折射率。这些折射率与粒子中的优先方向有关。偏振光可以单独调查这些特殊方向。显微镜中的单个偏振元素允许光线按粒子的主要方向对齐，每个方向的折射率都能单独确定。

在非均质粒子中，最高折射率 n_γ（低折射方向）和最低折射率 n_α（高折射方向）的数值差叫做双折射。低折射方向和高折射方向的光程的阻滞量为：

$$\beta^\gamma=t_p(n_\gamma-n_\alpha) \tag{23-65}$$

式中，β^γ 为阻滞量；t_p 为粒子厚度；n_γ 为高折射率；n_α 为低折射率。

在偏振显微镜中，阻滞量作为一种颜色被观察到，是白光以不同的路径穿过粒子的破坏性和建设性干涉的结果。在非均质粒子中，一部分光线沿低折射方向传播，一部分沿高折射方向传播。当光线穿过粒子后被重组，一些波长消失，一些波长增强，导致粒子出现颜色。这是分辨均质粒子和非均质粒子的一个快速方法，因为均质粒子不会出现不同于背景的颜色，而非均质粒子则不然。关于粒子的定量信息能通过测量粒子的厚度 t 和参考 Michel-Levi 图取得。Michel-Levi 图是组合的颜色诺模图，从该图中可以确定双折射数值，然后与多种材料的汇总图进行对比。

非均质粒子的消光角度是确切的晶粒生长方向和极化方向之间的最大偏离角度。在极化方向上，粒子在正交偏光镜下呈现最小的亮度。矿物有特有的消光角度，所以能测量该值，并将其与汇编表进行对比。另外，某种光线的波长也许会优先被一种粒子吸收，在明亮视野观察时能辨别它的颜色。这个性质可以用来作为材料鉴别的一部分。当在不同方向的颜色不同时，粒子呈现多颜色现象。通过偏振光中特有的颜色辨别纤维仅适用于宽度大于1μm的纤维。细微的纤维可以通过大的、理想的纤维束的测定进行推测。或许需要其他技术提供额外信息来修正检测的石棉。

X射线衍射（Abell，1984）和其他大量的分析技术也用于检测石棉和其他纤维，然而这些方法都不是专门检测纤维的，而且通常对石棉样品的分析不够灵敏，第12章详细介绍的一些方法可以用于分析石棉和其他纤维。

(3) 自动化图像分析　人们曾多次尝试利用石棉纤维样品的自动化图像分析方法来提高分析的准确度和速度，减少纤维分析的主观误差（Whisnant，1975）。自动化图像分析包括从显微镜中提取图像、数字化，再用计算机估计图像中物体的数目和大小，就纤维分析而言，就是指计算纤维数目或获得纤维的粒径分布。

图像分析系统与PCM联用可分析石棉纤维。英国曼彻斯特大学在健康与安全部门的支持下，提出了曼彻斯特石棉计划（MAP）(Kenny，1984，1988)。MAP以半自动模型为基础，使用分析者选择的视场和显微镜，这种计划曾一度用于各种质量认证体系中，但是并没有达到人们所期望的效果，所以不适合继续使用（Whisnant，1975）。

借助普通软件可以开发出许多图像分析系统，以计算那些比较大的、有明确定义的纤维，例如，该系统可以很好地分析玻璃纤维绝缘材料和有机织物合成纤维。该系统在分析石棉纤维图像时存在困难，因为石棉纤维的直径和曲率不同，因此很难检测到。在有不同形状和粒径的粒子混杂的图像背景下，这些纤维有的重叠，有的几乎看不到。尽管如此，随着计算机处理能力和图像分析技术的提高，会出现更精彩的自动化纤维计数技术，最近研发的一种石棉纤维计数方法就表现出这个趋势（Inoue等，1998）。

尽管没有一套完整的图像分析系统，Lundgren及其合作者（1995）用一种PCM显微图像的计算机显示技术，辅助分析人员记录下分析过程中的纤维数目和位置，有人用类似的计算机显示技术与PLM联用，定量分析了大理石中的纤维（Lundgren等，1996）。

23.4.7.2 纤维的直读检测

温石棉纤维是纺织厂的主要污染物，可以用光学粒子计数器检测这种纤维。实验研究结果表明（Rickards，1978），当气溶胶中的主要成分是纤维时，也可以用其他直读仪器检测。

人们研发了一种纤维气溶胶监测仪（fibrous aerosol monitor，FAM）专门测量有紧实粒子存在情况下的石棉纤维（Lilienfeld等，1979），该仪器借助于一种联合的静电排列/光学散射技术检测石棉。现已出现纤维气溶胶监测仪的商用产品（FAM-1，MIE），并在不断改进，在过去的10年里，该仪器主要在业内使用。最新的FAM（FM-7400，MIE）具有数据收录和计算机控制功能。有人用FAM中的光散射检测了纤维长度（Cluff和Patitsas，1992），结果表明用FAM测定的长度和用SEM分析的长度能很好地吻合。有人使用纤维长度分级器（基于双向电泳）与空气动力学粒径分级器的联用技术获得了真实的纤维长度和直径分布（Baron等，2000）。

在石棉检测中，还有一些把纤维测定与光散射联合起来的直读仪器。Rood等（1992）研发了一种技术，该技术依靠管内壁的剪切力实现纤维排列，依靠静电实现沉降，并根据散射光的差异实现检测。另一种设备，Fibrecheck^{TM}（CAS），可以从多角度进行测量以区别纤维和紧实粒子，关于这些仪器的专业介绍尚未出现。这些仪器面对的一个共同问题是：如何将其观察到的纤维数目与标准方法（即滤膜采样/PCM 计数法）准确地联系起来。

一种通用的光散射设备使用光电倍增器检测前方和 3 个方位角方向的光散射，每束聚集光与前方的角度为 27°～140°。根据每个粒子的 4 个不同散射值，可以对粒子进行形状分级（Kaye 等，1996），市场上已有这种仪器（BIR）出售，下一步的发展目标就是使用检测器阵列得出更加完整的光散射图样（Kaye 等，1992）。Sachweh 及其合作者（1999）已经研发了一种多角度的纤维检测方法，详见第 13 章中有关光散射仪器的内容。

23.5 符号列表

a	单体（初级粒子）半径
A_c，A_p	凝聚体和初级粒子（单体）的投影面积［式(23-31)］
B_r	回转迁移率
B	纤维迁移率
c	真空中的光速
C	比例常数［式(23-40)］
$C(d)$	直径 d_a 的平滑修正因子
$C(d_v)$	体积当量直径的平滑修正因子
C_f	纤维平滑修正因子
D_f	分形维数
d_v	体积当量直径
d_p	物理直径
d_m	质量当量直径
d_e	外壳当量直径
d_B	粒子电迁移率直径
d_{adj}	校准小球直径
d_a	动力学直径
d_f	纤维直径
D	粒子扩散系数
D_p	周长分形维数
D_r	纤维的回转扩散系数
D_{fib}	纤维扩散系数
F_D	非球形粒子阻力
F_{Dve}	粒子体积当量球体阻力
f	经过滑动修正因子 C_{fib} 修正的纤维单位速率的拉力
f^o	连续场中纤维的单位速率的拉力
G	二维黑区或灰区的总面积
G_{tot}	总灰度
$g(r)$	相隔 r 的两点的平均密度的条件概率
$h(x)$	幂律的定点函数
k	玻耳兹曼常数

k_a 和 a	接近于1的常数
Kn	克努森数
k_o	有序单位常数
l	纤维长度
$N(L)$	方形网格大小为 L 的数量
N_{pix}	图片中黑像素点的总数
N	凝聚体中初级粒子的数量
N_c	随 R 变化而保持不变的交叉点 N
n	折射率
n_r	最大折射率（低方向）
n_a	最小折射率（高方向）
q	散射波矢量
$\vec{r}_i$	第 i 个黑像素的位置向量 r_i ［式(23-43)］
R	凝聚体的半径或回转半径
R_g	回转半径
$R_{g,3}$	粒子簇真实三维回转半径
$R_{g,proj}$	观察到的“质量-保存”投影图的回转半径
R_p	周长半径［式(23-22)］
$R_{g,binary}$	二元投影回转半径
R_{mob}	凝聚体迁移率半径
R_v	体积当量直径
Re_p	粒子雷诺数
$S(q)$	分形凝聚体的结构因子
T	温度
t	粒子厚度
V	粒子相对于周围气体的相对速度
v	介质中的光速
β^r	光线沿低折射方向和高折射方向传播的光程的阻滞量
β_α	纵横比，即长度与直径的比例
β	迁移率半径和回转半径的比例
χ^m	以 d_m 为依据的动力学形状因子
χ	连续区域中的动力学形状因子
$\chi_\parallel$，$\chi_\perp$	粒子的对称轴平行或垂直于流体时的动力学形状因子
χ_{ran}	平均方向的动力学形状因子
μ	气体的绝对速度
μ_i	l 和 d_f 的自然对数平均值
ρ_f	纤维密度
$\rho(r)$	密度
ρ_o	标准密度
ρ_e	粒子有效密度

$\bar{\rho}$	被标准密度 ρ_o 标准化的粒子密度 ρ_e
$\rho(R)$	R 点的密度
ρ_p	粒子密度
ρ_e	有效密度
ξ	长度参数［式(23-17)］
σ_i^2	l 和 d_j 自然对数的方差
τ	$\ln l$ 和 $\ln d_f$ 的相关性
μ_1, μ_{d_f}, σ_1, σ_{d_f}, τ	完全确定二维尺寸分布所需要的参数

23.6 参考文献

Abbott, S. H. (1990). State regulatory watch. *Asbestos Issues* (December):16–25.

Abell, M. T. (1984). Chrysotile asbestos method 9000. NIOSH Manual of Analytical Methods. Cincinnati, OH, National Institute for Occupational Safety and Health.

Allen, M. D., and J. K. Briant (1978). Characterization of LMFBR fuel sodium aerosols. *Health Phys.* 35(2):237–254.

Allen, M. D., and O. G. Raabe (1982). Re-evaluation of Millikan oil drop data for the motion of small particles in air. *J. Aerosol Sci.* 13:537–547.

Allen, M. D., and O. G. Raabe (1985). Slip correction measurements of spherical solid aerosol-particles in an improved Millikan apparatus. *Aerosol Sci. Technol.* 4:269–286.

Allen, M. D., O. R. Moss, and J. K. Briant (1978). Dynamic shape factors for LMFBR mixed-oxide fuel aggregates. *J. Aerosol Sci.* 10:43–48.

Allen, M. D., J. K. Briant, and O. R. Moss (1979). Comparison of the aerodynamic size distribution of chain-like aggregates measured with a cascade impactor and a spiral centrifuge. *Am. Ind. Hyg. Assoc. J.* 40:474–481.

American Society for Testing Materials (1982). Safety and health requirements relating to occupational exposure to asbestos. E 849–82. American Society for Testing Materials, West Conshohocken, PA.

Asgharian, B., and M. N. Godo (1999). Size separation of spherical particles and fibers in an aerosol centrifuge. *Aerosol Sci. Technol.* 30(4):383–400.

Asgharian, B., and C. P. Yu (1988). Deposition of inhaled fibrous particles in the human lung. *J. Aerosol Med.* 1(1):37–50.

Asgharian, B., and C. P. Yu (1989). A simplified model of interceptional deposition of fibers at airway bifurcations. *Aerosol Sci. Technol.* 11:80–88.

Asgharian, B., L. Zhang, and C. P. Fang (1997). Theoretical calculations of the collection efficiency of spherical particles and fibers in an impactor. *Aerosol Sci. Technol.* 28:277–287.

Balásházy, I., T. B. Martonen, and W. Hofmann (1990). Fiber deposition in airway bifurcations. *J. Aerosol Med.* 3:243–260.

Baris, Y. (1980). The clinical and radiological aspects of 185 cases of malignant pleural mesothelioma. In: *Biological Effects of Mineral Fibres*, J. C. Wagner (ed.). Lyon, France, International Agency for Research on Cancer, 2:937–947.

Baron, P. A. (1996). Application of the thoracic sampling definition to fiber measurement. *Am. Ind. Hyg. Assoc. J.* 57:820–824.

Baron, P. A., and G. J. Deye (1987). Generation of replicate asbestos aerosol samples for quality assurance. *Appl. Ind. Hyg.* 2:114–118.

Baron, P. A., and G. J. Deye (1990). Electrostatic effects in asbestos sampling I: Experimental measurements. *Am. Ind. Hyg. Assoc. J.* 51:51–62.

Baron, P. A., and S. A. Shulman (1987). Evaluation of the Magiscan image analyzer for asbestos fiber counting. *Am. Ind. Hyg. Assoc. J.* 48:39–46.

Baron, P. A., G. J. Deye, and J. Fernback (1994). Length separation of fibers. *Aerosol Sci. Technol.* 21:179–192.

Baron, P. A., P. Gao, G. J. Deye, and A. C. Maynard (1998). Performance of a fiber length classifier. *J. Aerosol Sci.* 29(Suppl. 1):S11–S12.

Baron, P. A., G. J. Deye, J. E. Fernback, and W. G. Jones (2000). Direct-reading measurement of fiber length/diameter distributions.

Beard, M. E., and H. L. Rook. Advances in environmental measurement methods for asbestos. Boulder CO, American Society for Testing Materials. STP 1342.

Bellmann, B., H. König, H. Muhle, and F. Pott (1986). Chemical durability of asbestos and of man-made mineral fibres in vivo. *J. Aerosol Sci.* 17:341–345.

Blake, T., V. Castranova, D. Schwegler-Berry, G. J. Deye, P. Baron, C. Li, and W. Jones (1997). Effect of fiber length on glass microfiber cytotoxicity. *J. Tox. Environ. Health* 54A:243–259.

Brasil, A. M., T. L. Farias, and M. G. Carvalho (1999). A recipe for image characterization of fractal-like aggregates, *J. Aerosol Sci.* 30:1379–1389.

Brockmann, J. E., and D. J. Rader (1990). APS response to nonspherical particles and experimental determination of dynamic shape factor. *Aerosol Sci. Technol.* 13:162–172.

Browne M. L., D. Varadarajulu, E. L. Lewis-Michl, and E. F. Fitzgerald (2005). Cancer incidence and asbestos in drinking water, town of Woodstock, New York, 1980–1998. *Environ. Res.* 98:224–232.

Burke, W. A., and N. A. Esmen (1978). The inertial behavior of fibers. *Amer. Ind. Hyg. Assoc. J.* 39:400–405.

Cai, J., and C. M. Sorensen (1994). Diffusion of fractal aggregates in the free molecular regime. *Phys. Rev.* E50:3397–3400.

Cai, J., N. Lu, and C. M. Sorensen (1993). Comparison of size and morphology of soot aggregates as determined by light scattering and electron microscope analysis. *Langmuir* 9: 2861–2068.

Cai, J., N. Lu, and C. M. Sorensen (1995a). Analysis of fractal cluster morphology parameters: structural coefficient and density autocorrelation function cutoff. *J. Colloid Inter. Sci.* 171:470–473.

Cai, J., N. Lu, and C. M. Sorensen (1995b). Fractal cluster size distribution measurement using static light scattering. *J. Colloid Inter. Sci.* 174:456–460.

Carpenter, R. L., J. A. Pickrell, B. V. Mokler, H. C. Yeh, and P. B. DeNee (1981). Generation of respirable glass fiber aerosols using a fluidized bed aerosol generator. *Am. Ind. Hyg. Assoc. J.* 42:777–784.

Chan, P., and B. Dahneke (1981). Free-molecule drag on straight chains of uniform spheres. *J. Appl Phys.* 52:3106.

Chatfield, E. J. (1986). Asbestos measurements in workplaces and ambient atmospheres. In: *Electron Microscopy in Forensic, Occupational and Environmental Health Sciences*. S. Basu and J. R. Millette (eds.). New York, Plenum.

Chen, C.-C., and P. A. Baron (1996). Aspiration efficiency and wall deposition in the fiber sampling cassette. *Am. Ind. Hyg. Assoc. J.* 52(2):142–152.

Chen, Y. K., and C. P. Yu (1990). Sedimentation of charged fibers from a two-dimensional channel flow. *Aerosol Sci. Technol.* 12:786–792.

Chen, B. T., R. Irwin, Y. S. Cheng, M. D. Hoover, and H. C. Yeh (1993). Aerodynamic behavior of fiber-like and disk-like particles in a Millikan cell apparatus. *J. Aerosol Sci.* 24:181–195.

Cheng, M. T., G. W. Xie, M. Yang, and D. T. Shaw (1991). Experimental characterization of chain-aggregate aerosol by electrooptic scattering. *Aerosol Sci. Technol.* 14(1):74–81.

Cheng, Y.-S. (1986). Bivariate lognormal distribution for characterizing asbestos fiber aerosols. *Aerosol Sci. Technol.* 5(3): 359–368.

Cheng, Y.-S., M. D. Allen, D. P. Gallegos, and H.-C. Yeh (1988a). Drag force and slip correction of aggregate aerosols. *Aerosol Sci. Technol.* 8:199–214.

Cheng, Y.-S., H.-C. Yeh, and M. D. Allen (1988b). Dynamic shape factor of a plate-like particle. *Aerosol Sci. Technol.* 8:109–124.

Cherrie, J., A. D. Jones, and A. M. Johnston (1986). The influence of fiber density on the assessment of fiber concentration using the membrane filter method. *Am. Ind. Hyg. Assoc. J.* 47:465–474.

Chissick, S. S., and R. Derricott (1983). *Asbestos: Properties, Applications and Hazards*. Chichester, John Wiley & Sons.

Cho, K., C. J. Hogan, and P. Biswas (2007). Study of the mobility, surface area and sintering behavior of agglomerates in the transition regime by tandem differential mobility analysis. *J. Nanopart. Res.* 9:1003–1012.

Clift, R., J. R. Grace, and M. E. Weber (1978). *Bubbles, Drops and Particles*. New York, Academic.

Cluff, D. L., and A. J. Patitsas (1992). Size characterization of asbestos fibers by means of electrostatic alignment and light-scattering techniques. *Aerosol Sci. Technol.* 17(3):186–198.

Cox, R. G. (1970). The motion of long slender bodies in a viscous fluid I: General theory. *J. Fluid Mech.* 44:791.

Craig, D. K., C. A. Lapin, and G. E. Butterfield (1991). The generation and characterization of silicon carbide whiskers (fibers) for inhalation toxicology studies. *Am. Ind. Hyg. Assoc. J.* 52(8):315–319.

Dahneke, B. E. (1973a). Slip correction factors for nonspherical bodies—I Introduction and continuum flow. *J. Aerosol Sci.* 4:139–145.

Dahneke, B. E. (1973b). Slip correction factors for nonspherical bodies—II Free molecule flow. *J. Aerosol Sci.* 4:147–161.

Dahneke, B. E. (1973c). Slip correction factors for nonspherical bodies—III The form of the general law. *J. Aerosol Sci.* 4:163–170.

Dahneke, B. (1982). Viscous resistance of straight-chain aggregates of uniform spheres. *Aerosol Sci. Technol.* 1:179–185.

de la Mora, J. F., L. de Juan, T. Eichler, and J. Rosell (1998). Differential mobility analysis of molecular ions and nanometer particles. *Trac-Trends in Analyt. Chem.* 17:328–339.

de la Mora, J. F., L. de Juan, K. Liedtke, and A. Schmidt-Ott (2003). Mass and size determination of nanometer particles by means of mobility analysis and focused impaction. *J. Aerosol Sci.* 34:79–98.

DeCarlo, P. F., J. G. Slowik, D. R. Worsnop, P. Davidovits, and J. L. Jimenez (2004). Particle morphology and density characterization by combined mobility and aerodynamic diameter measurements. Part 1: Theory. *Aerosol Sci. Technol.* 38:1185–1205.

Dement, J. M. (1990). Overview: Workshop on fiber toxicology research needs. *Environ. Health Perspec.* 88:261–268.

Dement, J. M., and K. M. Wallingford (1990). Comparison of phase contrast and electron microscopic methods for evaluation of occupational asbestos exposures. *Appl. Occup. Environ. Hyg.* 5:242–247.

Dement, J. M., E. D. Kuempel, R. D. Zumwalde, R. J. Smith, L. T. Stayner, and D. Loomis (2008). Development of a fibre size-specific job-exposure matrix for airborne asbestos fibres. *Occup. Environ. Med.* 65:605–612.

Dhaubhadel, R., A. Pierce, A. Chakrabarti, and C. M. Sorensen (2006). Hybrid superaggregate morphology as a result of aggregation in a cluster-dense aerosol. *Phys. Rev. E.* 73:011404.

Dobbins, R. A. and C. M. Magaridis (1987). Morphology of flame-generated soot as determined by thermophoretic sampling. *Langmuir* 3:254–259.

Dodson, R. F., M. A. L. Atkinson, and J. L. Levin (2003). Asbestos fiber length as related to potential pathogenicity: a critical review. *Am. J. Ind. Med.* 44:291–297.

Edelman, D. A. (1988). Exposure to asbestos and the risk of gastro-intestinal cancer: a reassessment. *Br. J. Ind. Med.* 45:75–82.

Fairchild, C. I., L. W. Ortiz, H. J. Ettinger, and M. I. Tillery (1976). Aerosol research and development related to health hazard analysis. LA-6277-PR. Los Alamos, NM, Los Alamos Scientific Laboratory.

Fairchild, C. I., L. W. Ortiz, M. I. Tillery, and H. J. Ettinger (1978). Aerosol research and development related to health hazard analysis. LA-7380-PR. Los Alamos, NM, Los Alamos Scientific Laboratory.

Family, F. (1991). Fractals. In: *Encyclopedia of Physics*, 2 ed., R. G. Lerner and G. L. Trigg (eds.). New York, VCH, p. 414.

Family, F., and D. P. Landau (1984). Kinetics of Aggregation and Gelation. In: *Proceedings of the International Topical Conference on Kinetics of Aggregation and Gelation*, F. Family, and D. P. Landau (eds.). Elsevier Science Pub. Co. in Amsterdam, Athens, Georgia.

Forrest, S. R., and T. A. Witten Jr. (1979). Long-range correlations in smoke-particle aggregates. *J. Phys. A: Math. Gen.* 12:L109–L117.

Frazer, D. G., V. Robinson, K. Jayaraman, K. C. Weber, D. S. DeLong, and C. Glance (1986). Improved operating parameters for the Pitt 3 aerosol generator during resuspension of respirable cotton dust. *The Tenth Cotton Dust Research Conference*, National Cotton Council, Memphis, TN.

Friedlander, S. K., H. D. Jang, and K. H. Ryu (1998). Elastic behavior of nanoparticle chain aggregates. *Appl. Phys. Lett.* 72:173–175.

Fu, T.-H., M.-T. Cheng, and D. Shaw (1990). Filtration of chain aggregate aerosols by model screen filter. *Aerosol Sci. Technol.* 13(2):151–161.

Fuchs, N. A. (1964). *The Mechanics of Aerosols*. Oxford, Pergamon.

Gallily, I. (1971). On the drag experienced by a spheroidal, small particle in a gravitational and electrostatic field. *J. Colloid Interface Sci.* 36(3):325–339.

Gallily, I., and A. D. Eisner (1979). On the orderly nature of the motion of nonspherical aerosol particles I. *Deposition from a laminar flow. J. Colloid Interface Sci.* 68:320–337.

Gallily, I., D. Schiby, A. H. Cohen, W. Holländer, D. Schless, and W. Stöber (1986). On the inertial separation of nonspherical aerosol particles from laminar flows. I. The cylindrical case. *Aerosol Sci. Technol.* 5(2):267–286.

Gangopadhyay, S., I. Elminyawi, and C. M. Sorensen (1991). Optical structure factor measurements of soot particles in a premixed flame. *Appl. Optics* 30:4859–4864.

Gelbard, F. (1982). MAEROS User Manual. NUREG/CR-1391 SAND80-0822. Albuquerque, NM, Sandia National Laboratories.

Geller, M., S. Biswas, and C. Sioutas (2006). Determination of particle effective density in urban environments with a differential mobility analyzer and aerosol particle mass analyzer. *Aerosol Sci. Technol.* 40:709–723.

Gentry, J. W., K. R. Spurny, J. Schörmann, and H. Opiela (1983). Measurement of the diffusion coefficient of asbestos fibers. In: *Aerosols in the Mining and Industrial Work Environments*, V. A. Marple and B. Y. H. Liu (eds.). Ann Arbor, MI, Ann Arbor Science. 2:597–612.

Gentry, J. W., K. R. Spurny, S. A. Soulen, and J. Schörmann (1988). Measurements of the diffusion coefficients of ultrafine asbestos fibers. *J. Aerosol Sci.* 19(7):1041–1044.

Geraci, C., P. A. Baron, J. W. Carter, and D. L. Smith (1979). Testing of hair dryer emissions. IA-79-29. Cincinnati, OH, National Institute for Occupational Safety and Health.

Gieseke, J. A., L. D. Reed, H. Jordan, and K. W. Lee (1977). Characteristics of agglomerates of sodium oxide aerosols. BMI-NUREG-1977 NRC-7. Battelle Columbus Laboratories.

Gonda, I. and A. F. A. E. Khalik (1985). On the calculation of aerodynamic diameters of fibers. *Aerosol Sci. Technol.* 4:233–238.

Griffis, L. C., J. A. Pickrell, R. L. Carpenter, R. K. Wolff, S. J. McAllen, and K. L. Yerkes (1983). Deposition of crocidolite asbestos and glass microfibers inhaled by the beagle dog. *Am. Ind. Hyg. Assoc. J.* 44(3):216–222.

Griffiths, W. D., and N. P. Vaughan (1986). The aerodynamic behaviour of cylindrical and spheroidal particles when settling under gravity. *J. Aerosol Sci.* 17(1):53–65.

Griffiths, W. D., L. C. Kenny, and S. T. Chase (1985). The electrostatic separation of fibres and compact particles. *Ann. Occup. Hyg.* 16(3):229–243.

Guinier, A., G. Fournet, C. B. Walker, and K. L. Yudowitch (1955). *Small Angle Scattering of X-Rays*. New York, John Wiley and Sons.

Gwaze P., O. Schmid, H. J. Annegarn, M. O. Andreae, J. Huth, and G. Helas (2006). Comparison of three methods of fractal analysis applied to soot aggregates from wood combustion. *J. Aerosol Sci.* 37:820–838.

Hanton, D. Y., H. Furtak, and H. G. Grimm (1998). Preparation and handling conditions of MMVF for in-vivo experiments. *Aerosol Sci. Technol.* 29:449–456.

Harper, M (2008). Naturally occurring asbestos. *J. Environ. Monit.* 10:1394–1408.

Harper, M., E. G. Lee, S. S. Doorn, and O. Hammond (2008). Differentiating non-asbestiform amphibole and amphibole asbestos by size characteristics. *J. Occup. Environ. Hyg.* 5:761–770.

Harper, M., J. E. Slaven, and T. W. S. Pang (2009). Continued participation in an asbestos fiber-counting proficiency test with relocatable grid slides. *J. Environ. Monit.* Advance web publication. DOI: 10.1039/B813893A.

Helton, J. C., R. L. Iman, J. D. Johnson, and C. D. Leigh (1986). Uncertainty and sensitivity analysis of a dry containment test problem for the MAEROS aerosol model. SAND85-2795. Albuquerque, NM, Sandia National Laboratories.

Hering, S. V., and M. R. Stolzenburg (1995). Online determination of particle-size and density in the nanometer-size range. *Aerosol Sci. Technol.* 23:155–173.

Hinds, W. C. (1999). *Aerosol Technology*. New York, John Wiley and Sons.

Holst, E., and T. Schneider (1985). Fibre size characterization and size analysis using general and bivariate log-normal distributions. *J. Aerosol Sci.* 5:407–413.

Holt, P. F. (1987). *Dust and Disease*. New York, John Wiley and Sons.

IARC (1988). Man-made mineral fibers and radon. IARC monographs of the evaluation of the carcinogenic risk of chemicals in humans. Lyon, France, International Agency for Research on Cancer. 43:33–171.

Iles, P. J. (1990). Size selection of fibres by cyclone and horizontal elutriator. *J. Aerosol Sci.* 21(6):745–760.

Inoue, Y., A. Kaga, K. Yamaguchi, and S. Kamoi (1998). Development of an automatic system for counting asbestos fibers using image processing. *Part. Sci. Technol.* 16:263–279.

Johnson, D. L., D. Leith, and P. C. Reist (1987). Drag on nonspherical orthotropic aerosol particles. *J. Aerosol Sci.* 18(1):87–97.

Johnson, N. F., D. M. Griffiths, and R. J. Hill (1984). Size distribution following long term inhalation of MMMFn: *Biological Effects of Man-Made Mineral Fibers*. Copenhagen, World Health Organization. 2:102–125.

Johnston, A. M., J. H. Vincent, and A. D. Jones (1985). Measurements of electric charge for workplace aerosols. *Ann. Occup. Hyg.* 29(2):271–284.

John, G., J. G. Kirkwood, J. Riseman (1948). The intrinsic viscosities and diffusion constants of flexible macromolecules in Solution, *J. Chem. Phys.* 16(6):565–573.

Jones, A. D., A. M. Johnston, and J. H. Vincent (1983). Static electrification of airborne asbestos dust. In: *Aerosols in the Mining and Industrial Work Environment*, V. A. Marple and B. Y. H. Liu (eds.). Ann Arbor, MI, Ann Arbor Science, 2:613–632.

Jones A. D., R. J. Aitken, J. F. Fabries, E. Kauffer, G. Lidén, A. Maynard, G. Riediger, and W. Sahle (2005). Thoracic size selective sampling of fibers: Performance of four types of thoracic sampler in laboratory tests. *Ann. Occup. Hyg.* 49:481–92.

Jones, W. G., C. Piacitelli, D. Schwegler-Berry, and J. Burkhart (1998). *Environmental Study of Nylon Flocking Process.* Cincinnati, OH, National Institute for Occupational Safety and Health.

Jullien, R., R. Thouy, and F. Ehrburger-Doll (1994). Numerical investigation of two-dimensional projections of random fractal aggregates. *Phys. Rev.* E50:3878–3882.

Karg, E. (2000). The density of ambient particles from combined DMA and APS data. *J. Aerosol Sci.* 31:759–760.

Kasper, G. (1977). On the density of sodium chloride aerosols formed by condensation. *Journal of Colloid and Interface Science*, 62:359–360.

Kasper, G. (1982). Dynamics and measurement of smokes. II. The aerodynamic diameter of chain aggregates in the transition regime. *Aerosol Sci. Technol.* 1(2):201–216.

Kasper, G. (1983). Note on the slip coefficient of doublets of spheres. *J. Aerosol Sci.* 14(6):753–754.

Kasper, G., S. N. Shon, and D. T. Shaw (1980). Controlled formation of chain aggregates from very small metal oxide particles. *Am. Ind. Hyg. Assoc. J.* 41:288–296.

Kasper, G., and D. T. Shaw (1983). Comparative size distribution measurements on chain aggregates. *Aerosol Science and Technology* 2:369–381.

Kasper, G., and H. Y. Wen (1984). Dynamics and measurement of smokes. 4. Comparative measurements with an aerosol centrifuge and an aerodynamic particle sizer aps33 using sub-micron chain aggregates. *Aerosol Sci. Technol.* 3:405–409.

Kaye, P. H., E. Hirst, J. M. Clark, and F. Micheli (1992). Airborne particle shape and size classification from spatial light scattering profiles. *J. Aerosol Sci.* 23(6):597–612.

Kaye, P. H., K. Alexander-Buckley, E. Hirst, S. Saunders, and J. M. Clark (1996). A real-time monitoring system for airborne particle shape and size analysis. *J. Geophys. Res.* 101:19215–221.

Kelly, W. P., and P. H. McMurry (1992). Measurement of particle density by inertial classification of differential mobility analyzer-generated monodisperse aerosols. *Aerosol Sci. Technol.* 17:199–212.

Kelse, J. W., and C. S. Thompson (1989). The regulatory and mineralogical definitions of asbestos and their impact on amphibole dust analysis. *Am. Ind. Hyg. Assoc. J.* 50:613–622.

Kenny, L. C. (1984). Asbestos fibre counting by image analysis—The performance of the Manchester Asbestos Program on Magiscan. *Ann. Occup. Hyg.* 28:401–415.

Kenny, L. C. (1988). Automated analysis of asbestos clearance samples. *Ann. Occup. Hyg.* 32(1):115–128.

Kerker, M. (1969). *The Scattering of Light and Other Electromagnetic Radiation.* New York, Academic.

Kerr, P. F. (1959). *Optical Mineralogy*, 3 ed. New York, McGraw-Hill.

Khlystov, A., C. Stanier, and S. N. Pandis (2004). An algorithm for combining electrical mobility and aerodynamic size distributions data when measuring ambient aerosol. *Aerosol Sci. Technol.* 38:229–238.

Kim, S. H., and M. R. Zachariah (2005). In-flight size classification of carbon nanotubes by gas phase electrophoresis. *Nanotechnology* 16:2149–2152.

Kim, S. H., G. W. Mulholland, and M. R. Zachariah (2007). Understanding ion-mobility and transport properties of aerosol nanowires. *J. Aerosol Sci.* 38:823–842.

Kirkwood, J. G. and J. Riseman (1948). The intrinsic viscosities and diffusion constants of flexible macromolecules in solution. *J. Chem. Phys.* 16:565–573.

Kjaerheim, K., B. Ulvestad, J. I. Martinsen, and A. Andersen (2005). Cancer of the gastrointestinal tract and exposure to asbestos in drinking water among lighthouse keepers (Norway). *Cancer Causes Control* 16:593–598.

Kolb, M., R. Botet, and R. Jullien (1983). Scaling of kinetically growing clusters. *Phys. Rev. Lett.* 51:1123–1126.

Kops, J., G. Dibbets, L. Hermans, and J. F. Van der Vate (1975). The aerodynamic diameter of branched-chain-like aggregates. *J. Aerosol Sci.* 6(5):329–334.

Kousaka, Y., Y. Endo, H. Ichitsuo, and M. Alonso (1996). Orientation-specific dynamic shape factors for doublets and triplets of spheres in the transition regime. *Aerosol Sci. Technol.*, 24:36–44.

Köylü, U. O., and G. M. Faeth (1992). Structure of overfire soot in buoyant turbulent diffusion flames at long residence times. *Combust. Flame* 89:140–156.

Köylü, U. O., G. M. Faeth, T. L. Farias, and M. G. Carvalho (1995). Fractal and projected structure properties of soot aggregates. *Combust. Flame* 100:621–633.

Laframboise, J. G., and J.-S. Chang (1977). Theory of charge deposition on charged aerosol particles of arbitrary shape. *J. Aerosol Sci.* 8:331–338.

Langer, A. (1974). The subject of continuous vigilance. *Environ. Health Perspect.* 9:53–56.

Langer, A. M., A. D. Mackler, and F. D. Pooley (1974). Electron microscopical investigation of asbestos fibers. *Environ. Health Perspec.* 9:63–80.

Law, B. D., W. B. Bunn, and T. W. Hesterburg (1990). Solubility of polymeric organic fibers and manmade vitreous fibers in gambles solution. *Inhal. Tox.* 2:321–339.

Lee, E. G., M. Harper, J. Nelson, P. J. Hintz, and M. E. Andrew (2008). A comparison of the CATHIA-T sampler, the GK2.69 cyclone and the standard cowled sampler for thoracic fiber concentrations at a taconite ore-processing mill. *Ann. Occup. Hyg.* 52:55–62.

Light, W. G., and E. T. Wei (1977). Surface charge and asbestos toxicity. *Science* 265:537–539.

Lilienfeld, P. (1985). Rotational electrodynamics of airborne fibers. *J. Aerosol Sci.* 16(4):315–322.

Lilienfeld, P., P. Elterman, and P. Baron (1979). Development of a prototype fibrous aerosol monitor. *Amer. Ind. Hyg. Assoc. J.* 40(4):270–282.

Lin, M. Y., H. M. Lindsay, D. A. Weitz, R. C. Ball, R. Klein, and P. Meakin (1990). Universal reaction-limited colloid aggregation. *Phys. Rev. A* 41:2005–2020.

Lipowicz, P. J., and H. C. Yeh (1989). Fiber dielectrophoresis. *Aerosol Sci. Technol.* 11:206–212.

Lippmann, M. (1988). Asbestos exposure indices. *Environ. Res.* 46:86–106.

Loomis, D., J. Dement, D. Richardson, and S. Wolf (2010). Asbestos fibre dimensions and lung cancer mortality among workers exposed to chrysotile. *Occup. Environ. Med.* 67:580–584.

Lundgren, L., S. Lundström, I. Laszlo, and B. Westling (1995). Modern fibre counting—A technique with the phase-contrast microscope on-line to a Macintosh computer. *Ann. Occup. Hyg.* 39(4):455–467.

Lundgren, L., S. Lundström, G. Sundström, G. Bergman, and S. Krantz (1996). A quantitative method using a light microscope on-line to a Macintosh computer for the analysis of tremolite fibres in dolomite. *Ann. Occup. Hyg.* 40:197–209.

Mackowski, D. W. (2006). Monte Carlo simulation of hydrodynamic drag and thermophoresis of fractal aggregates of spheres in the free-molecular flow regime. *J. Aerosol Sci.* 37:242–259.

Mandelbrot, B. B. (1977). *Fractals: Form, Chance and Dimension.* San Francisco, W. H. Freeman.

Mandelbrot, B. B. (1983). *The Fractal Geometry of Nature.* New York, W. H. Freeman.

Maricq, M. M., D. H. Podsiadlik, and R. E. Chase (2000). Size distributions of motor vehicle exhaust PM: A comparison between ELPI and SMPS measurements. *Aerosol Sci. Technol.* 33:239–260.

Martin, J. E., and B. J. Ackerson (1985). Static and dynamic light scattering from fractals. *Phys. Rev. A* 31:1180–1182.

Martonen, T. B., and D. L. Johnson (1990). Aerodynamic classification of fibers with aerosol centrifuges. *Part. Sci. Technol.* 8:37–53.

Maynard, A. (2002). Thoracic size-selection of fibres: Dependence of penetration on fibre length for five thoracic samplers. *Ann. Occup. Hyg.* 46:511–522.

McCrone, W. C., and J. G. Delly (1973). *The Particle Atlas.* Ann Arbor, MI, Ann Arbor Science.

McMurry, P. H., X. Wang, K. Park, and K. Ehara (2002). The relationship between mass and mobility for atmospheric particles: A new technique for measuring particle density. *Aerosol Sci. Technol.* 36:227–238.

Meakin, P. (1983). Formation of fractal clusters and networks by irreversible diffusion-limited aggregation. *Phys. Rev. Lett.* 51:1119–1122.

Meakin, P. (1984). Effects of cluster trajectories on cluster-cluster aggregations: A comparison of linear and Brownian trajectories in two- and three-dimensional simulations. *Phys. Rev. A* 29:997–999.

Meakin, P. (1988). Fractal aggregates. *Adv. Coll. Interface Sci.* 28:249–331

Meakin, P., Z.-Y. Chen, and J. M. Deutch (1985). The translational friction coefficient and time dependent cluster size distribution of three dimensional cluster-cluster aggregation. *J. Chem. Phys.* 82:3786–3789.

Meakin, P., B. Donn, and G. W. Mulholland (1989). Collisions between point masses and fractal aggregates. *Langmuir* 5:510–518.

Meakin, P., C. Zhong-Ying, and J. M. Deutch (1985). Dependent cluster size distribution of three dimensional cluster-cluster aggregation. *J. Chem. Phys.* 82, 3786–3789.

Medalia, A. I. (1967). Morphology of aggregates. *J. Coll. Interface Sci.* 24:393–404.

Medalia, A. I., and F. A. Heckman (1969). Morphology of aggregates-II. Size and shape factors of carbon black aggregates from electron microscopy. *Carbon* 7:567–582.

Megaridis, C. M., and R. A. Dobbins (1990). Morphological description of flame generated materials. *Combust. Sci. Tech.* 71:95-109.

Michaels, L., and S. S. Chissick (1979). *Asbestos: Properties, Applications and Hazards.* Chichester, UK, John Wiley and Sons.

Morawska, L., G. Johnson, Z. D. Ristovski, and V. Agranovski (1999). Relation between particle mass and number for submicrometer airborne particles. *Atmos. Environ.* 33:1983–1990.

Morgan, R. W., D. E. Foliart, and O. Wong, (1985). Asbestos and gastrointestinal cancer—a review of the literature. *West. J. Med.* 143:60–65.

MSHA, Mine Safety and Health Administration (2008). Asbestos exposure limit, Final rule. 30 CFR Parts 56, 57 and 71. *Federal Register* vol. 73 No. 41, Feb 29 2008, 11284–11304.

NIOSH, National Institute for Occupational Safety and Health (1976). Revised Recommended Asbestos Standard. DHEW (NIOSH) Publication No. 77–169. Cincinnati, OH, National Institute for Occupational Safety and Health. [http://www.cdc.gov/niosh/docs/77-169/]. Date accessed: June 30, 2008.

NIOSH, National Institute for Occupational Safety and Health. (1977). Occupational Exposure to Fibrous Glass. DHEW (NIOSH) Publication No. 77–152. Cincinnati, OH, National Institute for Occupational Safety and Health.

NIOSH, National Institute for Occupational Safety and Health (1984). NIOSH testimony to the U.S. Department of Labor: Statement of the National Institute for Occupational Safety and Health. *Presented at the public hearing on occupational exposure to asbestos, June 21, 1984.* Cincinnati, OH: U.S. Department of Health and Human Services, Public Health Service, Centers for Disease Control, National Institute for Occupational Safety and Health.

NIOSH, National Institute for Occupational Safety and Health (1990). Testimony of the National Institute for Occupational Safety and Health on the Occupational Safety and Health Administration's Notice of Proposed Rulemaking on Occupational Exposure to Asbestos, Tremolite, Anthophyllite, and Actinolite. U.S. Department of Labor Docket No. H-033d, May 9, 1990.

NIOSH, National Institute for Occupational Safety and Health. (1994a). Asbestos and Other Fibers by PCM. Method 7400. In: *NIOSH Manual of Analytical Methods*, 4 ed. Cincinnati, OH, National Institute for Occupational Safety and Health.

NIOSH, National Institute for Occupational Safety and Health. (1994b). Asbestos by TEM Method 7402. In *NIOSH Manual of Analytical Methods*, 4 ed. Cincinnati, OH, National Institute for Occupational Safety and Health.

NIOSH, National Institute for Occupational Safety and Health. (2005). Comments on the Mine Safety and Health Administration Proposed Rule on Asbestos Exposure Limit, October 13, 2005. www.cdc.gov/niosh/review/public/099/pdfs/Asbestosmsha_final%202005_proposed%20rule.pdf

Oh, C., and C. M. Sorensen (1997). The effect of monomer overlap on the morphology of fractal aggregates. *J. Coll. Interface Sci.* 193:17–25.

Oh, C., and C. M. Sorensen (1998). Structure factor of diffusion-limited aggregation clusters: Local structure and non-self-similarity. *Phys. Rev. E* 57:784–790.

Oh, C., and C. M. Sorensen (1999). Scaling approach for the structure factor of a generalized system of scatterers. *J. Nanopart. Res.* 1:369–377.

OSHA, Occupational Safety and Health Administration. (1986). Occupational exposure to asbestos, tremolite, anthophyllite, and actinolite asbestos; final rules. 29 CFR Part 1910.1001 and 1926. Occupational Safety and Health Administration, Washington, DC.

OSHA, Occupational Safety and Health Administration. (1992). Polarized light microscopy of asbestos method ID-191, OSHA Manual of Analytical Methods. Occupational Safety and Health Administration. http://www.osha.gov/dts/sltc/methods/inorganic/id191/id191.html

Pang, T. W. S. (2007). A new parameter to evaluate the quality of fiber count data of slides of relocatable fields. *J. Occup. Environ. Hyg.* 4:129–144.

Pang, T. W. S., and M. Harper (2008). The quality of fiber counts using improved slides with relocatable fields. *J. Environ. Monit.* 10:89–95.

Park, K., F. Cao, D. B. Kittelson, and P. H. McMurry (2003). Relationship between particle mass and mobility for diesel exhaust particles. *Environ. Sci. Technol.* 37:577–583.

Park, K., D. B. Kittelson, M. R. Zachariah, and P. H. McMurry (2004). Measurement of inherent material density of nanoparticle agglomerates. *J. Nanopart. Res.* 6:267–272.

Park, K., D. Dutcher, M. Emery, J. Pagels, H. Sakurai, J. Scheckman, S. Qian, M. R. Stolzenburg, X. Wang, J. Yang, and P. H. McMurry (2008). Tandem measurements of aerosol properties—A review of mobility techniques with extensions. *Aerosol Sci. Technol.* 42:801–816.

Peck, A. S., J. J. Serocki, and L. C. Dicker (1986). Sample density and the quantitative capabilities of PCM analysis for the measurement of airborne asbestos. *Am. Ind. Hyg. Assoc. J.* 47:A230–A234.

Pierce, F., C. M. Sorensen, and A. Chakrabarti (2006). Computer simulation of diffusion-limited cluster-cluster aggregation with an Epstein drag force. *Phys. Rev. E* 74:021411.

Pitz, M., J. Cyrys, E. Karg, A. Wiedensohler, H. E. Wichmann, and J. Heinrich (2003). Variability of apparent particle density of an urban aerosol. *Environ. Sci. Technol.* 37:4336–4342.

Porter, D. W., V. Castranova, R. A. Robinson, A. F. Hubbs, R. R. Mercer, J. Scabilloni, T. Goldsmith, D. Schwegler-Berry, L. Battelli, R. Washko, J. Burkhart, C. Piacitelli, M. Whitmer, and W. Jones (1999). Acute inflammatory reaction in rats after intratracheal instillation of material collected from a nylon flocking plant. *J. Tox. Environ. Health. Part A* 57:25–45.

Pott, F. (1978). Some aspects on the dosimetry of the carcinogenic potency of asbestos and other fibrous dusts. *Staub-Rein. Luft* 38:486.

Pott, F., U. Ziem, F. J. Reiffer, F. Huth, H. Ernst, and U. Mohr (1987). Carcinogenicity studies of fibers, metal compounds, and some other dusts in rats. *Exp. Pathol.* 32:129–152.

Prenni, A. J., R. L. Siefert, T. B. Onasch, and M. A. Tolbert (2000). Design and characterization of a fluidized bed aerosol generator: A source for dry, submicrometer aerosol. *Aerosol Sci. Technol.* 32(5):465–481.

Prodi, V., T. De Zaiocomo, D. Hochrainer, and K. Spurny (1982). Fibre collection and measurement with the inertial spectrometer. *J. Aerosol Sci.* 13:49–58.

Rahjans, G. S., and J. L. Sullivan (1981). *Asbestos Sampling and Analysis.* Ann Arbor, MI, Ann Arbor Science.

Reid, A., G. Ambrosini, N. de Klerk, L. Fritschi and B. Musk (2004). Aerodigestive and gastrointestinal tract cancers and exposure to crocidolite (blue asbestos): Incidence and mortality among former crocidolite workers. *Int. J. Cancer* 111:757–761.

Ren, Z. F., Z. P. Huang, J. W. Xu, J. H. Wang, P. Bush, M. P. Siegal, and P. N. Provencio (1998). Synthesis of large arrays of well-aligned carbon nanotubes on glass. *Science* 282: 1105–1107.

Rickards, A. L. (1978). The routine monitoring of airborne asbestos in an occupational environment. *Ann. Occup. Hyg.* 21:315–322.

Rogak, S. N., U. Baltensperger, and R. C. Flagan (1990). Direct measurement of mass transfer to agglomerates in the transition regime. *J. Aerosol Sci.* 21(Suppl. 1):S51–S55.

Rogak, S. N., R. C. Flagan, and H. V. Nguyen (1993). The mobility and structure of aerosol agglomerates. *Aerosol Sci. Tech.* 18:25–47.

Rood, A. P., E. J. Walker, and D. Moore (1992). Construction of a portable fiber monitor measuring the differential light scattering from aligned fibres. *Aerosol Sci. Technol.* 17(1):1–8.

Rooker, S. J., N. P. Vaughan, and J. M. LeGuen (1982). On the visibility of fibres by phase contrast microscopy. *Am. Ind. Hyg. Assoc. J.* 43:505–515.

Rosner, D. E., D. W. Mackowski, and P. Garcia-Ybana (1991). Size- and structure-insensitivity of the thermophoretic transport of aggregated soot particles in gases. *Combust. Sci. Tech.* 80:87–101.

Sachweh, B., H. Barthel, R. Polke, H. Umhauer, and H. Buttner (1999). Particle shape and structure analysis from the spatial intensity pattern of scattered light using different measuring devices. *J. Aerosol Sci.* 30(10):157–1270.

Sampson, R. J., G. W. Mulholland, and J. W. Gentry (1987). Structural analysis of soot agglomerates. *Langmuir* 3:272–281.

Schmidt-Ott, A. (1988). In situ measurement of the fractal dimensionality of ultrafine aerosol particles. *Appl. Phys. Lett.* 52:954–956.

Schneider, J., S. Weimer, F. Drewnick, S. Borrmann, G. Helas, P. Gwaze, O. Schmid, M. O. Andreae, and U. Kirchner (2006). Mass spectrometric analysis and aerodynamic properties of various types of combustion-related aerosol particles. *Int. J. Mass Spectrom.* 258:37–49.

Schneider, T., E. Holst, and J. Skotte (1983). Size distribution of airborne fibres generated from man-made mineral fiber products. *Ann. Occup. Hyg.* 27(2):157–171.

Selikoff, I. J., and E. C. Hammond (1979). *Health Hazards of Asbestos Exposure.* New York, New York Academy of Sciences.

Shin, W. G., G. W. Mulholland, S. C. Kim, J. Wang, M. S. Emery, and D. Y. H. Pui (2009). Friction coefficient and mass of silver agglomerates in the transition regime. *J. Aerosol Sci.* 40:573–587.

Shin, W. G., G. W. Mulholland, and D. Y. H. Pui (2010). Determination of volume, scaling exponents, and particle alignment of nanoparticle agglomerates using tandem differential mobility analyzers. *J. Aerosol Sci.* 41:665–681.

Slowik, J. G., K. Stainken, P. Davidovits, L. R. Williams, J. T. Jayne, C. E. Kolb, D. R. Worsnop, Y. Rudich, P. F. DeCarlo, and J. L. Jimenez. (2004). Particle morphology and density characterization by combined mobility and aerodynamic diameter measurements. Part 2: Application to combustion-generated soot aerosols as a function of fuel equivalence ratio. *Aerosol Sci. Technol.* 38:1206–1222.

Smith, D. M., L. W. Ortiz, and R. F. Archuleta (1987). Long-term health effects in hamsters and rats exposed to man-made vitreous fibers. *Ann. Occup. Hyg.* 31(4B):731–754.

Sorensen, C. M. (1997). Scattering and absorption of light by particles and aggregates. In: *Handbook of Surface and Colloid Chemistry*, K. S. Birdi (ed.). Boca Raton, FL, CRC Press, pp. 533–558.

Sorensen, C. M. (2001). Light scattering from fractal aggregates. A review. *Aerosol Sci. Tech.* 35:648–687.

Sorensen, C. M. (2009). Scattering and absorption of light by particles and aggregates. *Handbook of Surface and Colloid Chemistry*, 3 ed., K. S. Birdi (ed.). Boca Raton, FL, CRC Press, pp. 719–745.

Sorensen, C. M., and G. D. Feke (1996). The morphology of macroscopic soot. *Aerosol Sci. Technol.* 25(3):328–337.

Sorensen, C. M., and G. C. Roberts (1997). The prefactor of fractal aggregates. *J. Coll. Inter. Sci.* 186:447–452.

Sorensen, C. M., and G. M. Wang (1999). Size distribution effect on the power law regime of the structure factor of fractal aggregates. *Phys. Rev. E* 60:7143–7148.

Sorensen, C. M., J. Cai, and N. Lu (1992a). Test of static structure factors for describing light scattering from fractal soot aggregates. *Langmuir* 8:2064–2069.

Sorensen, C. M., J. Cai, and N. Lu (1992b). Light-scattering measurements of monomer size, monomers per aggregate, and fractal dimension for soot aggregates in flames. *Appl. Optics* 31:6547–6557.

Sorensen, C. M., W. B. Hageman, T. J. Rush, H. Huang, and Oh. C. (1998). Aerogelation in a flame soot aerosol. *Phys. Rev. Lett.* 80:1782–1785.

Spurny, K. R., C. Boose, D. Hochrainer, and F. J. Mönig (1976). A note on the dispersing of fibrous powders. *Ann. occup. Hyg.* 19:85–87.

Spurny, K. R. (1980). Fiber generation and length classification. In: *Generation of Aerosols and Facilities for Exposure Experiments*, K. Willeke (ed.). Ann Arbor, Ann Arbor Science Publishers. pp. 257–298.

Stanton, M. F., M. Layard, A. Tegeris, E. Miller, M. May, E. Morgan, and A. Smith (1981). Relation of particle dimension to carcinogenicity in amphibole asbestoses and other fibrous minerals. *J. Natl. Cancer. Inst.* 67:965–975.

Stayner, L., E. Kuempel, S. Gilbert, M. Hein, and J. Dement (2008). An epidemiological study of the role of chrysotile asbestos fibre dimensions in determining respiratory disease risk in exposed workers. *Occup. Environ. Med.* 65:613–619.

Stöber, W. (1971). A note on the aerodynamic diameter and the mobility of non-spherical aerosol particles. *J. Aerosol Sci.* 2(4):453–456.

Stöber, W. (1972). Dynamic shape factors of nonspherical aerosol particles. In: *Assessment of Airborne Particles*, T. T. Mercer, P. E. Morrow, and W. Stöber (eds.). Springfield, IL, Charles C. Thomas, pp. 249–289.

Stöber, W., H. Flachsbart, and D. Hochrainer (1970). Der aerodynamische durchmesser von latexaggregaten und asbestfasern. *Staub-Rein. Luft* 30:277–285.

Sussman, R. G., J. M. Gearhart, and M. Lippmann (1985). A variable feed rate mechanism for fluidized bed asbestos generators. *Am. Ind. Hyg. Assoc. J.* 46(1):24–27.

Tanaka, I., and T. Akiyama (1984). A new dust generator for inhalation toxicity studies. *Ann. Occup. Hyg.* 28(2):157–162.

Tanaka, I., and T. Akiyama (1987). Fibrous particles generator for inhalation toxicity studies. *Ann. Occup. Hyg.* 31:401–403.

Tanford, C. (1961). *Physical Chemistry of Macromolecules.* New York, John Wiley and Sons.

Timbrell, V. (1972). Alignment of carbon and other man-made fibers by magnetic fields. *J. Appl. Phys.* 43:4839–4840.

Timbrell, V. (1973). Desired characteristics of fibres for biological experiments. Fibres for biological experiments, Montreal, Canada, Institute of Occupational and Environmental Health.

Timbrell, V. (1975). Alignment of respirable asbestos fibres by magnetic fields. *Ann Occup. Hyg.* 18:299–311.

Timbrell, V. (1982). Deposition and retention of fibres in the human lung. *Ann. Occup. Hyg.* 26:347–369.

Timbrell, V. (1989). Review of the significance of fibre size in fibre-related lung disease: A centrifuge cell for preparing accurate microscope-evaluation specimens from slurries used in inoculation studies. *Ann. Occup. Hyg.* 33:483–505.

Timbrell, V., J. C. Gilson, and I. Webster (1968). Preparation of UICC reference asbestos materials. *Int. J. Cancer* 3:406.

Tolles, W. M., R. A. Sanders, and G. W. Fritz (1974). Dielectric response of anisotropic polarized particles observed with microwaves: A new method for characterizing the properties of nonspherical particles in suspension. *J. Appl. Phys.* 45(9): 3777–3783.

U.S. Environmental Protection Agency. (1985). Measuring airborne asbestos following an abatement action. EPA 600/4-85-049. EPA 600/4-85-049. Quality Assurance Division, Washington, DC. U.S. Environmental Protection Agency.

U.S. Environmental Protection Agency. (1987). Asbestos-containing materials in schools. Federal Register 40 CFR Part 763. Washington, DC, Government Printing Office. April 30, 1987, 40 CFR Part 763.

U.S. Environmental Protection Agency. (1989). Comparison of airborne asbestos levels determined by transmission electron microscopy (TEM) using direct and indirect transfer techniques. EPA 560/5-89-004. EPA 560/5-89-004. Washington, DC. U.S. Environmental Protection Agency.

U.S. Environmental Protection Agency. (1990). Managing asbestos in place: A building owners guide to operations and maintenance programs for asbestos containing materials. EPA 20T-2003. EPA 20T-2003. Washington, DC. U.S. Environmental Protection Agency.

U.S. Environmental Protection Agency. (2003). Final national primary drinking water rules: maximum contaminant level goals for inorganic contaminants. Washington, DC. U.S. Code of Federal Regulations Title 40 Part 141.51. EPA 816-F-03-016, June 2003. http://www.epa.gov/safewater/contaminants/index.html

Van de Hulst, H. C. (1957). *Light Scattering by Small Particles.* New York, John Wiley and Sons.

van de Vate, J. F., W. F. van Leeuwen, A. Plomp, and H. C. D. Smit. (1980). Dynamic shape factors: measurement techniques and results on aggregates of solid primaries. *J. Aerosol Sci.* 11:67–75.

Van Gulijk, C., J. C. M. Marijnissen, M. Makkee, J. A. Moulijn, and A. Schmidt-Ott. (2004). Measuring diesel soot with a scanning mobility particle sizer and an electrical low-pressure impactor: Performance assessment with a model for fractal-like agglomerates. *J. Aerosol Sci.* 35:633–655.

Virta, R. L., K. B. Shedd, A. G. Wylie and J. G. Snyder (1983). Size and shape characteristics of amphibole asbestos (amosite) and amphibole cleavage fragments (actinolite, cummingtonite) collected on occupational air monitoring filters. In: *Aerosols in the Mining and Industrial Work Environments.* V.A. Marple and B.Y.H. Liu (eds.). Vol. 2, pp. 633–643, Ann Arbor Science, Ann Arbor, MI.

Viscek, T. (1992). *Fractal Growth Phenomena.* San Francisco: World Scientific.

Walton, W. H. (1982). The nature, hazards, and assessment of occupational exposure to airborne asbestos dust: A review. *Ann. Occup. Hyg.* 25:115–247.

Wang, G. M., and C. M. Sorensen (1999). Diffusive mobility of fractal aggregates over the entire Knudsen number range. *Phys. Rev. E* 60:3036–3034.

Wegrzyn, J., and D. T. Shaw (1979). NUREG/CR-0799. Nuclear Regulatory Commission.

Weiss, M. A., A.-H. Cohen and I. Gallily (1978). On the stochastic nature of the motion of nonspherical aerosol particles. II. The overall drift angle in sedimentation. *J. Aerosol Sci.* 9:527–541.

Wen, H. Y., G. P. Reischl, and G. Kasper (1984). Bipolar diffusion charging of fibrous aerosol particles—I. Charging theory. *J. Aerosol Sci.* 15(2):89–101.

Weyel, D. A., M. Ellakkani, Y. Alarie, and M. Karol (1984). An aerosol generator for the resuspension of cotton dust. *Toxic. Appl. Pharm.* 76:544–547.

Whisnant, R. A. (1975). Evaluation of image analysis equipment applied to asbestos fiber counting. 210-75-0080/5. Cincinnati, OH, National Institute for Occupational Safety and Health.

Wiltzius, P. (1987). Hydrodynamic behavior of fractal aggregates. *Phys. Rev. Lett.* 58:710–713.

Witten, T. A., Jr., and L. M. Sander (1981). Diffusion-limited aggregation, a kinetic critical phenomena. *Phys. Rev. Lett.* 47:1400–1403.

World Health Organisation. (1997). Determination of airborne fibre number concentrations: A recommended method by phase contrast optical microscopy (membrane filter method). WHO, Geneva, Switzerland. 61 pp. www.who.int/occupational_health/publications/en/oehairbornefibre.pdf

Wu, M. K., and S. K. Friedlander (1993). Note on the power law equation for fractal-like aerosol agglomerates. *J. Coll. Interface Sci.* 159:246–247.

Wu, Z. F., and I. Colbeck (1996). Studies of the dynamic shape factor of aerosol agglomerates. *Europhysics Lett.* 33:719–724.

Wylie, A. G. (1979). Fiber length and aspect ratio of some selected asbestos samples. In: *Health Hazards Of Asbestos Exposure,* I. G. Selikoff and E. C. Hammond (eds.). New York, Annals NY Acad. Sci. 330:605–610.

Ye, J., X. Shi, W. Jones, Y. Rojanasakul, N. Cheng, D. Schwegler-Berry, P. A. Baron, G. J. Deye, C. Li, and V. Castranova (1999). Critical role of glass fiber length in TNF-a production and transcription factor activation in macrophages. *Am. J. Physiol. Lung C.* 276 (March (3 Pat. 1)):L426–L434.

Yu, P. Y., C. C. Wang, and J. W. Gentry (1987). Experimental measurement of the rate of unipolar charging of actinolite fibers. *J. Aerosol Sci.* 18(1):73–85.

Zelenyuk, A., and D. Imre (2007). On the effect of particle alignment in the DMA. *Aerosol Sci. Technol.* 41:112–124.

Zelenyuk, A., Y. Cai, and D. Imre (2006). From agglomerates of spheres to irregularly shaped particles: determination of dynamic shape factors from measurements of mobility and vacuum aerodynamic diameters. *Aerosol Sci. Technol.* 40:197–217.

Zhang, H. X., C. M. Sorensen, E. R. Ramer, B. J. Olivier, and J. F. Merklin (1988). In situ optical structure factor measurements of an aggregating soot aerosol. *Langmuir* 4:867–871.

Zimm, B. H. (1948). Apparatus and methods for measurement and interpretation of the angular variation of light-scattering, preliminary results on polystyrene solutions. *J. Chem. Phys.* 16:1099–1116.

Zumwalde, R. D., and J. M. Dement (1977). Review and evaluation of analytical methods for environmental studies of fibrous particulate exposures. DHEW (NIOSH) Publication No. 77-204. Cincinnati, OH, National Institute for Occupational Safety and Health.

24 生物粒子采样

Tiina Reponen，Klaus Willeke，Sergey Grinshpun
辛辛那提大学环境健康学院，俄亥俄州辛辛那提市，美国
Aino Nevalainen
国家公共健康研究所，库奥皮奥市，芬兰

24.1 引言

生物气溶胶是源于生物的各种微粒，如花粉、真菌菌丝体的碎片或真菌孢子、细菌细胞和孢子、病毒、原生动物、昆虫的排泄物或碎片、哺乳动物的毛发或皮屑，或有机体的其他组成部分、残留物或产出物，如细菌脂多糖即内毒素（endotoxin），真菌麦角固醇或毒枝菌素。生物气溶胶广泛存在于室内外空气中。室外空气中大于 0.2μm 的粒子，5%～50%是生物粒子（Jaenicke，2005）。一般来说，生物气溶胶和非生物气溶胶的收集原理相同。但是，确保生物气溶胶粒子在收集中、收集后的存活或生物活性非常重要，这一点不同于非生物气溶胶采样。另外，生物气溶胶粒子的样品处理、保存以及分析，也不同于一般的粒子过程。

生物气溶胶的特点对其样品采集有影响。从采样的角度，生物气溶胶粒子可分为：

① 单个孢子、花粉粒子、细菌细胞或病毒；

② 孢子或细胞或其他生物体的聚合体（如哺乳动物过敏原）；

③ 孢子、细胞或其他生物体的碎片或产出物；

④ 其他非生物粒子携带的生物体。

对于很多生物气溶胶粒子，如真菌孢子和花粉来说，其特性决定我们可以将其转移到其他地区，在转移中它们仍会保持活性。这种坚强型的气溶胶可以抵抗环境压力，如紫外光、冷、热、干燥和毒性气体，还可以抵抗采样压力，如采样过程中受到的剪力。相反，细菌的营养细胞（vegetative cells）很容易受毁坏，且它们的活性受到环境压力和采样压力的影响（Cox，1987）。一些气溶胶粒子是生态系统释放出的生物碎片。曝气废水释放出的细菌是蒸发液滴的残留物，人体也会释放出多种细菌，如皮肤残留物，这些细菌在空气中可以保持活性，因为已经适应了干燥环境，并受原始底物的保护（如皮肤鳞片）。否则，大多数细菌的

营养细胞进入空气后就会损坏。

气溶胶中的微生物细胞可以是活性的或非活性的。细胞活性的定义是不明确的（Roszak 和 Colwell，1987），但一般来说，活性细胞能够繁殖或具有新陈代谢活动。非活性细胞是死的或不能繁殖。很多环境微生物的营养需求尚未可知，而且不是所有的微生物都能在实验室环境介质中生长，也就是说，它们是不可培养的。只有不到10%的空气细菌是典型可培养型的（Rinsoz 等，2008），但是真菌孢子可培养的百分比更高（Lee 等，2006）。有的生物气溶胶不具有完整的细胞结构，如内毒素、毒枝菌素或各种过敏原（allergens）。因此，根据检测方法不同，检测结果一般表示为：当检测到活性有机体时，结果用菌落形成单位（colony forming units，CFU）或空斑形成单位（plaque-forming units，PFU）表示；有机体的活性还未确定时，用单位空气体积中的细胞、孢子或花粉数表示；化学分析（如麦角固醇）的结果用 ng/m^3 或 mg/m^3 表示。

微生物细胞的密度可变，这取决于细胞的亲水能力、储存的物质和细胞中的脂类物质（Doetsch 和 Cook，1973）。微生物细胞主要由水构成，约占体重的 70%。剩余的细胞物质由高分子构成，如核酸、蛋白质、脂类、碳水化合物以及它们的组合物。据报道，单个微生物细胞密度为 900～1500 kg/m^3 （0.9～1.5 g/cm^3）（Hamer，1985；Orr 和 Gordon，1956；Bratbak 和 Dundas，1984；May，1966）。

生物气溶胶粒子的粒径范围很广。病毒是最小的潜在活性粒子，长 0.02～0.3μm。细菌和真菌孢子的大小范围为 0.3～100μm，花粉、藻类（algae）、原生生物和皮屑的直径从几十微米到几百微米。真菌和植物很特别，它们能产生大量单分散孢子和花粉气溶胶。当微生物细胞或孢子被其他物质携带或以聚合体形式出现时，其迁移和沉降取决于整体的大小。

虽然正常环境中的大多数生物气溶胶是无害的，但是有些生物气溶胶粒子可能具有传染性或是过敏原，或其携带成分或代谢物有毒或带有刺激性。有活性的有机体才具有传染性，但是活性不是导致过敏或毒性效应的先决条件，因此，死细胞和细胞残留物也可能对人体健康产生影响（Hirvonen 等，1997）。影响个体免疫反应的主体因素，包括基因因素和环境因素，这两种因素在生物气溶胶粒子对人体健康影响中也起很大作用。控制生物气溶胶来源时会用到其生物学特征。控制方法主要是调节微生物生长的环境因素（如温度和湿度）上。

24.2 生物气溶胶类型

24.2.1 细菌

任何土壤、水、植物和动物中都有细菌存在。在空气中，细菌可能会以营养细胞或内生孢子（endospores）存在。它们可能由其他粒子携带，如水滴残留物、植物体或动物皮肤碎片。细菌是单细胞微生物，大小为 0.5～30μm。据报道，相对清洁的大多数室内空气中的细菌空气动力学直径为1～3μm（Nevalainen，1989；Gorny 等，1999）。在有其他高密度气溶胶，如烟草烟雾的室内，粒子粒径分布中的平均粒径为 0.5～10μm，这表明细菌是与其他粒子聚集在一起的（Górny 等，1999）。细菌的形状不同，有球状、杆状、螺旋状和弧状。球状细菌多成对、四个或成簇出现，如微球菌和葡萄球菌；或成链出现，如链球菌。杆状菌常单个或成链出现，如乳酸杆菌。根据细菌细胞壁被染成紫色能力，将它们分为两组：革兰阳性菌和革兰阴性菌。革兰阳性菌，如芽孢杆菌和葡萄状球菌，可以保持染色性。而革兰阴性菌，如假单胞菌和军团菌则不能保持染色性。革兰阳性菌的细胞壁主要由肽聚糖组成，而革兰阴性菌的细胞壁肽聚糖含量相对较少，但含有一个由脂多糖（内毒素）、脂蛋白和其他复杂大分子组成的外膜。肽聚糖和脂多糖能产生不利的健康效应，下面将予以介绍。

新陈代谢活跃并能分裂成新细胞的细菌细胞称为营养细胞。内生孢子在特定种属的细菌（如芽孢杆菌属和嗜热放线菌属）营养细胞内形成。内生孢子是细胞的休眠体，可以抵抗冷热、射线和其他环境压力。细菌孢子的大小范围为 0.5～3μm，重力沉降对这样大小范围的粒子的作用很小，因此，它们很容易随气流运动。

病原性细菌可以使人体、动物体和植物体致病。病原体常具有专一性，只能导致某些种类的植物或动物患病。很多动物和植物病原体不同于人类病原体。环境细菌或寄生细菌（生活在死亡或腐烂有机体上）到处可见，它们对营养和温度的要求不同。目前，人们只能识别一小部分环境细菌。有些环境细菌是机会主义病原体，也就是说，它们可能只侵犯免疫反应较弱的个体。例如，人们非常熟悉的军团菌属的一些种类就是机会主义病原体。有一些军团菌属的细菌在人工温水系统中找到了生态适宜地并在这里繁殖，这些细菌一旦气溶胶化，就会引起暴露人群严重的疾病，这一原因目前还未探明（Keleti 和 Shapiro，1987）。

放线菌是一类土壤细菌，它们可以以酵母的形式生长，也可以像丝状真菌一样产出菌丝体和孢子。根据基于基因序列的现代分类法，它们属于较大的放线菌门（Stackebrandt 等，1997），其孢子是导致农业工作者职业暴露的显著因素（Laccey 和 Dutkiewicz，1994）。在职业和环境卫生学中，重要的放线菌有链霉菌属以及嗜热类的嗜热放线菌和直杆小多胞菌 *Faenia*。这些链霉菌使土壤具有独特的气味。这些细菌可导致超敏性肺炎。由于采暖通风与空调系统（heating ventilation and air conditioning，HVAC）内的湿气积累，造成办公室和住宅楼内的微生物大量生长，也可发现放线菌孢子。

另一属于放线菌门的菌种是新的快速生长的非结核分枝杆菌，它与汽车厂爆发的过敏性肺炎有关。尤其，龟分枝杆菌（*M. chelonae*）和产免疫分枝杆菌（*M. immunogenum*）通常会从被污染的液体中分离出来（Wallace 等，2002；Khan 等，2005）。

空气中的细菌有时单独出现，有时被其他粒子携带，细菌在其自然环境如水和土壤中易于集群生长，或在不同表面以生物膜形式生长，因此，一旦气溶胶化，它们常附着在其他物质上以聚合体或菌落形式出现（Eduard 等，1990）。例如，室内大量存在的哺乳动物的皮屑，常包含有菌群，如微球菌（*Micrococcus*）和葡萄状球菌（*Staphylococcus*）(Lundholm 等，1982；Noble，1975）。

细菌内毒素是脂多糖，脂多糖是革兰阴性细菌的细胞壁所特有的。内毒素可以抗热且化学性质稳定性。当细菌细胞已不具备活性时，内毒素仍能保持生物活动，且已经在粒径小于完整细胞壁的粒子中发现存在内毒素（Kujundzic 等，2006；Wang 等，2007）。内毒素可导致急性毒效应，包括发烧、不适和肺功能降低。内毒素大量存在于农业环境、某些工业环境和湿润的室内空气中，并能引起湿热症状（Rylander 和 Haglind，1984；Rylander 和 Jacobs，1994）。但是，如果童年暴露于高浓度的内毒素，能够抑制免疫球蛋白 E 调节的特异性疾病的分子途径，从而降低特异性反应的风险（Douwes 等，2006）。有相同保护效果的另一种微生物组分是细菌脱氧核糖核酸（DNA）(Kline，2007）。

细菌细胞壁也含有肽聚糖，肽聚糖在革兰阳性细菌细胞壁中占 90%，在革兰阴性细菌细胞壁中占10%。胞壁酸占肽聚糖质量的10%～20%，是革兰阳性细菌生物量的标记物。

24.2.2 真菌

真菌也是普遍存在的微生物，它们参与多数天然有机物的有氧分解（Kendrick，1985）。真菌包括小型真菌如酵母菌（yeast）、霉菌，还包括大型真菌如蘑菇、马勃菌和多孔菌（Burge，1995）。霉菌是指在表面生长的可见真菌。真菌可以是单细胞的（如酵母），但通常是多细胞的，并形成细胞长链，称为菌丝体。依据产生孢子的方法，可将真菌分组。真菌的主要传播形式是释放真菌孢子，真菌孢子能在空气中很好地迁移，并可以抵抗多种环境压力，如干燥、冷、热和紫外辐射等。这些真菌孢子的大小范围为1.5～30μm，有些甚至更大，这可使它们被风吹到距离很远的地方。据报道，多数室内环境中的真菌孢子的空气动力学直径为2～4μm（Reponen等，1994；Gorny等，1999）。然而，相当数量的真菌物质，如过敏原、葡聚糖和毒枝菌素也能存在于1μm以下的更小碎片中（Brasel等，2005a；Reponen等，2007）。

一些真菌寄生在活体植物上，可以使经济作物致病。一些真菌，如组织胞浆菌（*Histoplasma*）、芽生菌（*Blastomyces*）、球孢子菌（*Coccidioides*）和假丝酵母（*Candida*）很容易侵入活体动物的组织并导致传染性疾病。其他真菌是机会主义的原生生物，如曲霉菌（*Aspergillus*）和隐球菌（*Cryptococcus*），它们主要在有免疫缺陷的人群中引起传染性疾病。在湿度充足的环境中，多数真菌是寄生的。在建筑物中，潮湿是霉菌生长的主要因素。限制微生物在物质上和物质中生长的是基质的湿度，而不是室内相对湿度（RH），但空气RH会影响室内物质的含水量。事实上，如果物质的RH低于65%，则没有微生物可以在室内空气中生长（Flannigan和Morey，1996）。

多数真菌气溶胶可导致过敏反应和疾病，如哮喘、过敏性鼻炎，有时是超敏性肺炎。尽管菌丝体的代谢物和碎片也可以在空气中传播并引起反应，对这些过敏原的研究主要集中在真菌孢子上。一些种类，如枝孢菌属（*Cladosporium*）、交链孢属（*Alternaria*）、担孢子（basidiospores）和囊孢子（ascospores），在世界上大多数地区主要存在于室外空气中。在季节变化明显的地区，真菌孢子数量在夏天和秋天最高，冬天最低。在农业、食品加工业以及一些工业环境中，会存在大量的真菌孢子（Rylander和Jacobs，1994）。室外空气是办公室和住宅环境中真菌孢子的主要来源。当室外生物气溶胶的背景值正常时，很难在室内空气中检测到孢子。

真菌组分麦角固醇、β-(1→3)-D-葡聚糖和胞外多糖（extracellular polysaccharides）可以作为真菌生物量的代表。与真菌有关的各种呼吸道疾病和症状主要由这些组分引起。这些组分自身或通过与内毒素或其他环境物质反应而起作用。有趣的是，β-(1→3)-D-葡聚糖和胞外多糖具有与内毒素一样保护呼吸过敏反应的作用（Iossifova等，2007；Gehring等，2007）。

一些真菌可以产生毒枝菌素，它是有毒的二次代谢物。曲霉菌属的某些种类可产生致癌有毒物。人们主要研究这些有毒物的摄入。目前为止，只在高度污染的农业环境中检测到了空气毒枝菌素。气溶胶暴露与单端孢霉烯毒素（trichothecenes）有关，它是由镰刀菌（*Fusarium*）和葡萄状穗霉菌（*Stachybotrys*）产生的毒枝菌素。单端孢霉烯毒素可引起严重的急性效应，包括头疼、头晕、免疫反应抑制和肺出血（Sorenson等，1987；Etzel等，1998）。采样设备的改进和分析灵敏性的提高促进了室内环境中毒枝菌素的检测（Brasel等，2005b），虽然室内环境的暴露水平很低，但是暴露时间比农业环境更长。

24.2.3 病毒

病毒（viruses）不同于其他微生物，因为病毒只能在寄主细胞内繁殖。因此，病毒是细胞内的寄生物，不能在非生命的基底上生存。病毒可以感染细胞、植物、动物或人类，并且通常针对特定种群。只在细胞内部进行复制的病毒称为噬菌体（bacteriophages），它们是最小的微生物，只有0.02～0.3μm，并只由一种类型的核酸（DNA或RNA）组成。这些简单的生物体可以利用宿主的细胞系统进行自我复制，但无法独立生长和复制。病毒被一个称为衣壳（capsid）的蛋白质外壳包围，一些病毒在细胞外的时候可以形成鞘膜（envelope）。

对于包括人类流感在内的许多疾病来说，目前人们还不清楚其通过气溶胶感染的比例有多大，对于这些疾病是否通过空气传播还有争议。而且，人们也不了解空气可传播的病毒粒子的大小。通常认为病毒只有依附到更大的粒子上才能在空气传播过程中存活，较高的湿度能够增加其存活率。然而，Lowen等（2007）指出，在相对湿度较低的环境中（<20%），流感病毒的传播效率增加。这可能与两个因素有关：由于水分快速蒸发而使空气传播的病毒粒子的尺寸变小；空气传播性病毒在低湿度下稳定性增强。Blachere等（2009）利用粒径选择采样和分子生物学分析研究医院急诊室空气中流感病毒的浓度，发现多于50%的空气病毒粒子的粒径范围在4μm以下，大约有5%在1μm以下。虽然没有调查所收集病毒的稳定性，但是他们的数据表明代表亚微米粒子的样品中包含空气病毒。

病毒可导致传染性疾病（如流感、麻疹和水痘），而且病毒的传染源常是受感染的人群。导致汉坦病毒肺综合征的病毒物可通过受感染的啮齿动物的粪便或尿液传播，禽流感病毒可以从被感染的鸟类传播到人。有流行病学证据表明病毒可在建筑物内和建筑物之间传播（Riley等，1978；Donaldson，1978）。在中国香港一个公寓内的SARS（严重急性呼吸道症候群）冠状病毒的传播就是一个例子（Roy和Milton，2004）。没有证据说明肝炎或免疫缺陷病毒可以在空气中传播，但人们开始关注一般手术和牙科手术中产生的血液和组织气溶胶。一般手术和牙科手术可能有助于这些物质的传播。

24.2.4 花粉

植物产生花粉微粒以将“雄性”基因物质转移到“雌性”花中。很多观赏性植物的花粉通过昆虫在空气中传播。但是，很多树和草的花粉依靠风力在空中传播，这些不需要载体的植物为了能成功地繁衍，常需要产生大量的花粉。例如，大麻一次产生的花粉微粒超过10^9个（Faegri和Iversen，1989）。靠空气传播的花粉微粒常可以抵抗干燥、温度和光等环境压力，因此它们易于抵抗采样时的压力。不同植物产生的花粉微粒的大小、表面结构、形状是不同的。人们对花粉微粒的空气动力学直径还不太了解，但是其物理直径范围为10～100μm，多数花粉微粒的直径为25～50μm，因此，花粉不在可吸入性粒子的粒径范围内。但是很多种类的花粉含有重要的过敏原，这些过敏原在空气中能以更小的碎片形式出现（Rantio-Lehtimaki，1995；Miguel等，2006）。靠空气传播的花粉类型因地理位置和气候的不同而不同，例如，在北美洲，豚草属花粉被认为是最重要的过敏原之一，而在北欧，桦木花粉被认为是最重要的过敏原。

24.2.5 猫、狗、屋尘螨和蟑螂过敏原

来自哺乳动物身上的很多物质都含有潜在的过敏性物质。狗和猫是最常见的家庭宠物。猫

的唾液和皮屑中存在过敏原，且这些过敏原主要由小于 2.5μm 的粒子携带。狗的唾液、皮屑和尿液中存在过敏原，它们主要与大于 9μm 的粒子结合在一起（Custovic 等，1997）。在不养猫和狗的办公室和学校也能发现这些过敏原（ACGIH，1999），说明它们可由衣服携带。

屋尘螨（house-dust mite），如欧洲尘螨（*Dermatophagoides pteronyssinus*）和美洲尘螨（*D. farinae*）是住宅环境中主要的过敏原。尘螨大量存在于床垫、地毯和装饰家具中，它们以人类皮屑为食。湿度高于 50%时，螨类才能生存和繁殖。螨类过敏原有螨类排泄物和干燥的皮屑，其粒径为 10～20μm（Burge，1995）。

温带地区家庭中常见的两种蟑螂是美洲大蠊（*Periplaneta americana*）和德国小蠊（*Blatella germanica*）。蟑螂过敏原的来源并不十分清楚，其潜在源包括蟑螂的脱落皮肤、整个身体、卵壳、排泄物和唾液。在大于 5μm 的粒子上发现有蟑螂过敏原（ACGIH，1999）。

老鼠病原的暴露和致敏反应大部分发生在动物工作者身上。老鼠病原在美国也覆盖在城市中心低收入的家庭，通常在厨房最高（Salo 等，2008）。

虽然过敏原的暴露途径被认为是通过空气，但大部分过敏原在空气样品中很难监测到，因为它们的粒径较大。因此，常用真空吸尘器直接从聚集地（如床垫和地毯等）收集过敏原样品。

24.3 生物气溶胶的来源

很多室内生物气溶胶来自室外，活的和死的植物表面可能是空气中真菌孢子和细菌的最主要来源。因此，植物或土壤的机械运动（如农业活动或建设）同时产生生物气溶胶和非生物粉尘。放线菌可以从土壤中释放而进入空气（Atlas 和 Bartha，1987）。很多天然水域和人工水域如污水氧化塘和冷却水系统都含有大量微生物。例如，革兰阴性菌、放线菌和藻类都是水生生态系统的常见组成部分。因此，下雨、飞溅或气泡过程中产生的液滴也可能含有生物气溶胶，当液滴蒸发后它们仍留在空气中。

很多职业环境中的有机材料处理过程会成为生物气溶胶的高强度排放源，这些有机材料包括植物、干草、稻草、木屑、谷类、烟草、棉花、有机废料、废水或金属加工中的液体。农业和园艺业环境中，对真菌和放线菌孢子的暴露可能很严重（Kotimaa，1990；Lacey 和 Dutkiewicz，1994；Rylander 和 Jacobs，1994）。鸟类和啮齿动物的粪便是病毒和真菌的一个来源。

在工业和非工业环境中，由于建筑物的 HVAC 系统或建筑物本身结构中微生物的生长，也会形成特定生物气溶胶的源。一般来说，微生物生长的先决条件是较高的湿度。静止的水常是微生物生长的优良场所，当受到搅动时就会成为潜在的生物气溶胶（Keleti 和 Shapiro，1987；ACGIH，1999）。除了水，微生物只需要少量的蛋白质营养，蛋白质营养存在于水中或建筑材料中，如纤维、木材或水泥，因此，建筑物内部有水渗漏或冷凝的地方即成为孢子或其他生物气溶胶的来源。对西部城市的调查表明大约 50%的家庭有发霉或潮湿问题。

在非工业的室内环境中，空气中细菌最重要的来源通常是人。细菌浓度很高的空气并不一定产生健康危害，但表明该环境中人以及其身体活动的存在，还表明通风效果不好。

目前，生物战争和恐怖主义的威胁日益受到重视。人们关注的物质包括病原体微生物，如炭疽杆菌（炭疽的病原体）、耶尔森鼠疫杆菌（瘟疫）、大鼠冠状病毒（天花病毒）和丝状病毒（埃博拉病毒出血热和马尔堡病毒出血热），以及微生物毒素，如肉毒杆菌毒素。这些病毒大部分可通过空气传播，具有潜在危险。

24.4 一般采样注意事项

生物气溶胶采样的目的通常有：验证并量化生物气溶胶的存在并进行暴露评价；识别其来源并加以控制；监测控制措施的有效性。由于生物气溶胶健康效应的剂量-反应关系还不清楚，因此，还没有建立其可接受暴露水平的指导线（ACGIH，1999）。生物气溶胶浓度随时间而变化，浓度值可在几个数量级间波动。例如，居室或有适度排放源的职业环境中（如烟草加工、卫生填埋或生物技术工业）的细菌和真菌孢子浓度为 $10\sim10^3$CFU/m^3（Verhoeff 等，1990；Lacey 和 Dutkiewicz，1994）。没有明显生物气溶胶源且通风的地方（如办公室、实验室、洁净室以及医院的手术室）的细菌和真菌孢子浓度小于等于 10^2CFU/m^3。峰值浓度为 $10^4\sim10^{10}$CFU/m^3 的高浓度细菌和真菌孢子，能够在纺织厂、锯木厂、一些农业暴露场所和一些严重污染的家庭和办公室中发现（Lacey 和 Dutkiewicz，1994）。在多数这样的环境中，生物气溶胶的浓度随时间和空间而变化显著，这是由于生物气溶胶源不是连续产生气溶胶粒子的。例如，真菌菌丝体产生和释放的孢子可能在一定空气湿度和速度下，由菌丝体的爆破产生。

24.4.1 采样策略

没有哪个单一采样方法可以同时收集、鉴别和量化存在于特定环境中的所有生物气溶胶。因此，生物气溶胶的来源清单是重要和有用的，它可能包括初步分析蓄水池中的微生物以及从认为有真菌生长的表面采集的样品。在工业暴露环境中，生物气溶胶来源的类型和位置非常明显，但在非工业环境中，生物气溶胶来源并不明显，因此需要复杂的采样策略。

24.4.2 生物气溶胶采样器的采样效率

生物气溶胶采样器的整体采样效率可分为以下三部分：

① 采样口的采样效率是采样口从周围空气中提取样品的能力的函数，它取决于要收集的粒子粒径、形状和空气动力学行为。

② 去除效率取决于采样器将入口空气流中的粒子沉降到收集介质的能力。

③ 生物方面的采样效率不仅取决于在不改变生物活性或生物活动的情况下采集和去除的生物粒子，还取决于有机体形成群体的条件和生物粒子的检出条件。

为了量化不同因素对总采样过程的影响，需将物理因素（采样口的采集效率和去除效率）和生物因素分开处理。

从周围空气中收集生物气溶胶粒子时应将偏差最小化。如果要收集的粒子粒径范围较宽，应在采样口使用等速采样以使偏差较小，即采样口的空气速度与环境空气速度相同，而且采样口面向环境气流。采样口后较长的采样管道可能导致大量粒子在管壁上的损失。采样口效率取决于粒子粒径、风和采样条件，这些将会造成对浓度的低估或高估。例如，将 Burkard 便携式空气采样器（BUR❶）水平放置并与风向平行，在风速为 5m/s 时，其对 10μm 气溶胶粒子的采集浓度高于理论计算值 2.5 倍。如果采样器垂直放置，其他条件不变，大于 5μm 的粒子根本不能进入采样器，而采集的 2～5μm 粒子的浓度远远低于理论计算值（Grinshpun 等，1994）。第 6 章详细介绍了非等速采样。

---

❶ 三个字母缩写表示的厂商信息见附录Ⅰ。

所有在空气中传播的粒子，其在空气中运动和去除的物理原理相同，因此，可以将此物理原理应用于生物气溶胶采样中。这些原理决定了用于分析所需样品的采集量和采集时间。

生物气溶胶采样器如果保留了待测生物粒子的生物特性，它就具有高的生物效率。例如，如果采样后要进行培养，那么采样就不能改变微生物的可培养性；如果采样后需用显微镜进行分析，采样不能改变粒子主要的形态特征。表 24-1 中所选生物气溶胶采样器（利用碰撞或冲击原理）的冲击速率 U_0 为 1～265 m/s。高冲击速率会破坏微生物样品的结构和新陈代谢。当冲击速率提高时，细菌的成活率下降。细菌的成活率还取决于将细菌嵌入收集介质的程度（特别是冲击式采样器）及采样时间（Stewart 等，1995；Terzidva 等，1996；Lin 等，2000）。冲击器射流板距离的增加也可造成进入冲击器的细菌成活率的降低，可能因为增加的射流耗散造成较大部分的琼脂表面失水（Yao 和 Mainelis，2007）。冲击速率较高时，机械冲击压力对样品的影响也更显著。干燥压力随采样时间而提高，当样品嵌入介质不充分时也会提高，生物气溶胶的成活率还取决于其内部特征（Cox 和 Wathes，1995）。花粉粒子和微小的孢子通常比植物性细胞受环境的影响小，而且，细菌聚集可以提高其成活率（Lighthart 和 Shaffer，1997）。

表 24-1 生物气溶胶采样器的采样参数

生物气溶胶采样器	收集介质	Q /(L/min)	U /(m/s)	形状	喷嘴(内部) W 或 D/mm	L /mm	A⑤ /mm²	数量	d_{50}/μm 计算值⑥	测量/报道值
AGI-30①	液体	12.5	265.21	圆形	1.0		0.79	1	0.31	<0.3⑦
Air-O-Cell	黏合剂	15.0	16.5	长方形	1.055	14.4	15.2	1	2.3	2.6⑧
Allergenco-D 盒式	黏合剂	15	19.61	长方形	1.0	12.75	12.75	1	—⑮	1.7⑨
Anderson 第一级	营养物	28.3	1.08	圆形	1.18		1.09	400	6.61	7.0⑩
Anderson 第六级	营养物	28.3	24.02	圆形	0.25		0.05	400	0.57	0.65⑩
Cyclex/Cyclex-d	黏合剂	20	20.08	圆形	4.6		16.6	1	—⑮	约 1⑪
生物培养	营养物	120		圆形	2.3			380	8.13	7⑫
Burkard②	黏合剂	10.0	11.90	长方形	1.0	14	14	1	2.52	2.3～2.4⑬
Micro5 微细胞盒式	黏合剂	5	25.48	圆形	2.04		3.27	1	—⑮	约 1⑪
SAS③	营养物	180	17.34	圆形	1.0		0.79	219	1.45	1.9⑭
SAS Super 180		180		圆形	0.8			401	1.3	2.1⑫
MK-Ⅱ④	营养物	30.0	51.24	长方形	0.35	28	9.8	1	0.67	

① AGI=全玻璃冲击器（AⅡ-Glass-Impinger）。

② Burkard 个体采样器。

③ 表面空气采样器。

④ MK-Ⅱ：Casella 空气细菌采样器。

⑤ 每个喷嘴的面积。

⑥ 见式（8-4），T_{air}=20℃，p_{air}=1atm，$\eta_{air}=1.81\times10^{-4}$g/(cm·s)（$1.81\times10^{-4}$P），$\rho_p$=1000 kg/m³（1.0g/cm³）。

⑦ 数据来自 Lin 等，1997。

⑧ 数据来自 Trunov 等，2001。

⑨ 数据来自 Grinshpun 等，2007。

⑩ 数据来自 Andersen，1958。

⑪ 数据来自 Grinshpun 等，2005。

⑫ 数据来自 Yao 和 Mainelis，2006。

⑬ 数据来自 Aizenberg 等，2000。

⑭ 数据来自 Lach，1985。

⑮ 不使用计算 d_{50} 的传统方法，因为这个采样器喷嘴到底盘的无量纲距离在 1 以下，这不符合传统的冲击式采样器设计标准。

24.5 生物气溶胶的采样原则

生物气溶胶采样需要将粒子从空气流中分离出来。为了达到这个目的，可以应用不同的物理动力，如图 24-1 所示。

在图 24-1(a)中，粒子的惯性促使其冲击到固体或半固体的冲击表面，该表面通常是培养基或者可以用显微镜观测的黏性表面。单级冲击式采样器 [如地面空气采样器™（SAS），BSI；SAS，PBI] 及双级或多级级联冲击式采样器（如 Andersen 级联冲击式采样器；AND）均采用这种原理。由一个或多个狭缝代替冲击阶段环形孔的冲击式采样器称为狭缝采样器，例如 Burkard 孢子采集器（BUR）、Casella（CAS）、New Brunswick（NBS）、Mattson-Garvin（BAR）。直接将样品收集到用于显微计数的透明表面上的采集器通常称为孢子采集器，例如 Air-O-Cell®（ZAA）、VersaTrap（SKC）、Cyclex-D（EMS）等。

图 24-1(b)介绍了离心分离粒子的原理，它也是利用粒子的惯性，但它是径向集合形状，Reuter 离心采样器（RCS；BIO）就属于此类。惯性、重力和离心收集技术的主要内容见第 8 章。

当采用过滤机理进行粒子采样时，也要利用惯性将粒子从气流中分离。但是，其他机制如拦截、扩散和静电引力也有助于将粒子沉降到过滤材料上。已经用于生物气溶胶采样的过滤仪器包括直径为 25mm 和 37mm 的过滤器，如 IOM（SKC）以及圆顶形可吸入性气溶胶采样器（SKC）。

流体冲击 [图 24-1(c)]主要利用惯性冲击将粒子压入液体，也利用粒子在气泡液体表面的扩散。目前存在几类流体冲击式采样器（如 AGI-4 和 AGI-30 冲击采样器）。在多级冲击器中，多个冲击级可以成功地去除更小的粒子（May，1966）。图 24-1（d）为切线冲击式采样器的采样原理，它通过惯性冲击和离心作用收集粒子，该采样原理已应用在生物采样器中(SKC)(Willeke 等，1998)。将生物气溶胶采集到液体介质中的另一个设计和评估方法(Agranovski 等，2002a，b；2005a，b)，是把一种疏松介质浸入到液体层，然后气流携带着颗粒通过它。气流被分散成大量的细小气泡，这些气泡吸附颗粒，然后把它们高效除去。

通过施加外力也能使粒子在空气流中被去除，如给带电粒子上施加电力，或给具有垂直热梯度的气溶胶流加热（Mainelis 等，1999）。静电采样器已经成功用于收集病毒样品，也被尝试用于收集细菌和真菌样品（Mainelis 等，1999；Lee 等，2004；Yao 和 Mainelis，2006）。

生物气溶胶采样的首选方法是将空气中的有机体吸入采样口然后进行收集，但旋转臂装置是特例，如广泛用于采集花粉的旋转棒采样器（SAM）。沉降板（setting plates）依靠重力将空气中的微生物沉降到培养基上，粒子的重力沉降主要取决于粒子粒径，很大程度上受到室内空气运动的影响。因此，不能将培养后沉降板上的群体单元个数或孢子个数与空气中的生物粒子浓度进行相关。重力沉降方法适合鉴定空气中的较大微生物，因为它们在相对较短时间内可以全部沉降。一些研究团队已经开始通过把粉尘采集板安放在研究人群呼吸区域的高度来实现对降尘的长期采集（Wurtz 等，2005；Noss 等，2008）。另一种途径是采用特制的气雾室，该气雾室可以通过风流或振动把污染表面的生物粒子释放出来 [真菌孢子源强测试仪 FSSST（Sivasubramani 等，2004）和实验室粒子场排放室 P-FLEC（Kildeso 等，2003）]。

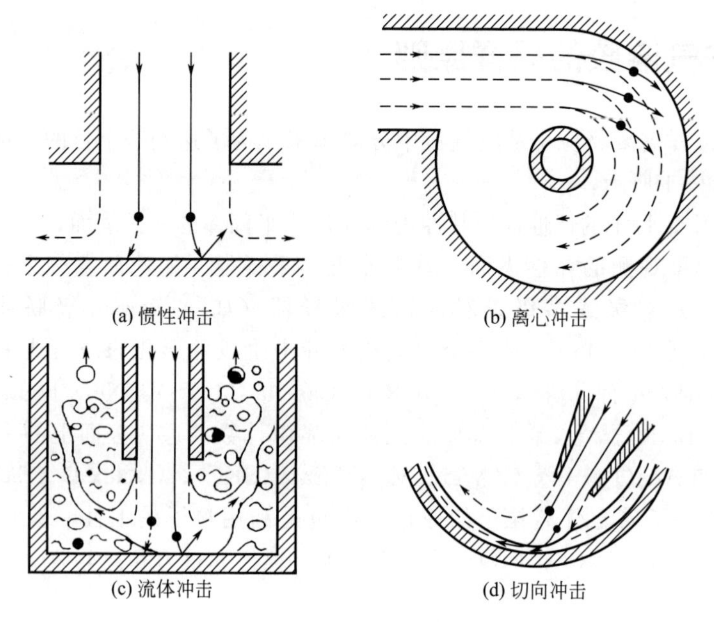

图 24-1 惯性气溶胶采样器的不同收集机制

（引自 Willete 等，1998；美国空气研究委员会）

当粒子撞击冲击表面或已收集的粒子时会发生反弹，当样品超载时常会出现后一种情况。较大粒子从收集介质中反弹出去会造成单级冲击式采样器采样量的不足。当大粒子反弹进入下一个收集层级时，会影响级联冲击式采样器获得的粒径分布。收集效率，尤其是大粒子的收集效率，会随收集介质负载的增加而降低。生物气溶胶冲击式采样器的收集效率会随琼脂表面变干而降低，因为干燥的琼脂表面促进了粒子反弹（Juozaitis 等，1994）。对于目前市场上销售的生物气溶胶采样器，其粒子反弹的影响还没有被准确地检测出来。通常需要在冲击表面上涂一薄层油脂以减弱反弹作用，从而增加收集效率。孢子培养基上的颗粒反弹会造成粒子的不均匀沉积，也会造成沉积表面面积的变化，从而导致显微计数的变异（Grinshpun 等，2005）。第 8 章对反弹现象进行了详细介绍。

上面提到的所有采样方法中，生物气溶胶粒子的收集和分析分为两步：首先，将粒子从空气中分离出来，然后进行分析和鉴别。为了做好生物防卫，一些自主探测系统正在研发过程中。例如病原体自动检测系统（APDS；Regan 等，2008），该系统用湿式旋风器收集气溶胶，随后利用流式细胞仪多元免疫测定对气溶胶进行自动分析，信号触发流入式 PCR 分析仪，从而确定免疫反应产生的信号。

直接读数的气溶胶设备不用从空气中分离出粒子就能直接研究它们。当没有其他粒子存在时，这些设备可用于研究实验室中的生物气溶胶（Qian 等，1995）。人们对直接读数设备的兴趣越来越大，特别是军事和反恐部门。目前唯一商业化且非常昂贵的仪器是紫外空气动力学粒径谱仪（UV-APS；TSI）。该仪器可同时测量 通过仪器的 0.5～15μm 范围内粒子的空气动力学直径、光散射强度和荧光强度（详见第 14 章）。通过 UV 激光束激发粒子，测得的荧光波长为 400～580nm。这种荧光与诸如还原型烟酰胺腺嘌呤二核苷酸磷酸（NADPH）、黄素单核苷酸（FMN）、黄素腺嘌呤二核苷酸（FAD）以及核黄素等生命标志生物分子的存在有关（Hairston 等，1997；Agranovski 和 Ristovski，2005）。微生物细胞中的荧光强度随着微生物种类和其生长环境的不同而不同。当微生物死亡时，荧光强度衰退得相当快，因此用 UV-APS 测定有活性的微生物菌种非常合适。

24.5.1 通过惯性冲击去除粒子

惯性冲击是生物气溶胶采样器中应用最广泛的粒子去除机制。冲击过程取决于粒子的惯性特征，如粒径、密度和速度，还取决于冲击式采样器的物理参数，如喷嘴大小和气流路径。

描述冲击式采样器的一个重要无量纲参数是斯托克斯数，即 Stk [式(8-1)和式(8-2)]，另外一个重要参数是"切割粒径"，即 d_{50} [式(8-4) 和例 24-1]，表示 50%粒子被除去时的粒径。d_{50} 是生物气溶胶采样器的一个重要特征。由于多数冲击级的切割特征非常明显，几乎所有大于这个切割粒径的粒子都被收集了。因此，d_{50} 也常被认为是大于该粒径的所有粒子都被收集时的粒径。

如果一个粒子采样器被设计用来采集具有特殊性质或是特定尺寸的粒子（例如孢子，在显微镜下计数时很容易与其他粒子区分开），那么随着该种粒子的有效采集，采样效率曲线的拐点变得不再明显。当粒子的粒径远远大于 d_{50} 时，这种情况经常发生。采样器的采样效率取决于几个无量纲参数，包括喷嘴到收集板的距离（第 8 章），按照 Marple 设计原则（Marple，1970），狭缝冲击式采样器的这个距离通常应大于 1.5。然而试验表明，减少喷嘴到收集板的距离能明显提高冲击式采样器采集生物气溶胶的各项指标（Grinshpun 等，2005，2007a）。这一特性（喷嘴到收集板的距离）已经应用到一些市售的孢子采集器上，比如 Allergenco、Cyclex、Cyclex-D 和 Micro5 Microcell（EMS）。

24.5.2 切割粒径的数值估计

常用的 12 种生物气溶胶采样器的设计和性能见表 24-1。这些采样器有一个喷嘴或几个平行喷嘴，流量 Q 为 10～180L/min。对于 6 级的 Andersen 冲击式采样器，给出了第 1 级与第 6 级的数据。粒子的切割直径（d_{50}）与实验确定的值相近。造成计算值与实验值之间微小差别的原因是：Stk_{50} 与每个采样器喷嘴的几何形状有关，也与冲击级中的气流形式有关，碰撞阶段的气流模式与理论计算中使用的模式不完全一致。

如果已知生物气溶胶的平均空气动力学粒径，那么，可以使用冲击式采样器的 d_{50} 来确定哪些微生物可以被收集。粒子的空气动力学粒径等于密度为 $1000kg/m^3$（$1g/cm^3$，等于水的密度）并具有相同重力沉降速度（gravitational settling velocity）的球形粒子的直径（第 2 章）。因为生物气溶胶粒子具有与水相似的密度且类似于球形，因此，它们的物理直径和空气动力学直径相近。但是对于杆状或密度与水密度不同的生物气溶胶粒子来说，用空气动力学直径预测其粒子行为比用几何直径预测更准确。人们对生物气溶胶粒子的物理直径（显微镜下测量的长和宽）比它们的空气动力学直径了解得更多。表 24-2 总结了一些真菌和细菌的空气动力学直径，并列出几种物种的纵横比（aspect ratio），纵横比为粒子长度与横断面直径的比值，它影响粒子在滤膜上的收集效率。

表 24-2 列出的空气动力学粒径可以与表 24-1 的切割粒径相比较。如表 24-1 所示，不同采样器或采样级的切割粒径范围为 0.5～5μm。如果粒子的空气动力学粒径大于切割粒径，则它可以被冲击式采样器收集。例如，曲霉菌孢子的空气动力学粒径为 2.0～2.1μm（表 24-2），因此，Burkard 采样器和第 1 级 Andersen 采样器就不能有效地收集这些真菌孢子。各种采样器切割粒径不同，在一定程度上解释了采样器性能的不同（如 Eduard 和 Heederik，1998）。

表 24-2 实验室测得的微生物空气动力学直径和纵横比

微生物	空气动力学直径/μm	纵横比	微生物	空气动力学直径/μm	纵横比
真菌孢子			细菌孢子		
Aspergillus flavus	3.6[①]		*Bacillus subtilis var. niger*	0.9[④]	
Aspergillus fumigatus	2.0[②],2.1[①③]		*Faenia rectivirgula*	1.1[①]	
Aspergillus versicolor	2.4[③]		*Saccharomonospora viridis*	1.3[①]	
Cladosporium cladospordes	1.8[③④],2.4[①]	1.9[⑤]	*Streptomyces albus*	0.8[④],0.9[③],1.2[①]	1.2[⑤]
Paecilomyces variotii	2.6[①]		*Thermoactinomyces vulgaris*	0.6[⑥]	1.2[⑤]
Penicillium brevicompactum	2.1[③],2.3[④]	1.3[⑤]	细菌的营养细胞		
Penicillium chrysogenum	2.8[①]		*Pseudomonas fluoriscens*	0.8[⑦]	3.0～3.1[⑦]
Penicillium melinii	2.7[③],3.1[④]	1.1[⑤]	*Micrococcus luteus*	1[⑧]	
Penicillium minioluteum	1.7[①]		*Bacillus subtilis*	0.8[⑨]	
			Bacillus megatherium	1[⑨]	2.6[⑦]
Scopulariopsis brevicaulis	5.3[①]		*Mycobacterium smegmatis*	1.2[⑤]	
			Mycobacterium bovis	0.9[⑤],0.8～1.0[⑩]	3～8[⑩]

① 数据来自 Madelin 和 Johnson，1992。
② 数据来自 Pasanen 等，1991。
③ 数据来自 Reponen 等，1996。
④ 数据来自 Aizenberg 等，2000。
⑤ 数据来自 Reponen、Willeke 和 Grinshpun，未出版的数据。
⑥ 数据来自 Reponen 等，1996。
⑦ 数据来自 Willeke 等，1996。
⑧ 数据来自 Stewart 等，1995。
⑨ 数据来自 Qian 等，1997。
⑩ 数据来自 Schafer 等，1998。

【例 24-1】 Anderson N6 采样器（即 6 级冲击采样器的第 6 级）以 20L/min 的流量运行，而不是规定的 28.3L/min（1cfm）。它是一个有 400 个直径为 0.25mm 喷嘴的单级采样器，即 400 个气流直喷到采样嘴下面的培养介质上。

(a) 计算在该流量下的切割直径 d_{50}。

(b) 如 N6 在规定的流量 28.3L/min 下操作，但 400 个采样嘴中有 40 个被堵住。d_{50} 是多少呢？

解：(a) 空气流量为 U_0，因此，横截面面积是 A_j 的 n 个采样嘴中每个采样嘴的粒子流量约为：

$$U_0=\frac{Q}{nA_j}=\frac{Q}{n\left(\frac{\pi W^2}{4}\right)}=\frac{\left(20\times10^3\ \frac{\text{cm}^3}{\text{min}}\right)\left(\frac{\text{min}}{60\text{s}}\right)}{400\left[\frac{\pi(0.025\text{cm})^2}{4}\right]}=1697\text{cm/s}$$

用式(8-4)来确定切割直径 d_{50}。在常温常压下（1atm 和 20℃），空气黏度 η 为 1.81×

10^{-4}g/(cm·s)。生物气溶胶密度为 900～1500kg/m^3（0.9～1.5g/cm^3），在此例子中，假设密度等于 1000kg/m^3（1g/cm^3）。圆形采样嘴 Stk_{50} 约为 0.25。

$$d_{50}=\sqrt{\frac{9\eta WStk_{50}}{\rho_p U_0 C_c}}=\sqrt{\frac{9\times1.81\times[10^{-4}\text{g/(cm}\cdot\text{s)}]\times0.025\text{cm}\times0.25}{1\text{g/cm}^3\times1697(\text{cm}\cdot\text{s})\times1}}$$

$$=7.74\times10^{-5}\text{cm}=0.77\mu\text{m}$$

因此，收集到的最小粒径为 0.77μm。在以上的计算中，坎宁安校正系数 C_c 等于 1，但在计算 d_{50} 时，它实际稍微大于 1。因此，通过反复过程，计算的 d_{50} 要比实际值稍小。流量为 28.3L/min 时，d_{50} 为 0.57μm（表 24-1）。

（b）如果 40 个采样嘴被堵住，空气以 28.3L/min 的流量通过剩下的 360 个采样嘴的速度为 2668cm/s。在这个流量下，C_c 等于 1 时新的切割粒径为 $d_{50}=0.62\mu$m。因为此粒径的 $C_c>1$，所以，实际的 d_{50} 要比计算值稍小。

24.6 采样时间

采样策略中一个不可缺少的部分是确定采样时间（collection time），生物气溶胶的浓度随时间的变化非常大，这点从图 24-2 的第一部分可以看出。通常，低浓度时期（如 t_1～t_2）后面即是高浓度时期（如 t_3～t_4），反之亦然。用对数函数可以很好地表示浓度的大变化。此时间图中，生物气溶胶粒子的平均浓度 c_a 为 1000 个/m^3，这种数量级的生物气溶胶浓度在室外和多数室内条件下是常见的。环境浓度很难在一个狭窄的浓度范围内维持稳定，除非时间段较短（如 min）或气体没有被干扰，比如在无通风、无人、房间密闭的空间内。

在浓度变化的时间段内采样，采样时间要足够长，或将多次短时间内采集的样品结合起来才能恰当地表示出环境中的平均浓度。图 24-2 的第二部分反映从采样开始时间 t_s 到结束时间 t_f 的整个采样过程中采集体积为 V 的空气的浓度变化。空气体积等于采样流量 Q 与采样时间 t 的乘积，即：

$$V=Qt \tag{24-1}$$

采样过程实际上是将采样期内的瞬时浓度综合。图 24-2 第三部分，冲击板上收集的粒子数量 N 等于粒子平均浓度 c_a 与采样空气体积 V 的乘积，即：

$$N=c_aQt \tag{24-2}$$

24.6.1 被收集粒子的表面密度

采样过程中的第四部分显示，将收集在培养基或固体表面上的生物气溶胶粒子在采样过程中向左移动，导致每单位体积内粒子数量的不同。每单位可视区面积 A 内的目标物质的数量也即皮氏培养皿上的微生物群落或黏性表面上显微镜可见的粒子数称为样品的表面密度。粒子表面密度 δ 为：

$$\delta=\frac{N}{A}=\frac{c_aQ}{A}t \tag{24-3}$$

图 24-2 中的第五部分是采集的最后阶段，此时对收集的物质进行分析。这个阶段可以马上用显微镜直接观察采集的粒子样品。也可以将粒子培养一段时间后再进行分析，此时的

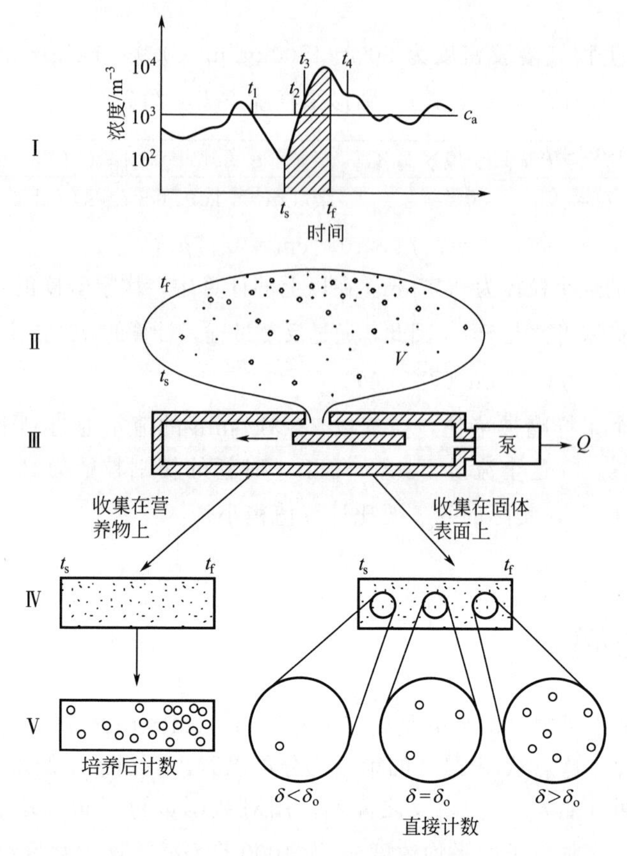

图 24-2 生物气溶胶采样过程

（引自 Nevalainen 等，1992）

粒子群已充分发育到可以观察和视觉鉴别的程度。如果表面密度是最佳密度 δ_o，那么观察、计算和鉴别样品中的粒子，无论使用光学方法还是其他方法都比较容易。如果样品的表面密度很低，即 $\delta \ll \delta_o$，则采样和计数误差将很大，计算的气溶胶浓度也不能准确反映空气中的真实浓度。如果在显微镜片上的样品表面密度很高，即 $\delta \gg \delta_o$，则粒子相互之间可能排列很紧，这样会给计数和鉴别带来困难。此外，生物气溶胶可能会被粉尘粒子覆盖。如果培养基上 $\delta \gg \delta_o$，则采集的微生物可能会一起生长或相互抑制生长。这一点对真菌孢子尤为重要，真菌孢子经常释放影响临近孢子发芽的物质。同微生物一起冲击到培养基上的非生物粒子不会影响观察，但可能影响微生物的生长。

24.6.2 固体表面采样器的最佳采样时间

如式(24-3)所示，采集的微生物的表面密度与采样时间呈线性相关。式(24-3)中的其他参数 c_a、Q 和 A 一般不在研究者的控制范围之内。因此，只有通过调整采样时间才能避免样品负载不足（$\delta \ll \delta_o$）和超载（$\delta \gg \delta_o$）。利用式(24-3)，就可计算采样时间。每个采样器的采样时间可用表面密度的规定值与生物气溶胶浓度的预测值计算，即：

$$t=\frac{\delta A}{c_a Q} \tag{24-4}$$

对于某生物气溶胶浓度，不同采样器的最佳采样时间不同，此时间取决于采样器的流量和收集表面的面积。假设环境浓度是每平方米有 1000 个生物气溶胶粒子，样品收集率为

100%，并假设 $\delta_{macro}=1$ 个/cm^2 是培养基上群体计数的最佳表面密度，$\delta_{macro}=10^4$ 个/cm^2 是用显微镜观察采样板上粒子个数的最佳表面密度，后者相当于在直径为 200μm 的显微镜视野中有 3 个粒子。利用这些假设和式(24-4)，计算出了表 24-1 所列出的几种生物气溶胶冲击式采样器/冲击级的最佳采样时间，见图 24-3。表面密度 δ 由采样表面上可数的目标物的密度决定。每个采样器的采样表面积 A 是特定的。生物气溶胶粒子冲击到黏性表面的狭缝采样器，例如 Burkard 采样器，其 A 等于狭缝喷嘴的面积。狭缝-琼脂冲击式采样器和滤筛型冲击式采样器（sieve-type impactors），例如具有 400 个喷嘴的 Anderson 冲击式采样器或具有 219 个喷嘴的地面空气采样器（SAS），它们的采样表面积等于各个喷嘴的横截面面积之和。在培养基采样器中，观察粒子前需要将粒子发展成群体，因此，其采样表面积 A 等于培养基的面积。对于 Anderson 6 级冲击式采样器（以下指 AND），假定 6 级中冲击在每一级的生物气溶胶粒子相同，则用 6 级总面积来计算采样时间。当第 6 级作为采样器独立使用时（本文记作 AND-VI 或 N-6），此时的采样表面积就只是皮氏培养皿的表面积。

从图 24-3 中可以看出，在 $c_a=10^3$ 个/m^3 和理想表面密度时，SAS 的采样时间（以群体计数）是 8s，而 Burkard 个体空气采样器的采样时间是 140min（用显微镜计数）。这两个时间相差 3 个数量级。延长培养基采样器的采样时间可采集到更具代表性的样品，但会使培养基以及采集的微生物变干。同时，较长的采样时间也会造成过载现象，并由此导致计数误差和抑制效应。因此，许多培养基采样器更适合在生物气溶胶浓度较低（如≤10^2CFU/m^3）的环境中采样，这种情况下的采样时间可以更长，或在较长的时间内进行几次短期采样。

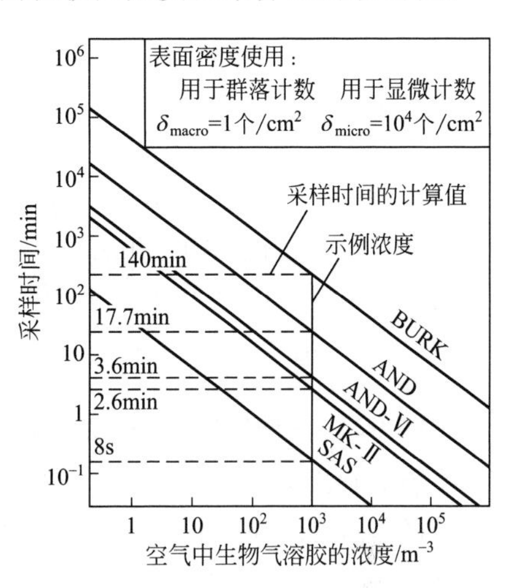

图 24-3 所选生物气溶胶采样器的收集时间

（引自 Nevalainen 等，1992）

如图 24-3 所示，生物气溶胶的平均浓度为 10^3 个/m^3 时，计算的 Burkard 个体采样器的采样时间为 140min，但在多数环境下，这样采集到非生物粒子极度过载的样品。因此，为了得到与现实情况相配的采样时间，可以修改 c 和 δ 的假定值或期望值。例如，浓度为 10^4 个/m^3 的高浓度气溶胶，其采样时间可以短至 14min。

24.6.3 冲击式采样器和过滤式采样器的最佳采样时间

冲击式采样器对超载或采样不足并不敏感，因为液体样品可以稀释或浓缩，这取决于液体中收集的生物气溶胶粒子的浓度。但是对于多数冲击式采样器来说，采样液体的蒸发和已收集粒子的二次气溶胶化会限制采样时间（Lin 等，1997）。图 24-4 为收集效率的允许变化率少于 10%时，用 AGI-4 和 AGI-30 冲击式采样器采样时所允许的采样时间和初始采样体积。AGI-4 是全玻璃的冲击式采样器，它的喷嘴在液体底部以上 4mm 处。在 AGI-30 中，这一距离为 30mm，而液体高度常为 20mm，即没有气流时液体上表面在喷嘴以下 10mm 处。如果收集液的体积大于 35mL，大量液体就会从冲击式采样器中溅出来。另一方面，收集液的最小体积要与采样时间匹配以使采样过程中收集效率的变化不超过 10%。当提高 AGI-4 和 AGI-30 的粒径时，采样口的效率会降低，因此粒径上限为 3μm（Grinshpun 等，1994）。当 AGI-4 的采样时间超过 65min，AGI-30 超过 75min，采集的大部分粒子会再次气溶胶化。

过滤采样器对超载也不是很敏感，过载的收集样品会从滤膜上掉进用于随后分析的液体中。一个典型的应用实例就是内毒素或β-(1→3)-D-葡聚糖的采样。过长时间的过滤采样会引发敏感微生物脱水并降低它们的可培养性。用凝胶滤膜长时间采样造成的脱水影响较小，但是由于这种类型滤膜的易碎性则使它不适合长时间采样（Burton 等，2005）。

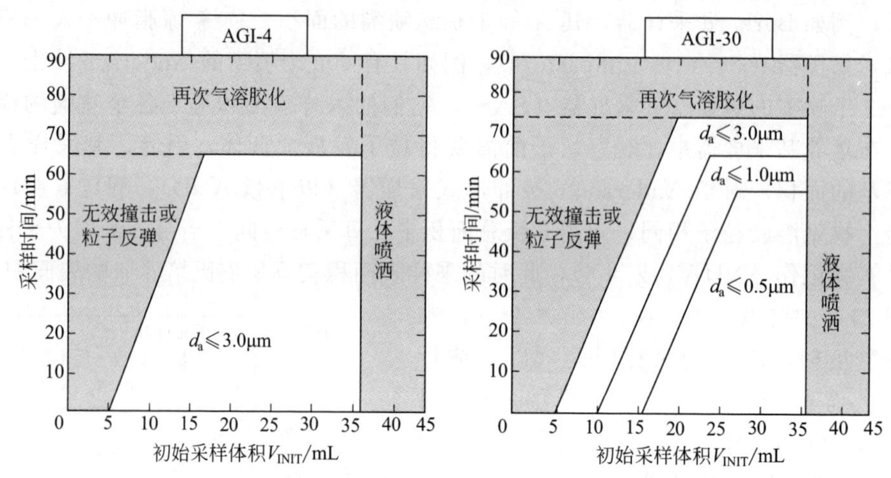

图 24-4 采样流量 12.5L/min、采集效率变化小于 10%时，AGI-4 和 AGI-30 冲击式采样器采样参数的允许范围

（引自 Lin 等，1997）

【例 24-2】 用地面空气系统采样器（SAS）收集浓度为 500 个/m^3 的生物气溶胶。研究者希望看到在每个直径为 55mm 的 Rodac^{TM} 盘（培养盘）上平均有 50 个菌落。SAS 采样器有 219 个采样嘴，计算流量为 180L/min 时的最佳采样时间。

解：直径为 55mm 的盘面积等于 23.8cm^2。利用式(24-3)计算以群体计数的表面积浓度：

$$\delta=\frac{N}{A}=\frac{50\text{个}}{23.8\text{cm}^2}=2.1\text{个}/\text{cm}^2$$

用式(24-4)确定最佳采样时间：

$$t=\frac{\delta A}{c_a Q}=\frac{2.1\text{个}/\text{cm}^2\times 23.8\text{cm}^2}{500\text{个}/\text{m}^3\times 180\times 10^{-3}\text{m}^3/\text{min}}=0.55\text{min}=33\text{s}$$

对生物气溶胶浓度变化很大的环境来说，这样的采样时间或许太短。应该连续收集一些样品，或许使用可进行更长时间采样的采样器（图 24-3）。

【例 24-3】 计划在医院里采集生物气溶胶，清扫术后病人的病房需要 20min。以前的报道表明，细菌气溶胶平均浓度大约为 10^{2}CFU/m^3，你会选择哪种采样器在这个病房采样 20min?

解：在图 24-3 中，生物气溶胶粒子浓度 10^2 个/m^3 可放在 x 轴上，再从 y 轴找到 20min。两者的交点表明，当生物气溶胶粒子培养后以群落计数时，MK-Ⅱ和 Anderson N-6 采样器对表面密度 δ_{macro}=1 个/cm^2 是适用的。

24.7 采样器的选择

现有的用于收集可培养生物气溶胶的采样器没有一个可以作为参照方法。选择合适的生物气溶胶采样器取决于待采生物气溶胶的类型，例如，当评估病原体时，总数量比活性病原体数量重要。选择培养型采样器时，必须考虑所采集生物气溶胶对于采样力的脆弱性，因为一些采样器可能严重影响生物活性。我们将对最常使用的仪器进行简要讨论以便使用者了解采样器选择和操作的基础知识。表 24-3 选择列出了一些常用仪器的名称和生产厂家。关于采样器的更多信息，特别是用于空气中细菌和真菌收集的采样器，可以参考 Willeke 和 Macher (1999)、Grinshpun 等 (2007b)。Verreault 等 (2008) 对病毒采样方法进行了总结。

表 24-3 生物气溶胶采样器的厂家信息①

采样器	厂家/销售商①	采样器	厂家/销售商①
惯性冲击式采样器		表面空气采样器(SAS)	PBI
Air-O-Cell	ZAA	SMA	VA
Allergenco 空气采样器(MK-3)	ALL	Via-cell	ZAA
Allergenco-D	EMS	VeraTrap	SKC
Andersen 采样器，1、2 或 6 级	AND	离心冲击式采样器	
活体培养	BUC	生物采样器②	SKC
Burkard 采样器	BUR	多级流体冲击式采样器	BUR
Casella 空气细菌采集器(MK-Ⅱ)	CAS	Reuter 离心采样器(RCS)	BIO
Cyclex	EMS	冲击式采样器	
Cyclex-D	EMS	AGI-4，AGI-30	AGI/HAM/MIL
MAS-100 空气采样仪	EMDC	生物采样器②	SKC
Mattson-Garvin 狭缝采样器	BAR	过滤采样器	
微流采样器	AS	37mm 盒式滤膜	CCO/MIL/SKC
Micro-5 Microcell	EMS	圆顶型采样器(button sampler)	SKC
Millipore 空气检测器	MIL	IOM	SKC
Rotorod	SAM		

① 对照附录Ⅰ的缩略词查看。

② 生物采样器利用几种采样原则，包括离心冲击力和切向冲击。

很多研究都使用了 Anderson 6 级采样器 (如 Reponen 等，1992；DeKoster 和 Thorne，1995；Górny 等，1999)，该采样器可以描述特定粒径范围内的生物气溶胶。2 级和 1 级型号的采样器也已商业化。人们通常希望环境气溶胶的浓度足够低，这样，采样结束时每个冲击阶段中的生物气溶胶粒子都可以通过 400 个喷嘴中的 10%。当生物气溶胶浓度高时，一些生物气溶胶粒子可能沉积在每个冲击喷嘴下面，但只有一种菌群可以生长。生物气溶胶粒子的实际浓度可以用空穴转化法统计计算，这种算法详见 Anderson (1958) 和 Macler (1989)。

狭缝采样器也有一些模式。某些采样器转动喷嘴下的皮氏培养皿，如 Mattson-Garvin 狭缝采样器 (BAR)，另一些采样器将粒子冲击到显微镜幻灯片或胶带上，如 Air-O-Cell® (ZAA)、VeraTrap (SKC)、Cyclex-D、Allergenco-D (EMS)、Via-Cell® (ZAA) 和 Burkard 采样器 (BUR)。带有转动培养基的冲击式采样器可以有效地预测活性生物气溶胶浓度随时间的变化。在生物气溶胶源释放阶段的前、中、后期可利用这个特征揭示气溶胶来源。记录孢子阱的 Burkard 采样器采样期间的时间分辨率为 1h～1 周。

单个病毒的粒径很小，以至于在气溶胶采样系统中它们可能是无惯性的。因此，惯性采样器能够成功地用于收集细菌、真菌和花粉，但一般不适用于非聚合的空气病毒粒子的采集。

便携式生物气溶胶采样器（电池为动力）目标小且对居住者的影响很小。一些便携式生物气溶胶采样器已商品化，且其生物和物理采集效率特征已经阐明，例如SAS采样器、Renuter离心采样器（RCS，BIO）、Bioculture^{TM}（BUC）和Microflow（AS)(Yao和Mainelis，2007)。

在重污染环境中，过滤是采集有活性的或显微镜下可鉴别的生物气溶胶的易行方法(Palmgren等，1986；Eduard等，1990)。滤膜采样器通常很小，可以用于采集个体生物气溶胶样品（Toivola等，2002；Rabinovitch等，2005)。当滤膜采样器使用合适的滤膜时，其采集效率会很高。滤膜的采集效率取决于滤膜的类型（单层或多层)、滤膜的孔隙大小以及采样器的流量。例如，对80nm的MN2病毒，当流量为4L/min时，孔隙大小为1μm的聚碳酸酯滤膜的采集效率为67.2%，孔隙大小为3μm的聚碳酸酯滤膜的采集效率为26.8%，孔隙大小为3μm的凝胶滤膜的采集效率为99.9%（Burton等，2007)。但是，由于气流通过滤膜而造成收集的生物气溶胶粒子变干燥，在与培养分析结合时，过滤并不是评估营养细胞水平的合适方法（Näsman等，1999；Wang等，2001)。凝胶滤膜（Li等，1999)和湿润的多孔泡沫（Kenny等，1999）已被用于降低粒子的脱水效应。实验证明凝胶滤膜特别适合用于活性病毒的短期收集（Grinshpun等，2007c；Eninger等，2008，2009)。其他一些研究显示凝胶滤膜收集宽范围的压力敏感型微生物十分有效（Verreault等，2008)。

冲击式采样器中的收集流体可用于持续稀释以及随后的培养或显微镜分析。流体中的收集物也非常适合用于测定内毒素（Milton等，1990)，也可用于免疫、基因和病毒分析。传统的冲击式采样器如AGI-30和AGI-4（AGI，HAM，MIL)，只能与以水为基础的流体一起使用。这些流体蒸发快，对不易被水沾湿的粒子收集效率不高，如真菌孢子和细菌孢子，原因是这些粒子容易发生反弹，而且已被收集粒子容易发生二次气溶胶化（Grinshpun等，1997；Lin等，2000；Lin和Li，1999)。BioSampler（SKS）由不蒸发的流体填充，如甘油或者矿物油，因此可以进行较长时间的采样。甘油和矿物油的黏性比水大30倍，因此降低了不易沾水粒子的二次气溶胶化潜力（Lin等，1999，2000)。矿物油保持了被收集微生物的活性，因此可用于作培养分析（Lin等，1999，2000)。

一些研究对以流体为基础的生物气溶胶采样器，包括传统的全玻璃冲击式滤尘器、非传统的旋转生物气溶胶采样器（Willeke等，1998；Lin等，1999，2000）和frit-bubbler(Agranovski等，2002a，b，2005a，b)，进行的评估表明，这些采样器有不同范围的采样效率，尤其是对病原体（Verreault等，2008)。采样效率的不同不仅与采样器的物理效率有关，还与不同的检测方案有关，这些方案能够影响病毒的恢复。鉴于对环境压力的响应，病毒代表了微生物中一类特别的群体。以流体为基础的采样器更适合采集对压力敏感的微生物，包括病毒，因为温和的颗粒采集过程为微生物复生提供了较好的条件。另一方面，难以将温和收集与从取样气流中去除小（通常是惯性的）病毒所需的高剪切力相结合。从这个角度来说，研制能够有效采集活性病毒的流体采样器是非常有挑战性的。

24.8 校准

不管采样器效率多高，只有恰当地校准通过设备的气流，才能准确地进行气溶胶定量测量。第21章的设备校准讨论了各种校准程序。为了量化生物气溶胶浓度，除了精确地知道采集的空气体积外，对冲击式采样器来说，准确地校准气流流量也是十分重要的，因为采样器的设计流量与实际流量并不一致。不恰当地调整气流流量将改变冲击式采样器的切割粒径，还将改变它收集代表空气生物气溶胶粒径分布的空气样品的能力。当用冲击式采样器采样时，采样口到收集介质表面的距离必须恰当。如果这类冲击式采样器配有可移动采样阶段，像狭缝-琼脂冲击式采样器，则很容易调整采样口到收集介质之间的距离。如果采样器没有配备调整设备，那么就需要将营养介质倒入皮氏培养皿并提前测量其深度。

在实验室内，可用气溶胶化的测试粒子对生物气溶胶采样器的工作性能进行评价。与生物气溶胶粒子的空气动力学粒径相似的惰性测试粒子可用于评估生物气溶胶采样器的物理采样效率，而评估生物采样效率时，则需要将感兴趣的特定生物粒子气溶胶化。在实验室可以使用多种湿分散或干分散方法将生物粒子气溶胶化（Griffiths 等，1996；Reponen 等，1997；Hogan 等，2006；Eninger，2009）。最理想的方法是气溶胶化方法与生物气溶胶粒子的自然释放相似。例如，真菌孢子就是从发霉的建筑材料中释放出来的，由于气流而变成干燥粒子。

24.9 污染

为了避免污染，应遵守无菌技术的有关规定，无菌技术是防止非目标微生物和孢子污染样品的一系列操作。例如在采集环境空气时，人类皮肤上的微生物和呼吸系统内的微生物都属于非目标粒子。

除非经过特殊灭菌，所有表面，包括清洗过的手，都有细菌和孢子。灭菌即是完全破坏细菌和孢子的细胞。可用高压或灼烧目标物来进行灭菌。例如，所有的微生物培养介质在使用之前都要经过灭菌。并不是所有的物体都能进行灭菌，因此就需要消毒。消毒可以去除表面和材料上的大多数微生物。用氧化剂或酒精消毒可破坏病原体微生物和大多数营养细胞。对采样设备进行消毒虽不能破坏所有孢子，但足够防止空气样品受到严重污染。

多数采样器可以重新使用，在每次使用前都应该进行彻底清洁并用高压灭菌器灭菌或用化学浸泡或擦拭消毒。对于带有旋转采样口与采样通道的采样器，应特别注意，因为污染性有机体和残骸很容易集聚在此类采样器中，很难对其进行消毒，这也增加了随后样品处理的难度。当在采样器中加营养介质盘或营养片时，应避免用手或其他未灭菌的物体接触营养面，在采样的同时，应进行空白营养盘采集，并将它们与样品一起培养，以确定培养介质的无菌状态。一旦使用，皮氏培养皿就应该被密封且轻轻移动，移动时采样表面朝下。

对 β-(1→3)-D-葡聚糖、内毒素和微生物 DNA 进行采集和分析时，需要特别注意不能被污染。β-(1→3)-D-葡聚糖、内毒素和 PCR 化验的厂商提供了样品所需的一些塑料产品，如移液管、导管和底板，这些产品都不含被测物。实验玻璃器皿可通过在 270℃下加热 6h 或 350℃下加热 1h 以去除带有的 β-(1→3)-D-葡聚糖、内毒素和 DNA。另外，还有一些反应试剂可以去除移液管、导管和工作表面的 DNA。但是，这些试剂通常都是有毒的，例如 Ambion®，都需要在生物安全柜或者过滤空气箱中准备和稀释，并且需要小心以防止从表面激起灰尘。在采样过程中，需要采集介质空白和场地空白用来评估潜在的污染。

24.10 样品分析

样品分析应是采样方案的一部分。用不同的方法可以检测和量化收集的生物气溶胶粒子，传统方法包括显微镜计数和培养分析。但这些传统方法具有局限性，因此其他方法发展起来，如生物化学法、免疫学和分子生物鉴定。

24.10.1 显微镜

在载玻片、胶带或适当的滤膜上收集到生物气溶胶粒子后，可在显微镜下进行计数，这种方法不能区分可培养生物气溶胶粒子与不可培养粒子。有经验的显微镜学家可在光学显微镜下很容易读出大的生物气溶胶粒子的个数，如花粉粒子和真菌孢子。花粉粒子可以根据形态鉴别出来，但真菌种类的鉴别则受到显微镜技术的限制。较小的生物气溶胶粒子，如细菌细胞，易于被其他更多数量的粒子掩盖。而且，细菌细胞只有染色后才能用光学显微镜观察到。用荧光着色剂（如吖啶橙）对生物气溶胶粒子所含的核酸进行着色后，就可以检测到这些粒子并用荧光显微镜（epifluorescence microscope）对其进行计数。加标抗体着色剂可用于鉴别某种微生物，如 *Legionella*。通过双重免疫分析（double-immunoassay）可以用单克隆抗体检测环境样品中的真菌类型的同时利用人血清免疫球蛋白 E（Ig E）检测特殊病人对同一种类真菌的过敏反应（Green 等，2005）。Morris（1995）详细介绍了不同类型的显微分析方法。

24.10.2 基于培养的分析方法

基于培养的检验是将细菌和真菌直接收集到培养琼脂上或将它们从收集流体或滤膜样中转移到琼脂上进行培养，之后进行检验。当需要把微生物培养成可数的群落时，应选择适合其生长的环境和培养介质。多数情况下，不可能在同一介质中培养出所有的活性微生物，因为不同微生物的生长需求不同。用这种方式分析样品，不能确定所采空气样品中细菌细胞或真菌孢子的绝对个数，因为生物气溶胶粒子常是包含两个或更多个细胞或孢子的结合体（Eduard 等，1990）。检验结果通常用每立方米空气中的群落数（细菌和真菌，CFU/m^3）或空斑数（病毒，PFU/m^3）来表示。

影响基于培养结果的因素包括采样时间、生长介质、培养温度和培养时间。AIHA（2008）详细介绍了基于培养的分析方法。

24.10.3 其他分析方法

免疫化学法和生物化学法可检测生物气溶胶粒子中的某些生物分子，如过敏原、内毒素、真菌毒素、β-(1→3)-D-葡聚糖或者 DNA，这些方法也能够检测生物碎片中的生物分子。根据所用试剂不同，其分析需要气相色谱仪（GC）、质谱仪（MS）、高效液相色谱仪（HPLC）或光谱仪。

免疫化学法用于抗原/过敏原的定量分析。抗原/过敏原通常是蛋白质或糖蛋白，如狗过敏原、屋尘螨和猫过敏原（*Can f* 1，*Def f* 1，*Fel d* 1）以及真菌过敏原（*Asp f* 1，*Alt a* 1，*Cla h* 1）。免疫化学法是基于抗体对目标抗原结合。通常采用酶联免疫吸附法（ELISA）对生物粒子进行检测。传统免疫测定的检出限较高，因此只能测定粉尘样品或在高暴露环境中收集的空气样品。对多重荧光分析进行修正可能提高其检出限（Earle 等，2007）。

可利用鲎变形细胞溶解物试验（*Limulus* amebocyte lysate，LAL）检测内毒素和 β-(1→3)-D-葡聚糖，该方法是从栖生于海洋的节肢动物“鲎”的血液中提取变形细胞溶解物，内毒素或 β-(1→3)-D-葡聚糖与溶解物接触时，可激活特定的凝固酶原，继而使可溶性的凝固蛋白原变成凝固蛋白而使溶解物呈凝胶状态。内毒素激活的特定酶是因子 C，而 β-(1→3)-D-葡聚糖激活的特定酶是因子 G。因子 G 激活途径在内毒素鉴定中是被抑制的，同样的，因子 C 的激活途径在 β-(1→3)-D-葡聚糖鉴定中也是被抑制的。除 LAL 之外，ELISA 也用来分析 β-(1→3)-D-葡聚糖。该试验基于 β-(1→3)-D-葡聚糖的抗原抗体反应，其传统形式是抑制酶免疫测定（EIA）。目前修正的 ELISA 也发展起来了。EIA 方法不是很灵敏，其最低检出限（lower limit of detection）比 LAL 要高很多，这就限制了传统 EIA 只能用于检测降尘和从高暴露环境中收集的空气样品（Lossifova 等，2008）。因为 LAL 的灵敏度高，已成为检测空气样品的主要分析方法。内毒素化学标记物的分析也已开始进行，其中最常用的就是用 GC/MS 测量 3-羟基脂肪酸（Sebastian 和 Larsson，2003）。

环境样品中的毒枝菌素可以通过生物、化学和免疫学试验进行分析。生物试验虽然灵敏但是没有特异性，如细胞毒素和炎症潜能的体外试验。化学试验和免疫学试验具有特异性但比较昂贵，方法的选择依据目标菌素，化学方法包括薄层色谱法（TLC）、HPLC 和 GC/MS。毒枝菌素的免疫学方法主要基于抑制试验：样品中的毒枝菌素会抑制带标记的毒枝菌素的结合。

聚合酶链式反应（PCR）是基于目标微生物特定 DNA 或 RNA 序列的扩增。这种方法特别适合分析缓慢生长的微生物，例如 *Mycobacterium tuberculosis*。同时它也可以快速灵敏地鉴别和定量测量普通微生物。微生物的识别最简单。微生物浓度的确定可以用竞争性 PCR 或定量 PCR（QPCR）。竞争性 PCR 是基于内标物对浓度进行量化的。QPCR 是实时试验，测量的是终产物的累积率。TaqMan 探针 QPCR 测量的是积累特定数量荧光产物的时间，该方法可以定量测量单一的霉菌种类，但需要预先对分析的种类进行选择。用 QPCR 法分析室内真菌浓度，其结果可以用相对霉变指数（RMI）来表示（Vesper 等，2007）。RMI 值越高表明建筑物中霉菌污染水平也越高。

24.11 数据分析解释

目前并没有生物气溶胶的可接受水平或有害水平的标准。因此，在确定环境是否受到污染前需要确定一个标准。为此，应使用相同的采样器和采样方法在非污染的室内和室外环境中收集生物气溶胶和空气中的微生物菌丛，其浓度范围可作为参照数据。例如，非工业室内环境中的真菌孢子水平应低于室外，有雪覆盖的时期除外（此时室外浓度趋于 0）。另外，可以将正在研究的环境中的真菌种类的组成与对照环境中的物种组成进行比较。通常用大量样品数据和肉眼观测数据对空气样品数据进行补充。对人群暴露量的流行病学调查也包括目标人群和参考人群。取样时间对结果会产生影响，因此，参考区域和目标区域的取样时间应该一致。当与之前发表的数据进行比较时，应考虑采样方法和分析方法，这一点非常重要，只有用相同方法取得的结果才能进行直接比较。ACGIH（1999）和 AIHA（2008）对数据分析解释进行了更详细的介绍。

24.12 符号列表

A	显微镜视野面积
c_a	平均粒子浓度
CFU	群落形成单位
n	粒子数量
PFU	空斑形成单位
Q	流量

T	采样时间
v	空气速率
δ	生物气溶胶粒子表面密度

24.13 参考文献

ACGIH. 1999. *Bioaerosols: Assessment and Control*, ed. J.M. Macher. Cincinnati, OH: American Conference of Governmental Industrial Hygienists.

AIHA. 2008. *Recognition, Evaluation, and Control of Indoor Air Mold*, eds. B. Prezant, D. Weekes, D. Miller. Fairfax, VA: American Industrial Hygiene Association.

Aizenberg, V., T. Reponen, S. Grinshpun, and K. Willeke. 2000. Performance of Air-O-Cell, Burkard, and Button samplers for total enumeration of airborne spores. *Am. Ind. Hyg. Assoc. J.* 61:855–864.

Andersen, A.A. 1958. New sampler for the collection, sizing and enumeration of viable airborne particles. *J. Bacteriol.* 76:471–484.

Agranovski, I.E., V. Agranovski, S.A. Grinshpun, T. Reponen, and K. Willeke. 2002a. Collection of airborne microorganisms into liquid by bubbling through porous medium. *Aerosol Sci. Technol.* 36:502–509.

Agranovski, I.E., V. Agranovski, S.A. Grinshpun, T. Reponen, and Willeke, K. 2002b. Development and evaluation of a new personal sampler for culturable airborne microorganisms. *Atmos. Environ.* 36:889–898.

Agranovski, I.E., A.S. Safatov, A.I Borodulin, O.V. Pyankov, V.A. Petrishchenko, A.N. Sergeev, A.A. Sergeev, V. Agranovski, and S.A. Grinshpun. 2005a. New Personal sampler for viable airborne viruses: feasibility study. *J. Aerosol Sci.* 36:609–617.

Agranovski, I.E., A.S. Safatov, O.V. Pyankov, A.A. Sergeev, A.N. Sergeev, and S.A. Grinshpun. 2005b. Long-term sampling of viable airborne viruses. *Aerosol Sci. Technol.* 39:912–918.

Agranovski, V., and Z.D. Ristovski. 2005. Real-time monitoring of viable bioaerosols: capability of the UVAPS to predict the amount of individual microorganisms in aerosol particles. *J. Aerosol Sci.* 36:665–676.

Atlas, R.M., and R. Bartha. 1987. *Microbial Ecology: Fundamentals and Applications*. Reading, MA: Addison-Wesley.

Bischoff, E. von. 1989. Sources of pollution of indoor air by mite allergen containing house dust. *Environ. Int.* 15:181–192.

Blachere, F.M., W.G. Lindsley, T.A. Pearce, A.E. Anderson, M. Fisher, R. Khakoo, B.J. Meade, O. Lander, S. Davis, R.E. Thewlis, I. Celik, B.T. Chen, and D.H. Beezhold. 2009. Measurement of airborne influenza virus in a hospital emergency department. *Clin. Inf. Dis.* 48:438–440.

Brasel, T.L., D.R. Douglas, S.C. Wilson, and D.C. Straus. 2005a. Detection of airborne *Stachybotrys chartarum* macrocyclic trichothecene mycotoxins on particulates smaller than conidia. *Appl. Environ. Microbiol.* 71:114–122.

Brasel, T.L., J.M. Martin, C.G. Garriker, S.C. Wilson, and D.C. Straus. 2005b. Detection of airborne *Stachybotrys chartarum* macrocyclic trichothecene mycotoxins in the indoor environment. *Appl. Environ. Microbiol.* 71:7376–7388.

Bratbak, G., and I. Dundas.1984. Bacterial dry matter content and biomass estimations. *Appl. Environ. Microbiol.* 48:755–757.

Burge, H.A. 1995. *Bioaerosols*. Boca Raton, FL: CRC Press.

Burton, N.C., A. Adhikari, S.A. Grinshpun, R. Hornung, and T. Reponen. 2005. The effect of filter material on bioaerosol collection using *Bacillus subtilis* spores as *Bacillus anthracis* simulant. *J. Environ. Monit.* 7:475–480.

Burton, N., S.A. Grinshpun, and T. Reponen. 2007. Physical collection efficiency of filter materials for bacteria and viruses. *Ann. Occup. Hyg.* 51:143–151.

Cox, C.S. 1987. *The Aerobiological Pathway of Microorganisms*. Chichester: John Wiley and Sons.

Cox, C.S., and C.M. Wathes (eds.). 1995. *Bioaerosol Handbook*. Boca Raton, FL: Lewis Publishers.

Custovic, A., R. Green, A. Fletcher, A. Smith, C.A.C. Pickering, M.D. Chapman, and A. Woodcock. 1997. Aerodynamic properties of the major dog allergen Can f 1: Distribution in homes, concentration, and particle size of allergen in the air. *Am. J. Respir. Crit. Care Med.* 155:94–98.

DeKoster, J.A., and P.S. Thorne. 1995. Bioaerosol concentrations in noncompliant, compliant, and intervention homes in the Midwest. *Am. Ind. Hyg. Assoc. J.* 56:573–580.

Doetsch, R.N., and T.M. Cook. 1973. *Introduction to Bacteria and Their Ecobiology*. Baltimore: University Park Press.

Donaldson, A.I. 1978. Factors influencing the dispersal, survival and deposition of airborne pathogens of farm animals. *Vet. Bull.* 48:83–94.

Douwes, J., R. van Strien, G. Doekes, J. Smith, M. Kerkhof, J. Gerritsen, D. Postma, J. de Jongste, N. Travier, and B. Brunekreef. 2006. Does early indoor microbial exposure reduce the risk of asthma? The prevention and incidence of asthma and mite allergy birth cohort study. *J. Allergy Clin. Immunol.* 117:1067–1073.

Earle, C.D., E.M. King, A. Tsay, K. Pittman, B. Saric, L. Vailes, R. Godbout, K.G. Oliver, and M. Chapman. 2007. High throughput fluorescent multiplex array for indoor allergen exposure assessment. *J. Allergy Clin. Immunol.* 119:428–433.

Eduard, W., J. Lacey, K. Karlsson, U. Palmgren, G. Ström, and G. Blomquist. 1990. Evaluation of methods for enumerating microorganisms in filter samples from highly contaminated occupational environments. *Am. Ind. Hyg. Assoc. J.* 51: 427–436.

Eduard, W., and D. Heederik. 1998. Methods for quantitative assessment of airborne levels of noninfectious microorganisms in highly contaminated work environments. *Am. Ind. Hyg. Assoc. J.* 59:113–127.

Eninger, R., T. Honda, A. Adhikari, H. Heinonen-Tanski, T. Reponen, and S.A. Grinshpun. 2008. Filter performance of N99 and N95 facepiece respirators against viruses and ultrafine particles. *Ann. Occup. Hyg.* 52(5):385–396.

Eninger, R., C.J. Hogan, P. Biswas, A. Adhikari, T. Reponen, and S.A. Grinshpun. 2009. Electrospray versus nebulization for aerosolization and filter testing with virus particles. *Aerosol Sci. Technol.* 43(4):298–304.

Etzel, R., E. Montana, W. Sorenson, G. Kullman, T. Allan, and D. Dearborn. 1998. Acute pulmonary hemorrhage in infants associated with exposure to *Stachybotrys atra* and other fungi. *Arch. Pediatr. Adolesc. Med.* 152:757–762.

Faegri, K., and J. Iversen. 1989. *Textbook of Pollen Analysis*. 4 ed., eds. K. Faegri, P.E. Kaland, and K. Krzywinski. Chichester: John Wiley and Sons.

Flannigan, B., and P.R. Morey. 1996. *Control of Moisture Problems Affecting Biological Indoor Air Quality*. International Society of Indoor Air Quality and Climate (ISIAQ) Guideline TFI-1996, Ottawa, Canada.

Gehring, U., J. Heinrich, G. Hoek, M. Giovannangelo, E. Nordling, T. Bellander, J. Gerritsen, J.C. deJongste, H.A. Smit, H.E. Wichmann, M. Wickman, and B. Brunekreef. 2007. Bacteria and mould components in house dust and children's allergic sensitisation. *Eur. Respir. J.* 29:1144–1153.

Gerone, P.J., R.B. Couch, G.V. Keefer, R.G. Douglas, E.B. Derrenbacher, and V. Knight. 1966. Assessment of experimental and natural viral aerosols. *Bacteriol. Rev.* 30:576–584.

Górny, R., J. Dutkiewicz, and E. Krysinska-Traczyk. 1999. The size distribution of bacterial and fungal bioaerosols in the indoor air. *Ann. Agric. Environ. Med.* 6:105–113.

Green, B.J., D. Schmechel, J.K. Sercombe, and E.R. Tovey. 2005. Enumeration and detection of aerosolized *Aspergillus fumigatus* and *Penicillium chrysogenum* conidia and hyphae using a novel double immunostaining technique. *J. Immunol. Meth.* 307:127–134.

Griffiths, W.D., I.W. Stewart, A.R. Reading, and S.J. Futter. 1996. Effect of aerosolization, growth phase and residence time in spray and collection fluids on the culturability of cells and spores. *J. Aerosol Sci.* 27:803–820.

Grinshpun, S.A., C.W. Chang, A. Nevalainen, and K. Willeke. 1994. Inlet characteristics of bioaerosol samplers. *J. Aerosol Sci.* 25:1503–1522.

Grinshpun, S.A., K. Willeke, V. Ulevicius, A. Juozaitis, S. Terzieva, J. Donnelly, G.N. Stelma, and K.P. Brenner. 1997. Effect of impaction, bounce and reaerosolization on the collection efficiency of impingers. *Aerosol Sci. Technol.* 26:326–342.

Grinshpun, S.A., G. Mainelis, M. Trunov, R.L. Górny, S.K. Sivasubramani, A. Adhikari, and T. Reponen. 2005. Collection of airborne spores by circular single-stage impactors with small jet-to-plate distance. *J. Aerosol Sci.* 36:575–591.

Grinshpun, S.A., A. Adhikari, S.H. Cho, K.-K. Kim, T. Lee, and T. Reponen. 2007a. A small change in the design of a slit bioaerosol impactor significantly improves its collection characteristics. *J. Environ. Monit.* 9:855–861.

Grinshpun, S.A., M.P. Buttner, and K. Willeke. 2007b. In *Manual of Environmental Microbiology*, 3 ed., ed. C.J. Hurst. Washington, DC: ASM Press, pp. 939–951.

Grinshpun, S.A., A. Adhikari, T. Honda, K.-Y. Kim, M. Toivola, K.S.R. Rao, K.S.R., and T. Reponen. 2007c. Control of aerosol contaminants in indoor air: Combining the particle concentration reduction with microbial inactivation. *Environ. Sci. Technol.* 41:606–612.

Hairston, P.P., J. Ho, and F.R. Quant. 1997. Design of an instrument for real-time detection of bioaerosols using simultaneous measurement of particle aerodynamic size and intrinsic fluorescence. *J. Aerosol Sci.* 28:471–482.

Hamer, G. 1985. Chemical engineering and biotechnology, In *Biotechnology, Principles and Applications*, eds. I.J. Higgins, D.J. Best, and J. Jones. Oxford: Blackwell, pp. 346–414.

Hirvonen, M.R., M. Ruotsalainen, K. Savolainen, and A. Nevalainen. 1997. Effect of viability of actinomycete spores and their ability to stimulate production of nitric oxide and reactive oxygen species in RAW264.7 macrophages. *Toxicology* 124:105–114.

Hogan, C.J., E.M. Kettleson, B. Ramaswami, D.-R. Chen, and P. Biswas. 2006. Charge reduced electrospray size spectrometry of mega- and gigadalton complexes: whole viruses and virus fragments. *Anal. Chem.* 78:844–852.

Iossifova, Y., T. Reponen, D.I. Bernstein, L. Levin, H. Zeigler, H. Kalra, P. Campo, M. Villareal, J. Lockey, G.K. Khurana Hershey, and G. LeMasters. 2007. House dust (1-3)-beta-D-glucan and wheezing in infants. *Allergy* 62:504–513.

Iossifova, Y., T. Reponen, M. Daines, L. Levin, and G.H. Hershey. 2008. Comparison of two analytical methods for detecting (1-3)-β-D-glucan in pure fungal cultures and in home dust samples. *Open Allergy J.* 1:26–34.

Jaenicke, R. 2005. Abundance of cellular material and proteins in the atmosphere. *Science* 308:73.

Juozaitis, A., K. Willeke, S. Grinshpun, and J. Donnelly. 1994. Impaction onto a glass slide or agar versus impingement into a liquid for the collection and recovery of airborne microorganisms. *Appl. Environ. Microbiol.* 60:861–870.

Keleti, G., and M.A. Shapiro. 1987. *Legionella* and the environment. *CRC Critical Rev. in Environ. Control* 17:133–185.

Kendrick, B. 1985. *The Fifth Kingdom*. Waterloo, ONT: Mycologue Publications.

Kenny, L.C., A. Bowry, B. Crook, and J.D. Stancliffe. 1999. Field testing of a personal size-selective bioaerosol sampler. *Ann. Occup. Hyg.* 43:393–404.

Khan, I.U.H., S.B. Selvaraju, and J.S. Yadav. 2005. Occurrence and characterization of multiple novel genotypes of *Mycobacterium immunogenum* and *Mycobacterium chelonae* in metalworking fluids. *FEMS Microbiol. Ecol.* 54:329–338.

Kildesø, J., H. Würtz, K.F. Nielsen, P. Kruse, K. Wilkins, U. Thrane, S. Gravesen, P.A. Nielsen, and T. Schneider. 2003. Determination of fungal spore release from wet building materials. *Indoor Air* 13:148–155.

Kline, J.N. 2007. Eat dirt. CpG DNA and immunomodulation of asthma. *Proc. Am. Thorac. Soc.* 4:283–288.

Kujundzic, E., M. Hernandez, and S.L. Miller. 2006. Particle size distributions and concentrations of airborne endotoxin using novel collection methods in homes during the winter and summer seasons. *Indoor Air* 16:216–226.

Lacey, J., and J. Dutkiewicz. 1994. Bioaerosols and occupational lung disease. *J. Aerosol Sci.* 25:1371–1404.

Lach, V. 1985. Performance of the Surface Air System air samplers. *J. Hosp. Inf.* 6:102–107.

Lee, S.-A., K. Willeke, G. Mainelis, A. Adhikari, H. Wang, T. Reponen, and S.A. Grinshpun. 2004. Assessment of electrical charge on airborne microorganisms by a new bioaerosol sampling method. *J. Occup. Environ. Hyg.* 1:127–138.

Lee, T., S.A. Grinshpun, D. Martuzevicius, A. Adhikari, C. Crawford, and T. Reponen. 2006. Culturability and concentration of indoor and outdoor airborne fungi in six single-family homes. *Atmos. Environ.* 40:2902–2910.

Li, C.-S., M.-L. Hao, W.-H. Lin, C.-W. Chang, and C.-S. Wang. 1999. Evaluation of microbial samplers for bacterial microorganisms. *Aerosol Sci. Technol.* 30:100–108.

Lighthart, B., and B.T. Shaffer. 1997. Increased airborne bacterial survival as a function of particle content and size. *Aerosol Sci. Technol.* 27:437–446.

Lin, X., K. Willeke, V. Ulevicius, and S.A. Grinshpun. 1997. Effect of sampling time and on the collection efficiency of all-glass impingers. *Am. Ind. Hyg. Assoc. J.* 58:480–488.

Lin, W.-H., and C.-S. Li. 1999. Collection efficiency and culturability of impingement into a liquid for bioaerosols of fungal spores and yeast cells. *Aerosol Sci. Technol.* 30:109–118.

Lin, X., T.A. Reponen, K. Willeke, Z. Wang, S.A. Grinshpun, and M. Trunov. 2000. Survival of airborne microorganisms during swirling aerosol collection. *Aerosol Sci. Technol.* 32:184–196.

Lin, X., T.A. Reponen, K. Willeke, S.A. Grinshpun, K. Foarde, and D.S. Ensor. 1999. Long-term sampling of airborne bacteria and fungi into a non-evaporative liquid. *Atmos. Environ.* 33: 4291–4298.

Lowen, A.C., S. Mubareka, J. Steel, and P. Palese. 2007. Influenza virus transmission is dependent on relative humidity and temperature. *PLoS Pathogens* 3:1470–1476.

Lundholm, M. 1982. Comparison of methods for quantitative determinations of airborne bacteria and evaluation of total viable counts. *Appl. Environ. Microbiol.* 44:179–183.

Macher, J.M. 1989. Positive-hole correction of multiple-jet impactors for collecting viable microorganisms. *Am. Ind. Hyg. Assoc. J.* 50:561–568.

Madelin, T.M., and H.E. Johnson. 1992. Fungal and actinomycete spore aerosol measured at different humidities with an aerodynamic particle sizer. *J. Appl. Bact.* 72:400–409.

Mainelis, G., S.A. Grinshpun, K. Willeke, T. Reponen, V. Ulevicius, and P.J. Hintz. 1999. Collection of airborne microorganisms by electrostatic precipitation. *Aerosol Sci. Technol.* 30:127–144.

Marple, V.A. 1970. A fundamental study of inertial impactors. Ph.D. Thesis, University of Minnesota, Minneapolis, MN.

May, K.R. 1966. Multistage liquid impinger. *Bacteriol. Rev.* 30:559–570.

Miguel, A.G., P.E. Taylor, J. House, M.M. Glovsky, and R.C. Flagan. 2006. Meteorological influence on respirable fragment release from Chinese Elm pollen. *Aerosol Sci. Technol.* 40:690–696.

Milton, D.K., R.J. Gere, H.A. Feldman, and I.A. Greaves. 1990. Endotoxin measurement: aerosol sampling and application of a new Limulus method. *Am. Ind. Hyg. Assoc. J.* 51:331–337.

Morris, K.J. 1995. Modern microscopic methods of bioaerosol analysis. In: *Bioaerosol Handbook*, eds. C.S. Cox and C.M. Wathes. Boca Raton, FL: Lewis Publishers.

Nevalainen, A. 1989. *Bacterial Aerosols in Indoor Air.* Publications of the National Public Health Institute of Finland, Kuopio, Finland. A3/1989. Academic Dissertation.

Nevalainen, A., J. Pastuszka, F. Liebhaber, and K. Willeke. 1991. Performance of bioaerosol samplers: collection characteristics and sampler design considerations. *Atmos. Environ.* 26(A):531–540.

Noble, W.C. 1975. Dispersal of skin microorganisms. *Br. J. Dermatol.* 93:477–485.

Noss, I., I.M. Wouters, M. Visser, D.J.J. Heederik, P.S. Thoren, B. Brunekreef, and G. Doekes. 2008. Evaluation of a low-cost electrostatic dust fall collector for indoor air endotoxin exposure assessment. *Appl. Environ. Microbiol.* 74:5621–5627

Näsman, Å., G. Blomquist, and J.-O. Levin. 1999. Air sampling of fungal spores on filters. An investigation on passive sampling and viability. *J. Environ. Monit.* 1:361–365.

Orr, C. Jr., and M.T. Gordon. 1956. The density and size of airborne *Serratia marcescens*. *J. Bacteriol.* 71:315–317.

Palmgren, U., G. Ström, G. Blomquist, and P. Malmberg. 1986. Collection of airborne microorganisms on Nuclepore filters, estimation and analysis—CAMNEA method. *J. Appl. Bacteriol.* 61:401–406.

Pasanen, A.-L., P. Pasanen, M.J. Jantunen, and P. Kalliokoski. 1991. Significance of air humidity and air velocity for fungal spore release into the air. *Atmos. Environ.* 25(A):459–462.

Qian, Y., K. Willeke, V. Ulevicius, S.A. Grinshpun, and J. Donnelly. 1995. Dynamic size spectrometry of airborne microorganisms: laboratory evaluation and calibration. *Atmos. Environ.* 29:1123–1129.

Qian, Y., K. Willeke, S.A. Grinshpun, and J. Donnelly. 1997. Performance of N95 respirators: reaerosolization of bacteria and solid particles. *Am. Ind. Hyg. Assoc. J.* 58:876–880.

Rabinovitch, N., A.H. Liu, L. Zhang, C.E. Rodes, K. Foarde, S.J. Dutton, J.R. Murphy, and E.W. Gelfand. 2005. Importance of the personal endotoxin cloud in school-age children with asthma. *J. Allergy Clin. Immunol.* 116:1053–1057.

Rantio-Lehtimäki, A. 1995. Aerobiology of pollen and pollen antigens. In *Bioaerosol Handbook*, eds. C.S. Cox and C.M. Wathes. Boca Raton, FL: Lewis Publishers, pp. 387–406.

Reponen, T., A. Nevalainen, M. Jantunen, M. Pellikka, and P. Kalliokoski. 1992. Normal range criteria for indoor air bacteria and fungal spores in a subarctic climate. *Indoor Air* 2: 26–31.

Reponen, T., A. Hyvärinen, J. Ruuskanen, T. Raunemaa, and A. Nevalainen. 1994. Comparison of concentrations and size distributions of fungal spores in buildings with and without mold problems. *J. Aerosol Sci.* 25:1595–1603.

Reponen, T., K. Willeke, V. Ulevicius, A. Reponen, and S. Grinshpun. 1996. Effect of relative humidity on aerodynamic size and respiratory deposition of fungal spores. *Atmos. Environ.* 30:3967–3974.

Reponen, T., K. Willeke, V. Ulevicius, S.A. Grinshpun, and J. Donnelly. 1997. Techniques for dispersion of microorganisms into air. *Aerosol Sci. Technol.* 27:405–421.

Reponen, T., S.V. Gazenko, S.A. Grinshpun, K. Willeke, and E.C. Cole. 1998. Characteristics of airborne actinomycete spores. *Appl. Environ. Microbiol.* 64:3807–3812.

Reponen, T., S.-C. Seo, F. Grimsley, T. Lee, C. Crawford, and S.A. Grinshpun. 2007. Fungal fragments in moldy houses: a field study in homes in New Orleans and Southern Ohio. *Atmos. Environ.* 41:8140–8149.

Regan, J.F., A.J. Makarewicz, B.J. Hindson, T.R. Metz, D.M. Gutierrez, T.H. Corzett, D.R. Hadley, R.C. Mahnke, B.D. Henderer, J.W. Breneman, T.H. Weisgraber, and J.M. Dzenitis. 2008. Environmental monitoring for biological threat agents using the autonomous pathogen detection system with multiplexed polymerase chain reaction. *Anal. Chem.* 80:7422–7429.

Riley, R.L., G. Murphy, and R.L. Riley. 1978. Airborne spread of measles in a suburban elementary school. *Am. J. Epidemiol.* 107:421–432.

Rinsoz, T., P. Duquenne, G. Greff-Mirguet, and A. Oppliger. 2008. Application of real-time PCR for total airborne bacterial assessment: comparison of epifluorescence microcopy and culture-dependent methods. *Atmos. Environ.* 42:6767–6774.

Roszak, D.B., and R.R. Colwell. 1987. Survival strategies of bacteria in the natural environment. *Microbiol. Rev.* 51:365–379.

Roy, C.J., and D.K. Milton. 2004. Airborne transmission of communicable infection—the elusive pathway. *N. Engl. J. Med.* 350:1710–1712.

Rylander, R., and P. Haglind. 1984. Airborne endotoxins and humidifier disease. *Clin. Allergy* 14:109–112.

Rylander, R., and R.R. Jacobs. 1994. *Organic Dusts, Exposure, Effects, and Prevention*. Boca Raton, FL: CRC Press.

Salo, P.M., S.J. Arbes, P.W. Crockett, P.S. Thorne, R.D. Cohn, and D.C. Zeldin. 2008. Exposure to multiple indoor allergens in US homes and relationship to asthma. *J. Allergy Clin. Immunol.* 121:678–684.

Schafer, M.P., J.E. Fernback, and P.A. Jensen. 1998. Sampling and analytical method development for qualitative assessment of airborne mycobacterial species of the *Mycobacterium tuberculosis* complex. *Am. Ind. Hyg. Assoc. J.* 59:540–546.

Sebastian, A., and L. Larsson. 2003. Characterization of the microbial community in indoor environments: a chemicalanalytical approach. *Appl. Environ. Microbiol.* 69:3103–3109.

Sivasubramani, S.K., R.T. Niemeier, T. Reponen, and S.A. Grinshpun. (2004) Fungal spore source strength tester: laboratory evaluations of a new concept. *Sci. Total Environ.* 329:75–86.

Sorenson, W.G., D.G. Frazer, B.B. Jarvis, J. Simpson, and V.A. Robinson. 1987. Trichothecene mycotoxins in aerosolized conidia of *Stachybotrys atra*. *Appl. Environ. Microbiol.* 53:1370–1375.

Stackebrandt, E., F.A. Rainey, and N.L. Ward-Rainey. 1997. Proposal for a new hierarchic classification system, *Actinobacteria* classis nov. *Int. J. System. Bacteriol.* 47:479–491.

Stewart, S.L., S.A. Grinshpun, K. Willeke, S. Terzieva, V. Ulevicius, and J. Donnelly. 1995. Effect of impact stress on microbial recovery on an agar surface. *Appl. Environ. Microbiol.* 61:1232–1239.

Terzieva, S., J. Donnelly, V. Ulevicius, S.A. Grinshpun, K. Willeke, G. Stelma, and K. Brenner. 1996. Comparison of methods for detection and enumeration of airborne microorganisms collected by liquid impingement. *Appl. Environ. Microbiol.* 62: 2264–2272.

Toivola, M., S. Alm, T. Reponen, S. Kolari, and A. Nevalainen. 2002. Personal exposures and microenvironmental concentrations of particles and bioaerosols. *J. Environ. Monit.* 4: 166–174.

Trunov, M., S. Trakumas, K. Willeke, S.A. Grinshpun, and T. Reponen. 2001. Collection of bioaerosols by impaction: effect of fungal spore agglomeration and bounce. *Aerosol Sci. Technol.* 35:617–624.

Verhoeff, A.P., J.H. van Wijnen, J.S.M. Boleij, B. Brunekreef, E.S. van Reenen-Hoekstra, and R.A. Samson. 1990. Enumeration and identification of airborne viable mould propagules in houses. *Allergy* 45:275–284.

Verreault, D., S. Moineau, and C. Duchaine. 2008. Methods for sampling of airborne viruses. *Microbiol. Mol. Biol. Rev.* 72:413–444.

Vesper, S., C. McKinstry, R. Haugland, L. Wymer, K. Bradham, P. Ashley, D. Cox, G. Dewalt, and W. Friedman. 2007. Development of an environmental relative moldiness index for US homes. *J. Occup. Med.* 49:829–833.

Wallace, R.J., Y. Zhang, R.W. Wilson, L. Mann, and H. Rossmoore. 2002. Presence of single genotype of the newly described species *Mycobacterium immunogenum* in industrial metalworking fluids with hypersensitivity pneumonitis. *Appl. Environ. Microbiol.* 68:5580–5584.

Wang, Z., T. Reponen, S.A. Grinshpun, R.L. Górny, and K. Willeke. 2001. Effect of sampling time and air humidity on bioefficiency of filter samplers for bioaerosol collection. *J. Aerosol Sci.* 32:661–674.

Wang, H., T. Reponen, S.-A. Lee, E. White, and S.A. Grinshpun. 2007. Submicron size airborne endotoxin—a new challenge for bioaerosol exposure assessment in metalworking fluid environments. *J. Occup. Environ. Hyg.* 4:157–165.

Willeke, K., Y. Qian, J. Donnelly, S. Grinshpun, and V. Ulevicius. 1996. Penetration of airborne microorganisms through a surgical mask and a dust/mist respirator. *Am. Ind. Hyg. Assoc. J.* 57:348–355.

Willeke, K., X. Lin, and S.A. Grinshpun. 1998. Improved aerosol collection by combined impaction and centrifugal motion. *Aerosol Sci. Technol.* 28:439–456.

Willeke, K., and J.M. Macher. 1999. Air sampling. In *Bioaerosols, Assessment and Control*, ed. J.M. Macher. Cincinnati, OH: American Conference of Governmental Industrial Hygienists, pp. 11-1–11-25.

Wurtz, H., T. Sigsgaard, O. Valbjorn, G. Doekes, and H.W. Meyer. 2005. The dustfall collector—a simple passive tool for long-term collection of airborne dust: a project under the Danish Mould in Buildings Program (DANIB). *Indoor Air* 15(Suppl 9):33–40.

Yao, M., and G. Mainelis. 2006. Utilization of natural electrical charges on airborne microorganisms for their collection by electrostatic means. *J. Aerosol Sci.* 37:513–527.

Yao, M., and G. Mainelis. 2007. Analysis of portable impactor performance for enumeration of viable bioaerosols. *J. Occup. Environ. Hyg.* 4:514–524.

25 工作场所气溶胶测量

Jon C. Volkwein
国家职业安全与卫生研究所疾病控制和预防中心，宾夕法尼亚州匹兹堡
Andrew D. Maynard
密歇根大学公共卫生学院，密歇根州安阿伯市，美国
Martin Harper
国家职业安全与卫生研究所疾病控制和预防中心，西弗吉尼亚州摩根敦市，美国

25.1 引言

一般而言，工作场所气溶胶分为烟尘（通过燃烧和蒸气冷凝产生的细粒子和凝聚体）、烟（不完全燃烧产生的固态和液态粒子）、粉尘（机械过程产生的固态粒子）、飞沫（通常是由机械方式产生的粒径相对较大的液态气溶胶）和雾（通常是通过冷凝或原子化产生的包含较细粒子的液态气溶胶）（Vincent，1995）。

这些定义只是作为一种描述，而不能作为独立的分类。从测量和健康效应考虑时，这些叫法可能会产生误解。例如，粒径选择性采样器不能区分烟、烟尘和雾，而烟尘和亚微米粉尘引起的健康效应也很难区分。在工作场所通过摄食、吸入或皮肤接触的气溶胶会产生潜在的健康效应，当考虑气溶胶测量时，吸入是其主要途径。

早期工作场所测量（Walton 和 Vincent，1998）依靠粒子数作为主要的度量指标，使用诸如集尘器（Le Roux，1970；Hewson，1996）、冲击式采样器（Greenburg 和 Smith，1922）和热沉降器（Gree 和 Watson，1935；Hamilton，1956）收集样本，使用光学显微镜对粒子计数。尽管将粒子收集在纤维滤膜上仍然是粒子计数的基础，但现在的采样和分析方法首先是基于气溶胶空气动力学粒径分级，其次才是滤膜收集和质量分析（质量分析法或特定元素或化合物的化学分析法）。质量分析适合用于评估神经系毒素剂量，例如金属或农药的剂量，但它可能不适用于其他终点的剂量评估。使用质量进行评估的主要原因是简单，质量测定和化学分析更准确，且对于自动化仪器分析来说更易操作。

工作场所气溶胶的测量与其他场所气溶胶的测量相似，但其应用及环境有所不同。首先，大多数情况下，工作场所的气溶胶成分是可知的，或能从其产生过程或使用的产品中推

断出来。其次，工作场所气溶胶的质量浓度通常要比一般环境下的气溶胶质量浓度高出一个数量级以上。最后，工作场所气溶胶采样是为了评估人体的暴露量，而不是为了描述气溶胶本身或与其相关的物理化学变化过程。

尽管机理和方法可能不同，但工作场所的气溶胶测量方法和其他场所的方法有很多共同点。因此，这本书的其他章节所描述的技术和应用方法通常也可以用于工作场所气溶胶测量。特别是第 6～10 章以及第 14 章，介绍了气溶胶监测方法的详细信息、滤膜收集、惯性、重力、离心及热采样、直读技术。第 23～27 章主要介绍非球形粒子测量、生物气溶胶测量、环境气溶胶采集以及气溶胶暴露量测量，这些都与工作场所气溶胶测量相关。本章重点论述了工作场所气溶胶采样的基本原理和常用方法以及测量中直读式监控器的应用。

25.2 工作场所气溶胶的暴露测量

25.2.1 健康研究相关的采样

工作场所气溶胶的测量包括样本的收集与分析，但最终关心的是由工人接触气溶胶所引起的具体的健康效应。因而，采样方法和衡量标准旨在提供有关健康的信息。气溶胶粒子可以通过皮肤、眼睛和胃肠道系统进入人体，但通常最敏感的方式是通过呼吸系统进入体内。气溶胶沉积在呼吸道上引起的健康效应的大小由沉积量和机体对沉积粒子的反应程度决定（第 38 章）。人体对气溶胶粒子的反应由粒子的物理化学特性以及相互作用的位置（如沉积区域）决定。因此，工作场所气溶胶测量的最终目的是确定进入体内的气溶胶量，并评估这一剂量或潜在剂量是否足以对健康造成不利影响。

气溶胶粒子在呼吸系统的沉积主要由粒子的大小和形状决定。健康效应与粒子质量、化学组成、形态、大小和表面化学性质有关。理论上，剂量应该用最合适的变量标准表征。然而，在选择合适的气溶胶测量方法时需要考虑实践的和经济的限制因素。事实上，测量呼吸系统相关区域的到达量比测量剂量简单，因此提出了潜在剂量的测量。粒子的质量和主要化学成分要比粒子形状和表面积等参数更容易测量。健康效应与粒子数量以及质量浓度的相关性（如 Bedford 和 Warner，1943）表明很多情况下质量更适合用作度量标准。但是石棉纤维是个例外，对于它来说，粒子的数量和形状是表征其剂量最好的度量标准（第 23 章）。目前，人们一直关心的是吸入纳米尺度的气溶胶粒子对健康的影响，特别是那些与新兴纳米技术有关的气溶胶粒子，质量浓度测量并不能很好地表征这些粒子的特征，需要用其他参数对暴露进行评估（Maynard 和 Kuempel，2005；Maynard 等，2006；Fissan 等，2007；Maynard 和 Aitken，2007；Oberdoster 等，2007）。

25.2.2 沉积区域

呼吸系统自身就是一种有效的气溶胶粒子选择性采样器，假定所有的大气粒子都将进入呼吸系统。通过惯性分离，大的粒子被排除在口鼻（鼻咽区域）外。呼吸是很多参数的函数，包括粒径、外部空气流速、主导风向以及呼吸速度和体积。然而，在几米每秒甚至更低的外部风速下，人们认为空气动力学直径在几微米以下的粒子进入口或鼻（称为可吸入性粒子，inhalable particles）的可能性为 100%，空气动力学直径为 100μm 的粒子在口鼻处沉积的可能性为 50%（Vincent 等，1990）。

在鼻咽区，对气溶胶沉积起主要作用的是惯性冲击，其次是拦截和扩散（主要对纳米粒径范围内的粒子而言）。当粒子经过气管和肺的上部（支气管区，tracheobronchial region）时，会产生进一步的惯性分离和拦截。尽管人群差异很大（Lippmann，1977），但空气动力学直径小于 10μm 的粒子更容易到达支气管区域（Lippmann，1977；ISO，1995）。随着气流分支成各个更细的分支到达肺泡区域，气溶胶粒子主要通过碰撞、拦截、电荷效应和扩散等综合途径从气流中进入人体。在前部区域中，主要通过纤毛运动将沉积的粒子输送到上部而被清除。沉积在肺泡或气体交换区的粒子，可通过肺泡中的巨噬细胞将其吞噬，或将其输送到有纤毛的地方通过噬菌作用清除，或被肺液溶解。粒子由于碰撞和扩散而沉积，但是可以渗透到肺泡区的仅限于空气动力学直径小于 5μm 的粒子（Lippmann，1977；ISO，1995）。肺泡区的清除机制，加上该区临近血流，粒子沉积在此区域可导致许多健康影响。不是所有进入呼吸道的粒子都沉积，根据粒径，有一部分会通过呼吸作用排出［国际辐射防护委员会（ICRP），1995］。

尽管气溶胶粒子的粒径、形态、表面积和结构等都会对人体健康造成影响，但目前的技术缺乏全面的表征工作场所气溶胶的方法。然而，许多工作场所的气溶胶特性可以将度量参数（如质量浓度）与经验剂量-反应关系联系起来，从而成功地进行暴露监测（Maynard 和 Aitken，2007）。但是，在毒性数据缺少的地方，就不适合使用此种方法。

25.3 采样标准

测量通过呼吸途径的气溶胶暴露要求采样设备的粒子沉积要与粒子在呼吸系统相应区域的沉积相匹配。不同个体的呼吸系统气溶胶沉积不同（Lippmann，1977），且重现粒子在呼吸系统的沉积不是很容易。因此，人们制定了宽泛的标准用以描述气溶胶通过呼吸系统的典型渗透特征，这些渗透特征是空气动力学直径的函数。最近，人们又提出了一些改进的类似标准用以描述沉积和渗透（Vincent，2005）。国际标准化组织还在对这些标准进行讨论，但是目前它们并没有接受这些标准。目前的气溶胶渗透标准为评估引起呼吸系统特定区域损害的气溶胶潜在浓度提供了基础，同时也是许多工业气溶胶采样方法的基础。

20 世纪 50—60 年代，人们认为呼吸系统中最易受攻击的部分为肺泡区域，并建议对这一区域的粒子渗透进行评估，因此产生了英国矿业研究委员会（BMRC）和美国政府工业卫生学家协会（ACGIH）所制定的可入肺气溶胶标准（BMRC，1952；ACGIH，1968）。最近，国际标准化组织（ISO，1995）和 ACGIH（1998）就粒子渗透鼻咽区、支气管区和肺泡区的概率达成了一致。然而最早的有关粒子渗透的国际标准直到 20 世纪 90 年代初期才在 ISO、ACGIH 和欧洲标准委员会（CEN）之间达成。该标准把渗透描述为粒子空气动力学直径的函数，气溶胶粒子通过渗透作用进入呼吸系统（可吸入性气溶胶，inhalable aerosol），进入气管支气管（胸腔性气溶胶，thoracic aerosol）和肺泡区域（可入肺气溶胶，respirable aerosol），并将胸腔性气溶胶和可入肺气溶胶作为可吸入性气溶胶的一部分。图 25-1 所示的这些由粒径决定的渗透百分率是目前广泛应用的、工业卫生气溶胶采样器需要遵守的标准（ISO，1995）。

可吸入性气溶胶量是：在一定范围的风速和风向下，渗透人体模型口和鼻的粒子。其定义为：

$$SI(d_{ae})=0.5\times(1+e^{-0.06d_{ae}}) \tag{25-1}$$

对于 $0<d_{ae}<100\mu m$，SI（d_{ae}）是进入系统的粒子部分，是空气动力学直径 d_{ae} 的函数。

胸腔性气溶胶和可入肺气溶胶部分被认为是可吸入性气溶胶的一部分，建立在肺渗透测量的基础上。胸腔性气溶胶量由式（25-2）得出：

$$ST(d_{ae})=SI(d_{ae})\times[1-F(x)] \quad (25\text{-}2)$$

$$x=\frac{\ln(d_{ae}/\Gamma)}{\ln \Sigma} \quad (25\text{-}3)$$

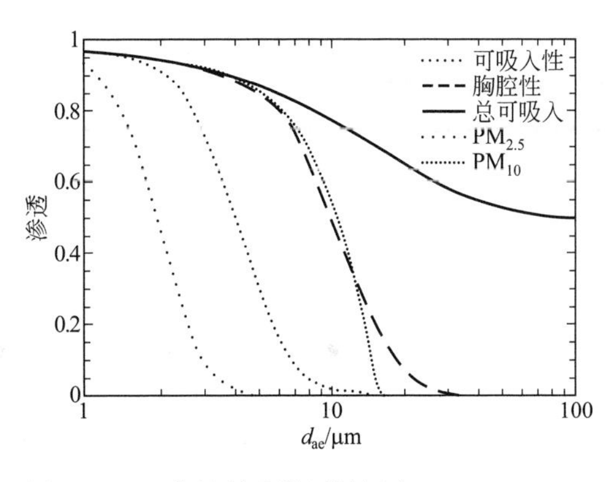

图 25-1 工作场所采样国际标准（ISO，1995）。可以与环境标准做比较（第 26 章）

式中，ST(d_{ae}）是渗透到超过喉区的粒子部分，是空气动力学直径的函数。$F(x)$是累积对数正态分布，质量中位空气动力学直径(MMAD)Γ 为 $11.64\mu m$，几何标准偏差（GSD）Σ为 1.5。

与式(25-2)、式(25-3) 类似，可入肺气溶胶部分 SR（d_{ae}）为：

$$SR(d_{ae})=SI(d_{ae})\times[1-F(x)]$$

$$x=\frac{\ln(d_{ae}/\Gamma)}{\ln \Sigma} \quad (25\text{-}4)$$

式中，累积对数正态分布的质量中位空气动力学直径(MMAD)Γ 为 $4.25\mu m$；几何标准偏差（GSD）Σ为 1.5。人们也定义了敏感人群的可入肺粒子部分，$\Gamma=2.5\mu m$，但它还没有在任何暴露标准中执行。渗透气管支气管区域的粒子部分可由可入肺气溶胶部分和胸腔性气溶胶部分之间的差值（支气管）得到；渗透胸腔外区域的粒子部分可由胸腔性气溶胶部分与可吸入性气溶胶部分之间的差值（胸腔以外）得到。ACGIH（1998）对工作场所污染物粒径选择性采样方法有更详细的介绍。因为根据呼吸性部分设计的采样器与那些不能满足呼吸性部分的采样器在质量收集方面有很大不同，因此人们希望应用呼吸性部分可以预测移动对粒子选择性采样产生的最大影响。Werner 等（1996）、Liden 等（2000a）和 Sivulka 等（2007）对这个问题进行了深入的讨论，但目前还没有完全解决。最近，人们认为可吸入性粒子部分需要修改，这是因为：首先，目标粒径范围的上限（100μm）选择并不严谨，比这个更大的粒子可以通过空气传播，因此也可能被吸入。另外，当研究这些粒子的比例时，就有一个深层次的问题需要考虑，即通过口呼吸和通过鼻呼吸两者的呼吸效率差异很大。过度用力会导致用口呼吸或者是口和鼻子共同呼吸，且一部分人由于鼻腔通道狭窄而惯于用口呼吸。因此，人们认为该部分应该包括用口呼吸的部分，这是更为保守的估计。然而，即使这一建议被接受，我们对用口呼吸的效率的认识可能只是基于以前的观测或以前对工人做的实验，而由于劳动力年龄分布、健康状况、性别以及种族等方面的变化，以前实验组工人的生理特征与现代工人不同（Liden 和 Harper，2006）。所有关于大粒子吸入性的研究都可以提出可吸入粒子的最大粒径（不管是用鼻呼吸还是用口呼吸）。但是采样器性能的相关研究却不能给出可吸入粒子的最小粒径，这使得粗粒子（如木屑）在暴露评估中存在问题（Harper 和 Muller，2002；Harper 等，2004）。其次，该部分是基于流动的空气中呼吸产生的。尽管早期的研究中包括较低速的流动空气（0.5m/s），但是近期的研究表明，大多数工作场所的空气流速小于 0.3m/s，平均约为 0.1m/s（Baldwin 和 Maynard，1998；Liden 等，

2000b)。自此，人们开始进行静止空气环境下的呼吸研究（Aitkenetal，1999）以及采样器性能的调查（Kenny 等，199a)。但是，静止空气不同于缓慢流动的空气，目前进行的实验只涉及缓慢流动的空气环境（Witschger 等，2004；Schmees 等，2008；Sleeth 和 Vincent，2009)。

随着对纳米粒子造成的潜在健康效应的日益关注，人们开始讨论建立纳米粒子（或超细粒子）采样规则。其依据是，越来越多的证据表明吸入直径为 1～100nm 的粒子会对呼吸系统、心血管系统产生影响（第 38 章；Delfino 等，2005；Mills 等，2007；Oberdorster 等，2007)。有人认为选择性收集小于 100nm 的粒子有可能会更好地表征暴露于纳米粒子所产生的潜在风险。然而，目前为止还没有针对制定纳米粒子采样规则的相关生理学证据，100nm 是一个不严谨的纳米粒子粒径范围的上限，这一上限与不同粒子间的差异几乎没有关系，不同粒子对身体的作用方式，不论是它们在呼吸系统的沉积区域还是沉积行为，都不相同。

25.3.1 按暴露规则采样

工作场所气溶胶测量的实用性主要依赖于选择合适的采样设备。滤膜的选择、泵的选择及使用、采样策略以及采样操作方法都对采样设备的准确度和适用性影响较大。相关信息来自 ACGIH（1995，1998)。

25.3.2 按采样要求选择采样器

近几年来进入市场的许多工业卫生气溶胶采样器已经依照国际采样规则进行了改进与检测（ISO，1995)。然而，还存在许多在现行规则实施之前就开始应用的设备，并且这些设备目前仍在使用，这是因为它们是由国家法规规定的，或它们的使用可更好地追溯历史测量方法。历史测量方法的结果可被用于进行风险评估。一些设备达到了相关规则的要求，另一些设备通过改变其采样流速也可以达到相关规则的要求［例如 SIMPEDS 可入肺旋风器(Bartley 等，1994；Maynard 和 Kenny，1995）］。在实验室中对现有采样器进行性能测试，其结果各不相同（Kenny 等，1997；Gorner 等，2001)。

外部条件（如风速和风向）影响呼吸的复杂性，且测量粒径在 100μm 及其以上的粒子的渗透性的难度阻碍了可吸入性气溶胶采样器的发展。职业医学协会（Institute of Occupational Medicine，IOM）个体可吸入性采样器是第一台符合可吸入性规则的采样器，它是在利用人体呼吸模型进行呼吸测量的基础上发展起来的（Mark 和 Vincent，1986)。IOM 采样器具有明显的缺陷，例如过滤器极易受到采样条件变化的影响；塑料盒在称重时极不稳定(Smith 等，1998；Li 和 Lundgren，1999；Liden 和 Bergman，2001)；有明显的抛射体和大粒子进入（Liden 和 Kenny，1994；Aitken 和 Donaldson，1996；Aizenberg 等，2001)；当外部风定向时，它的结果极不稳定（Roger 等，1998)。英国使用此采样器用重量法对灰尘进行了测量，也对金属进行了分析。重量法测量时对整个盒子进行称重（英国健康与安全执行委员会，2006)。然而，在进行金属测量的方法中，对收集到采样器内表面而未收集到滤膜上的粒子，未说明该如何计算。问题是这些“壁沉积”是样品的重要组成部分，因为，从设计上来说，它们就是样本不可分割的一部分。与美国和一些欧洲国家使用传统 37mm 密闭盒的采样器进行比较，采样器壁沉积成为 IOM 采样器最主要的问题（Harper 和 Demange，2007)。用密闭盒采样器与 IOM 采样器并排进行现场实验，当只对滤膜沉积物进行比较（Harper 等，2007）或对两种类型采样器的滤膜沉积物和采样器壁沉积物都进行比较（Demange 等，2002）时，其结果具有较好的一致性。相比那些昂贵的且必须重复使用的采样器，廉价的一次性密闭盒具有许多实用的优点。例如 SKC[1] 生产的 Accucap™ 或 MSA 生产的 Woodchek™ 等内囊可用于密闭盒中，以确保重量分析时包含所有的粒子，包括那些可能沉积在采样器壁上的粒子。否则的话，对于那些需要对滤膜进行消解才能进行分析的化学分析法，就可能需要用一小片滤膜或擦拭材料对采样器内表面进行擦拭，在此之后对擦拭滤膜或擦拭材料也需要进行消解分析（Harper，2006）。

尽管目前的采样器如 CIP-10-1(ARE)已经改进了 IOM 可吸入性采样器中的一些固有问题，但仍然达不到理想的状态。一些采样器，如按钮气溶胶采样器（SKC）的发展降低了采样器间的差异，而且不像多数可吸入性采样器那样对风速有依赖性（Aizenberg 等，2000，2001），但目前尚不清楚用它进行现场采样是否符合可吸入性粒子规则（Harper 和 Muller，2002；Linnainmaa 等，2008）。制造符合胸腔性粒子和可入肺粒子规则的采样器对工程师来说变得简单。特别是通过旋风器和聚氨酯泡沫的粒子穿透，从而能研制出更好地符合可入肺和胸腔性粒子规则的采样器（Vicent 等，1993；Kenny 和 Gussman，1997；Chen 等，1998；Maynard，1999）。

应该承认，没有哪种采样器能一直满足现在的工作场所采样规则，人们正在制定性能规则以设定一个设备性能好坏的可接受范围（CEN，1998）。这些规则本质上是通过对比设备收集到的成对数正态分布的气溶胶质量和理想采样器（如完全符合规则的采样器）收集到的成对数正态分布的气溶胶质量设定的。成对数正态分布的气溶胶的质量可以由它的 MMAD 和 GSD 表征。比较结果表明，采样器的偏差是气溶胶粒径分布的函数（Bartley 和 Breuer，1982；Liden 和 Kenny，1992；Maynard 和 Kenny，1995）。采样器本身固有的性能误差与计算误差综合起来，使人们可以估计采样器的准确度，此准确度是气溶胶粒径分布测量值的函数。当采样器的准确性和偏差在可接受的范围内时，就可以给出可接受的确定采样器性能好坏的偏差。

从符合规则的现有采样器中选择设备，很大程度上取决于采样要求。工作场所中通常使用的设备有两种：固定位点采样（fixed location sampling，也称为静态采样或分布区采样，static or area sampling）或个体采样（personal sampling，即将采样器放在工人身上进行采样）。静态采样器和个体采样器一般不能相互交换使用，因为这两类采样之间的相关性较差（Kissell 和 Saccks，2002；Rodes 和 Thornburg，2005）。例如，在短时采样或所采物质的空气浓度较低时，应使用大流量采样器以提高气溶胶的检出限（尽管检出限还取决于使用的滤膜和分析方法）。预期空气流速较大的地方，应选择采样效率不受风速影响的采样器。其他应考虑的因素还有：气溶胶的电荷是否会影响采样；干扰物质是否可进入采样口并包含在样品中；输送中是否存在明显的样品损失（第 6 章）。表 25-1 总结了现在很多工作场所使用的采样设备，并给出了一些相关说明。

然而，当需要合规型测量（测量目的是为了检测所测物质浓度是否符合规则）时，采样器的选择可能会受到限制。为了使合规型测量变得简单，许多国家政府规定，用于分析的样品要使用特定类型的采样器或用规定流量工作的采样器。例如，在美国，使用流量为 1.7L/min 的 Dorr-Oliver 旋风器或流量为 2.2L/min 的 SIMPEDS 型旋风器收集可入肺粒子来估计

---

[1] 关于制造商完整地址三个字母代码的索引请参阅附录Ⅰ。

ISO 可入肺粒子的百分数以进行分析（NIOSH Manual of Amalytical Methods，NMAM）。合规型测量采样前应该参考具体的政府规章、标准。

25.3.3 选择滤膜和基底

工业卫生气溶胶样品一般收集在聚亚氨酯泡沫材料的滤膜上，或收集到难渗透的、压紧的基底上，如 Mylarl®（它外面通常有一层油脂或油状物来阻止粒子反弹）。滤膜可以安装在采样器的滤筒里，如 IOM 可吸入性采样器就是这种情况，或者直接安装在采样头里。要根据使用的采样装置以及随后的样品分析方法来选择合适的收集基底。使用低功率轻质泵（pumps）时，应选择操作流量下压降较小的滤膜；使用重量分析法时，应选择不同环境条件下的质量高度稳定的滤膜；使用化学分析法时，应选择收集样品可以从其中释放出来和（或）分析物的背景值很低的基底；使用显微镜分析时，应使粒子沉积在基底表面。第 7 章详细介绍了滤膜性质和选择方法。表 25-2 总结了滤膜性质、收集基底以及工作场所中常用的滤膜。

吸附在基底上或滤膜托上的水分以及样品在传输中的损失或增加都可能影响重量分析采样的准确性（第 7 章；van Tongeren 等，1994；Awan 和 Burgess，1996）。需要特别注意的是，纤维素酯膜滤膜、聚氨酯泡沫材料和导电的塑料滤膜盒，吸水后质量特别容易受到影响（Vaughan 等，1989；Smith 等，1998；Li 和 Lundgren，1999；Liden 和 Bergman，2001；Linnainmaa 等，2008）。克服这种偏差的通常做法是，对每批样品滤膜都要进行一些控制样或空白（blanks）样的测量（通常，每 10 个样品称量一个空白样，每批样品最少 3 个空白样）。称量前，将滤膜在称量室内平衡 24h（最好是在温度和湿度可控制的环境中），让它们达到衡重。空白滤膜应该尽可能地和样品滤膜一起使用，并暴露在同样的环境中以减小由于处理、转移和环境变化所引起的偏差。

其他误差来源包括静电引力（这时基底高度带电）和浮力作用。基底物质如聚氯乙烯（PVC）和特氟龙（PTFE）易带电，尤其是在湿度相对低的环境中。采样时应该使用双极离子源对样品进行电中和，常用的方法是在称量前把样品放在抗静电辐射源的附近。

表 25-1 工业卫生气溶胶采样器总结

采样器	流量 /(10^{-5} m^3/s) [L/min]	配置	制造商或经销商（附录 1）	与规则的一致性	注释	参考文献
可吸入性粒子采样器						
IOM 可吸入性	3.3[2]	个体	SKC	优	使用滤膜盒（塑料型的存在重量稳定性问题），易受大弹射物的影响，风速依赖性	Mark 和 Vicent，1986；Kenny 等，1997；Kenny 等，1999a
IOM 可吸入性静态	5[3]	静态	CAS	优		Mark 等，1985
CIP-10I	17[10]	个体	ARE		使用旋转式多孔泡沫作为空气移动器和收集介质	Courbon 等，1988；Kenny 等，1997
GSP 可吸入性	5.8[3.5]	个体	STR	优	采样锥形体随流量的不同而不同	Kenny 等，1997
圆锥形可吸入性采样器	5.8[3.5]	个体	CAS，BGI	优	基于 GSP 采样器	Kenny 等，1997

续表

采样器	流量/(10^{-5} m^3/s)[L/min]	配置	制造商或经销商(附录1)	与规则的一致性	注释	参考文献
可吸入性粒子采样器						
七孔	3.3[2]	个体	多个	良	也称为多孔或UKAEA采样器	Kenny等,1997
单孔	3.3[2]	个体	多个	差	在英国,用以采集铅气溶胶	Kenny等,1997
PSA-6		个体	KOE	良		Kenny等,1997
按钮采样器	6.7[4]	个体	SKC	优	多孔入口减弱了对风速的依赖性以及采样器间的可变性,从而使粒子均匀沉积在滤膜上。即使是厂家推荐的玻璃纤维滤膜,流量仍然是长时间采样中的主要问题	Hauck等,1997;Aizenberg等,2000
胸腔性粒子采样器						
颗粒物沉降筛选器	12.3[7.4]	静态	GMW	差	专门采集棉尘	Robert,1979
CPI-10T	12[7]	个体	ARE	良	带有胸腔性分离阶段的CIP-10I	Fabries等,1998
CATHIA	12[7]	静态	ARE	良	CIP-10T的静态样式	Fabries等,1998
IOM胸腔性	3.3[2]	个体	IOM	良	基于聚氨酯泡沫的分离	Maynard,1999
GK2.69旋风器	2.7[1.6]	个体	BGI	优	也可以作为可入肺粒子采样器(见下面)	Maynard,1999
改进的SIMPEDS旋风器	1.3[0.8]	个体	没有商品化	优	SIMPEDS旋风器的发展改进	Maynard,1999
IOM可吸入性+胸腔性泡沫	3.3[2]	个体	没有商品化	良	带有粒径选择性聚氨酯泡沫插入物的IOM可吸入性粒子采样器	Maynard,1999
可入肺采样器						
CIP-10R	17[10]	个体	ARE	优	带有可入肺分离阶段的CIP-10I	Courbon等,1988
SIMPEDS旋风器	3.7[2.2]	个体	多个	优	也称为Higgins和Dewell(HD)旋风器	Liden和Kenny,1993;Bartley等,1994;Maynard和Kenny,1995
SKC旋风器		个体	SKC	优	SIMPEDS旋风器的变型	Liden,1993
GK2.69旋风器	7[4.2]	个体	BGI	优	也可作为胸腔性粒子采样器(见上面)	Maynard,1999
Dorr-Oliver(10mm)旋风器	2.8[1.7]	个体	多个	优	用非传导性的尼龙制造的采样器	Bartley等,1994
MRE113A(重量分析尘采样器)	4.2[2.5]	静态	CAS	良	仅限于在U.K.矿井中使用	Dunmore等,1964

续表

采样器	流量 /(10^{-5} m^3/s) [L/min]	配置	制造商或经销商(附录1)	与规则的一致性	注释	参考文献
可入肺采样器						
IOM可吸入性+可入肺泡沫	3.3[2]	个体	SKC	优	带有粒径选择性聚氨酯泡沫插入物的IOM可吸入性采样器。泡沫存在稳定性问题	Kenny 等,1998
可入肺泡沫采样器	3.3[2]	个体	没有商品化	优	带有粒径选择性聚氨酯泡沫塞的Cowled采样器	Chen 等,1998
虚拟旋风器		个体	没有商品化	优	与可入肺常规斜率吻合得较好	Chen 等,1999
螺旋型采样器	4.2[2.5]	个体	没有商品化		利用离心力进行粒子分离	John 和 Kreisberg, 1999($PM_{2.5}$ operation)
FSP-10	17[10]	个体/静态	STR	优		BIA,2002
其他采样器						
37(mm)盒式(敞开式)	3.3[2]	个体/静态	多个		标准滤膜盒,与机体向下成45°角,但是如果向上则更符合可入肺粒子采样标准。需要对产生壁膜沉积的现象进行解释。也有静态分散型采样器	Kenny 等,1997
37(mm)盒式(闭合式)	3.3[2]	个体/静态	多个		标准滤膜盒,带有一个入口直径为4mm的封闭盖。内部的小盒可以解释产生的壁膜沉积	Kenny 等,1997
采集"总"气溶胶的静态采样器	可变	静态的	CAS		敞口滤膜,在英国广泛使用	Mark 等,1986
被动采样器	—	个体/静态	HSE,UK		基于电介体的采样器,依靠气溶胶电荷和空气的自然运动。一些粒径选择性采样器的一致性非常好	Brown 等,1986
Cowled 采样器	3.3[2](典型的)	个体/静态	多个		主要用于纤维采样。不定量进行粒径选择	Brown 等,1995
Respicon 采样器	5.2[3.1]	个体	TSI		符合三种采样标准的虚拟冲击式采样和滤膜测量	Koch,1998

表 25-2 工业卫生气溶胶采样时的滤膜选择

滤膜或滤膜盒	典型应用	重量稳定性①	压降①
玻璃纤维滤膜	常规收集、重量法分析	***	**
石英纤维滤膜	化学分析	***	**
纤维素酯滤膜	成像、纤维采样、金属分析前的消解	**	***
聚氯乙烯滤膜	常规收集、重量法分析	****	***

续表

滤膜或滤膜盒	典型应用	重量稳定性[①]	压降[①]
特氟龙滤膜	重量法分析、化学分析	****	**
聚碳酸酯滤膜	粒子成像	****	*
银膜滤膜	化学分析、X衍射分析	****	*
聚氨酯泡沫	各种采样器	*	****
紧实 Mylar 基底	紧实基底	**	N/A
紧实铝箔基底	紧实基底	**	N/A
可导塑料盒	IOM 可吸入性粒子采样器、锥形吸入性粒子采样器	*	N/A
不锈钢盒	IOM 可吸入性粒子采样器	****	N/A
聚氯乙烯 Accucap™	重量法分析	****	***
Woodchek™（PVC 滤膜和铝制锥形体）	重量法分析	****	***

①星号越多质量稳定性越好，压降越小。

25.3.4 泵的选择

现在的个体采样设备抽吸气体所使用的泵通常是隔膜泵或活塞泵。泵和直流（DC）电动机相连，电动机由镍镉充电电池组供电。泵流量因厂家的不同而不同，但多数流量为$(1.67\sim5)\times10^{-5}$ m^3/s（1～3L/min），8h 内压降为 6.25kPa。有的个体泵流量可达到2.2×10^{-4} m^3/s（15L/min），但采样时，需要综合考虑采样流量、采样时间、持续压降以及泵重量等因素。目前大多数泵的流量都可调节，以减少由于温度、压力、滤膜负载的变化对空气流速和总采样体积的影响。调节流量的方法有多种，包括根据来自滤膜压降、大气温度和压力、泵的转速和电功率的反馈来调节流量。由于不稳定的采样流会对一些粒子选择性采样器的性能造成不良影响（Bartley 等，1984），大多数泵就增加了脉冲消除装置。Wood（1977）在 1997 年对个体采样泵进行总结回顾，除了流量控制技术不同外，泵的基本机制是相同的。

采样泵的流量需要在与采样时相同的温度条件下设定，并需配有相连接的采样设备（包括滤膜）。尽管很多泵会带有流量指示器如旋转式流量计，但这种指示器仅具有指示功能。一般使用标准流量计，如皂泡流量计或较新的电子流量计测量并校准采样流量。一般来说，设定的流量在目标流量的 5%之内，但最近英国的采样准则规定设定流量为$\pm1.67\times10^{-6}$ m^3/s（±0.1L/min）（HSE，1997）。

25.4 直读仪器

工作场所气溶胶测量最新的发展是实时测量。美国劳工部咨询委员会秘书长的一份关于消除煤矿工人肺尘埃沉着病的报告阐述了发展可吸入性粉尘连续监测器以保护工人健康的必要性（美国劳工部，1996）。此外，美国国家职业安全与卫生研究所的标准文件列出了研究矿工呼吸道健康和疾病预防所需的采样设备（NIOSH，1995）。广泛应用于工作场所的监测器（通常称为实时测量仪器）几乎可以同时显示或快速测量气溶胶特性。Vincent（1995），Walton 和 Vincent（1998）以及 Maynard 和 Baron（2004）总结了工作场所中常用的技术。无论如何，如果考虑到工作场所的特殊性，前面章节中提到的许多设备都可应用于工作场所。

目前人们已研究了一些方法来解决工作场所这些特殊性问题。早期的方法是用冲击式采样器进行采样并用 β 衰减法对沉积物进行分析来进行短期气溶胶测量（Volkwein 和 Behum，1978）。目前出现了很多有应用前景的技术，包括光散射粉尘监测器（Lehocky 和 Willians，1996；Tsao 等，1996）和最新的个体可佩戴的锥形元件振荡微量天平（Volkwein 等，2004，2006）。每一次新尝试的最主要目的是研制一种可以短期或实时监测工人气溶胶暴露的仪器。在一些特殊工作场所采样时，要求监测仪器具有必要的安全设计，例如在潜在爆炸环境中监测时，就需要有担保实验室或 MSHA 的认证以确保安全。第 12 章、第 13 章对这些技术的操作规则进行了详细说明。

25.4.1 光散射

第 13 章对基于粒子光散射的仪器的原理进行了总结。其中一些监测器已经在实验室使用，以对不同的粉尘进行分析（Keeton，1979；Marple 和 Rubow，1981，1984；Kuusisto，1983；Rubow 和 Marple，1983）。仪器与粉尘浓度的响应关系比较复杂，取决于粒子大小、粒子组成以及仪器设计和制造上的差异。粉尘粒子的特性，如形状、尺寸、表面特性和密度的变化，会影响仪器和质量浓度的相关性，因此需要对每种粉尘测量仪器进行校准（Willams 和 Timko，1984），这些因素限制了光度计在尘源识别及控制技术评估方面的使用。它们不适合进行合规性监测。

气溶胶光度计已广泛用于常规测量，生产气溶胶光度计的厂家也不断增多。光度计可对暴露水平进行短期、特殊或在由低到高气溶胶负荷下的即时监测，并能找出暴露危险点。该测量方法可以由多种仪器来实现，例如将粒子传送至检测区的被动仪器［如 min-RAM 和后来的个体 Data-RAM（TFS）］，抽气设备［Microdust Pro(CAS)］，带有日期记录器的仪器［DustTrack(TSI)和 Data-RAM(TFS)］，个体便携的 SIDEPAK™(TSI)。大多数设备结构紧凑，携带方便，其中一些很适合在个体采样中应用。

在相对较窄的范围内（接近可入肺粒子的上限或米氏散射理论），气溶胶对光的散射与散射体积大概成比例（第 14 章；Baron，1994）。因此，在对密度进行校正后，散射光可作为测量质量浓度的间接方法。该方法较适合测量可入肺气溶胶浓度，不太适合测量胸腔性气溶胶浓度，而测量可吸入性气溶胶质量浓度时，存在潜在的误导（对于质量相同的 20μm 粒子和 2μm 粒子，它对前者的敏感度要比后者低 100 倍）。Respicon™(HUN)等仪器通过虚拟冲击以收集较大的粒子，从而克服了光度计对粒径的依赖性（Koch 等，1998，2002；Rando 等，2005）。某些情况下，可以对光度计进行校准使之能测量可吸入性气溶胶的质量浓度，但这仅当细粒子在可吸入性气溶胶中的比例恒定时才可行。光学单粒子探测和分级仪器如 Grimm Work-Check（GRI）克服了光度计的某些缺陷，但它们对粒子的敏感度也仅限于与光度计相似的粒径范围内。

使用光度计之前必须对其进行校准，这是因为粒子的粒径分布、形状和折射率会对测量的准确性产生影响。校准方法通常有：对重量分析的样品进行平行采样，对光度计使用调整因子以确保结果的一致性。很多光度计都能将通过感应区的气溶胶收集在滤膜上，从而简化了校准过程。在使用之前，建议在干净环境中对光度计进行消零检测，这是因为在光区或感应区表面的沉积物质会影响仪器的校准。样品收集期间气溶胶特征的均质性也对校准精度有一定的影响。

25.4.2 锥形元件振荡微量天平

锥形元件振荡微量天平（TEOM，R&P）的原理见第 12 章。尽管此技术目前只应用于采矿业，但是其在现场直接、实时测量粉尘质量方面具有明显优势。因为粉尘暴露标准是以粉尘质量为基础的，所以 TEOM 的这种特性非常重要。TEOM 个体粉尘监测器的原型机产生于 25 年前（Patashnick 和 Rupprecht，1983），当时是作为严格测量移位终止（strictly an end-of-shift measurement）而配置的设备。当时它还不是一个实时监测器，而是利用振荡微平衡原理在采样前后对收集粉尘的滤膜进行称重。美国矿务局（BOM）在实验室中对此系统在移位终止中的应用进行了评价（Williams 和 Vinson，1986），重复测量的有效标准偏差为 1.6 μg。控制温度和湿度的试验表明，在 8h 移位内的偏差小于 20 μg。

早期构建的个体可佩戴式 TEOM，其锥形元件底部的质量需要足够大以减少振动，这样的大质量就降低了“可佩戴性”。R&P 使用电子阻尼底部振动以替代较重的底部，从而促进了基于 TEOM 的个体可佩戴式粉尘采样器的发展。PMD 3600 矿工粉尘采样器现在可从 TFS 公司买到（Volkwein 等，2004，2006）。

25.4.3 其他直读仪器和方法

现行的工作场所气溶胶测量标准大多数是基于质量的测定，但人们越来越认识到，其他指标如表面积或计数可能更适合纳米粒子。凝结核粒子计数器（CPC）技术的最新发展，促进了带有记录功能的便携式设备的商品化，适用于粒子数量的半定量测量。3007 型（TSI）仪器用于实时测量 10～1000nm 之间的粒子的浓度。虽然它主要用于测量室内环境中的气溶胶数浓度和变化并追踪其污染源，但也可以用于测量工作场所中粒子的实时数浓度。其他可以测量的指标包括粒子表面积（Litton，2002；Ku 和 Maynard，2005；Maynard 和 Aitken，2007）或比表面积等效剂量（Oberdorster，2001）。TSI 3500 型纳米粒子表面积监测器的测量指标就是比表面积等效剂量（Shin 等，2007；Asbacch 等，2009）。

25.5 粒径测量

在非例行研究工作中，可以使用前几章介绍的一系列方法（第 8 章、第 11 章和第 13～17 章）可以获得气溶胶粒径分布的所有特征。有很多仪器可以用于工作场所测量粒子粒径（Mark 等，1984），但最常用的是级联冲击式采样器（第 8 章），它能给出气溶胶质量加权的粒径分布。冲击式采样器一般能得到空气动力学直径为 0.1～15μm 或更大范围内的气溶胶粒径分布。对于区域采样，级联冲击式采样器如赛默科技安德森冲击式采样器（Thermo Scientific Andersen impactor，TFS）和微孔均匀沉积冲击式采样器（MOUDI；MSP）在工作场所中的应用相对广泛。在流量为 $4.72\times10^{-4}m^3/s$（28.3L/min）条件下操作时，安德森采样器包括 8 个多孔级，这些级的切割点在 0.4～10μm 之间。尽管可以用其他基底，但一般用薄铝片收集。安德森冲击式采样器使用的多孔结构可以使样品相对均匀地沉积在基底上。使用 MOUDI 可以使样品沉积得更加均匀，因为 MOUDI 中每级都有很多小孔，而且旋转的基底可以使沉积高度均匀。MOUDI 通常有 8 级或 10 级，它可以在 $5\times10^{-4}\ m^3/s$（30L/min）流量下测量小至 0.056μm 的气溶胶的粒径分布。

一般来说，呼吸区的气溶胶粒径分布与健康的关系较为紧密。人们已经设计了用于测量个体气溶胶粒径分布的小型串联冲击式采样器。Marple 个体级联冲击式采样器（TFS；Rubow 等，1987）的配置多达 8 级，它可以在流量为 $3.33\times10^{-5}m^3/s$（2L/min）时，测量小至 0.5μm 的粒子的粒径分布。个体可吸入性尘分光计（personal inhalable dust spectrometer，PIDS）在设计理念上类似于 Marple 冲击式采样器（Gibson 等，1987），只是用圆形喷嘴取代了 Marple 装置中的狭缝式冲击喷嘴。目前还没有商品化的 PIDS。在 $3.33\times10^{-5}m^3/s$（2L/min）下，8 级 PIDS 的切割点范围是 0.9～19μm。最近发展起来的 Sioutas 个体级联冲击式采样器（SKC）可以提供 2.5μm、1.0μm、0.50μm 和 0.25μm 50%的切割点，是一种能够满足一系列采样规则的进行暴露测量的多功能设备（Mista 等，2002）。另外，较新的迷你型 MOUDI™(MSP)冲击式采样器是个体便携式仪器，可测量的粒径数据低至 0.01μm。

级联冲击式采样器的最大切割点较低，因此不能用于测定最大切割点为可吸入性粒子的气溶胶粒径分布，因为可吸入性粒子采样规则限定可吸入性粒子的空气动力学直径为 100μm。推测高于测量切割点的粒径分布取决于对收集的气溶胶以及设备的吸入效率的假设，这一般不可靠。然而，PIDS 的采样口可以满足可吸入性粒子采样规则。假设 PIDS 冲击式采样器内的所有沉积物相加就得到了可吸入性气溶胶的质量，之后对沉积物进行分析就可以得到可吸入性气溶胶的粒径分布函数。在工业卫生测量中，这是一种好方法，因为工业卫生测量最终需要和可吸入性粒子的质量关联起来。

当所关注的是气溶胶中与健康相关的特定部分，而不是详细的粒径分布时，很多采样器都可同时测量可吸入性、胸腔性和可入肺粒子 3 个部分。IOM 个体采样器在内置的聚亚氨酯泡沫内分离气溶胶（Vincent 等，1993；Kenny 等，1999b）。在流量为 $3.33\times10^{-5}m^3/s$（2L/min）时，气溶胶通过直径为 15mm 的采样口被采集。最初设计时，两个不同等级的聚亚氨酯泡沫选择器顺序排列用于分离胸腔性粒子和可入肺粒子这两部分。通过称量泡沫上的和后备滤膜上的沉积物来测量可吸入性粒子部分。滤膜和邻近泡沫上的混合沉积部分，就是胸腔性粒子部分，仅沉积在滤膜上的就是可入肺粒子部分。然而，带有胸腔性粒子泡沫的采样器现在还不可用。因此，个体分光计（PERSPEC；Prodi 等，1988，1989）中采用了另一种技术，可吸入性气溶胶部分被引入高度发散的洁净空气流中，并沉积在 47mm 的滤膜上，沉积位置取决于粒子粒径，通过称量整个滤膜可以确定可吸入性部分，通过称量滤膜的特定区域（把它们剪出来）可以确定气溶胶的不同部分（Kenny 和 Bradley，1994）。Respicon 采样器（TSI）通过使用一系列虚拟冲击式采样器来完成 3 种粒径的分离（Koch 等，1998，2002；Rando 等，2005）。一种改进的仪器样式已经发展起来（Respicon™，HUN)，它使用光散射实时监测每个粒径分布部分（Koch 等，1998）。最近发展起来的新型粗粒子采样器可对超细粒子或纳米级粒子进行扩散采样（Gorbunov 等，2009）。

25.5.1 采样策略

工作场所气溶胶测量大致可分为个人暴露评估或控制工程评估。虽然对于测量的要求一般很相似，但需要根据采样的需要对具体策略进行调整。

25.5.1.1 个体监测

尽管在许多情况下仍用固定位点采样器进行“静态”或“区域”采样，但人们普遍认为个体暴露研究中代表性气溶胶的采集应该在人体呼吸区。呼吸区通常定义为距口和鼻 0.3m 以内的身体区域（Vincent，1995）。在呼吸区进行测量能较好地反映工人的暴露情况。但

Vincent 认为，由于工人位置、气溶胶源位置以及局部空气的流动，将采样装置放置在呼吸区并不能保证采样的代表性，且在身体前方采集到的气溶胶浓度会有很大变化（Raynor 等，1975；Vinson 等，2007）。一种新型的采样方法是，在“免提（hands-free）”的个体麦克风耳机末端放置一个小设备，以便它可以位于呼吸区更接近中心的位置（Liden 和 Sourakka，2009）。

在采矿业，个体暴露监测比区域监测更可取（Leidel 等，1977）。在地下煤矿中，粉尘浓度在几秒内和 0.6m 的距离内会发生很大变化（Kost 和 Saltsman，1977）。因此，对于粗略估计工人的粉尘暴露，个体监测是较好的策略（Kissell 和 Sacks，2002）。

按照规则，测量个体对慢性毒物的暴露，监测时长通常是一个工作轮班。与发生在 24h 之内的暴露过程相关的 8h 时间加权平均（time weighted average，TWA）质量浓度（c_m）可认为等价于 8h 以上的单一恒定暴露过程。TMA 质量浓度可以根据单个满工作班的样品来确定或通过一系列连续样品来获得（Leidel 等，1977）。换班期间即采样间隔期间的暴露量应该通过临近测量或额外的信息进行估算（例 25-1）。给定时段内 TWA［例如，8h 或短期暴露限值 15min（STEL）］可通过式(25-5)计算：

$$c_m = \frac{\sum_{i=1}^{n}(c_{mi}t_i)}{T}, \sum_{i=1}^{n} t_i = \text{总工作时间} \tag{25-5}$$

式中，T 是给定的参考周期，min；t_i 是样本 i 的持续采样时间，min；c_{mi} 是样本 i 的质量浓度。

【例 25-1】 计算 8h TWA 暴露浓度。

解：研究黄铜铸造厂工人的铅暴露，在其呼吸区进行 3 次连续的空气采样，采样流量为 $3.33\times10^{-5}m^3/s$（2L/min），结果显示在表 25-3 中。

上班时间为 8:00—18:00。其间有休息时间，分别为 9:30—10:00、12:00—12:30 及 15:00—15:30。早上和下午的工作任务不同。使用式（25-5）计算整个上班期间（600min）8h TWA 的暴露水平。

假设休息期间的暴露量为零。在下午不采样期间，假定其暴露和采样 3 的测量相似。表 25-4 给出了一天的完整暴露浓度。

因此，用式（25-5）计算 8h TWA 质量浓度为：

$$c_m = \frac{111\times90+0\times30+104\times120+0\times30+17\times150+0\times30+17\times150}{8\times60}$$

$$=57(\mu g/m^3)$$

为了确定暴露量是否超过职业暴露限，理想的做法是选择承担风险最大的工人作为受试人群。若不能确定有最大风险的工人，则应随机选择工人。Leidel 等（1977）建议计算 95%置信区间下限（lower confidence limit，LCL）以及 95%置信区间上限（upper confidence limit，UCL）。其计算如下：

$$\text{LCL}(95\%) = \chi - t_\alpha \times \text{CV}_\text{T} \tag{25-6}$$

$$\text{UCL}(95\%) = \chi + t_\alpha \times \text{CV}_\text{T} \tag{25-7}$$

$$\chi = \frac{c_m}{\text{OEL}} \tag{25-8}$$

式中，当 $\alpha=0.95$ 时，$t_{\alpha}=1.645$；CV_T 为采样/分析方法的变异系数；OEL（occupational exposure limit）为职业暴露极限。如果 LCL 和 χ 高于 1，则暴露量超标。如果 UCL 和 χ 低于 1，则暴露量达标。最后，如果 1 位于 LCL 和 χ 之间或 UCL 和 χ 之间，则定为潜在的过度暴露。

表 25-3 一个黄铜铸造厂工人的质量分析样品数据

样本编号	开始时间	结束时间	流量/(10^{-5} m^3/s)[L/min]	采样持续时间/min	采样体积/L	收集的质量/μg	质量浓度/(μg/m^3)
1	8:00	9:30	3.3[2]	90		20	
2	10:00	12:00	3.3[2]	120		25	
3	12:30	15:00	3.3[2]	150		5	

表 25-4 一个黄铜铸造厂工人对铅的暴露（来自表 25-3）

样本编号	开始时间	结束时间	流量/(10^{-5} m^3/s)[L/min]	采样持续时间/min	采样体积/L	收集的质量/μg	质量浓度/(μg/m^3)
1	8:00	9:30	3.3[2]	90	180	20	111
1a(休息)	9:00	10:00		30	—	0	0
2	10:00	12:00	3.3[2]	120	240	25	104
2a(休息)	12:00	12:30		30	—	0	0
3	12:30	15:00	3.3[2]	150	300	5	17
3a(休息)	15:00	15:30		30	—	0	0
4(从 3 估计所得)	15:30	18:00		150	—	5(估计)	17
总计				600		75	

25.5.1.2 工作场所控制措施的评价

使用判断个体暴露是否超标的个体采样结果来判断工作场所控制措施的有效性可能会产生误导（Kissell，2003）。区域采样或许更适合用来表征工作场所气溶胶或评估控制工程的效果。区域采样的主要优势在于对结果进行解释时可以不考虑人这一变量，其他优势包括可以使用更多种类的仪器并且采样时间更短。

用实时监测进行的评估可以获取环境的概况，并可以确定监测的目标区域、目标操作程序和目标员工。要衡量或验证其有效性就需要更详细的策略，这一策略应考虑气溶胶生成效率（生产）、运输、稀释、采样位置等变量及其他因素（Kissell，2003）。合理的统计设计和误差分析也是评估的一部分（Robson 等，2001）。

25.6 目前的发展趋势

25.6.1 工作场所柴油粒子

1988 年，NIOSH 建议将整个柴油机排放尾气（diesel exhaust）视为一种潜在的职业致癌物，在工作场所减少对其的暴露可以降低患癌风险（NIOSH，1988）。接触高浓度柴油排放尾气会产生诸如眼睛和鼻子发炎、头痛、恶心和哮喘等健康效应（Kahn，1988；Wade 和 Newman，1993）。最近，人们对什么是测量工作场所柴油机排放颗粒物（DPM）的适当度量标准这一问题进行了相当多的讨论。

在采矿区，MSHA 用来管理煤矿发动机的排放，并且设定了所有矿山大气粒子碳的水平限值（Stephenson，2006）。OSHA 没有对一般工业中的柴油机排放粒子设定工作场所空气职业限值。然而，美国环境保护署（USEPA）对柴油机的排放进行了规定，并把柴油机排放粒子作为颗粒物（PM）标准的一部分。

可以使用个体采样泵和冲击式采样器对柴油机排放颗粒物进行采样，之后用 NISO 5040 方法对滤膜上的碳组分进行分析，从而评估工作场所中 DPM 的个体暴露（Noll，2005）。这种方法可以测量滤膜上的总碳、有机碳和元素碳。

从健康效应和颗粒物控制的角度来看，测量时的主要挑战在于区分加工过程中产生的颗粒物和大气中柴油机排放颗粒物的能力。如果加工过程中产生的颗粒物含有碳，这将是一个很大的问题。气溶胶研究者也必须应对由于控制技术和燃料混合变化而产生的粒子尺寸变化及组分变化。

测量采矿业可吸入性粉尘的手持式振荡微量天平（handheld oscillating microbalance）已研发成功。使用这种技术时，尤其要考虑吸入性粒子和胸腔性粒子的入口和分级。手持式振荡微量天平可以检测矿井气溶胶的亚微米级 DPM（Wu 和 Gillies，2008）。这项工作需要在监测器的入口放置一个切割点是 0.8μm 的冲击器，并且只需对亚微米气溶胶进行质量测量。当一起连续测量可入肺气溶胶和亚微米气溶胶时，可实现燃烧和换相气溶胶之间的实时源解析。

25.6.2 有毒物质

当毒性限值接近该物质的检测水平时，对工作场所有毒气溶胶如铍、二氧化硅和放射性气溶胶的评估是有问题的。第 28 章详细介绍了氡及放射性气溶胶的监测信息。由于个体监测设备尺寸的限制，关于采集大量的空气提供足够量的样本用于定量分析的解决方案不能用于个体采样。Misra 等（2002）介绍使用 SKC 公司生产的 $1.5\times10^{-4}m^3/s$（9L/min）流量泵和冲击式采样器可以使个体便携式设备收集更多的样品。Maynard（1999）介绍使用流量为 $7\times10^{-5}m^3/s$（4.2L/min）的 GK 2.69（BGI）测量可入肺粒子的旋风器也可以收集较多的样品用于分析。也可以使用流量为 $1.67\times10^{-4}m^3/s$（10L/min）的旋风器（BIA 2002）。这些便携式高流量采样器提高了高毒性气溶胶的检出限。另外，需要更有效的分析技术对工作场所毒性物质的个人暴露进行评估。

25.6.3 工程纳米材料

吸入纳米级低溶解度粒子的毒理学反应对现行的采样规则和体系的适用性带来了挑战（Maynard 和 Aitken，2007）。最近对低毒不溶性材料如二氧化钛的毒理学研究表明，粒子数目或表面积可能更适合作为肺泡区沉积的剂量度量标准（详细信息见第 38 章；Maynard 和 Kuempel，2005；Oberdorster 等，2005，2007）。这些研究结果和对普通人群的流行病学调查结果均指出，吸入细粒子对健康效应有影响（Dockery 等，1993；Wichmann 和 Peters，2000；Pekkanen 和 Kulmala，2004；Delfino 等，2005；Penttinen 等，2006）。尽管人们对新纳米材料，特别是那些与纳米技术新兴领域有关的纳米材料（可能产生新的不常见的职业卫生风险）日益关注，但目前这些研究结果还没有应用于工作场所的暴露（Maynard，2007）。到目前为止，关于工程纳米材料职业暴露方面的数据很少。尽管这些数据不全面且不适用于所有情况，但有证据表明，碳纳米管（carbon nanotubes）和炭黑等材料不容易雾化（Kuhlbusch 等，2004；Maynard 等，2004；Bello 等，2009）。基于正在进行的研究，在未来几年可能会出现许多详细阐述工程纳米材料空气暴露的出版物。

职业卫生机构如 NIOSH 等已经开始着手制定关于纳米材料安全处理的指导方案（NIOSH，2006）。类似的指导方案可以从基于工业的团体（例如 DuPont/纳米风险环境保护基金机构；DuPont，2007）和统一标准机构（ISO，2006；ASTM，2007；ISO，2008）获得。这些指导方案主要总结测量和控制工作场所空气中工程纳米材料的暴露过程中遇到的挑战和可能的解决方案。

25.6.4 气溶胶和蒸气采样

在很多情况下需要对气溶胶暴露和蒸气暴露同时进行评估。当挥发性液体或者具有很大蒸气压的固体产生喷雾时，或者当蒸气引起气溶胶凝结时，或者当一种挥发性物质吸附在其他粒子上时，均需要同时对气溶胶和蒸气进行评估。最典型的例子就是泡沫制造最后阶段使用的聚氰酸酯、甲苯二异氰酸酯挥发时，会吸附在聚氨酯气溶胶上。在这种特殊的情况下，重要的是不仅要同时收集气溶胶和蒸气组分，还要快速使异氰酸酯发生衍生，使其不会发生进一步的反应。因此，一个充满液体反应物的冲击器以及外面同样涂有反应物的滤膜才是标准的采样设备。可以使用一个带有滤膜的扩散溶蚀器对较低活性的气溶胶-蒸气混合物进行采样。但是由于它们的尺寸较大，所以并不经常作为个体采样器。一种改进的是二分采样器可能是新颖设计（Kim 和 Raynor，2009）。

25.6.5 渗透与沉积

虽然通过采集粒子可以很好地测量暴露，但这并不能很好地测量一定粒径的粒子剂量。这是因为最少量的沉积发生在空气动力学直径大约为 0.3μm 处，该粒径是两种粒子捕集机制的交叉点：对小粒子捕集的扩散机制以及对大粒子的拦截和冲击机制。只要质量是首选的度量标准，那么这个最少量沉积不影响按照可吸入性粒子采集规则进行采样，因为更大的粒子包含更大的质量。但是，对较小的粒子，最少量的沉积是很重要的。Vicent（2005）讨论了冲击对胸腔性粒子和可入肺粒子标准采样沉积的影响以及这种影响如何促进新采样技术的发展问题，他同时也讨论了冲击对超细粒子或纳米粒子标准采样的潜在影响。

25.7 符号列表

SI	可吸入性渗透比例
ST	胸腔性渗透比例
SR	可入肺渗透系数
c	浓度
d	直径
UCL	置信区间上限

LCL	置信区间下限
Γ	质量中位空气动力学直径
Σ	几何标准偏差
η	效率
χ	评价浓度除以职业暴露限值之比
d_{ae}	空气动力学直径
R	可入肺的
T	胸腔性的
I	可吸入性的

25.8 参考文献

ACGIH. 1968. *Threshold Limit Values of Airborne Contaminants*. Cincinnati, OH: American Conference of Government Industrial Hygienists.

ACGIH. 1995. *Air Sampling Instruments*, 8 ed. Cincinnati, OH: American Conference of Government Industrial Hygienists.

ACGIH. 1998. *Particle Size-Selective Sampling for Particulate Air Contaminants*. Cincinnati, OH: American Conference of Government Industrial Hygienists.

Aitken, R. J., and R. Donaldson. 1996. *Large Particle and Wall Deposition Effects in Inhalable Samplers*. Health and Safety Executive, UK: Report Number 117/1996.

Aitken, A. J., P. E. J. Baldwin, G. C. Beaumont, L. C. Kenny and A. D. Maynard. 1999. Aerosol inhalability in low air movement environments. *J. Aerosol Sci.* 30:613–626.

Aizenberg, V., S. A. Grinshpun, K. Willeke, J. Smith, and P. A. Baron. 2000. Performance characteristics of the button personal inhalable sampler. *Am. Ind. Hyg. Assoc. J.* 61:398–404.

Aizenberg, V., K. Choe, S. A. Grinshpun, K. Willeke, and P. A. Baron. 2001. Evaluation of personal air samplers challenged with large particles. *J. Aerosol Sci.* 32:779–793.

Asbach, C., H. Fissan, B. Stahlmecke, T. A. J. Kuhlbusch, and D. Y. H. Pui. 2009. Conceptual limitations and extensions of lung-deposited Nanoparticle Surface Area Monitor (NSAM). *J. Nanopart. Res.* 11:101–109.

ASTM International. 2007. *Standard Guide For Handling Unbound Engineered Nanoscale Particles In Occupational Settings, Nanotechnologies—Part 2: Guide To Safe Handling And Disposal Of Manufactured Nanomaterials*, BSI (2007). West Conshocken, PA: ASTM International.

Awan, S., and G. Burgess. 1996. The effect of storage, handling and transport traumas on filter-mounted dusts. *Ann. Occup. Hyg.* 40:525–530.

Baldwin, P. E. J., and A. D. Maynard. 1998. A survey of wind speeds in indoor workplaces. *Ann. Occup. Hyg.* 42:303–313.

Baron, P. A. 1994. Direct-reading instruments for aerosols. A review. *Analyst* 119:35–40.

Baron, P. A., and G. J. Deye. 1990. Electrostatic effects in asbestos sampling I: Experimental measurements. *Am. Ind. Hyg. Assoc. J.* 51:51–62.

Baron, P. A., A. Khanina, A. B. Martinez, and S. A. Grinshpun. 2002. Investigation of filter bypass leakage and a test for aerosol sampling cassettes. *Aerosol Sci. Technol.* 36:857–865.

Bartley, D. L., and G. M. Breuer. 1982. Analysis and optimisation of the performance of the 10 mm cyclone. *Am. Ind. Hyg. Assoc. J.* 43:520–528.

Bartley, D. L., G. M. Breuer, and P. A. Baron. 1984. Pump fluctuations and their effect on cyclone performance. *Am. Ind. Hyg. Assoc. J.* 45:10–18.

Bartley, D. L., C. C. Chen, R. Song, and T. J. Fischbach. 1994. Respirable aerosol sampler performance testing. *Am. Ind. Hyg. Assoc. J.* 55:1036–1046.

Bedford, T., and C. Warner. 1943. Physical studies of the dust hazard and thermal environment in certain coalmines. *Chronic Pulmonary Disease in South Wales Coalminers. II. Environmental Studies*. London: British Medical Research Council, HMSO. Special report series no. 244:1–78.

Blake, T., V. Castranova, D. Schwegler-Berry, P. Baron, G. J. Deye, C. H. Li, and W. Jones. 1998. Effect of fiber length on glass microfiber cytotoxicity. *J. Toxicol. Environ. Health A* 54: 243–259.

Bello, D., B. L. Wardle, N. Yamamoto, R. G. deVilloria, E. J. Garcia, A. J. Hart, K. Ahn, M. J. Ellenbecker, and M. Hallock. 2009. Exposure to nanoscale particles and fibers during machining of hybrid advanced composites containing carbon nanotubes. *J. Nanopart. Res.* 11:231–249.

BIA (Berufsgenossenschaftliches Institut für Arbeitsschutz). 2002. *Geräte zur Probenahme der alveolengängige Staubfraktion (A-Staub)*, BIA No. 6068, BIA-Arbeitsmappe Messung von Gefahrstoffen, Bielefeld: Erich Schmidt Verlag.

BMRC. 1952. Recommendations of the BMRC panels relating to selective sampling. From the minutes of a joint meeting of Panels 1, 2 and 3, held on March 4th. 1952. British Medical Research Council.

Brown, R. C., M. A. Hemingway, D. Wake, and J. Thompson. 1995. Field trials of an electret-based passive dust sampler in metal-processing industries. *Ann. Occup. Hyg.* 39:603–622.

Brown, R. C., D. Wake, A. Thorpe, M. A. Hemingway, and M. W. Roff. 1994. Preliminary assessment of a device for passive sampling of airborne particulate. *Ann. Occup. Hyg.* 38:303.

Burgess, W. A., L. Silverman, and F. Stein. 1961. A new technique for evaluating respirator performance. *Am. Ind. Hyg. Assoc. J.* 22:422–429.

CEN. 1998. Workplace atmospheres: assessment of performance of instruments for measurement of airborne particle concentrations. Comité Européen de Normalisation: CEN prEN 13205.

Chen, C.-C., C.-Y. Lai, T.-S. Shih, and W.-Y. Yeh. 1998. Development of respirable aerosol samplers using porous foam. *Am. Ind. Hyg. Assoc. J.* 59:766–773.

Chen, C.-C., S.-H. Huang, W. Lin, T. Shih, and F. Jeng. 1999. The virtual cyclone as a personal respirable sampler. *Aerosol Sci. Technol.* 31:422–432.

Courbon, P., R. Wrober, and J.-F. Fabriès. 1988. A new individual respirable dust sampler: The CIP-10. *Ann. Occup. Hyg.* 32:129–143.

Delfino, R. J., C. Sioutas, and S. Malik. 2005. Potential role of ultrafine particles in associations between airborne particle mass and cardiovascular health. *Environ. Health Perspect.* 113(8):934–946.

Demange, M., P. Görner, J.-M. Elcabeche, and R. Wrobel. 2002. Field comparison of 37mm closed-face cassettes and IOM samplers. *Appl. Occup. Environ. Hyg.* 17:200–208.

Dobroski, H., D. P. Tuchman, and R. P. Vinson. 1995. Differential pressure as a means of estimating respirable dust mass on collection filters. Presented at American Industrial Hygiene Association Conference and Exposition, May 20–26: Kansas City, Missouri.

Dockery, D. W., C. A. Pope, X. Xu, J. D. Spengler, J. H. Ware, M. E. Fay, B. G. Ferris, and F. E. Speizer. 1993. An association between air pollution and mortality in six U.S. cities. *N. Engl. J. Med.* 329:1753–1759.

Donaldson, K., X. Y. Li, and W. MacNee. 1998. Ultrafine (nanometre) particle mediated lung injury. *J. Aerosol Sci.* 30:553–560.

Dunmore, J. H., R. J. Hamilton, and D. S. G. Smith. 1964. An instrument for the sampling of respirable dust for subsequent gravimetric assessment. *J. Sci. Instrum.* 41:669–672.

DuPont and Environmental Defense. 2007. *Nano Risk Framework.* DuPont and Environmental Defense, Washington DC.

Fabriès, J. F., P. Görner, E. Kauffer, R. Wrobel, and J. C. Vigneron. 1998. Personal thoracic CIP10-T sampler and its static version CATHIA-T. *Ann. Occup. Hyg.* 42:453–465.

Fissan, H., A. Trampe, S. Neunman, C. Y. Pui, and W. G. Shin. 2007. Rationale and principle of an instrument measuring lung deposition area. *Journal of Nanoparticle Research* 9:53–59.

Gibson, H., J. H. Vincent, and D. Mark. 1987. A personal inspirable aerosol spectrometer for applications in occupational hygiene research. *Ann. Occup. Hyg.* 31(4A):463–479.

Gorbunov, B., N. D. Priest, R. B. Muir, P. R. Jackson, and H. Gnewuch. 2009. A novel size-selective airborne particle size fractionating instrument for health risk evaluation. *Ann. Occup. Hyg.* 53:225–237.

Görner, P. R. Wrobel, V. Mička, V. Škoda, J. Denis, and J.-F. Fabriès. 2001. Study of fifteen respirable aerosol samplers used in occupational hygiene. *Ann Occup. Hyg.* 45:43–54.

Gray, M. I., J. Unwin, P. T. Walsh, and N. Worsell. 1992. Factors influencing personal exposure to gas and dust in workplace air—Application of a visualization technique. *Safety Science* 15:273–282.

Green, H. L., and H. H. Watson. 1935. Physical methods for the estimation of the dust hazard in industry. *Medical Research Council Special Report Series* 119. London: British Medical Research Council.

Greenburg, L., and G. W. Smith. 1922. A new instrument for sampling aerial dust. *U.S. Bur. Mines Rept. Invest.* 2392:1–3.

Gressel, M. G., W. A. Heitbrink, and P. A. Jensen. 1993. Video exposure monitoring—A means of studying sources of occupational air contaminant exposure, Part 1—Video exposure monitoring techniques. *Appl. Occup. Environ. Hyg.* 8:334–338.

Hamilton, R. J. 1956. A portable instrument for respirable dust sampling. *J. Sci. Instrum.* 33:395–399.

Han, D.-H., K. Willeke, and C. E. Colton. 1997. Quantitative fit testing techniques and regulations for tight-fitting respirators: Current methods measuring aerosol or air leakage, and new developments. *Am. Ind. Hyg. Assoc. J.* 58:219–228.

Harper, M. 2006. A review of workplace aerosol sampling procedures and their relevance to the assessment of beryllium exposures. *J. Environ. Monit.* 8:598–604.

Harper, M., and B. S. Muller. 2002. An evaluation of total and inhalable samplers for the collection of wood dust in three wood products industries. *J. Environ. Monit.* 4:648–656.

Harper, M., M. Z. Akbar, and M. E. Andrew. 2004. Comparison of wood-dust aerosol size-distributions collected by air samplers. *J. Environ. Monit.* 6:18–22.

Harper, M., and M. Demange. 2007. Concerning sampler wall deposits in the chemical analysis of airborne metals. *J. Occup. Environ. Hyg.* 4:D81–D86.

Harper, M., B. Pacolay, B. Hintz, D. L. Bartley, J. E. Slaven, and M. E. Andrew. 2007. Portable XRF analysis of occupational air filter samples from different workplaces using different samplers: final results, summary and conclusions. *J. Environ. Monit.* 9:1263–1270.

Hauck, B. C., S. A. Grinshpun, A. Reponen, T. Reponen, K. Willeke, and R. L. Bornschein. 1997. Field testing of new aerosol sampling method with a porous curved surface as inlet. *Am. Ind. Hyg. Assoc. J.* 58:713–719.

Heitbrink, W. A., M. G. Gressel, T. C. Cooper, T. Fischbach, D. M. O'Brien, and P. A. Jensen. 1993. Video exposure monitoring—A means of studying sources of occupational air contaminant exposure, Part 2—Data interpretation. *Appl. Occup. Environ. Hyg.* 8:339–343.

Hewson, G. S. 1996. Estimates of silica exposure among metaliferous miners in Southern Australia. *Appl. Occup. Environ. Hyg.* 11:868–877.

Health and Safety Executive. 1997. *Methods for the Determination of Hazardous Substances 14/3 General Methods for the Gravimetric Determination of Respirable and Total Inhalable Dust.* London: HSE Books.

Health and Safety Executive. 2006. *Methods for the Determination of Hazardous Substances 99 Metals in Air by ICP-AES.* London: HSE Books.

HSE. 1999. *EH40/99 Occupational Exposure Limits 1999.* London: HSE Books.

Hyatt, E. C., J. A. Pritchard, and C. P. Richards. 1972. Respirator efficiency measurement using quantitative DOP man tests. *Ann. Ind. Hyg. Assoc. J.* 33:635–643.

ICRP. 1995. Publication 66: Human respiratory tract model for radiological protection 66. *Annals of the ICRP* 24:1–3.

ISO. 1995. *Air Quality—Particle Size Fraction Definitions for Health-Related Sampling*, ISO Standard 7708. Geneva: International Standards Organisation.

ISO. 2006. *Workplace Atmospheres—Ultrafine, Nanoparticle and Nano-Structured Aerosols—Inhalation Exposure Characterization and Assessment*, ISO/TR 27628. Geneva: International Standards Organization.

ISO. 2008. *Nanotechnologies—Health and Safety Practices in Occupational Settings Relevan to Nanotechnologies.* Geneva: International Standards Organization.

John, W., and N. Kreisberg. 1999. Calibration and testing of samplers with dry, polydisperse latex. *Aerosol Sci. Technol.* 31:221–225.

Kahn, G., P. Orris, and J. Weeks. 1988. Acute overexposure to diesel exhaust: report of 13 cases. *Am. J. Ind. Med.* 13:405.

Kalatoor, S., S. A. Grinshpun, K. Willeke, and P. A. Baron. 1995. New aerosol sampler with low wind sensitivity and good filter collection uniformity. *Atmos. Environ.* 29:1105–1112.

Keeton, S. C. 1979. Carbon particulate measurements in a diesel engine. Sandia Laboratories Publication SAND 79-8210. Albuquerque, NM: Sandia Laboratories.

Kenny, L. C., R. Aitken, C. Chalmers, J. F. Fabriès, E. Gonzalez-Fernandez, H. Kromhout, G. Lidén, D. Mark, G. Riediger, and V. Prodi. 1997. A collaborative European study of personal inhalable aerosol sampler performance. *Ann. Occup. Hyg.* 41:135–153.

Kenny, L. C., R. J. Aitken, P. E. J. Baldwin, G. Beaumont, and A. D. Maynard. 1999a. The sampling efficiency of personal inhalable samplers in low air movement environments. *J. Aerosol Sci.* 30:627–638.

Kenny, L. C., A. Bowry, B. Crook, and J. D. Stancliffe. 1999b. Field testing of a personal size-selective bioaerosol sampler. *Ann. Occup. Hyg.* 43:393–404.

Kenny, L. C., and D. R. Bradley. 1994. Optimization of the Perspec multifraction aerosol sampler to new sampling conventions. *Ann. Occup. Hyg.* 38:23–35.

Kenny, L. C., and R. A. Gussman. 1997. Characterization and modelling of a family of cyclone aerosol preseparators. *J. Aerosol Sci.* 28:677–688.

Kim, S. W., and P. C. Raynor. 2009. A new semivolatile aerosol dichotomous sampler. *Ann. Occup. Hyg.* 53:239–248.

Kissell F. N., and H. K. Sacks. 2002. Inaccuracy of area sampling for measuring the dust exposure of mining machine operators in coal mines. *Mining Engineering* 2:33–39.

Kissell, F. N. 2003. *Handbook for Dust Control in Mining*, Centers for Disease Control and Prevention, Information Circular 9465.

Koch, W., W. Dunkhorst, and H. Lödding. 1998. RESPICON TM-3 F: A new personal measuring system for size segregated dust measurement at workplaces. *Occ. Health Ind. Med.* 38:161.

Koch, W., W. Dunkhorst, H. Lödding, Y. Thomassen, N. P. Skaugset, A. Nikov, and J. H. Vincent. 2002. Evaluation of the Respicon™ as a personal inhalable sampler in industrial environments. *J. Environ. Monit.* 4:657–662.

Kost, J. A., and R. D. Saltsman. 1977. Evaluation of the respirable dust area sampling concept as related to the continuous miner operator, Report L-792. Bituminous Coal Research, Inc., Pittsburgh, PA.

Ku, B. K., and A. D. Maynard. 2005. Comparing aerosol surface-area measurement of monodisperse ultrafine silver agglomerates using mobility analysis, transmission electron microscopy and diffusion charging. *J. Aerosol Sci.* 36(9):1108–1124.

Kuhlbusch, T. A. J., S. Neumann, and H. Fissan. 2004. Number size distribution, mass concentration, and particle composition of PM1, PM2.5, and PM10 in bag filling areas of carbon black production. *J. Occup. Environ. Hyg.* 1(10):660–671.

Kuusisto, P. 1983. Evaluation of the direct reading instruments for the measurement of aerosols. *Am. Ind. Hyg. Assoc. J.* 44:863–874.

Le Roux, W. L. 1970. *Recorded Dust Conditions And Possible New Sampling Strategies In South African Gold Mines*, Johannesburg International Pneumoconiosis Conference. Oxford: Oxford University Press.

Lehocky, A. H., and P. L. Williams. 1996. Comparison of respirable samplers to direct-reading real-time aerosol monitors for measuring coal dust. *Am. Ind. Hyg. Assoc. J.* 57:1013–1018.

Leidel, N. A., K. A. Busch, and J. R. Lynch. 1977. *Occupational Exposure Sampling Strategy Manual*, DHEW (NIOSH) Publication No. 77-173, NTIS #PB 77-274752. National Institute for Occupational Safety and Health.

Li, S.-N., and D. A. Lundgren. 1999. Weighing accuracy of samples collected by IOM and CIS inhalable samplers. *Am. Ind. Hyg. Assoc. J.* 60:235–236.

Lidén, G. 1993. Evaluation of the SKC personal respirable dust sampling cyclone. *Appl. Occup. Environ. Hyg.* 8:178–190.

Lidén, G., and M. Harper. 2006. The need for an international sampling convention for inhalable dust in calm air. *J. Occup. Environ. Hyg.* 3:D94–D101.

Lidén, G., and L. C. Kenny. 1992. The performance of respirable dust samplers—Sampler bias, precision and inaccuracy. *Ann. Occup. Hyg.* 36:1–22.

Lidén, G., and L. C. Kenny. 1993. Optimisation of the performance of existing respirable dust samplers. *Appl. Occup. Environ. Hyg.* 8:386–391.

Lidén, G., and L. C. Kenny. 1994. Errors in inhalable dust sampling for particles exceeding 100 μm. *Ann. Occup. Hyg.* 38:373–384.

Lidén, G., B. Melin, A. Lidblom, K. Lindberg, and J.-O. Norén. 2000a. Personal sampling in parallel with open-face filter cassettes and IOM samplers for inhalable dust—implications for exposure limits. *Appl. Occup. Environ. Hyg.* 15:263–276.

Lidén, G., L. Juringe, and A. Gudmundsson. 2000b. Workplace validation of a laboratory evaluation test of samplers for inhalable and "total" dust. *J. Aerosol Sci.* 31:199–219.

Lidén, G., and G. Bergman. 2001. Weighing imprecision and handleability of the sampling cassettes of the IOM sampler for inhalable dust. *Ann. Occup. Hyg.* 45(3):241–252.

Lidén, G., and J. Sourakka. 2009. A headset-mounted mini sampler for measuring exposure to welding aerosol in the breathing zone. *Ann. Occup. Hyg.* 53:99–116.

Linnainmaa, M., J. Laitenen, A. Leskinen, O. Sippula, and P. Kalliokoski. 2008. Laboratory and field testing of sampling methods for inhalable and respirable dust. *J. Occup. Environ. Hyg.* 5:28–35.

Lippmann, M. 1977. Regional deposition of particles in the human respiratory tract. In *Handbook of Physiology; Section IV, Environmental Physiology*, D. H. K. Lee and S. Murphy (eds.). Philadelphia: Williams and Wilkins, pp. 213–232.

Litton, C. D. 2002. Studies of the measurement of respirable coal dusts and diesel particulate matter. *Meas. Sci. Tech.* 13:365–374.

Lison, D., C. Lardot, F. Huaux, G. Zanetti, and B. Fubini. 1997. Influence of particle surface area on the toxicity of insoluble manganese dioxide dusts. *Arch. Toxicol.* 71:725–729.

Maidment, S. C. 1998. Occupational hygiene considerations in the development of a structured approach to select chemical control strategies. *Ann. Occup. Hyg.* 42:391–400.

Mark, D., and J. H. Vincent. 1986. A new personal sampler for airborne total dust in workplaces. *Ann. Occup. Hyg.* 30:89–102.

Mark, D., J. H. Vincent, H. Gibson, R. J. Aitken, and G. Lynch. 1984. The development of an inhalable dust spectrometer. *Ann. Occup. Hyg.* 28:125–143.

Mark, D., J. H. Vincent, H. Gibson, and G. Lynch. 1985. A new static sampler for airborne total dust in workplaces. *Am. Ind. Hyg. Assoc. J.* 46:27–133.

Mark, D., J. H. Vincent, D. C. Stevens, and M. Marshall. 1986. Investigation of the entry characteristics of dust samplers of the type used in the British nuclear industry. *Atmos. Environ.* 20:2389–2396.

Marple, V. A., and K. L. Rubow. 1981. *Instruments and Techniques for Dynamic Particle Size Measurement of Coal Dust*, U.S. Bureau of Mines OFR 173-83; NTIS PB 83-262360.

Marple, V. A., and K. L. Rubow. 1984. *Respirable Dust Measurement*, U.S. Bureau of Mines Open File Report (OFR) 173–83; National Technical Information Service (NTIS) PB 83-262360.

Maynard, A. D. 1999. Measurement of aerosol penetration through six personal thoracic samplers under calm air conditions. *J.*

Aerosol Sci. 30:1227–1242.

Maynard, A. D. 2007. Nanotechnology: The next big thing, or much ado about nothing? *Ann. Occup. Hyg.* 51:1–12.

Maynard, A. D., and L. C. Kenny. 1995. Performance assessment of three personal cyclone models, using an aerodynamic particle sizer. *J. Aerosol Sci.* 26:671–684.

Maynard, A. D. 2000. A simple model of axial flow cyclone performance under laminar flow conditions. *J. Aerosol Sci.* 31:151–167.

Maynard, A. D., and R. J. Aitken. 2007. Assessing exposure to airborne nanomaterials: Current abilities and future requirements. *Nanotoxicology* 1(1):26–41.

Maynard, A. D., and P. A. Baron. 2004. Aerosols in the industrial environment. In *Aerosols Handbook. Measurement, Dosimetry and Health Effects*. L. S. Ruzer and N. H. Harley (eds.). Boca Raton: CRC Press, pp. 225–264.

Maynard, A. D., and E. D. Kuempel. 2005. Airborne nanostructured particles and occupational health. *J. Nanopart. Res.* 7(6):587–614.

Maynard, A. D., R. J. Aitken, T. Butz, V. Colvin, K. Donaldson, G. Oberdörster, M. A. Philbert, J. Ryan, A. Seaton, V. Stone, S. S. Tinkle, L. Tran, N. J. Walker, and D. B. Warheit. 2006. Safe handling of nanotechnology. *Nature* 444(16):267–269.

Maynard, A. D., P. A. Baron, M. Foley, A. A. Shvedova, E. R. Kisin, and V. Castranova. 2004. Exposure to carbon nanotube material: aerosol release during the handling of unrefined single walled carbon nanotube material. *J. Toxicol. Environ. Health* 67(1):87–107.

Mills, N. L., H. Törnqvist, M. C. Gonzalez, E. Vink, S. D. Robinson, S. Söderberg, N. A. Boon, K. Donaldson, T. Sandström, A. Blomberg, and D. E. Newby. 2007. Ischemic and thrombotic effects of dilute diesel-exhaust inhalation in men with coronary heart disease. *N. Engl. J. Med.* 357(11):1075–1082.

Mine Safety and Health Administration. 2005. June 6, 2005, 30 CFR Part 57 Diesel Particulate Matter Exposure of Underground Metal and Nonmetal Miners; Final Rule. *Fed. Reg.* 2005, Mol 70, No. 107, p. 32868.

Misra, C., M. Singh, S. Shen, C. Sioutas, and P. M. Hall. 2002. Development and evaluation of a personal cascade impactor sampler (PCIS). *J. Aerosol Sci.* 33(7):1027–1047.

Morrow, P. E. 1994. Mechanisms and significance of "particle overload." In *Toxic and Carcinogenic Effects of Solid Particles in the Respiratory Tract*, D. L. Dungworth, J. L. Mauderly, and G. Oberdorster (eds.). Washington, DC: ILSI Press, pp. 17–25.

NIOSH. 1995. Criteria for a Recommended Standard—Occupational Exposure to Respirable Coal Mine Dust, DHHS(NIOSH) Publication No. 95-107. Washington, DC: National Institute for Occupational Safety and Health.

NIOSH. 1988. *Carcinogenic Effects of Exposure to Diesel Exhaust*, Current Intelligence Bulletin No. 50, DHHS (NIOSH) Pub. No. 88–116, Washington, DC: U.S. Department of Health and Human Services, Public Health Service, Centers for Disease Control, National Institute for Occupational Safety and Health.

NIOSH. 2006. *Approaches to Safe Nanotechnology. An Information Exchange with NIOSH*. Atlanta, GA: National Institute for Occupational Safety and Health. www.cdc.gov/niosh/topics/nanotech. Updated June 2006.

NMAM. 2003. *NIOSH Manual of Analytical Methods*. www.cdc.gov/niosh/nmam/pdfs/0600.pdf

Noll, J. D., R. J. Timko, L. McWilliams, P. Hall, and R. Haney. 2005. Sampling results of the improved SKC diesel particulate matter cassette. *J. Environ. Health* 2:29–37.

Oberdörster, G. 2001. Pulmonary effects of inhaled ultrafine particles. *Int. Arch. Occup. Environ. Health* 74:1–8.

Oberdörster, G., J. Ferin, and B. E. Lehnert. 1994. Correlation between particle-size, in-vivo particle persistence, and lung injury. *Environ. Health Persp.* 102(S5):173–179.

Oberdörster, G., V. Stone, and K. Donaldson. 2007. Toxicology of nanoparticles: A historical perspective. *Nanotoxicology* 1(1):2–25.

Oberdörster, G., A. Maynard, K. Donaldson, V. Castranova, J. Fitzpatrick, K. Ausman, J. Carter, B. Karn, W. Kreyling, D. Lai, S. Olin, N. Monteiro-Riviere, D. Warheit, and H. Yang. 2005. Principles for characterizing the potential human health effects from exposure to nanomaterials: elements of a screening strategy. *Part Fibre Toxicol.* 6(2:8), 1–3.

OSHA. 1998. Respiratory Protection Standard 29 Code of Federal Regulations (CFR) 1910.134.

Patashnick, H., and G. Rupprecht. 1983. Personal dust exposure monitor based on the tapered element oscillating microbalance. U.S. Bureau of Mines OFR 56-84; NTIS PB 84-173749.

Pekkanen, J., and M. Kulmala. 2004. Exposure assessment of ultrafine particles in epidemiologic time-series studies. *Scand. J. Work Environ. Health* 30:9–18.

Penttinen, P., M. Vallius, P. Tiittanen, J. Ruuskanen, and J. Pekkanen. 2006. Source-specific fine particles in urban air and respiratory function among adult asthmatics. *Inhalation Toxicology* 18(3):191–198.

Prodi, V., F. Belosi, A. Mularoni, and P. Lucialli. 1988. Perspec—a personal sampler with size characterization capabilities. *Am. Ind. Hyg. Assoc. J.* 49:75–80.

Prodi, V., C. Sala, F. Belosi, S. Agostini, G. Bettazzi, and A. Biliotti. 1989. Perspec, personal size separating sampler—Operational experience and comparison with other field devices. *J. Aerosol Sci.* 20:1565–1568.

Puskar, M. A., J. M. Harkins, J. D. Moomey, and L. H. Hecker. 1991. Internal wall losses of pharmaceutical dusts during closed-face, 37-mm polystyrene cassette sampling. *Am. Ind. Hyg. Assoc. J.* 52:280–286.

Rando, R., H. Poovey, D. Mokadam, J. Brisolara, and H. Glindmeyer. 2005. Field performance of the Respicon™ for size-selective sampling of industrial wood processing dust. *J. Occup. Environ. Hyg.* 2:219–226.

Raynor, G. S., E. C. Ogden, and J. V. Hayes. 1975. Spatial variation in airborne pollen concentrations. *J. Allergy Clin. Immunol.* 55:195–202.

Robert, K. Q. 1979. Cotton dust sampling efficiency of the vertical elutriator. *Am. Ind. Hyg. Assoc. J.* 40:535–545.

Robson, L. S., H. S. Shannon, L. M. Goldenhar, and A. R. Hale. 2001. *Guide to Evaluation the Effectiveness of Strategies for Preventing Work Injuries: How to Show Whether a Safety Intervention Really Works*, CDC, DHHS (NIOSH) publication No. 2001-119, p. 121.

Rodes, C. E., and J. W. Thornburg. 2005. Breathing zone exposure assessment. In *Aerosols Handbook*, L. S. Ruzer and N. H. Harley (eds.). Boca Raton, FL: CRC Press, pp. 61–74.

Roger, F., G. Lachapelle, J. F. Fabriès, P. Görner, and A. Renoux. 1998. Behaviour of the IOM aerosol sampler as a function of external wind velocity and orientation. *J. Aerosol Sci.* 29(Suppl. 1):S1133–S1134.

Rubow, K. L., and V. A. Marple. 1983. An instrument evaluation chamber: calibration of commercial photometers. In *Aerosols in the Mining and Industrial Work Environment*, vol. 3, V. A. Marple, and B. Y. H. Liu (eds.). Ann Arbor, MI: Ann Arbor Science, pp. 777–798.

Rubow, K. L., V. A. Marple, J. Olin, and M. A. McCawley. 1987. A personal cascade impactor: design, evaluation and calibration. *Am. Ind. Hyg. Assoc. J.* 48:532–538.

Schmees, D. K., Y.-H. Wu, and J. H. Vincent. 2008. Experimental methods to determine inhalability and personal sampler performance for aerosols in ultra-low wind speed environments. *J. Environ. Monit.* 10:1426–1436.

Shin, W. G., D. H. Y. Pui, H. Fissan, S. Neumann, and A. Trampe. 2007. Calibration and numerical simulation of Nanoparticle Surface Area Monitor (TSI Model 3550 NSAM). *J. Nanopart. Res.* 9(1):61–69.

Sioutas, C., S. Kim, and M. Chang. 1999. Development and evaluation of a prototype ultrafine particle concentrator. *J. Aerosol Sci.* 30:1001–1017.

Sivulka, D. J., B. R. Conard, G. W. Hall, and J. H. Vincent. 2007. Species-specific inhalable exposures in the nickel industry: A new approach for deriving inhalation occupational exposure limits. *Regul. Toxicol. Pharmacol.* 48:19–34.

Sleeth, D. K., and J. H. Vincent. 2009. Inhalability for aerosols at ultra-low wind speeds. In *Proceedings of Inhaled Particles X*, 23–25 September 2008, Manchester, UK. *J. Phys. Conference Ser. 151.* London: IOP Publishing, p. 6. doi: 101088/1742-6596/151/1/01/012062.

Smith, J. P., D. L. Bartley, and E. R. Kennedy. 1998. Laboratory investigation of the mass stability of sampling cassettes from inhalable aerosol samplers. *Am. Ind. Hyg. Assoc. J.* 59:582–585.

Stephenson, D. J., T. M. Spear, and M. B. Lutte. 2006. Comparison of sampling methods to measure exposure to diesel particulate matter in and underground metal mine. *Mining Engineering* 8:39–45.

Tsao, C. J., T. S. Shih, and J. D. Lin. 1996. Laboratory testing of three direct reading dust monitors. *am. Ind. Hyg. Assoc. J.* 57:577–563.

Unwin, J., P. T. Walsh, and N. Worsell. 1993. Visualization of personal exposure to gases and dust using fast-response monitors and video filming. *Appl. Occup. Environ. Hyg.* 8:348–350.

U.S. Department of Labor. 1996. Report of the Secretary of Labor's Advisory Committee on the Elimination of Pneumoconiosis Among Coal Mine Workers; recommendations 8 and 17.

van Tongeren, M. J. A., K. Gardiner, and I. A. Calvert. 1994. An assessment of the weight-loss in transit of filters loaded with carbon black. *Ann. Occup. Hyg.* 38:319–323.

Vaughan, N. P., B. D. Milligan, and T. L. Ogden. 1989. Filter weighing reproducibility and the gravimetric detection limit. *Ann. Occup. Hyg.* 33:331–337.

Vincent, J. H. 1995. *Aerosol Science for Industrial Hygienists.* Bath, UK: Pergamon.

Vincent, J. H. 1998. International occupational exposure standards: A review and commentary. *Am. Ind. Hyg. Assoc. J.* 59:729–742.

Vincent, J. H. 2005. Health-related aerosol measurement: a review of existing sampling criteria and proposals for new ones. *J. Environ. Monit.* 7:1037–1053.

Vincent, J. H., R. A. Aitken, and D. Mark. 1993. Porous plastic foam filtration media: penetration characteristics and applications in particle size-selective sampling. *J. Aerosol Sci.* 24:929.

Vincent, J. H., D. Mark, B. G. Miller, L. Armbruster, and T. L. Ogden. 1990. Aerosol inhalability at higher windspeeds. *J. Aerosol Sci.* 21:577–586.

Vinson, R., J. Volkwein, and L. McWilliams. 2007. Determining the spatial variability of personal sampler inlet locations. *J. Environ. Health* 4.9 708–714.

Volkwein, J. C., and P. T. Behum. 1978. Laboratory Evaluation of a Recording Respirable Mass Monitor. *Am. Ind. Hyg. J.* 39(12):96.

Volkwein, J. C., R. P. Vinson, L. J. McWilliams, D. P. Tuchman, and S. E. Mischler. 2004. *Performance of a New Personal Respirable Dust Monitor for Mine Use*, Centers for Disease Control and Prevention, Information Circular RI 9663.

Volkwein, J. C., R. P. Vinson, S. J. Page, L. J. McWilliams, G. J. Joy, S. E. Mischler, and D. P. Tuchman. 2006. *Laboratory and Field Performance of a Continuously Measuring Personal Respirable Dust Monitor*, Centers for Disease Control and Prevention, Information Circular RI 9669.

Volkwein, J. C., A. L. Schoeneman, and S. J. Page. 1998. *Laboratory Evaluation of Pressure Differential Dust Detector Tube.* 1998 American Industrial Hygiene Conference, May, Atlanta, GA.

Wade, J. F., III, and L. S. Newman. 1993. Diesel asthma: Reactive airways disease following overexposure to locomotive exhaust. *J. Occup. Med.* 35:149.

Walton, H. W., and J. H. Vincent. 1998. Aerosol instrumentation in occupational hygiene: An historical perspective. *Aerosol Sci. Tech.* 28:417–438.

Werner, M. A., T. M. Spear, and J. H. Vincent. 1996. Investigation into the impact of introducing workplace aerosol standards based on the inhalable fraction. *Analyst* 9:1207–1214.

Wichmann, H. E., and A. Peters. 2000. Epidemiological evidence of the effects of ultrafine particle exposure. *Philos. Trans. R. Soc. Lond. Ser. A–Math. Phys. Eng. Sci.* 358(1775): 2751–2768.

Willeke, K., H. E. Ayer, and J. D. Blanchard. 1981. New methods for quantitative respirator fit testing with aerosols. *Am. Ind. Hyg. Assoc. J.* 42:121–125.

Williams, K., and R. J. Timko. 1984. *Performance Evaluation of a Real-Time Aerosol Monitor*, U.S. Bureau of Mines, Centers for Disease Control and Prevention, Information Circular 8968.

Williams, K. L., and R. P. Vinson. 1986. *Evaluation of the TEOM Dust Monitor*, U.S. Bureau of Mines, Centers for Disease Control and Prevention, Information Circular 9119.

Witschger, O., S. A. Grinshpun, S. Fauvel, and G. Basso. 2004. Performance of personal inhalable aerosol samplers in very slowly moving air when facing the aerosol source. *Ann. Occup. Hyg.* 4:51–368.

Wood, J. D. 1977. A review of personal sampling pumps. *Ann. Occup. Hyg.* 20:3–17.

Wu, H. W., and A. D. S. Gillies. 2008. Developments in real time personal diesel particulate monitoring in mines. In *Proceedings of the 12th U.S./North American Mine Ventilation Symposium.* University of Reno, NV: Omnipress, pp. 629–636.

26

环境气溶胶采样

John G. Watson 和 Judith C. Chow
内华达州高等教育系统沙漠研究所，内华达州里诺市，美国

26.1 引言

环境悬浮颗粒物（PM）采样的目的包括：①判断环境空气是否符合国家环境空气质量标准（NAAQS；Bachmann，2007）；②提高对大气污染物物理化学特征的认识（Chow，1995a）；③对悬浮颗粒物进行来源分析，包括有毒金属（Watson 等，2008）；④评估不利健康效应（第 38 章；Pope 和 Dockery，2006；Mauderly 和 Chow，2008），生态环境破坏（Petroff 等，2008）和能见度降低（Watson，2002）的程度和产生原因。为实现单一目的而设计的采样系统并不需要满足其他采样目的的要求。用于判断环境空气是否符合 NAAQS 的滤膜采样器是以质量为基础的，它在粒径分类、每小时和每日的顺序采样、化学特征采样及可挥发气溶胶的定量方面的适用性有限（Chow 和 Watson，2008）。

大多数可悬浮颗粒物的浓度可以通过重量法测得，即在 24h 的时间内抽取一定体积的空气通过滤膜，采样前、后分别将滤膜放在温度和湿度可控的实验室中称重，以测量粒子沉积物质量，沉积物质量除以采样体积就得到沉积物的质量浓度。美国环境保护署（US EPA，2010）规定了滤膜采样的联邦参考方法（FRMs）（USEPA，2008a）用于测定总悬浮粒子(total suspended particulate，TSP；粒子的空气动力学直径＜40μm)、PM_{10} 和 $PM_{2.5}$（颗粒物空气动力学直径分别＜10μm 和＜2.5μm）（USEPA，2006）是否符合 NAAQS（Bachmann，2007；Chow 等，2007a）。

颗粒物 NAAQS 规定：①PM_{10} 24h 平均浓度值不得超过 150μg/m^3，3 年平均来说每年不超过一次；②$PM_{2.5}$ 年算术平均浓度（3 年以上平均）不得超过 15μg/m^3；③98% $PM_{2.5}$ 24h 平均浓度值（3 年以上平均）不超过 35 μg/m^3。使用百分位数的目的是使高浓度的测定更为稳定，采用 3 年平均值是为了调节单一年份中特殊的排放源或气象因素引起的偏差。FRMs 可以准确测量不同采样频率（6 天、3 天及每天）的质量。

很多用于 FRMs 和其他采样系统的组件都可以根据特定的需求组装成不同的过滤采样器。本章对其进行补充（Chow，1995a；Chow 等，2008；McMurry，2000；Solomon 和

Sioutas，2008；Wilson 等，2002)，且重点阐述基于滤膜的环境采样系统，该采样系统是第9章描述的分析技术的前奏。

26.2 采样系统组件

图 26-1 为颗粒物采样系统示意图。空气进入采样口，在此阶段，大于目标粒径的颗粒物通过直接冲击、虚拟冲击、气旋流或选择性过滤而去除，包含目标颗粒物的空气流通过输送管道进入溶蚀器。溶蚀器可去除气体成分，这些气体成分包括粒子前体物以及与硝酸盐和高蒸气压有机化合物达到平衡的气体。溶蚀器能够传送高于 95%的颗粒物。溶蚀器表面可以自然地阻留这些气体，也可以用能吸收气体的化学物质处理。采样口和输送管道也能不同程度地去除气体，这取决于仪器材料以及气体性质。空气通过滤膜托时，其中的收集滤膜将通过其表面的超过 99%的粒子阻留在平滑的沉降器里。根据不同的分析方法，应该选择平整滤膜或多孔滤膜。在收集滤膜后，安放有一个或多个后备滤膜以吸收空气流中的气体及从前一个滤膜上的粒子挥发出的气体，这些滤膜本身能够吸收气体或经化学吸收剂处理后能够吸收气体。位于滤膜后面的流量控制计用于监测气体采样体积，之后是采样泵，用于抽取足够体积的气体以使通过系统的气体达到理想流量。定时器用于控制采样泵的开关，并记录采样时间。

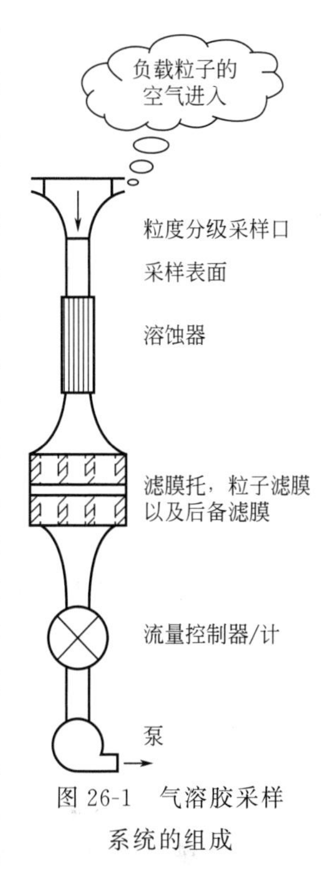

图 26-1 气溶胶采样系统的组成

虽然图 26-1 的概念很简单，采样系统在实际应用中需要根据具体的采样目的对组件进行整合。由于溶蚀器和后备滤膜的价格及维护费用较高，通常将其省略。通常情况下，省略溶蚀器和后备滤膜只会导致质量测量的微小偏差，但有些情况下，测量浓度与实际环境浓度会有很大的偏差。首次采样前，要评估待测气溶胶的性质、环境采样条件（如温度和相对湿度）以及分析滤膜上沉积物所采用的化学分析方法。

26.2.1 粒径选择性采样口和粒子分级器

惯性分级器（第 8 章）可作为粒径选择性采样口（size-selective inlets)，以去除超过一定空气动力学直径的粒子。采样效率曲线用以描述某空气动力学直径的粒子通过采样口的比例。采样效率用 50%切割点（d_{50}）以及斜率（或几何标准偏差）来表示，50%切割点是有半数粒子通过采样口时的粒径，斜率即 84%粒子被去除时的粒径（d_{84}）与 16%粒子被去除时的粒径（d_{16}）之比的平方根。实际操作中，不可能达到斜率为 1 的情况。很多采样口的斜率都达到 1.5，斜率越小，切割点就越“尖”。

采样效率可以量化通过采样口的颗粒物的总质量分数，它取决于粒径分布以及采样口的采样有效性。对所有粒径下的采样效率与质量-粒径分布的乘积进行积分，可以得到采样效率（Watson 等，1983；Wedding 和 Carney，1983；Keywood 等，1999)。由于很多环境粒子的质量粒径分布峰在 10μm 附近，而在 2.5μm 附近最小，PM_{10} 采样效率的变化对质量浓度的影响要大于 $PM_{2.5}$ 采样效率的变化对其的影响（Lundgren 等，1984；Burton 和 Lundgren，1987）。在尘土飞扬的区域，切割点更“尖”的 PM_{10} 采样口要比切割点平缓的采样口所采集的样品质量小。$PM_{2.5}$ 采样口所采集的质量对采样效率斜率的依赖要小得多。

采样口的传输应该不受风速和风向的影响。TSP（联邦法规代码，2007）大流量采样器的矩形尖顶采样口，在不同的风向和风速条件下，其采样效率不同（Wedding 等，1977；Mcfarland 等，1980）；PM_{10} 采样口的结构很对称，目的在于使这些变化最小化。风向和风速对于 $PM_{2.5}$ 切割点的影响比较小。

表 26-1 介绍了几种目前正在使用且已商业化的 PM_{10} 和 $PM_{2.5}$ 环境空气采样口（Chow，1995a；Hering，2001；Chow 等，2008）。尽管表 26-1 中参考文献所报道的结果有时会有所差异，但生产厂家通常会给出切割点和效率曲线。这些不同的结果是由不同的实验方法、采样口的条件以及实验的不确定性引起的。对于 PM_{10} 及更大粒径的采样口，大型风洞（McFarland 等，1977；Wedding 等，1977；Ranade 等，1990；Witschger 等 1997）用于检测这些采样口在风速为 2～24m/s 时的变化。

表 26-1 所列的采样口是按照粒径分离原理（第 7 章、第 8 章）进行分类的，包括直接冲击、虚拟冲击、气旋以及选择性过滤。直接冲击系统（Marple 和 Willeke，1976）由一个或多个位于冲击板上方的喷嘴组成。选择的冲击板尺寸应使大于目标切割粒径的粒子冲击并黏附在冲击板上。颗料物沉降筛选器-冲击器在冲击器之前或之后使用一个垂直挡板通过重力沉降进一步移除大粒子。当粒子沉降速度超过向上的空气速度时，粒子不能通过采样口传送。

虚拟冲击式采样器（Conner，1996；Jaenicke 和 Blifford，1974；Marple 和 Chien，1980；Hari 等，2007）使用一个开放口代替冲击板，该开放口能够把大粒子引到其他位置，例如引向其他滤膜。这些冲击式采样器减少了粒子再悬浮的问题，并把 PM_{10} 分离为 $PM_{2.5}$ 和粗粒子（PM_{10} 减去 $PM_{2.5}$）部分。空气动力学透镜（Liu 等，1995a，b；Wang 等，2005；Wang 和 McMurry，2006）是虚拟式冲击式采样器的组成部分，它由一系列孔口组成，这些孔口可以形成汇聚流和发散流，通过加速和减速使粒子从载气中分离出来并汇聚成粒子束。空气动力学透镜可以分离超细粒子（$<0.1\mu m$）并富集较大的粒子，已经应用于原位气溶胶质谱仪（Bahreini 等，2008）。使用虚拟冲击式采样器的气溶胶浓缩器（Wu 等，1989；Kim 等，2001a，b；Chang 等，2002；Ning 等，2006）可以提高动物暴露研究中的颗粒物浓度，并能获得大量样品以供后续分析。

旋风器（Chan 和 Lippmann，1997；Kenny 和 Gussman，1997，2000；Kim 等，2002a；Avci 和 Karagoz，2003；Gimbun 等，2005；Hsu 等，2005；Sigaev 等，2006；Shi 等，2007）使用切向叶片使进入采样口的空气做圆周运动。空气进入圆柱体或圆锥体管道后，圆周运动的惯性离心力使粒子向管壁移动，然后到达收集容器或“收纳罐”。

选择性过滤（Melo 和 Phillips，1975；Buzzard 和 Bell，1980；Heidam，1981）使用滤膜或其他具有一致性和可测量颗粒传输特性的多孔材料。核孔膜™ 蚀刻的聚碳酸酯膜，孔径 $8\mu m$，通过截取作用收集碰撞在孔隙周围的粒子，在流量大约为 10L/min 下，为粒径为 $2\sim3\mu m$ 的粒子提供 50%切割点。孔径约为 $0.4\mu m$ 的滤膜安装在 $8\mu m$ 滤膜后面用于收集传输的粒子。

冲击式采样器的采样口需要频繁清洗和上油或润滑以防止冲击粒子分散或重新进入空气流（John 等，1991）。即使 FRMs 采样器所要求使用的 Well Impactor Ninety-Six（WINS）$PM_{2.5}$ 冲击器-颗粒物沉降筛选器中使用了高触感表面，但 Pitchford 等（1997）仍然观察到经过 3～4 天采样后，油层表面上方的圆锥形粒子累积结构。此结构顶端的粒子很容易坍塌并进入空气，到达滤膜。Kenny 等(2000)发现，WINS 冲击板负载上铝砂尘之后，其切割点从 2.5μm 变为 2.15μm。Kenny 等（2000）认为尖锐切割旋风器（Sharp-Cut Cyclone，SCC）的采样效率曲线与采样量较大的 WINS 的效率曲线相似，负载增加时没有发现切割点偏移。随后的一个设计即切割效率高的切割气旋（VSCC），已作为 $PM_{2.5}$ FRMs 中 WINS 的替代品使用（Kenny 等，2004）。

表 26-1 表明，不同的 PM_{10} 和 $PM_{2.5}$ 采样口有不同的切割点。美国环境保护署规定 FRMs 的 PM_{10} 切割点为(10±0.5)μm。WED❶IP-10 采样口的切割点为 9.6μm，而早期的 AND SA-321A 采样口的切割点则为 10.2μm。这种差异使得一些用户更倾向于选用 WED 采样口，这是由于使用低切割点的仪器采样能够降低 PM_{10} 的测量值并减少其超过 NAAQS 的概率。为了更具竞争力，切割点为 9.7μm 的 AND SA-321B 取代了 SA-321A。新的冲击式采样器喷射装置也提供 SA-321A 采样口。尽管这两者都已被表 26-1 中介绍的 G-1200 采样口（不同厂商的设计不同）取代，但一些早期的采样口仍在使用，并且从外形上很难将它们彼此区分开。

根据流量范围，采样口大致可分为大流量（约 1000L/min）、中流量（约 100L/min）、小流量（10～20L/min）和微流量（<5L/min）。巨大流量（>10000L/min）采样口和采样器也已研制成功，用于采集几克可悬浮粒子以进行健康研究。由于可以保持较高流量并得到充足的样品量，所以，当把样品平行收集在几个基底上时，更适合采用中流量和大流量采样口。微流量采样器的成本最低，体积小，不需要额外的基础设施即可应用，但是其 24h 检出限高于较大流量采样器。

表 26-1 环境气溶胶采样的粒径选择性入口及其特征

名称和参考文献[①]	采样口标识：d_{50}/μm，斜率[②]，流量/(L/min)	说明及注释
	冲击式采样口	
AMI Minivol 冲击式采样器(Turner 1998；Wiener 和 Vanderpool，1992；AMI，2011)	MRI-10：10，1.2，5 MV-10：约 10，NA，5 MV-2.5：约 2.5，NA，5	MRI-10 是一种带有百叶窗式防雨罩和不涂油冲击表面的不锈钢冲击式采样器。MV-10 和 MV-2.5 是经过加工的聚丙烯塑料或铝。用串联的 PM_{10} 和 $PM_{2.5}$ 采样口采集 $PM_{2.5}$。每次采样前将溶于乙烷的阿皮松真空油脂涂在冲击表面以使粒子的再飞散最小化
哈佛锋利冲击式采样器(Turner 等，2000)	MST-104：10，1.11，4 MST-1010：10，1.09，10 MST-1020：10，1.06，20 MST-24：2.5，1.02，4 MST-210：2.5，1.06，10 MST-220：2.5，1.25，20 MST-123：1，1.22，23	在经过机械加工的铝上包裹一层 FEP 特氟龙
Hivol PM_{10}(Hall 等，1988；John 等，1983a；McFarland 等，1984；McFarland 和 Ortiz，1984a，b，1985；Wedding 等，1985；John 和 Wang，1991)	G-1200：9.7，1.4，1133	带单级反向喷射流的旋转式阳极氧化铝。机体装有铰链，这样有助于清洁冲击板并在冲击板上涂油脂，清洁完冲击板后要在上面喷气溶胶黏合剂。SA-320 单级 PM_{15} 采样口先于 G-1200 出现，SA-321A 和 SA-321B 双阶和 SA-321C 单级 PM_{10} 采样口已不再销售，但仍有人使用。至今尚未完全清楚每个采样口要采用哪一个采样效果测试

❶ 三个字母缩写表示的生产商信息见附录Ⅰ。

续表

名称和参考文献①	采样口标识：d_{50}/μm，斜率②，流量/(L/min)	说明及注释
	冲击式采样口	
Medvol PM_{10}(Olin 和 Bohn，1983)	SA-254I：10，1.6，113	带有10个冲击式采样器喷嘴和一个中心颗粒物沉降筛选管的旋转式铝(Spun alumininum)。采样口可以拆开清洗。SA-254或"蓝头(Blue Head，名字源于其上的搪瓷涂层颜色)"先于SA-254I出现，前两个不能拆开清洗
平顶分道 PM_{10}(McFarland 等，1978；Wedding 等，1980；van Osdell 和 Chen，1990；Lai 和 Chen，2000)	246B Flat Top：10.2，1.41，16.7	带有一个压缩管和3个颗粒物垂直沉降筛选器的机械加工铝。雨滴被吹进平顶下方的采样口，并积聚在冲击面上。水从小排水管排进采样口外部的瓶子。可以把顶端的螺丝拧开清洁冲击式采样器的表面
BGI FRM 百叶窗式 PM_{10}(Tolocka 等，2001；Kenny 等，2005)	Lourered PM_{10}：BGI-16：10，NA，16.7 BGI-5：10，NA，5	与SA-246B的材料和设计相同，但它的顶端弯曲超过采样口的防虫网，以避免风将雨滴吹进采样口，并且具有PTFE涂层。5L/min的版本用于BGI OMNI MiniVol采样器。16.7L/min的采样口由许多供应商提供
EPA Well Impactor Ninety-Six(Peters 等，2001；Kim 等，2002b；Kenny 等，2004；Vanderpool 等，2001a，b，2007)	WINS：2.48，1.18，16.7	带有可分开的冲击式采样器喷嘴的机械加工铝。碰撞表面由浸在1mL真空泵油中的37mm石英纤维滤膜组成，这样可将多天采样内粒子的再飞散最小化
	虚拟冲击式采样器	
Anderson 双通道虚拟冲击式采样器(McFarland 等，1978)	SA-241：2.5，NA，16.7	经机械加工的阳极氧化铝与双通道采样器结合为一体。气流以1.7L/min的速度通过虚拟冲击式采样器到达粗粒子收集滤膜，剩余的气流直接到达 $PM_{2.5}$ 滤膜。这套装置可以拆开清洁，但重新组装时必须小心，因为 PM_{10} 采样口位于虚拟冲击式采样器管的上面而不是 $PM_{2.5}$ 滤膜的旁边
URG VAPS 虚拟冲击式采样器(URG，2011b)	VAPSVI：2.5，NA，32	带有FEP特氟龙涂层的铝。气流以2L/min的速度穿过虚拟冲击式采样器到达粗粒子收集滤膜，两股气流以15L/min的速度分别到达 $PM_{2.5}$ 溶蚀器和收集滤膜
	旋风采样口	
Wedding IP-10(Wedding 和 Weigand，1985)	IP-10：9.6，1.37，1133	旋转式阳极氧化铝。在采样口顶端有清洗端口，此口需要经常清洁，因为粉尘在旋风器壁面上积聚会导致切割粒径下降。此款已不再销售，但仍在使用
加利福尼亚空气工业卫生实验室/URG 旋风器(John 和 Reischl，1980)	AIHL：2.7，1.16，24 AIHL：2.4，1.18，28	用于安德森参考环境空气采样器(RAAS)和IMPROVE $PM_{2.5}$ 采样器中(表26-2)经机械加工的阳极氧化铝
BGI 锋利旋风器(Kenny 等，2000)	BGISCC：2.5，1.2，16.7 SASSCC：2.5，1.2，16.7 GRT-1.118：2.5，NA，2 GRT-2.141：2.5，1.24，6.8 R&P1.829：2.5，1.23，5 BGI-1.062：1.0，1.21，3.5 BGI-2.229：1，1.17，16.7 VSCC：2.5，1.1，16.7	镀镍铝。旋风器有一种水平设计，漏斗位于一端。粒子经过旋风锥的较低表面收集在收纳罐里。末端的盖有助于定期清洗。SASSCC用于METONE形态采样器(表26-2)

续表

名称和参考文献[①]	采样口标识：d_{50}/μm，斜率[②]，流量/(L/min)	说明及注释
	旋风采样口	
BGI强锋利旋风器(Kenny和Thorp，2001；Kenny等，2004)	VSCC：2.5，1.1，16.7	强锋利旋风器(VSCC)可以设计和制造成许多切割点和流量，包括PM_{10}
TIS/Bendix 240中等体积旋风器	B-240：2.5，1.7，113	过氟烷氧基(PFA)特氟龙包裹的焊接钢。运行方向垂直，在底部有收纳罐
URG旋风器(URG 2011f，g)	30ENB：10，NA，16.7 30EA：10，NA，28.3 30EN：2.5，1.32，10 30EH：2.5，1.35，16.7 30ED：2.5，NA，3 30EC：3.5，NA，28 30EHB：1，1.34，16.7	经过机械加工的铝或带有FEP特氟龙涂层的铝。旋风器可在垂直方向或水平方向进行操作
	层叠式滤膜	
核孔聚碳酸酯膜(Spurny等，1969，1977；Melo和Phillips，1975；Liu和Lee，1976；Cahill等，1977；Parker等，1977；John等，1978，1983b；Buzzard和Bell，1980；Heidam，1981；Gentry等，1982；Gras，1983)	N-8：～2，NA，10	大孔(8μm)的聚碳酸酯滤膜通过拦截和碰撞去除大于2～3μm的粒子，小粒子通过这些孔到达另一个滤膜。在20世纪70—80年代早期，美国能见度监测网中广泛应用这种层叠滤膜单元(SFU)，现在在世界的其他地区，这种技术仍然在使用
BGI CIS泡沫(Vincent等，1993；Gorner等，2001；Kenny等，2001)	CIS-10：10，NA，3.5 CIS-4：4，NA，3.5 CIS-25：2.5，NA，3.5	不同厚度的聚碳酸酯泡沫传输粒子的程度不同，用于个体采样

① 所引用的文献中更完整地介绍了采样口及其传输性能测试。

② 采样口标示符是制造商的零件号码的缩写式。“d_{50}”是有一半粒子通过采样口，另一半沉积在采样口时的空气动力学直径，通过检测已知粒径的粒子可得到该直径。斜率$=\sqrt{d_{84}/d_{16}}$，是采样口透过率在84%和16%时粒径比的平方根。这些值是卖方所提供的特定流量下的值，由于实验和采样口状态不同，它们可能与其他引文中的报道值不同。斜率位置处的“NA”表示没有得到该值。

26.2.2 采样器结构材料

阳极氧化铝是采样口和传输管最常用的材料。某些系统中的传输管也用铜、不锈钢、导体塑料和玻璃。绝缘体塑料表面和玻璃能捕获电荷，从而吸附悬浮粒子，但大多数环境采样系统的尺寸很大，所以这种吸附可忽略不计（Rogers等，1989）。

某些材料通过吸附或反应将气体和粒子从空气流中除去，这对硝酸蒸气尤为显著，这种气体几乎可以附着在每种物质上（Bowermaster和Shaw，1981；Sickles和Hodson，1989）。从采样口或者传输管中去除硝酸能够改变硝酸铵粒子的气-粒平衡，而使硝酸铵分解成氨气和硝酸气体（Stelson等，1979）。这同样适用于一些半挥发性有机化合物（Pankow，1987；Galarneau和Bidleman，2006）。

John等（1986）测试了不同材料与硝酸的亲和力，发现表面包裹全氟-烷氧基（PFA）的特氟龙可以通过80%～100%的硝酸。后来Neuman等（1999）证实了这些结果，他们发现超过80%的硝酸能在长于30cm的铝、不锈钢、尼龙、玻璃、熔融石英、硅烷化玻璃以及硅烷包裹的不锈钢管中去除。在采样前，PFA 特氟龙表面需要用稀硝酸溶液清洗以使其变干。表 26-1 中的一些采样口以及它们对应的传输管可以用特氟龙包裹以使反应气体从气流中的移除达到最小化。

26.2.3 溶蚀器

扩散溶蚀器（Kitto 和 Colbeck，1999；Cheng，2001；Eatough 等，2003；Temime-Roussel 等，2004a）放置在空气流中，可以传输超过 95%的粒子，同时除去超过 95%的气体。气相分子迅速扩散到溶蚀器表面，而扩散系数较低的粒子则通过溶蚀器到达滤膜。溶蚀器表面用化学物质包裹以留住气体分子。经适当的处理后，在实验室分析中，用溶液萃取出溶蚀器中收集的样品以测定采样期内的平均气体浓度。溶蚀器差分法（Shaw 等，1982）平行操作两个采样器，一个有溶蚀器而一个没有。通过自然吸收或使用吸收气体的化学物质把气体和粒子收集在滤膜上，然后对目标化合物进行分析，两个采样器浓度的差值就是气体浓度。

已经应用的溶蚀器有管状、平行板、环状、蜂窝状、纤维以及活性炭溶蚀器，其中 URG 公司的玻璃和特氟龙包裹的环状溶蚀器应用最普遍。管状溶蚀器（Gormley 和 Kennedy，1949）有的是单独管，有的是管束。一束大于 30cm 长的管能在特定流量下去除气体，而单独管仅仅适用于流量小于 5L/min 的情况，这取决于气体扩散效率。平行板溶蚀器（Fitz，1990；Rosman 等，2001；Keck 和 Wittmaack，2006；Ruiz 等，2006）由一些中间有小间隔的矩形平板构成。环状溶蚀器（Possanzini 等，1983；Allegrini 等，1987；Koutrakis 等，1988；Temime-Roussel 等，2004a，b）是一系列直径不同的同轴管嵌套而成的，粒子通过环道，而气体则扩散到环道表面。蜂窝状溶蚀器（Koutrakis 等，1993；Sioutas 等，1994，1996）是厚玻璃片或铝片，其上有很多微小蚀刻或钻出的孔隙，这些溶蚀器可以短到几厘米，这个取决于流量，同时也可作为滤膜组的一部分。Fitz 和 Motallebi（2000）评价了疏松编织的人造纤维，这些纤维能够浸泡在不同化学物质中以去除气体。他们的测试表明，纤维对 $PM_{2.5}$ 的收集效率大于 95%，而硝酸能从纤维的萃取和分析中定量回收。纤维溶蚀器可以当作滤膜组的一部分来进行处理。活性炭块（Subramanian 等，2004）能将有机气体大量地吸附在溶蚀器表面。

许多涂层可以用于溶蚀器表面以去除特定的气体。氧化镁、氟化钠、氯化钠和碳酸钠涂层用于去除硝酸（Ferm 1986；Perrino 等，1990；Febo 等，1993；Bai 和 Wen，2000；Ashbaugh 等，2004；Arnold 等，2007）。草酸、钨酸、磷酸、亚磷酸和柠檬酸涂层用于去除氨气（Braman 等，1982；McClenny 等，1982；Anlauf 等，1985；Langford 等，1989；Wiebe 等，1990；Williams 等，1992；Perrino 和 Gherardi，1999；Fitz 等，2003）。有机气体可以被石英纤维滤膜带（Fitz，1990）、碳饱和滤膜（Eatough 等，1993）、细密平整的 XDA™ 树脂（Gundel 等，1995；Watson 和 Chow，2002）以及氢氧化钾（Lawrence 和 Koutrakis，1994）去除。

溶蚀器最常见的用途是精确测量硝酸铵粒子，当温度为 15～20℃时，该粒子通常会挥发（Ashbaugh 和 Eldred，2004；Chow 等，2005）。精确测量硝酸盐是从样品气流中去除硝酸，把硝酸盐粒子收集到滤膜上，并把挥发的硝酸吸附在后备滤膜上。John 等（1998）在评估硝酸干沉降法时发现，阳极氧化铝溶蚀器去除硝酸的能力很强，于是开发了用于双通道采样器的阳极氧化铝溶蚀器。Fitz 和 Hering（1996）认为，经过在南加州一个光化学活性强的地方监测三年后，阳极氧化铝环状溶蚀器（Chow 等，1993b）已经达到饱和，应重新对表面进行阳极处理以恢复其性能。

26.2.4 滤膜托

滤膜托是可以密封滤膜边界的框架，这样，空气才能通过滤膜的多孔中心。滤膜下方的多孔支撑网栅可以防止滤膜被真空泵从滤膜托中吸出。Lippmann（2001）和 Chow（1995a）介绍了不同的滤膜托。滤膜托应具备以下特质：与采样器以及气流系统紧密连接无泄漏，由不吸收活性气体的惰性材料制成、能使粒子均匀沉降在滤膜表面、通过空载滤膜托的压降较低、要与常见的滤膜尺寸相适配（如直径为 25mm、37mm 或 47mm）、持久耐用且价格合适。同时滤膜托应保护滤膜在运送过程中不受污染，使对滤膜的损害以及待测物质的损失最小化。

滤膜托按照线性或者敞口排列。排成直线的滤膜托能把粒子集中在基底中心，因此当对滤膜进行分析时，结果将产生偏差（Chow 等，1994；Chow，1995b）。不均匀的支撑网栅或低孔率的网栅（$<50\%$）可能也会导致不均匀沉降。滤膜托应该是敞开的或在其前面有一个扩散区域，以在收集之前将粒子进行分散。

$PM_{2.5}$ FRMs（USEPA，1997）详细说明了直径为 47mm 的滤膜托的材料和尺寸，该滤膜托由聚甲醛树脂制造，并带有不锈钢的支撑网栅，每个网孔的直径为 $100\mu m$，相互之间的距离为 $100\mu m$。只有白色的聚甲醛树脂托用于 FRMs，但新的聚甲醛树脂托可能会污染用于碳分析的石英纤维滤膜（Gutknecht 等，2001；Clark，2002）。目前开发了一种类似的蓝色聚甲醛树脂托，这种滤膜托由不同于白色滤膜托的材料制成，这种材料很硬，有时会刺破特氟龙滤膜。核孔聚碳酸酯塑料滤膜托适用于 25mm、37mm 和 47mm 直径的滤膜，并适用于多种采样系统。每种滤膜托的价格在几十美元，可购买许多在实验室使用。改良的核孔滤膜托有排气洞以减少对气流的阻碍。可以使用多重填充剂把滤膜串联起来，而不会使其相互接触。核孔膜滤膜托中的橡胶 O 形环可以提高石英纤维滤膜上碳的空白水平，使用 Viton®（Tombach 等，1987）O 形环取代橡胶 O 形环能够消除这种影响。关于滤膜材料对活性气体定量测量的影响程度的报道还很少。由特氟龙制成或包裹的滤膜托可以减少硝酸的损失。还有一些不锈钢滤膜托，这些滤膜托通常很昂贵，并能吸收挥发的硝酸（Neuman 等，1999）。下面描述的采样器一般都具有特定的滤膜托。

26.2.5 滤膜

具体应用中，对滤膜介质的评价包括：机械稳定性、化学稳定性、粒子或气体采样效率、气流阻力、负载容量、空白值、分析方法的兼容性、价格以及可利用性等。Chow（1995a）和 Lippmann（2001）介绍了各种类型的滤膜。一些滤膜也用于光透射或光反射来测量粒子吸收（Horvath，1993；Watson，2002；Bond 和 Bergstrom，2006）或者辨别有机碳和元素碳（Chow 等，1993a，2004，2007b；Peterson 和 Richards，2002；Chen 等，2004），在这些分析中，滤膜颜色和内部分散特征很重要。

用于 NAAQS 的 FRMs 对 PM_{10} 和 $PM_{2.5}$ 采样滤膜的规定（USEPA，2006）有：$0.3\mu m$ 邻苯二甲酸二辛酯（DOP）采样效率高于 99.9%；由于机械或化学不稳定性所引起的质量损失小于 $5\mu g/m^3$；碱度小于 $25\mu eq/g$ 以使二氧化硫和氮氧化物的吸收最小化。这些仅仅是对用于化学分析的样品的最低要求。采样前，需要从每一批（50～100 个滤膜）中任意选取一个或两个未暴露的样品以检测此批滤膜是否被污染。如果滤膜的空白值较高或不断变化，则随后对粒子沉降物进行的定量分析无效。

在大气粒子和气体采样中最常用的过滤介质是特氟龙膜、石英滤膜、尼龙滤膜、纤维膜、特氟龙包裹的玻璃纤维滤膜、蚀刻聚碳酸酯滤膜及玻璃纤维滤膜。这些材料并不能满足所有要求。

环状特氟龙滤膜（PAL，2011a；WHA，2011a）由一个聚酯纤维环支撑的多孔的聚四氟乙烯（PTFE）薄膜组成。没有环支撑，薄膜就会坍塌，而且该滤膜不能精确分割成小片。白色膜接近透明，并已用于评估光吸收（Campbell 等，1995；Bond 等，1999）。PTFE 特氟龙很稳定，吸收的水分或气体可以忽略，其内部的污染水平较低，但是通过权威测试已经在某些滤膜批次中发现了化学物质，这种滤膜常用于质量和元素分析。薄膜尤其适用于 X 射线和质子激发 X 射线发射（XRF 和 PIXE）分析，此分析可以获得元素的浓度且不会损坏薄膜（Kasahara，1999；Waston 等，1999）。特氟龙不易被水沾湿，因此，水萃取法中需要添加乳化剂（如乙醇）以用于离子分析。如果将同一滤膜放在真空下对其加热进行 X 射线和 PIXE 分析，那么就会损失硝酸铵。虽然气溶胶的碳含量可以从氢含量中推导出来，但由于特氟龙滤膜的含碳量高，故不能用特氟龙滤膜进行碳分析（Kusko 等，1989）。由于特氟龙滤膜对流量的阻力较大且需要环状支撑架，很难实现大流量采样，因此特氟龙滤膜常被用作低流量和中流量采样。该滤膜的一种变型是用 PTFE 编织垫代替支撑环，将特氟龙薄膜安放在该垫子上。该滤膜的密度较大，但可以做成用于较大流量采样的较大尺寸的滤膜。薄膜和垫子表面在外形上很相似，所以在安装滤膜时必须小心以防止颠倒放置，否则粒子将沉积在垫子表面而不是薄膜表面。

石英纤维滤膜（PAL，2011b；WHA，2011b）是一个紧密编织的石英细丝垫子，该滤膜符合大多数情况的要求。采样时，石英纤维滤膜可以吸收有机气体（McDow 和 Huntzicker，1990；Turpin 等，1994；Watson 和 Chow，2002；Chow 等，2010；Watson 等，2009），在特氟龙滤膜或前置石英滤膜后放置一个清洁石英薄膜作为后备滤膜，或者将其作为场地空白的石英滤膜直接暴露于环境空气中。气体吸收产生正偏差，而收集的挥发性粒子造成负偏差，产生偏差的程度不确定（Eatough 等，2003）。采样之前，石英滤膜在约 900℃焙烘 3～4h 以除去吸收的有机蒸气。尽管改良的石英滤膜比以往的石英滤膜更加清洁，但某些元素的空白值仍然很高且易变（尤其是铝和硅）。石英纤维滤膜广泛用于离子（Chow 和 Watson，1999）、碳元素（Peterson 和 Richards，2002；Chow 等，2007b）和有机化合物（Ho 和 Yu，2004；Chow 等，2007c；Ho 等，2008）分析。石英纤维滤膜的最大缺点就是其脆弱性。因此，操作时必须十分小心以使质量测量准确。WHA 石英微纤维空气（QMA）滤膜含有 5%的硼硅酸盐玻璃用以减弱其脆弱性。这种滤膜经常用于 PM_{10} 大流量采样器进行质量测量。Pallflex® 2500 QAT-UP Tissuquartz™ 滤膜是纯石英，在出品之前经过蒸馏水洗涤（因此有“UP”或“超纯”称号）和热处理（高达 1093℃）。

Pall Nylasorb™ 尼龙滤膜（PAL，2011c）由多孔尼龙薄片组成，广泛用于收集硝酸。尼龙滤膜对流量的阻力较大，这种阻力随着滤膜负载的增加而增加。这些滤膜是否被动吸收硝酸，取决于它们暴露在富酸环境中的时间，使用之前应该先用碳酸氢钠溶液洗涤，之后用蒸馏的去离子水洗涤。它们也吸收少量的氨气（Masia 等，1994）和二氧化硫（Japar 和 Brachaczek，1984；Chan 等，1986；Sickles 和 Hodson，1999），因此不能在收集这些气体的滤膜之前使用。

无灰纤维素滤膜（WHA，2011c）是紧密编织的纸垫子。除采样效率较低以及吸收水蒸气外，此类滤膜可以满足多种要求。人们观察到亚微米级粒子的穿透在很大程度上取决于滤膜的编织式样（Biles 和 Ellison，1975）。无灰纤维素滤膜具有吸湿性，因此在滤膜处理环境中要小心地控制相对湿度，以便进行精确的质量测量（Demuynck，1975）。此类滤膜的化学背景值低，除碳元素外，它们能进行元素和离子分析。与上述的一些溶蚀器相似，无灰纤维素滤膜也可以被注入吸收气体的化合物，并放置在效率更高的粒子收集滤膜之后。硝酸、氨气、二氧化硫和二氧化氮气体就是用这种方法测定的。最常用的纤维素滤膜是 WHA 41（厚度为 0.20mm）或 31ET（厚度为 0.50mm）（Neustadter 等，1975；WHA，2011d），这两种滤膜有 20μm 的编织物，比其他等级的纤维素滤膜能通过更多的细粒子。

涂有聚四氟乙烯涂层的玻璃纤维滤膜（Yang 等，2007；PAL，2011b），是将四氟乙烯浆嵌入疏松的玻璃纤维织物垫上。除空白元素水平和空白碳水平外，此类滤膜可以满足所有分析组分的要求。虽然观察到该滤膜可以吸收少量的硝酸（Mueller 等，1983），但它们还是适用于大多数情况。此类滤膜可以用于分析离子和特定的有机化合物，但不能分析碳，因为它们涂有聚四氟乙烯涂层。

蚀刻聚碳酸酯滤膜（WHA，2011e）由聚碳酸酯薄片制成，其上有很多利用放射性粒子或化学蚀刻方法形成的直径一致的孔。依据孔径大小，这些滤膜有不同的粒子收集特性，如表 26-1 中所示。此类滤膜接近透明，并且已经用于评估光吸收。

聚碳酸酯滤膜的元素空白水平很低，适用于元素和离子分析。用电子显微镜分析单个粒子时，它们是通过自动显微镜进行单粒子分析的最佳过滤介质，因为粒子很容易从平滑的滤膜表面分离（Casuccio 等，1983）。由于本身含有碳成分，此类滤膜不适合热解碳分析。该滤膜带有静电荷，如果不使用小放射源消除电荷，就很容易影响质量测量（Engelbrecht 等，1980）。消除静电对所有过滤介质都很有用，即便其他过滤介质不像聚碳酸酯膜一样含有这么多电荷。人们常用孔径为 8.0μm 和 0.4μm 的滤膜进行环境气溶胶采样，而 0.2μm 孔径的滤膜的采样效率更高，因为它对流量的阻力较大，所以流量大于 10L/min 时滤膜表面的压降较大。

玻璃纤维滤膜已经过时了，不应在粒子收集中继续使用。此类滤膜是硼硅酸盐玻璃细丝制成的垫子，这些物质的碱度较高，可以吸收二氧化硫、氮氧化物和气态硝酸（Lee 和 Wagman，1966；Byers 和 Davis，1970；Spicer 和 Schumacher，1979；Hsu 等，2007），因而会引起质量和化学测量的偏差。滤膜上大多数相关元素的空白水平相当高并且易变（Witz 等，1983）。与石英纤维一样，玻璃纤维滤膜吸收有机碳蒸气，有机碳蒸气在分析中作为粒子碳进行测量（Arp 等，2007）。与石英滤膜不同，玻璃纤维滤膜中的钠在较低温度下会加速元素碳的燃烧，引起光吸收碳的量化偏差（Lin 和 Friedlander，1988）。尽管其价格比其他滤膜低，但与其对数据引起的偏差相比还是得不偿失。

26.2.6 测量和控制流量

为了确定粒子浓度并维持采样口的粒径选择属性，必须精确测量并控制单位时间内的空气量（Baker 和 Pondrot，1983；Bake 和 Pouchot，1983）。手动、自动质量、压降、泵速及临界孔体积流量控制原则已经应用到气溶胶采样器。

操作者可以通过手动控制来完成装置的初始化（如气门调整），然后依靠不断运行采样器组件（如泵和管道）以维持流量在规定范围内。手动设置的流量随着收集底板的负载而变化，且出现较高的流阻。一般对于所含粒子浓度小于 200μg/m^3 的气体来说，采样过程中流量的改变不超过 10%，根据采样前后的平均流量可以精确估计实际流量。

质量流量控制器（Tison，1996）使用空气传感器测量气流中两点的热传递。对于第一次近似，热传递与通过两点的气体分子数量成比例，因此质量流量控制器能够通过气流的温度变化感应到质量变化。电子反馈回路可以补偿气体和感应探头的温度和压力变化。Wedding（1985）估计温度和压力极值会导致质量流量测量与体积流量测量之间的差异为10％。

压降体积流量控制（Wolf 和 Carpenter，1982）利用位于滤膜和小孔之间的控制阀门（调节该阀门可得到特定的流量）以维持小孔恒压。当滤膜负载增大，滤膜与阀门之间的压力就会增加，这时可以打开控制阀门使更多的空气通过。

泵体积法通过改变可变速泵的直流电对泵口或排气装置处的流量感应器做出响应。当流量随着滤膜负载增加而减小时，则将更多的电流供应给泵以提高泵的速度和输出能力。

临界孔（Lodge 等，1966；Brenchly，1972；DeNardi 和 Sacco，1978）是一个位于滤膜和泵之间的圆形小开口。当孔下游最小流量区的压力低于上游压力的53％时，空气流速达到声速并保持恒定，此时增加的流量阻力可以忽略。临界孔提供稳定流量，但要求大泵和低流量（常规泵的流量小于20L/min）以维持较高的压力差。临界面（Wedding 等，1987；Wang 和 Zhang，1999）使用扩散体排布来恢复临界孔之后的反压力所消耗的能量，这种设计允许所使用的泵达到更高的流量。

26.2.7 流量原动力

泵产生真空环境，而使空气通过采样基底。Rubow（1995）和 Chow（1995a）介绍了市场上的空气泵及其流量和操作原则。大流量采样器通常使用具有弯曲叶片的高速旋转离心式鼓风机来引入大量空气。最初用于 TSP 大流量采样器的鼓风机是为家用真空吸尘器设计的，它不能承受由复杂采样口、紧实滤膜、滤膜排布和溶蚀器所引起的大压降。这些鼓风机的铜电枢上有碳刷，而且它们所排出的空气可能在采样滤膜处再循环。因此，无刷的鼓风机更合适。

Hinds（1999）的研究表明，如果大流量采样器的鼓风机上的阻力达到15cm汞柱，则流量为零。膜片和活塞泵将传动轴的旋转运动转化为柔性膜片或活塞的运动，从而使空气从滤膜后部阀门进入而从泵出口处的另一个阀门排出。Hinds（1999）的研究表明，膜片泵的流量减为零时，能够产生60cm汞柱的真空压。旋转式泵的传动轴带动碳叶片在循环室内转动，叶片的惯性离心力使其末端紧紧地和循环室表面连在一起。当叶片之间的体积很大时，空气进入，而当传动轴接近室壁引起体积减小时，空气排出。这些泵能够产生高达70cm汞柱的真空压（Hinds，1999），并能使空气以100L/min的流量通过具有高流量阻力的滤膜组。碳叶片泵噪声很大，并且由于碳叶片持续磨损会变为小粒子而需要对其产生的废气进行过滤。

26.3 采样系统

联邦参考方法中的滤膜采样系统由 USEPA 指定（2010），附加的规定正在制定之中。由于 PM 采样器产业的合并，FRMs 列表上很多最原始的设计已不在市售。在这里所引用的采样器型号需要进一步咨询以确认相对应的组件。

TSP FRM 是超大流量采样器（ECT，2011；TFS，2011a；TIS，2011），目前仅在美国使用以满足 NAAQS。当前可用的 PM_{10} FRM 采样器包括带有多喷嘴 PM_{10} 进样口的大流量冲击式采样器（ECT，2011；TFS，2011a；TIS，2011）和带有单喷嘴的百叶式小流量冲击式采样器（BGI，2011a；TFS，2011cd）。可用的 $PM_{2.5}$ FRM 是小流量采样器，带有单喷嘴百叶式 PM_{10} 采样口，其后是虚拟冲击式采样器、WINS 采样器或 VSCC 采样器

(BGI，2011a；TFS，2011c，d)。只有粗粒子（$PM_{2.5}$～PM_{10}）FRM是由并列的PM_{10}和$PM_{2.5}$ BGI PQ200单元组成，PM_{10}减去$PM_{2.5}$的质量差即为粗颗粒物的质量（USEPA，2008b)。PM_{10}和$PM_{2.5}$的等价方法是β射线衰减监测（BAM，Lillienfeld，1970；Chow等，2006，2008；Huang和Tai，2008；Lillienfeld，1970；Takahashi等，2008）和锥形元件振荡天平（TEOM）法（Patashnick和Hemenway，1969；Allen等，1997；Grover等，2005；Wanjura等，2008)，这两种方法是连续方法，但其结果与FRM测量方法的结果不总是一致，在12章中有详细解释。

用于PM_{10}监测的大流量采样器被低流量采样器所取代，该低流量采样器与PM_{10}或$PM_{2.5}$的低流量采样器很相似。大多数较新的组件通过测量质量流量来控制整个采样过程中的采样体积，然后进行调整以适应环境温度和压力条件。这些组件由微处理器控制，该处理器可以记录1min内的流量、温度和压力，这种控制贯穿整个采样过程。

用于实现协议之外目标的化学形态采样器要比FRMs采样器需要更多的灵活性，一些化学形态采样器已组装完成并已应用于一些特定的研究中，Chow（1995a)、Hering（1995）和Rubow（1995）对这些进行了总结。一些特殊用途的化学形态采样器已经商业化（MET，2011；URG，2011a～e)，而其他的可以买到相应的组件进行组装。化学形态采样需要考虑以下几点。

① 几种粒径分布：用串联的或平行排列的多个采样口把粒子分为不同的粒径部分，其中最常用的粒径分布是PM_{10}、$PM_{2.5}$和粗粒子（$PM_{2.5}$～PM_{10})。

② 自动的多次连续采样：让操作员在白天采样中每隔几个小时或每日采样中的午夜换样不实际也不划算，因而需要自动样品转换器。

③ 多种滤膜同时进行采样以用于不同分析：同时进行质量、元素、离子和碳分析时需要将样品同时收集在特氟龙滤膜和石英纤维滤膜上。

④ 挥发性物质的气相和粒子相的测量：精确测量硝酸铵和其他挥发性有机化合物，需要用溶蚀器和后备滤膜。当用平衡模型确定哪种前体物限制粒子形成时，必须用溶蚀器收集气相前体物质。

Chow等（1996）列举了应用FRM进行化学分析的各种策略，包括使用不同的过滤介质进行重复采样，在大流量双通道采样器中并列使用特氟龙滤膜和石英纤维滤膜，以及用带有补充滤膜组和粒径选择性采样口的临时最小流量采样器，补充持久的FRM采样器（AMI，2011；BGI，2011c；ECT，2011)。

在美国，通过保护能见度联合监测网（IMPROVE；VIEWS 2008)、化学形态网[CSN：包括形成趋势网络（STN)]（USEPA）和东南部气溶胶调查和特征研究（SEARCH：ARA，2011）可以实现对$PM_{2.5}$的长期监测。表26-2对这些研究的采样方法和方案进行了总结。所有的颗粒物监测项目都应该使用场地空白和后备滤膜用于评估被动沉积以及吸附的有机蒸气（Chow等，2010；Waston等，2009)。

实验证明，美国俄勒冈州环境质量部的PM_{10}顺序过滤采样器（SFS；PM_{10} FRM RFPS-0389071）适合多种目的的采样要求。该仪器可以使用特氟龙膜和石英纤维滤膜同时进行平行采样用于不同分析。该仪器通过滤膜组的流量可以达到20～113L/min，并通过流量补充以使其保持与采样口切割点的流量一致。测量细粒子时，用Bendix 240 $PM_{2.5}$采样口代替AND SA-254I PM_{10}采样口。Chow等（1993b）证实，可以在该采样器上涂一层PFA特氟龙用以收集活性物质。

用于特定目的的组装气溶胶采样器的主要代表有“BOSS”（Brigham Young University Organic Sampling System）系列采样器（Eatough 等，1993）。对于此种采样器，可以将滤膜固定在溶蚀器前、后以评估干扰气体的吸收量与可挥发性粒子吸收量之间的差异。PC-BOSS（Ding 等，2002a，b；Carter 等，2008）使用虚拟冲击式采样器将粒子进行浓缩用于分析有机化合物组分。测量无机物时使用环形溶蚀器，而测量有机物时使用连接有浸碳滤膜的平行板溶蚀器。Sarder 等（2006）报道了一个带有虚拟冲击式采样器的大流量采样器，该采样器可以将粒子分为细粒子（$PM_{2.5}$）和粗粒子（$PM_{2.5}$～PM_{10}），与 Solomon 和 Moyers（1984）的设计一致。

级联冲击式采样器可以将 PM_{10} 分成更小的粒径。这些冲击方法都使用低压以获得较低的切割粒径。Hering 低压冲击式采样器（LPI；Hering 等，1979a，b）、DEK 低压冲击式采样器（Pters 等，1993；Shi 等，1999；Virtanen 等，2001；Linnainmaa 等，2008）、Davis 旋转鼓监测器（DRUM；Cahill 等，1987；Raabe 等，1988）、Berner 冲击式采样器（Wang 和 John，1988；Hillamo 和 Kauppinen，1991；Howell 等，1998；Pakkanen 和 Hillamo，2002；Wittmaack，2002）以及 MSP 微孔均匀沉降冲击式采样器（MOUDI；Marple 等，1981，1991；Fang 等，1991；Howell 等，1998；Eiguren-Fernandez 等，2003；Kujundzic 等，2006）已经用于研究环境气溶胶的化学性质和能见度。

尽管 LPI 为后来的冲击式采样器的前身，并在使用期间获得了有用的信息，但由于其较低的流量（1L/min）、沉积的不均匀性以及基底处理的复杂性，很难得到大范围的应用。DRUM 是级联冲击式采样器，它在低压阶段采样时的流量为 30L/min，可将 0.07～8.5μm 的粒子分为 9 个粒径范围。在冲击喷嘴下面有一圆筒，圆筒上固定有聚酯薄膜基底，该圆筒旋转以监测粒子沉积物，沉积量与时间呈函数关系，沉积物用 PIXE 分析。Berner 和 MOUDI 级联冲击式采样器在设计上不同但在功能上很相似。这些冲击式采样器的流量为 30L/min，可将 0.03～ 15μm 范围内的粒子分为至少 8 个粒径范围，此类冲击式采样器收集的粒子沉积物用于碳和离子分析，可用热解法在铝箔上进行碳分析，在特氟龙滤膜上进行硫化物和硝酸盐分析。

26.4 采样系统的选择

为了实现特定的目的，从业人员在设计、安装、操作和使用网络数据时有许多选择。第一步，明确监测目的，如达标监测，阐明不利影响、确定大气过程和源解析。具体目标应尽可能全面，例如已经建立的 PM_{10} 和 $PM_{2.5}$ FRMs 网，用于实时监测以判断是否符合 NAAQS。如果一个或更多的采样器的结果超标，则将目标扩大到源解析。源解析要求对组分进行监测和化学分析，因此满足达标要求的采样不符合进行源解析的要求（Chow 和 Watson，2008）。

第二步，确定粒径分布、化学分析、采样频率以及满足采样目标所需的采样时长。如果采样的频率较高或采样地点较远，就需要进行连续采样。如果采样时间较短，就需要使用较大的流量以获得足够的样品用于化学分析。

第三步，计算分析每种组分所需的样品量，并将其与所使用的分析方法的检出限相比。粒径分布以及将要采用的分析方法会影响采样口和所需的不同过滤介质的数量。Chow 等（2008）详细说明了多种分析方法的最低检出限，并可以转换成为所需的气溶胶沉积量。城市地区采样需要以最低 5L/min 的流量连续采样 24h 以得到足够的样品用于分析，而在非城市地区采样可能需要更大的流量和更长的采样时间以获得足够的样品量。在采样器设计阶段就应该考虑实验室分析方法以确保采样方法、分析方法、过滤介质与检测水平之间的兼容性。

第四步，创建、调整或购买采样系统，该采样系统必须性价比最高，且能最有效地满足监测需要。如果现有的采样系统不能满足全部的要求，则需要将不同的采样部件组合成新的系统以满足要求。

最后一步，制定或者调整操作程序，程序包括具体的方法以及对采样口清洁、校准和性能测试、滤膜运送和处理以及记录规范的详细说明等。这里描述的采样系统均有书面指导程序可供具体参考。

美国长期监测网络所使用的化学形态采样器和分析方法见表 26-2。

表 26-2 美国长期监测网络所使用的化学形态采样器和分析方法

变量	化学形态采样器						
网络	IMPROVE	STN/CSN	STN/CSN	STN/CSN	CSN	CSN	SEARCH
采样器类型①	IMPROVE	安德森 RAAS	Met One SASS	URG MASS	R&P 2300	R&P 2025 Sequential FRM	PCM3
地点数目	181	18	179	6	14	22	8
通道数目	3	4	5	2(单通道单元)	4	2(单通道单元)	3
阳极氧化铝采样口类型	AIHL 旋风采样口	AIHL 旋风采样口	SASSCC 锋利旋风采样口	百叶窗式 PM_{10} 采样口/WINS	哈佛冲击式采样口	百叶窗式 PM_{10} 采样口/WINS 或 VSCC	WINS 冲击式采样口
流量	22.8L/min	7.3L/min	6.7L/min	16.7L/min	10.0L/min	16.7L/min	16.7L/min
滤膜表面速度	107.2cm/s	10.3cm/s	9.5cm/s	23.7cm/s	14.2cm/s	23.6cm/s	39.1cm/s
采样体积	32.7m^3	10.5 m^3	9.6 m^3	24m^3	14.4m^3	24m^3	24m^3
采样频率	3 次/d	3 次/d 或 6 次/d	3 次/d 或 6 次/d	3 次/d 或 6 次/d	3 次/d 或 6 次/d	3 次/d 或 6 次/d	1 次/天或 3 次/天①
被动沉积时间（场地空白⑦在采样器中的时间）	7d⑤	1～15min	变量⑥	1～15min	变量②	5～7d③	1～15min
石英滤膜组排列④	QF 或者 QBQ	QF	QF	QF	QF 或者可选择 QBQ	QF	有机碳溶蚀器/QBQ
后备滤膜位置(QBQ)	6	0	0	0	0	0	8
滤膜沉积面积	3.53cm^2	11.76cm^2	11.76cm^2	11.76cm^2	11.76cm^2	11.78cm^2	7.12cm^2
后备滤膜分析频率	100%	0	0	0	N/A	N/A	10%
石英滤膜类型	25mm PAL	47mm WHA	47mm WHA	47mm WHA	47mm WHA	47mm WHA	37mm PAL
实验室空白频率	2%	2%～3%	2%～3%	2%～3%	2%～3%	2%～3%	2%
运输空白频率	0	3%	3%	3%	3%	0	0
总样品场地空白比例	2%	10%	10%	10%	10%	10%～25%	10%
场地空白分析频率	100%	100%	100%	100%	100%	100%	10% on QF②

① IMPROVE（保护能见度联合监测网）：四个平行的滤膜模块，各自最多有四个串联的样本集（Eldred 等，1990）。模块 A 利用空气和工业卫生实验室（ALHL）旋风器收集 $PM_{2.5}$，所用的滤膜托为聚碳酸酯滤膜托，滤膜是 25mm PAL

特氟龙滤膜，用重量分析法测定其质量，用X射线荧光（XRF）分析法测定其元素含量。模块B利用碳酸钠溶蚀器收集$PM_{2.5}$（Ashbaugh等，2004），溶蚀器之后是AIHL旋风器，最后是带有25mm PAL Nylasorb™尼龙滤膜的聚碳酸酯滤膜托，之后用离子色谱法（IC）测定其硫酸盐和硝酸盐。模块C利用AIHL旋风器收集$PM_{2.5}$，之后是带有25mm Pallflex® 2500 QAT-UP Tissuquart™石英纤维滤膜的聚碳酸酯滤膜托，使用IMPROVE-热/光反应（TRO）协议（Chow等，2007b）对有机碳和元素碳（OC和EC）进行分析。在2009年10月（USEPA，2009），改进的IMPROVE模块C——URG3000 N应用于形成趋势网（STN）/化学形态网（CSN），所用滤膜为Pallflex® Tissuquartz™石英纤维滤膜，使用IMPROVE-A TOR（Chow等，2007b）对有机碳和元素碳进行分析。模块D利用百叶窗式采样口以16.7L/min的流量收集PM_{10}，所用滤膜托为聚碳酸酯滤膜托，所用滤膜是25mm PAL特氟龙滤膜，用重量分析法测定其质量。SEARCH（东南部气溶胶调查和特征研究）（ARA，2011）包括八个研究地点：密西西比州，位于格尔夫波特的格尔夫波特（GLF）城市和靠近哈蒂斯堡的橡树林（OAK）农村；亚拉巴马州，位于伯明翰北部的伯明翰城（BHM）和塔斯卡卢萨县南部的森特维尔（CTR）村；佐治亚州，位于亚特兰大市的杰弗逊大街（JST）和亚特兰大西北部的约克维尔（YRK）村；佛罗里达州，位于彭萨科拉的彭萨科拉（PNS）市和彭萨克拉西北部的远郊田地（OLF）（Hansen等，2003，2006）。在SEARCH研究区，除BHM和JST区每天进行一次取样外，其他地区每三天取样一次。

RASS［环境空气参考采样器，AND（现在是TFS）模型25-400已停产］（Waston和Chow，2002）：包含四个平行通道；每一个通道有一个2.5μm AIHL旋风器；所有的滤膜直径都是47mm，放在由特氟龙包裹且顺序排列的滤膜托内，滤膜托之前有扩散器。在STN/CSN配置中，使用三个通道：通道1包含一个WHA QMA石英纤维滤膜，采样流量为7.3L/min，利用STN热/光透射法（TOT）对有机碳和元素碳进行分析；通道2包含一个WHA特氟龙滤膜，采样流量为16.7L/min，用重量分析法测量质量，用XRF法分析其元素含量；通道3是空的，但可作为重复来使用，其流量为16.7L/min；通道4包含用氧化镁包裹的溶蚀器，之后是PAL Nylasorb™尼龙薄膜滤膜，采样流量为7.3L/min，使用离子色谱法（IC）测定总硝酸盐含量。

SASS（螺旋气溶胶形态采样器，MET）：由于这种采样器最初使用的是螺旋离心冲击式采样口，因此有了这个名字。但是冲击表面会造成过度的再分散而被锋利旋风采样口所替代。超级SASS可以达到八个平行通道，但是STN/CSN使用的是五通道的形式，每一个通道包含一个47mm滤膜，流量为6.7L/min。通道1包含一个WHA特氟龙滤膜，用重量分析法测定其质量，用XFR分析法测定其元素含量；通道2可以作为空白区；通道3的旋风采样口之后是一个氧化镁包裹的铝网，铝网之后是PAL Nylasorb™尼龙薄膜滤膜，用IC分析可溶性的阴离子和阳离子；通道4包含WHA QMA石英纤维滤膜，用STN TOT法对有机碳和元素碳进行分析；通道5用于空白或者特殊研究取样。

URG MASS（URG，Chapel hill，NC）：包括两个平行的47mm滤膜模块，采样流量是16.7L/min。模块1包含一个百叶窗式PM_{10}采样口，之后是$PM_{2.5}$ WINS冲击式采样器，氧化镁包裹的溶蚀器和一个在顶部有WHA特氟龙薄膜的滤膜组，最后是PAL Nylasorb™尼龙薄膜后备滤膜。前面的特氟龙滤膜用重量分析法测量质量，用XRF对元素进行分析，用IC对阴离子和阳离子进行分析。后备PAL Nylasorb™尼龙薄膜滤膜用IC对硝酸盐进行分析。模块2包含一个百叶窗式PM_{10}采样口，之后是$PM_{2.5}$WINS冲击式采样器，它包含一个WHA QMA石英纤维滤膜，用STN TOT法对有机碳和元素碳进行分析。

R&P 2300（现在是TFS 2300模型）：可以利用十二通道，根据程序可以将这些通道调节成平行或串联。STN/CSN使用四通道。所有的滤膜直径都是47mm。通道1包含一个特氟龙滤膜，流量为16.7L/min，用重量分析法对质量进行测定，用XRF分析法对元素进行测定；通道2包含一个附加的WHA特氟龙滤膜，用IC对阴离子和阳离子进行分析；通道3包含一个WHA QMA石英纤维滤膜，也可以添加一个石英纤维后备滤膜，流量为10L/min，用STN TOT对有机碳和元素碳进行分析；通道4包含一个碳酸钠包裹的网状溶蚀器，之后是PAL Nylasorb™尼龙薄膜滤膜，流量为10L/min，用IC对总硝酸盐进行分析。

R&P 2025（现在是TFS 2025模型）：包含两个可顺序操作的平行模块，所用滤膜直径为47mm，流量为16.7L/min。两个模块均在采样口之后，采样口包括一个百叶窗式PM_{10}采样口及其后面的$PM_{2.5}$锋利旋风式采样口。模块1包含一个WHA特氟龙滤膜，用重量分析法对质量进行测定，用XRF法对元素进行分析，用IC对阴离子和阳离子进行分析。模块2包含一个WHA石英纤维滤膜，用STN TOT对有机碳和元素碳进行分析。

PCM3［粒子组成监测器，大气研究和分析，普莱诺公司（ARA），德克萨斯州］（Edgerton等，2005）：包括三个平行通道，流量为16.7L/min，具有URG PM_{10}旋风式采样口，之后是$PM_{2.5}$ WINS冲击式采样器。滤膜组后的螺线管阀允许连续进行四个样品采集。通道1包含一个碳酸钠包裹的环形溶蚀器，之后是柠檬酸包裹的环形溶蚀器，最后是一个三级47mm的滤膜组：第一级是WHA特氟龙滤膜，用重量测定法对质量进行分析，用XRF对元素进行分析；第二级是一个PAL Nylasorb™尼龙薄膜滤膜，用IC对总硝酸盐进行分析；第三级是浸透柠檬酸的滤膜，用自动比色法（AC）对挥发氨进行分析。滤膜都堆叠在 Savillex 模塑的特氟龙滤膜托中（Savillex，Minnetonka，MN）。通道 2 包含一个碳酸钠包裹的环形溶蚀器，之后是柠檬酸包裹的溶蚀器和 PAL Nylasorb™尼龙薄膜滤膜，滤膜位于 Savillex 模塑的特氟龙滤膜托中。用 IC 对总硝酸盐进行分析，用 AC 对总铵进行分析。通道 3 利用 URG PM_{10} 旋风采样口进行采样，之后是用以移除碳蒸气的活性炭网状溶蚀器，然后通过一个 WINS $PM_{2.5}$ 冲击式采样器到达 37mm Pallflex® Tissuquartz™石英纤维滤膜，最后是石英纤维后备滤膜，用 IMPROVE _ A TOR 法（Chow 等，2007b）对有机碳和元素碳进行分析。

② 场地空白在采样器中停留 1～15min，但在某些情况下可长达 5～7 天。

③ 基于每周一次采样点观察的假定。

④ QF 为只限于在前面的石英纤维滤膜，QBQ 为在石英纤维滤膜之后的石英纤维，用于估算吸附的有机蒸气的后备石英纤维滤膜。

⑤ 从每一批中选出实验室空白并且储存在滤膜制备实验室中。

⑥ 运输空白是与运送的实验用滤膜一起被运送的，但不会从集装箱中移走的滤膜。

⑦ 场地空白是与运送的实验用滤膜一起被运送的，但是会从集装箱中移走且被留下进行被动暴露的滤膜。在 2007 年 5 月之前，只有 IMPROVE 网的场地空白与采样滤膜暴露同样长的时间。随后的 STN/CSN 也采用将空白滤膜与采样滤膜暴露相同长时间的方法。

26.5 结论

环境气溶胶采样系统不断发展以满足不同的监测需求。采样器入口、监测表面、溶蚀器、过滤介质、滤膜托、流量监测器、流量原动力和操作步骤也在不断开发和测试。这些组件已经整合到不同的采样器配置中，以实现多种研究目的。用这些组件和前期研究中得到的经验，有可能开发出不需要前期开发和测试的定制采样系统以满足特定的目标。

26.6 致谢

非常感谢 BGI 公司的 Tom Merrifiled 先生对采样口测试和 FRM 发展史所做的论述、URG 公司的 Julie Morris 女士对采样表面和滤膜托的论述，感谢他们对本章内容所做的贡献。

26.7 参考文献

AMI. 2011. *MiniVol MRI (Mini reference impactor)*. http://www.airmetrics.com/downloads/MRI_Flyer.pdf

Allegrini, I., F. de Santis, V. Di Palo, A. Febo, C. Perrino, M. Possanzini, and A. Liberti. 1987. Annular denuder method for sampling reactive gases and aerosols in the atmosphere. *Sci. Total Environ.* 67:1–11.

Allen, G. A., C. Sioutas, P. Koutrakis, R. Reiss, F. W. Lurmann, and P. T. Roberts. 1997. Evaluation of the TEOM method for measurement of ambient particulate mass in urban areas. *J. Air Waste Manage. Assoc.* 47:682–689.

Anlauf, K. G., P. Fellin, H. A. Wiebe, H. I. Schiff, G. I. Mackay, R. S. Braman, and R. Gilbert. 1985. A comparison of three methods for measurements of atmospheric nitric acid and aerosol nitrate and ammonium. *Atmos. Environ.* 19:325–333.

ARA. 2011. *Introduction to the SouthEastern Aerosol Research and Characterization Study experiment (SEARCH)*. http://www.atmospheric-research.com/studies/SEARCH/index.html

Arnold, J. R., B. E. Hartsell, W. T. Luke, S. M. R. Ullah, P. K. Dasgupta, L. G. Huey, and P. Tate. 2007. Field test of four methods for gas-phase ambient nitric acid. *Atmos. Environ.* 41:4210–4226.

Arp, H. P. H., R. P. Schwarzenbach, and K. U. Goss. 2007 Equilibrium sorption of gaseous organic chemicals to fiber filters used for aerosol studies. *Atmos. Environ.* 41:8241–8252.

Ashbaugh, L. L., and R. A. Eldred. 2004. Loss of particle nitrate from Teflon sampling filters: Effects on measured gravimetric mass in California and in the IMPROVE Network. *J. Air Waste Manage. Assoc.* 54:93–104.

Ashbaugh, L. L., C. E. McDade, W. H. White, P. Wakabayashi, J. L. Collett, Jr., and Y. Xiao-Ying. 2004. Efficiency of IMPROVE network denuders for removing nitric acid. In *Proceedings, Regional and Global Perspectives on Haze: Causes, Consequences and Controversies*, Pittsburgh, PA: Air and Waste Management Association, pp. 32-1–32-8.

Avci, A., and I. Karagoz. 2003. Effects of flow and geometrical parameters on the collection efficiency in cyclone separators. *J. Aerosol Sci.* 34:937–955.

Bachmann, J. D. 2007. Will the circle be unbroken: A history of the U.S. national ambient air quality standards—2007 Critical Review. *J. Air Waste Manage. Assoc.* 57:652–697.

Bahreini, R., E. J. Dunlea, B. M. Matthew, C. Simons, K. S. Docherty, P. F. DeCarlo, J. L. Jimenez, C. A. Brock, and A. M. Middlebrook. 2008. Design and operation of a pressure-controlled inlet for airborne sampling with an aerodynamic aerosol lens. *Aerosol Sci. Technol.* 42:465–471.

Bai, H., and H. Y. Wen. 2000. Performance of the annular denuder system with different arrangements for HNO_3 and HNO_2 measurements in Taiwan. *J. Air Waste Manage. Assoc.* 50:125–130.

Baker, W. C., and J. F. Pondrot. 1983. The measurement of gas flow. Part I. *J. Air Poll. Control Assoc.* 33:66–72.

Baker, W. C., and J. F. Pouchot. 1983. The measurement of gas flow: Part II. *J. Air Poll. Control Assoc.* 33:156–162.

BGI. 2011a. *PQ200 Ambient Fine Particulate Sampler*. http://www.bgiusa.com/aam/pq200.htm

BGI. 2011b. *PQ100 Portable PM-10/TSP/PM-2.5*. http://www.bgiusa.com/aam/portable.htm

BGI. 2011c. *frmOMNI™ Ambient Air Sampler (Filter Reference Method)*. http://www.bgiusa.com/aam/frmomni.htm

Biles, B., and J. M. Ellison. 1975. The efficiency of cellulose fiber filters with respect to lead and black smoke in urban aerosol. *Atmos. Environ.* 9:1030–1032.

Bond, T. C., and R. W. Bergstrom. 2006. Light absorption by carbonaceous particles: An investigative review. *Aerosol Sci. Technol.* 40:27–67.

Bond, T. C., T. L. Anderson, and D. E. Campbell. 1999. Calibration and intercomparison of filter-based measurements of visible light absorption by aerosols. *Aerosol Sci. Technol.* 30:582–600.

Bowermaster, J. W., and R. W. Shaw. 1981. A source of gaseous HNO_3 and its transmission efficiency through various materials. *J. Air Poll. Control Assoc.* 31:787–820.

Braman, R. S., T. J. Shelley, and W. A. McClenny. 1982. Tungstic acid for preconcentration and determination of gaseous and particulate ammonia and nitric acid in ambient air. *Anal. Chem.* 54:358–364.

Brenchley, D. L. 1972. Note on the "Use of watch jewels as critical flow orifices." *J. Air Poll. Control Assoc.* 22:967.

Burton, R. M., and D. A. Lundgren. 1987. Wide-Range Aerosol Classifier—a size selective sampler for large particles. *Aerosol Sci. Technol.* 6:289–301.

Buzzard, G. H., and J. P. Bell. 1980. Experimental filtration efficiencies for large pore nuclepore filters. *J. Aerosol Sci.* 11:435–438.

Byers, R. L., and J. W. Davis. 1970. Sulfur dioxide adsorption and desorption on various filter media. *J. Air Poll. Control Assoc.* 20:236–238.

Cahill, T. A., L. L. Ashbaugh, J. B. Barone, R. A. Eldred, P. J. Feeney, R. G. Flocchini, C. Goodart, D. J. Shadoan, and G. Wolfe. 1977. Analysis of respirable fractions in atmospheric particulates via sequential filtration. *J. Air Poll. Control Assoc.* 27:675–678.

Cahill, T. A., P. J. Feeney, and R. A. Eldred. 1987. Size–time composition profile of aerosols using the DRUM sampler. *Nuclear Instruments and Methods in Physics Research* B22:344–348.

Campbell, D. E., S. Copeland, and T. A. Cahill. 1995. Measurement of aerosol absorption coefficient from Teflon filters using integrating plate and integrating sphere techniques. *Aerosol Sci. Technol.* 22:287–292.

Carter, C., N. L. Eatough, D. J. Eatough, N. Olson, and R. W. Long. 2008. Comparison of speciation sampler and PC-BOSS fine particulate matter organic material results obtained in Lindon, Utah, during winter 2001–2002. *J. Air Waste Manage. Assoc.* 58:65–71.

Casuccio, G. S., P. B. Janocko, R. J. Lee, J. F. Kelly, S. L. Dattner, and J. S. Mgebroff. 1983. The use of computer controlled scanning electron microscopy in environmental studies. *J. Air Poll. Control Assoc.* 33:937–943.

Chan, T., and M. Lippmann. 1977. Particle collection efficiencies of sampling cyclones: An empirical theory. *Environ. Sci. Technol.* 11:377–386.

Chan, W. H., D. B. Orr, and D. H. S. Chung. 1986. An evaluation of artifact SO_4 formation on nylon filters under field conditions. *Atmos. Environ.* 20:2397–2401.

Chang, M. C., M. D. Geller, C. Sioutas, P. H. B. Fokkens, and F. R. Cassee. 2002. Development and evaluation of a compact, highly efficient coarse particle concentrator for toxicological studies. *Aerosol Sci. Technol.* 36:492–501.

Chen, L.-W. A., J. C. Chow, J. G. Watson, H. Moosmüller, and W. P. Arnott. 2004. Modeling reflectance and transmittance of quartz–fiber filter samples containing elemental carbon particles: Implications for thermal/optical analysis. *J. Aerosol Sci.* 35:765–780. doi: 10.1016/j.jaerosci.2003.12.005.

Cheng, Y. S. 2001. Denuder systems and diffusion batteries. In *Air Sampling Instruments for Evaluation of Atmospheric Contaminants*, eds. B. S. Cohen and C. S. J. McCammon. Cincinnati, OH: ACGIH, pp. 577–592.

Chow, J. C., J. G. Watson, L. C. Pritchett, W. R. Pierson, C. A. Frazier, and R. G. Purcell. 1993a. The DRI thermal/optical reflectance carbon analysis system: Description, evaluation and applications in U.S. air quality studies. *Atmos. Environ.* 27A:1185–1201.

Chow, J. C., J. G. Watson, J. L. Bowen, C. A. Frazier, A. W. Gertler, K. K. Fung, D. Landis, and L. L. Ashbaugh. 1993b. A sampling system for reactive species in the western United States. In *Sampling and Analysis of Airborne Pollutants*, eds. E. D. Winegar and L. H. Keith. Ann Arbor, MI: Lewis Publishers, pp. 209–228.

Chow, J. C., E. M. Fujita, J. G. Watson, Z. Lu, D. R. Lawson, and L. L. Ashbaugh. 1994. Evaluation of filter-based aerosol measurements during the 1987 Southern California Air Quality Study. *Environ. Mon. Assess.* 30:49–80.

Chow, J. C. 1995a. Critical review: Measurement methods to determine compliance with ambient air quality standards for suspended particles. *J. Air Waste Manage. Assoc.* 45:320–382.

Chow, J. C. 1995b. Summary of the 1995 A&WMA critical review: Measurement methods to determine compliance with ambient air quality standards for suspended particles. *EM* 1:12–15.

Chow, J. C., and J. G. Watson. 1999. Ion chromatography in elemental analysis of airborne particles. In *Elemental Analysis of Airborne Particles*, Vol. 1, eds. S. Landsberger and M. Creatchman. Amsterdam: Gordon and Breach Science, pp. 97–137.

Chow, J. C., and J. G. Watson. 2008. New directions: Beyond compliance air quality measurements. *Atmos. Environ.* 42:5166–5168. doi: 10.1016/j.atmosenv.2008.05.004.

Chow, J. C., J. G. Watson, and F. Divita, Jr. 1996. Particulate matter with aerodynamic diameters smaller than 10 mm: Measurement methods and sampling strategies. In *Principles of Environmental Sampling*, 2nd Ed., ed. L. H. Keith. Washington, DC: American Chemical Society, pp. 539–573.

Chow, J. C., J. G. Watson, L.-W. A. Chen, W. P. Arnott, H. Moosmüller, and K. K. Fung. 2004. Equivalence of elemental carbon by thermal/optical reflectance and transmittance with different temperature protocols. *Environ. Sci. Technol.* 38:4414–4422.

Chow, J. C., J. G. Watson, D. H. Lowenthal, and K. L. Magliano. 2005. Loss of PM-2.5 nitrate from filter samples in central California. *J. Air Waste Manage. Assoc.* 55:1158–1168.

Chow, J. C., J. G. Watson, D. H. Lowenthal, L.-W. A. Chen, R. J. Tropp, K. Park, and K. L. Magliano. 2006. PM-2.5 and PM-10 mass measurements in California's San Joaquin Valley. *Aerosol Sci. Technol.* 40:796–810.

Chow, J. C., J. G. Watson, H. J. Feldman, J. Nolan, B. R. Wallerstein, and J. D. Bachmann. 2007a. Critical review discussion—Will the circle be unbroken: A history of the U.S. National Ambient Air Quality Standards. *J. Air Waste Manage. Assoc.* 57:1151–1163.

Chow, J. C., J. G. Watson, L. W. A. Chen, M. C. O. Chang, N. F. Robinson, D. Trimble, and S. Kohl. 2007b. The IMPROVE_A temperature protocol for thermal/optical carbon analysis: Maintaining consistency with a long-term database. *J. Air Waste Manage. Assoc.* 57:1014–1023.

Chow, J. C., J. Z. Yu, J. G. Watson, S. S. H. Ho, T. L. Bohannan, M. D. Hays, and K. K. Fung. 2007c. The application of thermal methods for determining chemical composition of carbonaceous aerosols: A Review. *J. Environ. Sci. Health—Part A* 42: 1521–1541.

Chow, J. C., P. Doraiswamy, J. G. Watson, L.-W. A. Chen, S. S. H. Ho, and D. A. Sodeman. 2008. Advances in integrated and continuous measurements for particle mass and chemical composition. *J. Air Waste Manage. Assoc.* 58:141–163.

Chow, J. C., J. G. Watson, L.-W. A. Chen, J. Rice, and N. H. Frank. 2010. Quantification of organic carbon sampling artifacts in U.S. non-urban and urban networks. *Atmos. Chem. Phys.* 10:5223–5239.

Clark, M. S. 2002. *Technical memorandum: PM-2.5 quartz filter experiments*. Research Triangle Park, NC: U.S. Environmental Protection Agency. http://www.epa.gov/ttnamti1/files/ambient/pm25/spec/carboncsr.pdf

Code of Federal Regulations. 2007. Appendix G to Part 50–Reference Method of the determination of lead in suspended particulate matter collected from ambient air. *CFR* 40:57–63. http://frwebgate1.access.gpo.gov/cgi–bin/PDFgate.cgi?WAISdocID=05434191166+1+1+0&WAISaction=retrieve

Conner, W. D. 1966. An inertial–type particle separator for collecting large samples. *J. Air Poll. Control Assoc.* 16:35–38.

Demuynck, M. 1975. Determination of irreversible absorption of water by cellulose filters. *Atmos. Environ.* 9:523–528.

DeNardi, S. R., and C. L. Sacco. 1978. A demountable critical orifice. *J. Air Poll. Control Assoc.* 28:603–604.

Ding, Y., Y. Pang, and D. J. Eatough. 2002a. High-volume diffusion denuder sampler for the routine monitoring of fine particulate matter I. Design and optimization of the PC-BOSS. *Aerosol Sci. Technol.* 36:369–382.

Ding, Y., Y. Pang, D. J. Eatough, N. L. Eatough, and R. L. Tanner. 2002b. High-volume diffusion denuder sampler for the routine monitoring of fine particulate matter II. Field evaluation of the PC-BOSS. *Aerosol Sci. Technol.* 36:383–396.

Eatough, D. J., A. Wadsworth, D. A. Eatough, J. W. Crawford, L. D. Hansen, and E. A. Lewis. 1993. A multiple-system, multichannel diffusion denuder sampler for the determination of fine-particulate organic material in the atmosphere. *Atmos. Environ.* 27A:1213–1219.

Eatough, D. J., R. W. Long, W. K. Modey, and N. L. Eatough. 2003. Semi-volatile secondary organic aerosol in urban atmospheres: Meeting a measurement challenge. *Atmos. Environ.* 37:1277–1292.

ECT. 2011. *Hivol 3000 particulate sampler*. By Ecotech, Knoxfield, Victoria, Australia. http://www.americanecotech.com/Libraries/Particulate_Brochure_Library/HiVol_3000_High_Volume_Air_Sampler.sflb.ashx

Edgerton, E. S., B. E. Hartsell, R. D. Saylor, J. J. Jansen, D. A. Hansen, and G. M. Hidy. 2005. The Southeastern Aerosol Research and Characterization Study Part II: Filter-based measurements of fine and coarse particulate matter mass and composition. *J. Air Waste Manage. Assoc.* 55: 1527–1542.

Eiguren-Fernandez, A., A. H. Miguel, P. A. Jaques, and C. Sioutas. 2003. Evaluation of a denuder–MOUDI–PUF sampling system to measure the size distribution of semi-volatile polycyclic aromatic hydrocarbons in the atmosphere. *Aerosol Sci. Technol.* 37:201–209.

Eldred, R. A., T. A. Cahill, L. K. Wilkinson, P. J. Feeney, J. C. Chow, and W. C. Malm. 1990. Measurement of fine particles and their chemical components in the NPS/IMPROVE Networks. In *Transactions, Visibility and Fine Particles*, ed. C. V. Mathai. Pittsburgh, PA: Air & Waste Management Association, pp. 187–196.

Engelbrecht, D. R., T. A. Cahill, and P. J. Feeney. 1980. Electrostatic effects on gravimetric analysis of membrane filters. *J. Air Poll. Control Assoc.* 30:391–392.

Fang, C. P., P. H. McMurry, V. A. Marple, and K. L. Rubow. 1991. Effect of flow-induced relative humidity changes on size cuts for sulfuric acid droplets in the Microorifice Uniform Deposit Impactor (MOUDI). *Aerosol Sci. Technol.* 14:266–277.

Febo, A., C. Perrino, and I. Allegrini. 1993. Field intercomparison exercise on nitric acid and nitrate measurements: A critical approach to the evaluation of the results. *Sci. Total Environ.* 133:39.

Ferm, M. 1986. A Na_2CO_3-coated denuder and filter for determination of gaseous HNO_3 and particulate NO_3^- in the atmosphere. *Atmos. Environ.* 20:1193–1201.

Fitz, D. R. 1990. Reduction of the positive organic artifact on quartz filters. *Aerosol Sci. Technol.* 12:142–148.

Fitz, D. R., and S. V. Hering. 1996. *Study to evaluate the CADMP Sampler. Final report*. Report Number 93–333. Prepared for California Air Resources Board, Sacramento, CA, by CE–CERT, University of California, Riverside, CA.

Fitz, D. R., and N. Motallebi. 2000. A fabric denuder for sampling semi-volatile species. *J. Air Waste Manage. Assoc.* 50:981–992.

Fitz, D. R., G. J. Doyle, and J. N. Pitts, Jr. 1983. An ultrahigh volume sampler for the multiple filter collection of respirable particulate matter. *J. Air Poll. Control Assoc.* 33:877–879.

Fitz, D. R., J. T. Pisano, I. L. Malkina, D. Goorahoo, and C. F. Krauter. 2003. A passive flux denuder for evaluating emissions of ammonia at a dairy farm. *J. Air Waste Manage. Assoc.* 53:937–945.

Galarneau, E., and T. F. Bidleman. 2006. Modelling the temperature-induced blow-off and blow-on artefacts in filter-sorbent measurements of semivolatile substances. *Atmos. Environ.* 40:4258–4268.

Gentry, J. W., K. R. Spurny, and J. Schoermann. 1982. Diffusional deposition of ultrafine aerosols on nuclepore filters. *Atmos. Environ.* 16:25–40.

Gimbun, J., T. G. Chuah, T. S. Y. Choong, and A. Fakhru'l-Razi. 2005. Prediction of the effects of cone tip diameter on the cyclone performance. *J. Aerosol Sci.* 36:1056–1065.

Gormley, P. G., and M. Kennedy. 1949. Diffusion from a stream flowing through a cylindrical tube. *Proc. R. Irish Acad. Sec. A* 52A:163–167.

Gorner, P., R. Wrobel, J. F. Fabries, R. J. Aitken, L. C. Kenny, and C. Moehlmann. 2001. Measurement of sampling efficiency of porous foam aerosol sampler prototypes. *J. Aerosol Sci.* 32:1063–1074.

Gras, J. L. 1983. An investigation of a non-linear iteration procedure for inversion of particle size distributions. *Atmos. Environ.* 17:883–894.

Grover, B. D., M. Kleinman, N. L. Eatough, D. J. Eatough, P. K. Hopke, R. W. Long, W. E. Wilson, M. B. Meyer, and J. L. Ambs. 2005. Measurement of total PM-2.5 mass (nonvolatile plus semivolatile) with the filter dynamic measurement system tapered element oscillating microbalance monitor. *J. Geophys. Res.—Atmospheres* 110:D07S03. doi:10.1029/2004JD004995.

Gundel, L. A., R. K. Stevens, J. M. Daisey, V. C. Lee, K. R. R. Mahanama, and H. G. Cancel-Velez. 1995. Direct determination of the phase distributions of semi-volatile polycyclic aromatic hydrocarbons using annular denuders. *Atmos. Environ.* 29:1719–1733.

Gutknecht, W. F., J. A. O'Rourke, J. B. Flanagan, W. C. Eaton, M. R. Peterson, and L. C. Greene. 2001. *Research to investigate the source(s) of high field blanks for teflon® PM-2.5 filters*. Report Number RTI/07565/019–01FR; EPA Contract No. 68–D–99–0013. Prepared for USEPA, Research Triangle Park, NC, by Research Triangle Institute, Center for Environmental Measurement & Quality Assurance, Research Triangle Park, NC.

Hall, D. J., S. L. Upton, G. W. Marsland, and R. A. Waters. 1988. *Wind tunnel measurements of the collection efficiency of two PM-10 samplers: The Sierra–Andersen Model 321A hi-volume sampler and the EPA prototype dichotomous sampler*. by Warren Spring Laboratory, Hertfordshire, England. http://www.bgiusa.com/cau/PM10_sampler_testing_for_EPA.pdf

Hansen, D. A., E. S. Edgerton, B. E. Hartsell, J. J. Jansen, N. Kandasamy, G. M. Hidy, and C. L. Blanchard. 2003. The Southeastern Aerosol Research and Characterization Study: Part 1—Overview. *J. Air Waste Manage. Assoc.* 53:1460–1471.

Hansen, D. A., E. Edgerton, B. Hartsell, J. Jansen, H. Burge, P. Koutrakis, C. Rogers, H. Suh, J. C. Chow, B. Zielinska, P. McMurry, J. Mulholland, A. Russell, and R. Rasmussen. 2006. Air quality measurements for the aerosol research and inhalation epidemiology study. *J. Air Waste Manage. Assoc.* 56:1445–1458.

Hari, S., A. R. McFarland, and Y. A. Hassan. 2007. CFD study on the effects of the large particle crossing trajectory phenomenon on virtual impactor performance. *Aerosol Sci. Technol.* 41:1040–1048.

Heidam, N. Z. 1981. Review: Aerosol fractionation by sequential filtration with nuclepore filters. *Atmos. Environ.* 15:891–904.

Hering, S. V. 1995. Impactors, cyclones, and other inertial and gravitational collectors. In *Air Sampling Instruments for Evaluation of Atmospheric Contaminants*, eds. B. S. Cohen and S. V. Hering. Cincinnati, OH: ACGIH, pp. 279–321.

Hering, S. V. 2001. Impactors, cyclones, and other particle collectors. In *Air Sampling Instruments for Evaluation of Atmospheric Contaminants*, eds. B. S. Cohen and C. S. J. McCammon. Cincinnati, OH: ACGIH, pp. 315–376.

Hering, S. V., R. C. Flagan, and S. K. Friedlander. 1979a. Design and evaluation of new low-pressure impactor. I. *Environ. Sci. Technol.* 13:667–673.

Hering, S. V., S. K. Friedlander, J. J. Collins, and L. W. Richards. 1979b. Design and evaluation of a new low-pressure impactor. II. *Environ. Sci. Technol.* 13:184–188.

Hillamo, R. E. and E. I. Kauppinen. 1991. On the performance of the Berner low pressure impactor. *Aerosol Sci. Technol.* 14: 33–47.

Hinds, W. C. 1999. *Aerosol Technology: Properties, Behavior, and Measurement of Airborne Particles*, 2nd Ed. New York: John Wiley and Sons.

Ho, S. S. H., and J. Z. Yu. 2004. In-injection port thermal desorption and subsequent gas chromatography–mass spectrometric analysis of polycyclic aromatic hydrocarbons and *n*-alkanes in atmospheric aerosol samples. *J. Chromatogr. A* 1059:121–129.

Ho, S. S. H., J. Z. Yu, J. C. Chow, B. Zielinska, J. G. Watson, E. H. L. Sit, and J. J. Schauer. 2008. Evaluation of an in-injection port thermal desorption–gas chromatography/mass spectrometry method for analysis of non-polar organic compounds in ambient aerosol samples. *J. Chromatogr. A* 1200:217–227. doi: 10.1016/j.chroma.2008.05.056.

Horvath, H. 1993. Atmospheric light absorption—A review. *Atmos. Environ.* 27A:293–317.

Howell, S., A. A. P. Pszenny, P. Quinn, and B. Huebert. 1998. A field intercomparison of three cascade impactors. *Aerosol Sci. Technol.* 29:475–492.

Hsu, Y. D., H. M. Chein, T. M. Chen, and C. J. Tsai. 2005. Axial flow cyclone for segregation and collection of ultrafine particles: Theoretical and experimental study. *Environ. Sci. Technol.* 39:1299–1308.

Hsu, Y. M., J. Kollett, K. Wysocki, C. Y. Wu, D. A. Lundgren, and B. K. Birky. 2007. Positive artifact sulfate formation from SO_2 adsorption in the silica gel sampler used in NIOSH method 7903. *Environ. Sci. Technol.* 41:6205–6209.

Huang, C. H., and C. Y. Tai. 2008. Relative humidity effect on PM-2.5 readings recorded by collocated beta attenuation monitors. *Environ. Eng. Sci.* 25:1079–1089.

Jaenicke, R., and I. H. Blifford. 1974. Virtual impactors: A theoretical study. *Environ. Sci. Technol.* 8:648–654.

Japar, S. M., and W. W. Brachaczek. 1984. Artifact sulfate formation from SO_2 on nylon filters. *Atmos. Environ.* 18:2479–2482.

John, W., and G. Reischl. 1980. A cyclone for size–selective sampling of ambient air. *J. Air Poll. Control Assoc.* 30:872–876.

John, W., and H. C. Wang. 1991. Laboratory testing method for PM-10 samplers: Lowered effectiveness from particle loading. *Aerosol Sci. Technol.* 14:93–101.

John, W., G. Reischl, S. Goren, and D. Plotkin. 1978. Anomalous filtration of solid particles by Nuclepore filters. *Atmos. Environ.* 12:1555–1557.

John, W., S. M. Wall, and J. J. Wesolowski. 1983a. *Validation of samplers for inhaled particulate matter*. Report Number EPA–600/S4–83–010. Prepared for Grant Number R806414–02, by U.S. Environmental Protection Agency, Environmental Monitoring Systems Laboratory, Research Triangle Park, NC.

John, W., S. V. Hering, G. Reischl, G. V. Sasaki, and S. Goren. 1983b. Anomalous filtration of solid particles by Nuclepore filters. *Atmos. Environ.* 17:373.

John, W., S. M. Wall, J. L. Ondo, and H. C. Wang. 1986. *Dry Deposition of Acidic Gases and Particles*. Prepared for California Air Resources Board, Sacramento, CA, by Air and Industrial Hygiene Laboratory, California Department of Health, Berkeley, CA.

John, W., S. M. Wall, and J. L. Ondo. 1988. A new method for nitric acid and nitrate aerosol measurement using the dichotomous sampler. *Atmos. Environ.* 22:1627–1635.

John, W., W. Winklmayr, and H. C. Wang. 1991. Particle deagglomeration and reentrainment in a PM-10 sampler. *Aerosol Sci. Technol.* 14:165–176.

Kasahara, M. 1999. Characterization of atmospheric aerosols and aerosol studies applying PIXE analysis. In *Analytical Chemistry of Aerosols*, ed. K. R. Spurny. Boca Raton, FL: CRC, pp. 145–171.

Keck, L., and K. Wittmaack. 2006. Miniature parallel-plate denuder for the collection of inorganic trace gases and their removal from aerosol-laden air. *J. Aerosol Sci.* 37:1165–1173.

Kenny, L. C., and R. A. Gussman. 1997. Characterization and modelling of a family of cyclone aerosol preseparators. *J. Aerosol Sci.* 28:677–688.

Kenny, L. C., and R. A. Gussman. 2000. A direct approach to the design of cyclones for aerosol-monitoring applications. *J. Aerosol Sci.* 31:1407–1420.

Kenny, L. C., and A. Thorpe. 2001. *Evaluation of VSCCcyclones*. Report Number IR/L/EXM/01/01. Prepared for BGI Incorporated, Waltham, MA, by Health and Safety Laboratory, Sheffield, UK.

Kenny, L. C., R. A. Gussman, and M. B. Meyer. 2000. Development of a sharp-cut cyclone for ambient aerosol monitoring applications. *Aerosol Sci. Technol.* 32:338–358.

Kenny, L. C., R. J. Aitken, G. Beaumont, and P. Gorner. 2001. Investigation and application of a model for porous foam aerosol penetration. *J. Aerosol Sci.* 32:271–285.

Kenny, L. C., T. M. Merrifield, D. Mark, R. A. Gussman, and A. Thorpe. 2004. The development and designation testing of a new USEPA-approved fine particle inlet: A study of the USEPA designation process. *Aerosol Sci. Technol.* 38: 15–22.

Kenny, L. C., G. Beaumont, A. Gudmundsson, A. Thorpea, and W. Ko. 2005. Aspiration and sampling efficiencies of the TSP and louvered particulate matter inlets. *J. Environ. Mon.* 7:481–487.

Keywood, M. D., G. P. Ayers, J. L. Gras, R. W. Gillett, and D. Cohen. 1999. An evaluation of PM-10 and PM-2.5 size selective inlet performance using ambient aerosol. *Aerosol Sci. Technol.* 30:401–407.

Kim, S., P. A. Jaques, M. C. Chang, J. R. Froines, and C. Sioutas. 2001a. Versatile aerosol concentration enrichment system (VACES) for simultaneous in vivo and in vitro evaluation of toxic effects of ultrafine, fine and coarse ambient particles. Part I: Development and laboratory characterization. *J. Aerosol Sci.* 32:1281–1297.

Kim, S., P. A. Jaques, M. C. Chang, T. Barone, C. Xiong, S. K. Friedlander, and C. Sioutas. 2001b. Versatile aerosol concentration enrichment system (VACES) for simultaneous in vivo and in vitro evaluation of toxic effects of ultrafine, fine and coarse ambient particles. Part II: Field evaluation. *J. Aerosol Sci.* 32:1299–1314.

Kim, H. T., Y. Zhu, W. C. Hinds, and K. W. Lee. 2002a. Experimental study of small virtual cyclones as particle concentrators. *J. Aerosol Sci.* 33:721–733.

Kim, H. T., Y. T. Han, Y. J. Kim, K. W. Lee, and K. J. Chun. 2002b. Design and test of 2.5 μm cutoff size inlet based on a particle cup impactor configuration. *Aerosol Sci. Technol.* 36:136–144.

Kitto, A. M., and I. Colbeck. 1999. Filtration and denuder sampling techniques. In *Analytical Chemistry of Aerosols*, ed. K. R. Spurny. Boca Raton, FL: CRC, pp. 103–132.

Koutrakis, P., J. M. Wolfson, J. L. Slater, M. Brauer, and J. D. Spengler. 1988. Evaluation of an annular denuder/filter pack system to collect acidic aerosols and gases. *Environ. Sci. Technol.* 22:1463–1468.

Koutrakis, P., C. Sioutas, S. T. Ferguson, J. M. Wolfson, J. D. Mulik, and R. M. Burton. 1993. Development and evaluation of a glass honeycomb denuder filter pack system to collect atmospheric gases and particles. *Environ. Sci. Technol.* 27:2497–2501.

Kujundzic, E., M. Hernandez, and S. L. Miller. 2006. Particle size distributions and concentrations of airborne endotoxin using novel collection methods in homes during the winter and summer seasons. *Indoor Air* 16:216–226.

Kusko, B. H., T. A. Cahill, R. A. Eldred, Y. Matsuda, and H. Miyake. 1989. Nondestructive analysis of total nonvolatile carbon by Forward Alpha Scattering Technique (FAST). *Aerosol Sci. Technol.* 10:390–396.

Lai, C. Y., and C. C. Chen. 2000. Performance characteristics of PM-10 samplers under calm air conditions. *J. Air Waste Manage. Assoc.* 50:578–587.

Langford, A. O., P. D. Goldan, and F. C. Fehsenfeld. 1989. A molybdenum oxide annular denuder system for gas phase ambient ammonia measurements. *J. Atmos. Chem.* 8:359–376.

Lawrence, J. E., and P. Koutrakis. 1994. Measurements of atmospheric formic and acetic acids: Methods evaluation and results from field studies. *Environ. Sci. Technol.* 28:957–964.

Lee, R. E., Jr., and J. Wagman. 1966. A sampling anomaly in the determination of atmospheric sulfate concentration. *J. Am. Ind. Hyg. Assoc.* 27:266–271.

Lillienfeld, P. 1970. Beta-absorption-impactor aerosol mass monitor. *J. Am. Ind. Hyg. Assoc.* 31:722–729.

Lin, C. I., and S. K. Friedlander. 1988. A note on the use of glass fiber filters in the thermal analysis of carbon containing aerosols. *Atmos. Environ.* 22:605–607.

Linnainmaa, M., J. Laitinen, A. Leskinen, O. Sippula, and P. Kalliokoski. 2008. Laboratory and field testing of sampling methods for inhalable and respirable dust. *J.Occup. Environ. Hyg.* 5:28–35.

Lippmann, M. 2001. Filters and filter holders. In *Air Sampling Instruments for Evaluation of Atmospheric Contaminants*, eds. B. S. Cohen and C. S. McCammon. Cincinnati, OH: ACGIH, pp. 281–314.

Liu, B. Y. H., and K. W. Lee. 1976. Efficiency of membrane and nuclepore filters for submicrometer aerosols. *Environ. Sci. Technol.* 10:345–350.

Liu, P., P. J. Ziemann, D. B. Kittelson, and P. H. McMurry. 1995a. Generating particle beams of controlled dimensions and divergence. 2. Experimental evaluation of particle motion in aerodynamic lenses and nozzle expansions. *Aerosol Sci. Technol.* 22:314–324.

Liu, P., P. J. Ziemann, D. B. Kittelson, and P. H. McMurry. 1995b. Generating particle beams of controlled dimensions and divergence. 1. Theory of particle motion in aerodynamic lenses and nozzle expansions. *Aerosol Sci. Technol.* 22: 293–313.

Lodge, J. P., Jr., J. B. Pate, B. E. Ammons, and G. A. Swanson. 1966. The use of hypodermic needles as critical orifices in air sampling. *J. Air Poll. Control Assoc.* 16:197.

Lundgren, D. A., B. J. Hausknecht, and R. M. Burton. 1984. Large particle size distribution in five United States cities and the effect on a new ambient particulate matter standard (PM-10). *Aerosol Sci. Technol.* 3:467–473.

Marple, V. A., and C. M. Chien. 1980. Virtual impactors: A theoretical study. *Environ. Sci. Technol.* 14:976–985.

Marple, V. A., and K. Willeke. 1976. Impactor design. *Atmos. Environ.* 10:891–896.

Marple, V. A., B. Y. H. Liu, and G. A. Kuhlmey. 1981. A uniform deposit impactor. *J. Aerosol Sci.* 12:333–337.

Marple, V. A., K. L. Rubow, and S. M. Behm. 1991. A microorifice uniform deposit impactor (MOUDI): Description, calibration, and use. *Aerosol Sci. Technol.* 14:434–446.

Masia, P., V. V., Di Palo, and M. Possanzini. 1994. Uptake of ammonia by nylon filters in filter pack systems. *Atmos. Environ.* 28:365–366.

Mauderly, J. L., and J. C. Chow. 2008. Health effects of organic aerosols. *Inhal. Toxicol.* 20:257–288.

McClenny, P. C., R. S. Galley, and T. J. Shelly. 1982. Tungsten acid technique for monitoring nitric acid and ammonia in air. *Anal. Chem.* 54:365.

McDow, S. R., and J. J. Huntzicker. 1990. Vapor adsorption artifact in the sampling of organic aerosol: Face velocity effects. *Atmos. Environ.* 24A:2563–2571.

McFarland, A. R., and C. A. Ortiz. 1984a. *Wind tunnel characterization of Wedding IP-10 and 10 μm inlet for hivol samplers.* Report Number 4716/01/06. by Texas A&M Air Quality Laboratory, College Station, TX.

McFarland, A. R., and C. A. Ortiz. 1984b. *Characterization of*

Sierra–Andersen Model 321A 10 μm size selective inlet for hivol samplers. Report Number 4716/01/02/84/ARM. Prepared for Sierra–Andersen, Inc., Atlanta, GA, by Texas A&M University, College Station, TX.

McFarland, A. R., and C. A. Ortiz. 1985. *Transmission of large solid particles through PM-10 inlets for the hivol sampler*. Report Number 4716/02/07. Prepared for Andersen Samplers, Inc., Atlanta, GA, by Texas A&M University, College Station, TX.

McFarland, A. R., J. B. Wedding, and J. E. Cermak. 1977. Wind tunnel evaluation of a modified Andersen impactor and an all weather sampler inlet. *Atmos. Environ.* 11:535–539.

McFarland, A. R., C. A. Ortiz, and R. W. Bertch. 1978. Particle collection characteristics of a single-stage dichotomous sampler. *Environ. Sci. Technol.* 12:679–682.

McFarland, A. R., C. A. Ortiz, and C. E. Rodes. 1980. Characterization of sampling systems. In *Proceedings, The Technical Basis for A Size Specific Particulate Standard, Part I & II*, ed. C. Cowherd. Pittsburgh, PA: Air Pollution Control Association, pp. 59–76.

McFarland, A. R., C. A. Ortiz, and R. W. Bertch Jr. 1984. A 10 μm cutpoint size selective inlet for Hi–Vol samplers. *J. Air Poll. Control Assoc.* 34:544–547.

McMurry, P. H. 2000. A review of atmospheric aerosol measurements. *Atmos. Environ.* 34:1959–1999.

Melo, O. T. and C. R. Phillips. 1975. Aerosol-size spectra by means of Nuclepore filters. *Environ. Sci. Technol.* 9:560–564.

MET. 2011. *SASS/SUPER SASS Speciation Samplers*. http://www.metone.com/documents/SASS0301Particulate.pdf

Mueller, P. K., G. M. Hidy, J. G. Watson, R. L. Baskett, K. K. Fung, R. C. Henry, T. F. Lavery, and K. K. Warren. 1983. *The Sulfate Regional Experiment (SURE): Report of findings (Vols. 1, 2, and 3)*. Report Number EA-1901. by Electric Power Research Institute, Palo Alto, CA.

Neuman, J. A., L. G. Huey, T. B. Ryerson, and D. W. Fahey. 1999. Study of inlet materials for sampling atmospheric nitric acid. *Environ. Sci. Technol.* 33:1133–1136.

Neustadter, H. E., S. M. Sidik, R. B. King, J. S. Fordyce, and J. C. Burr. 1975. The use of Whatman 41 filters for high volume air sampling. *Atmos. Environ.* 9:101–109.

Ning, Z., K. F. Moore, A. Polidori, and C. Sioutas. 2006. Field validation of the new miniature Versatile Aerosol Concentration Enrichment System (mVACES). *Aerosol Sci. Technol.* 40:1098–1110.

Olin, J. G., and R. R. Bohn. 1983. A new PM-10 medium flow sampler. In *Proceedings, 76th Annual Meeting of the Air Pollution Control Association*. Pittsburgh, PA: Air and Waste Management Association, pp. 1–16.

Pakkanen, T. A., and R. E. Hillamo. 2002. Comparison of sampling artifacts and ion balances for a Berner low-pressure impactor and a virtual impactor. *Boreal Environt. Res.* 7:129–140.

PAL. 2011a. *PTFE membrane disc filters*. http://labfilters.pall.com/catalog/laboratory_20061.asp

PAL. 2011b. *Pallflex Filters: Emfab™, Fiberfilm™, and Tissuquartz™ filters*. http://www.pall.com/pdf/02.0601_Pallflex_LR.pdf

PAL. 2011c. *Nylasorb™ nylon membrane disc filters*. http://labfilters.pall.com/catalog/laboratory_20054.asp

Pankow, J. F. 1987. Review and comparative analysis of the theories on partitioning between the gas and aerosol particulate phases in the atmosphere. *Atmos. Environ.* 21:2275–2283.

Parker, R. D., G. H. Buzzard, T. G. Dzubay, and J. P. Bell. 1977. A two stage respirable aerosol sampler using nuclepore filters in series. *Atmos. Environ.* 11:617–621.

Patashnick, H., and C. L. Hemenway. 1969. Oscillating fiber microbalance. *Rev. Sci. Instrum.* 40:1008–1011.

Perrino, C., and M. Gherardi. 1999. Optimization of the coating layer for the measurement of ammonia by diffusion denuders. *Atmos. Environ.* 33:1579–1587.

Perrino, C., F. Desantis, and A. Febo. 1990. Criteria for the choice of a denuder sampling technique devoted to the measurement of atmospheric nitrous and nitric acids. *Atmos. Environ.* 24:617–626.

Peters, T. M., H. M. Chein, D. A. Lundgren, and P. B. Keady. 1993. Comparison and combination of aerosol size distributions measured with a low pressure impactor, differential mobility particle sizer, electrical aerosol analyzer, and aerodynamic particle sizer. *Aerosol Sci. Technol.* 19:396–405.

Peters, T. M., R. W. Vanderpool, and R. W. Wiener. 2001. Design and calibration of the EPA PM-2.5 well impactor ninety-six (WINS). *Aerosol Sci. Technol.* 34:389–397.

Peterson, M. R., and M. H. Richards. 2002. Thermal–optical-transmittance analysis for organic, elemental, carbonate, total carbon, and OCX2 in PM-2.5 by the EPA/NIOSH method. In *Proceedings, Symposium on Air Quality Measurement Methods and Technology—2002*, eds. E. D. Winegar and R. J. Tropp. Pittsburgh, PA: Air & Waste Management Association, pp. 83-1–83-19.

Petroff, A., A. Mailliat, M. Amielh, and F. Anselmet. 2008. Aerosol dry deposition on vegetative canopies. Part I: Review of present knowledge. *Atmos. Environ.* 42:3625–3653.

Pitchford, M. L., J. C. Chow, J. G. Watson, C. T. Moore, D. E. Campbell, R. A. Eldred, R. W. Vanderpool, P. Ouchida, S. V. Hering, and N. H. Frank. 1997. *Prototype PM-2.5 federal reference method field studies report—An EPA staff report*. by U.S. Environmental Protection Agency, Las Vegas, NV. http://www.epa.gov/ttn/amtic/pmfrm.html

Pope, C. A., III, and D. W. Dockery. 2006. Critical Review: Health effects of fine particulate air pollution: Lines that connect. *J. Air Waste Manage. Assoc.* 56:709–742.

Possanzini, M., A. Febo, and A. Liberti. 1983. New design of a high-performance denuder for the sampling of atmospheric pollutants. *Atmos. Environ.* 17:2605–2610.

Raabe, O. G., D. A. Braaten, R. L. Axelbaum, S. V. Teague, and T. A. Cahill. 1988. Calibration studies of the DRUM impactor. *J. Aerosol Sci.* 19:183–195.

Ranade, M. B., M. C. Woods, F. L. Chen, L. J. Purdue, and K. A. Rehme. 1990. Wind tunnel evaluation of PM-10 samplers. *Aerosol Sci. Technol.* 13:54–71.

Rogers, C. F., J. G. Watson, and C. V. Mathai. 1989. Design and testing of a new size classifying isokinetic sequential aerosol sampler. *J. Air Poll. Control Assoc.* 39:1569–1576.

Rosman, K., M. Shimmo, A. Karlsson, H. C. Hansson, P. Keronen, A. Allen, and G. Hoenninger. 2001. Laboratory and field investigations of a new and simple design for the parallel plate denuder. *Atmos. Environ.* 35:5301–5310.

Rubow, K. L. 1995. Air movers and samplers. In *Air Sampling Instruments for Evaluation of Atmospheric Contaminants*, eds. B. S. Cohen and S. V. Hering. Cincinnati, OH: ACGIH, pp. 203–226.

Ruiz, P. A., J. E. Lawrence, S. T. Ferguson, J. M. Wolfson, and P. Koutrakis. 2006. A counter-current parallel-plate membrane denuder for the non-specific removal of trace gases. *Environ. Sci. Technol.* 40:5058–5063.

Sardar, S. B., M. D. Geller, C. Sioutas, and P. A. Solomon. 2006. Development and evaluation of a high-volume dichotomous sampler for chemical speciation of coarse and fine particles. *J. Aerosol Sci.* 37:1455–1466.

Shaw, R. W., R. K. Stevens, J. W. Bowermaster, J. W. Tesch, and E. Tew. 1982. Measurements of atmospheric nitrate and nitric acid: The denuder difference experiment. *Atmos. Environ.* 16:845–853.

Shi, J. P., A. A. Khan, and R. M. Harrison. 1999. Measurements of ultrafine particle concentration and size distribution in the urban atmosphere. *Sci. Total Environ.* 235:51–64.

Shi, L. M., D. J. Bayless, G. Kremer, and B. Stuart. 2007. Numerical investigation of the flow profiles in the electrically enhanced cyclone. *J. Air Waste Manage. Assoc.* 57:489–496.

Sickles, J. E., II, and L. L. Hodson. 1989. Fate of nitrous acid on selected collection surfaces. *Atmos. Environ.* 23:2321–2324.

Sickles, J. E., II, and L. L. Hodson. 1999. Retention of sulfur dioxide by nylon filters. *Atmos. Environ.* 33:2427–2434.

Sigaev, G. I., A. D. Tolchinsky, V. I. Sigaev, K. G. Soloviev, A. N. Varfolomeev, and B. T. Chen. 2006. Development of a cyclone-based aerosol sampler with recirculating liquid film: Theory and experiment. *Aerosol Sci. Technol.* 40:293–308.

Sioutas, C., P. Koutrakis, and J. M. Wolfson. 1994. Particle losses in glass honeycomb denuder samplers. *Aerosol Sci. Technol.* 21:137–148.

Sioutas, C., P. Y. Wang, S. T. Ferguson, P. Koutrakis, and J. D. Mulik. 1996. Laboratory and field evaluation of an improved glass honeycomb denuder filter pack sampler. *Atmos. Environ.* 30:885–895.

Solomon, P. A., and J. L. Moyers. 1984. Use of a high volume dichotomous virtual impactor to estimate light extinction due to carbon and related species in the Phoenix haze. *Sci. Total Environ.* 36:169–176.

Solomon, P. A., and C. Sioutas. 2008. Continuous and semicontinuous monitoring techniques for particulate matter mass and chemical components: A synthesis of findings from EPA's particulate matter supersites program and related studies. *J. Air Waste Manage. Assoc.* 58:164–195.

Spicer, C. W., and P. M. Schumacher. 1979. Particulate nitrate: Laboratory and field studies of major sampling interferences. *Atmos. Environ.* 13:543–552.

Spurny, K. R. 1977. Discussion: A two-stage respirable aerosol sampler using nuclepore filters in series. *Atmos. Environ.* 11:1246.

Spurny, K. R., J. P. Lodge, E. R. Frank, and D. C. Sheesley. 1969. Aerosol filtration by means of Nuclepore filters: Aerosol sampling and measurement. *Environ. Sci. Technol.* 3:464–468.

Stelson, A. W., S. K. Friedlander, and J. H. Seinfeld. 1979. A note on the equilibrium relationship between ammonia and nitric acid and particulate ammonium nitrate. *Atmos. Environ.* 13:369–371.

Subramanian, R., A. Y. Khlystov, J. C. Cabada, and A. L. Robinson. 2004. Positive and negative artifacts in particulate organic carbon measurements with denuded and undenuded sampler configurations. *Aerosol Sci. Technol.* 38:27–48.

Takahashi, K., H. Minoura, and K. Sakamoto. 2008. Examination of discrepancies between beta-attenuation and gravimetric methods for the monitoring of particulate matter. *Atmos. Environ.* 42:5232–5240.

Temime-Roussel, B., A. Monod, C. Massiani, and H. Wortham. 2004a. Evaluation of an annular denuder tubes for atmospheric PAH partitioning studies—1: Evaluation of the trapping efficiency of gaseous PAHS. *Atmos. Environ.* 38:1913–1924.

Temime-Roussel, B., A. Monod, C. Massiani, and H. Wortham. 2004b. Evaluation of an annular denuder for atmospheric PAH partitioning studies—2: Evaluation of mass and number particle losses. *Atmos. Environ.* 38:1925–1932.

TFS. 2011a. *High-volume air sampler, MFC-TSP*. http://www.thermoscientific.com/wps/portal/ts/products/detail?navigationId=L10405&categoryId=89579&productId=11960633

TFS. 2011b. *High-volume air sampler, VFC-PM10*. http://www.thermoscientific.com/wps/portal/ts/products/detail?navigationId=L10405&categoryId=89579&productId=11960632

TFS. 2011c. *Partisol ambient particulate air sampler, Model 2000-FRM*. http://www.thermoscientific.com/wps/portal/ts/products/detail?navigationId=L10405&categoryId=89579&productId=11960560

TFS. 2011d. *Partisol-Plus 2025 sequential ambient particulate sampler*. http://www.thermoscientific.com/wps/portal/ts/products/detail?navigationId=L10405&categoryId=89579&productId=11960559

TIS. 2011. *High-volume lead sampler and high-volume air sampler TE-5170*. http://www.tisch-env.com/TSP-high-volume-lead-sampler.asp

Tison, S. A. 1996. A critical evaluation of thermal mass flow meters. *J. Vacuum Sci. Technol. A—Vacuum Surfaces and Films* 14:2582–2591.

Tolocka, M. P., T. M. Peters, R. W. Vanderpool, F. L. Chen, and R. W. Wiener. 2001. On the modification of the low flow-rate PM-10 dichotomous sampler inlet. *Aerosol Sci. Technol.* 34:407–415.

Tombach, I. H., D. W. Allard, R. L. Drake, and R. C. Lewis. 1987. *Western Regional Air Quality Studies—Visibility and air quality measurements: 1981–1982*. Report Number EA-4903. Prepared for Electric Power Research Institute, Palo Alto, CA, by AeroVironment, Inc., Monrovia, CA.

Tsai, C. J., C. H. Huang, Y. C. Lin, T. S. Shih, and B. H. Shih. 2003. Field test of a porous-metal denuder sampler. *Aerosol Sci. Technol.* 37:967–974.

Turner, J. R. 1998. *Laboratory and field evaluation of the Minivol PM-2.5 sampler*. Report Number 97A-DIR-1. Prepared for U.S. Environmental Protection Agency, Research Triangle Park, NC, by Washington University, St. Louis, MO.

Turner, W. A., B. A. Olson, and G. A. Allen. 2000. Calibration of sharp cut impactors for indoor and outdoor particle sampling. *J. Air Waste Manage. Assoc.* 50:484–487.

Turpin, B. J., J. J. Huntzicker, and S. V. Hering. 1994. Investigation of organic aerosol sampling artifacts in the Los Angeles Basin. *Atmos. Environ.* 28:3061–3071.

USEPA. 1987. Ambient Air Quality Standards for Particulate Matter; Final Rule. *Federal Register* 52:24634–24669.

USEPA. 1997. National ambient air quality standards for particulate matter; availability of supplemental information and request for comments—final rule. *Federal Register* 62:38761–38762.

USEPA. 2006. National ambient air quality standard for particulate matter: Final rule. *Federal Register* 71:61144–61233.

USEPA. 2008a. National ambient air quality standards for lead: Final rule. *Federal Register* 73:66964–67062.

USEPA. 2008b. Notice of the designation of a new reference method for monitoring ambient air quality. *Federal Register* 73:77024–77025.

USEPA. 2009. *URG3000N Phase II implementation report*. U.S. Environmental Protection Agency, Research Triangle Park, NC. http://www.epa.gov/ttn/amtic/specurg3000.html

USEPA. 2010. *List of designated reference and equivalent methods*. U.S. Environmental Protection Agency, Research Triangle Park, NC. http://www.epa.gov/ttn/amtic/files/ambient/criteria/reference-equivalent-methods-list.pdf

USEPA. 2011. *Chemical speciation*. U.S. Environmental Protection Agency, Research Triangle Park, NC. http://www.epa.gov/ttn/amtic/speciepg.html

URG. 2011a. *Weekly air particulate sampler: Simultaneous collection of particles and gases URG-2000-01J*. http://www.

urgcorp.com/assets/pdf/URG-2000-01J.pdf

URG. 2011b. *Versatile Air Pollution Sampler (VAPS): Simultaneous collection of coarse and fine particles URG 3000K*. http://www.urgcorp.com/assets/pdf/URG-3000K.pdf

URG. 2011c. *Medium volume particulate sampler: Simultaneous collection of PM-2.5 and PM-10 URG 3000ABC*. http://www.urgcorp.com/assets/pdf/URG-3000ABC.pdf

URG. 2011d. *Dual sequential fine particle sampler: Simultaneous collection of particles and gases URG-2000-01K*. http://www.urgcorp.com/assets/pdf/URG-2000-01K.pdf

URG. 2011e. *Annular denuder system: Simultaneous collection of particles and gases URG 3000C*. http://www.urgcorp.com/assets/pdf/URG-3000C.pdf

URG. 2011f. *Cyclones: Teflon-coated aluminum*. http://www.urgcorp.com/Cyclones/teflon.html

URG. 2011g. *Cyclones: Stainless steel*. http://www.urgcorp.com/Cyclones/stainless.html

van Osdell, D. W., and F. L. Chen. 1990. *Wind tunnel test report No. 28. Test of the Sierra-Andersen 246b dichotomous sampler inlet at 2, 8, and 24 km/hr*. Atmospheric Research and Exposure Assessent Laboratory, U.S. Environmental Protection Agency, by Research Triangle Institute, Research Triangle Park, NC.

Vanderpool, R. W., T. M. Peters, S. Natarajan, D. B. Gemmill, and R. W. Weiner. 2001a. Evaluation of the loading characteristics of the EPA WINS PM-2.5 Separator. *Aerosol Sci. Technol.* 34:444-456.

Vanderpool, R. W., T. M. Peters, S. Natarajan, M. P. Tolocka, D. B. Gemmill, and R. W. Wiener. 2001b. Sensitivity analysis of the USEPA WINS PM-2.5 separator. *Aerosol Sci. Technol.* 34:465-476.

Vanderpool, R. W., L. A. Byrd, R. W. Wiener, E. T. Hunike, M. Labickas, A. R. Leston, M. P. Tolocka, F. F. McElroy, R. W. Murdoch, S. Natarajan, C. A. Noble, and T. M. Peters. 2007. Laboratory and field evaluation of crystallized DOW 704 oil on the performance of the well impactor ninety-six fine particulate matter fractionator. *J. Air Waste Manage. Assoc.* 57:14-30.

VIEWS. 2008. *Visibility Information Exchange Web System*. Colorado State University, Ft. Collins, CO. http://vista.cira.colostate.edu/views/

Vincent, J. H., R. J. Aitken, and D. Mark. 1993. Porous plastic foam filtration media: Penetration characteristics and applications in particle size-selective sampling. *J. Aerosol Sci.* 24:929-944.

Virtanen, A., M. Marjamäki, J. Ristimaki, and J. Keskinen. 2001. Fine particle losses in electrical low-pressure impactor. *J. Aerosol Sci.* 32:389-401.

Wang, H. C., and W. John. 1988. Characteristics of the Berner impactor for sampling inorganic ions. *Aerosol Sci. Technol.* 8:157-172.

Wang, X. L., and P. H. McMurry. 2006. A design tool for aerodynamic lens systems. *Aerosol Sci. Technol.* 40:320-334.

Wang, X. L., and Y. H. Zhang. 1999. Development of a critical airflow venturi for air sampling. *Journal of Agricultural Engineering Research* 73:257-264.

Wang, X. L., F. E. Kruis, and P. H. McMurry. 2005. Aerodynamic focusing of nanoparticles: I. Guidelines for designing aerodynamic lenses for nanoparticles. *Aerosol Sci. Technol.* 39: 611-623.

Wanjura, J. D., B. W. Shaw, C. B. Parnell, R. E. Lacey, and S. C. Capareda. 2008. Comparison of continuous monitor (TEOM) and gravimetric sampler particulate matter concentrations. *Trans. ASABE* 51:251-257.

Watson, J. G. 2002. Visibility: Science and regulation. *J. Air Waste Manage. Assoc.* 52:628-713.

Watson, J. G., and J. C. Chow. 2002. Comparison and evaluation of in situ and filter carbon measurements at the Fresno Supersite. *J. Geophys. Res.* 107:ICC 3-1-ICC 3-15. doi: 10.1029/2001JD000573.

Watson, J. G., J. C. Chow, J. J. Shah, and T. G. Pace. 1983. The effect of sampling inlets on the PM-10 and PM_{15} to TSP concentration ratios. *J. Air Poll. Control Assoc.* 33:114-119.

Watson, J. G., J. C. Chow, and C. A. Frazier. 1999. X-ray fluorescence analysis of ambient air samples. In *Elemental Analysis of Airborne Particles*, Vol. 1, eds. S. Landsberger and M. Creatchman. Amsterdam: Gordon and Breach Science, pp. 67-96.

Watson, J. G., L.-W. A. Chen, J. C. Chow, D. H. Lowenthal, and P. Doraiswamy. 2008. Source apportionment: Findings from the U.S. Supersite Program. *J. Air Waste Manage. Assoc.* 58:265-288.

Watson, J. G., J. C. Chow, and L. W. A. Chen. 2009. Methods to assess carbonaceous aerosol sampling artifacts for IMPROVE and other long-term networks. *J. Air Waste Manage. Assoc.* 59:898-911.

Wedding, J. B. 1985. Errors in sampling ambient concentrations employing setpoint temperature compensated mass flow transducers. *Atmos. Environ.* 19:1219-1222.

Wedding, J. B., and T. C. Carney. 1983. A quantitative technique for determining the impact of non-ideal ambient sampler inlets on the collected mass. *Atmos. Environ.* 17:873-882.

Wedding, J. B., and M. A. Weigand. 1985. The Wedding ambient aerosol sampling inlet (D_{50} = 10 mm) for the high volume sampler. *Atmos. Environ.* 19:535-538.

Wedding, J. B., A. R. McFarland, and J. E. Cermak. 1977. Large particle collection characteristics of ambient aerosol samplers. *Environ. Sci. Technol.* 11:387-390.

Wedding, J. B., M. A. Weigand, W. John, and S. M. Wall. 1980. Sampling effectiveness of the inlet to the dichotomous sample. *Environ. Sci. Technol.* 14:1367-1370.

Wedding, J. B., M. A. Weigand, and Y. J. Kim. 1985. Evaluation of the Sierra-Andersen 10-μm inlet for the high-volume sampler. *Atmos. Environ.* 19:539-542.

Wedding, J. B., M. A. Weigand, Y. J. Kim, D. L. Swift, and J. P. Lodge. 1987. A critical flow device for accurate PM-10 sampling and correct indiction of PM-10 dosage to the thoracic region of the respiratory tract. *J. Air Poll. Control Assoc.* 37:254-258.

WHA. 2011a. *PM-2.5 air monitoring membrane*. By ***WHA***. http://www.whatman.com/PRODPM25AirMonitoringMembrane.aspx

WHA. 2011b. *Air sampling filters and quartz filters*. By ***WHA***. http://www.whatman.com/AirSamplingandQuartzFilters.aspx

WHA. 2011c. *Quantitative filter papers—Hardened ashless grades*. by ***WHA***. http://www.whatman.com/QuantitativeFilterPapers AshlessGrades.aspx

WHA. 2011d. *Quantitative filter papers—Ashless grades (Ash 0.007%)*. by ***WHA***. http://www.whatman.com/Quantitative FilterPapersAshlessGrades.aspx

WHA. 2011e. *Nuclepore track-etched membranes*. By ***WHA***. http://www.whatman.com/NucleporeTrackEtchedMembranes.aspx

Wiebe, H. A., K. G. Anlauf, E. C. Tuazon, A. M. Winer, H. W. Biermann, B. R. Appel, P. A. Solomon, G. R. Cass, T. G. Ellestad, K. T. Knapp, E. Peake, C. W. Spicer, and D. R. Lawson. 1990. A comparison of measurements of atmospheric ammonia by filter packs, transition-flow reactors, simple and annular denuders and Fourier transform infrared spectroscopy. *Atmos. Environ.* 24A:1019-1028.

Wiener, R. W., and R. W. Vanderpool. 1992. *Evaluation of the Lane Regional PRO-1A and PRO-2 saturation monitor*. U.S.

Environmental Protection Agency, Research Triangle Park, NC.

Williams, E. J., S. T. Sandholm, J. D. Bradshaw, J. S. Schendel, A. O. Langford, P. K. Quinn, P. J. LeBel, S. A. Vay, P. D. Roberts, R. B. Norton, B. A. Watkins, M. P. Buhr, D. D. Parrish, J. G. Calvert, and F. C. Fehsenfeld. 1992. An intercomparison of five ammonia measurement techniques. *J. Geophys. Res.* 97:11591–11611.

Wilson, W. E., J. C. Chow, C. S. Claiborn, W. Fusheng, J. P. Engelbrecht, and J. G. Watson. 2002. Monitoring of particulate matter outdoors. *Chemosphere* 49:1009–1043.

Witschger, O., R. Wrobel, J. F. Fabriès, P. Görner, and A. Renoux. 1997. A new experimental wind tunnel facility for aerosol sampling investigations. *J. Aerosol Sci.* 28:833–852.

Wittmaack, K. 2002. Impact and growth phenomena observed with sub–micrometer atmospheric aerosol particles collected on polished silicon at low coverage. *Atmos. Environ.* 36:3963–3971.

Witz, S., M. M. Smith, and A. B. Moore, Jr. 1983. Comparative performance of glass fiber hi-vol filters. *J. Air Poll. Control Assoc.* 33:988–991.

Wolf, I., and R. L. Carpenter. 1982. A simple automatic variable flow controller. *J. Air Poll. Control Assoc.* 32: 744–746.

Wu, J. J., D. W. Cooper, and R. J. Miller. 1989. Virtual impactor aerosol concentrator for cleanroom monitoring. *J. Environ. Sci.* 5:52–56.

Yang, L. M., J. Lim, and L. Y. E. Yu. 2007. Effects of acid-washing filter treatment on quantification of aerosol organic compounds. *Atmos. Environ.* 41:3729–3739.

27

室内气溶胶暴露评价

Charles E. Rodes
三角研究园区三角国际研究所气溶胶暴露研究中心，北卡罗来纳州，美国

27.1 引言

本章主要总结了室内、非职业场所气溶胶暴露特征的研究方法及居室内个体监测手段。非职业微环境主要包括住所及交通工具等工作场所以外的环境。非职业个体监测主要指非工作期间的暴露监测，但也包括工作期间暴露监测及其对全天24h暴露量的贡献。非职业暴露的个体或室内监测器不同于职业暴露的监测器。如果仅用室内监测器研究非职业暴露，考虑到被研究者并非一直待在室内，因此需核算室外气溶胶对个体暴露量的贡献，最后使用时间加权模型计算总暴露量。人体暴露的气溶胶一半以上来源于室外，因此非职业暴露研究的一个重要方面是明确室外环境空气对个体暴露的贡献。环境气溶胶监测见第26章，职业暴露评价见第25章。

本章主要包括以下内容：

① 浓度与暴露：主要讨论微环境浓度与实际暴露浓度之间的剂量-效应关系。

② 测量、采样及分析策略：讨论对室内气溶胶进行监测、采样、分析的不同途径和方法。

③ 数据选取：讨论应根据不同研究目的选择不同的数据，此外需要考虑时空因素和质量保证（QA），这点对于保证低流量采集样品分析的精确度和准确度尤为重要。

④ 非职业暴露研究类型：介绍暴露研究的类型以及使个体、室内和室外气溶胶浓度联系起来的策略。

⑤ 暴露模型：介绍如何基于固定监测数据使用暴露模型进行暴露估计。

气溶胶相关术语和气体暴露术语见国际暴露科学学会 http：//www.iseaweb.org/glossary.php。

27.2 浓度和暴露

借助经典的环境健康风险研究可以发现，研究气溶胶暴露特征的关键因素是要了解颗粒

物源的影响以及气溶胶暴露风险管理：

$$源\rightarrow释放\rightarrow浓度\rightarrow暴露\rightarrow剂量\rightarrow效应 \tag{27-1}$$

在本章，暴露仅考虑呼吸吸入途径并仅关注呼吸区的气溶胶特征[1]。人们也可以通过表皮吸收落在皮肤上的颗粒物而进行暴露。虽然表皮吸收对金属、杀虫剂和生物颗粒物的总暴露有重要贡献，但本章并不对其进行讨论。第38章详细讨论了可吸入粒子对肺部的健康效应。

式（27-1）是最简单的一种研究模式，它展示了正向的（从源到效应）和反向的（从效应到源）作用传递。人群的健康效应源于日常暴露下的综合剂量，包括多种室内微环境（如家，工作，学校，室外）的暴露，因此需对每个源类单独应用这个研究模式。当不能对全部日常微环境进行监测或不能实施个体暴露监测时，为了预测模型的成分，已经开发了不同类型的暴露模型来预测模型的单元。目前最普遍的模型是关于气溶胶浓度和暴露剂量关系的模型，有关这部分内容在27.6.2中介绍。

通过建模将中间要素联系起来是可行的。例如，美国环境保护署（USEPA）颗粒物基准文件里叙述了大量流行病学研究，这些研究直接将环境气溶胶浓度和观察到的健康效应相关联（USEPA，2004），而没有进行任何实际环境下的暴露测量或收集任何剂量数据。但是，研究设计中这样的省略不利于用此研究模式向前或向后推断。例如，这无法判定哪一个气溶胶源对过量暴露贡献最大。确保测量能真正代表研究流程中的每一步是很重要的，但经常被忽视。健康效应和固定位点监测所得的浓度间的统计学相关性通常比较差，这是因为固定位点监测器不能满足一直靠近被研究人群的要求。较大的时空差异使得收集到的数据的代表性变差，从而导致很难估计出真实的气溶胶暴露量。美国国家研究委员会（NRC，1999）把这种低相关性现象称为“暴露归类错误（exposure misclassification）”，同时NRC建议发展个体监测器和监测程序以便提高两者的相关性。NRC建议的方法包括：发展更易携带和使用的个体监测器以补充固定位点监测的不足。NRC还确定了影响该研究的一些混杂因素，例如由于人群被动暴露于不易识别的环境香烟烟雾（ETS）中，这使得原本较强的相关性被极大削弱。气溶胶暴露归类错误的研究主要集中在$PM_{2.5}$和PM_{10}，包括$PM_{2.5}$和PM_{10}的空间异质性。这些在许多综述性文章中已有体现，如空间异质性（Monn，2001；Sarnat等，2009）、PM空间浓度如何影响流行病学研究（Wilson等，2005）和气象学对空间相关性的影响（Ito等，2001）。

本章将描述一些典型的用于非职业暴露的仪器设备和方法。应用这些方法将得到气溶胶暴露数据，建立浓度和摄入剂量间的最强的相关性，进而精准预测对一般人群和高暴露人群的健康影响。可靠的暴露预测是气溶胶暴露实验研究和模型研究的目标，可以很好地描述大部分暴露人群的暴露特征，而不仅仅只是一小部分人群的暴露。该方法可对毒性气溶胶暴露进行最可靠的风险评估。

27.3 测量、采样及分析策略

27.3.1 监测方法

严格来讲，只有当气溶胶颗粒到达人体鼻子或嘴巴时吸入暴露才发生。对暴露研究比较有意义的区域是虚拟的一个以人的头部为中心、直径为1m的球形呼吸区域（图27-1），个

---

[1] 参见27.3.1气溶胶监测中关于呼吸区的定义。

体暴露监测器（PEM）应该被安装在此区域内，这样收集的气溶胶粒子能代表可以被吸进人体的空气中的气溶胶（Rodes 和 Thornburg，2005）。衣服的翻领（身前）是最合适的采样位置。PEM 安置在其他部位也是可以的，比如腰部或背部，但是在这些位置进行采样时需要额外测量较大的粒子用以表明身体周边空气中粒子的空间梯度最小。总之，无论个体监测器佩戴在什么位置，都要比固定位点监测更具有代表性。

基于个体水平监测的气溶胶暴露数据对所研究群组来说是最具代表性的（NRC，2004；Rodes 和 Thornburg，2005），但遗憾的是基于个体暴露水平的监测并不能经常实施，因此，可以选择周边微环境，如居室或工作场所，采用固定微环境监测器（MEM）进行监测，并通过模型对真实暴露进行估算。对大多数非职业研究来说，了解由个体水平监测得出的暴露分布和由固定监测加上模型得出的暴露分布之间的差异非常重要。目前已有基于固定位点监测来预测气溶胶暴露分布的技术和成熟的模型，这些技术和模型可对主要的分布特征（包括平均数和中位数值）进行合理的估算（27.6.2）。

对比固定位点监测，气溶胶暴露个体水平监测更复杂且受暴露来源影响更多，因此，在进行个体水平监测时，必须清楚个体水平监测的意义和价值。

27.3.1.1 个体暴露监测

应用能直接确定呼吸区域颗粒物特征的技术（PEM）是研究气溶胶暴露的最优途径。在表征个体日常活动中如何接触空气污染物方面，个体水平的监测比固定监测更好。个体暴露特征明确了个体空气微环境颗粒物浓度与呼吸区域综合浓度之间的实际联系。为研究哪些人更易暴露，也为更了解气溶胶呼吸暴露和不利健康影响间的相互作用，有必要进行室内环境空气监测（Chow 和 Watson，2008；Nazaroff，2008），特别是当暴露特征以颗粒相组分为主时。当目标粒子粒径小于 0.3μm 或大于 0.5μm 时，传输和消亡机制更易产生空间偏差，这种空间偏差用固定监测器不易监测。个体水平的呼吸区域暴露特征最能代表涉及个体活动的所有微环境浓度和健康效应间的关系。目前，收集粒径谱中度粒径气溶胶的技术已经成熟，但对于收集最大（粗）和最小（细）粒子的技术还在完善之中（Leith 等，2007；Qi 等，2008）。

个体暴露监测器是小体积、独立的、电池驱动的采样系统，它由个体携带来模拟呼吸区域周边的局部源或空间浓度梯度的情况。这些相对隐蔽的采样器用来估计个体对气溶胶的累积时间暴露，且对携带者的日常活动影响最小。个体监测器是否需要隐蔽与被调查群组的年龄、健康状况及活动等因素有关。儿童用的个体监测器必须比成人用的更小更轻，住所内使用的监测器要求有较小的噪声（Rodes 和 Thornburg，2005）。

虽然大多数情况下呼吸区域是取样的理想位置，但是某些情况下，由于监测的时间较长，实际上仍需要选择其他位置（例如，可用腰包采样器对成人进行采样，用背包采样器对儿童进行采样，图 27-2）。在某些情况下，如果怀疑地毯上的颗粒物再悬浮对个体呼吸区暴露有贡献，就需要在呼吸区域以外接近地面的身体部位安置采样器（Rosati 等，2008）。但是，在进行暴露研究之前需要进行对比研究以证明在选择的位置进行实验的误差最小且在可接受的范围内。

(1) 负荷和佩戴合规　个体监测器必须相对较轻并最大限度地隐蔽，以便被研究者愿意按研究方案佩戴。佩戴合规很重要，因为不随身携带的个体监测器将变成所遗留地点的固定监测器，这将使收集的个体水平数据无效，从而产生很大的偏差。最近的研究（Williams 等，2008）表明，在个体气溶胶暴露研究中，参与者的佩戴合规率远远小于 100%。这在一

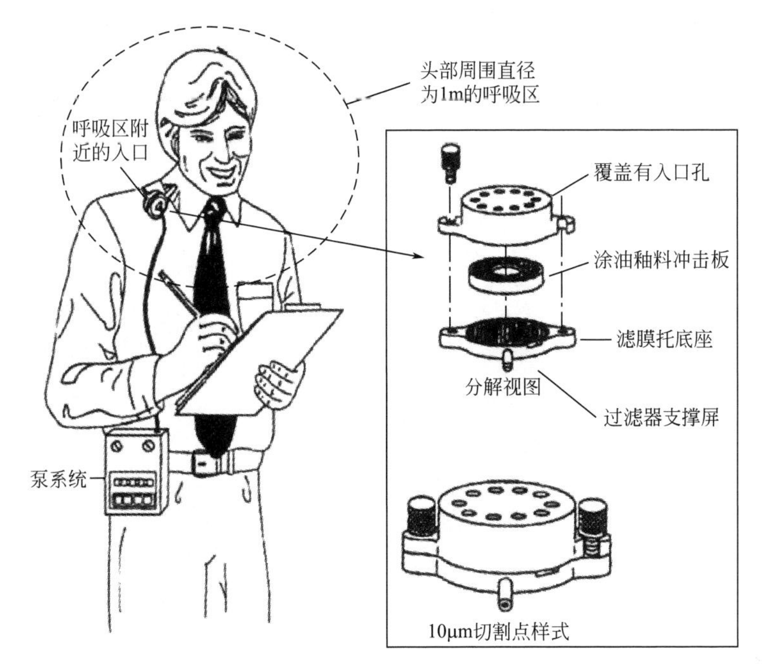

图 27-1 气溶胶个体暴露监测器，展示了虚拟的以鼻子/嘴为中心的球形呼吸区域以及 MSP 200 个体暴露冲击式采样器结构图

般人群研究中十分常见，因为在一般人群研究中，被研究的群组在暴露评估结果中没有既得利益。Phillips 等（2010）报道了美国 EPA 项目——底特律气溶胶暴露研究（DEARS）中，被研究成人群体中足足有 1/3 的人佩戴合规率低于 50%。

当监测系统的配置不是最优时，个体暴露监测器对被研究者来说经常是繁重的。已经证明，佩戴安装在呼吸区域的微型气溶胶切割头（如图 27-2 中的马甲方案），合规率较高(Williams 等，2008)。可以通过从呼吸区域到固定在身体其他部位的气溶胶粒径分级或采集器的管道获得样品，但是在传输过程中气溶胶会损失严重。这些损失可以被纠正（Noble 等，2005），但并不适用于所有情况，因此应尽量避免。PEM 的技术问题已经解决并且已成功应用到个体气溶胶暴露研究中。Rodes 和 Thornburg（2005）讨论了非职业群组暴露研究的许多设计细节，包括减少负重的佩戴位置。

Rodes 和 Thornburg（2005）也讨论了用活动监测法（activity-sensing approaches）测量佩戴合规水平时必须要测量的内容，这些测量内容可以用于判断数据是否真正代表个体暴露。研究者可以设定一个数据质量目标（DQO）作为可接受的合规水平，这使决定测量的代表性变得简单。在暴露数据收集期间对合规水平进行监测也可使研究技术员在佩戴合规水平低于理想状态时指导研究对象（Phillips 等，2010）。

Lawless（2003）描述了一种能实时记录活动水平的方法，这种方法也可对佩戴合规进行测定。当被研究者进行活动时，不被佩戴的采样器不移动。实时数据收集与储存系统允许随后对数据进行处理以确定合规水平。这些可由许多方法实现，包括身体电容传感器和灵敏加速计的使用。活动数据在每个重要时间段收集（如 10min）并被储存以便进行后续分析。

Rodes 等（2010）认为在 40%～60%范围内设定一个合规水平对暴露数据进行分层非常重要，它可提供代表性的最低水平。同时他们也指出，对目标水平简单的分层会忽略一些有潜在价值的暴露数据，并建议应用一种加权方法，这种加权方法对已知有代表性的数据关注更多。如不进行监测和调整，对高水平暴露（90%以上）的认识就非常不足。Rabinovitch等（2005）在研究个体内毒素暴露和儿童哮喘程度的关系时，应用了非睡眠时间的75%作为佩戴合规条件。

背包

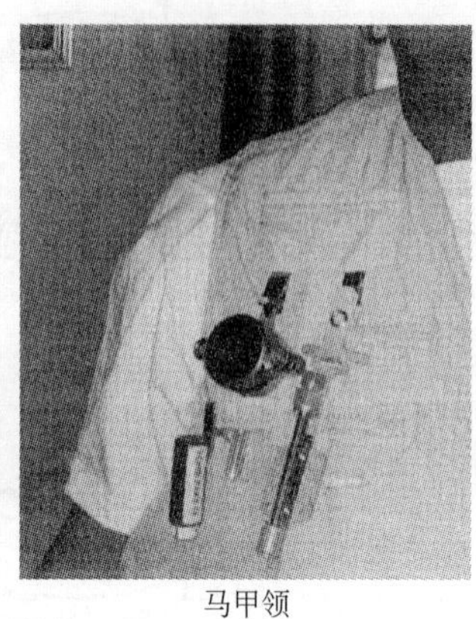
马甲领

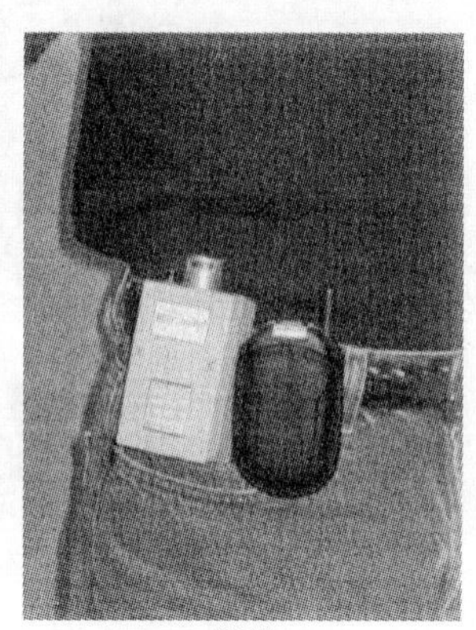
腰部

图 27-2 个体气溶胶暴露系统：展示了在较长采样期内为了佩戴更舒适，实际所选择的佩戴位置

（2）个体暴露监测器设计 个体气溶胶暴露系统各部分的设计需要考虑许多因素，包括采样目标、急性或慢性暴露采集、空气动力学粒径问题、滤膜特征、分析要求、负重和隐蔽性要求、电池供能限度、技术可用性、研究对象报酬以及数据质量目标（DQOs）。其中很多因素在其他章节中有所讨论（例如，第8章讨论空气动力学粒径的测量，第7章讨论滤膜采样，第9章和第10章讨论气溶胶分析，第24章讨论生物气溶胶的特殊性）。测定气溶胶暴露监测的特殊性在于用于监测个体气溶胶暴露的采样器的小尺寸和低流量。基本的采样目标包括动力学粒径是否符合要求，采样时间是否一致，是否需补充实时监测，是否收集到了足够的气溶胶供分析。

图27-3展示了长时间个体气溶胶采样系统的基本设计，该系统通过电池供能的流量控制泵将经过分级的气溶胶收集在滤膜上；该系统可设定不同的采样时间间隔。表27-1列出了提供PEM基础部件或成套系统的部分制造商。然而，这个列表并不详尽，只是汇总了大部分文献中所报道的常用个体和室内气溶胶暴露技术。同时此表也列出了可用的切割点、流量、流动通道以及其他一些特征，如车载活动水平传感器和车载全球定位卫星（GPS）传感器。27.4节中的表27-3列出了气溶胶暴露研究设计中需要考虑的因素，可指导特殊技术的选择。

一些基本部件在非职业采样和职业采样中都有使用（第25章），主要差别在于切割头的不同。职业切割头主要是为了适用于工作场所环境［美国国家职业安全与卫生研究所（NIOSH）、美国政府工业卫生学者讨论会（ACGIH），第25章］，而非职业切割头主要是为了适用于室外环境采样（USEPA，2006）。

在美国和欧洲，职业场所个体气溶胶暴露评估已有很长的历史（第25章），这极大地促进了现代气溶胶暴露采样和传感系统的发展。与选择监测器和设计非职业监测研究有关的部分专业文章包括Vincent（1998），Maynard（1999），Liden和Kenny（1992），O'Shaughnessy等（2007），Benton-Vitz和Volckens（2008），Davis等（2007）。近些年，对非职业场所中成人及儿童气溶胶暴露和不利健康结果关系的研究是以职业暴露研究方法为基础的，然而更小更隐蔽的系统会更适用于非职业群组暴露研究，且更适合于健康欠佳或较小的个体使用（Cortez-Lugo 等，2008；Williams 等，2008；Baxter 等，2009）。

表 27-1 市场上出售的典型室内和个体气溶胶暴露监测系统

型号	名称	生产商①	备注
室内气溶胶采样系统（integrated filter collections）	MS&T 室内监测器（Harvard 冲击式采样器）	ADI	最大流量为 20L/min，通常为 10L/min；可用切割头包括 1.0μm、2.5μm 或 10μm
	可展开的采样系统（DPS）	SKC	2.5μm 或 10μm 切割头；10L/min
	M400 微环境监测器	MSP	2.5μm 或 10μm 切割头；10L/min
	PQ100 便携式监测器	BGI	2.5μm 或 10μm 切割头；16.7L/min
	AMI Minivol	AMI	2.5μm 或 10μm 切割头；5L/min
	室内 PM 系统	RTI	3 个平行通道；2.5μm，10μm；2L/min 或 4L/min
	微型 PEM^{TM} 系统	RTI	1 或 2 个平行通道；2.5μm、10μm 和可吸入性粒子
室外采样器			见第 26 章
生物采样器			见第 24 章
PEM 个体采样口	MSP200 冲击式采样器	MSP	2L/min、4L/min 或 10L/min，1.0μm、2.5μm 或 10μm
	旋风分离器	BGI	1.7～2.2L/min
	IOM	SKC	2L/min，TSP
	冲击采样器	*SKC*	10L/min，TSP
职业气溶胶采样			见第 25 章
个体采样泵	BGI Omni；BGI 400	BGI	3～12L/min；4L/min
	SKC Pocket；SKC 222，气体检测；Universal，Aitlite，Leland	SKC	20～225mL/min；50～200mL/min；5～3000mL/min；5～5000mL/min；5～3000mL/min；5～15L /min
	Escort	MSA	1～3L/min
	Gilian sensidyne，GilAir 5000	GIL	1～3000mL/min；1～5000mL/min；20～5000mL/min
	RTI 微型 PEM^{TM} 系统	RTI	0.5L/min；包括活动感应器和 GPS
	RTIPEM 系统	RTI	1～4L/min；包括活动感应器
超细气溶胶	TSI P-Trak	TSI	手持式；0.01～0.30μm
气溶胶浊度计	TSI pDR-1500（DataRAM）	TSI	主动采样（被动可用）；$PM_{2.5}$ 进口
	TSI SidePak	TSI	主动采样
颗粒物计数器	MET GT-321	MET	1-，2-，6-size 范围便携式单粒子计数器

① 全部的制造商地址参见附录 I。

注：表中仅列出了所选代表仪器的型号，要获得更多的信息，请联系生产商。

非职业暴露的总研究时间为每天 24h，共 7 天，而职业暴露的研究时间仅是 8h。总研究时间的长短受高暴露量的影响，这可能会在紧急事件中发生。没有采样滤膜或气溶胶分级装置（如涂层冲击板），个体暴露监测仪是无法适应长时间的采样的，超载不被接受。因为供能电池组一般都占系统重量的一半以上，所以延长采样时长时所需的供能电池组也是至关重要的。选择低功率的采样泵以及相关的支持电子元件可明显降低电池组的大小和重量。由于部分个体暴露方法对可用电池的电流有所限制，因此可考虑选用其他方法。研究靠较小电池组供能的技术非常有前景。

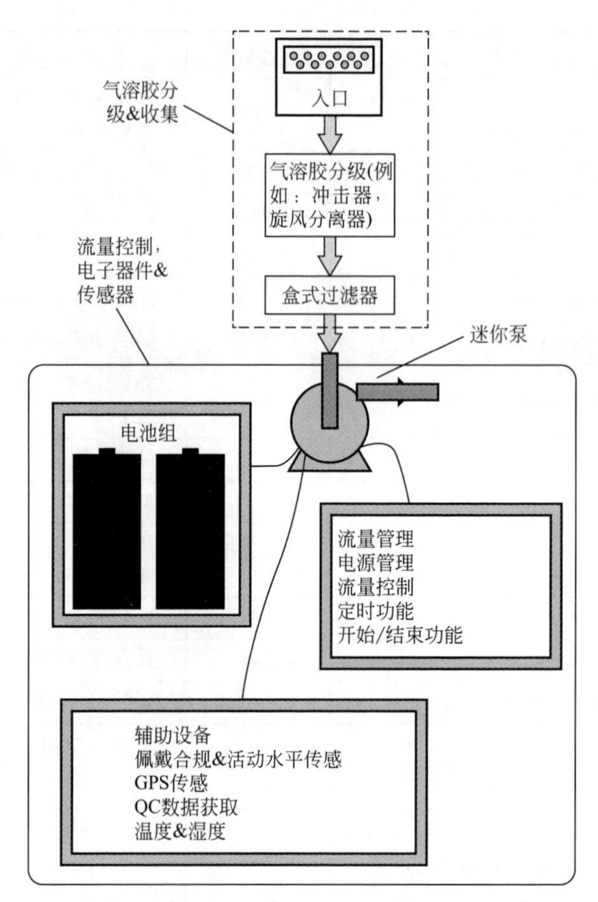

图 27-3 现代个体气溶胶暴露监测系统图。包括监测器佩戴合规、定位器（GPS）、QC 数据储存、采样温度和相对湿度等系统

27.3.1.2 固定位点监测

尽管个体水平的监测是理想的，但某些情况下，在具代表性的地点进行固定位点气溶胶监测是更经济、有效的可选方法。固定位点监测特别适用于研究对象大部分时间在同一微环境的情况。这些微环境主要为住所，也包括学校的室内场所。对于大部分时间在室外的人，在室外代表区域进行监测对总日常气溶胶暴露很有用。监测室外空气有利于确定室内/室外比以及影响室外气溶胶向室内渗透的因素。从微环境（包括室外）数据可以计算时间加权平均浓度，从而估计个体的真实暴露水平。

对住宅室内气溶胶监测时，一般要求设备安放在代表性区域内相对隐蔽的位置，通常选用经常活动的室内区域。采样进口安放在离地面 1.0～1.5m 处，此高度为坐着的呼吸区域的高度，同时，采样口所放位置应不受其他临近源（如火炉或壁炉）的影响。离地面一定的高度很重要，特别是在有地毯的居室。当在有地毯的室内行走或进行其他活动时，颗粒物有可能会从地毯纤维中再悬浮（Thatcher 和 Layton，1995）。室内颗粒物采样器应该相对较小且隐蔽，以便对较小的居住者不产生阻碍。室内颗粒物采样器也应具有最小的噪声（Rodes

和 Thornburg，2005)。室内颗粒物采样器所用流量为 2.0～10L/min，低于室外监测器。因此，比室外监测器小且安静的泵可以在室内使用。置于过道上的室内采样系统可能被儿童损坏，零部件可能被儿童或大狗打翻。因此，在系统设计中安全性的考虑也很重要，特别是当居住者包括儿童和宠物时。

能进行固定位点室外气溶胶浓度测量的采样器类型很多，仅受可用空间大小和电功率、附近居住者可接受的采样器噪声以及是否接近于技术服务区等所限制，这些设备被称为MEM。如前面所述，要使用简单的时间加权平均模型估计所得的暴露水平有代表性，必须监测足够多的室内（和室外）微环境。然而，Wallace（1996）研究表明，在同一环境中，使用这种简单的模型估计所得的暴露浓度和使研究对象佩戴个体采样器获得的浓度非常不一致，使用个体采样器所得的浓度要高。更重要的是，不论研究对象在室内还是室外，室内固定位点监测器都一直采集样品和数据。研究对象离开的时间越长，室内部分的相关性就越低。Wallace 认为个体暴露质量浓度增大是因为个体接近局部源造成的。Weschler（2008）提供了一个额外的监测系统规格参数以对室内污染物进行采样。

27.3.2 气溶胶采样和分析

27.3.2.1 气溶胶粒径分级

个体气溶胶暴露浓度和效应剂量受颗粒物特征和确切的呼吸参数（如吸入频率，潮气量，呼吸生理）的综合影响。可以依据空气动力学直径对进入呼吸系统的颗粒物的撞击、沉淀、拦截和扩散过程进行判断（第 38 章）。这些移动过程可能会同时发生。按照颗粒物在个体呼吸系统的位置，移动过程可能导致不同的气溶胶沉积类型。建立气溶胶暴露和空气动力学粒径间的联系对暴露特征分析特别重要，这些特征之后要与人体健康和呼吸系统沉积类型（模型）联系起来。

美国的非职业暴露研究通常使用的气溶胶粒径分级公约是 USEPA 颁布的，而不用 NIOSH 颁布的，尽管这两套分类系统十分相似，但并不完全相同。两套公约都和重量法为基础的质量标准中的动力学分级有关。这些标准大多与采样中的空气动力学切割点和粗粒子模型有关（第 3 章和第 4 章）。USEPA 最常用的粒径分级是将颗粒物分为<2.5μm（定义为 $PM_{2.5}$）和<10μm（定义为 PM_{10}）。最近对关注比较多的超细粒子和纳米粒子（小于 0.1～0.3μm）以粒数而不是质量为特征进行描述。大于 0.3μm 以上的粒子最好用单粒子计数器进行分级，而小于 0.3μm 的粒子最好用流动分级。纳米级粒子的监测和特征在第 25 章和第 38 章中介绍。

$PM_{2.5}$ 和 PM_{10} 是迄今为止报道最多的颗粒物（Pang 等，2002；Paoletti 等，2006），二者是健康研究、非职业暴露研究中选择颗粒物采样进口切割点的基础。进行混合采样时，无论是 PEM 还是 MEM 采样器，都具有可选的切割点，且为了满足不同的研究需要，这些采样器的流量在 0.5～16.7L/min 不等。

需要考虑的与粒径相关的重要因素之一是：不同粒径气溶胶的化学组分不同（Wilson 和 Suh，1997）。为准确获取目标粒径的颗粒物，在气溶胶暴露监测实验设计中选择合适的切割点是最重要的事情之一。第 4 章讨论了不同粒径气溶胶的组分，有助于调整这个决定。真正的空气动力学分级要求有对流（泵系统）。在被动气溶胶采样中可以通过其他方法［光学或扫描电镜（SEM）成像，之后判断密度和形状］判断空气动力学粒径分布。对于暴露研究，在给定 DQOs 范围内，可以用 SEM 法，但是做选择前要仔细参考已报道的被动方法的性能。

27.3.2.2 采样方法

本节土要讨论采样方法，采样方法包括综合方法和实吋方法。罩口风速的影响也在本节讨论。

（1）综合方法 个体和室内非职业暴露采样方法对颗粒物进行适当的分级并将其收集在滤膜上以供后续分析所用。这些操作是在适度的低流量和电池供能条件下进行的，可进行24h以上，方法中所用的部分设备在表27-1中有所描述。尽管Wagner和Leither（2001）已经发展了被动气溶胶采样方法且这种方法已经商业可用，但是个体和室内非职业暴露采样方法大部分还是基于采样泵的主动采样，图27-3展示了主动采样所需的系统部件。主动采样要求精确的颗粒物采集和重量分析（报道的主要为$\mu g/m^3$），且多数主要用冲击器或旋风器进行气溶胶粒径分级，随后将颗粒物收集在聚四氟乙烯滤膜上。泵系统及相关流量控制的设计是数据质量和个体监测中所需电池组功率的重要决定因素。较差的流量控制将导致精确度和准确度的双重问题。能被接入120V交流电（注：美国国内交流电压）的稳定的流量控制系统对室内气溶胶暴露监测来说是很理想的，但是对于靠电池组供能的个体设备来说，稳定流量控制系统可能消耗太多的能量。质量流量控制对室内系统来说非常好，但是随着采样时间的增长，就需要目前采用的小电池组提供更多的能量。体积流量控制对个体气溶胶监测来说是个不错的选择，特别是在采样期间能监测流量以判断是否达到预期流量、是否获得足够的样品体积（或者可通过校正获得）。因此，最健全的个体系统能很好地平衡系统性能与电池组设备。

120V交流电的稳定性和可用性对室内（和室外）气溶胶暴露监测来说是个非常重要的考虑因素。靠电池供能的室内采样系统不完全依赖120V交流电，但是更优的方法是不间断的能量供应设计，即能正常靠120V交流电供能，当120V交流电切断时能瞬间转换成靠电池组供能。室内能量供应可被许多因素切断（例如，电路超负荷，粗心大意将插头从墙上拔下来），这将会使采样立即中断以致使收集到的数据无效。靠120V交流电供能的室外采样需要配备额外的电线，这更易造成供能中断。如果可以使用电池组供能，则可消除这些因素，但同时会增加额外的费用及复杂性，例如充电、换电池等。

（2）实时方法 应用最广泛的实时个体水平气溶胶监测器是光度计（第13章），光度计可校准被测气溶胶的光散射反应并以浓度单位（如$\mu g/m^3$）的方式提供实时数据读取。在比浊法中用到的光学工作台的小型化技术的改进有助于生产紧凑的实时气溶胶传感器，这种传感器可被佩戴或随身携带以测定急性暴露水平。许多实时气溶胶监测系统可用于监测室外气溶胶（第13章和第14章），但是这些系统大部分太大且笨重，或者不能靠小电池组供能以监测个体气溶胶。

尽管被动采样（基于扩散）能被用于实时监测，但是这种方法导致非特定的空气动力学切割点特征。较好的一种方法是主动采样，气溶胶在通过光度计或浊度计之前，就被一个标准的光滑采样口进行了分级。表27-1列出的具代表性的便携式浊度计（Data RAM和SidePak）都具有对2.5μm或是10μm切割点的可选择的采样口（参考第13章中光度计的详细介绍）。工厂校准特别使用国际标准化组织（ISO）的细试验粉尘。用相同粒径的切割头及类似的过滤器进行采样收集可以验证工厂标校的确适用于被监测的气溶胶。一般便携式浊度仪质量为400～800g，当配有综合的收集调整系统时质量可能难以承受。当操作时间在20h以下时，可以用9V的电池组，如要增加到72h，就要补充电池组。输出的数据作为短期的综合数值能被存储，且数据存储仅受限于总面板内存的大小。

相对湿度的提高是影响个体和室内所用气溶胶浊度仪的一个最重要的因素（Chakrabarti 等，2004）。当相对湿度超过 65%时，就需要调整浊度仪测得的颗粒物浓度以减少偏差。用浊度仪进行监测的同时监测相对湿度和温度能使研究者进行湿度修正，并确定哪些时候属于高湿度（>90%～95%）环境且校准方程式不适用。

表 27-1 列出的两类便携式浊度仪是在个体气溶胶实时监测中应用最广泛的。这两类监测器（特别是 Data RAM）已经在许多暴露研究中得到应用，如急性气溶胶暴露研究（Wallace 等，2006）和不利于肺部健康的急性暴露水平的流行病学研究（Delfino 等，2007）。Data RAM 已经广泛应用于个体气溶胶暴露研究中以检测短期浓度改变造成的急性反应。Delfino 等（2007）用平行的滤膜收集综合气溶胶以研究气溶胶暴露浓度改变时肺功能的衰减。Wu 等（2005）讨论了当用个体浊度仪进行个体暴露研究时，关键数据质量的重要性。Wallace 等（2006）和 Lanki 等（2002）报道了当使用合适的校准方法时浊度仪和 $PM_{2.5}$ 收集间存在很好的一致性。

可用的微型单粒子计数器很有限，单粒子计数器可将气溶胶分成单粒径组或多粒径组。表 27-1 列出了粒子计数器的代表生产厂家（MET GT-321），可检测 0.3～5μm 的粒径。粒子计数器质量为 800～1000g 且连续运作时间有限（5～8h）。

目前生产的小型手提式超细粒子监测器（例如 TSI P-Trak，表 27-1）使用的是凝结核计数法（第 17 章），可提供总的颗粒物数量（个/cm^3）。Zhu 等（2006）讨论了与更结实的固定凝结核颗粒物计数器相比，便携式计数器的性能。便携式计数器的一个重要局限是不能检测最小的颗粒物粒径（如 40nm），且当计数器安装在离燃烧源非常近的地方时常会造成计数大大减少。颗粒物计数分辨率是可调的，数据存储量受可用的面板内存所限。可用酒精储液槽的尺寸使计数器的采样时期相对较短，从而使计数器更多地作为筛分工具使用而不是真正的 PEM 使用。

（3）被动方法　目前至少有一种被动气溶胶暴露特征技术可用，这种技术可间接评估 SEM 收集的颗粒物的空气动力学特征。用被动个体气溶胶暴露装置所得的数据报道有限（Wagner 和 Leith，2001），但也表明通过颗粒物粒径预测扩散收集以及从 SEM 光学粒径估计空气动力学颗粒物收集是可行的。这些装置的一个重要特点是它们的尺寸小（比橡皮擦稍大）且没有可移动的部分或者电池组。Leith 等（2007）用 FRM 粗粒子空气动力学采样器在美国三个地区进行研究发现，被动气溶胶采样和主动采样之间存在惊人的一致性。

27.3.2.3 罩口风速的影响

由于采样器类型不同，通过室内、个体或室外采样膜的罩口风速会有所差异。这可能导致某些气溶胶成分的重大损失以及收集的总质量偏差。Pang 等（2002）报道了当没有使用适当的方法减少与气体反应造成的误差或者没有收集下游蒸气以修正挥发损失时，会造成大量的硝酸盐损失（多达 30%）。Hering 和 Cass（1999）也报道了硝酸盐的损失有时会更多。Williams 等（1999）报道了个体 $PM_{2.5}$ 暴露水平的质量偏差比用参照采样器采集的结果偏差高 15%，并且认为这是由于收集的硝酸盐和其他挥发物的损失所致。Galarneau 和 Bidleman（2006）发现了罩口风速造成总收集气溶胶中半挥发性有机成分的损失机制，而 Kuhn 等（2005）报道了超细气溶胶明显的挥发损失。重要的是，这些损失可能由于罩口风速、温度、地点和沉积气溶胶类型的不同而有显著差异，并且会导致同类型采样器不同罩口风速间的意外偏差。

计算罩口风速可能不像通过暴露的滤膜面积划分流量那样简单，因为一些个体的、室内的和室外的采样器使用的滤膜托盘带孔，这大大减少了有效开放面积。表 27-2 列出了不同滤膜和开发区域对可用罩口风速的影响。例如，许多气溶胶暴露采样器使用的滤膜托盘的洞口和 USEPA 联邦推荐方法（FRM）的洞口大小和模式相同，这样就有占总暴露面 29.6% 的有效开放区域。通过 USEPA FRM 的滤膜产生的罩口风速为 79.4cm/s，这比预期的要大三倍，比 MSP200 个体暴露采样器在 2.0L/min 运行时产生的罩口风速大五倍。用这两种类型的气溶胶暴露监测器测量的质量或组分结果之间的差异可用 Williams 等（1999）报道的方法进行比较，在 Williams 等的研究中，其个体采样结果比 EPA 方法的测量结果显著高出数倍。

表 27-2 个体和固定位点气溶胶暴露典型采样器①的罩口风速对比

特征	MSP 200	微型 PEM™	USEPA FRM	Harvard 冲击式采样器
流量/(L/min)	2.0	0.5	16.7	10.0
滤膜直径(OD)/mm	37	25	47	37
实际暴露面直径/mm	32	10	39	29
标称暴露面积/cm^2	8.0	0.79	11.8	6.5
支持面开放区域百分比/%	28.0	100.0	29.6	57
实际暴露面积/cm^2	2.2	0.79	3.5	3.7
罩口风速/(cm/s)	15.3	10.6	79.4	45.2
与 USEPA FRM 的罩口风速之比(无量纲)	0.19	0.13	1.00	0.57
供应商	MSP	RTI	多个厂家(如 BGI,TSI)	ADI

① 表中所列代表仅为选择的个别型号，要获得更多的信息请咨询供应商。

27.4 确定所需数据

为成功测量或从暴露模型估计气溶胶暴露，必须确定所需数据和相关的 DQOs。首先需要考虑的是确定目标气溶胶粒径范围以及决定是否需要急性或慢性暴露描述。采集超过 1h 的单个样品能否用于研究慢性暴露？或者为得到急性暴露的时间分辨率是否需要实时的气溶胶特征描述？对于综合收集来说，应用的分析方法也起着很重要的作用。精确度不够的重量分析方法（Lawless 和 Rodes，1999）会导致大量的质量浓度数据在检测限以下。当元素分析方法的检测限可用于检测小的 PEM 收集样品时，分析方法对 PEM 监测来说同样重要。暴露研究中的 DQOs 包括精确性、准确度以及选择的固定的切割点模型，也包括运行因素，比如允许的系统噪声和质量。

27.4.1 研究设计所要考虑的事情

表 27-3 列出了一些最需要考虑的基本问题。第 1～9 条是基本的且适用于个体监测和固定位点监测。第 10～13 条仅适用于个体水平的监测。第 14 条的问题是在没有个体水平测量的情况下，经过验证的暴露模型是否可以提供足够有效的数据，此条适用于固定位点监测。增强对暴露研究目标及所收集到数据的使用的认识，并确定必需的 DQOs 对于随后的采样

和分析方法的选择以及成熟的测量策略的使用是非常重要的。

27.4.2 时间和空间要素

已有研究表明：颗粒物的浓度梯度变化会使暴露浓度产生较大偏差。如果仅用固定位点进行监测，在暴露估计中就要确定其梯度变化，其中重要的是要确定固定位点监测器与局部室内源的距离（Sherwood，1966；Rodes等，1991）。有强颗粒物源存在时，住宅区气溶胶浓度变化通过三种或更多的因素很容易引起个体暴露增加。监测器离强源太近会导致暴露估计偏差大大增加。0.3～0.5μm是累积模型的核心粒径，大于或小于此范围的颗粒物具有消亡和运输特性，这些特性可造成明显的梯度变化（第4章）。Wilson等（2005）和Molitor等（2007）认为对空间的变化梯度了解不完全会削弱流行病学的相关关系。Molitor等（2007）报道了包含空间变化误差的暴露预测模型能显著提高与不利健康影响的相关关系。Ito等（2001）研究表明在不同地区进行气溶胶监测会影响区域时间相关性，使对分散人群研究结果的代表性降低。如果不能识别室外或室内微环境中空间梯度的瞬间变化或者这种变化不能很好地被模拟，就需要进行个体气溶胶暴露评价，这对粒径大于0.5μm或小于0.3μm的气溶胶非常重要，因为在此粒径范围内颗粒物的运输和消亡很难预测。

27.4.3 分析和质量保证因素

气溶胶暴露数据的质量受DQOs影响，DQOs既适用于采样系统，又适用于分析方法。表27-4列出了典型的个体、室内和室外气溶胶采样方法所选定的数据质量。这些数据表明，一般来说高流量采样器比低流量采样器具有更好的检出限。对一个给定的研究来说，这也使超出检测限的计算浓度的部分增大。气溶胶暴露采样器的准确性和精确度既受所用采样系统的影响，也受所用分析方法的影响，低流量采样器尤其如此，因为使用低流量采样器收集在滤膜上的颗粒物较少且所用分析方法检出限较高。因为重量分析几乎是所有分析方案的第一步，所以使用具有合适精确度和准确性的重量分析方法对达到DQOs非常重要。必须在收集足够气溶胶所用的流量、分析方法的检出限、采样间隔以及预期的室内、室外气溶胶浓度范围间找到平衡。Lawless和Rodes（1999）讨论了气溶胶暴露重量分析方法，这种方法可提供数据以达到DQOs。其他经常使用的气溶胶分析方法，如进行元素分析的X荧光法（XRF），也必须注意相似的问题。

表27-3 气溶胶暴露研究设计的考虑因素

考虑因素	相关章节
适用于个体和固定点位监测	
1.所需的气溶胶切割点大小是多少？是否规定了采样效率曲线的形状？	气溶胶粒径分级(27.3.2.1)
2.预期的气溶胶浓度范围是多少？气溶胶暴露采样系统流量和预期的采样间隔是否始终如一？	分析和QA因素(27.4.3)
3.是否对容易影响采样和分析方法的气溶胶特征(例如倾斜的粒径分布、纤维的存在、挥发成分可能的贡献)进行了预测？	监测方法(27.3.1)；第4章和第6章
4.同时测定固定位点气溶胶浓度、室内气溶胶浓度和室外气溶胶浓度是否重要？	个体/室内/室外暴露研究(27.5.1)
5.固定位点监测器附近的预期时空梯度是否严重影响单一位点的代表性？	个体暴露监测(27.3.1.1)
6.是否存在影响低流量个体气溶胶测量和高流量固定位点气溶胶测量间相互比较的固有偏差？	个体/室内/室外暴露研究(27.5.1)

续表

考虑因素	相关章节
适用于个体和固定点位监测	
7. 潜在的混杂背景水平例如ETS是否影响气溶胶暴露测量?	分析和QA因素(27.4.3)
8. 将气溶胶暴露和贡献源联系起来是否重要?	源解析研究(27.5.2)
9. 是否有必要了解最大暴露部分的分布?	个体暴露监测(27.3.1.1)
适用于个体监测	
10. 是否需要测定个体水平的暴露?	个体/室内/室外暴露研究(27.5.1)
11. 使用的是否是具合适精确度和准确度且相对隐蔽的个体监测器,特别是对敏感人群如老人和儿童?	分析和QA因素(27.4.3)
12. 佩戴合规协议如何影响个体特征?	个体暴露监测(27.3.1.1)
13. 是否需要GPS或其他空间位置信息以区分职业贡献和非职业贡献?	个体暴露监测(27.3.1.1)
适用于固定位点监测	
14. 是否可以用经过验证的暴露模型估计暴露分布来代替个体水平监测?	暴露模型(27.6)

使用滤膜进行采样的暴露采样器要求具有足够好的重量分析性能以定量分析采集样品的质量浓度。选择合适的能设置最小检出限的微量天平非常重要。然而，能读到0.1μg的天平其精确度甚至不能达到1μg。这是由于控制多个辅因子非常困难，这些辅因子包括影响天平的硬件和电子器件的未得到补偿的温度偏差、被滤膜及收集的气溶胶吸收的水分、内在的静电电荷以及处理和称重过程中落在滤膜上的环境颗粒物。重量分析根据自重（采样前）和采样后质量计算气溶胶浓度数据（每单位体积的质量），为使分析精度高，误差小，重量分析过程要考虑许多因素（Lawless和Rodes，1999）。控制采样前后称重环境的温度（±2℃）和相对湿度（±5%）是必要的，同时还要中和滤膜上的静电电荷，静电电荷能引起天平表面产生相吸/相斥的作用力，导致不能达到平衡（较低的精确度）。

表27-4 描述部分非职业气溶胶暴露采样器和流量特征的文献数据

采样方法	流量/(L/min)	MDL①/(μg/m³)	MQL②/(μg/m³)	>MQL③的采样百分率/%	精确度④/(μg/m³)	数据来源⑤
MSP 200	2.0	0.69	2.1	>97	1.99	A
MSP 200	3.2	1.4	—⑥	—	—	B
USEPA FRM采样器	16.7	0.1	0.2	100	0.28～0.48	C
Harvard冲击式采样器,$PM_{2.5}$	10	0.55	—	—	2.9	B
被动PM_{10}～$PM_{2.5}$	NA	—	6	—	—	D

① MDL为最小检出限。

② MQL为最小质量限。

③ 所引用文献大于MQL的采样百分率。

④ 采样器的精确度，精确度范围表明在一个以上的地点进行监测。

⑤ 数据来源：A—Williams等（1999）；B—Meng等（2005）；C—Peters等（2001）；D—Leith等（2007）。

⑥ “—”为未见报道。

尽管在很多情况下可以通过增大个体暴露采样系统的流量以收集到较多的颗粒物，但是这样会对采样过程产生负面影响。最主要的是随着流量的增大，泵的噪声水平会急剧增加，电池组的寿命也会减少。对设计因素进行周密综合考虑十分重要，这种考虑也应贯穿暴露监测系统的选择过程。由于被研究者不接受高流量且强噪声的个体采样系统，将会导致较低的佩戴合规率。

另一个重要的分析问题是特性描述、滤膜的处理、质量浓度和组分浓度测定时的相关空白水平。对一些组分来说，当从滤膜生产商中得到滤膜时，其背景值可能会过量或变化。现在的滤膜制造商非常清楚这些问题，因此特别提供了大部分元素的预测背景值列表。另一个可能的问题是收集过程中滤膜的污染，这会完全混淆实验室和滤膜空白水平。这些问题已经被 Williams 等（2008）和 Rasmussen 等（2007）讨论过。低流量暴露采样器的采集量较小，因此有必要了解这些问题并在采样和滤膜处理过程中减小其影响，以确保一定的 DQOs 水平。

Baron（1998）讨论了许多导致个体暴露采样偏差的问题，包括密封问题以及降低静电的导电结构材料的优势。Cohen 等（1984）讨论了存在于职业暴露评估中及与住宅环境有关的潜在偏差。这些对于非职业暴露群组非常重要，NIOSH（2003）不允许使用固定位点监测对气溶胶暴露进行估计，而规定了专用于工作人群的可吸入颗粒物个体采样设备。NIOSH 的网站提供了一些有用的信息以指导气溶胶暴露过程（http：//www. cdc. gov/niosh/topics/aerosols/default. html）。对于非职业环境来说，美国国家研究委员会（NRC，2004）认为了解个体和固定位点监测间的相互关系非常重要，因为最终的数据偏差会导致对健康风险相对较差的估计。因此，USEPA 已经进行了许多有关室内、室外固定位点监测和个体水平气溶胶暴露关系的研究（Clayton 等，1999；Williams 等，2000；Rodes 等，2001；Williams 等，2003a，b）。

非职业个体暴露研究中另一个重要的变量是 ETS。在多数暴露研究中，ETS 都是作为气溶胶采样和分析的混杂因素考虑而不是作为一个目标源考虑。吸烟者离 PEM 太近会使实际的（被动）个体暴露采样量增加，当采样器具有较小的颗粒物反弹水平时，会超出采样器的分级技术（如冲击式采样器基座）的能力。同样的，在 ETS 中发现了越来越多的化合物，这些化合物也可能会对分析方法和之后的数据处理造成混淆。研究方案中必须包括降低 ETS 影响的方法（例如，建立无烟室）。另外，应该监测 ETS 对采样造成的混杂水平，这使在不增加额外的暴露样品的情况下可以更容易地处理数据或样品分层。Lawless 等（2004）提到的方法能完整地描述 ETS 的水平，并且 Rodes 等（2010）描述了分层的例子。

许多研究已经证明，吸烟和 ETS 会使被动气溶胶暴露质量浓度水平显著增加，包括 Wallace 等（2003）、Paoletti 等（2006）、Klepis 等（2007）和 Bolte 等（2007）。尽管预计酒吧和舞厅里的 ETS 水平可能更高（Bolte 等，2007），但是有研究表明许多意想不到的场所的被动暴露水平也很高，包括哮喘儿童的房间（Wallace 等，2003；Rabinovitch 等，2005）。这些对 PM 质量有显著贡献，必须清楚并描述 ETS 对气溶胶暴露水平的影响。

27.5 非职业暴露研究类型

在非职业环境中采集气溶胶暴露数据有许多目的。在一些情况下，只有较短的暴露时间对研究急性暴露有用，这些较短的暴露时间可能以秒、分或时为单位。长期的慢性暴露研究要求超过数天甚至几周的暴露时间。这些较长的评估时间可能有利于暴露和效应之间存在较长滞后期的健康研究（例如，铅气溶胶暴露，要转换成血铅需要数天或数周）。长期暴露研究可以较好地估计年平均暴露量。短期暴露可以进行最大值和短期（如天）平均暴露量的对比，这种方法比较适用于代谢较快的污染研究，例如吸烟中的尼古丁在数小时内转化成尿中的可铁宁。

为了确定固定位点监测对个体真实暴露的预测能力所进行的暴露研究很简单（Janssen等，2000；Ito，2001），当需要将研究群组的暴露和健康影响联系起来时，暴露研究变得复杂。本节主要介绍选定的关键方面以及暴露研究的三种类型（分布研究、源解析研究以及流行病学群组研究）的相关文献。

27.5.1 个体/室内/室外研究

为了确定个体气溶胶实际暴露水平以及室内和室外监测固定位点水平间的关系，需要同时进行个体、室内和室外气溶胶暴露研究。这种研究需要使用类似的气溶胶采样系统以减少仪器不同带来的误差，同时也可减少罩口风速的影响。可以对不同微环境类型进行相互比较，包括评估室外颗粒物穿透进入室内对暴露的影响。室外颗粒物穿透进入室内非常重要，可以据此建立用住房特征和室外水平预测室内浓度的模型（27.6节）。

已有许多文献报道方法学、暴露分布测定以及可观察模式的发展。这些研究评估了在个体、室内和室外环境中进行的多种慢性和急性气溶胶暴露方法，并提供了预期的数据质量和可比的数据。这些研究包括 Williams 等（2000）、Evans 等（2000）和 Rodes 等（2001）的研究。这些研究对比了许多气溶胶暴露方法并报道了所得的数据质量。他们也报道了需要考虑的关键因素，包括个体监测中可接受的负重水平、较差的佩戴合规的角色，以及 ETS 对暴露研究造成的大混杂。选定好暴露方法并进行评估后，可用于不同的群组以收集不同环境下（例如，地理位置、季节、住所建筑类型、附近的源类型）的气溶胶分布数据。这些研究可以使我们更深入地了解气溶胶暴露和暴露模式的时空差异以及参与者的不同模式如何影响暴露。Weisel 等（2005）和 Williams 等（2003a，2009）研究了大范围环境下的健康成人和缺乏免疫力的成人。许多气溶胶个体暴露研究特别关注老年人的暴露方法和暴露分布，包括 Williams 等（1999）、Janssen 等（2000）和 Evans 等（2000）。这些研究的主要成果包括发现了参与者较高的佩戴合规度以及老年群体较低的烟草烟雾水平。如要进一步了解气溶胶暴露分布，就需要收集额外的支持数据，包括被研究者每小时或每天的活动类型数据、对住所可能的室内和室外源类型的问卷调查以及有助于解释意外高或低暴露水平的后续问题。Williams 等（2008）介绍了经过验证的涉及广泛的支持气溶胶暴露研究的问卷。

标准采样系统常用来做对照用，而经常使用的气溶胶暴露采样器其设计不同于标准采样系统。例如，Williams 等（1999）使用同样的切割点对比了中流量（10L/min）室内固定采样器、小流量（2L/min）个体暴露采样器和大流量（16.7L/min）固定位点 USEPA FRM 采样器以检测精确度和准确性的不同。结果显示，使用相同的重量分析过程得出大流量采样器的精确度最好（<5%），而中低流量采样器的精确度为5%～15%。小型的低流量采样器使用的流量控制方法的精确度较低是导致低流量采样器的精确性较差的原因之一。然而，当使用相同材质的滤膜和采样口时，低流量采样器能收集更多的质量（有时多达20%）。Williams 等（1999）认为较高的过滤罩口风速会造成易挥发气溶胶组分的损失，从而产生偏差。

由于很难对真实暴露水平和在非理想环境进行估计的暴露水平间的差异进行量化，气溶胶暴露地点的代表性经常被忽视。很显然，个体暴露是呼吸区域浓度的最好代表，但是描述室内或室外固定位点在预测暴露中的代表性很困难。Rodes 等（2010）绘制了气溶胶暴露数据分布图（绘制小于特定浓度的累积百分率-浓度对数图）并观察到固定位点监测经常能预测分布的中位值（50%），甚至能预测四分位区间（25%～75%）。代表性在最大（大于90%）和最小（小于10%）暴露时开始产生偏差，这时个体暴露数据开始偏离主要大范围。因此，对群组进行研究时，群组的一部分需要进行个体气溶胶暴露监测以使能对暴露中的极端值提供最具代表性的预测。

27.5.2 源解析研究

研究不同源对个体和室内气溶胶样品的贡献要求恰当地收集和分析以支持源解析模型。由于个体暴露样品采集时的低流量以及现代技术水平的限制，对个体暴露进行源解析比较困难，源解析所用的分析方法能够识别所采样品的每个潜在源的关键标志成分。因此，源解析不仅需要能收集足够样品的气溶胶暴露采样器，还需要具有足够检出限的分析方法。另外，一些分析类型对滤膜也有特殊的要求，例如分析有机碳和元素碳就要求用聚四氟乙烯和石英滤膜进行同步采样收集，且需要对石英滤膜进行预焙烧。这样的个体气溶胶暴露双气流道将大大增加被研究者的负重。Koutrakis 等（1992）和 Zhao 等（2006）报道了通过个体、室内和室外气溶胶暴露方法成功进行了源解析。

解析室外气溶胶对个体暴露的贡献率是许多研究关注的重点，它可给出用室外固定位点采样预测个体暴露的潜在值。这些研究的一个关键要素是使用仅存在于室外空气中的示踪元素，例如硫（很少有室内源释放硫）。Wallace 和 Williams（2005）用硫示踪分析模型计算从室外进入室内的气溶胶预期浓度。Rodes 等（2010）认为室内硫源 ETS 经常被忽视，并用建模方法对 Wallace 和 Williams（2005）的方法进行了调整。

27.5.3 流行病学群组研究

群组研究是建立在流行病学原理的基础上，选择具有一定特征（例如健康状态、种族、性别）的目标群组，这些特征将气溶胶暴露和有害健康效应联系起来（Strand 等，2006；Wilson 等，2005）。群组研究一般综合使用个体、室内和室外气溶胶暴露测量方法，这就使在确认暴露影响是不利的情况下可以采取一些降低不利影响的措施。基于统计学的群组研究预测很大程度上受被研究者的数量以及用于确定选择方法（有目的的和随机的）的过程的影响。大多数气溶胶暴露群组研究中要求收集的补充数据包括被研究者的时间-活动模式（时间-活动）信息，以及出现在经常活动的微环境特别是主要住所的内部和附近的气溶胶源类型信息。最常见的室内细颗粒物源有室外颗粒物的透入、烹调以及其他燃烧源，而最常见的粗颗粒物源是行走过程中地毯颗粒物的再悬浮（Thatcher 和 Layton 等，1995）。许多研究者（Wallace 和 Williams，2005；Thornburg 等，1999）都证明了收集空气交换率数据及其室内影响因素对估计室外颗粒物的透入率及室内颗粒物的沉积损失率非常重要。

用个体气溶胶暴露浓度代替固定位点采样估计浓度预测不利的健康结果是使暴露偏差降至最小的合理途径。从固定位点采样得到的气溶胶暴露数据和不利健康结果间的关系比较弱。Sarnat 等（2005）和 Strand 等（2006）提供了估计或校正气溶胶暴露归类错误偏倚的步骤以及当个体和固定位点暴露数据都可用时校准暴露模型的步骤。

气溶胶暴露群组研究更强调施加于被研究者的总负重，因为要同时收集暴露和健康结果数据。当暴露和预期的健康结果之间存在滞后期时，群组研究变得复杂，必须进行调整。群组研究需要对被研究者进行问卷调查和体检（随暴露收集一起），这就要求安排合理、计划周密。随着采样时间的延长，群组研究中被研究者很难接受繁重的个体气溶胶暴露采样器(导致较差的佩戴合规度)。因此在长时间收集暴露数据时，需要对被研究者进行熟练技术培训，并且需要给予被研究者一定的报酬。如果这些做得不到位，就会导致数据缺失和较差的数据质量，从而导致不能识别出暴露和不利健康结果间统计意义上的显著相关性，即使二者确实存在显著相关。

随着个体气溶胶监测器越来越轻便，流行病学研究已经成功使用个体和室内气溶胶暴露技术进行了急性和慢性健康终点调查。Williams 等（2008）收集了个体、室内和室外水平的综合的和实时的 $PM_{2.5}$ 暴露数据以研究空气污染对心血管流量的影响。Delfino 等（2007）应用实时个体和室外暴露测量评估哮喘儿童的急性肺部疾病反应。Cortez-Lugo 等（2008）研究了心肺病人（COPD）对 $PM_{2.5}$ 和 PM_{10} 的个体、室内和室外气溶胶暴露。Ashmore 和 Dimitroulopoulou（2009）总结了儿童暴露研究设计中应该考虑的问题，这些问题也适用于成人的相关研究。Sarnat 等（2005）讨论了多污染物气溶胶和气体污染物暴露之间的强相关性能混淆环境对不利健康结果的解释。他们建议研究者应该考虑收集暴露的共污染物气体(例如，当研究燃烧源气溶胶暴露与心血管疾病的关系时应同时收集个体 $PM_{2.5}$ 和 NO_2)。

27.6 暴露模型

经过验证的模型理论上可以建立气溶胶暴露数据库并且可以不用专门测量个体气溶胶暴露而预测各种不同环境的暴露。历史数据可以作为输入数据使用，也可以用于验证其他地点或时期的模型，还可以用于预测未来状况。现在大多数使用的暴露模型应用简单分割质量平衡方法（Nazaroff 和 Cass，1989；Offerman 等，1989；Raunemaa 等，1989）估计不同因子如楼房空气交换率和不同粒径颗粒物沉降率等的影响。

27.6.1 个体云暴露模型

个体云概念是由 Rodes 等（1991）提出来的，他们认为总的气溶胶暴露是由室内和室外浓度水平估计得来，个体活动产生的气溶胶对总的气溶胶暴露有显著贡献。Bahadori(1998) 提供了一个综合暴露的计算模型，此模型基于室内外浓度的贡献值。由于在室内和室外所花费的时间不同，其浓度的贡献权重也不同。真实测量的个体暴露水平总是高于基于室内和室外浓度估计的暴露水平。许多研究群组都出现过量的个体云暴露（Rodes 等，2001；Wallace 和 Williams，2005)，这些研究表明个体细颗粒物暴露浓度为 $2\sim3\mu g/m^3$，粗颗粒物暴露浓度为 $16\sim20\mu g/m^3$。这些过量的暴露不仅反映个体活动的贡献，也反映了饭店或工作场所等其他室内地点（特别是没有被监测的）的暴露贡献。

27.6.2 浓度-暴露模型

可以利用被研究者主要住所室内和室外的固定位点气溶胶采样设备得到的数据以及活动模式数据对住宅气溶胶暴露进行评估。

USEPA 人类暴露剂量随机模拟模型（SHEDS；Burke 等，2001）是目前使用最广泛的气溶胶暴露模型之一。SHEDS 模型已经应用于多种环境，该模型可提供暴露颗粒物分布的不确定性水平估计，特别是对于 $<2.5\mu m$ 的气溶胶。大范围的活动模式数据保存于统一人类活动数据（CHAD）数据库里（http：//www.epa.gov/chadnet1/)。使用已经过验证的

模型确定估计的质量是非常重要的。例如，Burke 等（2001）和 Ozkaynak 等（2008）利用 USEPA SHEDS 对 $PM_{2.5}$ 进行估计；Ott 等（2000）用叠加建模方法对 PM_{10} 进行估计。这些模型可以利用室外 PM 监测数据对人群的个体暴露分布进行估计，也可以对室外来源的气溶胶对个体暴露的贡献率进行估计。CHAD 活动模式数据提供了美国人口数据，Schweizer 等（2007）报道了类似的欧洲人活动模式数据。

在一定时期收集固定群组和环境的实际室内或室外监测数据可以通过调整模型参数降低建模过程中的不确定性水平。SHEDS 类的模型（非个体暴露数据）预测最大暴露个体（位于气溶胶暴露 90%以上范围的个体）的不确定性比预测四分位范围暴露（25%～75%）的不确定性要大。Burke 等（2001）的研究表明应用 SHEDS PM 模型时，较大百分位数（大于 90%）的预测变异性水平明显增加，并建议在进行此范围的预测时，需要加入真实的个体暴露数据以增加预测的可信度。Rodes 等（2010）的研究也表明简单的对数正态暴露模型能应用于从固定位点数据合理预测超过四分位范围的中度个体暴露因子。在美国密歇根州底特律市进行的长达三年的有关个体、室内和室外气溶胶的暴露研究（Williams 等，2008）数据和混合受体模型用于预测对暴露有贡献的源类型。一个重要的发现是底特律市固定位点监测对估计中度暴露群组细颗粒物的暴露非常好，而个体暴露监测对确定气溶胶暴露分布的最高水平（大于 90%）非常有用。因此，对于要求描述 90%特征的暴露研究来说，设计时必须考虑呼吸区个体暴露。当颗粒物粒径变得更大（例如 PM_{10}）或者更小（例如小于 0.1μm 的超细粒子）时，没有个体暴露数据预测力会明显降低。因为确定暴露分布在数据分析中非常重要，气溶胶暴露研究常常会用真实的个体暴露数据来补充室内和室外固定位点监测。

Strand 等（2006）论证了用真实的个体不同粒径气溶胶暴露数据调整从固定位点数据得到的暴露线性回归预测的校准方法。之后他们估计了个体暴露预测对被迫呼气量的影响。Strand 等（2007）利用这个被验证的模型，对比了拟合的个体暴露数据和应用正定矩阵因子分解受体模型所得的估计。

27.6.3 暴露-剂量模型

有关个体暴露-剂量的模型既能预测潜在剂量也能预测有效（被吸收的）剂量。潜在剂量是到达呼吸系统空气和生物吸收面间的界面的总气溶胶数量（不分粒径）。有效剂量是通过生物表面的气溶胶数量，比潜在剂量更深一层，因此生物可吸收性是有效剂量的一个重要因素。顾名思义，暴露-剂量模型确定不同粒径颗粒物在呼吸系统的运行轨迹，识别目标沉积位点，像第 38 章讨论的一样。

应用这些模型的一个关键辅因子是可以决定呼吸速率的肺部空气流通率。呼吸速度能从文献中进行估计，这些文献用加速计数据预测特定活动和参加者的肺功能参数。例如，Vries 等（2006）描述了用一组不同的活动传感器对儿童进行测量所得结果的关系。Lawless（2003）建议个体气溶胶暴露系统可以添加运动传感器和加速计，或者在气溶胶采样的同时用可佩戴的个体加速计（例如，Actical 和 Actiwatch；参见 http：//www.actiwatch.respironics.com/）监测生理活动水平。Weis 等（2005）认为个性化的暴露传感器对确定暴露和生物反应间的关系非常重要，并建议在未来的研究方法中加入遗传标记信息，以便于收集敏感度数据作为下一代暴露研究中的内容。

27.6.4 室内穿透模型

如果室内气溶胶数据不可用而房屋特征和在住所中花费的时间可知，住所颗粒物穿透模型能用来估计室内颗粒物粒径分布和预期的基于室外 PM 数据的气溶胶暴露水平。许多文献论述了这种模型，包括 Thather 和 Layton（1995）、Vette 等（2001）、Thornburg 等（1999）、Hanninen 等（2004）、Wallace 和 Williams（2005）、Allen 等（2007）和 Rides 等（2010）。Wallace 和 Williams（2005）研究了在美国用采集的气溶胶中的硫含量估计室外-室内渗透因子，而 Hanninen 等（2004）在欧洲进行了类似的研究。Rodes 等（2010）确定了对个体和室内 ETS 样品有贡献的硫水平，并提供了当 ETS 数据可用时的校准模型。这些模型方法适用于简单的分割模型，但是当室外浓度可知时，特别是当空气交换率能被合理估计时，这些模型就成为合理的计算工具。

27.7 总结

个体和室内气溶胶暴露特征提供了确定个人和群组非职业暴露分布的关键信息。对于大部分时间在固定地点的群组来说，仅用室内气溶胶暴露监测对其进行暴露估计就已足够。但是多数情况下，如果没有个体暴露监测，就不能很好地描述个体暴露特征。气溶胶采样、运输和分析的特殊性要求所选的个体和室内暴露监测器要满足研究设计要求；另外，这些监测器的性能应该在实际的现场试验中进行验证。在描述非职业环境和一般人群时，特别是需要建立暴露分布元素和不利的生物或健康效应间的联系时，了解被动吸烟暴露和是否按照要求进行佩戴检测器等情况带来的混杂非常重要，因为当对个体环境了解不够时，就不能得出健康效应和暴露间的强统计相关（Weis 等，2005）。

27.8 参考文献

Allen, R., L. Wallace, T. Larson, L. Sheppard, and L.-J. Liu. 2007. Evaluation of the recursive model approach for estimating particulate matter infiltration efficiencies using continuous light scattering data. *JESEE* 17:468–477.

Ashmore, M., and C. Dimitroulopoulou. 2009. Personal exposure of children to air pollution. *Atmos. Environ.* 43:128–141.

Bahadori, T. 1998. Issues in particulate matter exposure assessment: Relationship between outdoor, indoor, and personal measurements. Doctoral dissertation, #1.MHT.1998.4, Harvard School of Public Health, Boston, MA.

Baron, P. A. 1998. Personal aerosol sampler design: A review. *Appl. Occup. Environ. Hyg.* 13(5):313–320.

Baxter, L., R. Wright, C. Paciorek, F. Laden, H. Suh, and J. Levy. 2009. Effects of exposure measurement error in the analysis of health effects from traffic-related air pollution. *JESEE* 19:1–11.

Benton-Vitz, K., and J. Volckens. 2008. Evaluation of the pDR-1200 real-time aerosol monitor. *AIHAJ* 5(6):353–359.

Bolte, G., D. Heitmann, M. Kiranoglu, R. Schierl, J. Diemer, W. Koerner, and H. Fromme. 2007. Exposure to environmental tobacco smoke in German restaurants, pubs and discotheques. *JESEE* 18:262–271.

Burke, J., M. Zufall, and H. Ozkaynak. 2001. A population exposure model for particulate matter: Case study results for PM-2.5 in Philadelphia, PA. *JESEE* 11:470–489.

Chakrabarti, B., P. Fine, R. Delfino, and C. Sioutas. 2004. Performance evaluation of the active flow personal DataRAM PM-2.5 mass monitor designed for continuous personal exposure measurements. *Atmos. Environ.* 38:3329–3340.

Chow, J., and J. Watson. 2008. New directions: Beyond compliance air quality measurements. *Atmos. Environ.* 42:5166–5168.

Clayton, C. A., E. D. Pellizzari, C. E. Rodes, R. E. Mason, and L. L. Piper. 1999. Estimating distributions of long-term particulate matter and manganese exposures for residents of Toronto, Canada. *Atmos. Environ.* 33:2515–2526.

Cohen, B. S., N. H. Harley, and M. Lippmann. 1984. Bias in air sampling techniques used to measure inhalation exposure. *AIHAJ* 45(3):187–192.

Cortez-Lugo, M., H. Moreno-Macias, F. Holguin-Molina, J. Chow, J. Watson, V. Guitierrez-Avedoy, F. Mandujano, M. Hernandez-Avila, and I. Romieu. 2008. Relationship between indoor, outdoor, and personal fine particle concentrations for individuals with COPD and predictors of indoor-outdoor ratio in Mexico City. *JESEE* 18:109–115.

Davis, M., T. Smith, F. Laden, J. Hart, A. Blicharz, P. Reaser, and E. Garshick. 2007. Driver exposure to combustion particles in the U.S. trucking industry. *AIHAJ* 4(11):848–854.

Delfino, R., N. Staimer, T. Tjoa, D. Gillen, M. Kleinman, C. Sioutas, and D. Cooper. 2007. Personal and ambient air pollution exposures and lung function decrements in children with asthma. *EHP* 116(4):550–558.

Evans, G., V. Highsmith, L. Sheldon, J. Suggs, R. Williams, R. Zweidinger, J. Creason, D. Walsh, C. Rodes, and P. Lawless. 2000. The 1999 Fresno particulate matter exposure studies: Comparison of community, outdoor, and residential PM mass measurements. *JAWMA* 50(10):1887–1896.

Galarneau, E., and T. Bidleman. 2006. Modelling the temperature induced blow-off and blow-on artifacts in filter sorbent measurements of semivolatile substances. *Atmos. Environ.* 40:4258–4268.

Hanninen, O., E. Lebret, V. Ilacqua, K. Katsouyanni, N. Kunzli, R. Sram, and M. Jantunen. 2004. Infiltration of ambient PM-2.5 and levels of indoor generated non-ETS PM-2.5 in residences of four European cities. *Atmos. Environ.* 38:6411–6423.

Hering, S. and G. Cass. 1999. The magnitude of bias in the measurement of PM-2.5 arising from volatilization of particulate nitrate from Teflon filters. *JAWMA* 49:725–733.

Ito, K., G. Thurston, A. Nadas, and M. Lippmann. 2001. Monitor to monitor temporal correlation of air pollution and weather variables in the North-Central US. *JEAEE* 11:21–32.

Janssen, N., J. deHartog, G. Hoek, B. Brunekreef, T. Lanki, K. Timonen, and J. Pekkanen. 2000. Personal exposure to fine particulate matter in elderly subjects: relation between personal, indoor and outdoor concentrations. *JAWMA* 50:1133–1143.

Klepis, N., W. Ott, and P. Switzer. 2007. Real-time measurement of outdoor tobacco smoke particles. *JAWMA* 57(5):S22–S34.

Koutrakis, P., S. L. K. Briggs, and B. P. Leader. 1992. Source apportionment of indoor aerosols in Suffolk and Onondaga Counties, New York. *Environ. Sci. Technol.* 26(3):521–527.

Kuhn, T., M. Krudysz, Y. Zhu, P. Fine, W. Hinds, J. Froines, and C. Sioutas. 2005. Volatility of indoor and outdoor ultrafine particulate matter near a freeway. *J. Aerosol Sci.* 36:291–302.

Lanki, T., S. Alm, J. Ruuskanen, N. Janssen, M. Jantunen, and J. Pekkanen. 2002. Photometrically measured continuous personal PM-2.5 exposure: Levels and correlation to a gravimetric method. *JESEE* 12:172–178.

Lawless, P. 2003. Portable air sampling apparatus including nonintrusive activity monitoring and methods of using same. U.S. Patent 6,502,469. U.S. Patent Office, Washington, DC.

Lawless, P. A., and C. E. Rodes. 1999. Maximizing data quality in the gravimetric analysis of personal exposure sample filters. *JAWMA* 49:1039–1049.

Lawless, P. A., C. E. Rodes, and D. S. Ensor. 2004. Multiwavelength absorbance of filter deposits for determination of environmental tobacco smoke and black carbon. *Atmos. Environ.* 38:3373–3383.

Leith, D., D. Sommerlatt, and M. Boundy. 2007. Passive sampler for PM-10-2.5 aerosol. *JAWMA* 57:332–336.

Liden, G., and L. Kenny. 1992. The performance of respirable dust samplers—Sampler bias, precision, and accuracy. *Ann. Occup. Hygiene* 36:1–22.

Maynard, A. 1999. Measurement of aerosol penetration through six personal thoracic samplers under calm air conditions. *J. Aerosol Sci.* 30:1227–1242.

Meng, Q., B. Turpin, L. Korn, C. Weisel, M. Morandi, S. Colome, J. Zhang, T. Stock, D. Spektor, A. Winer, L. Zhang, J. Lee, R. Giovanetti, W. Cui, J. Kwon, S. Alimokhtari, D. Shendell, J. Jones, C. Farrar, and S. Maberti. 2005. Influence of ambient (outdoor) sources on residential indoor and personal PM-2.5 concentrations: Analyses of RIOPA data. *JESEE* 15:17–28.

Molitor, J., M. Jerrett, C. Chang, N. Molitor, J. Gauderman, K. Berhane, R. McConnell, F. Lurmann, J. Wu, A. Winer, and D. Thomas. 2007. Assessing uncertainty in spatial exposure models for air pollution health effects assessment. *EHP* 115(8):1147–1153.

Monn, C. 2001. Exposure assessment of air pollutants: A review on spatial heterogeneity and indoor/outdoor/personal exposure to suspended particulate matter, nitrogen dioxide, and ozone. *Atmos. Environ.* 35:1–32.

Nazaroff, W. 2008. New directions: It's time to put the human receptor into air pollution control policy. *Atmos. Environ.* 42:6565–6566.

Nazaroff, W. W., and G. R. Cass. 1989. Mathematical modeling of indoor aerosol dynamics. *Environ. Sci. Technol.* 23(2):157–166.

National Institute for Occupational Safety and Health (NIOSH). 2003. *NIOSH Manual of Analytical Methods (NMAM).* 4th ed. P. Schlecht and P. O'Connor, eds. Updated publication 94-113. Washington, DC: Government Printing Office.

National Research Council (NRC). 1999. *Research Priorities for Airborne Particulate Matter II.* Committee on Geosciences, Environment, and Resources. Washington, DC: National Academy Press.

National Research Council (NRC). 2004. *Research Priorities for Airborne Particulate Matter IV.* Committee on Geosciences, Environment, and Resources. Washington, DC: National Academy Press.

Noble, C., P. Lawless, and C. Rodes. 2005. A sampling approach for evaluating particle loss during continuous field measurement of particulate matter. *Part. Syst. Char.* 22:99–106.

Offermann, F. J., R. G. Sextro, W. J. Fisk, D. T. Grimsrud, T. Raunemaa, M. Kulmala, H. Saari, M. Olin, and M. H. Kulmala. 1989. Indoor air aerosol model: Transport indoors and deposition of fine and coarse particles. *Aerosol Sci. Technol.* 11:11–25.

O'Shaughnessy, P., J. Lo, V. Golla, J. Nakatsu, M. Tillery, and S. Reynolds. 2007. Correction of sampler-to-sampler comparisons based on aerosol size distribution. *AIHAJ* 4(4):237–245.

Ott, W., L. Wallace, and D. Mage. 2000. Predicting particulate (PM-10) personal exposure distributions using a random component superposition statistical model. *JAWMA* 50:1390–1406.

Ozkaynak, H., T. Palma, J. Touma, and J. Thurman. 2008. Modeling population exposures to outdoor sources of hazardous air pollutants. *JESEE* 18:45–58.

Pang, Y., N. Eatough, J. Wilson, and D. Eatough. 2002. Effect of semi-volatile material on PM-2.5 measurement by the PM-2.5 Federal Reference Method sampler at Bakersfield, CA. *AS&T* 36:289–299.

Paoletti, L., B. DeBerardis, L. Arrizza, and V. Granato. 2006. Influence of tobacco smoke on indoor PM-10 particulate matter characteristics. *Atmos. Environ.* 40:3269–3280.

Peters, T., G. Norris, R. Vanderpool, D. Gemmill, R. Wiener, R. Murdoch, F. McElroy, and M. Pitchford. 2001. Field performance of PM-2.5 Federal Reference Method Samplers. *AS&T* 34:433–443.

Phillips, M., C. Rodes, J. Thornburg, R. Whitmore, A. Vette, and R. Williams. 2010. Recruitment and retention strategies for environmental exposure studies: Lessons from the Detroit Exposure and Aerosol Research Study. RTI Press Publication MR-021-1011, Research Triangle Park, NC, http://www.rti.org/rtipress.

Qi, C., D. Chen, and P. Greenberg. 2008. Fundamental study of a miniaturized disk-type electrostatic aerosol precipitator for a personal nanoparticle sizer. *AS&T* 42:505–512.

Rabinovitch, N., A. Liu, L. Zhang, C. Rodes, K. Foarde, S. Dutton,

J. Murphy, and E. Gelfand. 2005. Importance of the personal endotoxin cloud in school-age children with asthma. *J. Allergy Clin. Immunol.* 116:1053–1057.

Rasmussen, P., A. Wheeler, N. Hassan, A. Filiatreault, and M. Lanouette. 2007. Monitoring personal, indoor, and outdoor exposures to metals in airborne particulate matter: Risk of contamination during sampling, handling, and analysis. *Atmos. Environ.* 41(28):5897–5907

Raunemaa, T., M. Kulmala, H. Saari, M. Olin, and M. H. Kulmala. 1989. Indoor air aerosol model: Transport indoors and deposition of fine and coarse particles. *Aerosol Sci. Technol.* 22:11–25.

Rodes, C., and J. Thornburg. 2005. Breathing zone exposure assessment. In *Aerosols Handbook: Measurement, Dosimetry, and Health Effects*, L. Ruzer and N. Harley, eds. New York: CRC Press, chap. 5.

Rodes, C. E., R. M. Kamens, and R. W. Wiener. 1991. The significance and characteristics of the personal activity cloud on exposure assessment measurements for indoor contaminants. *Indoor Air* 2:123–145.

Rodes, C. E., P. A. Lawless, G. F. Evans, L. S. Sheldon, R. W. Williams, A. F. Vette, J. P. Creason, and D. Walsh. 2001. The relationships between personal PM exposures for elderly populations and indoor and outdoor concentrations for three retirement center scenarios. *JEAEE* 11(2):103–115.

Rodes, C., P. A. Lawless, J. W. Thornburg, R. W. Williams, and C. Croghan. 2010. DEARS Particulate Matter Relationships for Personal, Indoor, Outdoor, and Central Site Settings for a General Population. *Atmos. Env.* 44(11):1386–1399.

Rosati, J., J. Thornburg, and C. Rodes. 2008. Resuspension of particulate matter from carpet due to human activity. *AS&T* 42:472–482.

Sarnat, J., K. Brown, J. Schwartz, B. Coull, and P. Koutrakis. 2005. Ambient gas concentrations and personal particulate matter exposures. *Epidemiology* 16(3):385–395.

Sarnat, S., M. Klein, D. Flanders, L. Waller, J. Mulholland, A. Russell, and P. Tolbert. 2009. An examination of exposure measurement error from air pollution spatial variability in time-series studies. *JESEE.* doi: 10.1038/jes.2009.10.

Schweizer, C., R. Edwards, L. Bayer-Oglesby, W. Gauderman, V. Ilacqua, M. Jantunen, H. Lai, M. Nieuwenhuijsen, and N. Kunzli. 2007. Indoor time-microenvironment-activity patterns in seven regions of Europe. *JESEE* 17:170–181.

Sherwood, R. J. 1966. On the interpretation of air sampling for radioactive particles. *Am. Ind. Hyg. Assoc. J.* 27:98–109.

Strand, M., S. Vedal, C. Rodes, S. Dutton, E. Gelfand, and N. Rabinovitch. 2006. Estimating effects of ambient PM-2.5 exposure on health using PM-2.5 component measurements and regression calibration. *JESEE* 16:30–38.

Strand, M., P. Hopke, W. Zhao, S. Vedal, E. Gelfand, and N. Rabinovitch. 2007. A study of health effect estimates using competing methods to model personal exposures to ambient PM-2.5. *JESEE* 17:549–558.

Thatcher, T. L., and D. W. Layton. 1995. Deposition, resuspension, and penetration of particles within a residence. *Atmos. Environ.* 29(11):1487–1497.

Thornburg, J., D. S. Ensor, C. E. Rodes, P. A. Lawless, L. E. Sparks, and R. B. Mosley. 1999. Penetration of particles into buildings and associated physical factors. Part I: Model development and computer simulations. *Aerosol Sci. Technol.* 34:284–296.

U.S. Environmental Protection Agency (USEPA). 2004. *Air Quality Criteria for Particulate Matter*, vols. 1 and 2. U.S. EPA, Research Triangle Park, NC. October. Available at http://cfpub2.epa.gov/ncea/cfm/recordisplay.cfm?deid=87903

U.S. Environmental Protection Agency (USEPA). 2006. National Ambient Air Quality Standards for Particulate Matter; Final Rule. *Federal Register* 71(200):61144–61152.

Vette, A., A. Rea, P. Lawless, C. Rodes, G. Evans, R. Highsmith, and L. Sheldon. 2001. Characterization of indoor-outdoor aerosol concentration relationships during the Fresno PM exposure studies. *Aerosol Sci. Tech.* 34:118–126.

Vincent, J. 1998. International occupational exposure standards: a review and commentary. *AIHAJ* 59:729–742.

Vries, S., I. Bakker, M. Hopman-Rock, R. Hirasing, and W. Mechelen. 2006. Clinimetric review of motion sensors in children and adolescents. *J. Clin. Epidemiol.* 59:670–680.

Wagner, J., and D. Leith, 2001. Passive aerosol sampler: Part II—Wind tunnel experiments. *AS&T* 34:193–201.

Wallace, L. A. 1996. Indoor particles: A review. *JAWMA* 46:98–126.

Wallace, L., and R. Williams. 2005. Use of personal-indoor-outdoor sulfur concentrations to estimate the infiltration factor and outdoor exposure factor for individual homes and persons. *Environ. Sci. Technol.* 39:1707–1714.

Wallace, L., H. Mitchell, G. O'Conner, L. Neas, M. Lippmann, M. Kattan, J. Koenig, J. Stout, B. Vaughn, D. Wallace, M. Walter, K. Adams, and L. Liu. 2003. particle concentrations in inner-city homes of children with asthma: The effect of smoking, cooking, and outdoor pollution. *EHP* 111:1265–1272.

Wallace, L., R. Williams, A. Rea, and C. Croghan. 2006. Continuous weeklong measurements of personal exposures and indoor concentrations of fine particles for 37 health impaired North Carolina residents for up to four seasons. *Atmos. Environ.* 40:399–414.

Weisel, C., J. Zhang, B. Turpin, M. Morandi, S. Colome, T. Stock, D. Spektor, L. Korn, A. Winer, S. Alimokhtari, J. Kwon, K. Mohan, R. Harrington, R. Giovanetti, W. Cui, M. Afshar, S. Maberti, and D. Shendell. 2005. Relationship of Indoor, Outdoor, and Personal Air (RIOPA) Study: Study design methods, and quality assurance/control results. *JEAEE* 15:123–137.

Weis, B., D. Balshaw, J. Barr, D. Brown, M. Ellisman, P. Lioy, G. Omenn, J. Potter, M. Smith, L. Sohn, W. Suk, S. Sumner, J. Swenberg, D. Walt, S. Watkins, C. Thompson, and S. Wilson. 2005. Personalized exposure assessment: promising approaches for human environmental health research. *EHP* 113(7):840–848.

Weschler, C. 2008. Changes in indoor pollutants since the 1950s. *Atmos. Environ.* 43:153–169.

Williams, R., J. Suggs, J. Creason, C. Rodes, P. Lawless, R. Kwok, R. Zweidinger, and L. Sheldon. 1999. The 1998 Baltimore Particulate Matter Epidemiology-Exposure Study: Part 1. Comparison of residential indoor, outdoor and ambient particulate matter concentrations. *JEAEE* 10:518–532.

Williams, R., J. Suggs, C. Rodes, P. Lawless, R. Zweidinger, R. Kwok, J. Creason, and L. Sheldon. 2000. Comparison of PM-2.5 and PM-10 monitors. *JEAEE* 10:497–505.

Williams, R. W., J. Suggs, A. W. Rea, L. Sheldon, C. E. Rodes, and J. Thornburg, 2003a. The Research Triangle Park particulate matter panel study: Ambient source contribution to personal and residential PM mass concentrations. *Atmos. Environ.* 37:5365–5378.

Williams, R. W., J. Suggs, A. W. Rea, K. Leovic, A. F. Vette, C. Croghan, L. Sheldon, C. E. Rodes, J. Thornburg, A. Ejire, M. Herbst, and W. Sanders. 2003b. The Research Triangle Park particulate matter panel study: PM mass concentration relationships. *Atmos. Environ.* 37:5349–5363.

Williams, R., A. Rea, A. Vette, C. Croghan, D. Whitaker, C. Stevens, S. McDow, R. Fortmann, L. Sheldon, H. Wilson, J. Thornburg, M. Phillips, C. Rodes, and H. Daughtrey. 2009. The design and field implementation of the Detroit Exposure and Aerosol Research Study (DEARS). *JESEE* 19:643–659.

Williams, R., A. Rea, A. Vette, C. Croghan, D. Whitaker, C. Stevens, S. McDow, R. Fortmann, L. Sheldon, H. Wilson, J. Thornburg, M. Phillips, C. Rodes, and H. Daughtrey. 2008. The design and field implementation of the Detroit Exposure and Aerosol Research Study (DEARS). *JESEE*, doi: 10.1038/jes.2008.61.

Wilson, W. E., and H. H. Suh. 1997. Fine particles and coarse particles: Concentration relationships relevant to epidemiologic studies. *JAWMA* 47:1238–1249.

Wilson, J., S. Kingham, J. Pearce, and A. Sturman. 2005. A review of intraurban variations in particulate air pollution: Implications for epidemiological research. *Atmos. Environ.* 39:6444–6462.

Wu, C., R. Delfino, J. Floro, B. Samimi, J. Quintana, M. Kleinman, and L. Liu. 2005. Evaluation and quality control of personal nephelometers in indoor, outdoor and personal environments. *JESEE* 15:99–110.

Zhao, W., P. Hopke, G. Norris, R. Williams, and P. Paatero. 2006. Source apportionment and analysis on ambient and personal exposure samples with a combined receptor model and an adaptive blank estimation strategy. *Atmos. Environ.* 40:3788–3801.

Zhu, Y., N. Yu, T. Kuhn, and W. C. Hinds. 2006. Field comparison of P-trak and condensation particle counters. *AS&T* 40:422–430.

28 放射性气溶胶

Mark D. Hoover
国家职业安全与卫生研究所[1]，疾病控制和预防中心，西弗吉尼亚州摩根敦市，美国

28.1 引言

大多数的气溶胶科学和技术标准可适用于放射性气溶胶的测量，放射性气溶胶的测量还包括大量利用放射性物质独特物理性质的专有技术。大量文献、标准和书籍已对放射性气溶胶的测量仪器做了广泛而深入的描述。对于这些信息的进一步讨论、应用，以及新技术和应用的发展，成为许多气溶胶科学家和健康保护专家的新的研究事业。本节主要介绍测量放射性气溶胶的原理、技术以及应用。

28.2 放射和放射性衰变

放射性气溶胶具有非放射性气溶胶的所有特征。对放射性物质的研究范围涉及从超细的金属飞烟到较大的液滴。通常，放射性物质的物理特性对其空气动力学行为和测量技术的选择有极大影响，而化学特性不仅对其生物学行为有重要作用，还对采集后选择化学形态的测量技术有着非常重要的影响。由于具有放射性，放射性气溶胶更容易被识别，然而，多数情况下处理放射性气溶胶时也会有更大的危险。

28.2.1 放射线种类

在研究放射性气溶胶时主要考虑三种射线：α射线、β射线和γ射线（图 28-1）。一些特殊情况下，还应考虑中子和正电子。所有种类射线的来源和特征的详细介绍，以及放射性核素的放射性衰变纲图可见文献“同位素表”（Firestone，1996）、《物理健康及放射线学健康手册》（Schleien 等，1998）、“核素及其同位素表”（Baum 等，2003）以及《放射性空气采

[1] 免责声明：本节内容及结论均为作者观点，并非代表美国国家职业安全与卫生研究所的观点。美国国家职业安全与卫生研究所并不为文中涉及的公司名或产品进行担保。

样法》（Maiello 和 Hoover，2011）。

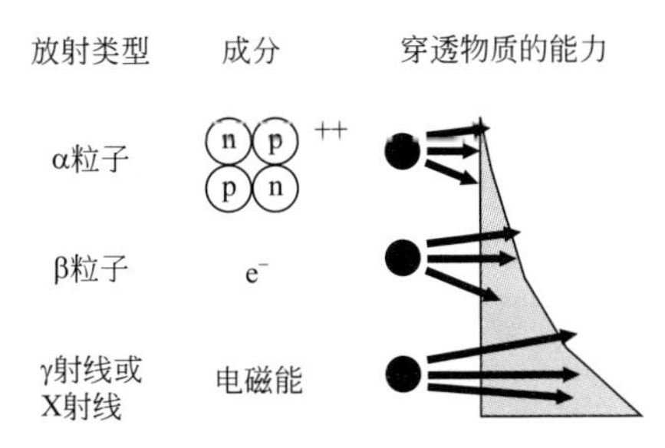

图 28-1　测量放射性气溶胶时所关注的三种主要形式的放射类型：α 粒子（由两个质子和两个中子组成），β 粒子（与电子有等量质量和电荷），γ 粒子（具有一定范围的电磁能）

28.2.1.1　α 射线

α 射线是穿透力最小但电离能力最强的射线，由两个质子和两个中子组成，带有两个正电荷，相当于氦原子核，在高原子序数元素如镭、铀、钚放射性衰变中自发产生。α 射线粒子的放射性核素可通过其释放的特征能量进行识别。当它们被吸入并沉积在呼吸道中时需要特别注意。如果吸入 α 射线粒子量过大，会对肺部或其他组织细胞造成损伤，发生物质转化，从而造成如肺炎和肺纤维化等短期健康效应，甚至引发癌症等长期健康效应［Hobbs，McClellan，1986；美国毒物与疾病登记署（ATSDR），1990，1999，2007，2008］。

28.2.1.2　β 射线

β 射线比 α 射线的穿透力要强，由与电子相同的带负电的粒子组成。β 射线能够穿透皮肤。与 α 射线相同，当大量 β 射线沉积在身体上时，也需要特别注意。β 射线的能谱范围很宽，可达到最大特征值。^{31}I1、^{137}Ce 和 ^{90}Sr 是典型的 β 放射线核素，在涉及核反应堆的事故中，需要特别关注这些放射性核素。

28.2.1.3　γ 射线

γ 射线和 X 射线是具有电磁能的穿透性粒子，它们不带电，但是可以使周围的物质发生电离，且能破坏生物组织。γ 射线产生于放射性衰变期的原子核。在放射性核素的离散特征能量处释放。许多 α、β 射线放射性核素同样也可产生 γ 射线。X 射线是围绕原子核运转的电子脱离原来轨道产生的。二次发射也可产生 X 射线，称为韧致辐射或制动辐射（bremsstrahlung，braking radiation）。韧致辐射产生于带负电的 β 粒子由于库仑力被带正电的吸收性物质的原子核吸引而使 β 粒子的路径发生改变。方向的改变导致 β 粒子剧烈加速，按照经典理论，电磁能会按 β 粒子的能量与吸收物质原子数（Z）的平方的比率损失（Cember 和 Johnson，2009）。

28.2.2　放射性衰变的半衰期

放射性物质衰变的速率用其半衰期描述，即为一半的原子核发生自身转化所需的时间。半衰期是确定放射性物质如何收集、处理、进行样品定量分析的一个重要考虑因素。例如，一些短寿命物质可能需要在采集之后立即分析，或进行实时分析。反之，长寿命放射性核素的样品可几年、几百年甚至几千年持续放射。对半衰期进行实验测定也是帮助识别特定放射性核素的一种方法。

放射性衰变的公式为：

$$A(t)=A_0 e^{-0.693t/t_{1/2}} \tag{28-1}$$

式中，$t_{1/2}$ 为放射性核素的半衰期（以时间为单位）；t 为衰变时间（与 $t_{1/2}$ 的单位相同）；e为自然对数的底，2.718；0.693为2的自然对数；A_0 为样品在 $t=0$ 时刻的活度(activity)（每单位时间内衰变）；$A(t)$为样品在 t 时间后的活度。

也可用衰变常数 λ 来表示放射性衰变：

$$\lambda=\frac{0.693}{t_{1/2}},\ A(t)=A_0 e^{-\lambda t} \tag{28-2}$$

按照半衰期的数目 n，剩余放射性可被定义为：

$$A=A_0(1/2)^n \tag{28-3}$$

因此，2个半衰期后，仅存1/4的原始活度，7个半衰期后，仅存1/128（0.8%）的原始活度。

28.2.3 放射性比活度

放射性物质的放射性比活度是指单位质量的衰变速率。半衰期短的物质的比活度高。过去的活度单位居里（Ci）（每分钟裂变 2.22×10^{12} 次），是根据镭的放射性比活度（S_A）（1Ci/g）定义的。放射性衰变的国际标准单位（SI）为贝克（Bq），即每秒钟裂变一次，因此，$1\text{Ci}=3.7\times10^{10}\text{Bq}$，1nCi=37Bq。放射性物质在人体内的放射性比活度因为其决定了能量沉积和破坏组织的速度而受到生物学上的广泛关注。同样放射性比活度在气溶胶测量中有实际意义，因为它决定了一定质量样品中可能会出现的放射量，也决定了给定比活度样品的粒子质量或数量。

气溶胶的质量浓度 c_m(g/m^3）取决于放射性比活度浓度 c_a(Bq/m^3）和物质的放射性比活度 S_A(Bq/g)，计算方法如下：

$$c_m=\frac{c_a}{S_A} \tag{28-4}$$

如果要计算每立方米空气中粒子数 c_n(个/m^3)，需知道已知活度的空气浓度 c_a、放射性比活度 S_A、粒子密度 ρ(g/m^3）以及气溶胶粒子的体积。假设粒子在尺寸上为单分散的，形状为球体（体积为 $\pi d_p{}^3/6$，其中 d_p 为粒子直径，单位为m)，则 c_n 的计算式为：

$$c_n=\frac{c_a}{S_A\rho\pi d_p^3/6} \tag{28-5}$$

28.2.4 放射性气溶胶源

自然环境中存在大量的放射性气溶胶源，包括能产生碳14、铍7等放射性核素的宇宙射线与大气层的作用过程；含有磷40、铀和钍及其放射性衰变产物的土壤颗粒（特别是磷肥）的扩散过程；从土壤和建筑性材料散发出的放射性惰性气体氡222（产生自铀衰变过程）、氡220（钍射气，产生自钍衰变过程）和氡219（锕射气，产生自锕衰变过程）(Cohen，2001)。Evans（1969）是历史上研究氡产生和衰变基本原则的著名学者。

放射性气溶胶同样会从化石燃料的燃烧和吸烟时释放［美国国家辐射防护与测量委员会(NCRP)，2009］。吸烟导致人体放射性气溶胶暴露的原因是烟草中含有微量铀和钍的放射性衰变产物，且烟草叶片表面残留有土壤和磷肥。烟草植物生长过程中也会从土壤中吸收铅210（β-放射性核素）和钋210（α-放射性核素）。吸烟时吸入的主要放射性物质是钋210、铅210的α衰变的产物。来自世界各地的众多烟草和香烟样品中都检测出了这些放射性核素（Schayer等，2009）。据推测，香烟中的^{210}Po对于肺癌的引发有贡献作用（Martell，1975）。

放射性气溶胶的其他环境暴露源包括核能燃料循环及相关事故，以及（历史上）露天测试核武器（Eisenbud，1987）。放射性气溶胶职业暴露发生在核能源循环、核武器生产以及放射物在其他工业、农业和生物医学的应用［美国核管理委员会（USNRC），2000］。Cheng等描述了在手套箱外壳的一个垫圈失效时放射性钚意外扩散的实例（2004），Parkhurst等（2005，2009）描述了使用过的穿甲弹药的铀气溶胶的产生和分散。美国国家辐射防护与测量委员会关于美国人口暴露于6.2mSv（620mrem）电离辐射下的评估报告显示总暴露量的一半来自产生于土壤、岩石的自然辐射，渗入房间和其他建筑中的氡气，以及来自宇宙的辐射和人体自身内部的辐射源；接近一半的辐射量来自医用电离辐射；消费产品和消费活动、工业和研究的使用以及职业任务对于美国人口的暴露仅有很小的贡献度。

28.2.5 吸入暴露限值

美国核委员会防辐射标准（USNRC，2006）和美国防辐射能源标准（USDOE，2007）中都规定了人体放射性物质的法定暴露极限。在决定工人对放射性气溶胶暴露摄入量极限（ALI）时，需要考虑物质的放射性比活度和生物学反应［ICRP（1979）及其附录］。根据ICRP第30期（ICRP，1979）中的描述，ALI是给出的放射性核素的年摄入量，该摄入量等同于50mSv（5rem）对机体影响的有效剂量，或等同于500mSv（50rem）对器官或组织影响的剂量。ICRP第60期（ICRP，1990）中在确定ALI时不再考虑其对器官/组织的确定性影响，并且参考的剂量为20mSv（2rem）。

一个相关的概念是导出空气浓度（Derived Air Concentration，DAC）。DAC是计算出的空气浓度。计算时，按照工人每天暴露8h，每周5天，每年50周（全年工作时间2000h），不超过放射性核素的ALI值。假设公认的呼吸速率为20L/min（ICRP，1975），那么DAC即是ALI除以整个工作年的空气吸入量（2400m^3）。累积暴露使用DAC·h的形式表达（比如，暴露在1DAC空气浓度下8h，可表示为8DAC·h）。

尽管最近USDOE从ICRP第60期收集较新的计量学模型发布USDOE规定，规定依旧考虑了根据50mSv（5rem）对机体影响的有效剂量，或等同于500mSv（50rem）对器官或组织影响的剂量的ALI和DAC值的随机影响和确定影响。

尽管ALI和DAC的暴露单位被用于单个放射性核素如工作环境中的钚和铀，但在铀矿开采和研磨工业中，历来使用另一个暴露单位——工作水平（Working Level，WL）来描述氡和其衰变产物的暴露。氡的三种主要同位素的暴露，包括氡的衰变产物α、β、γ射线放射物的暴露。WL的提出是根据人们对长期暴露于氡和其衰变产物引起的健康效应——肺癌的关注，以及氡衰变产物高能α射线吸入性暴露对提高肺癌患病率的放射生物学风险。换句话说，与呼吸道中积累的氡的衰变产物钋、铋和铅的α衰变产生的放射性损伤相比，来自任何β和γ射线和呼吸道中氡蒸气自身的放射性衰变的生物学损伤的数量，要小。

根据定义，1WL的浓度相当于1L空气中短寿命氡衰变产物的浓度，该浓度的产物在衰变过程中可以释放出1.3×10^5兆电子伏特（MeV）的能量。如氡的毒理学简介中所提出的

(ATSDR，2008)，当氡和其衰变产物处于平衡状态时（例如，当任何一个短寿命氡衰变产物在空气中和^{222}Rn有相同的放射性浓度），空气中1pCi的氡会产生（几乎精确）0.01WL(USEPA，2003a)。平衡当量浓度（equilibrium equivalent concentration，EEC）的概念用于计算未与氡的浓度相平衡的衰变产物的浓度。不平衡通常发生在氡气刚刚从土壤、水或建筑型材中释放到新鲜或刚过滤后的空气中。如果平衡因子（F）已知，EEC就可被计算得到。例如，假设家中氡和其衰变产物间的平衡因子为40%（$F=0.4$）[美国国家科学院(NAS)，1999]，空气中1pCi的氡将产生接近0.004WL的衰变产物。

在矿场中工人暴露于氡衰变产物的累积暴露量用每月工作水平（Working Level Month，WLM）表示，相当于1个工作月（Working Month，WM）暴露在1WL浓度下的累积暴露量。假定1个工作月工作170h。美国矿山安全卫生管理局（MSHA，1971）关于地下金属和非金属矿物安全卫生标准规定每年氡暴露限为4WLM。美国国家职业安全与卫生研究所(NIOSH，1987）关于地下矿物中的氡的标准文件建议地下矿中氡衰变产物暴露每年不应超过1WLM。

ATSDR毒理学简介中指出（ATSDR，2008)，家庭测量通常是测量氡气含量，并用Bq/m^{3}或pCi/L表示。计算居住在氡浓度为1pCi/L环境中的人每年的WLM是有指导意义的。当把用pCi/L表示的居室暴露量转换为WLM时，需要假定一个人70%的时间在室内度过，室内空气1pCi/L的氡相当于0.004WL的氡衰变产物（NAS，1999；USEPA，2003a)。假定一年8760h，一个月工作170h，那么一个人在1pCi/L浓度下居住1年将累积暴露$0.004\times8760/170=0.206$（WLM)。

28.2.6 粒子大小和溶解度的影响

Dorrian和Bailey（1995）统计了在广泛的工业操作中放射性气溶胶的分布。典型放射性粒子的空气动力学中位直径（activity median aerodynamic diameter，AMAD）为5μm，几何标准偏差为2.5，尽管在高温或烟气作业中检测到的粒径分布较小，而在粗粉处理操作过程中的粒径分布较大。Dorrian和Bailey报告的典型粒子尺寸的值现已作为默认值，使用于ICRP第66期的新型的人类呼吸道放射防护模型（ICRP，1994a)。ICRP同时提供了模型应用的相关指南（ICRP，2003)。之前工作环境中气溶胶粒子尺寸的AMAD默认值为1μm(ICRP，1979)。1μm AMAD还用作环境中放射性气溶胶公众暴露的默认值（ICRP，1994a)。ICRP的建议作为放射性防护连贯一致的方法被国际所接受。NCRP（1997）提出的另一个模型在数学推导过程中重点考虑人体呼吸道结构和功能，以描述吸入的放射性物质的沉积、清除和剂量。

工作地点粒径分布和溶解度性质的数据可用于ICRP模型在特殊情况下调整DAC值。一本关于非反应堆核设施的空气释放速率和吸入速率的手册中概述了各种活动如粉末处理、泄漏和火灾中气溶胶的特征（USDOE，1994)。

无论是呼吸区样品数据还是区域样品数据，都不应用于给工人分配辐射剂量，除了那些没有可用的生物测定方法和采样方法可合理地提供空气中放射性核素的代表性样品的地方(USDOE，1998)。粒子溶解度的关注度通常很高，是因为其对可吸入物质生物学行为的影响，并且因为溶解度的知识有助于正确地应用生物动力学模型并解释从工人尿样、便样和血样所获得的生物测定信息。其他的测量技术，如体内监测（全身或肺部计数)、用于手脚污染物或工作场所表面污染物的放射物监测也是全面健康保护计划的一部分。它们经常在工人过度暴露之前提示增加的空气浓度。

表 28-1 为 3 种放射性物质（$^{238}PuO_2$、$^{239}PuO_2$ 和浓缩铀）以及非放射性物质（铍，存在于许多核设备中的有毒金属）在其 DAC 下不同单分散物理粒径的数浓度。这个例子证明了不同放射性核素的粒子数范围很广。空气采样结果与生物检测结果间的相关性问题对于诸如^{238}Pu 这样的高放射性比活度物质尤其重要，因为较少剂量的粒子的生物学效应就比较明显（Scott 等，1997；Scott 和 Fencl，1999）。不需要对低放射性比活度放射性核素是否被吸入进行随机关注，因为其浓度较一致。

表 28-1 选定的有毒材料在其导出空气浓度（DAC）下每立方米的粒子数量及单分散物理粒子大小

粒径/μm	$^{238}PuO_2$	$^{239}PuO_2$	浓缩铀氧化物	金属铍
10	0.00007	0.02	54	1910
5	0.0005	0.15	433	15279
3	0.002	0.7	2007	70736
1	0.07	19	54180	1909859
0.5	0.5	150	433443	15278875

注：1. 不溶性^{238}Pu 的放射性比活度为 6.44×10^{11}Bq/g，DAC 为 0.2Bq/m^3。

2. 不溶性^{239}Pu 的放射性比活度为 2.26×10^{9}Bq/g，DAC 为 0.2Bq/m^3。

3. 对于 93%的浓缩铀，其放射性比活度为 2.35×10^{6}Bq/g [^{234}U 的贡献起着主导作用，其质量占 1%（Hoover 等，1998）]，DAC 为 0.6Bq/m^3。

4. 表面带有少量氧化物的金属铍气溶胶粒子的有效密度为 2g/cm^3（Hoover 等，1989），美国职业安全与健康管理局的职业暴露极限为 2μg/m^3。

28.3 放射检测

放射性物质可通过一系列方法被检测。这些方法中的大多数依赖于电离过程，电离过程发生在 γ 射线或带电粒子通过气体、液体或固体并破坏物质的原子和电子从而形成离子对时。放射检测方法可直接定量放射性气溶胶浓度，也可作为安全处理放射性物质的辅助工具。α 射线放射性核素的检测方法通常要求 α 放射性核素与检测器直接或尽量直接地接触。穿透性强的 β 和 γ 射线对接近程度的要求不高。实验员必须充分了解放射性核素的衰变特征。很多情况下，与母体放射性核素相比，人们更关注子代放射性核素。例如，尽管锶 90 有较长的半衰期（28.8y），以较低的能量（0.54MeV）放射 β 射线，它的子代放射性核素钇 90 却有较短的半衰期（64.2h），并且是高能量放射源（2.28MeV）。下面概述了三种形式射线的检测过程，额外的信息详见 Evans（1955）、Mercer（1973）、Eicholz 和 Poston（1979）、NCRP（1978a，b）、Turner 等（1988）、Turner（1996）、Shapiro（2001）、Ruzer（2005）、Ahmed（2007）、Maiello 和 Hoover（2011），以及 *Operational Health Physics Training* 手册（USDOE，1988）中关于放射性识别条例的章节。另外，分析化学方法，如质谱法，可被用于通过逐个原子检测放射性物质，这可有助于利用同位素组分识别放射性物质释放源（如 USEPA，2006）。

28.3.1 闪烁计数

磷光体是一种在电离过程中吸收能量并再次以闪光形式（放射闪烁）发射出一部分能量的物质。当电子上升到高能级时会发光，然后回到基态。光电二极管或光电倍增器装置可以检测到并计量放射闪光脉冲从而得出穿透物质的带电粒子或γ射线数。放射闪光的光强和持续时间还可用于分析检测到的放射性物质的能量。

很多不同的磷光体都适合用于放射性检测。对于γ或低能量的β射线的检测，最常用的是固态磷光体，如铊掺杂的碘化钠［NaI（Tl）］、碘化铯［CsI（Tl）］或碘化钾［KI（Tl）］。铊催化剂在晶体结构中作为杂质，改变晶体对光的能量吸收。硫化锌（通常掺杂银），即ZnS（Ag），是很好的α射线检测器，对于β射线和光子也很敏感。最常用的自发光出口指示器使用ZnS作为闪烁剂，使用氚作为光子源。α粒子与ZnS作用产生的放射闪烁很亮，在暗室中可被肉眼观察到。ZnS必须是薄层（通常是在洁净塑料质膜上涂一层细晶体），因为这样对可见光的穿透影响较小。塑料或液态闪烁物如反式二苯乙烯也可用。含放射性物质的样品可用甲苯或更加安全的二异丙基萘溶剂溶解在"鸡尾酒（cocktail）"中来增强待测放射性核素和磷光体之间的接触（L'Annunziata，2003）。市场上销售的"鸡尾酒"介质范围很广，在溶解待测样和特殊pH值、盐容量情况下，都具有不错的特性。

28.3.2 电离室设备

流气式正比计数管和其他电离室设备可检测粒子数，并在一些情况下可检测放射性物质释放的能量。当γ射线或带电粒子穿过电离室时在气体中会形成离子对。电场把这些离子对的脉冲引至带电感应器，并记录下离子数量和释放的能量。标准电离设备提供了能量识别的计数效率、保真度以及计数速率极限。

28.3.3 固态检测

最近已开发出固态计数器，它采用特殊的半导体材料为离子对的产生提供平台，这些高效设备具有较高的能量分辨率，并可以与多渠道分析器连用以识别所检测到的能谱。在高纯锗（HPGe）或掺入少量锌或氯的碲化镉检测器中，它们的检测区很远，直达表面，因此可高效检测γ射线。离子注入硅检测器和表面屏障检测器具有很薄的检测层，主要用于α和β射线的检测。当这些检测器被用于α光谱，当α放射性物质被直接放置在检测器表面，或者当α源和检测器的间隙中的空气被抽空时，其能量分辨率最高。固态检测器的表面涂层的新发明使它们能够很好地抵抗液体、酸、碱或磨损的破坏。

28.3.4 放射自显影法、径迹蚀刻和其他检测系统

辐射导致的电离能使类似照相胶片的物质发生化学变化，这些胶片可以反映破坏轨迹的位置，此方法叫做放射自显影法。在该方法中，放射性物质都有各自的胶片暴露。固态跟踪记录仪也可以用聚碳酸酯或硝酸纤维素等制成。将物质暴露在辐射中之后，可对物质表面进行化学蚀刻，以显示破坏轨迹的位置、长度和直径。其他检测系统利用的是对离子化辐射有反应的物质，这些物质通过光密度变化、辐射光致发光、热致发光或传导率变化实现离子化辐射（如USDOE，1988；第13章）。

28.3.5 校准

校准是检测过程中的关键部分。已知活度的校准标准，进行计算之后分析背景样品。一般校准过程包括使用密封源或静电源，其放射能须达到美国国家标准和技术研究所（National Institute of Standards and Technology，NIST）的检出水平。选用的校准源的总量和放射能通常要与分析的源中的总量和放射能相一致。这就需要对非线性现象如仪器的停滞时间（系统只有在其从上一个事件结束报告或恢复后才能检测新的事件）进行适当的修正。在高计数率下（每秒有几百万甚至更多，由仪器决定），停滞时间的影响很显著，但在低计数率下，这种影响可以忽略。当仪器的计数速率非常低时，需要采用活度较高的标准样品来校准，以得到有效的仪器统计效率。根据泊松统计学，可以算出仪器检测的不确定度，它与计数量的平方根成正比。因此，低能放射源或短时间计数时的相对不确定度较高。背景干扰也应该考虑进去。对于小于1%的误差，净计数一般需要10000个甚至更多（Price，1965）[10000次计数的泊松不确定度1%为100（10000的平方根），并且100为10000的1%]。更多的信息和指导见Hickey等（1991）、USNRC（1992）和美国国家标准协会（ANSI，2009）的相关文献。

28.4 放射性气溶胶的检测目的

同所有的空气采样和检测一样，放射性气溶胶的检测方法取决于采样的基本目的。"哪些信息是真的需要的?""采样时会遇到什么样的环境和干扰?""采样频率需要如何设定?""谁负责采样?""采样人员需要什么程度的训练或知识?""数据的质量要求是什么?""其他哪些相似问题需要被解答?"，这些问题看上去很烦琐，但必须被强调，只有这样数据才不会丢失，时间和财力才不会浪费。

如图28-2所示，采样目标有多种，选择合适的目标有助于确保恰当地评价空气物质，也有利于保证测量结果有意义。尽管图中列出的不同目标之间相互联系，但应该注意，不同目标关注的焦点是不同的。

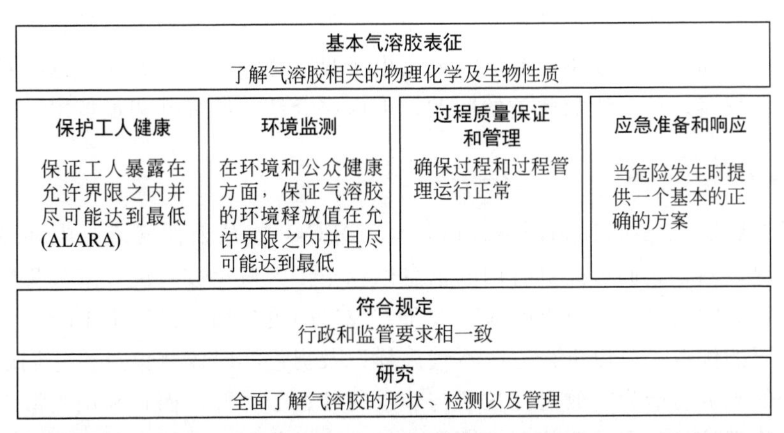

图28-2 放射性气溶胶采样的7个主要目的。这些目的不是相互独立的。还存在其他的特殊目的

在最上面并且起决定性作用的是气溶胶基础表征，以了解可能会遇到的气溶胶的物理化学以及生物性质。这些概念来自这个基本特性步骤，然后利用从这一基本特征获得的信息指导用于保护工人健康的气溶胶采样的需要、设计以及执行，以确保工人暴露在允许界限之内

并尽可能达到最低（As Low As Reasonably Achievable，ALARA）；用于环境监测以确保在环境和公众健康方面气溶胶的环境释放值在允许界限之内并且尽可能达到最低；用于过程质量保证和管理，以确保过程和过程管理运行正常；用于应急准备和响应，以便当危险发生时提供一个基本的正确的方案。由于清洁空气法案（Clean Air Act）规定了允许排入环境的放射性气溶胶限值（USEPA，2003b），因此需要污水检测或烟道采样。这些事必须定期进行以确保环境排放值在限值以下并且尽可能达到最低。现场检测和非现场检测总是同时进行。由于环境排放浓度限值通常要比工作场环境的浓度限值要低，因此需要更高的灵敏度。这可通过增加采样流量、延长采样时间或使用更高灵敏度的分析技术实现。好的应急响应是指根据排放的严重性分等级反馈，这意味着需要比在普通试验中更多的依靠实时或接近实时监测的信息。此外，仪器设备可能需要持续工作，并且在气溶胶浓度方面提供的结果会比常规检测过程、健康保护或者环境监测的浓度要高很多。有时，便携式或可移动的仪器设备是十分必要的，这些仪器设备还需要经常清洗、校准或更换。

由于为保护工人健康、环境保护、过程质量保证和管理或应急准备和响应研究而进行的采样是基于自愿或探索性的，因此，可能并不满足行政监管合规性的要求，因此对于合规性测量需要确定一个明确的目标使得行政和监管要求相一致。在所有测量系统中，都需要明确说明设备运行正常，并记录实际空气中放射性核素的排放量，以与其排放限值进行比较。在某种意义上，这个目标包含于其他所有测量目的之中。一旦测量者确信发生，管理者和其他相关方也必须确信。

最后，作为所有采样方法、理论、实行和应用的根本基础，研究还应包括一个支持的和统一的目标，以促进对气溶胶性状、检测和管理的全面了解这些目标不是相互排斥的，也可能存在其他特殊的目标。

28.5 标准测量技术的应用

几乎所有的标准气溶胶采样技术方法都可用于采集放射性气溶胶。可能存在一些与放射性物质有关的限制。例如，放射性核素的质量可能低于压电质量监测系统或光检测设备的最低检出限。另一方面，如果收集的粒子需要用电子显微镜测量，那么测量这些粒子的辐射水平就需要特定的仪器。针对诸如此类的问题，下面将介绍一些标准测量技术。

28.5.1 光学粒子计数

光学粒子计数器（optical particle counters，OPCs）在放射性气溶胶中并没有广泛地应用，但是有情况表明，它们可提供有用的信息以保护工人避免放射性气溶胶暴露，特别是在对非常规粒子排放的预警方面效果明显（关于 OPCs 的更多细节详见第 13 章）。光学粒子计数器有两个主要的优点：可以进行连续空气采样以及提供实时监测信息。它们的主要缺点是不能根据粒子的光散射行为将放射性粒子与非放射性粒子分开，而且利用光散射通常得到的是被测粒子的物理粒径分布估测值，而不是空气动力学粒径分布值，而后者对呼吸风险评估的贡献更大。大量商业化仪器可用于识别洁净室内的非放射性气溶胶，或用于监测采矿业和纺织业等行业工作场所中的工业尘水平，或用于为使用超细粒子制备涂料颜料等过程提供质量管理监测。光学监控也可用于表征放射性气溶胶环境中的呼吸暴露（Hoover 等，1988a）。使用该方法监测放射性气溶胶时的相关问题包括：①与空气中放射性气溶胶的允许浓度相比，其检测水平如何；②与工作地点非放射性气溶胶背景值相比，其检测水平如何；③为了确定工作场所中放射性与非放射性气溶胶之间的关系，有哪些气溶胶表征的要求；④为了量化设备对特殊气溶胶的响应，有哪些校准要求；⑤在整个工作场所中，采用光学监测信息进行健康保护的策略。

图 28-3 为评估方案的实际应用（Hoover，Newton，1991a），应用于表 28-1 中提到的三种放射性物质（$^{238}PuO_2$、$^{239}PuO_2$ 和浓缩铀）以及非放射性物质（铍）。为方便起见，图 28-3 的横坐标单位为 DAC。使得所有放射性物质的量级相等，并可用于非放射性物质的处理。图 28-3 中的粒子假定为单分散性的 3μm 直径的球形粒子。光学粒子计数器通常给出“数量大于给出的尺寸”的信息。假定其饱和限为 10^8 个/m^3。最低检出限取决于流量和采样间隔，流量为 0.03m^3/min（0.1cfm，典型的小型、便于计算的单位），采样间隔为 1min，在采样间隔内能检测到一个单粒子所对应的浓度为 347 个/m^3。图 28-3 表明，光学粒子计数器对于$^{238}PuO_2$ 和$^{239}PuO_2$ 效果不明显，因为所关注的数浓度低于正常的检出限。但是光学粒子计数器对于浓缩铀和金属铍是非常有用的（假设其他尘的背景值未超出正常水平）。

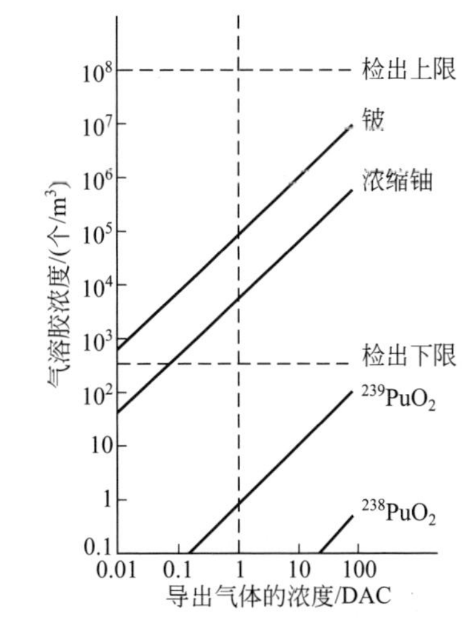

图 28-3 评价光学粒子监控器有效性方案图。假设粒子是直径为 3μm 的单分散性气溶胶，采样速率为 5×10^{-5} m^3/s（3L/min）

28.5.2 用于显微镜检测的粒子采集

需要用透射电镜或扫描电镜进行形态学检测的放射性粒子可用标准采样仪器，如点面式静电沉降器进行收集（Morrow 和 Mercer，1964）。小型通风橱足以处理样品。通过通风橱口的空气流量应该维持在最低有效水平上（大约 75ft/min）以避免在处理小而易碎的电子显微镜格栅时出现问题。透射电子显微镜方法使用的是标准的外面包裹着 Formvar（聚醋酸甲基乙烯酯）的铜格栅。只有高放射性比活度的放射性核素如^{238}Pu（半衰期为 87.7 年）的辐射才会造成 Formvar 分解。

当使用污染控制措施（如液氮冷指）时需要格外小心，以使电镜内污染的扩散最小。由于放射性衰变引起的反冲和粒子分裂，高放射性比活度、α 射线放射性核素如^{238}Pu 很容易离开收集格栅。在用显微镜分析放射性物质之前，必须进行呼吸保护和放射性检测。第 10 章提供了不同显微镜和微探针分析方法的全面的概述。

28.5.3 过滤

过滤是一种广泛使用的放射性气溶胶收集方法（第 7 章，传统的过滤采样收集技术）。该方法涉及的仪器有：采集环境或工厂短期样品的大流量采样器（采样流量达到约 60m^3/h），以及采集工人呼吸区气溶胶样品的低流量小型采样器（流量为 1L/min 或更低）(USDOE，1988)。常用的滤膜是低压降纤维素滤膜，而且，样品可以很容易灰化或溶解，然后进行化学分析或放射化学分析。

粒子在滤膜基底中的渗透取决于滤膜、放射物类型以及所使用的放射计数方法。使用 α 粒子分光镜时，薄膜滤膜要比纤维素膜更优越，因为其表面收集特性较好。检测 γ 辐射时，不必考虑滤膜介质产生的屏蔽。虽然α射线放射性核素的能量衰减问题是最大的，但 Hoover 和 Newton（1993）发现，即使玻璃纤维滤膜，如 GEL❶ A/E 玻璃也能收集到足够靠近滤膜表面的粒子，因此用 ZnS 方法的放射计数结果与放射化学法结果一样准确。

放射性比活度较高的α射线放射性核素（如^{238}Pu）的滤膜样品不宜长期储存。放射性物质对滤膜、包装袋或塑料容器的破坏会使放射性物质释放出来。因此在处理时间较长的样品时需格外小心，样品采集时也应需要注意。便携式气溶胶采样系统可用于在采样器周围提供局部通风和过滤（Hoover 等，1983）。防紫外线和耐化学腐蚀的手套材料（如 Hypalon 氯磺化聚乙烯橡胶）和特别设计制造的手套箱可用于减少污染物的扩散以及工人的暴露水平（Hoover 等，1999）。Maiello 和 Hoover（2011）提出了更多的关于管理和安全处理放射性物质的信息。

28.5.4 惯性采样

使用级联冲击式采样器、螺旋管离心机及旋风器进行的惯性采样，已成为测量放射性气溶胶空气动力学粒径的主要方法。常规惯性采样技术，详见第 8 章。专门采集放射性气溶胶的此类仪器已快速发展起来（Mercer 等，1970；Kotrappa 和 Light，1972）。处理放射性核素运用这些仪器的特殊要求包括：体积小巧，便于在封闭的空间（如手套式操作箱）内戴上手套进行组装和拆卸，易于清洗。采集小流量样品时，用低流量采样器就足够了。采集到样品后，首先进行的分析是放射计数。螺旋管离心机已广泛用于估算单个粒子的密度和形状因子，该仪器既可以测量放射性粒子，也可以测量非放射性粒子。由于与每个粒子沉积位置相关的空气动力学直径是已知的，因此可以用电子显微镜观察沉降位置上的粒子的物理密度和形状，并计算出密度或形状因子（Stöber 和 Flachsbart，1969）。

实时惯性技术也适用于放射性气溶胶，如测量粒子加速通过喷嘴的飞行时间测量法。这需要自愿购买测量放射性气溶胶的专业仪器，因为将设备进行去污清洁恢复到常规使用并不是那么容易。

28.5.5 电学性质的测量

使用标准的气溶胶电荷分光计可以测量气溶胶的静电荷分布（Yeh 等，1976；第 15 章）。Yeh 等（1976，1978）的理论称，放射性气溶胶中，除了粉碎产生的摩擦带电外，还有α或β释放产生的自带电。即使气溶胶是由高带电过程（如磨碎）产生的，气溶胶中的放射性衰变（如α或β衰变）也能很快产生接近玻耳兹曼平衡的电荷分布。Yeh 等（1978）发现，无论是否使用^{85}Kr 放电装置测得的，钚-铀气溶胶的粒子电荷分布是一致的。在高α放射性浓度（＞25nCi/L）下很有可能出现充足的离子对，它们可以降低气溶胶上的电荷量，从而接近玻耳兹曼平衡。

在低放射浓度下，可能达不到玻耳兹曼平衡。Raabe 等（1978）报道了一个反常的结果：他们没有使用^{85}Kr 放电装置，而是使用级联冲击式采样器，在钚-铀氧化物两种燃料的混合阶段采集了两个样品，采样后测得α放射性浓度仅为 1～2nCi/L。因为这些样品的放射性中值空气动力学直径比用放电装置采集到的样品的直径更大，所以由于静电荷的影响，冲击式采样器的上层可能发生反常沉积。因此建议，若预先不知道待采样品的放射性浓度信息，即使不需要把电荷分布降低到玻耳兹曼平衡，也需要使用在线^{85}Kr 或其他放电装置作

❶ 以三个字母缩写表示的厂商地址的完整列表请见附录Ⅰ。

为标准方法。Teague 等（1978）描述了^{85}Kr 放电装置的结构和使用方法。^{85}Kr 放电装置可在市场上买到（如 TSI）。

^{85}Kr 放电装置的使用者应该了解氪是一种可从金属管中泄漏出来的气体，而金属管会将气体保留在放电装置内，并且^{85}Kr 的放射性半衰期为 10.756 年，从而导致其放射源强度平稳减少。因此，随时间推移需要谨慎地检测其源强度。这可通过盖氏计数器来实现，从而定期检测并维持在放电装置表面的放射剂量。被检测的放射剂量会作为^{85}Krβ 放射物与放电装置相互作用产生的韧致辐射的结果。

28.5.6　容积式表层采样器、冲击式采样器、冷阱和吸附器

采样技术如真空体积、液体槽采尘器、冷阱和活性炭吸附器，对于捕获放射性气体和粒子有着同样的效果。是否可以采用标准放射性计数技术，取决于样品的几何学特征。Lucas 室（Lucas，1977；NCRP，1988）是一种捕获采样方法，放射性粒子和气体被吸入一个室内，室内壁上涂有一种晶体 ZnS（Ag）或其他闪烁物，到达闪烁物的 α 射线几乎全部会产生闪光。检测器可以检测到室内的每个闪光。这种方法可用于氡气、氡的衰变产物或其他能够进入室内的 α 放射性核素。待采的放射性核素的半衰期会影响仪器的延迟时间，在 Lucas 室重新使用之前需要将其清洁。

28.5.7　分析化学技术

传统的分析化学技术，例如红外分光光度法、火焰或熔炉原子吸收光谱法、能量色散 X 射线分析法、电子或中子衍射法以及电感耦合等离子体法（放射光谱法或质谱法），都能以足够高的灵敏度测量放射性气溶胶粒子中的小粒子（第 9 章，标准气溶胶化学分析方法）。不同技术的灵敏度被 USEPA 收集整理报告出来（2006）。处理放射性气溶胶时，通常要求使用专用仪器并进行适当控制。样品需求量为几十到几百微克的分析技术，如 X 射线衍射，在处理放射性气溶胶的应用中就受限了。

28.6　放射性气溶胶的特殊分析技术

28.6.1　利用放射自显影法检测单个粒子

电离辐射与显影底片或核子轨道检测器箔片（如 CR-39，一种聚碳酸酯塑料）相互作用，可产生痕迹或材料缺陷，并可用照相技术冲洗或用化学方法蚀刻，然后用扫描电镜或光显微镜观察。根据痕迹的位置、数量和长度，确定单个放射性粒子的放射性位置并计算其放射能。例如 Voigts 等（1986）发现，在粒子数浓度为 2000 个/mm^2 的工业烟羽样品中的 α 源是单个气溶胶粒子。Cohen 等（1980）利用纤维素硝酸钾底片，测量了人体样本中支气管上皮细胞内的 α 放射性核素。放射能照相技术再结合显微镜，可以确定吸入和沉积在体内的粒子是怎样辐射细胞或器官的。图 28-4 为用肺组织切片来确定吸入的铀-钚氧化物气溶胶的含量的放射自显影片。

28.6.2　测定粒子的溶解性和生物学行为

对于所有种类的气溶胶，可以研究其粒子的溶解性和生物动力学行为，但对于放射性气

溶胶，则可以更直接地研究可溶性物质（Kanapilly 等，1973）。样品可以夹在滤膜中间，并放在连续的溶剂流中（运动系统）或放在有溶剂的保鲜盒中（静态系统）。粒子也可以放在有溶剂的试管中，并定期离心，以浓缩沉积在试管底部的粒子，可溶解物质进入上清液。放射性计数的检出限很低，足以准确地确定粒子的溶解性，尤其是高度不溶性物质。并且，放射性气溶胶在关于气溶胶性状的众多不寻常的发现中扮演了独特的角色。在 Mewhinney 等（1987a）的研究中，较高的测量灵敏度是一个主要因素，该研究表明，不论何时将粒子再次引入溶剂，都会快速释放出物质。这个实验使人们了解在潮湿和干燥的环境中，气溶胶释放到生物圈中可能的环境影响。当前的研究包括在模拟肺部细胞外液的重要生物舱的环境下进行体外溶解，其 pH 为 7.2～7.4，接近中性，以及 4.5～5，这个偏酸 pH 是细胞内部吞噬物质的吞噬溶酶需要的（Ansoborlo 等，1999）。Stefaniak 等（2005）研制出一种吞噬体的刺激液体模拟，作为 Kanapilly 等（1973）肺液的补充。此外，Stefaniak 等（2007）在早期 Mercer（1967）研究粒子尺寸和表面积与溶解性间的联系的模型上，建立了一个理论框架，用于测量粒子属性以评估难溶颗粒材料的分解消化方式。

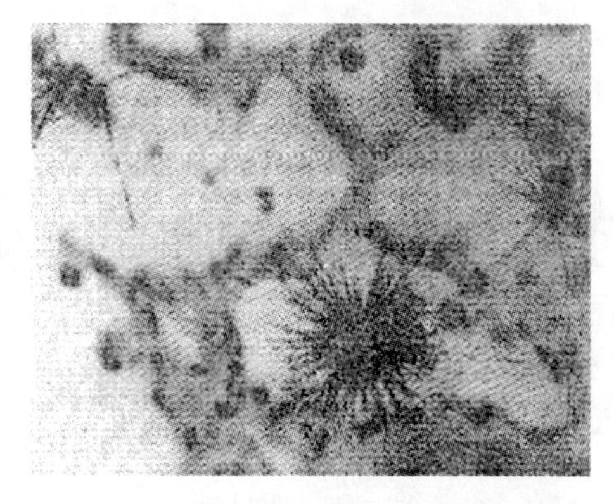

图 28-4 不同特征放射性的粒子在老鼠肺内释放的 α 射线放射能照片，老鼠暴露在铀-钚氧化物气溶胶中（引自 Mewhinney，1978）

28.6.3 等密度梯度超速离心法测定密度

对于测定各种小质量（0.1～5mg）粒子的密度，等密度梯度超速离心法（Isopycnic Gradient Ultracentrifugation）已成为一项有效技术（Allen 和 Raabe，1985；Finch 等，1989）。常规的密度测定方法，如空气或气体密度法和液体排水量法，并不适用于测量小体积的放射性气溶胶样品。等密度梯度超速离心法中常用的重金属溶液是甲酸亚铊，但偏钨酸钠具有经济、非毒性的优点，是一种很好的替代品（Hoover 等，1991）。图 28-5 为该技术的示意图，粒子进入到含有重流体的离心管中。通过离心作用，使离心管从顶层到底部形成密度梯度。接近管顶部的密度通常为水的密度，接近管底部的密度更高，可高于 3.0g/cm^3。粒子在管中移动到与其密度相等的液体处，然后移出已知体积的连续样品，称重并确定样品

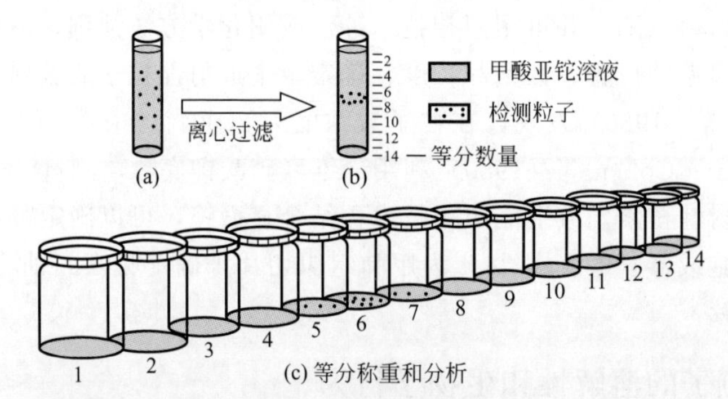

图 28-5 等密度梯度超速离心法技术示意图，该技术用于确定单个粒子的密度（引自 Finch 等，1989）

中的液体密度，然后用放射性计数器或其他方法确定样品中的粒子部分。根据液体样品的折射率测量值也可以确定液体样品的浓度，但需要用专用的折射计，而且通常比样品称重的时间更长。等密度梯度超速离心法可以得到气溶胶样品中粒子密度分布的信息。

28.6.4 氪85吸附法测表面积

粒子的比表面积（specific surface area，m^2/g）影响其表面现象，如溶解速率（Mercer，1967）。如能得到足够的样品质量（10～50mg 或更多），则能可信、直接地测出粒子的比表面积。最常用的方法是“BET”（Brunauer、Emmett 和 Teller）法，即估算出质量已知的样品表面上的氮吸附量。其他气体，如氧气、氦气、二氧化碳、氪以及甲烷同样也可被使用。目前，市场上已有很多测量比表面积的仪器。Rothenberg 等（1982，1987）关注的是样品量小于 10mg 时，表面积测量中的特殊问题，10mg 也是表征放射性粒子的一个典型限值，他们描述并评价了^{85}Kr 气体吸附到样品表面的方法（Rothenberg 等，1987）。^{85}Kr 的放射性衰变会放射 0.514MeV 的 γ 射线，并可实时地由标准闪烁方法（standard scintillation method）[如 NaI（TC）] 探测到。Rothenberg 等指出，特征活度为 10Ci/g 的^{85}Kr 气体的 $1cm^2$ 单层，每分钟约有 10000 次分裂，这个值很容易测得且不确定性低于 1%。统计不确定性主要与样品托的空白值修正有关。人们利用^{85}Kr 吸附技术，成功地分析了二氧化铀和二氧化钚粒子混合物的少量样品（Mewhinney 等，1987b），该技术也可分析 1mg、表面积大于 $1m^2/g$ 的样品。该测定技术的缺点是市场上尚未有能完成这种分析的仪器，因此，需要使用者自己去建立。

28.6.5 放射性核素的实时监测

国际电工委员会（International Electrotechnical Commission，IEC）已提出了连续监测气体中放射性的测量设备标准，其中包括以下仪器的一般要求（IEC，2002a）和特殊要求：①放射性气溶胶，包括超铀元素气溶胶监测器；②放射性惰性气体监测器；③碘监测器；④氚监测器（IEC，2002b～e，2007，2008）。市场上已有许多检测气溶胶放射性的实时监测仪器。典型的仪器构造是在气溶胶收集滤膜附近放置一个辐射检测器。放射性的浓度信息可以从仪器本身存取，或各种仪器与中心检测室联网工作。在 β 和 γ 放射性检测系统中，需要对外部放射源进行辐射屏蔽并修正背景值，α 放射性检测系统中，要进行背景值修正、校准并考虑几何学因素。下面介绍一些重要的考虑因素，它们涉及检测 α 射线放射性核素的连续空气监测器（CAM）的设计、校准和运行。

28.6.5.1 降低氡衰变产物的干扰

氡衰变产物如^{218}Po 和^{212}Bi（α 能量分别为 6.0MeV 和 6.08MeV）自发释放的 α 能量，与^{239}Pu（α 能量为 5.2MeV）和^{238}Pu（α 能量为 5.5MeV）释放的 α 能量相似，这样就可能影响钚气浓度并产生假-阳性报告。早期的 α 的 CAM 构造中没有分光计，而是使用一个单通道分析器检测钚能量关注区（region of interest，ROI）内的放射性，使用第二个分析器检测第二个能区内的氡衰变产物放射性，并能对钚 ROI 中的计数值进行简单的背景修正。尽管该仪器的修正方法很粗糙而且检出限高，但它确实是一种检测较大钚释放量的有效实时方法。

Savannah River Site 能量部门提出了处理氡衰变产物背景干扰的另一种方法（Tait，1956；Alexander，1966），即使用冲击式采样器喷嘴，直接把气溶胶粒子喷射沉积到外面涂有 ZnS（Ag）薄层的光电倍增管上，这就消除了常吸附在环境气溶胶中小粒子（直径小于 0.3μm）上的大多数氡衰变产物，而且，这些衰变产物比冲击式采样器的有效切割直径小，该方法还能实时检测沉积在收集基底上的钚粒子（Chen 等，1999）。仍检测不到较小的钚粒子，但工厂中释放的多数气溶胶的放射性中值空气动力学直径约为 5μm、几何标准偏差为 2，因此，多数放射性与更大的粒子有关（Dorrian Bailey，1995）。因为从 ZnS（Ag）上释放的光是同方向的，所以收集到的钚的放射性计数效率大约为 50%（几乎 100%的放射发生在 ZnS 层的方向），所有放射都有均等的机会被光电倍增管或光电二极管检测器检测到。Savannah River 方法的近期变化是，使用冲击式采样器直接把气溶胶粒子喷射沉积到固态检测器的表面（型号 8300，KUR）。尽管检测效率非常好，直接检测 α 粒子可以使钚峰与氡衰变产物峰很好地分离，但粒子会从检测器表面弹起，从而降低了大粒子的收集效率。Hoover 和 Newton（1993）发现，超过 90%的气溶胶动力学直径为 10μm 的粒子由于反弹而损失，解决这个问题的方法是使用虚拟冲击式采样器或粒子阱（对粒子阱的介绍，可见 Biswas 和 Flagan，1988）。

微计算机技术的最新进展，使得固态检测器 CAM 可以使用 α 光谱技术来实时检测 α 射线放射性核素。同样，固态检测器恰好位于 α 放射气溶胶收集滤膜的上方，但是，检测器的输出信号进入 CAM 内的分光计中，而不是单通道分析器中。仪器运行时，可以排空滤膜与检测器之间的气体，这就抑制了该区内 α 粒子的能量衰减，并可以将能量谱中钚、氡衰变产物的 α 能量峰的叠加最小化。但实时采集气溶胶时，不能排空滤膜与探测器之间的气体，所以该区内的 α 粒子会发生能量衰减。

Los Alamos 国家实验室的 Unruh（1986）第一个成功地提出了扣除钚能量区内氡衰变产物干扰的运算法则。需要建立 4 个 ROI（Region of Interest）：ROI-1 在 ^{218}Po 能量峰的底部，对应于钚（Pu）；ROI-2 在 ^{218}Po 能量峰的上部；ROI-3 在 ^{214}Po 能量峰的底部；ROI-4 在 ^{214}Po 能量峰的上部。通常假定 ^{218}Po 和 ^{214}Po 的峰形状一致，根据其他 3 个钚 ROI 内的氡衰变产物放射能计算钚 ROI（ROI-1）内的氡衰变产物放射能为：

$$(\text{ROI-1}) = k(\text{ROI-2})(\text{ROI-3})/(\text{ROI-4}) \tag{28-6}$$

Eberline α 6（TFS）和 Victoreen 模型 785 中采用了这种扣除方法（Victoreen，Inc.，Cleveland，OH）。Radeco 模型 452（SAIC/Radeco，SanDiego，CA）采用相似的检测器和滤膜装置，并使用三倍窗体背景扣除运算法则（背景扣除包括钚区上部、下部区域的测量值）或峰形扣除运算法则，该法则使用“峰去除（peak stripping）”的方法扣除钚 ROI 中的干扰。这些根据目标地区方法的 CAM 仍在核设施中应用，但已不再出售。

CAN α Sentry、EBE α 7、Lab ImpexSmart CAM（Lab Impex，Poole，Dorset，UK）和 Bladewerx Sabre 系列 α CAM（Bladewerx，Rio Rancho，NM）采用峰形运算法则修正氡衰变产物背景。CAN α Sentry 的气溶胶入口处有一个细网，是为了防止未被吸附的氡衰变产物渗透到仪器的气溶胶收集区（Mcfarland 等，1992）。CAN Harwell iCAM 使用一个可以动的滤膜来进一步采集并消除之前采集的气溶胶的影响。Bladewerx CAM 个体采样器市场上有售。

在 MGP α-β CAM 中，检测器与滤膜之间的距离较大（大于 1cm），并有一个不锈钢的挡板装配（安装在滤膜和检测器之间），它可以使 α 释放“束”准直地到达检测器。从检测器到滤膜的立体视角较小，所以整体检测效率急剧降低，但由于 α 释放“束”准直到达，所以 α 能量峰最大半峰值处的宽度（full-width-at-half-maximum）很窄，因此就不必在钚 ROI 区内修正氡衰变产物干扰了。

其他仪器修正 α 释放干扰的方法是：使用重合计数方法（coincidence counting）测量氡衰变产物释放的 β 或 γ。但是，当氡衰变产物背景的组分和浓度发生改变时，这些间接测量方法就容易产生误差。

需要使用国际电工委员会颁布的国际标准（IEC，2002b）测试 α 连续空气监测器的性能。符合该标准要求的设备见 Hoover 和 Newton（1998）以及 Grivaud 等（1998）。使用时需要注意：一定氡衰变产物浓度范围内，设备的粒子收集效率以及氡修正算法的稳定性。

28.6.5.2 连续 α 空气检测的滤膜要求

目前的研究热点是为 α CMA 选择合适的滤膜介质。固态检测器系统得到的 α 能量谱的质量好坏，主要取决于滤膜介质的种类。人们长期以来使用的是薄膜滤膜，其粒子收集效率较高，而且其表面收集特征符合 α 分光镜的要求。Lindeken 等（1964）证实，亚微米级孔滤膜的收集效率严重降低，但大孔薄膜滤膜则不会，除非其孔径超过 5μm，因此，首选压降较低的较大孔滤膜。ANSI N 13.1（1999）标准称，如果要求收集效率低于 95%的滤膜达到全部的采样目标，则需要修正效率。

CAM 生产商力推的滤膜是孔径为 5μm 的薄膜滤膜（混合纤维酯，SMWP 型；MIL），但人们发现这种滤膜易破损，所以很难接受（Hoover 和 Newton，1991b，1992）。滤膜在现场采样条件下发生破损，粒子收集效率和粒子质量的重量分析结果并不可信。

ANSI N 13.1（1999）的附录 D 中评价了制造压降较低、表面收集效率较高的更粗糙薄膜滤膜的可行性。Versapor-300（放在非纺织尼龙滤膜托上的丙烯酸聚合体；PAL）的性能类似于 SMWP（MIL）。也可以使用 Durapore 孔径为 5μm 的聚偏二氟乙烯薄膜滤膜（MIL），但其 α 能量谱比 SMWP 差。AW-19 滤膜（MIL）是一种比较粗糙的加强型混合纤维素酯滤膜，它可以提供比 SMWP 更好的 α 能量谱，在放射化学分析中，该滤膜也易于溶解。AW-19 也不再可用，但 RW-19（MIL）与 AW-19 有同等的耐受性，其 α 能谱与 SMWP 相似。3μm 孔径的 Fluoropore 聚四氟乙烯 FSLW 滤膜（Fluoropore FSLW filter；MIL）的性能高于其他所有滤膜，因为它的压降非常低，是一种很好的表面收集滤膜（Hoover 和 Newton，1992）。该滤膜是聚四氟乙烯（PTFE）滤膜，其背面是聚丙烯，因此非常坚固，可提供收集到的放射性核素的非常优良的 α 能谱分离图。图 28-6 比较了聚四氟乙烯 FSLW 滤膜和 SMWP 收集的氡衰变产物的能量谱质量。注意，钚 ROI 内（约 5.2MeV）的 ^{218}Po 峰的尾部较低，当在 α CMA 中使用常规纤维素膜如 WHA41 时，可以看出，得到的能量谱质量很差（图 28-6），因此必须避免使用纤维滤膜。Moore 等（1993）总结了连续空气监测中影响 α 粒子检测的因素。

过滤技术中的一项有利改进是：把每个滤膜放在一个卡纸板容器中。在处理过程中，卡纸板可以保护滤膜，并可以贴上标签以便辨认样品。在滤膜卡纸板和采样仪器上贴条形码标志或将其数据录入计算机，这样就提高了管理水平并有助于完成长期采样。若需要对样品进行破坏性分析而不需要存档，则可从卡纸板中很方便地取出样品。选择可放入卡纸板中的滤膜时，要考虑所要求的能量谱的质量水平以及分析技术与滤膜的兼容性。

28.6.5.3 降低空气中粉尘的干扰

环境中的粉尘积累在 α CAM 滤膜上，会导致 α 能量的衰减，就如同滤膜上方的空气会降低 α 能量一样。当空气中粉尘浓度高于 1mg/m^3 时，由于 α 能量的衰减而“埋葬”了钚，所以导致低估其在空气中的浓度，低估的范围为 10%～100%（Hoover 等，1988b，1990）。

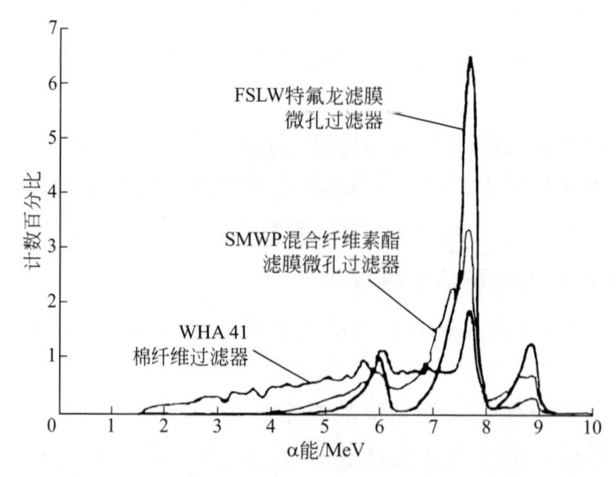

图 28-6 在 α 连续空气监测器中，滤膜类型对氡衰变产物能量谱的影响。左边的峰为^{212}Bi（6.08MeV）和^{218}Po（6.00MeV）。中间的峰为^{214}Po（7.68MeV）。右边的峰为^{212}Po（8.78MeV）

在滤膜上，用 20μg/mm^2 的盐掩盖钚释放的 α 粒子可以阻止其到达检测器。这种方法并不能阻止 CAM 对大量迅速释放的放射性产生响应，但它确实提高了 CAM 对缓慢、连续释放的放射性的检出限。主要关注这些活动中的粉尘：拆除活动，如切割金属管或金属结构（Newton 等，1987）；环境恢复活动，如土壤受到干扰的地方；特殊活动，如美国新墨西哥州卡尔斯巴德（Carlsbad）附近的能量废弃物隔离试验工厂（Energy Waste Isolation Pilot Plant）的地下岩盐环境。

28.6.5.4 滤膜/检测器几何性质对效率的影响

考虑到粉尘的负载问题，有必要考虑滤膜大小与检测器大小之间的一些权衡问题。很多 CAM 使用直径为 25mm 的检测器和直径为 25mm 的滤膜，这种方法使整体检测效率接近 20%。不改变检测器直径，但把滤膜的收集面直径增加为 43mm，则检测效率降低一半（为 10%），但收集表面积大约增加了 4 倍。起初，这似乎是一种合理的权衡。

但进一步研究发现，检测效率是滤膜直径的函数，滤膜边缘收集到样品对整体效率的贡献很小。这是立体角的原因，它们降低了检测器拦截 α 的效率以及 α 粒子能被检出时的能量。大滤膜边缘上的 α 粒子通过检测器时，会损失很大能量。α 粒子从滤膜到达对面检测器，需要通过一段很长的空气路径，因此，能量损失很大，通常这时可将它们从钚 ROI 中扣除。在钚 ROI 区，对收集在滤膜中心的钚的检测效率为 30%，并伴随少量的能量下降。滤膜直径为 25mm 时，检测效率已降到 15%，但能量降低只发生在滤膜边缘。直径为 43mm 时，释放的 α 粒子中仅有 0.04%到达检测器，并能在钚 ROI 区检测到。因此，更大的滤膜有边缘效应，尤其是在有粉尘的地方，在这里额外的能量降低，可将任何来自滤膜边缘的 α 能量降到钚区能量以下。

28.6.6 放射性粒子的远程检测

美国 Los Alamos 国家实验室发展了一项新技术，即远程检测仪器内表面的 α 放射性污染，或远程检测不能直接用放射性仪器检测的地方（Mac Arthur 和 Allander，1991）。该技术的原理是：带正电的 α 粒子在空气中运动，可以形成离子对并持续留在空气中。很多人认为，离子对在空气中会立刻重新组合，所以，出现这种持续现象使他们很吃惊。抽吸洁净空气使之通过污染表面，可以把离子对带入静电计并进行检测。

28.6.7 从烟道和排气管中采样

早期的美国国家标准——《核设备中放射性气溶胶采样指导手册》(*Guide to Sampling Airborne Radioactive Materials in Nuclear Facilities*)(ANSI，1969)，已修订为《核设备烟道和排气管释放的放射性物质气溶胶的采样和监测》(*Sampling and Monitoring for Releases of Airborne Radioactive Substances from the Stackes and Ducts of Nuclear Facilities*)(ANSI，1999) 并开始执行。这两个版本都强调了获得代表性样品的重要性。但是，最初标准有不太完善的地方，例如，对排气管中气溶胶混合的假设，对多点采样（为了得到代表性样品）的技术指导并不完善。新标准弱化了一些简单化概念，如等速采样（很多人将其误用于紊流的采样条件下)，强调了“样品混合良好的位置”的条件，这有助于人们更有效地从单个采样点采集样品。人们已设计出小型、低费用的混合器，以在排气烟道中产生良好的混合条件（Mcfarland 等，1999a，b)。修订后的标准中，同样介绍了新的、更有效的闭式采样头（Mcfarland 等，1989；Rodgers 等，1996)。放射性气溶胶在采样输送路线上的沉积模型，也已有了很大的提高。现代程序如 DEPOSITLON 4.0（Anand 等，1996；Riehl 等，1996）可用于预测粒子沉积将其作为输送路线几何特征的函数。McFarland（1998）总结了核工业中烟道和排气管采样的方法学。

28.7 结论

放射性气溶胶测量是一门具有挑战性和专业性的气溶胶子学科。放射能和放射性物质的基本物理特征是放射性气溶胶测量的基础。总的来说，从测量角度，优点要比缺点多。同时，人们对健康和环境的关注都集中在放射性和放射性物质的使用上，这也会造成社会压力。由于健康、经济、心理及政策上的花费都很高，气溶胶测量工具在进行放射性气溶胶暴露评价时应当选择一个合理和科学的气溶胶测量方法。

28.8 致谢

感谢 USDOE 在第 DE-FC04-96AL76406 号协议下对本章早期版本的准备提供的支持帮助。感谢 George J. Newton 对本章原始内容的改进贡献。本章的发现及结论仅为作者观点，并非代表美国国家职业安全与卫生研究所的观点。文中涉及的公司名或产品没有被美国国家职业安全与卫生研究所背书。

28.9 符号列表

A	放射性（每单位时间的衰变)
c_a	放射性浓度，Bq/m^3
c_m	质量浓度，g/m^3，mg/m^3，$\mu g/m^3$
c_n	数浓度，个$/m^3$
d_p	粒子直径，m，μm

k	氡衰变产物计数因子［式（28-6）］
ROI	感兴趣区［式（28-6）］
t	时间
$t_{1/2}$	半衰期或一半时间［式（28-1）］
S_A	放射性比活度（每单位质量的放射性）
Z	原子数
λ	放射性衰变常数（每单位时间的分数）
下标	
a	活度
n	数
m	质量
p	粒子
0	初始条件

28.10 参考文献

Ahmed, S. N. 2007. *Physics and Engineering of Radiation Detection*, New York: Academic.

Alexander, J. M. 1966. A continuous monitor for prompt detection of airborne plutonium. *Health Phys.* 12:553–556.

Allen, M. D. and O. G. Raabe. 1985. Slip correction measurements of spherical solid particles in an improved Millikan apparatus. *Aerosol Sci. Technol.* 4:269–286.

Anand, N. K., A. R. McFarland, V. R. Dileep, and J. D. Riehl. 1996. *Deposition: Software to Calculate Particle Penetration through Aerosol Transport Lines*. NUREG/GR-0006, Washington, DC: U.S. Nuclear Regulatory Commission.

American National Standards Institute (ANSI). 1969. *American National Standard Guide to Sampling Airborne Radioactive Materials in Nuclear Facilities*. ANSI N13.1-1969. New York: ANSI.

American National Standards Institute (ANSI). 1999. *American National Standard for Sampling and Monitoring for Releases of Airborne Radioactive Substances from the Stacks and Ducts of Nuclear Facilities*. ANSI N13.1-1999. New York: ANSI.

American National Standards Institute (ANSI). 2009. *American National Standard on Radiation Protection Instrumentation Test and Calibration—Air Monitoring Instruments*. ANSI N323C-2009. New York: ANSI.

Ansoborlo, E., M. H. Henge-Napoli, V. Chazel, R. Gibert, and R. A. Guilmette. 1999. Review and critical analysis of available in vitro dissolution tests. *Health Phys.* 77(6):638–645.

Agency for Toxic Substances and Disease Registry (ATSDR). 1990. *Toxicological Profile for Radium*. Atlanta, GA: ATSDR.

Agency for Toxic Substances and Disease Registry (ATSDR). 1999. *Toxicological Profile for Uranium*. Atlanta, GA: ATSDR.

Agency for Toxic Substances and Disease Registry (ATSDR). 2007. *Toxicological Profile for Plutonium—Draft for Comment*. Atlanta, GA: ATSDR.

Agency for Toxic Substances and Disease Registry (ATSDR). 2008. *Toxicological Profile for Radon—Draft for Comment*. Atlanta, GA: ATSDR.

Baum, E. M., H. D. Knox, and T. R. Miller. 2003. *Nuclides and Isotopes: Chart of the Nuclides*, 16th Ed. Cincinnati: KAPL Inc. Lockheed Martin.

Biswas, P., and R. C. Flagan. 1988. The particle trap impactor. *J. Aerosol Sci.* 19:113–121.

Brunauer, S., P. H. Emmett, and E. Teller. 1938. Adsorption of gases in multimolecular layers. *J. Am. Chem. Soc.* 60(2):309–319.

Cember, H., and T. E. Johnson. 2009. *Introduction to Health Physics*, 4th Ed. New York: McGraw-Hill.

Chen, B. T., M. D. Hoover, G. J. Newton, S. J. Montano, and D. S. Gregory. 1999. Performance evaluation of the sampling head and annular kinetic impactor in the Savannah River Site alpha continuous air monitor. *Aerosol Sci. Technol.* 31:24–38.

Cheng, Y. S., R. A. Guilmette, Y. Zhou, J. Gao, T. LaBone, J. J. Whicker, and M. D. Hoover. 2004. Characterization of plutonium aerosol collected during an accident. *Health Phys.* 87(6):596–605.

Cohen, B. S. 2001. Radon and its short-lived decay product aerosols. In *Aerosol Measurement: Principles, Techniques, and Applications*, 2nd Ed. P. A. Baron and K. Willeke, eds. Hoboken, NJ: John Wiley and Sons, pp. 1011–1029.

Cohen, B. S., and M. L. Heikkinen. 2001. Sampling airborne radioactivity. In *Air Sampling Instruments for Evaluation of Atmospheric Contaminants*. 9th Ed. B. S. Cohen and C. S. McCammon, eds. Cincinnati: American Conference of Governmental Industrial Hygienists, pp. 221–240.

Cohen, B. S., M. Eisenbud, and N. H. Harley. 1980. Measurement of the α-radioactivity on the mucosal surface of the human bronchial tree. *Health Phys.* 39:619–632.

Dorrian, M. D., and M. R. Bailey. 1995. Particle size distributions of radioactive aerosols measured in workplaces. *Radiat. Protect. Dosim.* 60:119–133.

Eicholz, C. G., and J. S. Poston. 1979. *Principles of Nuclear Radiation Detection*. Ann Arbor, MI: Ann Arbor Science.

Eisenbud, M. 1987. *Environmental Radioactivity from Natural, Industrial, and Military Sources*. San Diego: Academic.

Evans, R. D. 1955. *The Atomic Nucleus*. New York: McGraw-Hill.

Evans, R. D. 1969. Engineers' guide to the elementary behavior of radon daughters. *Health Phys.* 17:229–252.

Finch, G. L., M. D. Hoover, J. A. Mewhinney, and A. F. Eidson. 1989. Respirable particle density measurements using isopycnic density gradient ultracentrifugation. *J. Aerosol Sci.* 20:29–36.

Firestone, R. B., ed. 1996. *Table of Isotopes*, 8th Ed. Berkeley, CA: Lawrence Berkeley National Laboratory (available online at http://ie.lbl.gov/toipdf/toi20.pdf).

Grivaud, L., S. Fauvel, and M. Chemtob. 1998. Measurement of performances of aerosol type radioactive contamination monitors. *Radiat. Prot. Dosim.* 79(1–4):495–498.

Hickey, E. E., G. A. Stoetzel, and P. C. Olsen. 1991. *Air Sampling in the Workplace.* NUREG 1400, Washington, DC: U.S. Nuclear Regulatory Commission.

Hobbs, C. H., and R. O. McClellan. 1986. Toxic effects of radiation and radioactive materials. In *Casarette and Doull's Toxicology: The Basic Science of Poisons*, 3rd Ed. C. D. Klaassen, M. O. Amdur, and J. Doull, eds. New York: MacMillan, pp. 669–705.

Hoover, M. D., B. T. Castorina, G. L. Finch, and S. J. Rothenberg. 1989. Determination of the oxide layer thickness on beryllium metal particles. *Am. Ind. Hyg. Assoc. J.* 50:550–553.

Hoover, M. D., A. F. Eidson, J. A. Mewhinney, G. L. Finch, B. J. Greenspan, and C. A. Cornell. 1988a. Generation and characterization of respirable beryllium oxide aerosols for toxicity studies. *Aerosol Sci. Tech.* 9:83–92.

Hoover, M. D., G. L. Finch, and B. T. Castorina. 1991. Sodium metatungstate as a medium for measuring particle density using isopycnic density gradient ultracentrifugation. *J. Aerosol Sci.* 22:215–221.

Hoover, M. D., C. J. Mewhinney, and G. J. Newton. 1999. Modular glovebox connector and associated good practices for control of radioactive and chemically toxic materials. *Health Phys.* 76: 66–72.

Hoover, M. D., and G. J. Newton. 1991a. *Preliminary Evaluation of Optical Monitoring for Real-Time Detection of Radioactive Aerosol Releases.* Albuquerque, NM: Inhalation Toxicology Research Institute.

Hoover, M. D., and G. J. Newton. 1991b. Technical bases for selection and use of filter media in continuous air monitors for alpha-emitting radionuclides. In: *Annual Report of the Inhalation Toxicology Research Institute for 1990–1991, LMF-134*, Springfield, VA: National Technical Information Service, pp. 16–19.

Hoover, M. D., and G. J. Newton. 1992. Update on selection and use of filter media in continuous air monitors for alpha-emitting radionuclides. In: *Annual Report of the Inhalation Toxicology Research Institute for 1991–1992*, LMF-138. Springfield, VA: National Technical Information Service, pp. 5–7.

Hoover, M. D., and G. J. Newton. 1993. Radioactive aerosols. In *Aerosol Measurement: Principles, Techniques, and Applications*, 1st Ed. K. Willeke and P. A. Baron, eds. New York: Van Nostrand Reinhold.

Hoover, M. D., and G. J. Newton. 1998. Performance testing of continuous air monitors for alpha-emitting radionuclides. *Radiat. Prot. Dosim.* 79(1–4):499–504.

Hoover, M. D., G. J. Newton, R. A. Guilmette, R. J. Howard, R. N. Ortiz, J. M. Thomas, S. M. Trotter, and E. Ansoborlo. 1998. Characterisation of enriched uranium dioxide particles from a uranium handling facility. *Radiat. Prot. Dosim.* 79(1–4): 57–62.

Hoover, M. D., G. J. Newton, H. C. Yeh, and A. F. Eidson. 1983. Characterization of aerosols from industrial fabrication of mixed-oxide nuclear reactor fuels. In *Aerosols in the Mining and Industrial Work Environments.* V. A. Marple and B. Y. H. Liu, eds. Ann Arbor, MI: Ann Arbor Science.

Hoover, M. D., G. J. Newton, H. C. Yeh, F. A. Seiler, and B. B. Boecker. 1988b. *Evaluation of the Eberline Alpha-6 Continuous Air Monitor for Use in the Waste Isolation Pilot Plant: Phase I Report.* 21 December 1988. Albuquerque, NM: Inhalation Toxicology Research Institute.

Hoover, M. D., G. J. Newton, H. C. Yeh, F. A. Seiler, and B. B. Boecker. 1990. *Evaluation of the Eberline Alpha-6 Continuous Air Monitor for Use in the Waste Isolation Pilot Plant: Report for Phase II.* 31 January 1990. Albuquerque, NM: Inhalation Toxicology Research Institute.

International Commission on Radiological Protection (ICRP). 1975. *Reference Man: Anatomical, Physiological and Metabolic Characteristics.* International Commission on Radiological Protection Publication 23. Oxford: Pergamon Press.

International Commission on Radiological Protection (ICRP). 1979. *Limits on Intakes of Radionuclides by Workers.* International Commission on Radiological Protection Publication 30 and addendums. Oxford: Pergamon Press.

International Commission on Radiological Protection (ICRP). 1990. *1990 Recommendations of the International Commission on Radiation Protection.* International Commission on Radiological Protection Publication 60. *Ann. ICRP* 21(1/3). Oxford: Elsevier Science.

International Commission on Radiological Protection (ICRP). 1994a. *Human Respiratory Tract Model for Radiological Protection.* International Commission on Radiological Protection Publication 66. *Ann. ICRP* 24(4). Oxford: Elsevier Science.

International Commission on Radiological Protection (ICRP). 1994b. *Dose Coefficients for Intakes of Radionuclides by Workers.* International Commission on Radiological Protection Publication 68. *Ann. ICRP* 24(4). Oxford: Elsevier Science.

International Commission on Radiological Protection (ICRP). 2003. *Guide for the Practical Application of the ICRP Human Respiratory Tract Model.* International Commission on Radiological Protection Supporting Guidance 3. *Ann. ICRP* 32(1–2). Oxford: Elsevier Science.

International Electrotechnical Commission (IEC). 2002a. *Radiation Protection Instrumentation. Equipment for Continuously Monitoring Radioactivity in Gaseous Effluents, Part 1: General Requirements*, IEC Standard 61761-1. Geneva, Switzerland: IEC.

International Electrotechnical Commission (IEC). 2002b. *Radiation Protection Instrumentation. Equipment for Continuously Monitoring Radioactivity in Gaseous Effluents, Part 2: Specific Requirements for Radioactive Aerosol Monitors including Transuranic Aerosols*, IEC Standard 61761-2. Geneva, Switzerland: IEC.

International Electrotechnical Commission (IEC). 2002c. *Radiation Protection Instrumentation. Equipment for Continuously Monitoring Radioactivity in Gaseous Effluents, Part 3: Specific Requirements for Radioactive Noble Gas Monitors*, IEC Standard 61761-3. Geneva, Switzerland: IEC.

International Electrotechnical Commission (IEC). 2002d. *Radiation Protection Instrumentation. Equipment for Continuously Monitoring Radioactivity in Gaseous Effluents, Part 4: Specific Requirements for Radioactive Iodine Monitors*, IEC Standard 61761-4. Geneva, Switzerland: IEC.

International Electrotechnical Commission (IEC). 2002e. *Radiation Protection Instrumentation. Equipment for Continuously Monitoring Radioactivity in Gaseous Effluents, Part 5: Specific Requirements for Tritium Effluent Monitors*, IEC Standard 61761-5. Geneva, Switzerland: IEC.

International Electrotechnical Commission (IEC). 2007. *Radiation Protection Instrumentation. Equipment for Monitoring*

Radioactive Noble Gases, IEC Standard 62302. Geneva, Switzerland: IEC.

International Electrotechnical Commission (IEC). 2008. *Radiation Protection Instrumentation. Equipment for Monitoring Airborne Tritium*, IEC Standard 62303. Geneva, Switzerland: IEC.

Kanapilly, G. M., O. G. Raabe, C. H. T. Goh, and R. A. Chimenti. 1973. Measurement of the *in vitro* dissolution of aerosol particles for comparison to *in vivo* dissolution in the respiratory tract after inhalation. *Health Phys.* 24:497–507.

Knoll, G. F. 2000. *Radiation Detection and Measurement.* New York: John Wiley and Sons.

Kotrappa, P. and M. E. Light. 1972. Design and performance of the Lovelace aerosol particle separator. *Rev. Sci. Instrum.* 43:1106–1112.

L'Annunziata, M. F., ed. 2003.*Handbook of Radioactivity Analysis*, 2nd Ed. London: Academic.

Lucas, H. F. 1977. Alpha scintillation counting. in *Atomic Industrial Forum Workshop on Methods for Measuring Radiation in and around Uranium Mills*, Vol. 3, No. 9, E. D. Harwood, ed., Washington, DC: Atomic Industrial Forum.

Lindekin, C. L., F. K. Petrock, W. A. Phillips, and R. D. Taylor. 1964. Surface collection efficiency of large-pore membrane filters. *Health Phys.* 10:495–499.

MacArthur, D. W., and K. S. Allander. 1991. *Long-Range Alpha Detectors*. LA-12073-MS. Los Alamos, NM: Los Alamos National Laboratory.

Maiello, M. L., and M. D. Hoover, eds. 2011. *Radioactive Air Sampling Methods*. Boca Raton, FL: CRC Press.

Martell, E. A. 1975. Tobacco radioactivity and cancer in smokers. *Am. Sci.* 63: 404–412.

McFarland, A. R. 1998. *Methodology for Sampling Effluent Air from Stacks and Ducts of the Nuclear Industry*. LA-UR-96-2958, Revised July 1998, Los Alamos, NM: Los Alamos National Laboratory.

McFarland, A. R., C. A. Ortiz, M. E. Moore, R. E. DeOtte, Jr., and A. Somasundaram. 1989. A shrouded aerosol sampling probe. *Environ. Sci. Technol.* 23:1487–1492.

McFarland, A. R., J. C. Rodgers, C. A. Ortiz, M. E. Moore. 1992. A continuous sampler with background suppression for monitoring alpha-emitting aerosol particles. *Health Phys.* 62: 400–406.

McFarland, A. R., N. K. Anand, C. A. Ortiz, R. Gupta, S. Chandra, and A. P. McManigle. 1999a. A generic mixing system for achieving conditions suitable for single point representative effluent air sampling. *Health Phys.* 76:17–26.

McFarland, A. R., R. Gupta, and N. K. Anand. 1999b. Suitability of air sampling locations downstream of bends and static mixing elements. *Health Phys.* 77:703–712.

Mercer, T. T. 1967. On the role of particle size in the dissolution of lung burdens. *Health Phys.* 13:1211–1223.

Mercer, T. T. 1973. *Aerosol Technology in Hazard Evaluation*. New York: Academic.

Mercer, T. T., M. I. Tillery, and G. J. Newton. 1970. A multi-stage low flow rate cascade impactor. *J. Aerosol Sci.* 1: 9–15.

Mewhinney, J. A. 1978. *Radiation Exposure and Risk Estimates for Inhaled Airborne Radioactive Pollutants including Hot Particles, Annual Progress Report, July 1, 1976–June 30, 1977*. NUREG/CR-0010, Albuquerque, NM: Inhalation Toxicology Research Institute.

Mewhinney, J. A., A. F. Eidson, and V. A. Wong. 1987a. Effect of wet and dry cycles on dissolution of relatively insoluble particles containing Pu. *Health Phys.* 53:337–384.

Mewhinney, J. A., S. J. Rothenberg, A. F. Eidson, G. J. Newton, and R. Scripsick. 1987b. Specific surface area determination of U and Pu particles. *J. Colloid Interf. Sci.* 116:555–562.

Mine Safety and Health Administration (MSHA). 1971. Title 30, Code of Federal Regulations, Part 57. *Safety and Health Standards Underground Metal and Nonmetal Mines*. Washington, DC: U.S. Department of Labor. Mine Safety and Health Administration.

Moore, M. E., A. R. McFarland, and J. C. Rodgers. 1993. Factors that affect alpha particle detection in continuous air monitor applications. *Health Phys.* 65:69–81.

Morrow, P. E. and T. T. Mercer. 1964. A point-to-plane electrostatic precipitator for particle size sampling. *Am. Ind. Hyg. Assoc. J.* 25:8–14.

National Academy of Sciences (NAS). 1999. *Health Effects of Exposure to Radon: BEIR VI*. Washington, DC: National Academy Press.

National Council on Radiation Protection and Measurements (NCRP). 1978a. *Instrumentation and Monitoring Methods for Radiation Protection*. NCRP Report No. 57. Bethesda, MD: NCRP.

National Council on Radiation Protection and Measurements (NCRP). 1978b. *A Handbook of Radiation Protection Measurements Procedures*. NCRP Report No. 58. Bethesda, MD: NCRP.

National Council on Radiation Protection and Measurements (NCRP). 1988. *Measurement of Radon and Radon Daughters in Air*. NCRP Report No. 97. Bethesda, MD: NCRP.

National Council on Radiation Protection and Measurements (NCRP). 1997. *Deposition, Retention and Dosimetry of Inhaled Radioactive Substances*. NCRP Report No. 125. Bethesda, MD: NCRP.

National Council on Radiation Protection and Measurements (NCRP). 2009. *Ionizing Radiation Exposure of the Population of the United States*, NCRP Report No. 160. Bethesda, MD: NCRP.

National Institute for Occupational Safety and Health (NIOSH). 1987. *A Recommended Standard for Occupational Exposure to Radon Progeny in Underground Mines*. Washington, DC: National Institute for Occupational Safety and Health, DHHS (NIOSH) Publication No. 88–101.

Newton, G. J., M. D. Hoover, E. B. Barr, B. A. Wong, and P. D. Ritter. 1987. Collection and characterization of aerosols from metal cutting techniques typically used in decommissioning nuclear facilities. *Am. Ind. Hyg. Assoc. J.* 48:922–932.

Papastefanou, C. 2007. *Radioactive Aerosols*. Amsterdam: Elsevier.

Parkhurst, M. A., E. G. Daxon, G. M. Lodde, F. Szrom, R. A. Guilmette, L. E. Roszell, G. A. Fallo, and C. B. McKee. 2005. *Depleted Uranium Aerosol Doses and Risks: Summary of U.S. Assessments*. Richland, WA: Battelle Press.

Parkhurst, M. A., R. A. Guilmette, T. D. Holmes, Y. S. Cheng, M. D. Hoover, F. Szrom, G. A. Falo, J. J. Whicker, D. P. Alberth, J. L. Kenoyer, R. J. Traub, K. M. Krupka, K. Gold, B. W. Arey, E. D. Jenson, G. Miller, T. T. Little, L. E. Roszell, F. F. Hahn, B. Robyn, E. G. Daxon, G. M. Lodde, and M. A. Melanson. 2009. Special issue on the capstone depleted uranium aerosol characterization and human health assessment. *Health Phys.* 96(3):207–409.

Price, W. S. 1965. *Nuclear Radiation Detection*. New York: McGraw-Hill.

Raabe, O. G. 1972. Instruments and methods for characterizing radioactive aerosols. *IEEE Trans. Nucl. Sci.* NS-19(1):64–75.

Raabe, O. G., G. J. Newton, C. J. Wilkenson, and S. V. Teague. 1978. Plutonium aerosol characterization inside safety enclosures at a demonstration mixed-oxide fuel fabrication facility. *Health Phys.* 35:649–661.

Riehl, J. R., V. R. Dileep, N. K. Anand, and A. R. McFarland. 1996.

DEPOSITION 4.0: An Illustrated User's Guide. Aerosol Technology Laboratory Report 8838/7/96. Department of Mechanical Engineering. College Station, Texas: Texas A&M University.

Rodgers, J. C., C. I. Fairchild, G. O. Wood, C. A. Ortiz, A. Muyshondt, and A. R. McFarland. 1996. Single point aerosol sampling: Evaluation of mixing and probe performance in a nuclear stack. *Health Phys.* 70:25–35.

Rothenberg, S. J., P. B. Denee, Y. S. Cheng, R. L. Hanson, H. C. Yeh, and A. F. Eidson. 1982. Methods for the measurement of surface areas of aerosols by adsorption. *Adv. Colloid Interf. Sci.* 15:223–249.

Rothenberg, S. J., D. K. Flynn, A. F. Eidson, J. A. Mewhinney, and G. J. Newton. 1987. Determination of specific surface area by krypton adsorption, comparison of three different methods of determining surface area, and evaluation of different specific surface area standards. *J. Colloid Interf. Sci.* 116:541–554.

Ruzer, L. S. 2005. Radioactive aerosols. In *Aerosols Handbook—Measurement, Dosimetry, and Health Effects*. L. S. Ruzer and N. H. Harley, eds. Boca Raton: CRC.

Schayer, S., B. Nowak, Y. Wang, Q. Qu, and B. Cohen. 2009. ^{210}Po and ^{210}Pb activity in Chinese cigarettes. *Health Phys.* 96(5):543–549.

Schery, S. D. 2001. *Understanding Radioactive Aerosols and Their Measurement*. Boston: Kluwer.

Schleien, B. S., L. A. Slabeck, Jr., and B. K. Kent, eds. 1998. *Handbook of Health Physics and Radiological Health*, 3rd Ed. Baltimore, MD: Lippincott Williams & Wilkins.

Scott, B. R., and A. F. Fencl. 1999. Variability in PuO_2 intake by inhalation: Implications for worker protection at the US Department of Energy. *Radiat. Protect. Dosim.* 83:221–232.

Scott, B. R., M. D. Hoover, and G. J. Newton. 1997. On evaluating respiratory tract intake of high-specific activity emitting particles for brief occupational exposure. *Radiat. Protect. Dosim.* 69(1):43–50.

Shapiro, J. 1981. *Radiation Protection, a Guide for Scientists and Physicians*. Cambridge: Harvard University Press.

Stabin, M. G. 2008. *Radiation Protection and Dosimetry: An Introduction to Health Physics*. New York: Springer Science and Business Media.

Stefaniak, A. B., R. A. Guilmette, G. A. Day, M. D. Hoover, P. N. Breysse, and R. C. Scripsick. 2005. Characterization of phagosomal simulant fluid for study of beryllium aerosol dissolution. *Toxicol. In Vitro* 19(1):123–134.

Stefaniak, A. B., C. A. Brink, R. M. Dickerson, G. A. Day, M. J. Brisson, M. D. Hoover, and R. C. Scripsick. 2007. A theoretical framework for evaluating analytical digestion methods for poorly soluble particulate beryllium. *Anal. Bioanal. Chem.* 87(7): 2411–2417.

Stöber, W., and H. Flachsbart. 1969. Size-separating precipitation of aerosols in a spinning spiral duct. *Environ. Sci. Techol.* 3:1280–1296.

Tait, G. W. C. 1956. Determining concentration of airborne plutonium dust. *Nucleonics* 14:53–55.

Teague, S. V., H. C. Yeh, and G. J. Newton. 1978. Fabrication and use of krypton-85 aerosol discharge devices. *Health Phys.* 35:392–395.

Turner, J. E. 1996. *Atoms, Radiation, and Radiation Protection*, 2nd Ed. New York: John Wiley & Sons.

Turner, J. E., J. S. Bogard, J. B. Hunt, and T. A. Rhea. 1988. *Problems and Solutions in Radiation Protection*. New York: Pergamon.

Unruh, W. P. 1986. *Development of a Prototype Plutonium CAM at Los Alamos*. LA-UR-90-2281. December 15, 1986. Los Alamos, NM: Los Alamos National Laboratory.

U.S. Department of Energy (USDOE). 1988. *Operational Health Physics Training*. ANL-88-26. Prepared by Argonne National Laboratory, Argonne, IL, for the U.S. Department of Energy Assistant Secretary for Environment, Safety, and Health. Oak Ridge, TN: National Technical Information Service.

U.S. Department of Energy (USDOE). 1994. *Airborne Release Fractions/Rates and Respirable Fractions for Nonreactor Nuclear Facilities*, DOE-HDBK-3010-94, vols. 1 and 2. December 1994, Washington, DC: U.S. Department of Energy.

U.S. Department of Energy (USDOE). 1998. *The Department of Energy Laboratory Accreditation Program for Radiobioassay*, DOE STD 1112-98. December 1998, Washington, DC: U.S. Department of Energy.

U.S. Department of Energy (USDOE). 2007. *Occupational Radiation Protection*. Title 10, Code of Federal Regulations, Part 835. June 8, 2007. Washington, DC: U.S. Government Printing Office.

U.S. Environmental Protection Agency (USEPA). 2003a. *EPA Assessment of Risks from Radon in Homes*. EPA-402-R-03-003. June 2003. Washington, DC: U.S. Government Printing Office.

U.S. Environmental Protection Agency (USEPA). 2003b. *National Emission Standards for Hazardous Air Pollutants*. Title 40, Code of Federal Regulations, Part 61. July 1, 2003. Washington, DC: U.S. Government Printing Office.

U.S. Environmental Protection Agency (USEPA). 2006. *Inventory of Radiological Methodologies for Sites Contaminated with Radioactive Materials*, EPA-402-R-06-007. October 2006. Washington, DC: U.S. Government Printing Office.

U.S. Nuclear Regulatory Commission (USNRC). 2006. *Standards for Protection Against Radiation*. Title 10, Code of Federal Regulations, Part 20 et al. January 1, 2006. Washington, DC: U.S. Government Printing Office.

U.S. Nuclear Regulatory Commission (USNRC). 1992. *Calibration and Error Limits of Air Sampling Instruments for Total Volume of Air Sampled*. Regulatory Guide 8.25. Washington, DC: U.S. Nuclear Regulatory Commission.

U.S. Nuclear Regulatory Commission (USNRC). 2000. *The Regulation and Use of Radioisotopes in Today's World*. NUREG/BR-0217. Washington, DC: U.S. Nuclear Regulatory Commission.

Voigts, Chr., G. Siegmon, M. Berndt, and W. Enge. 1986. Single alpha-emitting aerosol particles. In *Aerosols, Formation and Reactivity*, 2nd International Aerosol Conference, Berlin. Oxford: Pergamon, p. 1153.

Yeh, H. C., G. J. Newton, O. G. Raabe, and D. R. Boor. 1976. Self-charging of ^{198}Au-labeled monodisperse gold aerosols studied with a miniature electrical mobility spectrometer. *J. Aerosol Sci.* 7:245–253.

Yeh, H. C., G. J. Newton, and S. V. Teague. 1978. Charge distribution on plutonium-containing aerosols produced in mixed-oxide reactor fuel fabrication and the laboratory. *Health Phys.* 35:500–503.

29

飞机测量云和气溶胶粒子

James C. Wilson
丹佛大学工程学院，科罗拉多州丹佛市，美国
Haflidi Jonsson
海军研究生学校，加利福尼亚州马里纳市，美国

29.1 引言

飞机平台常用于测量从海平面高度到高空 20km 以上的气溶胶的特征。这些测量涉及的速度范围从几十米每秒到 250m/s。根据美国国家航空航天局（National Air and Space Administration，NASA）的评估，在美国，包括有人机和无人机（UAS 或 UAV）在内有超过 30 架飞机专门用于气溶胶研究（NASA，2010）。从尺寸范围上来看，则可以大到运输机小到轻量级的无人机（Ramanathan 等，2007）。不论飞机大小，科学家通常想要在飞机上装载更多的仪器设备，因此鼓励开发更加紧凑、轻便的设备［美国能源部（USDOE），2008］。

机载研究可以覆盖很大的地理范围，且空间分辨率（spatial resolution）较小。云层附近、点源的烟羽流、城市或区域、北极霾、平流层火山云以及冬季极地涡旋中的气溶胶特征均可使用飞机来进行研究。机载设备测量可用于多种多样的研究，如空气质量（Fehsenfeld 等，2004）、平流层粒子（Hamil 等，2006）以及气候变化［气候变化科学项目（Climate Change Science Program，CCSP），2009］。研究人员对排放的粒子的特征、来源、影响、消亡以及它们在大气中形成或转化都进行了研究。大气运输及气象过程也是研究对象，卫星测量和数据检索产品也是通过原位观测进行验证的。

在低压或不断变化的压力下操作气溶胶测量仪器，以及在扰流中高速飞行的飞机平台上采集颗粒物，都会带来一系列的挑战。我们描述的这些困难，可在必要的时候，让读者在其他文献中寻找具体的解决办法。经验法则往往不足以解决这些问题，因此越来越多的详细定量分析正在不断开展中。

此处的仪器是将气溶胶采集并运输至飞机或仪器内部来测知其量，而不是通过把仪器尽可能靠近自由流来测其量。之后会评价粒子的采集过程和运输至传感器或收集器内的过程，其中粒子直径范围从纳米级到几十微米不等。本章讨论的一些技术可同时应用于小的云粒子

和大的气溶胶粒子的研究。另外，可用于研究更大的云液滴的技术在前文中已有论述，由于篇幅有限此处不再收录。

29.2 颗粒物机载采样和测量技术

29.2.1 粒子采样及运输的测量要求

很多检测和采样技术需要把气溶胶从飞机外的自由气流中分离出来，然后运输到机舱内的仪器中或运输到悬挂在机翼或机身上的仪器箱内。许多通常用于地面以及本书前几章提到的仪器已用于或改装后用于飞机上，它们需要一个进样口。例如，凝结粒子计数器（condensation particle counter，CPCs）、光学粒子计数器（optical particle counters，OPCs）、差分电迁移率分析仪（differential mobility particle sizer，DMAs）、扩散组采样器（diffusion batteries，DBs）、空气动力学粒径谱仪（aerodynamic particle sizers，APS）、静电集尘器（electrostatic precipitator）、浊度计（nephelometer）、消光室（optical extinction cells）、黑炭仪（aethalometer）、烟尘光度计（soot photometer）、冲击器（impactor）、石英晶体微量天平分析仪（quartz crystal microbalance）、过滤器（filtration device）以及气溶胶质谱仪（aerosol mass spectrometers，AMS）。

原本设计在一个大气压下使用的设备，现在却需要在飞机低压情况下使用，所以应考虑仪器使用条件。针对 TSI[1] 模型 3020 CPC（Heintzenberg 和 Ogren，1985）和 TSI 模型 3760 CPC（Noone 和 Hansson，1990）的研究显示，这些仪器在压力 250mbar 以下（高度在 10km 以上）时无法使用。采用不同几何参数和工作流体设计而成的凝结粒子计数器，被用于更高海拔、更低压力的地区（Rosen 和 Hoffmann，1981；Wilson 等，1983）。ARI 气溶胶质谱仪使用空气动力学透镜（aerodynamic lens）来形成气溶胶束（Liu 等，1995）。AMS 采样口压力的差异导致了通过透镜的运输效率的变化。可控压力的采样口使得 AMS 可以应用于很广的高度范围，并避免了空气动力学透镜性能的显著劣化（Bahreini 等，2008）。冲击器的性能通常取决于雷诺数（Reynolds number）和斯托克斯数（Stokes number）。因此，冲击器切割尺寸和切割的效率可由压力改变。光学计数器采样口形成的气溶胶喷射流可能由于压降改变形状，从而使得一些粒子脱离气溶胶束。计数的精确度取决于所计数的数量，并且在较高海拔处通常气溶胶浓度较小。因此，典型的采样流量在自由对流层和平流层很可能显示出不适当的统计分析结果。在增压飞机中，机舱和气溶胶样品的压力差会造成光偏差和泄漏。当仪器在舱内排气时，仪器自身的泵可能不足以克服此压力差。因此强烈要求研究人员在遇到的压力下对其仪器进行校准，并评估仪器对采样浓度的响应。

为了航测，人们开发或改进了很多设备，并在文献和制造商都有所描述（附录 I）。例如，“扫描、径向 DMA”（Russell 等，1996）；“气溶胶质谱仪可提供成分信息”（murphy 等，1998）；“气溶胶质谱仪可用于测量气溶胶平流层浓度的粒径分布，粒径范围为 4～50nm（Brock 等，2000）和 90～2000nm（jonsson 等，1995）；“一种灵敏度为 55nm 的光学粒子计数器”（DMT；Cai 等，2008）；“一种单粒子烟尘光度计”（型号 SP2，DMT；Schwarz 等，2006）；“一种可测量气溶胶散射消光比的仪器”（Sanford 等，2008）；“一种气溶胶液化采样

[1] 以三个字母为索引的厂商地址的完整列表请见附录 I。

分析仪”(PILS, BMI; Orsini 等, 2003)。近期 USDOE 讨论会(2008)上 DMT 和 BMI 还提出了无人机或其他飞机使用的微型传感器的发展设想:“一种光声烟尘光谱仪”,“一种云凝结核计数器、一种快速联合迁移率光谱仪”(FIMS; Kulkarni 和 Wang, 2006a, b; Gandrud 和 Kok, 2008; Wang, 2008),“一种多通道化学采样器、一种微型光学粒子计数器,以及一种微型吸收光谱仪”(Brechtel, 2008)。

PMS 公司的 PCASP 是一种自带采样口的光学粒子计数器,可识别亚微米级的粒子。DMT 公司的 UHSAS-A 则是一种可机载的改进型仪器(Liu 等, 1992; Strapp 等, 1992)。

29.2.2 机舱外气溶胶测量

三个厂商拥有市场化的可测自由气流中感应量的仪器,它们可同时测量气溶胶粒子、云滴粒子以至降水粒子(图 29-1)。这些测量避免了为使颗粒进入飞机而降低采样速度带来的颗粒物加热问题的限制。这些仪器通常使用最初由 PMS 开发的前向散射或掩蔽技术来测量颗粒尺寸[前向散射谱仪探头(Forward Scatter Spectrometer Probe, FSSP)和二维(2D)成像探头(Two-dimensional Imaging Probes)]。

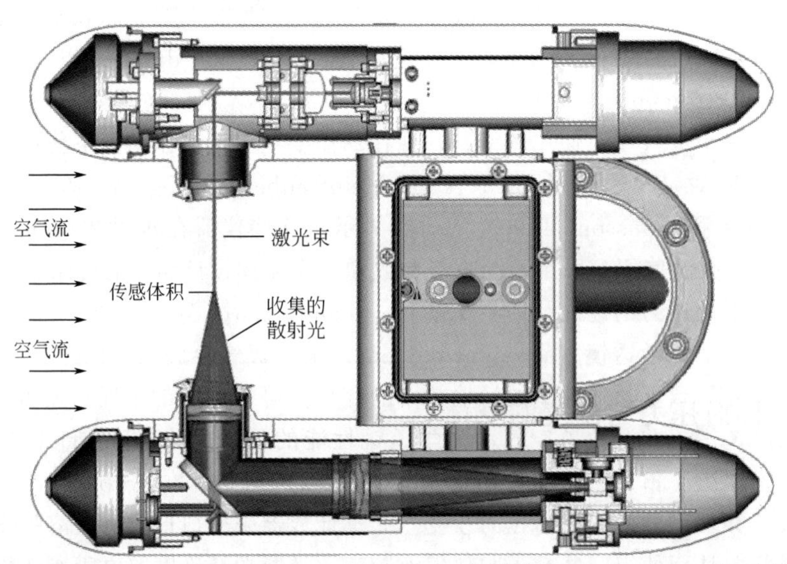

图 29-1 DMT 云液滴探头(Cloud Droplet Probe, CDP)光学图。此探头安装在飞机外部。空气流在图中从左向右进入探头。可见的体积在两个延伸至空气流中、在半球终止的圆柱形臂之间。圆柱体表面发射激光束,横穿空气流。气流中的粒子经过激光束,激光束的扩张表明收集到的个体粒子使得光发生散射形成圆锥形。直接光束被较低的圆柱体阻断,从而可以对散射光进行测量

(刊载已获 DMT 许可)

在 FSSP 中,粒子经过激光束,通过测量它们在前方形成的 4°~12°角的散射光,得到粒子尺寸。在成像探头中,计算照明序列中被粒子遮挡的二极管的数量以检测粒子尺寸。一个粒子经过时间内的多次扫描会提供这个粒子的 2D 影像。粒子浓度通过粒子计数和探头的光学体积计算得到,这取决于飞机的真空速和激光的几何性质。

在收集和测量强度较大的前向散射光的气溶胶光谱分析仪会产生多值响应,这会降低 1~10μm 粒径范围内粒子测量的准确度(Knollenberg, 1981; Pinnick 等, 1987; Cerni, 1983; Dye 和 Baumgardner, 1984)。而且由于粒子重叠、信号衰减和光衍射等效应,还需

对测量结果进行一系列的校正。目前，随着激光和电子技术的发展，这些技术都有了新的改进。更新的设计包括 DMT 制造的云滴谱仪（Cloud Aerosol Precipitation Spectrometer，CAPS）、云滴探头（Cloud Droplet Probe，CDP）、云成像探头（Cloud Imaging Probe，CIP）和降水成像探头（Precipitation Imaging Probe，PIP），以及 SPE 制造的 2D-立体探头（2D-Stereo Probe，一种双光束成像探头）。感应散射光的探头可测量粒径范围为 0.5～50μm 的单个气溶胶粒子的光学直径。这些探头的光学几何形状与 PMS 公司生产的 FSSP 相似，更快的现代电子和二极管射线代替了原先的技术。成像探头受益于更大更快的检测二极管阵列。伴随着二极管的增多，图形分辨率也有所提升。成像图形分辨率的进一步提升来自扫描率的提升，这可以通过高速电子来实现。同时在仪器中运用两个或更多的感应技术的组合也得以实现。因此，DMT 公司的 CCP 同时包括了 CDP，DMT 公司的 CAPS 包括了散射探头和成像探头。SPE 公司的二维立体探头包括两个带有拦截激光的成像探头，以提高光学体积的精确度。描述 FSSP 光学性能的文章与其他散射探头有关，但研究 PMS 公司的 FSSP 的反应速度的文章并没有在现代电子探头应用。

最近以来，其他技术的开发提高了传统光谱分析仪的精度和分辨率。其中包括 SPE 公司的云粒子成像仪（Cloud Particle Imager，CPI，使用高分辨率照相术来成像云和降水粒子）和多普勒相位干涉仪（Phase Doppler Interferometer，PDI，使用光的相移而不是强度来测量直径范围为 0.5～1000μm 的小云滴的尺寸）。后者可测量粒子的分速度和球形粒子尺寸（Chuang 等，2008；AMT）。

但冰粒子和小云滴撞击到飞机前缘或仪器外壳会形成碎片，这些碎片在通过这些仪器的检测区时，会导致云滴尺寸和浓度出现较明显的误差（Korolev 和 Isaac，2005）。

29.3 空气中颗粒物机载采样及检测时需考虑的影响因子

29.3.1 采样时压力与温度的变化

很多仪器采集的气流流量要远小于飞机的真空速。因此采样、运输系统和仪器中的状况与静止环境条件总是存在差别。气溶胶浓度在环境中和在仪器中是不同的，当采样速度大于十分之几马赫数时，根据混合比率表征气溶胶更为方便，其中混合比率的定义为每单位质量空气样品中检测到的气溶胶特征量的比率。混合比率数可表示为每毫克空气中的粒子数，或每立方厘米空气中的粒子数。每毫克空气中气溶胶的体积是体积混合比率。使用这些单位，在正确采样的前提下，只要保证采样无偏差且传送至仪器的过程中颗粒物相关性质保持不变，即使空气密度发生变化，气溶胶的性质也会保持不变。混合比率和环境浓度的换算可用混合比率与环境空气密度相乘来获得。

由于气流减速造成的压缩升温是无法避免的，机舱或测量前仪器的热传导可能会造成额外增温。如果没有测量仪器的温度和压力，通常用驻点温度（T_0）和驻点压力（P_0）则来估量测量环境。它们可以通过静态或环境空气温度（T）和压力（P）以及飞机马赫数（Ma）来计算，其中温度用开尔文表示。

$$T_0=(1+0.2Ma^2)T \tag{29-1}$$

$$P_0=P(1+0.2Ma^2)^{3.5} \tag{29-2}$$

采集到的粒子挥发可能会在几分之一秒内发生。在一些情况下，如果粒子的组成和蒸发率是已知的，测量环境粒子的粒径分布是可被校正的（Hermann 等，2001；Jonsson 等，1995）。而在其他情况下，确定挥发成分是不可能实现的，因此评估环境质量浓度、光学性质和化学组成也是不准确的。

29.3.2 针对飞机引起的空气扰动进行气溶胶采样修正

多个实验和研究理论都已经证实，气流变形（受到干扰）会使航空测量的结果受到影响（Beard，1983；Baumgardner，1984；King，1984，1986a，b；Drummond，1984；Drummond，MacPherson，1984，1985；Drummond 和 MacPherson，1988；Norment，1988；Twohy 和 Rogers，1993）。机身、机翼和仪器罩附近流线的敛散性将导致其附近区域粒子浓度的增加或减少。造成这种影响的原因是粒子受惯性影响脱离流线，并且斯托克斯数翼尖位置大的粒子将受到越大的影响。如果由于飞机或探头的干扰，流线向采样点上游弯曲，那么即使采样头进样口在边界层外，采样的混合比也会与自由气流中的有所不同。这种影响取决于采样点的位置、机身形状和直径、厚度、纵横比、发动机和螺旋桨的位置以及仪器盒或仪器罩位置。

为了减少气流扰动，采样位置最好位于机翼中心的下方或机身的下方，也可位于驾驶员座舱和机翼后缘之间的机身上方以及翼尖位置的流线上。这些位置都可以减少翼尖涡旋、飞机头部和挡风玻璃区域产生的非均匀流的影响。不可取的位置包括翼尖位置、接近翼尖位置、机身背部以及发动机出口。由于翼根和机身的连接处会产生马蹄形涡流，因此沿着机身以及机身上部和机翼尾部区域都会被这种涡流影响，这一区域产生的异常气流会影响到样品的采集。如窗户位置处等机身侧面，甚至机翼的前方所采集的样品，都会受到上升气流的严重影响。在机翼前沿附近或正前方的窗口采样会产生 20°甚至更多的角度错位。

飞机在飞行过程中会带电。实验研究表明尖锐的采样口不能位于机身末端，因为该处该处电场集中且更容易放电（Romay 等，1996）。

对于速度较慢的飞机，气流扭曲对于 10μm 以上粒子存在很明显的路径影响。然而，当飞机飞行速度达到 200m/s 且在更高高度工作时，此问题在小粒径粒子上也会出现。

机翼产生逆流流线，并产生上升风速度和迎角，这些效应都是可以预估的。在设计机翼或机翼吊舱上探测器的位置时应考虑到这些因素（Soderman 等，1991）。目前有很多研究均涉及特定飞机的详细气流模型。可以用简化的几何图形或商业程序来研究机身或翼舱周围的气流影响，如在个人电脑上运行的 FLUENT（FLT）的程序可以得出气流的影响。

29.3.3 传感器壳对气流的影响

很多研究已经详细讨论了 PMS 公司的 FSSP、OAP 云探头和降水探头对气流产生的影响（MacPherson，1985；King，1986b；MacPherson，Baumgardner，1988）。人们已经对 FSSP 套筒、它的支撑臂以 FSSP 机舱本身附近的气流进行了详细的数字模拟（Norment，1988），结果显示，该仪器对 $d_p > 20\mu m$ 的粒子计数会少 10%（Norment，1988）。人们发现，畸变是由飞机和传感器壳共同作用引起的，因此不能单独考虑。

29.3.4 非等速采样

当气流进入采样口的速度不同于采样口上游的气流流量时，进入采样口粒子的混合比与环境空气中的混合比是不同的，这就是非等速采样（第 6 章）。对于薄壁管道，非等速采样的偏差主要取决于粒子的斯托克斯数、速率，以及自由流和采样口轴线之间的角度。Rader

和 Marple（1988）计算了使用有限厚度的管壁的非等速采样的变化，结果显示在某些流量比率下一些代表性采样是可行的。研究者已经对这种偏差的修正进行了研究。这种修正需要了解自由气流流量、采样口气流以及被修正粒子的粒径和密度。本章所讨论的大量采样口是非等速的，如逆流式虚拟冲击器。采样口气流流量的减慢将用护罩，套管和反向气流可减少进样口外侧的气流流速，使流线向采样口上游弯曲，从而增加大粒子的混合率。

29.3.5　采样口与自由气流偏离

采样口偏离引起流线在采样口入口前发生弯曲并可能改变采样效率（第 6 章）。采样口与自由气流有较小的偏离角度，将导致尖锐采样口顶端产生粒子与气流的分离和紊流。紊流可导致颗粒物在尖端附着沉积，椭圆边缘的采样口可以避免采样口与气流之间的角度改变过程中紊流的产生（Soderman 等，1991）。而钝的边缘会加大气流的接触面，粒子因此会撞击采样口并出现损失（Weber 等，1998）。大量研究者设计并测试了封闭式采样口（shrouded inlet）以使气流与采样口对准。在气流碰撞到采样口前，罩管（shroud）将气流方向变直。合适的罩管必须充分考虑到粒子的惯性，因此对于给定的罩管，只有小于上限粒径的粒子的轨迹可变为直线（Twohy，1998）。

了解采样地点精确的风向是很困难的。数字模型、风洞试验和航测可用于检测在特定采样口的气流。迎角和飞机偏航状况会随飞行情况不同而有所变化。在飞机特定位置安装如空气数据探头（Air Data Probe，ADP，AVR）等仪器探头可以探测风矢量。此类的检测可使风向校准采样口与风向保持在一条直线上，并可评估飞行过程中采样口与风向对齐状况的变化情况。Brenguier 等描述了一种可以自身校准与气流保持直线的采样口（2008）。

29.3.6　采样口处的紊流附着沉积

一些采样口通过使用扩散通道（diffuser）来降低气流速度。不考虑气流的膨胀角以及扩散通道与气流的准直气溶胶进样口产生紊流时，如果扩散通道的面积比足够大，它会重新分配气流中的粒子，并在扩散通道的内壁将粒子沉降下来。壁上沉降会损失 50%的粒子质量，这种效应与粒径有关，超微米级粒子的损失高于亚微米级粒子的损失（Huebert 等，1990；Sheridan 和 Norton，1998）。

现阶段，进样口紊流附着沉积量是不可预测的，主要原因在于，尽管运输管中的颗粒附着沉积有时是可预测的，但进样口处紊流转化过程以及引发的颗粒物质点运动的变化不可预测。因此，采样口紊流沉积结果的计算通常需要实验的支持。

流体和粒子运动理论通常被用于层流内没有任何基础限制的粒子路径的计算。在解释惯性采样器的工作原理（第 8 章）、输送损失和非等速采样（第 7 章）、TSI 空气动力学分级采样器性能（第 14 章），以及低紊流采样口的性能等方面（LTI；Huebert 等，2004；Wilson 等，2004），层流计算是适用的。

29.3.7　输送损失

根据仪器在飞机内的布置或工程设计和安全问题，从采样口输送气溶胶样品至仪器的管道，可能会是长的、弯曲的，并且包含分流器。惯性、重力、紊流和扩散损失会导致未知的传输效率和测量的不准确性。输送过程中粒子损失的评估可使用第 6 章中介绍的方法计算。这些评估会被用于优化仪器位置和设计气溶胶传输管路的设计。对于较大粒子，其水平方向的沉降和弯道内的惯性损失之间总会有一个平衡。对于较小粒子，人们更关注其扩散损失。有时增加一个空气泵来增加气流量是有必要的。可结合进气压力、温度、粒子尺寸和密度、平均空气流量和管道几何形状，并运用适当的计算方法，计算得出每个管道部分和机械部件的气溶胶机械损失。

Gupta 和 McFarland（2001）制造并表征了不同设计类型的分流器，并开发了参数化方案，用斯托克斯数和分叉角度来描述粒子穿透性质。使用这些参数，可以设计出穿透率接近1的分流器。

对第6章经验公式中没有描述的几何尺寸，计算流体力学（Computational Fluid Dynamics，CFD）分析可用于计算层流中的惯性。然而，为精确预测管路中紊流状态下粒子的沉积速度，必须对描述粒子运动的标准模型（雷诺平均纳维-斯托克斯，Reynolds-averaged Navier-Stokes，RANS）进行修正冲击损失和重力损失（Tian 和 Ahmadi，2007），但现阶段还不清楚如何精确计算对于任意几何形状粒子在 CFD 流中的紊流沉积速度。

29.3.8 采样口性能和意外的检验

研究人员制定了很多方案来验证采样口性能：风洞试验、飞机内外仪器比较、与 LIDAR 和卫星监测的对比、飞机间的比较以及空中和地面监测的比较等（Dibb 等，2003；Glantz 等，2003；Twohy 等，2003；Huebert 等，2004；Moore 等，2004；McNaughton 等，2007）。由于每个采样口装置都不一致，需要设计一个校验程序来确保气溶胶采样的完整性过程。

研究人员还记录了云层内部及其附近的有趣的结果。冰粒子会减少采样口物质并传输到仪器中（Murphy 等，2004），所以云附近的测量常会导致不准确的结果（Weber 等，1998）。

29.4 采样口小结

采样口1、2、3、4和17（表29-1）使用了扩散通道使流量减慢，采样口2、3、4和17有钝的边缘，以上这些设计都有助于等速采样的实现。采样口1在飞机马赫数为0.4～0.8时，不用泵或流量控制系统条件下，可以对粒子进行近似等速采样。主扩散通道中心线附近的管子抽吸粒子并将粒子送入仪器，后一个扩散通道使采样速度降低到10m/s以下。需要测量主扩散通道和样品提取扩散通道所有的流量并进行修正来实现等速采样。采样口1的扩散通道中产生紊流，尽管如此，与 LIDAR 和 SAGE Ⅱ卫星消光相比，它能对亚毫米级粒子进行更准确的采样，即使数浓度分布中粒径为0.7μm以上的粒子占大多数。采样口3可以采集到亚微米级粒子的代表性样品，大约可采集到50%的3μm粒子。

表 29-1 采样口特征级参考

编号	分类	性能	速度、高度	参考
1	锐角扩散通道	近等速、被动采样	200m/s 20km	Jonsson 等，1995
2	钝角扩散通道	近等速、减速	60m/s 3.5km	Pena 等，1997
3	钝角扩散通道	倾向等速	235m/s 12km	Hermann 等，2001
4	钝角扩散通道	双扩散通道、近等速、管长2m	50m/s	Hegg 等，2005

续表

编号	分类	性能	速度、高度	参考
5	闭式扩散通道	非等速、迎角可变	15m/s	McFarland 等，1989
6	闭式扩散通道	非等速、迎角可变	100m/s 6.1km	Ram 等，1995；Cain 和 Ram，1998；Cain 等，1998
7	闭式扩散通道	近等速、NASA DC-8 三采样口	180m/s 海平面高度	McNaughton 等，2007
8	逆流虚拟冲击式采样器(CVI)	可去除大粒子	100m/s	Noone 等，1998；Laucks 和 Twohy，1998；Chen 等，2005
9	闭式 CVI	闭式气流、速度不减慢	250m/s	Twohy，1998；Twohy 等，2003
10	闭式毛细管	闭式气流、高速采样	200m/s 20km	Murphy 和 Schein，1998
11	一体双管	等速采样	200m/s 20km	Soderman 等，1991
12	边界层吸收扩散通道	低紊流、等速采样、椭圆边缘	100m/s 6km	Huebert 等，2004；Wilson 等，2004
13	惯性离析器	大粒子不随气流弯曲	200m/s 20km	Fahey 等，1989
14	气体/粒子分离采样口	既可作为 CVI 又可作为惯性分级器	200m/s 20km	Dhaniyala 等，2000
15	超声速采样口	固体壁扩散通道		Martone 等，1980；Ivie 等，1990
16	低速等速直管	钝尾机构研究	快 高	Kramer 和 Afchine，2004；Eddy 等，2006
17	等速双扩散通道	外部气流自动校准	在 ATR-42 上	Brenguier 等，2008

采样口 5 和 6 采用套管扩散通道，图 29-2 为采样口 5 的示意图，采样口 6 与 5 相似。套管后部的气流受到限制，而且扩散通道入口处气流冲击速度也远远小于自由气流的速度。采样口被设计成非等速的。采样口 5 的风洞研究表明，对于风速小于 15m/s、粒径 10μm 的粒子，其输送率为 0.93～1.11。采样口 6 的风洞实验表明，其套管的功能是使气流变直。研究者们最初提议采样后清洗采样口，以重新获得因紊流而沉积在扩散通道壁上的粒子。

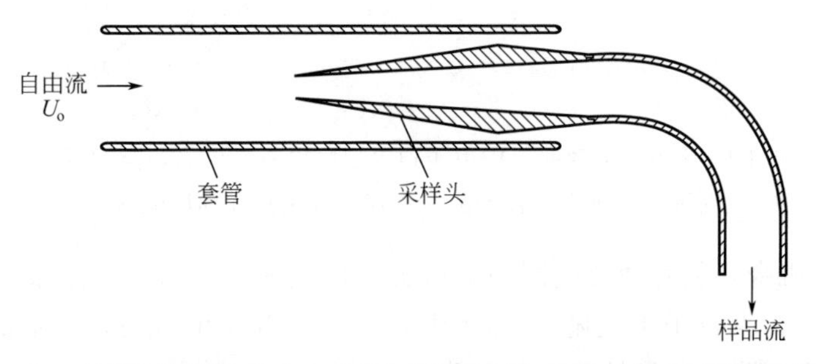

图 29-2　采样口 4 为一个套管的扩散入口，用泵将样品流压入飞机，由于采样头的限制，通过套管的气流变慢，进入采样头的速度小于自由流的速度
(引自 McFarland 等，1989)

逆流虚拟冲击式采样器（CVI），采样口 8 和 9 可以从气流中分离出大粒子并将其沉积在已知成分的气流中。气体被动通过位于采样头前方的多孔材料，并向后回流至采样仪器

(图 29-3)。逆流空气和自由流形成一个停滞区，惯性足够大的粒子可以通过该区域，并沉积在逆流气体中被带入采样仪器。风洞实验表明，通过控制进入和流出采样头顶端的流量，可以使 CVI 的切割直径达到 9～30μm。常采用风洞实验和数学推导来设计 CVI 套管以减弱迎角变化的影响。

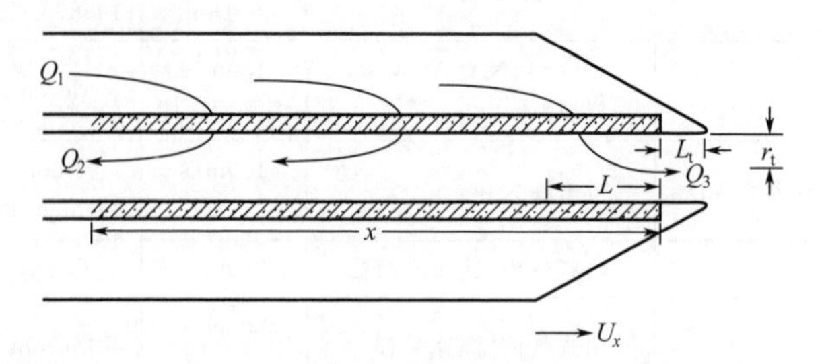

图 29-3 逆流虚拟冲击式采样器（CVI)。采样头以速度 U_x 在空气中移动。气流 Q_1 为通过长度为 x 的多孔部分的过滤空气。Q_3 为最终出去的气流。惯性足够大的粒子可以穿过 L_1+L，随气流 Q_2 进入仪器

(经由美国国家气溶胶研究中心 C. Twohy 的允许)

采样口 11 采用两层输送管。采样气流从 200m/s 下降到 20m/s，在内管产生层流。采样口放置在吊舱（wing pot）上。主要管道具有环形边缘，并面向气流的进入方向以防止气流分离。人们尚未研究非等速气流对粒子采样的影响。

采样口 12 通过多孔壁将扩散通道产生的紊流减少到可忽略的程度（图 29-4)。速度的下降系数达到 20 以上，椭圆边缘可以减少迎角变化的影响。大粒子在进入采样口后部的层流中得到增强，增强的幅度取决于层流和粒子轨迹的计算值（图 29-5)。测量结果必须根据粒子尺寸的惯性增加进行修正。飞行试验表明，此采样口有保持层流、等速采样和验证增加的能力（Huebert 等，2004)。

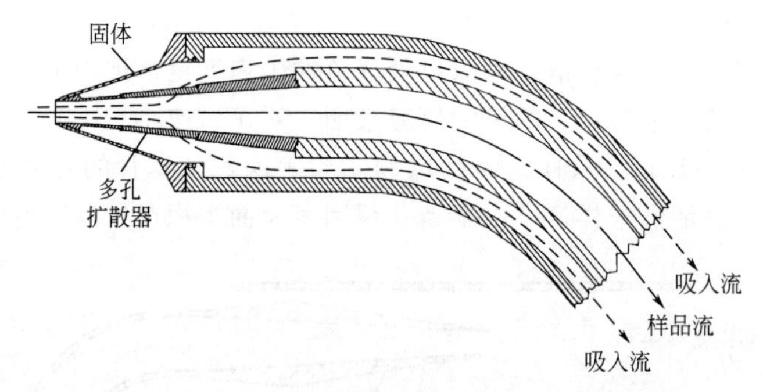

图 29-4 采样口 12 减弱了扩散通道中由于边界层吸引而产生的紊流，泵将采样流和吸入流带入飞机中，控制流量以保持等速采样和层流状态

采样口 13 的机身安装有两层椭圆的类似美式橄榄球的套管。到达采样口的气流在套管后部形成弯曲气流，大粒子不能随气流运动。在 100mbar 和 200m/s 的条件下，大于 5μm 的粒子将从样品中去除，这将排除大部分降水粒子以及两极平流层共型的云粒子。

采样口 14 的设计是为了采集挥发性和半挥发性气溶胶。采样口使用 CFD 计算和可移动组件设计，以便能够在飞机内构造中方便移动。在第一个构造中，采样口应用粒子惯性采集大于一定尺寸的粒子进入惰性气体；在第二个构造中，使用粒子惯性来阻止大于一定尺寸的粒子进入采样器。

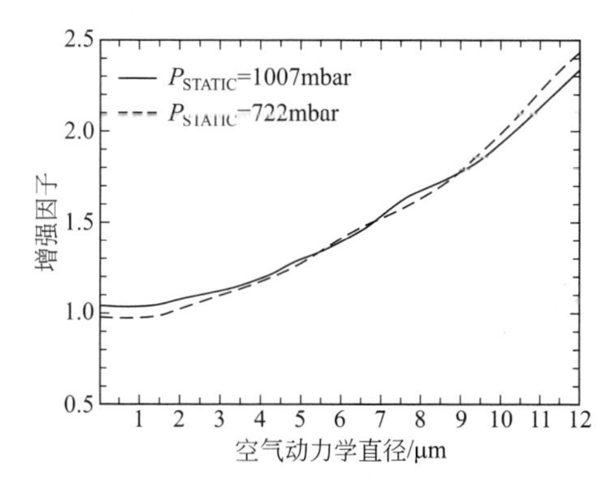

图 29-5 采样口 12 中，层流和粒子轨迹的计算值，显示大粒子的增强。此图表明：在这种情况下，27%的流量作为采样流，剩下的是吸入流。样品包含进入采样口的全部 11μm 粒子。因此对 11μm 粒子，增强因子是 3.7。亚微米粒子有代表性采样

29.5 结论

当准备飞机上搭载的实验设备时，研究人员应确认仪器在飞行环境中的性能。设计飞机上采样器的采样口时要考虑飞机提升对采样口上游气流的影响、采样口自身的影响以及从采样口到仪器之间的输送系统的影响。操纵气流和预测层流内粒子运动情况的能力，将可使采样器性能在某些方面得以提升。虽然有几种采样口设计可以采集代表性的亚微米级粒子，但目前超微米级粒子和高速粒子的采集在工程进展研究中仍较困难。

29.6 参考文献

Bahreini, R. E. J. Dunlea, B. M. Matthew, C. Simons, K. S. Docherty, P. F. DeCarlo, J. L. Jimenez, C. A. Brock, and M. A. Middlebrook. 2008. Design and operation of a pressure-controlled inlet for airborne sampling with an aerodynamic aerosol lens. *Aerosol Sci. Technol.* 42:465–471.

Baumgardner, D. 1984. The effects of airflow distortion on aircraft measurement: A workshop summary. *Bull. Am. Meteor. Soc.* 65:1212–1213.

Beard, K. V. 1983. Reorientation of hydrometeors in aircraft accelerated flow. *J. Clim. Appl. Meteor.* 22:1961–1963.

Brechtel, F. 2008. Miniaturized total aerosol counter, optical sizer, absorption photometer and composition instruments for deployment on unmanned aerial systems. Department of Energy Atmospheric Radiation Program 2008 Instrumentation Workshop. http://www.arm.gov/sites/aaf/workshop2008/

Brenguier, J.-L., L. Gomes, T. Bourrianne, R. Caillou, A. Gribkoff, P. Nacass, P. Laj, P. Villani, and D. Piccard. 2008. Community aerosol inlet. Department of Energy Atmospheric Radiation Program 2008 Instrumentation Workshop. http://www.arm.gov/sites/aaf/workshop2008/

Brock, C. A. F. Schröder, A. Petzold, R. Busen, M. Fiebig, and B. Kärcher. 2000. Ultrafine particle size distributions measured in aircraft exhaust plumes. *J. Geophys. Res.* 105:26555–26567.

Cai, Y., D. C. Montague, W. Mooiweer-Bryan, and T. Deshler. 2008. Performance characteristics of the ultra high sensitivity aerosol spectrometer for particles between 55 and 800 nm: Laboratory and field studies. *J. Aerosol Sci.* 39:759–769.

Cain, S. A., and M. Ram. 1998. Numerical simulation studies the turbulent airflow through a shrouded airborne aerosol sampling probe and estimation of the minimum sampler transmission efficiency. *J. Aerosol Sci.* 29:1145–1156.

Cain, S. A., M. Ram, and S. Woodward. 1998. Qualitative and quantitative wind tunnel measurements of the airflow through a shrouded airborne aerosol sampling probe. *J. Aerosol Sci.* 29:1157–1169.

CCSP 2009: *Atmospheric Aerosol Properties and Climate Impacts*, A Report by the U.S. Climate Change Science Program and the Subcommittee on Global Change Research, Mian Chin, Ralph A., Kahn, and Stephen E. Schwartz (eds.). National Aeronautics and Space Administration, Washington, DC, 128 pp.

Cerni, T. A. 1983. Determination of the size and concentration of cloud drops with an FSSP. *J. Appl. Meteor.* 22:1346–1355.

Chen, J.-H., W. C. Conant, T. A. Rissman, R. C. Flagan, and J. H. Seinfeld. 2005. Effect of angle of attack on the performance of an airborne counterflow virtual impactor. *Aerosol Sci. Technol.* 39:485–491.

Chuang, P. Y., E. W. Saw, J. D. Small, R. A. Shaw, C. M. Sipperley, G. A. Payne, and W. D. Bachalo. 2008. Airborne phase Doppler interferometry for cloud microphysical measurements. *Aerosol Sci. Technol.* 42:685–703.

Dhaniyala, S., R. C. Flagan, K. A. McKinney, and P. O. Wennberg. 2003. Novel aerosol/gas inlet for aircraft-based measurements.

Aerosol Sci. Technol. 37:828–840.

Dibb, J. E., R. W. Talbot, G. Seid, C. Jordan, E. Scheuer, E. Atlas, N. J. Blake, and D. R. Blake. 2003. Airborne sampling of aerosol particles: Comparison between surface sampling at Christmas Island and P-3 sampling during PEM-Tropics B. *J. Geophys. Res.* 107:p8230, doi:10.1029/2001JD000408.

Drummond, A. M. 1984. Aircraft flow effects on cloud droplet images and concentrations. Aeronautical Note NAE-AN-21 (NRC No. 23508), National Research Council Canada, 30 pp.

Drummond, A. M., and J. E. MacPherson. 1984. Theoretical and measured airflow about the Twin Otter wing. Aeronautical Note NAE-AN-19 (NRC No. 33184), National Research Council Canada, 33 pp.

Drummond, A. M., and J. E. MacPherson. 1985. Aircraft flow effects on cloud drop images and concentrations measured by the NAE Twin Otter. *J. Atmos. Oceanic Technol.* 2:633–643.

Dye, J. E., and D. Baumgardner. 1984. Evaluation of the forward scattering spectrometer probe. Part I: Electronic and optical studies. *J. Atmos. Oceanic Technol.* 1:329–344.

Eddy, P. R., A. Natarajan, and S. Dhaniyala. 2006. Subisokinetic sampling characteristics of high speed aircraft inlets: A new CFD-based correlation considering inlet geometries. *J. Aerosol Sci.* 37:1853–1870.

Fahey, D. W., K. K. Kelly, G. V. Ferry, L. R. Poole, J. C. Wilson, D. M. Murphy, M. Loewenstein, and K. R. Chan. 1989. In situ measurements of total reactive nitrogen, total water and aerosol in a polar stratospheric cloud in the Antarctic. *J. Geophys. Res.* 94:11299–11315.

Fehsenfeld, F., D. Hastie, J. Chow, and P. Solomon. 2004. Particle and gas measurements. In *Particulate Matter Science for Policy Makers*, eds. P. McMurry, M. Shepherd, and J. Vickery. Cambridge University Press, Cambridge, UK, pp. 159–190.

Gandrud, B., and G. Kok. 2008. Emerging technology for measuring atmospheric aerosol properties. Department of Energy Atmospheric Radiation Program 2008 Instrumentation Workshop. http://www.arm.gov/sites/aaf/workshop2008/

Glantz, P., K. J. Noone, and S. R. Osborne. 2003. Comparisons of airborne CVI and FSSP measurements of cloud droplet number concentrations in marine stratocumulus clouds. *J. Ocean. Atmos. Technol.* 20:133–142.

Gupta, R., and A. R. McFarland. 2001. Experimental study of aerosol deposition in flow splitters with turbulent flow. *Aerosol Sci. Technol.* 34: 216–226.

Hamill, P., C. Brogniez, L. Thomason, and T. Deshler. 2006. Instrument descriptions. In *Assessment of Stratospheric Aerosol Properties*, eds. L. Thomason and Th. Peter, World Climate Research Programme – 124 (WMO/TD-1295).

Hegg, D., D. Covert, H. Jonsson, and P. Covert. 2005. Determination of the transmission efficiency of an aircraft aerosol inlet. *Aerosol Sci. Technol.* 39:966–971.

Heintzenberg, J., and J. A. Ogren. 1985. On the operation of the TSI-3020 condensation nuclei counter at altitudes up to 10 km. *Atmos. Environ.* 19:1385–1387.

Hermann, M., F. Stratmann, M. Wilck, and A. Wiedensohler. 2001. Sampling characteristics of an aircraft-borne aerosol inlet system. *J. Atmos. Oceanic. Technol.* 18:7–19.

Huebert, B. J., G. L. Lee, and W. L. Warren. 1990. Airborne aerosol inlet passing efficiency measurement. *J. Geophys. Res.* 95:16369–16381.

Huebert, B. J., S. G. Howell, D. Covert, T. Bertram, A. Clarke, J. R. Anderson, B. G. Lafleur, W. R. Seebaugh, J. C. Wilson, D. Gesler, B. Blomquist, and J. Fox. 2004. PELTI: Measuring the passing efficiency of an airborne low turbulence aerosol inlet. *Aerosol Sci. Technol.* 38:803–826.

Ivie, J. J., L. J. Forney, and R. L. Roach. 1990. Supersonic particle probes: Measurement of internal wall losses. *Aerosol Sci. Tech.* 13:368–385.

Jayne, J. T., D. C. Leard, X. Zhang, P. Davidovits, K. A. Smith, C. E. Kolb, and D. W. Worsnop. 2000. Development of an aerosol mass spectrometer for size and composition analysis of submicron particles. *Aerosol Sci. Technol.* 33:49–70.

Jonsson, H. H., J. C. Wilson, C. A. Brock, R. G. Knollenberg, R. Newton, J. E. Dye, D. Baumgardner, S. Borrmann, G. V. Ferry, R. Pueschel, D. C. Woods, and M. C. Pitts. 1995. Performance of a focused cavity aerosol spectrometer for measurements in the stratosphere of particle size in the 0.06–2.0 μm diameter range. *J. Ocean. Atmos. Technol.* 12:115–129.

King, W. D. 1984. Airflow and particle trajectories around aircraft fuselages. I: Theory. *J. Atmos. Ocean. Technol.* 1:5–13.

King, W. D. 1986a. Airflow and particle trajectories around aircraft fuselages. IV: Orientation of ice crystals. *J. Atmos. Ocean. Technol.* 3:439.

King, W. D 1986b. Airflow around PMS canisters. *J. Atmos. Oceanic Technol.* 3:197–198.

Knollenberg, R. G. 1981. Techniques for probing cloud microstructure. In *Clouds, Their Formation, Optical Properties, and Effects*, ed. P. V. Hobbs and A. Deepak. New York: Academic, pp. 15–91.

Kramer, M., and A. Afchine. 2004. Sampling characteristics of inlets operated at low U = Uo ratios: new insights from computational fluid dynamics (CFX) modeling. *J. Aerosol Sci.* 35:683–694.

Korolev, A., and G. A. Isaac. 2005. Shattering during sampling by OAPs and HVPS. Part I: Snow particles. *J. Ocean. Atmos. Technol.* 22:528–542.

Korolev, A. V., J. W. Strapp, and G. A. Isaac. 1998. Evaluation of the accuracy of PMS optical array probes. *J. Ocean. Atmos. Technol.* 15:708–720.

Kulkarni, P., and Wang, J. 2006a. New fast integrated mobility spectrometer for real-time measurement of aerosol size distribution—I: Concept and theory. *J. Aerosol Sci.* 37:1303–1325.

Kulkarni, P., and Wang, J. 2006b. New fast integrated mobility spectrometer for real-time measurement of aerosol size distribution—II: Design, calibration, and performance characterization. *J. Aerosol Sci.* 37:1326–1339.

Laucks, M. L., and C. H. Twohy. 1998. Size dependent collection efficiency of an airborne counterflow virtual impactor. *Aerosol Sci. Technol.* 28:40–61.

Liu, P. S. K., W. R. Leaitch, J. W. Strapp, and M. A. Wasey. 1992. Response of particle measuring systems airborne ASASP and PCASP to NaCl and Latex particles. *Aerosol Sci. Technol.* 16:83–96.

Liu, P., P. L. Ziemann, D. B. Kittelson, and P. H. McMurry. 1995. Generating particle beams of controlled dimensions and divergence: I. Theory of particle motion in aerodynamic lenses and nozzle expansion. *Aerosol Sci. Technol.* 22:293–313.

MacPherson, J. I. 1985. Wind tunnel calibration of a PMS canister instrumented for airflow measurement. Aeronautical Note NAE-AN-32 (NRC No. 24922), National Research Council Canada.

MacPherson, J. E., and D. Baumgardner. 1988. Airflow about King Air wingtip-mounted cloud particle measurement probes. *J. Atmos. Oceanic Technol.* 5:259–273.

Martone, J. A., P. S. Daley, and R. W. Boubel. 1980. Sampling submicrometer particles suspended in near sonic and supersonic free jets. *J. Air Poll. Control Assoc.* 30:898–903.

McFarland, A. R., C. A. Ortiz, M. E. Moore, R. E. DeOtte, Jr., and S. Somasundaram. 1989. A shrouded aerosol sampling probe. *Environ. Sci. Technol.* 23:1487–1492.

McNaughton, C. S., A. D. Clarke, S. G. Howell, M. Pinkerton,

B. Anderson, L., Thornhill, C., Hudgins, E., Winstead, J. E., Dibb, E. Scheuer, and H. Maring. 2007. Results from the DC-8 inlet characterization experiment (DICE): Airborne versus surface sampling of mineral dust and sea salt aerosols. *Aerosol Sci. Technol.* 41:136–159.

Moore, K. G., A. D. Clarke, V. N. Kapustin, C. McNaughton, B. E. Anderson, E. L. Winstead, R. Weber, Y. Ma, Y. N. Lee, R. Talbot, J. Dibb, T. Anderson, S. Doherty, D. Covert, and D. Rogers. 2004. A comparison of similar aerosol measurements made on the NASA P3-B, DC-8, and NSFC-130 aircraft during TRACE-P and ACE-Asia. *J. Geophys. Res.* 109(D15):S15. doi:10.1029/2003JD003543.

Murphy, D. M., and M. E. Schein. 1998. Wind tunnel tests of a shrouded aircraft inlet. *Aerosol Sci. Technol.* 28:33–39.

Murphy, D. M., D. J. Cziczo, P. K. Hudson, D. S. Thomson, J. C. Wilson, T. Kojima, and P. R. Buseck. 2004. Particle generation and resuspension in aircraft inlets when flying in clouds. *Aerosol Sci. Technol.* 38:400–408.

Murphy, D. M., D. S. Thomson, and M. J. Mahoney. 1998. In situ measurements of organics, meteoritic material, mercury and other elements in aerosols at 5 to 19 kilometers. *Science* 282:1664–1669.

NASA. 2010. www.espo.nasa.gov/aircraft.php, accessed on June 2010.

Noone, K. J., and H.-C. Hansson. 1990. Calibration of the TSI 3760 condensation nucleus counter for nonstandard operating conditions. *Aerosol Sci. Technol.* 13:478–485.

Noone, K. J., R. J. Charlson, D. S. Covert, J. A. Ogren, and J. Heintzenberg. 1988. Design and calibration of a counterflow, virtual impactor for sampling of atmospheric fog and cloud droplets. *Aerosol. Sci. Technol.* 8:235–244.

Norment, H. G. 1988. Three-dimensional trajectory analysis of two drop sizing instruments: PMS OAP and PMS FSSP. *J. Atmos. Ocean. Technol.* 5:743–756.

Orsini, D. A., Y. L. Ma, A. Sullivan, B. Sierau, K. Baumann, and R. J. Weber 2003. Refinements to the particle-into-liquid sampler (PILS) for ground and airborne measurements of water soluble aerosol composition. *Atmos. Environ.* 37:1247–1259.

Pena, J. A., J. M. Norman, and D. W. Thomson. 1977. Isokinetic sampler for continuous airborne aerosol measurements. *J. Air Poll. Control Assoc.* 27:337–341.

Pinnick, R. G., D. M. Garvey, and L. D. Duncan. 1981. Calibration of Knollenberg FSSP light-scattering counters for measurements of cloud droplets. *J. Appl. Meteorol.* 20:1049–1057.

Porter, J. N., A. D. Clarke, G. Ferry, and R. F. Pueschel. 1992. Studies of size dependent aerosol sampling through inlets. *J. Geophys. Res.* 97:3815–3824.

Rader, D. J., and V. A. Marple. 1988. A study of the effects of anisokinetic sampling. *Aerosol. Sci. Technol.* 8:293–299.

Ram, M., S. A. Cain, and D. B. Taulbee. 1995. Design of a shrouded probe for airborne aerosol sampling in a high velocity air stream. *J. Aerosol Sci.* 26:945–962.

Ramanathan, V., M. V. Ramana, G. Roberts, D. Kim, C. E. Corrigan, C.E. Chung, and D. Winker. 2007. Warming trends in Asia amplified by brown cloud solar absorption. *Nature*, 448:575–578. doi:10.1038/nature06019.

Reagan, J. A., J. D. Spinhirne, D. M. Byrne, D. W. Thomson, R. G. de Pena, and Y. Mamane. 1977. Atmospheric particulate properties inferred from lidar and solar radiometer observations compared with simultaneous in situ aircraft measurements: A case study. *J. Appl. Meteorol.* 16:911–928.

Romay, F. J., D. Y. H. Pui, T. J. Smith, N. D. Ngo, and J. H. Vincent. 1996. Corona discharge effects on aerosol sampling efficiency. *Atmos. Environ.* 30:2607–2613.

Rosen, J. M., and D. J. Hoffmann. 1981. Stratospheric aerosols and condensation nuclei enhancements following the eruption of Alaid in April 1981. *Geophys. Res. Lett.* 8:1231–1235.

Russell, L. M., M. R. Stolzenburg, S. H. Zhand, R. Caldow, R. C. Flagan, and J. H. Seinfeld. 1996. Radially classified aerosol detector for aircraft-based submicron aerosol measurements. *J. Atmos. Ocean. Technol.* 13:568.

Sanford, T. J., D. M. Murphy, D. S. Thomson, and R. W. Fox. 2008. Albedo measurements and optical sizing of single aerosol particles. *Aerosol Sci. Technol.* 42:958–969.

Schwarz, J. P., R. S. Gao, D. W. Fahey, D. S. Thomson, L. A. Watts, J. C. Wilson, J. M. Reeves, D. G. Baumgardner, G. L. Kok, S. H. Chung, M. Schulz, J. Hendricks, A. Lauer, B. Kärcher, J. G. Slowik, K. H. Rosenlof, T. L. Thompson, A. O. Langford, M. Loewenstein, and K. C. Aikin. 2006. Single-particle measurements of midlatitude black carbon and light-scattering aerosols from the boundary layer to the lower stratosphere. *J. Geophys. Res.* 111(D16): 207. doi:10.1029/2006JD007076.

Sheridan, P. J., and R. B. Norton. 1998. Determination of the passing efficiency for aerosol chemical species through a typical aircraft-mounted, diffuser-type aerosol inlet system. *J. Geophys. Res.* 103:8215–8225.

Soderman, P. T., N. L. Hazan, and W. H. Brune. 1991. Aerodynamic design of gas and aerosol samplers for aircraft. NASA Technical Memorandum 103854. National Aeronautics and Space Administration, Ames Research Center, Moffatt Field, CA.

Strapp, W. J., W. R. Leaitch, and P. S. K. Liu. 1992. Hydrated and dried aerosol-size-distribution measurements from the particle measuring systems FSSP-300 probe and deiced PCASP-100x probe. *J. Atmos. Ocean. Tech.* 9:548–555.

Tian, L., and G. Ahmadi. 2007. Particle deposition in turbulent duct flows—Comparisons of different model predictions. *J. Aerosol Sci.* 38:377–397.

Torgeson, W. L., and S. C. Stern. 1966. An aircraft impactor for determining the size distributions of tropospheric aerosols. *J. Appl. Meteorol.* 5:205–210.

Twohy, C. H. 1998. Model calculations and wind tunnel testing of an isokinetic shroud for high-speed sampling. *Aerosol Sci. Technol.* 29:261–280.

Twohy, C. H., and D. Rogers. 1993. Airflow and water-drop trajectories at instrument sampling points around the Beechcraft King Air and Lockheed Electra. *J. Atmos. Ocean. Technol.* 10:566–578.

Twohy, C. H., J. W. Strapp, and M. Wendisch. 2003. Performance of a counterflow virtual impactor in the NASA icing research tunnel. *J. Ocean. Atmos. Technol.* 20:781–790.

USDOE. 2008. Atmospheric Radiation Program 2008 Instrumentation Workshop. http://www.arm.gov/sites/aaf/workshop2008/

Wang, J. 2008. A fast integrated mobility spectrometer (FIMS) for rapid measurement of aerosol size distributions, Department of Energy Atmospheric Radiation Program 2008 Instrumentation Workshop. http://www.arm.gov/sites/aaf/workshop2008/

Weber, R. J., A. D. Clarke, M. Litchy, J. Li, G. Kok, R. D. Schillawski, and P. H. McMurry. 1998. Spurious aerosol measurements when sampling from aircraft in the vicinity of clouds. *J. Geophys. Res.* 103:28337–28346.

Wilson, J. C., J. H. Hyun, and E. D. Blackshear. 1983. The function and response of an improved stratospheric condensation nucleus counter. *J. Geophys. Res.* 88:6781–6785.

Wilson, J. C., B. Lafleur, H. Hilbert, W. Seebaugh, J. Fox, D. Gesler, C. Brock, B. Huebert, and J. Mullen. 2004. Function and performance of a low turbulence inlet for sampling supermicron particles from aircraft platforms. *Aerosol Sci. Technol.* 38:8790–8802.

30 气溶胶的卫星测量技术

Rudolf B. Hudar
圣路易斯，华盛顿大学，能源、环境与化学工程系，密苏里州，圣路易斯市，美国

30.1 引言

地球轨道卫星上的辐射传感器为观测气溶胶提供了一种方法，其观测分辨率为数千米，可以覆盖全球大部分地区，是一种实时的观测。太阳辐射的气溶胶后向散射可以使我们从主要的污染事件、沙尘暴、森林火灾及其他气溶胶事件中分辨气溶胶的类型。事实上，正如我们从空间观测到的那样，蓝色烟雾块和黄色尘羽是地球的主要特征。卫星气溶胶测量已经在地球科学、空气质量评估和一些灾害管理等方面显现出了巨大的潜力。全球尺度的气溶胶监测有助于促进我们理解气溶胶导致的气候影响。因此，我们希望卫星气溶胶观测和测量系统可以继续发挥它们的功能。

遗憾的是，随着 20 世纪 60 年代卫星时代的到来，定量测量气溶胶特性成为一种挑战。这不足为奇，因为基于卫星的测量处在很多复杂的气溶胶测量技术中。原则上，大气气溶胶很适合利用卫星遥感进行观测。太阳提供了一个稳定的光源，气溶胶散射覆盖整个太阳光谱，其辐射很容易被高分辨率的传感器监测到。定量气溶胶观测的困难包括：①气溶胶散射只是可察觉到的放射线 4 个成分中的 1 种［图 30-1(a)］，而从其他信号成分中分离出微弱的气溶胶信号容易出错；②通过气溶胶的后向散射角和固有的气溶胶特性建立的联系是模糊的；③开口向下的卫星传感器测量整个后向散射，而这种散射是整个空气柱的积分。

本章是卫星气溶胶探测和测量的简单概述。本章开始介绍了气溶胶卫星遥感的背景，接下来介绍卫星探测相关的气溶胶光学参数概要。本章的主要内容是卫星气溶胶探测的原理和挑战。下面的一节是卫星数据的传播，地球科学和空气质量管理说明性的应用实例。本章包括卫星气溶胶测量技术的发展和展望。更多的细节，读者可以参考关于大气气溶胶的优秀教科书（Seinfeld 和 Pandis，1998；Friedlander，2000），McMurry（2000）的《大气气溶胶测量的回顾》，Watson（2002）的《大气能见度测量和科学》。更多关于卫星气溶胶测量系统的细节参考 King 等（1999）的权威性文章、Hoff 和 Christopher（2009）近期的概括性回顾以及 Hidy 等（2009）的评论。

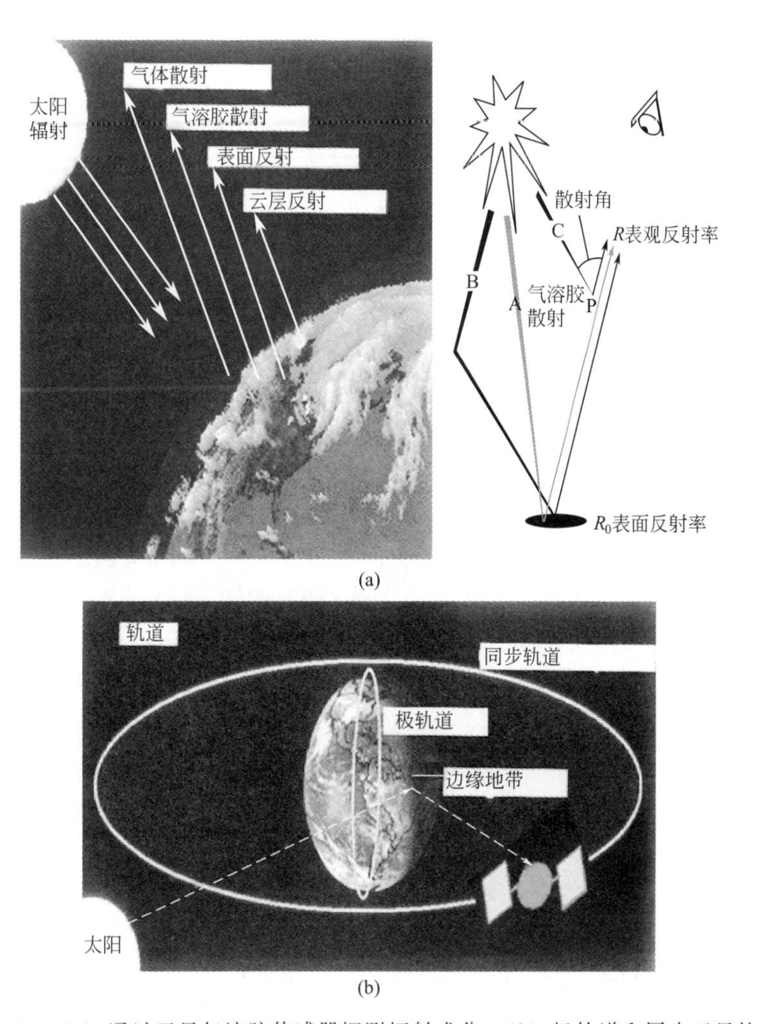

图 30-1 (a) 通过卫星气溶胶传感器探测辐射成分；(b) 极轨道和同步卫星轨道

30.2 卫星遥感背景

利用光学技术观测大气气溶胶特性有着悠久的历史。大量的大气光学数据促使研究者通过光学数据区探寻关于气溶胶特性的信息。喀拉喀托火山爆发以后，Kiessling（1884）得出结论，直径为 1～2μm 的火山尘在世界范围导致了惊人的光学现象。Wegener（1911）用一个简洁明了的推理推断出了大气烟雾颗粒的大小与可见光波段的波长相当这个结论。随着计算机的出现，通过光学特征，使用数值转化过程来推断气溶胶大小的分布情况，也就是说，光谱和成角的气溶胶散射测量。例如，基于光谱消光的转换数据，Penndorf（1957）得出结论，欧洲奇怪的蓝太阳和蓝月亮现象是由于加拿大森林火灾产生的 0.6～0.8μm 的尘造成的。近来，Dubovik 和 King（2000）提出了更为精密的转换方案，即通过 AERONET[1]（Holben 等，1998）太阳光度计的监测网的数据提取气溶胶分布的柱状数据。

卫星气溶胶探测技术始于 20 世纪 60 年代中期，并在防御气象卫星计划（DMSP）的遥感影像中观测到反常的灰色阴影。到 20 世纪 70 年代，这些灰色阴影被解释为美国中部的森

[1] 见本章 30.10 节列表。

林火灾尘（Parmenter，1971）、撒哈拉尘（Carlson 和 Prospero，1972）以及一些其他气溶胶事件。在大气污染方面的应用是 Randerson（1968）首先提出的。气溶胶定量探测工作始于 20 世纪 70 年代早期，以 Griggs（1975）的开创性工作为起点，他观测到卫星对深色水体辐射率与大气气溶胶柱状的气溶胶光学厚度（AOD）有一定的关系。接着，Fraser（1976）指出，辐射率与 AOD 的关系取决于气溶胶的类型，例如风蚀尘或者工业尘。Lyons 和 Husar（1976）阐述了如何利用同步卫星提高基于表面颗粒物空气污染测量的潜力。到 20 世纪 80 年代，更多卫星的开发提高了对气溶胶特征的认识。在另一篇有重大影响的论文中，Fraser 等（1984）基于卫星监测对美国东部硫酸盐测量设计了一套流程，包括该区域向外传输的气溶胶的估算方法。

地球表面和大气成分的遥感探测严重受气溶胶存在的干扰。因此，早期的工作多关注于设计气溶胶的纠正法则以消除错误的气溶胶信号。最早的全球尺度的定量气溶胶测量通过高分辨率辐射计对海洋表面温度读数进行校正（Stowe，1991），获取海洋多年全球气候气溶胶光学厚度（Husar 等，1997）产品。通过臭氧总量测绘分光仪（TOMS）传感器监测的臭氧柱状浓度探测也由于吸收气溶胶和后来从产生的全球陆地和海洋地区吸收的气溶胶分布图提取的气溶胶数据而产生误差（Herman 等，1997）。通过 SeaWiFS 对海洋的颜色和叶绿素探测同样通过气溶胶纠正法则得到了长足的发展（Gordon 和 Wang，1994）。到 20 世纪 90 年代，更多类型的传感器用于大气气溶胶的测量。在更多更窄的波长通道中，这些传感器利用了后向散射的太阳辐射、中分辨率成像光谱仪（MODIS；King 等，1992）、SeaWiFS（Gordon 和 Wang，1994）、后向散射辐射的偏振（POLDER；Deuze 等，2001）以及角度和光谱散射结合的多角度成像分光辐射度计（MISR；Diner 等，1998）。公平地讲，无论如何，没有一个传感器可以单独分辨复杂的、动态的、多维的大气气溶胶系统。更多关于近期气溶胶测量的阅读资料可参考 Hoff 和 Christoper（2009）的论文。

目前地球观测卫星是围绕地球运转的，同步的和极轨的分别代表了两种不同的气溶胶遥感和监测方法［图 30-1(b)］。每 30min 监测一次固定的同步景并获得数据，还可以监测动态的气候现象，例如，主要的沙尘云、烟羽以及全天区域性污染事件的发展进程。在获取数据几分钟后，可以通过网络有规律地发布同步气象卫星数据，该数据可用于预报和其他推断。极轨平台位于大约 100km 高程，每天观测一次地球，而且总是观测阳面。低的轨道使得极轨平台传感器具有高的空间分辨率和准确的几何位置，也使得传感器具有更精细的波长通道。大部分气溶胶和气候定量数据是通过极轨卫星载带的多个传感器获得的。

30.3 气溶胶物理和光学特性

本节回顾了与卫星遥感相关的大气气溶胶的主要特性。主要是气溶胶粒径分布的观测规律、光散射效率、角度散射类型和垂直分布。大气气溶胶的一个主要特性是“数据空间”的高维度。在任意时间和任意地点（x，y，z，t），气溶胶颗粒直径 d_p 在光学活动的附属区域跨越了至少两个数量级（0.1μm 和 10μm）。大气颗粒物也是由多种化学物质（C）组成。对于某种化学组分，假定每一粒径段的粒子中这种化学组分都有一个唯一的形状（S）。维面积（X）是混合气溶胶的自然属性，对气溶胶的光学特征有显著影响。在单颗粒物中，气溶胶物种有些在外部混合，有些在内部混合，但它们的辐射影响都是不可想象的，而且，内部混合的颗粒物的辐射光学效应更难以预测（White，1986）。气溶胶粒径和组成分布函数的正式处理方法可参考 Friedlander（1970）和 Mc Murry（2000）。

一个气溶胶体系的所有特性需要八个正交的维度（x，y，z，t，D，C，S，X）。卫星传感器具有高空间分辨率（x，y），但它们探测的垂直柱状的光学影响是由五个维度（z，D，C，S，X）整合的。众所周知，这种积分去卷积是一种错误的数学问题，因为这种数据不能得出唯一的解。换句话说，未知的气溶胶参数数量远远超过通过光学特性已知的数量。这种转换问题是由额外的不确定性造成，大气表层的气溶胶光学信号与表面反射产生的噪声、云的影响以及一个亚稳定的气溶胶体系相比是微弱的。

解决转换问题的一个策略是减少气溶胶系统的维度。该方法可通过观测大气气溶胶行为的规律以及将这些规律应用到卫星气溶胶测量中获得。与气溶胶光学探测有关的重要的微物理参数见图 30-2(a)。

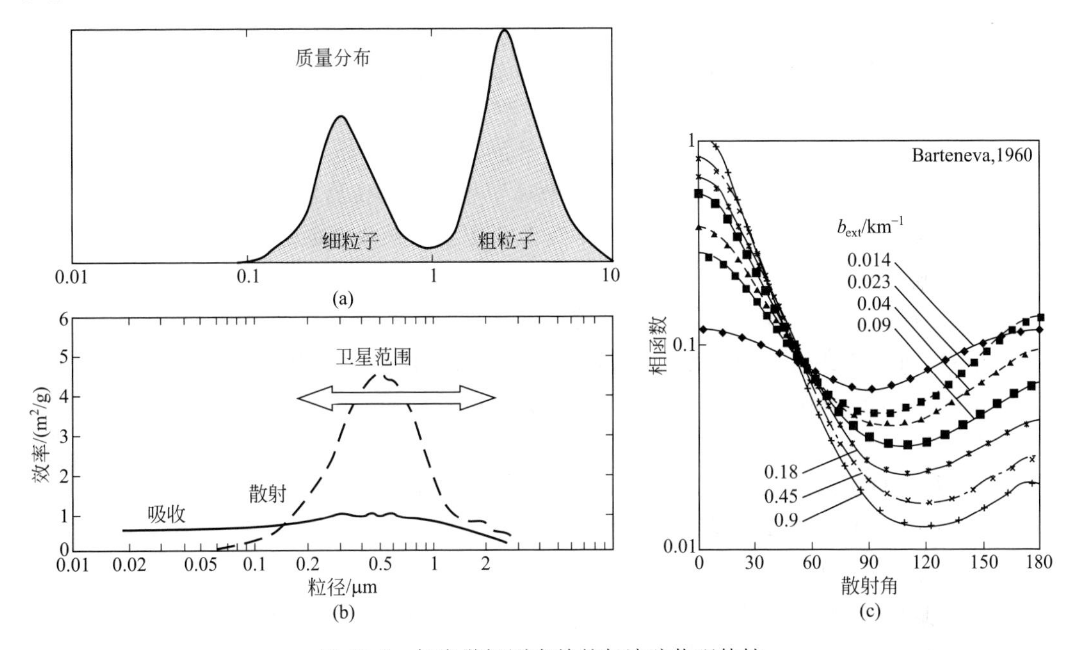

图 30-2 与光学探测有关的气溶胶物理特性

(a) 气溶胶粒径分布；(b) 单位体积气溶胶的光散射和吸收；(c) 随着消光系数函数变化的相函数变化情况

气溶胶的体积（质量）典型分布见图 30-2 (a)，细颗粒物直径在 0.1～2μm 之间，粗颗粒物直径大于 2μm。简言之，Whitby 等（1972，1978）介绍了这种模式，每一种气溶胶类型都具有特定的粒径分布、化学组成和光学特性。关于大气气溶胶粒径分布特性的更多细节参考第 4 章。构建一个复合式的理念作为标准的大小分布模型已被气溶胶遥感小组广泛采纳(Remer 和 Kaufman，1998；Kahn 等，2001；Dubovik 等，2002)。

细颗粒物（<1～2μm）大多由燃烧和冷凝过程形成，进而形成球状的液体小水滴，这种水滴是亚稳定的。因此，细颗粒物的粒径分布和光学特性是动态的，并且对环境条件的变化非常敏感，比如，相对湿度以及颗粒物间的化学反应。在郊区的工业区域，细颗粒物主要由硫酸盐、有机物和硝酸盐组成，而每一种都有不同的粒径分布（Seinfeld 和 Pandis，1998）。细颗粒物有内部混合的趋势，但也显现出多种团聚模式。例如硫酸盐颗粒，出现两种截然不同的团聚方式，这取决于形成机制是光化学气态颗粒物转换（团聚模式≈0.2μm）还是通过液相的反应（团聚模式≈0.5μm)(McMurry 等，1996)。细颗粒物呈现了另外一种伴随着浓度的升高团聚中位粒径提升的规则。这是具有重要意义的，因为它允许动态气溶胶模式的形成，而这种模式建立了气溶胶浓度与光谱及角度散射特性的关系（Remer 和 Kaufman，1998；Dubovik 和 King，2000）。大气颗粒物中的粗颗粒物起源于一次排放，例如，风沙尘、海盐粒子、飞尘以及道路尘，这些粒子的形态是不规则的。粗颗粒混合物的辐射效应更明显。这种规则有一个例外，就是当周围的空气聚集到云滴时会全部混合到云滴里面。海盐粒子颗粒物也可能具有较高的湿度。

由卫星气溶胶反演所获取的最关键的气溶胶光学特性是卫星探测太阳光在传感器可见通道的累积散射后的角度散射［图 30-1(a)］。散射的方向由相函数 $P(\Theta)$ 决定，这个函数是一定方向的散射能量比率 Θ，也是所有方向的散射能量的平均值。关于气溶胶粒子的光散射的基本资料参考第 13 章。散射角 Θ 是太阳、气溶胶束和传感器间的夹角［图 30-1(a)］。与纯净空气的瑞利散射的对称性不同，气溶胶的散射相函数在进光的方向上加长。Barteneva（1960）在苏联观测到相函数的形状与气溶胶消光系数有惊人的相依性。随着消光系数的增加，“雪茄”状的气溶胶相函数发生了方向性改变［图 30-2(c)］。这种形式与在更高消光系数的情况下，特有的颗粒大小增长和对于前进方向的散射越来越多是相一致的。Barteneca 观测的更广泛的应用被 Johnson（1981）在美国通过空中极浊度计测量所证实。但是，相函数类型变化是非常大的（Sakunov 等，1996）。通过 MODIS 和 MISR 卫星气溶胶仪器传感器获得的气溶胶光学厚度（AODs）在像素水平的比较，发现了一个在两个卫星气溶胶测量系统散射角的函数间的重要偏差（Mishchenko 等，2009）。下一步的重点需要更多地关注气溶胶的相函数。

大气气溶胶另一个属性是在任何假定的区域，总的光散射系数与细颗粒物质量浓度（直径＜2.5μm）间是高度相关的。它们之间的相互关系的斜率与散射效率是一致的，$\alpha \approx 3 \sim 5\text{m}^2/\text{g}$（Malm 和 Hand，2007），这一般适合于细颗粒物模态的硫酸盐、硝酸盐和有机物，这些颗粒物具有一个消光效率的峰值，在 0.3～0.8μm 之间［图 30-2(b)］。White（1986）在文献中提到，对于大气尘颗粒物，单位质量的消光效率要小很多（$\alpha \approx 0.6\text{m}^2/\text{g}$）。这种关系的观测规则和普遍存在性可以通过测量光学厚度 τ 和公式 $M_{\text{fc}} = \tau/\alpha$ 来估算细颗粒物柱状体积质量浓度 M_{fc}。

大气气溶胶的垂直分布也是需要特别关注的。众所周知，气溶胶停留在大气的不同层中，图式说明见图 30-3。垂直分布可以划分为三层，每一层有不同的气溶胶类型、大气停留时间以及混合特性。平流层［图 30-3(a)］由距地表 10～15km 的一年或者两年的火山喷发而产生的一次火山硫酸盐气溶胶构成。在平流层下面是对流层，它是尘、烟或者由临近层喷发的工业烟霾的载体。平流层是像薄饼一样的薄层，大约覆盖 1000km 尺度范围的区域，

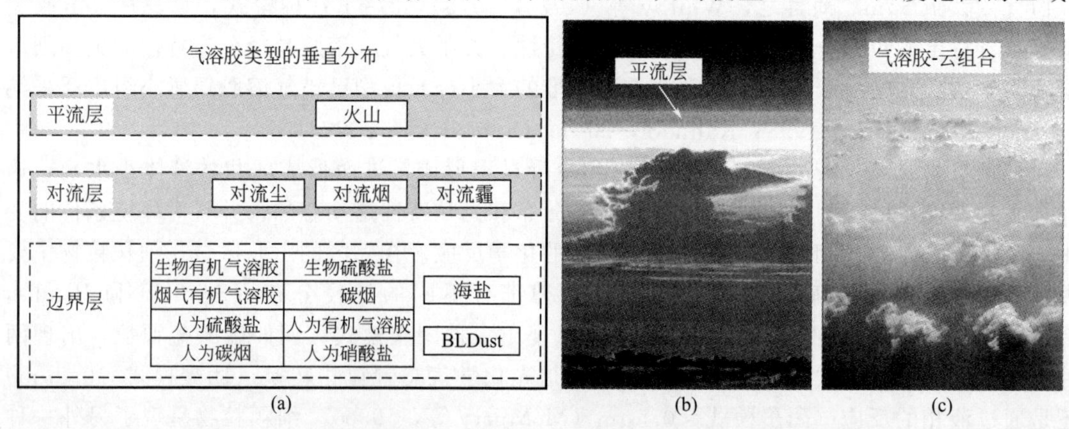

图 30-3 （a）气溶胶垂直分布框图；（b）平流层气溶胶层的太空照片；（c）气溶胶和云之间复杂的物理和辐射作用

并且在环绕地球上空的停留时间为1～2周。平流层尘、烟和霾的每个层是不整合的，因此它们的化学影响是可加的。最下层是行星层（PBL），包括来自人为源和自然源的多种气溶胶（图30-3）。降雨及其他机制限制了气溶胶在行星层的停留时间，为3～5天。每一种气溶胶类型具有特定的源、传输和化学特性，因此应该区别对待特殊气溶胶的物理和光学参数化处理。在图30-3(a)中，不同范围内的气溶胶类型是外形上的混合，并且它们各自的辐射影响是可加的。在边界层的一组气溶胶类型是相邻的范围所代表的气溶胶类型，它们通常是内部混合的，它们的物理、化学和光学特性和行为需要被连带考虑。

上面的讨论简单描述了大气气溶胶特性。卫星气溶胶测量的一个挑战是如何清晰描述可以被卫星传感器探测和反演的气溶胶特性。

30.4 卫星气溶胶探测和测量法则

卫星气溶胶测量科学基于方便理解的基础物理法则：光散射的Mie理论以及通过散射和吸收介质的辐射能量传输理论。同一个物理法则限制了卫星气溶胶探测对大气能见度研究的应用。事实上，卫星气溶胶探测和白天人眼的观测是被动遥感的同一个一般性的规则［图30-1 (a)］：辐射源是太阳；目标是地球表面；探测器是一组对颜色敏感的传感器，它们是人眼的视网膜或卫星的辐射传感器。在反射表面和光传感器之间考虑气溶胶、空气和云辐射活跃的大气。但是，这两个方面有着不同的目标并且彼此演变是相对独立的。能见度研究的目标是测量和模拟周围气溶胶的微物理和化学环境，并且评估其对光学环境的影响。另一方面，卫星气溶胶遥感试图解决如何从大气表层得到大气气溶胶特性的更多困难的转换问题。先前的问题是未知的气溶胶特性的提取需要哪些相同特性的知识。当前解决转换矛盾的方法是准备一个“气溶胶模型”分离集，然后选择最适合由光谱或者角度散射产生的卫星光学数据类型。气溶胶模型和表面反射模型调整到适应特定传感器的特性。

通过卫星提取的辐射信号是表面反射率和气溶胶反射率的总和。为了说清楚这个原理，可用一个信号-散射辐射传输理论来表明气溶胶与太阳辐射之间的相互作用。从表面反射率分离出气溶胶信号可通过适当的辐射传输方程获得（Husar和White，1976）。表面反射率和气溶胶光学参数之间的因果关系见图30-4。

向上辐射的气溶胶扰动由两个竞争影响构成。一方面，光散射粒子对于亮表面会增加其反射率。这种额外的反射率取决于气溶胶光学厚度τ以及气溶胶散射相函数P。气溶胶的另

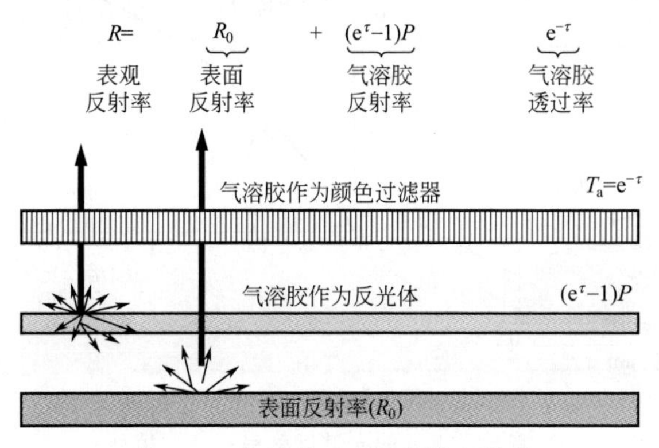

图30-4　气溶胶遥感辐射模型说明

一个角色是扮演过滤器，以指数的方式从反射表面和气溶胶本身的散射减少向上辐射。这两个竞争的气溶胶影响结果见图 30-5(d) 表观反射率和气溶胶光学厚度关系图解。曲线的变化与表面反射率 R_0 的不同数值是相一致的。最简单的例子是，当表面是黑色的，即 $R_0=0$，并且得到的辐射完全是通过通道的气溶胶散射产生的，那么，这个通道的辐射 PR=$(1\text{-}e^{-\tau})P$(Kaufman，1993)。对于一个光学薄气溶胶层，$\tau<1$，PR 与光学厚度是成比例的，因为气溶胶层的自我消光是非常少的。随着气溶胶层接近 $\tau>2$，自我消光变得非常重要，当 $\tau>4$ 时，表观“反射率”逐渐接近 P 值，这是辐射平衡的例子。对于强通道辐射好的例子是暗表面，比如海洋或者植被在蓝波段，与 $P\approx0.3$ 相比，R_0 较小（<0.05）。

当表面反射率 R_0 与 P 相比为高值时，相反的例子出现了。在这个例子中，气溶胶光学厚度增加的部分确实使原始的高表面反射率减少了，因为过滤器部分控制了气溶胶反射率部分。因为亮表面的气溶胶层变厚，即 $\tau>4$，表观反射率逐渐接近气溶胶反射率 P 值。例如，云上的气溶胶层可能会减少云的亮度，图 30-5(a) 是一个白云上的黄色尘减少云反射率的例子。下面一个有趣的例子是，在传感器光线方向上，气溶胶相函数与表面反射函数具有同一个值，即 $P=R_0$。在这个例子中，增加的气溶胶不会改变表观反射率。当 $P\approx R_0$ 的时候

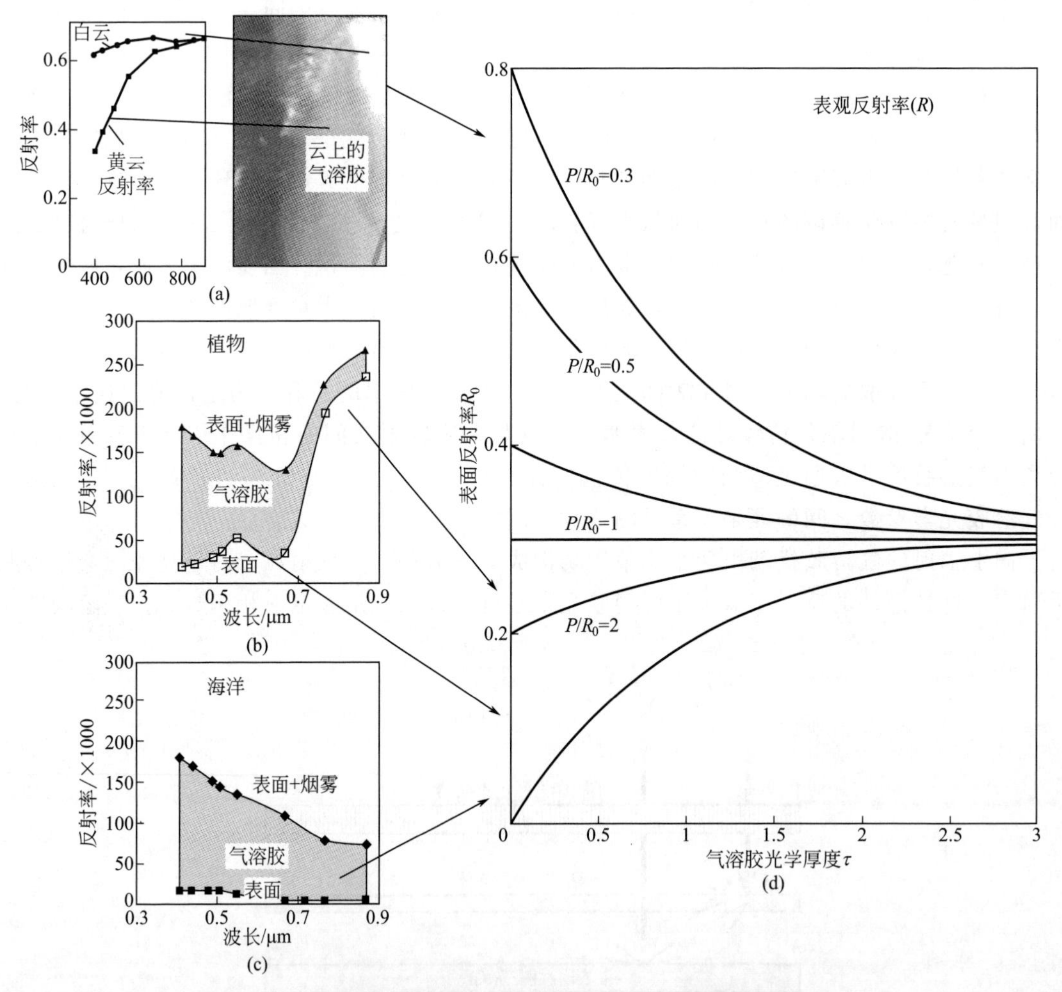

图 30-5 (a) 有云和无云的光谱反射率；(b) 植被；(c) 海洋；(d) P/R_0 和 AOT 函数的表面表观反射率

（例如土壤和植被在 0.8μm），反射率将不会被典型的霾溶胶所改变，气溶胶探测也就不可能了。

测量气溶胶对表面反射率的影响的关键测量指标是气溶胶与表面反射率之比 P/R_0。图 30-5(d) 也表明了随着气溶胶光学厚度的增加，亮表面和暗表面的表观反射率会趋于气溶胶散射函数的值 P。换句话说，随着 τ 的增加，暗表面和亮表面之间的对比会减少，当 τ 超过 4 的时候，这种对比变得无法辨别。一个光学厚度气溶胶层的例子中，气溶胶的过滤和散射影响是平衡的，也就是说，气溶胶系统到达了辐射平衡。这意味着，对于光学厚度气溶胶层（$\tau>4$），τ 的提取是不可能的。当 $P\approx R_0$ 的时候，在沙漠或者岩石地形的亮表面上，气溶胶的提取也将受到限制。

气溶胶柱的光学厚度 τ 源自过量反射，即大气上层表面反射率之间的差异。通过简单的辐射传输理论，额外的反射率与气溶胶光学厚度是下列简单的表达式的关系，$\tau=-\ln(R-P)/(R_0-P)$。P 值通过固定的观测和表面反射谱提取而获得。例如，在 412nm 的轻霾里 $P=0.38$。

图 30-6 给出了卫星气溶胶反演的关键步骤的图解。模糊的 SeaWiFS 影像［图 30-6(a)］表明了 2009 年 7 月 16 日通过传感器得到的混合信号。这张影像由蓝波段（0.412μm）、绿波段（0.555μm）和红波段（0.67μm）合成。无气溶胶的表面反射率［图 30-6(b)］由一系列时

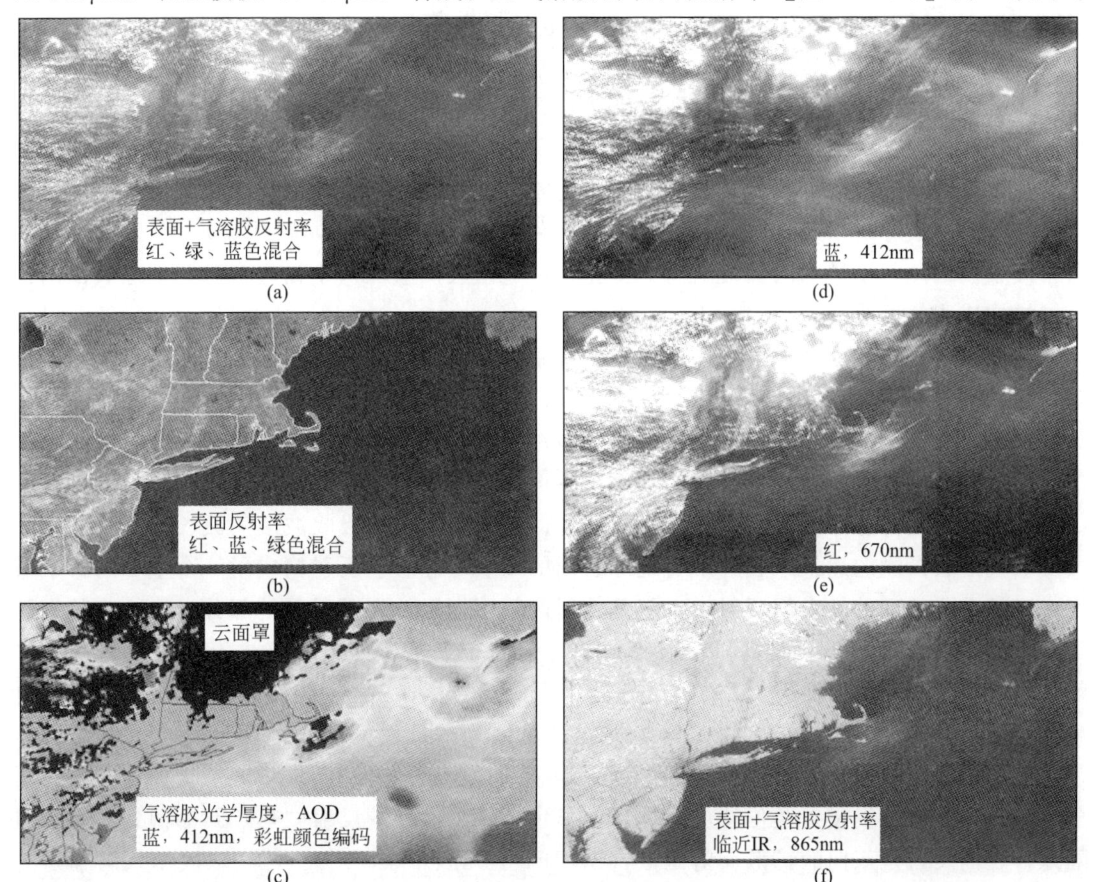

图 30-6 (a) 1999 年 7 月 15 日 SeaWiFS 卫星数据的真彩色合成影像。(b) 在没有气溶胶和云的情况下表面反射率。(c) 获取的气溶胶光学厚度 AOD。(d)～(f) 分别为在 412nm、670nm 和 870nm 波段测量的表观反射率，表明波段的波长越高，大气透明度越高

间序列数据获取。气溶胶光学厚度［图 30-6(c)］由额外的辐射计算得出，也就是，在蓝波段（412nm）模糊的和不受霾影响的反射率是有区别的。由此得到的气溶胶图案可定性显示海洋上空及云系统附近的模糊斑块（红色）。黑色的区域是被云层遮住的。

图 30-6(a)、(b)、(c) 显示了在三个波段接收到的信号。在蓝波段（412nm），到达卫星传感器的表观反射率 R 主要是由雾霾决定的，因为在海洋和植被上空的表面反射率低［图 30-6(d)］。当所有的表面特征由于霾而看不清楚的时候，气溶胶类型是清晰可辨的。因此，蓝波段可以在陆地上较好地探测气溶胶（Hsu 等，2006），但是表面特征化是困难的［图 30-6(c)］。在红波段（670nm），如图 30-6(e)所示，表观反射率由表面反射率和气溶胶反射率共同构成。但是，植被和硬化表面（如城市中心）的表面反射率有很大不同。因此，在红波段陆地的气溶胶探测是困难的，因为红波段对潜在的表面是非常敏感的。在海洋上空，气溶胶反射率与水体反射率相比是高的，因此定量探测气溶胶是可能的。在近红外波段（865nm），图 30-6(f)表明因为海洋的反射率小于 1%，因此是唯一适合气溶胶探测的区域。因此，事实上所有的表观反射率取决于气溶胶的散射。在陆地上空，植被和硬化表面的反射率与气溶胶反射率 P 相比是高的，也就是 P/R_0 约为 1，气溶胶的探测是受限的。

30.5 卫星气溶胶测量系统面临的挑战

对于动态和多维气溶胶系统，实际的卫星气溶胶测量面临着一系列的挑战。云的存在影响了潜在表面和大气气溶胶的观测。被“云罩”影响的区域是不适合气溶胶探测的。由于热带和北半球大部分地区全年是多云的，云量将是气溶胶和表面卫星遥感的主要限制因素。云的边缘不容易被分辨出来，尤其是在潮湿的条件和吸湿的霾中（如硫酸盐）。卷云的辨认也非常困难。因此，不恰当的云覆盖将是卫星提取气溶胶测量的一个错误来源。地球表面的云影同样构成了气溶胶反演的一个难题。

蓝波段的空气或瑞利散射总是通过卫星传感器促成辐射探测。空气散射的量级可以通过基于已知空气分子的光学特性、表面高程以及已建立好的辐射传输代码的应用（如 Vermote 等，2002）来进行校正。由于平流层臭氧和对流层水蒸气的吸收作用，穿过大气层的太阳光谱中的可选择的波段变细。平流层的臭氧层在可见波段（0.52～0.74μm）有一个干扰波段。如有可能，卫星传感器波段会位于透射窗，亦即远离主要分子吸收波段的波长。

从气溶胶探测的远景来看，来自地球表面的高纹理和彩色反射构成了一个重要的背景噪声，这是需要处理的。表面反射，也就是入射的太阳辐射被表面反射的部分，取决于其表面本身自然属性以及几何、入射和反射辐射的光谱分布等很多参数。海洋表面反射的入射辐射，多像镜子，是镜面反射。“太阳反辉区”可以通过太阳-表面-传感器进行几何辨别，也可像云一样被遮住（Khan 等，2007）。海洋波可使光谱反射的成角范围变宽，也可能增加来自泡沫白浪花的假反射。硬化陆地表面大多是扩散兰伯特反射体，带有小的镜子似的成分。植被是近似的漫反射兰伯特反射体，但显示了一个额外的反射“热点”返回到太阳。在陆地，表面反射是双向的扩散反射函数（BDRF；Roujean 等，1992），它取决于入射辐射的角度，并且反射辐射的角度也表现在波长上。植被反射在绿波段（0.5μm）有一个峰值，在近红外波段陡增 40%多。典型的土壤或者岩石反射率在蓝波段增加 10%～15%，在近红外波段至少增加 40%。水体的光谱反射率在可见光波段是低的，并且在近红外波段消失，使其变得几乎为黑色。很多表面的光谱反射随着季节变换。不幸的是，光谱的双向扩散反射函数的 α 先验量不是对任何时间任何位置的地球表面改变都可用的。这使得在不同的观测条件下，对于同一个像素利用光谱反射的“模糊”卫星影像的双向扩散反射函数的关键特征的提取成为必要（如 Raffuse，2003）。

卫星气溶胶传感器及其提取规则的性能可以通过 AERONET 太阳光度计网观测的光学厚度数据来进行评估（Holben 等，1998）。这个联合网上的点位都是经过战略上的考虑的，这些点代表了典型气溶胶的状态，比如灰尘弥漫的沙漠、生物悬浮物烟尘区域、海洋背景区以及具有复杂气溶胶混合物的城市工业位点。验证的结果看起来可以证实预期的 MODIS 和 MIRS 产品的提取精度（Abdou 等，2005；Kahn 等，2005，2007；Remer 等，2008）。但是，对 MODIS 和 MIRS 气溶胶数据的直接比较表明在像素水平结果非常不一致，长期的和空间上平均的气溶胶特性也是如此，特别是在陆地范围更明显（Liu 和 Mishchenko，2008）。

30.6 卫星数据和信息系统

地球观测卫星是目前为止最多的环境监测数据的来源。数据资料的逐字字节每天被收集、传输并处理。地球观测卫星系统的一个必备部分是数据流和处理网，也就是分配不同阶段的数据给终端客户的信息系统。事实上，所有原始的和经过处理的卫星产品都可以公开地从各自的机构获取。NASA、NOAA 和其他一些机构具有非常丰富的与大气气溶胶相关的数据产品。事实上，大气颗粒物，也就是尘、烟、霾是 NASA 产品最主要的代表（约占 15%），像地球天文台。大部分这些气溶胶产品是搭载在 TERRA 和 AQUA 卫星上的 MODIS 传感器的影像。其他一些相关数据包括 AERONET 太阳光度计数据，来自 PICASSO 主动激光雷达传感器的雷达数据，以及来自联合 NASA 欧洲空间结构计划的 OMI 数据。

随着新信息技术的发展，表面和卫星遥感的进步可以提供实时的“即时”数据分析来特征化和部分地解释主要的污染事件，以及进行一些更为深入的分析（Husar 和 Poirot，2005）。但是，对卫星数据的使用者来说，新的发展也带来了一些新的问题。“海量数据”对气溶胶污染的分析是非常敏锐的，因为气溶胶过程是极为复杂的，从详细的基于表面的化学测量到大规模的卫星遥感影像，以及这些数据的整合，需要精密的数据集成和模型化的科学方法。不幸的是，当前的工具方法不足以支撑这样精密的数据整合。结果是，来自卫星的地球观测数据在社会决策中没有被充分利用。一个改进的方法是全球地球观测系统（GEOSS）的加入，GEOSS（2005）是一个正在发展的发现、获取、应用公共信息的设施，其对科学和决策者非常有用。

30.7 应用

在地球科学、空气质量管理以及灾害管理领域的卫星气溶胶测量的需求与日俱增。从卫星获取的全球气溶胶气候数据提高了我们对硫酸盐、有机物、矿物尘以及对地球系统非常重要的其他物质的全球生物地球化学过程的一般性理解。垂直气溶胶柱的观测对于大气气溶胶特征化非常重要，因为大多数气溶胶聚集以及大气过程是发生在空中的。基于表面的测量只能对于一个水平的气溶胶薄层进行特征化。卫星监测使识别和获取全球尺度的气溶胶源的区域（Prospero 等，2002）、全球尺度的传输类型（Husar 等，1997）以及大气气溶胶停留的粗略估计成为可能。反过来，这些基于观测的排放速率和大气停留时间可以提高全球和区域化学传输和预报模型的发展。随着对人类活动导致的气候变化的关注的增加，对辐射活跃的大气气溶胶的定量全球尺度的监测成为一个重要的目标。对空间而言，当气溶胶后向散射有减少入射太阳辐射的趋势的时候，气溶胶吸收对大气加热有一定的贡献。但是，这些扰动的大小和由于人类活动导致的对于气溶胶的加热和冷却效应的相对贡献没有很好的了解。不幸的是，当前通过卫星获取的气溶胶测量是非常不确定的，以至于不能权威地确定这些微妙的气溶胶效应（Mishchenko 等，2009）。

空气质量管理是卫星气溶胶测量的一个最近的应用领域。在过去，为实施空气质量标准，气溶胶的空气质量管理依赖于基于表面的监测网络。目前美国环境保护署（USEPA）意外事件（EE）规则（Federal Register，2008）明确地鼓励使用卫星作为证据判定气溶胶贡献，其贡献源于空气质量控制组织权限之外，事实上，烟或尘事件必需的卫星观测将推动 EE 规则的引进。图 30-7 是一个意外烟事件的例子，墨西哥南部和危地马拉的森林与农业用地火灾产生的生物烟的传输跨越整个美国东部，可以通过传输路径记录表面气溶胶的浓度。1998 年 5 月 15 日到 16 日，蓝色烟羽和白色云的空间分布类型是通过 SeaWiFS 卫星数据绘制的。通过 TOMS 卫星传感器（绿色覆盖物）测量的半定量化吸收气溶胶指数表明气溶胶是光吸收烟雾而不是硫酸烟雾。气溶胶消光系数（红色画线）来源于表面能见度的观测，表明烟正要到达地面，并且影响人们的健康。这种多传感器卫星观测和表面监测数据以及诊断传输模型的联合，为污染事件是由不可控的管辖权外原因造成的，而非来自城市工业点源这一观点提供了证据。卫星、表面观测及模型的类似整合已经解释了来自亚洲东部戈壁沙漠的风蚀型尘的洲内传输机制，以及它们对美国北部西海岸的影响（Husar 等，2001）。

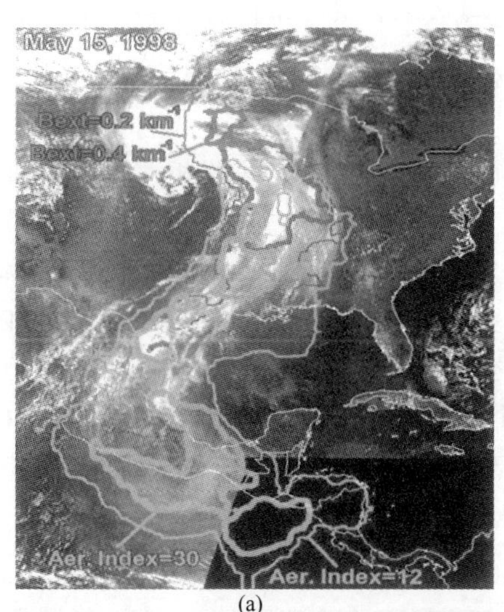

(a)

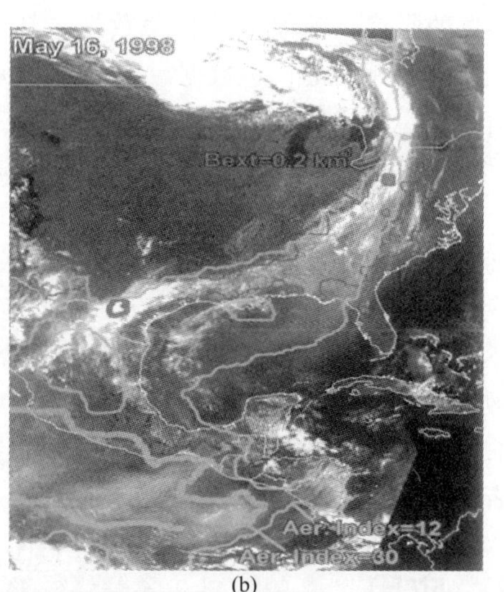

(b)

图 30-7 通过 SeaWiFS 和 TOMS 卫星传感器观测的传输通过美国东部的墨西哥森林火灾产生的烟羽和表面能见度

(a) 1998 年 5 月 15 日；(b) 1998 年 5 月 16 日

人们期待卫星气溶胶观测可对空气质量管理的更多方面做出贡献，其中包括：①提供区域的和长距离的气溶胶传输直接观测证据；②帮助改善排放清单以及追踪排放趋势；③评估空气质量模型；④通过填补空间-时间上的空缺以对表面网络监测工作加以补充。但是，在卫星气溶胶观测能够到达“应许之地”（Hoff 和 Christopher 等，2009）之前，有必要更好地理解它们的测量局限（Hidy 等，2009）以及完善基于科学的卫星数据与表面观测数据的整合方法、排放清单以及化学传输模型（NRC，2010）。

30.8 未来展望

气溶胶特性的定量卫星测量被固有的物理及数学局限所限制。但是，科学的理解以及卫星气溶胶遥感的工具及方法日趋成熟。因此，表达出令人满意的发展和增加各学科间的合作是非常必要的。更多的关于“气溶胶模型”的知识，包括气溶胶粒径的动态分布、化学组成以及光学特性，已经通过大气气溶胶以及能见度研究形成，并且直接应用到卫星气溶胶探测的发展中。相反，卫星气溶胶监测可以很好地提高对于大气气溶胶的理解，包括排放、传输以及时间-空间模式。因此，不同气溶胶类型的动态模型可以通过气溶胶科学家以及遥感专家协同发展。更成熟的和可持续更新的表观反射率模型有助于气溶胶信息的提取。气溶胶和表面特性的迭代联合提取应该是一种可行的方法。

未来的气溶胶反演将利用来自多传感器的互补和更多的信息，也就是通过多传感器像素分辨率的数据的融合。特征水平的数据融合，例如 TOMS/OMI 和 MODIS/MISR 数据的融合将增强气溶胶类型的探测。同步卫星和极轨卫星的数据融合将产生一个白天的气溶胶动态的特征化描述。一个多传感器整合的机遇正在被“A-Train”从事，它是一个包括在各自临近轨道上飞行的 8 颗卫星的综合体系（Stephens 等，2002）。

一个更为困难的问题是：为了利用卫星和地面观测数据以及模型和排放清单来提高空气质量管理，我们需要什么样综合的、整合的系统（Hidy 等，2009）。最后，“气溶胶反演”的概念将超越单个仪器的光气溶胶信号处理的明确应用而被很好地发展。一个更为完整的成果对全部八维气溶胶系统具有指导性，这个系统可以对我们的理解产生深刻的影响，并且可以为很多应用领域提供帮助，例如空气质量和人类健康、气候变化以及灾害管理。

30.9 致谢

此项工作得到 NASA 的帮助（NNL05AA00A 和 NNX08BA33G）以及 USEPA 的帮助（XA83228301）。Erin Robinson 和 Janja Husar 为文稿的准备提供了帮助，非常感谢他们的帮助。

30.10 缩写列表

AERONET	Aerosol robotic network
AOD	Aerosol optical depth
AQUA	Earth-observing NASA satellite
AVHRR	Advanced very high resolution radiometer
BDRF	Bidirectional diffuse reflectance function
USEPA	U. S. Environmental Protection Agency
GEOSS	Global Earth Observation System of Systems
IR	Infrared

MODIS	Moderate resolution imaging spectroradiometer
MISR	Multiangle imaging spectroradiometer
NASA	National Aeronautics and Space administration
NOAA	National Oceanic and Atmospheric Administration
OMI	Ozone monitoring instrument
PICASSO	Pathfinder instrument for cloud and aerosol spaceborne observations
TERRA	Earth-observing NASA satellite
TOMS	Total ozone mapping spectrometer
SeaWiFS	Sea-viewing wide field-of-view sensor

30.11 参考文献

Abdou, W. A., D. J. Diner, J. V. Martonchik, C. J. Bruegge, R. A. Kahn, B. J. Gaitley, K. A. Crean, L. A. Remer, and B. Holben. 2005. Comparison of coincident Multiangle Imaging Spectroradiometer and Moderate Resolution Imaging Spectroradiometer aerosol optical depths over land and ocean scenes containing Aerosol Robotic Network sites. *J. Geophys. Res.* 110: D10S07.

Barteneva, O. D. 1960. Scattering functions of light in the atmospheric boundary layer. *Izv. Akad. Nauk SSR, Ser. Geofiz.* 12:1852–1865.

Carlson, T. N., and J. M. Prospero. 1972. The large-scale movement of Saharan air outbreaks over the northern equatorial Atlantic. *J. Appl. Meteorol.* 11:283–297.

Deuzé, J. L., F. M. Bréon, C. Devaux, P. Goloub, M. Herman, B. Lafrance, F. Maignan, A. Marchand, F. Nadal, and G. Perry. 2001. Remote sensing of aerosols over land surfaces from POLDER-ADEOS-1 polarized measurements. *J. Geophys. Res.* 106(D5):4913–4926.

Diner, D. J., J. C. Beckert, T. H. Reilly, C. J. Bruegge, J. E. Conel, R. A. Kahn, and J. V. Martonchik. 1998. Multi-angle Imaging SpectroRadiometer (MISR) instrument description and experiment overview. *IEEE Trans. Geosci. Remote Sens.* 36: 1072–1087.

Dubovik, O., and M. D. King. 2000. A flexible inversion algorithm for retrieval of aerosol optical properties from sun and sky radiance measurements. *J. Geophys. Res.* 105(D16):20673–20696.

Dubovik, O., B. Holben, T. F. Eck, A. Smirnov, Y. J. Kaufman, M. D. King, D. Tanré, and I. Slutsker. 2002. Variability of absorption and optical properties of key aerosol types observed in worldwide locations. *J. Atmos. Sci.* 59:590–608.

Federal Register. 2008. Rules: Revised Exceptional Event Data Flagging Submittal and Documentation Schedule to Federal Register [FR Doc E8-29747] [40 CFR Part 50]. http://www.thefederalregister.com/d.p/2008-12-16-E8-29747

Fraser, R. S. 1976. Satellite measurement of mass of Sahara dust in the atmosphere. *Appl. Opt.* 15:2471–2479.

Fraser, R. S., Y. J. Kaufman, and R. L. Mahoney. 1984. Satellite measurements of aerosol mass and transport. *Atmos. Environ.* 18:2577–2584.

Friedlander, S. K. 1970. The characterization of aerosols distributed with respect to size and chemical composition. *J. Aerosol Sci.* 1:295–307.

Friedlander, S. K. 2000. *Smoke, Dust, and Haze: Fundamentals of Aerosol Dynamics*. Oxford University Press, New York.

GEOSS 2005. Group on earth Observations, http://www.earthobservations.org/

Gordon, H. R., and M. Wang. 1994. Retrieval of water-leaving radiance and aerosol optical thickness over the oceans with SeaWiFS: a preliminary algorithm. *Appl. Opt.* 33:443–452.

Griggs, M. 1975. Measurements of atmospheric aerosol optical thickness over water using ERTS-1 data. *J. Air Pollut. Contr. Assoc.* 25:622.

Hidy, G. M., J. R. Brook, J. C. Chow, M. Green, R. B. Husar, C. Lee, R. D. Scheffe, A. Swanson, and J. G. Watson. 2009. Remote sensing of particulate pollution from space: Have we reached the promised land? *J. Air Waste Manage. Assoc.* 59:1130–1139.

Herman, J. R., P. K. Bhartia, O. Torres, C. Hsu, C. Seftor, and E. Celarier. 1997. Global distribution of UV-absorbing aerosols from Nimbus 7/TOMS data. *J. Geophys. Res.* 102(D14):16911–16922.

Hoff, R. M., and S. A. Christopher. 2009. Remote sensing of particulate pollution from space: Have we reached the promised land? *J. Air Waste Manage. Assoc.* 59:645–675.

Holben, B. N., T. F. Eck, I. Slutsker, D. Tanre, J. P. Buis, A. Setzer, E. Vermote, J. A. Reagan, Y. J. Kaufman, and T. Nakajima. 1998. AERONET-A Federated Instrument Network and Data Archive for Aerosol Characterization – an overview. *Remote Sensing of Environment* 66:1–16.

Hsu, N. C., S. Tsay, M. D. King, and J. R. Herman. 2006. Deep blue retrievals of Asian aerosol properties during ACE-Asia. *IEEE Trans. Geosci. Remote Sens.* 44:3180.

Husar, R. B., and W. H. White. 1976. On the color of the Los Angeles smog. *Atmos. Environ.* 10:199–204.

Husar, R. B., J. M. Prospero, and L. L. Stowe. 1997. Characterization of tropospheric aerosols over the oceans with the NOAA advanced very high resolution radiometer optical thickness operational product. *J. Geophys. Res.* 102(D14): 16889–16909.

Husar, R. B., D. M. Tratt, B. A. Schichtel, S. R. Falke, F. Li, D. Jaffe, S. Gassó, T. Gill, N. S. Laulainen, F. Lu, M. C. Reheis, Y. Chun, D. Westphal, B. N. Holben, C. Gueymard, I. McKendry, N. Kuring, G. C. Feldman, C. McClain, R. J. Frouin, J. Merrill, D. DuBois, F. Vignola, T. Murayama, S. Nickovic, W. E. Wilson, K. Sassen, N. Sugimoto, and W. C. Malm.. 2001. Asian dust events of April 1998. *J. Geophys. Res.* 106(D16):18317–18330.

Husar, R. B., and R. L. Poirot. 2005. DataFed and FASTNET: Tools for agile air quality analysis. *Environ. Manag.* (September):39–41.

Johnson, R. W. 1981. Daytime visibility and nephelometer measurements related to its determination. *Atmos. Environ.* 15:1835–1845.

Kahn, R., P. Banerjee, and D. McDonald. 2001. Sensitivity of multiangle imaging to natural mixtures of aerosols over ocean. *J. Geophys. Res.* 106(D16):18219–18238.

Kahn, R. A., B. J. Gaitley, J. V. Martonchik, D. J. Diner, K. A. Crean, and B. Holben. 2005. Multiangle Imaging Spectroradiometer (MISR) global aerosol optical depth validation based on 2 years of coincident Aerosol Robotic Network (AERONET) observations. *J. Geophys. Res.* 110: D10S04, doi:10.1029/2004JD004706.

Kahn, R. A., M. J. Garay, D. L. Nelson, K. K. Yau, M. A. Bull, B. J. Gaitley, J. V. Martonchik, and R. C. Levy. 2007. Satellite-derived aerosol optical depth over dark water from MISR and MODIS: Comparisons with AERONET and implications for climatological studies. *J. Geophys. Res.—Atmospheres* 112: D18205, doi:10.1029/2006JD008175.

Kaufman, Y. J. 1993. Aerosol optical thickness and atmospheric path radiance. *J. Geophys. Res.* 98(D2):2677–2692.

Kiessling, J. 1884. Über den Einfluß künstlich erzeugter Nebel auf direktes Sonnenlich. *Meteorol. Zeitschr.* 117(1):117–126.

King, M. D., Y. J. Kaufman, W. P. Menzel, D. Tanre, NGSF Center, and M. D. Greenbelt. 1992. Remote sensing of cloud, aerosol, and water vapor properties from the moderate resolution imaging spectrometer (MODIS). *IEEE Trans. Geosci. Remote Sens.* 30:2–27.

King, M. D., Y. J. Kaufman, D. Tanré, and T. Nakajima. 1999. Remote sensing of tropospheric aerosols from space: Past, present, and future. *Bull. Am. Meteorol. Soc.* 80:2229–2259.

Liu, L., and M. I. Mishchenko. 2008. Toward unified satellite climatology of aerosol properties: Direct comparisons of advanced level 2 aerosol products. *J. Quant. Spectrosc. Radiative Transfer* 109:2376–2385.

Lyons, W. A., and R. B. Husar. 1976. SMS/GOES Visible images detect a synoptic-scale air pollution episode. *Monthly Weather Review* 104:1623–1626.

Malm, W. C., and J. L. Hand. 2007. An examination of the physical and optical properties of aerosols collected in the IMPROVE program. *Atmos. Environ.* 41:3407–3427.

McMurry, P. H., X. Zhang, and C. T. Lee. 1996. Issues in aerosol measurement for optics assessments. *J. Geophys. Res.* 101(D14):19189–19197.

McMurry, P. H. 2000. A review of atmospheric aerosol measurements. *Atmos. Environ.* 34:1959–1999.

Mishchenko, M. I., I. V. Geogdzhayev, L. Liu, A. A. Lacis, B. Cairns, and L. D. Travis. 2009. Toward unified satellite climatology of aerosol properties: What do fully compatible MODIS and MISR aerosol pixels tell us? *J. Quant. Spectrosc. Radiative Transfer* 110:402–408.

NRC. 2010. *Global Sources of Local Pollution: An Assessment of Long-Range Transport of Key Air Pollutants To and From the United States.* National Research Council, National Academy Press.

Parmenter, F. C. 1971. Picture of the month: Smoke from slash burning operations. *Monthly Weather Review* 99:684–685.

Penndorf, R. B. 1957. New Tables of total Mie scattering Coefficients for spherical particles of real refractive indexes (1.33 ≪ 1.50). *J. Opt. Soc. Am*, 47:1010–1014.

Prospero, J. M., P. Ginoux, O. Torres, S. E. Nicholson, and T. E. Gill. 2002. Environmental characterization of global sources of atmospheric soil dust identified with the NIMBUS 7 Total Ozone Mapping Spectrometer (TOMS) absorbing aerosol product. *Rev. Geophysics* 40(1):1002, doi:10.1029/2000RG000095.

Raffuse, S. M. 2003 *Estimation of daily surface reflectance over the United States from the SeaWiFS sensor.* Masters Thesis, Washington University, St. Louis, MO.

Randerson, D. 1968. A study of air pollution sources as viewed by earth satellites. *J. Air Pollut. Control Assoc.* 18:249–254.

Remer, L. A., and Y. J. Kaufman. 1998. Dynamic aerosol model: Urban/industrial aerosol. *J. Geophys. Res.* 103(D12): 13859–13872.

Remer, L. A., R. G. Kleidman, R. C. Levy, Y. J. Kaufman, D. Tanré, S. Mattoo, J. V. Martins, C. Ichoku, I. Koren, and H. Yu. 2008. Global aerosol climatology from the MODIS satellite sensors. *J. Geophys. Res.* 113: D18205, doi:10.1029/2006JD008175.

Roujean, J. L., M. Leroy, and P. Y. Deschanps. 1992. A bidirectional reflectance model of the Earth's surface for the correction of remote sensing data. *J. Geophys. Res.* 97(D18):20455–20468.

Sakunov, G. G., D. Barteneva, and V. F. Radionov. 1996. Experimental studies of light scattering phase functions of the atmospheric surface layer. *Atmos. Oceanic Physics* 31:750–758.

Seinfeld, J. H., and S. N. Pandis. 1998. *Atmospheric Chemistry and Physics: From Air Pollution To Climate Change.* Wiley-Interscience, New York.

Stephens, G. L., D. G. Vane, R. J. Boain, G. G. Mace, K. Sassen, Z. Wang, A. J. Illingworth, E. J. O'Connor, W. B. Rossow, and S. L. Durden. 2002. The Cloudsat Mission and the A-Train. *Bull. Am. Meteorol. Soc.* 83:1771–1790.

Stowe, L. L. 1991. Cloud and aerosol products at NOAA/NESDIS. *Global and Planetary Change GPCHE*, 4(1-3), 25–32.

Vermote, E. F., N. Z. El Saleous, and C. O. Justice. 2002. Atmospheric correction of MODIS data in the visible to middle infrared: first results. *Rem. Sens. Environ.* 83:97–111.

Watson, J. G. 2002. Visibility: Science and regulation. *J. Air Waste Manag. Assoc.* 52:628–713.

Wegener, A. L. 1911. *Thermodynamic der Atmosphere.* Johann Ambrosius Barth, Leipzig.

Whitby, K. T., R. B. Husar, and B. Y. H. Liu. 1972. The aerosol size distribution of Los Angeles smog. *J. Coll. Interf. Sci.* 39:177–204.

Whitby, K. T. 1978. The physical characteristics of sulfur aerosols. *Atmos. Environ.* 12:135–159.

White, W. H. 1986. On the theoretical and empirical basis for apportioning extinction by aerosols: A critical review. *Atmos. Environ. (1967)* 20:1659–1672.

31

大气新粒子生成：物理和化学测量

Peter H. McMurry

明尼苏达大学机械工程系颗粒物技术实验室，明尼苏达州明尼阿波利斯市，美国

Chongai Kuang

布鲁克黑文国家实验室大气科学研究室，纽约州萨福尔克县，美国

James N. Smith，Jun Zhao，and Fred Eisele

国家大气研究中心大气化学研究室，科罗拉多波尔得市，美国

31.1 引言

众所周知，近一个世纪以来，人们普遍认为尽管大气中存在的粒子会成为冷凝蒸气的汇，但在大气中仍会发生由气体核化引起的新粒子生成（NPF，本章术语缩写列表见表 31-1）现象。John Aitken（1839—1919）在这方面进行了开创性的研究，他发表的文章成为那个时代高水平科研论文和思想的范例。在他的一篇文稿中，通过大气观测表明阳光能够导致大气新粒子生成（Aitken，1896—1897）。1911 年，在他发表的论文中提到“不干净”的空气能产生气溶胶粒子，这些“不干净”的空气包括燃烧排放以及直接暴露于沿海区域下风向的空气（Aitken，1923）。他的实验研究表明被阳光或离子辐射激发的二氧化硫是产生新粒子的潜在前体物。在这些研究中他还发现其他气体（例如臭氧、羟基过氧化物和氨）能够大大促进粒子的生成。他的研究结果表明碘有可能与沿海区域下风向的核化相关。Aitken 指出“这类研究的最大困难在于相当微量的物质产生令人惊奇的结果并且因为反应快而使得研究充满了不确定性”。这个观测精密揭示了直至今天我们仍然面临着的挑战：稳定核的形成以及随后的生长与极低摩尔分数的气态物种有关。例如硫酸，这种被认为参与核化的物种，在新粒子生成（NPF）时观测到的摩尔分数为 $4\times10^{-14}\sim4\times10^{-12}$。很可能其他物种也参与核化，但是它们没有被鉴别出来，而且没有适用于监测该物种的方法。随着对参与反应痕量物种测量水平的提高，人们认识大气颗粒物核化和生长的化学机制的能力与测量这些参与反应的痕量物种的能力也在不断进步。

在 Aitken 的工作之后，偶尔有大气新粒子生成事件的报道。然而直至 20 世纪 90 年代，新粒子生成对大气的重要意义才首次引起重视。在这个时期，开发出了测量气溶胶粒径分布

表 31-1 术语缩写列表

缩　写	定　义
AMS	ARI 气溶胶质谱仪
CCN	云凝结核
CIMS	化学离子化质谱仪
CPC	凝结核计数器
DMA	差分电迁移率分析仪
NPF	新粒子生成
NPG	纳米粒子生长仪器系统
OPC	光学粒子计数器
PHA-UCPC	脉冲高度分析-超细凝结核计数器
SMPS	扫描电迁移率粒径谱仪
TDMA	串联差分电迁移率分析仪
TDCIMS	热解吸化学离子化质谱

的仪器，其粒径分布监测下限低至 3nm，这种仪器被广泛应用于大气观测（McMurry，2000；Kulmala 等，2004）。2004 年，Kulmala 等发表了一篇有关大气气溶胶生成和核化的综述，这篇综述引用了 124 篇文献，报道了大气新粒子生成的观测结果，从那时起，陆续发表了很多类似的文章。最近的模式研究（Ghan 等，2001；Spracklen 等，2008）研究了新粒子生成对区域和全球云凝结核（CCN）浓度的影响。这项研究表明，在许多区域大气中，新粒子生成是 CCN 形成的重要原因，进而影响云量，最终对地球辐射平衡产生重大影响。现场观测同样证明 NPF 是 CCN 的重要来源（Kerminen 等，2005；Laaksonen 等，2005）。

20 世纪 90 年代，新粒子生成着重于现象研究，主要集中于新粒子生成的时空特征及其对环境凝结核浓度的影响。在整个大气中核化能导致大范围的新粒子生成，这一发现令人惊奇，因为这与模式预测恰恰相反。过去 10 年间，研究工作更多转向导致新粒子生成和生长的物理和化学过程。

本章简要介绍大气新粒子生成并讨论用于研究大气核化和生长机制的测量方法，着重介绍新仪器而不是此前已经在综述中讨论的方法（例如 McMurry，2000）。此外，讨论化学粒子质谱（CIMS）这种仪器也是非常重要的，该仪器能测量气相物质如硫酸（Eisele 和 Tanner，1993）和氨（Nowak 等，2002，2006）的浓度，能给出高时间分辨率数据。

文中术语并没有标准化，不同研究小组语言的不一致能导致混乱。在叙述我们的工作时，“粒子”和“纳米粒子”指用凝结核颗粒物计数器（CPC）监测的物质，“离子”是指用离子迁移谱仪测量的离子，“簇”和“高分子量分子”指质谱仪测量的物质。然而，其他小组用“簇”指代用凝结核计数器或离子迁移谱仪测量的非常小（约 1nm）的物质。为保持与先前发表文章的一致性，在叙述其他研究小组的仪器时，本章遵从该研究小组所用术语。如下所示，簇化学离子化质谱探测高分子量的物质与用 CPC 测量的纳米粒子以及粒子迁移谱仪测量的离子粒径相互重叠。我们所测量的结果表明用簇化学离子化质谱测量的部分，但不是全部的高分子量物质能够用 1nm 的凝结核颗粒物计数器（CPC）来探测。本章所提到的新仪器有助于我们深入了解核化机制，而要清晰诠释这类测量还要做更多的工作。

31.2 目前新粒子生成过程认识概要

图 31-1 表明新粒子生成的过程。第一步是稳定核的核化，由于该过程形成的核太小，因而难以用当前的仪器测量到。核化过程与蒸气凝结和蒸发有关，核在变成稳定核以前，要克服能量势垒（例如更易于生长而非蒸发）。当前的理解是大气核化是一个多组分参与过程，尤其是硫酸，根据区域大气情况，离子也可能参与这个过程。核化速率指的是稳定核形成的速率。适用于模型的核化速率经验方程建立方面已经取得了重大的进展。大气核化速率 J（Weber 等，1996；Kulmala 等，2006；Riipinen 等，2007；Kuang 等，2008）可用以下方程来表示：

$$J=K[H_2SO_4]^p,\ 1<p<2 \tag{31-1}$$

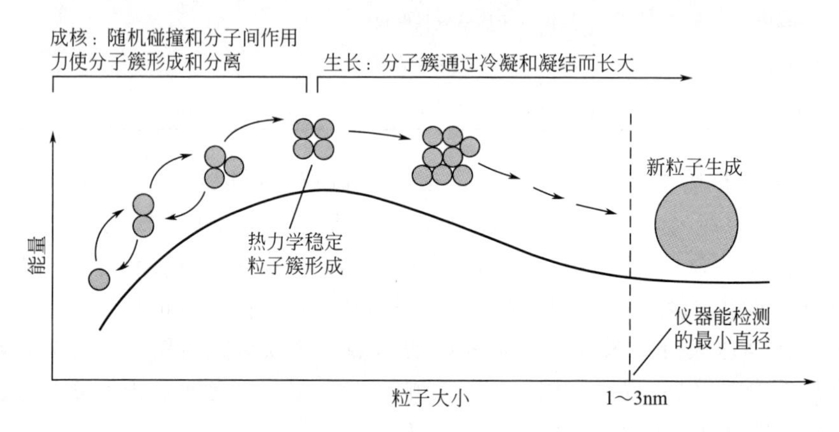

图 31-1 核化和生长过程示意。核化包括多种物质之间相互反应产生的热力学稳定的分子簇（核）。稳定核一旦生成，许多其他化合物可能对生长有贡献，这些化合物被核吸附的速度大于被蒸发的速度，从而增进核的生长（例如处于非平衡态）

研究者对详细的核化机制认识并不充分（例如涉及的相关物质、蒸气被分子簇吸附和蒸气从分子簇蒸发的速率、对温度的依赖等）。大气中观测到的核化速率远高于实验研究或已有理论所得到的结果，这预示除了硫酸外，水和氨也参与了核化过程。理解核化机制对解释整个大气过程及未来气候情景都是非常重要的，这是目前研究的核心课题。

当粒子长大到可检测的尺寸（现今大约是 3nm，尽管小于 2nm 的测量仪器已经研发出来）时，可观测到新粒子生成现象的发生。核化过程在每一天都有可能发生；只有当核化粒子与已存在粒子碰并发生损失之前，粒子在适宜条件下增长到可监测的最小范围时，新粒子生成才发生。有利于核化粒子生存的条件包括较高的生长速率和较低的已有气溶胶粒子浓度（McMurry 和 Friedlander，1979；Kerminen 和 Kulmala，2002；McMurry 等，2005）。本章我们将细致区分不能直接测量的核化和能够直接测量的新粒子生成之间的区别。

在评价核化对气溶胶浓度影响方面，认识粒子生长速率与核化速率两个过程同等重要。Kulmala 等在 2004 年的综述中指出，生长速率遵循季节性模式，冬天通常是 1～2nm/h，夏天则为 5～10nm/h。有证据表明，新核化形成的粒子生长速率与粒径有关（Riipinen，2008），这也许反映了生长粒子吸附不同化合物是与粒径相关的。然而，由于粒径大小随着时间的延续而增长，因而不能直接区分生长速率与粒径和一天中时间的相关性。很有可能更多的物质对生长的贡献远远大于对核化的贡献。一个稳定核的质量可能在1000amu（大约为10个质量为100amu的分子）左右。当粒子生长时，粒子的质量迅速增加。一个10nm的粒子包含几千个这样的分子，而一个100nm的粒子则包含几百万个分子。大气中含有许多半挥发性的化合物，这些化合物能够被正在生长的纳米粒子所捕获。事实上，通过测量新核化粒子的组分发现里面含有许多化学物质，并且有机物对大多数粒子的生长起重要作用（Makela等，2001；O'Dowd等，2002；Allan等，2006；Smith等，2008）。虽然硫酸在富硫大气中主导粒子的生长，硫酸凝结对观测到的生长速率的贡献只占5%～20%（Stolzenburg等，2005）。如果硫酸凝结起主导作用，核化将是一个并不重要的大气过程，因为仅由硫酸凝结导致的生长很缓慢，这样一来多数核化粒子的粒径在到达云凝结核CCN尺寸之前会由于碰并而消失。要了解生长速率需要对对粒子生长有贡献的物质有深入的了解。

31.3 新粒子生成事件个例分析

图31-2为用最先进仪器测量新粒子生成得到的结果。该测量结果是2008年7月在靠近美国科罗拉多州科泉市洛基山Manitou森林进行试验所获得的。本次试验的目的是了解生物圈-大气相互作用，相关论文将随后发表。图31-2(a)轮廓图显示了气溶胶仪器［第15章扫描迁移率粒径谱仪（SMPS）和第13章光学颗粒物计数器（OPC）］测量的颗粒物粒径分布变化。Makela等（1997）首次应用这种轮廓图描述了新粒子生成，如今轮廓图已被广泛应用。值得注意的是，在10:20左右清晰地监测到了新粒子（证据是早在8:30时即有小于10nm的粒子出现）并整天都在持续生长。新粒子生成速率等于粒子生长到特定粒径大小的速率（比较典型的是最小可监测粒径大小，也有用其他粒径表示）。生长速率可用来源于轮廓图的模态随时间增长速率来估算。精确计算生长速率的方法考虑到碰并效应等因素，文献已广泛报道了这些方法（Stolzenburg等，2005）。

图31-2(b)～(d)表明了与核化速率有关的测量。随后的31.4.2和31.5.3将详细介绍有关这些新方法（例如簇化学粒子质谱、纳米粒子生长仪器系统、热解吸化学粒子质谱）的更多信息。图31-2(b)表示用场发射扫描电子显微镜（IGMA；Tammet，2003）和离子迁移谱仪测得的数据。这些有关自然带电物质（气态离子）的测量数据扩展到核化发生的亚纳米尺度数据。如果核化发生在离子状态（离子诱导核化）或者正负离子碰撞的结果［离子辅助核化（Yu，2006）］，那么用离子迁移谱仪能够直接测量出核化速率。在多数情况下，核化与电中性物质有关（Iida等，2006）。图31-2(b)能看到在核化发生时，由于小离子附着在生长的纳米粒子上，带电物质显著增长。IGMA数据清晰证明了从大约8:30开始粒子生长超过2nm。图31-2(c)(图ⅰ和ⅱ)数据来自纳米粒子生长仪器系统，该凝结核粒径测定仪器用油酸作为凝结核计数器工作流体，这种仪器能够监测直径小至1nm的不带电粒子。图ⅰ显示粗略的纳米粒子生长的原始数据（NPG），而图ⅱ则为数浓度估计值，数浓度考虑了传输损失、凝结核计数器计数效率和带电组分等因素。统计计数的不确定性导致用纳米粒子生长仪器系统在首次监测到0.8～1.8nm粒子时存在某些不确定性，但在9:00时，这些粒子确实被监测到了。1.8～3.3nm的粒子早在8:30就被监测到了。图31-2(d)表示分子簇CIMS得到的不同尺寸分子簇计数。该数据分为5段，分别表示分子簇包含1～5个硫酸分子，在此指代分子簇大小为1～5。由于光化学活性的原因，硫酸蒸气的浓度（分子簇大小为1）大约在7:30开

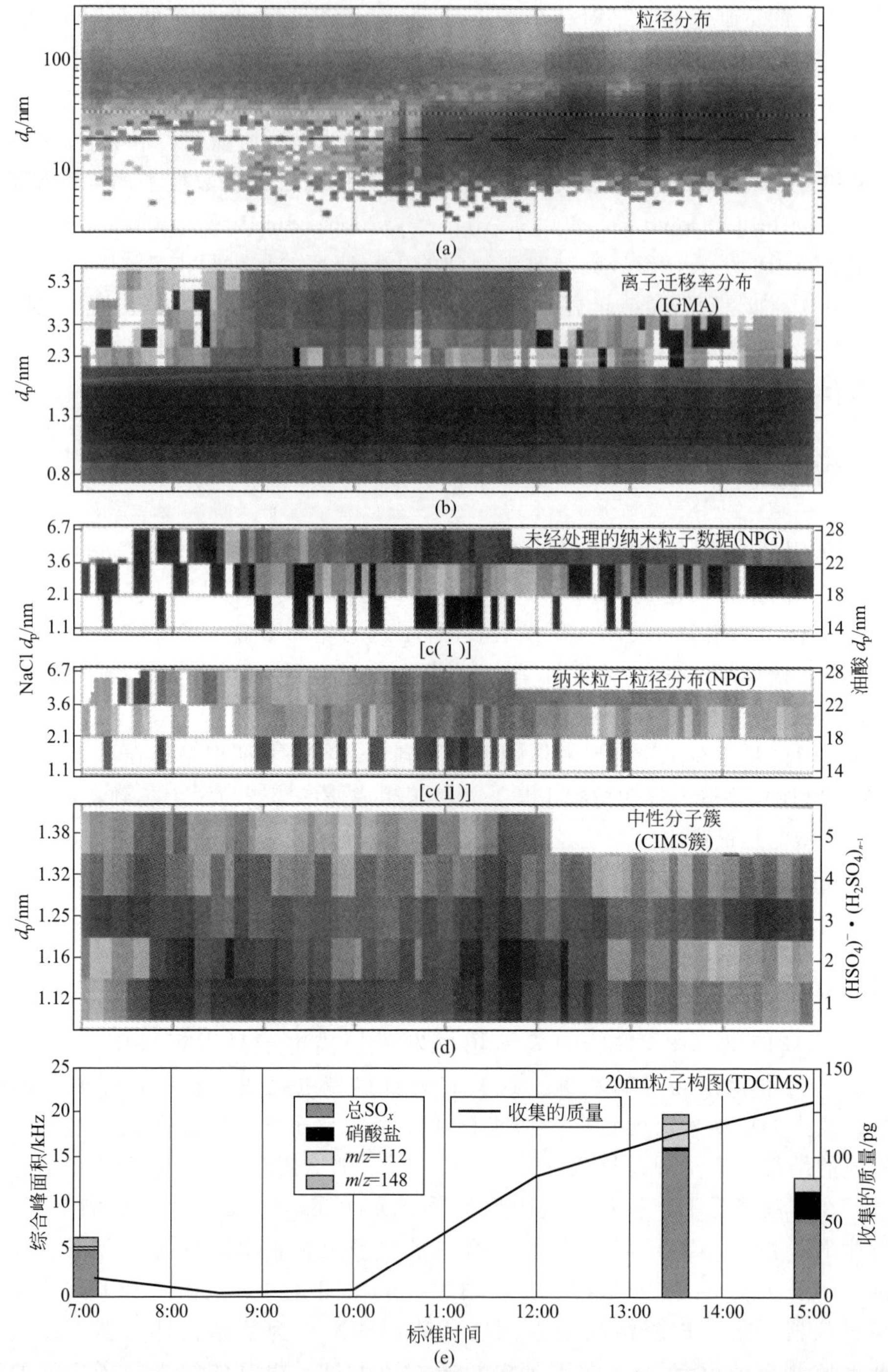

图 31-2 最先进仪器分析核化事件。图(a)～(d)表示所测得的粒径分布数据（附仪器缩写），分别基于迁移和光散射(a)、粒子迁移(b)、活化尺寸和扩散(c) 以及质量(d)。左边纵坐标表示我们估计的不同测量的几何尺寸，这些不同的测量基于 Ku 和 de la Mora（2009）的工作。对于 $d_p < 1.3$nm，我们的估计需要外推。图(a) 中水平点状线表示新粒子生成事件期间 TDCIMS 采样得到的粒径（20nm）。图(e)的 TDCIMS 数据表示 20nm 颗粒物的组成测量。图(c)的 NPG 数据包括原始数据(ⅰ)和经转换得到的粒径分布(ⅱ)。数据转换是考虑到传输损失、CPC 活化效率和进入 DMA/CPC 带电组分而采取的近似方式

始增长，20min 后分子簇大小为 2 的浓度也开始增长。分子簇大小为 3 的数据随时间的变化更复杂，这个信号在 8:00 以前和 14:00 以后比较强，这也许是由于有其他与分子簇为 3 具有相同质量数的非硫化合物存在。而在 11:00—12:00 之间，3、4（可能也包括 5）的信号与 1 和 2 测量结果具有相关性。

图 31-2(e)表示热解吸化学离子化质谱（TDCIMS）数据。该仪器用于测量粒径小于 30nm 粒子的组分，以便于发现何种组分对新核化粒子的快速生长速率有贡献（见第 11 章对该仪器的进一步描述）。值得指出的是，在新粒子生成事件期间，20nm 以下粒子的主要物质是有机物。硫酸盐和硝酸盐无机离子最多占总探测离子的 10%。低分子量的羟基胺（质量数为 33 amu）和甲酸（46 amu）最有可能是较大的多官能团化合物降解形成的分子片段。10:00 时粒子浓度达到最低值，此时，粒子中能测到的物质仅为羟基胺离子。

图 31-2 的数据表示明尼苏达和 NCAR 两个研究小组开发的测量类型，测量目的是了解大气粒子核化和生长机制。显然，要定量和全面了解这些测量需要做更多的工作，尽管如此，现有结果表明，高分子量分子簇的质谱可测量现有气溶胶仪器可探测最小尺寸的中性纳米粒子，并且能用质谱进行新核化粒子组分的原位测量，时间分辨率为几十分钟。随后章节将提供更多有关测量新核化纳米粒子核化和生长速率的仪器功能介绍。

31.4 核化速率测量

要理解大气核化需要了解参与物质以及分子簇生长和蒸发动力学，类似于图 31-2 的测量可以提供这些信息。分子簇质量测量［图 31-2(d)］能鉴别参与核化的物质，测量稳态分子簇和纳米粒子分布能够提供生长、蒸发和荷电动力学信息。本节包括用于测量小于 3nm 粒子和分子簇性质的仪器操作原理。由于核化形成的稳定核在这个尺度范围内，因此此类测量可直接应用于核化研究。

31.4.1 小于 3nm 粒子测量仪器

两种类型的离子和纳米离子检测器可用于测量核化速率：法拉第杯静电计和 CPCs（第 17 章，第 32 章；McMurry，2000b）。法拉第杯静电计测量带电离子传输到收集基质（collection substrate）的速率。直到最近，CPCs 一直限于研究直径大于 3nm 的颗粒物。然而，最新开发的 CPCs 降低检测限至接近稳定核的尺寸，从而使得这类仪器研究核化更具有价值。每项技术随后展开描述。

31.4.1.1 电检测

法拉第杯静电计（Liu 和 Pui，1974）被用作测量粒子浓度的标准。离开电子迁移分级器的粒子至少带有一个电荷，足够小（通常小于 50nm）的粒子带有一个基本电荷。如果该电荷沉积到法拉第杯静电计表面，则传输电流等于 QNe，Q 为体积采样速率，N 为带电粒子浓度，e 代表基本电荷。通过传感器测量电流从而确定粒子浓度。

实际上，很难设计噪声水平低于 10^{-16}A 的法拉第杯静电计，而噪声水平低于 10^{-15}A 的则比较常见。假定每个被测粒子带有一个基本电荷，可接受的最低信噪比为 10，则用法拉第杯静电计测得每立方厘米空气中带电粒子的最低浓度为 $375/Q$，或者更高，此处 Q 代表空气采样速率，单位为 L/min。差分电迁移率分析仪（DMAs，第 15 章）等仪器操作的气溶胶流量为1L/min，因而迁移分级粒子的浓度要超过每立方厘米几百个才能用法拉第静电计监测，这对大气测量是一个严格的限制。相反，离子迁移谱仪可操作的气溶胶流量为每分钟几千升，因此可检测的气溶胶带电粒子浓度在10个/10m^{3}左右，“小”和“中等”的离子浓度要远高于这个数值（Horrak等，1998）。

法拉第杯静电计测量的大气局限性在于，通常只有一小部分的粒子带电，并且小于10nm的这部分带电粒子是非常少的，因此需要较高的进样速率来测定电量以确定粒子总浓度。离子迁移谱仪以非常高的流量操作是可行的，但是需要已知带电部分大小才能测量总浓度。差分电迁移率分析仪由于流量太低而不能用于法拉第杯静电计检测大气粒子。

31.4.1.2 凝结核计数器

凝结核计数器（第17章，第32章）是最常用的测量极小粒子的仪器。凝结核计数器将颗粒物暴露于过饱和蒸气（工作流体）中，这些蒸气浓缩到粒子上面并生长到容易被光学方法探测到的尺寸。凝结核计数器是一种非常通用的仪器，能以各种工作流体和宽范围进样速率操作运行。颗粒物既可以单个计数（单粒子计数模式），也可以测量云滴的光散射（光学模式）集成计数。单粒子计数模式能够直接估计分析计数不确定性而在极低浓度条件下进行测量。自2000年，凝结核计数器通过使用不同凝结蒸气（工作流体）能够测量大约1nm大小的粒子，接近最小稳定核的尺寸。由于蒸气凝结到纳米粒子依赖于蒸气和颗粒物的组成，使用不同工作流体的凝结核计数器能够深入研究纳米颗粒物的组成。本节集中介绍这方面的最新进展。

Winkler等（2008）最近在他们的研究工作中叙述了过饱和正丙醇均相凝结到4nm或更小的氧化钨颗粒物上的迁移尺寸和带电效应。这些实验结果表明，对于给定迁移粒径的粒子而言，当电荷状态由0～+1转到−1时，引发凝结所需的饱和度下降。Wilson（1899）也观察到水倾向于凝结活化到带负电荷粒子上，乙二醇（Kim等，2003）、二乙二醇和油酸（Iida等，2009）同样如此。在SMPS系统内，粒子进入CPC总是带电的，电荷符号由DMA的极性决定。纳米SMPS选择最容易在CPC活化的极性（当前，带负电荷的工作流体和粒子已被研究）来操作。由于带负电粒子具有较高迁移率，用带负电荷粒子的另一个好处是无论单极还是双极带电，带负电部分都要超过带正电部分。因此，与带正电粒子检测比较，利用带负电粒子的迁移率分级可获得较高的浓度。

Iida等（2009）研究了在层流凝结核计数器（CPC）中最小可检测粒径与工作流体的相关性。他们识别活化1nm粒子的工作流体，这些流体可以使活化粒子在CPC冷凝器内不经过自我核化过程。在最近的工作中，他们在稳流混合型凝结核计数器检测纳米粒子方面取得了长足进展（Gamero-Castano和Fernandez de la Mora，2000；Kim等，2003；Sgro和Fernandez de la Mora，2004）。Iida等得出如下结论，具有高表面张力和低蒸气压的工作流体最适合于检测1nm的粒子。他们选择二乙二醇（DEG）作为高表面张力的化合物，选择油酸作为具有适度低蒸气压化合物，实验表明这些工作流体随着颗粒物大小、材料和电荷变化而没有均相核化现象，的确能高效活化低于2nm的颗粒物。在凝结核计数器（CPC）冷凝室内，二乙二醇和油酸的饱和蒸气压分别比正丁醇低100倍和10000倍。因此，用二乙二醇和油酸作为工作流体的仪器内，最终的液滴大小远远小于用正丁醇作为工作流体的仪器，从而难以用光散射方法检测。Iida等用传统的正丁醇CPC作为“增强器”解决了这个问题。

31.4.2 测量直径小于 3nm 气溶胶粒径分布的仪器

表 31-2 列举了各种用来测量小于 3nm 分子簇、离子和颗粒物粒径分布的方法。这些技术包括用静电分级器、依赖粒径的凝结活化和质谱来分级。通常质谱的粒径分辨率最好。尽管电迁移分级器对存在的离子和纳米粒子（Fernandez de la Mora 等，1998）分辨率高，但它的粒径分辨率因扩散作用（Stolzenburg 和 McMurry，2008）而大大降低。虽然迁移分级在表中没有标出，但它也有其用处。尽管分辨率低，但迁移分级具有可应用于中性粒子和带电粒子的优点。如前所述，与粒径相关的凝结活化与粒子的组成有关。

表 31-2 测量分子簇、离子和纳米颗粒物粒径分布的方法

仪器	电荷	分级	检测	几何直径范围/nm	粒径分辨率	时间分辨率
离子迁移谱仪	自然带电	迁移	迁移分级静电计	0.4～47	中	约 3min
中性空气离子迁移谱仪（NAIS）	单极	迁移	静电计	0.6～47	中	约 5s
SMPS	双极	迁移	CPC 凝结分级	3～500	中	约 2min
PHA-UCPC	NA	冷凝＋光学粒径	光学	1.0～15	低	约 30s
NPG	中性	冷凝＋迁移粒径	SMPS	1.0～6.3	低	约 5min
核化模式气溶胶粒径谱仪(N-MASS)	NA	冷凝＋活化粒径	每个冷凝器带有一个光学探测器	4～60	低	约 1s
分子簇 CIMS	化学离子	四极杆质谱	质谱 电子放大器	0.7～1.0	高	约 30min

31.4.2.1 电迁移分级

Tammet（1995）讨论了球形粒子的几何和迁移等效直径的关系。他指出，通常 Cunningham-Knudsen-Weber-Millikan 方程（第 2 章；Hinds，1999）对电迁移和粒径之间的关系所做的假设对纳米尺度的颗粒物是无效的，这是由于经典方程忽视了参与碰撞气体分子的大小，而这些气体分子对分子簇、离子或纳米粒子交叉碰撞具有显著影响，并且在它们从分子增长到较大物质时发生了镜面反射到散射的转变（Li 和 Wang，2003）。实际情况是颗粒物实际大小小于迁移等效尺寸，并随粒径减小差别增大。Ku 和 de la Mora（2009）实验研究了 1～3.4nm 颗粒物粒径范围内质量和迁移粒径大小之间的关系。他们发现迁移粒径低到 1.6nm 的颗粒物“质量”直径比它们的迁移粒径小约 0.3nm，这与 Tammet（1995）所预测的一致。将质量（由质谱或已测量离子的已知组分决定）转换为颗粒物直径来确定质量直径基于如下假设：粒子是球形的且密度等于混合材料的密度。由此假设，质量粒径等于离子几何粒径。当用迁移分级器测量小于 2nm 的颗粒物时，迁移和几何（或质量）粒径的差别是很大的。

Tammet 等开发了一类新的离子迁移谱仪，现已广泛用于大气研究。这些仪器包括场发射扫描电子显微镜（IGMA；Tammet，2003）、空气离子谱仪（AIS；Mirme 等，2007）和平衡扫描迁移分析仪（BSMA；Tammet，2006）[图 31-2(b)]。空气样品以非常高的流量被引入到离子迁移分析仪中，离子迁移分析仪测量正负离子的分布。图 31-2(b) 显示的 IGMA 粒径数据是用 Tammet 的理论测量的几何粒径（与迁移粒径对照）。

一直以来，我们知道大气中正负离子几乎以相等的浓度（Bricard，1966；Horrak 等，

1998）存在。这些离子通过离子辐射产生，并达到每立方厘米几百个的稳态浓度，该稳态浓度是离子产生和损失速率之间达到平衡而得到的。最主要的去除机制包括气溶胶粒子重组和碰并。离子迁移谱仪数据提供给我们有关新粒子生成的有价值信息。如图 31-2(b)所示，这些数据经常能提供新粒子生成的最早证据。不同粒径粒子的荷电比率可以从离子迁移谱仪与 SMPS 所测数据的比率来获得。这类信息可用来确定离子诱导和中性核化（Tammet 等，1992；Laakso 等，2002；Iida 等，2006）的相对速率。此外，最近的研究工作表明荷电比率可用来推断纳米粒子的生长速率（Iida 等，2008）。

中性分子簇空气离子谱仪（NAIS）是一种离子迁移谱仪，样品气溶胶在测量之前流经一个荷电器，正或（和）负电晕产生的离子加入到气溶胶气流中。由于难以产生等浓度的正负离子，这种仪器通常以单极带电模式运行。通过这些测量，粒子的总浓度（除自然发生的带电粒子）可以确定。有关核化的重要信息已用 NAIS 获得（Kulmala 等，2007a），但是建议必须谨慎解释这些数据。至于 SMPS（Hanson，2005；Iida 等，2008），荷电器能够导致离子诱导核化，并且当最小测量粒径越低时，影响测量的可能性越大。

31.4.2.2 凝结生长分级

凝结生长分级研究层流凝结核计数器（Stolzenburg 和 McMurry，1991）内饱和率在层流轴向的变化。一旦饱和率升到 1.0 以上，靠近冷凝器入口处的“大”粒子上即开始出现凝结现象。由于粒子曲率原因，当粒径减小时，活化凝结所需的饱和率增加。因此，较小粒子在开始生长前沿冷凝器轴向移动得更远。与大粒子相比，小粒子生长的时间较短，从而导致最终液滴尺寸比较小。初始粒子粒径可以通过测量最终液滴尺寸获得。脉冲高度分析-超细凝结核计数器（PHA-UCPC）已被用来检测和分级低至 3nm 的稳定核（Saros 等，1996），这种方法特别适合时间分辨率要求高的航空测量（Weber 等，1998，1999）。PHA-UCPC 也可以用于间接获得新生成粒子（见后面部分）的组分信息。最近，Sipila 等（2008）用丁醇脉冲高度分析-超细凝结核计数器检测了小于 2nm 的粒子，这项工作是通过提高冷凝器饱和率的方法完成的。虽然这将导致自核化现象，但他们发现小于 2nm 的粒子生长粒径大于自核化的粒子但小于大粒子凝结生长的粒径。Sipila 等用此方法能检测迁移粒径小于 1.3nm 的粒子。通过在 PHA-UCPC 前端串联 TSI[3] 3042 扩散池组，他们得到了纳米粒子粒径分布的更多信息。

Kuang 等开发了另一种基于活化方法来测量小于 2nm 粒子的粒径分布的方法（Kuang 等，稿件准备中），这种用油酸作为工作流体的纳米粒子生长仪器能够在不发生均相核化的条件下有效地活化粒径小于 2nm 的粒子。Kuang 的研究表明，伴随着油酸的凝结，最终的液滴大小明显依赖于初始粒子的粒径，这种相关性可用来获得纳米粒子的粒径分布。Kuang 在油酸冷凝器后串接纳米 SMPS 来测量液滴粒径分布，没有用光学检测器的原因是由于粒子只能生长到 16～30nm，粒径太小而不能像 PHA-UCPC 用光学方法测量。脉冲高度分析-超细凝结核计数器方法的优点是可以测量中性粒子，从而避免了荷电器内离子诱导核化的可能性，同时增加了仪器灵敏度（由于采集的是所有粒子而不只是带电粒子）。由于粒子在油酸冷凝器后荷电，然后用纳米 SMPS 测量，带电组分数和生长粒子的检测效率远高于生长前所能测定的组分数和效率。实验室研究表明这种仪器对迁移等效直径 2.1nm（大约 1.8nm 几何直径）的 NaCl 粒子有 50％的检测效率，并能检测几何直径小至 1nm 的粒子（虽然效率较低）。

31.4.2.3 凝结活化分级

核模态气溶胶粒径谱仪（N-MASS）由 5 个以全氟三丁胺（FC43）为工作流体（Brock 等，2003）的并行凝结核计数器（CPCs）构成。由于 FC43 不是一种有效的溶剂，不能与水混溶，因此活化几乎与组分无关。凝结核计数器以不同的饱和率运行，因此能提供 50% 的检测尺寸，范围为 5～50nm。由于每个凝结核计数器对不同粒径粒子的检测效率是已知的，测量结果可转化为粒径分布。虽然 N-MASS 获得的粒径分辨率低，但时间分辨率高（约 1s），这使得它非常适合航空测量。相关方法还有改变工作流体上 FC43 传送到单个凝结核计数器的分压，由于该凝结核计数器的冷凝器和饱和器在固定温度下运行，这样就改变了冷凝器内达到的饱和度（Gallar 等，2006）。这种仪器能在 30s 内测量 5～30nm 的颗粒物粒径分布。

31.4.2.4 分子簇化学离子化质谱

分子簇化学离子化质谱（cluster CIMS）检测单个分子和它们在新粒子生成事件中形成的分子簇并能提供化学物质的质谱信息，质量数达到约 1000amu。Weber 等在 1995 年首先报道了用分子簇化学离子化质谱测量大气分子簇。虽然这些测量由于分辨率低而不能鉴定分子簇物质，但发现分子簇化学离子化质谱测得的中性分子簇信号与用脉冲高度分析-超细凝结核计数器测得的纳米粒子浓度具有较好的相关性。Eisele 和 Hanson（2000）首次叙述了分辨质量的分子簇实验室测量，并向读者介绍了仪器和测量技术的详细讨论。有一篇文章叙述了用这种方法首次进行分辨质量的大气测量，该文章正处于审稿中（Zhao 等，2010）。

分子簇化学离子化质谱通过产生一种特定反应性离子来检测中性分子簇，反应性离子可以根据研究的分子簇化学性质进行调整。这些反应性离子与进样空气在漂流管内相互作用，根据需要的反应时间，这些离子可以穿过漂流管横向往返或沿漂流管轴向飞行，时间尺度分别是 ms 或 s。这些离子通常与大气中已有中性分子簇通过质子交换发生反应，因此提供一个电荷给要测量的分子簇，使它们能够在静电作用下进入质谱仪并被分析。然而，随着中性分子簇荷电，反应性离子也能引发离子诱导核化过程，该过程会产生一个离子簇，而这个离子簇无法与想要的带电中性分子簇区分开来。区分这两种机制产生的离子关键在于它们的时间依赖性，已有中性分子簇的荷电具有线性的时间依赖性，而离子诱导过程是一个连续过程，分子簇包含更多的分子，具有更高的时间依赖性。因此，改变反应性离子暴露于进样空气的时间，能够区分离子诱导和直接荷电组分（Eisele 和 Hanson，2000）。高灵敏度分析技术能够提供浓度低至 10^3～10^4 个/cm^3 分子簇的化学信息，这一浓度在中到大强度的核化事件范围之内。尽管这一核化过程可能产生 10^5 个/cm^3 超细粒子和许多前体物分子簇，这些分子簇分属于包含数十种不同物质且粒径小于 1nm 的分子簇。因此，当前的测量仅略高于仪器检测限，在较大的核化事件或者在与核化无关的高分子量物质浓度较低的非常干净的环境下，测量效果最佳。尽管这种仪器存在局限性，但它首次给我们提供了研究大气分子簇生长的化学驱动机制的机会，分子簇生长的粒径范围从单个分子到粒径略大于 1nm 的分子簇，在许多情况下这种大于 1nm 的分子簇应该包括临界的或热动力学稳定的分子簇尺寸。

31.5 纳米粒子生长机制的测量

现场观测（例如，Laaksonen，2005；Kuang 等，2009）表明核化生成的粒子能够长到足够大而成为 CCN，但同时对生长有贡献的物质和机制的不确定性困扰着生长速率的模式化。生长中的纳米粒子成分信息将给我们提供有关生长机制的信息。然而多个原因使测量纳米粒子成分变得困难，这些原因包括核化粒子极低的物质浓度（通常低于积聚模态粒子浓度约 10^6）、其上低挥发性物质的“黏附”（导致损失和分析仪器高背景值）以及质谱分析过程中易于分解（难以鉴别母体化合物）。为克服这些挑战，科学家们已采取各种方法，本章将详细介绍这些仪器。这些技术分为以下几类：①通过测量气溶胶其他性质，推断化学组成的间接测量方法；②采集样品随后进行分析的直接离线测量方法；③直接在线测量（例如实时测量）。

31.5.1 间接测量

虽然间接方法不能鉴别粒子内的特定物质，但对粒子内是否具有某些化合物类型能进行清晰的判断，并能用现有的气溶胶仪器来实现。有时，使用多种间接测量方法组合可以获得比用单一间接方法能获得更明确的信息。

本节前面介绍了一类间接测量纳米粒子组成的方法，测量了被认为对生长有重要贡献的气相物质，并用凝结和碰并模式计算生长速率。观测的生长速率与计算得到的生长速率的契合程度提供了有关这类物质在新粒子生长中可能的作用。采用这种方法评估硫酸在纳米粒子生长中的可能作用，从而得出必有其他物质参与生长的结论（Stolzenburg 等，2005）。间接测量技术的成功与否依赖于鉴别和量化参与粒子生长的候选物质。挑战在于，除了硫酸外，大多数前体物未知或者无法测量。包括估算有机物光氧化气溶胶产量在内的模式已被应用（Boy 等，2003）。虽然这些研究有许多不确定性和假设，但支持了有机中间体可能对观测到的大多数粒子生长都有贡献这一说法。

串联测量技术是一种有效测定一些特定纳米粒子性质的方式，这些性质包括蒸气压、依赖温度的挥发性和作为饱和率函数的蒸气吸收（Park 等，2008；Swietlicki 等，2008）。通常，这类技术包括选定已知迁移率的粒子，以明确设定的过程改变它们，然后测量该过程对迁移粒径（或其他性质）的影响。例如，Sakurai 等（2005）用串联差分电迁移分析仪（TDMA）测量了美国佐治亚州亚特兰大含硫丰富的大气中小至 4nm 新核化粒子的粒径对温度和相对湿度的敏感性。他们得出在该条件下纳米粒子主要为硫酸铵的结论。O’Dowd 等（2002）发现在爱尔兰西海岸，新粒子生成的 8nm 粒子是疏水性的，这与海岸生物区排放物氧化生成的氯代烃一致。对吸湿性 TDMA 改造的一种仪器叫有机串联差分电迁移分析仪（OTDMA；Joutsensaari 等，2001），这种仪器将选定粒径的纳米粒子暴露于饱和度为 80% 的乙醇中。当暴露于乙醇蒸气中时，较之于无机粒子，有机粒子由于溶解度大而长到较大粒径。在芬兰针叶松森林中，测量直径 10nm 的气溶胶表明，这些粒子对乙醇的吸收与气相单萜烯氧化产物的多少紧密相关，揭示了单萜烯氧化产物可以在粒子上冷凝（Laaksonen 等，2008）。一种 TDMA 变化方法包括测量整个粒径分布的温度依赖性，而不是预先选定的粒径。例如，Wehner 等（2005）用这种方法得出在生长的早期阶段核化生成的纳米粒子由硫酸盐组成，但粒径高于 10nm 时有机物质也许对生长有重要作用的结论。

凝结核粒子计数器也可以用来间接测量粒子组成。一种是用 PHA-UCPC 的方法研究颗粒物组成对吸收工作流体的依赖性。例如，水溶性粒子在用水作为工作流体的 CPC 中倾向于长得更大，而醇溶性粒子在丁醇 CPC 中更容易生长。O’Dowd 等（2002，2004）进行的实验研究表明丙二酸、蒎酸和顺式-蒎酮酸粒子在 PHA-UCPC 中产生的脉冲高度远高于同样粒径的硫酸铵或 I_2O_5 粒子。基于这些观测，他们用 PHA-UCPC 实验得出芬兰森林中新粒子生成事件中生成的粒子包含大量有机物。

Kulmala 等（2007b）用四个并行进样的并列 CPC 组进行了测量，包括用正丁醇和水为工作流体的 CPC，分别对应切割点为（3.7±0.1）nm 和（8.85±0.15）nm。并列 CPC 组获得的数据清晰表明，在核化事件期间，水基仪器切割粒径低于醇基仪器的切割粒径（Riipinen，2008）。他们的结论是水基 CPC 检测粒径降低是由于最小的粒子主要由硫酸盐组成。他们通过其他证据得出结论，粒子长到较大粒径时富含有机物。

31.5.2　直接离线测量

层叠式冲击器用来分级采集以进行化学分析。冲击器的特点是低粒径切割（例如用 MSP 的 Nano-MOUDI 具有 10nm 的较低粒径切割点），以相对高的采样流量运行（Nano-MOUDI 的流量是 10L/min），易于操作并且与许多离线分析技术互补，冲击器的一大缺点是有粒子反弹现象（第 8 章）。粒子反弹对纳米粒子分析来说的确是一个大问题，因为纳米粒子质量很低。

尽管如此，仍有一些用冲击器开展新核化粒子组成的重要研究，其中一项在芬兰针叶林森林中进行的新粒子生成研究，用的是低压冲击器（DEK），随后用离子色谱进行分析（Makela 等，2001）。这些测量需要整合时间跨越多个新粒子生成事件，结果发现新生成的粒子富含二乙胺。Makela 等在爱尔兰西海岸用小面积沉积区域冲击器（DEK）对新生成粒子的组成进行了直接测量。小面积沉积区域冲击器是一种层叠式冲击器，将颗粒物沉积到冲击器每一级上较小区域内，改良了基于表面测量的仪器（例如 SIMS 或 PIXE）的敏感度。这些测量观察到 10nm 粒子里含有碘和硫，证实了 O'Dowd 等用 HTDMA 观测到的结果。

McMurry 等（2009）最近报道开发了一种静电分级系统用来采集 4nm 颗粒物气溶胶样品进行化学分析，这种为在线组分测量开发的系统同样已用于离线分析。这种技术使用由三个单极荷电器组成的并行系统，每个荷电器连接到一个低分辨率下运行的 nano-DMA 上，样品以 33L/min 流速传递到一个收集器。事实上，带电纳米颗粒物通过静电沉积被有效地收集到一个小面积采样区域上。

31.5.3　直接在线测量

在线化学分析技术直接实时分析颗粒物，通常用激光或加热表面来汽化颗粒物，将得到的气体离子化，并将离子化的气体注入质谱仪进行分析（第 11 章）。人们对这些技术研究纳米颗粒物组成寄予厚望，因为它们灵敏度高，采样时间又短，并且尽可能避免了样品污染问题，而这些是离线分析所存在的问题。Zhang 等（2004）报道了用 ARI 气溶胶质谱（AMS）来追踪核化事件中的粒子组成。这些测量中，18～33nm 粒径范围内的粒子主要由硫酸盐组成，10～40min 后，开始包含铵、有机物以及较小量的硝酸盐。那次实验中，在光化学最活跃的下午时段，二次有机物对超细颗粒物的生长具有明显的贡献。在芬兰的针叶林森林中，用 AMS 进行了同样的测量，测量发现，经过几小时新粒子事件生长后生成的小于 100nm 的粒子，其物质主要（即使不是全部）为有机物（Allan 等，2006）。

另一类仪器用高能激光测量单个纳米粒子的元素组成。这类仪器最近使用的一个例子是在分析前用纳米空气动力学透镜（Wang 和 McMurry，2006）和一个离子阱浓缩样品颗粒物来实现的，该仪器将单颗粒组成测量扩展至粒径 10nm 以上（Wang 和 Johnston，2006）。自那以后，尽管仪器的灵敏度使此种测量成为可能，也没有用此种方法研究新粒子生成的报道。

Smith 等（Voisin 等，2003；Smith 等，2005）开发了热解吸化学离子化质谱（TD-CIMS），这种仪器能在线测量小至 8nm 粒子的分子组成，时间分辨率约为 20min（第 11 章）。TDCIMS 使用前文提到的低分辨率静电分级技术将气溶胶纳米粒子样品收集到一块金属薄片上，然后电阻加热薄片并用 CIMS 分析解吸气体。图 31-2(e) 表示在南洛基山脉北美黄松森林监测到的新粒子生成事件中生成的直径为 20nm 气溶胶代表性离子谱。在墨西哥城区域，用这种仪器测量新核化粒子（Smith 等，2008），图 31-2(e) 表明大多数检测离子由有机物组成，主要是有机酸和含氮有机物。我们在墨西哥城测量发现颗粒物中硫酸盐只占检测离子的 10%，硝酸盐只占 6%。这些测量结果与单独测量硫酸蒸气浓度和纳米颗粒物生长速率一致，这表明硫酸气体凝结仅占观测到粒子生长的约 10%。在科罗拉多森林和特大城市进行的测量都进一步证明有机物对新核化粒子快速生长率的贡献，并迫切需要了解有机物转化为极低挥发性化合物的过程。这类测量的一个启示是预测新粒子生成对 CCN 总数影响的模式必须包含由有机物引起的粒子生长，否则就有可能低估了新粒子生成对气候变化的影响。

31.6 结论

新粒子生成每隔几天发生而且核化粒子对 CCN 的浓度贡献很大，因此，全球气候模式中必须包含新粒子生成。有关这个问题面临着两个挑战：即修正核化速率的模式和修正生长速率的模式。环境测量表明这两种速率都大大高于应用现有理论预测的速率，这些高速率是造成大气新粒子生成具有不可预见的重要性的原因。本章介绍已发展的测量方法以求认识造成大气观测中高核化和生长速率的原因。

簇化学离子化质谱（CIMS）开始用来提供有关核化生成的中性分子簇质量数据。这些测量将提供参与核化物质的相关信息。簇化学离子化质谱结合低至 1nm 气溶胶粒径分布测量新方法开始首次提供有关粒径全谱信息，从单个分子到核化分子簇，到纳米粒子甚至更大粒子，这些数据有可能提供有关分子簇和纳米粒子生长和蒸发速率的信息。

现在应用 TDCIMS 能够得到小至 8nm 粒子的化学表征信息，这些测量能够为形成高生长速率原因的化学机制提供新的认识。其他间接方法应用已有的气溶胶仪器，提供的粒子组成制约因素的有价值信息。这类测量表明富硫蒸气凝结偶尔主导生长，有机物通常是造成观测生长超过 90%的主要原因。正是由于这些高生长率才使得粒子能够长时间存在并长到 CCN 尺寸。

基于理解新粒子生成的要求，促进了探索气溶胶测量的前沿发展。这些和同类方法的延伸有可能用于解决其他类型气溶胶问题，包括气溶胶反应器的材料合成以及半导体处理反应器内杂质粒子的生成。

31.7 致谢

作者十分感谢能源部（批准号：DE-FG-02-98ER62556 和 DE-FG-02-05ER63997）和国家科学基金（ATM-0500674 和 DGE-0114372）的支持。PHM 感谢来自 Guggenheim Foundation 的支持。美国国家大气科学研究中心（NCAR）由美国国家科学基金（NSF）赞助，由大气研究大学社团（UCAR）负责运行。

31.8 符号列表

J	核化速率，个/(cm^3 · s)
K	核化速率方程经验前因子
$[H_2SO_4]$	硫酸蒸气浓度
P	核化速率方程经验指数
Q	体积进样速率
N	颗粒物数浓度
e	基本电荷

31.9 参考文献

Aitken, J. 1896–97. On some nuclei of cloudy condensation. *Trans. Royal Soc. Edinburgh* 39:15–25.

Aitken, J., Ed. 1923. *Collected Scientific Papers of John Aitken*. Cambridge: Cambridge University Press.

Allan, J. D., M. R. Alfarra, K. N. Bower, H. Coe, J. T. Jayne, D. R. Worsnop, P. P. Aalto, M. Kulmala, T. Hyotylainen, F. Cavalli, and A. Laaksonen. 2006. Size and composition measurements of background aerosol and new particle growth in a Finnish forest during quest 2 using an aerodyne aerosol mass spectrometer. *Atmos. Chem. Physics* 6:315–327.

Boy, M., U. Rannik, K. E. J. Lehtinen, V. Tarvainen, H. Hakola, and M. Kulmala. 2003. Nucleation events in the continental boundary layer: Long-term statistical analyses of aerosol characteristics. *J. Geophys. Res.* 108: 4667. doi: 10.1029/2003JD003838.

Bricard, J. 1966. *Electric Charge and Radioactivity of Naturally Occurring Aerosols. Aerosol Science*. New York: Academic, chap. 4.

Brock, C. A., F. Schroder, B. Karcher, A. Petzold, R. Busen, and M. Fiebig. 2000. Ultrafine particle size distributions measured in aircraft exhaust plumes. *J. Geophys. Res.—Atmospheres* 105:26555–26567.

Eisele, F. L., and D. R. Hanson. 2000. First measurement of prenucleation molecular clusters. *J. Phys. Chem. A.* 104: 830–836.

Eisele, F. L., and D. J. Tanner. 1993. Measurement of the gas phase concentration of H_2SO_4 and methane sulfonic acid and estimates of H_2SO_4 production and loss in the atmosphere. *J. Geophys. Res.* 98:9001–9010.

Fernández de la Mora, J. F., L. de Juan, T. Eichler, and J. Rosell. 1998. Differential mobility analysis of molecular ions and nanometer particles. *Trends Analyt. Chem.* 17:328–338.

Gallar, C., C. A. Brock, J. L. Jimenez, and C. Simons. 2006. A variable supersaturation condensation particle sizer. *Aerosol Sci. Technol.* 40:431–436.

Gamero-Castano, M., and J. Fernández de la Mora. 2000. A condensation nucleus counter (cnc) sensitive to singly charged sub-nanometer particles. *J. Aerosol Sci.* 31:757–772.

Ghan, S. J., R. C. Easter, E. Chapman, H. Abdul-Razzak, Y. Zhang, R. Leung, N. Laulainen, R. Saylor, and R. Zaveri. 2001. A physically-based estimate of radiative forcing by anthropogenic sulfate aerosol. *J. Geophys. Res.* 106:5279–5294.

Hanson, D. 2005. Mass accommodation of H_2SO_4 and CH_3SO_3H on water-sulfuric acid solutions from 6% to 97% rh. *J. Phys. Chem. A.* 109:6919–6927.

Hinds, W. C. 1999. *Aerosol Technology: Properties, Behavior, and Measurement of Airborne Particles*. New York: Wiley-Interscience.

Hörrak, U., J. Salm, and H. Tammet. 1998. Bursts of intermediate ions in atmospheric air. *J. Geophys. Res.—Atmospheres* 103:13909–13915.

Iida, K. 2008. Atmospheric nucleation: Development and application of nanoparticle measurements to assess the roles of ion-induced and neutral processes. *Mechanical Engineering*. Ph.D. thesis, University of Minnesota, Minneapolis, MN, 188 pages.

Iida, K., M. Stolzenburg, P. McMurry, M. J. Dunn, J. N. Smith, F. Eisele, and P. Keady. 2006. Contribution of ion-induced nucleation to new particle formation: Methodology and its application to atmospheric observations in boulder, colorado. *J. Geophys. Res.—Atmospheres* 111(D23):201. doi: 10.1029/2006JD007167.

Iida, K., M. R. Stolzenburg, P. H. McMurry, and J. N. Smith. 2008. Estimating nanoparticle growth rates from size-dependent charged fractions: Analysis of new particle formation events in Mexico City. *J. Geophys. Res.—Atmospheres* 113(D05):207. doi: 10.1029/2007JD009260.

Iida, K., M. R. Stolzenburg, and P. H. McMurry. 2009. Effect of working fluid on sub-2 nm particle detection with a laminar flow ultrafine condensation particle counter. *Aerosol Sci. Technol.* 43:81–96.

Joutsensaari, J., P. Vaattovaara, M. Vesterinen, K. Hämeri, and A. Laaksonen. 2001. A novel tandem differential mobility analyzer with organic vapor treatment of aerosol particles. *Atmos. Chem. Phys.* 1:51–60.

Kerminen, V. M., and M. Kulmala. 2002. Analytical formulae connecting the "real" and the "apparent" nucleation rate and the nuclei number concentration for atmospheric nucleation events. *J. Aerosol Sci.* 33:609–622.

Kerminen, V. M., H. Lihavainen, M. Komppula, Y. Viisanen, and M. Kulmala. 2005. Direct observational evidence linking atmospheric aerosol formation and cloud droplet activation *Geophys. Res. Lett.* 32(L14):803. doi: 10.1029/2005GL023130.

Kim, C. S., K. Okuyama, and J. Fernández de la Mora. 2003. Performance evaluation of an improved particle size magnifier (psm) for single nanoparticle detection. *Aerosol Sci. Technol.* 37:791–803.

Ku, B. K., and J. Fernández de la Mora. 2009. Relation between electrical mobility, mass, and size for nanodrops 1–10 nm in diameter. *Aerosol Sci. Technol.* 43:241–249. doi: 10.1080/02786820802590510.

Kuang, C., P. H. McMurry, A. V. McCormick, and F. L. Eisele. 2008. Dependence of nucleation rates on sulfuric acid vapor concentration in diverse atmospheric locations. *J. Geophys. Res.—Atmospheres* 113(D10):209. doi: 10.1029/2007JD009253.

Kuang, C., P. H. McMurry, and A. V. McCormick. 2009. The production of cloud 1 condensation nuclei from new particle formation events. *Geophys. Res. Lett.* 36(L09):822. doi: 10.1029/2009GL037584.

Kulmala, M., H. Vehkamaki, T. Petajda, M. Dal Maso, A. Lauri, V. M. Kerminen, W. Birmili, and P. H. McMurry. 2004. Formation and growth rates of ultrafine atmospheric particles: A review of observations. *J. Aerosol Sci.* 35:143–176.

Kulmala, M., K. E. J. Lehtinen, and A. Laaksonen. 2006. Cluster activation theory as an explanation of the linear dependence between formation rate of 3nm particles and sulphuric acid concentration. *Atmos. Chem. Physics* 6:787–793.

Kulmala, M., I. Riipinen, M. Sipila, H. E. Manninen, T. Petaja, H. Junninen, M. Dal Maso, G. Mordas, A. Mirme, M. Vana, A. Hirsikko, L. Laakso, R. M. Harrison, I. Hanson, C. Leung, K. E. J. Lehtinen, and V. M. Kerminen. 2007a. Toward direct measurement of atmospheric nucleation. *Science* 318:89–92.

Kulmala, M., G. Mordas, T. Petäjä, T. Grönholm, P. P. Aalto, H. Vehkamäki, A. Hienola, E. Herrmann, M. Sipilä, I. Riipinen, H. E. Manninen, K. Hämeri, F. Stratmann, M. Bilde, P. M. Winkler, W. Birmili, and P. E. Wagner. 2007b. The condensation particle counter battery (cpcb): A new tool to investigate the activation properties of nanoparticles. *J. Aerosol Sci.* 38:289–304.

Laakso, L., J. M. Makela, L. Pirjola and M. Kulmala. 2002. Model studies on ion-induced nucleation in the atmosphere *J. Geophys. Res.—Atmospheres* 107:4427. doi: 10.1029/2002JD002140.

Laaksonen, A., A. Hamed, J. Joutsensaari, L. Hiltunen, F. Cavalli, W. Junkermann, A. Asmi, S. Fuzzi, and M. C. Facchini. 2005. Cloud condensation nucleus production from nucleation events at a highly polluted region. *Geophys. Res. Lett.* 32(L06): 812. doi: 10.1029/2004GL022092.

Laaksonen, A., M. Kulmala, C. D. O'Dowd, J. Joutsensaari, P. Vaattovaara, S. Mikkonen, K. E. J. Lehtinen, L. Sogacheva, M. Dal Maso, P. Aalto, T. Petaja, A. Sogachev, Y. J. Yoon, H. Lihavainen, D. Nilsson, M. C. Facchini, F. Cavalli, S. Fuzzi, T. Hoffmann, F. Arnold, M. Hanke, K. Sellegri, B. Umann, W. Junkermann, H. Coe, J. D. Allan, M. R. Alfarra, D. R. Worsnop, M. L. Riekkola, T. Hyotylainen, and Y. Viisanen. 2008. The role of voc oxidation products in continental new particle formation. *Atmos. Chem. Physics* 8:2657–2665.

Li, Z., and H. Wang. 2003. Drag force, diffusion coefficient, and electrical mobility of small particles. I. Theory applicable to the free-molecule regime. *Phys. Rev. E* 68: 061206-1–061206-9.

Liu, B. Y. H., and D. Y. H. Pui 1974. A submicron aerosol standard and the primary, absolute calibration of the condensation nuclei counter. *J. Coll. Interf. Sci.* 47:155–171.

Mäkelä, J. M., P. Aalto, V. Jokinen, T. Pohja, A. Nissinen, S. Palmroth, T. Markkanen, K. Seitsonen, H. Lihavainen, and M. Kulmala. 1997. Observations of ultrafine aerosol particle formation and growth in Boreal Forest. *Geophys. Res. Lett.* 24:1219–1222.

Mäkelä, J., S. Yli-Koivisto, V. Hiltunen, W. Seidl, E. Swietlicki, K. Teinila, M. Sillanpää, I. K. Koponen, J. Paatero, K. Rosman, and K. Hämeri. 2001. Chemical composition of aerosol during particle formation events in Boreal Forest. *Tellus* 53B:380–393.

McMurry, P. H. 2000. A review of atmospheric aerosol measurements. *Atmos. Environ.* 34:1959–1999.

McMurry, P. H., and S. K. Friedlander. 1979. New particle formation in the presence of an aerosol. *Atmos. Environ.* 13:1635–1651.

McMurry, P. H., M. A. Fink, H. Sakurai, M. R. Stolzenburg, L. Mauldin, K. Moore, J. N. Smith, F. L. Eisele, S. Sjostedt, D. Tanner, L. G. Huey, J. B. Nowak, E. Edgerton, and D. Voisin. 2005. A criterion for new particle formation in the sulfur-rich Atlanta atmosphere. *J. Geophys. Res—Atmospheres* 110:D22S02. doi:10.1029/2005JD005901.

McMurry, P. H., A. Ghimire, H.-K. Ahn, H. Sakurai, K. Moore, M. Stolzenburg, and J. N. Smith. 2009. Sampling nanoparticles for chemical analysis by low resolution electrical mobility classification. *Environ. Sci. Technol.* 43:4653–4658. doi: 10.1021/es8029335.

Mirme, A., E. Tamm, G. Mordas, M. Vana, J. Uin, S. Mirme, T. Bernotas, L. Laakso, A. Hirsikko, and M. Kulmala. 2007. A wide-range multi-channel air ion spectrometer. *Boreal Environ. Res.* 12:247–264.

Nowak, J. B., L. G. Huey, F. L. Eisele, D. J. Tanner, R. L. Mauldin, C. Cantrell, E. Kosciuch, and D. D. Davis. 2002. Chemical ionization mass spectrometry technique for detection of dimethylsulfoxide and ammonia. *J. Geophys. Res.—Atmospheres* 107: 4363. doi: 10.1029/2001JD001058.

Nowak, J. B., L. G. Huey, A. G. Russell, D. Tian, J. A. Neuman, D. Orsini, S. J. Sjostedt, A. P. Sullivan, D. J. Tanner, R. J. Weber, A. Nenes, E. Edgerton, and F. Fehsenfeld. 2006. Analysis of urban gas phase ammonia measurements from the 2002 Atlanta aerosol nucleation and real-time characterization experiment (ANARCHE). *J. Geophys. Res.* 111(D17):308. doi: 10.1029/2006JD007113.

O'Dowd, C., P. Aalto, K. Hämeri, M. Kulmala, and T. Hoffmann. 2002. Atmospheric particles from organic vapours. *Nature* 416:497–498.

O'Dowd, C. D., P. P. Aalto, Y. J. Yoon, and K. Hameri. 2004. The use of the pulse height analyser ultrafine condensation particle counter (PHA-UCPC) technique applied to sizing of nucleation mode particles of differing chemical composition. *J. Aerosol Sci.* 35:205–216.

Park, K., D. Dutcher, M. Emery, J. Pagels, H. Sakurai, J. Scheckman, S. Qian, M. R. Stolzenburg, X. Wang, J. Yang, and P. H. McMurry. 2008. Tandem measurements of aerosol properties—A review of mobility techniques with extensions. *Aerosol Sci. Technol.* 42:801–816.

Riipinen, I. 2008. Observations on the first steps of atmospheric particle formation and growth. Ph.D. thesis, Department of Physics, University of Helsinki, Finland.

Riipinen, I., S.-L. Sihto, M. Kulmala, F. Arnold, M. Dal Maso, W. Birmili, K. Saarnio, K. Teinila, V.-M. Kerminen, A. Laaksonen, and K. E. J. Lehtinen. 2007. Connections between atmospheric sulphuric acid and new particle formation during quest iii–iv campaigns in hyytiala and heidelberg. *Atmos. Phys. Chem.* 7:1899–1914.

Sakurai, H., M. A. Fink, P. H. McMurry, L. Mauldin, K. F. Moore, J. N. Smith and F. L. Eisele. 2005. Hygroscopicity and volatility of 4–10 nm particles during summertime atmospheric nucleation events in urban Atlanta. *J. Geophys. Res.* 110:D22S04. doi: 10.1029/2005JD005918.

Saros, M., R. J. Weber, J. Marti, and P. H. McMurry. 1996. Ultrafine aerosol measurement using a condensation nucleus counter with pulse height analysis. *Aerosol Sci. Technol.* 25:200–213.

Sgro, L. A., and J. Fernández de la Mora. 2004. A simple turbulent mixing cnc for charged particle detection down to 1.2 nm. *Aerosol Sci. Technol.* 38:1–11.

Sipilä, M., K. Lehtipalo, M. Kulmala, T. Petäjä, H. Junninen, P. P. Aalto, H. E. Manninen, E. Vartiainen, I. Riipinen,

E.-M. Kyrö, J. Curtius, A. Kürten, S. Borrmann, and C. D. O'Dowd. 2008. Applicability of condensation particle counters to measure atmospheric clusters. *Atmos. Chem. Physics* 8:4049–4060.

Sipila, M., K. Lehtipalo, M. Attoui, K. Neitola, T. Petaja, P. P. Aalto, C. D. O'Dowd, and M. Kulmala. 2009. Laboratory verification of PH-CPC's ability to monitor atmospheric sub-3 nm clusters. *Aerosol Sci. Technol.* 43:126–135.

Smith, J. N., K. F. Moore, F. L. Eisele, D. Voisin, A. K. Ghimire, H. Sakurai, and P. H. McMurry. 2005. Chemical composition of atmospheric nanoparticles during nucleation events in Atlanta. *J. Geophys. Res.—Atmospheres* 110(D22):S03. doi: 10.1029/2005JD005918.

Smith, J. N., M. J. Dunn, T. M. VanReken, K. Iida, M. R. Stolzenburg, P. H. McMurry, and L. G. Huey. 2008. Chemical composition of atmospheric nanoparticles formed from nucleation in Tecamac, Mexico: Evidence for an important role for organic species in nanoparticle growth. *Geophys. Res. Lett.* 35(L04):808. doi: 10.1029/2007GL032523.

Spracklen, D. V., K. S. Carslaw, M. Kulmala, V. M. Kerminen, S. L. Sihto, I. Riipinen, J. Merikanto, G. W. Mann, M. P. Chipperfield, A. Wiedensohler, W. Birmili, and H. Lihavainen. 2008. Contribution of particle formation to global cloud condensation nuclei concentrations. *Geophys. Res. Lett.* 35(L06):808. doi: 10.1029/2007GL033038.

Stolzenburg, M. R., and P. H. McMurry. 1991. An ultrafine aerosol condensation nucleus counter. *Aerosol Sci. Technol.* 14:48–65.

Stolzenburg, M. R., and P. H. McMurry. 2008. Equations governing single and tandem dma configurations and a new lognormal approximation to the transfer function. *Aerosol Sci. Technol.* 42:421–432.

Stolzenburg, M. R., P. H. McMurry, H. Sakurai, J. N. Smith, R. L. Mauldin, F. L. Eisele, and C. F. Clement. 2005. Growth rates of freshly nucleated atmospheric particles in Atlanta. *J. Geophys. Res.—Atmospheres* 110:D22S05. doi: 10.1029/2005JD005935.

Swietlicki, E., H. C. Hansson, K. Hameri, B. Svenningsson, A. Massling, G. McFiggans, P. H. McMurry, T. Petaja, P. Tunved, M. Gysel, D. Topping, E. Weingartner, U. Baltensperger, J. Rissler, A. Wiedensohler, and M. Kulmala. 2008. Hygroscopic properties of submicrometer atmospheric aerosol particles measured with h-tdma instruments in various environments—A review. *Tellus Series B–Chemical and Physical Meteorology* 60:432–469.

Tammet, H. 1995. Size and mobility of nanometer particles, clusters and ions. *J. Aerosol Sci.* 26:459–475.

Tammet, H. 2003. Method of inclined velocities in the air ion mobility analysis. In *Proceedings of the 12th International Conference on Atmospheric Electricity*, Versailles, 1:399–402.

Tammet, H. 2006. Continuous scanning of the mobility and size distribution of charged clusters and nanometer particles in atmospheric air and the balanced scanning mobility analyzer BSMA. *Atmos. Res.* 82:523–535. doi: 10.1016/j.atmosres.2006.02.009.

Tammet, H., H. Iher, and J. Salm. 1992. Spectrum of atmospheric ions in the mobility range 0.32–3.2 cm2/(v · s). *Acta Comm. Univ. Tartu* 947:35–49.

Voisin, D., J. N. Smith, H. Sakurai, P. H. McMurry, and F. L. Eisele. 2003. Thermal desorption chemical ionization mass spectrometer for ultrafine particle chemical composition. *Aerosol Sci. Technol.* 37:471–475.

Wang, S. Y., and M. V. Johnston. 2006. Airborne nanoparticle characterization with a digital ion trap-reflectron time of flight mass spectrometer. *International Journal of Mass Spectrometry* 258:50–57.

Wang, X., and P. H. McMurry. 2006. An experimental study of nanoparticle focusing with aerodynamic lenses. *Int. J. Mass Spectrom.* 258:30–36. doi: 10.1016/j.ijms.2006.06.008.

Weber, R. J., P. H. McMurry, F. L. Eisele, and D. J. Tanner. 1995. Measurement of expected nucleation precursor species and 3–500-nm diameter particles at Mauna Loa Observatory, Hawaii. *J. Atmos. Sci.* 52:2242–2257.

Weber, R. J., J. Marti, P. H. McMurry, F. L. Eisele, D. J. Tanner, and A. Jefferson. 1996. Measured atmospheric new particle formation rates: Implications for nucleation mechanisms. *Chem. Eng. Comm.* 151:53–64.

Weber, R. J., P. H. McMurry, L. Mauldin, D. J. Tanner, F. L. Eisele, F. J. Brechtel, S. M. Kreidenweis, G. L. Kok, R. D. Schillawski, and D. Baumgardner. 1998. A study of new particle formation and growth involving biogenic trace gas species measured during ace-1. *J. Geophysical Res.* 103:16385–16396.

Weber, R. J., P. H. McMurry, L. Mauldin, D. Tanner, F. Eisele, A. D. Clarke, and V. N. Kapustin. 1999. New particle formation in the remote troposphere: A comparison of observations at various sites. *Geophys. Res. Lett.—Atmospheric Sciences* 26:307–310.

Wehner, B., T. Petaja, M. Boy, C. Engler, W. Birmili, T. Tuch, A. Wiedensohler, and M. Kulmala. 2005. The contribution of sulfuric acid and non-volatile compounds on the growth of freshly formed atmospheric aerosols *Geophys. Res. Lett.* 32(L17):810. doi: 10.1029/2005GL023827.

Wilson, C. T. R. 1899. On the comparative efficiency as condensation nuclei of positively and negatively charged ions. *London Philos. Trans. A* 193:289–308.

Winkler, P. M., G. Steiner, A. Vrtala, H. Vehkamaki, M. Noppel, K. E. J. Lehtinen, G. P. Reischl, P. E. Wagner, and M. Kulmala. 2008. Heterogeneous nucleation experiments bridging the scale from molecular ion clusters to nanoparticles. *Science* 319:1374–1377.

Yu, F. 2006. From molecular clusters to nanoparticles: Second-generation ion-mediated nucleation model. *Atmos. Chem. Physics* 6:5193–5211.

Zhang, Q., C. O. Stanier, M. R. Canagaratna, J. T. Jayne, D. R. Worsnop, S. N. Pandis, and J. L. Jimenez. 2004. Insights into the chemistry of new particle formation and growth events in Pittsburgh based on aerosol mass spectrometry. *Environ. Sci. Technol.* 38:4797–4809.

Zhao, J., F. L. Eisele, M. Titcombe, C. Kuang, and P. H. McMurry. 2010. Chemical ionization mass spectrometric measurements of atmospheric neutral clusters using the cluster-CIMS. *Journal of Geophysical Research* 115:D08205. doi: 10.1029/2009JD012606.

32

直径小于3nm气溶胶的电分级和冷凝检测

Juan Fernandez de la Mora

耶鲁大学机械工程系，康涅狄格州纽黑文市，美国

32.1 引言

本章主要讨论差分迁移率的分析仪（DMAs；第 16 章）和单颗粒冷凝检测器所面临的特殊挑战，后者又被称为凝结核计数器（CNCs）或者凝结颗粒计数器（CPCs；第 17 章）。以上两类仪器的发展均受 3nm 以下颗粒物敏感程度以及布朗展宽限制。这个粒径范围内的颗粒物首先呈现的特点是离散的而不是连续的粒径分布，甚至是单分子。几个原子或者分子所组成的分子簇的范围和由纳米微粒所组成的簇的范围之间没有明显的界限。单聚合物分子的粒径约为 10nm。我们对粒径小于 3nm 粒子的关注主要是为了了解大气中新粒子的生成（Kulmala 等，2004）。在此粒径范围内的新粒子通过成核形成，这个过程涉及单个气体分子转化成颗粒物，并且通常是由一个单独的粒子作为核心而开始的。携带不挥发性溶质的带电液滴蒸发产生悬浮颗粒物，其粒径范围覆盖单分子到分子簇的几十纳米。作为 1～2nm 标准物的单分子或者几个分子组成的分子簇，对粒径小于 3nm 的粒子测量仪器的研究起到了关键作用（33.2 节）。它们也被用作纳米粒子的基础研究来了解粒子粒径-迁移关系、粒子诱导成核和粒子表面热力学反弹现象（Wang 和 Kasper，1991；Heim 等，2010；D'Allesio 等，2005）。

当粒径跨度大，但其性质随粒径变化不大时，高粒径分辨率在应用中很少受到关注。然而，增加一个单分子可使粒径小于 3nm 粒子的特性产生较大变化。事实上，纳米研究在材料科学应用的主要兴趣点在于这些微粒性质的微调。高粒径分辨自然引起较大的兴趣。有趣的是，作为对气溶胶研究最有效的仪器之一，DMA 具有小到分子尺度的高分辨率。如何实现这项功能将会是本章的焦点（33.3 节）。其次的焦点是快速发展的灵敏度达到 1nm 粒径的 CNCs（或者 CPCs），以及非均相成核的相关问题（33.4 节）。

其中一个最易测得的纳米粒子的性质是它们的电迁移率 Z（第 15 章）。其与颗粒物粒径的直观概念关系更重要。关于这一科目的知识可以浓缩为坎宁安-努森-韦伯密立根方程，该方程把电迁移率 Z 和物理直径 d_p 通过一个球形颗粒联系起来（第 2 章；Friedlander，

2000)。为了方便，我们将其总结为MiLlikan关系 $Z=Z_M(d_p)$(Tammet，1995)。通常所使用的迁移粒径 d_Z 与相对应的测量值 Z 是由 $Z=Z_M(d_Z)$定义的。然而，在纳米级范围内，d_Z 与 d_p 将会有很大的不同。需要重点修改函数 $Z_M(d_p)$，该领域的成就归功于Tammet(1995)所做的工作。第一项修改是为解决存在 d_p 接近于1nm时颗粒物粒径的概念变得更加模糊的问题。然而，可以通过使用质量等效直径 $d_m=[6m/(\pi\rho)]^{1/3}$ 来克服（下限为 $d_p=1.5$），d_m 是根据颗粒物质量 m 和使用其组成物质的体积密度 ρ 参数获得。第二项修改是解释周围气体分子有限直径 d_g 的重要性，该直径与温度有关。Ku和Fernandez de la Mora(2009)用单独的和成对的带电液体纳米粒子来证明表达式 $Z=Z_M(d_m+d_g)$，在 $d_g=0.3$nm时，可以与 d_m 低至1.5nm的数据吻合。需要指出，“迁移率直径”这个术语在 d_g 没有变化的情况下被广泛使用。当粒径更小时不适用该法则，原因是其他与库仑力有关的效应和不断增加与气体颗粒碰撞使得弹性增强。

32.2 粒径标准

在1～3nm的范围内，还不存在准确的粒径标准，在这个范围内颗粒物粒径的概念是不明确的。然而，严格定义的迁移率标准，即单迁移率标准，对于在1～2nm粒径之间的离子化分子或者小的分子簇是可行的。大部分这些用于纳米DMA测试的标准是以相对较大的、疏水性有机粒子的电喷雾离子化（Fenn等，1989）为基础的，例如溶解于1mmol/L浓度酒精中的四庚基铵（THA^+）的溴化物和碘化物（THA^+X^-）。其他的烷基（THA^+X^-）或者磷（P^+Alkyl_4）卤化物（X^-）盐也类似地可用，包括很多可供选择的带负电的多电荷离子（Seton等，1997）。Ude和Fernandez及Mora等（2005）测量了在室温下 $6N^+Alkyl_4$ 的卤化盐在阳极电喷雾的主要离子峰的电迁移率。在他们所测量的单离子峰中最低的电迁移率是 $Z=0.5cm^2/(V\cdot s)$，对应于 $N^+dodecyl_4Br^-$ 的二聚离子，其迁移直径为2nm。由于它们相对较大的尺寸和疏水性，这些离子在普通实验室湿度下不吸附于水蒸气分子，产生了重复性高的单向迁移标准。放射源也会产生小的离子，在气溶胶实验室中通常可以获得。这表明通过离子化释放适当的蒸汽来产生迁移率标准可能会在气溶胶流中引入痕量物质。问题在于，除非放射源在最干净的环境中，否则在其他各种环境中放射源均会电离许多其他痕量可挥发性有机污染物。因此，该标准需要去除其他所有的杂质。然而，在室温下，大部分水蒸气倾向于吸附在系统壁上，经过很长的时间才可以被释放。这些难点可以通过在数百摄氏度下运行离子迁移率谱仪（IMS；Eiceman和Karpas，1994）来加快水蒸气从壁上的解吸来克服。这些仪器将带电分析的离子与洁净空气逆流引入来确保远离周围环境中的蒸气态污染物。类似的，Tanaka等（2003）使用 C_{60} 炉产生的蒸汽，经洁净的放射源荷电，引入超纯DMA中。可是大部分的气溶胶装置在室温下运行，并且需要采集环境空气样品。尽管不是不可能，但在这种情况下，对功能上可以作为离子标准的蒸汽的识别仍未解决。相反，烷基离子不需要这么干净和加热的环境，由于烷基离子是非挥发性的（因此它们不会以蒸气态形式出现，除非由离子积极引入），并且不会向大多数普通的蒸气态污染物传递电荷。最终，尽管 $N^+alkyl_4X^-$(AX)盐的电喷射产生大量的峰值，但正离子化中移动最大的是 A^+，其迁移率比随后的二聚物峰 $X^-(A^+)_2$ 一般大1.5倍。因此，即使仪器只有中等分辨率，这两种峰也可以轻易地被区分。即使在给定的迁移率下，提供多电压，多种不同粒径和荷电状态并存的条件下，颗粒物粒径（或迁移率）大于2nm的粒子也很难由电喷雾产生（32.3.7）。

电荷减少状态下的电喷雾可能是一种有前景的方法（Kaufman 等，1996；Gamero 等，2000a，b；Saucy 等，2004；Ku 等，2006）。然而在这种情况下可能会形成很多物质，因此这种方法必须配套高分辨率的 nano-DMA。于是 DMA，而不是纳米微粒，提供了迁移率的标准。由于在高分辨率 nano-DMA 要求的每分钟数百到数千升的范围内很难准确测定流量，因此将迁移率变动范围确定在基于小部分已知迁移率范围的小离子上，并且使用两种电压来测量，而不是在一个电压一个流量下测量，将会更加可信。采用降低电压，以电喷雾蛋白质作为粒径标准在 Kaufman 等（1996）的工作中被明确提出。主要的困难在于从 DMA 研究（Laschober 等，2007）中观察到的蛋白质粒径的巨大变化和推断出不合理的相关蛋白质密度的较小值。然而，Laschober 等（2007）明确地指出，将传统的 DMA 以高分辨率 DMA 代替会系统地产生较小的值，蛋白质密度接近更合理的值。这一点最近被高分辨率 DMA 的讨论进一步确定了，见 32.3.6（Hogan 等，2011）。

32.3 微型 DMA

32.3.1 DMA 分辨率的限制

DMA 的迁移率分辨率 R 与半峰宽的电压 V_{FWHM} 和峰值中心的电压 V_0 有关，对于一个电迁移率（单向迁移）准确定义的颗粒物，在 DMA 电压扫描过程中可以获得上述的电压。

$$R=V_0/V_{\mathrm{FWHM}} \tag{32-1}$$

如果给定流量和几何特征，由式(16-9) 可假设 $2V_0$ 是固定的，当 Z 准确固定后，此定义将等同于式(16-17)。在关注的粒径范围内，我们想当然地认为高的 R 值好于较小的 R 值，然而，在实际中，R 值超过 100 非常困难（Martinez-Lozano 等，2007）。如果要测量这么高的分辨率，需要特殊的技术，$R=100$ 对应了迁移率的相对标准偏差 0.425%和粒径的相对标准偏差（对于 1nm 的粒子）0.212%。然而，可用的最好的单分散气溶胶标准是 1μm 范围内的悬浮聚苯乙烯胶乳粒子（PSL），标称相对标准偏差只有 1%（TFS，2010）。这意味着当 $R=21$ 时，使用 DMA 对多分散气溶胶进行分类，在自由分子范围内可达到最佳 PSL 标准。尽管早期的平行板 DMA 报道 $R=28$（Megaw 和 Wells，1986；Wajsfelner 等，1970），但这一表现在气溶胶研究中是不常见的。例如，Eichler 等(1998) 讨论了几个流动问题，排除了广泛使用的 TSI 公司的 DMA 仪器 3071 达到 $R=15$。其中的一个问题已经被 Chen 等（1998）调研并且通过开发 nano-DMA 克服了，后来被 TSI 公司商业化为小型 DMA 仪器 3085。通过串联 DMA 技术，Chen 等研究了他们的新仪器。他们发现，对于颗粒物直径为 30nm 的气溶胶-鞘流比，最大 R 值为 20，而理想状况下 R 应该为 30。较小的颗粒物由于布朗扩散，产生了相当宽的峰。他们报道，在颗粒物直径为 4.5nm 时最佳 R 值为 12.5（在 3nm 时推断最佳 R 值为 10）。理论上，较高的 R 值可以通过增加较小粒径的鞘气流量来实现。然而，事实证明因为流动不稳定性的发生导致该方法不易实现。3071 和 3085 DMA 最大鞘气流量（$Q_{\max}$）为 20～30L/min，相对应的最大雷诺数为几百（$Re=U\Delta/\nu$，U 为平均流量，Δ 为两电极间距离，ν 为气体运动黏性系数）。Megaw 和 Wells（1968）实现了$R=28$，但是在相对较小的流量下（Re 为 33）。由于流动的不稳定性来源很多且很难预测，从第一个成功的气溶胶 DMA（Knutson 和 Whitby，1975；Liu 和 Pui，1974），到 Reoschl 和维也纳大学的同事（Winklmayr 等，1991）开发了第一台能够在 Re 几乎达到

2000 的层流区运行的 DMA，付出了相当大的努力。尽管那样，直到 Rosell 等（1996）开发了一个缩短版的 Vienna 型 DMA 在其出气系统达到了临界条件（声速）。Vienna 型 DMA 综合了很多新颖的流动设计特征，包括：①一个分层筛及后接的大流加速器（喇叭状）；②第二阶段的适度加速，用来稳定进样口处气溶胶与鞘气混合区域。这台 DMA 也是第一台拥有足够的传输力可以通过分子和离子的仪器（Reischl 等，1997）。这些优势包含在了商业化的 HAU DMA 3/150 中，并且 Reischl 免费与其他人分享了详细的图纸。然而，流动问题的困难及其详细的解决办法在已经公布的文章或者草图中均没有强调。流动不稳定问题长久以来一直存在，但一直没有知名研究人员重视和解决此问题，不仅仅是 TSI 公司的 3085，而且包括众多用于欧洲实验室的各式的自制的 Vienna 型 DMA。例如，层流管和其他关键稳流技术等，出现在最初的 HAU 模型上的特征在已经公布的草图上已经消失了，同时，很多自制的 DMA 被称作是“Hauke”“Reischl”或“Vienna”DMA。例如，Roselle 等（1996）描述了一些于 1990 年与 Schmidt-Ott 教授合作的使用缩短的 Reischl DMA 所做的不成功的离子传导试验。然而，使用另一个缩短的 Reischl DMA 在耶鲁大学所做的测试成功了。类似的，Fissan 等（1996）在杜伊斯堡收集和比较了一些 DMA。与我们的经验呈鲜明对比的是，他们断定，TSI 的 3071 型短腔 DMA 比其他的 DMA（例如 HAU 3/150）更加具有优势。考虑到两台有疑问的“Hauke”DMA 为自制的，这一优势也是可理解的。

综上所述，需要面对两类 DMA 的非理想特性。第一，由于偏心电极轴不对称性或高 *Re* 条件下不稳定性带来的流场的异变对各种粒径的粒子均有影响。该问题是重要的，但是可以通过流体动力学和构造设计来克服。第二个问题是扩散展宽（Tammet，1970；Kousaka 等，1986；Stolzenburg，1988）。该问题主要影响最小粒径段的粒子，并且也需要脱离传统 DMA 设计。

32.3.2　扩散展宽、短 DMA 和高雷诺数

为了证明该问题，我们假设了一个不变的气流以速度 U 在两个平行板之间流动（图 32-1）。带电粒子从上板一个狭窄的进口注射进来，荷电到势能 V。接地的下板与上板之间的距离为 Δ，并且设置有一个出口，在流动方向与入口管的距离为 L。电迁移率为 Z 的粒子在从入口狭缝被引入后恰好到达出口狭缝的临界条件为：

$$Z=U\Delta^2/(LV) \tag{32-2}$$

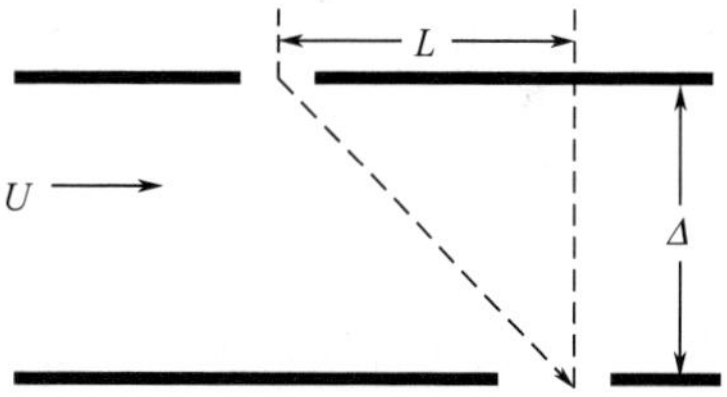

图 32-1　DMA 的平面图

该粒子的扩散系数为 D，并且轨迹拓宽的相对标准偏差为 $\delta=(2Dt)^{1/2}$，其中 $t=L/U$ 是传输时间。当与 Δ 比较时，为准确预测 L 达到极限值的影响，必须要注明宽度 δ 是正交方向的平均轨迹。然而，由长度比确定的分辨率是 L/σ，式中，σ 是沿流动方向在出口狭缝的波束宽度，由于几何因子 $(\Delta^2+L^2)^{1/2}/\Delta$（$1/\sin\alpha$，$\alpha$ 为离子与液体流动方向形成的角度）超出了 δ，因此：

$$\sigma/L=[2D/(U\Delta)]^{1/2}(\Delta/L+L/\Delta)^{1/2} \tag{32-3}$$

$$R^{-1}=(8\ln 2)^{1/2}\sigma/L \tag{32-4}$$

当 $\Delta=L$ 时，σ/L 比值达到最小：

$$(\sigma/L)_{\min}=[4D/(U\Delta)]^{1/2} \tag{32-5}$$

非最优的 L 由于 $(\Delta/L+L/\Delta)^{1/2}/2^{1/2}$ 因素，降低了分辨率，当 $\Delta\approx L$ 时，该值接近于 1（当 $1<L/\Delta<2$ 时，该值小于 1.118）。Rosell 等（1993，1996）通过比较两种不同类

型的 Vienna 型 DMA，验证了 L/Δ 对于 R 的极端影响。其中一种是使用标准长度，$L/\Delta=13.7$；另一个为短 DMA，$L/\Delta=2$。在短 DMA 中，在 1nm 时，进一步的流程改进使 R 达到 37（de Juan 等，1998），这一结果随后被应用于一些科学研究中（Seto 等，1997；Cecere 等，2002；Sgro 等，2003）。同样的 $L/\Delta=2$ 随后被 Seto 等（1996）、Tanaka 和 Takeuchid 等（2002）、Tanaka 等（2003）使用。一台相近的商业化超净、短型 DMA 市面有售。一个较短型号的 TSI 的 3071 DMA（与 3071 长 DMA 具有相同的流速限值）被 Kaufman 等（1996）采用并成功研发出高分子分析仪。关于 L/Δ 效应的最为广泛的研究是 Seol 等（2002）以各种不同长度的 DMA 为基础进行的研究。GRI 的大流量 S-DMA，是与 G. Reischl（$L/\Delta=2$）合作开发，鞘气流量为 150L/min（$Re_{max}=1608$），并且对于分子离子的 R 值可以达到 10（Keck 等，2008）。Steiner 等所描述的 UDMA（GPR，$L/\Delta=1$）流量可以达到 550L/min，且在 1nm 时 $R=17$。还有很多没有公布的研究工作已经得到在雷诺数 Re 为 6400 时 R 值为 22（G. W. Steiner，个人沟通）。

第二种由式（32-5）提出增加 R 的方法是通过贝克来数实现的：

$$Pe=U\Delta/D \tag{32-6}$$

对于空气中高迁移率的离子，当 $L/\Delta=1$ 时，要使分辨率为 100，需要 Pe 为 220000，相当于 $Re=U\Delta/\nu$ 为 74000。对于非最佳长度的 Re 必须以系数 $(\Delta/L+L/\Delta)/2$ 来增加。因为没有过渡就达到较高的雷诺数是常见的，通常情况下最好使用短的 DMA 来研究纳米颗粒物。

为简单起见，讨论仅限于直线流体和平面几何学。然而，如果流体是抛物线形的，或者几何图形是圆柱状的而不是平面的，类似的结论仍然适用（Rosell 等，1993，1996）。任意形状通道中的二维势流满足一些常见的几何限制，存在一个最佳的 DMA 长度，同样满足于式（32-5）中的 $(\sigma/L)_{min}=(4D/U\Delta)^{1/2}$（Fernandez de la Mora，2002）。聚轴对称的几何形状往往会产生一个较小的 R。

32.3.3 超临界圆柱形 DMA

超临界 DMA 是为了 $Re>2000$ 分类区依然保持层流的部分而定义的。由于限流在雷诺数达到几千的时候有转变为紊流的趋势，因此显而易见，当雷诺数达到 10^5 的时候需要满足一些特殊条件来保持层流。幸运的是，从 O. Reynolds 时代起，人们已经认识到，在可达到高雷诺数区域精心处理上层气流，可以使其在临界条件之上仍然保持层流，否则它会立刻转变成紊流。这些处理包括避免由于振动导致的流体扰动，避免进气道紊流，或者避免管壁的光滑度不够。拥有薄壁边界层的均匀流动比抛物线速度剖面的流动稳定得多，但一些 DMA 为鞘气设置一个进气区域而使鞘气流得到充分发展的原因一直不清楚。尽管如此，如果一个特殊的流动区域（指两个同心圆柱之间的环面）对于小的流动扰动会具有固有的不稳定性，那么一个较短的 DMA 比较长的 DMA 更容易保持层流。由于层流面的上流区域通常是高度紊流的，因此减少在气流入口处的扰动就极其重要。Hoppel（1968，1970）是第一个将这些原则应用到气溶胶迁移率分级中去的（Fernandez de la Mora，2002）。

图 32-2（a）是 Vienna 型 DMA 的进口系统示意图。鞘气通过左侧的射流管水平进入到充气室中，此区域比 DMA 工作区域的雷诺数更高。充气室、双层流板设置和紧随其后的内外电极（子弹形状）的收缩区域共同减少了射流管引起的紊流程度，但是电极并没有在高雷诺数区完全抑制住紊流。这个问题最早由 de Juan 等（1998）发现，并且通过移除图 32-2（a）中所示的顶部盖子得到解决。直接从大气进入的鞘气，由筛子和收敛型进气通道控制低

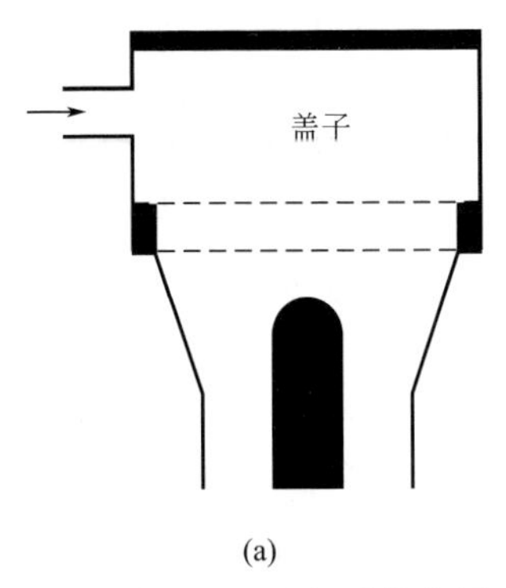

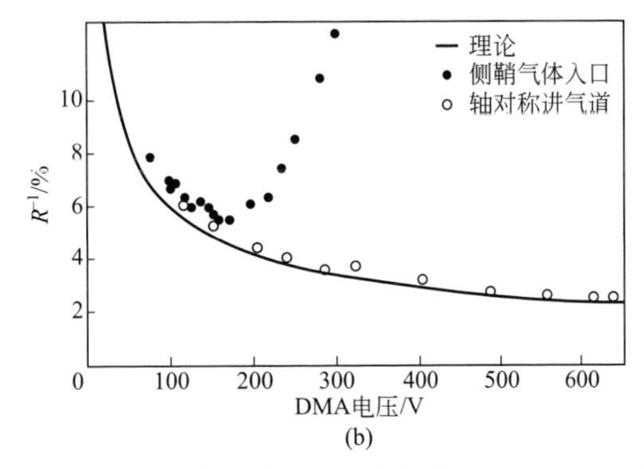

图 32-2 维也纳 DMA 进气系统草图（a），在充气室中加入一个小型的筛选器（L/Δ）的效果（b）。每个数据对应于在不同的雷诺数下，大小固定的颗粒物（约 1nm 粒径）
（引自 Rosser 等，2005）

紊流程度。在闭路操作时所需额外分层，可以通过引入增压室内部的圆筒形过滤器的大致轴对称流动气体的平稳输送来实现，如图 32-2(b) 所示。

基于先前发表论文的不足进行细节层次的调整，一些专门设计的 DMA 可以使 Re 大于 10^4。表 32-1 中给出了典型的参数。为了在中等流量实现相对较大的 Re 值，Eichler（1997；也可参考 Fernandez de la Mora 等，1998）使用了较小的内外气缸，半径分别为 4nm 和 9nm。从图 32-2(a)所示的进气口沿轴线引入了鞘气喷嘴，使鞘气成放射状通过充气室，并且增加了一个分层过滤器，其后面是两个分层板。加速管为凹凸状的，其进气区域的面积是工作区域的 38.5 倍。通过使环形入口前气雾室的入口狭缝足够宽到气溶胶以轴对称进入工作区域，而且狭缝还得足够窄，使提供的气体呈方位角行进通过腔室所需的狭缝的压降要比穿透所需

表 32-1 几种纳米 DMA 的不同性质

DMA	Q_{max} /(m^3/min)	R_1 /mm	R_2 /mm	L /mm	R_{max} (d_p=1nm)	Re_{max}	资料来源
Small radial③	0.010④	2.4	7.5	10	7.7	736④	Brunelli 等,2009
TSI's 3085	0.020	9.385	19.09	50	10(3nm)	250	Chen 等,1998
Half-Mini	0.73①	4	6	4	50	25700	Fernandez de la Mora,2008
Eichler	2.36①	4	9	10	67	64200	Eichler,1997
Herrmann	2.36①	4	9	10	70	64200	Herrmann 等,2000
RAM's Rio-Arriba	2.36①	4	9	10	100	64200	Martinez-Lozano 等,2006a
Vienna short	0.815②	25	32	16	37	5050	Rosell 等,1996
Attoui	16.85①⑤	25	32	110	27	89000	Attoui 等,2007
Duisburg	1④	78	120	100	13	2000④	Hontanon 和 Kruis,2009
GRI's S-DMA	0.15	13	20	14	10	1608	Keck 等,2008
GPR's UDMA	0.75	17.5	24.1	6.5	22	6400	Steuner 等,2008
SEA's P4(flat)	3.6	Δ=10		40	>50	2×105	Rus 等,2010

① 在工作区域的临界流。

② 三倍排气管排气后的尾气临界流。

③ 在此径向 DMA 的半径对应于入口和出口狭缝的径向位置，L 是电极之间的轴向距离。

④ Q_{max} 是由操作条件选择的，但是当大于 Q_{max} 时，仍可保持层流。

⑤ 实际测定的最大流量为 $4m^3$/min。

的压降小得多。在鞘气排气系统中气流会通过一个喉口（内径 11mm，外径 18mm），形成一股环状的喷射流沿轴向进入一个更大的、具有 6 个对称间隔排列排至管的腔室，从而使得工作区紊流减小（Rosser 和 Fernandez de la Mora，2005）。使用该系统可以使雷诺数在 CO_2 中达到 30000，在空气中相对小些。流体在达到最大速度时似乎仍可保持层流状态，但是当 $Re>10^4$ 时，R 值稳定在 55。Liedtke（1999）通过居中内部电极（子弹状）实现了 $R=67$，这说明仪器的性能不是被气流的不稳定性限制，而是被几何学不足所限制。这符合 Knutson 的计算：两个平行气缸的轴线的相对偏心导致传递函数扩大两倍。因此，对于 5nm 的间隔，与$R=100$ 相一致的最大偏心距是 25μm。一些研究报告了使用 Eichler DMA 得到的迁移率谱（Fenandez de la Mora 等，1998，1999；Kaufman，1999；Gamero 和 Fernandez de la Mora，2000a～c；Kaufman 和 Dorman，2008）。

为了提高同心性，Herrmann 等（2000）转向了一个更为严格的 DMA 设计，支撑子弹状 DMA 的绝缘体在圆筒的外侧，被两个不锈钢片在一定压力下夹在中间以确保其在安装过程中不会发生变形。最后一个层化筛后面是一个完全突出的喇叭，最初是 45°的圆锥，然后弯曲成和 Eichler DMA 相同临界尺寸的圆柱段。Eichler 进口筛的结构和部分保持不变。Eichler DMA 的六根鞘气排气管带来的不方便通过添加一个混合室克服，该混合室将六股独立的气流汇合成一个或者两个直径 1.5in（1in＝2.54cm）出气管。Herrmann DMA 不能获得比 Eichler DMA 更高的分辨率，但是可以可靠地匹配其最佳性能。鞘气排气中减弱的气流阻力可以在空气为载体时达到 $Re=35000$。当流体达到最大速率时可观察到由层流向紊流的突然转变（图 32-3）。一个有用、新奇的 DMA 测试是采用商业吸尘器泵在不同电压下运行的（例如，来自 AME 的型号为 11779500 的切向旁路电机）。

经过数年，一些机械改进实现了 Hermann 和随后的设计，其中关键贡献来自 Kozlowski（2001—2009）。这些包括使用圆锥取代位于所有关键部件的圆柱形对中触点。尤其是与拱形中心电极及其支撑之间的结合，结合处形成了气溶胶出口狭缝。排气喉道被一个扩散器代替，扩散器处横穿的气流增加缓慢，相当一大部分流体动能再次转化成压力。图 32-4 是另一 DMA 所示的设计，扩散器使流体偏离轴线弯曲大约 20°，进入低压降 Kozlowski 出口，更多细节见图 32-5(b)。该出口与 Eichler DMA 的六个排气口是拓扑类似的，尽管排气管拓宽到近似于矩形截面部分的通道，但是在从 DMA 通道接收环流这一点来说面积几乎没有减少。由于通道偏离轴线，这种开放式的结构仍然是机械坚固的。在扩散过程中压力恢复近 80%，工作区域的速度达到声速（Martinez-Lozano 等，2005）。由于在排气区域产生的声学噪声不能对抗上游气流传播的声波流，因而提高了分辨能力（$R=70$）。这种利用扩散器的

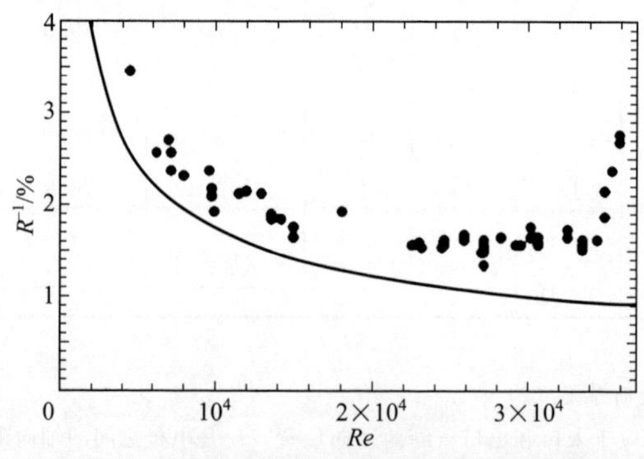

图 32-3 分辨率与 DMA 雷诺数的反比例关系

（引自 Herrmann 等，2000）

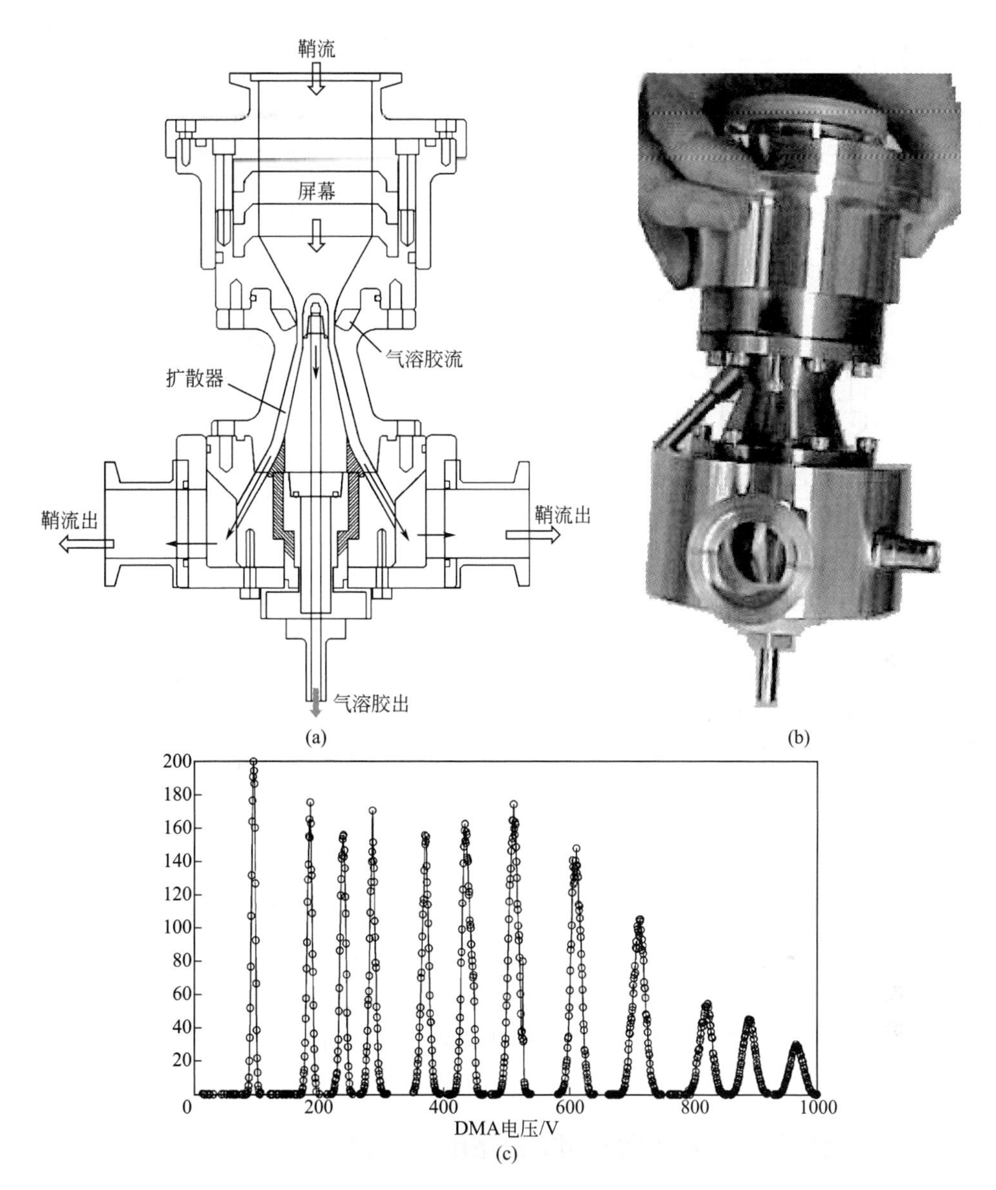

图 32-4 手提式 Half-Mini DMA。(a) 如图所示的 NW-40 鞘气入口 (顶端)，三个层流筛、一个喇叭收缩管和一个子弹型内电极。圆柱形的分析区域后是一个扩散器和一个低阻力排气结构 [图 32-5(b)]，通过侧面的两个 NW-25 排气管来输送鞘气至底部的多支管。(b) 仪器图像。(c) 每个峰值代表单向移动的 1nm 的离子，用 DMA 在同一电压之下采用 13 种不同流率分析得到

低流体阻力排气已经应用到微型版本及所谓的半微型 DMA，如图 32-4 所示 (Fernandez de la Mora，2008)。尽管其尺寸较小 (这意味着 Re 和电极同心度的降低)，在颗粒物粒径为 1nm 时，即使在次声速条件下，分辨率可以达到 $R>50$。当可控流量达到 740L/min 的声速时，导致其在声速工作区域可以产生高度饱和蒸汽，用于离子诱导的溶剂化作用和成核研究 (Attoui 和 Fernandez de la Mora，2009)。

根据 Fernandez de la Mora 等的概念，已设计出减少流体阻力并达到声速的可供选择的方案 (RAM) (2004)。RioArriba 型 RAM 的内部电极原型完全支持在工作区域的上游气

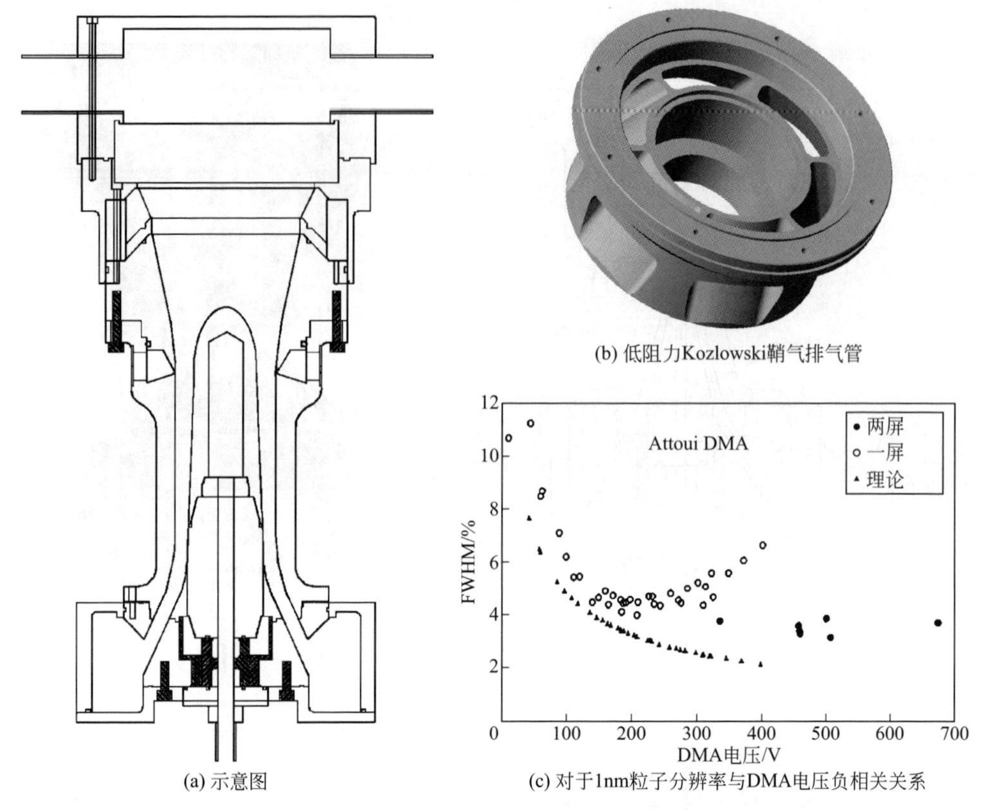

图 32-5 Attoui DMA 在 1～100nm 范围内分辨率为 $R>25$

流，并收敛于工作区域下游的一个点（倒装子弹形）。鞘气出口完全开放并呈轴对称，有利于扩散器的合并。尽管靠远程支持内部电极很难获得良好的同心性，但是该 DMA 依旧可以使 1nm 的粒子达到 $R>100$ 的分辨率（Martinez-Lozano 等，2006a），即使只在声速下成立。这一发现证实，在紊流排气区的 DMA 产生的压力波动向上游传播到工作区域而限制了它的分辨率。

32.3.4 宽粒径范围、大径向尺寸的 nano-DMA

粒径大于 3nm 的粒子的测量不是本章的重点，然而，分辨率大于 20 且粒径覆盖范围从 1～100nm 的 DMA 在许多气溶胶测量应用中得到普遍关注，但是这样的 DNA 直到最近才出现。因此将在这里简要地回顾这些发展。上文描述的小型超临界 DMA 的一个缺点是粒径大于 5～20nm 的粒子的分析能力受限。这主要是由于它们较小的长度 L 和它们较小的内、外半径，这些参数受给鞘气流量（Q_{max}）下最大化 Re 所限制。颗粒物粒径上下范围之间的关系和 DMA 的尺寸已被 Rosser 等讨论（2005）。它们重新回到 Vienna 型 DMA 的尺寸（内外径分别为 25mm 和 33mm，长度 L 为 10cm），以覆盖粒径从 1nm 到>100nm 的范围并具有高分辨率为目的。考虑到其较大的 L/Δ 值，该设计要比小型 DMA 需要更大的 Re，因此大大降低了出口流动阻力。由较高的分辨率 Re 和较大的 L 值所引起的向紊流转变有增加的趋势被一个逐渐收缩的部分所抵消（Hoppel，1968，1970；Fernandez de la Mora，2002）。由此导致的加速气流将会使边界层变窄，并使得紊流转变的临界雷诺数急剧增加。Rosser 采用分辨率 R 约为 25，能够分离 1nm 的离子。Attoui 和 Fernandez de la Mora

(2007) 一起开发了一台尺寸相似的 DMA，Kozlowski 提出了更小的出口气流阻力 [设计见图 32-5(b)]。四庚基溴化铵 (THA^+Br^-) 的二聚体粒子在流量大于 4000L/min 时，分辨率达到了 $R>27$ (Heim 等，2010)。Hontanon 和 Kruis (2009) 测试了一个相当大尺寸的 DMA。对于相同尺寸的粒子他们所报道的最大分辨率为 $R=13$，这对于覆盖如此宽范围粒径的 DMA 是非常好的表现。实际上，在已知分辨率和气流采样流量 q 条件下得到的最小可分析迁移率是 (Rosser 等，2005)：

$$Z_{min}=R_q\ln(R_2/R_1)/(2\pi LV_{max}) \quad (32\text{-}7)$$

其最大值是 $V_{max}L/\ln(R_2/R_1)$。尽管几何部分 $L/\ln(R_2/R_1)$ 在 Attoui 型 DMA 比 Hontanon 和 Kruis Duisburg 型 DMA 更加有利 (36cm 与 23cm)，但是后者有更宽的 Δ 值 (42mm 与 8mm)，并且可以维持较大的 V_{max} 值 (专为 35kV、20kV 测试)。这两种超大采样流量的 DMA (约 100L/min) 对收集工业生产分类的气溶胶具有优势。尽管大 Duisburg 型 DMA 理论上可维持 $300m^3/min$ 的临界鞘气流量，但是其设计并不是超临界的，因而在 $Re>2000$ 时可能不再保持层流状态。

高流量的流动分离器也已被用来分析自然中存在的大气痕量纳米颗粒和离子。Tammet 等经数年开发出一些特殊的仪器，可以检测到比本章描述的所有 DMA 小几百倍的粒子 (Tammet 等，2002)。这些在紊流条件下运行的仪器具有很高的流量。它们的传输功能最近正在被 Asmi 等 (2009) 研究，其报道该仪器对于 1nm 粒子的分辨率 R 约为 2。

32.3.5 微迁移率分析仪在适当流量下实现高分辨率

在传统几何学中，高雷诺数对分辨 1nm 的粒子是至关重要的 (两个平面的或者圆柱形的电极分别是气溶胶入口和出口狭缝的支撑面)。然而理论上，在雷诺数小一个数量级的情况下运行的特殊设备也可以得到相同的分辨率。Loscertales (1998) 的漂移型 DMA (Drift DMA) 增加了一个轴向电场 E_x，该电场与鞘气电压 U 方向相反。入口和出口狭缝对立是其最有利的构造 (图 32-1 中 $L=0$)。几何学分析表明：

$$(\Delta Z/Z)^2=(2D\Delta/U)(E_y/E_x) \quad (32\text{-}8)$$

乘以 $E_y/(2E_x)$的倍数比传统的最优值 (5) 更具优势。因此，一个适当且可实现的比值 $E_y/E_x=1/3$ 相当于雷诺数增加 6 倍时的高分辨率。将轴向转变为径向 DMA，实现径向流和轴向流的转变，基于此，Flagan (2004) 提出了一个改型 Drift DMA。两个平面电极是多孔的，因此，与轴向电场相对的轴向流场比在轴向漂移 DMA 中更为方便。目前，这两个看起来有前途的建议仍还停留在纯理论层面。

另一个在保持较大 Re 时降低流率的方案被 Brunelli 等 (2009) 以一个在相对较高速度运行的小型传统辐射状 DMA 证明了。他们报道当鞘气流量仅为 10L/min 时，对于 THA-Br 的二聚体粒子分辨率为 $R=7.7$。

与拥有两个电极 (每个气溶胶流体均包含一个气溶胶流体的进口或者出口狭缝) 的传统 DMA 不同的其他高雷诺数设计在纳米尺寸表现出高分辨率 (Labowsky 和 Fernandez de la Mora，2006；Martinez 等，2006b，2009)。在他们众多建议中唯一一个经过检验的是一个等电位 DMA，该 DMA 的内、外狭缝被刻在一个单一金属片之上，而需要的电场由第三个电极制造。因此，在 DMA 出口的单向迁移气溶胶不需要通过绝缘体来降压，而在传统设计中，内电极会产生高电压。这项特征大大提高了协同工作的纳米颗粒物传输。虽然在低于样品临界输出流率时没有输出信号，但是据报道，使用铝合金量小于 1kg 的 DMA 在分析 1nm

的粒子时分辨率为 $R=75$。

32.3.6 平面 DMA 与高纳米粒子传输

圆柱形 DMA 的一个限制是在通过狭缝进入分级区前和从出口狭缝进入检测器前颗粒通常需要穿越较长的复杂路径，且走盘旋路线。当采样高浓度的流动性气溶胶时，例如由电喷镀产生的气溶胶，所采集的离子大部分损失在壁面，损失主要源于电荷排斥。粒子长时间停留在 DMA 入口区域也会产生问题，此时会冷凝-蒸发、凝结或者是发生快速的化学反应，尤其是在气溶胶源为电火花、火焰、热丝、激光源等情况下经常发生。另一方面，在平面 DMA（图 32-1）中，两个狭缝均为直接与外界接触，如此对于离子和电子采样，即使不经过稀释也可使采样时间和进样口、出样口的损失减小到可忽略水平。高分辨率的平面 nano-DMA 最近已发展为单机操作（Santos 等，2008）以及有效实现了与质谱仪的耦合，这部分内容将在下面讨论。

32.3.7 DMA 和大气压力源质谱仪的串联使用

DMA 串联研究设计的广阔领域已经由 Park 等（2008）进行了论述。此处我们集中讨论 DMA 和质谱仪的串联耦合使用，不是将气溶胶颗粒物分割为离子或原子后再分析其组分(第 12 章)，而是以确定粒子完整质量为目标。最初是由于质谱仪质量范围的限制，该研究在分子簇研究比气溶胶工作中更加频繁地涉及。然而，随着拥有常压电离（API）源和相对较高的质量范围（约 $40000m/z$；对于密度为 $1g/cm^3$、粒径为 5nm 的单一颗粒物）的商业化飞行时间质谱仪的日益成熟，现在更利于在纳米级颗粒物的研究中使用。如果气溶胶粒子在质谱仪的 m/z 的范围内带电，就可以简单地从环境中采样并测量。因此这些实验中的一个关键变量是颗粒物所携带的基本电荷数 z。最常见的通过 API-MS 进行研究的纳米颗粒是蛋白质分子和其他的大生物分子，包括完整的病毒及其片段（Tito 等，2000；Uetrecht 等，2008），这些颗粒物是通过电喷雾离子化的方法从溶液中引入气相的（Fenn 等，1989；Jarrold，2000）。因此我们的讨论也将集中于这种特定的来源方法，但这绝不是唯一一个气溶胶研究中使用的方法。事实上，许多关于分子簇的质谱仪研究已经使用过激光源（Kroto 等，1985）或者燃烧源。电喷雾对于溶液中纳米颗粒来说是一种高效离子源。但是，电喷雾在颗粒物上传递许多电荷的过程是复杂的，由此质谱仪测量的质核比 m/z 没有必要转化成质量 m。Kaufman 等（1996）和 Kaufman（1999）用部分中和法解决了这一难题（使带电部分的 $z=1$）。这会限制 MS 可分析颗粒物的粒径范围（Scalf 等，1999），但是对单独运行的 DMA 却没有产生粒径范围的限制（Hogan 等，2006）。用于解决与两个自由度（m 和 z）相关的复杂性的另一种选择是通过串联方式把迁移率和 m/z 结合起来（Von Helden 等，1999；Koeniger 等，2006）。如果知道足够所用样品的化学组成的信息，该方法就可以获得 z 和 m。迁移率测量不仅提供形状或者密度信息（Ku 等，2009），有时也会提供表面张力信息（Ude 等，2004）以及纳米液滴的凝固点（Breaux 等，2004）。

迁移率-质谱的工作主要是基于 IMS，一般在较低压力下运行。分离的 IMS 和质谱仪的耦合通常需要专门的串联仪器。另一方面，平面 DMA 可以与已经存在的商业 API-MS 耦合来向更广泛的用户提供迁移率-质谱信息。首次报道使用串联 DMA-MS 来提供完整的纳米粒子质量和迁移率方法的是将一个圆柱形 DMA（在低通过率）与高质量范围的 TOF-MS 进行耦合（Fernandez 等，2005）。早在很久以前就已有提议将平面 DMA 与电喷雾源的高通过率质谱仪进行耦合（Fernandez de la Mora 等，1999）。第一次将高传输速率 DMA（尽管分辨率有限）与质量范围只有 3000m/z 的三级串连四极杆质谱仪的耦合是 Ude 等（2004）和 Fernandez de la Mora 等（2006）报道的。一个高分辨率兼高通过率的成功的 DMA-MS 的组合在最近才制成（Hogan 和 Fernandez de la Mora，2009；Fernandez de la Mora，2011；Rus 等，2010）。

图 32-6（Hogan 和 Fernandez de la Mora，2009）展示了 SEA 的 P4 DMA 和 Sciex 的 Q-Star TOF 质谱仪耦合的例子（将 10^4 的 m/z 分辨率和 4000m/z 的质量范围结合），大约 1000 滴的已知化学成分$[(AB)_n(A^+)_z]$的纳米液滴被单独分解，直到质量达到 220000Da。其他 DMA-MS 光谱可以在耶鲁 DMA-MS 设施中心（2010）看到，包括 800000Da 的蛋白质复合物 GroEl（粒径为 12nm）的尖锐的迁移率峰（R 约为 30）。

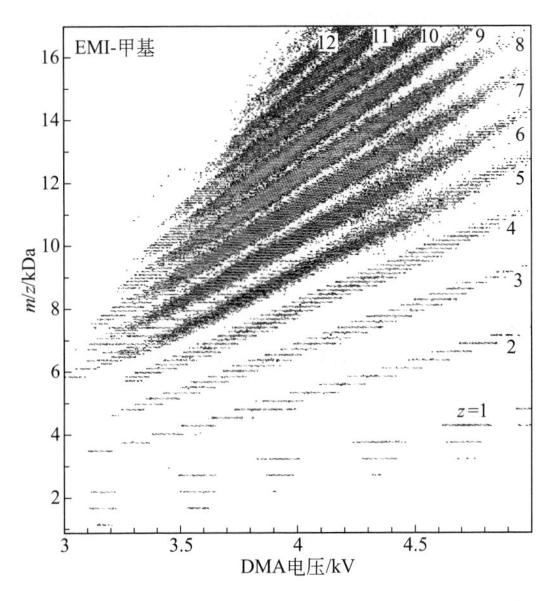

图 32-6 粒子液体 EMI 甲基的纳米电喷雾液滴的 DMA-MS 谱。每一条短水平线是一个纯物种的峰（n 个阴离子和 $n+z$ 个阳离子）。颜色长度代表颗粒物丰度。固定电荷状态 z 的峰值群呈现宽条状，产生迁移率与 m、z，以及各种电荷态的粒径分布。$z=1$ 的纳米液滴的垂直组线群是由于 DMA 后中性分子的蒸发，大大增加了 Kelvin 效应

32.4 纳米凝结核计数器

32.4.1 引言

Stolzenburg 和 McMurry（1991）将超细粒子凝结计数器（Ultrafine Condensation Particle Counter）引入后，凝结核计数器（CNC）有了巨大进步，其能检测到的最小粒径可达 3nm 以下。该仪器一直是商业模式中最先进的计数器，直到近期 Airmodus（2010）粒径放大器的引入才可以检测到粒径小于 1nm 的粒子（Vanhanen 等，2011）。通常用来估计粒径检出下限 $d_{\min}$ 的参照是临界开尔文直径 d_{KH} [式(32-9)]，毛细管模型的直径预测：一个被饱和蒸气所包裹的中性核不需要激活能就可以生长成更大的液滴。

$$d_{KH}=4\gamma v_0/(kT\ln S_H) \tag{32-9}$$

式中，d_{KH} 为 S_H 在均相成核中临界过饱和度下的计算值；γ 和 v_0 分别为液体的表面

张力和分子体积；k 为玻耳兹曼常数；T 为热力学温度。对于 Stolzenburg 和 McMurry（1991）提出的以丁醇为基础的层流扩散 CNC（LDCNC），从 d_{KH} 到 d_{min}，试图表明 CNC 从根本上不适合于小于 3nm 的粒子的检测。然而，Seto 等（1997）第一次应用高分辨率兼高通过率的 DMA 的将小的单分散性粒子引入紊流混合 CNC（TMCNC）的实验中发现，各种迁移粒径为 1.5nm 的粒子被激活。他们采用邻苯二甲酸二丁酯（DBP）蒸气条件下运行 Okuyama 等（1984；也可见 Kogan 等，1960）设计的 TMCNC 计数器。该仪器随后的改进（Gamero，1999）表明，对于可以被 DBP 蒸气激活的阳离子没有最小粒径的限制（Gamero 等，2000c，2002）。这些看起来很惊人的发现很容易理解，这是因为：①实际上按照威尔逊（1897，1927）的早期理论非常容易理解非常小的粒子可以在水蒸气中被激活；②开尔文毛细管模型解释了为什么水汽成核比中性粒子更容易带电（Thomson，1969）。接下来的问题是确定颗粒物理想的几何形状和蒸气，以及构建覆盖粒径范围尽可能宽的仪器，来监测带电或不带电的种类尽可能多的颗粒物。另一个在本章并没有讨论的重大挑战是快速 CNC 的发展（Wang 等，2002）。脉冲幅度分析方法（Saros 等，2002），即粒子同时进行粒径和个数的测量，为此提供了很大的希望，并且最近扩展到粒径为 1nm 的粒子（Sipila 等，2009）。

32.4.2 工作流体的作用

尽管在 CNC 中可使用的液体的种类非常多，但是大量的候选液体已被检验。Magnusson 等（2003）基于实验数据得到的 S_H 以及经典成核理论（CNT），在较宽的温度范围内确定了 30 个物质的 d_{KH}。他们得出结论，在最小 d_{KH} 时，最好的工作液体为水和丙三醇，两者均具有非常高的表面张力。他们还发现，d_{KH} 与 $1/\sqrt{\gamma}$ 成正比线性关系，这为选择比检验过的更广范围的液体提供了一个简单的标准。大部分工作流体表现出 d_{KH} 随温度减小而减小的特点。Magnusson（2002）建立并测试了一个丙三醇预冷凝器，并且估计其可以检测出粒径为 1.7nm 或者更小的粒子。Rebours 等（1996）以前研究过一个丙三醇的 CNC 计数器。

Iida 等（2009）也在单一固定温度下研究过大量的有机液体（863）。通过将饱和器温度保持在 10℃下对超细粒子计数器（UCPC）几何形状的计算，以及以经典成核理论 CNT 为基础的 S_H 值计算，他们不仅测定了 d_{KH} 值，而且还测定了激活概率 $\eta(d)$ 与粒径 d 关系的整条曲线，并报道了在概率 $\eta(d)=50\%$ 时 d_{50} 的值。他们断定表面张力是决定 d_{50} 的主要相关参数，并发现了两种 d_{50} 低于 1.7nm、一种 d_{50} 为 1.5nm 的物质，这三种物质的 γ 均大于 40dyn/cm，但是他们没有透露这三种物质是什么。最好的数据似乎是甘油。水不在考虑范围之内，因为水的扩散能力较高，因而不适合于特定的层流扩散 LDCNC。在之前的报告中，Iida 等使用同一台 UCPC 在饱和器温度为 3℃的条件下测试了正丁醇、乙二醇（EG）和甲酰胺等液体（d_{KH} 分别为 2.75nm、1.84nm、1.7nm），最终乙二醇优于效果好但是有毒性的甲酰胺。Iida 等（2009）也建议，除了 γ 之外，另一个导致低 d_{KH} 的关键参数是低蒸气压，为此他们研究了油酸和癸二酸二辛酯（DOS）（二者 d_{KH} 均为 1.87nm）。他们广泛的探索性研究以及以乙二醇、二甘醇、丙二醇、油酸和 DOS 作为工作流体的详细实验调查互相补充。他们使用了带正负电荷的银粒子、硫酸铵和氯化钠。以双干醇和油酸为工作流体，他们在迁移粒径接近 1nm 时激活了带负电荷的氯化钠粒子。Winkler 等（2008a，b）报道了一些在膨胀云室中以正丙醇为工作流体的精细的测量方法，也证明了 1nm（迁移粒径）的正负电荷粒子的激活。他们观察到迁移粒径为1.4nm的中性粒子的激活显然也是首次。由于他们的迁移粒径忽略了空气分子的有限尺寸，因而实际颗粒尺寸基本上要比他们所声明的要小。这样，他们所测到的1.4nm的粒径实际为1.1nm。相应的2.7nm的开尔文粒径也被大幅高估了。中性粒子粒径的报告必须谨慎分析。他们所测得的是使用DMA选择的带电颗粒的迁移率。该粒子通过与未识别的粒子的接触而中性化，因而粒子可能附着在粒子之上，导致粒子粒径在核化之前增加（Scalf等，1999）。即使存在不确定性，值得注意他们给出的中性粒子的最低检出粒径，特别是考虑到只应用正丙醇进行了测试。

Winkler等（2008b）对于带电粒子粒径需要进行的修正甚至比中性粒子的还要大。迁移粒径为1nm的带电粒子的迁移率为$2cm^2/(V \cdot s)$，与Gamero等（2000c）所检测出的最小的亚纳米粒子非常一致。因此，很显然亚纳米粒子和离子不但能够在水中成核（Wilson，1897，1927），还能在丙醇和DOS等相对较低的表面张力的有机溶剂中成核。该类物质甚至更为广泛。Kane等（1995，1996）使用一个扩散云室来证明苯粒子在甲醇和乙腈中的成核，以及甲苯和对二甲苯离子在甲醇、乙醇和壬烷中的成核。Bricard等（1976）也证明了在乙醇中的粒子核化（无论是乙基还是正丁基）。可对带电亚纳米级粒子进行核化的溶剂很多但并不意味着与蒸气的选择无关，如DBP倾向于阳离子，而大部分其他溶剂则倾向于阴离子。一些液体，像丁醇，在UCPC中对于小于3nm的粒子没有明显效果。很多蒸气对于某种颗粒物组成会有倾向。工作流体的性质还有很多需要去研究认识。另一个问题是这些亚纳米微粒被传输到CNC的传送效率。Kane等和Wilson通过在核化室中产生粒子而避免了这个问题。尽管传输损失较大，但Gamero和Fernandez de la Mora（2000c，2002）还是在CNC中检测到了带电亚纳米微粒。传输问题是次要的，并可以分别得到解决。对于关键问题，最小的带电粒子是否能被激活，答案是肯定的，而且不需要去寻找专门的工作流体。

32.4.3 纳米级凝结核计数器类型

32.4.3.1 扩展凝结核计数器

这些膨胀凝结核计数器通过绝热冷却达到过饱和，大部分都是在一个固定体积的空间内瞬间膨胀（就像Aitken和Wilson的工作）。这也是Winkler等的实验方法。该方法不适用于在线监测，但是可以用于较宽范围的蒸气和粒子，并且原则上保证了过饱和度和成核时间的精确量化。

32.4.3.2 层流扩散凝结核计数器

使用的仪器主要有两类。在热型中，使圆形管中的饱和气流进入到冷却区域。在那里，蒸气的扩散系数D低于气体的热扩散率α，因此中心区域变为过饱和状态。这是Iida等（2009）所使用的方法，他们所进行的大量研究表明这个方法具有很强的灵活性。然而，理想的LDCNC受限于高流量鞘气（1/10，使得气溶胶只检测对称轴附近的过饱和度）。热型LDCNC对于$D>\alpha$的小蒸气分子不适合。这样高的扩散蒸气在扩散型LDCNC中可能先被处理，例如Rosen's的稳流热梯度扩散云室（McMurry 2000，307页）。在Hering等（2005，同见Iida等，2008）的最初设计中，蒸气从潮湿和加热的外壁迅速朝冷的气溶胶中心扩散，同样在轴线附近创造了过饱和高峰值。因为在外壁，从最高过饱和度衰退到$S=1$更多受限于管路的周围，扩散型设计比热型设计需要的鞘气较少。现有的水基型CNC还没有用低于3nm的带电或者不带电的粒子进行过评估。然而，由QUA开发以及TSI商业化的 Hering 型水基 CNC 的广泛的新系列已经强调了使用水来活化一些物质（通常是疏水性的）限制。理想工作流体的探究工作还没有结束。

32.4.3.3 紊流混合凝结核计数器

紊流混合凝结核计数器（TMCNC）通过将普通的冷的气溶胶流与热的蒸气流混合来获得过饱和状态。理想的混合进程会使绝热的混合流达到平均温度，形成统一的、容易计算的饱和度。尽管这一目标在大多数仪器试验中尚未实现（Okuyama 等，1984；Seto 等，1997；Kim 等，2003；Sgro 等，2004），但是已经有报道在乙二醇（在 DBP 中为 1.7nm；Sgro 等，2004）中粒径小于 1.6nm（迁移粒径；Kim 等，2003）的颗粒物被检测到。主要问题来自于混合区域的雷诺数合适。这会导致随着无粒子区域的最大过饱和度出现，蒸气流的冷却优先于其与气溶胶的混合。Gamero 和 Fernandez de la Mora（2000c，2000）将蒸气通过加热的转移毛细管进入到预冷的气溶胶区域中心，解决了上述问题。这同时避免了蒸气损失，并且保证了过饱和度的定量测定。直到 Vahanen 等（2011）唯一地证明了使用该设计采集的亚纳米粒子［在环境大气中迁移粒径超过 $2cm^2/(V \cdot s)$］在稳定状态下的激活，尽管其仅仅被 DBP 检验过。

32.4.4 理论思考

32.4.4.1 中性粒子

根据经典的毛细管理论［式（32-10）］，过剩自由能 $G(R)$需要形成一个半径为 R 的完美的润湿滴，超过半径为 R_0 的已经存在的由蒸气包裹的球形中性核，在式（32-10）中，表面能项 $\pi R^2\gamma+\pi R_0^2(\gamma_{nl}+\gamma_{ng})$ 通过使用零接触角条件简化，$\gamma+\gamma_{nl}=\gamma_{ng}$。$\gamma_{nl}$ 与 γ_{ng} 分别是核与液体或者气体之间的表面能。γ 和 v_0 分别是气液截面的表面张力和液体分子体积。

$$G(R)=4\pi\gamma(R^2-R_0^2)-4\pi kT\ln S(R^3-R_0^3)/(3v_0) \tag{32-10}$$

对于过饱和蒸气（$S>1$），G 在 $R=R_K=2\gamma v_0/(kT\ln S)$，即开尔文半径时，达到最大值。半径 $R<R_K$ 的核种在活化能 $G(R_K)$的激活过程形成一个大液滴。但是，当 $R>R_K$ 时，增长将会自由进行。通常假设非均相成核发生在零活化能期间，即 $R=R_0=R_K$。$R_0=R_K$ 固定作为核半径函数的过饱和临界条件。然而，根据 Fletcher，并且结合成核理论，Winkler 等（2008b）注意到已知有限的成核时间和有限活化界限 G^*，有限数量的核在 $G(R)$ 曲线的顶部，将从最初的粒径 $R_0<R_K$ 的种核发展到临界粒径 R_K，然后成为大的液滴。也就是说，当 $G^*>0$ 时，对于核化的 S 与 R_0 之间的临界关系不是 $R_0=R_K$，而是式（32-10）在 $G=G^*$ 和 $R=R_K$ 时的特定值：

$$G^*=4\pi\gamma(R_K^2-R_0^2)-4\pi kT\ln S(R_K^3-R_0^3)/(3v_0) \tag{32-11}$$

由于 $R_0<R_K$，该临界条件相当于一个在已知 R_0 时比 $R_0=R_K$ 时的开尔文曲线较小的临界过饱和度。由于 $G*$ 合适的非零值可以由成核所需要的时间与可以观察到一定数量的颗粒物成核所需要的时间的标准比较中得出。该时间通常采用半活化所需的时间。根据式（32-12）所示的活化率，达到核数浓度的时间 $t_{1/2}$ 一般是由 $t_{1/2}K_{\exp}[-G^*/(kT)]=\ln 2$ 来定义的。

$$dN/dt=-NK\exp[-G^*/(kT)] \tag{32-12}$$

式中，K 是经典成核理论中给出的动力学系数（原式中 K 的单位为 number/s，然而本式中 K 的单位为 s^{-1} 且代表一个单独粒子通过障碍的时间）。已知成核区域停留时间 t，半数核被激活的临界条件是 $t=t_{1/2}$，而非均相成核发生的条件是：

$$G^*/(kT)=C=\ln(Kt/\ln 2) \tag{32-13}$$

常数$C=\ln(Kt/\ln 2)$通常是一个大值，由于其与K和t呈对数变化，因此对设备的运行情况依赖不大。Fletcher估计水的K为$10^7 s^{-1}$，当t为1s时，$C=16.5$。在容许误差在几个数量级的情况下，我们以蒸气分子与种核颗粒物的碰撞率为基础，通过式（32-14）来估计K，其中$p_v S$是蒸气的气体分压，m是分子质量（Volmer，1979；Winkler等，2008b；Fletcher，1962有更为精炼的表述）。已知K可能产生歧义，式（32-14）中临界颗粒物胚芽形成时的表面积$4\pi R_K^{*2}$将以假设$R_K^*=1\text{nm}$为基础（没有该指数的简化）。丙醇和DBP的相关实验的相应的K值在表32-2中表示：

$$K=4\pi R_K^{*2} p_v S/(2\pi mkT)^{1/2} \tag{32-14}$$

表32-2 图32-7和图32-8的变量参数的实验数据的转化

液体	T /K	ρ /(g/cm^3)	γ /(dyn/cm)	m /(g/mol)	α/lnS	S	p_v /Torr	K /s^{-1}	Δt /s	C	L_i /nm	c	ε
DBP	287	1.052	34.10	278.35	0.0640	1120	3.9×10^4	6.8×10^4	1	11.5	0.484	0.452	6.44
丙醇	275	0.818	25.13	60.07	0.3455	3.6	4.00	4.9×10^8	10^{-3}	13.5	0.558	0.520	20.4

为了计算S和R_0的最简单和最常用（与材料特性无关）的临界关系，我们引入了长度L_0来定义式（32-14）中的无量纲半径和式（32-15）中定义的饱和参数β，使式（32-11）简化为式（32-16）：

$$x=\frac{R}{L_0};x_0=\frac{R_0}{L_0};\beta=\frac{L_0}{R_K}=\frac{kTL_0}{2\gamma v_0}\ln S \tag{32-15}$$

$$1=1/(3\beta^{*2})-x_0^2+2\beta^* x_0^3/3 \tag{32-16}$$

式（32-16）修正了种核半径x_0与临界过饱和度变量β^*之间的关系。为了简便，我们选择L_0作为式（32-16）的左边：

$$L_0=[CkT/(4\pi\gamma)]^{1/2} \tag{32-17}$$

式（32-16）中，β^*和x_0均为三次函数，其复杂的相关的根可以简化为：

$$2x_0^3\beta^*(x_0)=(1+x_0^2)+\text{Real}\left[(i\sqrt{3-1})\left(1+3x_0^2+3x_0^4+x_0^6-2ix_0^3\sqrt{1+3x_0^2+3x_0^4}\right)^{1/3}\right] \tag{32-18}$$

该曲线见图32-7(a)。也可建立参数化的变量$\xi=\beta^* x_0$，改写式（32-16）为$\beta^*(\xi)=3^{-1/2}(2\xi^3-3\xi^2+1)^{1/2}$，并且使用恒等式$x_0=\xi/\beta^*(\xi)$。开尔文极限值$\beta^*=1/x_0$对应于$\xi\to 1$。在这一几乎是零激活障碍的区域，$G^*$是（通过构建）$(1/\beta^*-x_0)$的二次方程，因而表示成$1-\xi$。式（32-16）也可以写成$\beta^*=[(2\xi+1)/3]^{1/2}(1-\xi)$，并且可以扩展为有用的形式：$\beta^*=(1-\xi)-2(1-\xi)^2/3+0(1-\xi)^3$。对于一阶的$(1-\xi)$发现一个近似显式关系$\beta^*\sim 1/(1+x_0)$。就像图32-7(a)所示，当$x_0>4$，误差小于1.5%时，这个近似精确值$\beta^*(x_0)$优于开尔文极限值$\beta^*=1/x_0$。因此，开尔文有效近似的标准是$x_0\gg 1$。将$(1+x_0)$的次方扩展到更高阶提供了以下的形式，也在图32-7(a)中表示：

$$\beta^*(x_0)\sim(1+x_0)^{-1}-(1+x_0)^{-3}/3-5(1+x_0)^{-4}/18+\cdots(\text{误差}<0.26\%,x_0>1) \tag{32-19}$$

激活曲线遵循时间积分式（32-12）得：$N/N_0=\exp[-\ln 2e^{C-G^*/(kT)}]$，式中$kT$要以$C$的形式表示，$N_0$是种核颗粒物的最初数据。我们同时假设蒸气的消耗是可以忽略的。以

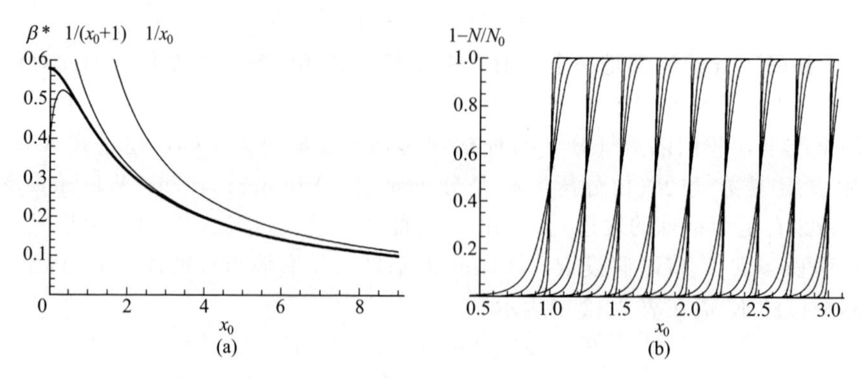

图 32-7 中性粒子的活化特性。(a) 无量纲临界过饱和与无量纲核子直径，表示了式（32-18）的准确预测（粗线条在 $x_0=0$ 时候达到最高峰），以及 $1/x_0$、$1/(x_0-1)$ 和式（32-19）（达到最大值的最低线）的三种近似。(b) 在 9 种不同过饱和度（β）下的激活曲线，每次在 4 个 C 值（10、16、40、100，坡度随着 C 值增加而增加）下测定

无量纲的过饱和度粒径变量 β 和 x_0 来表示 $G^*/(kT)$，N/N_0 则可以被重新写成式（32-13)，式中 β 和 x_0 作为独立变量出现。$N/N_0=1/2$ 条件下，理所当然地重现了式（32-16）中所得到的临界关系 $x_0=x_0^*(\beta)$。如图 32-7(b) 所示，对于给定的 β 和 C，在 $x_0=x_0^*(\beta)$ 的临界点，当曲线到达 $N/N_0=1/2$，其斜率随 C 的增加而增加。

$$\ln(N/N_0)=-\ln2\exp[C(1-1/(3\beta^2)+x_0^2-2\beta x_0^3/3)] \tag{32-20}$$

在临界条件 $x_0=x_0^*(\beta)$ 附近，式(32-20）中的指数可以被线性化为：

$$\ln(N/N_0)=-\ln2\exp[2Cx_0^*(1-\beta x_0^*)(x_0-x_0^*)] \tag{32-21}$$

式中，为了简便起见，我们使用 x_0^* 代替 $x_0^*(\beta)$ 。当 $x_0^*>1$ 和 $C>10$ 时，式(32-21）中 x_0^* 非常好地接近 $x_0^*(\beta)$ 。式(32-21）中，N/N_0 的相对宽度从 20%上升到 80%，如下：

$$(x_0/x_0^*-1)_{20\sim80}=1.976/[2Cx_0^{*2}(1-\beta x_0^*)] \tag{32-22}$$

该宽度决定了粒径分辨率，分辨率也可以通过中性粒子的异相成核实现。在 x_0 较大的时候（$x_0>10$)，式(32-22）中的 $x_0(1-\beta x_0^*)$ 项趋近于 1，此时分辨率会达到很高，趋向于 Cx_0（在 $x_0=10$、$C=10$ 时为 94)。当 $x_0=1.4$ 时，降低到 0.91。

32.4.4.2 带电粒子

包含库仑项的式（32-11）可概括为：

$$G(R)=\frac{q^2(1-1/\varepsilon)}{8\pi\varepsilon_0}\left(\frac{1}{R}-\frac{1}{R_i}\right)+4\pi\gamma(R^2-R_i^2)-\frac{4\pi kT\ln S}{3v_0}(R^3-R_i^3) \tag{32-23}$$

式中，ε_0 和 ε 分别为真空和液滴的介电常数。由于需要定义新的无量纲常数，我们使用 R_i（i 代表粒子）代替 R_0 作为核半径。以式(32-24）的瑞利长度为基础，使用新的特征长度 L_i（不同于 L_0，结合新的无量纲过饱和度变量 α)：

$$L_i^3=\frac{q^2(1-1/\varepsilon)}{64\pi^2\varepsilon_0\gamma};\alpha=\frac{kTL_i}{2\gamma v_0}\ln S;y=\frac{R}{L_i};x_i=\frac{R_i}{L_i} \tag{32-24}$$

G 的最大值由条件 $dG/dR=0$ 决定，得出 $\alpha=y^{-1}-y^{-4}$，取代了之前的条件 $R=R_K(x=1/\beta)$ 。一个晶核种核粒子从其干粒径 x_i 增长到尺寸 y 所需的活化能 G^* 在能量曲线的最大值为：

$$c = CkT/(4\pi\gamma L_i^2) = (y^3+8)/(3y) - 2x_i^{-1} - x_i^2 + 2(y^{-1} - y^{-4})x_i^3/3 \quad (32\text{-}25)$$

$$\alpha^* = y^{-1} - y^{-4} \quad (32\text{-}26)$$

为代数计算简化，给出了粒子半径 x_i 和临界过饱和度 α^* 关系的表达式 $G(x_i, \alpha^*) = G^*$，在由式(32-26)给出的 $y = y(\alpha^*)$ 的基础上以写成参数 y 的形式而不是 α^* 来表达。式(32-25)是关于 x_i 的四阶多项式，x_i 也被参数化表示为 $x_i(y)$。$\pm p(y)$ 符号的选择导致其有物理意义的根是式(32-27)中 $x^{\pm}[y]$ 最小的两个分支。在有物理意义的范围内，当 $p(y)$ 在 $y = y_0$ 时改变符号，加号(+)适用于除 $c > 1.156$ 以外的各种情况。分支 $-p(y)$ 和 $+p(y)$ 分别适用于 $y < y_0$ 和 $y > y_0$ 两种情况。$r^{\pm}$ 的符号选择是无关紧要的，因为它只作为总和 $r^+ + r^-$ 出现在式(32-27)中：

$$x^{\pm}[y] = \frac{1}{8}\left[\frac{3y^4 \pm p[y]}{y^3-1} + \sqrt{\frac{18y^3}{(y^3-1)^2} + \frac{8s[y]}{y^3-1} \pm \frac{54y^{12} - 64y^3(y^3-1)^2 j[y]}{(y^3-1)^2 p[y]}}\right] \quad (32\text{-}27)$$

$$r^{\pm}[y] = \{27y^{12} - y^6(y^3-1)j^2[y] \pm y^6\sqrt{[(y^3-1)j^2[y] - 27y^6]^2 - (16 - 8y^3 - 3cy^4 + y^6)^3}\}^{1/3} \quad (32\text{-}28)$$

$$s[y] = r^+[y] + r^-[y]; \quad (32\text{-}29)$$

$$j[y] = 8 - 3cy + y^3; \quad (32\text{-}30)$$

$$p[y] = \sqrt{9y^8 - 8(y^3-1)s[y]} \quad (32\text{-}31)$$

预测的临界曲线 $\alpha^*(x_i)$ 在图 32-8 中以黑色表示了式(32-25) 中定义的激活能量参数 c 的指示值。当达到极限 $c=0$ 时，给出重要的托马斯曲线。只有其最大 $\alpha^+(x_i)$ 的右侧部分才与成核物理相关。最大值左侧的 $\alpha^-(x_i)$ 相当于最小的而不是最大的 $G(y)$。$\alpha^-(x_i)$ 曲线左侧的离子在水溶液中趋向于扩大其半径，同时，这种增长减小了其能量。因此，湿润粒子的核化能不取决于 x_i，其半径是通过 $\alpha^-(x_i)$ 曲线定义的平衡溶剂化半径函数。曲线右侧粒子趋向于直到它们成核仍然保持干燥，这是因为其成核过程是能量上升的过程。在图 32-8(a) 中，$c>0$ 的部分终止于其左侧与托马斯曲线相交的点。由于溶剂化，所有最初较小的粒子

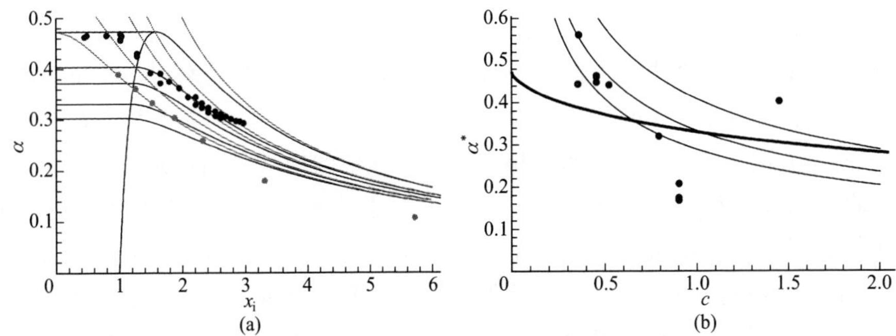

图 32-8 带电粒子与中性粒子的临界过饱和度。(a) 黑线代表带电粒子，表示了式 (32-25) 中几个活化能参数 c (1.5；1；0.5；0.25；0，由低到高) 下的预测。$c=0$ 时的曲线与托马斯曲线一致，$\alpha^* = 1/x_i - 1/x_i^4$，其上升的部分代表了干燥粒子 (右边) 与湿润粒子 (左边) 之间的界限。黑色数据点代表 DBP 中的团簇粒子 (Gamero 等，2002)。灰色数据点 (Winkler 等，2008a，b) 与灰色理论线代表在异丙醇中的中性粒子。(b) 以 α^* 和活化能参数 c 作为坐标轴，表示 Wilson 和 Kane 等的小粒子核化数据，与小粒子预测 (粗线条) 和 $C_H/C = 4$，3，2 (由低到高) 的均相成核限制 (细线条) 进行对比。Gamero 等的四甲基铵数据 ($c=0.452$) 也包括在其中

的行为与溶液化半径的粒子的行为完全相同。这意味着图 32-8(a)所示的临界过饱和曲线一直向左侧延长至水平线 $x_i=0$。中性粒子和带电粒子的曲线在 $x_i>4$ 的时候重合，与 c 有较弱的相关性。

32.4.5 理论与实验之间的对比

在 Winkler 等（2008b）的工作之前，托马斯曲线被用作该尺寸范围内现有的少数粒径分布数据比较的理论参照值，全部与带电粒子相一致（Gamero 等，2002）。由于未知原因，其 $x_i>1$ 的数据大幅低于托马斯曲线。Winkler（2004）也报道，在大部分粒径上升到 24nm 的大单电荷粒子也发现过相同的现象。Winkler 等（2008a，b）为在丙醇蒸气中的小的带电和不带电的 WO_x 粒子提供了新的数据，同样很好地表现了在托马斯和开尔文曲线下的活化。根据 Fletcher 的均相成核理论，他们首先为这一特性提供了解释。Fletcher 包括两种效应：一种与 G 的有限值相联系，另一种是由于核在蒸气中的不完全湿润。Winkler 等将两种情况均考虑在内，但是最后假设为完全湿润，因此他们的计算只简单考虑了有限的活化能。对于所有粒径范围的带电与中性粒子，Winkler 等的结论（2008b，图 32-2）在理论与实验之间表现出了良好的一致性。它们严格遵守数值计算，没有分支选择的细节。它也包括了不完全湿润理论的代数复杂性，非常接近于完全湿润的限定。Winkler 等（2008b）提到了之前 Gamero 等（2000c）得到的带电团簇的非均相成核资料，将其作为忽略有限活化能的错误习惯的例子。他们同时指出了 Gamero 等（2000c）的理论“没有包括任何带电粒子与中性粒子的比较”。但是他们却没有包括带正电的小粒子集群的临界过饱和数据，Winkler 等（2008b）无法比较他们自己的数据和计算结果。比较结果显示出分歧是值得讨论的。图 32-8(a)包括了早期带电粒子群（黑色）和新的中性粒子 WO_x（灰色）的数据。带电 WO_x 数据没有显示出来，这是由于带正电的数据在中性粒子数据顶部，而带负电粒子数据仅略低于中性粒子。为了让带电和不带电粒子可以进行比较，不带电粒子的理论与实测数据是在与离子相同的特征长度的基础上比较的。这使式（32-16）转变为：

$$c=1/(3\alpha^{*2})-x_i^2+2\alpha^* x_i^3/3 \tag{32-32}$$

重新引入了在表示图 32-7（a）时去掉的对参数 c 的依赖性。因此，带电粒子（黑线）与中性粒子（灰线）的理论曲线均依赖于活化能参数 c 的值。有人发现，粒子簇的数据（黑色）降低到接近于在中等粒径的 $c=0.25$ 的曲线，但是对于小的和大的粒子却在其上方。特别引起注意的是在数据与 $\alpha^-(x_i)$ 曲线相交的地方发现的向托马斯渐近线 $\alpha^*=3/4^{4/3}$ 的快速过渡。c 的估计值在表 32-2 中为 0.45。因此，尽管有限的活化能不能使理论和实验达到一致的效果，但是却可以使所有数据均在理论曲线之上。与理论的差异可以认为是由于不完全湿润导致的，不完全湿润会导致达到活化时的能量障碍增加。中性粒子的 WO_x 数据降低到接近于 $x_i<2.5$ 时 $c=1.5$ 的理论曲线，但是该曲线却远远低于大粒径粒子。注意到，这些实验中我们所估计的 c 值为 0.52，对应到 Kt 值，在式(32-14)的基础上远远超过了 11 个数量级。Winkler 等的粒径甚至大于 20nm 的数据，奇怪的地方是，无论是对于壬烷（Winkler 等，2008c）还是丙醇（Winkler 等，2008b；补充信息），虽然 CNT 预测为较早的收敛，它们的实验临界过饱和度仍然很好地保持在开尔文值之下。一些早期对于大颗粒物的研究在水蒸气下比较其非均相成核的临界直径与相应的开尔文粒径的大小，发现二者或者一致（例如，Liu 等，1984，水蒸气中粒径为 18nm 和 56nm 的二辛基苯二甲酸酯）或者临界

直径大于开尔文粒径（例如，Porstendorfer 等，1985，6～19nm 的银粒子；Alofs 等，1995，16nm、19nm、30nm 的银颗粒）。

关于带电纳米颗粒的活化还存在其他数据，其中特别有趣的是 Iida 等（2009）在四种不同蒸气条件下进行的系列实验，但是仍有待与理论数据的详细比较。关于小粒子的一系列数据一直可以获得。由 Wilson 所做的研究，在－6℃的水蒸气中，对于未识别的正负离子（S^* =4.1 和 6）分别得到 α^*=0.44 和 0.56。由 Kane 等测量的一系列已知小粒子和有机蒸气中 α^*=0.208，0.175，0.169，0.320 和 0.403。所有均表示于图 32-8 中，以估计的 K[式(32-14)]为基础，作为活化能变量 c 的函数。我们粗略地假定数据为云室实验中 t=1s，膨胀室中 t=1ms。图中同样显示了小粒子的理论关系 $\alpha^*(c)$ 。如式(32-25)、式(32-26)，将 y 与 x_i 以 α^* 的形式表示，分别作为 $\alpha^* = 1/y - 1/y^4$、$\alpha^* = 1/x_i - 1/x_i^4$ 的两个较大和较小的实根，后者相当于小粒子的限制。在甲烷中，c 约为 0.9 时发现三个异常低点，其饱和度低至 S=1.33、1.27、1.26。低于理论线的另一个值（但是很接近）是在乙氰中获得的，其高挥发性也在 c 约为 0.8 时发生。在操作条件（293K）和低表面张力时的相对高气压的壬烷中获得的最高 c 为 1.44。尽管甲醇和水中阴离子异常，α^* 数据仍然有随着 c 减少的轻微趋势，和预测的相似。

托马斯理论的另一个有用的测试可以以小的溶剂化团簇尺寸的测量为基础，作为 S 的函数，其应该落在 $\alpha^-(x_i)$ 曲线外。此类研究的报道分歧，有时候归因于非最佳的 $Z(d)$理论中迁移率 Z 转化为粒径 d 不合适的 $Z(d)$关系式的使用。Mäkelä 等（1996）展示了可溶离子迁移率数据和托马斯曲线之间的 0.5nm 的恒转变，可以解释为以 Millikan 关系 $Z_M(d+d_g)$ 为基础，且 d_g=0 时的直径。当使用 Tammet 的 $Z(d)$关系时会存在约 0.1nm 的缩小值，在该范围内采用有效的气体分子直径 $d_g \approx 0.4$nm 。Nadytko 等（2003）提出了一个开尔文-托马斯方程的修正关系式对偶极电荷相互作用进行解释。当使用普通的 Millikan 关系（d_g=0）时，报告与数据可以良好吻合，这表明他们的理论使托马斯曲线向右偏移 0.5nm。然而，选择 d_g=0 在该粒径范围内是不现实的。如果我们选择由 Ku 等给出 d_g=0.3nm 的值，那么开尔文-托马斯曲线将会向右移动 0.2nm，与离子极性有关的额外偏移粒径相当小。这个较小的不一致为在毛细管近似预测粒子溶剂化，也许包括对其他具有平衡属性的粒子簇的预测上提供了说服力。观测值与观察到的粒子活化临界条件的巨大差异见图 32-7 和图 32-8。这表明，所使用的毛细管模型的动能部分比其基础热力学部分更需要改善。

32.4.6 基于毛细管模型的流体选择标准

32.4.6.1 均相成核

均相成核最终发生在临界过饱和度 S_H 之下，在该过饱和度之下蒸气结成液滴不需要种核。可以被蒸气凝结检测到的最小的核必须在过饱和度 $S^* < S_H$ 时被激活。由于S^* 和 S_H 都依赖于流体性质，所以为小颗粒监测选择的理想流体需要具有预测 S_H 的能力。在均相成核比非均相成核形成核粒少的条件下，均相成核所需的临界活化能 G_H 和之前一样是固定的，例如不妨碍非均相成核形成液滴的观察。均相成核率 $n_v K \exp[-G/(kT)]$ 必须比 N/t 小，式中 n_v 为蒸气浓度。因此，忽略成核过程中 n_v 的减少。

$$G_H/(kT) = C_H = \ln(Ktn_v/N)\ ;c_H = C_H kT/(4\pi\gamma L_i^2) \qquad (32\text{-}33)$$

当简单地用 C_H 代替 C，且选择 $x_0=0$，则之前对于中性粒子非均相成核所遵循的推断仍然有效。因此：

$$\beta_H=\ln S_H\frac{kT}{2\gamma v_0}(C_H kT/4\pi\gamma)^{1/2}=1/\sqrt{3} \text{ 或者 } \alpha_H=1/\sqrt{3C_H} \tag{32-34}$$

32.4.6.2 中性粒子

注意 $\beta^*=\beta_H(C/C_H)^{1/2}$，则可得到的最大 β^* 为：

$$\beta^*_{max}=[C/(3C_H)]^{1/2} \tag{32-35}$$

β^*_{max} 总是比 $1/\sqrt{3}$ 小，已知与非均相成核有关的任何情况下均有 $n_v \gg NC_H=C+\ln(n_v\ln2/N)$ 总是大于 C。$\beta^*<\beta^*_{max}$ 成为防止到达图 32-7(a)中临界曲线的最大值（粗线，$\beta^*=1/\sqrt{3}$）和其下面的因子 $(C/C_H)^{1/2}$ 之间的区域的限制。因此，不是任意小的中性核都可以被活化。例如，在非常易挥发的蒸气和非常稀释的气溶胶（$n_v=10^{19}\text{cm}^{-3}$，$N=1\text{cm}^{-3}$）的极端情况下，$\ln(n_v\ln2/N)=43.4$。更实际的是，Gamero 等（2002）以电喷雾产生粒子簇的工作中，在典型的样品流率为 1L/min 时，他们用静电计测得流动性选择粒子的电流为 100～1000fA，相当于 $N=3.75\times10^7\sim3.75\times10^8\text{cm}^{-3}$。这对于 1nm 粒子的单分散气溶胶来说可以认为是高浓度。其 DBP 数据 $n_v\approx10^{14}\text{cm}^{-3}$，$C=11.5$，致使 C_H/C 在 2.16～2.36 之间，同时 $\sqrt{3}\beta^*_{max}=(2.26)^{-1/2}\sim2/3$。这在图 32-7(a)中相当于 $(x_i)_{min}\approx1.4$。开尔文准则将给出相当大的值 $(x_i)_{min}=2.6$。在其他情况下，最小的中性颗粒能否被均相成核所活化受限于半径 $R_{min}=(x_0)_{min}[CkT/(4\pi\gamma)]^{1/2}$。我们估计，因子 $(x_0)_{min}[C/(4\pi)]^{1/2}$ 为 1.34：

$$R_{min}\approx1.34(kT/\gamma)^{1/2} \tag{32-36}$$

如表 32-3 所示，这相当于对于所列的所有有机溶剂［包括丙醇，与 Winkler 等（2008b）的结果定性一致］的最小检测粒径在 0.9～1.1nm 之间，甚至对于水为 0.6nm。当以开尔文粒径为基础时，式(32-36) 中的系数 1.34 变为 2.5，几乎达到原来的两倍。一条关于式(32-36) 给出的极其小的粒径的合适的观点认为可能是通过与 Magnusson 等（2003）的结果相比较得到的，这可能是自 2008 年来最可信的信息。这些作者给出了关系式（对于 CNT 温度为 300K）$d_{KH}(\text{nm})=17.3\gamma^{-1/2}+0.37$（$\gamma$ 单位是 dyn/cm）。忽略 0.37nm 的偏移，这相当于 $R_{min}=4.25(kT/\gamma)^{1/2}$。他们 4.25 的相关系数和我们使用开尔文粒径得到的值 2.5

表 32-3 不同工作流体的特性与最小检测粒径的关系

液体	T /K	γ /(dyn/cm)	L_i /nm	$2.7(kT/\gamma)^{1/2}$ /nm	$kT/(\gamma L_i^2)$	C_{Hmax}
DBP	287	34.10	0.484	0.913	0.495	37.9
丙醇	275	25.13	0..558	1.041	0.485	38.6
乙腈	277	31.32	0.522	0.936	0.448	41.9
正壬烷	293	22.88	0.462	1.126	0.827	22.0
水	267	76.50	0.390	0.588	0.317	59.2
甲醇	284	23.24	0.576	1.100	0.508	36.9

之间的巨大差异是由于典型的均相成核问题造成的 C_H 远大于其他，此时 $1cm^3/s$ 成核速率是可测得的。事实上，适用于在有利条件下均相成核与非均相成核相比，不太严格的标准是几乎把系数4.25降低了一半。Winkler等（2008b）强调在粒径为1nm时，合适的活化能和开尔文标准缺乏适用性使相关系数进一步降低了约2倍，整体效果很显著。以Magnusson等（2003）的研究成果为基础，在与水有相同表面张力的特定液体中，可以检测到中性粒子的最小粒径为 $d_{min}=8.5(kT/\gamma)^{1/2}=1.85(nm)$。现在理论告诉我们，在有利条件下，粒径只有 $2.7(kT/\gamma)^{1/2}$，也就是对于水只有0.59nm。这似乎是难以置信的，但是相对于丙醇的1.05nm的预测已经基本被实验证实。

综上所述，中性粒子最小可检测粒径原则上依赖于 $(kT/\gamma)^{1/2}$，倾向于较小的 T 和较大的 γ。虽然如此，n_v/N 较大的变化范围带来的不可忽略的影响需要在具体的情况下予以考虑。

32.4.6.3　带电粒子

由图32-8可知，在 c 增加时 α^* 有所下降。在图32-7(a)的变量中可以看到均相成核的条件是在 $\beta^*=(C/3C_H)^{1/2}$ 时的一条水平线。在图32-8(a)的变量中，同样是灰线的一部分 $(C/C_H)^{1/2}$ 达到最大值时的水平线，其垂直位置的变化与 c 成反比。事实上，由于 $c_H=c(C_H/C)$，$\alpha^*<\alpha_H=1/\sqrt{3C_H}$ 的要求表明：

$$\alpha^*(c,x_i)<c^{-1/2}[C/(3C_H)]^{1/2} \tag{32-37}$$

该条件最容易解释小粒子的界限，如图32-8所示，α^* 仅仅依赖于 c。该图也包括了均相成核界限的细线和其中的三个 C_H/C 值（2、3和4，从高处到低处）。很明显均相成核比非均相成核对 c 更为敏感，因此较小的 c 值就支持小粒子的活化。粗略的近似，可以忽略 α^* 对于 c 的依赖，并在式（32-37）中使用 $c=0$ 的限制，$\alpha^*=3/4^{4/3}$。将式（32-37）转化为：

$$\frac{kT}{\gamma L_i^2}<\frac{4^{11/3}\pi}{27C_H}\sim\frac{18.765}{C_H} \tag{32-38}$$

由于温度降低时 γ 增加，式(32-38)中主要部分 $kT/(\gamma L_i^2)\sim kT/\gamma^{1/3}$ 随着温度的降低而降低，在给定的蒸气中有利于小粒子的非均相活化。由于出现的表面张力变为原来的1/3次幂，主要影响因素变为温度，对于中性粒子的成核比高表面张力更加具有适度的优势。这是在实践中遇到的定性预测，包括在水中（Wilson，1987，1927）和在DBP中。例如，尽管Gamero等（2000c，2002）在冷却DBP混合区域到10～15℃时，没有发现粒子活化的更小的粒径界限，Mavliev等（2001）在不知道这个先例的情况下，在相同的介质中（DBP）没有实施冷却时发现了更低的检测粒径2.7nm。可以预期到增加工作流体的表面张力和介电常数的有利的效果，这与由Kim等（2003）发现的将Sgro等（2004）的CNC工作流体由DBP换为乙二醇来改进性能是一致的。在预期与观察结果之间更定量化的比较可以在 $kT/(\gamma L_i^2)$ 值和有关的 $C_{Hmax}=18.765\gamma L_i^2/(kT)$ 的基础上进行尝试。表32-3中表示了几种已经成功地与带电小粒子进行过测试的材料的 C_{Hmax}。不考虑表中所列各流体的实际 C_H 值，水（拥有最小的 T 值和最大的 γ 值）是所列的对小粒子活化最好的介质。壬烷（拥有最高的 T 值和最小的 γ 值）是所有流体中表现最差的。之前估计DBP的 C_H 值为26，远远低于最大允许值37.9。该情况与之前 $\ln(n_v\ln2/N)=43.4$ 时所考虑的极端条件相反。由于很少有关于 N 的报告，因此从 C_H 的定义式式(32-33)中很难决定其大小。但是可以从已测

量到的 S_H 值来推断其大小，按照该方法，我们发现 Winkler 等的丙醇数据中 $C_H=46.8$。该值超过了表 32-3 中所示的最大值 38.6，理论上表明，在该工作流体下最小粒子不会被活化。事实上，我们关于 Winkler 等（2008b）的迁移粒径的修正说明表明丙醇是一个临界流体，几乎可以活化最小的正负带电粒子。在丁醇被广泛使用的情况下，似乎其无法在典型的 CNC 条件下激活小粒子。因此，很显然一些流体像 DBP、甲醇、乙腈、壬烷和水可以活化最小的带电颗粒物（DBP 只能活化阳离子），而其他流体却不可以。然而，由于这些成功的例子中的一部分使用了相对较大的 N 值，因此这种趋势是不明确的。宣布一种流体比另外一种流体更有利于活化小粒子之前，必须进行 C_H 真实值的监测。由其在式(32-32)中的定义，$C_H=\ln(Ktn_v/N)$，并且 $K\sim n_v$ 之间的比例系数较弱地取决于流体的选择和温度，各流体的区别主要是 C_H 在 $\ln(tn_v^2/N)$ 这一部分的不同。若要减少 C_H，很明显除了可以通过之前提到的增加 N 之外，也可以类似地减少 t，该方法相当于 n_v 的两倍的效果。后来的结论与 Iida 等（2009）对于低挥发性液体如 DOS 和油酸的认可是一致的。

32.5 总结与结论

我们回顾了两台对粒径为 3nm 以下的气溶胶测量的成熟仪器：DMA 和 CNC 的最新进展。常规的 DMA 结合一个层压管可使 Re 保持在大于 2000 的层流状态。它们需要 500～1000L/min 的流量。然而，在随后接一个扩散器，并且带一个轻便泵的时候，可以覆盖 1～10nm 的粒径范围，并且可以达到 50～70 的分辨率（特殊情况下可以达到 100）。一些超临界 DMA 的整体复杂性和便携性与常规 DMA 类似，但是它们的颗粒停留时间低于 1ms，可以实现更快的测量。随着在分辨率达到 1nm 和便携性之间的妥协，一个单一的超临界 DMA 可以连续不断地覆盖 1～100nm 的粒径范围。在该领域不断地前进，新的还未尝试的想法可能使在 Re 大大降低的条件下获得相同的分辨率。Labowsky 的等电位 DMA 1～5nm 的串联工作引起大家关注，这种 DMA 避免了气溶胶返回时在仪器出口的可能损失。单颗粒凝结核检测器（CNC）对于低至 1nm 或者可能更低的带电或者不带电的纳米颗粒的检测工作目前有很多发展。在 1nm 时精确控制非均相成核的粒子，对其核的大小和组成的探测实验的可能性正在引领一种新的能力测试并且完善现有理论。许多基本理论我们还未触及和认知到，并且我们距离开发出可以在亚微秒级时间内探测到 1nm 的颗粒的仪器还很远。然而，在未来的 10 年内，可能会看到巨大的进步。

32.6 致谢

感谢以下学生对一些仪器所进行的描述：J. Rosell、I. G. Loscertales、L. de Juan、T. Eichler、M. Gamero、W. Herrmann、S. Rosser、M. Labowsky 以及 P. Martinez-Lozano。最近也包括 J. Rus，我的哥哥 Gonzalo 和他在 SEADM 的同事，他们在旋转 DMA 和 DMA-MS 方面做出了巨大发展。特别感谢 East Haven 的 Jerzy Kozlowski 先生，他引入了圆锥连接头来改进 DMA 内部电极，发明了图 32-5（b）所示的低阻力排气管，并且对 DMA 的机械设计做出了许多其他贡献。与 Profs. M. Attoui、P. H. McMurry、S. V. Hering、A. Schmidt-Ott、

H. Fissan、K. Okuyama 和 T. Seto 的互动交流也是非常宝贵的经验。感谢 Profs P Wangner，M Kulmala 和 J Mäkelä 在非均相成核方面的见解。

32.7 符号列表

DMA	差分迁移率分析仪
CNC	凝结核计数器
FWHM	半峰宽；迁移峰宽度测量
CNT	经典成核理论
EG	乙二醇
LDCNC	层流扩散凝结核计数器
TMCNC	湍流混合凝结核计数器
DBP	邻苯二甲酸二丁酯
DOS	癸二酸二辛酯
THA^+	四庚基铵离子
MS	质谱
UCPC	超细粒子计数器
C	式(32-13)
C_H	$\ln(Ktnv/N)$ [式(32-32)]
c	式(32-25)
d_Z	与迁移率 Z 相关的迁移直径 $Z=Z_M(d_Z)$
d_m	$[6m/(\pi\rho)]^{1/3}$；质量直径
d_p	粒子直径
D	扩散系数
d_g	气体分子的有效直径，例如当 $d_p = d_m + d_g$ 时，$Z=Z_M(d_p)$；对于空气来说 $d_g=0.3$
d_K	$4\gamma v_0/(kT\ln S)$ =开尔文直径
d_{KH}	当 $S=S_H$ 时计算得到的开尔文直径
$j[y]$	式(32-30)
e	元电荷
$G(R)$	种核生长到半径为 R 时所需的自由能变化
G^*	种核生长到 $G(R)$ 曲线的顶端所需的 $G(R)$
k	玻耳兹曼常数
K	指前因子[式(32-12)]，s^{-1}
L	DMA 的长度，或入口和出口狭缝间的流向距离
L_0，L_i	式(32-17)，式(32-24)
m	蒸气分子的质量，在质谱中分析的粒子的质量
N	非均质核数浓度，cm^{-3}

N_0	激活前 N 的初始值
n_v	蒸气分子数浓度
$p[y]$	式(32-31)
p_v	平衡蒸气压
q	ze，粒子上的净电荷
Q	鞘气流量
$r^{\pm}[y]$;$s[y]$	式(32-28)；式(32-29)
R	液滴半径
R_1，R_2	圆柱形 DMA 的内部和外部电极半径
Re	雷诺数$=U\Delta/v$
R_0，R_K	种核或凝结核的半径；开尔文半径
R	分辨率$=V_0/V_{FWHM}$
S	过饱和相当于超过平衡蒸气压的实际蒸气压
S_H	均相成核开始时的临界过饱和
T	气体的热力学温度
t，$t_{1/2}$	在成核区的停留时间，N_0 的半衰期
U	平均流量
V	两个 DMA 电极间的电压差
V_{FWHM}	最大值一半时的全峰宽
V_0	平均峰值电压
x，x_0，x_i	无量纲半径[式(32-15)以及式(32-24)]
$x^{\pm}[y]$	式(32-27)
y	无量纲半径[式(32-24)]
Z	电迁移率
$Z=Z_M(d_p)$	联系球形粒子 Z 和 d_p 的密里根定律
z	粒子上的元电荷数量
α	带电粒子的无量纲过饱和度[式(32-24)]
α^*，α_H	非均相成核和均相成核的临界 α
$\alpha^+(x_i)$，$\alpha^-(x_i)$	Thomson 曲线 $\alpha^{\pm}=1/x_i-1/x_i^4$ 的右边部分和左边部分
β	中性粒子的无量纲过饱和度[式(32-15)]
β^*，β_H	非均相成核和均相成核的临界 β
Δ	平行 DMA 或圆柱形 DMA 电极间的间隔
δ	离子轨道的 $(2Dt)^{1/2}$ 布朗扩散加宽
γ	液-气表面张力
ε	介电常数
ξ	$\beta^* x_0$
η	成核活化概率
ρ	粒子组成物质的密度
σ	即将到达取样狭缝的扩散粒子流向位置的标准偏差

32.8 参考文献

Airmodus. 2010. http://www.airmodus.com/; accessed Jan/2011.

Alofs, L.D., Lutrus, C.K., Hagen, D.E., Sem, G.J., Blesener, J.L. 1995. Intercomparison between commercial CNCs and an alternating temperature gradient cloud chamber, *Aerosol Sci. Technol.* 23:239–249.

Asmi, E., Sipilla, M., Manninen, H.E., Vanhanen, J., Lehtipalo, K., Gagné, S., Neitola, K., Mirme, A., Mirme, S., Tamm, E., Uin, J., Komsaare, K., Attoui, M., and Kulmala, M. 2009. Results of the first air ion spectrometer calibration and intercomparison workshop. *Atmos. Chem. Phys.* 9:141–154.

Attoui, M., and Fernandez de la Mora, J. 2007. A DMA covering the 1–100 nm particle size range with high resolution down to 1 nm. *European Aerosol Conference 2007, Salzburg, Austria*, Abstract T02A029.

Attoui, M., and Fernandez de la Mora, J. 2009. Ion-induced solvation and nucleation studies in a sonic DMA. *European Aerosol Conference 2009*, Karlsruhe, Germany.

Breaux, G.A., Hillman, D.A., Neal, C.M., Benirschke, R.C., and Jarrold, M.F. 2004. Gallium cluster "magic melters." *J. Am. Chem. Soc.* 126:8628–8629.

Bricard, J., Delattre, P., Madelaine, G., and Pourprix, M. 1976. Detection of ultra-fine particles by means of a continuous flux condensation nuclei counter. In *Fine Particles*, B.Y.H. Liu, ed. New York, Academic, pp. 565–580.

Brunelli, N.A., Flagan, R.C., and Giapis, K.P. 2009. Radial DMA for one nanometer particle classification. *Aerosol Sci. Technol.* 43:53–59.

Cecere, D., Sgro, L.A., Basile, G., D'Alessio, A., D'Anna, A., and Minutolo, P. 2002. Evidence and characterization of nanoparticles produced in nonsooting premixed flames. *Combust. Sci. Technol.* 174:377–398.

Chen, D.R., Pui, D.Y.H., Hummes, D., Fissan, H., Quant, F.R., and Sem, G.J. 1998. Design and evaluation of a nanometer aerosol Nano-DMA. *J. Aerosol Sci.* 29:497–509.

D'Alessio, A., Barone, A.C., Cau, R., D'Anna, A., and Minutolo, P. 2005. Surface deposition and coagulation efficiency of combustion generated nanoparticles in the size range from 1 to 10 nm. *Proc. Combust. Inst.* 30:2595–2603.

de Juan, L., and Fernandez de la Mora, J. 1998. Size analysis of nanoparticles and ions: running a Vienna DMA of near optimal length at Reynolds numbers up to 5000. *J. Aerosol Sci.* 29:617–626.

Eiceman, G., and Karpas, Z. 1994. *Ion Mobility Spectrometry*. Boca Raton, FL, CRC.

Eichler, T. 1997. A differential mobility analyzer for ions and nanoparticles: Laminar flows at high Reynolds-numbers. Senior Graduation Thesis presented to Fachhochscule Offenburg, Germany.

Eichler, T., de Juan, L., and Fernández de la Mora, J. 1998. Improvement of the resolution of TSI's 3071 DMA via redesigned sheath air and aerosol inlets. *Aerosol Sci. Technol.* 29:39–49.

Fagan, P.J., Krusic, P.J., McEwen, C.N., Lazar, J., Parker, D.H., Herron, N., and Wasserman, E. 1993. Production of perfluoroalkylated nanospheres from buckminsterfullerene. *Science* 262:404.

Fenn, J.B., Mann, M., Meng, C.K., Wong, S.K., and Whitehouse, C. 1989. Electrospray ionization for mass-spectrometry of large biomolecules. *Science* 246:64–71.

Fernandez de la Mora, J. 2002. Diffusion broadening in converging DMAs. *J. Aerosol Sci.* 33:411–437.

Fernandez de la Mora, J. 2011. The DMA: Adding a true mobility dimension to a preexisting API-MS. In *Ion Mobility Spectroscopy–Mass Spectrometry: Theory and Applications*, C. Wilkins and S. Trimpin, eds. Taylor and Francis, Oxford, UK, in press.

Fernandez de la Mora, J., de Juan, L., Eichler, T., and Rosell, J. 1998. Differential mobility analysis of molecular ions and nanometer particles. *Trends Anal. Chem.* 17:328–339.

Fernández de la Mora, J., de Juan, L., Eichler, T., and Rosell, J. 1999. Method and apparatus for separating ions in a gas for mass spectrometry, US Patent 5,869,831 (9/Feb/1999).

Fernandez de la Mora, J., Labowsky, M.C., Schmitt, J., and Neilson, W. 2004. Method and apparatus to increase the resolution and widen the range of DMAs, US Patent 6,787,763.

Fernandez de la Mora, J., Thomson, B., and Gamero-Castaño, M. 2005. Tandem mobility mass spectrometry study of electrosprayed $Heptyl_4N^+Br^-$ clusters. *J. Am. Soc. Mass Spectrom.* 16:717–732.

Fernández de la Mora, J., Ude, S., and Thomson, B.A. 2006. The potential of Differential Mobility Analysis coupled to mass spectrometry for the study of very large singly and multiply charged proteins and protein complexes in the gas phase. *Biotech. J.* 1:988–997.

Fernández de la Mora, J. 2008. Miniaturized cylindrical nano-DMA of high resolving power. Annual meeting of the Spanish Aerosol Association (RECTA), Torremolinos, Malaga, 1–3 July. http://www.seadm.com/descargas/RECTA_2008_JFM.pdf

Fissan, H., Hummes, D., Stratmann, F., Buscher, P., Neumann, S., Pui, D.Y.H., and Chen, D. 1996. Experimental comparison of four differential mobility analyzers for nanometer aerosol measurements. *Aerosol Sci. Technol.* 24:1–13.

Flagan, R.C. 2004. Opposed Migration Aerosol Classifier (OMAC). *Aerosol Sci. Technol.* 38:890–899.

Fletcher, N. 1962. *The Physics of Rainclouds*. Cambridge University Press, Cambridge, UK, chap. 3.

Friedlander, S.K. 2000. *Smoke, Dust and Haze*. Oxford University Press, New York.

Gamero-Castaño, M. 1999. The transfer of ions and charged nanoparticles from solution to the gas phase in electrosprays. Ph.D. Thesis, Mechanical Engineering Department, Yale University, New Haven, CT.

Gamero-Castaño, M., and Fernández de la Mora, J. 2000a. Mechanisms of electrospray ionization of singly and multiply charged salt clusters. *Analyt. Chim. Acta* 406:67–91.

Gamero-Castaño, M., and Fernandez de la Mora, J. 2000b. Kinetics of small ion evaporation from the charge and size distributions of multiply charged electrospray clusters, *J. Mass Spectrom.* 35:790–803.

Gamero-Castaño, M., and Fernandez de la Mora, J. 2000c. A condensation nucleus counter (CNC) sensitive to singly charged subnanometer particles. *J. Aerosol Sci.* 31:757–772.

Gamero-Castaño, M., and Fernandez de la Mora, J. 2002. Ion-induced nucleation: measurement of the effect of embryo's size and charge state on the critical supersaturation. *J. Chem. Phys.* 117:3345–3353.

Heim, M., Attoui, M., and Kasper, G. 2010. The efficiency of diffusional particle collection onto wire grids in the mobility equivalent size range of 1.2–8 nm. *J. Aerosol Sci.* 41:207–222.

Hering, S.V., Stolzenburg, M.R., Quant, F.R., Oberreit, D.R., and

Keady, P.B. 2005. A laminar-flow, water-based condensation particle counter (WCPC). *Aerosol Sci. Technol.* 39:659–672.

Herrmann W., Eichler, T., Bernardo, N., and Fernandez de la Mora, J. 2000. Turbulent transition arises at Reynolds number 35,000 in a short Vienna type DMA with a large laminarization inlet. *Abstract to the Annual Conference of the AAAR, October 2000*, St. Louis, MO.

Hogan, C.J., Kettleson, E.M., Ramaswami, B., Chen, D.R., and Biswas, P. 2006. Charge reduced electrospray size spectrometry of mega- and gigadalton complexes: Whole viruses and virus fragments. *Anal. Chem.* 78:844–852.

Hogan, C.J. Jr., and Fernández de la Mora, J. 2009. Tandem ion mobility-mass spectrometry (IMS-MS) study of ion evaporation from ionic liquid-acetonitrile nanodrops. *Phys. Chem. Chem. Phys.* 11:8079–8090.

Hogan, C.J. Jr., and Fernández de la Mora, J. 2011. Ion mobility measurements of non-denatured 12–150 kDa Proteins and protein multimers by tandem differential mobility analysis–mass spectrometry (DMA-MS). *J. Am. Soc. Mass Spectrom.* (in press, DOI: 10.1007/s13361-010-0014-7).

Hontañón, E., and Kruis, F.E. 2009. A DMA for size selection of nanoparticles at high flow rates. *Aerosol Sci. Technol.* 43:25–37.

Hoppel, W.A. 1968. The ions in the troposphere: Their interactions with aerosols and the geoelectric field. Ph.D. Dissertation, Catholic University of America, Washington, DC.

Hoppel, W.A. 1970. Measurement of the mobility distribution of tropospheric ions. *Pure Appl. Geophys.* 81:230–245.

Iida, K., Stolzenburg, M.R., and McMurry, P.H. 2007. Detecting below 3 nm particles using ethylene glycol-based ultrafine condensation particle counter. pp. 649–653 in *Nucleation and Atmospheric Aerosols*, 17th International Conference, Galway, Ireland, C.D. O'Dowd and P.E. Wagner, eds. Springer, Netherlands.

Iida, K., Stolzenburg, M.R., McMurry, P.H., Smith, J.N., Quant, F.R., Oberreit, D.R., Keady, P.B., Eiguren-Fernandez, A., Lewis, G.S., Kreisberg, N.M., and Hering, S.V. 2008. An ultrafine, water-based condensation particle counter and its evaluation under field conditions. *Aerosol Sci. Technol.* 42:862–871.

Iida, K., Stolzenburg, M.R., and McMurry, P.H. 2009. Effect of working fluid on sub-2 nm particle detection with a laminar flow ultrafine condensation particle counter. *Aerosol Sci. Technol.* 43:81–96.

Jarrold, M.F. 2000. Peptides and proteins in the vapor phase. *Ann. Rev. Phys. Chem.* 51:179–207.

Kane, D., Daly, G.M., and El-Shall, S. 1995. Condensation of supersaturated vapors on benzene ions generated by resonant 2-photon ionization – a new technique for ion nucleation. *J. Phys. Chem.* 99: 7867–7870.

Kane, D., and El-Shall, S. 1996. Ion nucleation as a detector: Application of REMPI to generate selected ions in supersaturated vapors. *Chem. Phys. Lett.* 259:482.

Kaufman, S.L., Skogen, J.W., Dorman, F.D., Zarrin, F., and Lewis, L.C. 1996. Macromolecule analysis based on electrophoretic mobility in air: globular proteins. *Anal. Chem.* 68:1895–1904.

Kaufman, S.L. 1999. Molecular clusters observed using high resolution DMA. *J. Aerosol Sci.* 30:S821.

Kaufman, S.L., and Dorman, F.D. 2008. Sucrose clusters exhibiting a magic number in dilute aqueous solutions. *Langmuir* 24:9979–9982.

Keck, L., Spielvogel, J., and Grimm, H. 2008. From NANO particles to large aerosols-fast measurements methods for size and concentration. http://www.nanosafe2008.org/home/liblocal/docs/Oral%20presentations/O2b-2_Spielvogel.pdf

Kim, C.S., Okuyama, K., and Fernández de la Mora, K. 2003. Performance evaluation of improved particle size magnifier (psm) for single nanoparticle detection. *Aerosol Sci. Technol.* 37:791–803 [see correction in 38:409].

Knutson, E.O. 1971. The Distribution of Electric Charge Among the Particles of an Artificially Charged Aerosol. Ph.D. Thesis, University of Minnesota, Minneapolis, Minnesota. See Appendix.

Knutson, E.O., and Whitby, K.T. 1975. Aerosol classification by electric mobility: apparatus, theory and applications. *J. Aerosol Sci.* 6:443–451.

Koeniger, S.L., Merenbloom, S.I., and Clemmer, D.E. 2006. Evidence for many resolvable structures within conformation types of electrosprayed ubiquitin ions. *J. Phys. Chem. B.* 110:7017–7021.

Kogan, Y., and Burnashova, Z. 1960. Size magnification and measurement of condensation nuclei in the continuous flow [in Russian]. *J. Phys. Chem.* 34:2630–2639.

Kousaka, Y., Okuyama, K., and Mimura, T. 1986. *J. Chem. Eng. Japan* 19:401.

Kozlowski, J. 2001–2009. Mechanical design of DMAs. Unpublished work.

Kroto, H.W., Heath, J.R., Obrien, S.C., Curl, R.F., and Smalley, R.E. 1985. C-60-buckminsterfullerene. *Nature* 318(6042):162–163.

Ku, B.K., Fernandez de la Mora, J., Saucy, D.A., and Alexander, J.N. IV. 2004. Mass distribution measurement of water-insoluble polymers by charge-reduced electrospray mobility analysis. *Anal. Chem.* 76:814–822.

Ku, B.K., and Fernandez de la Mora, J. 2009. Relation between electrical mobility, mass, and size for nanodrops 1–6.5 nm in diameter in air. *Aerosol Sci. Technol.* 43:241–249.

Kulmala, M., Vehkamaki, H., Petajda, T., Dal Maso, M, Lauri, A, Kerminen, V.M., Birmili, W., and McMurry, P.H. 2004. Formation and growth rates of ultrafine atmospheric particles: a review of observations, *J. Aerosol Sci.* 35:143–176.

Labowsky, M., and Fernandez de la Mora, J. 2006. Novel ion mobility analyzers and filters. *J. Aerosol Sci.* 37:340–362.

Laschober, C., Kaddis, C.S., Reischl, G.P., Loo, J.A., Allmaier, G., and Szymanski, W.W. 2007. Comparison of various nano-differential mobility analysers (nDMAs) applying globular proteins. *J. Exp. Nanosci.* 2:291–301.

Liedtke, K. 1999. Evaluation of a System for Measuring Aerosol Particle Size in the Range of a few Nanometers. Diploma Thesis, University of Duisburg, Germany.

Liu, B.Y.H., and Pui, D.Y.H. 1974. Submicron aerosol standard and primary, absolute calibration of condensation nuclei counter. *J. Coll. Interf. Sci.* 47:155–171.

Liu, B.Y.H., Pui, D.Y.H., McKenzie, R.L., Agarwal, J.K., Pohl, F.G., Preining, O., Reischl, G., Zsymansky, W., and Wagner, P.E. 1984. Measurements of the Kelvin-equivalent size distribution of well defined aerosols with particle diameters >13 nm. *Aerosol Sci. Technol.* 3:107–115.

Loscertales, I.G. 1998. Drift DMA. *J. Aerosol Sci.* 29:401–407.

Magnusson, L.E. 2002. Fundamental Advances and Applications of Condensation Nucleation Light Scattering Detection for Capillary Electrophoresis. Ph.D. Thesis, Department of Chemistry and Biochemistry, Southern Illinois University at Carbondale.

Magnusson, L.E., Koropchak, J.A., Anisimov, M.P., Poznjakovskiy, V.M., and Fernandez de la Mora, J. 2003. Correlations for vapor nucleating critical embryo parameters. *J. Phys. Chem. Ref. Data* 32:1387–1409.

Mäkelä, J.M., Riihela, M., Ukkonen, A., Jokinen, V., and Keskinen, J. 1996. Comparison of mobility equivalent diameter with Kelvin-Thomson diameter using ion mobility data. *J. Chem. Phys.* 105:1562–1571.

Martínez-Lozano, P., and Fernández de la Mora, J. 2005. Effect of acoustic radiation on DMA resolution. *Aerosol Sci. Technol.* 39:866–870.

Martínez-Lozano, P., and Fernández de la Mora, J. 2006a. Resolution improvements of a nano-DMA operating transonically. *J. Aerosol Sci.* 37:500–512.

Martinez-Lozano, P., Labowsky, M., and Fernández de la Mora, J. 2006b. Experimental tests of a nano-DMA with no voltage change between aerosol inlet and outlet slits. *J. Aerosol Sci.* 37:1629–1642.

Martinez-Lozano, P., and Labowsky, M. 2009. An experimental and numerical study of a miniature high resolution isopotential DMA. *J. Aerosol Sci.* 40:451–462.

Mavliev, R., Hopke, P.K., Wang, H.C., and Lee, D.W. 2001. A transition from heterogeneous to homogeneous nucleation in the turbulent mixing CNC. *Aerosol Sci. Technol.* 35:586–595.

McMurry, P.H. 2000. The history of condensation nucleus counters. *Aerosol Sci. Technol.* 33:297–322.

Megaw, W.J., and Wells, A.C. 1968. Electrical mobility of submicron particles. *Nature* 219:259.

Nadykto, A.B., Mäkelä, J.M., Yu, F.Q., Kulmala, M., and Laaksonen, A. 2003. Comparison of the experimental mobility equivalent diameter for small cluster ions with theoretical particle diameter corrected by effect of vapour polarity. *Chem. Phys. Lett.* 382:6–11.

Okuyama, K., Kousaka, Y., and Motouchi, T. 1984. *Aerosol Sci. Technol.* 3:353.

Park, K., Dutcher, D., Emery, M., Pagels, J., Sakurai, H., Scheckman, J., Qian, S., Stolzenburg, M.R., Wang, X., Yang, J., and McMurry, P.H. 2008. Tandem measurements of aerosol properties—a review of mobility techniques with extensions. *Aerosol Sci. Technol.* 42:801–816.

Porstendorfer, J., Scheibel, H.G., Pohl, F.G., Preining, O., Reischl, G., and Wagner, P.E. 1985. Heterogeneous nucleation of water vapor on monodispersed Ag and NaCl particles with diameters between 6 and 18 nm. *Aerosol. Sci. Technol.* 4:65–79.

Rebours, A.B., Boulaud, D., and Renoux, A. 1996. Recent advances in nanoparticle size measurement with a particle growth system combined with an optical particle counter—a feasibility study. *J. Aerosol Sci.* 27:1227–1241.

Reischl, G.P., Mäkelä, J.M., and Necid, J. 1997. Performance of Vienna type DMA at 1.2–20 nanometer. *Aerosol Sci. Technol.* 27:651–672.

Rosell, J., and Fernández de la Mora, J. 1993. Minimization of the diffusive broadening of ultrafine particles in DMAs. In *Synthesis and Characterization of Ultrafine Particles*, J. Marijnissen and S. Pratsinis, eds. Delft University Press, The Netherlands, pp. 109–114.

Rosell, J., Loscertales, I.G., Bingham, D., and Fernández de la Mora, J. 1996. Sizing nanoparticles and ions with a short DMA. *J. Aerosol Sci.* 27:695–719.

Rosser, S., and Fernandez de la Mora, J. 2005. Vienna-type DMA of high resolution and high flow rate. *Aerosol Sci. Technol.* 39:1191–1200.

Rus, J., Moro, D., Sillero, J.A., Royuela, J., Casado, A., and Fernández de la Mora, J. 2010. IMS-MS studies based on coupling a DMA to commercial API-MS systems. *Int. J. Mass Spectrom.* 298:30–40.

Santos, J.P., Hontañón, E., Ramiro, E., and Alonso, M. 2008. Performance evaluation of a high-resolution parallel-plate DMA. *Atmos. Chem. Phys. Discuss.* 8:17631–17660.

Saucy, D., Ude, S., Lenggoro, W., and Fernandez de la Mora, J. 2004. Mass analysis of water-soluble polymers by mobility measurement of charge-reduced electrosprays. *Anal. Chem.* 76:1045–1053.

Saros, M.T., Weber, R.J., Marti, J.J., and McMurry, P.H. 1996. Ultrafine aerosol measurement using a condensation nucleus counter with pulse height analysis. *Aerosol Sci. Technol.* 25:200–213.

Scalf, M, Westphall, M.S., Krause, J., Kaufman, S.L., and Smith, L.M. 1999. Controlling charge states of large ions. *Science* 283(5399):194–197.

Seol, K.S., Yabumoto, J., and Takeuchi, K. 2002. A DMA with adjustable column length for wide particle-size-range measurements. *J. Aerosol Sci.* 33:1481–1492.

Seto, T., Nakamoto, T., Okuyama, K., Adachi, M., Kuga, Y., and Takeuchi, K. 1996. *J. Aerosol Sci.* 28:193.

Seto, T., Okuyama, K., and Fernández de la Mora, J. 1997. Condensation of supersaturated vapors on monovalent and divalent ions of varying size. *J. Chem. Phys.* 107:1576–1585.

Sgro, L.A., Basile, G., Barone, A.C., D'Anna, A., Minutolo, P., Borghese, A., and D'Alessio, A. 2003. Detection of combustion formed nanoparticles. *Chemosphere* 51:1079–1090.

Sgro, L.A., and Fernandez de la Mora, J. 2004. A simple turbulent mixing cnc for charged particle detection down to 1.2 nm. *Aerosol Sci. Technol.* 38:1–11.

Sipilä, M., Lehtipalo, K., Attoui, M., Neitola, K., Petäjä, T., Aalto, P.P., O'Dowd, C.D., and Kulmala, M. 2009. Laboratory verification of PH-CPC's ability to monitor atmospheric sub-3 nm clusters. *Aerosol Sci. Technol.* 43:126–135.

Steiner, G.W., Reischl, G.P., Wimmer, D., and Attoui, M. 2008. A medium flow, high resolution DMA, running in closed loop. European Aerosol Conference 2008, Thessaloniki, Greece, Abstract T04A009O.

Stolzenburg, M. 1988. An ultrafine aerosol size distribution measuring system, *Ph.D. Thesis*, University of Minnesota, Minneapolis, MN.

Stolzenburg, M.R., and McMurry, P.H. 1991. An ultrafine aerosol CNC. *Aerosol Sci. Technol.* 14:48–65.

Tammet, H.F. 1970. *The Aspiration Method for the Determination of Atmospheric-Ion Spectra* [Original work in Russian from 1967]. Israel Program for Scientific Translations, Jerusalem.

Tammet, H. 1995. Size and mobility of nanometer particles, clusters and ions. *J. Aerosol Sci.* 26:459–475.

Tammet, H., Mirme, A., and Tamm, E. 2002. Electrical aerosol spectrometer of Tartu University. *Atmos. Res.* 62:315–324.

Tanaka, H., and Takeuchi, K. 2002. C_{60} monomer as an inherently monodisperse standard nanoparticle in the 1 nm range. *Japan. J. Applied Phys.* 41:922–924.

Tanaka, H., and Takeuchi K. 2003. Experimental transfer function for a low-pressure DMA by use of a monodisperse C-60 monomer. *J. Aerosol Sci.* 34:1167–1173.

TFS. 2010. http://www.thermo.com/eThermo/CMA/PDFs/Various/File_4361.pdf. Accessed June 2010.

Thomson, J.J. 1969. *Conduction of Electricity Through Gases.* Dover, New York, sect. 92.

Tito, M.A., Tars, K., Valegard, K., Hajdu, J., and Robinson, C.V. 2000. Electrospray time-of-flight mass spectrometry of the intact Ms2 virus capsid. *J. Am. Chem. Soc.* 122:3550–3551.

Ude, S., Fernandez de la Mora, J., and Thomson, B.A.. 2004. Charge-induced unfolding of multiply charged polyethylene glycol ions. *J. Am. Chem. Soc.* 126:12184–12190.

Ude, S., and Fernandez de la Mora, J. 2005. Molecular monodisperse mobility and mass standards from electrosprays of tetra-alkyl ammonium halides. *J. Aerosol Sci.* 36:1224–1237.

Ude, S., Fernandez de la Mora, J., Alexander IV, J.N., and Saucy, D.A. 2006. Aerosol size standards in the nanometer size range: II. Narrow size distributions of polystyrene 3-11 nm in diameter. *J. Coll. Interf. Sci.* 293:384–393.

Uetrecht, C., Versluis, C., Watts, N.R., Wingfield, P.T., Steven, A.C., and Heck, A.J.R. 2008. Stability and shape of hepatitis b virus capsids in vacuo. *Angew Chem. Int. Ed.* 47:6247–6251.

Vanhanen, J., Mikkila, J., Sipila, M., Manninen, H.E., Lehtipalo, K., Siivola, E., Petaja, T., and Kulmala, M. 2011. Particle size magnifier for nan-CN detection. *Aerosol Sci. Technol.* (submitted).

Volmer, M. 1939. *Kinetik der Phasenbildung*. Theodor Steinkopf, Dresden.

Von Helden, G., Hsu, M.-T., Kemper, P.R., and Bowers, M.T. 1999. Structures of carbon cluster ions from 3 to 60 atoms: Linears to rings to fullerenes. *J. Chem. Phys.* 95:3835–3842.

Wajsfelner, R., Madelaine, G., Delhaye, J., Bricard, J., and Liu, B. 1970. Influence of liquid conductivity on latex aerosol charge. *J. Aerosol Sci.* 1:3–7.

Wang, H.C., and Kasper G. 1991. Filtration efficiency of nanometer-size aerosol particles *J. Aerosol Sci.* 22:31–41.

Wang, J., McNeill, V.F., Collins, D.R., and Flagan, R.C. 2002. Fast mixing condensation nucleus counter: Application to rapid scanning differential mobility analyzer measurements. *Aerosol Sci. Technol.* 36:678–689.

Wilson, C.T.R. 1897. Condensation of Water Vapour in the Presence of Dust-Free Air and Other Gases, *Philos. Trans. of the Royal Soc. London A*, 189:265–307.

Wilson, C.T.R. (1927) 1965. On the cloud method of making visible ions and the tracks of ionizing particles. In *Nobel Lectures: Physics*. Elsevier, New York.

Winkler, P.M. 2004. Experimental Study of Condensation Processes in Systems of Water and Organic Vapors Employing an Expansion Chamber. Ph.D. Thesis, University of Vienna, Austria.

Winkler, P.M., Vrtala, A., and Wagner, P.E. 2008a. Condensation particle counting below 2 nm seed particle diameter and the transition from heterogeneous to homogeneous nucleation. *Atmos. Res.* 90:125–131.

Winkler, P.M., Steiner, G., Vrtala, A., Vehkamäki, H., Noppel, M., Lehtinen, K.E.J., Reischl, G.P., Wagner, P.E., and Kulmala, M. 2008b. Heterogeneous nucleation experiments bridging the scale from molecular ion clusters to nanoparticles. *Science* 319:1374–1377.

Winkler, P.M., Hienola, A., Steiner, G., Hill, G., Vrtala, A., Reischl, G.P., Kulmala, M., and Wagner, P.E. 2008c. Effects of seed particle size and composition on heterogeneous nucleation of n-nonane. *Atmos. Res.* 90:187–194.

Winklmayr, W., Reischl, G.P., Lindner, A.O., and Berner, A. 1991. A new electromobility spectrometer for the measurement of aerosol size distributions in the size range from 1 to 1000 nm. *J. Aerosol Sci.* 22:289–29.

Yale DMA-MS facility. 2010. Yale's open facility on ion mobility spectrometry/mass spectrometry (IMS-MS). http://www.eng.yale.edu/DMAMSfacility/. Accessed June 2010.

33

高温气溶胶：纳米颗粒膜的测量和沉积

Pratim Biswas

圣路易斯华盛顿大学环境与化学工程能源部，密苏里州圣路易斯市，美国

Elijah Thimsen

阿尔贡国家实验室，伊利诺伊州，美国

33.1 引言

高温气溶胶的沉积对于与高温颗粒气体接触的设备的运行以及涂层和薄膜的合成具有重要意义。高温气溶胶的沉积是很多工业过程的基础，包括光纤、显示屏、光波导及高档陶瓷粉末的合成（Stamatakis 等，1991）。在能源与环境纳米技术领域也有许多新的应用，如光催化净化水和空气（De Lasa 等，2005）、传感器（Tricoli 等，2008），还有太阳能捕集（Nowotny，2005；Thimsen，2008）。本章讨论高温气溶胶反应器中高温气溶胶的采样和检测，重点是合成反应器中气溶胶的沉积。这里讨论的检测技术在很多高温燃烧排放的环境控制过程中都有应用，如燃烧焚烧、焊接系统、机动车和飞机尾气、焦炉、熔炉、核反应堆事故和公用锅炉等。

在气-粒转化过程之后是沉积过程，了解这一系统的基本特点是很重要的：①是否是前体物反应形成粒子；②粒子是分散还是凝聚在一起，因为这都会影响形成的薄膜性质（如孔隙度、抗腐蚀性、电子转移）。一些动态的物理化学反应过程在此系统中进行，为从理论上准确描述该系统，必须考虑成核作用、凝结作用和冷凝作用，最终形成一个微积分动力学普遍方程。通过对这一过程中特征时间的分析，就可以对上述这些性质做出定性描述。为更准确描述实际反应器中气溶胶的动力学过程，就需要检测高温气溶胶。

在很多使用气溶胶反应器的工业合成过程中都会遇到高浓度气溶胶。通常，在工业气溶胶产生过程中，重点在于产生单分散性粒子或粒径范围较窄的粒子。因此，为了控制过程中的一些参数，就需要采取一些可行性措施。同时，为了控制和掌握粒子的形成和增长率，需要测量气溶胶粒径分布的演变。在测量高温、高浓度气溶胶时需要考虑一些特定的性质。如果使用采样系统，就必须把采样系统设计成可以抑制气溶胶动力学的过程（成核作用、凝

聚、凝结作用和压缩作用，以避免采样系统中气溶胶粒径分布的改变）和化学过程的系统，以得到具有代表性的测量结果。如果使用这本书以往描述的实时测量仪器，必须把数浓度和温度降低到仪器操作限制范围内。为避免这个问题，可采用现场实时测量技术，本章将介绍这两种测量高温高浓度气溶胶的方法。气溶胶粒径分布的准确测量对沉积也很重要，因为粒径大小和沉积速率对最终沉积的性质有很大影响（Thimasen 和 Biswas，2007）。

基底上烧结的粒子对最终沉积层的性质及其在应用中的性能都有很大影响。对一些应用来说，希望得到密集结实的沉积层，而一些其他应用则希望得到较大的孔隙率和表面积。可以通过粒子烧结来控制这些性质，快速烧结可得到密集的沉积层，慢速烧结得到空隙较多的沉积层。粒子在基底的烧结速率主要受到基底温度、粒子到达尺寸及沉积速率的影响，准确描述沉积之前气溶胶态的粒径分布对过程控制很重要。这章会通过讨论来总结烧结作用对沉积层性质的影响及其与能源环境中纳米技术应用所使用的气溶胶薄膜的性能的关系。

33.2 沉积种类的形成

这部分讨论高温气溶胶粒子沉积的一些重要问题。先介绍了一个热迁移沉积的例子，然后是对高温粒子沉积系统中沉积种类识别的简单理论分析。

33.2.1 热迁移薄膜沉积系统

热迁移是从高温系统中沉积纳米粒子的一种引力机制。这可以通过迅速冷却相对于高温气溶胶的基底而实现（Madler 等，2006；Thimsen 和 Biswas，2007）。由于热量从气流中传向被冷却的基底，基底与气流之间就形成了一个温度差。在自由分子体系里，热迁移沉积速度与分子直径和压力无关（Hinds，1999）。然而，应当注意到，气体分子撞击时就会产生热迁移，因此系统中必须有足够的气体分子以确保能观察到这种效果。事实上，大气压下就能容易地达到有效的热迁移沉积，对于直径 5nm 的粒子，压力只要降到 1.4Torr（1Torr=133.322Pa）就可以实现（Mangolini 等，2005）。

图 33-1 是一个基于现场实时产生纳米粒子的热迁移沉积的预混合火焰气溶胶反应器（FLAR）的例子。这种情况下气溶胶的温度会很高，达到 2000℃的数量级，而基底则维持在几百摄氏度（Thimsen 和 Biswas，2007）。在操作说明中，这种系统中的温度很高的气流流向基底，因此温度控制非常关键。

33.2.2 化学气/粒子沉积

薄膜形成过程是化学蒸气沉积（CVD）还是粒子沉积，会对形成的薄膜性质有很大影响。通常是要求将均相的气态前体物注入到气溶胶沉积层合成系统来现场实时生成纳米粒子。这会减少对纳米粉末再悬浮的影响。但是，纳米粉末中经常包含有很多难以分离的团聚体聚合物。来自气态前体物的基于气溶胶薄膜的生成反应器与 CVD 反应器有很多相同之处。关键区别在于对过程参数的选择，包括气流流量、气流温度和停留时间。这些过程参数影响了气相中所发生过程的特征时间（Thimsen 和 Biswas，2007）。如果前体物反应可以产生足量的活性物质使粒子在到达基底之前发生成核作用，那么粒子的生成和薄膜的生成过程就是粒子的沉积过程。如果气态前体物没有足够的时间来反应，那么薄膜的生成过程就是 CVD 过程。换句话说，如果气态前体物的反应特征时间少于气相中的停留时间，那么这是

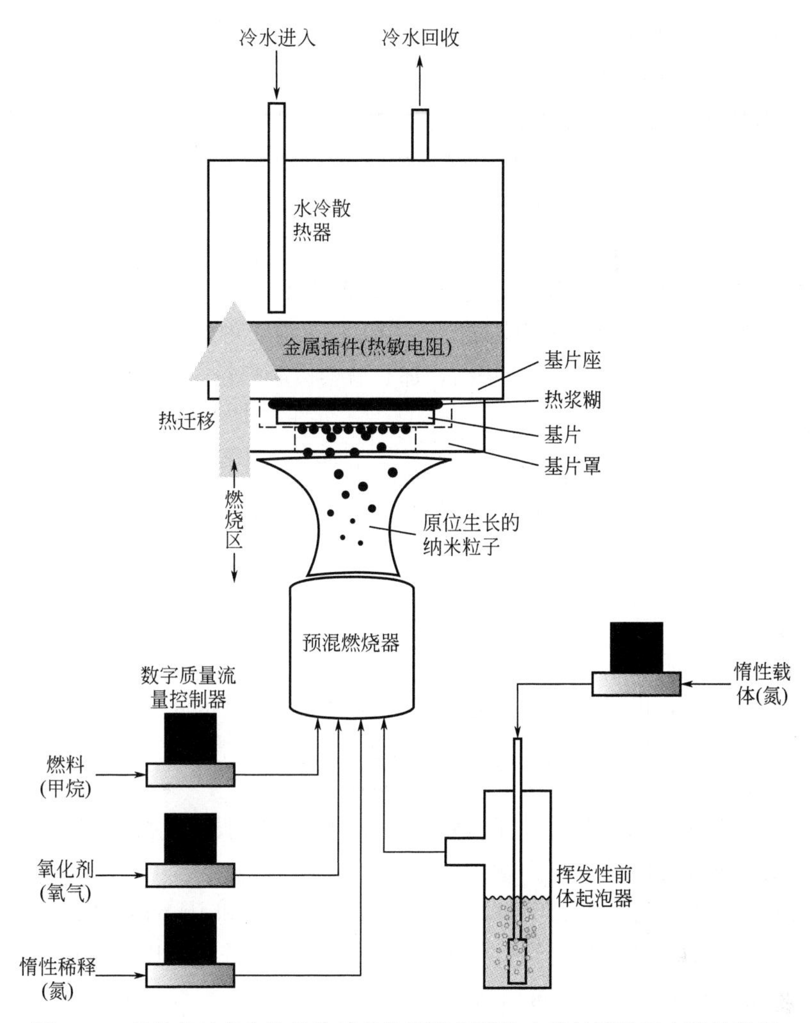

图 33-1 现场实时产生纳米粒子的热迁移沉积的火焰气溶胶反应器示意图

粒子沉积过程，相反则是 CVD 过程。

粒子沉积：
$$\frac{\tau_{\mathrm{rxn}}}{\tau_{\mathrm{res}}} \leqslant 1 \tag{33-1}$$

CVD：
$$\frac{\tau_{\mathrm{rxn}}}{\tau_{\mathrm{res}}} \geqslant 1 \tag{33-2}$$

式中，τ_{res} 为气相停留时间；τ_{rxn} 为特征反应时间。停留时间和特征反应时间可由式(33-3)和式(33-4)计算：

$$\tau_{\mathrm{res}} = \frac{V}{Q} \tag{33-3}$$

$$\tau_{\mathrm{rxn}} = \frac{[C]_{\mathrm{i}}}{R_{\mathrm{i}}} \tag{33-4}$$

式中，V 为反应器容量；Q 为气体体积流量；$[C]_{\mathrm{i}}$ 为气态前体物初始浓度；R_{i} 为反应速率。特征反应时间的计算可使用最初的平衡浓度或者最大浓度（Biawas 和 Wu，1998）。

33.2.3 单粒子沉积与凝聚粒子沉积

到达基底上粒子的凝聚程度对最终生成的薄膜性质影响很大。通过凝聚沉积合成的薄膜比单粒子沉积形成的薄膜的孔隙要多15%～20%，这可以用来增加薄膜表面积（Madler等，2006）。或者，基底表面同时进行烧结和孤立的粒子沉积所生成的薄膜会出现沉积集聚所不具有的独特的薄膜外貌（Kulkarni和Biswas，2003；Thimsen和Biswas，2007；Thimsen等，2008）。因此有必要研究一种简单程序来确定孤立的粒子或凝聚的粒子沉积在基底上。集聚程度可通过再分析气相中的特征时间来确定（Thimsen和Biswas，2007）。如果气相中的纳米粒子有足够的时间与其他粒子发生碰撞，那么需要考虑它们的凝结程度。鉴于很多合成过程是在高温下进行，如果粒子有足够的时间完全烧结，那么它们会在单粒子沉积（IPD）过程中以孤立的粒子形式沉积。或者，如果粒子有足够的时间来相互碰撞，但由于粒径过大或者温度太低不能在气相中完全烧结，那么就会以凝聚粒子沉积（APD）过程沉积。

假设：
$$\frac{\tau_{rxn}}{\tau_{res}} \leqslant 1 \tag{33-5}$$

IPD：
$$\frac{\tau_{col}}{\tau_{res}} \geqslant 1 \text{ 或 } \frac{\tau_{col}}{\tau_{res}} \leqslant 1 \text{ 及 } \frac{\tau_{sin}}{\tau_{col}} \leqslant 1 \tag{33-6}$$

APD：
$$\frac{\tau_{col}}{\tau_{res}} \leqslant 1 \text{ 及 } \frac{\tau_{sin}}{\tau_{col}} \geqslant 1 \tag{33-7}$$

式中，τ_{col}为碰撞时间；τ_{res}为停留时间；τ_{sin}为特征烧结时间。特征碰撞时间是粒子直径和气体性质的函数，由式(33-8)定义（Biswas和Wu，1998）：

$$\tau_{col} = \frac{2}{\beta n_0} \tag{33-8}$$

式中，β为凝结系数；n_0为总粒子数量初始浓度。公式假设气溶胶保持其单分散特性，但合理地估计了特征碰撞时间。

特征烧结时间更难估计。其计算取决于烧结模式（Cho和Biswas，2006）。反过来，模式的选择取决于实际的烧结机理，烧结机理与材料和系统有关。对以颗粒边界扩散来烧结的双球形TiO_2来说，特征烧结时间可由式(33-9)来计算：

$$\tau_{sin} = \frac{0.013kTr_i^4}{bD_b\gamma\Omega} \tag{33-9}$$

式中，k为玻耳兹曼常数；T为热力学温度；r_i为粒子初始半径；b为颗粒边界厚度；D_b为颗粒边界扩散系数，其随温度而呈指数增加；γ为表面张力；Ω为原子体积（Kobata等，1991）。

前面的分析提供了一种简单的方法来估计气体-粒子转化是否发生及气溶胶的集聚程度。过程控制中所需的详细信息需要由实验测定高温高浓度气溶胶来获得。接下来，会介绍气溶胶的采样方法，其后可以对高温气溶胶进行气溶胶性质和气态前体物浓度的现场实时无损测量。

33.3 高温气溶胶的稀释采样和检测

高温高浓度气溶胶在采样系统中必须被稀释和冷却。必须迅速抑制气溶胶动力学和化学变化。通常需要高倍稀释以降低数浓度到气溶胶测量仪器可操作的范围内，如此高的稀释倍数需要使用多级稀释系统。不同研究人员使用的稀释系统概括在表33-1中。美国环境保护署（USEPA）也依靠使用烟囱采样器检测来达到其许可和管理的目的。

表 33-1 稀释系统总结

研究人员	稀释比例			稀释所用气体	采样源
	初级	二级	总体		
Newton 等，1980	5	N. A.	5	空气	流化床燃烧器
Pedersen 等，1980	N. A.	20	20	空气	有机气溶胶，汽车
Ulrich 和 Riehl，1982	N. R.	N. A.	N. R.	氮气	SiO_2 火焰反应器
Houck 等，1982	N. A.	30	30	空气	有机气溶胶烟囱
Linak 和 Peterson，1984；Sousa 等，1987	21.2	39.5	837.4	空气	煤粉燃烧
Du 和 Kittleson，1984	10	33	330	氮气	有机气溶胶，柴油机
Bonfanti 和 Cioni，1986	6	N. A.	6	氮气，空气	有机气溶胶堆
Wu 和 Flagan，1987	N. R.	2000	2000	氮气，空气	硅，管状反应器
Biswas 等，1989	31	101	3131	氩气，空气	SiO_2 管状反应器
Hildemann 等，1989	N. A.	25～100	25～100	空气	有机气溶胶烟囱
Sethi 和 Biswas，1990	19.5	25	487.5	氩气，空气	铅，火焰焚烧炉
Pratsinis 等，1990	5	200	1000	氩气，空气	TiO_2 管状反应器
Zimmer 和 Biswas，2001	10	100	1000	空气	电弧焊接工艺

注：N. A. 为没有应用；N. R. 为没有记录。

33.3.1 一级稀释系统

图 33-2 是 Linak 和 Peterson（1984）使用的一级稀释采样探头的简单设计图。通过抽吸经干燥、过滤和压缩过的空气来载带恒定流量的气溶胶样品。恒定压力的稀释空气先进入外环，当它进入内管时，因为形成一个低压区，样品气流从孔中被抽入管中，然后样品气流与过滤压缩稀释空气混合。稀释倍数由毛细管尺寸、内外环之间的空隙及空气压力决定。稀释倍数不受流量直接控制，可能与样品气流的波动有关。等速条件可能也难以在这样的系统维持。

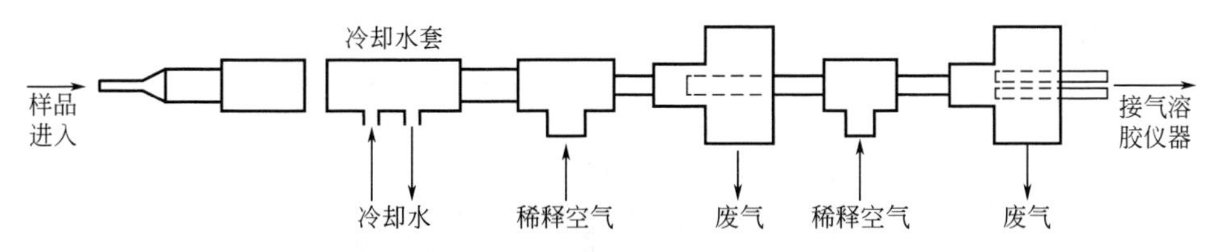

图 33-2 初级稀释探测器示意图。稀释气体通过齿孔进入中心管道，与样品混合

Peterson 和他的同事们（Scotto 等，1988；Gallagher 等，1990）在研究煤粉燃烧产生的灰中的碱金属分布时，采用了一种带有水封空气输送系统的等速抽气采样探头进行气溶胶采样。采样条件为等速，这样可采集较大的粒子。气溶胶样品由具有高混合率的独立紊流喷雾器进行快速淬火（冷却和稀释）。

可通过使用直接流量控制一级采样探头采样器，来减缓不能直接控制稀释倍数的问题。Newton 等（1980）介绍了一种用于流化床煤燃烧系统采样的径向注入式的稀释探头采样器。该探头采样器入口表面被封闭以降低边缘效应。稀释空气通过一个与样品气流方向垂直的多孔不锈钢圆筒进入，稀释空气流可以独立控制且不含粒子。该系统倾向于压缩气溶胶样品，使得冷却和混合在远离管壁处进行，如此可以减少损失。25L/min 的样品流量被稀释到总气流量为 100L/min。当热迁移损失显示最小时，冷凝和凝聚造成的气溶胶变化就没必要消除了。

图 33-3 为一种流量可控的一级稀释采样器的设计图（Biswas 等，1989）。这种采样探头由石英制成，由两个同轴管组成。在内管壁钻有一些洞，直径为入口直径的 1/6（4mm）。稀释气可以通过这些洞进入内管与气溶胶样品混合并稀释。这种采样探头很容易在采样系统内不同位置移动进行采样。在化学反应快速的系统中采样时，需要用惰性气体如氩气进行稀释，因为它不参与化学反应。

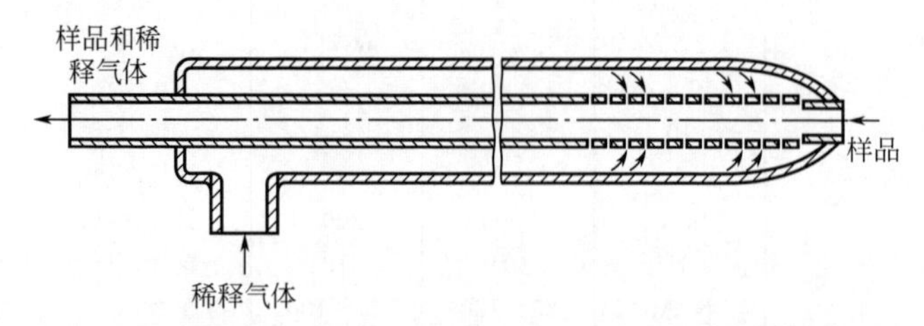

图 33-3　火焰测量稀释探测器示意图，也是二级稀释系统的示意图

图 33-4 为一种更耐用的采样器，由 Sethi 和 Biaswas（1990）设计并应用于火焰环境中测量。在改进设计中采用了以下标准：采样探头顶端横截面较小，就不会干扰系统中采样点处气流；清洗和安装方便；材料能经受火焰环境。采样探头末端是外径较小［入口直径的 1/8(3.2mm)］的不锈钢采样管，该管套在直径稍大的管内。外管同时作为稀释气的外套。样品从安装在外管内的一个管子的探头中抽出。探头内的热迁移和扩散粒子损失可以忽略不计。粒子在采样管中的停留时间短暂。由非等速采样造成的采样损失可以通过探头排列方式及采样流速与主流速的比率来估算。采样探头对准火焰轴，因此这里没有因移位造成的损失。在火焰中采集的粒子斯托克斯数远小于 0.01，因此，速度差造成的损失是次要的（Hinds，1999）。Zimmer 和 Biswas（2001）采用类似设计的采样探头以更有效地检测弧焊过程中气溶胶粒径分布的演变。由于在等离子弧区域的颗粒物数浓度和温度较高，必须采用

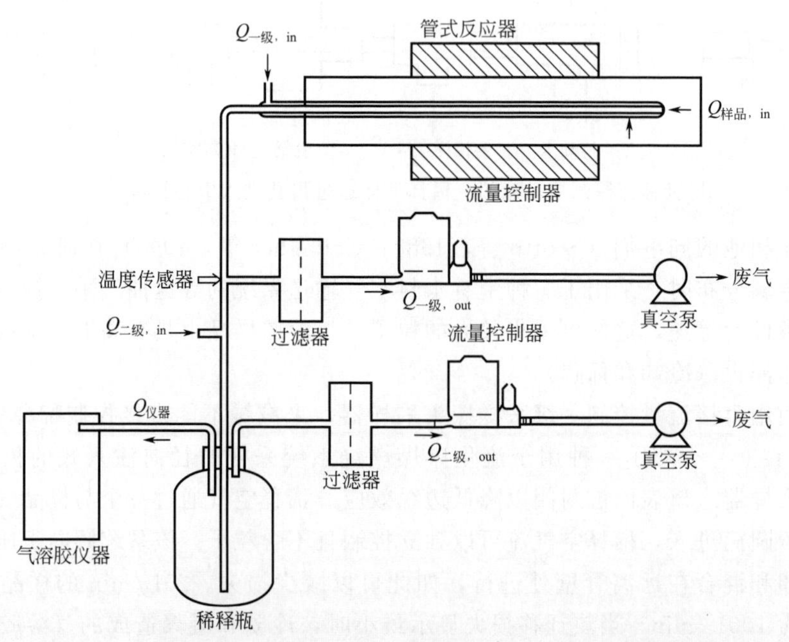

图 33-4　稀释系统（一级和二级），在这里整个反应器的气流被稀释

（引自 Alam，1984）

非常高的稀释倍数。利用纳米差分迁移率分析仪和采样系统结合成功地绘制了粒子分布的时空演化过程。

Ulrich 和 Riehl（1982）采用氮冷却的声波扩展式采样器采集火焰生成的二氧化硅粒子以进行表面区域分析。该采样探头由两个同心管组成，内管和外管之间有氮气流动。内管采用真空使得部分样品从烟道主气流中被吸入。氮气不仅能冷却和稀释样品，同时还能防止采样探头尖端被堵塞。

在以上各种设计中，采样探头型结构用从主气流中抽取少部分样品，然后通过与不含粒子的气体混合以达到稀释，这样可以得到较高的稀释倍数。Alam 和 Flagan（1986）采用了一种稀释设计，全部反应气流在此被稀释，随后 Wu 和 Flaga（1987）改进了该设计。图 33-5 为该设计的示意图。当气溶胶从反应器中出来时，同轴气流从烧结端口引入。这样的设计可以防止气溶胶进入后与较冷的管壁接触而发生反应，也可防止由于热迁移而导致的沉积。在下游气流中，大量稀释气体与气溶胶进行混合。气流处于紊流状态，这样可以与气体充分混合，冷却和稀释同时进行。Pratsinis 等（1990）使用的类似设计见图 33-6。反应器流出的气体在多孔石英稀释管中与氩气进行快速混合和冷却。多孔石英稀释管代替 Alam 和 Flagan（1986）使用的烧结管，易于装配和清理。

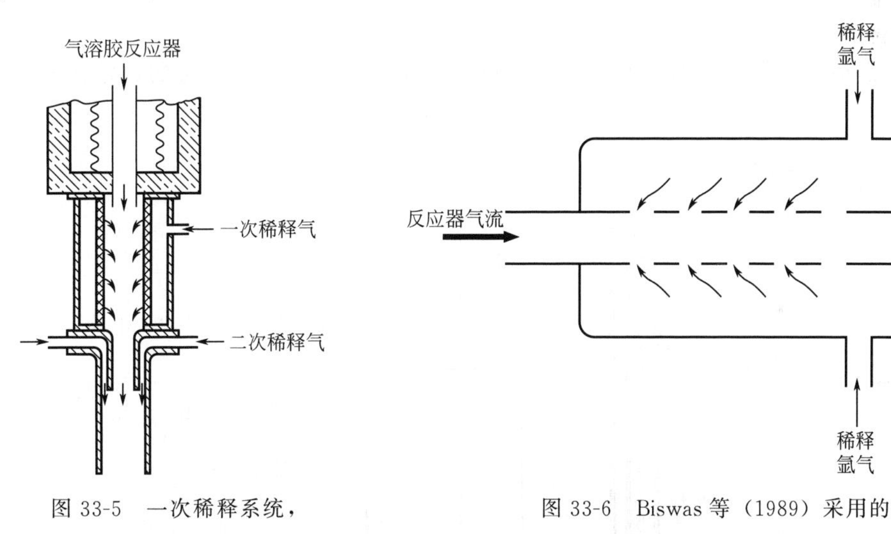

图 33-5 一次稀释系统，反应器的全部气流被一定量惰性稀释气体稀释并抑制了化学反应

图 33-6 Biswas 等（1989）采用的整个稀释系统，显示了一级稀释探头和二级稀释系统。同时也给出了通过不同部分的各种气流流量

33.3.2 一级稀释采样探头的要求

设计一级稀释采样器必须满足下列条件：

① 采样尽可能接近等速采样条件（第 6 章），使采样速度与正面流体流量相匹配。

② 稀释倍数的选择要确保热迁移和扩散造成的沉积损失最小，以及由各种气溶胶动力学现象（如成核现象、凝聚和冷凝）造成的粒径分布变化最小。

33.3.3 二级稀释系统

一级稀释采样器必须对采集的样品进行快速冷却和稀释，以此来抑制气溶胶的增长和化学反应。如前所述，当主流气溶胶数浓度高达 $10^{10}\sim10^{15}$ 个/cm^3 时，通常需要采用二级稀释，因为实时在线气溶胶检测仪器的检测上限为 10^{17} 个/cm^3。二级稀释系统在结构上与一级稀释系统相似。采集的气体在一级稀释系统中与大量不含粒子的气体混合，部分混合气被抽入气溶胶采样仪器（Linak 和 Peterson，1984；图 33-2）。由于停留时间相对较短，所以必须确保充分地混合以获得具有代表性的样品。在 Alam 和 Flagan（1986）所介绍的一级稀释采样系统中，采用同轴气流来实现二级稀释（图 33-5）。在这两种系统中，由于从一级稀释系统中出来的气流全部被稀释，因此必须选择相对较高的稀释气流量，这取决于主气流中气溶胶的数浓度（例 33-2）。

Biswas（1985）开发了另一种二级稀释系统用于高温系统下的粒子采样（Biswas 等，1989；Sethi 和 Biswas，1990），如图 33-7 所示。稀释过程在 50L 瓶中进行，以小流量从稀释系统中抽取气体与大容量不含粒子的气体混合。通过采用质量流量控制器可以精确控制流量，从而达到很高的稀释倍数。为了将稀释率的不确定性降到最低，稀释气流通常被冷却、过滤和再循环（Biswas，1985；Wu 和 Flagan，1987；Biswas 和 Flagan，1988）。图 33-7 为该装置的工作流程图。其停留时间足够长，可以保证充分的混合。Crump 等（1983）提出了稀释容器内损失的公式：

$$\frac{n}{n_0}=\exp(-\alpha t) \tag{33-10}$$

式中，n 是稀释容器内停留时间 t 后的颗粒物数浓度；n_0 是 $t=0$ 时的数浓度；α 是壁损失系数。

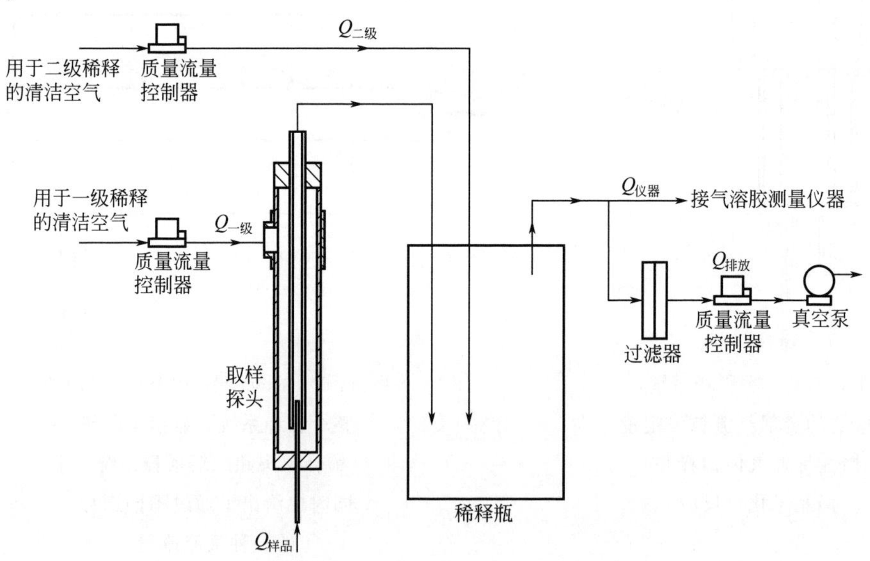

图 33-7 美国环境保护署方法 5 采样器的组成部分

（引自 USEPA，1990）

【例 33-1】 考虑二级稀释瓶是 50L 的球体。假设总流量为 10L/min，估计瓶中 0.024μm、0.042μm、0.34μm、0.51μm 和 0.79μm 粒子的损失率。

解： 用式（33-10）及 Crump 等（1983）报道的 α 的测量值进行简单计算。在稀释瓶中的停留时间为 50/10=5（min）=300（s）。假设特定粒径范围的粒子在此时间段的 α 值保持恒定，则计算结果列于表 33-2 中。

表 33-2 稀释瓶中粒子损失率

粒子直径/μm	壁损失系数 α/s^{-1}	粒子损失率
0.024	1.8×10^{-4}	0.05
0.042	8.4×10^{-5}	0.02
0.34	1.5×10^{-5}	0.01
0.51	4.8×10^{-5}	0.02
0.79	1.26×10^{-4}	0.04

注：数据来自 Crump 等，1983。

【例 33-2】 (a) 对图 33-7 所示的稀释系统，如果采样流量为 $Q_{样品,in}$，一级稀释气流量为 $Q_{一级,in}$，计算采样探头的稀释倍数。如流量为 $Q_{样品,out}$ 的清洁空气（不含粒子）和来自采样器的流量为 $Q_{二级,in}$ 的气流相混合，计算总的稀释倍数。

下面为 Biswas 等（1989）实验中提出的一组流量：

$$Q_{一级,in}=Q_{一级,out}=3L/min$$

$$Q_{二级,in}=10L/min, Q_{二级,out}=9.8L/min$$

$$Q_{样品,in}=Q_{样品,out}=0.1L/min$$

$$Q_{仪器}=0.3L/min$$

解：一级稀释：假设样品气溶胶的数浓度为 n，经稀释的样品数浓度为 n_1，则质量（或数量，粒子属性不变）平衡：

$$nQ_{样品,in}+0Q_{一级,in}=n_1(Q_{样品,in}+Q_{一级,in})$$

这里假设稀释气体不含粒子（经过滤）。稀释倍数乘以（稀释后的）数浓度得到系统中气溶胶的数浓度。因此采样器的稀释倍数 DR_1 为：

$$DR_1=(Q_{样品,in}+Q_{一级,in})/Q_{样品,in}$$

二级稀释：以类似的方法，二级稀释系统的稀释倍数 DR_2 为：

$$DR_2=(Q_{二级,in}+Q_{样品,out})/Q_{样品,out}$$

总的稀释倍数 DR 则为：

$$DR=DR_1\times DR_2=(Q_{样品,in}+Q_{一级,in})\times(Q_{二级,in}+Q_{样品,out})/(Q_{样品,in}\times Q_{样品,out})$$

系统中气溶胶的数浓度则由 DR 乘以测得的气溶胶分布尺寸限定。对于给定的流量，使用上面的公式计算，DR=3131。

(b) 如果系统中数浓度为 10^{10} 个$/cm^3$，则在采用如图 33-7 所示的稀释系统（通常采用实时气溶胶仪器）测量时应该采用什么流量？

解：由于大多数仪器的检测上限约为 10^7 个$/cm^3$，为安全起见使用边缘数据，我们选择了总稀释倍数 $DR=10^4$。因此对于系统中气溶胶的数浓度 10^{10} 个$/cm^3$，仪器中的数浓度为 $10^{10}/10^4=10^6$（个$/cm^3$）。设本例 (a) 中 $Q_{一级,in}=Q_{一级,out}=3L/min$，$Q_{样品,in}=0.1L/min$。则 $DR_1=3.1/0.1=31$，$DR_2=DR/DR_1=10^4/31=322.6$。如果 $Q_{样品,out}=0.1L/min$，则我们得到 $Q_{二级,in}=DR_2$。

$DR_2-Q_{样品,out}=32.26-0.1=32.16$（L/min）

同时必须注意流量控制所需精确度。

33.3.4 有机气溶胶稀释采样

鉴于有机化合物的毒性，排放源对环境空气气溶胶浓度的贡献引起了人们极大的关注(Daisey 等，1986)。有机物在气态与颗粒物间的分配受温度影响较大。直接过滤热的气体也许不能截留在此温度下以气态形式存在的有机气溶胶，从而导致低估原有有机气溶胶的贡献。换句话说，采用冷的冲击式或冷捕集采样器会导致高估有机气溶胶浓度，因为在一般条件下不发生冷凝的有机物会产生冷凝。因此，采集燃烧源有机气溶胶需要使用稀释系统。Hildemann 等（1989）总结了各类有机气溶胶采样系统。

非移动的大型稀释管道已被用于汽车尾气排放检测。这类系统的设计模拟了车辆燃烧废气离开汽车排气管后在空气中的稀释和冷却情况（Peterson 等，1980）。部分尾气被冷却到160℃以防止湿气冷凝，然后与稀释气在 20 倍数下混合并在 35℃下进一步冷却。Du 和 Kittleson（1984）使用一种能在发动机实际燃烧时去除、淬火并稀释气缸中所有成分的采样系统。抽取的气体通过绝热膨胀进入采样装置，并用氮气以 10 倍稀释倍数进行稀释。这些被稀释过的燃烧室成分又在聚乙烯采样袋中被氮气进一步稀释，总的稀释倍数达到 330。

Houck 等（1982）、Hyunh 等（1984）、Bonfanti 和 Cioni（1986）、Sousa 等（1987）以及 Hildemann 等（1989）描述了用于烟囱有机气溶胶采样的便携式稀释系统，稀释倍数从 6～100 不等。Hildemann 等（1989）总结了这类系统设计中涉及的重要问题：

① 模拟大气稀释应尽可能采集到包括那些在大气中会冷凝成气溶胶态的有机物的样品。这可由高度稀释以及环境温度冷却来实现。稀释系统应允许较长的停留时间以用于混合。

② 采样器表面应该是惰性的，能经受住比较严格的清洗和热处理。

③ 采样器的安装操作应尽可能降低粒子和气体损失。

33.4 高温气溶胶的现场实时测量

除了前面描述的探头技术，还有其他多种诊断技术用于测量火焰中的粒子粒径。Megaridis 和 Dobbins（1989）采用热迁移采样技术把粒子沉积在冷探头上，然后用电子显微镜检查。许多光学技术也有应用，因为它们可以进行现场实时、无损测量并具有更大的空间分辨率。光散射测量粒子的原理在第 13 章已经论述。市场上已有使用光学技术用于实时在线测量的仪器出售，这在第 13 章中已讨论。近年来不同的研究人员将弹性光散射（ELS）和动态光散射（DLS）用在测量高浓度气溶胶系统中，两种技术见表 33-3。

表 33-3 在线高温气溶胶测量的光学技术

技术		介绍	参考
弹性光散射	散射/消光	吸入气溶胶的平均粒径和数浓度没有粒径限制	第 13 章；Santoro 等，1983；Santoro 等，1987；Presser 等，1990
	角度不对称	平均粒径，数浓度，粒径分布	角度不对称。Dave，1968；van de Hulst，1981；Zachariah 等，1989；Chang 和 Biswas，1990；Chang 和 Biswas，1991
	极化率	可测量的粒径大于 0.1λ（适合有折射指标的非吸收气溶胶）	极化率 Kerker 和 Mer，1950；Maron 和 Elder，1963；Dave，1968；Bonczyk，1979；Bonczyk 和 Sangiovanni，1984

续表

技术		介绍	参考
非弹性光散射	动态光散射（光子相关光谱）	无粒径限制，敏感性随粒径增大而降低。测定分散系数需要系统温度来估算粒径，不需要折射指标	第13章；Cummins 和 Swinney，1970；Flower，1983；Flower 和 Hurd，1987；Zachariah 等，1989
	激光诱导荧光	可通过特定化合物被激光激发后的荧光发射气态前体物浓度测量	Eckbreth，1988；Zachariah 和 Burgess，1994；McMillin 等，1996；Biswas 和 Zachariah，1997；Biswas 和 Wu，1998；Biswas 等，1998

弹性光散射过程中，因为入射光的光子和目标粒子之间没有能量转化，所以入射光的频率不会发生变化。许多研究人员以不同的方式使用这些技术，如散射和消光的结合、角度的不对称、极化率的测量和双色技术等。

动态光散射（DLS）也称光子相关光谱，用于测量炭黑的形成（Flower，1983）。单色光入射到给定探头体积的粒子上，由于粒子的布朗运动，导致散射强度的波动，这些波动与粒子的平均速度或扩散系数相关，这两者都与粒径有关。动态光散射（DLS）已经在第13章中详细讨论过。

为更详细地了解粒子形成机制，就必须分析气态前体物浓度。而且，为控制小粒子排放物，就要设计一些依赖于气-粒转化机理的吸附过程（Biswas 和 Wu，1998），气相浓度对气-粒转化过程的速率的影响也是很重要的。激光诱导荧光的在线测量技术可以映射出气态前体物形成粒子。激光诱导荧光光谱的理论和应用在其他部分已详细讨论（Eckbreth，1988）。

33.5 基底上的粒子烧结

通过稀释采样或在线光学特征详细地了解了高温气溶胶，可以描述到达基底表面沉积粒子的特征和浓度。这些参数会显著影响发生在基底表面沉积后的动力学过程。一个发生在基底表面具有实际意义的过程是粒子烧结。

在基底表面的纳米粒子烧结通常会提升在热门领域应用中气溶胶薄膜和涂层的性能。烧结会导致表面积或孔隙的总量减少，但是会改善粒子-粒子或粒子-基底之间的接触。基底表面粒子烧结的程度对纳米太阳能电池转化效率的影响可超过一个数量级，其影响还涉及电子转移和使用寿命（Thimsen 等，2008）。纳米薄膜烧结可以提升 SnO_2 传感器的性能（Tricoli 等，2008）。而且，可以通过控制烧结过程来得到独特的薄膜形态。就控制参数而言，粒子烧结是粒径和温度的函数[式(33-9)]。

33.5.1 同步烧结与沉积

对高温气溶胶沉积过程，可以通过单一步骤的同步烧结与沉积来控制薄膜形态。可以通过调节基底温度和到达其表面的粒子直径来控制烧结过程，这也可以通过调节其前体物浓度来控制。例如，图33-1介绍的FLAR，基底表面温度恒定为600℃，粒径4.5nm的单个 TiO_2 纳米粒子，迅速烧结形成单晶柱状结构；粒径8.0nm的单个 TiO_2 纳米粒子烧结较慢，形成粒状结构（图33-8；Thimsen 和 Biswas，2007）。基底表面温度也会产生影响。图

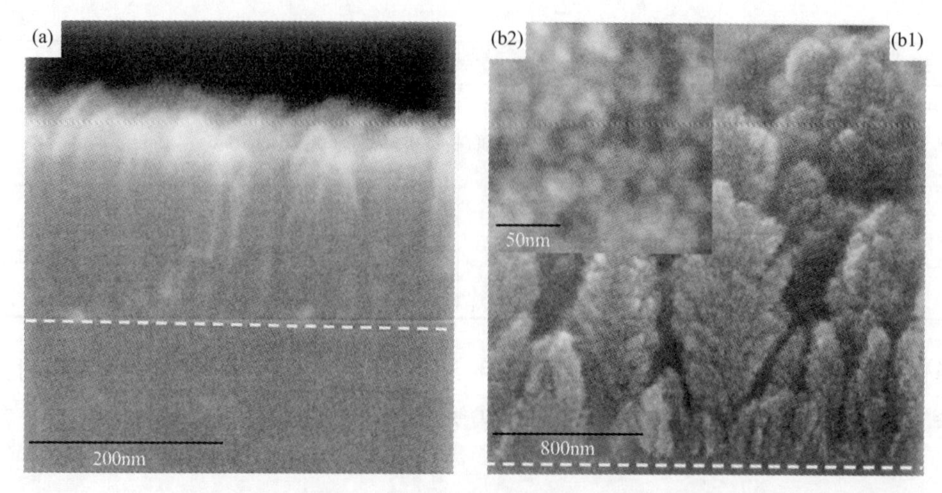

图 33-8 (a) 4.5nm 粒子 FLAR 下沉积膜的高清放大的 SEM 图像；(b1) 低分辨率图；(b2) 8nm 纳米粒子 FLAR 下沉积膜的高清放大的 SEM 图像。这两个膜都是在基底表面温度为 600℃时沉积形成的

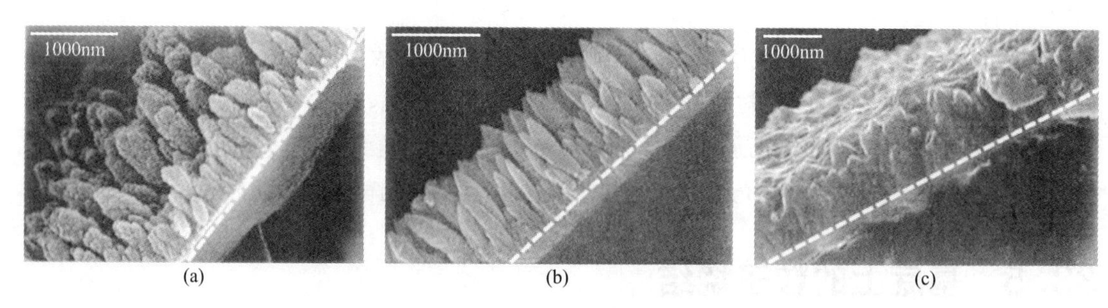

图 33-9 4nm 纳米微粒在 FLAR 不同的基底温度下的沉积膜

33-9 介绍了在保持气溶胶常数性质而改变基底表面温度的条件下，直径为 4nm 的单个 TiO_2 粒子烧结形成薄膜的过程。低温下，因为基底上粒子烧结速率比沉积速率慢，所以形成的薄膜是粒状的；中等温度下，烧结速率与沉积速率基本相等，形成的薄膜是单晶柱状结构。温度更高时，由于烧结速率比沉积速率快很多，会形成紧密结实的结构。应该注意到图 33-9 中的温度是基底维持温度比基底表面温度要低很多（Thimsen 等，2008)。对于给定的形态，可以通过控制烧结时间来改变薄膜厚度。较长的时间对应于较厚的厚度（Thimsen 和 Biswas，2007)。

对于粒子，无论是大的表面积（粒状)，是具有良好电子性质的中等面积（柱状)，还是紧密连续的表面，通过改变粒径和基底温度可以使形成的薄膜形态满足特定应用需求，实际上，烧结行为是系统特定的，最好校准给定的薄膜烧结系统使其形成所需要的形态，这可以通过 X 射线衍射（XRD）和电子扫描显微镜（SEM）来鉴定。

33.5.2 沉积后烧结

沉积后烧结也可用来改善带有气溶胶的薄膜和涂层的性能，相当于对沉积后的薄膜或涂层进行热处理。这一方法典型的应用是用于改善太阳能电池薄膜的性能（Barbe 等，1997)。热处理的温度和时间受特定应用高度影响，因此可以向专家咨询或参考文献。

33.6 能源和环境中的纳米技术应用

薄膜或涂层的最佳性能受其特定应用影响程度较大。如腐蚀保护，主要是防止底层受到化学侵蚀；如太阳能电池，主要关注捕获光、产生电子，收集电荷。

33.6.1 腐蚀保护

腐蚀保护的目标是防止基底受到化学或物理伤害。腐蚀保护对很多技术应用来说都很重要。基底可以是从防止道路喷雾损坏的汽车车身面板到防止在高温燃烧室恶劣环境中损坏的汽轮机叶片。

腐蚀保护主要考虑三个因素。第一点是外涂层在工作环境中应该是化学惰性的。氧化型材料如 SiO_2、TiO_2 在很多条件下都是惰性的。第二点是外涂层可以牢靠地附着在基底上，这样涂层就可以在服务期内保护基底了。这就是说无论是通过化学键黏结涂层和基底，还是在足够高的温度下沉积产生的涂层，都牢靠地附着在基底上。第三点是外层必须是没有孔隙的，这样可以防止腐蚀性化学物质扩散通过保护层侵蚀基底。如果想使用高温气溶胶形成外涂层来进行腐蚀保护，最好在较高的温度条件下，如 800℃或更高的环境温度下沉积直径在 5nm 左右较小的纳米粒子，这样粒子就可以在基底上完全烧结形成致密结构。

33.6.2 光催化净化水和空气

光催化净化水和空气是有一个重要技术意义的领域。可见光和紫外光中的能量足以打破空气和水中污染物的有机键联。这是一种理想的方式来氧化有机污染物，因为它不涉及引入其他化学物质。与加氯净化饮用水和加臭氧净化空气系统的情况不同，面临的挑战是催化光活化过程。

光催化 TiO_2 粒子的非均相浆液在净化去污过程中非常有效率（De Lasa 等，2005）。催化剂的回收是至关重要的，因为并不希望摄入或吸入催化剂粒子。TiO_2 是最常用的材料，直径在 25nm 左右，当考虑其催化剂粒子最佳直径时，催化剂的回收变得更加困难（Almquist 和 Biswas，2002）。

替代光催化净化过程的一种方法是使用固定化薄膜。再次重申，其代表性材料还是 TiO_2。由于对基底限制要求少，并且可以对薄膜的形态提供合理的控制，所以使用气溶胶合成薄膜是一种很可靠的方法。应用的基底可以采用多种形态，如管壁、巨石、平面和珠子（De Lasa 等，2005）。在悬浮的情况下，由于不再是非均相混合物，光催化薄膜和流体之间的接触区域很重要。改变薄膜形态以使表面区域的反应、光吸收和活性达到最佳平衡，现正成为这个研究领域的一个重点。确保光催化薄膜附着在基底上也是减少催化物流失的关键。表面区域是净化应用中最为重要的特性，这一应用中，气溶胶薄膜的最佳结构是颗粒状或是柱状。

33.6.3 太阳能应用

太阳能是一种有前景的、丰富、可再生的能源。应用它的挑战是捕获它，需要用廉价的材料覆盖较大的区域。气溶胶处理提供了一个独特的优势，因为它可以很容易地扩张，而且为薄膜的形态和组成提供合理的控制。使用基于 TiO_2 之类廉价的金属氧化物材料，阳光下收获太阳能主要有两种方式。一种是通过生产像氢气一样的太阳能燃料（Nowotny 等，

2005)，另一种是用光伏敏化太阳能电池发电（Gratzel，2001）。这里重点关注的是光催化分解水，虽然与光伏敏化太阳能电池有很多相似之处。

33.6.4 光催化分解水

应用太阳光催化分解水是一种可持续产生氢燃料的方法。这一途径于19世纪70年代被首次提出来（Thimsen和Hond，1972）并得到广泛的关注。如同光催化净化一样，有两种基本的反应器类型：含悬浮光催化剂的浆料反应器和薄膜反应器。浆料反应器由于构造简单而受到欢迎，但由于氢和氧的混合物都是可燃烧的，所以气体收集很困难。另一种方法是薄膜反应器，氢和氧的演变是空间分离的，因此原则上使得气体分离更容易。

图33-10是一个典型的试验用光催化分解水的设备。光电池包含两种电极。一个是TiO_2光电阳极，在这里发生半氧化反应。当pH高达12～14时，电解质的电导率高，电极反应的工作效率最高（Crawford等，2009）。电子从水分子（pH为7～10）或氢氧根离子（pH为10～14）中被分离提取并被收集到TiO_2薄膜上，释放出的水质子和羟基自由基随后反应生成氧气（Crawford等，2009）。这些电子通过TiO_2薄膜迁移被收集到基底上，随后通过一个外部电路到达Pt反电极上，水被还原为氢气。外部电路通常包含有一个测量电流的静电计，这个电流与氢气生成速率成比例，外部电路也包含一个应用偏压，用来增强从薄膜上提取电子的能力。基底的导电性是非常关键的，因为这样才能接触到外部电路。实际上，气相色谱法（GC）的测量要在离子选择电极上进行，以保证测得电流对应于氢气的生成速率。

这个过程的功率转化效率是与光子吸收、电子寿命和电子转移时间密切相关的函数。这些性质都受到薄膜形态的影响（Thimsen等，2008）。比如，由于薄膜形态对电子转移和寿命的影响，柱状TiO_2薄膜利用紫外光转化成氢的效率为11%，而粒状TiO_2薄膜的效率为0.2%。由于薄膜在吸收光中的作用，转化效率也是薄膜厚度的函数，最适厚度与系统有关，

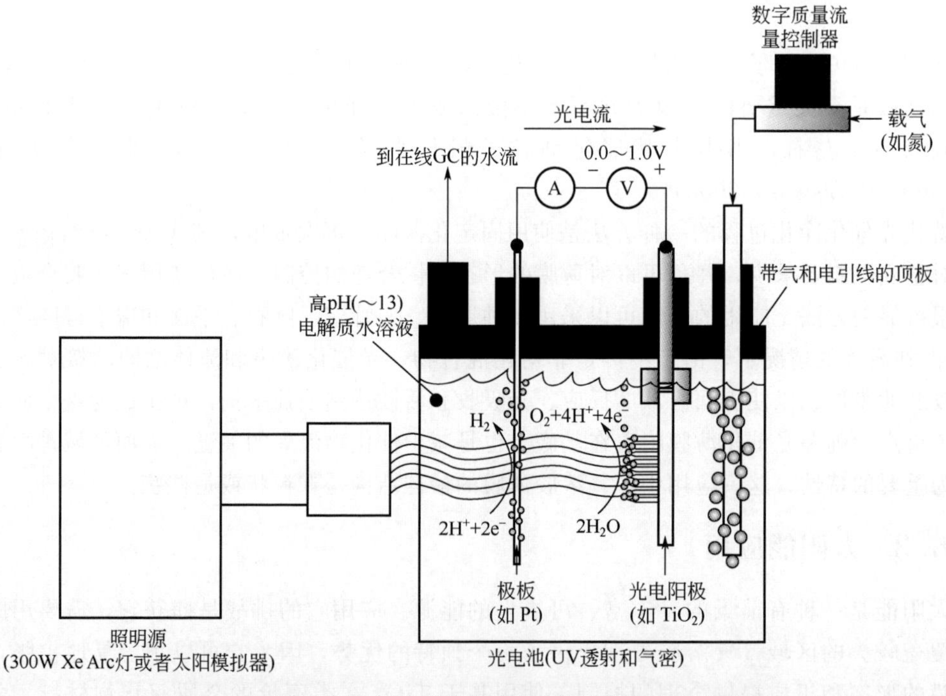

图33-10 测试分解水时不同光阳极现象的光电池的示意图

但对 TiO_2 来说一般在 1～2μm 之间。

需要注意到的是，高纯的 TiO_2 只与阳光中含量很少的紫外线发生反应。提高光分解水的光电极对可见光的响应是一个很重要的研究领域。提高可见光响应的一个有效途径是掺杂（Wang 等，2001；Rane 等，2006；Thimsen 等，2009）。高温气溶胶沉积在这方面提供了一些独特的优势，因为它可以通过简单地适当混合不同的气态前体物来容易地控制化学组成（Tricoli 等，2008；Thimsen 等，2009）。

33.7 符号列表

α	壁损失系数
β	颗粒边界系数
b	颗粒边界厚度
$[C]_i$	前体物初始浓度
D_b	颗粒边界扩散系数
DR	稀释比
γ	表面张力
k	玻耳兹曼常数
n	粒子数浓度
n_0	粒子数初始浓度
Ω	原子量
Q	体积流量
R_i	气体-粒子转化的初始反应速率
r_i	粒子初始半径
T	热力学温度
t	时间
τ_{rxn}	气体-粒子转化的特征反应时间
τ_{res}	停留时间
τ_{col}	粒子特征碰撞时间
τ_{sin}	粒子特征烧结时间
V	容量

33.8 参考文献

Alam, M. K., and Flagan, R. C. (1986). Controlled nucleation aerosol reactors: production of bulk silicon. *Aerosol Sci. Technol.* 5:237–248.

Almquist, C. B., and Biswas, P. (2002). Role of synthesis method and particle size of nanostructured TiO2 on its photoactivity. *J Catal.* 212:145–156.

Barbe, C. J., Arendse, F., Comte, P., Jirousek, M., Lenzmann, F., Shklover, V., and Gratzel, M. (1997). Nanocrystalline titanium oxide electrodes for photovoltaic applications. *J. Am. Ceram. Soc.* 80:3157–3171.

Biswas, P. (1985). *Impactors for Aerosol Measurements: Developments and Sampling Biases*. California Institute of Technology, Pasadena, CA.

Biswas, P., and Flagan, R. C. (1988). The particle trap impactor. *J. Aerosol Sci.* 19:113–122.

Biswas, P., and Wu, C. Y. (1998). Control of toxic emissions from combustors using sorbents: A review. *J. Air Waste Manag. Assoc.* 48:113–127.

Biswas, P., and Zachariah, M. (1997). In situ immobilization of lead species in combustion environments by injection of gas phase silica sorbent precursors. *Environ. Sci. Technol.* 31:2455–2463.

Biswas, P., Li, X., and Pratsinis, S. E. (1989). Optical waveguide preform fabrication. *J. Appl. Phys.* 65:2445.

Biswas, P., Yang, G., and Zachariah, M. R. (1998). In situ processing of ferroelectric materials from lead waste streams by injection of gas phase titanium precursors: Laser induced fluorescence and x-ray diffraction measurements. *Combust. Sci. Technol.* 134:183–200.

Bonczyk, P. A., (1979). Measurement of particulate size by in situ laser-optical methods: A critical evaluation applied to fuel-pyrolyzed carbon. *Combust. Flame* 35:191–206.

Bonczyk, P. A., and Sangiovanni, J. J. (1984). Optical and probe measurements of soot in a burning fuel droplet stream. *Combust. Sci. Technol.* 36:135–147.

Bonfanti, L., and Cioni, M. (1986). Sampling of polynuclear aromatic hydrocarbons at stack with a dilution sampler. In *Aerosols: Formation and Reactivity*. 2nd International Aerosol Conference, Berlin, pp. 952–955.

Chang, H., and Biswas, P. (1990). In situ light scattering dissymmetry measurements of the evolution of the aerosol size distribution in flames. In *Annual Meeting of the American Association for Aerosol Research*, AAAR 9th Annual Conference, June 18–22, 1990, Philadelphia, PA.

Chang, H., and Biswas, P. (1991). Multiangle light scattering dissymmetry measurements to determine evolution of silica particle size distributions in flames. In *Annual Meeting of the American Association for Aerosol Research*, AAAR 10th Annual Conference, October 7–11, 1991, Traverse City, MI.

Cho, K., and Biswas, P. (2006). A geometrical sintering model (GSM) to predict surface area change. *J. Aerosol Sci.* 37:1378–1387.

Crawford, S., Thimsen, E., and Biswas, P. (2009). Impact of different electrolytes on photocatalytic water splitting. *J. Electrochem. Soc.* 156:H346–H351.

Crump, J. G., Flagan, R. C., and Seinfeld, J. H. (1983). Particle wall losses in vessels. *Aerosol Sci. Technol.* 2:303–310.

Cummins, H. Z., and Swinney, H. L. (1970). Light beating spectroscopy. *Prog. Optics* VIII:134–138.

Daisey, J. M., Cheney, J. L., and Lioy, P. J. (1986). Profiles of organic particulate emissions from air pollution sources: status and needs for receptor source apportionment models. *J. Air. Pollut. Control Assoc.* 36(1):17–33.

Dave, J. V. (1968). Subroutine for computing the parameters of the electromagnetic radiation scattered by a sphere, IBM Palo Alto Scientific Center, Report No. 320-3237, California, USA.

De Lasa, H. I., Serrano, B., and Salaices, M. (2005). *Photocatalytic Reaction Engineering*. Springer, New York.

Du, C. X., and Kittleson, D. B. (1984). In-cylinder measurements of diesel particle size distributions. In *Aerosols*, Liu, B. Y. H., Pui, D. Y. H., and Fissan, H. (eds). Elserier, New York. 744–748.

Eckbreth, A. C. (1988). *Laser Diagnostics for Combustion Temperature and Species*. Abacus, Cambridge, MA.

Flower, W. L. (1983a). Measurements of the diffusion-coefficient for soot particles in flames. *Phys. Rev. Lett.* 51:2287–2290.

Flower, W. L. (1983b). Optical measurements of soot formation in premixed flames. *Combust. Sci. Technol.* 33:17–33.

Flower, W. L., and Hurd, A. J. (1987). In situ measurement of flame-formed silica particles using dynamic light-scattering. *Appl. Opt.* 26:2236–2239.

Friedlander, S. K. (2000). *Smoke, Dust, and Haze: Fundamentals of Aerosol Dynamics*. Oxford University Press, New York.

Fujishima, A., and Honda, K. (1972). Electrochemical photolysis of water at a semiconductor electrode. *Nature* 238:37.

Gallagher, N. B., Bool, L. E., Wendt, J., and Peterson, T. W. (1990). Alkali metal partitioning in ash from pulverized coal combustion. *Comb. Sci. Technol.* 74:211–221.

Gratzel, M. (2001). Photoelectrochemical cells. *Nature* 414: 338–344.

Hildemann, L. M., Cass, G. R., and Markowski, G. R. (1989). A dilution stack sampler for collection of organic aerosol emissions: design, characterization and field tests. *Aerosol Sci. Technol.* 10:193–204.

Hinds, W. C. (1999). *Aerosol Technology*. John Wiley and Sons, New York.

Houck, J. E., Cooper, J. A., and Larson, E. R. (1982). Dilution sampling for chmical receptor source finger-printing. In *Paper Read at the 75th Annual Meeting of the Air Pollution Control Association*, New Orleans, LA, 82-61M.2.

Huynh, C. K., Duc, T. V., Schwab, C., and Rollier, H. (1984). In-stack dilution technique for the sampling of polycyclic organic-compounds—Application to effluents of a domestic waste incineration plant. *Atmos. Environ.* 18:255–259.

Kerker, M., and Mer, V. K. L. (1950). Particle size distribution in sulfur hydrosols by polarimetric analysis of scattered light. *J. Am. Chem. Soc.* 72:3516–3525.

Kobata, A., Kusakabe, K., and Morooka, S. (1991). Growth and transformation of TiO2 crystallites in aerosol reactor. *AIChE J.* 37:347–359.

Kulkarni, P., and Biswas, P. (2003). Morphology of nanostructured films for environmental applications: Simulation of simultaneous sintering and growth. *J. Nanopart. Res.* 5:259–268.

Linak, W. P., and Peterson, T. W. (1984). Effect of coal type and residence time on the submicron aerosol distribution from pulverized coal combustion. *Aerosol Sci. Technol.* 3:77–96.

Madler, A. L., Roessler, A., and Pratsinis, S. E. (2006a). Direct formation of highly porous gas-sensing films by in-situ thermophoretic deposition of flame-made Pt/SnO2 nanoparticles. *Sens. Actuators B* 114:283–295.

Madler, L., Lall, A., and Friedlander, S. (2006b). One-step aerosol synthesis of nanoparticle agglomerate films: Simulation of film porosity and thickness. *Nanotechnology* 17:4783–4795.

Mangolini, L., Thimsen, E., and Kortshagen, U. (2005). High-yield plasma synthesis of luminescent silicon nanocrystals. *Nano. Lett.* 5:655–659.

Maron, S. H., and Elder, M. E. (1963). Determination of latex particle size by light scattering. *J. Colloid Sci.* 18:107–118.

McMillin, B. K., Biswas, P., and Zachariah, M. R. (1996). In situ characterization of vapor phase growth of iron oxide-silica nanocomposites. 1. 2-D planar laser-induced fluorescence and Mie imaging. *J. Mater. Res.* 11:1552–1561.

Megaridis, C. M., and Dobbins, R. A. (1989). Comparison of soot growth and oxidation in smoking and non-smoking ethylene diffusion flames. *Combust. Sci. Technol.* 66:1–16.

Newton, G. J., Carpenter, R. L., Yeh, H. C., and Peele, E. R. (1980). Respirable aerosols from fluidized-bed coal combustion. 1. Sampling methodology for an 18-inch experimental fluidized-bed coal combustor. *Environ. Sci. Technol.* 14:849–853.

Nowotny, J., Sorerell, C. C., Sheppard, L. R., and Bak, T. (2005). Solar-hydrogen: Environmentally safe fuel for the future. *Int. J. Hydrogen Energy* 30:521–544.

Pedersen, P. S., Ingwersen, J., Nielsen, T., and Larsen, E. (1980). Effects of fuel, lubricant, and engine operating parameters on the emission of polycyclic aromatic hydrocarbons. *Environ. Sci. Technol.* 14:71–79.

Pratsinis, S. E., Bai, H., Biswas, P., Frenklach, M., and Mastrangelo,

S. V. R. (1990). Kinetics of titanium(IV) chloride oxidation. *J. Am. Ceram. Soc.* 73:2158–2162.

Presser, C., Gupta, A. K., Semerjian, H. G., and Santoro, R. J. (1990). Application of laser diagnostic-techniques for the examination of liquid fuel spray structure. *Chem. Eng. Commun.* 90:75–102.

Rane, K. S., Mhalsiker, R., Yin, S., Sato, T., Cho, K., Dunbar, E., and Biswas, P. (2006). Visible light-sensitive yellow TiO_2-xN_x and Fe-N co-doped Ti1-yFe_yO_2-xN_x anatase photocatalysts. *J Solid State Chem* 179:3033–3044.

Santoro, R. J., Semerjian, H. G., and Dobbins, R. A. (1983). Soot particle measurements in diffusion flames. *Combust. Flame* 51:203–218.

Santoro, R. J., Yeh, T. T., Horvath, J. J., and Semerjian, H. G. (1987). The transport and growth of soot particles in laminar diffusion flames. *Combust. Sci. Technol.* 53:89–115.

Scotto, M. V., Bassham, A., Wendt, J., and Peterson, T. W. (1988). Quench induced nucleation of ash constituents during combustion of pulverized coal in a laboratory furnace. In *Proceedings of the 22nd International Symposium on Combustion*, The Combustion Institute, pp. 239–247.

Sethi, V., and Biswas, P. (1990). Fundamental studies on particulate emissions from hazardous waste incinerators. In *Proceedings of the 16th Annual RREL Hazardous Waste Research Symposium*, EPA/600/9-90073, Cincinnati: USEPA, pp. 59–67.

Sousa, I. A., Houck, J. E., Cooper, I. A., and Daisey, I. M. (1987). The mutagenic activity of particulate organic matter collected with a dilution sampler at coal fired power plants. *J. Air Pollut. Control Assoc.* 37:1439–1344.

Stamatakis, P., Natalie, C. A., Palmer, B. R., and Yuill, W. A. (1991). Research needs in aerosol processing. *Aerosol Sci. Technol.* 14:316–321.

Thimsen, E., and Biswas, P. (2007). Nanostructured photoactive films synthesized by a flame aerosol reactor. *AIChE J.* 53:1727–1735.

Thimsen, E., Rastgar, N., and Biswas, P. (2008). Nanostructured TiO_2 films with controlled morphology synthesized in a single step process: Performance of dye-sensitized solar cells and photo watersplitting. *J. Phys. Chem. C* 112:4134–4140.

Thimsen, E., Biswas, S., Lo, C., and Biswas, P. (2009). Predicting the band structure of mixed metal-oxdies: Theory and Experiment. *J. Phys. Chem. C* 113:2014–2021.

Tricoli, A., Graf, M., and Pratsinis, S. E. (2008). Optimal Doping for Enhanced SnO2 Sensitivity and Thermal Stability. *Adv. Funct. Mat.* 18:1969–1976.

Ulrich, G. D., and Riehl, J. W. (1982). Aggregation and Growth of Sub-Micron Oxide Particles in Flames. *J. Coll. Interface Sci.* 87:257–265.

van de Hulst, H. C. (1981). *Light Scattering by Small Particles.* Dover, New York.

Wang, Z. M., Yang, G. X., Biswas, P., Bresser, W., and Boolchand, P. (2001). Processing of iron-doped titania powders in flame aerosol reactors. *Powder Technol.* 114:197–204.

Wu, J. J., and Flagan, R. C. (1987). Onset of runaway nucleation in aerosol reactors. *J. Appl. Phys.* 61:1365–1371.

Zachariah, M. R., and Burgess, D. R. F. (1994). Strategies for laser excited fluorescence spectroscopy. Measurements of gas phase species during particle formation. *J. Aerosol Sci.* 25: 487–498.

Zachariah, M. R., Chin, D., Semerjian, H. G., and Katz, J. L. (1989). Dynamic light-scattering and angular dissymmetry for the in situ measurement of silicon dioxide particle synthesis in flames. *Appl. Opt.* 28:530–536.

Zimmer, A. T., and Biswas, P. (2001). Characterization of the aerosols resulting from arc welding processes. *J. Aerosol Sci.* 32:993–1008.

34

大气中大颗粒物的特征和测量

Kenneth E. Noll 和 Dhesikan Venkatesan
伊利诺伊理工大学土木与环境工程院土木工程系，伊利诺伊州芝加哥市，美国

34.1 引言

大气中含有很多空气动力学直径在 10～200μm 之间的气溶胶粒子，我们通常称它们为大颗粒物。大颗粒物由多种形式的自然来源（如土壤、海盐、花粉等）和人类活动（燃烧、采矿、冶金、机动车、建筑、研磨、压碎等操作过程等）共同产生，它们的干沉降和再悬浮机制对于污染物的传输具有重要意义。环境中影响大颗粒物浓度和粒径分布的因素包括颗粒物的来源（自然和人为来源）以及它们的传输和去除过程。例如，环境中大部分大颗粒物是在风力作用下从地表产生的，所以影响大颗粒物质量的因素有：地表土壤质地和粒径分布，风速，植被类型，地表粗糙程度以及土壤湿度等（Gillette 和 Walker，1977）。对于大气中的许多污染物来说，干沉降是它们主要的去除途径。有关大气中颗粒物沉降总质量的研究表明：不管是城区还是非城区，大颗粒物占干沉降量的 90%以上（Tai 等，1999）。而且，被污染的土壤颗粒（尤其是在城域）是大量有毒空气污染物的来源，可以通过地表风力和机动车作用会再悬浮于空气中（Sabin 等，2006）。较高的风速会导致风蚀，从而增加大颗粒物的浓度，但强风也可以通过扩散降低大颗粒物的浓度，所以净效应通常难以预测。

大颗粒物引起的重要环境影响主要包括：健康效应（通过食物链暴露），生态效应（氮循环，对植物和作物的伤害），气候效应（地表反照率的变化），破坏效应（腐蚀，对建筑物和历史遗迹造成损害）。大气沉降被广泛认为是污染物进入水体的重要途径（USEPA，1994）。大气中的污染物可能直接沉降到水体表面；也可能沉降到地表后，黏附于土壤基质，然后进入植物中，最终被冲刷重新进入水体。有很多关于鱼类的报告显示，鱼体内的很多有毒化合物都来源于大气沉降（USEPA，1994）。例如，密歇根湖中，60%以上的 PCBs 来自大气沉降。Davidson 和 Friedlander（1978）曾证明：城市中铅、锌、钙沉降质量中的 70%来自于大颗粒物，大颗粒物中所含的这些金属会碰撞在植被表面，以这种方式进入植被的金属沉积物占总量的 90%。Noll（1987）等发现，沉降于城区和非城区的含硫含氮颗粒物质量多于 90%的都来自大颗粒物。

对大气环境和干沉降物中大颗粒物浓度及其化学成分的准确测量，可以让我们更好地了

解颗粒物的全球循环及其对生态系统的影响。颗粒物的惯性大，化学成分浓度低，所以需要使用特殊的测量方法。由于缺乏对粒径大于 10μm 颗粒物的有效采样仪器，颗粒物质量的测量被阻碍了（Vincent，1989）。至今，对于环境中大颗粒物的质量浓度和干沉降通量，仍然没有广泛认可的测定方法。因为 PM_{10} 与人们的健康紧密相连，所以现在我们用来测量大气环境中颗粒物浓度装置的采样头都是为粒径小于 10μm 的颗粒物设计的。测量的上限是确定的，从某种程度上说，由于大颗粒物的惯性大、浓度低，所以大颗粒物的采集有些难度。而且，这个难度随着大颗粒物所受较大的重力加速度而变得复杂。尽管现行标准都是针对代表性样本制定的，它们需要一些特殊的条件，但是这些条件在环境中是难以满足的，特别是在大气环境中，采样时的风速、风向经常变化，为了获得有效的样本，需要采集大量气体。另一方面，对于特定的研究目的，已经有一些仪器能给出可接受的结果。

由于大气环境中的大颗粒物很难测定，所以测量大颗粒物的干沉降通常通过估算沉积粒子而不是测量空气中颗粒物的浓度。颗粒物样品变化可能很大，而且又很难把沉降颗粒物从天然的表面中提取出来。与天然表面相比，替代表面允许更好地控制样品提取，所以人们经常使用替代表面。然而，替代表面上的沉降与天然表面上的沉降很难进行比较（Davidson 等，1985）。由于光滑的水平收集器不能估计自然中的空气扰流，所以它们对干沉降到粗糙天然表面的颗粒物的估计往往是偏低的（Noll 等，1988）。对干沉降，在不同的地方使用相似的替代表面可以提供颗粒物的时空变化，还可提供用于化学分析的材料，并允许不同沉降模型的比较。

34.2 大颗粒物质量粒径分布

大气中颗粒物的质量粒径分布很广，可以跨 5 个数量级，从粒径约 0.001μm 的纳米级到粒径 200μm 的大颗粒物。图 34-1 给出了在美国芝加哥市使用级联旋转冲击器测得的粒径在 0.1～100μm 之间气溶胶典型的质量加权粒径分布（Lestari 等，2003）。粒径分布由三个月里采集的 19 个样本的平均值得到，含有三种质量模态。在大颗粒物范围内（>10μm，模态 3）的粒径分布称为大颗粒模态。此模态中的绝大多数颗粒物为风吹地表物质引起的扩散和扬起，工业排放物和交通尾气排放物（Lundgren 等，1984；Noll 等，1987）。如第 4 章所

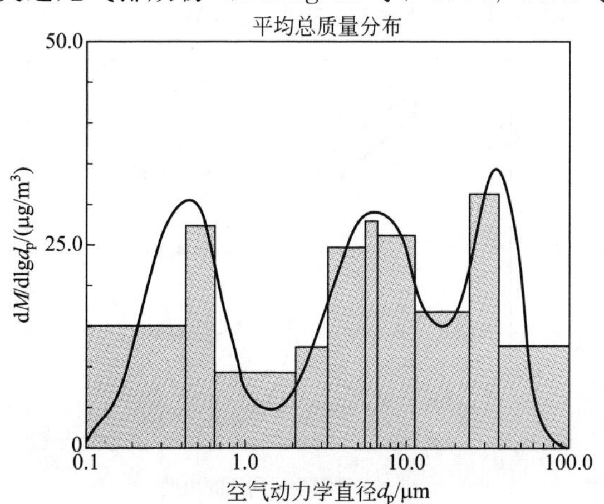

图 34-1 采用级联冲击器（<6μm）和旋转冲击器（>6μm），在大陆城市地区测得的 19 个颗粒物质量样品的平均粒径分布

（数据来自 Lestari 等，2003）

述，模态1（粒径在0.5μm左右的细粒子）与二次颗粒物形成的积聚模式有关（Jone等，1990）。Gillette（1977）已经证明，对于显著形成悬浮灰尘的颗粒物来说，模态2和模态3都与来自地表颗粒物的悬浮有关。

粒径大于10μm的颗粒物是风作用携带起沉降在地表的颗粒物的特征。模态2的颗粒物多为大灰尘积聚通过扬沙（或称滚沙）作用粉碎形成。尽管这个过程中的有效数据仅从非城区获得，但是在城区这种作用过程是相同的（Gillette，1977）。在非城区所有环境条件下，模态2是大气中颗粒物的主要表现形态，只有当超过颗粒物夹带阈值的中等风速条件下，模态3才会成为大气粒径分布的重要组成部分。物质刚刚沉降时，携带颗粒物所需的风速是相对较小的（Chepil，1950）。因此，干扰地表沉积物的活动在城区比在非城区多得多，会有更多的大颗粒被扬起。而且，与非城区相比，由城区机动车引起的颗粒物悬浮提供了另一个重要的更多颗粒物产生的机制，产生比非城区更持久的大颗粒物模态。

在城区，沉降颗粒物的再次扬起是颗粒物排放的一个重要来源（Sabin等，2006）。再悬浮产生的颗粒物含有多种污染物质，包括一系列的金属元素、PCBs、PAHs以及其他有机物（Holsen和Noll，1992）。所以，城区采样点的总颗粒物、相关污染物浓度和沉降通量都显著高于非城区。例如，在洛杉矶，城市大气中痕量金属浓度的年均值是非城区的3～9倍（Sabin等，2006）。在芝加哥，城市颗粒物样品的质量比非城区附近高4倍（Noll等，1985）。

34.3 大颗粒物的大气采样

34.3.1 概述

测量空气中大颗粒物的主要问题出现在颗粒物收集和运输到收集器上的过程中（Kline等，2004）。即使风速和风向的微小变化也会导致显著偏离等速采样条件，导致大颗粒采集的过多或不足。大颗粒物由于惯性大，不容易随着气流进入或者到达采样口周围，表现尤为明显；粒径较小的颗粒物惯性小，更紧密地跟随气流运动（Vincent，1989）。图34-2显示了采样口对着气流调整各种角度时采样效率的变化（Waston，1954）。当风向角接近90°时，

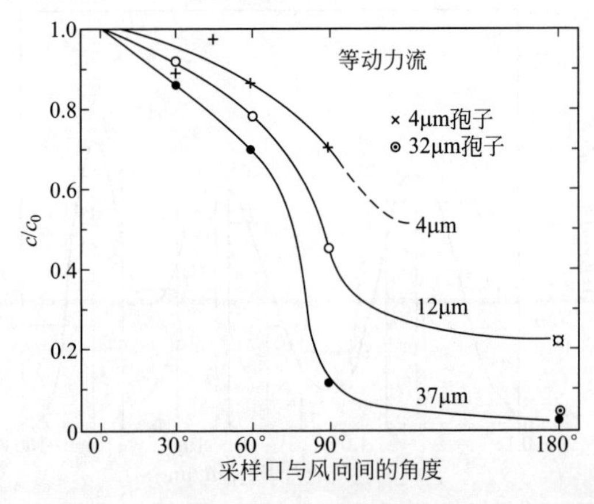

图34-2 采样口对着气流调整，在各种角度下的采样效率变化

（数据来自Waston，1954）

会发生显著的大颗粒物采样损失。因此，采样效率取决于采样入口的空气动力学特性。当监测低浓度物质和测定痕量组分时需要较大的采样流量或者较长的监测时间。

来自大气中大颗粒物测量的复杂性已经阻碍了大气采样器在长时间、大流量、无偏差采样性能方面的发展。为了解决采样入口的问题，人们提出了两种方法：①用于抽吸采样专用的大入口设计；②应用无动力采样器——利用惯性，将颗粒物收集到旋转物体特定设计的表面上。这两种采样器都可以收集指定粒径范围内的颗粒物，粒径分布的测量可以通过不同层级上颗粒物的差减获得。

34.3.2 吸气装置

吸入效率是指吸入的（或捕集到的）颗粒物的浓度与外界大气环境中的浓度之比（第 6 章有相关的详细介绍）。效率由采样口的几何构造、入口处的空气流动方式以及吸入装置的自身原理决定。吸入效率（A）可以表示为：

$$A=\frac{c_s}{c_0}=f(R,d_p,\varphi) \tag{34-1}$$

式中，c_s 为采样入口处颗粒物的浓度；c_0 是指不受干扰的自然气流中的颗粒物浓度；R 是速率之比 U/U_0，U 是指入口处速度，U_0 是指不受干扰的自由气流的流量；d_p 是指颗粒物的粒径；φ 是指风速与采样口的夹角。当 $U/U_0<1$ 时是次等速采样；当 $U/U_0>1$ 时是超等速采样；$U/U_0=1$ 时称为等速采样，此时，采样口附近的气流是没有偏差的。关于等速采样的详细介绍见第 6 章。

安德森冲击采样器是利用吸入冲击来捕集颗粒物的多种设备中的一种（第 8 章）。但是，这些设备是为粒径较小的颗粒物专门设计的，对于大颗粒物捕集效率比较低（Vincent，1989）。图 34-3 表示了一些普通的惯性冲击器在不同风速条件下采样效率随空气动力学直径的变化。对于粒径大于 10μm 的粒子，粒径和风速都会显著影响到采样效率。同时，图例也体现了不同冲击器在性能上有本质的差异，对于粒径大于 10μm 的颗粒物和可能在环境大气中存在的风速，没有一种冲击器能提供令人满意的采样性能。

34.3.3 具有特殊入口的吸入采样器

图 34-4 所示的是大范围气溶胶分级器（WRAC），它专门为收集和测定粒径在 10～200μm 之间的颗粒物而设计，通过使用一个位于单独大流量进样口下的五个平行的冲击器集合，可以有效地捕集大气环境下的大颗粒物（Burton 和 Lundgren，1987）。在多种外界环境条件下，WRAC 都可以用来测定大颗粒物的质量和粒径分布（Hollandar 等，1989；Lundgren 等，1984）。6ft（1ft=0.3048m）的垂直输送管提供了总的流量，气体以 40m^3/min 的流量进入进样口到四个平行单级的冲击器，使得气流等速地通过涂有脂类物质的冲击盘，提供切割粒径为 19μm、34μm、47μm 的颗粒物。空气通过一个过滤器直接进入第五级采样器。

典型的采样时间一般为 24h。如果颗粒物浓度水平太高或者采样间隔时间过长，会使得采样效率显著下降，主要是由于表面涂有油脂的冲击器上颗粒物过载导致。为了实现仪器的流动性，WRAC 装载在一个 16ft 的拖车上面，进样口在最顶端。采样器的进样口被一个直径 5ft 的柱状挡风面包围着，可以使进样口附近的空气接近平稳，使得外界大气风速和风向的干扰性下降。WRAC 对粒径范围在 10～100μm 粒子的吸入效率基本一致。使用 2ft 的大进样口满足了 Agarwal 和 Liu（1980）提出的标准：通过垂直入口从接近静止的环境中

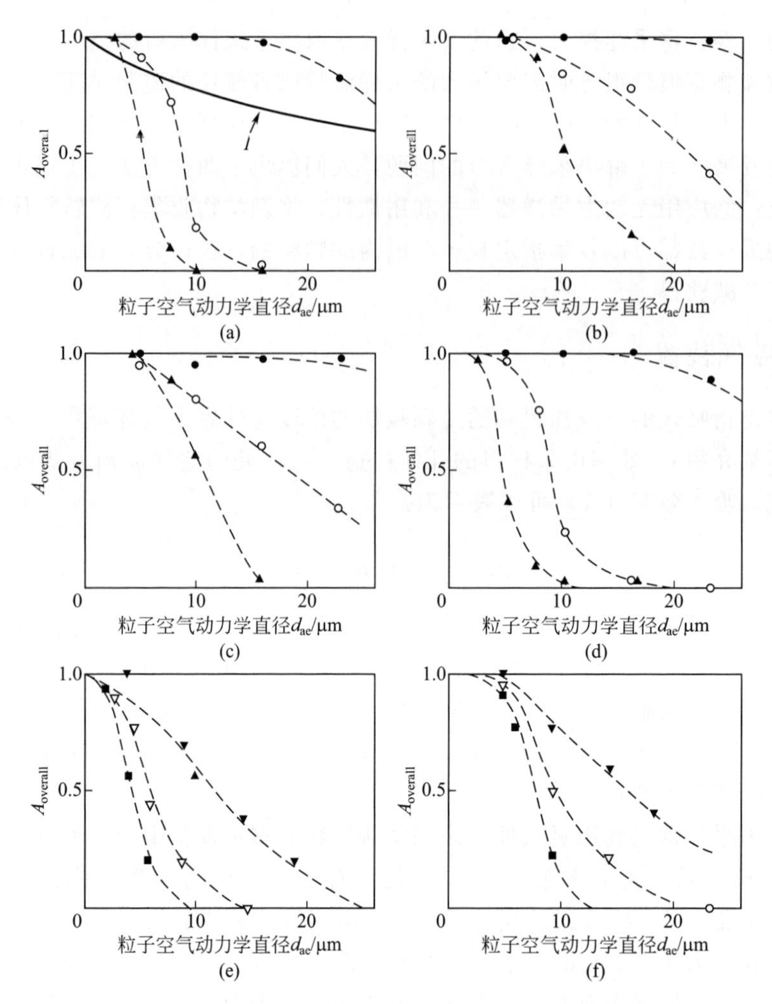

图 34-3 不同风速（U）条件下，各种采样器的吸入效率（$A_{overall}$）与颗粒物空气动力学直径（d_{ae}）的函数关系：(a) 意大利的 ISTISAN 采样器 20L/min，用于测量总悬浮颗粒物（suspended particular matter，SPM）；(b) 德国 LIS/P 采样器 242（最小流量），用于测量总悬浮颗粒物；(c) 德国 Kleinfiltergerat GS050/3 采样器 45L/min，用于测量总悬浮颗粒物；(d) 美国安德森采样器 28.3L/min，用于测量总悬浮颗粒物；(e) 法国 PPA60 型采样器 25L/min，用于测量总悬浮颗粒物；(f) 英国 M-型采样器 4.4L/min，用于测量总悬浮颗粒物。虚线表示的是实验数据的模拟图，(a) 图中的实线（I）为吸入效率曲线（空气通过人们鼻道的效率）

（数据来自 Vincent，1989）

-●- 1m/s；-○- 3m/s；-▲- 7m/s；-▼- 2m/s；-▽- 6m/s；-■- 9m/s

采集颗粒物。为了使颗粒物质量捕集效率大于 90%，这个标准强调颗粒物斯托克斯数，以及沉降速度与入口处速度的比值应该小于 0.1。根据这个标准，粒径为 130μm 的颗粒物捕集效率可达到 90%。Davies（1968）检验了在侧风中采样的结果，发现入口直径至少应比颗粒物在风流中的停止距离大 5 倍。基于此点，对于粒径 100μm 的颗粒物在 4.5m/h 风速下的吸入效率接近 100%。

使用 WRAC 在五个城市采样的结果展示了一个在多种情况下大颗粒的质量模态，在多种情况下——包括在条件相似的相对清洁地区，在 24h 采样期间质量几何平均直径在 13～

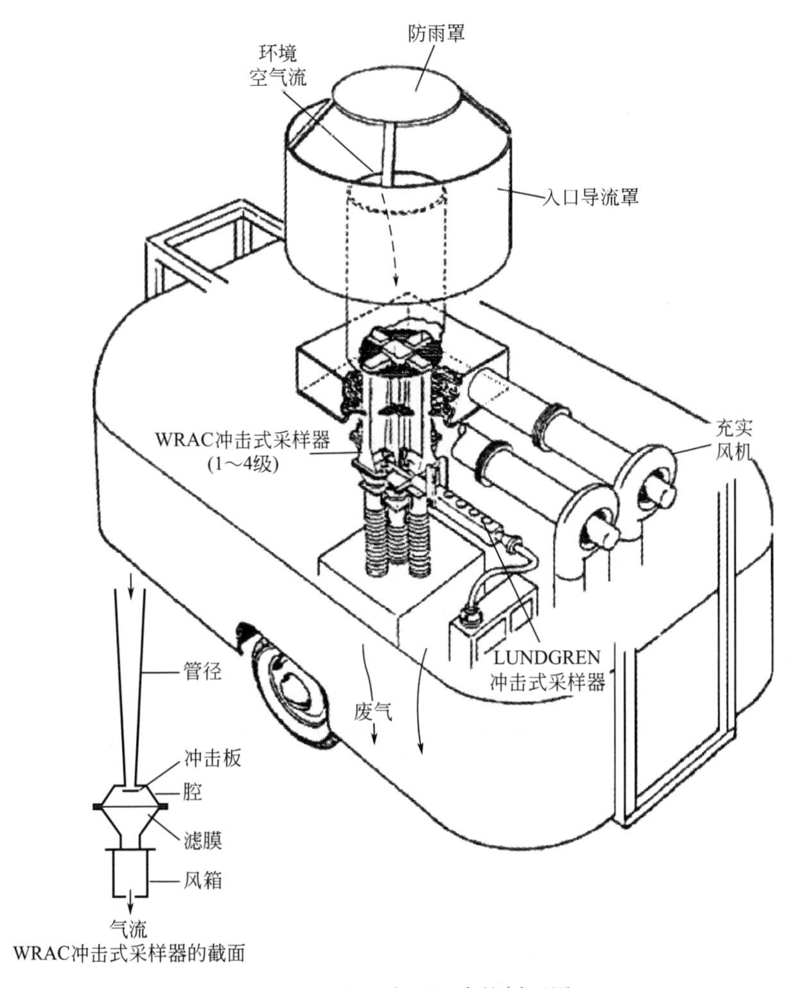

图 34-4 WRAC 主要组成的剖面图

（图截自 Burton 和 Lundgren，1987）

25μm 之间（Lundgren 等，1984）。五个城市大颗粒质量模式的平均质量分数为 40%（50μg/m³），MMD 为 20μm。

近期，为从环境中采到粒径大于 10μm 的颗粒物，人们设计了一种圆形的大颗粒水平进样口（LPI）。尽管不是在外界环境下评估的，Lee 等（2008）进行了初步的进样口流量和效率的风洞试验。这种进样口的设计与 Noone 等（1988）设计的一款捕集大气中雾和云滴的装置相似。圆形的进样口具有独特的漏斗状汇聚部分，可以帮助颗粒物的运动轨迹从水平转换为垂直方向，方便捕集。

漏斗状 LPI 进样口的直径为 21cm。这种进样口是为风速 7m/s、采样速度为 $2.33\times10^{-2}m^3/s$、切割粒径为 50μm 颗粒物的捕集而设计的。在风速减弱的条件下，颗粒物的切割粒径会增加，捕集效率也会随着风速的变化而改变。因此，在采样时，我们需要不同风速条件下的经验修正。这种设备不需要在表面涂抹脂类物质就可使得大颗粒物沉降在样品滤膜上，并进行化学检测。LPI 是不需冲击就能实现颗粒物粒径分级的一种采样入口。

34.3.4 钝物仪器（旋转臂）

钝物仪器通过惯性把颗粒物冲击到空中的移动物体（捕集器）上来捕集颗粒物。它的优点包括：入口损失最小，设备构造简单，提供粒径分布。这些捕集颗粒物的设备有圆盘状、圆柱状以及矩形物。捕集效率主要由捕集器的大小以及它们在空气中的移动速度决定。对于小颗粒物来说，较小的捕集器尺寸和较高的速度可以提供较高的捕集效率（Noll，1970）。为了黏附颗粒物，通常在捕集器表面涂抹油脂。可以利用显微镜对采样器表面捕集的颗粒物计数，也可将聚酯薄膜条带黏附于采样器表面，采样结束后，将其取下进行称重和化学分析。此仪器通常具有较高的相对采样速率——此采样速率由捕集器的扫动速率决定。它主要的局限性是可能会使冲击表面过载。

Roterod 采样器通过方形截面（1.59mm×1.59mm）、弯成 U 形棒的表面捕集颗粒，棒状物在空气中绕着垂直轴以 10m/s 的线速度旋转。采样器捕集粒径大于 10μm 的颗粒物。它的优点是：廉价，便携，通过一个 12V 的电力发动机供能，采样器在风洞试验中进行了校准。它的缺点是：当风速大于 10m/s 以及小于 1.5m/s 时，周围空气会与旋转棒之间产生交互的影响，而且它不能实现粒径分级。这种捕集大颗粒的采样器已经被用来评价其他采样器的采样效果。

Jaenicke 和 June 设计了一种大型的具有旋转臂的冲击器（图 34-5），通过一个风叶，使它的旋转轴的位置始终垂直于风向。这种冲击器包括两个长 30cm 的臂杆，末端都连有玻璃圆板。玻璃圆板宽分别为 1cm 和 4cm，在 375r/min 旋转速度下分别提供 140L/min 和 600L/min 的采样速率。板宽分别为 1cm 和 4cm 对应的切割直径中值分别为 7μm 和 14μm。捕集的颗粒物粒径通过光学显微镜测量。此仪器被用作描述经过大西洋传输的撒哈拉沙尘。撒哈拉沙漠是通过大气中长距离传输的最大的矿物尘来源之一。在离源 5000km 以外处仍可观测到大颗粒物的浓度。在接近源（沙漠）处，大颗粒物模态直径峰值出现在 100μm 处，在传输距离 5000km 处，此直径下降到 20μm（Schutz，1979）。

Noll（1970）在 Jaenicke 和 June 研究的基础上，又添加了两个采样臂，开发了一种新的旋风冲击采样器（NRI；Noll 和 Fang，1986）。NRI 同样采用了在收集表面涂脂的聚酯薄膜来帮助颗粒物质量的测定，变速电机提供了各冲击级的可调节采样效率（和切割粒径）(图 34-5)。

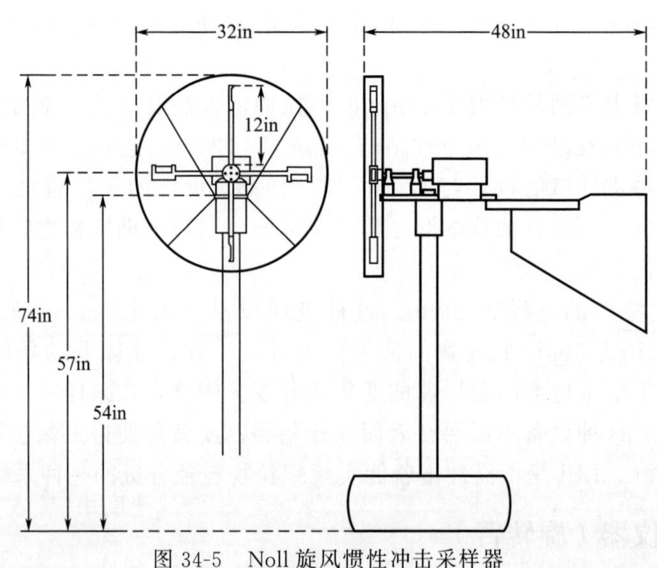

图 34-5 Noll 旋风惯性冲击采样器

（图截自 Noll，1970）

应用四个不同粒径的捕集表面，NRI 通过对捕集颗粒物的质量分析，实现了测量大颗粒物质量加权的粒径分布。这种装置提供了在 7～60μm 范围内的粒径选择。在 320r/min 的转速下，各冲击级旋转的线速度为 10.2m/s，对于 A、B、C、D 级产生 50％捕集效率的颗粒物直径分别为 6.5μm、11.5μm、24.7μm 和 36.5μm。冲击采样器已经采用 5μm、10μm 和 20μm 的粒子进行了风洞校准试验。

NRI 在许多城区和非城区已经用于测量大气颗粒物（Holsen 等，1993；Tai 等，1999）。例如，在 1983—1984 年，在城区和非城区附近捕集了 90 个大气大颗粒样品，结果显示：城区的质量浓度是非城区的 4 倍，说明了城市中有大颗粒物的重要排放源（图 34-6）。在风速为 2m/s 和 4m/s 时，两个地区的大气颗粒物质量中值直径平均都为 20μm（Noll 等，1985）。非城区样品所含的主要物质是地壳物质（95％）和花粉（5％）。城区样品的化学组成为：50％的地壳物质，25％的工业排放，25％的机动车排放（Noll 等，1987）。

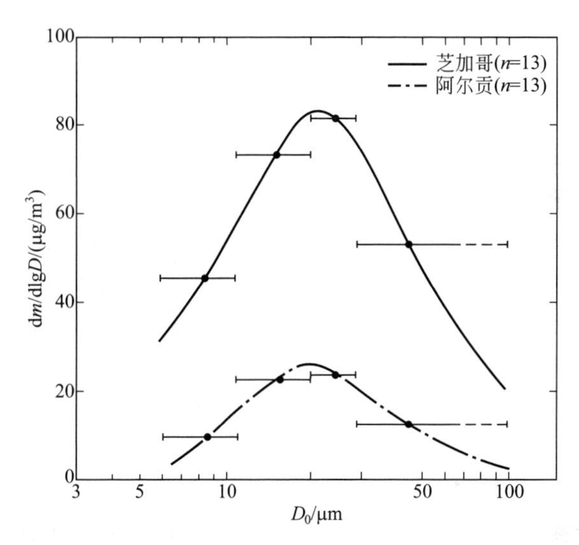

图 34-6 芝加哥（城区）和阿尔贡（非城区）地区质量加权平均粒径分布
（数据来自 Noll 等，1985）

34.4 大气干沉降通量的测定

34.4.1 测量大颗粒物干沉降通量的方法

干沉降是指颗粒物通过非降水的方式从大气运输到达地面，以及通过物理作用附着于植物、土壤和建筑环境随后产生化学反应，从而使得悬浮颗粒物和气体去除的过程（Davidson 和 Friedlander，1978）。干沉降是污染物从空气到达自然表面的重要途径，因此，干沉降的准确测量对于正确理解污染物在环境中的迁移具有重要意义。干沉降通量测量公式如下：

$$F=V_{d}C \tag{34-2}$$

假设干沉降通量 F 与颗粒物的质量浓度 C 成正比，沉降速度用 V_{d} 表示。沉降速度与大气环境中的风速和稳定度、地表类型（水或陆地）、地表的空气动力学特征（粗糙程度）有关。颗粒物的沉降速度也是受其粒径强烈约束的函数。在重力以及惯性碰撞的作用下，大于

10μm 的颗粒具有明显的沉降速度。

颗粒物的沉降通量可以由大气浓度数据和模拟沉降速度计算得出。然而，这种方法得到的结果误差很大，因为大颗粒的沉降速度很难准确模拟。沉降速度是一个与颗粒物大小形状、气象条件参数以及表面粗糙程度有关的复变函数（Holsen 和 Noll，1992）。因此，得到沉降通量的最好方法便是直接测定。

一直以来，人们一直用降尘储存桶来测量干沉降量，但是采集器的几何特征会影响沉降过程。Davidson 等（1985）对四个不同边缘高度的捕集器得到的颗粒物沉降速度（由沉降通量与颗粒物浓度比值计算得到）进行了比较，结果发现：边缘高度越高，沉降速度越快，于是人们开始使用不会干扰自然气流的光滑水平捕集表面。这种技术提高了对大颗粒在粗糙的自然表面（替代表面）干沉降量下限的估测能力。

34.4.2 人造光滑地表

已经证实：替代表面的几何学特征会对测量干沉降速度产生很大的影响。因此，人们开始使用空气动力光滑表面（表面粗糙程度小于 0.01cm）来对干沉降量的下限（lower limits）进行更精确的估计，其中一种是将 Frisbee® 计量器倒置（Hall 和 Waters，1986；Vallack，1995）。将 Frisbee 覆盖在 1gal（1gal＝3.78541dm^3）的塑料/金属容器之上，为防止颗粒物的反弹，容器内表面涂有液态石蜡。风洞试验证实：对于粒径 50～183μm 的颗粒物，倒置的 Frisbee 计量器比标准的降尘储存桶具有更高的收集效率（高 15%～50%）。Wu 等（1992）开发并测试了一种空气动力学模拟替代表面、机翼状、顶端有一个可移动的沉降盘。因为机翼状是垂直轴对称，所以风向的改变对沉降过程的影响是可以忽略不计的。暴露一段时间后，取下机翼顶端沉降盘，洗下并提取沉降物进行分析。

与风洞试验研究中用于描述干沉降特征的盘状物类似（McCready，1986），这种具有尖锐定向边缘的平滑表面，通过末端附加风叶使得具有尖锐边缘的方向朝向风向，从而使得采样器在大气环境中采样。沉积的颗粒物全部均匀分布在安装于沉降盘顶端和底端的表面涂脂的聚酯薄膜带上，这样便可应用光学显微镜对沉降颗粒物进行计数、称重和提取并做化学分析（Noll 等，1988）。图 34-7 展示了应用沉积盘捕集到的颗粒物的累积通量分布，可以看出，不管是在城区还是在非城区，粒径小于 10μm 的颗粒物在总的干沉降质量中只占很小的一部分（质量分数＜1%）（Lestari 等，2003；Dulac 等，1991；Davidson 和 Friedlander，1978）。

34.4.3 沉降速度

大气颗粒物的沉降速度由光滑表面各粒径分布的总通量除以各粒径分布颗粒物总浓度得到。图 34-8（Lin 等，1994）提供了一个粒径决定沉降速度的实例，它由测量得到的环境颗粒物的浓度和沉降质量数据导出。

数据显示：粒径分布在 10～80μm 的颗粒物，实验测得的沉降速度比采用 Stoke 预测的沉降速度更高（Sehmel 和 Hodgson，1978；Slinn 和 Slinn，1980；Noll 和 Fang，1989；Kim 等，2000；Aluko 和 Noll，2006）。

重力和惯性力对沉降流产生的效应可以通过测试在捕集盘顶部表面（朝上）和底部表面（朝下）捕集的沉降物质获得。对于底部对着表面的向上质量通量的测量值，通常其范围是顶部表面通量的 10%～40%，并且这些测量值暗示了向上速度（再悬浮速度）的存在

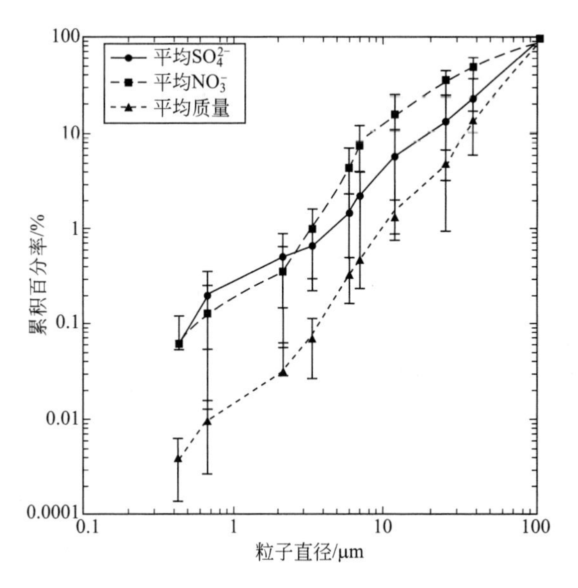

图 34-7 总质量、硫酸盐、硝酸盐的平均累积质量通量分布及其标准偏差（竖线）

（数据来自 Lestari 等，2003）

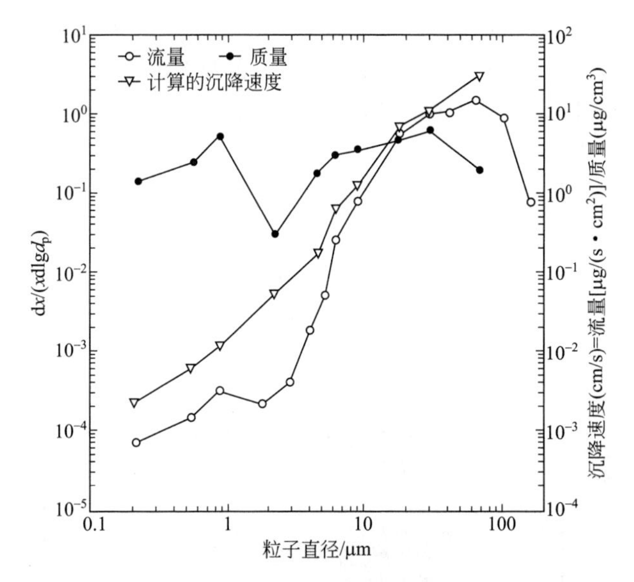

图 34-8 实例：通过测量环境大气颗粒物浓度和计数转换的沉降质量数据而推导出沉降速度

（数据来自 Lin 等，1994）

(Aluko 和 Noll，2006)。

对于不同粒径的颗粒物，有效的向下（沉降）和向上（悬浮）运动速度（分别用 V_{di} 和 V_{ui} 表示）可以表示为：

$$V_{di}=V_{gi}+V_{li} \tag{34-3}$$

$$V_{ui}=V_{gi}+V_{li} \tag{34-4}$$

式中，V_{gi} 为重力沉降速度；V_{li} 为粒径范围 i 内的“惯性速度”。为了更好地理解空气中大颗粒物的命运，需要知道准确的沉降和悬浮速度，这些必须考虑到大粒子进入主要的环流模式的惯性效应。

Slinn 和 Slinn（1980）应用文献中喷气捕集效率的数据，建立了以下 V_{li} 的经验表达式：

$$V_{li}=\eta_{di}U^{*} \tag{34-5}$$

$$\eta_{di}=10^{-3}/Stke \tag{34-6}$$

$$Stke=V_{gi}U^{*}/gv \tag{34-7}$$

式中，η_{di} 为与颗粒物惯性速度有关的颗粒物有效惯性系数；$Stke$ 为涡流斯托克斯数；g 为重力加速度；v 为空气的运动黏滞度；U^{*} 为摩擦速度。V_{gi}/g 为颗粒物的松弛时间，因此，$Stke$ 与颗粒物动量有关。式（34-5）表示，颗粒物的惯性速度与紊流角度直接相关，紊流角度通过摩擦速度测定。Kim 等（2000）、Aluko 和 Noll（2006）提出了经实验验证的具有普遍适用性的数学表达式，它反映出了惯性速度对涡流斯托克斯数的依赖性，提出式(34-3)～式(34-7）来计算大气颗粒物的惯性速度。图 34-9 和图 34-10 中描述了应用等式(34-3)～式(34-7）模拟向上和向下运动速度。从图中可以看出，与只包括重力沉降的速度相比，包括惯性和重力沉降的速度可以增加一个数量级。对于这些颗粒物，仅用斯托克斯法则不足以准确表述颗粒物的沉降（Sehmel 和 Hodgson，1978；Noll 和 Fang，1989；Lin 等，1994；Kim 等，2000；Noll 等，2001；Aluko 和 Noll，2006）。

34.4.4 大颗粒物沉降模型

一个基于沉降和悬浮速度的模型已被研发，它可以模拟由干沉降过程引起的大颗粒物质量加权后的粒径分布变化（Noll 和 Aluko，2006）。模型计算了干沉降颗粒物去除过程导致的颗粒物浓度的变化，干沉降过程包括了紊流中颗粒物的沉降和悬浮两个过程，这个模型考

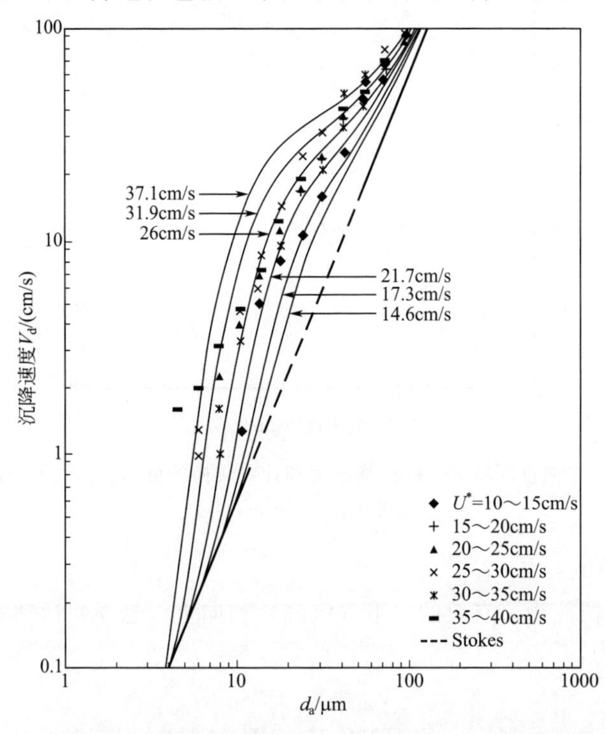

图 34-9 计算得的沉降速度（V_{di}）是颗粒物粒径和摩擦速度的函数

[式(34-3)]。由粒径决定的惯性速度（V_{li}）由 Slinn 模型测定

（数据来自 Aluko 和 Noll，2006）

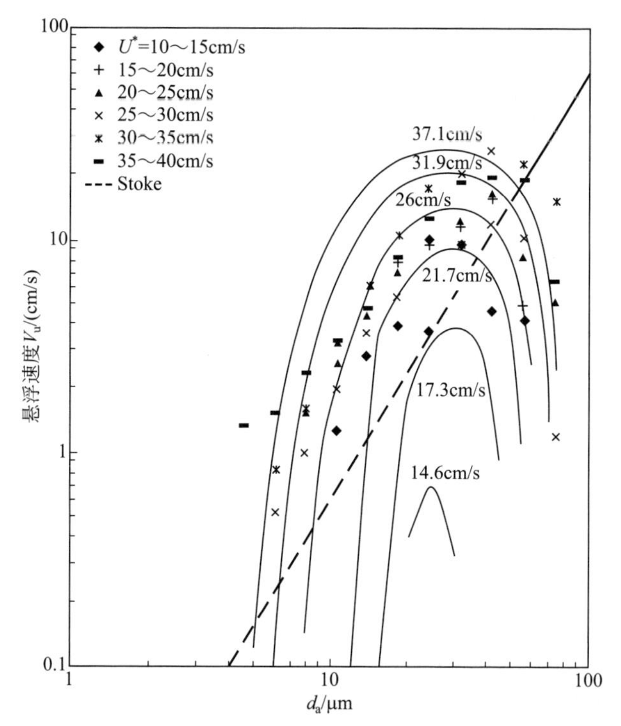

图 34-10　计算得的悬浮速度（V_{ui}）是颗粒物粒径和摩擦速度的函数［式(34-4)］。粒径决定的惯性速度（V_{li}）由 Slinn 模型得到

（数据来自 Aluko 和 Noll，2006）

虑到了颗粒物释放高度、气象条件和停留时间的影响。模型包括两部分，一个是沉降，另外一个是悬浮：

$$C_{(X)i}=C_{(0)i}\left\{\exp\left(-\frac{V_{di}X}{UH}\right)+\left[1-\exp\left(-\frac{V_{ui}X}{UH}\right)\right]\frac{V_{ui}}{V_{di}}\right\} \tag{34-8}$$

式中，第一个指数项表示沉降，第二个指数项表示悬浮；$C_{(X)i}$ 是指传输后的颗粒物质量浓度；$C_{(0)i}$ 是指监测点的质量浓度；X 指传输的距离；U 指颗粒物传输过程中的平均水平风速；U 是一个重要参数，因为它决定了紊流的强度（摩擦速度）和颗粒物水平传输的强度，所以是一个重要参数；H 是颗粒物层顶端的高度，当考虑到长距离传输时，在此高度的颗粒物是可以被去除的；T 指大气停留时间，$T=\frac{X}{U}$；V_{di} 和 V_{ui} 分别指粒径分辨的空气中大颗粒物在紊流中向下和向上的运动速度（粒径大小范围为 i）（Aluko 和 Noll，2006）。

模型预测了干沉降导致的空气大颗粒物质量加权粒径分布的变化。此模型的应用揭示了在粒径分布上两种模型的发展，一种针对粒径范围 1～10μm 的颗粒物，另一种针对 20～40μm 的颗粒物。1～10μm 范围内颗粒物的沉降速度主要由斯托克斯沉降速度决定，其次才与气象条件（摩擦速度）有关。

34.5 结论

环境中大颗粒物的测定需要对其来源、运输和沉降的过程进行描述，不仅需要准确地捕集、分析大颗粒物，还需准确测定干沉降通量和沉降速度，这两者控制了颗粒物去除的速率。空气中大颗粒物的采样是很困难的，因为即使风向和风速的很小变动也会导致空气动力学采样条件的显著偏差，从而导致采样过量或者采样不足。解决此问题有两种方法：①设计独特的较大吸入采样器入口；②使用非吸入的采样器，它采用旋转物体，靠惯性把颗粒物捕集在其表面。两种采样器都可捕集到特定粒径范围内的颗粒物，粒径分布由各级采样结果的差值决定。人们常用不会对自然气流造成显著干扰的光滑水平面来测定大颗粒物的干沉降，以估计粒子干沉降的下限。在不同的地方使用的水平面都类似，这就为分析干沉降的时空变化特征、分析化学组分以及对比沉降模型提供了可能。

34.6 符号列表

A	吸入效率
A_{overall}	总体吸入效率
C_{s}	采样入口处颗粒物浓度
C	颗粒物质量浓度
C_0	未受干扰的自由气流浓度
$C_{(X)i}$	颗粒物传输后的质量浓度
$C_{(0)i}$	监测点处测量的质量
d_{ae}	空气动力学直径
d_{p}	颗粒物直径
F	干沉降通量
g	重力
H	颗粒物被去除处的颗粒物层顶端高度
i	粒径区间
I	可吸入效率曲线
N	样本数
R	速率
SPM	悬浮颗粒物
$Stke$	涡流斯托克斯数
T	大气停留时间
U	入口流量；颗粒物传输的平均水平风速
$U*$	摩擦流量
U_0	自由气流流量
V_{d}	沉降速度
$V_{\mathrm{d}i}$	不同粒径颗粒物向下（沉降）运动速度
$V_{\mathrm{u}i}$	不同粒径颗粒物向上（悬浮）运动速度
$V_{\mathrm{g}i}$	重力沉降速度
$V_{\mathrm{l}i}$	惯性速度
X	传输距离
η_{i}	颗粒物有效惯性系数
v	空气运动黏度
Φ	采样入口处风向角

34.7 参考文献

Agarwal JK, Lui BYH. 1980. A criterion for accurate aerosol sampling in calm air. *Am. Indust. Hyg. Assoc. J.* 41:191–197.

Aluko O, Noll KE. 2006. Deposition and suspension of large, airborne particles. *Aerosol Sci. Technol.* 40:503–513.

Burton RM, Lundgren DA. 1987. Wide range aerosol classifier: a size selective sampler for large-particles. *Aerosol Sci. Technol.* 6:289–301.

Chepil WS. 1950. Properties of soil which influence wind erosion: IV. State of dry aggregate structure. *Soil Sci.* 70:387–401.

Davidson CI, Friedlander SK. 1978. A filtration model for aerosol dry deposition: Application to trace metal deposition from the atmosphere. *J. Geophys. Res.* 83:2343–2352.

Davidson CI, Lindberg SE, Schmidt JA, Cartwright LG, Landis LR. 1985. Dry deposition of sulfate onto surrogate surfaces. *J. Geophys. Res.* 90:2123–2130.

Davies CN. 1968. The entry of aerosols into sampling tubes and heads. *Brit. J. Appl. Phys.* 1:921.

Dulac F, Bergametti G, Losno R, Remoudake E, Gomes L, Ezat U, Buat-Menard P. 1991 Dry deposition of mineral aerosol particles in the marine atmosphere: A critical evaluation of current field and modeling approaches. *Proceedings of the 5th International Conference on Precipitation Scavenging and Atmosphere-Surface Exchange Processes*, July 1991, Richland, Washington, pp. 14–19.

Gillette DA. 1977. Fine particulate emissions due to wind erosion. *Trans. Am. Soc. Agric. Eng.* 29:890–897.

Gillette DA, Walker T. 1977. Characteristics of airborne particles produced by wind erosion of sandy soil, high plains of west Texas. *Soil Sci.* 123:97–110.

Hall DI, Waters RA. 1986. An improved, readily available dustfall gauge. *Atmos. Environ.* 20:219–222.

Hollandar W, Dunkhorst W, Pohlmann G. 1989. A sampler for total suspended particulates with size resolution and high sampling efficiency for large particles. *Part. Part. Syst. Char.* 6: 74–80.

Holsen TM, Noll KE. 1992. Dry deposition of atmospheric particles: Application of current models to ambient data. *Environ. Sci. Technol.* 26:1807–1815.

Holsen TM, Noll KE, Fang GC, Lee WJ, Lin JM, Keeler GJ. 1993. Dry deposition and particle size distributions measured during the lake Michigan urban air toxics study. *Environ. Sci. Technol.* 27:1327–1333.

Jaenicke R, Junge C. 1967. Studien zur oberen Grenzgröße des natürlichen. *Aerosols Phy. Atmos.* 40:9–24.

John W, Wall SM, Ondo JL, Winklmayr W. 1990. Modes in the size distribution of atmospheric inorganic aerosol. *Atmos. Environ.* 24:2349–2359.

Kim K, Kalman D, Larson T. 2000. Dry deposition of large, airborne particles onto a surrogate surface. *Atmos. Environ.* 24: 2387–2397.

Kline J, Hueber B, Howell S, Blomquist B, Zhuang J, Bertram T, Carrillo J. 2004. Aerosol composition and size versus altitude measured from the C 130 during ACE Asia. *J. Geophys. Res.* 109, D19S08, 22pp. doi: 10.1029/2004JD004540.

Lee SR, Holsen TM, Dhaniyala S. 2008. Design and development of novel large particle inlet for PM larger than 10 microns. *Aerosol Sci. Technol.* 42:140–151.

Lestari P, Oskouie A, Noll K. 2003. Size distribution and dry deposition of particulate mass, sulfate, and nitrate in an urban area. *Atmos. Environ.* 37:2507–2517.

Lin JM, Noll KE, Holsen TM. 1994. Dry deposition velocities as a function of particle size in the ambient atmosphere. *Aerosol Sci. Technol.* 20:239–252.

Lundgren DA, Hausknecht BJ, Burton RM. 1984. Large particle size distribution in five U.S cities and the effect on a new ambient particulate matter standard PM_{10}. *Aerosol Sci. Technol.* 3: 467–473.

May KR, Pomeroy NP, Hibbs S. 1976. Sampling techniques for large windborne particles. *J. Aerosol Sci.* 7:53–62.

McCready DI. 1986. Wind tunnel modeling of small particle deposition. *Aerosol Sci. Technol.* 5:301–312.

Noone KJ, Charlson RJ, Covert DS, Ogren JA, Heintzenberg J. 1988. Design and calibration of a counterflow virtual impactor for sampling of atmospheric fog and cloud droplets. *Aerosol Sci. Technol.* 8:235–244.

Noll KE. 1970. A rotary inertial impactor for sampling giant particles in the atmosphere. *Atmos. Environ.* 4:9–19.

Noll KE, Aluko O. 2006. Changes in large particle size distribution due to dry deposition processes. *J. Aerosol Sci.* 37: 1797–1808.

Noll KE, Fang KYP. 1986. A rotary impactor for size selective sampling of atmospheric coarse particles. *Seventy-ninth Air Pollution Control Association Meeting*, June 22–27, Minneapolis, Minnesota, Paper no. 86-40.2.

Noll KE, Fang KYP. 1989. Development of a dry deposition model for atmospheric coarse particles. *Atmos. Environ.* 23:585–594.

Noll KE, Pontius A, Frey R, Gould M. 1985. Comparison of atmospheric coarse particle at an urban and non-urban site. *Atmos. Environ.* 19:1931–1943.

Noll KE, Draftz R, Fang KYP. 1987. The composition of atmospheric coarse particles at an urban and non-urban site. *Atmos. Environ.* 21:2717–2721.

Noll KE, Fang KYP, Watkins LA. 1988. Characterization of particles from the atmosphere to a flat plate. *Atmos. Environ.* 22:1461–1468.

Noll KE, Jackson M, Oskouie A. 2001. Development of atmospheric particle dry deposition model. *Aerosol Sci. Technol.* 35: 627–636.

Sabin LD, Lim JH, Stolzenbach KD, Schiff KC. 2006. Atmospheric dry deposition of trace metals in the coastal region of Los Angeles, California, USA. *Environ. Toxicol. Chem.* 25: 2334–2341.

Schutz L. 1979. Sahara dust transport over the North Atlantic Ocean-model calculations and measurements. In Morales C. (ed.). *Saharan Dust.* New York: John Wiley and Sons, pp. 267–277.

Sehmel GA, Hodgson WH. 1978. *A Model for Predicting Dry Deposition of Particles and Gases to Environmental Surfaces*, DOE report PNL-SA-6721. Richland, WA: Pacific Northwest Laboratory.

Slinn SA, Slinn WGN. 1980. Predictions for particle deposition on natural waters. *Atmos. Environ.* 14:1013–1016.

Tai HS, Lin JJ, Noll KE. 1999. Characterization of atmospheric dry deposited particles at urban and non-urban locations. *J. Aerosol Sci.* 30:1057–1068.

USEPA. 1994. *Deposition of Air Pollutants to the Great Waters*, EPA-453/R-93-055. Research Triangle Park: USEPA.

Vallack HW. 1995. Technical note—An evaluation of Frisbee-type dust deposit gauges. *Atmos. Environ.* 29:1465–1469.

Vincent J. 1989. *Aerosol Sampling—Science and Practice.* New York: John Wiley and Sons.

Watson HH. 1954. Errors due to anisokinetic sampling of aerosols. *Am. Indust. Hyg. Assoc. Quart.* 15:21–32.

Wu YL, Davidson CI, Dolske AA, Sherwood SI. 1992. Dry deposition of atmospheric contaminants: The relative importance of aerodynamic, boundary layer, and surface resistances. *Aerosol Sci. Technol.* 16:65–81.

35

通过气溶胶过程生产材料

George Skillas 和 Arkadi Maisels
赢创德固赛股份有限公司，哈瑙市，德国
Sotiris E. Pratsinis
过程工程研究所，苏黎世，瑞士
Toivo T. Kodas
卡伯特公司，马萨诸塞州波士顿市，美国

35.1 材料

燃烧过程在工业粉末生产中应用最广泛，最重要的包括炭黑（如 CAB、DEG 和 COL 等）、硅烟（CAB、EVO）、有色二氧化钛（DUP、MLN、SAC、TRO、EVO）和光学纤维（ALC、COR、SUM、HER）[1] 的生产。燃烧业每年的生产量是几百万吨（Ullman's，2009）。热壁气溶胶反应器在工业上是用来合成细的（纳米结构的）镍粉和铁粉，这些镍粉和铁粉来源于相应羰基金属物（BAS、INC）的分解，这些反应器在商业上也被用来合成纳米结构的碳化物、氮化物、硼化物和其他非氧化物陶瓷（DOW、BAY）。按比例惰性气体压缩技术（NAM）用于生产昂贵（每千克 100 美元）的纳米结构金属和陶瓷粉末。考虑到液滴-粒子之间的转化过程，一些小型（刚成立的）公司（PAR、PYR）主要用喷雾热解技术生产贵重的金属、陶瓷，特别是来自于硝酸盐、有机和其他溶液中的纳米结构组成的陶瓷粉末。现在复合材料变得越来越复杂，它们的生产主要是利用氧化物和岩心衬筒结构混合或者氧化物和分散相中的颗粒物混合，例如 MagSilica（Knipping 等，2003；Gutsch 等，2005）。

炭黑是最早生产的气溶胶产品。目前，炭黑主要在燃烧反应器中生产。残留的芳香（“原料”）油脂喷向炉中热的气体-空气火焰上，从而形成炭黑。燃料气很快熄灭，炭黑通过静电除尘器、旋风除尘器和布袋过滤器进行捕集（Medalia 和 Rivin，1976）。炭黑产品由凝聚体构成，每个凝聚体由几个球形元素粒子聚合而成，通过控制主要粒子的尺寸和聚合程度来生产不同等级的炭黑。例如，调整空气流量以及熔炉的长度与直径之比，在高温下，短时间内能生产出细粒子（Mezey，1996）。常通过向火焰中增加痕量钾盐的方法控制这些细

[1] 三个字母缩写表示的供应商信息见附录 I。

粒子的聚合度（Dannenberg，1971）。燃烧时碳水化合物氧化形成粒子，随后是火焰燃烧充分的一边发生环化作用形成烟灰粒子（Santoro 和 Miner，1987），然后烟灰粒子通过聚合和表面反应作用变大（增加的物质来自气体）。

气溶胶反应器的另一个主要应用是在燃烧反应器中生产氧化硅、二氧化钛和氧化铝。这些反应器与生产炭黑的反应器相同。最初，反应蒸气（$TiCl_4$ 或 $SiCl_4$ 等）和氧一起被注入反应器，氧的量接近于化学反应量（Kloepfer，1953；Wagner 和 Brünner，1960）。接着蒸气发生快速放热的氧化反应，形成氧化物粉末和氯气（Clark，1997），这些粉末是次微米粒子的结合体。另外，通过添加掺杂剂蒸气以及调整反应器温度过程能控制粒子的晶体结构（Mezey，1996）。

使用气溶胶途径生产材料还有其他例子，如生产陶瓷粉末。在工业上，喷雾热解被用来生产简单和复杂的金属氧化物（Ruthner，1983）。陶瓷粉末应用广泛，可用于生产催化剂底物以及综合电路、结构陶瓷和有特定生物、光学、磁学、电学特征的陶瓷。多数情况下，生产具有精确物理、化学特性的亚微米级的陶瓷粉末是最重要的，因为它要用来制造具有最小瑕疵（裂纹和缺陷）和具有最佳的电学、磁学、光学属性的陶瓷部件。目前，陶瓷粉末主要用于喷雾高温分解和焚烧反应器中。另外一些反应器，如熔炉、等离子体和激光反应器，应用范围小得多（表 35-1）。在这些情况下，材料特性包括粒子粒径分布和粒子形态、化学和相组成以及微结构信息。不同类型的材料和确定它们的物理化学组成的例子将会在后边的部分加以介绍。

表 35-1　高温过程产生的粉末

材　料	过　程	引　用
炭黑	火焰反应器，熔炉反应器	"What is Carbon Black?" Evonik Degussa, Frankfurt
SiO_2	火焰反应器	Kloepfer，1953；Wagner 和 Brünner，1960
TiO_2	火焰反应器	Wagner 和 Brünner，1960
Al_2O_3	火焰反应器	Wagner 和 Brünner，1960
ZnO	火焰反应器，熔炉反应器	Gutsch 等，2005
ZrO_2	火焰热解	Mueller 等，2004
Si	熔炉反应器，等离子体	Pridöhl，2005；Rao 等，1995
SiO_2-Fe_2O_3 复合物	火焰反应器	Knipping 等，2003
SiO_2-TiO_2 复合物	火焰反应器	Schuhmacher 等，2005；Worathanakul，2008
$BiVO_4$-SiO_2 复合物	火焰反应器	Strobel 等，2008
金属-碳复合物	火焰反应器和熔炉反应器	Athanassiou 等，2006
CrO_2，Fe_2O_3，SnO_2，V_2O_5	火焰反应器	Formenti 等，1972
AlN	等离子体	Suehiro 等，2003
碳纳米管	熔炉反应器	Nikolaev 等，1999；Nasibulin 等，2003
SiC	等离子体	Rao 等，1995
ZrO_2，Y_2O_3，Sm_2O_3，La_2O_3，CeO_2，Nd_2O_3，NiO，CaO，MgO，Co_3O_4，CuO，MoO_3 等	喷雾热解和等离子体	Suzuki 等，1994
CeO_2，Y_2O_3，CdS，ZnS 等	喷雾热解和熔炉反应器	Xia 等，2001

用焚烧生产粉末的过程首先就是将反应物通入烟气中，在较低的蒸气压下形成气态物质。在此过程中广泛使用金属氯化物，因为它价格低廉且容易挥发。还有一些过程与液相中

使用的物质有关。液相形成液滴，然后进入烟气中，进而与气相反应物发生反应（Zachariah 和 Huzarewicz，1991）。

气溶胶过程的应用也包括通过将气溶胶沉淀到表面上来生产多种材料的厚膜和薄膜。通过气溶胶过程形成膜的方法有很多，包括气溶胶辅助化学/物理沉积（chemical/physical vapor deposition，CVD/PVD）(Schreieder，1999；Ullmann's，2009)。通过液滴沉降或固体粒子沉降到表面上都可以形成膜。液滴沉淀到表面形成膜的例子包括喷雾热解（Tomar 和 Garcia，1981；Mooney 和 Redding，1982），该方法首先把反应溶液转化为液滴，液滴直接送入热表面上，溶剂在此表面上蒸发，反应物分解形成膜。相关过程包括用雾化器将挥发性物质转移到反应器中（Viguie 和 Spitz 等，1975；Siefert，1984；Koukitu 等，1989；Salazar 等，1992）。通过固体粒子沉积形成薄膜的例子是团簇沉积过程（Takagi 等，1980；Andres 等，1989）。同样有很多其他例子，比如陶瓷厚膜的形成（Koguchi 等，1990；Komiyama 等，1987；Baker 等，1989c；Kodae 等，1988；Adachi 等，1988）。

光学纤维是经过初级形态的玻璃棒制造、玻璃棒烧结、纤维拉伸和光导纤维套层加工而成的（Nagel 等，1982）。决定纤维的透光率和力学性能的关键过程是初级形态玻璃棒的制造。后续生产的目的是最大量地生产具有指定径向折射率的初级产品。这些初级产品的生产主要是将硅土和掺杂剂粒子沉降到薄的底板棒上（外部过程）或沉降到中空的底部玻璃管上(内部过程)。

在 COR 发明的外部过程中，粒子由火焰反应器产生，主要通过热迁移沉降到底板上。若这些粒子太大则不能做快速的布朗运动，太小则不能做对粒子沉降有重要作用的惯性碰撞。

在 LAC 发明的内部过程中，卤化物蒸气和氧气通过一个旋转的、中空的石英管，焊灯(或等离子体）在外部沿着轴向方向对管子慢慢地加热。在管子内部，卤化物气体被氧化而形成粒子，这些粒子或是通过热迁移沉降到管子内壁，或是和工艺气体一起排出管子。当石英管中充满被火炬熔化而形成的粒子玻璃层时，就完成了预成型过程。目前，工业上预成型的产量很低［二氧化硅的生产量只占了 50%，贵重的掺杂剂更低，如氧化锗（Bohrer 等，1985）］。

35.2 气溶胶过程

气溶胶过程因能被用来连续生产高纯度的材料而备受欢迎（Pratsinishe 和 Mastrangelo，1989）。大部分气溶胶测量技术是为测量环境系统中的气溶胶而发展起来的。工业气溶胶不同于环境气溶胶，典型的是：在工业生产中，会遇到悬浮在各种气体中的高浓度的不规则细粒子（$10^8 \sim 10^{14}$ 个/cm^3），这些气溶胶在高温（一般为 1000～2000℃）和高生产率(一般为 0.1～10t/h）的封闭系统中产生，并在几秒内经历一系列的物理化学变化。产品的生产率变化很大，如有色二氧化钛的生产率（产物中二氧化钛的摩尔数除以原材料中的摩尔数）通常高于 90%（Xiong 和 Pratsinis，1991），而光学纤维的生产率却低于 50%（Bohrer 等，1985）。

尽管工业气溶胶过程具有重要的经济意义，但对生产过程中气溶胶进行表征的实时仪器的开发却很少。众所周知，工业气溶胶的浓度较高，而且，其粒子的形成、生长和传输在短时间内几乎同时进行，把它们从工业气溶胶的环境中移出，进行取样、分析，会极大地改变它们的特征。例如，含有粒子 10^{10} 个/cm^3、平均直径为 0.1μm 的气溶胶体系，在 1s 内通过凝结，浓度会降低 90%（Friedlander，1977），当考虑到一些典型工业火焰反应器的复杂流场（压力、温度、速度和浓度分布剖面图）时，采用合适的采样技术将会面临更大的挑战。

在材料合成时，气溶胶的形成路线，根据初始材料的不同可分为气-固转化和液-固转化。在气-固转化过程中，反应气体或蒸气形成颗粒产物，这些粒子通过凝结或表面反应进一步成长。气-固转化形成的粉末由无孔的初级反应粒子凝聚体构成。化学商品如炭黑、硅、二氧化钛的生产都涉及在火焰反应器中高温下的气-固转化过程（Ulrich，1984）。

在液-固转化过程中，溶液或泥浆状液滴通过液体原子化悬浮在空气中。这些悬浮的液滴通过直接高温分解或在原位与其他气体反应的方法转化为粉末，粉末产品的分布主要取决于液滴分布，有时也取决于高温分解或干燥时粒子的分裂。这种方法生产的粉末很少成块，且多孔，其中孔的多少取决于原始溶液浓度和干燥速率（Charlesworth 和 Marshall，1969；Leong，1981，1987；Zhang 等，1990）。喷雾干燥（Lukasiewicz，1989）和喷雾高温分解（Kodas，1989a；Mädler，2002）是利用液-固转化的典型工业过程。

气溶胶生产过程中固体也可作为初始反应材料，这些气溶胶过程包括完全或部分蒸发或固体熔化以及随后的产品形成（Bolsaitis 等，1987；Weimer 等，1991）。

本章回顾了工业上气溶胶的生产工艺和材料，并概述最常用的粒子表征技术。

35.2.1 气体-粉末转化

气体-粉末转化过程是指从气相中的单个分子中“构建”粒子（图 35-1）。反应气体中产生分子的化学过程或超热蒸气的快速冷凝都可以推动粒子的形成进程。气体冷却可以通过接触惰性气体冷却器或通过装有超临界流体的喷口完成（Petersen 等，1986；Matson 等，1987）。蒸发-冷却过程可以在惰性气体大气压下进行，也可以在真空箱中进行，但为了降低污染程度，真空压力必须被抽空到 $10^{-10}\sim10^{-6}$ Torr。为了完成反应或使蒸气达到超热状态

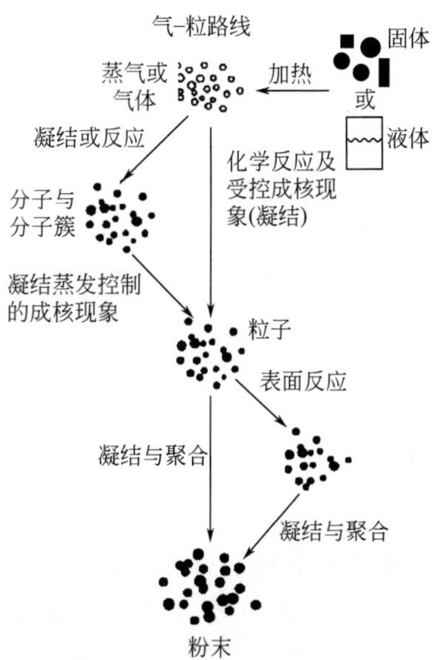

图 35-1 从气体到粉末的生产过程中的生物化学过程（气-粒转化）

（引自 Pratsinis，1990）

通常需要高温。物质蒸发后紧接着冷却是形成纳米粒子的一种简便方法。根据热力学反应（Ulrich，1971；Rao 和 Mcmury，1989；Xiong 和 Pratsinis，1991），分子转化成粒子可以通过自由碰撞（碰撞控制的成核现象），也可以通过分子簇来回地蒸发冷凝（冷凝-蒸发控制的成核现象）。新生粒子通过和产物分子碰撞（浓缩）和/或同粒子碰撞（凝结）可以进一步生长。当粒子碰撞速度大于粒子合并（熔合）速度时，就会形成球形（初级）粒子聚合体。根据打破原始粒子间凝聚力的难易程度，把球形（初级）粒子聚合体称为硬聚合物或软聚合物（或团块）。快速冷却有助于聚合体的形成（Schaefer 和 Hurd，1990；Dobbins 和 Megaridis，1987；Hurd 和 Flower，1988；Ulrich 和 Richl；1982；Hurd 等，1991）。

有多种能源可以提供气体-粒子转化中所需的高温。通常用这些能源的名字标识发生气体-粒子转化的特定气溶胶反应器，因此，火焰反应器是在预先混合或扩散火焰时通过燃烧过程产生热量；等离子体反应器利用电离气体（等离子体）的高能量；激光反应器利用了激光束的高能和高精度；熔炉反应器加热陶瓷管，前体气体流经陶瓷管。

气-粒转化路线在工业中用于生产锻制氧化物和炭黑，在实验室中用于生产金属、半导体以及纳米级的氧化和非氧化陶瓷。

生产单-成分粉末时，气-粒转化过程是最有用的方法，但生产多组分材料时，它并不是一种简便的方法。在生产多组分材料时，蒸气压力以及随后的不同气体的成核现象和不同的生长速率都可能导致粒子间甚至粒子内部的产物组成不均匀。气-粒路线的主要优点是：粒子粒径小、产生固体粒子以及纯度高。缺点是：生产多组分材料困难，处理有害气体时会出现问题。

35.2.1.1 火焰反应器

火焰反应器是在扩散或预混合火焰中将气态反应物形成球形或聚合粒子（Ulrich，1984；McNutt，1892；Kloepfer，1953）。燃料充足的火焰中，用芳香烃作为炭黑的反应物（Medalia 和 Rivin，1976；Ivie 和 Forney，1988）。通过在烃火焰中氧化/或水解相应的金属卤化物蒸气，已生产出大量金属氧化物（Formenti 等，1972；George 等，1973；Sokolowski 等，1977；Ulrich 和 Riehl，1982；Hurd 和 Flower，1988；Kriechbaum 和 Kleinschmidt，1989）。因为火焰反应器比其他系统结构简单、操作方便，所以它为粒子生产提供了很好的方法。在反应过程中要用添加剂控制生产的粒子的状态、形状和粒径分布（Hardesty 和 Weinberg，1973；Vemury 等，1997）。电荷阻隔为控制火焰制粉末的特性提供了一种类似的工具。通过控制反应器的气流条件，可以实现产品形态的调整（Camenzind 等，2008）。

火焰反应器中的粒子形成遵循标准的气-粒转化途径。火焰产生的聚合体由从少量到数以千计的初级粒子组成。初级粒子典型的粒径范围是 1～500nm。成核动力学给出了大多数物质发生簇聚的下限，在 0.1～1nm。最高火焰温度常在 2500K 左右，与其他气-粒转化系统相比，火焰反应器中的最高温度比等离子体反应器低，但比熔炉反应器、蒸发和冷凝反应器高。停留时间和温度场决定了粉末产物是无定形还是晶体，决定了团聚和凝聚的程度。

火焰反应器的优点是：容易扩散；简单易行；可利用挥发性和非挥发性的反应物；产品纯度高；聚合体中颗粒物粒径范围大。缺点是：多数情况下形成的是硬聚合体。Pratsinis（1998）和 Swihart（2003）在著作中详细介绍了这种技术。

35.2.1.2 熔炉反应器、激光反应器和等离子体反应器

熔炉反应器促使粉末前体物在管状的热熔炉中发生化学反应（Masdiyasni 等，1965；

Kanapilly 等，1970；Suyama 和 Kato，1976；Prochaska 和 Greskovich，1978；Alam 和 Flagan，1986；Okuyama 等，1986；Kim，1997；Kruis 等，1998）。反应物以气体形式或溶液气溶胶形式进入反应器。对于溶液液滴，在气相反应发生前，液滴中的溶液和反应物就在反应器中蒸发了，因此，要在反应器中使用低挥发性的反应物质（Kagawa 等，1983）。

熔炉反应器可以很好地控制温度和流量，所以常用于测量粒子形成系统总的化学反应速率（SiO_2：Powers，1978；French 等，1978。TiO_2：Pratsinis 等，1990）。

激光能促使通过光热和光化学过程产生粒子的化学反应（Cannon 等，1982；Casey 和 Haggerty，1987）。通过加热载气（通常为 CO_2 激光，工业领域也使用）或者辐射线与反应物分子（通常为紫外激光器或灯）的交互作用都可以实现上述反应。高能量激光可以提供足够的能量促进团聚粒子的凝结，可用于生产纳米范围内的球形、非成团粒子（Lee 和 Choi，2000）。由于自身限制，激光的能量是不足的，因此生产效率仅为每小时每千瓦功率几克。这就使得产品局限于高附加值颗粒物，如传感器和薄膜。

等离子体反应器使用离子化气体（等离子体）提供形成粒子所需的能量（Barry 等，1968；Canteloup 和 Mocellin 1976；Gani 和 McPherson，1980；Yoshida 和 Akashi，1981；Pickles 和 Mclean，1983；Kumar 等，2001）。人们感兴趣的有两种等离子体系统：高温平衡热力学等离子体以及低温非平衡等离子体。在热等离子体中，电子和离子的温度是相同的。在低温等离子体中，如辉光放电中，电子的温度远高于离子的温度。热等离子体最常用于粉末生产，材料处理中热等离子体的应用包括等离子体合成、喷雾和凝固（Peng 等，1998）。辉光放电虽然用于薄膜涂层的生产中，而且对于某种表面性能来说是有优势的，但在粉末生产或处理中的应用并不广泛（Singh 和 Doherty，1990；Kortshagen，2008）。

根据反应物进入系统的不同，将等离子体反应器分为多种类型。等离子体反应器的温度（300～25000K）比其他所有气溶胶反应器都要高，而且反应物通常完全分解。等离子反应器允许使用分子和固体原料流，所以原则上可以使用所有材料。所有等离子反应器的一般过程就是当反应物离开等离子体时冷却形成颗粒产品，这一过程遵循标准的气-粒转化路线。最常见的两大类热等离子体反应器主要被用于直流电弧喷气式系统和高频（微波或射频）感应系统。在直流电弧喷气式系统中，离子化气体（等离子体）与金属电极表面物理接触而通电。该系统相对简单而且价格便宜（Rao 等，1995），但电极在生产中消耗，可能导致产物污染。在高频（微波或射频等离子体反应器）感应等离子体反应器中，等离子体和它的能量源之间没有接触。感应线圈在反应器壁的外部，所以不会造成产品污染。Vollath 等在著作中对微波等离子体（1997）进行了综述。等离子体的组成和频率变化可以控制，最常见的例子是在 15000K 的温度下频率在 200～20MHz 之间处理的氩等离子体，所以，等离子体反应器可以处理高熔点材料和固体粉末材料源。

35.2.1.3 蒸发-冷凝

蒸发后冷凝是形成纳米级粒子的一种简单方法，用于合成金属微粒子。利用该技术可以制备改进力学性能的金属和微晶体陶瓷（Ramsey 和 Avery，1974；Granqvist 和 Buhrman，1976；Siegel，1990）。金属蒸发成为主要气体，然后冷却，通过成核现象形成粒子。蒸气的冷却可以通过接触冷的惰性气体或通过喷嘴膨胀实现。超临界流体通过喷嘴膨胀也可形成粒子（Petersen 等，1986；Maston 等，1987）。蒸发-冷凝过程常在近似于惰性气体气压的条件下进行。典型例子是一个真空室，为降低污染程度，可将气压抽空到 10^{-10}～10^{-6} Torr。常用船形碟子盛放金属，金属加热蒸发为气相，通过船形碟中的自由对流或强制对流产生天然羽流。船形碟可持续加热，也可间隔加热，其温度通常低于等离子体反应器和火焰反应器中的温度。

在蒸发-冷凝反应过程中，由于反应在新生成的粒子表面进行，因而改变了粒子的化学或/和状态组成。反应物蒸发为气体，然后通过成核现象冷却形成液滴（图 35-1；Visca 和 Matijetic，1979；Ingebrethen 和 Matijevio，1980；Ingebrethsen 等，1983；Matijevic，1986，1987；Kodas 等，1987），液滴形成后的下一步反应就是形成颗粒。

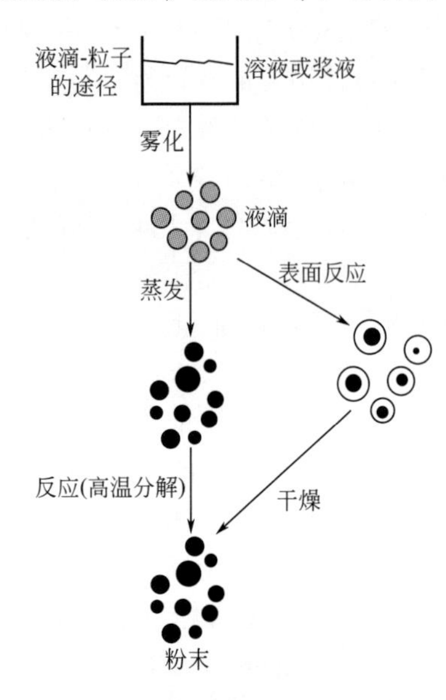

图 35-2　从液滴到粉末的过程中（液滴-粒子转化）发生的物理、化学作用（引自 Pratsinis，1990）

35.2.1.4　液滴-粒子转化

用液相反应物生产粉末的最常见过程是喷雾高温分解、喷雾干燥和冷冻干燥（图 35-2）。所有过程的共同步骤是使用某种液滴产生器形成含有分子或微粒的反应液滴。

在喷雾干燥过程中，当粒子转为气相时会发生多种物理和化学反应，这些反应包括：液滴的形成、液滴中溶剂的蒸发、液滴中溶质的初步结晶、含有溶质的液滴的进一步蒸发以及溶质进一步结晶形成干燥粒子。

喷雾热解与喷雾干燥和冷冻干燥相似，因为它只包括加热液滴到较低温度，所以不足以发生固相反应（Masters，1972；Johnson，1981）。不同的是喷雾干燥中用的液滴较大，这是因为喷雾干燥的目的是形成较大的、自由流动的粒子（100μm）组成的粉末。Charlesworth 和 Marshall（1969）的研究中讨论了可能的粒子形态和它们在喷雾干燥中的形成过程。

喷雾热解的主要步骤如下：干燥粒子中原始材料反应以形成粉末和气体产物；粒子内的转移引起粒子形态变化；可挥发性金属、金属氧化物和其他物质的挥发；随后这些物质冷凝在反应器壁和粒子上，进而形成新粒子和凝聚体。

在冷冻干燥过程中，一旦液滴形成并收集到冷液体（氨或氮）中，粉末产物的特征就由冷液体、溶剂、反应物的性质、干燥速率以及随后的处理条件决定。液滴生产中的冷却干燥过程和喷雾干燥是类似的，但在冷却干燥中，液滴一旦进入固相即被冷冻然后干燥（Johnson 等，1987）。含有不溶物的溶液被喷入液氮或其他冷液体中被冷冻。冷冻溶剂通过升华除去，干燥产物通过进一步加热转化所需的产物。

除了以上讨论的过程，反应器皿中发生的凝聚、扩散、沉淀、碰撞和热迁移也能改变粒子粒径分布并影响产量。当进行到液-固过程时，为了形成最终的粉末产品，则需要进一步操作，这些操作在大气压下进行，其粒子粒径范围为 0.1～100μm。

总之，这些处理过程的优点是：能处理有机材料和无机材料；形成多种复合物材料；操作简单（只有几个操作单元）；价格合适；有很多可供选择的价格便宜的液相反应材料；可以加添加剂；处理规模达到以吨计；化学成分一致；处理相对安全，因为不需要挥发性的反应材料。其缺点是：在某种条件下可形成多孔或中空粒子，液滴的扩散限制了粒子粒径范围。

35.2.1.5 液滴的生成

液滴生成过程对所有液滴-粒子转化过程来说都是至关重要的，因为它控制着产物的粒径分布。液滴发生器有多种，包括压力、旋转、空气辅助型、空气鼓风、超声波、静电和振动毛细管雾化器（Kerker，1975；Lefebvre，1989），其他雾化器如声波、风车、流体喷射和泡沫雾化器也有所应用。

每个液滴发生器可产生不同粒径分布的液滴，各具其优、缺点，详见第21章。常见的平均液滴直径为1～100μm。压力雾化器是在高压下将液体通过小孔释放到慢流量的气流中；旋转雾化器利用离心力喷雾，液体直接放在转动元件上而将流体转变为液滴；空气辅助雾化器将液体注入气流或高速流体中；鼓风雾化器同空气辅助雾化器类似，不同的是前者使用的空气量或流体量较大且速度慢；超声波雾化器通过使用超声波频率振动的变换器或喇叭，为雾化产生所需的短波；静电雾化器将液体喷射口或薄膜放入强电压下（Loscertales等，2002）；振动毛细管雾化器产生的液滴可达到30μm，与后三种喷雾方法相同，它要求低流量且目前主要用于实验室。

一般使用光学技术测量液滴的粒径分布。根据经验可以预测液滴粒径分布，并解释液体特征、雾化器设计和流体流动（Lefebvre，1989）。决定液体粒径的最主要特征包括表面张力、黏性和密度。

35.2.1.6 喷雾热解

喷雾热解是指悬浮反应液滴通过高温区（熔炉或火焰），在高温区，首先液滴中的挥发性成分快速蒸发，继而再发生均相和非均相化学反应形成粉末产品。根据处理条件和材料特征不同，形成紧凑或多孔粉末，并被捕集到滤膜上，这个过程也叫做蒸发分解、喷雾焙烧、喷雾煅烧、Aman过程、雾化燃烧器技术、雾化溶液分解、气溶胶或薄雾分解方法，或其他名称（Wenckus和Leavilt，1957；Epstein，1976；Sokolowsk等，1977；Gardner等，1984；Imai和Takami，1985；Kodas等，1988，1989b；Biswas等，1989b，1990；Pebler和Charles，1989；Vollath，1990；Zhang等，1990；Chadda等，1991；Zachariah和Huzarewicz，1991；Messing等，1993；Madler等，2002）。

喷雾热解允许通过粒-粒过程产生化学成分一致的粒子，因为每个液滴中的原始材料的化学计量是一致的。反应物可选种类很多，但应避免使用挥发性以及含碳的反应物，可以用便宜的反应物如金属氮化物、氯化物和氟化物。在工业生产上用几种联合操作便可生产多组分的陶瓷粉末，实际上人们有能力升级这些系统以大量生产传统的陶瓷氧化粉末（Ruthner，1979）。

喷雾热解的主要挑战包括确定粒子形态、化学组成、相组成以及它们在陶瓷粉末处理过程中在液体中的行为。目前，Brewster和Kodas（1997）已经用火焰-喷雾高温分解醋酸钡和乳酸钛水溶液生产出非聚合的高密度$BaTiO_3$粒子。低温火焰可产生多孔粒子，而高温或较长的加热时间则产生稠密单一的粒子。燃烧过程也可以生产超导粉末。Merkle（1990）及Zachariah和Huzarewicz（1991）采用高温分解法生产出了$YBa_2Cu_3O_x$超导体氧化物，T_c大约为93K。Lewis（1991）用三乙胺同各种有机硅化物和溶剂进行喷雾燃烧，制出多铝红柱石和其他混合氧化物（SiO_2、Al_2O_3）。Bickmore等（1996）已进一步发展了相似的火焰喷雾热解过程用以从Mg-Al醇盐中合成尖晶体粉末，人们还利用火焰喷雾高温分解法合成了非氧化颗粒物和核壳结构物质（Athanassiou等，2006）。

35.3 测量技术

通过气溶胶过程生产的材料，其物理、化学性质的表征涉及许多技术，表 35-2 和表 35-3 对此进行了总结。Niessner（1990）回顾了原位气溶胶测量技术，有关内容详见第 8 章和第 18 章。

35.3.1 颗粒物性质：粒径、形状和结构

描述聚合颗粒物是一项很有挑战性的工作，有各种各样的方法可用来描述颗粒物聚合体所代表的复杂三维结构分布。为了便于描述，颗粒物被置于气相、液相中或者捕集起来导入真空环境。颗粒物在气相中的粒径分布的测量在第 13～18 章讨论。Miller 和 Lines（1988）总结了捕集并置于液体中的粒子粒径测量技术的进展。当采用几种技术测量粒径时，出现的关键问题是，每项技术依据的粒子物理性质不同，比如光学特征、电学特征和沉降速度，因此不同技术测得的粒子粒径可能有很大的差异，这方面的例子将在后面给出。

35.3.1.1 筛分

筛分是将颗粒物粒径分级的一种简单、容易的方法（Reed，1995）。这种方法限于粒径大于 1μm 的颗粒物，通常情况下大于 50μm。小于这一粒径的颗粒物凝聚就成问题了。较小粒径的颗粒物可以用液体分级，但是这些方法通常很难重复使用。

35.3.1.2 沉淀/离心

颗粒物粒径的沉降速度测量是根据斯托克斯定理得出的（Reed，1995）。粒子捕集后导入流体中，其沉降速度通过测量光或 X 射线的传播获得。实际上，粒径大于 0.1μm 的颗粒物可以用这种方法测定，小于 1μm 的颗粒物由于受布朗运动影响严重，只有在离心条件下才能采用。扩大或者转变沉降分布，例如转化为筛网分布，反之亦然，这是相当成功的，可进行简单而有效的比较（Austin 和 Shah，1983）。图 35-3 是用这种技术得到的 $Ba_{0.86}Ca_{0.14}TiO_3$ 粒子的粒径分布，这种粒子是金属醋酸盐、乳酸盐和硝酸盐的混合物通过喷雾高温分解而制

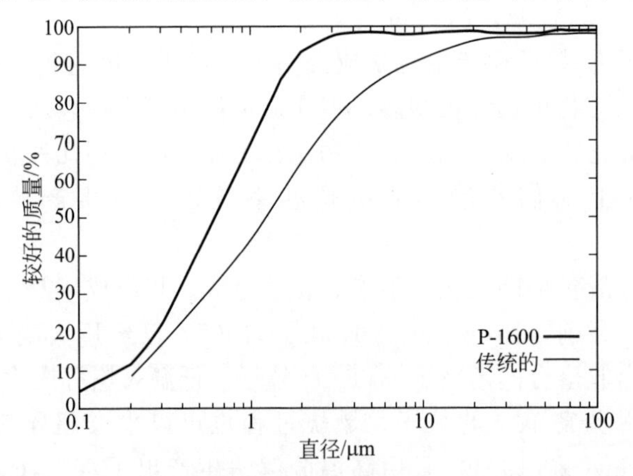

图 35-3 由沉降速度而得到的 $Ba_{0.86}Ca_{0.14}TiO_3$ 的粒径分布图。

$Ba_{0.86}Ca_{0.14}TiO_3$ 粒子通过喷雾高温分解（P-1600）

以及通过陶瓷氧化混合物的常规碾磨而制得

（引自 Ortega 等，1991）

得的（Crtega 等，1991）。冲击器和旋风分离器也是通过惯性力测量气溶胶粒径（Hinds，1999）。在工业生产过程中，惯性颗粒物分级的主要应用是移除粒径过大的粒子（沙砾）。

与沉降的原理相同，磁盘离心机可以测量较小粒径的颗粒物，小到纳米范围。如果将颗粒物悬浮于液体中并置于两旋转位置之间的离心区域，几毫克的颗粒物就足够了。通过外部缸体中测量光辐射传输来检测颗粒物，这种检测颗粒物粒径的方法需要知道颗粒物材料的密度。

35.3.1.3 电迁移

颗粒物电迁移分析在过去的几十年已经建立了测量程序。这种方法是基于仪器内的电场和摩擦力场叠加（Knutsom 和 Whitby，1975）。电迁移率与颗粒物粒径有关，根据颗粒物的电迁移率差异可以分辨颗粒物（第 15 章也有介绍）。电迁移分析是一种快速分析方法。如果采样流量的问题得到解决，这种方法就可以用于过程控制。这要求 3～4 个数量级的前期稀释并且要求温度低于 800～1000℃。Ehara 等（1996）提出了一种很有前景的组合，把电迁移分析和离心沉淀结合起来。通过同时测定质荷比和移动性当量直径，可以深入了解颗粒物的形态。对收集粒子进行表征的技术总结见表 35-2，广泛使用的颗粒物分析技术见表 35-3。

表 35-2 对收集粒子进行表征的技术总结

物理		化学	
尺寸	筛分 沉淀/离心 电迁移 库尔特计数器 色谱/场流分级 吸附技术 光散射 小角度 X 射线/中子散射(SAXS/SANS) 激光诱导光(LII) 超声光谱	元素组成，体积	X 射线荧光法 光谱法 傅里叶变换红外光谱(FTIR) 质子诱导-X 射线发射(PIXE) 核反应分析(NAR) 质谱法(MS)
形状	扫描/传输电子显微镜(SEM/TEM) 光学显微镜 扫描/传输显微镜(STM) 原子力显微镜(AFM) 计算机图像分析	元素组成，表面敏感	俄歇电子光谱(AES) 能量色散 X 射线光谱(EDS) X 射线光电子能谱(XPS) 电子光电效应光谱(EPS) 近边 X 射线吸收精细结构(NEXAFS) 滴定 萃取
结构	孔隙率 密度 吸油数(OAN)	晶相	X 射线衍射(XDX) 电子衍射(EDX)
机械稳定性	压缩吸油数(COAN) 超声波	热化学和热物理	差热分析仪(DTA) 差示扫描量热法(DSC) 热重量分析(TGA,TGA/MS)
		其他方法	电子旋转共振(ESR/EPR) 拉曼光谱 电动电势 核磁共振(NMR) 磁学和电学性质

表 35-3 广泛使用的颗粒物分析技术

方法		粒径/μm	样品量	采样准备	论述章节
沉降速度		0.2～100	<1g	悬浮，粉末	8
重力		0.02～100	<1g	悬浮，气溶胶	8
离心		0.005～1	<1μg	气溶胶	15
SEM		0.01～50	mg 级	气溶胶，悬浮，粉末	10
TEM		0.001～1			10
光学显微镜		0.2～400		气溶胶，悬浮，粉末	
过滤筛		30～5000	5～20g	气溶胶，悬浮	15
电子法		0.3～400	<1g	悬浮	9
色谱和场流分级		0.001～200（取决于技术）	<1g	悬浮	
散射	动态光散射	0.001～0.2	小于 0.1g	气溶胶，悬浮，粉末	13
	X 射线	0.001～0.5			
	中子	0.001～0.5			

35.3.1.4 库尔特计数器

用库尔特计数器测定粒径时，低浓度的粒子在电解溶液中悬浮，电解液从绝缘墙上的小孔引入，电流也从这里通过（Miller 和 Lines，1988）。通过感应区的每个粒子会取代一定量的电解液，这引起越过小孔的电阻产生瞬时变化。粒子通过感应区时产生电脉冲，粒子取代电解液的体积由电脉冲的振幅决定。为了避免偶然误差，要进行大量的稀释。用不同大小的小孔可以对 0.1～400μm 的粒子进行排序。

35.3.1.5 色谱和场流分级法

色谱和场流分级法是分离方法，流体中的悬浮粒子可分为不同的粒径分级，然后将粒径分级定量化以产生粒径分布（Miller 和 Lines，1988）。与传统色谱技术一样，该色谱技术就是在气流通道中根据粒径将粒子分开。在场流分级法中，电、磁、离心或热梯度变化会导致粒子阻留。水力色谱（HDC）适用于 20nm～20μm 的颗粒物。尺寸排阻色谱粒径上限大约为 500nm，因此对分子大小的限制较低。毛细管粒子色谱是 HDC 的扩展，粒径在 20～200μm 的粒子都可以分离。场流分级方法适用于分离 10nm～1μm 的粒子。此过程中粒径分级发生在离心沉降分离器内密集的平行盘之间，粒子沿着外壁滚动或颤动而得到分离。这些方法对于气溶胶过程中颗粒物的表征应用并不广泛，主要是由于它们要求在液体中颗粒物的再次悬浮。亚微米级粒子在流体中再次悬浮并不容易，并且会导致粒径分布测量产生严重误差。

35.3.1.6 吸附技术

粉末颗粒物表面积的测量通常通过其对气态物质的吸附作用然后用 BET 等温线分析数据来完成（Reed，1995）。表面积的计算可以获得粒子团中的粒子孔隙率以及初级粒子的粒径信息，初级粒子是由较小的粒子凝结成的。很多分子被用于表面测量，例如 N_2（最常用）、CO_2、碘和在滴定法中的 CTAB。具体的表面积数值的获得是依据检测分子的粒径，有时也要依据与颗粒表面的化学反应。假设粒子是光滑的、单分散的球体，那么初级粒子粒径就与表面积存在一定的关系。高度多孔的材料和极细粒子的精确表面积从每克几平方米到每克几百平方米。

35.3.1.7 光散射

气溶胶消光法是一种确定粒子粒径的有效方法。此方法可用于气相原位颗粒物测定，也可用于已被捕集并悬浮在液体中的粒子。第13章详细讨论了光吸收和光散射（静态和动态）过程。

35.3.1.8 超声波测量粒径

与光散射相似，超声波也可用于悬浮颗粒物的粒径测量。相对于光散射，超声波颗粒物粒径测量在高光密度的混沌系统中有其优势（Liu，2009）。声波传导在通过悬浮颗粒后频率会衰减，超声波测量颗粒物粒径就是根据这一原理，然后反推出颗粒物的粒径分布（Dukhin和Goetz，2002）。

35.3.1.9 小角度X射线/中子散射

X射线或者中子粒子流与物质的相互作用与其电子密度近似成一级正比。根据布拉格对短波的定律，观测角必须保持较小范围以分析纳米级颗粒物的粒径分布。通常颗粒物被引入到有机物薄膜以获得有机粉末的充分稀释，并产生无定形材料的特征信号。如果假定分形粒子的结构、散射强度可以通过一个统一的拟合函数对不同的粒径状态进行拟合，从而获得分形粒子的直径和每一个粒径状态的回转半径（Beaucage，1995）。随着SAXS/SANS可以被用作嵌入测量工具（Beaucage等，2004），这就需要一个强有力的X射线或者中子源。在图35-4(b)中展示了熔炉反应器生产SiO_2的散射曲线。

35.3.1.10 激光诱导光

激光诱导光（LII）是一种在线测量方法，与一些光技术，例如弹性散射、视距消光的特点相结合。当颗粒物可以看作标准黑体（black-body radiators）时可以使用这一技术。用一束强烈的激光把颗粒物加热到一个很高的温度，然后颗粒物将通过辐射放出热量，分析发出的辐射信号以获得颗粒物的信息。这一技术依据的是激光诱导光信号，在1977年燃烧领域火焰中干扰拉曼光谱测量时被首次发现（Eckbreth，1977）。LII信号和颗粒物浓度近似成比例，因此也可能得到颗粒物粒径分布信息（Mewes和Seitzman，1997；Filippov等，1999）。但是，快速加热会导致颗粒物形状的改变，这一点应该在解释测量结果的时候加以考虑（Krüger等，2005），此外还应该考虑到LII同时依赖于颗粒物和周围气体（Murakami等，2005）。

35.3.1.11 电子显微镜

扫描电镜和透射电子显微镜（SEM和TEM）广泛用于直接测定细颗粒（纳米和微米范围）的粒径、形状、形态特点，并且只需要少量的颗粒物材料。图35-4(a)是在熔炉气溶胶反应器中产生的SiO_2颗粒物的TEM光学图像。粒径在纳米和微米范围的晶体和微晶可以被检测到。在每一个颗粒物中，单独的微晶都是可以看到的。这种方法在第10章介绍了。

35.3.1.12 原子力显微镜

原子力显微镜（AFM）是在材料科学纳米级中最重要的工具之一。AFM有一个悬臂（探针），探针末端有一个锋利的尖，用于表面扫描。尖和样品表面相互作用就可以传输表面

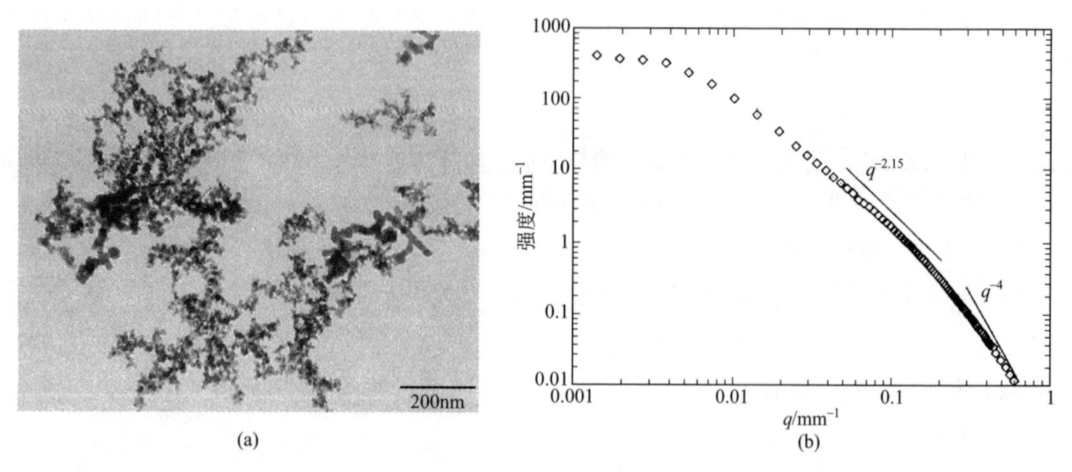

图 35-4 (a) 气相微粉硅胶 (AEROSIL 200) 在熔炉气溶胶反应器中产生的 SiO_2 颗粒物的 TEM 光学图像；(b) 气相微粉硅胶 (AEROSIL 200) 的小角度 X 射线散射曲线

(来自 Wengeler 等，2007)

形态和化学组成的信息。AFM 可以得到三维图像，这一点 TEM 或者 SEM 是很难做到的 (Posfai 等，1998)。原子力显微镜并不需要真空环境和特别的样品处理。而且，AFM 可以对微小沉积颗粒进行操作，能够研究粒子性质 (Junno 等，1995；Martin 等，1998；Rong 等，2004)。

35.3.1.13 压汞法/吸油值法

可以用液体填满孔隙体积的方法来获得团聚体构造的信息。团聚体的结构特点可以通过以下两种方法表征：孔隙体积本身或者是液体侵入结构的动力学 (屈服点法，yield point method)。两种方法都对被检测粉末的化学组成有特定的敏感性。压汞法用汞作为入侵液体以获得粉末或者固体的孔径分布 (Reed，1995)。根据侵入压力并使用 Washburn 等式 [Deutsches Institut für Normung (DIN) 66133] 可以获得一个等效孔径。图 35-5 是一个通

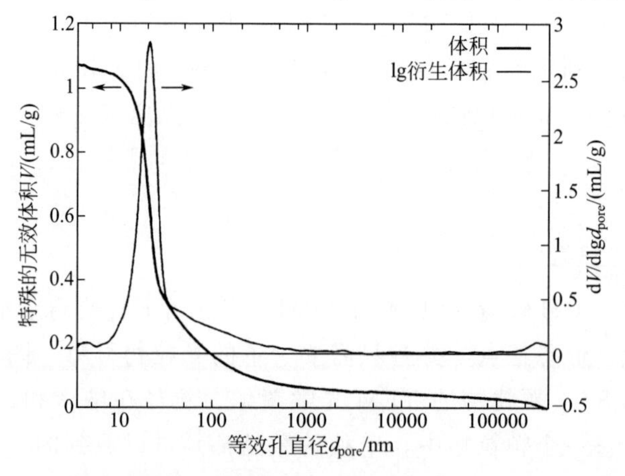

图 35-5 用压汞法测量的喷雾干燥 ULTRASIL 沉淀硅孔隙体积；较小的等价粒径对应于较高的压力图中给出了孔隙体积以及由此产生的对数倒数，它们通常一起使用

(数据由 Evonik Degussa GmbH 提供)

过等效孔径获得的有效容积的分布图。当把油（邻苯二甲酸二丁酯或者石蜡）加入到粉末中，通过测定在固定转速下维持混合器（mixer）转动的力矩可获得吸油值（OAN）。通常，油会充满团聚体孔隙并在团聚体之间提供一个较大的摩擦力。当油充满所有孔隙时摩擦力达到最大，再加入油摩擦力就会减小。在达到最大摩擦力时消耗的油量就是OAN。

35.3.1.14　密度

在气体密度瓶中，用氦气测定孔隙体积，可以计算出假设没有密闭孔存在的条件下颗粒物的密度（Reed，1988）。这种方法会导致没有孔隙的中空颗粒密度偏低。如果物质的密度已知，密度测量就可以确定颗粒物孔隙度。真密度（green density，干挤压采样的密度）是间接但实用的衡量反映粉末质量的表示方法。通常大约需要100mg粉末，由于颗粒物孔隙度和采样过程的差异，真密度一般在20%～60%之间变化（图35-6）。另一个相关测量量是振实密度（tap density），该技术涉及测量粉末的表观密度，它从应用角度为粉末填充特征提供了一种定量化方法。

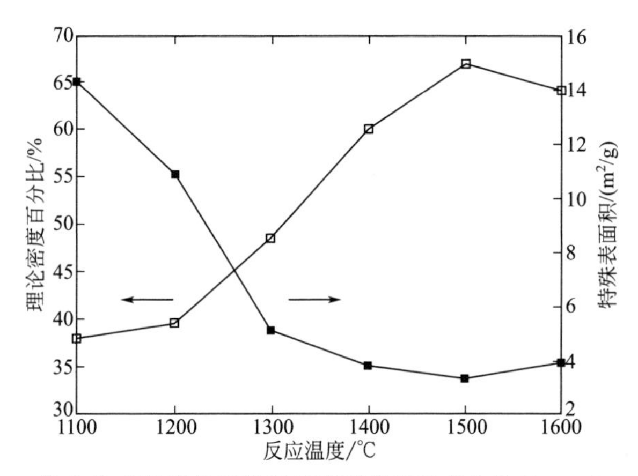

图35-6　作为生产温度的函数通过喷雾热解法产生的$Ba_{0.86}Ca_{0.14}TiO_3$颗粒的真密度（左手边尺度）和表面面积（右手边尺度）。低温下产生的颗粒物是中空的，从而形成了真密度

（来自Ortega等，1991）

35.3.2　物理性质：机械稳定性

工业颗粒物通常在空气作用下传输几百米的距离，或者受到较大的力混合在高黏度的母体上，因此机械稳定性通常是至关重要的。

35.3.2.1　压缩吸油指数/超声波

一项针对炭黑橡胶合成标准化技术［美国试验材料协会（ASTM）］是反复压缩炭黑样品，然后测试所谓的压缩吸油指数（COAN）。另一项技术是将超声波技术用于粉末悬浮液，并比较一些粒径方法下不同产品的超声波效应（Huhtanen，1966）。对于稳定的材料来说，超声波的去团聚效应（de-agglomeration effect）较小。

35.3.3　化学组成：元素组成，体积

35.3.3.1　X射线荧光技术

X射线荧光法是一种测定液体和固体样品中化学组成的方法（Alford等，2007）。用X

射线照射样品，可以产生荧光。发射出的光的波长为样品中元素的特征值。如果希望测定多组分固体样品中的元素比，可使用该技术。$Z>11$ 的元素的检出限是 10×10^{-6}。为了测定粒子化学成分，滤膜上只需要 10～100ng 粒子。

35.3.3.2 光谱法

光谱法是检测样品中痕量元素含量的非常灵敏的方法（Reed，1995）。发射光谱法可以在 5mg 样品中进行 10^{-6} 级分析。通常在电弧中或通过激光闪光使粉末激发。发射光的波长和光谱强度可以提供化学信息。该技术常用于快速检测样品性质。火焰发射光谱为碱金属元素提供 10^{-6} 级的定量分析，对一些元素也可检测到 10^{-9} 级。该技术常用于分析可以喷向火焰的流体样品。感应耦合等离子体发射光谱（ICP-ES）同样也利用流体样品，它是一种可靠、快速的多元素分析方法。原子吸收光谱法能分析 30～40 种浓度低于 0.1%的元素，虽然它一次只能分析一种样品，而 ICP 一次能分析大约 40 种元素，但原子吸收光谱法仍是 10^{-6} 级溶液样品定量分析的工业标准方法。以溶液形式存在的样品被喷入火焰，在此有来自于灯的放射线通过火焰。火焰中的游离原子吸收放射线减弱了射线强度，根据吸收波长可以鉴别物质的密度。

35.3.3.3 傅里叶变换红外光谱

傅里叶变换红外光谱法（FTIR）通过测量样品对红外线辐射的吸收量作为频率函数（Reed，1995），这项技术可获得样品中存在的不同键的信息。为得到光谱，所需要的样品量取决于样品性质，但通常情况下，100mg 就足够了。如果 FTIR 光谱是在原位获得的，此技术则可以测量气溶胶的温度。Morrison 等（1997）已证实气体和粒子的黑体温度均可测得。而且，通过分析 IR 光谱，可测得气体和粒子的化学成分。

35.3.3.4 质子诱导 X 射线发射光谱

质子诱导 X 射线发射光谱（PIXE）要用离子诱导样品发射 X 射线（Alford 等，2007）。元素周期表中的元素，从 Na 到 U 都可以被检测出。质子诱导 X 射线发射光谱（PIXE）可以使用 10μm 的光束对痕量元素进行高灵敏度检测。PIXE 也可以同时鉴别复杂样品中的几种元素。

35.3.3.5 核反应分析

核反应分析（NRA，也称仪器中子活化分析）包括使用离子束探测样品和检测轻离子反应产物（Alford 等，2007）。探测离子束可以诱导样品产生放射性，通过检测放射性可以确定样品中元素的性质。轻元素如 H、Be、B、C、O、F 都能被检测到。热中子活化分析的检出限是 10^{-10}～10^{-8}g。因为这种方法的空间分辨率很低，所以它主要用于处理收集在冲击式采样器滤膜上的粒子样品。该技术的缺点是它需要核反应器和专门技术，但有的实验室也将它作为常规方法。

35.3.3.6 质谱法

质谱仪（MS）是探测从 H 到 U 元素的灵敏设备，它可检测到 10^{-6} 级（Alford 等，2007）。根据样品引入 MS 的方法不同，可得到不同的质谱法。用脉冲激光可以将表面的粒子蒸发或直接由气相进入离子化区域。因为这些方法很复杂，所以它们不作为常规基础操作。

35.3.4 化学组成：元素组成，表面感应

35.3.4.1 俄歇电子能谱

俄歇电子能谱（AES）是一种利用表面感应来测定材料化学成分的方法（Alford 等，2007）。这种方法需要超高真空室，还包括将一电子束射向样品以产生电子发射（即所谓的俄歇电子），发射的电子能量反映了样品中元素的特征。结合固体样品的溅射法可以得到深度剖面。这种表面感应方法的穿透深度为 0.5～2nm，它可以检测到从 Li 到 U 的元素，灵敏度高达 0.3%。有些设备的空间分辨率可达 0.1μm。

35.3.4.2 能量色散光谱法

能量色散光谱法（EDS）是用电子探测样品引起 X 射线发射，X 射线带有样品中存在的元素的能量特征（Feldman 和 Mayer，1986）。因为用电子束探测样品，所以也能测得 nm 范围的粒子成分，用此技术可以检测单个粒子，探测深度约为 1μm。EDS 对 $Z>11$ 的检出率是 0.1%。这样，大多数设备中都能检测到原子量大于钠的元素（图 35-7）。SEM 的分辨率可达到 1μm，TEM 的分辨率可达到 50nm。用粒子的 X 射线图可以检测多成分粒子的化学均匀性，这些 X 射线图显示了给定元素的高浓度区和低浓度区。该技术也可用于检测大量粒子并且找出粒子之间的化学计量变化。定量测量常需要平坦的表面，但是可以得到粒子的半定量信息。

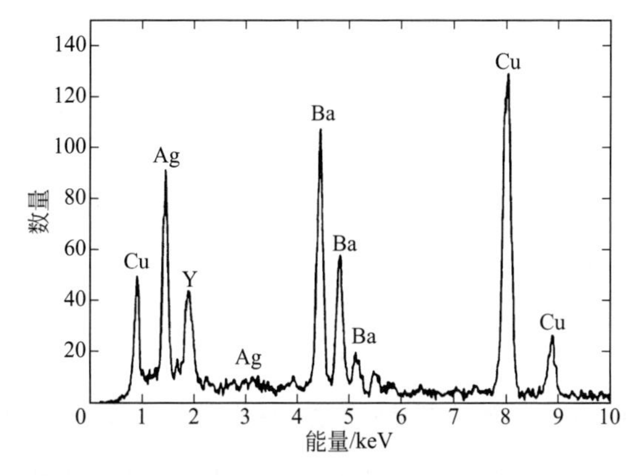

图 35-7 能量色散分光计对 Ag-$YBa_2Cu_3O_{7-x}$ 粒子的分析结果。峰的位置和它们的强度确定了样品中部分存在的元素及其相对数量

（引自 Carim 等，1989）

35.3.4.3 X 射线光电子能谱

X 射线光电子能谱法（XPS，也称为用作化学分析的电子分光光度法）能探测 Li 到 U 的元素（Alford 等，2007）。这种方法用 X 射线照射粒子引起光电子的发射，光电子的能量是样品中元素及其化学键的特征值。该方法有效探测深度为 3nm，单层灵敏度是 0.1，最先进的仪器的空间分辨率可达到 10μm，这就限制了此项技术只能检测相对较大的粒子。因为可以检测到单层量，所以样品的需要量很小。XPS 优于 AES 和 EDS 的地方是可以测得元素的化学键。

35.3.5 化学组成：热化学性质

35.3.5.1 差热分析

差热分析（DTA/DSC）测量在一定加热速度下的样品吸收或释放的热量（Hence 和 Gould，1971）。当焓的变化量确定时，这种方法叫做差示扫描量热法（DSC）。根据一定温度下的散热或吸热过程，可以获得加热时材料发生的化学反应和相变性质的信息。如果样品在一定温度下经历了相变化，这种技术也是用来确定样品中是否存在次生相的灵敏方法。

35.3.5.2 热重量分析

热重量分析（TGA）测量在一定速率加热下的样品重量的变化（Hence 和 Gould，1971）。对于气溶胶过程产生的材料，TGA 的主要应用是确定其反应程度和检测诸如水蒸气这样的物质。为了检测出进一步演变的物质，可以用 TGA-MS 法。这种重量的变化决定了一定温度下释放的物质种类。根据重量损失率，则可以确定动力学参数（Biswas 等，1989）。TGA 和差热分析（DTA）一般需要 50mg 样品。图 35-8 是用 TGA 方法分析喷雾高温分解反应器中生产的 $YBa_2Cu_3O_{7-x}$。

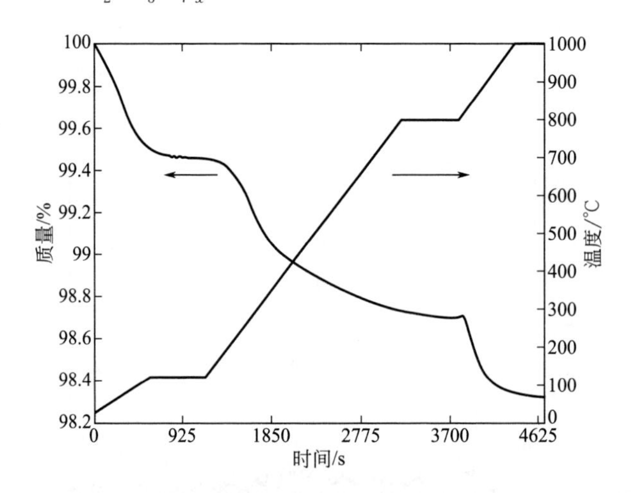

图 35-8 $YBa_2Cu_3O_{7-x}$ 粉末重量损失是温度的函数。没有化学杂质的物质的重量损失应该为 1.5%。因此，样品中含有大量的杂质。TGA/MS 可以将这些杂质确定为水（低温）、硝酸盐（中温）和碳酸盐（高温）（引自 Chadda 等，1991）

35.3.6 化学组成：晶像

35.3.6.1 X 射线衍射

X 射线衍射（XRD）是一种鉴别粉末样品中晶相的标准工具（Alford 等，2007）。依据 Bragg 公式，样品中的晶相可以使 X 射线发生衍射，该公式反映了晶格间距与作为探测计的 X 射线的波长之间的关系。实际操作中需要的样品量大约是 100mg 或更多。该方法可以探测到以 1%水平或更高水平出现的晶相。晶体的晶胞大小（a，b，c）也可测出，从而为结构复杂的材料提供更多信息（Biswas 等，1990），但是该方法不能探测非晶体材料。常规作

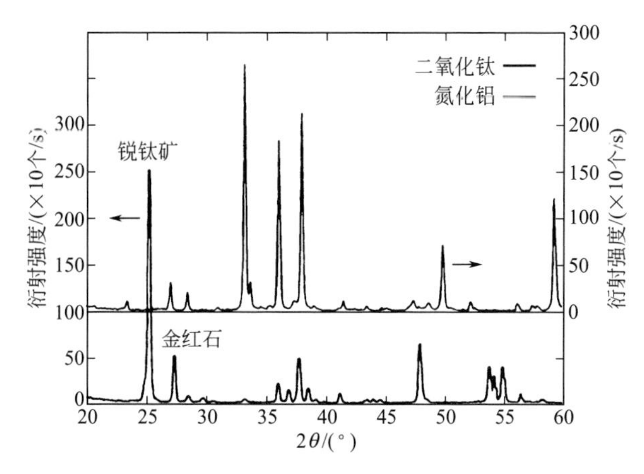

图 35-9 气溶胶反应炉中产生的二氧化钛和氮化铝的 X 射线衍射图

（数据由 M. K. Akhtar 提供）

业中，XRD 有标准可依，根据标准，可以鉴别衍射图中的峰值。图 35-9 是用 XRD 鉴别的气溶胶相，气溶胶由钛、铝氮化物构成（Akhtar 等，1991）。

35.3.6.2 电子衍射（EDX）

微衍射结合透射电镜（TEM）可以确定粒子中存在的相的晶体结构（Alford 等，2007）。因为可以检测到单粒子，所以只需要少量样品。通过电子衍射图可测定粒子是多晶体（环形图）、非晶体还是单晶体（点图）。

35.3.7 其他方法

悬浮于液体中的粉末的表面性质对于粉末过程非常关键。因此，了解颗粒物在溶液中的行为显得非常重要。有很多对溶液中表面性质定性测量的方法，如电泳、沉积电位、电渗透、泳动电势、电动电势（Dukhin 和 Goetz，2002）。这些方法是相互联系的，可以提供颗粒物表面粒子官能团性质的信息。此外，还有很多基于电子辐射、原子核、原子、化学键相互作用的方法。按照重要性由大到小，最突出的方法有以下几种。拉曼光谱利用光与物质的相互关系，来提供关于检测条件下粉末的旋转、振动和光子能量模式的信息（Strobel 等，2008）。电子自旋共振（ESR）通过改变外加磁场，在微波辐射下来探测粉末。粉末中的未成对电子可以通过电子自旋的转变来吸收微波。吸收发生处的场强由化学环境决定，所以改变磁场可以获得粉末吸收的特征光谱（Strsmans 等，2005）。核磁共振（NMR）是一种有机化学物质和生物化学物质分析的标准方法，它可以提供目标原子核所处的化学环境。通过一些特定仪器，还可以测得样品中原子的空间分布（Demco，2001）。电子光电子能谱（EPS）基于紫外辐射下气溶胶粒子中电子提取的原理（Schleicher 等，1993）。这种方法很灵敏，可用于检测具有光活性物质的亚单层物质涂层。大多数金属和碳粒会有强烈信号（Skillas 等，1999）。

滴定法和萃取法是测量悬浮物中粉末和颗粒物化学组成的标准分析方法。萃取法中，选择合适的溶剂以实现表面成分的提取是非常重要的。进一步分析提取结果，还可以得到颗粒物表面的化学指纹图谱。对于酸性和碱性表面，可能会用到简单的滴定法来获得颗粒物表面酸性和碱性物质的浓度信息，这些方法作为产物质量的指标经常被应用。

35.4 参考文献

Adachi, A., K. Okuyama, Y. Kousaka, and H. Tanaka. 1988. Preparation of gas sensor films by deposition of ultrafine tin oxide particles. *J. Aerosol. Sci.* 19:253–263.

Akhtar, M. K., Y. Xiong, and S. E. Pratsinis. 1991. Vapor synthesis of titania powder by oxidation of titanium tetrachloride. *AIChE J.* 37:1561–1570.

Alam, M. K., and R. C. Flagan. 1986. Controlled nucleation aerosol reactors: Production of bulk silicon. *Aerosol Sci. Technol.* 5:237–248.

Alford, T. L., L. C. Feldman, and J. W. Mayer. 2007. *Fundamentals of Nanoscale Film Analysis*. New York: Springer.

Andres, R. P., R. S. Averback, W. L. Brown, L. E. Brus, W. A. Goddard III, A. Kaldor, S. G. Louie, M. Moscovits, P. S. Peercy, S. J. Riley, R. W. Siegel, F. Spaepen, and Y. Wang. 1989. Research opportunities on clusters and cluster assembled materials. *J. Mater. Res.* 4:704–736.

ASTM. D3493-09 Standard Test Method for Carbon Black-Oil Absorption Number of Compressed Sample (COAN). DOI: 10.1520/D3493-09.

Athanassiou, E. K., R. N. Grass, and W. J. Stark. 2006. Large scale production of carbon coated copper nanoparticles. *Nanotechnology* 17:1668–1673.

Austin, L. G., and I. Shah. 1983. A method for the inter-conversion of microtrac and sieve size distributions. *Powder Technol.* 35:271–278.

Baker, R., W. Huang, and H. Steinfink. 1989. Oriented high T_c superconductive layers on silver by devitrification of glasses formed in the Bi-Sr-Ca-Cu-O system. *Appl. Phys. Lett.* 54:371–373.

Barry, T. I., R. K. Bayliss, and L. A. Lay. 1968. Mixed oxides prepared with an induction plasma torch. *J. Material Sci.* 3:229–238.

Beaucage, G. 1995. Approximations leading to a unified exponential/power-law approach to small-angle scattering. *J. Appl. Crystallogr.* 28:717–728.

Beaucage, G., H. K. Kammler, R. Mueller, R. Strobel, N. Agashe, S. E. Pratsinis, and T. Narayanan. 2004. Probing the dynamics of nanoparticle growth in a flame using synchrotron radiation. *Nat Mater.* 3:370–373.

Bickmore, C. R., K. F. Waldner, D. R. Treadwell, and R. M. Laine. 1996. Ultrafine spinel powders by flame spray pyrolysis of a magnesium aluminum double alkoxide. *J. Am. Ceram. Soc.* 79:1419–1423

Biswas, P., X. Li, and S. E. Pratsinis. 1989a. Optical waveguide preform fabrication: Silica formation and growth in a high-temperature aerosol reactor. *J. Appl. Phys.* 65:2445–2450.

Biswas, P., D. Zhou, I. Zitkovsky, C. Blue, and P. Boolchand. 1989b. Superconducting powders generated by an aerosol process. *Mat. Lett.* 8:233–237.

Biswas, P., D. Zhou, J. Grothaus, P. Boolchand, and D. McDaniel. 1990. Oxygen evolution from $YBa_2Cu_3O_{7-x}$ superconducting powders generated by aerosol routes. *Mat. Res. Symp. Proc.* 169:197–200.

Brewster, J., and T. T. Kodas. 1997. Generation of unagglomerated, dense, $BaTiO_3$ particles by flame-spray pyrolysis. *AIChE J.* 43:2665–2669.

Bohrer, M. P., J. A. Amelse, P. L. Narasimham, B. K. Tariyal, J. M. Turnipseed, R. F. Gill, W. J. Moebuis, and J. L. Bodeker. 1985. A process for recovering germanium from effluents of optical fiber manufacturing *J. Lightwave Technol.* LT-3: 699–705.

Bolsaitis, P. P., J. F. McCarthy, and G. Mohiuddin. 1987. Formation of metal oxide aerosols for conditions of high supersaturation. *Aerosol Sci. Technol.* 6:225–246.

Camenzind, A., H. Schulz, A. Teleki, G. Beaucage, T. Narayanan, and S. E. Pratsinis. 2008. Nanostructure evolution: From aggregated to spherical SiO_2 particles made in diffusion flames. *Eur. J. Inorg. Chem.* 6:911–918.

Cannon, W. R., S. C. Danforth, J. H. Flint, J. S. Haggerty, and R. A. Marra. 1982. Sinterable ceramic powders from laser-driven reactions. *J. Am. Ceram. Soc.* 65:324–335.

Canteloup, J., and A. Mocellin. 1976. Ultrafine TaC powders prepared in a high frequency plasma. *J. Mater. Sci.* 11: 2353–2353.

Carim, A., P. Doherty, and T. T. Kodas. 1989. Nanocrystalline $Ba_2YCu_30_7$/Ag composite particles produced by aerosol decomposition. *Materials Lett.* 8:335–339.

Casey, J., and J. Haggerty. 1987. Laser-induced vapor phase synthesis of boron and titanium diboride powders. *J. Mater. Sci.* 22:737–744.

Chadda, S., T. T. Kodas, T. L. Ward, A. Carim, D. Kroeger, and K. C. Ott. 1991. Synthesis of $YBa_2Cu_3O_{7-x}$ and $YBa_2Cu_4O_8$ by aerosol decomposition. *J. Aerosol Sci.* 22:601–616.

Charlesworth, D., and W. Marshall. 1969. Evaporation from droplets containing dissolved solids. *AIChE J.* 6:9–23.

Clark, H. B. 1977. Titanium dioxide pigmens. In *Treatise on Coatings: Pigments, 3*, P. R. Myers and J. S. Long (Eds.) New York: Marcel Dekker.

Dannenberg, E. M. 1971. Progress in carbon black technology. *J. IRI* Oct:190–195.

Demco, D. E., and B. Blumich. 2001. NMR imaging of materials. *Current Opinion in Solid State and Materials Science* 5:195–202.

DIN 66133. Determination of pore volume distribution and specific surface area of solids by mercury intrusion. Berlin: Beuth Verlag.

Dobbins, R. A., and C. M. Megaridis. 1987. Morphology of flame-generated soot as determined by thermophoretic sampling. *Langmuir* 3:254–259.

Dukhin, A. S., and P. J. Goetz. 2002. *Ultrasound for Characterizing Colloids. Particle Sizing, Zeta Potential, Rheology*. Amsterdam: Elsevier.

Eckbreth, A. C. 1977. Effects of laser-modulated particle incandescence on Raman scattering diagnostics. *J. Appl. Phys.* 48: 4473–4479.

Ehara, K., C. Hagwood, and K. J. Coackley. 1996. Novel method to classify aerosol particles according to their mass-to-charge ratio: Aerosol particle mass analyzer. *J. Aerosol Sci.* 27:217–234.

Epstein, J. 1976. Utilization of the dead sea minerals. *Hydrometallurgy* 2:1–10.

Filippov, A. V., Markus, M. W., and P. Roth. 1999. In situ characterization of ultrafine particles by laser-induced incandescence: Sizing and particle structure determination. *J. Aerosol Sci.* 30:71–87.

Formenti, M., F. Juillet, P. Mereaudeau, S. Techner, and P. Vergnon. 1972. In *Aerosols and Atmospheric Chemistry*. G. Hidy (Ed.). New York: Academic.

French, W. G., L. J. Pace, and V. A. Foertmeyer. 1978. Chemical kinetics of the reactions of $SiCl_4$, $SiBr_4$, $GeCl_4$, $POCl_3$ and BCl_3 with oxygen. *J. Phys. Chem.* 82:2191–2194.

Friedlander, S. K. 1977. *Smoke, Dust and Haze*. New York: Wiley Interscience.

Gani, M., and R. McPherson. 1980. The structure of plasma-prepared Al_2O_3 and TiO_2 powders. *J. Mater. Sci.* 15:1915–1925.

Gardner, T., D. Sproson, and G. Messing. 1984. Precursor effects on development of particle morphology during evaporative decomposition of solutions. *Mat. Res. Soc. Symp. Proc.* 32: 227–232.

George, A. P., R. D. Murley, and E. R. Place. 1973. Formation of TiO_2 aerosol from the combustion supported reaction of $TiCl_4$ and O_2. *Faraday Symp. Chem. Soc.* 7:63–77.

Granqvist, C., and Buhrman, R. 1976. Ultrafine metal particles. *J. Appl. Phys.* 47:2200–2219.

Gutsch, A., H. Mühlenweg, and M. Krämer. 2005. Tailor-made nanoparticles via gas-phase synthesis. *Small* 1:30–46.

Hardesty, D. R., and F. J. Weinberg. 1973. In *Fourteenth Symposium (International) on Combustion*. Pittsburgh, PA: The Combustion Institute, 907–918.

Haynes, B. S., H. Jander, and G. G. Wagner. 1979. In *Seventeenth Symposium (International) on Combustion*. Pittsburgh, PA: The Combustion Institute, 1365–1374.

Hench, L. L., and R. W. Gould. 1971. *Characterization of Ceramics*. New York, Marcel Dekker.

Hinds, W. C. 1999. *Aerosol Technology: Aerosol Technology: Properties, Behavior, and Measurement of Airborne Particles*. New York: Wiley-Interscience.

Huhtanen, C. N. 1966. Effect of ultrasound on disaggregation of milk bacteria. *J. Dairy Sci.* 49:1008–1010.

Hurd, A. J., and W. L. Flower. 1988. In-situ growth and structure of fractal SiO_2 aggregates. *J. Colloid Interface Sci.* 122:178–192.

Hurd, A. J., G. P. Johnston, and D. M. Smith. 1991. In *Characterization of Porous Solids II*. F. Rodriguez-Reinoso, J. Rouquerol, K. S. W. Sing, and K. K. Unger (Eds.). Elsevier, 267.

Imai, H., and K. Takami. 1985. Preparation of fine particles of carnegieite by a mist decomposition method. *J. Mater. Sci.* 20:1823–1827.

Ingebrethsen, B. J., E. Matijevic, and R. Partch. 1983. Preparation of uniform colloidal dispersions by chemical reactions in aerosols. iii. Mixed titania alumina colloidal spheres. *J. Coll. Interf. Sci.* 95:228–239.

Ingebrethsen, B. J., and E. Matijevic. 1980. Preparation of uniform colloidal dispersions by chemical reactions in aerosols. 2. Spherical particles of aluminum hydrous oxide. *J. Aerosol Sci.* 11:271–280.

Ivie, J. J., and L. J. Forney. 1988. A numerical model of the synthesis of carbon black by benzene pyrolysis. *AIChE J.* 34:1813–1820.

Johnson, D. 1981. Non-conventional powder preparation techniques. *Ceram. Bull.* 60:21–29.

Johnson, S. M., M. I. Gusman, and D. J. Rowcliffe. 1987. Freeze drying. *Adv. Ceram. Mater.* 2:237–241.

Junno, T., K. Deppert, L. Montelius, and L. Samuelsson. 1995. Controlled manipulation of nanoparticles with an atomic force microscope. *Appl. Phys. Lett.* 66:3627–3629.

Kagawa, M., F. Honda, H. Onodera, and T. Nagae. 1983. The formation of ultrafine Al_2O_3, ZrO_2, and Fe_2O_3 by the spray ICP technique. *Mat. Res. Bull.* 18:1081–1087.

Kanapilly, G., O. Raabe, and G. Newton. 1970. A new method for the generation of aerosols of insoluble particles, *J. Aerosol Sci.* 1:313–323.

Kerker, M. 1975. Laboratory generation of aerosols. *Adv. Coll. Interf. Sci.* 5:105–172.

Kim, K. S. 1997. Analysis on SiO_2 particle generation and deposition using furnace reactor. *AIChE J.* 43:2679–2687.

Kloepfer, H. 1953. *Verfahren zu Herstellung hochdisperser Oxyde in Aerosolform*. DBP 873083.

Knipping, J., M. Pridöhl, P. Roth, and G. Zimmermann. 2003. Superparamagnetic nanocomposite materials. *Magnetohydrodynamics* 39:71–76.

Knutson, E. O., and K. T. Whitby. 1975. Aerosol classification by electric mobility. *J. Aerosol Sci.* 16:443–452.

Kodas, T. T. 1989a. Generation of complex metal oxides by aerosol processes: Superconducting ceramic particles and films. *Angewandte Chemie* [International Edition in English] 28: 794–807.

Kodas, T. T., A. Datye, V. Lee, and E. Engler. 1989b. Single-crystal $YBa_2Cu_30_7$ particle formation by aerosol decomposition. *J. Appl. Phys.* 65:2149–2151.

Kodas, T. T., E. M. Engler, V. Lee, R. Jacowitz, T. H. Baum, K. Roche, S. S. P. Parkin, W. S. Young, S. Hughes, J. Kleder, and W. Auser. 1988. Aerosol flow reactor production of fine $YBa_2Cu_30_7$ powder: Fabrication of superconducting ceramics. *Appl. Phys. Lett.* 52:1622–1624.

Kodas, T. T., S. E. Pratsinis, and A. Sood. 1987. Submicron alumina powder production by a turbulent flow aerosol process. *Powder Technol.* 50:47–53.

Kodas, T. T., E. Engler, and Lee, V. 1989c. Generation of thick $YBa_2Cu_30_7$ films by aerosol deposition. *Appl. Phys. Lett.* 54:1923–1925.

Koguchi, M., Y. Matsuda, E. Kinoshita, and K. Hirabayashi. 1990. Preparation of $YBa_2Cu_3O_{7-x}$ films by flame pyrolysis. *J. Appl. Phys. Japan* 29:L33–35.

Komiyama, A., T. Osawa, H. Kazi, and T. Konno. 1987. Rapid growth of AlN flims by particle precipitation aided CVD. In *High Tech Ceramics*. P. Vincenzini (Ed.). Amsterdam: Elsevier, pp. 667–676.

Kortshagen, U., R. Anthony, R. Gresback, Z. Holman, R. Ligman, C. Liu, L. Mangolini, and S. A. Campbell. 2008. Plasma synthesis of group IV quantum dots for luminescence and photovoltaic applications. *Int. Union Pure Appl. Chem.* 80: 1901–1908.

Koukitu, A., Y. Hasegawa, H. Seki, H. Komijama, I. Tanaka, and Y. Kamioka. 1989. Preparation of YBaCuO superconducting thin films by the mist microwave plasma decomposition method. *J. Appl. Phys. Japan* 28:L1212–1213.

Kriechbaum, G., and P. Kleinschmidt. 1989. Superfine oxide powders: Flame hydrolysis and hydrothermal synthesis. *Adv. Mater. Ang. Chemie* 10:330–337.

Krüger, V., C. Wahl, R. Hadef, K. P. Geigle, W. Stricker, and M. Aigner. 2005. Comparison of laser-induced incandescence method with scanning mobility particle sizer technique: The influence of probe sampling and laser heating on soot particle size distribution. *Meas. Sci. Technol.* 16:1477–1486.

Kruis, F. E., K. Nielsch, H. Fissan, B. Rellinghaus, and E. F. Wassermann. 1998. Preparation of size-classified PbS particles in the gas phase. *Appl. Phys. Lett.* 73:547–549.

Kumar, R., P. Cheang, and K. A. Khor. 2001. RF plasma processing of ultra-fine hydroxyaptite powders. *J. Mater. Process. Technol.* 113:456–462.

Lee, D., and M. Choi. 2000. Control of size and morphology of nano particles using CO_2 laser during flame synthesis. *J. Aerosol Sci.* 31:1145–1163.

Lefebvre, A. H. 1989. *Atomization and Sprays*. New York: Hemisphere.

Leong, K. 1981. Morphology of aerosol particles generated from the evaporation of solution drops. *J. Aerosol Sci.* 12:417–435.

Leong, K. 1987. Morphology control of particle generated from the evaporation of solution drops. *J. Aerosol Sci.* 18:525–552.

Liu, L. 2009. Application of ultrasound spectroscopy for nanoparticle sizing in high concentration suspensions: A factor analysis on the effects of concentration and frequency. *Chem. Eng. Sci.* 64:5036–5042.

Lewis, D. J. 1991. Technique for producing mullite and other mixed-oxide systems. *J. Am. Ceram. Soc.* 74:2410–2413.

Loscertales, I. G., A. Barrero, I. Guerreo, R. Cortijo, M. Marquez, and A. M. Gañán-Calvo. 2002. Micro/nano encapsulation via electrified coaxial liquid jets. *Science* 295:1695–1698.

Lukasiewicz, S. 1989. Spray drying of ceramic powders. *J. Amer. Ceram. Soc.* 72:617–624.

Mädler, L., H. Kammler, R. Mueller, and S. E. Pratsinis. 2002. Controlled synthesis of nanostructured particles by flame spray pyrolysis. *J. Aerosol Sci.* 33:369–389.

Martin, M., L. Roschier, P. Hakonen, U. Parts, M. Paalanen, B. Schleicher, and E. I. Kauppinen. 1998. Manipulation of Ag nanoparticles utilizing noncontact atomic force microscopy. *Appl. Phys. Lett.* 73:1505–1507.

Masters, K. 1972. *Spray Drying*. New York: John Wiley and Sons.

Matijevic, E. 1986. Monodispersed colloids: Art and science. *Langmuir* 2:12–20.

Matijevic, E. 1987. In *High Tech Ceramics*. P. Vincenzini (Ed.). Amsterdam: Elsevier, pp. 441–458.

Matson, D. W., R. Peterson, and R. Smith. 1987. Production of powders and films by the rapid expansion of supercritical solutions. *J. Mater. Sci.* 22:1919–1928.

Masdiyasni, K., C. Lynch, and J. Smith. 1965. Preparation of ultra-high-purity submicron refractory oxides. *J. Amer. Ceram. Soc.* 48:372–375.

McNutt, L. J. 1892. *Hydrocarbon gas black machine*. US Patent 481240.

Medalia, A. I., and D. Rivin. 1976. Carbon blacks. In *Characterization of Powder Surfaces*. G. D. Parfitt and K. S. W. Sing (Eds.). New York: Academic.

Merkle, B. D., R. N. Kniseley, F. A. Schmidt, and I. E. Anderson. 1990. Superconducting $YBa_2Cu_3O_x$ particulate produced by total consumption burner processing. *Mater. Sci. Eng. A* 124:31–38.

Messing, G. L. S. Zhang, and G. Jayanthi. 1993. Ceramic powder synthesis by spray pyrolysis. *J. Amer. Ceram. Soc.* 76: 2707–2726.

Mewes, B., and J. M. Seitzman. 1997. Soot volume fraction and particle size measurements with laser-induced incandescence. *Appl. Opt.* 36:709–717.

Mezey, E. J. 1966. Pigments and reinforcing agents. In *Vapor Deposition*. C. F. Powell, J. H. Oxley, and J. M. Blocher Jr. (Eds.). New York: John Wiley and Sons.

Miller, B., and R. Lines. 1988. Recent advances in particle size measurements: A critical review. *CRC Critical Reviews in Analytical Chemistry* 20:75–116.

Mooney, J., and S. Redding. 1982. Spray pyrolysis. *Ann. Rev. Mat. Sci.* 12:81–90.

Morrison, P. W., R. Raghavan, A. J. Timpone, C. P. Artelt, and S. E. Pratsinis. 1997. In situ Fourier transformed infrared characterisation of the effect of electrical fields on the flame synthesis of TiO_2 particles. *Chem. Mater.* 9:2702–2708.

Mueller, R., R. Jossen, and S. E. Pratsinis. 2004. Zirconia nano-powders made in spray flames at high production rates. *J. Amer. Ceram. Soc.* 87:197–202.

Murakami, Y., T. Sugatani, and Y. Nosaka. 2005. Laser-induced incandescence study on the metal aerosol particles as the effect of the surrounding gas medium. *J. Phys. Chem. A* 109: 8994–9000.

Nagel, S. R., J. B. MacChesney, and K. L. Walker. 1982. An overview of the modified chemical vapor. *IEEE J. Quantum Electron.* QE-18:459–476.

Nasibulin, A. G., A. Moisala, D. P. Brown, and E. I. Kauppinen. 2003. Carbon nanotubes and onions from carbon monoxide using Ni(acac)$_2$ and Cu(acac)$_2$ as catalyst precursors. *Carbon* 41:2711–2724.

Niessner, R. 1990. Chemical characterization of aerosols. *Fresenius J. Anal. Chem.* 337:565–576.

Nikolaev, P., M. J. Bronikowski, R. K. Bradley, F. Rohmund, D. T. Colbert, K. A. Smith, and R. E. Smalley. 1999. Gas-phase catalytic growth of single-walled carbon nanotubes from carbon monoxide. *Chem. Phys. Lett.* 313:91–97.

Okuyama, K., Y. Kousaka, N. Tohge, S. Yamamoto, J. J. Wu, R. C. Flagan, and J. H. Seinfeld. 1986. Production of ultrafine metal oxide aerosol particles by thermal decomposition of metal alkoxide vapors. *AIChE J.* 32:2010–2019.

Ortega, J., T. T. Kodas, S. Chadda, D. M. Smith, M. Ciftcioglu, and J. Brennan. 1991. generation of dense barium calcium titanate particles by aerosol decomposition, *Chem. Mater.* 3:746–751.

Pebler, A., and R. Charles. 1989. Synthesis of superconducting oxides by aerosol pyrolysis of metal EDTA solutions. *Mat. Res. Bull.* 24:1069–1076.

Peng, J. H., P. J. Hong, S. S. Dai, D. Vollath, and D. V. Szabo. 1998. Microwave plasma sintering of nanocrystalline alumina. *J. Mater. Sci. Technol.* 14:173–175.

Petersen, R., D. Matson, and R. Smith. 1986. Rapid precipitation of low vapor pressure solids from supercritical fluid solutions: The formation of thin films and powders. *J. Amer. Chem. Soc.* 108:2100–2102.

Pickles, C., and A. McLean. 1983. Production of fused refractory oxide spheres and ultrafine oxide particles in an extended arc. *Amer. Ceram. Soc. Bull.* 62:1004–1009.

Posfai, M., H. Xu, J. R. Anderson, and P. R. Buseck. 1998. Wet and dry sizes of atmospheric aerosol particles: An AFM and TEM study. *Geophys. Res. Lett.* 25:1907–1910.

Powers, D. R. 1978. Kinetics of TiCl4 oxidation. *J. Am. Ceram. Soc.* 61:295–297.

Pratsinis, S. E. 1998. Flame aerosol synthesis of ceramic powders. *Prog. Energy Combust. Sci.* 24:197–219.

Pratsinis, S. E., and S. V. R. Mastrangelo. 1989. Material synthesis in aerosol reactors. *Chem. Eng. Prog.* 85(5):62–66.

Pratsinis, S. E. 1998. Flame aerosol synthesis of ceramic powders. *Prog. Energy Combust. Sci.* 24:197–219.

Pratsinis, S. E., H. Bai, P. Biswas, M. Frenklach, and S. V. R. Mastrangelo. 1990. Kinetics of $TiCl_4$ oxidation. *J. Am. Ceram. Soc.* 73:2158–2162.

Pridöhl, M., P. Roth, H. Wiggers, F.-M. Petrat, and M. Krämer. 2005. *Nanoscale crystalline silicon powder*. WO 2005/049492 A1.

Prochaska, S., and C. Greskovich. 1978. Synthesis and characterization of silicon nitride powder. *Ceram. Bull.* 57:579–586.

Ramsey, D., and R. Avery. 1974. Ultrafine oxide particles prepared by electron beam evaporation, *J. Mater. Sci.* 9:1681–1688.

Rao, N. R., and P. H. McMurry. 1989. Nucleation and growth of aerosol in chemically reacting systems: A theoretical study of the near collision-controlled regime. *Aerosol Sci. Technol.* 11:120–132.

Rao, N., S. Girshick, J. Heberlein, P. McMurry, S. Jones, D. Hansen, and B. Micheel. 1995. Nanoparticle formation using a plasma expansion process. *Plasma Chem. Plasma Process.* 15: 581–606.

Reed, J. S. 1995. *Principles of Ceramic Processing*. New York: John Wiley and Sons.

Rong, W., A. E. Pelling, A. Ryan, J. K. Gimzewski, and S. K. Friedlander. 2004. Complementary TEM and AFM force spectroscopy to characterize the nanomechanical properties of nanoparticle chain aggregates. *Nano Lett.* 4:2287–2292.

Ruthner, M. I. 1979. Preparation and sintering characteristics of Mgo, $MgO-Cr_2O_3$ and $MgO-Al_2O_3$. *Science of Sintering* 11:203–208.

Ruthner, M. I. 1983. Industrial production of multicomponent ceramic powders by means of the spray roasting method. In *Ceramic Powders*. P. Vincenzini (Ed.). Amsterdam: Elsevier, pp. 515–531.

Salazar, K., K. C. Ott, R. C. Dye, K. M. Hubbard, E. J. Peterson, J. Y. Coulter, and T. T. Kodas. 1992. Aerosol assisted chemical vapor deposition of superconducting $YBa_2Cu_3O_{7-x}$. *Physica C.* 198:303–308.

Santoro, R. J., and J. H. Miller. 1987. Soot particle formation in diffusion flames. *Langmuir* 3:244–254.

Schaefer, D., and A. J. Hurd. 1990. Growth and structure of combustion aerosols. *Aerosol Sci. and Technol.* 12:876–890.

Schleicher, B., H. Burtscher, and H. C. Siegmann. 1993. Photoelectric quantum yield of nanometer metal particles. *Appl. Phys. Lett.* 63:1191–1193.

Schreieder, F., and K. H. Young. 1999. Process for preparing high-purity silicium granules. EP 19980114358.

Schumacher, K., M. Moerters, U. Diener, and O. Klotz. 2005. *Silicon-titanium mixed oxide powder produced by flame hydrolysis.* WO 2005/110922 A1.

Siegel, R. 1990. Nanophase materials assembled from atomic clusters, *MRS Bull.* Oct:60–67.

Siefert, W. 1984. Properties of thin In_2O_3 and SnO_2 films by corona spray pyrolysis and a discussion of the spray pyrolysis process. *Thin Solid Films* 121:275–282.

Singh, R., and R. Doherty. 1990. Synthesis of TiN powders under glow discharge plasma. *Mater. Letts.* 9:87–89.

Skillas, G., Ch. Hüglin, and H. C. Siegmann. 1999. Determination of air exchange rates of rooms and deposition factors for fine particles by means of photoelectric aerosol sensors. *Indoor Built Environ.* 8:246–254.

Sokolowski, M., A. Sokolowska, A. Michalski, and B. Gokieli. 1977. The in-flame reaction method for Al_2O_3 aerosol formation. *J. Aerosol Sci.* 8:219–230.

Stresmans, A., K. Clemer, and V. V. Afanas'ev. 2005. Electron spin resonance probing of fundamental point defects in nm-sized silica particles. *J. Non-Cryst. Solids* 351:1764–1769.

Strobel, R., H. J. Metz, and S. E. Pratsinis. 2008. Brilliant yellow, transparent pure, and SiO2-coated BiVO4 nanoparticles made in flames. *Chem. Mater.* 20:6346–6351.

Suehiro, T., N. Hirosaki, R. Terao, J. Tatami, T. Meguro, and K. Komeya. 2003. Synthesis of aluminum nitride nanopowder by gas-reduction-nitridation method. *J. Am. Ceram. Soc.* 86:1046–1048.

Suyama, Y. and A. Kato. 1976. TiO_2 produced by vapor-phase oxygenolysis of $TiCl_4$. *J. Am. Ceram. Soc.* 59:146–149.

Suzuki, M., M. Kagawa, Y. Syono, and T. Hirai. 1994. Synthesis of ultrafine single component oxide particles by the spray-ICP technique. *J. Material Sci.* 27:679–684.

Swihart, M. T. 2003. Vapor-phase synthesis of nanoparticles. *Current Opinion in Colloid and Interface Science.* 8:127–133.

Takagi, T., K. Matsubara, and H. Takaoka, 1980. Optical and thermal properties of BeO thin films prepared by reactive ionized cluster beam technique. *J. Appl. Phys.* 51:5419–5429.

Tomar, M., and F. Garcia. 1981. Spray pyrolysis in solar cells and gas sensors. *Prog. Cryst. Growth Charact.* 4:221–247.

Ullmann's Encyclopedia of Industrial Chemistry. 2009. Weinheim, German: Wiley-VCH.

Ulrich, G. D. 1971. Theory of particle formation and growth in oxide synthesis flames. *Combust. Sci. Technol.* 4:47–57.

Ulrich, G. D. 1984. Flame synthesis of fine particles. *Chem. Eng. News*, Aug 6:22–29.

Ulrich, G. D., and J. W. Riehl. 1982. Aggregation and growth of submicron oxide particles in flames. *J. Coll. Interf. Sci.* 87: 257–265.

Vemury, S., S. E. Pratsinis, and L. Kibbey. 1997. Electrically controlled flame synthesis of nanophase TiO_2, SiO_2 and SnO_2 powders. *J. Mater. Res.* 12:1031–1042.

Viguie, J. C., and J. Spitz. 1975. Chemical vapor deposition at low temperature. *J. Electrochem. Soc.* 122:585–588.

Visca, M., and E. Matijevic. 1979. Preparation of uniform colloidal dispersions by chemical reactions in aerosols. i. spherical particles of titanium dioxide *J. Coll. Interf. Sci.* 68:308–319.

Vollath, D. 1990. Pyrolytic preparation of ceramic powders by a spray calcination technique. *J. Mater. Sci.* 25:2227–2232.

Vollath, D., D. V. Szabó, and J. Hausselt. 1997. Synthesis and properties of ceramic nanoparticles and nanocomposites. *J. European Ceram. Soc.* 17:1317–1324.

Wagner, E., and H. Brünner. 1960. Aerosil, Herstellung, Eigenschaften und Verhalten in organischen Flüssigkeiten. *Angewandte Chemie* 72:744–750.

Weimer, A. W., W. G. Moore, R. P. Roach, C. N. Haney, and W. Rafaniello. 1991. Rapid carbothermal reduction of boron oxide in a graphite reactor. *AIChE J.* 37:759–768.

Wenckus, J., and W. Leavitt. 1957. Preparation of ferrites by the atomizing burner technique. *Proceedings of Magnetism and Magnetic Materials Conference*, Boston, MA, 1956, special publication T-91 Amer. Inst. Elect. Engs. pp. 526–530.

Wengeler, R., F. Wolf, N. Dingenouts, and H. Nirschl. 2007. Characterizing dispersion and fragmentation of fractal, pyrogenic silica nanoagglomerates by small-angle X-ray scattering. *Langmuir* 23:4148–4154.

What is Carbon Black? Evonik Degussa GmbH, Frankfurt am Main.

Worathanakull, P., J. Jiang, P. Biswas, and P. Kongkachuichay. 2008. Quench-ring assisted flame synthesis of SiO_2-TiO_2 nanostructured composite. *J. Nanosci. Nanotechnol.* 8: 6253–6259.

Xia, B., I. W. Lenggoro, and K. Okuiama. 2001. Novel route to nanoparticle synthesis by salt-assisted aerosol decomposition. *Adv. Mater.* 13:1579–1582.

Xiong, Y., and S. E. Pratsinis. 1991. Gas phase production of particles in reactive turbulent flows. *J. Aerosol Sci.* 22: 637–656.

Yoshida, T., and K. Akashi. 1976. Preparation of ultrafine iron particles using an rf plasma. *Trans. Japan Inst. Metals.* 22: 371–378.

Zachariah, M. R., and S. Huzarewicz. 1991. Aerosol processing of YBaCuO superconductors in a flame reactor. *J. Mater. Res.* 6:264–269.

Zhang, S. C., G. L. Messing, and M. Borden. 1990. Synthesis of solid spherical zirconia particles by spray pyrolysis. *J. Amer. Ceram. Soc.* 73:61–67.

36 洁净室中气溶胶的测量

David S. Ensor
三角科技园 RTI 国际公司，北卡罗来纳州，美国
Anne Marie Dixon
洁净室管理联合会，内华达州地卡森城市，美国

36.1 引言

洁净室是为了保护产品免受环境污染而建立的高度受控空间。“洁净室”这一术语指的是一个专门的房间或者区域，可以有效消除室内大气常见污染物的不利影响（英文中洁净室 cleanroom 被写作一个单词就是表示它是一个独特的环境）。用有效的方法来消除或者降低工作区的污染物浓度，也意味着将工作区的大气环境和工作区以外的大气之间进行某种隔离。

洁净室被广泛应用于航空、电子、制药、医疗器械、生物技术、汽车和食品制造行业。在航空和电子行业中，洁净室的要求通常是由产品性能和生产要求决定的。在健康相关领域，洁净室要基于微生物颗粒的活性实施正规的风险评估。但是，由于微生物来源单一，并且活性受到环境条件的影响，活性微生物颗粒的浓度一般与颗粒物的总浓度无关。在医疗保健行业中，一个洁净室和环境控制中活性微生物的浓度需维持在一个可接受水平，如同美国食品药品管理局（USFDA）和其他世界范围管理机构要求的那样。因此洁净室中气溶胶的测量包括颗粒物的测量和特别强调的基于工业应用要求的生物气溶胶的测量。所以洁净室中气溶胶的测量是由工业标准决定的，而不是由实际研究决定的。

36.2 洁净室

第一个现代化的洁净室，通常叫做“白色空间（white room）”，于 20 世纪 60 年代早期在桑迪亚（Sandia）国家实验室建成，目的是提高武器零件制造的可靠性。它的理念就是建造一个与周围环境隔绝的工作区以过滤进入的所有气体，并确定输送管的进口和出口的位置以便使气流近似于单向流动。这一设计产生的对流可清除受污染的空气，特别是室内外活动所产生的污染气体，并用新鲜的过滤空气代替它们。这样设计和建成的白色空间就是洁净

室的原型，它现在已经成为许多精密产品生产不可缺少的工作环境。

现代的洁净室只是较早期的桑迪亚“白色空间”更为复杂的一种版本。在当前工艺水平的洁净室中，诸如那些用于制造半导体芯片、磁头组件和其他精密产品的洁净室，空气流必须是垂直单向的。根据定义，洁净室使用一个垂直流动装置使气流通过安装在天花板上的过滤器［图 36-1，注意为清楚起见，辅助加热、通风和空调（HVAC）元件没有在图中展示出来］。洁净室的天花板由高效空气过滤器（HEPA）或超低渗透性空气过滤器填充（对于过滤介质属性的描述见第 7 章），使空气在 0.25～0.5m/s 的流速下通入到工作室的底部。把过滤介质变成褶皱形，这种褶皱构造可以允许气流通过，这样过滤器被建造成带有分离器的类似于手风琴的构造。过滤器被粘贴到带有边缘垫圈的框架上。这种设计使得表面积不足 $1m^2$ 的过滤器包含超过 $20m^2$ 的过滤介质。在国际标准化组织（ISO）第五类及其以下的洁净室中，天花板区域几乎全部安装了过滤器（分类详见 36.5 节）。较高级的洁净室有占天花板区域较小比例的过滤器和较低的空气交换率。空气通过地板或者侧墙内的管道系统回到源区，气流在建成的（as-built）工作区内是直接垂直向下的。这种设计理念能够允许过滤的新鲜空气进入工作区，并消除在工作活动中排放的任何污染物。受气流作用，污染物从工作区被传输到地板回流管道或者通过墙壁管道除去。其他的气流方案，例如水平气流或者混合气流根据用途也被应用于洁净室，但是垂直、向下和单向的气流方案是最常见的。

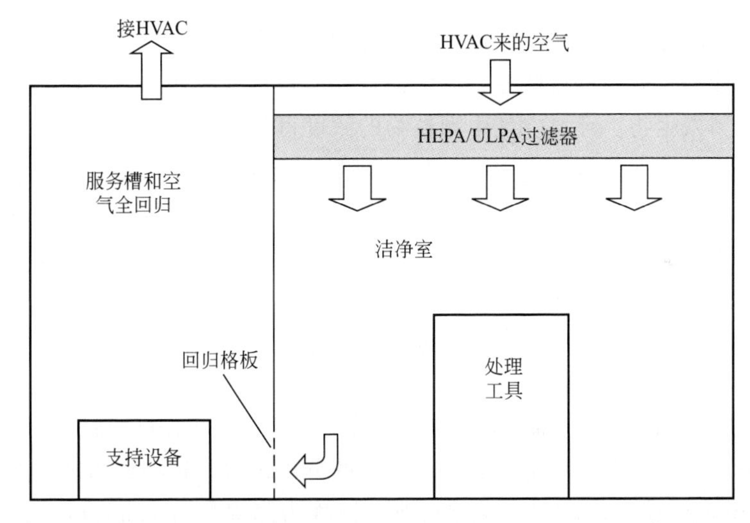

图 36-1　一个垂直单向气流流动的洁净室的图示，箭头表示气流。过滤气体从顶部天花板进入，运送处理过程或者人为产生的颗粒物到空气中，最后在底部回收（在一些设计中，空气通过有孔的地板回收）。简便起见 HVAC 系统的具体情况没有在图中展示

一些洁净室采用隔间（bay-chase）理念设计，如图 36-2 所示。这种安排可以把设备安装在凹槽（chase）或者墙上的隔板里，从而减少清洁工作区的尺寸。处理过程以及维修活动排放的物质就被隔离在清洁区域之外了。

在所有的设计类型中，尾气通过 HVAC 系统排出，再通过天花板 HEPA/ULPA 过滤器进入洁净室，如此循环，再次进入洁净室的尾气由循环气体和漏气（如开口外泄以及通过空间外壳的泄漏）损失后补充的气体组成。通常补充气体的量被最小化（＜20％）以控制能量消耗。洁净室的空气供给是由体积速率、温度和相对湿度的要求决定的，并且要经过过滤以除去所有的颗粒物和微生物。洁净室要维持过压状态以防止环境颗粒物的渗透。但负压引

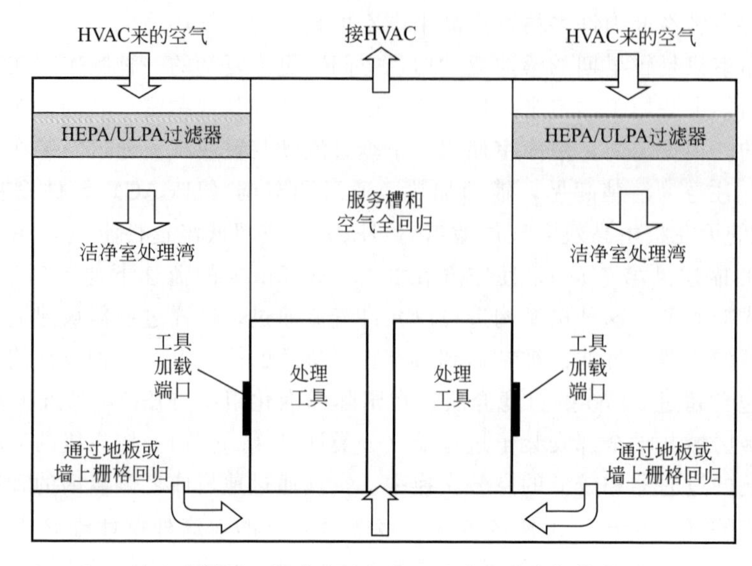

图 36-2 bay-chase 洁净室图示，箭头表示气流。过滤的洁净气体在天花板进入把洁净室污染物输送到地板。在这一设备中，凹槽中的过程工具用于隔离运行和维护过程中洁净室的排放物。简便起见 HVAC 系统的具体情况没有在图中表示

入的生物制剂的问题无法得到解决。通过检测过滤器的完整性、气体的速率和体积、房间压差和计算，对设计的有效性进行监控，以保证空气质量得到改变。最后检测颗粒物数并在合适的地方采样检测微生物。环境空气中颗粒物的浓度可能在 10^9 个/m^3 以上。对于有较高要求的洁净室，颗粒物浓度一般小于 100 个/m^3。颗粒物浓度的大幅减少是通过洁净室的设计和严格的规程来实现的。通常，操作人员被要求要严格遵守有关规程和行为规范，并装备适当的工作服、头盔、面罩和手套以减少他们自身携带颗粒物的排放。在洁净室中，对于暴露表面必须有系统的洁净程序。所有的过程和操作都是经过设计和测试的，以使颗粒物排放浓度适量。根据生产风险、要求和洁净室的分类，实施不同的规则、规定和纪律。

对于极端的清洁条件，在洁净室中可能会采用关键区域环境（critical zoned environment）。它们可能是洁净室的一部分，建有额外的过滤设施，使用更高级的操作程序以保证较低的操作等级。另一种选择就是安装一个独立的分离装置。这些分离装置在电子行业中被称为微环境（minienvironment），在保健行业中被称为隔离器（isolator）。这些系统可以排除人为因素，并且用机器人技术、使用手套经墙壁通道或其他类似的系统来移动产品。

洁净室的状况可以分成三种状态：①建成状态（as-biult）；②静止状态（at-rest）；③运行状态（operating）。建成状态（as-biult）是一个没有任何设备和工作人员的空洁净室，但是过滤器风扇在运转。静止状态（at-rest）是指过滤器风扇运转，设备到位，每个工位是匀速功率，但不进行操作处理（轮班之间的洁净室状态；只有两个班次的夜间状态）。运行状态（operating）是指洁净室执行其通常的功能时：设备在处理产品，以及有适当数量的操作人员在场。

洁净室中颗粒物的粒径分布和浓度取决于洁净室的状态。例如，在运行状态，由人员及相关活动和工艺设备排放的颗粒物变得显著。对运行状态下洁净室的长期测量显示，颗粒物浓度趋于稳定，偶尔会有短期、随机、浓度相对较高的粒子或者叫做“颗粒物剧增（particle bursts）”。颗粒物的剧增与蜿蜒羽（meandering plumes）和诸如晶圆旋转镀膜机（wafer spin coaters）等间歇过程的排放有关（Viner，1990）。当出现“颗粒物剧增”时，低浓

度的颗粒物在很大粒径范围内的分布的测量是非常困难的。据报道，对一个半导体研究的洁净室中粒径分布的测量，使用了并行排列的冷凝粒子计数器耦合进口扩散组采样器（Ensor等，1989）。扩散组采样器和冷凝粒子计数器的操作在第16章描述。测量阵列中有6个冷凝粒子计数器和2个光学计数器。这种测量阵列被用于直接获得“大于或相当于”洁净室标准中通常采用的颗粒物粒径分布累积曲线。

对一个用于半导体研究的ISO5级洁净室进行了多天的研究，结果表明，在静止状态下“大于或等于”累积粒径分布曲线时，颗粒物源的粒径范围为在0.1～0.3μm。如第7章中所说，空气过滤器中大部分穿透粒子的粒径（MPPD）也在0.1～0.3μm粒径范围内。所以，洁净室在没有运行时的颗粒物主要来自于环境中的颗粒物穿透洁净室过滤器的颗粒。由于过滤器的低穿透性或对颗粒物的高捕集性，洁净室中颗粒物的浓度比室外空气中的小几个量级。如图36-3所示，当洁净室处于运行状态时，来自内部源的大粒子和小粒子被引进洁净室。由于这是一个电子产品的洁净室，预期粒径小于0.5μm的粒子主要是由熔炉产生热量，或是晶片涂覆操作产生的。粒径大于0.5μm的粒子可能是由直接排放或由人员移动引起的地板灰再悬浮产生（Ensor和Foarde，2007）。

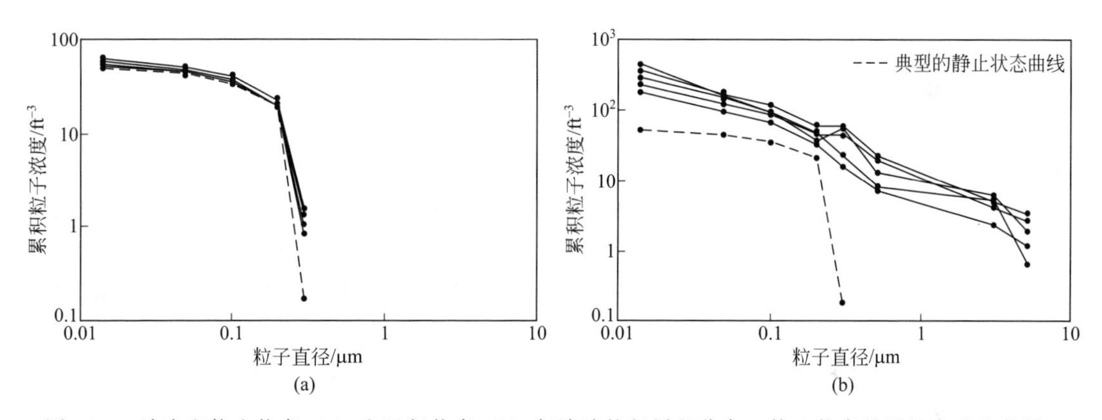

图36-3 洁净室静止状态（a）和运行状态（b）气溶胶粒径累积分布。静止状态的测量在晚上获得，仪器没有运行；运行状态洁净室颗粒物粒径分布是在正常的工作日测定的，引自Ensor和Foarde（2007）［转载自Ensor等（1989）并获得授权］

36.3 颗粒物检测

洁净室颗粒物计数器最主要的性能是采样流量、粒径下限（颗粒物检测器检测到的颗粒物数目是实际通过检测器的颗粒物数目的50%时的最小粒径）和背景计数率。虽然对于背景计数率的检测方法是在仪器运行过程中使用一个ULPA过滤器从进入的空气中移除颗粒物，但是结果的记录方法各不相同。日本工业标准（JIS，1997）规定5min内颗粒物计数小于1作为一个限制指标，叫做“零计数水平”。被称为“虚假计数率”的ISO方法在以下两方面有所不同：一是95%的置信区间用于统计修正数据并且颗粒物数目是按照每立方米记录的。例如测试要求颗粒物为0个/m^3的95%的置信区间的上限是3个/m^3，下限是0个/m^3。二是用体积来记录结果的方法的好处是不会对高流量的仪器造成影响。

颗粒物的粒径分辨率在洁净室检测中通常并不受到关注，这是由于分类标准中要求的主要的检测总是用颗粒物的累积浓度而不是粒径分布频率来表示。但是能够在任意的采样粒径范围内测量累积浓度可以使采样具有灵活性，这是有利的（详见第13章光学颗粒物计数器的论述以及第 20 章对它们的校准)。

仪器选择的第二个性能要求是可以在洁净室条件下运行。这个要求包括可以在仪器运行之前以及运行过程中对仪器进行清洁以保证没有污染物排放。如果需要，仪器的清洁可以包括消毒方案。这些方案必须经过审核以防止对仪器电子元器件的潜在损害。操作上的考虑包括戴手套后还能操作的能力，以及仪器的数据呈报特征。而且对于在线仪器，可能会用滤膜采样和沉积板采样以获得单颗粒物分析（详见第 10 章）的样品，来识别具体来源。

表 36-1 给出了洁净室中颗粒物检测仪器的代表生产商列表，其中也列出了常见的产品汇总（注意：这个列表并不全面)。

表 36-1 洁净室颗粒物检测仪器的制造商选择

制造商①	产品
KAN	光学粒子计数器和冷凝粒子计数器
LTH	广范围的光学粒子计数器的专业洁净室供应商
PMS	用于很多洁净室的光学粒子计数器
RIO	光学粒子计数器
TSI	光学粒子计数器和冷凝粒子计数器

① 见附录 I 制造商地址三个字母代码的列表索引。

表 36-2 给出了一个有代表性但并不全面的洁净室可选择仪器的列表。洁净室中气溶胶仪器分成五个常规类别。手持型光学颗粒物计数器（OPCs)，流量 2.8L/min，用于相对高浓度的场合。便携式的仪器用于洁净室认证以及常规监测。便携式仪器流量高达 100L/min，适用于 ISO5 级和更低等级的洁净室检测。远程的 OPCs 是一些简单的装置，被设计用于和设备的环境监测系统相连接，并且需要一个当地的真空源。这些小传感器在洁净室中的定位允许操作设施进行多点监测，而无需长取样线路进行取样以避免管沉积损失。有时也使用冷凝粒子计数器（CPCs)。表 36-2 中对 OPCs 用于工艺气体的专门设计没有列出。

表 36-2 代表仪器的相关性能的总结

来源①	型号	类型②	采样流量 /(L/min)	通道数	假计数(ISO 21501) 零计数(JIS B9921)②	效率低于 50%的小粒径以及最大粒径/μm	
KAN	3886	H	2.83	5	$<1(5min)^{-1}$	0.3	5
	3900	P	28.3	6	$<1(5min)^{-1}$	0.3	10
	3715	R	2.83	2	$<1(5min)^{-1}$	0.5	5
	3885	CPC	2.83	1	INA	0.010	1
LTH	HANDHELD3013	H	2.83	3	$<1(5min)^{-1}$	0.3	10
	HANDHELD3016	H	2.83	6	$<1(5min)^{-1}$	0.3	25
	SOLAR3100	P	28.3	6	$<1(5min)^{-1}$	0.3	25
	SOLAR3200	P	56.6	8	$<1(5min)^{-1}$	0.3	25
	SOLAR5200	P	56.6	8	$<1(5min)^{-1}$	0.5	25
	SOLAR3350	P	100	6	$<1(5min)^{-1}$	0.3	25
	REMOTE3014	R	2.83	4	$<1(5min)^{-1}$	0.3	25
PMS	LasairⅢ310	P	2.83	6	$7.07m^{-3}$	0.3	25
	LasairⅢ350L	P	50	6	$4m^{-3}$	0.3	25
	LasairⅢ5100	P	100	6	$2m^{-3}$	0.5	25
	Handilaz Mini	H	2.83	3	$<1(5min)^{-1}$	0.3	5
	Airnet201	R	2.83	3	$<1(5min)^{-1}$	0.2	1
	Airnet310	R	28.3	4	$<1(5min)^{-1}$	0.3	5

续表

来源[①]	型号	类型[②]	采样流量/(L/min)	通道数	假计数(ISO 21501)零计数(JIS B9921)[②]	效率低于50%的小粒径以及最大粒径/μm	
RIO	KR-12A	H	2.83	6	INA	0.3	5
	KC-03B	P	3	5	<1(5min)$^{-1}$	0.3	5
TSI	AeroTrak8220	H	2.83	6	<1(5min)$^{-1}$	0.3	10
	AeroTrak9360	H	2.83	6	<1(5min)$^{-1}$	0.3	20
	AeroTrak7310	R	2.83	6	<1(5min)$^{-1}$	0.3	10
	CPC Model3775	CPC	1	2	INA	0.004	1
	WCPC Model3785	CPC	0.6	1	INA	0.025	1

① 见附录Ⅰ制造商地址三个字母代码的列表索引。

② CPC为冷凝粒子计数器；H为手持型；INA为数据不可得；P为便携式；R为远距离。

36.4 标准和推荐做法

污染物控制是基于一系列的ISO标准、国家法规、环境科学与技术研究所（IEST）编写的推荐做法以及一些贸易组织提出的产业特殊材料名单制定的。如表36-3是常见的ISO标准，构成了污染控制实践的基础。

表36-3 洁净室以及相关的环境控制的一系列ISO标准[①]

编号	名称
总标题	洁净室和相关环境控制
14644-1	第一部分：空气清洁度分类
14644-2	第二部分：验证与14644-1持续保持一致的检测和监测规范
14644-3	第三部分：检测方法
14644-4	第四部分：设计、建造和启动
14644-5	第五部分：运行
14644-6	第六部分：术语和定义
14644-7	第七部分：隔离设施（洁净空气罩、手套箱、隔离器、微环境）
14644-8	第八部分：空气分子污染物分类
14644-9	第九部分：表面分子污染物分类
14698-1	生物污染物控制——第一部分：基本规则和方法
14698-2	生物污染物控制——第二部分：生物污染物数据的评估和解释

① 这些标准可以在IEST、ANSI或者ISO内找到。

ISO 14644-1是基本标准，它提供了决定洁净室或者受控环境分类的系统和程序。ISO 14644-2建立了与ISO 14644-1持续保持一致的要求。ISO 14698-1和ISO 14698-2类似，都是关于生物污染的文件。但是，在ISO 14644-1中空气颗粒物的分类是用于所有等级和洁净室应用的。在管控行业中，国家要求通常优先于ISO标准。ISO 14644-3给出了洁净室中测量的最低要求和仪器规范，其中包括颗粒物浓度、湿度、压力和空气流速。ISO 14644-4提供了一个洁净空间或者洁净室有关设计、建造和启动的检查清单和指导。ISO 14644-5提供了对于洁净室操作的要求，这些要求是以IEST制定的一系列对于清洁和净化区域的推荐做法为基础的。ISO 14644-7 描述的是常用于洁净室以及偶尔用于室内空间的隔离设备的最低污染物控制要求。分离设备包括材料或过程与外部环境分离的一个连续区域，范围从清洁通风罩到高度一体性手套箱。ISO 14644-8、ISO 14644-9 描述了在电子和航空行业中重要的非颗粒状的污染物。半导体已经达到了可能受半挥发性材料和掺杂剂不利影响的特征粒径。红外设计的光学系统对于来自于半挥发性的材料（如合成树脂）的污染物是很敏感的。而且，在产品转化之前，管制行业（制药和生物技术）可能已经关注了在空气中和表面上的低浓度的污染物残余。

在发布后的三年里以及后来间隔的五年中，对 ISO 标准进行了审核和多次修订。ISO 14644-1 和 ISO 14644-2 现在正在修订之中。采样点的数目和数据的统计学处理方法也可能要进行修订。可能会基于洁净室的大小而不是洁净室的分类来确定采样点的个数。最新版本的标准应该通过合同和规章的应用来审核。

根据 ISO 14644-1 的定义，洁净室是一个“环境颗粒物浓度得到控制，使颗粒物的进入、产生和滞留最小化，并且其他必要的相关参数例如温度、湿度和压力得到控制的空间”（第 1 页）。

由于不知道颗粒物的实际形状和折射率，ISO 14644-1 定义颗粒物粒径为“用给定的颗粒物测量仪器测得的响应值等于颗粒物测量响应值的球形的粒径”。基准小球的组成并没有在 ISO 14644-1 中详述，但是如 ISO（2007a，b）所述 OPCs 通常用聚苯乙烯乳胶（在 589nm 波长的光下的折射率是 1.59）小球进行校准。

36.5 ISO 标准 14644-1 和 14644-2

36.5.1 ISO 14644-1 分类定义

表 36-4（来自于 ISO 14644-1 也就是 ISO 1999，是表 36-1 的再现）、图 36-4（来自于 ISO 14644-1，图 A.1 修改后的再现）总结了这一国际标准分级。

表 36-4 ISO 14644-1 洁净室空气质量分类

ISO 分级数(*N*)	大于、等于考虑尺寸的粒子的最大数浓度限/(个/m³)①					
	0.1μm	0.2μm	0.3μm	0.5μm	1μm	5μm
ISO 类别 1	10	2				
ISO 类别 2	100	24	10	4		
ISO 类别 3	1000	237	102	35	8	
ISO 类别 4	10000	2370	1020	352	83	
ISO 类别 5	100000	23700	10200	3520	832	29
ISO 类别 6	1000000	237000	102000	35200	8320	293
ISO 类别 7				352000	83200	2930
ISO 类别 8				3520000	832000	29300
ISO 类别 9				35200000	8320000	293000

① 浓度限值的计算与式（36-1）一致。测量过程的不确定性要求，用于确定分级水平的浓度值的有效数字不超过 3 位。

注：来源于 IEST。材料来源于 ANSI/IEST/ISO 14644-1：1999，并经过了 IEST 许可。本资料任一部分未经 IEST 书面批准都不能以任何形式——电子检索系统或者互联网提供、公开网络、卫星或其他方式转载。可以从 IEST 网址 www.iest.org 购买这一标准。

分级名称被定义为“ISO 等级 *N*”，其中 *N* 指在 1.0～9.0 间隔为 0.1 的所有数字。正如以往的标准，N 表示的是这一等级的最大允许浓度。对于 ISO 第 N 级来说（ISO class N）最大允许颗粒物浓度为 10^N 个/m^3，粒径大于等于 0.1μm。国际标准中的参考粒径是 0.1μm，对于粒径在 0.1～5.0μm 之间的颗粒物都可以通过以下公式（ISO 1999 中的公式 1）计算最大允许浓度：

$$C_{max}=10^N\times(0.1/d_p)^{2.08} \tag{36-1}$$

式中，C_{max}（每立方米数浓度）为大于等于 d_p 的粒子的最大允许浓度；N 为分级代码，$9.0\geqslant N\geqslant 1.0$；$d_p$ 为颗粒物浓度测量粒径下的粒子最低检出限，μm。只有当 $d_p=0.1\mu m$ 时，公式为 $C_{max}=10^N$，当 d_p 为其他数值时，式（36-1）被给予一个小于 1 的因子，这就降低了颗粒物的最大允许浓度。标准指定 d_p 必须在 0.1～5μm 之间。对于大多数的 N 值，d_p 的允许值如表 36-4 和图 36-4 中所示的那样被进一步限制。这一标准不允许在测定颗粒物粒径下的 C_{max} 超出表 36-4 中每个整数等级所对应的范围，也不允许超过图 36-4 中每个等级的曲线末端的实心圆圈。例如，可通过测量粒径在 0.5～5μm 的颗粒物浓度来验证 ISO 级别 7、8、9。同样，当 N 值较大时，表 36-4 和图 36-4 所描述的 d_p 的范围应尽量避免测量过大浓度的小粒子，这容易产生重合误差（第 13 章）。当 N 为大于 6 的非整数时，一般假定 d_p 的范围为下一个较大整数 N 对应的粒径范围，例如当 $N=6.2$ 时，所允许的 d_p 值应该是 $N=7$ 时曲线上所对应的 d 值，即 $5.0\mu m\geqslant d\geqslant 0.5\mu m$。

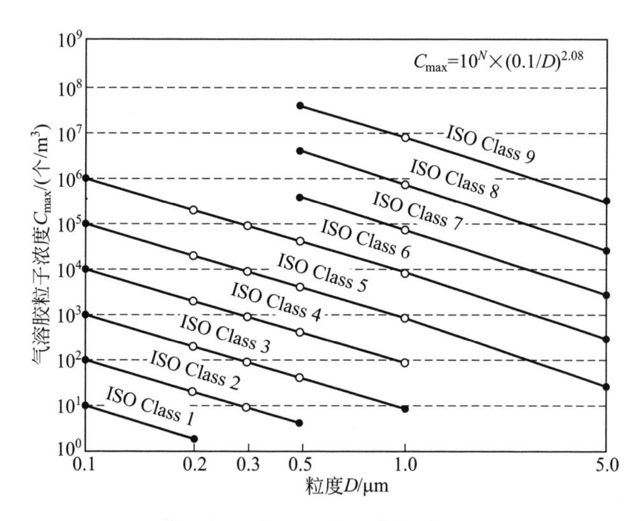

图 36-4 ISO 14644-1 等级标准中的最大允许气溶胶粒子浓度。C_n 为等于或大于特定粒径的气溶胶粒子的最大允许浓度（每立方米空气中的粒子数）
［来自 ANST/IEST/ISO（1999），并得到授权］

式（36-1）假定了浓度与粒径的逆幂定律关系，指数为 2.08。这个粒径分布不太可能准确地描述出多数（甚至没有）实际运行的洁净室中的粒径分布。例如，图 36-3 中颗粒物粒径分布数据在操作条件下满足逆幂定律关系，但是逆幂定律指数是 0.5。所以，某一洁净室内的空气质量可能满足某一允许粒径下的等级要求，而不满足其他粒径的要求。这样就必须提前明确在哪个粒径下测定气溶胶的粒子浓度，同时在实验报告中也应注明。当实验规程中要求测量多种粒径下的粒子浓度时，就应该规定不同的粒径，且粒径之间要有一个因子的差别，因子至少为 1.5。

$$d_{p3}\geqslant 1.5d_{p2}\geqslant 1.5d_{p1} \tag{36-2}$$

因为所有的 d_{pi} 必须在 d_p 的允许范围内，这一附加条件意味着 ISO 等级 1 只能在 0.1～0.2μm 之间的两个不同粒径下测量。实用指南（IEST-G-CC1001）可以提供更多运用这一标准（IEST，1999a）的详述。

36.5.2 按照 ISO 14464-2 洁净室等级分类的验证程序

ISO 14644-1 在附录 B 中清楚地说明了验证洁净室实际运行时是否能达到它的等级要求的程序。在洁净室内简单随机地测定一两个采样点的粒子浓度并不能充分验证该洁净室是否能达到等级要求。本部分概括总结了 ISO 14644-1 的验证程序，并将其作为验证达标的标准程序。

36.5.2.1 采样点个数，独立测量/位置的个数

测定某洁净室所需要的最少的采样点数目是洁净室面积的平方根，即：

$$N_L = A^{1/2} \tag{36-3}$$

式中，N_L 为最少的采样点数（大于等于该数值的最小整数）；A 为洁净室区域的面积，m^2。

这些采样点“均匀地分布在洁净室或者洁净区域上，位于工作活动区的顶端”。对于较小的洁净区域，采样点最少为 1。但这时，验证任何洁净室或者洁净区域时，至少要进行 3 次独立的个体样品测量。如果需要的采样点多于 1，那么可以在每个位置只进行一次测量，但要保证采集量满足要求。当对粒子浓度稳定性信息有要求时，在选定的时间间隔内每个采样点要做三次或者三次以上的测试。

36.5.2.2 采样体积

任何一次独立测量中所需要的最小采样体积为①、②中的较大者：① 2L；②可以容纳 20 个粒子的空气体积，假设这些粒子要始终以 ISO 等级中所规定的最大允许浓度均匀地分布于空气中。

$$V_s = \frac{20}{C_{\max\text{-}d_{\max}}} \times 1000 \tag{36-4}$$

式中，V_s 为每次独立测量中所需要的最小采样量，L；20 为任意选定的最小粒子数量，它代表实际采样和统计意义上的可接受的平衡；$C_{\max\text{-}d_{\max}}$ 为最大粒径 $d_{\max}$ 下的最大允许浓度，个/m^3；1000 为立方米变成升的换算值。

不考虑式（36-4）和粒子计数器的流量，每个采样点的采样时间必须大于 1min。探针应该正对气流流线的方向。

36.5.2.3 连续采样

ISO 14644-1 表明，式（33-3）要求最高级的洁净室中的采样时间长到无法实现［具体如何连续采样，可以参考手册（IEST-G-CC1004)(IEST，1999c）］。例如，当在 $d_{\max}=0.2\mu m$ 时检验 ISO 等级 1 的空气质量，表 36-1 显示 $C_{\max\text{-}d_{\max}}=2$ 个/m^3，因此根据式(36-4) 得出 $V_s=$ 10000L，用粒子计数器以 $4.67\times10^{-4}m^3/s$（28L/min 或者 $1ft^3/m$，这是洁净室颗粒计数的常用流量）的流量采样，要采集要求体积的单个样品需接近 6h。标准指出，在这种情况下，可以使用连续采样程序。这一程序可以根据观测到的累积粒子数与累积采样体积的关系，更早得出“达标”或者“不达标”的结论，而不是通过测量［由式(36-4) 得出］整个体积确定浓度。当采样空气中的气溶胶粒子浓度远高于或者远低于其 ISO 等级的最大允许浓度时，连续采样可以及早地发现这个趋势，从而显著减少等级标准的验证时间。同时，连续采样程序的达标/不达标概率与单次采样程序基本相同（Cooper 和 Miholland，1990）。

与单一的固定体积采样程序不同，连续采样要求连续的数据监测和数值降低，当监测到的颗粒物浓度与采样时间（或体积）曲线的最大颗粒物浓度很大程度上偏离了对应洁净等级要求时，系统就做出达标/不达标的判定。目前已经有自动记录所需数据并进行实时分析的软件。

图 36-5 通过划出粒子观察数 C 与粒子预期数 E 的边界以阐明这个程序。在有效气体样品中，任何等级在最大允许粒子浓度下的预期粒子数都是 20。图 36-5 是根据已经公布的连续采样公式而划分的 C 的上下边界，该公式假定预期粒子数的范围为 0～20（Cooper 和 Miholland，1990）。一旦发现累积粒子数超过了上边界（$C=3.96+1.03E$），计数停止并宣布该样品不符合等级要求。相反，当累积粒子数低于下边界时（$C=-3.96+1.03E$），计数也停止，并表明采样符合等级要求。在整个采样期间，如果累积计数保持在两个边界之间，则连续采样可提供满足等级要求的浓度测量，并可作为该位点浓度平均值的单次测量。

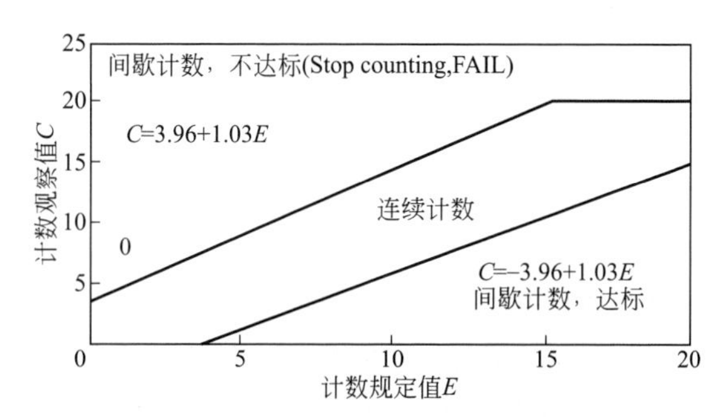

图 36-5　ISO 14644-1 中每一个连续采样过程的达标/不达标决策图

（引自 ANSI/IEST/ISO，1999）

表 36-5 是连续采样程序的另一种表示方法。这里的上、下边界用分数时间表示，边界就是粒子数的观察值。规定数 20 相当于标准化时间 1，真实时间是粒子计数器捕集到所需

表 36-5　ISO 14644-1 连续采样方案中的达标/不达标标准

不达标（C 值比预期出现得早）		达标（C 值比预期出现得晚）	
分数时间（t）①	观测值	分数时间（t）①	观测值
0.0019	4	0.1922	0
0.0505	5	0.2407	1
0.0992	6	0.2893	2
0.1476	7	0.3378	3
0.1961	8	0.3864	4
0.2447	9	0.4349	5
0.2932	10	0.4834	6
0.3417	11	0.532	7
0.3902	12	0.5805	8
0.4388	13	0.6291	9
0.4873	14	0.6676	10
0.5359	15	0.7262	11
0.5844	16	0.7747	12
0.633	17	0.8233	13
0.6815	18	0.8718	14
0.73	19	0.9203	15
0.7786	20	0.9689	16
1.0000	21	1.0000	17

① 反应时间给出的是总反应时间（$t=1.0000$ 为极限值）。

注：引自 ANSI/IEST/ISO（1999）并获得授权。

体积 V_s [式(36-4)] 的时间。表 36-5 的左边表示上边界，当计数观测值在对应的分数时间前达到列表值，则表明样品不达标。相反，表 36-5 的右边表示下边界，当采样分数时间在其对应的计数观测值之前达到列表时间值，则样品达标。当以上任何一个条件都不能满足时，采样继续。连续采样所需的采样点和认可标准与单体积采样相似，只是决定达标和不达标的程序不同。连续采样是根据每一采样点的一个较小的采样体积实验在早期做出决定。如果这个实验导致了错误的决定，那么通过回到单体积采样程序，将失败的连续采样数据纳入该采样点的平均粒子浓度中，就可以解决这个问题。这个程序不需要在采样点进行二次连续采样。当连续采样的采样点少于 10，即 95%置信上限（UCL）时，计算就要假定每个采样点的平均粒子浓度都是在做出“达标”决定时的累积粒子计数除以同时间的累积捕集体积。

36.6 测量粒子排放

如图 36-3 所示，洁净室在运行状态下，工艺设备可能排放颗粒物加剧污染程度，使浓度高于在静止状态下的测量值，如图 36-3 所示。因此，测量运行设备释放的颗粒物很重要，并可以为确定和选择处理设备提供额外的性能依据。无论是 ISO 144644-1 还是 ISO 14644-2 都未明确说明如何测量这一潜在的重要性能（尽管一些强势的生产商用符合“ISO 第一等级”要求或者其他相似的措辞来吹捧其设备或产品）。这种测量的方法可以在 IEST “推荐操作 0026”（IEST，2003b）中找到。这些方法的变化也被用于在洁净室中对使用前的服装进行检测（IEST，2003a）。一种检测衣服的方法是将衣服放在滚筒内翻滚并且测量衣服表面释放出来的颗粒物（Helmke Drμm 方法）。另一种方法是在一个电话亭大小的舱内检测受试者周围的颗粒物，来检测受试者身上衣服控制颗粒物排放的效率。这里讨论的内容遵循 IEST 出版物中介绍的方法进展。

要把粒子计数器在源附近测量的气溶胶粒子浓度与表征该源的粒子释放速率结合起来，就需要知道含气溶胶粒子气体的体积，并需要了解和控制气体的气流情况。如图 36-6 所示，在密闭箱法中，粒子释放源被完全隔离在一个限制粒子释放的包壳或者密闭室。粒子计数器用来监测包壳内的粒子浓度，它是粒子释放源激活后的与时间有关的函数。粒子计数器放置在围场的外部，除了通过采样线路的气体，再没有别的气流导入粒子计数器。补充采样损失的气流通过一个带有过滤器的通气管进入，该过滤器的作用是去除补充气体中的所有气溶胶粒子。在流动管法中，粒子释放源被放置在一个一端开口的管内，在管的另一端放有过滤器，气体通过过滤器连续进入。源置于管道内，并在稳态存在后激活；在源下游测量粒子浓

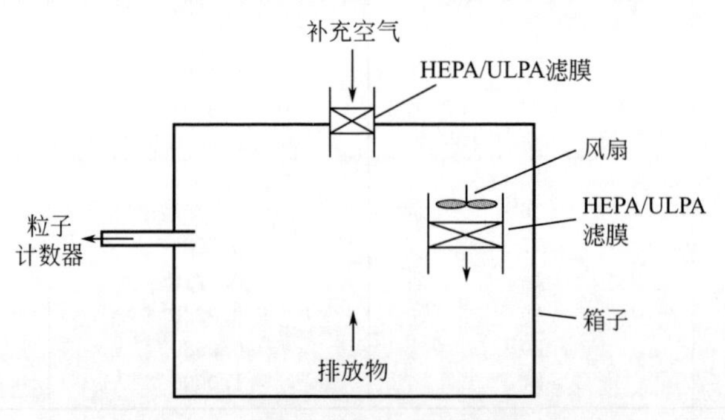

图 36-6 密闭箱法中围场或舱的结构

度。两种方法都假设气溶胶在整个密闭箱中或者流动管中完全混合，并且通过插入混合风扇或者在流动管中创造紊流混合的条件来促进粒子充分混合。下面叙述计算这两种方法的粒子释放速率的分析过程。

36.6.1 密闭箱法

密闭箱法（reservoir method）能对粒子的释放速率进行两次独立测量，都是依据下面的速率公式：

$$V\mathrm{d}C_m/\mathrm{d}t=S-K_tC_m-Q_sC_m \tag{36-5}$$

式中，S 为粒子的释放速率；V 为包壳或者密闭室的体积；C_m 为粒子数浓度的测量值；t 为从源激活开始的时间测量值；K_t 为粒子在墙壁上的损失率；Q_s 为粒子计数器的采样速率。

式（36-5）将包壳中粒子浓度的变化用源的粒子产生速率减去粒子在墙壁的损失率，再减去样品通过粒子计数器时的粒子损失率来得出。

36.6.1.1 测定 1

假设包壳中起始粒子浓度为 0（这个条件可以通过使用粒子计数器或者别的外部泵，用滤过的补充气体来代替包壳中初始时的气体来达到），粒子释放速率与初始粒子浓度随时间的变化率的关系是：

$$S=V\mathrm{d}C_m/\mathrm{d}t \tag{36-6}$$

式（36-6）就是 $C_m=0$ 时的式（36-5），这由上面的起始条件决定。假设包壳的体积是已知的，而且浓度和时间初始斜率提供了一个 $\mathrm{d}C_m/\mathrm{d}t$ 值。这样，利用式（36-6）就可以测量包壳中的源的粒子释放速率 S。

式（36-5）和式（36-6）假设在包壳中的混合风扇的作用下，源释放的粒子在整个区域内是均匀分布的，但要注意这个风扇也属于粒子释放源。首先必须测定出风扇的粒子释放速率，当风扇和源同时运行时，风扇的粒子释放速率必须从 S 的测定值中扣除。

36.6.1.2 测定 2

在源连续运行和粒子浓度不断增大的情况下，包壳中的 C_m 会达到一个最终值，此时，式（36-5）中的粒子损失项的总和等于粒子释放速率，两者都和 C_m 线性相关。在这个粒子浓度下，C_m 保持稳定，式（36-5）中的 $\mathrm{d}C_m/\mathrm{d}t$ 为 0，式（36-5）变成：

$$S=K_tC_s+Q_sC_s \tag{36-7}$$

式中，C_s 为粒子计数器在已知流量 Q_x 采样时测量的稳态浓度，那么就知道了上式两项的因子。但是 K_t 值是未知的，必须测量。一旦达到了 C_s 并记录下 C_s 时，通过使源去活可以测量 K_t。去活源相当于式（36-5）中的 $S=0$，这样就变成：

$$V\mathrm{d}C_m/\mathrm{d}t=-C_m(K_t+Q_s) \tag{36-8}$$

或者

$$K_t=-Q_s-V\mathrm{d}(\ln C_m)/\mathrm{d}t \tag{36-9}$$

在源去活后，由 $\ln C_m$ 对时间 t 作图的斜率，得到 $\mathrm{d}(\ln C_m)/\mathrm{d}t$ 值。用式（36-8）可以求出 K_t。将这个 K_t 代入式（36-7）中就得到第二个独立的测量值 S，它可以和由式（36-6）获得的值进行比较。

36.6.2 流动管法

流动管法是把要评估的源放入管子中，将过滤后的气体（无颗粒）持续流过管子。一旦源被激活，释放的粒子就会提高粒子浓度，浓度由位于源下游的捕集气体的粒子计数器测定。源的释放速率为：

$$S=C_{m}Q \tag{36-10}$$

式中，S 为粒子的释放速率；C_{m} 为源激活后测量的下游浓度；Q 为通过管子的气体流量。源上游粒子的浓度假定为 0，因此在源下游测量的粒子可以假设全部来自于测试源。气流稀释了下游的粒子浓度，使得在测量低排放速率的源时，该方法不如密闭箱法合适。墙壁损失可以忽略——类似于式（36-5）中的 $K_{t}C_{m}$ 项，通常小于式（36-10）中的 $C_{m}Q$ 项。流动管法中的主要粒子去除机制是粒子通过对流流出管的末端。

通过改变管子的 Q/A_{d} 值，使管内的雷诺数超过 2000～4000，可以实现气流的紊流混合（A_{d} 是管的横断面积）。在这种条件下采样可以降低对采样头横断面位置的依赖性。理想的情况是，采样头应该位于源下游大约 10 个管宽度处。等速采样是推荐的，但对洁净室来说，等速采样不会影响最重要粒径的粒子。被测仪器下游粒子的混合程度要用探针横贯测定。可能要安装混合挡板来测定点源的污染程度。

36.6.3 局限

测量源释放率的这些方法适合于这样的源：可以轻易地进出包壳或者管道并且通过简单的开关就可以实现激活和去活的源。那些总处于激活状态、大型永久固定性源成为另外的但不是无法克服的难题。在这样的源周围，可以建造包壳或者管道。洁净室中的垂直层流是不含粒子的气体，它可以将气流引入临时性的管道中。这个管道可以由柔性塑料片围绕一个固定源组装而成。地板的通风口可以作为管道开口的排气端。如果控制源的激活和失活不太容易实现，则可用源上游和下游的粒子浓度来决定 ΔC_{m}，用它来代替式（36-10）中的 C_{m}。然而，密闭箱法依靠的是源激活和失活之间的转变，因此，在生产商处进行认证检查时（这时激活和失活还不会干扰日常的生产计划），更适合用密闭箱法测量设备的粒子释放率。封闭盒结构可以通过简单地将柔性墙体材料搭建在被测试设备上的帐篷来模拟。采样管路的密闭入口和电源线很容易安装，然后就可以用前文介绍的方法来分析这些大的非移动源。

36.7 有活性的气溶胶

如前文所提到的，医疗保健行业广泛使用洁净室来防止那些制造后无法被消毒处理的产品的污染。这些产品在使用时，其表面或者内部含有足够量级的活性气溶胶，可能会造成不良的健康影响。因此，这些操作被严格控制。

普遍认为人员活动是洁净室中活性气溶胶的主要来源。合理的空间设计应该考虑到使用屏障把人员和产品分离开来。另一种把细菌引入洁净室或者是受控环境的可能途径是供水和供气（例如仪器的压缩空气或者工程中的氧气），设备包装材料的转移，以及室内空气系统本身。因此，必须建立规程和程序以减少微生物污染的可能性。环境监测是一种对产品有重要意义区域的空气和表面以及过程质量的评估。环境监测的目的可以简单描述如下：①证明空气对生产和工艺没有有害效应。②验证清洗效率（表面监测的作用，本章并不着重讲述）。③保证 HVAC 起作用。

很关键的一点，使用者确定仪器的哪一区域对产品/工艺过程质量要求最严格。采样点的数目和位置首先是遵循 ISO 14644-1 标准中的空间网格划分，但基于风险，可能需要额外增加一些关键的采样点。

36.8 监测

在洁净室和受控环境中进行微生物空气采样是为了保证空气中微生物的水平在国际标准和管理要求之内（Dixon，2007；Sutton，2007）。活性气体监测技术比粒子计数更具挑战性。在证实样品的活性之前，不仅要捕集有活性的颗粒物，而且要准备合适的回收条件。

这里有几种采样器适用于从空气中捕集并随后对空气中的活性粒子计数。有两种采样方法：被动采样器例如沉降板；主动采样器例如冲击式和冲击式采样器。更多的生物气溶胶采样信息见第24章。

使用沉降板要求把标准的琼脂板暴露在环境中几个小时。这种采样方法依赖于重力沉降作用捕集样品，并可以指出产品表面污染的可能性。冲击器使用空气喷嘴将粒子喷射到琼脂板表面。这种方法假定空气中的活性粒子将被冲击到琼脂板上，并在表面停留，然后成长为菌落组成单元（CFUs）。冲击滤尘器引导空气喷射在浸没在液体介质中的表面上。在采样后，将液体过滤，滤膜放置等待菌落增长。

ISO 14698-1，洁净室和相关受控环境：生物污染，Annex A.3.2（ANSI/IEST/ISO 2003a）讨论了选择空气采样器需要考虑的众多因素。采样速率、样品停留时间和设备种类可能影响采集的微生物的活性。空气微生物采样设备的种类繁多，其选择应该考虑至少以下几点：粒子种类和粒径，活性粒子的敏感性，设施内空气质量的扰动，检测高浓度和低浓度的能力，合适的培养基，捕集精度和其他。空气温度、压力、湿度、气流速度和紊流强度是能影响空气采样器整体性能的几个环境因素。

可以通过监测结果与历史结果和规范的比较来发现工艺的不良趋势或是潜在失控风险。所有管制行业的产品和工艺都必须要设定警报和行动级别，这些限值最初是根据分类法规要求。由于6～12个月内的历史都是可查阅的，这些限值必须经过审查，如果可行的话可以降低。很重要的一点是必须记住警戒和行动限值不是任何环境监测项目的终点。必须考虑到特定微生物的复苏，特别是如果复苏表明洁净室或受控环境设施中发现了不常见的微生物。监测项目必须审核这样的信息，即使结果在警戒水平以下。环境监测项目提供了一种检测可能影响到产品或工艺污染过程的方法。

36.9 总结

洁净室中活性和非活性的粒子之间没有联系，这是因为洁净室每一类别的粒子来源和动力学作用不同。第一，每小时空气交换次数越多，导致相应的活性粒子数就较少。第二，活性粒子一般来自洁净室中的操作人员。适当的培训、穿着防护衣、技术、清洁以及消毒可以减少洁净室中活性粒子污染的风险。

36.10 结论

过去的半个世纪气溶胶技术的发展在今天的洁净室的设计和性能评估方面都是非常有用

处的。洁净室供货商和购买者之间的合同规定在很大程度上依赖于作为验证性能方法的高度发展的、精密的粒子计数器。反过来，洁净室用户的这种需求以及带来的巨大市场也促使粒子计数器的制造商把精力集中到粒子计数器谱图的环节上来。

气溶胶颗粒物计数器不仅可以被应用在验证和监测洁净室空气中的颗粒物浓度，还可以被用来在洁净室中测量源自洁净室的颗粒物排放，并可以分辨硬件和工程设备对洁净室兼容性的差别。其他的研究人员改进了采样探头来测量工艺设备中的颗粒物浓度，包括设备在负压下运行。

工业趋势是降低商品的特征监测粒径，低于 ISO14644-1 中提及的粒子直径限值 100nm。如同 ISO/TS 27687（ISO 2008）中定义的，纳米技术的粒径范围一般在 1～100nm 之间。而且，据估计纳米技术产品的产值在 2015 年将会达到 10000 亿美元（Roco，2004）。预计洁净室在未来产品的研究发展和制造中将会起到关键作用。

36.11 符号列表

A	洁净室或者清洁区域的面积
A_{d}	检测管的面积
$C_{\max}$	粒径 d 或者更大粒径下的最大允许气溶胶浓度
$C_{\mathrm{man}\text{-}d_{\max}}$	最大粒径 $d_{\max}$ 下的最大允许颗粒物浓度
C	可被计数颗粒物的边界值
C_{m}	颗粒物的数浓度
C_{n}	大于等于研究颗粒物粒径的环境气溶胶的浓度
d	气溶胶浓度测量的粒径下界
d_{p}	颗粒物粒径
d_{pi}	粒径 i 的颗粒物直径
$\mathrm{d}C_{\mathrm{m}}/\mathrm{d}t$	浓度对时间的起始斜率
E	预期颗粒物数目
K_{t}	墙壁损失率
N	具体分类数
N	分类（$9.0 \geqslant N \geqslant 10.0$）
N_{L}	采样点数目的最小值
S	颗粒物排放率
t	从源激活开始的测量时间
T	总时间
V	包壳或者密闭室的体积
V_{s}	在每次单独测量中采样要求的最小体积
Q_{s}	颗粒物计数器的采样速率
Q	管道中的空气流量
ΔC_{m}	在流动管方法中测量颗粒物中排放上游和下游之间颗粒物浓度的增加量

36.12 参考文献

ANSI/IEST/ISO. 1999. ANSI/IEST/ISO 14644-1: 1999. *Cleanrooms and Associated Controlled Environments—Part 1: Classification of Air Cleanliness*. http://www.iest.org.

ANSI/IEST/ISO. 2000. ANSI/IEST/ISO 14644-2: 2000. *Cleanrooms and Associated Controlled Environments—Part 2: Specifications for Testing and Monitoring to Prove Continued Compliance with ISO 14644-1*. http://www.iest.org.

ANSI/IEST/ISO. 2001. ANSI/IEST/ISO 14644-4: 2001. *Cleanrooms and Associated Controlled Environments—Part 4: Design, Construction and Start-Up*. ANSI/IEST/ISO. 2005. http://www.iest.org.

ANSI/IEST/ISO. 2003a. ANSI/IEST/ISO 14698-1: 2003. *Cleanrooms and Associated Controlled Environments—Biocontamination Control—Part 1: General Principles and Methods*. http://www.iest.org.

ANSI/IEST/ISO. 2003b. ANSI/IEST/ISO 14698-2: 2003. *Cleanrooms and Associated Controlled Environments—Biocontamination Control—Part 2: Evaluation and Interpretation of Biocontamination Data*. http://www.iest.org.

ANSI/IEST/ISO. 2004a. ANSI/IEST/ISO 14644-5: 2004. *Cleanrooms and Associated Controlled Environments—Part 5: Operations*. http://www.iest.org.

ANSI/IEST/ISO. 2004b. ANSI/IEST/ISO 14644-7: 2004. *Cleanrooms and Associated Controlled Environments—Part 7: Separative Devices (Clean Air Hoods, Gloveboxes, Isolators, Minienvironments)*. http://www.iest.org.

ANSI/IEST/ISO 14644-3: 2005. *Cleanrooms and Associated Controlled Environment—Part 3: Test Methods*. http://www.iest.org.

ANSI/IEST/ISO. 2006. ANSI/IEST/ISO 14644-8: 2006. *Cleanrooms and Associated Controlled Environments—Part 8: Classification of Airborne Molecular Contamination*. http://www.iest.org.

ANSI/IEST/ISO. 2007. ANSI/IEST/ISO 14644-6: 2007. *Cleanrooms and Associated Controlled Environments—Part 6: Terms and Definitions*. http://www.iest.org.

Cooper, D. W., and D. C. Milholland. 1990. Sequential sampling for Federal Standard 209 for cleanrooms. *J. Instit. Environ. Sci.* 33:28–32.

Dixon, A. M. 2007. *Environmental Monitoring for Cleanrooms and Controlled Environments*. New York: Informa Healthcare.

Ensor, D. S., and K. K. Foarde. 2007. The behavior of particles in cleanrooms. In *Environmental Monitoring for Cleanrooms and Controlled Environments*, A. M. Dixon, ed. New York: Informa Healthcare, pp. 1–22.

Ensor, D. S., A. S. Viner, E. W. Johnson, R. P. Donovan, P. B. Keady, and K. J. Weyrauch. 1989. Measurement of ultrafine aerosol particle size distributions at low concentrations by parallel arrays of a diffusion battery and a condensation nucleus counter in series. *J. Aerosol Sci.* 20(4):471–475.

IEST. 1999a. IEST-G-CC1001, *Counting Airborne Particles for Classification and Monitoring of Cleanrooms and Clean Zones*. Arlington Heights, IL: IEST.

IEST. 1999b. IEST-G-CC1002, *Determination of the Concentration of Airborne Ultrafine Particles*. Arlington Heights, IL: IEST.

IEST. 1999c. IEST-G-CC1004, *Sequential Sampling Plan for Use in Classification of the Particulate Cleanliness of Air in Cleanrooms and Clean Zones*. Arlington Heights, IL: IEST.

IEST. 2003a. IEST-RP-CC003.3, *Garment System Considerations in Cleanrooms and Other Controlled Environments*. Arlington Heights, IL: IEST.

IEST. 2003b. IEST RP CC026, *Cleanroom Operations*. Arlington Heights, IL: IEST.

IEST. 2008. Recommended Practices. http://www.iest.org/i4a/pages/index.cfm?pageid=1. Accessed December 30, 2008.

ISO. 2007a. ISO 21501-1: 2007. *Determination of Particle Size Distribution—Single Particle Light Interaction Methods—Part 1: Light Scattering Aerosol Spectrometer*. http://www.iso.org/iso/store.htm.

ISO. 2007b. ISO 21501-4: 2007. *Determination of Particle Size Distribution—Single Particle Light Interaction Methods—Part 4: Light Scattering Airborne Particle Counter for Clean Spaces*. http://www.iso.org/iso/store.htm

ISO. 2008. ISO/TS 27687: 2008. *Nanotechnologies—Terminology and Definitions for Nano-Objects—Nanoparticle, Nanofibre and Nanoplate*. http://www.iso.org/iso/store.htm

ISO. 2009. ISO/DIS 14644-9: 2009. *Cleanrooms and Associated Controlled Environments—Part 9: Classification of Surface Molecular Contamination*. http://www.iso.org/iso/store.htm

Japan Industrial Standard, JIS. 1997. JIS B 9921: 1997. *Light Scattering Automatic Particle Counter*.

Roco, M. C. 2004. Nanoscale science and engineering: unifying and transforming tools. *AIChE J.* 50(5):890–897.

Sutton, S. 2007. *Pharmaceutical Quality Control Microbioloogy: A Guidebook to the Basics*. Davis Healthcare International Publishing.

Viner, A. S. 1990. Predicted and measured cleanroom contamination. In *Particle Control for Semiconductor Manufacturing*, R. P. Donovan, ed. New York: Marcel Dekker, pp. 129–141.

37 吸入毒理学中的采样技术

Owen R. Moss
POK 研究所，北卡罗来纳州 APEX 镇，美国

37.1 引言

环境和工业气体采样面临一个关键的挑战是：气体浓度不能受采样过程的显著影响。这一挑战在吸入毒理学研究中的气溶胶气体和蒸气暴露气体采样中尤为重要。空气中物质浓度的测量必须允许在组织、细胞和分子水平生物反应上将特定的剂量与生物反应相关联，做出尽可能好的估计。

由于本书前面的章节已经介绍了准确、有效的大气采样和测量技术，本章通过讨论吸入毒理学暴露系统中的“低影响采样”技术来估算气体浓度。讨论内容来自 Hinner 等（1968）、Leoong 和 Pui（2011）、McCellan 和 Henderson（1995）、Moss（2009）以及 Phalen（2008）等更广泛的综述。首先，介绍了吸入毒理学暴露系统的设计和性能。然后，针对这些系统我们讨论了低影响采样范例。

37.2 基本的吸入毒理学暴露系统

虽然吸入毒理学暴露系统有很多形状和尺寸，但是基本上所有的系统都基于以下四个基本操作或设计理念之一：

① 均匀混合整体式暴露仓（well-mixed whole-body exposure chambers）。

② 塞流式整体暴露仓（plug-flow whole-body exposure chambers）。

③ 鼻式（头式）暴露系统［nose-only（and head-only）exposure system］。

④ 封闭回路式暴露系统（closed-loop exposure systems）（主要用于测定吸入物质的新陈代谢率）。

37.2.1 均匀混合整体式暴露仓

图 37-1 是均匀混合整体式暴露仓，其设计要尽量符合以下假设：进入仓体的空气能够瞬时与仓内其他体积单元完全混合均匀（在化学工程文献中，该仓叫做连续搅拌罐反应器）。该假设用简单的指数关系来描述渐近累积和衰减曲线（详见 37.3 节）。虽然这些关系在工程

文献中很常见，但是在毒理学文献中最早是由 Sliver（1946）提出的。

基于进气原理，均匀空气采样仓通过以下三种配置之一连接在吸入毒理学暴露系统上："推""拉"或"推-拉"系统（图 37-1）。在"推-拉"模式中两个系统（进口端的压力系统和出口端的真空系统）用于调整合适的气流进入仓体。一般调整"推-拉"系统，以保证仓体内压力低于外部环境。在"拉"系统中，仓的入口与空间或仓口大气相通，真空系统用于从仓中抽出暴露气体。入仓气体一部分来自压力驱动的暴露气体产生系统，部分来自从室内或者开放的导气管抽入的气体。"拉"系统自然运行气压低于环境气压。在"推"系统中，仓出口对于房间、舱盖开口或者大气压力过滤系统是开放的，用空压机或者风扇将暴露气体吹入仓体，但这一方法并不常用，因为增加了对周围房间和人员污染的可能性。

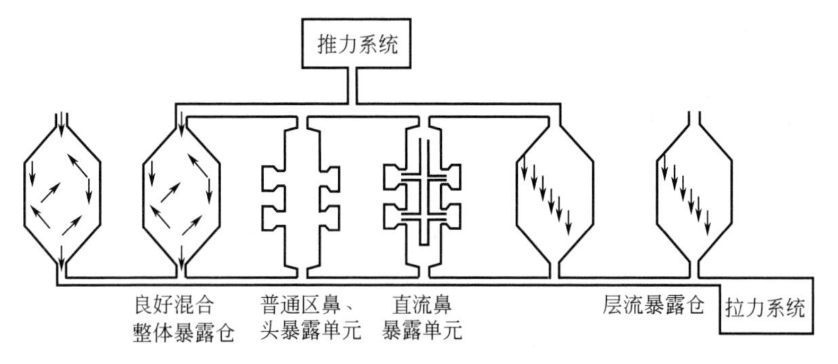

图 37-1　暴露系统结构

37.2.2　塞流式整体暴露仓

塞流式整体暴露仓的设计要尽可能符合活塞流通过仓体这一假设。理想的情况是，任何增加的空气进入仓体后保持其独立性，不发生任何水平或者垂直方向上的混合。与均匀混合整体式暴露仓相比，塞流式整体暴露仓的优点是能在最短的时间内达到目标浓度。塞流式仓通常作为"推"系统或者"推-拉"系统的一部分运行（图 37-1）。

37.2.3　鼻式或头式暴露系统

鼻式或者头式暴露系统在吸入毒理学中应用广泛，当研究用化学试剂极少量时，必须使用该暴露系统。该系统过去经常用来降低皮肤或组织的暴露量（Cannon 等，1983；Hemenwan 和 Jakab，1990；McClellan 和 Henderson，1995；Phalen，2008）。鼻式暴露系统的设计很特别，该系统的运行模式是"推-拉"式，在这种模式下，压缩气流是平衡的或略高于吸力。假定通过暴露系统的气流是层状的。

鼻式暴露系统有两种基本类型：一种是个体暴露发生在一个普通分配区，另一种是个体暴露直接通过气流通向动物鼻子（图 37-1）。设计具有普通分配区的鼻式暴露系统在一个数倍于动物鼻子或头部的小空间内运行。动物呼出的气体在此空间内被捕集，也可能被其他动物吸入后变成废气。通过总流量和设置暴露接口减少这些废气被二次吸入。

为了减少测试化学品的消耗及消除呼出空气的吸入，人们初始设计了直流鼻式暴露系统（Bumgartner 和 Coggins，1980；Cannon 等，1983；Hemenway 和 Jakab，1990）。该系统有一个独立的、小体积的暴露气体短程输送分配管线，如图 37-1 所示。该管线出口设置一个气体注射器，正对动物的呼吸带。当这股气体的注射速度足够大时，呼出的气体迅速转化为废气。这种情况下，每一只动物暴露在一个独立可控的暴露环境中，动物自身或其他动物的呼吸不会稀释该暴露系统中的气体。

37.2.4 封闭回路式暴露系统

封闭回路式暴露系统通常是小型整体暴露仓，其附属于封闭的气流系统。这种暴露仓既可以在混合气流条件下运行，也可以在层流条件下运行。由于这一系统是密封的，它就像一个太空舱，必须设置多种检测和控制系统调节受试化学物、湿度、二氧化碳和氧气水平。如果气体和气溶胶对动物皮毛、管道壁或动物圈养室墙壁上的扩散和沉积损失非常低，则可以在这种系统中进行暴露。但是，这些系统主要用于持续监测新陈代谢和反应的生物标志物。无论应用于暴露还是监测，这些系统都面临一个特殊的挑战，就是需要更换所有流失的气体。

37.3 暴露系统的属性

任何吸入毒理学暴露系统都有两个能够影响性能的属性，它们通过检验气溶胶浓度变化率来测定。这两个属性是流量 Q（L/min）和有效体积 v（L）。它们的比值用来定义两个性能指标（图 37-2）：空气每分钟变化率 n 和半衰期 $t_{1/2}$。

$$n=Q/v \tag{37-1}$$

$$t_{1/2}=0.693v/Q=0.693/n \tag{37-2}$$

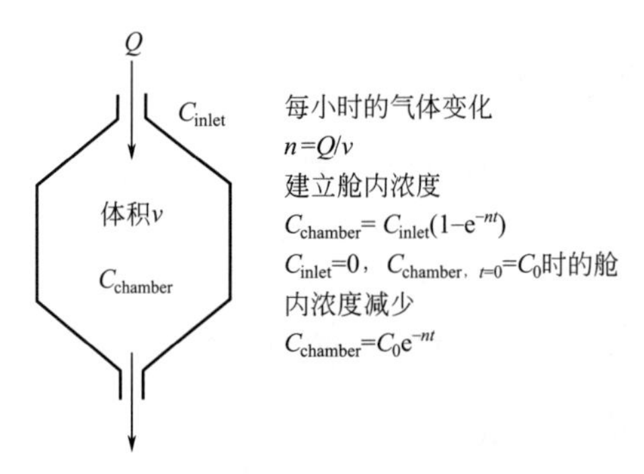

图 37-2 均匀混合暴露仓的气流和浓度。Q（L/min）为通过系统的流量，v（L）为仓有效体积，n 为空气每分钟变化率

对于这两个性能指标 n 和 $t_{1/2}$，最难确定的属性是有效体积 v。通常根据暴露系统的类型和动物的位置来确定有效体积。例如，在一个单一动物封闭回路式暴露系统中，由于系统容积通常很小，有效体积必须考虑动物自身。这种情况下，有效体积就是整个封闭系统的体积减去动物体积。对于直流鼻式暴露系统而言，有效体积是传输管出口到动物鼻子间的空间。对于塞流式整体暴露仓而言，有效体积由活塞气体流轴线上的两点确定，指活塞气流开始接触到动物笼子的一点至气流通过最后一个笼子的一点。均匀混合整体式暴露仓的有效体积被定义为混合仓的体积。

性能指标“空气每分钟变化率”n，是从系统有效体积的角度描述气流速率的一种方法，同样也是在均匀混合整体式和塞流式暴露仓中描述气体速率的一种很好的方法。n 能以另一种方式有效描述均匀混合整体式和塞流式暴露仓。另外，在描述塞流式整体暴露仓时，n 能预测每分钟有效体积中气体更新的次数。而且，它的倒数 $1/n$ 是有效体积中气体更新一次需要的时间。计算所得的时间（$1/n=v/Q$）可以用来在色谱分析中估算溶剂通过色谱柱的最小滞留时间（$T_{minimum}$）。在化学工程中，该计算出来的时间叫做“停留时间（residence time）”。但是在一个没有塞流的标准仓中预测浓度时，术语“停留时间”或者“τ”存在一些误导。

对于均匀混合整体式暴露仓而言，最有用的指标是半衰期 $t_{1/2}$。术语“半衰期”来自均匀混合暴露系统中用于描述浓度变化的公式。该系统中，给定 C_E 就能得到最终的平衡浓度，浓度 C 的变化率正比于其当前取值。

$$\Delta C/\Delta t=(C_E-C)n \tag{37-3}$$

这一关系基于以下假设：当气体进入仓体有效体积中时，增加的任何暴露气体要素都会瞬时完全混合到整个体积。在这种理想条件下，由起始浓度 $C_0=0$ 累积得到的浓度可以用 C 来估计。

$$C=C_E(1-e^{-nt}) \tag{37-4}$$

当暴露气体发生器关闭时，浓度开始降低。这种情况下，平衡浓度变成0（$C_E=0$）。仓内浓度 C 就从起点浓度 C_0 开始逐渐减小。该浓度用式(37-5) 计算：

$$C=C_0e^{-nt} \tag{37-5}$$

无论哪种情况，半衰期是相同的，是从起始浓度到接近50%平衡浓度所用的时长；$t_{1/2}=(\ln2)/n=0.693/n$。半衰期是广义时间参数 $t_{(P/100)}$ 的一个特例（50%发生变化）。$t_{(P/100)}$ 是指浓度从任意开始浓度 C_{start} 到 C 的时间，C 接近 P%平衡浓度 C_E：

$$P=100\times\frac{C-C_{start}}{C_E-C_{start}} \tag{37-6}$$

$$t_{(P/100)}=-(1/n)\ln(1-P/100) \tag{37-7}$$

【例 37-1】 暴露系统属性的计算。

要求在 $8m^3$ 的暴露系统中设计运行一个吸入暴露，气流流量是 $1.6m^3/min$。当检测气溶胶浓度达到目标平衡浓度的10%以下时暴露开始（例如 $C=0.9\ C_E$）。暴露6h后关闭发生器。发生器关闭后，暴露仓内浓度下降到95%再开启。

问题1：发生器打开后，直到下次关闭之前需要等多久？

问题2：发生器关闭后，需要等待多久才能打开仓门转移动物？

问题3：动物在任意测试化学气溶胶浓度下共暴露多长时间？

解：1. 总时间为 T_{total}，是在关闭发生期前达到目标浓度90%的时间 $t_{(90/100)}$ 和暴露时间 T_X 的加和。

使用式（37-7）计算 $t_{(90/100)}$。但首先需要用式（37-1）计算仓内空气每分钟变化 n。

$$n=Q/v=1.6/8.0=0.2(min^{-1})$$

$$t_{(90/100)}=-(1/n)\ln(1-P/100)=-(1/0.2)\ln(1-90/100)=11.5(min)$$

$$T_{total}=T_{(90/100)}+T_X=11.5+360=371.5(min)$$

2. 对于 $P=95\%$，用式（37-7）计算打开仓门需要等待的时间 $t_{(95/100)}$。

$$t_{95/100}=-(1/n)\ln(1-P/100)=-(1/0.2)\ln(1-95/100)=15(\min)$$

3. 动物在测试气溶胶中的暴露时间：从发生器打开到浓度达到目标浓度的 90% 即 C_E（11.5min）；经过暴露时间（360min）；仓体排气时间（15min），此时，动物从仓中移出。动物暴露在测试气溶胶中的总时间是 386.5min。

37.4 基本采样技术和策略

当开展一项吸入毒理学研究，在暴露系统中进行气体采集时，要求气溶胶、水蒸气或气体浓度无明显变化。对“低影响采样”的关注似乎不是一个问题，实际上，大量研究表明，暴露系统中的气流被采集的百分比少于 5% 或 2%（或选择一个符合实验方案要求的百分比）。但“低影响采样”需要符合以下两种情况：①从恒流和混合良好的暴露系统中采样时，气流被采样系统捕集的比例要高于 10%；②在塞流式采样系统中进行采样。以下章节对这两种“低影响采样”方法进行介绍。这些方法中包括一个附加目标，即在采样仪器开启和其与暴露系统连接时，能够停止采样。

37.4.1 一般采样系统

对于一个普通的多用途采样系统而言，其基本运行目标是在采样仪器运行和其与暴露系统连接时能够停止采样。普通采样系统必须能够在低于采样仪器要求的低流量下，在暴露系统中进行采样。一种方法是使用洁净空气，其包含两个目的：第一，弥补暴露系统中的采样流量，使其达到采样仪器的要求；第二，当采样结束时，替代暴露系统中的采样气流（图 37-3）。最简单的采样系统需要三个额外流量控制设备。图 37-3 指出这些设备，为连接到转子流量计上的针阀。配套的针阀-转子流量计通过开关阀“A”和“B”与真空或者洁净的压缩空气相连接。第三个阀是气流切换阀“C”，其通过以下方式控制采样：采样系统中有三股气

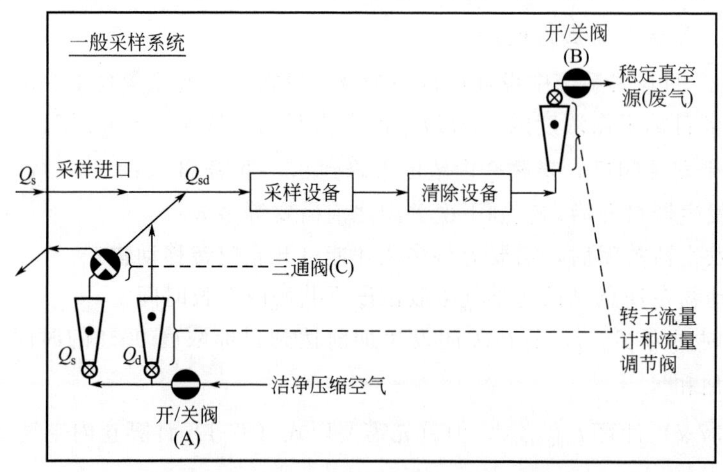

图 37-3 一般采样系统：该系统置于箱内。阀 C 的结构图表明，样品以流量 Q_s 进入系统，洁净气体以同一流量被推出。当阀 C 反时针旋转 90°时，不再有气流进入或流出采样系统。Q_{sd} 是进入采样仪器的流量：$Q_{sd}=Q_s+Q_d$，此处 Q_d 是稀释气体的流量。“清洁装置”是过滤器或吸收器，其设置的目的为保护转子流量计和流量控制阀

流，通过采样仪器的总气流 Q_{sd}，采样要求的气流 Q_s，稀释气流 Q_d，则：

$$Q_{sd}=Q_s+Q_d \tag{37-8}$$

当切换阀 C 使洁净气体 Q_s 进入采样仪器时，采样器不需要从暴露系统中抽气也能运行。把洁净空气 Q_s 转移至排气口，能够使暴露系统以流量 Q_s 进行采样。

为运行合理，采样系统必须达到“平衡”，如图 37-3 所示。这可以通过在进样口设置一个低压降检测器（例如皂膜流量计）来实现。当调节阀 C 使洁净空气进入采样器时，可以通过调节 Q_d 至肥皂泡不再移动来实现系统平衡。

37.4.2 恒流暴露系统的采样技术

一个负载有普通采样系统的暴露仓运行“只拉”模式时（图 37-4），样品通常以流量 Q_s 从动物的呼吸带抽取。当暴露系统的排气管使用该流量时，采样对仓中所测试化合物浓度 C_0 的影响不大［图 37-4(a)］：采样仓入口流量 Q_{in} 等于“只拉”式系统的排气速率 Q_E；并且通过动物的气流 Q_{exp} 减少了 Q_s。

$$Q_{in}=Q_E;Q_{exp}=Q_E-Q_s \tag{37-9}$$

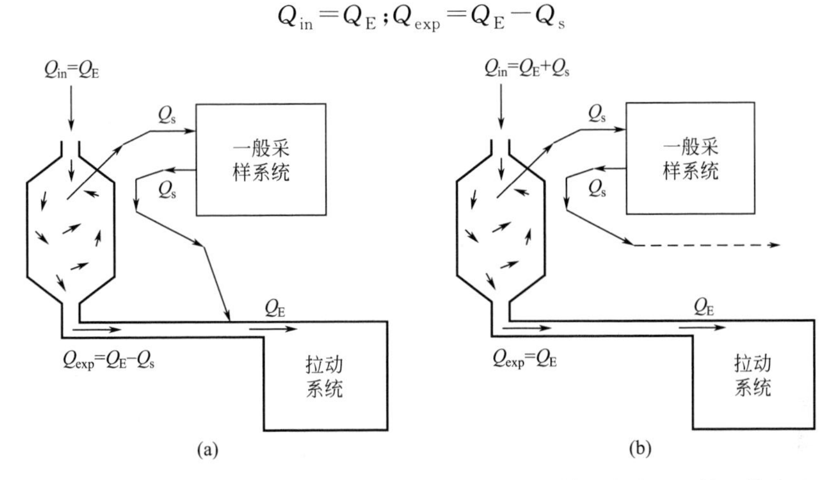

图 37-4 装载有一个均匀混合暴露仓的一般采样系统，该暴露仓在“只拉”模式下运行。
(a) 来自一般采样系统的洁净气流被转移到暴露系统排气口；(b) 洁净气流被转移到室内
（Q_s 为采样气流；Q_{in} 为供给暴露仓的初始总气流；Q_{exp} 为通过动物的气流；
Q_E 为“只拉”式暴露系统的排出气流）

但是，当采样流量 Q_s 没有被仓体排气替代时［图 37-4(b)］，进入舱体的气流从 Q_E 增加到 Q_E+Q_s；Q_{exp} 也会增加，但仍比 Q_{in} 小 Q_s：

$$Q_{in}=Q_E+Q_s;Q_{exp}=Q_E \tag{37-10}$$

在“只拉”式系统中，用稀释气体弥补 Q_{in} 的增加量，使暴露浓度 C 减少［$1-Q_E/(Q_E+Q_s)$］倍。

$$\frac{C_0-C}{C_0}=1-\frac{Q_E}{Q_E+Q_s} \tag{37-11}$$

【例 37-2】 恒流系统中采样浓度的计算。

从一个 2L 的整体式暴露仓中连续采集暴露气体。采样仓入口流量为 0.5 L/min，低影响采样系统中采样仪器的运行流量为 Q_s=0.2L/min。但是，装载到采样仓时，忘记

把洁净空气 Q_s 切换到采样仓排气口。当采样仓开始采样时，受试物质浓度开始衰减。

问题 1：若等待时间足够长，浓度将下降多少？

问题 2：浓度下降后，若对采样系统进行修正，将洁净空气 Q_s 切换到采样仓排气口，要等多久仓内浓度能达到原始浓度的 10%？

问题 3：若用另一个采样器以低采样速率 Q_{s2} 重复这一错误，Q_{s2} 多低才能保证检测物质浓度降低量小于 10%？

解：1. 用式（37-11）估计浓度降低部分：

$$\frac{C_0-C}{C_0}=1-\frac{Q_E}{Q_E+Q_s}=1-\frac{0.5}{0.5+0.2}=0.29$$

2. 根据起始浓度 C_0，用式（37-11）计算当前浓度 $C_{current}$：

$$\frac{C_{current}}{C_0}=\frac{Q_E}{Q_E+Q_s}=\frac{0.5}{0.5+0.2}=0.71$$

$$C_{current}=0.71C_0$$

把洁净空气 Q_s 切换到排气管口，浓度 C 从 $C_{current}$ 开始增加，直到达到一个新平衡，新平衡浓度是 C_0。但是，不需要等浓度达到 C_0，而是达到与 C_0 相差 10%范围内的目标。

$$C=0.90C_0$$

用式（37-7）计算浓度从 $0.71C_0$ 增加到 $0.90C_0$ 所需时间。首先要用式（37-6）计算 P，然后用式（37-1）计算仓内每分钟空气变化 n。

$$P=100\times\frac{C-C_{start}}{C_E-C_{start}}=100\times\frac{0.90C_0-0.71C_0}{C_0-0.71C_0}=100\times\frac{0.19}{0.29}=65$$

$$n=Q/v=0.5/2=0.25(\text{min}^{-1})$$

$$t_{(65/100)}=-(1/n)\ln(1-P/100)=-(1/0.25)\ln(1-65/100)=4.2(\text{min})$$

3. 若犯同样的错误，但决定不切换洁净气体 Q_s 到仓排气口，如果 Q_s 小于一个给定值，浓度 C 仍保持在目标浓度 C_0 相差 10%的范围内。可以通过式（37-11）来计算 Q_s。

$$Q_s=Q_E\left(\frac{C_0}{C}-1\right)=0.5\times\left(\frac{C_0}{0.90C_0}-1\right)=0.056(\text{L/min})$$

37.4.3 塞流式暴露系统的采样技术

在吸入暴露中，一部分受试物质吸入后又被呼出，减少了其在呼吸道中的沉积量。为估计沉积剂量，可通过测量呼出受试物质的浓度来估计其呼出量 M_X。但是，尽管 C_X 可能是恒定的，呼出气流 Q 会随时间在 0 到最大值 Q_{Xmax} 之间不断循环。为测量 C_X，必须用一个恒定气流采样系统解释这一脉冲气流。为达到这一目的，一种方法是将采样系统分为供应端和采样端两部分（图 37-5）。在供应端，呼出气流 Q_X 和洁净气流 Q_d 混合后产生一个恒定的混合气流 Q_A。

$$Q_A=Q_X+Q_d \tag{37-12}$$

$$Q_A>Q_{Xmax} \tag{37-13}$$

在采样端，以采样速率 Q_s 捕集该混合物，此处：

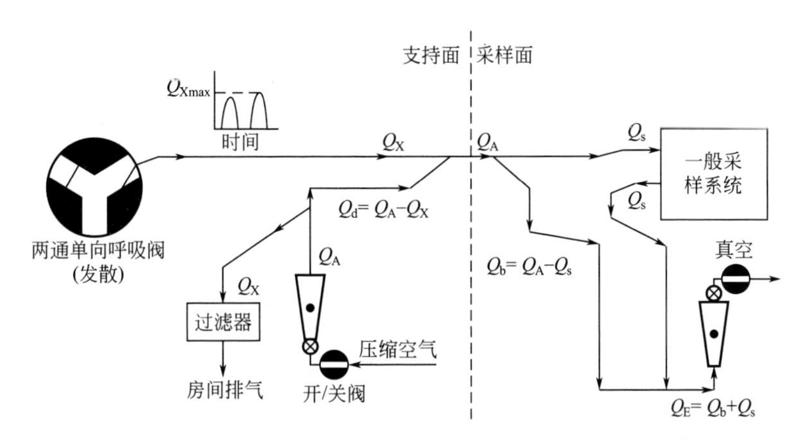

图 37-5 采集波动气流的输出气体，输出气流 Q_X 是从 0 到最大值 Q_{Xmax} 的连续循环（Q_A 为清洁空气流，$Q_A \geqslant Q_{X\max}$；Q_s 为采样气流；Q_d 为供应端的稀释气流，$Q_d=Q_A-Q_X$；Q_b 为采样端的直流，$Q_b=Q_A-Q_s$；Q_E 为受控的废气流，$Q_E=Q_b+Q_s=Q_A$）

$$Q_s<Q_A \tag{37-14}$$

由于过量的气流 Q_b 被排出，损失一些呼出的受试物质。

$$Q_b=Q_A-Q_s \tag{37-15}$$

$$Q_E=Q_b+Q_s=Q_A \tag{37-16}$$

结果，采样装置在时间段 t_s 内对受试物质的测量结果 M_s 比呼出受试物质的总量 M_X 小。M_X 必须通过 Q_A、Q_s 和 M_s 进行估算：

$$M_X=M_s(Q_A/Q_s) \tag{37-17}$$

通过 M_X 和采样个体的每分钟换气量 Q_{mv} 来估算平均呼出浓度 C_X：

$$C_X=M_X/(Q_{mv}t_s) \tag{37-18}$$

【例 37-3】 计算脉冲流系统的采样浓度。当一只老鼠正在进行吸入暴露时，测量呼出气中受试物质的浓度。呼出气流在 0 到最大值 4L/min 间有规律地振动。在采样系统中，为保持 0.5L/min 的恒定气流，连续混合洁净空气和呼出气。用流量为 0.45L/min 的采样设备捕集该混合气流。经过 10 min 采样，共得到受试物质总量 12.6 ng。

问题 1：在这段时间内，气体总呼出量是多少?

问题 2：如果老鼠的每分钟换气量（平均呼出气流）是 0.23L/min，在呼出气中受试物质的平均浓度是多少?

问题 3：若这段时间内，呼入气浓度 C_1 是 7ng /L，在呼吸道中受试物质的沉积效率是多少?

解：1. 根据式(37-17)，估算总呼出量：

$$M_X=M_s(Q_A/Q_s)=12.6\times(0.5/0.45)=14.0(\text{ng})$$

2. 根据式(37-18)，计算呼出气中受试物质的平均浓度：

$$C_X=M_X/(Q_{mv}t_s)=14.0/(0.23\times10)=6.09(\text{ng/L})$$

3.要计算呼吸道中的沉积效率，首先要计算受试物质的吸入量 M_I。M_I 等于浓度 C_1 乘以吸入体积（$Q_{mv}t_s$）：

$$M_I = C_I Q_{mv} t_s = 7.0 \times 0.23 \times 10 = 16.1(ng)$$

受试物质的沉积量 M_D 是吸入量 M_I 和呼出量 M_X 之差：

$$M_D = M_I - M_X = 16.1 - 14.0 = 2.1(ng)$$

沉积效率 η 是 M_D 与 M_I 的比值：

$$\eta = M_D / M_I = 2.1/16.1 = 0.13$$

37.5 结语

即使气溶胶取样装置可能非常精确，当用于吸入毒理暴露时也可能出现测量不精确的情况，因为采样过程会改变暴露系统的平衡。本章介绍了四种基本类型的暴露系统，然后基于常见的采样系统，描述了一种低影响采样策略。并讨论这种方法如何应用于恒流采样和脉冲流采样的暴露系统。列举了三个例子：一个是推测暴露系统的特性，另一个是计算恒流系统中采集到受试物质样品的浓度，最后一个是计算脉冲流系统中的采样浓度。

37.6 参考文献

Baumgartner, H., and C. R. E. Coggins. 1980. Description of a continuous-smoking inhalation machine for exposing small animals to tobacco smoke. *Beiträge zur Tabakforshung International* 10(3): 69–74.

Cannon, W. C., E. F. Blanton, and K. E. McDonald. 1983. The flow-past chamber: An improved nose-only exposure system for rodents. *Am. Ind. Hyg. Assoc. J.* 44(14): 923–928.

Hemenway, D. R. R., and G. J. Jakab. 1990. Nose-only inhalation system using the fluidized-bed generation system for coexposures to carbon black and formaldehyde. *Inhal. Toxicol.* 2: 69–89.

Hinner, R. G., J. K. Burkart, and E. L. Punte. 1968. Animal inhalation exposure chambers. *Arch. Environ. Health* 16: 194–206.

Leong, D. K. N., and K. Y. H. Pui, (eds.). 2011. *Air Sampling Instruments: Principles and Applications*, Cincinnati, OH: American Conference of Governmental Industrial Hygienists (ACGIH®) (in press 2011). Chapters authored or coauthored by Leong or Pui are available as separate monographs of the Air Sampling Instruments Committee of the ACGIH. (Available at www.acgih.org {site checked January 2011}).

McClellan, R. O., and R. F. Henderson, (eds.). 1995. *Concepts in Inhalation Toxicology*, 2nd ed. Washington, DC: Taylor & Francis, 648 pp.

Moss, O. R. 2009. Calibration of gas and vapor samplers. In Leong, D. K. N., and Pui, K. Y. H. (eds.). Cincinnati, OH: American Conference of Governmental Industrial Hygienists. (ACGIH®), Air Sampling Instruments Committee Monograph Publication #ASI20.ACGIH® (in press 2011). Monograph available at www.acgih.org {site checked, January 2011}). Monograph to be included in Air sampling Techniques: Principles and Applications.

Phalen, R. F. 2008. *Inhalation Studies: Foundations and Techniques*, 2nd ed. New York: Informa Healthcare, p. 320.

Silver, S. D. 1946. Constant flow gassing chambers: Principles influencing design and operation. *J. Lab. Clin. Med.* 31: 1153–1161.

38

影响肺部对颗粒物反应的因素

Vincent Castranova
国家职业与安全健康研究院疾病控制和预防中心，西弗吉尼亚州摩根敦市，美国

38.1 引言

人类呼吸系统对可吸入颗粒物的生物反应由颗粒物的物理和化学性质决定，包括颗粒物的大小、形状及表面化学性质。本书所介绍的多种气溶胶测量仪器和方法，可以测得颗粒物的物理化学特征，以此更好地了解和评价其对人类健康的影响。本章介绍了粒子的物理化学性质如何决定粒子在呼吸道中沉降的位置、粒子在肺中的存留时间，以及其与肺细胞如何进行反应。同时讨论导致疾病的发病机理及其影响因素。本章还讨论了纳米粒子特有的物理化学性质及其对肺部的影响。

肺尘埃沉着病是古希腊语中“dust lung”的意思。它表示许多肺部疾病都是由吸入的粉尘引起的。这种肺部疾病可分为阻塞性肺部疾病、限制性肺病及致癌性疾病。阻塞性疾病的特点是气管阻力的增加及通过主气管的气流量减少，这将导致动态肺容量的减少，动态肺容量是指吸入和呼出的气流量的比，如 FEV1（最大深吸气后做最大呼气，第 1 秒呼出的气量的体积）。阻塞性肺部疾病包括哮喘、支气管炎和气肿。慢性阻塞性肺病（COPD）包括慢性支气管炎和气肿。限制性肺部疾病的特点是通过肺容量的减少进而导致静态肺容量降低，如肺活量。粉尘所引起的一种典型限制性肺部疾病是肺纤维化。肺部癌症包括支气管癌变、肺泡软组织癌变以及间皮瘤（一种肺部细胞的恶性癌变）。

现有的许多职业性肺部疾病都与工作场所内吸入的粉尘有关［Department of Health and Human Services（DHHS），National Institute for Occupational Safety and Health（NIOSH），1986］。肺部疾病的种类及严重程度与以下因素相关：①粒子在气体中的浓度及暴露时间；②具有的空气动力学直径足够小，可进入呼吸道；③吸入的粒子在呼吸道中的沉降比例及沉降位置；④沉降粒子在呼吸道中停留的时间；⑤沉降粒子的生物活性。本章对可吸入粒子对肺部的影响因素进行讨论。

在过去 20 年间，人们对新兴的纳米技术产生了极大的兴趣。纳米技术指的是利用接近

于原子尺寸大小的物质来产生新的结构、材料和技术。工程纳米粒子的定义是：至少有某一维的尺寸是小于 100nm 的粒子。由于体积很小，纳米粒子具有很高的表面积质量比，并且表现出与相同成分的小颗粒物明显不同的物理化学性质。这些独特的性质应用到许多设备上，例如合成传感器、半导体、能量储存和传输设备、构造材料、药物传输系统、骨骼移植、医学成像、防晒霜、化妆品、颜料及涂料。因此，纳米技术具有改进许多产业（从药物到制造业等）的潜力。由于其广泛的潜在应用，有人预测在未来 10 年内，纳米技术将成为一个总价值达 10000 亿美元的全球大产业，带来两百万人的就业机会（Roco，2004）。由于纳米粒子独特的物理化学性质，可以预见到其与具备相同成分的小颗粒物相比，与生物系统相互作用的方式会完全不同。在比较肺部对纳米粒子的反应与其对小颗粒物的反应时，需要考虑的因素有：①沉降比例；②间质化；③与生物活性相关的表面积；④向全身的转移。因此，本章还讨论了纳米粒子可能对健康造成的影响。

38.2 肺的解剖结构

呼吸道可划分为三个解剖结构：①胸外或鼻咽部位，包括鼻腔、鼻咽、口咽、口和喉。呼吸道鼻咽区的作用是润湿吸入的气体。颗粒物引起的鼻咽区疾病包括鼻炎。②气管部位，包括气管、主支气管、肺叶支气管、肺段支气管、细支气管和终末细支气管。呼吸道部位称为气体输送区。在人体中，输送区包括 16 种气管，如表 38-1 所示。气体输送区域的作用是把吸入的气体输送到肺部进行气体交换，即呼吸区。输送区的容量相对来说比较小，成年人平均大概是 150mL。由于在输送区域没有气体交换，所以被称为输送死角。颗粒物引起的输送区疾病包括阻塞性肺病和支气管癌。③肺的呼吸区域被称为呼吸区，它包括表 38-2 的第 17～23 的呼吸支气管、肺泡管和肺泡。

表 38-1 气体输送区域的气道分支

种类	气道	气道数量
0	气管	1
1	主要支气管	2
2	肺叶支气管	4
3	肺段支气管	
4～15	细支气管	
16	终末细支气管	

表 38-2 呼吸区的气道分支

种类	气管道	气道数量
17～19	呼吸支气管	
20～22	肺泡管	
23	肺泡	9 亿

需要注意的是，以上气管分支源于一个气管道，终端为 9 亿个肺泡。对成年人来说，连续分支使呼吸区所包含的气体量占到了肺容量总体积（＞5L）的 97％。呼吸区内气道的表面积达到了 85m^2。如此大的表面积的作用是使在呼吸区内的气体交换达到最大，该呼吸区

连接气体环境和紧邻气体环境位于肺泡隔的肺毛细血管之间的气体（即 0.2～0.6μm 扩散距离）。颗粒物引发肺的呼吸区疾病包括软组织癌变、间质纤维化以及肺气肿。间质纤维化是由于颗粒物引发的损害和纤维中间介质的激化而导致的肺泡壁或肺泡隔之间胶原质沉降的增加。间质纤维化的后果是肺泡隔之间的厚度增加，最终导致肺泡内气体到肺毛细血管之间的传送距离增加和气体输送量减少。肺气肿指的是肺泡隔的破坏和减少，其原因可能是颗粒物引起肺泡吞噬细胞内的消化酶分泌过多。由于肺毛细血管位于肺泡壁之间，肺泡隔减少会导致气体传输的有效面积减少并导致气体交换量缩减。

38.3 粒子沉积

粒子在呼吸道内不同部位的沉积是由粒子的空气动力学直径决定的（第 2 章）。粒子的空气动力学直径指的是与之在空气中具有相同的最终沉降速度、单位密度（$1g/cm^3$）的球形粒子的直径。对纤维而言，斯托克斯直径（定义见第 2 章）随着长径比（长与直径的比）的增加而增加。因此，对具有相同宽度的纤维而言，较长的纤维比较短的纤维表现出更大的空气动力学直径（Oberdorster，1996）。

美国环境保护署根据粒子的空气动力学直径将其分为超细、细、粗、超粗几类（表 38-3）。

表 38-3 美国环境保护署的粒子分类

粒子种类	空气动力学直径
超细	<0.1μm
细	0.1～2.5μm
粗	2.5～10μm
超粗	>10μm

美国政府工业卫生学者会议（AGGIH）采用另一种方法对颗粒物进行分类，包括可吸入呼吸道的、可进入胸腔的和可进入肺的粒子。可吸入呼吸道的粒子指的是可以通过呼吸进入人体呼吸道任何一部位的粒子，其 50%的粒子直径（空气动力学直径）是 100μm。进入胸腔的粒子指的是可以通过喉进入胸腔的粒子，其空气动力学直径小于 10μm。可进入肺的粒子指的是可以穿过输送区进入肺呼吸区的粒子，其空气动力学直径小于 3.5μm。1993 年，国际上对可进入肺的粒子定义为空气动力学直径小于 4μm 的粒子（CEN，1993）。美国政府工业卫生学者会议对粒子的命名方法反映了粒子在人体呼吸道中沉积的方式。有报道描述了粒子在不同部分（鼻咽、气管、支气管和肺）的沉积比例同粒子的空气动力学直径之间的关系（Task Group on Lung Dynamics，1996，详见第 25 章）。粒子的沉积受到挤压、沉降、拦截及扩散几种机理控制。当气流中粒子在鼻腔弯曲处或气道分支传输方向的速度发生急速改变时就会发生挤压。气流中的粒子在重力作用下降落到气道表面发生沉降。拦截指的是粒子在运动中接近或接触气道壁而被粘到气管湿润的内表面。与球形粒子相比，这一过程对纤维具有更重要的意义。当粒子的空气动力学直径大于 0.5μm 时，挤压和沉降就会越来越重要。小粒子（<0.5μm）的质量小，故挤压和沉降不明显。然而，热动力学性质（如布朗运动）控制着小粒子的沉降，这称为扩散沉降。当粒子的空气动力学直径大于 10μm 时，此类粒子在鼻腔内都被过滤掉，其在胸腔和肺部的沉积基本上是零。对细粒子而言，直径为 4μm 的粒子在成年人体气管支气管的沉降比例最高达到 7%。直径 2μm 的粒子在成年人体

内呼吸区的沉降比例最高达到32%。由于空气动力学直径减小而沉积在支气管和肺的粒子直径主要在0.2～0.3μm之间。与其相比，直径更小的是纳米级（<0.1μm）的粒子，发挥主导作用的是热动力学性质。对直径20nm的粒子来说，其在气管支气管的沉降比例达到20%，在肺内沉降的比例达到70%。直径小于10nm时，在鼻咽的沉降比例急剧增加。Kreyling（2003）绘制了大鼠体内粒子的沉降曲线，还有仓鼠、小鼠、豚鼠和兔子等其他实验室动物（Raabe等，1998）。由于这些动物的气道比人类小，因此其沉降曲线偏左，这意味着粒子的直径更小。

基于沉降曲线和空气中的粒子浓度，可以按下面的公式计算肺的负荷：

沉降剂量(mg)＝质量浓度(mg/m^3)×每分钟吸气量(m^3/min)×暴露时间(min)×沉降比例 (38-1)

静止状态下成年人的每分钟吸气量是7500mL/min。在轻体力工作时可达到20000mL/min，因此会增加肺的负荷（Galer等，1992）。激烈运动时每分钟吸气量甚至会增加10倍（Foos等，2008）。实验室动物的肺负荷通常用于吸入研究，用给定物种的每分钟吸气量（Cosfill和Widdicombe，1961）和特定物种的沉积曲线（Raabe等，1988）计算肺负荷。最近，吸入毒理学协会的一个工作组在研究中得出一个可以计算实验室动物每分钟吸气量的公式（Alexander等，2008）：

每分钟吸气量(L/min)＝ 0.608×体重$^{0.852}$(kg) (38-2)

在风险评价中，将实验室动物吸入肺的粒子的肺负荷标准化模型应用到人体上具有十分重要的作用。这种标准化将肺负荷表示为沉积粒子的质量与肺泡上皮细胞的表面积（mg/m^2）的比值（Stone等，1992）。肺泡上皮细胞的表面积如表38-4所示。

表38-4 肺泡上皮细胞的表面积

物种	肺泡上皮细胞的表面积/m^2
人类	102.20
大鼠	0.40
小鼠	0.05
豚鼠	0.68
仓鼠	0.21

38.4 粒子清除

吸入粒子后肺产生不良反应，该反应取决于颗粒物与肺组织反应的持续时间。因此，吸入粒子的滞留量是一个重要概念。滞留量定义如下：

滞留量＝沉积量－清除量 (38-3)

粒子的清除率随其在呼吸道中沉积部位的不同而变化。在鼻腔前1/3部位存在的粒子通过擤鼻涕清除。在鼻咽部位沉积的粒子被黏膜纤毛带到喉咙，在那里被吞咽或通过咳嗽清出呼吸道。鼻咽内的黏液流动速度很快（1cm/min），粒子在鼻咽部的半衰期（$T_{1/2}$）是6～7h［国际放射性辐射防护委员会（ICRP），1994］。沉积在气管支气管部分的粒子通过黏膜纤毛的清除作用移动到喉咙。在传导区内，黏膜纤毛在大气管内的清除速率比小支气管要快。Morrow等（1967）曾指出，在大、中、小传导气道内，能最好表示粒子清除速率的半衰期分别为0.5h、2.5h和5h。长期吸烟会导致气管支气管内黏液纤毛清除粒子的速率减慢（Vastag等，1986）。肺部沉积的粒子的最主要清除机制是通过肺泡吞噬细胞的吞噬作用及随后粒子载体细胞转移至黏膜纤毛活动梯。大鼠肺部粒子清除的半衰期是60～80d（Snipes，1989）。人体肺泡清除粒子的半衰期要慢很多，大概为1年左右（Bailey等，1985）。

肺泡吞噬细胞吞噬粒子的过程很快。大鼠体内肺泡吞噬细胞对二氧化硅或细菌的吸收时间在10～25min之间（Camner等，2002）。添加1mmol/L $CaCl_2$ 或 $MgCl_2$ 以及对粒子具有调理作用的血清，吞噬的速度会更快，这是由于其中活性成分C3的补充作用（Stossel，1973）。吞噬细胞暴露于浓缩环境粒子之后，其吞噬细菌的能力就会减弱（Zhou和Kobzik，2007）。与其相类似，吞噬细胞暴露于单壁碳纳米管后，其吞噬细菌的效果也会减弱（Shvedova等，2008）。超细炭黑和超细二氧化钛粒子大大抑制吞噬细胞对乳酸滴的吞噬，这种抑制作用远比相同剂量的细炭黑和二氧化钛粒子要大得多（Renwick等，2001）。这种由吞噬产生的抑制作用并不是由经前处理后粒子的细胞毒素作用引起的。

肺部粒子清除作用较慢，包括以下步骤。

（1）粒子沉积位置肺泡巨噬细胞的增加　对细菌而言，微生物释放的趋药性肽如N-甲酰-L-甲硫氨酰-L-亮氨酰-L-苯丙氨酸（FMLP）能诱导粒子沉积处的吞噬细胞（Boukili等，1989；Opalek等，2007）。如果是矿物尘，粒子能刺激肺泡上皮细胞产生趋药性的化学增活素，例如控制活性-常规T表达和分泌（RANTES），单核细胞化学引诱蛋白质-1（MCP-1）和粒细胞-巨噬细胞菌落刺激因子（O'Brien等，1998）。

（2）粒子识别和吞噬　清除剂受体，特别是带有胶状结构的巨噬细胞受体（MARCO）是调理-独立识别和吞噬矿物粒子的关键，如硅、二氧化钛、氧化铁等（Palecanda等，1999；Palecanda和Kobzik，2001；Thakur等，2009）。

（3）负载粒子的肺泡巨噬细胞从肺的深部到气道作用区黏膜纤毛活动梯的迁移　在肺泡区域粒子清除的头两步是比较迅速的，而细胞迁移则相对较慢。当粒子负载高时，肺泡巨噬细胞负载有不溶解粒子并且其运动受到抑制。结果，粒子负载的肺泡巨噬细胞移到黏膜纤毛活动梯的迁移速率下降，这个现象被称为“粒子过载”，由此造成肺部颗粒物清除作用减弱，这与大鼠模型中低细胞毒性难溶性粒子的肺部反应有关，包括持续性肺泡炎症、间质纤维症和肺癌［国际生命科学学会（ILSI），2000］。Morrow（1988）认为粒子导致清除作用的减弱是由肺泡巨噬细胞过载引起的。该理论推测当肺泡巨噬细胞的体积被吞噬粒子占据6%时，粒子迁移将受到阻碍；当巨噬细胞60%的体积被吞噬粒子占据时，巨噬细胞的独立清除能力将完全终止。

肺部的清除作用受粒子溶解和转移的影响。粒子溶解被视为肺部的纤维清除的一个重要因素（ILSI，2005）。根据纤维的组分，粒子可能溶解于肺液中。纤维中矿物质浸出，导致纤维长度上出现脆弱点进而断裂。因此，最初较长的不能被吞噬的纤维会被折断为短纤维，从而被吞噬细胞清除。有证据表明纤维的致病性与其生物持久性有关，而生物持久性又与其被肺泡吞噬细胞清除的作用呈负相关。比吞噬细胞直径长的纤维由于很难被吞噬而不容易被清除。也就是说，吞噬细胞重复吞噬长纤维失败后，导致吞噬细胞持续释放活性产物。纤维被肺液溶解后，使长纤维断裂成可以被吞噬的短纤维。因此，持久的石棉纤维是人体致癌物，而低持续性的玻璃棉、渣棉、岩棉和对位芳族聚酰胺纤维是非致癌物（国际癌症研究所IARC，1997，2002）。在纤维持久性的体外试验系统（Mattson，1995）和生物持续性的体外测量（欧洲委员会，1999）里分别描述了粒子的持久性和生物持久性。

颗粒也可能通过进入气管支气管淋巴系统从肺部清除。超细粒子比相同组分的细粒子迁移至淋巴结的速度更快（Oberdorster 等，1994；Sager 等，2008）。然而，进入淋巴的粒子占肺部清除粒子的一小部分。

38.5 影响生物活性粒子的特点

如前面所讨论，粒子直径影响其沉积部位和肺负荷，这反过来可以确定可能发生的负面肺部反应的类型。对纤维而言，粒子的长度及持久性会影响其致病性。吸入粒子的其他物理化学性质会影响粒子-细胞（组织）之间的相互作用及生物活性。这些因子包括：①与粒子相关的活性氧化剂的生成；②粒子的表面电荷；③粒子的晶体结构；④粒子的长宽比；⑤粒子吸附的可溶性金属；⑥粒子吸附的有机成分；⑦粒子吸附的微生物产物。

粒子产生自由基的能力与组织伤害和肺部疾病的诱发密切有关（Brigham，1986；Kehrer，1993）。Vallyathan 与 Shi（1997）研究获得的数据证明了这一假设，即粒子产生的活性氧（ROS）在肺部疾病的开始和发展过程中发挥重要作用。Weitzman 和 Graceffa（1984）利用电子自旋谐振（ESR）证明了铁石棉、青石棉在过氧化氢（H_2O_2）存在的情况下会诱导产生羟基自由基。该自由基的产生是由铁螯合剂、去铁敏剂诱发的 Fenton 反应：

$$Fe^{2+} + H_2O_2 \longrightarrow Fe^{3+} + \cdot OH + OH^- \quad (38\text{-}4)$$

石英也会通过类似 Fenton 的反应来产生·OH（Vallyathan 等，1988；Fubini，1987）。新断裂的石英裂缝表面会有硅自由基（Si·和 SiO·）产生，这会增强其生成·OH 的能力（Vallyathan 等，1988）。这种增强产生的·OH 与大鼠吸入模型中新断裂二氧化硅的致病性有关，与老二氧化硅相比这种新断裂产生的二氧化硅具有更强的致病性（Vallyathan 等，1995）。有报道称煤矿尘在 H_2O_2 存在时产生·OH，而·OH 产生量与不同矿区煤炭工人肺尘埃沉着病（CWP）患病率相关（Dalal 等，1995）。此外，柴油车尾气排放颗粒物产生的氧自由基与柴油车尾气的毒性相关（Sagai 等，1993）。金属污染物产生的活性氧组分同残余油飞灰（Lewis 等，2003）及焊接烟气（Taylor 等，2003）的毒性相关。总之，有很多证据表明粒子产生活性氧化剂的能力与以下效应相关：产生细胞受损和死亡、产生信号传导及控制炎性因子和成长因子的基因、DNA 受损、细胞增殖、纤维化以及癌化（Castranova 和 Vallyathan，2004；Chen 和 Castranova，2004）。事实上，近来诱发氧化剂应激性的能力被视为是评价工程纳米粒子潜在毒性的一种先进的方法（Nel 等，2006）。

粒子表面电荷会影响粒子-细胞间的反应，进而影响生物活性。当 pH＝7.0 时，石英表面带负电荷，其表面的—SiOH 与 SiO^- 基团数量的比值为 30∶1（Nolan 等，1981）。用金属阳离子预处理晶体硅，并将其 ζ 电位降至零，以阻止硅诱导的溶血。另外，经铝盐预处理后的晶体硅能阻止大鼠肺暴露后的炎性反应（Brown，1989）。由吞噬细胞上的清除受体所引发的粒子-细胞间的相互作用导致带负电的粒子具有生物活性，这会诱导活性氧（ROS）的产生并导致细胞凋亡（Hamilton 等，2008）。

粒子的晶体结构可影响粒子-细胞间的相互作用，进而影响生物活性。自然界中二氧化硅以多种形式存在，即石英、鳞石英、方晶石、柯石英和超石英。二氧化硅也可以非晶体形式存在，如熔融二氧化硅的玻璃，由气相中二氧化硅凝结产生的气凝胶，或液体溶剂中二氧化硅沉淀产生的硅胶。Mandel（1996）通过人为在体外溶血（Stalder 和 Stober，1965）和体外炎症与纤维化（Wiessner 等，1988）测量到多晶形晶体硅（石英≈鳞石英＞方晶石＞

柯石英＞超石英）的生物行为与 0-0 间距和晶格的直角偏移（距离从最高到最低的氧化原子）有关。同晶体硅不同，人们普遍认为非晶体硅的毒性较小（Warheit 等，1995）。

对纤维粒子而言，长径比（长度与直径的比值）是影响其生物活性的关键因素。事实上，Stanton 假说认为纤维的致病性是由其长度直接引起的（Stanton 等，1981）。Blake 等（1998）揭露了肺泡吞噬细胞选择合适大小的纤维粒子的机制，并揭示出若纤维长度比吞噬细胞的直径长，则吞噬细胞无法完成吞噬过程，这会导致细胞毒性急速增加。关于石棉诱发的肺癌和间皮瘤的流行病学研究的荟萃分析报道，癌症和间皮瘤的发生与 10μm 以上长度的纤维密切相关（Berman 和 Crump，2008）。基于此，将纤维溶解和断裂成较小结构后，能被有效吞噬和清除，这是减小纤维致病性的一种重要途径（如前文所述）。

纤维易溶解则清除容易、毒性低，而氧化锌纳米颗粒则不同，其毒性主要体现在溶解态的锌而不是粒子形式（Xia 等，2008）。除此自外，粒子上的可溶性金属同肺部毒性相关，如残余油飞灰（ROFA）或焊接烟气（Dreher 等，1997；Taylor 等，2003；Antonini 等，2004a）。吸入残余油飞灰（ROFA）和焊接烟气导致的肺暴露容易使其受到感染（Hatch 等，1985；Antonini 等，2004b）。已经证明，可溶性金属在 ROFA 增加细菌感染性和减弱细菌清除率方面起重要作用（Antonini 等，2004b；Roberts 等，2004）。这种细菌清除率的减弱与一氧化氮生产中可溶性金属和被巨噬细胞吞噬的细菌减少有关（Antonini 等，2002）。有报道称在焊接烟气中，可溶性铬发挥了重要作用（Antonini 和 Roberts，2007）。柴油尾气颗粒物的肺暴露使其更容易受到病毒或细菌的感染（Hahon 等，1985；Yang 等，2001）。在这一过程中，吸附有机化学物质使肺泡吞噬细胞对细菌、细菌代谢物（LPS）、真菌代谢物（β-葡聚糖）做出反应时，对炎性细胞因子、活性氧、一氧化氮的吞噬作用减弱，这将削弱肺泡吞噬细胞的杀菌能力（Castranova 等，2001；Yang 等，2001）。此外，吸附有机化合物中的柴油尾气颗粒是公认的致变物，使柴油颗粒物具有致癌性（Gu 等，2005）。

另一种吸附于粒子影响其生物活性的是有机粉尘，例如石棉尘、青贮饲料或谷物尘，潜在肺部炎性反应与这些粉尘上的细菌内毒素物质有关（Castranova 等，1996）。

38.6 影响纳米粒子生物活性的因子

纳米粒子表现出独特的物理化学性质。因此，纳米粒子与具有相同组分的细粒子相比，其生物活性是否存在明显差异是一个很关键的问题。影响纳米粒子生物活性的因素包括：①肺部沉积；②间质化；③向全身的迁移；④随表面积而改变的生物活性。

由于纳米粒子非常小，基本没有质量，在气流中也几乎没有动量。因此，与细粒子能够在呼吸道沉积的性质不同，纳米粒子不会由于挤压和沉降而沉积在呼吸道。相反，纳米粒子的布朗运动相当明显，其在呼吸道中的沉积主要是由扩散性质决定的。由于纳米粒子很小，其可以被吸入到肺的深部。一旦进入肺泡，纳米粒子在肺泡空间中扩散，与肺泡表面发生随机碰撞后沉积下来。当粒子的粒径小于 100nm 时，肺泡沉积率显著增加，粒径 20nm 粒子的沉积率达到 70%。而当粒子粒径在 10nm 以下时，肺泡沉积减少，此时主要沉积在鼻腔。Daigle 等（2003）测量了受试者吸入粒径 8.7nm 和 26nm 的碳纳米粒子在体内的沉积。静止状态下，这两种粒子在呼吸道内的沉积率分别为 66% 和 80%。而运动状态时，两者的沉积率分别达到 83% 和 94%。由于纳米粒子在肺部的沉积率显著高于细粒子，在其他因子相同的情况下，可以预测纳米粒子比细粒子能引起更剧烈的肺部反应。

小粒子一旦沉积在肺的呼吸区，就能被肺泡吞噬细胞吞噬而清除。显然，在颗粒物组分相同的情况下，对纳米粒子和小粒子而言，肺泡吞噬细胞对后者的识别和吞噬更为有效（Kreyling 和 Scheuch，2000）。可以说纳米粒子"逃避"被吞噬。因此，存留在肺部的纳米粒子的比例比细粒子多（Ferin 等，1992）。由于纳米粒子在肺部的沉积比例高，被吞噬细胞的清除率低，纳米粒子在肺深部的存留时间比细粒子要长。而且，纳米粒子更有可能穿过肺泡上皮细胞进入肺泡隔。在大鼠模型中对纳米态和细粒子态二氧化钛的对比研究中发现，这种差异更加显著（Oberdorster 等，1994；Sager 等，2008）。Mercer 等（2008a）研究了小鼠将带有标记的单壁碳纳米管（SWCNT）粒子通过咽部吸入肺部后，粒子的沉积、去向和肺部反应。形态分析表明只有一小部分 SWCNT（10%～15%）沉积在呼吸道，并被肺泡吞噬细胞吞噬，而大部分 SWCNT（85%～90%）则迅速（暴露 24h 后）进入肺泡间质中（图 38-1）。一旦进入肺泡隔，SWCNT 就会引起明显、迅速的（暴露 7 天后）和持久的（暴露 56 天后）间质纤维化。

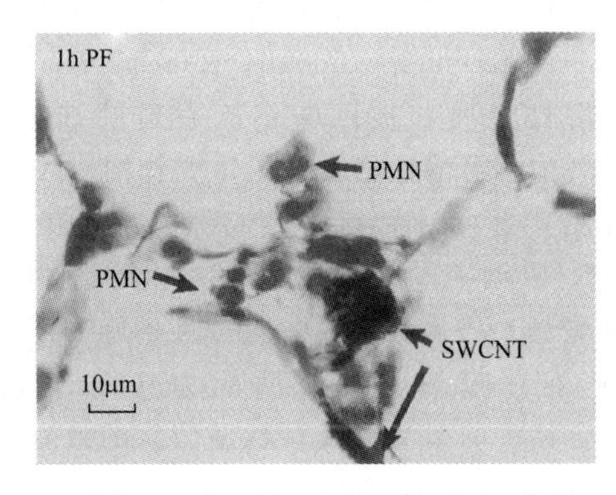

图 38-1 SWCNT 进入肺泡隔膜后迅速迁移。小鼠通过咽吸入暴露于 SWCNT（10μg/小鼠），暴露 1h 后从组织学角度分析纳米粒子的分布。肺泡空间中标示了分叶核的粒性白细胞（敏感炎症标记物）。箭头指向的黑色结构是已迁移至肺泡壁的 SWCNT

纳米粒子一旦进入肺泡间质后，就会与肺泡隔之间的肺毛细血管接触。这意味着，纳米粒子能够穿过肺毛细血管内皮细胞进入血液，从肺部流向全身器官，从而导致全身器官反应。Oberdorster 等（2002）研究发现大鼠在吸入放射性同位素碳纳米粒子 24h 后，在其肝部发现这些粒子。而且，人体在吸入暴露后，也会在血液中发现放射性碳纳米粒子（Nemmur 等，2002）。尽管纳米粒子可能从肺部向全身器官转移，但转移速度慢且与纳米粒子种类相关（Kreyling 等，2002）。事实上，还没有研究证明 SWCNT 可以从肺部转移到全身器官（Mercer 等，2008b）。尽管吸入的纳米粒子转移到血液的部分较少，在吸入二氧化钛纳米粒子 24h 后，仍能引起全身的微血管功能障碍（Nurkiewicz 等，2008）。这表明，除粒子转移外，肺部和系统器官之间还有其他信号机制（Nurkiewicz 等，2009）。

纳米粒子不仅在肺深部的沉积比细粒子多，而且由于粒径很小，其表现出独特的生物活性。在等效剂量的前提下，含有相同成分的纳米粒子比细粒子更容易在肺上皮细胞内生成炎性细胞因子（Monteiller 等，2007）。类似的，质量相同时，大鼠暴露时其吸入肺部的纳米粒子比细粒子的炎性要强（Donaldson 等，2002）。肺部对纳米粒子的强烈反应与其较大的比表面积有关。事实上，当进入肺部的粒子的计量被标准化为等效表面积时，具有相同成分的纳米粒子和细粒子引发炎症的能力相似（Oberdorster，2001；Sager 等，2008）。类似的，与相同质量的二氧化钛细粒子相比，吸入二氧化钛纳米粒子所引发的毛细管的扩张效应是细粒子的 6 倍。再者，当两者表面积相同时，暴露于肺部的粒子引发心血管疾病的差异得以解决（Nurkiewicz 等，2008）。

38.7 结论

总体来说，吸入粒子所引发的肺部反应受到粒子的沉积比例和沉积部位的影响。若粒子很快被清除，其引发的肺部反应就会降到最小，若粒子在肺部停留时间较长，肺部反应就会较显著。一旦进入肺部，粒子独特的表面性质决定了粒子与细胞间的相互作用，并影响其生物活性和致病率。由于其较高的肺沉积率，纳米颗粒可能产生比相同组分的细颗粒更大的不良健康影响。纳米粒子能进入肺泡隔并可能进入全身循环系统，粒子表面积的大小能够影响细胞毒性。

38.8 参考文献

ACGIH. 2001. *2001 TLVs and BELs Threshold Limit Values for Chemical Substances and Physical Agents and Biological Exposure Indices*. American Conference of Governmental Industrial Hygienists, Cincinnati, OH.

Alexander, D.J., C.J. Collins, D.W. Coombs, I.S. Gilkison, C.J. Hardy, G. Healey, G. Karantabias, N. Johnson, A. Karisson, J.D. Kigour, and P. McDonald. 2008. Association of Inhalation Toxicologists (AIT) working party recommendation for standard delivered dose calculation and expression in non-clinical aerosol inhalation toxicology studies with pharmaceuticals. *Inhal. Toxicol.* 20:1179–1189.

Antonini, J.M., and J.R. Roberts. 2007. Chromium in stainless steel welding fume suppresses lung defense responses against bacterial infection in rats. *J. Immunol.* 4:117–127.

Antonini, J.M., J.R. Roberts, M.R. Jorngian, H.M. Yang, J.Y. Ma, and R. Clarke. 2002. Residual oil fly ash increases susceptibility to infection and severely damages the lungs after pulmonary challenge with bacterial pathogen. *Toxicol. Sci.* 70:110–119.

Antonini, J.M., M.D. Taylor, S.S. Leonard, N.J. Lawryk, X. Shi, R.W. Clarke, and J.R. Roberts. 2004a. Metal composition and solubility determine lung toxicity by residual oil fly ash collected from different sites within a power plant. *Mol. Cell Biochem.* 255:257–265.

Antonini, J.M., M.D. Taylor, L. Millecchia, A.R. Bobout, and J.R. Roberts. 2004b. Suppression in lung defense responses after bacterial infection in rats pretreated with different welding fumes. *Toxicol. Appl. Pharmacol.* 200:206–218.

Bailey, M.R., F.A. Fry, and A.C. James. 1985. Long-term retention of particles in human respiratory tract. *J. Aerosol Sci.* 16:295–305.

Berman, D.W., and K. S. Crump. 2008. A meta analysis of asbestos–related cancer risk that addresses fiber size and mineral type. *Crit. Rev. Toxicol.* 38:49–73.

Blake, T., V. Castranova, D. Schwegler-Berry, P. Baron, G.J. Deye, C. Li, and W. Jones. 1998. Effect of fiber length on glass microfiber cytotoxicity. *J. Toxicol. Environ. Health Part A.* 54:243–254.

Boukili, M.A., M.F. Burau, A. Lellouch-Jubiana, J. Lefort, M.T. Simon, and B.B. Vargaftig. 1989. Alveolar macrophages and eicosanoids but not neutrophils mediate bronchoconstriction induced by FMLP in the guinea-pig. *Br. J. Pharmacol.* 98:61–70.

Brigham, K.L. 1986. Role of free radicals in lung injury. *Chest* 89:859–863.

Brown, G.M., K. Donaldson, and D.M. Brown. 1989. Bronchoalveolar leukocyte responses in experimental silicosis: Modulation by a soluble aluminum compound. *Toxicol. Appl. Pharmacol.* 101:95–105.

Camner, P., M. Lundborg, L. Lastbom, P. Gerde, N. Gross, and C. Jarstrand. 2002. Experimental and calculated parameters on particle phagocytosis by alveolar macrophages. *J. Appl. Physiol.* 92:2608–2616.

Castranova, V., and V. Vallyathan. 2004. Oxygen/nitrogen radicals and silica–induced diseases. In *Reactive Oxygen/Nitrogen Species: Lung Injury and Disease*. V. Vallyathan, X Shi, and V. Castranova (eds.). *Lung Biology in Health and Disease*. C. Lenfant (exec. ed.). Marcel Dekker, New York, pp. 161–177.

Castranova, V., V.A., Robinson, and D.G. Frazer. 1996. Pulmonary reaction to organic dust exposures: Development of an animal model. *Environ. Health Perspect.* 104(Suppl 1):41–53.

Castranova, V., J.Y.C. Ma, H.M. Yang, J.M. Antonini, L. Butterworth, M.W. Barger, J.R. Roberts, and J.K.H. Ma. 2001. Effect of exposure to diesel exhaust particles on the susceptibility of the lung to infection. *Environ. Health Perspect.* 109(Suppl 4):609–612.

CEN (European Committee for Standardization/Comite' Européen de Normalisation). 1993. *Workplace Atmospheres–Size Fraction Definitions for Measurements of Airborne Particles.* European Standard EN481, Brussels.

Chen, F., and V. Castranova. 2004. Reactive oxygen species in the activation and regulation of intracellular signaling events. In *Reactive Oxygen/Nitrogen Species: Lung Injury and Disease.* V. Vallyathan, X. Shi, and V. Castranova (eds.). *Lung Biology in Health and Disease.* C. Lenfant (exec. ed.). Marcel Dekker, New York, pp. 59–90.

Crosfill, M.L., and J.G. Widdicombe. 1961. Physical characteristics of the chest and lungs and the work of breathing in different mammalian species. *J. Physiol.* 158:1–15.

Daigle, C.C., D.C. Chalupa, F.R. Gibb, P.E. Morrow, G. Oberdorster, M.J. Utell, and M.W. Frampton. 2003. Ultrafine particle deposition in humans during rest and exercise. *Inhal. Toxicol.* 15:539–552.

Dalal, N.S., J. Newman, D. Pack, S. Leonard, and V. Vallyathan. 1995. Hydroxyl radical generation by coal mine dust: Possible implication to coal workers' pneumoconiosis (CWP). *Free Radic. Biol. Med.* 18:11–20.

DHHS (NIOSH). 1986. In *Occupational Respiratory Diseases.* J.A. Merchant, B.A. Boehlecke, G. Taylor, and M. Pickett-Harner (eds.). DHHS (NIOSH) Publication No. 86-102.

Donaldson, K. D. Brown, A. Clouter, R. Duffin, W. MacNee, L. Renwick, L. Tran, and V. Stone. 2002. The pulmonary toxicity of ultrafine particles. *J. Aerosol Med.* 15:213–230.

Dreher, K.L., R.H. Jaskot, J.R. Lehmann, J.H. Richards, J.K., McGee, A.J. Ghio, and D.L. Costa. 1997. Soluble transition metals mediate residual oil fly ash–induced acute lung injury. *J. Toxicol. Environ. Health Part A* 50:285–305.

European Commission. 1999. Biopersistence of fibres: Short-term exposure by inhalation (ECB/TM/26rev.7). In *Methods for the Determination of Hazardous Properties for Human Health of Man Made Mineral Fibres (MMMF)* D.M. Bernstein and J.M. Reige Sintes (eds.). European Commission Joint Research Centre, report EUR 18748 EN (1999), http://ecb,jrc.it/testing-methods

Ferin, J., G. Oberdorster, and D. Penney 1992. Pulmonary retention of ultrafine and fine particles in rats. *Am. J. Respir. Cell Mol. Biol.* 6:535–542.

Foos, B., M. Marty, J. Schwartz, W. Bennett, J. Moya, A.M. Jarabek, and A.G. Salmon. 2008. Focusing on children's inhalation dosimetry and health effects for risk assessment: An introduction. *J. Toxicol. Environ. Health Part A* 71:149–165.

Fubini, B. 1987. The surface chemistry of crushed quartz dust in relation to its pathogenicity. *Org. Chem. Acta* 139:193–197.

Galer, D.M., H.W., Leung, R.G. Sussman, and R.J. Trzos. 1992. Scientific and practical considerations for the development of occupational exposure limits (OELs) for chemical substances. *Reg. Toxicol. Pharma.* 15:291–306.

Gu, Z.W., M.J. Keane, T.M. Ong, and W.E. Wallace. 2005. Diesel exhaust particulate matter dispersed in a phospholipid surfactant induces chromosomal aberrations and micronuclei but not 6-thio guanine-resistant gene mutation in V79 cells. *J. Toxicol. Environ. Health Part A* 68:431–444.

Hahon, N., J.A. Booth, F. Green, and T.R. Lewis. 1985. Influenza virus infection in mice after exposure to coal dust and diesel engine emissions. *Environ. Res.* 37:44–60.

Hamilton, R.F., S.A. Thakur, and A. Holian. 2008. Silica binding and toxicity in alveolar macrophages. *Free Radic. Biol. Med.* 44:1246–1258.

Hatch, G.E., E. Boykin, J.A., Graham, J. Lewtas, F. Pott, K. Loud, and J.L. Mumfor. 1985. Inhalable particles and pulmonary host defense: In vivo and in vitro effects of ambient air and combustion particles. *Environ. Res.* 36:67–80.

IARC. 1997. *IARC Monographs on the Evaluation of Carcinogenic Risks to Humans: Silica, Some Silicates, Coal Dust, and Para-ammid Fibrils.* Vol. 68. Lyon, France.

IARC. 2002. *IARC Monographs on the Evaluation of Carcinogenic Risks to Humans: Man-made Vitreous Fibres.* Vol. 81. Lyon, France.

ICRP. 1994. *Annals of the ICRP: Human Respiratory Tract Model for Radiological Protection.* ICRP Publication No. 66, Vol. 24, No. 1–3. Pergamon, New York.

ILSI. 2000. ILSI Risk Science Institute Workshop: The relevance of the rat lung response to particle overload for human risk assessment–A workshop consensus report. *Inhal. Toxicol.* 12:1–17.

ILSI. 2005. ILSI Risk Science Institute Working Group: Testing of fibrous particles–Short-term assays and strategies. *Inhal. Toxicol.* 17:535–797.

Kehrer, J.P. 1993. Free radicals as mediators of tissue injury and disease. *Crit. Rev. Toxicol.* 23:21–48.

Kreyling, W. 2003. Deposition, retention, and clearance of ultrafine particles. *BIA-Workshop, Ultrafine Aerosols and Workplaces.* http://www.hybg.dele/bia/pub/rep/rep04/pdf_datei/bar0703/topic_a.pdf

Kreyling, W.G., and G. Scheuch. 2000. Clearance of particles deposited in the lungs. In: *Particle Lung Interaction.* P. Gehr and J. Heyder (eds.). Marcel Dekker, New York, pp. 323–376.

Kreyling, W. G., M. Semmler, F. Erbe, P. Mayer, S. Takenaka, H. Schulz, G. Oberdorster, and A. Ziegenis. 2002. Translocation of ultrafine insoluble iridium particles from lung epithelium to extrapulmonary organs is size dependent and very low. *J. Toxicol. Environ. Health Part A* 65:1513–1530.

Lewis, A.B., M.D. Taylor, J.R. Robert, S.S. Leonard, X. Shi, and J.M. Antonini. 2003. Role of metal–induced reactive oxygen species generation in lung responses caused by residual oil fly ash. *J. Biosci.* 28:13–18.

Mandel, G., and N. Mandel. 1996. The structure of crystalline SiO_2. In *Silica and Silica–Induced Lung Diseases.* V. Castranova, V. Vallyathan, and W.E. Wallace (eds.). CRC Press, Boca Raton, FL, pp 63–78.

Mattson, S.M. 1995. Factors affecting fiber dissolution–In vitro experiments. In *Proceedings of the XVII International Congress on Glass*, October 10–13, Chinese Ceramic Society, Pequim (Beijing), China, pp. 368–373.

Mercer, R.R., J. Scabilloni, L. Wang, E. Kisin, A.R. Murray, D. Schwegler-Berry, A.A. Shvedova, and V. Castranova. 2008a. Alteration of deposition pattern and pulmonary response as a result of improved dispersion of aspirated single walled carbon nanotubes in a mouse model. *Am. J. Physiol: Lung Cell Mol. Physiol.* 294:L87–L97.

Mercer, R.R., J.F. Scabilloni, L. Wang, L.A. Battelli, and V. Castranova. 2008b. Use of single-walled carbon nanotubes to study acute translocation from the lung. *The Toxicologist* 102: A1399.

Monteiller, C., L. Tran, W. MacNee, S. Faux, A. Jones, B. Miller, and K. Donaldson. 2007. The pro-inflammatory effects of low-toxicity low-solubility particles, nanoparticles and fine particles on epithelial cells in vitro: The role of surface area. *Occup. Environ. Med.* 64:609–615.

Morrow, P.E. 1988. Possible mechanisms to explain dust overloading of the lungs. *Fundam. Appl. Toxicol.* 10:369–384.

Morrow, P.E., F.R. Gibbs, and K.M. Gaziogle. 1967. A study of particulate clearance from the human lungs. *Am. Rev. Respir. Dis.* 96:1209–1220.

Nel, A., T. Xia, L. Madler, and N., Li. 2006. Toxic potential of materials at the nanolevel. *Science* 311:622–627.

Nemmur, A., P.H.M. Hoet, M. Thommer, D. Nemery, B. Vanquickenborne, and H. Vanbilloen. 2002. Passage of inhaled particles into the blood circulation in humans. *Circulation* 105:411–414.

Nolan, R.P., A.M. Langer, J.S. Harington, G. Oster, and I.J. Selikoff. 1981. Quartz hemolysis as related to its surface functionalities. *Environ. Res.* 26:503–520.

Nurkiewicz, T.R., D.W. Porter, A.F. Hubbs, J.L. Cumpston,

B.T. Chen, D.G. Frazer, and V. Castranova. 2008. Nanoparticle inhalation augments particle-dependent systemic microvascular dysfunction. *Particle Fibre Toxicol.* 5:1.

Nurkiewicz, T.R., D.W. Porter, A.F. Hubbs, S. Stone, B.T. Chen, D.G. Frazer, M.A. Boegehold, and V. Castranova. 2009. Pulmonary nanoparticle exposure disrupts systemic microvascular nitric oxide signaling. *Toxicol. Sci.* 110:191–203.

O'Brien, A.D,, J.J. Standord, P.J. Christensen, S.E. Wicoxen, and R. Paine. 1998. Chemotaxis of alveolar macrophages in response to signals derived from alveolar epithelial cells. *J. Lab. Clin. Med.* 131:417–424.

Oberdorster, G. 1996. Evaluation and use of animal models to assess mechanisms of fibre carcinogenicity. In *Mechanisms of Fibre Carcinogenesis*. A.B. Kane, P. Boffetta, and J.D. Wilbourn (eds.). IARC Scientific Publication No. 140. IARC Press, Lyon, France, pp. 107–125.

Oberdorster, G. 2001. Pulmonary effects of inhaled ultrafine particles. *Int. Arch. Occup. Environ. Health* 74:1–8.

Oberdorster, G., J. Ferin, and B.E. Jehnert. 1994. Correlation between particle size, in vivo particle persistence, and lung injury. *Environ. Health Perspect.* 102(Suppl 5):173–179.

Oberdorster, G., Z. Sharp, V. Atudorei, A. Elder, R.M. Gelein, and A. Lunts. 2002. Extrapulmonary translocation of ultrafine carbon particles following whole body inhalation exposure of rats. *J. Toxicol. Environ. Health Part A* 65:1531–1543.

Opalek, J.M., N.A. Ali, J.M. Lobb, M.G. Hunter, and G.B. March. 2007. Alveolar macrophages lack CCR 2 expression and do not migrate to CCL2. *J. Inflam.* 4:19–30.

Palecanda, A., and L. Kobzik. 2001. Receptors for unopsonized particles: The roles of alveolar macrophage scavenger receptors. *Current Mol. Med.* 1:589–595.

Palecanda, A., J. Paulauskis, E. Al-Mulari, A. Imrich, G. Qin, H. Suzuki, T. Kodama, K., Tryggvason, H. Koziel, and L. Kobzik. 1999. Role of the scavenger receptor MARCO in alveolar macrophage binding of unopsonized environmental particles. *J. Exp. Med.* 189:1497–1506.

Raabe, O.G., M.A. Al-Bayati, S.V. Teague, and A. Rasolt. 1988. Regional deposition of inhaled mono disperse coarse and fine aerosol particles in small laboratory animals. *Ann. Occup. Hyg.* 32(Suppl 1):53–63.

Renwick, L.C., K. Donaldson, and A. Clouter. 2001. Impairment of alveolar macrophage phagocytosis by ultrafine particles. *Toxicol. Appl. Pharmacol.* 172:119–127.

Roberts, J.R., M.D. Taylor, V. Castranova, R.W. Clarke, and J.M. Antonini. 2004. Soluble metals associated with residual oil fly-ash increase morbidity and lung injury after bacterial infection in rats. *J. Toxicol. Environ. Health Part A* 67:251–263.

Roco, M.C. 2004. Science and technology integration for increased human potential and societal outcomes. *Ann. N.Y. Acad. Sci.* 1013:1–6.

Sagai, M., H. Saito, T. Ichinose, M. Koduma, and Y. Mori. 1993. Biological effects of diesel exhaust particles. I. In vitro production of peroxide and in vivo toxicity in mouse. *Free Radic. Biol. Med.* 14:37–47.

Sager, T.M., C. Kommineni, and V. Castranova. 2008. Pulmonary response to intratracheal instillation of ultrafine versus fine titanium dioxide: Role of particle surface area. *Particle Fibre Toxicol.* 5:17.

Shvedova, A.A., J.P. Fabisiak, E.R. Kisin, A.R. Murray, J.R. Roberts, J.A. Antonini, C. Kommineni, J. Reynolds, A. Barchowsky, V. Castranova, and V.E. Kagan. 2008. Sequential exposure to carbon nanotubes and bacteria enhances pulmonary inflammation and infectivity. *Am. J. Respir. Cell Mol. Biol.* 38:579–590.

Snipes, M.B. 1989. Long-term retention and clearance of particles inhaled by mammalian species. *Crit. Rev. Toxicol.* 20:175–211.

Stalder, K., and W. Stober. 1965. Haemolitic activity of suspensions of different silica modifications and inert dusts. *Nature* 207:874–875.

Stanton, M.F., M. Layard, A. Tegeris, E. Miller, M. May, E. Morgan, and A. Smith. 1981. Relation of particle dimension to carcinogenicity in amphibole asbestos and other fibrous minerals. *J. Nat. Cancer Inst.* 67:965–975.

Stone, K.C., R.R. Mercer, P. Gehr, B. Stockstill, and J.D. Crapo. 1992. Allometric relationships of cell numbers and size in the mammalian lung. *Am. J. Respir. Cell Mol. Biol.* 6:235–243.

Stossel, T.P. 1973. Quantitative studies of phagocytosis. Kinetic effects of cations and heat-labile opsonin. *J. Cell Biol.* 58:346–356.

Task Group on Lung Dynamics. 1966. Deposition and retention models for internal dosimetry of the human respiratory tract. *Health Phys.* 12:173–190.

Taylor, M.D., J.R. Roberts, S.S. Leonard, X. Shi, and J.M. Antonini, 2003. Effects of welding fumes of differing composition and solubility on free radical production and acute lung injury and inflammation in rats. *Toxicol. Sci.* 75:181–191.

Thakur, S.A., R. Hamilton, T. Pikkarainen, and A. Holian. 2009. Differential binding of inorganic particles to MARCO. *Toxicol. Sci.* 107:238–246.

Vallyathan, V., and X. Shi 1997. The role of oxygen free radicals in occupational and environmental lung diseases. *Environ. Health Perspect.* 105(Suppl 1):165–177.

Vallyathan, V., X. Shi, N.S. Dalal, W. Irr, and V. Castranova. 1988. Generation of free radicals from freshly fractured silica dust. Potential role in acute silica-induced lung injury. *Am. Rev. Respir. Dis.* 138:1213–1219.

Vallyathan, V., V. Castranova, D. Pack, S. Leonard, J. Shumaker, A.F. Hubbs, D.A. Shoemaker, D.M. Ramsey, J.R. Pretty, J.L. McLaurin, A. Khan, and A. Teuss. 1995. Freshly fractured quartz inhalation leads to enhanced lung injury and inflammation potential role to free radicals. *Am. J. Respir. Crit. Med.* 152:1003–1009.

Vastag, E., H. Matthys, G. Zsamboki, D. Kohler, and G. Diakeler. 1986. Mucociliary clearance in smokers. *Eur. J. Respir.* 68:107–113.

Warheit, D.B., T.A. McHugh, and M.A. Hartsky. 1995. Differential pulmonary responses in rats inhaling crystalline, colloidal or amorphous silica dusts. *Scand J. Work Environ. Health* 21(Suppl):219–221.

Weitzman, S.A., and P. Graceffa. 1984. Asbestos catalyses hydroxyl and superoxide radical generation from hydrogen peroxide. *Arch. Brochem. Brophys.* 228:373–376.

Wiessner, J.H., J.D. Henderson, P.G. Sohnle, N.S. Mandel, and G.S. Mandel. 1988. The effect of crystal structure on mouse lung inflammation and fibrosis. *Am Rev. Respir. Dis.* 138:445–450.

Xia, T., M. Kovochich, M. Liong, L. Madler, B. Gilbert, H. Shi, J.I. Yeh, J.I. Zink, and A.E. Nel. 2008. Comparison of the mechanisms of toxicity of zinc oxide and cerium oxide nanoparticles based on dissolution and oxidative stress properties. *ACS Nano* 2:2124–2134.

Yang, H.M., J.M. Antonini, M.W. Barger, L. Butterworth, J.R. Roberts, J.K.H. Ma, V. Castranova, and J.Y.C. Ma. 2001. Diesel exhaust particles suppresses macrophage function and slow the pulmonary clearance of Listeria monocytogenes in rats. *Environ. Health Perspect.* 109:515–521.

Zhou, H., and L. Kobzik. 2007. Effect of concentrated ambient particles on macrophage phagocytosis and killing of Streptococcus pneumonia. *Am. J. Respir. Cell Mol. Biol.* 36:460–465.

39

药用气溶胶和诊断性吸入气溶胶的测量

Anthony J. Hickey

北卡罗来纳大学埃谢尔曼药学学院，北卡罗来纳州教堂山市，美国

David Swift

约翰·霍普金斯大学环境健康工程学院，马里兰州巴尔的摩市，美国

39.1 引言

气溶胶应用在大量与健康相关的设备中，气溶胶测量在设备的优化、发展与监测中起着重要作用。这些应用大致分为以下三方面：①通过各种给药途径在治疗中使用药用气溶胶；②气溶胶应用于诊断过程中；③医疗气溶胶的意外暴露及控制。

医疗中使用的气溶胶与其他领域中使用的气溶胶有很多相似的特点。它们的起源和归宿包括：产生，随时间过程发生物理化学变化，以及由沉积或其他物理过程导致最终消亡。有些测量技术在其他应用中已经讨论过，这里不再赘述，本章主要描述气溶胶在医疗中的独特作用，重点介绍在特殊情况下设计、采用或应用气溶胶测量技术的理由，并讨论未来医疗应用中特殊气溶胶测量需要考虑的问题。

一些用在工业卫生、室内和室外空气污染以及放射性粒子中的气溶胶测量，与医疗行业中所用气溶胶的测量技术是密切相关的。无论是否用于评价疗效或毒性反应，这些应用都涉及气溶胶的潜在人体暴露。因此，应用于一个领域的气溶胶技术也同样应用于其他领域，这种现象很普遍。医疗领域中气溶胶研究是最近发展起来的。但是，现代医疗气溶胶的应用可追溯到 Lord Lister 的开创性工作，他在消毒研究中创造性地应用了苯酚气溶胶（Block，2001）。有记录记载，中国和印度早在公元前 4000—公元前 2000 年就使用天然物质产生的烟雾作为治疗剂。从 20 世纪 50 年代开始，出现了吸入式药用气溶胶产品（Hickey，2002）。

39.1.1 给药途径

然而吸入气溶胶产品在治疗中需要面对一个复杂的可吸入粒子输送系统，气溶胶技术的另一主要应用是通过施用粗颗粒进行局部给药。外用气溶胶输送系统所传输的液滴的物理化

学特征与吸入传输不同，这将在后面进行介绍。

39.1.2 药用和诊断性吸入气溶胶的类型

药用气溶胶与治疗疾病和改善健康的药理学或治疗效果有关。无疗效的诊断性吸入气溶胶探测肺功能，深入了解疾病本质和程度，这可能最终形成一种治疗方法。

药用气溶胶输送系统大致可分为5种药物合成/设备组合，它们是：外用气溶胶产品、鼻内泵、推进式定量剂量吸入器（pMDIs）、干粉吸入器和雾化器系统。每一类系统的输送技术都可以输送水溶液或悬液、非水质溶液或悬液和干粉。每种方法都有各自的优点，因此，对药物合成/设备的选择，需要其能够使现存技术得到最优应用（Dallby 等，2007）。

诊断性吸入气溶胶可以通过传统气溶胶生成器进行输送，例如喷雾剂。因为这些设备无需便携，当用于临床应用时，可以使用更精密和更基础的方法生成气溶胶（Gonda，2004）。

39.1.3 药用和诊断性吸入气溶胶的物理化学性质

药用和诊断性吸入气溶胶的物理化学性质在减缓分散、确定沉积位置、在肺部的清洁速率和途径方面起着重要作用。

在气溶胶测量的应用中，医疗领域的气溶胶具有一定的独特性，影响测量方法的选择。其中一个重要特征是很多（并非全部）气溶胶中具有强生物活性的物质，包括各种二级、三级结构的大分子和分子量。其中一些物质在较低浓度下就能发生显著的生物学变化，并能被高灵敏度的特定测试探测和定量［例如，胰岛素、生长激素和免疫球蛋白（Byron 和 Patton，1994）；亮氨酰脯氨酸醋酸盐（Adjei 和 Gupta，1994）］。这类大分子和其他生物活性物质的物理化学性质通常不稳定，而这些物质若以气溶胶形式存在，其生物活性可能改变。

医疗领域的其他气溶胶物质载带活性有机体，例如真菌、细菌或病毒。这些气溶胶能够通过灵敏、选择性的细菌学和病毒学方法探测和定量。类似的，在某些环境中，相对于pH、离子强度、疏水性和酶活性，它们通常在生理上是脆弱的，在空气传播感染方面，这些特征一直得到重要关注。疫苗和其他预防药剂的引进导致对一些通过气溶胶传播的传统疾病的关注降低。但是，新发现的病原体使空气传染重新得到关注，并且人们依然无法防止普通感冒或流行性感冒的传染，这就促使人们去了解空气传播途径。尽管目前缺乏依据，但人们依然对人体免疫缺陷病毒（HIV）含有空气传播组分的可能性充满兴趣，人们已经证实肺结核和麻疹等多种疾病通过空气进行传播。

39.2 药用气溶胶的给药途径

39.2.1 鼻内式气溶胶

39.2.1.1 鼻内用气溶胶类型

输送鼻内式气溶胶有多种目的。含盐喷雾用于使鼻黏膜再水化，固醇类或非固醇类消炎药物用于缓解过敏性鼻炎。最近，一种通过鼻黏膜吸收的系统活化剂（降血钙素），已用于治疗老年人的骨质疏松症。另外，鼻疫苗在防止流行性感冒上的应用使其得到更多关注（Flumist，MedImmune，Gaithersburg，MD）。

39.2.1.2 输送原理和输送系统

图 39-1 是一种典型的鼻喷雾药剂产品。如图 39-1(b)所示，它的输送原理与外用产品相似，除去一点：该产品喷射由病人操作，此处通过挤压驱动器释放泵的储蓄仓来提供推进力。当推动该产品底部时，容器对于驱动器的手把向上移动，一定量的气溶胶从喷嘴喷出。根据雾化器的几何形状，旋转或直接输送，由此控制喷雾的液滴大小和烟羽形状。从鼻输送器喷射出的液滴（直径）一般大于 20μm，可将喷嘴伸入鼻孔，使其直接作用于鼻黏膜。

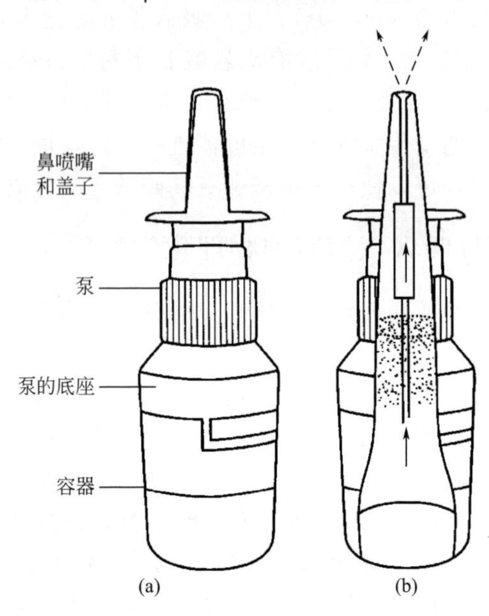

图 39-1 (a) 鼻疗喷雾产品；(b) 产品的垂直剖面：计量阀、汲取管、涡流式喷嘴。虚线表示气流方向

39.2.2 吸入式气溶胶

39.2.2.1 吸入式气溶胶类型

吸入式医用气溶胶旨在将药剂物质传输进入呼吸道，使其发生想要的生理改变（Newman，1984）。呼吸道是重点，或者说是治疗药物进入全身系统的入口。几种不同的治疗药物可同时输送到呼吸道，这其中包括生物活性分子（能在细胞水平作用于局部或全身系统）、能改变呼吸道分泌物物理性质的物质、治疗传染的物质。其化学成分复杂，从可溶性大分子到水或含盐气溶胶。

对于系统药物而言，将物质传送到呼吸道的任意部位，能够达到期望的吸收特征（通常是快速吸收）。局部给药的药物性吸入气溶胶通常需要更精准的传输部位，这由作用部位来决定。例如，气溶胶支气管扩张药物作用于局部，这就要求必须有足够药物传输到支气管，以达到预期治疗效果。如果气溶胶全部沉积在气管以上位置或传输到肺泡腔，局部支气管扩张就不会发生。

目前，人们了解的主要是“理想”气溶胶在呼吸道的沉积（Asgharian 等，2001），这已经成为预测和设计药剂气溶胶传输系统的思维定势。但是，如下面章节详述的那样(39.4.3)，尽管可以做出一些关于沉积的大致描述，但是一些“非理想”的药用气溶胶系统妨碍了预测的可靠性。药用气溶胶测量方法必须考虑这些非理想因素，将其与气溶胶的沉积特征相联系。

39.2.2.2 输送原理和输送系统

不同的气溶胶发生技术被应用到医用气溶胶，每一种技术对气溶胶有合适的测量方法。物质气溶胶化后最初的物理状态是一大块干粉、一种溶液、一种乳液或一种固态悬浮粒子。基于气溶胶发生方法，液态媒介可以是水或液态推进剂的其中一种。气溶胶的特征随气溶胶发生装置的不同而改变。表 39-1 列出其中一部分特征。

表 39-1 从各种设备主动或被动传输的气溶胶的特征（速度、粒径和浓度）

设　备	速度	粒径 / μm	浓度	释放 / 采集
pMDI	高	1～10	可变	主动
DPI	可变	1～10	高	被动或主动
雾化器	低	1～5	低	被动或主动

注：pMDI 为推进式定剂量吸入器；DPI 为干粉吸入器。

有一些方法可以将大块药剂粉末气溶胶化（Dunbar 等，1998）。Bell 等（1971）首次描述了 Spinhaler® 吸入器。凝胶囊内的大块粉末安装在吸入管内的转子支架中。使用前，打两个孔，用来释放粉末。病人快速吸入气流，使转子在较小的轴上旋转并振动，使粉末从胶囊排出进入气流。其最初形式是大块粉末，这些是粒子化的药物和粉末状乳糖的混合物，乳糖通过防止药物粒子过度凝聚来提高气溶胶化。目前，粒子化药物装进胶囊，已不需要乳糖或其他稀释剂。

Rotahaler® 吸入器［图 39-2(a)］是一种与输送干粉药物相似的设备，在设备中，干粉药物在吸入前被释放到小圆柱仓内，并在快速吸入时气溶胶化（导致高气流流量和仓体紊流），同时通过嘴管转移进入呼吸道（Kjelhnan 和 Wirenstrand，1981）。今年，Rotahaler® 吸入器被其他一些利用胶囊定量系统的被动粉末吸入器所取代。Cyclohaler® 吸入器［图 39-2(b)］是一种突出的例子，其主要应用于输送长期作用的 β-肾上腺素福莫特罗（支气管扩张药）(Foradil Aerolizer®；Hanneman，1999；Newman，2003a；Chan，2006）。

每一个仪器在吸入前都需要一个装载步骤。Turbohaler® 吸入器中，一个载有许多粉末电荷（高达数百）的圆盘能在每次应用时旋转，使新粉末电荷置于吸入空气的通道中（设备吸入空气的入口悬浮有粉末电荷）。流经气流道进入嘴管的紊流能使粉末分散混合，这样主要的单体粉末粒子就能进入呼吸道（Jaegfeldt 等，1987）。

Exubera® 产品［图 39-2(c)］设计的目的是向肺内输送胰岛素，其发展、批准及随后退出市场的历史是一个史诗般的传奇。这种产品的独特之处在于把药物的分散与吸入分离开，这些过程在压缩空气的帮助下进行，逐渐发展成为首个真正得到应用的与流动速率无关的设备。

很多药用气溶胶是以雾化器形式产生（Mercer，1981；Niven，2007）。射流雾化器利用高速气束（一般是压缩空气）将大块液体“剪切”成液滴（图 39-3）。在至少 150 年前，人们将该原理首次应用到液态气溶胶的生产，所有类似仪器都从最初版本直接传承下来的。众所周知，对于某种液体而言，其产生粒子粒径的中位值随空气速率的增加而减小，直至达到速率的实际极限：声速。对于一个给定的空气速率而言，粒子粒径的中位值随液体黏性和表面张力的减小而降低。现代雾化器通过惯性移除大粒子能得到更小粒径的粒子，如此“循环”以雾化液体的大部分质量（一般 99%），最终降低空气中液滴的质量浓度。射流雾化器

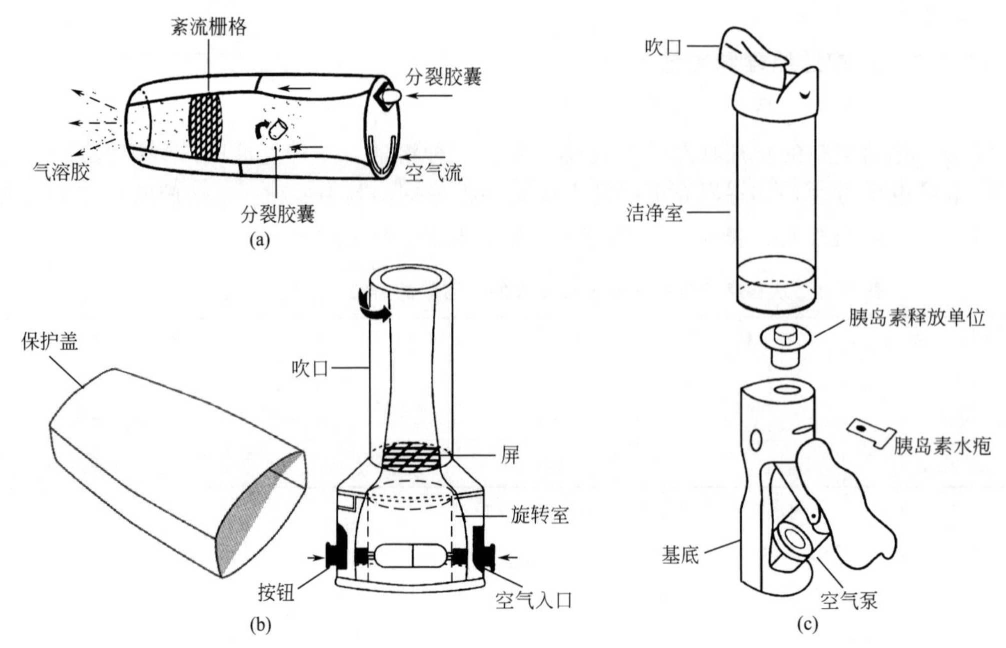

图 39-2 (a) Rotahaler® 吸入器示意图。该装置由两个部分和一个凹槽（依靠凹槽控制旋转）组成。图中可看到胶囊和格栅，粒子通过此处传递进入病人的呼吸气流。胶囊在呼吸气流中运动并释放气溶胶粒子。(b) Cyclohaler® 吸入器示意图。图中可看到胶囊和格栅，粒子通过此处传递进入病人的呼吸气流。胶囊旋转，使气溶胶粒子扩散。(c) Exubera® 肺部深度传输器示意图。该仪器配备有允许压缩空气通过的把手，压缩空气刺破含有药物的气泡，使其扩散进入容纳仓，以供病人从这里吸入气溶胶。气溶胶扩散和病人吸入两步骤连续但不同步

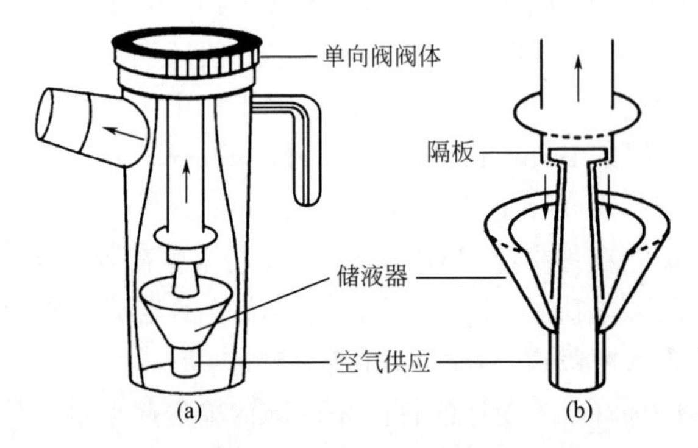

图 39-3 (a) Pari-LC Star® 雾化器。(b) 仪器剖面图，指出同轴液体给料和空气供给孔以及隔板，喷雾冲击在隔板上。指示方向的实线表示气溶胶流，箭头表示大液滴撞击并返回储液器

生成的气溶胶都是多分散性的，这种数量相对较少的大粒子的质量占气溶胶总质量的一大部分（即使是在惯性移除以后），这些大粒子的粒径比计数直径中位值大。

另一类主要用于治疗性气溶胶的雾化器是超声雾化器，超声雾化器中的超声波能量来源于电转换器，这些超声速能量汇集于大块液体，产生气态粒子，粒子的粒径中位值与液体性质和超声速频率有关。气溶胶生成量取决于超声速能量级，气溶胶质量浓度取决于生成速率和气流稀释速率，这些参数可以单独设置。射流雾化器和超声雾化器之间最大的使用区别是：射流雾化器内的气溶胶质量浓度受雾化喷射流的限制。

推进式定剂量吸入器（pMDI）是生产药用气溶胶的一种广泛使用的方法。在 pMDI 中，药物气溶胶化的方法是通过释放药物、推进剂和表面活性剂（有时用），使罐内液体推进剂中的药物在释放前保持稳定的分散状态（Purewal 和 Grant，1998）。这就是著名的“气溶胶罐”概念（用来配制很多商业产品），其体积微型并与剂量相适配，计量阀给阀盖的每个低压都分配一定的液体体积（图 39-4）。大多数情况下，药物在推进剂中以悬浮微粒化粉末的形式悬浮存在。一些药物是乳液或溶液。罐内物质几乎都是推进剂，有时候防止粒子凝聚的表面活性剂是次要组分。

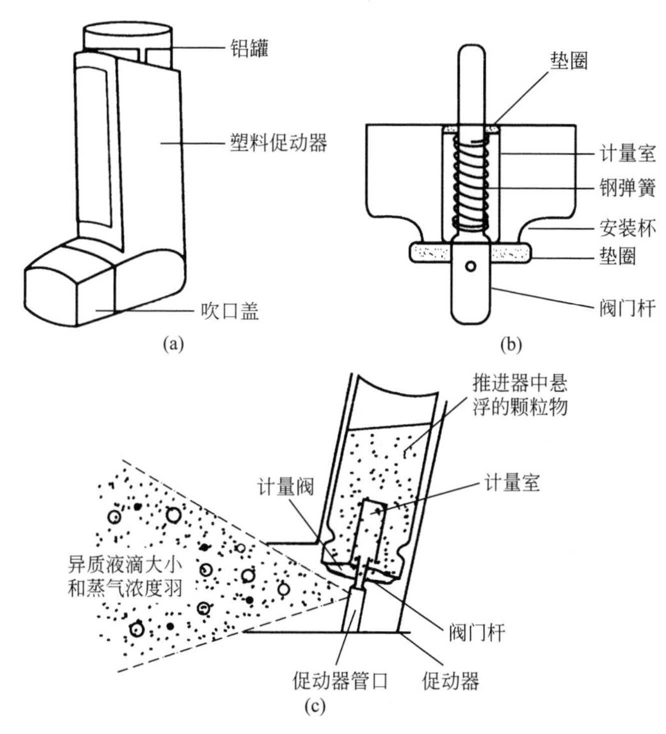

图 39-4　(a) 压力密封计量剂量吸入器，运行时把罐颠倒过来，阀门向下；(b) 测量阀；(c) 装置的垂直剖面图，展示气溶胶的生成过程

pMDI 是一种非常流行的药用气溶胶发生器，因为它能够自我控制（不需要气压、电池或其他能量来源）、口袋大小、生成相对稳定的药物量，并且使用相对简单。由于环境原因，人们逐渐淘汰了氟氯甲烷推进剂，pMDI 的前景因此暗淡。目前人们正在研制具备类似性质的替代推进剂，它们与治疗药剂间不能发生不良物理化学反应。

一些通过鼻腔或口呼吸道局部传输的气溶胶是由液态喷雾设备生产的。这些生产设备在技术上被称为液压雾化器。液压雾化器与射流雾化器不同，前者是利用机械力把液体压出小孔然后分裂成为大液滴（50～200 μm），而射流雾化器是利用气流冲破液滴而形成更小的粒子。液态喷雾设备与 pMDI 的不同之处在于：液滴不用进行沸腾蒸发以分散粒子并减小粒子粒径。最近几年振动网格（Ferrari 等，2008；Behr 等，2009）、高液压（Deshpande 等，2005）、电流体动力喷雾系统（Ijsebaert 等，2001）也得到发展，用来将可吸入液滴的水性喷雾剂喷射到肺部。

因为药用气溶胶是通过吸入进入人体，因此需要一个系统将气溶胶生成器与使用者的呼吸模式结合起来（Swift 等，2007）。要同时考虑气溶胶的生成过程和使用者的呼吸模式。

若两者不相匹配，可能产生不理想情况，即气溶胶生成但未被吸入，或能够被吸入但吸入量达不到要求。因为气溶胶治疗法的目的是将适量药物输送到呼吸道特定位置，所以不理想情况会导致潜在不理想结果：剂量达不到要求或过量。

就干粉气溶胶生成器而言，其输送系统是简单插入口腔或者鼻腔的一个尺寸合适的管子。呼吸与生成器间的理想结合是使生成的气溶胶粉末在吸入时受控制。唯一可能失败的情况是病人的呼吸流速不够快，无法将干粉气溶胶化。吸入前的呼气过程会增加湿度，导致粒子粘连，降低气溶胶化单个粒子的能力。因此，设备中通常有相关措施以减少或避免这些情况的发生。

射流雾化器和超声雾化器一般在恒定流量[$(1.3\sim1.7)\times10^{-4}$ m^3/s(8～10L/min)]下运行，因此需要给呼出气体及这期间产生的气溶胶提供一条通道。因为呼吸速率是变化的，这就需要在呼吸速率超过生成速率时提供额外补充气（反之亦然）。在一些射流雾化器系统中，设有气压旁道，只允许在吸入过程中生成气溶胶。在吸入时生成气溶胶的过程中，使用者仅需通过指压就能覆盖旁道，这样消除呼气时生成的气溶胶，但吸入过程中无法提供相匹配的气流。因为超声速生成器在生成气溶胶时不需要稳定气流，通过生成器的气流可由吸入流驱动，这样可以使气溶胶质量浓度发生暂时性变化。

pMDI 的暂时生成器与以上类型有很大不同。一旦按下调节器，很短时间内（约 0.1s）会产生气溶胶，其生成过程伴有高速气流，这由推进剂快速蒸发和空气诱导产生。使 pMDI 的暂时流模式与使用者的呼吸流相一致是不可能的，因此，若雾化瓶产生的气溶胶通过嘴部短管直接喷入口腔，则由蒸发的推进剂和药物组成的粒子将具有非常高的速率，从而具备优先碰到咽壁上的趋势。对 pMDI 气溶胶在人体呼吸道内沉积的研究发现（Berry 等，2004），仅有 6%～14%的气溶胶能够到达胸部呼吸道气管末梢。

人们把减少咽部高沉积和提高生成器与吸入一致性研究的重点集中在“间隔器（spacer）”。pMDI 与口腔之间的导管有各种形状和体积，高速率快速挥发的气溶胶被释放到这些导管中，然后从间隔器中被吸入（Atkins 和 Crowder，2004），在气溶胶被吸入前，间隔器可以减慢气溶胶速度并使之蒸发，从而导致其深度肺部传输。现已观察到，间隔器没有增加胸部沉积，但确实减少了咽部沉积。较大的粒子碰撞或停留在间隔器上，余下的气溶胶被吸入，伴随有少量口腔沉积。该传输系统暂时分开了气溶胶的生成和吸入。

与药用气溶胶输送系统有关的一个特殊问题是产品应用。当前使用的一些药物较昂贵，因此，人们考虑通过高效利用以降低成本。测量产品的最终利用率，最根本的是测量吸入过程中所提供的药物有多少可以到达呼吸道内的目标位置。通常，气溶胶的利用率很低，即使对 pMDI 而言，即便容器内所有药物都能够被气溶胶化，其利用率依然非常低。

由于某些原因，其他治疗用气溶胶系统利用率更低，设计理想的生成-传输系统应力求达到高利用率和合适的粒径（NCRP，1997）。

39.3 诊断性吸入气溶胶

39.3.1 诊断性吸入气溶胶的类型

诊断性吸入气溶胶的目的是为了解呼吸道状况，而不是把药物输送到某个位置以产生局部或系统疗效（Wagner，1976）。通常恰当描述此类诊断性吸入气溶胶的特征很重要，因为诊断信息取决于气溶胶的沉积量及沉积部位。

有两种广泛使用的诊断程序应用气溶胶：测量肺通气量及气道反应。其他应用气溶胶的诊断方法更为专业，受限于实验室的专业仪器和技术。

用气溶胶测量肺通气量有几个目的，包括诊断肺栓塞（PE）和识别急性、慢性气管收缩区。肺通气量定义为肺内各间隔的实际空气量，与之相对应的是肺正常工作时的吸入量。为诊断肺栓塞而进行的肺通气量测量应该与肺灌注测量一次进行。肺灌注定义为往肺内各血管隔间输送的血量（相对于正常量）和预期量的比值。已经证实肺内有一块同时具有通气和灌注缺陷的特殊区域，此区域内的气溶胶的放射性以及注入血管的示踪小球的放射性显著降低，从而使该特殊区域可作为肺栓塞的指示。用气溶胶测量肺通气并不常见，许多临床医生不使用气溶胶（尽管它们在一些方面具有优势），他们更倾向于用^{133}Xe 或^{82}Kr 气测肺通气量。虽然这些利用气体的方法不需要气溶胶生成器，但为进行全面分析所需的胸部视图需要的放射剂量比气溶胶多。使用气溶胶时，一次使用带有放射性标示的气溶胶就足以获取其全部连续视图。一般使用射流雾化器（39.3.2）产生此类气溶胶。

另一种诊断性吸入气溶胶程序是测量气管的超反应，又称支气管刺激（bronchoprovocation）。这个方法中的气溶胶含有活性物质，一般是乙酰甲基胆碱或组胺，以递增剂量依次施用于人体中。每次给药后，测量肺的机动性能。如果肺的机动性能发生了较大的改变，则停止测试并记录下所使用的总剂量。过敏或气喘患者对这些药物的敏感度远大于无此类病史的人，这种方法能方便地定量测量出敏感度。其他环境能调节敏感个体的反应。该方法为工作人员提供了方便，以调查普通环境中的空气传播物（室内或室外空气污染物）与特殊反应/个体可能发生的暴露条件之间的相互作用。

气溶胶还应用于诊断步骤中，用来测量肺泡薄膜的渗透性、中型或小型支气管的压缩、黏纤毛系统、肺内潮气与残余气体的混合（Agnew，1984）。这些方法更加专业化，需要操作人员对气溶胶的特征和输送有更深的理解。用于肺泡通透性的气溶胶不仅必须具有适当的生物学特性将高渗透压与低渗透压区分开来，而且必须具有一定的尺寸和性质以实现主要的肺泡沉积。用气溶胶的渗透来测量高支气管压缩度（肺边缘的气溶胶量与中间肺门区气溶胶量的比值），必须使用有明确定义的气溶胶和相应技术，例如 γ 闪烁扫描等技术。一般用放射性同位素标记的粒子测量肺黏液纤毛清除率，要求这些粒子不能溶于肺液，否则将通过肺泡上皮细胞转移，而不是黏液输送。粒子应当优先沉积在有纤毛的呼吸道表面。同样，在测量鼻腔内黏液纤毛清除率时，也要求粒子沉积或被传输到有纤毛的上皮细胞。气溶胶混合实验要求气溶胶在呼吸道上的沉积最小化，借助具有一定粒径范围的高度单分散性气溶胶可以实现这一条件。

39.3.2　输送原理和输送系统

常用的气溶胶诊断方法中，一般使用射流雾化器或超声雾化器来生产气溶胶，生产气溶胶的液体中含有放射性同位素溶液或胶状悬浮液（Newman，1984）。尽管这可能不是理想方法，但通常没有设备和专业技能为一些特定的工艺生成稳定单分散性气溶胶。用于支气管激发测试的气溶胶质量分数大，其沉积在肺泡区；尽管如此，对单一个体的测试可以合理地进行重复。用气溶胶测量支气管收缩时，同样利用射流雾化器或超声雾化器产生的有放射性多分散气溶胶。测量大支气管的黏液纤毛清除率时，主要应用大粒径的粒子（$d>5\ \mu m$），这些粒子必须具有高吸入率，使其能够明显沉积在大气管的分支上。这种情况下，大部分气溶胶沉积在口腔后部，降低了有效的排出量。此时悬浮大粒子（直径 3～10μm）的雾化可用于这种程序。在混合研究中，有必要测量吸入和呼出过程中的气溶胶浓度谱。一般用光度计的光散射测量蒸发-凝结（Sinclair-LaMer）发生器所产生的单分散气溶胶，这种生成气溶胶的方法需要能确定气溶胶单分散度的专业技术。

大部分诊断性吸入气溶胶的输送系统与某些药用气溶胶的输送系统相似。大多数情况下，它们之间的差别是：对诊断性吸入气溶胶的物质没有那么严格。有一个例外，诊断中放射性同位素气溶胶的利用率较低。因此，在诊断过程结束后，留下大部分同位素，这种情况可能耗资大或涉及高活性，放射性同位素气溶胶在操作和使用时必须加设防护。

在一些诊断程序中，重要的一点是测量输送过程中的呼吸特征，以估算气溶胶的沉积量。因为通常在临床实验室进行诊断，气溶胶输送系统的空间和便携性特征不构成一个要素，而这些对于药用气溶胶而言很重要（Heyder，1988）。即使考虑以上要素，pMDI 也很少应用于诊断性吸入气溶胶。支气管刺激的气溶胶测试中，常用雾化溶液来输送气溶胶。

39.4 药用和诊断性吸入气溶胶的特征

39.4.1 物理化学性质的测量

对于描述其行为的特征而言，药用气溶胶与其他气溶胶的相似之处包括：粒径分布（数目、表面积、体积）、数量和质量浓度、电荷、吸湿性、粒子中活性成分的分布。因为可吸入粒子的传输和沉积取决于气流中粒子的空气动力学性质，所以，惯性气流中粒子的性质由空气动力学等效直径（d_{ae}）决定。用 d_{ae} 描述粒子，其在呼吸道中的生成、吸入和空气动力学行为是对 $d_a \leqslant 5.0\mu m$ 的等效粒子而言的。

有三个主要问题使治疗用气溶胶的测量过程变得复杂。第一，多数情况下，气溶胶生成器与气溶胶吸入点之间的距离很短，没有合适位置来放置气溶胶测量装置。人们相信能在气溶胶被吸入前对其进行采样（去除），但目前还不清楚采样（用于随后的测量）对气溶胶吸入的总体影响。

第二个相关问题是在气溶胶生成、吸入与测量（涉及采样流）之间的流体匹配问题。如以上讨论，生成药用气溶胶可以使用恒定流量（雾化器），也可在脉冲条件下进行（例如，MDIs）。恒定流量时，气溶胶生成与采样之间的气流可以相互匹配，但循环吸入模式无法同气溶胶生成与采样气流相匹配。在脉冲流产生气溶胶的情况下，无论采样还是呼吸都没有合适的气流与气溶胶生成模式相匹配，这将导致对气溶胶特征做出错误描述。

在产生干粉气溶胶时，要控制气溶胶生成与呼入气流相匹配，但若采样要着眼于对气溶胶进行描述，采样气流就不能与吸入气流相匹配。因此，在任何情况下，难以同时使气溶胶生成、采样、呼吸气流相匹配。

药用气溶胶的第三个问题是，由于雾化器和 pMDIs 生成的液相气溶胶的性质不稳定，所以难以对气溶胶进行表征。射流或超声雾化器生成的水性气溶胶的粒径和其他性质会发生快速变化，这是由于液相粒子在传输系统内温湿度条件下寻求平衡过程中的蒸发或长大。当输送系统中同时存在吸入和呼出气流时，这种效应尤其明显。呼出气流主要由身体核心温度或接近身体核心温度和完全饱和的空气组成。雾化器产生气溶胶时的温度一般比周围温度低 5～7 K（Mercer，1981）。

pMDIs罐产生的气溶胶由含有活性物质和其他物质（如表面活性剂）的推进剂粒子组成。这些粒子高速运动，并迅速蒸发，伴随冷却。分配管前端和口腔通道末端粒子的粒径分布可能不同。

因为很难找到适合的仪器用来测量实际呼吸过程中进入呼吸道的气溶胶，一般直接用合适的仪器测量传输系统输出口的气溶胶。用于测量雾化器生成的气溶胶的常用仪器是级联冲击器（第8章）。这种粒径分级仪器在恒流下运行，根据几种互斥标准的其中一个进行设定。第一种设定是完全符合传输系统的输出气流，这样所有生成的气溶胶能进入冲击器，但需要冲击器符合这一条件，而商用冲击器不可能达到这一要求。第二种，进入冲击器的气流可以小于雾化器的输出气流，允许多余的气体流走。第三种，若冲击器的气流超过传输系统的输出气流，必须引入其他气体，在吸入气流超过雾化器输出气流的情况下，可以模拟呼吸循环的实际情况。

如上所述，当应用于临床并且雾化器输出是恒流时，没有一种标准完全符合条件，尤其是在气溶胶粒径和浓度严重依赖于补充空气的温度和湿度的情况下。目前，没有冲击器能够在循环气流条件下运行，且与呼吸气流相匹配。

使用级联冲击器测量雾化器产生的气溶胶的另一个难点是：在穿过冲击器各级时，粒子出现显著的蒸发现象。人们观察到，当含有0.9% NaCl（等同于细胞外液的渗透压）的液相气溶胶穿过级联冲击器时，上一级收集到的大部分沉淀是液相粒子，而最后一级收集的是固态含盐粒子。造成蒸发的主要原因可能是：冲击器的压降和亚微米粒子蒸气压增加的协同作用（开尔文效应）(Hinds，1999)。

用呼吸驱动产生干粒子气溶胶时，会产生与使用级联冲击器测量实际或模拟呼吸过程中粒子粒径分布时一样的问题。在粒子生成和输送的过程中，把样品从输送系统转移至冲击器，这一过程通常在恒流下进行，尽管流量、粒子浓度、粒径分布和静压在呼吸过程中可能发生显著变化。用级联冲击器测量吸入气流的全程等效重量不能反映随时间变化的气溶胶特征。

当用仪器（例如级联冲击器）采集从罐到呼吸道的通道内的样品时，pMDIs产生的气溶胶具有类似问题。这种情况下，推进剂的迅速蒸发和生成粒子的脉动速度（前面已提到）难以为级联冲击器提供理想的采样条件。

为避免与呼吸道外药用气溶胶有关的实际和理论困难以及复杂的采样过程，许多研究者选择把气溶胶传送到大容积仓的方法。在短暂的蒸发和混合后，用级联冲击器采集仓内余下的气溶胶，用来做粒径和质量分析（Le Brun等，2000）。如果捕集的是混合气溶胶，则对气溶胶生成进行了时间上的积分，捕集到的气溶胶就代表了整个生成期间的混合平均值。这种方法为各种气溶胶生成和输送的方法及条件提供了对比，最终捕集到的气溶胶是“化石残余（fossil remains）”。在实际治疗中，这些残余的气溶胶被输送到呼吸道。因此，研究者能够从输送点向前逆推气溶胶生成的时间和空间条件，据此可以判断呼吸过程中在某一时间点，实际上哪些气溶胶进入了呼吸道。

当捕集其他职业或环境气溶胶时，由于这些气溶胶不稳定的性质和时空变化，使用粒径分级设备（例如级联式冲击器）时，面临类似问题难以解释。但是，对药用气溶胶而言，其所面临的问题更困难，因为与其他情况相比，药用气溶胶的生成到吸入过程的时间更短。大量粒径分级技术应用于药用气溶胶的测量，关于这方面的一系列综述文章发表在药剂期刊上。这些技术不仅包括显微采样（Adi等，2008）和惯性采样法（de Boer等，2002；

Mitchell 和 Nagel，2004），还有激光衍射法（Mitchell 等，2006）、激光飞行时间法（Allen 等，2000）、激光全息摄影技术（Gorman 和 Carroll，1993）、直角光散射法（Xu，2000）和相位多普勒测速法（Hickey，2007）。

39.4.2 呼吸道沉积

由于测量呼吸道外的药用气溶胶存在困难以及为了达到将特定量的药剂递送到某些呼吸道区域的目的，需要对呼吸道内的气溶胶沉积进行实际测量，气溶胶沉积测量技术因此得到广泛发展。值得注意的是，数学模型已成功应用于肺部沉积和清除（Swift 等，2007）。目前，人们利用成像技术验证了这些模型在预测肺内沉积中的准确性。

在几乎所有情况下都可以运用放射性同位素释放 γ 射线对沉积进行测定，对吸入的气溶胶粒子进行物理和化学吸附。同位素释放 γ 射线，放射性探测器在机体外探测到这些 γ 射线（Taplin 和 Chopra，1978）。

根据需要描述的气溶胶粒子的空间分辨率水平来选择合适的技术方法。举最简单的例子，即使仅评估整个呼吸道的沉积量，通常也需要把呼吸道分成胸腔内和胸腔外两部分，一般以中段气管为界。在此分界下，胸腔外气路包括上端气管、喉、咽、口、鼻腔几部分，这些还被称为头气道（head airway）或鼻口咽喉区（NOPL）。测量胸腔外区的沉积物，最简单方法是使用单闪烁探测器，瞄准并能排除侧面、前面、后面位置的胸部沉积。与其相类似，胸腔内的沉积物也可用单一闪烁探测器进行评估。把探测器对准肺部，在距胸腔足够远的位置接收来自肺边缘的 γ 射线。这类测量可以估算一个或其他主要位置的沉积总量，但没有任何进一步的空间信息。

有此程度的空间信息，要超过背景放射所需要的活性并不强。个体能够吸入并获得一定剂量的含有放射性同位素的气溶胶，该剂量在人群年安全限以下。当使用^{99m}Tc 作为同位素时，同一个体能够进行多次呼吸，而总剂量在年暴露限值 0.5rem 以下。

若需要更高的空间分析率，可以用 γ 闪烁照相机进行气溶胶沉积检测。一个详细的胸腔内或胸腔外清晰图像，需要足够大的放射性量，这比未经对准的探测器要好很多，因为对准可获得更高的空间分辨率（约 5mm）。一个简单研究需要的剂量限制了同一个体进行研究的次数，因为吸入剂量必须在年剂量要求以内。即便如此，从这样的研究中获得的信息也只能被分成三个主要区域，即每个肺的三个区域或头气道的三个区域。肺内剂量放射性的平面（二维）影像无法实现外边缘（肺泡）区和中小支气管之间有很好分离，因为这些区域在这样的平面图上相互重叠。

用单光子放射 X 射线断层摄影技术（SPECT）可得到更详细的呼吸道沉淀气溶胶空间影像（SPECT；Phipps 等，1989）。这种技术可以将肺部或胸腔外的放射性分配成三维空间体积单元，即“三维像素”：等效二维像素。这样，不同平面上的放射性分布能被可视化和定量化。额外的放射性可以得到更多空间信息，单个影像的测量时间约为 20 min（γ 射线闪光照相机只需 5 min），并且有额外的计算能力来处理区域多位点扫描所获得的全部信息。20 min 的扫描时间太长，可能无法接受，因为上支气管或胸腔外气路中气溶胶的清除作用十分迅速，例如，落在鼻腔黏液纤毛表面的气溶胶沉积通常在 15 min 内被清除到咽部并且吞咽。若用 SPECT 程序对沉积和清除进行测量，清除时间须比扫描时间长。

有些情况下，药用气溶胶被输送到呼吸道，不需要空间分布，且药剂的吸收可以通过一系列血、尿样中药剂或其代谢产物的浓度进行测量（Walker 等，1972）。同样，在胸腔外区，有时也可通过洗脱沉积物定量分析一个合适的示踪物质来测量气溶胶沉积。如众所周知，pMDI 把大部分药物输送到后咽壁，这些药物能通过口腔冲洗或漱口清除出来，用于分析。

39.4.3 药用气溶胶的非理想行为

定量测定治疗药剂的气溶胶沉积十分重要，因为在多数情况下，基于呼吸道沉积模型很难预测药用气溶胶在呼吸道中的行为。这是因为此类模型建立在大量简单假设的基础上，假设气溶胶为“理想”气溶胶，即粒子是球形、固体、不吸湿、不挥发、无相互作用、在空气中浓度适中，且以吸入或呼出气速率在气路中运动。大部分药用气溶胶都无法满足这其中的一个或多个条件（Newman，1984）。

例如，pMDI 产生气溶胶是高速喷出的大个、快速蒸发的推进剂粒子。在损失掉大部分推进剂后，粒子通常具有吸湿性，因此，在呼吸道中部的温度和湿度下，粒子易吸湿增大。因此在呼吸道中部的温度和湿度下通过吸收水而生长。喷雾始于吸入空气的中心，可能无法在其传输路径的某段空间中均匀分布。由于传输路径短，吸入的是气溶胶团，而非连续体积的气溶胶，其在呼吸道内会发生扩散。其他药用气溶胶由液滴或扩散固体颗粒组成，从它们的物化性质以及产生和暴露方式来看，其类似于“非理想”气溶胶。

难以预测药用气溶胶的沉积的另一原因是：用气溶胶治疗呼吸道疾病时，许多人的呼吸道存在“非理想性”。甚至在“正常”人群中，气溶胶沉积也表现出显著的生物学变化，但是，很多人使用药用气溶胶，其肺部的形态和（或）呼吸方式是明显异常的。例如，患有囊肿性纤维化的个体吸入无刺激的含盐气溶胶来“溶解”分泌物。但是，有观察指出这种气溶胶优先沉积在肺的健康部分，而患病部位由于通气量少而有少量气溶胶沉积（Garcia-Contreras 等，2002；Sermet-Gaudalus 等，2002）。证明这一观点还需要更多研究。

39.4.4 呼吸道沉积物（药物代谢动力学）

药物代谢动力学是一种研究药物在体内运动和影响人体之间关系的科学，这一学科描述了药物进入人体、在体内循环及排出人体的时间过程（Clark 和 Smith，1981）。

气态粒子在肺部经历：吸收、黏液纤毛输送和胞间（巨噬细胞）分布。气溶胶分布的药物代谢动力学取决于沉积位置和粒子停留时间，后者与粒子溶解速率有关。在气管上部沉积的粒子易被黏液纤毛从气管快速输送到咽喉，在咽喉处被吞咽。在肺边缘沉积的粒子可被吸收，吸收量是溶解速率、溶解度和分隔系数的函数。微溶粒子将被吞噬，并可能受细胞内溶解和潜在降解机制作用，包括连续水解和酶作用。长时间溶解的粒子将被巨噬细胞从肺部传输到淋巴系统，最终进入血液循环。各种模型应用于一般药物（Byron，1986；Gonda，1988）或特殊药物（Hochhaus 等，1998；Edsbacker 等，1998）在肺部的沉积。应用放射性标记物研究沉积的药物动力学行为，用影像技术或闪烁计数检测血样中这些放射性标记物。色谱分离法（如高效液相色谱法）及特效药检测法（如紫外线、荧光或质谱法）可应用于检测血浆、血清或其他生物体液（如尿、支气管肺泡灌洗液）中药物的出现或消失。独立模型方法可应用于数据分析，或应用数学模型预测药物沉积（Suarez 和 Hickey，2001）。

39.4.5 功效和毒性

39.4.5.1 药用气溶胶

药用气溶胶表现出的功效与剂量有关。大部分输送到肺部气溶胶的治疗比很大，也就是说，毒性剂量比治疗剂量高很多。有目的的输送能够输送小剂量药剂，这样能避免局部和系统毒性。长期以来，人们认为利用肾上腺素兴奋剂和抗胆碱药是安全和有效的，并认为局部输送糖皮质激素（glucocorticosterroids）比全身用药更安全。但是，潜在的局部免疫限制（特别是在发生大量气溶胶沉积的口咽和上呼吸道中）使发生局部感染的风险增加，通常以念珠菌感染的形式出现。肺部作为使药剂在全身发挥治疗作用的给药途径，使药物输送的安全问题变得更加重要。因为有的药物（其中一些来源于生物）缓慢传输到肺边缘，需要特别考虑免疫学和毒理学因素。一些研究试图将肺部剂量和应用γ闪烁扫描法测量的临床反应药用气溶胶的分布联系起来（Dolovich，2000；Pritchard，2001；Newman，2003b）。将气溶胶测量、肺部成像、药物代谢动力学／药效学和药物功效等因素综合在一起是药物产品开发的理想目标。

39.4.5.2 诊断性吸入气溶胶

吸入诊断性气溶胶所面临的主要风险是用于成像的放射性同位素。可以通过使用具有短半衰期的放射源（例如使用^{99m}Tc）和使用灵敏度高的检测装置，使这些风险最小化。尽管如此，所有涉及放射性的研究应该接受放射性安全委员会和监察机构的监管以保护受试人体的权益和安全。

39.4.5.3 医疗中气溶胶的意外暴露

在医疗领域，存在许多潜在的和实际的气溶胶暴露情况，这些暴露是无意识的，并可能存在患病风险。在这种情况下，气溶胶测量可以估算出潜在暴露量和暴露控制方法的预期收益。其中一些涉及具有强大生物学效应的化学药剂，而其他的涉及活性有机体或它们的生物活性遗骸，可能导致疾病的传染、传播或其他疾病效应。

对空气（气溶胶）传播疾病的观察可以追溯到希腊时期。尽管缺乏对药剂的认识（通常把这种传播归因于“劣质空气”），但是当时的人们还是意识到空气传播感染的作用。现代生物化学、生理学、细菌学、病毒学和寄生虫学为理解很多疾病（一般从感冒到肺结核）空气传播的本质提供了工具。对免疫防护机制的了解使人们研发出疫苗和其他阻止或减弱这些有害疾病传播的方法。

尽管发展迅速，一些“新”疾病（例如艾滋病）的出现、特效药剂（如抗癌素）的广泛使用、人体和其他生物组织及液体在诊断和实验室研究中处理水平的提高，都使人们认识到空气暴露和传播在当前的重要性，就像当年肺结核、流感、肺炎成为世界流行病时的重要性一样。

39.4.5.4 人与人之间通过气溶胶传播的疾病

人们已证实，呼吸道中的气溶胶存在多种产生方式，包括打喷嚏、咳嗽、讲话和歌唱（Wells，1995）。这些过程中释放出的粒子的粒径范围很大。大粒子（$d>10\mu m$）很快落到水平面，直接释放或蒸发形成的小粒子能够在空气中保留较长时间。这些“液滴核”可能含有任何生物有机体，它们是疾病通过空气在人体间远距离传播的媒介。由于它们的环境“耐久性”，这些液滴甚至可能通过通风系统传播并感染距离传染源很远的个体（Riley，1974）。

有两种描述气溶胶特征的方法用于描述这类药剂：①作为合适媒介的有机体的数浓度和菌落（等效）数量；②“传染单元”的经验数量（每个单元含有致病有机体的最小数量）。有些情况下，可能只存在一个活有机体；而在其他情况下，则需要多个有机体。通过标准方法测量有机体或传染单元的减少来获得通过空气稀释、杀死有机体或物理去除（过滤）等方法控制有机体传播的效率。目前，杀死有机体的方法很多。例如，用紫外线可以削减多种气溶胶粒子，削减量可通过液体冲击滤尘器或琼脂板级联冲击器进行定量（第24章）。

目前，治疗肺结核的疫苗和化学疗法已得到广泛应用。由此可想到在不久前，发达国家的空气传染疾病还仅限于普通感冒、流感和其他可医治疾病。但是，肺结核作为艾滋病和其他免疫缺陷状况的副作用的复发已重新引起人们的关注，尤其是医护人员，更加严重的气体传播疾病仍会出现。虽然没有证据证明艾滋病可通过空气途径传播，但在空气传播方面，还有其他值得关注的条件性病原体。因此，评估问题大小的技术和应用气溶胶测量评估控制技术的效果，还有待进一步发展（Riley，1972）。

39.4.5.5 药用气溶胶药剂的意外暴露

生产、处理和管理治疗药剂（包括气溶胶的构成）对医疗工作者和对其他经常或偶尔经历多途径暴露的人员可能造成的健康危害，逐渐得到更多关注。在第24章已讨论过生物气溶胶（生物过程中产生的气溶胶）的测量技术。但需要强调的是，新治疗药剂快速发展（多数是从基因工程和分子生物学发展而来）的同时，应对制药工作者和医护人员暴露于药剂后的反应进行检测。这不仅包括治疗人体疾病的药剂，还包括逐渐增多的用在畜牧业和兽医检疫中的药剂。总之，必须尽量减小暴露量（包括空气粒子引起的暴露）以消除致病效应。

用标准气溶胶采样器对这些物质进行检测并确定其在空气中的浓度，前提条件是：采样基质不影响能应用于这些物质的生物鉴定方法的敏感性和选择性。对这些药剂进行环境采样的优点之一是：这些药剂的生物学效能允许使用高灵敏度和高选择性的检测试验；这些检测能力已经在很多使用这些试剂的实验室得到了应用。

39.4.5.6 组织、细胞、体液测试中生物气溶胶的意外暴露测试

利用生物有机体（主要是人体）组织、细胞、体液（包括血液）的常规测试日益增加，且许多疾病传播途径都可能使医疗人员受到感染（Zimmerman等，1981），这些关注点与前面提到的相类似。尽管大部分传播是由于疏忽通过针管直接传播到血液等诸如此类的途径，但是一些设备中气溶胶生成和传播的可能性开始得到普遍关注。形成气溶胶的过程有很多，如离心、搅拌、移液，因内部处理程序不良导致气溶胶形成，这些液体会干燥并形成气溶胶。尽管有些减小其他传播途径的做法（如皮下注射针夹），这种做法本身也能直接产生气溶胶或导致液体溢出到表面（Macalino等，1998）。

随着艾滋病的出现，这些可能性得到更多的公众关注。即使不需要面对艾滋病传播的威胁，还有一些更强的有机体（如肝炎病毒）可能发生传播，这就有足够理由去理解和发展控制措施以切断其传播途径。有关健康文献中的几类职业流行病学研究证明：传播的确发生，但很少进行环境采样（包括空气传播途径）。随着药用气溶胶的使用，好的微生物技术能够检测到存在的多数有机体，并在应用中能与合适的气溶胶采样技术相结合。

39.4.5.7 牙科手术中生物气溶胶的意外暴露

很多牙科手术（如牙钻孔、摩擦洗牙和一些口腔外科手术）能产生气溶胶粒子。这些气溶胶粒子含有刺激性尘和来自口腔的致病菌（Babich和Burakoff，1997）。一些应用于牙科

医学的新技术（如激光切割、水摩擦洗牙和干粉摩擦切割）都是气溶胶的来源，可能给牙齿病人、牙医、工作人员和其他处于同一环境中的病人带来危害（Harrel 和 Molinari，2004）。高效高速钻子能产生更细小的尘，这些细尘能从口腔高速溢出，引发气溶胶暴露。从牙套中采集的气溶胶样品证明活的致病气溶胶有机体的存在。这使排风系统和其他阻止或减少暴露的方法得到使用。在开发这种通风系统的过程中，存在一个实际问题，即很难在不妨碍进入工作区域的情况下达到高捕集效率。

随着新技术和新材料的使用，对牙科气溶胶暴露（和其途径）程度的评估和感染风险的抑制变得十分重要。对某些高传染性和致病性微生物而言，产生影响的吸入性气溶胶量可能非常小。

39.4.5.8 外科手术中气溶胶的意外暴露

外科技术（如牙外科）的发展，有时出现新的气溶胶传输模式，不仅影响病人，还会影响医护人员。外科手术中激光和电烙使用的增多证明了这一观点。这些外科手术技术，还有骨头和组织切除手术，都会产生大量空气粒子，这些粒子能传播感染和致病有机体，使其在病人身上局部传播，并传播给其他个体（Goldman，2006）。

这颠覆了感染传播的传统观念，曾经（现在）人们关注的是防止外科医生或其他手术室工作人员在接触病人的手术伤口时发生感染。具体做法（并不总是成功）是：清洁服装、皮肤清洁和消毒灭菌、外科面具、（最近使用的）手术地点的层流空气过滤以及在伤口处直接应用消毒灭菌材料。这是一项很复杂的任务，尤其是在大面积外科手术中，如髋关节置换或开胸手术。

手术中产生的烟雾气溶胶以及其他气溶胶的特征描述有限，目前大多是传闻。但已证实：活性有机体可能在手术过程中被气溶胶化（Merritt 和 Myers，1991）。因为激光和电烙都会在切割部位产生高温，这可能产生疑问：在此过程中产生多少气溶胶并保持存活状态。临近切割点的组织由于高温向空气中释放细胞和组织碎片。目前，还没有研究粒径与活性有机体性质间的关系，尽管这类研究作为活性物种生物测试的一种，但是并未超出现有的气溶胶采样和分析能力。

39.4.5.9 气溶胶治疗中气溶胶的意外暴露

目前，一些治疗用气溶胶的生产和使用，使人们关注其对医务人员健康的影响，这其中包括药用气溶胶源产生的气溶胶或在病人身上使用的气溶胶（Krilov，2002）。其中引起人们注意的是戊烷脒（pentamidine）气溶胶使用量的增加，这种气溶胶用于治疗与 AIDS 相关的卡氏肺孢子虫肺炎（PCP）。通常医院病房中有多位病人，在使用这种气溶胶药剂时，戊烷脒水溶液会通过气溶胶传输系统转移到每一位病人。尽管施药目标是将全部戊烷脒传送到病人的肺泡隔，药物气溶胶却能离开传输系统而转移到病房外。病房内或病房周围的医护人员暴露于该气溶胶中，由于这种药物被设计为具备深入肺部的能力，医护人员中咳嗽和刺激单例报道屡见不鲜（Obaji 等，2003）。可能发生的长期暴露效应至今未明。

多数时候，测量戊烷脒气溶胶使用相当原始的方法，即进行区域气溶胶采样，并证实存在可吸入尺寸的戊烷脒气溶胶。人们已提出一些减少暴露的方法，但未对这些方法进行评估。这些方法包括：增加室内通风量，将病人隔离在配有独立供气和过滤排气的单间，为医护人员配备呼吸保护装置。人们已意识到上述控制方法的缺点，但未能找到理想解决方案。

另一种被广泛应用的气溶胶治疗方法是：用含盐气溶胶来诱导唾液产物，用于收集支气管细胞和支气管液体，以及进行细胞学测试。

众所周知，伴随气溶胶给药和帮助支气管分泌物向上移动的咳嗽也会产生气溶胶。这些气溶胶可能包括致病有机体。如上所述，鲜有对气溶胶的定量表征来测试减少暴露的控制方法。

将来可能有更多治疗药物以类似的气溶胶形式应用于病人，应用气溶胶计量技术评估治疗效果和医务人员可能发生无意暴露而引发的伤害十分重要。

39.5　药用气溶胶和诊断性吸入气溶胶测量中存在的问题

气溶胶技术对医疗发展的贡献显而易见：使用气溶胶物质，带来增加治疗和诊断效果的可能性；同时也可能给医护人员带来不良暴露，使其暴露于具有生物学效力的气溶胶药剂。气溶胶测量技术在这些发展中起到非常重要的作用，指导药用气溶胶和诊断性吸入气溶胶在治疗中得到最有效、最充分的利用，并且能够评估暴露程度和暴露控制措施的有效性。

因此，关于药用气溶胶的控制和描述方面的政策和药典在不断更新。目前，美国政策（美国食品与药物管理局，FDA）和药典（美国药典，USP）机构正与全球范围内的同类机构合作，以协调（国际协调协会）产品评估的要求，从而在国际健康与安全和促进商贸合作上建立标准方法。

39.6　结论

把有效的气溶胶测量技术同生物化验技术结合在一起，用来描述对人体健康十分重要的气溶胶已有很长的历史。人们已经在保护医护人员方面做出一些努力，但更多努力是针对“粉尘行业”的工作者。药用气溶胶和诊断性吸入气溶胶的输送方法的设计借助了工业卫生学家、健康物理学家和空气污染研究者的专业知识。

通过会议、期刊和科研合作项目来持续促进各学科间的专业交流，这需要得到公共和私人基金的资助。这些努力的结果是使医护消费者和医护提供者达到双赢。这方面的发展能进一步促进气溶胶科学和技术的广泛应用（包括气溶胶测量），使其作为一门科学学科和技术在更多重要领域发挥作用。

39.7　参考文献

Adi, S., H. Adi, H. K. Chan, P. M. Young, D. Traini, R. Yang, and A. Yu. 2008. Scanning white-light interferometry as a novel technique to quantify the surface roughness of micron-sized particles for inhalation. *Langmuir* 24(19):11307–11312.

Adjei, A., and P. Gupta. 1994. Pulmonary delivery of therapeutic peptides and proteins. *J. Controlled Release* 29(3):361–373.

Agnew I. E. 1984. Aerosol contributions to the investigations of lung structure and ventilation function. In *Aerosols and the Lung*, eds. S. W. Clarke and D. Pavia. London: Butterworths.

Allen, J. O., D. P. Fergenson, E. E. Gard, L. S. Hughes, B. D. Morrical, M. J. Kleeman, D. S. Gross, M. E. Galli, K. A. Prather, and G. R. Crass. 2000. Particle detection efficiencies of aerosol time of flight mass spectrometers under ambient sampling conditions. *Environ. Sci. Technol.* 34:211–217.

Asgharian, B., W. Hofmann, and R. Bergmann. 2001. Particle deposition in a multiple-path model of the human lung. *Aerosol Sci. Technol.* 34:332–339.

Atkins, P. J., and T. M. Crowder. 2004. The design and development of inhalation drug delivery systems. In *Pharmaceutical Inhalation Aerosol Technology*, 2nd ed., ed. A. J. Hickey. New York: Marcel Dekker, pp. 279–309.

Babich, S., and R. P. Burakoff. 1997. Occupational hazards of dentistry. A review of literature from 1990. *N. Y. State Dent. J.* 63:26–31.

Behr, J., G. Zimmermann, R. Baumgartner, H. Leuchte, C. Neurohr, P. Brand, C. Herpich, K. Sommerer, J. Seitz, G. Menges, S. Tillmanns, and M. Keller. 2009. Lung deposition of a liposomal cyclosporine A inhalation solution in patients after lung transplantation. *J. Aerosol Med. Pulm. Drug Del.* 22(2):121–129.

Bell, I. H., P. S. Hartley, and J. S. G. Cox. 1971. Dry power aerosols 1: A new powder inhalation device. *J. Pharm. Sci.* 60:1159–1164.

Berry, J., S. Heimbecher, J. L. Hart, and J. Sequeira. 2003. Influence of the metering chamber volume and actuator design on the aerodynamic particle size of a metered dose inhaler. *Drug Dev. Indust. Pharm.* 29:865–876.

Block, S. S. 2001. *Disinfection, Sterilization, and Preservation*, 5th ed. Philadelphia: Lippincott Williams and Wilkins, pp. 3–18.

Byron, P. R. 1986. Prediction of drug residence times in regions of the human respiratory tract following aerosols inhalation. *J. Pharm. Sci.* 75:433–436.

Byron, P. R., and J. S. Patton. 1994. Drug delivery via the respiratory tract. *J. Aerosol Med.* 7:49–75.

Chan, H. K. 2006. Dry powder aerosol delivery systems: Current and future research directions. *J. Aerosol Med.* 19(1):21–27.

Clark, B., and D. A. Smith. 1981. *An Introduction to Pharmacokinetics*. Oxford: Blackwell, p. 1.

Dalby R N., S. L. Tiano, and A. J. Hickey. 2007. Medical devices for delivery of therapeutic aerosols to the lungs. In *Inhalation Aerosols, Physical and Biological Basis for Therapy*, 2nd ed., ed. A. J. Hickey. New York: Informa Healthcare, pp. 417–444.

de Boer A. H., D. Gjaltema, P. Hagedoorn, and H. W. Frijlink. 2002. Characterization of inhalation aerosols: A critical evaluation of cascade impactor analysis and laser diffraction technique. *Int. J. Pharm.* 249:219–231.

Deshpande, D. S., J. D. Blanchard, J. Schuster, D. Fairbanks, C. Hobbs, R. Beihn, C. Densmore, S. Farr, and I. Gonda. 2005. Gamma scintigraphic evaluation of a miniaturized AERx pulmonary delivery system for aerosol delivery to anesthetized animals using a positive pressure ventilation system. *J. Aerosol Med.* 18(1):34–44.

Dolovich, M. A. 2000. Influence of inspiratory flow rate, particle size, and airway caliber on aerosolized drug delivery to the lung. *Respir Care* 45(6):597–608.

Dunbar, C. A., A. J. Hickey, and P. Holzner. 1998. Dispersion and characterization of pharmaceutical dry powder aerosols. *KONA* 16:7–45.

Edsbacker, S., and M. Jendbro. 1998. Modes to achieve topical selectivity of inhaled glucocorticosteroids-c: Focus on budesonide. In *Respiratory Drug Delivery* VI, eds. R. N. Dalby, P. R. Byron, and S. J. Farr. Buffalo Grove, IL: Interpharm Press, pp. 71–82.

Ferrari, F., Z.-H. Liu, Q. Lu, M.-H. Becquemin, K. Louchahi, G. Aymard, C.-H. Marquette, and J.-J. Rouby. 2008. Comparison of lung tissue concentrations of nebulized ceftazidime in ventilated piglets: Ultrasonic versus vibrating plate nebulizers. *Intensive Care Medicine* 34(9):1718–1723.

Finlay, W. H. 2001. *The Mechanics of Inhaled Pharmaceutical Aerosols: An Introduction*, New York: Academic.

Garcia-Contreras, L., and A. J. Hickey. 2002. Pharmaceutical and biotechnological aerosols for cystic fibrosis therapy. *Adv. Drug Deliv. Rev.* 54(11):1491–1504.

Gonda, I. 1988. Drugs administered directly into the respiratory tract: Modeling of the duration of effective drug levels. *J Pharm. Sci.* 77:340–346.

Gonda, I. 2004. Targeting by deposition. In *Pharmaceutical Inhalation Aerosol Technology*, 2nd ed., ed. A. J. Hickey. New York: Marcel Dekker, pp. 65–88.

Goldman, L. 2006. A review: Applications of the laser beam in cancer biology. *Int. J. Cancer* 1:309–318.

Gorman, W. G., and E. A. Carroll. 1993. Aerosol particle-size determination using laser holography. *Pharm. Tech.* 17(2):34–37.

Hannemann, L. A. 1999. What is new in asthma?: New dry powder inhalers. *J. Pediatr. Health Care* 13(4):159–165.

Harrel, S. K., and J. Molinari. 2004. Aerosols and splatter in dentistry: A brief review of the literature and infection control implications. *J. Am. Dent. Assoc.* 135:429–437.

Heyder, J. 1988. Assessment of airway geometry with inert aerosols. *J. Aerosol Med.* 1:167–171.

Hickey, A. J. 2002. Delivery of drugs by the pulmonary route. In *Modern Pharmaceutics*, 4th ed., eds. G. S. Banker and C. T. Rhodes. New York: Marcel Dekker, pp. 479–499.

Hickey, A. J. 2007. Methods of aerosol particle size analysis. In *Pharmaceutical Inhalation Aerosol Technology*, 2nd ed., ed. A. J. Hickey. New York: Marcel Dekker, pp. 345–384.

Hinds, W. C. 1999. *Aerosol Technology: Properties, Behavior, and Measurement of Airhorne Particles*. New York: John Wiley & Sons.

Hochhaus, G., S. Suarez, R. I. Gonzalez-Rothi, and H. Schreier. 1998. Pulmonary targeting of inhaled glucocorticoids: How is it influenced by formulation. In *Respiratory Drug Delivery* VI, eds. R. N. Dalby, P. R. Byron, and S. J. Farr. Buffalo Grove, IL: Interpharm Press, pp. 45–52.

Ijsebaert, J. C., K. B. Geerse, J. C. M. Marijnissen, J.-W. J. Lammers, and P. Zanen. 2001. Electro-hydrodynamic atomization of drug solutions for inhalation purposes. *J. Appl. Physiol.* 91:2735–2741.

Jaegfeldt, A., J. Anderson, E. Trofast, and K. Welterlin. 1987. A new concept in inhalation therapy. In *Proceedings of an International Workshop on a New Inhaler*, eds. S. Newman, F. Moren, and Crompton. London: Medicom.

Kjellman, N., and B. Wirenstrand. 1981. Letter to the editor. *Allergy* 36:437–438.

Krilov, L. R. 2002. Safety issues related to the administration of ribavirin. *Pediatr. Infect. Dis. J.* 21(5):479–481.

Le Brun, P. P., A. H. de Boer, H. G. Heijerman, and H. W. Frijlink. 2000. A review of the technical aspects of drug nebulization. *Pharm World Sci.* 22:75–81.

Macalino, G. E., K. W. Springer, Z. S. Rahman, D. Vlahov, and T. S. Jones. 1998. Community-based programs for safe disposal of used needles and syringes. *J. Acquir. Immune Defic. Syndr. Hum. Retrovirol.* 18(Suppl 1):S111–S119.

Mercer, T. T. 1981. Production of therapeutic aerosols: Principles and techniques. *Chest* 80(Suppl 1):813–818.

Merritt, W. H., and W. R. Myers. 1991. Real time aerosol monitoring during laser surgery. *Paper presented at the 1991 American Industrial Hygienists Conference*, Salt Lake City, UT, May 18–24.

Mitchell, J. P., and M. W. Nagel. 2004. Particle size analysis of aerosols from medicinal inhalers. *KONA* 22:32–64.

Mitchell, J. P., M. W. Nagel, S. Nichols, and O. Nerbrink. 2006. Laser diffractometry as a technique for the rapid assessment of aerosol particle size from inhalers. *J. Aerosol Med.* 19:409–433.

NCRP. 1997. *Deposition, Retention, and Dosimetry of Inhaled Radioactive Substances, NCRP Report No. 125*. National Council on Radiation Protection and Measurements, Bethesda, MD.

Newman, S. 1984. Therapeutic aerosols. In *Aerosols and the Lung*, eds. S. W. Clarke and D. Pavia. London: Butterworths.

Newman, S. P. 2003a. Deposition and effects of inhaled corticosteroids. *Clin. Pharmacokinet.* 42(6):529–544.

Newman, S. P. 2003b. Drug delivery to the lungs from dry powder inhalers. *Curr. Opin. Pulm. Med.* 9(Suppl 1):S17–S20.

Niven, R W., and A. J. Hickey. 2007. Atomization and nebulizers. In *Inhalation Aerosols, Physical and Biological Basis for Therapy*, 2nd ed., ed. A. J. Hickey. New York: Marcel Dekker, pp. 253–283.

Obaji, J., L. R. Lee-Pack, C. Gutierrez, and C. K. Chan. 2003. The pulmonary effects of long-term exposure to aerosol pentamidine:

A 5-year surveillance study in HIV-infected patients. *Chest* 123(6):1983–1987.

Phipps, P., I. Gonda, D. Bailey, P. Borham, G. Bautovich, and S. Anderson. 1989. Comparison of planar and tomographic gamma scintigraphy to measure the penetration index of inhaled aerosols. *Am. Rev. Respir Dis.* 139:1516–1523.

Pritchard, J. N. 2001. The influence of lung deposition on clinical response. *J. Aerosol Med.* 14(Suppl 1):S19–S26.

Purewal, T. S., and D. J. W. Grant. 1998. *Metered Dose Inhaler Technology.* Buffalo Grove, IL: Interpharm Press.

Ranucci, J., and E-C. Chen. 1993. Phase Doppler anemometry: A technique for determining aerosol plume-particle size and velocity. *Pharm. Tech.* 17:62–74.

Riley, R. L. 1972. The ecology of indoor atmospheres: Airborne infections in hospitals. 1. *Chronic Dis.* 25:421–430.

Riley, R. L. 1974. Airborne infection. *Am. J. Med.* 57:466–475.

Sermet-Gaudelus, I., Y. Le Cocguic, A. Ferroni, M. Clairicia, J. Barthe, J. P. Delaunay, V. Brousse, and G. Lenoir. 2002. Nebulized antibiotics in cystic fibrosis. *Paediatr. Drugs* 4(7):455–467.

Suarez, S., and A. J. Hickey. 2001. Pharmacokinetic and pharmacodynamic aspects of inhaled therapeutic agents. In *Medical Applications of Computer Modelling: The Respiratory System*, ed. T Martonen. Southampton, UK: WIT Press, pp. 225–304.

Swift, D. L., B. Asgharian, and J. S. Kimbell. 2007. Use of mathematical aerosol deposition models in predicting the distribution of inhaled therapeutic aerosols. In *Inhalation Aerosols, Physical and Biological Basis for Therapy*, 2nd ed., ed. A. J. Hickey. New York: Informa Healthcare, pp. 55–82.

Taplin, G. V., and S. K. Chopra. 1978. Inhalation lung imaging with radioactive aerosols and gases. *Prog. Nuclear Med.* 5:119–120.

Xu, R. 2000. *Particle Characterization: Light Scattering Methods.* New York: Kluwer Academic.

Wagner, H. N. 1976. The use of radioisotope techniques for the evaluation of patients with pulmonary disease. *Am. Rev. Respir. Dis.* 113:203–218.

Walker, S. R., M. Evans, M. E. Richards, and J. W. Paterson. 1972. The fate of (^{14}C) disodium cromoglycate in man. *J. Pharm. Pharmacol.* 24:525–531.

Wells, W. E. 1955. *Airborne Contagion and Air Hygiene.* Cambridge: Harvard University Press.

Zimmerman, P. E., R. K. Larsen, E. W. Barkley, and J. F. Gallelli. 1981. Recommendations for the safe handling of injectable antineoplastic drug products. *Am. J. Hosp. Pharm.* 38:1693–1695.

附录

附录 A

术语汇编

A/D 变换器 用于将模拟信号转换成数字信号的电子设备

消融 物质从固相直接转化成气相的过程

吸收 气态或蒸气分子转移到液相中的过程

积聚模 大气粒子的一种粒径分布模式，主要由较小粒子凝结构成

精度 测量值与真值的接近程度

放线菌 形态学上与真菌相似的一类细菌群

主动采样 一种与被动采样相对的气溶胶测量方法，使用动力设备将气体捕集到收集器或测量器中

活度 混合物某物质“有效浓度”的测量值

活度系数 用于计算与理想溶液行为的偏离度

放射性浓度 单位体积空气中放射性物质的含量

活度中值直径 50%粒子的空气传播活度在其上，50%粒子的空气传播活度在其下的粒子粒径

吸附 分子或原子从周围大气转移到固体表面

吸附等温线 在一定温度下，将吸附到固体表面的蒸气体积与蒸气在气相中的压力相联系的函数

空气动力学（当量）直径 与研究的粒子有相同重力沉降速度的单位密度球体的直径

空气动力学透镜 一个孔，当粒子流经过该孔时可以集中到粒子流的轴上

空气动力学粒径分级器 粒子分光计，使用加速系统将粒子按照空气动力学直径分类，并用激光速度计来探测粒子

气溶胶 长期悬浮在气态介质中，可被观察到和测量到的液态或固态粒子的集合，粒径通常在 0.1～100μm 之间

黑炭测量仪 用于测量捕集到的气溶胶样品光学吸收的仪器

凝聚体 通过范德华力或表面张力聚集在一起的粒子群

聚合体 不同种类的粒子，其中各种不同的组分不易被分开

空气检测 通过空气的采样和分析来确定存在于空气中的污染物的量

空气污染 空气中存在的物质达到危害健康和/或人类社会安全水平的状况

空气质量标准 当空气污染物的浓度超过这个值时会对人类、动物、植物或者材料产生损害

艾里（Airy）斑点 光源通过光学透镜成像时，由于衍射而在焦点处形成的圆盘状的光斑。

Aitken 核子 粒径范围为 0.01～0.1μm 的大气粒子

藻类 微观植物

信号失真 由于采样或测量率不足造成低频率信号现象（见奈奎斯特频率）

肺泡 呼吸系统的一部分，气体交换在此发生；是细支气管末端时的囊状物

环境空气 周围的空气

非同轴采样 此种采样条件下，空气流入采样口时与周围空气流方向不一致

地区抽样 在一个固定地点进行的采样，这个地方被认为是所调查区域具有代表性的点

吸入效率 从周围环境进入采样口的粒子的比例

雾化器 通过机械瓦解大量液体为小液滴的设备

自相关 测量值与先前测量值之间的关系

细菌 单细胞微生物；一些种类能够产生内生孢子

BET 法 Brunauer-Emmett-Teller 法，利用物质的吸附等温线来测量其表面积的方法

β 射线测定仪 根据 β 粒子射线的衰减测量粒子质量的方法

β 粒子 特定核衰变过程中释放的高能电子

偏差 测量值与真实值或公认值之间的差别

双峰粒径分布 有两个明显不同的最大值的粒径分布

生物气溶胶 生物源粒子悬浮物；活细胞或死细胞；孢子或花粉粒子；生物体的碎片、产物或残余物

双极离子场 存在两种极性离子的区域

玻耳兹曼电荷分布 暴露于两极离子场后，粒子上残余的电荷分布

边界层 气流接近边界表面的区域，在这里气流主要受摩擦力的支配，摩擦力还可以导致相对于自由流的气流速度的减小

呼吸区域样品 在尽可能贴近吸入空气的点捕集的样品，一般在距离鼻子和嘴 0.3m 以内的区域；能够代表个体吸入的空气

布朗运动 气体分子之间相互碰撞产生的随机运动

泡沫流量计 通过注入泡沫来测量流体速度的具有一定体积的管子

全分析 对样品的全部粒子都进行分析而不是对单个粒子的分析

毛细管小孔过滤器 由具有大小一致的圆柱形孔的固体膜组成的过滤器

致癌物质 能够引起癌症的物质

级联冲击式采样器 使用一系列切割粒径递减的冲击级进行粒子采样的设备，可将粒子分离成空气动力学直径相对间隔窄的区间；用于测量气溶胶的空气动力学粒径分布

离心机 通过离心力能够把粒子从做螺旋状运动的气溶胶流中分离开来的设备；其粒径分离的分辨率很高

闭合面采样器 采样口比滤膜小的盒式滤膜采样器，也用于成线性的液体过滤

云 气溶胶粒子集合体，其密度比气体单独存在时高约 1%

凝结 由气溶胶相互碰撞产生的气溶胶增长过程

粗粒子模 大气粒子粒径分布中最大的粒子模态（＞2μm），主要由机械过程产生的粒

子组成

共存 两个或者更多的粒子同时存在于粒子计数器的感应体中

菌落形成单位 在单位体积空气中，可以形成菌落的生物活体（如细菌、真菌）的数量

粉碎 通过机械运动使粒子分散的过程

浓缩 到达粒子表面的分子数多于离开粒子表面的分子数的过程，导致粒子的净增长

凝结核计数器 将亚微米级粒子通过水蒸气过饱和作用增大到一个更大尺寸并通过光散射作用对其进行检测的设备

置信区间 定义样品统计数据周围值的范围区间

连续流 被气体或液体的宏观性质（如黏度、密度）所决定的流体

光晕 强离子化的区域，通常在高压电极周围

库尔特计数器 测量液体中单粒子体积的仪器，它是通过测量当粒子穿过孔时液体电阻系数的变化实现的

通风帽 在过滤盒前端使用的圆柱形管子，目的是为了防止直接碰撞或者样品的污染，主要用于石棉纤维采样

临界孔 当小孔有足够的压降产生声速流时会有持续的空气流通过此孔，这一孔称为临界孔

坎宁安滑流 见滑流修正系数

粒子切割粒径 50%粒子被采样器或采样级移除且50%粒子通过采样器或采样级时的粒子粒径。也叫做50%切割点、d_{50}或有效切割粒径

旋风器 通过旋流产生的离心力将粒子移除的设备

迪恩（Dean）数 惯性力和离心力乘积的平方根与黏性力之比

双通道冲击式采样器 有两股明显气溶胶流的虚拟冲击式采样器

差分电迁移率分析仪 能从气溶胶流中移除除窄范围电迁移率内的粒子外的所有粒子的设备

衍射 放射线经过近距物体或小孔后其方向和振幅改变的现象

扩散 粒子或气体从高浓度到低浓度的净迁移

扩散（当量）直径 与被测粒子具有相同扩散率的单位密度球体的直径

扩散组采样器 用于亚微米气溶胶尺寸分离的装置，其中通过利用粒子的布朗运动扩散系数的差异并且通过使用管道（如管、过滤器、筛网的布置来实现）

扩散充电 空气中的粒子从正在做布朗运动的离子那获得电荷的过程

扩散溶蚀器 能使粒子（低扩散能力）通过并去除气体（高扩散能力）的设备

扩散电泳 在气体浓度梯度影响下进行的粒子运动

稀释比 实测浓度乘以该比值可以获得主体流的浓度

稀释系统 用于将气溶胶与已知容积比的无粒子稀释气体进行混合以降低浓度的系统

消毒 破坏大部分微生物，并不要求破坏所有孢子

分散体 由悬浮在流体中的粒子所组成的系统

分布 在线性尺度下绘制的分布形状

阻力系数 将粒子曳力和速度压力联系起来的无量纲数

曳力 粒子在流体中移动时所受到的黏性力或阻力

粉尘 通过磨损或其他机械破坏从母体物质中分离出来的固体粒子；通常由不规则且粒径大于 0.5μm 的粒子所组成

粉尘发生器 以某种可控制的方式分散空气中干燥粒子的设备

动力学形状因数 某粒子所受曳力与等当量体积球体所受曳力的比值

涡流扩散 由气体紊流产生的气溶胶传输；理论描述近似于分子扩散

有效密度 内部有空隙的粒子的密度，相对于实心粒子主体材料的密度

弹性光散射 入射光的光子与目标粒子之间没有能量交换的过程

电气溶胶分析仪 通过移除电迁移率大于给定值的粒子来分离粒子的气溶胶粒径谱仪

电气溶胶分级器 通过选择限定电迁移率范围内的粒子来分离粒子的气溶胶粒径谱仪

电迁移率分布 用于指示粒子在外加流场中运动能力的气溶胶参数

电迁移率（当量）直径 与研究粒子以相同速度在电场中运动的单位密度球体的直径

电动天平 使用直流电和交流电叠加场使粒子漂浮起来的设备

电泳 电场引起的带电粒子的运动

静电天平 使用直流电场使粒子漂浮起来的设备，如米利肯电容器

静电沉降器 使空气中传播的粒子在单级离子场中充电，然后能够在高电压电场中沉积的设备

颗粒物沉降筛选器 一种用于分离粒子的设备，原理是在运动空气流中根据空气动力学直径的不同来沉降粒子从而达到分离粒子的目的

排放物 释放到室外大气中的物质

内毒素 革兰阴性菌的有毒细胞壁成分

包络（当量）直径 由目标粒子材料组成，且与目标粒子具有相同质量和相同内部空间体积的球体的直径

Epiphaniometer 测量气溶胶粒子表面积的仪器

当量直径 与研究粒子具有相同特定物理性质的球形粒子的直径

蒸发 离开粒子表面的水蒸气分子比达到粒子表面的水蒸气分子多，从而导致粒子缩水的过程

消光系数 一个粒子散射和吸收的光与入射到此粒子表面的光的量的比值，这个测量参数叫做消光系数

胸外区 喉部以上的呼吸系统区域，包括鼻子和嘴巴

织物滤膜 由织物或黏结织物组成的滤膜

最快风速 以最短时间通过 1mile 的风速

Feret 直径 由粒子的轮廓投影到选定轴上确定的粒子尺寸

纤维滤膜 由许多单独纤维组成的滤膜

场充电 微粒由在强电场中运动的离子充电，这一过程称为场充电

滤膜 用于从空气中收集微粒的多孔膜或纤维垫子

细粒子 粒径小于 2μm，包括核模和积聚模态的微粒，用于描述气溶胶的术语

絮凝体 通常由静电力疏松聚集在一起的微粒，絮凝体易于被空气剪切力所打破

流化床发生器 使用空气压力使粉尘发生流化从而释放尘粒的设备

飞灰 存在于化石燃料燃烧产生的烟气中的粉尘微粒

雾 气态粒子气溶胶，主要由过饱和蒸气冷凝而成

分形维数 微粒形状复杂性的测量值

自由分子流 由气体分子不连续碰撞所支配的气流

烟雾 通常通过浓缩蒸气（通常由燃烧产生）和随后的凝聚作用而形成的小颗粒

真菌 能够产生孢子的多细胞有机物

高斯曲线 接近正态分布的标准曲线

Geiger-Müller 管 依靠由电子-离子对生成所引发的崩塌过程的放射性感应管

几何的 参照对数粒径尺度下的粒径参数，在该尺度下两个粒径的给定比率表现出相同的线性距离

几何标准偏差 对数正态分布中离差的测量值（一般大于 1）

标线 一个光学系统焦平面校准用的明显的刻线，如显微镜，用于测量粒子或其他物质

重力沉淀参数 粒子在采样入口区域进行传输过程中其沉降距离与入口直径的比值

重力沉降 粒子在重力场里当重力与空气动力学阻力达到平衡后，粒子在重力场沉降

半衰期 放射性同位素的放射速度减少一半的时间间隔

Hatch-Choate 公式 已知分布的一个特征直径和几何标准偏差，能够计算出分布的其他任何特征直径的表达式

非均质 由许多单独组分集合在一起，这些组分在大小、形状和化学成分上各不相同

异相成核 在冷凝核（存在亚微米粒子）上的小滴形成

匀相成核 在没有冷凝核情况下的小滴形成，也叫做自成核

颗粒物水平沉降筛选器 为一水平通道，当超过某一给定粒径或粒径范围的气溶胶流和粒子通过该通道时，它们将会被重力沉降移除

热金属丝风速仪 通过测量加热的金属丝的阻力变化来度量风速的设备

室内尘螨 生活在床垫和地毯里的常见昆虫，排泄物通常是过敏源

水力直径 某物体的假设直径，为该物体横截面积除以横截面周长的得数的 4 倍

水溶胶 液体中悬浮的粒子

吸水性 化学药品的一种性质，用于指示从空气中吸收水分的倾向性

菌丝 真菌细胞的丝状物

理想流体 没有黏性力的假设流体

冲击式采样器 能够使在偏斜空气流中具有足够大惯性的气溶胶粒子与设备表面相碰撞的设备

冲击滤尘器 通过将气溶胶粒子冲击到液体中而去除粒子的设备

吸入性粒子 能够进入人体呼吸系统的气溶胶部分（定义用于采样目的）

入口效率 通过入口进入到采样系统中气溶胶传输部分的环境粒子比例，它是吸入效率与传输效率的乘积

呼吸性粒子 同吸入性粒子，呼吸性粒子是近期提出的定义

中途截留 当粒子在物体的一个粒子半径范围内通过时，粒子与物体碰撞并最终沉积在物体上的过程

电离室 依靠检测自由电子-离子对的放射感应仪器

同轴取样 在这种取样条件下，空气流进入入口的方向与周围空气流的方向相同

等速取样 在这种取样条件下，空气流进入入口的方向和流速大小与周围空气相同

射流雾化器 利用空气压力来使大量液体气溶胶化的雾化器

开尔文效应 为了维持质量平衡，曲面粒子的蒸气分压相对于平面粒子蒸气分压的增加值

克努森数 气体分子平均自由程与粒子几何尺寸的比值，是自由分子流相对于连续空气流的指示器

Kuwabara 流 垂直于气流的圆柱体系统的二维黏性流场的溶液（考虑到旁边纤维的干扰影响），用于模拟纤维滤膜的气流

层流 流线平滑无紊流且流线本身不弯曲的气体流，通常出现在低雷诺数下

光散射 由于粒子的反射、衍射和折射而引起的光辐射方向改变的现象

对数正态分布 当在对数尺度下绘制时，粒子粒径分布特征呈钟形或高斯分布形

肺模型 呼吸系统的代表，用于定量估计粒子沉积

马赫数 气体速度与声速的比值，衡量空气压缩性的参数

压力计 用于测量压力差的设备

马丁直径 将粒子横截面分成面积相等的两部分的水平线的长度

质量（当量）直径 与研究粒子有相同质量并且物质组成相同的没有空隙的球体的直径

质量中值粒径 大于和小于该粒径的粒子的总质量相同，见中值粒径

平均自由程 气体中一个分子与另一个分子碰撞前所经过的平均距离

平均粒径 所有粒径的平均值，即所有粒径加和值除以所有粒子总数的值

机械导纳 粒子终端速度与产生该速度的恒力之比，指示粒子在悬浮介质中的移动能力

中值粒径 高于和低于该粒径的粒子数量相同，这个尺寸即为中值粒径，见质量中值粒径

薄膜滤膜 在胶状悬浮液中以凝胶体形式存在的滤膜，特征是存在弯弯曲曲的气体通道

微粉化 通过机械过程使粗粒子减小到适于再分散的气溶胶的过程

微粒 粒径为微米级的粒子

米氏（Mie）散射理论 用于描述球形粒子光散射的广义理论

发霉（mildew） 物体表面上肉眼可见的真菌生长

每分钟呼吸量 1min 内进入和离开呼吸系统的空气体积

薄雾 液体粒子气溶胶，主要由液体的物理剪切力形成，如成雾化过程、喷雾化过程或气泡过程

迁移率 粒子的速度与产生这个速度的力的比值

迁移率（当量）直径 与研究粒子有相同迁移率的球形粒子的直径

众数 分布的峰值即在一个数值分布中出现次数最多的值

霉菌（mold） 生长在表面的可见真菌

单分散性 由同一粒径或小范围粒径内的粒子组成

菌丝体 真菌菌丝块

毒枝菌素 由真菌类产生的有毒化学物质

纳米粒子 用于描述纳米级粒子的术语，这种粒子粒径一般小于 100nm

鼻咽间隔区 会厌与前鼻孔之间的呼吸道部分

浊度计 测量粒子云散射光量的工具，也叫做光度计

中和 通过将气溶胶暴露在离子云（通常由放射性源产生）来减少粒子带电量的过程

粒径正态分布 呈钟形或高斯分布形的粒子粒径分布

成核现象 从蒸气到粒子初始形状的过程

核模 大气粒子粒径分布中的最小模态，由大气的冷凝过程产生或由热作用释放，通常为小于 0.1μm 粒径的粒子

奈奎斯特频率 等同于离散信号系统采样频率的一半

不透明性 达到这个程度时气溶胶能够遮掩观察者的视线

开放性采样器 入口大小和过滤器大小相等的盒式滤膜采样器

光学（当量）直径 在一个特定仪器中与待测粒子散射相等量光的粒子的直径

光学（单个）粒子计数器 通过每个粒子散射的光量来区分粒子的气溶胶粒径光谱仪

孔板流量计 通过管中的压降来测量流体速度的设备

Owl 通过白光照射后测量较高级别的丁泽尔光谱来测量单分散气溶胶粒子直径的仪器

紧实度 滤膜的纤维或薄膜体积与它的总体积的比值，也称作硬度

分压 如果水蒸气是一定体积气体的唯一组分，水蒸气所产生的压力叫做分压

粒子 小的离散物体，其密度通常接近于其主要组成物质的固有密度；可能由同种化学物质组成，也可以由多种化学物质组成；可能包含固体物质或液体物质，也可能包括两者

粒子反弹 与收集表面碰撞后没有附着于表面的粒子反弹

粒径分布 用于表达在某一尺寸范围内具有某种性质（活性）的粒子量的关系

微粒 一个形容词，用于指示目标物质有类似于粒子的性质，通常这个术语也作为一个名词用于描述粒子或包含粒子的物质

被动采样 利用自然的对流或扩散把空气吸入到测量设备中的气溶胶测量，相对于主动采样法

病原体 致病的微生物

贝克来数 粒子的对流传输与扩散传输的比值

个体采样器 个体携带的用于采集个体周围空气的仪器

虚幻粒子 由于测量过程中的偶合或其他非理想方面的原因而出现在测量的粒子分布结果中，但并不真正存在的粒子

光度计 用于测量一个粒子云所散射的光量的工具，也叫做测云计

光泳现象 由于粒子内部对光的吸收不对称而产生的粒子运动

皮特管 用于测量流体中速度压力的仪器

活塞流 此种气流流经管道时整个横截面的流速相同

烟羽 从一出口（如烟囱或出烟口）流出的可见气流

PM 粒子质量，通常用于涉及某种粒子空气动力学切割直径的控制标准中，如 PM_{10}

点到面沉降器 利用电晕使粒子从一点沉积到一平面上的静电沉降器

泊肃叶（Poiseuille）流 在圆形管道中速度分布成抛物线形的层流，管道中心气体流速等于平均速度的两倍

泊松分布 将给定体积单元内粒子数量与在整个体积内随机分布粒子的平均浓度联系起来的数学函数

多分散 由大小不同的粒子组成

孔隙率 与紧实度有关，是紧实度的倒数

精度 用于指示某一变量反复测量的测量值的变动度

前分离器 在气溶胶传感器之前将粒子移除的设备，其通常的方式类似于目标呼吸区域前的粒子移除

初级粒子 以固态或液态方式进入大气的粒子

投影面积（当量）直径 与在显微镜下看到的粒子投影面积相同的圆的直径

肺隔 呼吸道中进行气体交换的部分（包括肺泡和细支气管）

比重瓶 测量粒子密度的设备

辐射力 由光压产生的力

瑞利散射 当散射物体尺寸远小于辐射波长时发生的辐射散射

二次夹带 沉积到收集表面的粒子又回到气流中的现象

折射 放射线从一种介质进入到另一种介质中时速度和方向发生改变的现象

折射指数 光在真空中的速度与在研究介质中的速度的比值

相对沉降速度 最终沉降速度与入口处采样空气速度的比值

相对标准偏差 标准偏差与平均值的比值，也叫做变异系数（CV）

弛豫时间 当粒子受到外力时从开始速度或静止状态变化到最终速度的 1/e 倍时所经历的时间，是粒子适应流速变化能力的一个指标

可呼吸性部分 能够到达人体呼吸系统气体交换区域的气溶胶部分（用于采样目的）

刻度线 绘制于光学系统焦平面上的用于表示刻度或校准的明显刻线或其他标志

雷诺数 流体相似参数，气体惯性力与气体流经物体表面时产生的摩擦力的比值；流体雷诺数描述管中的气流，粒子雷诺数描述气体在粒子周围的流动

转子流量计 通过垂直锥形管中心的漂浮物的高度来测量流体速度的仪器

采样探针 从系统中取出小部分气溶胶的仪器

采样比 周围大气速度与入口中气体速度的比值

饱和比 水蒸气的分压与它的饱和蒸气压的比值

饱和蒸气压 用于维持水蒸气与压缩液体或固体平衡的液体蒸气的分压

沙得平均直径 表面积与体积之比等于喷雾后所有液滴表面积与体积之比的平均值的液滴直径

施密特数 贝克来数与雷诺数的比值，或运动黏性与扩散系数的比值

闪烁能谱计 依靠光学辐射激发继而用光电倍增器进行检测的放射性感应器

次级粒子 在空气中形成的粒子，通常通过气粒转化形成；有时候也用于描述聚集粒子或再分散粒子

沉降 受重力作用而产生的粒子运动

半导体探测器 依靠半导体材料中产生的自由载波信号来感应放射性的仪器

形状因子 联系粒子受到的曳力与当量球体受到的曳力的因数

舍伍德数 将粒子的扩散沉积速度与粒子的扩散系数相关联的无量纲质量迁移系数

Sinclair-LaMer 发生器 通过蒸气冷凝到种核上以产生单分散气溶胶的仪器

滑流修正系数 能够使滑流行为用连续气体流公式计算的因数

滑流区 自由分子流与连续气体流之间的过渡

烟雾 包含固体和液体粒子的气溶胶，由（至少部分由）光照射在水蒸气上产生的一种气溶胶；这个词是由烟和雾两个词组成，通常指包括气体成分在内的烟和雾整个范围内的这类污染物

烟 固体或气体气溶胶，由不完全燃烧或过饱和蒸气冷凝形成；大多数烟尘粒子是亚微米级的

斯涅尔（Snell）定律 光学的基本定理，入射角的正弦与折射角的正弦之比为一常数

坚硬度 见紧实度

煤烟 含碳物质不完全燃烧形成的粒子凝聚体

源解析 对气溶胶样品进行分析以将其每一个部分分配到一个特征源

源采样 空气污染物排放源的物质采集

比表面积 每单位质量或单位体积粒子的表面积

旋转盘雾化器 通过将旋转圆盘喷出的液体薄层瓦解而产生单分散液滴的仪器

肺活量计 通过用水密封的可膨胀罐测量气体体积（或加一个计时器测流体速度）的仪器

孢子 微生物的休眠细胞

标准 法律规定的空气中气体污染物最大允许水平

Stephan 流 粒子朝向蒸发表面或远离浓缩表面的运动，是一种特殊的扩散电泳

无菌化 破坏所有的微生物及其孢子

斯托克斯直径 与研究粒子有相同沉降速度和密度的球形粒子的直径

斯托克斯区 适用斯托克斯定律的情况

斯托克斯定律流 在黏性力而非惯性力作用下物体周围的流体（非紊流）

斯托克斯数 粒子的制动距离与定性尺寸之比，大多用来指示一个特定的气溶胶流中的粒子行为的相似性

制动距离 弛豫时间与粒子的初始速度的乘积，是粒子在气溶胶流中适应方向改变能力的一个指标

亚等速采样 空气流入采样器入口速度低于周围大气流速的采样方式

超等速采样 空气流入采样器入口速度高于周围大气流速的采样方式

面垒型探测器 主要用于带电粒子排放的一种半导体检测器

最终沉降速度 在方向相反的重力和空气阻力作用下粒子最终达到平衡时的速度

热沉淀器 利用热梯度沉积粒子的设备

热迁移 在热梯度作用下（如高温区到低温区）的粒子运动

胸腔 喉以下的呼吸道区域

胸腔性部分 能够到达咽喉系统以下的呼吸道区域的气溶胶

潮气量 每次呼吸吸入或呼出的气体体积

总肺活量 最大吸气时肺中所包含的空气体积

气管支气管区 从喉部到终端支气管的呼吸道区域

转移函数 描述一个函数到另一函数的改变的函数；用于描述气溶胶穿过分级器时粒径分布或空间分布的改变

传送效率 从入口传送到采样系统其余部分的吸入粒子效率

紊流 流线上有流线回绕的无秩序气流，相对层流而言不稳定

超声雾化器 用聚焦的声波使液体以烟雾状散开成小滴的雾化器

超斯托克斯 相对于目标物的气流的速度高到可以超出斯托克斯区域范围的情况

单极离子区 只包含一种极性离子的区域

蒸气压 用于维持蒸气与冷凝液体或固体平衡的液体蒸气分压，也称作饱和蒸汽压

变异性 参数的重复测量值分布的程度

方差 标准偏差的平方根值，变异性的一种度量值

射流紧缩 伴随着流体从器壁分离而发生的流体收缩，通常发生在气流通道收缩处后或入口处的入口点的下游

文丘里测量计 通过测量管道中的压降来测流体流量的仪器

颗粒物垂直沉降筛选器 利用重力作用保留一定粒径或粒径范围内的粒子或移除超过一定粒径或粒径范围的粒子，同时将粒子释放到空气中的垂直通道

虚拟冲击式采样器 该采样器分离粒子是通过将粒子碰撞经过虚拟表面进入一个停滞空间或空气流速很慢的空间内，从而将大粒子仍然保留在空间内而小粒子随原始的空气主流流走，双通道冲击式采样器就是一种经常使用的虚拟冲击式采样器

病毒 需要借助活细胞来生殖的微生物

肺活量 最大量吸气后能够从肺中呼出的空气的最大体积

壁损失 发生在采集器表面或内壁上的粒子沉积

Weber 数 液滴在空气中加速运动时气体压力与表面张力之比

酵母 单细胞菌类

附录 B

单位换算

长度

$1\mu m=10^{-6}m=10^{-4}cm=10^{-3}mm=10^{3}nm=10^{4}Å=3.937\times10^{-5}in=3.281\times10^{-6}ft$

$1nm=10^{-3}\mu m=10^{-9}m$

$1Å=10^{-4}\mu m=10^{-10}m$

$1in=2.540cm$

$1ft=12in=0.3048m$

体积

$1m^3=10^{18}\mu m^3=10^3L=6.102\times10^4in^3=35.31ft^3$

$1\mu m^3=10^{-15}L=10^{-18}m^3=6.102\times10^{-14}in^3=3.531\times10^{-17}ft^3$

$1L=10^{15}\mu m^3=10^{-3}m^3=6.102in^3=3.531\times10^{-3}ft^3$

$1in^3=5.787\times10^4ft^3=1.639\times10^3\mu m^3=1.639\times10^{-2}L=1.639\times10^{-5}m^3$

$1ft^3=1.728\times10^3in^3=2.832\times10^{16}\mu m^3=28.32L=2.832\times10^{-2}m^3$

力

$1N=10^5dyn$

$1dyn=10^{-5}N$

温度

开式度(K)＝T(℃)＋273.15＝5/9[T(℉)＋459.67]

摄氏度(℃)＝T(K)－273.15＝5/9[T(℉)－32]

华氏度(℉)＝1.8T(℃)＋32＝1.8T(K)－459.67

朗肯度(R)＝T(℉)＋459.67

式中，T 为给定单位下的温度数。

压力

$1Pa=1N/m^2=10dyn/cm^2=9.869\times10^{-6}atm=1.450\times10^{-4}lb/in^2=7.501\times10^{-3}mmHg=4.015\times10^{-3}inH_2O$

$1atm=1.013\times10^5N/m^2=1.013\times10^5Pa=1.013kPa=1.013\times10^6dyn/cm^2=14.70lb/in^2=760mmHg=406.8inH_2O$

$1inH_2O$（4℃）$=2.458\times10^{-3}atm=2491dyn/cm^2=249.1N/m^2=3.613\times10^{-3}lb/in^2=1.868mmHg$

$1mmHg$（0℃）$=1.316\times10^{-3}atm=1.333\times10^3dune/cm^2=1.333\times10^2N/m^2=$

0.535inH_2O=1.934×10^{-2}lb/in^2

1Torr=1mmHg

黏度

1Pa·s=10P=10g/(cm·s)=10dyn·s/cm^2

电学单位

元电荷=1.6022×10^{-19}C

1amp=2.998×10^9statamp

1statamp=3.336×10^{-10}amp

1V=3.336×10^{-3}statV

1statV=299.8V

1F=10^6μF=8.987×10^{11}statF

1statF=1.113×10^{-12}F

1ohm=1.113×10^{-12}statohm

1statohm=8.987×10^{11}ohm

附录 C

基本物理常数

玻耳兹曼常数	k	1.381×10^{-23}N·m/K(1.381×10^{-16}dyn·cm/K)
阿伏伽德罗常数	N_a	6.002×10^{23}mol^{-1}
气体常数	R	0.08206m^3·atm/(kmol·K)[8.314×10^7dyn·cm/(mol·K)]
史蒂芬·玻耳兹曼常数	s	5.671×10^{-8}N/(m·s·K^4)[5.670×10^{-5}dyn/(cm·s·K^4)]
元电荷	e	1.6022×10^{-19}C(4.803×10^{-10}statC)
自由空间介电常数	ε_o	8.854×10^{-12}F/m(1 静电单位)
真空中光速	c	2.998×10^8m/s(2.998×10^{10}cm/s)
重力加速度	g	9.807m/s^2(9.807cm/s^2)

附录 D

空气和水的一些物理性质

空气在 293.12K（20℃）、101.3kPa（1atm）（NTP）下

密度(ρ_g)	$1.205kg/m^3(1.205\times10^{-3}g/cm^3=1.205g/L)$
黏度(ν)	$1.832\times10^{-4}P(1.832\times10^{-5}Pa\cdot s)$
平均自由程(λ)	$0.0665\mu m$
平均分子质量($\overline{M}$)	28.96g/mol
比热比(γ)	1.40
扩散系数(D)	$1.9\times10^{-5}m^2/s(0.19cm^2/s)$

干空气组成成分（体积分数）

气体	体积分数/%	分子量/(g/mol)
N_2	78.08	28.01
O_2	20.95	32.00
Ar	0.934	39.95
CO_2	0.033①	44.01
其他	<0.003	

① CO_2 浓度有地域差异。

水在 293K（20℃）时

黏度	$1.002\times10^{-3}Pa\cdot s(0.01002dyn\cdot cm^2)$
表面张力	0.07275N/m(72.75dyn/cm)
饱和蒸气压	2.338kPa(17.54mmHg)

水蒸气在 293K（20℃）时

扩散系数	$2.4\times10^{-5}m^2/s(0.24cm^2/s)$
密度	$0.75kg/m^3(0.75\times10^{-3}g/cm^3)$

附录 E

重要的无量纲数

克努森数（Kn）$=\dfrac{\lambda}{d_{\mathrm{p}}}$	分子的平均自由程/粒径
马赫数（Ma）$=\dfrac{U}{U_{\mathrm{sonic}}}$	流速/声速
贝克来数（Pe）$=\dfrac{LU}{D}$	对流传输/扩散传输
普朗特数（Pr）$=\dfrac{v}{\alpha}$	动量扩散系数/热扩散系数
雷诺数（Re）$=\dfrac{LU}{v}$	惯性力/黏性力
施密特数（Sc）$=\dfrac{v}{D}$	动量扩散系数/质量扩散系数
斯托克斯数（Stk）$=\dfrac{\tau U}{L}$	制动距离/特征流尺寸

附录 F

粒子性质

标准密度（$1000 kg/m^3$）的球形粒子在标况下（293.15K，101.3kPa）的特征

粒子直径 /μm	滑动修正因子	沉降速度 /(m/s)	扩散系数 /(m^2/s)	迁移率 /[m/(N·s)]	RMS 布朗位移距离/m①
0.00037②	611.5	2.490×10^{-9}	3.930×10^{-5}	9.700×10^{15}	26.58
0.001	226.5	6.737×10^{-9}	5.381×10^{-6}	1.330×10^{15}	10.37
0.002	109.9	1.326×10^{-8}	1.305×10^{-6}	3.227×10^{14}	5.110
0.005	44.31	3.340×10^{-8}	2.10×10^{-7}	5.203×10^{13}	2.052
0.01	22.45	6.768×10^{-9}	5.332×10^{-8}	1.318×10^{13}	0.1033
0.02	11.53	1.390×10^{-7}	1.369×10^{-8}	3.385×10^{12}	0.5233
0.05	5.014	3.779×10^{-7}	2.382×10^{-9}	5.888×10^{11}	0.2182
0.1	2.888	8.708×10^{-7}	6.861×10^{-10}	1.696×10^{11}	0.1171
0.2	1.879	2.267×10^{-6}	2.232×10^{-10}	5.517×10^{10}	0.06671
0.5	1.333	1.005×10^{-5}	6.335×10^{-11}	1.566×10^{10}	0.03559
1	1.166	3.515×10^{-5}	2.769×10^{-11}	6.846×10^{9}	0.02353
2	1.083	0.0001306	1.286×10^{-11}	3.179×10^{9}	0.0160385
5	1.033	0.0007787	4.908×10^{-12}	1.213×10^{9}	0.009908
10	1.017	0.003065	2.415×10^{-12}	5.969×10^{8}	0.006949
20	1.008	0.01216	1.198×10^{-12}	2.960×10^{8}	0.004894
50	1.003	0.07395	4.766×10^{-13}	1.178×10^{8}	0.003087
100	1.002	0.2605	2.379×10^{-13}	5.881×10^{7}	0.002181

① 10s 内的布朗迁移距离。

② “空气”分子有效直径 。

附录 G

几何公式

圆

周长$=\pi d$

面积$=\pi r^2=\frac{\pi d^2}{4}$

椭圆

周长$=2\pi\sqrt{\frac{a^2+b^2}{2}}$

面积$=\pi ab$

式中，a、b 分别为椭圆的长半轴和短半轴。

球

表面积$=4\pi r^2=\pi d^2$

体积$=\frac{4\pi r^3}{3}=\frac{\pi d^3}{6}$

扁长椭球体

表面积$=2\pi b^2=\frac{2\pi ab}{\varepsilon}\sin^{-1}\varepsilon$

式中，$\varepsilon=\frac{\sqrt{a^2-b^2}}{a}$。

体积$=\frac{4\pi ab^2}{3}$

扁圆椭球体

表面积$=2\pi a^2+\frac{\pi b^2}{\varepsilon}\ln\left(\frac{1+\varepsilon}{1-\varepsilon}\right)$

体积$=\frac{4\pi a^2 b}{3}$

圆柱体

表面积$=2\pi rL+2\pi r^2=\pi dL+\frac{\pi d^2}{2}$

式中，L 为长度。

体积$=\pi r^2 L=\frac{\pi d^2 L}{4}$

附录 H

常见气溶胶物质的容积密度

物质	容积密度/(1000kg/m^3)	物质	容积密度/(1000kg/m^3)
固体		苯二甲酸氢钾	1.64
铝	2.70	矿毛绝缘纤维(rockwool)	ca. 2.5
刚玉(Al_2O_3)	4.0	石英	2.64～2.66
硫酸铵	1.77	氯化钠	2.17
石棉	2.4～3.3	硫	2.07
方解石($CaCO_3$)	2.7～2.9	淀粉	1.5
煤	1.2～18	滑石	2.6～2.8
粉煤灰	ca. 2.0	二氧化钛	4.26
玻璃	2.4～2.8	荧光素钠染料	1.53
花岗岩	2.4～2.7	木材	ca. 1.5
铁	7.86	氧化锌	5.61
氧化铁	5.2～5.7	液体	
石灰石	2.1～2.9	异丙醇	0.7855
铅	11.3	邻苯二甲酸二丁酯	1.043
氧化铅	8.0～9.5	邻苯二甲酸二辛酯(DOP)	0.981
亚甲基蓝	1.26	癸二酸二辛酯	0.915
矿物棉	ca. 1.4	盐酸	1.19
植物颗粒	1.1　1.5	水银	13.6
石蜡	0.9	油类	0.88～0.94
花粉	ca. 1.4	油酸	0.894
聚苯乙烯	1.05	聚乙二醇	1.13
聚乙烯甲苯	1.03	硫酸	1.84
硅酸盐水泥	3.2		

注：1. 容积密度即 bulk density。

2. 其他关于粒子密度及性质的参考文献：

McCrone，W. C. and J. G. Delly. 1973. *The Particle Atlas*，Vol. IV. Ann Arbor：Ann Arbor Science.

Weast，R. C. 1994. *Handbook of Chemistry and Physics*. Cleveland：CRC.

附录 I

生产商与供应商

注：公司地址和网站链接可能会改变。部分公司虽未在正文中提及，但因生产或销售气溶胶测量的相关产品，因此也被列入该清单中。

AAA
Analytik Applikation Apparatebau
GmbH
Krautstrasse 11
7037 Magstadt
Germany
Tel：(0) 7159 4888
Fax：(0) 7159 44898

ACE
Ace Glass，Inc.
P. O. Box 688
1430 Northwest Boulevard
Vineland，NJ 08361
Tel：856 692 3333
Tel：800 223 4524
www. aceglass. com

ADE
Air Diagnostics and Engineering，Inc.
110 Alpine Village Road
Harrison，ME 04040
Tel：207 583 4834
www. airdiagnostics. com

ADT
Adept Scientific，Inc.
257 Great Road
Acton，MA 01720
Tel：978 635 5360
Fax：978 635 5330
www. adeptscience. com

AEM
Aerometrics Inc.
755 North Mary Avenue
Sunnyvale，California 94086
Tel：408 738 6688
Fax：408 738 6871
clients. dedicatedconsulting. com/aerometrics / aero _ home. html

AER
Aerosol Dynamics，Inc.
2329 Fourth Street
Berkeley. CA 94710
Tel：510 649 9360
Fax：510 649 9260
www. aerosoldynamics. com

AET
American Ecotech
100 Elm Street, Factory D
Warren, RI 02885
Tel: 877 247 0403
Fax: 401 537 9166
http: //www. americanecotech. com/
a subsidiary of Ecotech Pty. Ltd.
Knoxfield, Victoria, Australia.
http: //www. ecotech. com. au

AIR
Air Techniques, Inc.
11403 Cronridge Drive
Owings Mills, MD 21117
Tel: 410 363 9696
Fax: 410 363 9695
www. atitest. com

ALC
Alcatel-Lucent
54 rue de la Boétie
75008 Paris
France
Tel: 33 14 076 1010
www. lucent. com

ALL
Allergen LLC
Allergenco/Blewstone Press
P. O. Box 8571
Wainwright Station
San Antonio, TX 78208-0571
Tel: 210 822 4116
Fax: 210 829 1883
www. txdirect. net/corp/allergen

ALR
Alnor Instrument Company
(Part of **TSI**)
7555 N Linder Avenue
Skokie, IL 60077-3223
Tel: 847 677 3500
Fax: 847 677 3539
www. alnor. com

AME
Ametek Inc.
37 N. Valley Road, Building 4
P. O. Box 1764
Paoli, PA 19301
Tel: 610 647 2121
Fax: 215 323 9337
www. ametek. com

AMI
Airmetrics, Inc.
2095 Garden Avenue, Suite 102
Eugene, OR 97403
Tel: 541 683 5420
Fax: 541 683 1047

AMT
Artium Technologies Inc.
PDI Cloud Probe
150 W. Iowa Avenue, Suite 202
Sunnyvale, CA 94086
Tel: 408 737 2364
Fax: 408 737 2374
www. artium. com

AND
Andersen Instruments
(now **TFS**; see also **TFS**)
500 Technology Court
Smyrna, GA 30082-5211
Tel: 770 319 9999
Fax: 770 319 0336
www. andersеninstruments. com

API

Apiezon Products
M&I Materials Ltd
P. O. Box 136
Manchester M60 1AN
United Kingdom
Tel：44 161 875 4444
www. apiezon. com

APP

Applikon Analytical B. V.
De Brauwweg 13
3125 AE Schiedam
The Netherlands
Tel：31 10 2983555
Fax：31 10 4379648
www. applikon-analytical. com
E-mail：analyzers@applikon. com

ARA

Atmospheric Research & Analysis，Inc.
730 Avenue F
Suite 220
Plano，TX 75074
Tel：972 679 1171
Fax：972 633 9555
www. atmospheric-research. com
Email：bhartsell@atmospheric-research. com

ARE

ARELCO
2 Avenue Ernest Renan
F-94120 Fontenay-sous-Bois
France
Tel：33 1 48 75 82 82
Fax：33 1 43 94 07 21

ARI

Aerodyne Research，Inc.
45 Manning Road
Billerica，MA 01821-3976
http：//www. aerodyne. com/default. htm

AS

Aquaria srl
Via Della levata，14
20084 Lacchiarella (Milan) Italy
Tel：39 02 90091399
Fax：39 02 9054861
www. aquariasrl. com

AVR

Aventech Research，Inc.
110 Anne Street South，Unit 23
Barrie，Ontario，Canada，L4N 2E3
Tel：705 722 4288
Toll：800 235 7766
Fax：705 722 9077
http：//www. aventech. com/

BAN

Bangs Laboratories，Inc.
9025 Technology Drive
Fishers，IN 46038-2886
Tel：317 570 7020
Fax：317 570 7034
www. bangslabs. com

BAR

Barramundi Corp.
P. O. Drawer 4259
Homosassa Springs，FL 34447
Tel：352 628 0200
Fax：352 628 0203
www. mattson-garvin. com
Email：barra@citrus. infi. net

BAS

BASF Aktiengesellschaft
Carl-Bosch-Strasse 38
D-67056 Ludwigshafen

Germany
Tel：49 621 600
Fax：49 621 604 25 25
www. basf. com

BAY
Bayer AG
Werk Leverkusen
D-51368 Leverkusen
Germany
Tel：49 214 301
www. bayer. com

BEC
Beckman Coulter，Inc.
4300 N. Harbor Boulevard
P. O. Box 3100
Fullerton，CA 92834-3100
Tel：714 871 4848
Fax：714 773 8283
www . beckmancoulter. com

BEI
Baldwin Environmental，Inc.
895 E. Patriot Boulevard，Suite 107
Reno，Nevada 89511
Tel：775 828 1300 or 888 234 7366
Fax：775 828 1305
Bei. reno@ix. netcom. com

BEL
Belfort Instrument Co.
727 S. Wolfe Street
Baltimore，MD 21231
Tel：410 342 2626
Fax：410 342 7028
www. belfort-inst. com

BGI
BGI Inc.
58 Guinan Street
Waltham MA 02154
Tel：617 891 9380
Fax：617 891 8151
www. bgiusa. com

BII
BIOS International
10 Park Place
Butler，NJ 07405
Tel：973 492 8400
Fax：973 492 8270
www. biosint. com

BIO
Biotest Microbiology Corp.
400 Commons Way
Rockaway，NJ 07866
Tel：877. 210. 5103
Fax：973. 625. 9454
www. biotestusa. com

BIR
Bristol Industrial and Research Associates，Ltd.
P. O. Box 2，1 Beach Road West
Portishead，Bristol BS20 7JB
United Kingdom
Tel：44 (0) 1275 847787
Fax：44 (0) 1275 847303
admin@biral. com

BKR
Booker Systems Ltd.
P. O. Box 5894
Towcester
Northants NN12 8ZX
United Kingdom
Tel：0044 (0) 870 241 1557
Fax：0044 (0) 870 241 1558
e-mail：sales @ bookersystems . co. uk

BRK
Brookhaven Instruments Corp.

750 Blue Point Road
Holtsville, NY 11742-1896
Tel: 631 758 3200
Fax: 631 758 3255
www. bic. com

BSI
Bioscience International
116097 Magruder Lane
Rockville, MD 20852-4635
Tel: 301 230 1418
www. biosc-intl. com

BUC
A. P. Buck, Inc.
7101 Presidents Drive
Suite 110
Orlando, FL 32809
Tel: 407 851 8602
Fax: 407 851 8910
www. apbuck. com

BUR
Burkard Manufacturing Co. , Ltd.
Woodcock Hill Industrial Estate
Richmansworth,
Hertfordshire, WD3 1PJ
United Kingdom
Tel: (011) 44 (0) 923 773134
Fax: (011) 44 (0) 923 774790
www. burkard. co. uk

CAB
Cabot Corporation
Two Seaport Lane
Suite 1300
Boston, MA 0221
Tel: 617 345 0100
www. cabot-corp. com

CAM
Cambustion Limited
J6 The Paddocks
347 Cherry Hinton Road
Cambridge, CB1 8DH
United Kingdom
Tel: 44 (0) 1223 210250
Fax: 44 (0) 1223 210190
http: //www. cambustion. com/contact

CAN
Canberra Industries
800 Research Parkway
Meriden, CT 06450
Tel: 203 238 2351
Fax: 203 235 1347
www. canberra. com

CAS
Casella Ltd.
Regent House Wolseley Road
Kempston
Bedford, MK42 7JY
United Kingdom
Tel: 44 (0) 1234 841490
www. casella. co. uk

CCO
Corning Costar
One Alewife Center
Cambridge, MA 02140
Tel: 617 868 6200 or 800 492 1110
Fax 617 868 2076
www. corningcostar. com

CIL
(CILAS) Compagnie Industrielle des Lasers
Route de Nozay
BP 27
F-91460 Marcoussis

France
Tel：33 1 64 54 48 00
Fax：33 1 69 01 37 39
www. cilas. com

CLI
Climet Instruments Co.
1320 W. Colton Avenue
Redlands CA 92374
Tel：909 793 2788
Fax：909 793 1738
www. climet. com

CMI
California Measurements，Inc.
150 E. Montecito Avenue
Sierra Madre，CA 91024
Tel：626 355 3361
Fax：626 355 5320
www. californiameasurements. com

COL
Columbian Chemicals Company
1800 West Oak Commons Court
Marietta，GA 30062-2253
Tel：770 792 9400
Fax：770 792 9625
www. columbianchemicals. com

COO
Cooper Environmental Services
10180 SW Nimbus Avenue，Suite J6
Portland，OR 97223
Tel：503 670 8127
Fax：503 624 2120
www. cooperenvironmental. com
Email：jacooper @ cooperenvironmental . com

COP
Copley Scientific，Ltd.
Private Road ＃2
Cowlick
Nottingham，NG4 2JY
United Kingdom
Tel：44 115 961 6229
www . copleyscientific . co. uk

COR
Corning，Inc.
767 Fifth Avenue
23rd Floor
New York，NY 10153，
Tel：646 521 9600
Fax：646 521 9641
www. corning. com

CRL
Corel Corporation
1600 Carling Avenue
Ottawa，Ontario K1Z 8R7
Canada
Tel：353 1 213 3912
www. corel. com

DAI
DAN Industry Co. ，Ltd.
Shenzhen Special Economic Zone
518054
China
Tel：03 488 1111
Fax：03 488 1118

DAN
Dantec Measurement Technology，Inc.
777 Corporate Drive
Mahwah，NJ 07430
Tel：201 512 0037
Fax：201 512 0120
www. dantecmt. dk

DAT
Datatest

6850 Hibbs Lane
Levittown, PA
Tel: 21 5 943 0668
Fax: 215 547 7973
www.datatest-inc.com

DEG
Degussa-Hüls AG
Hauptverwaltung
Weissfrauenstrasse 9
D-60311 Frankfurt am Main
Germany
Tel: 49 69 218 01
Fax: 49 69 218 3218
www.degussa.de

DEK
Dekati Ltd.
Osuusmyllynkatu 13
FIN-33700 Tampere
Finland
Tel: 358 3 3578 100
Fax: 358 3 3578 140
http: //www.dekati.fi

DEV
The DeVilbiss Co.
P.O. Box 635
Somerset, PA 15501
Tel: 814 443 4881

DIO
Dionex Corporation
3000 Lakeside Drive, Suite 116N
Bannockburn, IL 60015
Tel: 847 295 7500
Fax: 847 283 0722
www.dionex.com

DMT
Droplet Measurement Technologies Inc.
P.O. Box 20293
Boulder, CO 80308

DOW
The Dow Chemical Company
Midland, MI 48667
www.dow.com

OUK
Duke Scientific Co.
2463 Faber PI.
Palo Alto, CA 94303
Tel: 800 334 3883
www.dukescientific.com

DUP
DuPont Company
1007 Market Street
Wilmington, DE 19898
www.dupont.com

DWY
Dwyer Instruments, Inc.
P.O. Box 373
Michigan City, MI 46360
www.dwyer-inst.com

DYN
Dyno Specialty Polymers
Svellevn. 29
P.O. Box 160
N-2001 Lillestrøm
Norway
Tel: 47 63 89 71 00
Fax: 47 63 89 74 72
www.dynoasa.com

EBE
Eberline Instrument Corp.
P.O. Box 2108
504 Airport Road

Santa Fe, NM 87504
Tel: 505 471 3232
Fax: 505 473 9221
www. eberlineinst. com

ECO
EcoChem Technologies, Inc.
22605 Valerio Street
West Hills, CA 91307
Tel: 818 347 4369
Fax: 818 347 5639
http: //www. ecochem-analytics. com

ECT
Ecotech
1492 Ferntree Gully Road
Knoxfield, Victoria 3810
Australia
Tel: 61 1300 364 946
Fax: 61 1300 688 763
www. ecotech. com. au

EMDC
EMD Chemiclas, Inc.
480 S. Democrat Road Gibbstown, NJ 08027
Tel: 1 800 222 0342 or 1 856 423 6300
Fax: 1 856 423 4389
www. emdchemicals. com

EMS
Environmental Monitoring Systems
3864 Leeds Avenue Charleston, SC 2940
Tel: 800 293 3003 or 800 293 3003 or 843 724 5708
Fax: 866 724 5702 or 866 724 5700
www. emssales. net

ESM
ESM-Andersen Instruments
GmbH
Frauenauracher Strasse 96
D-91056 Erlangen
Germany
Tel: 49 9131 909 262
Fax: 49 9131 909 475
http: //www. esm-andersen. de

EVO
Evonik-Degussa GmbH
Rellinghauser Straße 1-11
45128 Essen
Germany
+49 201 177 01
+49 201 177 3475
www. evonik. com

FLT
FLUENT, Inc.
10 Cavendish Court, Centerra Park
Lebanon, NH 03766
Tel: 603 643 2600
Fax: 603 643 3967
www. fluent. de

FLU
Fluid Energy Aljet
P. O. Box 428-T
Plumsteadville, PA 18949
Tel: 215 766 0300

FSI
Fisher Scientific, Inc.
585 Alpha Drive
Pittsburgh, PA 15283
www. fishersci. com

GEA
Sievers
GE Analytical Instruments
6060 Spine Road

Boulder, CO 80301
Tel: 1 303 444 2009
Tel: 1 800 255 6964
www. geinstruments. com
Email: geai@ge. com

GEL
Gelman Instrument Company
600 South Wagner Road
Ann Arbor, MI 48103-9019
www. gelman. com

GEN
Genitron Instruments GMBH
Heerstrasse 149
D-60488 Frankfurt/Main-90
Germany
Tel: 49 69 976 514 0
Fax: 49 69 765 327
www. genitron. de

GIL
Gilian Instrument Corp. (Part of **SEN**)

GLL
Galileo Corp.
Galileo Park
P. O. Box 550
Sturbridge, MA 01566
Tel: 508 347 9191
Fax: 508 347 3849
www. galileocorp. com

GMW
Graseby-GMW (Part of **AND**)
www. graseby. com

GPR
GPR-Aerosol Inc.
3751 Branding Iorn Drive
Bullhead City, AZ 86442
Tel: 928 704 6577

GRA
Graseby-Andersen (Part of **AND**)
500 Technology Court
Smyrna, GA 30082-5211
Tel: 404 319 9999 or 800 241 6898
Fax: 404 319 0336
www. graseby. com

GRE
Greenfield Instruments.
P. O. Box 971
Amherst, MA 01004
Tel: 413 548 9648
Fax: 413 772 6729
www. greenfieldinst. com

GRI
Grimm Technologies, Inc.
9110 Charlton Place
Douglasville, GA 30135
Tel: 877 474 6872
Fax: 770 577 0955
www. dustmonitor. com

GRT
GreenTek, Inc.
295 NW Hillcrest Drive
Grants Pass OR 97526
Tel: 541 955 5386
Fax: 541 479 4285
www. greentekusa. com

H&V
Hollingsworth and Vose Co.
112 Washington Street
East Walpole, MA, 02032-1098
Tel: 508 668 0295
Fax: 508 668 6526

www. hollingsworth-vose. com

HAA
Haan and Wittmer GmbH
Birkenstrasse 31
D-71292 Friolzheim
Germany
Tel：(0) 7044 4064
Fax：(0) 7044 4040
home. t-online. de/home/dehagmbh/ideha
le. htm

HAM
Hampshire Glassware
77-79 Dukes Road，
Portswood，Hampshire
Southampton，S014 OST
United Kingdom
Tel：(011) 44 02380 553755
Fax：(011) 44 02380 553020
www. hg1-uk. com

HAU
Hauke GmbH KG
P. O. Box 103
A-4810 Gmunden
Austria
Tel：43 (0) 7612/63758-0
www. hauke. at

HER
Heraeus Quarzglas GmbH & Co. KG
Reinhard-Heraeus Ring 29
63801 Kleinostheim
Germany
www. heraeus-quarzglas. com

HIA
Hiac-Royco (Part of **PAC**)
141 Jefferson Drive
Menlo Park，CA 94025

HIQ
Hi-Q Environmental Products Co.
7386 Trade Street
San Diego，CA 92121
Tel：858 549 2820
Fax：858 549 9657
www. hi-q. net

HOR
Horiba
1080A East Duane Avenue
Sunnyvale，CA 94086
Tel：408 730 4772
Fax：408 730 8975
www. horibastec. com

HOS
Hosokawa Micron Powder Systems
10 Chatham Road
Summit，NJ 07901
Tel：908 273 6360
Fax：908 273 7432
www. hosokawamicron. com

HUN
Helmut Hund GmbH
Wilhelm-Will-Str. 7
35580 Wetzlar
Germany
Tel：49 6441 20040
Fax：49 6441 200444
www. hund. de

IDC
Interfacial Dynamics Corp.
17300 SouthWest，Suite 120
Upper Boones Ferry Road
Portland，OR 97224
Tel：503 684 8008

Fax：503 684 9559
www. idclatex. com

INC
Inco Ltd.
145 King Street West，Suite 1500
Toronto，Ontario
M5H 4B7 Canada
Tel：416 361 7511
Fax：416 361 7781
www. inco. com

INN
Innova AirTech Instruments A/S
Energivej 30
2750 Ballerup
Denmark
Tel：45 44 20 01 00
Fax：45 44 20 01 01
www. innova. dk

INO
Inovision Radiation Measurements (includes Victoreen)
6045 Cochran Road
Cleveland，OH 44139
Tel：440 248 9300 or 800 850 4608
Fax：440 349 2307
www. victoreen. com

INS
Insitec Measurement Systems
2110 Omega Road，Suite D
San Ramon，CA 94583
Tel：510 837 1330
Fax：510 837 3864
www. insitec. com

INT
In-Tox Products
P. O. Box 2070
Moriarty，NM 87035
Tel：505 832 5107
Fax：505 832 5092
www. intoxproducts. com

ISH
Ishihara Sangyo Kaisha，Ltd
3-15，Edobori 1-chome
Nishi-ku，Osaka 550-0002
Japan
Tel：06 444 1451
Fax：06 445 7798
http：//www. iskweb. co. jp/

JSR
Japan Synthetic Rubber
11-24，Tsukiji 2-chome，Chuo-ku
Tokyo 104
Japan
Tel：03 5565 6521
Fax：03 5565 6645

KAN
Kanomax USA，Inc.
250 West 57th Street，Suite 816
New York，NY 10107
Tel：212 489 3755
Fax：212 489 4104
www. kanomax-usa. com

KEM
Kemira Pigments B. V.
P. O. Box 1013
NL-3180 AA Rozenburg
The Netherlands
Tel：31 10 295 2540
Fax：31 295 2536
www. kemira. com

KER
Kerr-McGee

Oklahoma City
Oklahoma City, OK 73125
www. kerr-mcgee. com

KIM
Kimoto Electric Co. , Ltd.
3-1 Funahashi-cho, Tennoji-ku,
Osaka 543-0024
Japan
Tel: 81 6 6 765 8773
Fax: 81 6 6 764 7040
http: //www. kimoto-electric. co. jp

KOE
Koenders Instruments
Randstad 22-12
1316 BX Almere
The Netherlands
Tel: 31 36 5480101
Fax: 31 36 5480102
info@koenders-instruments. com

KRA
Kratel SA
CH-1222 Geneve- "Vesenaz"
64 Ch. De St. Maurice
Switzerland

KUR
Kurz Instruments, Inc.
2411 Garden Road
Monterey, CA 93940
Tel: 800 424 7356 or 831 646 5911
Fax: 831 646 8901
www. kurz-instruments. com

LAN
Lanzoni, S. R. L.
Via Michelino 93/B
40127 Bologna
Italy
Tel: (011) 39 (0) 51 505810
Fax: (011) 39 (0) 51 6331892
www. lanzoni. it

LAS
Laser Holography
Mammoth Lakes, CA 93546
Tel: 760 934 8101

LEA
Lear Siegler Corp.
74 Inverness Drive East
Englewood, CO 80112
Tel: 303 792 3300
Fax: 303 799 4853

LOT
LOT -ORIEL GmbH
Im Tiefen See 58
6100 Darmstadt
Germany
Tel: (0) 6151 88060
Fax: (0) 6151 896667
www. lot-oriel. com

LTH
Lighthouse
Freemont, CA
http: //www. golighthouse. com

LUC
Lucent Technologies
600 Mountain Avenue
Murray Hill, NJ 07974
www. lucent. com

LUD
Ludlum Measurements, Inc.
P. O. Box 810
501 Oak Street

Sweetwater, TX 79556
Tel: 915 235 4947
Fax: 915 235 4672
www. ludlums. com

MAC
Macsyma, Inc.
20 Academy Street
Arlington, MA 02476-6412
Tel: 781 646 4550
Fax: 781 646 3161
www. macsyma. com

MAG
Magee Scientific
Berkeley, CA 94703
510 845 2801
Tel: 510 845 2801
Fax: 510 845 7137
www. mageesci. com

MAL
Malvern Instruments Inc.
10 Southville Road
Southborough, MA 01772
Tel: 508 480 0200
Fax: 508 460 9692
www. malvern. co. uk

MAS
MathSoft, Inc.
101 Main Street
Cambridge, MA 02142-1521
Tel: 617 577 1017
Fax: 617 577 8829
www. mathsoft. com

MAT
Matter Engineering
Bremgarterstrasse 62,
5610 Wohlen
Switzerland
Tel: 41 56 618 66 30
Fax: 41 56 618 66 39
http: //www. matter-engineering. com

MCL
MAST Carbon International Limited
Henley Park, Guildford, Surrey
GU3 2AF
United Kingdom
Tel: 44 (0) 1483 236371
Fax: 44 (0) 1483 236405
www. mastcarbon. com

MCM
Micromeritics Instrument Corporation
One Micromeritics Drive
Norcross, GA 30093-1877
Tel: 770 662 3620
www. micromeritics. com

MCR
Microtrac, Inc.
12501-A 62nd Street North
Largo, FL 33773
Tel: 727 507 977
Fax: 727 507 9774
www. microtrac. com

MEL
MetroLaser, Inc.
18010 Skypark Circle, Suite 100
Irvine, CA 92614
Tel: 949 553 0688
Fax: 949 553 0495
www. metrolaserinc. com

MET
Met One Instruments
1600 Washington Boulevard
Grants Pass, OR 97526

Tel：541 471 7111
Fax：541 471 7116
http：//www. metone. com

MFS
Micro Filtration Systems，Inc
6691 Owens Drive
Pleasanton，CA，94588
www. advantecmfs. com

MGP
MGP Instruments
5000 Highlands Parkway
Suite 150
Smyrna，GA 30082
Tel：770 432 2744
Fax：770 432 9176
www. mgpi. com

MIC
Microsoft，Inc.
Redmond WA 98052
Tel：425 882 8080
www. microsoft. com

MIE
MIE，Inc.
7 Oak Park
Bedford，MA 01730
Tel：781 275 1919
Fax：781 275 2121
www. mieinc. com

MIL
Millipore Corp.
80 Ashby Road
Bedford，MA 01730
Tel：781 533 6000
Fax：781 533 3110
www. millipore. com

MLN
Millenium Inorganic Chemicals
20 Wight Avenue，Suite 100
Hunt Valley，MD 21030
Tel：410 229 4400
Fax：410 229 5003
www. millenniumchem. com

MMM
3M
3M Center Building
St Paul，MN 55144
Tel：612 737 6501
www. 3m. com

MSA
Mine Safety Appliances Co.
RIDC Industrial Park
121 Gamma Drive
Pittsburgh，PA 15238-2919
or
P. O. Box 426
Pittsburgh，PA 15230-2919
Tel：412 967 3000 or 800 672 2222
Fax：412 967 3451
www. msanet. com

MSI
Micron Separations，Inc. （see **OSM**）
5951 Clearwater Drive
Minnetonka，MN 55343
www. osmolabstore. com

MSP
MSP Corporation
5910 Rice Creek Parkway，Suite 300
Shoreview，MN 55126

Tel：651 287 8100
www. mspcorp. com

MUL
Multidata LLC -Operations
4838 Park Glen Road
St. Louis Park，MN 55416
Tel：952 285 9890
Fax：952 285 9902
www. multidata. com

NAC
Nanochem，Inc.
2901 Maximillian
Albuquerque，NM 87104-1817

NAL
Nalge Company，Inc.
75 Panorama Creek Drive
Rochester，NY 14602-0365
www. nalgenunc. com

NAN
Nanophase Technologies Corp.
1319 Marquette Dr
Romeoville，IL 60446
Tel：630 771 6700
Fax：630 771 0825
www. nanophase. com

NAT
National Instruments Corporation
11500 N. Mopac Expressway
Austin，TX 78759-3504
Tel：512 794 0100
www. ni. com

NBS
New Brunswick Scientific Co.，Inc.
P. O. Box 4005
44 Talmadge Road
Edison，NJ 08818-4005
Tel：732 287 1200 or 800 631 5417
Fax：732 287 4222
www. nbsc. com

NOV
Novelec，North America，Inc.
113 W. Outer Drive
P. O. Box 6621
Oak Ridge，TN 37831
Tel：615 482 9287
Fax：615 483 0305

NSE
New Star Environmental，Inc.
3293 Ashburton Chase NE
Roswell，GA 30075
Tel：770 998 0296
www. newstarenvironmental. com

OEI
Ondov Enterprises，Inc.
11715 Janney Court
Clarksville，MD 21029
Tel：301 801 3415
www. ondoventerprises. com
E-mail：jondov@verizon. net

OPS
Opsis AB
Box 244
S-244 02 Furulund
Sweden
Tel：46 46 722500
Fax：46 46 722501
http：//www. opsis. se

OSI
Omega Specialty Instrument Co.

4 Kidder Road, Unit 5
Chelmsford, MA 01842
Tel: 978 256 5450
Fax: 978 256 8015
www. omegaspec. com

OSM
Osmonics, Inc.
135 Flanders Road
Westborough, MA 01581
www. osmonics. com

OXF
Oxford Lasers, Inc.
29 King Street
Littleton, MA 01460-1528
Tel: 978 742 9000
Fax: 978 742 9100
www. oxfordlasers. com

PAC
Pacific Scientific Instruments
481 California Ave
Grants Pass, OR 97526
Tel: 541 479 1248
Fax: 541 479 3057
www. pacsciinst. com

PAL
PALL Corporation
25 Harbor Park Drive
Port Washington, NY 11050
Tel: 516 484 5400
www. pall. com

PAR
PARI GmbH
Moosstrasse 9
82319 Starnberg
Germany
Tel: 08150 2790
Fax: 08151 279101
www. pari. de

PAS
Palas, GmbH
Greschbachstrasse 3B
D-76229 Karlsruhe
Germany
Tel: 0049 721 96213 0
Fax: 0049 721 96213 33
www. palas. de

PAW
Pacwill Environmental Ltd.
P. O. Box 463
4961 King Street E. , Unit T1
Beamsville, Ontario
Canada L0R 1B0
Tel: 905 563 9097

PBI
International PBI
Via Novara, 89
20153 Milan
Italy
Tel: 39 2 40 090 010
Fax: 39 2 40 353695
www. wheatonsci. com
E-mail: pbiexp@interbusiness. it

PCS
Pollution Control Systems Corp.
P. O. Box 15570
Seattle, WA 98115
Tel: 206 523 7220
www. cascadeimpactor. com

PLS
Polyscience, Inc.
400-T Valley Road

Warrington, PA 18976
Tel: 215 343 6484

PLY
Polytec PI, GmbH
Polytec Platz 5-7
P. O. Box 1140
W-7517 Waldbronn
Germany
Tel: 49 07243 60 0
Fax: 49 72436994
www. polytecpi. com

PMS
Particle Measuring Systems, Inc.
5475 Airport Boulevard
Boulder, CO 80301-2339
Tel: 303 443 7100
Fax: 303 449 6870
www. pmeasuring. com

POL
Polysciences, Inc.
400 Valley Road
Warrington, PA 18976
Tel: 800 523 2575
Fax: 800 343 3291

POR
Poretics (see **OSM**)

PRM
Process Metrix (Formerly Insitec; see also **MAL**)
2110 Omega Road, Suite D
San Ramon, CA 94583-1295
Tel: 925 837 1330
Fax: 925 837 3864
www. processmetrix. com

PSS
Particle Sizing Systems
75 Aero Camino, Suite B
Santa Barbara, CA 93117
Tel: 805 968 1497
Fax: 805 968 0361
www. pssnicomp. com

PTI
Particle Technology, Inc.
P. O. Box 925
Hanover, MD 21076

PTI
Powder Technology, Inc.
P. O. Box 1464
Burnsville, MN 55337
Tel: 612 894 8737

PYL
Pylon Electronics, Inc.
147 Colonnade Road
Ottawa, Ontario
Canada K2E 7L9
Tel: 613 226 7920
Fax: 613 226 8195
www. pylonelectronics. com

PYR
Pyrogenesis SA
Technology Park Lavrion
195 00 Lavrio
Greece
Tel: 30 22920 69203
Fax: 30 22920 69202
www. pyrogenesis-sa. gr

QCM
QCM Research
2825 Laguna Canyon Road
Laguna Beach, CA 92651
or
P. O. Box 277

Laguna Beach，Ca 92652
Tel：949 497 5748
Fax：949 497 9828
www. qcmresearch. com

QUA
Quant Technologies，LLC
1463 94th Lane NE
Blaine，MN 55449
Tel：763 398 0508
Fax：763 398 0480
www. quanttechnologies. com

R&P
Rupprecht & Patashnick Co.
25 Corporate Cirde
Albany，NY 12203
Tel：518 452 4065
Fax：518 452 0067
www. rpco. com

RAD
Rad Elec，Inc.
5714-C Industry Lane
Frederick，MD 21704
Tel：301 694 0011
Fax：301 694 0013
www. radelec. com

RAM
RAMEM s. a.
C/ Sambara 33 CP 28027
Madrid
Spain
www. ramem. com

RIO
RION Co. Ltd.
Ikeda Bldg.
7-7 Yoyogi 2-chome
151 Tokyo
Japan
Tel：33 79 23 52
Tel：33 70 48 28
www. rion. co. jp

RTI
Research Triangle Institute
P. O. Box 12194
Research Triangle Park，NC 27709
Tel：919 541 6000
www. rti. org

SAC
Sachtleben Chemie GmbH
Postfach 17 04 54，D-47184 Duisburg
Tel：49 2066 22 0
Fax：49 2066 22 2000
www. sachtleben. com

SAM
Sampling Technologies，Inc.
10801 Wayzata Boulevard
Suite 340
Minnetonka，MN 55305
Tel：612 544 1588 or 800 264 1338
Fax：612 544 1977
www. rotorod. com

S&S
Schleicher and Schuell，Inc.
543 Washington Street
Keene，NH 03431
Tel：800 245 4024
Fax：603 355 6507
www. s-and-s. com

SAR
Sartorius Corporation
131 Heartland Boulevard

Edgewood, NY 11717
www. sartoriuscorp. com

SAS
SAS Institute, Inc.
SAS Campus Drive
Cary, NC 27513-2414
Tel: 919 677 8000
Fax: 919 677 4444
www. sas. com

SCI
Scientific Computing & Instrumentation Magazine
301 Gibraltar Drive
Box 650
Morris Plains, NJ 07950-0650
Tel: 973 292 5100
Fax: 973 539 3476
www. scimag. com

SDI
SDI Health
1 SDI Drive
Plymouth Meeting, PA 19462
Tel: 610 834 0800
Fax: 610 834 8817

SEA
SEADM
Parque Tecnologico de Boecillo, parcela 205
47151 Boecillo (Valladolid)
Spain
Tel: 34 91 344 1651
Fax: 34 91 1010 227
www. seadm. com

SEN
Sensidyne, Inc.
16333 Bay Vista Drive
Clearwater, FL 33760
Tel: 727 530 3602 or 800 451 9444
Fax: 727 539 0550
www. sensidyne. com

SER
Seragen Diagnostics
Indianapolis, IN

SHI
Shimadzu
The J. J. Wilbur Company, Inc.
5 Northern Boulevard Unit 14
Amherst, NH 03031
Tel: 603 880 7100
Fax: 603 880 3157
www. ssi. shimadzu. com

SIB
Sibata Scientific Technology Ltd.
1-25, Ikenohata 3-Chome, Taito-Ku,
Tokyo 110-8701,
Japan
Tel: 81 3 3822 2112
Fax: 81 3 5685 1394
www. sibata. co. jp

SIG
Sigma Instruments
120 Commerce Drive Unit 1,
Fort Collins, CO 80524
Tel: 970 416 9660
Fax: 970 416 9330
URL: http: //www. sig-inst. com

SIC
Siecor Incorporated
310 North College Road
Wilmington, NC 28405
www. siecor. com

SIE
Siemens AG Energie-und Automatisierung-

stechnik
Balanstrasse 73
8000 München 80
Germany
Tel：(0) 89 4144 0
Fax：(0) 89 4144 8002
www. siemens. com

SKC

SKC，Inc.
863 Valley View Road
Eighty Four，PA 15330-9614
Tel：724 941 9701 or 800 752 8472
www. skcinc. com

SOL

Zellweger Analytics，Inc.
Neotronics/Solomat Division，
4331 Thurmond Tanner Road，
P. O. Box 2100，
Flowery Branch，GA 30542
Tel：770 967 2196
www. zelana. com/solomat/solomat. asp

SON

Sono-Tek Corporation
2012 Route 9W
Building 3
Milton，NY 12547
Tel：914 795 2020
Fax：914 795 2720
www. sono-tek. com

SPE

Stratton Park Engineering Company (SPEC) Inc.
5401 Western
Boulder，CO 80301
Tel：303 449 1105
Fax：303 449 0132
www. specinc. com

SPI

Spiral Biotech，Inc.
7830 Old Georgetown Road
Bethesda，MD 20814
Tel：301 657 1620
Fax：301 652 5036
www. spiralbiotech . com

SPR

Structure Probe，Inc.
P. O. Box 656
West Chester，PA 19381-0656
www. 2spi. com

SRD

Seradyn Particle Technology
7998 Georgetown Road，Suite D
Indianapolis，IN 46268
Tel：800/428 995 9902
www. seradyn. com

STA

Staplex Co.，Air Sampler Division
777 Fifth Avenue
Brooklyn，NY 11232
Tel：718 768 3333
Fax：718 965 0750
www. staplex. com

STR

Sterlitech Corp.
22027 70th Avenue S
Kent，WA 98032-1911
www. sterlitech. com

STH

Ströhlein GmbH & Co.
Girmeskreuzstrasse 55

P. O. Box 14 63
D-41564 Kaarst 1
Germany
Tel：49 21 31 606 0
Fax：49 21 31 606 167

STS
SciTech Science
Tel：800 622 3307 or 773 486 9191
Fax：773 486 9234
www. scitechint. com

SUM
Sumitomo Electric USA，Inc.
360 Lexington Ave，24th Floor
New York，NY 10017-6502
Tel：212 490-6610
Fax：212 490-6620
www. sumitomo. com

SNC
Sun Nuclear Corporation
425-A Pineda Court
Melbourne，FL 32940-7508
Tel：407 259 6862
Fax：407 259 7979
www. sunnuclear. com

SUN
Sunset Laboratory Inc.
10160 SW Nimbus Avenue
Suite F/8
Tigard，OR 97223-4338
Tel：503. 624. 1100
Fax：503. 620. 3505
www. sunlab. com

SYM
Sympatec Inc. ，System-Partikel-Technik
3490 U. S. Route 1
Princeton，NJ 08540-5706
Tel：609 734 0404
Fax：609 734 0777
www. sympatec. com

TEC
Technical Associates
7051 Eton Avenue
Canoga Park，CA 91303-2197
Tel：818 883 7043
Fax：818 883 6103
tech-associates. com

TFS
Thermo Fisher Scientific
81 Wyman Street
Waltham，MA 02454
Tel：781 622 1000
Fax：781 622 1207
www. thermo. com

TIS
Tisch Environmental，Inc.
145 South Miami Avenue
Cleves，OH 45002
Tel：513 467 9000
www. tisch-env. com

TOP
Topas GmbH
Willistrasse 1
D-01279 Dresden
Tel：49 351 2 54 10 08
Fax：49 351 2 54 10 13
www. topas-gmbh. de

TRO
TRONOX
One Leadership Square，Suite 300
211 N. Robinson Avenue，Oklahoma City，

OK 73102-7109
Tel：405 775 5000
www. tronox. com

TSI
TSI Incorporated
500 Cardigan Road
P. O. Box 64394
St. Paul，MN 55164
Tel：612 483 0900
www. tsi. com

UNI
United Sciences，Inc.
5310 N. Pioneer Road
Gibsonia，PA 15044
Tel：724 443 8610
Fax：724 443 4025
www. nauticom. net

URG
URG Corp.
116 South Merrit Mill Road
Chapel Hill，NC 27516
Tel：919 942 2753
Fax：919 942 3522
www. urgcorp. com

VA
Veltek Associates Inc.
15 Lee BoulevardMalvern，PA 19355
Tel：610 644 8335
Fax：610 644 8336
www. sterile. com /

VAL
Vale Inco Ltd.
200 Bay Street，Royal Bank Plaza
Suite 1600，South Tower
P. O. Box 70
Toronto，Ontario，Canada
M5J 2K2
Tel：416 361 7511
Fax：416 361 7781
www. inco. com

VER
Verewa Umwelt-und Prozeßmeßtechnik GmbH
Kollaustrasse 105
D-22453 Hamburg
Germany
Tel：49 40 / 55 42 18 0
Fax：49 40 / 58 41 54
http：//www. durag. de

VIR
The VirTis Company
815 Route 208
Gardiner，NY 12525
Tel：914 255 5000
Fax：914 255 5338
www. virtis. com

WED
Wedding & Associates，Inc. (Part of **AND**)
www. anderseninstruments. com

WES
Westech Instrument Services Ltd.
Unit 10，Rectory Farm Business Park
Upper Stondon，Bedfordshire SG16 6LJ
United Kingdom
Tel：44 0 1362 816966
www. westechinstruments. com

WHA
Whatman，Inc.
9 Bridewell Place
Clifton，NJ 07014
www. whatman. com

WOL

Wolfram Research, Inc.
100 Trade Center Drive
Champaign, IL 61820-7237
Tel: 217 398 0700
Fax: 217 398 0747
www. wolfram. com

WYA

Wyatt Technologies
30 South La Patera Lane, B-7
Santa Barbara, CA 93227-3253
Tel: 805 681 9009
Fax: 805 681 0123
www. wyatt. com

WYK

Wyckoff Co. Ltd, Japan
Tel: 81 48 462 9506
www. wyckoff. co. jp

ZAA

Zefon International, Inc.
5350 SW 1st Lane
Ocala, FL 34474
Tel: 352 854 8080 or 800 282 0073
Fax: 352 854 7480
www. zefon. com

索引[1]

[1] 英文原版本索引中标有各词所在页码,由于翻译后各词所在页码变动很大,而且各词在正文中相应章节的译法不尽相同,此处省略页码。——译者注

续表

续表

续表

中文翻译	英文原文
气溶胶散射相位函数	aerosol scattering phase function
气溶胶与鞘气流速比率	aerosol-to-sheath flow ratio
气溶胶垂直分布	aerosol vertical distribution
AES(俄歇电子能谱)	AES(Auger electron spectroscopy)
黑炭仪	aethalometer
AFM(原子力显微镜)	AFM(atomic force microscopy)
AFRICA [(英国国际)石棉纤维定期交换计量计划]	AFRICA [(U. K. International) Asbestos Fibre Regular Interchange Counting Arrangement]
凝聚物	agglomerate or aggregates
凝聚粒子沉积	agglomerate particle deposition
AHERA(美国石棉危害应急反应法规)	AHERA [(U. S.)Asbestos Hazard Emergency Relief Act]
AIDS(获得性免疫缺陷综合征)	AIDS(acquired immunodeficiency syndrome)
AIHA(美国工业卫生协会)	AIHA(American Industrial Hygiene Association)
航空气溶胶测量	aircraft-based aerosol measurement
空气流量(见流量测量)	air flow rate. See flow rate measurement
空气流速(见流速测量)	air velocity. See velocity measurement;air
爱根核	Aitken nuclei
同见 CNC 或 CPC	See also CNC or CPC
ALARA(在合理范围内尽可能最低的)辐射暴露	ALARA(as low as reasonably achievable)radiation exposure
藻类	algae
ALI(年摄入量限值)	ALI(annual limit on intake)
过敏原	allergens
阿尔法射线	alpha radiation
同见放射;高能量	See also radiation;high energy
肺泡和支气管沉积区	alveolar and tracheobronchial deposition fraction
肺泡区	alveolar region
肺泡	alveoli
AMAD(活性空气动力学中值直径,见当量直径)	AMAD(activity median aerodynamic diameter). See equivalent diameter
AMD(活性中值直径)	AMD(activity median diameter)
铵离子和氨	ammonium ion and ammonia
铵荧光素	ammonium fluorescein
铁石棉	amosite
同见石棉	See also asbestos
分析电镜(AEM)	analytical electron microscopy,AEM

续表

中文翻译	英文原文
成分分析	compositional analysis
电子能量损失谱(EELS)	electron energy-loss spectroscopy,EELS
能量过滤透射电子显微镜(EFTEM)	energy-filtered transmission electron microscopy EFTEM
Z-对比度成像	Z-contrast imaging
CTEM 模式	CTEM mode
STEM 模式	STEM mode
结构分析	structural analysis
衍射相衬成像	diffraction contrast imaging
明视场成像	bright field image
暗视场成像	dark field image
电子衍射	electron diffraction
汇聚光束电子衍射(CBED)	convergent beam electron diffraction,CBED
传统选定区电子衍射(SAED)	traditional selected area electron diffraction,SAED
高分辨率成像	high-resolution(lattice)imaging
Z-强反差图像	Z contrast imaging
高角度环形暗场	high angle annular dark field,HAADF
高分辨率电子显微镜	high resolution electron microscopy,HREM
超细粒子分析选用的分析电镜	analytical electron microscopy for ultrafine particle analysis
粒子分析技术	analytical techniques for particles
空白样品	sample blanks
同见 AAS;AES;BET;DSC;DTA;EELS;EPMA;FT-IR;GC;HDC;IC;ICP-MS;INAA;IR;LCL;LMMS;MS;NRA;PCM;PIXE;PLM;Ramanspectroscopy;TEM;TGA;SEM;STM;XRD;XRF	See also AAS;AES;BET;DSC;DTA;EELS;EPMA;FT-IR;GC;HDC;IC;ICP-MS;INAA;IR;LCL;LMMS;MS;NRA;PCM;PIXE;PLM;Ramanspectroscopy;TEM;TGA;SEM;STM;XRD;XRF
肺的解剖区域	anatomic regions of the lung
胸腔外区域或鼻咽区域	extrathoracic or nasopharyngeal region
呼吸带	respiratory zone
气管支气管区域(传导区)	tracheobronchial region(conducting zone)
ANC 爱根核计数器(见 CNC)	ANC(Aitken nuclei counter). See CNC
安德森(Anderso)冲击器	Anderson impactor
风速计	anemometer
同见 LDV	See also LDV
角度散射	angular scattering
阴离子(见离子种类)	anion. See ionic species
异轴采样	anisoaxial sampling

续表

续表

续表

续表

中文翻译	英文原文
碳	carbon
黑炭	black
碳纤维	fibers
同见 BC;CC;EC;纳米管;OC;PAH;TC	See also BC;CC;EC;nanotubes;OC;PAH;TC
碳纳米管	carbon nanotubes
级联冲击式采样器	cascade impactor
同见冲击器;串联;惯性分离	See also impactor;cascade;inertial classification
灾难性的误差放大	catastrophic error amplification
阳离子	cation. See ionic species
收敛光束电子衍射(CBED)	CBED(convergent beam electron diffraction)
CC(碳酸盐碳)	CC(carbonate carbon)
圆柱形差分电迁移率分析仪(CDMA)	CDMA(cylindrical differential mobility analyzer)
离心分级	centrifugal classification
串级旋风分离器	cascade cyclone
离心机	centrifuge
旋风分离器	cyclone
同见惯性分离;仪器表;商业的	See also inertial classification;instrument tables,commercial
CEN(欧洲标准委员会)	CEN [Comite′ Europe′en de Normes(European Standards Committee)]
制陶制品	ceramics
陶瓷纤维	ceramic fibers
CFD(计算流体力学)	CFD(computational fluid dynamics)
菌落形成单位	cfu. See colony forming units
厘米-克-秒 单位制	cgs units
粒子链	chains of particles
多路电喷雾系统	multiplexed electrospray system
舱	chamber
动物暴露	animal exposure
沉积	deposition in
特征烧结时间	characteristic sintering time
静电荷	charge,electrostatic
平衡	equilibrium
颗粒的测量	measurement of a particle
同见电场;电迁移;静电的;粒子	See also electric field;electrical mobility;electrostatic;particle
荷电	charging
荷电粒子	charged particle

续表

中文翻译	英文原文
电场中的漂移速度	drift velocity in field
单粒子荷电	charge per particle
荷电效率方程	charger efficiency function
荷电效率	charging efficiency
化学离子化质谱仪	chemical ionization mass spectrometer
粒子化学反应	chemical reaction with particle
同见硝酸盐;硝酸	See also nitrate;nitric acid
化学形态分析网	Chemical Speciation Network
化学气相沉积(CVD)	chemical vapor deposition,CVD
特征反应时间	characteristic reaction time
停留时间	residence time
化学吸收	chemisorption
卡方检验	chi-square
层析法	chromatography
同见 GC;离子色谱	See also GC;ion chromatograph
慢性阻塞性肺病	chronic obstructive pulmonary disease
CHS(准直孔结构)	CHS(collimated hole structure)
Ci(居里)	Ci(curie)
香烟烟雾	cigarette smoke. See smoke;cigarette
分级	classification. See centrifugal classification;inertial classification
洁净室	cleanroom
测量	measurement
标准	standards(e. g. ,Federal Standard 209D)
吸入粒子的清除	clearance of inhaled particles
粒子排放的密闭箱法	closed box method for particle emissions
闭合式采样器	closed face sampler
云	cloud
气溶胶测量	aerosol measurement
舱	chamber
个体的	personal
云凝结核	cloud condensation nuclei
集群化学离子化质谱法	cluster chemical ionization mass spectrometry
CMD(数量中值直径)	CMD(count median diameter)
CNC 或 CPC(凝结核计数器)	CNC or CPC[condensation nuclei(nucleus or particle)counter]
校准	calibration

续表

续表

续表

中文翻译	英文原文
层流扩散凝结核计数器(LDCNC)	laminar diffusion condensation nucleus counters,LDCNC
扩散 LDCNC	diffusive LDCNC
热学 LDCNC	thermal LDCNC
Millikan 关系式	Millikan relation
中性粒子	neutral particles
最小可检测粒径	smallest detectable size
Tammet Z 关系式	Tammet's Z(d)relation
理论	theory
Thomson 曲线	Thomson curve
Thomson 理论	Thomson's theory
紊流混合冷凝核计数(TMCNC)	turbulent mixing condensation nucleus counter,TMCNC
凝结核计数器(CNC)	condensation nucleus counters,CNC
凝结粒子计数器	condensation particle counter
锥型射流电喷雾	cone-jet electrospray
锥型射流模式	cone-jet mode
锥型射流稳定域	cone-jet stability domain
置信区间	confidence intervals
平均数	means
单一读数	single readings
标准偏差	standard deviations
方差	variances
置信区间	confidence limits
见误差分析	See also error analysis
约束最小二乘法	constrained least-squares
连续分布	continuous distributions
连续流	continuum regime
控制图	control charts
电晕	corona
见粒子充电	See also particle charging
电晕辅助锥型射流模式	corona-assisted cone-jet mode
电晕荷电	corona charging
电晕电流	corona current
相关和回归	correlation and regression
相关系数	correlation coefficient
库仑(Coulomb)定律	Coulomb's law

续表

续表

续表

中文翻译	英文原文
柴油机烟雾	diesel fume
差分电迁移率分析仪(DMA)	DMA(differential mobility analyzer)
见电子迁移分析器	See also electrical mobility analyzer
差分电迁移率光谱仪	differential mobility spectrometer
差示扫描量热法	differential scanning calorimetry
差示热分析	differential thermal analysis
光衍射(见光衍射,电子衍射,X 射线衍射)	diffraction. See light diffraction;electron diffraction;XRD
漫反射函数	diffuse reflectance function
扩散	diffusion
在环形管中	in annular tubes
电池	battery
荷电	charging
系数	coefficient
在准直孔结构中	in collimated hole structure
在圆柱管中	in cylindrical tubes
溶蚀器	denuder
涡流	eddy
纤维的	of fibers
在过滤器中	in filters
气体	gas
因…而移动	motion due to
在平行盘中	in parallel disks
在矩形通道中	in rectangular channels
扩散(当量)直径,见当量直径	diffusion(equivalent)diameter. See equivalent diameter
扩散荷电	diffusion charging
扩散荷电感应器	diffusion charging sensor
扩散粒径分级器	diffusion size classifier
扩散阶段电流	diffusion stage current
扩散电泳	diffusiophoresis
稀释	dilution
稀释比	dilution ratio(rate)
有机气溶胶	organic aerosols
采样调节	sample conditioning
稀释采样	dilution sampling
稀释系统	dilution systems

续表

中文翻译	英文原文
稀释管道	dilution tunnels
有机气溶胶	organic aerosols
颗粒物损失	particle loss
便携稀释系统	portable dilution systems
一级稀释系统	primary dilution system
二级稀释	secondary dilution
偶极散射	dipole scattering. See Rayleigh scattering
直接电晕荷电器	direct corona charger
直读仪器	direct reading instruments, selection of
消毒	disinfection
分布	distribution
浓度,见粒径分布	concentration. See concentration distribution size. See size distribution
动态光散射(DLS)	DLS(dynamic light scattering)
差分电迁移率分析仪,见差分电迁移率分析仪(DMA)	DMA(differential mobility analyzer). See differential mobility analyzer
差分电迁移率分析仪-质谱仪联用(DMA-MS)	DMA-MS
差分电迁移率颗粒分级器 DMPS①	DMPS(Differential mobility particle sizer)
DOE(美国能源部)	DOE [(U. S.)Department of Energy]
DOP[邻苯二甲酸二辛酯(邻苯二甲酸二辛酯),也称邻苯二甲酸二(2-乙基己)酯]	DOP [di-octyl phthalate; also bis(2-ethylhexyl)phthalate]
见气溶胶测试	See also test aerosols
Dorr-Oliver① 旋风分离器(10-mm 尼龙旋风分离器)	Dorr-Oliver cyclone(also 10mm nylon cyclone)
见离心分级	See also centrifugal classification
稀释比(DR)	DR(dilution rate)
阻力系数	drag coefficient
颗粒物曳力	drag force, on particle
微滴	droplet
凝结增长	condensational growth
加速中的形变	deformation under acceleration
干燥时间	drying time
蒸发	evaporation
激增	explosion
福克斯修正	Fuchs correction
寿命	lifetime

续表

中文翻译	英文原文
光散射	light scattering
大气模型	mode in atmosphere
温度	temperature
微滴-粒子的转换	to-particle conversion
微滴库仑(Coulombic)斥力	droplet Coulombic repulsion
微滴扩散	droplet dispersion
微滴分裂	droplet fission
戴维斯转筒式全粒径切割冲击式采样器 DRUM	DRUM(Davis Rotating drum Universal size cut Monitoring impactor)
差示扫描量热法(DSC)	DSC(differential scanning calorimetry)
差示热分析(DTA)	DTA(differential thermal analysis)
Duisburg(杜伊斯堡)差分电迁移率分析仪	Duisburg DMA
尘	dust
见气溶胶,呼吸道尘埃尘,可吸入尘,可吸入胸腔尘	See also aerosol;respirable dust;inhalable dust;thoracic dust;
粉尘发生器(见气溶胶产生)	dust generator. See aerosol generation
尘螨(见室内尘螨)	dust mites. See house-dust mites
动态光散射(见动态光散射,光散射)	dynamic light scattering. See DLS;light scattering
动力测量(见直读仪器)	dynamic measurement. See direct reading instrument
电迁移率谱仪动力学粒径范围	dynamic range of electrical-sensing mobility spectrometer
动力学形状因子(见纤维形态因子)	dynamic shape factor
同见电迁移率分析仪	See also fiber shape factor
EAA①电学气溶胶分析器(见电子迁移分析仪)	EAA(electrical aerosol analyzer)
	See also electrical mobility analyzer
元素碳(EC)	EC(elemental carbon)
ECAD(空气动力学有效切割直径,见当量直径)	ECAD(effective cut aerodynamic diameter). See equivalent diameter
EDB(电子天平,见电力学平衡)	EDB. See electrodynamic balance
EDS(能量色散谱)	EDS(energy dispersive spectroscopy)
见扫描电镜,扫描透射电镜,透射电镜 EDS	See also SEM;STEM;TEM
平衡当量浓度(EEC)	EEC(equilibrium equivalent concentration)
电子能量损失光谱(EELS)	EELS(electron energy loss spectroscopy)
有效惯性系数	effective inertial coefficient
EFTEM(能量过滤透射电镜)	EFTEM(energy filtered TEM)
电气溶胶分析仪	electrical aerosol analyzer

续表

中文翻译	英文原文
电气溶胶检测仪	electrical aerosol detector
电气溶胶光谱仪	electrical aerosol spectrometer
粒子荷电	electrical charge on particles. See charge;electrostatic;particle charging
纳米粒子电检测	electrical detection,nanoparticles
气溶胶电检测	electrical detection of aerosols
电检测仪	electrical detectors
电力	electrical forces
电低压冲击式采样器	electrical low pressure impactor
同见 ELPI	See also ELPI
电测量技术	electrical measurement techniques
电迁移	electrical mobility
分析仪(EAA①)	analyzer(EAA)
分级器(CDMA①,DMA①,RDMA①,SMEC,SMPS①)	classifier(CDMA,DMA,RDMA,SMEC,SMPS)
双向电泳	dielectrophoresis
飞行时间	time of flight
电迁移(当量)直径	electrical mobility(equivalent)diameter. See equivalent diameter
电迁移分级	electrical mobility sizing
电感迁移分光仪	electrical-sensing mobility spectrometer
电单位	electrical units
电场	electric field
振荡场中颗粒物运动	oscillating,particle motion in
静电场中颗粒物运动	static,particle motion in
电子天平(EDB)	electrodynamic balance(EDB)
静电计,气溶胶	electrometer,aerosol
电子束	electron beam
粒子分析	analysis of particles
CCD 检测器	CCD detector
电子成像	electron imaging
电子探针微量分析(EMPA)	electron probe microanalysis,EMPA
环境扫描电镜(ESEM)	environmental scanning electron microscope,ESEM
激发	excitation
定量分析	quantitative analysis
扫描电子显微镜(SEM)	scanning electron microscopy,SEM
透射电子显微镜(TEM)	transmission electron microscopy,TEM

续表

中文翻译	英文原文
X射线显微分析	X-ray microanalysis
电子衍射	electron diffraction,in TEM
同见 SAED	See also SAED
电子能量损失谱仪（见 EELS）	electron energy loss spectroscopy. See EELS
电子微探针	electron microprobe.
	See also EDS;EELS;EPMA;microanalysis;SEM;STEM;TEM
电子显微镜	electron microscopy
纤维分析	fiber analysis
纤维扫描电子显微分析	scanning electron microscopy of fibers
纤维透射电子显微分析	transmission electron microscopy of fibers
不确定性	uncertainties
电子显微镜(见 SEM;TEM;STEM)	electron microscopy. See SEM;TEM;STEM
电泳	electrophoresis
电泳损失	electrophoretic losses
电喷射	electrospray
电喷射应用	electrospray applications
电喷雾离子化质谱仪	electrospray ionization mass spectrometry
多路电喷射技术	electrospray multiplexing
电喷射	electrosprays
静电	electrostatic
采样管线中的沉积	deposition in sampling lines
除尘器	precipitator
空间荷电	space charge
	See also charge;electrical field;electrical forces;particle charging;losses in tubes and sampling lines
静电喷雾器	electrostatic atomizers
元素分析	elemental analysis
元素碳(见 EC)	elemental carbon. See EC
电低压冲击式采样器(ELPI)	ELPI(electrical low pressure impactor)
弹性光散射(ELS)	ELS(elastic light scattering)
同见光散射	See also light scattering
颗粒物沉降筛选器	elutriator
同见重力沉降	See also gravitational settling
EM(电子显微镜分析)	EM,electron microscopy(or microscope)
最大值期望	also,expectation-maximization

续表

中文翻译	英文原文
扫描，见扫描电镜	scanning. See SEM
透射，见透射电镜	transmission. See TEM
发射光谱学	emission spectroscopy
内毒素	endotoxin
能谱仪(见能量色散光谱)	energy dispersive spectroscopy, See EDS
能量过滤式透射电镜(EFTEM)	energy filtered TEM. See EFTEM
纳米工程材料	engineered nanomaterials
发动机尾气颗粒分级器	engine exhaust particle sizer
集成检测技术，光学	ensemble detection techniques, optical
见浊度季，光度计	See also nephelometer; photometer envelope(equivalent) diameter. See equivalent diameter
美国环境保护署(EPA)	EPA [(U. S.) Environmental Protection Agency]
化学形态网	Chemical Speciation Network
超级站计划	Supersites program
总粒子浓度和粒径(EPCS)	EPCS, (ensemble particle concentration and size)
电子探针微量分析(EPMA)	EPMA(electron probe microanalysis)
状态方程式	equation of state
当量直径	equivalent diameter
空气动力学(当量)直径	aerodynamic
扩散当量直径	diffusion
外缘当量直径	envelope
质量当量直径	mass
迁移率当量直径	mobility
光学当量直径	optical
投影面积当量直径	projected area
索特(Sauter)平均当量直径	Sauter mean
体积当量直径	volume
美国能源研究与发展管理局(ERDA)	ERDA(U. S. Energy Research and Development Authority)
侵蚀	erosion
误差分析	error analysis
置信区间	confidence limits
线性回归	linear regression
标准偏差	standard error
t-检验	t-test
方差	variance

续表

中文翻译	英文原文
	See also data analysis;size distribution
误差分析	error analysis
误差,气溶胶测量	errors,aerosol measurement
同见粒子分析技术;数据分析;采样;粒径分布	See also analytical techniques for particles;data analysis;sampling;size distribution
静电沉淀器(见静电沉淀器)	ESP. See electrostatic precipitator
电子自旋共振(ESR)	ESR(electron spin resonance)
环境烟草烟雾(ETS)	ETS(environmental tobacco smoke). See smoke;cigarette
微滴蒸发	evaporation of a droplet
同见微滴蒸发	See also droplet evaporation
指数分布	exponential distributions
暴露评价	exposure assessment
消光(见光消散)	extinction. See light extinction
消光系数	extinction coefficient
胸腔外区域	extrathoracic region
极值估计	extreme value estimation
FAM 纤维气溶胶监测仪(见纤维气溶胶监测器)	FAM. See fibrous aerosol monitor
法拉第(Faraday)笼(杯),见静电计、气溶胶	Faraday cage(cup). See electrometer;aerosol
法拉第(Faraday)笼	Faraday cage
法拉第(Faraday)笼气溶胶静电计	Faraday cage aerosol electrometer
法拉第(Faraday)杯静电计	Faraday cup electrometers
快速集成迁移谱仪	fast integrated mobility spectrometer
快速迁移粒子分级器	fast mobility particle Sizer
场发射枪扫描电镜(FEG-SEM)	FEG-SEM(field emission gun SEM)
纤维	fiber
双向电泳	dielectrophoresis
产生	generation
长度分级	length classification
长度测量	length measurement
光散射	light scattering from
流场定向	orientation in flow field
回转运动	rotational motion
形状	shape
粒径分布	size distributions
平移运动	translational motion

续表

续表

中文翻译	英文原文
Fluoropore *（一种 FTEP 膜商品名）	Fluoropore
玻璃纤维	glass fiber
核孔 *（见聚碳酸酯，滤膜，毛细孔）	Nuclepore. See polycarbonate; filter; capillary pore
尼龙 *	Nylon
聚碳酸酯（见毛细孔滤膜）	polycarbonate. See capillary pore filter
聚苯乙烯纤维	polystyrene fiber
聚四氟乙烯(PTFE)	polytetrafluoroethylene(PTFE)
同见特氟龙	See also Teflon
聚氯乙烯(PVC)	polyvinyl chloride(PVC)
石英纤维	quartz fiber
银膜	silver membrane
不锈钢纤维	stainless steel fiber
特氟龙 *	Teflon
特氟龙包裹的玻璃纤维	Teflon-coated glass fiber
过滤级电流	filter stage current
细颗粒	fine particle
	See also $PM_{2.5}$; respirable dust
火焰气溶胶反应器	flame aerosol reactor
絮凝	flocculate
流速测量	flow rate measurement
皂膜流量计	bubble meter
干式气体流量计	dry gas meter
孔板流量计	orifice meter
转子流量计	rotameter
文丘里管流量计	venturi meter
湿式流量计	wet test meter
同见速度测量；空气；压力测量；体积测量	See also velocity measurement; air; pressure measurement; volume measurement; air
流化床发生器	fluidized bed generator. See aerosol generation
凝结核计数器的流体选择标准	fluid selection criteria for CPCs
激光诱导荧光	fluorescence, laser induced
荷电粒子通量	flux, charged particles
雾	fog
傅里叶(Fourier)变换	Fourier transform. See infrared; microanalysis; and Raman
四参数双曲线分布	four-parameter hyperbolic distribution

续表

中文翻译	英文原文
分形	fractal
分形维数	fractal dimensions
夫琅禾费(Fraunhofer)衍射	Fraunhofer diffraction. See light
弗雷德霍姆(Fredholm)积分方程	Fredholm integral equation
自由分子流	free molecular flow(regime)
频率分布	frequency distribution
摩擦速度	friction velocity
联邦参考方法 FRM	FRM(federal reference method)
前向散射光谱探测器(FSSP①)	FSSP(forward scattering spectrometer probe)
傅里叶变换红外光谱(FT-IR)	FT-IR(Fourier transform infrared)
傅里叶变换激光微探针质谱(FT-LMMS)	FT-LMMS(Fourier transform laser microprobe mass spectrometry)
同见 LMMS	See also LMMS
Fuchs 活性表面	Fuchs(active)surface
Fuchs 校正	Fuchs correction
Fuchs 理论	Fuchs theory
扬尘	fugitive dust
烟	fume
真菌	fungi
高斯分布	Gaussian distribution,See size distribution;normal
气相色谱(GC)	GC(gas chromatograph)
气相色谱-质谱联用(GC-MS)	GC-MS(gas chromatograph-mass spectrometer)
GCV(广义交叉验证)	GCV(generalized cross validation)
发生,气溶胶	generation,aerosol. See aerosol generation
几何平均直径	geometric mean diameter
几何中位直径	geometric midpoint diameter
几何标准偏差	geometric standard deviation
同见粒径分布	See also size distribution
石墨炉原子吸收光谱(GFAAS)	GFAAS(grpahite furncace atomic absorption spectroscopy)
颗粒床过滤器	granular bed filter
光栅	graticule
重力分析	gravimetric measurement. See mass measurement; aerosol; filter for gravimetric measurement
重力加速度	gravitational acceleration
重力沉积参数	gravitational deposition parameter
重力沉降	gravitational settling

续表

中文翻译	英文原文
在颗粒物水平沉降筛选器中	in horizontal elutriator
在入口处	in inlets. See inlets
沉降室	settling chamber
沉降盘	settling plate
在静止空气中	in still air
被搅动后	stirred
自由沉降速度	terminal velocity
在颗粒物垂直沉降筛选器中	in vertical elutriator
同见管道和采样线路的损失	See also losses in tubes and sampling lines
重力沉降速率	gravitational settling velocity
砂罐	grit pot
新粒子的生长速率	growth rates,new particle formation
半衰期	half-life
Half-Mini 差分电迁移率分析仪	Half-Mini DMA
手持式振荡微量天平	handheld oscillating microbalance
Hatch-Choate 公式	Hatch-Choate equations
数量中位直径(CMD)	Concentration median diameter,CMD
长度中位直径(LMD)	length median diameter,LMD
线性回归	Linear Regression
质量中位直径(MMD)	mass median diameter,MMD
表面中位直径(SMD)	surface median diameter,SMD
霾	haze
水力层析法(HDC)	HDC(hydrodynamic chromatography)
健康效应	health effects
高效空气粒子过滤器(HEPA 滤膜)	HEPA(high efficiency particulate air)filter
	See also filter
非均相成核	heterogeneous nucleation
高温气溶胶	high temperature aerosols
沉积	deposition
现场测量	in situ measurement
动态光散射	dynamic light scattering
弹性光散射	elastic light scattering
激光诱导荧光光谱	laser-induced fluorescence spectroscopy
测量	measurement
Hohnson 电流噪声	Hohnson current noise

续表

中文翻译	英文原文
全息照相	holography. See optical imaging
均相成核	homogeneous nucleation
颗粒物水平沉降筛选器	horizontal elutriator
同见颗粒物水平沉降筛选器中的重力沉降	See also gravitational settling in horizontal elutriator
热线式风速计	hot wire anemometer
室内尘螨	house-dust mites
暖通空调	HVAC(heating, ventilating and air conditioning)
碳氢化合物(PAH)	hydrocarbon. See PAH
流体力学的	hydrodynamic
层析法(HDC)	chromatography(HDC)
因子	factor
氢离子	hydrogen ion. See pH
水溶胶	hydrosol
吸湿性	hygroscopicity
假设检验	hypothesis testing
离子色谱 (IC)	IC(ion chromatography)
电感耦合等离子质谱(ICP-MS)	ICP-MS(inductively coupled plasma-mass spectroscopy)
国际辐射防护委员会(ICRP)	ICRP(International Commission on Radiological Protection)
理想流体	ideal fluid
环境科学技术研究院(IEST)	IEST(Institute of Environmental Sciences and Technology)
图像分析	image analysis
冲击式采样器	impactor
后备滤膜	after-filter
安德森①	Andersen
同见冲击器;商用仪器	See also impactor; commercial instruments
冲击器主体	body impactor
串联	cascade
	See also DRUM; MOUDI
收集基底	collection substrates
商业仪器	commercial instruments
逆流式虚拟冲击式采样器(CVI)	counterflow virtual impactor(CVI)
戴维斯(Davis)转筒单元(DRUM)	Davis rotating-drum unit for monitoring. See DRUM
效率曲线	efficiency curve
电子低压冲击式采样器(ELPI)	electrical low pressure impactor. See ELPI
仪器	instruments

续表

中文翻译	英文原文
级间损失	interstage losses
低压	low pressure
测量策略	measurement strategy
微孔	micro-orifice
	See also MOUDI
超负荷	overloading
粒子反弹	particle bounce
粒子陷阱	particle trap
个体采样(PEM)	personal sampling
	See also PEM
个体粉尘仪(PIDS)	PIDS(personal inhalable dust spectrometer)
个体暴露粒子采样器	Respicon
呼吸的	respirable
旋转式	rotary
采集时间	sampling time
单级	single stage
同见尘度计/计尘器	See also konimeter
斯托克斯(Stokes)直径	Stokes diameter
斯托克斯(Stokes)数	Stokes number
基底	substrate
时间分辨率	time-resolved
虚拟冲击式采样器	virtual impactor
壁垒或级间损失	wall or interstage losses
WINS(冲击式采样器)	WINS(well impactor ninety six)impactor
同见惯性分级;粒径分布;数据分析	See also inertial classification;size distribution;data analysis
冲击滤尘器	impinger
同见惯性分级	See also inertial classification
不精密,见精密度、误差分析	imprecision. See precision;error analysis
保护能见度环境联合监测网络(IMPROVE)	IMPROVE(interagency monitoring of protected visual environments)
仪器中子活化分析(INAA)	INAA(instrumental neutron activation analysis)
折射率	index of refraction
间接电晕荷电器	indirect corona charger
室内空气	indoor air
工业气溶胶	industrial aerosol
惯性分级或沉降	inertial classification or deposition

续表

续表

续表

续表

中文翻译	英文原文
朗伯(Lambertian)反射体	Lambertian reflectors
层流扩散凝结核计数器(LDCNC)	laminar diffusion CNC,LDCNC
层流	laminar flow
Lovelace 气溶胶粒子分离器(LAPS)	LAPS(Lovelace aerosol particle separator)
电子探针和扫描电镜对大粒子的分析	large particle analysis with the electron probe and scanning electron microscope
钡镧 X 射线强度	Ba La X-ray intensity
定量结果	quantitative results
电子后向散射	electron backscatter
电子边散射	electron sidescatter
电子转移	electron transmission
粒子形状的几何模型	geometric modeling of particle shape
标准化	normalization
粒子标准	particle standards
峰-背景值比	peak-to-background ratios
X 射线吸收	X-ray absorption
X 射线损失	X-ray loss
二级激发	secondary excitation
X 射线吸收	X-ray absorption
X 射线荧光	X-ray fluorescence
大粒子质量粒径分布	large particle mass size distribution
激光气溶胶谱仪(LAS)	LAS(laser aerosol spectrometer)
激光	laser
消融	ablation
有源腔传感器	active cavity sensor
多普勒(Doppler)风速计	Doppler anemometer
同见 LDV	See also LDV
激光多普勒(Doppler)测速仪(见 LDV)	laser Doppler velocimeter. See LDV
激光微探针质谱仪(LMMS)	laser microprobe mass spectrometry,LMMS
元素分析	elemental analysis
检出限	detection limits
同位素干扰	isobaric interferences
相对敏感因子(RSF)	relative sensitivity factors,RSF
傅里叶变换激光微探针质谱仪(FT-LMMS)	fourier-transform laser microprobe mass spectrometry,FT-LMMS
仪器	instrumentation

续表

续表

中文翻译	英文原文
洛仑兹-米氏(Lorenz-Mie)理论	Lorenz-Mie theory
在低角度(前向)	at low angles(forward)
形态依赖性共振	morphology dependent resonances
多样的	multiple
浊度计	nephelometer. See also nephelometer
光度计	photometer. See also photometer
浊度	turbidity
偏离	stray
同见气溶胶;显微镜;粒子	See also aerosol;microscopy;particle
光学显微镜	light microscope
纤维应用	fiber applications
鉴别	identification
光学显微图	light micrograph
滤膜清洁剂	membrane filter clearing agents
相位差显微镜	phase contrast microscopy
实际应用	practical applications
采样准备	sample preparation
形状和大小分析	shape and size analysis
单位体积气溶胶的光散射和吸收	light-scattering and absorption per unit aerosol volume
检出限	limit of detection
	@2See also LOD;LLD
定量极限	limit of quantification
线性回归	linear regression
较低检出限(LLD)	LLD(lower limit of detection)
	See also LOD
光学显微镜(LM)	LM [light microscopy(or microscope)]
	See also microanalysis and optical microscopy
激光微探针质谱(LMMS)	LMMS(laser microprobe mass spectrometry)
检出限(LOD)	LOD(limit of detection)
	See also LLD
对数正态分布	lognormal distribution
粒径对数正态分布	lognormal size distribution
	See also size distribution
对数概率图	log-probability graphs
对数概率表	log-probability plots

续表

中文翻译	英文原文
范德华(London-van der Waals)力	London-van der Waals force
Loscertales 漂移差分电迁移率分析仪	Loscertales' Drift DMA
舱和袋中的损失	losses in chambers and bags
采样管路内的损失	losses in tubes and sampling lines
扩散	diffusion
扩散电泳的	diffusiophoretic
静电的	electrostatic
重力的	gravitational
弯管惯性沉积	inertial deposition in bends
在气流紧缩处的惯性沉积	inertial deposition in flow constrictions
粒子二次夹带	particle re-entrainment
线路的阻塞	plugging of lines
热泳	thermophoretic
湍流惯性	turbulent inertial
	See also inlets;sampling
低压冲击器	low pressure impactor
低压分析	low-voltage analysis
加速压力	acceleration voltage
粒子质量效应	particle mass effect
激光粒子计数器(LPC)	LPC(laser particle counter)
见光学粒子计数器	See also optical particle counter
低压冲击器(LPI)	LPI(low pressure impactor)
	See also ELPI;impactor
肺沉积表面积	lung-deposited surface area
粒子在肺部沉积	lung deposition of particles
马赫(Mach)数	Mach number
压力计	manometer
英国曼彻斯特石棉计划(MAP)	MAP [(U. K.)Manchester Asbestos Program]
质量当量直径	mass(equivalent)diameter. See equivalent diameter
质量测量	mass measurement,aerosol
滤膜压降	filter pressure drop
单粒子的	from single particle
同见β衰减监测仪;重力分析用滤膜;粒径分布;质量;$PM_{2.5}$;PM_{10};TEOM	See also beta attenuation monitor; filter for gravimetric analysis; size distribution,mass;$PM_{2.5}$;PM_{10};TEOM;
质量中位直径	mass median diameter

续表

中文翻译	英文原文
质谱	mass spectrometry. See MS;LMMS;SIMS;TOFMS
MDI(定量吸入器)	MDI(metered dose inhaler)
MDR(形态相关共振)	MDR(morphology dependent resonance)
	See also light scattering
平均自由程	mean free path
总体平均数	mean of a population,See also data analysis;error analysis;size distribution
测量的度量标准	measurement metric
测量范围	measurement range
测量不确定性	measurement uncertainties
微环境监测仪	MEM(microenvironmental monitor)
滤膜	membrane filter
	See also filter;filter materials
间皮瘤	mesothelioma
微分析	microanalysis
电子束	electron beam
离子束(二次离子)	ion beam(secondary ion)
激光微探针	laser microprobe
光学的	optical
拉曼	Raman
扫描探针	scanning probe
	See also EELS;EPMA;SEM;TEM
微束分析仪器	microbeam analytical instrument
微燃烧	microcombustion
微环境	microenvironment
微米	micron
微拉曼	micro-Raman
见拉曼光谱	See also Raman spectroscopy
显微镜	microscope. See LM;SEM;TEM or IR microscope
中位迁移直径	midpoint mobility diameter
米氏(Mie)理论	Mie theory. See light scattering;Lorenz-Mie theory
光散射的米氏(Mie)理论	Mie theory of light scattering
霉	mildew. See fungi
米利肯(Millikan)细胞	Millikan cell
米利肯(Millikan)相关	Millikan relationship

续表

中文翻译	英文原文
矿场气溶胶	mine aerosol
微型电气溶胶谱仪	miniature electrical aerosol spectrometer
小型在线气溶胶监测仪(Mini-RAM)	Mini-RAM(miniature real-time aerosol monitor)
薄雾	mist
混合比	mixing ratio
空气动力学质量中位直径(MMAD)	MMAD(mass median aerodynamic diameter). See equivalent diameter; diameter; mass median
质量中值直径(MMD)	MMD(mass median diameter)
	See also equivalent diameter; diameter; mass median
迁移率	mobility
电	electrical
机械	mechanical
见电迁移率谱仪	See also electrical mobility spectrometer
迁移率(当量)直径	mobility(equivalent)diameter. See equivalent diameter
模态	mode
积聚	accumulation
粗离子	coarse ion
冷凝	condensation
微滴	droplet
见核模;积聚模;粗粒子模	See also nuclei; accumulation; coarse particle mode
中分辨率成像光谱仪	moderate resolution imaging spectroradiometer
发霉	mold. See fungi
分子的	molecular
空气中的速度	velocity in air
空气质量	weight of air
同见平均自由程	See also mean free path
单分散气溶胶	monodisperse aerosol
	See also size distribution; aerosol generation
单分散	monodispersity
蒙特卡洛(Monte Carlo)分析	Monte Carlo analysis
蒙特卡洛(Monte Carlo)图	Monte Carlo plot
蒙特卡洛(Monte Carlo)模拟	Monte Carlo simulations
微孔均匀沉降冲击器(MOUDI)	MOUDI(micro-orifice uniform deposit impactor)
英国矿业研究公司(MRE)	MRE [(U. K.)Mining Research Establishment]
质谱(MS)	MS(mass spectroscopy)

续表

中文翻译	英文原文
离子捕集	ion trap
四极杆	quadrupole
飞行时间	time of flight
	See also GC-MS;ICP-MS;SIMS;LMMS;TOF-MS
美国矿业安全与卫生管理局(MSHA)	MSHA [(U. S.)Mine Safety and Health Administration]
多角度成像光谱仪	multi-angle imaging spectroradiometer
多喷射模型	multi-jet mode
多路复用平面阵列	multiplexing with planar arrays
真菌毒素	mycotoxin
美国国家环境空气质量标准(NAAQS)	NAAQS[(U. S.)National Ambient Air Quality Standard]
纳米气溶胶质谱仪(NAMS)	NAMS(Nanoaerosol mass spectrometer)
纳米检查	NanoCheck
纳米凝结核计数器	nano CNC
纳米差分电迁移率分析仪	nano-DMAs
扩散扩展	diffusion broadening
差分电迁移率分析仪检出限	DMA resolution Limit
短差分电迁移率分析仪	short DMAs
超临界圆柱差分电迁移率分析仪	supercritical cylindrical DMA
纳米粒子	nanoparticle
纳米粒子生长	nanoparticle growth
直接,非在线监测	direct,off-line measurements
直接测量,在线	direct measurements,real-time
间接方法	indirect methods
纳米粒子生长仪器系统	nanoparticle growth instrument system
基底上纳米粒子的烧结	nanoparticle sintering on the substrate
沉积后烧结	postdeposition sintering
同时烧结和沉积	simultaneous sintering and deposition
纳米粒子传送	nanoparticle transmission
纳米技术	nanotechnology
纳米管	nanotubes
美国国家航天局(NASA)	NASA(National Aeronautics and Space Administration)
鼻咽腔	nasopharyngeal compartment
美国国家职业安全与卫生研究所(NIOSH)	National Institute for Occupational Safety and Health. See NIOSH
国家大气研究中心(NCAR)	NCAR(National Center for Atmospheric Research)
美国辐射保护委员会(NCRP)	NCRP [(U. S.)National Council on Radiation Protection]

续表

续表

中文翻译	英文原文
成核率,新粒子形成	nucleation rates,new particle formation
核	nuclei
难溶的	insoluble
模态	mode
可溶的	soluble
Nukiyama-Tanasawa 分布	Nukiyama-Tanasawa distributions
数量(计数)中位直径	number(or count)median diameter
	See also CMD;diameter
NVLAP(美国国家民办实验室认证计划)	NVLAP [(U. S.) National Voluntary Laboratory Accreditation Program]
阵列式光学(成像)探针	OAP [optical array(imaging)probe]
阻塞性肺病	obstructive lung diseases
有机碳(OC)	OC(organic carbon)
职业暴露极限(OE)	OEL(occupational exposure limit)
光学(单)粒子计数器(OPC)	OPC [optical(single)particle counter]. See optical particle counter
光学当量直径	optical(equivalent)diameter. See equivalent diameter
阵列式光学探针	optical array probe
光学厚度	optical depth
光集成测量	optical ensemble measurement. See DLS; light, Fraunhofer diffraction; optical imaging
光学纤维	optical fiber
光成像	optical imaging
全息照相	holography
光显微镜	optical microscopy
亮区	bright field
场深度	depth of field
微分干涉差	differential interference contrast
荧光	fluorescence
近场扫描光学显微镜(NSOM)	near field scanning optical microscopy(NSOM)
粒子计数	for particle counting
相位差(PCM)	phase contrast(PCM)
偏振光(PLM)	polarized light(PLM)
	See also microanalysis
光学粒子计数器(OPC)	optical particle counter(OPC)
背景噪声	background noise
校准	calibration

续表

中文翻译	英文原文
一致性	coincidence. See coincidence error
计数效率	counting efficiency
仪器比较	instrument comparisons
多相散射	multiple scattering
粒子密度,折光率效应	particle density,refractive index effect
放射性气溶胶	for radioactive aerosols
分辨率	resolution
测量体积	sensing volume
偏离粒子	stray particles
	See also calibration;coincidence;light scattering;opticalimaging,SPC
光散射或消光	optical scattering or extinction. See light scattering;light extinction;optical particle counter
光谱仪	optical spectroscopy
光学厚度	optical thickness
有机碳(OC)	organic carbon. See OC
有机物	organic compounds
	See also OC
有机串联式差分电迁移率分析仪	organic tandem differential mobility analyzer
孔板流量计	orifice meter
见临界小孔	See also critical orifice
美国职业安全与卫生管理局(OSHA)	OSHA[(U. S.)Occupational Safety and Health Administration]
堆积密度	packing density,filter. See filter packing density
多环芳烃(PAH)	PAH(polycyclic aromatic hydrocarbon)
多环芳烃传感器	pAH-sensor
分压	partial pressure
粒子	particle
黏着	adhesion
束	beam
冲击器中的反弹	bounce
见惯性分离	in impactors. See inertial classification
荷电	charging
接触	contact
扩散	diffusion
电解质	electrolytic
场	field

续表

续表

中文翻译	英文原文
颗粒物合成	particle synthesis
颗粒物	particulate
气溶胶光电探测器(PAS)	PAS(photoelectric aerosol sensor)
相差显微镜(PCM)	PCM [phase contrast microscope(microscopy)]. See optical microscopy,phase contrast
间质性浆细胞肺炎(PCP)	PCP(pneumocystic carinii pneumonia)
光子关联能谱法(PCS)	PCS(photon correlation spectroscopy)
	See also DLS
粒子计数分级速度计(PCSV)	PCSV(particle counter sizer velocimeter)
粒子动态分析仪(PDA)	PDA(particle dynamic analyzer)
相位多普勒粒子分析仪(PDPA)	PDPA(phase Doppler particle analyzer;also PDA)
肺栓塞(PE)	PE(pulmonary embolism)
峰-峰噪声	peak-to-peak noise
个体暴露监测仪(PEM)	PEM(personal exposure monitor)
个体云	personal cloud
个体采样	personal sampling
	See also PEM;exposure assessment
个体惯性分光计	PERSPEC(personal inertial spectrometer)
全氟烷氧基特氟龙	PFA(perfluoro alkoxy)Teflon
层流扩散组采样器	PFDB(parallel flow diffusion battery)
氢离子浓度的负对数(pH)	pH(negative log10 of hydrogen ion concentration)
相位多普勒测速仪	phase Doppler anemometry
相函数	phase function
气溶胶光电探测器(PAS)	photoelectric aerosol sensor. See PAS
光电发射	photoelectric emission. See particle charging – photoemission photoemission
光度计	photometer
应用	applications
校准	calibration
线性区域	linearity range
反应	response
漫射光背景	stray light background
同见商用光度计;浊度计	See also commercial photometers,nephelometer
光子相关	photon correlation(PCS or DLS)
光泳现象	photophoresis
可吸入粒子的物理化学特性	physiochemical properties of inhaled particles

续表

中文翻译	英文原文
产生自由基的能力	ability to generate free radicals
吸附微生物	adsorbed microbial products
吸附有机物	adsorbed organic compounds
吸附可溶性金属	adsorbed soluble metals
粒子纵横比	particle aspect ratio
粒子表面电荷	particle surface charge
个体可吸入性尘分光计	PIDS(personal inhalable dust spectrometer)
	See also impactor;inertial classification
压电质量监测器	piezoelectric mass monitor
皮托管	pitot tube
PIXE(中字诱导 X 射线发射)	PIXE(proton induced X-ray emission)
平面差分电迁移率分析仪	planar DMAs
偏振光显微镜(PLM)	PLM [polarizing light microscope(microscopy)]
活塞流	plug flow
颗粒物(PM)	PM(particulate matter)
粒径小于 $10\mu m$ 的颗粒物(PM_{10})	PM_{10}(particulate matter,10 mm aerodynamic diameter;also PM_{10})
粒径小于 $15\mu m$ 的颗粒物(PM_{15})	PM_{15}(particulate matter,15 mm aerodynamic diameter)
粒径小于 $2.5\mu m$ 的颗粒物($PM_{2.5}$)	$PM_{2.5}$(particulate matter,2.5 mm aerodynamic diameter)
推进式定量吸入器(pMDI)	pMDI(propellant-driven,metered-dose inhaler)
光电倍增管(PMT)	PMT(photomultiplier tube)
颗粒态硝酸盐(PN)	PN(particulate nitrate). See nitrate;nitric acid
肺尘埃沉着病	pneumoconiosis
肺石棉沉着病	asbestosis
煤矿工人	coal workers
^{210}钋	^{210}Po(Polonium-210)
泊肃叶(Poiseuille)流	Poiseuille flow
泊松(Poisson)分布	Poisson distribution
后向散射辐射极化	polarization of back-scattered radiation
波拉克(Pollak)计数器	Pollak counter
同见凝结核计数器	See also condensation nucleus counter
花粉	pollen
多环芳烃(PAH)	polycyclic aromatic hydrocarbon. See PAH
多分散气溶胶	polydisperse aeorosols
多孔性	porosity
滤膜	filter

续表

中文翻译	英文原文
	See also filter packing density
正电晕扩散荷电器	positive corona diffusion charger
幂律分布	power-law distribution
见粒径分布	power-law distribution. See size distribution
同见变异系数;误差分析	See also coefficient of variation;error analysis
预冲击器	pre-impactor
压力测量	pressure measurement
差压表	Magnehelic
压力计	manometer
压力传感器	pressure transducer
一次液滴停留时间	primary droplet residence time
一次颗粒物	primary particle
概率值	probit value
投影面积(当量)直径	projected area(equivalent)diameter
	See also equivalent diameter
误差传递	propagation of error
聚苯乙烯乳胶球(PSL)	PSL(polystyrene latex)spheres
粒子总暴露评价方法(PTEAM)	PTEAM(particle total exposure assessment methodology)
聚四氟乙烯滤膜(PTFE)	PTFE(polytetrafluoroethylene)filter. See filter material,PTFE
超细粒子计数器(P-Trak)	P-Trak
	See also CNC
肺部致癌疾病	pulmonary carcinogenic disease
肺部反应	pulmonary response
脉冲高度分析	pulse height analysis
脉冲高度分析-超细凝结粒子计数器	pulse height analysis-ultrafine condensation particle counter
空气流量控制泵	pumps,air flow control
聚氯乙烯滤膜(PVC)	PVC(polyvinyl chloride)filter. See filter material;polyvinyl chloride
聚氯甲苯球体(PVT)	PVT(polyvinyl toluene)spheres
石英晶体微量天平(气溶胶传感器,QCM)	QCM [quartz crystal microbalance(aerosol sensor)]. See piezoelectric mass monitor
准弹性光散射(QELS)	QELS(quasi-elastic light scattering)
质量保证或质量控制	quality assurance or control
	See also error analysis
石英(普通结晶二氧化硅)尘	quartz(common type of crystalline silica)dust
石英晶体微量天平气溶胶传感器	quartz crystal microbalance aerosol sensor. See piezoelectric mass monitor

续表

续表

续表

续表

续表

中文翻译	英文原文
旋转弦算法	rotating chord algorithm
样品制备	sample preparation
光谱收集	spectrum collection
扫描电迁移率粒径谱仪(SMPS[①])	scanning mobility particle sizer(SMPS)
扫描探针显微镜(SPM)	scanning probe microscopy(SPM)
应用	application
性能	capabilities
原理	principle
扫描透射 X 射线显微镜(STXM)	scanning transmission X-ray microscopy,STXM
加利福尼亚南部空气质量研究(SCAQS)	SCAQS(Southern California Air Quality Study)
散射效率	scattering efficiency
施密特(Schmidt)数	Schmidt number
闪烁计数	scintillation counting
二级荧光	secondary fluorescence
二级离子质谱(SIMS)	secondary ion mass spectrometry,SIMS
深度剖析	depth profiling
检出限	detection limits
仪器设备	instrumentation
离子微探针	ion microprobe
离子显微镜	ion microscope
离子图像模型	ion image mode
粒子分析	particle Analysis
原理	principle
沉积	sedimentation
同见重力沉降	See also gravitational settling
自成核现象	self nucleation. See homogeneous nucleation
扫描电镜(SEM)	SEM [scanning electron microscope(or microscopy)]
沉降室	settling chamber. See gravitational settling
重力沉降	settling due to gravity. See gravitational settling
沉降盘	settling plate
连续滤膜采样器	SFS(sequential filter sampler)
形状因子	shape factor
同见动力形状因子;粒子形状	See also dynamic shape factor;particle shape
舍伍德(Sherwood)数	Sherwood number
国际单位制(SI)	SI(Système International;international system of units)

续表

续表

续表

中文翻译	英文原文
	See also optical particle counter
单光子发射计算机化断层显像(SPECT)	SPECT(single photon emission computed tomography)
旋转圆盘雾化器	spinning disk atomizer
	See also aerosol generation
螺旋离心机	Spiral centrifuge
扫描探针显微镜(SPM)	SPM(scanning probe microscopy)
喷雾	Spray
高温热解	Pyrolysis
喷雾的形成	spray formation
SRM	SRM(standard reference material). See NIST SRM
标准偏差	standard deviation
	See also error analysis
标准误差	standard error
	See also error analysis
标准温度和压力	standard temperature and pressure
斯蒂芬(Stefan/Stephan)流	Stefan(or Stephan)flow
短期暴露限(STEL)	STEL(short-term exposure limit)
扫描透射电子显微镜(STEM)	STEM [scanning transmission electron microscope(or microscopy)]
斯蒂芬(Stefan/Stephan)流	Stephan(or Stefan)flow
黏着系数	sticking coefficient
扫描隧道显微镜(STM)	STM(scanning tunneling microscopy)
斯托克斯(Stokes)直径	Stokes diameter
	See also impactor;impinger;inertial classification or deposition
斯托克斯(Stokes)定律流	Stokes law flow or drag
斯托克斯(Stokes)数	Stokes number
	See also impactor;impinger;inertial classification or deposition
斯托克斯(Stokes)方法	Stokes regime
制动距离	stopping distance
标准温度和压强(STP)	STP(standard temperature and pressure)
喷射区结构	structure of the spray region
Student 分布	Student's t distribution
	See also error analysis;data analysis
Student's *t* 检验	student's *t*-test
小于 3nm 的气溶胶测量	sub-3nm aerosol measurement
硫酸盐	sulfate

续表

续表

中文翻译	英文原文
热解析化学离子质谱仪	thermal desorption chemical ionization mass spectrometer
热沉降器	thermal precipitator
	See also thermophoresis
热迁移	thermophoresis
热泳沉积	thermophoretic deposition
薄壁入口或采样喷嘴	thin-walled inlet or sampling nozzle
	See also inlet;sampling
胸部沉积	thoracic deposition
胸部粒子	thoracic particles
潮气量	tidal volume
Tikhonov 正则化	Tikhonov regularization
Timbrell 分光计	Timbrell spectrometer
见颗粒物水平沉降筛选中的重力沉降	See also gravitational settling in horizontal elutriator
TM 数字 μP①	TM digital μP
烟草烟雾	tobacco smoke
	See also ETS
飞行时间	TOF(time-of-flight)
空气动力学粒径分级	aerodynamic sizing. See APS;Aerosizer
激光微探针飞行时间质谱	TOF LMMS
飞行时间质谱(TOF-MS)	TOF-MS,mass spectrometry
热光反射法(TOR)	TOR(total optical reflectance)
热光透射法(TOT)	TOT(thermal optical transmission)
总碳	total carbon. See TC
总尘	total dust
臭氧总量测绘分光计	total ozone mapping spectrometer
毒性	toxicity
胸腔性粒子质量(TPM)	TPM(thoracic particulate mass). See thoracic dust
程序性升温引起的挥发(TPV)	TPV(temperature programmed volatilization)
收尘极板极的转移函数	transfer function of the collection electrode
过渡态	transition regime
透射电子显微镜	transmission electron microscope(or microscopy). See TEM
透射或迁移效率	transmission or transport efficiency
	See also inlet;sampling;losses in tubes and sampling lines
云母	tremolite
	See also asbestos
对流层气溶胶	tropospheric aerosol
总悬浮颗粒物(TSP)	TSP(total suspended particulate)

续表

中文翻译	英文原文
浊度	turbidity
湍流	turbulent flow
湍流喷射荷电器	turbulent jet charger
湍流混合凝结核计数器	turbulent mixing CNC,TMCNC
坦佩雷科技大学电低压冲击式采样器(TUT-ELPI)	TUT-ELPI(Tampere University of Technology-ELPI)
	See also ELPI
时间加权平均	TWA(time-weighted average)
双流体电喷雾	twin-fluid electrospray
置信上限(UCL)	UCL(upper confidence limit)
国际抗癌联合会(UICC)	UICC(Union Internationale Contre le Cancer)
超高效空气过滤器(ULPA)	ULPA(ultra low particulate air)filter
超声喷雾器	ultrasonic nebulizer
	See also aerosol generation
紫外荷电效率	ultraviolet charging efficiency
校准的不确定性	uncertainties in calibration
演变	unfolding. See data analysis;inversion
单极的	unipolar
荷电	charging
单极扩散荷电	unipolar diffusion chargers
铀	uranium
紫外空气动力学粒径谱仪(UV-APS)	UV-APS(Ultraviolet Aerodynamic Particle Sizer)
蒸汽压	vapor pressure
局部的	partial
饱和的	saturation
变异性	variability
	See also error analysis
变量	variance
德国标准工程协会(VDI)	VDI [Verein Deutscher Ingenieure(German engineering association involved in standard setting)]
空气流速测量	velocity measurement,air
热线式风速计	hot wire anemometer
粒子成像速度计	particle imaging velocimeter
皮托管	pitot tube
射流紧缩	vena contracta
文丘里(venturi)流量计	venturi meter
大气气溶胶的垂直分层	vertical layering of the atmospheric aerosols
振动孔式单分散气溶胶发生器	vibrating orifice monodisperse aerosol generator. See aerosol generation

续表

中文翻译	英文原文
维也纳(Vienna)差分电迁移率分析仪	Vienna 型 DMA
虚拟冲击式采样器	virtual impactor. See impactor,virtual
病毒	virus
黏度	viscosity
空气	air
肺活量	vital capacity
垂直层流(VLF)	VLF(vertical laminar flow)
体积中位直径(VMD)	VMD(volume median diameter)
	See also MMD
挥发性粒子	volatility,particle. See particle vaporization
体积测量,空气	volume measurement,air
振动孔式单分散气溶胶发生器(VOMAG)	VOMAG(vibrating orifice monodisperse aerosol generator; also VOAG). See aerosol generation,vibrating orifice
Whitby 气溶胶分析仪(WAA)	WAA(Whitby Aerosol Analyzer)
	See also electrical mobility analyzer
级间损失	wall or interstage loss
	See also inertial deposition
韦伯(Weber)数	Weber number
加权因子	weighing factor(weighting)
称重样品	weighing samples. See mass determination,aerosol;filter for gravimetric measurement
焊接尘	welding fumes
大量程气溶胶分级器	wide range aerosol classifier
WINS(冲击式采样器)	WINS(well impactor ninety six)impactor
	See also impactor,virtual;inertial classification
WL(M)(工作时间)	WL(M)[working level(month)]
工作流体凝结核计数器	working fluid,CNC
X 射线光电子光谱仪	XPS(x-ray photoelectron spectroscopy)
X 射线吸收效应	X-ray absorption effect
X 射线检测器	X-ray detectors
X 射线能量分散谱仪	X-ray energy-dispersive spectroscopy,XEDS
X 射线衍射(XRD)	XRD(X-ray diffraction)
X 射线荧光(分析)(XRF)	XRF(A)[X-ray fluorescence(analysis)]
酵母菌	yeast
ZAF[原子序数校正因子,样品及检测器吸收校正因子(A),X 射线荧光校正因子(F)]	ZAF [atomic number(Z),absorption within sample and detector(A),X-ray induced fluorescence(F)]

① 代表产品的商用型号。